Lehrbuch der Allgemeinen Geographie
Band 2

Lehrbuch der Allgemeinen Geographie

Begründet von Erich Obst
Herausgegeben von Josef Schmithüsen

Autoren der bisher erschienenen Einzelbände

J. Blüthgen †, Münster; K. Fischer, Augsburg;
H.G. Gierloff-Emden, München; Ed. Imhof, Zürich;
H. Louis, München; E. Obst, Göttingen; J. Schmithüsen, Saarbrücken;
S. Schneider, Bad Godesberg; G. Schwarz, Freiburg i. Br.;
M. Schwind, Hannover; W. Weischet, Freiburg i. Br.; F. Wilhelm, München

Walter de Gruyter · Berlin · New York 1980

Allgemeine Klimageographie

von

Joachim Blüthgen

3., neu bearbeitete Auflage

von

Wolfgang Weischet

Walter de Gruyter · Berlin · New York 1980

Autoren

Dr. Joachim Blüthgen †
o. Professor der Geographie an der
Westfälischen Wilhelms-Universität Münster

verstorben am 19. November 1973

Dr. Wolfgang Weischet
o. Professor der Geographie an der
Albert-Ludwigs-Universität Freiburg i. Br.
Geographisches Institut I
Werderring 4
7800 Freiburg i. Br.

Das Buch enthält 208 Abbildungen und 100 Tabellen sowie drei mehrfarbige und eine einfarbige Karte.

CIP-Kurztitelaufnahme der Deutschen Bibliothek

Lehrbuch der allgemeinen Geographie / begr. von Erich Obst. Hrsg. von Josef Schmithüsen. Autoren d. bisher erschienenen Einzelbd. J. Blüthgen ... – Berlin, New York : de Gruyter.

NE: Obst, Erich [Begr.]; Schmithüsen, Josef [Hrsg.]; Blüthgen, Joachim [Mitarb.]
Bd. 2. → Blüthgen, Joachim: Allgemeine Klimageographie

Blüthgen, Joachim:
Allgemeine Klimageographie / von Joachim Blüthgen. – 3., neu bearb. Aufl. / von Wolfgang Weischet. – Berlin, New York : de Gruyter, 1980.
(Lehrbuch der allgemeinen Geographie ; Bd. 2)
ISBN 3-11-006561-4

NE: Weischet, Wolfgang [Bearb.]

Satz und Druck: Tutte Druckerei GmbH, Salzweg-Passau. Bindung: Lüderitz & Bauer Buchgewerbe GmbH, Berlin.

Vorwort zur 3. Auflage

Als Herr Kollege Blüthgen starb, war die zweite Auflage seiner Allgemeinen Klimageographie nahezu vergriffen. Herausgeber und Verlag baten mich, die Bearbeitung der Neuauflage zu übernehmen. Ich war mir bewußt, daß mich neben den eigenen Lehrbuchplänen eine Aufgabe erwartete, die in verschiedener Hinsicht nicht leicht sein würde. Aber es war für mich auch eine Frage des Respekts und der Dankbarkeit einem verstorbenen Kollegen, seinem Bemühen, seinem Gestaltungswillen und seinem Werk gegenüber, daß ich mich nach Kräften für die Erhaltung eines wichtigen Lehrbuches im Rahmen der Geographie einsetzen würde. Anfangs habe ich das wahre Ausmaß der übernommenen Aufgabe unterschätzt. Aber ich denke, daß ich es inzwischen wagen kann, ein Ergebnis zur Neuauflage vorzulegen.

Aus dem Nachlaß von Herrn Blüthgen erhielt ich ein durchschossenes Exemplar der zweiten Auflage. Es enthielt neben einigen, umfangmäßig geringen Verbesserungen vor allem eine Vielzahl von Ergänzungen. Zusammengenommen machten sie ungefähr ein zusätzliches Drittel des Textumfanges der letzten Auflage aus. Dann hätte das Werk fast 1000 Seiten umfaßt, eindeutig zu viel, um noch als Lehrbuch akzeptiert zu werden. Die daraus resultierende Folgerung war: Es mußte neben der Ergänzung zugleich auch gekürzt werden.

Außerdem hatte ich in einer Besprechung der ersten Auflage der Klimageographie die Meinung vertreten, daß trotz allen Verständnisses für die Präferenz geographischer Gesichtspunkte eine tiefere Verwurzelung in der physikalischen und meteorologischen Basis notwendig sei. Damit war eine zweite Forderung bereits abgesteckt, wobei allerdings von vorneherein klar war, daß an eine so konsequente Herleitung aller diesbezüglichen Zusammenhänge, wie ich sie in meiner „Einführung in die Allgemeine Klimatologie – Die physikalischen und meteorologischen Grundlagen" versucht habe, nicht zu denken war, weil die Stoffausführung wesentlich breiter angelegt werden mußte.

Letztlich habe ich dann Folgendes verwirklicht:

1. Ausführungen, die sich auf wissenschaftsgeschichtliche Entwicklung bestimmter klimatologischer Fragestellungen oder Faktenkenntnisse beziehen, sind sehr stark gekürzt worden. Das betrifft vor allen Dingen den Teil I, Einleitung.
2. Gebiete, die im Rahmen eines Klimalehrbuches für Geographen nur in Form eines Exkurses angehängt werden können, wie die Lawinenkunde, das Klima der hohen Atmosphäre und die Akklimatisationsprobleme habe ich weggelassen.
3. Eine ganze Reihe von Witterungs- und Klimaschilderungen, die aus Reiseberichten vergangener Zeiten in die älteren Auflagen als Zitate übernommen waren, sind ebenfalls weggefallen, und zwar hauptsächlich die, welche in Stil und Faktendarstellung mehr dem Impressionismus als der Naturwissenschaft nahestehen.
4. Ungefähr die Hälfte des Buches ist völlig neu bearbeitet und neu geschrieben worden. Das betrifft vor allem den Teil II Separative Klimageographie, den Teil

IV Allgemeine Zirkulation der Atmosphäre, die Kapitel über Aridität und Humidität sowie über Stadtklima im Teil V Allgemeine Klimatypen sowie den Teil VII Klimaschwankungen.

Herzlichen Dank sagen möchte ich den schon oftmals bewährten Mitarbeitern im Geographischen Institut I der Universität Freiburg/Br.: Frau Else Beil und Frau Hertha Ohr, die mit großer Geduld und außerordentlicher Sorgfalt das Manuskript ins Reine geschrieben haben; Herrn Walter Hoppe, der mit bemerkenswertem Einfühlungsvermögen und kartographischem Geschick die neuen Abbildungsvorlagen gezeichnet hat; Herrn Dr. Goßmann, Herrn Dr. Nübler, Herrn Dr. Endlicher und Herrn Albrecht Gehrke, die Teile des Manuskripts kritisch durchgesehen und bei der Literatursuche geholfen haben.

Ich hoffe, daß die viele Arbeit sich im Sinne eines Dienstes an jungen Menschen gelohnt hat.

Freiburg i. Br., Frühjahr 1980 *Wolfgang Weischet*

Aus dem Vorwort zur 2. Auflage.

Als Geograph ein Klimalehrbuch für Geographen zu schreiben, ist heutzutage in gewisser Weise ein Wagnis geworden. Die Kluft zwischen Meteorologie und Geographie klafft immer größer. Trotz des Pessimismus mancher Analytiker, die den Zeitpunkt der Schaffung eines Buches, das diese Kluft überbrücken möchte, bereits für verstrichen halten, ist der Versuch dazu unternommen worden. Der Verfasser, der von der Geographie und Ökologie her, nicht dagegen von der Physik und Mathematik aus an den Stoff der Klimageographie gelangte, ist sich der damit verbundenen Unvollkommenheiten und Gefahren durchaus bewußt. Die Gründe, trotzdem den Versuch zu wagen und von Auflage zu Auflage dem Wunschziel näherzukommen zu versuchen, ergaben sich einmal aus dem ganz irrationalen Motiv der Begeisterung, die der Verfasser schon seit früher Jugend beim Beobachten und Erleben landschaftsgebundener Witterungsereignisse empfand, oder um mit den Worten C.F. von Weizsäckers (Kosmos 1965, S. 227) zu sprechen: „Ich bin also durch die Fascination dieser Schönheit an die Sache herangekommen, die nachher mein Beruf geworden ist". Zum anderen war es der rationale Zwang zur synthetischen Schau, der geographischer Arbeitsweise von Natur aus als Denkziel innewohnt und die Krönung jedweder analytischen Vorarbeit bedeutet. Insofern gilt noch immer unverändert, was schon Alexander von Humboldt vor mehr als hundert Jahren in Würdigung der Leistung seines Zeitgenossen Carl Ritters als Ziel der Geographie umriß, nämlich „... wenn die ganze Masse von Thatsachen, die unter verschiedenen Himmelsrichtungen gesammelt worden sind, mit einem Blicke umfaßt, dem kombinierenden Verstande zu Gebote steht". Dem Geographen wird wie kaum einem anderen Fachvertreter durch diese spezifische Betrachtungsweise die Möglichkeit gegeben und die Pflicht auferlegt, nicht nur den Bildungswert der Geographie den Geographiestudenten zu vermitteln, sondern auch ihren pragmatischen Wert als angewandte Geographie in der Öffentlichkeit von Staat und Wirtschaft, Stadt- und Landesplanung, Entwicklungshilfe, Raumordnung und Landschaftspflege darzutun. Das Teilfach der Klimageographie ist von dieser Aufgabe nicht ausgenommen.

Anderweitige, oft übergroße Arbeitslast im akademischen Beruf hat es leider verhindert, das Buch in kurzer Frist aus einem Guß entstehen zu lassen. Der Verfasser hofft jedoch, daß die dadurch ermöglichte wiederholte Überarbeitung mancher Formulierung dem Ganzen dienlich geworden ist. In der notwendigen Auswahl des Stoffes, in der kausalen Begründung der Zusammenhänge, in der Ausstattung mit konkreten Beispielen und Zahlenwerten und in der Veranschaulichung durch Diagramme, Kärtchen, Abbildungen sowie Witterungsschilderungen mußte wie in jedem Lehrbuch so auch hier ein didaktischer Kompromiß gefunden werden, das in den Augen des Fachmannes wohl manchen subjektiven Zug tragen mag. Auch zwingt die Vielschichtigkeit des zu erwartenden Benutzerkreises, der nicht nur im fachlichen wie schulischen Bereich der Geographie, sondern auch in ihren zahlreichen Nachbarwissenschaften, wie in der Sphäre behördlicher und praktisch-wirtschaftlicher Nutzanwendung liegt, zu inhaltlicher Rücksichtnahme bei der Wahl der Beispiele.

Es bedarf kaum eines Hinweises, daß Verbesserungsvorschläge vom Verfasser dankbar begrüßt werden. Es ist ihm inneres Bedürfnis, an dieser Stelle in corpore der großen Zahl der Kollegen, vornehmlich aus Geographie und Meteorologie, als den beiden Fachgebieten, mit denen der Verfasser beruflich verbunden ist bzw. war, herzlich zu danken für Mitarbeit, Anregung und Kritik. Ganz besonders sei hier das *Zentralamt des Deutschen Wetterdienstes* in *Offenbach* mit seiner reichen Fachbücherei und vielen seiner Mitarbeiter, insbesondere Herr Regierungsrat Dipl.-Met. M. Schlegel, sowie das *Wetteramt Nürnberg* dankbar erwähnt. Dem Herrn Herausgeber und dem Verlag gilt mein ganz besonderer Dank für das große Maß an Geduld, das sie bewiesen haben, und für das Eingehen auf viele Wünsche, namentlich hinsichtlich der großzügigen Ausstattung des Buches.

Ich bin ihn in gleicher Weise schuldig Herrn Prof. Dr. H. von Wissmann nebst seinem Mitarbeiter, Herrn Doz. Dr. R. Jätzold, für die Bereitstellung seiner neuen Weltklimakarte, die farbig beigegeben werden konnte und an dieser Stelle somit erstmals erscheint, und Herrn Prof. Dr. N. Creutzburg mit seinem Mitarbeiter, Herrn Doz. Dr. A. Habbe, für die bereitwillige Umarbeitung und Neuzeichnung seiner ebenfalls beigegebenen farbigen Klimakarte. Dank des Entgegenkommens der Herren Professoren Dr. Dr. h. c. C. Troll und Dr. Kh. Paffen sowie der Heidelberger Akademie der Wissenschaften, Geomedizinische Forschungsstelle (Prof. Dr. H. Jusatz), war es möglich, die von den erstgenannten beiden Herren entworfene und in den „Weltkarten zur Klimakunde" erstmals 1963 erschienene Karte „Jahreszeitenklimate der Erde" für die 2. Auflage zusätzlich zu den bisherigen drei Karten im Anhang beizugeben. Den genannten Herren bin ich dafür zu besonderem Dank verbunden. Namentlich für Studierende wird es von Vorteil sein, vier wichtige Weltklimakarten, die in der letzten Zeit im deutschsprachigen Schrifttum erschienen sind, an einer Stelle zur Hand zu haben. Nicht zuletzt danke ich dem Direktor des Instituts für Landeskunde in Bad Godesberg, Herrn Prof. Dr. E. Meynen, für sein großes Entgegenkommen, die Creutzburgsche Karte, die auch in einem Bändchen des Verfassers (Abriß der regionalen Klimageographie) in der Reihe „Erdkundliches Wissen" erscheinen wird, herzustellen und im Fortdruck für das vorliegende Buch zur Verfügung zu stellen.

Herrn Prof. Dr. R. Geiger und dem Verlag J. Perthes, Darmstadt, sage ich schließlich wärmsten Dank für die Erlaubnis der vereinfachten einfarbigen Wiedergabe der bekannten Wandkarte von Köppen/Geiger nach dem Stande der jüngsten Auflage (1961).

Unermüdliche, sachkundige und gewissenhafte Hilfe erfuhr der Verfasser durch seinen Mitarbeiter Herrn F. Linnenberg, Erlangen, sowie durch manche Helfer an den Geographischen Instituten der Universitäten in Erlangen und in Münster. Die Reinzeichnungen der meisten Karten und Diagramme (Abb. 6, 10, 12–17, 19–24, 37, 79, 86, 88–97, 104, 113–118, 120, 121, 126–134, 136, 137, 147, 148, 151, 153, 164, 165) besorgte mit großem Sachverständnis das Kartographische Atelier H. Neide, Hamburg, während die meisten übrigen Textfiguren sowie die hinzugekommenen der 2. Auflage und die Wissmann-Karte durch Herrn B. Fistarol (Geographische Kommission Münster) druckfertig gezeichnet wurden, wofür ich auch Herrn Prof. Dr. W. Müller-Wille danken möchte. Durch Verbesserungs- und Ergänzungsvorschläge für die 2. Auflage helfend mitgewirkt haben vor allem Prof. Dr. H. Flohn, Bonn, Dr. J. Hagel, Stuttgart, Herr J. Heissenbüttel, Göttingen, ORR Dr. P. Hess, Offenbach, Prof. Dr. Dr. h.c. H. Lautensach, Stuttgart, Prof. Dr. F. Loewe, Melbourne, Herr K. Rick, Herne, und Prof. Dr. W. Weischet, Freiburg i. Br. Auch weiterhin ist der Verfasser den Benutzern für Hinweise zur Ausgestaltung des Buches sehr dankbar. Die freundliche Aufnahme, die bereits der ersten Auflage des Buches in weiten Kreisen des In- und Auslandes zuteil geworden ist, war ein Ansporn, auf dem beschrittenen Wege zu weiterer Vervollkommnung zu streben, auch wenn die Begrenzung eigener Kompetenz in manchen dem Verfasser ferner liegenden Teilfragen, das rasche Fortschreiten der Erkenntnisse und die damit einhergehende Ausweitung der Klimaforschung unweigerlich Grenzen setzen.

Der Herstellung des Sach- und Orts- sowie Autorenregisters nahm sich dankenswerterweise auch für die 2. Auflage mit bewährter Sorgfalt und Gründlichkeit Herr cand. H.-J. Nolle, Münster, an. Bei der Beschaffung des Bildmaterials waren dem Verfasser zahlreiche in- und ausländische Kollegen und Dienststellen behilflich, die jeweils bei den Abbildungen genannt sind; auch ihnen gebührt aufrichtiger Dank.

Münster (Westf.), Ostern 1966 *Joachim Blüthgen*

Inhaltsverzeichnis

Verzeichnis der Abbildungen

I. Einleitung

II. a) Zusammensetzung und Vertikalstruktur der Atmosphäre

II. b) Strahlung, Strahlungsklima, Lichtphänomene

II. c) Temperatur

II. e) Luftfeuchtigkeit, Verdunstung, Kondensation

II.f) Niederschläge

II.g) Der Luftdruck als separatives Klimaelement

II.h) Luftbewegung, Winde, Stürme

II. i) Luftelektrizität und Gewitter

III. a) Die Wetterkarte, ihr Zustandekommen und ihre klimatologische Bedeutung

III. b) Druckgebilde und Fronten

III. d) Lufttransporte (Kaltlufteinbrüche und Wärmewellen)

III. e) Wetterlagen und Wettertypen

III. f) Regelfälle (Singularitäten), natürliche Jahreszeiten

IV. a) Die Allgemeine Zirkulation im Überblick

IV. b) Die großen Zirkulationsglieder

VI. c) Vorwiegend effektive Klassifikationen der Klimate

VII. a) Klimaschwankungen, Grundsätzliche Überlegungen

VII. b) Klimate der geologischen Vergangenheit, Paläoklimatographie

VII. c) Klimaschwankungen in historischer Zeit

VIII. a) Klimamelioration und Klimaschutz

Karten (Beilagen)

Verzeichnis der Tabellen

I. Einleitung

II. a) Zusammensetzung und Vertikalstruktur der Atmosphäre

II. b) Strahlung, Strahlungsklima, Lichtphänomene

II. c) Temperatur

II. d) Transparenz/Trübung der Atmosphäre, Sicht, Dunst

II. e) Luftfeuchtigkeit, Verdunstung, Kondensation

II. f) Niederschläge

II. g) Der Luftdruck als separatives Klimaelement

II. h) Luftbewegung, Winde, Stürme

II. i) Luftelektrizität und Gewitter

III. b) Druckgebilde und Fronten

III. c) Luftkörper und Luftmassen

III. e) Wetterlagen und Wettertypen

III. f) Regelfälle (Singularitäten), natürliche Jahreszeiten

IV. a) Allgemeine Zirkulation im Überblick

V. a) Maritimität und Kontinentalität

V. c) Klima und Relief, Gebirgs- und Höhenklima

V. e) Bestandsklima, Waldklima

V. f) Stadtklima

VII. b) Klimate der geologischen Vergangenheit, Paläoklimatographie

VII. c) Klimaschwankungen in historischer Zeit

VIII. a) Klimamelioration und Klimaschutz

I. Einleitung

a) Die Klimatologie, ihre Methoden und ihre Stellung im System der Geographie

Bevor wir die historische Entwicklung des Klimabegriffs und der Klimaforschung skizzieren, soll die heutige Stellung der Klimatologie im Lehrgebäude der Gesamtgeographie umrissen werden. Das ist um so notwendiger, als auch andere Wissenschaften außer der Geographie an ihr beteiligt sind und sie – freilich unter anderem Blickwinkel – z. T. entscheidend gefördert haben. Dies gilt verständlicherweise in erster Linie von der *Meteorologie,* die die Klimatologie als einen Teil ihres eigenen Lehrgebäudes betrachtet (Hann, 1883, S. 2). Aber auch Mediziner, Physiker, Agrarwissenschaftler u. a. haben zumindest wesentliche Teilgebiete der Klimatologie gestalten helfen. Der Begriff Klima wird daher von den Vertretern dieser Wissenszweige unterschiedlich definiert, beispielsweise von Medizinern in ausgesprochener Beschränkung auf die Zusammenhänge der atmosphärischen Zustände und Vorgänge mit dem kranken oder gesunden Körper. Sie schließen sich damit an keinen Geringeren als Alexander von Humboldt an, in dessen „Kosmos" sich folgende Begriffsbestimmung findet: *„Der Ausdruck Klima bezeichnet in seinem allgemeinsten Sinne alle Veränderungen in der Atmosphäre, die unsere Organe merklich affizieren."* Gleichwohl hatte Humboldt bereits schon eine der heutigen wesentlich näher kommende Auffassung über das Klima, wie seine ebenfalls im Kosmos (Bd. I, S. 304) enthaltene, aber weniger bekannte und von Körber (1959 b) zu Recht wieder hervorgeholte Bemerkung verrät: „Das Wort Klima bezeichnet allerdings zuerst (sic! der Verf.) eine specifische Beschaffenheit des Luftkreises; aber diese Beschaffenheit ist abhängig von dem perpetuierlichen Zusammenwirken einer all- und tiefbewegten, durch Strömungen von ganz entgegengesetzter Temperatur durchfurchten Meeresfläche mit der wärmestrahlenden trockenen Erde: die mannigfaltig gegliedert, erhöht, gefärbt, nackt oder mit Wald und Kräutern bedeckt ist". Besonders interessant ist an dieser Fassung die Betonung der Rückwirkungen der geographischen Gegebenheiten an der Erdoberfläche auf die spezifischen Eigenschaften der Atmosphäre.

In der Blütezeit der klassischen Klimatologie wurde am Ende des 19. Jhs. von ihrem ersten Hauptvertreter, Julius von Hann, eine viel zitierte Definition gegeben, welche einerseits die statische, auf einen fiktiven mittleren Zustand gerichtete, und andererseits die mehr dynamische, die wahren Vorgänge in der Atmosphäre berücksichtigende Methodik klimatologischer Betrachtungsweisen zusammenfaßt. (1883, S. 1): *„Unter Klima verstehen wir die Gesamtheit der meteorologischen Erscheinungen, welche den mittleren Zustand der Atmosphäre an irgend einer Stelle der Erdoberfläche charakterisieren. Was wir Witterung nennen, ist nur eine Phase, ein einzelner Akt aus der Aufeinanderfolge der Erscheinungen, deren voller, Jahr für Jahr mehr* *oder minder gleichartiger Ablauf das Klima eines Ortes bildet. Das Klima ist die Gesamtheit der ‚Witterungen' eines längeren oder kürzeren Zeitabschnittes, wie sie durchschnittlich zu dieser Zeit des Jahres einzutreten pflegen."*

In gleicher Richtung folgte 1923 Wladimir Köppen, der seine zielstrebigen Forschungen unter folgende ebenso klare wie knappe Begriffsdefinition brachte: *„Unter Klima verstehen wir den mittleren Zustand und gewöhnlichen Verlauf der Witterung an einem gegebenen Orte. Eine doppelte Abstraktion ist es, die uns zum Begriff des Klimas führt, nämlich eine Zusammenfassung einerseits der einzelnen wechselnden Witterungen, andererseits der einzelnen meteorologischen Elemente zu einem Gesamtbilde."*

Auch spätere deutsche Autoren, obschon durch ihre klimatologische Forschungsleistung hervorragend, sind methodisch nicht darüber hinausgekommen (vgl. K. Knoch, 1932; W. Meinardus, 1933; V. Conrad, 1936). Man kann die in Wirklichkeit auf Hann zurückgehende Köppensche Formulierung als den auch heute noch unverändert gültigen *Leitsatz der „reinen Klimatologie"* bezeichnen, die damit ihre Definition als *selbständiger Wissenszweig* gefunden hat. Solange diese Forschung in enger Anlehnung an die geographischen Gegebenheiten auf der Erdoberfläche sowie in Bezug auf das unmittelbare erdnahe Verhalten der Atmosphäre betrieben wurde – was noch bis in die Mitte der 30er Jahre weitgehend der Fall war – fügte sich mit der zitierten Definition ihres Gegenstandes die Klimatologie auch als eine Teildisziplin in den Rahmen der allgemeinen Geographie ein. In dem Maße jedoch, in dem sich die Klimatologie auch mit dem mittleren bzw. typischen Verhalten von solchen Elementen oder Atmosphärenschichten zu befassen begann, die mit der dinglich erfüllten Erdoberfläche in keinem direkten Zusammenhange stehen, begann die oben genannte Definition für die Geographie problematisch zu werden.

Nicht die nach dem zweiten Weltkriege auflebende *synoptische Klimatologie,* die sich komplexer Begriffe wie Fronten, Druckgebilde, Luftmassen, Wetterlagen usw. bediente, war es, die diese Bedenken auslöste; sie holte nur verspätet nach, was schon Hann und Köppen mit ihrer dynamischen, d. h. auf den Ablauf der Witterung bezogenen Definition gefordert hatten. Das durchzuführen war ja erst nach Vorliegen eines genügend dichten Stationsnetzes mit differenzierterem synoptischem Beobachtungsprogramm, niedergelegt in den täglichen Wetterkarten für immer größere Gebiete der Erde, möglich geworden. Vielmehr war es die zunehmende Konzentration zunächst der Meteorologie, später aber auch der von den Meteorologen vertretenen Klimatologie, einerseits auf die Untersuchung der Vorgänge in den höheren Atmosphärenschichten, auf die Ableitung ihrer physikalischen Gesetzmäßigkeiten unter möglichst weitgehender Abstraktion von den geographischen Gegebenheiten der Unterlage, sowie andererseits auf die mikrometeorologische Analyse der physikalischen Umsetzungen an definierbaren Grenzflächen unter weitgehender Abstraktion von deren geographischen Verbreitungsmustern im Raum. Beides sind für die Meteorologie im Hinblick auf die angestrebte numerische Vorhersage atmosphärischer Abläufe entscheidend wichtige Problemstellungen.

Für die Geographie ergab sich aber die Notwendigkeit einer Präzisierung der klimatologischen Frage- und Aufgabenstellung im Gesamtrahmen des Faches, bei der die besondere Bedeutung infolge des weit verzweigten Zusammenhanges geographischer Sachverhalte mit dem Klima sowohl für die allgemeine Geographie als auch für die Länderkunde berücksichtigt werden.

Einer der letzten konsequenten Vertreter der Hann-Köppenschen Klimadefinition in der Geographie war Alfred Hettner, obwohl er andererseits Köppens Klimasystem kritisierte. Noch zu seinen Lebzeiten erfolgte jedoch der erste Versuch zunächst zu einer Neubestimmung des *Standortes der Klimatologie,* den H. Lautensach (1940)[1] unternahm und der, die jüngere Forschungsentwicklung berücksichtigend, dem geographischen Standpunkt zur Zeit am meisten Rechnung tragen dürfte (S. 404f.):

„Die Klimatologie besitzt heute ein selbständiges Kerngebiet, das zwischen der Meteorologie und der Geographie steht. Trotzdem enthält sowohl die Allgemeine Geographie wie die Länderkunde einen integrierenden klimatologischen Bestandteil. Die Geographie hat das Recht und die Pflicht, diesen Bestandteil nach eigengesetzlichen Gesichtspunkten forscherisch zu pflegen. Die Methoden der klassischen Klimatologie liefern überall die unentbehrliche Basis. Erst nachdem diese geschaffen ist, können die synthetischen kausalen Methoden der modernen Klimatologie Platz greifen. Die Wege, die im Bereich dieses Oberbaus zu gehen sind, hängen von dem Stand der meteorologischen Veröffentlichungen des betreffenden Staates ab. Das länderkundliche Ziel ist dabei, den typischen Jahresablauf des Klimas als Wettergesamtheit zu begreifen und ihn als einen Teil vom Wesen der Länder zu erfassen."

Der auf die Geographie entfallende Anteil an der Klimatologie, der nach eigengesetzlichen Gesichtspunkten zu pflegen ist, muß folgerichtig als *Klimageographie* bezeichnet werden, analog den Bezeichnungen Hydrogeographie, Vegetationsgeographie, Siedlungsgeographie usw. In adjektivischer Form (klimageographisch) taucht diese Bezeichnung bereits in dem genannten Aufsatz von H. Lautensach und zwei Jahre später bei J. Blüthgen (Geogr. Z. 48, 1942, S. 22) auf, in beiden Fällen als Ergebnis gemeinsamer Diskussionen. Die entsprechende terminologische Konsequenz wurde von J. Blüthgen 1964 anläßlich der ersten Auflage dieses Lehrbuches und – unabhängig – von Kh. Paffen (Erdkunde 1964, S. 51) gezogen, von letzterem freilich noch ohne entsprechende Neufassung der eigentlichen Klimadefinition.

In Ergänzung zu den Ausführungen Lautensachs sei betont, daß für eine Klimageographie auch im Rahmen der Allgemeinen Geographie, also nicht nur der Länderkunde, in erster Linie diejenigen atmosphärischen Zustände und Zusammenhänge von Interesse sind, die zur kausalen Erklärung der geographischen Substanz an der Erdoberfläche herangezogen werden müssen. Zur Vermeidung von Mißverständnissen und allzu enger schematischer Abgrenzung muß aber ausdrücklich festgestellt werden, daß eine moderne Klimageographie sich auch bei geographischer Zielsetzung mannigfacher rein meteorologisch-geophysikalischer Ergebnisse besonders aus dem Bereich der höheren Atmosphärenstockwerke bedienen muß, wenn sie erdnahe Befunde richtig erklären will. Weischet (1967) vertritt diesbezüglich sogar die Auffassung, daß die Lücke, die sich zwischen der geophysikalisch-idealisierenden Betrachtungsweise der Meteorologen und der chorologisch-vergleichenden der Geographen in der Klimatologie aufgetan hat, im wesentlichen von der Seite der Geographen her geschlossen werden muß, indem sich letztere mehr in Me-

[1] Auf diesen methodisch ungemein wichtigen Aufsatz sei besonders auch deshalb hingewiesen, weil er im Inhaltsverzeichnis zum Jahrgang 1940 der Geogr. Zeitschrift anzuführen vergessen worden ist und daher öfters übersehen werden dürfte.

thoden einarbeiten, die bisher als geophysikalisch erachtet wurden, um einerseits die von Meteorologen aufgezeigten Zusammenhänge auszuwerten und für die Geographie nutzbar zu machen und um andererseits die Ursachen der in ökologischen oder landeskundlichen Zusammenhängen ausschlaggebenden Klimaeffekte in den physikalischen Prozessen nahe der Erdoberfläche bzw. den dynamischen Vorgängen in der Atmosphäre selbst aufdecken zu können. Er sieht deshalb auch keinen Grund zu einer nomenklatorischen Unterscheidung in „Klimatologie" und „Klimageographie".

Aufgabe einer geographischen Klimatologie muß es sein, die beobachtete regionale Vielfalt klimatischer Erscheinungen und Wirkungen nach dem genetischen Prinzip zu sichten, so daß eine physikalisch-kausal begründete räumliche Ordnung entsteht. Das hat Sekiguti (1951, S. 29) mit folgenden Worten ausgedrückt: *„Climatology is the science that analyses the geographical differences of synthetical atmospheric conditions, i. e. climatic conditions, taking the term of locality as a variable ... The theory of climatology should be the theory of distribution or the theory regarding areas."*

Im Hinblick auf dieses Ziel sind zwei methodisch sehr *unterschiedliche Arbeitsrichtungen* zu unterscheiden. Die eine – ältere und besonders in der Geographie am häufigsten angewandte – wird meist als *„klassische Klimatologie"* apostrophiert. Sie zeichnet sich dadurch aus, daß zur Charakterisierung des Klimas die klimatologischen Elementenwerte wie Temperatur, Bewölkung, Niederschlag usw. einzeln oder zuweilen auch zu Indizes kombiniert (z. B. Aridität oder Humidität) benutzt werden. Ihr großer Vorteil ist, daß sie einen regionalen Vergleich unterschiedlicher Klimate in Maß und Zahl durch relativ leicht zu erstellende und in Tabellen bzw. Diagrammen gut zu überblickende Rechengrößen gestattet. Ihr Nachteil ist, daß sie notwendigerweise das Klima als statische Größe, als Zustand der Atmosphäre, beschreiben muß, und daß sie durch die separative Behandlung der Einzelelemente nur sehr schwer die Ursachen der Differenzierung des Klimas als komplexer Gesamtheit erkennen lassen. Von P. Pédelaborde (1958, 1959) soll für diese Arbeitsrichtung die *Bezeichnung „separative Klimatologie"* übernommen werden.

Grundlegend verschieden davon ist die Methode der unter dem Begriff *„synoptische Klimatologie"* (Blüthgen, 1965) zusammenzufassenden Arbeitsweisen. Sie gehen aus von den synoptischen Grundeinheiten wie Luftmassen (E. Dinies, 1931, F. Linke, 1942; oder in globaler Betrachtung P. R. Crowe, 1965), Fronten, Druckgebilden oder auch von Großwetterlagen bzw. Witterungstypen (*„Witterungsklimatologie"* nach H. Flohn, 1942 und M. Schüepp, 1965). Gemeinsames Anliegen ist, den Zusammenhang der klimatologischen Einzelelemente in typischer Kombination in dynamischen Systemen zu wahren, die im Ablauf des atmosphärischen Geschehens klimabestimmende Rollen spielen. Zwar war bereits von Hann das Klima als die „Gesamtheit der Witterungen" konzipiert worden, der Weg zur dynamischen Betrachtungsweise (T. Bergeron, 1930) dessen, was man unter synoptischer Klimatologie zusammenfassen kann, aber erst nach dem entscheidenden Ausbau der synoptischen Meteorologie vor allem durch V. Bjerknes und T. Bergeron und die norwegische Meteorologenschule in den 20er und 30er Jahren möglich [s. dazu Kap. I.b]. Als eine auf der synoptisch-klimatologischen Methode gegründete Klimadefinition kann die von E. S. Rubinstein und O. A. Drosdow (1956, S. 3) gelten: *„Unter dem Klima eines gegebenen Ortes versteht man den langjährigen Durchschnitt seiner cha-*

rakteristischen Witterungen, der durch die Sonneneinstrahlung, die Eigenart der Unterlage und die damit verknüpfte atmosphärische Zirkulation verursacht wird". Hier wird also bereits der physikalische Ursachenkomplex in die Definition mit einbezogen.

Jede der vorauf genannten Arbeitsrichtungen hat natürlich ihren wissenschaftlichen Eigenwert. Aber erst die Kombination separativer und synoptisch-dynamischer Betrachtungsweisen bieten eine umfassende Information über das Klima eines Raumes als komplexes Ganzes. Die separative Klimatologie liefert gewissermaßen die Einzelteile des Skeletts, die Ergebnisse der synoptisch-klimatologischen Untersuchungen fügen sie zum Ganzen des jeweiligen Klimatypus zusammen. In diesem Sinne hat in neuerer Zeit K. Schneider-Carius (1961) die Frage der Klimadefinition noch einmal aufgegriffen: „*Das Klima ist die für einen Ort geltende Zusammenfassung der meteorologischen Zustände und Vorgänge während einer Zeit, die hinreichend lang sein muß, um alle für diesen Ort bezeichnenden atmosphärischen Vorkommen in charakteristischer Häufigkeitsverteilung zu erhalten.*" Er bezieht also sowohl die Zustände als auch die Vorgänge in die Begriffsbestimmung ein, erweitert sie aber gleichzeitig dadurch, daß er an Stelle des bereits von Hann kritisierten arithmetischen Mittelwertes das ganze Spektrum der real auftretenden Beobachtungsgrößen, nach statistischen Methoden aufgearbeitet, mit Scheitel- und Extremwerten, einschließt. Eine solche *Auflösung des Mittelwertes,* wie sie auch mehrfach von K. Knoch (1924, 1942) gefordert worden ist, *bietet* gerade für das von der physischen Geographie angestrebte Verständnis der Zusammenhänge zwischen klimatischen Gegebenheiten und Phänomenen bzw. Prozessabläufen aus den Bereichen der Hydrographie, Geomorphologie, Bodenkunde, Vegetationsgeographie z. B. erheblich *bessere Informationen als die zusammenfassend-verschleiernden Mittelwerte.*

Wenn man nun noch berücksichtigt, daß eine *Klimadefinition* nicht nur für einen Ort, sondern für Räume unterschiedlicher Größenordnung gelten muß, so kann man *für die Zwecke der Geographie* folgendermaßen formulieren: *Das geographische Klima ist die für einen Ort, eine Landschaft oder einen größeren Raum typische Zusammenfassung der erdnahen und die Erdoberfläche beeinflussenden Zustände und Witterungsvorgänge während eines längeren Zeitraumes in charakteristischer Häufigkeitsverteilung.*

Das Pendant zur geographisch orientierten Konzeption von Klima und Klimatologie bildet die streng geophysikalisch orientierte. Da bei der ersteren der Bezug zu realen geographischen Räumen und den Geofaktoren in ihnen unabdingbare Forderung ist, können entsprechende Arbeiten wegen der Vielfalt der von der Unterlage ausgehenden Einflüsse im Normalfall nur Näherungswerte oder deskriptiv-qualitative Aussagen liefern. Demgegenüber ist das Ziel der „*theoretischen Klimatologie*" (vgl. hierzu H. Flohn, 1965) oder der „*Klimatonomie*" (z. B. H. Lettau u. K. Lettau, 1969), eine exakte, physikalisch-numerische Behandlung klimatologischer Probleme. Fernziel ist, das Klima für ein bestimmtes Gebiet mit all seinen statistischen Charakteristika ohne die bisher üblichen langjährigen Beobachtungen nur mit Hilfe physikalisch-mathematischer Gesetze vorherzusagen. Zu erreichen versucht man es durch mathematisch-theoretische Ableitungen und durch hydrodynamische Laboratoriumsexperimente. Die technischen Möglichkeiten lieferte die Entwicklung der elektronischen Rechentechnik, die es erlaubt, die hochkomplizierten Gleichungssysteme durchzukalkulieren. Stimulans ist die Nutzbarmachung solcher Untersuchungen für die Lang- und Mittelfristprognose der Wetterdienste, für die mögliche Klimabeeinflussung, sowie die Aufklärung der Gründe für Klimaschwankungen. Beachtenswerte Ergebnisse sind im globalen Rahmen bereits für errechnete Luftdruck- und Stromlinienkarten und die Kalkulation der thermischen Bedingungen für bestimmte Regionen der Erde erzielt worden. Im angelsächsischen Sprachraum werden die geophysikalischen Forschungsrichtungen häufig unter dem Begriff „*Dynamic Climatology*" (vgl. A.A. Court, 1957; K.F. Hare, 1957) zusammengefaßt, obwohl dieser Begriff schon seit 1930 in umfassenderem Sinne, nämlich unter Einschluß der synoptischen und Witterungsklimatologie, angewendet wird.

Neben den bisher genannten Kriterien ist in einer Überschau der Methoden und hinsichtlich der Stellung der Klimatologie im System der Geographie noch der *Gesichtspunkt der unterschiedlichen Größenordnung der untersuchten Ausschnitte* aus der erdnahen Atmosphäre wichtig; besonders deshalb, weil die Bearbeitung unterschiedlich dimensionierter Untersuchungsausschnitte mit unterschiedlicher Fragestellung auf unterschiedlicher Datengrundlage erfolgt und unterschiedliche Arbeitsmethoden erfordert. Leider muß dabei festgestellt werden, daß in Teilbereichen die diesbezüglich verwendeten Begriffe trotz einer Reihe von Klärungsvorschlägen noch verwirrend vielfältig sind (vgl. dazu die Zusammenstellung von M.M. Yoshino, 1975).

Die klassische Klimatologie bezieht für ihre *großräumig-vergleichenden Untersuchungen* die ihr zugrunde liegenden Daten aus den Beobachtungen an fest eingerichteten Stationsnetzen. Um die Vergleichbarkeit zwischen den auch bei den dichtesten Netzen mehrere Kilometer bis zu ein paar Zehnern von Kilometern auseinanderliegenden Orten zu gewährleisten, müssen die Beobachtungen repräsentativ für einen möglichst großen Umkreis um den Meßort sein. Im Idealfall bedeutet das: Anlage der Stationen auf freien, ebenen Flächen abseits lokaler topographischer Besonderheiten und Messung aller Instrumentenwerte außerhalb der bodennahen Störzone, die normalerweise mit 2 m, für Windbeobachtungen mit 10 m, angesetzt wird. Die Aufarbeitung der Daten zu flächenhaft-zusammenhängenden Darstellungen verlangt trotz der Meßvorkehrungen eine Fülle von Abstraktionen oder Deduktionen. T. Sekiguti (1951) hat mit Recht darauf hingewiesen, daß die von punkthaften Messungen ausgehenden geographischen Verallgemeinerungen durchaus noch auf unsicherem Boden stehen. Noch dazu existiert bei der Anlage vieler Klimastationen zwischen der de-facto-Lösung und der idealen häufig eine große Kluft, so daß man nicht vergessen sollte, wie grob und großzügig im Grunde genommen unsere Klimaforschungsgrundlagen für räumlich ausgedehntere Bereiche sind. Es ist deswegen eine zwar weniger anschauliche, aber im Grunde genommen völlig korrekte Darstellung, wenn in dem modernen Atlas of Britain 1963 nur die errechneten Daten punkthaft für die Stationen angegeben werden und auf die Interpretation der Zwischenräume durch Isothermen und Isohyeten völlig verzichtet wurde. Empfehlenswert ist das Verfahren trotzdem deshalb nicht, weil die in vielen Zusammenhängen letztlich doch notwendige Interpretation vom Benutzer der Karten schwerer und ungenauer vollzogen werden kann als vom eingearbeiteten Fachmann. Sinnvolle Forderung aus den Gegebenheiten ist, in Kartendarstellungen der klimatologischen Elementenwerte sowohl die Datengrundlage als auch die Interpretation durch Isolinien aufzunehmen.

Im Laufe der Entwicklung konnte die klimatologische Forschung natürlich nicht jene *kleinräumigeren Klimadifferenzierungen* unberücksichtigt lassen, welche im Rahmen der großräumigen Vergleiche zwar ausgeklammert wurden, die aber besonders im Hinblick auf die belebte Natur nahe der Erdoberfläche bedeutungsvolle Realitäten darstellen. 1927 hat R. Geiger die bis dahin erzielten Ergebnisse der Analyse kleinräumiger Klimadifferenzierungen in einem berühmten, inzwischen in mehrfacher Auflage und verschiedenen Sprachen erschienenen Buch unter dem Titel „Das Klima der bodennahen Luftschicht“ zusammengefaßt. Er nannte es ein „Lehrbuch der Mikroklimatologie“. Damit war zunächst einmal die begriffliche Gegenüberstellung von Makro- und Mikroklima geschaffen. Jedoch stellte sich sehr bald heraus, daß der letztgenannte Terminus noch klimatologische Betrachtungsweisen zusammenfaßte, die sich in der Dimension der untersuchten Räume und demzufolge sowohl im Faktorenbündel der zu analysierenden Einflüsse, als auch in der anzuwendenden Untersuchungsmethode und des einzusetzenden Instrumentariums wesentlich voneinander unterscheiden. Geiger selbst hat zum ersten Mal bereits 1929 und später (1934) mit W. Schmidt zusammen Vorschläge zur Gliederung der Klimatologie und zu ihrer Terminologie gemacht. Viele andere sind später hinzugekommen (s. Literaturverzeichnis). Im Zusammenhang des vorliegenden Lehrbuches lohnt es jedoch nicht, im einzelnen darauf einzugehen. Das kann man z. B. bei Weischet (1956) oder Yoshino (1975) nachlesen. Inzwischen besteht – und das ist das wichtige – international wohl weitgehende Einigkeit, daß man unter *Mikroklima* das Grenzflächenklima versteht, in welchem der Massenaustausch in der Luft so klein ist, daß die Einwirkungen der Unterlage die absoluten Werte und die räumliche Verteilung der klimatologischen Größen dauernd so entscheidend beeinflussen, daß diese von den gleichzeitig in der darüberliegenden turbulenten Mischungszone vorkommenden immer erheblich verschieden sind. Demzufolge gilt in der Mikroklimatologie der vertikalen Verteilung der Zustandsgrößen gegenüber der horizontalen das größere Interesse. Zu ihrer Feststellung benötigt man auch andere Instrumente als bei großräumigen Untersuchungen. Die vertikale Ausdehnung des Mikroklimas kann je nach Oberflächenbeschaffenheit von einigen cm (bei glatter Oberfläche und relativ starker Windbewegung) bis 80 oder 100 m (bei besonders hohem Wald und Windruhe z. B.) reichen. *Bestandklima* oder *Crop climat* ist also ein spezielles Mikroklima.

Demgegenüber ist das *Makroklima* nach allgemeiner Übereinstimmung dasjenige, das sich im großräumigen und vorwiegend horizontalen Vergleich aus den Beobachtungen an den unter den vorauf genannten Vorkehrungen eingerichteten Stationsnetzen ergibt. Man kann es je nach Betrachtungsmaßstab in Regionalklima (Staaten oder Länder z. B.), Zonalklima (Breiten- oder Landschaftsgürtel) und Globalklima (weltweit) unterteilen.

Wenig einheitlich ist gegenüber den beiden genannten die Nomenklatur und gegenseitige Abgrenzung jener Betrachtungsweisen, welche sich einerseits auf Räume beziehen, welche zwischen den Maschen der Stationsnetze liegen, sich andererseits aber auch nicht auf die bodennahe Grenzschicht im Sinne der Mikroklimatologie beschränken (Talräume, Bergzüge, eine Stadt kleiner oder mittlerer Ausdehnung, Einzellandschaften z. B.). Hierfür sind eine ganze Reihe von Begriffen wie Klein-, Lokal-, Gelände-, Topo-, Landschafts-, Subregional- und Mesoklimatologie im Gebrauch, um nur die wichtigsten zu nennen. M. H. Scaëtta hatte 1935 für das Zwischengebiet den zusammenfassenden Terminus *Mesoklimatologie* vorgeschlagen und von Seiten der Meteorologen wird in den letzten Jahren immer häufiger im gleichen Sinne darauf zurückgegriffen. Es gibt aber auch gute Gründe für eine weitergehende Kategorienbildung der Klimabegriffe in Anlehnung an die Landschaftssystematik, wie es unter Berücksichtigung früherer Arbeiten von R. Geiger und W. Schmidt, K. Knoch u. a. 1956 W. Weischet sowie neuerdings M. M. Yoshino (1968 u. 1975) versucht haben. Danach müßte zunächst *Lokalklima* auf Raumausschnitte bis zur Größe topographischer Einzelformen (Tal, Gebirgsfuß, Gipfel z. B.) bzw. noch überschaubarer Städte (keine Riesenagglomerationen!), nach Yoshino (1975, S. 13) auf „smaller aereas under the influence of vegetation, minor topography, cities etc." beschränkt sein. Horizontale Ausdehnung des Lokalklimas ca. 1 bis maximal 10 km. Die notwendigen Daten werden meist durch Einrichtung eines dichten Sondernetzes von Meßstationen gewonnen.

Bleibt noch jene Größenordnung von Klimauntersuchungen, in welcher der Übergang von der räumlich singularisierenden Betrachtungsweise der Lokalklimatologie zur flächendeckenden, auf Areale ganzer Maschen im makroklimatologischen Stationsnetz ausgerichteten vollzogen werden muß. Es sind geographische Räume, deren Klimacharakteristika erst durch Kombination von Einzelformen und Untergrundbedingungen in mehrfacher Wiederholung und in bestimmten Verbreitungsgefügen bestimmt werden (Riedelland, Bergland, Seenplatte, Heckenlandschaft, Vorbergzone am Schwarzwaldrand z. B.). Die Daten fest installierter Stationsnetze sind zu weit gestreut, als daß sie befriedigende Informationen liefern könnten, und für die Einrichtung eines Sondernetzes ist das Gebiet zu groß. In diesem Fall müssen die besonderen Untersuchungsmethoden mobiler Aufnahmeverfahren im Gelände angewandt werden [s. Kap. I c)]. Mit dem von Weischet (1956) vorgeschlagenen Begriff *Subregionalklimatologie* sollte angedeutet werden, daß die klimatologische Betrachtungsweise in dieser räumlichen Größenordnung zwar eine regionale, d. h. über einen größeren Raum flächendeckend arbeitende ist, daß aber gleichzeitig der gesteckte Rahmen als ganzes kleiner, die Beobachtungserhebung dementsprechend subtiler ist. Bisher hat sich dieser Ausdruck aber als nicht eingängig erwiesen. Yoshino wendet dafür den bestehenden Begriff *Mesoklimatologie* an, allerdings in einem gegenüber Scaëtta und anderen Autoren eingeengten Sinne.

Der zuweilen anstelle von Lokal- oder Mesoklimatologie benutzte Begriff *Geländeklimatologie* sollte nicht zur Kennzeichnung einer bestimmten Größenordnung des Untersuchungsbereiches sondern vielmehr im Sinne seines Promotors K. Knoch (1950) als Ausdruck einer bestimmten Arbeitsweise, nämlich der Aufnahme klimatologisch verwertbarer Phänomene und Meßdaten durch Geländearbeiten, angewendet werden.

b) Historische Entwicklung der Klimaforschung

Die *ältesten Zeugnisse* klimatologischer Denkweise sind uns aus dem klassischen Altertum überliefert. Parmenides von Elea (um 500 v. Chr.) hat bereits den Versuch gemacht, Klimazonen in der damals bekannten Welt zu unterscheiden. Er sprach von der „verbrannten" Zone – wozu ihm Nachrichten aus der Nubischen Wüste Anlaß boten –, der gemäßigten Zone seines eigenen griechischen Lebensraumes und der kalten Zone nördlich davon, aus der Schnee und Eis bekannt waren. Seine Einteilung wurde dann von Eratosthenes (um 295 bis um 214 v. Chr.) und von Polybios (um 200 bis um 120 v. Chr.) aufgenommen und erweitert zu einer insgesamt siebenteiligen Zonengliederung, die wir auch bei Poseidonios von Apamea (bis um 130 v. Chr.) wiederfinden, wenn auch in differenzierterer, den Lebensbedingungen mehr Rechnung tragender Form. So hat letzterer – wie E. Honigmann (1929, S. 13) betonte – als erster den Einfluß der verschiedenartigen Sonnenbestrahlung auf die Temperatur der verschiedenen Breiten näher untersucht und gezeigt, daß die Unterschiede nicht aus der ungleichen Länge der Strahlen, sondern aus dem verschiedenen Insolationswinkel und dem Auftreten des Zenitstandes der Sonne zu erklären sind, der durch die Kugelgestalt der Erde bedingt ist.

Auch die Bibel enthält eine Menge treffender Angaben über Witterung und Klima im Orient. Man muß allerdings in vielen Fällen, wo die bisherige Übersetzung Unklarheiten enthielt, sich der modernen naturwissenschaftlichen Terminologie bedienen, wie es G.B. Bathurst (Weather, 1964, S. 202–204) am Beispiel einer Wirbelsturmbeschreibung bei Hesekiel I, 4ff., also zur Zeit der babylonischen Gefangenschaft der Juden (etwa 590 v. Chr.), versucht hat. Das Ergebnis ist verblüffend!

Der *Begriff „Klima"* stammt von den Griechen. Er bedeutet so viel wie „Neigung". Nach den Angaben bei Poseidonios offenbart sich darin bereits ein Wissen um die Breitenabhängigkeit der Sonnenhöhe. Ursprünglich wurden als „Klimata" Parallelstreifen gleicher Sonnenhöhe bzw. Tageslänge mit je halbstündigem Abstand, also noch keine Wärmezonen, bezeichnet.

Was den sachlichen Inhalt unserer heutigen Klimatologie betrifft, so sind Andeutungen, wie wir sie bei Parmenides fanden, später bei Aristoteles (384–322 v. Chr.) in wissenschaftlicher Form behandelt worden. Die von ihm in seinen Werken „Über den Himmel" und „Über die Welt" niedergeschriebenen Gedanken über die Meteorologie – er gebrauchte diesen Namen und wird deshalb als der Begründer dieser Wissenschaft bezeichnet – enthalten ebenso viele klimatologische wie meteorologische Ableitungen, da es in damaliger Zeit eine Trennung zwischen beiden Wissensrichtungen noch nicht gab.

Die alte schematische Einteilung in breitenparallele „Klimata" blieb Jahrhunderte hindurch maßgebend und wurde immer wieder herangezogen, als Marginalangaben an Karten angebracht und zur listenmäßigen Aufteilung von Örtlichkeiten benutzt, so vor allem durch Strabo (geb. um 63 v. Chr.) und Claudius Ptolemäus (85–160 n. Chr.), dessen Schriften wieder von den syrischen und arabischen Gelehrten wie Jakob von Edessa (633–708 n. Chr.), Al Farghani († 830), Al Khwarizmi (um 820), Al Idrisi (1100–1166) und noch Jakob Bar Saqqo († 1241) als Quelle benutzt wurden. Selbst die Weltkarte des Petrus de Alliaco von 1410 bzw. 1483 und die des Bernardus Sylvanus von 1511 enthalten noch dieselben sieben Klimata als topographische Parallelstreifen. Auf der Romwegkarte von E. Etzlaub (1500) ist an Stelle der Klimata die Dauer des längsten Tages in Stunden vermerkt, was praktisch dasselbe bedeutet. Im Orient reicht dieser ptolemäische, im Grunde genommen sogar eratosthenische Einfluß noch bis ans Ende des 16. Jahrhunderts. Dies ist eine für uns, die wir an rasches Fortschreiten wissenschaftlicher Erkenntnisse gewöhnt sind, schwer begreifliche Stagnation.

Auch die aristotelischen Ansichten werden ebenso lange als feststehend hingenommen und bis in das *Mittelalter* überliefert. Neue Gesichtspunkte sind, soweit bekannt, nicht hinzugekommen. Die Autorität der überlieferten biblischen Texte hat hierzu wesentlich beigetragen, und nur wenige Kirchenväter, wie z.B. Basilius

(330–379), haben sich, selbständiger denkend, teilweise davon freigemacht und um physikalische Deutungen bemüht. Auch Albertus Magnus (1193–1280) war noch in den starren Vorstellungen des Altertums befangen, versuchte sie jedoch bemerkenswert zu differenzieren, indem er Betrachtungen über die klimatischen Schwankungen unter dem Wendekreise und unter dem Äquator anstellte und danach Spekulationen über die Bewohnbarkeit äußerte. Sein „liber de natura locorum" enthält bereits viele echt klimatologische Überlegungen, auch wenn bei manchem noch die aristotelische Quelle spürbar ist. Wenn er schreibt, daß Orte, die sich dem kalten und gemäßigten Klima nähern, warm und feucht sind, sobald sie an Meeren liegen, und daß sie mehr Feuchtigkeit haben als die Wärme absorbieren kann, deshalb besonders wasserdampfhaltig seien, so zeugt diese klimatische Aussage von für damalige Zeit erstaunlich richtigen und selbständigen Gedanken. *„Wenn ein Ort im Norden Berge hat, so wird er warm liegen, weil er gegen den Nordwind geschützt ist, kalt dagegen, wenn die Berge im Süden liegen und besonders, wenn diese Schnee tragen"* (Zitiert nach K. Kretschmer, 1889, S. 144.). Merkwürdig phantasievoll und selbstgerecht sind daneben aber seine Vorstellungen über die Beziehungen, die er zwischen den mathematischen Klimazonen und der Wesensart der Bewohner zu erkennen glaubt: *Das vierte und fünfte Klima hat für die Menschen den meisten Vorzug. Dies zeigt sich auch an ihrem langen Leben, ihren guten Sitten und löblichen Bestrebungen. Die Sitten der Nordländer aber sind wolfartig. Leichtfertig aber sind die Südländer; nur die der mittleren Klimate pflegen die Gerechtigkeit und sind treu.*" Auch in bezug auf die Erklärung des Windes ist er über Aristoteles noch nicht hinausgekommen.

Die Frühentwicklung der Klimatologie als Naturwissenschaft stand bis ins 17. und 18. Jh. hinein stark im Schatten der Auseinandersetzungen der Theologie mit den sich langsam emanzipierenden Naturwissenschaften überhaupt. Die teleologische Betrachtungsweise des Naturgeschehens, die von vielen Physicotheologen und Naturphilosophen unter dem Einfluß der Autorität der Bibel vertreten wurde, geriet mehr und mehr in Widerspruch zu den Erkenntnissen der Kausalmechanik (M. Büttner, 1964). Vor dem Hintergrunde dieser geistesgeschichtlichen Auseinandersetzung, die im 18. Jh. im christlichen Abendlande die kulturgeschichtliche Epoche der Aufklärung einleitete, muß auch das zunächst verstreute und planlos erscheinende Aufkeimen klimatologischer Forschung gesehen werden.

Die mit Beginn der *Neuzeit* einsetzenden instrumentellen Erfindungen galten in erster Linie physikalischen Vorgängen und Zusammenhängen (z. B. Quecksilberbarometer von E. Torricelli, 1643), noch nicht deren klimatologischer Tragweite. Die Klimatologie beschränkte sich zunächst auf verstreute unsystematische Angaben in den Cosmographien des ausgehenden Mittelalters und der beginnenden Neuzeit, war also in dieser Zeit ein unbedeutendes Anhängsel topographischer Beschreibungen aufzählender Art. Meist wurden nur Witterungsextreme (Stürme, Vereisung, Überschwemmungen) registriert und auch diese häufig in übertriebener Form. Noch Ende des 18. Jhs. erschienen umfangreiche Chroniken dieser Art, vermengt mit den ersten Anfängen instrumenteller Meßstatistiken (A. Pilgram, 1788).

Erste *systematische mehrjährige Beobachtungen* finden wir schon seit 1442 in Korea (H. Lautensach, Korea, Leipzig, 1945, S. 29), in Europa wohl zuerst aus Zürich (durch W. Haller, 1545/46 und 1550–1576) und von dem dänischen Astronomen Tycho Brahe, der in seinem Observatorium Uranienborg auf der kleinen Öresundinsel Ven von 1582–1597 meteorologische Beobachtungen und Messungen vornahm, die 1876 in Kopenhagen veröffentlicht wurden. Sie blieben ebenso vereinzelt wie die späteren Reihen des Landgrafen Hermann von Hessen aus Kassel 1623 bis 1646 und keines geringeren als Johannes Keplers aus der Zeitspanne 1617–1629. Erfahrene Weltumsegler ragten mit ihren kundigen Beschreibungen schon früh aus der wissenschaftlichen Stagnation heraus wie William Dampier (1652–1715), der als erster die Windsysteme auf den Weltmeeren richtig beschrieb. Gleichwohl sei nicht vergessen, daß andererseits noch 1744 der französische Gelehrte D'Alembert die gesamte Witterung auf die wechselnde Anziehungskraft des Mondes zurückführen wollte! Dieser Aberglaube spukt freilich noch heute in den Köpfen vieler Laien. Wo sich statistisch ein Parallelgang von Beobachtungsbefunden und Mondphasen gezeigt hat (E. E. Adderley u. E. G. Bowen, 1962; W. Fett, 1966) muß nach anderen Ursachen als der Lunarperiode bzw. Gravitation gesucht werden. Möglicherweise sind Meteorstaubschauer beteiligt. Über die recht umfangreiche Literatur hat Dronia (1967) berichtet.

Erst als im 18. Jh. der Gedanke *vergleichender und lückenloser Messungen zu festen Terminen* an mehreren Orten und mit vergleichbaren Instrumenten zu verwirklichen begonnen wurde – hier ist vor allem die Tätigkeit der von dem Abt J. J. Hemmer begründeten *Societas meteorologica palatina* zu Mannheim 1780–1792 zu nennen, – war damit auch die Basis eigentlicher Klimaforschung geschaffen worden, ohne daß zunächst der Name Klimatologie für diesen Wissenszweig verwandt wurde. Der Beginn erfolgte in verschiedenen Ländern nicht gleichzeitig, in Prag bereits seit 1752 lückenlos und in Uppsala, Stockholm und Lund ebenfalls seit der Mitte des 18. Jhs. In Rußland, wo auf die Initiative Peters des Großen hin in St. Petersburg bereits 1725 durch die Akademie der Wissenschaften mit meteorologischen Beobachtungen begonnen wurde, fand die Meteorologie in dem Polyhistor W. M. Lomonossow (1711–1765) einen frühen Wegbereiter, dem auch klimatologische Fragestellungen nicht fremd waren (vgl. u. a. sein Werk „Handwörterbuch der Erscheinungen des Luftmeeres und der in ihm auftretenden elektrischen Kräfte", 1753). Auch die Erforscher der vergleichbaren Temperaturmessung, der Schwede A. Celsius (1701 bis 1740), der Franzose R. A. F. de Réaumur (1683–1757) und der aus Danzig stammende Holländer G. D. Fahrenheit (1686–1736) seien hier erwähnt, weil ihre Namen unzertrennlich mit der Entstehung der Klimatologie verknüpft sind. Auch im Goetheschen Sachsen-Weimar erfuhr die Meteorologie durch Einrichtung eines Netzes von Beobachtungsstationen mit Veröffentlichung der dreimaligen Terminablesungen (1822–1835) eine frühe Förderung. Wenig beachtet worden ist die „Atmosphärologie" des Chemikers W. A. Lampadius, in der er bereits 1806 die Klimatographie als geographische Meteorologie definierte.

Einer der Begründer der klimatologischen, auf dem Vergleich von *Mittelwerten* fußenden Arbeitsweise wurde Alexander von Humboldt (1769–1859), dem wir u. a. den Begriff der (Jahres-)Isotherme (1817) verdanken und dessen Naturbeschreibungen aus der Neuen Welt ebenso wie die in seinem „Kosmos" niedergelegten Gedanken eine Fülle von bewußten Klimabeobachtungen bzw. klimatologischen Schlußfolgerungen offenbaren (vgl. H. G. Körber, 1959). Nicht zuletzt hatte er schon klar die vertikale Abstufung der Wärmezonen in den Andenländern Südamerikas erkannt. Gleichwohl faßte er den Klimabegriff (vgl. S. 1) vorwiegend eng anthropotrop auf, indem er darunter in erster Linie nur die Einflüsse der atmosphärischen Umwelt auf den menschlichen Organismus verstehen wollte, eine Einengung, der wir heute längst nicht mehr folgen, obwohl sie von medizinischer Seite manchmal noch vertreten wird, ja sogar von dem bekannten russischen Geographen L. S. Berg (1876–1950) noch unterstützt wurde. Das umfangreiche Werk von A. Müry (1858) ist in dieser Hinsicht kennzeichnend für diese enge Problemstellung der damaligen Zeit, die wir heute als „Bioklimatologie" als einen Zweig der angewandten Klimatologie verstehen.

So bildete die Mitte des vorigen Jahrhunderts in vielen Ländern mehr oder weniger gleichzeitig erfolgte *Einrichtung eines meteorologischen Beobachtungsnetzes* und entsprechender *Zentralstellen* (Berlin kurz nach 1830 [erstes meteorologisches Jahrbuch 1848], St. Petersburg 1849; Wien 1851, London und Paris 1855; Zürich 1864; Hamburg 1868 bzw. 1875 als Deutsche Seewarte; USA 1870) die eigentliche Voraussetzung für die zunächst mittelwertstatistisch arbeitende Klimakunde. Am Anfang dieser Periode stehen, außer der erwähnten Humboldtschen Untersuchung über die mittlere Wärmeverteilung, Arbeiten über die Juli- und Januarisothermen von W. Dove, der 1851 auch den Begriff der Isanomalen – Linien gleicher Wärmeabweichung – einführte, über die Isobaren und vorherrschenden Winde von A. Buchan (1869) und A. I. Woeikow (1873, in Weiterführung amerikanischer Vorarbeiten). Eine frühe Zusammenfassung der Ergebnisse der „synoptischen Gründerjahre" veröffentlichte 1875 der erste Direktor des Kgl. Norwegischen Meteorologischen Instituts und Professor für Meteorologie an der Universität Christiania, H. Mohn (1835–1916), dessen Wirken eine der Ausgangsgrundlagen der späteren „Norwegerschule" wurde. Auch der aus der Schweiz stammende zeitweilige Leiter des Physikalischen Zentralobservatoriums in St. Petersburg H. J. Wild verdient hier genannt zu werden, zumal er die Konstruktion meteorologischer Meßgeräte entscheidend gefördert hat. Lokale Klimamonographien setzen um diese Zeit zwar schon ein, wie z. B. die von M. F. Spasski über Moskau (1847), aber erst die nächste Phase brachte in dieser Hinsicht einen umfassenderen Fortschritt.

Diese weitere entscheidende Etappe auf dem nunmehr begonnenen Wege wurde in den letzten beiden Jahrzehnten des vorigen Jahrhunderts durch vier hervorragende Bahnbrecher: Gustav Hellmann (1854–1939) in Berlin, Julius von Hann (1839–1921) in Wien, Wladimir Köppen (1846–1940) in Hamburg und Alexander Woeikow[1] (1842–1916) in St. Petersburg eingeleitet. Den drei letztgenannten Klimatologen ging es nicht nur um die möglichst umfassende Sammlung von statistischem und beschreibendem Material aus aller Welt, sondern auch um die Ordnung dieser Fülle von geographisch-klimatologischen Einzelheiten zu einem *globalen Klimasystem.* Hierbei handelt es sich zunächst also um einen Rekonstruktionsversuch aus den beobachteten Wirkungen des Klimas auf der Erde. Die genetische Deutung folgte erst langsam nach in dem Maße, wie sich die Grundzüge der allgemeinen Zirkulation zu einem geschlossenen Bilde vereinigten, das in den klassischen Handbüchern von J. v. Hann (erste Auflage 1883) und A. Woeikow (1887) seinen jahrzehntelang gültig gebliebenen Niederschlag gefunden hatte. Köppen, der genialste unter den drei genannten Altmeistern der Klimaforschung, hat zeitlebens an dem von ihm nach langen und mühevollen Vorstudien veröffentlichten Klimasystem wei-

[1] Der Name Воейков (sprich: ve´je:kef) ist in der Literatur verschieden transkribiert worden: Woeikof, Woeikoff, Voeykov, Wojeikof, Wojeikow und Woeikow. Der letztgenannten Form ist heutigem Usus entsprechend der Vorzug gegeben worden.

tergearbeitet. Obschon ursprünglich von den Wirkungen auf die Pflanzenwelt ausgehend, verbindet er in der späteren, uns geläufigen Formulierung die Effekte mit der Genese [vgl. Kap. VI.c) 1.].

Das Bild der *allgemeinen Zirkulation der Atmosphäre,* welches aus den unzähligen regionalen Einzelbeiträgen allmählich entstand und von den vorgenannten drei Klimatologen jeweils unabhängig voneinander – am frühesten und umfassendsten von A. Woeikow (1874) – ausführlich begründet wurde, beherrschte einige Jahrzehnte unangefochten die Klimatologie. Von geographischer Seite waren es A. Hettner (1859–1941), E. de Martonne (1873–1955) und A. Philippson (1864–1953), deren genetisch begründete Klimaeinteilungen bis in die jüngste Vergangenheit hinein Anerkennung fanden. Schon in dieser Zeit trat der Gegensatz zwischen dem aus den Ursachen her gegliederten Klimasystem – Prototyp Hettner – und verschiedenen, aus den Wirkungen abgeleiteten Systemen – z.T. W. Köppen, A. Penck (1858–1945) – in Erscheinung. Die Klimatologie wurde in dieser Zeit, d.h. bis in die dreißiger Jahre unseres Jahrhunderts, vornehmlich als eine Teilwissenschaft der Geographie betrieben, wobei neben den genannten auch derjenigen Geographen gedacht werden muß, die sich vornehmlich Teilfragen der allgemeinen Klimatologie annahmen wie z.B. W. Meinardus (1867–1952) in Göttingen oder K. Knoch (1883–1972) in Berlin, der von der Geographie kommend die Klimaabteilung des späteren Reichsamtes für Wetterdienst aufbaute und auch noch nach dem letzten Weltkriege die Klimaabteilung des neuaufgebauten Deutschen Wetterdienstes in der Bundesrepublik einige Jahre leitete.

Bereits gleichzeitig mit dem Entstehen der nationalen meteorologischen Beobachtungsnetze erwuchs das Bedürfnis nach *internationaler Zusammenarbeit* auf diesem Gebiet, die auch nach den gewaltsamen Unterbrechungen durch die beiden Weltkriege stets sofort wiederhergestellt wurde. Eine maritim-meteorologische Konferenz in Brüssel 1853 war die Vorläuferin des Ersten Internationalen Meteorologischen Kongresses 1873 in Wien, auf dem das Internationale Meteorologische Komitee als ständige Einrichtung zur Überwachung und Koordinierung der Stationsnetze und der Beobachtungsmethoden gegründet wurde. International gültige Regeln wurden erstmals 1905 von G. Hellmann und dem Schweden H.H. Hildebrandsson publiziert; sie gelten für viele Sachbereiche noch heute. Nach dem ersten Weltkrieg nahm die Internationale Meteorologische Organisation ihren Sitz in Genf, wo auch die nach 1945 wiederbegründete, den vereinten Nationen angeschlossene, World Meteorological Organization (WMO) residiert. Fast alle Staaten der Erde gehören ihr an.

Mit dem weltweiten Ausbau des meteorologischen und aerologischen Beobachtungsnetzes, bei dem die praktischen Bedürfnisse während der beiden Weltkriege enorme Impulse lieferten, ging eine zunächst verstärkt physikalisch, in neuerer Zeit mit dem Ziel numerischer Wettervorhersagen besonders auch mathematisch-physikalisch orientierte Ausweitung der meteorologischen Forschung Hand in Hand. Für die Klimatologie bedeutete eine solche Situation zweierlei. Einmal gelangte sie, deren Beobachtungsnetz verwaltungsmäßig stets einen Teil des meteorologischen Stationsnetzes bildete, mit in diesen physikalisch-mathematischen Trend, und zum andern entwickelte sich mit dem stürmischen Ausbau der *Synoptik* ein ganz neuer Zweig klimatologischer Forschung, der als komplex oder dynamisch oder einfach als synoptisch bezeichnet wurde (vgl. Blüthgen, 1965). Im Mittelpunkt dieses Zweiges stehen nicht mehr die einzelnen Elemente für sich, sondern ihr kombiniertes Verhalten im Rahmen von räumlich ausgreifenden Vorgängen, d.h. der Wetterlagen. Fußend auf der frontologischen Systematik und Synoptik der „Norwegerschule" von V. und J. Bjerknes (V. Bjerknes 1862–1951), hat der Schwede T. Bergeron erstmals die Richtlinien einer *dynamischen Klimatologie* (1930) entwickelt.

Innerhalb dieser Richtung haben sich mehrere Arbeitsweisen herauskristallisiert. In erster Linie ist hier die *Luftmassenforschung* im engeren Sinne zu nennen. Sie ist unter klimatologischem Aspekt durch F. Linke (1878–1944) und seinen Schüler E. Dinies entwickelt worden (1931) und hat zeitweilig im synoptischen täglichen Wetterdienst eine große Rolle gespielt (Schinze, Willett, Scherhag), bis man in den letzten Jahren dank des Ausbaus der Aerologie ihren für den Wetterdienst doch nur sehr beschränkten Wert erkannte. Gleichwohl hielt sie sich jedoch als eine der modernen klimatologischen Arbeitsrichtungen, unabhängig von ihrer Entthronung im praktischen Wetterdienst, bis in die Gegenwart. Die modernen Handbücher von Trewartha (1968) und Alissow (1954) sowie das nach Luftmassen gliedernde Klimasystem von Brunnschweiler (1958) [vgl. Kap. VI. c) 10.] legen Zeugnis davon ab.

Sehr stiefmütterlich behandelt wurde die Frage der klimatologischen Bedeutung von *Fronten,* obwohl sie im Rahmen einer synoptischen Klimageographie offenkundig ist. Es können hier nur drei Beiträge genannt werden (Band, 1955; Christensen, 1964; Chromow, 1950) [s. Kap. III. b)], die sich mit diesem wichtigen Klimaproblem beschäftigt haben.

Eine weitere dynamisch-klimatologische Arbeitsweise gilt den Wetterlagen selbst, welche die Verteilung der Luftmassen steuern. Sie hat bereits in den Anfängen der Synoptik Ende des vorigen Jahrhunderts ihre Wurzeln, verdanken wir doch Teisserenc de Bort (1855–1913) und van Bebber (1841–1909), um nur einige Beispiele zu nennen, die Bearbeitung typischer Wetterlagen in durchaus klimatologischem Sinne. Voraussetzung hierfür war das Erscheinen der ersten *Wetterkarten* – der erste Versuch des Entwurfs einer Wetterkarte stammt von Leverrier, 1858 – in brauchbarer Form, d.h. auf Grund eines genügend dichten Netzes von Wettermeldungen, was erst in den 70er Jahren des vorigen Jahrhunderts verwirklicht war. Sie leiteten die sogenannte „Isobarenmeteorologie" ein, aus der sich die *Wetterlagenkunde* entwickelte. Die vergleichende Interpretation aktuell beobachteter Wetterlagen mit aufgestellten Typen wurde namentlich in den 30er Jahren intensiv betrieben. Es seien hier von den im Kap. III. e) im einzelnen aufgeführten Arbeiten als charakteristische Beispiele speziell genannt die Behandlung strenger und milder Winter aufgrund typischer Wetterlagen (O. Fink, 1934), die Systematik südwestfranzösischer Wettertypen (A. le Gal, 1934) oder die anregende Studie über den Schwarzwald im Regenwetter (G. Kottwitz, 1935) sowie die klassische Witterungsklimatologie Mitteleuropas von H. Flohn (1942 bzw. 1954). Die zentralen Publikationen zur Klassifikation von Großwetter- bzw. Witterungslagen sind für Europa die *„Großwetterkunde"* von F. Baur (1948), ergänzt durch den statistischen Katalog der europäischen Großwetterlagen für den Zeitraum 1881–1947 von P. Hess und H. Brezowsky (1952), sowie für den Alpenraum von M. Schüepp (1959 u. 1968). Sie erhielten methodisch wichtige Ergänzungen durch Bürger (1958) einerseits sowie Schüepp und Fliri (1967) bzw. Fliri (1970) andererseits, die versucht haben, die Wetterlagentypen hinsichtlich ihres Jahresganges und ihrer Verknüpfung mit wichtigen Klimaelementen statistisch-klimatologisch und durch entsprechende diagrammatische Darstellungen in ihren Auswirkungen zu verdeutlichen. Daß dies nur anhand des Zahlenmaterials für wenige Stationen durchgeführt werden konnte, deutet den großen Arbeitsaufwand an, den solche Untersuchungen erfordern.

Das gilt in gewisser Weise auch für eine weitere Arbeitsrichtung, die mit der Synoptik eng zusammenhängt, nämlich die klimatologische Behandlung der *Zugbahnen von Hoch- und Tiefdruckgebieten.* [Näheres und Lit. s. Kap. III. b) 4.]. Nach den frühen Arbeiten von W. Köppen (1880), W. J. van Bebber (1882, 1891) und M. Rykatschew (1896) blieb dieses synoptisch-klimatologisch so aufschlußreich erscheinende Problem merkwürdigerweise lange Zeit unbeachtet. Heute werden für Europa zuweilen noch die Angaben van Bebbers benutzt, doch sollten zukünftig für Mitteleuropa die z.T. beträchtlich abweichenden neuen Ergebnisse von Bahrenberg (1969) berücksichtigt werden. Eine grundlegende Bearbeitung für die gesamte Nordhalbkugel hat W. Klein (1957) vorgenommen, die als Übersicht wissenschaftlichen Bestand haben dürfte, auch wenn sich für Teilgebiete Differenzierungen als notwendig erweisen sollten. Eine Übersicht für die Südhalbkugel stammt von E. Vohwinkel (1953). Die Zugbahnen von Hochdruckgebieten über Europa sind von H. Reinel (1960) untersucht worden.

Schließlich sei noch als letzte Methode, in der Klimatologie mit komplexen Begriffen zu arbeiten, diejenige erwähnt, die weder mit den Wetterlagen noch mit den Luftmassen, sondern in Kombination beider mit den Vorgängen, den *Transporten* selbst, arbeitet. Hier muß, wenn man nicht schon J. v. Hanns Föhnstudien aus dem Ende des vorigen Jahrhunderts erwähnen will, als erster Heinrich von Ficker (1881 bis 1957) genannt werden, der die Wärme- und Kältewellen ganzheitlich für Eurasien in mehreren Arbeiten behandelte, und in dessen Fußstapfen nicht nur Meteorologen zur Aufhellung bestimmter Zyklonenbildungsprozesse (z.B. Externbrink, 1937; Li, 1936), sondern auch Geographen mit ausgesprochen regionalklimatologischer Zielsetzung getreten sind (L. Waibel, 1938; J. Blüthgen, 1940, 1941, 1942 und Sivall, 1957 z.B.); [s. a. Kap. III. d)].

Die Verdichtung der aerologischen Beobachtungen erweiterte nach 1940 die Kenntnisse vom Ablauf des atmosphärischen Geschehens in der dritten Dimension so gründlich, daß mehr und mehr Kritik an den bisherigen dynamischen Auffassungen von der *allgemeinen Zirkulation der Atmosphäre* und ihren Teilgliedern laut wurde. Die jüngste Periode dynamisch-klimatologischer Forschung ist daher gekennzeichnet durch eine Revision alter Vorstellungen und eine nach Möglichkeit quantifizierende Verbesserung des Zirkulationsmodells. Das Verdienst, die mannigfachen, z.T. auch heute noch widerspruchsvollen Einzelergebnisse zahlreicher Meteorologen aus allen Teilen der Welt zu einer neuen Synthese von beträchtlicher klimageographischer Tragweite und in didaktisch aufbereitete Modellvorstellungen gebracht zu haben, gebührt zweifellos H. Flohn (z.B. 1953). Man muß sich allerdings darüber im Klaren sein, daß auch das modifizierte Bild von der allgemeinen Zirkulation der Atmosphäre noch nicht als unverrückbarer Abschluß gelten kann, vielmehr weiterer Ergänzung oder Differenzierung bedarf (vgl. Kap. IV). Andererseits sind aber einige wichtige Ergebnisse inzwischen zur Lehrbuchreife gediehen, so daß sie in diesem Buch unter Betonung der Unterschiede zum bisherigen Bild berücksichtigt werden, ähnlich wie das bei dem allerdings stärker auf amerikanische Verhältnisse zugeschnittenen Klimalehrbuch von G. Trewartha (1968) geschehen ist.

Neben diesen aus der Synoptik erwachsenen Forschungszweigen entwickelte sich die altbewährte und unentbehrliche *Mittelwertsklimatologie* in verfeinerter und vertiefter Form weiter. Sie spielt insbesondere bei den *Klimaklassifikationsversuchen* eine besondere Rolle, wie sie in Kap. VI näher besprochen werden. Dafür wurden einerseits die Monatsmittel oder Extremwerte (im wesentlichen von Temperatur und Niederschlag) verwandt, wofür die Klimaeinteilungen von Blair, Philippson, Gorczynski als Beispiele dienen mögen. Zum anderen bedient man sich komplexer Begriffe zur Kennzeichnung des Klimas. So erreichte N. Creutzburg (1950) mit der Berücksichtigung des jahreszeitlichen Ganges der Humidität, obschon an sich letztlich auf den Temperatur- und Niederschlagswerten fußend, eine Klimagliederung, die kombinierten Charakter besitzt und der komplexen Natur des Klimas näherkommt. Eine weitere Verfeinerung im Hinblick auf die agrarisch wirksamen Eigenschaften des Klimas brachte die von afrikanischen Verhältnissen ausgehende Klassifikation von R. Jätzold (1970). Die Bewältigung des notwendigerweise großen Zahlen- und Beobachtungsmaterials für eine exaktere und zugleich vielfältigere Differenzierung des Klimas ermöglichen die modernen Rechenmaschinen und die mathematische multiple Faktorenanalyse, worüber vor allem D. Steiner (1965) berichtet hat.

Die betonte Kontrolle des regionalen Klimagefüges durch pflanzengeographische Areale schließlich, wie sie vor allem durch W. Köppen in seiner bereits erwähnten Klimaklassifikation vorgenommen wurde, eröffnete eine fruchtbare Arbeitsrichtung, die von mehreren Autoren beschritten wurde (Vahl, v. Wissmann, Troll). Durch die konsequente Berücksichtigung des *tages- und jahreszeitlichen Rhythmus'* im Verein mit den begleitenden Leitpflanzen gelangte C. Troll (Troll u. Paffen, 1963) zu einer neuen Klimasystematik, mit der insbesondere – und das ist als wesentlicher Fortschritt zu vermerken – eine sinnvollere Zuordnung der klimatischen Höhenstufen und Gebirgsklimate erreicht werden konnte, als dies nach den bisherigen Methoden möglich war.

So zeigt sich, daß auch auf dem Gebiet der mit Mittel- und Extremwerten arbeitenden separativen Klimaforschung mannigfache Verbesserungen und neue Ergebnisse erzielt werden konnten, die angesichts der nebenher laufenden Entfaltung der synoptischen Klimatologie nicht übersehen werden dürfen. Es kann also keine Rede davon sein, daß die herkömmliche analytische Klimaforschung etwa zu einem Abschluß gelangt sei und nun von der synoptischen Arbeitsweise abgelöst werden müsse. Vielmehr hat sich in der wechselweisen Befruchtung und Durchdringung beider Arbeitsrichtungen zusätzlich ein ausgedehntes, neues Forschungsfeld aufgetan, das freilich komplizierter ist und damit größere Ansprüche an den Klimageographen stellt.

Von einigen der zitierten Arbeiten zur Klimaklassifikation wie auch von vielen zur Analyse der mikro- und mesoklimatischen Bedingungen eines kleineren Raumes führen direkte Wege in das Gebiet der *angewandten Klimatologie.* Zahlreiche Probleme der technischen Fächer, der Forst- und Agrarwissenschaft sind in der einen oder anderen Weise mit klimatologischen Fragestellungen verbunden. In allen Kulturländern, besonders umfassend in den USA und in der Sowjet-Union, ist die angewandte Klimatologie in rasch fortschreitender Spezialisierung begriffen. In Deutschland hat sich insbesondere K. Knoch dieser Fragestellungen angenommen. Hier wie bei der meteorologischen Synoptik wird der geographisch orientierte Klimatologe jedoch sorgsam auf die Grenzen achten müssen, die ihm für die Verwendung dieser Forschungsergebnisse gesteckt sind. Angewandte und Kleinklimatologie sind in sehr vielen Fällen, oft allerdings nur durch geringe methodische Nuancen unterschieden, Aufgaben der Ökologie bzw. Technik. Die Klimaforschung hat heutzutage ein Stadium bunt schillernder Breitenentwicklung erreicht, wo der Geograph auszuwählen gezwungen wird und eigene klimatologische Arbeit nur mehr in sehr viel bewußterer Besinnung auf die Aufgaben und Fragestellungen der Geographie treiben kann, als dies noch bis in die dreißiger Jahre, oftmals relativ ahnungslos und im Gefühl des Selbstverständnisses, im allgemeinen geschah. Insofern befinden wir uns gegenwärtig methodologisch abermals an einer Schwelle.

c) Gewinnung des klimatologischen Materials, Klimastatistik

Datenquellen. Das der Klimaforschung zugrunde liegende Ausgangsmaterial stammt aus verschiedenen Quellen:

1. instrumentelle und Augenbeobachtungen an ad hoc errichteten Klimastationen, abgestuft nach Kategorien mit unterschiedlichem sachlichen wie zeitlichen Programm,
2. befristete instrumentelle Messungen an Sondernetzen oder mit individuellen Geräteanordnungen für Spezialprobleme, wozu auch die fahrbaren Stationen gehören,
3. wetterkundliche Schiffsbeobachtungen der Handelsschiffahrt, deren Klimatologischer Aussagewert von der Befahrungsdichte der Schiffsrouten, d.h. von der Gesamtzahl der an sich orts- und zeitungebundenen Einzelbeobachtungen abhängt und die daher äußerst ungleich verteilt sind,
4. instrumentelle und optische Beobachtungen an Wetterdienststationen des synoptischen Netzes auf dem Lande wie auf bestimmte Positionen einhaltenden Wetterschiffen, die zwar für die Zwecke der täglich ein- oder mehrmaligen Wetterprognose angestellt, aber wegen ihrer Ausführlichkeit und Vielseitigkeit auch der klimatologischen Auswertung dienen; auch automatisch registrierende und sendende Wetterbojen gehören in diese Kategorie, wie auch die mit einem Radius bis 300 km wirksamen Wetterradargeräte und die für die Erfassung der gesamten Dynamik der Atmosphäre außerordentlich wichtigen Radiosonden-Stationen des aerologischen Meßnetzes,
5. automatisch messende und sendende Wettersatelliten der amerikanischen TIROS- und NIMBUSserie (ausführlich behandelt bei E.C. Barrett, 1967) der sowjetischen KOSMOSserie sowie der METEOSAT der european space agencie liefern sowohl Wolkenverteilungsbilder als auch laufende Meßwerte meteorologischer Elemente über die Registrierung der von der Erde ausgehenden Strahlung in verschiedenen Wellenlängenbereichen. (Genaueres dazu bei G. Warnecke, 1967),
6. Wetterkarten – gedruckte und sogenannte Arbeitskarten – unterschiedlicher Ausschnitte und Maßstäbe mit Eintragung komplexer Witterungserscheinungen, sowohl nach am Erdboden gemessenen Werten (Bodenwetterkarten), wie nach den aerologischen Beobachtungen mit Radiosonden in verschiedenen Niveaus der Atmosphäre (Höhenwetterkarten),

7. indirekte, meist extensive Klimaangaben durch Auswertung von Beobachtungen an klimatisch abhängigen Erscheinungen der Erdoberfläche (z. B. Salzgehaltsverteilung im Meer, Vereisung, Vegetation, Landwirtschaft),
8. Witterungsschilderungen auf See oder von Reisen, Expeditionen usw.

Der weitaus größte und fundamentale Teil klimatologischer Information stammt aus instrumentellen Messungen und schätzenden Beobachtungen an den unter 1. genannten *Klimastationen* im weiteren Sinne. Sie bestehen in der Regel aus einem Grundnetz, zusammengesetzt aus einem prozentual kleineren Teil hauptamtlicher

Abb. I.1. Beobachtungswiese des Meteorologischen Zentralobservatoriums Potsdam. (Phot. G. Seifert, Meteorol. Zentralobs. Potsdam)

1 = Regenwaage (nach Sprung-Fuess)
2 = Erdbodenthermometer in 0, 2, 5, 10, 20, 50, 100 cm Tiefe in bewachsenem Boden
3 = Gestell für Sondermessungen
4, 9, 11, 14, 16 = Englische Hütten für verschiedene Geräte
5, 17 = Pfeiler für Sondermessungen
6 = Regenmesser (nach Hellmann)
7 = Spezialkonstruktion eines Regenschreibers (Hornersche Wippe)
8 = Kleinhütte für Sonderuntersuchungen
10 = Registriergerät für Erdbodenthermographen
11 = Beobachtungshütte der Säkularstation
12 = Regenschreiber (nach Hellmann-Fuess)
13 = Erdbodenthermometer in unbewachsenem Boden, links vom Regenschreiber zu Füßen der Hütte 11 sind die Thermometer für 2, 5, 10, 20 cm Tiefe zu erkennen, rechts anschließend die völlig versenkten Thermometer für 0.5, 1, 2, 4, 6, 12 m Tiefe. Abgelesen wird gerade das 6 m Thermometer; der Mast dient nur als Stütze für die Thermometerstange
15 = Stromerzeugungskasten

Der Wind wird auf dem Turm des Observatoriums in 39,3 m Höhe über Grund = 120,1 m Höhe über NN mit einem Böenschreiber Modell Fuess 82a registriert.

sowie größtenteils nebenamtlicher oder auch privater *Klimahauptstationen,* an denen die wesentlichen Klimaelementenwerte Temperatur, Luftdruck, Luftfeuchte, Niederschlag, Wind, Bewölkung und Sichtstufe mehrmals täglich zu bestimmten Beobachtungsterminen festgestellt werden.

Ergänzt werden sie einerseits durch wenige *Observatorien,* an welchen außer einem stündlichen, auf möglichst viele Klimaelemente ausgedehnten Beobachtungsprogramm klimatologische Grundlagenforschungen durchgeführt werden. Besonders bekannt geworden sind Potsdam (Abb. I. 1), von wo in der Zeit des Aufbaues des weltweiten Beobachtungsnetzes von Hellmann und Süring (1866–1950) oft Anregungen ausgegangen sind, welche die Klimatologie entscheidend geprägt haben, die frühere Seewarte in Hamburg mit ihrer besonderen Rolle für die maritime Klimatologie, Wien, Bracknell bei London und Blue Hill bei Boston, oder auch einige *Bergobservatorien* wie auf der Zugspitze, dem Jungfraujoch oder dem Mount Washington. Für besondere Aufgabenstellungen der Agrar- und Bioklimatologie gibt es speziell ausgerüstete Forschungsstellen.

Andererseits wird das Netz der Klimahauptstationen durch einige nachgeordnete Stationen mit gekürztem Beobachtungsprogramm, vor allem aber durch eine große Zahl von *Niederschlagsmeßstellen* und phänologischen Beobachtern wesentlich verdichtet (s. Tab. I. 1).

Tab. I.1. Netz der Wetter- und Klimastationen in der Bundesrepublik Deutschland. (Stand 31. 12. 1975) Zentralamt Offenbach a. Main

Wetterämter: 12
Schleswig, Hamburg, Bremen, Hannover, Berlin, Essen, Trier, Frankfurt, Freiburg, Stuttgart, Nürnberg, München

I. Synoptisches Stationsnetz	
a) Grundnetz: 28	f) Flugwetterwarten: 11 Hamburg, Bremen, Berlin, Hannover, Düsseldorf, Köln-Bonn, Frankfurt, Stuttgart, Nürnberg, München, Saarbrücken
b) Ergänzungsnetz: 57	
c) Hilfsnetz: 30	
d) Automatische Stationen: 15	
e) Aerologische Stationen: 6 Schleswig, Essen, Hannover, Berlin, Stuttgart, München	g) Stationen zur Überwachung der Radioaktivität der Atmosphäre: 11
II. Klimanetz	
a) amtliche und private Klimahauptstationen: 481, davon Observatorien: 3; Hamburg, Aachen, Hohenpeißenberg hauptamtliche Stationen: 88 nebenamtliche Stationen: 342 private Stationen: 48	e) Agrarmeteorologische Forschungs- und Beratungsstellen: 11 Schleswig, Hamburg, Bremen, Volkmarode b. Braunschweig, Bonn, Trier, Geisenheim (Rheingau), Würzburg, Hohenheim b. Stuttgart, Freiburg i. Br., Weihenstephan b. München
b) Stationen mit Teilmessungen: 35	
c) Niederschlagsmeßstellen: 2645	f) Medizin-meteorologische Forschungsstellen: 3 Hamburg, Bad Nauheim, Freiburg i. Br.
d) Phänologische Beobachter: etwa 2500	
III. Maritim-meteorologisches Stationsnetz	
a) Sturmwarnungsstellen: 45	c) Feuerschiffstationen: 7
b) Nebelbeobachtungsstationen: 6	d) nicht ortsfeste Beobachtungsstationen auf Schiffen: 421

Quelle: Jahresbericht 1975 des Deutschen Wetterdienstes, Offenbach a. M., 1976

Standardisierung der Beobachtung und Auswertung. Grundlegende Voraussetzung für seine Verwertbarkeit ist die *Vergleichbarkeit klimatologischen Datenmaterials.* Um diese zu gewährleisten, müssen die Umstände, unter denen die Daten an den verschiedenen Beobachtungsstationen gewonnen werden, so weit wie möglich standardisiert werden. Dazu gehört erstens, daß die Meßinstrumente hinsichtlich ihrer Instrumentenkonstanten übereinstimmen. Durch internationale Übereinkunft werden jeweils nur bestimmte *Standardinstrumente* für die Ausrüstung der Beobachtungsnetze zugelassen.

Zweitens müssen die Beobachtungen zu bestimmten Terminen *(Klimatermine)* angestellt werden. Das methodische Prinzip dafür ist, durch Auswahl weniger, aber besonders geeigneter Tagesstunden Werte zu gewinnen, die eine größtmögliche Repräsentation der tagesperiodischen Veränderung der Klimaelemente ermöglichen. Als die sachlich besten müssen seit den Überlegungen der Societas Meteorologica Palatina zu Mannheim am Ende des 18. Jhs. dazu die Termine 7.00^h, 14.00^h und 21.00^h MOZ *(„Mannheimer Stunden")* bzw. die 1936 von der Int. Met. Organisation empfohlenen 4 Termine 1.00^h, 7.00^h, 13.00^h und 19.00^h MOZ angesehen werden. Die Beobachtungszeiten sind so gewählt, daß mit Hilfe der dann gewonnenen Temperaturwerte eine größtmögliche Näherung an das *wahre Tagesmittel der Temperatur,* das sich aus 24 stündlichen Einzelwerten errechnet, ereicht werden kann. Das klassische Berechnungsverfahren für die Tagesmitteltemperatur bedient sich der Formel $(T_7 + T_{14} + T_{21} + T_{21}) : 4$. Aus den Ausführungen ergibt sich schon von selbst, daß die angegebenen Uhrzeiten mittlere Ortszeiten (MOZ) sein müssen, damit die Beobachtungen jeweils an der gleichen Stelle des Sonnentagbogens, also zur gleichen Sonnenzeit, angestellt und damit klimatologisch vergleichbar werden.

Die *wahre Ortszeit* einer Station x Längengrade östlich oder westlich vom Zeitzonenmeridian (15° E für mitteleuropäische Zeit = MEZ, oder 0° für Greenwich-Zeit = Weltzeit = MGZ z.B.) ergibt sich durch Addition bzw. Subtraktion von $x \times 4$ Minuten zur offiziellen Zonenzeit. Für die Zwecke des meteorologischen Dienstes (Wettervorhersage z.B.) wird dagegen überall auf der Welt zur gleichen Stunde Weltzeit beobachtet (= synoptisch, Synoptischer Beobachtungsdienst).

Mancherlei praktische Zwänge haben in verschiedenen Ländern zu *Kompromissen* zwischen den sachlich besten und der vor allem den ehrenamtlichen Beobachtern zumutbaren Beobachtungszeit geführt. So wird in Österreich seit dem 1. 1. 1971 nur noch um 7.00 Uhr und 19.00 Uhr beobachtet und das Tagesmittel nach der Formel $(T_7 + T_{19} + T_{max} + T_{min}) : 4$ gebildet. Einheitlichkeit ist international also nur bedingt gegeben und es interessiert deshalb die Frage, welcher Art die *Abweichungen der auf verschiedenen Wegen gewonnenen Tagesmittelwerte* untereinander und vom wahren Tagesmittel sind. Siogas (1972) hat dies am Beispiel der Beobachtungen von Innsbruck berechnet. Die Abb. I.2 stellt die Ergebnisse in leicht ablesbarer Form dar.

Drittens müssen die Beobachtungswerte *repräsentativ für einen größeren Umkreis* der Station sein. Dazu ist zunächst erforderlich, daß sie *außerhalb der bodennahen Störungszone* gewonnen werden. Diese ist für verschiedene Elemente verschieden hoch anzusetzen. Lufttemperatur und -feuchte werden deshalb in rund 2 m Höhe über einer ebenen Grasfläche, Windwerte 10 m über dem höchsten Hindernis der unmittelbaren Umgebung gemessen. Außerdem darf die Station als ganzes kein lokales Sonderklima, etwa eines Gebäudehofes, einer Waldlichtung, einer Hangnische usw. widerspiegeln. Die Lage der Stationen und das Bündel der Einflußfaktoren seitens der Umwelt müssen deshalb genau bekannt sein. Nun kann sich letzteres im Laufe der Zeit, vor allem durch Bebauung der Umgebung bzw. Heranwachsen von Bäumen oder durch Abholzen ändern. Die dadurch entstehende Inhomogenität einer Meßreihe wird als *passive Inhomogenität* im Gegensatz zu der weiter unten erwähnten aktiven bezeichnet. Viele der alten sog. *Säkularstationen* (d.h. solche mit besonders langjährigen, ununterbrochenen Meßreihen) inmitten großer Städte sind von diesem Schicksal betroffen (z.B. Berlin). In solchem Falle hilft nur die Verlegung in eine der ursprünglichen geographisch entsprechende neue Lage. Der dadurch bedingte Bruch der Homogenität der Reihe ist das kleinere Übel gegenüber dem systematischen Verlust der großräumigen Vergleichbarkeit. Ch. F. Brooks (1948) hat solche durch Veränderung der Umgebung entstandenen *scheinbaren „Klimaänderungen“* am Beispiel der oft verlegten Klimastation in Boston, wo die nahe gelegene, permanente Station des Blue Hill-Observatory seit 1885 völlig homogene Vergleichswerte liefert, erläutert.

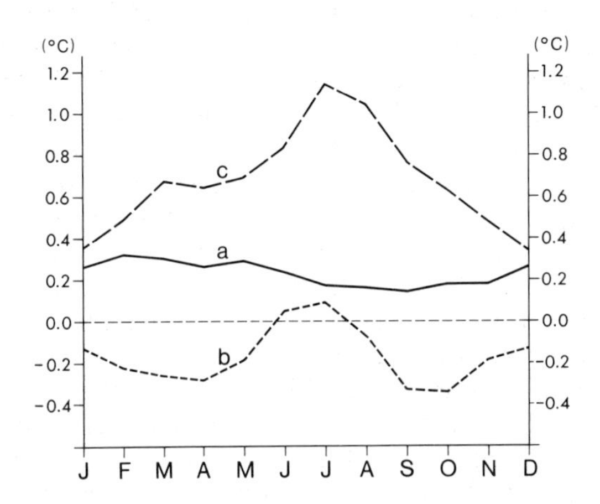

Abb. I.2. Jahresgang der Abweichungen unterschiedlich gewonnener Tagesmittelwerte der Lufttemperatur vom wahren, aus 24 stündlichen Einzelwerten gewonnenen Tagesmittel für Innsbruck (Werte von SIOGAS, 1972). Berechnungsverfahren:
Kurve a $(T_7 + T_{14} + T_{21} + T_{21}) : 4$, Kurve b $(T_7 + T_{19} + T_{max} + T_{min})$
Kurve c $(T_{max} + T_{min}) : 2$

bei NW-Strömung, 37 Tage = 41%	engschr. über 40% der 0600^h Beob.
bei N-Strömung, 13 Tage = 14%	weitschr. 20%–40% der 0600^h Beob.
bei SW-Strömung, 4 Tage = 4%	punktiert 0%–20% der 0600^h Beob.
bei NE-Strömung, 14 Tage = 16%	Mittel

Inhomogenität einer Beobachtungsreihe kann außer durch die angeführten Gründe lokaler Veränderungen aber auch durch einen Wechsel der Geräteausstattung oder des Beobachters entstehen. Bezüglich des letztgenannten können nämlich Ermessensfragen durch noch so genaue Beobachtungsanleitungen selbst bei Ablesung der Instrumente, besonders aber bei Augenbeobachtungen nicht völlig ausgeschaltet werden. Gröbere Unzulänglichkeiten werden bereits bei der Materialkritik vor Veröffentlichung der Daten von den entsprechenden Klimazentralämtern durch Vergleich benachbarter Stationen behoben. Trotzdem bleibt in den o.g. Fällen eine systematische Beobachtungsveränderung eines kleineren absoluten Betrages, die als *aktive Inhomogenität* bezeichnet wird. Quellenkritik ist also bei subtiler Verwendung von Klimadaten in den angesprochenen Richtungen geboten. Streng vergleichbar ist nur homogenes Material.

Um dieses zu erhalten, ist eine vierte Grundvoraussetzung die *Lückenlosigkeit der Beobachtungsreihe.* Gerade diese Forderung stellt den Klimadiensten aber angesichts der vielen privaten und nebenamtlichen Beobachter die häufigsten Probleme (Ausfälle wegen Krankheit, Urlaub oder dgl.). Wenn die Lücken nicht allzu groß sind und die Stationsdichte ausreichend ist, läßt sich der Schaden zum Glück ohne wesentlichen Fehler beheben. Während nämlich die Beobachtungswerte an einer Station im zeitlichen Ablauf großen Schwankungen unterliegen, erweisen sich die Differenzen gegen die gleichzeitig an einem benachbarten Ort gewonnenen als relativ sehr konstant. Mit Hilfe der korrespondierenden Differenzen lassen sich somit Beobachtungsreihen benachbarter Stationen gegenseitig auffüllen und nötigenfalls sogar über einen gewissen Zeitraum verlängern. Man bezeichnet diese Ausgleichmanipulationen als *„Reduzieren von Beobachtungsreihen"*. Welche Rechenverfahren im einzelnen anzuwenden sind, wird ausführlich bei V. Conrad und L. W. Pollak (1950) oder im Lehrbuch von Allisow-Drosdow-Rubinstein (1956) dargelegt.

Publikation der Daten. Das so gewonnene Beobachtungsmaterial wird von den Zentralämtern der einzelnen Staaten gesammelt, sachkundiger vergleichender Prüfung unterzogen und dann in entsprechenden *Veröffentlichungen* mehr oder weniger detailliert allgemein zugänglich gemacht. Für die Bundesrepublik Deutschland publiziert das Zentralamt des Deutschen Wetterdienstes aktuelle Beobachtungswerte in den Beilagen zu den täglich erscheinenden „Wetterkarten des Deutschen Wetterdienstes" für den süd- und den norddeutschen Raum sowie zum „Europäischen Wetterbericht". Eigentliche klimatologische Werte enthalten:

a) Die monatliche Beilage zum Europäischen Wetterbericht in Form der Monatsmittel- und -extremwerte der wichtigsten Elemente von allen synoptischen Stationen,
b) der „Monatliche Witterungsbericht" in Form einer Beschreibung des Witterungsablaufes, Tabellen mit Tages- und Monatswerten sowie Verteilungskarten (absolut und als Abweichung von langjährigen Durchschnittswerten) der Lufttemperatur und des Niederschlags,
c) die Publikationen „Großwetterlagen Europas" und „Agrarmeteorologischer Wochenhinweis",
d) die „Witterung in Übersee", vom Wetteramt Hamburg monatlich herausgegebener Weltwetterbericht,
e) die „Klima-Eilinformation", die monatlich erscheint,
f) das „Deutsche Meteorologische Jahrbuch", in welchem letztlich alle Beobachtungswerte eines Jahres von der Klimaabteilung des Deutschen Wetterdienstes zusammengefaßt publiziert werden.

Berechnung klimatologischer Werte. Aus den mittleren Daten für relativ kurze Zeitabschnitte wie Tag, Monat oder Jahr, die in den voraus genannten Veröffentlichungen enthalten sind, lassen sich nach langjähriger Beobachtung durch arithmetische Mittelbildung die *langjährigen klimatologischen Mittel- und Extremwerte* berechnen, die dann in entsprechende Tabellenwerke Eingang finden. Dabei ist, streng genommen, auf eine weitere, die vierte Voraussetzung für die Vergleichbarkeit zu achten, nämlich diejenige, welche von der Zahl der Beobachtungsjahre und dem Ausschnitt aus der Jahresfolge, auf welchen sich die statistischen Werte für die einzelnen Elemente beziehen, begründet ist. Im Normalfall sind die Beobachtungsreihen meist ungleich lang und umfassen unterschiedliche Zeitabschnitte. Daraus ergeben sich die Probleme der *minimalen Periodenlänge* sowie der Reduktion der klimatologischen Rechenwerte auf eine *einheitliche Bezugsperiode.*

Wie lang eine Beobachtungsreihe sein muß, um repräsentative Werte zu liefern, hängt von der mehr oder weniger großen *Veränderlichkeit des jeweiligen Klimaelementes* im Ablauf der Zeit, also davon ab, wie stark die einzelnen Beobachtungswerte einer Reihe voneinander abweichen. Dies wiederum wird einerseits bestimmt durch die meteorologischen Prozesse, mit welchen die Elementenwerte zusammenhängen, und andererseits beeinflußt von der Lage e ner Beobachtungsstation im klimatischen Großrahmen. Im allgemeinen zeigt der Niederschlag die größten, die Luftfeuchte die kleinsten zeitlichen Unregelmäßigkeiten. Regional verglichen weisen Inselstationen bei relativ starker Veränderlichkeit im Stundenabstand über längere Zeiträume hinweg geringere Schwankungen als Festlands- oder speziell Gebirgsstationen auf, so daß man bei ihnen schon mit relativ kurzen Beobachtungsreihen repräsentative Mittelwerte erhalten kann (vgl. Tab. I. 2). Noch viel geringere Veränderlichkeit weisen die meteorologischen Elemente in den Tropen auf, allerdings wieder mit Ausnahme des Niederschlags. Die besondere Problematik, die mit der statistischen Bearbeitung von Niederschlagswerten verbunden ist, hat J. Dettwiler (1972) an den Jahressummen von 1800–1970 in Paris-Saint Maur dargelegt. Aus seinen Diagrammen wird die große Schwankungsbreite deutlich und man erfährt außerdem, daß der errechnete 68jährige Mittelwert von 610 mm in keinem Einzeljahr dieser Reihe auch tatsächlich aufgetreten ist.

Für die Veränderlichkeit eines Klimaelementes in der Zeit gibt es verschiedene *Repräsentationsgrößen*, welche man unter dem Oberbegriff *Variabilität* zusammenfaßt. Zunächst muß man die Zeitabschnitte unterscheiden, auf welche die Veränderungen bezogen werden sollen (von Stunde zu Stunde, Tag zu Tag = *interdiurine V.*, Monat zu Monat, Jahr zu Jahr). Die *mittlere Variabilität* (in der allgemeinen Statistik auch mittlere Abweichung bezeichnet) ergibt sich aus der Summe der Absolutbeträge der Abweichungen vom Mittelwert x_m, geteilt durch die Zahl der Fälle n. Also formelhaft geschrieben:

$$\sum_{i=1}^{n} |x_i - x_m| / n .$$

Die *relative V.* erhält man, wenn man die mittlere V. in % des Mittelwertes ausdrückt, also

$$\sum_{i=1}^{n} | x_i - x_m \cdot 100 / n \cdot x_m .$$

Dieser Wert ist besonders für den Niederschlag klimatologisch interessant. Von allgemeiner Bedeutung ist die *Standardabweichung* der Einzelwerte vom Mittelwert einer Reihe. Zum Unterschied von der mittleren V. wird sie so errechnet, daß die

Differenzen $d_i = x_i - x_m$ ins Quadrat erhoben, summiert, durch die Zahl der Fälle n dividiert werden und dann aus dem Resultat die Wurzel gezogen wird. Also

$$\sqrt{\sum \frac{d_i^2}{n}}.$$

Eine interessante diagrammatische Darstellung des Jahresganges der Standardabweichung hat F. Fliri (1970) für die Temperaturverteilung im Alpenraum gegeben.

Um bei starker Variabilität eines Elementes längerfristige Änderungstendenzen innerhalb einer langjährigen Beobachtungsreihe deutlicher werden zu lassen, bedient man sich der *übergreifenden Mittelbildung.* Dabei werden aus der Wertereihe a_1, a_2, a_3, a_4, usw. bis a_n jeweils der erste und dritte, zweite und vierte, usw. bzw. der erste und vierte, zweite und fünfte, dritte und sechste usw. Wert gemittelt und zu einer neuen Reihe formiert (*Prinzip der Glättung* eines Polygonzuges sehr starker Schwankung).

Um einen Überblick zu gewinnen, welcher Zeitraum für eine brauchbare Mittelbildung bei den wichtigsten Einzelelementen und Standorten als ausreichend gelten muß, sei nachstehend eine von H. E. Landsberg und W. C. Jacobs (1951) ausgearbeitete Vergleichstabelle (Tab. I. 2) wiedergegeben, aus welcher die großen regionalen und elementaren Unterschiede hervorgehen. Ihr kommt grundlegende Bedeutung für die kritische Bewertung von Klimawerten zu.

Mit Ausnahme des Niederschlags sind die Jahresspannen bei allen angeführten Elementen in den Tropen bedeutend niedriger. Bei der Feuchte genügen u. U. sogar schon 1 bis 2 Jahre im ozeanischen Bereich, um verläßliche Mittelwerte zu gewinnen. Generell sind Feuchte, Bewölkung und Sicht – ohnehin miteinander in Beziehung stehende Elemente – durch relativ geringe Variabilität auf der ganzen Erde ausgezeichnet. Auffallend ist die durchweg hohe Zahl von Jahren, die notwendig ist, um im Gebirge zu einigermaßen verläßlichen Mittelwerten zu gelangen. In allen Fällen benötigt man im Gebirge stets mehr Jahre als im Flachland oder gar auf Inseln, um klimatologisch repräsentative Werte zu erhalten.

Tab. I.2. Notwendige Länge der Bezugsreihen (in Jahren) für klimatologische Mittelwerte. (Nach H. E. Landsberg und W. C. Jacobs, 1951, S. 979)

Klimaelement	Inseln	Küste	Flachland	Gebirge
A. außertropische Regionen				
Temperatur	10	15	15	25
Feuchte	3	6	5	10
Bewölkung	4	4	8	12
Sicht	5	5	5	8
Niederschlagsmenge	25	30	40	50
B. tropische Regionen				
Temperatur	5	8	10	15
Feuchte	1!	2	3	6
Bewölkung	2	3	4	6
Sicht	3	3	4	6
Niederschlagsmenge	30	40	40	50

Zu den klassischen Repräsentationsgrößen einer Beobachtungsreihe gehören neben den vorauf genannten Mittelwerten für festgelegte Zeitabschnitte (Tages-, Pentaden-, Dekaden-, Monats-, Jahreszeiten- und Jahresmittelwerte z.B.) sowie den jeweiligen Standardabweichungen und Variabilitäten noch die *mittleren und die absoluten Maxima und Minima* für die o.g. Zeitabschnitte. Die Differenz zwischen den mittleren Extrema ist die mittlere, diejenige zwischen dem überhaupt in der ganzen Beobachtungsreihe aufgetretenen höchsten und tiefsten Wert die absolute *Schwankungsweite*. Bei den absoluten Extremwerten ist evident, daß ihre Größe sehr stark von der Länge der Beobachtungsperiode abhängt, aber auch bei allen anderen ist es leicht einsichtig, kann doch ein Ausnahmewert bei einer relativ kurzen Beobachtungszeit leicht alle arithmetischen Mittelwerte verändern.

Bleibt noch das Problem, daß auch ausreichend lange Reihen keine streng vergleichbaren klimatologischen Werte liefern, wenn sie *unterschiedliche Abschnitte aus der Jahresfolge* darstellen (1910–1940 die eine, 1890–1920 die andere z.B.). Die Realität der Materiallage zwingt häufig, nach Möglichkeit von der vorher genannten Reduktion von Reihen Gebrauch zu machen. Als *Normalreihe* ist von der Int. Meteorol. Konf. in Warschau 1935 für die meisten Elemente das Lustrum 1901–1930, für Niederschläge 1891–1930 vorgeschlagen worden. Dadurch sind zwar nicht alle Schwierigkeiten behoben, weil langfristige Trends – z.B. die Wintermilderung der Jahrzehnte seit dem 1. Weltkrieg – darin übergewichtig sein können, aber es war doch ein bedeutender Schritt im Sinne globaler Vergleichbarkeit. Für die meisten Staaten liegen solche Reihen jetzt vor. Eine neue „Normalreihe“ 1931–1960 wurde, einheitlich für alle Elemente, einschließlich dem Niederschlag, von der Internationalen Meteorologischen Konferenz in Washington 1957 beschlossen. Sie liegt u.a. auch den Regionalbänden des World Survey of Climatology zu Grunde. Da Klima nichts Feststehendes ist, d.h. auch bei noch so langen Bezugsreihen Schwankungen bleiben, ist es nicht notwendig, extrem lange Beobachtungsreihen anzustreben, nur müssen sie ausreichend lang und untereinander vergleichbare Zeiträume umfassen. Das besagt nicht, daß nicht sog. Säkularstationen mit möglichst homogenen sehr langen Reihen nötig wären, um Klimaschwankungen an einzelnen Orten statistisch belegen zu können.

Bei allen Vorzügen von Mittelwerten darf man aber nicht übersehen, daß sie eigentlich eine rechnerisch ermittelte Fiktion darstellen, die selbst bei Hinzufügen von extremer und mittlerer Schwankungsweite die realen Gegebenheiten nur unvollkommen wiederzugeben vermögen. Ein Januar, der beispielsweise in der ersten Hälfte gleichmäßig mild, in der zweiten Hälfte jedoch anhaltend kalt verlief, hat dieselben mittleren und extremen Werte wie einer mit permanentem, kurzfristigem, tagesperiodischem Wechsel zwischen milden Mittags- und kalten Nachttemperaturen, obwohl dies für alle klimatischen Folgeerscheinungen grundsätzlich unterschiedliche Konsequenzen hat. Aus der zeitlichen Mittelung von schnell durchziehenden relativen Hoch- und Tiefdruckgebieten mit ihren weitgehenden Konsequenzen für die gesamte Wetter- und Witterungsgestaltung kann sich sogar für ein Gebiet als gemittelter Wert eine klimatologische Luftdrucksituation ergeben, die überhaupt keine Information über den realen Ablauf der Ereignisse mehr enthält.

Ein anschauliches regionales Beispiel, wie stark Mittelwerte die wirklichen Gegebenheiten verschleiern können, zeigt die Abb. I. 3 für die Winterwitterung von Hokkaido.

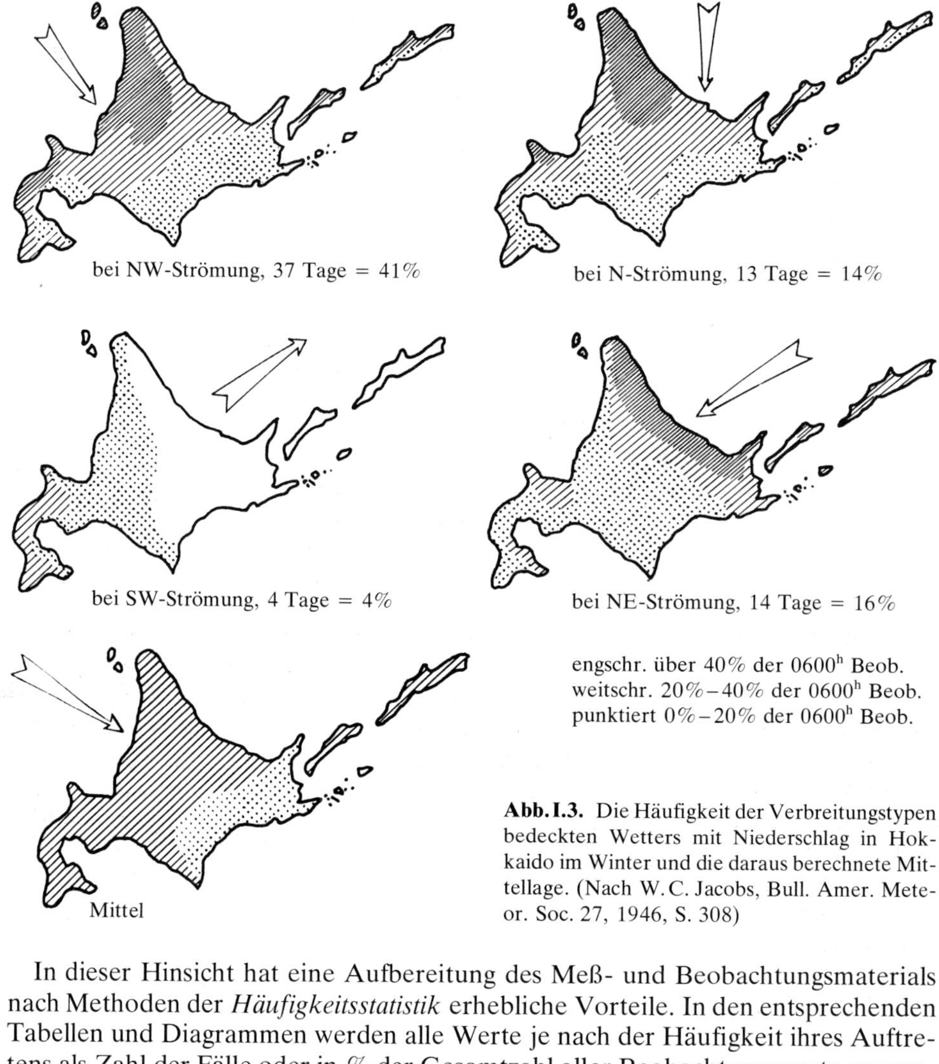

engschr. über 40% der 0600^{h} Beob.
weitschr. 20%–40% der 0600^{h} Beob.
punktiert 0%–20% der 0600^{h} Beob.

Abb. I.3. Die Häufigkeit der Verbreitungstypen bedeckten Wetters mit Niederschlag in Hokkaido im Winter und die daraus berechnete Mittellage. (Nach W.C. Jacobs, Bull. Amer. Meteor. Soc. 27, 1946, S. 308)

In dieser Hinsicht hat eine Aufbereitung des Meß- und Beobachtungsmaterials nach Methoden der *Häufigkeitsstatistik* erhebliche Vorteile. In den entsprechenden Tabellen und Diagrammen werden alle Werte je nach der Häufigkeit ihres Auftretens als Zahl der Fälle oder in % der Gesamtzahl aller Beobachtungswerte angegeben. Man kann dann, wie z.B. aus Abb. I. 4, den Median- oder Scheitelwert als den häufigsten, daneben die Terzil- (33% aller Fälle), Quartil- (25%) und Dezilwerte (10%) sowie die Größe der seltenen Extremwerte und die Schwankungsweite in bestimmten Häufigkeitsniveaus leicht ablesen. Mittelwert und häufigster Wert können zuweilen ganz erheblich voneinander abweichen. Im mitteleuropäischen Klima liegt der Scheitelwert der Temperatur im Sommer unter, im Winter über dem Mittelwert, weil letztere durch die im Sommer positiven, im Winter negativen extremen, aber dafür seltenen Abweichungen bestimmt wird. Es können u. U. sogar mehrere Scheitelwerte klimatologisch charakteristisch sein, etwa wenn in Wechselklimaten verschiedene Klimaeinflüsse häufigkeitsmäßig mit ihren jeweils typischen Wertekollektiven alternieren. Die vorher angezogene Januarsituation wäre dafür ein entsprechendes Beispiel. Die Erstellung von Häufigkeitsstatistiken ist arbeitsaufwendiger

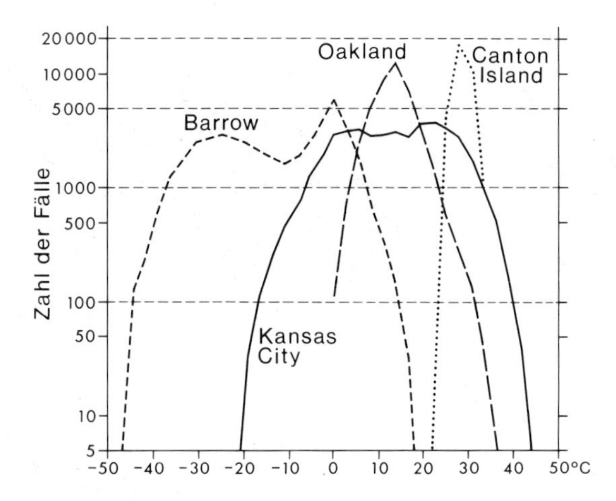

Abb. I.4. Die Streuung der stündlichen Einzelbeobachtungen eines vierjährigen Temperaturkollektivs von Canton Island (Phoenixinseln), Barrow (Alaska), Kansas City und Oakland (Kalifornien), geordnet nach Temperaturstufen in logarithmischer Skala. (Zahlenwerte nach H.P. Bailey, 1964)

als die Errechnung von Mittel- und Extremwerten, so daß sie in normalen Klimatologien bisher noch wenig Eingang gefunden hat. Beim National Weather Record Center in Asheville, N.C., sind für ein paar hundert Stationen der Erde *Häufigkeitsauswertungen* für die Temperatur, den Niederschlag, die Feuchte und den Wind erhältlich. Einen eindrucksvollen Beleg für den Nutzen solcher Analysen lieferte für den Alpenraum F. Fliri (1967). Neuerdings hat man bei den Klimakarten Frankreichs (Peguy, 1971) im Maßstab 1:250000 wenigstens den Niederschlag in lokalisierten Häufigkeitsdiagrammen dargestellt. Es wäre für die Klimatologie ein großer Vorteil, wenn mehr häufigkeitsstatistische Auswertungen vorgelegt würden.

Die Beobachtungen der Klimastationen der einzelnen Länder liefern die Grundausstattung der weltweit vergleichbaren Klimawerte. Seit 1911 werden jährlich regelmäßig von etwa 500 Stationen aus der ganzen Welt mittlere Luftdruck- und Temperatur- sowie Niederschlagssummenwerte von der Int. Meteor. Org. in den *„Réseau mondial"* und seit 1927 für 390 Orte in den von H.H. Clayton herausgegebenen *World Weather Records* veröffentlicht. Langjährige Monatsmittelwerte für die Normalperioden 1901–1930 und 1931–1960 sind als *climatological normales* (Clino) 1948 bzw. 1962 von der WMO (World Meteorological Organisation) publiziert worden. Hinzu kommen viele regional enger begrenzte Tabellenwerke und Klimaatlanten, von denen einige im Literaturverzeichnis zu diesem Kapitel aufgeführt sind.

Daten aus synoptisch-meteorologischen Beobachtungssystemen. Eine wichtige und vor allem für die Ziele der modernen dynamischen und synoptischen Klimatologie unentbehrliche Ergänzung der vom Klimanetz gewonnenen Materialbasis stellt diejenige dar, die vom synoptischen und vom maritim-meteorologischen Stationsnetz (Tab. I.2) sowie neuerdings auch von den Wettersatelliten bereitgestellt wird.

Der gesamte *synoptische Dienst* ist zwar auf sein Hauptziel, die Wetterprognose hin ausgerichtet, doch bilden, abgesehen davon, daß synoptische Stationen in der

Regel auch gleichzeitig als Klimahauptstationen tätig sind, vor allem die in der Synopsis ausgearbeiteten Boden- und Höhenwetterkarten das wichtigste Grundlagenmaterial für alle Zweige der synoptischen und dynamischen Klimatologie. Es wurde bereits gesagt, daß entsprechend ihrer Bezeichnung die *synoptischen Beobachtungen* zu bestimmten Weltzeitstunden (0 Uhr, 3 Uhr, 6 Uhr, 9 Uhr, 12 Uhr, 15 Uhr usw.) überall auf der Erde gleichzeitig angestellt werden. Das Beobachtungsprogramm ist wesentlich umfangreicher als das klimatologische, besonders hinsichtlich der Wolkenarten, der Windbewegung, des Luftdrucks und seiner zeitlichen Änderung. Die Daten werden in einem international vereinbarten Zahlencode verschlüsselt an Nachrichtenzentralen weitergegeben und sofort weltweit verbreitet, um von den nationalen Diensten jedes Landes in entsprechende synoptische Bodenwetter- und Analysenkarten eingetragen zu werden.

Da 60% der Erdoberfläche Meeresräume, die meteorologischen Entwicklungen aber nur aus kontinuierlich erfaßten großräumigen Zusammenhängen erkennbar sind, ist der synoptische Dienst mehr noch als die Klimatologie auf *Beobachtungsdaten von den Ozeanen der Erde* angewiesen. Früher kamen dafür nur die Schiffsbeobachtungen in Frage. Inzwischen sind automatische Meßstationen sowie Satellitenaufnahmen hinzugekommen. Meteorologische Beobachtungen und Messungen auf Schiffen unterliegen wegen des Einflusses von Schiffskörper und -bewegung auf den Meßvorgang besonderen Schwierigkeiten und Regeln. Feuerschiffe nahe der Küste sowie einige an besonders wichtigen Stellen der Ozeane ebenfalls ortsfest stationierte *Wetterschiffe* haben, wie die jeweils in begrenzten, aber unterschiedlichen Bereichen operierenden *Forschungs-* („METEOR", „PLANET") *und Betreuungsschiffe* („ANTON DOHRN" und „MEERKATZE" von deutscher Seite), voll ausgerüstete Wetterstationen an Bord. Doch sie vermögen nur über Punkte in der riesigen Weite zu informieren. Deshalb sind viele Handelsschiffe von den Wetterdiensten mit den nötigsten Instrumenten ausgerüstet und bestimmte Besatzungsmitglieder entsprechend geschult worden, so daß diese Handelsschiffe als nicht ortsfeste Beobachtungsstationen regelmäßig zu den synoptischen Terminen ihre *„Schiffsmeldungen"* per Funk absetzen können. All diese Beobachtungen werden unter der jeweiligen Position der Schiffe in die Wetterkarten eingezeichnet. Außerdem besteht überhaupt für alle Schiffe die Eintragungspflicht von Wetterbeobachtungen in die *Schiffstagebücher.*

Deren Auswertung hat zusammen mit den Schiffsmeldungen sowie Insel- und Küstenbeobachtungen die Materialgrundlage für verschiedene klassische Klimatologien der Ozeane geliefert. Die von der Deutschen Seewarte für einzelne Ozeane herausgegebenen *Monatskarten* enthalten wie die entsprechenden *pilot charts* der U.S. Navy und der British Admirality, vorwiegend Angaben über die Windverhältnisse. Auf der gleichen Grundlage wurden nach 1947 vom Seewetteramt in Hamburg Monatskarten zur Klimatologie von Teilgebieten des Atlantischen Ozeans bearbeitet. Von amerikanischer Seite ist das ungleich umfangreichere Material amerikanischer Handelsschiffsbeobachtungen in den von W.F. McDonald bearbeiteten *„Atlas klimatischer Karten der Ozeane"* (1938, in deutscher Übersetzung 1944) eingebracht worden. Der umfangreichste und modernste Atlas zur Klimatologie der Weltmeere ist der *„Morskoi-Atlas"* (der Akademie der Wissenschaften in Moskau, 1954).

Eine finanzielle Entlastung des syn. Beobachtungsdienstes allgemein und eine Verdichtung des ozeanischen Beobachtungsnetzes insbes. wird mit Hilfe *automati-*

scher Wetterstationen angestrebt. Schon während des 2. Weltkrieges waren von der deutschen Marine Wetterbojen im Nordatlantik ausgesetzt worden, welche ihre Meßwerte über Funksignale ausstrahlten. Die USA haben die Technik weiterentwickelt. Anfang der 60er Jahre ist von der US-Navy im Golf von Mexiko die erste mit Atomstrom gespeiste Station eines *A*utomatic *M*eteorological *O*bservation *S*ystem (AMOS) ausgebracht worden, die drei- bis 6stündlich die Registrierungen von Lufttemperatur, Luftdruck, Windrichtung und -stärke sowie der Wassertemperatur ausstrahlt. Überschreitet die Windstärke 25 Meilen pro Stunde, erfolgt die Aussendung stündlich. Das System ist inzwischen durch Fernmessung zum *R*emote *A*utomatic *M*eteorolog. *O*bservation *S*ystem (RAMOS) weiterentwickelt worden. Der Deutsche Wetterdienst betreibt inzwischen 17 automatische Meßstationen, allerdings nur an der Küste und auf dem Land. Sie sind wesentlich einfacher zu konstruieren (Hinzpeter, 1973).

Wichtiger integrierender Bestandteil des synoptischen Beobachtungsnetzes sind die *aerologischen Stationen,* von denen aus regelmäßig mit *Radiosonden* und Pilotballonen Vertikalprofile von Druck, Temperatur und Feuchte bzw. von Windrichtung und -stärke gemessen werden. Die mit Kleinsendern versehenen Instrumente geben bestimmte Funksignale, wenn der von je einem kleinen Dosenbarometer, Thermometer und Feuchtemesser betätigte Stellarm einen Schleifkontakt berührt. Aus der Kombination der Meßwerte läßt sich die jeweilige Höhe des Instrumentes und aus der durch Radar verfolgten Flugbahn des Trägerballons das vertikale Windprofil berechnen. Aerologische Messungen sind die Grundlage der Luftmassen- und Schichtungsanalysen sowie der *Höhenwetterkarten* (absolute und relative *Topographien*). Das aerologische Netz kann wesentlich weitmaschiger als das der Bodenbeobachtungen sein, da mit wachsendem Abstand von der Erdoberfläche die regionalen Differenzierungen innerhalb der Atmosphäre immer großräumiger werden.

All diese vorauf genannten synoptischen Daten gehen zunächst in die *täglichen Wetterkarten* ein, von denen jeweils eine Auswahl von den Wetterdiensten vieler Staaten periodisch veröffentlicht und an Interessenten kommerziell abgesetzt wird. Das Zentralamt des Deutschen Wetterdienstes in Offenbach a. M. gibt den Europäischen Wetterbericht heraus. Seine Vorläufer waren der Deutsche Wetterbericht und der Seewetterbericht. Zusammenfassungen der Wetterlagen über eine Woche oder einen Monat bilden die *Witterungsberichte.* Beide synoptische Publikationen enthalten die Materialbasis für die Untersuchung komplexer dynamischer Gebilde wie Zyklonen, Antizyklonen, Frontensysteme, Kaltlufteinbrüche, Wärmewellen, Wetter- und Witterungstypen, Zirkulationsabfolgen u. a. m. im Rahmen von synoptisch-klimatologischen Forschungsarbeiten.

Beobachtungsausweitung durch Satelliten. Seit dem 1. April 1960, dem Starttag des ersten erfolgreichen *Wettersatelliten* TIROS 1 (*T*elevision and *I*nfra-*R*ed *O*bservation *S*atellite 1) haben synoptische Meteorologie und Klimatologie eine revolutionierende Erweiterung ihrer Beobachtungsgrundlagen erfahren. Inzwischen sind über 30 Wettersatelliten verschiedener Bauserien eingesetzt worden. Von 1960–1965 haben die USA 10 der TIROS-Serie gestartet, die im wesentlichen noch Tageslicht-Wolkenaufnahmen machten. Es folgten 4 der NIMBUS-Serie, die auf dem Wege über Infrarot-Kanäle auch Wolkenbilder von der Nachtseite der Erde aufnehmen konnten. Mit dem Einsatz des ersten von insges. 9 der Environmental

Survey Satellite (ESSA)-Serie wurde durch die unmittelbar nach der Aufnahme erfolgende Übertragung der Bilder eine sofortige Auswertung für den synoptischen Dienst möglich. Im Februar 1970 folgte der erste einer neuen Serie, der Improved TIROS Operational Satellites (ITOS), die als Kombination der Meßtechniken von NIMBUS und TIROS Wolkenbilder von der Tages- und Nachtseite direkt abrufbar zur Verfügung stellen. Die neueste Weiterentwicklung sind die NOAA-Satelliten. Die UdSSR hat mindestens 6 Wettersatelliten der KOSMOS- und METEOR-Serie gestartet, über deren Ausstattung aber relativ wenig bekannt ist, und deren Beobachtungsdaten auch nicht von anderen meteorologischen Diensten direkt abgerufen werden können.

Alle diese genannten sind Satelliten auf Umlaufbahnen mit relativer Ortsveränderung gegenüber der Erde. Außer ihnen gibt es *geostationäre* mit der Bezeichnung ATS (Applications Tecnology Satellite). Der wichtigste und erfolgreichste ist ATS 1, der in einer Höhe von 36000 km über einem bestimmten Ort des Äquators (meist 150° W) scheinbar still steht, da seine Umlaufgeschwindigkeit genau der Rotationsgeschwindigkeit der Erde entspricht, und der in Abständen von 20 Min. Wolkenaufnahmen der ganzen westlichen Hemisphäre macht. ATS 3 hat mit Hilfe eines 3-Kanal-Photometers „Farbaufnahmen der Erde" gewonnen. Von der *E*uropean *S*pace *A*gency wurde der MEOSAT entwickelt, der seit dem 9. Dezember 1977 von einem „Standpunkt" über dem Golf von Guinea (0° Br., 0° L.) aus durch zeilenweises Abtasten (Prinzip des Scanners) im 30-Minuten-Abstand Aufnahmen der „Erdscheibe" mit Europa und Afrika als Zentrum im sichtbaren Licht, im thermischen Infrarot sowie im Bereich der Wasserdampfabsorptionsbande 5,7–7,1 μm erstellt (Lenhart 1978; Weischet 1979).

Die Instrumente moderner Wettersatelliten dienen im wesentlichen drei Zwekken: einer flächenmäßigen Aufnahme der Wolkenfelder über der Erdoberfläche, der punktförmigen Messung der aus der Atmosphäre austretenden Strahlung verschiedener Spektralbereiche, um damit Aussagen über die vertikale Temperatur-, Wasserdampf- und Ozonverteilung machen zu können, und der Abfrage von automatischen meteorologischen Meßstationen.

Alle Messungen von Satelliten aus beruhen auf der Strahlungsübertragung, auch die der Vertikalsondierung der meteorologischen Parameter Temperatur, Feuchte und Druck, was durch geeignete Interpretation geschickt angelegter Strahlungsmessungen in verschiedenen Wellenlängenbereichen möglich ist. Von größtem Nutzen sind solche Messungen natürlich über Gebieten, in denen keine oder nur spärliche meteorologische und aerologische Routinebeobachtungen stattfinden wie über den Polarbereichen und den großen Ozeangebieten. Die Wolkenaufnahmen liefern zudem vorzügliche Zustands- und Entwicklungsbilder, die bei der Wettervorhersage direkt sowie bei entsprechender Mittelbildung für großräumige Zirkulationsuntersuchungen vorzüglich verwandt werden können (genauere Information z. B. F. Möller, 1970).

Die systematische Beschaffung meteorologischen und klimatologischen Datenmaterials soll unter Einbeziehung der Satelliten- und noch weiter zu entwickelnder aerologischer Sondierungstechniken systematisch verbessert werden. Die World Meteor. Org. (WMO) hat in Zusammenarbeit mit dem Int. Council of Scientific Unions (ICSA), beides Unterorganisationen der Vereinten Nationen, seit 1962 unter der Bezeichnung *World Weather Watch* (WWW) ein Grundsatzprogramm zur weiteren Verbesserung und Standardisierung aller Beobachtungs-, Datenverarbeitungs- und -übertragungssysteme beschlossen, das ein möglichst perfektes globales meteorologisches Beobachtungsnetz schaffen soll, das sowohl für die meteorologischen Dienste als auch für die Forschung von Nutzen sein soll. (Ausführliche Darstellung siehe B. Lusignan and J. Kiely, 1970).

Sondernetze. Auch das bestausgebaute Netz fortlaufender Beobachtung der meteorologisch und klimatologisch wichtigen Parameter kann die Datenanforderung für detaillierte und präzise Fragestellungen nur punktuell (wenn gerade eine entsprechende Station vorhanden ist) erfüllen; auf größere Regionen bezogene Untersuchungen müssen sich mit relativ grobem Informationsraster begnügen. Folge davon ist, daß immer schon und auch für die Zukunft zur Lösung vieler klimatologischer Probleme die notwendige Datenbasis durch die Anlage spezieller, räumlich und zeitlich begrenzter Meß- und Beobachtungseinrichtungen beschafft werden mußte bzw. muß. Dazu gehören sowohl die vielen namenlosen *Meßfelder oder Sondernetze* die für mikro-, lokal-, gelände- und stadtklimatologische Untersuchungen angelegt worden sind, als auch die spektakulären *Großprojekte* wie des Internationalen Polar- und des Geophysikalischen Jahres (1957/58) sowie das zur Zeit laufende GARP. Das Kürzel steht für Global Atmospheric Research Program, wird seit 1967 von WMO und ICSU gemeinsam organisiert und hat als numerisches Experimentierprogramm nicht weniger als die globale Simulation des atmosphärischen Geschehens zum Ziel. Es enthält zahlreiche Subprogramme, wie BOMEX (Barbados Oceanographic and Met. Experiment, 1969 von den USA durchgeführt), ATEX (Atlantik Trade-Wind Experiment vom Februar 1969), MONEX (Monsun-Experiment), CAENEX (Complete Atmospheric Energetics Experiment, 1970–1972 in der UdSSR betrieben), AMTEX (Air-Mass Transformation Experiment, 1974 bzw. 1975 südwestlich von Japan) sowie GATE (GARP Atlantik Tropical Experiment) von Juni bis September 1974 im östlichen tropischen Atlantik. (Details s. H. Kraus, 1975 u. 1976).

Informationen aus Klimaeffekten. Grundsätzlich anderer Art sind die klimatologischen Informationen, die aus den unter Punkt 7 genannten Beobachtungen an klima-abhängigen oder gar -bedingten Erscheinungen in der Kultur- bzw. Naturlandschaft gewonnen werden können. Selbst wenn es sich um offensichtlich enge und direkte Abhängigkeiten handelt, wie diejenige zwischen den charakteristischen Winddeformationen von Baumkronen und der Luftbewegung an bestimmten Standorten, so läßt sich doch keine eindeutige Beziehungsgleichung zwischen dem Klimaeffekt und einer Bezugsgröße aus dem Katalog der meßbaren klimatologischen Elementenwerte herstellen. In den meisten Fällen geht die Wirkung sogar auf eine schwer analysierbare Kombination von Klimaelementen zurück, so daß man sich auf die Feststellung einer Beziehung im Sinne von challenge (durch das Klima) und response (seitens der Natur oder des handelnden Menschen) beschränken muß. Trotzdem sind solche Klimaeffekte gerade für eine geographisch ausgerichtete Klimatologie besonders wichtig, geben sie doch Hinweise darauf, welchen Eigenschaften aus dem Gesamtkomplex des Klimas in den betreffenden Lebensräumen erhöhte Bedeutung zukommt. So hat z.B. W. Köppen für seine Klimaklassifikation ursprünglich (1900) in starkem Maße ökologische Leitpflanzen als Klimaindikatoren – er sprach z.B. von „Eichenklima", „Buchenklima" – oder bestimmte vorherrschende

Luftströmungen („Etesienklima") bzw. die Kombination von verschiedenen Phänomenen („Schnee-Wald-Klima") herangezogen. Für A. Penck (1910) boten die unterschiedlichen Abflußverhältnisse in verschiedenen Teilen der Erde die Grundlage einer Klimaklassifikation. Freilich muß man sich auch vor Kurzschlüssen hüten und die Klimaeffekte im wesentlichen als „Aufhänger" für eine Interessenkonzentration auf bestimmte Charakteristika eines Klimaraumes auffassen. Die Schlußfolgerungen werden um so sicherer, je gründlicher die ökologischen Zusammenhänge untersucht werden, weshalb manche Gebiete der Ökologie, Geomorphologie, Bodenkunde, Glaziologie usw. in bestimmten Bezügen als Hilfswissenschaften der Klimatologie angesehen werden müssen.

Schließlich darf nicht übersehen werden, daß vielfach die ersten Umrisse über das Klima einer Örtlichkeit aus *beschreibenden Witterungsschilderungen* (Gruppe 8 der eingangs angeführten Quellen) erhellen, und manche Zusammenhänge dadurch lebendiger und anschaulicher werden als durch wenige dürre exakte Zahlen, die doch nur Stichproben aus einem in der Regel komplizierten Gefüge darstellen können. Deshalb sind auch die Tagebücher der Forschungsreisenden – man denke nur an A. von Humboldt, E. Pechuel-Loesche, F. Nansen, W. Volz, O. Jessen oder andere Meister des Wortes, unter ihnen nicht zuletzt auch gute Naturbeobachter unter den Schriftstellern und Dichtern wie z.B. Adalbert Stifter – unschätzbare Quellen, die durch keine noch so exakte Messung ersetzt werden können. W. Semmelhack hat in Erkenntnis dieses zusätzlichen Wertes beschreibender Darstellungen regelmäßig in den „Annalen der Hydrographie usw." solche Erlebnisschilderungen guter Naturbeobachter, von Schiffsreisenden sowohl wie von Landreisenden, aus allen Teilen der Welt publiziert, von denen auch im vorliegenden Buch an einigen Stellen zur Veranschaulichung Gebrauch gemacht wird.

d) Phänologie als Hilfsmittel der Klimaforschung

Unter den vielen möglichen wetter-, witterungs- und klimaabhängigen Phänomenen in der Natur hat die Beobachtung der Wachstumsentwicklung von Pflanzen und einiger damit zusammenhängender Termine im Arbeitskalender der Landwirtschaft als Teildisziplin der Klimatologie besondere Bedeutung gewonnen. Sie läuft unter der 1850 vom belgischen Botaniker Morren eingeführten Bezeichnung *Phänologie,* welche stehen soll für „Lehre von dem Auftreten bestimmter Wachstumsphasen" und wird im wesentlichen betreut von den Agrarmeteorologischen Abteilungen der Wetterdienste.

Vom Botaniker Karl von Linné (1707–1778) ist die Phänologie in Form eines leider nur wenige Jahre (1750–1752) arbeitenden Beobachtungsnetzes praktiziert und 1751 in einer noch heute gültigen Weise umschrieben worden. Ihr Aufgabengebiet ist in den einzelnen Ländern, von frühen Ansätzen im 18. Jahrhundert abgesehen (Stellingfleet, 1755 in England; Scopoli, 1762 in Krain; Haenkel, 1786 in Prag; Societas Meteorologica Palatina, 1781 bis 1792 in Mannheim; – als Kuriosum sei die seit 812 datierende Beobachtungsreihe des Kirschblütenbeginns in Japan vermerkt –) erst gegen Ende des 19. Jhs. (Schweden 1873, England 1877, Deutschland 1882), in manchen Ländern, wie der Schweiz, offiziell sogar erst vor wenigen Jahren aufgegriffen worden. Bemerkenswert in der Entwicklung der Phänologie ist die hervorragende uneigennützige Rolle einzelner Männer bei der Organisation von Beobachtungsnetzen. Allen voran stehen die Botaniker H. Hoffmann und sein Schüler E. Ihne (1859–1943), die seit 1882 mit Erfolg nach einem von ihnen selbst ausgearbeiteten Beobachtungssystem aus den meisten europäischen Ländern phänologische Beobachtungen erbaten und erhielten. Die stattliche Reihe der von ihnen herausgegebenen 59 Jahrgänge „Phänologischer Mitteilungen" (1883–1941) ist ein beredtes Zeugnis dieser Initiative. Es existierten daneben noch andere Teilnetze, von denen vor allem das des von E. Werth (1922) ins Leben gerufenen Phänologischen Reichsdienstes bis 1935 arbeitete und zusammen mit anderen Netzen 1936 vom damaligen Reichsamt für Wetterdienst übernommen wurde. Eine erste methodische Übersicht verdanken wir bereits H. Schrepfer (1924).

Nach einer durch das Kriegsende bedingten Pause stehen seit 1947 wieder in steigendem Umfange Beobachtungen aus ganz Deutschland zur Verfügung, die nach einheitlichem, z.T. von der Phänologischen Unterkommission der Internationalen Agrarmeteorologischen Kommission für alle Länder empfohlenen Schema, jedoch mit örtlichen Ergänzungen, gewonnen werden. Auf der Basis des phänologischen Aufrufes von Hoffmann und Ihne aus dem Jahre 1884 ist das Beobachtungsprogramm ausgearbeitet worden. Es umfaßt folgende leicht und eindeutig feststellbare *Phasen* im Lebensablauf häufiger Wild- und Kulturpflanzen:

bei Wildpflanzen:
Laubentfaltung,
Blühbeginn (gegebenenfalls Stäuben),
Vollblüte
Ende der Blüte
Fruchtreife
Laubverfärbung
Blattfall

bei Kulturpflanzen:
Bestellung (Aussaat, Auspflanzen)
Aufgang
Schossen
Ähren- bzw. Rispenschieben
Blüte, Ernte

bei Obst und Wein:
Blattentfaltung bzw. -austrieb
Blüte
Fruchtreife
Ernte
Laubverfärbung
Blattfall

Von den Wildpflanzen verwendet man in Mitteleuropa vor allem

Haselstrauch *(Corylus avellana)*
Schneeglöckchen *(Galanthus nivalis)*
Salweide *(Salix caprea)*
Buschwindröschen *(Anemone nemorosa)*
Schlehdorn *(Prunus spinosa)*
Roßkastanie *(Aesculus hippocastanum)*
Birke *(Betula verrucosa)*
Winterlinde *(Tilia parvifolia)*
Rotbuche *(Fagus silvatica)*
Esche *(Fraxinus excelsior)*
Traubenkirsche *(Prunus padus)*
Flieder oder Syringe *(Syringa vulgaris)*
Sumpfdotterblume *(Caltha palustris)*
Wucherblume oder weiße Margerite *(Chrysenthemum leucanthemum)*
Eberesche *(Sorbus aucuparia)*
Kiefer *(Pinus silvestris)*
Fichte *(Picea excelsa = P. abies)*
Holunder *(Sambucus nigra)*
Heckenrose *(Rosa dumetorum)*,
Hundsrose *(R. canina)*

Stieleiche *(Quercus robur)*	Heidekraut *(Calluna vulgaris)*
Robinie oder Falsche Akazie *(Robinia pseudacacia)*	Herbstzeitlose *(Colchicum autumnale)*

Unter den Kulturpflanzen, deren Sortenabhängigkeit allerdings die Verwendbarkeit der Beobachtungen erschwert, benutzt man vor allem

Winterweizen	Hafer
Winterroggen	Körnermais
Sommergerste	Erbsen

die nachfolgend genannten vor allem in den USA

Kartoffeln	Zuckerrüben.

Die eigentlichen kulturpflanzenphänologischen Beobachtungen werden ergänzt durch andere agrarphänologische Registrierungen aus dem Arbeitsbereich:

Beginn der Feldarbeiten, Haferaussaat, Aussaat von Wintergetreide, Ende der Feldarbeiten sowie gegebenenfalls Weide- und Almauftrieb. Man muß allerdings beachten, daß keine direkte Abhängigkeit zum Wetter besteht, es können arbeitstechnische Gründe mitbeteiligt sein.

Die Schwierigkeiten phänologischer Beobachtungen beim Obst (Mandeln, Süßkirsche, Sauerkirsche, Birne, Apfel, Johannesbeere und Weinrebe) liegen in den zuchtbedingten großen Sortenunterschieden. Schnelle (1955, S. 75) hat anhand des Blühverlaufs von 17 Apfelsorten dargelegt, daß bis zu 14 Tagen Blühunterschiede auftreten können. Die Konsequenz ist, daß zusammen mit den Beobachtungsdaten angegeben werden muß, an welcher Obstsorte sie gewonnen wurden.

Die *Auswertung* der Beobachtungen erfolgt am übersichtlichsten auf Karten durch Linien gleichen Phaseneintritts *(Isophanen),* meistens ausgedrückt in Tagen seit Jahresbeginn. Wie bei anderen Elementen kann man auch hier Abweichungskarten konstruieren, indem man Punkte gleicher Verfrühung oder Verspätung gegenüber dem Durchschnittsdatum durch Linien, die *Isokaieren* (J.E. Clark u. I.D. Margary, 1930), verbindet. Mit Hilfe vereinbarter Phasen läßt sich das Jahr nach einem Vorschlag von Ihne (1895) in natürliche *phänologische Jahreszeiten* einteilen, deren wichtigste Kriterien in der heute gültigen modifizierten Form für Mitteleuropa nachstehend genannt seien:

Tab. I.3. Die phänologischen Jahreszeiten. (Zusammengefaßt nach F. Schelle, 1955)

1. Vorfrühling:	Beginn der Schneeglöckchenblüte, Haselnuß stäubt, endet mit der Blüte des Buschwindröschens.
2. Erstfrühling:	Aufbrechen der Stachelbeerknospen bis zur Laubentfaltung von Rotbuche, Linde und Ahorn.
3. Vollfrühling:	Apfel- und Fliederblüte bis Beginn der Holunderblüte.
4. Frühsommer:	Blühen der Gräser, des Holunders und der Robinie, Heuernte.
5. Hochsommer:	Linden- und Kartoffelblüte, Getreideschnitt bis zur Haferernte.
6. Spätsommer:	Heidekrautblüte, Grummeternte, Reife der Frühzwetschen.
7. Frühherbst:	Blüte der Herbstzeitlose, Birnenernte bis zur Reife der Hauszwetschen.
8. Vollherbst	
1. Hälfte:	Reife der Roßkastanien, Eicheln, Bucheckern und Walnüsse, Kartoffelernte, Wintergetreideaussaat.
2. Hälfte	Laubverfärbung, Blattfall bei Obstbäumen, Beginn der Rübenernte.
9. Spätherbst:	Allgemeiner Laubfall, Aufgang des Wintergetreides, Ziehen der Winterfurche.

Nach Mittelbildung entsprechender Phasentermine über mehrere Jahre lassen sich *phänologische Mittelwertskarten* des Frühlingseinzugs, des Hochsommer- und des Herbstbeginns z.B. entwerfen. So zieht beispielsweise nach den Darstellungen von Schnelle (1955) der Vorfrühling in Stavanger 20 Tage, in Moskau 46 Tage später ein als in Geisenheim a.Rh., der Früh- und Hochsommer dagegen in Moskau nurmehr 15 Tage, in Stavanger aber volle 80 Tage später. Man findet also durch phänologische Daten die starke Erwärmung im kontinentalen bzw. die Sommerkühle des maritimen Klimas als komplexe klimatologische Erscheinungen widergespiegelt. Auch innerhalb Mitteleuropas kann man schon ähnliche Unterschiede beobachten, wobei eine gewisse Ähnlichkeit im Verlauf der mittleren Isophanen mit demjenigen der unreduzierten Isothermen festgestellt werden kann, gleichgültig ob wir die WNW-OSO verlaufenden Linien des Frühlingseinzugs oder die mehr WSW-ONO gerichteten des Sommerbeginns betrachten. Bei den arbeitsphänologischen Phasen (Frühjahrs- oder Herbstbestellung z.B.) bestehen wegen der notwendigen Rücksichtnahme auf den Arbeitskalender nur sehr grobe Beziehungen zu meteorologischen bzw. klimatologischen Daten.

In vertikaler Richtung folgen die Phasen in den stärker maritim geprägten Gebirgen wie Schwarzwald und Eifel langsamer aufeinander als beispielsweise im Thüringer Wald oder den Sudeten. Bei Beobachtungen im Gebirge muß man sehr sorgfältig darauf achten, unter welcher Exposition (Südseite bzw. Nordhänge) die Daten gewonnen wurden.

H. Walter (1949) verwandte zur klimatologischen Charakterisierung einzelner Orte *phänologische Intensitätsziffern* (1 = frühester, 4 = spätester Eintritt) für die 5 Hauptphasen des Jahres. Danach steht in Mitteleuropa Mainz mit 11111 an der Spitze, Königsberg mit 44333 dagegen ziemlich weit hinten.

Vergleicht man für die Jahresabfolge 1950–1963 die jeweiligen Eintrittsdaten der für die 9 phänologischen Jahreszeiten vom Vorfrühling bis zum Spätherbst bezeichnenden, in der Legende zu Abb. I.5 aufgeführten Wachstumsphasen, so zeigt sich erstens eine große interannuelle Schwankung aller Phasen und zweitens die Möglichkeit weitgehender Unabhängigkeit der Phasen eines Jahres voneinander. Ein verspäteter Vorfrühling kann durchaus von einem verfrühten Erstfrühling gefolgt werden und umgekehrt. Beides sind treffende Hinweise auf die *Variabilität des Jahresablaufes* in der Klimaregion der ozeanischen hohen Mittelbreiten.

Ein schwieriges und für die klimatologische Verwendung phänologischer Daten prinzipielles Problem ist, ob sich *Kausalbezüge zu klimatologischen Elementenwerten,* einzeln oder in Kombination, aufdecken lassen. Im Anschluß an eine frühe Äußerung von Hoffmann (1885) hat lange Zeit die Hypothese eine wichtige Rolle gespielt, daß das Erreichen einer bestimmten Vegetationsphase, besonders im Frühjahr, eine Funktion einer von Art zu Art bzw. Sorte zu Sorte verschiedenen Summation von Wärmegraden sei. Schrepfer (1924) und Schnelle (1953) insbesondere haben dagegen betont, daß die Pflanze in ihrem Wachstum auf die Gesamtheit der Witterungselemente reagiere. Beispiele einer entsprechenden Analyse finden sich bei Weischet (1955). Berg (1952) geht unter Hinweis auf das Phänomen, daß am gleichen Ort von Jahr zu Jahr die Reihenfolge phänologischer Termine an verschiedenen Pflanzen wechseln kann *(phänologische Interzeption)* noch weiter mit der These, daß es prinzipiell nicht gelingen kann, ein phänologisches Datum als Funktion einer Summe von Funktionen verschiedener meteorologischer Elemente allgemeingültig darzustellen. Wenn das möglicherweise auch übertrieben ist, so kann die Formulierung doch für die inzwischen wohl allgemein akzeptierte Ansicht stehen, daß die Ursachenbezüge höchst komplizierter Natur sind, denen mit einfachen Korrelationen zu bestimmten klimatischen Einzelelementen nicht beizukommen ist. Das schmälert allerdings nicht die Bedeutung phänologischer Beobachtungen als eigenständige Informationen für klimatische Raumgliederungen (vgl. die Arbeiten von Schnelle) und für die Nutzanwendung in der Agrarklimatologie.

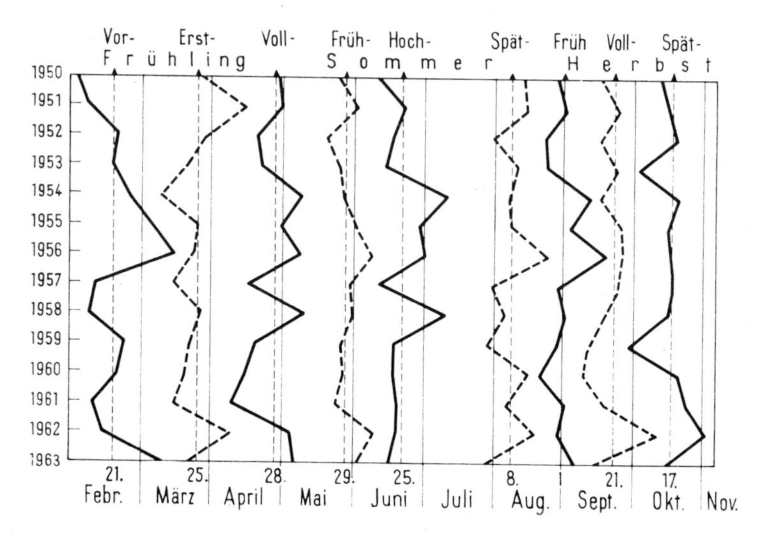

Abb. I.5. Eintrittsdaten der neun phänologischen Jahreszeiten in Trier-Petrisberg für die Jahre 1950–1963. (Nach H. Aichele, 1964)

1. Blühbeginn des Schneeglöckchens *(Galanthus nivalis)*,
2. Aussaatbeginn des Hafers *(Avena sativa)*,
3. Blühbeginn des einfachen roten Flieders *(Syringa vulgaris)*,
4. Blüte des Winterroggens *(Secale cereale hibernum)*,
5. Blühbeginn der Sommerlinde *(Tilia grandifolia)*,
6. Blühbeginn des Heidekrauts *(Calluna vulgaris)*,
7. Aufblühen der Herbstzeitlose *(Colchicum autumnale)*,
8. Fruchtreife der rotblühenden Roßkastanie *(Aesculus hippocastanum)*,
9. Beginn des Blattfalls der Roßkastanie (Aesculus hippocastanum)

e) Angewandte Klimatologie, Problemstellungen und Aufgaben

Der folgende Abschnitt kann nur eine kurze, systematisierte Überschau der praktischen Anwendungsbereiche von klimatologischen Untersuchungen und Erfahrungen geben. Fast alle Lebens- und Wirkungsbereiche des Menschen stehen ja – in unterschiedlicher Stärke zwar – in der einen oder anderen Weise mit den Zuständen und Abläufen in der Atmosphäre in Berührung, und wenn noch dazu gesundheitliche oder finanzielle Gesichtspunkte eine Rolle spielen, sind die Fragestellungen, welche an die Meteorologen und Klimatologen herangetragen werden, besonders vielfältig und nachdrücklich. Einen ausführlichen, auf die ökonomische Bewertung ausgerichteten Überblick über den Einfluß von Wetter und Klima auf die wirtschaftlichen Aktivitäten, die soziologischen, physiologischen und planerischen Aspekte, sowie das Kosten- Nutzen-Verhältnis von Wetter- und Klimadiensten gibt mit den entsprechenden Literaturzusammenstellungen W.J. Maunder (1970). Für bestimmte Teilbereiche der Angewandten Klimatologie bieten weitgehend vollständige, referierende Zusammenfassungen aller vorliegenden Arbeiten die im Auftrag der World Meteorological Organisation von zuständigen Experten erstellten Reports, die im Literaturverzeichnis angeführt sind (WMO, 1954–1975).

Einige Problemstellungen, die eine besondere Affinität zur Geographie haben und zu deren Bearbeitung wichtige Beiträge von geographischer Seite geleistet wurden, werden genauer in besonderen Abschnitten dieses Buches behandelt. Es sind das die Geländeklimatologie [s. Kap. V. d)], die Stadtklimatologie [s. Kap. V. f)], Teilgebiete der Bioklimatologie [s. Kap. V. g)] und der Klimameleoration [s. Kap. VIII. a)]. Die natürlichen Interrelationen zwischen Klima und den anderen Schichten der naturgeographischen Substanz, z.B. die Verknüpfungen in der Ökologie oder die Bezüge in der „klimagenetischen Geomorphologie" (Büdel, 1969), sind Problemstellungen der genannten und anderer Geowissenschaften und nicht der Klimatologie. Sie bleiben also außerhalb der Betrachtung. (Bis 1948 ist die Bibliographie noch im Geographischen Jahrbuch enthalten, das von K. Knoch und J. Blüthgen, 1948, bearbeitet worden ist).

Die *Biometeorologie und -klimatologie* umfaßt im weiteren Sinne das von Ärzten, Hygienikern und Meteorologen gemeinsam bearbeitete große Problemgebiet des Einflusses von Wetter und Klima auf das Befinden des Menschen in seinen Erscheinungsformen und seinen kausalen Zusammenhängen. (Auch *„Medizinmeteorologie"* genannt). Ungefähr ein Drittel aller Menschen ist wetterfühlig. Meist sind die Erscheinungen harmloser Natur, doch können besonders bei kranken Personen bestimmte atmosphärische Einflüsse gravierende Folgen haben. Über die Größe der Wirksamkeit auf das menschliche Befinden zu urteilen und aus dem erwarteten Auftreten bestimmter Wetterphänomene Wirkungen bestimmten Grades auf Gesunde und vor allem Kranke zu prognostizieren, ist speziell Aufgabe der *Biotropie.* Den Umfang des Wissens von der Mitsteuerung patologischer, physiologischer und psychischer Vorgänge durch Wetter und Klima füllt auch in Auswahl noch voluminöse Handbücher (z.B. De Rudder, 1952 oder Flach, 1954). Eine Zusammenfassung des gegenwärtigen Standes auf dem Gesamtgebiet der Biometeorologie gibt das Werk von V. Faust (1976), einen Einblick in die Problematik der Bioklimatologie und Klimatherapie des Höhenklimas die Sammlung von 37 Originalbeiträgen in „Der Mensch im Klima der Alpen" (J. von Deschwanden et al., 1968).

Regionale Bezüge hat jener Teil der Bioklimatologie, der sich mit der Untersuchung von Reiz-, Schon- oder Belastungsfaktoren im Klima bestimmter Orte (Kurortklima z.B.) oder Gebiete befaßt (vgl. dazu Kap. V. g)].

Agrarmeteorologie und -klimatologie behandeln die Fragen, bei denen es um die Zusammenhänge von Witterung und Klima mit der Erzeugung, dem Schutz und der Lagerung landwirtschaftlicher Produkte geht. Eines der grundsätzlichen Probleme ist dabei die Klärung der speziellen klimatischen Bedingungen innerhalb verschiedener Pflanzenbestände *(Bestandsklima)* zum Unterschied von denjenigen an konventionellen Beobachtungsstandorten. Der Zusammenhang zwischen Ernteerträgen und Witterung, die witterungsabhängige Verbreitung der Schädlinge, die Be-

Tab. I.4. Gesamtüberblick über Anwendungsgebiete und Zusammenhänge im Bereich der Technoklimatologie. (Nach Caspar, 1973)

Anwendungsgebiete	klimaabhängige Stoffe und Betriebsvorgänge	wirksame meteorologische Elemente und Faktoren	Auswirkungen und Zusammenhänge
Materialprüfung	Metalle Steine Holz Anstriche Kunststoffe Geräte	Lufttemperatur Luftfeuchtigkeit Luftbeimengungen Niederschlag Wind Tau	Korrosion Verwitterung Klimaschutz Imprägnierung Prüfklimate
Energiewirtschaft	Kraftwerke auf fossiler Basis Kernkraftwerke Wasserkraftwerke Windkraftwerke Sonnenkraftwerke	Temperatur- und Windschichtung der unteren Atmosphäre Austausch Niederschlag Verdunstung Windgeschwindigkeit Sonnenscheindauer Strahlungsintensität	Ausbreitung von Gasen, Stäuben u. radioaktiven Stoffen thermische Belastung der Atmosphäre u. Gewässer Klimaänderung Gebietsniederschläge Wind- u. Sonnenenergie Standortwahl Wirtschaftlichkeit
Elektrotechnik	Übertragungssysteme (Freileitungen, Maste, Kabel) elektrische Maschinen und Geräte Fernmeldetechnik	Windgeschwindigkeit Vereisung Schnee Gewitter Niederschlag Nebel Tau Luftverunreinigung *Temperatur- und Feuchteschichtung*	Winddruck, Eis- u. Schneebelastung für Standfestigkeit Energieverlust durch Korona und Isolatorüberschläge Schwitzwasserbildung Ausbreitung elektromagnetischer Wellen *Prüfklimate*

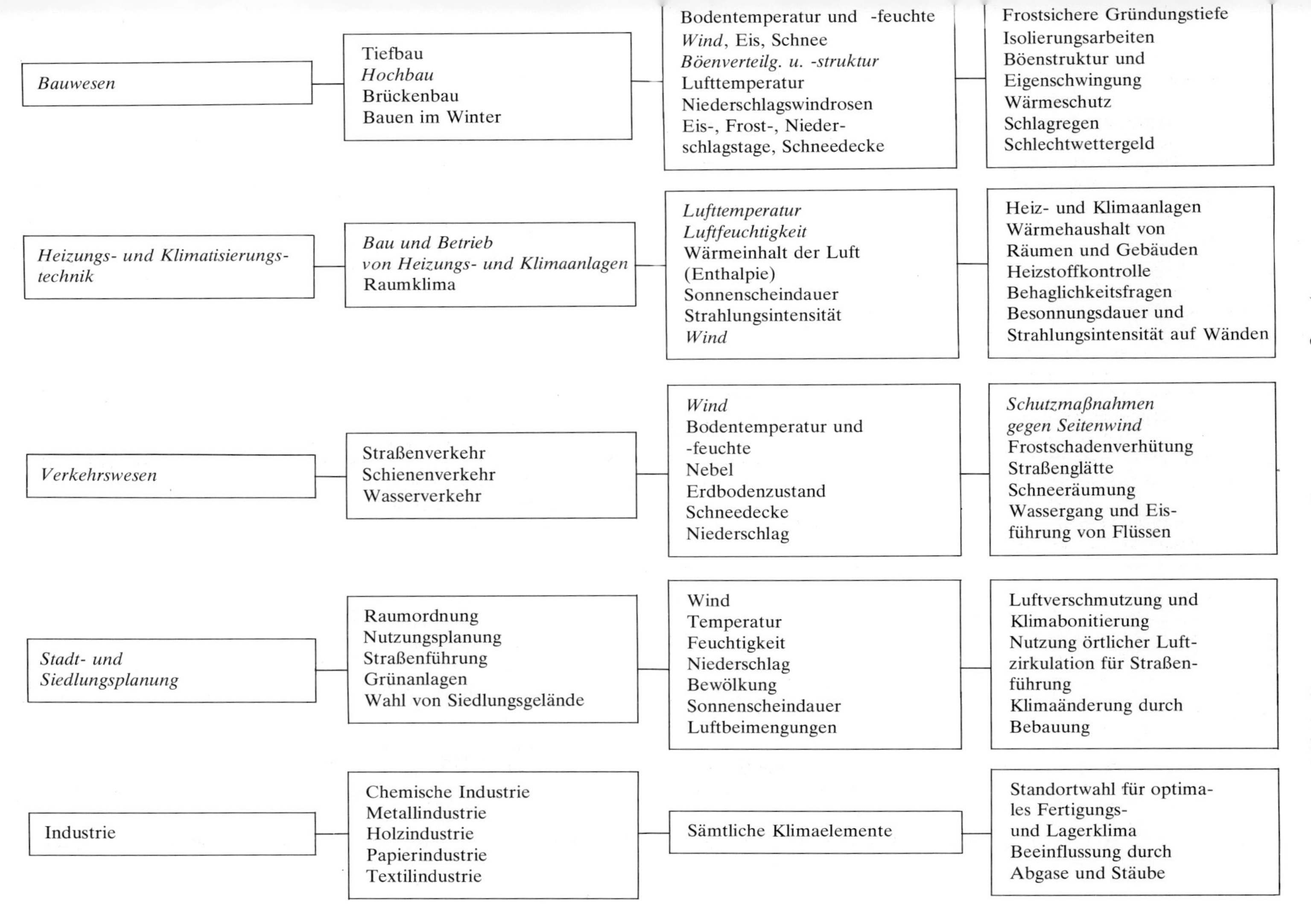

Bauwesen
Tiefbau
Hochbau
Brückenbau
Bauen im Winter
Bodentemperatur und -feuchte
Wind, Eis, Schnee
Böenverteilg. u. -struktur
Lufttemperatur
Niederschlagswindrosen
Eis-, Frost-, Niederschlagstage, Schneedecke
Frostsichere Gründungstiefe
Isolierungsarbeiten
Böenstruktur und Eigenschwingung
Wärmeschutz
Schlagregen
Schlechtwettergeld
Heizungs- und Klimatisierungstechnik
Bau und Betrieb von Heizungs- und Klimaanlagen
Raumklima
Lufttemperatur
Luftfeuchtigkeit
Wärmeinhalt der Luft (Enthalpie)
Sonnenscheindauer
Strahlungsintensität
Wind
Heiz- und Klimaanlagen
Wärmehaushalt von Räumen und Gebäuden
Heizstoffkontrolle
Behaglichkeitsfragen
Besonnungsdauer und Strahlungsintensität auf Wänden
Verkehrswesen
Straßenverkehr
Schienenverkehr
Wasserverkehr
Wind
Bodentemperatur und -feuchte
Nebel
Erdbodenzustand
Schneedecke
Niederschlag
Schutzmaßnahmen gegen Seitenwind
Frostschadenverhütung
Straßenglätte
Schneeräumung
Wassergang und Eisführung von Flüssen
Stadt- und Siedlungsplanung
Raumordnung
Nutzungsplanung
Straßenführung
Grünanlagen
Wahl von Siedlungsgelände
Wind
Temperatur
Feuchtigkeit
Niederschlag
Bewölkung
Sonnenscheindauer
Luftbeimengungen
Luftverschmutzung und Klimabonitierung
Nutzung örtlicher Luftzirkulation für Straßenführung
Klimaänderung durch Bebauung
Industrie
Chemische Industrie
Metallindustrie
Holzindustrie
Papierindustrie
Textilindustrie
Sämtliche Klimaelemente
Standortwahl für optimales Fertigungs- und Lagerklima
Beeinflussung durch Abgase und Stäube

deutung von Lufttemperatur und Luftfeuchtigkeit für das Auftreten bestimmter Pflanzenkrankheiten oder den Wert des Tabaks, die Beurteilung von Weinbaustandorten, Untersuchungen über die Pflanzenverdunstung und den Wasserbedarf sind einige der Fragen mit großem wirtschaftlichem Nutzeffekt. Agrarklimatologen beschäftigen sich ebenfalls mit den optimalen Klimaansprüchen der Nutzpflanzen (Whyte, 1960), Untersuchungen über den Wind als Standortfaktor (Nägeli, 1971), über Strahlungs-, Temperatur- und Schnee-Einwirkungen besonders auf die Gebirgsvegetation (Turner, 1961, 1971). Eine kurzgefaßte Einführung in die Probleme der Agrarmeteorologie vom Standpunkt des Praktikers gibt die ältere Arbeit von F. Schnelle (1948), über die neuesten Fortschritte unterrichten J. Seemann et al. (1975). Standardlehrbuch ist das Werk von S.H. Chang (1968).

Als ein Schwerpunkt mit besonderem Eigengewicht hat sich im Zusammenhang mit den Welternährungsproblemen seit Ende der 60er Jahre aus der normalerweise kleinräumiger orientierten Agrarklimatologie ein Forschungsgebiet entwickelt, das man mit „*Klima- und Pflanzenproduktion*" umschreiben kann. Auf der einen Seite geht es um die Entwicklung von Modellen zur Abschätzung der Primärproduktion natürlicher Ökosysteme aus Klimadaten, vor allem Temperatur und Niederschlag. Der CVP (Climat-Vegetation-Production)-Index von Paterson (1956) setzt die optimal mögliche Holzproduktion in Beziehung zu Monatstemperaturen, Jahresamplitude, Jahresniederschlag und Evapotranspiration. H. Lieth (1973) hat auf der Basis von thermischen und hygrischen Mittelwerten eine Computer-Karte der Verteilung der potentiellen Netto-Primärproduktion auf der Erde konstruiert. Die wichtigsten agrarmeteorologischen Wachstums- und Produktionsmodelle referiert H. Schrödter (1975). Auf der anderen Seite werden große Anstrengungen gemacht, durch heuristische Analysen von Witterungsverlauf oder Klimaschwankungen und Ernteerträgen die Wechselbeziehungen aufzudecken (L.M. Thomsen, 1975; J.E. Newman and R.C. Pickett, 1974 z.B.) und so möglicherweise eine Ausgangsbasis für Vorausschätzungen der Ernteerträge mit Hilfe von Witterungsdaten vom Beginn der Vegetationsperiode zu bekommen (R.A. Bryson. Report VI, 1975 z.B.).

Das Pendant zur Agrarklimatologie ist auf dem Gebiet der industriellen Wirtschaft und des Verkehrswesens die *Technoklimatologie.* Einen eindrucksvollen und klaren Überblick über die vielfältigen Bezüge zwischen klimaabhängigen Materialien oder Betriebsvorgängen, den dabei vorrangig wirksamen Klimaelementen und -faktoren sowie den praktischen Fragestellungen gibt die nachfolgende Tafel (Tab. I.4) von J.W. Caspar (1973) aus dem Heft Technoklimatologie, in welchem neben einigen Grundsatzartikeln (Stadtplanung, Bauwesen, Klimatechnik, elektrotechnische Normung, Windschutz an Brücken) auch die neuere Literatur angegeben ist. Ausführlichere Darstellungen über die Ergebnisse dieses speziellen Teilgebietes der Klimatologie sind aus der Anfangsphase das Werk von E. Brezina und W. Schmidt (1937) und aus neuerer Zeit das Handbuch von W. Böer (1964) über Technische Meteorologie. Auf die Reports der WMO wurde voraus schon hingewiesen. *Technik-orientierte Klimaklassifikationen* finden sich bei H. Burchard und G. Hoffmann (1958). Als Beispiele für die Verbindung von der vorwiegend praxisorientierten Technoklimatologie zu einer mehr die regionalen Bezüge und Differenzierungen herausstellenden klimageographischen Betrachtungsweise seien die Arbeiten von H. Fiegl (1963) über die winterlichen Straßenbedingungen in Nordbayern und F. Fliri (1969) zur Klimatographie der Tiroler Autobahn angeführt.

Besonders aktuell ist die Anwendung klimatologischer Informationen im Zusammenhang mit den *Forschungen zur Nutzbarmachung der Windkraft und Sonneneinstrahlung* als umweltfreundlichen und vor allem permanenten, nicht auf begrenzten Vorräten beruhenden neuen Energieformen. Der Berichtsband der UNO (1964) gibt einen zusammenfassenden Überblick über den damaligen Stand. Bezüglich der möglichen Ausnutzung der *Windkraft* sind Pionierarbeiten von P. C. Putnam (1948) gemeinsam mit geländeklimatologischen Untersuchungen über den Zusammenhang von Windwirkung und Gestaltung von Baumkronen [s. Kap. VIII. a)] zur Ausgangsbasis eines Forschungsprogramms an der Oregon State University, Corvallis, gemacht worden (E. W. Hewson, 1975 mit der neuesten Zusammenstellung der Literatur). Der entscheidende klimatologische Beitrag zur Frage der technischen Ausnutzung der *Sonnenenergie* für Wärme- und Stromgewinnung besteht in einer genauen Dokumentation von regionaler und zeitlicher Verteilung der direkten Einstrahlung über der Erdoberfläche [s. dazu Kap. II. b)]. Über Grundlagenarbeiten und bereits erzielte Anwendungserfolge informieren außer dem schon bereits zitierten Berichtsband der UNO noch derjenige über das UNESCO-Trockenprogramm (s. O. Fränzle, 1965) sowie die vom Solar Energy Laboratory der University of Wisconsin herausgegebenen Reihe „Solar Energy".

Die *Geländeklimatologie* wird als „Zweig der Angewandten Klimatologie" (K. Knoch, 1950) im Rahmen der umfassenderen Behandlung dieses methodisch eng mit der Geographie verbundenen Teilgebietes der Klimatologie im Kap. V. d) behandelt.

II. Separative Klimageographie

Zur Überschrift für diesen Hauptteil müssen einige *terminologische Bemerkungen* gemacht werden. Die in den bisherigen Auflagen benutzte Bezeichnung „Analytische Klimageographie" konnte zu Mißverständnissen führen, denn als Arbeitsweise ist analysierendes Vorgehen nicht auf die Sachgebiete beschränkt, um die es in diesem Teil geht, nämlich um die systematische Behandlung des Stoffes, der mit den einzelnen klassischen Klimaelementen wie Strahlung, Temperatur, Luftdruck usw. verbunden ist. Auch in der synoptischen Klimageographie, die mit komplexen atmosphärischen Phänomenen wie Luftmassen, Fronten, Drucksystemen usw. arbeitet, gibt es sowohl eine analysierende wie eine synthetisierende Betrachtungsweise. Als Konsequenz aus der Einsicht wird nunmehr der von P. Pédelaborde vorgeschlagene Begriff „separativ" als sachsystematische Kennzeichnung des zu behandelnden Stoffes gewählt. Er ist erstens bezeichnend für die klimatologische Betrachtungsweise und ist zweitens noch durch keinen anderweitigen Gebrauch vorbelastet.

Das sehr umfangreiche Stoffgebiet der separativen Klimageographie läßt sich am zweckmäßigsten nach den einzelnen Klimaelementen gliedern, wobei die Reihenfolge nur teilweise aus den Abhängigkeiten der Elemente untereinander eindeutig vorgegeben ist. Zum Teil stellt sie einen Kompromiß zwischen konventioneller und kausal begründeter Ordnung dar.

a) Zusammensetzung und Vertikalstruktur der Atmosphäre

Atmosphäre ist, ganz allgemein gefaßt, eine durch Massenanziehung an einen Himmelskörper gebundene Gashülle. Ihre Zusammensetzung kann sehr verschieden sein. Sie hängt wesentlich von der Massenzusammensetzung, der Größe und der Temperatur des Himmelskörpers ab. Allgemeinstes Kennzeichen ihrer Vertikalstruktur ist die exponentielle, nichtlineare, Verdünnung mit wachsendem Abstand von der Oberfläche des anziehenden Himmelskörpers.

Die *Atmosphäre der Erde* (im folgenden einfach: die Atmosphäre oder abgekürzt A.) ist in ihrer Grundmasse eine relativ homogene Mischung aus permanenten Gasen, die zeitlich und regional in stark wechselndem, mengenmäßig aber immer sehr geringem Maße vermischt ist mit Wasserdampf als nichtpermanentem Gas, und in der – ebenfalls nach Zeit und Ort variabel – feste, flüssige und gasförmige Stoffe suspendiert sind.

1. Die reine, trockene Atmosphäre

Die Grundmasse der reinen, trockenen (suspensions- und wasserdampffreien) A. hat in den unteren 15–25 km eine überraschend konstante Zusammensetzung aus vier Hauptkomponenten und einer Vielzahl von Spurenbeimischungen.

Tab. IIa) 1. Zusammensetzung der wasserdampflosen, reinen Atmosphäre nahe dem Meeresniveau. (Nach Hahn-Süring, 1940 sowie M. Dubin und N. Sissenwine, 1962)

		Vol'%			Vol'%
Stickstoff	(N_2)	78,084	Distick-stoffoxyd	(N_2O)	0,00005
Sauerstoff	(O_2)	20,948	Xenon	(Xe)	0,0000087
Argon	(Ar)	0,934	Ammoniak	(NH_3)	0,0000026
Kohlendioxyd	(CO_2)	0,03 variabel	Ozon	(O_3)	0,000002 variabel
Neon (Ne)		0,001818	Stickstoff-dioxyd	(NO_2)	bis 0,000002
Wasserstoff (H_2)		0,001–0,00005	Wasserstoff-peroxyd	(H_2O_2)	0,00000004
Methan (CH_4)		0,0002	Jod	(J_2)	0,0000000035
Helium (He)		0,00052	Radon	(Rn)	0,000000000000000007 variabel
Krypton (Kr)		0,000114			
Schwefeldioxyd (SO_2)		bis 0,0001 variabel			

Die *Konstanz des Mischungsverhältnisses* der Hauptbestandteile Stickstoff (N_2) und Sauerstoff (O_2) setzt Konstanz der beiden Teilmengen und perfekte Durchmischung voraus. Beides ist durchaus nicht selbstverständlich, eher bemerkenswert, bestehen doch beide Teilmengen nicht aus unveränderlich vorhandenen, sondern aus permanent im Fließgleichgewicht nur vorübergehend freigesetzten Molekülen, und liegen zudem Freisetzungs- und Bindungsgebiete zuweilen weit voneinander entfernt.

Beim *Stickstoff* ist es so, daß die A. mengenmäßig den größten Teil des Gesamtsystems Geosphäre + Hydrosphäre + Atmosphäre + Biosphäre aufweist und ökologisch als Reservebehälter fungiert. Von denitrifizierenden Bakterien aus organischen Verbindungen in die A. freigesetzt, wird er andererseits von stickstoffbindenden Bakterien und Algen, z.T. auch durch elektrochemische Prozesse bei Blitzentladungen und neuerdings durch die Stickstoffdüngerchemie in chemische Verbindungen zurückgeführt.

Der Anteil der atmosphärischen *Sauerstoffes* an der Gesamtmenge im o. g. System ist außerordentlich klein. Er wird von der Pflanzenwelt bei der Photosynthese produziert und bei allen Oxydationsprozessen wie Atmung, Verwesung, Verwitterung und Verbrennung z.B. wieder gebunden. Für die Hauptindustriegebiete und selbst für die USA als ganze kann man berechnen, daß mehr Sauerstoff verbraucht wird, als die Vegetation im gleichen Gebiet nachliefert. Zam Glück ist der Import durch die Zirkulation der A. auch hier so stark, daß noch keine Veränderung im N_2/O_2-Verhältnis festgestellt worden ist.

Argon (Ar) stammt wie die anderen *Edelgase* Ne, He, Kr und Xe aus radioaktiven Zerfallsprozessen in der Erdkruste. Alle sind chemisch inaktiv.

Kohlendioxyd (CO_2, in der Umgangssprache fälschlich als „Kohlensäure" bezeichnet) ist mengenmäßig mit geringem Prozentanteil vertreten. Besondere klimatologische Bedeutung erhält es dadurch, daß es trotz seiner geringen Menge einen großen Einfluß auf die Strahlungsströme in der A. ausübt und daß die Menge sowie deren regionale Verteilung in der A. im Bereich der Beeinflußbarkeit durch den Menschen liegen. Normal wird CO_2 bei der Atmung von Tier und Mensch, bei Verwesungsprozessen im Boden, bei Vulkanausbrüchen, aus „kohlesäure-haltigen

Quellen“ und bei natürlicherweise vorkommenden Bränden produziert, teilweise bei der Photosynthese vorübergehend gebunden und die im Kreislauf überschüssige Menge letztlich in Form von Karbonaten am Grunde der Ozeane abgelagert.

Die *Aufteilung des* CO_2 wird von D. Müller, W. Noddack und F. Gessner (zitiert bei Lieth, 1963) zu $25 \cdot 10^{15}$ t für die Geosphäre, $35 \cdot 10^{12}$ t für Hydrosphäre, $697 \cdot 10^{9}$ t für A. und $134 \cdot 10^{9}$ t für Biosphäre kalkuliert. Die globale Produktion in natürlichen Prozessen wird mit $907 \cdot 10^{9}$ t angesetzt. $110 \cdot 10^{9}$ t gehen jährlich in die Photosynthese ein und ungefähr der zehntausendste Teil davon, also $1 \cdot 10^{7}$ t werden im Ozean fossilisiert. (Werte nach Bach, 1976).

Die zusätzliche *CO_2-Erzeugung durch die menschliche Aktivität* hat Flohn (1958) zu $6 \cdot 10^{9}$ t im industriell-gewerblichen Sektor, $5 \cdot 10^{9}$ t im agrarischen Sektor und weitere $5 \cdot 10^{9}$ t durch die ausgedehnten Buschfeuer und Steppenbrände der Randtropen berechnet. Bach (1976) gibt den zusätzlichen Ausstoß (Emission) durch die anthropogene Nutzung fossiler Brennstoffe für die Gegenwart mit $1{,}5 \cdot 10^{10}$ t/Jahr an. Sie ist also tausendmal größer als die gleichzeitig fossilisierte Menge. Folge davon ist eine *Zunahme des CO_2-Gehaltes in der A.* Abb. II.a) 1 stellt in der Kalkulation von Mitchell (1971) die Zunahme in % des normalen Anteils vor der Jahrhundertwende dar. Damals betrug nach allen verläßlichen Messungen der CO_2-Gehalt in der A. etwa 290 ppm (parts per million = 10^{-6} Volumenteile). Seither steigt er progressiv an (logarithmische Skala beachten!). Die anthropogene Emission bleibt nur zur Hälfte in der A., während der andere Teil im Ozean und in der Biosphäre gespeichert wird. So ergibt sich eine gute Übereinstimmung der Berechnung mit der am Mauna

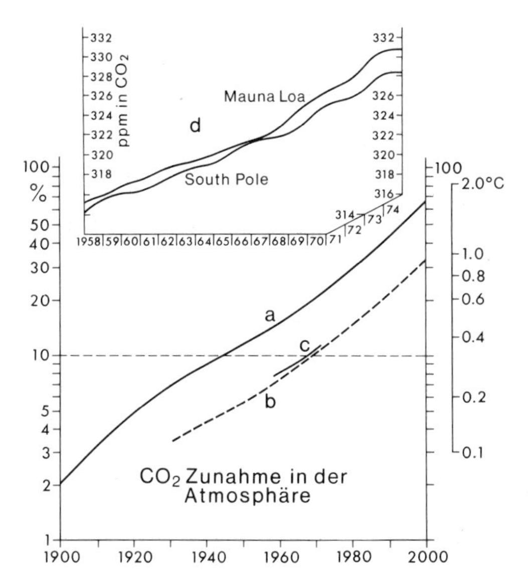

Abb. II.a) 1. Entwicklung des CO_2-Gehaltes in der Atmosphäre. (Nach Mitchell, 1971)
a = Summenkurve der CO_2-Produktion durch Nutzung fossiler Brennstoffe. b = 50%-Wert von a. Da dieser mit der am Mauna-Loa-Observatorium (Hawaii) zwischen 1958–74 beobachteten Zunahme (d, c) übereinstimmt, wird für die Zukunft angenommen, daß 50% des Zusatzausstoßes in den Ozeanen fossilisiert werden. Rechts neben dem Diagramm ist die von Manabe and Wetherald (1967) errechnete Zunahme der Mitteltemperatur der Atmosphäre als Folge verstärkter Glashauswirkung eingezeichnet

Loa zwischen 1958 und 1971 beobachteten Zunahme. Aus den neuesten Untersuchungen von Mitchell (1975) ergibt sich bezüglich der Änderung der CO_2-Konzentration:

1. Die globalen Messungen zeigen, daß die CO_2-Konzentration im Mittel der vergangenen 15 Jahre um 0,8 ppm/Jahr (= 0,25%) gestiegen ist. Bei beschleunigter Zunahme muß man für die Gegenwart mit einem Wert von 1 ppm/Jahr rechnen.
2. 1972 betrug das Globalmittel der CO_2-Konzentration 324 ppm und lag damit 11% über dem Wert von 290 ppm am Ende des vergangenen Jahrhunderts.
3. Wenn man ein Wachstum des fossilen Brennstoffverbrauches mit 4%/Jahr bis 1980 und 3,5%/Jahr danach, sowie eine mittlere Aufnahmequote von 60% der Emissionen in die A. annimmt, muß für das Jahr 2000 eine CO_2-Konzentration von 385 ppm (32% über dem Wert von 290 ppm) angenommen werden.
4. Es ist sicher, daß diese Langzeitzunahme auf anthropogene Einflüsse zurückgeht.

Der gesamte CO_2-Gehalt der A. würde, an der Erdoberfläche konzentriert, ungefähr eine Schicht von 2,5–2,8 cm Dicke geben. Diese dünne Schicht absorbiert einen erheblichen Teil der langwelligen Ausstrahlung der Erde und trägt damit zur *Verstärkung der Glashauswirkung* der A. bei. Als Folge der Zunahme wird eine leichte Erwärmung der Troposphäre angesehen. Plass (1956) hat die Temperaturzunahme auf 0,011°C pro Jahr geschätzt. Eine Modellrechnung von Manabe und Wetherald (1967, zitiert bei Flohn, 1973) ergibt eine lineare Temperaturzunahme am Erdboden um 0,007° pro ppm, d.h. bei 0,7 ppm um etwa +0,005° pro Jahr.

Außer dem säkularen Trend zeigt die CO_2-Konzentration aber auch noch *kurzfristige Schwankungen und räumliche Differenzierungen.* Wegen der verstärkten CO_2-Aufnahme der Pflanzen im Frühjahr und Sommer sowie des Übergewichts der Freisetzung durch die Zerfallsprozesse im Boden im Herbst und Winter weist die CO_2-Konzentration eine jahresperiodische Schwankung auf, die durch die Mittelwerte am Mauna Loa gut belegt ist. Die Zersetzungsvorgänge im humusreichen Boden bewirken, daß die Bodenluft etwa 20–60mal reicher an CO_2 ist als die Außenluft. Der Austritt in die bodennahe Luftschicht führt zur Anreicherung der letzteren, vor allem im Sommer bei Luftruhe und geringem Luftdruck. Umgekehrt dazu verhält sich der Gang des CO_2-Gehaltes in Stadtluft, der nachts und im Winter bzw. bei Nebel am größten ist, weil dann die Verbrennungsvorgänge am verbreitetsten und die Ventilation am schlechtesten ist. Im Pariser Stadtnebel sind Höchstwerte gemessen worden. Die zulässige Grenze in bewohnten Räumen beträgt nach Pettenkofer 0,1%. 0,5–0,7% sind auf die Dauer unerträglich. Bei 4% liegt die Grenze der Gesundheitsschädigung, bei 7–8% treten Schwindel und Ohnmacht auf, bei 15% Lähmungen. 25% sind die tödliche Dosis (nach K. Kalle).

Das Ozon, die giftige und stark oxydierende dreiatomige Form des Sauerstoffs (O_3), kommt in der unteren A. nur in sehr geringen Mengen vor. Es ist im wesentlichen auf verschiedene Schichten in der Höhenlage zwischen 30 und 50 km konzentriert *(Ozonosphäre).* In der Zone stärkster Konzentration zwischen 25 und 30 km macht der Ozonanteil die Größenordnung von 10 ppm aus. Konzentriert in der Nähe des Erdbodens, würde die gesamte Ozonmenge ungefähr eine Schichtdicke von 2 mm ergeben.

Ozon ist ein *photochemisches Produkt,* das in der hohen A. aus Sauerstoff gebildet wird. Durch Absorption des ultravioletten (UV-) Anteils der Sonnenstrahlung im

Wellenlängenbereich 0,18–0,24 μm[1] werden in der oberen Stratosphäre und Mesosphäre [s. Kap. II. a) 5.] Sauerstoffmoleküle (O_2) in zwei Sauerstoffatome (O) zerlegt (dissoziiert). Ihre Anlagerung an molekularen Sauerstoff führt zur Bildung von Ozon (O_3). Dieses absorbiert seinerseits Strahlung im Wellenlängenbereich 0,20–0,32 μm und wird dabei dissoziiert in O_2 und O. Letzteres verbindet sich mit anderen O-Atomen wieder zu Sauerstoff. In beiden Prozessen wird der sehr energiereiche und lebensgefährliche UV-Anteil der Sonnenstrahlung fast völlig absorbiert. Das Ozon wirkt als *Ultraviolett-Schutzfilter* der A. Die absorbierte Energie wird zum Teil für die photochemischen Bindungsprozesse verwendet, ist aber gleichzeitig eine sehr effektive Quelle fühlbarer Wärme. Die Ozonanreicherungsschicht ist eine *Heizfläche der Hochatmosphäre* [s. Kap. II. a) 5.].

Je nach der in einem bestimmten Luftraum gegebenen Strahlungsintensität in den genannten Wellenlängenbereichen (abhängig von Höhe und Luftdichte) und der Konzentration der an den Reaktionen beteiligten Teilmengen von Molekülen und Atomen wird mehr O_3 produziert oder mehr abgebaut. Es stellt sich theoretisch ein *„photochemisches Gleichgewicht“* ein. Praktisch ist dies nur in der Höhenverteilung des *Maximums bei ungefähr 30 km* verwirklicht. Vor allem unterhalb der Maximalzone spielen horizontale Transportvorgänge eine bedeutende Rolle. So findet wegen der intensiveren Strahlung die relativ *größte O_3-Produktion* in der Hochatmosphäre *über den Tropen* statt, während dort gleichzeitig der Gesamtgehalt an atmosphärischem Ozon wesentlich kleiner als in höheren Breiten ist. Es ist das eine Folge eines sehr effektiven Meridionalaustausches, der sich ungefähr parallel zur Begrenzungsfläche zwischen Troposphäre und Stratosphäre (Tropopause) vollzieht (Warneck, 1975). Da diese vom Äquator zu den Polen hin absinkt [s. Kap. II. a) 5.], gelangt das O_3 auf dem Weg in höhere Breiten in tiefere Luftschichten und wird so wegen der geringeren Strahlungsintensität, die dort herrscht, der photochemischen Zersetzung entzogen. Die *polare Stratosphäre* ist ein *Ozonanreicherungsgebiet.* Von hier wird es auf verschiedenem Wege wieder verteilt. Die über der Tropopause äquatorwärts versetzten Luftmassen geraten in den Tropen in größere Höhen mit der Folge verstärkter O_3-Zersetzung. Außerdem wird Ozon in geringem Maße (wenige % des Gesamtumsatzes) in die Troposphäre eingespeist. Es geschieht über direkten Transport durch die Tropopausen-Brüche [s. Kap. II. a) 5.] oder einfach dadurch, daß bei der oft sprunghaften Verlagerung der Tropopause von ca. 8 auf 10 km beim Übergang vom Polarwinter zum Polarsommer ozonreiche Stratosphärenluft der Troposphäre einverleibt und in deren großräumige Mischungszirkulationen einbezogen wird. *Polarluftmassen* sind dementsprechend regelmäßig *reicher an Ozon* als die Tropikluft. Auf der Rückseite von Tiefs ist der O_3-Gehalt über-, in Hochdruckgebieten unterdurchschnittlich (Emsalem, 1965, Fig. 4 nach Dobson, 1929).

Eine neue Situation ist in den letzten Jahrzehnten einerseits dadurch entstanden, daß aus den Abgasen der stark angewachsenen Ölverbrennung unter der Einwirkung des Sonnenlichtes in der bodennahen A. Ozon neu gebildet wird. Sonnenscheinreiche Großstädte weisen einen vermehrten Gehalt der Luft an O_3 auf. Ein Beispiel hierfür bietet Los Angeles. Andererseits besteht für die stratosphärischen *Ozonschichten* die Gefahr, daß sie *durch* die als Treibmittel bei allen möglichen Sprays verwendeten *Chlorfluormethane* (auch als Halocarbone bezeichnet) *und*

[1] „Mikrometer“; 1 μm = 10^{-6} m. S. Liste der Maßeinheiten vor dem Literaturverzeichnis.

durch Abgaskomponenten der *Überschallflugzeuge anthropogen beeinträchtigt* werden. Die Abgase der in der unteren Stratosphäre (ca. 20 km Höhe) operierenden Überschallflugzeuge (SSTs) enthalten einen kleinen Prozentsatz *Stickoxide,* welche als wirksame *O_3-Zerstörer* bekannt sind (Reaktionsablauf s. Warneck, 1975). Für eine – vorläufig noch hypothetische – zukünftige SST-Flotte wird eine Gesamtproduktion von $1{,}8 \cdot 10^6$ t NO/x pro Jahr angenommen, die zu einer Reduktion der O_3-Menge um 16% auf der N- und 8% auf der S-Halbkugel führen soll (Schiff and McConnell, 1973).

Die *Chlorfluormethane,* (nach Schurath, 1977 in exakter Bezeichnung „Fluorchlorkohlenwasserstoffe"), die ihrer Bestimmung entsprechend unter normaler Strahlungseinwirkung am Grunde der A. keine chemische Verbindung eingehen, durch die sie abgebaut werden könnten, setzen in Höhen von 20–40 km in photolytischer Reaktion Chlor frei, welches als Katalysator zur Überführung von O_3 in Sauerstoff (O_2) fungiert. Der Effekt der O_3-Vernichtung ist nach Cicerone et al. (1974) sechsmal wirksamer als der von Stickoxiden. Bis 1975 wurden rund $7{,}6 \cdot 10^6$ t der genannten Treibmittel in die A. emittiert.

Schurath (1977) hat die Wirkung in sehr einprägsamer und anschaulicher Weise dargestellt und als Ergebnis einer Studie der National Academy of Sciences (1976) referiert, daß sich bei Fortdauer des Verbrauches der Halocarbone auf dem Niveau von 1973 mit einer Verzögerung von mehreren Jahrzehnten ein neues Ozongleichgewicht in der Stratosphäre einstellt, daß einer Ozonabnahme von mindestens 2 und höchstens 20% entspricht, mit einer wahrscheinlichsten Abnahme um 7,5%. Das sind allerdings erschreckende Zahlen, wenn man bedenkt, daß 1% Ozonabnahme den UV-Strahlungsschutz so verringern würde, daß biologische Effekte zu erwarten sind, wie Ahmed (1975) u.a. dargelegt haben. Näheres über die Ozonreaktionen und -verteilung im Literaturreferat von Bach (1976) und speziell bei Grasnick (1974), Broderick (1973) oder Junge (1972, 1974) z.B.

Amoniak (NH_3) und *Distickstoffoxid (N_2O)* werden mit $1{,}05 \cdot 10^9$ t bzw. $0{,}5$–$0{,}6 \cdot 10^9$ t/pro Jahr von Bakterien bei der Zersetzung organischer Substanz freigesetzt. Abgebaut wird NH_3 z.T. durch Lösung in Wasser oder es reagiert mit OH-Radikalen zu einer Lauge, die wiederum verschiedene Verbindungen eingehen kann. N_2O unterliegt der Photodissoziation, wobei als Endprodukt salpetrige Säure entstehen kann. Mit normalen Prozentgehalten sind beide ohne klimatologische Bedeutung.

Das gilt auch für das Wasserstoffperoxid (H_2O_2), das in Niederschlägen bis zu 0,2 mg/l angereichert sein kann.

2. Der Wasserdampfgehalt der Atmosphäre

Wasserdampf ist wie die anderen Mischungskomponenten der reinen A. ein unsichtbares Gas („Dampf" im volkstümlichen Sinne als Abdampf bei Kühltürmen z.B. wird durch Kondensationströpfchen sichtbar. „Schwaden" wäre eine sinnvolle Bezeichnung). Wegen des relativ geringen Molekulargewichtes des W. von 18 gegenüber 28 bzw. 32 der Hauptmischungskomponenten Stickstoff und Sauerstoff wird mit Wasserdampf durchsetzte *(„feuchte") Luft etwas leichter als trockene.* Der Effekt ist aber klein, da W. stets *nur in geringer Beimengung* in der Luft vorkommt. 4 Vol-% als Maximalwert in den tiefen Schichten der tropischen A., 1,3% im Durchschnitt der warmen und 0,4% während der kalten Jahreszeit in den Mittelbreiten sind charakteristische Werte. Mit der Höhe nimmt der Wasserdampfgehalt als Folge der vertikalen Temperaturabnahme rasch ab [vgl. dazu Kap. II. c) u. e)]. In der unteren Stratosphäre erreicht das Mischungsverhältnis nur noch wenige Teile pro Million (ppm) der Gesamtgasmenge. Gleichwohl spielt in den unteren wie in den oberen Schichten der A. der W. eine eminent wichtige Rolle; unten wegen seines entscheidenden Einflusses auf den Strahlungs-, Energie- und Wasserhaushalt, was in entsprechenden Kapiteln ausführlich zu behandeln sein wird, oben wegen der möglichen Vermehrung des W. durch SST-Verkehr, Zunahme der Dissoziation des H_2O mit entsprechend negativen Folgen für das O_3-Gleichgewicht (Bryson and Wendland, 1970).

3. Das Aerosol

Zum Aerosol zählt jene große Zahl von Bestandteilen der A., die von natürlichen, anthropogen ausgeweiteten oder auch neu geschaffenen künstlichen Quellen (Emittenten) als *Emission* in die A. gebracht, dort durch die vielfältigen Bewegungsvorgänge der Luft eine Zeit lang in der Schwebe gehalten und später nach einer von Art und Größe des Aerosolpartikels und der atmosphärischen Bedingungen abhängigen

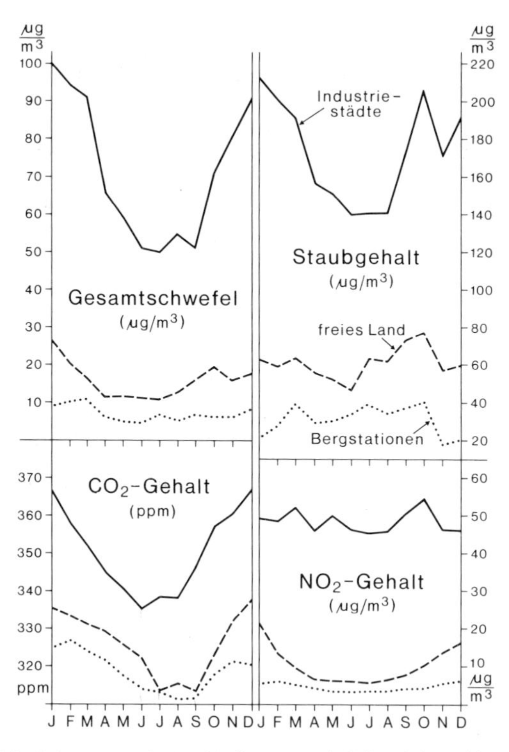

Abb. II.a)2. Jahresgang der Luftbelastung mit Schwefel, Kohlendioxyd, Staub und Stickstoffdioxyd an Reinluft-Mittelgebirgsstationen, abgelegenen Landstationen und in Industriestädten in der Bundesrepublik. (Werte nach Kohler, 1974)

Verweildauer sowie eventuellen chemischen Reaktionen untereinander oder mit Bestandteilen der reinen Luft als *Immissionen* wieder abgesetzt werden. Das Aerosol ist nur im weiteren Sinne eine Verunreinigung der Luft. Auch die „*Reinluft*“ über den Hochgebirgen der Erde oder allgemein in den höheren Atmosphärenschichten enthält in geringen Mengen vorübergehend suspendierte Bestandteile. Sie werden von einem Netz weltweit verteilter „Reinluft-Stationen“ aus der A. ausgefiltert und laufend kontrollierend analysiert. Typische Werte für Reinluft-Mittelgebirgsstationen (Schauinsland im Schwarzwald und Brotjacklriegel im Bayerischen Wald), für abgelegene Landstationen (Westerland auf Sylt, Waldhof in der Lüneburger Heide und Deuselbach im Hunsrück) sowie für Industriestädte (Gelsenkirchen und Mannheim) sind in ihrem charakteristischen Jahresgang in Abb. II, a)2 dargestellt (Werte nach Kohler, 1974). Aus den Belastungsunterschieden wird zugleich deutlich, daß man von *Luftverschmutzung* erst sprechen kann, wenn der Gehalt an Kohlendioxyd (CO_2) rund 330 ppm, Gesamtschwefel (als Schwefeldioxyd und in fester Form) ca. 30 Microgramm pro m^3 ($\mu g/m^3$), Stickdioxyd (NO_2) 20 $\mu g/m^3$ und Staub 60–70 $\mu g/m^3$ überschreitet.[1]

Das Aerosol gelangt auf dem Wege turbulenter Durchmischung oder auch durch Diffusion von den Produktionsgebieten (Quellen) in die höheren A.-Schichten. Hauptsächliche *Quellen* sind: aufgewirbelter Staub, verspratztes Seewasser, Rauch aus offenen Bränden oder Schornsteinen, natürliche und anthropogene Abdämpfe

Tab. II.a) 2. Jährliche Emission der wichtigsten Aerosole von natürlichen und anthropogenen Quellen in 10^6 t/Jahr. (Höchst- und Tiefstwerte der Kalkulationen verschiedener Autoren aus der detaillierten Zusammenstellung von SMIC-Report, 1971 und Bach, 1976)

I. Gasförmige Aerosole	natürliche Quellen	anthropogener Herkunft
Kohlendioxyd (CO_2)	127005–907180	11793 (1967)–16329 (1975)
Kohlenmonoxyd (CO)	526–5000	190 (1966)–640 (1974)
Schwefelwasserstoff (H_2S)	100	3
Schwefeldioxyd (SO_2)	40	133 (1965)–118 (1972)
Ammoniak (NH_3)	1052–5352	4
Stickoxyd (NO)	390	–
Stickstoffdioxyd (NO_2)	48	453–696
Distickstoffoxyd (N_2O)	144–589	–
Methan (CH_4)	330–2086	14–45 (210)
Kohlenwasserstoff (HC)	90–1452	82–90
II. Partikel-Aerosole	**natürliche Quellen**	**anthropogener Herkunft**
Meersalze	300	–
Gesteinsstaub	100–500	10–100
Vulkanstaub	25–150	–
Meteoritenstaub	0,02–1	–
Vegetationsbrände	3–150	Anteil ca. 85 %
Aus Gasen entstandene Salze:		
Sulfate	130–200	130–200
Nitrate	140–700	30–35
Kohlenwasserstoffe	75–200	15–90

[1] 1 μg = 1 Mikrogramm = $^1/_{1000}$ Gramm (g).

sowie vom Wind aufgenommene oder von der Lebewelt abgegebene Mikroorganismen. *Systematisch unterscheiden* kann man zwischen *gasförmigen Substanzen, festen anorganischen Partikeln* und *Mikroorganismen* als Bestandteilen der Luftbelastung.

Gase als Luftbelastung. Kohlenmonoxid (CO). Nachdem das hochgiftige Gas 1949 zum ersten Mal als Spurenbeimengung in der A. festgestellt worden war, galt es bis Anfang der 70er Jahre als ausschließlich anthropogener Entstehung, produziert in der Größenordnung von 190 bis $258 \cdot 10^6$ t/Jahr. Zwischen 1970 und 1974 (Lit. bei Bach, 1976) haben systematische Untersuchungen im Bereich des Atlantik und Pazifik beider Halbkugeln sichergestellt, daß über den Ozeanen 10–40mal höhere Konzentrationen als im globalen Mittel vorkommen und daß gleichzeitig die Werte über den nordhemisphärischen Meeren 4–5mal größer als auf der Wasserhalbkugel sind. Daraus ist zu schließen, daß die Ozeane CO-Ursprungsgebiete sein müssen, die *Hauptmenge* aber doch von den anthropogenen Quellen der industrialisierten N-Halbkugel stammt. Die von W. Bach (1976) referierten neuesten Kalkulationen rechnen mit folgenden Werten der Globalproduktion: $250 \cdot 10^6$ t/Jahr aus *Kraftfahrzeugmotoren,* $110 \cdot 10^6$ t/Jahr aus *stationären Verbrennungsquellen,* $0{,}1 \cdot 10^6$ t/Jahr aus den *Ozeanen.* Seiler (1974, zitiert bei Bach, 1976) gelangt auf der Basis der deutschen Emissionswerte zu wesentlich höheren Abschätzungen ($640 \cdot 10^6$ t/Jahr aus Fahrzeugen und stationären Quellen, $100 \cdot 10^6$ t/Jahr aus den Ozeanen). Hinzu kommen noch $55 \cdot 10^6$ t/Jahr, die von Pflanzen bei der Keimung bzw. Zersetzung des Chlorophylls, von Tieren beim Zerfall des Hämoglobins sowie photochemischen Prozessen bei der Oxydation von Terpenen in Pflanzen stammen.

Großräumige Mittelwerte der Konzentration sind in der oberen Troposphäre 0,3 ppm über den Kontinenten, 0,15 ppm über den Ozeanen. Messungen von Schiffen aus haben dicht über dem N-Atlantik 0,17–0,30 ppm, über dem S-Atlantik 0,05–0,12 ppm erbracht. Analysen von Bohrproben des Eises der Antarktis ergaben für 800 und 1300 Jahre zurück Werte von 0,28 bzw. 0,40 ppm, ähnliche Untersuchungen für Grönland für 1780–1850 Jahre zurück 0,26–0,32 ppm. Da die Werte den heutigen vergleichbar sind, muß der Schluß gezogen werden, daß die globale CO-Konzentration in der A. trotz der Zunahme des anthropogenen Ausstoßes nicht zugenommen hat. Das wieder bedeutet, daß *sehr potente Abbauprozesse oder Aufnahmereservoire* vorhanden sein müssen. Anaerobe Bodenbakterien können CO und H_2 zu CH_4 umbauen, Hämoglobin nimmt einen Teil auf, heiße Metalloberflächen absorbieren es. Der wichtigste Prozeß scheint aber eine chemische Reaktion von CO und OH in der Troposphäre zu sein. Die OH-Menge soll ausreichen, um jährlich $5000 \cdot 10^6$ t CO abzubauen. Und für die USA ist errechnet worden, daß der Boden doppelt so viel CO pro Jahr aufnehmen kann als die anthropogene Produktion beträgt. (Nach Bach, 1976). Das Gesamtsystem Erde + Atmosphäre ist also offensichtlich gegen das sehr giftige Gas (es wird an Hämoglobin gebunden und verhindert dann den Sauerstoffaustausch) gut abgesichert.

Bedenkliche Konzentrationen treten dementsprechend nur kurzfristig und lokal auf. Da die Abgase der Autos eine wesentliche Quelle sind, ist dies vor allem in Städten und Industriegebieten bei schlechter Durchlüftung der Fall. An Tunnelausfahrten oder in Autoschlangen können kurzfristig (5-Minuten) Maxima von 300–360 ppm auftreten. Letzteres wurde bei einer windstillen Nebelwetterlage im Stadtzentrum von London gemessen. In den Städten der USA schwankten im Jahre 1971 die

Maxima für 1-Stunden-Werte zwischen 20 und 60 ppm, diejenigen für 8-Stunden-Intervalle zwischen 10 und 30 ppm (Bach, 1976). In Frankfurt a. M. hat Georgii (1963) Max.-CO-Konzentrationen von 30–90 ppm gemessen. Als Toleranzgrenze werden für einstündige Einwirkung 120 ppm, für 8stündige 30 ppm angesetzt. Die o.g. absolut höchsten Werte haben also bereits akut toxischen Charakter.

Die *Kohlendioxid (CO_2)*-Zusatzbelastung anthropogener Herkunft wurde bereits im Zusammenhang mit dem natürlichen CO_2-Gehalt der A. behandelt.

Schwefelgase. Die wichtigsten sind Schwefeldioxyd (SO_2) und *Schwefelwasserstoff (H_2S)*, beide freilich von unterschiedlicher Entstehung und Wirkung. H_2S entsteht überall, wo schwefelhaltiges, organisches Material unter anaeroben Bedingungen zersetzt wird (Sümpfe, Moore, Überschwemmungsgebiete, Mülldeponien und vor allem Wattenschlick). Hinzu kommen die Abdämpfe der chemischen Industrie. Die natürliche Produktion wird auf $100 \cdot 10^6$ t/Jahr kalkuliert, die anthropogene auf $3 \cdot 10^6$ t/Jahr. Da das Gas im Wasser löslich ist und in der A. schnell zu SO_2 oxidiert, ist seine mittlere Konzentration in der A. mit der Größenordnung von 1 ppb (parts per billion) sehr klein. Von Bedeutung sind die Abbauprodukte, welche zunächst dem SO_2-Pegel zugeschlagen werden.

Natürliche Quellen für *Schwefeldioxid (SO_2)* sind aktive Vulkane und Solfataren (SO_2-haltige Wasserdampfquellen als Spätwirkung des Vulkanismus). Sie produzieren aber nur eine Jahresmenge, die von verschiedenen Autoren zwischen $4 \cdot 10^6$ und $40 \cdot 10^6$ t/Jahr geschätzt wird. Wesentlich effektiver ist die *anthropogene Quelle.* Sie lieferte aus der Kohle- und Ölverbrennung, der Erdölraffinierung und der Erzverhüttung im Mittel der Jahre 1965–1967 weltweit rund $132 \cdot 10^6$ t/Jahr. Nahe diesem Wert muß ungefähr die Maximalmenge gelegen haben, die jährlich überhaupt in die A. geschickt wurde. Während nämlich von 1940 bis Mitte der 60er Jahre die globale SO_2-Produktion schätzungsweise um das Doppelte gestiegen war (referiert bei Bach, 1976), ist seither in allen Industrieländern trotz Steigerungsraten in den entsprechenden SO_2-liefernden Produktionsprozessen durch technische Vorbeugungsmaßnahmen und durch den Übergang von der Kohle zum leichten, schwefelarmen Heizöl beim Hausbrand die tatsächliche *Emission drastisch herabgesetzt* worden. Damals wurden in den Städten des Ruhrgebietes während der Heizperiode normale Konzentrationswerte zwischen 200 und 500 $\mu g/m^3$, im Sommer solche von 60–200 $\mu g/m^3$ gemessen. Bei austauscharmen Wetterlagen stiegen die SO_2-Werte im Ruhrgebiet kurzfristig bis auf Tagesmittelwerte von mehr als 1000 $\mu g/m^3$ an (Weischet, 1973). (100 $\mu g/m^3$ entsprechen ungefähr 38 ppb). Für Frankfurt gab Georgii (1963) Werte von 500–600 $\mu g/m^3$ für den Winter, 100 $\mu g/m^3$ für den Sommer an. In 15 Städten der USA lag der Tagesmittelwert für 1966 zwischen 10 und 170 $\mu g/m^3$. Bei Vergrößerung des Kollektivs auf 88 Städte blieb die Streubreite der Mittelwerte bis zum Jahre 1969 noch ungefähr die gleiche. Danach trat aber ein drastischer Rückgang bis auf 5–70 mit einem Kollektivmittel von 20 $\mu g/m^3$ (= 7,6 ppb) ein (s. Fig. 4 bei Bach, 1976). Auch im Ruhrgebiet ist die SO_2-Konzentration in der Stadtluft drastisch abgesenkt worden. Reale Tagesmittel schwanken im Januar und Februar noch zwischen 100 und 300, im Juli bis August noch zwischen 10 und 120 $\mu g/m^3$. Die Spitzenbelastungen erreichen auch in extremen Ausnahmesituationen keine 500 $\mu g/m^3$ mehr.

Alle bisher genannten Angaben verstehen sich für Städte, die noch dazu mehr oder weniger stark industrialisiert sind. Charakteristisch für die SO_2-Verteilung ist die *schnelle Abnahme der Konzentrationswerte* vom Stadtinnern zu den -rändern und allgemein *von den Siedlungen zum offenen Land.* In Freiburg i. Br. wird beispielsweise der Mittelwert der SO_2-Belastung vom Stadtzentrum mit 60 μg/m³ zu den Vorstadtbezirken um rund 50% geringer (40 μg/m³) und sinkt von dort bis zum Stadtrand noch einmal um die Hälfte ab (Arbeitsbericht Freiburg, 1974).

In der Abb. II. a) 3 ist am Beispiel der Umgebung von Marbach am Neckar die Situation in einem realen und für viele Teile der Bundesrepublik auch repräsentativen Lebensraum im *Nahbereich eines singularisierten Großemittenten* (mit Heizöl betriebenes Kraftwerk) mit dem landschaftlichen Nebeneinander von ländlicher Dorfsiedlung und industrialisierten Kleinstädten dargestellt. Bei normalen Austauschwetter-

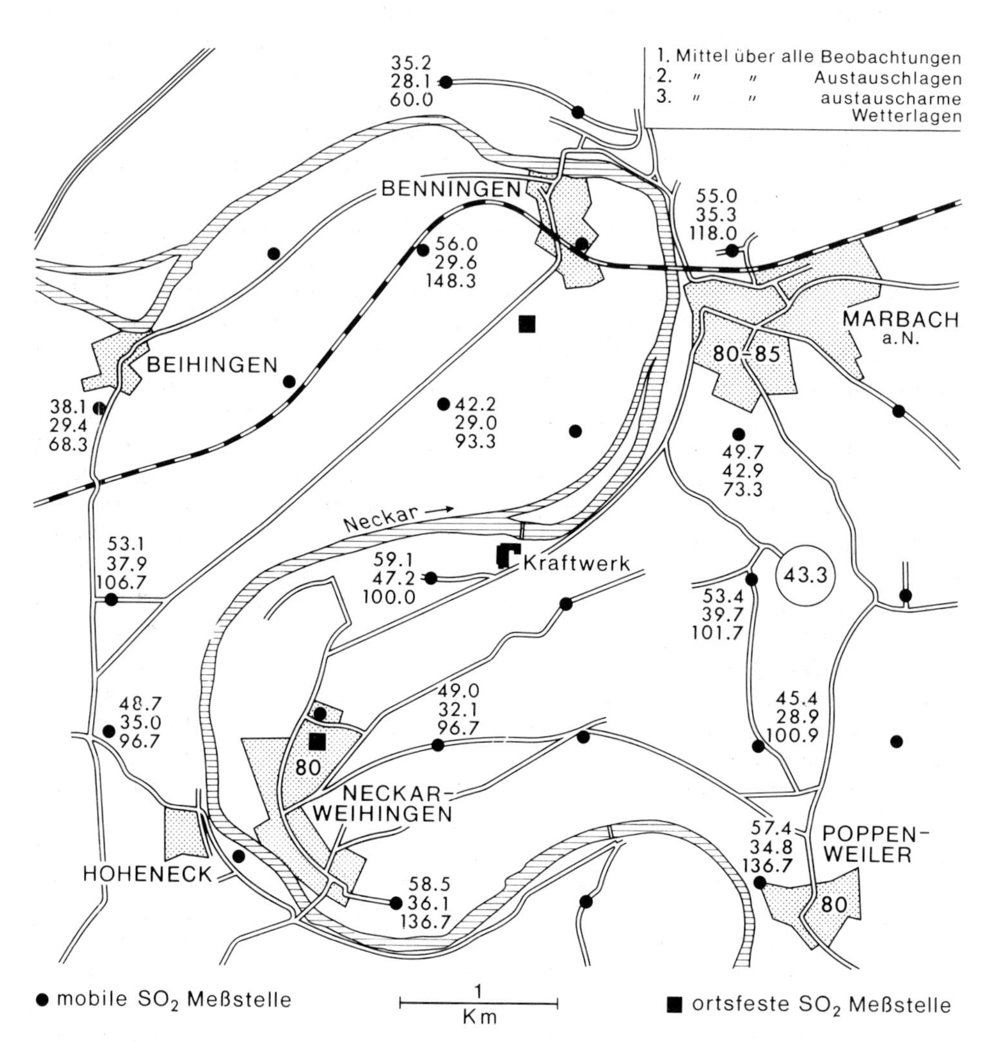

Abb. II.a)3. Verteilung der SO_2-Belastung im Umkreis des Kraftwerks Marbach a. Neckar. Meßwerte vom Landesinstitut für Arbeitsschutz und Arbeitsmedizin, Karlsruhe 1972, aufgearbeitet nach Wetterlagen mit unterschiedlichen Austauschbedingungen sowie für Freiland und Siedlungen. (s. Text). Aus Weischet (1973)

lagen nehmen die Konzentrationswerte über dem agrarischen Nutzland auf 1–2 km von 47,2 μg/m³ auf rund 30 μg/m³ ab, von dort zu den Rändern der Siedlungen auf 35–36 μg/m³ wieder zu. Für die Siedlungskerne liegen leider keine Daten vor. Man muß mit ca. 80 μg/m³ rechnen. Bei austauscharmen Wetterlagen wächst nicht nur die mittlere Konzentration an, es verschärft sich auch bezeichnenderweise der Unterschied zwischen Freiland und Siedlungen auf das Mehrfache des vorher genannten Unterschiedes (73–100 im Freiland, 118–136 μg/m³ an den Siedlungsrändern. Im Innern muß man Werte von 150–200 μg/m³ ansetzen; aus Weischet, 1974).

Im Vergleich zu diesen Werten muß man jene *Zulässigkeitsgrenzen* sehen, welche vom Gesetzgeber als *Langzeitwert* und *Kurzzeitwert* (einmal eine halbe Stunde in einer Zeitspanne von zwei Stunden) der Grundbelastung gesetzt und die in die „Technische Anleitung zur Reinhaltung der Luft (TA Luft)“ als Normen für die Überwachungsorgane eingegangen sind. Sie betrugen bis 1975 400 bzw. 750 μg/m³ und sind neuerdings auf 200 bzw. 300 μg/m³ verschärft worden.

Der rasche Konzentrationsrückgang auf relativ kurzen Entfernungen und die in wenigen Jahren erzielten Verbesserungen im allgemeinen sind nur möglich, weil den anthropogenen Quellen *sehr effektive Senken für* SO_2 gegenüberstehen und dadurch die mittlere Verweildauer mit einigen Stunden bis höchstens wenigen Tagen die kürzeste unter allen gasförmigen Verunreinigungen der A. ist. Ungefähr die Hälfte des SO_2 wird aus der Luft ausgewaschen, indem Wasserdampfmoleküle angelagert werden und das SO_2 als schweflige Säure sedimentiert; die andere Hälfte wird an der Oberfläche von Wasser, Schnee, Boden und Vegetation absorbiert. Junge (1972) schätzt, daß die Beseitigungskapazität der natürlichen Senken ungefähr fünfmal größer ist als die gesamte anthropogene SO_2-Produktion. Gleichwohl lassen sich Beeinflussungen durch besonders starke Quellen über große Entfernungen noch feststellen. So verzeichnet Schweden eine doppelt so hohe SO_2-Ablagerung als seine eigene Industrie produziert, nämlich jährlich volle 130000 t H_2SO_4, die größtenteils aus Mitteleuropa stammen. Sehr starke Emittenten sind die Braunkohlenkraftwerke in der DDR. Der internationale Kongreß der Vereinten Nationen gegen die Umweltverschmutzung, der 1972 in Stockholm stattfand, hat den Blick der Öffentlichkeit auf diese Tatsachen gelenkt.

Dadurch, daß *Pflanzen* SO_2 aufnehmen, werden die sensiblen unter ihnen *zu Zeigern* für erhebliche Luftbelastung. Bereits Mitte des vorigen Jhs. war von Grindon in England sowie Nylander in Paris beobachtet worden, daß rindenbewohnende Flechten empfindlich auf Luftverunreinigungen reagieren. Seither sind zahlreiche Arbeiten zu diesem Thema erschienen. Für das Rheinisch-Westfälische Industriegebiet zeigt die Kartierung von Domrös (1966) sehr eindringlich den Übergang von den normalen Bedingungen im Bergischen Land bis zur „*Flechtenwüste*“ im Kerngebiet des Reviers, und Willmanns (1966) hat für SW-Deutschland die Veränderungen der Kryptogamen-Flora durch anthropogene Einflüsse aus geobotanischer Sicht behandelt. Weitere Einzelheiten bezüglich regionaler Ergebnisse und experimenteller Untersuchungen über die pflanzenphysiologische Ursachenkette im zusammenfassenden Werk von Ferry et al. (1973).

Methan (CH_4) wird ebenfalls von Bakterien unter anaeroben Bedingungen bei tierischen Verdauungsprozessen, in Sümpfen, im Marschboden, in Bewässerungsfeldern, in Seen und bei den Humifizierungsvorgängen der natürlichen und Kulturvegetation produziert. Die Schätzungen der Jahresmenge gehen relativ weit auseinander (330 bis 2086 · 10^6 t). Der anthropogene Zusatz (wahrscheinlich 15 bis 45 · 10^6 t) resultiert aus der *Aufarbeitung und Verbrennung von Erdöl und Erdgas.* Die mittleren Konzentrationen differieren regional nur relativ wenig. Über den Ozeanen sind Werte von 1,25–1,35 ppm charakteristisch. In den Gebirgen Kaliforniens sind 1,4, in Alaska 1,6, über dem Amazonischen Regenwald 2,4, im Stadtgebiet von Los Angeles 2,1 ppm gemessen worden. In den letzten Dekaden ist keine Veränderung bemerkbar gewesen (Bach, 1976). Es besteht ein Fließgleichgewicht zwischen den genannten Quellen sowie dem Abbau durch Reaktionen mit OH in der Troposphäre und dem Verlust durch Austausch mit der Stratosphäre.

Stickstoffoxid (NO) und -dioxid (NO_2) werden künstlich bei Verbrennungsprozessen produziert, bei denen die Temperatur hoch genug ist, um den Luftstickstoff zu oxidieren. Das geschieht im wesentlichen in Automotoren sowie Kohle- und Erdölkraftwerken. Die Gesamtmenge wird auf 48 · 10^6 t/Jahr geschätzt und ist damit relativ klein gegenüber den 450–700 · 10^6 t/Jahr aus natürlicher Entstehung bei bakteriellen Abbauprozessen. Mit wachsendem Kraftverkehr und Kraftwerkbau wird das Verhältnis sich laufend ändern. Bis zum Jahr 2000 soll die künstliche Emission 78% der natürlichen erreichen (Bach, 1976). Die Abbauvorgänge vor allem durch photochemische Reaktion und die stetige Überführung in Salpetriger Säure und später Nitratsalz-Aerosol sind allerdings sehr effektiv, so daß nur relativ kurze Verweildauer von wenigen Tagen resultiert und keine große Gefahr für erhebliche Kummulation in der A. besteht.

Partikel-Aerosol. Neben den gasförmigen enthält die A. auch suspendierte feste anorganische Bestandteile in den Größenordnungen unter 20 µm Radius (Partikel-Aerosol). Im stetigen Gegeneinander von Einspeisung einerseits sowie Ausfallen unter der Schwerewirkung und Auswaschung durch Niederschlag andererseits ergibt sich eine Verteilung mit starken Konzentrationsschwankungen von Ort zu Ort und in der Zeit sowie charakteristischen globalen Differenzierungen, die durch anthropogene Eingriffe global nur geringfügig, lokal aber erheblich beeinflußt werden können. Natürlich ist die Konzentration am größten nahe den Quellen. Von dort werden die Partikel, je kleiner um so effektiver, durch die turbulenten Mischungsvorgänge in der A. verteilt. Die geringsten Konzentrationen werden in großen Höhen sowie über den Ozeanen und Polarregionen, über den Landgebieten nach voraufgegangenen Niederschlägen gemessen, wenn die Luft ausgefiltert ist.

Aber auch unter den letztgenannten Bedingungen ist in der A. fern aller Verunreinigungsquellen immer ein „*background-Aerosol*“ vorhanden, als dessen Herkunftsgebiete zwar vorwiegend die Kontinente angesehen werden müssen, das aber durch die atmosphärischen Austausch- und Mischungsprozesse weltweit und über die ganze Troposphäre verteilt in einer Konzentration zwischen 200 (kontinentferne Ozeane, Polargebiete) und 600 Teilchen pro cm^3 (über den Kontinenten) vorkommt. Bodennahe verunreinigte Luftschichten enthalten dagegen über ländlichen Gegenden die Größenordnung von 10000 Partikeln pro cm^3, 30000 über Kleinstädten, bis zu 100000 über Groß- und Industriestädten (SMIC, 1971).

Nach der *Größe der Teilchen* werden 4 Gruppen unterschieden: das *Grobaerosol* mit Radien über 10 µm (größer 10^{-3} cm), die *Riesenkerne* von 1–10 µm (10^{-4}–10^{-3} cm), die *großen Kerne* von 0,1–1 µm sowie die sog. *Aitken-Kerne* mit Radien unter 0,1 µm (kleiner 10^{-5} cm). Während das Grob-Aerosol auf die Quellgebiete oder ihre unmittelbare Umgebung nahe der Erdoberfläche beschränkt bleibt, da es infolge der Gravitation schnell wieder zu Boden sinkt, sind die anderen drei Größengruppen alle im background-Aerosol vertreten. Einen Überblick über die Größenordnungen und Schwankungsbreite der Aitken-Kerne in verschiedenen Teilen der A. gibt die folgende Tabelle.

Tab. II.a) 3. Größenordnung und Schwankungsbreite des Gehaltes der Luft an Aitken-Kernen (kleiner 0,1 μm). Nach H. Landsberg, 1938

A. Horizontale Verteilung der Aitken-Kerne; Anzahl pro cm^3

	Zahl der Orte	Zahl der Beobachtungen	Mittel	Mittleres Maximum	Mittleres Minimum	Absolutes Maximum	Absolutes Minimum
Großstadt	28	2500	147000	379000	49100	$4 \cdot 10^6$	3500
Stadt	15	4700	34300	114000	5900	$4 \cdot 10^5$	620
Land	21	3500	9500	66500	1050	336000	180
Küste	21	2700	9500	33400	1560	150000	0
Gebirge							
500–1000 m	13	870	6000	36000	1390	155000	30
1000–2000 m	16	1000	2130	9830	450	37000	0
>2000 m	25	190	950	5300	160	27000	6
Inseln	7	480	9200	43600	460	109000	80
Ozean	21	600	940	4680	840	39800	2

B. Mittlere vertikale Verteilung der Aitken-Kerne nach 28 Ballonbeobachtungen

Höhe (km)	0–0,5	0,5–1,0	1,0–2,0	2,0–3,0	3,0–4,0	4,0–5,0	>5,0
Aitken-Kerne pro cm^3	22300	11000	2500	780	340	170	80

(Nach H. Landsberg 1938, S. 218 aus: Landolt-Börnstein, Bd. 3, 1952, S. 586 [vgl. Kap. IIa)])

Klimatische Bedeutung besitzen die Partikel wegen ihres *Einflusses auf die Strahlungsströme* und die Kondensations- bzw. Sublimationsprozesse. Partikel mit einem Radius unter 1 μm sind *„optisch wirksam"*. An ihnen wird nämlich die kurzwellige, sichtbare Strahlung diffus reflektiert. Bei hoher Konzentration von Partikeln mit Radien nahe 1 μm werden alle Wellenlängen gleichmäßig gestreut; Licht und Lichtquelle bleiben weiß. Liegt der Teilchenradius dagegen vorwiegend unter 0,1 μm, werden die kurzen Wellenlängen stärker betroffen; die Lichtquelle (Sonne, Mond) erscheint in der Restfarbe Rot. (Im Quellgebiet eines Staubsturmes sieht man die Sonne mattweiß, fernab in der Peripherie erscheint sie dagegen rot). Auf der Messung der Intensitätsminderung kurzwelliger Strahlung beruht ein wesentliches Verfahren zur Bestimmung der Partikelkonzentration in der Luft. Aerosol mit Radien um 5 μm reduziert die effektive langwellige Ausstrahlung von der Erdoberfläche her.

Das background-Aerosol stellt den entscheidenden *Vorrat an Wolkenkernen* für die Kondensations- und Sublimationsprozesse [s. Kap. II. e) 6.].

Von der *Entstehung* her lassen sich beim Partikel-Aerosol zwei Gruppen unterscheiden: solche, die bereits als feste Bestandteile in die A. gelangen (direkte Partikel-Emission) und solche, die sich durch chemische Reaktionen von Gasen untereinander erst in der A. bilden. Im allgemeinen gehören die optisch wirksamen Partikel der ersten Gruppe an, während die als Wolkenkerne aktivierbaren Bestandteile in der Hauptsache aus Amoniumsulfatkristallen bestehen, die sich aus den Gasaerosolen des Ammoniaks und des Schwefeldioxids über entsprechende Zwischenphasen gebildet haben.

Die *natürliche direkte Partikel-Emission* setzt sich in der Reihenfolge ihrer globalen Produktionsmengen zusammen aus dem Seesalz-Aerosol, dem Gesteins-, dem Vulkan- und dem Meteoritenstaub. Ein Teil der Rauchpartikel, nämlich der aus natürlichen Steppen- und Waldbränden, gehört auch dazu, doch läßt sich der Anteil schlecht von der anthropogen verursachten Rauchproduktion trennen.

Das *Seesalz-Aerosol* sind feinste Kochsalzkristalle als Rückstände aus zerspratztem und verdampftem Ozeanwasser. Die Gesamtproduktion wird auf $1000 \cdot 10^6$ t/Jahr geschätzt. Ungefähr 90% werden über den Ozeanen wieder niedergeschlagen, nur 10% über die Kontinente transportiert. Entgegen älteren Ansichten spielen die Kochsalzkristalle als Wolkenkerne keine entscheidende Rolle, da sie auf die unteren 3 km der Troposphäre beschränkt bleiben und dort normalerweise auch nur in Konzentrationen von höchstens 1 Kern/cm^3 vorkommen. In der Küstenluft über den Bárbados-Inseln wurde eine mittlere Seesalzkonzentration von 10 $\mu g/m^3$ gemessen (Prospero und Carlson, 1972).

Die ergiebigsten natürlichen Quellen für den in die A. gelangten feinsten mineralischen Staub von Gestein oder Boden (einfach „*Gesteinsstaub*") sind jene Trockengebiete der Erde, in welchen feinkörniges Verwitterungsmaterial, vor allem der Löß- und Tonfraktion, in aufgelockertem, nicht verbackenem Zustand während langer Zeiten des Jahres ungeschützt durch Vegetation heftigem Wind und starker (Turbulenz verursachender) Einstrahlung ausgesetzt st (vgl. dazu die Kärtchen bei Bryson and Wendland, 1970 sowie Abb. 6 in Flohn, 1973). *Aus der südlichen Sahara und dem Sahel* wird mit der tropischen Ostströmung regelmäßig Staub über den Atlantik nach Westen verfrachtet. Das Gebiet vor der westafrikanischen Küste trägt seit der Zeit der Segelschiffahrt den Namen „*Dunkelmeer*" (vgl. dazu Conrad, 1936). Die von Carlson and Prospero (1972) genauer untersuchten großräumigen Transporte reichen aber zuweilen noch mit mittleren Konzentrationen von 61 $\mu g/m^3$ in den Luftschichten zwischen 1,5 und 3,5 km Höhe bis ins amerikanische Mittelmeer. Ständige Beobachtungsstationen sind auf Teneriffa und Bárbados eingerichtet. Joseph et al. (1973) haben kalkuliert, daß mit den heftigen trocken-heißen Südwinden („Khamsin"), die zuweilen (im Mittel zehnmal im Jahr) *aus der östlichen Sahara* gegen die Mittelmeerküste wehen, jeweils um 160000 t Gesteinsstaub $\leq 20\ \mu m$ transportiert werden. Das macht ca. 2 Mill. t im Jahr. Einige Male pro Jahr reichen die Ausläufer noch mit solchen Konzentrationen bis über die Alpen hinaus, daß z. B. in Davos die Strahlungsintensität der Sonne über Stunden um 10–20%, zuweilen sogar um 30%, reduziert wird. Für extreme Ausnahmesituationen, wenn der Transport über Tage anhält, wie im März 1901, ist die Staubmenge, die über Mitteleuropa bis nach Dänemark abgelagert wurde, auf 1,8 Mill. t geschätzt worden (vgl. Hann-Süring, 1941, S. 20). Phänomene wie „*roter Schnee*" oder „*Blutregen*" werden durch niedergeschlagenen Staub bewirkt. Ein weiteres Hauptquellgebiet sind die Wüsten und Halbwüsten in der *West- und Südumrahmung der zentralasiatischen Gebirge* von Usbekistan über die Lut im östlichen Iran bis zur Thar im Grenzgebiet von Pakistan und Indien. Bei Stichprobenmessungen wurden zur Zeit stärkster Staubentwicklung im März zwischen 5 und 10 km Höhe noch Belastungen zwischen 300 und 800 $\mu g/m^3$ festgestellt. Das ist doppelt bis 4mal soviel wie in den Stadtatmosphären von Chicago oder Los Angeles (Bryson and Wendland, 1970). Die Sichtweite wird dabei wie im Nebel auf unter 1 km herabgesetzt. Das dritte Hauptliefergebiet, die *zentralasiatische Hochgebirgswüste,* wird als Quelle der Lößablagerungen in China angesehen. Für einzelne Staubstürme lassen sich Transportentfernungen von mehr als 2500 km bis weit über den Nordpazifik aus Satellitenbildern nachweisen.

Neben den genannten tragen aber auch andere Trockengebiete und zudem bis zu einem gewissen Maße „*Kultursteppen*" zur Partikelbelastung bei. Staubstürme über den bereits abgeernteten Weizenfeldern der Plains und Präries Nordamerikas oder den vom Winterfrost aufgelockerten Lößflächen Südrußlands und SW-Sibiriens sind bekannte episodische Phänomene. Dabei muß man allerdings bereits anthropogene Handlangerdienste in Rechnung stellen.

Insgesamt wird die Menge des vom Wind an der Oberfläche aufgenommenen Staubes zwischen 100 und $500 \cdot 10^6$ t pro Jahr geschätzt (Flohn, 1973; Bach, 1975).

Die anthropogen über die Stauberzeugung in Städten, auf Straßen, in Industrien direkt in die A. gebrachte Menge an festen Partikeln wird von einigen Autoren auf Größenordnungen von 10 bis $100 \cdot 10^6$ t/Jahr veranschlagt (Bach, 1975). Flohn (1973) wertet bei den von ihm angesetzten $150 \cdot 10^6$ t/Jahr einen erheblichen Teil der von der Oberfläche von Verwitterungsböden abseits der Städte aufgenommenen Partikel als anthropogen ausgelöst.

Vulkanstaub spielt in der A. mit einer durchschnittlichen Belastung von 3 bis $4 \cdot 10^6$ t und einer Jahresproduktion von rund $30 \cdot 10^6$ t (Schätzungen zwischen 25 und $150 \cdot 19^6$ t/Jahr; Flohn, 1973) rein mengenmäßig nur eine untergeordnete Rolle. Seine Bedeutung resultiert vor allem daraus, daß er episodisch und sporadisch in erheblicher Konzentration in große Höhen der A. geschleudert wird, deshalb mit den Höhenwinden oft mehrmals um die Erde transportiert und auf riesige Areale ausgebreitet werden kann. Bekannte Beispiele dafür sind die Ausbrüche des Krakatao (1883) und des Katmai (1912). Der letztere hat in Europa über Tage zu kräftigen Dämmerungs- und Trübungserscheinungen geführt, die Intensität der Sonnenstrahlung blieb monatelang unter der Hälfte (Hann-Süring, 1941, S. 20) und nahm erst im Frühjahr 1914 wieder normale Werte an. Auf diesen Erfahrungen fußt die Vulkanstaubtheorie zur Begründung von Klimaschwankungen [s. auch Kap. VII]. (Eingehende Behandlung in Lamb, 1972).

Kosmischer *Meteoriten-Staub* wird nach den ersten Auffangexperimenten mit Raketen (Bhandary et al., 1968) täglich in der Größenordnung von 50–500 t (Durchmesser der Partikel 1–100 μm) aufgenommen. Wenn auch andere Autoren eine Jahresmenge von mehr als 1 Mill. t für möglich halten, so ist doch die Gesamtbedeutung sehr gering.

Eine wichtigere Quelle direkter Partikel-Emission sind die *Wald- und Steppenbrände.* Ihr globales Ausmaß ist ebenso schwierig abzuschätzen wie die jeweiligen Anteile, die natürlicher Entstehung oder anthropogener Einwirkung zuzurechnen sind. Aus den Waldbränden des Jahres 1968 in den USA muß man mit einer Partikelproduktion von rund $10 \cdot 10^6$ t rechnen. Auf die ganze Welt extrapoliert, kommt man auf rund $150 \cdot 10^6$ t/Jahr (Flohn, 1973; Bach, 1975).

Alle bisher behandelten direkten Partikel-Emissionen ergeben zusammen eine

Jahressumme von 455 bis $1140 \cdot 10^6$ t. Sie können, bei gleichmäßiger Verteilung auf die A., bei weitem nicht die Gesamtmenge des background-Aerosols stellen. Der größere Teil davon entsteht erst auf indirektem Wege in der A. über die chemische Verbindung von Gasen zu festen kristallinen Substanzen.

Partikel aus Gasreaktionen. Der wichtigste Prozeß in der freien A. ist die Reaktion von SO_2 bzw. H_2S mit NH_3 bzw. NO_2, bei der über verschiedene Zwischenstationen *Ammonium-Sulfat* $(NH_4)_2\,SO_4$ entsteht. Dafür sind drei Mechanismen bekannt: die photochemische Oxydation von SO_2 in Gegenwart von NO_2, die katalytische Oxydation in Gegenwart von Schwermetallkatalysatoren sowie vor allem die Ammoniak-Schwefeldioxid-Reaktion in Gegenwart von Wasser (Wolken- oder Nebeltröpfchen). Da der anthropogene Anteil an der SO_2-Produktion den natürlichen wesentlich übersteigt (s. Tab. II. a) 2), liegt auch eine erhebliche Beeinflussung der Partikel-Produktion und damit des Strahlungshaushaltes der Erde im Bereich des Möglichen [s. Kap. VIII].

Aus der Reaktion von SO_2 mit Seesalzkristallen entsteht *Natriumsulfat.* Die Schätzungen über die Gesamtmenge der Sulfate gehen noch weit auseinander. In der Tab. II. a) 2 sind die Werte des SMIC-Reports aufgenommen. Andere Autoren kommen zu fast doppelt so großen Mengen für die natürliche Produktion, während sie die anthropogene nicht wesentlich verschieden kalkulieren (s. dazu Bach, 1976).

Nitrat-Partikel sind Salze der Salpetersäure, die sich aus den Stickoxyden NO und NO_2 ähnlich wie die Schwefelsäure aus dem Schwefeldioxyd bilden. Die Mengenabschätzungen beruhen weniger auf Kenntnis des genauen Reaktionsvorganges als vielmehr auf Stichproben-Messungen des Verhältnisses von Sulfat- zu Nitrat-Partikeln über Regionen bestimmter Belastung und deren Extrapolation.

Bei den *Kohlenwasserstoffen* nimmt man an, daß rund die Hälfte der Gase in feste Partikel verwandelt werden. Wie, ist weitgehend unbekannt.

Als spezielles Phänomen resultiert aus der photochemischen Reaktion von Kohlenwasserstoffen mit Stickoxyden in Anwesenheit von Ozon der *„photochemische Smog“.* Als solcher wird eine deutliche Sichtbehinderung (eye irritation) bezeichnet, ohne daß Nebelbildung durch Tröpfchenkondensation aufgetreten wäre. Zuerst beobachtet wurde er in Los Angeles. Seine Entstehung verlangt allerdings eine Superposition von relativ hoher Strahlungsenergie und außergewöhnlich großen Konzentrationen der genannten Gase (jeweils um 1,0 ppm), die auch in Los Angeles nur in der Zeit stärksten Autoverkehrs bei gleichzeitiger Stagnation der Luft während des Umschlages vom Land- zum Seewind in den Morgenstunden kurzfristig gegeben sind.

Das mit der Partikelbelastung der Luft zusammenhängende allgemeine Phänomen der atmosphärischen Trübung wird im Kap. II. d) behandelt. Hier muß noch auf das Mischprodukt *Rauch* und die damit verbundenen speziellen Phänomene kurz eingegangen werden. Rauch entsteht vor allem aus Verbrennungsprozessen. Je nach dem verbrannten Material ist die Zusammensetzung sehr verschieden. Als *Grundgemenge* kann man eine Mischung von Wasserdampf, Kohlepartikel, oft in Verbindung mit Ölresten und schwefliger Säure (das ergibt Ruß), Mineralfragmenten (Gestein oder Metalle), Kohlenmono- und -dioxyd ansetzen. Das ist ungefähr das Mischungsspektrum beim häufigsten Rauch, der bei der Verbrennung von Holz, Kohle, Erdöl, Erdgas und dgl. entsteht. Im Einzelfall kommen zu den Hauptkomponenten noch zahlreiche Spurenbeimengungen, die vom speziellen Emittenten abhängen, z. B. ätherische Öle und andere Geruchsstoffe, besondere Chemikalien oder Schwermetalle wie Blei beim Benzin beispielsweise.

Ein erheblicher Anteil der Rauchpartikel ist größer als das normale Aerosol und wird entsprechend schnell ausgefällt. Rauch übt deshalb während seiner (relativ kurzen) Verweildauer in der A. nicht nur eine optische Wirkung in Form der bereits besprochenen diffusen Reflexion aus, sondern wirkt bei genügender Schichtdicke sogar als lichtundurchlässige, absorbierende Masse, die je nach der Zusammensetzung bräunliche, ja schwärzliche Farbe annehmen kann. Wo die groben Partikel im Umkreis der Emittenten abgelagert werden, verursachen sie nicht nur eine erhebliche Verschmutzung, die wegen des öligen Rußes schwer vom Regen beseitigt werden kann, sondern auch wegen des Säuregehaltes eine Schädigung der Vegetation und beschleunigte Korrosion von Metalloberflächen und Baumaterialien.

Die niedergeschlagenen Mengen *(Immissionen)* von Rauchbestandteilen variieren je nach der Lage zu bestimmten Emittenten und den atmosphärischen Bedingungen in weiten Grenzen. T. J. Chandler (1962) hat berechnet, daß in London jährlich über 110000 t Ruß und Staub abgelagert werden, und zwar auf die Quadratmeile umgerechnet bis zu 450 t, während auf dem Lande in der Londoner Nachbarschaft nur 100 t auftreten. Die größeren Mengen fallen während der Heizperiode im Winterhalbjahr. In Teilen des Rheinisch-Westfälischen Industriegebietes sind jährlich bis zu 320 t Ruß und Asche je Quadratkilometer gemessen worden (Meetham, 1964, S. 287).

Die Rauchschäden haben inzwischen zu gesetzgeberischen Maßnahmen geführt, sei es, daß Abgase gereinigt und gefiltert werden müssen, daß Industrieschornsteine je nach Standort und Emission bestimmte Höhe haben müssen oder daß Wohnviertel ihrerseits überhaupt frei von raucherzeugender Industrie bleiben, neue nicht in der Hauptwindrichtung bereits bestehender Fabrikstandorte angelegt werden. Aus den Erfahrungen der Gründerzeit, als Industrie- und Arbeiterwohnviertel noch in enger räumlicher Verbindung angelegt wurden, resultiert im Bereich des mitteleuropäisch-westeuropäischen Westwindklimas das bekannte Phänomen, daß Villenviertel bevorzugt am Westrand der Städte angelegt wurden.

Jede Rauchemission ist im Prinzip eine Umweltbelastung und Belästigung der im Einflußbereich lebenden Menschen. Sie wird zur Gefahr, wenn die Anreicherung der Luft mit akut giftigen oder krankheitserregenden Bestandteilen des Rauches entweder auf Dauer oder aber kurzfristig bestimmte, von Medizinern und Hygienikern ermittelte Erfahrungswerte überschreitet. Diese sind im Gesetz über die Reinhaltung der Luft als sog. „Langzeit-“ bzw. „Kurzzeitwerte“ für die jeweiligen Substanzen festgelegt, wobei im Laufe der beiden letzten Jahrzehnte durch Herabsetzung der Grenzwerte eine drastische Verschärfung der Bestimmungen durchgesetzt wurde. Dadurch soll einerseits z. B. Lungen- und Krebsleiden fördernden Dauerwirkungen (Schmidt-Überreiter, 1963), andererseits vor allem aber der Gefahr akuter *Rauchvergiftungskatastrophen* begegnet werden, wie sie in den zurückliegenden Jahrzehnten für das Maastal bei Huy (Dezember 1930 mit 63 Todesfällen), Donora in Pennsylvania (Oktober 1948 mit 20 Todesfällen) und London (Dezember 1952) bekannt geworden sind. Für London gibt C. E. P. Brooks (The English Climate. London 1954, S. 66f.) folgenden sehr instruktiven Bericht:

„Dieser Nebel begann am 5. 12. (1952), als eine Antizyklone sich auf das Gebiet von London legte. Das ganze Themsetal war von einer Schicht kalter, stagnierender Luft bis zu einer Höhe von 200–500 Fuß erfüllt, die durch eine scharfe Grenze von der höhergelegenen Warmluft getrennt war. So war London an einer Seite durch die Kalkhügel und oben durch eine undurchdringliche Inversion abgeriegelt. Ein natürlicher Nebel aus Wassertropfen bildete sich in diesem abgeschlossenen Raum, aber dazu kam all der schmutzige Rauch von Londons unzähligen Schornsteinen, der sich von Tag zu Tag vermehrte. Bei County Hall wuchs die Menge des Rauches in der Luft von 0,49 mg pro cbm am 4. 12. auf 4,46 mg pro cbm am 7. und 8. Obwohl 4,46 pro cbm nur der millionste Teil einer Unze pro Kubikfuß (oder 1,3 Unzen) Luft ist, welches sich nicht nach viel anhört, genügt es, den reinen, weißen Nebel in eine gelblich-graue Masse zu verwandeln, die alles, womit sie in Berührung kommt, mit einem Film aus schmierigem Schmutz überzieht. Die Kosten für das notwendige Waschen von Gardinen und Kleidung und der Schaden von empfindlichen Waren in Läden und Lagerhäusern, ganz zu schweigen vom Reinigen der Mauern und Fenster, lief wahrscheinlich in die Hunderttausende von engl. Pfunden, wenn auch ein genaues Abschätzen unmöglich ist. Noch schlimmer, obwohl weniger unmittelbar bemerkbar, sind die Chemikalien in der Luft, die vom Verbrennen der Kohle herrühren. Das Schlimmste hiervon ist Schwefeldioxid, welches sich mit der Luftfeuchtigkeit zu Schwefliger Säure verbindet. Sie ist es, die dem Londoner Nebel eine ätzende Wirkung gibt, und abgesehen von ihrem zerstörenden Einfluß auf alle Materialien ist sie direkt gefährlich für die Gesundheit. Die Menge des Schwefeldioxids in der Londoner Luft wuchs beinahe auf das Zehnfache, von 1 : 7 Mill. am 4. 12. auf 1 : 1 Mill. am 6. bis 7. 12. Der Ruß in der Luft schien in der Nacht vom 6. zum 7. 12. seinen Höhepunkt erreicht zu haben, obwohl er bis zum 9. hoch blieb, und das Schwefeldioxid, das sich als Gas nicht niederschlägt, noch zwei Tage länger. Sichtstatistiken (Mittel des Observatoriums in Kew und vom Londoner Flughafen) zeigen, daß die Sicht vom Morgen des 6. 12. bis zum Morgen des 8. 12. meistens anhaltend weniger als 12 yards betrug. Die Anzahl der Todesfälle in Groß-London wuchs von 2062 am Wochenende, dem 6. 12. (der schon zu einem Teil der Nebelperiode angehörte), auf 4703 in der folgenden Woche, und blieb noch am Ende des 20. 12. hoch. Der Höhepunkt der Sterblichkeitsziffer (900 pro Tag) wurde am 8. und 9. 12. erreicht. Wenn man die normalen wöchentlichen Todesfälle mit rund 2000 annimmt, kostete der Nebel insgesamt rund 4000 Menschenleben. Im Bezirk London, der zu den nebligsten Gebieten gehört, war die angestiegene Todesziffer sogar im Verhältnis noch größer, 945 vom 30. 11. bis 6. 12. zu 2484 in der folgenden Woche. Wie zu erwarten, war das Ansteigen der Todesfälle durch Bronchitis und Lungenentzündung besonders stark. Sie stiegen um mehr als das siebenfache an."

In der Darstellung ist von Rauch (smoke) und Nebel (fog) als zusammenwirkenden Phänomenen die Rede. In der Tat sind beide bei solchen *Nebel-Rauch-Katastrophen* genetisch und ursächlich miteinander verbunden, so daß die sprachliche Zusammenziehung zum Fachbegriff *„smog"*-Katastrophe vernünftig ist. Die Kopplung kommt folgendermaßen zustande: Erste Bedingung für smog ist über Tage anhaltender extrem geringer Austausch in der A. Das ist nur möglich bei tief (wenige 100 m über Grund) liegender dynamischer Absinkinversion. Sie verhindert nämlich die Verfrachtung der Emissionen in höhere Luftschichten [s. Kap. III. b)]. Solche Absinkinversion setzt ein kräftiges Hochdruckgebiet voraus, welches seinerseits gleichzeitig Windruhe und wolkenfreies Strahlungswetter garantiert. Wegen der Windruhe entfällt die horizontale Verfrachtung der Emissionen. Bei Lagen in topographischen Senken (Tälern, Becken) ist die Stagnation der Luft besonders perfekt, weil durch das Relief nach der Seite und die Inversion nach oben ein begrenztes Volumen abgeschlossen wird. In dieses erfolgt die laufende Emission und erhöht die Gas-, Partikel- und Wasserdampfkonzentration. Durch nächtliche Ausstrahlung wird das ganze Gemisch abgekühlt. Da die erhöhte Wasserdampf- und Partikelkonzentration die Kondensation erleichtert [s. Kap. II. e) 6.], bildet sich Nebel bereits, wenn in unbelasteter Umgebung dafür die Bedingungen noch nicht erfüllt sind.

An Hand der genannten atmosphärischen und topographischen Voraussetzungen lassen sich einige *Folgerungen über die Anfälligkeit von Industriegebieten* und städtischen Agglomerationen bei unterschiedlichen geographischen Lagebedingungen für extreme Luftbelastungen anschließen. Das Industriegebiet an Rhein und Ruhr liegt relativ günstig, da es sich über ein Flachland unter der dominierenden zyklonalen Westwindzirkulation erstreckt. Die relativ stärksten Belastungen treten bei Trogsteuerung in der Höhe und leichten Ostwinden am Boden auf, während in den Industriestädten des Neckarraumes und auch im Saargebiet bei den gegebenen topographischen Verhältnissen (Lage in Tälern und Becken) winterliche Hochdruckwetterlagen die ungünstigsten Bedingungen bringen (Weischet, 1974). In westeuropäischen Industriegebieten ist die Disposition zu smog-verdächtigen Situationen im allgemeinen auch nur selten gegeben. Es müssen schon extreme Emissions- und Witterungsbedingungen zusammentreffen. Das scheint heutzutage, nachdem die Emissionsvorschriften auch in London verschärft worden sind, nur noch unter lokal eng begrenzten Umständen möglich. Erhöhte Wachsamkeit müssen dagegen Agglomerationen wie Los Angeles aufbringen, die auf Grund ihrer Lage im Einflußbereich des Subtropenhochs zwar wegen des stabilen schönen Wetters beneidet werden, aber im Kern der Ballungsgebiete dauernd vor der Gefahr von Überbelastungen stehen (Lemke et al., 1969).

Organismen in der Atmosphäre. Die Beimengungen der A. an suspendierten Organismen betreffen *Bakterien, Pilze, Sporen, Pollen und andere Keime.* In den bodennahen Luftschichten sind über Land Mengen von 500–1000 Organismen pro m^3, davon $^1/_5$ Bakterien, als normal anzusehen. Im Sommer und über Mittag, bei trockenem windigen Wetter und über den Kontinenten werden Maximalwerte gemessen. Mit der Höhe nimmt der Gehalt stark ab, im Sommer scheint die Luft oberhalb 3000 m keimfrei zu sein. Die *Reinheit der Hochgebirgs- und Seeluft* spielt als kurortklimatologisches Kriterium eine wichtige Rolle. Regionen mit besonders geringem Keimgehalt der Luft sind die hochozeanischen Subpolargebiete der Südhemisphäre und die Polarregionen. In Feuerland und Patagonien z.B. sind Erkältungs- und andere Infektionskrankheiten bemerkenswert selten. Kommen sie vor, so treffen sie die Menschen besonders hart.

Pollen spielen als Luftbelastung jahreszeitlich und regional eine spezielle Rolle. Ihre Menge kann örtlich und zeitlich geradezu augenfällig werden (Pollenschwaden blühender Kornfelder, Pollenblüte auf Gewässern, Pollenniederschlag auf Wasserlachen) und ebenfalls pathogene Bedeutung erlangen (Heuschnupfen, der im pollenarmen See- oder Hochgebirgsklima kuriert wird).

4. Radioaktive Beimengungen der Atmosphäre

Ein sehr kleiner Teil der Gase und des Partikel-Aerosols weist eine *Radioaktivität* auf, d.h. daß in diesen Atmosphärenbestandteilen Kerne vorkommen, die ohne äußeren Anlaß, spontan zerfallen und dabei Korpuskular- (Heliumkerne als α- und Elektronen oder Positronen als β-Strahlung) sowie massenlose elektromagnetische Wellenstrahlung (γ-Strahlen) aussenden. Davon sind die einige mm ins Gewebe eindringenden, stark ionisierenden β-*Strahlen* und vor allem die „harten“ γ-*Strahlen* wichtig, die zwar schwächer ionisieren, aber mit Wellenlängen von 1–0,005 Å noch rund 500 mal kurzwelliger und damit durchdringender als Röntgenstrahlen sind. Die *biologische Wirkung* der radioaktiven Strahlen auf den menschlichen Körper beruht im wesentlichen auf den Ionisationsvorgängen, die in den Körperzellen hervorgerufen werden. In kleinen Dosen können sie heilend wirken, in Überdosen sind sie lebensgefährlich.

Maßeinheit der von einer Materie ausgehenden Radioaktivität ist das *Curie* (Ci) bzw. *Picocurie* (pCi). Ein Ci entspricht der Aktivität von 1 Gramm Radium und produziert $3{,}70 \times 10^{10}$ Zerfälle pro Sekunde mit der entsprechenden Freisetzung von α-, β- und γ-Strahlung. Ein pCi $= 10^{-12}$ Ci oder $3{,}7 \times 10^{-2}$ Zerfallsprozesse pro Sekunde.

Die von einem Körper aufgenommene Strahlungsenergie *(= Strahlungsdosis)* wird im Bezug auf die A. in der Einheit *Röntgen* (R) bzw. *Milliröntgen* (1 mR $= 10^{-3}$ R) gemessen. 1 R entspricht einer Absorption von 88 erg (Energieeinheit) pro Gramm Materie. Die häufig benutzte Dosiseinheit *rad* ist definiert als die Absorption von 100 erg/g Materie. Bezogen auf Lebewesen wird das rad durch das *rem* (= „rad equivalent man") mit der gleichen Energiedefinition ersetzt. *Dosisleistung* ist die Dosis pro Zeiteinheit (Tag, Woche, Jahr), also rem pro Tag z. B. oder m rem/Tag (= 10^{-3} rem/Tag).

Als *Ursache der Radioaktivität* in der A. wirken natürliche und künstliche Strahlenquellen.

Die eine *natürliche Quelle* bilden die natürlich-radioaktiven Substanzen wie Calium 40, Uran, Aktinium und Thorium, die überall in der Erde enthalten sind. Bei ihrem Zerfall entstehen neben festen Radionukliden auch radioaktive Edelgase wie Radon, Thoron und Aktinon, die als sog. *Emanation* aus dem Gesteinsmantel in die A. diffundieren. Je nach Gehalt und Durchlässigkeit des Untergrundes (bei Gefrornis ist sie wesentlich kleiner) ist die Exhalation örtlich und zeitlich verschieden. Radon kommt im Grundwasser in Konzentrationen von $10^2 - 10^3$ pCi/Liter vor, radioaktive Heilquellen enthalten 10^5 pCi/l. In der Troposphäre nimmt der Gehalt an radioaktiven Edelgasen von der Quelle in Bodennähe mit der Höhe ab. Durch den Zerfall der radioaktiven Edelgase entstehen ebenfalls radioaktive Folgeprodukte, die, an Partikel-Aerosol angelagert, mit der Atemluft aufgenommen werden können und so zu der Strahlung von außen noch eine von innen zusätzlich bewirken.

Die *zweite Quelle* natürlicher Radioaktivität wird durch die ständig aus dem Weltraum auf die Erde treffende Korpuskularstrahlung *((kosmische Primärstrahlung)* in den oberen Schichten der A. erzeugt. Durch Wechselwirkung eines Teiles von ihr mit den Bestandteilen der A. resultiert eine *kosmische Sekundärstrahlung.* Beide zusammen produzieren durch Spaltprozesse aus Stickstoff, Sauerstoff und Argon eine ganze Reihe von Radionukliden, die von oben her als radioaktive Substanzen in die A. eingespeist werden. Die wichtigsten davon sind der *radioaktive Kohlenstoff C-14* sowie das *Wasserstoffisotop Tritium.* Der eine ist ein wesentliches Hilfsmittel zur Altersbestimmung von kohlestoffhaltigen Materialien geworden [s. Kap. VII. b)], das andere dient als tracer zur Beobachtung der verschiedenen Stadien im Kreislauf des Wassers.

Die *Tab. II. a) 5 gibt eine Bilanzierung* der Strahlenbelastung des Menschen durch natürliche Radioaktivität. Es resultiert eine genetische Belastung von etwas mehr als 2 mrem pro Woche, bei den Knochen sind es 3 mrem pro Woche. Die größte Belastung mit ca. 23 mrem pro Woche wirkt auf die Bronchien. Die schädigende Dosis

Tab. II.a) 5. Die auf den Menschen in einem natürlichen Lebensraum einwirkende Strahlenbelastung in m rem/Jahr. (Nach Kiesewetter, 1977 und PHYWE-Nachrichten, 1957)

A. Von außen			
1. Terrestrische Strahlung			
Durchschnittswert der Erdoberfläche			ca. 50
a) Granit			90
b) Sedimente			23
c) Ozean			0
d) Uranlagerstätte (0,1 % Urangehalt)			2800
e) Uranbergwerk			5600
2. Radium und Thorium der Luft			2
3. Primäre und sekundäre kosmische Strahlung (Höhenstrahlung)			
	am Äquator	in 50° N Br.	
im Meeresniveau	33	37	
in 1500 m Höhe	40	60	
in 3000 m Höhe	80	120	
in 4500 m Höhe	160	240	
in 6000 m Höhe	300	450	
B. Von innen, von im Körper gespeicherten radioaktiven Elementen	Gonaden	Knochen	Lunge
Kalium 40	20	15	20
Kohlenstoff 14	1,5	1,5	1,5
Radium 226 und Folgeprodukte	0,2	10	0,2
Thorium 228	0,3	10	0,3
Blei 210 u. Polonium 210	3	40	3
Inhalation Radon und Folgeprod.	1	1	100 Alveolen 1000 Bronchien
C. Durchschnittswert der Summe (A + B) nahe der Erdoberfläche in 50° N Br.	ca. 120	ca. 160	ca. 1200

beginnt bei etwa 45, die tötliche bei etwa 150 mrem innerhalb 1–2 Tagen. Als Grenzwert für ungeschützt ohne Schäden ertragbare Strahlungsdosen wurden bisher maximal 300 mrem pro Woche angegeben.

Durch die *anthropogene Vermehrung der Radioaktivität* auf künstlichem Wege durch kernphysikalische Versuche, den Gebrauch radioaktiver Geräte, der Verwendung ionisierender Strahlen in der Medizin, thermo-nukleare Kraftwerke und zeitweilig vor allem durch oberirdische Kernwaffenversuche hat das Problem der radioaktiven Belastung unserer Umwelt eine neue Dimension erhalten. Besonders in den Jahren nach 1952, als von den sog. Atommächten die Tests mit den im Laufe der Zeit immer stärker werdenden *Atombomben* über der Erdoberfläche durchgeführt wurden, ist die Radioaktivität zunächst in der A. und später ganz allgemein auf der Erde deutlich vermehrt worden. Der Vorgang ist dabei im Prinzip der folgende: Bei der Explosion wird eine Menge radioaktiver Substanzen in Form kleinster Partikel in die Luft geschleudert. Bei normalen Bomben bleiben sie allerdings in der Troposphäre unterhalb der dynamisch wichtigen Tropopause. Während der größte Teil des strahlenden Staubes bereits während der ersten halben Stunde nahe dem Detonationsort ausgefällt wird, halten sich die Partikel kleiner 40 μm viele Stunden schwebend; diejenigen unter 5 μm benötigen über 70 Tage bis zur Sedimentation. Sie werden mit den troposphärischen Windsystemen über große Räume verteilt, bevor sie unter direkter Einwirkung der Schwerkraft zur Erdoberfläche gelangen („fall out"), evt. durch Kondensationströpfchen in Wolken vorübergehend aufgenommen („rain out") oder durch Niederschlag ausgewaschen („wash out") werden. Den *Ausbreitungsmechanismus der Partikelschwaden* nach einer troposphärischen A-Bomben-Explosion hat H. Faust (Naturwiss. Rdschau, 14, 1961, S. 274) nach den Untersuchungen von I. Bauer beschrieben.

„Am 13. 2. 1960 explodierte in der Sahara (Reggane: 26° 43′ Nord, 0° 9′ Ost) eine von Frankreich hergestellte Atombombe, die keine H-Bombe war. Ihre Partikel verblieben also in der Troposphäre. Der Offenbacher Meteorologe I. Brauer hat in einer umfangreichen Untersuchung den Weg der radioaktiven Schwaden untersucht („Atomkernenergie" 6, 1961 S. 35).

Die Explosion erfolgte genau unter einem Strahlstrom, einem jener Orkanwindröhren, die in der oberen Troposphäre oft die Atmosphäre durchziehen. Nur ein geringer Teil der Partikel wurde um ein über der Sahara gelegenes Hochdruckgebiet herumgeführt, der weitaus größte Teil des radioaktiven Materials wurde in dem Strahlstrom nach Osten verfrachtet. Brauer konstruierte aus Höhenwetterkarten Trajektorien – eine sehr mühevolle Arbeit – und bestimmte an Hand der Trajektorienkarten Richtung und Geschwindigkeit der radioaktiven Wolken. Durch Einholen von Radioaktivitätsmessungen von möglichst vielen Stationen der Nordhalbkugel überprüfte er die errechneten Bahnen.

Einen Tag nach der Explosion hatten die Schwaden bereits die arabische Halbinsel ereicht, am 17. 2. Japan. Dort brachte eine Kaltfront radioaktiven Regen. Die Schwaden zogen weiter breitenkreisparallel bis in die Gegend nordwestlich von Hawaii, wo sich die Höhenströmung gabelte. Ein schwächerer Zweig zog östlich weiter, und vom 19. bis 20. 2. stieg in Mauna Loa, dem Hochobservatorium auf Hawaii, die radioaktive Zerfallsrate auf den neunfachen Normalwert an; einige Tage später, am 25. 2. stieg in Miraflores (Panama) die Zerfallsrate auf das 21fache. Der Hauptteil der Schwaden bog aber vor Hawaii nach Nordosten ab und erreichte die Küste des nordamerikanischen Kontinents etwa bei 55° Nord. Dort wurden die Wolken in eine nordwestliche Höhenströmung einbezogen, die fast bis zum 20. Breitenkreis führte. Eine Bestätigung der Trajektorie bedeutete die Feststellung, daß weder in Washington D.C. noch in Moosonee (Hudson-Bay), noch in Thule (Nordwestgrönland) irgendeine Reaktion auf den französischen Atomtest beobachtet werden konnte.

Die Schwaden zogen über Florida südostwärts weiter und bogen kurz vor der afrikanischen Küste nach Nordwesten. Am 28. und 29. 2. wurde schließlich über West- und Mitteleuropa eine erhöhte Radioaktivität festgestellt. – Die radioaktiven Schwaden der französischen Atombombenexplosion haben danach in 15 Tagen die ganze Nordhalbkugel umzogen. Bei einem Gesamtweg von rund 40000 km war die mittlere Geschwindigkeit fast 100 km/h".

Während das radioaktive Material bei der kleineren Art der Bomben spätestens nach 1–2 Monaten im wesentlichen aus der A. ausgefallen war, zog sich die Verseuchung bei den *Wasserstoff- (Mega-) Bomben* wesentlich länger hin. Abgesehen davon, daß sie erheblich mehr radioaktive Partikel produzierten, wurden diese vor allem durch die Tropopause bis in die Stratosphäre geschleudert. Da durch die Tropopause als Grenzschicht der Austausch nach unten erschwert ist, wurden nach der ersten H-Bombenexplosion immer nur bei der zeitweiligen und regional begrenzten Auflösung der Tropopausen-Inversion [s. Kap. II.a) 5.] Teilmengen der radioaktiven Partikel in die Troposphäre gegeben, wo sie sich in den Jahren nach 1954 zunächst anreicherten, besonders über den Außertropen der Nordhemisphäre, von wo sie allmählich in die Tropen und auf die Südhalbkugel diffundierten.

Die russisch-amerikanischen Abmachungen, keine oberirdischen Atombombentests mehr durchzuführen, haben bewirkt, daß die Radioaktivität in der A. auf der Nordhalbkugel seit 1963, auf der Südhalbkugel seit 1965 wieder zurückgeht. In allen *Langzeitbeobachtungen* radioaktiver Phänomene ist der abwärts gerichtete Trend festzustellen, überlagert von einem markanten Jahresgang (s. z.B. Hicks, 1972 für Australien oder W. Kiesewetter, 1977 für Mitteleuropa).

Mit dem allmählichen Verschwinden der strahlenden Substanzen aus der A. ist das Problem aber noch nicht beseitigt. Das gefährlichste unter den Bombenprodukten, der Betastrahler Strontium 90 (Sr 90), hat nämlich eine sehr große Halbwertzeit von 28 Jahren. Diese und andere aus der A. ausgefallenen oder ausgefällten Partikel gelangen in den Boden, ins Wasser, als Elemente in die Vegetation und z.T. auch in den tierischen und menschlichen Körper, wo sie an verschiedenen Stellen (in der Schilddrüse und vor allem in der Knochensubstanz z.B) eingelagert werden können und von hier aus eine *Strahlenbelastung von innen* bewirken. 1966 hatte die auf der ganzen Erdoberfläche abgelagerte Sr 90-Menge 12,5 Mill. Ci, entsprechend 87,4 kg, erreicht, davon $^4/_5$ auf der Nordhemisphäre (FAZ v. 1. 12. 1971). Wegen der großen flächenhaften Zerstreuung ergeben sich allerdings im Vergleich zur natürlichen Strahlungsexposition nur relativ kleine Zusatzbelastungen, welche in Mitteleuropa auf ungefähr 8 mrem/Jahr geschätzt werden (s. die Bilanzen bei Haubelt und Winkelmann, 1977).

Wenn auch die Bombennachwirkungen sicher die spektakulärsten anthropogenen Beeinflussungen der Radioaktivität sind, die *quantitativ größten* stammen aus der Anwendung ionisierender *Röntgenstrahlen und radioaktiver Stoffe* in *der Medizin.* Für die Bundesrepublik wird die mittlere genetische Belastung pro Person dafür auf *50–60 mrem/Jahr* geschätzt. *Kernkraftwerke* liefern in ihrer Umgebung nach den verfügbaren Daten (s. Aufstellung bei Haubelt und Winkelmann, 1977) zusätzlich weniger als 1 mrem/Jahr.

5. Die Vertikalstruktur der Atmosphäre

Die allgemeinsten Strukturmerkmale der A. sind, daß sie eine *sehr dünne Gashülle* um die Erde bildet, daß diese *keine definierte Obergrenze* besitzt und in sich einen *schichtigen Verikalaufbau* aufweist. Auf vielen Kosmonautenbildern der Erde wird die blaue, nach oben diffus auslaufende Lufthülle als schmaler Überzug des Planeten sichtbar. Bei einer Verkleinerung des Systems Erde + Atmosphäre auf einem Globus von 1,3 m Durchmesser würde die Hälfte der A.-Masse in einer Schicht von 0,5 mm konzentriert sein, $^9/_{10}$ würden unter 3 mm liegen. In der Wirklichkeit entspricht das rund 5 bzw. 33 km. Da die Dichte logarithmisch ab- und damit die Schichtdicken für gleiche Massendifferenzen in der gleichen Weise zunehmen [s. Kap. II. g) 2], gibt es keine Obergrenze der A.. Sie verliert sich im interstellaren Raum. In 250 km Höhe sind nach einer Rechnung von J. Bartels immerhin noch 1 Million von den 10^{19} Molekülen zu erwarten, die in jedem cm^3 nahe dem Erdboden vorhanden sind. In 800 km ist es jedoch nur noch 1 Molekül. Der Schichtenaufbau läßt sich an vielen Beobachtungen verifizieren (Wolkenuntergrenze, Inversionsobergrenzen usw.). Er ergibt sich als Folge der allgegenwärtigen Schwerkraft, besitzt aber nur unter besonderen Zusatzbedingungen wie bei den genannten Phänomenen scharfe Schichtgrenzen. Normalerweise handelt es sich um Straten mit bestimmten charakteristischen

Eigenschaften, die jeweils durch Übergangszonen untereinander verbunden sind. In der Abb. II.a) 4 ist die Vertikalstruktur der A. schematisiert dargestellt.

Als Folge des unterschiedlichen Strahlungshaushaltes der Luftschichten näher zur Erdoberfläche und fernab von ihr resultiert als meteorologisch und klimatologisch folgenreichste die Differenzierung in eine erdnahe A.-Schicht, in welcher die Temperatur mit der Höhe im Mittel um ungefähr 0,6°/100 m abnimmt, und eine erdfernere mit vertikal annähernd konstanter Temperatur. Theorie und Beobachtung ergeben in guter Übereinstimmung diese Gliederung in *Tropo- und Stratosphäre.* (Beide Bezeichnungen verwendete zuerst 1908 der französische Meteorologe L. T. de Bort. Etwa gleichzeitig hatte auch Assmann von Lindenberg bei Berlin aus mit der Erforschung der Stratosphäre begonnen). Die Grenzschicht zwischen beiden, die *Tropopause,* (der Begriff wurde von englischen Meteorologen Napir Shaw eingeführt) liegt in den Polargebieten in Höhen um 8–10 km, in den inneren Tropen um 15–18 km.

Entsprechend der 7 km weiter reichenden Temperaturabnahme werden die *tiefsten Lufttemperaturen* an der Obergrenze der Troposphäre in den Tropen gemessen. Tab. II.a) 6 informiert über Höhenlage und Temperaturen an der Obergrenze der Troposphäre für verschiedene Breiten und Jahreszeiten.

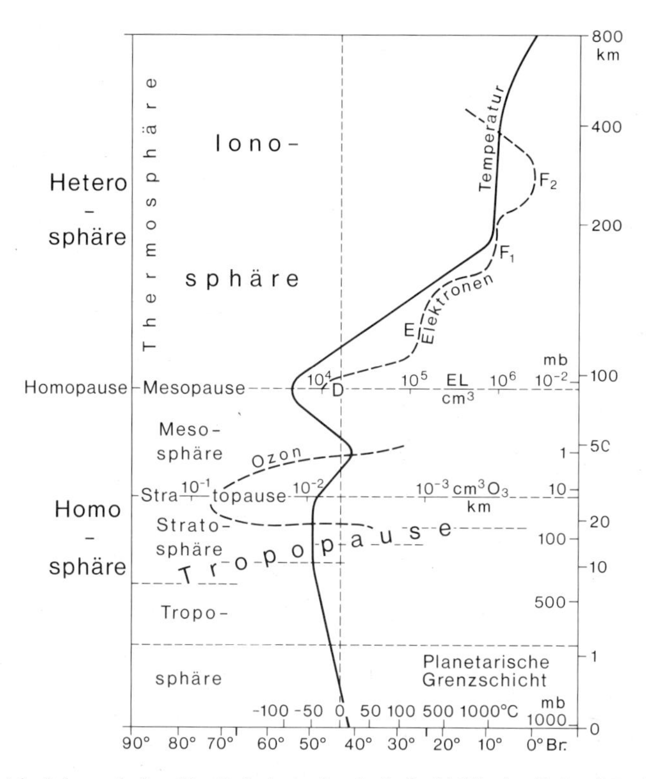

Abb. II.a)4. Schematischer Vertikalschnitt durch die Lufthülle der Erde. (Man beachte die logarithmische Höheneinteilung, bei welcher die untersten Schichten ihrer Ausdehnung nach überdimensioniert erscheinen)

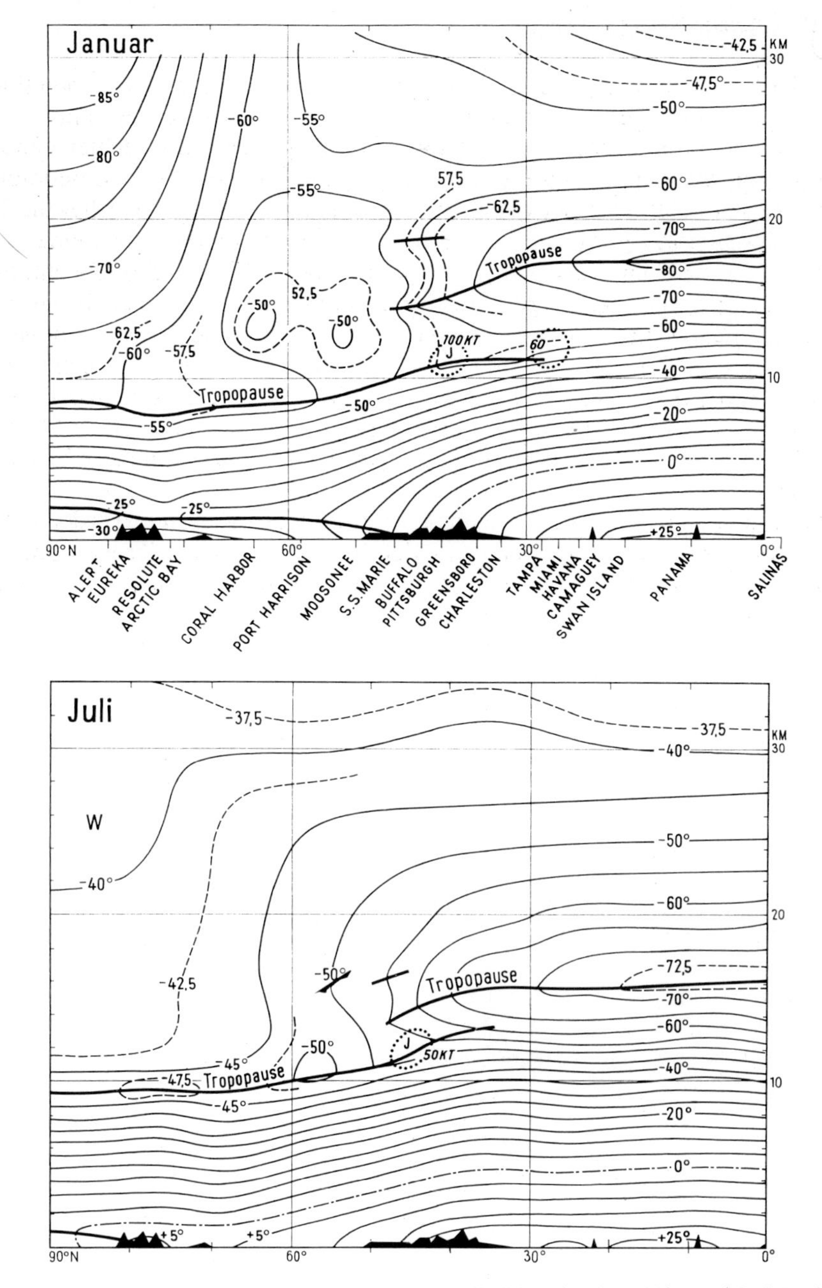

Abb. II.a)5. Längsschnitte durch die Atmosphäre der Nordhalbkugel entlang 80° w. L. (Nach Kochanski, 1955)
Die Schnitte zeigen in beiden Extremmonaten den steilen Temperaturgradienten (Isothermen in °C) innerhalb der Troposphäre, die ihrerseits einen gebrochenen Verlauf der Tropopause aufweist. In der Stratosphäre herrscht in den Mittelbreiten Isothermie, sonst ein geringer Gradient. Bemerkenswert hoch ist der Temperaturkontrast der polaren Hochstratosphäre zwischen Januar (Polarnacht) und Juli (Polartag). Die polare Bodenkaltluftinversion reicht im Winter bis in das Gebiet der Großen Seen, zieht sich im Sommer jedoch bis an den Nordrand des Kanadischen Archipels zurück. Im Bereich der Tropopausenbrüche liegen die – punktiert umgrenzten – Strahlströme (Jets) mit Angabe der durchschnittlichen Windstärke in Knoten. Die Angaben beziehen sich auf den Durchschnitt der Jahre 1948–1951

Tab. II.a) 6. Obere Grenze der Troposphäre (= Höhe der Tropopause H_C) und mittlere Temperatur der Tropopause t_C in °C. (Aus Landolt-Börnstein, 3. Bd., 1952, S. 375)

Ort	Geogr. Breite	H_C in km Jan.	April	Juli	Okt.	Jahr	t_C °C Jan.	April	Juli	Okt.	Jahr
Batavia	6,2 °S	17,8	16,5	15,3	17,7	17,0	−89,1	−87,2	−80,8	−81,5	−85,2
Agra	27°N	15,4	16,6	16,7	16,5	16,3	−70,0	−70,0	−79,0	−79,0	−73,9
Pavia	45°N	10,7	11,1	11,6	10,6	11,2	−64,5	−58,5	−55,1	−56,7	−58,7
Lindenberg	52°N	10,6	9,8	10,8	11,0	11,4	−61,3	−57,5	−52,1	−56,9	−56,4
Sloutzk	59°N	9,3	9,3	10,1	10,1	9,6	−55,0	−48,0	−45,0	−51,0	−54,0
Franz-Josefs-Land	80°N	8,1	8,8	10,0	10,7	9,1	−57,7	−54,9	−46,6	−57,5	−53,6

Die isotherme Schicht der Stratosphäre reicht normalerweise bis etwa 25 km. In dieser Höhe macht sich die photochemische Wirkung des Ultraviolettanteils der Sonnenstrahlung so stark bemerkbar, daß durch Dissoziation und Rekombination von Sauerstoffmolekülen in erheblichem Maße Ozon (O_3) gebildet wird und durch die Strahlungsabsorption eine Erwärmung der ozonreichen Schicht („*Ozonosphäre*" nach Chapman, 1950) und damit eine Temperaturzunahme bis rund 35 km Höhe erfolgt. Darüber führt eine neuerliche strahlungsbedingte Abkühlung wieder zum Temperaturrückgang bis ca. 80 km Höhe. Die Gesamtschicht mit Temperaturzu- und -abnahme wird als *Mesosphäre,* ihre untere Begrenzung als *Stratopause,* ihre obere als *Mesopause* bezeichnet. Letztere bildet gleichzeitig die Obergrenze jenes Teiles der A., in welcher – von den Anreicherungsniveaus des Ozons abgesehen – die vertikale Durchmischung in der A. noch ein ungefähr konstantes Mischungsverhältnis der verschiedenen permanenten Gase aufrechterhalten kann. Bis ungefähr 80 km reicht die *Homosphäre.* Darüber in der *Heterosphäre* stellt sich eine Diffusionsentmischung der Gasanteile ein. Im unteren Teil der Heterosphäre beginnt die ionisierende Wirkung der primären kosmischen Strahlung [s. Kap. II. a) 5], die sich in einer starken Zunahme einerseits der Ionenkonzentration und andererseits der Temperatur auswirkt. Entsprechend wird dieses A.-Stockwerk als *Ionosphäre* bzw. *Thermosphäre* bezeichnet. Nach oben zu verliert sie sich mit den Atmosphärenteilchen im interstellaren Raum.

In der *Troposphäre* findet neben der bereits erwähnten vertikalen Temperaturabnahme infolge horizontaler und vertikaler Strömungen und Austauschvorgänge die stärkste Durchmischung statt. Sie enthält außerdem fast den gesamten Wasserdampfgehalt der A., der durch seine Phasenänderungen dampfförmig-flüssig-fest zusammen mit den vielfältigen horizontalen und vertikalen Ausgleichszirkulationen das auf die Troposphäre konzentrierte Wetter- und Witterungsgeschehen bestimmt. Innerhalb der Troposphäre ist noch eine Differenzierung in eine *obere Advektionszone* und eine *untere Reibungs- und Konvektionszone* festzustellen, die von Flohn und Pendorf (1942) als „planetarische Grenzschicht" bezeichnet, von Schneider-Carius (1953) als *Grundschicht der A.* untersucht und ausführlich charakterisiert worden ist. In der ersteren dominieren die großräumigen horizontalen Austauschvorgänge, in der Grundschicht die vertikal-konvektiven Prozesse. Die Grenzschicht zwischen beiden, die *Peplopause* (Schneider-Carius, 1953), ist wie die Tropopause durch eine dynamisch wirksame Temperaturinversion gebildet. Ihre Höhenlage wechselt je nach dem Wettertyp. Bei starker Turbulenz kann sie sogar ganz diffus werden, bei stabiler Schichtung [s. Kap. III.b)] ist sie niedrig und stark ausgeprägt.

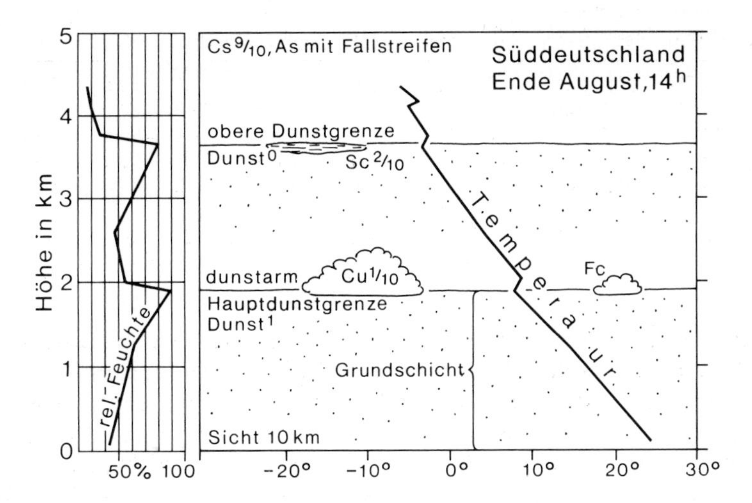

Abb. II.a)6. Normaltyp der Grundschicht der Atmosphäre. In 1,5–2 km Höhe liegt eine Inversion. Unter ihr herrscht Dunst mit Sicht um 10 km und schwache Quellbewölkung. (Nach Schneider-Carius, 1953). Andere Typen siehe Text

Schneider-Carius unterschied 6 *Haupttypen der Grundschicht* der A.: Den Typ A oder Inversionstyp (Vorkommen in mittleren bis höheren Breiten, vorwiegend an Hochdruckwetterlagen gebunden, Höhe nur einige 100 m), den Typ B oder Hochnebeltyp (Vorkommen wie A, Stratus- oder Hochnebelbewölkung, sommers über dem stabilisierenden Meere, winters über dem Lande, Höhe knapp 1 km), den Typ C oder Normaltyp (s. Abb. II.a) 6, Vorkommen in allen Breiten außer dem inneren Polargebiet und den Innertropen, an Kaltluftausbrüche zu allen Jahreszeiten gebunden, Höhe 1500–2000 m), den Typ D oder Konvektionstyp (in mittleren Breiten im Sommer, in den Subtropen ständig als Passattyp, in den Tropen in Trockenzeiten, Quellbewölkung verbleibt meist noch innerhalb der Grundschicht, Höhe bis 1500 m), den Typ E oder Böenwettertyp (in mittleren und niederen Breiten bei verstärkter Konvektion und bei Kaltlufteinbrüchen, große Quellwolkenmassive, Höhe 3 km und mehr), den Typ F oder Auflösungstyp (Vorkommen bei starker Konvektion in mittleren und niederen Breiten, Verwischung der Peplopause bei Gewitter und Regenwetter, Höhe mehrere km). Diese verschiedenen Strukturtypen der Grundschicht gehen in der Abfolge der Witterung naturgemäß ineinander über. Ähnlich den später noch zu besprechenden „Systèmes nuageux" der französischen Meteorologie ordnen sie sich in charakteristischer Weise beim Durchzug einer Zyklonalstörung an. Sie sind mit typischen Wolkenformen und vertikalen Temperaturgradienten verknüpft. Als Träger der Hautwitterungserscheinungen ist die Grundschicht unter den atmosphärischen Stockwerken die klimatologisch und klimageographisch bedeutsamste.

Flohn und Penndorf (1942) haben in der Grundschicht noch folgende Unterteilung vorgenommen: die bodennahe Luftschicht (0–2 m), die Bodenschicht, in der die Bewölkung in der Regel noch fehlt (2–100 m) und die Oberschicht (100–1000 m). Diese Einteilung deckt sich nicht ganz mit der von Schneider-Carius vorgenommenen, der seine Grundschicht in gewissen Fällen noch untergliedert in den bodennahen *Reibungsraum* und den darüber folgenden, bis zur Peplopause reichenden *Konvektionsraum*. In der Regel wird der Reibungsraum gegen den Konvektionsraum durch eine Dunstgrenze oder Wolkenuntergrenze markiert. Der von G. Flemming (1967) vorgeschlagene Begriff der morphogenen Schicht der A., den er nach der Unterlage unterteilt in Relief-, Vegetations- und Gebäudetyp, deckt sich in etwa mit dem Reibungsraum.

Wie schon die Verbreitungsangaben bei den oben genannten sechs Grundschichttypen andeuten, sind diese an bestimmte Zonen bzw. Breiten gebunden. Dieser Gesichtspunkt der *geographischen Zuordnung der Grundschicht* läßt sich noch weiter verfeinern, wie das Schneider-Carius an Beispielen ausgeführt hat (1953, S. 120ff.). Im Bereich der Passate herrschen die Grundschichttypen C, D und B vor, wobei die Passatinversion [vgl. Kap. IV.a)] zugleich als Grundschichtinversion zu gelten hat. In den östlichen, ariden und über Kaltwasser stark stabilisierten Randgebieten der Passate kommen die Typen A und B vor. Wo nur eine seichte Zirkulation herrscht, wie z. B. beim SW-Monsun an der Guineaküste, kann diese mit der Grundschicht identisch sein. In diesem Falle wird sie von einer anderen Zirkulation, dem passatischen Harmattan, überweht. Beim vorderindischen Monsun muß unterschieden werden zwischen der Vormonsunzeit mit einer Grundschicht vom Konvektionstyp (D) und dem eigentlichen Monsun, der eine ziemlich hochreichende (5 km) Grundschicht vom Böenwettertyp (E) bringt. Während der Wintermonsunzeit herrscht der Grundschichttyp C mit niedriger Peplopause (1–2 km), der dann im März über den Typ C (Peplopause 2,5–3 km hoch) allmählich in die vorgenannten Typen der Vormonsun- und Monsunzeit übergeht. Auch in Ostasien ist, trotz gegensätzlicher Genese des Monsungeschehens [vgl. Kap. IV.b)], die Abfolge der Grundschichttypen ähnlich, mit winterlichen A- bis C-Typen und sommerlichen D- bis F-Typen. Die Beispiele zeigen, daß erst geographische Betrachtungsweise die Strukturtypen der Grundschicht voll auswerten läßt.

Die Mesosphäre besitzt als Sitz der Ionisation bei hohem UR- und UV-Anteil der einkommenden Strahlung anomale Temperaturschwankungen. In ihr finden photolytische und photosynhetische Vorgänge statt. Wasserstoff ist in ihr sicher primär vorhanden. Der für die belebte Welt entscheidende Sauerstoffgehalt der Troposphäre dürfte nach den neuesten Erkenntnissen aus der Photosynthese in der oberen Stratosphäre stammen. Eine *Ozonanreicherung* findet sich wie erwähnt in etwa 30–50 km Höhe. Hier wird der größte Teil des lebensgefährlichen UV verbraucht. Ihr zufolge gelangt das Ultraviolett nicht in nennenswerter Menge bis in die belebte Troposphäre herab.

Die *Tropopause* als obere Begrenzung der Troposphäre beginnt in den inneren Tropen im Jahresdurchschnitt in einer Höhe von 17 km, in den Mittelbreiten in etwa 11 km und über den Polargebieten bereits in 9 km. Der Grund für die unterschiedliche Höhenlage muß im Strahlungs- und Energiehaushalt der tropischen und außertropischen A. gesehen werden. Eine Folge ist, daß angesichts der Temperaturabnahme mit der Höhe an der Tropopause über dem Äquator weit tiefere Temperaturen (−80° bis −90°C) erreicht werden als über dem Pol (im Sommer −40° bis −55°C, im Winter −55° bis −80°C). Die Tropopause ist keine einheitlich durchgehende Schicht. Schon 1942 hatten H. Flohn und R. Pendorf erkannt, daß es sich um eine dreidimensionale Schicht von oft komplizierter Eigenstruktur handelt, in der besonders markante interdiurne und wettermäßige Veränderungen des Luftdrukkes, der Temperatur und der Austauschprozesse stattfinden. Meist zeigt die Tropopause *Diskontinuitätsstellen*, Brüche im Bereich der später zu besprechenden verschiedenen Strahlströme. An den Diskontinuitäten können sich die verschiedenen Tropopausen-Teilstücke – das polare, das der Mittelbreiten und das tropische – einander sogar überlagern *(„multiple Tropopause")*. Über dem Mittelmeerraum ist das vor allem in den Übergangsjahreszeiten der Fall, während sich in den Hochsommermonaten die tropische Tropopause durchsetzt (H.-G. Koch, 1964), und zwar ziemlich sprunghaft. Der Abbau im Herbst erfolgt langsamer. Dazu kommt, daß sich die Tropopausenhöhe mit den Druckgebilden in typischer Weise ändert (Attmannspacher, 1961). Die Bedeutung der Diskontinuitäten und des Höhenwechsels liegt darin, daß auf diese Weise ein Austausch zwischen der Hochtroposphäre und der unteren Stratosphäre in Gang kommen kann, der sonst wegen der stabilen Schichtung unterbunden ist. Anhand der Verbreitung von strahlenden Nukliden der hochreichenden Wasserstoffbomben-Explosionen hat man das besonders deutlich nachweisen können.

In der *Stratosphäre* (bis rund 25 oder 30 km Höhe) herrscht wegen der *vertikalen Isothermie* oder geringfügigen Temperaturzunahme im großen und ganzen eine stabile Schichtung. Da auch der Wasserdampfgehalt nur noch verschwindend klein ist, sind Kondensationsprozesse nur noch in Ausnahmefällen zu erwarten. Solche liefern die sog. *Perlmutterwolken*, die weniger durch die Dichte der Kondensationsprodukte als vielmehr durch die optischen Brechungserscheinungen sichtbar werden, welche den Perlmutteffekt hervorrufen. Da über der Tropopause aber immerhin noch ein Restluftdruck von $^1/_5$–$^1/_{10}$ desjenigen am Meeresspiegel herrscht, gibt es natürlich regionale Luftdruckunterschiede und zeitliche -schwankungen, welche zu *Ausgleichszirkulationen* und *Stratosphärenwinden* führen, die oft von erheblicher Stärke sind. Vertikale Verwirbelungen sind damit notwendigerweise verbunden, wenn sie auch nicht – wie in der Troposphäre – zu Kondensation und Wolkenbildung führen (*„clear air turbulence"*).

Die stark gegensätzlichen Strahlungsbilanzen zwischen Sommer und Winter über den Polargebieten bewirken in der polaren Stratosphäre sommerlichen Hochdruck mit Ostwinden, die ab und zu sogar bis in die obere Troposphäre durchgreifen, und winterlichen Tiefdruck (wie in der oberen Troposphäre) mit Westwinden. Die Grenze des Stratosphärentiefs wechselt zwar von Jahr zu Jahr, doch pflegt sie immer in der Nähe der Schattengrenze zu bleiben. Durch das Alternieren der Strahlungsbedingungen über der nördlichen und südlichen Hemisphäre ergibt sich eine *halbjährige Luftdruckschaukel* zwischen den süd- und nordpolaren Stratosphärenräumen. Außerdem muß die jahreszeitliche Umkehr des Temperaturgefälles zwischen den äquatorialen und den polaren Stratosphärenteilen, wie in den Vertikalprofilen der Abb. II.a) 5 für die Nordhalbkugel dargestellt, zu jahreszeitlichen Unterschieden in der stratosphärischen Ausgleichszirkulation führen. Darauf wird im Rahmen der allgemeinen Zirkulation noch näher einzugehen sein.

In der *oberen Strato- und* vor allem in der *Mesosphäre* kommt Sonnenstrahlung durch den oberhalb liegenden Rest der A. (weniger als 10% der Gesamtmasse) noch mit so großer Energie vor allem an ultravioletter Strahlung an, daß letztere bei der Absorption durch Sauerstoffmoleküle (O_2) diese in -atome (2O) teilen (dissoziieren) kann. Aus der Rekombination [s. Kap. II.a) 1.] ergibt sich als neues Produkt Ozon (O_3), das seinerseits die etwas langwelligere UV-Strahlung (0,20–0,30 μm) absorbiert und dadurch seinerseits wieder dissoziiert wird. Endprodukt ist wieder Sauerstoff. Energiehaushalt und Austauschvorgänge [s. Kap. II.a) 1.] bewirken ein Konzentrationsmaximum des O_3 in rund 30 km Höhe. Wegen der photochemischen Prozesse werden die obere Stratosphäre und die Mesophäre zusammen auch als „*Chemosphäre*" bezeichnet.

Da O_2 und O_3 die UV-Strahlung fast vollständig absorbieren, wirken obere Strato- und Mesosphäre als *Ultraviolett-Schutzschicht* für die tieferen A.-Teile und gleichzeitig als hoch gelegene *Heizschicht*. Als Folge davon nimmt im unteren Teil der Mesosphäre die Temperatur im Mittel von Stratosphärenwerten um −50° bis −80°C wieder auf das thermische Niveau zu, das auch nahe dem Erdboden herrscht (um 15°C). Im oberen Teil, bei Abnahme der Menge absorbierender Teilchen pro Luftvolumen, geht die Temperatur allerdings rapide auf unter −100°C zurück. Über schwedisch Lappland sind in 80–96 km Höhe −143°C gemessen worden (Rigg, 1964). Eine Testmessung mit Raketen von Kronogård (schwed. Lappland) aus zur Erforschung der leuchtenden Nachtwolken ergab für 48–96 km Höhe sogar −159,8°C bei einer Windgeschwindigkeit von 720 km/h. Diese tiefen Minima sind Nachtwerte, denen höhere Tageswerte gegenüberstehen.

Normale Wolken gibt es natürlich in der Mesosphäre nicht mehr. Die in 70–80 km Höhe beobachteten *leuchtenden Nachtwolken*, zirrusähnliche silbrige Gebilde, werden auf besonders heftige Vulkaneruptionen (Krakatau, 1883; Katmai, 1912) zurückgeführt, lieferte doch der Krakatau nach Schätzungen bei seinem Ausbruch etwa 18 km^3 Aschenpartikel, die in die genannte große Höhe der A. gerieten und dort jahrelang in Form von Trübungsschleiern die Erde umkreisten, ehe sie allmählich wieder herausgefiltert wurden. Daß das nur so langsam vor sich ging, liegt daran, daß der Austausch zwischen Mesosphäre und Troposphäre außerordentlich gering ist.

Hauptcharakteristikum der *Ionensphäre*, in deren unterem Teil der Luftdruck nur noch $^1/_{100}$ mb ausmacht, sind Ionisationsprozesse. *Ionen* sind Moleküle oder Atome, welche nicht elektrisch neutral (im Grundzustand), sondern durch positiven oder negativen Ladungsüberschuß in elektrisch angeregtem Zustand sind. *Ionisation* von Gasen kann durch Energieaufnahme (Absorption) aus ultravioletter und Röntgenstrahlung, aus Elektronen- und radioaktiver Strahlung [s. Kap. II.a) 4] erfolgen. Verbunden ist mit der Absorption auch eine Vergrößerung der Bewegungsenergie der Atome und Moleküle, was sich in höherer Temperatur der freilich sehr dünnen A. in diesen Höhen bemerkbar macht. Von der Mesopause, jener Schicht mit der absolut niedrigsten Temperatur in der Gesamtatmosphäre, nimmt die Temperatur in der unteren Ionosphäre sehr rasch zu. Sie kann im mittleren Teil bis über 1000°C steigen. Im Wechsel von Tag und Nacht kommen enorme Unterschiede vor. Mit Raketen konnte man in etwa 100 km Höhe Tagestemperaturen zwischen +100° und −50°C ermitteln, in 300 km Höhe sogar zwischen +600° und +100°C. Wegen der höheren Temperatur und weil nur 2 bis 3% der Luftteilchen wirklich ionisiert sind, führte man 1961 für den Luftraum oberhalb der Mesosphäre die Bezeichnung „Thermosphäre" ein. Für die Gesamtatmosphäre und vor allen Dingen für die Erde und das Leben auf ihr haben allerdings die hohen Temperaturen eine geringere Bedeutung als die Folgen der Ionisation. Der ionisierte Teil der Hochatmosphäre reflektiert nämlich alle elektromagnetischen Wellen und spielt so bei der Ausbreitung von Radiowellen auf der Erde eine entscheidende Rolle. Früher hat man dafür in der Hauptsache einzelne Schichten verantwortlich gemacht. Es handelt sich um die D-, E-, F 1-, F 2- und G-Schicht. Die E-Schicht ist auch nach ihren Entdeckern als Kennelly-Heaviside- und die F-Schicht als Appleton-Schicht bekannt geworden. Für die G-Schicht wählten Flohn und Pendorf (1942) den Namen Atomschicht. Die genannten Schichten müssen wohl als Unregelmäßigkeiten der durchschnittlich gleichmäßigen Zunahme der Ionisation mit der Höhe um eine Mittelkurve herum aufgefaßt werden. In 300 km sind 0,05% der Gase ionisiert, in 1000 km bereits 3%.

Auch die in den Randbereichen der Polargebiete in der dunklen Jahreszeit häufigen *Polarlichter* (*Aurora borealis* bzw. *australis*) haben ihren Sitz in verschiedenen Höhen der Ionosphäre. Die niedrigsten treten bei etwa 100 km auf. Sie stellen eine durch das magnetische Feld der Erde gelenkte Absorption der Korpuskular-Strahlung an den Ionen dar. Das internationale geophysikalische Jahr erbrachte den Nachweis, daß Nord- und Südlicht stets gleichzeitig auftreten – was übrigens der Begründer der Meteorologie in Norwegen, H. Mohn, bereits 1872 vermutete. Intensiveres Leuchten ist an höhere Dichten der Ionosphäre gebunden. *Hohe Nordlichter* (500–1000 km Höhe) glaubt man mit einer großen Protonenimmission von der Sonne in Verbindung setzen zu müssen. Auch das Aufleuchten der *Sternschnuppen* geschieht infolge von Reibung bereits in der dünnen Ionosphäre. Die niedrigsten erlöschen in rund 50 km Höhe.

Die oberhalb der Ionosphäre ab etwa 300–400 km folgende *Exosphäre* oder *Dissipationssphäre* ist der Sitz des Austausches mit dem interplanetarischen Raum. Innerhalb von ihr liegt – aufgehalten durch das Magnetfeld der Erde – in über 800 km Abstand von der Erdoberfläche der sog. van-Allen-Strahlengürtel, in welchem in 2000 km eine Strahlung von 10 Röntgen/Stunde gemessen worden sind.

b) Strahlung, Strahlungsklima, Lichtphänomene

1. Sonnenstrahlung, Solarkonstante, himmelsmechanische Tatsachen

Die elektromagnetische Strahlung, welche die Erde mit ihrer A. von der Sonne her erreicht, wirkt als allein ausschlaggebende Energiequelle, welche die Zirkulationsmechanismen der A. mit all ihren meteorologischen und charakteristischen klimatologischen Erscheinungen in Bewegung setzt, die außerdem das ganze organische Leben auf der Erde ermöglicht und die alle Arbeit zur physikalischen und chemischen Veränderung an der festen Erdoberfläche liefert. Die solare Partikelstrahlung, elektromagnetische Strahlungsenergie von anderen Sternen und der Wärmestrom aus dem Innern der Erde sind zusammengenommen gegenüber der Sonnenstrahlung vernachlässigbar klein. Dabei trifft auf die rund 150 Mill. km entfernte Erde nur eine Teilmenge von rund 2 Milliardstel der kugelsymmetrisch ausgestrahlten Gesamtenergie der Sonne. Das entspricht aber einer Energieeinnahme von umgerechnet etwa 235 Billionen PS (Ångström) oder 100 Mrd. Megawatt (Dobson) pro Jahr. Ihre zeitliche und regionale Verteilung und Umsetzung im System Erde + Atmosphäre bildet das Fundament aller meteorologischen Vorgänge und klimatischen Differenzierungen.

Die *Sonnenstrahlung* ist ein Bündel von elektromagnetischen Wellen unterschiedlicher Wellenlänge. In der Physik pflegt man ganz allgemein folgende Gruppen elektromagnetischer Strahlung zu unterscheiden:

Tab. II.b) 1. Die wichtigsten Gruppen elektromagnetischer Strahlung

Kosmische Strahlen	< 0,0008 Å	
γ-Strahlen	0,0008–2 Å	
Röntgenstrahlen (X-Strahlen)	0,007–700 Å	= 0,07–70 nm
UV-Strahlen	40–3600 Å	= 4–360 nm
Lichtstrahlen	3600–7600 Å	= 360–760 nm
Infrarotstrahlen (Wärmestrahlen)	7600–6 000 000 Å (= 0,6 mm)	= 760 nm–6 mm
Radiowellen (Hertzwellen)	0,0005 m–50 000 m	= 0,5 mm–50 000 m

Speziell die Sonnenstrahlung hat ihr *Energiemaximum im* schmalen Bereich des *sichtbaren Lichtes* zwischen 0,36 und 0,76 μm (360–760 nm), genauer gesagt über der grünen Spektralfarbe. Als Bündel zusammengenommen, in ihrer Superposition, wirken die Spektralfarben von violett (kürzeste Wellenlänge) über blau, grün, gelb und rot (längste Wellenlänge) für unser Auge farblos (= *weiß*). Auf dieses Bündel entfällt ca. 49% der Energie der Sonnenstrahlung.

Der *infrarote Strahlungsbereich* (IR-Strahlung), den man noch einmal in das *nahe Infrarot* (760–2000 nm) und das *ferne Infrarot* (ab 2000 nm) zu unterteilen pflegt, wird als *Wärmestrahlung* bezeichnet. Über diese wird ca. 42% der Sonnenenergie ausgestrahlt, wobei der weitaus größte Teil auf das nahe Infrarot konzentriert ist und zum fernsten IR asymptotisch ausklingt.

Der *ultraviolette* (UV–)-, Röntgen- und *γ-Strahlungsanteil* ist – glücklicherweise – nur mit ca. 9% an der Gesamtstrahlungsenergie der Sonne beteiligt. Die sowieso rasche Abnahme zu den harten, in größerer Dosis lebensschädigenden Wellenlängen unter 360 nm wird durch die Absorption in der Ionosphäre und Ozonschicht der Mesosphäre [s. Kap. II.a) 1. u. II.a) 5.] noch abrupter gemacht. Bemerkenswert ist, daß der den Erdboden erreichende UV-Anteil im Herbst eindeutig und überall auf der Erde höher ist als im Frühling, was von Dorno auf die geringere Luftdichte im Herbst zurückgeführt wurde.

Eine der wichtigsten Grundlagen für das Verständnis aller dynamischen Vorgänge in der A. ist die Kenntnis der Strahlungsbilanz für das Gesamtsystem Erde plus Atmosphäre und ihre Teile in der zeitlichen und regionalen Verteilung. Für das Gesamtsystem muß für die Gleichgewichtssituation (keine thermische Klimaveränderung) die Bilanz ausgeglichen sein, d. h. die im Jahresmittel *eingenommene Energie muß der ausgegebenen entsprechen*, es sei denn, die Speicherung von Energie über die Photosynthese (Produktion organischer Materie und partielle Speicherung in Energielagern wie Kohle, Erdöl, Erdgas usw.) oder der anthropogene Aufbrauch früher gespeicherter (fossiler) Energie würde einen meßbaren Betrag ausmachen.

Fundamentale *Meßgröße der* eingestrahlten *Sonnenenergie* ist die sog. *Solarkonstante*. Sie ist definiert als diejenige Strahlungsenergie, welche oberhalb des Atmosphäreneinflusses bei mittlerem Abstand der Erde von der Sonne und senkrechtem Strahleneinfall in 1 Minute durch die Flächeneinheit von einem Quadratzentimeter fließt.

Als *Maßeinheit für die Energie* wird in der Meteorologie und Klimatologie meistens noch das *Wärmeäquivalent in* kleinen *Kalorien* (cal) angegeben, das der Flächeneinheit in der Zeiteinheit zugestrahlt wird. Eine cal ist die Wärmemenge, die benötigt wird, um 1 Gramm Wasser von 14,5 auf 15,5 °C zu erwärmen. Eine cal/cm^2 ist als ein *langley* (1 ly) definiert. In Zukunft soll nach internationaler Vereinbarung an Stelle der anschaulichen Energieeinheit Kalorie als praktisch-physikalische Bezugseinheit das *Joule* treten. Wegen der Transformierbarkeit der Energien lassen sich die Kalorien in diese elektrische Arbeitseinheit umrechen. Die *Umrechungsrelationen* sind: 1 cal = 4,184 Joule = 4,184 Wattsekunde (Ws) = $4{,}184 \cdot 10^7$ erg. Oder 1 Joule = 0,2391 cal = 1 Ws = 10^7 erg = 10^7 g $\cdot$ $cm^2 \cdot s^{-2}$. Da die gesamte Grundlagenliteratur und alle kartographischen Darstellungen über die Strahlungsverhältnisse noch mit der Kalorie als Maßeinheit arbeiten, ist es zweckmäßig, sie auch in Lehrbüchern in den nächsten Jahren noch weiter zu benutzen.

Da die A. auf die Sonnenstrahlung sowohl einen erheblichen qualitativen als auch quantitativen Einfluß ausübt (s. folgende Abschnitte), bereitet die direkte Feststellung der Solarkonstante erhebliche meßtechnische Schwierigkeiten. Bevor man Strahlungs-Meßgeräte (Pyrheliometer) mit Hilfe von Satelliten hoch genug über die beeinflussenden unteren A.-Schichten hinausbringen konnte, wichen die vor allem vom Astrophysikalischen Observatorium der Smithsonian-Institution ermittelten Werte merklich voneinander ab. Sie lagen zwischen 1,835 und – bei F. S. Johnson (1954) – 2,002 $cal/cm^{-2} \cdot min^{-1}$.

Nach den neuesten Ergebnissen (s. Kondratiev, 1969; Kondratiev and Nikolsky, 1970 und Thekaekara, 1970) rechnet man mit einem *Wert von 1,95 cal* $cm^{-2} \cdot min^{-1}$. Aus noch nicht geklärten Gründen kann der Wert der Solarkonstante kurzzeitig um 1,5% (nach F. Baur, 1964 um 2%) schwanken. Davon sind die regelmäßigen Unterschiede zwischen Perihel (3,4% größer) und Aphel (3,5% kleiner) unabhängig. Für vereinfachte Rechnungen wird die *Solarkonstante* mit rund 2 cal $\cdot$ $cm^{-2} \cdot min^{-1}$ angesetzt.

Ein Teil der einkommenden Strahlung wird von der Erde und A. sofort wieder reflektiert. Er ist unerheblich für den weiteren Energieumsatz und kann in der Bilanz sofort wieder abgesetzt werden. Nach Auswertungen der Nimbus 3-Messungen durch Raschke et al. (1973) sind das im globalen Jahresmittel 28–29% der Sonnenstrahlung, definiert als *die Erdalbedo*. Der eingenommene, absorbierte Anteil beträgt also 71–72%. Das ist deutlich mehr als man früher angenommen hatte (ca. 65–67%). Abgegeben wird die absorbierte Energie durch langweilige Ausstrahlung der Erde und der A. Dafür ergab sich im Jahresmittel ein um 0,004 cal cm^{-2} min^{-1} kleinerer Wert als der für die Absorption errechnete. Dieser Betrag resultiert als kleine Differenz zwischen großen Zahlen und soll nach den genannten Autoren mehr als ein restlicher Fehler als eine aktuelle Energiespeicherung während der Meßperiode angesehen werden. Aus den Bilanzgrößen ersieht man aber, daß jene Energie, die evtl. für Speicherung oder zusätzlichen Aufbrauch anzusetzen wäre, so klein ist, daß sie innerhalb des Fehlerbereiches gegenwärtiger Bilanzierungsmöglichkeiten liegt.

Die Tages- und Jahreszeiten, die strahlungsklimatische Großgliederung der Erde in Tropen, Mittelbreiten und Polargebiete haben wie viele andere daraus ableitbare klimatische Phänomene und klimatologische Regeln ihre Begründung in der zeitlichen und regionalen Verteilung der Sonnenstrahlung. Diese wird in mathematischgesetzmäßiger Weise bestimmt außer von der bereits behandelten Sotarkonstante von vier miteinander verbundenen *himmelsmechanischen Tatsachen*:

1. von der Drehbewegung der Erde um ihre eigene Achse (Erdrotation)
2. vom Umlauf der Erde um die Sonne auf einer schwach elliptischen, fast kreisförmigen Bahn (Erdrevolution)
3. vom Faktum, daß die Rotationsachse der Erde auf der Ebene der Umlaufbahn um die Sonne (Ekliptik) nicht senkrecht steht, sondern um $23^1/_2°$ geneigt ist („Schiefe der Ekliptik"), und
4. von der aus den Kreiselgesetzen folgenden Richtungsfixierung der Erdachse im Raum.

Die *Erdrotation* um die den geographischen N- und S-Pol verbindende gedachte Drehachse erfolgt von W nach E und vollendet den Vollkreis in einem *Sterntag* (= 86164 s = 23 h, 56 m und 4 s). Der *Sonnentag* ist wegen der Bewegung der Erde um die Sonne im Jahresmittel um 4 Minuten länger.

Die *Erdrevolution* erfolgt auf einer schwach elliptischen Planetenbahn, in deren einem Brennpunkt die Sonne steht (erstes Keplersches Gesetz). Die kleine Halbachse der Ellipse (= *mittlere Sonnenentfernung*) mißt 150 Mill. km. Auf der großen Achse kommt die Erde bei 147 Mill. km an die Stelle größter Sonnennähe (*Perihel*), bei 152 Mill. km in die größte Sonnenferne (*Aphel*). Das Perihel wird gegenwärtig Anfang Januar passiert. Im Laufe von 21000 Jahren verschiebt sich der Termin um 1 volles Jahr. Die Ebene, welche durch Erdbahn und Mittelpunkt der Sonne gedacht wird, heißt *Ekliptik*. Die *Umlaufzeit* um die Sonne beträgt bis auf $11^1/_4$ Minuten $365^1/_4$ Tage. Bei der Definition von 365 Tagen als 1 Jahr (a) wird nach dem Gregorianischen Kalender alle vier Jahre ein Schaltjahr mit 366 eingeführt, wobei zu den Jahrhundertwenden dieser Schalttag in der Regel ausfällt. Die *Umlaufgeschwindigkeit der Erde* um die Sonne beträgt ungefähr 30 km pro Sekunde. Sie ändert sich mit dem Sonnenabstand derart, daß die Radiusvektoren in gleicher Zeit gleiche Flächen der Umlaufbahn überstreichen (2. Keplersches Gesetz). Das bewirkt, daß der Winter der Nord- und der Sommer der Südhalbkugel wegen der Perihelsituation zwar etwas kürzer, aber um 6,9% strahlungsintensiver sind als der Südwinter und der Nordsommer, ein in den sonnenreichen Trockengebieten Australiens z. B. durchaus meß- und spürbarer Effekt.

Daß die Rotationsachse der Erde nicht senkrecht auf der Umlaufbahn um die Sonne steht, sondern mit ihr einen Winkel von $66^1/_2°$ bildet (= Schiefe der Ekliptik), dafür gibt es keine Begründung. Gleichwohl ist es ein Faktum, welches große Bedeutung für die Bewohnbarkeit der Erde hat.

Durch die Erdrotation ist die Erdachse wie bei jedem Massenkreisel in ihrer Richtung im Raum fixiert. Die Erdrevolution vollzieht sich also so, daß die Erdachse in jedem Punkt der Umlaufbahn zu sich selbst parallel bleibt und den Neigungswinkel zur Flächennormalen von rund $23^1/_2°$ bei nur sehr geringfügigen säkularen Schwankungen beibehält. Daß man diese Neigung der Erdachse als „*Schiefe der Ekliptik*" benannt hat, liegt an der geozentrischen Betrachtungsweise. Wenn Erdachse und Flächennormale zur Ekliptik einen Winkel von $23^1/_2°$ bilden, so muß dasselbe auch für die Äquatorebene der Erde zur Ekliptik gelten. (Entsprechende Zeichnungen finden sich in jedem Schulatlas. Sonst s. Weischet, 1977.)

2. Beleuchtungszonen, Jahreszeiten, Lichtphänomene

Bewegung der Erde um die Sonne. Eine der wichtigsten Grundlagen – wenn nicht die wichtigste – jedes Verständnisses der klimageographischen Gliederung der Erde ist eine sichere Kenntnis und klare Vorstellung von der *Entstehung und Verbindung der strahlungsklimatischen Jahreszeiten und Strahlungsklimazonen*. Man ist aber immer wieder überrascht, welche Lücken man bei sich selbst oder bei anderen in diesen fundamentalen, zum Standard des Allgemeinwissens zu zählenden Sachverhalten entdeckt. Deshalb nehme man den Vorschlag zu einigen primitiven Versuchen nicht für eine Zumutung. Man sollte sich mit Hilfe eines Globus oder einer beliebigen Kugel, auf der man allerdings die Durchstoßpunkte einer gedachten Rotationsachse eingezeichnet oder sonstwie markiert hat, den Weg der Erde um die Sonne mit der Bedingung klar machen, daß die Erdachse ca. $23^{1}/_{2}°$ schief auf der Umlaufebene steht und vor allem immer parallel zu sich selbst bleibt.

Man kann z. B. die Kugel auf die vier Seiten eines Tisches setzen, ohne daß man die Orientierung der „Erdachse" im Raum verändert und denkt sich in der Mitte des Tisches (in Höhe des Mittelpunktes der Kugel) die Sonne. Dann gibt es auf dem Weg der so nachgemachten Erdrotation nur zwei bestimmte Punkte, an denen der Leitstrahl von der „Sonne" zum Mittelpunkt der „Erde" senkrecht auf die Erdachse trifft. Dabei verläuft der Leitstrahl gleichzeitig parallel zur Äquatorebene der „Erde". Erweitert man den Leitrahl räumlich zu einem Strahlenzylinder (Durchmesser so groß wie der der Erdkugel) mit parallelen Strahlen (d. i. der Effekt einer großen Sonne in 150 Mill. km, also praktisch unendlich großer Entfernung), dann berührt der die „Erdkugel" auf einem größten Schnittkreis (ein solcher muß immer durch den Erdmittelpunkt gehen), der über beide Pole verläuft. In Beleuchtung umgesetzt heißt das, daß bei der Stellung der Erde an den genannten beiden Punkten von jedem beliebigen Breitenkreis auf der Erde genau die Hälfte seines Gesamtumfanges im Licht, die andere Hälfte im Schatten (der Erdkugel) liegt. Bei einer Rotation der Kugel in 24 Std. um die gedachte Achse läuft also jeder Ort auf jedem Breitenkreis 12 Std. durch die Beleuchtungs- und 12 Std. durch die Schattenzone: überall auf der Erde herrscht Tag- und Nachtgleiche. Versetzt man die Kugel von der beschriebenen Situation einen Augenblick um 90° an die benachbarte Tischseite, so stellt man fest, daß all das vorher Gesagte nicht mehr stimmt, daß eine andere Beleuchtungssituation herrscht. Auf der dem erstgenannten Punkt genau gegenüber liegenden Seite des Tisches wiederholt sie sich aber. Die beiden Punkte repräsentieren den *Frühlings- bzw. Herbstpunkt,* die in der Wirklichkeit auf den 21. März bzw. den 23. September fallen. Das Halbjahr zwischen 23. September und 21. März, also das Sommerhalbjahr der Süd- und Winterhalbjahr der Nord-Halbkugel, ist mit 179 Tagen um eine Woche kürzer als das andere Halbjahr (186 Tage). Der Grund wurde bereits im vorausgehenden Kapitel in der größeren Geschwindigkeit der Erde in Sonnennähe (Perihel) herangezogen.

Strahlungsklimatische Tropen, Subtropen, hohe Mittelbreiten, Polargebiete.

In der Abb. II. b) 1. ist die Situation der Erde mit den parallel einkommenden Sonnenstrahlen für die jeweils um 90° von den Frühlings- und Herbstpunkten entfernten *Solstitialpunkte* 21. Dezember und 21. Juni skizziert. Am 21. Dezember sind auf der Südhalbkugel die beleuchteten Bogenstücke (Tagbögen) der Breitenkreise größer als die unbeleuchteten Nachtbögen. Der südliche Polarkreis ($66_{1}/_{2}°$) liegt in voller Länge in der Beleuchtungszone. Auf ihm herrscht 24 Std. lang Tag. 12 Std. nach ihrem Höchststand berührt die Sonne von oben her gerade den Horizont (Mitternachtssonne). In Breiten weiter zum Südpol hin bleibt die Sonne um 12 Uhr nachts noch beträchtlich über dem Horizont, am Pol selbst beschreibt sie eine horizontparallele Bahn in $23^{1}/_{2}°$ Sonnenhöhe. Auf der Nordhalbkugel dagegen ist am 21. Dezem-

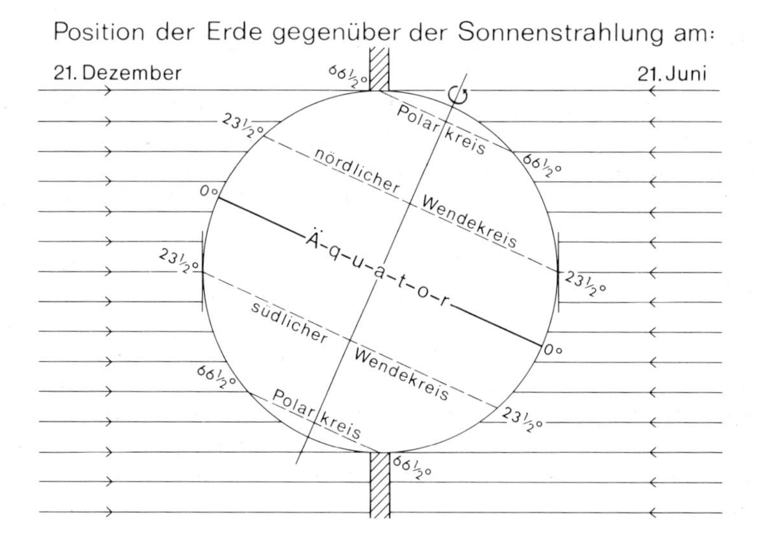

Abb. II.b) 1. Einfall der Sonnenstrahlung auf die Erde zu den Solstitialzeiten 21. Dezember und 21. Juni. Gliederung in die beleuchtungsklimatischen Zonen Tropen (zwischen den Wendekreisen), Polargebiete (polwärts der Polarkreise) und Mittelbreiten (zwischen Wende- und Polarkreisen)

ber in allen Breitenlagen der Tagbogen kürzer als der Nachtbogen. Lediglich am Äquator herrscht auch zu dieser Zeit, und damit ganzjährig, Tag- und Nachtgleiche. Der nördliche Polarkreis liegt am 21. Dezember in seiner ganzen Länge außerhalb der Beleuchtungsgrenzen, hier herrscht zum Wintersolstitium 24 Stunden lang Nacht. Zum Mittagstermin berührt die Sonne gerade von unten her den Horizont.

Aus diesen Fakten läßt sich die Definition und die *beleuchtungsklimatische Charakterisierung der Polargebiete* ableiten. *Polarkreise* ($66^1/_2$° N und S) sind jene singulären Breitenkreise, auf denen an jeweils einem Tag im Jahr die Sonne 24 Std. über dem Horizont bleibt (Zeit des Sommersolstitiums) bzw. 24 Std. lang nicht aufgeht (Wintersolstitium). Die *Polargebiete* zeichnen sich dadurch aus, daß mit wachsender Annäherung an die betreffenden Pole die Zeiträume ununterbrochener Helligkeit bzw. permanenter Dunkelheit jeweils auf mehrere Tage, Wochen oder gar Monate (am Pol sind es jeweils 6 Monate) zunehmen und der sonstwo auf der Erde notorische Wechsel von Tag und Nacht für bestimmte Zeiten im Jahr unterbrochen und durch den permanenten sog. *Polartag* bzw. die permanente *Polarnacht* ersetzt wird.

An der gleichen Abbildung kann man sich auch die beleuchtungsklimatische (astronomische) Definition der *Wendekreise und Tropen* ableiten und klar machen. Am 21. Dezember müssen die Sonnenstrahlen in einer Breite von $23^1/_2$° S senkrecht auf eine Berührungsebene der Erdkugel treffen, die mit dem Erdradius an dem Berührungspunkt einen rechten Winkel bildet (= Horizontebene des Berührungspunktes). Da mit der Erdrotation im Laufe eines Tages alle Orte auf $23^1/_2$° S diesen Punkt passieren, erreicht am 21. Dezember die Sonne an allen Orten auf $23^1/_2$° S an ihrem höchsten Punkt auf dem Tagbogen den Zenit; sie scheint lotrecht von oben auf die Horizontebene. Ein paar Tage vor dem Solstitialdatum 21. Dezember kam sie nicht ganz so hoch, ein paar Tage nachher wird sie nicht ganz so hoch mehr kommen.

Zu diesen Terminen wird der Senkrechtstand in einer Breite ein bißchen weiter äquatorwärts erreicht.

All das für den 21. Dez. Ausgeführte gilt für das Solstitialdatum 21. Juni für den entsprechenden Breitenkreis $23_{1}/_{2}°$ N. Die beiden Breitenkreise $23^{1}/_{2}°$ N und S sind also jene ausgezeichneten Parallelkreise der Erde, an welchen am 21. 6. bzw. 21. 12. zum wahren Mittag (d.i. 12 Uhr wahrer Ortszeit) die Sonne senkrecht über dem Horizont, im Zenit, steht.

In der Zwischenzone wird der Zenitstand jeweils zweimal erreicht, an kurz aufeinanderfolgenden Terminen in Breiten nahe $23^{1}/_{3}°$ N bzw. $23^{1}/_{2}°$ S, am Äquator mit halbjährlichem Abstand am 21. 3. und 23. 9. Außerhalb des genannten Breitenringes $23^{1}/_{2}°$ N bis $23^{1}/_{2}°$ S kann die Sonne nie senkrecht über der Horizontebene stehen. Daraus ergibt sich die Definition der *astronomischen Tropen* als die Breitenzone beiderseits des Äquators, in der an allen Orten die Sonne 1- oder 2mal im Jahr mittags senkrecht über dem Horizont steht. Die beiden Begrenzungsparallelen werden als *Wendekreise* bezeichnet, weil hier der Senkrechtstand der Sonne auf seiner jahresperiodischen Wanderung in der Wanderungsrichtung umkehrt, sich umwendet.

Für die geringste Mittagshöhe innerhalb der Tropenzone kann man aus der Abb. II b) 1. ableiten, daß zum Wintersolstitium $90-23^{1}/_{2} = 43°$ erreicht werden. Am Äquator kann die Sonne mittags nie tiefer als $66^{1}/_{2}°$ stehen.

Bezüglich der Dauer von Tag und Nacht kann man durch den Vergleich der Länge der Breitenkreisausschnitte in der beleuchteten bzw. unbeleuchteten Erdhälfte aus Abb. II. b) 1. (die Schattengrenze verläuft senkrecht zu den Sonnenstrahlen) für die Tropen entnehmen, daß am Äquator ganzjährig 12 Std. Tag und 12 Std. Nacht herrschen, daß an den Wendekreisen dagegen bereits gewisse Unterschiede im Jahresgang auftreten. Der längste Tag dauert dort $13^{1}/_{2}$, der kürzeste $10^{1}/_{2}$ Std.

Aus dem unterschiedlichen jahreszeitlichen Wechsel von Sonnenhöhe und Tageslänge läßt sich eine Differenzierung der Breitenzone zwischen den Wendekreisen in *äußere und innere Tropen* ableiten. In den letzteren nahe dem Äquator wirken nämlich die Tatsachen, daß der Zenitstand der Sonne in zwei sechs Monate auseinander liegenden Jahresabschnitten jeweils um den 21. März und 23. September auftritt, in den Zwischenzeiten aber die Mittagshöhe immer über 66,5° bleibt und daß außerdem die Tageslänge im ganzen Jahr fast gleichmäßig zwölf Stunden beträgt, dahin zusammen, daß das ganze Jahr über sehr gleichmäßige Beleuchtungs- und Strahlungsbedingungen resultieren. In den *äußeren Tropen* ist das – besonders nahe den Wendekreisen – schon anders: Erstens folgt der zweimalige Höchststand der Sonne (auf dem Hin- und Rückweg) zeitlich relativ schnell aufeinander. Zweitens ist zum Unterschied von dieser Höchststandperiode ein halbes Jahr später die Mittagshöhe mit Werten nahe 43° schon merklich tiefer und drittens sind auch die Tageslängen in den beiden extremen Jahresabschnitten schon um drei Stunden verschieden. All das wirkt zusammen, daß in den äußeren Tropen bereits deutliche jahreszeitliche Unterschiede von Beleuchtungs- und Strahlungsbedingungen auftreten.

Zwischen Wende- und Polarkreisen liegen die strahlungsklimatischen *Mittelbreiten.* Sie sind sehr uneinheitliche Beleuchtungsklimazonen. Auf der einen Seite erreicht nahe den Wendekreisen die Sonne mittags im Sommersolstitium noch fast den Zenit, zur Wintersonnenwende geht sie nicht wesentlich unter 43°, wobei gleichzeitig die Tageslängen nur um ein paar Stunden verschieden sind. Nahe der anderen

Begrenzung, den Polarkreisen, kommt hingegen die Sonne im Hochsommer nur ungefähr so hoch wie nahe den Wendekreisen im Winter, während sie sich zur Zeit des Mittwinters auch mittags nur wenig über den Horizont erhebt. Tag und Nacht haben hier extreme Längenunterschiede. So muß man diese Mittelbreiten zweckmäßigerweise noch einmal unterteilen, wobei es sehr sinnvoll ist, nach dem Vorgehen von H. Louis (1958) als Trennungsparallelkreise 45° N und S zu nehmen. Zwischen $23^1/_2$° und 45° sind dann die *strahlungsklimatischen Subtropen* anzusetzen. Hier steht im Sommer mittags die Sonne zwischen 67 und 90° sehr hoch am Himmel, der Tag bleibt aber mit 15 Std. relativ kurz (um $^1/_2$8 Uhr abends geht die Sonne bereits unter). Demgegenüber reicht im Winter die Mittagssonne immer noch mittelhoch (23–45°) über den Horizont und die Tage bleiben wenigstens $8^1/_2$ Std. lang. Sehr hohe Mittagssonne, früher Abend und relativ lange Nacht im Sommer, relativ lange, lichte Tage bei noch wärmender Sonne im Winter, das sind die Charakteristika der strahlungsklimatischen Subtropen.

Polwärts 45° folgen strahlungsklimatisch die *hohen Mittelbreiten,* für welche nach Louis jeweils ein echter Hochsommer und ein echter Hochwinter, getrennt durch ausgeprägte Übergangsjahreszeiten Frühling und Herbst, charakteristisch sind. Der Hochsommer kommt dadurch zustande, daß mit hohem Mittagssonnenstand (45–67° über dem Horizont) sehr lange Tage verbunden sind (in Südschweden geht die Sonne bereits um 3 Uhr morgens auf und gegen 9 Uhr abends unter). Im Hochwinter dagegen kommt die Sonne nie mehr als 23° über den Horizont, wobei die Taglänge in der Mitte der hohen Mittelbreiten auf ungefähr 6 Std. zusammenschrumpft.

Das solare Klima. Über die qualitative Charakterisierung hinaus läßt sich aus den anfangs genannten Gesetzen der Himmelsmechanik für jeden Breitenkreis der Erde und jeden Tag im Jahr der Tagbogen der Sonne nach Höhe und Länge mathematisch berechnen (Fig. 6 in Weischet, 1977 zeigt die für 50° N resultierenden Werte in diagrammatischer Form). Damit weiß man für jede Minute des Jahres, wie groß die Sonnenhöhe (h) über dem Horizont ist, mit welchem Winkel die Sonnenstrahlung also die Horizontebene trifft. Läßt man den noch zu besprechenden Einfluß der A. einmal beiseite, so würde bei senkrechtem Auffallen jedem cm^2 der Horizontebene Strahlungsenergie im Wert der Solarkonstante J_o (s. Definition, 1,95 $cal. \cdot cm^{-2} \cdot min^{-1}$) zugestrahlt. Bei schrägem Einfall verteilt sich die Energie auf eine größere Fläche; pro cm^2 nimmt die Energie auf einen kleineren Wert J_h ab; und zwar nach geometrischen Gesetzen auf $J_h = J_o \cdot \sin h$. (Die Formel besagt: Die *Intensität der Sonnenstrahlung* ist – ohne Atmosphäre – bei der Sonnenhöhe h gleich dem Produkt aus Solarkonstanten und sinus der Sonnenhöhe). Nach diesem Gesetz kann man für jede Minute des Jahres die *zugestrahlte Energie* und bei entsprechender Summation die Werte für Tage, Monate, Halbjahr und Jahr exakt *berechnen.* Sie können Tabellenwerken wie dem IGY-Manual (1958) entnommen werden. Die nachfolgende Tabelle gibt die Werte für ausgewählte Tage des Jahres. Sie gelten für die Obergrenze der A. oder, was dasselbe ist, für die Erde unter Abstraktion vom Atmosphäreneinfluß. Es sind Werte für das *„solare Klima“.* Aus der zeitlichen Abfolge ergeben sich die solaren Eingangswerte für die Strahlungsjahreszeiten in bestimmten Breiten, aus der breitenmäßigen Differenzierung die beschriebenen Strahlungsklimazonen.

Tab. II.b) 2. Tagessummen der Einstrahlung im solaren Klima für bestimmte Tage im Jahr in cal · cm^{-2} · d^{-1}

	21. 3.	6. 5.	22. 6.	8. 8.	23. 9.	8. 11.	22. 12.	4. 2.
90° N	–	796	1110	789	–	–	–	–
70°	316	772	1043	765	312	25	–	25
50°	593	894	1020	886	586	295	181	298
30°	799	958	1005	949	789	581	480	586
10°	909	921	900	913	898	813	756	820
0°	923	863	814	856	912	897	869	905
10°	909	783	708	776	898	956	962	965
30°	799	560	450	555	789	994	1073	1003
50°	593	285	170	282	586	929	1089	937
70°	316	24	–	24	312	802	1114	809
90° S	–	–	–	–	–	826	1185	831

Die Werte zeigen folgende klimatologisch wichtige Fakten:

1. Die große jahreszeitliche *Schwankung der Energiezufuhr in den hohen Mittelbreiten und Polargebieten* kontrastiert scharf zu der ganzjährigen *Gleichmäßigkeit* der Energiezufuhr *in den Tropen.*
2. Zur Zeit der *Äquinoktien* (21. 3. und 23. 9.) herrscht auf beiden Halbkugeln eine ungefähr *symmetrische Verteilung* der Strahlungsmengen mit Maximum am Äquator. Das kommt daher, daß auf der ganzen Erde die Tageslänge 12 Std. beträgt und so die Energiemenge allein von der unterschiedlichen Sonnenhöhe abhängt.
3. Anfang Mai (bzw. Anfang November für die Südhalbkugel) liegt das Maximum der Energiezustrahlung bei 30°, während zu dieser Zeit die Sonne mittags in ungefähr 15° senkrecht steht. Es wirkt sich also bereits die längere Einstrahlungsdauer aus. Nahe den Polen tritt deshalb auch ein sekundäres Maximum auf, da hier die Tageslänge bereits 24 Std. beträgt.
4. Zur Zeit des *Sommersolstitiums* liegt das Maximum überhaupt in den jeweiligen Polargebieten. Der *überragende Einfluß der Einstrahlungsdauer* wirkt sich dahin aus, daß von Ende Mai bis Mitte Juli (bzw. Ende November bis Mitte Januar) in den Polargebieten Tagesmengen der Energie zur Verfügung stehen, die in den Tropen nie erreicht werden. Dafür ist
5. an den Polen bereits $2^1/_2$ Monate nach den strahlungsintensiven Sommermonaten die zugeführte Energie schon wieder Null.
6. Die Südhalbkugel weist im Sommer als Folge der Perihelsituation der Erde im ganzen etwas höhere Tageswerte als die Nordhalbkugel in ihrem Sommer auf. Über die Halbjahreswerte summiert, gleicht sich der Unterschied wegen der kürzeren Dauer des Sommerhalbjahres der Südhalbkugel aber aus.

Die Dämmerung. Das bisher Ausgeführte gilt für eine rein geometrische Ableitung mit einem diskontinuierlichen Sprung zwischen Tag und Nacht. Die A. bedingt aber eine gewisse *physikalische Modifikation des Tag-Nacht-Überganges in Form der Dämmerung,* die in den verschiedenen Beleuchtungsklimazonen von unterschiedlicher Bedeutung ist. Wenn die Sonne (über einer weiten Ebene oder dem Ozean) gerade unter den Horizont getaucht ist, so treffen ihre Strahlen zwar nicht mehr die

Erdoberfläche, aber immer noch die darüber gelegenen Luftschichten. In den ersten Minuten nach Sonnenuntergang erreichen diese sogar alle Luftschichten bis zum gegenüberliegenden Punkt im Osten des Horizontes, und erst bei weiter sinkender Sonne wandert die Licht-Schatten-Grenze unter Steilerwerden nach Westen. Läßt man die komplizierenden Bedingungen von Bewölkung oder Luftverunreinigung zunächst beiseite, so wird in der reinen trockenen A. das schräg von unten einfallende direkte Sonnenlicht zum Teil diffus reflektiert, und davon wiederum ein Teil als diffuses Himmelslicht [s. Kap. II. b) 3.] zur Erdoberfläche geschickt. So lange wie man dabei „gedruckte Schrift im Freien noch lesen kann" herrscht definitionsgemäß *„bürgerlichte Dämmerung"* (engl.: „civic twilight"). Das ist bei klarem Himmel bis zu Sonnentiefen von 6–8° unter dem Horizont möglich. Die Leuchtdichte, welche bei Sonnentiefe von 6° noch vom Zenitpunkt über dem Beobachter ausgeht, beträgt dabei allerdings nur 1/400 von derjenigen zum Zeitpunkt des Sonnenunterganges. Bei weiter sinkender Sonne kann man zwar nicht mehr lesen, aber die Horizontgegend, unter der die Sonne steht, zeichnet sich noch eine Zeit lang gegen den relativ hellen Himmel ab. So lange das der Fall ist, herrscht definitionsgemäß *„astronomische Dämmerung"* ("astronomic twilight"; astronomisch, weil sich erst nach ihrem Ende die Sterne am deutlichsten abheben). Das Ende der astronomischen Dämmerung wird bei ungefähr 16° Sonnentiefe erreicht. Dann beginnt beleuchtungsmäßig die eigentliche Nacht. Sie dauert bis zum Beginn der Dämmerung am nächsten Morgen, während der die Lichtveränderung spiegelsymmetrisch zu der für die Abenddämmerung geschilderten abläuft.

Der *Einfluß von Wolken* in ihrer mannigfaltigen Ausprägung kompliziert die Dämmerungsvorgänge natürlich sehr. Regelhaft läßt sich festhalten, daß bei dichter, geschlossener Wolkendecke die jeweiligen Dämmerungsgrenzwerte durchweg schon bei geringerer Sonnentiefe erreicht werden, die Dämmerung schneller abläuft. Durchbrochene oder durchscheinende (dünne) Wolken hingegen verändern die Vorgänge nicht wesentlich, wenigstens was die reinen Beleuchtungsstärken betrifft (bezüglich der Farbwirkungen s. Morgen- und Abendrot).

Die klimatische Bedeutung der Dämmerung ist regional sehr verschieden. Sie wird im wesentlichen von ihrer Dauer und damit dem Anteil am Tag-Nacht-Zyklus bestimmt. Grundregel ist, daß *dort und dann die Dämmerung kurz und unbedeutend ist, wo und wann die Sonne einen hohen Tagbogen beschreibt,* mittags also möglichst hoch über dem Horizont steht.

(Das kann man sich ganz leicht rein geometrisch klar machen. Bei flachem Tagbogen schneidet die Sonne mit spitzem Winkel unter den Horizont. Sie benötigt relativ lange, um zum Beispiel von 2° über bis 6° unter den Horizont zu gelangen. Bei hohem, steilem Tagbogen verschwindet sie dagegen auf kürzestem Weg unter dem Horizont).

Geographische Effekte unterschiedlicher Strahlungsklimate. Die *Konsequenzen der beleuchtungsklimatologischen Fakten und Regeln* in den Lebensräumen der Menschen sind vielfältig. Wir wollen uns zunächst die gewohnten der *hohen Mittelbreiten* vergegenwärtigen, die man oft als selbstverständlich nimmt und – fälschlicherweise – auch auf andere Regionen überträgt. Der Tagbogen der Sonne verläuft so, daß „mittags die Sonne im Süden steht" (auf der Südhalbkugel steht sie im Norden). Er ist besonders im Frühjahr und Herbst noch oder schon wieder so flach, daß nicht nur die nach Süden exponierten Talhänge in den Gebirgen, sondern auch die Südseiten flacher Hügel im Tiefland sich als *„Sommerhang“* oder *„Winterberg“* unterscheiden. Die langen Spätherbst- und Winterabende, an denen die Sonne schon zwischen 4 und 5 Uhr nachmittags untergeht, die bürgerliche Dämmerung aber allein zwischen einer $^3/_4$ und ganzen Stunde dauert, lädt zum „Dämmerschoppen“ noch vor dem Abendessen ein. Und den meisten Menschen fällt bei einer Sommerreise von Süd- nach Norddeutschland schon bei der doch relativ kleinen Distanz bereits auf, „wie viel länger es dort hell bleibt“ (im Winter: „wie viel früher es dort dunkel wird“).

Für die *Subtropen* in aller Welt sind Mittagsruhe *(„Siesta“)* und Abendaktivität („Corso“ der Erwachsenen, die Kinder spielen noch nach Einbruch der Dunkelheit in den Gassen) bekannte Lebensgewohnheiten. Nun, die Sonne steht im Sommer mittags fast, aber eben nicht ganz senkrecht am Himmel. Sie bleibt in 35–40° Breite rund 20° unter dem Zenit. Das ist für den Menschen im Freien physiologisch eine besonders unangenehme Situation. Einerseits ist die Strahlung sehr intensiv, andererseits trifft sie bei dem noch schrägen Einfall den ganzen Körper und kann auch nicht durch eine besonders breite Hutkrempe z.B. abgeschirmt werden. Also vermeidet man es, in dieser Zeit draußen zu sein. Abends geht die Sonne aber auch im Sommer relativ früh unter, in 40° Breite bereits um $^1/_2$8 Uhr. Da die Dämmerung auch relativ kurz ist, ist es gegen 8 Uhr bereits dunkel. Es ist also noch gar nicht so spät, wie es Mitteleuropäer ihrer Gewohnheit entsprechend annehmen, wenn sie sich darüber wundern, daß in Italien die Kinder „noch bis in die halbe Nacht auf der Straße sind“. In der Natur der Subtropen sind geländebedingte Expositionsunterschiede von der Art wie in den hohen Mittelbreiten nicht wirksam. Da die Sonne auch im Winter eine Mittagshöhe zwischen 23 und 45° erreicht, sind es nur die allersteilsten N-Hänge (mit 45° fast „Wände“), die tatsächlich im Schatten bleiben. Im Frühjahr und Herbst gibt es kaum einen Hang, den die Sonne nicht erreicht. Dafür ist die S-Exposition, die bei normalen Neigungen von 10–15° über lange Zeit des Jahres fast senkrechten Sonneneinfall hat, durch viele Merkmale der Dürre ausgezeichnet (kraß asymmetrische Vegetationsverteilung auf entsprechend orientierten Talhängen z.B.).

Wer nun vom Lebensrhythmus der Subtropen auf einen ähnlichen unter den verschärften Bedingungen „stechender Mittagssonne, unter der alles Leben erlahmt“ in den *Tropen* schließt, muß sich auf Überraschungen gefaßt machen. Wenigstens in den Tropen Südamerikas gibt es keine Siesta. Im Gegenteil, um die Mittagszeit sind die meisten Menschen auf dem Felde oder unterwegs; die Märkte werden nicht früh morgens, sondern zwischen 11 und 14 Uhr abgehalten, und in den Städten gilt durchgehende Arbeitszeit. Der Grund ist schnell einzusehen: Wenn die Sonne senkrecht steht, genügt ein *„Sombrero“* (sombra = Schatten), um den ganzen Körper vor der direkten Einstrahlung zu schützen. Heiß ist es von der Lufttemperatur her sowieso den ganzen Tag, also nutzt man die Zeit, in der man wenigstens im selbst erzeugten Schatten leben kann. Die unangenehmsten Stunden in den Tropen sind die am späten Vor- (9–11 Uhr) und frühen Nachmittag. Außerdem besteht auch nicht die Möglichkeit, auf den frühen Morgen oder Abend auszuweichen. Die Tage sind das ganze Jahr über kurz. Tropengewächse sind dementsprechend Kurztagsblüher. Bei dem hohen Tagbogen der Sonne gibt es auch keine ausgeprägte Dämmerung. Um 5 Uhr steht die Sonne noch „hoch am Himmel“, um $^1/_2$7 Uhr ist es bereits finster. Dann folgen die für die Tropen charakteristischen Abende voller Langeweile, wenigstens auf dem Lande. Wer sich mit Hilfe der Sonne orientieren will, wie wir es in den Mittelbreiten gefühlsmäßig und oft unbewußt tun, sieht sich in den Tropen getäuscht. Die Sonne steht nie im Süden oder Norden, sondern auch kurz vor oder nach der Mittagszeit immer noch im Osten bzw. schon wieder im Westen. Daß es keine Expositionsunterschiede zwischen Nord- und Südhang geben kann, versteht sich dabei von selbst. Allenfalls die West-Seite von Bergen erhält geringere Einstrahlung, weil am Nachmittag die Wolkendecke dichter zu sein pflegt als morgens. Dafür ist die Eindringtiefe des Lichtes in Vegetationsbestände besonders groß. Bei senkrechtem Einfall sind nämlich die Schatten, die von den oberen Teilen der Baumkronen zum Grunde des Waldes geworfen werden, am kleinsten. Große Strahlungsintensität und geringe Schattenwirkung garantieren auch in der Tiefe des Waldes noch so viel Licht, daß tropische Wälder im Gegensatz zu den „Hallenwäldern" der Außertropen mit ihrem dichten Strauch- und Krautwerk am Boden oft „undurchdringliche Dschungel" sind.

Die beleuchtungsklimatischen Konsequenzen in *Polargebieten* resultieren aus der Kombination von extrem unterschiedlich langen, auch im Sommer relativ nahe am Horizont verlaufenden, flachen Tagbögen der Sonne mit besonders stark und lang ausgeprägten Dämmerungserscheinungen. Wenn von den Polarkreisen an über einen zum Pol hin länger werdenden Zeitraum im Sommer die Sonne überhaupt nicht untergeht, also einen Vollkreis über dem Horizont beschreibt, so bedeutet das die Aufhebung aller geländebedingten Expositionsunterschiede. Die wenig hoch ste-

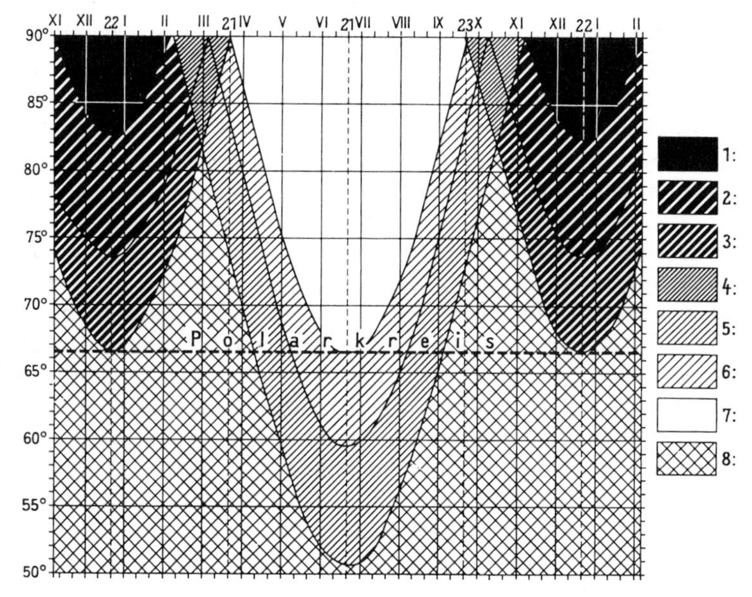

Abb. II.b) 2. Der Jahresgang der Beleuchtungsverhältnisse polwärts von 50° n. Br. (Nach W. Meinardus, 1930)

Für das Südpolargebiet sind die Monate am oberen Rande des Diagramms um ein halbes Jahr zu verschieben

1. ständig Nacht
2. am Tage astronomische Dämmerung im Nordwinter
3. am Tage bürgerliche Dämmerung im Nordwinter
4. Dämmerung der Äquinoktien
5. nachts astronomische Dämmerung im Nordsommer
6. nachts bürgerliche Dämmerung im Nordsommer
7. ständig Tag
8. Wechsel von Tag und Nacht

hende Sonne kann zwar nicht „über den Berg schauen" und so den Nordhang beleuchten, sie kommt dafür gewissermaßen von hinten herum. Wenn in einer bestimmten Breite der Polartag dann am Ende des Sommers zu Ende geht oder wenn er im Frühsommer (Mai bis Anfang Juni in 75° Breite) bevorsteht, folgen oder beginnen die Wochen der hellen Nächte, in welchen in den Stunden nach Sonnenuntergang bis zum Sonnenaufgang durchgehend bürgerliche oder wenigstens astronomische Dämmerung herrscht, wie man sich aus der Abb. II. b) 2. im einzelnen ableiten kann. Die *Polarnacht* wird also als Zeit echter Dunkelheit erheblich *verkürzt.* Am Pol dauert sie statt theoretisch 6 Monate (vom 23. September bis 21. März) praktisch nur 3 Monate von Anfang November bis Anfang Februar. Jeweils vom 23. September bis Ende Oktober und von Anfang Februar bis 21. März herrscht am Tage die *„Dämmerung der Äquinoktien"* (s. Abb. II. b) 2.).

Dämmerungs- und Lichtphänomene. Während dieser Zeit müssen natürlich alle *Dämmerungsphänomene* besonders deutlich in Erscheinung treten. Das sind vor allen Dingen die Wirkungen der *Refraktion.* Da die Dichte der Luftschicht mit der Höhe abnimmt, wird ein schräg durch die A. laufender Lichtstrahl ganz allgemein etwas zur Erdoberfläche hin abgelenkt (gebrochen). Der Ablenkungswinkel ist besonders groß, wenn die Lichtquelle (Sonne, Mond, Sterne z. B.) nahe dem Horizont steht und wenn die normalerweise schon relativ großen Dichteunterschiede in den tiefsten Teilen der A. durch starke Abkühlung vom Boden her noch besonders verstärkt werden. Das kann zu einer gewissen Verlängerung der Tage führen. Da nämlich die Lichtstrahlen der A. mit konkaver Krümmung gegen die Erdoberfläche verlaufen, vermögen die Sonnenstrahlen einen Punkt in der Horizontebene zu erreichen, bevor die aufgehende Sonne über dem Horizont steht und noch, nachdem die untergehende Sonne bereits wieder unter den Horizont abgesunken ist. Wenn dabei der Unterrand der Sonne gerade den Horizont zu berühren scheint, liegt in Wirklichkeit bereits der Oberrand unter dem Horizont. So fällt also durch die astronomische Refraktion die wirkliche Polarnacht, also die Zeit, in der die Sonne nicht über dem Horizont zu sehen ist, regelmäßig um mehrere Tage kürzer aus, als nach den geometrischen Verhältnissen zu erwarten wäre.

Außerdem unterliegen die Sonnen- und Mondkreisscheibe nahe dem Horizont durch *optische Verzerrung* der vertikalen Achse einer deutlichen *Abplattung.* Das kommt daher, daß die astronomische Refraktion für tiefer liegende Punkte stärker ist als für höher liegende. So erscheint der Oberrand der Sonne nahe dem Horizont um 29′, ihr Unterrand um 35′ gehoben, woraus sich die scheinbare Abplattung von unten her erklärt. Diese optische Verzerrung ist nicht zu verwechseln mit der scheinbaren Vergrößerung von Sonne und Mond nahe dem Horizont. Dabei handelt es sich um eine optische Täuschung, die sich aus der Vergleichsmöglichkeit bei Tiefstand mit horizontnahen Gegenständen ergibt.

Ein drittes sehr merkwürdiges Phänomen ist der sog. *grüne Strahl.* Kurz bevor der oberste Rand der Sonne am Horizont auf- oder untertaucht, erscheint für einige Sekunden an der Stelle des Durchtritts durch die Horizontlinie ein hellgrün strahlender Fleck. Er kommt folgendermaßen zustande: Die Refraktion ist für verschiedene Wellenlängen des Lichtes verschieden stark. Die blauen Strahlen fallen beim Beobachter etwas steiler ein als die längerwelligen roten. Das „blaue Bild" der Sonne ist also gegen das „rote" etwas stärker gehoben. Die anderen Bilder in den Farben von grün bis orange liegen dazwischen. Normalerweise kann man diese verschiedenen Bilder nicht sehen. Nur wenn die Sonnenscheibe mit ihrem oberen Rand so weit unter den Horizont geraten ist, daß nur noch der grüne und blaue Scheibenrand darüberstehen, wird für einen Moment die grüne Farbe allein sichtbar, weil die blaue beim Durchgang durch die A. einer stärkeren diffusen Reflexion unterliegt und herausgefiltert wird.

Die meist sehr intensiven und klaren Tönungen des nordischen Dämmerungshimmels und ihre wegen des flachen Winkels der scheinbaren Sonnenbahn sich nur langsam, fast unmerklich vollziehenden und daher sehr einprägsamen Änderungen üben nicht minder faszinierende Reize auf empfängliche Menschen aus. Die mittwinterlichen horizontalen Mittagssonnen rufen außerdem wegen der großen Kälte und den oft in der Luft vorhandenen Schneekristallen besonders einprägsame Brechungseffekte hervor.

„Die Farben sind dann nicht kräftig und klar, sondern zart und weich; sie zaubern ein Gefühl der Unwirklichkeit hervor. Der weichende Nachthimmel kann ebenso gern in lila wie in grün oder gelb erstrahlen. Fjäll und Schnee leuchten weiß, blau oder rot ... Die Sonne lag gerade über dem Horizont im Süden. Zwei Lichtflecke, auf jeder Seite der Sonnenscheibe einer, wuchsen schnell, bis sie ebenso rund, groß und strahlend waren wie die Sonne selbst. Zwischen diesen Nebensonnen zeichnete sich ein halbkreisförmiger Lichtbogen in allen Farben des Prismas ab. Das intensive Licht wurde die Luft verstärkt, die von Eiskristallen erfüllt schien" (Ulric Sundström: „Tre Solars Land", Tourist, Stockholm 1966, Nr. 7, S. 11; Original Schwedisch).

Unter extremen Schichtungsbedingungen, die als entsprechende Ausnahmesituationen nur kurzfristig oder lokal begrenzt auftreten, kann die normale Refraktion zur totalen Reflexion mit dem optischen *Phänomen der Luftspiegelung* führen. Wenn in Polargebieten über Land, vielfach aber auch über kaltem Wasser, die bodennahe Luftschicht so stark abgekühlt wird, daß in 100 oder 200 m Höhe an einer Inversion ein erheblicher Sprung in der Dichte zwischen der kalten unteren und warmen oberen Luft entsteht, so ist es möglich, daß Sichtstrahlen, die z. B. von einem beleuchteten Haus oder Schiff mit flachem Steigwinkel schräg nach oben verlaufen, an der Dichtesprungschicht total reflektiert werden und nach weiterer normaler Refraktion in gewisser Entfernung von einigen Kilometern vom Haus oder Schiff wieder zum Boden gelangen. Kommt dort gerade ein Beobachter vorbei, so sieht er das beleuchtete Haus oder Schiff zweimal, einmal direkt horizontal geradeaus am wirklichen Standort und ein zweites Mal als fiktives Bild darüber in der Luft. Dieses Phänomen ist eine *Luftspiegelung nach oben.* Bei ihr müssen sich Objekt und Beobachter unter der Grenze zur Luftschicht mit geringerer Dichte befinden.

Luftspiegelungen nach unten kommen dagegen hauptsächlich dort vor, wo eine dünne, nur wenige Meter bis Dekameter mächtige Luftschicht vom Boden her stark angeheizt wird. So glaubt man z. B. an strahlungsreichen Sommertagen in Mitteleuropa auf Asphaltstraßen oder Autobahnen in einiger Entfernung vor sich Wasserlachen zu sehen, obwohl überall sonst die Straße trocken ist. Kommt man an die vermeintliche Stelle, gibt es dort kein Wasser; dafür scheint aber weiter weg wieder welches zu sein. In Wirklichkeit passiert folgendes: Die von einem entsprechend weit entfernten Punkt am Himmel ganz flach gegen die Straßenoberfläche einfallenden Sichtstrahlen werden an der Obergrenze der extrem heißen Luftschicht mit entsprechend geringer Dichte total reflektiert und in ebenso flachem Winkel wieder nach

oben geführt. Da die Augen des Beobachters von etwas oberhalb des Dichtesprunges schräg nach vorn-unten schauen, können sie das total reflektierte Bild des Himmels auffangen. Da außerdem die Lichtquelle Himmel unbegrenzt ist, ergibt sich auch ein unbegrenztes Spiegelbild: Man sieht bei gleicher Straßenneigung und Straßendecke immer eine Wasserpfütze in der gleichen scheinbaren Entfernung.
Was unter mitteleuropäischen Einstrahlungsbedingungen meist nur über künstlichen Oberflächen, die sich besonders stark erhitzen, möglich ist, geschieht in Gebieten mit stärkerer Einstrahlung auch über normalem Boden und kurzer Vegetation. Wenn dort die spiegelnde Luftschicht von einem isolierten Hügel, einer Farm oder einer Ansiedlung durchragt wird, dann kann man von einer bestimmten Entfernung aus außer dem Objekt selbst noch das nach unten *umgeklappte Spiegelbild* davon sehen, beide getrennt von einer hellen Linie. Meist ist das Spiegelbild aber in der Vertikalen stark verkürzt und lichtschwach, so daß nur das wirkliche Objekt über dem gespiegelten Himmel sichtbar ist. Es scheint dann über dem scheinbaren Wasser in der Luft zu schweben, ein Phänomen, das als „*Schwebung*" oder „*Kimmung*" bezeichnet wird. Das kann man sogar auch in Mitteleuropa erleben. Wenn einem unter den vorher geschilderten Bedingungen auf der Asphaltstraße oder der Autobahn ein Fahrzeug von weitem entgegenkommt, so „schwebt" es an einer bestimmten Stelle einen Augenblick über der scheinbaren Wasserlache.

In den extrem strahlungsreichen subtropisch-randtropischen Steppen und Wüsten wird die Luftspiegelung nach unten oft zur wahren *fata morgana.* Dort ist nämlich die angeheizte Schicht relativ dick. Der entscheidende Dichtesprung liegt 5–6 m hoch und normalerweise befindet sich ein Beobachter auf einer ebenen Fläche selbst innerhalb dieser Schicht mit der geringen Dichte. Optische Phänomene treten dann nicht auf. Erst wenn er auf einer flachen Geländewelle steht, kann dort in der relativen Depression vor sich von oben auf die dort angeheizte Luftschicht schauen, wie es Voraussetzung für Luftspiegelung nach unten ist. Er sieht das scheinbare Wasser dann in einer wirklichen topographischen Depression, eine Kombination, die zur perfekten Vortäuschung eines Sees führt.

Mond- und Sternenlicht. Als normale Beleuchtungsquellen der Erde wirken außer der Sonne selbst und ihrer Reflexstrahlung aus der A. noch der von der Sonne beschienene Teil des Mondes („*Mondlicht*" ist reflektiertes Sonnenlicht) sowie die Sterne. (Außergewöhnliche Lichtphänomene in der hohen A. [s. Kap. II. a) 5.]). Da die im einzelnen sehr komplizierte Mondbahn innerhalb eines Mondmonats die gleichen Polhöhenunterschiede aufweist wie die scheinbare Sonnenbahn im ganzen Jahr, ergibt sich daraus, daß der Mond in der Polarzone je nach der Phase zeitweilig – analog zur „Mitternachtssonne" – einen 24stündigen vollen Umlauf am Himmel vollzieht. Und zwar erreicht der Vollmond gerade im Nordwinter, wenn die Sonne am tiefsten steht oder sogar immer unter dem Horizont bleibt, seine höchste Kulmination, während das erste Viertel im Frühling und das letzte Viertel im Herbst seine höchste Scheitelstellung einnimmt. Das ist für die Polargebiete lichtmäßig gesehen eine schwache, zeitweilig von dem magisch-diffusen Farbschimmer der beweglichen Nordlichtdraperien begleitete Kompensation für den winterlichen Ausfall des direkten Sonnenlichtes.

Die „*Mondsicheln*" zeigen gegensätzlich gerichtetes Wachstum je nachdem, ob man sich südlich oder nördlich der äquatornahen Zenitbahn des Mondes befindet.

Von Norden betrachtet ist der zunehmende Mond nach rechts gekrümmt, von Süden betrachtet dagegen nach links. In den äquatornäheren Breiten liegt die Mondsichel übrigens dann, wenn Sonne und Mond in Zenitnähe kulminieren, ganztägig waagerecht am Himmel, und zwar als „Boot" das aufsteigende letzte Viertel vom Zeitpunkt des nächtlichen Aufganges an bis zur Morgendämmerung und das absteigende erste Viertel von der Abenddämmerung an bis zu seinem Untergang in der Nacht. Die aufwärts gewölbte „Bügel"-Form der korrespondierenden Mondbahnhälften ist wegen des gleichzeitigen Tageslichtes kaum sichtbar. Die waagerechte Form des Halbmond-Emblems islamischer Länder wird mit diesen Fakten in Zusammenhang gebracht.

Die Globalbeleuchtungsstärke des wolken- und mondlosen Nachthimmels macht nur $1{,}8 \cdot 10^{-3}$ lux aus. Vom besonders hochstehenden Vollmond (60°) wird sie auf $680 \cdot 10^{-3}$ lux, vom tiefstehenden (20–30°) auf $150\text{–}260 \cdot 10^{-3}$ lux verstärkt.

Das *Sternenlicht* erreicht für alle Sterne zusammen nur $1{,}2 \cdot 10^{-4}$ lux, trägt also nur weniger als $^1/_{10}$ zur normalen mondlosen nächtlichen Helligkeit bei (Dietze, 1957). Das *Szintillieren* (= Wackeln) *der Sterne* hat dieselbe Ursache wie das sommerliche „Flimmern der Landschaft", nämlich räumlich stark wechselnde Dichteunterschiede in den von den Lichtstrahlen durchmessenen Luftschichten. Die Dichteunterschiede bewirken eine Lichtbrechung, deren Ortswechsel das „Flimmern" bzw. Szintillieren (man sieht die Lichtquelle permanent in etwas anderer Richtung).

3. Der Einfluß der Atmosphäre auf die Sonnenstrahlung

Auf dem Weg durch die A. wird die Sonnenstrahlung sowohl in ihrer spektralen Zusammensetzung als vor allem auch in ihrer Intensität verändert. Das geschieht durch die Prozesse der diffusen Reflexion sowie der selektiven Absorption und hängt wesentlich von der Masse der durchstrahlten A. sowie der Zusammensetzung der Luftschichten auf diesem Wege ab.

Die diffuse Reflexion und damit verbundene Phänomene. Die *diffuse Reflexion* ist eine allseitige Streuung der Strahlung. Diese bleibt als solche also erhalten, nur wird ihre Fortpflanzung in vorgegebener Richtung dadurch aufgehoben, daß eine Zerstreuung nach allen Seiten erfolgt. Im statistischen Mittel ist diese kugelsymmetrisch verteilt. Die in Richtung der oberen Halbkugel abgelenkten Anteile der Sonnenstrahlung gehen in den Weltraum zurück, die in Richtung der unteren Halbkugel *(Vorwärtsstreuung)* erreichen die Erdoberfläche als diffuse Himmelsstrahlung *(diffuses Himmelslicht).*

An der diffusen Reflexion sind die Luftmoleküle, die Wassertröpfchen (Wolken-, Nebel-, Dunsttröpfchen), die Eiskristalle und das Aerosol beteiligt.

Bei der diffusen *Reflexion an Luftmolekülen* sind die reflektierenden Teilchen in der Größenordnung rund 100mal kleiner als die Wellenlänge des Lichtes. Unter dieser Bedingung ist der Streuungseffekt sehr stark abhängig von der Wellenlänge der einzelnen Spektralfarben. Nach dem Gesetz von Rayleigh ist der molekulare Streuungskoeffizient umgekehrt proportional der vierten Potenz der Wellenlänge. Das heißt, daß aus dem Bündel des Sonnenlichtes die kurzen Wellenlängen, also die blauen Anteile, rund 10mal stärker reflektiert werden als die roten.

Erste *Folge* ist, daß in der wolkenlosen A. ein wesentlich größerer Anteil des blauen Lichtes zwischen den Luftmolekülen hin- und herreflektiert wird und dadurch die Gesamtmasse der wolkenlosen A. unserem Auge blau erscheint (Grund für das *Himmelsblau*). Zweitens muß das *diffuse Himmelslicht* in seiner Zusammensetzung im ganzen *kurzwelliger* als die direkte Sonnenstrahlung sein. Und drittens wird die *Sonnenscheibe nahe dem Horizont rot*, weil dann der Blauanteil aus dem unser Auge direkt treffenden Strahlenbündel aufgrund des langen Weges durch die Atmosphäre fast ganz herausreflektiert ist und der langwellige Anteil, also das Rot, übrig geblieben ist. Der gleiche Effekt der rot scheinenden Sonnenscheibe kann auch in Ausnahmefällen bei hochstehender Sonne durch trübende Teilchen dann hervorgerufen werden, wenn z. B. nach einem Brand eine große Menge von solchen Aerosol-Partikeln in die A. gelangt ist, deren Teilchendurchmesser unter 10^{-5} cm liegt. Normalerweise sind die Aerosolpartikel aber größer. Dann gilt das Gesetz von Rayleigh nicht mehr. Wie bei der diffusen Reflexion an Dunst-, Nebel- und Wolkenteilchen wird das gesamte Bündel des sichtbaren Lichtes gleichmäßig stark reflektiert. Die Wellenlängenzusammensetzung bleibt folglich die gleiche wie beim weißen Sonnenlicht, die diffus reflektierenden Medien (*Wolken, Nebel* und *Dunst*) erscheinen *weiß* (wolkenloser, dunstiger Himmel hat einen milchigen Schleier).

Morgen- und Abendrot sowie das sog. *Alpenglühen* hängen damit zusammen, daß morgens oder abends die Sonne nahe dem Horizont durch wolkenfreie Himmelsteile hindurch und die Wolkenbänke bzw. Bergketten von unten anstrahlt, die dann einen roten Widerschein abgeben.

Die selektive Absorption. Bei der *Strahlungsabsorption* wird ganz allgemein vom absorbierenden Körper Strahlungsenergie aufgenommen und in Wärmeenergie überführt. Bestimmte Körper absorbieren normalerweise aus einem Strahlenbündel nur bestimmte Wellenlängenbereiche, andere Wellenlängen werden reflektiert oder durchgelassen. *Absorption* ist also *im Normalfall selektiv*. Das Verhältnis von absorbierter zu gesamter auffallender Strahlungsenergie eines Wellenlängenbereiches wird als Absorptionskoeffizient bezeichnet. Er ist eine Stoffkonstante.

Im Energiespektrum der Sonnenstrahlung wirkt sich die Absorption der Atmosphäre darin aus, daß in der an der Erdoberfläche ankommenden Strahlung bestimmte Spektralbereiche sehr stark geschwächt oder ganz ausgelöscht sind (Absorptionslinien bzw. -banden).

Verursacht wird die *selektive Absorption in der A.* vom Ozon, Kohlendioxid und Wasserdampf. In Kap. II.a) 1. und 5. wurde bereits ausgeführt, daß *Ozon* als UV-Schutzfilter wirkt indem es die Wellenlängen unter 0,30 μm der Sonnenstrahlung fast vollständig absorbiert. Das *Kohlendioxid* hat starke Absorptionslinien zwischen 2,3 und 3,0 sowie 4,2 und 4,4 μm und schwächere Banden zwischen 12 und 16 μm. Auf die Möglichkeit anthropogener Einflußnahme auf die Kohlendioxidabsorption durch Vermehrung des CO_2-Gehaltes der A. wurde bereits in Kap. II.a) 3. hingewiesen. Bei der Behandlung der Klimaschwankungen und der anthropogenen Klimabeeinflussung wird darauf zurückzukommen sein (s. Kap. VII und VIII). Der *Wasserdampf* absorbiert die Infrarotstrahlung oberhalb 14 μm praktisch vollständig und hat außerdem sehr starke Absorptionsbanden zwischen 5 und 8 sowie 2,5 und 3,0 μm, schwächere zwischen 1 und 2 μm. Zwischen 4 und 5 sowie 8 und 12 μm erfolgt fast überhaupt keine Absorption. Diese Bereiche spielen als sog. *Infrarot-Fenster* eine erhebliche Bedeutung bei der Ausstrahlung der Erdoberfläche und bei allen Verfahren der Strahlungstemperaturmessung vom Flugzeug oder Satelliten aus. Bemerkenswerterweise unterliegt das sichtbare Licht keiner Absorption in der A.

Zusammenfassend läßt sich also feststellen: Während die A. im sichtbaren Strahlungsbereich zwar stark diffus reflektiert, aber nicht absorbiert, bildet einerseits im UV-Bereich das Ozon einen absoluten Schutzfilter und bewirken andererseits im nahen Infrarot CO_2 und Wasserdampf sehr effektive Absorptionsbanden, im fernen Infrarot ab 14 μm sogar völlige Auslöschung. Weitgehend unberührt bleiben von der Absorption die Wellenlängen zwischen 4 und 5 sowie 8 und 12 μm.

Die Extinktion und ihre Abhängigkeit. Die Schwächung, welche die Sonnenstrahlung beim Durchgang durch die A. wegen diffuser Reflexion und selektiver Absorption erfährt, wird zusammengenommen als *Extinktion* bezeichnet. Sie hängt ab von der Masse der durchstrahlten A. sowie von deren spez. Gehalten an Wasserdampf, Kohlendioxid, Ozon, Wolken und Aerosol.

Bleiben wir zunächst bei der Voraussetzung einer homogenen A., dann wird die Extinktion allein von der Masse der durchstrahlten A., der *„optischen Luftmasse, optical airmass"*, bestimmt. D. i. in der Hauptsache die Länge des Weges, den die Sonnenstrahlung von der Obergrenze bis zum Grunde der A. zurücklegen muß. In untergeordnetem Maße gehen aber auch im Meeresniveau noch die Luftdruckunterschiede ein. Bei einer Differenz des Luftdruckes am Boden zwischen 760 mm Hg und 750 mm Hg beträgt der Unterschied allerdings kaum 2% der Masse der homogenen A.. Wesentlich stärker macht sich die Länge des Weges bemerkbar. Aus einer einfachen geometrischen Betrachtung läßt sich leicht ableiten, daß die *Weglänge umgekehrt proportional zum Sinus der Sonnenhöhe zunimmt*. In der nachfolgenden Tabelle ist der Vergrößerungsfaktor bei verschiedenem Einfallswinkel aufgeführt:

65°	60°	55°	50°	45°	40°	35°	30°	25°	20°	15°	10°	5°	Sonnenhöhe
1,10	1,15	1,21	1,30	1,41	1,55	1,74	2,00	2,36	2,90	3,82	5,60	10,40	

Die Zahlen demonstrieren, daß bei sehr hoch und hoch stehender Sonne abnehmender Einfallswinkel nur relativ geringe Verlängerungen des Weges verursacht, daß aber bei tief stehender Sonne jede weitere Winkelabnahme zu einer progressiv steigenden Wegverlängerung und damit progressiv steigenden Extinktion führt. Die Werte für die optische Luftmasse kann man Tabellenwerken entnehmen (Meteor. Taschenbuch oder IGY Manual z. B.). Die *Jahreszeitenunterschiede der Weglängen* sind für mittäglichen Sonnenhöchststand in 50° N in der folgenden Tabelle angegeben. Dabei ist der kürzestmögliche Weg für senkrechten Sonnenstand = 100 gesetzt.

Jan.	Febr.	März	April	Mai	Juni	Juli	Aug.	Sept.	Okt.	Nov.	Dez.
308	218	164	131	117	112	113	123	145	190	269	343

Im Sommer ist der Durchgang also nur um 12–13% länger als bei Zenitstand, die Extinktion bei homogener A. also nur geringfügig verschieden von derjenigen in den niederen Breiten, während sie sich in den Übergangsjahreszeiten sehr rasch vergrößert und im Winter den $3^1/_2$fachen Wert erreicht, was die geringe Kraft der Wintersonne in unseren Breiten erklärt.

Als *Konsequenz* aus diesen Zahlen versteht man zunächst, warum Sonnen- und Mondscheibe nur nahe dem Horizont orangefarbig oder rot sind, weshalb über den Ozeanen die Verfärbung bis zur Purpurfarbe gehen kann und weshalb Alpenglühen am intensivsten rot wird, wenn nur noch die höchsten Gipfel vom Licht erfaßt werden. Nahe dem Horizont ist nämlich die Weglänge durch die A. am größten, über den Ozeanen gibt es keine Überhöhung der Horizontebene und die Sonne ist wegen Kimmtiefe und Refraktion noch sichtbar, wenn sie tatsächlich bereits 5° unter dem Horizont steht; und wenn beim Alpenglühen nur noch die höchsten Gipfel erreicht werden, steht die Sonne am tiefsten.

Für die *regionale Differenzierung des Strahlungsklimas* auf der Erde hat die Abhängigkeit des Extinktionsbetrages von der Weglänge der Strahlung durch die A. die Folge, daß die *hohen Mittelbreiten und Polargebiete das ganze Jahr über am meisten* von den Folgen der diffusen Reflexion und selektiven Absorption *betroffen* werden und daß für die Subtropen das Winterhalbjahr die Zeit größter Beeinflussung ist. Außerdem folgt daraus, daß in den *Hochgebirgen der Erde eine geringere Extinktion* als im Tiefland herrscht. Dabei ist zu beachten, daß die Masse der A. nicht linear mit der Höhe abnimmt, sondern logarithmisch entsprechend der Luftdruckabnahme. (In 2500 m ist die Luftmasse bereits um $^1/_4$, in 5000 m um die Hälfte geringer geworden.)

4. Die an der Erdoberfläche ankommende Globalstrahlung

Die der horizontalen Flächeneinheit (cm^2) pro Zeiteinheit (Minute, Tag, Monat oder Jahr) zugestrahlte Summe aus direkter Sonnenstrahlung und diffusem Himmelslicht wird als *Globalstrahlung* bezeichnet. Sie macht die von der Sonne ausgehende Gesamtenergie aus, welche der Fläche zur Verfügung steht.

Unter energetischen und dynamisch-klimatologischen Gesichtspunkten kommt fast ausschließlich der Globalstrahlung in ihrer regionalen Verteilung die entscheidende Bedeutung zu. In den klimageographischen Zusammenhängen zwischen Strahlung, organischem Leben und Lebensraumgestaltung ist allerdings die Kenntnis der *Einzelglieder und ihr Verhältnis* zueinander wichtig. Hoher Anteil diffuser Strahlung verringert erfahrungsgemäß den Licht-Schatten-Kontrast und die Expositionsunterschiede. Wie groß der jeweilige Anteil ist, wird außer von der Masse der durchstrahlten A. (und damit besonders der Länge des Strahlungsweges durch die A.) vor allen Dingen vom verschiedenen Gehalt der Luftmassen an Wasserdampf und Aerosol sowie dem unterschiedlichen Bewölkungsgrad beeinflußt.

Einfluß der Länge des Strahlungsweges. Die Masse der durchstrahlten A. muß wegen der strahlungsklimatischen Unterschiede der Sonnenhöhe (s. solares Klima) eine starke Breitenabhängigkeit aufweisen. In der folgenden Tabelle sind direkte Sonnenstrahlung und diffuses Himmelslicht *bei wolkenlosem Himmel* als Breitenkreismittel für verschiedene Tage im Jahr für die Nordhalbkugel angegeben.

Aus den Zahlen ergeben sich folgende Fakten: Unter der Bedingung eines wolkenlosen Himmels ist in den Tropen (bis 20°) die direkte Strahlung ganzjährig 5–6mal größer als die diffuse. In den Subtropen (30 und 40°) wird der Jahreszeitenunterschied nur wenig größer (6 : 1 bis 4 : 1). In den hohen Mittelbreiten bleibt es aber nur im Sommer bei der Relation 6 : 1; im Winter ist die direkte Strahlung bei starker

Tab. II.b) 3. Direkte Sonnenstrahlung und diffuses Himmelslicht bei wolkenlosem Himmel der Nordhemisphäre (cal/cm² u. Tag)

	21. III.		21. VI.		23. IX.		21. XII.	
	direkt	diffus	direkt	diffus	direkt	diffus	direkt	diffus
90°N	(0)	(10)	609	128	4	10	–	–
80	(81)	(29)	609	124	60	30	–	–
70	159	43	593	110	137	44	–	–
60	259	53	600	98	232	55	12	9
50	354	61	609	97	318	65	78	27
40	425	66	608	98	387	72	164	42
30	485	72	588	95	445	78	256	52
20	505	83	545	95	477	87	331	69
10	508	90	495	93	497	92	398	83
0	509	93	434	89	504	92	462	95

Werte nach Houghton 1954

Breitenveränderlichkeit nur 1½mal so groß wie die diffuse. Den größten relativen Anteil hat die diffuse Strahlung in den Polargebieten, wo zum Sommersolstitium die direkte Strahlung nur 4½–5mal stärker als die diffuse ist, zur Zeit der Äquinoktien nahe den Wendekreisen nur das Doppelte bis Dreifache ausmacht und unmittelbar am Pol sogar kleiner ist als die diffuse Strahlung.

Verglichen mit den theoretischen Einstrahlungswerten im solaren Klima [vgl. Tab. II.b) 2] liegen die von der Sonnenstrahlung tatsächlich an der Erdoberfläche ankommenden Energien auch bei wolkenlosem Himmel überall auf der Erde immer um wenigstens ⅓, im Winter von den Mittelbreiten an um wenigstens 50% niedriger. Der Differenzbetrag entspricht der Summe der von der A. absorbierten und der in den Weltraum zurück reflektierten Strahlung.

Der Einfluß der Bewölkung. Der Einfluß der Bewölkung muß naturgemäß vom physikalischen Zustand der Wolken (Eis oder Wasser, große oder kleine Tröpfchen, Tropfendichte [s. Kap. II.e) 8]), ihrer vertikalen Mächtigkeit, der Wolkenhöhe und dem Bedeckungsgrad einerseits sowie dem Einfallswinkel der Sonnenstrahlung andererseits abhängen. Bei der schier unerschöpflichen Kombinationsmöglichkeit dieser Einflußfaktoren lassen sich nur sehr allgemein gefaßte Grundregeln ableiten. Aus Kondratyev (1969) entnehmen wir dazu folgende Werte (siehe Tab. II. b) 4). Die Werte belegen *folgende Regeln:* Bei völliger Himmelsbedeckung mit Schichtwolken wird (mit Ausnahme sehr tiefstehender Sonne hinter niedrigen Schichthaufenwolken) das diffuse Himmelslicht im Vergleich zur wolkenlosen A. mindestens verdoppelt.

Mittelhohe Wolken (Altocumuli) bewirken die größte Verstärkung des diffusen Himmelslichtes.

Bei einer tiefen Schichtwolkendecke (z. B. Hochnebeldecke im Winter der mittleren und höheren Breiten oder im Bereich der Küstenwüsten) behält das diffuse Himmelslicht, abgesehen von sehr tiefem Sonnenstand, rund ¼ der Stärke der möglichen Globalstrahlung auch dann noch, wenn die Wolke schon so dicht ist, daß sie keine direkte Strahlung mehr durchläßt (s. die letzten beiden Zeilen der Tabelle).

Tab. II.b) 4. Direkte Sonnenstrahlung und diffuses Himmelslicht in cal cm^{-2} min^{-1} bei wolkenlosem und bedecktem Himmel mit unterschiedlichen Wolken in Pawlowsk 1936–1940. Werte nach Kalitin aus Kondratyev, 1969, S. 459

	wolkenlos		Cirren*		Altocumulus*		Stratocumulus*	
	direkt	diffus	direkt	diffus	direkt	diffus	direkt	diffus
Sonnenhöhe								
5°	0,06	0,03	–	0,05	–	0,06	–	0,01
10	0,13	0,05	–	0,09	–	0,11	–	0,04
20	0,33	0,08	0,11	0,16	–	0,22	–	0,13
30	0,59	0,10	0,32	0,22	–	0,31	–	0,20
40	0,84	0,11	0,60	0,26	0,12	0,39	–	0,27
50	1,10	0,12	0,90	0,29	0,31	0,44	–	0,33

* Bezüglich der Wolkennamen und -eigenschaften s. Abschn. II.e) 8

Teilweise Bewölkung vergrößert i. a. ebenso wie die vollständige Himmelbedekkung den Anteil der diffusen Strahlung bei gleichzeitiger Verringerung der Globalstrahlung im Vergleich zu derjenigen bei wolkenfreiem Himmel. Im speziellen Fall eines dünnen Besatzes ($^1/_8$–$^2/_8$) des Himmels mit vertikal mächtigen, dichten Quellwolken kann in einer von Wasserdampf und Trübung freien A. die Globalstrahlung merkbar größere Werte annehmen als bei völliger Wolkenlosigkeit. Die Wolken erhöhen in diesem Fall also die Einstrahlung am Boden.

Als *allgemeine Regel* aus der Kombination der Einflüsse von Sonnenhöhe, Bewölkungsgrad sowie Wasserdampf- und Aerosolgehalt ergibt sich, daß *Globalstrahlung und Anteil an diffusem Himmelslicht gegenläufig mit den wesentlichen Einflußfaktoren verknüpft sind*. Ist bei hohem Sonnenstand und geringer Bewölkung die Globalstrahlung relativ groß, bleibt der Anteil an diffuser Strahlung relativ klein. Bei hohem Bewölkungsgrad, hohem Wasserdampf- oder Aerosolgehalt, wenn also die Globalstrahlung relativ klein ist, ist der Anteil an diffuser Strahlung relativ groß.

Regionale Verteilung der Globalstrahlung und ihrer Komponenten. Aus den wirklichen Gegebenheiten des Atmosphärenzustandes im Laufe des Jahres resultiert für die verschiedenen Zonen der Erde ein sehr unterschiedliches Einstrahlungsklima. In der Abb. II.b) 3 sind die Mittelwerte im Meridionalprofil über die Erde nach Sellers (1965) dargestellt.

In den inneren *feuchten Tropen* ist der Anteil der direkten – an der Globalstrahlung im Jahresmittel nur um 20% größer als die in diesen Breiten besonders große diffuse Strahlung. Letztere macht 40% der Globalstrahlung aus.

Bis zur *randtropisch-subtropischen Trockenzone* wird bei zunehmender direkter Strahlung das diffuse Himmelslicht wegen der Wolken- und Wasserdampfarmut der Atmosphäre rasch kleiner. Beiderseits 30° erreicht es im Jahresmittel nur etwas mehr als 25% der Globalstrahlung. Da außerdem das diffuse Himmelslicht mit wachsender Höhe abnimmt, sind die *subtropisch-randtropischen Hochgebirge* (Zentralanden, Teile der Rockies und des Himalaja) die *Gebiete größter Licht-Schatten-Kontraste*. Darauf beruhen die starken Differenzierungen der Vegetation in Abhängigkeit von der Exposition, die großen Expositionsunterschiede der Schnee- und Eisbedeckung, der Büßerschnee als charakteristische Ablationsform sowie das jedem Photographen bekannte Phänomen der tiefschwarzen Schatten.

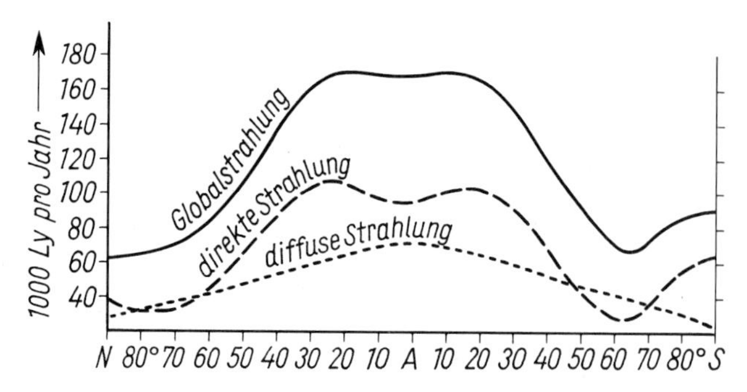

Abb. II.b)3. Meridionalprofil der Jahressummen der Globalstrahlung und ihrer Komponenten. (Nach Sellers, 1965)

In den *Mittelbreiten* verändert sich bei abnehmender Sonnenhöhe, stärkerer Bewölkung und wieder zunehmendem Wasserdampfgehalt das Verhältnis rasch zu Gunsten des diffusen Himmelslichtes. Auf der Nordhalbkugel ist in 60°, der Süd-(Wasser-)halbkugel in 50° das Jahresmittel bereits so groß wie das der direkten Strahlung. Im Winter überwiegt die diffuse Strahlung. Da im Sommer aber die direkte Strahlung 70% der Globalstrahlung erreichen kann und der Tagbogen der Sonne bis 55° Breite auch noch nicht extrem lang wird, sind N-S-Expositionsunterschiede in den Mittelbreiten noch regelmäßige Phänomene.

In den *Polarregionen* sind die Verhältnisse auf der N- und S-Halbkugel sehr verschieden. Im Nordpolargebiet sind zu allen Jahreszeiten diffuser und direkter Strahlungsanteil ungefähr gleich groß, entsprechend die Licht- und Schattenkontraste minimal, Strahlungsexposition deshalb im Zusammenwirken mit dem extrem langen sommerlichen Tagbogen unmöglich. Über der extrem wasserdampfarmen kontinentalen Antarktis, deren mittlere Höhenlage noch dazu über 2000 m beträgt, ist der Anteil der Sonnenstrahlung, welcher den Grund der A. im Jahresmittel auf direktem Weg erreicht, prozentual gesehen fast so groß wie in den Trockengebieten am Rande der Tropen. Das diffuse Himmelslicht ist bei geringer Bewölkung relativ schwach, der Licht- und Schatten-Kontrast groß. Bei Ausbildung eines dünnen Bodennebels, bei lockerer Bewölkung oder bei Treibschnee aber wird das diffus gestreute Licht so stark, daß es auf kürzeste Entfernung alle Lichtkontraste irgendwelcher Gegenstände überstrahlt und sie damit unsichtbar macht (Phänomen des „*white-out*“). In den Hochsommermonaten kann die diffuse Himmelsstrahlung Summenwerte erreichen wie sonst nirgendwo auf der Erde, wie anhand der Diagramme in Abb. II.b) 4a deutlich wird, in denen der mittlere Jahresgang der Globalstrahlung (T) und des diffusen Himmelslichtes (D), beide in cal $\cdot$ cm^{-2} Tag^{-1}, im hochpolaren (Halleybay), subtropisch trockenen (Alexander Bay in Südafrika), temperierten der hohen Mittelbreiten (Wien) und äquatorialen Klima (Leopoldsville) nach E. Flach (1966) dargestellt ist. Die Beispiele zeigen, daß der diffuse Strahlungsanteil in den Innertropen ganzjährig hoch, in den sonnenreichen Subtropen dagegen niedrig ist. In den wolkenreicheren Mittelbreiten (Wien) schließlich stellt er im insgesamt strahlungsarmen Winter den beherrschenden Faktor dar.

In den Abb. II.b) 5 und II.b) 6 sind schließlich die *Mittelwerte der Globalstrahlung für* die Monate *Juni und Dezember* in ihrer regionalen Verteilung über die Erde darge-

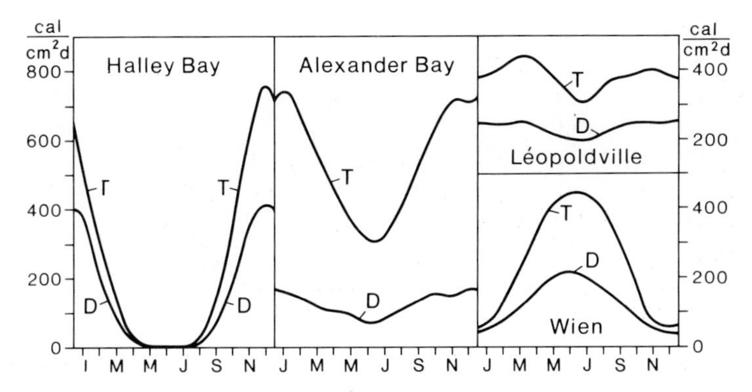

Abb. II.b)4. Mittlerer Jahresgang der Globalstrahlung (T) und der diffusen Himmelsstrahlung (D) in cal pro cm^2 und Tag für Halley Bay am Rande der Antarktis (75,5°S), Alexander Bay im Trockengebiet Südafrikas (28,6°S), Léopoldville im Äquatorialen Regenklima (4,3°S) und Wien im kontinentalen Übergangsklima der höheren Mittelbreiten. (Nach Flach, 1966)

stellt. Die höchsten Werte treten auf der Nordhalbkugel nahe den Wendekreisen über Land auf. Entsprechende Gebiete auf der Südhalbkugel empfangen deutlich geringere Mengen an Globalstrahlung. Der Grund liegt im höheren Wasserdampfgehalt und Bewölkungsgrad der Wasserhalbkugel sowie der ozeanischen gegenüber den kontinentalen Gebieten.

Die inneren Tropen haben aus denselben Gründen geringere Werte als die äußeren.

Als Breitenzone mit der *größten N-S-Differenzierung* erweisen sich die *Subtropen* (23–40°). Als Grund muß man die Superposition des Einflusses der durchstrahlten Atmosphärenmasse und des höheren Bewölkungsgrades zwischen sommertrockenen Subtropen und immerfeuchten hohen Mittelbreiten ansehen. Bezeichnenderweise wird der N-S-Gegensatz über den Subtropen Ostasiens wegen der dort vorherrschenden Sommerregen ausgeweitet.

5. *Strahlungs- und Energieumsatz an der Erdoberfläche*

Die auf der Erdoberfläche ankommende Globalstrahlung ist ein Bündel aus verschiedenen elektromagnetischen Strahlen unterschiedlicher Wellenlänge. Beim Auftreffen auf eine bestimmte Oberfläche wird jeder Strahl entsprechend den physikalischen Eigenschaften dieser Oberfläche überhaupt nicht, teilweise oder ganz reflektiert, der entsprechende Rest absorbiert.

Die Reflexion (Albedo). Da die Oberfläche im Normalfall optisch rauh ist, d. h. Wölbungsunregelmäßigkeiten aufweist, die vergleichbar mit der Wellenlänge der Strahlung ist, erfolgt eine Reflexion nur z. T. spiegelnd, d. h. unter einem bestimmten Reflexionswinkel, in der Hauptsache dagegen vielgerichtet, d. h. diffus. Nur bei Wasser und Schnee, bei Sandfeldern oder Blattoberflächen ist unter bestimmtem Einfallswinkel der spiegelnde Anteil relativ groß.

Von der unterschiedlich starken Reflexion von Strahlen verschiedener Wellen-

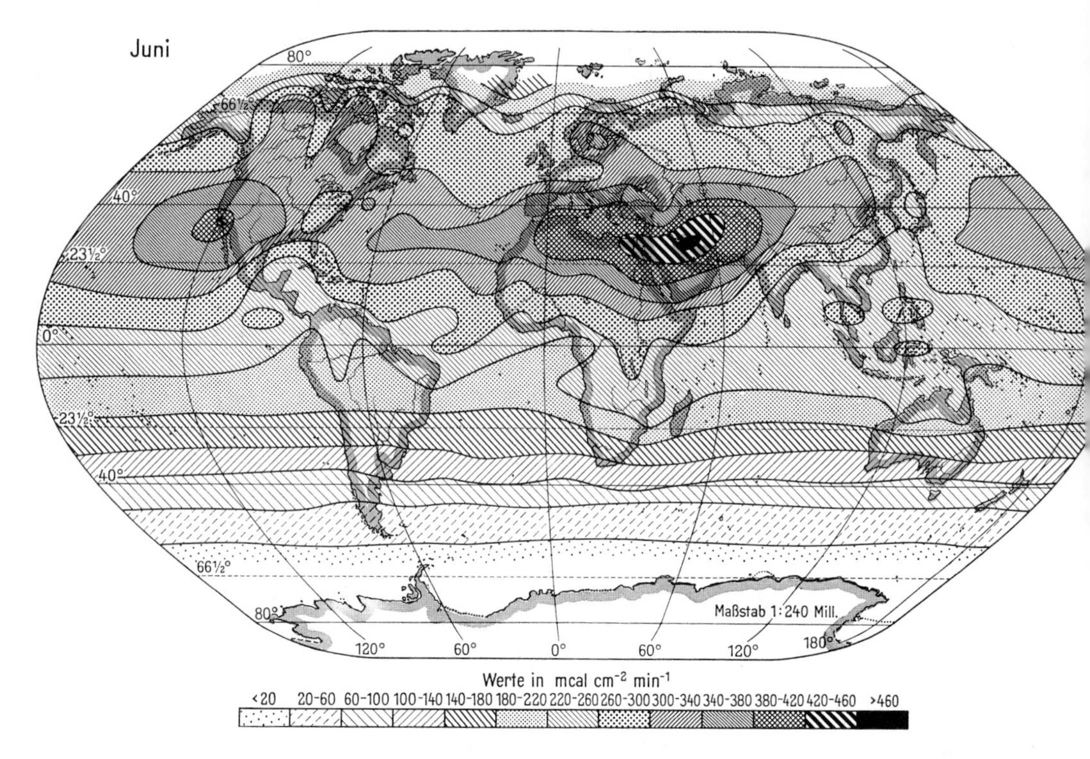

Abb. II.b)5. Verteilung der am Grunde der Atmosphäre ankommenden Globalstrahlung (unter Berücksichtigung von Trübung und Bewölkung). Mittlerer Minutenwert in Tausendstel Kalorien pro cm^2 für den Monat Juni. (Nach Bernhardt und Philipps, 1958)
Als Maximalgürtel tritt die Zone um den nördlichen Wendekreis (Zenitstand der Sonne) hervor mit durch geringe Bewölkung bzw. Trübung bedingten Höchstwerten in den nordafrikanisch-asiatischen Subtropen und in Niederkalifornien

länge des sichtbaren Bereiches hängt es ab, welche Farbe von dem aufgefallenen weißen Licht im reflektierten Strahlenbündel dominiert, „welche Farbe der Gegenstand hat".

Flächen, die alles Licht diffus reflektieren, sind weiß, solche, die alles absorbieren, schwarz.

Das Verhältnis von reflektierter zur eingefallenen Gesamtenergie ist die *Albedo einer Oberfläche*. Sie wird ausgedrückt im Prozentwert der einkommenden Strahlung. Sie gilt streng genommen jeweils nur für eine Wellenlänge und einen bestimmten Einfallswinkel. Zuweilen wird unterschieden zwischen der *totalen*, das ganze Spektrum umfassenden Albedo und der *visuellen*, die sich nur auf das sichtbare Licht bezieht. Meist ist ohne differenzierende Angaben die letztere gemeint. Speziell für klimatologische Zwecke genügt es meistens, die Globalstellung unter dem Begriff „kurzwellige Strahlung" als Strahlenbündel im ganzen zu betrachten und dementsprechend die Reflexions- und Absorptionseigenschaften eines Körpers für dieses ganze Strahlenbündel zu definieren.

In der Tab. II.b)5. sind charakteristische Werte der Albedo für verschiedene

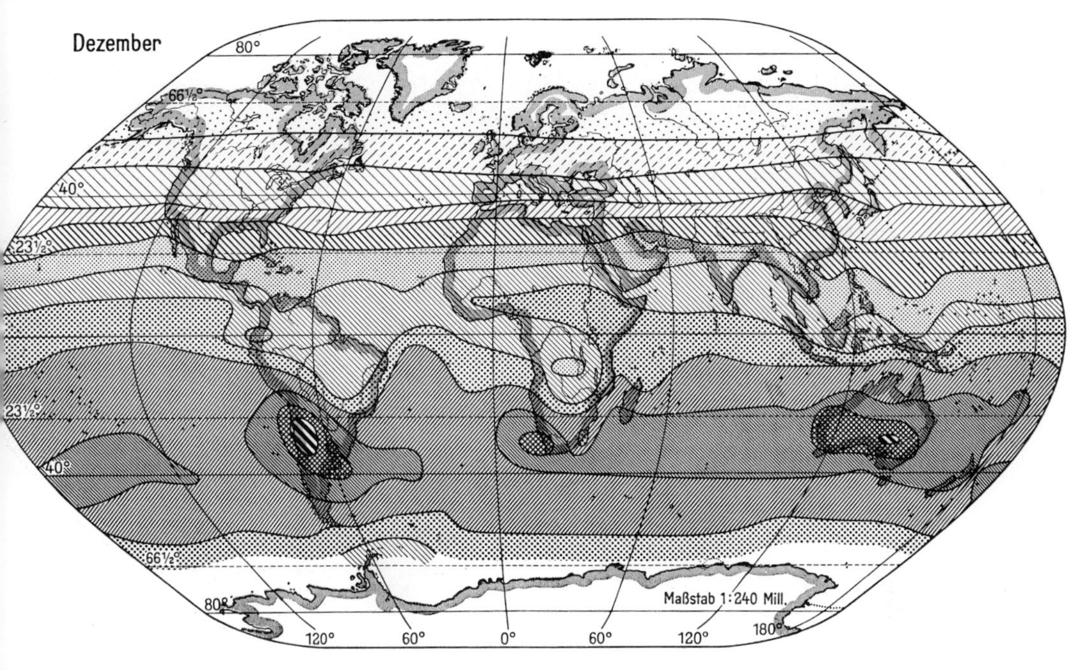

Abb. II.b)6. Verteilung der am Grunde der Atmosphäre ankommenden Globalstrahlung (unter Berücksichtigung von Trübung und Bewölkung). Mittlerer Minutenwert in Tausendstel Kalorien pro cm^2 für den Monat Dezember. (Legende s. Abb. II.b)5.) (Nach Bernhardt und Philipps, 1958)
Der Maximalgürtel liegt jetzt um den südlichen Wendekreis (Zenitstand der Sonne) mit Höchstwerten in Inneraustralien, SW-Afrika und dem subtropischen Südamerika, die jedoch wegen des größeren Wolkenreichtums der vorwiegend ozeanischen Südhemisphäre weniger ausgedehnt sind und unter den Maximalwerten des Nordsommers bleiben

Oberflächen angegeben (nach Ångström, Lunelund, Kalitin, Büttner, Dirmhirn). Die größte Albedo weist *Schnee* auf, wobei allerdings eine starke Abhängigkeit vom Zustand der Schneedecke und eine kleinere vom Einfallswinkel besteht. Bei frisch gefallenem, feinkörnigem, trockenem Schnee muß man mit 90% reflektierter Strahlung bei geringer Abhängigkeit vom Einfallswinkel rechnen. Hoinkes (1960) hat am Südpol bis maximal 93,4% gemessen. Die extremen Werte sind dort vor allem deshalb möglich, weil der Schnee der fast aerosolfreien antarktischen A. kaum Verunreinigungen aufweist. Die Reinheit von Schnee und seiner Folgeprodukte Firn und Gletschereis spielen bei der Erhaltung der antarktischen und grönländischen Inlandseisausläufer bis in Breiten jenseits des Polarkreises eine erhebliche Rolle. Je mehr der Schnee veraltet und verharscht, um so kleiner wird die Albedo und um so stärker hängt sie vom Einfallswinkel ab. Von erheblichem Einfluß ist die Tatsache, daß sich beim Verharschen durch das zeitweilige Tauen die Verunreinigungen in der Oberfläche ansammeln. Grönländisches Eis hat nach der Diagenese noch Albedowerte von 85–70%. Umgekehrt reflektieren Alpengletscher viel schwächer. In der Landwirtschaft macht man sich den *Verschmutzungseffekt* zu Nutze, als man vielfach im ausgehenden Winter oder im beginnenden Frühjahr die Schneeoberfläche mit Dünger bestreut oder Jauche darüberfährt, um ihr Verschwinden zu beschleunigen.

Tab. II.b) 5. Die totale und visuelle Albedo verschiedener Oberflächen

Totale Albedo		Lehmboden, trocken	15–25 %
Jahresmittel Erde + Atm.	30 %	Tonige Wüstenfläche	29–31 %
Jahresmittel Atlantik	39 %	Gestein, dunkel	7–15 %
davon August (Minimum)	31 %	Gestein, hell	15–45 %
Oktober (Maximum)	49 %	Granitfelsen mit Flechten teilweise bedeckt	12–18 %
Visuelle Albedo		Frische Schneedecke	81–85 %
Ackerboden, dunkel	7–10 %	Ältere Schneedecke	42–70 %
Ackerboden, hell	10–16 %	Tauender Schnee	30–65 %
trockene Brache	12–20 %	Firn, rein	50–65 %
feucht gepflügt	5–14 %	Firn, unrein	18–50 %
Getreide je nach Reife	10–25 %	Gletschereis, rein	30–46 %
Stoppelfelder	15–17 %	Gletschereis, unrein	20–30 %
Feld mit frischem Gras	16–27 %	Schnee-Eis und Eis mit Luftblasen	10–60 %
Feld mit regennassem Gras	22 %	Messungen vom Flugzeug aus:	
Feld mit trockenem Gras	31 %	Kulturland	14 %
Heidekraut	18 %	Heide	10 %
Wipfelfläche Kiefern	14 %	Heller Laub- und Mischwald	9 %
Wipfelfläche Fichten	10 %	Nadelwald	7 %
Nadelwald	6–19 %	Dunkler Mischwald größerer Ausdehnung	4,5 %
Wipfelfläche Eichen	18 %		
Laubwald	16–27 %	Dünensand, Brandung	26–63 %
Herbstlaub	33–38 %	Meer in Äquatornähe	5 %
Graue Sandfläche	12–26 %	Nordsee	9 %
Trockener Sand	18 %	Meer nahe der Eisgrenze	10–14 %
Nasser Sand	9 %	Geschlossene, sonnenbestrahlte Wolkendecke	60 %
Flußquarzsand	29 %		
Weißer Quarzsand	34 %	Wolkendecke allgemein	5–81 %

Wenn man den großen Sprung der Albedo zwischen einer Schneedecke einerseits und aperem Fels- bzw. Boden andererseits bedenkt, so wird verständlich, warum besonders in strahlungsreichen Spätwintern so erhebliche Temperaturunterschiede auftreten können, je nachdem ob der Boden noch schneebedeckt oder bereits ausgetaut ist. Das endgültige Abtauen einer Restschneedecke wird wegen der stärkeren Erwärmung des Bodens durch Schmelzen von unten her beschleunigt. Thermisch anspruchslosere Frühjahrsblüher werden bereits zum Austreiben angeregt (Schneeglöckchen, Soldanellen, Krokus usw.) wenn der Schnee noch nicht ganz verschwunden oder auch neuer gefallen ist.

Die *Albedo der Böden* hängen sehr stark von der Farbe und vom Wassergehalt ab. Dunkler Boden reflektiert nur wenig, er erwärmt sich also relativ stark. In der Landwirtschaft macht man sich bei der Produktion von Frühgemüsen oder Erdbeeren z. B. eine Herabsetzung der Albedowerte der Kulturflächen dadurch zu Nutze, daß man über sie dünne dunkle Plastikfolie zieht, aus denen nur die Pflanzen selbst herausschauen. Nasser Boden absorbiert mehr Strahlen als trockner. Allerdings wird der auf diese Weise entstehende Wärmegewinn wieder illusorisch durch die gleichzeitig erhöhte Verdunstung.

Bei *Wasserflächen* macht die spiegelnde Reflexion, die sog. *goldene Brücke*, neben der diffusen Reflexion einen besonders hohen Anteil aus, namentlich wenn die

Oberfläche bewegt ist. Nach dem Fresnelschen Gesetz beträgt sie bei Sonnenhöhen von mehr als 50° nur 2% der einfallenden Strahlen, bei 15° bereits 21%, bei 7,5° 45% und bei 2,5° volle 76%. Das heißt, daß bei sehr flach einfallender Sonne nur ein Viertel der Strahlen ins Wasser eindringt. Dort wo die Sonne aber hoch am Himmel steht, also besonders in den Tropen und äquatornahen Subtropen, wird nur ein sehr geringer Teil der auffallenden Sonnenstrahlen reflektiert. Auf Satellitenbildern der Erde erscheinen dementsprechend die Ozeane der niederen Breiten regelmäßig als dunkle Flächen.

In höheren Breiten kann allerdings die spiegelnde Reflexion des Wassers auf das *Klima des Uferstreifens* erheblichen Einfluß ausüben. (A. Steleanu, 1959). In den Mittelbreiten dürfte die klimatische Gunst der nach Süden bzw. Südosten bzw. Südwesten exponierten Seeufer neben den allgemein bekannten thermischen auch durch reflexionsbedingte photoklimatische Einflüsse mitbestimmt werden. Mesoklimatische Untersuchungen im Weinbaugebiet der Mosel haben ergeben, daß entlang der durch die Staustufen verbreiterten Wasserfläche die unteren Teile der nach Süden exponierten Weinberge eine merklich größere Strahlungseinnahme haben (Aichele, mündl. Mitt.). Ein Gletscherbrand, den man nach einer Gletscherwanderung oder nach sonnigen Skitouren hat, ist auch eine solche „reflexionsklimatische" Erscheinung.

Um auch den auf dem Umweg über die Reflexion an der Erdoberfläche an Gegenständen, Pflanzen oder Personen über ihr zusätzlich zugestrahlten Teil der kurzwelligen Globalstrahlung mit zu erfassen, wird in der Bioklimatologie der Begriff der *Zirkumglobalstrahlung* verwendet. Gemessen wird sie mit dem von Bellani entworfenen und von Courvoisier und Wierczejewski (1954) weiterentwickelten *Kugelpyranometer*. Es besteht im Prinzip aus einer absorbierenden Kugel von ca. 5 cm Durchmesser in einer gegen Ventilation und Leitung geschützten Glasumhüllung. An der Kugel befindet sich ein Standrohr mit Alkohol. Meßgröße ist die im Laufe eines Tages überdestillierte Alkoholmenge. Sie repräsentiert gemäß der Eichung eine bestimmte Energiemenge.

Die Absorption und ihre Folgen. Der von einem Körper nicht durchgelassene oder reflektierte Teil auffallender Strahlung wird von ihm absorbiert. Das bedeutet für den Körper *Aufnahme von Energie*. Schmelzen und Verdunsten beim Wasser einmal ausgeschaltet, hat die Energieaufnahme eine *Erwärmung* zur Folge, ausgedrückt in einer *Temperaturerhöhung*. Wie groß diese in der absorbierenden Schicht des Materials ist, hängt außer von der pro Zeiteinheit absorbierten Strahlungsmenge davon ab, wieviel Energie notwendig ist, um von dem betreffenden Körper die Temperatur der Masseneinheit (1 g) um 1° zu erhöhen, und auf wieviel Masse sich die eingenommene Energie pro Zeiteinheit verteilt. Das Erstgenannte ist die *spezifische Wärme* des Materials, eine Stoffkonstante, die bei den meisten Materialien um 0,2–0,3 cal pro Gramm und Grad beträgt. Die spezifische Wärme des Wassers ist mit 1 cal pro Gramm und Grad ausnehmend groß. Die Verteilung der eingenommenen Energie innerhalb des Materials ist einerseits eine Frage der *Eindringtiefe der Strahlung* und andererseits der *Wärmeleitfähigkeit* des Körpers. Letztere ist ebenfalls eine Stoffkonstante.

Die vier in der Natur vorkommenden Grundmaterialien Gestein, Wasser, Luft und organische Pflanzensubstanz weisen hinsichtlich der genannten physikalischen

Werte ganz entscheidende Unterschiede auf. Ein cm^3 Wasser braucht zur Erwärmung doppelt soviel Kalorien wie der viel schwerere Stein, 5mal mehr als dichte Pflanzensubstanz und 10000mal mehr als die Luft in Bodennähe. Bezüglich der Wärmeleitfähigkeit ist der Unterschied noch krasser. Wasser leitet 10mal schlechter als Fels, trockne organische Substanz 10mal schlechter als Wasser und Luft hat wiederum eine 10mal schlechtere Leitfähigkeit als organische Substanzen. Beim Schnee oder Boden kommt es entscheidend darauf an, wieviel Luft in der Volumeneinheit vorhanden ist. Je kompakter sie sind und je mehr Wasser sie enthalten, um so bessere Leiter werden sie.

Bei den genannten Werten handelt es sich genau genommen um die molekulare Wärmeleitfähigkeit. Für Luft und Wasser besteht aber wie bei allen gasförmigen und flüssigen Körpern noch die Möglichkeit des *turbulenten Wärmeaustausches*, der so zustande kommt, daß Teilmengen von Luft oder Wasser ihre Positionen in der Gesamtmenge vertauschen können und mit den Massen auch ein Austausch der Eigenschaften erfolgt. Der Vorgang des turbulenten Austausches ist 1000fach effektiver als die Wärmeleitung auf molekularer Basis bei ruhenden Medien. Für den Austausch bedarf es aber einer bewegenden Kraft, beispielsweise durch Auftrieb oder durch horizontale Druckunterschiede oder durch Schubkräfte. Stehen die nicht zur Verfügung, so kann kein turbulenter Austausch erfolgen und es bleibt bei dem weniger effektiven molekularen Übertragungsmechanismus.

Bei *unbewachsenem Boden* beträgt die Dicke der absorbierenden Schicht rund 1 bis 2 mm. Im Endeffekt wird von derselben oberflächennahen Schicht die absorbierte Energie wieder vollständig an die A. zurückgegeben, da auf die Dauer keine Speicherung eintritt. Der Abgabe sind aber klimatologisch höchst wichtige Umwege vorgeschaltet: Die Wärmeleitung in die tiefer gelegenen Bodenschichten und wieder heraus sowie die Verdunstung von Wasser an der Bodenoberfläche. Die thermischen Konsequenzen im Erdboden werden in Kap. II.c) 2. näher dargestellt.

Im *Wasser* geschieht die Absorption der Strahlungsenergie in einer Schicht, die je nach dem Trübungsgrad sehr verschieden dick sein kann. Für die klimatisch entscheidenden Ozeane und großen Seen beträgt die Tiefe, bis zu der sichtbare Strahlen vordringen können (= *Sichttiefe*) mehrere Meter. Dunkel ist es in Ozeanen und sauberen Seen erst unterhalb von 10 oder 20 m. Die eingenommenene Energie verteilt sich also im Vergleich zum Boden schon beim Absorptionsvorgang auf ein viel größeres Volumen. Da außerdem die spezifische Wärme von Wasser drei bis viermal größer ist als die von Boden oder Gestein, muß die Temperaturerhöhung an einer Wasseroberfläche bei gleich großer Strahlungsaufnahme schon wesentlich kleiner sein als auf festem Erdboden. Hinzu kommt noch, daß durch turbulente Durchmischung des Wassers die Energie auf noch wesentlich größere Volumina verteilt wird. Zwar ist bei Überwiegen der Strahlungseinnahme an der Oberfläche die dann resultierende Schichtung (wärmeres Wasser oben, kälteres unten) statisch stabil, doch bleibt immer noch die vom Wind aufgezwungene Turbulenz. Abkühlung an der Wasseroberfläche gibt hingegen von sich aus schon den Anlaß zu turbulenter Umschichtung, da das kältere Wasser absinkt und leichteres, wärmeres aus der Tiefe an seine Stelle tritt.

Aus diesen grundsätzlichen Erwägungen folgt die wichtige Tatsache, daß *tagesperiodische Temperaturunterschiede* an der Oberfläche von Gewässern nur sehr *viel kleiner* sein können *als auf festem Land* unter gleichen Strahlungsbedingungen, wenn das Gewässer wenigstens ein paar Meter tief ist. Unter den genannten Voraussetzungen ist es schon fast erstaunlich, daß an Alpenvorlandseen im Sommer noch tageszeitliche Unterschiede der Oberflächentemperatur zwischen 1 und 2°, im Winter von 0,1–0,2° auftreten. Über den freien Ozeanen werden selbst in den Tropen ganzjährig nur Temperaturdifferenzen des Oberflächenwassers von wenigen Zehntelgrad zwischen Tag und Nacht gemessen.

Wenn sich die Temperatur an der Oberfläche eines tiefen Gewässers unter Einstrahlungsbedingungen nur bedeutend weniger erhöht als auf dem festen Land, so bedeutet das, daß die Energieabnahme durch (temperaturabhängige) Ausstrahlung auch wesentlich kleiner ist. In tiefen Gewässern wird demzufolge von den bei kurzperiodischem Wechsel (Tag und Nacht) resultierenden Überschüssen (im Sommer) ein wesentlich größerer Teil als im Gestein oder Boden, verteilt auf ein großes Volumen, als *fühlbare Wärme gespeichert*. Für die Zeiten eines Energiedefizits an der Oberfläche (im Winter z. B.) steht dann wesentlich mehr Wärme zur Abgabe an der Oberfläche zur Verfügung. Dabei ist alleine die Tatsache der Energieabgabe und Abkühlung an der Oberfläche schon der Grund, daß durch „*thermisches Umwälzen*" bis zu einer Grenztemperatur von 4°C die gesamte Wärmekapazität eines Wasserbeckens, auch des tiefsten Ozeans, für die Ausgabe an der Oberfläche aktiviert wird. Da Wasser bei +4°C bereits seine größte Dichte erreicht hat und sein spezifisches Gewicht im Gegensatz zu allen anderen Stoffen bei weiterer Abkühlung geringer statt größer wird (*Anomalie des Wassers*), funktioniert das thermische Umwälzen glücklicherweise aber nur bis +4°C. Geht nach Erreichen einer vertikalen Isothermie mit dieser Temperatur die Abkühlung an der Oberfläche weiter, so können nur noch Leitung und Windmischung die tieferen Temperaturen nach unten bringen.

Wenn die letztere nahe dem Gefrierpunkt für gewisse Zeit einmal aussetzt, so bildet sich *Eis an der Oberfläche* und von dann an kann nur noch auf dem Wege der Leitung durch das Eis weitere Wärme an die Luft abgeführt werden und die Eisdecke nach unten wachsen. Der *Leitungsprozeß* ist aber gegenüber den anderen Wärmeübertragungsvorgängen *sehr uneffektiv*. Das bedeutet klimatisch: Wenn erst einmal eine Eisdecke gebildet ist, hört der Wärmenachschub aus dem Energiereservoir des Wasserbeckens praktisch auf. Andererseits bedeutet das, daß eine Eisdecke, wenn sie nicht zerbrochen und in Teilen übereinandergeschoben wird, nur drei oder vier Meter dick werden kann, selbst wenn an ihrer Oberfläche über mehrere Monate Temperaturen von 30°C unter dem Gefrierpunkt erreicht werden. So können also Gewässer von genügender Tiefe nie ausfrieren. (In diesem Zusammenhang lohnt es sich, einmal zu überlegen, was eigentlich passieren würde, wenn es die Anomalie des Wassers nicht gäbe.)

Zusammenfassend resultiert also aus den physikalischen Eigenschaften des Wassers (relativ große Durchlässigkeit für kurzwellige Strahlung, große spezifische Wärme, thermische und dynamische Turbulenz, größte Dichte bei +4°C), daß Oberflächen genügend tiefer Wasserkörper selbst bei großen jahreszeitlichen Strahlungsunterschieden nur minimale, bei kurzperiodischen Strahlungsveränderungen praktisch überhaupt keine Temperaturschwankungen aufweisen. Im Gegensatz zum Land bleibt Wasser bei Strahlungsenergieüberschuß relativ kühl, in Ausstrahlungszeiten mit Energieverlust relativ warm. Allen Gebieten, die von Luftmassen beeinflußt werden, die vorher genügend lange im Einflußbereich von großen Wasserflächen gewesen sind, wird die *thermisch ausgleichende Wirkung großer Wasserkörper*

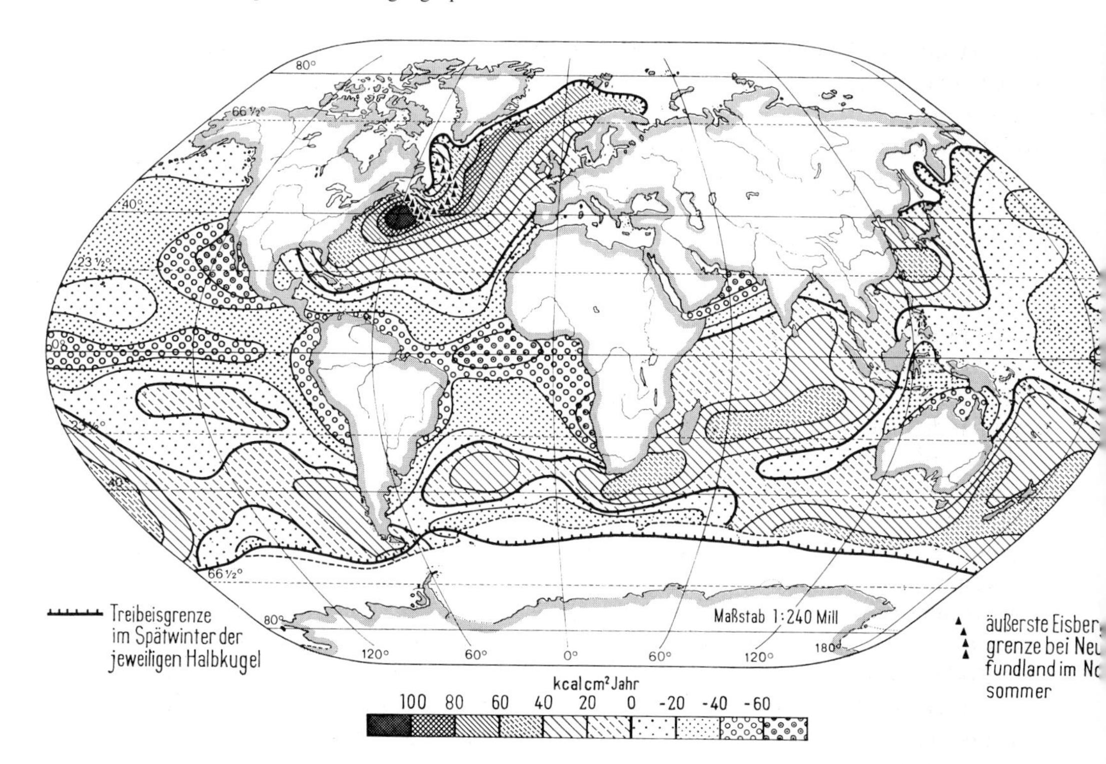

Abb. II.b) 7. Jahresbilanz von Wärmeabgabe an die Luft und Wärmeentzug aus der Luft an der Wasseroberfläche der Ozeane. (Nach R. Geiger [und M.I. Budyko], 1964)
Einmalig hohe Wärmeabgabe des Golfstromsystems vor Nordamerika kontrastiert zu der geringfügigen des Kuroshiosystems vor Ostasien. Umgekehrt entzieht die hohe Verdunstung einiger tropisch-subtropischer Meeresgebiete große Energiemengen der Atmosphäre

mitgeteilt. Es ist das eines der wesentlichen Charakteristika der Maritimität eines Klimas, welche in ihrer umfassenderen Bedeutung noch im Kap. V.a) zu behandeln sein wird.

Zu der allgemein für Wasserbecken geltenden thermischen Ausgleichswirkung in der Zeit kommt bei den Weltmeeren noch die *regionale Ausgleichswirkung über die Meeresströmungen*. Es handelt sich bei letzteren um Zirkulationssysteme, die außer von Druckunterschieden im Wasserkörper selbst im wesentlichen von der planetarischen Windzirkulation angetrieben und von der Konfiguration der Ozeanbecken im einzelnen gestaltet werden. Wie bei jeder Horizontalzirkulation muß dabei relativ warmes Wasser in kältere, relativ kühles in wärmere Klimaregionen transportiert werden. Im ersten Fall wird fühlbare Wärme vom Wasser an die Luft abgegeben, im zweiten wird sie ihr entzogen. In der Jahresbilanz (s. Abb. II.b) 7) fällt im atlantischen Becken der flächenmäßig große Wärmeentzug in den niederen Breiten und die konzentrierte Abgabe in der *Warmwasserheizung des Golfstromes* besonders auf. Im pazifischen Becken ist der warme Kuroshio vor Ostasien wesentlich weniger wirksam. Bemerkenswert ist die starke Abkühlung vor der kalifornischen Küste. Der bekannte Humboldt-Strom gibt auf dem Weg durch die Mittelbreiten vor der chilenischen Küste noch Wärme an die Luft ab; erst nahe dem Wendekreis beginnt die vielbeschriebene abkühlende Wirkung mit all ihren Folgen [(s. Kap. V.a)].

Bei *Schneedecken* geschieht die Absorption der relativ kleinen, nicht reflektierten Strahlungsmenge in einer relativ mächtigen Schicht von mehreren Zentimetern Dikke. Bei sehr lockerem, pulverigen, trockenen Schnee ist die Eindringtiefe am größten. Es kommen noch bis 20% der oben eingehenden Energie in 10 cm Tiefe an. Je kompakter und nasser der Schnee, um so dünner wird die absorbierende Oberfläche. Da die spezifische Wärme mit 0,5 cal $g^{-1} \cdot Grad^{-1}$ noch relativ hoch ist, wirken relativ große Werte von Albedo, Eindringtiefe und spezifischer Wärme dahin zusammen, daß Schneedecken nicht schon bei relativ mäßiger Einstrahlung zu schmelzen oder gar zu verdunsten beginnen. Wegen des großen Lufteinschlusses ist die Wärmeleitung im Schnee sehr gering. Das betrifft sowohl die nach unten, als vor allen Dingen auch die nach oben. Eine Schneedecke hält die Ableitung der Energie aus dem Boden an die Ausgabefläche an der Schneeoberfläche extrem klein. Schneedecken sind *gute Isolatoren für den Boden und die Vegetation unter ihr*. An der Schneeoberfläche müssen freilich aus den gleichen Gründen extreme Kältegrade bei Ausstrahlung auftreten (weil keine Energie zum Ausgleich der ausgestrahlten aus der Tiefe nachkommen kann).

Wenn schon Boden, Wasser und Schnee erhebliche Differenzierungen hinsichtlich des Verhaltens bei Strahlungsabsorption, Energieumsetzung und -verteilung je nach Bodenart und -feuchte, nach Wasserreinheit und Kompaktation aufweisen, so ist das noch vergleichsweise unbedeutend gegenüber der fast unbegrenzten Variationsmöglichkeit, die sich hinsichtlich der zu behandelnden Vorgänge mit dem Sammelbegriff *Vegetation* verbindet. Als allgemeine Regel läßt sich aber festhalten, daß die wesentlichen *Energieumsetzungen an der Oberfläche* stattfinden, daß der Austausch innerhalb der Vegetationsdecke im wesentlichen von der in ihr enthaltenen Luft unter starker reibungsbedingter Reduktion der Austauschbedingungen getragen wird und somit eine Vegetationsdecke ähnlich wie eine Schneedecke als *Isolator* wirkt. Da größenordnungsmäßig nur 10% der oben einkommenden Strahlung bis zum Boden durchfallen können, ist unter der Vegetation auch im Boden kaum eine Energiespeicherung möglich. Und schließlich müssen als entscheidende physikalische Vorgänge für die Gestaltung der thermischen Bedingungen an der Oberfläche eines Pflanzenbestandes die biologischen Regelmechanismen angesehen werden, unter denen vor allen Dingen die *Transpiration* eine bedeutende Rolle spielt.

6. Die Energieabgabe von der Erdoberfläche

Im Gleichgewichtsfall muß der von der Erdoberfläche auf dem Weg über die Globalstrahlung eingenommenen Energie eine *Energieabgabe* in gleicher Größe entsprechen. Das geschieht auf drei verschiedenen Wegen: *durch* die *Ausstrahlung* (I), die *Verdunstung von Wasser* (= „latente Energie“ LE) sowie den *Transfer fühlbarer Wärme* in die Atmosphäre (W).

Überall, wo kein Austausch in horizontaler Richtung möglich ist, gilt im Mittel über das Jahr die *Bilanzgleichung* $(Q + q)(1-\alpha) = I + LE + W$. Wo hingegen ein seitlicher Transport von Energie möglich ist, wie in der Atmosphäre oder im Ozean, geht in die Bilanzgleichung jedes Ortes noch die Differenz der Transportglieder von

seitlich zu- und (Tz) und abgeführter Wärme (Ta) ein. Sie lautet dann:
$(Q + q)(1 - \alpha) = I + LE + W + (Tz - Ta)$.

Q ist dabei die direkte Einstrahlung von der Sonne q das diffuse Himmelslicht, beide zusammengenommen entsprechen der Globalstrahlung. α ist die Albedo einer bestimmten Fläche. $(1 - \alpha)$ entspricht also dem absorbierten, nicht reflektierten Anteil.

Ausstrahlung.

Die experimentellen Erfahrungen und die theoretischen Ableitungen sind in 3 wichtigen *Strahlungsgesetzen* niedergelegt. Unter der Bedingung, daß es sich um einen „schwarzen Körper" handelt, der also alle auftreffende Strahlungsenergie gleichmäßig und hundertprozentig absorbiert, wächst nach dem Gesetz von Stefan-Boltzmann die von der Flächeneinheit dieses Körpers ausgestrahlte *Energie mit der 4. Potenz der absoluten Temperatur* des Körpers wächst. [$S = \sigma \cdot T^4$ mit $\sigma = 8{,}26 \cdot 10^{-11}$ cal $\cdot$ cm^{-2} min^{-1} k^{-4}]. Außerdem besagt das Wiensche Verschiebungsgesetz ($\lambda_{max} \cdot T$ = const.), daß die Wellenlänge maximaler Energie um so kleiner wird, je höher die Temperatur des Körpers ist.

Da die wirklichen Materialien der Erdoberfläche und der Atmosphäre keine schwarzen Körper sind (sie reflektieren alle mehr oder weniger stark), reduziert sich nach dem Kirchhofschen Strahlungsgesetz die Ausstrahlung in einer vorgegebenen Wellenlänge in dem Maße, wie auch die Absorption in der gleichen Wellenlänge reduziert ist. Für die realen Strahlungsbedingungen auf der Erde muß das ideale Gesetz von Stefan-Boltzmann folglich noch durch den sog. *Emissionskoeffizienten* ε (der dem Absorptionskoeffizienten entspricht) ergänzt werden und lautet dann $S = \varepsilon \cdot \sigma \cdot T^4$.

Da bei den gegebenen Temperaturen auf der Erde (T = 300 K oder 27 °C sind typisch für tropische Klimabedingungen, 240 K oder −33 °C entsprechen den polaren Temperaturverhältnissen, 255 K ist die mittlere planetarische effektive Strahlungstemperatur nach Raschke et al., 1973) praktisch nur eine Ausstrahlung im Infrarot oberhalb 4 µm in Frage kommt, ist für ε das Absorptionsvermögen des betreffenden Oberflächenmaterials im Infrarot einzusetzen. Es hat nichts zu tun mit dem Wert für die kurzwellige Strahlung, der sich als $(1 - \alpha)$ aus den Albedowerten für die Sonnenstrahlung ergibt. Die Absorptions- und damit Immissionswerte aller festen und flüssigen Materialien an der Erdoberfläche sind im Infrarot wesentlich höher als im sichtbaren Licht. Die ε-Werte liegen meist bei 95%, in wenigen Fällen unterschreiten sie 90% geringfügig. Die Korrektur in der modifizierten Strahlungsgleichung gegenüber dem idealen Schwarzstrahler ist also relativ gering (für ε ist der Wert 0,95 bzw. im extremen Fall 0,90 einzusetzen). Vor allem wird die starke Temperaturabhängigkeit in keiner Weise berührt, die für die regionalklimatologische Betrachtung des Energieverlustes über die Ausstrahlung entscheidend ist. Für alle Aufgaben der modernen Methoden des *remote sensing*, d. h. für die Feststellung von Oberflächentemperaturen mit Hilfe der Messung von Ausstrahlungsenergien im Bereich der Infrarotfenster durch hochfliegende Flugzeuge oder Satelliten, müssen allerdings die Emissionsbedingungen im Infrarot berücksichtigt werden. Dasselbe gilt auch für die Ableitung des Energiehaushaltes der Atmosphäre unter den Einflüssen anthropogener CO_2- und Wasserdampfzunahme.

Aus den Strahlungsgesetzen kann man für die Energieabgabe durch die wichtigsten oberflächenbildenden Materialien der Erde zunächst folgende *klimatologische Regeln* ableiten:

Steigende Temperatur einer Oberfläche hat mit der 4. Potenz steigende Energieabgabe durch Strahlung zur Folge, wenn sie auch entsprechend dem jeweiligen Absorptionsvermögen der speziellen Oberfläche gegenüber der Schwarzstrahlung geringfügig reduziert ist. Ausstrahlung der Erdoberfläche ist also nicht auf die Nachtzeit oder auf den Winter beschränkt. Ganz im Gegenteil: sie ist stärker bei Tage und im Sommer. Da sie gleichzeitig aber wesentlich weniger Kalorien pro Flächen- und Zeiteinheit abführt als die Sonnenstrahlung bei Tage und im Sommer einbringt, wird sie während der Einstrahlungszeiten deutlich überkompensiert.

Wenn ein Material wie trockener Torf oder trockener Sand oder überhaupt Boden im Vergleich zu Wasser relativ wenig von absorbierter Strahlungsenergie als Wärme in tiefere Schichten abführt, seine Oberfläche also entsprechend stark erwärmt wird, strahlt es einen wesentlich größeren Teil von der eingestrahlten Energie schon während sie eingenommen wird sofort wieder ab. Solchen relativ stark isolierenden Materialien fehlt dann, wenn die Einstrahlung aufhört, bei der weiteren Ausstrahlung der Nachschub an Energie von unten. Da der Ausstrahlungsverlust sich aber nicht einfach stoppen läßt, muß die Folge erst einmal ein sehr starker Temperaturrückgang an der Oberfläche sein, der dann seinerseits erst die Ursache für nachlassende Ausstrahlung ist. *Schneedecken sind extrem schlechte, feste Landoberflächen relativ schlechte, große Wassermassen dagegen sehr gute Wärmespeicher.*

Rückwirkung der Atmosphäre. Die von der Erdoberfläche ausgehende langwellige Erdstrahlung trifft in der A. auf die Gaskomponenten, den Wasserdampf sowie die flüssigen und festen Suspensionen (Wolken und Aerosole). Jeder der Stoffe, der an der Zusammensetzung der A. beteiligt ist, hat seine wellenlängenabhängigen Absorptionseigenschaften für die infrarote Erdstrahlung. In der Abb. II. b) 8 (Darstellung aus Weischet, 1977) sind *Absorption* bzw. deren komplimentäre Eigenschaft, *Transmission* T_r ($T_r = 100 -$ Absorption) für eine reine A. über den Schwarzstrah-

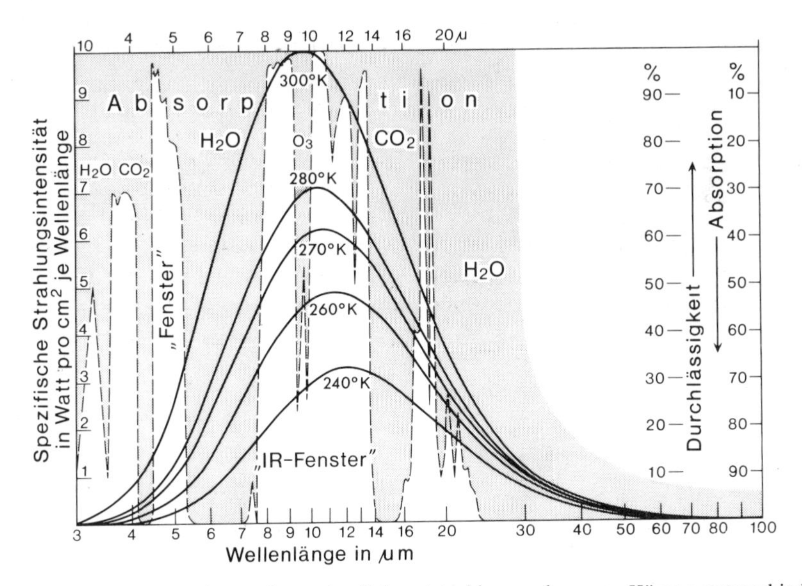

Abb. II.b)8. Spektrale Energieverteilung der Infrarotstrahlung schwarzer Körper unterschiedlicher Temperatur und (darüber gezeichnet) die Spektralbereiche, in welchen die Gaskomponenten der Atmosphäre mehr oder weniger stark absorbieren. (Unter Verwendung der Werte in Coulson, 1975). Die „Infrarotfenster" der Atmosphäre liegen zwischen 8 und 13 sowie $4^1/_2$ und 5 μm

lungskurven für jene Temperaturen dargestellt, welche auf der Erdoberfläche vorkommen. Auffällig sind erstens die abrupten Wechsel von einer Wellenlänge zur anderen und zweitens der starke Einfluß der Atmosphärenbeimengungen Kohlendioxid, Wasserdampf und Ozon, während die Hauptgemengteile (Stickstoff und Sauerstoff) keinen Einfluß auf die Erdstrahlung ausüben.

Wichtigste Tatsache im Hinblick darauf, was mit der langwelligen Erdstrahlung auf dem Weg durch die A. passiert, ist die fast 100%ige Durchlässigkeit in den Wellenlängenbereichen zwischen $4^1/_2$ und 5 μm, sowie 8–13 μm, die bereits als *„Infrarotfenster der Atmosphäre“* aufgezeigt worden sind. In bezug auf die Energieverteilungskurven sieht man aber auch, daß von der über alle Wellenlängen verteilten Energie nur der kleinere Teil durch die Fenster passieren kann, während der *größere Teil von der A., vor allem vom Wasserdampf absorbiert* wird. Aus dem erheblichen Einfluß, welchen der Wasserdampf auf die Absorption nimmt, ergibt sich, daß mit den Schwankungen des Wasserdampfgehaltes (zeitlich und regional) eine erhebliche Veränderung der Energieabgabe der Erdoberfläche durch Strahlung verbunden sein muß. Ist z. B. bei sehr tiefen Temperaturen oder in extremen Trockengebieten der Wasserdampfgehalt der Luft sehr niedrig, so fällt die Absorption zwischen $5^1/_2$ und 8 μm praktisch aus und die Erdstrahlung geht dann durch ein „sehr weit geöffnetes Fenster“ von $4^1/_2$–13 μm. Auch oberhalb 12 μm ist die Ausstrahlung dann wesentlich stärker, allerdings hat die Erde in diesem Spektralbereich nur noch eine wesentlich geringere Energie als in dem o. g. zwischen $4^1/_2$ und 13 μm. Umgekehrt hat sehr stark wasserdampfhaltige Luft eine viel stärkere Absorption zur Folge.

Die von der A. durchgelassene (transmittierte) Energie geht in den Weltraum zurück und ist für das Gesamtsystem Erde plus A. endgültig verloren. Der in der A. absorbierte Teil der Erdstrahlung bedeutet hingegen für sie eine Energieaufnahme und führt zu einer Erwärmung. Neben der bereits behandelten Absorption der Sonnenstrahlung in der A. sowie der noch zu besprechenden Wärmezufuhr durch Kondensation und Wärmetransport ist die langwellige Erdstrahlung die quantitativ wichtigste Energiequelle für die A. Da in ihr auf die Dauer auch keine Energie gespeichert wird, muß diese wieder abgegeben werden. Das geschieht in der Hauptsache wieder durch Strahlung, die entsprechend den in der A. vorkommenden Temperaturen nach dem Wienschen Verschiebungsgesetz nur eine Infrarotstrahlung sein kann. Der Teil, der in den oberen Halbraum geht, verläßt zusammen mit dem durchgelassenen Teil der Erdstrahlung als langwellige Ausstrahlung das Gesamtsystem Erde + A., der andere Teil, der in den unteren Halbraum geht, kommt zur Erdoberfläche zurück und schlägt hier als *„Gegenstrahlung der A.“* wieder als Energieeinnahme zu Buche.

Der tatsächliche Energieverlust der Erdoberfläche, die sog. *effektive Ausstrahlung* ist also nur die Differenz von Erdstrahlung und Gegenstrahlung. Sie ändert sich nach dem vorauf Dargelegten einerseits mit der Temperatur der ausstrahlenden Oberfläche und andererseits mit den Absorptionsbedingungen der A., im wesentlichen also deren Wasserdampfgehalt. Beide Parameter, die Oberflächentemperatur sowohl als auch der Wasserdampfgehalt unterliegen großen zeitlichen und regionalen Unterschieden. Entsprechend veränderlich ist die effektive Ausstrahlung in Zeit und Raum.

Wie der Wasserdampf, so stellen auch *Wasser- und Eiswolken* in der A. *sehr effektive Absorber und Gegenstrahler* dar. Im einzelnen hängt ihr Wirkungsgrad von der

Art der Wolkenpartikel, deren Konzentration pro Volumeneinheit, der Wolkenmächtigkeit und der Höhe über Grund ab. Nach Sellers (1965) bestehen bei bedecktem Himmel folgende Zusammenhänge zwischen Wolkenart und dem von dieser zugelassenen Bruchteil der effektiven Ausstrahlung von derjenigen, die sich bei wolkenlosem Himmel einstellen würde.

Cirrus (hohe Eiswolken) 12200 m,	0,84
Cirrostratus (hohe Eisschichtwolke) 8390 m,	0,68
Altocumulus (mittelhohe Schäfchenwolke) 3660 m,	0,34
Altostratus (mittelhohe Schichtwolke) 2140 m,	0,20
Stratocumulus (tiefe Haufenschichtwolke) 1220 m,	0,12
Stratus (tiefe dünne Schichtwolke) 460 m,	0,04
Nimbostratus (mächtige tiefe Schichtwolke) 92 m,	0,01

Ein leichter Cirruswolkenschleier setzt die effektive Ausstrahlung also um 16, eine Altocumulusdecke um 66, eine Stratocumulusdecke um 88% herunter, eine dicke Regenschichtwolke unterbindet sie fast vollständig. Unter gewissen Umständen, wenn nämlich die Regenschichtwolke im Winter relativ hohe Temperaturen hat, während über der Schneedecke am Boden sehr niedrige Temperaturen herrschen, kann sogar die Gegenstrahlung von der Wolke größer sein als die Ausstrahlung der Erdoberfläche und somit eine Übertragung fühlbarer Wärme von der Wolke zur Erdoberfläche erfolgen.

Ist die Wolkendecke nicht geschlossen, so reduzieren sich die o. g. Werte der Ausstrahlungsverringerung. Bei einem Bedeckungsgrad von $^5/_{10}$ sind es jeweils rund 70–80% des Wertes bei vollständiger Himmelsbedeckung.

In der A. als Aerosol suspendierte Partikel vergrößern ebenfalls die Absorption und Gegenstrahlung, jedoch in wesentlich geringerem Maße als Wolken.

Transfer latenter und fühlbarer Wärme. Die *Energieabnahme durch Wasserverdunstung* beruht auf der Tatsache, daß der verdunstenden Oberfläche die Verdampfungswärme in Größe von 540–600 cal pro Gramm verdampften Wassers entzogen wird. In jedem Gramm Wasserdampf steckt also eine latente Energie in der angegebenen Größe. Diese wird wieder frei und an die Umgebung abgegeben, wenn der Wasserdampf bei der Wolkenbildung zu Wasser kondensiert. Da die Verdunstung normalerweise an der Erdoberfläche, die Kondensation in den höheren Teilen der A. erfolgt, wird auf diese Weise ein erheblicher Teil der an der Oberfläche eingenommenen Energie in die A. weitergegeben. Die physikalischen Vorgänge, die meteorologischen Einflußparameter und die klimatologischen Konsequenzen der Verdunstung werden im einzelnen in den Kap. II. f) 5. sowie V. b) behandelt.

Der Transfer fühlbarer Wärme erfolgt von der erhitzten Bodenoberfläche in die ihr unmittelbar aufliegende (höchstenfalls wenige Millimeter, normalerweise sogar weniger als 1 Millimeter mächtige) Grenzschicht durch molekulare Leitung. Diese erreicht nur deshalb eine gewisse Effektivität, weil das Temperaturgefälle in dieser dünnen Lufthaut extrem groß ist. „Über der Grenzschicht liegt ein Bereich, innerhalb dessen zwar unter dem Einfluß des starken Temperaturgefälles schon lebhafter Austausch vorhanden ist, dessen vertikale Wirksamkeit aber durch die bremsende Wirkung der nahen Oberfläche stark herabgesetzt ist. Diese Schicht ist es, die wir als bodennahe Zwischenschicht bezeichnen. Darüber erst liegt eine dritte Schicht, die wir zur Unterscheidung die bodennahe Oberschicht nennen wollen. In ihr kommt im Gegensatz zu der darunter liegenden Zwischenschicht der Austausch in der Senkrechten schon zur vollen Auswirkung" (Geiger, 1950, S. 55). In dieser bodennahen Oberschicht, die je nach den Einstrahlungsverhältnissen einige Dezimeter bis wenige Meter mächtig werden kann, bilden sich die Luftschlieren, welche durch ihren unterschiedlichen Brechungsindex das Flimmern der Luft hervorrufen [(s. Kap. II. b) 2.)]. In ihr ist der Wärmenachschub vom Boden her immer noch so groß, daß dauernd überadiabatische Gradienten vorhanden sind (umgerechnet auf 100 m mehr als 1 Grad). Erst oberhalb der bodennahen Oberschicht stellt sich das großräumige vertikale Temperaturgefälle ein.

Ist die Luft wärmer als die Bodenoberfläche (bei Ausstrahlungszeiten z. B.), wird durch Umkehr der Prozesse Energie aus der Luft zur Oberfläche hin transportiert. Für die Bilanzierung kommt es darauf an, wie stark die sich abwechselnden Transportvorgänge in der einen oder anderen Richtung sind. Je nach der physikalischen Natur der Oberfläche und der Lage in den Strahlungsklimagürteln ist die thermische Konsequenz für die überlagernden Luftschichten sehr verschieden. Die Resultate werden im Kap. II. c) bei der Darstellung der Temperaturbedingungen in der A. zu behandeln sein. Für das Gesamtsystem Erde + Atmosphäre ist im Jahresmittel der Transfer fühlbarer Wärme von der Erdoberfläche in die A. die kleinste Größe.

7. *Strahlungs- und Energiebilanz, Wärmehaushalt*

Gesamtsystem Erde plus Atmosphäre. Die Energiebilanz eines bestimmten Einheitsausschnittes aus der Erdoberfläche, der A. und ihrer (fiktiven) Obergrenze läßt sich an Hand einer *Bilanzgleichung* systematisieren, welche für den stationären Gleichgewichtszustand lautet: Die Summe aller Energieeinnahmen und -ausgaben muß sich zu Null ergänzen. Formelmäßig ausgedrückt also:

$(Q+q)(1-\alpha) - A + G - R_1 \pm LE \pm W = O$. Darin repräsentieren außer der bereits vorher behandelten direkten Sonneneinstrahlung Q und diffuser Himmelsstrahlung q sowie der reflektierten kurzwelligen Strahlung $(Q+q) \cdot \alpha$ der Buchstabe A die langwellige Ausstrahlung, G die Gegenstrahlung und R_1 die Reflexion der langwelligen Strahlung. Der kleinste Wert in der Gleichung ist R_1. Er läßt sich außerdem meßtechnisch allein schlecht erfassen und wird deshalb mit dem Reflektionsanteil an kurzwelliger Strahlung $(Q+q) \cdot \alpha$ zur Gesamtreflektion R zusammengezogen. LE ist die transferierte Verdunstungswärme, W die fühlbare Wärme, beide positiv gerechnet bei Einnahme, negativ bei Abgabe.

In der Abb. II. b) 9 sind die Teilglieder der Strahlungsbilanz für die Erde und die A. unter Voraussetzung globaler Mittelwerte von Albedo, Bewölkungsgrad, Wasserdampf- und Aerosolgehalt in ihrer Größenrelation wiedergegeben. Dabei ist die an der Obergrenze A. ankommende Sonnenstrahlung = 100 gesetzt und sind alle anderen Teilmengen als Prozentwerte dieser Energieeinnahme durch die Sonnenstrahlung ausgedrückt. Die Werte beruhen auch gegenwärtig noch auf Schätzungen. So ist es nicht verwunderlich, daß bei den einzelnen Autoren im Laufe der Zeit gewisse Unterschiede in den Angaben auftreten. Die Differenzen sind allerdings gering und haben klimageographisch geringere Bedeutung als die allgemeine Einsicht in die ablaufenden Prozesse.

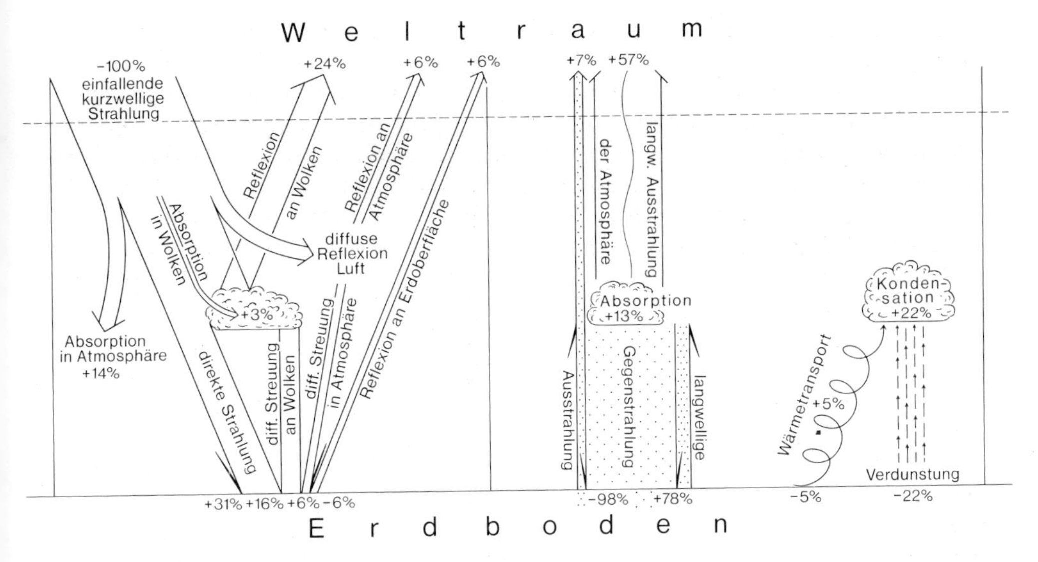

Abb. II.b)9. Schematische Übersicht des Strahlungshaushaltes des Gesamtsystems Erde plus Atmosphäre mit den von Fortak (1971) angegebenen Werten der Einzelgrößen. Prozesse der Umwandlung in kinetische Energie sind nicht berücksichtigt. Erläuterungen s. Text

Nach den von Fortak (1971) veröffentlichten Werten setzt sich die Strahlungsbilanz des Gesamtsystems Erde + Atmosphäre aus folgenden Größen zusammen: Von der im Jahresmittel der Erde zugestrahlten Sonnenenergie passieren durchschnittlich 31% ungestört die A. und erreichen als direkte Sonnenstrahlung (Q) die Erdoberfläche. 52% werden in die Vorgänge der diffusen Reflexion einbezogen, wobei die Luftmoleküle und das Aerosol mit 12% und die Wolken mit 40% beteiligt sind. Lediglich 17% der Sonnenenergie werden in der A. absorbiert. Der kleinere Teil der diffus reflektierten Sonnenstrahlung, nämlich 22%, geht als diffuses Himmelslicht (q) weiter zur Erdoberfläche. 16% stammt von den Wolken, 6% von der wolkenfreien A. 30% des diffus reflektierten Sonnenlichtes geht zurück in den Weltraum.

Von den 53%, die als direkte und indirekte Strahlung zur Erdoberfläche gelangen, wird ein Teil in der Größenordnung von 6% auch noch in den Weltraum reflektiert, so daß im globalen Mittel 36% der Sonnenenergie sofort wieder aus dem System Erde-Atmosphäre hinausgehen. Diese Reflektionsgröße von 36% ist das Globalmittel der Erdalbedo (planetarische Albedo). In Kap. II. b) 3. wurde bereits angeführt, daß nach den Auswertungen von Nimbus 3 durch Raschke et al. (1973) diese wichtige Größe zu 29,2% errechnet wurde. Andere Autoren geben 33% an.

Von den 64% der Sonnenenergie, die im Gesamtsystem aufgenommen werden, bleiben durch Absorption in den Wolken (3%) sowie im Wasserdampf und CO_2 (14%) zusammen 17% in der A. 47% werden als Summe von 31% direkter Strahlung und 22% diffuser Himmelsstrahlung abzüglich 6% Reflexion von der Erdoberfläche aufgenommen. Sie stehen dort für den Wärmeumsatz zur Verfügung.

Die wegen der Gleichgewichtsbedingung notwendige Ausgabe erfolgt letztlich in Form der langwelligen Ausstrahlung in den Weltraum (64%). Dabei kommt nur ein kleiner Anteil (7%) durch die Infrarotfenster direkt von der Erdoberfläche, während der entscheidende, 8fach größere Anteil aus den Wolkenschichten, dem Wasserdampf, dem CO_2 und dem O_3 in der A. stammt. Erdalbedo von 36% und langwellige Ausstrahlung mit 64% gleichen die Bilanz für die Obergrenze der A. wieder aus.

Aus dem bisher Gesagten muß zunächst als wichtige *Folgerung* festgehalten werden, daß die Einnahme der Energie in ihrem mengenmäßig ausschlaggebenden Teil am Grunde der A. erfolgt, während die Hauptausgabestelle für die Energierückgabe an den Weltraum oberhalb der Erdoberfläche in den höheren Teilen der A. liegt (30% Reflexion und 57% langwellige Ausstrahlung). *Die Heizfläche der A. befindet sich also an ihrem Grunde, die Abkühlungsfläche in der Höhe.* Das daraus resultierende *Energiegefälle* zwischen Wärmequelle am Erdboden und Kältesenke in der Höhe der A. *ergibt den Antrieb für die vertikalen Transporte fühlbarer und latenter Wärme* von der Erdoberfläche in die A., welche zum Ausgleich der Energiebilanz der A. notwendig sind. Dies ist ein Aspekt der sog. *Glashauswirkung der Atmosphäre.* Der andere ist, daß die A. mit CO_2 und H_2O zwei Komponenten enthält, die auf die einfallende kurzwellige Sonnenenergie nur eine sehr kleine, auf die ausgehende Erdstrahlung aber eine erheblich größere Absorptionswirkung ausüben. Denkt man sich einen Augenblick einmal den Wasserdampf aus der A. entfernt, so steigt die effektive Ausstrahlung und die Temperatur an der Erdoberfläche muß abnehmen. Höherer Wasserdampfgehalt hingegen verstärkt die Gegenstrahlung; die effektive Ausstrahlung wird geringer, mit der Folge, daß die Temperatur an der Erdoberfläche ansteigen muß, und zwar so weit, daß die mit wachsender Temperatur größer werdende Energie im Bereich der Infrarotfenster zusammen mit der etwas größer gewordenen Ausstrahlung der A. selbst wieder zu einem Ausgleich der Einnahme-Ausgabebilanz führt. Der andere Aspekt ist also, daß die Temperaturen am Grunde der A. wie im Innern eines Glashauses heraufgesetzt werden.

Bilanzierung der Strahlungstherme für die A. ergibt eine Einnahme in der Höhe von 17% durch Absorption plus 13% aus der Differenz von Erdstrahlung minus Gegenstrahlung, also insgesamt 30% der solaren Gesamtenergie. Dem steht eine Ausgabe in Form langwelliger Ausstrahlung im Wert von 57% gegenüber. Es resultiert somit ein Defizit in der Energiebilanz von 27%. Dieselbe Größe ist an der Erdoberfläche als Überschuß vorhanden. Der Ausgleich erfolgt dadurch, daß an der Erdoberfläche unter Bereitstellung der Verdunstungswärme Wasser in Wasserdampf verwandelt und die wasserdampfhaltige Luft gleichzeitig auch noch erwärmt wird. Sie kann konvektiv aufsteigen und bringt dadurch schon fühlbare Wärme (5%) in die A. Außerdem wird bei der Kondensation des Wasserdampfes die zur Verdunstung benötigte Energie wieder als Kondensationswärme freigesetzt und der umgebenden Luft mitgeteilt (22%).

In dieser Bilanz sind jene Energieposten nicht enthalten, welche außerhalb des Umsatzes zwischen Erdoberfläche und A. für die Pflanzenwelt sowie physikalische Prozesse an der festen Erdrinde und im fließenden Wasser anzusetzen sind. Wie vernachlässigbar klein deren Anteil ist, geht aus folgender *Abschätzung des jährlichen Energieumsatzes* von J. Gentilli (1958) hervor (in 10^{16} kcal):

36000 für Verdunstung
3500 für Lufttransporte
848 für Niederschlagsbildung
14 für das Pflanzenleben
6 für fließendes Wasser

Regionale Differenzierung der Strahlungsbilanz. Klimatologisch wichtig ist die Kenntnis über die regionale Differenzierung der Strahlungsbilanz an der Erdoberfläche samt ihren tages- und jahreszeitlichen Veränderungen in erster Linie, weil daraus das wirkliche Strahlungsklima eines Ortes auf der Erde sowie aus der räumlichen Anordnung von Energieüberschuß- und -defizitgebieten die entscheidenden Antriebe aller Austauschmechanismen in der Luft und im Wasser ableitbar werden.

Entsprechend der Vielzahl der Parameter, welche die Strahlungsumsätze in der A. und am Erdboden beeinflussen, und ihrer noch zahlreicheren Kombinationen unterliegen die Strahlungsbilanzen sehr starken örtlichen Veränderungen, denen der großräumige klimageographische Wandel überlagert ist. Kessler (1973) hat für repräsentative Stationen in verschiedenen Klimaregionen der Erde *mittlere Tages- und Jahresgänge der Strahlungsbilanz* in Form von Isopletendarstellungen erarbeitet. Einige davon sind in Weischet (1977) reproduziert und besprochen. Sie weisen viel Ähnlichkeit mit den Thermoisopleten auf, welche im Kap. II. c) 3. behandelt werden.

Den *großräumigen klimageographischen Wandel* der mittleren jährlichen Strahlungsbilanz zeigt die Abb. II. b) 10. nach Kondratyev (1969). Daraus sind folgende planetarisch und tellurisch wichtigen Fakten zu entnehmen:

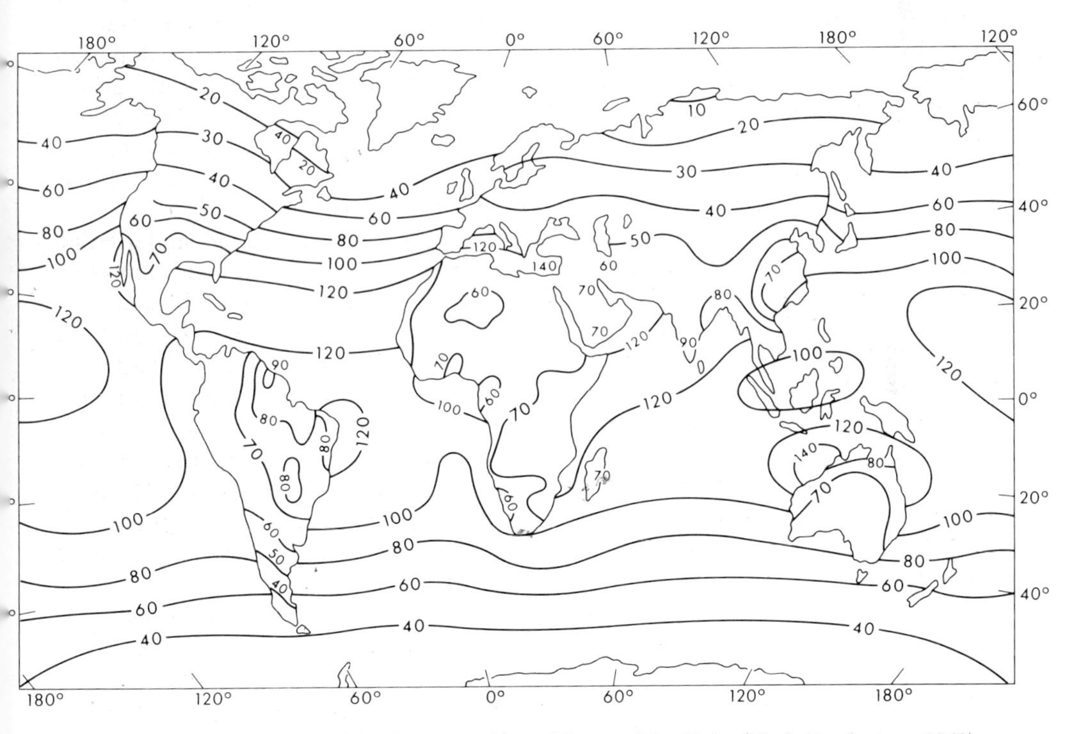

Abb. II. b) 10. Die mittlere jährliche Gesamtstrahlungsbilanz auf der Erde. (Nach Kondratyev, 1969). Die Werte sind in Kilokalorien pro cm^2 und Jahr angegeben. Auswertung der Darstellung s. Text

Gebiete größten Strahlungsenergieüberschusses sind die Oberflächen der *tropischen Ozeane,* wobei die äußeren Tropen mit etwas über 120 gegenüber der Äquatorialregion mit 100–120 kcal cm^{-2} $Jahr^{-1}$ sogar noch etwas bevorzugt sind. Bei der Globalstrahlung, also dem Energieangebot aus kurzwelliger direkter oder indirekter Sonnenstrahlung (s. Abb. II. b) 5. u. 6.) liegen die Gebiete größter Energiezufuhr nicht über den tropischen Ozeanen, sondern in den *randtropischen Trockengebieten* über den Kontinenten. Daß deren *Gesamtbilanz* am Ende aber relativ *schlechter* ausfällt als diejenige der Ozeane, ist eine Konsequenz der starken effektiven Ausstrahlung als Folge der hohen Oberflächentemperaturen und des extrem niedrigen Wasserdampfgehaltes der Luft. Die großen Unterschiede von Ein- und Ausstrahlung müssen sich in entsprechend großen Tagesgängen der Lufttemperatur auswirken. Über den Ozeanen ergibt sich auf Grund der effektiveren Verteilungsmechanismen zwar ein geringer tages- und jahresperiodischer Temperaturgang. Dafür bleibt aus der Bilanz der Strahlungstherme ein erheblicher Energieüberschuß, der auf andere Weise als durch Strahlungsvorgänge ausgeglichen werden muß. Das geschieht erstens durch vertikalen Transport fühlbarer und latenter Wärme. Mit ihren erheblichen Strahlungsenergieüberschüssen sind die *tropischen Ozeane Hauptquellgebiete des Wasserdampfes* für die gesamte A. Sie sind gleichzeitig, allerdings weniger effektiv, Ursprungsgebiete fühlbarer Wärme, die in Form von warmen Meeres- und Luftströmungen von ihr ausgehen.

Die *randtropischen Landmassen* sind trotz ihrer im ganzen schlechteren Strahlungsbilanz die *wesentlichen Heizflächen der Erde.* Da dort nämlich praktisch kein Wasser zur Verdunstung zur Verfügung steht, wird die Energie fast vollständig in fühlbare Wärme umgesetzt und zum erheblichen Teil über atmosphärische Ausgleichsströmungen in Gebiete schlechterer Wärmebilanz abgeführt.

Aus der Karte ersieht man außerdem, daß überall auf der Erde die *Oberflächen der Ozeane eine bessere Bilanz als die der benachbarten Kontinente* in gleicher geographischer Breite aufweisen. Es steht also allgemein mehr Energie über den Wasserflächen für die Verdunstung zur Verfügung. Dadurch wird im globalen Mittel der Wasserdampftransport vom Meer zum Land und damit ein *entscheidender Teil des Wasserkreislaufes* auf der Erde *garantiert.*

Für die niederen Mittelbreiten zwischen 30 und 50° zeigt die Karte auf beiden Halbkugeln ein starkes *Energiegefälle zwischen* den hohen Überschußwerten der *Tropen und* dem um das Vier- bis Sechsfache kleineren der *Subpolar- und Polargebiete.*

Die *jahreszeitliche Auflösung der Strahlungsbilanz* für die Breitenkreise der Erde (Werte nach Kessler, 1968) macht diesen zuletzt genannten klimatischen Hauptgegensatz auf der Erde noch etwas deutlicher (Tab. II.b) 6).

Im *Sommer* der jeweiligen Halbkugel ergibt sich für die *Südhemisphäre* ein *viel stärkeres Energiegefälle* zwischen Tropen und höheren Breiten als auf der Nordhalbkugel. Das kleinere Gefälle auf der Nordhalbkugel resultiert aus der fast dreimal größeren Energieeinnahme im Nordpolargebiet. Ursache ist die wesentlich geringere Albedo der offenen Wasserflächen gegenüber den Schnee- und Eisdecken der Antarktis. Folge des viel größeren Energiegefälles auf der Südhalbkugel ist die wesentlich stärkere Zirkulation in den Außertropen der Südhemisphäre [s. Kap. IV].

Im Winter weist die *Nordhalbkugel* ein *etwas stärkeres Energiegefälle* zwischen Tropen- und Polarkalotte im Vergleich zur Südhalbkugel auf. Die Differenz ist allerdings wesentlich kleiner als die umgekehrte im Sommer. Ursache für die geringeren Breitenkreismittel der winterlichen Strahlungsbilanz zwischen 60 und 90° N ist

Tab. II.b) 6. Monatsmittelwerte der Strahlungsbilanz für die Breitenkreise. (Werte in kcal · cm^{-2} · Monat^{-1}; nach Kessler, 1968)

	J	F	M	A	M	J	J	A	S	O	N	D
N 90												
	−2,5	−2,6	−1,6	+0,3	+3,6	+6,2	+6,4	+3,8	+0,2	−2,4	−2,7	*−2,7*
60	−1,6	−0,8	+0,5	+2,4	+5,6	+7,9	+7,3	+5,5	+2,8	0,0	−1,2	−1,7
50	−0,9	+0,1	+1,8	+5,0	+7,0	+7,6	+7,3	+5,8	+4,0	+1,6	−0,4	−1,0
40	+0,9	+2,3	+4,4	+7,1	+8,3	+8,7	+8,8	+8,0	+6,1	+3,7	+1,6	+0,6
30	3,3	4,9	6,8	8,6	9,6	10,1	10,4	9,7	8,3	6,2	3,9	3,0
20	6,1	7,8	9,3	10,2	*10,7*	*10,6*	10,4	9,7	9,3	8,5	6,7	5,7
10	7,6	9,0	10,0	9,9	9,6	8,9	8,8	8,7	8,7	8,8	8,0	7,5
0	8,3	8,8	9,1	8,7	8,4	8,3	7,9	8,3	8,9	9,2	8,7	8,5
10	10,1	10,2	9,5	9,0	7,9	7,3	7,1	8,1	9,2	10,0	10,1	10,1
20	11,1	10,6	9,4	7,7	5,9	5,0	5,3	6,5	8,1	9,4	10,6	11,1
30	*11,5*	10,1	8,2	5,7	3,7	3,0	3,4	4,7	6,6	8,3	10,2	*11,7*
40	10,8	8,3	6,2	3,7	1,5	0,9	1,6	2,9	4,8	6,8	9,4	11,2
50	+7,8	+5,9	+3,8	+1,8	−0,4	−0,8	−0,3	+0,7	+2,9	+5,1	+7,5	+8,4
60	+7,0	+5,0	+2,9	+1,0	−1,5	−2,3	−2,2	−1,1	+1,2	4,0	+7,0	+7,5
	+2,4	+0,5	−0,4	−1,6	−1,9	*−2,0*	*−2,0*	−1,7	−1,3	−0,6	+0,6	+2,2
S 90												

die größere Schneebedeckung auf den Kontinenten der Nordhalbkugel einerseits und die etwas stärkere Ausstrahlung. Im ganzen sind die winterlichen Zirkulationsbedingungen in den höheren Breiten beider Halbkugeln aber von ungefähr der gleichen Energiedifferenz getragen.

Die *Äquatorialzone* ist ausgezeichnet durch einen *sehr geringen Unterschied* der Monatswerte. Ganzjährig herrscht eine hohe positive Bilanz von 8 bis 10 kcal · cm^{-2} und Monat^{-1}. In den Subtropen (30–40°) tritt bereits ein erheblicher Jahresgang auf, wobei auf der Südhalbkugel die relativ hohen Sommerwerte wegen der Perihelsituation der Erde auffallen. Beträchtlich höhere Jahreszeitenunterschiede stellen sich in den hohen Mittelbreiten (50–60°) ein.

Monatskarten der regionalen Differenzierung der Strahlungsbilanz über den Kontinenten enthält die Arbeit von De Jong (1973). In ihr wird auch die Literatur mit den Beobachtungsgrundlagen für die verschiedenen Teile der Erde aufgeführt.

8. Informationsgrundlagen über Strahlungsgrößen und Strahlungsklima

Relativ unaufwendig und problemlos ist die Feststellung der *Sonnenscheindauer.* Dafür haben Campbell und Stokes einen genial einfachen, sog. *Sonnenscheinautographen* entwickelt, der als Standardinstrument bereits seit den 20er Jahren weltweite Verbreitung gefunden hat. Er besteht im wesentlichen aus einer Glaskugel, die als Sammellinse für die Sonnenstrahlung wirkt. Hinter ihr ist auf dem Kreisbogen, auf dem der Brennpunkt der Sonne im Laufe des Tages wandert, ein Streifen stark absorbierenden, skalierten Papiers angebracht, in das bei Sonnenschein eine Brennspur eingebrannt wird. Da der Kreisbogen einer jahreszeitlichen Veränderung mit der Sonnenhöhe unterliegt, wird der Papierstreifen jeweils in für die Jahreszeit vorgesehene Schienen eingeführt. Fehler treten vornehmlich bei Schleierbewölkung und Sonnenstand in Horizontnähe auf.

Wesentlich schwieriger ist es, die Strahlungsströme unterschiedlicher Wellenlängenzusammensetzung, die von der Sonne, der A., Ausschnitten der Erdoberfläche oder auch irgendwelchen Gegenstände ausgehen, quantitativ genügend genau zu messen. Die allgemeine Bezeichnung für die dafür verwendeten Instrumente ist *Radiometer* im weiteren Sinne.

Das allgemeine Meßprinzip besteht darin, daß man mit Hilfe der Temperatur eines bestimmten Fühlers (Sensors) auf die von ihm absorbierte Strahlungsenergie schließt. Sensoren sind entweder Metallplättchen oder Thermoelemente, die zur Verstärkung des Effektes mit einer stark absorbierenden schwarzen Masse bestrichen und in Reihe geschaltet sind. Ihre Temperatur wird normalerweise bestimmt von der Strahlung, der Zu- bzw. Abfuhr fühlbarer Wärme aus der bzw. in die Umgebung sowie – bei nasser Oberfläche – von der Verdunstung. Das Ziel der Instrumentenkonstrukteure muß es sein, den Einfluß der Verdunstung und der fühlbaren Wärme aus der Umgebung auszuschalten, ohne dabei die Strahlungsübermittlung an das Instrument wesentlich zu behindern. Bei den meisten Instrumenten werden zu diesem Zweck die Sensoren unter halbkugelförmigen Schutzhauben angebracht. Diese üben aber je nach Material einen unterschiedlichen Einfluß auf die durchfallende Strahlung aus. Bei Instrumenten, welche zur Messung der (vorwiegend) kurzwelligen Sonnen- oder Globalstrahlung dienen, kann man als „Kuppel" Glas verwenden, da die Hauptenergie zwischen 0,28 und 3,0 μm ungehindert hindurchgeht. Langwelligere Strahlung, wie sie von den dunklen Gegenständen (Erdoberfläche und andere Körper) ausgeht, wird allerdings absorbiert. Instrumente, die unter dieser Einschränkung arbeiten, werden als *Solarimeter* oder *Pyrheliometer* für die Sonnenstrahlung und *Pyranometer* für das diffuse Himmelslicht bezeichnet. Will man auch die langwelligere Strahlung erfassen, müssen Kuppeln aus sehr dünnen Kunststoffolien (meist Polyäthylen) verwendet werden, die ihrerseits allerdings sehr witterungsanfällig sind. Solche Instrumente sind die *eigentlichen Radiometer.*

Werden zwei Radiometer so gegeneinandergeschaltet, daß das eine die aus dem oberen Halbraum zur Erde hingerichtete, das andere die aus dem unteren Halbraum von der Erde kommende Strahlungsenergie mißt, so ist dies das Prinzip eines *Strahlungsbilanzmessers* (Net-Radiometer).

Es kann nicht die Aufgabe sein, hier die einzelnen im Gebrauch befindlichen Instrumente genauer zu behandeln. Darüber informieren sehr ausführlich z.B. I. Dirmhirn (1964), D.M. Gates (1965) und vor allem K.L. Coulson (1975).

Im Hinblick auf eine kritische Einsicht in die auf dem Wege über direkte Messungen gewonnenen Informationsgrundlagen müssen allerdings ein paar *prinzipielle Feststellungen* angefügt werden. Strahlungsmeßgeräte gehören zu den teuersten, wartungsintensivsten und jüngsten Instrumenten, die in der Meteorologie und Klimatologie benutzt werden. Außerdem ist ihre Eichung sehr schwierig. All das wirkt dahin zusammen, daß praktisch erst seit 25 Jahren in einem immer noch relativ weitmaschig über die Erde gespannten Netz laufende Messungen angestellt werden, daß die Instrumente noch nicht standardisiert sind und so die Vergleichbarkeit der gewonnenen Werte untereinander eingeschränkt ist. Als Station mit großer Tradition auf dem Gebiet der Strahlungsmessung in Deutschland ist Hamburg anzusehen. Die instrumentellen Meßdaten können nur ein sehr grobes Informationsraster über die Erde spannen. Andererseits spielt die Kenntnis der Strahlungstherme in ihrer regionalen Verteilung eine fundamentale Rolle für alle dynamisch-klimatologischen Ableitungen, Energie- und Wasserhaushaltsbetrachtungen sowie Vorstellungen von den Gründen für Klimaänderung und den Möglichkeiten anthropogener Einflußnahme. So müssen zur Verdichtung des Informationsrasters mit Hilfe der traditionellen Beobachtungsdaten, im wesentlichen also Temperatur, Sonnenscheindauer, Bewölkung, Wasserdampfgehalt der Luft, sowie den geographischen Einflußparametern auf Grund unterschiedlicher physikalischer Eigenschaften der Unterlage (vor allen Dingen der Albedowerte), umfangreiche Interpolationskalkulationen durchgeführt werden. Als lehrreiche Abhandlung über die dafür zur Verfügung stehenden physikalischen Abhängigkeiten und Gesetzmäßigkeiten und deren analytische Behandlung ist die Arbeit von H. und K. Lettau (1969) anzusehen. Aus ihr kann man ermessen, welche enorme Vorbereitungsarbeit für den Entwurf jener Karten notwendig war, die in den grundlegenden Monographien und Atlaswerken wie denen von Budyko (1956), Bernhardt und Philipps (1958) sowie Ångström (1962) enthalten sind. Wichtige Hilfen zur Präzisierung und Vervollständigung wurden durch entsprechende Messungen von Satelliten aus zugänglich, wie sie Suomi (1958), Fritz, Rao und Weinstein (1964), Hanson (1967), Vonder Haar (1968, 1970, 1971, 1972) sowie Raschke und Mitarbeiter (in verschiedenen Arbeiten seit 1971, s. Raschke et al., 1973) vorgelegt haben. Eine wichtige Schlüsselrolle bei all diesen Betrachtungen spielt der Einfluß der Wolken und des Aerosols auf die Strahlungseigenschaften der A. . Diesem Thema ist in jüngster Zeit noch ein eigenes Symposium (IUGG, 1976) gewidmet worden. Die im Zusammenhang des Gesamtabschnittes aufgenommenen und besprochenen kartographischen Darstellungen sind also ebenso wie die abgeleiteten Mittelwerte für Breitenkreise oder bestimmte Orte die zur Zeit bestmögliche Interpretation auf noch nicht ganz befriedigender Informationsgrundlage. Fehler von 10–15% der Werte müssen immer einkalkuliert werden.

9. Einfluß des Reliefs

Die bisherigen Ableitungen und Aussagen beziehen sich alle auf horizontale Flächen ohne Horizonteinschränkung durch überhöhende Geländeteile. Sie charakterisieren die großräumigen strahlungsklimatischen Unterschiede. Im konkreten Einzelfall einer bestimmten Lokalität mit ihren gegebenen Lagebedingungen im Relief der Erdoberfläche erfahren die Regionaldaten des Strahlungsklimas *lokale topoklimatische Abwandlungen.* Die von Seiten des Reliefs wirksamen Faktoren sind die *Horizontüberhöhung* sowie die *Expositionsunterschiede* nach Himmelsrichtung und Steilheit der Hänge.

Talstationen wie Vent in den Ötztaler Alpen haben infolge hoch hinaufreichender *Horizontabschirmung* von vorne herein nur einen geringen Anteil an der astronomisch möglichen Sonneneinstrahlung, wie die Tab. II.b) 7 zeigt.

Der Variationsmöglichkeiten sind natürlich unendlich viele.

Die Verminderung der Besonnungsmöglichkeit durch Horizontüberhöhung in bergigem Gelände, die Wirkung des „*Bergschattens*“ oder der „*Horizonteinengung*“, kann man bei gegebenen topographischen Bedingungen mit verschiedenen Methoden bestimmen. Am meisten benutzt werden Polardiagramme, wie sie F. Lauscher (1937) am Beispiel von Standorten der Lunzer Klima- und Experimentierstation entworfen hat (wiedergegeben im Lehrbuch von R. Geiger, 1950 bzw. 1965) oder in den Smithsonian Meteorological Tables (List, 1951) dargestellt sind. Eine in-

Tab. II.b) 7. Monatssummen der Sonnenscheindauer in Vent (1904 m), ausgedrückt in Stunden, in % der astronomisch möglichen und in % der örtlich möglichen. (Mittel 1928–1950. Nach H. Turner, 1961)

	Jan.	Febr.	März	April	Mai	Juni	
Summe in Stunden	59	89	137	140	146	171	
% der astron. möglichen	21	31	37	34	31	36	
% der örtlich möglichen	55	56	**61**	54	*50*	58	
	Juli	**Aug.**	**Sept.**	**Okt.**	**Nov.**	**Dez.**	**Jahr**
Summe in Stunden	183	161	142	118	65	51	1461
% der astron. möglichen	**38**	37	**38**	35	23	*19*	33
% der örtlich möglichen	**61**	58	60	58	54	53	54

struktive praktische Behandlung des Problems nach der Nomogramm-Methode von Peucker findet sich in der Arbeit von R.L. Marr (1970), in welcher auch die sonst noch vorgeschlagenen Möglichkeiten referiert werden.

Die allgemeinen Gesetzmäßigkeiten der *Expositionsunterschiede für direkte Einstrahlung* auf Hänge bei wolkenlosem Himmel sind von Kaempfert und Morgan (1952), Brooks (1959) sowie Lee (1963) behandelt worden. Aus Tabellen (Frank and Lee, 1966; ältere Arbeiten siehe Geiger, 1965) lassen sich für spezifische Zeiten, geographische Breiten und Hangneigungen die theoretischen Werte entnehmen. Für Arosa hat Götz die in der Tab. II. b) 8 S. 132 mitgeteilten Meßergebnisse der mittleren täglichen Einstrahlung auf verschieden geneigten Hängen der Nord- und Südexposition ermittelt.

Garnier and Ohmura (1968) haben ein Verfahren angegeben, um durch Computerrechnung für beliebige geographische Breiten Hangneigungen und Orientierungen für Tage oder längere Zeitabschnitte die theoretischen Einnahmen an direkter Strahlung zu errechnen.

Komplizierter werden die *Verhältnisse hinsichtlich der Globalstrahlung,* also mit Einschluß der Himmelsstrahlung, sowie der ökologisch sehr wichtigen Strahlungsbilanz. Jedoch legen Untersuchungen von Baumgartner (1960) sowie Garnier and Ohmura (1968) nahe, daß die topographischen *Variationen der Strahlungsbilanz* in der Hauptsache *von* derjenigen *der direkten Einstrahlung bestimmt* werden. Das erleichtert die Aufnahme der Strahlungsveränderungen in Abhängigkeit von den Geländeformen in relativ großmaßstäbigen Karten, wie sie beispielsweise Baumgartner (1966), Garnier and Ohmura (1968) und Marr (1970) vorgelegt haben.

Den landschaftlichen Ausdruck des überragenden Einflusses der direkten Einstrahlung bilden die in der Vegetation manifestierten *Klimavorteile günstig exponierter Hänge.* Sie machen sich vor allem dort bemerkbar, wo die Wärme im horizontalen Gelände für bestimmte Pflanzen zu gering ist. Wegen des niedrigen, aber ein großes Azimut umspannenden Sonnenbogens in den polnäheren Breiten dehnt sich hier der Hangerwärmungseffekt über einen um so breiteren Expositionsspielraum der Himmelsrichtung von O über S bis W aus, je weiter wir uns dem Pol nähern. In Nordeuropa unterscheidet man regelrecht charakteristische, höhere Wärmeansprüche stellende Südhangvegetation, und die Steppenheidestandorte in Mitteleuropa verdanken außer den edaphischen Bedingungen des Untergrundes vor allen Dingen der Hangexposition ihr Vorhandensein. Bei landwirtschaftlichen Kulturen gibt es viele Beispiele für die Ausnutzung der Klimagunst an Hängen (Vorposten von Agrumenkulturen an Südhängen außerhalb des geschlossenen Anbaugebietes, Weinbau an steilen, günstig exponierten Hängen im Grenzbereich der Weinrebenkultur in Mitteleuropa). Yoshino (1967) berichtet aus Japan von dem Versuch, am ohnehin klimabegünstigten Südhang des Mt. Kuno auf ca. 60° steilen Betonterrassen Erdbeeren anzubauen, die, Ende September bis Anfang Oktober gepflanzt, von Dezember bis Ende März geerntet werden. Die Neigung der Terrassen ist so gewählt, daß sie zu dieser Jahreszeit bei den dann gegebenen Sonnenständen das Maximum der möglichen Einstrahlungswärme erhalten.

In den Tropen muß man hinsichtlich der Strahlungsexposition berücksichtigen, daß die Bewölkung einen Tagesgang aufweist. Da am Nachmittag der Bewölkungsgrad normalerweise höher ist als am Vormittag, entfällt die normalerweise anzunehmende Gleichwertigkeit des Ost- und Westhanges. So hat Troll z. B. darauf aufmerksam gemacht, daß die Schneefelder an den Vulkanriesen Ostafrikas auf der Westseite tiefer herunterreichen.

c) Temperatur

1. Begriffe und Messung

Unter den klimatischen Elementen spielt die Lufttemperatur zusammen mit dem Niederschlag die entscheidende Rolle. Wenn sie auch primär über den im vorigen Kapitel erläuterten Strahlungshaushalt zustande kommt, so spielen doch horizontaler und vertikaler Luftmassenaustausch als meteorologische, die geographische Breite, die Verteilung von Land und Wasser, das Relief nach Höhe und Exposition sowie die natürliche und vom Menschen geschaffene Bodenbedeckung als geographische Einflußfaktoren eine wichtige mitgestaltende Rolle. Bei der weitreichenden Bedeutung des Faktors Wärme in Klimafragen erscheint es notwendig, dieses Element und seine geographisch-klimatische Tragweite eingehender zu behandeln. Da die Meßmethoden für das Zustandekommen zuverlässiger Temperaturwerte eine entscheidende Rolle spielen, sollte auch der Geograph der dabei möglichen Fehlerquellen kritisch eingedenk sein.

Die *Messung der Temperatur* erfolgt mit Hilfe eines Thermometers. Die älteste und gebräuchlichste Art ist das Gefäßthermometer, ein Gerät mit einer luftleeren, durch eine Skala geeichten Kapillare und einem Vorratsgefäß, in denen sich eine Flüssigkeit befindet, die auf die Wärmeunterschiede durch Ausdehnung bzw. Zusammenziehung reagiert. Gemessen wird genau genommen, die Temperatur der Flüssigkeit und des Glasgefäßes, dem sich die Lufttemperatur durch Leitung mitteilt. Glasausdehnung und Quecksilberausdehnung stehen in bestimmtem Verhältnis zueinander. Bei raschen Änderungen der Lufttemperatur ergibt das Fehler infolge der Leitungsverzögerung, wie sie vor allem bei lokalklimatischen Untersuchungen in der Biosphäre durchaus relevant werden können. Außerdem muß berücksichtigt werden, daß das Glas auch einem gewissen Alterungsfaktor unterliegt. Es gibt vier verschiedene Skalen:

1. Die in vielen englischsprachigen Ländern benutzte Fahrenheitskala, benannt nach dem in Danzig geborenen Physiker Gabriel Daniel Fahrenheit (1686–1736), der den Gefrierpunkt bei +32° und den Siedepunkt bei +212° seiner Skala ansetzte, die Spanne zwischen Frieren und Sieden als in 180 Grade einteilte und zudem erstmals Quecksilber zur Kapillarenfüllung verwandte. Von F. sind drei verschiedene Einteilungsversuche überliefert (vgl. Hawke, 1949); die endgültige Fahrenheitskala ging aus von der tiefsten in Danzig bis dahin gemessenen Temperatur (−17,78 °C) als Nullpunkt und der Körpertemperatur des Menschen (+37,78 °C) als 100 °F. Diese Skala besitzt den Vorteil, daß man sich bei ihrer Verwendung – wenigstens für klimatologische Zwecke – nur ganzer Grade zu bedienen braucht und Bruchwerte illusorisch bleiben. Die gelegentlich auch heute noch von englischer Seite geäußerte Meinung, ihre Verwendung böte zudem den Vorzug des Arbeitens mit ausschließlich positiven Meßwerten, trifft doch nur für einen Teil der Erdoberfläche und schon gar nicht für die heute auch für die Klimatologie direkt oder indirekt wichtig gewordene höhere Atmosphäre zu.
2. Die früher in Frankreich und anderen Ländern Europas verwendete Skala des französischen Physikers René Antoine Ferchault de Réaumur (1683–1757), bei der der Gefrierpunkt bei 0° und der Siedepunkt (im Meeresspiegel bzw. bei normalem Luftdruck) bei +80° liegt. Da die Strecke zwischen Gefrier- und Siedepunkt somit nur 80teilig ist – es ist die kürzeste aller Skalen –, kommt hierbei den Bruchwerten erhöhte Bedeutung zu. Die Réaumurskala ist heute kaum mehr in Gebrauch.
3. Die heute übliche 100-teilige Skala zwischen dem Gefrierpunkt als 0° und dem Siedepunkt des Wassers bei 760 mm Luftdruck als 100° geht, was weithin unbekannt ist, auf den französischen Physiker Christin zurück (Landsberg, 1964), der sie wahrscheinlich um 1740 aufgestellt hat. In Schweden war aber eine solche Skala, jedoch mit umgekehrten Fixpunkten, um diese Zeit schon in Gebrauch, die von dem schwedischen Astronomen Anders Celsius (1701 bis 1744) im Jahre 1736 vorgeschlagen wurde. C. v. Linné kehrte sie, wie man annimmt, 1745 in die jetzige Form um. Als „metrische“ Skala – mit dem eigentlichen metrischen cgs-System hat sie allerdings trotz ihrer Hundertteiligkeit nichts zu tun – hat sie viele Vorzüge der Bequemlichkeit des Arbeitens mit ihr und ist auch international im Vordringen, wenn auch gegenteilige Stimmen nicht verschwiegen seien (Middleton-Spilhaus, 1953, S. 63). Seit 1935 werden z. B. Temperaturangaben von Radiosonden international nur in Celsiuswerten gemessen und verbreitet. Im täglichen Gebrauch der englisch sprechenden Länder setzt sie sich gegenüber der Fahrenheitskala mehr und mehr durch, nachdem sie in Großbritannien, Canada und den USA offiziell eingeführt ist. Manche modernen Lehrbücher der Klimatologie und Meteorologie aus England oder Amerika verwenden beide Skalen gleichzeitig oder abwechselnd. Der britische Wetterdienst war ab 1. 1. 1962 offiziell zur Celsiusskala übergegangen, und zwar mit der Bezeichnung centigrade für die Gradeinheit.
4. Die auf thermodynamischer Basis beruhende absolute Skala, wobei vom absoluten Nullpunkt minus 273 °C (eigentlich minus 273,16 °C) ausgegangen wird. Sie wird nach ihrem Begründer, dem Engländer Sir William Thomson (Lord Kelvin, 1824–1907) die Kelvin-Skala genannt. In dieser entsprechen 273 K dem Gefrierpunkt (0° der Celsius-Skala) und 373 K dem Siedepunkt (100 °C) reinen Wassers. Die absolute Temperatur ist also 273 + T Grad C.

Infolge der Verschiedenartigkeit der Skalen in den einzelnen Ländern und auch gegenüber früheren Publikationen ergibt sich oft die Notwendigkeit der Umrechnung zu Vergleichszwecken; dazu dienen folgende Formeln:

$$t\,^\circ C = \left(\frac{4}{5}\right) t\,^\circ R = \left(\frac{9}{5} t + 32\right) {}^\circ F$$

$$t\,^\circ F = \frac{4}{9}(t - 32)\,^\circ R = \frac{5}{9}(t - 32)\,^\circ C$$

oder: 5 Celsiusgrade = 9 Fahrenheitgrade = 4 Réaumurgrade.

Das erste Thermometer, das Galilei 1592 erfand, beruhte nur auf der wechselnden Ausdehnung der Luft selbst. Erst im 17. Jh. kamen Flüssigkeitsthermometer auf. Quecksilber ist nur bis −38,87° flüssig (= −38 °F). Thermometer, die tiefere Temperaturen messen sollen, sind daher mit – in der Regel gefärbtem – Weingeist gefüllt und müssen nach längerem Gebrauch nachgeeicht werden.

Für laufende Temperaturregistrierungen in Thermographen verwendet man wegen der mit ihnen verbundenen relativ großen Stellkräfte die sog. Deformationsthermometer. Sie beruhen auf der thermisch bedingten Volumen- und Längenänderung fester Körper. Beim Bourdon-T. wird die Lageänderung des freien Endes eines mit Alkohol gefüllten, gebogenen Metallgefäßes, beim Bimetall-T. diejenige zweier miteinander verschweißter Metallplatten von wesentlich verschiedenem Ausdehnungskoeffizient (z. B. Kupfer und Stahl) zur Temperaturmessung benutzt. Für Fernmessungen bzw. -registrierungen eignen sich am besten die elektrischen T. Sie beruhen entweder auf der Abnahme des Leitwiderstandes mit fallender Temperatur des Leiters (Widerstands-T.) oder auf dem Auftreten einer elektrischen Thermospannung, wenn die Lötstelle zweier Metalle (z. B. Platin und Platinrhodium) eine andere Temperatur aufweist als die beiden freien Enden (Thermoelemente, bzw. in mehrfacher Zusammenstellung Thermosäulen). Elektrische T. haben zudem den Vorzug einer sehr geringen Masse des eigentlichen Meßpunktes, sie haben deshalb eine geringe Einstellzeit und können vor allen Dingen in der Bioklimatologie zur Punktmessung an Objekten mit geringer Masse benutzt werden.

Sowohl die Deformations- als auch die elektrischen T. müssen mit Hilfe der Flüssigkeits-T. geeicht werden.

In der Regel wird für klimatologische Zwecke die *Lufttemperatur im Schatten* in einer international vereinbarten Aufstellung, d.h. im Innern einer gut belüfteten *Thermometerhütte,* gemessen. Man muß bei der Aufstellung berücksichtigen, daß weder direkte noch reflektierte Strahlung das Thermometer trifft. Andererseits muß die Belüftung der Hütte so unbehindert sein, daß der gemessene Wert der wirklichen Schattentemperatur möglichst nahekommt. Angesichts der oft weittragenden Schlußfolgerungen, die zuweilen auf Grund bereits geringfügiger horizontaler Temperaturdifferenzen gezogen werden, kann die Kritik bei der Aufstellung der T. nicht sorgfältig genug sein. Die daraus zu ziehenden Konsequenzen bezüglich der Lokalisierung der Meßhütte und die Notwendigkeit der Beachtung von Folgen eines Ortswechsels oder von Veränderungen in der Umgebung sind im Kap. I.c) behandelt worden.

Internationales Standardinstrument zur Messung der Lufttemperatur ist das *Aspirationspsychrometer.* Es besteht aus zwei empfindlichen Quecksilberthermometern, die durch verchromte und polierte Rohre gegen Strahlung geschützt sind. Ein Ventilator saugt an den beiden Thermometergefäßen einen Luftstrom mit 2,5 m/sec vorbei. Ein Thermometer ist mit einer Baumwollgaze umhüllt, die ständig aus einem Wassergefäß darunter durch Saugkräfte feuchtgehalten wird. Infolge der Verdunstung, bei der Wärme verbraucht wird, liegt die Temperatur am feuchten Thermometer niedriger als die am trockenen. Die Erniedrigung ist umso größer, je höher die Verdunstungskraft, d.h. je trockener die Luft ist. Aus der Differenz zwischen trokkener (t) und feuchter Temperatur (t'), der sog. psychrometrischen Differenz, kann man mit Hilfe der Psychrometerformel $e = E' - A \cdot p\,(t - t')$ gleichzeitig mit der Temperatur den Dampfdruck der Luft bestimmen (E' ist der maximale Dampfdruck bei der Temperatur t' des feuchten Thermometers, A die Psychrometerkonstante und p der herrschende Luftdruck). In der Praxis werden die Werte mit Hilfe der erstmals von Jelinek aufgestellten Psychrometertafel entnommen.

Um *Extremtemperaturen* genau fixiert zu erhalten, bedient man sich im Falle der positiven Extreme des *Maximumthermometers.* Es ist ein Quecksilberthermometer, dessen Quecksilberfaden beim Austritt aus der Kugel eine kapillare Engstelle enthält. Solange die Temperatur ansteigt, bleibt die Kontinuität des sich ausdehnenden Quecksilberfadens erhalten, sinkt sie, reißt er dagegen an der Engstelle ab, so daß nunmehr der abgerissene Faden in der Länge, die er bei Erreichen der Maximaltemperatur innehatte, liegen bleibt, geringfügig verkürzt durch die Zusammenziehung, die der Faden selbst durch die Abkühlung erleidet. Wie beim Fieberthermometer muß bei der Neueinstellung der abgerissene Faden in die Kugel zurückgeschleudert werden.

Die Messung der tiefsten Temperaturen mit Hilfe des *Minimumthermometers* geschieht auf andere Weise. In einem leicht schräg liegenden Weingeistthermometer folgt ein Metallstäbchen unter dem Einfluß der Schwere und der Oberflächenspannung der Kuppe des sich verkürzenden Weingeistfadens. Bei erneutem Temperaturanstieg fließt dagegen der Weingeist über das dann unverändert liegenbleibende Stäbchen hinaus, dessen oberes Ende die erreichte Minimumtemperatur angibt. – Die im Handel erhältlichen kombinierten Minimum-Maximum-Thermometer (Six-Thermometer) werden zu amtlichen Messungen nicht benutzt, da sie nicht genau genug arbeiten.

Für klimatologische Zwecke muß die Lufttemperatur im Schatten in einer genormten, weiß gestrichenen und gut belüfteten *Thermometerhütte (Wetterhütte,* Englische Hütte, Stevenson screen) in einer Höhe von 2 m über dem Erdboden gemessen werden. Bei der Aufstellung der Hütte muß berücksichtigt werden, daß weder direkte noch reflektierte Strahlung die Thermometer treffen können. Andererseits muß die Belüftung der Hütte so unbehindert sein, daß der gemessene Wert der wirklichen Schattentemperatur möglichst nahekommt. Bezüglich der Lokalisierung der Meßhütte und der Folgen von Ortswechsel oder Änderungen in der Umgebung siehe Kap. I.c).

Außerhalb der Hütte ist, geschützt vor der Sonne, in 5 cm Höhe über dem Erdboden ein *Minimumthermometer* aufgestellt, um die maximale Abkühlung in *Bodennähe* zu ermitteln, was für die Beurteilung des Kleinklimas und damit der Wachstumsbedingungen der Pflanzenwelt entscheidend wichtig ist. In Bodennähe sind die Schwankungen der Temperatur im allgemeinen und um den Gefrierpunkt insbesondere (sog. Frostwechsel) wesentlich größer als in Höhe der Thermometerhütte.

Um den Erwärmungseffekt der direkten Sonnenstrahlen standardisiert zu messen, wurde früher zuweilen das *Schwarzkugelthermometer* in Sonnenaufstellung benutzt. Da aber zwischen den so gewonnenen Temperaturwerten und der für biologische, medizinische, technische oder auch Verwitterungsprobleme wichtigen Materialbeanspruchung oder physiologischen Temperaturbelastung keine eindeutige Relation herzustellen ist, wie man sich aus den Ausführungen über die thermische Wirkung der Strahlungsabsorption als Folge der speziellen Materialeigenschaften klar machen kann [s. Kap. II.b) 5.], waren solche Temperaturangaben immer von fragwürdiger Bedeutung. Seit der Entwicklung der *Infrarotthermometrie* verfügt man über eine sehr viel präzisere Methode zur Feststellung von Oberflächentemperaturen mit Hilfe des *remote sensing* [s. Kap. II.b) 6.]. Man benötigt den Umweg über die Schwarzkugelthermometer nicht mehr. Sogenannte Temperaturen in der Sonne, wie sie zuweilen zur Demonstration besonders hoher Luftwärme an einem Ort gemessen werden, sind aus denselben Gründen der starken Abhängigkeit von der Art des benutzten Thermometers für den Klimatologen nicht brauchbar. Meteorologisch und klimatologisch vergleichbare Werte der Lufttemperatur müssen unter allen Umständen an strahlungsgeschützten Thermometern im Schatten gewonnen werden.

Die Ablesung und weitere *rechnerische Aufarbeitung der Temperaturwerte* erfolgt nach international möglichst einheitlichen Normen, um wirkliche Vergleichbarkeit zu erreichen. Das gilt insbes. für die in der Klimakunde fundamentale *Tagesmitteltemperatur.* Zu ihrer Ermittlung dienen in den meisten Fällen die zu bestimmten Stunden (Klimatermine) abgelesenen Werte, aus denen mit Hilfe der in (Kap. I.c) dargelegten Methoden der durchschnittliche Tageswert gewonnen wird. Die Ablesestunden ebenso wie die Berechnungsformeln waren und sind trotz der Bemühungen der internationalen meteorologischen Organisation nicht übereinstimmend, was bei der Beurteilung von Klimadaten verschiedener Länder berücksichtigt werden sollte. So ergibt das Verfahren, mit Hilfe der Maximum- und Minimumtemperatur den Tagesmittelwert zu errechnen, für reine Tropengegenden um etwa 2° zu hohe Mittelwerte und einen vorgetäuschten Jahresgang wie F. Prohaska (1963) nachwies. Es sollte daher bei Mittelwerten neben der Bezugreihe auch die Berechnungsmethode bekannt sein. Jede international vereinbarte Formel kann immer nur eine Annäherung an den wahren Mittelwert ergeben, weil die mittlere Tagestemperaturkurve nicht überall die gleiche mathematische Gestalt besitzt, d.h. die Extrema zu verschiedenen Zeiten liegen können und je nach Klimatyp die Kurvenäste unterschiedlich asymmetrisch sind.

Die errechneten Tagesmittel dienen als Grundlage für die Gewinnung des *Monatsmittels.* Die unterschiedliche Monatslänge kann dabei durchaus eine störende Rolle spielen, namentlich in den Übergangsmonaten unseres Klimas, wenn Temperaturanstieg bzw. -abfall ohnehin steiler verlaufen. Das *Jahresmittel* sollte zwar nach den 365 bzw. 366 Tagesmitteln errechnet werden, jedoch ist man übereingekommen, dies in der Regel nach den Zwischenwerten der 12 Monatsmittel vorzunehmen, da sich herausgestellt hat, daß die Differenzen beider Methoden nur geringfügig sind.

Eine relativ einfache Methode, die Jahrestemperatur zu ermitteln, ergibt sich aus der Möglichkeit, die mit der Jahrestemperatur identische *Temperatur oberflächennaher Höhlen,* in denen die Temperaturschwankungen der Außenluft nicht mehr und die Einwirkung der geothermischen Tiefenstufe – d.h. die Wärmezunahme zum Erdinneren hin – noch nicht spürbar sind, zu nehmen. Man kann sich damit dort behelfen, wo weit und breit keine Meßstationen vorhanden sind. Allerdings ist mit einer Aussage über die mittlere Jahrestemperatur noch nicht allzuviel gewonnen, solange man die Schwankungen nicht kennt.

Neuerdings hat man durch Messungen in 7,5–9 m Tiefe im Gletscherfirneis der Antarktis – also in Glazialklimaten mit negativen Temperaturen – ebenfalls brauchbare Werte gewonnen, die mit der Jahrestemperatur der Außenluft identisch sind. Das letztere, während des Internationalen Geophysikalischen Jahres 1957/58 angewandte Verfahren ergab für Little America auf dem Rosseis –23°, für den Südpol in 3000 m Höhe –53° und für die sowjetrussische Antarktisstation Sowjetskaja sogar –65°. Selbst am Rande des Schelfeises kann man auf diese Weise ziemlich konstante Werte ermitteln. So konnten an der Norway Station (3° w. L.) bei fast 400 m Eismächtigkeit 1958 zwischen 35 und 50 m Firntiefe als kaum mehr schwankendes Minimum dieses Borhloches – 18,45 bis – 18,50 °C festgestellt werden, während darunter die Werte wieder anzusteigen begannen als Auswirkung der Meerwasserunterlage. Die Lufttemperaturmittel schwankten in diesem Jahre zwischen –3,49° (Jan.) und –26,59° (Aug.) (T. Lunde, 1964).

Mittelberechnungen haben jedoch häufig nur bedingten Wert und werden vornehmlich für Vergleiche herangezogen. Namentlich in Klimaten mit hoher Veränderlichkeit tritt der auf Grund einer langjährigen Beobachtungsreihe *ermittelte Durchschnitt* in Wirklichkeit *nur selten* ein. Die später noch zu behandelnde klimatische Veränderlichkeit und Schwankungsbreite – nicht nur der Temperatur, sondern auch anderer Elemente – ist daher maßgebend dafür, wie viele Beobachtungsjahre man benötigt, um einen Mittelwert zu erzielen, der durch weiter hinzukommende Einzelwerte nicht mehr nennenswert verändert wird. In Mitteleuropa braucht man etwa 40 Jahre, um eine leidliche Konstanz auf Zehntelgrade zu erreichen, im kontinentalen, thermisch variableren NO-Europa schon 60 Jahre, in den feuchten Tropen dagegen nur ganz wenige Jahre (vgl. Tab. I.2 S. 24).

Man ist aber mehr und mehr davon abgekommen, dies anzustreben, seitdem wir wissen, daß auch langfristige Schwankungen zum Normalzustand des Klimas gehören und es daher wenig Sinn hat, die Geduld des Wartens auf allzu lange Jahresreihen aufzubringen. Viel wichtiger ist die Einigung auf eine Standardbeobachtungsreihe, die sogenannte *Normalreihe* [vgl. Kap. I.c)].

2. *Erdbodentemperaturen*

Bevor wir uns der Lufttemperatur selbst zuwenden, ist es logisch empfehlenswert, zunächst das thermische Verhalten des Erdbodens zu besprechen, da die Luft ihre Wärme hauptsächlich von ihm erhält.

Die *Bodentemperatur* wird mit zwei verschiedenen Typen von *Erdbodenthermometern* gemessen. Für die geringen Tiefen zwischen 5 cm und 60 cm benutzt man Glasthermometer, deren Quecksilberkugel in der betreffenden Tiefe ruht, während der Skalenteil schräg abgewinkelt aus der Erde herausschaut. Notwendig ist, daß die Struktur des Erdbodens beim Einsetzen der Thermometer nicht verändert wird, da die Werte sonst nicht mehr repräsentativ sind. Für größere Tiefen werden Thermometer mit besonders großem, stoßgesichertem Thermometergefäß in einer Röhre im Erdboden versenkt. Allen Bodenthermometern ist – wie auch den Wasserthermometern – eine gestreckte Skala zur besonders genauen Messung gemeinsam, da es im Erdboden – wie im Wasser – oft auf Bruchteile eines Grades ankommt. In den letzten Jahren geht man mehr und mehr zu in den Boden eingegrabenen elektrischen Widerstandsthermometern über, deren Anzeige zuverlässiger und genauer ist.

Für die Bodentemperatur kennzeichnend ist ihre mit der Tiefe wachsende *Verzögerung* und *Ausgleichung der Schwankungen.* Grundlegend wichtig ist zunächst die Transformation der sichtbaren kurzwelligen Einstrahlung in Wärme an der Erdoberfläche und die *Speicherung der Wärme im Boden,* von wo aus sie durch Leitung der Luft erst mitgeteilt wird. Bewachsener Boden vermindert die Extreme, nackter Boden oder sogar nackter Fels steigert sie, so daß Werte von 60°–70° erreicht werden können, besonders bei dunkler Farbe. Es ist sogar berichtet worden, daß sich Streichhölzer auf derart erhitzten Böden in der Wüste entflammt haben. Solche Glutböden können über Mittag von unbeschuhten Füßen nicht betreten werden. Sie finden sich in allen Wüstengebieten der trockenen Subtropen.

Das *Eindringen der Temperatur in den Boden* ist abhängig von seiner mineralischen Beschaffenheit, seiner physikalischen Struktur und Durchfeuchtung. Trockener Torfboden leitet schlecht, so daß die mittägliche Erwärmung ebenso wie die nächtliche Abkühlung durch Ausstrahlung an der Oberfläche solcher dunkler Böden sehr intensiv wird. Auch sandige, aber lockere Böden zeigen hohe Wärmeschwankungen in den obersten Schichten, während kompakte Lehmböden ein relativ gutes Wärmeleitvermögen besitzen. Nasse Böden leiten wegen des geringeren Luftgehaltes zwar besser, jedoch erscheinen sie an der Oberfläche wegen der Verdunstungskälte tiefer temperiert, ein Effekt, der bei Moorböden die durch Nässe an sich gegebene bessere Leitung überkompensiert.

Die *tägliche Temperaturschwankung* ist höchstens bis 1 m Tiefe spürbar. Die nachmittägliche Erwärmung dringt unter fortgesetzter Abschwächung langsam nach unten, auch dann noch, wenn an der Oberfläche selbst bereits wieder Abkühlung eingesetzt hat. Ähnlich verhält es sich mit dem Morgenminimum, das infolge des verzögernden Leitungsvorganges erst vormittags bei gleichzeitiger Abschwächung tiefere Bodenschichten erreicht, während die Oberfläche sich bereits wieder erwärmt. Verdunstung und Kondensation an der Bodenoberfläche beeinflussen jedoch im einzelnen die obersten Bodentemperaturen merkbar. So kann nächtliche Taubildung die Bodenabkühlung aufhalten oder sogar umkehren.

Auch die *Jahresamplitude der Temperatur* dringt mit entsprechender Verzögerung in den Boden ein. Sie erreicht jedoch wesentlich größere Tiefen. Erst bei 10–15 m bleibt die Temperatur jahraus jahrein konstant und spiegelt damit hier die mittlere Jahrestemperatur der Luft über dieser Stelle wider, was man in nicht durchlüfteten Höhlen leicht feststellen kann. In noch größeren Tiefen erfolgt dann Temperaturzunahme im Rahmen der *geothermischen Tiefenstufe,* die 1° auf etwa 35 m beträgt, aber örtlich auch größere Abweichungen von diesem Durchschnittswert aufweisen kann. In großen Teufen der Bergwerke ist deshalb das Arbeiten in der feuchten Wärme ohne Bewetterung unerträglich. Die Bewetterungsmaßnahmen in tiefen Bergwerken stellen einen hohen Unkostenfaktor dar. In vulkanischen Gebieten ist die Tiefenstufe gering, nur wenige Meter, in alten kristallinen Massiven jedoch auffällig groß mit Werten von 125 m und mehr. Für die Entstehung von Inlandeiskappen in solchen Bereichen spielt dieser Faktor sicher eine bedeutende Rolle.

Die Wärmespeicherung des Sommers im Boden ergibt für den Herbst und Frühwinter einen *Wärmevorrat,* der zwar besonders in der nächtlichen Ausstrahlung wieder abgegeben wird, aber doch verhindert, daß in der ersten Winterhälfte bei schneefreiem Boden schon extrem tiefe Temperaturen erreicht werden, obwohl die Länge der Nacht dann bereits ihren Höchstwert erreicht hat. Im Frühling ergreift die strahlungsbedingte Erwärmung der Erdoberfläche zunächst nur die obersten Schichten, während sich darunter, je nach der Strenge des Winters und des Fehlens oder Vorhandenseins einer isolierenden Schneedecke, der Frost noch hält. An seiner unteren Begrenzung dringt die Abkühlung zunächst sogar noch etwas tiefer vor, ehe die sommerliche Erwärmung von oben her den winterlichen Rückstand aufzehrt.

Wo die sommerliche Erwärmung hierfür nicht ausreicht, verbleibt der Frost im Boden unter einer wechselnd mächtigen sommerlichen Auftauschicht, deren Umfang von Sommerwärme, Winterfrost, Schneedecke, Vegetationsdecke und Bodenart abhängig ist. Man bezeichnet diese Schicht zwischen der sommerlichen Auftautiefe und den durch die geothermische Erwärmung darunter erreichten positiven Temperaturen als Dauerfrost- oder Eisboden bzw. *Ewige Gefrornis* oder – besser – *Dauergefrornis* (engl. *permafrost,* schwedisch *tjäle*). Es ist in den winterkalten Klimaten Nordasiens und Nordamerikas weit verbreitet, zeigt jedoch dort einige charakteristische Eigenarten. Sein weites Vordringen nach S im oberen Amurgebiet ist hier eine Folge der mangelhaften Winterschneedecke im Bereich des kalten, aber heiteren Nertschinsk-Klimatyps (nach Köppens Klimaeinteilung), während sein ebenso auffälliges Zurückweichen nach N in Westsibirien auf die dort regelmäßig höhere Schneedecke zurückzuführen ist, die ein Eindringen des Frostes in den Erdboden behindert. In ähnlicher Weise hindert die höhere Schneedecke in Ostkanada den permafrost am Vordringen nach Süden östlich der Hudsonbai (R.J.E. Brown, 1967). Im Mittel reicht ununterbrochene Gefrornis etwa bis zur Jahresisotherme von –8°, unterbrochene bis etwa –1° nach Süden. In den Randgebieten hält der Dauerfrostboden in mittleren Tiefen aus oder fehlt in einzelnen Jahren oder löst sich in einzelne Inseln auf, die meist auf besonders schlecht leitende Bodenarten (Moorböden) oder auf reliefbedingte Stellen geringeren Einstrahlungsgenusses (Hochtäler z.B.) beschränkt sind. Diese Grenze schwankt im einzelnen nicht nur von Jahr zu Jahr je nach der thermischen Bilanz, sondern auch unter dem Einfluß langfristiger Temperaturänderungen, wie sie im Rahmen der Wintermilderung der letzten Jahrzehnte (Blüthgen 1940) beobachtet worden sind [vgl. Kap. VII.c)]. Auch die im Frostboden Nordsibiriens eingefrorenen Mammutleichen bezeugen solche Schwankungen aus subrezenter Zeit. In Europa ist Dauerfrostboden nur noch in einem schmalen Saum längs der nordrussischen Eismeerküste vorhanden, während er in Lappland, von geringfügigen Eiskernen in Moorpalsen abgesehen, heute nicht mehr nachweisbar ist und deshalb der mit seinem Vorkommen verknüpfte pflanzengeographische Begriff der „Tundra“ auf die lappländischen „Fjällheiden“ nicht anwendbar ist. Es gibt allerdings räumlich beschränkte Vorkommen von Gefrornis in gletschernahen Moränenablagerungen sowohl der Skanden wie der Alpen, ohne daß solche Relikte jedoch schon als permafrost im eigentlichen Sinne angesprochen werden könnten.

3. Tages- und Jahresgang sowie horizontale Verteilung der Lufttemperatur

Der *Tagesgang der Temperatur* hängt von der Bilanz zwischen Ein- und Ausstrahlung an der Erdbodenfläche primär ab, wird aber durch die modifizierenden Faktoren wie Wind, Bewölkung, Turbulenz, Verdunstung, Luftmassenwechsel u.a. oftmals bis zur Gegensätzlichkeit deformiert, so daß dann sogar die Nacht wärmer ausfallen kann als der Tag. Wir wollen von diesen „Störungen“ zunächst einmal absehen und nur den strahlungsbedingten Tagesgang der Temperatur verfolgen. Da die tägliche Einstrahlung von dem Stande der Sonne über dem Horizont abhängt, beginnt sie also nach Sonnenaufgang, erreicht ihren Höchstwert um 12 Uhr Ortszeit, um bei

Sonnenuntergang wieder aufzuhören. Die Ausstrahlung dagegen ist – ebenfalls die genannten Faktoren zunächst beiseite lassend – ständig wirksam. Ein Wärmegewinn aus der Einstrahlung resultiert also nur von dem Zeitpunkt ab, wo die Einstrahlung so stark geworden ist, daß sie den Wärmeverlust durch Ausstrahlung und Austausch (Turbulenz, Konvektion) übertrifft. Tiefstehende Morgen-, Abend- oder überhaupt Wintersonne, deren Wärmestrahlen auf dem langen Wege durch die Atmosphäre größtenteils verschluckt werden, vermag daher keine nennenswerte Erwärmung des horizontalen Erdbodens und damit der Luft zu erzielen. Auf zur Sonne geneigten Hängen macht sie sich aber noch bemerkbar, da sich dabei die wenn auch schwache Strahlung wegen des steileren Einfallswinkels auf eine geringere Fläche konzentriert und entsprechend weniger reflektiert wird.

Der *tägliche Temperaturhöchstwert* der Luft wird aber nicht zur gleichen Zeit erreicht wie der der größten Einstrahlung, sondern erst zwischen 14 und 15 Uhr, weil die Luft ihre Wärme erst durch Leitung (und weiter durch Turbulenz und Konvektion) von der erwärmten Erdoberfläche erhält. Diese wird aber so lange noch wärmer, wie die Einstrahlung stärker ist als Austausch und Ausstrahlung, im Sommer also mehr zum Nachmittag verschoben als im Winter. Die letztere ebenso wie die Austauschfaktoren hängen in ihrer Intensität allerdings auch von der erreichten Einstrahlungswärme an der Erdoberfläche ab, ist also zwar volle 24 Std. hindurch, d. h. ständig wirksam, jedoch mit unterschiedlichen Werten, während die Einstrahlung nur in den Tagesstunden wirksam sein kann. So kommt es, daß an stillen wolkenlosen Tagen die Temperatur in den Abendstunden zunächst sehr rasch, nachts dann aber bedeutend langsamer durch Ausstrahlung abnimmt. Das *Temperaturminimum* wird bei Sonnenaufgang oder gar erst kurz danach erreicht. Die ideale Temperaturkurve besitzt also einen unsymmetrischen Verlauf, mit steilerem Anstieg vormittags und langsamerem Abfall ab nachmittags bis morgens.

In Wirklichkeit werden diese Verhältnisse aber selten angetroffen, vielmehr erfährt der Tagesgang folgende *Modifikationen.* Nächtliche Abkühlung bewirkt bei starker Ausstrahlung oft Taufall oder gar Bodennebel, wodurch *Kondensationswärme* frei wird, die das weitere Absinken der Temperatur verlangsamt oder gar verhindert. Das Auftrocknen des taufeuchten Bodens und der Vegetation absorbiert vormittags einen Teil der Wärmeeinstrahlung, wie überhaupt die mit steigender Wärme vermehrte *Verdunstung* einen zunehmenden Anteil der Wärme verbraucht. Er ist um so höher, je trockener die Luft ist. Diese erwärmungsbremsende Wirkung entfällt aber dann, wenn nichts mehr zu verdunsten ist, wie z. B. in den Wüstengebieten. Ferner wird mit steigender Tageserwärmung die Luft aufgelockert und gerät in Turbulenz, wodurch eine Durchmischung mit weniger erwärmten Luftteilen eintritt. Die Folgen kann man nur an der Feinststruktur des Temperaturganges erkennen, die bei schnellerem Ablauf der Registriertrommel und vergrößerter Hebelübersetzung offenbar wird. Es zeigt sich dann nämlich eine verblüffende minutenweise Unruhe (vgl. K. Heigel in Meteor. Rdsch. 16, 1963, S. 48). Im Endeffekt führt dies zu einer Verlangsamung des Temperaturanstiegs.

Damit steht die Tatsache in Zusammenhang, daß die Windstärke im Mittel über Mittag ihr Maximum erreicht. In Seenähe gelegene Orte erfahren sogar mit dem *Aufkommen des Seewindes* vormittags einen deutlichen *Temperaturabfall,* von dessen tieferem Niveau sich dann der weitere Anstieg fortsetzt, ruhige Wetterlage ohne eigentlichen Gradientwind allerdings vorausgesetzt. Viele tropische und subtropische Küsten erfahren durch diesen Effekt eine merkliche thermische Begünstigung, die allerdings nur tagsüber wirkt, da der Seewind bei Nacht „einschläft" und durch einen schwächeren Landwind abgelöst wird. [s. Kap. II.h) 5.].

Über dem Meere ist der strahlungsbedingte Wärmegang deswegen viel flacher, weil sich die aufgenommene Wärme einem größeren Wasserkörper mitteilt und ein ungleich größerer Anteil durch Verdunstung verbraucht wird als auf dem Lande, nachts hingegen aus den tagsüber gespeicherten Vorräten wieder an die Luft abgegeben wird, abzüglich des auch dann durch Verdunstung verloren gehenden Anteils. So erscheinen die *verdunstungsreichen Passatmeere als enorme Wärmeverbraucher,* die *passatischen Landgebiete als ebensolche Erzeuger,* der Ausgleich erfolgt erst außerhalb der Passatzonen entweder in den Konvergenzzonen der Tropen oder in den Westwindgürteln der Ektropen, wo die ständigen Kondensationsvorgänge ein gewaltiges Wärmeplus liefern, das sich aus der örtlichen Einstrahlungskalorienmenge allein nicht erklären läßt.

Bewölkung setzt allgemein die strahlungsbedingte Wärmedifferenz herab, d.h. das tägliche Wärmemaximum bleibt tiefer und das morgendliche Minimum höher. Diese Verhältnisse sind allgemein für die ozeanisch beeinflußten Klimate mit ihrem Wolkenreichtum charakteristisch. Besonders die *Heraufsetzung der Minima* ist sehr fühlbar, weil nicht nur die nachts vor allem wirksame Ausstrahlung abgeschirmt wird, sondern weil die Wolken ihrerseits eine Wärmegegenstrahlung liefern. Tagsüber wird dagegen auch bei stark bewölktem Wetter ein Teil der Einstrahlung durchgelassen, was man z.B. im Frühjahr beim Wegtauen der Schneedecke deutlich beobachten kann. Diese durchgelassene diffuse Strahlung zusammen mit der Wolken- und Wasserdampfgegenstrahlung und der bei der Kondensation freigewordenen Wärmereserve sorgen dafür, daß auch bei bedecktem Wetter tagsüber genügend Wärmemengen zur Kompensation der Ausstrahlung zur Verfügung stehen.

Der Tagesgang der Temperatur wird jedoch in unserem zyklonalen Westwindklima mit seinen häufigen advektiv bedingten *Wetterwechseln* oft sehr unregelmäßig, mitunter sogar gegensätzlich gestaltet. Diese auf der *Zufuhr von Luftmassen unterschiedlicher thermischer Eigenschaften* beruhenden Änderungen sind ganz unregelmäßig und an keine regelhafte Eintrittszeit gebunden. Man hat zwar versucht, einen gewissen Tagesrhythmus von Frontdurchgängen nachzuweisen, aber die diesbezüglichen Forschungen stecken noch in den Anfängen, bedingt durch die außerordentliche Vielfalt der dabei mitwirkenden Faktoren. So kann es nach einem winterlichen Frosttag mit tiefen Temperaturen infolge Annäherung einer atlantischen Warmfront nachts zur Advektion von Warmluft oder zu einem plötzlichen Föhnausbruch kommen, wodurch also ein starker nächtlicher Temperaturanstieg bedingt wird. Umgekehrt kann eine sommerliche warme Schönwetterlage mit schwülwarmen Nächten vormittags mit dem Durchzug einer Böenfront beendet werden, so daß die Mittagstemperatur in der herangeführten maritimen Polarluft niedriger liegt als die Nachttemperatur in der vorherigen Warmluft. Gar nicht so selten wird eine milde winterliche Zyklonalperiode durch den Vorstoß kontinentaler Kaltluft aus Nordosten abrupt beendet, so daß, wenn dieser Vorstoß in den Vormittagsstunden über den Beobachtungsort hinweggeht, das Thermometer in den Mittagsstunden stetig absinkt anstatt anzusteigen. Wo allerdings eine gewisse Regelmäßigkeit des Eintritts von solchen täglichen Wetterumschwüngen zum Klimatyp gehört, wie etwa in manchen Tropengebieten der nachmittägliche Gewitterregen oder an der Küste beispielsweise von Senegambien der regelmäßige Seewindeffekt, gewinnen solche „Störungen“ den Charakter der Norm.

Beim *Jahresgang der Temperatur* – er wird meist in einfachen Lineardiagrammen mit der Temperatur als Ordinate und der Zeit als Abszisse dargestellt, obwohl eine kreisförmige Diagrammzeichnung wegen des damit leichter durchführbaren transhemisphärischen Vergleichs manche Vorteile böte (vgl. Fig. 5 u. 6 bei J. Gentilli 1958, S. 25/26) – besteht insofern eine Parallelität zum Tagesgang, als auch hier die *Extreme* gegenüber dem Sonnenstande meist *verspätet* eintreten. Als Regel kann gelten, daß die Verspätung bei kontinentalen Klimaten relativ wenig, bei maritimen dagegen stärker ins Gewicht fällt. K. Knoch (1932, S. 148) hat für 60° N beim Landklima eine Verspätung um 25 Tage, beim Seeklima um 44 Tage – in 35° N sogar um 55 Tage – errechnet. In unserem mitteleuropäischen Übergangsklima ist der Juli meist und im Durchschnitt der wärmste, der Januar der kälteste Monat. Es gibt aber von Jahr zu Jahr Abweichungen von dieser Regel, dergestalt, daß Juni oder August, ja sogar September (1961) die höchste Mitteltemperatur aufweisen oder Dezember, Februar oder gar erst März den kältesten Monat bilden. Überhaupt *„streut“ der kälteste Monat mehr als der wärmste,* was mit dem stärkeren Advektionsanteil bei der winterlichen Temperaturgestaltung zusammenhängt. Im maritimen Klima NW-Europas ist der August im allgemeinen etwas wärmer als der Juli, beruhend auf der verzögerten Erwärmung und langsamen Abkühlung des Wassers, und der Februar ist kälter als der Januar. Aber absolut gesehen ist die Februartemperatur im maritimen Bereich, obwohl hier den Tiefpunkt der Kurve darstellend, meist immer noch milder als der Januartiefstwert wesentlich südlicher gelegener Stationen des festländischen Bereichs. Spiegelbildlich verhält es sich mit dem wärmsten Monat.

Bemerkenswert ist die Verzögerung des Temperaturanstiegs im Frühjahr und des Abfalls im Herbst im maritimen Klima. So ergibt sich im Vergleich zu einer kontinentalen Temperaturkurve im maritimen Bereich im Frühjahr ein Wärmedefizit und im Herbst ein Wärmeüberschuß. Diejenigen Küstenländer, bei denen ganzjährig der Lufttransport vorwiegend auflandig ist, nehmen an diesem Jahresgang teil. Wo das jedoch nicht der Fall ist, wie z. B. im deutschen Ostseeküstengebiet, ergeben sich Asymmetrien; hier haben wir zwar im Frühjahr kalte Meereswinde aus nordöstlichen Richtungen, die dieser Jahreszeit an der Ostsee einen wenig erfreulichen Charakter verleihen, dafür aber im Herbst vorwiegend südliche bis südwestliche Winde, die den dann hohen Wärmeüberschuß des Seewassers nicht der deutschen, sondern der schwedischen und finnischen Küste zugute kommen lassen. Besonders auffällig ist die maritime Verschiebung der Temperaturkurve in den Ländern um den St.-Lorenz-Golf ausgeprägt. Die Asymmetrien des Jahresganges der Temperatur hat R. Keller (1947) kartographisch für Europa dargestellt.

Im Gegensatz zum Tagesgang zeigt der Jahresgang der Temperatur einige *regional typische Abweichungen* von der Norm, so daß man ihn zur Charakterisierung bestimmter Klimatypen herangezogen hat. Vom ausgeglicheneren Gang mit verspäteten Extremen im maritimen Klima war bereits die Rede.

Von genereller Bedeutung ist ferner das *Verhältnis des Tagesganges zum Jahresgang,* das C. Troll (1943) zur Abgrenzung der Tropenzone benutzt hat: Gebiete, in denen der Tagesgang größere Schwankungen zeigt als der Jahresgang, rechnet er zu den Tropen. Er benutzte dabei die periodische Tagesschwankung, während K. H. Paffen (1966, 1967) bei einer Neuberechnung aufgrund umfangreicheren Zahlen-

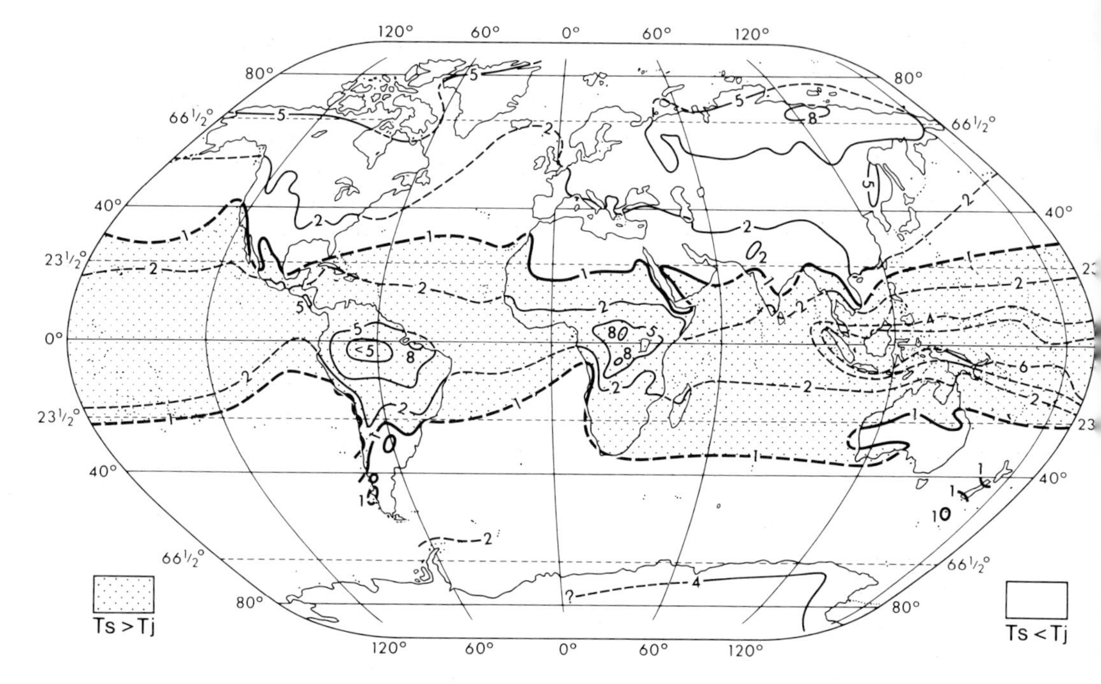

Abb. II.c)1. Das Verhältnis der Tages- (Ts) zur Jahresschwankung der Temperatur (Tj) auf der Erde. (Vereinfacht nach K.H. Paffen, 1967)
Die Tageswerte beziehen sich auf die sog. aperiodische Schwankung; d.i. die Differenz zwischen Maximum und Minimum. Infolge des kleineren Maßstabes mußte die Darstellung gegenüber der Originalkarte stark generalisiert werden. Von der Gleichgewichtslinie 1 aus steigt das Überwiegen der Jahresamplitude polwärts und kontinentwärts an, im ozeanisch beeinflußten ektropischen Bereich liegt sie nur wenig über der Tagesamplitude. Äquatorwärts dominiert die Tagesamplitude am stärksten über dem Lande. Die subtropischen Kaltwasserströmungen engen den Bereich des Überwiegens der Tagesschwankung ein

materials die im Durchschnitt etwas größere aperiodische Tagesamplitude [Unterschied s. Kap. II.c)4.] zur Jahresschwankung in Beziehung setzte und auf einer klimageographisch aussagekräftigen Weltkarte darstellte (Abb. II.c) 1). Sie zeigt übrigens, daß man dabei auch die absoluten Größen dieses Quotienten im Auge behalten muß, denn nicht nur in den Warmtropen, sondern auch in hochozeanischen Ektropen kann die Jahresschwankung, hier aber natürlich auf sehr viel tieferem Temperaturniveau, so klein werden, daß sie der im Gegensatz zu den Tropen allerdings auch geringeren Tagesamplitude, zumal der aperiodischen, sehr nahe kommt (z.B. auf der subantarktischen Campbell-Insel nördl. Neuseeland).

Darüber hinaus gibt es aber noch einige *regionale Besonderheiten des Jahresganges,* deren wichtigste im Folgenden besprochen werden (Vgl. dazu auch die Abb. II.c) 5–12).

Im *Polargebiet* ist die Jahrestemperaturkurve noch stärker abgeflacht als im maritimen Bereich, einmal im Winter wegen der bei fehlender Sonne ständigen Wechselwirkung zwischen Ausstrahlung und Advektion bzw. turbulenter Durchmischung – kernloser Winter (vgl. Abb. II.c) 6)! – und zum andern im Sommer wegen der wärmeverbrauchenden Eis- und Schneeschmelze, welche im Verein mit dem häufigen Seenebel die Lufttemperatur nicht nennenswert über 0° ansteigen läßt. Gleichwohl kann es bei ruhigem Wetter und ungehinderter, langdauernder Sonneneinstrahlung lokal und zeitweilig zu ansehnlichen Wärmewerten kommen, besonders in Bodennähe, worauf ja allein schon die Vegetation an geschützten Stellen hinweist. Was die Sommertemperatur betrifft, so sind im Polargebiet die kleinklimatischen, durch die Exposition und Bodendrainage bestimmten Unterschiede außerordentlich hoch. Das gilt allerdings nur von aperen Gebieten, nicht mehr vom hochglazialen Bereich der Inlandeisgebiete.

In den *Mittelbreiten* des *Westwindgürtels* sind die maritimen und kontinentalen Typen des Jahresganges in allen denkbaren Übergängen vertreten. Die Unterschiede des thermischen Gefälles im Sommer und im Winter in *Ostasien* bewirken, daß dort zwar im Sommer weithin ziemlich gleichhohe Juliwerte erreicht werden, die Temperaturkurve dagegen im Winter je nach Breitenlage sehr verschieden tiefe Januarmittel aufweist, wie nachstehendes Temperaturprofil von N nach S aufweist (°C):

	Juli	Januar	
Charbin	+22,0	−17,8	
Mukden	+24,2	−13,0	
Peking	+26,4	− 4,5	
Ichang	+29,0	+ 5,6	
Hongkong	+27,8	+15,8	(Februar + 14,4)

Eine Besonderheit lokaler Natur innerhalb der mittleren Breiten stellt der in *San Francisco* beobachtete Temperaturjahresgang dar. Bei an sich maritimem Gang mit geringer Jahresschwankung liegt das Maximum hier erst im September, das Minimum dagegen bereits im Januar. Die Ursache für diese Exzentrizität ist darin zu suchen, daß in den Sommermonaten der durch die kühlen Auftriebwasser des Kalifornienstromes bedingte Nebelreichtum (vielfach als Hochnebel) die Einstrahlung stark behindert, so daß erst nach seinem Verschwinden im Frühherbst die sinkende Sonne noch ihre Wirkung entfalten kann. Ganz ähnlich sind die Temperaturverhältnisse *Makaronesiens,* besonders der Kanarischen Inseln. In beiden Fällen handelt es sich also um eine maritime Variante des *Mittelmeerklimas* im weiteren Sinne. Dieses zeigt zwar in sich manche thermische Abstufung, vor allem vom ozeanischen Westen wärme und die winterliche Milde, die allerdings entlang seinem Nordsaum von fühl-Portugals zum kontinentaleren Osten, aber gemeinsam ist doch die hohe Sommer-baren gelegentlichen Kälteeinbrüchen nicht frei ist, während die Sommertemperatur im allgemeinen unregelmäßigen Schwankungen weniger unterworfen ist.

In den *Randtropen,* wo Regenzeiten die sommerlich ansteigende Temperaturkurve coupieren, kommt es zu zwei Temperaturmaxima, vor und nach der Regenzeit. Dies ist beim *indischen* und *sudanischen Temperaturgang* der Fall. Das Hauptmaximum der Temperatur liegt hierbei in der Regel vor Eintritt der sommerlichen Zenitalregen, in seltenen Fällen nach der Regenzeit. Infolge größerer Schwüle ist das zweite Wärmemaximum allerdings unangenehmer, sofern nicht, wie in Indien, vor dem Einsetzen der Monsunregen bereits feuchtere Luftmassen auch das erste Maximum begleiten, ehe es zum Ausbruch der Regen selbst kommt. Beide Typen unterscheiden sich aber voneinander durch die Lage der tiefsten Temperatur. Sie wird beim indischen Typ inmitten der winterlichen Trockenzeit, also im Januar, beim sudanischen dagegen bei allgemein geringerer Jahresschwankung in der sommerlichen Regenzeit erreicht. In *Äthiopien,* wo die relativ tiefen Temperaturen wegen der Höhenlage besonders ausgeprägt sind, wird nach S. Behrens (1971) die große Regenzeit von Juni bis September als „*Kremt*" (Winter) bezeichnet, während der „*Bega*" (= Sommer) in die Zeit des Sonnentiefstandes von Dezember bis März fällt. Zwar sind dann die Nächte relativ kühl, doch sind sie verbunden mit sehr heißen Tagen. Die Tagesamplitude beträgt in Addis Abeba im Januar mit 16,8 °C fast das Doppelte der im Juli (9,1 °C). [S. Behrens gibt im Geogr. Notiser 1971, S. 175ff. eine sehr lebendige Schilderung der Lebensumstände und der Folgen der Witterungsereignisse in der kühlen Jahreszeit in Äthiopien]. Auch in den *Tropen Südamerikas* wird die Regenperiode in der Zeit des Sonnenhöchststandes als „*invierno*" (Winter), die strahlungsreiche Trockenzeit, die gewöhnlich mit dem niedrigsten Sonnenstand verbunden ist, als „*verano*" (Sommer) bezeichnet.

Der *äquatoriale* Jahresgang schließlich zeigt nahezu Homothermie in bezug auf die Monatsmittel; die Jahresschwankung beläuft sich nur auf wenige Grad und liegt in jedem Fall beträchtlich unter der Tagesschwankung, die ihrerseits mittlere Werte erreicht verglichen mit den extrem hohen der trockenen Subtropen. Den extremsten Fall innertropischer thermischer Ausgeglichenheit des Jahresganges stellt Ocean Island im Pazifik dar, wo alle Monate im Durchschnitt 27 °C warm sind! In den Tropen kann also eine Einteilung des Jahres nach Jahreszeiten nicht von der Wärme her erfolgen, sondern lediglich von der Verteilung der Niederschläge her. Gegen die Randtropen hin wird dann die Frage der thermischen *Begrenzung des Tropenraumes* aktuell. Sie kann entweder durch das schon erwähnte Verhältnis von Tages- zu Jahresschwankung definiert werden, oder durch Annahme eines kühlsten Monatsmittels als Schwellenwert (bei Supan 20°, bei Köppen 18°). In der beigegebenen farbigen Klimakarte von N. Creutzburg ist der erstgenannte Gesichtspunkt in Anlehnung an Troll berücksichtigt worden. Man kann auch die absolute Frostgrenze wählen, wie es v. Wissmann in seiner ebenfalls beigefügten Klimakarte getan hat.

Die arithmetischen Mittelwerte von Tages- und Jahresgang der Temperatur haben den Nachteil, daß sie die tatsächliche Schwankungsbreite verschleiern, aus denen sie sich zusammensetzen. Zur genaueren Information müssen die extremen Maxima und Minima hinzugefügt werden. Wünschenswert wäre es, die thermischen Werte nach ihrer Häufigkeit zu ordnen. Aber das Verfahren ist sehr aufwendig, wie in Kap. I.c) bereits dargelegt wurde.

Regionale Temperaturdifferenzierung. Die flächenhafte Darstellung der Wärmeverhältnisse auf der Erde bzw. in einem bestimmten Gebiet geschieht durch *Isothermen,* das sind Linien, welche Orte gleicher Temperatur miteinander verbinden. Das Verfahren, inzwischen das geläufigste klimatologischer Darstellung überhaupt, wurde zuerst von A. v. Humboldt (1817) angewandt, als die ersten klimatologischen Mittelwerte verschiedener Orte bekannt wurden.

Die reelle Zuverlässigkeit einer *Isothermenkarte* ist sehr unterschiedlich, weil die Dichte des Stationsnetzes wechselt und weil außerdem auch die Zuverlässigkeit der einzelnen Werte, falls es sich um Mittelbildungen handelt, differiert. So täuscht eine Isothermenkarte der Übersicht und Vergleichbarkeit halber über zahlreiche Lücken und Inhomogenitäten hinweg. Man muß sich beim Auswerten von Isothermenkarten – was natürlich bei Niederschlagskarten usw. ebenso der Fall ist – immer vergegenwärtigen, wieviel von ihrem Verlauf in Wirklichkeit auf Interpolation beruht.

Man kann die *Isothermen nach wirklichen Werten* konstruieren, die ohne weitere Veränderung als der normalen Mittelberechnung aus den beobachteten Zahlen gewonnen wurden, also das tatsächlich anzutreffende Wärmeverteilungsbild wiedergeben, oder nach solchen, die *auf den Meeresspiegel reduziert* worden sind. Diese (vgl. Abb. II.c) 2–5) stellen also eine Abstraktion vom Relief dar, die besser den Einfluß der geographischen Breite sowie von Land und Meer auf die Temperaturverteilung erkennen läßt. Diese Reduktion muß davon ausgehen, daß die Temperaturveränderung mit der Höhe – in den weitaus meisten Fällen handelt es sich dabei um eine verschieden starke Abnahme – nicht überall und in allen Monaten gleich ist [vgl. Kap. V.c)].

Die einfachste Isothermenkarte ist die der *Jahresisothermen.* Ihre klimatologische Aussagefähigkeit ist jedoch ziemlich beschränkt, ganz besonders im engeren Länderrahmen. Da in ihr die mannigfaltigen jahreszeitlichen Temperaturunterschiede nicht zum Ausdruck kommen – die Jahrestemperatur von Bordeaux ist mit +12,8° die gleiche wie die von Washington, San Fracisco und Quito trotz abweichender Klimatypen – gibt sie ein sehr ausgeglichenes Bild, das sich im großen an die Strahlungsbilanz der einzelnen Breitenzonen (vgl. Abb. II.b) 10) anschließt mit den im Jahresmittel kältesten Bereichen in den Polarkappen und den höchsten Werten im Tropengürtel. Neben dem breitenbedingten Jahrestemperaturgefälle macht sich jedoch auch noch die Verteilung von Land und Meer dort bemerkbar, wo die Einflüsse jahraus jahrein im gleichen Sinne wirken. So werden die Jahresisothermen über den kühlen Meeresströmungen des Humboldtstromes westlich Südamerikas und des Benguelastromes westlich Südafrikas äquatorwärts eingedrückt, während die warmen Meeresströmungen des Nordatlantik und des Nordpazifik eine polwärtige Ausbuchtung bedingen. Schon A. v. Humboldt waren diese Unterschiede aufgefallen, wie seine Studie „Untersuchungen über die Ursachen der Krümmungen der isothermen Linien“ (1843) verrät.

Die gewundene Linie, die die höchsten Monats- oder Jahresmittelwerte auf den einzelnen Längenkreisen verbindet (Abb. II.c) 2 u. 4), ist keine Isotherme, sondern eine Scheitellinie, die man zweckmäßig als *Wärmescheitel der Erde* bezeichnet. Hierfür den Ausdruck „thermischer Äquator“ zu verwenden – wie es oft geschehen ist –, empfiehlt sich nicht. Vielmehr sollte man als thermischen oder *Wärmeäquator* denjenigen Breitenkreis bezeichnen, der die höchste Mitteltemperatur im Jahre oder in einem Monat besitzt. Aus der beigefügten Tab. II. c) 1 die für jeden fünften Breitenkreis dessen auf den Meeresspiegel reduzierte Durchschnittstemperatur angibt, kann man seine Lage für einzelne Monate oder für das Jahr leicht ablesen. Er deckt sich nicht mit dem mathematischen Äquator, sondern liegt größtenteils nordwärts davon bei im Mittel 10° Breite. Er pendelt im Jahresgang zwischen 20° im Juli und 0°, also dem Gleicher selbst, im Januar. Man hat diese Asymmetrie meist damit begründet, daß die ausgedehnten Landanteile in den strahlungsentscheidenden Subtropen den Wärmeüberschuß der Nordhemisphäre verursachen, während die überwiegende Wasserfläche der Südhalbkugel das Zurückbleiben der Temperaturen dort bedingen soll (vgl. Hann-Knoch, 1932). Für die Tropen mag das richtig sein, für die höheren Breiten muß aber die Hauptursache in der extremen Kältesenke über dem antarktischen Eisschild gesehen werden. Das ergibt sich aus der Strahlungsbilanz mit der Konsequenz, daß am Kältepol der Südhemisphäre im Winter mit Mittel-

Tab. II.b) 8. Mittlere monatliche Tagessummen der Einstrahlung in cal pro cm² und Tag in Arosa an verschieden steilen Hängen mit N- und mit S-Exposition. (Nach Götz aus Conrad, 1936, S. B 10)

Tagesmittel des Monats	S-Exposition 90°	75°	60°	45°	30°	15°	0°	N-Exposition 15°	30°	45°	60°	75°	90°	Maximum in g/cal	bei Neig.
Jan.	242	257	254	233	197	147	87	22	–	–	–	–	–	258	68°
Febr.	300	329	338	324	290	231	159	77	1	–	–	–	–	339	62°
März	268	318	346	357	331	290	226	151	63	–	–	–	–	370	56°
April	183	248	296	324	330	314	277	220	149	67	8	2	1	333	34°
Mai	107	172	226	267	291	294	279	249	194	130	56	21	11	297	21°
Juni	86	154	217	266	300	314	306	280	233	171	96	38	20	315	13°
Juli	112	191	262	316	352	364	350	315	257	182	95	36	20	364	15°
Aug.	183	267	335	378	399	392	358	301	222	129	35	13	6	400	26°
Sept.	250	312	353	367	359	325	289	197	110	15	–	–	–	376	45°
Okt.	270	302	322	316	288	240	176	101	19	–	–	–	–	323	56°
Nov.	273	292	293	273	234	179	112	38	–	–	–	–	–	296	67°
Dez.	227	238	233	210	177	130	73	13	–	–	–	–	–	240	71°
Jahressumme:	75.800	93.500	106.100	110.700	107.900	98.000	82.000	59.900	38.200	21.300	8.900	3.400	1.700	110.700	45°

Tab. II.c) 1. Mittlere Temperatur der Breitenkreise, reduzierte meist nach Hann-Süring, 1940, S. 180; wirkliche nach A. Kessler, 1968, S. 33, Höchstwerte fett, Tiefstwerte kursiv

Januar wirklich Land	Meer	Erde	red. Erde	Juli wirklich Land	Meer	Erde	red. Erde	Jahr red. Erde	Amplitude wirklich Land	Meer	Erde	red. Erde	∅ Temp. der Ozeane	Land-bed. %	Breite
–	*−34,4*	*−34,4*	*−41*	–	−0,6	−0,6	−1	−22,7	–	**33,8**	**33,8**	40	−1,7	0	N 90°
–	−33,7	−33,7	−38,1	–	0,1	0,1	0,3	−21,2	–	**33,8**	**33,8**	38,4	−1,7	0	85
−32,6	−29,4	−30,2	−32,2	−3,2	0,5	−0,4	2,0	−17,2	29,4	29,9	29,8	34,2	−1,7	20	80
−32,8	−23,7	−25,4	−29,0	−3,7	2,6	1,4	3,4	−14,7	29,1	26,3	26,8	32,4	−1,2	24	75
−32,2	−15,5	−24,3	−26,3	6,6	6,5	6,6	7,3	−10,7	**38,8**	22,0	30,9	33,6	0,7	53	70
−26,7	− 6,1	−23,3	−23,0	10,9	7,5	10,3	12,4	− 5,8	37,6	13,6	33,6	35,4	3,1	**76**	65

−22,4	− 8,5	−17,0	−16,1	14,0	9,5	12,3	14,1	− 1,1	36,4	18,0	29,3	30,2	4,8	61	60
−20,3	− 1,0	−11,8	−10,0	15,4	11,3	13,5	15,7	2,3	35,7	12,3	25,3	26,6	6,1	55	55
−16,6	2,4	− 8,2	− 7,1	18,4	12,7	15,9	18,1	5,8	35,0	10,3	24,1	25,2	7,9	58	50
−11,3	5,6	− 3,3	− 1,7	20,9	15,2	18,2	20,9	9,8	32,2	10,8	21,5	22,6	10,8	51	45
− 4,5	8,5	2,7	5,0	22,7	19,6	21,0	24,0	14,1	27,2	11,1	18,3	19,0	14,1	45	40
− 1,8	13,3	7,0	9,6	21,6	22,8	22,3	25,8	17,2	23,4	9,5	15,3	16,2	18,3	42	35
6,6	16,9	12,3	14,5	24,8	24,6	24,7	27,3	20,4	18,2	7,7	12,4	12,8	21,3	43	30
13,8	21,0	18,4	18,7	27,2	26,3	26,6	27,9	23,6	13,4	5,3	8,2	9,2	23,7	37	25
17,1	23,7	21,7	21,8	**28,5**	26,9	27,4	**28,0**	25,3	11,4	3,2	5,7	6,2	25,4	32	20
21,8	25,4	24,4	24,0	27,4	**27,5**	**27,5**	27,9	26,3	5,6	2,1	3,1	3,9	26,6	26	15
22,7	26,4	25,6	25,8	22,9	**27,5**	26,5	26,9	**26,7**	0,2	1,1	0,9	1,4	27,2	24	10
23,4	26,8	26,0	26,9	22,6	26,8	25,9	26,2	26,4	0,8	0,0	0,1	0,6	**27,4**	22	5
24,4	26,8	26,2	**26,4**	24,4	26,2	25,8	25,6	26,2	0,0	0,6	0,4	1,0	27,1	22	Äqu.
25,1	**27,0**	**26,5**	**26,4**	23,1	25,9	25,2	24,9	25,8	2,0	1,1	1,3	1,6	26,4	24	5
22,7	26,8	26,0	26,3	21,4	25,2	24,5	23,9	25,3	1,3	1,6	1,5	2,4	25,8	20	10
23,0	26,3	25,4	25,9	18,3	24,1	22,7	22,3	24,4	4,7	2,2	2,7	3,6	25,1	23	15
25,9	25,3	25,4	25,4	16,4	22,0	20,8	20,0	22,9	9,5	3,3	4,6	5,4	24,0	24	20
24,5	24,1	24,2	24,3	14,1	19,8	18,4	17,5	20,9	10,3	4,3	5,8	6,8	22,0	23	25
22,5	22,3	22,3	21,9	10,0	17,0	15,4	14,7	18,4	12,5	5,3	6,9	7,2	19,5	20	30
21,8	19,5	19,6	18,7	7,8	14,3	13,9	11,8	15,2	14,0	5,2	3,7	6,9	17,0	9	35
11,0	16,0	15,9	15,6	4,6	11,6	11,4	9,0	11,9	7,0	4,4	4,6	6,6	13,3	4	40
–	12,0	12,0	12,3	–	8,2	8,2	6,2	8,8	–	3,8	3,8	6,1	9,9	3	45
12,3	8,1	8,2	8,1	3,0	4,7	4,7	3,4	5,8	9,3	3,4	3,5	4,7	6,4	2	50
–	5,1	5,1	5,0	–	0,9	0,9	− 2,4	1,3	–	4,2	4,2	7,4	3,1	1	55
–	2,3	2,3	2,1	–	− 4,2	− 4,2	− 9,1	− 3,4	–	6,5	6,5	11,2	0,0	0	60
–	−0,4	− 0,4	−0,7	–	−10,4	−10,4	−16,1	− 8,2	–	10,0	10,0	15,4	−1,2	1	65
−16,1	−2,2	− 8,4	−3,5	−36,4	−14,9	−24,5	−23,0	−13,6	20,2	12,7	16,1	19,5	−1,3	71	70
−22,1	−3,8	−17,0	−6,8	−48,2	−20,2	−40,4	−30,8	−20,2	26,1	16,4	23,4	24,0	−1,7	81	75
−23,4	–	−23,4	−15,1	−48,8	–	−48,8	−39,7	−27,0	25,4	–	25,4	24,6	–	100	80
−27,3	–	−27,3	−21,5	−51,6	–	−51,6	−43,7	−31,4	24,3	–	24,3	22,2	–	100	85
−29,2	–	−29,2	−23,0	*−57,5*	–	*−57,5*	*−48,0*	−33,1	28,3	–	28,3	25,0	–	100	S 90°

temperaturen von −60 °C, vor allem aber im Sommer mit −25 °C wesentlich tiefere Temperaturen als im Nordpolargebiet (−35 bzw. −1 °C) erreicht werden. Über die ausgedehnten Eisflächen reicht der Kälteeinfluß außerdem wesentlich weiter in die hohen Mittelbreiten hinein als auf der Nordhalbkugel, was man an der Drängung der Isothermen am Rande der Antarktis deutlich sehen kann. Und noch dazu tragen die weit reichenden kalten Meeresströmungen bis an den Rand der Tropen zur Abkühlung der Ozeane bei. Man hat auch eine *Mitteltemperatur der Erde* und ihrer Halbkugeln berechnet (Haurwitz u. Austin: Climatology, 1944, S. 26), wie aus den beifolgenden Zahlen hervorgeht:

	Jahr	Januar	Juli	Jahresamplitude
Nordhalbkugel	15,2	8,1	22,4	14,3
Südhalbkugel	13,3	17,1	9,7	7,4
ganze Erde	14,3	12,6	16,0	3,4

Der Wert von 14,3° als Jahresmittel entspricht etwa den Mitteltemperaturen des 40. nördlichen und des 35. südlichen Breitenkreises, so daß flächenmäßig mehr als die Hälfte der Erdoberfläche wärmer als dieses Mittel, der geringere Teil kühler ist. Da die negativen Abweichungen tiefer unter dem Mittel als die positiven über ihm liegen, erklärt sich diese Flächen-Asymmetrie. Die Mitteltemperatur der Erdoberfläche hat gleichzeitig H. P. Bailey (1960 u. 1964) als Zentralwert seiner Definition des „temperierten Klimas" herangezogen und als „optimal climate for human acticity" bezeichnet, welches in den Grenzen zwischen +3 und +25 °C liegt. *„Temperiertes Klima"* ist als bioklimatische Größe aufzufassen. Es tritt in jenen Breitenzonen auf, die zuweilen als „temperierte-" oder „gemäßigte Zone" bezeichnet werden, obwohl gerade in ihnen die Haupttemperaturkontraste auf der Erde auftreten, die mit dem Begriffsinhalt eines temperierten Klimas nicht verträglich sind. Man sollte den *Begriff „gemäßigte Zone" streichen* und durch „höhere Mittelbreiten" ersetzen. Der *Temperiertheitsindex* M wird nach H. P. Bailey durch eine relativ komplizierte Gleichung aus stündlichen Häufigkeitsverteilungen der Temperatur oder, wo solche nicht vorliegen, aus der mittleren Jahresamplitude, ebenfalls nach Häufigkeitswerten berechnet. Mit Hilfe eines Nomogramms kann der genannte Index bequem ermittelt werden. Er ist in folgende Stufen eingeteilt:

M = $>80-100$ = übertemperiert
$>65-80$ = sehr temperiert
$>50-65$ = temperiert

$>35-50$ = untertemperiert
$>20-35$ = untemperiert
$0-35$ = extrem

Auf einer Weltkarte hat Bailey die Verteilung der obigen Stufen eingetragen.

Die äquatorwärtige *Herabdrückung der Isothermen entlang der Ostküsten der Kontinente* ist klimatisch von größter Tragweite und bewirkt starke thermische Gegensätze auf gleicher Breite zwischen den West- und Ostflanken der Festländer, am ausgeprägtesten im Winter der jeweiligen Halbkugel. Zur Erklärung dieses „Ostküstenphänomens" muß man folgenden Ursachenkomplex berücksichtigen: a) jahreszeitliche Unterschiede der Wärmebilanz Kontinent/Ozean, b) Minimum der Advektion maritimer Luft im O der Kontinente in der Zone der außertropischen Westwinde, c) Vorherrschen kalter bzw. warmer Meeresströmungen nebeneinander vor den Küsten, d) orographisch erzwungene Höhentröge des Luftdruckbildes mit trogförmigen Zugbahnen der Zyklonen und dadurch sekundär ausgelösten thermischen Anomalien. H. Flohn führt den letztgenannten Grund als den entscheidenden an.

Dem negativen thermischen Ostküsteneffekt der mittleren und hohen Breiten steht in den niederen Breiten ein in mancher Hinsicht ähnlicher *kalter Westküsteneffekt* gegenüber. Im Gegensatz zu dem vorigen ist dieser jedoch nicht die Folge einer trogförmigen Einbuchtung des Druckniveaus höherer Luftschichten, sondern im wesentlichen verursacht durch ablandige Ostwinde der passatischen Trockengürtel. Diese bedingen im Verein mit Meeresströmungen außertropischer Herkunft (Humboldt- oder Perustrom, Benguelastrom, Kalifornienstrom, Kanarenstrom) kalte, allerdings nur aus 200–300 m Tiefe aufquellende Auftriebswasser, die zu kräftiger Abkühlung und Nebelbildung in der darüber hinstreichenden warmen Festlandsluft führen.

Der negativen Anomalie entlang der subtropischen Westküsten steht eine, wenngleich schwächer ausgeprägte *positive an den passatischen Luvküsten* gegenüber, wo hohe Luftfeuchtigkeit und Bewölkung mit Stau- und Konvektionsniederschlägen allerdings den Anstieg des trockenen Thermometers mäßigen und die positive Anomalie somit mehr auf die Äquivalenttemperatur, wie sie sich in der Schwüle äußerst, verlagern. Die mittelamerikanischen Ost- und Inselküsten sowie die Küsten der nordostbrasilianischen Staaten sind hier anzuführen. Der intrazonale Temperaturgegensatz der Ektropen, der ein wesentliches Glied der Lautensachschen Formenwandelkategorien bildet, kehrt also in den Subtropen sein Vorzeichen um und führt daher zu einer Differenzierung des zonalen Wandels (Blüthgen in Lautensach-Festschrift 1957, S. 25).

Weit häufiger als Jahresisothermen werden *Monatsisothermen* verwendet, insbesondere die der Extremmonate. Das sind in den meisten Gebieten der Erde Januar und Juli. Genau genommen hinkt die Erwärmung bzw. Abkühlung dem Sonnenstande knapp einen Monat nach, im ozeanischen Bereich dagegen etwa 2 Monate, worauf bereits hingewiesen wurde. Für eine vergleichende Betrachtung der Temperaturverteilung verwenden wir reduzierte Isothermen (Abb. II.c) 2–4).

Die *Januarisothermenkarte* zeigt über den Nordkontinenten einen grundlegenden Unterschied des Isothermenbildes gegenüber Juli. Eine Sonderkarte für Mitteleuropa (Abb. II.c) 2) macht dies deutlich. Die Tatsache, daß sich die Festländer breit bis an den Rand der Arktis erstrecken und daher an der negativen winterlichen Strahlungsbilanz der hohen Breiten kräftig Anteil haben, bewirkt starke Abkühlung über Nordamerika und vor allem über Nordasien, wo sich im Bergland von Nordostsibirien innerhalb stagnierender seichter Kaltluftseen ein *sekundärer Kältepol der Erde* mit einer Januarmitteltemperatur von −50° befindet. Vor Bekanntwerden der oben genannten antarktischen Messungen galt dieses – übrigens nur auf den Hoch-

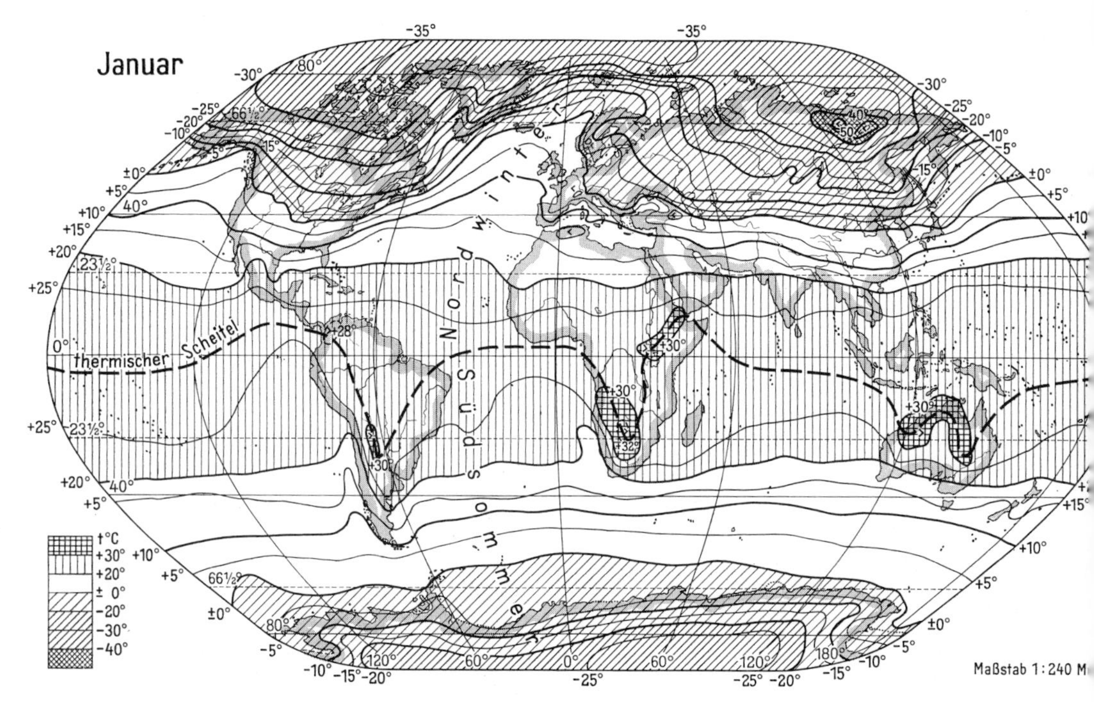

Abb. II.c) 2. Monatsmitteltemperaturen (reduziert auf den Meeresspiegel) und Wärmescheitel im Januar. Die ausgedehnteren Festlandsmassen der Nordhemisphäre bedingen im Verein mit polwärts stark negativer Strahlungsbilanz extrem tiefe Monatsmittel in den von der thermisch ausgleichenden Westwinddrift nicht mehr erreichten Gebieten des nordöstlichen Asiens und des nördlichen Nordamerikas. Der thermische Scheitel springt nur im Bereich der relativ schmalen Südkontinente bis zum südlichen Wendekreis vor, bleibt aber im Atlantischen und Ostpazifischen Sektor wegen der kalten Meeresströmungen (Benguelastrom, Humboldtstrom) sowie über Äthiop en (auf den Meeresspiegel reduziert!) auch in diesem Monat südlichen Zenitstandes der Sonne noch nördlich des Äquetors

winter beschränkte – extreme Kältegebiet als der Kältepol der Erde, wie ihn die meisten bisherigen Lehrbücher und Atlanten noch verzeichnen. Man hatte lange Zeit angenommen, daß in diesem Gebiet der Ort Werchojansk im Waldgebiet der mittleren Jana das tiefste Januarmittel besäße, bis man erkannte (seit den Forschungen von S. W. Obrutschew 1926), daß der Wert des südöstlich davon in einem Gebirgshochtal gelegenen Oimjakon (auch Oimekon geschrieben) auf Grund tieferer Extreme noch etwas darunter liegen dürfte. Das Bemerkenswerte an diesem Kältepol Nordostsibiriens ist seine Lage innerhalb der Ökumene mit menschlichen Siedlungen und Wäldern sowie seine ausschließliche zeitliche Beschränkung auf den Winter.

Zwischen den beiden Kältezentren der Nordhemisphäre buchten sich die Isothermen über den mildtemperierten nordatlantischen Gewässern stark polwärts aus, so daß die 0°-Isotherme an der Küste des mittleren Nordnorwegen ihre polnächste Lage auf der Erde überhaupt erreicht, und zwar in der gleichen Breite, in der in Nordostsibirien der nordhemisphärische Kältepol liegt.

Über *Mittel- und Westeuropa* (Abb. II.c) 3) haben die Isothermen demzufolge einen meridionalen Verlauf. Das Temperaturgefälle von der milden norwegischen

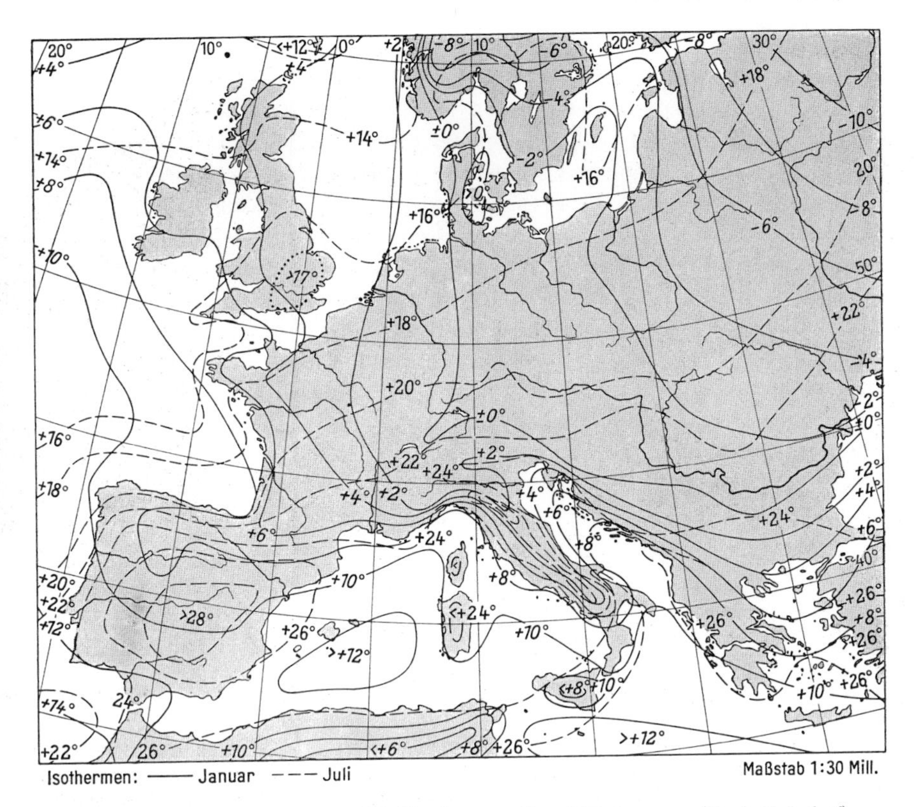

Abb. II.c)3. Reduzierte Januar- und Juliisothermen über Mitteleuropa. (Nach E. Imhof)
Während die Januarisothermen einen vorwiegend meridionalen Verlauf zwischen mildem ozeanischem Westeuropa und kaltem kontinentalem Nordosteuropa aufweisen, verlaufen die Juliisothermen stärker zonenparallel und biegen erst über Osteuropa nordwärts aus. Im Mittelmeerraum bedingen die winterliche Wärme des Meeres und die sommerliche Hitze des Festlandes küstenparallele Isothermen

Westküste zum winterkalten Innerschweden ist steil und beträgt bis zu 14°. Über dem Nordpazifik ist zwar eine entsprechende polwärtige Vorbuchtung der Isothermen auch vorhanden, beschränkt sich aber aus küstentopographischen und orographischen Gründen auf den Golf von Alaska und sein unmittelbares Küstenland, so daß am Ostfuß des Felsengebirges davon nicht mehr viel zu spüren ist. Die Abkühlung der nördlichen Festländer im Winter ist so extrem, daß die Isothermen von hier aus zu dem Gürtel der südsommerlichen Wärmemaxima, obschon diese wegen der Schmalheit der Südkontinente bedeutend schwächer entwickelt sind, viel dichter aufeinander folgen, als es mit umgekehrtem Vorzeichen im Juli der Fall ist. Nur NW-Australien beherbergt nämlich kleine Gebiete, in denen die Mitteltemperatur 30° überschreitet. Ein Januarmonatsmittel von +35° dürfte flächenhaft in keinem Südkontinent erreicht werden. In Angola errechnet sich ein Wert von über 30° lediglich bei Reduktion auf den Meeresspiegel. Bemerkenswert ist im Gegensatz zur Julikarte die starke polwärtige Zungenbildung der Isothermen vor der Ostküste Südamerikas unter dem Einfluß des in dieser Jahreszeit kräftig entwickelten Brasilstromes.

Die *Juliisothermenkarte* Abb. II.c) 4) zeigt im Vergleich zu der des Januar ein geringeres Temperaturgefälle in allen Teilen der Erde. Der breitenparallele Verlauf der Isothermen herrscht vor und die *Maxima* bei Monatstemperaturmitteln von über 35° werden in einem breiten Gürtel beiderseits des nördl. Wendekreises der Alten Welt erreicht. Besondere Verhältnisse liegen im südlichen Nordamerika vor, wo im Wüstengebiet von Arizona bis Mexiko zwar ebenfalls fast so hohe Monatsmittel wie in der Sahara erreicht werden, wo aber ein bemerkenswert steiler Gradient zum kühlen Kalifornienstrom vor der Küste existiert, der hier eine meridionale Scharung der Isothermen bewirkt. Über den Nordkontinenten verlaufen die Isothermen im übrigen bei relativ weiten Abständen annähernd zonal. Lediglich die Eiskappe Grönlands bildet ein selbständiges Kältezentrum. Bemerkenswert ist das über Nordostasien zu beobachtende starke Zurückspringen der Isothermen nach S unter dem Einfluß der kalten Meeresströmungen um Kamtschatka und des die Erwärmung hintanhaltenden nebligen Klimas.

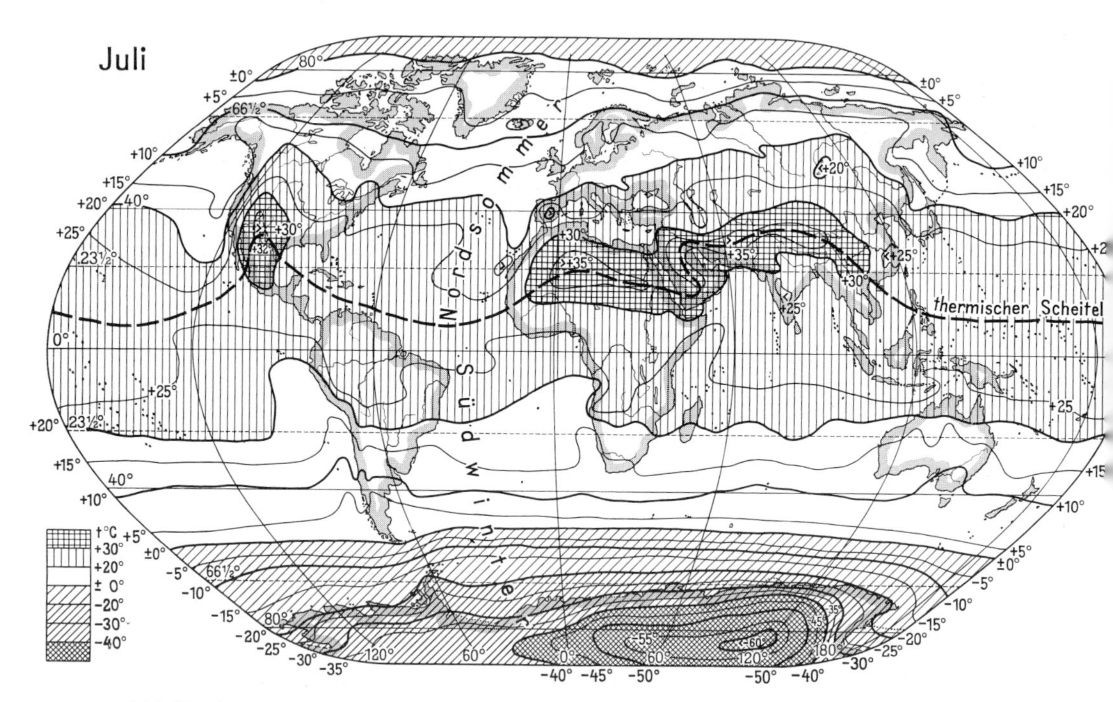

Abb. II.c) 4. Monatsmitteltemperaturen (reduziert auf den Meeresspiegel) und Wärmescheitel im Juli. Der nördliche Zenitstand der Sonne bedingt bei der großen Erstreckung kontinentaler Flächen in diesen Breiten einen ungleich viel höheren Arealanteil mit Temperaturen über + 30° als zur Zeit des Südsommers auf der wasserreichen Südhalbkugel. Der thermische Scheitel ist z. T. weit über den Wendekreis hinaus nordwärts verschoben und schließt bei Reduktion auf den Meeresspiegel Hochasien ein. Demgegenüber weist die küstenferne Ostantarktis zur Zeit der Südwinternacht mit den tiefsten Mitteltemperaturen den absoluten Kältepol der Erde auf

Auf der Südhalbkugel macht sich der dort um diese Zeit herrschende Winter thermisch nur wenig bemerkbar, da die Landmassen bereits in so niedrigen Breiten enden, daß es auf ihnen noch nicht zu größerer Abkühlung kommen kann. Die bis 55° S reichende Spitze Südamerikas ist wiederum so schmal und daher so maritim betont, daß sich eine nennenswerte eigenständige Abkühlung auf dem Lande hier gar nicht entwickeln kann. Der vorwiegend maritime Charakter der Südhalbkugel zeigt sich in nahezu ungestört zonal verlaufenden Isothermen, die sich außerdem im Bereich des antarktischen Gürtelmeeres lagemäßig nur wenig von den Sommerisothermen unterscheiden.

Eine Besonderheit stellt auch thermisch der antarktische Kontinent dar, dessen Höhe und Eisbedeckung extrem tiefe Temperaturen bedingen, so daß sich in allen Jahreszeiten hier der *Kältepol der Erdoberfläche* befinden dürfte, wie die Beobachtungen des Internationalen Geophysikalischen Jahres 1957/58 und der nachfolgenden Jahre ergeben haben. Auch im „wärmsten" Monat (Januar) bleibt die Mitteltemperatur tief unter 0°, und nur an steilen schneearmen Bergwänden der Randgebirge vermag die Insolation gelegentlich Schneefreiheit oder Ausapern bei positiven Temperaturen zu erzielen. Die zentralpolare Lage bedingt außerdem von vornherein eine extrem ungünstige Strahlungsbilanz.

Ein *Vergleich zwischen den beiden Halbkugeln* (Tab. II.c) 1) offenbart die enorme *Ungleichheit in thermischer Hinsicht,* die sich über den von der Wärme abhängigen Luftdruck in die Sphäre der Zirkulation transformiert. Daß dieser Effekt nicht noch beherrschender hervortritt, liegt daran, daß die bodennahen Wärmeverhältnisse nur einen Teil des Energiehaushaltes ausmachen. Immerhin bedeutet vor allem die radikale Umstellung der Albedo beim Vorhandensein von Schnee und Eis einen tief in den Strahlungs- und damit Wärmehaushalt eingreifenden Faktor. Deshalb ist die winterliche Temperaturverteilung auf der Erde, genauer gesagt: der Anteil von Gebieten mit Temperaturen unter dem Gefrierpunkt, also mit Eis und Schnee, wichtiger und für die Asymmetrie beider Erdhälften entscheidender als die sommerliche. Eine Gegenüberstellung der Areale mit Frosttemperaturmitteln für Januar und Juli im Vergleich beider Hemisphären verdeutlicht das (nach J. Gentilli, 1958, S. 61f.):

	Nordhalbkugel	Südhalbkugel
Januar	50 Mill. mi^2 = 129,5 Mill. km^2	20 Mill. mi^2 = 51,8 Mill. km^2
Juli	8 Mill. mi^2 = 20,7 Mill. km^2	30 Mill. mi^2 = 77,7 Mill. km^2

Daß die negativen Wintertemperaturen auf der Nordhalbkugel wesentlich weiter äquatorwärts ausgreifen als auf der Südhemisphäre, liegt an der ungleichen Verteilung von Land und Wasser in den Mittelbreiten. Während über den winterlichen, z.T. schneebedeckten Landflächen Nordamerikas und Eurasiens Kaltluft im Zuge normalen Meridionalaustausches noch mit negativen Temperaturen relativ weit in die Subtropen gelangt, bedarf es auf der Südhalbkugel relativ selten auftretender besonderer Druckkonstellationen, damit die Kaltluft die Aufwärmungsstrecke über den subantarktischen Wassergürtel schnell genug überwindet, um noch mit Frosttemperaturen im Süden Südamerikas oder Neuseelands anzukommen. In solchen Ausnahmefällen kann sie dann sogar bei zusätzlicher Ausstrahlungabkühlung über den Landflächen Nachtfröste noch bis an den Rand der Tropen bringen, der z.B. zur

Vernichtung von Kaffeekulturen in Südost-Brasilien führen kann, wie zuletzt 1975 geschehen.

Eine sehr instruktive Darstellung der thermischen Klimabedingungen in der Kombination von Tages- und Jahresgang ist die mit Hilfe der – im übrigen auch für andere Klimaelemente analog verwendbaren – *Isoplethendiagramme.*

Man benötigt dazu allerdings Stundenwerte des darzustellenden Klimaelementes, eine Beobachtungsbasis, die nur für relativ wenige Stationen gegeben ist. Über den auf der Abzisse eingetragenen Tagen des Jahres werden in der Ordinatenrichtung die Werte für die 24 Tagesstunden eingetragen und dann in dem Wertefeld gleiche Werte durch Isolinien verbunden. In der Vertikalen kann man dann den Tagesgang für verschiedene Zeiten des Jahres, in der Horizontalen den Jahresgang für verschiedene Tagesstunden entnehmen.

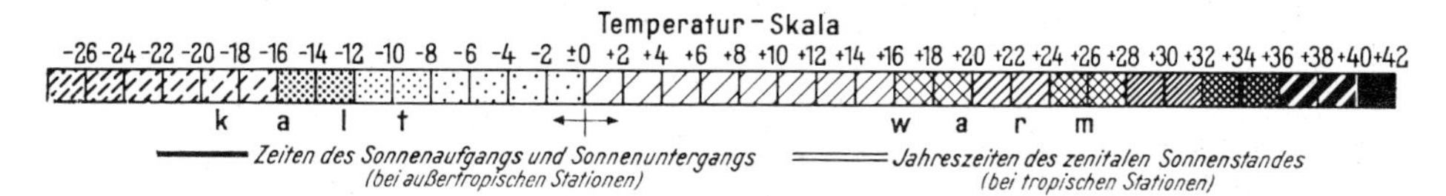

Abb. II.c)5. (Legende zu den Thermoisoplethendiagrammen für ausgewählte Klimatypen (II.c)6 nach F. Burdecki, 1963, 7–12 nach C. Troll, 1943)

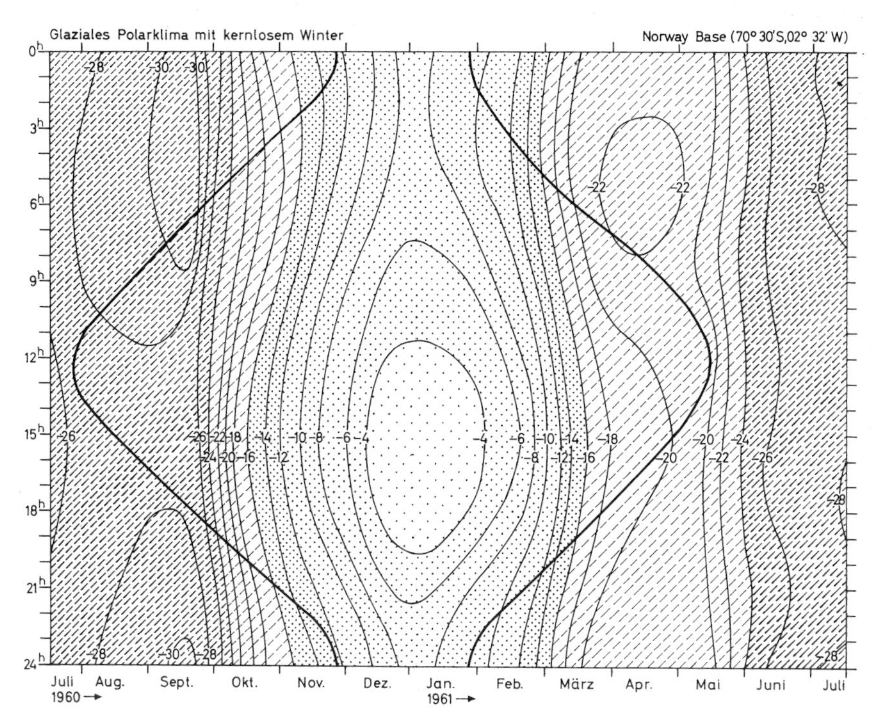

Abb. II.c)6. Norway Base (Antarktien). Glaziales Polarklima mit kernlosem Winter (Hauptminimum im September, Nebenminimum im April), fehlendem Tagesgang während der winterlichen Polarnacht, geringem Tagesgang im Südsommer. Der Temperaturanstieg im Oktober ist steiler als der Temperaturabfall im März. Beobachtungswerte 1960/61 der South African National Antarctic Expedition I

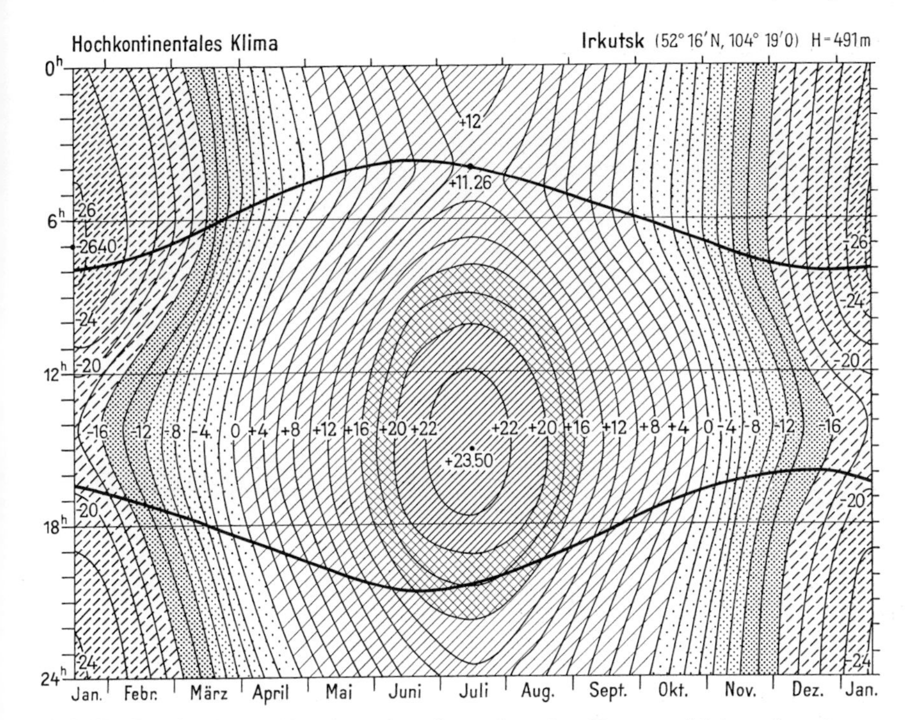

Abb. II. c) 7. Irkutsk. Hochkontinentales Klima mit starken Tages- und Jahresschwankungen

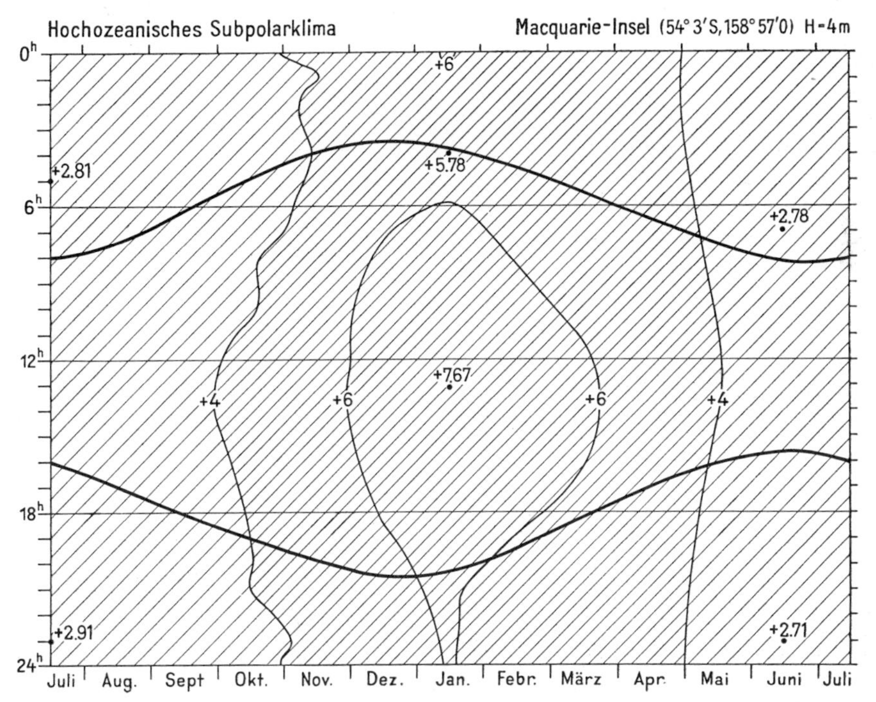

Abb. II. c) 8. Macquarie-Insel. Hochozeanisches Subpolarklima mit fast fehlenden Tages- und Jahresschwankungen

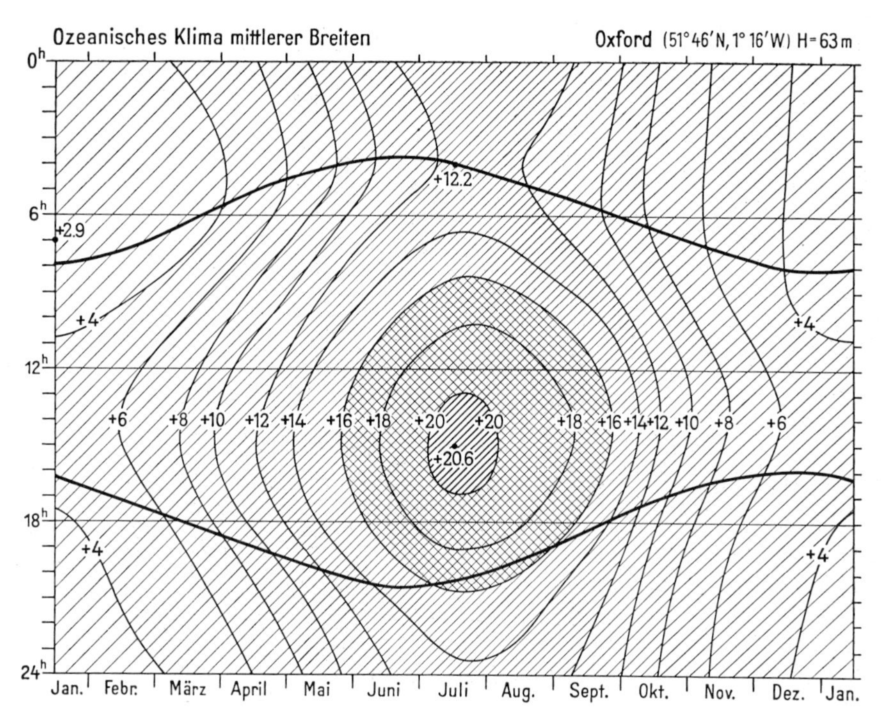

Abb. II.c)9. Oxford. Ozeanisches Klima mittlerer Breiten mit geringer, im Sommer leicht kontinental verstärkter Tagesschwankung und relativ geringer Jahresschwankung

Die – bereits auf A. v. Humboldt zurückgehenden und von Lalanne in die Meteorologie eingeführten – *Thermoisoplethen* wurden vornehmlich von C. Troll (1943) zur Kennzeichnung der thermischen Klimatypen der Erde verwendet. Einige wichtige Regionaklimate sind durch die Diagramme der Abb. II.c) 5–12 (Abb. II.c) 6 nach F. Burdecki, 1963, Abb. II.c) 7–12 nach C. Troll, 1943) charakterisiert. Norway Base, Station des Antarktisrandes, mit charakteristischem kernlosem Winter, steilem Temperaturanstieg im Oktober und schwächerem Abfall im Südherbst sowie geringer, in der Polarnacht ganz fehlender Tagesschwankung (Werte 1960 der South African National Antarctic Expedition I) – Irkutsk als Beispiel aus dem kontinentalen Klima borealer Prägung mit starken Tages- und Jahresamplituden, also sehr eng liegenden Isolinien – Macquarie-Insel im antarktischen Gürtelmeer als polarozeanische Station mit äußerst weitabständigen Isolinien in jeder Richtung, d.h. geringer Tages- und Jahresschwankung, wobei die Jahresschwankung die mittlere Tagesschwankung noch übersteigt, bedingt durch die dauernd hohe Bewölkung – Oxford als Typ des westeuropäisch-ozeanischen Klimas, jedoch schon mit einer deutlichen thermischen Akzentuierung des Sommers im Regenschatten des Berglandes von Wales, die sich in mittelabständigen Isolinien äußert – Nagpur als Station des tropischen Monsunklimas, wo eine deutliche Dreiteilung des Diagramms erkenntlich ist, indem die Zeit vor Ausbruch des Sommermonsuns durch kontinental beeinflußte engabständige Isolinien mit hohen und zum Frühsommer steil ansteigenden Mittagstemperaturen gekennzeichnet ist, während danach zunächst Monate mit geringer

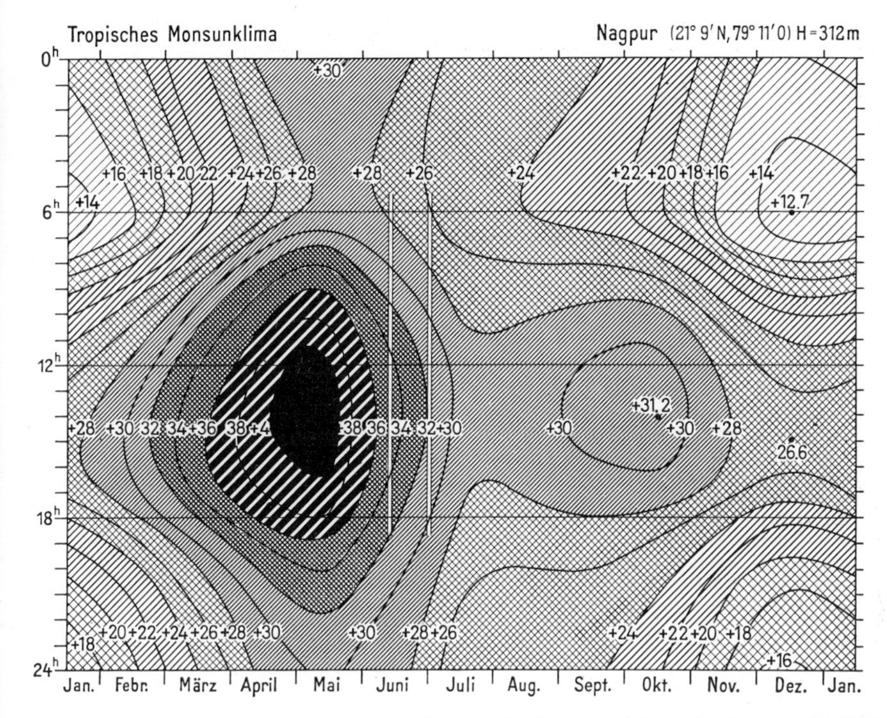

Abb. II.c) 10. Nagpur. Tropisches Monsunklima. Dreiteilung des Jahresablaufs: erstes Drittel von November bis Februar starke Tagesschwankungen im gemäßigten Temperaturbereich, zweites Drittel (Vormonsunphase) von März bis Mai starke Tagesschwankungen bei hohen Tagestemperaturen, drittes Drittel (Monsunphase) von Juni bis Oktober mit geringeren Tagesschwankungen sowie anfänglich stärkerem Absinken zum Mittsommer und sekundärem schwachem Maximum im September/Oktober

Tagesschwankung folgen, die sich erst wieder um die Jahreswende nach Aufhören der den Temperaturgang ausgleichenden Monsunregen mit ihrer hohen Bewölkung vergrößert, und zwar mit kühlen Nächten, der angenehmsten Jahreszeit dieses Klimas – Pará, Beleg für das tropische Regenwaldklima mit seinen geringen Jahresschwankungen der Temperatur (2–3°) und etwas größeren Tagesamplituden (5–8°), so daß die Isolinien bei vorwiegend horizontalem Verlauf relativ weitabständig sind – Quito als äquatoriale Hochlandstation, ebenfalls mit geringen Jahres-, aber wesentlich stärkeren, wenn auch keineswegs extremen Tagesschwankungen. Bemerkenswert ist bei dieser Station der steilere Anstieg der Temperatur in den Morgenstunden, eine Folge der um diese Tageszeit meist wenig behinderten und bei der strahlendurchlässigen Höhenluft intensiven Sonneneinstrahlung, während der Abfall am Spätnachmittag durch Bewölkung verzögert wird.

4. Temperaturschwankungen, Veränderlichkeit, Extremwerte

Temperaturschwankungen. Wenn im Zusammenhang mit dem mittleren Tages- und Jahresgang der Temperatur von der Schwankung bzw. Amplitude (beide Begriffe werden synonym verwendet) die Rede war, so handelt es sich bei diesen Werten

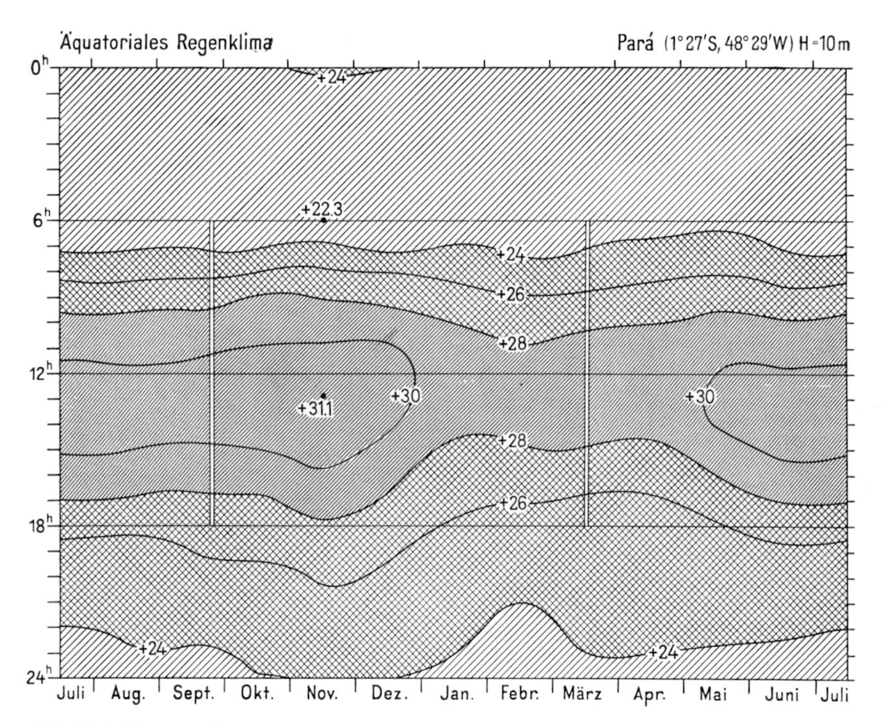

Abb. II.c)11. Pará. Äquatoriales Regenklima mit fast fehlender Jahresschwankung und mäßiger bis geringer Tagesschwankung

streng genommen um die mittlere *periodische Temperaturschwankung* bzw. -amplitude, gewonnen als die Spanne zwischen dem jeweiligen höchsten und niedrigsten Stunden- bzw. Monatsmittelwert. Für die Errechnung der periodischen Tagesschwankungen benötigt man demnach als Beobachtungsgrundlage stündliche Temperaturauswertungen. Diese liegen – wie vorher schon einmal betont – nur für relativ wenige Stationen vor. Das normale Beobachtungsprogramm der meisten Klimastationen umfaßt allenfalls drei Klimatermine [s. Kap. I.c)] sowie das Tagesmaximum und -minimum der Temperatur. Mit Hilfe der beiden letztgenannten Daten läßt sich als die Differenz zwischen den gemittelten Minimum- und Maximumtemperaturen auch eine mittlere Schwankung (Amplitude) unabhängig vom mittleren Tagesgang errechnen, welche genau als *aperiodische Schwankung* zu bezeichnen ist. Bedauerlicherweise werden die beiden Schwankungen begrifflich nicht immer sauber getrennt, obgleich sie z. T. erhebliche Differenzen aufweisen. Die mittlere *aperiodische Schwankung ist regelmäßig größer* als die periodische (Minima, welche z. B. außerhalb der Tagesstunden auftreten, in welcher gewöhnlich die tiefste Temperatur erreicht wird, kommen bei den aperiodischen Schwankungen voll zur Geltung, während sie bei der periodischen durch die Mittelbildung mit den normalerweise höheren Stundenwerten rechnerisch unterdrückt werden). Bei Tageswerten und in den weniger vom Luftmassenwechsel betroffenen Tropen ist die Differenz weniger gravierend als bei Jahresschwankungen und im Klimagürtel der zyklonal beeinflußten Außertropen.

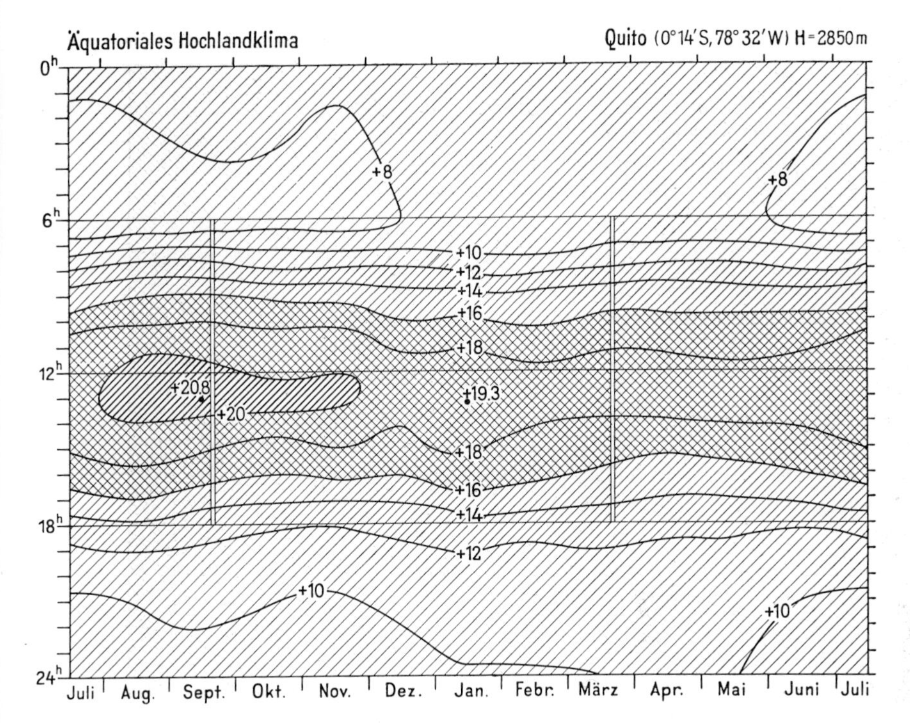

Abb. II.c) 12. Quito. Äquatoriales Hochlandklima mit fast fehlender Jahresschwankung und starker Tagesschwankung

Während die mittleren Schwankungen (Amplituden) eine Information darüber liefern, wie groß die Differenz zwischen höchster und tiefster Temperatur während einer Zeitspanne im Regelfall ist, gibt die *absolute oder extreme Schwankung* (Amplitude) die Temperaturspanne an, welche an einer bestimmten Station während einer bestimmten Beobachtungsperiode zwischen den tiefsten und höchsten überhaupt gemessenen Werten aufgetreten ist. Bei allen Schwankungs- (Amplituden-) angaben wird nichts über das thermische Niveau ausgesagt, in welchem die Differenz angesiedelt ist. Zur Vervollständigung der Information muß also noch mindestens einer der mittleren bzw. absoluten Extremwerte (Maximum oder minimum) angegeben werden.

Außer für den Tages- und Jahresgang lassen sich Schwankungen für beliebige Zeitabschnitte definieren.

Die *Größe der unperiodischen Tages- und Jahresamplituden* – ihre kartographische Darstellung erfolgt ebenfalls durch Isarithmen, die *Isoamplituden* – erreichen im exzessiven Land- und im Höhenklima ihre größten Werte, während maritimes, windiges und wolkenreiches Klima die Schwankungen ausgleicht. In unserem europäischen Übergangsklima lösen sich Abschnitte maritim und kontinental geprägter Witterung, je nach Herkunft der gerade vorherrschenden Winde, unperiodisch ab. Während im festländischen Klima *Tagesschwankungen* von 20° und mehr häufig auftreten, im trockenen Wüstengürtel der Subtropen sogar Werte von 30° und darüber (Browning Mo. am 23. 4. 1916 −49° bis +6,7° = 55,7°!) nicht selten sind –

Hauptursache der intensiven mechanischen Verwitterung (Temperatursprengung) in den von Vegetation kaum geschützten Landflächen der trockenen Subtropen (vgl. H. Louis in Bd. I dieser Lehrbuchreihe) –, verringert sich die Tagesamplitude im maritimen Bereich auf wenige Grade. Selbst in unseren Breiten, in denen an sich die strahlungsbedingten Unterschiede zwischen Tag und Nacht in allen Jahreszeiten noch groß sind, kommt es bei wolkigem regnerischem Westwetter innerhalb einer einheitlichen Luftmasse mitunter zu einem äußerst ausgeglichenen Temperaturgang, besonders im Winter, wenn die kräftige Advektion milder Meeresluft die Ausstrahlung bei gleichzeitig stark reduzierter Einstrahlung nicht zur Wirkung kommen läßt. Im Sommer dagegen vermag sich innerhalb des gleichen maritimen Luftkörpers auch bei dichter Bewölkung, Landregen und Winddurchmischung die kräftigere mittägliche Einstrahlung in einer wenn auch schwachen Temperaturerhöhung bemerkbar zu machen. Die polaren Strahlungsverhältnisse führen dazu, daß dort die Tagesamplitude niedrig ist bei ziemlich hoher Jahresschwankung. Hierbei spielt allerdings der sommerliche Verbrauch an Schmelzwärme und Behinderung der Einstrahlung durch Sommernebel eine große Rolle.

Die Größe der mittleren aperiodischen Tagesschwankung ist von K. H. Paffen (1966) in einer *Weltkarte* dargestellt worden. Sie zeigt eine auffallende Parallelität zur Verteilung der Globalstrahlung, von der sie im wesentlichen gesteuert wird. Außer in den beiden subpolaren und der innertropischen Minimumzonen ziehen sich niedrige Werte fast überall entlang der Küsten hin. Lediglich in NW-Australien, am Golf von Kalifornien, abgeschwächt auch in W-Afrika, S-Afrika, SW-Madagaskar und Ostpatagonien dringen kontinental-subtropisch hohe Werte bis ans Meer vor. Die Jahresdarstellung verschleiert allerdings, daß die Tagesschwankung ihrerseits einem Jahresgang unterliegt, der für verschiedene Klimaregionen typisch und unterschiedlich ist, wie sich beispielsweise aus den Isoplethendiagrammen ablesen läßt.

Die *Jahresschwankung* erreicht im extremen Landklima ihren Maximalwert. Als mittlere Jahresamplitude zwischen höchstem und tiefstem Monatsmittel erreicht sie in Nordostsibirien den Betrag von rund 65° (Januar −50°, Juli +15°). Nehmen wir dagegen das mittlere erreichte Minimum des Winters und das mittlere Maximum des Sommers, so haben wir es mit der mittleren absoluten Jahresschwankung zu tun, die im gleichen Gebiet den Betrag von rund 100° erreicht oder sogar überschreitet (Werchojansk −70° bis +33,9° = 103,9°). Sie ist zur Kennzeichnung des extremen Landklimas bzw. seiner Abstufung zum vollozeanischen Klima benutzt worden, indem man den Höchstwert gleich 100 setzte und dann prozentual abstufte [vgl. Kap. V.a).]. Derartige Unterschiede sind aber breitenabhängig, denn sie können sich nur dort entwickeln, wo der Strahlungsgang einen genügend warmen Sommer und einen kalten Winter überhaupt erst ermöglicht.

Berechnet man, wie es H. Lautensach und O. H. Roser (1952) getan haben, *Amplituden-Mittelwerte* für die einzelnen *Breitenkreise,* so werden zwar die Gegensätze zwischen extremem Land- und Meeresklima verständlicherweise ausgeglichen, aber insgesamt verbleibt eine relative thermische Exzessivität der Nordhalbkugel gegenüber der Südhalbkugel infolge des ungleich viel höheren Landanteils auf jener, namentlich in den für extreme Strahlungsgegensätze besonders prädestinierten mittleren und hohen Breiten (Abb. II.c) 13; Zahlenwerte in Tab. II.c) 1).

Neben diesen periodischen spielen die *unperiodischen Schwankungen* eine nicht minder wichtige Rolle in denjenigen Klimaten, die sich durch große Veränderlich-

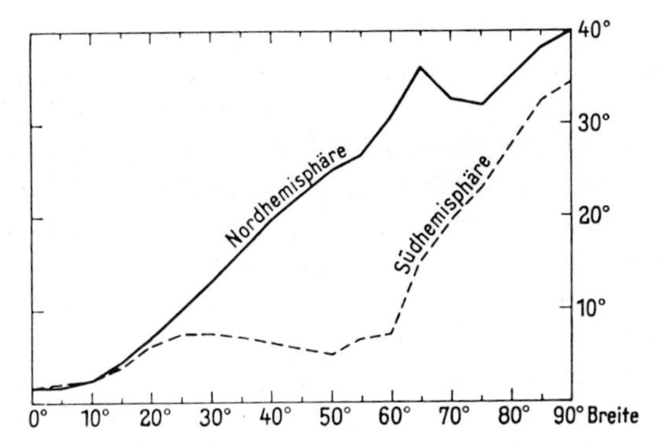

Abb. II.c) 13. Mittlere Temperatur-Jahresamplituden der Breitenkreise, reduziert auf NN. (Nach H. Lautensach [und O. H. Roser], 1952)
Das Diagramm zeigt die höheren Jahresamplituden der Landhalbkugel nördlich von 20° n. Br. im Vergleich zur vorwiegend ozeanischen Südhalbkugel, deren Jahresamplituden erst polwärts des Westwindgürtels zum antarktischen Kontinent hin zunehmen, aber wegen der Höhe und Eisbedeckung des letzteren noch unter den Amplituden der korrespondierenden Polbreiten der Nordhemisphäre bleiben

keit auszeichnen. Sie kommt zum Ausdruck in den mittleren Maxima und Minima jeden Monats, die um so weiter auseinander liegen, je gegensätzlicher diese Schwankungen sind. In unserem mitteleuropäischen Klima sind dafür die Übergangsmonate besonders geeignet. So kann der März noch winterliche Eistage mit einem Temperaturmaximum unter 0° und daneben aber schon Sommertage mit einem Maximum über 25° bringen. Ob das vorkommt, ist in jedem Jahr verschieden. Man nennt diese von Jahr zu Jahr eintretende Verschiedenheit *interannuelle Schwankung.*

Veränderlichkeit. Unperiodische Wärmeänderungen können sehr abrupt eintreten oder sich auf mehrere Tage verteilen, je nach der Art des Witterungsumschwunges. Die unregelmäßigen Wärmeschwankungen von Tag zu Tag stellen die *interdiurne Variabilität* der Temperatur dar und wenn gar die Temperatur stündlichen Schwankungen unterliegt, so müßte man sie *interhorär* bezeichnen. Sie entspricht der Wetterhaftigkeit im Sinne von G. Castens [vgl. Kap. II.g) 4.]. Hierbei spielt der Wettertyp [vgl. Kap. III.e)] eine entscheidende Rolle. Ein Kälteeinbruch tritt, namentlich bei gleichzeitigem Windsprung auf NE, im Winter in Mitteleuropa oft so plötzlich auf, daß die Temperatur innerhalb weniger Stunden um mehrere Grade absinkt, besonders wenn damit gleichzeitig nächtliche Aufheiterung verknüpft ist. Rasch beschlagende Fensterscheiben pflegen ein solches Ereignis unmißverständlich anzuzeigen. Auch die sommerlichen Abkühlungen nach Gewittern bringen oft sehr plötzliche Temperatursprünge innerhalb weniger Stunden, ja Minuten. Erwärmungen gehen im allgemeinen etwas langsamer vonstatten, aber winterliche Wärmewellen können auch innerhalb weniger Stunden kräftige Erwärmungen um 10 und mehr Grade bewirken, besonders wenn einer anrückenden Tauwetterfront nächtlicher Strahlungsfrost vorausgegangen war. Auch der Föhn und seine Äquivalente in anderen Ländern [vgl. Kap. II.h) 4] vermögen überraschende unperiodische Temperatursteigerungen hervorzurufen. Da die winterlichen Temperaturminima im allgemeinen sehr viel stärker vom Temperaturdurchschnitt abweichen, dafür aber seltener sind als die häufigeren, sich weniger vom Durchschnitt entfernenden Maxima dieser

Jahreszeit – im Sommer ist es umgekehrt! –, erreichen die unperiodischen negativen Änderungen im allgemeinen im Winter, die positiven im Sommer ihr höchstes Ausmaß.

Beziehen wir diese Temperaturabweichungen nicht auf das zeitliche Mittel, sondern auf den Durchschnitt für die jeweilige Breite, in den also neben dem Sonnenstand die Verteilung von Land und Meer als entscheidender Faktor eingeht, so sprechen wir von Anomalien der Temperatur, die durch *Isanomalen* kartographisch erfaßt werden. Man pflegt diese zuerst von W.H. Dove (1851) verwendete Darstellung für die einzelnen Monate global oder zumindest für größere Erdteile anzuwenden. Es ergeben sich daraus ungemein aufschlußreiche Feststellungen über die relative thermische Gunst oder Ungunst einzelner Gebiete. So treten im Januar die innerhalb der borealen Westwinddrift ozeanisch begünstigten Westflanken der Nordkontinente mit hohen positiven Anomalien hervor, die in NW-Europa bei den Lofotinseln 20° übersteigen und noch bis nach Rußland hinein abklingend spürbar sind, während das Gegenstück dazu im Golf von Alaska, wie bereits bei Besprechung der Juliisothermen berührt, auf einen schmalen Küstensaum beschränkt bleibt. Die größte negative Anomalie mit −24° liegt wie zu erwarten im winterkalten NO-Sibirien; in Nordkanada geht sie wegen der geringeren Kontinentbreite nur wenig unter −8° herab. Die sommerlichen positiven Anomalien, ihrem Ausmaß nach geringer als die winterlichen, liegen in den heißen Wüstengebieten der Erde im Juli in Nordafrika, Innerasien und Texas, im Januar in Inneraustralien, z.T. auch in Angola. Im übrigen ist die wasserreiche Südhalbkugel naturgemäß arm an thermischen Anomalien. Bemerkenswert ist lediglich die ganzjährige negative Temperaturabweichung vom Breitendurchschnitt über den kalten Meeresströmungen westlich Südafrikas und Südamerikas, die nur ihre Lage mit dem Sonnenstand etwas verschiebt. Auf die Frage der Anomalien wird nochmals bei der Behandlung von Maritimität und Kontinentalität [Kap. V.a)] zurückzukommen sein.

Die *Verteilung der Extremtemperaturen,* der negativen wie der positiven, spiegelt nicht einen einzelnen beherrschenden Faktor, etwa den der geographischen Breite, wider, sondern läßt erkennen, daß ihr Vorkommen jeweils von einer Kombination geographischer Faktoren abhängig ist: Breitenlage, Kontinentalität, Relief, Exposition, Bodenbedeckung, Luftmassenaustausch, Wetterhaftigkeit, um nur die wichtigsten zu nennen. Es ist allerdings nur von begrenztem Interesse, die absoluten Extreme zu kennen, wenn sie auch den Rahmen abgeben für den thermischen Spielraum auf der Erde. Sie ändern sich verständlicherweise mit der Länge der Beobachtungsreihen. Viel wichtiger ist die flächenhafte Verbreitung von mittleren Extremen, auf welche die Vegetation und der wirtschaftende bzw. siedelnde Mensch reagieren, und die kartographisch leichter festgehalten werden können. Die einzelnen absoluten Extreme sind das Ergebnis lokaler, oft auf kleinsten Raum beschränkter Konstellationen, etwa das Minimum in einer Gebirgsdoline oder das Maximum in einer Wüstendepression. Bedeutungsvoller ist zu wissen, in welchem größeren Bereich Tiefstwerte oder Höchstwerte im Durchschnitt zu erwarten sind und welche Gruppe von Faktoren dafür maßgebend ist.

Extreme Höchsttemperaturen kommen im Zusammenwirken folgender Faktoren zustande: Advektion von Luftmassen aus Gebieten, in denen bereits eine extreme Erwärmung stattgefunden hat, absteigender Luftbewegung in einem Hochdruckgebiet, damit eine effektive Konvektion unterbunden wird, (damit verbunden) sehr intensive Einstrahlung bei wasserdampfarmer Atmosphäre, Windstille sowie pflanzenleerer, trockener Oberfläche (Sand oder Fels). Mitunter kann der Föhneffekt noch eine zusätzliche Begünstigung bringen. Hoffmann (1963) kalkuliert, daß die höchstmögliche Lufttemperatur (in 2 m Höhe) etwas über 55 °C liegen könne, was durch die bisherigen Beobachtungen bestätigt wurde. „Allgemein akzeptiert als der Welt *höchste Augenblickstemperatur* unter Standardbedingungen" ist inzwischen 58,0 °C, gemessen am 13. September 1922 während eines heißen Staubsturmes in El Azizia, Libyen. (Riordan, 1970; Eridia, 1925). Der Wert von 134°F (56,7 °C) vom 10. 7. 1913 aus dem Death-Valley in Kalifornien ist unbestritten, während die 57,8 °C von San Luis in Mexiko von manchen Autoren bezweifelt werden. *Mittlere Jahreshöchsttemperaturen von mehr als 50 °C* werden nicht selten in der nördlichen und westlichen Sahara, in Death-Valley, in den tiefsten Lagen der iranischen Wüsten sowie in begrenzten Gebieten Westpakistans beobachtet. (Hoffmann, 1963). In Europa (Lemke, 1947) kommt ein mittleres absolutes Jahresmaximum von 30° noch in kontinentalen Gebieten nahe der Mündung des Ob in das Eismeer vor, während sie andererseits in ozeanischen Gebieten an der Küste Asturiens in etwa 43° n. Br. verschiedentlich nicht mehr erreicht wird. In Mitteleuropa werden 34°C nicht selten überschritten, in der Schweiz ist es bemerkenswerterweise nicht eine Station im Tessin, welche die höchsten mittleren Maxima aufweist (Lugano 32,9°), sondern das tiefer gelegene Basel mit 34,9° (Extremwerte 38,7° im Sommer 1943 und 1947).

Während die Höchstwerte der absoluten und mittleren Maxima in der Breitenzone der mittleren Subtropen über den Kontinenten der Nordhalbkugel auftreten, werden die *höchsten Tages-, Monats- und Jahresmittelwerte* innerhalb der äußeren Tropen festgestellt, weil hier die Nacht- und Wintertemperaturen nicht so tief absinken und die täglichen, monatlichen und jährlichen Minima auch relativ hoch liegen. Der *höchste* bekannte *jährliche Mittelwert* von 94 °F (34,4 °C) ist für die Station Dallol in der Danakil-Senke gemessen worden, die nahe dem Roten Meer bis fast 100 m unter den Meeresspiegel reicht. Die Tagesminimumtemperatur sinkt dort im Jahresmittel nur auf 83°F (28,4°C) ab (Pedgley, 1967). Vor Bekanntwerden dieses Wertes aus einer sechsjährigen Beobachtungsreihe galt Lugh Ferrandi in Somalia mit 88 °F (31,2 °C) als die Station mit dem höchsten Jahresmittel der Lufttemperatur.

Auf der Südhemisphäre, wo die Ausdehnung der Kontinente in den betreffenden Breiten nur gering ist, bietet sich nur in dem genügend breiten Australien unter dem Wendekreise die Möglichkeit, Werte zu erreichen, die nahe an die vorgenannten Extreme heranreichen. Hier ist es vor allem die lange Andauer extremer *Hitzewellen,* die in Verbindung mit der Perihelstellung der Erde im Südsommer das durchschnittliche Maximum herauftreibt. Die wärmste Temperatur wurde mit 55° in Stuart in Inneraustralien registriert. Die unweit der Küste gelegene Station Marble Bar meldete sogar wahre Rekorde hinsichtlich des Anhaltens extremer Hitzezustände. Das Maximum betrug zwar „nur" 49,4°, aber das mittlere, d.h. aus Einzelmessungen der ganzen Jahresreihe ermittelte Januarmaximum mit 41,7° kommt nahe an Saharaverhältnisse heran. Hier hat man während einer ununterbrochenen Hitzewelle von 161 Tagen im Sommer 1923/24 täglich über 37,8° gemessen!

Extreme Tiefsttemperaturen treten in hohen Breiten bei langen Ausstrahlungsnächten mit klarem, wolkenlosem Himmel, extrem geringem Wasserdampfgehalt unter topographischen Bedingungen auf, welche ein Abfließen der Luft verhindern. (Ausgedehnte Plateaus oder topographische Senken). Extrem kalte Gebiete sind das östliche antarktische Plateau, der zentrale Teil des grönländischen Inlandeises, Ostsibirien zwischen 63 und 68° N sowie 93 und 160° E, sowie das Yukon-Becken im nordwestlichen Kanada und Alaska. Auf dem antarktischen Plateau werden in Höhen zwischen 3500 und 4000 m Minimumtemperaturen unter 80 °C häufig beobachtet. Die bisher festgestellte *absolute Tiefsttemperatur* steht bei *−88,3* °C, gemessen am 24. August 1960 an der Station Wostok. Mit einer Jahresmitteltemperatur für die Periode 1966–1968 von −56,7 °C und einem Mittelwert für den kältesten Monat von −73,3 °C markieren die Plateau-Stationen das Gebiet des *absoluten Kältepols der Erde.*

Gegenüber den absoluten Extremwerten der Antarktis nehmen sich die früher als Kälterekorde ermittelten Werte von Werchojansk (−67,8°) und Oimjakon (−77,8°)

Tab. II.c) 2. Die Extremtemperaturen auf der Erde. (Nach H. J. Critchfield, 1960, S. 28 sowie P. Riordan, 1970 mit Ergänzungen)

Ort	Temperatur °C	Datum und Bemerkungen
Azizia (Libyen, Küstennähe)	+ 58,0	13. 9. 1922
San Luis (Mexiko)	+ 57,8	11. 8. 1933 amtlich nicht anerkannt
Greenland Ranch (Death Valley, Kalifornien)	+ 56,7	10. 7. 1913
Lugh Ferrandi (Somalia)	+ 31,1	Höchstes Monatsmittel, 13 Jahre
Stuart (Inneraustralien)	+ 55,0	inoffiziell
Jacobabad Jacobabad (Industiefland)	+ 52,8	
Kebili (Tunesien)	+ 55,0	Wüstenebene nahe einer Salzlagune
El Qued (Algerien)	+ 54,5	reduziert
Gadames (Libyen)	+ 55,7	reduziert
in Salah (Südalgerien)	+ 54,7	reduziert
Araouane (Sahara, Mali)	+ 55,6	reduziert
Wadi Halfa (Sudan)	+ 52,5	
Sevilla	+ 50,0	höchster Wert in Europa
Dallol (Danakil-Senke, Ostäthiopien)	+ 34,4	höchstes Jahresmittel der Erde
Werchojansk (NO-Sibirien)	− 67,8	Tallage der Station, 5. u. 7. 2. 1892
Oimjakon (NO-Sibirien)	− 77,8	Winter 1938 Hochtal (800 m)
	− 71,7	reduziert
Eismitte Grönland	− 66,1	6. 12. 1949 in etwa 3000 m Höhe
Snag, Yukon (Alaska)	− 62,8	3. 2. 1947
Fort Yukon (Alaska)	− 61,1	14. 1. 1934 inoffiziell
Südpol	− 79,9	Winter 1958
Sowjetskaja 78° 24′ S, 87° 35′ E	− 86,6	17. 8. 1958 in etwa 3700 m Höhe
(Ostantarktis)	− 71,8	Monatsmittel (August 1958), tiefstes Monatsmittel der Erde
Wostok (Ostantarktis) 78° 30′ S 107° E	− 88,3	24. 8. 1960 Kältepol der Erde
	− 71,6	Monatsmittel August 1958
	− 30,9	Januar 1958 (wärmstes Monatsmittel dieser Station 1958)
Komsomolskaja 74° 05′ S 97° 29′ E	− 80,7	Winter 1958
(Ostantarktis)	− 65,7	Monatsmittel August 1958
	− 31,4	Monatsmittel Jan. 1958, tiefstes Monatsmittel des wärmsten Monats auf der Erde
Pol der Unzugänglichkeit (80° 30′ S, 56° 30′ E, 3718 m)	− 58	Jahresmittel, tiefstes der Erde

weniger extrem aus. Trotzdem sind sie nicht unumstritten (vgl. Riordan, 1970). Die absolute Tiefsttemperatur für Grönland ist mit −66,1° auf dem Inlandeis bei verschiedenen Expeditionen bestätigt worden. Die nordamerikanischen Kältetiefstwerte mit −62,8° im Yukon-Territorium, das physio-geographisch etwa mit dem Gebiet Nordostsibiriens zu parallelisieren ist, markieren den Kältepol im Bereich des nordamerikanischen Kontinentes.

In der Übersicht der Tabelle II. c) 2 sind die Extremtemperaturen auf der Erde nach H.J. Critchfield (1960) und Riordan (1970) zusammengestellt.

Besonders aufschlußreich ist der Versuch, den H. Burchard und G. Hoffmann (1958) unternommen haben, die *Erdbevölkerung nach den Extremtemperaturschwankungen ihrer Wohnbereiche* aufzugliedern. Es zeigt sich, wie die nachfolgende Tabelle verrät, daß die überwiegende Mehrzahl der Menschen in Gebieten lebt, in denen die Maximaltemperaturen 35° bis 40° erreichen, während die Minimaltemperaturen stärker streuen. Zwar beeinträchtigt zu große Wärme das Wirken

Tab. II.c) 3. Häufigkeitsverteilung der Erdbevölkerung auf die gestuften, vieljährigen Mittel der Extremtemperaturen (eingeklammerte Werte wurden bei der Summenbildung nicht berücksichtigt). (Nach H. Burchard u. G. Hoffmann, 1958)

T_{max} / T_{min}	5 °C	10 °C	15 °C	20 °C	25 °C	30 °C	35 °C	40 °C	45 °C	50 °C	Summe der Bewohner 10^6	%
25 °C	–	–	–	–	–	0,2	76,5	–	–	–	76,7	3,0
20 °C	–	–	–	–	–	17	111	–	–	–	128	5,1
15 °C	–	–	–	–	1,5	6,5	195	84	–	–	287	11,3
10 °C	–	–	–	4	11	42	37	96	47	–	237	9,4
5 °C	–	–	(0,05)	7,8	0,2	18	6	14	52	–	98	3,9
0 °C	–	–	0,1	2,8	3,7	1,5	105	31	125,8	0,1	270	10,7
− 5 °C	–	–	0,3	3,3	2	105	107	217	0,2	0,2	435	17,2
− 10 °C	–	0,1	0,1	0,1	59	54,7	51	110	–	–	275	10,9
− 15 °C	–	–	–	(0,05)	–	40	150	15	–	–	205	8,1
− 20 °C	–	(0,05)	(0,02)	(0,03)	5,9	6,1	154	4	–	–	170	6,7
− 25 °C	–	–	0,1	(0,03)	0,2	13	188	9,7	–	–	211	8,3
− 30 °C	–	–	–	(0,03)	2	9	15	10	–	–	36	1,4
− 35 °C	–	–	–	0,6	2	18,4	21	–	–	–	42	1,7
− 40 °C	–	–	(0,02)	(0,03)	0,6	15,6	17	2,3	–	–	36,5	1,4
− 45 °C	–	(0,02)	–	0,1	0,2	6,9	3,8	–	–	–	11	0,4
− 50 °C	–	–	–	0,3	0,6	2,4	5,7	–	–	–	9	0,4
− 55 °C	–	–	–	(0,03)	0,1	2,2	–	–	–	–	2,3	0,1
− 60 °C	–	–	–	–	(0,02)	0,5	–	–	–	–	0,5	>0
Summe 10^6	–	0,1	0,6	19	89	360	1243	593	225	0,3	2530	100
d. Bew. %	–	0	>0	0,8	3,5	14,3	49,0	23,5	8,9	>0	100	

des Menschen in unverkennbarer Weise, und er kann sich gegen Kälte leichter schützen als gegen Hitze, gleichwohl muß man sich jedoch hüten, allzu einfache Kausalzusammenhänge zwischen Klima und Kultur zu sehen, wie es seinerzeit von Huntington u.a. geschehen ist. Untergegangene Städte, wie z.B. Mohenjo Daro im auch vor 7000 Jahren nicht minder mörderischen Hitzeklima des Indus zeugen von einer imponierenden geistigen Leistung des Menschen auch unter derart extremen Temperaturbedingungen.

Neben den absoluten Temperaturwerten als solchen und ihren Schwankungen spielen das Über- und Unterschreiten gewisser *Schwellenwerte* sowie die *Andauer* bestimmter Temperaturen eine wichtige Rolle, besonders in der angewandten Klimatologie (Wärme- und Kälteansprüche der Pflanzen, Vegetationsperiode usw.). Hier ist man seit langem zu festen Definitionen gelangt. Tage, an denen selbst das Maximum unter dem Gefrierpunkt bleibt, werden als *Eistage* (oder Wintertage) bezeichnet. Dabei ist es gleichgültig, wie tief das Minimum darunter liegt. Steigt dagegen die Temperatur tagsüber mit dem Maximum vorübergehend über den Gefrierpunkt oder sinkt sie des Nachts mit dem Minimum vorübergehend darunter, so sprechen wir von *Frosttagen.* Es verdient hervorgehoben zu werden, daß hierfür nicht etwa die Messungen am bodennahen Minimumthermometer, sondern die Ablesungen der beiden Extremthermometer in der Hütte maßgebend sind.

Für viele Gewächse bildet das Auftreten von Frosttagen eine unüberschreitbare Grenze (Abb. II.c) 14). Diese *Äquatorialgrenze des Frostes* liegt im Meeresniveau natürlich am äquatorfernsten, während tropische Hochländer durchaus nicht frostfrei sind. Im Bereich der Ostküsten der Nordkontinente, abgeschwächt auch der Südkontinente, stößt Frost am weitesten äquatorwärts vor (Florida, Südchina; La-

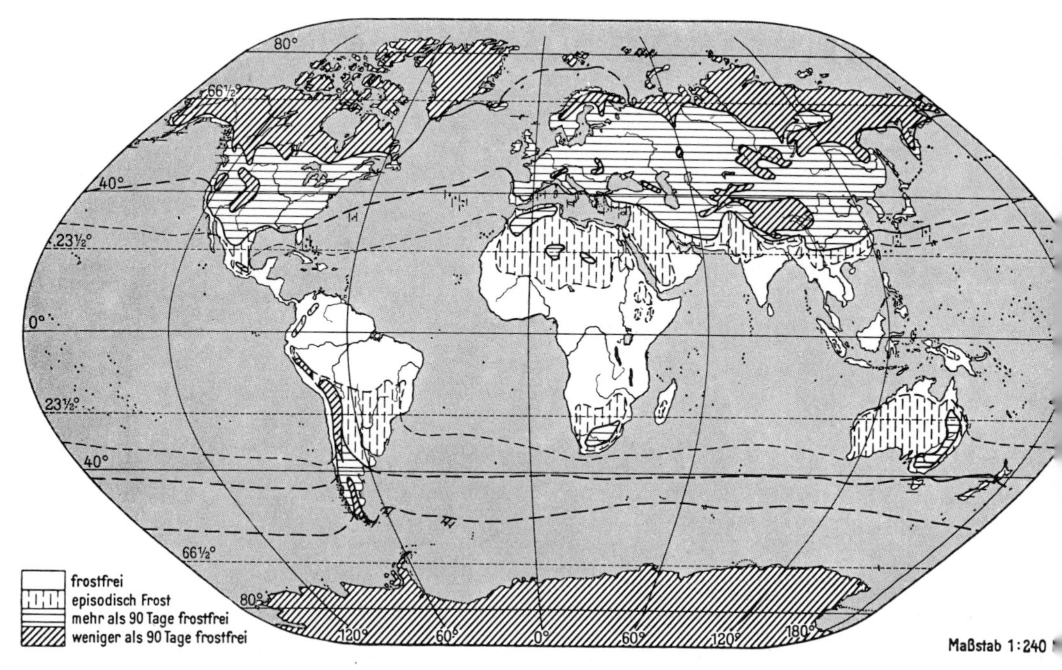

Abb. II.c) 14. Dauer der frostfreien Zeit. (Nach Gr. Sowjet. Weltatlas I)
Das ganzjährig frostfreie Gebiet beiderseits des Äquators wird in Nordafrika eingeengt durch das Auftreten episodischer Nachtfröste im Bereich starker Tagesamplituden der Temperatur und in Asien durch die Nachbarschaft kontinentaler Kaltluft. Auf der Südhalbkugel kommt es auf den Hochländern der Südkontinente zu Nachtfrösten im Gefolge von Ausbrüchen polarmaritimer Luftmassen

Plata-Länder), auch wenn das von Jahr zu Jahr verschieden ist (interannuelle Schwankungen). Extreme, wenn auch seltene Frostvorstöße beschränken daher das Verbreitungsbebiet kälteempfindlicher volltropischer Plfanzen stark, was sich auch im Kulturpflanzeninventar bemerkbar macht (Bananen, Kakao).

Bleibt die Temperatur in 2 m Höhe (Hütte) noch über dem Gefrierpunkt, unterschreitet ihn jedoch am Erdboden – ein derartig steiles Temperaturgefälle innerhalb der bodennahen Luftschicht stellt sich nur in ruhigen, klaren Nächten ein –, dann spricht man von *Bodenfrost* oder *Grasfrost*. Die letztere Bezeichnung, die besonders im englischen Sprachgebrauch verbreitet ist, leitet sich daher, daß sich über einer Rasendecke, die den Boden isoliert und den Wärmenachschub von unten weitgehend unterbindet, bevorzugt tiefe Ausstrahlungstemperaturen einstellen. Bodenfrost ist also definitionsgemäß auch immer relativ leichter Natur hinsichtlich des absoluten Temperaturwertes, da die Differenzen zwischen Hüttenwert und bodenna-

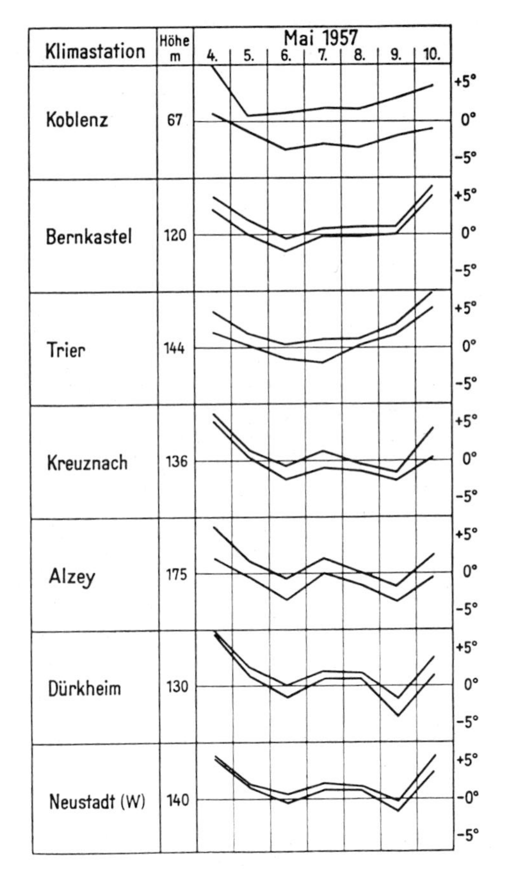

Abb. II.c) 15. Kurven der Temperaturminima von Hüttenwerten und bodennahen Messungen im Weinbaugebiet von SW-Deutschland während einer Spätfrostlage. (Nach einer Tabelle bei A. Vaupel, 1959, Mitt. d. Dt. Wetterd. Nr. 17)
Der Kälteeinbruch erfolgte advektiv am 5. Mai 1957 und wurde an den folgenden Tagen durch nächtliche Ausstrahlung verstärkt. Die bodennahen Minima liegen, je nach Exposition der Station, 1–5° tiefer als die Hüttenminima und kennzeichnen die Spätfrostgefährdung der Vegetation

hem Wert an ein und derselben Stelle selten 3° übersteigen (vgl. Abb. II.c) 15). Seine Auswirkungen können jedoch verheerend sein, wenn er zur Unzeit auftritt. In Nordeuropa gibt es keinen Monat, der gänzlich frei davon wäre, vielmehr stellen die sogenannten *Sommernachtsfröste* eine gefürchtete klimatische Labilität dieser Breiten dar, die im landwirtschaftsgeographischen Bereich vornehmlich den frostempfindlichen Kartoffelbau betrifft.

Selbst in Mitteleuropa fehlen Sommernachtsfröste nicht, wenn sie sich hier auch auf räumlich eng begrenzte „Frostlöcher" oder ungünstige Lagen (Waldlichtungen, Moore, Talauen, Wiesenmulden u.ä.) beschränken. Solche unzeitigen Sommerfröste traten z.B. Ende August 1959 in Süddeutschland in Erscheinung, wo langanhaltende Boden- und Lufttrockenheit den starken nächtlichen Temperaturabfall begünstigten. In den deutschen Obst- und Weinbaugebieten, in ersteren wegen der Blütengefährdung, in letzteren wegen der Triebgefährdung, sind *Spätfröste* alljährlich gefürchtet, besonders wenn ein zeitiges Frühjahr einen abnorm frühen Austrieb verursacht hat. Häufig tritt dabei eine Kombination von Advektiv- mit nachfolgendem Strahlungsfrost auf, ersterer die höheren, letzterer die tieferen Lagen bedrohend. Um wieviel hierbei die bodennahen Minima unter den Hüttenminima zu liegen pflegen, zeigen die Temperaturkurven (Abb. II.c) 15) einiger Stationen des rheinisch-pfälzischen Weinbaugebietes während der Frostperiode vom 4.–10. 5.

	Advektivfrost	Strahlungsfrost
Luftmasse:	Arktik- u. Polarluft kontinentaler oder maritimer Ausprägung, im Hochwinter auch reine Kontinentalluft	zur Ruhe kommende Arktik- und Polarluft, Kontinentalluft
Vertikale Reichweite:	in allen Höhen, je höher um so intensiver, keine Inversion	nur in Bodennähe bzw. in der Luftschicht des Tieflandes, Inversion in wenigen Metern Höhe oder, bei mächtigerer Bodenkaltluft fremder Herkunft, in wenigen 100 m Höhe (Bergland in solchen Fällen demnach milder)
Bewölkung:	im Hochwinter ohne Einfluß, in den Übergangsjahreszeiten den frostmildernden Einfluß der Sonneneinstrahlung jedoch stark abbremsend (bes. bei geschlossenen mächtigen *Stratus*decken)	wolkenlos oder nur einzelne *Cirrus*wolken, Neigung zu Inversionsnebel, der dann den weiteren Temperaturabfall kappt
Windstärke:	meist größere Windstärke bei turbulenter Strömung	Luftruhe oder schwache laminare Strömung (katabatischer Abfluß) in Tälern oder Geländemulden
Tageszeit:	unabhängig	nur nachts bis morgens, im Hochwinter in mittleren Breiten bei klarem Wetter bereits am Spätnachmittag einsetzend
Orographie:	unabhängig, verstärkt im Bergland und an windexponierten Flanken	in Mulden- und Kessellagen bevorzugt

1957 (nach A. Vaupel, 1959). Die Expositionsunterschiede im Hinblick auf das bodennahe Klima spielen hierbei eine entscheidende Rolle, worauf noch im Zusammenhang mit der Behandlung des letzteren zurückgekommen wird [Kap. V. d).].

Der Unterschied zwischen den im vorhergehenden berührten beiden Frostarten, dem *Advektivfrost* und dem *Strahlungsfrost,* kann folgendermaßen charakterisiert werden:

Das vorstehende nächtliche Temperaturprofil (Abb. II. c) 16) zwischen Neustadt (Weinstraße) in 140 m Höhe am Fuße der Haardt und dem nur 3 km entfernten

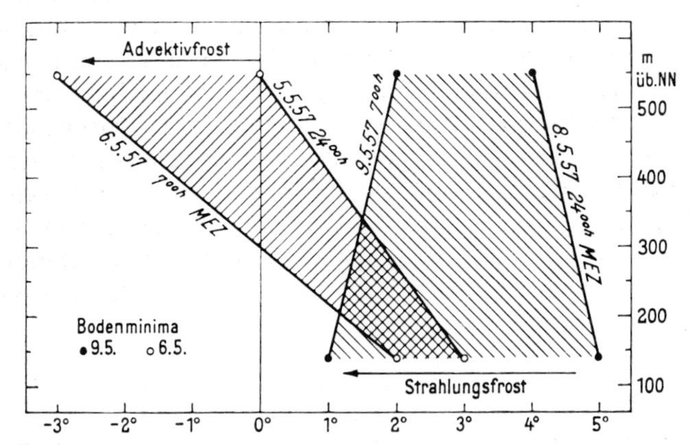

Abb. II.c) 16. Das Temperaturgefälle zwischen Neustadt a. d. Weinstraße und dem Gipfel des Weinbiets bei einem Kälterückfall vom 5. zum 6. Mai 1957 und nachfolgender Beruhigung mit Ausstrahlung vom 8. zum 9. Mai 1957. (Nach A. Vaupel, 1959, Mitt. d. Dt. Wetterd. Nr. 17)
Am Tage des Einbruchs ist das Temperaturgefälle zum Gipfel, der −3° Advektivfrost erhält, sehr steil, während in der nachfolgenden Zeit der Beruhigung das nächtliche Absinken in der Rheinebene tiefere Werte bringt als auf dem Gipfel (Inversionsschichtung)

Haardtrandberg des 553 m hohen Weinbiets bei Advektions- und bei Strahlungsfrost verdeutlicht den Unterschied in der Vertikalstruktur beider Frostarten, die in beiden Fällen im Tieflande negative Temperaturen nur in Bodennähe aufwiesen. Allerdings war bei dem Beispiel des Advektivfrostes vom 5. auf 6. Mai – wie häufig in solchen Fällen – bereits Ausstrahlung an dem Bodenfrost beteiligt.

Erreicht das tägliche Maximum den Schwellenwert von +25°, so spricht man von einem *Sommertag.* In Wüstengebieten oder im Höhenklima mit ihren extremen Tagesamplituden kann es vorkommen, daß an ein und demselben Tage das Minimum unter 0° und das Maximum über +25° liegt, so daß in solchem Falle Frosttag und Sommertag zusammenfallen. Es liegt auf der Hand, daß die mechanische Verwitterung dann besonders intensiv ist. Liegt das Tagesmaximum sogar über +30°, ist hierfür – nicht ganz glücklich – der Begriff *Tropentag* vorgeschlagen worden.

Die *Andauer von Temperaturen,* die über einer bestimmten Schwelle liegen, hat vor allem für die Ökologie Bedeutung und spielt deshalb auch agrargeographisch eine wichtige Rolle. Als wichtigste dieser Spannen muß die *Dauer der frostfreien Zeit* genannt werden. Hierbei meint man in der Regel den Zeitraum zwischen den Tagen, an denen im langjährigen Durchschnitt das letzte bzw. erste Mal das Minimum den

Gefrierpunkt unterschritten hat. Da jedoch Anstieg und Abfall der Kurve der mittleren Tagesminima nicht gleichmäßig erfolgt, sondern genau wie das Tagesmittel selbst auch im vieljährigen Mittel ständig „Zacken" nach oben und unten aufweist, gibt es auch außerhalb der so definierten frostfreien Periode bereits bzw. noch Tage ohne Frost.

Um die interannuellen Schwankungen des Datums des letzten bzw. ersten Frostes einzukalkulieren und die frostbegrenzte Vegetationsperiode für den Landwirt annähernd risikofrei abzugrenzen, ist vorgeschlagen worden, die *effektive Vegetationsperiode* als die Zeit zu definieren, in der in 80 oder 90% aller Jahre kein Schadensfrost aufgetreten ist. Besonders für die spätfrostgefährdeten Südfruchtanbaugebiete der USA, aber auch Spaniens und Italiens, sind diese Untersuchungen von großer wirtschaftlicher Tragweite. Auf den Begriff der Vegetationsperiode wird im übrigen noch weiter unten zurückgekommen.

Man hat auch versucht, mit *Wärmesummen* zu arbeiten, um den Begriff der Vegetationsperiode, der, wie die Erfahrung gelehrt hat, mit der frostfreien Zeit nicht zusammenfällt, auf andere Weise einzugrenzen. Schon Réaumur hatte 1735 dieses Verfahren benutzt, und wir finden es wieder bei C. Linsser (1869, [vgl. Kap. VI]). Man zählte die positiven Tagesmittel zusammen und ermittelte den Durchschnittswert, bei dem das Wachstum bzw. das Erwachen aus der Winterruhe zu beobachten war. Die Schwankungen auf Grund des Hineinspielens anderer Faktoren erwiesen sich jedoch als zu groß, als daß ein befriedigender Kausalzusammenhang mit dieser Methode hätte aufgefunden werden können.

Einen ähnlichen Weg beschritt F. Enquist (1933, 1958), der für die Waldbäume Nordeuropas *Wärme- und Kälteforderungen* ermittelte, d.h. die thermische Optimalspanne nach beiden Seiten, also nach dem Minimum und Maximum, einzugrenzen versuchte. Seine empirisch gefundenen Werte hat er kürzlich in einer Tabelle zusammengefaßt, die für einige der wichtigeren Waldbäume nachstehend (Tab. II. c) 4) wiedergegeben sei.

Enquists Versuch hat zwar Kritik erfahren, vor allem, weil sich die meßstatistische Grundlage seiner Berechnungen – nur relativ wenige, weit auseinanderliegende

Tab. II.c) 4. Die Klimaansprüche der wichtigsten Waldbäume (Nach F. Enquist, 1958)

Art	Zahl der Tage	mit Maximum (°C)	Zahl der Tage	mit Minimum (°C)	als Kälte- bzw. Wärmegrenze
Betula tortuosa	(So) 26	14,6	(Wi) 260	0,0	Kältegrenze
	(Wi) 260	12,0	—	—	Wärmegrenze
Pinus silvestris	(So) 26	17,7	–	–	Kältegrenze
	—	—	(So) 26	16,1	Wärmegrenze
	—	—	(Wi) 91	0,0	Wärmegrenze
Picea excelsa	(So) 65	12,7	(So) 65	3,9	Kältegrenze
	(So) 65	22,	(Wi) 117	0,0	Wärmegrenze
Quercus robur	(So) 39	17,5	(Wi) 208	1,7	Kältegrenze
	(Wi) 208	9,8	—	—	Kältegrenze
	(So) 39	27,7	—	—	Wärmegrenze
	(Wi) 208	17,5	—	—	Wärmegrenze

(So = Sommerliche Vegetationsperiode, Wi = Winterliche Ruhezeit)

Klimastationen standen zur Verfügung – als zu lückenhaft erwies. Jedoch wissen wir aus dem Verfahren der Jarowisation des Getriedes (d.h. der Umstimmung der Keimgewohnheit des – ertragreicheren – Wintergetreides durch einen Kälteschock des Staatgutes, so daß die Keimung des erst nach Ablauf des Winters ausgesäten Saatgutes im Frühjahr eintritt) oder der Temperaturkontrolle der Kartoffelmieten, daß die Pflanzen nicht nur Wärme benötigen, sondern auch einen gewissen Kältebedarf für die Einleitung der Blütenbildung haben, den man als künstlichen *Kälteschock* bereits beim Saatgut herbeiführen kann. Es eröffnet sich hiermit ein Feld der angewandten Klimatologie, dessen agrar- und forstgeographische Konsequenzen nicht zu übersehen sind.

Es sei in diesem Zusammenhange nur hingewiesen auf die diesbezüglichen Forschungen von E. Dahl (1951) und Dahl u. Mork (1959). Insbesondere in der jüngsten Arbeit von E. Dahl (1964, [vgl. Kap. VII]) wurde eine recht gute Kongruenz zwischen Arealgrenzen einiger nordamerikanischer Waldbäume und Isothermen von *Sommermaxima* gefunden: *Tsuga canadensis* bei 36° (im kontinentalen Bereich 37°), *Pinus strobus* bei 36°, *Picea mariana* und *Picea rubens* 35°, *Abies balsamea* und *Abies fraseri* 34°, *Larix laricina* 36°, *Picea glauca* 34°, *Alnus viridis*<34°, *Salix herbacea* und *Sibbaldia procumbens* 26° (wie in Skandinavien), *Koenigia islandica* 24°.

Der Begriff der Wärmesummen hat auch bei W. Thornthwaite neuerlich Verwendung für die Abgrenzung seiner Klimatypen gefunden, indem er u. a. den Begriff der *Temperaturwirksamkeit* (temperature efficiency) einführte und darunter die Summe der Temperaturgrade für jeden Tag oberhalb der Schwelle für den Beginn der Vegetationsperiode – 40 °F = +4,4 °C für Erbsen, 50 °F = 10 °C für Mais – verstand. Als Wärmeeinheit oder Wachstumsgradtag (growing degree-day) wird ein Fahrenheitgrad oberhalb der genannten Schwelle verstanden. Das ergibt eine Akkumulierung von Hunderten oder Tausenden für die ganze Vegetationsperiode, aber auch schon für einzelne phänologische Phasen, etwa für die Schnittreife von Getreide. Man versucht damit z.B. das Vorhersagen des Erntedatums, wobei allerdings in Kauf genommen werden muß, daß es sich hierbei nur um einen, wenn auch meist den entscheidenden Faktor für das Pflanzenwachstum handelt. Weger und Voigts haben durch Einführung des Begriffs der Wärmegradstundensummen diese Arbeitsrichtung weiter ausgebaut.

Temperatursummen sowie *Schwellenwerttage* sind auch mit Erfolg zur *thermischen Klassifikation der Jahreszeiten* benutzt worden, um einen wenigstens zeitlich vergleichbaren Maßstab zu gewinnen. Es sind hier verschiedene Verfahren entwikkelt worden, von denen einige besprochen seien, die bekannter geworden sind. Man kann z.B. warme Sommer durch die *Summe von Sommer- oder Tropentagen bzw. Wärmesummen* selbst und strenge Winter durch die *Summe von Eistagen oder Kältesummen* kennzeichnen, wie es vor allem G. Hellmann mehrfach getan hat. Es zeigte sich dabei, daß z.B. die Kennzeichnung der Winter durch die Zahl der Eistage zu praktisch den gleichen Ergebnissen führt wie die Benutzung der negativen Temperatursummen, sofern man von der empirisch gefundenen Gleichsetzung von einem Eistag mit einem Tagesmittel von −7° ausgeht. Die von Angot (1913) empfohlene Verwendung der Frosttage zur Klassifikation der Winter ist für mitteleuropäische Verhältnisse nicht brauchbar, eher für westeuropäische.

Vergleicht man die Kurve der Eistage mit der der neg. Temperatursummen, so liegen lediglich in strengen Wintern die Spitzen letzterer höher, was daran liegt, daß in solchen Wintern die Monate Februar bis März noch sehr kalt zu sein pflegen, d.h. negative Tagesmittel aufweisen, ohne daß diese Tage zugleich auch noch Eistage sind. Es genügt dafür schon ein geringfügiges Ansteigen der Mittagswärme kurzfristig über den Nullpunkt. Der Grund, weshalb man sich meist der negativen Temperatursummen statt der Eistage bedient, ist jedoch ein historischer. Während negative Tagestemperaturmittel von älteren, sogenannten Säkularstationen weit zurückreichend bekannt sind (in Berlin seit 1766), ist das für die Zahl der Eistage, für deren Erfassung die Installation von Extremthermometern Voraussetzung ist, noch nicht solange möglich (in Berlin erst seit 1829).

Will man also Klimaschwankungen nach der *Häufigkeit strenger und milder Winter* belegen ([vgl. Kap. VII. c)] u. Abb. II. c) 17), so kann man mit Hilfe des Kältesummenverfahrens einen längeren Zeitraum exakt vergleichbar überschauen. Dies hat G. Hellmann (1917) für die Berliner Reihe, und daher nur für das mittlere Norddeutschland gültig, getan. Seine diesbezügliche Untersuchung wurde richtungweisend für spätere Arbeiten. Allerdings hat er eine exakte zahlenmäßige Grenze nur für die sehr strengen (negative Temperatursummen November bis März ≧ 320°bei mindestens 7 Tagen von ≦ −10° Mitteltemperatur) und für die sehr milden Winter (positive Temperatursummen Dezember bis Februar ≧ 240°, negative Temperatursummen ≦ 100°) gegeben. Die Abstufung ist dann später korrigiert und vervollständigt worden (Abb. II. c) 17), indem die negativen Temperatursummen bzw. die Eis-

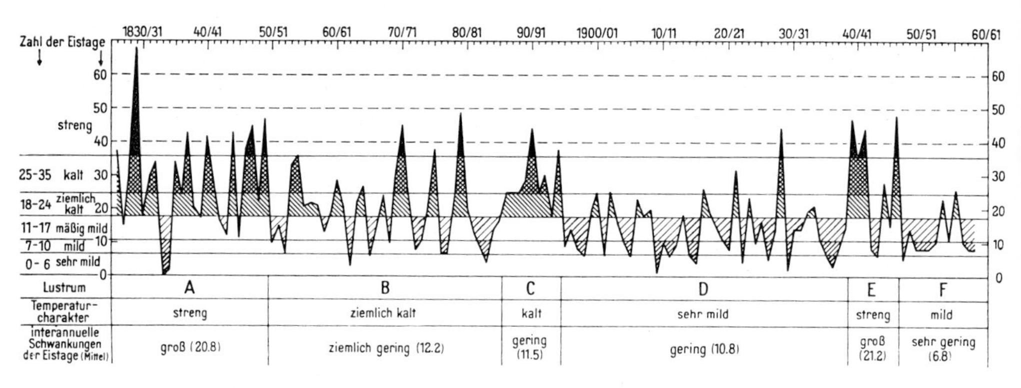

Abb. II. c) 17. Die Winter 1826/27–1958/59 in Frankfurt/M., klassifiziert nach Eistagssummen und Lustren. (Eistage nach R. Fischer, 1959 und H. Mollwo, 1958)
Vergleiche haben ergeben, daß sich die Summe der Eistage (d. s. Tage mit einem Maximum unter 0°) für die Kennzeichnung der Winterstrenge praktisch gleich gut eignet wie die aus negativen Tagesmitteln errechnete Kältesumme. Die erstgenannte Methode setzt allerdings die Verwendung von Maximumthermometern voraus, während bei der letzteren normale Hüttenthermometer genügen. Die Stufung in die 6 Strengestufen erfolgte rechnerisch so, daß auf jede Stufe $^1/_6$ aller Fälle entfiel

tagssummen häufigkeitsmäßig geordnet und vom Scheitelwert aus nach der strengen wie milden Seite hin gruppiert wurden. Dadurch sind die Grenzen geographisch relativiert und liegen für jeden Ort individuell verschieden. Das stellt einen zwar arbeitserschwerenden, aber sachlich begründeten Vorzug dar, denn ein strenger Winter in Ostpreußen und ein strenger Winter in Friesland müssen nach unterschiedlichen Kältesummengrenzen klassifiziert werden.

Die *Sommer* wurden von Hellmann (1918) nicht nach Wärmesummen direkt, sondern nach der *Zahl der heißen* (Tagesmittel ≧ 25°), *sehr warmen* (Temp. max. ≧ 30°) *und warmen* (Temp. max. ≧ 25°) *Tage* (d. s. *Hitzetage, Tropentage* und *Sommertage*) klassifiziert. Danach weist ein heißer Sommer mindestens 6 Hitzetage (d.h. Tage mit einem Tagesmittel von ≧ 25°), mindestens 10 Tropentage und mindestens 35 Sommertage auf, während bei einem sehr warmen Sommer nur zwei der vorgenannten drei Vorbedingungen erfüllt zu sein brauchen. Sehr kühle Sommer enthalten hingegen überhaupt keinen heißen Tag, höchstens 3 Tropentage und höchstens 25 Sommertage, und schließlich kalte Sommer nicht einmal einen Tropentag, höchstens 20 Sommertage und mindestens 7 kühle Tage. Um solche Tage handelt es sich dann, wenn das Tagesmittel in der ersten Junihälfte höchstens 12°, in der zweiten höchstens 13°, im Juli und in der ersten Augusthälfte höchstens 14° und in der zweiten Augusthälfte höchstens 13° erreicht, d.h. um 3 bis 4° unter der Norm verbleibt.

Etwas einfacher ist die Methode von N. Končresult (1967). Bei ihm gelten für mitteleuropäische Niederungen als strenge Winter solche mit einer Summe negativer Temperaturtagesmittel von ≧ 300°, als milde solche mit ≦ 90°. Die Sommer wurden nach der Summe von Tagesmitteln von ≧ 20° klassifiziert. Heiße Sommer haben mehr als 1460°, kühle weniger als 943°.

W. Hesse (1953) hat das *statistische Abgrenzungsverfahren für die Klassifikation der Winter* weiter ausgebaut, indem Beginn, Dauer, Höhe und Ende der thermischen Anomalie, d.h. nach der Zahl der Tage mit negativem Tagesmittel, ihrem zeitlichen Auftreten und nach Kältesummen, benutzt wurden, also auf Minima ganz verzichtet wurde. Seine 8 *thermischen Wintertypen* – die beiden hygrischen interessieren in diesem Zusammenhang nicht – sind folgende (Tab. II. c) 5), geordnet nach Kontrastpaaren:

Tab. II.c) 5. Die thermischen Wintertypen Mitteleuropas. (Nach W. Hesse, 1953)

Kontrastpaaren Typ	Definition
1. Vorwinter	≧ 4 Tage mit neg. Tagesmitteln (Tm), anschließend ≧ 7 Tage mit pos. Tm, alles vor dem 1. Dezember
2. Nachwinter	≧ 4 Tage mit neg. Tm, zuvor ≧ 7 Tage mit pos. Tm, alles nach dem 25. Febr.
3. Frühwinter	≧ 4 Tage mit neg. Tm im November und unmittelbar anschließend ≧ 1 Tag mit neg. Tm ab 1. Dezember
4. Spätwinter	≧ 4 Tage mit neg. Tm nach dem 25. Februar, unmittelbar vorher ≧ 1 Tag mit neg. Tm
5. Langwinter	≧ 75 Tage mit neg. Tm im November bis März
6. Kurzwinter	≦ 25 Tage mit neg. Tm im November bis März
7. Strengwinter	Kältesumme ≧ 300 (November bis März)
8. Mildwinter	Kältesumme ≦ 100 (November bis März)

Angewandt auf die 101 jährige Leipziger Temperaturreihe (1852/53 bis 1952/53) ergeben sich einige charakteristische Häufigkeiten und Kombinationen. Der Häufigkeit nach standen Nachwinter und Mildwinter voran, während Frühwinter nur selten vorkamen. Es stellte sich ferner heraus, daß Kurzwinter zugleich Mildwinter zu sein pflegen und Langwinter meist Strengwinter. Langwinter bzw. Strengwinter sind in der Regel zugleich auch Spätwinter. Es entspricht dies dem bei strengen, insbesondere schneereichen Wintern schon seit den Forschungen von Woeikow und Hellmann bekannten Prinzip der Selbstverstärkung, das allerdings kausal nicht so einfach gesehen werden darf, wie es ursprünglich in Unkenntnis der dreidimensionalen dynamischen Wetter- und Klimabetrachtung geschah.

Die Festlegung von *Schwellenwerten der Temperatur* für bestimmte vegetative Phasen oder für das Vorkommen bestimmter Arten bereitet wie bereits angedeutet erhebliche Schwierigkeiten, sobald man versucht, über die einzelne Art hinaus zu Verallgemeinerungen zu gelangen. Das gilt in besonderem Maße von der *Vegetationsperiode.* Da die Wärmeansprüche der Pflanzen äußerst unterschiedlich sind, müßte man sie streng genommen für jedes Gewächs einzeln festlegen. Es ist deshalb unerläßlich, bei Verwendung dieses so weit verbreiteten klimatisch-ökologischen Begriffs klar zu sagen, auf welche Leitpflanzen oder Gruppen der Agrar- oder Forstlandschaft er sich beziehen soll. So gilt für das Getreide, soweit es thermisch weniger anspruchsvoll ist, der Schwellenwert von +5°, bei Hafer +4°, bei Mais dagegen erst +10° als Beginn der Vegetationsperiode. Kartoffeln keimen erst bei +8°, von der Frostempfindlichkeit ihrer Triebe ganz abgesehen. Für unsere Waldbäume hat Rubner +10° angenommen, Boer nur +8°. Wo +10° im Sommer nicht mehr lange genug erreicht werden, ist demnach Baumwuchs nicht möglich; im allgemeinen muß dieser Schwellenwert mindestens einen Monat lang überschritten werden. Deshalb gilt auch im Mittel die *+10°-Juliisotherme* als die *vegetative Baumgrenze;* sie umschließt noch so viele Tage mit ≧ +10° oder eine Vegetationsperiode von 100 Tagen mit ≧5°, daß Bäume gedeihen, d.h. wachsen können, während die Grenze des Fruchtens, die *reproduktive Baumgrenze,* höhere Wärme erfordert und um den Horizontalabstand mechanischer Samenverbreitung zurückbleibt. Da hierbei die in dem Monatsmittel von +10° enthaltenen *täglichen Maxima* wichtiger sind als die nächtlichen Minima, liegt die Baumgrenze im Kontinentalklima mit seinen größeren Tagesamplituden bei etwas niedrigeren Julimitteln (+8° bis +9°) als im wolkenreichen ozeanischen Bereich (bei +11°) mit seinen niedrigeren Tagesmaxima, von den übrigen Klimafaktoren, die am Zustandekommen der Baumgrenze noch beteiligt sind, hier ganz abgesehen. Eine Modifikation der von W. Köppen so stark betonten Parallelität von +10°-Juli-Isotherme gab bereits 1912 A. Helland, indem er statt der Juli-Isotherme das Mitteil der vier Sommermonate Juni bis September, nach H. Mayr Tetratherme genannt, verwendete (Tab. II.c) 6). Den Berechnungen liegt ein thermischer Höhengradient von 0,6°/100 m zugrunde.

Tab. II.c) 6. Die Sommertemperatur (Mittelwert Juni bis Sept.) an einigen Baum- und Kulturgrenzen in Norwegen. (Nach A. Helland, 1912)

Buche, Birne, Pflaume	13,4°C	Kiefer, Fichte	8,4°C
Lohnender Obstbau, Apfel	13,0°C	Johannisbeere (rote)	7,8°C
Eiche	12,6°C	Eberesche, Roterle,	7,7°C
Hasel, Ahorn, Linde	12,5°C	Pappel	7,6°C
Esche, Schwarzerle	12,4°C	Birke	7,5°C
Ulme, Stachelbeere	11,2°C	Wacholder	5,3°C
Sicherer Getreidebau (Gerste)	11,0°C	Zwergbirke	4,3°C
Kartoffeln	9,3°C	Polarweide	1,4°C

Die seit A. Supan (1879) und W. Köppen (1884) meist vorgenommene Parallelisierung von Baumgrenze und +10°-Juli-Isotherme ist daher eine sehr grobe Verallgemeinerung. Ähnliches gilt von der Höhenbaumgrenze, bei der zu berücksichtigen ist, daß die allgemeine durchschnittliche Massenerhebung eines genügend ausgedehnten Gebirges im Sommer wegen der dann positiveren, vielfach durch verstärkte Kontinentalität begünstigten Strahlungsbilanz die Isothermen mit anhebt, damit also auch die Baumgrenzen, soweit sie von der Wärme oder einem damit eng verwandten Faktor abhängig sind.

5. *Die vertikale Temperaturverteilung*

Im Kapitel über die Strahlungs- und Energiebilanz [Kap. II. b) 7.] war abgeleitet worden, daß im Mittel an der Erdoberfläche eine positive, in der A. eine negative Strahlungsbilanz herrscht und daß von der Erdoberfläche aus fühlbare und latente Wärme in die A. gebracht wird. Im Mittel besteht also in der A. ein Wärmegefälle von den bodennahen zu den höheren Schichten. Die *Lufttemperatur nimmt in der Regel mit zunehmender Höhe ab.* Das Maß für die vertikale Temperaturabnahme ist der *vertikale (geometrische) Temperaturgradient,* ausgedrückt in Grad pro 100 m. Er gibt den Temperaturunterschied zwischen verschieden hoch liegenden Luftmassen an und darf nicht verwechselt werden mit dem adiabatischen Temperaturgradienten, welcher die Temperaturabnahme in einem vertikal aufsteigenden Luftvolumen darstellt.

Der vertikale Temperaturgradient kann entweder durch Vergleich benachbarter Stationen mit großem Höhenunterschied (Berg- und Talstationen) oder durch direkte aerologische Messung mittels Flugzeug, Drachen und Radiosonden ermittelt werden [vgl. Kap. V. h)]. Streng genommen sind die Ergebnisse beider Methoden nicht ganz vergleichbar, denn bei Bergstationen spielen Bergform, Massenerhebung und Unterlage sowie Exposition eine gewisse Rolle, die bei den aerologischen Messungen in der freien Atmosphäre wegfallen.

Die *Größe der vertikalen Temperaturabnahme* unterliegt ähnlichen Schwankungen wie die räumliche Verteilung der Temperatur in der horizontalen und kann daher, was vor allem H. Lautensach und R. Bögel (1956) eingehender untersucht haben, ebenfalls als Charakteristikum einzelner Klimatypen herangezogen werden. Aus thermodynamischen Gründen gibt es für die freie A. einen oberen Grenzwert von 1°/100 m. Unterhalb dieser Größe sind alle Werte möglich. Die am häufigsten auftretenden liegen zwischen 0,5 und 0,8°/100 m. Aus der o. g. Ursache für die vertikale Temperaturabnahme kann man schon die allgemeine Regel ableiten, daß im täglichen und jährlichen Gang über einen bestimmten Ort die Gradienten zur Mittags- und Sommerzeit am größten, nachts und im Winter am kleinsten sind, und daß im regionalen Vergleich in tropischer A. die Temperaturen mit der Höhe rascher abnehmen als in höheren Breiten.

Temperaturinversionen. Der vertikale Temperaturgradient kann auch positive Werte annehmen, wenn z. B. die bodennahe Luftschicht – vorzugsweise am Ende der nächtlichen Ausstrahlungsperiode oder im Winter der kontinentalen hohen Mittelbreiten – so stark abgekühlt wird, daß mit der Höhe Temperaturzunahme eintritt. Dieser Sachverhalt spielt als *Temperaturumkehr* oder *Inversion* klimageographisch oft eine bedeutende Rolle. Am 8. 12. 1962 war der Feldberg im Schwarzwald z. B. volle 14,2° wärmer als das 1227 m tiefer am Rande der *Oberrheinebene* gelegene Freiburg i. Br. Im Mittel betrug in der Zeit zwischen 1958 und 1967 die positive Inversionsdifferenz zwischen beiden Stationen je nach Wetterlage zwischen 5,3° und 2,2° (Havlik, 1970). In der Abbauphase eines winterlichen zusammensinkenden Kaltluftkissens oder innerhalb von Antizyklonen sowie im ozeanischen Passatbereich der Subtropen werden durch absteigende Luftbewegungen in der Höhe sogenannte dynamische Absinkinversionen gebildet. Vielfach treten beide Vorgänge (Absinken in der Höhe und Ausstrahlung am Boden) kombiniert auf. Besonders die Bodeninversion wirkt als Sperrschicht für die nebel-, dunst- und raucherfüllte A. der unteren 200–400 m.

Der Dauer nach sind zu unterscheiden Morgen-, Ganztags- oder Mehrtagsinversionen. Im abgeschlossenen, schlecht durchlüfteten Oberrheintalgraben zwischen Frankfurt und Basel bilden sie eine wesentliche Klimaeigentümlichkeit (Peppler, 1930; Havlik, 1970) wie nachstehende Tabelle für das Stationspaar Freiburg (259 m) – Feldberg (1486 m) zeigt.

Tab. II.c) 7. Jahresgang der Tage mit Temperaturumkehr zwischen Freiburg i. Br. und dem Feldberg im Schwarzwald (Summe der Jahre 1958 bis 1967; nach Havlik, 1970)

Jan.	Febr.	März	April	Mai	Juni	Juli	Aug.	Sept.	Okt.	Nov.	Dez.	Σ
72	56	34	6	1	0	0	8	43	90	77	70	457

Eine spezielle Form stellt sich in engen Fjordtälern ein, wo die kalte Wasserunterlage in Verbindung mit der mangelnden Durchlüftung des Reliefeinschnitts zu einer sich sehr zäh erhaltenden *Fjordinversion* führt, die beim gleichzeitigen Vorliegen von Rauchemittenten zu einer oft tagelangen Rauchsperrschicht führt. Dies ist ein ungemein charakteristisches Phänomen des Fjordklimas, das in abgeschwächter Form, oft nur nachts, auch in Gebirgstälern auftritt.

Eine dritte Form sind die advektiven oder *Aufgleitinversionen* beim Vordringen von Warmluft über Kaltluft. Sie beeinträchtigen z. B. die Schneesicherheit in Wintersportgebieten der deutschen Mittelgebirge (Fröhlich, 1968).

Geographische Differenzierung. Thermische Höhenstufen. Kurzfristig und räumlich begrenzt sind auch sog. *überadiabatische Gradienten* mit einer Temperaturabnahme von mehr als einem Grad pro 100 m Höhendifferenz möglich, z. B. dann, wenn am Boden eine sehr starke Überhitzung stattfindet, oder wenn in der Höhe, wie häufig bei Gewittern, Kaltluft einfließt. Überadiabatische Gradienten bedeuten labile Luftschichtung, die zu starker Konvektion und als deren Folge zu normalen Temperaturabnahmen mit der Höhe führt.

Der geometrische Temperaturgradient ist für einzelne Witterungstypen bzw. Strukturtypen der Grundschicht [vgl. Kap. II. a) 5.] *spezifisch.* Klimate, die einen ausgeprägten Wechsel der synoptischen Bedingungen im Jahresverlauf aufweisen, wie z. B. das Mittelmeerklima, zeigen auch einen gleichlaufenden Jahresgang des Gradienten. Das sommertrockene Mediterranklima der küstennahen Gebiete besitzt einen geringen sommerlichen Höhengradienten, aber schon über dem Inneren der Iberischen Halbinsel ist es anders. Hier ist der Sommergradient hoch wegen starker Überhitzung der bodennahen Luft und der Wintergradient gering wegen der Bildung von Kaltluftinversionen. Am extremsten sind die Gegensätze in NO-Sibirien, wo der winterlichen Höhenzunahme von 1,84°/100 m eine sommerliche Höhenabnahme von 0,81°/100 m gegenübersteht.

Das bisher meist geübte Verfahren genereller *Reduktion von Temperaturmitteln auf den Meeresspiegel,* indem ein mittlerer Gradient von 0,5° oder 0,6°/100 m zugrunde gelegt wird, wie er nur für das mitteleuropäische Übergangsklima und auch hier nicht immer gleichmäßig durch das ganze Jahr gilt, ist daher äußerst fehlerhaft und trifft nur selten die wirklichen Verhältnisse. Innerhalb der Meteorologie, wo diese Probleme täglich bei der Konstruktion von Wetterkarten aktuell werden, hat man bisher einen einheitlichen Temperaturhöhengradienten von 0,65°/100 m international vereinbart. Wie groß aber auch hier im Einzelfall die regionalen Unterschiede sein können, kann man der bei Schüepp (1962) abgedruckten Weltkarte des thermischen Höhengradienten für den Januar 1960 zwischen 2000 und 4000 m Höhe entnehmen.

Die *Abstufung der Wärme mit der Höhe* ist von größter klimatischer, biologischer und wirtschaftlicher Tragweite. Sie bedingt in allen Zonen eine vertikale Gliederung der Vegetation und der Wirtschaft, soweit letztere klimaabhängig ist. Während die oberen Höhenstufen in mittleren und höheren Breiten für Landwirtschaft nur noch extensiv (Feldgraswirtschaft, Viehwirtschaft) oder überhaupt nicht mehr genutzt werden und daher, soweit die Wärme für Baumwuchs ausreicht, dem Wald vorbehalten bleiben, umfaßt die Abstufung in den Tropen einen viel größeren Spielraum von sehr hohen Werten im Tieflande zu den niedrigen im Hochgebirge. Man kann es auch so ausdrücken, daß in den höheren Breiten nicht nur die hohen Wärmewerte des Tieflandes wegfallen, sondern die Vertikalstufen rascher aufeinanderfolgen, was sich in der bekannten Depression der Baum- und Schneegrenze polwärts widerspiegelt. Allerdings ist hierbei die Wärme nicht der alleinige Faktor. Die Wärmestufen in den Tropen zeigen so hohe Tieflandwerte, daß sich das Schwergewicht der Produktion der meisten Getreide (außer Reis) vom feuchtheißen Tieflande mit seinen Regenwäldern und volltropischen Kulturen in die Rodungszone der ertragreichen, etwas kühleren, aber immer noch winterlosen Hochländer verlagert. Seit den Arbeiten des kolumbischen Naturforschers F.J. Caldas (1771–1816) hat sich in Süd- und Mittelamerika die Abstufung in 5 Wärmehöhengürtel eingebürgert: *Tierra caliente* (Jahrestemp. über 24°, Leitkultur Kakao), *Tierra templada* (Jt. 24–18°, Leitkultur Kaffee), *Tierra Fria* (Jt. 18–12°, Leitkultur Getreide, Obst), *Páramo* (Jt. 12–6°, Leitkultur Kartoffeln, Weideland), *Tierra helada* (Jt. unter 6°, ungenutzt). Obiger Abfolge entsprechend gibt es in Äthiopien, wo die Reliefverhältnisse eine ähnliche Stufenfolge bedingen wie in den Andenländern, die tiefgelegene, trockenheiße *Bercha,* darüber die feuchtheiße *Kolla,* die gemäßigt warme *Woina Dega* (das Weinland), die kühle *Dega* (das Getreideland) sowie die *Wirch* als höchste Stufe der Matten [vgl. auch Kap. V. c)].

In der gemäßigten Zone mit ihren selbst im ozeanischen Küstenbereich der Festländer noch ausgeprägten Jahresamplituden begegnet die thermische Begrenzung von Höhenstufen durch die Jahresmitteltemperatur erheblichen Schwierigkeiten. So kann der von Hess (1967) unternommene Versuch angesichts der sehr unterschiedlichen Jahresschwankungen und der unperiodischen Variabilität des Mittelbreitenklimas nicht befriedigen, so lange nicht für die einzelnen Stufen die jahreszeitlichen Schwankungen mitgeteilt werden. In einer anderen Arbeit des gleichen Verfassers, auf die noch zurückzukommen sein wird, ist dies zusammen mit dem Verhalten der übrigen Klimaelemente allerdings geschehen.

6. *Äquivalenttemperatur, Schwüle, Abkühlungsgröße*

Von weitreichender klimatologischer Bedeutung ist der zusammengesetzte Begriff der *Äquivalenttemperatur.* Er wurde von Bezold eingeführt und stellt eine fiktive Größe dar, die nicht unmittelbar gemessen, sondern nur berechnet werden kann. Er spielt sowohl in der Behandlung des Energiehaushaltes der Atmosphäre wie auch in der Bioklimatologie eine wichtige Rolle. Die Äquivalenttemperatur setzt sich zusammen aus der zu einer bestimmten Zeit gemessenen Lufttemperatur t und einem Feuchtezuschlag $\Delta t = 2{,}5 \cdot s$, wobei s der gleichzeitig vorhandene Wasserdampfgehalt der Luft in Gramm pro kg Luft ist. Es wird dabei also die Annahme gemacht, daß aller Wasserdampfgehalt ohne vorherige Abkühlung kondensiert und durch die freiwerdende Kondensationswärme von rund 600 cal pro Gramm die Temperatur in der Luft mit ihrer spezifischen Wärme von 240 cal pro kg um 600 : 240 = 2,5° pro Gramm Wasserdampf heraufgesetzt wird. Da die Annahme fiktiv ist, ist es die Äquivalenttemperatur ebenso. Sie kombiniert jedoch die Luftwärme mit der Luftfeuchte, eine Kombination, die eine entscheidende Rolle beim Umwelteinfluß auf den Wärmehaushalt des Menschen und damit auf *Behaglichkeits-* bzw. *Schwüleempfinden* spielt. Die Wärmeabgabe von der Haut wird nämlich außer durch Abstrahlung und Abgabe fühlbarer Wärme vor allem durch die Körperverdunstung reguliert. Die Verbindung von hoher Temperatur mit hohem Feuchtegehalt der Luft behindert die Wärmeabgabe, so daß es zur Wärmestauung und zum Gefühl der Schwüle kommt. Als Schwülemaß ist die Äquivalenttemperatur 1926 von F. Linke vorgeschlagen worden. Nach seinen Angaben tritt das Schwülegefühl bei Windstille bei einer Äquivalenttemperatur von etwa +56° ein. Nach Rudloff und Jungmann (1968) endet das Behaglichkeitsgefühl in den Tropen bei 52° Äquivalenttemperatur.

Schwülemaße und Einflußparameter. Eine andere Methode zur Bestimmung der Schwülegrenze hat Castens (1925) in Fortführung von Lancaster (1898) angewandt. Er trug die Ergebnisse der Befragungen von mehreren hundert Personen in ein Temperatur-Feuchte-Diagramm ein. Die dabei ermittelte Grenzlinie zwischen Behaglichkeits- und Schwülegefühl wird als die *„Lancaster-Castens-Kurve"* bezeichnet.

Nach Bradtke (1938) endet die unbeschränkte Behaglichkeit in Innenräumen bei folgenden Wertepaaren:

Innentemperatur eines Raumes:	22 °C	23 °C	25 °C	26 °C	27 °C
Relative Feuchte:	70%	66%	60%	56%	53%
Das entspricht einem Dampfdruck (mmHg):	13,8	13,9	14,3	14,1	14,25

Scharlau (1941, 1943) führte in Südrußland sowie in Klimakammern ähnliche Untersuchungen durch. Die nachstehende Tabelle enthält die an der Schwülegrenze gemessenen Werte der relativen Feuchte und der dazugehörigen Lufttemperatur.

Tab. II.c) 8. Temperatur und relative Feuchte an der Schwülegrenze. (Nach Scharlau, 1941)

RF%	t°C	RF%	t°C	RF%	t°C
100	16,50	80	20,06	45	29,70
98	16,82	75	21,11	40	31,76
96	17,15	70	22,23	35	34,14
94	17,48	65	23,45	30	36,94
92	17,81	60	24,79	25	40,33
90	18,16	55	26,25	20	44,59
85	19,08	50	27,88		

Man ersieht daraus, daß bei sehr niedrigen Feuchtewerten, wie sie in den Trokkengebieten der Erde zumindest tagsüber häufig vorkommen, Temperaturen von 35 °C bis 45 °C noch nicht als schwül empfunden werden, während dies bei der mäßigen Luftfeuchtigkeit Mitteleuropas im Sommer bereits bei etwa 25° einsetzt, ganz zu

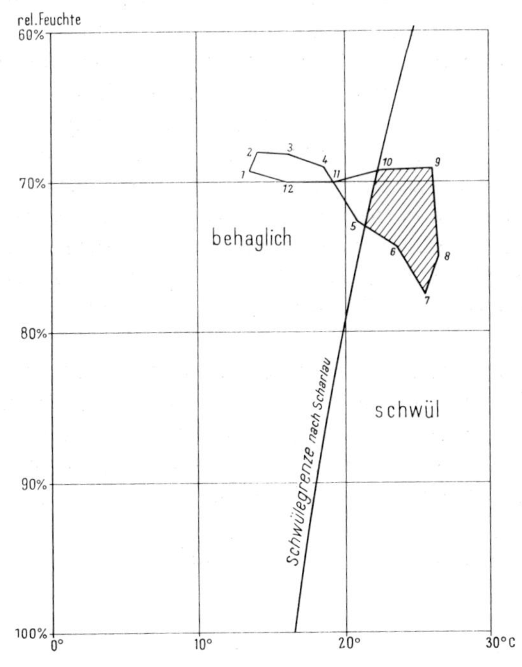

Abb. II.c) 18. Schwülediagramm von Alexandria. (Nach K. Knoch u. A. Schulze im Weltseuchenatlas, 1956)
Es zeigt sich, daß in Alexandria nur die Monate Anfang Mai bis Anfang Oktober als schwül zu bezeichnen sind, was durch den in dieser Zeit vorwiegend vom Meere her wehenden und mit Luftfeuchtigkeit angereicherten Wind bedingt ist. Die übrige Jahreshälfte hat bei Temperaturen von unter 20° eine relative Feuchte von 70% und darunter, so daß es zu keinen Schwüleempfindungen kommt

schweigen von der durchweg hohen Luftfeuchtigkeit von meist über 80 bis 90% in der Äquatorialregion, wo schon Temperaturen von 20° und darunter als drückend empfunden werden, erst recht die bedeutend darüber liegenden tatsächlichen Wärmegrade der inneren Tropen. Sie unterschreiten auch nachts meist nicht die Schwülegrenze, ein für die Arbeitsleistung in solchem Klima ganz entscheidender Faktor.

Zur Darstellung des Jahresganges der Schwüle kann man die Monatsmittelwerte von Temperatur und Feuchte in einem entsprechenden Diagramm eintragen und die zwölf gefundenen Werte in einem unregelmäßigen Zwölfeck miteinander verbinden. Je nach der klimatischen Situation der betreffenden Station liegen dann Teile des Zwölfecks diesseits oder jenseits der Behaglichkeitskurve bzw. Schwülegrenze. Derartige instruktive Diagramme sind z. B. von A. Schulze zusammen mit K. Knoch in dem Weltseuchenatlas für Afrika entworfen worden (1956). Sie sind allerdings nicht neu, sondern tauchten schon früher in dieser oder abgewandelter Form, z. T. als Klimogramme bezeichnet, auf.

Aus der „Lancaster-Castens-Kurve" sowie den Werten von Bradtke oder Scharlau ergibt sich immer wieder, daß der relativen Luftfeuchtigkeit an der Behaglichkeits- oder Schwülegrenze bei der jeweiligen Temperatur ein Dampfdruck von rund 14 mm Hg entspricht. Bei 16,5° und Sättigung (100% relativer Feuchte) beträgt der

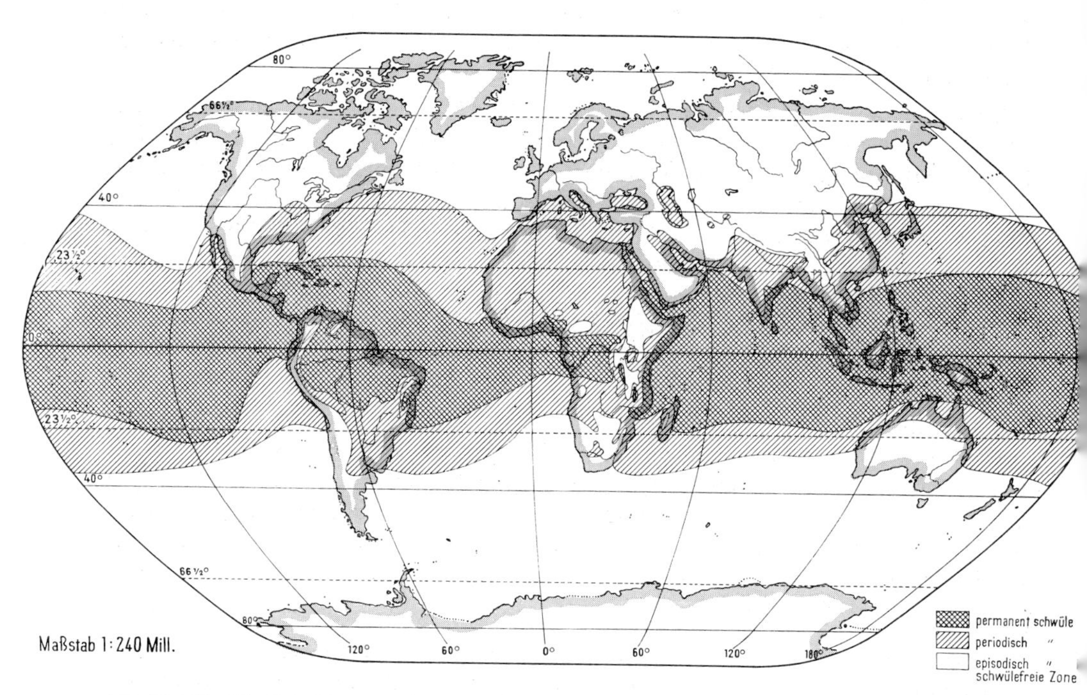

Abb. II.c) 19. Die Schwülezonen der Erde. (Nach K. Scharlau, 1952)
Die für eine effektive Dauerarbeitsleistung, vor allem der Weißen, ungünstigen dauerschwülen Areale nehmen auf den Festländern und großen Inseln der Tropen nur einen relativ schmalen Bereich ein oder werden durch begrenzte Areale mit wenigstens nur periodischer Schwüle (Sumatra, Java, Neuguinea) oder gar durch schwülefreie Hochländer (Ostafrika, Andenländer) unterbrochen. Die westlichen Teile der tropischen Ozeane zeigen eine breitere Entwicklung dauernder und periodischer Schwüle

Dampfdruck genau wie bei 20,06° und 80% (Tab. II.c) 8) 14 mm Hg. Davon ausgehend hat Scharlau (1950) die *Schwülegrenze* in einem Feuchte-Temperatur-Diagramm auf einen *Dampfdruck von E = 14,08 mm Hg* festgelegt. Oberhalb dieses Schwellenwertes liegt der Schwüle-, unterhalb der Behaglichkeitsbereich. Diese Definition hat in der europäischen Forschung eine weite Anwendung gefunden.

Scharlau selbst legte (1952) eine globale *Verbreitungskarte der Schwüleandauer* vor (s. Abb. II.c) 19), die in größerem Maßstab (Scharlau, 1961) auch im Weltseuchen-Atlas veröffentlicht wurde.

Permanent schwül sind hauptsächlich die tropischen Ozeane und die sie säumenden Küstenländer. Sie werden polwärts von einem sehr unterschiedlich breiten Übergangsstreifen mit periodischer, d.h. sommerlicher Schwüle begleitet. Dieser reicht auf den Ostseiten der Kontinente weiter polwärts und zugleich landeinwärts als auf den Westseiten, wo die trockenen Passate oder ihre Wurzeln die Schwülezone einschnüren. In den Tropen sind die Bergländer weitgehend schwülefrei. Bemerkenswert schwülearm ist auch das Innere Arabiens mit seiner trockenen Hitze bei geringer Luftfeuchte im Bereich der kontinentalen Wüsten. Kraß ist der Gegensatz zu den feuchtheißen Küstengebieten am Persischen Golf oder am Roten Meer. Das küstenferne und gegen maritime Luftströmungen weitgehend abgeschirmte Innerasien kennt ebenfalls kaum Schwüle. Fraglich erscheint bei dieser Darstellung jedoch die periodische Schwüle Nordafrikas, wo man ähnliche Schwülearmut – trotz großer Hitze – wie in Arabien, Iran, Arizona oder in der Puna, der Kalahari und dem Inneren Australiens erwartet. Die Ursache hierfür dürfte in der ungenügend differenzierten Definition der Schwüle zu suchen sein.

So fehlt es nicht an Versuchen, weitere relevante Parameter formelmäßig zu erfassen. Eine zusammenfassende Übersicht bis 1971 gibt Landsberg (1972). King (1955) berücksichtigt als Schwüleparameter neben Lufttemperatur und -feuchte (in Form der Äquivalenttemperatur) auch den *Einfluß von Wind* (in Form der Abkühlungsgröße) *und der atmosphärischen Gegenstrahlung.* Havlik (1976) hat den Einfluß der verschiedenen Parameter eingehend kritisch analysiert und Herrmann (1959) eine vergleichende Untersuchung über die bis dahin vorgeschlagenen Schwülemaße und ihre Aussagen angestellt. Die differenzierteste Erfassung der Schwüle hat seitdem W. Dammann (1964) gegeben. Aus dem Zeitraum 1957–1961 (Monate Mai bis September) hat er für Hamburg die 765 Nachmittagswerte (15 h) der Taupunkttemperaturen, also der Sättigungswerte der relativen Feuchte, in 5 Stufen geordnet und das Verhalten zahlreicher anderer Komponenten (verschiedene Strahlungselemente, Bewölkung, Temperatur, Äquivalenttemperatur, Abkühlungsgröße, Windstärke, relative Feuchte, Luftmasse, Wettertyp, Zirkulationstyp) zu diesen Sättigungstemperaturen in Beziehung gebracht. Er gelangte zu einer Reihe wichtiger Schlüsse, die ihrer Bedeutung wegen aus der genannten Arbeit wörtlich zitiert seien und die in Wirklichkeit sehr komplizierte Natur der Schwüle offenbaren:

„1. Es muß der *meridionale* Zirkulationstyp eintreten, bei dem sehr warme Tropikluft hoher Wasserdampfkapazität über das Mittelmeer und die Alpen hinweg in unseren Raum vorstößt.
2. Die Luftmasse muß *stabil* geschichtet sein, damit das bei starker Erwärmung vom Boden verdunstende Wasser sich in den unteren Schichten anreichern kann und nicht durch thermische Konvektion in hohe Atmosphärenschichten entführt wird.
3. Die atmosphärische *Gegenstrahlung* muß sehr hohe Werte annehmen, eine Forderung,

die bei Tropikluftvorstößen im allgemeinen erfüllt ist, einmal wegen des großen Feuchte- und Wärmeinhaltes dieser Luft, oft auch wegen stärkerer Staubanreicherung. Bekannt ist, daß gelegentlich sogar Sahara-Staub nach Mitteleuropa verfrachtet wird.

4. Die *Globalstrahlung* muß vielleicht nicht unbedingt, kann aber ebenfalls hohe Werte haben. Sie darf aber wiederum nicht so groß sein, daß sie die stabile Schichtung zerstört, weil dann in Bodennähe die Möglichkeit des Wasserdampfminimums heraufbeschworen wird. Die Globalstrahlung wird vor allem durch die Bewölkung reguliert, die bei Tropikluftvorstößen fast stets vorhanden ist. Doch scheint die Umstellung von der Südwestlage zu einer antizyklonalen Südostlage mit einer Abnahme der Bedeckung und demzufolge einer Vergrößerung der Globalstrahlung verbunden zu sein. Bei den hohen Wolken handelt es sich aber durchweg nicht um den Konvektionstyp.
5. Die *Windgeschwindigkeit* muß gering sein, damit die feuchte Abkühlungsgröße niedrig gehalten wird. Mit schwächeren Luftbewegungen sind vor allem die antizyklonalen Situationen verbunden.
6. Die *relative Luftfeuchte* – und das ist vielleicht das Entscheidende – muß trotz hoher Lufttemperatur überdurchschnittliche Werte haben, das heißt, daß der Taupunkt und die Äquivalenttemperatur hoch sein müssen.“

Für großräumige Untersuchungen kommt man aber immer wieder auf einfachere Bestimmungsgrößen, vor allen Dingen den Dampfdruck zurück. Da in der Meteorologie der Dampfdruck durch die Taupunkttemperatur, also durch diejenige Temperatur angegeben wird, bei welcher bei dem jeweilig in einer Luftmasse vorhandenen Dampfdruck Kondensation eintritt, und zwischen Dampfdruck und Taupunkttemperatur eine streng physikalische Beziehung besteht, kann man den Scharlauschen Schwülegrenzwert auch durch eine entsprechende Taupunkttemperatur angeben (E = 14,08 mm Hg entsprechen einer Taupunkttemperatur von +16,5°C). Havlik (1976) hat unter Angleichung an die Bedingungen in Nordamerika eine *Taupunkttemperatur* von 65°F = *18,3°C als Schwülegrenze* festgelegt, was einem Dampfdruck von 15,8 mm Hg entspricht. Er unterscheidet leichte Schwüle bei Taupunkttemperaturen von 18,3–20,6°C (65–69°F), mäßige Schwüle bei 21,1–23,3°C (70–74°F) sowie starke Schwüle bei mehr als 23,9°C (≧ 75°F) und behandelt außer der großräumigen regionalen Differenzierung der Häufigkeit der verschiedenen Schwülestufen und den subregionalen Abwandlungen durch den Einfluß der Großen Seen oder großer Stadtagglomerationen den Zusammenhang mit dem Wetter-, besonders dem Niederschlagsgeschehen. Während in den Südstaaten und bis weit ins Mississippi-Becken hinein Sommerschwüle eine regelmäßige Erscheinung bei Tag und Nacht unabhängig vom Niederschlag ist, treten die Schwülestunden in den nördlichen Landesteilen hauptsächlich nur nach voraufgegangenen Schauerregen und in den Stunden nach Mittag auf.

Effektive Temperatur und Temperature – Humidity-Index. In der amerikanischen Literatur spielt als klimatologische Repräsentationsgröße für Behaglichkeits- oder Schwülegefühl der „*Temperature-Humidity-Index (THI)*“, auch als „*Discomfort-Index*“ bezeichnet, eine entscheidende Rolle. Er findet – wenn überhaupt ein Schwülemaß – im amtlichen Wetterbericht, bei den Vorhersagen und in den Local Climatological Data Verwendung. Landsberg (1959, 1960) hat Juli-Mittelwerte für das Gebiet der USA veröffentlicht, Nieuwoldt (1969) in Isopleten-Diagrammen den THI für die südostasiatischen Tropenstationen Singapur und Alor Star (Malaya) dargestellt, ähnlich wie C. Troll (1969) für die Veranschaulichung des Tages- und

Jahresganges der Schwüle für einige afrikanische Stationen auf der Basis der Scharlauschen-Schwüledefinition sog. *Kaumato-Isopleten* entworfen hat.

Grundlage des THI ist die „*Effektive Temperatur*“ (Yaglou and Miller, 1925). Im Auftrag der American Society of Heating and Ventilating Engineers (ASHVE) wurde mit Hilfe eines Kollektivs von Versuchspersonen *unter raumklimatischen Bedingungen* in Klimakammern festgestellt, welche Kombination von Temperatur und Luftfeuchte dasselbe Wärmegefühl erzielt wie Luft effektiv niedrigerer Temperatur aber gleichzeitiger Feuchtesättigung. Nach diesen Erfahrungen kommt einem z.B. Luft von 25 °C bei 36% relativer Feuchte (= 1,5 g/kg Wasserdampfgehalt) genauso warm vor wie Luft von 22°C bei 70% und von 20°C bei 100%. Oder bei 40°C und 66% relativer Feuchte hat man das gleiche Wärmegefühl als wenn bei 100% Feuchte die Temperatur nur 35°C beträgt. Die bei den Versuchspersonen mit einer Fehlergrenze von rund 1°C übereinstimmenden Angaben wurden in ein Diagramm aus Trockentemperatur und spezifischer Feuchte bzw. Dampfdruck mit den Kurven gleicher relativer Feuchte („psychrometric chart“, s. Abb. II c) 20; Beispiel auch bei E. Brezina und W. Schmidt, 1937, S. 111) eingetragen und ergaben die Linien gleicher effektiver Temperatur als Geraden. In der Abb. II.c) 20 repräsentiert die Gerade FF' eine effektive Temperatur von 30°C. Ihr entsprechen die Kombinationen 33°C und 70%, 35°C und 54%, 40°C und 30% sowie 45°C und 10%. Je größer also die Trockenheit, umso weniger drückend empfindet man die effektive Temperatur. Die Schwülegrenze liegt dabei nach Büttner (1938) bei 24°C. Nach ASHVE fühlen sich dann in den USA mehr als zwei Drittel der befragten Personen „uncomfortable“.

Die Weiterentwicklung *für Freiluftbedingungen* unter gleichzeitiger Umstellung auf die im meteorologischen Beobachtungsprogramm zur Bestimmung von Temperatur und Luftfeuchte routinemäßig gemessenen Trocken-(t_{tr}) und Feuchttemperaturen (t_f) [s. Kap. II. c) 1.] stammt von E. C. Thom (1959) durch die empirische Festlegung der *Rechengröße des THI* nach der Formel $THI = 0{,}4\,(t_{tr} + t_f) + 15$, wobei die Temperatur in Grad Fahrenheit einzusetzen ist. Bei einem THI von 75 fühlen sich in den USA 50% aller Personen unwohl, bei THI 79 sind es 100%, bei THI 83 fühlen sich alle höchst unwohl und bei 86 dürfen (nach Havlik, 1976) die Bundesbehörden in Washington ihre Büros schließen.

W.H. Terjung (1966, 1968) verwendete die Testwerte der ASHVE und später gewonnene zusätzliche Erkenntnisse über die physiologische und auch psychologische Wirkung bestimmter Kombinationen von Lufttemperatur und Feuchte als Grundlage für ein Nomogramm des *comfort index* (Abb. II.c) 20), mit dessen Hilfe man die vielfältigen Kombinationen von Temperatur- und Feuchtezuständen unterschiedlichen Behaglichkeitsstufen zuteilen kann. Die ungefähr zur Linie FF' (30°C = 86°F eff. T.) parallel laufenden Linien sind die der effektiven Temperaturen 78°F (25,6°C), 72°F (22,2°C), 64°F (17,8°C), 60°F (15,6°C) und a repräsentiert 35°F (1,7°C). Sie bilden die empirisch gewonnenen Grenzwerte zwischen verschiedenen Behaglichkeitsbereichen; 64° ist die Grenze zwischen mild und kühl im Sommer, 72° wird von 90% als Übergang mild zu warm angegeben, 78° ist die Obergrenze von warm, da nur 10% den Wert noch für comfortable halten, 86° wird als der Grenzwert für Arbeit im Freien ohne Gesundheitsschäden angesetzt. Die Bereiche 2 und 3 geben die Unterscheidung in feucht-heiß (schwül) und trocken-heiß. Alle Behaglichkeitsstufen von warm bis kühl werden bei Überschreiten der 70%-Marke der

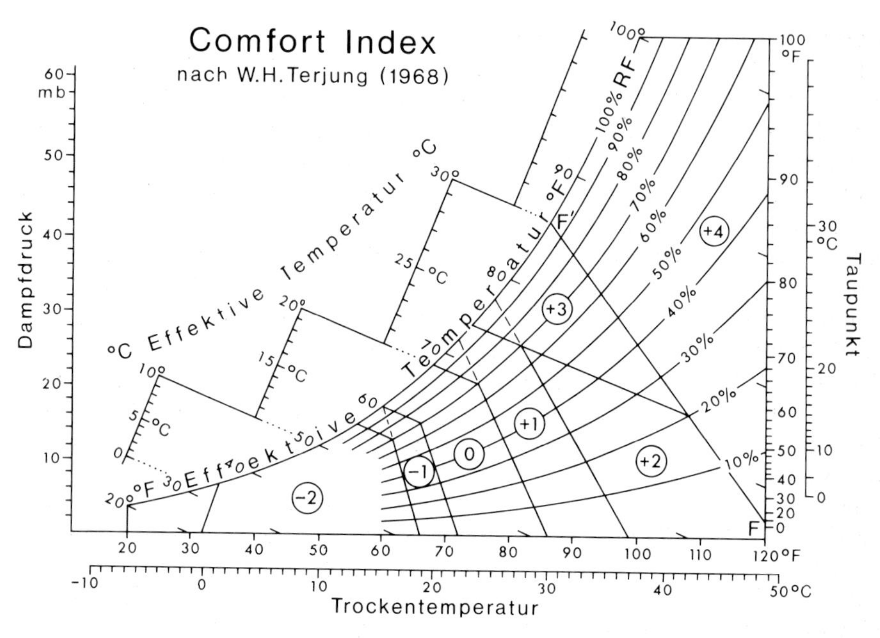

Abb. II.c)20. Bioklimatologischer Comfort-Index als Ergebnis verschiedener Kombinationen von Lufttemperatur und -feuchte. (Nach Terjung, 1968). Eingehende Erläuterung im nebenstehenden Text

relativen Feuchte zum nächst kühleren Bereich geschlagen (Abknicken der Geraden für die effektive Temperatur. Bei Temperaturen um den Gefrierpunkt spielt die Feuchte keine Rolle mehr). Der Bereich unterhalb 35 °F, im wesentlichen also die Frostbedingungen, wurden nach entsprechenden Erfahrungen des Militärs über die Notwendigkeit zusätzlicher Bekleidung mit wachsender Kälte in die Bereiche extrem kalt, sehr kalt und kalt unterteilt.

Auf der Grundlage dieser Klassifikation hat Terjung (1968) Weltkarten des Behaglichkeitsindexes für jeden Monat gezeichnet. Aus diesen Karten können die negativen wie positiven Abweichungen vom optimalen als mild = 0 definierten Zustand abgelesen werden. Man muß sich allerdings dabei immer vergegenwärtigen, daß Maß-gebend für die Beurteilung, ob ein Gebiet mild, kühl, warm usw. ist, ein Kollektiv von Testpersonen ist, welches bei normalen Werten der Luftfeuchte zwischen 50% und 60% Temperaturen von 20–25 °C bei Tage als mild, 17–20 °C als kühl und unter 17 °C bereits als keen (schneidend) bezeichnen. Warm ist es erst bei 25–30 °C. Die Originalkarten enthalten auch noch Hinweise auf den Wechsel im Behaglichkeitsindex zwischen Tag und Nacht.

Abkühlungsgröße. Im Zusammenhang mit der Wärmeabgabe von der Haut und dem damit zusammenhängenden Temperaturempfinden kommt wegen des erheblichen Einflusses der Verdunstung neben den meist berücksichtigten Parametern Lufttemperatur und -feuchte noch der Luftbewegung eine große Bedeutung zu. Schwüleempfinden verschwindet bei genügend großer Ventilation; Kühle wird bei gleichzeitiger Luftbewegung besonders frisch oder unangenehm, Kälte wird oft schon „schneidend“ oder gar unerträglich, wenn ein relativ schwacher Wind weht.

Um für die bioklimatisch wichtige *Abkühlungsgröße* vergleichbare Meßwerte zu erlangen, hat zunächst Hill (1915) das *Katathermometer* entwickelt. Das Prinzip besteht darin, daß in freier Umgebung an einem strahlungsgeschützten Thermometer, welches vorher auf Temperaturen über 38 °C angewärmt wurde, die Zeit gemessen wird, in der das Quecksilber von 38° auf 35 °C sinkt. Eine wesentlich praktikabelere Weiterentwicklung ist das von C. Dorno und R. Thilenius konstruierte *Davoser Frigorimeter* oder als Registrierinstrument der *Frigorigraph* von H. Lossnitzer und H. Pfleiderer. Meßkörper ist beim Frigorimeter eine elektrisch konstant auf Bluttemperatur (36,5 °C) gehaltene Kupferkugel, deren Wärmeverlust unter dem Einfluß des Windes und der übrigen Atmosphärilien durch den hierfür nötigen Heizstrom erfaßt und in Milligrammkalorien pro cm^2 und Sekunde ($mgcal/cm^2 \cdot sec$) ausgedrückt wird. V. Conrad hat nach Frigorimetermessungen folgende *Klimatypen* unterschieden: Abkühlungsklima bei mehr als 40 $mgcal/cm^2 \cdot sec$, reizstarkes Klima bei 30–40, reizmildes Klima bei 20–30, Schonungsklima bei 10–20 und Überhitzungsklima bei weniger als 10 $mgcal/cm^2 \cdot sec$.

Eine davon etwas abweichende Skala wurde von W. Mörikofer 1933 aufgestellt, die von J.C. Thams (1962) erweitert wurde, um auch die *„negative Abkühlungsgröße"*, von Thams *Aufwärmungsgröße* genannt, einzubeziehen. Letztere spielt in allen Klimaten eine wichtige Rolle, in denen Temperaturen von mehr als Blutwärme (36,5 °C) vorkommen. Die Messung der Aufwärmung erfolgt mit Hilfe zweier Frigorimeter, die auf 51,5 bzw. 66,5° gehalten werden. Als Empfindungsskala wird nach den Erfahrungen in Locarno am Südalpenrand vorgeschlagen: Aufwärmung bei weniger als 0,0 $mgcal/cm^2 \cdot sec$, unangenehm heiß 0,1–5,0, angenehm 5,1–10,0, leicht kalt bei 10,1–15,0, kalt bei 15,1–20,0 und unangenehm kalt bei mehr als 20,1 $mgcal/cm^2 \cdot sec$. (K. Schram und J.C. Thams, 1968).

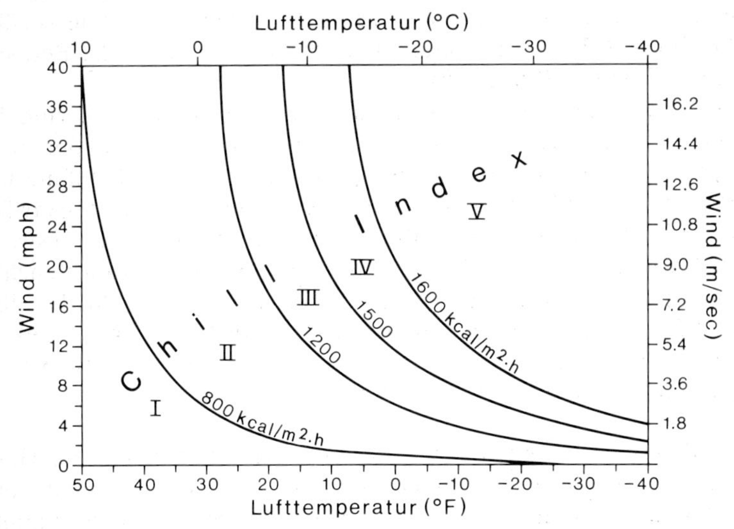

Abb. II.c)21. Abkühlungsgröße (in Kcal pro m^2 und Stunde), Windchill-Index und Diskomfort-Stufen. (Aus Gerdel, 1969). Die einzelnen Stufen bedeuten: I. Noch angenehm, kein besonderer Schutz nötig. II. sehr kalt; Reisen an bedeckten Tagen werden unangenehm. III. Bitterkalt; Reisen ist selbst an sonnigen Tagen sehr unangenehm. IV. Gesicht, Nase und Ohren beginnen zu gefrieren. V. Ungeschützte Körperstellen gefrieren innerhalb einer Minute; Maßnahmen zum Überleben sind notwendig

Windchill. Für die winterkalten und polaren Gebiete spielt die zusätzliche Abkühlung durch Wind oft eine entscheidende Rolle für die Aufenthaltsmöglichkeit bei tiefen Temperaturen im Freien. Siple and Passel haben 1945 eine *„windchill"-Formel* entwickelt, wonach die Abkühlungsstärke Ko in Kcal/m² und Stunde aus Lufttemperatur (T in °C) und Windgeschwindigkeit (V in m/sec) durch die Gleichung

$$Ko = (\sqrt{100 \cdot V} + 10{,}45 - V) \cdot (33 - T)$$

bestimmt wird. Bei einer Windchill-Größe von 200 Kcal/m² und Stunde ist es noch angenehm, bei 400 wird es kühl, bei 800 kalt, bei 1100 sehr kalt und bei 1500 beginnen Erfrierungserscheinungen an ungeschützten Körperteilen. Für den praktischen Gebrauch sind z. B. in Kanada an Tankstellen *Wind-Chill-Charts* zu haben, welche die Gefahrenstufen für normal gekleidete Personen bei bestimmten Kombinationen von Kälte und Wind nach Erfahrungswerten angeben. Die Abb. II.c) 21 gibt ein entsprechendes Diagramm (verändert aus Gerdel, 1969) wieder. Kritische Wertung der Wind-Chill-Formel bei Court (1948) und Molnar (1960).

d) Transparenz/Trübung der Atmosphäre, Sicht, Dunst

1. Begriffsbestimmung

Transparenz der A. ist der allgemeine Ausdruck für die mehr oder weniger große *Strahlendurchlässigkeit.* In den Kap. II. b) 3. und II. b) 6. sind die physikalischen Vorgänge prinzipiell behandelt, durch welche die A. durchfallende Strahlung beeinträchtigen kann. Man muß dabei wegen der Wellenlängenabhängigkeit der Beeinflußbarkeit im groben unterscheiden zwischen der Transparenz für ultraviolette, kurzwellige (in der Hauptsache sichtbare) und infrarote Strahlung. Im folgenden soll vor allem von der T. im sichtbaren Licht die Rede sein, die normalerweise durch deren sichtbare Auswirkung, nämlich durch die Komplimentärerscheinung der Trübung der A. zum Gegenstand meteorologischer und klimatologischer Behandlung wird.

Trübung der A. (Lufttrübung) ist die optische Auswirkung der Beeinträchtigung der Durchlässigkeit von kurzwelligen, sichtbaren Strahlen, d. h. der Durchsichtigkeit, durch Bestandteile der A., genauer gesagt durch solche Bestandteile, welche entsprechend ihrer Größe alle Wellenlängen gleichmäßig beeinflussen. Die Beeinflussung beruht auf den physikalischen Vorgängen der Absorption und der diffusen Reflexion [s. Kap. II. b) 3.], welche zusammengenommen die Extinktion ausmachen. *Absorption* bedeutet partielles Auslöschen der Strahlung, Überführung der Strahlungs- in andere Energieformen mit der Folge, daß bei der in Frage stehenden kurzwelligen Strahlung das Licht insgesamt schwächer, daß es also dunkler wird. Das von der Sonne bzw. anderen Lichtquellen ausgehende oder von einem Gegenstand nahe der Erdoberfläche reflektierte Licht kann bei genügender Konzentration der absorbierenden Teilchen nach unterschiedlicher Weglänge durch die Luft partiell oder ganz ausgelöscht werden. Trübung bewirkt also einerseits *partielle Verdunkelung* und im Falle der Wahrnehmung entfernter Gegenstände deren Unsichtbarwerden (wenn die von ihnen ausgehenden Strahlen nicht mehr bis zum Auge des Beobachters gelangen). Die *diffuse Reflexion* an Bestandteilen der A. verursacht unter der

Bedingung gleichmäßiger Wirkung auf alle Wellenlängen die Entstehung eines *weißen Streulichtes* innerhalb der durchstrahlten Luftschicht. Dieses bewirkt seinerseits, daß trübe Luft immer milchig-trüb ist und daß alle durch sie betrachteten Gegenstände mit einem milchigen Schleier versehen erscheinen. Erreicht der Schleier wegen der Stärke der Trübung oder der Länge des Strahlungsweges, auf dem das Streulicht auftritt, eine gewisse Dichte, so übertönt er die vom Gegenstand ausgehenden Strahlen. Dieser wird unsichtbar, weil er sich gegen die milchige Trübung der umgebenden Luftschicht nicht mehr abhebt.

Die Trübung *verursachenden Bestandteile* der A. bestehen aus *flüssigen und festen Suspensionen,* die in allgemeiner Übersicht bereits in Kap. II. a) 3. behandelt wurden. Welche es im Speziellen sind, hängt von der Art und der Intensität der Trübung ab.

2. *Bestimmungsgrößen*

Die graduellen Unterschiede der Trübung werden festgelegt mit Hilfe der Sichtweite oder des Linkeschen Trübungsfaktors.

Sichtweite, auch einfach als Sicht, zuweilen als Fernsicht bezeichnet, ist die Entfernung, in welcher dunkelfarbige Gegenstände noch genügend deutlich sichtbar sind. Für Beobachtungen nahe dem Erdboden ist die Sichtweite meist identisch mit der *Horizontalsicht* (zu unterscheiden von der Bodensicht). Sie wird am Tage abgeschätzt mit Hilfe sog. Sichtmarken wie Bäume, Schornsteine, Kirchtürme oder dergleichen, deren Entfernung durch Ausmessen oder nach Kartenunterlagen bekannt ist. *Bei Nacht* wird die sog. *Feuersicht* als die Entfernung bestimmt, in welcher bekannte Lichtquellen noch sichtbar sind. Die Feuersicht ist bei gleicher Trübung meist etwas größer als die Sichtweite bei Tage.

Normalerweise reicht die Bestimmung der Sichtweite mit diesen einfachen Methoden aus. Zuweilen werden aber auch *Sichtmeßgeräte* wie der *Wigandsche Sichtmesser,* das *Graukeilphotometer* oder das *Löhle-Sichtphotometer* verwendet. Sie beruhen auf dem Prinzip, zur natürlichen Trübung der Luft zusätzlich noch eine künstliche durch stufenweise dichter werdende Mattscheiben (Stufensichtmesser) oder durch einen kontinuierlich dichter werdenden Glaskeil (Keilsichtmesser) in den Sehstrahl einzuschieben. Je dichter die künstliche Trübung sein muß, um durch sie eine bestimmte, relativ nahe gelegene Sichtmarke unsichtbar werden zu lassen, um so größer ist die Sichtweite. Die Eichung der Instrumente erfolgt nach bekannten Sichtmarken.

Neue technische Möglichkeiten zur instrumentellen Feststellung der Lufttrübung und damit auch der Sichtbedingungen eröffnet die „*Licht-Radar-Meßtechnik*" (abgekürzt „*LIDAR*"). Sie benutzt das Radarprinzip, mißt also die Zeit- und Energiedifferenz zwischen einem ausgesendeten Impuls elektromagnetischer Wellen und deren Rückkehrstrahlung, die von entfernten Gegenständen oder Partikeln reflektiert wurde. Beim Radar liegt die Wellenlänge zwischen 1 und 50 cm, beim Lidar ist es sichtbares Licht um 0,7 μm. Eine genügend große Leistung in genügend kurzer Zeit und monochromatisches Licht liefert das Laser-Verfahren. Eine Laser-fähige Substanz (z. B. Rubinkristall) wird mit dem Licht einer Blitzlampe, der sog. „Pumpe", bestrahlt und sendet von sich aus einen Lichtimpuls von 10–50 Nanosekunden Dauer und 1–100 Megawatt Leistung aus. Auf dem Weg durch die A. trifft dieser auf die trübenden Teilchen und wird von diesen partiell reflektiert. Die zurückgesendete Energie wird durch einen Hohlspiegel des Lidar-Gerätes auf einen Punkt konzentriert und in ein elektrisches Signal verwandelt, das in einem Oszillographen gegen den Lichtimpuls gesetzt wird. Form und Stärke des Signals gibt Auskunft über die Streueigenschaften der durchstrahlten A.. Die Reichweite des Lidar-Systems geht bis zu 50% über die normale Sichtweite hinaus. Freilich ist der apparative Aufwand erheblich und die Anwendung somit *auf Spezialprobleme der Luftverschmutzung konzentriert* (Näheres s. Collis, 1966; Borchardt u. Rössler, 1971; Johnson, 1969).

Die zehnteilige, international im Wetterdienst vereinbarte *Sichtweitenskala,* die aber nur noch an Klimastationen angewandt wird, ist in der nachstehenden Tab. II. d) 1 wiedergegeben:

Tab. II.d) 1. Die internationale Sichtweitenskala

Sichtstufe		geometr. Mittel in m	
0 =	0–50 m	22,4	Nebel
1 =	50–200	100	Nebel
2 =	200–500	316	Nebel
3 =	500–1000	704	Nebel
4 =	1000–2000	1415	Dunst
5 =	2000–4000	2830	Dunst
6 =	4000–10000	6330	
7 =	10000–20000	14150	
8 =	20000–50000	31600	
9 =	> 50000	63300	

Im synoptischen Wetterdienst wird seit 1955 eine nach den Bedürfnissen des Luftverkehrs aufgestellte Skala mit sehr viel engeren Stufen benutzt. Sie enthält 100 m-Stufen bis 5000 m Sichtweite, danach 1 km-Stufen bis 30 km und von 30–70 km 5 km-Stufen. Die oberste Stufe gilt für Sichtweiten von 70 km und mehr.

Die *größten Sichtweiten* sind mit über 500 km festgestellt worden. Sie werden erreicht in staubfreien und wasserdampfarmen Luftmassen, besonders in absinkender frischer Polarluft.

Die Sichtweite ist ausgeprägt vertikal abgestuft. Die Nähe der Staubpartikel liefernden Erdoberfläche sowie die Wasserdampfanreicherung in den unteren Luftschichten bewirken eine rasche *Zunahme der Horizontalsicht mit der Höhe.* Extreme Fernsichten sind daher von Gipfeln (zu Gipfeln !) zu beobachten. So ist der Montblanc vom Puy de Dôme aus unter günstigen Bedingungen (Polarluft) sichtbar, d.h. über eine Entfernung von 300 km. Vom Wetterflugzeug aus konnte der Montblanc sogar über Köln in einer Höhe von 4000 m erkannt werden (533 km !). Bei Bodenbeobachtungen wirkt bei großen Sichtweiten die Erdkrümmung begrenzend. Auch bei Föhnlage pflegt die Fernsicht oberhalb der Bodeninversion ausnehmend weit zu sein.

Der tägliche wärmebedingte *Gang* der Turbulenz führt zu einer mittäglichen Verbesserung der bodennahen Sicht infolge Auflockerung der dunsterfüllten bodennahen Luftschicht, aber gleichzeitig zu einer Verschlechterung der Gipfelsicht, weil die vorher klaren Berge dann in die Dunstturbulenz geraten. Dieser inverse Tagesgang der Sichtweite von Tal- und Gipfelstationen ist jedem Alpenwanderer geläufig. Der genannte Wechsel ist jedoch *jahreszeitenabhängig.* Im Sommer ist die Luftschicht, die in die tagesperiodische Veränderung der Sichtweiten einbezogen ist, weit mächtiger als im Winter. Die dunst- bzw. trübungserfüllte bodennahe Luftschicht reicht im Sommer 2–3 km hoch. Dafür ist in der kalten Jahreszeit die Trübung in den unteren Schichten wesentlich intensiver und tagsüber langlebiger, weil die mittägliche Wärmeauflockerung fehlt. Im Jahresgang herrschen in Mitteleuropa die besten Sichten von März bis einschließlich Mai.

Zum Unterschied von der allgemein interessierenden Horizontalsicht kommt der *Bodensicht* eine spezielle Bedeutung für den Luftverkehr zu. Man versteht darunter die Sicht vertikal von oben. Die Stufen unterschiedlicher Bodensicht werden nicht mit Hilfe der Sichtweite, sondern durch die mehr oder weniger gute Unterscheidbarkeit von Rastern der Erdoberfläche festgelegt. Löhle (1941) hat dafür folgende Merkmale aufgestellt (Tab. II. d) 2).

Tab. II.d) 2. Bodensichtgrade und ihre Merkmale. (Nach Löhle 1941, S. 76)

Sichtgrad	Merkmale
0	Keine Sicht bodenwärts.
1	Bodenannäherung an der Abnahme des Unterlichtes feststellbar.
2	Dunkle, konturlose Flecke stellenweise sichtbar.
3	Unterscheidung von hellen und dunklen Stellen im Untergrund möglich (Granulation des Untergrundes).
4	Großorientierung auf Grund der Unterscheidung von Dörfern und Städten von nicht bebautem Gelände möglich.
5	Wasserflächen (Seen) von festem Boden, Waldflächen von bestelltem Boden, Kulturland von Ödland unterscheidbar.
6	Wasserläufe, Landstraßen, Eisenbahnlinien gerade erkennbar.
7	Kleinorientierung durch die Unterscheidbarkeit der verschiedenen Ordnungen von Straßen und der ein- und mehrgleisigen Eisenbahnstrecken gesichert.
8	Konturen von Einzelheiten im Gelände durch einen nur schwachen Dunstschleier leicht in Mitleidenschaft gezogen.
9	Harte und scharfe Linienführung im Landschaftsbild bei fast völliger Dunstfreiheit der Luft

Dunst. Trübungen, welche horizontale Sichtweiten von 1–4 km ergeben, werden als Dunst klassifiziert. Es ist eine milchige bis weiß-graue Trübung der A., die durch mikroskopisch kleine, hygroskopisch aufgequollene Kondensationspartikel oder kleinste Wassertröpfchen (Halbmesser jeweils kleiner als $2{,}5 \cdot 10^{-5}$ cm) bei sehr feiner Verteilung hervorgerufen wird. Er stellt ein *Stadium der Vorkondensation* bei relativen Feuchten zwischen 90 und 98% dar. Entsprechend der thermischen und hygrischen Schichtung der A. tritt der Dunst häufig in sog. Dunstschichten auf, wobei im Mittel die Häufigkeit und Intensität mit der Höhe abnehmen. Eine Vorstellung von der Menge der beteiligten Dunstpartikel gibt die nachfolgende Tab. II. d) 3.

Die *städtische Dunsthaube* ist eine namentlich in Industriegebieten kennzeichnende Erscheinung, besonders wenn eine Inversion als Sperrschicht für den vertikalen Austausch zu fortgesetzter Anreicherung der trübenden Teilchen führt. Eine *Rauch- und Dunstschleppe* läßt sich oft im Lee der Städte 50–100 km weit verfolgen. Im Stadtdunst kann auch ohne Tropfenkondensation die Sicht im Extremfall bis auf 200 m verringert werden. Daß darüberhinaus durch vermehrte Neigung zur

Tab. II.d) 3. Vertikale Verteilung der Dunsttröpfchen und Staubteilchen. (Aus Landolt-Börnstein, Bd. 3, 1952, S. 586)

Höhe km	0,5	1,0	2,0	3,0	
Dunsttröpfchen/cm^3	350	250	100	50	Aus optischen Daten erschlossen
Staubteilchen/cm^3	45	10	3	–	Nach Messungen mit dem Zeiß-Konimeter

Kondensation als Folge des hohen Kerngehaltes mit wachsender relativer Feuchte eine Sichtverschlechterung eintritt, liegt auf der Hand. Der bereits beschriebene Londoner Stadtnebel, der smog, ist ein entsprechendes Beispiel.

Die *Dunstobergrenze* läßt sich bei gut ausgeprägter Inversion vom Flugzeug aus als ziemlich scharf ausgebildete, durch den Farbkontrast des grau-violetten Dunstes gegenüber dem blauen Himmel gut beobachten. Beobachtungen über der *Oberrheinebene* haben ergeben, daß hier die Dunstobergrenze im Winter bei 400 bis 500 m über Grund liegt, im Sommer dagegen bis mindestens 1500 m reicht. Löhle (1941) führt aus *Norddeutschland* sommerliche antizyklonale Dunstobergrenzen von 3000 m an.

Bei Vergrößerung und Vermehrung der Kondensationsprodukte wird der Dunst zum Nebel, definiert durch eine Sichtweite von höchstens 1 km. Im ganzen sieht der Nebel weißlich aus, es sei denn, daß er durch Beimengungen von Rauch oder Staub eine schmutzig-gelbe oder graue Farbe bekommt („schwarzer Nebel"). [Über Entstehung und genetische Klassifikation s. Kap. II. e) 7].

In den großen Steppengürteln der Erde ist der *Rauchdunst,* der von den Steppenbränden herrührt, in der Trockenzeit eine normale Erscheinung. Ein spezielles Phänomen ist der sommerliche *Hitzedunst (Calina),* der oft tagelang über den Meseten der Iberischen Halbinsel lagert. In ihm spielen Staubpartikel, die durch Hitzeturbulenz und -konvektion vom vegetationsarmen Boden aufgewirbelt wurden, eine große Rolle. Eine anschauliche Schilderung dieses für viele Sommertage Iberiens klimatisch charakteristischen Phänomens verdanken wir Willkomm. Sie ist in der ersten und zweiten Auflage dieses Buches auf S. 128 zitiert. Nach einer Untersuchung von G. Lange (1960) liegt das Gebiet maximaler Häufigkeit – mit über 40 Tagen im Jahr – im küstenfernen Südost-Spanien um den oberen Guadiana bei Ciudad Real. Der größte Teil der Meseta südlich des Tajo zählt noch 20–30 Tage. Hauptzeit des Auftretens sind die Monate Juni bis September, und als Bedingungen für sicheres Auftreten wurden ermittelt: Temperatur $> 30°$, Windgeschwindigkeit < 1 km/h, Monatsregenmenge < 1 mm, relative Feuchte $< 40\%$. Man hat ausgerechnet, daß im Mittel während 10 Tagen über einer Fläche von 100 000 km^2 sich mehr als 10 000 t Staub im Schwebezustand befinden.

Trübungsfaktor. Der 1922 von F. Linke als Maß für die Trübung definierte und eingeführte *Begriff des Trübungsfaktors* gibt die Anzahl der reinen, trockenen, nur aus Luftmolekülen bestehenden Atmosphären an, welche allein durch ihre diffuse Reflexion dieselbe Schwächung der Sonnenstrahlung hervorrufen würden wie die tatsächlich über einem Ort vorhandene A. mit ihren trübenden Bestandteilen. Eine von

Suspensionen und Wasserdampf freie A. kann auf Sonnenlicht nur die in Kap. II. b) 1. behandelte diffuse Reflexion an Luftmolekülen nach dem Rayleighschen Gesetz ausüben, was der wolkenlosen und trockenen A. wegen des absoluten Vorherrschens des blauen Streulichtes die blaue Farbe verleiht („Himmelsblau"). Trübende Teilchen erzeugen dagegen wegen ihrer Größe weißes Streulicht, welches den Eindruck des reinen Blau abschwächt, den Himmel milchig oder weißlich erscheinen läßt. So kann die *Blaufärbung als Maß für die Reinheit der Luft* genommen werden. Zu ihrer Festlegung hat Linke eine Skala von 16 Blautönen angegeben, mit deren Hilfe der jeweilige Trübungsfaktor der A. festgestellt werden kann.

Gemittelte Werte von 4 Stationsgruppen hat F. Steinhauser 1934 mitgeteilt (Tab. II. d) 4:

Tab. II.d) 4. Trübungsfaktoren im Jahresgang. (Nach F. Steinhauser, 1934)

	I	II	III	IV	V	VI	VII	VIII	IX	X	XI	XII
Arosa (1860 m) und Hochserfaus (1800 m)	1,8	1,9	2,1	2,2	2,4	2,7	2,7	2,7	2,5	2,1	1,9	1,8
12 Stationen in Rußland und Asien	2,1	2,2	2,4	2,8	3,0	3,2	3,2	3,1	2,8	2,6	2,2	2,1
8 Landstationen in Europa	2,1	2,3	2,5	2,9	3,3	3,6	3,7	3,5	3,0	2,6	2,3	2,3
8 große Städte in Europa	3,1	3,2	3,5	3,9	4,1	4,2	4,3	4,2	3,9	3,6	3,3	3,1

Aus den Werten geht deutlich der *Jahresgang des Trübungsfaktors* mit Sommermaximum hervor. Ein gewisser Unterschied zum Jahresgang der Horizontalsicht ergibt sich dadurch, daß die Minimalwerte nicht in den Spätfrühling und Frühsommer, sondern in den Hochwinter fallen. Das hängt damit zusammen, daß in den Trübungsfaktor die A. in ihrer Gesamtmächtigkeit eingeht und somit ihr gesamter Wasserdampfgehalt ausschlaggebend wird.

Die im Trübungsfaktor von Linke zusammengefaßten Extinktionen durch Wasserdampf und Aerosol der A. lassen sich nach einem von W. Schüepp (1949) begründeten, freilich aufwendigen Verfahren durch aktinometrische Messungen [s. Kap. II. b) 8.] der Totalstrahlung der Sonne sowie der Intensitäten der durch vorgeschaltete Glasfilter eingeengten Spektralbereiche blau/violett, grün/gelb und rot/ultrarot voneinander trennen.

Auf diesem Wege kann man Aufschluß über den in dem durchstrahlten Teil der A. vorhandenen Gehalt an ausscheidbarem Wasserdampf (precipitable water, [s. Kap. II. e) 2]) sowie an Aeorosol und dessen mittlerem Teilchendurchmesser erhalten.

3. *Regionalklimatische Differenzierungen*

Transparenz, Sichtweite, Trübung und Trübungsfaktor stellen zusammen mit ihren optischen Begleitwirkungen eines der landschaftlich auffälligsten Klimacharakteristika dar. Dem einschlägigen Hauptwerk über die Sicht von F. Löhle (1941) sei dazu folgendes Zitat von Schrödinger entnommen:

„Das Landschaftsbild unterliegt je nach den Sichtverhältnissen einem mannigfachen Wechsel. Die Deutlichkeit der Konturen schwankt zwischen gestochener Schärfe und nichtssagender Verschwommenheit. Die Farben durchlaufen fast das ganze Spektrum. Die Tönung des Landschaftsbildes rührt von dem farbigen Leuchten der Luft selbst her. Im Falle des Anblicks von entfernten Gegenständen kommt allerdings nicht die reine Luftfarbe zum Vorschein, sondern eine Mischfarbe, welche gebildet wird durch Addition der Naturfarbe der Ziele zu der Tönung der Luft".

Vom naturwissenschaftlich-meteorologischen Standpunkt betrachtet, weisen die behandelten Phänomene eine enge *Korrelation mit Luftkörpern und Luftmassen* auf, wie sie beispielsweise anschaulich in der Tab. II. d)5 zum Ausdruck kommt.

Tab. II.d) 5. Luftkörper und mittlere Sichtweite in km. (Nach Löhle, 1941, S. 28)

Luftkörper	Skandinavisches Gebirgsland (Bergeron)	Westliches Sudetenland (Tschierske)	Wyk auf Föhr (Friedrichs)	Feldberg im Taunus (Friedrichs)
P	300	50	35	63
T	20	15	2	3
PC	—	30	33	33
PM	—	40	23	15

Über die *optischen Eigenschaften der einzelnen Luftmassen* soll noch folgendes hinzugefügt werden. *Polarluft* (P) ist am wenigsten getrübt. Man hat über dem Grönländischen Inlandeis Sichtweiten von über 400 km ermittelt (Lamb, 1938). Charakteristisch ist die Klarheit der Polarluft in Verbindung mit einer hellblauen Tönung. Sie enthält ihrer – nach P. Raethjen (1954, S. 199) sogar stratosphärischen – Herkunft nach kaum Staubbeimengungen und weist keine Dunsttrübung auf. Bei den niedrigen Ausgangstemperaturen und demzufolge auch geringen Wasserdampfgehalten im Polargebiet bewirkt eine Erwärmung der Polarluft bei Sonneneinstrahlung z. B. noch ein weiteres Abtrocknen mit Rückgang der relativen Feuchte. Erst im Sommer vermag bei weiterem Anstieg der Temperatur über den Gefrierpunkt die konstant um 0 °C temperierte Eis- und Schmelzwasserfläche der Polarmeere durch Abkühlung von unten Nebelkondensation hervorzurufen. Trockenkalte Polarluft über eisbedeckten Meeren oder Festländern (PC) wird erst nach längerem Überschreiten von kontinentalen, winterlich vegetations- und zugleich schneearmen Landstrecken durch Staub verunreinigt, wie die Verhältnisse in Ostasien zeigen. Dann weicht ihre blaue Sichtfarbe einem diesigen Farbton. Die aus der Mandschurei nach Nord-China hereinbrechenden Kaltluftvorstöße des Winters bringen oft extreme Staubtrübungen mit sich (vgl. die Schilderung bei der Besprechung des Monsuns Ostasiens auf S. 424). Unter mitteleuropäischen Bedingungen ist die von NW bis N hereinströmende Polarluft (PM) am klarsten mit extrem hohen Sichtweiten.

Maritime *subtropische und tropische Luft* (T) weist in der Regel eine geringe Staub-, dafür aber eine erhebliche Dunsttrübung auf, wenn sie auf dem Wege über große Wasserflächen nach Europa kommt. Trifft sie dagegen als *kontinentale Tropikluft* aus dem nordafrikanischen Raum in Mitteleuropa ein, kann freilich die Staubtrübung, namentlich in höheren Schichten, oftmals beträchtlich sein und sich in gefärbtem Niederschlag („Blutregen") sowie bräunlicher Farbtönung der Luft kundtun. Auch nach der äquatorialen Seite des Trockengürtels wird mit den Passatwinden Wüstenstaub verfrachtet, wie die intensiven Staubfälle vor der westafrikanischen Küste im „Dunkelmeer" und überhaupt in der winterlichen Trockenzeit während des Harmattan (haramata = Ausdruck für Dunstzeit bei den Eingeborenen Guineas) im Bereich der afrikanischen Randtropen bezeugen. Staubschleier gehören auch sonst zu den regelmäßigen Charakteristika der Trockenzeiten nicht nur der Subtropen und Tropen. Im Frühjahr kommen gelegentlich selbst in Mitteleuropa bei böigem Nordwest zur Zeit der noch kahlen Ackerschläge Staubwolken mit entsprechenden Verwehungsfolgen vor.

In den maritimen Klimaten der Außertropen ist die Sicht im allgemeinen gut, da die Luft auf dem Weg über die Ozeane nur wenig Staubgehalt aufgenommen hat, trotz relativ großen Wasserdampfgehaltes noch keine Vorkondensation eingetreten ist und damit die hohe Lichtdurchlässigkeit erhalten bleibt. Im mitteleuropäischen Übergangsklima weist diese gutsichtige Meeresluft auf starke zyklonale Veränderlichkeit der Witterung hin, während die bodennahe Ansammlung von Dunst häufig mit antizyklonal stabilisierendem Effekt verknüpft ist, also auf gewisse Beständigkeit der Witterung schließen läßt.

Eine orographisch bedingte Besonderheit stellt die extreme Fernsicht sowie die Brillanz der Atmosphäre im *Zusammenhang mit Föhnströmungen* [s. Kap. II. h) 4.] dar (Gute Föhnsichten können überall dort auftreten, wo durch absteigende Luftbewegung, entsprechende dynamische Erwärmung und Rückgang der relativen Feuchte das Stadium der Vorkondensation durch allgemeines Abtrocknen der Luft rückgängig gemacht wird.):

Als *„weiche" Föhnsicht* wird ein Zustand bezeichnet, bei dem neben der guten Fernsicht das Licht mit starker Blau- bis Violettkomponente versehen ist. Daneben gibt es die *„harte" Föhnsicht* mit Farblosigkeit der Luft bei fehlendem Flimmern und daher harten Konturen. Die erstere ist meist mit Südföhn im nördlichen Alpenvorland verbunden, die letztere tritt vorwiegend bei freiem Föhn auf [s. Kap. II.d)]. Sie ist vielfach aber erst in höheren Luftschichten – nach W. Peppler zwischen 1000 und 2000 m – oberhalb einer dunst- oder nebelerfüllten und durch eine Inversion abgeschlossenen Bodenluftschicht entwickelt. Das opalisierende Blau der „weichen" Föhnsicht wurde von Bergeron mit einem besonderen Charakter des Luftplanktons der die Alpen überschreitenden subtropischen Luftmasse in Verbindung gebracht.

e) Luftfeuchtigkeit, Verdunstung, Kondensation

Wie im Kap. II.a) 2. bereits festgestellt wurde, enthält die A. einen wechselnden, volum- oder gewichtsmäßig mit 2 bis 5% allerdings geringen Mischungsanteil an Wasserdampf. Er ist letztlich von entscheidender Bedeutung für das Leben auf der Erde. In vielen meteorologischen Prozessen und für viele klimatologische Auswirkungen ist er von hoher Bedeutung. Und schließlich tritt der Wasserdampf in seiner kondensierten Form als Nebel oder Wolken visuell ungemein eindrucksvoll und vielfältig hervor.

Genau genommen ist *Wasserdampf ein Gas,* unsichtbar wie die anderen gasförmigen Bestandteile der A. auch. (Mit *„Dampf"* wird im alltäglichen Sprachgebrauch sonst das sichtbar gewordene Mischungsprodukt aus Gas und suspendierten kleinsten Kondensationströpfchen bezeichnet).

Der Gehalt der Luft an Wasserdampf wird mit dem kurzen, allgemeinen und umfassenden Begriff *Luftfeuchtigkeit* (oder Luftfeuchte) belegt.

1. Physikalische Grundgesetze, Grundvorgänge und -regeln

Eis, Wasser, Wasserdampf sind physikalisch die feste, flüssige und *gasförmige Zustandsphase* derselben Materie. Der Übergang von der einen in die andere Phase erfolgt bei bestimmten Kombinationen der Zustandsgrößen Druck und Temperatur (*Umwandlungspunkte*). Bei Normaldruck (= 760 mm Hg) liegt für reines Wasser der Schmelz- (bzw. Erstarrungs-)punkt bei 0°C, der Siedepunkt bei 100°C. Bei geringeren Drucken verändert sich der Schmelzpunkt nur geringfügig, der Siedepunkt sinkt relativ stark. Unterhalb des Siedepunktes ist nur die feste, zwischen Siede- und Schmelzpunkt nur die flüssige, oberhalb des Siedepunktes nur die gasförmige Phase stabil. *Zusammen mit der festen und flüssigen Phase tritt aber nahe den Oberflächen von Eis und Wasser immer auch die gasförmige, Wasserdampf, auf.*

Der Übergang von einer Phase in die andere ist mit Sprüngen in der inneren Energie der Materie verbunden. Dementsprechend ist für die Umwandlung von Wasser in Wasserdampf, also den Vorgang, den man als *Verdampfen* oder synonym als *Verdunsten* bezeichnet, die *Verdampfungswärme* notwendig, welche (bei geringer Temperaturabhängigkeit) 539–600 cal pro Gramm beträgt. (Dieser stoffspezifische Wert ist im Vergleich zu anderen Materien extrem groß). Die Verdampfungswärme wird dem verdampfenden Medium in der Oberflächenschicht entzogen. Folge ist die „*Verdunstungsabkühlung*“ oder „Verdunstungskälte“. Beim umgekehrten Vorgang, der Kondensation, wird die gleiche Energiemenge in den kondensierenden Dampf freigesetzt. Wenn also Wasser irgendwo an der Erd-Wasser- oder Blattoberfläche verdunstet, der Wasserdampf in die Luft gerät und hier – aus noch zu besprechenden Gründen – wieder kondensiert, ist mit diesem Vorgang ein erheblicher Energietransport von der abkühlenden Oberfläche in die wärmer werdende Luft verbunden. Dieser in vielen klimatologischen Zusammenhängen wichtige Vorgang wird als *Transport latenter Energie* (zuweilen auch latenter Wärme) bezeichnet. Beim Schmelzen von Eis bzw. Erstarren von Wasser wird die *Schmelzwärme* in Höhe von 80 cal pro Gramm benötigt bzw. die Erstarrungswärme in gleicher Größe frei. Beim direkten Übergang von Eis in Wasserdampf (Verdunsten) bzw. Niederschlag von Wasserdampf in Form von Eiskristallen (= *Sublimation*) addieren sich Schmelz- und Verdunstungswärme zur *Sublimationswärme* von 680 cal pro Gramm.

Da die genannten Umwandlungspunkte (im Gegensatz zu denjenigen der Hauptgaskomponenten Stickstoff und Sauerstoff) für Wasser innerhalb oder nahe am Intervall der auf der Erde und in der A. vorkommenden Drucke und Temperaturen liegen, ist Wasser im Gesamtsystem Erde + Atmosphäre immer in allen drei Zustandsphasen vorhanden, wobei die jeweiligen Mengenverhältnisse zeitlich und örtlich starken Veränderungen unterliegen. Das mag in Anbetracht der offenkundigen Tatbestände eine banale Feststellung sein. Sie ist es aber nur scheinbar, da mit ihr physikalisch direkt eines der folgenreichsten Grundgesetze der ganzen Meteorologie und Klimatologie überhaupt zusammenhängt, nämlich dem *Gesetz über die Temperaturabhängigkeit des maximalen Dampfdruckes,* und da darin außerdem das Fundament für einen von zwei dominierenden Motoren liegt, welche die gesamte Dynamik der A. beherrschen.

Dampfdruck ist der Partialdruck, welcher von den in gasförmiger Form vorliegenden Molekülen des Wassers an irgendeiner Stelle in der A. ausgeübt wird. (Physikalische Ableitung dazu und zu dem vorauf Dargelegten s. Weischet, 1977, S. 40ff. und 136ff.). In der Nähe des Siedepunktes weist er im allgemeinen eine außerordentlich starke Veränderlichkeit mit der Temperatur auf und vor allem wird der maximal mögliche Dampfdruck (maximaler- oder *Sättigungsdampfdruck*) in Form einer Exponentialfunktion von der Temperatur begrenzt.

Auf empirischem Wege ist mit Hilfe von Experimenten folgende funktionale Abhängigkeit zwischen Sättigungsdampfdruck (E) und Temperatur (t in °C) festgestellt worden (*Magnussche Dampfdruckformel):*

$$\log E = \frac{7{,}5 \cdot t}{t + 257{,}3} + 0{,}6609$$

wobei t in °C einzusetzen ist, bezogen auf eine ebene Oberfläche reinen Wassers.

In Abb. II.e) 1 ist die Abhängigkeit diagrammatisch dargestellt und die Tab. II.e) 1 gibt zusätzlich die maximal möglichen Mengen an Wasserdampf in Gramm pro m³ (= absolute Feuchte).

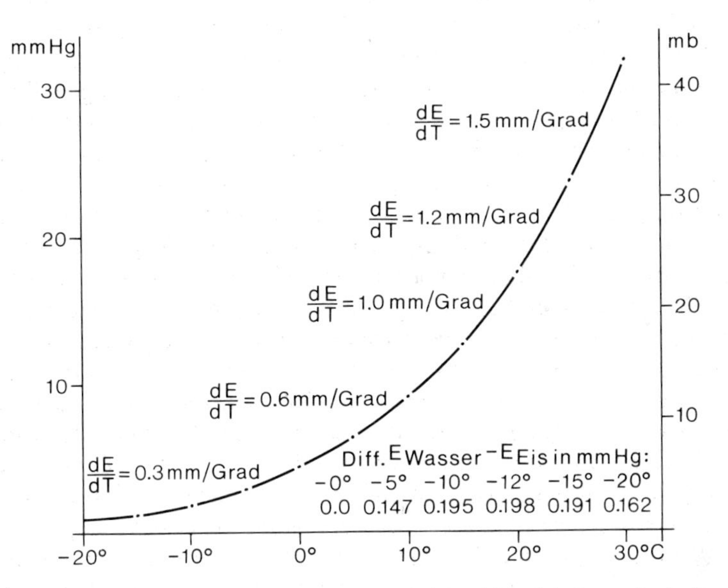

Abb. II.e) 1. Der Sättigungsdruck des Wasserdampfes (E) in Abhängigkeit von der Lufttemperatur (T). $\frac{dE}{dT}$ ist die Änderung des Sättigungsdruckes pro Grad in den verschiedenen Temperaturniveaus. Außerdem ist die Differenz des Sättigungsdruckes zwischen ebener Wasser- und Eisoberfläche für verschiedene Frosttemperaturen angegeben.

Das Wichtigste ist, daß die *Sättigungswerte* des Wasserdampfgehaltes nicht linear, sondern *exponentiell mit der Temperatur ansteigen.* Während bei sehr tiefen Temperaturen um −40 oder −30° höchstens ein bis drei Zehntel Gramm Wasserdampf im m³ enthalten sein können, beträgt die maximale Menge bei −20° rund 1 Gramm.

Von dann an steigt der Wert bei je 10° Temperaturzunahme bis +30° jeweils um rund den doppelten Betrag (2, 4, 9, 17, 30 g/m³).

Tab. II.e) 1. Maximaler Dampfdruck (Sättigungsdampfdruck) in mm Hg und mb sowie maximal möglicher Wasserdampfgehalt der Luft (max. absolute Feuchte) in g/m³

t (°C)	maximaler Dampfdruck				max. abs.	t (°C)	max. Dampfdruck		max. abs
	über Eis		über Wasser		Feuchte		über Wasser		Feuchte
	mm	mb	mm	mb	g/m³		mm	mb	g/m³
−40	0,09	0,13			0,12	0	4,58	6,11	4,8
−30	0,28	0,37	0,37	0,51	0,34	+5	6,54	8,72	6,8
−25	0,52	0,69	0,65	0,87	0,56	+10	9,12	12,4	9,4
−20	0,77	1,03	0,93	1,25	0,89	+15	12,8	17,1	12,8
−15	1,36	1,81	1,55	2,07	1,40	+20	17,5	23,4	17,3
−10	1,95	2,60	2,14	2,85	2,16	+30	31,8	42,4	30,4
− 5	3,28	4,37	3,40	4,54	3,26	+40	55,3	73,7	51,1

Daraus ergeben sich folgende wichtige *klimatologische Konsequenzen:*

1. Bei tiefer Kälte ist die Luft fast wasserdampffrei. Angeheizt (in der Wohnung z. B.) ergibt sich ein extrem großer *„Dampfhunger“*, der zur Austrocknung aller feuchten Gegenstände, beim Menschen vor allem der Haut, führt. (Luftanfeuchter, „humidifier“, sind in winterkalten Kontinentalklimaten eine charakteristische zivilisatorische Ausrüstung). Andererseits führt aber im Freien oft eine geringe Abkühlung (bei Nacht z. B.) zum Unterschreiten der Grenztemperatur für den wenigen vorhandenen Wasserdampf mit der notwendigen Folge der Kondensation zu feinsten Eiskristallen, die freilich in der Luft so dünn verteilt sind, daß keine große Sichtbehinderung stattfindet. Man erkennt die Kondensationsprodukte meistens nur am Glitzern der Luft *(„Eisstaub“)*. Aus gleichen Gründen sind die hohen Eiswolken in den kalten höheren Teilen der Troposphäre im Normalfall nur als dünne „Schleierwolken (= „Cirren“) ausgebildet. Kräftige Kondensation tritt hingegen dort ein, wo Wasserdampf aus künstlichen Quellen in die kalte Luft ausgestoßen wird. Nebelfahnen hinter jedem Auto, während der „rush hour“ in Städten oft zu Stadtnebel verdichtet, und die scharf konturierten, weit übers Land ziehenden weißen Abdampffahnen von Fabrikschloten oder Kühltürmen sind bezeichnende Phänomene winterkalter Klimagebiete bzw. echter Winterwetterlagen in den sog. gemäßigten Klimaten.
2. Man versteht aus dem gleichen Grundgesetz die größere *Ergiebigkeit von Niederschlägen* in warmen Klimaten. Wenn dort in „warmen Wasserwolken“ durch die noch zu besprechenden vertikalen Hebungsvorgänge die Temperatur um 1° absinkt, so muß z. B. zwischen 10 und 20 °C ungefähr 1 Gramm Wasser im m³ kondensieren. Gleiche Abkühlung ergibt in den Wolkenstockwerken der Mittelbreiten zwischen 0 und −10° nur den dritten Teil an ausgefälltem Wasser. Der höhere Wassergehalt an Wolken in Form kondensierter Tröpfchen führt über die Vorgänge der Koagulation [s. Kap. II.f)] in der Regel auch zu größerer Niederschlagsbereitschaft und Niederschlagsergiebigkeit.
3. Auf die Vertikalgliederung der Gebirgsstockwerke innerhalb der Tropen angewendet, führt der vorauf abgeleitete Zusammenhang zu den im Kap. II.f) 3.

darzulegenden Regeln über vertikale Niederschlagsverteilung in den Tropengebirgen (Tropengebirge sind oberhalb 1500 m relative Trockeninseln in niederschlagsreicherer Umgebung).

Dampfdruckerhöhung, -erniedrigung. Die o. a. Dampfdruckformel gilt, wie bereits angemerkt, in Bezug auf eine ebene Fläche reinen Wassers. Wird im Wasser ein Salz gelöst, so sinkt der *Sättigungsdampfdruck über der Lösung;* es tritt eine „*Dampfdruckerniedrigung*" ein, deren Größe mit der Konzentration der Lösung wächst. Wichtig ist das für alle Kondensationsvorgänge in der A. Ein Teil des Aerosols besteht nämlich aus hygroskopischen Salzen, die bei der Anlagerung von Wassermolekülen zu Lösungen hoher Salzkonzentration werden, so daß die weitere Kondensation von Wasserdampf bei wesentlich niedrigeren Sättigungsdrucken erfolgt als bei reinem Wasser. In diesem Zusammenhang ist auch die Vorkondensation und Dunstbildung [s. Kap. II.d) 2.] zu verstehen, wenn die Luft abseits der Salzlösungspartikel noch nicht den Sättigungswert von 100% relativer Feuchte erreicht hat.

Auch über Eis ist der Sättigungsdampfdruck etwas kleiner als über unterkühltem Wasser der gleichen Temperatur. Die Differenzwerte sind aus der Abb. II. e) 1 und der Tab. II.e) 1. zu entnehmen. Während normalerweise der Dampfdruck über der festen Phase einer Materie verschwindend klein, die Differenz gegenüber dem Dampfdruck über der flüssigen Phase dementsprechend sehr groß ist, ist wegen der Anomalie des Wassers (größte Dichte bei +4° und nicht bei 0°) die *Dampfdruckerniedrigung über Eis* zum Glück nur sehr bescheiden. In einem System, in welchem Eis und Wasseroberflächen zugleich vorkommen, wie es in der Natur häufig der Fall ist, wächst zwar die Masse des Eises auf Kosten des Wassers, weil auf Grund des Dampfdruckgefälles ein permanentes Hinüberwandern von Wassermolekülen von der Wasseroberfläche über die Dampfatmosphäre zur Eisoberfläche stattfindet, doch geht das ganze sehr langsam vor sich. Wichtig ist der Vorgang bei der Niederschlagsentstehung, da in Mischwolken aus unterkühltem Wasser und Eiskristallen die letzteren permanent auf Kosten der Wassertröpfchen wachsen [s. Kap. II.f)].

Im gleichen Zusammenhang der Niederschlagsbildung spielt schließlich noch die *Dampfdruckerhöhung über gekrümmter Wasseroberfläche* eine gewisse Rolle. Über konvex gekrümmten Wasseroberflächen ist der Sättigungsdampfdruck etwas größer als über einer ebenen Fläche. Wenn also Oberflächen verschiedener Krümmung nebeneinander vorhanden sind (z.B. Tropfen unterschiedlichen Durchmessers in Wolken), so sorgt das Dampfdruckgefälle für einen Transport in Richtung von den kleineren zu den größeren Tropfen mit ihrer weniger gekrümmten Oberfläche. Große Tropfen wachsen in einem System mit gemeinsamer Dampfatmosphäre auf Kosten der kleineren.

Verdunstung. Bisher ist die Bildung der Dampfatmosphäre über einer Wasser- oder Eisoberfläche, also der *Vorgang der Verdunstung,* rein physikalisch-idealisiert betrachtet worden. Der meteorologisch reale Vorgang des Überganges von Wasserdampf von einer verdunstenden natürlichen Oberfläche in die A. ist in komplizierter Weise von einer Reihe von Übergangsbedingungen abhängig, die in den Grundzügen zu kennen unerläßlich ist, um eine kritische Einstellung zum Verdunstungsproblem im klimatologischen Zusammenhang und seinen weitgehenden klimageographischen Konsequenzen zu ermöglichen. Wir wollen zunächst den – noch relativ einfachen – Fall einer großen Wasserfläche, also die Meeres- oder Seeverdunstung, ins Auge fassen. Wegen der mit der Temperatur wachsenden Braunschen Molekularbewegung ist der Übergang von Wassermolekülen aus der Wasseroberfläche in die darüberliegende Luft umso leichter und stärker, je höher die Temperatur des Wassers ist (genauere Ableitung s. Weischet, 1977, S. 137ff. sowie 147ff.). Warme Wasseroberflächen können also stärker verdunsten als kalte. Da bei der Verdunstung der Wasseroberfläche die Verdampfungswärme in Größe von 540–600 cal/g verdampften Wassers entzogen wird, müßte sich ohne Energienachschub die Wasserschicht sehr stark abkühlen, was nach dem Vorausgesagten zum Rückgang der Verdunstung führen müßte. Der Vorgang läßt sich also nur aufrecht erhalten, wenn der Wasseroberfläche Energie zugeführt wird. Das kann im wesentlichen auf zwei Wegen geschehen: durch Nachschub aus der Tiefe des Wasserreservoirs oder durch Einstrahlung von Energie. Der Nachschub aus der Tiefe funktioniert nur so lange, als dort genügend Wärme gespeichert ist. Er kann im Tages- oder Jahresgang gewisse Zeiträume überbrücken, im langjährigen Mittel bleibt als der entscheidende Faktor nur die eingestrahlte Sonnenenergie als Kompensation für den Verlust der Verdampfungswärme übrig. Konsequenz 2: die Verdunstung kann zeitlich und regional umso größer sein, je mehr Strahlungsenergie zur Deckung des Energieverlustes durch Verdunstung zur Verfügung steht. Warme Meere in den Gebieten mit den Maximalgrößen positiver Strahlungsbilanz am Rande der Tropen können also die größte Verdunstung aufweisen.

Zu den Abgabebedingungen von Seiten der verdunstenden Oberfläche kommt als zweiter Komplex von Einflußfaktoren derjenige der Aufnahmebedingungen in der A.. Die Verdunstung hängt wesentlich davon ab, wieviel Wasserdampf die A. pro Zeiteinheit von einer verdampfenden Wasseroberfläche abnehmen kann. Den Vorgang der Aufnahme kann man sich in zwei Schritte aufgegliedert denken: im ersten wird der Wasserdampf von einer Volumeneinheit Luft unmittelbar über der Wasserfläche aufgenommen, im zweiten muß dann das mit Dampf angereicherte oder gesättigte Volumen abgeführt und mit der überlagernden Luft vermischt werden. Der erste Schritt hängt davon ab, wie groß der Wasserdampfgehalt bei der gegebenen Lufttemperatur schon ist, wieviel Wasserdampf von ihr also maximal noch aufgenommen werden kann, wie groß das Sättigungsdefizit zwischen tatsächlichem und maximal möglichem Wasserdampfgehalt ist. Prinzipiell kann das Sättigungsdefizit alle möglichen Werte annehmen. Setzt man einen mittleren ein, so wird die Aufnahmefähigkeit für Wasserdampf exponentiell mit der Lufttemperatur steigen, wie aus der Kurve für den maximalen Dampfdruck in Abb. II. e) 1 leicht ersichtlich ist. Konsequenz: bei gleicher relativer Luftfeuchte begünstigen hohe Lufttemperaturen die Verdunstung. Hohe Luftfeuchten reduzieren sie aber. Extreme Verdunstungsraten sind demnach dort zu erwarten, wo bei hoher positiver Strahlungsbilanz gleichzeitig hohe Lufttemperaturen und geringe relative Feuchte herrschen.

All das gilt aber nur unter der Bedingung, daß auch der zweite Schritt gesichert ist, nämlich das Abführen und Vermischen des mit Wasserdampf angereicherten Luftvolumens über der Wasserfläche. Vollzogen wird die Vermischung im Prinzip dadurch, daß Luftvolumina aus der bodennahen Schicht in ungeordneter Vertikalbewegung nach oben transportiert und durch solche aus bodenferneren Schichten ersetzt werden. Wie stark dieser Vorgang der dynamischen Turbulenz ist, hängt von der Stärke des horizontalen Windes einerseits und der vertikalen Temperaturschichtung andererseits ab [s. Kap. II. h) 1]. Konsequenz: Wegen des notwendigen turbulenten Austausches sind für die Größe der Verdunstung auch die horizontale Windgeschwindigkeit und die vertikale Temperaturschichtung über den verdunstenden Oberflächen von großer Bedeutung.

Da aber auch die stärkste Turbulenz noch nichts nützt, wenn die von oben kommenden Ersatzvolumina bereits einen ähnlich großen Wasserdampfgehalt wie die von der Wasseroberfläche abzuführenden aufweisen, ergibt sich als weitere Konsequenz, daß die Verdunstung außer vom vertikalen Temperaturgradienten auch noch wesentlich vom vertikalen Dampfdruckgefälle bestimmt wird.

Zusammenfassend muß man also für den noch relativ einfachen Fall der Meeres- oder Seeverdunstung festhalten, daß die Prozesse im komplizierten Ineinandergreifen von Energieumsätzen an der Wasserfläche und Austauschvorgängen in der A. über ihr ablaufen und daß als *wesentliche Steuerungsfaktoren Strahlungsenergieeinnahme, Wasser- und Lufttemperatur, relative Luftfeuchte, Windgeschwindigkeit sowie vertikaler Temperatur- und Dampfdruckgradient* beteiligt sind.

Bei warmem, trocknem und zugleich windigem Strahlungswetter ist die Verdunstungskraft also extrem groß. Diese Kombination ist im Hochgebirge oder an Gebirgsrändern häufig bei Föhn verwirklicht. An strahlungsreichen Sommertagen nimmt oft vormittags mit steigender Temperatur, sinkender relativer Feuchte und aufkommender Turbulenz die Verdunstung stark zu. Künstliche Beregnung ist um diese Zeit besonders uneffektiv. Die günstigste Zeit in bezug auf optimale Wirkung sind die frühen Abendstunden.

Für die mit Vegetation bedeckten Festlandsgebiete werden die Verhältnisse noch komplizierter (King, 1961). Dort setzt sich die Verdunstung aus der Evaporation der unbelebten und der Transpiration der belebten Natur zur *Evapotranspiration* zusammen. Während die Abläufe und ihre Bedingungen für den Teil der Aufnahme und des Abtransportes des Wasserdampfes in der A. prinzipiell die gleichen bleiben wie bei der Verdunstung von Wasseroberflächen wird die Abgabe wesentlich von den Bedingungen der verdunstenden Oberfläche bestimmt. Die – wieder relativ – einfachste Bedingung ist, daß überall und immer genügend Wasser an der Bodenoberfläche und für die Vegetation zur Verfügung steht. Das ist die Bedingung zur Verwirklichung der *potentiellen Evapotranspiration,* die zuweilen auch als „*Verdunstungskraft des Klimas*" bezeichnet wird. Sieht man einmal von der Frage ab, ob nasser Boden unter sonst gleichen Umständen wie eine Wasserfläche reagiert, so bleibt als entscheidendes Problem, wie groß die Transpiration der Pflanzendecke mit ihrer schier unerschöpflichen Vielfalt der Ausprägung unter den für jede Pflanze physiologisch unterschiedlich wirkenden atmosphärischen Randbedingungen ist. Zur besseren Vergleichbarkeit des für viele agrarische, kulturtechnische, hydrologische, ökologische und klimatologische Probleme eminent wichtigen Wertes der potentiellen Evapotranspiration kann man die Bedingungen noch einmal dahingehend einengen, daß man eine geschlossene Decke großer Ausdehnung von niedrigen, grünen Pflanzen (Gras, Alfalfa z. B.) in vollem Wachstum mit Zugang zu optimaler Wasserversorgung voraussetzt.

Wenn man sich aber vergegenwärtigt, daß diese Bedingung nur in sehr geringen Oberflächen erfüllt ist und sich noch einmal die Vielzahl der vorher bereits aufgeführten Einflußparameter vor Augen führt, so ergibt sich als Konsequenz, daß bereits die potentielle Evapotranspiration eine sehr starke standortabhängige Veränderlichkeit aufweisen muß und daß eine Berechnung mit Hilfe von meteorologischen Beobachtungsgrößen die Berücksichtigung zahlreicher Parameter verlangt. Der Grad der Annäherung an die realen Bedingungen hängt von der Vollständigkeit der berücksichtigten meteorologischen Meßgrößen ab.

Das gilt für die potentielle Evapotranspiration. Will man die *tatsächliche Landverdunstung* (Evapotranspiration) für einen bestimmten Zeitraum kennenlernen, so muß auch noch die zeitliche Veränderung des Bodenwasservorrates berücksichtigt werden. All das führt dazu, daß die reale Verdunstung als der Übergang von Wasserdampf von natürlichen Oberflächen in die Atmosphäre eine sehr schwierig und bislang nur in unzureichender Weise bestimmbare Größe ist [über Messung und Kalkulation s. Kap. II.e) 4.].

Die *Ausfällung des Wasserdampfes* aus der Luft und seine Rückkehr zur Erdoberfläche in flüssiger oder fester Form geschieht in geringen Mengen auf direktem Wege *als Ablagerung an Gegenständen* der Erdoberfläche in Form von Tau, Reif oder Beschlag, in der Hauptmenge aber auf indirektem Weg *als Niederschlag* nach voraufgegangener Kondensation und Wolkenbildung [s. Kap. II.e) 6.]. In beiden Fällen ist die entscheidende Bedingung zur Einleitung der Ausfällung die Unterschreitung der *Taupunktstemperatur* (zuweilen auch einfach als Taupunkt bezeichnet). Da ist jene Grenztemperatur, die die Luft annehmen muß, damit der in ihr tatsächlich vorhandene Wasserdampfgehalt dem nach der Dampfdruckformel maximal möglichen entspricht. Die Taupunktstemperatur für Luft mit einem Wasserdampfgehalt von 4,8 g/m^3 (Dampfdruck von 6,11 mb) z.B. ist 0°C, für solche von 12,8 g/m^3 (= 17,1 mb) +15°C. (s. Tab. II.e) 1 bzw. Abb. II.e) 1).

Bei den direkten Ablagerungen wird die Taupunktstemperatur nur an der Oberfläche der Gegenstände selbst unterschritten, auf welchen auch die Ablagerung erfolgt. Auf einer Fläche (Fensterscheibe, Autoblech, Hauswände, Dächer, Gestein, Boden oder auch Eis) mit dieser Bedingung bildet sich ein *„Beschlag“* aus Wasser bzw. Eiskristallen. An den durch Ausstrahlung extrem stark abgekühlten Enden der Grashalme oder anderer Vegetationsspitzen (fehlender Wärmenachschub von der Unterlage) fällt aus der relativ wasserdampfreichen Luftschicht nahe dem Erdboden durch Kondensation Tau bzw. bei Frosttemperaturen durch Kristallisation Reif aus. Auf die klimatische Bedeutung wird noch zurückzukommen sein. Nicht zu verwechseln mit dem Reif sind der genetisch ganz anders einzuordnende *Rauhreif* (hoar frost), das *Rauheis* (glazed frost) und das *Glatteis,* die dadurch entstehen, daß unterkühlte Wassertröpfchen beim Auftreffen auf einen Gegenstand auskristallisieren oder einen Eisüberzug bilden. Sie werden im Zusammenhang mit der Entstehung des Nebels und der Wolken behandelt werden.

Der Niederschlag in seinen verschiedenen Formen [s. Kap. II.f)] setzt zunächst einmal Kondensation oder Sublimation bzw. beides in großen Luftvolumina in der freien Atmosphäre voraus. Voraussetzungen und Abläufe werden in Kap. II.e) 6. behandelt. Dabei entstehen allerdings nur Wolkenpartikel, welche höchstens ein Hundertstel des Volumens eines kleinen Regentropfens oder Schneekristalles aufweisen. Im Normalfall kann man davon ausgehen, daß zur Bildung eines Niederschlagspartikels die Vereinigung der Masse von einigen Millionen Wolkentröpfchen notwendig ist. Zwischen der Ausfällung des Wasserdampfes in den Wolken und der Ausfällung von Niederschlägen aus diesen müssen sich noch die sehr komplizierten

Prozesse der Niederschlagsbildung vollziehen, welche im Kap. II.f) eingehender behandelt werden.

2. *Luftfeuchte, Maße und Messung*

Als physikalisch begründete Fundamentalgröße wurde im voraufgehenden Abschnitt bereits der maximale oder Sättigungs-Dampfdruck abgeleitet und definiert. Geläufige Abkürzung ist E, angegeben wird er in mm Hg oder in mb.

In der Wirklichkeit der turbulent durchmischten A. ist im Normalfall der tatsächliche Feuchtegehalt der Luft geringer als der maximal mögliche, der *wirkliche Dampfdruck e* ist in aller Regel kleiner als der maximale. Nur in der Anfangsphase der Wolkenbildung ist – vor allem im seltenen Fall nicht ausreichender Zahl von Kondensationskernen – eine zeitweilige und relativ geringe Übersättigung möglich [s. Kap. II.e) 5.]. Normal ist, daß die Luft ein *Sättigungsdefizit* aufweist, ausgedrückt in der Differenz E – e.

Wegen der strengen funktionalen Abhängigkeit zwischen maximalem Dampfdruck und Temperatur wird in der meteorologischen Praxis und in der Bioklimatologie häufig als Maß für den maximalen Dampfdruck die *Taupunkts- (Sättigungs-) Temperatur* T_d (d als Index für „dewpoint") angegeben. Es ist diejenige Temperatur, welche feuchte Luft mit einem bestimmten Dampfdruck e annehmen muß, damit Sättigung eintritt, also e = E ist. Die Taupunktstemperaturen sind in der Abb. II.e) 1. graphisch dargestellt, sie lassen sich Tabellenwerken entnehmen.

Der Verhältniswert von wirklichem Dampfdruck e zum maximal Möglichen E, also e/E wird als *Sättigungsverhältnis* bezeichnet, der auf Prozent hochgerechnete Wert wird als *relative Feuchte U* [%] = e/E · 100 definiert. Wegen der Temperaturabhängigkeit von E muß die relative Feuchte einer Luftmasse sehr stark und gesetzmäßig mit deren Temperaturänderungen variieren. Wenn in einer Luftmasse mit vorgegebenem Dampfdruck e durch Einstrahlung, Wärmezufuhr von der Unterlage oder auch durch absteigende Luftströmung die Temperatur steigt, so wird dadurch der Wert E für den maximal möglichen Dampfdruck progressiv größer (s. Abb. II.e) 1); die relative Feuchte muß rasch geringer werden. Tritt hingegen in derselben Luftmasse durch Ausstrahlung, Abkühlung von unten, Mischung mit kalter Luft oder vertikales Aufsteigen ein Temperaturrückgang ein, so nimmt der Wert der relativen Feuchte stark zu. Am Taupunkt ist e = E, U = 100%, Feuchtesättigung erreicht; Kondensation bei weiterer Abkühlung die Folge.

Aus diesen Zusammenhängen heraus wird die relative Feuchte oft als bequemes Maß für die mehr oder weniger große „Trockenheit" oder „Feuchte" der Luft benutzt. Man muß sich aber hüten, diese undefinierten Begriffe gleichzusetzen mit der Aufnahmefähigkeit der Luft für Wasserdampf, dem „Dampfhunger", ihrer Austrocknungsfähigkeit oder dergleichen. Luft mit 33% relativer Feuchte kann z. B. 0,6 oder aber 11,5 g Wasserdampf pro m^3 bis zu ihrer Sättigung aufnehmen, je nachdem ob in ihr die Temperatur −20° oder +20° beträgt. (Leicht berechenbar mit den Werten der Tab. II.e) 1). Für den *„Dampfhunger"* oder den Anreiz zur Verdunstung ist allein das Sättigungsdefizit repräsentativ.

Anschauliche Maße für die Luftfeuchtigkeit sind die *absolute Feuchte* a als Gramm Wasserdampf pro m^3 Luft, die *spezifische Feuchte* s als Gramm Wasserdampf pro kg feuchter Luft und das *Mischungsverhältnis* m als Gramm Wasserdampf pro kg trockener Luft. Der direkten Messung sind diese Größen nur mit sehr aufwendigen Apparaturen zugänglich. Sie lassen sich aber nach Gesetzen der Thermodynamik aus dem Dampfdruck nach folgenden Formeln errechnen:

$$a\left[\frac{g}{m^3}\right] = \frac{1{,}06 \cdot e}{1 + 0{,}00366 \cdot t}; \quad s\left[\frac{g}{kg}\right] = \frac{623 \cdot 3}{p - 0{,}377 \cdot e}; \quad m\left[\frac{g}{kg}\right] = \frac{623 \cdot e}{p - e};$$

wobei der Dampfdruck e und der Luftdruck p in mm Hg, die Temperatur t in °C einzusetzen sind.

Spezifische Feuchte und Mischungsverhältnis sind zum Unterschied von Dampfdruck und absoluter Feuchte sog. *konservative Feuchtemaße*. Sie ändern sich nämlich bei Vertikalbewegungen von Luft und den damit verbundenen Druckänderungen so lange nicht, bis der Taupunkt erreicht ist und Kondensation eintreten muß. Deshalb spielen sie bei der Behandlung aller Vorgänge, die mit thermodynamischen Zustandsänderungen der Luft infolge vertikaler Austauschvorgänge [s. Konvektion im Kap. II.e) 6.] zusammenhängen, eine besondere Rolle.

Die Messung des Wasserdampfgehaltes der Luft erfolgt in der Praxis immer auf dem Weg über die Bestimmung des tatsächlichen Dampfdruckes e, und zwar auf indirektem Wege unter gleichzeitiger Verwendung der Temperatur der betreffenden Luftmasse. Die apparativ einfachste Methode beruht auf der gleichzeitigen Feststellung von Lufttemperatur und rel. Feuchte. Zum ersteren s. Kap. II.c) 1. Die rel. Luftfeuchte läßt sich mit genügender Genauigkeit durch das *Haarhygrometer* feststellen, dessen Prinzip erstmals 1785 von H. B. De Saussure dargelegt wurde und dessen erfolgreiche Verwendung vor allem auf die Arbeiten von Sresnevsky (1895) zurückgeht. Es benutzt die physikalische Eigenschaft von Menschenhaaren, eine Längenänderung in Abhängigkeit von der rel. Feuchte und unabhängig von der Temperatur durchzumachen. Ungefähr um 2/100 der Gesamtlänge dehnt sich ein Haar aus, wenn es aus absolut wasserdampffreier in gesättigte Luft gebracht wird. Mehrere Haare zu einer ungefähr 10 cm langen „Harfe“ parallel aufgespannt, eine Seite der Harfe am Hygrometergehäuse fixiert, die andere am Hebel einer Drehachse befestigt, an der ein entsprechender Anzeigearm angebracht ist, übertragen die Längenänderung auf eine Skala, an der man nach entsprechender Eichung die relative Feuchte ablesen kann. Auf demselben Prinzip wurde auch der selbstschreibende *Hygrograph* konstruiert. Beide bedürfen einer Nacheichung in gewissen Zeitabständen, da sich die Eigenschaften des Haares mit dem Altern verändert.

Das Haarhygrometer hat schon ältere Vorläufer. Bereits im 15. Jh. ist der Gedanke, die Hygroskopizität bestimmter Stoffe zur Feuchtemessung zu verwenden, ventiliert worden. Nicolaus von Cues (um 1450) und Leonardo da Vinci (um 1500) haben Gewichtsänderungen von Baumwolle bzw. Wolle für diesen Zweck als Indikatoren herangezogen. Bis in die neueste Zeit gehört das Haarhygrometer zur Standardausrüstung aller meteorologischen Meßstationen. Auch die automatischen Wetterstationen sowie die Radiosonden sind in den meisten Fällen damit ausgerüstet, wobei man allerdings das normale Menschenhaar durch ein genormtes M 60-gewalztes Pernixhaar ersetzt hat. Zum Teil werden aber auch elektrische Anzeigegeräte verwendet, die auf der Basis des mit der Luftfeuchte wechselnden elektrischen Widerstandes einer hygroskopischen Lithiumchloritlösung arbeiten.

Aus den festgestellten Werten von Lufttemperatur t und relativer Feucht U läßt sich mit t der Sättigungsdampfdruck E_t aus der Dampfdruckkurve oder Tabellen entnehmen und aus der Formel $U = e/E_t \cdot 100$ bei bekanntem U und E_t der wirkliche Dampfdruck e bestimmen. $e = U/100 \cdot E_t$.

Die zweite Bestimmungsmöglichkeit ist die mit Hilfe des Psychrometers. Es besteht aus zwei nebeneinanderliegenden Thermometern, von denen das Thermometergefäß des einen von einem wassergetränkten Gazeläppchen umhüllt ist (feuchtes Thermometer, wet bulb). An beiden Thermometergefäßen, dem trocknen und dem feuchten, wird durch eine geeignete Ventilationseinrichtung ein Luftstrom konstanter Geschwindigkeit vorbeigesaugt *(Aspirations-Psychrometer)*. Durch die Wasserverdunstung am feuchten Thermometergefäß wird diesem Wärme entzogen, die „Feuchttemperatur" t' sinkt unter die „Trockentemperatur" t. Die psychrometrische Differenz (t – t') ist vom Sättigungsdefizit, der Temperatur und dem Luftdruck als Einflußfaktoren abhängig. Nach der *Psychrometerformel* $e = E' - G \cdot p\,(t - t')$ läßt sich der Dampfdruck e berechnen bzw. aus entsprechenden Psychrometertafeln entnehmen. G ist eine experimentell zu bestimmende Gerätekonstante. Für das Assmannsche Aspirationspsychrometer beträgt sie 0,000662, wenn die Angaben für den Luftdruck p in mb eingesetzt werden.

Das Psychrometer in seiner heutigen Form geht auf R. Assmann (1886) zurück, nachdem schon Konstruktionen von Boeckmann (1802), August (1825), Arago (1830) und Belli (1839) voraufgegangen waren. Auch Gay-Lussac hat sich bereits 1815 mit der psychrometrischen Differenz beschäftigt. Der Name des Gerätes stammt von August.

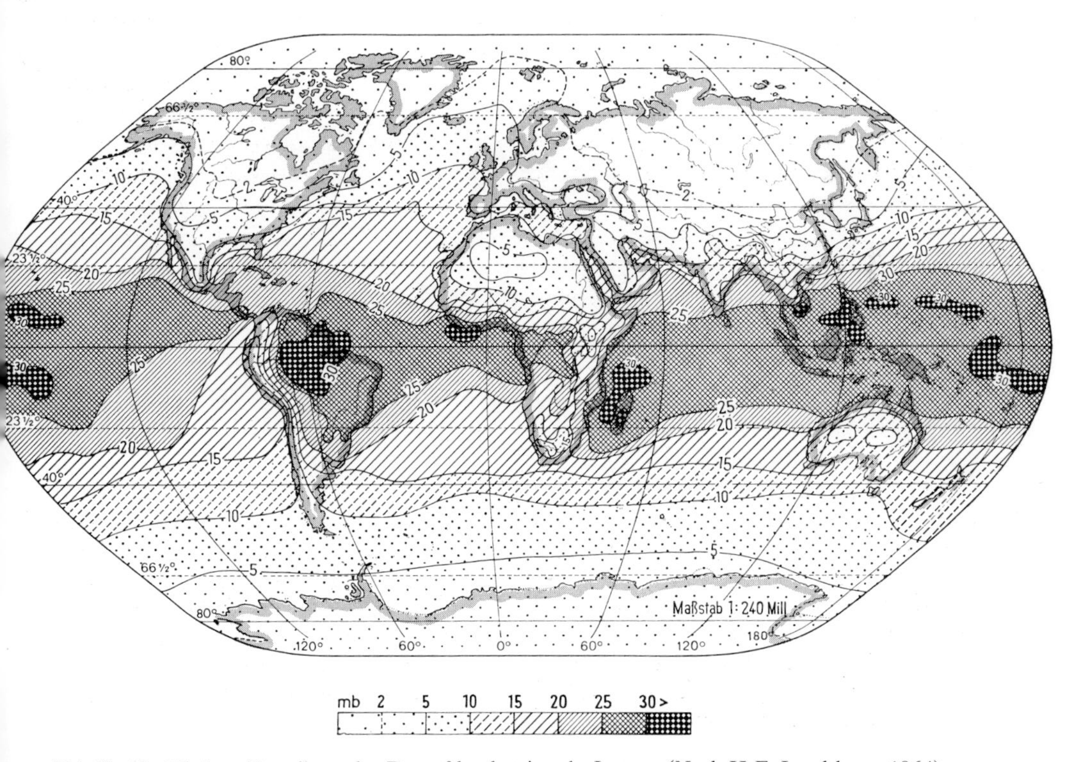

Abb. II.e)2. Mittlere Verteilung des Dampfdruckes in mb, Januar. (Nach H.E. Landsberg, 1964)

3. Luftfeuchte, regionale Verteilung und zeitliche Änderung

Unter dem Gesichtspunkt der regionalen Verteilung kommt meteorologisch wie klimatologisch der *mittleren Verteilung des tatsächlichen Wasserdampfgehaltes* der A. in der Horizontalen und Vertikalen die entscheidende Bedeutung zu, während die räumliche Differenzierung der relativen Feuchte nur in begrenzten Zusammenhängen von Wichtigkeit ist.

Horizontale und vertikale Verteilung des Wasserdampfes. Hinsichtlich des mittleren Gehaltes der Luft an Wasserdampf in verschiedenen Regionen und Höhen der A. gilt die Grundregel, daß *eine enge Korrelation mit der mittleren Temperaturverteilung* besteht, während die Frage der Verfügbarkeit von Wasser zur Verdunstung in die A., also der Unterschied Land/Wasser, nur eine untergeordnete Rolle spielt. Dementsprechend zeigen die auf Entwürfen von H.E. Landsberg (1964) beruhenden Karten der Globalverteilung des mittleren Dampfdruckes in der bodennahen Luftschicht für Januar (Abb. II.e) 2) und Juli (Abb. II.e) 3) im allgemeinen eine kontinuierliche Zunahme der Dampfdruckwerte von den Polargebieten zur Äquatorialregion. Die absolut niedrigsten Werte treten mit Größenordnungen von 0,2 mb im Winter in NE-Sibirien und über dem antarktischen Kontinent auf. Demgegenüber werden in der Äquatorialzone und in den regenfeuchten äußeren Tropen Werte zwischen 25 und 30 mb erreicht, entsprechend rund 19–22 g Wasserdampf pro m^3. Im

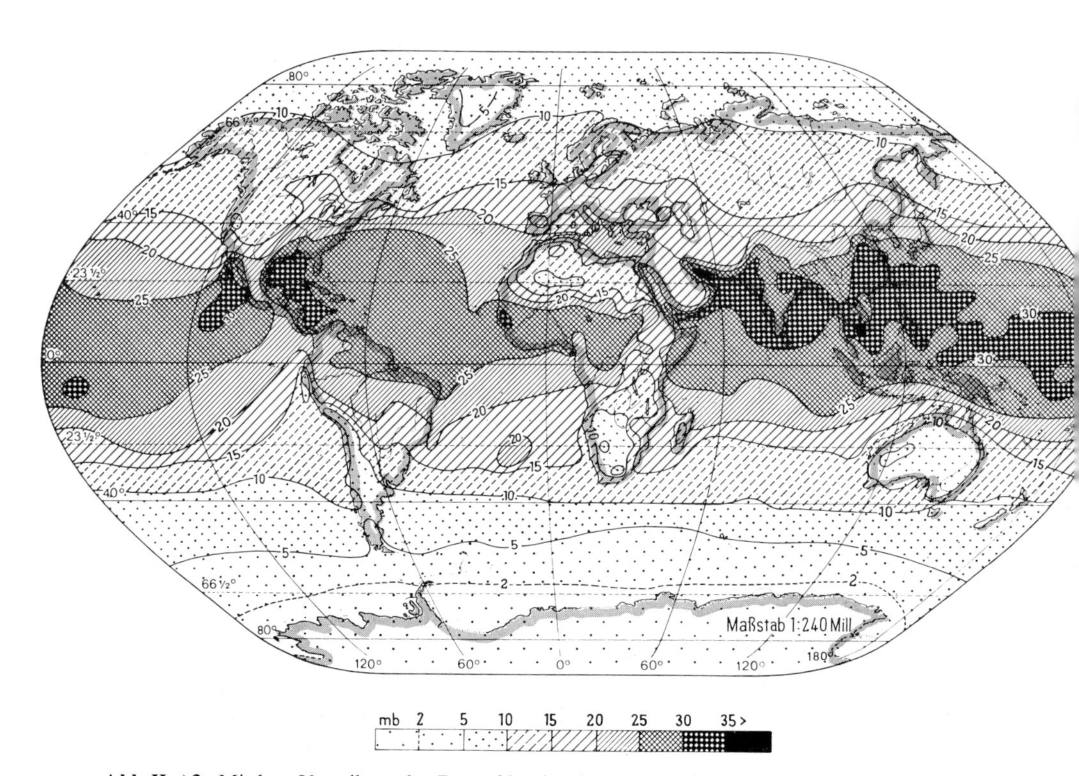

Abb. II.e) 3. Mittlere Verteilung des Dampfdruckes in mb, Juli. (Nach H.E. Landsberg, 1964)

Juli werden die Spitzenwerte entsprechend der höheren Temperatur mit 35 mb im Persischen Golf und am Mekong-Delta erreicht. In den randtropischen Wüsten (Sahara, Südafrika, Zentralaustralien) enthält die Luft bei einem mittleren Dampfdruck von 10 mb noch um 8 g Wasserdampf pro m^3. Darauf beruhen der häufig auftretende nächtliche Tau sowie die oft katastrophalen Güsse und Schichtfluten bei sporadisch eintretenden zyklonalen Störungen. Erstere sind für die xerophile Vegetation, letztere zur Auffüllung des Grundwassers wichtig.

Entsprechend den in Kap. II.c) 6. Zusammenhängen zwischen Dampfdruck und Schwüleempfindung weisen die Verteilungskarten der Abb. II.e) 2 und II.e) 3 eine *erhebliche Übereinstimmung mit* der Darstellung der *Schwülezonen der Erde* nach Scharlau (Abb. II.c) 9) auf. Der dem Temperatureinfluß überlagerte Land-Wasser-Effekt kommt am besten in den Breitenkreismitteln des Dampfdruckes zum Ausdruck, welche A. Kessler (1968) getrennt für Festlands- und Ozeanflächen berechnet hat.

Tab. II.e) 2. Breitenkreismittel des Dampfdruckes (in mb). (Nach Kessler, 1968)

	80°N	70°	60°	50°	40°	30°	20°	10°N	0	10°S	20°	30°	40°	50°	60°	70°	80°S
Januar																	
Wasser	1,0	1,9	3,6	6,5	9,8	15,8	21,5	27,3	27,6	26,6	23,5	18,9	13,6	9,2	6,3	4,6	2,5
Land	0,5	0,6	1,3	2,2	3,5	8,2	9,8	16,5	25,5	23,7	19,2	14,8	9,8	8,8		2,0	1,4
Juli																	
Wasser	5,6	8,2	10,6	12,9	18,6	24,8	27,9	29,0	27,1	23,1	17,9	13,5	9,8	6,1	3,2	1,4	0,4
Land	5,1	8,7	12,0	15,0	17,7	22,2	20,7	25,1	23,9	17,3	9,9	9,5	9,0	4,7		0,5	0,2

In der Vertikalen gilt die Regel von der Dominanz der Temperaturabhängigkeit ebenso wie in der Horizontalen. Da außerdem die Abnahme des Wasserdampfgehaltes mit der Temperatur nicht linear, sondern progressiv erfolgt, der Unterschied der mittleren Mengen an zwei Atmosphärenstellen mit – 20 bzw. – 30° Mitteltemperatur also sehr viel kleiner ist als an solchen mit +20 bzw. +30°, zeigen die *mittleren Vertikalverteilungskurven* für die Tropen eine wesentlich stärkere Abnahme des Wasserdampfgehaltes mit der Höhe als für die in mittleren und hohen Breiten. In der Abb. II.e) 4 sind einige charakteristische Kurven nach Daten von Flohn in Hesse (1961) wiedergegeben.

Precipitable water. Aus der horizontalen und vertikalen Verteilung des Wasserdampfgehaltes läßt sich die Gesamtmenge an Wasserdampf kalkulieren, welche in einer Vertikalsäule durch die ganze A. über einem Ort im Einzelfall und im Mittel enthalten ist. Man bezeichnet diese Größe als *„precipitable water"*, also ausfällbare Wassermenge. Als Maßzahl kann man den Teildruck (in mm Hg oder mb) nehmen, welchen der Wasserdampf innerhalb des Gesamtdruckes der A. (im Mittel 760 mm Hg oder 1013 mb) ausmacht. Meist wird aber die Menge des „precipitable water" wie die Niederschlagsmenge in mm Wassersäule (= kg/m^2) ausgedrückt, wobei man sich allerdings klar darüber sein muß, daß nie der gesamte Wasserdampf einer Luftsäule, sondern normalerweise nur 10% davon kondensieren und am Grunde der Luftsäule akkumuliert werden können. Der weitaus größte Teil bleibt immer in der A.

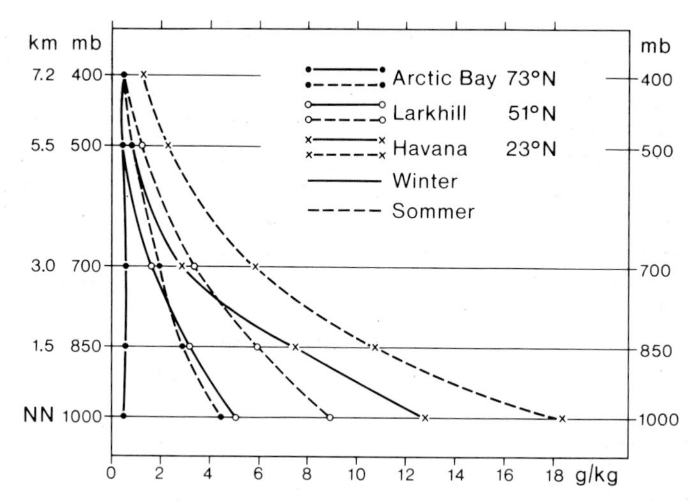

Abb. II.e)4. Mittlere Vertikalverteilung des Wasserdampfes in verschiedenen Klimaregionen. (Werte nach Flohn aus Hesse: Handbuch der Aerologie, 1961)

Tuller (1968) hat auf der Basis von dreijährigen Mittelwerten eine Karte der globalen Verteilung des „precipitable water" veröffentlicht. In der folgenden Tabelle sind wieder die *Breitenkreismittel* aufgeführt, so wie sie Kessler (1968) für die Niveaus Meeresspiegel, 850 mb (= ca. 150 m), 700 mb (= ca. 3000 m) und 500 mb (= ca. 5000 m) errechnet hat.

Man erkennt daraus, daß bis rund 1500 m bereits ca. die Hälfte, *bis 3000 m drei Viertel der Gesamtmenge* an Wasserdampf konzentriert, die oberen Teile der Troposphäre also relativ wasserdampfarm sind. Außerdem läßt sich aus dem Vergleich von rund 45 mm „precipitable water" in der Nähe des Äquators mit dem dort tatsächlich auftretenden mittleren Monatsniederschlag von rund 120–150 mm die Folgerung

Tab. II.e) 3. Breitenkreismittel des precipitable water für das Erdboden-, sowie das 850 mb-, 700 mb- und 500 mb-Niveau, angegeben in mm Wassersäule. (Nach Kessler, 1968)

	Januar oberhalb				Juli oberhalb			
	500 mb	700 mb	850 mb	Erdoberfläche	500 mb	700 mb	850 mb	Erdoberfläche
N 70	0,17	0,73	1,71	2,42	0,92	4,52	9,11	15,78
60	0,28	1,16	2,39	4,06	1,29	5,57	11,92	20,83
50	0,42	1,76	3,78	6,50	1,69	6,84	14,69	24,67
40	0,64	2,71	5,67	10,33	2,02	8,22	17,25	28,61
30	0,99	4,08	8,61	16,83	2,59	9,68	18,83	34,06
20	1,42	6,04	13,00	26,00	2,96	11,11	22,86	40,61
10	1,93	8,31	18,72	36,72	2,98	11,72	24,50	44,89
0	2,54	10,79	23,61	41,56	2,52	10,78	23,36	43,33
10	2,87	11,37	24,61	44,17	2,03	8,62	19,72	37,61
20	2,60	9,82	20,94	38,89	1,43	5,62	13,06	25,61
30	1,91	6,92	14,94	29,06	0,91	3,80	9,14	18,11
40	1,15	4,34	9,56	21,06	0,60	2,57	7,00	14,28
S 50	0,64	3,11	7,06	14,22	0,38	1,81	4,89	10,11

ziehen, daß für die Lieferung dieses Niederschlags am Boden der gesamte *Wasserdampfgehalt* in der Vertikalsäule *über den Äquatorialgebieten mehr als dreimal im Monat umgeschlagen* werden muß. Und schließlich läßt sich daraus folgern, daß bei gleicher Umschlaggeschwindigkeit die *Hochgebirge* unter der Bedingung konvektiver Niederschlagsbildung *nur relative Trockengebiete sein können,* da die Luftsäule über ihnen nur ein Drittel bis ein Viertel des „precipitable water" hat wie diejenigen über den Tiefländern. In den Tropen entspricht das genau den Meßergebnissen. Dort sind die Gebirge tatsächlich relative Trockeninseln in feuchterer Umgebung. In den Außertropen hingegen belegen die Niederschlagsmessungen eine Niederschlagszunahme bis über 3000 m. Das deutet darauf hin, daß bei der Niederschlagsentstehung andere als vorwiegend vertikal wirkende Konvektionsprozesse für die Hauptmenge der Niederschläge verantwortlich sind [vgl. Kap. II.f) 5.].

Die *globale Verteilung der relativen Luftfeuchte* in der bodennahen A. (s. Abb. II.e) 5 nach Száva-Kováts, 1938) sagt zwar nur wenig über den Feuchtegehalt der Luft selbst aus, dafür gibt sie interessante Hinweise auf die Verteilungsprozesse des Wasserdampfes in der A. sowie die mehr oder weniger große Niederschlagsdisposition

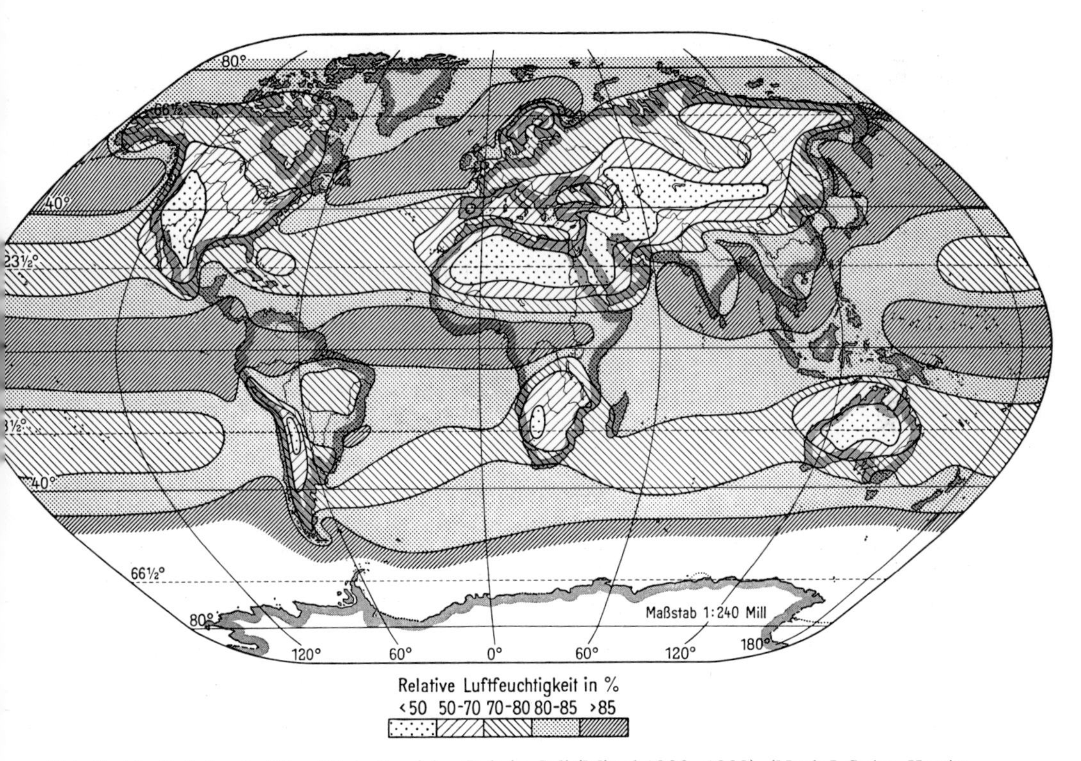

Abb. II.e) 5. Relative Luftfeuchtigkeit auf der Erde im Juli (Mittel 1920–1929). (Nach J. Száva-Kováts, 1938)
Die relative Feuchtigkeit zeigt zwei Gürtel mit geringen Werten im Bereich der subtropischen Hochdruckgebiete, erweitert auf den Kontinenten durch die Gebiete größter Küstenferne und durch Leebereiche. Die ozeanischen Bereiche der außertropischen Westwinddrift sowie die Äquatorialzone, erweitert im Sommer um die süd- und ostasiatischen Monsunküsten, weisen hohe Werte auf

und die Vorgänge, die dazu führen. Auffällig sind zunächst zwei Minimagürtel, die mit den sog. Roßbreitengürteln und auf der Nordhalbkugel mit dem innerkontinentalen Trockengebiet übereinstimmen. Wenn nun innerhalb dieses Gebietes über dem tropischen Nordatlantik zwischen Äquator und Wendekreis z.B. im Sommer durchgehend ein Dampfdruck um 25 mb vorhanden ist (s. Abb. II.e) 3), die relative Feuchte aber am Wendekreis nur um 70 oder 70–80% gegenüber mehr als 85% nahe dem Äquator beträgt (s. Abb. II.e) 5), so muß nahe dem Wendekreis in der A. ein Prozeß ablaufen, welcher die durch Verdunstung entstehende Dampfmenge abführt und die Luft permanent „abtrocknet“. Es geschieht das durch die Kombination von stetiger horizontaler Luftbewegung und gleichzeitigem vertikalen Absinken in der antizyklonal bestimmten Passatströmung [s. dazu Kap. IV.a)]. Über dem Land wird dabei die relative Feuchte zusätzlich noch dadurch herabgesetzt, daß weniger Wasser zur Verdunstung vorhanden ist und die Luft stärker angeheizt wird als über dem Meer [s. Kap. II.b) 5. u. 6.]. So ergeben sich die Minimagebiete relativer Luftfeuchte im Innern der subtropisch-randtropischen Trockengebiete in N- und S-Afrika, Australien und S-Amerika; dort vor allem über den Hochgebieten wie dem Altiplano der Zentralanden als Folge der Kombination von geringem Wasserdampfgehalt wegen der Höhe und gleichzeitiger starker Erwärmung von der hochgelegenen Heizfläche unter der intensiven Einstrahlung bei hochstehender Sonne.

Am Beispiel beider Amerikas mit ihren meridional verlaufenden Hochgebirgen kann man außerdem noch einen anderen Effekt ableiten. Im außertropischen N- und S-Amerika (40° und weiter polwärts) zeigen die Linien gleicher Dampfdruckwerte (= Isovaporen) über dem Landesinnern Ausbuchtungen äquatorwärts, westlich der Gebirge solche polwärts. Damit fallen ostwärts der Gebirge über dem Land Minimumgebiete der relativen Luftfeuchte räumlich zusammen. Das ist als Folge der klimatischen Lee-Wirkung der Hochgebirge zu verstehen. Der mit der Westwinddrift [s. Kap. IV.d)] herantransportierte Wasserdampf trifft auf die Sperrschranke des Hochgebirges (in der Überströmungshöhe über dem Gebirge herrschen niedrige, oft Frosttemperaturen, die nach dem Gesetz über den maximalen Dampfdruck nur geringe Dampfmengen passieren lassen). Der größte Teil des Wasserdampfes muß ausfallen. Wird nun die Luft in der absteigenden Strömung im Lee des Gebirges dynamisch erwärmt [s. Föhnprinzip in Kap. II.h) 4.], ergeben sich ein wachsendes Sättigungsdefizit und eine geringe relative Feuchte. *In Föhnströmungen* werden überall auf der Erde die *niedrigsten Werte der relativen Feuchte* gemessen. Ihre ausdörrende, im Winter „schneefressende“ Wirkung ist die Folge.

In den Mittelbreiten nimmt die relative Feuchte auch auf dem Lande allgemein in dem Maße zu, wie die Temperaturen sinken und die Luft nur eine geringere Wasserdampfkapazität besitzt. Allerdings sind die Schwankungen innerhalb des Zyklonalklimas der Westwinddrift sehr hoch und sehr unregelmäßig. Erst im Polargebiet herrscht eine ständig hohe relative Feuchte infolge der niedrigen Temperaturen. Während der extremen Kälte genügt eine geringe Veränderung der Lufttemperatur oder die Zufuhr von winzigen Mengen von Wasserdampf, um nahe an die Sättigung zu führen; im Sommer bewirken die teilweise noch mit Eis bedeckten und immer kalten Meeresoberflächen eine Abkühlung der Luft sowie eine Heraufsetzung der relativen Feuchte.

Die Gebiete permanent hoher und *höchster Werte der relativen Luftfeuchte* sind der Äquatorialgürtel und – als Korrektur zu der Karte – die Gebiete am Roten Meer und am Persischen Golf. In der Äquatorialregion wird durch den Wasserdampftransport der Passate sowie die Verdunstung vom Ozean und den feuchten Regenwäldern die Dampfmenge, absolut gesehen, hoch gehalten. Und da außerdem im Gegensatz zu der Passatregion aufsteigende Tendenz in der A. vorherrscht, liegt die relative Luftfeuchte in der bodennahen Luftschicht immer nahe am Sättigungspunkt. Bereits geringe Hebung der Luft führt zur Kondensation, stärkere zu Regenwolkenbildung. Wenn in der Nacht die Ausstrahlung einsetzt, beginnt bei geringer Abkühlung die Ausstrahlungskondensation in verschiedenen Höhen der A., so daß klare Nächte mit der entsprechenden Abkühlung und Erleichterung von der Tageshitze ausgesprochen selten sind. Auch das Sommermonsunklima Ostasiens, das sich durch weithin gleichbleibend hohe Mitteltemperaturen auszeichnet, ist wegen seiner durchweg hohen Luftfeuchte erschlaffend, und beim indischen Monsun bewirkt die hohe nachmonsunale Verdunstung des feuchten Landes bei zunächst erneut ansteigenden Temperaturen eine fühlbare Feuchtesteigerung, die nicht minder lästig ist als die stechende Hitze der trockenen Vormonsunmonate.

Im Gebiet des Roten Meeres und des Persischen Golfes ist zwar die absinkende Tendenz der Luftmassen wie im ganzen Roßbreitengürtel gegeben, doch fehlt die Feuchteabfuhr mit einer permanenten Luftströmung wie den Passaten. So bilden diese Gebiete bei hohen Lufttemperaturen und zugleich hohen Werten der absoluten wie auch der relativen Feuchte die schwülereichsten Teile der Erde. Die geringe Verdunstungskraft macht diesen Klimatyp für Menschen schwer erträglich.

Tages- und Jahresgänge. Beim *Tagesgang des Dampfdruckes* unterschied V. Conrad in Anlehnung an Rykatschew drei Typen: Erstens den *ozeanischen Typ,* bei dem infolge kontinuierlicher Wasserdampfabgabe von Wasserflächen der im ganzen ziemlich ausgeglichene Gang des Dampfdruckes dem der Temperatur parallel geht, also ein Morgenminimum und Nachmittagsmaximum aufweist. Zweitens den *kontinentalen Typ* mit doppelter Schwankung, die dadurch zustande kommt, daß neben das Morgenminimum ein sekundäres Nachmittagsminimum tritt, welches eine Folge des mittags verstärkt einsetzenden Austausches der bodennahen Luft mit der wasserdampfärmeren in höheren Niveaus ist. Drittens den *Wüsten- und Steppentyp,* bei dem wegen der ganz oder fast fehlenden Verdunstung der tagesperiodische Gang des Austausches allein dominiert und so als Pendant zum nachmittäglichen Minimum ein Maximum am frühen Morgen beläßt, weil dann die nächtliche Abkühlung eine stabile Schichtung hervorruft, bei welcher der Austausch unterbunden wird und sich eine relativ große Menge Wasserdampf nahe dem Erdboden ansammeln kann. Starke Temperaturtagesschwankung, hohe Turbulenz und trockene Unterlage liefern also die maßgebenden Voraussetzungen für diesen, zum ozeanischen inversen Typ.

In den Mittelbreiten kann ein Jahreszeitenwechsel des täglichen Feuchtigkeitsganges zwischen Sommer mit kontinentalem Typus und Winter mit ozeanischem Typus eintreten. In den *Gebirgen* herrscht *ganzjährig der ozeanische Typus.*

Bei der relativen Feuchte ist der Tagesgang sehr einfach, mit Minimum am Nachmittag und Maximum am Morgen in Abhängigkeit von der Temperatur. Dies gilt aber nur, sofern nicht Luftmassenwechsel bzw. Windsprung – besonders krass beim Land-Seewind-Phänomen [s. Kap. II. h) 4.] – die Voraussetzungen ändern. Über dem Meer ist fast kein tagesperiodischer Unterschied vorhanden.

Der *Jahresgang des Dampfdruckes* ähnelt dem des Tagesganges insofern, als im Sommer mit den höheren Temperaturen ein höherer Dampfdruck verbunden ist als im Winter. Die Schwankungsweite zwischen Maximum und Minimum hängt ebenfalls in der Hauptsache von der Temperaturschwankung ab. Bei den am Kältepol der Nordhemisphäre in NE-Sibirien zuweilen vorkommenden extremen Frosttemperaturen kann der Dampfdruck praktisch bis zur absoluten Trockenheit zurückgehen. Über der Antarktis ist die Luft – wenigstens in der bodennahen Schicht – ganzjährig extrem wasserdampfarm.

Der *Jahresgang der relativen Feuchtigkeit* verläuft dagegen in den einzelnen Klimagebieten sehr verschieden. Für *ozeanische Stationen* ist eine gleichmäßige Verteilung über das Jahr mit nur geringen Amplituden charakteristisch. In den *kontinentalen Gebieten* tritt dagegen in der wärmeren Jahreszeit ein deutliches Minimum auf, während der Winter im Mittel die höchsten relativen Feuchten aufweist. Damit gehen [vgl. Kap. II. e) 4] – wenigstens innerhalb der Mittelbreiten – auch Regenmenge und -häufigkeit insofern parallel, als zwar im Sommer höhere Regenergiebigkeit, größere Regenhäufigkeit dagegen im Winter eintritt. Ähnlich liegen die Verhältnisse – wenn auch aus ganz anderen Gründen – im Bereich des alternierenden *Winterregenklimas* der Subtropen, das ausgesprochen sommerliche Trockenzeit und einen feuchten Winter mit hohem Dampfdruck und gleichzeitig hoher relativer Feuchte aufweist. Genau umgekehrt verläuft die Kurve im *Monsunklima.* Typisch ist dort ein charakteristisches Minimum in der kalten und ein Maximum in der warmen Jahreszeit. Es ist das die Folge davon, daß während der wärmeren Jahreszeit eine Zufuhr feucht-warmer Luftmassen von den umgebenden Ozeanen, im Winter dagegen Transport trocken-kühler Luft aus dem Innern der Kontinente erfolgt und daß diese Zirkulationsumkehr den thermisch bedingten Gang des kontinentalen Typus überkompensiert. Der Monsuntypus ist außerordentlich bezeichnend für alle Küstengebiete mit jahreszeitlichem Wechsel des Luftmassentransportes. Er kann nach V. Conrad direkt als Definitionsgrundlage des Monsunregimes verwendet werden. Dem monsunalen Gang der relativen Feuchte verwandt ist der auf *Berggipfeln.* Er zeigt bei geringer Schwankung eine Umkehr des kontinentalen Typus mit Maximum während des Sommers und Minimum während des Winters. Es ist das eine Folge des erhöhten Austausches während der wärmeren Jahreszeit. Dann geraten die Berggipfel bei der Konvektion bevorzugt in das Kondensationsniveau. Winterliches bzw. nächtliches Schrumpfen und Absinken der Luft als Folge der Ausstrahlung haben die gegenteilige Wirkung, worin sich die Vorzüge hochgelegener Winterkurorte wie Davos u. a. manifestieren. Luftmassenwechsel vermögen allerdings des öfteren Abweichungen von dieser Regel zu bringen. Ausschlaggebend ist aber, daß ohne Luftmassenwechsel die Konvektion in der kalten A. über den schneebedeckten Flächen weitgehend unterbunden ist.

In den *Tropen* wird der Jahresgang der relativen Feuchte sowohl im Tiefland wie in den Gebirgen vom Wechsel der hygrischen Jahreszeit bestimmt, d. h. daß die äußeren Tropen ein Sommermaximum während der Solstitialregen, die inneren äquatorialen Tropen ein doppeltes Maximum zur Zeit der Äquinoktien aufweisen.

Unperiodische Veränderungen. Neben die vorauf erwähnten regelhaft periodischen Gänge der Luftfeuchtigkeit tritt die unperiodische Veränderlichkeit, wie sie durch die Vielfalt des Wettergeschehens, ganz *besonders im Bereich des zyklonalen Mittel-*

breitenklimas, bedingt ist. Den am Wetterablauf beteiligten Luftmassen ist auch neben anderen konservativen Eigenschaften ein spezifischer Feuchtegehalt eigen, der allerdings je nach Herkunft, Transportweg und Alter der Luftmassen variiert wird. Es ergibt sich also eine doppelte Variabilität, die es verhindert, genauere luftmassenspezifische Mittelwerte zu verwenden. Auf einige Beispiele sei jedoch hingewiesen. Der winterliche Wechsel von trockenem kontinentalen Frostwetter unter dem Einfluß einer abziehenden mittel- bis südosteuropäischen Hochdruckzelle zu feuchtem Tauwetter mit atlantischen Südwestwinden bringt in der Regel einen fühlbaren Feuchtesprung in dem Sinne, daß trotz eintretender Erwärmung auch die relative Feuchte als Merkmal der neuen Luftmasse ansteigt. In ähnlicher Weise erhöht sie sich bei der Beendigung einer Föhnsituation durch Einbruch maritimer Westluftmassen (Abb. II. h) 15). Andererseits vollzieht sich in eingeflossener Meeresluft bei Druckanstieg und wachsendem antizyklonalen Einfluß mit Absinktendenz eine rasche Austrocknung, die lediglich im Winter nicht immer bis zum Erdboden durchgreift, so daß die dann ausgebildete Inversion eine seichte bodennahe Feuchtluftschicht von der darüber ausgebreiteten wärmeren und sehr trockenen, gutsichtigen Luftmasse trennt (Abb. II.e) 20). Im Sommer dagegen greift die Austrocknung bei solcher Wetterlage unter dem Einfluß der insolationsbedingten Überhitzung des Bodens und der bodennahen Luftschicht bis zur Erdoberfläche durch, bei längerem Anhalten Dürreperioden, wie z. B. die des in Mitteleuropa trockenen Sommers 1959 einleitend, als sich derartige Lagen öfters wiederholten.

Die auch die Feuchtigkeit betreffende starke Veränderlichkeit des Mittelbreitenklimas ist zwar *in den Tropen* weniger stark ausgebildet, doch fehlen unperiodische Schwankungen keineswegs. Sie geben sich in einer entsprechenden Veränderlichkeit der Kondensations- und damit Niederschlagsbereitschaft zu erkennen. Wie groß diese auch in den inneren Tropen sein kann, geht aus nachstehenden Witterungsschilderungen hervor: Die erste behandelt den 1. 4. 1938 im Bergland von Ost-Uluguru in Ostafrika, also einen Tag der Regenzeit.

6 Uhr: Nebel, 8 Uhr: Nebel und Regen, 9 Uhr: Nebel und Nieseln, 10 Uhr: dichter Nebel, 11 Uhr: Nieseln, 12 Uhr: Talneben, 13 Uhr: aufsteigender Nebel und Regen, 14 Uhr: Sonne, 15 Uhr: Regen und Gewitter, 16 Uhr: wolkig, 17 Uhr: wolkig, 18 Uhr: Bergnebel, 19 Uhr: bedeckt, 21 Uhr: Regen (Ann. d. Hydrogr. 1940, S. 254f.).

Aus der zweiten Schilderung aus dem Bergland von Uhehe (Ostafrika, rd. 1800 m) verzeichnen wir lediglich die Nebelvorkommen des Zeitraumes vom 15.–30. 11 1938:

17.: 7.15–8.15 Nebel, 18.: nachts bis 9.30 Nebel, 19.: ab 8.30 Nebel ganztägig, 20.: nachts bis 14.15 Nebel, 21.: meist Nebel, 22.: nachts bis 8.00 Nebel, 23.: nachts bis 11.00 Nebel, 24.: nachts bis 8.30 Nebel, 25.: nachts bis 10.00 Nebel, 26.: nachts bis 8.30 Nebel, 27.: nachts bis 12.00 Nebel, 28.: von 6.15 bis 11.00 Nebel, 29.: von 8.00 bis 10.45 Nebel (Ann. d. Hydrogr., 1940, S. 256).

Man erkennt aus diesen Beispielen die oft ständig hohe, über der Sättigungsgrenze liegende Luftfeuchte, wie sie vor allem den innertropischen Bergländern eigen ist. Auf diese Frage wird noch im Zusammenhang mit der Behandlung des Nebels zurückgekommen [Kap. II. e) 4].

Die Luftfeuchtigkeit ist auch verschiedentlich als Indikator bei Klimaklassifikationen herangezogen worden, sei es in Gestalt der sogenannten *klimatischen Feuchte*

(Száva-Kováts, 1940), eines theoretisch Luftfeuchte, Wassergehalt von Boden und Vegetation berücksichtigenden, praktisch aber nur die dazu parallel verlaufende relative Feuchte benutzenden Begriffs, oder als relative Feuchte zusammen mit Temperaturstufen (Ravenstein 1900, [vgl. Kap. VI.a)]). Auf diese Untersuchungen wird noch zurückgekommen.

4. Verdunstung, Meßverfahren, Kalkulationsansätze

Im ersten Abschnitt dieses Kapitels ist bereits die Vielfalt der den Verdunstungsvorgang beeinflussenden meteorologischen Parameter in einer kurzen Übersicht vorgestellt worden. Sie macht eine Kalkulation der Verdunstungsgröße aus meteorologischen Beobachtungswerten außerordentlich schwierig. Dieses Problem und auch das der praktischen Messung der Verdunstung ist bis heute noch nicht voll befriedigend gelöst worden.

Begriffsbestimmung und Grundproblematik. Zunächst müssen folgende *Begriffsdefinitionen* klargestellt werden. Zu unterscheiden ist zwischen der V. über unbewachsenen, pflanzenleeren Oberflächen, der *Oberflächen-V.,* die nach Thornthwaite (1948) inzwischen allgemein als *Evaporation* bezeichnet wird, der *Pflanzen-V.* als *Transpiration* sowie der aus beiden resultierenden V. über bewachsenen Oberflächen, der *Landes-V.* oder (nach Thornthwaite) *Evapotranspiration.* Außerdem muß klar getrennt werden die *aktuelle* (effektive) *V.* als die tatsächliche Wasserabgabe einer Oberfläche von der *potentiellen V.* als der maximal von den V.- Vorgängen geforderten Wassermenge, gleichgültig ob sie auch tatsächlich zur Verfügung steht oder nicht. Die potentielle V. ist die klimatisch mögliche und als solche ein Ausdruck für die *V.-Kraft eines Klimagebietes.* Sie entspricht der aktuellen V. nur in dem Falle, daß immer genügend Wasser zur Evaporation und Transpiration zur Verfügung steht. Ähnlich der potentiellen V. ist die *latente V.,* definiert als die maximal mögliche Evaporation einer nassen, ebenen, horizontalen, schwarzen Oberfläche, die den Verdunstungsvorgängen an freien, unbeschatteten Standorten ausgesetzt ist. Man nennt diese Größe auch *V.-Anspruch.*

Das Problem, *die potentielle Evapotranspiration* (oft abgekürzt als pET oder pEvpt) instrumentell-messend oder rechnerisch zu erfassen, ist besonders in den Jahren seit 1948 Gegenstand einer Vielzahl von wissenschaftlichen Arbeiten gewesen. Ihr kommt unter den komplexen Klimaelementen erstrangige Bedeutung zu, stellt sie doch neben dem Niederschlag und dem Abfluß die dritte entscheidende Größe in dem klimatisch so grundlegenden Wasserhaushalt dar. Im Zusammenhang mit allen ökologischen Problemen spielt sie eine grundsätzlich wichtige und bei der Ausweitung der Ernährungsbasis der Menschheit im Bereich der ariden Gebiete z.B. eine eminent praktische Rolle.

In die Problematik, die potentielle Evapotranspiration (pEvpt) mit Hilfe von meteorologischen bzw. klimatologischen Meßdaten zu kalkulieren, gehen zwei, sich zum Teil widerstreitende, Gesichtspunkte ein. Zum einen muß die richtige Funktion für das Zusammenwirken der zahlreichen Einflußparameter, also eine möglichst genaue Verdunstungsformel, gefunden werden. Dazu wird man möglichst viele der Einflußparameter berücksichtigen müssen. Zum anderen aber ist das klimatologische Meßprogramm an den meisten Beobachtungsstationen auf einige wenige, die sog. Hauptklimaelemente Lufttemperatur, relative Feuchte und Niederschlag beschränkt. Die notwendigen anderen Meßdaten stehen also im Normalfall nicht zur Verfügung, so daß sich die Notwendigkeit ergibt, mit Hilfe der wenigen Daten zu einer möglichst weitgehenden Näherungskalkulation zu kommen. In den Veröffentlichungen von Uhlig (1954), van Eimern (1964), Dammann (1965), der WMO (1966), Bornholdt (1969) und Riou (1975) z.B. sind die verschiedenen Verfahren ausführlich und kritisch dargelegt sowie für Teststationen oder-gebiete auch Vergleichswerte nach den unterschiedlichen Berechnungsverfahren aufgeführt.

Kalkulationsansätze. Im Jahre 1948 veröffentlichten gleichzeitig und unabhängig voneinander Budyko in der UdSSR, Penman in Großbritannien und Thornthwaite in den USA grundlegend wichtige Arbeiten zur *Berechnung der potentiellen Evapotranspiration.*

Die *Penman-Formel* ist, wie die ähnlichen von Budyko (1948), Frankenberger (1954) und Hofmann (1955) theoretisch begründet, und zwar auf der Energiebilanz und dem Austauschmechanismus (Munn, 1961). Sie wird zunächst für eine Wasseroberfläche abgeleitet und besteht aus einem Wärmehaushalts- und einem Ventilations-Feuchte-Glied in folgender Form.

$$pE_w[\text{mm/Tag}] = \frac{\Delta \cdot H_o + \gamma \cdot E_a}{\Delta + \gamma}$$

Δ = Steigungsverhältnis der Sättigungskurve des Dampfdruckes in mm Hg pro Grad (s. Abb. II. e) 1)
γ = Psychrometerkonstante ($\approx 0{,}5$).

Ho ist die tägliche Strahlungsbilanz [s. Kap. II.b) 7.] und Ea das Ventilations-Feuchte-Glied (Verdunstungsanspruch), das mit folgender Formel aus dem Sättigungsdefizit der Luft (E – e, gemessen in mm Hg [s. Kap. II. e) 2]) sowie der Windgeschwindigkeit u_2 in m/sec, beides in 2 m Höhe, ausgedrückt wird:

$$E_a = 0{,}35(E - e)(0{,}50 + 0{,}54 \cdot u_2)$$

Die Strahlungsbilanz H_o kann man, wenn sie nicht durch Messungen für einen bestimmten Zeitraum zur Verfügung steht, nach folgender Gleichung durch Klimabeobachtungsdaten approximieren:

$$H_0 = \frac{R_a}{59} \cdot (1 - r)\left(0{,}18 + 0{,}55\,\frac{n}{N}\right) - \delta \cdot T^4(0{,}56 - 0{,}09 \cdot \sqrt{e})\left(0{,}10 + 0{,}9\,\frac{n}{N}\right)$$

R_a = Strahlung im solaren Klima,
r = Albedo für Wasser,
n/N = Verhältnis der wirklichen zur maximal möglichen Sonnenscheindauer,
$\sigma \cdot T^4$ = Stefan-Boltzmannsche Gleichung [s. Kap. II. b) 6.] mit der mittleren Lufttemperatur T
e = Dampfdruck in mm Hg.

Der erste Teil der Gleichung steht also für die Energieeinnahme durch kurzwellige Strahlung, der zweite Teil für die Energieabgabe durch langwellige Ausstrahlung.

Die Rechenergebnisse für die freie Wasseroberfläche (pEw) werden dann mit Hilfe empirisch aus Lysimeter-Messungen (s. Verdunstungsmessung) gewonnenen Vergleichswerten mit einem für bestimmte Regionen und Jahreszeiten unterschiedlich großen Korrektionsfaktor versehen, um die potentielle Evapotranspiration (pET) für bewachsene Landoberflächen zu erhalten. Für England ist der Faktor pET/pEw gleich 0,6 im Winter, 0,8 im Sommer. Wenn man die Meßgrößen in anderen Dimensionen einsetzt, so verändern sich die Konstanten.

McCulloch (1965) hat zur Vereinfachung und Beschleunigung der Berechnung nach der Penman-Formel *Tabellen und Tafeln* veröffentlicht. Als kritisch wertendes Beispiel der Anwendung in Gebieten mit begrenzten Beobachtungsdaten wurde die Arbeit von Woodhead (1970) für Afrika wichtig. Sie kommt zu dem Ergebnis, daß man Monats- und Jahreswerte der pET auf rund 15% genau bestimmen kann. Instruktive Ausführungen über den praktischen Gebrauch der Formel sowie die kritische Auswahl von Parametern und Anwendung meteorologischer Beobachtungsdaten machen Henning und Henning (1976).

Mit dem Ziel einer *Vereinfachung* und leichteren Anwendung sind nun von verschiedenen Autoren unterschiedliche Vorschläge gemacht worden, bestimmte Teile der Funktion wegzulassen oder durch empirische Faktoren zu ersetzen.

Turc (1961) beschränkt sich auf das *Wärmehaushaltsglied* und schlägt für die Berechnung von Dekadenwerten vor

$$\text{pET}[\text{mm/Dekade}] = \frac{0{,}13 \cdot T}{T + 15}(S + H + 50)$$

T = Mitteltemperatur der Dekade,
S = direkte Sonnenstrahlung,
H = Himmelsstrahlung.

Nach der Überprüfung durch Bornholdt (1969) gibt diese Formel besonders gute Werte für aride Klimabereiche.

Die Globalstrahlung, die allerdings nur an relativ wenigen Stationen gemessen wird, ist auch in der Formel enthalten, die van Eimern (1964) unter Vereinfachung aus der thermodynamischen Verdunstungsformel von Hofmann (1956) entwickelt hat. Sie lautet:

$$\text{pET}[\text{mm/Dekade}] = 0{,}01 \cdot r_w \cdot (S + H)$$

wobei für (S + H) die Globalstrahlung in $\text{cal} \cdot \text{cm}^{-2}$ einzusetzen und r_w ein temperaturabhängiger Faktor ist mit den Werten 0,43, 0,58, 0,70 und 0,80 für 0, 10, 20 bzw. 30°C.

Eine andere Gruppe von Formeln vernachlässigt den schwierig zu ermittelnden Energieterm noch weitergehend und beschränkt die Kalkulation auf die Parameter *Windgeschwindigkeit* in 2 m Höhe (u_2) *und Sättigungsdefizit* (E – e). Nach der Empfehlung der WMO (1966) ergibt die folgende Rechenformel die besten Werte:

$$\text{pET}[\text{mm/Tag}] = (0{,}173 + 0{,}1245 \cdot u_2) \cdot (E - e)$$

Albrecht (1951, 1962) hat anstelle der gemessenen Windgeschwindigkeit einen empirischen Faktor eingesetzt und für potentielle Monatsverdunstung die Näherungsformel

$$pET[mm/Monat] = F \cdot (E - e)$$

vorgeschlagen, wobei F bei Windgeschwindigkeiten größer 1 m/sec den Wert 16,1 hat. Bei geringeren Windgeschwindigkeiten wird der Faktor kleiner.

Aus der Erkenntnis heraus, daß die Verdunstung weitgehend von den atmosphärischen Bedingungen um die Mittagszeit abhängt, hat Haude (1952, 1955, 1958) zunächst für die humiden Klimate NW-Deutschlands als Berechnungsgrundlage für Tageswerte der potentiellen Evapotranspiration das Sättigungsdefizit E−e zum Mittagstermin (14 Uhr) vorgeschlagen. Mit einem jahreszeitlich variablen Faktor f versehen (Okt. bis Febr. 0, 26, Apr. bis Mai 0,39 z.B.), lautet die Formel

$$pET[mm/Tag] = f \cdot (E - e)_{14\,Uhr}$$

Nach Uhlig (1954) gibt diese Formel über den NW-deutschen Bereich hinaus auch plausible Werte für das kontinentalere Mitteleuropa, und Haude (1959) fand sie auch bei geeigneter Wahl der Konstanten auf Ägypten anwendbar. Die aus der Summe der Tageswerte ermittelten Monatswerte schwanken in Oberägypten (Assuan) zwischen 124 mm im Dezember und 530 mm im Juli und ergeben eine Jahreshöhe von 4070 mm, wohlgemerkt bei fast absoluter Niederschlagslosigkeit und feuchtegesättigten Böden. Das Minimum, das in Ägypten an der Mittelmeerküste liegt, beträgt 720 mm bei rund 150 mm Jahresniederschlag.

Thornthwaite und seine Mitarbeiter gingen bei ihren Versuchen zur rechnerischen Ermittlung der potentiellen Evapotranspiration von Messungen dieser Größe mit Hilfe von Lysimetern und aus hydrologischen Bilanzen in verschiedenen Klimaregionen aus. Dann wurden *empirische Formeln* entworfen, die bei Einsetzen der entsprechenden meteorologischen Meßgrößen eine befriedigende Parallelität mit den Meßwerten der Evapotranspiration zeigen. Die schließlich vorgeschlagene Grundformel lautet:

$$pET[mm/Zeit] = 1{,}6\,d \cdot \left(\frac{10 \cdot t_1}{J}\right)^a$$

t_1 = mittlere Lufttemperatur der Periode, für welche die Verdunstung bestimmt werden soll,
d = Tageslänge in Einheiten von 12 Std. (als Ersatz für die Strahlungswerte),
J = sog. Wärmeindex,
a = eine empirische Konstante.

Die beiden letzteren ergeben sich aus der Monatsmitteltemperatur auf folgendem Wege: J ist für die Periode, für welche die Verdunstung bestimmt werden soll, die Summe aus $i = (t/5)^{1,5}$, wobei t die Monatsmittel der Temperatur in der betrachteten Verdunstungsperiode sind, a ergibt sich wiederum aus J in folgender Weise:

$$a = 6{,}75 \cdot 10^{-7} \cdot J^3 - 7{,}71 \cdot 10^{-5} \cdot J^2 + 1{,}79 \cdot 10^{-2} \cdot J + 0{,}4924$$

In dieser Formel von Thornthwaite sind die physikalisch ausschlaggebenden Parameter, die in der Formel von Penman noch sichtbar enthalten sind, bereits durch Repräsentationsgrößen ersetzt. Trotzdem ist die Berechnung, wie man sieht, noch außerordentlich kompliziert. Entsprechende Nomogramme vereinfachen die Kalkulation.

Uhlig (1954) hat die Formel für die praktische Anwendung in Mitteleuropa aufbereitet, zeigte aber zugleich, daß sie dort keine überzeugenden Werte liefert. Nach Dammann (1965) ergibt die Formel für ozeanisch-feuchte Bereiche viel zu hohe Werte. Erst mit wachsender Kontinentalität pendeln sich die Berechnungsverfahren von Haude und Thornthwaite auf vergleichbare Werte ein. Die Formel hat aber durch verschiedene Mitarbeiter Thornthwaites weltweite Anwendung gefunden. Die Brauchbarkeit ist unterschiedlich. Gentilli (1953) hat das am Beispiel Australiens deutlich gemacht.

Wenn man die potentielle Evapotranspiration in ihren Monatswerten kennt und dazu die Monatssummen der Niederschläge, so lassen sich diese Werte zu *Wasser-Bilanzen* vereinigen. Thornthwaite und Mather (1955) haben in Jahresdiagrammen die Kurven der Monatsmitteltemperaturen, der berechneten (oder gemessenen) monatlichen potentiellen Evapotranspiration und der Monatsniederschläge eingezeichnet und auf diese Weise die Zeitspannen mit Wasserüberschuß (und -abfluß), Wasseraufbrauch, Wasserdefizit (oder -bedarf) und Wasserauffüllung ausgegliedert. (Vgl. dazu auch Peguy, 1961, S. 148–157).

Ist die Kalkulation der potentiellen Evapotranspiration schon äußerst kompliziert und noch unbefriedigend gelöst, so steht eine *Berechnung der* wirklichen oder *aktuellen Evapotranspiration* für kleine Teilräume vor noch größeren Schwierigkeiten, da dabei anstatt der Fiktion eines immer optimalen Wassergehaltes der Böden die Realität zeitlich und örtlich stark wechselnder Bodenfeuchte- und Transpirationsbedingungen zu berücksichtigen wäre. Für die Regionen von der Ausdehnung eines Flußeinzugsgebietes kann man allerdings relativ gute Ergebnisse der Gebiets- oder Landesverdunstung *mit Hilfe der hydrologischen Wasserbilanzgleichung*

$$\overline{A} = \overline{N} - \overline{V} - R + B$$

erhalten. Wenn, wie es im langjährigen Mittel normalerweise gewährleistet ist, die Summe aus Rücklage (R) und Aufbrauch (B) gleich Null gesetzt werden kann, dann muß die Differenz aus Gebietsniederschlag und Gebietsabfluß dem Verdunstungsverlust entsprechen ($\overline{N} - \overline{A} = \overline{V}$). Wundt (1937) hat folgenden Zusammenhang zwischen mittlerer Landesverdunstung $\overline{V}_L$ (in cm/Jahr) und den Gebietsmitteln der jährlichen Niederschlagssumme $\overline{N}$ (in cm/Jahr) sowie der Jahresmitteltemperatur t_a festgestellt:

$$\overline{V}_L\,[\text{cm/Jahr}] = \frac{\overline{N}}{\left(0{,}95 + \dfrac{\overline{N}}{t_a}\right)^3} \cdot 0{,}65 \cdot \overline{N}$$

Orientierungswerte gibt die folgende Tabelle:

Tab. II.e) 4. Landesverdunstung $\overline{V}_L$ (cm/Jahr) als Funktion von Niederschlag $\overline{N}$ (cm/Jahr) und Jahresmitteltemperatur t_a. (Nach Wundt, 1937)

t_a $\overline{N}$	40	60	80	100	120	140	160	cm/Jahr
0°C	21	24	27	27	27	28	28	cm/Jahr
5°C	28	35	40	42	42	42	42	cm/Jahr
10°C	34	44	52	57	58	59	59	cm/Jahr
15°C	38	51	63	71	75	78	78	cm/Jahr
20°C	39	57	72	84	92	98	100	cm/Jahr

Für Mitteleuropa gibt die Methode von Wundt nach Liebscher (1970) zu hohe Werte. Da die Sommerniederschläge (Ns) in stärkerem Maße als die des Winters (Nw) der Verdunstung unterliegen, empfiehlt sich eine Aufteilung der Niederschläge auf Jahreszeiten. Für Mitteleuropa läßt sich mit einem ungefähren Fehler von 5% der mittlere Gebietsabfluß mit der Regressionsgleichung

$$\overline{A} = -454 + 0{,}93 \cdot \overline{N} - 24{,}0 \cdot t_a + 151 \frac{\overline{N}_s}{\overline{N}_w}$$

bestimmen. Unter der o.g. Bedingung, daß die Wasservorratsänderung gegen Null geht, muß dann die Gebietsverdunstung als Differenz von $\overline{N}$ und $\overline{A}$ kalkulierbar sein.

Vergleichswerte von 8jährigen Mitteln der *nach verschiedenen Formeln berechneten potentiellen Evapotranspiration* gibt van Eimern (1968) für Weihenstephan (nördlich München):

Tab. II.e) 5. Monatsmittel der potentiellen Verdunstung (1960–1967) bei München, berechnet nach verschiedenen Formeln unter Benutzung von Strahlungsmeßwerten. (Nach van Eimern, 1968)

	April	Mai	Juni	Juli	Aug.	Sept.	Okt.	Apr.-Okt.
Gemessen	51,5	72,4	93,7	99,3	87,0	57,9	32,7	494,5
Penman	52,5	86,7	104,3	110,6	86,5	46,8	23,0	510,4
Haude	45,1	70,8	104,0	119,4	75,2	58,8	34,3	507,6
Thornthwaite	46,6	76,0	103,9	111,4	96,7	68,5	38,8	541,9
Turc	52,6	80,7	104,3	109,7	89,2	65,1	35,7	537,3
van Eimern	55,1	75,3	92,5	95,1	76,7	56,7	33,9	485,3

Der Unterschied zwischen den mit der Differenz Niederschlag minus Sickerwasser gemessenen und den nach verschiedenen Formeln berechneten Werten der potentiellen Verdunstung beträgt in den Monaten April bis September zwischen dem höchsten und niedrigsten Wert um 10%. Im Oktober ergeben sich allerdings größere Abweichungen. Für kürzere Zeitabschnitte können die Abweichungen allerdings erheblich sein, wie auch schon Uhlig (1954) nachgewiesen hat. „Empirische Formeln sollten daher für die Abschätzung von Tageswerten nach Möglichkeit nicht herangezogen werden" (van Eimern, 1968).

Bei diesen Vergleichswerten muß man noch berücksichtigen, daß sie sich in der Hauptsache auf Formeln beziehen, in welchen der Energieterm die entscheidende

Rolle spielt, und daß dafür die in Weihenstephan gemessenen Strahlungswerte direkt zur Verfügung standen. Daraus ergibt sich wohl die gute Übereinstimmung, abgesehen davon, daß möglicherweise die Winterwerte auch erheblich stärker streuen würden, wie sich aus den besonders großen Differenzen für den Oktober anzudeuten scheint.

Wenn man für weniger gut ausgerüstete Stationen und das ganze Jahr Vergleichswerte nach den verschiedenen Methoden berechnet, können die Streuungen doch sehr viel größer sein, wie die nachfolgende Tabelle für die Stationen in der Oberrheinebene und auf dem Schwarzwald zeigt (die Werte wurden im Rahmen einer wissenschaftlichen Prüfungsarbeit von Läufer 1970 am Geographischen Institut I der Universität Freiburg mit Computerverfahren errechnet):

Tab. II.e) 6. Vergleichswerte der pot. Verdunstung (mm pro Jahr) im Oberrheingebiet und Schwarzwald, berechnet nach verschiedenen Verfahren ohne Verwendung von Strahlungsmessungen. (Nach Läufer, 1970)

		Penman			Haude	Thornthwaite	Albrecht		
		1	2	3			1		
Freiburg/Br.	a)	488	477	493	631	671	540	a)	1957
260 m NN	b)	512	504	530		677	575	b)	1947–67
Mengen	a)	454	461	487	631	647	442	a)	1957
230 m NN	b)	472	466	489		652	455	b)	1947–67
Feldberg/Schw.	a)	337	408	437	162	460	226	a)	1957
1486 m NN	b)	343	408	437		454	228	b)	1947–67

Aus all dem muß man die *Konsequenz* ziehen, daß eine *exakte Berechnung der pET noch nicht möglich ist,* da die verschiedenen *Berechnungsverfahren* für unterschiedliche Klimate geeicht und deshalb *begrenzt in ihrer Anwendbarkeit* sind. Für relativ einheitliche Großklimagebiete geben die nach einer einzigen Methode berechneten Werte qualitative Differenzierungen so lange relativ gut wieder, als die Vertikalgliederung in der Klimaregion nicht zu groß ist.

Verdunstungsmessung. Angesichts der Schwierigkeiten der Kalkulation ergibt sich die Frage nach der Möglichkeit *apparativer Messung der potentiellen oder aktuellen Verdunstung.* Auch dieses Problem ist noch nicht voll befriedigend gelöst. Prinzipiell gibt es zwei Möglichkeiten. Bei der ersteren (Mukammal, 1961) wird ein Gerät mit einer dauernd feucht gehaltenen Papier-(*Piche-Atmometer*) bzw. Keramikoberfläche *(Evaporimeter nach Livingstone)* oder mit offener Wasseroberfläche zur Verdunstung ausgesetzt und alle 24 Std. der Wasserverlust durch Wiegen *(Wildsche Verdunstungswaage)* oder durch Neuauffüllungen (Verdunstungskessel) festgestellt. Die erstgenannten Geräte haben eine sehr kleine, einige Quadratzentimeter oder allenfalls -dezimeter große verdunstende Oberfläche. Die *Landverdunstungskessel (Evaporimeter)* sind wesentlich größer, in einzelnen Ländern aber noch nicht einheitlich dimensioniert.

Verdunstungskessel sind zylindrische Behälter aus Metall oder Kunststoff, in welchen der Wasserstand zwischen 2 und 5 cm unter dem Kesselrand gehalten wird, um einerseits Wasserverlust durch Wind oder Spritzwasser bei Starkregen und andererseits Verdunstungsbehinderung durch zu tiefen Wasserstand zu vermeiden. Zuweilen sind die eigentlichen Verdunstungskessel in größere, ebenfalls wassergefüllte Gefäße gestellt, um die Strahlungserwärmung von der Kesselwandung zu reduzieren und die Benutzung des Verdunstungskessels als Tränke für Vögel und Kleintiere zu unterbinden. Die Aufstellung des Kessels erfolgt normalerweise so, daß sein Boden ungefähr 10 cm von der Erdoberfläche entfernt ist. An manchen Orten ist er so tief in die Erde eingelassen, daß die Kesseloberfläche niveaugleich mit der Bodenoberfläche liegt. Die größte Verbreitung hat wohl nach internationaler Empfehlung das US-amerikanische *Class-A-Evaporimeter* mit 125 cm Durchmesser und 25 cm Tiefe. In der UdSSR ist vorwiegend der GGI-3000-Kessel, als Standardisierungsanlage ein 20 m^2-Tank (5 cm Durchmesser, 2 m Tiefe, eingelassen in den Boden), in Australien ein 86 cm tiefer und 91 cm weiter Standardtank im Gebrauch. Beim Vergleich von Daten unterschiedlicher Herkunft muß man immer die benutzte Art des Evaporimeters berücksichtigen. Die Class-A-Werte liegen nach den Erhebungen der WMO (1966) in der Regel etwas höher als die der anderen Tanks.

Das hauptsächliche Problem der Verdunstungsmessung ist, daß die Meßumstände sich zu sehr von der Wirklichkeit entfernen. Erstens ist eine Wasserfläche nicht repräsentativ für die Landverdunstung und zweitens wird ein solches Evaporimeter als Feuchtoase in einer weniger feuchten Umgebung immer größere Werte zeigen als sich bei unendlich ausgedehnter Fläche ergeben würden. Zudem ist dieser, als *Oaseneffekt* (Haude, 1963) bezeichnete Fehler je nach den meteorologischen und geographischen Umständen am Meßort sehr stark variabel und schwer kontrollierbar. Besonders in arider Umgebung wirkt er sich extrem aus. Der Umrechnungsfaktor zur natürlichen Verdunstung ausgedehnter natürlicher Wasseroberflächen *(„Kesselkoeffizient“)* ist erheblich. Für das Class-A-Evaporimeter beträgt er schon im Vergleich zu dem 20 m^2-Tank in humiden Klimagebieten am Valdaj-See in den Monaten Mai – September 0,71–0,89, in ariden Gebieten an der unteren Wolga 0,66–0,73 zwischen Juni und Oktober (Konstantinov, 1963). Im Vergleich zu einem offenen See wird man wohl generell damit rechnen müssen, daß die tatsächliche Verdunstung im Sommer um $^1/_3$–$^1/_4$ kleiner ist als die in Standardevaporimetern festgestellte.

In der Pampa Argentiniens haben Verdunstungsmessungen an Wassertanks einen Wert ergeben, der um die Hälfte reduziert werden müßte, wenn er mit dem ökologischen Umweltbild korrespondieren soll (Lauer, 1968).

Das Problem, für die Evapotranspiration über Land eine repräsentative Meßoberfläche zu erhalten, hat man dadurch überwunden, daß man ganze bewachsene Erdbodenblöcke auf eine Waage stellt, den Boden optimal anfeuchtet, die aufgetragene Menge Wasser sowie das durch den Block durchgesickerte Wasser bestimmt und aus der Bilanzierung der Gewichte in Tagesabständen den Verlust durch Evapotranspiration zu kalkulieren versucht. Solche *Lysimeter-Anlagen* (Pelton, 1961) sind aber einerseits schon sehr kostspielig und umständlich zu benutzen. Zudem ergeben sich in der Praxis eine Reihe von Schwierigkeiten, besonders, wenn, wie beim *Popoff-Gerät,* über das Wilhelmy (1944) eingehend berichtet hat, der ausgestochene Erdblock relativ klein gehalten wird, um ihn noch auf normalen Dezimalwaagen mit genügender Genauigkeit wiegen zu können. Dann stellt sich nämlich häufig heraus, daß der unkontrollierbare Spritzverlust vom Rand des Meßgerätes her eine Bilanzierung unmöglich macht. Eine verbesserte Lysimeter-Konstruktion, das *Evapotranspirometer* mit 4 m^2 Fläche bei 50 cm Bodentiefe haben Thornthwaite und Mather

(1955) beschrieben und benutzt. Aber auch dabei bleibt der Oasen-Effekt bestehen, so daß die Messungen zwar für den engeren Umkreis repräsentativ sind, ihrer Verallgemeinerung aber enge Grenzen gesetzt sind.

Die Lysimeter-Anlagen lassen sich auch zur Messung der tatsächlichen Verdunstung verwenden. Es wird dann kein Wasser aufgetragen, sondern die Zufuhr durch Regen mittels eines unmittelbar neben dem Lysimeter-Gefäß mit seiner Auffangfläche in Bodenhöhe angebrachten Regenmessers bestimmt. Sonst bleibt die Bilanzierung die gleiche.

Kritische Übersichten über die Lysimeter und die Methoden der Lysimetrie finden sich in IASH (1959) und bei Harrold (1966). Eine systematisch-vergleichende Untersuchung der Meßergebnisse verschiedener Instrumente an der agrarmeteorologischen Station des Leichtweiß-Institutes nördlich Braunschweig, die Korrelation mit meteorologischen Parametern einerseits sowie mit Kalkulationswerten verschiedener Verdunstungsformeln andererseits gibt mit zusätzlichen Verweisen auf Ergebnisse in den Wüstenrandgebieten Saudi-Arabiens, Lybiens und Nord-Perus die eingehende Arbeit von Bornholdt (1969). Vorbildlich in Anlage und Ausführung ist die Veröffentlichung von Riou (1977) über die praktische Anwendung von Meßgeräten und Kalkulationsformeln für eine Stationsreihe von der Sahelzone im Tschad bis zu den immerfeuchten Tropen am Congo.

5. Verdunstung, regionale und zeitliche Differenzierung

Globale Übersicht. Der Wasserdampf in der A. stammt letztlich von der Verdunstung über dem Meer, denn auch die auf dem Lande verdunstende Feuchtigkeit ist erst im Rahmen des *Wasserkreislaufes* vom Meere dorthin gekommen. Ein Teil der Meeresverdunstung fällt bereits über den Ozeanen aus, den direkten einfachen Wasserkreislauf darstellend [vgl. Kap. II.f) 8.]. Ein anderer Teil hingegen gelangt mit den maritimen Luftmassen über die Festländer, wo durch die Niederschläge der Boden durchfeuchtet wird, im humiden Gebiet ein Grundwasservorrat entsteht, Hohlformen mit Wasser ausgefüllt werden und der Rest, soweit er nicht wieder an Ort und Stelle bzw. vor Erreichen des Meeres verdunstet, zum Weltmeer zurückfließt. Dieser Anteil macht nach den neuesten Berechnungen von Baumgartner und Reichel (1975) im globalen Mittel 110 mm pro Jahr aus, das ist etwas mehr als ein Viertel der mittleren jährlichen Niederschlagssumme von 480 mm, die auf die Kontinente fällt. Die 110 mm müssen im Jahresmittel durch Wasserdampftransport von den Ozeanen auf die Kontinente kompensiert werden. *Drei Viertel der jährlichen Regenmenge über den Kontinenten entstammen aber dem dortselbst verdunsteten Wasser.* Dies ist ein Minimalwert, da noch berücksichtigt werden muß, daß ein schwer zu erfassender Teil der atmosphärischen Feuchtigkeit wieder vom Festland auf's Meer hinaus verfrachtet wird, bevor er kondensiert, die sog. *Entweichung.*

Den genannten Globalwerten kommt allerdings wegen der krassen regionalen Unterschiede nur eine sehr eingeschränkte Bedeutung zu. Klimatologisch wichtig sind die regionalen Differenzierungen der Verdunstung selbst. Bei deren Behandlung muß man vorweg für die Kontinente erst einmal streng *unterscheiden zwischen potentieller und tatsächlicher Evapotranspiration.* Für Wasserflächen entsprechen sich beide Größen in der Jahressumme wohl weitgehend, wie man aus mehrjährigen Vergleichsmessungen von McIlroy und Angus (1964) an gut bewässerten grasbestandenen Lysimetern einerseits und Evaporimetertanks in Aspendale bei Melbourne in Australien schließen muß. Während im Sommer die Grasfläche um ungefähr 20% mehr verdunstet, ist es im Winter fast genau umgekehrt (vgl. dazu Fig. 25 in Deacon, 1969). Das steht in Übereinstimmung mit Ergebnissen aus Trockenklimaten in Californien (Pruitt and Angus, 1961) und im östlichen Kongo, wo Brutsaert (1965) eine Korrelation von 0,977 zwischen pot. Evaporations- (Class-A-Kessel) und pot. Evapotranspirationswerten (Grasbewachsenes Lysimeter) ermittelte. Die von Konstantinov (1963) für die Sommermonate in Rußland mitgeteilten Werte liegen etwas höher als die in Aspendale (s. Giese, 1974). Im agrarklimatologischen Lehrbuch von Chang (1968) werden sehr differenzierte Angaben für Kulturpflanzenart, Wachstumsphase und Klimaumstände gemacht.

Die Karte der *mittleren jährlichen Verdunstung* (Abb. II.e) 6) ist eine sehr generalisierte Verkleinerung der detaillierten Weltkarte im Maßstab 1 : 75 Mill. in Baumgartner und Reichel (1975). Letztere ist für die Kontinente auf der Basis der Wasserbilanz, für die Ozeane im wesentlichen auf einer kritisch vergleichenden Auswertung der Berechnungen von Jakobs (1951), Albrecht (1960), Privett (1960) und Budyko (1963) erarbeitet worden. Die klimatologisch wichtigsten Aussagen sind:

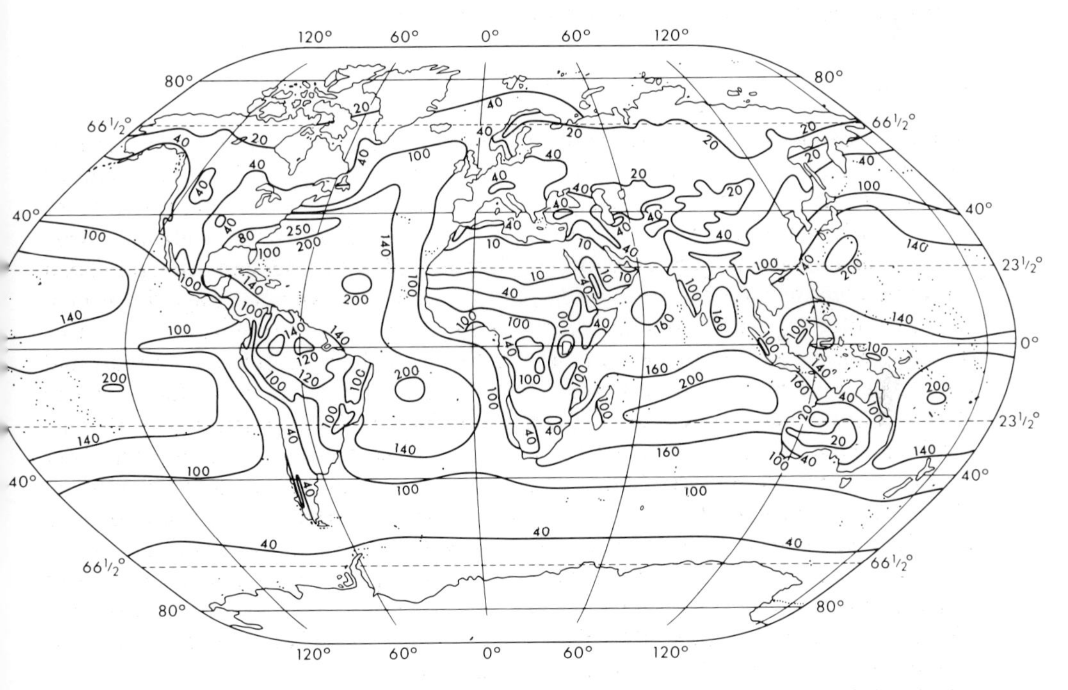

Abb. II.e) 6. Mittlere jährliche Verdunstung in cm. Stark verkleinerte und generalisierte Wiedergabe der detaillierten Karte im Maßstab 1 : 75 Mill. von Baumgartner und Reichel (1975). Auswertung s. Text

Es besteht ein *großer Unterschied* und eine sprunghafte Veränderung *zwischen* den Verdunstungswerten über den *Ozeanen und* den *Kontinenten,* weil über Land der von den Niederschlägen her mehr oder weniger stark und lange begrenzte Wasservorrat im Boden die tatsächlich verdunstende Wassermenge wesentlich einschränkt. Lediglich im Bereich der äquatorialen immergrünen Tieflandsregenwälder übertreffen die Werte maximaler Evapotranspiration über Land mit 130–140 cm/Jahr (Amazonien, Congo, Borneo, Neu-Guinea) diejenigen der äquatornahen Ozeane, vor allem wenn sich dort noch der Einfluß der nach Westen setzenden Ausläufer von Kaltwasserströmen verdunstungsreduzierend bemerkbar macht wie westlich Südamerika und Afrika. Allgemein ist die *Meeresverdunstung* auch ohne den Einfluß der Wassertemperatur nahe dem Äquator schon wegen der starken Bewölkung geringer als in den äußeren Tropen. Über die ganze Fläche der Ozeane gemittelt, ist die Höhe der jährlichen Meeresverdunstung nach Baumgartner und Reichel (1975) mit *1176 mm/Jahr* mehr als doppelt so groß wie über den Kontinenten (*Landverdunstung 480 mm/Jahr*). Kessler hatte 1968 für die Ozeane 1243,6 mm und 399,8 mm für die Landflächen, Budyko (1971) 126 cm im Mittel für die Weltmeere errechnet.

Die *absolut größten Mengen* verdunsten mit rund 2 m/Jahr *über den Ozeanen in den äußeren Tropen* nahe am Wendekreis auf der N-, bei rund 10° auf der S-Halbkugel, genau gesehen jeweils auf den westlichen Teilen. In den äußeren Tropen ist nämlich die Netto-Strahlungsbilanz im Einflußbereich des randtropischen Hochdruckgürtels am größten, und über den westlichen Teilen der Ozeane ist die Wassertemperatur bei größter Distanz zu den Kaltwasserströmen im Ostteil am höchsten.

Von den äußeren Tropen *nimmt* die Verdunstung über den Ozeanen *mit wachsender Breite deutlich ab,* im globalen Mittel von 1300 mm zwischen 0° und 30° auf 812 mm zwischen 30° und 60° und 176 mm in der Polarkalotte zwischen 60° und 90°. Grund ist die Verminderung der Netto-Strahlungseinnahme sowie die Abnahme von Luft- und Wassertemperatur. Die Wirkung der letzteren erkennt man deutlich im breitenparallelen Unterschied zwischen den Einflußbereichen von kaltem Labrador- und warmem Golfstrom im N-Atlantik. *Über dem Golfstrom* ergibt sich sogar im Zusammenwirken von warmem Wasser, relativ großem Sättigungsdefizit der vom Land kommenden Luft und extrem starkem turbulentem Austausch ein bemerkenswertes Verdunstungsmaximum von *mehr als 2500 mm vor der nordamerikanischen Ostküste,* auch wenn dort in 40° N die Globalstrahlung schon wesentlich kleiner ist als über den randtropischen Ozeanen.

Am Rande des Nordpolarmeeres beträgt die Verdunstung an der nordsibirischen Küste und im kanadischen Inselarchipel nur noch um 100 mm/Jahr.

Über den Kontinenten beläuft sich in den *Tropen* abseits der bereits genannten immergrünen äquatorialen Regenwälder im Bereich der Feuchtsavannen die Jahresverdunstung auf rund *1000 mm* (Guinea-Länder, Brasilien, N-Australien). Von dort nehmen die Werte kontinuierlich bis zu den echten Wüsten ab. Charakteristisch für die *Subtropen* um 40° sind Werte zwischen *700 mm* in den regenfeuchten Gebieten (Küste Kaliforniens, NW der Iberischen Halbinsel) und 400 mm in den trockneren Teilen (das Innere Spaniens, Anatolien, N-China). In den *immerfeuchten Mittelbreiten* (50–55°) beträgt die Verdunstungshöhe weithin *400–500 mm/Jahr*, kontinentwärts sinken die Werte in den trockneren Teilen auf um 300 mm/Jahr. Für die *Tundren-Zone* sind *100–200 mm/Jahr* charakteristisch. Die Minimalwerte von 25 mm bzw. 10 mm sind für die kontinentalen Eisschilde Grönlands bzw. der *Antarktis* anzusetzen. W. Budd (1967) hat für die Eisfläche in Mawson (Antarktisrand) jährlich *52 mm Eisverdunstung an der Küste* gegen nur *12 mm* 50 km *eiseinwärts* in

1200m Höhe ermittelt, abhängig von den unterschiedlichen Temperatur-, Feuchte- und Windverhältnissen.

Mittel- und Osteuropa. Für das Gebiet der *Bundesrepublik Deutschland* hat R. Keller (1971) als Mittelwert der *Gebietsverdunstung* für die Periode 1931–1960 einen Wert von *480 mm/Jahr* berechnet. Grundlage der Kalkulation ist der Wasserverbrauch der natürlichen Vegetation und der Kulturgewächse sowie der Verbrauch an Industrie- und Trinkwasser. Für die Periode 1891–1930 hatte sich ein Wert von 406 mm/Jahr ergeben. Keller führt die Zunahme auf die gesteigerte Transpiration der Kulturpflanzen zurück, welche mit der Ertragssteigerung verbunden ist. Aufgrund von Wärmehaushaltsberechnungen hat F. Albrecht (1940) für Norddeutschland (Potsdam) die aktuelle Jahresverdunstung zu 400 mm bestimmt. Aus der Wasserbilanzgleichung kommt Kern (1975) für Bayern im Zeitraum 1931–1960 auf Werte von 499 mm/Jahr im oberen Main –, 527 mm im Donaueinzugsbereich. Im Mittel von 1901–1950 waren es 469 bzw. 477 mm/Jahr.

Eine Vorstellung über den *Jahresgang* vermitteln die Mittelwerte der täglichen Verdunstung an 11 Lysimeterstationen *in Deutschland,* die Friedrich (1955) ausgewertet hat. Danach schwanken die Tageswerte zwischen 2,5 mm/Tag im Juni und Juli als Maximal- sowie 0,2 mm/Tag im Dezember und Januar als Minimalwerte. Der Jahresmittelwert beträgt 1,3 mm/Tag.

Tab. II.e) 7. Mittelwerte der täglichen realen Verdunstung (mm/Tag) an 11 Lysimeteranlagen in Deutschland. (Nach Friedrich 1955)

J	F	M	A	M	J	J	A	S	O	N	D	Jahr
0,2	0,3	0,7	1,6	2,3	2,5	2,5	2,3	1,8	0,7	0,3	0,2	1,3

Was die Intensität der *Verdunstung über verschiedenen Unterlagen* betrifft, so bedingt die Art der Vegetation große Unterschiede. Man muß sich vor Verallgemeinerungen einzelner Beobachtungswerte sehr hüten. So hatte man in russischen Waldsteppen festgestellt (Otozki), daß der Grundwasserhorizont unter den untersuchten Waldgebieten tiefer lag als unter den daneben befindlichen Waldsteppen. Auch die leichte Erhöhung der Niederschlagsmenge über ausgedehnten Waldungen im Vergleich zum daneben liegenden offenen Land, wie sie für die Letzlinger Heide in Norddeutschland oder für den Forst Hagenau im Elsaß belegt werden konnte, wird als Resultat *vermehrter Verdunstung der Wälder* gedeutet. Nach den bei Molchanow (1963) mitgeteilten, von verschiedenen Autoren und Messungen stammenden Werten ist das Problem jedoch sehr kompliziert. Selbst wenn die unterschiedliche Kapillarkraft des Bodens (Lehm und Löß entwickeln sehr hohe, Sand sehr geringe Saugkräfte) berücksichtigt wird und damit der Einfluß der Tiefe des Grundwasserspiegels auf Verdunstung und Transpiration eliminiert werden kann, gibt es noch zahlreiche weitere modifizierende Faktoren wie Waldtyp, Bestandsalter – 30 bis 40jährige Bestände haben einen höheren Verdunstungsumsatz als jüngere und ältere –, Bestandsdichte und Artzusammensetzung der Bestände. Die nachstehenden Meßwerte (Tab. II.e) 8) in mm verdunsteten und transpirierten Wassers können daher nur einen gewissen Anhalt bieten und unterliegen starken Schwankungen. Im mittelrussischen Raum um Moskau bzw. Mitteleuropa wurden beobachtet:

Tab. II.e) 8. Jährliche Verdunstung und Transpiration verschiedener Bestände

Roggenfeld	484 bzw. 460 mm	Kiefer	213
Buchweizen	411	Bergkiefer	209
Kartoffeln	419	Birke	375
Hafer	424	Fichte	193
Flachs	445	Eiche	220
Wiese	471	Lärche	220
Klee	507	Esche	244
Schwarzbrache	325 bzw. 398	Buche	209
		Tanne	145

(Zahlen nach Ölkers)

Nach Zinserling (1948) ergaben Messungen an 150jährigen Kiefernbeständen im europäischen Rußland Transpirationswerte von 160 mm in der Taiga, 183 mm in der Mischwaldzone, 203 mm in der Waldsteppe und nur 146 mm in der Steppe. Die Steigerung der Transpiration von Norden nach Süden ist temperaturbedingt und wird beim Übergang zur Steppe durch den begrenzenden Faktor der Bodenfeuchtigkeit gekappt.

Wenn auch der Kenntnis der *potentiellen Evapotranspiration* in den ganzjährig beregneten Klimabereichen *West- und Mitteleuropas* nicht die Bedeutung zukommt wie in den sommertrockenen Subtropen oder semiariden Tropen, so interessiert unter klimavergleichendem Gesichtspunkt größenordnungsmäßig das Verhältnis ihrer Mittelwerte zu denen der tatsächlichen Verdunstung. Praktisch spielt sie eine Rolle für die Definition und Bestimmung von Länge, Intensität und zeitlichem Auftreten von Trockenperioden, die auch in den sog. immerfeuchten Klimaten auftreten und für Wasserwirtschaft im allgemeinen und für die Landwirtschaft im besonderen von erheblicher Bedeutung sind. Für die Bundesrepublik Deutschland hat sie Maurer (1975) zuletzt bearbeitet. Aus den von van Eimern mitgeteilten Meßwerten der pET einer Grasfläche in Weihenstephan bei München (s. Tab. II.e) 5) und den o.a. *Tagesmittelwerten der aktuellen Verdunstung* nach Friedrich kann man überschlagsmäßig schließen, daß *in den Sommermonaten* Juni, Juli und August die wirkliche Verdunstung im Tagesmittel *um 20–25% kleiner ist als die potentielle,* in der Hauptwachstumszeit im Mai ihr aber fast gleichkommt.

Für die *Agrargebiete Osteuropas und der Sowjetunion* sowie der östlichen USA werden von Miller (1977) Juni-Werte der pET von 120–150 mm, also 4–5 mm/Tag angegeben. Die Jahressummen liegen in den Küstenebenen um den Golf von Mexiko über 1500 mm. Von hier aus nehmen sie nordwärts auf ungefähr 1000 mm im corn-belt südwestlich der großen Seen und 700 mm im dairy-belt im Grenzbereich gegen Kanada ab. In Europa muß man für das *Mittelmeergebiet* Jahreswerte der pET von ungefähr 1300 mm und mehr, von 450–500 mm im *Tiefland Ostenglands,* 500–550 mm in NW-*Deutschland* und um 700 mm in der Oberrheinebene ansetzen. Im höher gelegenen süddeutschen Schichtstufen- und im Alpenvorland gehen die Werte auf 550–650 mm zurück, im mitteldeutschen Bergland sind um 500 mm/Jahr anzusetzen.

Für die Tropen vermag die beispielhafte, vergleichende Untersuchung von Riou (1977) in Zentralafrika quantitativ belegte Einsichten in die räumliche und zeitliche Differenzierung sowohl der potentiellen als auch der tatsächlichen Evapotranspiration, ihren Zusammenhang mit den wichtigsten klimatischen Einflußparametern sowie ihre Bedeutung im Wasserhaushalt zu vermitteln. Die Arbeit beruht auf mehrjährigen Messungen an grasbepflanzten Großlysimetern, Evaporimetern unterschiedlicher Bauart, gleichzeitiger Registrierung der wesentlichen meteorologischen Elemente und Verdunstungsberechnungen nach verschiedenen Methoden an einer Anzahl agrarklimatologischer Forschungsstationen *vom Südrand der Sahara im Tschad bis in die Äquatorialregion am Kongo.* Aus diesem vorzüglichen Werk läßt sich folgendes entnehmen:

Bei der *potentiellen Evapotranspiration* zeigen die Dekadenmittel der Tageswerte (Abb. II.e) 7) eine Abnahme der Verdunstungskraft des Klimas von der semiariden Sahelzone (Fort Lamy, 12° 07′ N) über die humiden äußeren Tropen (Ba-Illi 10° 29′ N) zur immerfeuchten Äquatorialzone (Brazzaville, (4° 15′ S), eine strenge Koinzidenz des Jahresganges der pET mit dem der Globalstrahlung G sowie eine kurzfristige Veränderlichkeit von Dekade zu Dekade in der Größenordnung von ±10%, die

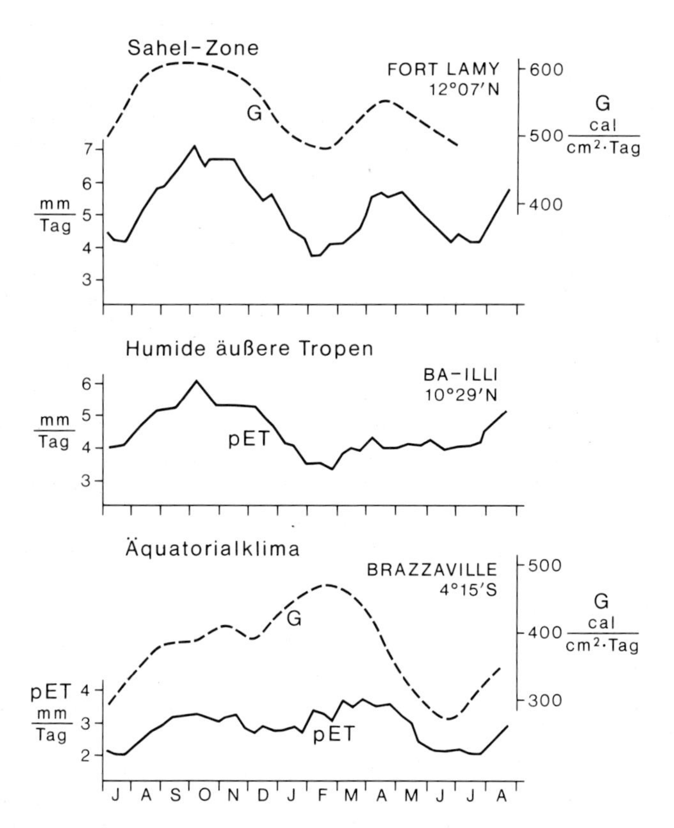

Abb. II.e) 7. Jahresgang der potentiellen Evapotranspiration (pET) in den Tropenzonen Zentralafrikas. (Dekadenmittel 4- bzw. 6jähriger Lysimetermessungen nach Riou, 1975). Zum Vergleich sind die Jahresgänge der Globalstrahlung (G) eingezeichnet

nach den Detailanalysen von Riou (1977, S. 133) von anderen Einflußfaktoren als der Strahlung verursacht wird.

In Fort Lamy erreicht das Maximum der Dekadenmittel ungefähr 7 mm/Tag, das Minimum sinkt nur wenig unter 4 mm/Tag, in Ba-Illi betragen die entsprechenden Größen ca. 6,5 sowie etwas über 3 und in Brazzaville bleibt der Maximalwert unter 4 und der Minimalwert liegt knapp unter 2 mm/Tag. Als absolut höchste Dekadenwerte wurden in Fort Lamy 8,6 mm/Tag im April, in Brazzaville 4,2 mm/Tag im März und April gemessen.

Summiert über das Jahr beträgt der Unterschied zwischen der Sahelzone und dem luft- und regenfeuchten Äquatorialklima rund 800 mm (zwischen den Mittelwerten 1876 mm/Jahr und 1071 mm/Jahr (s. Tab. II.e) 9).

Tab. II.e) 9. Größe und interannuelle Variabilität (Δ) der potentiellen Evapotranspiration (pET) in den Tropen. (Nach Riou, 1977)

	Fort Lamy pET (mm)	Δ(%)	Ba-Illi pET (mm)	Δ(%)	Bangui pET (mm)	Δ(%)	Brazzaville pET (mm)	Δ(%)
1965	1895	+1						
1966	1819	−3	1623	+1				
1967	1896	+1	1676	+4	1322	+7		
1968	1910	+2	1662	+3	1214	+2		
1969	1813	−3	1523	−5	1195	−4	1080	−1
1970	1962	+5	1565	−3	1237	0	1087	−1
Mittel	(1964–1970) 1876 mm		(1965–1970) 1613 mm		(1966–1971) 1239 mm		(1968–1971) 1071 mm	

Bemerkenswert sind für die Jahressummen die *geringen Unterschiede von Jahr zu Jahr.* Sie überschreiten nur in Ausnahmefällen 5% vom Mittelwert. Das weist eindeutig auf den entscheidenden Einfluß der Strahlung hin. An den Meßstationen verändert sich der monatliche Mittelwert der Tagesverdunstung nach Riou (1977, S. 179) nur von 6 auf 4 mm/Tag, wenn die Monatssummen des Niederschlags um das 6fache zwischen 40 mm einerseits und 250 mm andererseits schwanken.

Im *Jahresgang* der pET (Abb. II.e) 7) tritt in der *Sahelzone* ein doppeltes Maximum und Minimum auf. Das eine Minimum fällt auf die Regenzeit von Juli bis September, wenn der relativ große Bewölkungsgrad und Wasserdampfgehalt die Globalstrahlung verringern, das andere und stärkere auf die kalte Jahreszeit von Dezember bis Februar, wenn die Sonne relativ tief steht und so die Strahlungsenergie gering, die Temperaturen relativ niedrig sind. Besonders hoch ist die pET am Ende der Trockenzeit im April/Mai. Die *Äquatorialzone* weist auch je zwei Maxima und Minima auf, aber aus völlig anderen Ursachen. Hier stimmen nicht die Minima, sondern die Maxima (März/April und November) mit dem doppelten äquatorialen Regenmaximum überein, das seinerseits mit dem astronomischen doppelten Sonnenhöchststand verbunden ist. In der dauernd luftfeuchten und wolkenreichen Äquatorialregion paust sich also der Strahlungsgang des solaren Klimas in der zur Verfügung stehenden Strahlungsenergie als allein gestaltender Einflußfaktor voll durch. In den humiden äußeren Tropen (Ba-Illi) ist das zweite Maximum weitgehend unterdrückt, weil sich hier die Regenzeit bis in den Oktober ausdehnt.

Bei den Monatssummen ist zum Unterschied von den Jahreswerten besonders in den äußeren Tropen doch eine deutliche Schwankung um den Mittelwert zu erkennen. In Fort Lamy beläuft sie sich in den Monaten Mai und Juni absolut auf ±20%. Es ist das eine Folge von der relativ großen jahreszeitlichen Veränderlichkeit des Beginns der wolkenreichen (Regen-) Zeit. Auf deren Höhepunkt im September ist die Schwankung maximal (±8%), am Ende wird sie im Oktober/November wieder etwas größer. In den feuchten Tropen (Ba-Illi und Brazzaville) gehen die Abweichungen auf ± 7% maximal und ± 2% minimal zurück.

Die wirkliche (reale) Evapotranspiration (s. Abb. II.e) 8) in der Natur (rET) hängt außer von den klimatischen Faktoren, welche die potentielle steuern, noch von den Abgabebedingungen des Wassers von der Oberfläche ab, als da vor allem sind Wasservorrat im Boden sowie Menge und Höhe der verdunstenden und transpirierenden

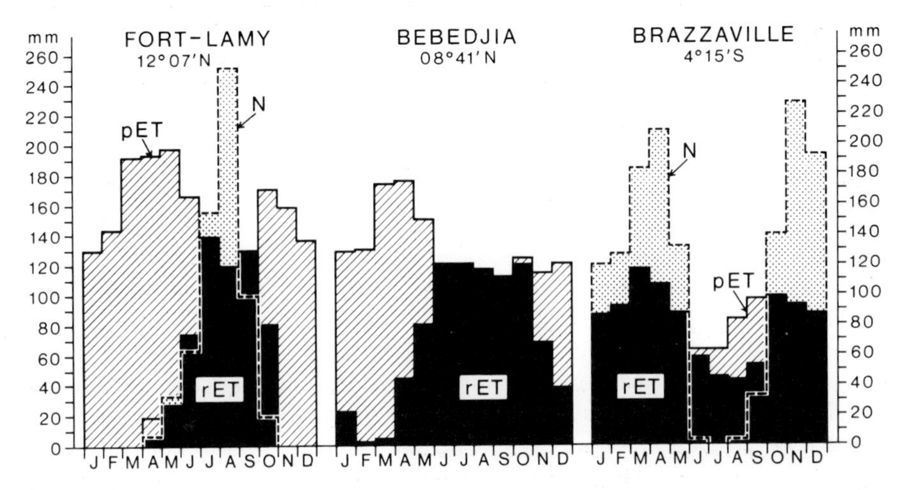

Abb. II.e) 8. Jahresgang der hygrischen Bilanz für die Sahelzone (Fort Lamy), die äußeren Tropen (Bebedjia) und die Äquatorialregion (Brazzaville) Zentralafrikas. (Werte nach Riou, 1975). Dargestellt sind die Monatsmittel von potentieller Evapotranspiration (pET), Niederschlag (N) und realer Evapotranspiration (rET) jeweils in mm pro Monat

Vegetationssubstanz. Nach Riou (1977) kann man *in wechselfeuchten Klimaten im Jahresgang 3 Phasen* unterscheiden: die erste zu Beginn der Regenzeit, wenn die Niederschläge noch geringer sind als die pET. Dann ist im großräumigen Mittel (also örtliche Starkregen mit solchen geringer Intensität an anderen Orten ausgeglichen) die rET gleich der Niederschlagsmenge (rET = N). In der zweiten Phase wenn die Niederschläge größer als die pET und die Vegetation gut entwickelt ist, muß die rET etwas größer sein als pET (die ja für kurz geschorene Grasfläche definiert ist). Um wieviel sie größer ist, hängt stark vom Charakter der Vegetationsdecke und der speziellen Sequenz der einzelnen Niederschlagsereignisse ab. Für das äquatoriale Regenwaldgebiet hat eine Überprüfung mit Hilfe der hydrologischen Bilanzgleichung ($rET = \overline{N} - \overline{A}$) ergeben, daß die Abweichung sehr gering ist; rET entspricht ungefähr pET. Und in den wechselfeuchten Tropen sorgt die Unregelmäßigkeit der einzelnen Niederschlagsereignisse dafür, daß die maximale rET die pET nur zwischen 10 und maximal 25% übertrifft (Riou, 1977, S. 206). Als vereinfachende Annahme wird für die zweite Phase (mit N > pET) die reale Evapotranspiration gleich der potentiellen (rET = pET) gesetzt. Der Niederschlagsüberschuß geht z.T. in den Abfluß und dient andererseits zur Auffüllung des Wasservorrates im Boden. Die maximale Reserve hängt im einzelnen von den bodenphysikalischen Bedingungen ab. Praktische Versuche in Brazzaville ergaben eine mittlere Reservemenge von 225 mm. Dieser Wert wurde dann als wahrscheinlichste Annahme zur Kalkulation der rET-Werte für die dritte Phase eingesetzt (für die Maximal- und Minimalabschätzungen wurden 300 bzw. 150 mm angenommen), wenn die Niederschläge wieder kleiner als die pET sind. Dann kann man für die ersten 10 Tage noch maximale Verdunstung mit rET = pET voraussetzen. Danach nehmen die Werte exponentiell ab.

Auf Grund dieses mit möglichst abgesicherten Randbedingungen versehenen Kalkulationsansatzes sind die in Abb. II.e) 8 angegebenen Monatswerte der rET für die 3 tropischen Klimaregionen von Riou (1977) berechnet worden.

Im regionalen Vergleich ergibt sich in Übereinstimmung mit hydrologischen Arbeiten, daß in der Sahelzone nur weniger als 2% des Jahresniederschlages zum *Abfluß* kommen, daß das Maximum des Abflusses mit 1200–1300 mm pro Jahr bemerkenswerterweise in den wechselfeuchten-humiden Tropen liegt und daß in der Äquatorialregion nur rund 1000 mm des Jahresniederschlags zum Abfluß kommen.

Grundsätzlich ist aus der – hier noch vereinfacht wiedergegebenen – Methode zu entnehmen, wie kompliziert es ist, eine realistische abgesicherte Vorstellung der aktuellen Evapotranspiration für Gebiete zu erhalten, die wegen ihrer begrenzten Ausdehnung oder mangelnden Abflußdaten nicht mit Hilfe der hydrologischen Bilanzgleichung angegangen werden können.

Über das Verhältnis der Niederschlags- und Verdunstungswerte innerhalb bestimmter Räume zueinander und die Bedeutung für die Charakterisierung der ökologischen Klimaeigenschaften wird im Zusammenhang mit den Ariditäts- bzw. Humiditätsbegriffen im Kap. Vb noch ausführlich zu sprechen sein.

6. *Kondensation und Eisbildung in der freien Atmosphäre*

In Kap. II.e) 1. war bereits Folgendes als physikalische *Grundvoraussetzung für die Kondensation* festgestellt worden: Es muß der Sättigungsdampfdruck erreicht werden; dieser ist über einer Lösung niedriger als über reinem Wasser; er ist höher über einer gekrümmten Tropfen- als über einer ebenen Wasseroberfläche.

Die erste zu behandelnde Frage ist, *wie in einer Luftmasse* mit vorgegebenem Wasserdampfgehalt *der Sättigungsdampfdruck erreicht werden kann.* Dazu gibt es prinzipiell *zwei Möglichkeiten:* durch Zufuhr von so viel zusätzlichem Wasserdampf, daß bei der gegebenen Temperatur Dampfsättigung eintritt, oder aber durch Abkühlung der Luftmasse bis zu der für den vorhandenen Wasserdampfgehalt gültigen Taupunktstemperatur.

Die erste Möglichkeit, *die Zufuhr zusätzlichen Wasserdampfes,* ist praktisch schwer zu verwirklichen, da die Wasserdampfaufnahme einer Luftmasse auf dem Weg über die Verdunstung wesentlich vom Dampfdruckgefälle zwischen verdunstender Oberfläche und Luftmasse abhängt. Je kleiner dieses wird, um so mehr wird weitere Verdunstung erschwert. Der Prozeß kommt also normalerweise schon vor

Erreichen des Sättigungsdampfdruckes in der Luftmasse von selbst zum Stillstand. Ausnahmen gibt es, wenn kalte Luft über viel wärmeres Wasser oder vom voraufgegangenen Regen noch triefend nasse Wälder geführt wird. Dann bildet sich sog. „Fluß- oder Seerauch“ [s. Kap. II. e) 7.] bzw. eine schnell vergehende Schwadenbewölkung [s. Kap II.e) 8.] unmittelbar über den verdampfenden Waldhängen. In gewisser Hinsicht mag man auch die Bildung von Mischungsnebel dieser o. g. Möglichkeit zurechnen [s. Kap. II.e) 7.], der dann entsteht, wenn kühle Luftmassen mit wärmeren von hoher relativer Feuchte verwirbelt werden. Aber hier kann man bereits einwenden, daß dann die Abkühlung in der feucht-warmen Luftmasse der entscheidende Vorgang zum Erreichen der Sättigung ist.

Kondensation durch Abkühlung. Normalerweise wird jedenfalls in der freien A. die Grundvoraussetzung für das Einsetzen von Kondensation (oder auch Eisbildung), das Erreichen des Sättigungsdampfdruckes, *durch Abkühlen von Luftmassen* erfüllt. Dafür gibt es außer der bereits genannten Mischung in der Hauptsache zwei Prozesse: Die Strahlungsabkühlung und die thermodynamische Abkühlung.

Die *Strahlungsabkühlung* ist im Prinzip in Kap. II.b) 6. u. 7. bereits behandelt worden. Sie erfaßt aus synoptischen Gründen (Strahlungswetter ist windschwaches Hochdruckwetter) in den meisten Fällen weitgehend in Ruhe befindliche Luftmassen, und von diesen auch aus strahlungsphysikalischen Gründen (die kondensierende Luftschicht schützt die tiefer gelegenen vor weiterer Strahlungsabkühlung) nur Luftschichten begrenzter Vertikalausdehnung. So *beschränkt sich* die Auswirkung der Strahlungsabkühlung im wesentlichen *auf die Nebelbildung* [s. Kap. II.e) 7.].

Wolken im eigentlichen Sinne *sind die Ergebnisse* voraufgegangener *thermodynamischer Abkühlung* mehr oder weniger großer Luftvolumina. Sie geht auf das physikalische Prinzip zurück, daß die Temperatur in einem Gasvolumen abnimmt, wenn dieses einer Druckentlastung ausgesetzt und ihm gleichzeitig keine Wärmeenergie von außen zugeführt wird. (Bei der Druckentlastung dehnt sich nämlich das Volumen aus; dazu ist Arbeit erforderlich; die dafür notwendige Energie wird der thermischen Energie der Luft entzogen; wird sie nicht ersetzt, muß die Temperatur des Luftvolumens sinken. Umgekehrt steigt die Temperatur wieder, wenn das Luftvolumen unter höheren Druck gesetzt wird). Die Druckentlastung geschieht in der A. durch vertikale Aufwärtsbewegung, sei es als Folge des Auftriebs *bei der sog. thermischen Konvektion* (ein begrenztes Luftvolumen wird aus irgendwelchen Gründen stärker von der Unterlage her erwärmt als die benachbarten; es wird spezifisch leichter und erhält so einen Auftrieb wie spezifisch leichteres Holz in schwererem Wasser), *oder* sei es *als Folge von dynamischer Hebung* entlang großräumiger Aufgleitflächen im Zusammenhang mit Luftmassenfronten einerseits bzw. vor topographischen Hindernissen, welche anströmende Luft zum Übersteigen zwingen, andererseits.

Die Forderung, daß dem gehobenen Luftvolumen keine Ausgleichswärme zugeführt wird, ist in der A. wegen der geringen Wärmeleitfähigkeit der Luft erfüllt, die Vertikalbewegungen verlaufen „adiabatisch“. Mit den speziellen Gaseigenschaften der Luft läßt sich aus der Poissonschen Gleichung für *adiabatische Zustandsänderungen* errechnen, daß die Abkühlung konstant *1°/100 m* (genau 0,98°/100 m) Vertikaldifferenz beträgt, wenn der Taupunkt noch nicht erreicht ist (= *trockenadiabati-*

sche Abkühlung. Bei Abwärtsbewegung tritt eine entsprechende trockenadiabatische *Erwärmung* von *1°/100 m* ein).

Mit Hilfe von Temperatur und relativer Feuchte im Ausgangsniveau (normalerweise ist es die Erdoberfläche) läßt sich die Höhe formelmäßig errechnen oder mit Hilfe eines sog. thermodynamischen Diagrammpapiers bestimmen, in welcher jeweils der Taupunkt und damit das Niveau beginnender Kondensation („*Kondensationsniveau*" = Wolkenuntergrenze) von einer Luftmasse erreicht wird. In der Tab. II.e) 10 sind einige Werte nach Fliri zusammengestellt.

Tab. II.e) 10. Kondensationsniveau (relative Höhe in Meter) in Abhängigkeit von der Ausgangs-Lufttemperatur und von der relativen Feuchtigkeit (Nach briefl. Mitteilung von F. Fliri, 1966)

Temp.	Relative Feuchtigkeit in %								
°C	10	20	30	40	50	60	70	80	90
−15	3132	2257	1720	1326	1014	753	530	334	158
−10	3251	2863	1787	1378	1054	783	551	347	165
− 5	3372	2433	1855	1431	1094	814	572	361	171
0	3495	2523	1924	1485	1136	845	594	374	178
+ 5	3619	2613	1994	1539	1177	876	616	388	184
+10	3744	2705	2065	1594	1220	907	639	402	191
+15	3870	2798	2136	1650	1263	939	661	417	198
+20	3997	2892	2209	1706	1306	972	684	431	205
+25	4126	2987	2282	1763	1350	1005	707	446	212
+30	4256	3082	2356	1821	1394	1038	731	461	219
+35	4388	3179	2430	1879	1439	1071	755	476	226

Die Werte wurden auf Grund der Dampfdruckverhältnisse über Wasser berechnet

Man kann aber auch die Höhe des Kondensationsniveaus nach der Faustregel H [in Hektometer] = $1{,}2 \cdot (t - \tau)$ kalkulieren, die also besagt, daß die Höhe des Kondensationsniveaus in hm bei trockenadiabatischen Hebungsvorgängen dem 1,2fachen Wert der Differenz von Luft- und Taupunktstemperatur in der Ausgangslage entspricht. (Wie man die Taupunktstemperatur bestimmt, ist Kap. II.e) 2 zu entnehmen).

Ist erst einmal im Zuge vertikaler Aufwärtsbewegung in einem Luftvolumen der Taupunkt unterschritten, so wird durch die notwendige Kondensation die Kondensationswärme frei, welche einen Teil der adiabatischen Abkühlung kompensiert. Wie groß dieser Teil ist, hängt von der Menge des pro 100 m Vertikalbewegung ausfallenden Wasserdampfes ab. Er ist relativ groß, wenn die Temperatur und damit der Sättigungsdampfdruck in der Luftmasse relativ hoch sind. Er wird um so kleiner, je mehr die Temperatur abnimmt. (Ableitbar aus dem Steigungsverhältnis der Kurve des Sättigungsdampfdruckes in Abb. II.e) 1). Praktische Werte des „*feucht- oder kondensationsadiabatischen Temperaturgradienten*" liegen bei *0,5°/100 m,* wenn die feuchtadiabatischen Prozesse bei +10° ablaufen, bei *0,6°/100 m* in der Nähe des Gefrierpunktes, bei 0,7°/100 m um −10°C und 0,9°/100 m im Temperaturbereich um −30°C.

Der Kondensationsvorgang. Nach der Klärung der Voraussetzung müssen nun die Vorgänge näher behandelt werden, die bei der Kondensation und der Eisbildung in der freien A. ablaufen. Kondensation in der freien A. bedeutet den *Zusammenschluß von Wasserdampfmolekülen* zu einem zunächst winzigen Wassertröpfchen. Nach dem von Thomson entwickelten Gesetz, wonach die relative Erhöhung des maximalen Dampfdruckes umgekehrt proportional dem Krümmungsradius der Tröpfchen ist, kann man errechnen, daß eine Übersättigung von 220% relativer Feuchte in einer Wolken- oder Nebelluft herrschen müßte, wenn Tröpfchen von einem Radius von 10^{-7} cm, also solche, die schon 10 mal größer sind als Dampfmoleküle, beständig sein oder weiter wachsen sollen. Es müßte also in der Anfangsphase jeder Nebelbildung eine geradezu unerträgliche Schwüle herrschen, wenn die Kondensation durch direkten Zusammenschluß von Dampfmolekülen zu kleinsten Tröpfchen vor sich gehen würde. Solche Schwülephasen gibt es nach jedermanns Erfahrungen nicht. Meßergebnisse von Warner (1968) haben ergeben, daß in Wolken- (oder Nebel-) luft die tatsächliche Übersättigung in 50% aller Fälle unter 0,1%, nur in 3% der Fälle über 1% liegt. Das deutet darauf hin, daß die Anfangsgröße der Kondensationsprodukte bei einem Durchmesser zwischen 10^{-4} und 10^{-5} cm liegen muß (1000–10000 mal größer als ein Dampfmolekül). Die Kondensation in der freien A. erfolgt durch *Anlagerung von Wasserdampfmolekülen an in der Luft vorhandene Kondensationskerne, sog. Wolkenkerne,* bei geringer Übersättigung.

Das Problem ist, *was sind Wolkenkerne,* woher stammen sie und wie sind sie in der A. verteilt? Aus dem Gesetz der Dampfdruckerniedrigung über Lösungen kann man bereits ableiten, daß hygroskopisches Material die bevorzugten Kondensationskerne stellen muß, wenn es nur in genügender Menge und mit genügend großem Teilchenradius in der A. vorhanden ist. Bis in die 60er Jahre hat die Vorstellung vorgeherrscht, daß die Verdunstungsrückstände verspratzten Seewassers (Seesalzpartikel) eine dominierende Rolle spielen. Messungen auf den Forschungsfahrten der „Meteor“ in den Jahren 1969 und 1971 (Jänicke, Junge u. Kanter, 1971) sowie von Hobbs (1971) vom Flugzeug aus über dem Pazifik haben aber voraufgegangene Ergebnisse von Beobachtungen in Teneriffa (Junge, 1969) vollauf bestätigt, wonach Seesalzkerne auf die untersten Luftschichten über dem Wasser beschränkt sind und auch dort nur einen kleinen Bruchteil der Wolkenkerne ausmachen. An der Meeresoberfläche sind zwar noch rund die Hälfte der aktivierbaren Kerne aus Seesalz, in 100 m Höhe ist es aber von 200–400 Wolkenkernen pro cm^3 nur noch einer, und ab 2 km Höhe, also im für die Wolkenbildung ausschlaggebenden Stockwerk der Troposphäre, gibt es praktisch keine Seesalzpartikel mehr.

Bei der Frage, welche Bestandteile als Wolkenkerne fungieren, spielt zunächst die Zahl der in Wolkenluft normalerweise enthaltenen Kondensationströpfchen als Hinweis eine Rolle, wieviel Wolkenkerne zur Kondensation benötigt werden. Durch entsprechende Messungen von Diem (1973) in verschiedenen Wolken und unter unterschiedlichen Klimabedingungen ist belegt, daß im Normalfall unter 100, meist um 40, maximal ca. 800 Wolkentröpfchen im cm^3 Wolkenluft enthalten sind.

Die in Tab. II.a) 3 in Kap. II.a) 3. aufgeführten Werte der Aitken-Kerne im background-Aerosol der A. liegen auch für die Höhe und fernab der Verunreinigungsquellen weit oberhalb der als Wolkenkerne beanspruchten Größenordnung. Andererseits haben die Aitken-Kerne mit Radien unter 0,1 μm (10^{-5} cm) jene Grenzgröße, bei der nur an den größten unter ihnen Kondensation gerade noch ohne zu große Übersättigung einsetzen kann. Größere Kerne wären für den Beginn der Kondensation von Vorteil.

Die entscheidenden Einsichten haben erst schwierige Messungen der letzten Jahre ergeben. Die Befunde erlauben nach Georgii (1972) den Schluß, „daß die *Mehrzahl der Wolkenkerne aus Ammoniumsulfat* besteht", die Sulfatteilchen „die Mehrzahl der Teilchen im Bereich der „großen Kerne" (zwischen 1 µm und 0,1 µm Radius) stellen, und daß „eine Anzahl der als Wolkenkerne aktiven Sulfatteilchen auch dem Größenbereich der Aitkenkerne ($r < 0{,}1 \mu m$) angehört".

Das *Ammoniumsulfat wird in der A.* durch die Oxydation von SO_2 zu SO_4 und der Reaktion mit NH_3 [s. Kap. II.a) 3.] *gebildet,* ein Mechanismus, der offenbar in Wolken selbst vor sich geht, wie aus der Beobachtungstatsache zu folgern ist, daß in der Höhe sich auflösender Wolken eine besondere Konzentration der Ammoniumsulfatteilchen festgestellt wurde (Georgii und Vitze, 1971), die als Endprodukt bei der Verdampfung von Wolkentröpfchen zurückgeblieben waren.

Angesichts der Tatsache, daß der SO_2- und NH_3-Gehalt der A. durch *anthropogene Einflüsse* nachweisbar erhöht wird [s. Kap. II.a) 3.], besteht prinzipiell die Möglichkeit, daß das Angebot an Wolkenkernen aus Ammoniumsulfat weltweit erhöht wird. Cobb und Wells (1970) haben darauf hingewiesen, daß sich über dem Atlantik die Meßwerte des Aerosols seit der Zeit des 1. Weltkrieges etwa verdoppelt haben. Vergrößerung der Anzahl der Wolkenkerne erhöht die Wolkentröpfchenkondensation und vermindert bei gleichbleibendem Flüssigwassergehalt der Wolken die mittlere Tröpfchengröße. Außerdem vermindert die Anwesenheit besonders aktiver großer Wolkenkerne das Wasserdampfangebot für die anderen gleichzeitig vorhandenen Kerne. Eine Erhöhung der Wolkentröpfchenkonzentration ist in regionalen Bereichen bereits nachgewiesen (Smic-Report, 1971). Aussagen über einen weltweiten Trend lassen sich aber noch nicht machen, da Messungen der Wolkenkerne erst seit 1968 durchgeführt werden, die Beobachtungszeitspanne also noch zu kurz ist. Sollte sich ein Trend zur Vermehrung tatsächlich ergeben, so ist mit einem verminderten Wirkungsgrad der Niederschlagsbildung vor allem in jenen Gebieten zu rechnen, wo der Niederschlagsprozess in warmen Wasserwolken ohne Beteiligung der Eisphase vor sich geht [vgl. Kap. II.f) 4.].

Zum Problem der Bildung von Eisteilchen in der freien A. soll zunächst eine allgemeine Erfahrung angeführt und ausgewertet werden. Wenn sich im Winter bei Temperaturen weit unter dem Gefrierpunkt Nebel bildet, so besteht dieser nicht aus Eiskristallen, sondern aus Wassertröpfchen, auch wenn gleichzeitig alle Wasserlachen und Tümpel am Boden gefroren sind. Erst wenn die offensichtlich unterkühlten Tröpfchen vom Wind verdriftet werden und auf ebenfalls kalte Gegenstände wie Zweige, Drähte, Antennen oder Fahnenstangen auftreffen, kristallisieren sie zu Eisnadeln. An den genannten Gegenständen bildet sich, gegen die Windrichtung wachsend, *Rauhreif.* Nach Untersuchungen von W. Peppler (1940) ist *bis −12 °C* überhaupt nicht mit Eisbildung in der freien A. zu rechnen. Es *entstehen nur unterkühlte Wassertröpfchen.* Diese Tatsache zeigt, daß die Bildung von Eiskristallen in der freien A. noch eine Stufe schwieriger sein muß als die Formierung von Tröpfchen bei der Kondensation. Zur Erklärung bediente man sich der *Sublimationskern-Hypothese,* wonach für den direkten Übergang des Wasserdampfes in die feste Phase (= Sublimation) bestimmte Kerne notwendig seien, die allerdings so klein seien, daß sie erst bei entsprechender Eisübersättigung (bei −12° und Wassersättigung beträgt diese 12%) in Aktion treten können. Bei den geringeren Übersättigungen, die vor der Entstehung von Wasserwolken auftreten, bleiben sie ohne Wirkung. Daß aus physikalischen Gründen Gefrierkerne innerhalb einer aus unterkühlten Wassertröpfchen bestehenden Wolken notwendig sind, um das Wasser von einer genügend großen Zahl von Tröpfchen an sich zu ziehen und dadurch erst Gebilde von genügender Größe und Fallgeschwindigkeit zu bilden, hat T. Bergeron (1935) in Weiterentwicklung von A. Wegener gefolgert, die dieser 1911 geäußert hatte. Findeisen (1938, 1939) hat die Vorstellungen im Zusammenhang mit der Niederschlagsbildung ausgebaut. Gleichwohl gibt es nach Bergeron auch den sog. Warmregen-Prozeß ohne Eiskerne, der vor allem in tropischen Luftmassen mit hohem Feuchtegehalt auftritt. Im Anschluß an Arbeiten von Kastanow (1940, 1941), in welchen allgemein-physikalische Erkenntnisse über die Kinetik der Phasenbildung auf die A. angewendet wurden, und von Wall (1942) über Beobachtungen und experimentelle Ergebnisse der Eisbildung in Strahlungsnebeln, setzte sich aber immer mehr die Einsicht durch, daß die *Entstehung* von Eiskristallen *auf verschiedenen Wegen* möglich sei:

1. Homogene primäre Keimbildung direkt aus der Dampfphase.
2. Heterogene primäre Keimbildung aus der Dampfphase an einer Grenzfläche (Sublimationskern).
3. Homogene sekundäre Eisbildung aus unterkühlten Tröpfchen.
4. Heterogene sekundäre Eisbildung an einer Grenzfläche in Tröpfchen (Gefrierkern).

Anstelle der relativ einfachen Sublimationskern-Hypothese müssen offensichtlich erheblich kompliziertere Zusammenhänge zur Erklärung der atmosphärischen Eisbildung angenommen werden.

In den Details gibt es noch große Kenntnislücken, doch sind – nicht zuletzt im Zusammenhang mit praktischen Aufgabenstellungen der anthropogenen Wolkenbeeinflussung (künstlicher Regen, Hagelschießen) – bereits eine Reihe wichtiger Orientierungsfakten klargestellt worden. Zunächst muß man davon ausgehen, daß unter den Kondensationskernen eine gewisse Menge die spezielle Eigenschaft von Gefrierkernen besitzt und daß es außerdem noch *Sublimationskerne* gibt. Bedingung für die letzteren ist, daß es Kristalle sind, die in ihrer Struktur weitgehend mit den hexagonalen Eiskristallen übereinstimmen, „*isomorph*“ zu diesen *gebaut* sind. In diesem Fall ist keine Keimbildungsarbeit zu leisten, da der Sublimationskern durch die von ihm ausgehenden gerichteten Kräfte genau das Ordnungssystem offeriert, in welches die H_2O-Moleküle hineinpassen. Je geringer die Strukturübereinstimmung ist, je größer der „*misfit*“ zwischen Wirts- und Eiskristall ist, um so schwerer wird die Einordnung und um so tiefer müssen die Temperaturen für die Eiskristallbildung sein. Aus der Tatsache, daß oberhalb $-12°$ praktisch überhaupt noch keine Eiskristalle gebildet werden, muß man folgern, daß frühwirksame *Sublimationskerne* in der A. *außerordentlich selten* sind. Ein *Gefrierkern* muß nicht in seiner Struktur mit den Eiskristallen übereinstimmen, er muß nur eine 2dimensionale Ähnlichkeit der Kristallebenen aufweisen und so ein orientiertes Aufwachsen *(Epitaxie)* der Eiskristalle ermöglichen. Das ist eine wesentlich geringere Forderung als die der Isomorphie. Andererseits sollen Gefrierkerne kaum löslich und nicht hygroskopisch sein sowie feste Teilchen mit beschränkter Benetzbarkeit darstellen. Einige Silikate, vor allem Kaolinit, kommen dafür z. B. in Frage. Je weniger vollständig diese Bedingungen erfüllt sind, um so tiefer muß wieder die Temperatur sinken, damit Eiskristallbildung eintritt.

Wenn man nun die Tatsache berücksichtigt, daß bei der Kondensation zu Wolkentröpfchen die hygroskopischen, wasserlöslichen Substanzen aus dem background-Aerosol sich als die effektivsten Kondensationskerne anbieten, so müssen die obigen Bedingungen über die Gefrierkerne zur Folge haben, daß der größere Teil von den Kondensationskernen diese Bedingungen nur sehr unvollkommen erfüllt, die Temperatur also wiederum relativ weit absinken muß, damit Eisbildung eingeleitet werden kann (zur Begründung mit Hilfe der mechanischen Gastheorie s. Weischet, 1977, S. 185ff.).

Mit der Höhe (abnehmender Temperatur) wächst die Konzentration der eisbildenden Kerne. Während bei $-5°$ nur ein wirksamer Gefrierkern im m^3 Luft enthalten ist, sind es bei $-30°$ schon über 1 Million (Fortak, 1971, S. 160). Man muß auch die Möglichkeit berücksichtigen, daß eine Quelle für solche Kerne in der unteren Stratosphäre liegen kann, wo sich wegen des geringen Vertikalaustausches feinster Vulkanstaub außerordentlich lange halten kann.

Wolkenphysikalische Stockwerke. Aus den genannten Rahmenfakten über die Strukturbedingungen und Wirksamkeit von Wolkenkernen wird eine zweite Gruppe von *wolkenphysikalischen Orientierungsfakten* verständlich, die von großer hydrometeorologischer und wegen ihrer Konsequenzen auch von erheblicher klimatologischer Bedeutung ist. Im Temperaturbereich *oberhalb −10 bis −12 °C entstehen* nach Erreichen des Taupunktes im Regelfall in der freien A. noch keine Eispartikel, sondern *nur unterkühlte Wassertröpfchen.* Grund: isomorphe Sublimations- und alle Bedingungen erfüllende Gefrierkerne sind in der A. sehr selten. *Unterhalb −12 °C* beginnt an den wirkungsvollsten Gefrierkernen die Eisbildung. Es entsteht eine *Mischwolke* aus unterkühlten Wassertröpfchen einerseits und Eiskristallen andererseits mit sehr weitreichenden Folgen für die Niederschlagsbildung [s. dazu Kap. II. f)]. Je tiefer die Temperatur, um so mehr setzt sich die Eisteilchenbildung an wenig perfekten Gefrierkernen durch, und außerdem beginnt die Wirksamkeit der ersten, auch nicht perfekten, Sublimationskerne. −20°C ist nach Battan und Braham (1956) die Temperatur, bei der die Eiskeimbildung gegenüber der Tropfenbildung bereits überwiegt. Unter −30°C nimmt der Anteil der Eispartikel rapide zu. Bei −38 oder −40°C ist nach den Untersuchungsergebnissen von Schaefer (1946) die Schwelle der homogenen Keimbildung für unterkühltes Wasser erreicht. Dann bedarf es zur Kristallisation keiner Gefrier- oder Sublimationskerne mehr. *Unter −40 °C* kann es also *nur noch reine Eiskristallwolken* geben.

7. Nebel

Findet in den Luftschichten unmittelbar über oder nahe der Erdoberfläche Kondensation statt und bildet sich dabei eine Anreicherung kleinster, schwebend erscheinender Wassertröpfchen von solcher Dichte, daß die horizontale Sichtweite unter 1 km herabgesetzt wird, so bezeichnet man diesen Atmosphärenzustand *definitionsgemäß als Nebel.* Da an den Tröpfchen alle Wellenlängen des sichtbaren Lichtes gleichmäßig gestreut werden, sieht der Nebel *weiß* aus, es sei denn, daß er durch Beimengungen von Rauch oder Staub eine schmutzig-gelbe oder graue Farbe bekommt („schwarzer Nebel"). Die Tröpfchengröße beträgt nach H. Köhler 5–70, im Mittel 17,6 µm. Im Normalfall kann man Nebel als *Wolke in Bodennähe* auffassen.

Dem Beobachter auf Berggipfeln erscheinen die Wolken, in denen er sich befindet, als Nebel, woraus sich die hohe Zahl von Nebeltagen an Bergstationen ergibt.

Übersicht Nebelarten. Ist Nebel nur in einer dünnen, einige Meter mächtigen Decke vorhanden, soll man ihn als *Boden-N.,* liegt er nur in einem begrenzten Talraum unter der Beobachtungsstation als *Tal-N.,* ist er auf Grünlandgebiete begrenzt und weniger als mannshoch, als *Wiesen-N.* bezeichnen. Andererseits treten Nebeldecken oftmals mit einer Untergrenze wenige Dekameter über dem Erdboden auf, so daß vielfach Fabrikschornsteine oder Kirchturmspitzen noch hineinragen. Es sind *Hochnebel,* die je nach ihrer Mächtigkeit einen gleitenden Übergang zu Schichtwolken bilden.

Die Nebelbildung kann als Folge der Kondensation auf drei *Vorgänge* zurückgeführt werden: Abkühlung feuchter Luft *(Abkühlungs-N.),* die Mischung warmfeuchter mit kalter Luft *(Mischungs-N.)* sowie die Verdunstung von Wasser von einer warmen Oberfläche in relativ kalte Luft *(Verdunstungs-N.).*

Erfolgt die Abkühlung durch nächtliche Ausstrahlung, so bilden sich die *Strahlungs-N.* (eigentlich Ausstrahlungs-N.). Sie sind gebunden an Inversionen oder Isothermien in den untersten Luftschichten und an Windstille bzw. sehr schwache Luftbewegung. Beides trifft bei Hochdruckwetterlagen zusammen (Statische N.). An der Obergrenze der Inversion reichern sich Aerosol und Wasserdampf an, bilden bei Nacht eine Ausstrahlungsfläche und kühlen sich dadurch stark ab. Bei Unterschreiten des Taupunktes bildet sich Nebel. Je nach der Lage der Inversion und der Schichtung unter ihr kann dieser sich bis zum Erdboden durchsetzen oder nicht. Liegt die Inversion relativ hoch und bleibt über dem Erdboden eine relativ warme Schicht erhalten, so bildet sich ein Strahlungs-Hoch-N. Das Auftreten von Boden-N. ist häufig von lokalen Einflüssen der Geländeform und der Bodenbedeckung abhängig. Im Regelfall sammelt sich die durch Ausstrahlung abgekühlte Luft in Tälern oder anderen Hohlformen, ohne daß es zunächst zur Kondensation kommt. Erst hier, wo keine Ausweichmöglichkeit mehr besteht, führt die weitere Abkühlung zur Nebelbildung *(Tal-N.).* Oder es ist die Luft über feuchten Niederungen so weit mit Wasserdampf angereichert worden, daß schon eine relativ geringe Strahlungsabkühlung zur Kondensation führt, während abseits der Niederung noch keine Nebelbildung eintritt *(Wiesen-N., Moor-N.).* Offene Wasserflächen werden zuweilen ausgespart, weil sie noch genügend Wärme an die Luft zur Kompensation der Ausstrahlungsabkühlung abgeben können. Das Häufigkeitsmaximum der Strahlungsnebel liegt im Herbst, weil dann wegen der wachsenden Nachtlänge die Abkühlung bereits relativ groß ist, vor allem aber im Gegensatz zum Winter und Frühjahr der Wasserdampfgehalt der Luft noch hoch ist. Die Auflösung der Strahlungsnebel erfolgt sowohl von ihrer Oberfläche durch die Sonnenstrahlung als auch von der Unterlage her.

Klimageographisch wichtige Nebelvorkommen. Im Zusammenhang mit den bereits in Kap. II. e) 5. erwähnten Inversionswetterlagen (Havlik, 1970) kommen im *Oberrheintal,* wo die von Vogesen und Schwarzwald abströmende Ausstrahlungskaltluft sich sammelt, häufig lang anhaltende *Hochnebeldecken* vor. Sie bilden ein charakteristisches Klimaelement des Oberrheingebietes mit prägnantem Herbstmaximum (September/Oktober). Oft macht sich nach morgendlichem Nebel über Mittag ein gewisses Lichten oder Aufreißen bemerkbar. In der kommenden Nacht bildet sich die Nebeldecke aufs Neue. Bezüglich der Auflösung muß bedacht werden, daß die Oberseite jeder Nebeldecke wie auch jeder anderen Wolkenschicht die auf sie treffende Sonnenstrahlung stark reflektiert, also relativ wenig Energie aufnimmt.

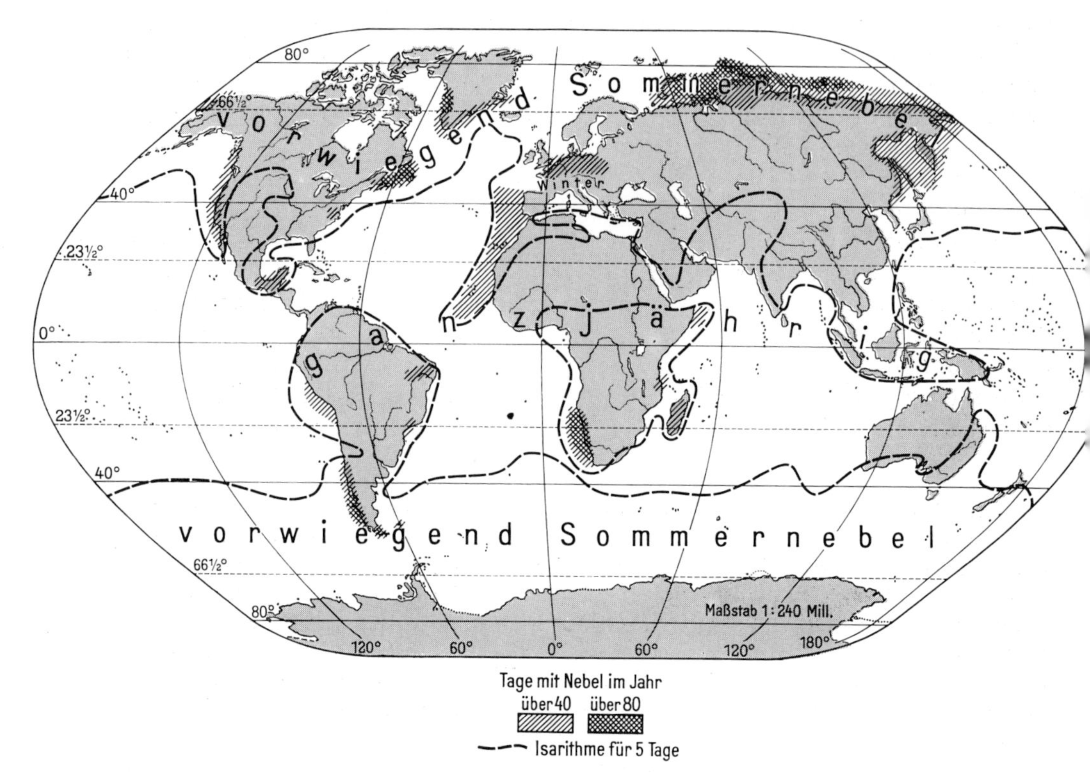

Abb. II.e)9. Karte des Nebelvorkommens auf der Erde
Während die polaren Bereiche vorwiegend Sommernebel aufweisen wegen der ständigen Abkühlung einstrahlungserwärmter oder aus wärmeren Breiten herangeführter Luft über Eisflächen und kalten Meeren, treten Nebel in der Tropenzone, soweit nicht auch hier durch kalte Auftriebswasser bedingt, ganzjährig auf infolge der hohen Luftfeuchte und der relativ langen nächtlichen Abkühlung

Resultiert die Abkühlung aus horizontaler Heranführung (Advektion) von feucht-warmer Luft über einer kalten Unterlage, so spricht man von *Advektions-N.* Diese treten im mitteleuropäischen Raum vorwiegend im Spätherbst oder Winter auf, wenn bei geringen Luftdruckgegensätzen feuchte, milde atlantische Luft sich langsam auf das kontinental ausgekühlte Festland bewegt. Die novemberlichen hartnäckigen Nebellagen, namentlich im Nord- und Ostsee-Gebiet, gehören oft dazu. Bei diesen Vorgängen tritt aber bereits eine Kombination von advektiver Abkühlung und Mischung ungleich temperierter Luftmassen ein. Das ist dort vor allem der Fall, wo warme Luft über eine kalte Meeresoberfläche geführt wird und sich die wassernahe kalte Luft mit der herangeführten wärmeren mischt *(Mischungs-N.)*. Dort kommt es zu anhaltenden Nebelbildungen, zumal die ständige Feuchtezufuhr, vereint mit der stabilisierenden Abkühlung, nebelfördernd und -erhaltend wirken.

Solche *Meer-N.* sind am häufigsten zur Zeit und in Gebieten großer horizontaler Temperaturunterschiede zwischen verschiedenen Meeresströmungen. Derartige Verhältnisse treffen wir bei der *Neufundland-Bank* (Belle Isle 116, Grand Banks sogar 120 Nebeltage!) nahe der Konvergenz des kalten Labrador-Stromes von Norden mit dem warmen Golf-Strom. Die größte Nebelhäufigkeit findet sich dort im Spätfrühling und Frühsommer, wenn die Temperaturgegensätze am größten sind und der Labrador-Strom Treibeis führt. Aus gleichem Grunde weisen die Gebiete im Einflußbereich des Zusammentreffens von Oya Shio und Kuru Shio zwischen *Hokkaido und Kamtschatka* im Mittel um 40 Nebeltage auf.

In den *Randbereichen der Arktis* tritt Mischungsnebel an mehr als 80 Tagen im Jahr, und zwar vorzugsweise im Sommer auf, wenn infolge der Zufuhr von kaltem Schmelzwasser die Temperatur der Wasseroberfläche niedrig bleibt und daher südlichere bzw. festländische, wärmere Luftströmungen über den polaren Randmeeren sich mit der wassernahen, kalten Luft mischen bzw. sich an der Oberfläche selbst oder an Eisbergen abkühlen. Aus diesem Grunde ist der Hochsommer in der Arktis trotz ununterbrochener Tageshelle meist nebelverhangen. Vor dem Aufkommen der sichtunabhängigen Luftnavigation galt daher der sonnigere arktische Spätwinter (April bis Mai) als die relativ günstigste Jahreszeit für Forschungsreisen in der Arktis.

Aus J. Blüthgen („Sommerwettertypen in Lappland", Ann. d. Hydrogr. 1940, S. 110) ist folgende Schilderung entnommen: „Die Luftmassen über dem Eismeer sind im Sommer recht kühl, verglichen mit festländischen . . . So ziehen mit der Eismeerluft niedrig liegende Nebelschwaden, ohne besondere Oberwolken, nach Süden. Sie hüllen die niedrigen Küstenfjälle ein und mindern die Sonneneinstrahlung herab. Aus angenehm warmer Sommerwitterung gelangt man plötzlich in rauhe, feuchte, schattige Luft, die einen frösteln läßt. Wir beobachteten das Vordringen von Siebruoaivi (273 m) nördlich von Liinahamari aus. Zunächst waren die Nebelschwaden wie eine abgehobene Bank draußen auf dem Eismeer zu sehen; nur einzelne Fetzen erreichten das Land, dann lösten sie sich auf. Mit sinkender Nachmittagssonne drangen sie immer weiter vor, Kilometer für Kilometer, die Lücken mit Sonnenschein wurden spärlicher, und die Gipfel tauchten tiefer in das Nebelgrau. Wie eine Fata Morgana leuchtete hin und wieder eine besonnte Halbinsel aus dem Nebelmeer. Ein direktes Nässen war mit den ersten Nebeln noch nicht verbunden, stellte sich aber am folgenden Tage ein, als die Nebeldecke hartnäckig blieb und sich nachmittags noch mehr verstärkte. Anfangs war nach dem Binnenlande zu deutlich die Hebung der Nebelschicht erkennbar, die dort das Land freigab und sogar aufhellte."

Der Kombination von Abkühlung seitens der Unterlage sowie durch Ausstrahlung verdanken die *Küsten-N. im Wirkungsbereich von kalten Meeresströmungen oder Auftriebswassern* vor subtropisch-tropischen Küsten: Humboldt-Strom vor Nord-Chile und Peru mit > 80, Benguela-Strom vor SW-Afrika ebenfalls mit > 80, Kalifornien-Strom mit weithin 40–50, in Sta. Maria in Südkalifornien sogar 88 Nebeltagen (H.P. Bailey, 1966), abgeschwächt auch beim Canaren-Strom vor NW-Afrika sowie über dem Meeresgebiet vor der ostafrikanischen Somali-Küste. Als außerordentlich häufige, zuweilen jahreszeitlich regelmäßige Erscheinungen haben sich Lokalnamen wie Benguela-N. bzw. *Cacimbo* an der Küste SW-Afrikas bzw. Angolas, *Camanchaca* in N-Chile, *Garúa* in Peru. Ihre *Entstehung* läßt sich folgendermaßen skizzieren: Über dem kalten Wasser bildet sich eine 200–400 m mächtige Kaltluftschicht mit stabiler Schichtung aus. An ihrer Obergrenze sammeln sich das

Aerosol sowie der Wasserdampf an und bilden eine Ausstrahlungsfläche. Außerdem wird oberhalb der Inversion vom Land her warme Luft herangeführt, so daß an der Grenzfläche in begrenzter Schichtmächtigkeit im Zusammenwirken von Ausstrahlung und dynamisch bedingter Mischung eine Abkühlung und Kondensation eintritt. Normalerweise handelt es sich um Hochnebel, der mit der auflandigen Luftströmung des Seewindes, welcher in der Kaltluft tagsüber ausgebildet ist, gegen das Festland getrieben werden kann. Die Küstennebelgebiete liegen alle im Einflußbereich eines semipermanenten Hochs mit absinkender Luftbewegung. Es handelt sich um Inversionsnebel. Bei der gleichzeitigen Trockenheit im Bereich der Randtropen bewirken die Küstenhochnebel dort, wo sie auf den Küstengebirgen aufliegen, eine *Nebelvegetation,* die ihren Wasservorrat im wesentlichen durch Ausfiltern der feinsten Kondensationströpfchen deckt.

Eine Schilderung des *Cacimbo* und seiner Wirkung an der Küste Angolas gibt O. Jessen in „Reise und Forschungen in Angola“, Berlin 1936, S. 114ff:

‚Der Cacimbo tritt von Juli bis Ende August sehr häufig auf. Landeinwärts dringt er über das Küstenplateau bis zum Abfall des Bocoio-Plateaus vor, den er bis etwa 800 m befeuchtet. Er reicht also dort wohl nicht ganz so hoch hinauf wie weiter nördlich im Selles- und Amboin-Gebiet. Den normalen Verlauf eines Cacimbo-Tages veranschaulicht die Abbildung... Folgende Phasen lassen sich unterscheiden:

I. 2 Uhr mittags. Infolge starker Verdunstung hat sich draußen über dem Meer in 500 bis 600 m Höhe eine Nebelbank gebildet. Über dem Land klarer Himmel.

II. 6 Uhr abends. Die Nebelbank ist mit dem Seewind landeinwärts gerückt und stößt in 500 bis 800 m Höhe gegen den Plateaurand.

III. 3 Uhr nachts. Infolge Ausstrahlung des Bodens und Abkühlung der unteren Luftschichten hat sich die Nebeldecke verdichtet und auf das Küstenplateau gesenkt. Oberhalb 500 m aber ist der Himmel am Plateauabfall sternenklar.

IV. 9 Uhr morgens. Infolge Erwärmung des Landes in den Morgenstunden hat sich die Nebeldecke landeinwärts wieder gehoben, am Plateauabfall bis etwa 800 m. Gegen 10 Uhr Auflösung über dem Land und Rückzug mehr oder weniger weit auf das Meer.

„Hat sich der Nebel über dem Lande bis 10 oder 11 Uhr, d.h. bis zum Einsetzen des Seewindes, nicht aufgelöst, so bleibt er meistens den ganzen Tag über liegen. Der Himmel ist dann grau überzogen, der Seewind kühler als sonst, und in der Nacht pflegt der Landwind auszusetzen. Andererseits kommt es vor, daß der Nebel einen ganzen Tag lang ausbleibt. Gewöhnlich ist der Cacimbo am nächsten Tag um so stärker“.

„Der Nebel bewirkt eine ausgiebige Befeuchtung der Vegetation in der ‚Trockenzeit‘. Das Gras und die Büsche waren im August kaum dürrer als nach der Regenzeit Ende April. Das Kurzgras war so frisch und salzig, daß ein Versuch, es am Lagerplatz abzubrennen, mißlang. In den Morgenstunden war der Nebel oft so dicht, daß man keine 200 m weit sehen konnte. Gegen 8 Uhr oder 9 Uhr setzte ein Nebelsprühen oder ein richtiger dünner Fadenregen ein. Das Wasser stand in Lachen auf Koffern und Kisten und an den Gräsern hingen Wassertropfen. Es kam aber auch vor, daß die Nebeldecke nachts bzw. morgens gar nicht bis auf den Boden herabsinkt und also die Befeuchtung ausbleibt.“

E. Seler (zitiert nach K. Knoch: „Klimakunde von Südamerika“ Berlin, 1930, S. G 127f.) gibt von den Garúas folgende Erlebnisschilderung: „In Lima kamen wir in die richtige Garúa-Zeit, die Zeit der feinen, aber doch häufig genug zu feinen Tröpfchen sich kondensierenden Nebel, die in einer 700 bis 800 m dicken Schicht, deren untere Schicht etwa in 50 m Höhe über dem Meere liegt, infolge der herrschenden südwestlichen Winde an den diesen Winden und dem Meere zugekehrten Hängen sich bilden. Hier trieft die Luft von Feuchtigkeit, gegen die kein Regenschirm hilft, und die Sonne sieht man für Monate nicht. Aber das ist auch die Zeit, wo die ‚Lomas‘, die steinigen Hänge der Hügel und niedrigeren Berge, die in der sommerlichen Trockenzeit dürr und vegetationslos sind, anfangen, sich mit Grün zu überziehen. ... Jetzt treibt man das Vieh auf die Höhen, es gibt Milch und Butter in Fülle, und an den Festtagen zieht trotz Nebel und Feuchtigkeit das Volk hinaus, die gelben Blumen zu pflücken, den mitgebrachten Imbiß zu verzehren und unter allerhand Kurzweil den Tag im Freien zu verbringen. Aber wer den Nebeln und der Feuchtigkeit und den Rheumatismen der winterlichen Garúa-Zeit entrinnen will, braucht nur den Zug zu nehmen, der ihn in zwei Stunden nach Chosica führt. Dort in 855 m Meereshöhe ist man schon über die Wolkenschicht. Von dem wolkenlosen Himmel strahlt die Sonne. Und sind auch die fernen Hänge dürr und kahl, so bietet die Flußlandschaft Grün und Blüten genug."

Der Kombination von Verdunstung in kühlerer Luft und gewisser Mischung ungleich temperierter Luftmassen verdanken die *Frontal-N.* ihr Vorkommen. Sie treten auf, wenn in eine kalte Luftschicht wesentlich wärmerer Regen fällt, wie es zuweilen unter der Aufgleitfläche einer Warmfront [s. Kap. III.b)] vorkommt. Dann verdampft der Regen in der kalten Luft und der damit verbundene Wärmeentzug führt zur Kondensation.

Die eigentlichen *Verdunstungs-N.* entstehen, wenn sehr kalte Luft über relativ warme Gewässer geführt wird. Diese geben entsprechend ihrer hohen Temperatur Wasserdampf in die unterste Luftschicht ab, in der er wegen der tiefen Temperatur aber sofort in Form von Kondensationströpfchen wieder ausfällt. Dementsprechend sind Verdunstungs-N. nur schwache Schwaden. Man spricht vom *„Rauchen der Gewässer"*, *„Seerauch"* oder *„Dampfnebel"*. Nach A. Nurminen (1954) geht der Seerauch vielfach mit größerer Windgeschwindigkeit bei starkem negativem Temperaturgefälle zwischen Wasser und Luft einher. In unserem Klima stellt er sich oft nach klaren, kalten Herbstnächten ein, wenn die Seen noch einen Wärmeüberschuß aufweisen. Mit beginnender Sonneneinstrahlung am Vormittag verschwindet das Seerauchen sehr bald. *Frostrauch* nennt man niedrige Nebelschwaden, die bei Frostwetter über Gewässern entstehen.

Eine besondere Abart des Mischungsnebels bildet der *Stadt-N.,* wie ihn Riesenstädte mit starker Raucherzeugung während der Heizperiode aufweisen wie London z.B., aber auch Industriegebiete (Ruhrgebiet) oder industriereiche Hafenstädte wie Hamburg. Die Überzahl der in der Luft enthaltenen Rauchpartikel begünstigt frühzeitige und besonders dichte Kondensation bei entsprechend ruhigem Wetter. Der *Smog,* jene Mischung aus Nebel (Fog) und Rauch (Smoke) ist als Extremfall in Kap. II.a) bereits behandelt worden.

Auch in den *feuchten Tropen* kommt es trotz durchschnittlich hoher Temperaturen zu charakteristischen und *häufigen Nebelbildungen.* Hier ist zweierlei zu unterscheiden. Das nächtliche Aufklaren nach den nachmittäglichen Zenitalregen vollzieht sich in einer durch die vorangegangenen Niederschläge feuchtegeschwängerten Atmosphäre, so daß die Abkühlung in der immerhin 12stündigen Nacht oftmals ausreicht, um am Morgen Nebel entstehen zu lassen, der sich allerdings in der Regel am Vormittag wieder auflöst. Die andere Form des Nebels in den Tropen ist die der Bergnebel, d.h. des beim Aufsteigen und damit Ausdehnen und Abkühlen der feuchtwarmen Niederungsluft schon in geringen Berghöhen und Hanglagen entstehenden Kondensationsniveaus. Die Regelmäßigkeit dieser Naturerscheinung hat zu einer charakteristischen hygrophilen Vegetationsformation, der *Nebelwälder,* in den tropischen Bergländern (z.B. in Madagaskar oder am Kilimandscharo) geführt.

Eine erste erdumfassende geographisch gegliederte Darstellung des Nebels ver-

Tab. II.e) 11. Übersicht über die Nebelarten. (Nach Geiger 1956)

Entstehungsweise	Nebelart	Windverhältnisse	Die Unterlage (Boden bzw. Wasser) ist gegenüber der Luft...	Zeitliches Auftreten	Auf Land oder auf See	Örtliches Auftreten	Vorkommen
Vorwiegend durch Zufuhr von Wasserdampf in die Luft *Verdampfungsnebel*	1. Seerauch	Begünstigt durch Windstille oder windschwaches Wetter	Warm	Vorwiegend im Herbst und Winter, kurzzeitigen Schwankungen unterworfen	See und Wasserflächen an Land	Auf kürzere Entfernungen stark wechselnd, oft in Schwaden, nicht hochreichend	Seerauch der Arktis über Stellen offenen Wassers im Eis, Winternebel der Ostsee, Herbstnebel auf Seen
	2. Warmfrontnebel (Frontalnebel)		Kalt	Vorübergehend bei Durchzug der Warmfront (1 bis 3 Std.)	Land u. See	In einem Streifen von einigen Kilometern Breite längs der vordringenden Warmfront	In der „Kaltluftschleppe" vor einer Warmfront
Abkühlung durch Ausstrahlung *Ausstrahlungsnebel* (Kaltluftnebel)	3. Bodennebel	(s. oben)	Kalt	Herbst und Winter, ausgeprägte Tagesperiode: nachts und morgens, Auflösung gegen Mittag	Nur auf dem Land	Niedrig, von unten nach oben an Dichte abnehmend, von Ort zu Ort wechselnd aber oft verbreitet	Wiesennebel, Talnebel, Moornebel
	4. Hochnebel		(ohne wesentlichen Einfluß)	Herbst und Winter beständig	Land u. See	Von oben nach unten wachsend, meist über weites Gebiet verbreitet	In Hochdruckgebieten in der Ebene weit verbreitet, Hochlagen sonnig und heiter
Abkühlung wärmerer Luft von der kalten Unterlage aus *Advektionsnebel* (Warmluftnebel)	5. Winterwarmluftnebel	Können (aber müssen nicht) bei hohen und höchsten	Kalt	Vorwiegend in der kalten Jahreszeit	Land u. See	Im Warmluftsektor eines Tiefs, oft von großer Ausdehnung	Bei Vorstößen subtropischer Warmluft oder maritimer Warmluft
	6. Sommerwarmluftnebel (Neufundland	Windstärken auftreten	Kalt	Beständig, zäh, Frühjahr und Sommer, keine Tagesperiode	Auf See	Hochreichend, über kalten Meeresteilen oder auf Meeren, die von warmem Land umschlossen sind	Typisch und stark im Kaltwasserbereich der Neufundlandbank, Sommernebel der Ostsee
Abkühlung durch Druckerniedrigung	7. Bergnebel	(s. oben)	(ohne wesentlichen Einfluß)	Jederzeit	An Land	Der Beobachter befindet sich in der Wolke	Bergstationen Hangstationen

danken wir W. Köppen (1916 u. 1917), der zunächst zwischen Land- und Seenebel unterschied. Spätere Forschung führte dann zu weiterer Differenzierung. Wir können nunmehr die verschiedenen Arten von Nebel auf der Erde in der von R. Geiger (1956) gegebenen nachfolgenden Übersicht (Tab. II. e) zusammenfassen, in der er die Klassifikation nach verschiedenen genetischen und geographischen Gesichtspunkten durchgeführt hat. Diese bilden die Grundlage für die geographische Unterscheidung des Nebelvorkommens auf der Erde (vgl. Abb. II. e) 9.).

Eine streng funktionsphysikalische Klassifikation des Nebels versuchte, allerdings ohne die Geigersche ausführlichere Einteilung zu berücksichtigen, Schönwiese (1970). Er unterscheidet zunächst zwei Hauptgruppen: die Abkühlungsnebel T und die Feuchteerhöhungsnebel F. Zur ersteren gehören Strahlungsnebel (Ts), thermische Mischungsnebel (Tn), Advektionsnebel (Ta), d.h. Warmluft über Kaltwasserunterlage, Hebungsnebel (Th) bei orographischen Hindernissen und isallobarischer Nebel (Td) bei Druckfall. Die zweite Gruppe umfaßt Verdunstungsnebel (Fv), z.B. Seerauchen, Feuchtemischnebel (Fm) bei Zufuhr feuchter Luft und schließlich die Kohlenwasserstoff-Verbrennungsnebel (Fk). Es gibt von diesen genetischen Nebelarten zahlreiche Kombinationsmöglichkeiten.

In den systematischen Übersichten ist der sog. „Eisnebel" mit Recht nicht aufgeführt. Er besteht, wie in Kap. II. e) 1. bereits dargelegt, aus feinsten Eiskristallen. Da er nur bei extrem niedrigen Temperaturen von $-38°$ und tiefer auftritt, ist der Wasserdampfgehalt der Luft so gering, daß die Eiskristalle in so dünner Verteilung in der Luft enthalten sind, daß keine Sichtbehinderung, geschweige auf unter 1 km wie bei Nebel gefordert, eintritt. Man spricht besser von Eisstaub. Sein Auftreten ist auf die polaren und extrem winterkalten Kontinentalklimate beschränkt.

8. Wolkenarten und Bewölkung

Genese und Klassifikation des Nebels leitet über zur Behandlung des Phänomens der *Wolken.* Laut *Definition* bestehen sie aus einer Ansammlung von winzigen, aber sichtbaren, in der Luft schwebenden Wasser- oder Eisteilchen bzw. einer Mischung von beiden. Sie erscheinen in der Ansammlung der Kondensationsprodukte weiß, weil diese alle Wellenlängen des Lichtes gleichmäßig diffus reflektieren. Graue Tönungen sind eine Folge von Schattenwirkung; rötlich erscheinen sie, wenn sie von Sonnenlicht angestrahlt werden, das auf dem Wege durch die A. durch diffuse Reflexion und Absorption beeinflußt worden ist [s. Kap. II.b) 3.]. Schweben können die Kondensationsprodukte, weil ihre Masse noch so klein ist, daß Reibungswiderstand beim Absinken und Auftrieb durch vertikale Luftströme innerhalb der Wolken ihr Ausfallen verhindern.

Als visuell besonders markantes Klimaelement haben die Wolken schon früh die Aufmerksamkeit auf sich gezogen. Folgende Fakten sind dabei von klimatologischem Interesse: 1. Menge, 2. Form, 3. Struktur, 4. Höhe der Unterfläche, 5. vertikale Erstreckung, 6. Zugrichtung und -geschwindigkeit. Jean Baptiste Lamarck (1801) sowie unabhängig von ihm Luke Howard (1803), dessen Klassifikation Goethe stark beeindruckte, waren die ersten Systematiker. Howards Einteilung geht im wesentlichen nur von den Formen selbst aus. Sie ist gegenüber der zwar genetisch befriedigenderen, aber lückenhaften Lamarcks systematisch konsequent und im Prinzip auch noch in der heute amtlich verwendeten Systematik enthalten.

Die Notwendigkeit einheitlicher Beobachtung ergab sich mit dem Aufbau des internationalen Wetterdienstes und des Klimastationsnetzes Ende des 19. Jh., wesentlich gefördert durch W. Köppen und G. Neumayer. So konnte bereits 1896 der erste, aus 28 Farbtafeln bestehende *Internationale Wolkenatlas* von H. Hildebrandsson, L. Teissereng de Bort und A. Riggenbach herausgegeben werden, der, unterstützt durch eine seit 1921 arbeitende internationale Kommission, erstmals in verschiedenen Sprachen 1930 in einer Kurzausgabe (mit 41 Tafeln) für den Beobachter und 1932 in einer großen Ausgabe (174 Tafeln!) erschien. Er wurde 1960 mit leicht veränderter Terminologie neu aufgelegt. Eine Sonderausgabe für tropische Wolken von C. Braak erschien 1932. Damit ist ein leicht zu handhabender Bestimmungsschlüssel gegeben, der zwar genetisch unbefriedigend ist, aber universell angewandt wird, und auf den sich, zugleich in Anlehnung an R. Süring (1941) und H. G. Cannegieter (1950), die nachstehenden Ausführungen stützen müssen. Die in Klammern beigefügten Abkürzungen sind international vereinbart. Auf genetische Einteilungen wird später eingegangen.

Zur *Messung* der Wolkenmenge und -zugrichtung bedient man sich, soweit nicht mit dem bloßen Auge geschätzt wird, des *Wolkenspiegels* oder Nephoskops, dessen Einteilung nach Quadranten und Zenitdistanzen bequemes Ablesen gestattet. Die *Wolkenhöhe* wird durch Anpeilen von Pilotballonen oder aufgelassenen Radiosonden mittels zweier Theodoliten, nachts durch Zuhilfenahme von Wolkenscheinwerfern, ermittelt. Neuere Methoden verwenden Radargeräte, womit zugleich mehrere Wolkenetagen auf den Schirm projiziert werden können.

Für die Ermittlung der Zahl und Größe der *Wolkentröpfchen,* aus denen jede Wasserwolke besteht, lassen sich verschiedene Methoden anwenden. H. Köhler (1925) fand Beziehungen zwischen Brechungsringen einer Lichtquelle und der Struktur des Nebels bzw. der Wolke. Weiterhin sind Versuche unternommen worden, den Tröpfchengehalt mit Mikroskopen, chemischen Methoden, Separatoren oder durch Niederschlagsmessung auf präparierten Flächen während Flügen (Diem 1942) zu fixieren. Verfeinerte Radarmessungen werden neben der groben Anordnung der Wolkenschichten in Zukunft auch ihre Feinstruktur ermitteln helfen, die wegen ihrer Bedeutung für die Strahlungsbilanz, den Lichteinfall und die Struktur der Niederschläge klimatologisch von Belang ist. Fest steht, daß die Tröpfchendichte und damit die Niederschlagsergiebigkeit je Volumeneinheit bei cumuliformen Wolken viermal so hoch ist wie bei stratiformen. M. Diem (1948) gab folgende Durchschnittswerte der Tröpfchengröße an: Stratocumulus 7,9 μ, Cumulus 8,9 μ, Altostratus 10,6 μ, Stratus 12,9 μ, Nimbostratus 13,2 μ, Cumulonimbus 14,6 μ.

Die *internationale Wolkenklassifikation* ist in der beifolgenden Tab. II. e) 12. in Übersicht wiedergegeben. Darin werden zunächst nach dem Stockwerk ihres Auftretens 4 *Wolkenfamilien* unterschieden:

Höhenstockwerk des Vorkommens			
Familie	Tropen	Mittelbreiten	Polargebiet
Hohe Wolken (CH)	6–18 km	5–13 km	3–8 km
Mittelhohe Wolken (CM)	2– 8 km	2– 5 km	2–4 km
Tiefe Wolken (CL)	0– km	0– 2 km	0–2 km
Wolken großer Vertikalerstreckung (CL) vom Boden bis wechselnde Gipfelhöhe			

Die angegebenen Höhengrenzen sind nur ungefähr zu verstehen, und nicht immer sind scharf zu trennende Wolkenstockwerke unterscheidbar. Die Höhenlage ein und desselben Typs wechselt ferner je nach der geographischen Breite – in höheren Breiten fällt schon dem flüchtigen Reisenden die viel niedrigere Höhenlage der Wolken auf – und Jahreszeit, aber auch in Abhängigkeit vom Wettertyp. In den Wintermonaten bzw. bei ozeanischen Luftmassen liegen die Wolkenuntergrenzen meist tiefer. Die international gebräuchlichen Abkürzungen der Hauptfamilien bedeuten: C = cloud, H = high, M = middle, L = low, womit jeweils die Wolkenbasis gemeint ist, so daß die Wolken mit vertikalem Aufbau auch als CL verschlüsselt werden.

Die vier Familien werden insgesamt in 10 *Gattungen,* und diese wieder in eine Reihe von *Arten* unterteilt, die oft ganz spezifischen Wetterlagen zugeordnet werden können und für bestimmte Klimaregionen charakteristisch sind.

Die hohen Wolken werden in der Fachnomenklatur als *Cirren* bezeichnet, in der Umgangssprache *„Schleier- oder Federwolken“* genannt. Sie bestehen *ausschließlich aus Eiskristallen,* die wegen der Wasserdampfarmut der kalten hohen Troposphärenschichten nur sehr dünn verteilt sind. Es werden drei Gattungen Unterschieden: *Cirrus (Ci), Cirrocumulus (Cc), Cirrostratus (Cs).* Die Struktur der Cirren ist faserig. Sie mindern daher das Durchdringen des Sonnenlichtes nur wenig. Auch die manchmal von den Wolken herabhängenden, infolge Verdunstung in tieferen, wärmeren Schichten sich dann auflösenden Fallstreifen *(„Virga“)* bestehen aus Eiskristallen und erscheinen daher reinweiß. Infolge ihres hellen Reflexes ist die Gesamtlichtmenge bei cirrusbedecktem Himmel wesentlich größer als bei wolkenlosem Wetter, eine zwar in der Photographie längst geläufige Tatsache, die aber auch für die Assimilation der Pflanzen von Bedeutung ist.

Infolge ihrer großen Höhe erscheinen die *Cirren* dem bloßen Auge oftmals nahezu stillstehend und gleichhoch. In Wirklichkeit gehören die einzelnen *Cirrus*wolken häufig mehreren Niveaus oder ansteigenden Aufgleitflächen bis zur Obergrenze der Troposphäre an; besonders bei sich kreuzenden *Cirrus*fahnen verschiedener Zugrichtung läßt sich die Schichtung auch innerhalb dieses höchsten Wolkenraumes erkennen. Bei einem Flug durch *Cirrus*wolken gewinnt man einen Eindruck von ihrer beträchtlichen Vertikalerstreckung und ihrer faserig-schleierhaften Struktur. *Cirren* sind häufig, aber nicht immer streifenförmig angeordnet und die äußersten Vorboten einer nahenden Schlechtwetterfront [vgl. Kap. III. b) 1. u. 3.], auch wenn in den unteren Luftschichten noch antizyklonale Schönwettercumuli herrschen (Abb. II. e) 12.). Nach der äußeren Form unterscheiden wir u. a. *Hakencirren (Cirrus uncinus,* Abb. II. e) 19.), *Fadencirren (Cirrus fibratus), Wirbelcirren (Cirrus vertebratus),* um die klimatisch wichtigeren und häufigeren zu nennen. Parallele, den ganzen Himmel überziehende *Cirrus*streifen, die infolge der perspektivischen Täuschung zum Horizont zu konvergieren scheinen, werden als *Polarbanden (Cirrus radiatus)* bezeichnet.

Wie in den niedrigen Schichten gibt es auch im *Cirrus*niveau haufenförmige Wolkengebilde (Abb. A II. e) 12.), die einzeln oder in Gruppen und ganzen Feldern auftreten und der weiten Entfernung wegen wie zierliche Kräusel aussehen, winzige Schäfchen- oder Lämmerwolken, deren Vertikalerstreckung dabei keineswegs gering ist und die wie die anderen *Cirrus*wolken auch aus Eiskristallen bestehen. Sie werden in Analogie zu den Hauptgattungen der unter 4 genannten Familie *Cirrocumulus (Cc)* genannt. Sie sind häufig ebenso wie die vorgenannte Gattung Schlecht-

Tab. II.e) 12. Die amtliche Klassifikation der Wolken (mit Abkürzungen)

Gattung	Art		Unterart		Besonderheiten u. Begleitwolken	
Cirrus (Ci) (Hohe Federwolke)	fibratus (fib)	= faserig	intortus (in)	= verflochten	mamma (mam)	= mit beutelförmigen Auswüchsen
	uncinus (unc)	= haken-, krallenförmig	radiatus (ra)	= strahlenförmig		
	spissatus (spi)	= dicht	vertebratus (ve)	= grätenförmig		
	castellanus (cas)	= türmchenförmig	duplicatus (du)	= doppelschichtig		
	floccus (flo)	= flockenförmig				
Cirrocumulus (Cc) (Hohe Schäfchenwolke)	stratiformis (str)	= schichtförmig	undulatus (un)	= wogenförmig	virga (vir)	= mit Fallstreifen
	lenticularis (len)	= linsen-, mandelförmig	lacunosus (la)	= durchlöchert	mamma (mam)	= mit beutelförmigen Auswüchsen
	castellanus (cas)	= türmchenförmig				
	floccus (flo)	= flockenförmig				
Cirrostratus (Cs) (Hohe Schleierwolke)	fibratus (fib)	= faserig	duplicatus (du)	= doppelschichtig		
	nebulosus (neb)	= nebelartig	undulatus (un)	= wogenförmig		
Altocumulus (Ac) (Grobe Schäfchenwolke)	stratiformis (str)	= schichtförmig	translucidus (tr)	= durchscheinend	virga (vir)	= mit Fallstreifen
	lenticularis (len)	= linsen-, mandelförmig	perlucidus (pe)	= durchsichtig (Lücken)	mamma (mam)	= mit beutelförmigen Auswüchsen
	castellanus (cas)	= türmchenförmig	opacus (op)	= nicht durchscheinend		
	floccus (flo)	= flockenförmig	duplicatus (du)	= doppelschichtig		
			undulatus (un)	= wogenförmig		
			radiatus (ra)	= strahlenförmig		
			lacunosus (la)	= durchlöchert		
Altostratus (As) (Mittelhohe Schichtwolke)			translucidus (tr)	= durchscheinend	virga (vir)	= mit Fallstreifen
			opacus (op)	= nicht durchscheinend	praecipitati (pra)	= mit Niederschlag
			duplicatus (du)	= doppelschichtig	pannus (pan)	= mit Fetzen
			undulatus (un)	= wogenförmig	mamma (mam)	= mit beutelförm. Auswüchsen
			radiatus (ra)	= strahlenförmig		
Nimbostratus (Ns) (Regen-Schichtwolke)					praecipitatio (pra)	= mit Niederschlag
					virga (vir)	= mit Fallstreifen
					pannus (pan)	= mit Fetzen

Stratocumulus (Sc) (Schicht-Haufenwolke)	stratiformis (str)	= schichtförmig	translucidus(tr)	= durchscheinend	mamma (mam)	= mit beutelförmigen Auswüchsen
	lenticularis (len)	= linsen-, mandelförmig	perlucidus (pe)	= durchsichtig (Lücken)	virga(vir)	= mit Fallstreifen
	castellanus(cas)	= türmchenförmig	opacus(op)	= nicht durchscheinend	praecipitatio (pra)	= mit Niederschlag
			duplicatus (du)	= doppelschichtig		
			undulatus (un)	= wogenförmig,		
			radiatus (ra)	= strahlenförmig		
			lacunosus (la)	= durchlöchert		
Stratus(St) (Niedrige Schichtwolke)	nebulosus(neb)	= nebenartig	translucidus(tr)	= durchscheinend	praecipitatio (pra)	= mit Niederschlag
	fractus (fra)	= zerrissen	opacus(op)	= nicht durchscheinend		
			undulatus(un)	= wogenförmig		
Cumulus (Cu) (Haufenwolke)	humilis(hum)	= wenig entwickelt	radiatus(ra)	= strahlenförmig	pileus(pil)	= mit Kappe
	mediocris(med)	= mittelmäßig			velum(vel)	= mit Schleier
	congestus(con)	= mächtig aufquellend			virga(vir)	= mit Fallstreifen
	fractus(fra)	= zerrissen			praecipitatio (pra)	= Niederschlag
					arcus(arc)	= mit Böenkragen
					pannus(pan)	= mit Fetzen
					tuba(tub)	= mit Wolkenschlauch
Cumulonimbus (Cb) (Schauer- u. Gewitterwolke)	calvus (cal)	= kahl (nicht faserig)			praecipitatio (pra)	= mit Niederschlag
	capillatus (cap)	= behaart (faserig)			virga (vir)	= mit Fallstreifen
					pannus (pan)	= mit Fetzen
					incus (inc)	= mit Amboß
					mamma (mam)	= mit beutelförm. Auswüchsen
					pileus (pil)	= mit Kappe
					velum (vel)	= mit Schleier
					arcus (arc)	= mit Böenkragen
					tuba (tub)	= mit Wolkenschlauch

Abb. II.e) 10. *Cirrus uncinus* (Hakencirren) über dem Pfaffenwinkel in Oberbayern. (Phot. Meteor. Obs. Hohenpeißenberg, 14. 10. 1953)
Die Windrichtung im *Cirrus*niveau ist von links (W) nach rechts (E). Der Haken des Hakencirrus reicht höher hinauf als der langgestreckte „Schweif“

Abb. II.e) 11. Hohe Schleierwolkenstreifen (*Cirrus fibratus*) und Schönwetterwolken (*Cumulus humilis*). (Phot. Meteor. Obs. Hohenpeißenberg, 11. 7. 1950)
Die Schleierwolken kündigen die ersten Vorläufer einer heranziehenden Schlechtwetterfront an, während in den unteren Schichten noch niedrige mittägliche Schönwetterwolken das abziehende Zwischenhoch kennzeichnen

Abb. II.e) 12. Lückenhafte *Cirrocumulus*decke (*Cirrocumulus lacunaris*). (Phot. J. Grunow, 21. 8. 1961) An den Rändern der in Auflösung begriffenen hohen Wolkendecke tritt die ballenförmige Struktur der Schicht deutlich hervor

wetterboten und deuten zumindest auf vertikale Labilität in diesen hohen Troposphärenschichten hin, hängen aber im Gegensatz zu den meisten normalen *Cumuli* der tieferen Niveaus nicht mehr direkt mit der einstrahlungsbedingten Konvektion über dem Erdboden zusammen, sondern sind Advektionsfolgen.

Schließlich gehören zu der Familie der oberen Wolken noch die mehr oder weniger dichten, nahezu strukturlosen lichtdurchlässigen *Schleierwolken (Cirrostratus, Cs),* die als dünner Hauch oder dichter Schleier vor allem als Vorboten einer nahenden Regenfront aufzutreten pflegen. Wo kein zusammenhängender Schleier, sondern nur eine räumlich begrenzte, strukturlos erscheinende Wolkenpartie auftritt, spricht man noch nicht von *Cirrostratus,* sondern von *Cirrus spissatus. Cirrostratus* verbirgt wie alle zusammenhängenden Wolkenformen dem Auge häufig andere Formen dieses bzw. höherer Niveaus. Föhnige Auflösung von *Cirrus*schleiern vor dem Gebirgsrande ergibt linsenförmige Restwolken (Abb. II. e) 16.).

Dünner Cirrostratus verursacht oft besondere Lichterscheinungen, die als *Halo* bezeichnet werden. Es handelt sich um regenbogenfarbige Ringe um Sonne oder Mond mit einem Radius von 22 oder 45°. Sie werden hervorgerufen durch Brechung des Lichtes an den Eiskristallen der Wolke. Zuweilen entstehen nebensonnenähnliche Strahlenbündelungen zwischen den Quadranten, die durch vertikale Strahlensäulen mit dem Lichtgestirn selbst verbunden sein können. Haloerscheinungen sind im Bereich unseres zyklonalen Westdriftklimas keine Seltenheit, müssen vielmehr als eine lichtklimatische Eigenart unseres Klimas aufgefaßt werden und werden z. T. sogar prognostisch ausgewertet, weil sie sich gern in den ersten Schleiervorboten einer nahenden Schlechtwetterfront einzustellen pflegen. Auch im Polargebiet sind sie häufig, in den Tropen hingegen seltener.

Abb. II.e) 13. *Altostratus*decke mit föhnigen Aufheiterungslücken am Alpenrande bei einer typischen Inversionslage mit Absinktendenz in den unteren Schichten. (Phot. Meteor. Obs. Hohenpeißenberg, 23. 12. 1950)
Die bodennahe dunsterfüllte Kaltluft über der Schneedecke weist Morgentemperaturen von −12,6° auf, während der mit 245 m relativer Höhe aus der Kaltluft noch herausragende, 975 m hohe Hohenpeißenberg über der Inversion eine Temperatur von +0,8° besitzt

Abb. II.e) 14. Föhnig aufgelöste Reste einer Altostratusdecke, wodurch die Struktur der Bewölkung entschleiert wird; Blick südwärts gegen den Alpennordrand. (Phot. Meteor. Obs. Hohenpeißenberg, 9. 11. 1959)

Abb. II.e) 15. Schäfchenwolken (*Altocumulus undulatus*). (Phot. Meteor. Obs. Hohenpeißenberg, 19. 11. 1959)
Sie treten häufig am Rande eines ausgedehnten Schlechtwettergebietes auf, besonders bei tiefer stehender Sonne in einem regelmäßigen Muster von gelblichen und bläulichen Farbschattierungen schimmernd

Cirrostratuswolken pflegen, wenn sie einer heranrückenden Warmfront zugehören, ganz allmählich in tiefere, aus Wassertröpfchen bestehende und daher grau erscheinende Wolkenmassen größerer Mächtigkeit und Lichtabsorption überzugehen, so daß die Sonne nur noch als diffuser heller Fleck in gleichförmigem Grau oder überhaupt nicht mehr sichtbar ist. Solche Fälle verdeutlichen besonders eindrucksvoll, daß ein klarer Stockwerkbau der Wolken keineswegs immer gegeben ist und daher hier die Trennung allein nach der Höhenlage genetisch zusammengehörige Formen zerreißt. Diese Wolken gehören nämlich dann bereits zur nächsten Familie, den mittelhohen Wolken.

Genetisch nicht zu verwechseln mit den Cirren des oberen Wolkenniveaus sind die sog. *falschen Cirren* (früher als *Cirrus nothus* gesondert benannt), die als ausfasernder, Vereisung anzeigender Kranz die Gewitter- oder Schauerwolken begleiten können.

Die mittleren oder *mittelhohen Wolken* werden durch das Bestimmungswort *Alto-* vor dem Gattungsnamen gekennzeichnet. Eine dichte Schichtwolke in diesem Niveau wird als *Altostratus* bezeichnet (Abb. II. e) 13.). Auch bei den mittelhohen Wolken wird zwischen ausgebreiteten, deckenartigen Formen (Gattung *Altostratus, As*) und den als mehr oder minder individuelle haufenförmige Gebilde entwickelten Formen (Gattung *Altocumulus, Ac* oder früher *Acu*) unterschieden. Gleichmäßig graue dichte Himmelsbedeckung, allenfalls mit faserig-streifiger Struktur, gehört zur Gattung *Altostratus.* Sie ist nicht nur eine sehr häufige Wolkenart unseres Klimas, sondern meistens für anhaltende Regenfälle geringer bis mittlerer Tropfengröße verantwortlich. Ch. F. Brooks (1951) fand dies in Blue Hill für $^2/_3$ aller Fälle bestätigt. Im Winterhalbjahr, bei fehlender Wärmekonvektion, spielen diese Wolken anteilmäßig in unseren Breiten eine größere Rolle als im Sommer. Als typische Aufgleitwolke ist ihre Grenzfläche vielfach in flache Wellen gelegt *(„undulatus“)*, die wenn die Schichtdicke relativ gering und die Wolkenlage daher lichtdurchlässig genug ist und die Sonne niedriger steht, die beschienenen Wolkenrücken gelblich und die im Schatten liegenden Wolkenmulden bläulich durchschimmern läßt. Es entsteht auf diese Weise oft ein regelmäßiges gelblich-bläuliches Farbmosaik am Himmel. Unterschiedliche Schichtdicke führt dazu, daß die Sonne in dem einen Fall noch als verschwommener heller Fleck erkennbar ist, im anderen dagegen nicht mehr. Diese beiden Formen sind auch systematisch unterschieden als *Altostratus translucidus* und *As opacus*. Bei Wolkenlücken *(„lacunosus“)* fasert sich der *As* oft, meistens als Folge von Abtrocknungsvorgängen in dieser Schicht, in perlmutterfarbig irisierenden hellen Rändern auf, an denen die Struktur der ganzen *As*-Decke skelettartig hervortritt (Abb. II. e) 14.).

Man wendet auch bei *Altocumulus,* dessen Abgrenzung gegen *Altostratus* oft nicht sehr scharf ist, die Unterscheidung *translucidus* und *opacus* an. Die oft ausgeprägte Farbenfreudigkeit einer lockeren Altocumulusdecke ist vielfach gepaart mit auffallender, geradezu geometrischer Regelmäßigkeit des Anordnungsmusters der einzelnen Wolkenballen (Schäfchenwolken, „mackerel sky“), welche die ursprüngliche Wellenstruktur der Altocumulusdecke verraten (*Altocumulus undulatus,* Abb. II. e) 15.). Schäfchenwolken sind nicht minder häufig als *Altostratus,* meist in letzteren übergehend oder aus ihm hervorgehend. So ästhetisch ansprechende, farbgetönte regelmäßige Wolkenbilder dadurch auch entstehen, die von empfänglichen Menschen als Gebilde wohltuender Harmonie empfunden werden mögen, so sind sie doch das Kennzeichen nahegelegener frontaler Aufgleitvorgänge und daher oftmals Vorläufer oder zumindest randliche Begleiter von Landregen – G. Schindler (1939) fand bei 69% von 700 Fällen innerhalb 24 Std. nachfolgend Regen –, können also nicht als Schönwetterwolken bezeichnet werden.

Bei absteigender Luftbewegung tritt fortschreitende Auflösung einer *Altostratus*- oder *Altocumulus*decke ein, anfangs partiell in Gestalt einzelner Lücken und Fenster *(„lacunosus“)*, später um sich greifend und nur mehr linsenförmige Reste belassend (*Altostratus* bzw. *Altocumulus lenticularis, Ac len,* früher *Acu lent* [Abb. II. e) 16.]). Linsenwolken kommen allerdings ebenso oft auch bei *Altocumulus* und *Cirrostratus* vor. Bei Föhnwetterlagen stellen sie als Zeugen stehender Wellenkämme im Vorland des Gebirgshindernisses eine sehr typische Erscheinung dar (Abb. II. e) 17.). Die Moazagotl-Wolke (lautgerecht auch „Motzagotel“ geschrieben) über dem Hirschberger Talkessel des Nordrandes des Riesengebirges ist ein bekanntes und oft zitiertes Beispiel hierfür. Sie treten aber auch ohne orographisches Hindernis im Zuge allgemein absteigender Luftströmung auf und zeigen im allgemeinen Aufheiterungstendenz bei stabiler Hochdrucklage an, können aber auch, dann freilich räumlich eng begrenzt und meist vereinzelt, bei Gewitterlagen unmittelbar vor der Unwetterfront beobachtet werden. Das erklärt sich zwanglos aus der Tatsache, daß bei heftiger Konvektion neben schlotartigen Aufwinden auch ebenso eng begrenzte absteigende Ausgleichswinde eingeschaltet zu sein pflegen.

Die Entstehung von *Altocumulus*wolken, seltener bei *Cirro*- oder *Stratocumulus*-wolken, vollzieht sich bei schwüler Witterung und fallendem Luftdruck häufig in einer prognostisch bedeutungsvollen charakteristischen Form: nach klarer Nacht und

Abb. II.e) 16. Föhnlücke am Alpennordrand (westlich des Säulings) mit zahlreichen fischförmigen *Altostratus-lenticularis*-Wolken. (Phot. Meteor. Obs. Hohenpeißenberg, 5. 1. 1960)
Die Niederung ist noch dunstig; die Berge selbst treten in der trockenen Föhnluft unwirklich klar hervor. Über der Föhnlücke sind höhere dünne Schleierwolken erkennbar

Abb. II.e) 17. Stehende Föhnwellen im *Altocumulus*niveau über dem Wettersteingebirge. (Phot. Meteor. Obs. Hohenpeißenberg, 1. 3. 1958)

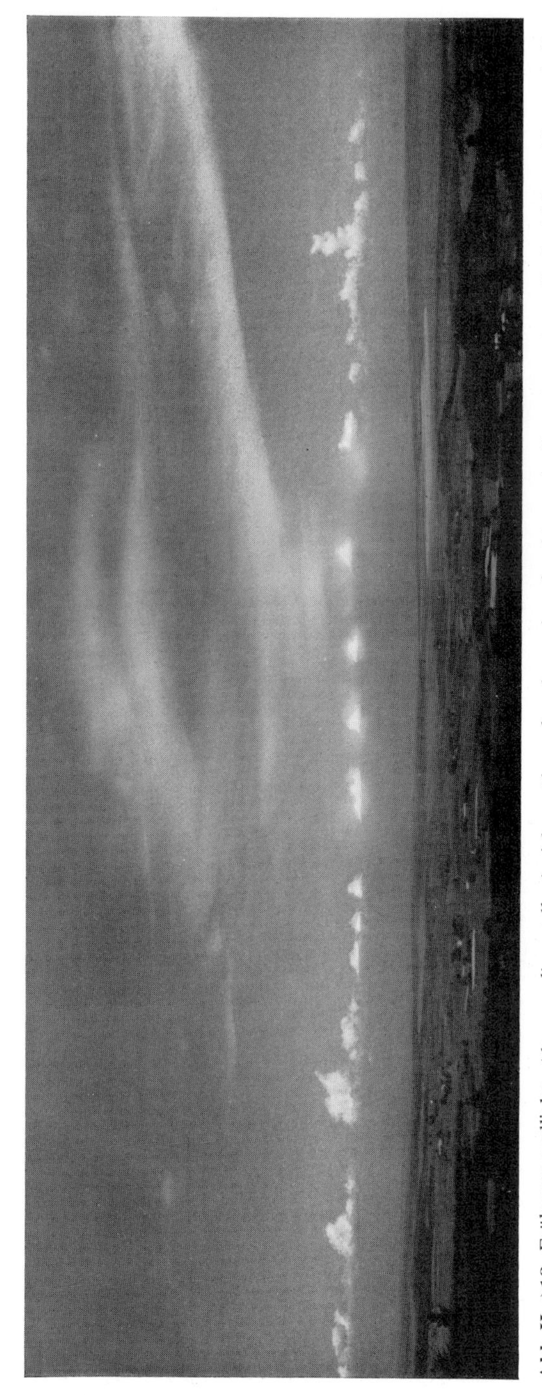

Abb. II.e)18. Frühmorgendliche *Altocumuli castellani*, sich vorübergehend aus einer feuchtegeschwängerten unteren Luftschicht auftürmend, über dem Pfaffenwinkel gegen den Ammersee hin. (Phot. Meteor. Obs. Hohenpeißenberg, 23. 5. 1950)
Die Untergrenze der *Altocumulus*kette schwankt und liegt oft niedriger als bei normalen *Altocumuli*. In der Höhe die *Cirrus*vorboten einer nahenden Wetterverschlechterung

meist starkem Taufall, der hohe relative Feuchte verrät, entstehen schon frühmorgens mit Beginn der morgendlichen Sonneneinstrahlung am milchigblauen Himmel, an dem oftmals einzelne *Cirren* das Nahen einer Front ankündigen, Reihen von türmchenartigen Wolkenballen, die wie Zinnen einer Mauer aussehen und daher als *Altocumulus castellanus, Ac cas,* früher *A. castellatus,* bezeichnet werden (Abb. II. e) 18). Sie verschwinden oft im Laufe des Vormittags mit steigender Erhitzung und damit Erhöhung der Wasserdampfkapazität zunächst wieder, bis dann gegen Mittag umfangreiche Konvektion in Gang kommt und am Nachmittag oder Abend zu Gewittern führt. Verwandt mit den *Castellanus*wölkchen und auch prognostisch ähnlich verwendbar sind die *Altocumulus floccus* genannten Gebilde, Gruppen von kleinen, auffallend gleich gestalteten, an der Basis leicht zerfransten Wolkenbällchen.

Die tiefen Wolken, die im Luftraum von der Erdoberfläche bis etwa 2000 m vorkommen, werden in die Gattungen *Stratus (St)* und *Cumulus (Cu)* mit der Übergangsform *Stratocumulus (Sc)* unterteilt. Bei den *tiefen Schichtwolken* (St und Sc) werden je nach der Lichtdurchlässigkeit auch die Arten *translucidus* und *opacus* unterschieden. Bei den Schollen-, Walzen- oder Ballenstruktur verratenden *Stratocumuli* spielen ebenfalls gelbreflektierende Sonnen- und blaureflektierende Schattenseite eine farbnuancierende Rolle, während eine einheitliche *Stratus*decke strukturlos erscheint. Oft handelt es sich sowohl bei *St* wie auch bei *Sc* um abziehende *Hochnebelfelder* (Abb. II. e) 19) oder um abendlich abflachende, zusammensinkende Reste nachmittäglicher Quellwolken *(Stratocumulus vesperalis).* Auch die *Inversionsbewölkung* winterlicher Bodenkaltluft im Alpenvorland, die föhnig-klares Wetter (Abb. II. e) 20) oder bereits heranziehendes Schlechtwetter darüber verbirgt, gehört hierher. Niedrige Wolkendecken können also genetisch durchaus gegensätzlicher Entstehung sein. Daß ihre Formen in der Regel diffus begrenzt sind, ergibt sich aus ihrer Nähe zum Beobachter und ihrer von der ständig wechselnden Unterlage her beeinflußten Gestalt. Da Aufgleitvorgänge in diesen bodennäheren Luftschichten noch keine entscheidende Rolle spielen und das Kondensationsniveau vielfach nur eben gerade erreicht wird, liefern diese flach geschichteten Wolken keine nennenswerten Niederschläge, allenfalls feintropfiges Nieseln oder im Winter Griesel.

Auf eine Sonderform der niederen Wolken muß jedoch noch hingewiesen werden, die bei Regenwetter ungemein charakteristisch ist: die rasch und in geringer Höhe über dem Erdboden dahinjagenden Wolkenfetzen zerrissener diffuser Gestalt, die als *Nimbofractus* bzw. *Fractostratus* oder *Fractocumulus* oder neuerdings als *Stratus fractus* oder *Cumulus fractus* mit dem weiteren Artnamen *„pannus“* dieser Wolkenfamilie zugeordnet werden. An Berghängen oder schon in den Baumwipfeln der Wälder pflegen sie oft zerfasernd hängen zu bleiben oder sich in Auswirkung des Staus zu bilden (Abb. II. e) 21 und II. e) 22). Sie werden vom Laien fälschlicherweise als Regenwolken bezeichnet, obwohl sie mit dem aus den mittelhohen *Altostratus*decken herabfallenden Niederschlag nur insofern etwas zu tun haben, als dieser durch seine mitgeführte Kälte und durch Verdunstungskälte günstige Voraussetzungen für sekundäre Kondensation in der sehr feuchten bodennahen Luft schafft. Solche Wolken und Wolkenfetzen bezeichnet man daher besser als *Regenbegleitwolken.* Sie können auch nach Aufhören des Regens noch erhalten bleiben oder in Nachbargebiete ziehen; jedenfalls sind sie bei Regen weit verbreitet und nach ergiebigen Landregen halten sie sich oft noch ziemlich lange. Die wassertriefende Vegetation, der feuchtigkeitsgesättigte Erdboden lassen es bei hoher Luftfeuchte leicht zu dieser

Abb. II.e) 19. Abziehendes und sich auflösendes Hochnebelfeld in etwa 800–900 m Höhe zwischen Ochsenkopf und Schneeberg im Fichtelgebirge. Der Hochnebel hatte zu einer starken Rauhreifbildung in den Bergwäldern geführt. (Phot. Blüthgen, 23. 1. 1961)

Abb. II.e) 20. Spätherbstliche Inversionshochnebel über dem Alpenvorland mit guter Fernsicht oberhalb der Inversionsschicht; Blick vom Hohenpeißenberg auf das Ammergebirge und die Tannheimer Berge. (Phot. Meteor. Obs. Hohenpeißenberg, 24. 11. 1958)

Abb. II.e)21. Mehrschichtige zyklonale Staubewölkung (*Nimbostratus fractus*) unterhalb einer regnenden *Altostratus*decke (Frontdurchzug) im unteren Romsdal; die Spitze des 1555 m hohen Romsdalshornes (1530 m relativ!) ist über der Bildmitte in den unteren Wolken soeben erkennbar. (Phot. Blüthgen, 15. 8. 1957)

Abb. II.e)22. Niedrige *Fractus*-Staubewölkung bei nordöstlicher Luftströmung am Alpennordrand (Loisachtal mit Krottenkopf) am Nordrande eines Oberitalientiefs, dessen Aufgleitschirm im *Altostratus*niveau, randlich auflockernd, bis zum Alpenvorland herüberreicht. (Phot. Meteor. Obs. Hohenpeißenberg, 7. 9. 1952)

an sich harmlosen Kondensation kommen; Wälder, Hänge, Moore und Talgründe dampfen förmlich, bis Temperaturzunahme und ggf. Wind Abtrocknung bzw. Abtransport des Feuchteüberschusses bewirken.

Reicht ein dichter Altostratus mit seinen tieferen Teilen in das Niveau der niederen Wolken herab, etwa am unteren Ende einer Aufgleitfläche, so wird die durch mindestens 2 Stockwerke reichende Wolke als *Nimbostratus (Ns)* bezeichnet. Sie ist die echte Regenwolke, aus der besonders im Zusammenhang mit Warmfronten *großflächig Dauerniederschlag* auftritt. Sie ist nach R. Süring (1950) zur 4. Wolkenfamilie, derjenigen mit großer vertikaler Ausdehnung, zu rechnen. Entsprechend der großen Wolkenmächtigkeit erscheint die Untergrenze des Nimbostratus häufig dunkelgrau. Sie ist gleichzeitig durch Wolkenfetzen (Nimbofractus) gegliedert.

Die Haufenwolken mit den Gattungen *Cumulus* (gewöhnliche Haufenwolke Cu) und *Cumulonimbus (Gewitter- oder Schauerwolke,* Cb) werden in zahlreiche Arten gegliedert. Generell sind Haufenwolken scharf begrenzt, nach oben durch quellige Formen, nach unten meist durch eine ausgeprägte Horizontalbasis, eben das Kondensationsniveau. Die Unterseite ist wegen der vertikalen Mächtigkeit des Wolkengebildes in der Regel beschattet und von grauer bis blaugrauer Farbe. Der Segelflieger nutzt gern die in *Cumulus*wolken anzutreffenden Aufwinde aus, sofern sie nicht zu heftig und böig sind. Das Nebeneinander zahlreicher *Cumulus*wolken verrät die *zellige Struktur* der Atmosphäre. Die durch die einstrahlungsbedingte Bodenerwärmung veranlaßte Luftauflockerung vollzieht sich also nicht in Form eines gleichmäßig geschlossenen Anhebens, sondern in der Vielzahl kleinster „Schlotströmungen", wie sie sich in den *Cu*-Wolken dokumentieren, gewissermaßen ein Ablösen einzelner „Luftblasen" durch den Auftrieb nach oben.

Haufenwolken sind, soweit sie unmittelbaren thermischen Ursprungs sind und nicht durch dynamische Vorgänge ausgelöst werden, eine Erscheinung der warmen Jahreszeit bzw. wärmerer und dabei feuchter Klimate. In den Trockenzonen fehlen sie trotz starker Bodenerhitzung oftmals tagelang, weil absteigende Luftbewegung von den höheren Luftschichten her der Quelltendenz von unten her entgegenwirkt. Oder aber sie beschränken sich auf eine konstante Schicht der Atmosphäre, wie man es bei den anfangs relativ niedrigen *Cumuli der ozeanischen Passatregionen* beobachten kann und wie es bei stabilen antizyklonalen Wetterlagen von den Tropen bis weit in die hohen Mittelbreiten zu beobachten ist. In den feuchten Tropen wachsen hingegen die Quellwolken alltäglich zu mehrere Kilometer mächtigen Wolkengebirgen auf, die enormen Energieumsetzungen verdeutlichend, welche in diesem Klima extremer Feuchtlabilität an sie geknüpft sind. Hinsichtlich des *Tagesganges* sind es parallel zum Temperaturgang vornehmlich die Stunden vom späteren Vormittag bis zum Nachmittag, während derer sich Quellwolken einstellen. Vor Ausbildung der scharf abgesetzten Quellformen selbst sind meist milchige Dunsttrübungen *(Cu fumulus)* als Vor- oder Initialstadien erkennbar. So wie sie sich über Mittag auftürmen, dabei oft kompliziertere Formen annehmend, pflegen sie, stabile Wetterlage vorausgesetzt, gegen Abend wieder zu schrumpfen und auszuschichten *(Cu vesperalis)* bis zur völligen Auflösung des Nachts. In selteneren Fällen kann es allerdings insofern zu einem inversen Tagesgang ihres Auftretens kommen, wenn nämlich im Spätherbst der Wärmeüberhang des Meerwassers sich vor allem nachts bemerkbar macht und zu nächtlicher *Cumulus*bildung führt.

Ist die Quelltendenz bei antizyklonalen Wetterlagen nur schwach entwickelt, kommt es zu niedrigen, gleichmäßigen, ein und demselben Niveau angehörenden Haufenwolken, die als *Schönwetterwolken (Cu humulis* oder *mediocris)* ausgesprochen stabiles Wetter anzeigen (Abb. II. e) 23). Dazu gehören genetisch auch die sogenannten *Passatwolken,* die durch die Feuchtigkeitsaufnahme des ursprünglich extrem trockenen Grundpassates über dem Meere entstehen und die Höhenlage der charakteristischen Passatinversion anzeigen. Flache *Cu-humilis*-Formen resultieren oftmals auch aus der Umwandlung von *Stratocumulus*- oder Hochnebeldecken.

Bei vermehrter Quellung nimmt die *Cumulus*wolke eine stärkere Vertikalerstrekkung ein, wird massiger und zeigt in sich vielfach gegliederte, scharf abgegrenzte Teilkuppen, einem „Blumenkohl" nicht unähnlich. Solche Gebilde, die sich bereits durch kräftige Aufwinde auszeichnen, werden *Cu congestus* (Abb. II. e) 24) genannt. Hierzu gehören auch die künstlich hervorgerufenen pilzförmigen Wolkengebilde über Waldbränden (Abb. II. e) 27), Feuersbrünsten, Explosionen usw.

Weiteres Fortschreiten der Konvektion führt zur Bildung von Quellwolken der Gattung *Cumulonimbus (Cb),* die sich von den Cu con dadurch unterscheiden, daß ihre oberen Teile infolge einsetzender Vereisung die faserige Struktur der Cirrenwolken annehmen, an ihren Rändern diffus werden (Abb. II. e) 25). Die *Vertikalerstreckung* dieser Gebilde beläuft sich auf mehrere 1000 m, in den Tropen bis 12, ja nicht selten 16 oder gar 20 km, d.h. bis zur Tropopause hinauf, und in ihnen sind bereits so große Mengen von Wasserdampf zur Kondensation gelangt, daß es im Verein mit den starken Aufwinden und Abkühlungsvorgängen zu räumlich zwar begrenzten, aber großtropfigen, ergiebigen Schauerniederschlägen kommt. Aus den sehr kalten oberen Teilen fällt vielfach Graupel oder gar Hagel. Trotz dieser kalten Kappe und lokal begrenzter Fallböen ist aber die Quellwolke als Ganzes infolge der freiwerdenden Kondensationswärme wärmer als ihre Umgebung im gleichen Niveau, was erhebliche praktische Konsequenzen mit sich bringt (Feuchtlabilität, Auftrieb, Vereisungsgrenze usw. als Faktoren für die Luftfahrt). Die Eiskeime der ausfasernden hohen Teile der Quellwolke geben beim Eindringen in den eigentlichen Wasserwolkenkörper darunter in der Regel erst den Anlaß zur raschen Schlagregenbildung im Verein mit den Aufwinden, die die Regentropfen in einer solchen Wolke trotz wachsenden Umfanges noch in labilem Gleichgewicht schwebend erhalten. Solche dichten Wolken verschlucken das Sonnenlicht in höchstem Maße, während sie andererseits bei seitlichem Auflicht grellgelbe Reflexe hervorrufen, die der Landschaft immer neue, oft ungewöhnliche Beleuchtungseffekte verleihen.

Ist die Vereisung der oberen Ränder vorerst noch begrenzt, spricht man von *Cb calvus,* zerfasert sich der Wolkensaum jedoch bereits in strähnige Gebilde (sogenannte *falsche Cirren, Cirrus nothus),* so nennt man die Wolke *Cb capillatus.* Wächst sich schließlich die Vereisungskappe zu einem kreisrunden pilzförmigen Schirm aus, der im Querprofil wie ein Amboß aussieht, so spricht man von *Cb incus* (Abb. II. e) 26). Das ist die bei Gewittern und Kaltluftschauerwolken übliche reife Form.

Bei den *Cb*-Wolken gibt es eine große Vielfalt der Erscheinungsformen und demzufolge komplizierter *Himmelsansichten,* die bis zur Extremformen des sogenannten *chaotischen Himmels* führen, wie sie an Gewittertagen oder bei kräftigem winterlichem Böenwetter aus NW beobachtet wird. Die Vertikalbewegungen führen dabei oftmals zu sekundären Begleitformen wie etwa den *Pileus (Pi)* genannten mützenartigen Kappen über aufquellenden *Cumuli* (Abb. II. e) 28). Die Zerfaserung der *Cb*-Wolken kann bis zur völligen Verschleierung der scharfbegrenzten Quellränder

Abb. II.e)23. Mittägliche Schönwetterwolken (*Cumulus humilis*) in einem Niveau ohne nennenswerte Vertikalerstreckung. (Phot. Meteor. Obs. Hohenpeißenberg, 27. 7. 1952)

Abb. II.e)24. Stark aufgetürmte Quellwolke (*cumulus congestus*), noch ohne Vereisungszeichen. Die blumenkohlähnliche, unruhige Form ist bedingt durch die aus zahllosen eng begrenzten Aufstiegszellen bestehende Quelltendenz des Gesamtbildes; vielfach Vorstadium einer Gewitterwolke. (Phot. J. Grunow, 17. 5. 1960)

Abb. II.e)25. *Cumulonimbus*wolken (Böenwolken über der Nordsee) mit vereisenden Kappen, die allmählich die Pilz- und Amboßform annehmen und noch von den Strahlen der untergehenden Sonne erreicht werden. Rasches und kräftiges Aufquellen über dem wärmeren Meerwasser. Eine Sperrschicht begrenzt die Ambosse nach oben. (Phot. F. Krügler, 30. 7. 1953)

Abb. II.e)26. Luftaufnahme eines die Wolkensperrschicht durchstoßenden vereisenden Amboß eines *Comulonimbus capillatus incus* (Aprilschauerwettertyp). (Phot. Reichsamt für Wetterdienst)

Abb. II.e)27. Durch einen umfangreichen Waldbrand im östlichen Südnorwegen hervorgerufene *Cumulus*wolke. (Phot. Ola Sörhus, Rena [Norwegen])
Es ist deutlich zu erkennen, wie der aufsteigende Warmluftstrom an einer antizyklonalen Inversionsschicht, die durch die niedrigen *Cumulus-mediocris*-Wolken im Hintergrund belegt wird, zunächst aufgehalten wird und sich teilweise entlang dieser Sperrschicht in der Horizontalen ausbreitet, bevor er sie aufquellend durchstößt. Ähnliche Phänomene sind auch während des Krieges über den durch Luftangriffe verheerten Städten mit ihren Feuerstürmen zu beobachten gewesen

führen, die vielfach nur noch an einzelnen Stellen durchschimmern und den *Cu*-Charakter des Wolkengebildes verraten. Wachsen benachbarte Gewitterwolken zusammen, entsteht stark verdunkelndes, chaotisches Gewölk (Abb. II.e) 29). Bei böigem Wetter, bei dem neben Aufwirbelungen auch absteigende, durch Höhenvereisung ausgelöste Luftbewegung beteiligt ist, werden oftmals die dunklen unteren,

Abb. II.e)28. *Cumulus congestus* (links) und *Cu. capillatus* (rechts, auch *pileus* genannt), *Altocumulus*bänke durchstoßend. (Phot. Meteor. Obs. Hohenpeißenberg, 14. 8. 1952)
Die „Hauben" um den rechten *Cumulus*turm sind nicht mit diesem verwachsen, sondern ein Anzeichen der Anhebung der die Quellwolke umgebenden Luft bis zur Kondensation

aus Wassertröpfchen bestehenden Basispartien der *Cb* eher aufgelöst als die oberen Eispartien, die dann als unechte *Cirrus*gebilde, häufig mit ansetzenden Fallstreifen in der Höhe „hängend", übrigbleiben.

Cb-Formen kommen in jeder Jahreszeit vor, wenngleich sie im *Sommer* bei dem dann starken thermischen Auflockerungseffekt häufiger sind als im Winter. Sie reichen in der warmen Jahreszeit auch höher hinauf. Mäßige Gewitterwolken pflegen in unseren Breiten zwischen 6000 bis 7000 m zu enden, schwere Gewitterwolken dagegen können bis an die Grenze der Troposphäre bei 10 000 m, in den Tropen auch noch höher (bis 20 km), reichen.

Im Polargebiet selbst fehlen *Cu*- oder *Cb*-Wolken fast ganz; selbst die dynamisch verursachte Turbulenz reicht hier zu ihrer Bildung nicht aus, so daß stratiforme Wolken bei weitem vorwiegen, was u. a. J. P. Koch und A. Wegener bereits 1912–1913 in Nordgrönland beobachteten.

Im Winter sind Cb in den Klimaten der Mittelbreiten ausschließlich eine Folge einbrechender Kaltluft. Besonders wirksam sind sie über relativ warmen Meeren. Demzufolge sind auch die mediterranen Winterregen in der Regel mit kurzdauernden heftigen Güssen verbunden, wenn auch kräftige Landregen aus Nimbostratusdecken im Zusammenhang mit Kaltfronten nicht selten sind. Die tropischen Zenitalregen sind dagegen vornehmlich an Cu con und Cb gebunden, die sich alltäglich in der feuchtlabil geschichteten Luft bilden, tagsüber relativ dicht zusammenstehen, um sich gegen Abend im allgemeinen wieder aufzulösen, soweit nicht unperiodische zyklonale Störungen die Tagesperiodizität verschleiern, was auch in den Tropen viel verbreiteter ist als gemeinhin in unzulässiger Vereinfachung angenommen wird.

Abb. II.e)29. Chaotische Himmelsansicht bei einer weit fortgeschrittenen Gewittersituation kurz vor dem Ausbruch. (Phot. Meteor. Obs. Hohenpeißenberg, 13. 7. 1951)
Bemerkenswert ist das enge Nebeneinander von regnenden *Cumolonimbus*wolken (links) und sich zäh haltenden Wolkenlücken mit blauem Himmel (oben rechts), die an kompensierende Abwinde gebunden sind

Abb. II.e)30. *Cumulonimbus mamma*. Herabhängende Wolkenballen an der Untergrenze einer kompakten umfangreichen Gewitterwolke (Aufnahme vom Mittelmeer). (Phot. O. Berninger, 1962)

Eine aufschlußreiche vergleichende Studie über die Genese von *Cumulus*wolken aus dem Meeresgebiet bei Puerto Rico, aus dem Zentralbereich der USA und aus Neu-Mexico, die wir Battan und Braham Jr. (1956) verdanken, läßt erkennen, daß eine *geographische Differenzierung* dieser Wolkengattung durchaus möglich und physikalisch begründet ist. Es zeigte sich nämlich, daß für jedes der drei Gebiete die *Cu*-Wolken charakteristische Werte nach Basishöhe, Vertikalerstreckung, Wassergehalt, Eiskristallgehalt und Temperatur aufwiesen. Am niedrigsten waren die passatischen *Cumuli* von Puerto Rico mit reiner Wasserkondensation und positiven Temperaturen im ganzen Wolkenraum, während Zentral-USA bei höher gelegener Basis und höher hinauf reichender Vertikalerstreckung bereits einen – prozentual noch kleinen – Sublimationsanteil aufwiesen, der dann bei den Wolken von Neu-Mexico bei größerer Höhe und tieferer Temperatur den Hauptanteil bildete. Der mittlere Wassergehalt je cm^3 schwankte bei allen drei Varianten relativ wenig und lag zwischen 4,1 und 4,8 g/m^3. Diese Ergebnisse konnten durch Zuhilfenahme von Radarmessungen erzielt werden. In den feuchten Innertropen gehört die weitaus größte Zahl der Quellwolken dem Cu con-Typ an, deren obere Grenze schon um 3500 m liegt (Weischet, 1965). Aus ihnen fallen als warmen, wasserdampfreichen Wasserwolken verbreitet Schauerniederschläge. Über das Niveau der Cu con heben sich im weiten Abstand hochreichende, oben vereiste Cumulonimben heraus. An sie ist die Gewitterhäufigkeit der feuchten Tropen gebunden.

Eine in den feuchten Tropen häufige, in den Mittelbreiten mitunter auffällige Eigenart von Cb-Wolken ist ihre unregelmäßig durchhängende Unterfläche in der Form zahlreicher, weiblichen Brüsten ähnlicher Gebilde (Abb. II.e) 30). Solche Wolken werden als *Cb mamma,* früher *mammatus,* spezifiziert. Ihre Genese ist noch umstritten. Auf jeden Fall sind sie bei kräftigem Gewittergewölk nicht selten und liefern bei tiefstehender Sonne besonders reizvolle Beleuchtungseffekte. Ähnliche Formen einer Mammaunterfläche, gewissermaßen mit abwärts gerichteter, paradoxer Quelltendenz, sind übrigens auch bei *Strato-* und *Altocumuli* zu beobachten.

Neben den vorstehend genannten Wolkengattungen und -arten, die in ihrer mannigfaltigen Kombination als „*Himmelsansichten*" den Landschaftseindruck und -inhalt in den einzelnen Klimaten maßgeblich gestalten helfen – dieser komplexe Begriff der internationalen Klassifikation impliziert bereits genetische Gesichtspunkte –, gibt es noch seltene Kondensationsgebilde feinfaseriger oder schleierartiger Struktur in der Stratosphäre, die auf vulkanische Auswurfprodukte (Aschen), kosmischen Staub oder Verdampfungsreste zurückzuführen sind und scheinbar bewegungslos, in Wirklichkeit aber mit 50–100 m/sec Zuggeschwindigkeit (G. Witt, 1962, daselbst gute, z.T. farbige Aufnahmen!) dahinziehend am Nachthimmel als schwach leuchtende oder irisierende Streifen erkenntlich sind: die sog. *leuchtenden Nachtwolken,* deren Höhe zu durchschnittlich 80–85 km ermittelt wurde. Sie werden auf das Zusammentreffen von Feuchtigkeitsresten mit kosmischem Staub in der unteren Mesosphäre erklärt (Chapman u. Kendall, 1965). Etwas tiefer befinden sich die hohen *Perlmutterwolken,* welche Störmer (1964) in 23–27 km Höhe festgestellt und mit der unterschiedlichen Höhenlage der Tropopause zwischen Pol und Äquator und den sich daraus ergebenden Diskontinuitäten in Zusammenhang gebracht hat (gute Farbaufnahmen in Weather, 1964, S. 117).

Die vorgenannten Erläuterungen gingen von der mehr oder weniger formenbeschreibenden internationalen Klassifikation aus, die es auch dem wissenschaftlich ungeschulten Beobachter ermöglicht, vergleichbare Angaben zu machen. Darin liegt zweifellos ihr praktischer Vorteil. Für eine genetisch begründende Klimatologie reicht dieses Formalprinzip aber nicht aus. Vielmehr müssen die physikalischen Einzel- und Komplexvorgänge im Wettergeschehen im Sinne einer *genetischen Wolkeneinteilung* zugrunde gelegt werden. Den erstgenannten Weg beschritt bereits T. Bergeron in seiner oft zitierten grundlegenden Untersuchung „Über die dreidimensional verknüpfende Wetteranalyse" (1928), wo er folgende Einteilung (Tab. II. e) 13) nach den *physikalischen Einzelprozessen* gab:

Tab. II.e) 13. Wolkenelemente und -formen. (Nach T. Bergeron, 1928)

Gruppe	Wolkenelement	charakteristischer Niederschlag	cumuliforme Wolken	stratiforme Wolken
I	komplette Kristalle	Eisnadeln	*Cc* ohne Halo	*Cs nebulosus*
II	komplette Kristalle und Skelette	trockener Pulverschnee		*Cs fibratus* *Ci Uncinus*
III	Skelette und Nebeltröpfchen	Schneeflocken und/ oder Reifgraupeln oder Frostgraupeln	*Cb* (Winter)	*As*
IV	Nebeltröpfchen	(trockener Nebel)	*Cu*	*St, Sc, Ac*
V	Nieseltröpfchen	Nasser Nebel, Niesel	*Cu*	*St, Sc, Ac*
VI	Regentropfen	Regen oder Hagel	*Cb* (Sommer)	*Ns*

Geographisch-klimatologisch ergiebiger sind die genetischen Einteilungen, die sich auf die *begleitenden Wettervorgänge* stützen. Zuerst muß die von J. Bjerknes und C. K. M. Douglas ausgearbeitete und von letzterem 1934 publizierte Gliederung besprochen werden, bei der der Charakter der Luftströmungsart zugrunde liegt (Tab. II. e) 14).

Tab. II.e) 14. Wolkenklassifikation nach J. Bjerknes und C. K. M. Douglas (1934)

A. Wolkensysteme bei langsamer, aber umfassender Vertikalströmung, über einem großen Gebiet, meist verbunden mit Dauerniederschlag; hierzu gehören *Ns, As, Cs* und z. T. *Ci*.

B. *Cumulus*- und *Cumulonimbus*gruppe (einschl. z. T. *Ci* oder *As* von *Cb*-Ambossen), begrenzte Luftpakete, die im Verhältnis zu ihrer Umgebung aufsteigen.

C. Wolken, die bei turbulenter Bewegung entstehen und meist in bestimmten Schichten angeordnet sind (*St, Sc, Ac, Cc*, auch *St fra*); sie verdanken ihre Entstehung letztlich der Abkühlung an der Erdoberfläche, von der sie durch turbulente Bewegung abgehoben werden.

D. Linsenwolken und Flockenwolken, glattrandig, Ergebnis lokalen begrenzten Aufstiegs (Anhebens) entlang einer feuchten Luftschichtfläche.

Sehr viel ausführlicher hat etwa gleichzeitig (Handbuch der Geophysik Bd. IX, 1937, S. 312–314) G. Stüve eine *umfassende genetische Wolkenklassifikation* gegeben, von der hier nur die Hauptkennzeichen genannt sein mögen (Tab. II. e) 15).

Diese Einteilung ist bemerkenswert durch die darin ausgeschiedene Gruppe „orographischer Wolken" (III), was freilich nicht dazu verführen darf, daß die übri-

Tab. II.e) 15. Wolkenklassifikation nach G. Stüve (1937)

I. Wolken, die außerhalb des Raumes auftreten, in dem sie entstehen: *Virga, Ci, Ci uncinus*,
II. Wolken, bei denen Entstehung und Auftreten im gleichen Luftraum stattfinden:
  a) thermische Konvektionswolken, cumuliforme Wolken,
    1. keine Diskontinuitätsfläche beteiligt, horizontale Kondensationsbasis: *Cu, Cb,*
    2. hervorgehend aus *Sc* oder *Ac* durch Aufsteigen der Schicht bis zu latenter Konvektionsinstabilität: *Sc castellanus, Ac castellanus*,
  b) dynamische Konvektionswolken unterhalb einer Absinkfläche, mit flüssigen Bestandteilen: *Sc, Ac*, mit festen: *Cc*,
  c) Advektionswolken
    1. durch aktives Aufgleiten über einer Inversion: *As, As virga, Ns*,
    2. durch passives Aufgleiten über einer Inversion: *Cu mammatus*, z. T. *Cb*,
    3. durch Aufgleiten an einer freien Aufgleitfläche: *St mammatus*,
  d) Wolken, die durch Anhebungsvorgänge entstehen; hierzu gehören als Wasserwolken *Cu pileus* und die verschiedenen *Lenticularis*-Arten, als Eiswolken *Ci pileus* von *Cb*, ferner *Cs, Ci,*
  e) Turbulenzwolken; die Turbulenz entsteht durch Bodenreibung in der Grundschicht: *St fra, Cu fra, Cu*.
III. Orographische Wolken, die keine neuen Formen liefern, sondern deren Eigenart in der geographischen Bindung an bestimmte Erdoberflächenverhältnisse liegt:
  a) durch Gebirge verursachte Wolken,
    1. Stauwolken auf der Luvseite des Gebirges (Abb. II.e) 31),
    2. Wolkenfahnen an der Leeseite eines Berges (Abb. II.e) 32),
  b) Küstenbewölkung infolge von Reibungsunterschieden See-Land,
  c) Thermisch bedingte Bewölkung auf Grund unterschiedlicher Erwärmung der Erdoberfläche.

gen Wolkenformen als geographisch minder wichtig betrachtet werden. Für den geographischen Klimatologen ist entscheidend das charakteristische Nebeneinander und räumliche Auftreten von Wolken und ihrer Abfolge auf der Erde, wie auch immer ihre Entstehung sein mag.

Schließlich muß noch die *frontologische Einteilung* von S. Petterssen (1940) erwähnt werden (Tab. II.e) 16), die die Brücke zur Luftmassenkunde schlägt.

Verwandt mit dieser Betrachtungsweise ist das synoptisch-genetisch gegliederte, im übrigen aber beschreibende Klassifikationsverfahren von P. Schereschewsky und P. Wehrlé der „Systèmes nuageux" (1923, s. Tab. II.e) 17). Es hat vor allem in der französisch-sprachigen synoptischen Klimatologie eine gewisse Rolle gespielt. So anschaulich dieses Verfahren ist, so konnte es sich doch in der Synoptik nicht durchsetzen und fand merkwürdigerweise in Klimahandbüchern bisher keinen Eingang.

Tab. II.e) 16. Wolkenklassifikation nach S. Petterssen (1940)

A. Luftmasseninterne Wolken, die den Stabilitätszustand der Luftmasse kennzeichnen,
  1. in instabilen Luftmassen: *Cu humilis, Cu congestus, Cb calvus, Cb incus, Cb capillatus, Cb mammatus*, z.T. *Ci densus* soweit von *Cb*-Ambossen stammend,
  2. in stabilen Luftmassen: *St*, Nebel.
B. Wolken an Diskontinuitätsflächen innerhalb von oder zwischen Luftmassen,
  1. an quasihorizontalen Inversionen: *Sc, Ac, Sc vesperalis, Sc castellanus, Sc cumulogenitus, Cu undulatus, Ac castellanus*,
  2. Wolken an frontalen Aufgleitflächen, bei stabilen Luftmassen: *As*, bei insgesamt instabilen Luftmassen: *Cb arcus*, dazwischen liegen Übergänge mit unten stabiler Schichtung, der labile Quelltürme aufgesetzt sind.

Abb. II.e)31. Staubewölkung mit Anhebungskappen über Kap Farvel (Südspitze Grönlands), dessen Gipfel sich in den Wolken befinden; Westwind. (Phot. F. Krügler, 22. 8. 1957)

Abb. II.e)32. Typische Leewolkenfahne am Matterhorn bei Westwind (von rechts). (Phot. M. Rikli, Institut für Farbenphotographie Zürich)
Die Kondensationswirkung wird verstärkt durch die intensive Besonnung und damit Verdunstung, der die Leehänge des Gipfels ausgesetzt sind

Tab. II.e) 17. Wolkenklassifikation nach den Himmelsansichten im Bereich einer Störung. (Nach Ph. Schereschewsky und Ph. Wehrle, 1923)

I. Ansicht des *oberen und mittleren Wolkenhimmels*
1. *Vorläufer:* einzelne *Ci* oder kleine, voneinander getrennte Gruppen von *Ci*,
2. typischer *Vorderseitenhimmel*: *Ci* in feinen regelmäßigen Streifen angeordnet, allmählicher Übergang zu Schleiern von *Cs* und *As*,
3. *absterbender Vorderseitenhimmel:* regelmäßige, meist in Banden angeordnete mittlere Wolken. Ziemlich dichte Ac-Bänke fließen zu einer geschlossenen Schicht zusammen,
4. *Himmel der Nord- und Südflanke:* kleine isolierte, hohe und mittlere Wolken, oft von Lenticularis-Form; meist in dauernder Umformung,
5. Himmel der *Zentralzone*: tiefe Wolkendecke, milchiger Schleier von *As*, *Ns*, gleichzeitig mit *Fst* oder *Fcu*, Dauerregen,
6. Himmel im *Kern einer absterbenden Störung*: tiefe Wolkendecke, milchiger Schleier von *As* und *Ac*, manchmal mit *Fst* oder *Fcu*, gleichmäßige, aber schwache Niederschläge, dunstiger Himmel, meist ziemlich schwacher Wind,
7. *Rückseitenhimmel:* unbeständiges Wetter, häufiger Wechsel von Aufklaren mit außergewöhnlich guter Sicht und regendrohendem Wetter mit Regenböen, vorherrschend *Cb*, obere Wolken dicht und ziemlich niedrig,
8. *Himmel vor Gewittern:* dichte *Ci* mit weichen Formen, teilweise Schleier von dichten *Ci, Ac cas* oder *flo* und *Ac* in zerrissenen Flocken, sehr schwacher Wind,
9. *Gewitterhimmel:* chaotischer Himmel (*Cb*), fast unbeweglich, zuweilen mamma-Formen, dichte *Ci*- und verschiedene *Ac*-Formen.

II. Ansicht des *tiefen Wolkenhimmels*
a) *Konvektionshimmel*
1. Schönwetter-*Cu*-Himmel: leichte *Cu* mit horizontaler Basis und wenig aufgetürmt, abends zusammenfließend zu *Ac* und *Sc vesp*,
2) aufgetürmter *Cu*-Himmel ohne *Cb*: dichte brodelnde *Cu*, aber ohne *Ci* an den Gipfeln,
3. mächtig aufgetürmter *Cu*-Himmel mit *Cb*,

b) *Turbulenzhimmel*
1. Schichtwolkenhimmel: ziemlich tiefe Wolkendecke von *Sc*; Wetter, abgesehen von Nieseln, nicht regnerisch, aber dunstig und feucht,
2. Schlechtwetterhimmel: mehr oder weniger gleichmäßige Decke von *Fst* oder *Fcu*,

c) *Himmel mit verschiedenen Wolken*
1. Himmel mit Schichtwolken und Schönwetter-*Cu*,
2. Himmel mit Schichtwolken und aufgetürmten *Cu*,
3. Schlechtwetterhimmel mit aufgetürmten *Cu*.

Die verschiedene Dichte bzw. Geschlossenheit der Bewölkung ergibt den Grad der *Himmelsbedeckung.* Sie wird im Klimadienst nach Zehnteln, im synoptischen Dienst nach Achteln geschätzt, wobei die horizontnahen Zonen der Perspektive wegen nur kritisch berücksichtigt werden können. Schätzungsfehler spielen daher eine große Rolle; sie hängen stark von der Horizontal- und Vertikalerstreckung der Wolken ab. Außerdem ist natürlich die Nachtbeobachtung der Bewölkung erschwert. In den Ortskreisen der gedruckten Wetterkarten wird die Bewölkung meist nur in Vierteln angegeben: 0 bis $^3/_{10}$ = wolkenlos bis heiter, $^4/_{10}$ bis $^7/_{10}$ = wolkig, $> {^7/_{10}}$ bedeckt bzw. trübe. Linien gleichen Bewölkungsgrades werden als *Isonephen* bezeichnet. Ihre Anordnung über die Erde geht aus den Abb. II. e) 33 und 34 nach R. Geiger sowie aus den Breitenkreismitteln nach C. E. P. Brooks der Tab. II. e) 18 hervor. Analog der relativen Feuchte heben sich als stark bewölkte Zonen die Polarregionen und die ozeanischen Mittelbreiten von 50–65° N bzw. 45–60° S hervor. Monsunklimate haben ein Sommermaximum der Bewölkung, Etesienklimate ein ausgeprägtes Win-

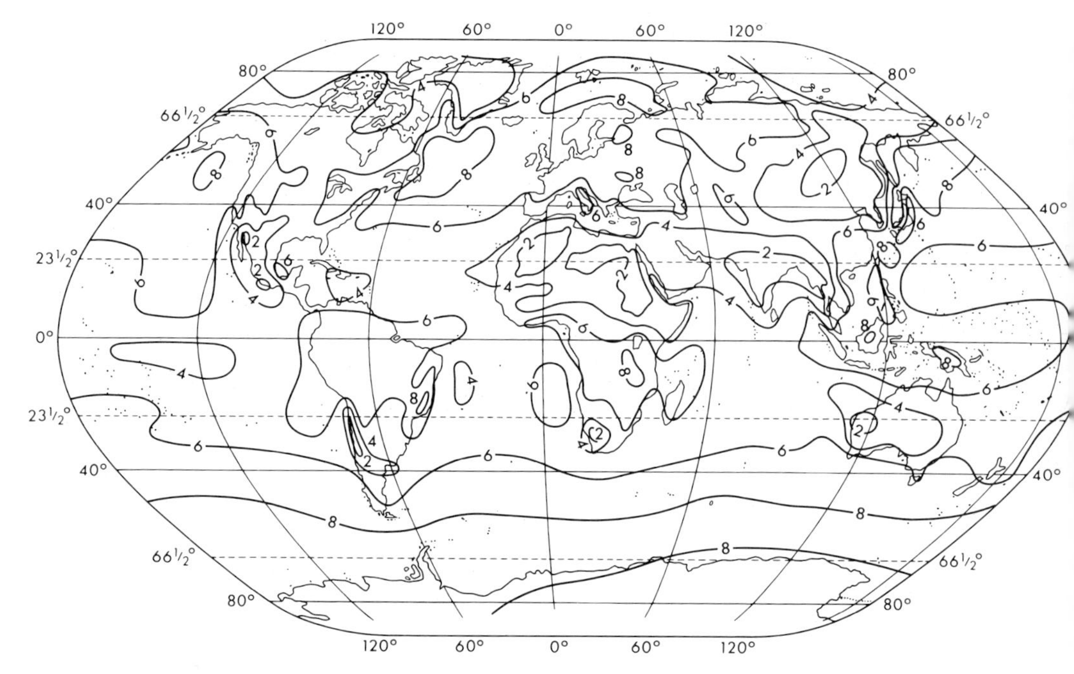

Abb. II.e)33. Mittlere Himmelsbedeckung im Januar. Die Isolinien geben den Bewölkungsgrad in Zehntel Himmelsbedeckung. (Vereinfachte Wiedergabe der Karte im Maßstab 1:30 Mill. von R. Geiger, Darmstadt 1964)

Tabelle II.e) 18. Mittlerer monatlicher Bewölkungsgrad der einzelnen Breitenkreise sowie für Kontinente und Ozeane in %. (Nach C. E. P. Brooks)

Breite	J	F	M	A	M	J	J	A	S	O	N	D	Jahr
90–80°N	36	47	56	46	76	87	**90**	85	84	64	45	*41*	63
80–70°N	56	56	55	63	70	74	75	76	**78**	75	63	*50*	66
70–60°N	57	56	*54*	59	65	66	66	68	71	**72**	67	60	63
60–50°N	59	*57*	*57*	59	64	63	63	62	62	**67**	**67**	64	62
50–40°N	59	57	57	57	56	56	54	*49*	*49*	54	58	**61**	56
40–30°N	50	**49**	**49**	48	48	43	42	*39*	*39*	43	45	48	45
30–20°N	41	41	41	39	41	43	**45**	44	40	39	*38*	40	41
20–10°N	40	*39*	*39*	40	47	53	**59**	58	54	46	44	44	47
10–0 °N	50	*48*	49	53	54	56	**57**	55	53	53	53	53	53
0–10°S	54	53	53	52	*50*	*50*	*50*	52	53	53	53	**55**	52
10–20°S	**54**	52	52	49	46	45	*43*	44	*43*	47	49	**54**	48
20–30°S	49	**50**	**50**	47	48	48	*47*	*45*	48	47	49	**50**	48
30–40°S	53	*52*	54	53	55	**56**	**56**	54	55	**56**	55	*52*	54
40–50°S	64	65	*63*	64	64	67	**69**	64	66	67	67	66	66
50–60°S	76	69	71	74	**83**	82	70	69	*68*	71	71	75	72
60–70°S	86	80	80	72	72	*66*	68	74	75	77	**83**	80	76
70–80°S	64	**80**	69	69	64	*47*	49	59	65	74	62	63	64
Kontinente	47	*47*	*47*	48	49	**50**	49	48	48	49	49	**50**	49
Ozeane	**59**	58	58	*57*	58	58	**59**	58	58	**59**	58	**59**	58

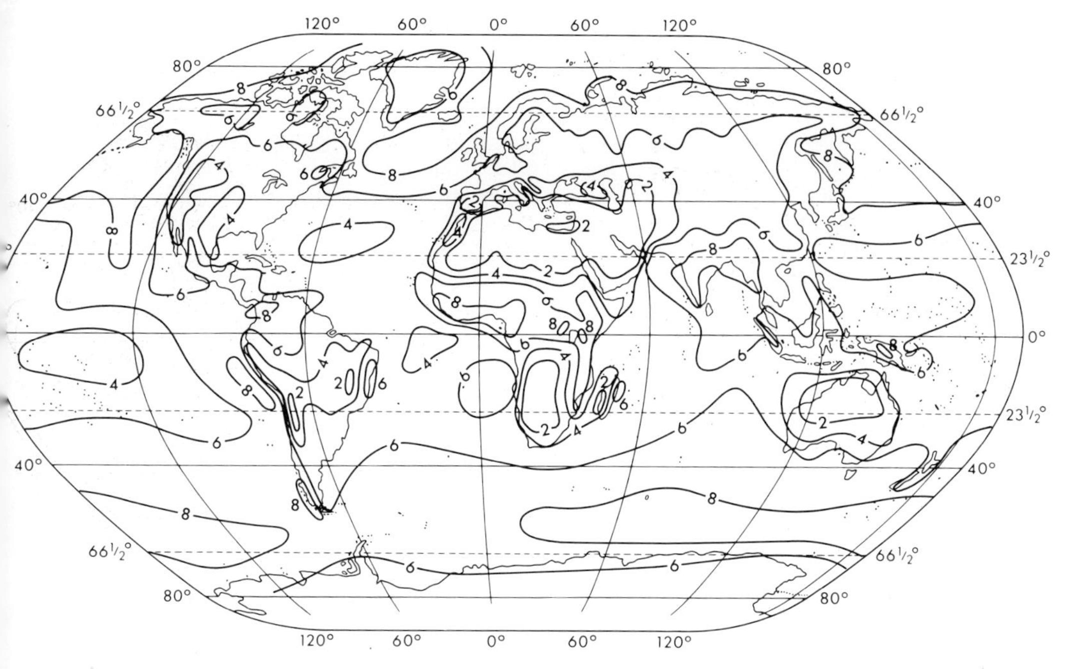

Abb. II.e) 34. Mittlere Himmelsbedeckung im Juli. Die Isolinien geben den Bewölkungsgrad in Zehntel Himmelsbedeckung. (Vereinfachte Wiedergabe der Karte im Maßstab 1 : 30 Mill. von R. Geiger, Darmstadt 1964)

termaximum. Gebrochene Bewölkung ist für die wärmere Jahreszeit bzw. Zone, geschlossene für die kühlere typisch. Maritime Bereiche sind wolkiger als kontinentale, soweit nicht absteigende Luftbewegung auch über dem Meere die Wolkenbildung verhindert (Roßbreiten!), oder andererseits Gebirgsrelief über dem Lande Stauerscheinungen hervorruft. Bezeichnenderweise führen die sommerlich vorwiegenden Quellwolken in unserem Klima dazu, daß die Gipfellagen entgegen dem Tiefland ein Sommermaximum der Bewölkung besitzen, während sie im Winter oft über die tiefer ausgebreiteten Wolkendecken, die die Täler seenartig ausfüllen, hinausragen. Darin manifestiert sich auch die winterliche strahlungsklimatische Gunst mancher Höhenkurorte wie z.B. Davos oder St. Moritz. In der Äquatorialregion herrscht vorwiegend Quellbewölkung mit ausgeprägtem Tagesgang, d.h. nachmittäglichen Wolkenmassen und nächtlicher Klarheit, so daß ein fiktiver mittlerer Durchschnittswert der Bewölkung resultiert, der demnach richtig gedeutet werden muß (vgl. die beifolgende Bewölkungstabelle nach Breitenzonen, Tabelle II.e) 18).

Über den Tagesgang der meteorologischen Erscheinungen, insbesondere der Bewölkung, in den inneren Tropen von Westjava, gesehen vom Gipfel des 3000 m hohen Vulkankegels Pangerango, berichtet C. Braak:

„Gegen Sonnenaufgang, wenn das zarte Morgenlicht den Himmel färbt und die Erdoberfläche und untersten Luftschichten erst wenig bestrahlt werden, sieht man durch die noch sehr durchsichtige Atmosphäre die dunklen Umrisse der Vulkane sich scharf gegen den hellen Hintergrund abzeichnen; ausgenommen hier und da eine kleine durch Windstauung entstandene Wolkenhaube, tragen die Berge gewöhnlich keine Wolken, eine Folge der nächtlichen

Abkühlung, die der Luft eine absteigende Bewegung gegeben und die Haufenwolken des vorigen Tages aufgelöst hat. Das sichtbare Resultat dieser Abkühlung sieht man vor sich liegen im weißen auf der Erdoberfläche ruhenden Nebelkleid, womit hier und da die niedrigsten, flachen Stellen bedeckt sind.

„Da jetzt die Wolken verschwunden oder zu Stratusformen abgeplattet sind, sieht man vom Pangerango ungehindert über Java hinweg in der Längsachse der Insel, bei klarer Luft bis zum Slamat in Mitteljava und nach der andern Seite bis an die Berge Sumatras. Doch nach Norden und Süden ist die Aussicht verdeckt von Reihen großer Haufenwolken über der Javasee und dem Indischen Ozean, welche zeigen, daß in der Nacht der Kreislauf von Land- und Seewind sich umgekehrt hat, und daß jetzt, durch die höhere Temperatur der Meeresoberfläche, die aufsteigende Bewegung über dem Meere stattfindet. Auf beiden Seiten stehen diese schon von der Morgensonne gefärbten Haufenwolken in einiger Entfernung von der Küste in einer unabsehbaren Reihe; teils sind sie noch in voller Entwicklung, mehrere sind schon zu hohen Cumulonimbi mit Cirrusgipfeln ausgewachsen oder schon ausgeregnet und zu einem flachen Cirrusschirm eingeschrumpft.

„Bald nachdem die Sonne über den Horizont hinaufgestiegen ist und man durch die Luft als beleuchtetes Medium hindurchsieht, fangen die Bergsilhouetten an, sich zu verwischen, und heben sich die horizontalen Dunststreifen deutlicher ab; dieser Dunst kann in der Trockenzeit so dicht werden, daß vom oben beschriebenen Bilde alles unterhalb 2000 m so gut wie unsichtbar wird. Die sichtbare Welt wird dann nach unten abgeschlossen von einer Dunstschicht mit waagerechter, scharf begrenzter Oberseite, an deren Oberfläche gewölbte Schichtwolken schwimmen. Oberhalb dieser Dunstschicht zeigen sich in der sehr klaren Luft dieser abgeschlossenen Welt die Berg- und Wolkenformen in außerordentlicher Schärfe.

„Später am Tage fängt die Sonne an zu zeigen, was sie mit ihrer Wärme vermag, wenn sie die Nebel in den Tälern aufschwellen macht und auflöst, und erst längs den erhitzten Bergabhängen, dann auch über der Ebene die Cumuluswolken aufsteigen läßt.

Die Bildung der Cumuluswolken wird nun von so überwiegender Bedeutung, daß sie für die nächsten Stunden alles andere in den Hintergrund drängt. Die Wolkengebilde erheben sich und fallen wieder zusammen, aber steigen doch allmählich höher, verdecken schließlich die Aussicht und hüllen den Gipfel in Nebel ein.

„Wenn dann im Laufe des Nachmittags, wie es oft geschieht, der Gipfel wieder frei wird, sieht man um sich her die Erfolge der Böenbildung in mancherlei Form; während an der einen Seite die dunklen Haufenwolken sich in der Ferne tausende Meter über dem Gipfel erheben und von Blitzen durchleuchtet werden, hat anderswo der Kondensationsprozeß seine Kraft eingebüßt und schweben formlose Wolkenreste über der Ebene. Hier und da regnet es noch, anderwärts scheint die niedrigstehende Sonne auf das sich allmählich abflachende, aber immer noch unruhige Wolkenmeer.

„Die ebnende Wirkung und die Auflösung setzen sich nachts fort, und am folgenden Morgen sieht man über dem Lande wieder das Resultat der Abkühlung: alle geballten Formen sind verschwunden, und auf dem Erdboden und in den Inversionsschichten der Atmosphäre, die die absteigende Bewegung gehemmt haben, sind die Produkte der nächtlichen Ausstrahlung wieder horizontal ausgebreitet als Morgennebel und dünne Schichtwolken." (Aus C. Braak: Het Klimaat van Nederlandsch-Indie, Bd. 2, Batavia 1928, S. 207.)

f) Niederschläge

1. Begriffsbestimmung und Systematik

Unter Niederschlag (precipitation in Englisch oder Französisch) kann man ganz allgemein den aus der A. in flüssiger oder fester Form an die Erdoberfläche zurückgeführten, niedergeschlagenen Wasserdampf verstehen. In der Meteorologie und Klimatologie ist der Begriff ohne Zusatz aber eingeengt auf jene *Ausscheidungen des Wasserdampfes in fester oder flüssiger Form, welche unter dem Einfluß der Schwere aus Wolken ausfallen.* Diese „fallenden Niederschläge" machen mengenmäßig den weitaus größten Teil aus. Sie sind genetisch klar zu trennen von den direkten Kondensations- und Sublimationsausfällungen des Wasserdampfes an Gegenständen der Erdoberfläche in Form von Tau oder Reif, deren Entstehung bereits in Kap. II. e) 1 behandelt wurde. Man faßt letztere häufig unter dem Begriff der *Ablagerungen* zusammen. Eine Zwischenstellung nehmen die *„abgesetzten Niederschläge"* ein. Sie entstehen aus Wassertröpfchen, die als solche zwar schon in der A. vorhanden aber noch nicht groß genug sind, um allein unter der Wirkung der Schwerkraft ausfallen zu können. Erst wenn sie mit Gegenständen der Erdoberfläche in Berührung kommen, werden sie abgesetzt. Handelt es sich um nicht oder nur geringfügig unterkühlte Wassertröpfchen („nässender Nebel"), sind die Tröpfchen stark unterkühlt, bildet sich an der Auftreffstelle Raufreif, Rauhfrost oder Rauheis.

Das klimatologische Hauptphänomen sind die *fallenden Niederschläge.* Nach ihrer Physiognomie, Genese und Wirkung lassen sich *zwei* große *Gruppen* unterscheiden: *die flüssigen* - (Wasser-) *und die festen* (Eis-) Niederschläge. Ihre verschiedenen Erscheinungsformen müssen zusammen mit der Genese und der Meßmöglichkeit schwerpunktsmäßig behandelt werden. Die Absätze in flüssiger oder fester Form werden in den entsprechenden Kapiteln jeweils angehängt.

2. Flüssige Niederschläge, Entstehung, Messung

Flüssiger Niederschlag ist im Normalfall *„Regen"*. Es sind das Wassertröpfchen mit Durchmessern zwischen ungefähr 0,5 und maximal 5 mm. Sehr feintropfiger, flüssiger Niederschlag mit Durchmessern von 0,5–0,1 mm, von denen die größeren Tröpfchen eine sehr geringe Fallgeschwindigkeit haben, die kleineren noch in der Luft zu schweben scheinen, wird als *Niesel,* auch *Sprühregen*, bezeichnet.

Bezüglich der *Entstehung flüssigen Niederschlags* muß man davon ausgehen, daß zur Bildung eines Nieseltropfens die Vereinigung von einigen Tausend, zur Entstehung eines normalen Regentropfens der Zusammenschluß von ein paar Millionen Wolkentröpfchen notwendig ist. Da eine solche Anzahl von Wolkentröpfchen normalerweise auf ein Volumen von rund 100 Liter Wolkenluft verteilt ist, müssen die Vorgänge abgeleitet werden, die zu ihrem Zusammenschluß führen können. Dafür gibt es in der A. prinzipiell zwei Möglichkeiten: die Koagulation einerseits sowie der Weg über die Eisphase mit Sublimationswachstum, Vergraupelung oder Schneeflockenbildung und anschließendem Schmelzen.

Koagulation ist der direkte Zusammenschluß einer großen Zahl von Wolkentröpfchen bei gegenseitiger Berührung. Sie ist beschränkt auf reine Wasserwolken und *liefert* als Endprodukt *im Normalfall nur Niesel,* unter besonders günstigen Umständen evtl. kleintropfigen Regen. Zwei *Voraussetzungen* müssen erfüllt sein: die Wolkenluft muß *kolloid labil* sein, d. h. im Tröpfchenspektrum müssen relativ große Tröpfchen mit einem Durchmesser von über 36 μm (36/1000 mm) vorhanden sein, und die Wolke muß eine ausreichende Mächtigkeit haben. Erst die o.a. großen Tröpfchen unterscheiden sich nämlich in ihrer Sinkgeschwindigkeit bei Wolken ohne Aufwind oder in ihrer Steiggeschwindigkeit bei Aufwind so deutlich von dem Gros der kleineren Tröpfchen, daß bei den Bewegungen in der Wolke die Wahrscheinlichkeit von Zusammenstößen groß genug ist, damit auf einer realistischen Wegstrecke durch die Wolken am Ende ein Tropfen von genügender Größe entstehen kann, der trotz des Verdunstungsverlustes auf der Fallstrecke zwischen Wolkenuntergrenze und Erdoberfläche noch als Niederschlag am Boden ankommt. Große Wolkentröpfchen gibt es vorwiegend nur in wasserdampfreichen, „warmen Wolken" mit hoher Taupunktstemperatur und in Gebieten mit relativ geringer Konzentration von Wolkenkernen im background-Aerosol, also vorwiegend über den Ozeanen und in den niederschlagsreichen inneren Tropen.

Die Mächtigkeit der Wolke ist entscheidend für die *Koagulationsstrecke,* welche die Tröpfchen durch die Wolke nehmen können. Nimmt man zunächst einmal eine Wasserwolke ohne Auftrieb an, was praktisch in Schichtwolken des tiefen Niveaus (Stratus) verwirklicht ist, so muß diese bei großer kolloider Labilität rund 1000 m mächtig sein, damit die großen Tröpfchen bei ihrer Absinkbewegung aus den oberen Teilen der Wolken genügend häufig mit kleineren zusammentreffen können, um an der Wolkenuntergrenze die Größe eines ausfallenden Niederschlagströpfchens zu erreichen. Da aufwindlose Wasserwolken nur selten mächtiger als tausend Meter sind, bleibt die Tropfengröße des Niederschlags aus ihnen immer beschränkt. Typisch für sie ist der langsam niedergehende Niesel.

Bei Wasserwolken mit Auftrieb, das sind in der Wirklichkeit nur Haufenwolken mit beschränkter Vertikalausdehnung (Cu hum), wird der Ablauf der Niederschlagsbildung durch Koagulation etwas komplizierter. Um gegen einen Aufwind von 1 m/sec abzusinken, muß ein Tröpfchen einen Durchmesser von mindestens 0,2 mm haben. Die Länge des Auftriebsweges, auf dem das erreicht werden kann, hängt im einzelnen vom Tröpfchenspektrum in der Wolke ab. Auf alle Fälle muß wieder kolloide Labilität gewährleistet sein. Wenn man außerdem noch extrem warme und wasserdampfreiche Wolkenluft der Tropen mit einem Taupunkt von rund 20 °C annimmt, ist eine vertikale Mächtigkeit der Wolke von $1^{1}/_{2}$ km erforderlich, damit ein Tröpfchen im Gipfel der Wolke die notwendige Größe von 0,2 mm erreicht, um gegen den Aufwind von 1 m/sec noch sinken zu können. Daraus kann man bereits die Konsequenz ziehen, daß Konvektionswolken, die nicht über das untere Wolkenstockwerk hinausragen, unter normalen Temperatur- und Feuchtebedingungen der Außertropen überhaupt keinen Niederschlag liefern können. Cumulus humilis sind typische Schönwetterwolken.

Je stärker der Aufwind, umso größer muß der Tropfen durch Koagulation werden, um nach unten ausfallen zu können, und um so hochreichender muß die Wolke sein. Eine entscheidende *Grenze für das Wachstum von Wassertropfen,* sei es auf dem Wege auf- oder abwärts, wird bei einem *Durchmesser von 5 mm* erreicht. Größere Tropfen kann es nicht geben, da sie auf Grund ihrer eigenen Fallgeschwindigkeit von rund 8 m/sec so stark deformiert werden, daß sie in kleinere Tröpfchen auseinanderplatzen. Aus einer *Konvektionswolke mit starkem Aufwind* von 8 m/sec und mehr kann demnach zunächst einmal kein Niederschlag ausfallen, da die kleineren Tröpfchen mit ihrer geringeren Fallgeschwindigkeit sowieso nicht gegen den Aufwind durchkommen und diejenigen, die groß genug wären, in kleinere Tröpfchen zerstäubt werden. Alle zusammen werden vom Aufwind hochgehalten und hochgetragen und machen so in derselben Wolke den Koagulationsvorgang ein zweites, evtl.

sogar ein drittes oder viertes Mal durch. Folge ist, daß jene Tropfengröße, die gerade unterhalb der Zerplatzgrenze liegt, stark angereichert wird und für den Moment zum Ausfallen bereitsteht, wenn der Aufwind ein bißchen nachläßt. Dann fällt plötzlich ein heftiger Regen aus großen Tropfen mit großer Tropfendichte *(Platzregen, Starkregen).*

Aufwinde von 8 m/sec kommen außerhalb der Tropen normalerweise nur in Konvektionswolken vor, die vom tieferen Stockwerk durch das mittelhohe bis ins hohe reichen, also bis in die Eisphase der Wolkenbildung gelangen. Dann vollzieht sich die Niederschlagsbildung im wesentlichen nach den Regeln des Sublimationswachstum. Unter dieser Voraussetzung kann man aus dem vorher genannten Koagulationsvorgang in Wasserwolken mit starken Aufwinden die Konsequenz ziehen, daß *aufgetürmte Haufenwolken (Cumuli congesti),* die zwar bis ins mittelhohe Wolkenniveau vorstoßen, aber nicht die Eisphase erreichen, *in den Außertropen allenfalls Schauerniederschläge mäßiger Stärke* liefern können, wobei über den Kontinenten im Vergleich zu den Ozeanen noch die Tendenz zu weiterer Abschwächung besteht (Grund: größere Tröpfchenzahl wegen größerer Zahl von Wolkenkernen). In den meisten Fällen reicht es in den Außertropen nicht zu Niederschlägen, weil der Wasserdampfgehalt der Luft zu niedrig ist. *In den Tropen* dagegen sind bei höherem Wasserdampfgehalt warme Cumuli congesti *regelmäßig auch Regenwolken,* die sogar Schauer mittlerer Intensität liefern können. In den feuchten Tropen sind sie sogar die häufigste Wolkenart, und die meisten Schauerregen fallen aus ihnen. Echte Gewitterschauer aus Cumulonimben sind weit weniger häufig, als das normalerweise dargestellt wird.

Eine einzelstehende Gewitterwolke muß zur Bildung der Wolkenluft und des Niederschlags die Luft und den darin enthaltenen Wasserdampf aus einem Gebiet mit rund 1000 km^2 Grundfläche heranziehen und in sich umsetzen. Konvektionszellen dieser Art müssen das Wachstum anderer in einem bestimmten Umkreis um sich verhindern. So ist es charakteristisch, daß die vielen relativ kleinen Quellwolken eines Sommertages verschwinden, wenn sich ein riesiges System einer Gewitterwolke am Nachmittag ausbildet. Es ist auch verständlich, daß beispielsweise in den äußeren Tropen während der Regenzeit konvektive Schauerwolken nur in einem bestimmten Abstand stehen können. Charon (1974) fand beispielsweise in Ostafrika einen Abstand von 40–60 km zwischen den einzelnen Schauerwolken. Das ergibt auch wieder, daß das Versorgungsgebiet einer solchen Wolke mit Wasserdampf ungefähr 1000mal größer als der relativ schmale Wolkenturm ist, in welchem der Wasserdampf aktiv umgesetzt wird (Miller, 1977, S. 18).

Vor einigen Jahren, als man Flugreisen noch nicht mit dem Düsenjet hoch über den Wolken und außerhalb des troposphärischen Wettergeschehens absolvierte, konnte man während der Regenzeit in den Tropen Südamerikas z. B. die Erfahrung machen, daß „die eigentlich typische Bewölkung nicht die Cumulonimben, sondern die Cumuli congesti, also die ‚aufgetürmten Haufenwolken' sind, die im mittelhohen und hohen Niveau von Schichtwolken aller möglichen Arten und Bedeckungsgrade überlagert sind" und „daß hochreichende Cumulonimben, also sog. Gewitterwolken, nur in schmalen Zonen aufgereiht oder aber einzeln über Hunderte von Kilometern voneinander isoliert, auftreten" (Weischet, 1965).

Quantitativ kann man das Überwiegen von relativ schwachen Regen mit kleinen Tropfenzahlen aus den Untersuchungen von Diem (1968) über die Struktur der Niederschläge in unterschiedlichen Klimazonen belegen. In der Abb. II. f) 1 sind für

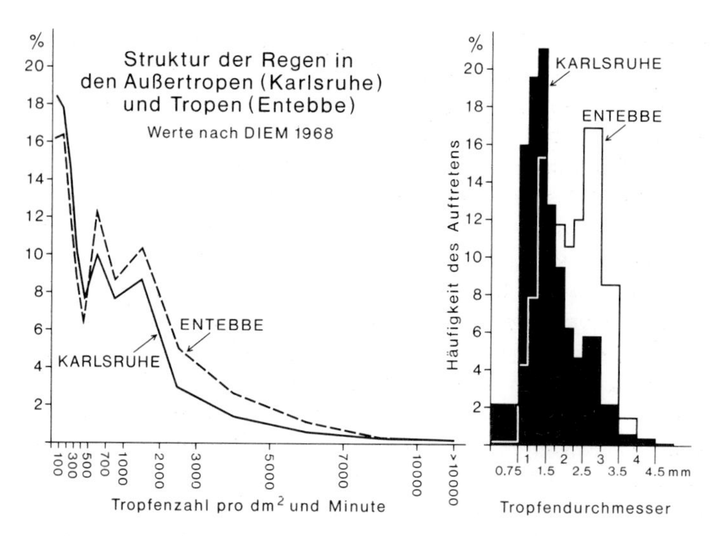

Abb. II.f) 1. Struktur tropischen und außertropischen Regenniederschlages, dargestellt durch die Häufigkeitsverteilung der Tropfen unterschiedlicher Größe. (Nach Diem, 1968). Die Zahl der Tropfen und der mittlere Durchmesser sind in tropischen Niederschlägen größer

Entebbe in der Nähe des Viktoriasees in Ostafrika sowie Karlsruhe im Oberrheingebiet die Ergebnisse von über 2000 bzw. über 3200 Analysen von Tropfenspektren zahlreicher Niederschlagsereignisse dargestellt. Man ersieht zunächst daraus, daß bei Tropenniederschlägen die Zahl der Tropfen, die pro Zeiteinheit auf die Flächeneinheit niedergehen, im ganzen etwas größer als in den Außertropen ist, und daß auch das Maximum der Häufigkeit bestimmter Tropfendurchmesser von 1,3 mm in Karlsruhe zu 2,7 mm in Entebbe verschoben ist. Das gibt zusammengenommen eine größere mittlere Niederschlagsintensität in den Tropen. Eine genaue Aufschlüsselung dieser Intensitäten zeigt aber, daß in den Außertropen zwar 60% aller Regen eine geringe Intensität und niedrige Tropfenzahl haben, daß in den Tropen aber immerhin noch 47% die gleichen Charakteristika, nur 22% mittlere Intensitäten bei mittleren Tropfenzahlen und lediglich nicht ganz 9% hohe Intensitäten bei hoher Tropfenzahl, aufweisen. „Der hohe Anteil kleiner Tropfenzahlen und schwacher Regen (über 40%) im tropischen Gebiet war nicht erwartet worden" (Diem, 1968, S. 362).

Ergiebige oder sogar starke Regen mit relativ großen Tropfen sind an die *Niederschlagsbildung mit Hilfe des Sublimationswachstums* in Wolken gebunden, in denen Eiskristalle und unterkühlte Wassertröpfchen nebeneinander vorkommen *(Mischwolken)*. Zwei Tatsachen spielen dabei eine entscheidende Rolle. Das luftchemische Faktum, daß Gefrier- und Sublimationskerne in der unteren Troposphäre in viel geringerer Konzentration vorhanden sind als Kondensationskerne [s. Kap. II. e) 6.], sowie das physikalische Gesetz der Dampfdruckerniedrigung über Eis [s. Kap. II. e) 1.]. Voraussetzung für das Sublimationswachstum ist, daß die Wolke über die Eiskeimgrenze hinausreicht, also bis in jene Höhen vorstößt, in welchen die Temperatur tief genug ist und außerdem Gefrier- und Sublimationskerne in genügender Anzahl vorhanden sind, damit sich Eisteilchen bilden können. Das ist normalerweise erst bei Temperaturen unter −20°C der Fall. In Mittelbreiten entspricht das im Sommer

Höhen von 5–6 km, in den Tropen ganzjährig von 6–8 km. Daraus ergibt sich die Konsequenz, daß ergiebige, großtropfige Niederschläge mit Hilfe des Sublimationswachstums *immer an Wolken mit großer Vertikalerstreckung gebunden* sind. Das sind entweder Cumulonimbus- oder Nimbostratuswolken.

Der *Vorgang des Sublimationswachstums* besteht darin, daß binnen relativ kurzer Zeit (10–20 Min.) fast das gesamte Wasser von unterkühlten Wolkentröpfchen im Umkreis von einigen Zentimetern um einen Eiskristall auf diesen übergeht. In einer Mischwolke mit vielen unterkühlten Wassertröpfchen und wenigen Eiskristallen wachsen also die letzteren rasch auf Kosten der ersteren. Es bilden sich aus kleinsten Eiskristallen durch verzweigtes Ankristallisieren der ankommenden Wassermoleküle zunächst kleine, mehr oder weniger verzweigte Schneekristalle (Sterne). Wenn sie einen Durchmesser von ca. 1 mm erreicht haben, wird die Differenz ihrer Sink- oder Steiggeschwindigkeit gegenüber den Wassertröpfchen in der bewegten Wolkenluft so groß, daß sie von nun an mit unterkühlten Wassertröpfchen zusammenstoßen und letztere an ihnen gefrieren. Es bilden sich dabei *Graupel.* Wenn die Zusammenstöße nicht schneller aufeinanderfolgen als die Abführdauer der Sublimationswärme beträgt, so kann jedes Tröpfchen für sich sofort an der Stelle des Auftreffens zu Eis kristallisieren. Als Produkt entsteht der *Reifgraupel,* ein weißes, poröses, noch leicht zusammendrückbares Kügelchen, welches beim Auftreffen auf unbewachsenen Boden nicht mehr aufspringt. Bei weniger tiefen Temperaturen, also geringerer Unterkühlung, und (oder) heftigerer Bewegung in der Wolke verteilt sich das Wasser nach dem Auftreffen auf dem Eiskristall oder dem wachsenden Graupel erst in einer Schicht, bevor es erstarrt. Es bildet sich so um ein Schneeekristall oder um ein kleines Reifgraupelkorn eine glasige, feste Eisschale. Bei kleinem Durchmesser nennt man das resultierende Produkt *Frostgraupel.* Diese können, je nach Aufwindstärke und Weglänge durch die Wolke, zu dicken Körnern werden, die man als „*Hagel*" bezeichnet.

In Mischwolken mit geringen Aufwindkomponenten, also bei ruhig, ohne bedeutende Turbulenz ablaufenden Kondensationsvorgängen, und in Gegenwart einer relativ großen Zahl von Gefrierkernen werden aus den Schneekristallen statt Graupel *Schneeflocken* gebildet. Und zwar geschieht das dadurch, daß kleine Schneesterne mit Hilfe von noch nicht zu stark unterkühlten Wassertröpfchen aneinandergekoppelt werden. Wenn nämlich die Temperatur in der Wolke relativ wenig unter dem Gefrierpunkt liegt, erstarrt ein am Schneekristall auftreffendes Tröpfchen nicht sofort zu Eis, da erst die Sublimationswärme abgeführt werden muß. Wenn während dieser Zeitspanne ein zweites Schneekristall an der gleichen Stelle auftrifft, beschleunigt es durch seine zusätzliche Masse die Aufnahme der Sublimationsenergie, hilft dadurch beim Gefrieren und koppelt gleichzeitig am anderen Schneekristall an.

Daraus kann man die Konsequenz ziehen, daß *Graupel und Hagel nur in Mischwolken* großer Vertikalerstreckung *mit heftigen Aufwinden* entstehen. Für die Größe der Hagelkörner erfüllt diese Bedingung nur der Cumulonimbus. *Schneesterne* gewisser Größe bilden sich dagegen *nur in Wolken mit geringer Vertikalbewegung.* Bei tiefen Temperaturen gibt es nur kleine Flocken; großflockiger Schnee entsteht nur nahe dem Gefrierpunkt.

Großtropfiger *Regen* entsteht aus den als Zwischenstadien auftretenden Eisprodukten Graupel, Hagel oder Schnee durch Schmelzen beim Durchfallen der tieferen warmen Wolkenteile und des Luftraumes unter ihnen.

Die *Niederschlagsmessung* ist vom Meßprinzip und der -ausrüstung her sehr einfach. *Die Problematik* besteht einerseits in der großen Veränderlichkeit der Niederschlagsmengen von Ort zu Ort, besonders im Gebirge, so daß nur ein sehr dichtes Netz von Meßstellen eine halbwegs flächenrepräsentative Information liefern kann, und andererseits der oft erheblichen Diskrepanz zwischen der im Auffanggerät gemessenen und der auf dem Boden ringsum tatsächlich gefallenen Menge.

Der Prototyp eines *Regenmessers (Ombrometer, rain-gauge)* besteht aus einem Blechgefäß mit definierter Öffnungsfläche, dessen Boden trichterförmig auf einen kleinen Durchlaß zentriert ist, durch den das aufgefangene Wasser in ein darunter stehendes Kännchen mit engem Hals läuft. Das Kännchen ist durch die äußere Umrahmung des zylindrischen Blechgefäßes und durch isolierende Luft vor der Erwärmung durch die direkte Sonneneinstrahlung geschützt. Das Meßglas (Mensur), mit dem der Inhalt der Sammelkanne bestimmt wird, ist so eingeteilt, daß daran die Niederschlagshöhe in mm (was der gleichen Menge in Liter pro m^2 entspricht) abgelesen werden kann. Der in Deutschland gebräuchlichste Regenmesser nach Hellmann hat eine Auffangfläche von 200 cm^2 (= 159,5 mm Durchmesser). Diem hat ein kleineres Gerät mit einer 100 cm^2-Fläche aus Polysterol-Kunststoff vorgeschlagen, über dessen Meßrelation zum Hellmann-Ombrometer er 1967 auf Grund von Experimenten berichtet. Der in den USA verwendete 8-Inches-Regenmesser ist dagegen wesentlich größer.

Wichtig ist möglichst großer Verdunstungsschutz, besonders in der warmen Jahreszeit bzw. in strahlungsreichen Klimaten, wird doch die Regenmenge nach dem klimatologischen Beobachtungsprogramm nur 1mal täglich, meist um 7 Uhr morgens, gemessen. Nach der Konvention wird das Gefäß in 1 m, in schneereichen Klimaten in 1,5 m Höhe angebracht. Es muß frei stehen und im Winkel von 45° ringsum nicht durch Bäume, Häuser o.ä. überragt werden. In schwer zugänglichen Gebieten, also in Gebirgen oder dünn besiedelten Räumen, wo die Feststellung der gefallenen Menge nicht täglich stattfinden kann, verwendet man die Niederschlagssammler oder *Totalisatoren,* große Gefäße, die eine bestimmte, gegen Frost und Verdunstung schützende Menge $CaCl_2$ und Oel enthalten. Erstere schmilzt den Schnee, und Oel schützt als überlagernde Schicht das Wasser vor Verdunstung.

Wegen der Verdunstung bereiten Grenzfälle mit geringfügigen Niederschlagsmengen erhebliche Meßschwierigkeiten, da sie innerhalb der Fehlergrenze der Meßgenauigkeit bleiben. Vereinzelte Tropfen oder sehr geringe Mengen, die vor allen Dingen für den Synoptiker von Wichtigkeit sein können, benetzen oftmals nur das Gefäß und verdunsten rasch, ehe überhaupt ein Tropfen das Sammelkännchen erreicht (s. Diem, 1967). Man hat deshalb versucht, auf chemischem Wege durch ein reaktionsempfindliches Saugpapier diesem Problem beizukommen. C. Barat (1957) verwandte in den Tropen absorbierendes Methylenblaupapier. Für automatische Wetterbeobachtungsstationen sind *elektrische Instrumente* ersonnen worden, bei denen in einem Meßfühler zwei geheizte (zum Abtrocknen nach dem Regen!) Elektroden so angeordnet sind, daß sie von auffallendem Niederschlag leitend verbunden werden und ein bestimmtes Signal geben. Die Menge wird dann mit Hilfe eines *Regenschreibers (Ombrograph)* bestimmt. Hierzu sind verschiedene Konstruktionen im Gebrauch (Negretti und Zambra, Dienes, Fergusson, Nielsson, Hellmann). Sie bestehen auf dem Prinzip der Waage, indem der Spiegel des sich füllenden Sammelgefäßes mit einem Schreibarm an eine Registriertrommel gekoppelt ist. Wenn das Gefäß voll ist, entleert es sich automatisch (nach dem Prinzip der kommunizierenden Röhren oder bei der Hornerschen Wippe durch einen Kippvorgang), so daß danach auch die Schreibkurve abgebrochen wird und wieder bei 0 einsetzt. Die Registrierung besteht also aus einer mehr oder weniger steil ansteigenden, getreppten Summenkurve, aus der man auch die Regendauer und -dichte (= Menge pro Zeiteinheit) bestimmen kann. Um die selbsttätig registrierenden Regenschreiber auch im Winter benutzen zu können, müssen sie im Bedarfsfall elektrisch beheizt werden können. Bei dem von der Firma Lambrecht in

Göttingen konstruierten Hellmannschen Regenschreiber setzt die Beheizung automatisch bei +6° ein. Über die Auswerteverfahren siehe Reinhold (1937).

Feste Niederschläge werden im Prinzip mit dem gleichen Regenmesser aufgefangen, dann geschmolzen und ihre Wassermenge wie bei flüssigen Niederschläge angegeben. Besonders *bei Schnee* ist das aber in windreichen Klimaten *problematisch.* Als einfache Verbesserung hat man nach dem Vorschlag von F. E. Nipher (1879) einen größeren Auffangkragen um den Meßtrichter angebracht, der die direkte Verwirbelung in Nähe des Meßtrichters verhindern soll.

In der Wirbelbildung um das Gerät steckt das *Hauptproblem der Niederschlagsmessung.* Ein Regenmesser bildet, in gewisser Höhe oberhalb der Erdoberfläche aufgestellt, in jedem Fall ein Hindernis in der Luftströmung, ein großer wie der US-amerikanische ein großes, ein kleiner wie der von Hellmann, ein kleines. Da nur äußerst selten Windstille herrscht, wenn Niederschlag fällt, besteht für die niedergehenden Tropfen, Körner oder Flocken die einseitige Tendenz, daß sie als Folge des Um- und Überströmens des Gefäßes durch die Luft mit dieser an der Auffangfläche vorbei oder über diese hinausgetragen werden. Das *Meßdefizit im Gerät muß um so größer sein, je höher die Windgeschwindigkeit* und um so kleiner und leichter die Hydrometeore sind. Die Konsequenz daraus, nämlich die Auffangfläche im Bodenniveau anzubringen, den Regenmesser also einzugraben, ist auch nur scheinbar zwingend. Läßt man keinen freien Raum zwischen Auffangfläche und Boden, so kommt außer allen möglichen Verunreinigungen auch noch eine gewisse Menge von Spritzwasser zusätzlich in den Trichter; mit freiem Raum bilden sich wieder Wirbel. Im ganzen liefert ein versenkter Niederschlagsmesser immer höhere Werte als der frei aufgestellte, auch wenn er durch sorgfältige Maßnahmen (Rodda, 1971) gegen Spritzwasser abgesichert ist. Die Größe des Betrages hängt sehr stark von der klimatischen Situation (Witterungsgestaltung, Höhenlage, Exposition) des einzelnen Meßortes ab. Von allen führenden Wetterdiensten der Erde sind entsprechende Versuchsmeßreihen angestellt worden, um Größe und Abhängigkeiten des nach Jevons (1861) benannten Minderungseffektes frei stehender Regenmesser zu klären.

Um eine Vorstellung von der Größenordnung zu geben, seien die Ergebnisse einer relativ früh, nämlich in den Jahren 1931 und 1932, von Koschmieder (1934) auf der Schneekoppe (1004 m) durchgeführten Vergleichsmessung über den Zusammenhang von Windgeschwindigkeit und *„Jevons-Effekt“* (Tab. II.f) 1) sowie neuere Daten des englischen Wetterdienstes (Rodda, 1971) über seine jahreszeitliche und regionale Differenzierung angeführt.

Tab. II.f) 1. Vergleichsmessungen (1931–1932) mit versenkten und normal aufgestellten Regenmessern auf der Schneekoppe (1604 m). (Nach Koschmieder, 1934)

Wind		versenkter R.	normaler R.	Differenz
Calmen	0–3 m/sec	38,7 mm	38,2 mm	0,5 mm
S–SW*	3–13 m/sec	82,0 mm	88,1 mm	–6,1 mm
S–SW*	> 14 m/sec	118,6 mm	101,1 mm	17,5 mm
WNW–N	3–13 m/sec	88,0 mm	69,2 mm	18,8 mm
WNW	> 14 m/sec	233,2 mm	125,1 mm	108,1 mm
Summe:		568,3 mm	421,7 mm	146,6 mm

* Bei SW-Winden lagen die Geräte im Windschatten des Gipfels

Bei starkem direkten Windeinfluß wurde also im normal aufgestellten Regenmesser nur wenig mehr als die Hälfte, im Durchschnitt aller Messungen immerhin nur knapp 75% der in den versenkten Regenmesser gefallenen Menge registriert. Die Abb. II.f) 2 gibt die prozentuale Menge eines gegen Spritzwasser und Luftverwirbelung im Bodenniveau geschützt angebrachten Regenmessers gegenüber einem 30 cm hoch aufgestellten im Jahresgang für die Beobach-

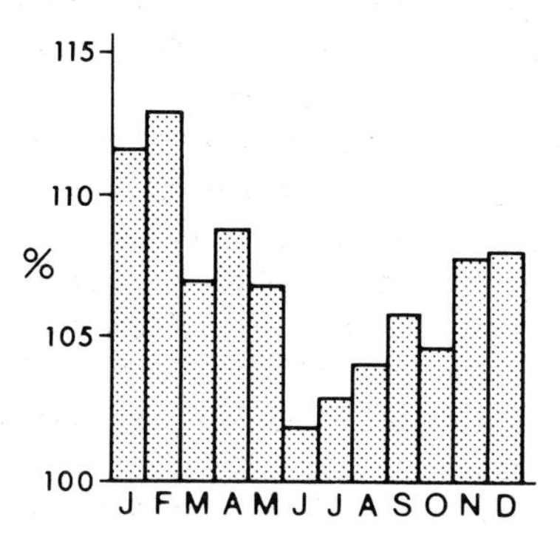

Abb. II.f) 2. Mittlere Differenz der Monatssummen der Niederschläge (1962–1969) in einem normal (30 cm über der Erde) aufgestellten und einem mit der Auffangöffnung im Niveau der Bodenoberfläche angebrachten, gegen Spritzwasser geschützten Regenmesser, ausgedrückt in % der Normalmessung. Meßstation: Wallinford (U.K.). (Nach Rodda, 1971)

tungsreihe 1962–1969 in Wallingford (United Kingdom) an. Entsprechend der jahreszeitlichen Veränderung von Tropfengröße und Windgeschwindigkeit ist die *Differenz im Winter am größten,* im Sommer am kleinsten. Im Mittel über 8 Jahre war die Menge am Boden 6,4% größer. Aus der in der gleichen Arbeit von Rodda aufgeführten Tabelle seien noch folgende Werte für unterschiedliche klimatische Situationen zitiert:

Tab. II.f) 2. Differenz zwischen Regenmeßwerten bei normaler Aufstellung bzw. bei einer Auffangfläche des Regenmessers im Niveau des Erdbodens (Nach Rodda, 1971)

Beobachtungsort	Beobachtungs-periode	Stations-höhe in engl. Fuß	Gemessene Regenmenge (inches) Standard-aufstellung	Auffangfläche im Erdbo-denniveau	Zunahme im Erdboden-niveau (%)
Carreg Wen Plynlimon	10/67 – 6/69	1900	114,4	138,6	21,1
Coalburn Cumberland	9/67 – 12/69	900	105,1	113,1	7,6
Slaidburn, Stocks Reservoir Yorks W.R.	1/62 – 12/69	658	470,6	495,7	5,3
Grendon Under-wood, Bucks.	4/63 – 12/69	220	173,0	178,9	3,4
Kew Observatory	5/68 – 10/69	16	36,4	38,5	7,9
Muguga Kenya	9/68 – 12/68	6875	14,6	15,4	5,5

Großräumige Korrekturfaktoren. Ganz eindeutig haben die *stark ventilierten Höhenklimate die größten Fehler.* Am Mt. Kenya in Ostafrika scheinen die tropischen Niederschlagsbedingungen eine relativ kleine Abweichung zu bewirken.

Für ganz *Großbritannien* wird in einem bei Rodda (1971) wiedergegebenen Kärtchen von Lacy and Shellard die regionale Verteilung der Differenz als Anleitung zur Korrektur der Standard-Niederschlagsmessungen dargestellt. Sie reicht von weniger als 3% im Londoner Becken über 7–10% in den Bergländern auf der Westseite der Britischen Inseln bis zu 20% im Westschottischen Hochland.

Für die winterkalten *Gebiete des borealen Nadelwaldes* und der Tundra ist ebenso wie für die Hochgebirge außer dem Jevons-Effekt noch in besonderem Maße der *Verdunstungsverlust* in den nur in langen Intervallen geleerten Totalisatoren zu berücksichtigen. Entsprechende Untersuchungen in der *UdSSR* haben zu der Konsequenz geführt, daß seit dem 1. Januar 1970 die Messungen des Hydrometeorologischen Beobachtungsdienstes der UdSSR nach einem bestimmten System korrigiert werden. Bei den mittleren jährlichen Niederschlagssummen wächst der Korrektionsfaktor von 10–20% an der Küste des Schwarzen Meeres und in Ostsibirien (Jakutien und Transbaikalien) bis zu 40 oder 50% im nördlichen Kasakstan und an der Küste des Arktischen Meeres. Verglichen mit älteren Niederschlagskarten bedeutet das eine Vergrößerung der jährlichen Niederschlagsmenge von 100 mm im Süden, 200–255 mm in der gemäßigten Zone und 100–150 mm im Norden der UdSSR (Bochkow and Stutzer, 1971).

Ein spezielles Problem der *Niederschlagsmessung im Gebirge* resultiert aus der unterschiedlichen Orientierung von wahrer Erdoberfläche und Auffangfläche des Regenmessers (Grunow, 1953). Letzterer ist nach der Beobachtungsanleitung im allgemeinen horizontal angeordnet und bildet so mit dem Berghang einen je nach dessen Neigung unterschiedlich großen Winkel. Da die Luftströmung in der oberflächennahen Zone eine sehr starke, die fallenden Hydrometeore eine nicht zu vernachlässigende hangparallele Bewegungsrichtung bekommen, ist eine *horizontale Auffangfläche besonders ungünstig,* wie aus den Vergleichsmessungen mit Regenmessern hervorgeht, deren Auffangfläche hangparallel angeordnet wurde. Auf dem Nebelhorn (1932 m NN) machte der Mehrbetrag während einer Meßreihe vom 20.5.–30.9. 1953 nach Grunow (1953) 1632 gegen 1112 mm, also 520 mm oder 46% der Standardmessung mit horizontaler Auffangfläche aus. Nach Tollner (1966) wurden auf dem Hohen Sonnenblick (3076 m) im Mittel der Jahre 1959–1964 in einem Totalisator mit horizontaler Auffangfläche 2785 mm/Jahr, in einem solchen mit hangparalleler Auffangfläche 3413 mm/Jahr gemessen. Die Differenz von 648 mm/Jahr oder 23% ist also erheblich.

Die *Niederschlagsmessung auf See* ist nach den über Land erprobten Methoden schier unmöglich, weil sich als Folge des Seeganges die Orientierung der Auffangfläche fortlaufend verändert, weil ein fahrendes Schiff einen permanenten Aufwind hervorruft, welcher einen erheblichen Teil des Niederschlages über das Deck hinwegträgt, und weil außerdem mit einer Menge Spritz- und Sprühwasser in der Luft gerechnet werden muß. So beruhen die *Angaben* über die Niederschläge und ihre Verteilung über den Ozeanen fast ausschließlich *aus Berechnungen mit Hilfe der Wasserhaushaltsgleichung* oder der Beziehung zwischen beobachtetem Salzgehalt in der Oberflächenschicht und kalkulierter Evapotranspiration.

Bedenkt man außer den aufgeführten Beobachtungsfehlern noch die geringe Dichte des Meßstellennetzes in weiten und für den Wasserhaushalt entscheidenden Gebieten der Erde (z. B. die großen Flächen tropischer Regenwälder oder extremer Wüsten, sowie die Hochgebirge), so wird man die realistische Feststellung treffen müssen, daß *Niederschlagskarten die bestmögliche Interpretation auf mangelhafter Meßgrundlage* darstellen und daß man für weite Teile der Erde die in Linien gleichen Niederschlages (= Isohyeten) angegebenen Werte nur als grobe Interpolationen zwischen weit auseinanderliegenden echten Informationen nehmen darf. Steinhauser (1967) hat die Problematik für Gebirge am Beispiel der Alpen auf der Beobachtungsbasis eines Sondernetzes eingehend behandelt. Für Flachländer mit normal ausgestatteten Beobachtungsnetzen ist die Informationsunsicherheit vornehmlich in Klimaten mit überwiegend konvektiven Schauerniederschlägen (Tropen allgemein, kontinentale Außertropen) groß, wie man aus einem Experiment mit verschiedenen dicht bestückten Sondernetzen in Illinois (USA) schließen kann. Huff (1966) berichtet u. a., daß in einem Testgebiet von 550 square miles mit 50 Regenmessern (d. i. eine 20mal größere Dichte als im normalen US-amerikanischen Beobachtungsdienst) bei nicht frontgebundenen Regenschauern der Sommermonate 1960–64 über absolut flachem Gelände noch eine Isohyetenkarte gezeichnet werden konnte mit Differenzen zwischen 80 und 120% des Gebietsmittels. Die maximale Differenz zwischen allenfalls 10 Meilen entfernten Meßstationen betrug 78 zu 135% des Gebietsmittels. Da kann man sich leicht vorstellen, wie genau die Information ist, wenn die Distanz zwischen den Meßpunkten nicht 2–3, sondern 20–30 Meilen, wie in gut ausgerüsteten Beobachtungssystemen, oder gar 200–300 Meilen, wie in vielen anderen Teilen der Welt, beträgt.

Für kleinräumige Erhebungen hat seit 1947 die Niederschlagsbeobachtung und -mengenschätzung durch *Radarmessungen* einen erheblichen Fortschritt gebracht. Man kann nämlich die Stärke eines Radarechos mit der Intensität des Niederschlags in Beziehung setzen und gleichzeitig Ausdehnung, Zugrichtung, Dauer und Entwicklung feststellen. Freilich ist der apparative Aufwand so groß und kostspielig, daß nur bestimmte Observatorien mit den entsprechenden Einrichtungen ausgerüstet werden können.

Wolken- und Nebelniederschlag. Die aus Wolken und Nebel direkt an Gegenständen der Erdoberfläche als Niederschlag abgesetzten Kondensationströpfchen („*abgesetzte Niederschläge*“ bei „*Wolken- oder Nebennässen*“) spielen vor allem im Wasserhaushalt bestimmter Höhenzonen in den Gebirgen oder in bestimmten Trockenzonen eine regional begrenzte, aber oft sehr entscheidende Rolle. Die Menge des abgesetzten Wassers wird von normalen Regenmessern nicht erfaßt. In nebelreichen Klimaten war man sich aber schon lange darüber klar, daß die Mengen sehr bedeutend sein mußten, wie die Diskrepanz zwischen dem feuchtwüchsigen Aspekt der Vegetation sowie sogar abfließenden Bächen und den geringfügigen Meßwerten normaler Ombrometer auf der südatlantischen Insel Ascension z. B. ergab. Man muß deshalb mit der Möglichkeit rechnen, in regenarmen und zugleich nebelreichen Gebieten durch geeignete Aufforstungen einen sonst ungenutzten atmosphärischen Wasservorrat für die Vegetation und die Wasserwirtschaft nutzbar zu machen (Grunow, 1964).

Um regional vergleichbare Werte zu erhalten, hat Grunow (1952) vorgeschlagen,

20 cm hohe Gazezylinder von 10 cm Durchmesser als Auffangvorrichtung über normalen Regenmessern anzubringen. Zwar sind diese unabhängig von der Windrichtung, aber nicht von der Stärke des Nebel- bzw. Wolkentreibens. Je ausgeprägter dieses ist, um so höher muß der ausgefilterte Niederschlag sein. Mit Hilfe dieses Gerätes konnten *vergleichbare Messungen* an verschiedenen Stellen vorgenommen werden (Grunow, 1964; zusammen mit Tollner, 1969), die auch den Jahresgang und die Abhängigkeit von der Luftmasse erkennen lassen. Die Wassermenge, die Wald aus treibendem Nebel oder Wolken herausfiltert, hängt ab vom Tröpfchengehalt und damit weitgehend von der Luftmasse, von der Kontinentalität des Standortes (d. h. praktisch von der Küstenferne) und vom Luv- und Leeefekt. Darin gehen Seehöhe und Strömungsgeschwindigkeit im wesentlichen ein. *Im Winter beträgt der „Zuschlag" das 2,3- bis 3,5fache des Sommers,* weil in der wärmeren Jahreszeit der Verdunstungsverlust durch Interzeption (Niederschlagszurückhaltung) größer ist (Grunow, 1965). In der Eifel und im Vogelsberg wird in Höhen um 600 m um 35%, im Taunus in 800 m 95% mehr an Niederschlag infolge Nebeltröpfchenausfällung erzielt. An der Wasserkuppe (921 m) wurde ein Jahreszuschlag von 160% (im Winter 260%), am Hohen Falkenstein (Böhmerwald) in 1313 m Höhe 76% Jahreszuschlag, am Hohenpeißenberg in 960 m 42% festgestellt. Eine Meßreihe von November 1959 bis Mai 1965 ergab auf dem Hohen Sonnenblick (3103 m) folgende auf gleiche Auffangflächen reduzierte Werte:

	Niederschlag	Nebelzuschlag	Σ mm
Jahr	1685	2976 = 176%	4661
davon IV–IX	1037	1501 = 145%	2538
X–III	648	1475 = 226%	2123

Im Winter ist der Zuschlag aus Nebelnässen also bedeutend höher; er entstammt überwiegend mediterraner Meeresluft aus S bis SW, während der meiste Normalniederschlag aus dem Quadranten W bis N kommt. Für kürzere Zeitabschnitte kann selbstverständlich der prozentuale Zuwachs noch erheblich größer sein.

Mit dem praktischen Ziel der Wassergewinnung wurden auf dem oft vom „Tafeltuch", einer Stauwolke, verhüllten Tafelberg bei Kappstadt experimentelle Untersuchungen durchgeführt. Einjährige Messungen ergaben, daß einer Regenmenge von 1940 mm eine Nebelwassermenge von 3294 mm gegenüberstand. Dieser hohe Wert ergab sich bei einer mittleren Wolkenzuggeschwindigkeit von 13 m/sec und einem mittleren Tröpfchengehalt von 1 g/m^3, von dem etwa 70% herausgefiltert wurden. Ein Versuchsschirm von 100 m Länge und 10 m Höhe vermag bei etwa 2000 Wolkenstunden jährlich volle 27000 m^3 Kondenswasser zusätzlich zu dem Regenwasser von nur 3000 m^3 zu liefern. Man mag daraus den praktischen Nutzen der „Hohenpeißenberger Methode" (dort hat Grunow gearbeitet) ersehen.

Im Winter ist bei negativen Temperaturen der abgesetzte Niederschlag in der Form von Rauhreif oder gar Rauhfrostbehang zwar auch ein zusätzlicher Feuchtelieferant, doch wirkt er sich in der Hauptsache durch den von ihm verursachten Eis- und „Duft"-bruch im Wald negativ aus (s. Abb. II.f) 14 u. IIf) 15). In den Tropen bedingen die aus Wolken abgesetzten Niederschläge die Existenz der Nebelwälder im

Bergland, im Südnubischen Küstengebirge des Roten Meeres fand Troll (1935) regelrechte *Nebeloasen im Wüstenbereich*, und die *Lomavegetation* in der Peruanischen sowie Nordchilenischen Küstenwüste basiert auf dem nässenden garúa- bzw. camanchaca-Nebel (Knoche 1931).

3. Feste Niederschläge, Entstehung, Messung

Wesentliche Gesichtspunkte der Bildung fester Niederschläge (Schnee, Graupel, Hagel als echte Niederschläge sowie Rauhreif, Rauhfrost und Rauheis als Absätze) sind bereits in Kap. II.e) 6. bezüglich der Bildung von kleinsten Eispartikeln in der freien A. und in Kap. II.f) 2. im Zusammenhang mit der Entstehung flüssiger Niederschläge über die Eisphase dargelegt worden. Die wichtigsten für die echten Niederschläge sind, daß in der Initialphase der Eisbildung in Wolken *Gefrier- und Sublimationskerne notwendig* sind, daß beide, besonders aber die letzteren, um ein Vielfaches *seltener* sind *als Kondensationskerne,* daß demzufolge bis zu Temperaturen von −20 °C noch in der Hauptmenge und bis −40 °C in abnehmendem Maße neben den Eisteilchen auch unterkühlte Wassertröpfchen entstehen, und daß erst in der Phase der eigentlichen Niederschlagsbildung die *Eisteilchen* auf verschiedenen Wegen die *unterkühlten Wassertröpfchen aufzehren.* Die Art, wie dieses Aufzehren vor sich geht, entscheidet dann letztlich darüber, welches Endprodukt an echten festen Niederschlägen entsteht. Sie ist im wesentlichen abhängig von den thermischen Bedingungen und von der Dynamik innerhalb der Niederschlagswolke.

Der bekannteste, häufigste und mit den größten Folgeerscheinungen verknüpfte feste Niederschlag ist der Schnee. Als Schneedecke angesammelt, hat er eine erhebliche Wirkung auf den Strahlungs- und Wärmehaushalt der Luft [Kap. II.b) 5.]. Für die Bodenunterlage wirkt die Schneedecke als Isolierschicht, beim Schmelzen als Wärmeentzieher. Sie greift in den Wasserhaushalt des Bodens, in die Gestaltung der Abflußverhältnisse, in den Wachstumsrhythmus der Vegetation ebenso ein wie in die Massenbilanz der Gletscher- und Eisfelder.

Schnee besteht im Normalfall aus einem *Gemisch von* kleinen hexagonalen *Eiskristallen* (Plättchen oder Stäbchen), sechsstrahligen *Sternchen,* sowie zu Strahlen bzw. Sternen erweiterten, meist verhakten bzw. verkitteten Skelettformen, den sog. *Schneeflocken.* Die Verkittungen haben meist einen Durchmesser von 1–2 cm; 3–4 cm sind selten.

Schneesterne haben schon frühzeitig Anlaß zu systematischer Beobachtung geboten.

Der erste, der ihr hexagonales System erkannt und zu deuten versucht hat, war J. Kepler im Jahre 1611 (deutsch in Acta Albert. Ratisbon. 22, 1956/58). William Scoresby jun. hat 1823 in seinem Walfangbericht bereits etliche Seiten mit Schneesternzeichnungen ausgefüllt. Eine gründliche *Systematik* verdanken wir dem Amerikaner Humphreys, dessen Atlas der Schneekristalle noch heute die Hauptgrundlage bildet neben dem Atlas der Kristallformen von V. Goldschmidt und vor allem den Forschungen des Japaners Nakaya (1954), dem übrigens experimentell die Bildung künstlicher Schneekristalle erstmals gelang.

Im Einzelfall ist die spezielle Ausbildung des Schnees sehr stark von den Bildungsumständen innerhalb der Wolken abhängig. Sie haben eine wichtige Bedeutung als Hilfsmittel der indirekten Aerologie bekommen, kann man doch aus der Art der Verzweigung der einzelnen Kristalle auf die Feuchtigkeits- und Temperaturverhältnisse der durchmessenen Wolken- und Luftschichten schließen.

Hier haben H. K. Weickmann (1957), U. Nakaya (1954), J. P. Küttner, L. Aldaz und J. Boucher (1958) und in Deutschland J. Grunow (1959, 1960) und D. Hüfner (1960) bahnbrechende Arbeit geleistet. Es zeigte sich, daß Schnee je nach der Höhenlage der kondensierenden Wolke 100–300 km vom Ablagerungsort entfernt entstanden sein kann und, je nach Fallgeschwindigkeitsbedingungen, sich 2–3 Std. in der Luft aufhält, bevor er den Erdboden erreicht. Die *Formen der Schneekristalle* weisen sehr charakteristische Beziehungen zu den Entstehungstemperaturen in den Wolken auf. Man kann (nach J. Grunow, 1960, II.f) 3) folgende vier Hauptkategorien unterscheiden: 1. unverzweigte Nadeln und amorphe Gebilde (Abb. II.f) 4) bei Temperaturen von −4 bis −8 °C, 2. unverzweigte kompakte Säulen, Knöpfe, Platten oder Prismen (Abb. II.f) 5) bei Temperaturen von −8 bis −12 °C, 3. sechsstrahlige Sterne (Dendriten) und plattige Sterne (Abb. II.f) 5) bei −12 bis −18 °C, 4. kleine bereifte Kugeln (Griesel) und unvollständige kleine Sterne oder Plättchen (Abb. II.f) 6) bei −18 bis −26 °C. Da das Wachstum nicht nur eine Funktion der Temperatur, sondern auch der relativen Feuchte, d. h. der Eisübersättigung, ist, zeigt sich die Kleinheit der in sehr kalten und absolut gesehen ziemlich trockenen Wolken gebildeten Kristalle als dadurch bedingt. Allerdings erhalten sie beim Durchmessen einer darunter liegenden feuchteren und weniger kalten Wolke u. U. Anwachsformen, so daß *komplexe Gebilde* entstehen.

Andererseits bringen es bei geringen Frostgraden gebildete Kristalle nur bis zur Nadelform, weil ihre Verweildauer in diesen meist bodennahen oder als Warmluft aufgleitenden Schichten nur gering ist. Schneesterne und demzufolge die durch Verhaken aus ihnen entstehenden Schneeflocken sind demnach Anzeiger von mäßig kalten bis kalten Entstehungswolken, sei es aus großen Höhen, oder aus besonders kalten unteren Advektivluftmassen. Bei der aerologischen Analyse des Schnees muß also zwischen den homogenen Kristallen, den durch Zuwachs veränderten heterogenen Kristallen und dem Mischungsverhältnis zwischen beiden unterschieden werden. Bei der visuellen Beobachtung treten diese Unterschiede bereits deutlich in Erscheinung, sie sind für die Physiognomie der Schneedecke, ihre Diagenese und für die Deutung der vertikalen Luftschichtung von nicht geringer Bedeutung, zumal bei Schneefall in der Regel Radiosondenaufstiege erschwert oder gar unmöglich sind.

Um Schneekristalle zu *Schneeflocken* zusammenwachsen zu lassen, bedarf es einer elektrischen Affinität der Einzelgebilde; mit der bloßen Turbulenz der leichten hin und her tanzenden Sterne allein und ihrer dadurch zufällig herbeigeführten Verhakung kann die Entstehung der Schneeflocken jedenfalls nicht hinreichend erklärt werden (F. Rossmann, 1949). Je nach der Windstärke können trockene Schneeflokken auch wieder zerstieben, so daß der die Erdoberfläche erreichende Schnee keineswegs in dem Zustande anlangt, den er bei seiner Entstehung oder in den durchmessenen Atmosphärenschichten besessen hat. Große Flocken treten also auch bevorzugt in den unteren Luftschichten auf, schon im Hochgebirge sind sie kleiner.

Die *Größe der Schneeflocken* variiert stark. Bei Temperaturen wenig unter dem Gefrierpunkt pflegen sie am größten zu sein, besonders in unteren Schichten maritimpolarer Kaltluftmassen des Frühjahrs in unseren Breiten. Sie können dann im Extrem 3–4 cm breite Fladen bilden, die ohne zu tanzen schwer herniedersinken,

Abb. II.f)3. Schneetyp mit vorherrschend unverzweigten Nadeln sowie amorphen Gebilden, Bildungstemperatur −4° bis −8°, am Erdboden daher meist Temperaturen um 0° (Phot. J. Grunow)

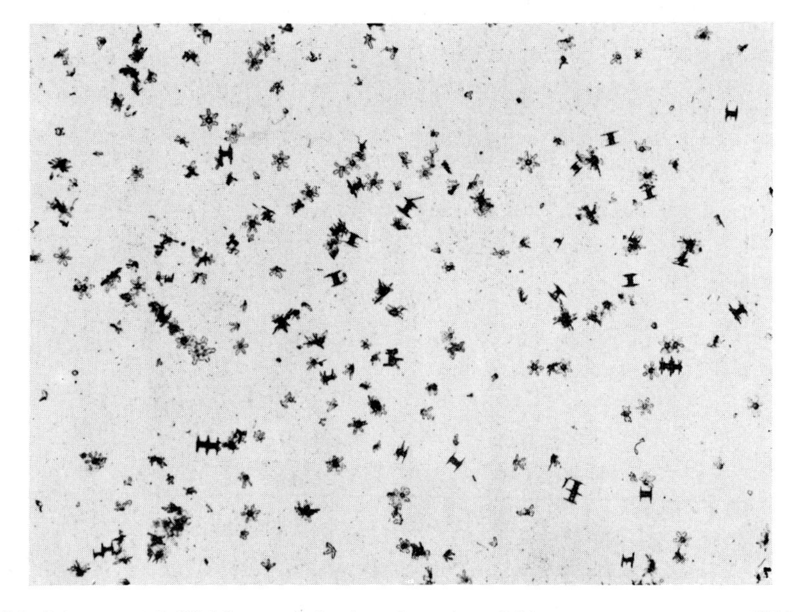

Abb. II.f)4. Schneetyp mit Säulchen und plattigen Sternchen, Bildungstemperatur etwa −8° bis −12°. (Phot. J. Grunow)

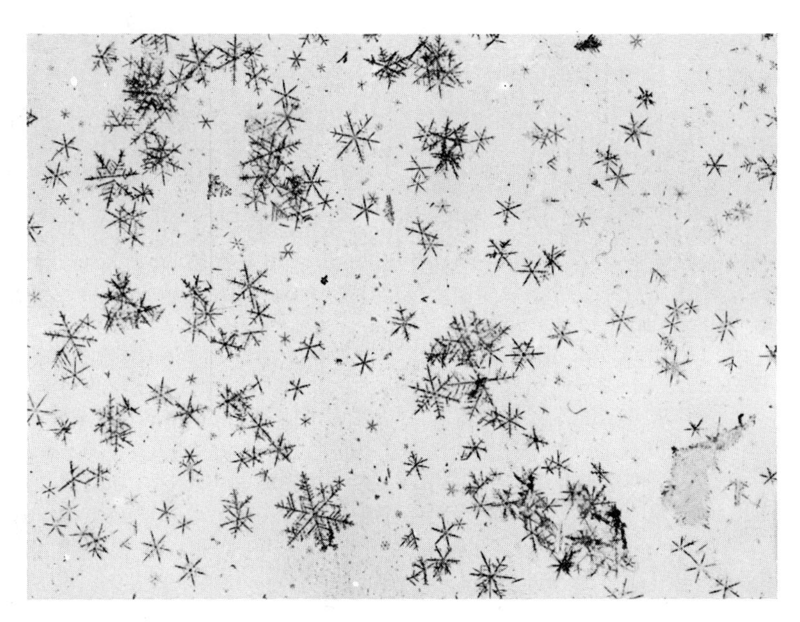

Abb. II.f) 5. Schneetyp mit mehr oder weniger stark verästelten, meist sechsstrahligen, z. T. auch unsymmetrischen Sternen verschiedener Wachstumsgröße, Bildungstemperatur −12° bis −18°, nur dieser Typ eignet sich zur Flockenbildung. (Phot. J. Grunow)

Abb. II.f) 6. Schneetyp mit bereiften kugeligen Gebilden (Griesel) oder, wegen Feuchteunterernährung, rudimentär winzigen Sternchen, Bildungstemperatur −18° bis −26°. (Phot. J. Grunow)

zumal in solchen Fällen die bodennahen Lufttemperaturen bei rascher Temperaturabnahme mit der Höhe meist schon etwas über Null liegen, so daß der Schnee feucht und schwer wird. Je kälter die Luft, um so kleiner die Schneeflocken. In sehr trockener kalter Kontinentalluft kommt es überhaupt nur zur Bildung von Kristallen, die einzeln in der Luft zu schweben scheinen und keine nennenswerte Schneedecke zu liefern vermögen.

Eine Besonderheit bildet der feinkörnige *Schneegriesel,* der aus *Stratus*- oder Hochnebeldecken zu fallen pflegt und winzige graupelähnliche Körnchen bildet. Mengenmäßig spielt er gar keine Rolle, ist aber für die geschilderten Wetterlagen im Winter durchaus charakteristisch.

Größe und Dichte der Schneeflocken sowie ihr zeitlicher Wandel beim Schneefall lassen oft sichere Schlüsse über *Luftmasse* und örtliche *synoptische Situation* zu. Schneefälle aus okkludierten Störungen, mit abgehobenen inaktiven Warmluftresten in der Höhe sind gleichmäßig, ziemlich dicht, weisen aber geringe oder nur mäßige Flockengröße auf. Dagegen zeichnen sich die Aufgleitschneefälle der herannahenden Tauwetterfront regelmäßig durch große Inkonstanz, durch raschen Wechsel der Flockengröße, durch Mischung von kleinen und großen Flocken wie überhaupt durch zunehmende Unstetigkeit der Schneefalldichte aus, bis der Kampf zugunsten der vordringenden Warmluft für den betreffenden Ort beendet ist. Im allgemeinen ist die Ergiebigkeit solcher präfrontaler bzw. frontaler Schneefälle recht hoch.

Fällt der Schnee bei ruhigem Wetter und in größeren trockenen Flocken, dann bildet sich eine sehr luftreiche, lockere *Schneedecke* aus *Pulverschnee,* die sich jedoch bald setzt und umwandelt *(Diagenese).* Diese Umwandlung tritt auch bei tiefen Temperaturen ein. Mit ihr geht eine Verringerung der anfänglich für Pulverschnee extrem hohen Albedo einher, was für den Wärmehaushalt polarer Inlandeiskappen besonders wichtig ist. Kleinflockiger Schnee, der vom Winde getrieben wird, lagert sich dagegen von vornherein in fester Decke ab, wobei die Schneeflocken infolge des Windes stark korrodieren. *Schneewehen* bestehen allemal aus korrodiertem Schnee. Sie vermögen infolge Sackungen zuweilen Bruchschäden am Jungwuchs der Wälder hervorzurufen. Katastrophalen Ausmaßes sind zuweilen die Bruchschäden in Nadelwäldern nach anhaltenden Naßschneefällen (Abb. II.f) 7). Diese ereignen sich in den Mittelgebirgswäldern besonders nach Einbrüchen polarmaritimer Luft aus NW in der ersten Winterhälfte.

Eine Schneedecke unterliegt im Laufe der Zeit einer *Diagenese.* Haupteinflußfaktoren sind dabei die Sonnenstrahlung, die Lufttemperatur und der Wind. Eine lokkere Pulverschneedecke kommt nur ephemer vor. Stets sackt der Schnee rasch zusammen. Die wechselnden Witterungsbedingungen über der Schneedecke bedingen in ihr eine wechselnde Schichtung. In unserem Klima spielen dabei harschfördernde Tauwetterperioden eine besondere Rolle. Der Tauvorgang vollzieht sich verständlicherweise am intensivsten an der Schneeoberfläche, was bei Wiedergefrieren zu *Harsch*- oder *Harstkrusten* führt, die dem Wild Verletzungen an den Läufen zufügen, ein bei der Rentierhaltung nicht ganz unwichtiger Faktor. Verharschter oder vereister Schnee taut im übrigen viel langsamer als lockerer, frischer Schnee, bei dem der Angriff durch Taufluft, Schmelzwasser oder Regen viel durchgreifender erfolgen kann.

In nivalen Klimaten wie z. B. dem der Antarktis, wird die auch hier zu beobach-

Abb. II.f)7. Naßschneebruch (Bergwälder am Ochsenkopf, Fichtelgebirge). (Phot. Blüthgen, 23. 1. 1961)
Klebender Naßschnee hat die Äste herabgebogen und weniger widerständige Bäume geknickt. Im Zuge des weihnachtlichen NW-Kälteeinbruches ist bei sinkenden Temperaturen auf den den Bruch verursachenden Naßschnee trockener Pulverschnee gefolgt. Der Naßschnee ist deshalb angefroren und nicht abgeschüttelt, eine bei Schneebrüchen häufige Wettersituation

tende Schichtung jedoch bedingt durch Wind (im Winter) und Rekristallisation bzw. Sublimation (im Sommer), wie das beigegebene Profil (Abb. II.f) 8) aus dem Thielgebirge zeigt. Die Feststellung des Spurengehaltes der Schneedecke an Deuterium, dem schweren Isotop des Wasserstoffs, ergibt dabei eine noch zuverlässigere Identifizierung von Sommer- und Winterschnee als die bloße Dichtestratigraphie (Andersen, 1963).

Die weitere Diagenese des Schnees führt schließlich, auch in Dauerfrostgebieten, zu einer körnigen Struktur, dem *Firn.* Firn ist also mehrjähriger Altschnee, der seine Umwandlung hauptsächlich durch Druckmetamorphose erhält und allmählich in Gletschereis übergeht. Die Verfirnung vollzieht sich bei Beteiligung kurzfristiger positiver Temperaturen rascher als im hochglazialen Klima der Antarktis oder Innergrönlands bei Dauerfrost. Der in den Ostalpen gebräuchliche Ausdruck „Ferner“ für Gletscher leitet sich von „firn“ = glänzend her.

Der Wind bewirkt außer der Korrosion der Kristalle eine auf engstem Raum wechselnde Mächtigkeit, die zuverlässige Angaben über die Höhe der Schneedecke

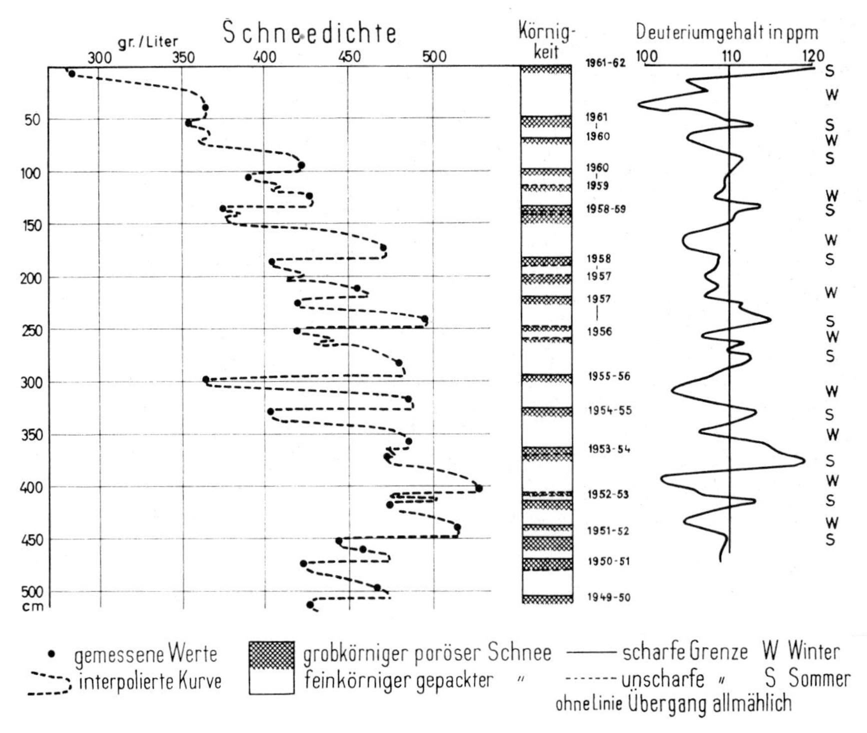

Abb. II.f)8. Schneedeckenprofil des Zeitraumes 1949–1962 aus dem Thielgebirge (85° 08′S, 89° 40′W, 1800 m Seehöhe) der Antarktis. (Nach B.G. Andersen, 1963)
Die linke Kurve gibt die Schneedecke an (Punkte = gemessene Werte, gestrichelte Linie = interpolierter Verlauf), die mittlere Spalte die Körnigkeit (schraffiert = porös grobkörnig, ohne Signatur = gepackt feinkörnig, ausgezogene Grenzlinie = scharfer Sprung, gestrichelte Grenzlinie = weniger scharfer Sprung, ohne Grenzlinie = allmählicher Übergang), und die rechte Kurve den Deuteriumgehalt in ppm (parts per million) nach W. Dansgaard. S = Sommer, W = Winter

sehr erschwert. In windreichen Klimaten erhält die Schneedecke oft ein mit scharfen Deflationskanten versehenes Kleinrelief, das dem von Sanddünen ähnelt (Abb. II.f)9). Neben der Wind- spielt auch die unterschiedliche Insolationsexposition für die Höhe der Schneedecke eine erhebliche Rolle, die sich im Frühjahr durch unterschiedliches Ausapern auswirkt.

Eine besondere strahlungsbedingte Ablationsform der Schneedecke stellt der vorwiegend auf die subtropischen Hochgebirge der Erde beschränkte *Büßerschnee (nieve de los penitentes)* dar. Er wurde eingehend von C. Troll (1942) untersucht. Steiler Einfall der selektiv schmelzenden Sonnenstrahlen ist entscheidende Vorbedingung. Dabei wird das selektive Verhalten verursacht durch unterschiedliche Konsistenz und damit Wärmeleitfähigkeit, Reflexion bzw. Absorption der Schneedecke und Mikrostruktur der Wasserdampfverteilung. Die stehenbleibenden, an Büßergestalten erinnernden Schneegebilde können imponierende Größen erreichen (Abb. II.f) 10).

Schnee wirkt infolge seines hohen Luftgehaltes stark *isolierend,* am stärksten also lockerer Pulverschnee. Er schützt daher den Erdboden äußerst wirksam vor dem

Abb.II.f)9. Sastrugi, d.h. durch Wind verursachtes scharfkantiges Kleinrelief auf einer festgepackten Schneedecke auf dem Inlandeis der Antarktis. (Phot. H. Hoinkes, 1957; aus Naturwiss. 1961, S. 368)

Abb.II.f)10. Büßerschnee in den Hochanden, im Hintergrund der Marmolejo. (Phot. C. Troll)
Die durch selektive Ablation bei steil einfallender Sonnenstrahlung entstehenden Restformen der Schneedecke können mehrere Meter Höhe erreichen. Sie verschwinden meist vor Beginn der regenzeitlichen Neuschneedecke

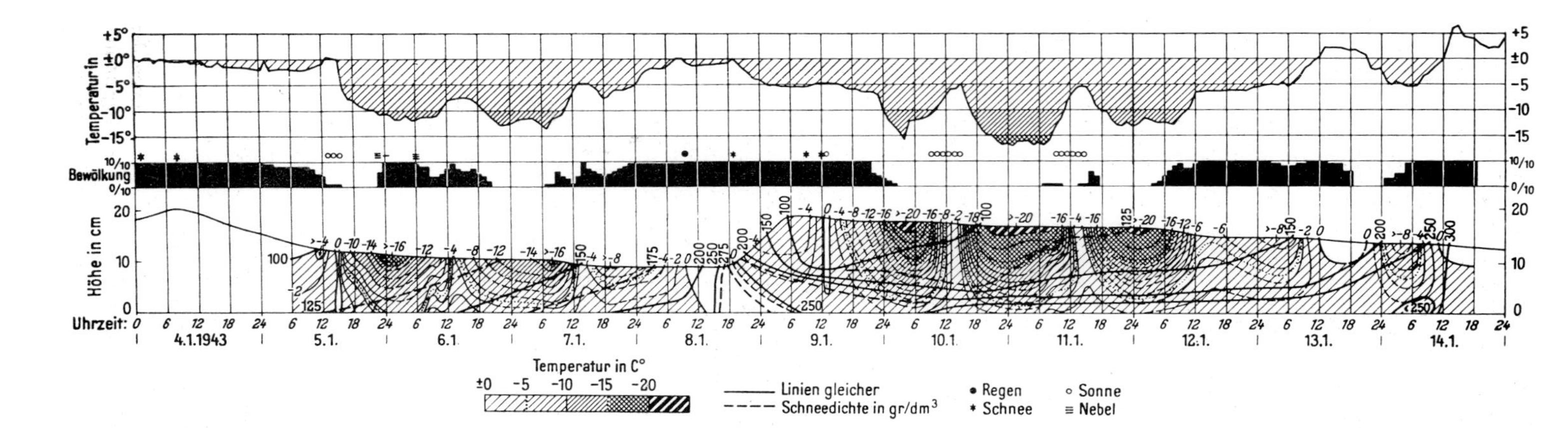

Abb. II.f) 11. Schneedeckenprofil vom 4.–14. 1. 1943 mit Luft- und Schneetemperatur sowie Schneehöhe und Witterungsbegleiterscheinungen. (Nach M. Diem, 1944)

Das untere Profil zeigt das Isolationsvermögen des Schnees gegenüber tiefen Lufttemperaturen. Selbst bei schneeoberflächennahen Strahlungstemperaturen von unter −20° werden gleichzeitig am Boden der Schneedecke kaum −2° unterschritten. Durch Sackung wächst die Schneedichte und nimmt demzufolge die Schneehöhe entsprechend ab. Sprunghafte Höchstwerte der Schneedichte werden durch Tauwetter (8., 13. und 14. 1.) bedingt

Eindringen der Luftkälte und dämpft die Temperaturschwankungen rasch ab (Abb. II.f) 11). Dazu kommt noch sein starkes *Reflexionsvermögen*. Daraus erklärt sich auch das tiefe Eindringen des kontinentalen Winterfrostes in den schneearmen, z. T. ganz aperen Gebieten Südostsibiriens – W. Köppen hat daraus einen eigenen Klimatyp, das Nertschinsk-Klima, abgeleitet – in den Boden und das weite Südwärtsausgreifen der Ewigen Gefrornis in jenen Teilen Asiens, während die gleiche Winterkälte in Westsibirien wegen der hier höheren Schneedecke keinen Frostboden hervorruft (vgl. Abb. II.f) 25).

Die Schneedecke weist besondere *Strahlungseigenschaften* auf, die für das Temperaturregime in Schneeklimaten entscheidend sind. Für die drei Spektralbereiche $< 0{,}36\,\mu$ (UV), $0{,}36-0{,}76\,\mu$ (sichtbares Licht), $> 0{,}76$ (bis 3) μ (Infrarot) ergeben sich folgende Albedozahlen einer frischen Pulverschneedecke: 75–88%, 80–85%, 85–0%! Langwellige Wärmestrahlen im Infrarot von $> 3\,\mu$ Wellenlänge werden also von Schnee restlos absorbiert, und er gibt sie demzufolge auch nachts im Zuge der dann ausschließlich herrschenden Ausstrahlung wieder ab. Dieses und die starke Reflexion tagsüber bewirken die stark abkühlende Wirkung der Schneedecke auf die Luft darüber. Die tiefsten Temperaturminima pflegen in klaren Nächten unmittelbar über einer frisch gefallenen Schneedecke einzutreten. Altschnee und nasser Schnee haben nur eine Albedo von 43%. Nur geringe Anteile der auftreffenden Strahlung durchdringen den Schnee. Bei einem zwischen 0,07 und 0,12 schwankenden Absorptionskoeffizienten gelangen bis 10 cm Schneetiefe nach C. Thams (1938) 44%, bis 30 cm höchstens 8% der eindringenden Strahlen, wobei der langwellige Anteil infolge Absorption ganz verschwindet (blaues Licht in Gletscherhöhlen!). Für die Entwicklung der Frühblüher des nivalen und subnivalen Klimas sowie in der Arktis und Subarktis spielt die Lichtdurchlässigkeit des Schnees eine wichtige Rolle. Sie erklärt mit das Aufblühen von Pflanzen wie Schneeglöckchen, Soldanellen u. a. im Schnee bzw. unter einer oft verharschten Altschneekruste. Freilich darf die Schneedecke nicht mehr allzu mächtig sein, wobei trockener Schnee lichtdurchlässiger ist als feuchter wie nachstehende Tabelle II.f) 3 (nach F. Gessner, 1955) zeigt.

Tab. II.f) 3. Die Lichtdurchlässigkeit der Schneedecke. (Nach F. Gessner, 1955)

Trockenschneedecke, trübe			Feuchtschneedecke, sonnig		
Schneetiefe in cm	Lichtmenge in lux	%	Schneetiefe in cm	Lichtmenge in lux	%
0	6400	100	0	48000	100
5	1300	20,3	5	800	1,66
10	330	5,16	10	140	0,292
20	24	0,49	20	30	0,063
30	2	0,03	30	3	0,0062

Der Schnee unterliegt schon bald nach seiner Bildung im Kondensationsniveau zwar der Verdunstung in den darunter liegenden Luftschichten, sofern diese trockener sind, aber wegen des bei Eisverdunstung um 10–11% höheren Energiebedarfs ist diese Wirkung geringer als bei Wasser. Trockene Luft vermag daher ohne Schmelzeinwirkung eine vorhandene Schneedecke zwar langsam aufzuzehren, dieser Vorgang darf aber keineswegs überschätzt werden. In dem trockenkontinentalen

Klima Innerasiens spielt dies – neben der durch die Höhe bedingten Strahlungsintensität – sicher eine gewisse Rolle für das rasche Verschwinden der an sich schon sehr spärlichen Schneedecke. Bemerkenswert hoch ist die ununterbrochene Ablation bei feuchtem, nebligem und windreichem Wetter und Temperaturen $> 0°$ im Vergleich zu sonnigem, windstillem Wetter mit nächtlichem Überfrieren und geringerer Gegenstrahlung des Wasserdampfes.

Sobald Sonnen- oder Luftwärme sowie Verdunstung die Schneedecke spürbar angegriffen haben, also die Ablation einsetzt, reichern sich allmählich an der sinkenden Schneeoberfläche neben dem neu aufgewehten Schmutz die eingeschlossenen *Staub- und Rußmassen* an, welche beim Schneefall äußerst effektiv aus der Luft herausgefiltert worden waren. Nach Schneefall ist daher die Luft am saubersten. In Industriegebieten hat alter Schnee deshalb auch eine relativ schmutzige Oberfläche.

War bisher nur von dem Schnee selbst die Rede, so müssen nun noch andere, z.T. verwandte Formen der festen Niederschläge besprochen werden. Von großer praktischer Bedeutung im Hinblick auf die Schneebruchkatastrophen, die er in den Waldungen, besonders frisch durchforsteten, anrichtet, ist der wasserhaltige *Schlackerschnee* (engl. sleet, dän. slud). Infolge seines hohen Gewichtes, seiner großen Haftfähigkeit und der überdurchschnittlichen Ergiebigkeit derartiger Niederschläge verursacht der angetaute Schnee mannigfache Schäden, von den in der Regel nachfolgenden Hochwässern ganz abgesehen. Im allgemeinen muß diese Form des Schneefalls bei leicht positiven Temperaturen maritim polarer Luftmassen deutlich und genetisch klar unterschieden werden von dem eigentlichen *Schneeregen,* der als Mischung von Schneeflocken und Regentropfen bei ganz anderen Wetterlagen eintritt, d.h. bei uns bei Tauwetterfronten aus SW oder bei kräftigen Vorstößen mediterraner Warmluft in der Höhe über die Alpen in den mitteleuropäischen, noch von einer flachen Kaltluftschicht bedeckten Raum.

Feste Niederschläge körniger Struktur. Der einfachste Fall ist, daß Regen aus höheren warmen Luftschichten eine genügend frostkalte Bodenluftmasse durchmißt und dabei gefriert. Es entsteht der sogenannte *Eisregen,* der rein äußerlich, aber nicht genetisch, gewisse Ähnlichkeiten mit dem Hagel besitzt. Die Körner des Eisregens sind 1–2 mm dick und glasklar, haben aber keine schalige Struktur wie der Hagel; sie verursachen beim Fall ein hörbares Rieselgeräusch und bilden auf der Erde eine milchiggraue Schicht wie grober Zucker. Auch dieser Niederschlag tritt häufig bei nordwärts vorstoßender Höhenwarmluft aus dem Mittelmeerraum auf, ist also an aufgleitende Warmluft gebunden und fällt flächenhaft ausgedehnt. Er wird meistens von Regen abgelöst.

Graupel sind – wie Hagel – feste Niederschläge körniger Struktur, deren Größe normalerweise zwischen 2 und 3 mm beträgt, die im Extremfall aber auch 5 mm Durchmesser haben können. Man unterscheidet die weißen, undurchsichtigen, zusammendrückbaren *Reifgraupel* von den halbdurchsichtigen, glasigen, nicht leicht deformierbaren *Frostgraupeln.* Ihre genetischen Charakteristika sind in Kap. II.f) 2. bereits behandelt worden. Reifgraupel treten hauptsächlich bei Temperaturen um 0 °C, Frostgraupel meistens etwas über 0 °C auf. Beide fallen als Schauerniederschlag und stammen im allgemeinen aus Cumulonimbus-Wolken. Sie sind an turbulente Kaltluftmassen maritim-polarer Herkunft gebunden und treten demnach am häufigsten im Frühjahr auf, fehlen aber im Herbst und Winter nicht.

Eine Weiterentwicklung der Frostgraupel ist der *Hagel* oder *Schloßen* [s. Kap. II.f) 2.]. Es sind Eiskörner schaliger Struktur unterschiedlicher Größe. Normalerweise erreichen sie Durchmesser um 0,5–1 cm. „Großer Hagel" mißt nach Ludlam (1961) mehr als 1 inch (ca. 2,5 cm), „riesiger (giant)" mehr als 3 inches (7,5 cm). Letztere sind um 250 g schwer und kommen nur ausnahmsweise sowie nur in kontinentalen und tropischen Gebieten vor. Aus Indien sind 3½ kg gemeldet, in China soll es sogar 2 Steine von 4½ kg gegeben haben (Ludlam, 1961). Sicher gewogen worden sind 887 g 1882 in Dubuque (Indiana), 757 g 1970 in Coffeyville (Kansas) und 680 g 1928 in Potter, Nebraska. (Ludlum, 1971). (Nach Ludlam, 1961) soll der letztere 1,1 kg gewogen haben). Abgebildet sind in Ludlam (1961) als Ganze und im Schnitt Hagelkörner so groß wie ein Tennisball mit einem Gewicht von nicht ganz 200 g. Von Straßburg werden 972 g gemeldet, gemessen am 1.8. 1958. Solche Eisbrocken haben Endfallgeschwindigkeit von 50 m/sec. Die an der unteren Grenze des Riesenhagels liegenden Eisklumpen können noch Eternitdächer durchschlagen und selbst gewöhnlicher Hagel mit Körnern unter 1 cm richtet an empfindlichen Kulturen (Obst, Wein, Tabak, Gemüse) erheblichen Schaden an (s. Kap. II.f) 7.].

Die *Entstehung des Hagels* ist an *Cumulonimbus-Wolken* gebunden. Wenn auch über die in solchen Wolken wirksamen Prozesse im einzelnen noch nicht volle Klarheit herrscht, so lassen sich doch folgende typische Bedingungen im Aufbau der Wolke angeben (Ludlam, 1961):

Tab. II.f) 4. Vertikalverteilung der wolkenphysikalischen Eigenschaften einer Hagelwolke. (Nach Ludlam, 1961)

	Höhe (km)	Temp. °C	Wolkenwasser g/m³	Anteil der Eisteile	Aufwind m/sec
Wolkenobergrenze	14	–80	–	alle	0
Tropopausenhöhe	11,5	–55	2	alle	50
Obergrenze	10	–40	4	alle	50
(unterkühlte	9	–30	4	geringer Teil	45
Wolkenschicht)	6	–10	4	10^{-6}	30
Untergrenze	4	0	3	keine	20
Wolkenbasis	2	10	0	–	10
Erdoberfläche	0	25	–	–	0

Am meisten umstritten sind die Aufwindbedingungen. Über die Vorgänge in der Wolke standen sich bisher zwei Auffassungen gegenüber. Die eine (Findeisen, H. Weickmann) verlangte die Bildung in sehr großen Höhen (bis 10 km) und das Durchfallen mehrerer kalter, dabei sehr feuchter Wolkenlagen oder -schwaden. Die andere erklärte die Größe und schalige Struktur des Hagels (abwechselnd klares und milchiges Eis; s. den interessanten Schnitt unter gekreuzten Nikols in Ludlam, 1961, Fig. 4) durch mehrfaches Auf und Ab beiderseits der – im Sommer bei etwa 4000 m liegenden – 0°-Fläche in der Gewitterwolke, wobei die unregelmäßigen Aufwinde wiederholten Aufenthalt im frostkalten Teil der Wolke hervorrufen, nur kurzfristig durch vorübergehendes Absinken in die positiv temperierten Wolkenteile unterbrochen (Rossmann). Ludlam (1961) führt dagegen an, daß auf diese Weise aber kein großer oder gar riesiger Hagel entstehen kann. Die Beobachtungen zeigen, daß solche großen Hagelkörner aus einem relativ großen Embryo dicht kristallisierten Eises bestehen, und das Problem ist, wie solche relativ großen Hagelembryos ungefähr im 0°-Niveau einer Wolke trotz sehr starker Aufwinde erscheinen können. Aus Radarbeobachtungen an Gewitterwolken in England hat er das folgende *Modell einer Ha-*

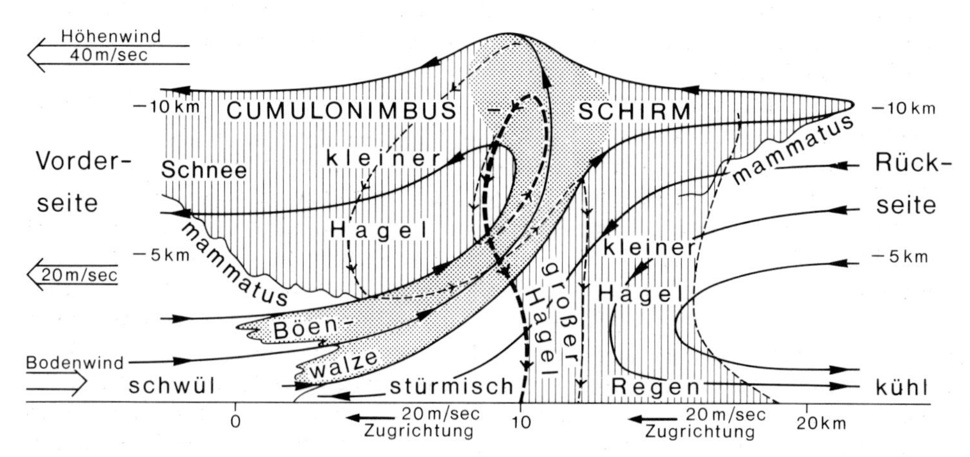

Abb. II.f) 12. Modell der Luftströmungen und der Hagelbildung in einer mächtigen Cumulonimbus-Wolke (Vertikalschnitt). Die Zugrichtung der Hagelwolke ist von rechts nach links gegen den Bodenwind. (Die Stromlinien in der Wolke sind allerdings so gezeichnet, als würde die Wolke ortsfest sein). Die Kondensationszone im Aufwindkanal ist gepunktet, die Teile mit ausfallenden Niederschlägen sind durch vertikale Schraffur angelegt. Die gestrichelten Linien sind die angenommenen Bahnen kleiner Hagelkörner. Für eine ist angenommen, daß die kleinen Hagelkörner wieder in den Aufwindschlot eintreten und auf dem erneuten Weg durch diesen zu großen Hagelkörnern anwachsen. (Nach Ludlam, 1961). Bemerkenswert ist das durch die am Boden nachstoßende Kaltluft bedingte Vorauseilen der Böenwalze, wodurch der Aufwindschlot schräg nach oben verläuft und die Hageltrajektorien kompliziert verlaufen, bevor der Hagel (bereits in der Kaltluft) den Erdboden erreicht.

gelwolke entwickelt (s. Abb. II.f) 12). Die Wolke zieht – in den meisten Fällen – gegen den Bodenwind auf. In der Abbildung bedeutet das eine Bewegung von rechts nach links. Die Stromlinien sind allerdings so gezogen, als ob die Wolke stillstehen würde. Die Radarbeobachtung zeigte nun, daß in den höheren Teilen der Wolke Niederschlagspartikel durch den sehr starken Höhenwind vor die eigentliche Wolke gedriftet wurden und absanken. Bevor sie aber den Boden erreichten, wurden sie ungefähr 5 Meilen hinter der Böenfront in einer Höhe von ungefähr 4000 m aufgefangen und von neuem hochgeführt. Offenbar war in dieser Zone die ganze Zeit über eine starke Schlotströmung vorhanden, durch die kein Hagel den Boden erreichen konnte. Ludlam schließt daraus, daß in der Hagelwolke eine bemerkenswert stetige und sehr heftige Aufwindströmung an Stelle einer fluktuierenden vorhanden gewesen sein muß. Wesentlich ist hierbei die Schrägstellung des Aufwindschlotes und die Zunahme der Vertikalbewegung in seinem mittleren Teil. Hagelkörner, welche in diese Zone extrem starker Aufwinde geraten, müssen auf dem Weg aufwärts bis zu großen Hagelkörnern anwachsen, bevor sie von dieser starken Vertikalbewegung nicht mehr gehalten werden können und nach unten durchzufallen beginnen. Auf dem Weg abwärts müssen sie im Bereich der unterkühlten Wolkenteile durch Auftreffen der ihnen entgegenkommenden unterkühlten Wassertropfen noch weiter wachsen, bevor sie dann in den warmen Wolkenteil kommen und endlich auf der Rückseite der Wolkenmitte ausfallen. Wegen der großen Fallgeschwindigkeit ist ihr Schmelzverlust wesentlich geringer als derjenige von kleineren Hagelkörnern, die längere Zeit den Schmelzbedingungen ausgesetzt sind. Durch Verfolgen der eingezeichneten Trajektorien angenommener Körner ergibt sich mit diesem Modell eine relativ plausible Erklärung der Hagelentstehung und ihrer Größendifferenzierung innerhalb der Hagelwolke.

Zwar pflegen Hagelfälle ähnlich den Gewittern, aber abweichend von den Graupelfällen, mit denen sie z.T. verwechselt werden (das englische Wort „hail", auch das dänische „hagl", bezeichnet z.B. beides, weshalb die Graupeln vielfach als ‚soft hail" eigens unterschieden werden, während die „haglbyer" der dänischen Wetterberichte Graupelschauer meinen), bestimmte *Zugbahnen* zu bevorzugen; jedoch ist Vorsicht am Platze bei der diesbezüglichen Auswertung der der Natur der Sache nach unvollständigen und auch kritikwürdigen Hagelstatistik der Hagelversicherungen. Eine Kartierung der *Hagelschäden* (wohlgemerkt also damit keineswegs etwa der Hagelfälle überhaupt) nach unterschiedlichem versicherungsstatistischem Material ergibt trotz übereinstimmend langjähriger Reihen oft lokal geradezu gegensätzliche Aussagen, wie z.B. ein Vergleich der Hagelkarte des Klimaatlas von Bayern mit der von Schwind für das Gebiet um Uffenheim vor dem Steigerwald offenbart!

Ablagerungen. Eine weit verbreitete, selbst in Wüsten der Subtropen vorkommende Form von Eisablagerungen bildet der *Reif,* der entsteht, wenn gegen die Bodenwärme gut isolierte Objekte, z.B. Grashalme – daher auch die englische Bezeichnung *„grassfrost"* –, Dächer, Bahnschwellen u.a. so stark erkalten, daß an ihnen und nahe um sie die Eissättigung erreicht wird und sich die Luftfeuchtigkeit in Form von Eiskristallen an ihnen absetzt. Wie beim Tau sind klare, ruhige Nächte die Voraussetzung für Reifbildung.

Abweichend davon entsteht der *Rauhreif bei unterkühltem Nebel oder Dunst* („Nebelfrost") dadurch, daß die Kondensationsprodukte in der A. beim Auftreffen auf Gegenstände der Erdoberfläche, insbesondere an freistehenden Grashalmen, Zweigen oder an Ecken von Gebäuden oder Drähten in kristallisierter Form abgesetzt werden. Bei ruhigem Wetter erfolgt das gleichmäßig nach allen Seiten. Herrscht dagegen ein leichter Wind – was meist der Fall ist –, dann geschieht der Rauhreifansatz einseitig in Richtung gegen den Wind (Abb. II.f) 13). Auf diese Weise können schon recht große Eisgebilde entstehen. Wesentlich effektiver aber ist der *Rauhfrost,* der stärker unterkühlten Nebel und stärkeren Wind voraussetzt. Dann gefrieren nämlich die Tröpfchen beim Auftreffen auf Gegenstände der Erdoberfläche spontan unter Lufteinschluß. Es werden keine Eiskristalle, sondern amorphe *Ablagerungen* mit der Struktur der Reifgraupeln gebildet. Auf diese Art können meterdicke weißliche Eisgebilde entstehen, die den Anlagerungsgegenstand gänzlich einhüllen (Abb. II.f) 14) bzw. einseitig verunstalten und z.B. in Wäldern (Abb. II.f) 15), an Leitungsmasten, Drahtleitungen usw. Zerstörungen anrichten können. Der auf diese Weise aus der Luft gewissermaßen herausfiltrierte Anteil an kondensierter Feuchtigkeit, der mit dem normalen Regenmesser nicht erfaßt werden kann, liefert namentlich im Hochgebirge erhebliche Mengen, wie die Messungen

Abb. II.f) 13. Nebelfrost an Grashalmen. (Phot. Meteor. Obs. Hohenpeißenberg, 30.11.1958) Der Eisbesatz wächst gegen den Luftzug, der von links weht, und zeigt mit wachsender Höhe vom Erdboden eine deutliche Zunahme des Eisansatzes parallel mit der Zunahme der – laminaren – Luftströmung

Abb. II.f) 14. Eis- und „Duft"bruch eines Buchenbestandsrandes in der Hohen Rhön (Himmeldunkberg). (Phot. Frhr. v. Eickstedt, 1954)

Abb. II. f) 15. Durch Nebelfrostansatz schwer belastete Fichten im Oberharz bei St. Andreasberg. (Phot. F. Schwerdtfeger, 1957, Niedersächs. Forstl. Versuchsanst. Göttingen, Abt. B)
Nach dem ziemlich allseitigen „Duftbehang", wie der Forstmann diese Erscheinung nennt, ist noch etwas Schnee hinzugekommen. Die Wipfel sind noch nicht abgebrochen, wohl aber büßerartig geneigt

Hilding Köhlers am Pårtetjåkko in Lappland ergeben haben. Andererseits reichen sie nicht aus für die Ernährung des grönländischen Inlandeises, wie W. Hobbs irrtümlich annahm. Allerdings kann im trockenen Teil der Arktis, wie auf Ellesmereland gemessen wurde, Rauhreif bis zu 50% der Schneeniederschlagsmenge bringen; er herrscht vor bei Temperaturen zwischen −20°C und −35°C.
Regnet es bei Frost, ohne daß die Regentropfen schon zu Eisregen gefroren sind, dann überzieht sich alles mit einer Eisschicht: *Rauheis.* Dieser gläserne Panzer verursacht ebenfalls z.T. schwere Bruchschäden, von der Lahmlegung des Verkehrs ganz abgesehen. Derartige „glazed frost"-Katastrophen treten gelegentlich an der Atlantikküste der Neuenglandstaaten ein, wenn feuchte regenbringende Meereswarmluft vom Golfstrom über eine zähe, aber sehr seichte Festlandskaltluft dahinstreicht, ohne sie wegräumen zu können. Eine solche Wettersituation ist recht charakteristisch für die Ostküste der USA und geradezu ein winterlicher Wesenszug des dortigen Klimas. In Europa sind solche Fälle sehr selten. Dagegen bildet hier das gewöhnliche *Glatteis* eine häufige Erscheinung. Es entsteht, wenn nach einer Kälteperiode der Regen einer Warmfront den Boden, aus dem der Frost noch nicht entwichen ist, vorübergehend mit einer Eishaut überzieht.

Nicht verwechselt werden darf das Glatteis mit der *Schneeglätte,* die lediglich eine Folge des Festtretens und -fahrens der Schneedecke ist, z.T. unter Beteiligung von leichtem Tauwetter.

Die *Messung der festen Niederschläge* ist ungenau. Bei den körnigen festen Niederschlägen (Graupel usw.) sind die Bedingungen noch relativ günstig. Sie werden im normalen Regenmesser aufgefangen. Beim Schnee kann man diejenige Menge, die sich im und auf dem Regenmesser gesammelt hat oder das mit einem Schneestecher aus einer frisch gefallenen Schneedecke herausgeholte definierte Volumen langsam schmelzen und dann in mm Wasserhöhe ausdrücken. In allen Fällen entsteht ein gewisser Verdunstungsfehler, der größer ist als bei der gewöhnlichen Regenmessung. Wichtiger noch ist jedoch die Unsicherheit der Schneeablagerung im Regenmesser selbst, weil der Wind aus dem Meßgefäßtrichter oft einen großen Teil wieder wegwirbelt. Andererseits spielt beim Schnee die *Leewirkung* eine den eigentlichen atmosphärischen Niederschlag vermehrende Rolle. So pflegt, worauf u. a. H. Hoinkes (1953/1955) hingewiesen hat, in Gletschermulden aus topographischen Reliefgründen mehr Schnee zu liegen als aus den Schneewolken über dieser Mulde selbst gefallen ist, ein für viele Gletscher geradezu lebensentscheidender Relieffaktor. F. Enquist (1916) hat diesem Leefaktor beherrschende Bedeutung für die heutige Vergletscherung der skandinavischen Gebirge beigemessen.

Die *Dichte und den Wasserwert der Schneedecke* ermittelt man durch Wiegen eines ausgestochenen definierten Volumens, was um so leichter möglich ist, je mehr der Schnee diagnetisch verfestigt ist. Die Höhe der Schneedecke wird in cm gemessen. Im groben Durchschnitt entsprechen etwa 1 cm Schneehöhe einem Wasserwert von 1 mm. Voraussetzung der Schneemessung ist aber leidlich ungestörte Schneeablagerung, da Wirbel- und Wehenbildung die Mittelwerte verschleiern. Im Wald bleibt ein Teil auf den Bäumen liegen, wodurch sowohl Verdunstung wie vor allem nachfolgende Schmelze mindestens doppelt so stark angreifen können wie auf freiem Felde. Andererseits sammelt sich der Schnee in Waldlichtungen verstärkt an. Da Andauer und Höhe der Schneedecke extrem von lokalen Strahlungs- und Windverhältnissen abhängig sind, muß bei ihrer Feststellung besondere Sorgfalt verwendet werden. Um vergleichbare Daten zu gewinnen, wird eine ebene Fläche ohne beeinflussende Hindernisse als Meßstandort vorausgesetzt.

4. Typen der Niederschläge und ihre Verbreitung

Da die zur Niederschlagsbildung führende Abkühlung feuchter Luftmassen auf unterschiedliche Weise erfolgen kann, gibt es auch verschiedene *Typen,* deren Abgrenzung voneinander freilich oft nicht scharf durchführbar ist. Man kann für eine grobe Einteilung zunächst vom genetischen Standpunkt unterscheiden zwischen a) Konvektionsniederschlägen, b) zyklonalen Aufgleitniederschlägen, c) zyklonalen Einbruchsschauern, d) Luftmassenmischungsniederschlägen, e) Steigungsniederschlägen (oder sogenannten orographischen Niederschlägen) und f) Tau bzw. Reif als Niederschlägen an festen Gegenständen.

Konvektionsniederschläge beruhen auf wärmebedingtem Aufsteigen horizontal relativ eng begrenzter Luftmassen (bis wenige Kilometer Durchmesser) in sog. *Thermikschläuchen.* Die Aufwärtsbewegung muß mehrere Kilometer über das Kondensationsniveau hinausreichen. Labile Luftschichtung ist wenigstens in den unteren Teilen der Troposphäre also Voraussetzung. Wegen der genannten Bedingungen weisen Konvektionsniederschläge immer nur begrenzte horizontale Ausdehnung und zeitliche Andauer auf. Es sind *Schauerniederschläge.* Hitze allein genügt noch nicht, wie die heißen Trockenzonen der Subtropen zeigen. Vielmehr muß die Gesamtstruktur der Atmosphäre so beschaffen sein, daß sich der durch die Bodenerhitzung eingeleitete Auftrieb auch durchsetzen kann und absolut gesehen ausreichend Wasserdampf in der Luft enthalten ist. Da über den Trockengebieten vor allem in größeren Höhen relativ hoher Luftdruck mit daraus resultierender Absinktendenz herrscht und außerdem von der Erdoberfläche nur wenig Feuchtigkeit durch Verdunstung bereitgestellt werden kann, vermag daher selbst extreme Erhitzung der bodennahen Luftschichten hier noch keinen Niederschlag auszulösen, zur Not, daß tagsüber einige *Cumulus*wolken entstehen (vgl. Abb. II.h) 18), die abends mit dem wiedereinsetzenden Schrumpfen der Atmosphäre und ihrem Rücksinken wieder verschwinden. Fehlen diese Hindernisse, dann können Konvektionsschauer entstehen, die daher hauptsächlich in den frühen Nachmittagsstunden bzw. – in unseren Breiten – in der warmen Jahreszeit auftreten. *Über den Meeren* macht sich die durch die warme Unterlage herbeigeführte konvektive *Labilisierung* vorwiegend *nachts sowie im Spätherbst und Frühwinter* bemerkbar, wenn die Luft in der Regel kälter ist als das dann noch relativ warme Wasser.

Abb. II.f) 16. Typischer Konvektionsschauer in tropischer Monsunluft über dem Indischen Ozean. Der Regen fällt als Folge des hohen Wasserdampfgehaltes der Luft aus einem wenig mächtigen Cu con. (Phot. O. Timmermann)

Konvektionsschauer fallen in der Regel *aus aufgetürmten Haufenwolken* (Cumuli congesti oder Cumulonimben) und sind daher meist eng begrenzt, kurz und heftig, da die bei der Kondensation frei werdende Wärme den Aufstieg und damit weitere

Kondensation noch feucht-labil verstärkt. In den äquatorialen immerfeuchten Tropen sind die Voraussetzungen für Konvektionsregen am günstigsten, und zwar weithin auch über den Meeren, soweit sie warm sind (Abb. II.f) 16). Dort wird mit Hilfe dieses Niederschlagstyps ein enormer Wasserumsatz erzielt. Dieser ist also stark ortsgebunden und wird als direkter kleiner Kreislauf bezeichnet [vgl. Kap. II.f) 5]. Konvektionsregen können sich also nur dann entwickeln, wenn nicht nur hohe Wärme vom Erdboden her sowie hoher absoluter Feuchtigkeitsgehalt, sondern auch eine den Vertikalaufstieg begünstigende aerologische Struktur bzw. synoptische Situation gegeben sind. Das ist in der immerfeuchten Äquatorialregion während der meisten Zeit des Jahres, in den äußeren Tropen nur über eine mehr oder weniger lange Periode vor, während und nach dem Sonnenhöchststand *(„Zenitalregen")* erfüllt. In den Ektropen ist es verstärkt im Sommer, aber mit mehr oder weniger großer Unregelmäßigkeit je nach der synoptischen Lage in Verbindung mit Frontalerscheinungen gegeben. Regenschauer aus Wolken über Waldbränden (Abb. II.e) 27), bombardierten Städten oder Vulkanausbrüchen können gewissermaßen als experimentelle Konvektionsregen bezeichnet werden.

Im Gegensatz dazu, aber vielfach mit ihnen gekoppelt, stehen die *zyklonalen Niederschläge,* die an Frontalerscheinungen zwischen unterschiedlichen Luftmassen geknüpft sind und bei denen daher zweckmäßig zwischen Aufgleit- und Einbruchsniederschlägen unterschieden wird entsprechend der Frontalstruktur in einem normalen Tiefdruckgebiet [vgl. Kap. III.b) 3.]. *Aufgleitniederschläge* haben flächenhaften Charakter mit wenig schwankender, mittlerer Tropfengröße und pflegen je nach der Fortpflanzungsgeschwindigkeit der sie auslösenden Aufgleitfläche mehr oder weniger lange anzuhalten. Es ist der Typ des wohlbekannten *Landregens.* Sie sind an Schichtwolken großer vertikaler Mächtigkeit (Nimbostratus) gebunden und ausschließlich vom zyklonalen Geschehen her verständlich und gesteuert. Infolge der sommerlichen Konvektionskomponente in den Ektropen erhalten sie dort ein relatives Übergewicht in der kalten Jahreszeit, fehlen aber im Sommer keineswegs. Zwar sind sie mit ihrer Bindung an Zyklonalfronten von deren Zugbahnen abhängig, aber angesichts der sehr unterschiedlichen Reichweite der Fronten und der variablen Luftmassengegensätze in ihrem Bereich, läßt sich dieser Niederschlagstyp, soweit bisher bekannt, kaum regional festlegen. Aufgleitregen von nur wenigen Stunden Dauer, beim raschen Durchzug einer Front, stehen gelegentlich tagelang mit nur geringfügigen Schwankungen oder Unterbrechungen anhaltende *Landregen* gegenüber. Diese sind an flache, aber ausgedehnte und in der Höhe durch feuchtmilde Luftmassen im ombrogenen Sinne gut ernährte Tiefdruckgebilde geringer Verlagerungsgeschwindigkeit gebunden, wie sie besonders bei den dieserhalb gefürchteten Störungen der van Bebberschen Zugbahn Vb in Mitteleuropa auftreten. H. Flohn und J. Huttary (1950) haben die klimageographische Bedeutung dieser Niederschlagssituation – nach 96 Belegtagen aus dem Zeitraum 1930 bis 1943 – für Mitteleuropa untersucht. Das Landregenareal reicht bei diesem Typ von SE her durchschnittlich bis zur Linie Rügen-Harz-Pfälzer Wald. Aber auch die sogenannten Schleifzonen, d.h. örtlich sich wenig verschiebende randliche Frontalerscheinungen ausgedehnter Tiefdrucksysteme, führen zu ähnlichen Wirkungen. Hier geht sozusagen eine Aufgleitfront in die andere über. Beide Formen pflegen Hochwasserlagen, in an sich schon feuchten Sommern auch Ernteschwierigkeiten hervorzurufen, wie es im Sommer 1965 in Mitteleuropa in sehr ausgeprägter Weise der Fall war.

Den Aufgleitniederschlägen stehen, ebenfalls zyklonaler Natur, die *Einbruchsniederschläge* in Form von *Kaltluftschauern* gegenüber. Sie sind ihrer ganzen Erscheinungsweise und Genese nach eher mit den Konvektionserscheinungen zu vergleichen, nur daß der Auftrieb dabei nicht thermisch, sondern dynamisch bedingt ist, eben im Gefolge eines Einbruchs kälterer Luft in warme [vgl. Kap. III.b) 3]. Kaltluft ist dichter und schwerer als Warmluft; sie verdrängt letztere unter turbulenten Erscheinungen, zumal die Kaltluft rascher vorzudringen pflegt und daher die Warmluft zum Ausweichen nach oben zwingt. Es kommt deshalb zu hochreichenden, mächtigen Haufenwolken mit im allgemeinen niedrig liegender Kondensationsbasis, aus denen heftige, rasch wechselnde Niederschläge fallen. Bei ihrer Genese scheint nach neueren Forschungen, insbesondere Radarmessungen, eine „Impfung" der unterkühlten Wasserwolke durch Eiskristalle von oben her eine entscheidende Rolle zu spielen (Dennis, 1954). Auch diese Niederschläge sind meist eng begrenzt wie bei den Konvektionsregen; aber entlang der eigentlichen *Einbruchsfront (Kaltfront)* bilden sie zunächst einen relativ schmalen zusammenhängenden Streifen, der sich oftmals unmittelbar an vorangehende Aufgleitniederschläge der durchgezogenen Warmfront anschließt, danach aber sich zunehmend in einzelne, gelegentlich *serienhaft angeordnete Schauer* auflockert. Im Gegensatz zu den thermischen Konvektionsregen ziehen Schauerniederschläge rasch weiter; ihre Ergiebigkeit nimmt hinter der Einbruchsfront rasch ab, da die Kaltluft weniger Feuchtigkeit enthält und ihrem ganzen Wesen nach zu baldiger Stabilisierung neigt. Der rasche Vorüberzug bedingt auch, daß sich die an sich u. U. enorme Niederschlagsmenge, die aus solchen Schauerwolken herunterkommt, über ein größeres Areal verteilt als bei den Gewittergüssen, die ihre Wassermassen manchmal stundenlang über ein und demselben engen Bereich ausschütten.

Eine gewisse *Kombination zwischen dynamischem und thermischem Schauereffekt* wird im Frühjahr in unserem Klima bemerkbar, wenn die Erwärmung des Festlandes zur Zeit des kaltluftbestimmten Aprilwetters tagsüber zu einer Verstärkung der Schauertätigkeit führt. Kaltluftschauer sind mit ausgesprochenem Temperatursprung und häufig mit Graupelfall verknüpft. Da es sich um Kaltluft höherer Breiten handelt, die in niedrigere, stärker erwärmte Bereiche strömt, ist ihre relative Feuchtigkeit im allgemeinen gering und daher ihre Verdunstungskraft ziemlich hoch, weshalb die ohnehin meist wenig ergiebigen Schauerniederschläge für die Bodenfeuchtigkeit und damit die Vegetation ohne größere Bedeutung sind. Die Frühjahrstrokkenheit unseres Klimas, in manchen Jahren bis zur Schadensgrenze gesteigert, wird daher durch Schauerwetter allein effektiv kaum gemildert.

Durch die Methode der *Auswertung von Radarechos,* die einen größeren Raum überstreichen, ist eine schärfere Differenzierung und genauere Erfassung der Schauerniederschläge möglich geworden, als es nach dem lückenhaften herkömmlichen Meßstationennetz möglich war. Das hat beispielgebend Olbrück (1967) in seiner Arbeit über Schleswig Holstein gezeigt (Abb. II.f) 17). Er unterschied, je nach vorherrschendem Faktor, thermische, dynamische, hygrische und vorgeprägte (d.h. durch vorheriges Überwehen einer Warmwasserfläche vorbereitete) Schauer. Die geographischen Unterschiede von Bodenbedeckung, -zustand, -feuchte und Relief führen außer den lufteigenen Strukturen zur regional gebundenen Auslösung, Verstärkung, Abschwächung oder Ablenkung von Schauern. Das ist selbst in dem topo-

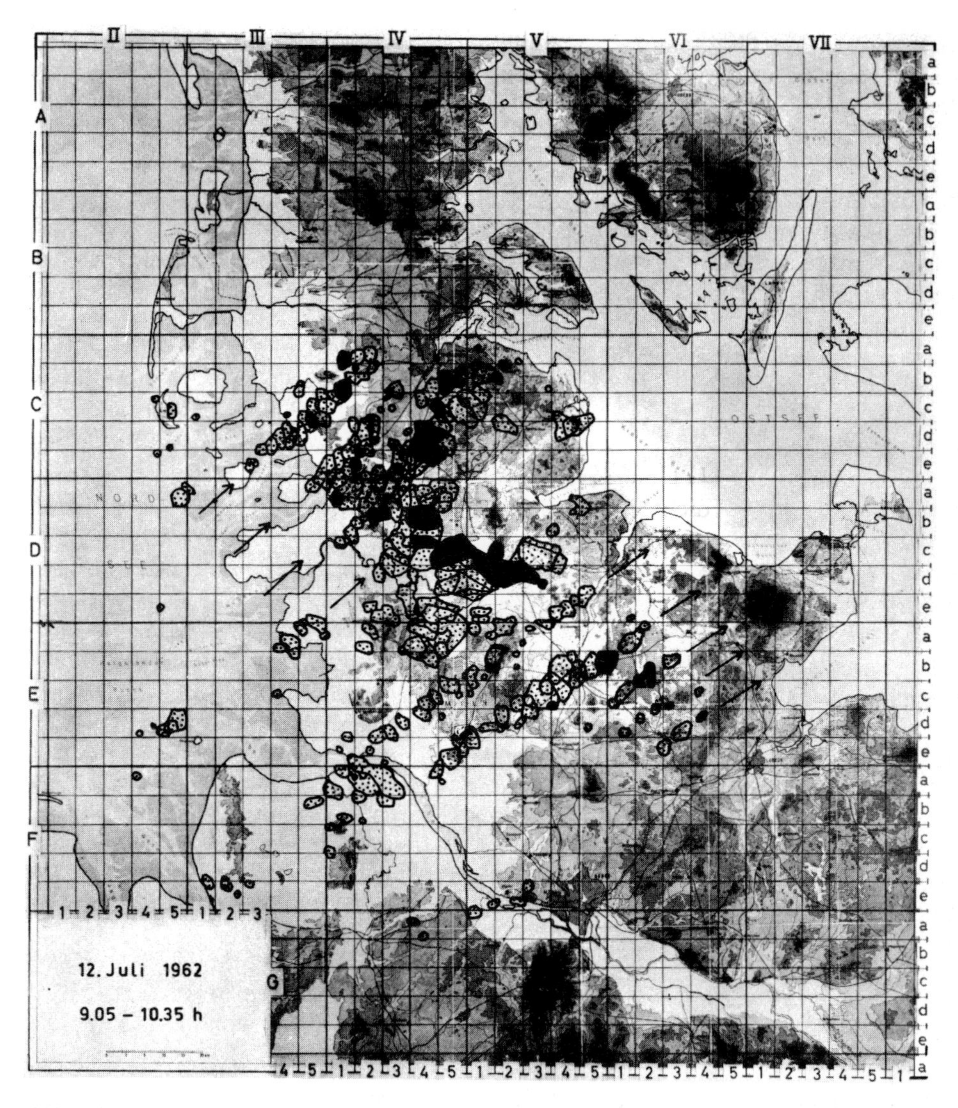

Abb. II.f) 17. Radaraufnahme der Schauerverteilung über Schleswig-Holstein am 12. VII. 1962 in der Zeit von 9.05–10.35 Uhr GMT. Die schwarzen Flächen geben die Momentaufnahme um 10.15 Uhr an. Das Bild zeigt, wie Schauer in bestimmten Abständen der Höhenströmung folgend bestimmte, von der Unterlage her teilweise modifizierte „Schauerstraßen" innehalten. (Aus Olbrück, 1967)

graphisch nur schwach differenzierten Schleswig-Holstein ausgeprägt nachzuweisen.

Schließlich muß noch hingewiesen werden auf eine häufige Fehldeutung von vielen sommerlichen *Gewitterregen,* die zwar bei starker Erhitzung bodennaher Luftschichten auftreten und daher bei flüchtigem Hinsehen als reine Wärmegewitter klassifiziert werden, aber in Wirklichkeit auf den Vorstoß von kühler Luft in höheren Luftschichten zurückzuführen sind, also genetisch zu den Einbruchsniederschlägen zu rechnen sind. Es dürfte in den Mittelbreiten sogar wahrscheinlich sein, daß die

Mehrzahl der „konvektiven" Gewitterregen in Wirklichkeit Kombinationen zwischen thermischem Boden- und dynamisch-frontalem Höheneffekt sind. Die Tendenz zur Unabhängigkeit des Wettergeschehens in den einzelnen Luftschichten darf zwar nicht überschätzt werden; gleichwohl macht sie sich aber zeitweilig folgenreich bemerkbar, so etwa, wenn Kaltluft in der Höhe vorauseilt und eine labile Konvektionslage zum „Umkippen" bringt.

Die genannten drei genetischen Typen stellen die Mehrzahl der beobachteten Niederschläge dar, hinsichtlich der Menge sogar fast ausschließlich. Es müssen aber noch zwei weitere Typen genannt werden, die wenig ergiebig, aber regional ungemein charakteristisch sind. In den Ektropen kommt es bei ausgesprochen flächenhaften Luftmassenmischungen in Bodennähe zu Mischungsnebeln, die leichte Niederschläge bewirken. Sie sind oft lange anhaltend, aber wenig ergiebig und meist kaum meßbar. Dieses *Nebelreißen* ist naturgemäß an die Klimate mit häufigen Nebeln gebunden (Neufundland, Kamtschatka). Ähnliche Wirkungen haben bei anderer Entstehung der Nebel die Garúas der Nordchilenischen und Peruanischen Küstenwüste. Sie und die dichteren Camanchacas bringen bei fast völligem Ausbleiben anderer Niederschläge in der winterlichen Hochnebelzeit so viel Feuchtigkeit, daß eine gut angepaßte ephemere Krautflur sowie ausdauernde Xerophyten von ihnen existieren können.

Die *Steigungs- oder orographischen Niederschläge* treten dort auf, wo bei horizontaler Luftversetzung gegen ein Gebirgshindernis Luftmassen zum Ausweichen nach oben gezwungen werden. Sie können sowohl im Zusammenhang mit Konvektions- als auch mit frontalen Aufgleitvorgängen auftreten. Bei den ersteren herrscht zwar der vertikale Luftmassenaustausch vor, doch wirken sonnenbeschienene Hänge durch die über ihnen entstehenden thermischen Aufwinde allein bereits konvektionsverstärkend. Und wenn entsprechend disponierte feucht-warme Luftmassen mit einer Grundströmung gegen einen Gebirgshang geführt werden, so ist der orographisch erzwungene Aufwind meist der Auslöser für besonders starke konvektive Wolken- und Niederschlagsbildung. Ein bekanntes Beispiel bilden die häufigen und ergiebigen Schauerregen am Westabfall der Kolumbianischen W-Kordillere etwas nördlich des Äquators, wo auf diese Weise der orographisch verstärkten Konvektionsprozesse die größten Niederschlagssummen des südamerikanischen Kontinentes erreicht werden. Aber auch entlang der ganzen brasilianischen Ostküste ist der Effekt in der auflandigen Passatströmung wirksam. In Klimaten, deren Niederschläge vorwiegend dem zyklonalen Typ angehören, spiegelt die regionale Verteilung der Niederschlagssummen in starkem Maße das Relief wider. Herrscht eine bestimmte Zugrichtung in den Zyklonen und Fronten vor, so sind Luv und Lee ausgeprägt, wie das in ganz Europa zu beobachten ist. Im Mittelmeergebiet mit seinen trockenen Sommern konzentriert sich der Luv (W)-Lee (E)-Gegensatz auf den regenreichen Herbst und Winter. Im übrigen Europa ist er ganzjährig spürbar, wenn auch je nach synoptischer Lage im einzelnen schwankend und durch sommerliche Konvektionsniederschläge gelegentlich etwas verschleiert. So unterschied F. Spinnangr in Norwegen zwischen Frontalregen, die die ganze skandinavische Halbinsel überqueren, Schauerregen im Gebirgsstau und stabilen Warmsektorregen, die nur über Luvküsten auftreten. Im Sommer sind es in Mitteleuropa auch mehr die W- bis NW-Flanken, im Winter die SW-Flanken der Gebirge, die am stärksten beregnet sind (vgl. die farbigen Kartenbeilagen 1 und 2 bei H. Flohn, 1954).

Die Höhe der Gebirge, ihre Lage zu den Regenwinden, ihre Nähe zum Meer sowie zu den Zyklonenherden und -bahnen differenzieren im einzelnen den *Staueffekt.* Er ist in Europa am größten am Velebitgebirge, am Nordrand der Alpen, an den Skanden, den schottischen und kantabrischen Gebirgen, aber auch am steilen Südrand Islands sowie im Gebirgswinkel der Kolchis zwischen Kaukasus und NO-Anatolien. Das unruhig gegliederte Mitteleuropa hat ebenfalls an den Westflanken seiner einzelnen Bergländer noch ziemlich hohe Steigungsregen, wobei vielfach die Windschattenwirkung eines vorgelagerten Bergzuges sich noch beim nachfolgenden bemerkbar machen kann. So liegen die Haßberge z.B. noch im Regenschatten der Rhön. Infolge der Wirkung des kleinen Kreislaufes macht sich Stauwirkung auch noch weit landeinwärts geltend, wo also die Regenmengen schon weitgehend der Landesverdunstung selbst und kaum mehr dem direkten Feuchtetransport vom Meere zu verdanken sind. Selbst relativ geringe Bodenerhebungen wirken deutlich niederschlagssteigernd, wie es K. Knoch (1911) an den stärker beregneten Moränenzügen Norddeutschlands deutlich machen konnte. Auch das hohe Niederschlagsmaximum Südwestschwedens ist so zu erklären, wobei allerdings noch zweierlei hinzukommt: das allgemein unruhige, die Reibung und damit Stauerscheinungen fördernde Relief sowie die Nähe des als Zyklonenbildungs- und -vertiefungsherd bekannten Skagerraks.

Überhaupt muß der Begriff des Staues bzw. der Steigungsregen vom bloßen orographischen Relief weg ausgedehnt werden auch auf die *Reibungswirkungen* des Landes überhaupt beim Übertritt der Luftströmungen von See auf Land. Nur so ist es zu erklären, daß vorspringende Landspitzen (wie z.B. Blåvandshuk in Westjütland) noch regenarm sind, während sich landeinwärts in Schleswig-Holstein wie in Friesland ein Streifen höherer Niederschläge unabhängig von der Landhöhe anschließt. Die vermehrte Reibung über Land verursacht ein Auflaufen der von der Nordsee kommenden feuchten Luftmassen übereinander, was wir als *Luftmassenstau* bezeichnen und was Hellmann (1994) bereits erkannt hatte. Prager (1952) hat in diesem Zusammenhange an der holländisch-nordwestdeutschen Küste ermittelt, daß bei auflandigem Wind über See nur $^2/_3$ der über Land gemessenen Regenmenge fallen, und daß sich das Staumaximum im Sommer wegen des dann mit der Reibungswirkung konform gehenden thermisch-konvektiven Effektes etwas weiter landeinwärts befindet als im Winter, wo die Regenmenge schon an der Küste sprunghaft zunimmt. Daß an der schleswig-holsteinischen Ostseeküste dann auch die gegenteilige Wirkung, nämlich die wolkenauflösende bzw. niederschlagsmindernde Wirkung des Übertritts vom reibungsstarken Festland zum reibungsschwachen Meer zu beobachten sein müsse, konnte von H. Maede (1951) an mehreren synoptischen Beispielen plausibel gemacht werden. Dieser Divergenzeffekt ist nach Prager (1952, S. 265) besonders im Sommer erkennbar, wenn Reibung und Thermik gleichsinnig wirken.

Luftmassenstau gibt nur geringfügige, wenn auch bezeichnende Akzente im Bilde der orographisch bedingten Niederschlagsverteilung. Die *höchsten Regenmengen* der Erde sind Staueffekte vor hochragenden Gebirgsketten oder Einzelmassiven im Bereich extrem feuchter und labiler tropisch-subtropischer Meeresluftmassen, wie noch zu zeigen sein wird. Bei dem Phänomen der Steigungsregen muß bedacht werden, daß sehr hohe Gebirgsketten über die *Zone maximalen Niederschlags* bereits hinausragen. Hinsichtlich der Höhenlage dieser Zone macht es einen entscheidenden Unterschied, ob die Niederschläge vorwiegend konvektiver oder zyklonal-frontgebundener Entstehung sind, wie Weischet (1965 und 1969) und Havlik (1969) nachgewiesen haben. Im ersten Fall liegt die Höhenzone maximaler Niederschläge bereits in rund 1000–1500 m, im zweiten zwischen 3500 und 4000 m, wie im einzelnen noch im folgenden Kapital darzulegen sein wird.

Außer der Einteilung der Niederschlagstypen nach ihrer genetischen Struktur gibt es noch eine weitere Möglichkeit, die von M. Wagner (1964) am Beispiel SW-Deutschlands behandelt worden ist: die Gliederung nach *räumlichen Strukturtypen.* Damit ist der geographische Maßstab bereits in die Typologie selbst eingearbeitet worden und demzufolge von besonderem Interesse für eine allgemeine Klimageographie. Es handelt sich bei dieser Einteilung um folgende vier Typen:

1. Der *Homogentyp:* Niederschlagsverteilung über einem größeren Gebiet gleichmäßig, genetisch gesehen gebunden an Aufgleitvorgänge in einer stabil geschichteten Atmosphäre; dieser Typ ist meist identisch mit Landregen.
2. Der *Relieftyp:* Niederschlagsverteilung je nach Höhenlage des Kondensationsniveaus und dem Ausmaß der Feuchtlabilität mehr oder weniger stark das Relief widerspiegelnd, je nach Strömungsrichtung sind Luv und Lee verschieden angeordnet.
3. Der *Regionaltyp:* Niederschlagsverteilung gebietlich enger begrenzt als bei 1., innerhalb des Niederschlagsfeldes jedoch Luv- und Leeausbildung wie bei 2. Die Unterschiede zu 1. und 2. sind im wesentlichen bedingt durch räumlich begrenzte Frontalvorgänge, Okklusionsreste u. dergl.
4. Der *Bändertyp:* Niederschlagsverteilung in eng begrenzten Bändern, Streifen oder Straßen, die sich z.T. unabhängig vom Relief entwickeln oder bei denen Luv und Lee nur einen zusätzlichen Effekt darstellen. Dieser Typ, den bereits Schirmer (1955) eingehend untersucht hat, ist zwar nicht häufig, aber für bestimmte konvektive Wetterlagen charakteristisch, wie sie sowohl im Sommer bei Gewitterregen als auch bei Schauerwetter in den übrigen Jahreszeiten vorkommen.

Tau und Taumessung. Im Gegensatz zu allen bisher erwähnten Niederschlagsarten, die sich in der Atmosphäre selbst bilden und das Vorhandensein von Kondensationskernen zur Voraussetzung haben, steht der Tau. Er soll in diesem Zusammenhange als Niederschlagsspender, nicht als Kondensationsphänomen [vgl. Kap. II.e) 3.], behandelt werden. Die Intensität der Taubildung hängt ab von dem Ausmaß der nächtlichen Abkühlung, die von der Ausstrahlung und damit von der Klarheit des Himmels bestimmt wird. Ist die Luft feucht, liegt also der Taupunkt hoch, – was vor allem (nach Monteith) auch von der Höhe der vom verdunstenden Erdboden bei laminarer Grundströmung gelieferten Feuchtigkeitsmenge abhängt – dann ist die Betauung stark und setzt schon abends, u. U. bereits vor Sonnenuntergang, ein. Schreitet die Abkühlung bei ruhiger klarer Nacht fort, so ergeben sich meßbare Wassermengen. Man hat geschätzt, daß in unserem ozeanisch beeinflußten Mittelbreitenklima 2% der Niederschlagsmenge auf Tau entfallen, im Höchstfalle, d.h. in Trockenjahren mit häufigen klaren Antizyklonalperioden, bis zu etwa 15%. In Trockengebieten der Subtropen dagegen spielt der Tau die Hauptrolle für die spärliche xerophytische Dauervegetation, zumal die episodischen Regengüsse in den Wüstengebieten unbehindert und rasch abfließen und nur ein ephemeres Begrünen erlauben.

Man hat Schätzungen vorgenommen und konnte festhalten, daß der Tau im Maximum jährlich *Wassermengen* liefert, die bis zu etwa 200 mm Niederschlag entsprechen und einen gegen die absolut regenlosen Gebiete wachsenden Anteil an der Wasserversorgung der Vegetation liefern. In unserem Klima spielt er physiologisch für die Vegetation eine untergeordnete Rolle. Allenfalls ist sein Vorhandensein in trockenen Frühsommern von Belang, wenn auf einer betauten Wiese mit ihrer ungeheuer großen Tauauffangfläche das Abfallen oder Ableiten der Tropfen an den Halmen den Boden so stark benetzt, daß die oberflächennahen Wurzeln davon einen fühlbaren Nutzen haben. Daß der in Mitteleuropa so extrem trockene Sommer 1959 weniger Ernteausfälle und Vertrocknungsschäden gebracht hat, als zunächst befürchtet werden mußte, ist höchstwahrscheinlich – genaue Untersuchungen stehen noch aus – auf das Konto kräftiger nächtlicher Betauung zu setzen.

Taumengenschätzungen sind aber sehr unsicher; man strebte daher quantitative Messungen an. Da die Menge des Taufalles mit Regenmeßgeräten jedoch nicht erfaßt werden kann, hat man sich zur *Taumessung* anderer Methoden bedienen müssen (Zusammenstellung bei W. Gelbke, 1955, auf dessen dankenswerte briefliche Äußerungen sich auch die nachfolgenden Ausführungen stützen). Infolge des komplizierten Zusammenwirkens von Faktoren des geographischen Standortes, des Wetters und des betauten Gegenstandes selbst bei der Bildung eines flächenhaften Kondensats stimmen auch heute die Ansichten der botanischen und der meteorologisch-physikalischen Fachleute über den Mechanismus der Taubildung, die sinnvollste Abgrenzung der Begriffe (Flächentau, Gegenstandstau, Guttationstau, Nebeltau, innerer Tau usw.) sowie über seine pflanzenphysiologische und klimatische oder klimageographische Bedeutung noch nicht restlos überein.

Taumengenbestimmungen an Pflanzen und Böden wurden seit dem letzten Jahrhundert mehrfach durchgeführt. Heute stehen die folgenden im Vordergrunde: E. Hiltner (1931) verwendet eine *Tauwaage* mit einem engmaschigen Roßhaarsieb, E. Leick (1932) eine solche mit einer Kieselgur-Gips-, später einer verbesserten Biskuitporzellan-Platte, O. Kessler (1939) eine mit einem leicht konischen, geschwärzten Aluminiumblechteller. In Israel, wo der Taufall einen angesichts der allgemeinen Aridität des Klimas im Sommer relativ bedeutenden Anteil am Niederschlag ausmacht, hat S. Duvdevani 1947 eine einfache, aber nur näherungsweise verwendbare Methode mit rotgestrichenen Holzplatten spezifischer Oberflächenspannung gegenüber Tautropfen angewandt; dieses qualitative Verfahren ähnelt dem von Criticos 1929 mitgeteilten Prinzip. Duvdevani hat mit Hilfe definierter Vergleichsphotos 8 Benetzungsstufen unterschieden, also nur eine quantitative Annäherung erzielt. Auch das einfache Verfahren mit Tintenpapieröllchen (Weise, 1952), das jüngst J. O. Mattson (1971) in Schonen erfolgreich anwandte, kann nur grobe Mengenabschätzungen geben. Die vorgenannte Leicksche poröse *Tauplatte* hat in beidseitig freier Aufstellung optimale Taufängereigenschaften. Mit ihrer Hilfe wurden von zahlreichen Autoren in Europa und Übersee gut vergleichbare Meßserien aufgenommen.

Möglichkeiten für eine *Registrierung* des Verlaufes von Taubildung und -verdunstung mit Hilfe der Tauplatte wurden von W. Gelbke (1952) aufgezeigt. Damit Ausstrahlung und Ventilation nicht beeinträchtigt werden, kamen nur elektrische Fernmessungen in Betracht. Bei dem ersten Verfahren wird als relatives Maß für den Wassergehalt der Platte ihr elektrolytisches Leitvermögen verwendet. Sicherer ist noch die Messung ihrer Kapazität bzw. Dielektrizitätskonstanten, wofür eine neue, lamellierte Platte entwickelt werden mußte.

Für Klima und Standort kennzeichnend sind nur die Ergebnisse langfristiger Beobachtungen bzw. Registrierungen. Aus dem deutschen Raum sind zwei solcher Reihen bekannt geworden: eine 4jährige aus dem mitteldeutschen Trockengebiet (Etzdorf bei Halle, A. Mäde 1949–53, mit einer Kessler-Waage) und eine 3jährige von der vorpommerschen Ostseeküste (Greifswald, W. Gelbke, 1951–53, mit einer Leickschen Tauplatte). Aus den Ergebnissen kann das Folgende festgehalten werden.

In beiden wegen unterschiedlicher Geräte nicht voll vergleichbaren Reihen ist die übereinstimmende Tendenz zu erkennen, daß die Tauerträge ihr jährliches Minimum im Mai und ihr Maximum im September bzw. Oktober haben. Bezogen auf die Nachtlängen liegt das Maximum der stündlichen Tauproduktion dagegen im Juli. Der Anteil des Taues an den monatlichen Niederschlagssummen schwankt bei der Greifswalder Reihe zwischen 0,7 und 86,5%, bei der Etzdorfer Reihe aus der gleichen Zeitspanne zwischen 1,4 und 31% (auf gleiche Meßverfahren korrigiert). Die Jahrestausumme betrug im ersten Fall rund 24 mm = 4,0% des sonstigen Niederschlags, im zweiten Fall 19 mm, was in diesem niederschlagsärmeren Gebiet wiederum 4,0% entspricht.

Im Rahmen pflanzenbaulicher und phytopathologischer Untersuchungen haben sich Taumessungen als besonders wertvoll erwiesen. Hier spielt oftmals die Kenntnis der *Betauungszeit* eine noch wichtigere Rolle als die Taumenge. Die Tauregistrierungen von A. Mäde zeigen anschaulich die bekannte Beobachtung, daß das nächtliche Maximum der Tauabscheidung erst nach Sonnenaufgang eintritt. Somit ist auch die morgendliche Tauverdunstung meist erst mehrere Stunden nach Sonnenaufgang beendet, während die neue Tauabscheidung wieder um Sonnenuntergang beginnt. In den Wintermonaten rücken diese Zeitpunkte dichter zusammen, zumal auch die Neigung zum pausenlosen Haftenbleiben eines Niederschlages tagsüber zunimmt, da die tiefstehende Wintersonne nur wenig Verdunstungskraft entwickeln kann.

Mit der landläufigen Ansicht „Der Wind frißt den Tau" hat sich die physikalische Meteorologie auch auseinandergesetzt. W. Gelbke fand bei einer Zuordnung seiner Taumengen aus 133 relativ störungsfreien Taunächten zu den mittleren Windgeschwindigkeiten, daß im Bereich bis zu etwa 1,5 m/sec (in 1 m Höhe) zunächst eine tausteigernde Tendenz sichtbar wird, die sich aber mit weiter anwachsenden Werten umkehrt und dann der oben genannten Ansicht entspricht.

Einen Begriff von der Bedeutung des Taufalls kann man aus einer anschaulichen Darstellung von Th. Fischer in seinen „Mittelmeerbildern" (1913, S. 114) gewinnen: „Während der langen Trockenzeit ist die Pflanzenwelt, wo nicht künstliche Berieselung stattfindet, auf die reichlichen Taufälle angewiesen, welche Palästina kennzeichnen. Der Seewind führt große Mengen Wasserdampf ins Land hinein, die sich dann bei der bedeutenden nächtlichen Abkühlung, die infolge von Wärmestrahlung einzutreten pflegt, derartig verdichten und sich als Tau niederschlagen, daß ein Übernachten im Freien unmöglich ist und selbst die Zelttücher meist so naß werden, daß man sie erst von der hochsteigenden Sonne wieder trocknen lassen muß, ehe man sie zusammenpacken kann. Daß Gideon eine Schale Tau aus dem Fell drücken konnte, war keine ungewöhnliche Erscheinung. So wertvoll sind diese Taufälle, die allerdings bei der Beständigkeit des Wetters im Sommer selten ausbleiben, für das ackerbauende Volk der Bibel, daß man ihr Ausbleiben als ein Zeichen des göttlichen Zorns deutete. Genau so betreibt der Bauer des Schwarzerdegürtels von Marokko den Maisbau, dem er Regen für schädlich hält, nur mit Hilfe des Taus."

Auch die bei Taupunkttemperaturen unter 0°C eintretende *Reifbildung* liefert Mengen, die u. U. ins Gewicht fallen können. Allerdings ist es weniger der dem Tau entsprechende normale Reif klarer Nächte als vielmehr der Rauhreif oder Rauhfrost, der bei Frosttemperaturen im Nebel bzw. in Wolken entsteht. Er sei hier lediglich bei Behandlung der Niederschlagstypen der Vollständigkeit halber nochmals miterwähnt [vgl. im übrigen Kap. II.f) 2]. Im Gegensatz zum Tau verursacht er wirtschaftliche Schäden infolge Gewichtsüberlastung (an Bäumen, Telegrafenmasten, Freileitungen usw.), wie bereits erwähnt wurde.

Regenergiebigkeit. Bevor die regionale Verteilung der Niederschläge auf der Erde besprochen wird, müssen noch die Begriffe im Zusammenhang mit der *Regendichte* bzw. *-ergiebigkeit* sowie der *-häufigkeit* erläutert werden. Hierbei wird die Regenmenge zur Zeit in Beziehung gesetzt, in der sie gefallen ist. Das führt zunächst zu dem Begriff des *Regentages.*

Man versteht darunter einen Tag, an dem eine bestimmte Mindestmenge an Niederschlag – flüssigem oder festem – gemessen wurde. Hierbei ist zu berücksichtigen, daß die Regenmessung morgens vorgenommen wird und daher die im Meßglas festgestellte Menge tatsächlich schon am Tage zuvor nach 7 Uhr gefallen sein kann. Ein Regentag wird nach der Beobachteranleitung für Klimastationen für die Stufen mit mindestens 0,1 mm, 1,0 mm, 2,6 mm und 10,0 mm gerechnet. Bei Vergleichen ist es daher notwendig zu wissen, mit welcher Kategorie von Regentagen man es zu tun hat. Ihre Zahl ist neben der Niederschlagsmenge selbst von fundamentaler Bedeutung in der Klimageographie, zumal die Zahl der Regentage und die Niederschlagsmenge absolut nicht parallel zueinander verlaufen. Das ozeanische Klima beispielsweise ist zwar feucht, aber nicht so sehr wegen hoher Regenmengen als vielmehr wegen sehr häufiger, oft kurzfristiger und wenig ergiebiger Regenfälle. Bahia Felix im Feuerland hatte 1916 volle 348 Regentage! Darüberhinaus muß aber auch noch die Dauer berücksichtigt werden. Ein dichter Regen, der nur wenige Minuten währt, kann einem schwächeren, aber anhaltenden zwar nach der Gesamtmenge gleich sein, in bezug auf seine Ergiebigkeit für die Vegetation, Bodendurchfeuchtung, Flußspeisung aber nicht. Kurze Starkregen fließen rasch ab, verursachen plötzliches Anschwellen der Flüsse und hinterlassen negative Einwirkungen auf die Bodenkrume; anhaltende Niederschläge geringerer Dichte werden von den Pflanzen besser ausgenützt, dringen stärker in den Boden ein, liefern größere Sickerwassermengen, die zur Speisung des Grundwassers dienen, und verteilen somit die Abflußspende auf einen größeren Zeitraum. In diesem kann dann gleichzeitig die Verdunstung länger wirksam sein und daher einen größeren Anteil an die Atmosphäre wieder zurückgeben als bei kurzen heftigen Güssen mit raschem direktem Abfluß.

Die Definition der *Starkregen* hat manchen Wandel erfahren, worüber W. Dammann (1938) berichtet hat. Die ältere Hellmannsche Unterscheidung nach „Platzregen“ und „stärkeren Platzregen“ wurde 1922 von Wussow modifiziert. Er unterschied „dichte Regenfälle (oder Starkregen)“, „sehr dichte Regenfälle“ und „außergewöhnlich dichte Regenfälle“, die den von Reinhold 1935 gebrauchten Begriffen „Starkregen“, „Platzregen“ und „Wolkenbruch“ entsprechen. Für die dichten Regenfälle oder Starkregen gilt im Deutschen Wetterdienst folgende Skale:

Dauer in Min.	1	5	10	15	20	30	45	60	120	180
Menge in mm	2,2	5,0	7,1	8,7	10,0	12,2	14,9	17,1	24,0	29,0

Die beiden weiteren Kategorien weisen die $1^1/_2$fache bzw. mindestens 2-fache Menge je Zeiteinheit auf.

In England hat E. G. Bilham (1936) den Vorschlag gemacht und seitdem amtlich angewandt, die Stärke der Niederschläge außer nach der Dichte und Dauer auch nach der *Häufigkeit* des Auftretens zu klassifizieren, wobei die Stufen „noteworthy (= beachtenswert)" alle 10 Jahre, „remarkable (= bedeutend)" alle 40 Jahre und „very rare (= sehr selten)" alle 160 Jahre einmal auftreten. Die entsprechenden Grenzwerte sind, umgerechnet in mm, folgende:

Tab. II.f) 5. Grenzwerte der Starkniederschläge. (Nach E. G. Bilham, 1936)

Dauer in Min.	5	10	20	30	40	50	60	90	120
Mindestmenge in mm bei									
a) beachtenswerten	11	14	17	20	22	23	25	28	30
b) bedeutenden	17	22	26	30	33	36	38	42	46
c) sehr seltenen Regenfällen	26	33	41	46	50	54	57	64	69

Die Niederschlagsdichte – nicht nur flüssige, sondern auch feste Niederschläge schwanken in bezug auf ihre Ergiebigkeit sehr stark – ist klimageographisch ein wichtiges Kriterium, weil sie mit dem regionalen Auftreten bestimmter Niederschlagstypen verbunden ist. Sie spielt aber auch in der Wetterlagenkunde systematisch eine bedeutende Rolle, indem die verschiedenen Regenwetterlagen eine ihnen jeweils eigene charakteristische Niederschlagsdichte aufweisen, die von H. Flohn und J. Huttary (1950) als *relative spezifische Niederschlagsdichte,* ausgedrückt in Prozentanteilen am Kollektivmittel aller Regenwetterlagen, bezeichnet wurde. Sie ist von diesen Autoren auch zur Abgrenzung des Wirkungsbereichs einer Regenwetterlage, nämlich der Vb-Lage, benutzt worden. Maede (1951) konnte aber zeigen, daß dies bei anderen Wettertypen, z. B. den Westwetterlagen, nicht zutrifft. Er schlug deshalb vor, den Anteil, den der Niederschlag einer einzelnen Wetterlage am Gesamtmittel ausmacht, zugrunde zu legen.

Bezogen auf Vegetation und Boden wird auch der Begriff der *Niederschlagswirksamkeit* oder *-effektivität* verwendet. Steuernde Faktoren sind hierbei Temperatur und Verdunstung. Die gleiche Regenmenge bei kühlem Wetter und über einen größeren Zeitraum verteilt ist wirksamer, als wenn sie bei hoher Temperatur in Form eines heftigen Gewitterschauers fällt. Thornthwaite hat diesem Sachverhalt bei seinen Klimaklassifikationen Rechnung getragen [vgl. Kap. VI.c)]. In den Tropen spielt dieser Gesichtspunkt eine ganz entscheidende Rolle.

5. *Die horizontale und vertikale Verteilung der Niederschläge*

Globale Übersicht. Die *Gesamtmenge der Niederschläge auf der Erde,* d. h. auf Land und Meer (vgl. die beigegebene Karte nach Meinardus 1934 und Möller 1951, Abb. II.f) 18 und die sie ergänzende Karte der zeitlichen Verteilung der Niederschlagstypen, Abb. II.f) 19) zeigt *drei Maximagürtel,* die allerdings z. T. unterbrochen sind. Die größten Mengen fallen in der Äquatorialregion, wo die Kerngebiete wie Amazonien, Kongobecken und der Indonesische Archipel ganzjährig hohe Niederschlagsmengen aufweisen ohne ausgeprägte Trockenzeit. Diese schaltet sich erst in den Randgebieten der Tropen ein, wo sie die Wintermonate einnimmt. Dies gilt für den Sudan ebenso wie für Vorderindien, wo die vielfach als Monsunregen bezeichneten Sommerregen im Grunde genommen nur nordwärts ausgreifende Zenitalre-

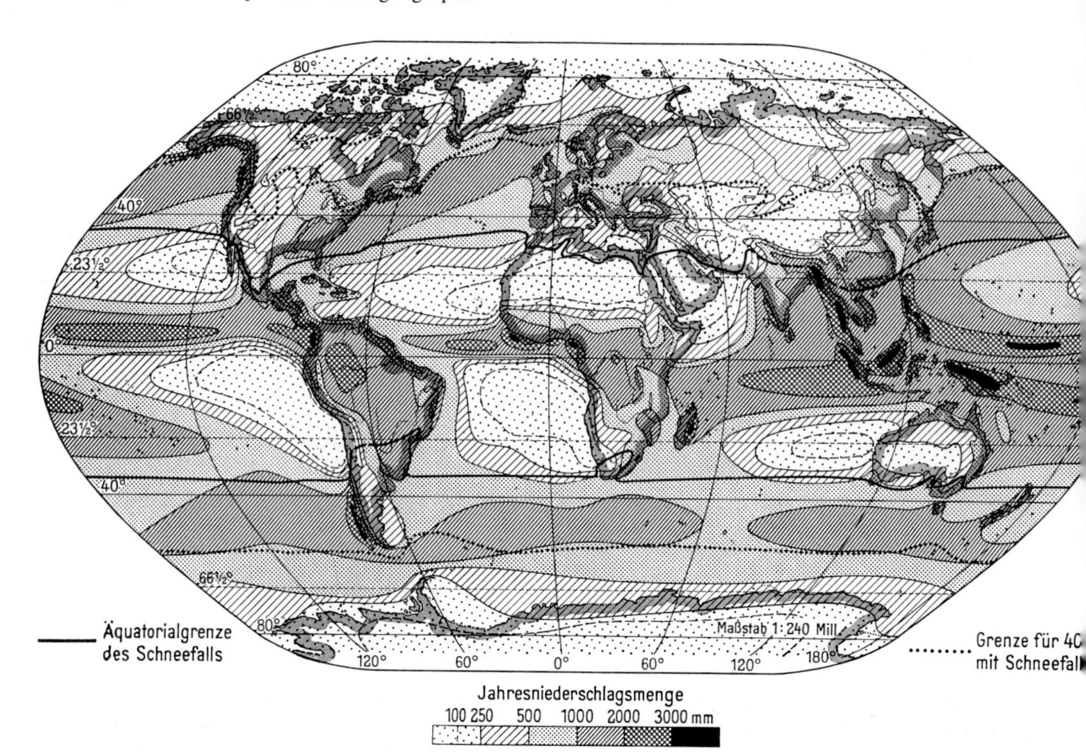

Abb. II.f) 18. Karte der Jahresniederschlagsmenge auf der Erde und der äquatorialen Schneefallgrenze (im Meeresniveau). (Nach W. Meinardus und F. Möller)
Analog der Verteilung der relativen Feuchtigkeit (II.e)5) kann man drei Maximalzonen unterscheiden: 1. die äquatoriale, 2. die nordektropische, 3. die südektropische. Die nordektropische Regenzone wird über den küstenfernen Kontinentalgebieten stark abgeschwächt, während die südektropische Zone außer in Ostpatagonien kaum unterbrochen ist. Maximale Regenmengen treten an tropischen Luvküsten auf

gen des Äquatorialgebiets darstellen, was schon Meinardus 1933 (S. 215) erkannt hatte. Die sehr hohen Maxima am Südhang des östlichen Himalaja und in den Bergländern von Assam, die wohlgemerkt nur innerhalb weniger Sommermonate fallen (Station Cherrapunji 10880 mm, davon 9907 mm von April bis September, 6996 allein von Juni bis August!), beruhen auf reliefbedingter Verstärkung von Niederschlägen, die äquatorial-zyklonalen Störungen im Verein mit Konvektion ihre Entstehung verdanken. Wie groß auch hier die Schwankungen sind, geht daraus hervor, daß eine nahegelegene Zweitstation von Cherrapunji in 62jährigem Mittel auf 11607 mm kommt. Im Jahre 1861 wurden sogar 22990 mm bzw. von Augsut 1860 bis Juli 1861 sogar 25900 mm registriert! Das *absolut höchste Jahresmittel der Erde* an einer Station dürfte der Mt. Waiale auf Kauai/Hawaii als „the wettest spot of the earth", sogar touristisch angepriesen, aufweisen: 12547 mm (1930–1958; 1930–1939 sogar: 14661 mm); es handelt sich hierbei um ziemlich gleichmäßig verteilte passatische Stauregen mit einem winterlichen, etwa 40% betragenden Anteil ektropisch-zyklonaler Niederschläge (D. Henning, 1967).

Da die Konvektion über Land stärker ist als über dem Meere und über ersterem die mannigfachen Reliefwirkungen hinzukommen, werden über den *tropischen*

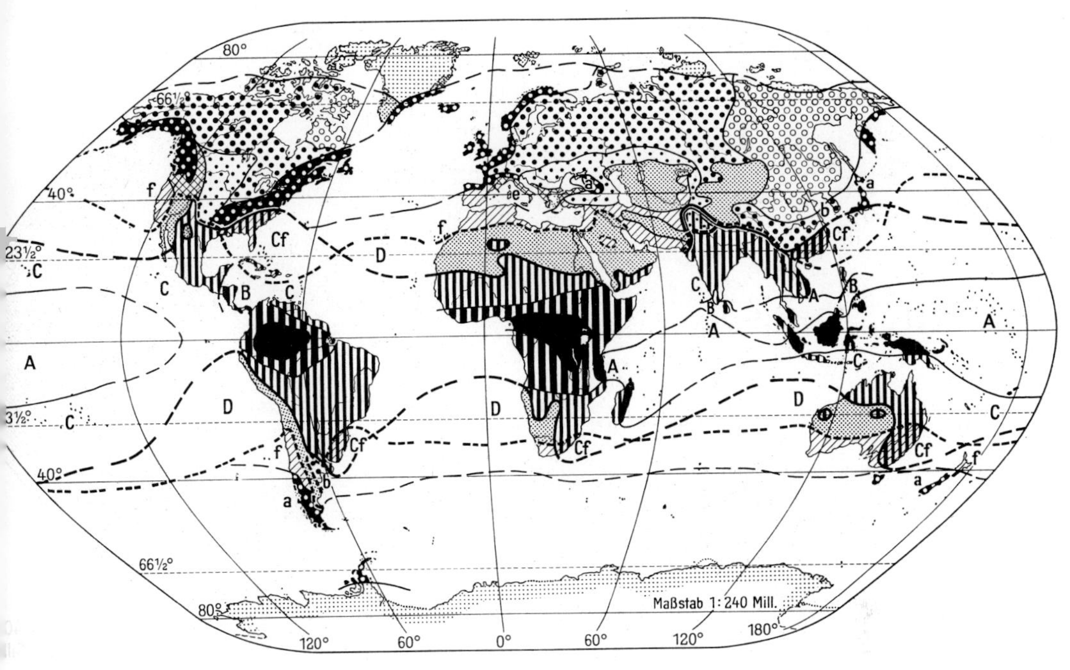

Abb. II.f) 19. Karte der Niederschlagstypen und ihrer jahreszeitlichen Verteilung auf der Erde. Die ganzjährigen Äquatorialregen, die zum Großtyp der Zenitalregen gehören, stufen sich zu den Trockenzonen hin über zwei Regenzeiten zu einer spätsommerlichen Regenzeit ab, während die ganzjährigen ektropischen Zyklonalniederschläge der Westwindzonen äquatorwärts auf Herbst und Frühjahr und schließlich auf den Winter konzentriert werden. Der festländische Bereich dieser Zone zeigt ein Schwergewicht der Sommerniederschläge. Im SO der Kontinente treten sommerliche Konvektionsregen und winterliche Zyklonalregen nacheinander auf (Typ Cf)

Ektropische Zyklonalniederschläge

- a ganzjährig, Herbst- u. Wintermaximum
- b ganzjährig, Sommermaximum
- c periodisch, Frühjahr
- d periodisch, Sommer
- e periodisch, Herbst bis Winter
- f periodisch, Winter
- ----- --- Äquatorialgrenze der ektrop. Zyklonalniederschlge

Tropische Zenital- oder Konvektionsregen

- A ganzjährig mit geringen Schwankungen
- B zwei Regenzeiten nach den Sonnenhöchstständen
- C eine Regenzeit bei oder nach dem Sonnenhöchststand
- D niederschlagsarm (< 200 mm)
- —— --- Polargrenze der trop. Zenitalregen
- Niederschlagsarmut der Polargebiete
- ——— ---- Grenzlinien der Typareale

Meeren keine so hohen Extreme erreicht wie über Landflächen, und seien es auch nur eng begrenzte Inseln. So haben die Äquatorialregionen der drei Ozeane im allgemeinen „nur" Regenmengen von 2000–3000 mm. Wo sie, wie in Mikronesien, darüber hinausreichen, ist das hauptsächlich die Folge von Taifunen, also singulären Extremmengen, die das Mittel beeinflussen. Baguio auf den Philippinen, die Höhenstation von Manila, hatte z. B. am 14. Juli 1911 bei einem Taifun die Rekordmenge von 1168 mm Regen in 24 Std. zu verzeichnen, und auf Réunion fielen am 16. März 1952 sogar 1870 mm! Wegen der Schwierigkeiten der Regenmessung auf See von Schiffen aus und der Unmöglichkeit, die durch Lokalstau bedingten Regenmengen von Inseln, und seien sie auch nur ganz klein und niedrig, als Grundlage für Extrapolationen für den offenen Ozean zu benutzen, konnten verläßliche Darstellungen

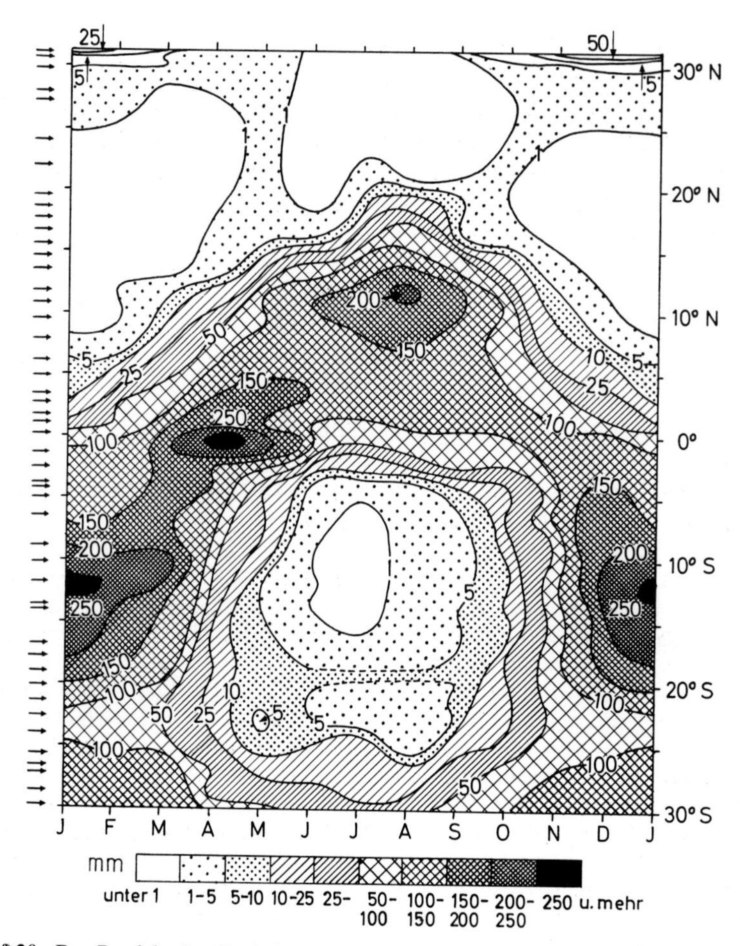

Abb. II.f) 20. Das Pendeln der Zenitalregenzeit entlang dem 32. Meridian ö. L. über Ostafrika. (Nach H. Flohn, 1964)
Verglichen mit den Werten weiter westlich oder auch über dem Hochland von Abessinien sind die Mengen in diesem Teil Ostafrikas relativ gering und außerdem im Jahresgang von unterschiedlicher Höhe, wie die Ungleichheit der beiden Zenitalregenzeiten zur Zeit der Äquinoktien über dem Äquator zeigt. Die Pfeile an der Ordinate geben die Stationen an

über die Niederschlagsmenge auf den Ozeanen erst in jüngerer Zeit gewonnen werden.

Eine starke *Abschwächung* erfährt der tropische Regengürtel im Laufe seines jährlichen Pendelns zwischen 15° S und 10° N in *Ostafrika* (Abb. II.f) 20). In *Somalia* bleibt der sommerliche Gipfel der Niederschläge, der noch im Hochland von Abessinien sehr ausgeprägt ist, sogar ganz aus, so daß nur leichte Äquinoktialregen fallen. Das ist (nach H. Flohn 1964) die Folge verschiedener Divergenzvorgänge in und über der bodennahen Südwestmonsunströmung. Innersomalia hat daher nur Niederschläge von wenig mehr als 100 mm. Das hängt auch damit zusammen, daß die Äquatorialregen des Kongobeckens ostwärts fortschreitend an Ergiebigkeit einbüßen und andererseits der Monsunwechsel über dem Arabischen Meer Feuchtluftmassen von Ostafrika ablenkt.

Gestört ist der Zusammenhang der Tropenregenzone auch über *Nordostbrasilien* und über dem angrenzenden Atlantischen Ozean. Das begrenzte *nordvenezolanisch-karibische Trockengebiet* verdankt seine Entstehung auch einem Luftströmungsdivergenzeffekt (Lahey, 1958), indem die vermehrte Reibung über dem Lande den Passat hier eine stärker landeinwärtige Komponente zum ansaugenden Amazonastief hin annehmen läßt als draußen über See.

Die hohen Mengen im Bereich des *Australasiatischen Mittelmeeres* erklären sich durch das jahreszeitliche Pendeln der äquatorialen Westwindzone [vgl. Kap. IV.b)] mit ihrem Windwechsel zwischen den antagonistisch wirkenden Festlandsblöcken Asiens und Australiens. So wechseln Luv und Lee auf den Inseln jahreszeitlich auf engem Raume, was im Endergebnis eine hohe Gesamtberegnung ergibt, in die aber orographisch bedingte Trockenzeiten eingeschaltet sind.

Eine anschauliche Vorstellung von dem Witterungsverlauf während der tropischen Zenitalregen und des Gegensatzes zur Trockenzeit geben folgende Schilderungen aus dem an Naturbeschreibungen besonders reichen Werk von O. Jessen: „Reisen und Forschungen in Angola" (Berlin 1936, S. 142ff.): „Die Regenzeit dauert von Mitte Oktober bis Mitte Mai. Sie zerfällt in die ‚kleine' Regenzeit von Oktober bis Ende Dezember und in die ‚große', die zugleich die Zeit der größten Hitze ist, von Anfang Februar bis Mitte Mai. Der Januar ist regenarm. Fast regelmäßig am 15. Mai pflegt der letzte Regen zu fallen. Die Niederschläge fallen in Form schwerer Güsse und sind fast stets von Gewittern begleitet, dauern aber immer nur stundenweise. Der Morgen ist meist klar. Um Mittag steigen im Westen drohende Gewitterwolken auf mit herrlichen Wolkenformen, und nachmittags kommt es dann zu heftigen Entladungen. Der Himmel wird ununterbrochen von Blitzen durchzuckt, von denen aber in den ersten Wochen der Regenzeit nur wenige zur Erde niedergehen. Von 3–5 Uhr nachmittags oder auch länger fallen schwere Regen. Ein wahres Trommelfeuer prasselt auf die Dächer nieder. Nach dem Regen ist die Luft wunderbar klar und die Sonne äußerst stechend. Während der Regenzeit ist der Feuchtigkeitsgehalt der Luft dauernd sehr groß, alles trieft von Nässe, rostet, schimmelt, kein Streichholz brennt. Bäche und Trockentäler füllen sich durch die Platzregen schnell mit Wasser, Brücken werden weggerissen, Straßen zerstört, Niederungen in Seen und Sümpfe verwandelt. Der Rotlehmboden wird durch den Regen seifglitschig, trocknet aber an der Oberfläche nach jedem Guß schnell wieder ab. Infolge seines zelligen Baues und der meist großen Tiefe schluckt er viel Wasser und stapelt es während der Regenzeit auf.

„Vom 15. Mai an bleibt der Regen aus. Es folgen zunächst einige sehr heiße und schwüle Wochen. Dann werden die Temperaturen gemäßigter, und die Näche können sogar recht kühl werden. „Vier Monate oder länger ist der Himmel tagaus, tagein vollkommen wolkenlos. Die tägliche Temperaturschwankung nimmt rasch zu; am größten ist sie im Juni und Juli. Dann sinkt die Temperatur des Nachts auf 6 bis 7°, in den Flußniederungen, z. B. des Cubal, sogar auf 1 bis 4°, während sie 1 bis 2 Stunden nach Mittag auf 28 bis 30° steigt. Nachtfrost wurde bisher nicht beobachtet, könnte aber in den Niederungen ausnahmsweise auftreten. Groß ist der Temperaturunterschied zwischen Sonne und Schatten. Sind die Temperaturen während der Trockenzeit durchaus erträglich, ja angenehm, so macht sich die zunehmende Trockenheit bald unangenehm fühlbar. Schon Mitte Mai war die Luft so trocken, daß die Haut aufsprang und die Pflanzen des Herbars nicht umgelegt werden brauchten. Der Boden trocknet aus, die Flüsse schrumpfen ein, das Laub wird dürr, das Gras gelb. Mitte Mai schon rauchte und qualmte es von den Bergen. Bald steigen die Brände auch in die Ganda-Ebene hinab. Die Atmosphäre wird durch den Rauch und Staub bleigrau verfärbt und die Fernsicht vollkommen verschleiert. Jetzt ist die beste Reisezeit. Die Flußniederungen sind ausgetrocknet, die Wälder durch den Brand gelichtet. Die starke Abkühlung des Nachts ruft sehr oft Taubildung hervor. Von Anfang August an treten in den Niederungen, besonders dem Cubal-Tal, Nebel auf, die aber nichts mit dem Meernebel, dem Cacimbo, zu tun haben. Der Südostpassat weht auf dem

Ganda-Plateau, im Windschutz des mit steiler Stufe abfallenden Hochlandes, nur schwach. Selten vermag er das Laub der Bäume stärker zu bewegen. Im Inneren des Waldes ist es ganz windstill. Oft entstehen um Mittag, besonders über den Brandstellen, heftige Luftwirbel. Des Nachts kommt vom Hochland ein kräftiger, trockener Bergwind herab. Es fließt dann die kalte Luft des Planalto die 400 bis 500 m hohe Stufe zum Ganda-Plateau hinab. Der Wind setzt 2 bis 3 Stunden nach Sonnenuntergang ein, erreicht um Mitternacht seine größte Heftigkeit, nimmt gegen Morgen ab und hört um 9 oder 10 Uhr auf. Mitte Mai heulte er einige Male mit Sturmesstärke um unsere Hütte. Mit der Entfernung vom Gebirge nimmt seine Stärke rasch ab; er tritt auch nur während der Trockenzeit auf.

„Von Mitte September ab steigen in den Nachmittagsstunden im E die ersten Gewitterköpfe empor, lösen sich aber zunächst gegen Abend wieder auf. Ende September fällt vereinzelt Regen, aber die eigentliche Regenzeit setzt erst in der zweiten Oktoberwoche kräftig ein. Die Vormittage sind meistens klar. Um Mittag tauchen einzelne Wolken auf, die sich bald zu größeren und dunkleren Massen zusammenschließen. Man fühlt förmlich die Spannung in der Atmosphäre zunehmen. Zwischen 3 und 5 Uhr bricht dann oft ganz plötzlich und mit großer Heftigkeit das Unwetter mit Donner, Blitz und Regengüssen los. Die ersten Gewitter pflegen nur von kurzer Dauer und vereinzelt zu sein, gegen Abend ist der Himmel wieder klar und friedlich. Aber tiefer in der Regenzeit stehen gewöhnlich mehrere Gewitter zugleich am Himmel. Sie rücken wie feindliche Heerscharen gegeneinander; der ganze Himmel scheint dann in Aufruhr zu sein. Der Regen dauert mitunter die ganze Nacht an; gewöhnlich tritt allerdings abends eine Unterbrechung ein. . . .“ gewaltige Wassermassen gehen mitunter in kurzer Zeit nieder. So fielen auf der Pflanzung Gr am 29. Dezember 1930 in einer halben Stunde 50 mm, am 27. Februar 1935 in drei Stunden 162 mm! Zu Anfang der Regenzeit tritt gelegentlich Hagel auf . . .“

„Nach besonders heftigen Regen kommen vom Hochland gewaltige braun-rote Wassermassen herab, die plötzliche, mehrere Tage anhaltende Überschwemmungen hervorrufen. Auf den Feldern wird gehackt, gepflügt, gesät und gejätet. Die Zeit der Jagd ist vorbei, das Reisen ist nur noch auf den Hauptwegen möglich und dort auch nur, solange die Brücken nicht weggerissen sind. Der Feuchtigkeitsgehalt der Luft ist so groß, daß nichts trocknen will. Man fühlt sich wie in einem Dampfbad. Schon die ersten Güsse haben die Atmosphäre von Dunst und Staub gesäubert. Die Fernsicht ist umfassend. Berge, die man 5 Monate nicht mehr gesehen hat, scheinen zum Greifen nahe gerückt. Die Sonnenuntergänge sind bei der klaren, feuchten Luft von großartiger Schönheit. Phantastisch beleuchtete Wolkenburgen umsäumen den Horizont. Am Vormittag, von etwa 9.30 Uhr an, ist die Sonne stechend heiß. Der Regen kühlt nachmittags etwas ab, aber zwischen den Schauern brennt die Sonne sofort wieder wie flüssiges Metall und auch die Nacht bringt kaum eine Erfrischung.“

Die beiden anderen Maximalbereiche der Niederschläge sind ektropisch. Es sind die *zyklonalen Westwinddriften* mittlerer Breiten. Die Niederschläge sind hier an viel ausgeprägtere und langlebige Frontalerscheinungen gebunden als in den Tropen. Der vorwiegende Horizontaltransport bewirkt starke Stauwirkungen an den Westflanken der Gebirge, besonders in Ozeannähe. Die Niederschläge sind sehr viel anhaltender als in den Tropen, aber meist nicht so ergiebig; nur im Sommer kann zeitweilig stärkere Konvektionswirkung beteiligt sein. Nur über den Südostflanken der Kontinente gehen tropisch-konvektive Sommerregen in ektropische Zyklonalregen über.

Die *ektropische Regenzone* ist auf der *Nordhemisphäre* infolge der Verteilung von Land und Meer nur bruchstückhaft entwickelt. Ihre Maxima – ganzjährig verteilt mit deutlichem Herbst-Wintergipfel – liegen auf den Westflanken der Kontinente (Golf von Alaska, Raum von Island – Schottland – Norwegen). Wo das Relief es zuläßt, greifen sie mit gleichzeitiger Verlagerung der Ergiebigkeit auf den Sommer weit landeinwärts ein (Europa); wo Sperrgebirge bestehen (Felsengebirge), sind sie auf einen schmalen Saum beschränkt. An sie schließen sich ostwärts Trockengebiete an, die teils eine Folge der Leewirkung (Great Plains), teils der großen Küstenferne sind (Turkestan); oft trifft beides zu (innerasiatische Hochbecken).

Das Zusammentreffen feuchtwarmer Golfstromluft mit kalter Polarluft im Bereich der zwischen Labrador – Südgrönland – Island gelegenen Zyklonalfurche kann hier zu außerordentlich ergiebigen und anhaltenden Niederschlägen führen, wie es die Witterungsschilderung von M. Rodewald aus Südgrönland (Ann. d. Hydrogr. 1940, S. 29f.) zeigt:

„Regen, starker Regen, fällt Stunde um Stunde, Tag und Nacht. An- und abschwellend, aber immer noch heftig und pausenlos geht er aus dem ständig tiefverhangenen Himmel nieder. Niemals hebt sich die dichte graue Wolkendecke auf mehr als 100 bis 200 m über Grund. Öfters aber senkt sie sich ganz herunter, und durch die feuchte Düsternis sieht dann das Auge keine 50 m weit.

„Die Temperatur ist dabei von bemerkenswerter Konstanz, sie hält sich zwischen + 1° und + 3 °C. Aber das frostfreie Wetter ist doch unangenehm durch die Nässe der Luft und besonders durch den herrschenden lebhaften Wind, der mit großer Beharrlichkeit aus NO bläst, am 26. und 27. Januar mit Beaufortstärke 6 weht und während der ganzen Regenzeit niemals unter 3 bis 4 Beaufort herabgeht.

„Das Küstenland, über dem sich vom 25. bis 27. Januar der schwere Dreitageregen von 200 mm entlädt, ist hoch mit Schnee bedeckt. Auch am Ende der Niederschlagsperiode – und trotz des dreitägigen Tauwetters dabei – beträgt die Schneetiefe noch über 15 cm. Der Leser möge sich selber die Umwandlung der Schneelandschaft vorstellen, über die, bei starkem Wind von + 1° bis + 3° Luftwärme 200 Liter je qm als Regen ausgeschüttet werden und die danach doch noch hoch mit Schnee bedeckt ist.

„Anscheinend tritt erst am 27. Januar ein neuer Zug in die Eintönigkeit des Regenwetters, indem sich nasse Schneeflocken in den windgetriebenen Regen mischen. Aber die Temperatur geht dabei nur bis auf + 1° zurück, und zu richtigem Schneefall kommt es nicht. Nach einem Tage undurchdringlichen Schlackerwetters ergibt die Abendmessung am 27. Januar *53 mm* Niederschlag (in 11 Stunden), fast so viel wie am ersten Haupttag abends (55 mm).

„Am 28. Januar früh kommt endlich der Umschwung, nachdem in der Nacht das Schlechtwetter noch angehalten hat und 19 mm Niederschlag, davon das letzte als Schnee, zum Abschluß geliefert hat. Der Wind geht auf die Gegenrichtung, nach SW; um 8 Uhr ist das tiefe Gewölk völlig verschwunden, nur hohe Altocumulus-Schollen und Cirrusbanden stehen noch am aufgehellten Himmel, und die Luft ist von wundervoller Fernsicht. Die Temperatur ist auf den Gefrierpunkt zurückgegangen."

Auf der *Südhemisphäre* ist diese *Niederschlagszone* hauptsächlich über dem zirkumantarktischen Meeresring entwickelt und berührt lediglich die Südspitze Südamerikas, Tasmanien und die Südinsel Neuseelands ganzjährig. Insbesondere in Westpatagonien, wo Zyklonalerscheinungen mit Staueffekt gepaart sind, treten Niederschläge bei insgesamt unruhigem Witterungsgepräge in allen Monaten häufig und mit wechselnder Intensität auf; regenlose Abschnitte sind immer nur kurzfristig, und die Atmosphäre zeichnet sich durch hohe allgemeine Feuchtigkeit aus. Die Station Bahia Felix auf Feuerland zählte im Jahre 1916 sogar 348 Regentage! Innerhalb der triefenden Wälder, in denen sich der Wind nicht bemerkbar macht, wirkt diese Feuchtigkeit trotz der gegenüber den Tropen niedrigeren Temperatur nicht minder unangenehm:

„Obwohl die Temperaturen hier nicht so hoch steigen wie außerhalb des Waldes, kann infolge der Windstille drückende Schwüle herrschen, die sehr ermüdend wirkt. Regenperioden, in deren oft wochenlangem Verlaufe sich stets niedrige Temperaturen einzustellen pflegen, verdecken alle Höhen mit tiefliegenden Wolken und engen den Gesichtskreis auf das Nächste ein. Die düsteren, fast undurchdringlichen Wälder triefen vor Nässe unter den grauen Schleiern. Die Stille, die vielleicht ein besonderes Merkmal des tierarmen westpatagonischen Urwaldes ist, nur untermalt vom eintönigen Rieseln der Tropfen, trägt das ihre dazu bei, empfindliche Gemüter zu belasten. Wer Westpatagonien kennt, zweifelt nicht daran, daß die psychischen Wirkungen der häufigen Regenfälle ein entscheidender Grund dafür sind, daß dieses Gebiet bis heute nahezu unbesiedelt blieb." (H. G. Schwabe: Über das Klima im Küstengebiet von Südchile. Ann. d. Hydrogr. 1939, S. 37.)

Zur Westwinddrift gehören aber auch noch *sekundäre Maxima* an den *Ostseiten der Kontinente,* wenn auch in südlicherer Lage als die Maxima der Westseiten. Diese in den südöstlichen USA und in China – Japan zu beobachtenden ansehnlichen Regensummen mit sommerlichen Hauptmengen gehören genetisch auch zur Westwinddrift, obwohl man eigentlich an der Ostseite der Kontinente eher größere Trockenheit erwarten sollte, wie wir es z.B. in Ostpatagonien beobachten. Erklärlich sind diese sekundären Ostseitenmaxima aus den labilen Feuchtluftmassen, die aus dem Luftraum über dem warmen Golfstrom bzw. Kuro Shio und Südchinesischem Meer durch die Zyklonen ein Stück landeinwärts hereingeholt werden und dabei ergiebige zyklonale Frontalniederschläge, z.T. durch sommerliche Konvektion und durch Gebirgsstau verstärkt, speisen.

Herbstliche Maxima sind vielfach bedingt durch seltene, aber um so ergiebigere *Taifunniederschläge,* die selbst langjährige Mittel noch spürbar erhöhen können, wie wir das bereits bei den Tropenniederschlägen erwähnt haben. Da die Taifune auf ihrer parabolischen Bahn aus der innertropischen Zone in die ektropische einschwenken, ehe sie an Intensität verlieren, erklärt sich ihr Effekt auf die mittleren Niederschlagssummen sowohl der einen wie der anderen Zone. Das trifft auch für die von herbstlichen Hurrikanen bedrohte Ostseite Nordamerikas zu [vgl. Kap. II.h) 5]. In Mooreston N.J. wurden z.B. am 20.9.1938 Regenmengen von 37 mm in 45 Minuten, in Connecticut 112 mm in 60 Minuten (173 mm in 24 Stunden!) gemessen, was sich durchaus mit tropischen Intensitäten messen kann.

In den *Randgebieten zur subtropischen Trockenzone* konzentriert sich der Niederschlag auf die *Wintermonate* (auf der Nordhalbkugel: Mittelmeergebiet, Kalifornien; auf der Südhalbkugel: Mittelchile, Südafrika, SW-Australien), er ist dann sehr ergiebig und durch Gebirgsstau lokal enorm verstärkt. Das die Bucht von Cattaro/Kotor umgebende Gebirge empfängt rund 4500 mm, die Sierra Nevada in Kalifornien sogar bis zu 11000 mm! Im Mittelmeer kommt die feuchtlabile Energie hinzu, die das warme Meer den Luftmassen zuführt. Instabile kräftige Schauer sind daher hier die Regel. Diese peripheren winterlichen Niederschläge reichen in schmalem Saum und an Intensität abnehmend entlang der Gebirge bis Innerasien. Häufig sind sie durch mittwinterlichen Hochdruckeinfluß nochmals aufgespalten in *Herbst-* und bzw. oder *Frühjahrsregen* (Iberische Halbinsel, Pannonien, Anatolien, Kaspibecken).

Auf der *Südhalbkugel* ist die *Westwinddrift* wie erwähnt geschlossener und kräftiger entwickelt. Die Niederschläge sind fast ausschließlich vom Typ der *Zyklonalregen an Aufgleit- oder Einbruchsfronten,* die rasch aufeinander zu folgen pflegen. Da diese Zone größtenteils über dem Meere liegt – nur die Südspitzen der Südkontinente ragen zeitweilig oder ganzjährig (Südamerika, Tasmanien) hinein – ist sie hier ziemlich gleichmäßig und breitenparallel rings um die Erde entwickelt mit relativ hohen Niederschlägen, die demzufolge eine höhere Breitensumme ergeben als in der entsprechenden Zone der Nordhemisphäre (Abb. II.f)21).

Lokale Abweichungen bilden sich dort, wo meridional verlaufende Gebirgsküsten der Strömung entgegenstehen. So treten in Westpatagonien hohe Stauniederschläge extrem maritimen Charakters auf, die auf der Westseite der Anden die Schneegrenze ähnlich wie im Felsengebirge oder in den Skanden gegenüber der Ostseite erniedrigen. Der Sperreffekt ist so durchgreifend, daß *Ostpatagonien,* obwohl noch in derselben Zone gelegen, nur für steppenhafte Vegetation ausreichende Niederschläge bekommt. Ähnliche Verhältnisse, wenn auch weniger kontrastreich, bieten ferner die Südinsel Neuseelands und das ozeanische Tasmanien.

Wie auf der Nordhemisphäre reichen die zyklonalen Niederschläge der Südhalbkugel als *Winterregen* weiter *äquatorwärts,* damit das gleiche Niederschlagsregime wie im Mittelmeerklima hervorrufend. Wir finden es in Mittelchile, im Kapland, in SW-Australien sowie in SO-Australien, wenn auch in letzterem nicht so ausgeprägt. In diesen Randgebieten zyklonaler Niederschläge spielt Konvektion eine gewisse Rolle, aber im übrigen tritt sie wegen des Fehlens von Landflächen im eigentlichen Zykonalgürtel im Gegensatz zur Nordhemisphäre ganz zurück.

Während auf den Westseiten der Kontinente die genannten drei Niederschlagszonen durch die subtropischen Trockenzonen voneinander getrennt sind, ist dies an den *Ostseiten* nicht der Fall. Das hat verschiedene Gründe. Die vor den Ostseiten liegenden Höhentröge der allgemeinen Zirkulation [vgl. Kap. IV.d)] führen zyklonale Niederschläge weit äquatorwärts, umgekehrt lassen sommerliche Ausbuchtungen der äquatorialen Konvergenz Regen vom Typ der Zenitalregen weit polwärts ausgreifen. Schließlich werden die letzten Lücken an den Ostseiten geschlossen durch die Labilitätsschauer der maritim gewordenen Passate, zumal bei erzwungenem Aufstieg an Inseln (Westindien) oder Steilküsten (Südostbrasilien, Natal, Neusüdwales).

Tragen wir die *Niederschlagssummen nach Zehngradzonen* auf, zugleich ihrer polwärts abnehmenden Fläche Rechnung tragend, so ergibt sich das nachfolgende Diagramm (Abb. II.f)21), das sich auf Angaben von Meinardus (1934) u.a. stützt. Es zeigt, daß die hohen Äquatorialwerte im Durchschnitt etwas nördlich des Gleichers ihr Maximum erreichen entsprechend der aus thermischen Gründen nordwärts verschobenen Lage des meteorologischen Äquators, daß sie aber dafür dann zu den Trockenzonen des Nordens rascher abfallen als nach Süden zu. Andererseits sind die Regenmengen der südlichen Westwinddrift zwischen 40 und 60° bedeutend höher als in den entsprechenden Nordbreiten, so daß auf diese Weise das Defizit von 0–10° S gegenüber der Zone von 0–10° N wieder wettgemacht wird und daher beide Halbkugeln annähernd gleiche Gesamtmengen an Niederschlag aufzuweisen haben. Daß darin die Trockenzonen nur relativ schwach ausgeprägt sind, ergibt sich daraus, daß sie auf den Ostseiten der Kontinente fehlen und daß sie ebenso wie die angrenzenden Niederschlagsgürtel keineswegs streng west-östlichen Verlauf besitzen, in Südamerika sich sogar fast meridional erstrecken. So kommt es, daß die Polarkappen absolut und relativ als die niederschlagsärmsten „Zonen" erscheinen, was in dem geringen absoluten Feuchtegehalt der ganzjährig tief temperierten Luft seine zwanglose Erklärung findet.

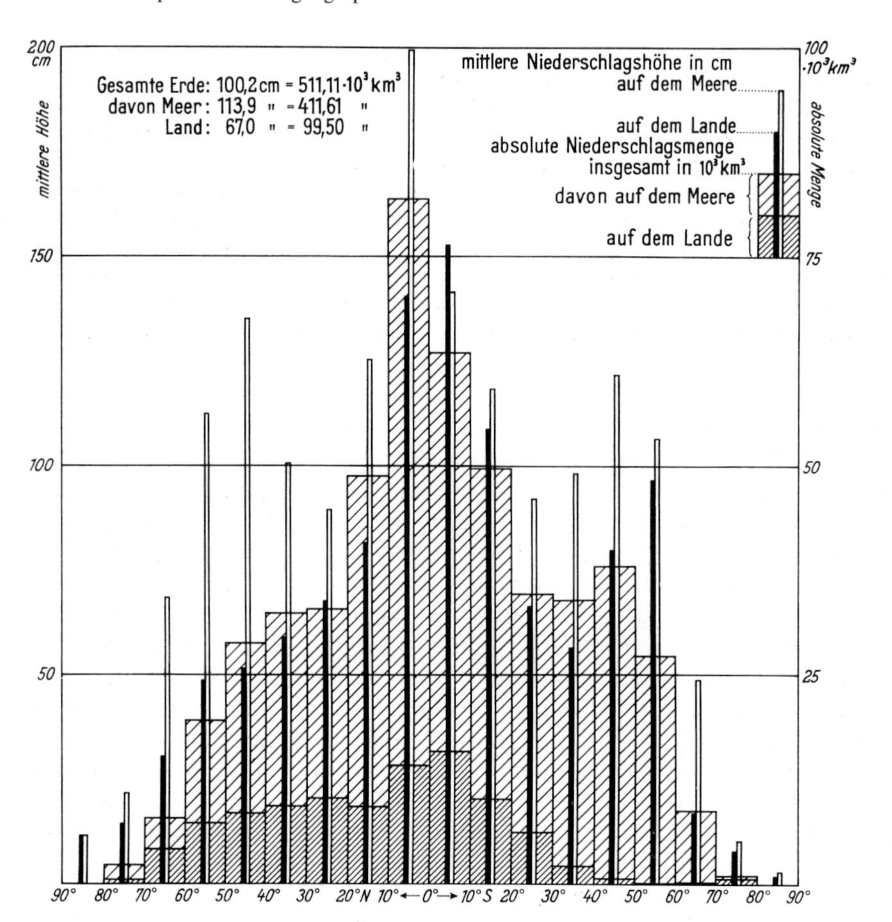

Abb. II.f) 21. Mittlere jährliche Niederschlagshöhen und -mengen nach Breitenzonen. (Nach Meinardus, Brooks u. Hunt, Gentilli)
Die mittlere Niederschlagshöhe ist in allen Zonen über dem Meere, z. T. bedeutend, höher als über dem Lande. Sie zeigt die drei Maximalzonen (Äquatorialzone und ektropische Westwinddriften). Bezieht man die Niederschlagsmengen auf die polwärts schrumpfenden Zonenflächen, so ergibt sich eine relativ gleichmäßige Abnahme der absoluten Niederschlagsmengen von der Zone 0–10° N polwärts mit Ausnahme eines vorübergehenden Mengenanstiegs zwischen 40°–50° S

Vertikalverteilung der Niederschläge in den Gebirgen. Neben der horizontalen regionalen Differenzierung ist die Vertikalverteilung der Niederschläge in den Gebirgen der Erde für die vielen wichtigen Fragen, die mit dem Wasserhaushalt der verschiedenen Lebensräume in ökologischer oder wirtschaftlicher Weise zusammenhängen, von grundlegender Bedeutung. Jedem werden nach kurzer Überlegung eine Vielzahl von Argumenten dafür einfallen, daß es einen zuweilen entscheidenden, immer aber sehr wichtigen Unterschied ausmacht, ob die Höhenzone mit den maximalen Niederschlägen z. B. in 3500 bis 4000 m hoch in den Gebirgen oder aber in nur 1000 m an deren unteren Flanken liegt.

Zwei spezielle Gedankengänge seien angeregt: Man stelle sich vor, daß in der Sierra Nevada ostwärts des Kalifornischen Längstales die vorher genannten winterlichen Niederschlagssummen von mehreren Metern nicht in ihrer Hauptmenge in Höhen über 3000 m und damit als Schnee, sondern unter 1500 m und damit als Regen niedergehen. Die Folge wäre, daß der größte Teil noch während der Regenperiode abfließen würde und nicht – wie in Wirklichkeit – über Monate in der Höhe gespeichert und später in der wärmeren Jahreszeit für Bewässerungszwecke zur Verfügung stehen würde; ein Unterschied, der die ganze Struktur des Lebensraumes Kalifornien grundlegend verändern müßte. Oder: wie würde wohl die Elektrizitätswirtschaft der Alpenländer aussehen, wenn die Hauptmenge der Niederschläge in den Alpen nicht in der Höhenzone über 3000 m, sondern unterhalb 1000 m fallen würde. Vermutlich ähnlich wie in Mexiko, wo man von den Bevölkerungs- und Wirtschaftsschwerpunkten im Hochland bergab bis in die Bergfußregion der Randkordillere fahren muß, um in den Bergen wenige hundert Meter über dem Meeresspiegel zu den großen Wasserkraftwerken zu gelangen.

Im krassen Gegensatz zu der Bedeutung und Wichtigkeit des Problemkreises steht für die meisten Gebirge der Erde die *äußerst lückenhafte Information* aus Beobachtungsdaten. Kubat (1972) konnte sich bei der neuesten Analyse der Niederschlagsverteilung in den Alpen für die Beobachtungsperiode 1931–1960 auf insgesamt 1055 Stationen (eine Station auf 298 km^2) stützen. Davon befinden sich 268 über 1000 m und nur 14 über 2000 m. Trotzdem ist dies wohl das bestausgebaute Stationsnetz der Erde. Als normal muß man leider einen ganz anderen Tatbestand ansehen. In den südamerikanischen Anden z. B. gibt es zwischen dem Wendekreis und der Südspitze des Kontinentes, also auf fast 4000 km Gebirgslänge, oberhalb 2000 m auf der chilenischen Seite 6 Meßstationen (3 davon in der Wüste !). Auf der argentinischen Seite mögen es doppelt so viele sein. Insgesamt sind es sicher keine 20. Und das in einem Gebiet, wo zuweilen auf 30 km Horizontalentfernung eine so starke hygrische Differenzierung vorhanden ist, daß die natürliche Vegetation einen Übergang vom immergrünen Wald bis zur Steppe zeigt. In den Gebirgen Vorder- und Südasiens, in den nördlichen Rocky Mountains, in den tropischen Anden ist es nicht anders. Bedenkt man noch, daß topographische Effekte eine überaus große Veränderlichkeit von Ort zu Ort hervorrufen und daß somit eine viel schlechtere Interpolation auf der Basis von erhärteten klimatologischen Gesetzen oder Regeln möglich ist als bei anderen Klimaelementen, so wird man zunächst einmal festhalten müssen, daß Niederschlagskarten für die Gebirge der Erde die bestmöglichste Interpretation auf mangelhafter Meßgrundlage darstellen und daß die Aussagen in den meisten Gebieten nur in grober Generalisierung und näherungsweise richtig sind.

Um so wichtiger ist es, in Gebieten mit ausreichender Stationsdichte durch die Kombination von detaillierter Analyse von Meßdaten einerseits und klimabezogener Beobachtung im Gelände andererseits nach *Regeln* der vertikalen Niederschlagsverteilung zu suchen, sie dynamisch zu begründen, um so wenigstens eine bessere Ausgangsbasis für die an anderen – klimatisch vergleichbaren – Stellen notwendigen Inter- oder Extrapolationen zu erhalten.

Bei der Analyse der Meßdaten muß die vorher bereits besprochene Schwierigkeit der Niederschlagsmessung in stark ventilierten Höhenregionen in Rechnung gestellt werden. Da man aber davon ausgehen kann, daß die *Ventilationseinflüsse* immer nur ein Defizit der gemessenen gegenüber den in Wirklichkeit gefallenen Niederschlägen bewirken, und daß dieses Defizit mit der Höhe zunimmt, kann man die *Meßdaten aus den Höhenzonen* ebenso wie die Differenz zu denjenigen aus den tieferen Lagen jeweils *als Mindestgrößen* behandeln. Die Ergebnisse können also im Normalfall keine Überschätzung der Niederschläge in den durch Stationen schlecht besetzten Höhen geben.

Für die Alpen haben Mathias (1919) und Wussow (1924) die Zunahme der Niederschläge für die allgemeinen, großzügigen Höhenniveaus in eine Formel zu fassen versucht. Wussow geht dabei von einer maximalen Menge von 3000 mm in 4000 m Seehöhe und einer Normalmenge von 500 mm im Meeresniveau aus. In seiner Formel

$$N_h = N_o + 44 - \sqrt{44^2 + h^2 - 80\,h}$$

(h in hm, N in dm) erhält man eine ungefähre Niederschlagszunahme von 90 mm/100 m. Der Fehler ist in den untersten 100 m ziemlich groß (ca. + 8 mm), in den größeren Höhen bewegt er sich zwischen −3 mm und +1 mm. Diese Formel darf man nur für allgemeine Höhenniveaus und für die Alpen anwenden. Unter konkreten topographischen Bedingungen sind erhebliche Abweichungen selbstverständlich, wie im einzelnen H. Uttinger (1941) und Ekhart (1939) deutlich gemacht haben. Über das Problem, ob die Niederschläge tatsächlich bis oberhalb 3000 m zunehmen, hat es zeitweilig unterschiedliche Auffassungen gegeben. Entgegen der sonst üblichen Annahme, hat Ekhart (1948) eine Abnahme des Niederschlags bereits von 3000 m an postuliert. Inzwischen steht aber sicher fest, daß Meßfehler, die auf den Wind zurückzuführen sind, den Grund für diese scheinbare Niederschlagsabnahme bilden (Havlik, 1969; Kubat, 1972). In jedem klimatologisch einheitlichen Gebiet läßt sich in den Alpen für die mittlere Jahressumme der Niederschläge eine *Zunahme mit der Höhe bis zu den höchst gelegenen Meßstellen in 3500 m* nachweisen. Mit Hilfe zahlreicher Querprofile, von denen in der Abb. II.f) 22 eines für die Westalpen als Beispiel wiedergegeben ist, hat Havlik (1969) die Regel erhärtet, daß in den Alpen hygrisches und topographisches Profil weitgehend konform verlaufen. Die topographisch tiefsten Teile haben die geringsten, die topographisch höchsten die größten mittleren Jahressummen aufzuweisen.

Das ändert sich, wenn man die Niederschläge nach Jahreszeiten oder nach den verursachenden Wetterlagen aufgliedert. Reichel (1962) stellte mit Hilfe des Stationspaares Garmisch-Partenkirchen (704 m) und Zugspitz-Observatorium (2960 m) fest, daß im Jahresmittel zwar auf der Zugspitze die höheren Niederschlagssummen gemessen werden, daß aber im Mittel über die Sommermonate die Talstation Garmisch-Partenkirchen mehr Niederschlag empfängt. Er führt das im wesentlichen auf den Einfluß von Wärmegewittern zurück. Havlik (1969) überprüfte die Frage für ein Kollektiv von Gewittertagen der Jahre 1959–1963 am Stationspaar St. Gotthard (2095 m)/Altdorf (451 m). Beträgt das Verhältnis zwischen St. Gotthard und Altdorf für die Jahressummen des Niederschlags 1,75 : 1, so kehrt es sich bei allen Tagen mit Gewittern einschließlich Frontgewittern auf 0,78 : 1, bei echten Wärmegewittern sogar auf 0,43 : 1 um. Man wird daraus mit aller Vorsicht zunächst einmal die Hypothese ableiten müssen, daß in den Alpen während der Sommerzeit, *wenn Niederschläge aus Konvektionswolken überwiegen, die Maximalzone der Niederschläge nicht in den höheren Teilen* des Gebirges zu suchen ist.

Für die Tropen hat nach voraufgegangenen, sporadisch verstreuten, meist auf Vegetationsbeobachtungen beruhenden Einzelhinweisen z.B. von Klute (1920) oder Emberger (1930) de Boer (1950) mit Hilfe des in der holländischen Kolonialzeit sehr gut ausgebauten Meßstellennetzes in Java die erste und grundlegend wichtige

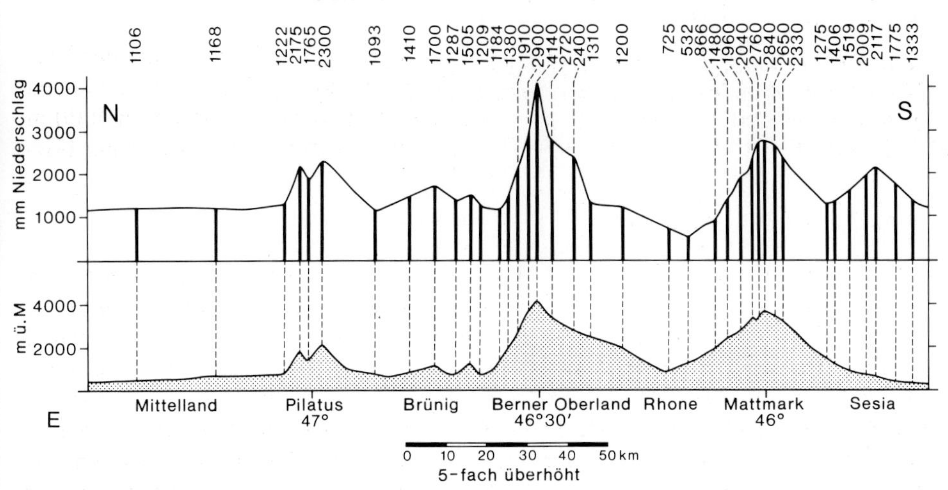

Abb. II.f) 22. Vertikalverteilung der mittleren Jahressumme des Niederschlags im Querprofil durch die Ostschweizer Alpen. (Nach Havlik, 1969). Die höchsten Niederschlagssummen werden an den höchsten Meßstationen registriert

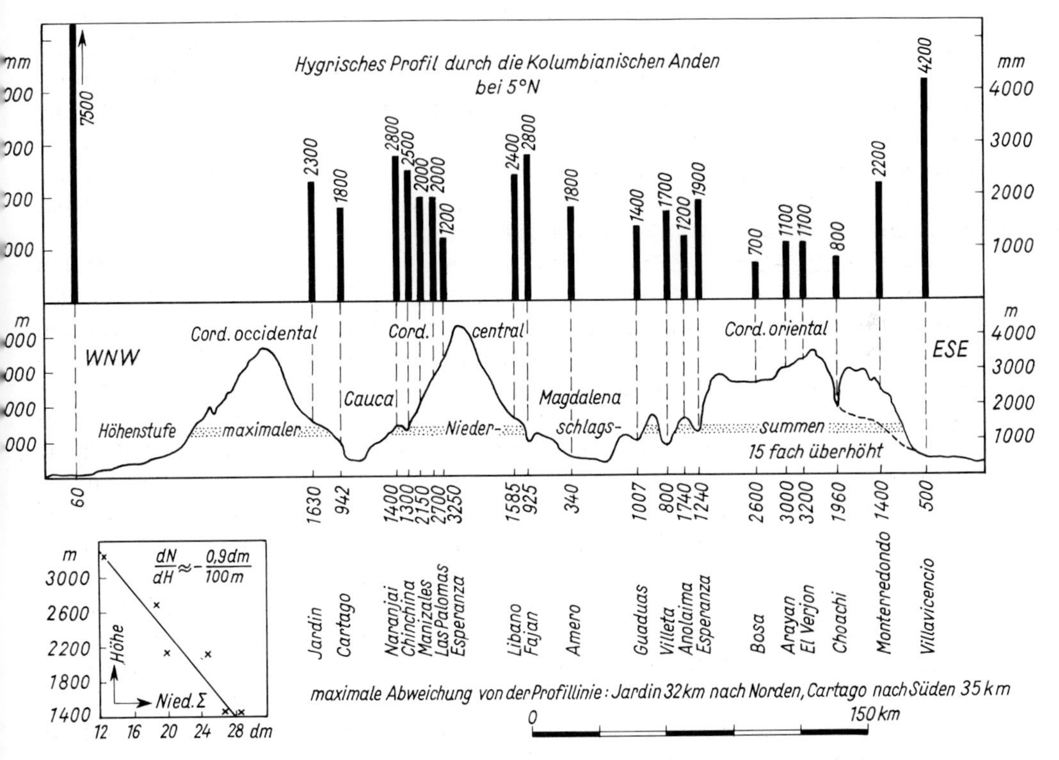

Abb. II.f) 23. Vertikalverteilung der mittleren Jahressumme des Niederschlags im Querprofil über die äquatornahen kolumbianischen Anden. (Nach Weischet, 1969). Die Höhenstufe maximaler Niederschläge liegt um 1200 m NN. Über sekundäres Randhöhenmaximum und Trockeninseln der Täler s. Text

Tab. II.f) 6. Die vertikale Niederschlagsverteilung in Zentral-Java (nach De Boer 1950)

Höhenintervall in m über NN	unter 50	50 150	150 250	250 350	350 450	450 550	550 650	650 750	750 900	900 1100	1100 1300	1300 1500	1500 1750	1750 2000	2000 2500	2500 3000	3000 3500
Zahl der Stationen im betr. Intervall	39	201	137	67	49	46	36	26	17	32	14	11	7	–	11	3	3
Mittelwert ihrer Höhenlage (m)	2	100	200	300	400	500	600	700	806	999	1175	1382	1605	–	2133	2582	3191
Mittl. Jahressume der Niederschläge (mm) für die im jeweiligen Intervall vertretenen Stationen	2313	2554	2483	3044	3007	3139	3487	3895	4062	3815	4094	3496	3294	–	3267	2481	2473
									Höhenstufe max. Niederschläge								

quantifizierte Analyse der vertikalen Niederschlagsverteilung für die inneren Tropen vorgelegt. Die Arbeit ist aber an schwer zugänglicher Stelle veröffentlicht worden und hat leider nicht die ihr gebührende Beachtung gefunden. Aus den Beobachtungen von mehr als 2000 Stationen, von denen 190 oberhalb 1100 und noch 39 höher als 2000 m lagen, konnte de Boer für *Java* sicher nachweisen, daß die *Höhenzone maximaler Niederschläge zwischen 750 und 1200 m* liegt. In der Tabelle II. f) 6 sind die Werte für Zentral-Java wiedergegeben.

Vom Meeresspiegel bis rund 1000 m nimmt die Niederschlagssumme um rund 1700 mm von 2313 auf 4094 mm zu; darüber wird sie ganz systematisch wieder kleiner, so daß bei rund 3000 m noch knapp 2500 mm gemessen werden. Später haben Leopold (1951) für Hawaii, Schmidt (1952) und Trojer (1959) für Kolumbien sowie Hastenrath und Lessmann (1963) für San Salvador übereinstimmend niedrig gelegene Maximalwerte (zwischen 900 und 1300 m NN) angegeben.

Als *Begründung* für die stark unterschiedliche Vertikalverteilung der Jahresniederschlagssummen in den Gebirgen der ganzjährig feuchten Mittelbreiten (Alpen z. B.) einerseits und den immer- und periodisch feuchten Tropen (Java, Kolumbien, Mittelamerika, östl. Zentralanden) andererseits hat Weischet (1965) *die unterschiedliche Dynamik der Niederschlag liefernden meteorologischen Vorgänge* in den Außertropen und Tropen abgeleitet. In den Tropen resultiert die weitaus überwiegende Menge der Niederschläge aus Konvektionsprozessen. Sie fällt in Form von Schauern aus konvektiver Quellbewölkung. Der Wasserdampf wird dabei in einem horizontal relativ eng begrenzten vertikalen Kreislauf umgesetzt. Aus der (temperaturabhängigen) mittleren Vertikalverteilung der absoluten Feuchte in der A., wie sie als Beispiel für die Tropen in Abb. II.e) 4 wiedergegeben ist, ergibt sich dabei, daß ein bestimmtes Luftvolumen, das vom Boden bis 3000 oder 3500 m (d. i. die häufigste Obergrenze von Cu con-Bewölkung in den feuchten Tropen) gehoben wird, im zeitlich-räumlichen Mittel 8–11 g Wasserdampf pro kg Luft ausscheiden muß. Derselbe Hebungsbetrag liefert im Höhenstockwerk oberhalb 3500 m nur knapp 3 g/kg Luft. Jedes Gebirge erzwingt als Massenerhebung die Trennung in verschiedene Wolkenstockwerke. Daß die Maximalzone nicht nahe dem Meeresniveau, sondern erst um 1000 m hoch liegt, ist eine Folge der Kombination von geringerem Verdunstungsverlust nach Verlassen der Wolke (er muß für das Tiefland größer sein), der topographisch bedingten Anfangsanstöße bei der Einleitung und der späteren Verstärkungen beim Ablauf von Konvektionsprozessen über Gebirgshängen. Das kann man beispielsweise daraus ableiten, daß bei der Gegenläufigkeit von hygrischem und topographischem Profil, wie es im großen gesehen für Tropengebirge oberhalb der Höhenzone maximaler Niederschläge die Regel ist (Abb. II.f) 23), ebenso regelmäßig in der im ganzen niederschlagsarmen Höhenregion ein sekundäres *„Randhöhen -Maximum“* dort auftritt, wo ausgedehnten Hochplateaus höhere Gebirgskörper aufgesetzt sind. In der Abb. II.f) 23 ist das deutlich auf der Cordillera oriental ostwärts von Bogotá zu sehen. Für den Osten Afrikas, der als „Hochafrika“ im ganzen schon in einem Niveau liegt, das der Maximalstufe der Niederschläge bei solchen Gebirgen entspricht, die aus dem Tiefland aufsteigen, bedeutet das, daß selbstverständlich an den aufgesetzten Bergländern und Vulkanen (Kilimandscharo, Mount Kenia z. B.) noch einmal Höhenstufen maximaler Niederschläge zu erwarten sind. Sie müßten aber den Regeln entsprechend wieder rund 1000–1200 m über der Hochebene (also absolut gesehen um 2500 m NN) liegen.

Folge des starken Verdunstungsverlustes unterhalb des Kondensationsniveaus ist das dritte regelmäßig auftretende hygrische Phänomen tropischer Gebirge, die besonders von Troll (1952, 1959) eingehend beschriebenen *Trockeninseln in Durchbruchstälern.* Dafür ist nach Troll erstens das Hang- und Talwindzirkulationssystem verantwortlich, das während der Einstrahlungszeit am Tage über den Talachsen eine absinkende, die Konvektion unterbindende Luftströmung hervorruft (eingehende Behandlung und entsprechende schematische Zeichnung auch bei Flohn, 1970). Und im Hinblick auf die Nachtregen, die für die breiten Längstalfurchen in tropischen Gebirgen charakteristisch sind, wie Trojer (1959) dargelegt hat, ist in den engen Durchbruchstalstrecken das zur Verfügung stehende Luftvolumen zu klein und der Gesamtwasserdampfgehalt zu gering, um eine Konvektionsbewölkung mit relativ niedrigem Kondensationsniveau entstehen zu lassen. So beziehen die Gründe der Durchbruchsschluchten ihren Niederschlag aus dem Hochlandsstockwerk der Konvektionswolken, wobei die sowieso schon relativ geringe Menge des ausgeschiedenen Regens bei der großen Fallhöhe noch einen erheblichen Verdunstungsverlust erleidet (Weischet, 1969).

In den Jahren nach 1965 sind einige Arbeiten über verschiedene Tropengebiete erschienen, welche das *Phänomen der Niederschlagsinversion im Höhenintervall zwischen 900 und 1400 m* als *regelhaft* bestätigen und gleichzeitig einige wichtige Ergänzungen bringen, die nicht zuletzt für die o.a. Begründung von Bedeutung sind. Flohn (1968) kann für die Sierra Nevada de Mérida in *Venezuela* belegen, daß die Maximalzone zwischen 900 und 1500 m anzusetzen ist. Mit einem lokal sehr dichten Stationsnetz hat Domrös (1968) für die Südabdachung der Haputale-Range am Rand des Uva-Beckens im *SE Ceylons* gezeigt, daß die Vertikalverteilung der Jahressummen der Niederschläge „eine deutliche Niederschlagsinversion zwischen 900 und 1400 m erkennen läßt", daß diese bei Aufteilung der Niederschläge auf die verschiedenen Jahreszeiten während der von Konvektionsniederschlägen geprägten Intermonsunzeit besonders markant ist, aber in den Monaten des SW- und NO-Monsuns fehlt: dann nehmen die Niederschläge durchgehend bis zum Gipfelniveau (es liegt in 1750–1900 m NN) zu. In einer späteren Arbeit (Domrös, 1971) stellt sich heraus, daß bei SW-Monsun großräumig gesehen die Zone maximaler Niederschläge in rund 1000 m NN geradezu klassisch ausgebildet ist, wenn man Ceylon als Ganzes betrachtet (Fig. 4 der o.zit. Arbeit). Es bleibt dagegen dabei, daß die Niederschläge während der NE-Monsun-Periode zwar eine gesicherte Beziehung zum Relief, aber kein eindeutig erkennbares Maximum in der Höhenzone um 1000 m aufweisen. Hinsichtlich der Begründung sollte man zunächst folgende Feststellung von Domrös (1971, S. 119) zur Kenntnis nehmen: „Aufgrund ihrer Herkunft und Zugbahn unterscheiden sich SW- und NE-Monsun wesentlich: der SW-Monsun besteht aus sehr feuchter, feucht-labil geschichteter Äquatorialluft und ist maximal rund 6–7 km mächtig, während der NE-Monsun eine vergleichsweise trockene, stabil geschichtete Strömung von nur rund 1–2 km Mächtigkeit ist". Für den NE-Monsun wird außerdem angegeben (Domrös, 1969, S. 122 u. 123), daß „sowohl Depressionen und Zyklonen vom südlichen Golf von Bengalen aus Ceylon in SE-NW-Richtung passieren" und daß diese Depressionen und Zyklonen als Ursache für das temporäre Verschwinden der tiefgelegenen Maximalzone verantwortlich gemacht werden. Darauf muß im Zusammenhang mit der Begründung für die Bedingungen in den Außertropen noch zurückgekommen werden.

Zunächst seien noch die Ergebnisse einer sorgfältigen Analyse der Verhältnisse im pazifischen Küstengebirge von *Guatemala* gewürdigt, die Hastenrath (1967, 1968) vorgelegt hat. Für die Jahresniederschläge ergibt ein Netz von 45 Stationen zwischen dem Meeresniveau und 2000 m NN eine Verteilung mit der Höhe, die sich durch eine nach der Methode der kleinsten Quadrate berechnete Parabel annähern läßt, die der Formel gehorcht:

$$N[mm] = 1{,}686 + 5{,}671 \cdot h - 0{,}0033 \cdot h^2 \; [h \text{ in } m]$$

Sie gibt als Rechenergebnis für die Höhe maximaler Niederschläge 865 m. Die wirkliche Verteilung der Meßwerte um die mittlere Parabel zeigt als Höhenintervall maximaler Niederschläge das zwischen 700 und 1200 m. Bei insgesamt 24 ausgesuchten „Temporal-Wetterlagen" der Jahre 1960–1963, die an den Küstenstationen insgesamt 30–50% der mittleren Jahresniederschlagsmenge geliefert haben, „deutet sich nur eine schwache Zunahme der Regenmenge bergauf an. Eine Maximalstufe ist dabei im Gegensatz zu den Jahresmengen nicht ausgeprägt" (Hastenrath, 1968, S. 3). „Temporale sind atmosphärische Störungen, die sich über dem Pazifischen Ozean bilden und vor allem die pazifischen Gebiete Mittelamerikas heimsuchen. Dichte und ausgedehnte Nimbustratus-Bewölkung mit ungewöhnlich anhaltenden Regen von nur gemäßigter Intensität sind charakteristisch" (Hastenrath, 1968, S. 2). Das zeitweilige *Verschwinden einer niedrig gelegenen Maximalstufe* des Niederschlags ist also wieder, wie in Ceylon, *an die Auswirkung atmosphärischer Störungen gebunden.*
Bei ihnen tritt anstelle der normalerweise in den Tropen dominierenden Konvektionswolke mit Schauerregen eine großräumig ausgedehnte Nimbosstratus-Bewölkung mit flächenhaftem Niederschlag mäßiger Intensität auf, so wie sie auch für die Warmfronten und Okklusionen innerhalb der Frontalzyklonen der Außertropen charakteristisch ist.

Diese Ergebnisse kann man als indirekte Stützen für die von Weischet (1965) und Havlik (1969) vorgetragene *Begründung der hochreichenden Niederschlagszunahme* in den Gebirgen der feuchten höheren *Mittelbreiten* werten. Hier herrscht zwar im Mittel ungefähr die gleiche progressive Abnahme des Wasserdampfgehaltes mit wachsender Höhe wie in den Tropen. Bei den entscheidenden Niederschlagswetterlagen entspricht die Vertikalverteilung des Wasserdampfgehaltes aber nicht den mittleren Verhältnissen. Die im Jahresmittel dominierenden Niederschlagswetterlagen sind mit dem Durchzug von Frontalzyklonen verbunden, auf deren Vorderseite im Bereich der Warmfronten oder Warmfront-Okklusionen relativ warme und wasserdampfreiche Luftmassen aus niederen Breiten auf kältere und wasserdampfärmere aufgeschoben werden. Dadurch kann im Extremfall (Beispiele in Weischet, 1965, Abb. 3) in den Luftschichten oberhalb 1500 oder 2000 m die absolute Feuchte (oder das Mischungsverhältnis) größer sein als in den darunter liegenden. Daraus wurde zunächst die Konsequenz gezogen, daß unter der *Wirkung des advektiven Gleitaustausches* mit dominierender horizontaler Komponente des Wasserdampfumsatzes die ausgefällten Niederschlagsmengen stetig bis in Atmosphärenschichten zunehmen können, welche oberhalb der Gipfelhöhen der meisten außertropischen Gebirge liegen, und daß man in noch größeren Höhen (ab 5000 oder 5500 m, für die aber keine Meßwerte vorliegen) auch in den Außertropen einen Rückgang der Niederschlagssummen erwarten muß (Weischet, 1965).

Später hat aber Havlik (1969) mit Hilfe einer systematischen Analyse der aerologischen Bedingungen während der Niederschlagswetterlagen der Jahre 1969–1963 über den W-Alpen nachgewiesen, daß die Vertikalverteilung der absoluten Luftfeuchtigkeit allein nicht zur Begründung der hochreichenden Niederschlagszunahme ausreicht. „Der *entscheidende* meteorologische Parameter ist vielmehr der *Wasserdampftransport* als Produkt aus der spezifischen Feuchte und Windgeschwindigkeit“ (Havlik, 1969, S. 68). An Tagen mit besonders großer Zunahme der Niederschläge zwischen den Tal- und Gipfelstationen in den Alpen ist der maximale Wasserdampftransport vorwiegend unter der Wirkung der horizontalen Luftversetzung von normalerweise 850 mb ins 700 mb-Niveau (d.i. rund 3000 m. ü. M.) verschoben, wobei die Absolutbeträge ein Mehrfaches des Durchschnittswertes erreichen, beides notwendige Voraussetzungen für die aus Messungen eindeutig nachgewiesene Zunahme der Niederschläge bis in Höhen über 3500 m. Wenn nämlich in der Schicht des größten horizontalen Feuchtetransportes den Luftmassen eine entsprechende Vertikalkomponente der Bewegung überlagert wird, wie sie beim Aufgleitprozeß oder als Folge des Staueffektes regelmäßig auftritt, dann muß in der Höhe maximalen Wasserdampftransportes auch der größte feuchtadiabatische Kondensationseffekt mit entsprechend großer Wasserausscheidung auftreten. Bei Wetterlagen mit eindeutig konvektiver Niederschlagsentstehung zeigen auch in den Westalpen die Tieflandstationen größere Niederschlagssummen an als die in der Höhe, wie es von Reichel (1962) für die Ostalpen nachgewiesen ist. Da aber übers Jahr gesehen die advektiv-zyklonalen Niederschlagsereignisse absolut dominieren, weist im Gegensatz zum *„tropisch-konvektiven Typ der vertikalen Niederschlagsverteilung“* der *„außertropisch-advektive Typ“* (Weischet, 1965) eine Zunahme der Jahressummen der Niederschläge bis in Höhen über 3500 m auf.

Für die vielen Gebirge der Erde, die nicht von einem ausreichenden Beobachtungsnetz überzogen sind, um in ihnen die Niederschlagsverteilung direkt aus Meßergebnissen ableiten zu können, helfen die dargelegten Regeln, um auf der Basis synoptisch-klimatologischer Kenntnisse über die jahreszeitlich vorherrschende Witterungsgestaltung wenigstens eine Vorstellung über die Höhenverteilung der Niederschläge in Form einer *klimatologischen Prognose* zu wagen. In diesem Sinne hat z. B. Flohn (1970) für den *Himalaja* im Hinblick auf die relativ hohen winterlichen Niederschläge festgestellt: „Ihre advektiv bestimmte Intensität – bei nach oben zunehmender Windgeschwindigkeit – nimmt mit der Höhe bis zum Hauptkamm hin (jedenfalls etwa 4000 m Höhe) zu, während die konvektiven Sommerregen – bei nach oben abnehmender Windgeschwindigkeit – ihre höchste Intensität in den Randketten, in etwa 2000 m Höhe, entfalten“. *Allgemein* muß man sagen, daß die Gebirge im Einflußbereich der zyklonalen Westwinddrift der ganzjährig *feuchten Außertropen* sowie der *Winterregensubtropen* bis über 3500 m hoch reichende Niederschlagszunahme aufweisen. Beispiel dafür sind die Gebirge von den Pyrenäen und den nordafrikanischen Atlas-Ketten bis hin zum Himalaja, in Nordamerika die Westseite des Felsengebirges bis nach Kalifornien, in Südamerika die außertropischen Anden bis ca. 38° S und von den subtropischen Anden zwischen 38 und 23° S die Westabdachung. Für ek- und subtropische Gebirge *im Bereich dominierender kontinentaler Sommerregen* und winterlicher Trockenheit ist dagegen die *Maximalzone* im tiefen Niveau *um 1000 m* zu erwarten. Am Ostabfall der Anden in NW-Argentinien beispielsweise kann man das auch ohne ausreichende Zahl von Niederschlagsmeßstationen mit Hilfe der Vegetation verifizieren. An der Kordillere von Córdoba befindet sich nämlich weithin sichtbar im Höhenniveau zwischen 800 und 1000 m eine schmale Zone mit vorwiegend immergrünen Bäumen, während höher und tiefer nur laubwerfende Arten vorkommen.

Verteilung Schnee und Schneedecke. Bei der Frage der geographischen Verteilung der Niederschläge muß derjenigen der festen Niederschläge, insbesondere des *Schneefalls,* gesondert gedacht werden, sind seine Wirkungen doch grundlegend anderer Art. Leider besteht in der Klimatologie keine Einheitlichkeit in der Bezeichnung der auf Schnee bezogenen Isolinien. Das Wort „Isochione" bedeutet nach dem Handwörterbuch der Meteorologie" von K. Keil: Linie gleicher Zahl der Tage mit Schneefall, nach Creutzburg (Peterm. Geogr. Mitt., 1950) und Kronfuss (1972): Linie gleicher Schneedeckendauer in Tagen und nach K. Hermes: (Geogr. Taschenb. 1964/65): Linie gleicher Schneegrenzhöhe. Analog zur Isohyete müßte die *Isochione* aber eine Linie gleicher Schneehöhe (in cm) sein. Die für einen Teil des Jahres *schneebedeckte Fläche der Erde* (auf dem Lande und dem Meereise) beläuft sich im Mittel auf 72,5 Mill. km^2, maximal auf 126 Mill. km^2 (d.h. ein Viertel der Erdoberfläche!). Allein 35 Mill. km^2 des Festlandes sind länger als 4 Monate schneebedeckt (nach H. Hoinkes, 1968 bzw. J. Corbel, 1962). Das ist eine Variable im irdischen Wasser-, Strahlungs- und Wärmehaushalt von allergrößter Bedeutung. Wir können den Schneefallbereich oder die *Chionosphäre* (nach Kalesnik, 1961 und Tronow, 1966) in drei Intensitätszonen gliedern. In das Gebiet mit einer mehr oder weniger lange anhaltenden *Dauerschneedecke* – es wird nach W. Köppen durch die Januarisotherme von −3° begrenzt – schließt sich ein wechselnd breiter Übergangssaum an, in dem es zwar regelmäßig noch zu Schneefall kommt, aber eine geschlossene Schneedecke (bei Frosttemperaturen) nur unregelmäßig entsteht. Sie fehlt zwar in den meisten Wintern nicht, jedoch ist ihr Eintreten äußerst variabel und ebenso ihre Dauer, so daß sie im Gegensatz zu dem vorgenannten Bereich weder wirtschaftlich noch biologisch von erstrangiger Bedeutung ist. Hierzu gehört etwa das Gebiet zwischen der −3°- und der +4°-Isotherme des kältesten Monats, da die Temperaturschwankungen auch bei dem letztgenannten positiven Mittelwert immer noch kurzfristige Kälteperioden mit Schneedeckenmöglichkeit einschließen. Das Gebiet deckt sich etwa mit dem Bereich von 10 bis 50 Tagen mit Schneefall in Europa (Abb. II.f) 24). Zu diesem Bereich muß z. B. das mitteleuropäische Übergangsklima einschließlich Ostenglands, der Nordosthälfte Frankreichs, Norditaliens sowie der Gebirgslagen West- und Südeuropas gezählt werden. Daß die höheren Gebirge Mitteleuropas und die Alpen inselhaft dem Dauerschneedeckenbereich mit mehr als 50 Schneefalltagen zugehören, bedarf keiner besonderen Betonung. Im extrem maritimen Klima mit sehr geringen unperiodischen Temperaturschwankungen dürfte die +4°-Isotherme sogar noch zu hoch gegriffen sein. Andererseits sei nicht verschwiegen, daß es auch innerhalb des Bereiches mit tieferen Januartemperaturen als −3 °C große Gebiete gibt, deren Schneedecke infolge zu geringer absoluter Menge äußerst variabel ist (Prärien vor den Rockies, Hochasien), und die deshalb trotz tiefer Temperaturen bereits zum zweiten Bereich gehören. Im trockenen kanadisch-arktischen Archipel werden ebenfalls z. T. weniger als 40 Schneefalltage gezählt (Abb. II.f) 18).

Wir erkennen daraus, daß an der Gestaltung der Schneedeckenverhältnisse *zwei*

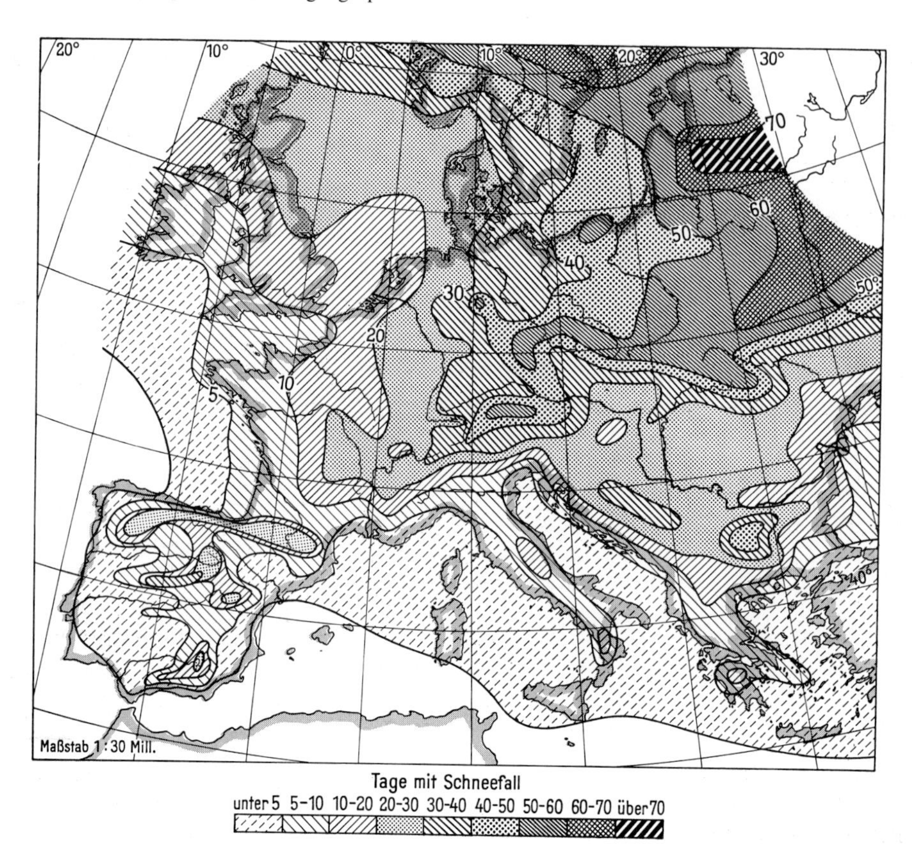

Abb. II.f) 24. Zahl der Tage mit Schneefall in Mittel-, West- und Südeuropa. (Modifiziert nach E. Alt in Köppen-Geiger-Handb. d. Klimatol. M., Fig. 59)
Eine regelmäßige Dauerschneedecke stellt sich erst bei etwa 50 Schneefalltagen ein. Darin kommt die Variabilität des atlantisch beeinflußten europäischen Winters zum Ausdruck. Die Karte zeigt ferner eine SW–NE-gerichtete Zone höherer Schneefalltage von der Iberischen Halbinsel bis Ostpolen, die sich mit der winterlichen kontinental-europäischen Hochdruckachse nach A. Woeikow deckt

Faktoren beteiligt sind, die *Temperatur* und die *Schneemenge.* Im ozeanisch beeinflußten Bereich stellt sich eine hohe Schneedecke auch schon bei geringen Frostgraden ein, wie das beifolgende Kärtchen (Abb. II.f) 25) z. B. für Norwegen, Nordwestjapan oder Kamtschatka zeigt, wo die maximale Schneehöhe 70 cm übersteigt. Bei der stark feuchtmaritimen Paradise Ranger Station im Mt. Rainier Nationalpark wird sogar eine mittlere Jahresschneemenge von 14,6 m gemessen und 1955/1956 waren es sogar 25,4 m! Die größte Menge in 24 Std. 193 cm, trat am 14./15. 4. 1921 in Silverlake/Colorado auf.

Umgekehrt bleibt sie im stark kontinentalen Bereich Hochasiens z. T. noch unter 10 cm oder verschwindet trotz extrem tiefer Wintertemperaturen infolge starker Bodeninsolation und demzufolge Verdunstung immer wieder. Die hohe Lufttrokkenheit Innerasiens spielt hierbei eine wesentliche Rolle. Andererseits gehen Schneefall und Schneedecke im ozeanischen Bereich nicht mehr parallel; denn hier

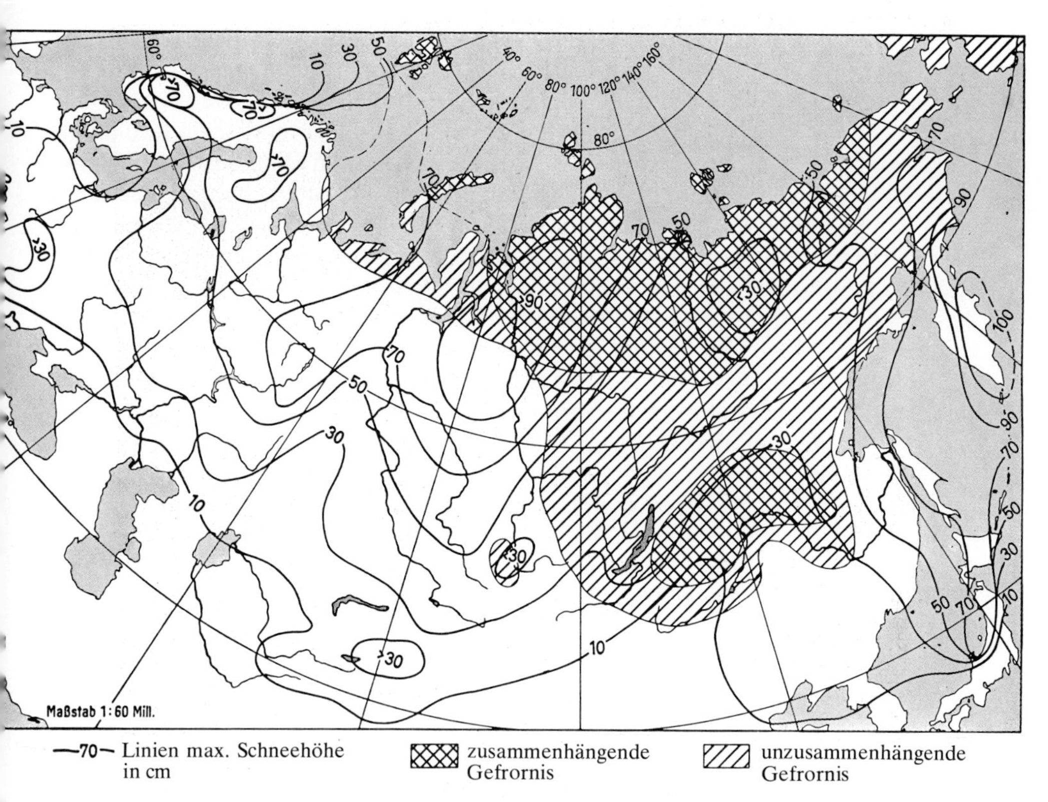

Abb. II.f)25. Maximale Schneehöhe und Ewige Gefrornis (Permafrost) in Eurasien.
Die hohen Schneedeckenwerte Westsibiriens hindern hier das Südwärtsausgreifen der Gefrornis, während umgekehrt die geringen Schneehöhen Ostsibiriens und der Mandschurei dasselbe extrem begünstigen (südlichstes Vorkommen von Permafrost auf der Erde)

schneit es in maritimpolarer, in Bodennähe schwach positiv temperierter Kaltluft oft, ohne daß es zur Bildung einer Schneedecke kommt.

Aber nicht allein das maritim-kontinentale Gefälle spiegelt sich in der Schneedecke wider, sondern auch die wechselnde *Zyklonalität* bzw. die *Zugbahnen der Tiefdruckgebiete.* So zeigt die vorstehende Abbildung (Abb. II.f) 25) einen südwärtsausbuchtenden Höchstwert der Schneedeckenhöhe von über 90 cm im nördlichen Westsibirien zwischen Ob und Jenissei und eine nordwärts ausbuchtende geringe Höhe zwischen Ural und Ob. Die Ursache ist in den in Westsibirien trogartig in den Kontinent eindringenden Polarzyklonen aus dem Raume der Barents- und Karasee zu suchen. Ost- und südostwärts der Lena fehlen diese schneeliefernden Störungen weitgehend oder haben ihre Feuchtigkeit bereits eingebüßt, so daß dort die Schneedecke nur Werte von 30 cm und darunter erreicht.

Dieses Verteilungsbild hat eine physiogeographisch und in ihren weiteren Konsequenzen auch kulturgeographisch wichtige Folge: die hohe Schneedecke im Gebiet zwischen Ob und Jenissei hindert die tiefen Lufttemperaturen am Eindringen in den Boden, während dies im Bereich der geringeren Schneedecke Ost- und Südostsibiriens leichter und bereits bei weniger tiefen Januartemperaturen der Fall ist. Das bewirkt eine charakteristische, von den Januarisothermen abweichende Verteilung der

Ewigen Gefrornis (Permafrost) in Nord- und Zentralasien in deutlicher Abhängigkeit also nicht nur von der Wintertemperatur, sondern auch von der Schneedecke, wie ein Vergleich der obigen Abbildung mit der Januarisothermenkarte (Abb. II. c) 3) zeigt. Zwar kann man davon ausgehen, daß der Permafrostboden ein Relikt voraufgegangener Kaltzeiten ist, worauf die Konservierung von Mammutleichen in diesen Eisbodenschichten einen Hinweis bietet. Jedoch ist seine Erhaltung heute nur unter den geschilderten Verhältnissen möglich. Sein Westrand geht demnach nicht mit einer Januarisotherme völlig parallel, sondern erfährt charakteristische schneebedingte Ausbuchtungen. Dies hatte bereits A. Woeikow 1889 – in Korrektur von Ansichten, die vor ihm H. J. Wild vertreten hatte – richtig erkannt. Der winterlich heitere, extrem kalte, dabei wind- und schneearme Köppensche Typ des sogenannten Nertschinsk-Klimas Transbaikaliens bewirkt sogar eine nochmalige inselhafte, geschlossene Ausbreitung der Gefrornis in diesen südlichen Gebieten, die mit Mitteleuropa in gleicher Breite liegen. Unter dem Einfluß der auch in Sibirien spürbaren Klimamilderung der letzten Jahrzehnte [vgl. Kap. VII. d)] ist ein Teil der Ewigen Gefrornis randlich verschwunden bzw. in inselhafte Vorkommen aufgelöst.

Die dritte der vorgenannten Intensitätszonen umfaßt den vorgelagerten Saum *sporadischen Schneefallvorkommens,* ohne daß es zu einer Schneedecke je kommen kann. Der Schnee fällt hier nur bei positiven Temperaturen als Tauschnee aus weit äquatorwärts vorstoßenden polarmaritimen oder – seltener – polarkontinentalen Luftmassen, die in den unteren Schichten kräftig angewärmt sind. Diese Zone reicht bis zur *äquatorialen Schneefallgrenze* (Abb. II. f) 18), die im Tieflande einige charakteristische Ausbuchtungen im Bereich der Ostseiten der Kontinente aufweist, weil hier durch die häufigen Troglagen der Tiefdruckgebiete Kaltluft weit äquatorwärts vorstoßen kann. Das ist in Südchina (Breite von Hongkong), am Golf von Mexiko sowie in Südbrasilien der Fall. Der Wendekreis wird also mehrfach von Schneefallvorkommen überschritten. Auch das gesamte Mittelmeer liegt noch im Bereich episodischen Schneefalls. Die Südspitze Afrikas und Südaustralien werden gerade noch vom Schneefall erreicht. Daß höhere Gebirge auch unter dem Äquator nicht nur Schneefall, sondern auch eine Schneedecke bzw. ewigen Schnee und Gletscher besitzen, versteht sich von selbst. Die Schneedecke randtropischer Hochgebirge zeigt sogar ganz *spezifische Ablationsformen* in Gestalt des bereits erwähnten *Büßerschnees (Nieve penitente),* wobei die intensive Einstrahlung der steil stehenden Sonne und die dadurch tagsüber verstärkte selektive Schmelze und Verdunstung eine wesentliche Rolle spielen (Troll, 1942).

Wir berühren damit zugleich die Frage der *Schneegrenze,* die in mannigfacher Weise das Landschaftsbild beeinflußt und deren Schwankungen von größter geographischer Tragweite sind. Neuere Untersuchungen u. a. der russischen Forscher Kalesnik (1961) und Tronow (1966) sind ihr gewidmet. Sie spielt in der Gletscherkunde eine große Rolle, weil sie das Nährgebiet der Gletscher einschließt. Ihre Bestimmung ist jedoch schwierig, auch wenn die Definition klar umrissen ist. Die *klimatische Schneegrenze* stellt jene Linie dar, oberhalb der der gefallene Schnee im Jahresdurchschnitt von der Ablation (d. h. von Schmelz- und Verdunstungswirkung) nicht restlos aufgezehrt wird. Es ist also nicht nur die Temperatur, sondern auch die vom Niederschlag und von der Exposition abhängige Schneemenge, die die Bilanz beeinflussen, wobei besonders den gelegentlichen sommerlichen Schneefällen auf den

Gletschern strahlungshaushaltsmäßig eine bedeutende Rolle zukommt (Hoinkes, 1971). Demzufolge liegt die Mitteltemperatur an der Schneegrenze um so höher, je größer der Niederschlag, insbesondere der Schneeanteil desselben, ist. Spitzbergen (S. Morawetz, 1949) hat an der Schneegrenze bei nur 300–500 mm Niederschlag eine Mitteltemperatur von nur +2 bis +3°; in Westnorwegen beträgt sie bei > 2000 mm bereits +6°, ebensoviel in Westpatagonien bei >3000 mm. Dagegen erreicht sie in den insolationsstarken subtropischen Anden zwischen 16° und 34° s. Br. noch nicht den Gefrierpunkt, verursacht durch geringen Schneefall und stärkere Erwärmung des Erdbodens im Vergleich zur Luft in 2 m Höhe darüber. Hinsichtlich der Temperatur muß ferner dem Tages- und Jahresgang besondere Beachtung geschenkt werden, wie vor allem C. Troll 1953 mit Hilfe von Isoplethendiagrammen für charakteristische Beispiele aus allen Breiten belegte (vgl. Abb. II.c) 5–12).

In der Schneegrenze manifestiert sich somit eine sehr *komplexe Klimagröße*. Sie ist zwar eine mittlere Grenzlinie statistischen Charakters, die aber reelle geographische Folgen insofern zeitigt, als der Schneeüberschuß oberhalb dieser gedachten Linie zu Verfirnung und Gletschereisbildung führt. Die Anhäufung bewirkt infolge von Druckzunahme und Schwerkraft ein Abwärtswandern des Eises in wärmere Gebiete, in denen die Ablation größer ist: das Zehrgebiet der Gletscher. Für den Gletscherhaushalt, der in dem Bande über die festländische Hydrologie im einzelnen behandelt wird, ist die klimatische Schneegrenze daher die wichtigste Scheidelinie überhaupt; sie liegt etwas oberhalb der eigentlichen *Gleichgewichtslinie der Gletscher,* die im Mittel Nähr- und Zehrgebiet trennt. Ihre Bestimmung sollte, worauf Louis (1954/55, S. 417 ff.;) besonders hinwies, nicht auf der ebenen Fläche, sondern im reliefierten Gelände erfolgen, und zwar als Mittelwert zwischen sonnen- und schattenseitigen, luv- und leeseitigen, lokalorographisch stark und schwach gegliederten Vorkommen.

Was man in der Natur laufend beobachtet, ist jedoch nicht diese, statistisch ermittelte, sondern die von Tag zu Tag schwankende *temporäre Schneegrenze.* Sie verlagert sich ständig mit den Temperaturschwankungen um den Nullpunkt, seien sie unperiodisch, im wetterhaften Wandel, oder bzw. und periodisch überlagert vom Tages- und insbesondere Jahresgang. H. Hoinkes (1962) unterschied dabei noch die *Altschneelinie* bis zu einjährigen Schnees von der *Firnlinie* mehrjährigen, bereits verfirnten Schnees. Letztere ist identisch mit der klimatischen Schneegrenze. Da Hangneigung und Exposition unabhängig von der wahren Lufttemperatur den Strahlungshaushalt der Erd- bzw. Schneeoberfläche stark beeinflussen, hängt die Lage der Schneegrenze auch von der Reliefgestaltung ab, weshalb man dafür den Ausdruck *orographische Schneegrenze* gebraucht.

Die *Höhenlage der klimatischen Schneegrenze* offenbart charakteristische Klimaeinflüsse (vgl. Abb. II.f) 26). Sie liegt im maritimen Bereich bedeutend niedriger als im kontinentalen, weil generell höhere Niederschlagsmengen auch einen entsprechend höheren absoluten Schneeanteil besitzen, und weil außerdem das wolkige maritime Klima die Erwärmungswirkung durch die Sonneneinstrahlung hintanhält. Damit hängt auch zusammen, daß der Temperaturhöhengradient in den maritimen Luftmassen steiler ist als in kontinentalen. Weiterhin muß betont werden, daß es sich, zumindest in höheren Breiten, um polarmaritime Luft handelt, die über dem Meere in den unteren Schichten angewärmt wird, so daß eine rasche Temperaturabnahme mit der Höhe zu beobachten ist. Sperrende Meridionalgebirge innerhalb der

Westwinddrift verdeutlichen alle diese Effekte besonders kraß. So liegt die Schneegrenze in Westnorwegen schon bei 1000 m und darunter, in den kontinentaleren, sonnigeren und trockeneren ostnorwegischen Gebirgen dagegen erst bei 2000 m, obwohl doch in feuchter, kondensierender Luft die Temperaturabnahme an sich nur etwa 0,6°/100 m, in trockener Luft dagegen 1°/100 m beträgt. Die genannten anderen Faktoren wirken also stark überkompensierend. Ähnliche Unterschiede treffen wir auch im kanadischen Felsengebirge, in den Anden, aber auch in den Alpen, ja sogar im Himalaja an, dessen monsunbefeuchtete Südwesthänge trotz höherer Temperatur wegen der hohen Niederschlagsmengen eine niedrigere Schneegrenze aufweisen als die trockenen Nordosthänge.

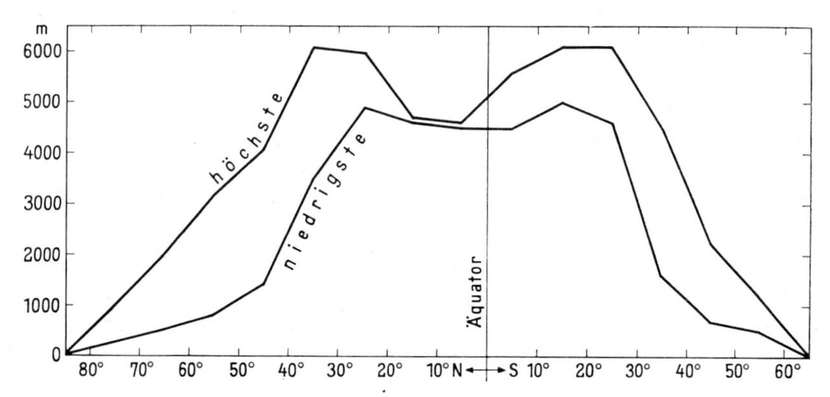

Abb. II.f) 26. Höchste und niedrigste Lage der Schneegrenze auf der Erde in den einzelnen Breitenzonen- (Nach V. Paschinger)
Die Höchstwerte liegen in den sonnenreichen Subtropen, während die Zone des meteorologischen Äquators mit hoher Bewölkung und Niederschlagsmenge eine sekundäre Herabdrückung der Schneegrenze bewirkt

Auch im Meridionalprofil von den Polen zum Äquator (Abb. II.f) 26) treten charakteristische Besonderheiten auf. Die *größte Höhe* erreicht die Schneegrenze nämlich nicht unter dem Äquator, sondern in den *Gebirgen der Trockengürtel,* von wo sie dann rasch polwärts absinkt. Beispielsweise liegt sie in Südamerika unter dem Äquator bei 4600 m, zwischen 17° und 27° s. Br. dagegen bei 6100 m! Sie trifft auf der Südhalbkugel auf den Meeresspiegel noch vor dem antarktischen Festland, während sie auf der Nordhemisphäre infolge der positiven Wärmeanomalien der nördlichen Ozeane in stark gebuchtetem Verlauf zum Meeresniveau absinkt. So liegt sie in Westspitzbergen immer noch in 600 m Meereshöhe, ein Wert, der in Ostgrönland volle 15 Breitengrade südlicher beobachtet wird.

Beiläufig sei in diesem Zusammenhange erwähnt, daß die Schneegrenze keineswegs etwa parallel zur natürlichen, d.h. vom Menschen unbeeinflußten Baumgrenze verläuft, da beide Grenzlinien ganz unterschiedlichen Faktoren bzw. Komplexen von solchen unterliegen, d.h. im Grunde genommen garnicht vergleichbar sind. Man kann nur den Tatbestand als solchen festhalten, daß beispielsweise im extrem maritimen Westwindklima Feuerlands Baum- und Schneegrenze niedrig und dicht übereinander liegen, während sie in den kontinentalen Trockengebieten in relativ hoher Lage und mit großem Abstand voneinander angetroffen werden (K. Hermes, 1955).

6. *Schwankungen und zeitliche Veränderlichkeit der Niederschläge*

Die Niederschlagsmengen unterliegen ebenso wie die Temperatur periodischen wie unperiodischen Schwankungen. Die *periodischen Schwankungen* – Jahres- und Tagesgang – sind allerdings vielfach weniger ausgeprägt als bei der Temperatur, da sie auf mehrere, in sich auch nicht konstante Faktoren zurückgehen. Gleichwohl ist die Periodizität der Niederschläge eines der wichtigsten Klimaindizien und für das Bild der Natur- und Kulturvegetation ebenso wie für verschiedene wirtschaftsgeographische Zusammenhänge unmittelbar entscheidend.

Am wenigsten deutlich tritt der *Tagesgang der Niederschläge* in Erscheinung, da er von der kurzfristigen, synoptisch bedingten Veränderlichkeit des Wettergeschehens überlagert wird. Lediglich in gewissen Teilen der *Tropen* kann, wenigstens zeitweilig, von einem regelmäßigen Tagesgang der Niederschläge gesprochen werden. Sie treten jeweils zur Zeit maximaler Konvektion auf oder erreichen um diese Zeit ihre größte Ergiebigkeit.

Köppen (1923) hat als Musterbeispiel regelmäßigen Tagesganges San José in Costa Rica angeführt, wo 34% des Regens zwischen 12 und 16 Uhr und weitere 48% zwischen 16 und 20 Uhr fallen. In Batavia dagegen ist dieses klare Nachmittagsmaximum nach Braak (1936) nur in der regenärmeren Zeit vorhanden, während in der Hauptregenzeit (Januar/Februar) bei ziemlich gleichmäßiger Regenwahrscheinlichkeit ein schwaches Maximum der Regenmenge auf die Nachtstunden zwischen 0 und 4 Uhr fällt. Arbeiten von Thompson (1957) über Ostafrika und Trojer (1959) über Kolumbien lassen inzwischen differenziertere Einsichten in die *Beeinflussung*

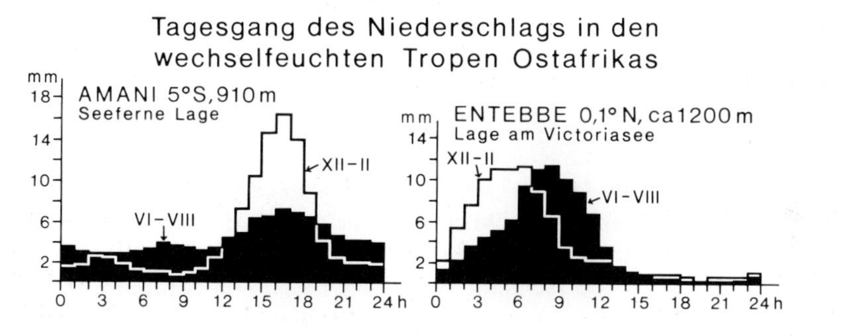

Abb. II.f) 27. Tagesgang der Niederschläge über Land (Amani) und über einer großen Seenfläche (Entebbe, Victoriasee) in den Tropen. (Werte nach Thomson, 1957)

des Tagesganges durch die Land-Wasser-Verteilung bzw. durch das Relief zu. In den Abb. II.f) 27 und 28 sind die entsprechenden Gänge in unterschiedlichen Darstellungsweisen nach den Originalarbeiten zusammengestellt. Entebbe liegt auf einer Halbinsel im Victoria-See und repräsentiert mit seinen Maxima zwischen 4 und 7 Uhr im Dezember/Februar bzw. zwischen 7 und 9 Uhr im Nordsommer (Juni/August) nach Flohn (1966) in etwa den *„maritimen“ Gang*, verursacht durch die über der Seefläche als Folge der Konvergenz der regelmäßigen nächtlichen Landwinde erzeugten Nachtkonvektion. Amani zeigt das normale *„kontinentale“ Nachmittagsmaximum* der Konvektionsbewölkung und-niederschläge. Außer den genannten gibt es als dritten noch den *Küstentyp* des Tagesganges (Dar-es-Salaam z.B.). Das

Maximum liegt eindeutig kurz vor Mittag, was wohl noch auf den ozeanischen Einfluß zurückgeführt werden muß. Aber gerade bei den Küstenstationen gibt es eine Reihe von Einflußfaktoren wie die Form und die Topographie des Küstengebietes, das Vorhandensein von Haffen, Sümpfen, Bewässerungsgebieten usw., die nach Nieuwolt (1968) und Ramage (1952, 1964) zusammen mit den überlagerten vorherrschenden Windrichtungen eine relativ starke Differenzierung des Tagesganges verursachen.

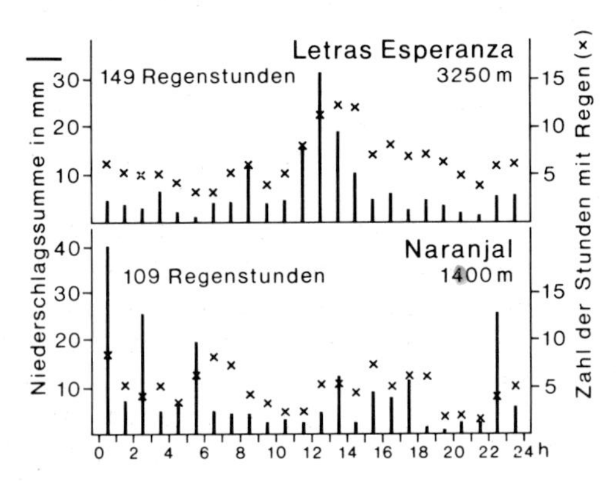

Abb. II.f) 28. Tagesgang der Niederschläge in Tal- bzw. Hochlagen der kolumbianischen Anden. (Nach Troyer, 1959)

Die Meßpunkte Naranjal (1400 m) und Letras Esperanza (3250 m) liegen nahe beieinander im Caucatal bzw. auf der Cordillera Central im ganzjährig feuchten Äquatorialklima Kolumbiens (Abb. II.f) 28). An den Niederschlagssummen und der -häufigkeit läßt sich auch im Einzelfall eines relativ niederschlagsreichen Monats (Oktober 1958) an der markanten Konzentration der Niederschläge auf die Zeit zwischen 13 und 17 Uhr die Regel demonstrieren, daß die höheren Teile der tropischen *Gebirge* sich *durch Mittags- und Nachmittagsregen* auszeichnen. Das entsprechende Diagramm für langjährige Mittel der Periode 1931–1960 für die Station Bogotá (2556 m) findet sich in Weischet (1969). Die *Tallagen* hingegen zeichnen sich, wie Naranjal, durch vorherrschende *Nachtregen* aus. Das Mininum fällt durchgehend für alle Gebirgsstockwerke auf die Zeit zwischen 8 und 11 Uhr. Den markanten Unterschied der Tagesgänge zwischen den Höhen- und Tallagen erklärt Trojer (1959) mit der Umkehr der Hang- und Talwindzirkulation. Während der Einstrahlungszeit führen die intensiven Hangaufwinde zu verstärkter Konvektion über dem Gebirgskörper, über den Talachsen hingegen findet eine verstärkte Absinkbewegung statt. So kann man häufig vom Flugzeug aus beobachten, daß sich breite Kordillerentäler während des Tages durch relativ wolkenfreie Räume auszeichnen. Während der nächtlichen Ausstrahlungszeit hingegen setzt über den Talflanken ein Abfließen der hangnahen Luftschichten zum Tal hin ein. Die Folge ist eine Strömungskonvergenz, die ihrerseits zu verstärkter Konvektion über den Talböden führt. Das gilt allerdings nur unter der Bedingung, daß die Talräume relativ weit sind und damit ein genügend großes Luftvolumen beinhalten, welches eine selbständige Konvektionsbewölkung und genügende Wasserdampfzufuhr für die Niederschlagsbildung gewährleistet. Enge Durchbruchsschluchten haben keine eigene Konvektionsbewölkung und weisen sich als extreme Trockeninseln aus, wie im Zusammenhang mit der vertikalen Niederschlagsverteilung im einzelnen erläutert wurde.

Verwandt mit dem Nachmittagsmaximum der Konvektionsregen in den Tropen ist das ebenfalls *nachmittägliche* in *Kontinentalgebieten* der Mittelbreiten. Es wird allerdings durch tageszeitunabhängige Frontalniederschläge viel mehr verschleiert als in den Tropen. Auch bedarf es hier eines viel stärkeren thermischen Auftriebs vom Boden her als in der ohnehin nahe der Sättigung befindlichen Äquatorialluft, wo schon eine geringfügige Anhebung zur Kondensation und zur Freimachung enormer Labilitätsenergie führt.

Im Gegensatz zu dem kontinentalen Tagesgang steht der umgekehrte *maritime mit nächtlichen bis morgendlichen Niederschlägen.* Sie erklären sich aus der ziemlich gleichbleibenden Temperatur der Wasseroberfläche, die den untersten Luftschichten einen wachsenden Auftrieb verleiht, sobald die nächtliche ausstrahlungsbedingte Abkühlung der oberen Luftschichten diese zum Herabsinken bringt. Es entsteht also, genau umgekehrt wie über dem Lande, eine nächtliche Turbulenz infolge der Wärmespeicherung im Wasser. So kann man, zumal im Herbst, an den Küsten unserer Randmeere nach über dem Festlande klaren Nächten umfangreich aufgetürmte Quellwolken mit niedriger Basis und herabhängenden Schauerschwaden über See beobachten. Tagsüber wirkt dann die gleiche Wasserfläche stabilisierend im Vergleich zu der erwärmenden Wirkung der Sonneneinstrahlung auf die höheren Luftschichten bzw. auf die vom Lande her auf See hinaus gelangenden Luftmassen.

Inwieweit auch die *Frontalniederschläge* ihrerseits *Bindungen an bestimmte Tageszeiten* erkennen lassen, ist ein noch nicht genügend erforschtes Problem. Zumindest kann als Arbeitshypothese angenommen werden, daß bei bestimmten Wetterlagen Frontdurchgänge tageszeitbedingte Beschleunigungen oder Verzögerungen erfahren. Bei dem beherrschenden Einfluß der vom Boden unabhängigen Steuerungsvorgänge höherer Luftschichten wird sich ein solcher Effekt allerdings nur selten und schwierig einwandfrei herauskristallisieren lassen.

Von wesentlich größerer klimatologischer Bedeutung ist der *Jahresgang der Niederschläge.* Es können dabei verschiedene regional gebundene Typen unterschieden werden. Die Periodizität ist dabei von unterschiedlicher Strenge. Die Abweichungen von einer ideal gleichmäßigen Verteilung über das Jahr, die man für den Tag oder Monat durch Division der Jahresmenge durch 365 bzw. durch 12 erhält, werden als Quotient durch den von Angot (1895) eingeführten *pluviometrischen Koeffizienten* unabhängig von der absoluten Menge dargestellt. Um aber das entscheidende Gewicht der letzteren besonders in warmen Klimaten wenigstens näherungsweise durch diese an sich relative Methode mit berücksichtigen zu können, stuft man die Abweichungen entsprechend ab, wie es z. B. Schröder (1958) für Brasilien getan hat, wo er folgende Klassen ausgeschieden hat (Tab. II.f) 7).

Danach hat Südbrasilien gleichmäßige Verteilung mit zwei Maxima, der trockene Nordosten dagegen ausgeprägt eingipflige hohe Schwankung mit mehreren Trokkenmonaten.

Auch beim Jahresgang können wir – allerdings nur innerhalb des Zirkulationsgürtels der Westwinddrift – einen *kontinentalen Typ mit Sommermaximum* und einen *maritimen Typ mit Herbst- bis Wintermaximum* unterscheiden (vgl. die Darstellung im Großen Herder-Atlas 1958, S. 36). Die Grenze zwischen beiden Bereichen ver-

Tab. II.f) 7. Klassifikation der pluviometrischen Koeffizienten für Brasilien. (Nach R. Schröder, 1958)

Klasse 1 pluviometr. Koeffizient	0,0—< 0,2	=	Monat praktisch ohne Niederschlag
Klasse 2 pluviometr. Koeffizient	0,2—< 0,5	=	M. mit geringem Niederschlagsanteil
Klasse 3 pluviometr. Koeffizient	0,5—< 1,0	=	M. mit annähernd durchschnittlichem Anteil
Klasse 4 pluviometr. Koeffizient	1		M. mit durchschnittlichem Anteil
Klasse 5 pluviometr. Koeffizient	1,0—< 1,5	=	M. mit wenig überdurchschnittlichem Anteil
Klasse 6 pluviometr. Koeffizient	1,5—< 2,0	=	M. mit weit überdurchschnittlichem Anteil
Klasse 7 pluviometr. Koeffizient	2,0—< 2,5	=	M. mit sehr hohem Anteil
Klasse 8 pluviometr. Koeffizient	≧ 2,5	=	M. mit äußerst hohem Anteil

läuft im Tiefland in unmittelbarer Küstennähe. Schon wenige Kilometer ostwärts der Nordseeküste oder im Binnenlande Englands überwiegen mengenmäßig die Sommerregen, allerdings meist mit einem deutlichen sekundären Höchstwert im Herbst/Winter. Dieser Übergang vollzieht sich also bereits in Gebieten, deren Temperaturverhältnisse durchaus noch als maritim ausgeglichen gelten können. Während rein kontinentale Stationen die geringsten Niederschläge im Winter bis Spätwinter aufweisen, verschiebt sich das Minimum im ozeanischen Bereich bei bedeutend geringerer Jahresamplitude auf den Frühling bis Frühsommer.

Mit dem *Wechsel* der beiden Typen von Jahresgängen ist gleichzeitig ein solcher *der Niederschlagsart* verbunden: das sommerliche Maximum des kontinentalen Typs ist auf den zusätzlichen Konvektionseinfluß zurückzuführen. Infolge der höheren Feuchtigkeitskapazität warmer Luft regnet es im Sommer zwar seltener, dafür aber ergiebiger. Die niedrigere Wintertemperatur führt dagegen bei durchweg höherer relativer Feuchte eher zu Niederschlägen, die weniger ergiebig sind und rein zyklonalen Charakter besitzen. Die relativ warme Meeresfläche trägt winters zur Labilisierung der Luft bei, ein Effekt, der erkennen läßt, wie wichtig die Kenntnis der Temperaturdifferenz Wasser/Luft für die Niederschlagswahrscheinlichkeit ist. Aus diesem Grunde enthalten die modernen Wetterkarten bei den Eintragungen der atlantischen Wetterschiffe neben den Luft- auch die Wassertemperaturen. Steigungsregen schließlich sind im Winter wegen dessen lebhafteren Luftströmungen, besonders im maritimen Bereich, und des niedriger liegenden Kondensationsniveaus häufiger und ergiebiger. Die sommerlichen Konvektionsregen dagegen vermögen sich teilweise sogar vom Reliefeinfluß freizumachen bzw. verdecken ihn stark. Sie ziehen vielfach entlang charakteristischer „Schauerstraßen", an deren Zustandekommen unterschiedliche Reibungskräfte, die zu lokalen Aufwindkomponenten führen, wechselnde Strömungsrichtungen, die Kon- und Divergenzen verursachen, sowie unterschiedliche thermodynamische Verhältnisse der Erdoberfläche beteiligt sind. Durch Radaraufnahmen können sie jetzt gut verfolgt werden (Schirmer, 1955, 1966).

Da einerseits sich *Konvektionsregen im Sommer* vorzugsweise *über* den stärker erwärmten *Flachländern und Beckenlandschaften* entwickeln, zumindest dort ergiebiger sind als im Gebirge, andererseits Stauerscheinungen in der kalten Jahreszeit effektiver sind als im Sommer, ist der maritime Jahresgang mit *Wintermaximum in den Gebirgen* bedeutend weiter landeinwärts nachweisbar als im Tieflande. So haben die meisten westdeutschen Bergländer inselhaft bis hin zum Thüringer Wald noch überwiegend Winterniederschläge. Die Grenzen zwischen maritimem und kontinentalem Jahresgang verschieben sich jedoch je nach Wetterlage immer wieder, so daß sich die durchschnittliche küstennahe Grenze zwischen beiden Bereichen, auf die weiter oben hingewiesen wurde, im Einzelfall fast nie so klar zu erkennen gibt. Insbesondere wird in ozeanischen Sommern der Konvektionstyp der Niederschläge in Mitteleuropa oft stärker zurückgedrängt, so daß sich dann daraus ein relatives Übergewicht der Winterniederschläge in Gebieten ergeben kann, die in der Regel ergiebige Sommerniederschläge haben.

Die unterschiedliche Lage von *Maximum und Minimum im Jahresgang,* bedingt nicht nur durch den Gegensatz von maritim und kontinental, sondern durch jahreszeitgebundene spezifische synoptische Konstellationen, wurde von A. Thraen (1940) zu folgender *Typenklassifikation für Europa* benutzt (Tab. II.f) 8).

Tab. II.f) 8. Typenklassifikation des Niederschlags für Europa. (Nach A. Thraen, 1940)

	Maximum	Minimum
Typ I: kontinental	VII	II–III
Typ II: Sommerfrühregen	V–VI	I–III
Typ III: Grenze zwischen kontinental und marin	VII–VIII	III
	(Amplitude gering)	
Typ IV: Winterregen der Mittelgebirge	XII	IX
Typ V: marin	X–XII	III–V
	(unausgeglichen)	
Typ VI: nordisch-marin	IX–XI	III–V
Typ VII: circumalpin	V–VI u. X	I–II
Typ VIII: mediterran	X–III	VII

In anderer Form hat auch K. Knoch den Jahresgang der Niederschläge für Europa geographisch differenziert (1944).

Dem maritimen und kontinentalen Niederschlagsgang, die man als *tellurische Gangtypen* bezeichnen kann, sind die planetarischen Gangtypen überlagert, die aus der Lage eines Gebietes innerhalb der verschiedenen Teilglieder der allgemeinen Zirkulation resultieren. Um diese *planetarischen Gangtypen* der jährlichen Niederschlagsverteilung zu besprechen, muß also bereits auf die später noch eingehend zu behandelnden Gürtel der allgemeinen Zirkulation vorgegriffen werden [vgl. Kap. IV].

Innerhalb der äquatorialen immerfeuchten Tropen – vgl. hierzu und zum Folgenden die Abb. II.f) 20 – treten ganzjährig relativ hohe Niederschläge auf, deren Maxima häufig mit den Zenitalständen der Sonne zusammenfallen, also in der Nähe des Äquators im März/April bzw. September/Oktober liegen.

Dies ist der *äquatoriale Jahresgang* mit ständigem Regen. Mit wachsender Entfernung vom Gleicher bewegen sich die beiden Maxima mehr und mehr aufeinander zu, zunächst noch eine „kleine Trockenzeit" zwischen sich einschließend, weiter polwärts aber zu einer einzigen ausgedehnten sommerlichen Regenzeit zusammenfließend, der eine ebenso ausgedehnte Trockenzeit während des Sonnentiefststandes gegenübersteht. Es ist der typische *Jahresgang der äußeren Tropen mit Sommerregen,* wie er in den Savannen des Sudan oder Angolas, des Orinoco oder des Matto Grosso oder auch Nordaustraliens wiederkehrt. Er ist weit verbreitet, und die damit verknüpfte Niederschlagsart sind die Konvektions- oder *Zenitalregen tropischen Charakters.* Zu ihnen gehören genetisch gesehen auch die *vorderindischen und hinterindischen Monsunregen,* sind sie doch gebunden an das weite Nordwärtsausgreifen der innertropischen Konvergenz bis gegen den Wendekreis hin und ihr Zurückweichen im Herbst bis in die Breite von Südindien – Ceylon. Eine ganz analoge Erscheinung finden wir auf der *Südhalbkugel* im Südsommer, vor allem in Südbrasilien, Südafrika und Nordaustralien, wo sich *Zenitalregen* vom tropischen Typ im Zusammenhang mit der innertropischen Tiefdruckkonvergenz nicht minder *weit vom Äquator gegen die Wendekreise entfernen.*

Der *Gegensatz zwischen* der im allgemeinen *feuchtschwülen Regenzeit* und der passatisch windigen, ausdörrenden und heißen, wenn auch durch erfrischende Nachtkühle gemilderten *Trockenzeit* ist ungemein stark und greift beherrschend in das Wirtschaftsleben ein.

O. Jessen schildert die Trockenzeit in Angola folgendermaßen: „Ein heftiger staubiger Wind aus NNE bläst über die Hochebene, zerrt an den Gräsern, spielt mit dem dürren Laub und wirbelt von den kohlschwarz verbrannten Flächen die Asche empor. Der sehr trockene Wind greift die Atmungsorgane an, trocknet die Schleimhäute aus, läßt den Schweiß sofort verdunsten, macht die Hände unangenehm trocken und die Nägel spröde. Die Temperatur ist über Tag durchaus erträglich, ja angenehm, sie steigt in dieser Jahreszeit (Juli) kaum über 24°. Man kann sich daher über Mittag gut in der Sonne aufhalten, natürlich nur mit Tropenhut, denn die Strahlung ist sehr intensiv. Nachts tritt eine empfindliche Abkühlung ein. In der Nacht vom 8. auf 9. Juli stellte ich als Minimum −0,9°, in der folgenden −1,2° fest, und dabei hatten wir beide Male unser Lager wohlweislich auf der Höhe und nicht unten im Tal, wo die Temperatur nachts immer um mehr Grade tiefer sinkt, aufgeschlagen. Am Morgen des zweiten Tages hatte sich das Waschwasser mit einer Eiskruste überzogen. Derartig niedrige Temperaturen und starke tägliche Temperaturschwankungen sind nicht etwa Ausnahmen, sondern in diesem Monat die Regel.

Wer aus dem feuchtwarmen Tiefland kommt, empfindet die Kälte doppelt stark. Auffallend war, daß trotz der starken Abkühlung hier oben fast kein Tau fiel." (Reisen und Forschungen in Angola, Berlin 1936, S. 75.)

Wo die sommerlichen Niederschläge tropisch-konvektiven Charakters nicht durch eine winterliche Trockenzeit, sondern durch ektropische zyklonale Frontalniederschläge abgelöst werden und somit Regen zu allen Jahreszeiten resultieren, sprechen wir – wegen der spezifischen regionalen Bindung dieses Phänomens an die Ostküsten der Kontinente – am besten vom *Ostküsten-Jahresgang mit Regen zu allen Jahreszeiten,* dessen Niederschläge also *genetisch heterogen* sind. Die Heterogenität kann im übrigen nicht durch nur winterliche Frontalregen, sondern auch durch passatische Stauniederschläge bewirkt werden, wenn die Windrichtung dann von See her kommt. Manchmal tritt beides auf (z. B. im südlichen Brasilien und Uruguay).

Die passatische Trockenzone besitzt nur dort einen eigenen Regentyp, wo der Passat nach Überqueren großer warmer Wasserflächen so viel Feuchte aufgenommen hat, daß die Luft instabil geworden ist und an Küsten ständige *Passatsteigungsregen* ausgelöst werden (Westindien, Madagaskar, Hawaii), bei denen Mengenunterschiede vor allem durch geringfügige Änderungen der Windrichtung und -stärke, also von Luv und Lee, entstehen, nicht dagegen durch Beteiligung verschiedener Zirkulationsgürtel. Auch die Stauniederschläge an der Ostküste Australiens gehören größtenteils zu dieser Niederschlagsart.

Gegen die randtropisch-subtropischen Trockengürtel wird die sommerliche Regenzeit immer kürzer, unsicherer und unergiebiger und wird schließlich von episodischen, nicht mehr periodisch jedes Jahr auftretenden, Niederschlagsereignissen abgelöst.

Polwärts der Achse des Trockengürtels kündigt sich der Beginn der Westwinddrift durch ebenso episodische Regen in der winterlichen Jahreszeit an. In der Zone der *subtropischen Winterregen* setzen sich die ektropischen Zyklonen regelmäßig jeden Winter durch. Wie bereits in anderem Zusammenhange erwähnt, sind sie am deutlichsten an den Westseiten der Kontinente entwickelt (Kalifornien, Mittelchile, Mittelmeer mit auskeilendem Saum bis Mittelasien, Kapland, SW- und SO-Australien). Diese Niederschläge besitzen, obschon frontalen Charakters und auf den Winter beschränkt, wegen der südlichen, noch einstrahlungsintensiven Lage dieser ektropischen Randzone z.T. stark *konvektives Gepräge.* Die winterliche Labilisierung der Luft durch das einen hohen Wärmeüberschuß aufweisende Mittelmeerwasser trägt entscheidend dazu bei, daß diese Regen im Mittelmeerraum besonders ergiebig sind. Die Winterregen können auch *regional abgewandelt als Herbst- oder Frühjahrsregen* oder beides zugleich auftreten, wenn nämlich mittwinterliche Antizyklonen eine vorübergehende Abnahme der Niederschläge herbeiführen (Spanische Meseta, Poebene, Donaubecken, oder durch azorische Hochdruckvorstöße über dem Nordrand des Mittelmeerraumes, Anatolien). Die sommerliche Trockenzeit ist um so ausgeprägter, je weiter südlich man sich in diesem Übergangsstreifen befindet. Marseille und Rom haben z.B. noch 17,5 mm Juliniederschlag, Palermo dagegen nur noch 5 und Gibraltar 0 mm.

Über die *pflanzengeographische Auswirkung dieser einseitigen Niederschlagsverteilung im Mittelmeergebiet* gab uns M. Rikli folgende eindringliche Schilderung aus Korsika: „Die Insel ist dem Gebiet der Frühjahrs- und Herbstregen zuzuzählen. ... Das Charakteristische liegt aber nicht in der Regenhöhe, sondern in der jahreszeitlichen Verteilung. Nachdem gegen Ende April in der Regel die letzten Frühjahrsregen gefallen sind, folgt eine vier- bis sechsmonatliche Trockenperiode, wo wenigstens in den Küstengebieten Tag für Tag vom wolkenlosen Himmel die Sonne ihre sengenden Strahlen aussendet. Kein Tropfen Regen fällt; der Boden wird steinhart und oft von Trockenrissen durchzogen. Das Landschaftsbild nimmt mehr und mehr eine unansehnliche graubräunliche Erdfarbe an. Das Land dürstet nach Wasser. Man ist überrascht, daß trotz dieser ungünstigen Verhältnisse es doch noch eine ganze Anzahl von Pflanzen gibt, die grün bleiben. ... Neben den xerophytischen Anpassungen, wie z.B. Lederblätter, Wasserspeicherung, Wachsüberzüge usw. wird das oberirdische Überdauern der Trockenperiode durch starke Entwicklung des Wurzelsystems, die der Pfahlwurzel erlaubt, in tiefere, noch wasserführende Schichten vorzudringen, ferner aber auch durch auffallend kräftige Taubildung ermöglicht. Nach klaren Nächten haben wir öfters an Pflanzen Tauperlen bemerkt. In dieser Hinsicht ist mir ganz besonders ein Erlebnis in lebhafter Erinnerung geblieben. Es war am 22. September 1922, auf der Fahrt von Corte nach Bastia. Die Taubildung war so reichlich, daß bei dem Corte um 6 Uhr 30 verlassenden Frühzug der Dachrand der Eisenbahnwagen so stark tropfte, als ob es geregnet hätte, und zwar war die Erscheinung bis nach Francado (Ankunft 7 Uhr 22), also nahezu während einer Stunde zu beobachten. Es war an einem glanzvollen Morgen nach einer herrlichen klaren Sternennacht. – Diese klimatischen Verhältnisse finden im Pflanzenkleid der Insel ihren Ausdruck. Nach dem Niedergang der ersten Frühjahrsregen beginnt die Vegetationstätigkeit. Kaum ist der erste warme Regen da, bedeckt sich der Boden zuweilen über Nacht mit einem herrlichen Blütenteppich. Tag für Tag entsprossen immer neue Arten dem felsig-steinigen, noch vor kurzer Zeit fast vegetationslosen, dürren Boden. Es ist geradezu ein Wunder, welche Fülle entwicklungsfähiger Keime in der Erde schlummern und nur auf die günstige Zeit lauern, um zu neuem Leben zu erwachen. Und wie rasch das geht! Oft wie im Szenenwechsel auf der Theaterbühne. . . . (aus „Von den Pyrenäen zum Nil", Bern 1926, S. 39ff.).

An den Westseiten der Kontinente gehen die subtropischen Winterregen polwärts in den *maritimen Typ der ektropischen Regen zu allen Jahreszeiten* mit Wintermaximum über. An Gebirgsküsten ist er durch Stau verstärkt, wofür Schottland und W-Norwegen, aber auch S-Chile, Tasmanien und S-Neuseeland Beispiele liefern. Das winterliche Maximum kann örtlich sehr hoch ausfallen, so daß die Amplitude zu dem sommerlichen Minimum von gleicher Größenordnung ist wie im eigentlichen subtropischen Winterregenklima. Es darf aber nicht dazu verleiten, allein deshalb ein Gebiet dem letzteren zuzurechnen, wie es gelegentlich für das nordamerikanische Westküstenklima um den Pugetsund geschehen ist.

Dem maritimen Typ der ektropischen Regen zu allen Jahreszeiten folgt landeinwärts auf der Nordhalbkugel sehr rasch der bereits genannte *kontinentale Typ mit steigendem Übergewicht der Sommerregen,* deren Ergiebigkeit allerdings mit wachsender Küstenferne zunächst abnimmt, sofern nicht lokale Verhältnisse Abweichungen hervorrufen (z. B. *ganzjährige Stauregen* im Winkel der *Kolchis* am Schwarzen Meer oder am Nordabfall des Elbursgebirges) oder bereits wieder die Annäherung an die Ostküste maritime, niederschlagssteigernde Einflüsse verspüren läßt wie in den östlichen USA. In Nordamerika tritt das Maximum im kontinentalen Landinnern sogar vielfach schon im Juni auf.

In Ostasien wandelt sich dieser gleiche Typ ektropischer Zyklonalniederschläge unter dem modifizierenden Einfluß des Kontinentes mit seinen Sperrgebirgen und Trockengebieten dadurch ab, daß das Maximum der Niederschläge auch im Küstenbereich eindeutig im Sommer liegt mit seiner vorherrschend maritimen Luftmassenzufuhr, während der Winter – mit Ausnahme exponierter Inseln (Japan) – bedeutend niederschlagsärmer und kontinentaler ist. Früher wurde dieser *ostasiatische Jahresgang* der Niederschläge auch als *Monsunregime* bezeichnet ähnlich dem südasiatischen wegen gewisser Übereinstimmungen in der jahreszeitlichen Verteilung und wegen der früher zugrunde gelegten einheitlichen, thermisch-tellurischen Kausalzusammenhänge, die in der bisherigen Form jedoch nicht mehr aufrechterhalten werden können [vgl. Kap. IV.c)]. Vielmehr handelt es sich bei den ostasiatischen Niederschlägen genetisch um *außertropische Zyklonalniederschläge* ähnlich den europäischen und nordamerikanischen, die charakteristische, kausal gesehen jedoch untergeordnete jahreszeitliche Modifikationen gegenüber den Niederschlägen der übrigen angeführten Nordkontinente erfahren (im Sommer starke konvektive Komponente im Süden Ostasiens). Auf diese Fragen muß eingehender noch bei Besprechung der allgemeinen Zirkulation eingegangen werden. Die genetisch in gewisser Weise analogen Verhältnisse im östlichen Nordamerika lassen die in Ostasien so auffällige Periodizität allerdings nicht erkennen, sondern zeigen gleichmäßige zyklonale Regen zu allen Jahreszeiten, die allenfalls auf den japanischen Inseln ein gewisses Äquivalent besitzen. Die Feuchtigkeitsaufnahme ursprünglich trockener Landwinde über dem warmen Japanischen Meer, die auf der Rückseite westostwärts durchwandernder Zyklonen die japanischen Inseln überstreichen, verschafft deren Nordwestflanken so starke Stauniederschläge, z. T. in Form von Schnee, daß hier sogar die Winterniederschläge die des Sommers übertreffen. Tokio, das im Winter demzufolge häufig im Lee liegt, hat daher seine Hauptregen im Sommerhalbjahr mit einer zirkulationsbedingten Pause im Juli, Niigata auf der NW-Abdachung Honshus dagegen im Winter, in beiden Fällen jedoch bei ziemlich gleichmäßiger sonstiger Beregnung das ganze Jahr hindurch.

Die Übergangssäume des Westwindgürtels gegen das Nordpolargebiet in Nordkanada und Nordeurasien weisen noch ein schwaches spätsommerliches Maximum auf (z.B. Dawson/Yukon) als Ausklang des kontinentalen Sommergipfels; man kann daher von einem *borealkontinentalen Jahresgang mit Spätsommerregen* sprechen. Der polare Einschlag macht sich in der späten Schneeschmelze und damit auch erst spät – nach Mittsommer – möglichen Konvektion bemerkbar. Der *polare Jahresgang mit ganzjährig spärlichen Niederschlägen* vollends weist keinen konvektiven Einfluß auf die Niederschlagsbildung mehr auf. Der wegen der langen Tagesdauer an sich große sommerliche Strahlungsgewinn wird bei flachem Einfallswinkel der Strahlen teils reflektiert, teils für die Eis- und Schneeschmelze verbraucht. Die *Niederschläge* sind daher im wesentlichen *allochthoner, zyklonaler Art* und auf okkludierte Frontreste aus der Westwinddrift zurückzuführen, die den Pol umkreisen und im Bereich der zyklonalen Einfallspforte zwischen Nordgrönland und Nordeuropa, durch positive Wassertemperaturanomalien begünstigt, in die Arktis vordringen. So kommt es auch, daß *Spitzbergen* als Ausklang des nordatlantisch-maritimen Jahresganges noch ein schwaches Wintermaximum der Niederschläge besitzt, weshalb man hier von einem *boreal-maritimen Jahresgang mit Winterniederschlägen* sprechen kann. Das allgemein zu beobachtende polwärtige Ausscheren der Tiefdruckgebiete [vgl. Kap. IV.d)] bzw. ihrer okkludierten Reste aus der Westwinddrift kommt dem entgegen, liegt doch um den meist zum Baffinland verlagerten meteorologischen Nordpol in den höheren Luftschichten, oberhalb der seichten antizyklonalen Bodenkaltluftkissen, das zentrale polare Höhentief. – Ganz ähnlich, wenn auch noch wenig erforscht, verhält es sich in der Antarktis, deren Eiskappe auch in den zentralen Teilen noch durch Schneefall ernährt werden muß, und sei er noch so spärlich. Durch Luv- und Lee-Wirkung in Verbindung mit Schwankungen der Strömungsrichtung können die vorgenannten Typen lokal erheblich abgewandelt werden.

Für den Naturhaushalt ist ebenso wie für die Agrarwirtschaft neben dem jahresperiodischen Gang die *Variabilität der Niederschlagsbedingungen von Jahr zu Jahr* von größter Bedeutung. Sie ist für die einzelnen Klimaregionen verschieden, wobei man von der Regel ausgehen kann, daß die unperiodische Variabilität *mit abnehmender Gesamtmenge* der Niederschläge *wächst.* So sind die Grenzbereiche des Regenfeldbaues (S-Rußland, Great Plains, Sahel-Zone, Dekkan-Plateau usw.) am meisten gefährdet.

Eine von E. Biel 1929 entworfene Karte (Abb. II.f) 29) stellt die *mittlere Variabilität* in Abweichungsprozenten von der Jahresnormalmenge dar. In den Polar- und vor allen Dingen in den subtropisch-randtropischen Trockengebieten, wo die Werte der Variabilität am größten sind, macht es vom wirtschaftlichen Standpunkt wenig aus, ob bei 50 mm mittlerer Jahresmenge das eine Jahr nur 25, das nächste aber 75 mm fallen, also eine Variabilität von 50% auftritt. Selbst extreme Einzelfälle sind hier in der Regel ohne Folgen, wenn auch plötzlich abkommende Schichtfluten eines episodischen Gewittergusses in den Wadis zu schweren Zerstörungen der Taloasen, ja sogar zu Menschenverlusten durch Ertrinken führen können. Die Ursachen solch

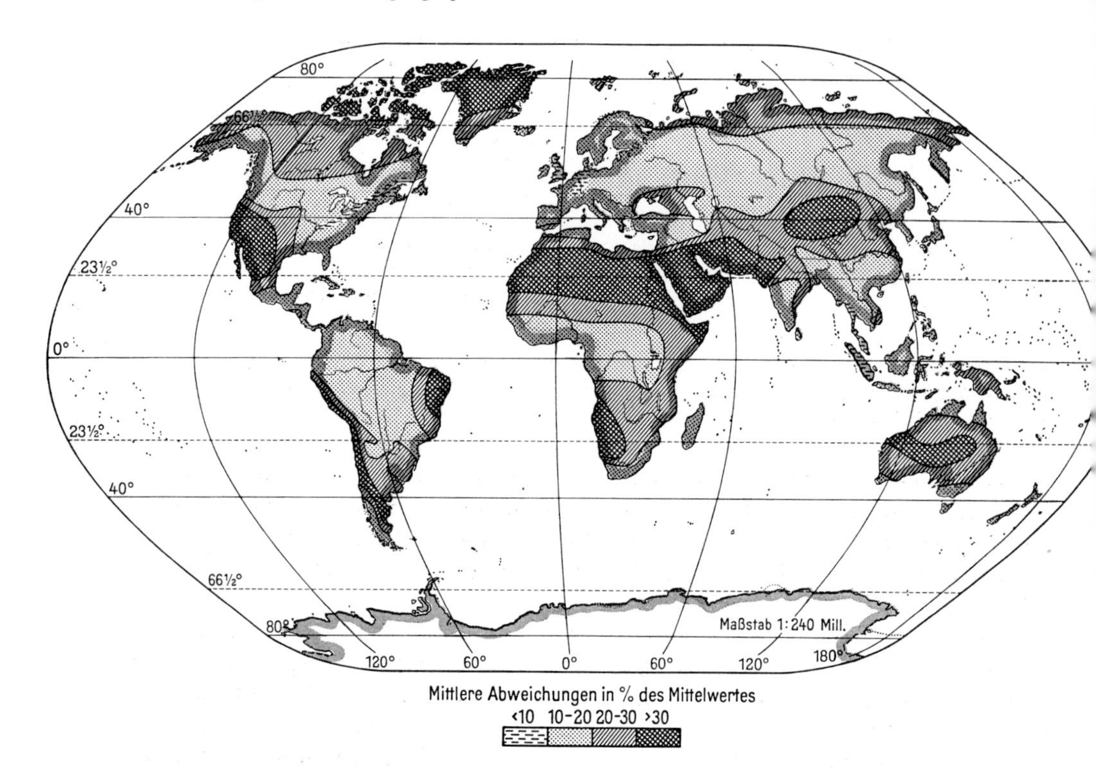

Abb. II.f) 29. Die Variabilität des Jahresniederschlags. (Nach E. Biel, 1929)

plötzlicher Niederschlagsexzesse in der nördlichen Sahara sieht I. R. Vanney (1967) in der selten vorkommenden Kombination von feuchter Tropikluft in einer südwärts ausgreifenden ektropischen Tiefdruckrinne, starker Labilität und einem ausgeprägten Höhentief mit starker Strahlstromkonvergenz an dessen Vorderseite. Sie scheinen an die „saharische Front" Queneys [vgl. Kap. IV.b)] und an die im Frühjahr in diesem Raum maximalen Luftmassenkontraste gebunden zu sein. Die Folgen solcher episodischen Starkregen in Inneraustralien schildert D. Henning (1968). Sie bestehen wie überall in den Trockengebieten im wesentlichen in Schäden an den Verkehrseinrichtungen. Dagegen ist eine Variabilität von 15% auf dem Hochland von Dekkan angesichts des dortigen wasserbedürftigen, in seinen Erträgen kaum ausreichenden Reis- und Hirsebaus sowie der ohnehin bestehenden Unterernährung der dicht siedelnden Bevölkerung bereits störend und bei Extremfällen katastrophal.

Was eine mittlere Variabilität von 20% im Bereich der agronomischen Trockengrenze (Polargrenze des Regenfeldbaus) in der Sahelzone Afrikas in der Realität bedeutet, möge die Abfolge der Jahressumme der Niederschläge in Tillabéry (West-Niger) zwischen 1935 und 1967 verdeutlichen (Abb. II.f) 30 nach Janke, 1972). Erstens kann von einem Jahr zum anderen die Regenmenge von 400–450 mm auf über 700 mm zu-, in einem anderen Fall genauso stark abnehmen. Zweitens ist eine deutliche Erhaltungstendenz in den Defizit- und Überschußjahren vorhanden, ein für die klimatischen Verhältnisse bezeichnendes und ökologisch wie

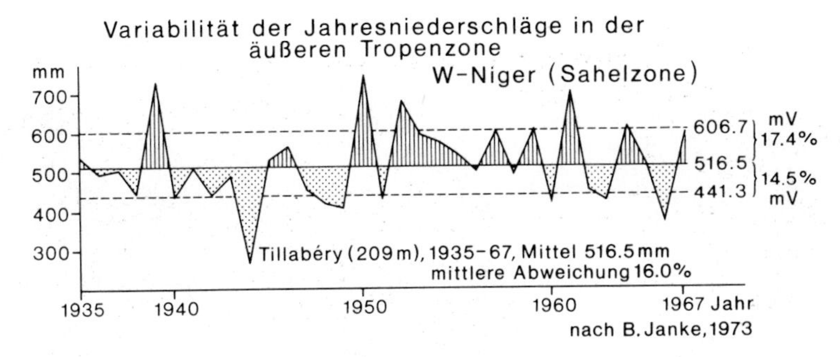

Abb. II.f) 30. Die Abfolge der Jahressumme der Niederschläge zwischen 1935 und 1967 in Tillabéry (Niger) als Veranschaulichung der Variabilität der Niederschläge im Bereich der Trockengrenze des Feldbaus in der Sahelzone. (Nach Janke, 1973)

agrarwirtschaftlich entscheidend wichtiges Charakteristikum dieses Klimabereiches (Die „sieben mageren" und die „sieben fetten" Jahre der Bibel). Es ist wohl evident, daß langjährige Mittelwerte der Niederschläge in solchen Klimaregionen so gut wie keinen Aussagewert im Hinblick auf die für den Lebensraum entscheidenden Klimafakten haben.

Es zeigt sich bei näherer Betrachtung der Verteilung der Variabilität, daß die *ozeanischen Bereiche der Ektropen,* aber auch die *innertropische Regenzone* durchschnittlich *nur geringe Schwankungen* aufweisen. Diese Gleichheit ist aber nur scheinbar, denn sie bezieht sich auf Prozentangaben ganz verschiedener absoluter Größen und auf Jahresmengen mit unterschiedlicher jahreszeitlicher Konzentration, von der wechselnden Reaktionsempfindlichkeit der Kulturen ganz abgesehen. Das bedeutet in Mitteleuropa, daß solche Abweichungen nach unten oder oben jeweils im Mittel nur 50–80 mm betragen, aber nur selten darüber hinaus gehen und größere Schäden verursachen, wie es z.B. im trockenen Sommer 1959 beim Grünland Mitteleuropas eingetreten war (Abb. II.f) 31). In Allahabad dagegen machen die gleichen 15% ein Defizit von fast 150 mm aus, das sich praktisch nur innerhalb der für den Landbau entscheidenden Regenzeit der heißen Sommermonate ergeben kann, also nach seinen Wirkungen in dieser Jahreszeit viel folgenreicher sein muß. Noch viel ernster ist naturgemäß die Auswirkung extremer Fehlmengen. Nagpur in Nordindien verzeichnete während 20 Beobachtungsjahren mit einem Mittel von 1275 mm zweimal nur 750 bzw. 775 mm, ein anderes Mal dagegen 1780 mm! Dieses Beispiel möge die folgenschwere *Variabilität der indischen Monsunregen* verdeutlichen. Sie bezieht sich außerdem nicht nur auf die Niederschlagsmengen selbst, sondern auch auf den Einsatztermin. Verspäteter Beginn oder Konzentration auf eine zu kurze Zeitspanne gefährden die Ernte nicht minder stark.

Zwar gibt es auch im mitteleuropäischen Übergangsklima vereinzelt extreme Abweichungen (dürre Sommer 1947, 1949, gebietsweise 1964 sowie 1976; nasse Sommer 1955 [nur in Mitteleuropa, in Nordeuropa extrem dürr], 1956 [vgl. Abb. 94] und 1965), aber sie beschränken sich doch zumeist nur auf einzelne Monate oder gar nur einzelne gewittrige Tagesextreme. Ein solches trat z.B. mit 286 mm am 31.7. 1959, in einem sonst trockenen Sommer!, auf der Insel Ivö in Schonen (= der halben Jahresdurchschnittsmenge dieses Ortes!) ein. Bei einem zweitägigen Starkregen (1.–2.9. 1965) über Ost-Tirol im Bereich einer Südstaulage mit ausgedehntem wet-

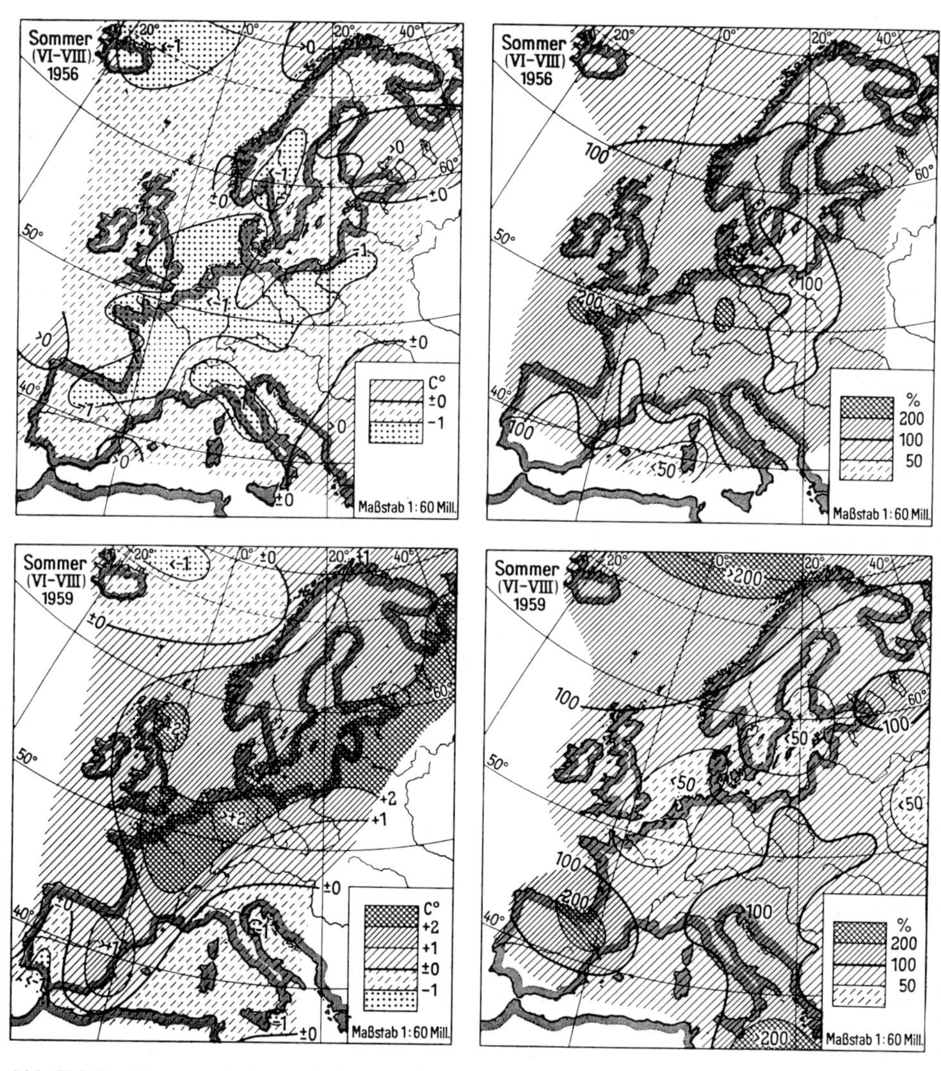

Abb. II.f) 31. Die thermische und pluviale Abweichung zweier gegensätzlicher Sommer (1956 bzw. 1959) von der Norm. (Nach Beilage zur Wetterkarte d. Wetteramtes Nürnberg Nr. 38/1956 und Nr. 37/1959)
Der Sommer 1956 war in Mitteleuropa kühl und naß, der von 1959 dagegen trocken und warm. Diese beiden Fälle kennzeichnen die am häufigsten vorkommenden beiden Abweichungskombinationen. Vgl. dazu die Luftdruckanomalien beider Sommer auf Abb. IV.b)7 u. IV.b)8

terwirksamem Tief über dem westlichen Mittelmeer gingen pro ha 2000 t Wasser nieder oder auf das 2020 km^2 große Ost-Tirol umgerechnet 400 Mill. t bei einem normalen Fassungsvermögen aller Gewässer dieses Landesteiles von nur 1,2% dieser gewaltigen Wassermenge (Aulitzky, 1968, S. 7).

Andererseits fiel im Frühjahr 1893 im westlichen Mitteleuropa vom 18. 3. bis 2. 5., also 46 Tage lang, kein Tropfen Regen, so daß ein ganzer Monat (April) regenlos blieb. Das sind aber relativ seltene Extremwerte. Sie gleichen sich im Jahresverlauf meistens weitgehend aus, so daß die in der Karte verzeichneten relativ niedrigen Werte der Variabilität resultieren. Baumgartner (1950) errechnete für Mitteleuropa 1 extremes Dürrejahr in 10 Jahren, unabhängig von der säkularen Tendenz. Bemerkenswert ist, daß sich diese geringe Variabilität des Niederschlags von Osteuropa her in breitem Bande durch das ganze kontinentale Nordrußland bis Sibirien fortsetzt. Auch die Wüstensteppen des Beckens von Turan und der Kaspisenke sind trotz der niedrigen Regenmengen im Mittel relativ geringen unperiodischen Schwankungen unterworfen.

Im östlichen Nordamerika ist die mittlere Variabilität zwar mit 10–20% noch relativ gering, jedoch treten vereinzelt extreme Abweichungen gleichwohl auf, die dann, ohne daß der Mensch in diesen Gebieten darauf eingerichtet ist, äußerst eingreifende Folgen nach sich ziehen. Das wird sehr drastisch an einem Pressebericht (Frankf. Allg. Zeitung 1965, Nr. 152) deutlich, der sich mit den Auswirkungen langanhaltender, singulärer Dürre im Frühling 1965 auf Alltag und Wirtschaft in New York beschäftigt:

„Wir hatten die Großstadt für immun gehalten, für abgesichert gegen die Wechselfälle der Witterung. Nun aber zeigt sich, daß nicht nur Landmann und Gärtner in der Provinz ringsum unter Dürre leiden und nicht nur die Bewohner der Sommerhäuser in den Waldgebirgen, wenige Stunden nur entfernt, deren Zisternen nicht tief genug gegraben sind; in der Stadt selbst herrscht Wassernot. New York, durch wenige Meilen Hafenbucht vom Ozean getrennt und von Flüssen eingeschlossen, New York sieht sich genötigt, den Wasserverbrauch seiner Bürger drastisch zu regulieren. Seit Monaten sinken die Wasserspiegel seiner Reservoire, denn seit Monaten fällt kein Regen. Das Becken des Delaware-Flusses, aus dem New York gemeinsam mit Philadelphia und Wilmington die Hälfte seines Wasserbedarfs bezieht, ist ebenso wie die nördlichen Reservoire in den Catskill-Bergen knapp zur Hälfte gefüllt, wo um diese Jahreszeit ein Wasserstand von 90,8 Prozent als normal gilt. Doch der Pegelstand zeigt nur 52,4%. Im April schon hat die städtische Straßenreinigung das Wassersprengen in den Straßen für zwei Monate eingestellt. Als die Tankwagen vor zwei Wochen wieder in den Straßen erschienen, verkündete die Aufschrift, daß hier chemisch behandeltes Fluß- und Industrieabwasser benutzt werde. Die 320 Springbrunnen in öffentlichen Anlagen und vor Geschäftshäusern wurden abgestellt, und Hunderte privater Swimming-pools und Zierteiche der Luxuswohnhäuser mußten abgelassen werden. In den Restaurants stehen keine gefüllten Wassergläser mehr, wie üblich, auf den Tischen; sie werden dem Gast nur noch auf Anforderung gereicht. Das Sprengen von Rasen, Gärten, Tennisplätzen ist verboten, jeder Gebrauch eines Wasserschlauches, außer zum Feuerlöschen, untersagt. Wer dennoch heimlich um Mitternacht die teuer und mühsam gegen New Yorker Staub und Ruß gezogenen Büsche der Innengärten von Manhattan sprengt, riskiert Geldstrafe und Gefängnis. Warenhäuser und Restaurants sind angewiesen, die (meist mit Wasserkraft betriebenen) Klimaanlagen täglich drei Stunden während der Geschäftszeit abzustellen. Schon beginnen Findige sich nach privaten Wasserlieferanten umzusehen, und die Firmen, die Quellen bohren und Wasser literweise verkaufen, halten ihrerseits nach Tankwagen Umschau, um den enorm gestiegenen Bedarf befriedigen zu können. Inzwischen hält die Dürre an, und die heiße Jahreszeit beginnt erst. Mit Sehnsucht liest der New Yorker die Berichte von Regenfällen auf anderen Kontinenten und frohlockt, wenn die Wettervorhersage Gewitter verheißt. Nicht wegen der Kühlung nur, sondern fast mehr noch wegen der durstenden Natur, die, kaum mehr erwartet, selbst der Großstadt das Getriebe stört."

Schließlich muß noch die auf die hohe und *folgenschwere Variabilität* der Niederschläge auf der Nordostecke Südamerikas zwischen 6 und 8° S *(Noreste Brasiliens)*, auf der Westseite zwischen 2 und 5° S *(Südecuador-Nordperu)* sowie auf dem äquatorialen Zentral-Pazifik eingegangen werden. Im Nordosten Brasiliens nehmen zwar hinter einem rund 20 km breiten regenfeuchten Küstensaum die Niederschläge über dem „Agreste" zum Bergland von Borborema hin im ganzen schon stark ab. Die ITC bleibt nämlich hier auch im Südsommer bemerkenswert nahe am Äquator. Aber im Normalfall bewirkt sie im Agreste doch eine kurze zenitale Regenzeit. Nach einer Trockenzeit in den Monaten April/Mai folgen dann Winter- und Frühjahrsregen, die an wandernde Störungen auf der Nordflanke des Südatlantikhochs gebunden sind. In anormalen Jahren, wenn dieses Hoch besonders stark ist und mit seiner Achse besonders weit äquatorwärts liegt, erreichen weder die Zenitalregen das Gebiet, noch können im Winter die tropischen Wellenstörungen hierher gelangen.

Wenn die Trockenheit über einen vollen Jahresrhythmus andauert, resultiert eine normale *„seca"*. Manchmal fällt aber auch noch im zweiten Jahr der Winterregen aus, so daß eine *„grande seca"* mit ihren katastrophalen Folgen für natürliche Vegetation (Caatinga) und Landwirtschaft resultiert, die Brooks (1971) und Neef (1957) u.a. beschrieben haben. Nach Caviedes (1973) traten sie in folgenden Jahren auf: 1891, 1900, 1907, 1911, 1915, 1917, 1919, 1923, 1931 u. 1932, 1938, 1941 u. 1942, 1952 u. 1953, 1956, 1958, 1971. Die von Neef (1957) mitgeteilten Schwankungen des Wasservorrates des maximal 35 Mill. m^3 fassenden Speicherbeckens Condado im Flußgebiet des Espinharas spiegeln die Niederschlagsschwankungen deutlich wider:

1942	0,18 Mill. m^3	1946	4,0 Mill. m^3	1950	11,0 Mill. m^3
1943	0,67 Mill. m^3	1947	35,0 Mill. m^3	1951	2,6 Mill. m^3
1944	6,8 Mill. m^3	1948	2,8 Mill. m^3	1952	6,3 Mill. m^3
1945	25,8 Mill. m^3	1949	17,9 Mill. m^3		

Markham (1967, 1969) hat die oben kursorisch behandelten Veränderungen sowohl in statistischer als auch in dynamisch-klimatologischer Hinsicht genauer analysiert.

Caviedes (1973) weist darauf hin, daß in 60% aller Jahre, in denen in NE-Brasilien eine seca auftritt, in der peruanischen Küstenwüste auf der Westseite des tropischen Südamerika abnormale Bedingungen dergestalt herrschen, daß zusammen mit außergewöhnlich hohen Wassertemperaturen vor der Küste schwere Regen über der Küstenwüste niedergehen. Ozeanische und Witterungsanomalie sind miteinander gekoppelt und werden zusammen mit den katastrophalen Folgen für das Ökosystem im kalten Perustrom und den Überschwemmungen in den Flußoasen als *„El Niño-Phänomen"* bezeichnet. Zwischen 1890 und 1972 ist es insgesamt 12mal aufgetreten, am schwersten 1891, 1925, 1939–41, 1957 und 1972.

In nachfolgender Tabelle sind für 4 Küstenstationen vom Nordende der Küstenwüste bei Tumbés (ca. $3^1/_2$°S) bis zum mittleren Teil bei Trujillo (ca. 8° S) die Niederschläge des Ausnahmejahres 1972 zusammen mit den langjährigen Monatsmitteln angegeben (aus Caviedes, 1975).

Aus dem Vergleich des Monatsmittel- und -einzelwertes ergibt sich schon, daß von Talara bis Trujillo normalerweise überhaupt kein Regen fällt und der Mittelwert aus einer (völlig irreführenden) gleichmäßigen Aufteilung episodischer Ausnahmemengen auf eine bestimmte Beobachtungsperiode resultiert. Die ökologisch entscheidende Realität ist: mehrere oder gar viele Jahre überhaupt kein Regen und dann ein Jahr mit ein paar katastrophal wirkenden Güssen im Zeitraum von wenigen

Tab. II.f) 9. Die Extremwerte der Niederschläge in einem El Niño Jahr (1972) an der peruanischen Küste im Vergleich zum langjährigen Mittel. (Nach Caviedes, 1975).

		Jan.	Febr.	März	Apr.	Mai
Tumbés	30jähr. Mittel (mm)	17,5	55,8	32,8	17,0	0,4
(~ 3 1/2° S)	1972: Monatssumme	14,1	72,2	85,2	25,1	3,4
	max. Menge in 24 Std.	8,3	51,4	28,2	19,2	1,6
Talara	30jähr. Mittel (mm)	0,5	4,0	8,2	8,5	0,1
(~ 5° s)	1972: Monatssumme	0,0	0,0	121,8	10,0	0,0
	max. Menge in 24 Std.	0,0	0,0	52,0	10,0	0,0
Lambayeque	30jähr. Mittel (mm)	1,2	6,5	6,6	3,4	1,1
(~ 7° S)	1972: Monatssumme	1,0	4,9	73,6	1,0	0,5
	max. Menge in 24 Std.	1,0	3,7	25,9	1,0	0,5
Trujillo	30jähr. Mittel (mm)	0,2	0,1	0,5	0,1	0,2
(~ 8° S)	1972: Monatssumme	2,6	12,6	6,4	0,0	0,0
	max. Menge in 24 Std.	1,4	5,8	6,4	0,0	0,0

Quelle: Serv. Nac. de Meteorologia e Hidrologia (Lima)

Wochen. Für diese Ausnahmezeiten ergibt sich eine strenge Korrelation zwischen der Anomalie des Niederschlags und derjenigen der Wassertemperatur vor der peruanischen Küste (s. Abb. II.f) 32). Die Januar-Karte 1972 zeigt noch deutlich die normale Situation: 20–24° „kaltes" Wasser in einer durch Schweigger (1959) für die 40er und 50er Jahre durch viele Daten genauer belegten 100–120 Sm-Zone, Mischungsgebiet im Bereich des Golfes von Guajaquil, Absetzen des relativ kalten Wassers nach Westen als „äquatorialer Gegenstrom". Im März hat sich die Situation grundlegend geändert. Nun dringt warmes Wasser (24–28°) vom äquatorialen Pazifik nach SE gegen die und längs der peruanischen Küste vor.

Wenn man früher die Anomalie der Wassertemperatur als Grund für die Anomalie der hygrischen Bedingungen über der peruanischen Costa angegeben hat und zuweilen heute noch angibt, so ist das sicher zu kurz gesehen. Beide müssen eine gemeinsame *Ursache* in einer vom Normalfall abweichenden *atmosphärischen Zirkulation* über dem tropischen Pazifik haben. Schott (1931, 1951) hatte in der ersten detaillierten Analyse des „El Niño-Phänomens" ein Nachlassen des SE-Passates und

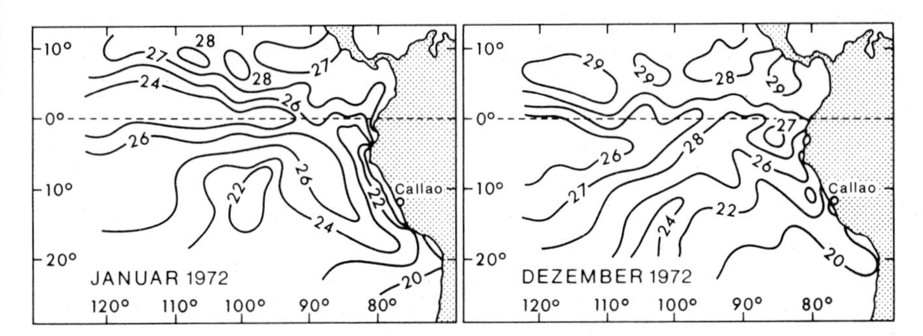

Abb. II.f) 32. Normale (Januar 1972) und anormale (Dezember 1972) Verteilung der Wassertemperaturen im östlichen tropischen Pazifik und vor der peruanischen Küstenwüste. 1972 war ein „El Niño-Jahr" mit außergewöhnlichen ozeanographischen, meteorologischen und ökologischen Bedingungen (s. Text) (Aus Caviedes, 1975)

damit ein Nachlassen des Aufquellens kalten Wassers unmittelbar vor der Küste als wesentliche Ursache vermutet. Schweigger (1949, 1959) konnte aber an Beispielen zeigen, daß zuerst warmes Oberflächenwasser von NW her in großen Flächen gegen den Kontinent und damit über das kalte Tiefenwasser geschoben wird. Bjerknes (1961, 1966) fand, daß jeweils im Jahr vor einer El Niño-Situation auf beiden Hemisphären über dem zentralen Pazifik die Passatströmung außergewöhnlich schwach ausgebildet ist und daß in einem großen Gebiet beiderseits des Äquators das Wasser gegenüber den normalen Bedingungen stark überwärmt wird. Bei nachfolgendem Abschwächen der südpazifischen Antizyklone und dementsprechend der SE-Passate kann das warme Wasser aus hydrodynamischen Gründen langsam gegen die südamerikanische Küste vordringen. Die voraufgehende Schwächung der Passate muß natürlich wieder ihre Ursachen in anderen Teilen der allgemeinen Zirkulation der A. haben, so daß weiterreichende Fernwirkungen untersucht worden sind (s. dazu Doberitz, Flohn und Schütte, 1967; Doberitz 1968 und Caviedes, 1975).

Die El Niño-Variabilität der Niederschläge ist also eine völlig andere als z.B. die oben für den Sahel und NE-Brasilien aufgeführte. Die letztere Art tritt an der südamerikanischen Westküste erst im Bereich des Überganges von der Wüste in die Trocken- und Feuchtsavannengebiete in Nieder-Ecuador auf, wie es die

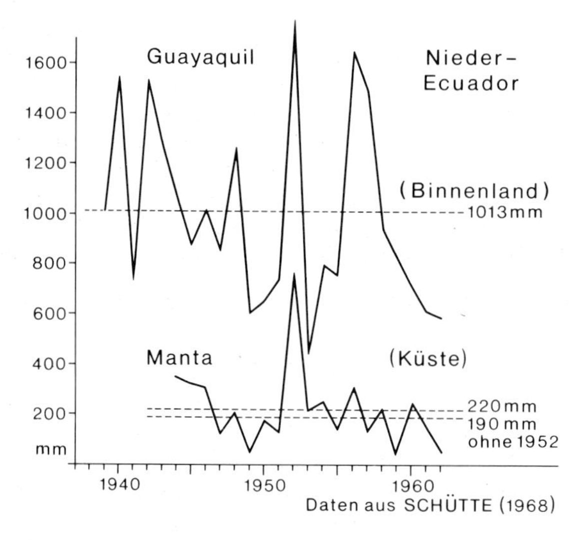

Abb. II.f) 33. Veränderlichkeit der Jahressumme der Niederschläge in den wechselfeuchten Tropen Niederecuadors am Nordende des Einflußbereiches des Humboldt-Stroms. (Werte nach Schütte, 1968)

Abb. II.f) 33 zeigt. Die beiden Stationen Manta und Guayaquil liegen in ungefähr gleicher geographischer Breite, nur die eine an der Küste, die andere am Ende eines Flußästuars im Landesinnern. Sie zeigen beide einen synchronen Gang der Schwankungen von Jahr zu Jahr mit einer mittleren Variabilität von ca. 40%, beide auch die von Schütte (1968) für diese und andere Stationen des Bereiches belegte Erhaltungstendenz, insbesondere der negativen Anomalien. Unterschieden sind sie in der Hauptsache durch die absoluten Werte. Manta, unmittelbar an der Küste, unterliegt dem stabilisierenden Einfluß des hier mit 26–27° immer noch relativ kühlen Wassers des nach W absetzenden äußersten Nordendes der Mischungszone des kalten Perustromes. Daß die Schwankungen synchron zur Station Guayaquil im Innern verlaufen, deutet aber darauf hin, daß die Ursache der Variabilität in der übergeordneten atmosphärischen Zirkulation liegt und die Wassertemperatur nur einen modifizierenden Einfluß ausübt.

Flohn (1972) hat die Hypothese von Bjernknes zum Grundsätzlichen hin ausgebaut. Er führt an, daß in der Äquatorialregion des Pazifik drei unterschiedliche ozeanische und atmosphärische Zirkulationsanordnungen möglich sind (vgl. dazu die Fig. 1 in der zitierten Arbeit oder die entsprechende Fig. 5.13 in Perry and Walker (1977): 1. Aufquellen relativ kalten Wassers in Äquatornähe als Folge einer ungefähr symmetrischen Verteilung der Passatzirkulation auf beiden Hemisphären, wie es normalerweise während der Äquinoktien (Februar/März) der Fall ist. Dann gibt es zwei Gürtel von Quellbewölkung mit Schauertätigkeit abseits des Äquators mit einer zwischengelagerten wolken- und niederschlagsarmen Zone über ihm. 2. Aufquellen relativ kalten Wassers etwas abseits des Äquators mit nur einer Konvergenz-(Wolken- und Regen-)zone polwärts des Kaltwassers als Folge asymmetrischer Passatzirkulation und Übergreifens der stärkeren auf die jeweils andere Halbkugel. Das ist die häufigste Situation während des N- bzw. S-Sommers. Der Wechsel zwischen diesen beiden Situationen erfolgt nach den Untersuchungen von Doberitz (1968) ziemlich unregelmäßig, da im Niederschlagsgeschehen der zentralpazifischen Inseln nicht einmal eine klare Jahresperiode feststellbar ist. Nur muß man unmittelbar am Äquator eine relative Trockenzone annehmen. Bei der 3. Zirkulationsanordnung tritt eine grundsätzlich andere Lage ein. Dann verschwindet die Aufquellzone kalten Wassers. Sie wird ersetzt durch eine Konvergenz und durch Abtauchen warmen Wassers. Der Bewölkungs- und Niederschlagsgürtel reicht dann geschlossen von 10–12°N bis etwas südlich des Äquators. Das ist eine anormale Zirkulationsanordnung, die verbunden ist mit dem „El Niño-Phänomen" an der Westküste Ecuadors und Perus.

Über dem äquatorialen Atlantik sind die Verhältnisse offensichtlich komplizierter (Doberitz, 1969) und noch wesentlich unklarer. Die große Veränderlichkeit der Niederschläge als Faktum ist aber außer für NE-Brasilien auch noch für die Guinea-Länder und darüberhinaus für die E-Seite Afrikas, für Kenia und besonders für die Somali-Halbinsel, gegeben.

Extreme Niederschlagssummen sind zu differenzieren nach ihrer Intensität und Dauer. Die schwersten über mindestens 12 Std. anhaltenden Regen kommen im Zusammenhang mit Hurrikans oder Taifunen vor. In Cilaos, auf der Karibikinsel La Réunion fielen im Zeitraum vom 12.–19.3. 1952 4110 mm, davon 1870 mm in 24 Std. In Belouve, ebenfalls auf Réunion, wurden in 12 Std. vom 28.–29.2. 1964 1370 mm registriert. Baguio bei Manila hatte am 14.7. 1911 1168 mm. In den Außertropen sind die Mengen wesentlich geringer: Batum am Schwarzen Meer am 5.9. 1927 224 mm. Auf der anderen Seite wird die Rekordintensität eines Schauerregens für eine Minute in Unionville (USA) mit 31,2 mm am 4.7. 1956 angegeben. In Mitteleuropa sind bei Bad Tölz am 3.5. 1920 104 mm in 45 Min., im Allgäu am 25.5. 1920 126 mm in 8 Min., in der Ost-Steiermark am 10.8. 1915 650 mm in 2 Std. (Lauscher, 1967) gefallen. (Weitere Werte für die Welt in der Übersicht von Riordan, 1970; für Nordamerika bei Ludlum, 1971).

Im geographisch-landschaftsökologischen Zusammenhang kommt den *„bodengefährdenden" oder „erosionsaktiven" Niederschlägen* eine spezielle Bedeutung zu. Als solche wurden für das Rhein-Main-Gebiet von Gegenwart (1952) auf empirischem Wege kurzfristige Starkregen von 15 mm und mehr sowie ein ausgedehnter Landregen von mindestens 30 mm in 24 Std. festgelegt. Den Anteil solcher Ereignisse an der Gesamtmenge der Niederschläge haben außer dem genannten Verfasser

Masuch (1958 und 1970) für das Gebiet Mittel- bzw. Westdeutschlands sowie Hartke (1958) und Hartke und Ruppert (1959) für Süddeutschland bearbeitet. Als Anhalt möge dienen, daß in den Sommermonaten April bis September der Jahre 1934–44 im Bergischen und Sauerland gebietsweise über 130, im Rhein-Main- und im oberen Fulda- und Werra-Gebiet zwischen 50 und 70 Fälle aufgetreten sind (Masuch, 1970). Im Schwarzwald und am Alpenrand machen sie mehr als 20% am Gesamtniederschlag der Jahre 1936–50 aus, an der oberen Weser und Fulda nur 5–10%. Hartke (1954) schätzt, daß wegen der Begrenzung der kurzfristigen Starkregen auf Zugstraßen von 7–10 km Breite bei der gegebenen Dichte des Stationsnetzes 50–60% dieser Ereignisse erfaßt werden.

Eine genaue Analyse der *Variabilität aller Niederschläge* nach Andauer und Intensität sowie jahreszeitlicher Verteilung hat Zedler (1967) *für Karlsruhe* auf der Basis von fünfjähriger Registrierung eines Regenschreibers nach Hellmann vorgenommen.

Nach Adderley and Bowen (1962) läßt sich für die USA ein Parallelgang von Starkregen mit den Mondphasen belegen. Der Zusammenhang wird so gesehen, daß die lunare Gravitationsrhythmik Einfluß ausübt auf das Einfangen von Meteorschauern durch die Erde. Die dabei entstehenden Meteoritenpartikel wirken kernvermehrend, die ihrerseits wieder die Wirksamkeit der Kondensations- und Niederschlagsbildung erhöhen.

7. *Anthropogene Beeinflussung der Niederschläge*

In den dargelegten physikalischen Abläufen bei der Kondensation und Eisbildung in der A. [Kap. II.e) 6.] gibt es ebenso wie bei denjenigen der Niederschlagsbildung [Kap. II.f) 2 u. 3] kritische Stellen, an denen relativ geringfügige und damit menschenmögliche Veränderungen der Naturgegebenheiten zu relativ starken Veränderungen der Gesamtabläufe und ihrer Ergebnisse führen können. Die wichtigste ist bei den Kondensations-, Gefrier- und Sublimationskernen, da diesen gewissermaßen die Rolle von Katalysatoren bei der Bildung von Wolken- und Niederschlagströpfchen bzw. -partikeln zukommt.

Eine starke Anreicherung von Aerosolpartikeln über Industriegebieten führt zu frühzeitiger, häufigerer und stärkerer Bildung von Konvektionswolken, besonders wenn in dem Ausstoß des Aerosols hygroskopische Substanzen enthalten sind oder entstehen und wenn mit dem Ausstoß gleichzeitig auch ein erheblicher Abdampf von Wasser verbunden ist. Bei entsprechenden Wetterlagen mit Quellbewölkung kann man z.B. regelmäßig eine viel stärkere Wolkenkonzentration und Himmelsbedekkung im Gebiet von Mannheim-Ludwigshafen über den vielen hohen Schloten der Großchemie beobachten.

Wiegel (1938) führt die Tatsache, daß innerhalb des Ruhrgebietes 20 Regentage mehr als in seiner Umgebung auftreten, auf die starke Anreicherung mit Kondensationskernen zurück. In Rochdale in England konnte beobachtet werden, daß die Sonntage, an denen die Fabrikarbeit ruhte, geringere Niederschläge aufwiesen als die Werktage.

Eine systematisch betriebene und gewollte anthropogene Beeinflussung der Niederschläge ist verbunden mit den – wie immer nicht ganz zutreffenden – Schlagwörtern „künstlicher Regen“ und „Hagelschießen“.

Versuche zur Niederschlagsvermehrung. Es gibt Gebiete auf der Erde, vor allem in den wechselfeuchten Tropen (Ostafrika, Philippinen, Venezuela z.B.) oder in ozeannahen Subtropen (Florida, Südkalifornien, SE-Australien z.B.), wo in relativ warmen und mit ausreichender absoluter Feuchte [Kap. II.e) 2.] versehenen Luftmassen über Wochen hindurch tagtäglich kräftige Konvektionswolken auftreten und trotzdem der Niederschlag nicht fällt, der für die Agrarkulturen so dringend notwendig wäre. In solcher Situation können oft schon relativ kleine Regenmengen von großem Nutzen sein.

Versuche, solche trockenen Wolken dahingehend zu beeinflussen, daß sie sich zu Niederschlagswolken weiterentwickeln und den in der umgebenden Luft durchaus vorhandenen Wasserdampf umsetzen und ausfällen, sind seit den 40er Jahren in vielen Teilen der Welt gemacht worden. Mac Donald et al. haben 1966 als Gutachtergruppe der US-amerikanischen National Academy of Sciences die den tatsächlichen Ergebnissen adäquate Formulierung gewählt (in Übersetzung): „Es gibt einen wachsenden aber noch etwas zweideutigen statistischen Nachweis, daß die Niederschläge von einigen Wolkenarten und Schauer-Systemen durch seeding-Technik in bescheidenem Maße erhöht oder anders verteilt werden können" (zitiert nach Schneider et al., 1974).

Die Grundlagen der Versuche, die Durchführung und Ergebnisse bis 1968 sind von Neiburger (1969) ausführlich dargelegt, die späteren Unternehmen von Schneider et al. (1974) kurz referiert worden.

Mit *„cloud seeding"* (Wolkensäen, besser *Wolkenimpfen*) wird eine Technik umschrieben, deren meteorologisches Prinzip darin besteht, in eine Wolke relativ große Kerne einzubringen, welche die Bildung ausfällungsfähiger Wassertröpfchen stimulieren sollen. Bei warmen, nicht unterkühlten Wolken kann man einen Erfolg allein aufgrund der Koagulation [Kap. II.f) 2.] erwarten. Wesentlich effektiver ist das *„dynamic seeding"*, bei dem Silberjodid- oder Kohlensäure-Eiskristalle (Trockeneis) in massiver Dosis in unterkühlte Wasserwolken eingebracht werden. Da die genannten Kristalle mit dem Eis isomorph gebaut sind, wirken sie beim Berührungskontakt mit unterkühlten Wassertröpfchen als Gefrierkerne und leiten die Umwandlung der berührten Tröpfchen zu Eispartikeln ein. Diese wachsen ihrerseits aufgrund der Dampfdruckdifferenz rasch an und bilden so größere Partikel, die wegen ihrer unterschiedlichen Bewegung in der Wolke mit anderen unterkühlten Wassertröpfchen kollidieren und so relativ rasch größere Eispartikel bilden [vgl. Kap. II.f) 2.]. Außerdem wird bei den Gefriervorgängen die Erstarrungswärme freigesetzt, welche ihrerseits der Wolke neue Auftriebsenergie verleihen kann. Auf diese Weise sollen schon aufgetürmte Haufenwolken (Cu con) zu Cumulonimben gewachsen sein. Wenn man aber bedenkt, daß zunächst Eisteilchen in der Wolke entstehen, so zeichnet sich damit aber auch die Möglichkeit ab, daß unter gewissen aerologischen Bedingungen die Prozesse außer Kontrolle geraten können und anstatt Regen der durchaus unerwünschte Hagel ausfällt.

In den meisten Fällen wird das Silberjodid vom Flugzeug aus mit pyrotechnischen Patronen in die Wolke gebracht. Wenn die Wolken aber regelmäßig über den gleichen Stellen im Gelände in Bändern auftreten, kann man auch vom Boden her solche Sprengsätze abschießen, wie es beispielsweise in Santa Barbara/Kalifornien geschehen ist (Elliot et al., 1971). Bei warmen und unstabilen Wolken wurden dort Niederschlagserhöhungen von 50% erzielt. Bei kalten Wolken hat es allerdings den Anschein, als ob sie mit Kernen übersättigt wurden und so eine Verminderung des Niederschlags eingetreten ist. Bei Versuchen an orographischen Wolken in Colorado (Chappell et al., 1971) ergab sich, daß mehr die Niederschlagsdauer als die Intensität verändert wurde. Aus warmen Wolken gingen Regen schon nieder, wenn sie natürlicherweise noch nicht aufgetreten wären, bei kalten Wolken wurden die Niederschläge aber verzögert.

Groß angelegte Versuche sind in Florida unternommen worden (Simpson and Woodley, 1971). Nach den statistischen Analysen sollen die Erfolge des „dynamic seeding" positiv und signifikant gewesen sein. 1968 und 1970 sollen die behandelten Wolken mehr als dreimal so viel Regen wie die kontrollierten unbehandelten geliefert haben. Ein zielgerichteter Einsatz zur Bekämpfung lokaler Trockenheiten im Frühjahr 1971 (Simpson, Woodley and Whit, 1972) war sehr erfolgreich dadurch, daß durch das „dynamic seeding" *Gruppen* von hochreichenden Konvektionswolken geschaffen werden konnten, deren Ausbeute wesentlich größer war als die von einzelstehenden Wolken.

Bei einem Projekt auf den Philippinen (Gromett II) wurden kalte Cumuluswolken nach der Technik des „dynamic seeding" behandelt. Von 326 Wolkengruppen waren vor dem seeding 258 ohne Regen, 266 haben nach der Behandlung Regen produziert. 50% der gefallenen Regenmenge wurde der künstlichen Behandlung zugeschrieben. Es gab aber keine Vergleichsbeobachtungen an anderen Orten.

In der UdSSR sind Versuche auch im Winter mit der künstlichen *Stimulation von unterkühlten Schichtwolken* über der Ukraine durchgeführt worden (berichtet bei Battan, 1970). Man ist zu dem Schluß gekommen, daß 13–18% der gesamten Niederschläge auf die Experimente zurückzuführen sind. Lenov (1965) hat den Schluß gezogen, daß Sommer- wie Winterregen um 10–15% erhöht werden könnten und daß keine Hinweise darauf vorliegen, daß die Zunahme in dem einen Gebiet in einem anderen geringere Niederschläge verursachen würde. Elliot and Brown (1971) und Grant et al. (1971) berichten, daß 50–150 Meilen weiter als der Ort der künstlichen Behandlung die höheren Niederschläge eingetreten wären. In Australien stellte sich der Regen 180 Meilen von dem Versuchsgebiet entfernt ein (Adderley, 1968). Solche Effekte sind natürlich auch zu berücksichtigen, da ein Farmer den Nutzen seiner mit großem Kostenaufwand verbundenen Bemühungen nicht gerne beim Nachbarn niedergehen sieht.

Zusammenfassend kann man also sagen, daß die Experimente des „dynamic cloud seeding" in den meisten Fällen positive Effekte gehabt haben, in anderen weniger gute Resultate lieferten. Das hängt wahrscheinlich im wesentlichen von den meteorologischen Umständen ab. In dieser Hinsicht sind noch wichtige Arbeiten zu tun, um die günstigsten meteorologischen Bedingungen einzugrenzen. Bei allen Unternehmungen handelt es sich mehr um Forschungstests als um den planmäßigen Einsatz einer ausgereiften Technik.

Hagelbekämpfung. Nach Berichten der Wirtschaftskommission für Europa in der UNO werden jährlich folgende *Hagelschäden* gemeldet: Belgien 8–10 Mill. Francs, Bulgarien 300–700 Mill. Leva, Italien 100 Mrd. Lira, Österreich 200–300 Mill. Schillinge, Ungarn 300 Mill. Forints, Spanien 700 Mill. Pesetas und die Bundesrepublik 4,5 Mill. DM Versicherungsprämien (Müller, 1972). Besonders hagelgefährdet sind die kontinentalen Gebiete der Mittelbreiten, vor allem wenn sie noch im

Vorland hoher Gebirge liegen (Gebiete ostwärts der Rocky Mountains, NW-Argentinien, die Randgebiete von Pyrenäen, Kaukasus und der Alpen).

Die Bemühungen zur *Hagelunterdrückung* basieren auf der Beobachtungstatsache, daß in der Luft im Temperaturbereich zwischen 0 und −20 °C normalerweise nur eine kleine Zahl von Gefrier- und Sublimationskernen enthalten ist, und geht von der Vorstellung aus, daß die an den vorhandenen Kernen gebildeten Eispartikel beim wiederholten Auf (in einem Konvektionsschlot) und Ab (Fallen bei zu geringem Aufwind) durch Kollision mit den in Überzahl vorhandenen unterkühlten Wassertröpfchen rasch und stark anwachsen und so zu großen Hagelkörnern werden [vgl. Kap. II.f) 3.]. Gelingt es, die *Zahl der Gefrierkerne* in der kritischen Wolkenschicht zwischen 0 und −20 °C *drastisch zu vergrößern,* so müßten bei der gegenseitigen Konkurrenz nur kleine Hagelkörner entstehen können, die bei geringerer Fallgeschwindigkeit auch noch in stärkerem Maße abschmelzen als die viel schneller die Tauzone durchschießenden dicken Körner.

Als kernbildende Substanz werden wieder isomorphe Kristalle [s. Kap. II.f) 2. u. 3.] von Propan, Kohlensäureschnee, Stickstoff, vor allem aber Silberjodid benutzt. Bei der *Technik,* die Kerne in die kondensierenden Wolkenteile einzubringen, gibt es prinzipiell zwei Möglichkeiten: entweder man impft bei entsprechend gewitterträchtigen Wetterlagen die Luftschichten über großen Flächen bereits in Bodennähe mit Hilfe von verteilt aufgestellten Silberjodidgeneratoren (Abstand 10 bis 20 km), oder man schießt feinverteiltes Silberjodid durch Raketen vom Boden oder vom Flugzeug aus in die kritischen Wolkenzonen.

In der Sowjetunion sind im Weinbaugebiet Georgiens, in Tadschikistan, auf der Krim und im Moldaugebiet Hagelbekämpfungsdienste eingerichtet worden, die vorwiegend mit Artillerie und Raketen arbeiten. Benton (1969), Battan (1969), Sulakvelidze (1968) und Müller (1972) berichten über Ausmaß, Technik und Erfolg. Letzterer gibt eine Reduktion des Hagelschadens zwischen 50 und 90% an. Das Problem ist die statistische Absicherung dieser Daten.

In SW-Frankreich ist in Aquitanien die Methode des Impfens der Bodenluft (Müller, 1972), an der mittleren Garonne die Raketenmethode angewendet worden (Schneider et al., 1974). Die Erfolge werden unterschiedlich beurteilt (Picca, 1971; Boutin et al., 1970).

Die Anstrengungen in Nordamerika waren im ganzen nicht sehr groß. Man bediente sich dabei der Generatortechnik in der Abwandlung, daß diese an Bord von Flugzeugen in bestimmte Höhen gebracht wurde. Bei den Weiten der Anbaugebiete in den betroffenen Staaten Colorado, Kansas, Nebraska und South Dakota waren die Erfahrungen aber nicht positiv.

In der Bundesrepublik lief von 1958 bis 1967 der *„Rosenheimer Hagelabwehrversuch“,* der an das traditionelle Hagelschießen mit modernen Methoden anknüpfte, durchgeführt für ein verhältnismäßig kleines Gebiet von 840 km² ostwärts des Inn. Neben 32 Silberjodid-Bodengeneratoren waren 3 Reihen von Raketen mit je 1–3 km Abstand an der Westgrenze des Gebietes aufgebaut. Verglichen mit dem Zeitraum 1948–1957 ging die Anzahl der Schadenstage auf 73% zurück. Bemerkenswerterweise war der Rückgang leewärts vom eigentlichen Versuchsgebiet noch stärker (53%) (Müller, 1972).

Der Einsatz von Silberjodid-Generatoren im Gebiet der Teeplantagen Kenias soll eine Reduktion der Hagelverluste auf 58% gebracht haben (Henderson, 1970).

Das große Problem ist – wie beim künstlich stimulierten Regen – zunächst die statistische Absicherung der Ergebnisse, um überhaupt den Aufwand gegen den Nutzen abwägen zu können. Im „Schweizer Großversuch III“ (Schmid, 1967) wurde alternierend ein um den anderen Tag mit Silberjodid geimpft. Es stellte sich heraus, daß die Häufigkeit von Hagel an den Tagen ohne künstliche Maßnahmen etwas kleiner war. Die mittlere Regenmenge an den geimpften Tagen war aber um 21% größer. In Argentinien (Mendoza) wurde eine geringe Abnahme der Schäden unter geimpften Wolken gegenüber den ungeimpften festgestellt, wenn es sich um reine Wärmegewitter handelte. Bei Frontgewittern wurde dagegen der Hagel durch Impfen verstärkt (Iribarne and Grandoso, 1965).

Ludlam (1961) vermutet *eine* Ursache der unterschiedlichen Bewertung der Experimente darin, daß die Annahme nicht stimmen muß, daß als Hagelembryonen nur die mit Gefrierkernen besetzten Kondensationsprodukte in Frage kommen. Nach seinen Vorstellungen von der Dynamik in Hagelwolken [s. Kap. II.f) 3. und Abb. II.f) 12] können durchaus schon Regentropfen oder kleine Hagelkörner als solche Embryonen in Betracht kommen. Wenn tatsächlich vor dem Gewitterturm kleiner Hagel in den schräg aufwärts gerichteten Konvektionsschlot der Hagelwolke eingefüttert wird, und wenn die darin angegebenen Windgeschwindigkeiten von 50 m/sec stimmen, dann ist freilich mit dem Impfen der Wolken nichts mehr gegen die Bildung von großem Hagel auszurichten.

8. Der Wasserkreislauf auf der Erde

Durch den Wechsel der verschiedenen Aggregatzustände des Wassers in der A. und die eingeschalteten Transportvorgänge entsteht ein in den Einzelheiten sehr komplizierter Kreislauf, dessen einzelne Phasen in mannigfacher Weise klimatologisch direkt oder indirekt wirksam werden, wie in den voraufgegangenen Kapiteln in den verschiedensten Zusammenhängen aufgezeigt worden ist. Ungefähr seit der Jahrhundertwende ist man sich über die prinzipiellen Glieder der Wasserbilanz im klaren, aber erst spätere Einzelforschungen haben quantitativ genauere Angaben über die in die Bilanzgleichungen eingehenden Einzelposten ermöglicht.

Nach den gegenwärtigen Erkenntnissen ist der *Wasservorrat auf der Erde* in folgender Weise aufgeteilt (nach Lvovitch, 1971):

Tab. II.f) 10. Aufteilung des Wasservorrats der Erde und Umsetzungszeiten. (Nach Lvovitch, 1971)

	Volumen in 1000 km³	%	Umsetzungszeiten in Jahren
Ozeane	1370000	94	3000
Grundwasser	60000	4 (Grundwasser und Grundwasser im Austausch)	5000
Grundwasser im Austausch	4000		330
Gletschereis u. Schnee	24000	1,6	8600
Seen	230	0,2 (Seen, Bodenwasser und Wasser in Flüssen)	10
Bodenwasser	82		1
Wasser in Flüssen	1,2		0,032
Wasser in Atmosphäre	14	0,01	0,027
Gesamtwasservorrat	1458327		2800

Als *Transferprozesse* von einem Vorratsbereich in den anderen sind in der Hauptsache der Niederschlag, die Verdunstung und der Abfluß (der auf Gletscher entfallende Teil wird als „Ablation" bezeichnet) beteiligt. Unter der Bedingung, daß die einzelnen Vorratsbereiche sich in einem Fließgleichgewicht befinden, müssen die Transferprozesse für die Erde als Ganzes einer *Wasserbilanzgleichung* unterliegen. Wenn man den Grundwasservorrat im langjährigen Wechsel zwischen Rücklage und Aufbrauch im Mittel als konstant ansieht, so muß für den langjährigen Durchschnitt auf den Landflächen die Differenz von Niederschlag N_L und Verdunstungshöhe V_L der zu den Ozeanen abgeflossenen Wassermenge A entsprechen. Also: $N_L - V_L = A$. Bei globalem Fließgleichgewicht zwischen Kontinenten und Ozeanen muß diese den Ozeanen zugeflossene Menge dort wieder als die positive Differenz zwischen Meeresverdunstung V_M und Niederschlag über dem Meer N_M als Wasserdampf in die A. und über entsprechende Luftströmungen als Wasserdampfzuschuß Z über die Kontinente gelangen. Es ergibt sich also für die globale Wasserbilanz die Doppelgleichung:

$$N_L - V_L = A = V_M - N_M = Z.$$

Über die Entwicklung der Kenntnis der darin enthaltenen Einzelposten und ihre Sicherheit s. R. Keller (1962), die Tab. 1 bei Lvovitch (1971) oder Baumgartner und Reichel (1975). Nach dem gegenwärtigen Stand sind dafür folgende Werte einzusetzen (Lvovitch, 1971):

Tab. II.f) 11. Einzelposten der jährlichen Wasserbilanz für Kontinente und Ozeane. (Nach Lvovitch, 1971, Tab. 3)

	Wassermenge Volumen in km^3/Jahr	Wassermenge Schichthöhe mm/Jahr
Landflächen mit Abfluß zum Meer		
Niederschlag	102 100	873
Verdunstung	64 700	553
Abfluß	37 400	320
Landflächen ohne Abfluß zum Meer		
Niederschlag	7 400	231
Verdunstung	7 400	231
Weltmeere		
Niederschlag	410 500	1137
Verdunstung	447 900	1240
Flußwasserzufluß	37 400	103
Gesamte Erde		
Niederschlag	520 000	1020
Verdunstung	520 000	1020

Aus dem Wasservolumen der Ozeane und der jährlichen Verdunstungsrate über ihnen läßt sich durch Division die Umschlagszeit von rund 3000 Jahren errechnen, in welcher alles Wasser der Ozeane einmal im globalen Kreislauf ausgetauscht werden muß. Bei den Flüssen ergibt sich auf die gleiche Weise, daß der Umschlag 32mal im Jahr, im Mittel also alle 11,4 Tage, erfolgen muß. Mit dem Wasserdampf der A.

geht's noch schneller. Sein Volumen im Vergleich zur Verdunstung ergibt eine Umschlagszeit von ungefähr 10 Tagen. Unsicher sind die Schätzungen für Gletschereis und Grundwasser, weil man die entsprechenden Werte für die Ablation und die Grundwasserspeisung in der Größenordnung relativ schlecht kennt.

Bedeutung des kleinen Kreislaufes. Die Zahlenwerte der beiden Tabellen zeigen auch, daß bei rund 37 400 km^3 Wasserdampfzufuhr pro Jahr auf die Kontinente (der Wert entspricht laut Bilanzgleichung dem Abfluß) und einem Niederschlagsvolumen von fast 110 000 km^3/Jahr fast $^2/_3$ *des für den Niederschlag über den Landflächen notwendigen Wasserdampfes aus dem sog. kleinen Kreislauf stammen muß.* Darunter versteht man den kurzgeschlossenen Austausch zwischen Niederschlag, Verdunstung der feuchten Landoberfläche, des Fluß- und Seewassers, Transpiration der Pflanzenwelt, turbulentem oder konvektivem Transfer der Wasserdampfmengen in die höheren Teile der A., Kondensation bei entsprechender Wolkenbildung, Niederschlag und wieder Verdunstung usw. Weil der Anteil des kleinen Kreislaufes am Gesamtniederschlag so hoch ist, muß man mit einem gewissen Recht annehmen, daß großräumige Veränderungen der Verdunstungsbedingungen (z. B. Rodung großer Waldgebiete auf der einen Seite oder Anlage von Stauseen mit erheblicher Oberfläche andererseits) einen gewissen Einfluß auf die Niederschlagsbedingungen im Umkreis der veränderten Gebiete ausüben können. Man sollte aus der großen Bedeutung des kleinen Kreislaufes auch ersehen, wie wenig das von Geographen zuweilen vorgebrachte Standard-Schema stimmen kann, das da lautet: „Die feuchten Winde vom Meer regnen sich auf den Kontinenten ab und bedingen usw.". Man muß sorgfältig unterscheiden, wo, in welcher Richtung und mit welcher Stärke tatsächlich ein *Feuchtetransport vom Meer zum Land* stattfindet. Darüber gibt es in der Meteorologie zahlreiche auf aerologische Beobachtungen gegründete Spezialarbeiten für bestimmte Regionen (im Literaturverzeichnis sind einige zusammengestellt). Für eine großräumige Betrachtung des Wasserkreislaufes in bezug auf Klimazonen und -regionen der Erde dienen als Grundlage die Darstellungen der Strahlungsbilanz [Kap. II.b) 7.], der Verdunstung [Kap. II.e) 5.], des Niederschlags [Kap. II.f) 5.] sowie der allgemeinen Zirkulation der A. [Kap. II, IV].

Wasserdampftransport. Das *Hauptliefergebiet des Wasserdampfes* (bis zu 1000 mm und mehr im Jahr!) liegt in den ausgedehnten subtropisch-randtropischen *Hochdruckgebieten der Roßbreiten* auf beiden Halbkugeln. In ihnen sind die größten Werte der Strahlungsbilanz vorhanden, die bei Wasserunterlage ein der erreichten Temperatur entsprechendes Maximum an Verdunstung liefern. Über dem Land dagegen ist bei dem sehr begrenzten Bodenwasservorrat und infolge des spärlichen Vorhandenseins einer transpirierenden Vegetationsdecke die Verdunstung klein. Die einkommende Strahlungsenergie wird dort zum größten Teil zur Erhitzung des Bodens und der Luft verbraucht. Von den ozeanischen subtropisch-randtropischen Hochdruckgebieten wird der hier erzielte hohe Verdunstungsüberschuß einerseits mit den Passatwinden in die Äquatorialregion mit konvektiven Zenitalregen und andererseits mit Süd- bis Südwestwinden in die außertropische Westwinddrift verfrachtet. In der Arbeit von Murray (1971) wird am Beispiel der Auswertung der Radiosondenaufstiege des Jahres 1958 deutlich, daß durch den Breitenkreis 30°N ganzjährig ein *Wasserdampftransport polwärts* mit im Jahresmittel $254 \cdot 10^6$ kg/sec stattfindet. Das Maximum liegt mit 522 · 10^6 kg/sec im Juni, das Minimum mit 87 · 10^6 kg/sec im Dezember. Der Transport ist in verschiedenen geographischen Regionen unterschiedlich groß. Das eine Haupttransportgebiet liegt zwischen der NE-Seite Asiens bis 170° E und ist verbunden mit der Konfluenz des SW-Monsuns und der SE-Passate in diesem Bereich. Die andere große Transportgasse kommt vom Golf von Mexiko und reicht bis auf den zentralen Atlantik. Der hauptsächliche *Transport äquatorwärts* geschieht dagegen über dem östlichen Pazifik und über dem östlichen Atlantik sowie über dem Breitenausschnitt zwischen Ägypten und dem Iran. Er ist mengenmäßig kleiner als der Transport polwärts.

Mit der außertropischen zyklonalen Westwinddrift wird der Wasserdampf zonal und meridional verfrachtet, wo er einseitig den Westflanken der Kontinente als Zuschuß zugute kommt und in Form wiederholter, durch Konvergenz (Fronten), Konvektion oder Stau (an Luftmassen oder am Relief) ausgelöster kleiner Kreisläufe – ständig um den Abflußteil vermindert – ins Innere der Festländer gelangt. Dieser W-E gerichtete Transport der Feuchtigkeit führt zwar mit zunehmender Küstenferne infolge der Verringerung durch den Abfluß allmählich zur Erschöpfung des anfänglichen Zuschusses, aber doch nicht so, daß entlang der Ostküsten der Kontinente etwa die größte Trockenheit in diesen Breiten zu erwarten wäre. Vielmehr tritt schon *vor Erreichen der Ostküsten innerhalb der Westdrift eine erneute Steigerung der Luftfeuchtigkeit* und damit der Niederschläge auf (Ostasien, östliches Nordamerika), wodurch am augenfälligsten der in Wirklichkeit synoptisch sehr komplizierte Charakter dieses außertropischen Kreislaufgeschehens bekundet wird [vgl. Kap. IV.b)]. Seine Trockengebiete, durch Küstenferne bedingt, aber einseitig ostwärts verschoben, sind genetisch also etwas ganz anderes als die subtropisch antizyklonalen Trokkengebiete in unmittelbarer Meeresnähe. Die *Polargebiete* spielen für den Wasserkreislauf keine nennenswerte Rolle. Jedoch bewirken ihre Schneemengen einen hohen *Speicherungsgrad* sowohl auf dem Lande (Inlandeis, Gletscher) wie auch im Meere (Meereis z. T., soweit aus Schnee entstanden).

In der *regionalen Differenzierung des Wasserkreislaufes* spielt noch die tellurisch vorgegebene Asymmetrie zwischen einer *Wasser- und Landhälfte* unterschiedlicher Ausdehnung eine wichtige Rolle, auf die besonders Albrecht (1947) aufmerksam gemacht hat. Die ausschlaggebende Trennungslinie zwischen beiden bildet das Meridionalgebirge der amerikanischen Kordilleren. Der hier beginnende *atlantische Kreislaufbereich* reicht ostwärts bis an die Ostränder der altweltlichen Wüstengebiete und bezieht seine Feuchtigkeit ausschließlich aus dem Atlantischen Ozean, und zwar vorrangig aus dem Verdunstungsareal des Bermuda-Azoren-Hochs, dessen Feuchtemengen nicht nur weit nach Sibirien hinein maßgebend sind, sondern auch nach Nord-, ja sogar Südamerika hinein wirksam sind. Das zweite, arealmäßig weit größere *indopazifische Wasserkreislaufsystem* umschließt den Indischen und Pazifischen Ozean mit dem Ostsaum Afrikas, Süd- und Ostasien, Insulinde, Australien und Ozeanien. In den beiden Amerika ist nur ein schmaler Küstensaum westwärts der Kordilleren diesem Kreislauf zugehörig.

Diese asymmetrischen Wasserdampftransporte bewirken im übrigen auch entsprechende Transporte latenter Wärme, die bei Kondensationsvorgängen in den z. T. sehr meerfernen Arealen der „Landhalbkugel“ frei wird. Auf diese Weise ist die stark ostwärts verschobene Lage des nordhemisphärischen Kältepols in NE-Sibirien und andererseits die Lage des nordkanadischen Kältezentrums unmittelbar östlich der Sperrgebirge der Kordilleren zu erklären.

Wir müssen also beim Wasserkreislauf ebenso wie beim Wärmeaustausch *zonale und meridionale Glieder* unterscheiden. Die letzteren hängen von der allgemeinen Zirkulation ab. Man kann sie quantitativ angenähert ermitteln, indem man die *Differenz zwischen Niederschlag (N) und Verdunstung (V)* je 10°-Streifen der Breite ausrechnet. Es ergibt sich dann für die ganze Erde folgendes durchschnittliche Bild in 1000 km³ (Tab. II.f) 12).

Tab. II.f) 12. Niederschlagsüberschuß (positive Zahlen) bzw. -defizit (negative Zahlen) nach Breitenzonen. (Nach Wüst, Gentilli u. a.)

Nordbreite	N–V (1000 km³)	Bilanz	Südbreite	N–V (1000 km³)	Bilanz
90 – 80°	+ 0,4	Niederschlagsüberschuß (= advektiver Gewinn an Kondensationswärme, Labilisierungseffekt)	90 – 80°	+ 1,0	Niederschlagsüberschuß (= adektiver Gewinn an Kondensationswärme, Labilisierungseffekt)
80 – 70°	+ 2,3		80 – 70°	+ 2,5	
70 – 60°	+ 5,0		70 – 60°	+ 3,6	
60 – 50°	+ 8,1		60 – 50°	+ 12,0	
50 – 40°	+ 10,1		50 – 40°	+ 10,7	
			40 – 30°	+ 0,1	
40 – 30°	− 7,1	Niederschlagsdefizit (= advektiver Wärmeverlust durch Verdunstung, Stabilisierungseffekt)			
30 – 20°	− 19,0				
20 – 10°	− 16,2				
10 – 0°	+ 19,3	Niederschlagsüberschuß (= advektiver und konvektiver Wärmegewinn durch Kondensation, Feuchtlabilität)	30 – 20°	− 16,5	Niederschlagsdefizit (= advektiver Wärmeverlust durch Verdunstung, Stabilisierungseffekt)
			20 – 10°	− 16,0	
			10 – 0°	− 0,2	

Die höheren Breiten der Nordhemisphäre (etwa ab 40°) haben demzufolge einen Niederschlagsüberschuß von zusammen 25 900 km³, die entsprechenden Südbreiten (hier schon ab 30°) einen solchen von 29 900 km³, zusammen also 55 800 km³, die aus den Verdunstungszentren der Subtropen stammen und damit zugleich einen entsprechenden durch die Verdunstung entzogenen und in höheren Breiten über die Kondensation (an Fronten) wieder freiwerdenden enormen Wärmetransport darstellen, ohne den die Ökumene nicht so weit polwärts vorgeschoben wäre. Hierbei spielt freilich auch der Wärmetransport durch Meeresströmungen, vor allem im nordatlantischen Bereich (Abb. II. b) 7), eine fördernde Rolle. Dadurch, daß der relativ schmale, aber hohe innertropische Niederschlags-Überschußgürtel (19 300 km³) nördlich des Äquators (0–10°N) bleibt und er seinen Feuchteüberschuß (einschl. der latenten Wärme) aus beiden benachbarten Subtropengürteln bezieht, ergibt sich die Tatsache, daß die Südhemisphäre einen Teil ihrer verdunsteten Feuchtemengen (und damit empfangenen Wärmekalorien) an die Nordhemisphäre abgibt (fast 3000 km^3). Allerdings spielt bei dem äquatorialen Regengürtel auch der innere konvektive Wärmeumsatz eine entscheidende Rolle, der für das Verständnis der innertropischen Feuchtlabilität notwendig ist, aber keinen meridionalen Austauschfaktor darstellt.

Die Regendefizite der Subtropengürtel sind auf 42300 km^3 (NHk) bzw. 32700 km^3 (SHk) zu schätzen. Das daraus ersichtliche Verdunstungsübergewicht der Nordhemisphäre ergibt sich aus dem Vorherrschen großer, stark aufgeheizter Landflächen. Demzufolge ist auch der nordhemisphärische Umsatz an Wasser (und Wärme) im ganzen größer. Die 42300 km^3 gehen zu etwa $^3/_5$ in die nördlichen Ektropen (25900 km^3) und zu $^2/_5$ in die äquatoriale Regenzone (16400 km^3); von den nur 32700 km^3 der Südsubtropen gehen dagegen volle $^9/_{10}$ in die südlichen Ektropen und nur $^1/_{10}$ in die äquatoriale Regenzone (2900 km^3). Der südhemisphärische Wasserkreislauf in meridionaler Richtung weist daher bemerkenswerte Asymmetrien zu der Nordhemisphäre auf; global werden diese Unterschiede aber natürlich ausgeglichen.

g) Der Luftdruck als separatives Klimaelement

1. Luftdruck; physikalische Natur, Definition und Messung

Die Masse der A. lastet unter dem Einfluß der Schwerkraft als Gewicht auf der Erdoberfläche oder mit einem entsprechenden Teilbetrag auf beliebigen Niveaus über ihr. Die A. übt auf ihre Unterlage und alle Luftvolumina einen bestimmten Druck (= Luftdruck) aus. *Luftdruck* ist also das auf die *Flächeneinheit von 1 cm^2 berechnete Gewicht einer Luftsäule,* die sich in vertikaler Richtung über der Fläche befindet. Ist die Fläche die Oberfläche einer Flüssigkeit oder die gedachte Obergrenze eines Luftvolumens, so wirkt der Druck nicht nur in Richtung der Schwerkraft nach unten, sondern wegen der Freibeweglichkeit der Moleküle als *„Flüssigkeits- oder Gasdruck“* allseitig. (An einem Gasballon kann man einen Druck, den man an beliebiger Stelle ausübt, an jeder anderen beliebigen Stelle des Ballons in gleicher Größe feststellen).

Als *Maß für den Luftdruck* verwendet man die *äquivalente Länge einer Quecksilbersäule (mmHg),* welche an der Meßstelle den gleichen Druck auf eine Unterlage ausübt wie die A., oder die daraus rechnerisch abgeleitete physikalische Maßeinheit *Millibar (= mb)* mit der Dimension

$$10^3 \frac{\text{dyn}}{\text{cm}^2} = 10^3 \frac{\text{Gramm} \cdot \text{cm}}{\text{sec}^2 \cdot \text{cm}^2}$$

Als Klimaelement spielt der Luftdruck im Gegensatz zu den meisten anderen Elementen keine nennenswerte direkte Rolle. Menschliches und tierisches Wohlbefinden sowie pflanzliches Wachstum oder physikalische Vorgänge an der Erdoberfläche hängen von ihm und seinen Schwankungen in der Größenordnung, wie sie am

Grunde der A. auftreten, nicht unmittelbar ab. In welchem Ausmaß der Verlauf bestimmter Krankheiten durch plötzliche Luftdruckschwankungen beeinflußt werden kann, ist eine noch durchaus offene, wenn auch vielfach bejahte Frage. Nur weiß man über die physiologischen Vorgänge noch zu wenig, da es nicht möglich ist, bei der Untersuchung des Einflusses wetterhafter Vorgänge auf den menschlichen Körper und seine Funktionen alle außer dem Luftdruck noch beteiligten Elemente zu eliminieren.

So unbedeutend also der Luftdruck in bioklimatischer Hinsicht als affizierendes Element ist, so entscheidend, ja beherrschend wird er als *Ursache und steuernder Faktor für zahlreiche Vorgänge in der A.* Vor allen Dingen sind die Luftdruckunterschiede die Ursache für alle horizontalen Luftbewegungen, und in der Vertikalen wird von der Luftdruckänderung in bewegten Luftvolumina die entscheidende thermodynamische Temperaturänderung hervorgerufen, die zur Wolkenbildung mit all ihren Konsequenzen oder umgekehrt zur Wolkenauflösung führt [s. adiabatische Zustandsänderung in Kap. II.e) 6.].

Standardinstrument der *Luftdruckmessung* ist das *Quecksilberbarometer* in Form des normierten sog. *Stationsbarometers.*

Es besteht im Prinzip aus einem ungefähr 1 m langen, an einer Seite zugeschmolzenen Glasrohr, das man mit Quecksilber (Hg) füllt und dann umgestülpt in ein kleines, offenes Gefäß eintaucht, das ebenfalls Hg enthält. Aus dem Rohr läuft dann so viel aus, bis die restliche Hg-Säule in dem Rohr den gleichen Druck auf das Quecksilber in der Wanne ausübt wie die A. neben dem Rohr. Steigt der Luftdruck, steigt die Oberfläche der Hg-Säule im Meßrohr, fällt er, fällt auch die Oberfläche („Das Barometer steigt oder fällt", pflegt man zu sagen). Die Länge der Hg-Säule ist also eine nach dem Waageprinzip zustandegekommene direkte Repräsentations- (Meß-) Größe für den Luftdruck. Das dabei praktisch angewandte Längenmaß ist das Millimeter. Da die Länge der Hg-Säule geringfügig von dessen Temperatur abhängt, muß an den Barometerständen eine *Temperaturkorrektion* angebracht werden, wenn das Hg eine andere Temperatur als 0°C aufweist (am Stationsbarometer befindet sich also auch ein Thermometer). Bei 760 mm beträgt die Reduktion 1,23 mm pro 10 Grad, negativ bei Temperaturen über, positiv bei Temperaturen unter 0°C. Da wegen der Breitenabhängigkeit der Schwerkraft gleiche Längen der Hg-Säule an den Polen einem höheren Druck als am Äquator entsprechen, ist eine *Schwerekorrektur* der Barometerstände auf Normalschwere bei 45° Breite notwendig. Bei 760 mm beträgt der Unterschied bis zum Pol bzw. zum Äquator minus bzw. plus 2 mm Hg. Temperatur- und Schwerekorrektur sind Tabellenwerken zu entnehmen.

Als *„Normaldruck"* wird derjenige einer Hg-Säule von *760 mm* bei 0°C in 45° Breite definiert (das sind im englischen Maßsystem 29,92 inch). Das Gewicht einer Hg-Säule mit einer Querschnittsfläche von 1 cm^2 beträgt bei Normaldruck $76 \cdot 13{,}6 \cdot 981 = 1\,013\,260$ Gramm (mit 13,6 als der Masse eines cm^3 Hg und 981 cm/sec^2 als Normalwert der Schwerebeschleunigung). Diese Säule übt auf die Unterlage einen Druck von 1 013 260 dyn/cm^2 aus. 10^3 dyn/cm^2 sind definitionsgemäß 1 mb. Also ist der Normaldruck von 760 mm bei 0°C und 45° Breite *1013 mb.* Bei 750 mm sind es fast genau 1000 mb. Als *Umrechnungsverhältnis* resultiert daraus: *3 mm Hg entsprechen 4 mb; 1 mm Hg*$\rightarrow {}^4/_3$ mb; 1 mb$\rightarrow {}^3/_4$ mm Hg.

Größe und Bau der Quecksilberbarometer machen offenkundig, daß ihre Anwendung in der Praxis auf ortsfeste, nicht störungsanfällige Meßumstände beschränkt ist. Für den Gebrauch im Gelände oder gar in der freien A. sind sog. *Aneroid- oder Metall-Barometer* entwickelt worden, bei denen die Elastizität von bestimmt geformten Metalldosen zur Messung des Luftdrucks benutzt wird.

Es sind entweder solche, die bis auf einen zur Temperaturkompensation notwendigen Rest luftleer gepumpt wurden (nach ihrem Erfinder Vidi-Dosen genannt) und die in mehrfacher Koppelung übereinander angeordnet werden können, oder gekrümmte Metallröhren (Bourdon-Rohr). Bei Luftdruckänderungen erleiden diese Metalldosen eine Deformation, die durch ein Hebelsystem auf einen Zeiger übertragen wird, der auf einer mit Stationsbarometern geeichten Skala die Druckänderung anzeigt. Trägheitsspannungen im Metall müssen durch vorherige Erschütterung (Klopfen am Barometergehäuse) ausgelöst werden. Die Stellkraft der Metallbarometer läßt sich vorzüglich benutzen, um den Luftdruck und seine Änderungen über ein Zeigersystem auf einer meist mit einem Wochenstreifen bespannten Uhrwerktrommel aufzeichnen zu lassen. Solche *Barographen* müssen in regelmäßigen Abständen mit dem Stationsbarometer verglichen und neu eingestellt werden. Feinschwankungen des Luftdruckes werden nach dem gleichen Prinzip, nur mit einer Vielzahl relativ großer Vidi-Dosen und mit größerer Hebelwirkung, auf sog. *Variographen* aufgezeichnet.

Eine etwas umständliche Meßmöglichkeit des Luftdruckes bietet das *Siedethermometer,* da der Siedepunkt des Wassers vom Luftdruck nach folgender Skala abhängt:

Tab. II.g) 1. Luftdruck und Siedepunkt des Wassers

mb	970	980	990	1000	1010	1020	1030	1040	1050
= mm Hg	727,5	735,0	742,5	750,0	757,5	765,0	772,5	780,0	787,5
Siedepunkt in °C	98,785	99,07	99,345	99,62	99,895	100,19	100,465	100,76	101,035

Das Siedethermometer wurde früher anstatt des schwer transportierbaren Hg-Barometers auf Reisen zur Luftdruck- und damit Höhenbestimmung verwendet. Heute nimmt man dazu Aneroid-Barometer, an denen außer der Luftdruckeinteilung auf einer verstellbaren Skala Höhenwerte angegeben sind, die nach der barometrischen Höhenformel für die einzelnen Druckintervalle und normierte Temperaturbedingungen berechnet wurden. Solche „*Hypsometer*“ zeigen wie die Siedethermometer außer der Luftdruckänderung als Folge des Auf- bzw. Absteigens gleichzeitig auch diejenigen an, die durch den Wetterablauf bedingt sind. Es bedarf also des Extrapolationsvergleichs mit gleichzeitigen Druckmessungen an festen Stationen, um die atmosphärisch bedingten Druckänderungen eliminieren zu können.

2. Barometrische Höhenformel; absolute und relative Topographie

Ableitung der Barometrischen Höhenformel. Die *Luftdruckabnahme mit der Höhe* läßt sich mit Hilfe der barometrischen Höhenformel berechnen. Ausgangsgleichung ist die *hydrostatische Grundgleichung* $-\mathrm{dp} = \varrho \cdot g \cdot \mathrm{dh}$, welche die leicht einzusehende Tatsache festhält, daß in einer Säule von 1 cm^2 Querschnitt eine (kleine) Druckabnahme $-\mathrm{dp}$ zwischen zwei Höhenniveaus dem Produkt aus der Höhendifferenz dh und dem mittleren Gewicht der zwischen den Niveaus liegenden Kubikzentimetern Luft entspricht. Das mittlere Gewicht seinerseits ist das Produkt aus mittlerer Luftdichte ϱ und Schwerebeschleunigung g.

Die Schwerebeschleunigung kann man an einem Ort in der Vertikalrichtung erst einmal als invariant annehmen. Die Luftdichte aber ist abhängig von der Temperatur und vom Druck, welche in dem gewählten Ausschnitt aus der Luftsäule herrschen. Nimmt man als Gedankenexperiment drei verschiedene Säulen mit Normaldruck

(760 mm) am Boden und verschiedenen Temperaturen von 0°, + 10° und + 20°C, so beträgt die Höhendifferenz, auf der ein Druckabfall um 1 mm eintritt (d.i. die *„barometrische Höhenstufe“)*, 10,5 m in der ersten, 10,92 m in der zweiten und 11,34 m in der dritten Säule. *Der Luftdruck nimmt bei gleichem Ausgangsdruck am Boden also um so schneller mit der Höhe ab, je niedriger die Temperatur der Luft ist.* Wenn man in einem zweiten Gedankenexperiment eine Säule von konstanter Temperatur (von 0°C z.B.) in verschiedene Druckniveaus bringt, so ändert sich ebenfalls die barometrische Höhenstufe. Sie wird mit abnehmendem Druck rasch größer. „Die Luft wird dünner“, pflegt man für größere Höhen im Gebirge oder bei Flugreisen festzustellen. Damit sinkt auch die Sauerstoffmenge pro Volumen eingeatmeter Luft, was bei Unterschreiten bestimmter physiologisch notwendiger Grenzwerte zur *Höhen- oder Bergkrankheit* führen kann. Bis zu gewissen Grenzen kann sich der Körper durch Vermehrung der roten Blutkörper an dünnere Luft adaptieren.

Die Tab. II.g) 2 gibt für verschiedene Höhen und bei drei verschiedenen Ausgangstemperaturen am Meeresspiegel die *Werte der barometrischen Höhenstufe* an.

Tab. II.g) 2. Höhenveränderung in m auf einen mm bzw. ein mb Druckabnahme bei drei verschiedenen Ausgangstemperaturen am Meeresspiegel

Seehöhe in m	Höhenänderung bei 0° in NN pro		Höhenänderung bei + 10° in NN pro		Höhenänderung bei + 20° in NN pro	
	1mm,	1 mb	1 mm,	1 mb	1 mm,	1 mb
0	10,5	7,95	10,92	8,27	11,34	8,59
500	11,1	8,33	11,54	8,66	11,99	9,00
1000	11,8	8,85	12,27	9,20	12,74	9,56
1500	12,5	9,39	12,90	9,77	13,50	10,14
2000	13,4	10,05	13,94	10,45	14,47	10,85
2500	14,2	10,65	14,77	11,08	15,34	11,50
3000	15,1	11,33	15,70	11,77	16,31	12,24
3500	16,1	12,08	16,74	12,56	17,39	13,05
4000	17,2	12,90	17,88	13,42	18,58	13,93
5000	19,6	14,70	20,38	15,29	21,17	15,88
6000	22,5	16,88	23,40	17,55	24,38	18,23

Die sogenannte technische Atmosphäre beträgt nur 1000 g pro cm^2 oder 735,51 mm Quecksilbersäule.

In allgemeiner Form wird der Einfluß von Druck und Temperatur auf die Luftdichte durch die sog. Gasgleichung (Boyle-Mariotte-Gay-Lussacsches Gesetz) beschrieben. Sie lautet:

$$\varrho = \frac{p}{R \cdot T} - 80h$$

und besagt, daß die Dichte der Luft dem Quotienten aus Druck p und absoluter Temperatur T, multipliziert mit einer Materialkonstante, der speziellen Gaskonstante für Luft R, entspricht.

Wenn man in die hydrostatische Grundgleichung ϱ nach der genannten Formel einsetzt, so lautet sie

$$-dp = \frac{p}{R \cdot T} \cdot g \cdot dh.$$

Das ist die Differentialform der *barometrischen Höhenformel.* Integriert lautet sie für die Strecke H zwischen den Luftdrucken p_1 und p_2 und die Mitteltemperatur m der Luftsäule zwischen den beiden Druckniveaus

$$H = \frac{R \cdot T_m}{g} \cdot \ln \frac{p_2}{p_1}$$

Für praktische Zwecke und zur besseren Durchsicht kann man diese Formel folgendermaßen aufbereiten: Anstelle des natürlichen Logarithmus ln setzt man den dekadischen $\ln x = M \cdot \log x$; die absolute Temperatur T_m wird zu 273 + tm umgeformt, tm durch das arithmetische Mittel der Temperaturen t_1 und t_2 an den beiden Enden der Luftsäule errechnet und die Konstanten R, g, M und 273 werden durch Multiplikation zu einer einzigen Konstanten zusammengezogen. Dann ergibt sich als barometrische Höhenformel

$$H[\text{in m}] = 18400 \cdot \log \frac{p_2}{p_1} \left(1 + 0{,}004 \frac{t_1 + t_2}{2}\right)$$

In dieser Form dürfte die barometrische Höhenformel jedem zugänglich und von jedermann anwendbar sein. Sie besagt: die Höhe H einer Luftsäule (in m) zwischen zwei Luftdrucken p_2 und p_1 ist gleich der Länge der Luftsäule bei 0 °C $H_o = 18400 \cdot \log p_2/p_1$, korrigiert um 4/1000 dieser Länge für jedes Grad, um das das arithmetische Mittel der wirklichen Temperaturen am oberen und unteren Ende der Luftsäule von 0 °C abweicht. Für die Berechnung der Höhe bei 0°C wird für p_2 der niedrigere Luftdruck im höheren Niveau, für p_1 der höhere im tieferen Niveau eingesetzt, wobei zu beachten ist, daß der Logarithmus eines Bruches wie p_2/p_1 ausgerechnet wird als die Differenz der Logarithmen der beiden absoluten Zahlen p_2 und p_1; also $\log p_2/p_1 = \log p_2 - \log p_1$.

Die Logarithmen ergeben sich aus einer entsprechenden Logarithmentafel. Die Korrektur um 4/1000 für jedes Grad Abweichung der Mitteltemperatur von 0° ergibt sich aus dem physikalischen Gesetz, daß sich ein Gas bei konstantem Druck um $1/273 \approx 4/1000 = 0{,}004$ seines Volumens bei 0°C verändert. Für kleine Höhenintervalle kann man die *barometrische Höhenformel* auch *in etwas vereinfachter Form ohne Logarithmen* benutzen. Sie lautet dann:

$$H_t[\text{in m}] = 16000 \cdot \frac{p_2 - p_1}{p_2 + p_1} \left(1 + 0{,}004 \cdot \frac{t_1 + t_2}{2}\right).$$

Die Einsicht in die physikalische Aussage der barometrischen Höhenformel ist deshalb so wichtig, weil mit ihr die Einsicht in eine von zwei entscheidenden Vorgängen für die Entstehung von Luftdruckunterschieden verbunden ist, die ihrerseits wieder die Ursache für alle Bewegungen und ihre dynamischen Konsequenzen in der A. sind.

Die Topographien. In der folgenden Tabelle sind für zwei Orte für die Hauptdruckniveaus zwischen 1000 und 500 mb gemessene Temperaturen t sowie die errechneten Mitteltemperaturen t_m, Höhenabstände Δ h und Gesamthöhendifferenz H zwischen 1000 und 500 mb eingetragen.

1. Ort	1000 mb		900		800		700		600		500 mb
t	20°		16°		10°		4°		−2°		−10°C
tm		18°		13°		7°		1°		−6°C	
Δh		899		991		1096		1233		1427 m	

H als Höhenabstand der Druckniveaus 1000 und 500 mb = Summe Δ h = 5646 m

2. Ort	1000 mb		900		800		700		600		500 mb
t	12°		8°		4°		−2°		−10°		−18°C
t_m		10°		6°		1°		−6°		−14°C	
Δh		856		943		1050		1181		1355	

H = Summe Δ h = 5385 m

Es ist zweckmäßig, wenn man zum besseren Verständnis die entsprechenden Berechnungen anhand der oben angegebenen Formel einmal selbst vornimmt. Man hat dann nämlich für zwei Stationen im wesentlichen jene Rechnung nachvollzogen, welche mit den Daten vieler Radiosondenaufstiege zur Konstruktion der in der modernen Meteorologie und dynamischen Klimatologie so überaus wichtigen *Höhenluftdruckkarten* der *„absoluten Topographien“* bestimmter Druckniveaus, regelmäßig durchgeführt werden müssen. Sie liegen der täglichen Wettervorhersage ebenso zu Grunde wie vielen Ableitungen der allgemeinen Zirkulation, welche in den Kap. III und IV noch näher zu behandeln sind.

Aus den o.a. Werten für die beiden Orte ersieht man außer der Tatsache, daß die Höhendifferenz zwischen zwei Hauptdruckniveaus mit wachsender Höhe rasch größer wird, vor allen Dingen, daß über dem Ort mit der relativ wärmeren A. die Höhenabstände für gleiche Druckniveaus sowie der Gesamtabstand zwischen dem 500 mb- und 1000 mb-Niveau bedeutend größer sind. Nimmt man an, daß an beiden Orten 1000 mb in Meeresniveau gemessen wurden, so liegt in der wärmeren A. bei einer Differenz der Mitteltemperatur von durchschnittlich 8° das 500 mb-Niveau um rund 260 m höher als über dem Ort mit der kalten A. Denkt man sich über einer Region, einem Land, einem Kontinent oder über der ganzen Erde die Rechnung für viele Orte durchgeführt, für die entsprechende Radiosondenaufstiege zur Verfügung stehen, so erhält man eine Karte mit der räumlichen Verteilung der Höhenangabe für das 500 mb-Druckniveau. In dieser kann man gleiche Werte nach Art der Isohypsenkarten verbinden und erhält so eine Isohypsendarstellung der 500 mb-Fläche. Ergebnis: *Absolute Topographien bestimmter Druckniveaus* (z.B. „Abs. Topographie 500 mb“) *sind Isohypsendarstellungen der Höhenlage bestimmter Flächen gleichen Druckes über dem Meeresspiegel.* Die seltener gebrauchten *relativen Topographien* (z.B. „Rel. Topographie 500/1000 mb“) *sind Isophypsendarstellungen des Höhenabstandes zwischen zwei Hauptisobarenflächen* (z.B. 500- und 1000 mb).

In der Praxis werden die Höhenwerte beider Topographien nicht in metrischen Metern (m), sondern in *geodynamischen Dekametern* (gdm) angegeben. Ein

$$\text{gdm} = 1\ \text{m} \cdot \frac{9{,}81\ \text{m}}{\text{sec}^2} = 9{,}81\ \frac{\text{m}^2}{\text{sec}^2}$$

Die Umrechnung erfolgt so, daß man von der Höhenangabe in m zunächst 2% abzieht und dann die letzte Stelle auf- bzw. abrundet und wegläßt (Beispiel: 5646 m sind 5646 − 113 = 5533 gdm).

Die *absoluten Topographien* sind als Isohypsendarstellungen jeweils einer Hauptisobarenfläche aber auch direkte *Darstellungen der Luftdruckverteilung in der Höhe.* Denkt man sich nämlich beispielsweise die 5000-m-Niveaufläche als Bezugsfläche für die abs. Top. 500 mb, so herrscht an den Stellen, wo die Topographie niedrige Werte (womöglich sogar unter 500 gdm) angibt, in 5000 m relativ tiefer Druck. Wo die 500-mb-Fläche weit über 5000 m hinausreicht, muß der Luftdruck in der Bezugsfläche relativ hoch sein. Die Linien stärksten Gefälles, gemessen also senkrecht zu den Isohypsen, geben auf absoluten Topographien die Richtung des stärksten horizontalen Luftdruckgefälles in der Höhe an. Auf gleiche Strecken bezogen (entweder 1 Breitengrad = 111 km oder neuerdings auf 100 km), stellen sie den horizontalen *Luftdruckgradienten* in der Höhe dar, der seinerseits die *Antriebskraft für die Höhenwinde* ist [s. Kap. II.h) 1.].

Thermische Entstehung von Hoch- und Tiefdruckgebieten. Aus den bisherigen Ableitungen kann man zunächst einmal folgende wichtige *klimatologische Regel* festhalten: Wenn in einem Teil der A., in dem am Boden relativ geringe Druck- und Temperaturunterschiede vorhanden sind, in einem begrenzten Bereich von der Unterlage her eine intensive Erwärmung stattfindet, so wird dadurch *über dem Bereich der Erwärmung* eine Aufwölbung der Flächen gleichen Luftdruckes verursacht, in den höheren Luftschichten *ein Höhenhoch* ausgebildet. *Bei* entsprechend intensiver *Abkühlung* resultiert ein *Höhentief.* Umfang, Intensität sowie die vertikale Erstrekkung von Höhenhoch bzw. -tief werden bestimmt von der regionalen Ausdehnung und der Intensität der Erwärmung bzw. Abkühlung.

Eine erste entscheidend wichtige klimatologische *Folge* dieser Regel ist die Tatsache, daß in der Höhe *über den Polarkalotten* im klimatologischen Mittel ein *circumpolares Tiefdruckgebiet („Polarzyklone")* ausgebildet ist, während in den mittleren und hohen Schichten der wärmeren *tropischen A. ein relativer Hochdruckgürtel* ausgebildet ist (s. Abb. II.g) 1,2).

Neben dem planetarischen ergibt sich zweitens ein tellurischer Effekt als Folge der unterschiedlichen Erwärmung von Land und Wasser unter intensiven Strahlungsbedingungen, wie es vorwiegend in den Tropen sowie im Sommer der Subtropen und hohen Mittelbreiten vorkommt. *Über dem Land* bilden sich *bei dominierender Einstrahlung in der Höhe relative Hochdruckgebiete* aus.

Und die dritte Folge ist, daß *über den* hochgelegenen Heizflächen der *großen Massenerhebungen am Rande der Tropen* (Zentralasien, Zentralanden Südamerikas) in der mittleren A. *relativ hoher Druck* im Vergleich zu den umgebenden Gebieten ausgebildet wird.

Von den Hochdruckgebieten aus besteht je nach der Stärke des hohen Druckes ein mehr oder weniger großes Luftdruckgefälle zu den umgebenden Bereichen tiefen Druckes. Dieses ist vom Zentrum des hohen Druckes divergent nach außen gerichtet. Es leitet eine horizontale Luftbewegung ein [s. Kap. II.h) 1.], welche im Anfangsstadium ebenfalls divergent nach außen gerichtet ist. Es erfolgt also eine Abfuhr von Luftmassen aus dem Höhenhoch. Das bedeutet in dem betreffenden Atmosphärenstockwerk Massenverlust im Bereich des Höhenhochs, der sich in den

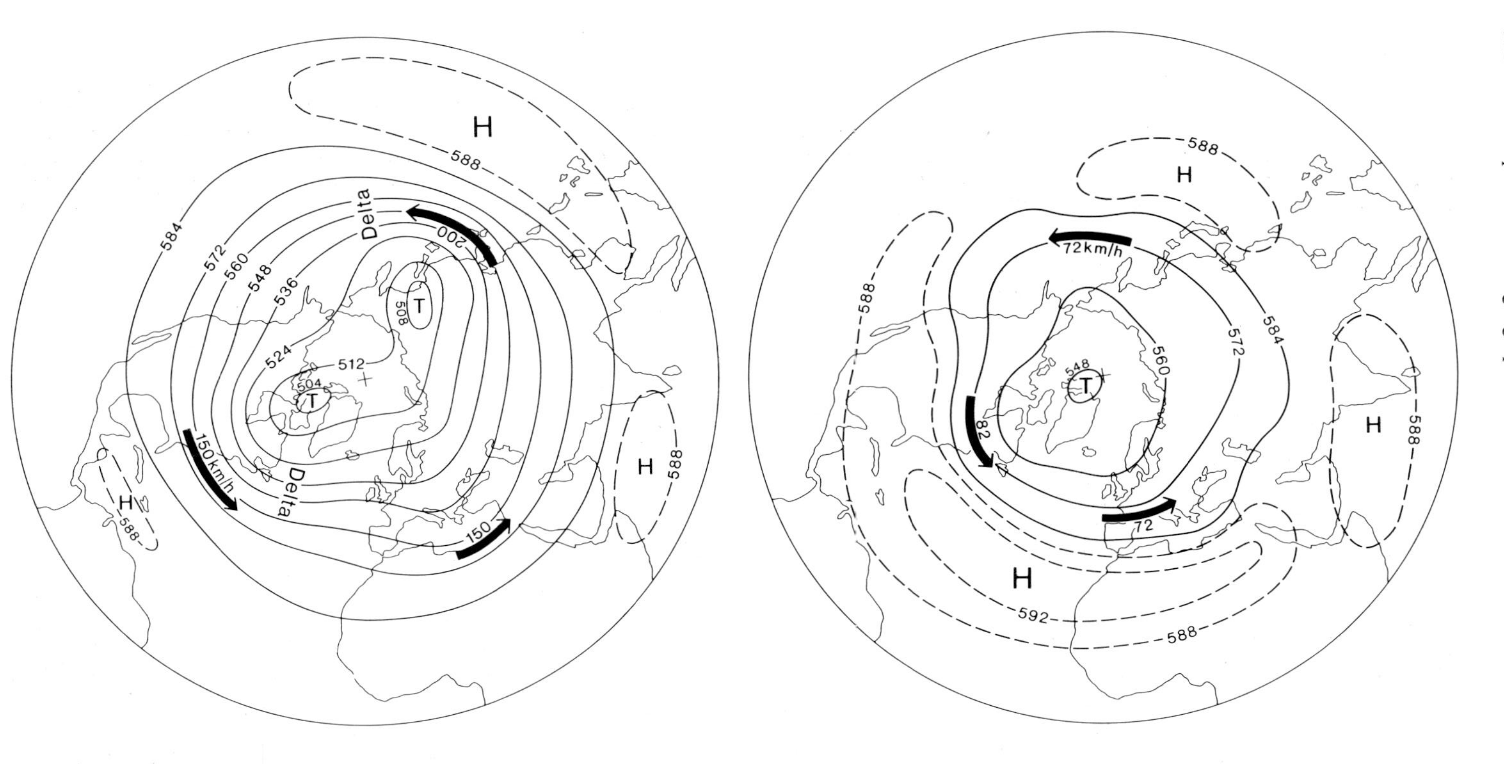

Abb. II.g) 1. Mittlere absolute Topographie der 500 mb-Fläche für die Nordhalbkugel im Januar (vereinfacht nach Scherhag, 1969) und die Lage ausgeprägter Höhenstrahlströme (nach Estienne et Godard, 1970). Erläuterung s. Text in den Kap. II. h) 3. und IV. a)

Abb. II.g) 2. Mittlere absolute Topographie der 500 mb-Fläche für die Nordhalbkugel im Juli (vereinfacht nach Scherhag, 1969) und die Lage ausgeprägter Höhenstrahlströme (nach Estienne et Godard, 1970). Erläuterung s. Text in den Kap. II. h) 3. und IV. a)

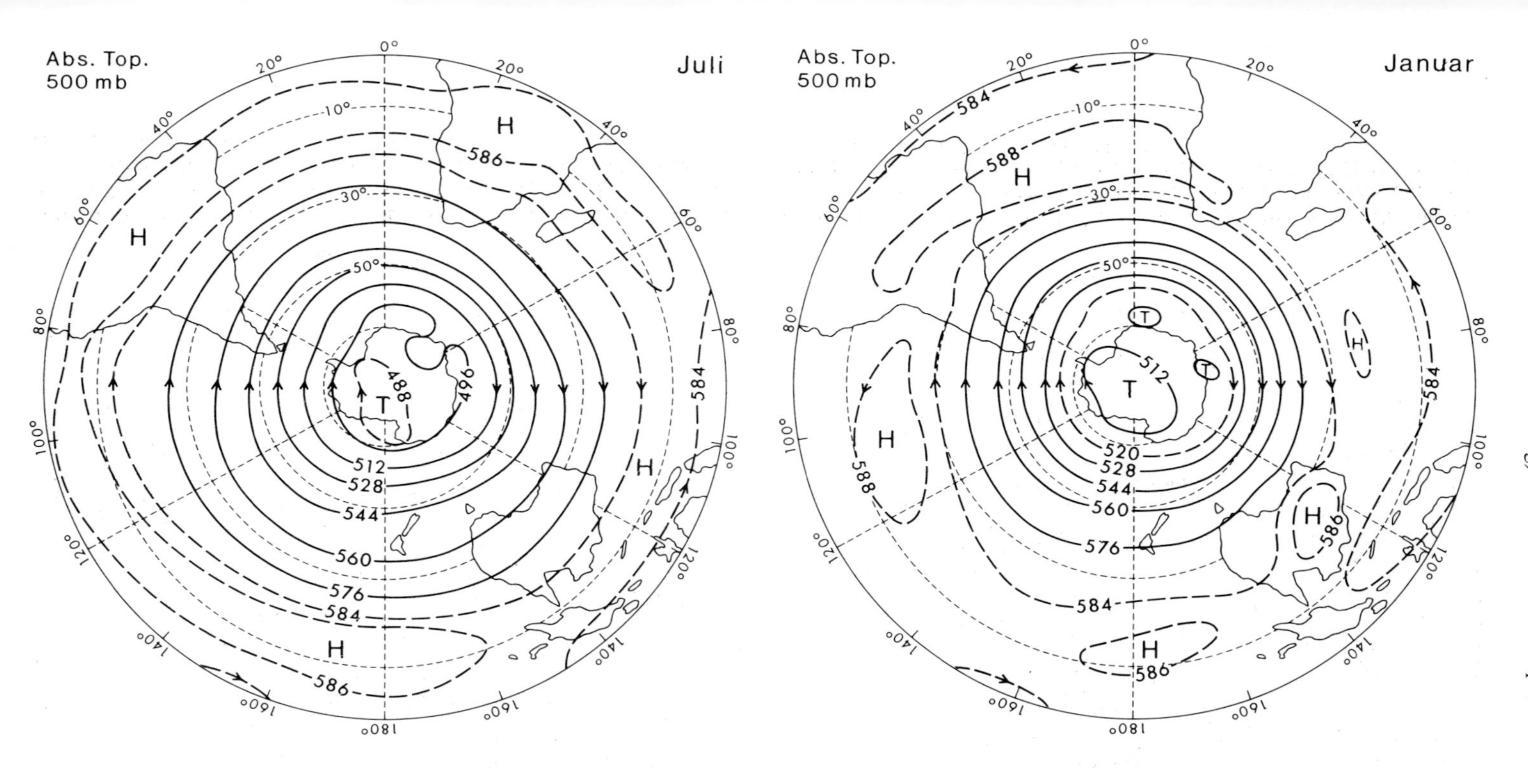

Abb. II.g) 3. Mittlere Höhendruckverteilung über der S-Halbkugel im Südwinter (Juli), dargestellt in der Form der mittleren absoluten Topgraphie der 500 mb-Druckniveaufläche. (Die Zahlenangaben sind geodyn. Dekameter. Vereinfacht nach Taljaard et al., 1969). Das Höhenhoch liegt über den Randtropen, die tiefe Polarzyklone weist eine schwache Asymmetrie auf.

Abb. II.g) 4. Wie Abb. II.g) 3, nur für den Sommermonat Januar. Wichtig sind die Lage des Höhenhochs über den Subtropen, der im Vergleich zur Nordhalbkugel tiefe Druck der Polarzyklone und die Konzentration des starken Luftdruckgefälles auf die Mittelbreiten

Stockwerken darunter, besonders am Boden, als Luftdruckfall auswirken muß. *In Gebieten starker Erwärmung* von der Unterlage her muß also im Zuge der Weiterentwicklung der barischen Felder in der Höhe *unter dem Höhenhoch* ein Tiefdruckgebiet am Boden entstehen. Dieses wird entsprechend seiner Ursache als *„thermisches Tief"* (*„Hitzetief"*) bezeichnet.

Bei Höhentiefdruckgebieten verläuft der Prozeß genau umgekehrt. In ihnen wird ein konvergierendes Strömungssystem ausgebildet, welches zu einem Luftmassenzuwachs in den entsprechenden Schichten der A. führt, der seinerseits wieder zu einem Luftdruckanstieg in den tieferen Schichten führt. *In relativ kalter A.* entsteht also unter dem Höhentief *am Boden ein „Kaltlufthoch"*.

Das Gesamtergebnis ist also, daß *in den Gebieten starker Erwärmung nach dem Höhenhoch als Folge divergierender Höhenströmung ein Bodentief ausgebildet wird. Im Bereich starker Abkühlung entsteht nach einem Tief in der Höhe als Folge konvergierender Höhenströmung ein Hochdruckgebiet am Boden.* Beide thermischen Druckgebilde werden als *Ferrelsche Druckgebilde* bezeichnet.

3. Luftdruckgürtel und ihre tellurische Aufgliederung

Die mittlere Verteilung des Luftdrucks auf der Erde und deren jahreszeitliche Veränderung sind zusammen mit den kurzfristigen unperiodischen Schwankungen die wichtigsten Grundlagen für die Ableitung der allgemeinen Zirkulation der A., die im Kap. IV ausführlich zu behandeln sein wird. Da diese Zirkulation dreidimensional verläuft und aus horizontalen wie vertikalen Zirkulationsästen besteht, und da – wie vorauf bereits aufgezeigt – z. T. gegenläufige Interaktionen zwischen den Luftdruckverhältnissen in höheren und tieferen Schichten der A. bestehen, ist die Kenntnis der o.g. Charakteristika einerseits für das Höhen- und andererseits für das Bodenluftdruckfeld notwendig.

Das *Höhenluftdruckfeld* ist für die mittlere Troposphäre (zwischen 4500 und 6000 m NN) der Nord- und Südhalbkugel in Form der mittleren absoluten Topographien der 500 mb-Fläche für Januar und Juli in den Abb. II.g) 1–4 dargestellt (nach Scherhag, 1969 für die Nord- bzw. für die Südhalbkugel). Sowohl im Winter wie im Sommer besteht in der Höhe ein weltweites Druckgefälle zwischen einem *Höhenhochdruckring* mit Kern *über den äußeren Tropen* nahe dem Wendekreis (im Winter) bzw. über den Subtropen (im Sommer) und einem zentralen Höhentief mit Kern über der Polarkalotte, der *„planetarischen Polarzyklone"*. Beide Drucksysteme sind *permanente Erscheinungen,* die lediglich periodischen und aperiodischen Veränderungen der Form, der Lage und der Intensität unterliegen, aber als Aktionszentren immer erhalten bleiben.

Im Winter ist das Höhenhoch etwas schwächer und liegt weiter äquatorwärts als im Sommer, das Höhentief ist dagegen wesentlich kräftiger, so daß im ganzen im Winter ein erheblich größerer Druckgegensatz zwischen den niederen Breiten und dem Polartief besteht. Das *Hauptluftdruckgefälle* ist ganzjährig *auf die Mittelbreiten* zwischen 40 und 60° *konzentriert.*

Auf der Nordhalbkugel ist die *Polarzyklone* – besonders deutlich im Winter, schwächer aber auch im Sommer – *asymmetrisch.* Sie weist über den Ostseiten Nordamerikas und Eurasiens bemerkenswerte Ausstülpungen, sog. Tiefdrucktröge, äquatorwärts auf, während vor der Westseite der genannten Kontinente (schwächere) Eindellungen vorhanden sind, die als sog. Hochdruckkeile vom subtropisch-randtropischen Höhenhoch ausgehen.

Auf der Südhalbkugel sind die Bedingungen im Prinzip die gleichen, doch gibt es wichtige Unterschiede gradueller Art. Schwerdtfeger (1970, Fig. 19 u. 20) gibt in den entsprechenden Karten für den Winter (Juli) im Kern der südhemisphärischen Zentralzyklone über dem Roß-Schelfeis 484 gdm, im Sommer (Jan.) 508 gdm an. Der Trichter der *südhemisphärischen Polarzyklone* ist also *wesentlich tiefer* als der der nordhemisphärischen. Er ist auch steiler, da der Höhenhochdruckring auf der Südhalbkugel ungefähr die gleiche Stärke und Breitenlage aufweist wie auf der Nordhalbkugel. Zwischen den beiden Hochdruckgürteln beider Halbkugeln befindet sich über der Äquatorregion ein schwaches relatives Höhentief.

Die *Ursache aller Verteilungscharakteristika* des Höhenluftdruckfeldes werden mit Scherhag (1969) von den meisten Autoren als Folge der mittleren thermischen Bedingungen in der unteren Troposphäre angesehen. Der Gegensatz von subtropisch-randtropischen Höhenhochdruckgürteln und planetarischen Polarzyklonen, die stärkere Polarzyklone über der eisbedeckten Antarktis und die Zunahme des Druckgegensatzes auf beiden Halbkugeln vom Sommer zum Winter sind die Konsequenz der *Unterschiede in der Strahlungsenergiebilanz* zwischen den randtropisch-subtropischen Breiten und den Polargebieten im Jahresgang [s. Kap. II.b) 7.] und deren Folgen für die thermischen Bedingungen in der tropischen und polaren A. Die Konzentration des Druckgefälles auf die Mittelbreiten spiegelt die Konzentration des thermischen Gegensatzes zwischen tropischer Warm- und arktischer Kaltluft in der „planetarischen Frontalzone" wider [s. Kap. II.c)5.]. Die Asymmetrie der nordhemisphärischen Polarzyklone mit den Tiefdrucktrögen über den Osträndern der Kontinente ist Folge davon, daß in diesen Gebieten besonders häufig Ausbrüche kalter Arktisluftmassen äquatorwärts stattfinden. Daß dies gerade über den Ostteilen der Kontinente der Fall ist, wird von einigen Autoren als Konsequenz einer reibungsbedingten Welle in der planetarischen Westdrift angesehen, angeregt durch den Gegensatz von Wasser und gebirgsbesetzter Landunterlage [anchoring effect s. Kap. IV.a) 2.].

Das *Bodenluftdruckfeld* ist auch im langjährigen Mittel wesentlich stärker aufgeteilt und unterliegt im Jahresgang wesentlich größeren Veränderungen des Verteilungsbildes als das in der Höhe. Die Abb. IV.a) 4 und IV.a) 5 geben die Mittelwertdarstellungen für die Monate Januar und Juli über die ganze Erde, und in der folgenden Abb. II.g) 5 sind die Breitenkreismittel im Meridionalprofil über N- und S-Halbkugel in einer Höhe von 250 geodyn. Metern über dem Meeresspiegel für die gleichen Monate aufgetragen. Aus dem die Druckverhältnisse über ganze Breitenringe zusammenfassenden *Meridionalprofil des Luftdruckes* läßt sich folgendes ablesen: Über beiden Hemisphären wird die Gliederung des Bodenluftdruckfeldes beherrscht vom Gegensatz zwischen dem – bereits 1836 von A. v. Humboldt als solchem erkannten – *subtropisch-randtropischen Hochdruckgürtel* (S-R H) und der *subpolaren Tiefdruckzone* (SPT), die flankiert sind von einer relativen *Tiefdruckfurche in der Nähe des Äquators* (ÄT) einerseits und einem relativen *Hoch über den Polargebieten* (PH) andererseits.

Diese Luftdruckgürtel unterliegen einer *jahreszeitlichen Veränderung* nach Stärke

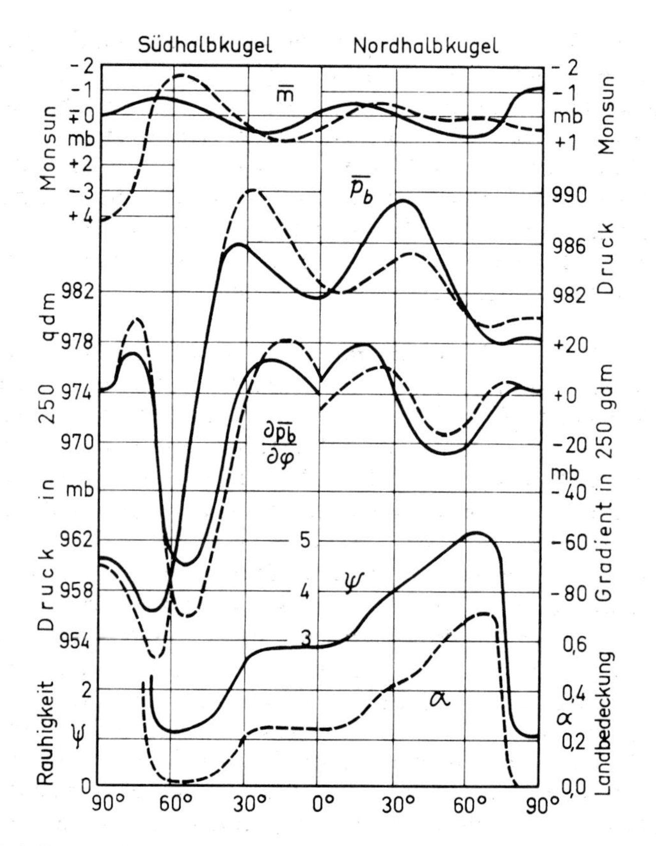

Abb. II. g) 5. Meridionalprofil der Breitenmittelwerte des Luftdrucks ($\bar{p}$b) und des meridionalen Luftdruckgradienten ($\frac{\delta \bar{p}_b}{\delta_\varphi}$) im Januar (ausgezogen) und Juli (gestrichelt). (Nach Assur, 1949, aus Raethjen, 1953). Die Werte beziehen sich auf das Niveau von rund 250 m über NN

und Lage. *Im Winter* der jeweiligen Halbkugel sind sowohl *das S-R H* als auch *das SPT stärker* ausgebildet. Bei ganzjährig fast gleichem Druck in der ÄT ist wegen der Verstärkung des S-R H das Druckgefälle zwischen S-R H und ÄT im Winter ungefähr doppelt so groß wie im Sommer. ÄT und S-R H verlagern sich im Jahresverlauf etwas mit dem Sonnenstand. Im Sommer der jeweiligen Halbkugel liegt die Achse des betreffenden S-R Hs weiter polwärts (zwischen 30 und 40°), im Winter weiter äquatorwärts (ungefähr bei 30°). Trotz dieser Verlagerung wird wegen der Intensitätsschwankung des S-R Hs und des SPT *im Winter* der jeweiligen Halbkugel das *planetarische Druckgefälle* im Bereich der Mittelbreiten wesentlich *verstärkt.* Und endlich besteht zwischen der Nord- und Südhalbkugel ein erheblicher Unterschied dergestalt, daß bei ungefähr gleichem Luftdruck in den jeweiligen S-R Hs das südhemisphärische SPT erheblich stärker ausgebildet ist als das nordhemisphärische. Der Druckunterschied zwischen S-R H und SPT ist auf der Südhalbkugel im Winter 3,5 mal, im Sommer ca. 6 mal größer als auf der Nordhemisphäre.

Als *Ursache* für die Verstärkung des subtropisch-randtropischen Hochdruck- und subpolaren Tiefdruckgürtels im Winter sowie für die jahresperiodische meridionale

Verlagerung des ersteren kann man den jahreszeitlichen Wechsel im Energiehaushalt der verschiedenen Breitenzonen ableiten. Die Asymmetrie des Luftdruckfeldes auf beiden Halbkugeln, im wesentlichen also die stärkere Ausbildung des subpolaren Tiefs, ergibt sich z.T. auch als Wirkung der entsprechenden Asymmetrie der Strahlungsbilanz und der thermischen Bedingungen zwischen der Landhalbkugel mit arktischem Ozeanbecken einerseits und der Wasserhalbkugel mit antarktischem Eiskontinent andererseits. Eine zweite Ursache folgt aber noch aus der genaueren Betrachtung der zonalen Differenzierung innerhalb der einzelnen Gürtel als Folge der geographischen Verteilung von Ozeanen und Kontinenten auf der Nord- bzw. Südhalbkugel.

Der *Einfluß der Land-Wasser-Verteilung auf die idealisierten Luftdruckgürtel* ist den Abb. IV.a) 4 und IV.a) 5 zu entnehmen. Ganz allgemein sind die entscheidenden *Luftdruckgürtel,* S-R H und SPT, *in einzelne Zellen* (Antizyklonen bzw. Zyklonen) *aufgegliedert,* die jeweils von Gebieten relativ tiefen bzw. relativ hohen Luftdruckes unterbrochen sind. Besonders deutlich ist das auf der Nord-(Land-)Halbkugel.

Im Sommer sind über dem subtropischen Pazifik und Atlantik zwei deutliche Antizyklonen, das nordpazifische- und das Azorenhoch, ausgebildet, während *auf den* dazwischen gelegenen *Kontinenten* ein kleineres Tief über Nordamerika (Arizonatief) und ein sehr umfangreiches über den Sub- und Randtropen Asiens liegt. Beides sind *Ferrelsche Hitzetiefs,* deren Begründung im Prinzip bereits angesprochen ist. Da zu dieser Jahreszeit die maximale Energieeinnahme an der Erdoberfläche im Breitengürtel um 30° N liegt und da dieser Gürtel im zentralen Eurasien fast vollständig über Landmassen verläuft, findet hier die relativ stärkste Anheizung der A. vom Boden her statt. Folge davon ist das umfangreiche kontinentale Hitzetief, dessen Kern im Bereich zwischen Persischem Golf und Indusebene liegt. Im Zusammenhang mit den noch darzustellenden Strömungssystemen *über Südasien* wird es meist als *„Monsuntief"* bezeichnet. Es kann bis in die mittlere Troposphäre (5 bis 6 km Höhe) hinaufreichen.

Im Winter (Januarsituation in Abb. IV.a) 4) sind die Antizyklonen über dem Nordpazifik und Nordatlantik etwas schwächer ausgebildet und um einige Breitengrade äquatorwärts verlagert. Gleichzeitig ist über dem östlichen Eurasien ein umfangreiches kräftiges Bodenhoch ausgebildet. Sein Kern liegt im Bereich stärkster Abkühlung im Innern des schneebedeckten Ostsibirien, seine Ausläufer reichen bis nach Vorderasien. Es ist ein thermisch bedingtes Ferrelsches Kältehoch, das als *„kontinentales oder sibirisches Kältehoch"* bezeichnet wird. Im Vergleich zum sommerlichen Pendant, dem Monsuntief, bleibt es im allgemeinen flacher und wird schon oberhalb 2–3 km von einem Höhentief abgelöst. In prinzipiell gleicher Weise, jedoch wegen der geringeren Ausdehnung der Landmasse in schwächerer Form, wird über dem Nordamerikanischen Kontinent ein Kältehoch ausgebildet, das am häufigsten über der westlichen kanadischen Prärie liegt („Nordamerikanische Antizyklone" oder „Canada-Hoch"). Die subpolare Tiefdruckfurche ist auf der Nordhemisphäre mit ausgeprägten Aktionszentren über dem winterlichen Nordatlantik („Islandtief") und Nordpazifik („Aleutentief") vertreten. Über den Kontinenten werden sie abgelöst von den nördlichen Ausläufern des sibirischen Kältehochs.

Auf der Südhalbkugel reicht selbst Südamerika nur mit einem schmalen Landkeil über die Subtropen weiter polwärts hinaus, so daß für die Ausbildung eines winterlichen kontinentalen Kältehochs keine Möglichkeit besteht und das Subpolartief tatsächlich als durchgehende breitenparallele Luftdruckfurche ausgebildet ist. Das muß sich natürlich zusätzlich zu den im Zusammenhang mit der Besprechung des Meridionalprofils bereits angeführten Unterschieden der Strahlungsbilanz in wesentlich tieferen Breitenkreismitteln auswirken. Im Südsommer ist der subtropisch-randtropische Hochdruckgürtel von *Hitzetiefs über* dem Inneren *Südamerikas, Südafrikas* und *Nordaustraliens* unterbrochen.

Im Bodenluftdruckfeld gibt es also – wie im Höhenluftdruckfeld – *permanente Luftdruckgebilde* wie die Antizyklonen über den subtropisch-randtropischen Ozeanen beider Halbkugeln, die subpolaren Zyklonen über dem Nordatlantik und Nordpazifik und die subpolare Tiefdruckzone über dem subantarktischen Wassergürtel. Darüberhinaus treten aber zusätzlich noch jahreszeitlich gebundene Luftdruckgebilde auf. Die ersteren sind dynamischer, die letzteren thermischer Entstehung.

Zum Abschluß dieser regionalen Übersicht sei betont, daß es sich bei den genannten *Luftdruckgürteln* ebenso wie bei den beschriebenen Antizyklonen und Zyklonen *um Ergebnisse klimatologischer Mittelbildung handelt,* die nicht mehr besagen, als daß in den genannten Bereichen relativ häufig hoher bzw. tiefer Luftdruck auftritt. Im konkreten Einzelfall kann es durchaus sein, daß z.B. für eine gewisse Zeit im Nordatlantik anstelle des Islandtiefs ein Hochdruckgebiet ausgebildet ist, während gleichzeitig weiter südlich über dem subtropischen Atlantik ein Tief bei den Azoren das klimatologische Azorenhoch ersetzt. So ist bemerkenswerterweise über dem Nordatlantik zwischen Schottland, Island und Spitzbergen schon wiederholt ein Luftdruck gemessen worden, der mit Werten von 1053 bis 1056 mb zu den höchsten gehört, die überhaupt auf der Erde registriert werden. Die *absoluten Luftdruckmaxima* sind freilich mit 1075–1083 mb im Bereich des sibirischen Kältehochs aufgetreten. Höchster Luftdruck in Hamburg fast 1057 mb. Die *tiefsten Luftdruckwerte* kommen im Zentrum tropischer Zyklonen vor (874 mb 1959 im Taifun Ida im W-Pazifik als absolutes Minimum). In einer außertropischen Zyklone wurden 1884 in Schottland 925 mb registriert (Scherhag, 1948).

4. Periodische und unperiodische Luftdruckschwankungen

Von den zeitlichen Veränderungen des Luftdruckes sind *die unperiodischen* die wichtigsten, weil sie einerseits schon mit dynamisch wichtigen meteorologischen Erscheinungen wie Fronten und Konvergenzen im Sinne einer Wirkung gekoppelt sind und weil sie andererseits die größten Differenzen in wenigen Stunden aufweisen und so ihrerseits wieder Ursache anderer synoptischer Erscheinungen werden (Windänderung nach Richtung und Stärke, Eintrübung bzw. Wolkenauflösung mit ihren Folgen z.B.). Castens (1931) hat alle diese Erscheinungen unter dem Begriff der *Wetterhaftigkeit* zusammengefaßt. Die unperiodische Veränderlichkeit des Luftdrucks ist im Bereich der verschiedenen Luftdruckgürtel und Aktionszentren sehr unterschiedlich. *Am größten* ist sie *in der Westwinddrift* auf der Äquatorseite der subpolaren Zyklonen (Aleuten- und Islandtief) sowie der subantarktischen Tiefdruckzone. Diese Systeme resultieren klimatologisch aus der Tatsache, daß es jene Bereiche sind, wo im Zuge der zyklonalen Westwinddrift die wandernden Minima am häufigsten auftreten und über den Wasserflächen ihre stärkste Ausprägung erfahren. Die jahreszeitliche Veränderung der Intensität der subpolaren Zyklonen geht parallel mit der jahreszeitlichen Intensität und Häufigkeit der wandernden Minima. Besonders groß ist die aperiodische Variabilität im Bereich der subantarktischen Tiefdruckfurche. Die Zyklonen folgen dicht aufeinander, nur kurzfristig durch Zwischenhochs unterbrochen. Das Barometer zeigt ein ständiges Auf und Ab.

In der synoptischen Meteorologie spielt die Luftdruckänderung eine erhebliche Rolle für die Wettervorhersage. Sie ist als Änderung während der letzten drei Stunden vor einem synoptischen Beobachtungstermin Bestandteil aller Wettermeldungen und wird in Form von *Isallobaren* (Linien gleicher Luftdruckänderung) kartenmäßig dargestellt. Druckfall und -anstieg von 10–15 mb in drei Stunden sind im Bereich der Subpolartiefs keine Seltenheit.

Von den Tiefdruckgebieten über den ektropischen Ozeanen reicht der Bereich großer barischer Variabilität auf der Nordhalbkugel weit über die Westflanken der Kontinente, wobei sich allerdings Größe der Schwankungen und Verlagerungsgeschwindigkeit um so mehr verringern, je weiter die Störungen auf das Festland vordringen. Über dem zentralen Teil Nordamerikas und über Westsibirien werden sie abgelöst von Luftdruckschwankungen, die im Zusammenhang mit wandernden Zyklonen stehen, die erst im Zuge der Arktikfront auf der Ostseite der subpolaren Zyklonen entstehen [vgl. Kap. IV.b) 3.].

Von den subtropisch-randtropischen Hochdruckgebieten an äquatorwärts ist *in den Tropen* die aperiodische *Veränderlichkeit* des Luftdruckes *wesentlich geringer* als in den Außertropen, doch sind die Tropen keineswegs frei von Luftdruckschwankungen. Sie bilden auch hier einen charakteristischen Bestandteil des im übrigen von einem übermächtigen Tagesgang der Elemente beherrschten Witterungsablaufes. Verursacht werden sie durch Kaltlufteinbrüche in die Tropen (Externbrink, 1937), „Easterly waves" [s. Kap. IV.b) 1.] und tropische Wirbelstürme, wobei im Zusammenhang mit den letzteren die größten Luftdruckschwankungen vorkommen, die überhaupt auf der Erde registriert werden. (Die genannten Störungen werden im einzelnen bei der Besprechung der allgemeinen Zirkulation noch zu behandeln sein). Daß die Luftdruckschwankungen abseits der regional gebundenen und auch relativ seltenen Wirbelstürme in den Tropen im allgemeinen wesentlich kleiner als in den Außertropen sind, liegt daran, daß in niederen Breiten wegen der geringeren Corioliskraft alle Luftdruckunterschiede durch Ausgleichsströmungen schneller ausgeglichen werden können [s. Kap. II.h)].

Periodische Luftdruckschwankungen sind klimatologisch unerheblich, weil ihre Amplitude zu klein ist oder weil sie zu langsam ablaufen. Für die *Jahresschwankung* kann man aus dem Vergleich der Luftdruckverteilungskarten im Januar und Juli (Abb. IV.a) 4 u. IV.a) 5) bereits ableiten, daß in den hohen Mittelbreiten dem kontinentalen Typ mit Maximum im Winter und Minimum im Sommer ein ozeanischer Typ mit umgekehrtem Verlauf gegenübersteht und daß in den Tropen eine sehr geringe Jahresschwankung herrschen muß. *Tagesperiodische Luftdruckänderungen* sind in den Tropen als halbtägige Schwingung in den Barogrammen deutlich ablesbar (Maxima 10^h und 22^h, Minima 04^h und 16^h, Amplitude etwa 3–4 mb). In den Außertropen gibt es die gleiche Doppelwelle, nur erreicht die Amplitude lediglich Werte zwischen 1 und 0,5 mb, polwärts noch weiter abnehmend. Als Ursache wird die Superposition einer ganztägigen Welle als Folge der täglichen Erwärmung und Abkühlung mit einer halbtägigen Eigenschwingung der A. angesehen. Die *Luftdruckgezeiten* unter dem Einfluß von Sonne und Mond, welche nur eine Luftdruckdifferenz von 0,03 mb ausmachen, sind vorwiegend von geophysikalisch-statistischem Interesse. Ihre Größe liegt unterhalb der Beobachtungsgenauigkeit von Luftdruckregistrierungen. Trotzdem wurde sie von Bartels (1927) aus mehreren tausend Beobachtungen mit statistischen Verfahren herausgefiltert. (Die periodischen Luftdruckänderungen sind ausführlich von Bartels in Hann-Süring: „Lehrbuch der Meteorologie", Bd. I, S. 276ff. behandelt).

h) Luftbewegung, Winde, Stürme

Jede Bewegung, jede Strömung innerhalb der frei durcheinander bewegbaren Luftmassen der A. vollzieht sich im Prinzip dreidimensional im Raum. Die Bewegungsbahnen haben also horizontale und vertikale Komponenten. Diese sind aber sowohl ihrer Größe und Ausdehnung als auch ihrer Ursache und Wirkung nach so verschieden voneinander, daß man sie zur besseren Klarheit der jeweiligen Entstehungsbedingungen und Abläufe unter dem Gesichtspunkt der separativen Klimatologie getrennt behandeln muß. Bei der Darstellung der allgemeinen Zirkulation und der synoptischen Klimatologie werden sie im Zusammenhang zu sehen sein.

Für horizontal bewegte Luft wird der allgemeine Ausdruck *Wind* verwendet. Für vertikal bewegte benutzt man je nach der Ursache die Bezeichnungen „Auf- bzw. Abwind", „Schlotströmung", „Absinken" u.a. Im englischen Sprachraum wird unterschieden zwischen „wind" als horizontaler und „current" als vertikaler Luftströmung. Eine Luftströmung mit in sich geschlossener Bewegungsbahn ist eine „Zirkulation".

1. Entstehung, Struktur und Grundregeln horizontaler Luftbewegungen

Die wirkenden Kräfte. Wie jede Bewegung einer Masse ist auch für die Bewegung der Luft eine beschleunigende, *bewegungseinleitende Kraft* notwendig. Das ist allein der *horizontale Luftdruckgradient* dp/dn, definiert als das Luftdruckgefälle dp pro 111 km (Längengrad) bzw. pro 100 km in Richtung senkrecht zu den Linien gleichen Luftdruckes (Isobaren). Die *Gradientkraft* hat pro Masseneinheit die Größe $1/\varrho \cdot dp/dn$, wobei ϱ die Luftdichte ist. Je kleiner deren Wert und je größer die Druckdifferenz dp pro Längeneinheit, um so größer ist also die beschleunigende Kraft.

Entsprechend seiner Orientierung verleiht der horizontale Luftdruckgradient Luftmassen eine Bewegung vom Bereich des Luftdrucküberschusses (Hoch) zum Gebiet des Luftdruckdefizits (Tief).

Das kann aber nur über eine begrenzte Zeit und relativ kurze Distanz gehen. Wie begrenzt und kurz hängt – wie sich noch herausstellen wird – von der geographischen Breite ab. Solche Luftbewegungen, bei denen die *Strömung* direkt vom hohen zum tiefen Druck gerichtet ist und damit *unmittelbar zum Druckausgleich* beiträgt, werden als *ageostrophisch* bezeichnet, weil sie ohne den Einfluß der Erddrehung ablaufen. Sie machen sich vor allen Dingen überall dort bemerkbar, wo relativ geringe Luftdruckunterschiede räumlich eng begrenzt auftreten. Das ist z.B. in den Mittelbreiten bei flachen sommerlichen Gewitterstörungen oder beim Auslösen der Bora an der Adria, in mittleren und niederen Breiten beim Land- und Seewind bzw. Stadt- und Flurwind der Fall. In den inneren Tropen nahe am Äquator können solche Strömungen aber auch über größere Entfernungen reichen, weil dort die Corioliskraft noch unwirksam ist. Die einzige Kraft, welche dem Druckgradienten entgegenwirkt, ist die Reibung. Dementsprechend werden die ageostrophisch ablaufenden Luftbewegungen auch als „*antitriptische Winde*" (gegen die Reibung ablaufend) bezeichnet.

Bei großräumigen und längere Zeit andauernden *Strömungen* wird der Bewegungsablauf *außer von der Gradientkraft und der Reibung zusätzlich* noch von einer zweiten Gruppe, sog. *Scheinkräften,* mitbestimmt. Es sind die ablenkende Kraft der Erdrotation, nach dem französischen Physiker Coriolis (1792–1843) international als Corioliskraft bezeichnet, sowie bei gekrümmter Bewegungsbahn die Fliehkraft und, in der Nähe der Erdoberfläche, die Reibungskraft.

Die *Corioliskraft* bewirkt auf der N-Halbkugel eine Ablenkung der Bewegung nach rechts, auf der S-Halbkugel nach links. Sie hat die Größe $2\omega \cdot \sin\varphi \cdot v$, wobei ω die Winkelgeschwindigkeit der Erde ist, eine Universalkonstante mit dem Wert (im Bogenmaß ausgedrückt) $7{,}3 \cdot 10^{-5}\,s^{-1}$, φ die geographische Breite und v die Windgeschwindigkeit darstellen. Sie setzt also für ihr Wirksamwerden eine Bewegung v voraus, ist also eine Scheinkraft, und nimmt von einem Maximalwert am Pol ($\sin 90° = 1$) gegen die Tropen ab. Am Äquator verschwindet sie ganz. Der Maximalwert in hohen Breiten ist allerdings auch relativ klein. In Polnähe macht er bei einer Windgeschwindigkeit von über 10 m/sec weniger als ein Fünftausendstel der Schwerkraft aus. Das bedeutet erstens, daß erst *bei Bewegungen über Entfernungen von einigen hundert Kilometern* durch die Summation kleinster Ablenkungsbeträge eine auffallende Richtungsänderung feststellbar wird. Bei den noch zu besprechenden Lokalwinden und kleinräumigen Zirkulationen (Land- See-Wind usw.) spielt die ablenkende Kraft der Erdrotation noch keine Rolle, zumal wenn zweitens auch die Geschwindigkeit der Strömung relativ gering ist. Wichtig hingegen ist die Corioliskraft in der Dynamik der großräumigen Zirkulation.

Die Fliehkraft wirkt auf die Luftmassen wie auf alle Körper, die sich mit einer gewissen Geschwindigkeit auf kurviger Bahn bewegen. Sie wächst proportional mit dem Quadrat der Geschwindigkeit v und ist um so größer, je kleiner der Kurvenradius r ist ($f = v^2/r$).

Reibungskräfte treten in der Reibungsschicht der erdoberflächennahen A. auf. Sie gehen von der Erdoberfläche aus und wirken der Bewegung entgegen. Die Größe der Reibung an der Erdoberfläche hängt einerseits von dem speziellen *Rauhigkeitsparameter* k des Oberflächenausschnittes (Eis, Wasser, Festland, Geländeform, Bodenbedeckung, Bebauung) ab und wächst andererseits mit dem Quadrat der Geschwindigkeit der Windbewegung ($R = k \cdot v^2$). Die Reibungseffekte setzen sich von der Erdoberfläche aus durch den turbulenten und konvektiven Vertikalaustausch in nach oben abklingendem Maße normalerweise bis 500 oder 1000 m ü.G. durch, können je nach Wetterlage und Schichtungsbedingungen aber auch bis 2000 m reichen. Sie trennen die „*planetarische Grundschicht*" von der „*freien A*"..

Die Luftströmung in der freien Atmosphäre. Die mit dem Wirksamwerden der genannten Kräfte verbundenen Bedingungen erlauben es nun, die in der A. vorkommenden Luftbewegungen nach dynamischen Gesichtspunkten zu systematisieren. Oberhalb der Reibungsschicht, in der so definierten „freienA.“, können auf die *Gestaltung des „Höhenwindes“* neben dem Luftdruckgradienten als bewegungseinleitender nur Coriolis- und Fliehkraft als modifizierende Scheinkräfte wirksam werden.

Im Fall, daß die *Isobaren* des Höhenluftdruckfeldes zusätzlich auch noch ohne ins Gewicht fallende enge Krümmungen (Krümmungsradien kleiner als 1000 km z. B.), generalisiert betrachtet also *gradlinig* verlaufen, fällt auch noch der Einfluß der Fliehkraft weg. Es bleibt als gestaltendes Kräftepaar der Druckgradient und die Corioliskraft. Die unter diesen Bedingungen resultierende Luftströmung wird als *„geostrophischer Wind“* bezeichnet. Er ist in aller Regel im zirkumglobalen Höhenwindfeld verwirklicht und ergibt sich folgendermaßen: Nachdem ein Luftquantum durch die Kraft des Luftdruckgradienten quer zu den Isobaren vom höheren zum tieferen Druck in Bewegung gesetzt worden ist, wird es im Laufe der Zeit der ablenkenden Kraft der Erdrotation unterworfen. Diese wirkt senkrecht zur Bewegungsrichtung und lenkt das Luftquantum sukzessive aus der ursprünglichen Richtung des Luftdruckgradienten ab, auf der N-Halbkugel nach rechts, auf der S-Halbkugel nach links. Das geht so weit, bis die Luftströmung senkrecht zum Druckgradienten, also parallel zu den Isobaren verläuft. Eine weitere Ablenkung ist dann nicht mehr möglich, weil sie eine Massenversetzung vom tiefen zum hohen Druck, also genau entgegengesetzt zum Luftdruckgradienten zur Folge haben würde. Dann müßte die Corioliskraft Arbeit gegen das Druckgefälle leisten. Das kann sie als Scheinkraft nicht. Im Endstadium ergibt sich also *für den stationären Gleichgewichtszustand,* d. h. wenn die Gradientkraft keiner ins Gewicht fallenden Änderung nach Richtung und Stärke unterliegt, ein Kräfteplan, wie er unter a in Abb. II.h) 1 dargestellt ist. Die Corioliskraft $2\omega \sin \varphi \cdot v$ hält der Kraft des horizontalen Luftdruckgradienten $1/\varrho \cdot dp/dn$ das Gleichgewicht. *Der Wind weht parallel zu den Isobaren,* wobei auf der N-Halbkugel der tiefe Druck links, auf der S-Halbkugel rechts von der Bewegungsrichtung liegt. Die *Windgeschwindigkeit* ergibt sich aus der nach v aufgelösten Gleichgewichtsformel zu

$$v = \frac{1}{\varrho} \cdot \frac{dp}{dn} \cdot \frac{1}{2\omega \cdot \sin \varphi}.$$

Sie ist also um so größer, je größer der Luftdruckgradient und je kleiner die Luftdichte und die geographische Breite sind. Besonders bemerkenswert ist die *Abhängigkeit von der geogr. Breite.* Da sin φ für 5° einen 10 mal kleineren Wert als für 60° hat, muß der gleiche Luftdruckgradient im gleichen Höhenniveau in den inneren Tropen (5° N bzw. S) einen ungefähr 10 mal stärkeren Wind hervorrufen als an den Polarkreisen. So sind Störungen im Luftdruckfeld der tropischen A. regelmäßig mit heftigen Winden verbunden und die für den Normalfall in den Tropen charakteristischen geringen Luftdruckgegensätze können durchaus die gleichen Windgeschwindigkeiten zur Folge haben wie sehr viel größere Gradienten in hohen Breiten. Wenn also z. B. die Luftdruckgegensätze im Bereich des subtropisch-randtropischen Höhenhochs (s. Abb. IV.a) 4 u. IV.a) 5) kleiner sind als in der Nähe der Polarzyklone, so heißt das nicht, daß die Höhenwinde am Rande der Tropen wesentlich schwächer als die in mittleren Breiten sind.

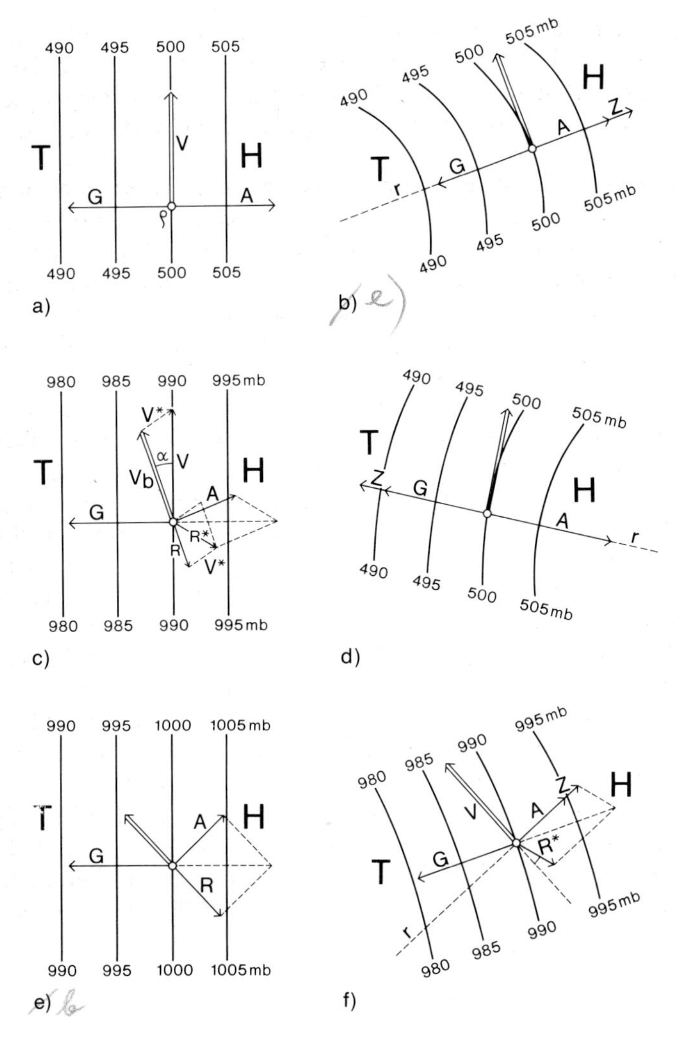

Abb. II.h) 1. Kräfte- und Strömungspläne für den geostrophischen - (a) und geostrophisch-zyklostrophischen (Gradient-) Höhenwind (d und e), den Bodenwind für geradlinigen (b) und zyklonal gekrümmten Isobarenverlauf (f) sowie den Wind in der Mitte der planetarischen Grenzschicht (c). Alle Pläne gelten für die Nordhalbkugel und stationäre Bedingungen. Ausführliche Erläuterung s. Text

Eine *Höhenströmung auf merklich gekrümmter Bewegungsbahn* (Teil d und e in Abb. II.h) 1) wird als *„geostrophisch-zyklostrophischer-“* oder auch *„Gradientwind“* bezeichnet. Überträgt man die für den geostrophischen Wind dargelegte Einleitung der Bewegung und ihr Endergebnis für den Gleichgewichtszustand auf den Gradientwind und exerziert sie für die N- bzw. S-Halbkugel mit deren Rechts- bzw. Linksablenkung durch die Corioliskraft durch, so ergibt sich zunächst das wichtige Gesetz, daß auf der N-Halbkugel der *Drehsinn* der geostrophisch-zyklostrophischen Bewegung *um ein Tief* (Zyklone) gegen den, auf der S-Halbkugel mit dem Uhrzeiger verläuft. *Um ein Hochdruckgebiet* (Antizyklone) ist die Richtung des Gradientwindes auf der N-Halbkugel im Sinne des Uhrzeigers, auf der S-Hemisphäre entgegen dieser Richtung.

Bezüglich der auftretenden Kräfte läßt sich aus der Abb. II.h) 1 d ableiten, daß bei der Bewegung um ein Tief, d.h. mit „zyklonaler Krümmung", die Wirkrichtung der Fliehkraft in die gleiche Richtung wie die Corioliskraft weist. Sie addiert sich mit dieser zu einer Gesamtkraft, welche dem Druckgradienten das Gleichgewicht halten muß. Im Fall antizyklonalen Drehsinns vergrößert dagegen die Fliehkraft die Wirkung des Druckgradienten. Folge ist, daß *antizyklonaler Gradientwind* bei sonst gleichen Bedingungen (gleicher Druckgradient, gleiche Höhe, gleiche geographische Breite) *etwas stärker* ist als zyklonaler. Das muß sich insbesondere in niederen Breiten auswirken, wenngleich auch dort die klimatischen Konsequenzen sehr gering sind.

Wichtig ist, daß der Gradientwind wie auch der geostrophische Wind isobarenparallel verlaufen. Das hat nämlich die Konsequenz, daß *unter stationären Bedingungen sowohl der geostrophische als auch der Gradientwind keinen Druckausgleich* herbeiführen können (Massentransport parallel zu den Isobaren bedeutet, daß die Massenkonstellation beiderseits der Linien gleichen Druckes unverändert und unberührt bleibt).

Für nichtstationäre Bewegung, hervorgerufen *durch stark konvergierende oder divergierende Isobaren* mit entsprechender Veränderung des Luftdruckgradienten in Richtung der Luftbewegung, resultiert aus der Beschleunigung bzw. Abbremsung allerdings eine *anisobare Massenverlagerung* mit wichtigen Konsequenzen für die Luftdruckverteilung in den tieferen Schichten der A. Beim Eintritt in ein Konvergenzgebiet der Höhenisobaren kommen nämlich die Luftmassen wegen der Massenträgheit an bestimmten Punkten jeweils mit einer kleineren Geschwindigkeit an, als dem stationären Kräftegleichgewicht bei dem laufend größer werdenden Druckgradienten entsprechen würde. Folge der kleineren Geschwindigkeit ist eine zu kleine Corioliskraft, die das Luftquantum nicht bis zur isobarenparallelen Richtung ablenken kann. Es bewegt sich deshalb etwas schiefwinklig zum tieferen Druck hin (s. Abb. II.h) 2). Gleichzeitig wird zwar durch die Vergrößerung der Gradientkraft auch die Geschwindigkeit vergrößert. Aber an einer nächsten Station ist der Druckgra-

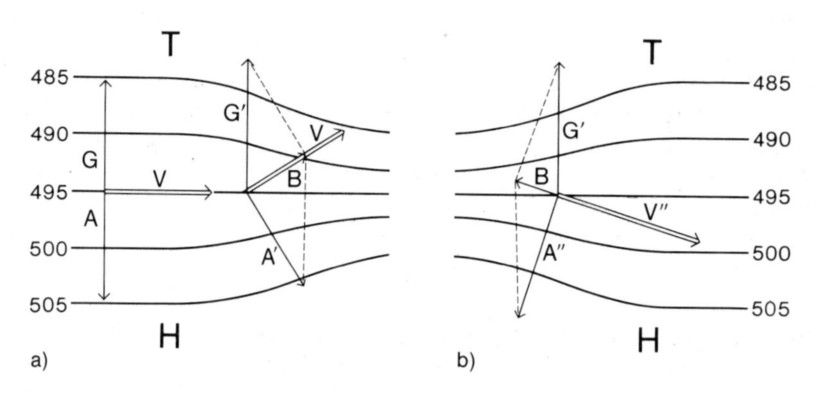

Abb. II.h)2. Kräfteplan und Luftbewegung im Fall konvergierender bzw. divergierender Höhenisobaren. Bei Konvergenz findet ein Massentransport zum tiefen Druck, bei Divergenz zum hohen Druck hin statt

dient schon wieder größer und es wiederholt sich derselbe Vorgang wie zuvor. Das Ergebnis ist, daß *im Bereich konvergierender Höhenisobaren* auf beiden Halbkugeln außer einer Erhöhung der Windgeschwindigkeit aufgrund der Massenträgheit auch ohne Reibung eine geringe *Luftversetzung zum tiefen Druck* hin stattfindet.

Bei divergierenden Höhenisobaren kommt die Luft jeweils noch mit höherer Geschwindigkeit an einem bestimmten Punkt an als es dem dort herrschenden Luftdruckgradienten entsprechen würde. Die Corioliskraft überwiegt demnach und lenkt die Luft über die isobarenparallele Richtung hinaus zum höheren Druck hin ab. *Im Bereich divergierender Höhenisobaren* tritt also auf beiden Hemisphären außer einer Verminderung der Windgeschwindigkeit gleichzeitig eine *Luftversetzung zum hohen Druck* hin ein.

Die Bewegungskomponenten quer zu den Isobaren werden als „anisobare Bewegungen" bezeichnet. Ihre Folge ist, daß im Konvergenzgebiet der Höhenisobaren auf der Seite des tiefen Druckes ein Massenzuwachs, auf der Seite des hohen ein entsprechender Massenverlust eintritt. Diese müssen sich in den tieferen Schichten der A., vor allem im Bodendruckfeld, als Drucksteig- bzw. -fallgebiete auswirken. Im Divergenzgebiet, auch „Delta der Höhenströmung" genannt, entsteht der Massenverlust auf der Seite des tiefen, der Massenzuwachs auf der Seite des hohen Druckes. Diese dynamisch bedingte Änderung des Luftdruckfeldes wurde zuerst von Ryd (1927) abgeleitet und später von Scherhag zu einer Theorie der Druckfallgebiete und der Zyklonenbildung ausgebaut. *Die dynamisch bedingte,* auf nichtstationäre Höhenströmungsfelder zurückgehende *Druckänderung* wird deshalb auch als *„Ryd-Scherhag-Effekt"* bezeichnet. Sie spielt in der synoptischen Meteorologie und in der theoretischen Ableitung der allgemeinen Zirkulation der A. eine bestimmte Rolle, auf die im entsprechenden Kap. IV.a) 2 zurückzukommen sein wird. Die *Wirksamkeit des Effektes* hängt sehr von der Stärke der Luftbewegung ab, da die Massenträgheit mit dem Quadrat der Geschwindigkeit wächst. Außerdem spielt die Änderungsgröße des Luftdruckgradienten in der Strömungsrichtung eine wesentliche Rolle. Die Koppelung von hohen Windgeschwindigkeiten mit rascher Veränderung in der Strömungsrichtung (das entspricht eine Veränderung des horizontalen Luftdruckgradienten) ruft den größten Effekt anisobarer Massenverlagerung hervor.

Solche nicht-stationären Bewegungen in der Höhenströmung kommen vor allem *im Bereich von* besonders *markanten Höhensturmzonen* vor, die als *„Strahlströmungen (jet streams)"* die obere Troposphäre als mäandrierende, z. T. aufgespaltene Bänder durchziehen. Sie sind gebunden an steiles Druckgefälle in der Höhe, verursacht durch Konzentration thermischer Gegensätze in der tieferen Troposphäre. Wegen ihrer Bedeutung für die Entstehung und Zugrichtung hochreichender Zyklonen sowie als besondere Energietransmissionen im Zuge der allgemeinen Zirkulation der A. sowie aber auch unmittelbar für den Luftverkehr werden die Strahlströmungen im Kap. IV.a) noch näher zu behandeln sein.

Luftbewegung in der planetarischen Grundschicht. *In der Reibungsschicht* tritt zusätzlich zu den auch in der Höhenströmung wirksamen Kräften noch die Reibung. Für die oberflächennächste Luftschicht (rund 100 m), für den *„Bodenwind"*, kann man den in der Mechanik üblichen Ansatz machen, daß die Reibung der Windbewegung genau entgegenwirkt. Sie reduziert die Windgeschwindigkeit und schwächt damit die Corioliskraft, mit der sie sich vektoriell zu einer resultierenden Gesamtkraft addiert, die im Falle des stationären Kräftegleichgewichts der Gradientkraft entgegengerichtet und gleich sein muß (s. Teil b Abb. II.h) 1). Da die Corioliskraft immer senkrecht zur Bewegungsrichtung festgelegt ist, kann der Reibungswind am Boden nicht bis zur Richtung parallel zu den Isobaren abgelenkt werden. Er *verläuft* hingegen *schief zu den Isobaren in Richtung zum tieferen Druck* hin. Er hat damit eine geostrophische Komponente parallel zu den Isobaren und eine *„ageostrophische Komponente"* senkrecht zu den Isobaren. Der *Ablenkungswinkel des Reibungswindes* von der isobaren Richtung, die ageostrophische Komponente ist *abhängig vom Größenverhältnis der Reibungs- zur Corioliskraft.* Erstere variiert mit der Rauhigkeit der Unterlage. Sie ist über Land wesentlich größer als über den Ozeanen. Die Corioliskraft hängt hingegen sehr stark von der geographischen Breite ab. In den Mittelbreiten beträgt die Ablenkung über Land 25–40°, über Wasser 15–30°. In den niederen Breiten hingegen wird wegen der schwachen Corioliskraft der Ablenkungswinkel wesentlich größer. Er beträgt bereits über Wasser 45°.

Auf zyklonal bzw. antizyklonal gekrümmten Bewegungsbahnen läßt sich die schematische Ableitung genau so anwenden wie für geradlinige Strömung. Unter Beachtung des gegensätzlichen Drehsinnes auf der N- und S-Halbkugel lassen sich die regelhaften Zusammenhänge über den Bodenwind im sog. *„Barischen-" oder „Buys-Ballotschen Windgesetz"* folgendermaßen fassen:

Nahe der Erdoberfläche hat ein Beobachter, der dem Wind den Rücken zukehrt, auf der N-Halbkugel rechts und etwas hinter sich den hohen, links und etwas vor sich den tiefen Druck. Der Wind ist im allgemeinen um so stärker, je stärker das Luftdruckgefälle ist. (Auf der S-Halbkugel ist links und rechts zu vertauschen).

Oberhalb der bodennächsten Zone (Teil c in Abb. II.h) 1) nimmt die Reibung ab. Entsprechend müssen auch die ageostrophische Komponente und der Ablenkungswinkel gegenüber den Isobaren geringer werden. Jenseits der Reibungsschicht herrscht dann rein geostrophischer Wind. Daraus läßt sich wieder als allgemeine Regel ableiten: *In der planetarischen Grundschicht nimmt die Windgeschwindigkeit mit wachsender Höhe über der Erdoberfläche zu,* über Land stärker als über Wasserflächen. *Gleichzeitig* dreht die Windrichtung immer mehr in die isobarenparallele Richtung. Auf der N-Halbkugel bedeutet das eine *Winddrehung mit der Höhe* nach rechts, auf der S-Halbkugel nach links.

Die *Ablenkung* des reibungsbeeinflußten Windes zum tieferen Druck hin *bewirkt* einen Massentransport quer zu den Isobaren und damit einen *Druckausgleich.* Weil die Ablenkung über Land und in den niederen Breiten besonders groß ist, erfolgt in diesen Gebieten der Druckausgleich wesentlich rascher als über Wasser und in höheren Breiten.

Vertikale Ersatzströmungen und ihre Folgen. Bei Anwendung dieser Regeln des Reibungswindes auf geschlossene Tiefdruckgebiete (Zyklonen) bzw. Hochdruckgebiete (Antizyklonen) am Boden läßt sich leicht ersehen, daß bei einem *Tiefdruckgebiet* mit dem zyklonalen Drehsinn ein Zusammenströmen *(Konvergieren),* bei einem *Hochdruckgebiet* mit dem antizyklonalen Drehsinn ein Auseinanderströmen *(Divergieren)* der bewegten Luftmassen verbunden ist. Innerhalb der planetarischen Reibungsschicht erfolgt also in einem Tiefdruckgebiet ein „Einpumpen", in einem Hochdruckgebiet ein „Auspumpen" von Luftmassen.

Divergenz und Konvergenz im horizontalen Windfeld müssen aus Gründen der Massenkontinuität *vertikale Ersatzströmungen* zur Folge haben. Die Divergenz des Bodenwindfeldes in einem Hochdruckgebiet erzwingt eine vertikal von oben nach unten gerichtete *Absinkbewegung*. In einem konvergenten Strömungsfeld einer Zyklone findet dagegen eine vertikal nach oben gerichtete, *aufsteigende Luftversetzung* statt. Die mit der vertikalen Aufwärtsbewegung verbundene thermodynamische Abkühlung führt in vielen Fällen zu Kondensation und Wolkenbildung, gegebenenfalls auch Regen, die Absinkbewegung in einem Hoch hingegen zu Wolkenauflösung und heiterem Wetter. Letztlich haben also Konvergenz bzw. Divergenz in einem Tief- bzw. Hochdruckgebiet einen *gegensätzlichen meteorologischen Gesamtzustand* der A. innerhalb des Einflußbereiches der beiden Druckgebilde zur Folge.

Unterschiedlich große Reibung führt auch in einem Strömungsfeld mit großräumig gleichem Luftdruckgradient ohne Isobarenkrümmung *zu Divergenz-* bzw. *Konvergenzeffekten*. Ein regional besonders folgenreiches Beispiel bietet nach J.F. Lahey (1958) das Trockengebiet entlang der venezolanischen Küste. Liegt über dem Inland Venezuelas tieferer Luftdruck als über dem Karibischen Meer – was meist der Fall ist-, dann erzwingt die stärkere Bodenreibung über Land eine stärkere tiefeinwärts gerichtete ageostrophische Windkomponente. Daraus ergibt sich entlang der Küste eine ständige Richtungsdivergenz, die bei der geringen Corioliskraft etwa 24 Winkelgrade beträgt und mit Absinktendenz und Wolkenarmut bzw. Schönwettercumuli verbunden ist. Liegt tieferer Luftdruck dagegen über dem Karibischen Meer, so tritt die umgekehrte Wirkung ein: Konvergenz der Winde im Küstenbereich mit entsprechender Konvektionsverstärkung und Regen. Die früher oft ins Feld geführten niedrigeren Wassertemperaturen vor der venezolanischen Küste wirken zwar auch als Stabilisierungsfaktor (Schott, 1931 und Wilhelmy, 1954), sind aber erst sekundär und auch nur im Frühling und Sommer wichtig. Sie sind erst eine Folge der Atmosphärischen Divergenz und nicht deren Ursache, wenn sie auch deren klimatische Auswirkung verstärken helfen. Ganz ähnliche Verhältnisse weist auch das nördliche Küstengebiet Kolumbiens auf (Herrmann, 1970), nur ist der Kontrast hier weniger groß.

Ein quasipermanenter Reibungsdivergenzeffekt trägt nach Lydolph (1955) zu der extremen Regenlosigkeit im Bereich der trockensten Wüste der Erde (Weischet, 1966) an der Westküste Südamerikas zwischen 17 und 23° S bei. Über dem lagebeständigen Ostrand der südpazifischen Antizyklone herrscht im Bereich der nordchilenischen und südperuanischen Küstenwüste beständig eine südliche Luftströmung, die über dem Wasser eine geringere Reibungsabbremsung als über Land erfährt und so zu einem beständigen Divergenzeffekt entlang der Küste führt, der zusammen mit dem relativ kalten Wasser eine besonders wirksame Absinkbewegung mit all ihren Konsequenzen zur Folge hat.

Turbulenz; Ursache und Wirkung. Der mit der Höhe abnehmende Reibungseinfluß und die daraus resultierende Windzunahme und -drehung müssen wegen der Freibeweglichkeit der Luftquanten untereinander zu einer Durchsetzung der horizontalen Strömung mit ab- und aufwärts gerichteten Luftbewegungen führen. Von oben her werden Luftmassen mit relativ hoher Windgeschwindigkeit nach unten und damit in stärkeren Kontakt mit der Unterlage gebracht, wodurch sie ihre Bewegungsenergie einbüßen. Als Ersatz gelangen langsamere Strömungsteile aus den tieferen in höhere Luftschichten und müssen hier beschleunigt werden. Durch die *vertikalen Austauschvorgänge* wird die Luftströmung *„turbulent"*. Liegt der Grund für den Austausch in der Dynamik der Luftbewegung selbst, so bezeichnet man die Vorgänge als *dynamische Turbulenz"* zum Unterschied von der *„thermischen Turbulenz"*, welche ihre Ursache in starker Erwärmung der bodennahen Luftmassen mit der Folge thermischer Konvektion durch Auftrieb hat. Thermische und dynamische Turbulenz wirken bei der vertikalen Massenverlagerung zusammen. Ihre unmittelbare Folge ist die *„Böigkeit des Windes"*. Darunter versteht man das Pulsieren der Luftbewegung in unregelmäßigen Intervallen. Man kann eine *Richtungs-* und eine *Geschwindigkeitsböigkeit* unterscheiden.

Als Folge des Zusammenwirkens von dynamischer und thermischer Turbulenz beschreiben die Fäden jeder Luftströmung (Trajektorien) einen sehr unregelmäßigen Weg im Raum. Die im großen horizontale Bewegung vollzieht sich im einzelnen mit zahlreichen wirbelähnlichen auf- und absteigenden Zellen. Eine völlig geradlinig verlaufende, streng horizontale und turbulenzfreie, eine „laminare Luftströmung", ist allenfalls auf die ersten Millimeter über dem Boden beschränkt *(„laminare Bodenschicht")*. Darüber muß aus dynamischen und thermischen Gründen notwendigerweise Turbulenz auftreten. Sie ist besonders stark in warmer Luft bzw. im Sommer sowie in tropischen Breiten. In kalter Luft tritt sie in Erscheinung, wenn jene über eine warmc Wasserfläche strömt und dadurch labilisiert wird. Umgekehrt stabilisiert sich z.B. heiße afrikanische Wüstenluft, die in den Passat einbezogen wird, rasch über dem kalten Kanarenstrom, zugleich ihre Geschwindigkeit stark verringernd; sie „klebt" gewissermaßen an der kalten Wasserfläche.

Turbulenz kann aber auch unabhängig von der Jahreszeit dann auftreten, wenn kühlere Luft gegen wärmere vordringt, wie es auf der Rückseite zyklonaler Fronten die Regel ist. Quell- und Schauerwolken sind in jedem Falle ein typisches Kennzeichen stark turbulenter Luftströmung, während stratiforme Wolken auf schwächere Turbulenz hindeuten. Rauchfahnen machen den Unterschied oft sehr deutlich: An warmen Tagen in den Mittagsstunden Aufsteigen des Rauches in einzelnen Turbulenzballen, in den kühlen Abendstunden dagegen schichtiges Ausbreiten des Rauches in langen horizontalen Schwaden. Bei starkem Wind wird außerdem die Rauchfahne sehr viel mehr in der Vertikalen auseinandergezogen, ein deutliches Zeichen für die größere turbulente Vertikalbewegung.

Mit der Turbulenz werden aber nicht nur die Bewegungskomponenten, sondern auch alle anderen Luftmasseneigenschaften ausgetauscht. So geschieht der Transport des Wasserdampfes von der verdunstenden Oberfläche in die höheren Atmosphärenschichten auf dem Wege über die dynamische und thermische Turbulenz. Für die Niederschlagsbereitschaft und für den Charakter der Niederschläge ist das von grundlegender Wichtigkeit. So sind die heftigen, schauerartigen Winterregen des Mittelmeergebietes in dieser Form nur erklärbar aus dem Turbulenzeffekt, den das im Winter relativ warm bleibende Mittelmeerwasser auf darüber hinweg streichende atlantische Polarluft auf dem Wege über eine starke Labilisierung der Schichtung hervorruft.

Direkt zu sehen ist die Turbulenz an den optischen Erscheinungen der *„Luftschlieren"*, die sich über von der Sonne stark angeheizten Oberflächen ausbilden. Künstlich sichtbar machen kann man sie mit Hilfe von Rauchpatronen.

Schwerewinde. Neben den großräumigen horizontalen Luftbewegungen, welche im Ablauf des wechselhaften Wettergeschehens in der A. ebenso wie im planetarischen Ausgleich der strahlungsklimatisch angelegten Wärmeunterschiede auf der Erde die ausschlaggebende Rolle spielen, ist noch kurz auf eine andere Gruppe von Luftbewegungen hinzuweisen, bei der *regionale Begrenzung* des Vorkommens *mit spezieller Entstehung* und besonderem Bewegungsmechanismus *verbunden* ist. Es sind die Schwerewinde *(katabatische Winde).* Sie beruhen auf Dichteunterschieden in der Luft, die durch Abkühlung einer kalten Unterlage verursacht werden, und setzen eine von der Rauhigkeit der Unterlage abhängende genügend große Geländeneigung voraus. Da sich zwischen der über der geneigten Unterlage abgekühlten Luft und der in derselben Höhe in einiger Entfernung vom Hang befindlichen ein Dichteunterschied ausbildet, wird die schwerere Kaltluft über den Hängen von der Schwerkraft hangabwärts in Bewegung gesetzt und unter die leichtere Luft abseits des Hanges verfrachtet.

Wegen des notwendigen Einflusses von der Unterlage her ergibt sich schon, daß katabatische Winde *nur als seichte Luftströmungen* auftreten und an allgemein windschwache Witterungslagen gebunden sind. Die *Gletscherwinde* der Alpen sind solche katabatischen Luftströmungen. Am Rande des grönländischen Inlandeises und der antarktischen Eistafel sind sie sehr häufig und hier auch oft von großer Heftigkeit und Andauer [vgl. Kap. II.h) 5.] Auch kühle *nächtliche Abwinde an Berghängen* sind Schwerewinde. Das Abfließen vollzieht sich wegen der Bodenreibung oft stoßweise in Form einzelner Luftpakete. Schmauss hat solche als *Luftlawinen* bezeichnet. Bei antizyklonal ruhigem Wetter fällt von den winterkalten Fjällen Norwegens häufig ein kalter Wind in die Täler und Fjorde, *Sno* genannt. Sein oft plötzliches und heftiges Auftreten bringt manchmal Abkühlung um 10–20°C.

Nicht immer ist es möglich, zwischen einem reinen Schwerewind und einem allgemeinen Fallwind [s. Kap. II.h) 5.] klar zu unterscheiden; dem entspricht auch der in den angelsächsischen Ländern geübte Brauch, Schwere- und Fallwinde gemeinsam als *„katabatic winds“* zusammenzufassen, [Vgl. auch Kap. II.h) 5.].

2. *Bestimmungsgrößen und Messung der Luftbewegung*

Die wichtigsten Bestimmungsgrößen der Luftbewegung sind Richtung, Geschwindigkeit und zeitliche Veränderlichkeit (Böigkeit). Als Folge der relativ geringen Masse der Luft und der Freibeweglichkeit der Luftquanten einerseits sowie der vielfältigen Möglichkeiten der Beeinflussung der Luftbewegung durch Form und Bedeckung der Erdoberfläche andererseits unterliegt das Verteilungsbild der Luftströmung einer ungemein starken lokalen Veränderung im Raum und kurzfristigen Schwankung in der Zeit. Repräsentative Messungen bedürfen deshalb besonderer *Meßvorkehrungen.* Um einen großräumigen Vergleich zu gewährleisten, besteht für die synoptischen und klimatologischen Beobachtungsdienste die Anweisung, Windmessungen ungefähr 6–10 m oberhalb des höchsten Hindernisses der unmittelbaren Umgebung anzustellen. Ausdruck dieser Anweisung ist der frei auf einer Fläche aufgestellte oder auf einem Dach angebrachte *Windmast,* an welchem *Windfahne zur Richtungs-* und *Anemometer zur Geschwindigkeitsmessung* angebracht sind.

Die *Windfahne* ist im einfachsten Fall eine um die vertikale Achse drehbar gelagerte, dünne, längliche Metallplatte, die von der Stellkraft der Luftströmung in Richtung des geringsten Widerstandes gerichtet wird und so direkt die Strömungsrichtung anzeigt. Wegen der Richtungsböigkeit des Windes muß man bei anspruchsvolleren Windfahnen durch besondere Formgebung eine möglichst große Einstellkraft bei geringer träger Masse der Windfahne zu erreichen suchen. Eine gut sichtbare Windfahne stellt der *Windsack* dar, welcher aus einer sich verengenden Stoffröhre besteht, deren Enden von zwei Metallringen offen gehalten werden und deren größere Öffnung um die vertikale Achse drehbar an einer Stange befestigt ist. Die durchströmende Luft strafft die Röhre in der Windrichtung. Anstelle von Windfahnen kann man auch ersatzweise die Driftrichtung von Rauch zur Bestimmung der Windrichtung verwenden, doch muß man sehr gut aufpassen, daß man keine Fehler wegen der perspektivischen Verkürzung macht.

Die Benennung der Winde erfolgt – im Gegensatz zu den Meeresströmungen – grundsätzlich nach der Richtung, aus der die Luftströmung kommt. Die *Angabe der Richtungen* erfolgt meist nach einer acht-, sechzehn- oder zweiunddreißig-teiligen *Windrose* mit international festgelegten, aus dem Englischen stammenden Bezeichnungen: N, NE, E, SE, S, SW, W, NW z.B. Dadurch wurde die mißverständliche Abkürzung O (im Deutschen = Ost, im Französischen = Ouest, d.h. West!) ausgeschaltet. Diese Skala kann man beliebig detaillieren, z.B. NNE oder NzE (= Nord zu Ost, d.h. zwischen N und NNE) usw. Den Buchstaben entsprechen die international gebräuchlichen Ziffern 1–32, z.B. 05 = NEzE, 18 = SSW, 32 = N usw. Im synoptischen Dienst wird seit 1949 die Windrichtung durch Winkelgrade einer Kreiseinteilung zu 360° angegeben. In den Wettermeldungen wird dabei die Richtung auf 10° genau durch zwei Zahlen ausgedrückt (z.B. 27 = 270° = W-Wind). Ist der Wind sehr böig, zählt man einfach 50 zum Winkelwert hinzu, also z.B. böiger W = 77.

Was die Größe der Luftbewegung angeht, so wird in der Meteorologie terminologisch unterschieden zwischen der *Windgeschwindigkeit,* die man mißt, und der *Windstärke,* die geschätzt ist. Im allgemeinen Sprachgebrauch werden allerdings die Begriffe oft synonym verwendet.

Windgeschwindigkeit ist der von der bewegten Luft pro Zeiteinheit zurückgelegte Weg. Als *Maßeinheiten* dienen: Meter pro Sekunde (m/s), Kilometer pro Stunde (km/h), englische Meilen pro Stunde (miles per hour. = mph) oder Seemeilen pro Stunde (= Knoten, kn). In der synoptischen Meteorologie bedient man sich heute nur noch des Knotenmaßes. Die einzelnen Maßeinheiten lassen sich durch folgende Gleichung gegenseitig umrechnen:

$$1 \text{ m/s} = 3{,}6 \text{ km/h} = 2{,}237 \text{ mph} = 1{,}938 \text{ kn.}$$

Die *Messung der Windgeschwindigkeit* erfolgt in Bodennähe mit Anemometern, in den höheren Luftschichten nach Methoden der Höhenwindmessung (Verfolgen der Driftrichtung von Pilotballons). Anemometer beruhen auf verschiedenen Meßprinzipien.

Das einfachere und ältere Gerät ist die *Windstärketafel* (Winddrucktafel) nach Wild. Sie besteht aus einer an der Oberkante pendelnd aufgehängten Metallplatte, welche von der Windfahne mit der Breitseite gegen den Wind gestellt und vom Winddruck angehoben wird. Die Größe der Anhebung gegenüber der Vertikalen gibt ein Maß für die Windgeschwindigkeit. Die Idee zu solcher Winddrucktafel findet sich schon 1500 bei Leonardo da Vinci, die erste

Konstruktion 1667 bei R. Hooke. Heute ist die Windstärketafel allerdings nur wenig im Gebrauch.

Am wichtigsten und am meisten verbreitet sind die *Schalenkreuz-Anemometer.* Sie bestehen aus vier halbkugelförmigen Schalen, von denen je eine mit senkrecht stehender Öffnung am Ende eines gleicharmigen waagerechten Kreuzes angebracht ist, welches leicht drehbar um die vertikale Achse gelagert ist. Der Wind greift so unabhängig von der Richtung immer auf den konkaven Seiten der Schalen stärker an als auf den konvexen und versetzt das Schalenkreuz von einer bestimmten minimalen Windgeschwindigkeit an in Rotation. Die Anzahl der Drehungen pro Minute oder Sekunde ergibt den Windweg pro Zeiteinheit und damit die Windgeschwindigkeit. Die ersten Konstruktionen dieser Art stammen von Robinson aus dem Jahre 1846. In den neueren Anemometern werden nur noch drei Halbschalen verwendet. Bei geringen Windstärken arbeiten alle Geräte ungenauer, weil der Druckanteil, der zur Überwindung der Reibung im Gerät nötig ist, dann relativ zu groß wird. Die Empfindlichkeitsgrenze liegt bei ungefähr 0,7–1,5 m/s. Etwas besser sind die *Flügelrad-Anemometer,* welche nach dem Prinzip der Windmühlenflügel arbeiten. Empfindliche Konstruktionen können Windgeschwindigkeiten bis 0,5 m/s anzeigen. Für besonders schwache Luftströmungen hat man reibungslose Instrumente ersonnen, bei denen mit Hilfe der Abkühlungsgröße indirekt die Intensität der Belüftung festgestellt wird: Das elektrische *Hitzdrahtanemometer* (von L. V. King, verbessert von F. Albrecht) und das *Hillsche Katathermometer* [vgl. dazu auch Kap. II.c) 1. u. 5.]. All diese Instrumente geben aber eine Summation und Mittelbildung für eine bestimmte Zeit. Will man den wirklichen Ablauf mit seiner zeitlichen Veränderlichkeit (Böigkeit) registrieren, so muß man sich des sog. *Böenschreibers* bedienen. Es ist ein *Staurohr-Anemometer,* bei welchem der Staudruck der strömenden Luft auf der Vorderseite eines gegen den Wind gestellten, vorne offenen und mit einem Manometer verbundenen Rohres gemessen wird. Das Manometer ist mit einem Schreibgerät gekoppelt. So kann praktisch jeder Windstoß einzeln registriert, jede Struktur des Windes festgelegt werden. Das Staurohr ist mit der Windfahne starr verbunden, die es immer in Richtung gegen den Wind stellt. Versieht man die Windfahne noch mit eingebauten Schleifkontakten, so kann man deren Stellung elektrisch registrieren. Die Kombination von so arbeitender Windfahne, Schalenkreuz-Anemometer und Staudruckmesser in einem einzigen Gerät wird als *Universal-Anemometer* bezeichnet. Werden alle Daten auf Schreibtrommeln registriert, so ist es ein *Anemograph.*

Da sich die instrumentellen Messungen des Windes auf den meisten Klimastationen aus Kostengründen verbieten, wird auch heute noch in weiten Teilen die seit altersher übliche *Schätzung der Windstärke* nach einer von dem englischen Admiral Beaufort 1806 aufgestellten Skala *(Beaufort-Skala)* vorgenommen. Sie war ursprünglich 12teilig und kennzeichnet jede Stufe durch charakteristische Windwirkungen auf dem Lande bzw. auf der See. Bei der klimatologischen Auswertung von Windangaben, die auf solchen Schätzungen beruhen, muß man sich der Fehlerquellen stets bewußt sein, die mit der Windstärke wachsen. Höhere Windstärken werden im allgemeinen allzu leicht überschätzt. Exakte Messungen in Orkanen haben dazu geführt, daß man die frühere Skala von 12 auf 17 Stufen erweitern mußte. Sie hat nunmehr die folgende Einteilung (Tab. II.h) 1). (Die angeführten Geschwindig-

Tab. II.h) 1. Windstärkenskala

Beaufortgrad	Bezeichnung	Auswirkungen des Windes im Binnenlande	auf der See	Windgeschwindigkeit in m/sec	km/h	mph	Knoten (kn)
0	still	Windstille; Rauch steigt gerade empor	Spiegelglatte See	0–0,2	0–0,7	0–0,4	0–1
1	leiser Zug	Windrichtung angezeigt nur durch Zug des Rauches, aber nicht durch Windfahne	Kleine schuppenförmig aussehende Kräuselwellen ohne Schaumkämme	0,3–1,5	0,8–5,4	0,5–3,4	1–2
2	leichte Brise	Wind am Gesicht fühlbar; Blätter säuseln; Windfahne bewegt sich	Kleine Wellen, noch kurz, aber ausgeprägter. Kämme sehen glasig aus und brechen sich nicht	1,6–3,3	5,5–11,9	3,5–7,4	3–5
3	schwache Brise	Blätter und dünne Zweige bewegen sich; Wind streckt einen Wimpel	Kämme beginnen sich zu zu brechen. Schaum überwiegend glasig; ganz vereinzelt können kleine weiße Schaumköpfe auftreten	3,4–5,4	12,0–19,4	7,5–12,1	6–9
4	mäßige Brise	Hebt Staub und loses Papier; bewegt Zweige und dünnere Äste	Wellen noch klein, werden aber länger. Weiße Schaumköpfe treten aber schon ziemlich verbreitet auf	5,5–7,9	19,5–28,4	12,2–17,7	10–13
5	frische Brise	Kleine Laubbäume beginnen zu schwanken. Schaumkämme bilden sich auf Seen	Mäßige Wellen, die eine ausgeprägte lange Form annehmen. Überall weiße Schaumkämme. Ganz vereinzelt kann schon Gischt vorkommen	8,0–10,7	28,5–38,5	17,8–23,9	14–18
6	starker Wind	Starke Äste in Bewegung; Pfeifen in Telegraphenleitungen; Regenschirme schwierig zu benutzen	Bildung großer Wellen beginnt. Kämme brechen sich und hinterlassen größere weiße Schaumflächen. Etwas Gischt	10,8–13,8	38,6–49,7	24,0–30,9	19–24

7	steifer Wind	Ganze Bäume in Bewegung, fühlbare Hemmung beim Gehen gegen den Wind	See türmt sich auf. Der beim Brechen entstehende weiße Schaum beginnt sich in Streifen in die Windrichtung zu legen	13,9–17,1	[illegible]	[illegible]	[illegible]
8	stürmischer Wind	Bricht Zweige von den Bäumen; erschwert erheblich das Gehen im Freien	Mäßig hohe Wellenberge mit Kämmen von beträchtlicher Länge. Von den Kanten der Kämme beginnt Gischt abzuwehen. Schaum legt sich in gut ausgeprägten Streifen in die Windrichtung	17,2–20,7	61,7–74,5	38,4–46,3	31–37
9	Sturm	Kleinere Schäden an Häusern (Rauchhauben und Dachziegel werden abgeworfen)	Hohe Wellenberge; dichte Schaumstreifen in Windrichtung. ,,Rollen“ der See beginnt. Gischt kann die Sicht schon beeinträchtigen	20,8–24,4	74,6–87,8	46,4–54,6	38–44
10	schwerer Sturm	Entwurzelt Bäume; bedeutende Schäden an Häusern	Sehr hohe Wellenberge mit langen überbrechenden Kämmen. See weiß durch Schaum. Schweres stoßartiges ,,Rollen“ der See. Sichtbeeinträchtigung durch Gischt	24,5–28,4	87,9–102,2	54,7–63,5	45–52
11	orkanartiger Sturm	Verbreitete Sturmschäden. (Sehr selten im Binnenlande)	Außergewöhnlich hohe Wellenberge. Durch Gischt herabgesetzte Sicht	28,5–32,6	102,3–117,4	63,6–72,9	53–60
12	Orkan	–	Luft mit Schaum und Gischt angefüllt. See vollständig weiß. Sicht sehr stark herabgesetzt; jede Fernsicht hört auf	32,7–36,9	117,5–132,8	73,0–82,5	61–68
13		–	–	37,0–41,4	132,9–149,0	82,6–92,6	69–76
14		–	–	41,5–46,1	149,1–166,0	92,7–103,1	77–84
15		–	–	46,2–50,9	166,1–183,2	103,2–113,9	85–92
16		–	–	51,0–56,0	183,3–201,6	114,0–125,3	93–101
17		–	–	≧ 56,1	≧ 202	≧ 125,5	≧ 102

keitsvergleichswerte sind international empfohlene Richtwerte und gelten für eine Meßebene von ca. 6 m oberhalb der höchsten Hindernisse).

3. Windänderung mit der Höhe, Tages- und Jahresgang, Veränderlichkeit des Windes

Windänderung mit der Höhe. Aus den im vorangegangenen Abschnitt dargelegten Gründen muß die Geschwindigkeit der Luftbewegung mit der Höhe, d. h. mit wachsendem Abstand von der die Reibung bewirkenden Oberfläche, zunehmen. Da diese Ober-„fläche" in der Realität aber ein dreidimensionaler Reibungs-„raum" mit vielfältigen Variationsmöglichkeiten der Rauhigkeitsparameter ist, und da von der gleichen Oberfläche auch die thermische Schichtung beeinflußt wird, die ihrerseits wieder wichtig für Austausch und Windschichtung wird, unterliegt die Art der *Geschwindigkeitsänderung mit der Höhe* nach absoluter Größe und Änderungsbetrag pro Streckeneinheit sehr starken örtlichen Veränderungen. Die Untersuchungen über die untersten 2–3 Meter sind von Geiger (1961) ausführlich dargelegt und von Lettau (1962) sowie von Fortak (1971) auch theoretisch begründet worden.

Für die meisten praktischen Zwecke kann man oberhalb einer Wiese z. B. annehmen, daß zwischen 25 cm und 1 m eine Zunahme von rund 50% (also von 2 auf 3 oder von $3^1/_2$ auf etwas mehr als 5 m/s) und bis 2 m eine weitere Zunahme um 15–20% (von 3 auf $3^1/_2$ m/s z. B.) stattfindet. Von dann an ist der Geschwindigkeitszuwachs zwar wesentlich geringer, aber bis 500 m doch noch bedeutungsvoll. In 20 m ist der Wind wieder rund 50% stärker als in 2 m, in 100 m fast doppelt und in 500 m dreimal so stark. Gleichzeitig dreht der Reibungswind der Oberschicht zwischen 20 und, je nach den Bedingungen der Turbulenz, 500–1000 m mehr und mehr in die Richtung des geostrophischen Windes (auf der N-Halbkugel also nach rechts, auf der S-Halbkugel nach links). In der Meteorologie beschreibt man die Änderung der Windstärke und Richtung mit der Höhe in der Oberschicht mit Hilfe der *Ekman-Spirale* (s. dazu z. B. Liljequist, 1974).

Aus diesen Tatsachen der vertikalen Windveränderung wird der deutliche *Tagesgang der Windgeschwindigkeit* verständlich, den im klimatologischen Mittel die Luftbewegung weltweit aufweist. An allen Stationen nahe der Erdoberfläche ist, über längere Zeit gemittelt, die Windgeschwindigkeit während der Nacht klein. Vormittags frischt der Wind bis zu einem Maximum der Windstärke gegen Mittag auf, um dann allmählich bis zu den frühen Abendstunden wieder abzuflauen. Man nennt diesen Typ zwar den „Niederungstypus" des täglichen Ganges der Windgeschwindigkeit; doch das ist irreführend. Dieser Tagesgang mit Mittagsmaximum tritt nämlich besonders ausgeprägt in den Hochgebieten der Erde auf, wie noch darzulegen sein wird. Man muß ihn als den *„oberflächennahen Typ"* des täglichen Ganges bezeichnen. Umgekehrt tritt in den höheren Schichten oberhalb der Erdoberfläche (ab ca. 100–200 m) das Maximum nachts, das Minimum tagsüber auf. Der gebräuchliche Name „Höhentypus" mag angehen. Besser wäre *„bodenferner Typus"*.

Zwischen den gegensätzlichen Tagesgängen der unteren und oberen Luftschichten besteht ein direkter *Kausalzusammenhang über den Tagesgang des Massenaustausches* (Theorie von Espy bzw. Köppen, modifiziert von A. Wagner). Durch die höhere thermische Turbulenz der Einstrahlungszeit am Tage werden langsamere

Luftquanten aus den tieferen Schichten gegen schnellere aus den höheren ausgetauscht. Die tieferen Schichten gewinnen, die höheren verlieren entsprechend an Bewegungsenergie. Die Abschwächung der thermischen Turbulenz während der Nacht bedingt ein Absinken, Schrumpfen und Stagnieren der bodennahen Luft und eventuell die Bildung einer zähen, nächtlichen Kaltlufthaut. Der Austausch ist gering, die in der Regel größeren Windgeschwindigkeiten abseits der Erdoberfläche bleiben unbeeinflußt hoch.

Aus dem direkten Kausalzusammenhang von Windgeschwindigkeit und thermisch angeregter Turbulenz läßt sich ableiten, daß das *Ausmaß des tagesperiodischen Unterschiedes* der Windgeschwindigkeit dann und dort besonders groß sein muß, wenn und wo erstens heiteres Strahlungswetter herrscht, zweitens die Differenz zwischen Ein- und Ausstrahlung besonders groß ist, drittens von der Art der Unterlage her die Temperaturunterschiede als Folge von Ein- und Ausstrahlung sehr stark werden (Gegensatz Land/Wasser oder nackter/bewachsener Boden) und – last but not least – viertens eine deutliche Windzunahme (Windscherung) mit der Höhe oberhalb der Erdoberfläche besteht.

All diese Bedingungen superponieren sich im positiven Sinne in den *Gebirgshochebenen der Trockengebiete am Rande der Tropen* (südamerikanische Zentralanden, Tibet z.B.), wo über Mittag regelmäßig stürmische Winde aufzutreten pflegen, wie viele Reisende berichtet haben. Als direkte geomorphologische Folge müssen in diesem Zusammenhang Deflation, Dünenbildung, Staubaufwirbelung, Staubtransport, Löß in China z.B. gesehen werden. Klimatologisch betrachtet geht bei der tagsüber einsetzenden vertikalen Durchmischung mit der Erhöhung der Windgeschwindigkeit ein „Köpfen“ des Tagesmaximums der Temperatur parallel, wie es die Abb. II.h) 3 für die etwas über 4000 m hoch in der Puna der Atacama gelegene geothermische Versuchsstation am Tatio für die Zeit des höchsten und tiefsten Sonnenstandes zeigt. Bei wolkenarmem Strahlungswetter wird der rasche Temperaturanstieg kurz vor Mittag noch vor Erreichen des zwischen 14 und 15 Uhr zu erwartenden Tagesmaximums abgebrochen. Es folgen während der Zeit des höchsten Sonnenstandes im Jahr fast vier Stunden mit starkem Auf und Ab der Temperatur um ein gleichbleibendes Mittelniveau. (Das Auf und Ab ist eine Folge des Wechselns der Aufheizung bodennaher Luftschichten, des konvektiven Aufsteigens und des Durchgreifens von relativ kalten Luftmassen von oben her).

Etwas weniger kraß, aber wegen der ökologischen Folgen ebenfalls von großer Bedeutung, sind die Tagesgänge und ihre thermischen *Konsequenzen in den Hochgebirgen der feuchten Tropen.* Troll (z.B. 1959) hat in einer Reihe von Arbeiten die Ähnlichkeit der Lebens- und Wuchsformen charakteristischer Pflanzen der Páramostufe tropischer Hochgebirge mit jenen aus den Tieflandsgebieten der hochozeanischen, sturmumtobten Wiesenländer jenseits der südhemisphärischen Baumgrenze behandelt. Für eine ökologische Begründung spielt in beiden Klimagebieten der Tagesgang der Windgeschwindigkeit mit seinen direkten und indirekten Konsequenzen eine erhebliche Rolle (Weischet, 1978). Durch ihn wird nämlich nahe der Oberfläche in der wärmsten Zeit am Tage die Temperatur niedrig gehalten und gleichzeitig die Pflanzendecke den höchsten Windgeschwindigkeiten ausgesetzt. Diese Kombination ist nach Experimenten in Klimakammern eine besonders ungünstige. In den nordhemisphärischen Mittelbreiten ist das während der autochthonen Strahlungswetterlagen wesentlich anders. Abgesehen davon, daß der Wind oberhalb der bo-

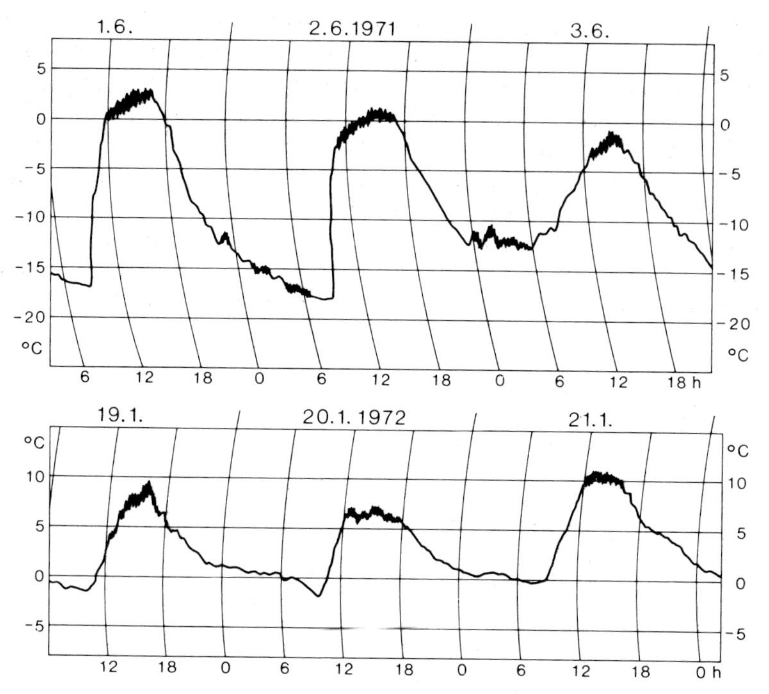

Abb. II.h)3. Einfluß der zur Mittagszeit verstärkten Turbulenz und erhöhten Windgeschwindigkeit am Boden auf die Gestaltung der thermischen Bedingung. („Köpfen" des Tagesmaximums an der Station El Tatio am Altiplanorand der Nordchilenischen Wüsten in ca. 23° S und 4000 m NN)

dennahen Reibungszone im ganzen schwächer ist, wird er während der autochthonen Wärmeperioden durch Blockierung der Westwinddrift noch besonders reduziert, (ein Unterschied, der noch zu besprechen sein wird [Kap. II.f) 4. u. IV.d)].

Ein ausgesprochener *Tagesgang in der Windrichtung* ist nicht selten. Er ist aber an tagesperiodische regionale Windsysteme (See- und Landwind, Berg- und Talwind z.B.) gebunden und wird daher zweckmäßig im Kap. VI behandelt. Ähnliches gilt vom Jahresgang der Windrichtung, der auf großräumige Zirkulationszusammenhänge zurückgeht und deshalb im nächsten Abschnitt und im Zusammenhang mit der allgemeinen Zirkulation und ihren Teilsystemen (Passate, Monsune) besprochen wird [Kap. IV. b).].

Nach der angeführten Begründung für den bodennahen und -fernen Typ des Tagesganges könnte man erwarten, daß auch im *Jahresgang der Windgeschwindigkeit* eine entsprechende Periodizität auftreten würde, da doch die einstrahlungsbedingte thermische Turbulenz im Sommer stärker, im Winter schwächer ist. Aber die genannten Tagesperioden können sich in der vorliegenden Art nur deshalb durchsetzen, weil die Luftdruckunterschiede als die für die Entstehung des Windes entscheidende Einflußgröße keine ins Gewicht fallenden tagesperiodischen Veränderungen zeigen [s. Kap. II. g) 4.]. Im Jahresgang ist das anders. Da treten in fast allen Teilen der Erde ganz erhebliche jahreszeitliche Unterschiede in den Luftdruckfeldern auf, welche entsprechende Veränderungen der Windbewegungen zur Folge haben. Im allgemeinen kann man zwar sagen, daß in der *winterlichen Jahreszeit die größeren,* in der sommerlichen die geringeren *Windgeschwindigkeiten* auftreten, doch gibt es eine Reihe wichtiger Abweichungen und Ausnahmen von dieser Regel. Sie werden sich im Zusammenhang mit der Besprechung der allgemeinen Zirkulation ergeben [s. Kap. IV]. Eine in der Klimageographie wenig beachtete, für den erheblichen Unterschied des Mittelbreitenklimas auf der N- und S-Halbkugel aber sehr bezeichnende und für die Nutzungsmöglichkeiten der betroffenen Lebensräume *folgenschwere Abweichung* sei anhand der Anemoisopletendarstellungen von Hamburg (Küstenlage in 53° N) und Punta Arenas (an der Magellanstraße in 53° S) aufgezeigt (Abb. II.h) 4 und 5). In Hamburg weisen – wie überall im zyklonalen Westwindklima der nordhemisphärischen Mittelbreiten – die Übergangsmonate vom Herbst zum

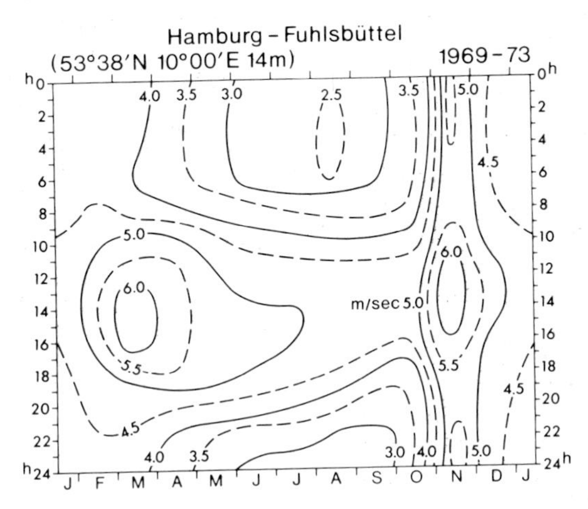

Abb. II.h)4. Tages- und Jahresgang der Windgeschwindigkeit in Hamburg (in Anemoisoplethendarstellung. Die Werte wurden vom Deutschen Wetterdienst zur Verfügung gestellt). Charakteristisch ist für die hohen Mittelbreiten der Nordhalbkugel das Frühjahrs- und Herbstmaximum

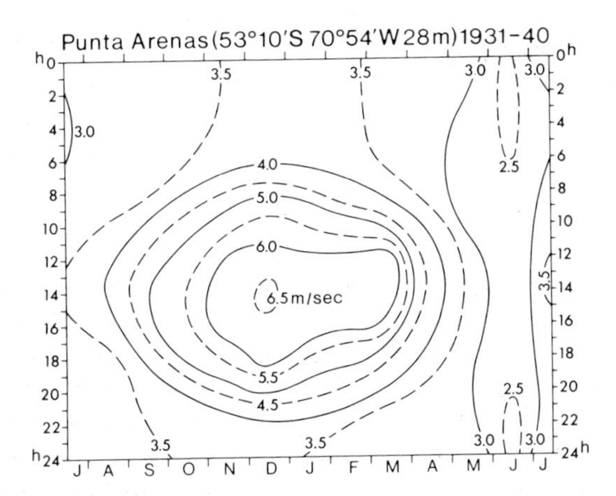

Abb. II.h)5. Tages- und Jahresgang der Windgeschwindigkeit in den hohen Mittelbreiten der Südhalbkugel mit dem charakteristischen Sommermaximum. (Werte aus Re, 1945)

Winter (November) und vom Winter zum Frühling (Februar/März) die höchsten Windgeschwindigkeiten auf. Hoch- und Spätsommer (Juli bis September) bilden die windschwache Jahreszeit. In dem entsprechenden *Westwindgürtel der Südhemisphäre* hingegen wehen ausgerechnet im Sommer die Westwinde am stärksten. Das hat für weite Teile die Konsequenz, daß die thermischen Bedingungen während des Sommers sehr viel ungünstiger gestaltet sind als auf der N-Halbkugel und so z. B. ein Getreidebau in geographischen Breiten ausgeschlossen ist, welche auf der N-Halbkugel denjenigen von Mittelitalien entsprechen (Weischet, 1968). Die hohen Windgeschwindigkeiten hängen mit einer hohen Zyklonenfrequenz und einer äußerst seltenen Unterbrechung der Zonalzirkulation durch Blockierung der Westwinddrift zusammen (Van Loon, 1956 u. 1974). Barkow (1924) hat bereits auf die hohe Zyklonenfrequenz und die damit zusammenhängenden Luftdruckschwankungen in einer mittleren Periode von ca. 4 Tagen, Meinardus (1928) auf die hohe Verlagerungsgeschwindigkeit von Zyklonen im Winter wie im Sommer hingewiesen. Nach Lamb (1958, 1959) ist die Intensität der Zyklonen im Jahresmittel 1,6 mal größer als auf der N-Halbkugel und selbst die Zyklonen des Sommers sind in der Regel noch häufiger und stärker als die nordhemisphärischen des Winters.

Mit diesem Beispiel kann man die allgemeine Erfahrung belegen, daß in den Außertropen der Jahresgang der Windgeschwindigkeit im wesentlichen vom Jahresgang der Zyklonentätigkeit gestaltet wird. Daraus folgt wieder, daß mit der jahreszeitlichen Veränderung der Windgeschwindigkeit auch eine starke kurzzeitliche Variabilität nach Stärke und Richtung verbunden sein muß. Darauf wird auch im Zusammenhang mit der allgemeinen Zirkulation zurückzukommen sein.

Die *winterliche Verstärkung der tropischen Ostströmung* der Passatregionen ist eine Folge der Verstärkung des Druckgegensatzes zwischen suptropisch-randtropischen Hochdruckgebieten und der äquatorialen Tiefdruckrinne. Als Begründung war in Kap. II. g) 3. abgeleitet worden, daß der subtropisch-randtropische Hochdruckgürtel sich im Winter der jeweiligen Halbkugel unter Verstärkung etwas äquatorwärts verlagert. Folge der intensiveren Passatzirkulation ist eine *Verstärkung des Staueffektes* an den vom Passat betroffenen Küsten und Luv-Seiten der Passatinseln. In diesen Gebieten pflegen – ganz im Gegensatz zu den anderen Teilen der Tropen – in den Monaten mit relativ niedrigem Sonnenstand die häufigsten und ergiebigsten Regen aufzutreten.

Bezüglich der *Veränderlichkeit des Windes* in der Zeit gibt es sehr große Unterschiede je nach der physikalischen Natur der Unterlage und der Lage in den Zirkulationsgürteln. Im Bereich der zyklonalen außertropischen Westwinddrift zeigt die spektrale Verteilung der Schwankungsperioden (Fortak, 1971, S. 83) zwei deutliche Maxima: Das eine bei ca. 1,2 Min., welches die kleinräumigen Turbulenzen repräsentiert, das andere bei rund 4 Tagen als Ergebnis der großräumigen synoptischen Störungen. Über den tropischen Ozeanen hingegen ist die Variabilität im ganzen wesentlich geringer. Eine kurzfristige Veränderlichkeit mit einer Periodenlänge von ungefähr 7 Min. ist nur im Zusammenhang mit Schauerwetterlagen anzutreffen, eine langfristige liegt mit bescheidenem Maximum bei rund einer Woche. All das sind charakteristische Hinweise auf die große Wetterhaftigkeit des Klimas in den zyklonalen Mittelbreiten bzw. den regelmäßigen, störungsschwachen Ablauf in den Tropen, besonders über den tropischen Ozeanen.

Die absolute Schwankungsweite der in der A. festgestellten Windgeschwindigkeiten reicht von 0 bis rund 150 m/s. *Extremwerte* dieser Größenordnung treten nicht selten im Bereich der Strahlströme nahe der Obergrenze der Troposphäre auf.

In Bodennähe ist außerhalb von Tornados eine Spitzenböe von 103 m/s (231 mph) im April 1934 am Mt. Washington, in Jan Mayen 1933 eine solche von 84 m/s gemessen worden. Im 5-Minuten-Mittel wurden bei gleicher Gelegenheit am Mt. Washington 188 mph registriert. Diese Station weist ein Jahresmittel von 35 mph (nicht ganz 15 m/s) auf. Den Rekord des Jahresmittels hält eine Station auf Adelieland in der Antarktis mit 19 m/s.

In tropischen Zyklonen treten normalerweise Windgeschwindigkeiten von 100–150 mph, zuweilen auch von 200 mph auf. Im Zentrum von Tornados rechnet man mit 200–500 mph.

Normale Werte des Jahresmittels betragen in Binnenländern 3–4 m/s, an windigen Küsten um 6 m/s (vgl. auch Riordan, 1970 und Liljequist, 1974).

4. *Windverteilung auf der Erde*

Die regionale Verteilung des Windes auf der Erde nach Richtung, Stärke und Beständigkeit bzw. Variabilität hat einerseits vielfältige klimatologische Verknüpfungen und andererseits erhebliche Bedeutung für verschiedene geographische Sachverhalte. Im Zeitalter der Segelschiffahrt war sie geradezu entscheidend für den Gang der Entdeckungen, der nachfolgenden Erschließung und für die Lage der Weltverkehrswege. Dabei haben vor allen Dingen die Passatregionen eine erhebliche Rolle gespielt. In der Gegenwart zeigt zwar der moderne Ozeanschiffsverkehr keine sonderlich große Abhängigkeit von den Windverhältnissen mehr, dafür haben die Höhenwinde eine zunehmende Wichtigkeit für die Luftfahrt erlangt. Vor allen Dingen die Strahlströmungen vermögen als Schubströmungen ebenso nützlich wie als Gegenströmung hinderlich zu sein, so daß je nach ihrer Lage oft erhebliche Kursveränderungen im modernen Luftverkehr eingeplant werden. Die ökologische Bedeutung ist im voraufgegangenen Abschnitt kurz angesprochen worden; im speziellen Zusammenhang der Windschäden und Klimamelioration s. Kap. II.h) 6. bzw. VIII.a). Für die Energiewirtschaft gewinnt die Frage der Nutzbarmachung der Windkraft wieder mehr und mehr an allgemeinem Interesse, nachdem die einfachen Methoden der Vergangenheit (Windmühlen, Windmotore in abgelegenen Gegenden z. B.) überholt waren (s. dazu Putnam, 1948; Golding, 1955; Reed, 1974; Hewson, 1975).

Weil die Frage der Windverteilung bei der Besprechung der allgemeinen Zirkulation [Kap. IV] noch einmal behandelt werden muß, seien hier nur einige Grundzüge hervorgehoben. Da der Wind kausal mit dem Luftdruckgefälle verbunden ist, wozu dann die bereits erwähnten übrigen Kräfte treten, besteht eine strenge *Koinzidenz zwischen klimatologischen Luftdruck- und Windverteilungskarten.* In großen Zügen treten in Gebieten mit weit auseinanderliegenden Isobaren relativ geringe, in solchen mit eng gescharten dagegen höhere Windgeschwindigkeiten auf, wobei allerdings der erhebliche Breiteneinfluß über die Corioliskraft zu berücksichtigen ist [s. Kap. II.h) 1.]. Da ferner die Reibung an der Erdoberfläche die Windgeschwindigkeit bremst, ist über den Meeren, in der freien A. ganz allgemein sowie an freien Gipfeln und auf ausgedehnten Hochebenen im Gebirge die Windbewegung stärker als über dem Binnenland nahe der Erdoberfläche. Küsten- und Inselklimate sind daher durchweg windiger als Binnen- oder gar Talklimate, sofern nicht ihre Lage im Bereich häufiger Hochdruckkerne Windstillen begünstigt (Azoren, Bermudas) und dann allenfalls nur das tägliche Seewindphänomen im Küstenbereich aufkommen läßt. Andererseits können auch im Binnenlande Ausnahmen auftreten, sei es, daß eng begrenzte Sturmwirbel oder gar Tornados, wie im Innern Nordamerikas, im Binnenlande entstehen (aber dann in der Regel nicht sehr langlebig sind), oder daß im Bergland orographische Einflüsse nach Art eines Düseneffektes lokal enger begrenzte hohe Windstärken bedingen (z.B. Föhngassen in Alpenquertälern, Mistral im Rhônetal).

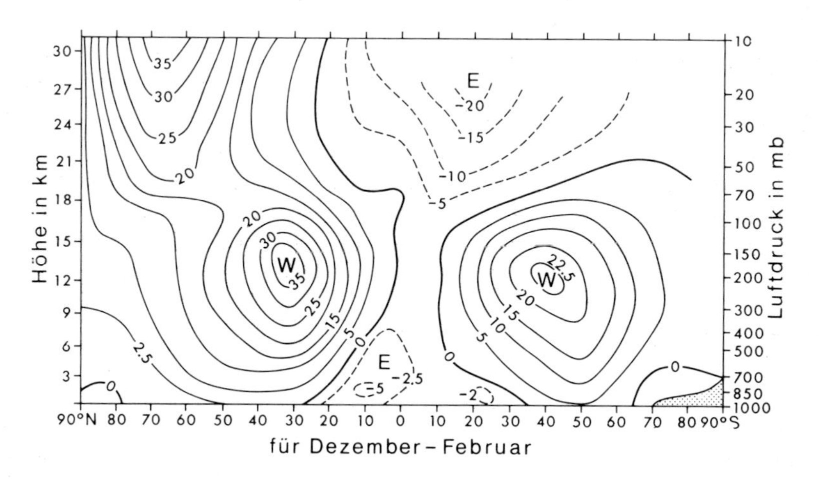

Mittlere zonale Windgeschwindigkeit
(nach Newell, Kidson, Vincent and Boer)

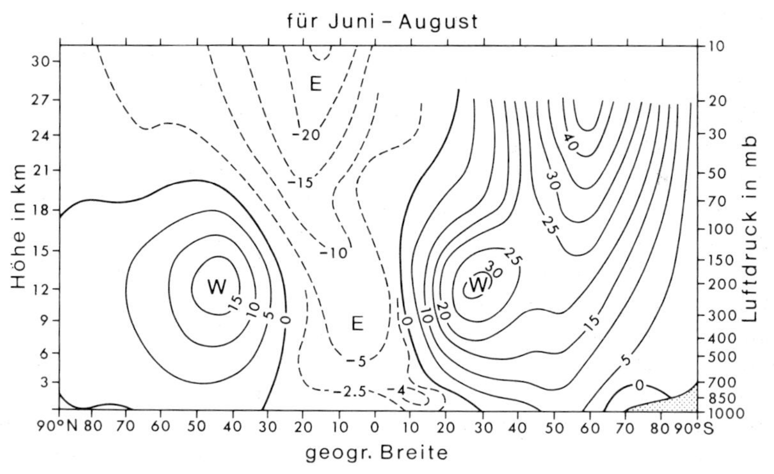

Abb. II.h)6. Meridionalprofile der mittleren zonalen Windgeschwindigkeit im Dezember bis Februar bzw. Juni bis August. (Nach Newell, Kidson, Vincent and Boer, 1976)

Die Windgürtel der Erde. Im planetarischen Maßstab gesehen weist die A. *zwei außertropische* (ektropische) *Westwindgürtel und eine tropische Ostwindzone* auf (Abb. II.h) 6). Alle drei Windsysteme reichen vom Boden bis in die untere Stratosphäre. Die höchsten mittleren Windgeschwindigkeiten werden in den obersten Teilen der Troposphäre in ca. 12 km Höhe über den subtropischen Breiten (30–40°) erreicht. Über den *Polargebieten* ist in Bodennähe zusätzlich eine *seichte Ostströmung* mit geringer mittlerer Stärke ausgebildet.

Die *ektropischen Westwindgürtel* der N- und S-Halbkugel zeichnen sich durch einige bemerkenswerte Unterschiede aus. Derjenige der *N-Halbkugel* (= Landhalbkugel mit Polarbecken) zeigt eine deutliche jahreszeitliche Veränderung nach Stärke und Lage. Im Sommer ist die ganze Zirkulation nur ungefähr halb so stark wie im Winter, und zwar sowohl in der Höhe als auch am Boden, und bleibt außerdem auch in der Höhe auf die Ektropen beschränkt. Derjenige der *S-Halbkugel* (= Wasserhalbkugel mit antarktischem Eiskontinent) ist Sommer wie Winter fast gleich stark, reicht in der Höhe ganzjährig bis weit in die strahlungsklimatischen äußeren Tropen, also bis über die Hochländer der Zentralanden z. B., und setzt sich in den hohen Mittelbreiten zwischen 45 und 60° S sogar im Sommer mit höheren Windgeschwindigkeiten bis zur Erdoberfläche durch als im Winter. So ergeben sich beispielsweise für die Breiten zwischen 40 und 60° S im 1000 – und 800 mb-Niveau (am Boden bzw. in 1500 m Höhe) nach Newell et al. (1976) folgende Unterschiede der mittleren Westwindgeschwindigkeiten auf der Nord- und Südhalbkugelhemisphäre.

		Nordhalbkugel			Südhalbkugel		
		40°	50°	60°N	40°	50°	60°s
1000 mb	Dez.–Febr.	2,0	1,4	0,7 m/s	1,8	4,5	2,0 m/s
(Meeresniveau)	Juni–Aug.	1,0	0,9	0,4 m/s	1,0	1,7	0,7 m/s
850 mb	Dez.–Febr.	5,8	5,5	3,0 m/s	4,2	3,3	2,2 m/s
(~ 1500 m Höhe)	Juni–Aug.	2,5	3,7	1,9 m/s	3,8	5,6	3,7 m/s

In *50° S* herrscht *im Mittel der Sommermonate* (Dez.-Febr.) auf der Südhalbkugel mit 4,5 m/s eine *5 mal größere Windgeschwindigkeit* als in den jahreszeitlich entsprechenden Monaten Juni bis August auf der Nordhemisphäre. Nach Jenne, van Loon, Taljaard und Crutcher (1968) soll das Mittel für 50° S sogar über 10 m/s betragen. Das mag überschätzt sein. Die o. a. 4,5 m/s sind aber möglicherweise auch unterschätzt. Der Grund für die bemerkenswerte Differenz ist das große und ganzjährig wirksame Temperatur- und Druckgefälle zwischen den randlichen Tropen und der extremen Kältesenke über der Antarktis. Im Polarbecken der Nordhalbkugel tritt im Sommer eine merkliche Milderung der Kälte bei teilweisem Abschmelzen der Eisdecke ein. Die Konsequenzen dieses Unterschiedes bestimmen zu einem erheblichen Teil den Unterschied im natürlichen Zustand und den Nutzungsmöglichkeiten der breitenmäßig entsprechenden Lebensräume auf den beiden Halbkugeln.

Die *tropische Ostwindzone* weist wesentlich geringere Windgeschwindigkeiten als die ektropischen Westwindgürtel auf. Sie dehnt sich während der nordhemisphärischen Sommermonate bis in Breiten von 20 bis 30°N aus. Die größten Windgeschwindigkeiten in Bodennähe ergeben sich im Winter der jeweiligen Halbkugel zwischen 10 und 15°. Es sind das die Bereiche der stärksten Passate.

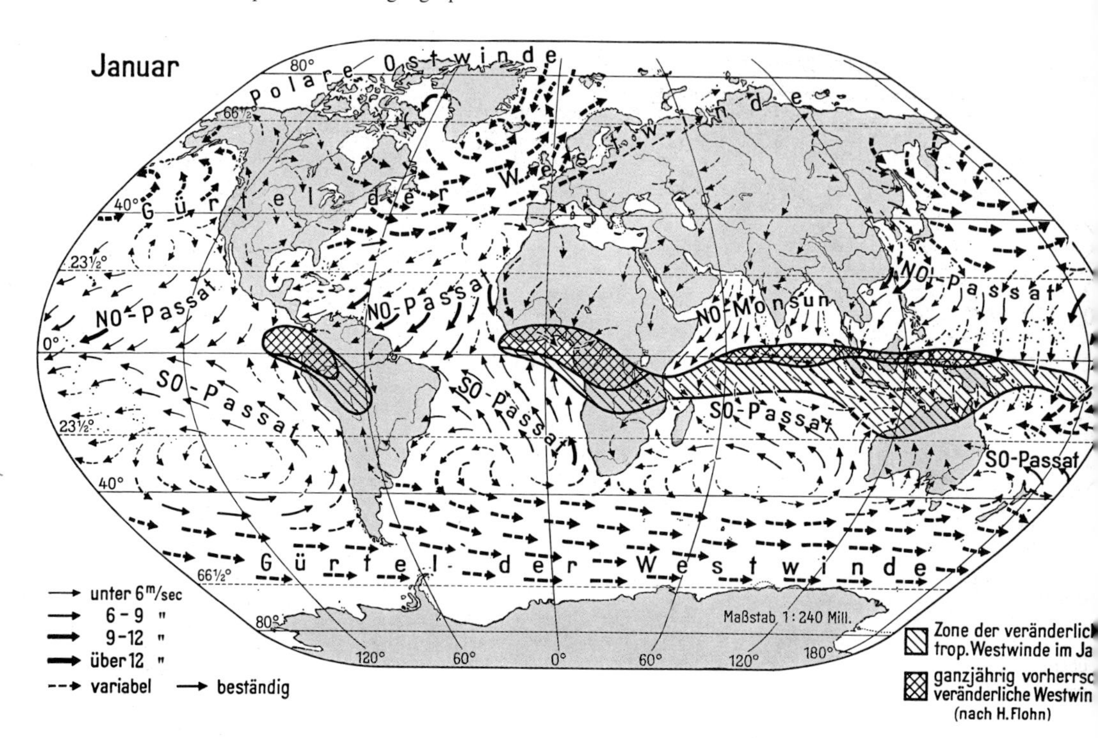

Abb. II.h)7. Karte der mittleren Windverteilung auf der Erde im Januar. (z. T. nach Sydow-Wagners Method. Schulatlas, bearb. v. H. Haack u. H. Lautensach)
Die Darstellung zeigt außer Windrichtung und -stärke auch die Beständigkeit an, die besonders bei der passatischen Zirkulation beider Halbkugeln hervortritt

Die in den Meridionalschnitten angegebenen zonalen Windsysteme sind das Ergebnis planetarischer Mittelbildung. In der Realität der regionalen Differenzierung auf der Erde müssen die horizontalen Windsysteme (s. Abb. II.h) 7 und II.h) 8) den Energie- und Wärmeaustausch zwischen den niederen und höheren Breiten bewerkstelligen. Im Zuge der tropischen Ostströmung geschieht das vorwiegend durch meridionale Komponenten, die ebenso permanente Erscheinungen wie die östlichen Strömungen selbst sind (Passate z. B.). In den außertropischen Westwinddriften dagegen vollzieht sich der Austausch durch Wirbelbildung. Dadurch sind die Westwinddriften gleichzeitig die Gebiete extremer Veränderlichkeit von Windrichtung und -stärke, selbst in kleinen Zeiträumen. Zwar herrscht im Mittel eine west-östliche Luftversetzung vor, jedoch bedingen die Tiefdruckwirbel ebenso wie zwischengeschaltete Hochdruckzellen oder -keile häufige Abweichungen sowohl nach der Richtung wie der Stärke. Über den Festländern ist die Windgeschwindigkeit wegen der Reibung und geringerer Luftdruckgegensätze im allgemeinen wie erwähnt gering, und stürmische Winde gehören hier zu den Ausnahmen. Sie können allerdings, wie die Tornados der Mississippiebene beweisen, deswegen nicht weniger heftig sein, ja sogar lokal eng begrenzte Höchstwerte erreichen, die die tropisch-maritimer Wirbelstürme noch übersteigen. Die mittleren Verhältnisse zeigen davon allerdings nichts. Vielmehr werden die *nordatlantischen* und *nordpazifischen Tiefdruckzentren,* besonders auf ihrer Südostflanke, von *hohen Windstärken aus SW bis W* begleitet,

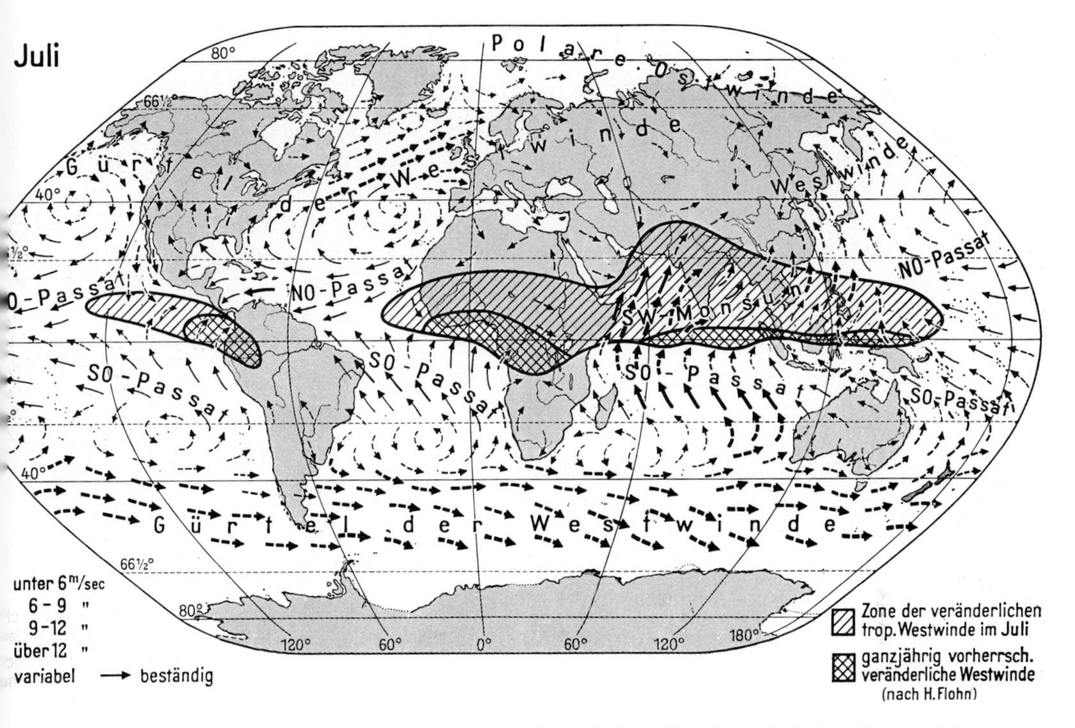

Abb. II.h)8. Karte der mittleren Windverteilung auf der Erde im Juli. (z. T. nach Sydow-Wagners Method. Schulatlas. bearb. v. H. Haack u. H. Lautensach)
Im Juli ist die größte Beständigkeit ebenfalls auf die Passatgebiete und außerdem auf Teile des SW-Monsuns Südasiens beschränkt. Die Windstärke ist in diesem Monat auf der Nordhalbkugel entsprechend den schwächeren Druckgradienten auffallend geringer

namentlich im Winter, wenn das Luftdruckgefälle und die Vorticity ihr größtes Ausmaß erreichen. Im Sommer nimmt die Windstärke allenthalben auf der Nordhalbkugel fühlbar ab, auch auf den Meeren, wo lediglich das Seegebiet ostwärts von Kap Hatteras bis zu den Britischen Inseln stärkere Winde aufweist.

Auf der *Südhalbkugel* liegen die Verhältnisse insofern einfacher, als die Zone der *„roaring forties“* bzw. *„roaring fifties“*, der „brüllenden Vierziger“ bzw. „-Fünfziger“ zwischen 40 und 60° S, ganzjährig hohe Windstärken aufweist, die im allgemeinen nur kurzfristig zwischen den rasch aufeinanderfolgenden Zyklonen abflauen und weit stärker auf westliche Richtungen konzentriert sind, als dies auf der Nordhalbkugel der Fall ist. Da die entsprechende Breitenzone fast ganz vom circumantarktischen Meere eingenommen wird, ergibt sich auch keine festlandsbedingte Unterbrechung, von der schmalen Südspitze Südamerikas abgesehen. In der Zeit der Segelschiffahrt und vor Eröffnung des Panamakanals bedeutete die notwendige Umfahrung von Kap Hoorn in diesen stürmischen Breiten eine empfindliche Beeinträchtigung und Gefährdung des Verkehrs.

Gegenüber den starken, wenn auch richtungsvariablen Westwinden sind die *Passate der Tropenzone* (Abb. II.h) 9) durch erstaunliche Richtungskonstanz und relativ gleichbleibende Stärke ausgezeichnet, wie die nachfolgende Jahrestabelle der vorherrschenden Richtungsprozente auf Barbados (Westindien) zeigt:

	I	II	III	IV	V	VI	VII	VIII	IX	X	XI	XII	Jahr
N+NE+E %	97	97	98	95	98	99	97	93	85	91	97	99	96

Die „Zuverlässigkeit“ des in den subtropischen Antizyklonen wurzelnden Passates machte ihn zu dem beliebtesten Fahrtwind – daher der Name –, den möglichst lange auszunutzen selbst Umwege in Kauf genommen wurden. Die Passate sind am kräftigsten auf den Meeren in den äußeren Tropen beider Halbkugeln. Die Wurzelzonen der Passate liegen jeweils auf der Äquatorseite der Kerne der subtropisch-randtropischen Antizyklonen über den Ostteilen der tropischen Ozeane. Dort dominieren Windstillen und sehr schwache nördliche Winde. Am äquatorialen Rande des Passatgürtels treten gewisse Richtungsschwankungen durch den Einfluß von „easterly waves“ auf. Aufgehoben wird die Richtungs- und Geschwindigkeitskonstanz erst im *äquatorialen Gürtel der Kalmen, Mallungen oder Doldrums.* Sie sind verknüpft mit der äquatorialen Tiefdruckrinne. Die Unbeständigkeit rührt daher, daß die Winde im wesentlichen die Konsequenz lokaler Luftdruckunterschiede im Zusammenhang mit dem konvektiven Witterungsgeschehen, der Entstehung von Schauer- oder Gewitterwolken, sind.

Die jahreszeitliche, sonnenstandbedingte Verschiebung der Zonen gleichen Windregimes, die in der Klimatologie eine so große Rolle spielt und noch mehrfach herangezogen werden muß, führt in den jeweiligen Randgebieten zu einem *jahreszeitlichen Wechsel der vorherrschenden Windrichtungen,* der von einigen Autoren (z. B. Alissow, Flohn) generell als monsunaler Wechsel bezeichnet wird, gleichgültig ob über dem Festland oder über dem freien Meer und ohne Rücksicht auf die Genese. Da auf die Frage des Monsuns ausführlich noch später eingegangen wird [Kap. IV.c)], mag es hier mit bloßem Anführen solcher jahreszeitlicher Windwechsel sein Bewenden haben. Sie sind für das äquatorwärtige Randgebiet des *subtropischen Winterregenklimas* (des sog. Mittelmeerklimas) mit dem Alternieren von winterlicher Westwinddrift und sommerlicher Zeit umlaufender Winde ebenso zutreffend wie für den äquatorialen Rand der nordafrikanischen Trockenzone, wo der winterliche *Harmatan* vom sommerlichen SW-Monsun abgelöst wird, und ganz besonders natürlich für den klassischen Bereich des eigentlichen *Monsuns in Süd- und Ostasien.* Aber all diese alternierenden und weder nach Richtung oder nach Stärke überall und immer sehr konstanten Winde haben jeweils ganz verschiedene Ursachenkomplexe, so daß das Wort Monsun im Sinne derartiger statistisch belegter Windwechsel nurmehr einen äußerlichen formalen Wert besitzt. [Über die Problematik vgl. Kap. IV.c)].

Zusammenfassend muß man hinsichtlich der Verteilung der Winde unterscheiden einerseits zwischen denjenigen Winden und ihren Eigenschaften, die für bestimmte Zirkulationsgürtel typisch sind und deren Verteilungsgrundzüge im Vorstehenden kurz behandelt wurden, und andererseits den aus Einflüssen der Erdoberfläche, dem Wechsel der Land- und Meerverteilung, den Höhenverhältnissen, jeweils in Kombination mit dem Wärmehaushalt, dem Tagesgang und der Breitenlage, resultierenden Lokalwinden und Windsystemen, die im nachfolgenden Kapitel besprochen werden.

5. Lokale Winde und lokale Windsysteme

Tagesperiodische Winde. Unter den zahlreichen regional bzw. lokal begrenzten Luftströmungen, die eigene Windnamen führen (vgl. die von Biel 1944 angeführten Winde des Mittelmeergebietes, die ausführliche Zusammenstellung von Schamp, 1964, oder die Auflistung im Lexikon der Geographie) bilden die *tagesperiodischen Ausgleichswinde* eine besondere Gruppe.

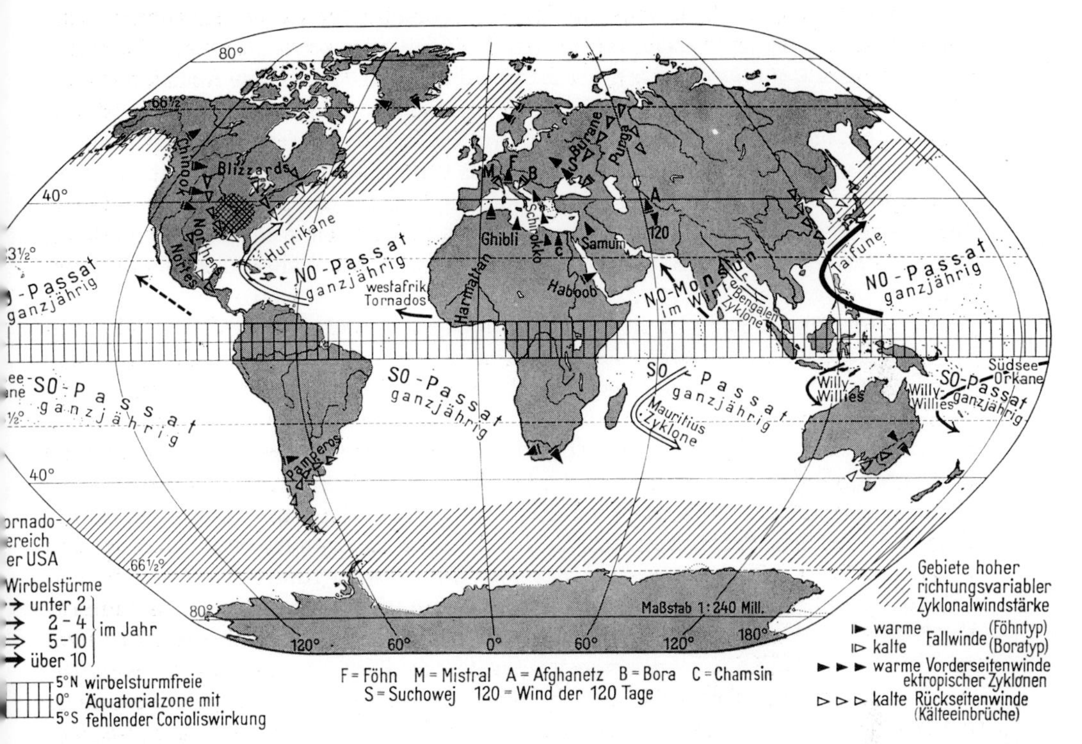

Abb. II.h)9. Karte der wichtigsten Lokalwinde und Stürme sowie der Passate
Die eingetragenen Bahnen der tropischen Wirbelstürme stellen vereinfachende Schematisierungen dar, die im Einzelfalle stark vom mittleren Bild abweichen können. Über Südasien ist nur der winterliche, mit dem NE-Passat identische NE-Monsun eingetragen. Er wird im Sommer von dem entgegengesetzt gerichteten SW-Monsun abgelöst

Der *Land- und Seewind* stellt das Urbild einer thermischen Tageskleinzirkulation dar, das lange Zeit das Muster für die Erklärung der großräumigeren, halbjährig umkehrenden Monsunzirkulation abgegeben hat. An vielen Küsten der Erde, insbes. in den strahlungsreichen Subtropen und Tropen, weht vom späten Vormittag bis kurz vor Sonnenuntergang am Boden eine steife Brise von See her landeinwärts *(Seewind)*, die gegen Sonnenuntergang abflaut und während der zweiten Nachthälfte von etwas schwächerem Wind vom Land aufs Meer hinaus abgelöst wird *(Landwind)*. Ursache ist die stärkere Heizwirkung während der Einstrahlungszeit bzw. die größere Abkühlung während der nächtlichen Ausstrahlung über Land. Nach Sonnenaufgang wird im Laufe des Vormittags das Land stärker erhitzt als die Wasserfläche des Meeres, wo die einkommende Energie durch Konvektion auf eine größere Wassermasse verteilt und teilweise für die Verdunstung verbraucht wird. Die Folge ist eine ungleich stärkere Erwärmung und damit „Auflockerung" der Luft sowie eine Anhebung der Isobarenflächen über dem Festland [Begründung s. Kap. II.g) 2.]. Daraus resultiert in der Höhe tagsüber ein ablandiger Wind *(oberer Landwind),* der über dem Festland einen Massenverlust und Druckfall am Boden, über dem Meer einen relativen Massengewinn und Druckanstieg hervorruft. Das wiederum hat in den Schichten unmittelbar über der Erdoberfläche eine Ausgleichsströmung zur Folge, die als Seewind kühlere Seeluft auf das Land verfrachtet. Aus dem Mechanismus wird verständlich, daß der Seewind am Boden nicht schon nach Sonnenaufgang, sondern erst am späten Vormittag einsetzt. In den Tropen mit ihrer annähernd gleichbleibenden 12stündigen Tageslänge pflegt das nicht vor 10 Uhr einzutreten, in den Subtropen und Mittelbreiten liegt der Termin wegen des frühen Sonnenaufganges im Hochsommer z.T. etwas früher. Wexler (1946) gibt sein Einsetzen allgemein als 3 Std. nach Sonnenaufgang und sein Aufhören 2 Std. vor Sonnenuntergang an. Zuweilen geht dem eigentlichen Seewind ein enger begrenzter *Strand-Seewind* („kleiner Seewind" nach Conrad) voraus. Während das vormittägliche Umspringen relativ abrupt und mit hoher Beständigkeit vor sich geht – bei schwachem ablandigem Gradientwind kann es zusammen mit einer gewissen Verspätung geradezu Kaltfrontböencharakter annehmen –, dehnt sich das Ende am späteren Nachmittag über einen längeren Zeitraum bis Sonnenuntergang aus, wobei auch die Richtungsbeständigkeit nachläßt. In den Nachtstunden kehrt sich wegen der stärkeren Abkühlung der Landoberfläche die Zirkulation um (*oberer Seewind* und unterer Landwind), doch sind die Bewegungsgrößen im Landwind wesentlich geringer. Das liegt daran, daß die nächtliche Abkühlung nur eine Schicht von 300–500 m erfaßt, die Heizung tagsüber sich dagegen bis 1000 oder 1500 m auswirken kann. Der Landwind mag 2–3 Std. nach Sonnenuntergang zum ersten Mal bemerkbar werden, seine intentivste Ausbildung erreicht er am kühlen Morgen, kurz vor Sonnenaufgang. Die *Ungleichheit von See- und Landwind* ist im Hochsommer der mittleren und höheren Breiten wegen der polwärts abnehmenden Länge der Nacht besonders auffällig. Dieser Unterschied zwischen den beiden Zirkulationsgliedern macht sich auch in der *vertikalen Mächtigkeit* und in der *horizontalen Reichweite* bemerkbar: in unseren Breiten erreicht der Seewind maximal 500 m Mächtigkeit, meist nur 200 bis 300 m, in den Tropen 1–2 km, der Landwind aber nur etwa ein Drittel davon. Die Reichweite des Seewindes landeinwärts beläuft sich bei uns auf etwa 20–30 km (in den Tropen auf 50–65, ja sogar 100 km), die des Landwindes seewärts kaum mehr als 9 km. In England wurden 10–15 km beobachtet.

In den *Subtropen* mit ihrer zumindest im Sommer ungehemmten Insolation bei vorwiegend antizyklonalen Witterungsverhältnissen ist das See-Landwind-Phänomen ungemein charakteristisch, regelmäßig und beständig sowie von größerer Mächtigkeit (1000–1600 m) und Reichweite. Der Seewind, der hier bis zu einer steifen Brise, ja bis zu Sturmesstärke anschwellen kann, gestaltet das Klima subtropischer Hafenorte für den Menschen erträglich, weil durch ihn der steile mittägliche Temperaturanstieg gekappt und durch seine ventilierende Wirkung die Hauttemperatur gesenkt wird. Im gesamten Mittelmeergebiet spielt er klimatisch eine wichtige Rolle. An der katalanischen Küste tritt der Seewind, hier *marinada* genannt (nach Fontseré, 1920), bereits Anfang März an 31%, Anfang Juni an 82%, Ende Juli an 91% und Ende Oktober immer noch an 35% aller Tage auf.

Im subtropischen trockenen *Vorderindien* (Station Karachi) ist die Insolation auch im kühlsten Monat noch so stark, daß der Seewind selbst im Oktober/November noch 8 bis 9% Häufigkeit erreicht, um dann von Mai bis September auf volle 100% anzusteigen, m. a. W. täglich aufzutreten. Seine Mächtigkeit beträgt nach Ramanathan (1931) mindestens 1000–1500 m, während des sommerlichen Maximums sogar 2000 m, und seine Stärke (nach Kimble, 1946) 8–10 Knoten, im Maximum 15 Knoten. Jedoch muß hier hinzugefügt werden, daß der sommerliche Seewind der Westküste Indiens mit dem normalen Gradientwind die Richtung gemeinsam hat bzw. nur wenig von ihm abweicht, daher oft nur als zusätzlicher, verstärkender Effekt spürbar ist, dagegen der Landwind unterdrückt wird. In der Trockenzeit des indischen Winters ist es dann umgekehrt, wenn die durchschnittliche Luftbewegung ablandig ist und sich der Seewind nur selten dagegen durchsetzen kann. Dafür gibt der Seewind von Senegambien (Abb. II.h) 10) mit seiner Verspätung auf den Nachmittag ein gutes Beispiel. Er muß hier den ihm entgegen wehenden Nordostpassat überwinden, was nicht nur verspätet, sondern z. T. auch erst in mehreren Etappen (vgl. die Kurve des 9. Februar in Abb. II.h) 10) gelingt.

Eine Schilderung der dabei auftretenden Witterungserscheinungen entnehmen wir der gleichen Quelle (nach J. v. Hann: Handb. d. Klimatol. I, 1908, S. 154): „Der vorherrschende Wind war der NE, während seiner Dauer steigen die Temperatur und Trockenheit rasch, nach Mittag kommt die Seebrise, die aus NW weht, die Temperatur erniedrigt und die Feuchtigkeit

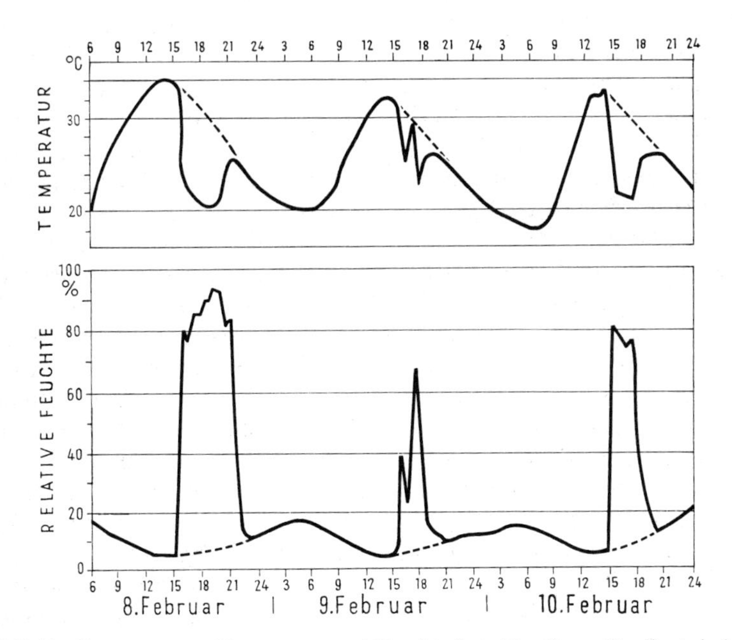

Abb. II.h) 10. Tagesgang von Temperatur und Feuchte bei ablandigem Gradientwind und Seewind in Joal an der Küste von Senegal, Westafrika. (Nach G. Bigourdan: Comptes rendus, Acad. des Sciences, Bd. 118, Paris 1894, S. 1201; vgl. Hann-Knoch: Handb. d. Klimatol., 1932, S. 166)
Die gerissenen Kurvenstücke deuten den Verlauf an, wie er ohne Dazwischentreten des Seewindes zu erwarten wäre. Die Verspätung des Aufkommens des Seewindes ist dadurch bedingt, daß er sich gegen den Gradientwind durchsetzen muß. Der nächtliche Landwind, der mit dem Gradientwind zusammenfällt, beeinflußt die Kurven nicht

steigen macht. Sie wird von den Einwohnern mit Ungeduld erwartet, dringt aber nicht weit ins Innere des Landes vor und pflanzt sich nur mit sehr geringer Geschwindigkeit fort.

„Wenn die Seebrise vom offenen Ozean her sich naht, so ändert sie die Orientierung der Wellenzüge und damit die Färbung des Meeres, das von der Sehlinie nahezu tangiert wird.

„Man kann diese Trennungslinie bis auf eine Distanz von 2 bis 3 km deutlich sehen. Es dauert nun öfter eine halbe Stunde, bis die Brise die Küste erreicht, dies gibt für die Geschwindigkeit des Fortschreitens des Seewindes 6 km in der Stunde. Es erklärt dies auch die schwache Fortpflanzung der Seebrise ins Innere des Landes.

„In der Nacht und am Morgen weht der NE-Wind und bringt frische Luft. Sowie aber die Sonne erscheint, erwärmt sich die Luft durch die Berührung mit dem heißen Boden, und das Thermometer steigt sehr rasch. Wenn der Eintritt der Seebrise sich bis gegen 2 bis 3 Uhr verzögert, so kann man die Temperatur bis 40 °C steigen sehen; öfter jedoch tritt der Seewind vor Mittag ein, und dann überschreitet das Temperaturmaximum nicht 28° bis 30 °C.

„Die Temperaturabnahme beim Eintritt des Seewindes ist außerordentlich rasch, so rasch, daß das registrierende Thermometer derselben nicht folgen kann, und um mehrere Grade zurückbleibt. Die Feuchtigkeit steigt im Gegenteile ebenso rasch, als die Temperatur sinkt."

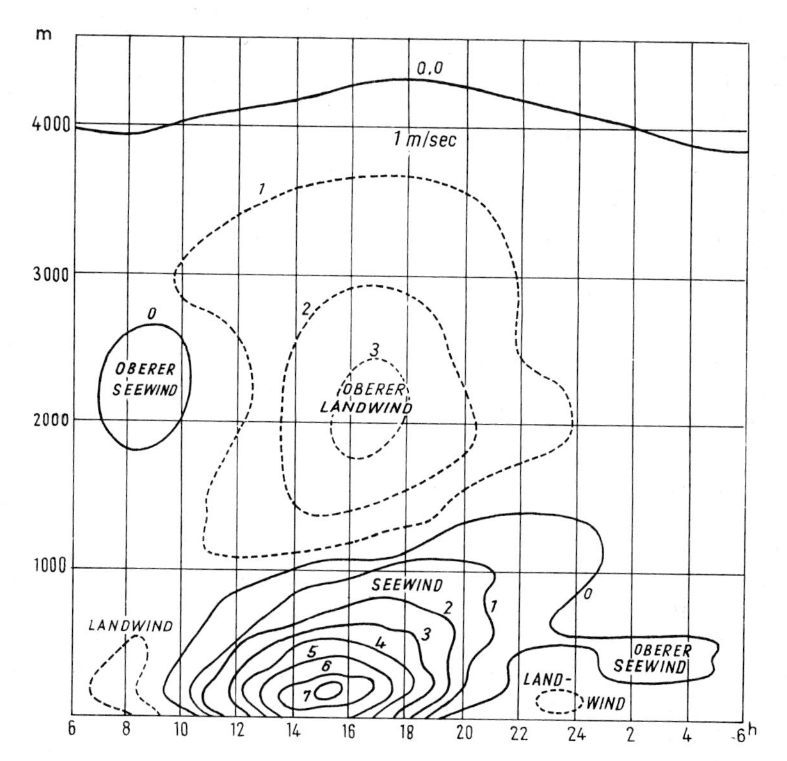

Abb. II.h) 11. Mittleres Land- und Seewindregime in Batavia (Djakarta). (Nach J. van Bemmelen, 1922) Isoplethen der Windstärke in m/sec im Zeit-Höhen-Profil. Die Isotachen des landwärts gerichteten Seewindes sind ausgezogen, die des seewärts gerichteten Landwindes gerissen dargestellt. Der nächtliche Landwind in Bodennähe ist äußerst schwach und wird durch einen ebenso schwachen kompensierenden „oberen Seewind" überlagert; die nächtliche Zirkulation ist auch relativ wenig mächtig. Tagsüber dagegen wird der kräftige (bis 7 m/sec) und bis 1000 m reichende Seewind überlagert von einem zwar schwächeren (bis 3 m/sec), aber eine mächtigere Luftschicht erfassenden, kompensierenden „oberen Landwind", der noch bis in 4000 m Höhe nachweisbar ist

Man muß also deutlich unterscheiden, ob sich der Seewind gegen den Gradientwind durchsetzen muß, oder ob er zu einer bloßen Verstärkung eines gleichgerichteten Gradientwindes führt und dann natürlich viel früher am Vormittage einsetzt.

Auch in den dauerfeuchten Tropen ist die Seebrise eine regelmäßige Erscheinung von großer Mächtigkeit, Stärke und Beständigkeit. Sie entwickelt sich am stärksten, wenn, im August–September, die Tagestemperaturamplitude am höchsten ist und die Reisfelder trocken sind, sich also ohne große Verdunstungswärmeverluste am raschesten erwärmen können. Deshalb wird auch die Ausbildung der Seebrise durch Sümpfe, Lagunen oder vorgelagerte Inseln gestört. In Djakarta (Batavia) setzt sie, wie das beifolgende Profil (Abb. II.h) 11) zeigt, zwischen 10 Uhr und 11 Uhr ein und erreicht zwischen 14 Uhr und 17 Uhr ihre größte Intensität und Mächtigkeit (1100–1400 m). Auch hier ist der Landwind dagegen schwach und seicht. Bemerkenswert ist ihre Häufigkeit, über 80% in der Regenzeit, gegen nur 70–80% in der Trockenzeit. Für die indonesischen Küstenfischer ist dieser regelmäßige Windwechsel von großer Bedeutung; nachts segeln sie mit Landwind hinaus, tagsüber kehren sie mit Seewind zurück.

Auf Hawaii setzt sich der Seewind, verbunden mit Quellbewölkung, bis zum Sattel zwischen Mauna Loa und Mauna Kea durch, wo er tagsüber den Nordostpassat etwas zurückdrängt, dessen stratiforme Wolkendecke sich dann nachts wieder weiter in den Paß vorschiebt (I. u. D. Henning, 1967), ein besonders anschauliches Beispiel der wechselweisen Auswirkung von See- und Gradientwind. Es verdient in diesem Zusammenhange auch die Feststellung J. v. Hanns hervorgehoben zu werden, daß verspätete seewindbedingte Temperatursenkung nur in den Nachmittagsstunden u. U. durch die Terminablesungen der Hütteninstrumente einer Klimastation (7 Uhr, 14 Uhr, 21 Uhr) gar nicht erfaßt wird, was also dann zu einem viel zu hohen Tagesmittel führt.

Auch *an größeren Binnenseen* wird ein solcher Tageswindwechsel beobachtet, in den Außertropen wie am Bodensee an hierfür geeigneten, im ganzen windschwachen Tagen, in den Tropen als regelmäßige, klimabestimmende Erscheinung.

Mit den horizontalen Strömungsgliedern sind notwendigerweise *vertikale Ausgleichsströmungen* verbunden. Diese sind *am Tage über Land* aufwärts gerichtet und haben eine *verstärkte Wolkenbildung* zur Folge, während in der entsprechenden absteigenden Luftströmung *über dem Wasser Wolkenauflösung* eintritt. Nachts kehren sich die Verhältnisse um. In besonders eindrucksvoller Weise beherrscht die tagesperiodische Ausgleichszirkulation mit ihren Folgen die klimatischen Verhältnisse am *Viktoriasee* in Ostafrika. Der konzentrische nächtliche Landwind führt über dem See nicht nur zu Konvektionsbewölkung, sondern sogar zu einem nächtlichen Niederschlagsmaximum (s. Abb. II.f) 27), das infolge der vorwiegend östlichen Gradientströmung ein wenig dezentriert gegen das Westufer verschoben ist. Es äußert sich in regelmäßigen Gewitterregen aus Cumulonimben. Eine relativ große Stationsdichte, die auch Inseln einbezieht, ermöglicht diese für äquatoriale Verhältnisse detaillierte Differenzierung (Flohn u. Fraedrich, 1966).

Größenordnungsmäßig ähnlich und als thermische Ausgleichszirkulation genetisch verwandt mit den Land-See-Winden sind die periodisch wechselnden Windsysteme an Berghängen, in Gebirgstälern und an Gebirgsrändern, die unter dem Oberbegriff *Berg- und Talwind-System* zusammengefaßt werden. A. Wagner (1938), Ekhart

(1944) und Defant (1949) haben den Mechanismus der dabei auftretenden und ineinandergreifenden Strömungsglieder ausführlich beschrieben und in Modellvorstellungen gefaßt.

Von Thyer (1966) stammt eine nummerische Modellrechnung. Ausführliche Übersichtsdarstellungen findet man z.B. bei Defant (1951) und Flohn (1970).

Systematisch sind folgende *Teilglieder* zu unterscheiden:

1. die Hangwinde,
2. die Berg- und Talwinde im engeren Sinne sowie
3. die großräumigen Gebirgs- und Vorlandwinde.

Die Hangwinde resultieren ganz allgemein und überall daraus, daß in den hangnächsten Luftschichten tagsüber eine stärkere Erwärmung, nachts eine stärkere Abkühlung erfolgt als in der hangfernen Luft. Dadurch ergibt sich *tagsüber* ein Auftrieb mit der Folge hangaufwärts gerichteter Luftströmung *(Hangaufwind), nachts* ein Schwerewind hangabwärts *(Hangabwind).* Diese Strömungen müssen um so deutlicher ausgeprägt sein, je stärker die Anheizung bzw. Abkühlung über den Hangflächen ist. Ersteres ist eine Frage von Intensität der Sonnenstrahlung sowie Exposition, Neigung und Oberflächenbedeckung des Hanges, letzteres von Oberflächenbedeckung und Ausstrahlung abhängig. Da die Temperaturdifferenzen bei Ausstrahlung sehr viel langsamer entstehen und absolut gesehen auch kleiner bleiben, ist der Hangabwind in der Regel schwächer als der -aufwind an der gleichen Stelle.

Die *Auswirkung* des Hangwindsystems und seiner physio-geographischen Konsequenz auf die Gestaltung *isolierter Tropenberge* wie der Vulkankegel in Ostafrika, Java oder Südamerika hat Troll (1952) dargestellt. Am frühen Morgen trifft nach der nächtlichen Wolkenauflösung die Sonnenstrahlung noch ungehindert auf die Osthänge der Berge. Da sich im Laufe des Vormittags durch die Hangaufwinde um die höheren Berge ein System von Konvektionswolken bildet, genießen die Süd- und vor allen Dingen die Westhänge solcher Berge einen erheblichen Strahlungsschutz. Als Konsequenz dieses mehr oder weniger regelmäßig auftretenden Tagesganges tritt häufig eine Differenzierung der Vegetationsgesellschaften zwischen den verschieden exponierten Hängen auf. Gegebenenfalls liegt die Schneegrenze auf der Ostseite merklich höher als auf der vor direkter Einstrahlung geschützten Westseite.

Den zeitlichen Ablauf der Hangwindzirkulation und das Zusammenspiel ihrer verschiedenen Teile bei der *Ausbildung des Berg- und Talwindes i. e. S.* in einem ungefähr N-S verlaufenden engen Alpenhochtal soll die Darstellung von Urfer-Henneberger (1970) verdeutlichen (Abb. II.h) 12). Die zugrunde liegenden Beobachtungen sind an 14 Stationen während der Vegetationszeit der Jahre 1959–1966 und aus Frei- und Fesselballonaufstiegen im Dischma-Tal bei Davos gewonnen worden. In dem Modell ist der Tatsache Rechnung getragen, daß sich Hangwinde, Berg- und Talwinde sowie Gebirgs- und Vorland-Ausgleichswinde überlagern und beeinflussen. Von Mitternacht bis zum Sonnenaufgang fließt in der Talachse der *Bergwind (Talabwind)* als laminare Strömung mit einer Mächtigkeit von ein paar hundert Metern talab. Sie wird genährt von den Hangabwinden aus dem ganzen Einzugsbereich des Tales. Nach Sonnenaufgang setzt sich bereits an dem nach Osten exponierten Hang in den oberen Teilen ein Hangaufwind durch, während am beschatteten Unter- und am Gegenhang weiterhin Hangabwinde bestehen. Der Bergwind ist etwas schwächer geworden. Er hält sich aber so lange, als der westexponierte Hang noch im

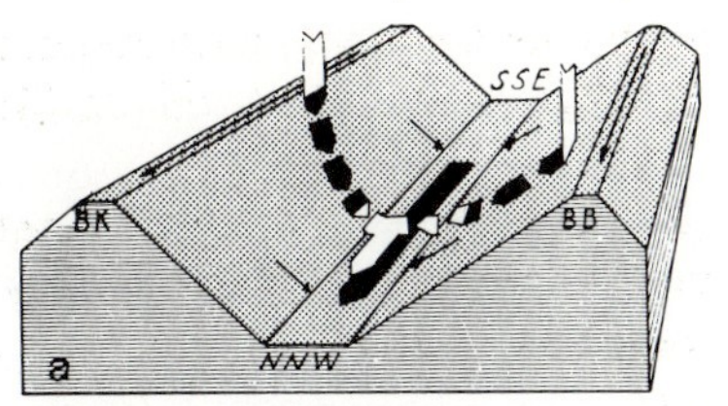

Mitternacht bis Sonnenaufgang am E-Hang

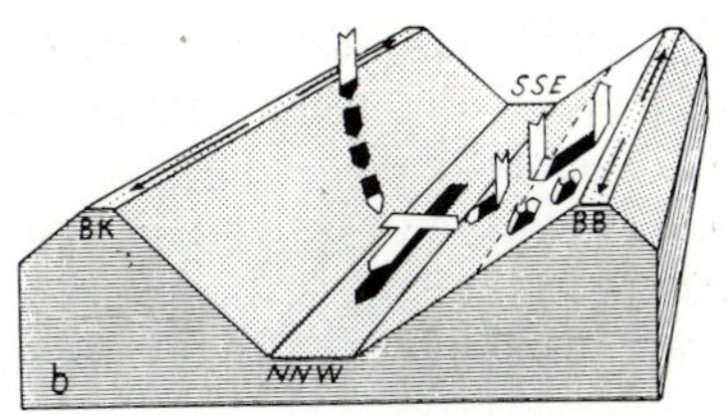

Sonnenaufgang am oberen E-Hang

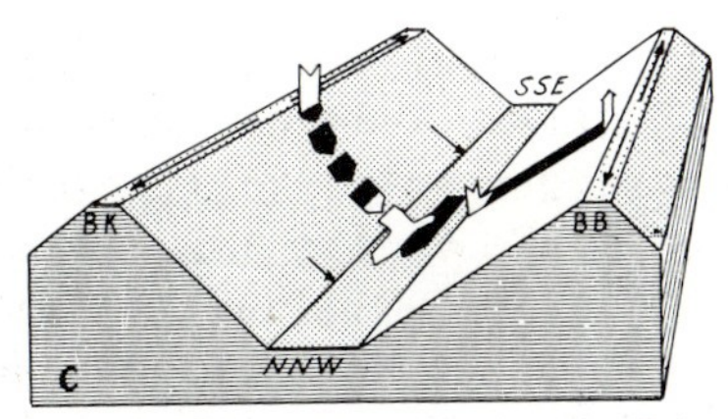

Ganzer E-Hang besonnt, auch im Tal wird die Sonne aufgehen

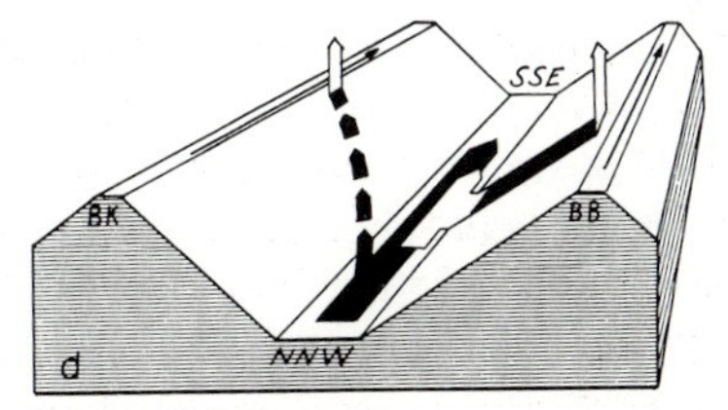

Ganzes Tal besonnt
Einsatzzeit des Talwindes in der ganzen Länge des Tales zur selben Zeit

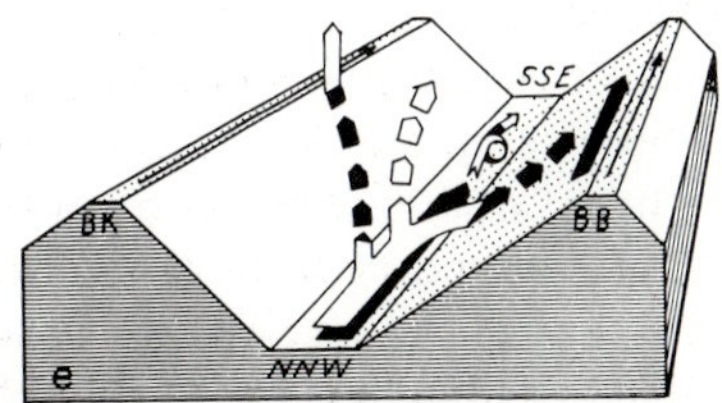

Westhang stärker besonnt als E-Hang

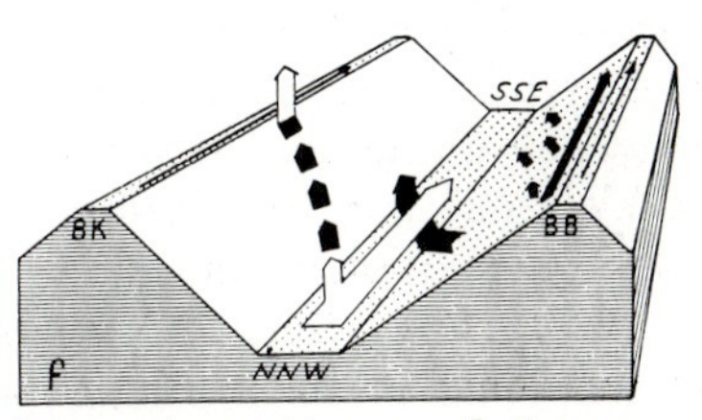

Sonneneinstrahlung am E-Hang nur noch tangierend

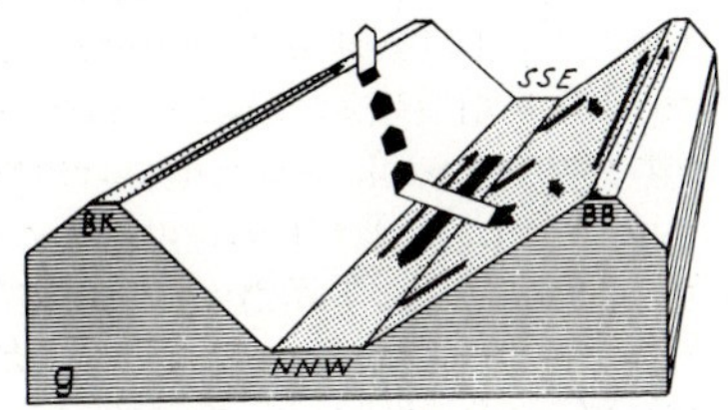

Sonnenuntergang am E-Hang und im Talgrund

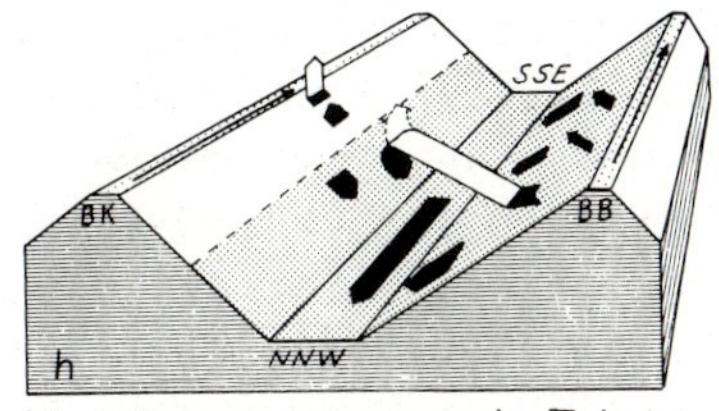

Nach Sonnenuntergang im Tal und am unteren Westhang

Abb. II.h) 12. Berg-, Tal-, Hang- und Gebirgswindsystem im Tagesgang in einem ungefähr N–S-verlaufenden Alpenhochtal. (Aus Urfer-Henneberger, 1970)
Strömungslinien in der Grundschicht (schwarz: am Boden, weiß in den Luftschichten darüber), dunkelgrau = Nacht, hellgrau = nur diffuse Einstrahlung (Schatten), weiß = direkte Besonnung. Das Tal verläuft von SSE abwärts nach NNW. Als E-Hang wird hier der nach ENE exponierte verstanden. Länge und Breite der Pfeile haben nichts mit Geschwindigkeit oder Mächtigkeit der Strömung zu tun

Schatten liegt. In dieser Situation tritt häufig ein leichter Querwind auf, der sich aus dem Abwind am Schattenhang und dem Aufwind am bereits besonnten Hang zusammensetzt (Buettner and Thyer, 1966). Kurze Zeit danach, wenn auch der nach Westen exponierte Hang von der Sonne bestrahlt wird, ändern sich die Strömungsverhältnisse sehr rasch. In der ganzen Länge des Tales setzt mehr oder weniger gleichmäßig im Talgrund der *Talaufwind (Talwind)* ein und erfaßt im Laufe der Zeit bei stärker besonntem Westhang eine immer mächtiger werdende Luftschicht innerhalb des Tales mit der Folge, daß die Hangaufwinde auf beiden Seiten immer mehr in die Bergwindrichtung umgelenkt werden. Im Gegensatz zu dem mehr oder weniger laminaren Bergwind ist der Talwind sehr turbulent und weht nicht immer genau in der Talrichtung, sondern pendelt ständig um eine mittlere Richtung, wie das auch vor allem von Steinhauser (1968) im Rauris analysiert worden ist. Für dieses Stadium stärkster Ausbildung des Talaufwindes werden in den verschiedenen Modellvorstellungen unterschiedliche Ansichten über die Weiterführung der Tal- und Hangwindströmungen über den Randhöhen und in der Höhe über der Talachse vertreten, die nicht unerhebliche Konsequenzen haben. Es handelt sich darum, ob von den oberen Teilen der Hänge eine *Querzirkulation* in den oberen Luftraum über dem Tal ausgeht, die dort zu einer linienhaften Konvergenz und Absteigen der Luftbewegung im Bereich der Talachse führt, wie es beispielsweise die Theorien von Wagner (1938) oder Defant (1949) besagen und wie es auch in der entsprechenden Abb. 100 in der 2. Auflage dieses Buches oder in dem o. a. Artikel von Flohn (1970) dargestellt ist. Im engen Dischma-Tal gibt es nach den dortigen Beobachtungen solche Rückkehrströmungen von den Hängen zum Talinnern nicht. Hier mündet vermutlich die tal- und hangaufwärts verlaufende Luftströmung in die großräumig übergeordnete Strömung ein, die mittags und nachmittags vom Vorland her über die Gebirgsflanke zur Kulmination des ganzen Alpenmassivs gerichtet ist. (Diese Strömung nennt man merkwürdigerweise entgegen der üblichen Gepflogenheit, Winde nach ihrer Herkunft zu bezeichnen, oft *„Gebirgswind"*). Bei weiter abnehmender Einstrahlung auf dem E-Hang setzt auf ihm, von unten her beginnend, der Hangabwind wieder ein. Zunächst bleibt oben noch der „Gebirgswind" erhalten (Stadium F); später, wenn auch der Talgrund bereits im Schatten liegt, erfaßt er den gesamten E-Hang. Dann kann sich im Talboden bereits ein leichter Bergabwind einstellen, der überlagert ist von einer Querzirkulation hinüber zum noch besonnten Hang (Situation G). Mit weiter sinkender Sonne wird auch noch der Hangabwind auf dem W-Hang intensiver und es bildet sich mehr und mehr ein Talabwind aus, der seine größte vertikale Erstreckung und seine größte Geschwindigkeit am frühen Morgen kurz vor Sonnenaufgang erreicht. Am oberen W-Hang dauert es freilich bis Mitternacht, bis auch hier der Schwerewind hangabwärts den noch andauernden „Gebirgswind" ablöst.

Entsprechend der genetischen ergibt sich auch eine enge zeitliche Verbindung der genannten Strömungen mit den Strahlungsbedingungen. Nach Urfer-Henneberger (1967) setzen die Hangaufwinde in 92% aller Fälle in den ersten 40 Min. nach Einstrahlungsbeginn ein, nachdem die Hangabwinde erst in 96% aller Beobachtungen in den letzten 20 Min. vor Einstrahlungsbeginn aufgehört hatten. Der Bergwind schläft ca. 20 Min. nach dem lokalen Sonnenaufgang endgültig ein, der Talaufwind beginnt ca. 60 Min. später.

Wenn die obigen Ausführungen auch auf reine Strahlungswitterung bezogen worden sind, so darf man daraus nicht den Schluß ziehen, als ob es sich bei den Hang-, Berg- und Talwinden um reine Schönwetterwinde handelt. Natürlich sind sie bei bedecktem Himmel und gedämpftem Strahlungsgang weniger deutlich ausgeprägt, setzen sich aber bei allen Wetterlagen mehr oder weniger, jedenfalls aber so weit durch, daß die über alle Wetterlagen gemittelten Windrosen in Alpentälern deutlich die *Prägung durch das Berg- und Talwindsystem* zeigen (Abb. 4 in Urfer-Henneberger, 1970). Im Rauris ist nach Steinhauser (1968, Diagramm reproduziert bei Flohn, 1970) in den Sommermonaten um die Mittagszeit in weniger als 20% aller Beobachtungen eine talab gerichtete Strömung, in über 80% dagegen der tagesperiodisch zu erwartende Talaufwind vertreten. Nur im Winter, wenn die Hänge schneebedeckt sind und keine Erwärmung der Hangluft stattfinden kann, sinkt die Häufigkeit des Talwindes auf unter 50%. Der nächtliche Bergabwind ist aber zu dieser Zeit zu mehr als 80% vertreten.

Aus der Koppelung großer Häufigkeit und beträchtlicher Stärke des Talwindes resultiert ein erheblicher *Einfluß auf die Wuchs- und Lebensbedingungen der Vegetation.* Baumneigung und Kronendeformation sind in vielen Alpentälern deutlich sichtbare Anzeichen dafür (Yoshino, 1964). In den strahlungsreichen Hochgebirgen der niederen Breiten geht die Wirkung der tagsüber nicht selten mit Sturmstärke auftretenden Talwinde im Zusammenhang mit den in Kap. II.f) 5 dargelegten Niederschlagsbedingungen in tiefen Durchbruchstälern so weit, daß nur noch extrem angepaßte halbwüstenhafte Vegetationsformationen existieren können (Troll, 1952; Schweinfurth, 1956).

Bezüglich des oben bereits angesprochenen *Problems der Querzirkulation* mit Rückkehrströmung im oberen Teil des Talquerschnittes und Absinken über der Talachse muß zum Unterschied von den Beobachtungen im Dischma-Tal darauf hingewiesen werden, daß man in tropischen Gebirgen sehr häufig eine regelmäßige Anordnung von Konvektionswolken über den Randhöhen im Wechsel mit wolkenfreien Gassen über den Talachsen beobachten kann. Und auch der im Kap. II.f) 6 behandelte tagesperiodische Gang der Niederschläge mit Tagesmaximum über den Hängen und Nachtmaximum über den Talgründen (s. Abb. II.f) 28) läßt doch den Schluß zu, daß tagsüber in der Talachse Absinkbewegungen herrschen, während nachts bei der Umkehr der Zirkulation die Hangabwinde eine Absinkbewegung über den Randhöhen hervorrufen, über dem Talboden aber zu einer Konvergenz mit verstärkter Konvektion führen.

Dort wo Gebirge unmittelbar an den Ozean stoßen, können die tagesperiodisch gleichlaufenden Systeme von *See- und Talaufwind* sowie Land- und Talab-(Berg-)-wind miteinander *gekoppelt* werden. Das ist z. B. in Samoa der Fall und hat insbesondere in den Oasenquertälern im Kleinen Norden Chiles erhebliche Konsequenzen für die Ausgestaltungsmöglichkeit des Lebensraumes (Weischet, 1970). Dabei spielt eine effektverstärkende Rolle, daß der Kaltwasserkörper vor der Küste auf der einen und die große Strahlungsintensität über dem vegetationsarmen Gebirge auf der anderen Seite jene großen Temperaturunterschiede schaffen, die zu einem regelmäßigen und starken Talaufwind führen.

Wo der Talwind bergwärts einen noch relativ niedrigen Paß überschreitet, während die eigentlichen Gipfel noch jenseits ansteigen, strömt der Wind in dem jenseits des Passes folgenden Tal weiter in der gleichen Richtung, d. h. hier talabwärts. Das sind Sonderfälle, wie sie beim Malojapaß im Oberengadin als nachmittäglicher *Ma-*

lojawind, der als normaler Talwind *(Breva)* aus dem Bergell kommend den Malojapaß überschreitet und den entgegenkommenden Talwind des Engadins, die *Brüscha,* zurückdrängt, beschrieben worden sind. Sie widersprechen den vorgenannten Kriterien des Berg- und Talwindes also nur scheinbar. Analoges Überfließen eines kräftigen Talwindes über einen Talpaß in das anschließende Hochtal konnte von M. Schuepp und Urfer (1963) auch beim Prättigau und Davoser Hochtal festgestellt werden. Manche Autoren wollen allerdings den Malojawind überhaupt nur als normalen antizyklonalen Gradientwind, der tagsüber durch Thermik turbulent verstärkt wird und nachts einschläft, aufgefaßt wissen. Daneben gibt es auch noch ein zyklonales Phänomen ähnlicher Entstehung: Die *Malojaschlange.* Hierbei handelt es sich um die Kondensation der aus dem Bergell ins Oberengadin hinauf wehenden Feuchtluft in halber Höhe, und zwar aus Strahlungsgründen vornehmlich entlang der Schattenflanke (Holtmeier, 1966).

Die den lokalen Strömungen überlagerte großräumige *Ausgleichszirkulation zwischen Vorland und Gebirge* resultiert daraus, daß durch die laufende Anheizung der Hangaufwinde von der Unterlage her und die adiabatische Erwärmung in den absteigenden Strömungsästen über dem Talinnern die ganze Luftmasse, die innerhalb und etwas über dem Relief des Gebirges liegt, tagsüber wärmer als die im vergleichbaren Niveau über dem Vorland wird. Das führt zu einer Ausgleichszirkulation, die tagsüber vom Vorland entlang der Außenabdachung zum Zentrum des Gebirgsmassivs, nachts entgegengesetzt gerichtet ist (eigentlich „*Vorland- und Gebirgswind*"). Der Wechsel verzögert sich jeweils um ein paar Stunden gegenüber dem Sonnenauf- bzw. -untergang. Die gebirgswärts gerichtete Strömung am Tage löst unter entsprechenden Bedingungen konvektive Wolkenbildung und möglicherweise auch Schauerregen aus. Die dabei freiwerdende latente Energie trägt zusätzlich zum Zirkulationsantrieb des Systems bei. Dadurch wird im ganzen eine Aufwölbung der Isobarenflächen hervorgerufen, die zu dem Höhenhoch führt, welches besonders für die strahlungsreichen Hochgebirge und Hochebenen am Rande der Tropen charakteristisch ist und die zu einer divergierenden, im ganzen zum Vorland gerichteten Höhenströmung Anlaß geben muß. Da diese aber in den geostrophischen Wind eingebettet ist, läßt sie sich als eigene Strömung natürlich nicht feststellen. Gutmann and Schwerdtfeger (1965) bzw. Flohn (1968) haben die entsprechenden Strömungssysteme für den Puna-Block von Hoch-Bolivien und Peru bzw. für das tibetanische Hochland nachgewiesen. Die nächtliche Rückströmung soll im Alpenvorland nach Baumgartner (1967) zuweilen noch bis München spürbar sein. Bleeker and André (1951), die die Effekte der großräumigen Zirkulation auf der Ostabdachung der Rocky Mountains auf den Tagesgang der Niederschläge untersucht haben, führen das nächtliche Gewittermaximum im östlichen Vorland auf eine Konvergenz zwischen der normalerweise S-N verlaufenden, vom großräumigen Luftdruckgradienten bestimmten Strömung und die von den Rocky Mountains herkommenden Gebirgswinde zurück.

Kleinräumiger als die bisher genannten Ausgleichszirkulationen sind die des *Wald-Feldwindes* – Waldkomplexe sind tagsüber kühler, nachts wärmer als das umliegende freie Feld – und des von den nachts wärmeren Städten angesaugten *Flurwindes,* der seine stärkste Ausbildung am frühen Morgen haben sollte, aber wegen der großen Rauhigkeit in den überbauten Stadtbereichen sehr schwer nachzuweisen ist.

Fallwinde. Neben den Windsystemen mit diurnem Wechsel sind diejenigen von besonderem klimatologischem Interesse, die ohne Tagesperiodizität, aber in deutlicher *Reliefabhängigkeit* auftreten und daher für begrenzte Gebiete eine spezifische Klimaeigenart bilden. Das Überschreiten eines der Strömung entgegenstehenden Gebirgszuges ist zwar nicht unbedingt und in allen Fällen eine zwingende Notwendigkeit, da zumindest teilweise ein *Ausweichen, Umfließen* oder richtungsmäßiges *Anpassen* der Luftströmung eintreten kann. Sobald aber der Bergzug ausgedehnt und der Gradient stark genug ist, muß die Luft das Hindernis übersteigen. Dabei entstehen vor allem auf der Leeseite charakteristische Strömungsverhältnisse, die mit dem Sammelbegriff *Fallwinde* bezeichnet werden. Im englischen Sprachgebrauch werden sie als „katabatic winds" bezeichnet (vgl. z.B. J. Gentilli 1958, S.27).

Bei Fallwinden muß unterschieden werden zwischen denjenigen Eigenschaften, die die herantransportierte Luft bereits mitbringt und den ihr beim *Prozeß des Überschreitens* zusätzlich aufgeprägten. Die letzteren bestehen in folgendem (Abb. II.h) 13):

Das Aufsteigen vor dem Hindernis geschieht bis zur Kondensation trockenadiabatisch; vom Stadium der Wolken- und Niederschlagsbildung an verlangsamt sich die Temperaturabnahme mit der Höhe, weil die freiwerdende Kondensationswärme den Wärmegehalt der Luftmasse vermehrt (feuchtadiabatische Temperaturabnahme). Ein Teil des kondensierten Wasserdampfes fällt als Regen aus. Über die Gipfelhöhe der Bewegungsbahn kann die Luft maximal nur so viel Wasserdampf mitnehmen, wie es der dort aufgrund der Temperaturbedingungen maximalen Dampfdruckmenge entspringt. Das ist in aller Regel weniger als die Luft bei Beginn ihrer kondensationsadiabatischen Wegstrecke auf der Luv-Seite hatte. Folge ist, daß jenseits der Gipfelhöhen auf dem absteigenden Ast die kondensationsadiabatische Strecke wesentlich kürzer ist, die Wolkenuntergrenze höher liegt als auf der Luv-Seite und die anschließende Strecke mit trockenadiabatischer Erwärmung erheblich länger wird. So erreicht die Luft *auf der Lee-Seite eine wesentlich höhere Temperatur* als sie im gleichen Niveau auf der Luv-Seite hatte. Gleichzeitig ist die relative Feuchte wesentlich geringer geworden. Die Neigung zur Aufheiterung („Föhnlücke"), Linsenwolkenbildung (Abb. II.e) 13, II.e) 14, II.e) 16), Bildung liegender Luftwirbel (kenntlich an ortsfernen Linsenwolkenbänken, Abb. II.e) 18) nach Art stehender Wellen und *„Dampfhunger der Luft"* sind charakteristische Merkmale im Lee absteigender Luftmassen. Diese Vorgänge sind im Prinzip bei allen Fallwinden gleich, doch können sie sich mit sehr verschiedenartigen Ausgangslagen kombinieren. Eine wichtige Variation ist, daß bei ausgedehnten Hochplateaus oder Bergländern mit einseitigem Abfall wie in Istrien, in Südafrika oder Südkalifornien nur der absteigende Ast des Schemas, eben nur ein bloßer Fallwind, entwickelt ist.

Das klassische Beispiel eines Fallwindes, bei dem beide Äste der Strömung ausgebildet sind, ist der *alpine Föhn,* den zuerst J. Hann unter Bezugnahme auf Gedanken des Amerikaners J. P. Espy (1857) richtig gedeutet hat. Es gibt allerdings noch ältere Vorläufer der Föhntheorie (z.B. Callinger, 1797), worauf Fliri (1972) hingewiesen hat. Der Name Föhn leitet sich über rätoromanische Lokalformen vom lat. favonius (ursprünglich = warmer Westwind) her. Die synoptische Situation zur Entstehung von Föhn ist folgende: Bei Wetterlagen mit einer Zunge hohen Druckes über Norditalien („Föhnknie") und den Zentralalpen sowie tiefem Druck, der von den Britischen Inseln oder der Biskaya her nach Mitteleuropa vordringt, wird bei über Mittel-

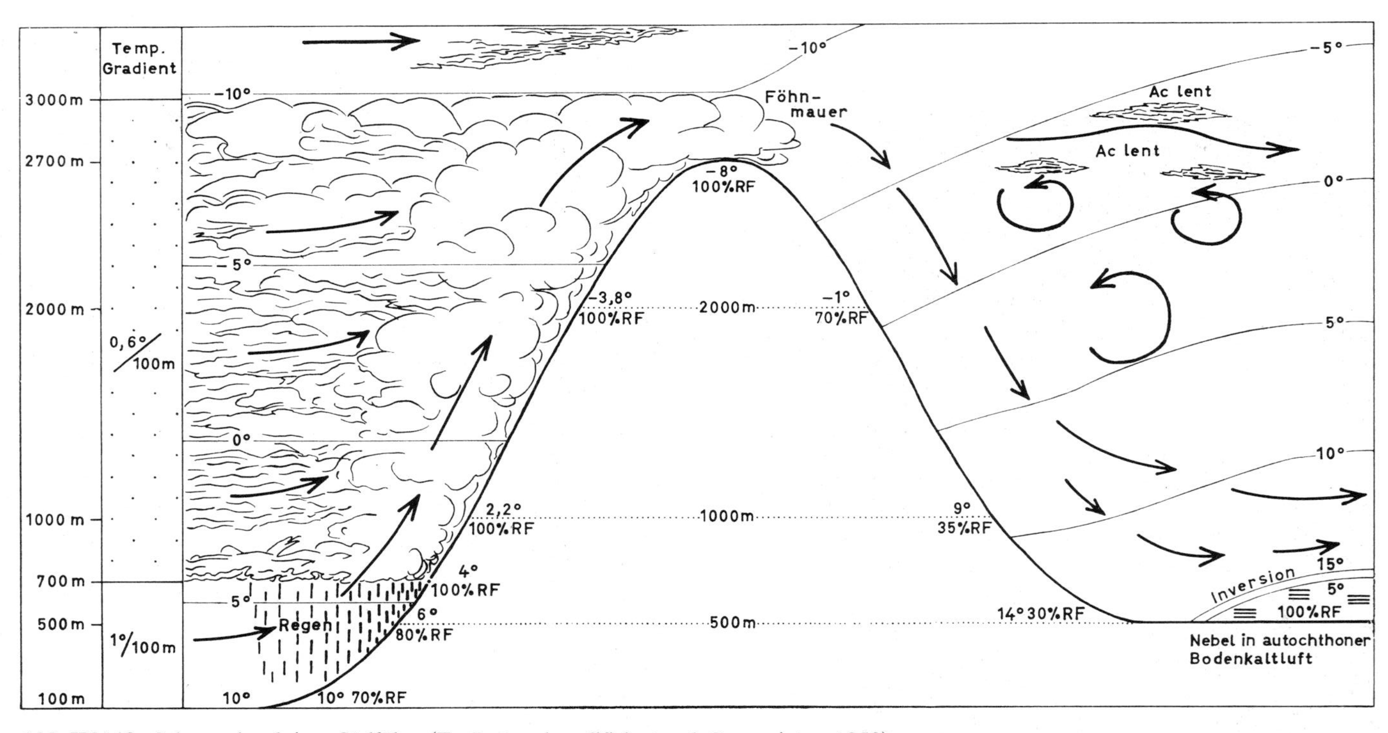

Abb. II.h) 13. Schema des alpinen Südföhns (Ergänzt und modifiziert nach Cannegieter, 1950)
Man beachte hierbei die Tatsache, daß das nördliche Alpenvorland als Zielgebiet des Föhns mit 500 bis 600 m Höhe ü. d. M. um 400 m höher liegt als der norditalienische Ausgangsbereich der Föhnluftmassen. Das Schema stellt spätherbstliche Verhältnisse dar, wenn sich im Alpenvorland eine ausstrahlungsbedingte nebelerfüllte Bodenkaltluftschicht bildet, über die die warme trockene Föhnluft aufgleitet und eine scharfe Inversion verursacht. RF = relative Feuchte

Abb. II.h) 14. Überwälzende, beim Abstieg jedoch ständig sich auflösende Föhnmauer am Rotmoosferner (Ötztaler Alpen) mit Cirren einer von W nahenden Zyklonalfront darüber; diesseits der den alpinen Zentralkamm (von S her) einhüllenden Staubewölkung herrscht bei absteigender Luftbewegung klares Wetter. (Phot. J. Grunow, 18. 9. 1953)

europa meist fallendem Luftdruck eine allgemeine *Südströmung* von Norditalien bis Mitteleuropa ausgelöst. Sie schließt manchmal an einen echten *Schirokko* aus Nordafrika an, was durch Niederschläge und Trübungen von gelbem bis rotem Wüstenstaub aus der Sahara belegt wird. Der kräftige *Dimmerföhn* der Schweiz hat daher seinen Namen. Die Südströmung bringt also nach anfänglichem Abfließen der in den Tälern und im Vorland noch lagernden Kaltluft warm temperierte Luftmassen heran, deren bodennahe Partien schließlich an der Südseite der Alpen aufzusteigen gezwungen werden, dort ergiebige Steigungsregen verursachen und ihr Wolkenfeld bis zu den Kämmen der Zentralalpen ausbreiten. Hier ist es als sogenannte *Föhnmauer* (Abb. II.h) 24) meist abrupt begrenzt gegen das klare, enorm sichtige, warme Föhnwetter der nördlichen Alpentäler und des Vorlandes, wo *Föhnlücken* in den Wolken (Abb. II.e) 13) *linsenförmige Wolkenreste* (Abb. II. e) 14, II.e) 16), *stationäre Wolken* als Zeugen stehender *Föhnwellen* (Abb. II.e) 17) oder ganz *klarer Himmel* den Föhn begleiten.

Das mit *böigen Fallstößen* verbundene Abfallen dieser dynamisch erwärmten Luft entlang dafür prädestinierter Täler (z. B. Wipptal bei Innsbruck), der sogenannten Föhngassen, und ihr Auftreten zuerst im Oberlauf dieser Täler (wo der Föhn demzufolge am längsten herrscht) bereitet gewisse Erklärungsschwierigkeiten. Auf jeden Fall vollzieht es sich beim Aufkommen des Föhns ruckweise, muß doch die vorher meist in den Tälern bzw. im Vorland noch zäh lagernde Kaltluft erst weggeräumt werden. Das Diagramm (Temperatur, rel. Feuchte, Luftdruck) einer Föhnperiode in Altdorf möge den Vorgang erläutern (Abb. II.h) 15). Man wollte den zunehmenden Druckgradienten für das Absaugen der Kaltluft aus den Tälern primär verantwortlich machen (Theorie von F. Billwiller) und damit den Föhn als einen nachstoßenden

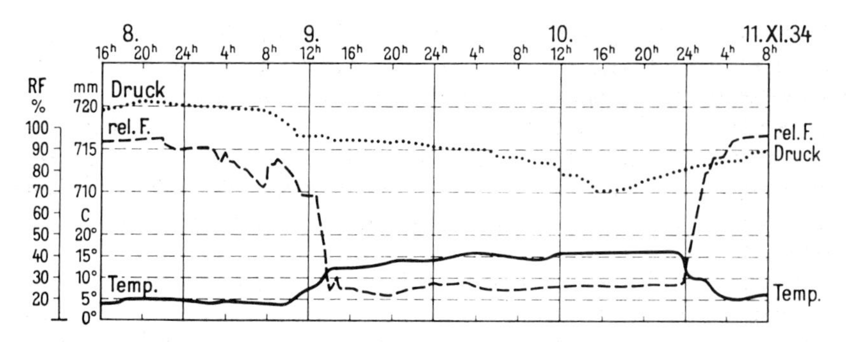

Abb. II.h) 15. Barogramm (Druck), Hygrogramm (relative Feuchte) und Thermogramm (Temperatur) der Föhnlage vom 8.–11. 11. 1934 in Altdorf. (Nach E. Walter, 1938)
Der Föhnausbruch geschah in den Mittagsstunden des 9. 11. ziemlich plötzlich mit Temperaturanstieg und Feuchteabfall bei fortgesetztem Druckfall. Seine Beendigung erfolgte am 10. 11. nach Mitternacht ebenso abrupt durch Temperaturabfall und Feuchtezunahme

Fallwind, dem die herausgeführte Kaltluft sozusagen Platz macht, betrachten. Andere wieder gelangten auf Grund von Pilotballonstudien zu der Auffassung, daß der Südwind bei zunehmendem Druckgradienten eine Art Sauggebläse entwickelte (Injektortheorie von Streiff-Becker), also selbst der aktive Teil sei. Eine vermittelnde, heute weithin anerkannte Deutung gab schließlich H. v. Ficker (niedergelegt in seinen seit 1904/06 erschienenen „Innsbrucker Föhnstudien"). Er unterschied drei Stadien: 1. *antizyklonales Vorstadium* mit langsam abfließender dichter Kaltluft, in der Höhe starke Erwärmung, 2. *antizyklonales Föhnstadium,* warme trockene Luft der Höhe sinkt in die Täler nieder = Föhndurchbruch, 3. *stationäres Föhnstadium,* maximale Taltemperatur, relative Feuchte etwas zunehmend, Aufstau mit Niederschlägen auf der Südseite, Bildung der Föhnmauer.

Diese Deutung darf aber nicht darüber hinwegtäuschen, daß die Föhnerscheinungen in der Natur sehr differenziert auftreten können und es ganz verschiedene Ausprägungen gibt (vgl. F. Fliri, 1972). Schon J. M. Pernter (1896) hatte neun verschiedene synoptische Wetterlagen unterschieden, bei denen Föhn (in Innsbruck bzw. Bludenz) auftreten kann (aber nicht muß). Auf Grund Schweizer Verhältnisse gelangte E. Walter 1938 zu folgender Gliederung:

I. Zyklonalföhn (Tiefdruckgebiet nördlich bzw. südlich der Alpen mit Luftdruckgradient zwischen Nord- und Südrand der Alpen)
   A. Nordföhn (tieferer Druck südlich der Alpen)
   B. Südföhn (tieferer Druck nördlich der Alpen)
      a) Föhniges Wetter, föhnige Aufhellungen (bei schwachem Gradienten)
      b) Alpentalföhn, wilder Föhn (bei mittlerem bis großem Gradienten)
      c) Dimmerföhn in Alpentälern, Alpenvorlandsföhn im Schweizer Mittelland (bei großem, sich rasch änderndem Gradienten).

II. Antizyklonalföhn[1] (Hochdruckrücken über den Alpen, Wetterlage meist nur föhnig, geringe Windstärken, Mittelland vielfach mit Kältesee unter einer Hochnebeldecke).

[1] Der Begriff Antizyklonalföhn wurde 1899 von R. Billwiller geprägt.

Böigkeit, Trockenheit und Wärme zeichnen den Südföhn in den *Nordalpentälern* aus. Diese Eigenschaften begünstigen Schneeschmelze (aber nicht immer mit Hochwasser!), Austrocknung, Getreidereife und mannigfache physische und kulturgeographische Folgeerscheinungen hiervon (Lawinen, Sturmschäden, Brandgefahr, Anbau wärmebedürftiger Getreidearten wie Mais im Ötztal, Vordringen submediterraner Gewächse, wie z. B. der Hopfenbuche, bei Innsbruck). Ganz besonders im Winter und Frühjahr ist die Bedeutung des Föhns als „Schneefresser" ungemein groß.

Um welche Größenordnung es sich bei der jährlichen Föhnhäufigkeit an föhnbegünstigten Orten des nordalpinen Bereichs handelt, geht aus einer Tabelle der jährlichen Zahl der Föhntage hervor (Tab. II.h) 2), die W. Undt (1958[2] zusammengestellt hat.

Tab. II.h) 2. Jahresmittel der Föhntage im Alpenbereich Bad Tölz–Hofgastein. (Nach W. Undt, 1958)

Ort	Föhntage	Meereshöhe
Bad Tölz	114	659 m
Schmittenhöhe	111	1964 m
Kolm-Saigurn	125	1600 m
Astenschmiede	86	1225 m
Bucheben	76	1143 m
Rauris	70	912 m
Bad Gastein	78	1083 m
Hofgastein	72	850 m

Allerdings besteht hierbei noch die beachtliche Fehlerquelle, daß zahlreiche Übergangsfälle eintreten können, die die Bestimmung eines Tages als Föhntag zu einer Ermessensfrage werden lassen.

In der *jahreszeitlichen Verteilung* ist eine deutliche Häufung der Föhntage auf die Frühjahrsmonate zu beobachten. Innsbruck (s. Tab. II.h) 3) hat von März bis Mai ungefähr 8 Föhntage pro Monat gegen nur 3–5 in den Sommer- bzw. 3–4 in den Wintermonaten. Zusammengerechnet treten im Jahr im Mittel ungefähr 60 Föhntage auf. In der Schweiz wurde Südföhn vorzugsweise im März/April und im September/Oktober beobachtet (Walter, 1938). Bei der Auswirkung des Föhns spielen neben den orographischen und synoptischen Bedingungen auch noch die Charakteristika der beteiligten Luftmassen und deren jahreszeitliche Veränderung eine Rolle. Die Tatsache, daß der alpine Südföhn ohnehin meist warme Südluft aus dem Mittelmeerraum heranführt – die dort u. U. bereits als Schirokko von Afrika kommend das Mittelmeer überquert hat –, macht die *hohe Wärme im Alpenvorland* begreiflich, obwohl doch die dynamische Erwärmung wegen der gegenüber der Poebene um mehrere 100 m höher gelegenen oberbayerischen Landschaften (Garmisch 700 m, München noch 500 m) nur teilweise ausgenützt werden kann; läge das nördliche Alpenvorland gleich tief wie das südliche, wäre die Föhnwirkung noch um 5–6 Grad intensiver (vgl. Abb. II.h) 13)! Fliri (1972) hat ausgerechnet, daß Innsbruck ohne den Föhn bis zu 1,9° tiefere Monatsmitteltemperaturen aufweisen würde, und zwar

[2] Auf diesen Beitrag sei auch besonders wegen seines sehr ausführlichen Literaturverzeichnisses zu Föhnproblemen hingewiesen.

Tab. II.h) 3. Föhntage und Föhnwirkungen in Innsbruck. (Nach Fliri, 1972)

	Mittlere Zahl d. Föhntage	Mittlere Lufttemperatur °C	Veränderungen bei völligem Fehlen des Südföhns Lufttemp.	Niederschlag	Verdunstung
Reihe	1906/ 1970	1906/ 1970	1906/ 1970	1906/ 1971	1913/ 1970
Jan.	2,9	– 2,6	– 1,6	– 1 mm	– 7 mm
Febr.	4,2	– 0,2	– 1,9	– 9	– 10
März	7,6	4,8	– 1,5	+ 3	– 20
April	8,3	9,2	– 0,9	+ 8	– 24
Mai	7,8	13,8	– 0,9	+ 21	– 24
Juni	4,9	16,6	– 0,4	+ 6	– 17
Juli	3,4	17,9	+ 0,4	– 8	– 5
Aug.	3,2	17,3	– 0,1	– 5	– 9
Sept.	4,5	14,4	– 0,3	– 3	– 9
Okt.	5,4	9,2	– 1,1	– 10	– 18
Nov.	4,9	3,5	– 1,4	– 2	– 12
Dez.	3,3	– 1,1	– 1,6	– 6	– 6
Jahr	60,4		– 0,9	– 6	– 161

besonders im Winterhalbjahr, und daß entsprechend auch die Verdunstung geringer wäre, dies besonders im Frühling (Tab. II.h) 3).

Umgekehrt ist der sogenannte *Nordföhn,* den H. Wild 1868 erstmals beschrieb, der Tedesco der Italiener, deswegen weniger föhnhaft wirksam, weil bei ihm der Natur des Wetterkartenbildes gemäß in der Regel kältere Luftmassen aus nördlicheren Breiten, und sei es nur die Kaltluft im bayerischen Alpenvorland, beteiligt sind, deren Erwärmung noch unterhalb der Schwelle bleibt, die vom Menschen schon als warmer Föhn empfunden wird. Gleichwohl ist das Bild des Wolkenstaues in den Nordalpen und der Föhnlücken, Föhnfenster oder überhaupt Wolkenlosigkeit über den Insubrischen Seen oder im Etschtal Südtirols dem Schema gemäß ausgebildet und ein nicht unwesentlicher dynamischer Bestandteil des Frühjahrsklimas der Südalpen. Auch im Tessin kann er heftig auftreten, die Luftfeuchtigkeit mitten im Winter von 80% plötzlich auf 20% herabsetzen, im März/April vielfach Waldbrände entfachen, wie Thams berichtet.

Fallwinde von Föhncharakter, die durch ihre relative Wärme auffallen und klimatische Bedeutung erlangen, sind weit verbreitet (W. Schmitt, 1930). Selbst das eng begrenzte Riesengebirge und die nicht sehr hohen Skanden Nordeuropas weisen sie auf. B. Dokken (1957) hat auf Föhneffekte bei Westwinden im Oslogebiet hingewiesen, wobei z.T. die winterkalte Bodenkaltluft über dem Fjord selbst aufrechterhalten bleibt. Ähnliches gilt für den nächtlichen warmen Fallwind, der als *Joran* den Ostabfall des Schweizer Juras bei Yverdon herabweht und sogar zu Baumkronendeformationen führt (Schreiber, 1969).

In Nordamerika tritt am Ostfuß des Felsengebirges der *Chinook*[1] auf, ein trocke-

[1] Der Name ist unsicherer Herkunft; man bezeichnet damit sowohl einen Indianerstamm am Columbiafluß wie auch den Mischjargon aus englischen, französischen, indianischen, spanischen und chinesischen Elementen im Nordwesten Nordamerikas. Aussprache: tschinúk.

ner warmer Westwind, den schon 1841 Espy als mit dem Föhn verwandt erkannt hatte. Glenn (1961) und Beran (1967) unterscheiden vier verschiedene synoptische Varianten.

Im Winter bringt er den ohnehin meist nur spärlichen Schnee auf den dem Felsengebirge vorgelagerten Plains zum Verschwinden, so daß diese Gebiete sogar im Winter oftmals beweidet werden können. Allerdings besteht beim Chinook gegenüber dem Alpenföhn folgender Unterschied: Als Westwind ist er verhältnismäßig häufig und entspricht gewissermaßen dem Normaltransport der Luftmassen innerhalb der ektropischen Westwinddrift Nordamerikas; andererseits sind bei ihm in den meisten Fällen gemäßigt warme bis kühle maritime Pazifikluftmassen beteiligt, die beim mehrfachen Überqueren der Hochbecken im Winter sogar eine fühlbare, dem Kondensationswärmegewinn zunächst entgegenwirkende Abkühlung erfahren können, bevor sie als Chinook den Ostabfall erreichen. Hier pflegen sie zwar infolge der Kompression beim Absteigen einen kräftigen, dynamischen Erwärmungseffekt hervorzurufen, der auch meist den Gefrierpunkt überschreitet und den in der Regel geringen Schnee bald zum Verschwinden bringt; aber der große Temperatursprung ist doch mehr eine Folge der Tatsache, daß die von dem Chinook weggeräumte Luft häufig extrem kalte Kontinentalluft war. In Montana sind winterliche Chinook-Erwärmungen von 22 °C in 24 Std. keine Seltenheit, in Kipp (Mo.) wurde nach A.T. Burrows (1902) im Jahre 1896 sogar ein plötzlicher Wärmeschwall von 26 °C Anstieg in 7 Min. (nämlich von −25° auf +1,1 °C) registriert! In das Zyklonalschema eingeordnet, ergibt sich als weiterer Unterschied zwischen Föhn und Chinook, daß ersterer eindeutig präfrontal, letzterer dagegen con- oder gar postfrontal ist.

Allerdings wird in beiden Fällen außer der „Föhnnase" der Isobaren auch eine antizyklonale Absinkvariante beobachtet (Brinkmann, 1970). Im Sommer ist der Chinook deswegen nicht so fühlbar, weil die vor seinem Einbruch in den Plains lagernde Kontinentalluft dann einstrahlungsbedingt heiß ist, der Chinook dagegen maritimgemäßigte Ausgangsluft mitbringt, die sich zwar in den Gebirgshochbecken bereits erwärmt, aber nach dem Abfall über die Rockies keineswegs immer höhere Temperaturen ergibt, als zuvor dort herrschten.

Dem Föhn sehr viel ähnlicher sind in Nordamerika die *Santa-Ana-Winde* Südkaliforniens, kontinentale Fallwinde mit im Sommer extrem hohen Temperaturen und außergewöhnlicher Lufttrockenheit. Extreme von 5%, ja 1% relativer Feuchte wurden nach Bailey (1966) beobachtet. Im Winter können sie allerdings unter ungünstigen Umständen im Tiefland um Los Angeles Schadenfröste in den Südfruchtkulturen bedingen, nämlich wenn die Ausgangskaltluft der Hochbecken kontinental-polaren Ursprungs ist.

Präfrontale föhnartige Winde treten auch entlang der Westabdachung der *chilenischen Anden* auf, wo die kontinentalen trockenen Luftmassen Argentiniens bei der von Westen erfolgenden Annäherung von Zyklonalstörungen über das Gebirge strömen und als trockene ausdörrende Fallwinde stürmisch-böigen Charakters den Namen *Puelche* führen. Wo vulkanische Aschenlagen die Hochgebirgshänge bekleiden, sind sie wegen der Aufwirbelung der Asche und der dadurch bedingten Lufttrübung gefürchtet.

Auch am *Ostfuß der südamerikanischen Kordilleren,* vor allem Argentiniens, sind chinookartige Fallwinde charakteristisch, die dort den Namen *Zonda* führen. Ihnen verwandt ist der *Bohorok Ostsumatras,* ein in diesen feuchtwarmen Regionen ausdörrender Westwind.

Sehr heiß und ausdörrend sind sommerliche Fallwinde, die aus ohnehin heißen Hochländer herabwehen wie z. B. der *Ghibli* – der Name wird auf arabisch „ghibla“, d. i. das Haus in Mekka mit der Kaaba, zurückgeführt, gibt also eine südöstliche Herkunft an – in *Libyen* der *Chili Tunesiens*, der *Chergui* und *Sarat Marokkos*, teilweise auch der *Chirokko*, soweit er die Gebirge der Südmediterraneis überquert. Sehr intensiv ist die föhnhafte Erwärmung bei den sogenannten *berg winds Südafrikas*, d. h. vom Great Escarpment herabkommenden Fallwinden, die z. B. in Pietermaritzburg im Südwinter advektiv die höchsten Temperaturen des Jahres herbeiführen können.

Hier summieren sich drei Faktoren: dynamische Fallerwärmung, präfrontales Absinken mit Divergenz und Advektion sehr warmer Kontinentalluft aus dem subtropischen Landesinnern (Tyson, 1964). Mit dem in Mitteleuropa auftretenden nächtlichen Bergwind haben diese Winde keine genetische Verwandtschaft. In Innerasien gehört hierzu der von *Afghanistan* in das Becken von Turan herabwehende *Afghanez.* Im *Klagenfurter Becken* besitzt der von den Karawanken herunterwehende warme *Jaukwind* (von slaw. jugo = Süd) föhnartigen Charakter ähnlich wie der *Autan* und *Vent d'Espagne* im französischen *Pyrenäenvorland.* Föhnartige Winde, wenn auch auf viel tieferem Temperaturniveau, werden auch an der grönländischen und norwegischen Steilküste beobachtet. Insbesondere in Südgrönland sind sie von großer geographischer Tragweite für die dort betriebene Schafzucht.

Welche Konsequenzen das Auftreten von Föhnwinden in den inneren Fjordtälern SW-Grönlands mit sich bringt, hat W. Dege auf Grund eigenen Erlebens und eingeholter Erkundigungen in seiner Arbeit „Grönland im Strukturwandel von Wirtschaft und Siedlung, aufgezeigt am Beispiel des Raumes um Julianehåb“ (Erdkunde 18, 1964, S. 174f.) mit folgenden Worten dargestellt: „Wie das Auftreten lokaler Nachtfröste die Anbaupflanzen bestimmt, so hängt der Erfolg der Schafhaltung weitgehend vom „Südostwind“ ab. Er ist ein echter Föhn, der dann entsteht, wenn von Ost nach West wandernde Luftmassen beim Aufstieg auf das Inlandeis einen Teil ihrer Feuchtigkeit abgeben und sich um 5° je 1000 m Höhenanstieg abkühlen. Beim Abfließen über den Westrand des Inlandeises kommt es zu einem Temperaturanstieg von 10° je 1000 m Abstieg, also zu einem Wärmegewinn. Die Föhne treten plötzlich auf. Sie erreichen sehr hohe Windgeschwindigkeiten. So wurden z. B. zwischen dem 13.–18. 8. 63 in Narssarssuaq bis 80 Meilen/Std. gemessen. Der Föhn bringt eine vorübergehende Erwärmung. Im Winter ist er in der Lage, Neuschneedecken von 50–70 cm innerhalb von 1–2 Tagen zum Verschwinden zu bringen. Dadurch werden die Weidegebiete immer wieder zugänglich für den Winterweidegang der Schafe. Damit ist der Föhn die Voraussetzung für die heutige Form der Schafhaltung auf Grönland, die sich überwiegend auf den Winterweidegang stützt.

„Im Sommer weht der Föhn selten, insbesondere im Juli und August. In den Wintermonaten kann man zwei- bis dreimal monatlich mit ihm rechnen. Er kann aber auch ganz fort bleiben. Das führt dann stets zu katastrophalen Verlusten bei allen Schafhaltern, die kein Winterfutter gesammelt haben ...

Im Gegensatz zu den warmen stehen die *kalten Fallwinde,* bei denen der dynamische Erwärmungseffekt auf der Lee-Seite die tiefe Ausgangstemperatur der herangeführten Kaltluft nicht zu kompensieren vermag. Die entscheidenden geographisch-topographischen und regionalklimatischen Voraussetzungen sind, daß ein nicht allzu hoch gelegenes Gebirge mit eingeschalteten Senkungszonen an einem Steilabbruch gegen Tief- oder Küstenland grenzt und daß hinter dem Gebirge ein Produktions- oder Sammelgebiet extremer Kaltluft liegt. Solche kalten Fallwinde gibt es an der Südküste der Krim und am Schwarzmeerufer vor dem Kaukasus (Noworossisk), wo die tiefen winterlichen Ausgangstemperaturen über den südrussischen Steppen das Vordringen von Frost bis ans Ufer des Schwarzen Meeres bewirken, vor allem aber an der Dalmatinischen Küste.

Aus diesem Bereich stammt auch der Name *Bora,* der als Gattungsname für kalte Fallwinde in der Klimatologie eingeführt ist.

Die Dalmatinische Bora (ausführlich behandelt von Band, 1951 sowie Yoshino et al. 1976) ist in ihrer typischen Ausprägung eine winterliche Erscheinung und betrifft am stärksten den Küstenstreifen Dalmatiens von der Bucht von Triest bis Split. Im Sommer ist sie seltener und entbehrt dann der thermischen Gegensätze; sie wird in dieser Jahreszeit als *Borino* bezeichnet. Synoptisch gebunden ist die Bora an ein Luftdruckgefälle von den Karsthochländern und -becken zur Adria. Je nachdem ob der tiefe Luftdruck über der Adria oder der hohe über dem Karst stärker ausgeprägt ist und als Aktionszentrum wirkt, ist die Bora in zyklonaler oder antizyklonaler Form entwickelt. Im ersten Fall herrscht trübes Wetter mit Regenfällen auch über der Adria vor, im zweiten dagegen lagert eine mächtige Wolkenbank – der Föhnmauer der Zentralalpen vergleichbar – über den Karstgebirgen, während das Wetter an der Küste heiter ist. In beiden Fällen aber peitschen urplötzliche böige stürmische Fallwinde, die sogenannten „reffoli“, verbunden mit momentanem Druckanstieg um 4 mm, nach windstillen Ruhepausen die küstennahen inselreichen Gewässer, legen die Schiffahrt lahm und setzen der ohnehin spärlichen Vegetation auf den verkarsteten Hängen und Inseln arg zu. Die Kahlheit der Küsten ist, wenn auch nicht primär (Entwaldung!), so doch zumindest sekundär mitbedingt oder verstärkt durch die Einwirkung der häufigen Bora. Obwohl ein Fallwind mit dynamischer Erwärmung, wirkt die Bora im dalmatinischen Küstenland als Kälteeinbruch, da die im Winter oft tiefen Ausgangstemperaturen in slowenisch-kroatischen Karst durch den Kompressionseffekt nicht voll kompensiert werden. Außerdem ist die vorher über der Adria selbst lagernde Luft allein infolge der warmen Meeresunterlage mild, ganz besonders wenn ein Schirokko vorangegangen war und Warmluft aus S herangeführt hatte. Die Boragefährdung Dalmatiens ist auch der Hauptgrund dafür, daß vollmediterrane Gewächse wie Ölbaum und Agrumen hier noch nicht gedeihen können, außer nur in ganz geschützten Winkeln, in Westistrien oder auf küstenferneren Inseln. Ganz ähnlich verhält es sich mit der Südküste der Krim, deren Pflanzenwelt aus diesem Grunde ebenfalls nicht mehr vollmediterran ausgebildet ist.

Der *Mistral* des Rhône-Tales und Südfrankreichs ist zwar auch ein kalter Wind. Er weht das Rhône-Tal abwärts gegen den Golf von Lyon und mag an manchen Stellen auch nach Überschreiten niedriger Bergzüge absteigende Strömungstendenz haben. Ein kalter Fallwind im eigentlichen Sinne ist er nicht. Das läßt sich mit Hilfe des zeitlichen und räumlichen Verlaufs der meteorologischen Elemente, insbesondere des Dampfdruckes, nachweisen (Band, 1955). Das Auftreten des Mistrals ist an ein bestimmtes Luftdruckfeld mit hohem Druck über Nordspanien und tiefem über Norditalien gebunden, wodurch vorwiegend *maritime Kaltluft* durch die topographischen Senkenregionen Südfrankreichs gegen das Mittelmeergebiet geführt wird. Besonders ausgeprägte Leitfurche ist das Rhône-Tal, in welchem an vom Bodenrelief begünstigten Stellen durch Düsenwirkung die Geschwindigkeit des Mistrals oft Sturmstärke erreichen kann. Kommt die nördliche Strömung vom Zentralplateau herab, hat sie namentlich im Winter nicht selten so niedrige Ausgangstemperaturen, daß die dynamische Erwärmung am Cevennenabfall nicht ausreicht, um ihr die empfindlich abkühlende Wirkung zu nehmen. Da das Vorkommen des Mistrals sich praktisch über das ganze Jahr erstreckt, wenn auch mit größerer Intensität im Winter und Frühjahr, bildet er einen bedeutenden *Einflußfaktor für die Wirtschaft* der Provence. Baumreihen, charakteristisch verformte Baumkronen (Barsch, 1963), lebende und tote Windschutzzäune geben großen Teilen des unteren Rhône-Tales ein charakteristisches Landschaftsgepräge; die Heftigkeit des Mistrals kann sogar verkehrsgefährdend sein. Bezeichnend, daß der mediterrane Charakter der Vegetationsformationen erst dort voll ausgeprägt ist, wo hohe Bergzüge schützend bis an die Küste herantreten wie an der Côte d'Azur.

Dem Mistral genetisch verwandt sind der *Cierzo des Ebrobeckens,* der *Maestral Kataloniens, Korsikas, Sardiniens, der Adria* und selbst des *Jonischen Meeres* und die *Tramontana der ligurischen Küste sowie der Balearen.*

Im weiteren Sinne kann man auch die *katabatischen oder Schwerewinde* zu den Fallwinden zählen. Sie entstehen, wenn bodennahe Luftschichten von der Unterlage her stark abgekühlt werden und diese Unterlage eine je nach ihrer Rauhigkeit genügend große Geländeneigung besitzt, damit die Kaltluft der Schwere folgend abfließen kann. Defant (1933) hat dazu für einfache Randbedingungen die entsprechende Theorie abgeleitet. Eine eventuelle adiabatische Erwärmung wird immer überkompensiert von fortdauerndem Energieverlust durch Wärmeabgabe an die Unterlage oder durch Ausstrahlung. Über festem, vegetationsbedecktem Untergrund sind sie an wolkenarme Witterungsperioden mit klaren Nächten und entsprechend starker effektiver Ausstrahlung gebunden. *In Mitteleuropa* sind an vielen Ausgängen von Mittelgebirgstälern solche kühlen, bei windschwachem Strahlungswetter regelmäßig am späten Nachmittag oder frühen Abend einsetzenden Bergwinde bekannt, besonders wenn im Einzugsbereich des Tales Wiesen oder Hochweiden gegenüber dem Wald weit verbreitet sind. Sie haben als lokale Phänomene oft bestimmte Namen (z.B. „*Wisperwind*" bei Lorch am Rhein, „*Höllentäler*" bei Freiburg i.Br.). Ihre klimatologische Bedeutung für die Gestaltung der thermischen Bedingungen in städtischen Ballungsgebieten wird von Hamm (1969) für Stuttgart, durch von Rudloff (1951) und Nübler (1977) für Freiburg sowie im 4. Arbeitsbericht über die lufthygienisch-meteorologische Modelluntersuchung der Regionalen Planungsgemeinschaft Untermain (1972) für den Frankfurter Raum analysiert.

Extreme Ausbildung erfahren katabatische Winde als *Gletscherwinde* über Gebirgsgletschern oder über den Rändern der grönländischen bzw. antarktischen Eisschilde. Grundlegende Arbeiten über Verbreitung, Ablauf und vertikale Struktur der Gletscherwinde *in den Alpen* stammen von Tollner (1931, 1936) und Ekhart (1935, 1938). Hoinkes (1955) konnte im Zuge eines mehrjährigen Untersuchungsprogrammes über den Massenhaushalt der Gletscher aus den Registrierungen der Windbewegung und der Temperaturschichtung über verschiedenen Alpengletschern für den *Tagesgang des Gletscherwindes* eine doppelte Schwankung mit zwei gleichwertigen Maxima feststellen, welche auf die Stunden vor Sonnenauf- und -untergang fallen. Das Hauptminimum der Windgeschwindigkeit liegt am frühen Vormittag, ein zweites am späten Abend. Eine nächtliche Pause, wie sie früher angenommen wurde, konnte in keinem Fall beobachtet werden. Die Windmaxima fallen auf die Zeiten, an denen die größte Temperaturdifferenz zwischen der Luft unmittelbar über dem Eis und der weiter entfernten auftritt. Der Temperaturunterschied bewirkt in Übereinstimmung mit der Theorie von Defant (1933) ein „inneres" Druckgefälle, welches neben der reinen Schwerkraft die Geschwindigkeit des Windes bestimmt. Das „äußere" Druckgefälle der großräumigen Luftdruckverteilung macht sich zusätzlich modifizierend bemerkbar. Die vertikale Schichtdicke und die Geschwindigkeit des Gletscherwindes schwankt je nach der Zusammensetzung der genannten antreibenden Kräfte. Die größte *Einflußhöhe* liegt mit größter Wahrscheinlichkeit bei rund 100 m, während in den o. a. früheren Arbeiten Mächtigkeiten bis über 300 m angegeben wurden. Bei Geschwindigkeiten unter 3 m/s wird das Windmaximum bereits in $2^1/_2$ m über der Gletscheroberfläche erreicht. Da die Strömung nicht laminar sondern stark turbulent ist, wird durch den Gletscherwind ein *erheblicher Wärmeaustausch* zwischen der eisnahen und der freien A. vollzogen. Ihm eine konservierende, eiserhaltende Wirkung zuzuschreiben, wie es früher geschehen ist, ist also sachlich nicht begründet. Für Nordeuropa geben die Arbeiten von Wallén (1949) und Evers (1951) prinzipiell vergleichbare Ergebnisse.

Permanent extreme Abkühlung über dem Eis, große Einzugsgebiete und häufig steile Abfälle zur Küste lassen die katabatischen Winde für den *Rand des antarktischen Kontinentes* zu einem besonders klimacharakteristischen Phänomen werden (Meinardus, 1938; Löwe, 1950; Streten, 1962 u. 1963; Mather and Miller, 1967). Wilson (1963) faßt Entstehung, Eigenschaften und regionale Differenzierung folgendermaßen zusammen: „Lokale Schwerewinde sind in Antarktika ziemlich häufig, wenn die kalte, dichte Luft, die sich über dem Hochplateau gebildet hat, über den Gletschern und Hängen des Plateaus herabfließt. Diese Schwereströmungen (katabatische Strömungen) sind nur wenige hundert Meter mächtig und strömen meist ganz gleichmäßig während sonst ruhigem Wetter. Für einen mäßigen Hang beträgt die typische Windgeschwindigkeit 10 m/sec. Wenn die atmosphärische Zirkulation die gleiche allgemeine Richtung hat wie die Neigung des Inlandeises, können sich die Schwereströmungen zu sehr starken Winden entwickeln, die von schwerem Schneefegen begleitet sind. Lokale topographische Verhältnisse, wie Gletscher- und Eisstromtäler, können weiterhin die Turbulenz verstärken. Diese katabatischen Winde kommen und gehen sehr rasch und sind verantwortlich für die heutigen, aber oft ziemlich kurzlebigen lokalen antarktischen Schneestürme, bei denen der Schnee nicht aus den Wolken stammt, sondern durch die starken turbulenten Winde von der Oberfläche aufgewirbelt und über große Entfernungen verfrachtet wird."

Was diese Winde der Antarktis besonders auszeichnet, ist neben ihrer z. T. *stürmischen Heftigkeit* die *Häufigkeit ihres Auftretens.* Ein extrem betroffenes Gebiet ist Cape Denison, für das Madigan (1929) für die Jahresperiode von März 1912 bis Februar 1913 235 Tage angibt, an denen das 24-Stundenmittel der Windgeschwindigkeit über 17,9 m/s betrug. An 143 Tagen war es sogar 22,4 m/s und nur an 25 Tagen lag das Mittel unter 10 m/s. Das sind Werte, die man lange Zeit für unmöglich gehalten hatte. Hinsichtlich der Häufigkeit gibt Löwe – nach einer brieflichen Mitteilung – für Port Martin am Cape Denison 330 Tage im Jahr an. Nach Streten (1968) sind die hohen Durchschnittswindstärken der Küstenstationen in der Ost-Antarktis zu 60–80% katabatischen und nicht zyklonalen Winden zuzuschreiben. Wie weit die Schwerewinde auf den Ozean hinausreichen, hängt im einzelnen von den topographischen Bedingungen und der Windstärke ab. Nach den vorliegenden Beobachtungen tritt aber schon wenige Kilometer von der Küste entfernt ein drastischer Wechsel im Windfeld ein. Dort wo die Stärke des katabatischen Windes nachläßt, ist eine scharfe Konvergenz im Windfeld ausgebildet, die eine aufwärts gerichtete Strömung mit einem Wall von Wolken verursacht (Schwerdtfeger, 1970). Spezielle Wirbelphänomene sind von Mawson (1915) und Ball (1957) beschrieben worden.

Das *Relief* wirkt noch in anderer Weise auf die Luftströmung ein. Schwächere Luftbewegungen, besonders innerhalb kalter Luftmassen, werden oftmals durch entgegenstehende Gebirgszüge *horizontal abgelenkt.* Peppler hat dies für die Alpen bei verschiedenen Wetterlagen nachgewiesen. Besonders deutlich tritt dies bei der *Bise im Rhônetal* und Schweizer Mittelland in Erscheinung, einem kalten Nordostwind, der, dem Alpenrand sich anpassend, über das Rhônetal dem tieferen Luftdruck des Mittelmeerraumes zustrebt. Vermutlich muß auch der *Vardarwind* aus dem Vardartal von Mazedonien als ein solcher, dem Relief angepaßter Wind betrachtet werden. Daß diese richtungsmäßige Anpassung der Luftströmung an das vorhandene Relief der Erdoberfläche nicht nur von dem Unterschied zwischen der Hauptwindrichtung im allgemeinen und der Richtung der orographischen Leitlinien, sondern auch von der Windstärke und dem synoptischen Charakter der Luftversetzung abhängig ist, konnte Dammann (1960) im Rhein-Main-Gebiet nachweisen.

Synoptische Regionalwinde. Neben diesen mehr oder weniger stark vom Relief abhängigen Luftströmungen treten aber auch noch solche auf, die zwar über einem größeren Gebiet als *regionaltypisch* gelten müssen, die aber lediglich an eine bestimmte, öfter wiederkehrende *Wetterlage* geknüpft sind, ohne daß das Relief dabei primär mitspricht. Allerdings gibt es zahlreiche Zwischenformen, wo beide Faktoren zusammen wirksam sind („berg wind" Südafrikas, Habub des Sudan zum Roten Meer). Als Transporteur bestimmter Luftmassen mit ganz charakteristischen Eigenschaften und Witterungserscheinungen sind sie klimatisch nicht minder bedeutungsvoll als die reliefgebundenen Luftströmungen (vgl. auch Abb. II.h) 9). Hierzu gehören im Mittelmeergebiet namentlich im Winter die sich an der Vorderseite von Zyklonen entwickelnden südlichen *Schirokkowinde* (auch *„libeccio"* genannt), die dem nördlichen Mittelmeergebiet mildes, feuchtes Wetter bringen, im Sommer zu drückender Schwüle führen und daher als unangenehm empfunden werden. An der *südfranzösischen Küste* entsprechen ihm der *„marin"* oder *„autan"*, in der *Ägäis* der *„garbi"*, in *Spanien* der *„solano"* oder *„leveche"* (oder *„libeccio"* = libyscher Wind!), der allerdings noch nicht die hohe Feuchtigkeit besitzt wie die vorgenannten nordmediterranen Südwinde. In der afrikanischen Region des Mittelmeeres sind diese, auch hier oft als Schirokko bezeichneten Südwinde überhaupt trockener, heißer, föhniger. Am extremsten ist dies bei dem präfrontalen *Chamsin Ägyptens* – das arabische Wort bedeutet „fünfzig" und dürfte sich auf die Lostagsregel der 50 Tage nach dem koptischen Ostern beziehen (T. Sivall, 1957) – ausgeprägt, dem auch der *Samum Syriens und Saudi-Arabiens* – das Wort bedeutet so viel wie „giftig" – verwandt ist. Nach R. Fischer (Wetter u. Leben 5, 1953, S. 124) beeinflußt die Chamsinfrequenz die Rückkehr der Störche.

Der *wüstenhafte Schirokko der südöstlichen Mittelmeergestade* ist nach T. Sivall (1957) eine präfrontale Erscheinung vor – im Luftdruckgang meist nur schwach ausgeprägten – zyklonalen Fronten, die auf der südlichsten Tiefdruckbahn des Mittelmeerraumes entlang der nordafrikanisch-levantinischen Küste von W nach E bis SE ziehen. Nach Häufigkeit und Intensität haben diese Glutwinde ihr Maximum im Frühjahr und im Herbst, wobei sowohl Ausläufer am Nordrande der Innertropischen Konvergenzzone [vgl. Kap. IVb)] von Äthiopien her wie auch – im Herbst vor allem – die auflebende Zyklonaltätigkeit über dem sehr warmen südöstlichen Mittelmeer eine auslösende Rolle spielen. So erlebte Kairo am 18.4. 1952 vor dem Durchgang einer schwachen Front von 9 Uhr morgens bis mittags einen Sandsturm aus SSE von 35 bis 40 Knoten Stärke bei 34°–36°C. In El Arish stieg die Temperatur bei dieser höllischen Wetterlage sogar auf +38°C!

In die gleiche Gruppe frontgebundener Wüstenwinde gehört auch der *Habub Oberägyptens und des Sudans.* Er ist meist an den äußersten südlichen Ausläufer einer mediterranen „Kaltfront", die in den Sudan reicht, geknüpft und stellt einen mit Windsprung auf SW verbundenen turbulenten Staubsturm dar, dessen Staubwolkenwalze bis zu 3000 m Höhe erreicht und den Himmel verdunkelt, ohne daß ein Tropfen Regen fällt. Da die nachstoßende Luft meist wüstenhaften Charakter trägt und sich zum Roten Meer hinab noch der dynamische Erwärmungseffekt hinzugesellt, bildet der Habub hier einen extrem heißen Fallwind, obwohl er genetisch-synoptisch einen Rückseitenwind wie der Mistral darstellt.

Aus dem australischen Subtropengebiet hat F. Loewe einen solchen, genetisch als „Kaltlufteinbruch in den Tropen" zu deutenden *Staubsturm* beschrieben (Anm. d. Hydrogr. 1938, Seite 197): „Am Abend des 9. September, eines recht warmen Tages (um 21 Uhr +20°C), treten im W einige Zirren auf; beim Sonnenuntergang ist der Himmel in Horizontnähe auffallend getrübt und rot gefärbt. Um 23 Uhr setzt unvermittelt mit scharfem Temperaturfall um etwa 3° heftiger böiger Südwind ein. Auf freien Flächen erreicht die Windgeschwindigkeit 12–15 m/sec. Gleichzeitig beginnt auch im Wald in Bodennähe eine merkliche Sanddrift. Da der heftige Wind die Ausbildung einer Temperaturumkehr verhindert, ist die nächtliche Mindesttemperatur die höchste der ersten Septemberhälfte; der Kälteeinbruch ist in den Nachtstunden noch ‚verkappt'. Am Morgen des 10. September sind Lippen und Augenwinkel mit juckendem, rotem Staub bedeckt. Im Gegensatz zu den sonst kräftigen Farben, dem Rot des Lateritbodens, dem Grün der durch kräftige Augustregen geweckten Pflanzenwelt, dem Blau des Himmels, macht die Landschaft einen grauen, trüben Eindruck. Erst gegen 9 Uhr wird die Sonne durch den Dunstschleier als matte Scheibe ohne Strahlungskraft sichtbar; der Himmel zeigt nur in Zenitnähe eine Andeutung blauer Farbe. Der kräftige staubführende Wind hält, zeitweilig mit Sturmesstärke, während der Vormittagsstunden an. Im Wald ist die Luft stark und gleichmäßig getrübt; die Sicht reicht nur wenige hundert Meter weit. Auf den freien Flächen jagen in Böenstößen dunkle Sandschwaden einher und beschränken die Sicht auf wenige Meter. An Unebenheiten des Bodens, in Radfurchen, in den Wasserlöchern fängt sich der driftende Sand. Das Vieh liegt, vom Winde abgewandt, im Schutze dichteren Gebüsches oder vereinzelter Felsenklippen. Die sonst so lauten Schwärme von Papageien sind nicht zu hören.

„Unter der Wirkung der einbrechenden Kaltluft und der verringerten Einstrahlung bleibt trotz wolkenlosen Himmels die mittägliche Höchsttemperatur auffallend niedrig. Sie übersteigt kaum 20°, und die tägliche Temperaturschwankung ist auf etwa ein Viertel des üblichen Wertes verringert. Der weiterhin böige Wind zeigt, daß die Abkühlung in der freien Atmosphäre noch stärker ist, als in den vom Boden her erwärmten unteren Luftschichten. Nachmittags legt sich der Wind; mit dem Absinken der Staubteilchen nimmt der Himmel wieder stärkere Blaufärbung an."

Über den Festländern der wechselfeuchten Tropen sind überall auf der Erde oft bis zur Sturmstärke anwachsende Winde im Zusammenhang mit einer Böen-, Schauer-

oder Gewitterfront entlang einer Konvergenzzone für den Übergang von der Trokken- zur Regenzeit charakteristisch.

Klassen (Ann. d. Hydrogr. 1936, S. 45 1f.) beschreibt die Zeit vor dem Wechsel folgendermaßen:

„Tagelang hatte sich das Wetter schon so gehalten. Wolkenlos, trostlos spannt der fahle Himmel seinen weiten Bogen über das schmutzige Grün des winterlichen Gran Chaco. Nur vom Grunde aus reckt sich rings am Horizont ein blaugrauer Dunstschleier von etwa 45° Höhe in die Weiten des Himmels hinein. Dort lichtet sich das trübe Grau etwas, tönt in ein gelbes Fahl hinüber und schwärmt dann in tausend kaum sichtbaren Silberfäden über den Zenit hinweg. Stundenlang träumt so das Himmelsgewölbe in starrer unheimlicher Ruhe hin.

Gegen 7 Uhr erzittern plötzlich die herbstlich rot gefärbten Blätter der riesigen Arrandéi unter dem leisen Hauch eines kaum merklichen NE, der jedoch bald durch einen kräftigen Wind aus N abgelöst wird. Nach einer Viertelstunde dreht er wieder nach NE, wechselt noch ein paarmal die Richtung und stößt dann plötzlich heftig aus NNE, seiner endgültigen Richtung, über den Kamp hin.

„Die Kraft des Windes wächst nun zusehends. Gegen 8 Uhr peitscht er bereits mit Stärke 6 den losen Sand der Landstraße, um 9 Uhr beginnt sich die Luft von den Staubmassen, die sich in das häßliche Grau des Himmels mischen, zu verfärben. Um 10 Uhr rast ein stürmischer Wind über die Buschwälder dahin. Mit unwiderstehlicher Gewalt reißt er die lockere Krume des Ackerbodens hoch, und bald steigen riesige Staubwolken empor. Wie im ärgsten Schneetreiben jagen Sand und Staub über den Kamp, verschleiern die Aussicht, häufen leicht gekräuselte Dünen an. Der Wind peitscht das feste Erdreich wellig aus und feilt um die Zaunpfähle tiefe Rinnen. Ein feiner gelblicher Flor bedeckt bald alles, die Gegenstände im Zimmer, die Haare, Kleider und das Gesicht. Die Sonne scheint matt durch den fahlgelben Staubschleier, der nach und nach den ganzen Himmel überzogen hat. Die Hitze wird immer drückender, der Staub immer lästiger. Temperatur 34 °C.

„Läßt der Wind etwas nach, scheint für Minuten die Sonne klar am Himmel. Gelb und kahl liegt der Kamp da, aus der Ferne schimmert der graugrüne Saum des Waldes. Doch schon beim nächsten Windstoß hüllt sich die Sonne wieder in ihren unheimlichen Schleier. Der Sturm tobt ärger denn zuvor. Mit Stärke 9 jagt er gegen 12 Uhr über den Kamp. Er hat seine höchste Kraft erreicht. Knarrend biegen sich die alten Quebrachen unter seinem gewaltigen Druck. Zweige fliegen durch die Luft, baumstarke Äste stürzen krachend zu Boden. Mancher morsche Baumriese legt sich in diesen Stunden für immer zur Ruhe.

„Dann läßt der Sturm allmählich nach, ohne jedoch für heute ganz zu verstummen. Um 13 Uhr bläst er noch mit Stärke 8; um 14 Uhr mit Stärke 7. Bei Sonnenuntergang jagt er noch mit Stärke 6 dahin, um nach sternenklarer Nacht der aufgehenden Sonne mit Stärke 5 zu begegnen."

Auch in den an die Subtropen angrenzenden Bereichen der Mittelbreiten mit relativ trockenem sommerwarmem Klima kommt es gelegentlich zu *heißen Trockenwinden* charakteristischer Ausprägung. In den südrussischen Steppen entwickelt sich sommers über unter dem Einfluß von Tiefdruckstörungen, die sich von W her nähern, vielfach verbunden mit ausgeprägter, Erhitzung und Austrocknung verursachender Absinktendenz, ein südöstlicher heißer Wind, der als *Suchowej* von südrussischen Bauern gefürchtet wird, führt er doch bei zu frühem Auftreten zur Notreife des Getreides und zu beträchtlichen Dürreschäden. Aus der Tab. II.h) 4 sind die extremen thermischen und hygrischen Bedingungen ersichtlich.

In Turkestan rechnet man im Mittel mit jährlich 10 Tagen mit Suchowej mittlerer oder höherer Stärke; die Ein-Tagesisarithme verläuft von Galatz über Kirowograd-Moskau-Perm-Tjumen-Barabinsk zum Altai (Tsuberbiller, 1959).

Tab. II. h) 4. Intensitätsstufen des Suchowej. (Nach P. A. Vorontsov aus P. E. Lydolph, 1964)

	Temperatur °C	Rel. Feuchte %	Wasserdampf-defizit, mm
schwach	22,5 – 27,4	21 – 40	15
	27,5 – 32,4	41 – 60	
mittel	22,5 – 27,4	0 – 20	21
	27,5 – 32,4	21 – 40	
	32,5 – 37,4	41 – 60	
kräftig	27,5 – 32,4	0 – 20	29
	32,5 – 37,4	21 – 40	
stark	32,5 – 37,4	0 – 20	38
extrem stark	37,5 – 42,4	0 – 20	49

Dem Suchowej verwandt sind die ähnliche Wirkungen hervorrufenden präfrontalen *Hitzewinde Australiens,* die *brickfielders,* die oft tagelang die Weideländer des SE heimsuchen und für die Wirtschaft einen hohen Instabilitätsfaktor darstellen. Sie werden meist abgelöst durch die einen fühlbaren Temperatursturz, aber wenig Regen bringenden *southerly bursters,* die im Gefolge W-E-wandernder schmaler Tiefdruckausläufer oder -tröge am subtropischen Rande der Westdrift hereinbrechen (vgl. die Schilderung eines hiermit verwandten Staubsturmes durch F. Loewe weiter oben). Auch im östlichen Vorland des Felsengebirges von Mexico bis Südkanada kommt es öfters zu ausdörrenden Hitzewellen, die dem Suchowej ähnlich sind. Sie beruhen weniger auf Advektion als auf lokaler Überhitzung bei stagnierender Luft in flachen Tiefdruckstörungen (Lydolph, 1964).

Den vorher für das Mittelmeergebiet angeführten Regionalwinden ist gemeinsam, daß sie an die Vorder-, teilweise auch Rückseite W-E-ziehender Störungen geknüpft sind, in der Regel aber nicht lange anhalten, sondern mit dem Durchzug dieser Störungen ebenfalls wieder verschwinden. Das ist anders bei den *Etesien* (altgriechischer Name) *oder Meltemia* (neugriechischer Name), die im Sommer als *quasi-permanente Strömung* aus nordwestlicher oder nördlicher Richtung wehend das gesamte östliche Mittelmeergebiet, besonders die Ägäis, überstreichen. Ihre Beständigkeit, dic gleichwohl Böigkeit und orographisch bedingte „Eckeneffekte" nicht ausschließt, ist auffällig und hat dazu geführt, das alternierende subtropische Winterregenklima des Mittelmeeres generalisierend als „Etesienklima" zu bezeichnen. Diese Verallgemeinerung ist jedoch nicht glücklich, weil die Etesien *genetisch zum Monsuntief* über Vorder- und Südasien gehören, auf dessen Westseite sie auftreten und damit vorwiegend auf den östlichen Mittelmeerraum begrenzt sind. Viel eher entsprechen dem hauptsächlich antizyklonalen Charakter der sommerlichen Luftströmungen über dem zentralen und westlichen Mittelmeer die aus NE kommenden *Gregale Maltas und der Jonischen Inseln,* die *Nortes Spaniens,* die *Nortadas Portugals* oder *Levanters von Gibraltar,* die man deshalb mit gewissem Recht als *Passatwurzeln* bezeichnen kann, da sie in der Tat ohne frontologische Störungen in die passatischen Nordostwinde Nordafrikas und des Ostatlantiks übergehen.

In Nordostjapan tritt nördlich der mit den Bai-u-Regen verknüpften Sommerfrontalzone am Rande eines über dem Ochotskischen Meeres lagernden Hochs ein östlicher, kühler, oft mit Nebel, Hochnebel, Nimbus oder Stratus verbundener

Wind, der *Yamase,* auf, der mehrere Tage dauern kann und Abkühlung um 2–6° bringt. Bei langem Anhalten führt er zu einer Mißernte, da der Reis dann nicht richtig blüht und Schaden erleidet (T. Asai, 1957, 1964).

Südlich des Roßbreitenhitzegürtels kommt es zu unregelmäßigen, verschieden weit äquatorwärts gelangenden Vorstößen der Heißluft des Wüstengürtels. Dies ist besonders bei dem *Harmattan des Sudan* der Fall, einem trockenen, staubreichen und Hitzeextreme verursachenden Passatwind, der zeitweilig im Winter sogar die Küste Oberguineas erreicht. Trotz der täglichen Hitzeextreme und der Staubführung bringt er hier gegenüber der Schwüle der vorangehenden Zeit Erleichterung, da er mit größeren Tagesschwankungen der Temperatur verbunden ist und eine erhöhte Verdunstung bedingt. Der Windwechsel spielt für die Bewohner Oberguineas eine große wirtschaftliche und bioklimatische Rolle (Sedlmeyer, 1964).

Auf den *Passat* wird ausführlicher in anderem Zusammenhange als Glied der allgemeinen Zirkulation eingegangen [Kap. IV.b)].

6. *Stürmische Winde, Wirbelstürme*

Winde mit Stärke ≧ 8 Bft. bzw. 16,75 m/s werden als *Stürme* bezeichnet (vgl. die Windstärkentabelle Tab. II.h) 1.). Diese Windstärken sind in den Breiten der *Westwinddrift* meist an die wandernden *Minima* geknüpft und daher auch ein normales klimatisches Charakteristikum der Meere mit intensiver Zyklonenfrequenz wie z. B. im Nordatlantik von *Südgrönland bis Island,* im Nordpazifik um die *Aleuten* und besonders in dem Gürtel der *zirkumantarktischen Westwinddrift,* wo die stürmischen „brave westerlies“ oder „roaring forties“ in rascher, fast pausenloser Folge zum klimatischen Normalbild gehören und vor allem in der Zeit der Segelschiffahrt die Umsegelung von Kap Hoorn besonders gefährdeten.

In der Passatzone sind Stürme selten. Lediglich die stürmischen *winterlichen NE-Winde des Südchinesischen Meeres* können hier genannt werden, weil sie, obschon landläufig und nach früherer klimatologischer Deutung als *Nordostmonsun* bezeichnet, zwar meist als festländische *Kältewellen* hinter durchziehenden Zyklonalfronten ihren Anfang mehmen, im weiteren Verlauf aber genetisch einen echten *Nordostpassat* darstellen. Sie erreichen infolge des verschärften Druckgradienten zwischen dem kalten chinesischen Festland und den warmen Meeren Südostasiens häufig Sturmstärke, so daß die Schiffahrt in jenen Gewässern im Winter dadurch beeinträchtigt wird.

Im Gegensatz zu diesen, für ein größeres Gebiet flächenhaft typischen Sturmerscheinungen stehen die entweder lokal gebundenen oder auch zeitlich begrenzten *Stürme* und die ausgeprägten *wandernden Sturmwirbel* der Tropen und Subtropen.

Tromben und Tornados. Unter den wandernden Wirbelwinden seien zuerst die festländischen Tromben und Tornados sowie die *Wasserhosen* behandelt. Es handelt sich genetisch prinzipiell um das gleiche Phänomen, nämlich stark um eine vertikale Achsen *rotierende Luftsäulen,* deren Länge ein Mehrfaches ihres Durchmessers beträgt. Sie wachsen aus der Basis von Gewitterwolken zunächst als kegelförmige Ausstülpungen heraus und können in relativ kurzer Zeit (Größenordnung um 1 Minute) als *Wolkenschlauch* (engl. „funnel“ oder „pendant cloud“) bis zur Erdoberfläche herabreichen. Dessen Durchmesser beträgt ein paar Zehner von Metern. Der

Abb. II.h) 16. Nordamerikanischer Tornado. (Phot. US Weather Bureau Washington)
Aus einer *Cumulonimbus*wolke herabwachsender rotierender Schlauch, zu dem am Erdboden ein mit losgerissenen eingewirbelten Gegenständen erfüllter breiterer Bodenfuß gehört

Abb. II.h) 17. Verwüstungsgasse eines nordamerikanischen Tornados in Ionia (Iowa) am 23. 4. 1948. (Phot. US Weather Bureau Washington)
Mit unvorstellbarer, instrumentell nicht meßbarer Gewalt werden auf engem Durchmesser Totalzerstörungen angerichtet

Schlauch kann sowohl horizontale Pendelungen ausführen, als auch sich in seiner Länge bald ausdehnen, bald verkürzen und auch sog. „Hüpfbewegungen" am Boden ausführen. Vor dem Auftreffen des Schlauches an der Erdoberfläche bildet sich von dort her ein Fußwirbel, der den zwei- bis dreifachen Durchmesser des Trombenschlauches hat und der durch aufgewirbeltes Material von der Unterlage her sichtbar ist (vgl. Abb. II.h) 16). Zugrichtung und Zuggeschwindigkeit werden von der Mutterwolke bestimmt. Die Lebensdauer beträgt zwischen einigen Minuten und etwas über einer halben Stunde. Im Fußwirbel treten erhebliche Umfangsgeschwindigkeiten von *Orkanstärke* auf, die zusammen mit einer explosionsartigen Druckverminderung im Innern des Wolkenschlauches starke Verwüstungen anrichten, die allerdings auf eine 100–200 m schmale Schneise, den *„Åsgardsweg"*, beschränkt sind (Abb. II.h) 17).

Tromben kommen auf allen Kontinenten vor; am häufigsten und energiereichsten sind sie allerdings im Innern Australiens und im zentralen Nordamerika. Sie heißen dort *Tornados* (ursprünglich spanisch vom Lateinischen tornare = drehen).

Als *charakteristische Werte* aus einer großen Zahl von Beobachtungen gibt Szillinsky (1970) an:

Maximum der Rotationsgeschwindigkeit	133 m/s
Maximum der aufwärts gerichteten Vertikalgeschwindigkeit	44 m/s
Zuggeschwindigkeit des Rüssels	13 m/s
Druckerniedrigung im Rüssel	76 mb
Breite des Åsgardsweges	180 m
Lebensdauer	20 Min.
Länge des sichtbaren Rüssels	900 m

Der *Entstehungsmechanismus* ist noch nicht eindeutig geklärt. Da keine instrumentellen Messungen in der Natur möglich sind, ist man auf theoretische Hypothesen (Wegener, 1917; Koschmieder, 1951; Rossmann, 1958 z. B.), indirekte Schlüsse aus vergleichender Auswertung von Filmaufnahmen und Photographien (z. B. Hoecker, 1960, 1961) Modellversuche im Labor (Turner and Lilly, 1963 oder Ying and Chang, 1970) oder Modellrechnungen (Wippermann et al., 1969; Szillinsky, 1970 oder Malbakhrov und Gutmann, 1968) angewiesen. Übereinstimmung besteht hinsichtlich der *Entstehungsvoraussetzungen* (s. Miller, 1959 und die übersichtliche Darstellung in Chang, 1972). Es muß erstens eine sehr feuchtereiche, warme Luftschicht in den unteren $1-1^1/_2$ km über Grund vorhanden sein, die nach oben durch eine Inversion (zweitens) gegen eine ebenso mächtige Schicht trockner Luft (drittens) abgegrenzt ist. Zwischen der unteren und oberen Luftmasse muß als 4. Bedingung ein scharfer Windsprung nach Richtung und Stärke existieren. Diese Voraussetzungen garantieren, daß zunächst die Bildung von vertikal mächtigen Konvektionswolken unterdrückt wird, später aber, wenn eine gewisse Schwelle des Auftriebs überschritten und die Inversion durchstoßen wird, eine explosionsartige Konvektion bis in große Höhen eintritt (Tepper, 1958). Wenn dann noch fünftens in der Höhe ein Anstoß zur Wirbelbildung in den Cumulonimbustürmen gegeben ist (am Rand einer ektropischen Zyklone oder auch eines Hurricanes, an Kaltfronten in der Höhe oder an Konvergenzen), so besteht die Möglichkeit der Trombenbildung.

Über die Art, wie dann der *Wolkenschlauch* gebildet wird, darüber gehen die

Meinungen noch auseinander. Nach Rossmann (1958) soll das durch die starke Abkühlung und den daraus resultierenden Druckunterschied in einem „Hagelschlauch" geschehen. Viele Tromben treten aber noch vor dem Niederschlagsfeld einer Gewitterwolke auf, so daß die Hypothesen der Wirbelübertragung durch Reibung erheblich an Gewicht gewinnen. (S. im einzelnen Szillinski, 1970). Nach Koschmieder (1951) sollen Wolkenuntergrenze und Außenwand der Trombe eine Fläche gleichen Druckes bilden. Das erklärt die Tatsache, daß die am Trombenfuß horizontal einströmende Luft dort bereits wegen des rapiden Druckabfalles kondensiert.

Die genannten Vorbedingungen sind Extrema jener Bedingungen, die für die Entstehung von Cumulonimbus-(Gewitter-) Wolken notwendig sind. So kommen alle Tromben in überwältigender Mehrzahl im Zusammenhang mit Gewitterwolken vor. Sie zeigen sich fast immer während schwülen Wetters kurz vor Einsetzen des ersten Niederschlags und der elektrischen Entladungen. Normalerweise sind sie Einzelphänomene. In USA sind aber auch schon mehrere Tromben im Zusammenhang mit einer Gewitterfront gleichzeitig vergesellschaftet aufgetreten. Ihr *jahreszeitliches Häufigkeitsmaximum* liegt im Frühjahr bis Frühsommer, wenn die thermischen und hygrischen Gegensätze zwischen Luftmassen nördlicher und südlicher Herkunft am größten sind.

Das *Gebiet größter Tornadogefährdung* ist das kontinentale *Innere Nordamerikas*. Nach Pettersen (Weather analysis und forecasting, 1956, S. 190) wurden in den USA von 1915–1950 5204 Tornados gezählt, im Mittel 145 pro Jahr. Sie verursachten einen Schaden von 476 Mill. Dollar und kosteten 7961 Menschenleben. Nach der Verbesserung der Beobachtungen und des Meldewesens ergaben sich für die Periode 1955–1964 aber im Mittel 628 pro Jahr mit dem Rekordwert von 927 (Chang, 1972, S. 220). Kimbel (1955) gibt folgende Verteilung im Jahresgang an:

I	II	III	IV	V	VI	VII	VIII	IX	X	XI	XII
3	3	12	17	21	18	8	5	5	3	3	2

Martin (1940) errechnete eine mittlere Weglänge von 13,5 Meilen. Der längste Tornadoweg war 293 Meilen (Flora, 1953), Hinsichtlich der *regionalen Verteilung* weisen nach der häufig reproduzierten Karte von Pautz (1969, s. z. B. Chang, 1972) die Gebiete am Ostrand der Plains von Nord-Texas und Oklahoma über Ost-Kansas bis in den SE von Iowa mit 200–300 Tornados in den 10 Jahren von 1955–1964 die größte Gefährdung auf. Von Texas bis nach Nebraska und an die Ufer des Michigan-Sees zieht sich eine ausgedehnte Region mit 100–200 Tornados. Im ganzen Westen, angefangen am Ostrand der Rockies waren es weniger als 10. Die größte Tornadokatastrophe in den USA trat am 19. Februar 1884 ein, als 57 Tornados an einem Tag einen Schaden von 35 Mill. Dollar und 1200 Todesfälle verursachten.

Das US Weather Bureau (1956) hat inzwischen einen regional differenzierten *Tornadowarndienst* aufgebaut, welcher zunächst eine Vorwarnung über die Möglichkeit und ggf. eine Hauptwarnung über das tatsächliche Auftreten herausgibt. Bei der Engräumigkeit und raschen Veränderlichkeit des Wirbels ist es jedoch nicht möglich, eine genau lokalisierte Vorhersage zu machen.

Die von Tornados angerichteten Verwüstungen sind am Beispiel der Abb. II.h) 17 augenfällig. Eine drastische Schilderung gibt Löbsack in „Der Atem der Erde" (1957): „Nicht lange, und aus dem Wolkenschlauch wurde ein Trichter. Es war ein düsterer Zapfen, ein ungeheurer

Rüssel von schmutziggrauer Farbe. Langsam, doch unerbittlich tastete er sich zum Erdboden hinab. Zur gleichen Zeit begann auch die Luft über der Erde zu wirbeln, welkes Laub stob auf, ein ähnlicher durchsichtiger Zapfen aus warmer Luft reckte sich dem Wolkentrichter entgegen. Wenig später hatten sich die beiden Teile vereinigt und dann verwandelte sich auch das durchsichtige bodennahe Ende des Zapfens in einen dichten Wolkenschlauch.

Das nächste was geschah, war, daß fünf weitere Tornadoschläuche aus den Wolken herabwuchsen „wie torkelnde Betrunkene" schreibt ein Augenzeuge, „schwankten die Tornados zu sechst dahin. Sie machten ein Getöse wie das Geratter von tausend Güterzügen".

„Gleich darauf raste der Tornado mit mahlendem Tosen durch die kleine Stadt. Er wirbelte Menschenleiber, Vieh und Dachziegel durcheinander. Er zerknickte Telegraphenmasten, riß weidenden Schafen die Wolle von der Haut, drückte Hauswände ein und rasierte meilenweite Schneisen in Felder und Wälder. . . . Er peitschte ein Ungewitter von Staub, Ästen, Zaunlatten und Metallteilen durch die Straßen und erschlug, was ihm in den Weg kam. Die Tornados rasten wie das jüngste Gericht durch die Staaten Arkansas, Tennessy, Alabama, Kentucky, Mississippi und Missouri".

In anderen Erdteilen auftretende Tromben sind meist weniger stark ausgeprägt und auch seltener. In Ausnahmefällen können sie aber auch *in Mitteleuropa* erhebliche Zerstörungen anrichten, wie die Trombe am Westharz vom 4. Mai 1952 (Kohlbach, 1954/55) oder diejenige von Pforzheim vom 10. 7. 1968 (Nestle, 1969) belegen. Am Westharz wurden maximale Umfanggeschwindigkeiten von 175–210 km/h (ungefähr 55 m/s), eine durchschnittliche Zuggeschwindigkeit von 10 m/s (35 kmh) berechnet. Die Lebensdauer war mit $1^1/_3$ Stunde relativ groß, in der Spur von rund 200 m Breite wurden bis zu 60 cm dicke Bäume abgedreht.

Wasserhosen („Waterspouts") sind nach den Auswertungen und der Theorie von Rossmann (1958) im allgemeinen weniger gefährlich für Mensch und Schiff als Tornados für die Einwohner auf dem Lande. Die 30 für Schweizer Seen beschriebenen (Früh, 1905/06) waren alle schwach und harmlos. In der Geschichte der Hochseeschiffahrt sind nur wenige Verluste bekannt geworden. In Küstennähe subtropischer und tropischer Ozeane sind Wasserhosen sehr viel häufiger als Tornados über dem Land. Außerdem kommen sie häufig in Serien von mehreren zugleich vor einer Gewitterwolkenanhäufung vor. All das ist eine Folge davon, daß über dem warmen Wasser erheblich günstigere Bedingungen für die Entwicklung von wandernden Wirbeln bestehen. Während unter den Cumulonimben über Land noch keine Möglichkeit für die Ausbildung von Tornados ist, so führt die feuchte, nahezu gesättigte Luft über dem Wasser zur Wasserhosenbildung, wenn die gleichen Wolken am Nachmittag mit dem oberen Landwind auf See hinausgetrieben werden (Rossmann, 1958). Charakteristisch ist der *Jahresgang* mit einem Maximum während der Herbstmonate, wenn kalte Polarluft über das dann noch relativ warme Wasser streicht. Rossmann (1961) gibt folgende Häufigkeitsverteilung an:

I	II	III	IV	V	VI	VII	VIII	IX	X	XI	XII
15	5	10	2	2	0	1	6	12	26	16	5%

Kleintromben („Windhosen" oder *„dust devils"* Abb. II. h) 18 sind harmlose, kleinräumige, niedrige und kurzlebige Wirbel, die überall dort vorkommen können, wo am Boden Hitzekontraste entstehen, aber keine stark feuchtlabile Schichtung in den unteren Atmosphärenschichten herrscht. Sie sind meistens mit strahlungsrei-

Abb. II.h) 18. Staubtrombe (dust devil) im Inneren der Wüste Sahara (Lybien). (Phot. W. Meckelein) Die Staubtromben sind eine Folge unterschiedlicher Erhitzung des Erdbodens und haben keine große vertikale Reichweite, worauf auch das ungestört stabile Hochdruckwetter mit höchstens ganz flachen Schönwetter*cumuli* hinweist

chem Hochdruckwetter verbunden. Wo gleichzeitig Staub oder feiner Sand hochgewirbelt werden kann, sieht man häufig viele zugleich übers Land ziehen.

Tropische Wirbelstürme. *Wirbelstürme* sind allgemein großräumige zyklonale Wirbel, in denen die Windgeschwindigkeit am Boden Windstärke 8, entsprechend 17 m/s, 61 kmh bzw. 31 knots überschreitet. Sie kommen sowohl in der außertropischen zyklonalen Westwinddrift als auch innerhalb der sonst relativ sturmarmen Tropenzone vor, hier allerdings unter anderen Bedingungen. Noch wesentlich stärker als Wirbelstürme sind die *Orkane.* Dafür muß laut internationaler Vereinbarung eine Windgeschwindigkeit am Boden von 33 m/s, entsprechend Windstärke 12 bzw. 115 kmh, 74 mph bzw. 65 knots überschritten werden. Die extremste Ausbildung solcher Orkanwirbel ist an bestimmte Zonen der Tropen gebunden *(Tropische Orkane)*. In vielen von ihnen treten Windgeschwindigkeiten um 50 m/s (180 kmh, 110 mph) auf, Schätzungen der Maximalwerte gehen bis 200 mph (175 kn). Sie haben für verschiedene Regionen bestimmte Namen: *Hurrikane (hurricanes)* an der tropischen Atlantikküste Mittel- und Nordamerikas, *Taifune (typhoons)* im nordhemisphärischen Westpazifik und an der Küste Ostasiens (*baguios* im Bereich der Philippinen), *Willy-Willies* in Nordaustralien, *Mauritius-Orkane* für die Ostküste Tropisch-Afrikas und die vorgelagerten Meeresgebiete sowie *„Bengalen-Zyklonen"* im Golf von Bengalen. Als *Oberbegriff* wird *„hurricanes"* verwendet. So auch im folgenden für die Ableitung der gemeinsamen Bildungsvoraussetzungen, dynamischen Abläufe und Auswirkungen.

Ein *typischer hurricane* ist ein zyklonaler Wirbel mit relativ kleinem Durchmesser

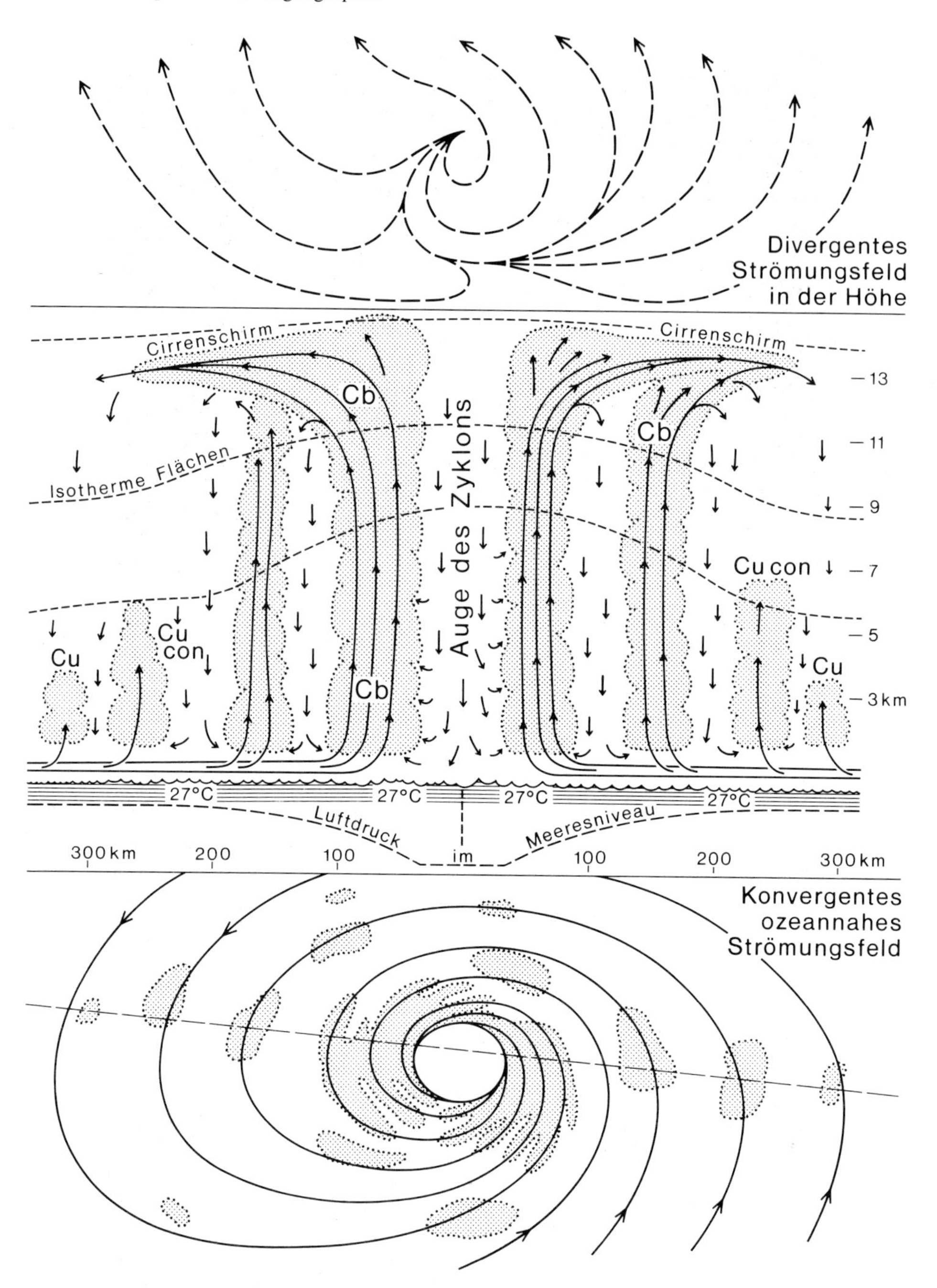

Abb. II.h) 19. Modellhafte Darstellung eines tropischen Orkanwirbels. (Unter Verwendung von Fig. 128 in Neiburger et al., 1973 und Fig. 6.9 in Barry and Chorley, 1976) Ausführliche Erläuterung s. Text

Abb. II.h) 20. Flugzeugaufnahme des Auges eines Hurrikans mit den nahezu konzentrischen Wolkenbahnen um das Zentrum, das hier mit *Cumulus*gewölk erfüllt ist. (Phot. US Weather Bureau Washington)

Abb. II.h) 21. Hurrikan-Sturmflut an der Küste von Florida. (Phot. US Weather Bureau Washington) Das durch Sturmkreuzseen aufgerührte und im Bereich tiefen Luftdrucks erhöhte Meer verursacht an den brandungsbetroffenen Küsten oft nicht minder schwere Verheerungen als der Sturm selbst

von normalerweise 600–700 km (also rund die Hälfte einer außertropischen Sturmzyklone) mit einer Variationsbreite zwischen 200 und 1000 km. Im Reifestadium herrscht im Zentrum im Meeresniveau ein Kerndruck von unter 950 mb; nicht selten werden 920 mb unterschritten. Der tiefste Luftdruck, der überhaupt jemals gemeldet wurde, betrug 877 mb [s. Kap. II.g) 4.]: In einem hurricane sind Temperatur, Luftdruck und Wind ungefähr *rotationssymmetrisch* angeordnet, es besteht also in ihnen kein Luftmassengegensatz wie in außertropischen Zyklonen. Auf spiralförmigen Bändern sind Konvektionswolken verteilt (s. Abb. II.h) 19, II.h) 20). In einer äußeren Zone, wo noch keine Orkanstärke des Windes erreicht wird, sind diese noch relativ weitabständig und nur mittelhoch (Cu con). Im eigentlichen hurricane sind es dagegen dicht stehende *Cumulonimben,* die nahe dem Zentrum einen geschlossenen Ring bilden und hier mit ihren Cirrenschirmen bis nahe an die Obergrenze der Troposphäre, bis in Höhen um 12 km, reichen. Aus allen fallen kräftige Regenschauer. Im innersten Teil eines hurricanes wird der *Ring heftigster Vertikalbewegung,* größter Schauertätigkeit und stärkster Horizontalwinde relativ scharf abgegrenzt gegen eine meist 30–50 km breite Zone mit relativer Windruhe und ohne Niederschläge bei aufgebrochener Bewölkung (Abb. II. h) 20), zuweilen sogar klarem Himmel. Dieses *„Auge des Zyklons“* ist manchmal auf Satellitenaufnahmen deutlich zu sehen, wenn es nicht vom Cirrenschirm des inneren Ringes verdeckt wird.

Solche tropischen Orkanwirbel werden mit der hochtroposphärischen Luftströmung, die normalerweise im Entstehungsgebiet auf der Südflanke der subtropisch-randtropischen Antizyklonen eine östliche ist und auf der Westseite der Ozeane auf mehr südliche und südwestliche Richtung dreht, mit ca. 16–20 kmh (400–500 km pro Tag) verlagert. Sie beschreiben meist eine *parabolische Bahn,* die im Einzelfall zwar bis zur Schleifenform (Niddrie, 1964) abweichen kann, letztlich aber über den Ostteilen der entsprechenden Kontinente in die zyklonale Westwinddrift einmündet. Ihre *Lebensdauer* beträgt normalerweise 4–5 Tage, kann sich aber bis fast 2 Wochen verlängern.

Auf den freien Ozeanen erzeugt der Orkan haushohe Wellen, über denen sich die Gischt mit dem Regen mischt, so daß zuweilen nicht zu unterscheiden ist, wo das Meer zu Ende ist und die Atmosphäre beginnt. Für jedes Schiff bedeutet er höchste Gefahr. Bei Erreichen der Küste entstehen oft schwere *Verheerungen* aus der Kombination von extremen Windgeschwindigkeiten, Überschwemmung verursachenden Sturzregen und nicht zuletzt schweren Sturmfluten. Die *direkten Windschäden* sind meistens noch relativ klein. Größere Zerstörungen richten häufig die Überschwemmungen im Gefolge der *Starkregen* an. Ein typischer hurrican bringt zwischen 150 und 300 mm Regen in wenigen Stunden, so daß besonders in gebirgigem Gelände schwere Flutschäden entstehen. Besonders in Mittelamerika haben sie schon schwere Verluste an Menschen verursacht. Die meisten Opfer fordert aber regelmäßig die Katastrophe, die vom Meer ausgeht. Auf der Vorderseite treibt der Orkanwirbel eine *Flutwelle* gegen die Küste, die oft 5 m über den normalen Wasserstand reichen kann. Auf ihr „reiten“ noch die meterhohen kürzeren Windwellen (Abb. II.h) 21).

Auf der Rückseite kann der ablandige Sturm eine Absenkung des mittleren Wasserspiegels verursachen mit der Folge, daß heftige *Küstenströmungen* entstehen. Im Zentrum des hurricanes resultiert wegen des niedrigen Luftdruckes noch eine allgemeine *Meeresspiegelanhebung* in der Größenordnung von einigen Dezimetern. Und wenn das ganze dann noch überlagert wird von auflaufendem Wasser im Zusammenhang mit Ebbe und Flut, so ist meistens die Katastrophe vollständig, besonders wenn es sich um eine tief ins Land reichende Flachküste handelt. Das Ausmaß der Gefährdung hängt von den naturgeographischen Bedingungen und der Struktur der Lebensräume ab, auf die im Zusammenhang mit den verschiedenen Orkangebieten noch einzugehen sein wird.

Zunächst seien die *Bildungsvoraussetzungen* und die Konsequenzen für die geographische *Verbreitung* der Orkane angeführt:

Alle entstehen erstens über den wärmsten Teilen der Ozeane; und zwar nur dort, wo große Gebiete mit Oberflächentemperaturen über 26 °C (andere Autoren geben 27 °C an), vorhanden sind. Der Grund ist, daß nur über solchen die in den untersten Schichten des Wirbels angesaugten Luftmassen genügend hohe Temperaturen und hohen Wasserdampfgehalt aufweisen, damit nach der Kondensation und der Freisetzung der latenten Wärme in der mittleren Troposphäre noch eine erheblich höhere Temperatur im Innern des Wirbels gegenüber der freien A. in der Umgebung herrscht. Ohne den *„warmen Kern“* kann ein entsprechend großer Druckfall am Boden nicht erzeugt werden. Die geforderten hohen Wassertemperaturen reichen nur im westlichen Nordatlantik und vor der ostasiatischen Küste bis gegen 35°N, sonst bleiben sie überall innerhalb der Wendekreise. Im ganzen *Südatlantik* und im *Ostteil des Südpazifik* werden (wegen der Fernwirkung des Benguela- bzw. Perustroms) entsprechende Werte nie erreicht. Dort gibt es *keine* tropischen *Orkanwirbel.*

Zu der ersten kommt als zweite Bedingung, daß die Corioliskraft eine Mindestgröße aufweisen muß. Gray (1968) hat bei der Analyse von 300 hurricanes der verschiedensten Gebiete festgestellt, daß keiner näher als 3°, weniger als 2% in der Zone 3–5°N bzw. S entstanden, 65% zwischen 10 und 20° mit einem klaren Maximum zwischen 12 und 15° ihre *Entwicklung* begonnen haben. Erst *abseits des Äquators,* wenn die Corioliskraft ausreichend groß ist, um einen raschen Ausgleich von Luftdruckunterschieden im Meeresniveau zu verhindern, kann sich ein zyklostrophischer Wirbel bilden, in welchem die Fliehkraft dem Druckgradienten das Gleichgewicht hält [s. Kap. II.h) 1.].

Die dritte zusätzliche Bedingung ist, daß *keine starke Winddrehung mit der Höhe* vorhanden sein darf. Diese würde nämlich verhindern, daß die Freisetzung der latenten Energie in einer ungefähr vertikalen Luftsäule erfolgt. Und nur in einer solchen wird der Druckanstieg in der oberen sowie der folgende Druckfall am Boden genügend groß (in einer durch die Windscherung schiefen Säule kann keine maximale Superposition aller thermisch bedingten Druckänderungen erfolgen [vgl. Kap. II.g) 2.]. Konsequenz dieser Bedingung ist, daß keine hurricanes mehr im Einflußbereich des subtropical jet (s. Abb. II.h) 9 in Kap. II.h) 4.) entstehen, was normalerweise bereits polwärts 20° der Fall ist, sondern meistens eine gewisse *Abstandsbindung von 5–10 Breitengrade polwärts der äquatorialen Tiefdruckfurche* aufweisen. Da im S-Atlantik und SE-Pazifik die äquatoriale Tiefdruckachse den Äquator nur unwesentlich oder gar nicht nach S überschreitet, kann auch aus diesem Grunde über den genannten Teilen der tropischen Ozeane kein Orkanwirbel entstehen.

Schließlich muß als vierte Voraussetzung eine großräumige *tropische Zirkulationsanomalie* in Form einer easterly wave, des Ausläufers eines ektropischen Tiefdrucktroges, einer Diskontinuität im Bodenwindfeld auftreten, die in der oberen

Troposphäre von einer Divergenz im Höhenströmungsfeld überlagert wird. Nur eine solche Kombination kann garantieren, daß die unten konvergent zusammen- und im Konvektionsschlauch schnell aufwärts geführten Luftmassen oben auch genügend rasch abgeführt werden (sonst würde ja wieder ein Luftdruckanstieg in den tieferen Troposphärenteilen eintreten). Die Entstehung solcher Divergenzen ist bei Riehl, 1951 diskutiert, wobei das „Dreimasseneck" nach Rodewald (1936, 1958) eine Rolle spielt.

Erst wenn alle Bedingungen gleichzeitig erfüllt sind, kann sich ein hurricane entwickeln (notwendig ist er immer noch nicht). Da das Zusammentreffen nicht einfach zu verwirklichen ist, erklärt sich zunächst einmal die Tatsache, daß tropische Orkane im ganzen doch *relativ seltene Ereignisse* sind, wie die Übersicht in Tab. II.h) 5 (nach Chang, 1972) zeigt. Außerdem machen die Bedingungen und ihre jahreszeitlichen qualitativen und regionalen Veränderungen auch den *Jahresgang* der tropischen Wirbelstürme in den verschiedenen Gebieten ihres Auftretens verständlich. Die größte Wahrscheinlichkeit ist auf der Nordhalbkugel dann gegeben, wenn im späten Sommer oder Frühherbst die Wassertemperaturen am höchsten sind und die äquatoriale Tiefdruckrinne noch relativ weit vom mathematischen Äquator entfernt ist. Über dem westlichen Atlantik liegt die eigentliche *hurricane-Jahreszeit zwischen Juli und Oktober* mit einem deutlichen Maximum im September. Es können aber auch bereits im Mai und noch im Dezember Wirbelstürme auftreten.

Die *Dynamik im Reifestadium* eines hurricanes sei kurz an Hand der schematischen Modellzeichnung der Abb. II.h) 19 erläutert. Ein tropischer Orkanwirbel ist – zum Unterschied von anderen zyklonalen Störungen – ein *„warmer Wirbel"*, d. h. im Innern herrscht in allen Höhen bis zur oberen Troposphäre, vor allem aber zwischen 5 und 10 km, eine bedeutend höhere Temperatur als in entsprechenden Niveaus der Umgebung. Hawkins and Rubsam (1964) haben für den hurricane Hilda eine maximale Temperaturanomalie von 16° zwischen dem 300- und 250 mb-Niveau angegeben. Gewährleistet wird der Temperaturunterschied dadurch, daß in der planetarischen Grenzschicht aus einem großen Umkreis extrem warme und wasserdampfreiche Luft (Bedingung von 26 bzw. 27° Wassertemperatur!) auf spiraligen Bewegungsbahnen in Richtung auf das Zentrum eines (ursprünglich relativ flachen) Tiefs geführt wird. Die dadurch auftretenden Konvergenzen im Strömungsfeld führen zum Anstoß von konvektiven Bewegungen (je weiter nach innen, um so stärker und in um so dichter stehenden Schloten). Es bilden sich außen noch relativ niedrige und weit gestellte, je weiter nach innen um so mächtigere und dichter beieinander stehende Konvektionswolken. Am Ende gibt es im Bereich des Wirbels 100 bis 200 Cumulonimben, die als gewaltige warme Türme („hot towers") bis in die oberste Troposphäre reichen. Sie setzen bei den heftigen Aufwindbewegungen und dem hohen Wasserdampfgehalt der eingefütterten Feuchtluft eine solche Menge an Kondensationswärme frei, daß in ihrem Einflußbereich im Innern des Wirbels die Lufttemperatur über diejenige in vergleichbaren Niveaus der Umgebung steigt. Das hat über den Wolkentürmen eine Aufwölbung der Isobarenflächen in der oberen Troposphäre zur Folge [Kap. II.g) 2.]. Dadurch wird die vorher schon vorhandene Höhendivergenz (siehe Voraussetzung 4) wesentlich verstärkt. Aus ihr resultiert Druckfall am Boden, und aus diesem wieder stärkeres Einsaugen der feuchtwarmen Luft mit der Konsequenz verstärkter Konvektion (feedback-Effekt). Der größte Teil der von dieser gewaltigen *„Wärmekraftmaschine"* freigesetzten Energie wird

Tab. II.h) 5. Monatliche Häufigkeit von tropischen Wirbelstürmen und Orkanen. (Nach Chang, 1972)

	Jan.	Febr.	März	Apr.	Mai	Juni	Juli	Aug.	Sept.	Okt.	Nov.	Dez.	Jahr
Westl. Nord-Pazifik und Südchinesisches Meer													
alle Stürme (1886–1953)	0,3	0,1	0,1	0,3	1,0	1,5	3,8	4,4	4,4	3,0	2,1	0,9	21,9
Orkane (Taifune) (1886–1958)	0,2	0,1	0,1	0,2	0,6	0,9	2,9	3,3	3,1	2,1	1,4	0,4	15,3
Südchinesisches Meer allein													
Orkane (1886–1958)	0	0	0	0	0,2	0,4	0,7	0,4	0,5	0,4	0,3	0	2,9
Nord-Atlantik													
alle tropischen Stürme (1887–1955)	0	0	0	0	0,1	0,4	0,5	1,5	2,6	1,9	0,5	0	7,5
Orkane (hurricanes) (1886–1958)	0	0	0	0	0	0,2	0,3	1,3	1,7	0,9	0,2	0	4,6
Östl. Nord-Pazifik													
alle tropischen Stürme (1965–1969)	0	0	0	0	0,4	2,6	3,0	5,2	4,2	3,0	0	0	18,4
Orkane (hurricanes) (1965–1969)	0	0	0	0	0	0,4	0,4	1,7	1,5	0,8	0	0	4,8
Golf von Bengalen													
alle tropischen Stürme (1890–1950)	0,1	0	0	0,4	0,8	1,2	1,9	2,0	2,1	2,0	1,5	0,7	12,7
Orkane (1890–1950)	0	0	0	0,2	0,4	0,5	0,6	0,4	0,5	0,9	0,8	0,4	4,7
Arabisches Meer													
alle tropischen Stürme (1879–1944)	0	0	0	0	0,2	0,3	0	0	0,1	0,2	0,3	0,1	1,2
Südl. Indischer Ozean													
alle tropischen Stürme (1848–1947) westl. 110°E	1,8	1,7	1,4	0,9	0,3	0	0	0	0	0,1	0,4	0,8	7,4
alle tropischen Stürme (1897–1949) nordwestl. Australien	0,5	0,5	0,6	0,2	0	0	0	0	0	0	0	0,2	2,0
Südpazifik 150°E bis 150°W													
Orkane (1940–1951)	0,9	1,2	1,8	0,2	0	0	0	0	0	0	0	0,5	4,6

zur Hebungsarbeit verwendet, nur ein kleiner Teil (um 3%) geht in die kinetische Energie der Windbewegung (Barry and Chorley, 1976), und zwar des Wirbels selbst und in höheren Schichten als Export in die großräumige Zirkulation. Mit wachsender Wirbelgeschwindigkeit bildet sich in den tieferen Schichten in gewisser Entfernung vom Wirbelzentrum eine rotationssymmetrische Zone aus, in welcher Gleichgewicht zwischen Luftdruckgradient und der Resultierenden aus Flieh- und Corioliskraft besteht [s. Kap. II.h) 1.]. Von dieser Zone nach außen ist der Gradient größer als die o.g. Resultierende, was ein Einwärtsfließen zur Folge hat, dessen stärkste Äußerung der innere Cumulonimbusring ist. Von der Gleichgewichtszone nach innen zu überwiegt aber die von der Corioliskraft ergänzte Fliehkraft mit der Folge einer auswärts gerichteten, divergenten Strömung im innersten Teil des Wirbels. Die dabei in den unteren Schichten vom Zentrum weg in Richtung nach außen transportierten Luftmassen werden am Innenrand des Cumulonimbusringes durch turbulente Reibung hochgerissen und oben mit der divergenten Strömung aus dem Wirbel herausbefördert. Im Zentrum der inneren Divergenzzone selbst muß eine erhebliche abwärts gerichtete Kompensationsströmung auftreten, die Absinken, Wolkenauflösung (Auge des Orkans!) sowie starke trockenadiabatische Erwärmung zur Folge hat. Deren Konsequenz ist wieder, daß die thermische Anomalie des Wirbelinnern noch einmal ansteigt.

Essentielle Bedingungen für die Aufrechterhaltung der geschilderten Bewegungsabläufe im Orkanwirbel sind die Versorgung mit fühlbarer Wärme und Wasserdampf in der planetarischen Reibungszone, die Freisetzung von latenter Wärme durch sehr effektive Kondensationsprozesse sowie die Abführung der konvektiv aufgestiegenen Luftmassen in einer oberen Divergenzzone. Wenn eine von diesen Bedingungen nicht mehr optimal ist, beginnt die *Degeneration* des ganzen Systems. Das passiert beispielsweise, *wenn* ein hurricane *über kühles Wasser oder über Land geführt wird.* In beiden Fällen versagt der Feuchtenachschub, im ersteren Fall wegen der relativ niedrigen Temperatur, im zweiten wegen der größeren Bodenreibung. Dadurch wird die Temperaturanomalie im warmen Wirbel niedriger, was bereits eine gewisse Abschwächung der Erzeugungsvorgänge für den niedrigen Luftdruck am Boden bedeutet. Hinzu kommt noch, daß durch die größere Bodenreibung eine stärkere Auffüllung des tiefen Druckes im Zentrum stattfindet [vgl. Kap. II.h) 1.]. Die Wirbelenergie nimmt im ganzen ab, aus einem hurricane wird ein Sturmwirbel, der allerdings je nach seiner Zugbahn auch noch erheblichen Schaden anrichten kann.

Über den *Schaden,* welchen die hurricanes *an der Mittel- und Nordamerikanischen Küste* verursachen, gibt es nur für die USA verläßliche Schätzungen. Neiburger et al. (1973) geben eine Liste über den materiellen Schaden und den Verlust an Menschenleben für einige der schwersten hurricanes in den USA während dieses Jahrhunderts. Nach Hendrik und Friedmann (1966) fallen in den USA von den versicherten Sturmschäden 250–500 Mill. Dollar jährlich auf hurricanes, 100–200 Mill. auf Tornados, 125–250 Mill. auf Hagel- und Gewitterstürme und 25–50 Mill. auf außertropische Stürme. Andere Quellen geben als mittleren Hurricane-Schaden pro Jahr 300 Mill. Dollar an. Der hurricane Camille vom August 1969 verursachte aber allein einen Schaden von 1,4 Mrd. Dollar. Er war begleitet von einer 24 Fuß hohen Flutwelle, die in der Nacht vom 17. zum 18. August 1969 über die Küste von Louisiana hinwegzog. Es läßt sich nicht auseinanderhalten, was mehr zum Schaden der 1,4 Mrd. und zum Verlust von 256 Menschenleben beigetragen hat, die Windgeschwindigkeit von rd. 90 m/s oder die Sturmflut.

Als Beispiel eines verheerenden Hurrikans sei der Wirbelsturm von Ende September 1938, den C. F. Brooks eingehend beschrieben hat (Geogr. Rev. 1939, S. 119/127), angeführt: „Der Hurrikan des vergangenen Septembers war ein kreisförmiger Sturmwirbel mit stark zerstörenden Winden im Umkreis von 200 Meilen. In seinem Zentrum befand sich das gewöhnlich ruhige ‚Auge', einige 40 Meilen breit. Dieser Wirbel raste nordwärts bis Long Island und Neu-England mit der Geschwindigkeit eines Expreßzuges, wodurch die Windgeschwindigkeiten an der Ostseite der Zugbahn des Zentrums auf Spitzen von über 120 Meilen pro Stunde anstiegen. Der Wind trieb das Meerwasser mit solcher Gewalt, daß, vermehrt um den Anstieg des Meeresspiegels infolge des niedrigen Luftdrucks, gegen die Küste gerichtet der Meeresspiegel 10 bis 15 Fuß über den erwarteten Wasserstand anstieg, der seinerseits Gezeitenhochwasser bedeutete. Turmhohe Wogen dieser kombinierten Gezeiten- und Sturmflut warfen die See so hoch auf, daß an der exponierten Küste allgemeine Zerstörung eintrat und Hunderte von Personen ins Meer gerissen wurden und ertranken. Fliegendes Sprühwasser schlug an die Fenster und Salz tötete die Vegetation 20 Meilen landeinwärts, Spuren fand man sogar 50 Meilen entfernt von der wütenden See. Im Binnenlande vermehrten Flüsse, die bereits infolge viertägiger tropischer Regen über die Ufer traten, die Zerstörung.

„Der Sturm tobte in großen Böen über das Land, brach oder entwurzelte Millionen von Bäumen, beschädigte oder zerstörte Tausende von Gebäuden und legte, direkt oder indirekt, fast 20000 Meilen elektrischer und Telephonleitungen um. Viele Menschen wurden durch herabfallende Bäume, Schornsteine oder herumfliegende Trümmer getötet oder verletzt. Der Schaden war auf den Gipfeln und Hängen der Berge am ausgedehntesten. Es gab auch Zerstörungsgassen, wo besonders heftige Böen, begleitet vielleicht von Wirbeln, die Wälder durchpflügt und Bäume abgebrochen oder aus dem weichen Grund entwurzelt hatten. Mehr als 5 Milliarden Festmeter Nutzholz waren umgeworfen, Laubmasse verwandelte weiße Häuser in grüne und Blätter, die nicht in Stücke zerfetzt waren, wurden durch den beißenden, ausdörrenden Sturm wie geröstet. Einige 600 Menschenleben gingen verloren. Das amerikanische Rote Kreuz gibt 480 Tote an, 100 weitere Vermißte und 1754 mehr oder weniger Verletzte. Der WPA-Dienst beziffert den Verlust an Menschenleben auf 682. Das Rote Kreuz fand ferner, daß 93122 Familien mehr oder minder ernste Verluste an Eigentum verzeichnen mußten, daß 6933 Sommerwohnungen, 1991 andere Wohnungen und 2605 Boote zerstört wurden sowie 2369 Scheunen und 7438 andere Gebäude. Der gesamte wirtschaftliche Schaden wird auf 250 bis 330 Millionen Dollar geschätzt. Obwohl der Verlust an Menschenleben bei einigen anderen Hurrikanen größer war, war doch der Eigentumsschaden bei diesem Sturm am größten von allen je bei einem einzelnen Sturm irgendwo in der Welt eingetretenen Schäden."

Die *Taifune Südostasiens* werden nach Untersuchungen von Li (1936) durch transäquatoriale Vorstöße südhermisphärischer ektropischer Kaltluft in den Gewässern um Neuguinea induziert. Ähnliche Schlüsse zogen auch de Monts (1935) und Arakawa (1940). Sie ziehen dann in parabolischer Bahn zunächst auf die Philippinen zu, um zumeist noch vor dem chinesischen Festland nach Nordosten abzubiegen, wobei sie Formosa und die Japanischen Inseln häufig berühren und dort besonders in den Hafenstädten durch die begleitenden Flutwellen Verheerungen anrichten. Der jährliche Taifunschaden wird in Japan auf 380 Mill. Dollar geschätzt. Der Taifun Vera verursachte aber im September 1959 Schäden von 1,3 Mrd. Dollar und 4640 Tote. Hinsichtlich der jahreszeitlichen Häufigkeit (Yoshino, 1968) ergibt sich selbst bei längeren Reihen eine Summenkurve mit charakteristischen Häufigkeitsspitzen während bestimmter Pentaten, die den Charakter von Regelfällen haben. Ein erheblicher Teil der Jahresniederschläge Südjapans resultiert aus tropischen Zyklonen. Insofern sind sie hinsichtlich der hygrischen Absicherung eine notwendige Erscheinung im Gesamtwitterungsablauf dieses Gebietes.

Über Zahl, Jahresgang und Bewegungsbahnen der Wirbelstürme im *Golf von Bengalen und im Arabischen Meer* gibt Koteswaram (1971) eine konzentrierte Übersicht. In den 80 Jahren zwischen 1891 und 1970 sind in beiden Gebieten zusammen 184 Orkane und 272 Wirbelstürme geringerer Intensität aufgetreten. Ihre jahreszeitliche Verteilung zeigt zwei Maxima, das eine im Mai vor, das andere im Oktober/November nach dem Sommermonsun.

Tab. II.h) 6. Tropische Orkane im Golf von Bengalen und über dem Arabischen Meer in der Zeit 1891–1970. (Nach Koteswaram, 1971)

	I	II	III	IV	V	VI	VII	VIII	IX	X	XI	XII	Gesamt
Golf von Bengalen	1	1	2	8	26	4	7	1	9	25	32	15	131
Arabisches Meer	3	0	0	4	13	9	0	0	1	7	18	1	53

Die Bengalenzyklonen richten besonders durch die mit ihnen einhergehenden Überflutungen des nicht eingedeichten, schutzlos den Wassermassen preisgegebenen niedrigen Mündungsdeltas des Ganges gewaltige Schäden an. Die Katastrophe vom 12. November 1970 hat nach inoffiziellen Schätzungen rd. $^1/_2$ Mill. Tote gefordert, über 200000 sind als beerdigt bestätigt. Von 1876 wird berichtet, daß eine 40 Fuß hohe Woge 100000–400000 Tote gefordert hat und am 17. Oktober 1737 soll eine ähnliche Orkanwoge rund $^1/_4$ Mill. Menschen getötet haben.

Die auf der Südhalbkugel auftretenden Mauritius-Orkane sind ebenfalls wie die Nordaustralischen Willy-Willies weniger folgenreich, da sie im allgemeinen weder dicht besiedelte Gebiete erreichen noch auf stark frequentierten Schiffahrtsrouten auftreten.

Die betroffenen Staaten haben unterschiedlich effektive *Hurricane-Warndienste* eingerichtet. In den USA gibt es ein Hurricane-Warning Office in Miami für den Atlantik, in San Francisco für den östlichen und in Honolulu für den zentralen Pazifik. Die Koordination hat das National Hurricane Center. Die Überwachung erfolgt durch Wettersatelliten und durch ein Netz von Radarstationen, mit deren Hilfe die Lage, Zugbahn und Entwicklung der mit weiblichen Vornamen in alphabetischer Reihenfolge jährlich registrierten Orkanwirbel verfolgt werden kann. (Nat. Ocean, and Atmosph. Admin. NOAA, 1971).

i) Luftelektrizität und Gewitter

1. Das luftelektrische Feld

Zwischen der Erde und der Ionosphäre [s. Kap. II.a) 5.] besteht eine elektrische Spannung und dementsprechend ein *luftelektrisches Feld,* in welchem entlang dem Spannungsabfall zur Ionosphäre hin ein vertikaler *Leitungsstrom* fließt. Dieser ist bei Schönwetterlagen, das bedeutet im luftelektrischen Sinn fehlende Bewölkung und höchstens schwacher Dunst sowie keine Aufwirbelung von Sand oder Staub, entsprechend der geringen Leitfähigkeit der Luft relativ schwach. Die elektrische *Leitfähigkeit der Luft* beträgt in Erdbodennähe ca. 0,5 bis $2 \cdot 10^{-14}\,\mathrm{Ohm}^{-1} \cdot \mathrm{m}^{-1}$ und wird durch die im stationären Zustand vorhandene Zahl von 100–400 positiven und negativen Kleinionen hervorgerufen. Sie nimmt mit der Höhe und zu den Polargebieten beträchtlich zu. In 3 km ist sie 5mal, in 10 km Höhe 30mal größer als in Erdbodennähe. Das liegt daran, daß die Kleinionen als Ladungsträger durch radioaktive Stoffe und die kosmische Strahlung gebildet werden, deren Wirksamkeit am größten in höheren Luftschichten ist. Aerosolteilchen, insbesondere Staubkonzentrationen, können die elektrische Leitfähigkeit erheblich herabsetzen, da die Partikel Kleinionen anlagern und damit deren Konzentration in der Luft verringern. Die elektrische Leitfähigkeit ist ein empfindlicher *Indikator für Luftverunreinigungen* (Gringel, 1977).

Neben dem normalen Leitungsstrom gibt es *Verschiebungsströme* bei raschen Feldänderungen, *Korona- oder Spitzenströme* bei hohen Feldstärken, *Niederschlagsströme* durch fallende Hydrometeore und endlich *Blitzströme,* welche in engen Kanälen fließen und kurzfristig Stromstärken bis zu 400000 A haben können.

Veränderungen des normalen, durch die Ionosphärenspannung hervorgerufenen *luftelektrischen Feldes* treten durch lokale Überlagerungen ein, die in erster Linie von allen Formen der Hydrometeore, angefangen bei Dunst und Nebel, über Wolken, verschiedene Niederschläge bis hin zu jenen Teilchen, die beim Verdampfen, Zerspritzen, Zersplittern im Bereich eines schon existierenden luftelektrischen Feldes entstehen. Sie bewirken *Raumladungen,* die zusätzliche Felder hervorrufen. Die effektivsten Generatoren solcher Felder sind die hochreichenden Cumulonimbuswolken, die hohe Feldstärken aufbauen und zu den Entladungen führen, die im Zusammenhang mit den Gewittern [Kap. II.i) 2.] behandelt werden. Eine übersichtliche Darstellung der Einflüsse des Wetterzustandes auf das elektrische Feld gibt Fischer (1977).

Wenn räumlich begrenzt hohe elektrische Feldstärken auftreten, dann können die normalen Kleinionen bis zum ersten Stoß mit einem Luftmolekül in diesem elektrischen Feld so viel Energie aufnehmen, daß sie sich nicht mehr anlagern, sondern das Luftmolekül ionisieren *(Stoßionisation).* Solange der Prozeß auf kleine Bereiche in der Nähe von Spitzen (Mast-, Kirchturmspitzen, Blitzableiter u. dgl.), wo immer eine starke Überhöhung des elektrischen Feldes stattfindet, beschränkt bleibt, gibt es *Spitzen- oder Koronaentladungen,* die als diffuser, schwach leuchtender Lichtschein um die Spitzen auftreten. Nach dem Schiffspatron romanischer Völker St. Elmo werden sie als *St. Elmsfeuer* bezeichnet.

Bei Gewitterwolken ist die elektrische Feldstärke so groß, daß der Vorgang der Stoßionisation nicht mehr auf die nächste Umgebung von Spitzen beschränkt bleibt sondern über größere Distanzen möglich wird, die zu Blitzströmen führen [s. Kap. II.i) 2.].

Starke lokale Spannungsunterschiede entstehen bei Sandstürmen, bei denen mit etwa 10000 Partikeln je cm^3 zu rechnen ist. Der klassische Versuch von Werner von Siemens, als er auf der Spitze der Cheopspyramide mit einer durch den herrschenden Sandsturm elektrisch aufgeladenen Weinflasche eine Funkenentladung zur Nasenspitze des ihn bedrängenden arabischen Begleiters herbeiführte, bewies in drastischer Weise die Existenz der luftelektrischen Felder, die im übrigen aber schon seit

Franklins Versuchen 1752 bekannt sind. Das „Feuer“ aus der Bundeslade im 2. Buch Moses wird ebenfalls als Elms-Feuer erklärt.

Über die *Einflüsse* luftelektrischer Felder und Ladungsverteilungen *auf die Kondensations- und Niederschlagsbildungsprozesse* gibt es eine Vielzahl von Untersuchungen (vgl. Gunn, 1951), ohne daß aber die Bedeutung und das Ausmaß ihres Einflusses eindeutig geklärt wären. Marwick (1930) hat gezeigt, daß Gewitterregen zu 94,6%, gewöhnlicher Regen zu 79,5%, Nieselregen zu 100% und Regen mit Hagel oder Schnee gemischt nur zu 31,4% positiv geladen sind. Nach Reiter (1965) bleibt bei Wolken (Cu, As, Ns) Niederschlag noch aus, wenn die Wolkenbasis negativ geladen ist. Bei positivem Potentialgefälle, vor allem in den hohen Wolkenpartien, stellt sich fester Niederschlag ein; flüssige Niederschläge sind an einen negativen Potentialgradienten gebunden. Im Schmelzbereich einer hochreichenden Wolke wechselt das Potentialgefälle also sein Vorzeichen. Die Eiskristalle selbst sind negativ, die Tröpfchen positiv (Stott u. Hutchinson, 1965) [vgl. dazu auch Kap. II.i) 2.].

2. Gewitter, Entstehung und Verbreitung

Wenn zum Ausgleich großer Spannungen zwischen unterschiedlichen elektrischen Feldern in der A. selbst oder zwischen A. und Erdoberfläche Blitze als sichtbare elektrische Entladungsbahnen und Donner als hörbare Folge der Blitze auftreten, so bezeichnet man dieses *Phänomen* als *Gewitter.*

Da die Lichterscheinung zuweilen von Wolken verdeckt sein kann, der Donner aber noch hörbar ist, genügt in der Wetterbeobachtung im Extremfall auch die Wahrnehmung eines Donners zur Feststellung, daß im Beobachtungsbereich ein Gewitter aufgetreten ist. Zusätzlich zu den Sicht- und Hörbeobachtungen (Reichweite des Donners ca. 18 km) sind in den letzten Jahrzehnten weiter reichende Meßanlagen entwickelt worden, mit denen man kurzzeitige elektromagnetische Signale, die durch Blitze hervorgerufen werden, „atmospherics“ oder kurz *„sferics“,* registrieren und orten kann (s. Frisius et al., 1977).

Ein immer noch sehr weitmaschiges Beobachtungsnetz erbrachte, daß auf der Erde stündlich etwa 3000 Gewitter mit rund 100000 Blitzen im Gange sind. An anderer Stelle (Kilinsky, 1958, nach Brooks) werden 1800 Gewitter pro Stunde (100 Blitze pro Sekunde) angegeben. Nach der grundlegenden Theorie von Wilson (1920) wird das luftelektrische Feld zwischen Erde und Ionosphäre durch die Gewitter aufrecht erhalten. Danach müssen 1000 bis 2000 Gewitter mit einer Stromlieferung von je ca. 1 Ampère dauernd in Betrieb sein (Mühleisen, 1977). Von den 15 Mill. Gewittern pro Jahr auf der Erde bringt jedes ca. 200 Blitze hervor (Mühleisen u. Fischer, 1977).

Die zur Entstehung eines Gewitters notwendigen großen *Spannungen* können nur *von Cumulonimbuswolken* großer Vertikalerstreckung *hervorgerufen* werden. So sind Gewitter immer an das Auftreten von Cb gebunden. Aus entsprechenden Messungen steht fest, daß in den meisten Cumulonimben oben eine positive Überschußladung, in der Mitte und unten eine negative etwa gleicher Größe vorhanden ist und daß nahe der Wolkenuntergrenze kleinere Wolkenvolumen mit positiver Ladung eingelagert sind (s. Abb. II.i) 1). Die positive Ladung im oberen Wolkenteil ist konzentriert auf den Temperaturbereich zwischen –5 und –40°, die große negative Ladungssammlung findet sich in den tieferen Wolkenteilen mit Temperaturen zwi-

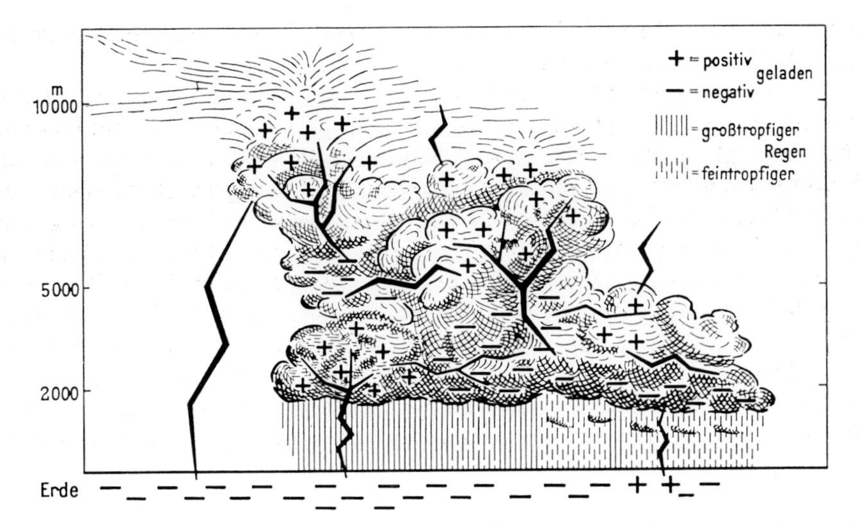

Abb. II.i) 1. Schema der elektrischen Ladungsverteilung und sichtbaren Entladungen in einer Gewitterwolke (vereister *Cumulonimbus*). (Nach Trewartha u.a.)

schen 0 bis −5 °C (Mühleisen, 1977). Cumulonimben fungieren also als *elektrische Generatoren.* Sie bauen in einer Zeit von 10–30 Min. innerhalb der Wolken, von Wolke zu Wolke oder zwischen diesen und der Erdoberfläche Spannungen bis 100 Mill. Volt auf; 1 km lange Blitze können sogar einer Spannung von 1–3 Mrd. Volt gleichkommen (Liljequist, 1962).

Über den *Mechanismus zur Bildung der Ladungsdifferenzierung* gibt es eine Reihe von Hypothesen (Mühleisen, 1977). Die einfache Theorie, nach der beim Zerplatzen größerer Regentropfen (nach Erreichen eines Durchmessers von 5 mm, [s. Kap. II.f) 2.]), die größeren Reste mit einer positiven Ladung weiter absinken und die kleineren mit negativer Ladung in die Höhe verfrachtet werden („Lenhart"- oder „Wasserfalleffekt"), ist nicht mehr haltbar, da sie den Beobachtungen über den positiven Ladungsüberschuß in den höchsten Teilen der Wolken zuwider läuft. Die beste Übereinstimmung mit Beobachtung und Experimenten hat die *thermoelektrische Hypothese,* die von Latham and Mason (1961) entwickelt wurde und die auf experimentellen Ergebnissen von Findeisen (1940) sowie Workman and Reynolds (1950) basiert. Findeisen fand bei zahlreichen Versuchen, daß an Schneekristallen und Graupelkörnern beim Zusammenstoß mit Eiskristallen und unterkühlten Wassertröpfchen eine Aufladung stattfand. Workman und Reynolds wiesen nach, daß beim Gefriervorgang von unterkühlten Wassertröpfchen eine Trennung der elektrischen Ladungen dadurch stattfand, daß das Eis in der Außenhülle positiv und das flüssige Restwasser im Innern des Tropfens negativ geladen war. Wenn dieses noch unvollkommene Graupelkorn zerbricht, werden von der Eisschale kleine Partikel mit positiver Ladung ausgestoßen, die mit dem vertikalen Aufwind in der Konvektionswolke in die höheren Teile geführt werden, während die größeren Partikel sich unten konzentrieren. Wie die untergeordneten Volumina mit positiver Ladung nahe der Wolkenbasis entstehen, ist immer noch unklar.

Wenn innerhalb der Wolke bzw. zwischen ihr und der Erdoberfläche die Spannungsdifferenz das *Durchschlagspotential* von etwa 30000 Volt/cm überschreitet, erfolgt eine plötzliche Entladung durch die Luft durch *Blitze.* 65% der Entladungen finden innerhalb der Wolken selbst statt *(Wolkenblitze),* seltener sind Entladungen von der Wolke zur Erde *(Erdblitze)* und noch seltener von der Erde zur Wolke hin, sofern letztere einmal örtlich – z. B. an hohen Gebäuden wie dem Empire State Building – starke positive Ladung besitzt. Blitze pflegen verästelt zu sein und sich in einem *„Blitzkanal"* zu konzentrieren. Es handelt sich nach den Untersuchungen von Schonland et al. (1933) um das ruckweise Weiterbewegen von Ladungsträgern, die zunächst negative Ladung von der Wolke gegen den Erdboden bringen. Erreicht diese erste Blitzbahn *(„leader")* fast den Erdboden, so kommt ihr von dort eine Fangentladung entgegen und über dem bereits formierten Kanal ionisierter Luft erfolgt ein Rückschlag *(„return stroke"),* der positive Ladung zur Wolke bringt, wo diese neutralisiert wird. Die Vorgänge können sich innerhalb einer Sekunde bis über zehn mal wiederholen. Die Gesamtheit der Abläufe bildet den Blitz („flash").

Aufgrund des hohen Stromflusses wird der Blitzkanal in kürzester Zeit auf ca. 30000 Grad erhitzt. Er expandiert dadurch mit Überschallgeschwindigkeit und sendet eine Schockwelle aus, die in unmittelbarer Nähe des Einschlagortes einen scharfen Knall *(„Donnerschlag"),* in einiger Entfernung ein *Donnerrollen* verursacht. Ursache des Rollens ist die unterschiedliche Laufzeit der Schallwellen von den einzelnen Punkten des Blitzkanals, weniger die Reflexion an Wolken und Hindernissen (Leidel, 1977). Die gewaltige Hitze führt außerdem zur *Hitzespaltung der Luftgase,* die Salpetersäure und salpetrige Säure hinterläßt, welche durch Regen und feinst verteilten Ammoniakstaub in der Luft zu salpetersaurem Ammoniak verbunden und mit den Niederschlägen der Erde zugeführt werden (0,4–16 mg/l).

Seltene, noch nicht befriedigend erklärte Formen sind der *Kugel- und Perlschnurblitz.* Dabei handelt es sich um glühende, nach 3–5 Sekunden explodierende Luftkugeln (ungefähr 20 cm Durchmesser) eines elektrisierten Gemenges von zerlegten, ionisierten Gasen, und zwar vorwiegend Stickstoff, Wasserstoff, Sauerstoff und kleine Mengen von Ozon und Stickoxyden. Ihre Farbe ist meist gelb-rot, seltener blau-grün-violett.

Gewitterentladungen pflegen meist noch unter 3000 m Höhe über dem Erdboden vor sich zu gehen. Lediglich in den Tropen liegt zumindest die Basis höher, so daß dort auch Wolkenblitze noch häufiger sind als in den Mittelbreiten.

Die *Gefährdung* von Menschenleben *durch Blitzschlag* wird meist übertrieben. Sie ist im ganzen gering. Im Jahr 1958 gab es – nach Angaben von Prof. D. Müller-Hillebrand-Uppsala – in den USA 280 Blitztote, in Westdeutschland 28 und in Schweden 9. Nach einer anderen Quelle (Bul. Amer. Meteor. Soc. 29, 1948, S. 333–335) kommen in den USA jährlich 400 Menschen durch Blitze um. Schon immer haben Blitze, wenn sie über trockenen Wäldern und ohne begleitenden Regen erfolgten, zu Waldbränden geführt, deren wirtschaftliche und die Bestandssukzession nachhaltig beeinflussende Bedeutung in gleicher Weise ins Gewicht fallen. In den USA werden jährlich gegen 10000 blitzgezündete Waldbrände gezählt, in trockenen, aber gewitterreichen Sommern 15000 und mehr. In den Forest Fire Statistics (Washington, 1965) findet sich folgende aufschlußreiche Zusammenstellung für die Jahre 1954 bis 1963: Pazifische Küstenstaaten (Alaska, Washington, Oregon, Kalifornien, Hawaii) 31563 blitzgezündete Waldbrände gegenüber 45446 vom Menschen verursachte. In den Felsengebirgsstaaten (Idaho, Montana, Wyoming, Nevada, Utah, Colorado,

S-Dakota, Nebraska, Arizona und Neu-Mexiko) war das Verhältnis umgekehrt: 48812 blitzgezündete, nur 20212 anthropogene Waldbrände, was seinen Grund in der größeren Gewitterhäufigkeit des Binnenlandes bei geringerer Besiedlungsdichte hat. Unter besonders ungünstigen Bedingungen kommen Hunderte von Waldbränden zugleich vor. Allein am 12. Juli 1940 wurden in W-Montana und N-Idaho 335 Brände von Blitzen verursacht.

Der *tägliche Gang der Gewitterhäufigkeit* ist naturgemäß parallel dem der Feuchtlabilität, bei der die heftigen Vertikalbewegungen durch Einbeziehung freiwerdender Kondensationswärme ausgelöst werden. Aufwinde von 70 m/sec sind bei Gewittern keine Seltenheit; sie vermögen daher selbst große Tropfen nicht nur schwebend zu halten, sondern hochzureißen und zu zerstäuben. Solche Aufwinde treten eng begrenzt auf und sind, wie bei Besprechung der *Cumulonimbus*wolken gezeigt wurde, im Bereich der Gewitterwalze deutlich sichtbar. Neben derartigen Wolkenschloten kommt es aber auch zu ebenso begrenzten Fallwinden, in denen dann die Tropfen plötzlich zur Erde gelangen können. Aus diesem Grunde erklärt es sich, wenn bei überhängendem Gewitter der Regen erst nach dem Staubsturm und mit übergroßen Tropfen einsetzt. H. Faust (1951) führt die Spitzenböe eines Gewitters auf den Absturz durch Schmelzvorgänge in großen Höhen des *Cb* gebildeter Kaltluft zurück, die an der Erdoberfläche dann walzenförmig vorgebogen wird.

Da die *Feuchtlabilität* im Sommer von entsprechendem Einstrahlungseffekt abhängt, ist die Gewitterhäufigkeit nach steilem Anstieg ab 11 Uhr am *Nachmittag* (15 Uhr) am höchsten. Feuchte Niederungen, wie z. B. der Spreewald, haben sich dabei als Herde ausgesprochener Gewitterhäufigkeit erwiesen. Daß letztere über Nacht nur zögernd abnimmt, liegt an dem vielfach durch Flußläufe, Küsten- oder Bergkämme verzögerten Abzug nachmittäglicher Gewitter, die manchmal noch bis in die frühen Morgenstunden wirksam sein können und damit erst den frühen Vormittag zur gewitterärmsten Tageszeit werden lassen. Auch in den Tropen mit ihrem im allgemeinen regelmäßigen Nachmittagsmaximum der Gewitter kommen verspätete Nachtgewitter vor, z. B. im Bergland von Äthiopien, offenbar durch das Relief bedingt. Bemerkenswert ist das nächtliche Gewittermaximum über tropischen Meeren. Der Tagesgang der Gewitterhäufigkeit auf der ganzen Erde erreicht sein Maximum dann, wenn Afrika und Südamerika, als wichtigste Landherde tropischer Konvektionslabilität, unter Nachmittagsbesonnung liegen, also am Früh- bzw. Spätnachmittag nach Weltzeit (= GMT).

Man hat seit Mohn und Hann vielfach unterschieden zwischen *Wärme-, Warmfront- und Böengewittern.* Im Grunde genommen handelt es sich jedoch in allen drei Fällen um die gleichen Vorgänge mit verschiedener Intensität bzw. in verschiedenen Luftschichten. Lediglich bei den Böengewittern dürfte mehr die mit Vehemenz einbrechende Kaltluft das Agens sein, welches die vorher dort lagernde Luft rein mechanisch ungestüm zum Aufquellen zwingt, so daß elektrische Spannungen und Entladungen möglich werden. Derartige Gewitter können daher auch im Winter auftreten, sind aber selten, stets an ausgeprägte Kaltfronten gebunden und beschränken sich in der Regel auf 1–2 Entladungen beim Durchzug. Auf der anderen Seite spielen auch bei den sogenannten Wärmegewittern, wie unsere fortschreitenden Kenntnisse der höheren Luftschichten ergeben haben, *Einbruchsvorgänge* lokaler Art oft nur in engbegrenzten hohen Luftschichten, neben dem thermischen Auftrieb eine integrierende Rolle.

Da die vorgenannte genetische Einteilung der Gewitter sich also nicht als voll befriedigend erwies, gelangte K. Schneider-Carius (1949) zu einer anderen, mehr *geographisch-formalen Typisierung.* Sie bildet im wesentlichen eine Bestätigung und Weiterführung der diesbezüglichen Forschungen v. Fickers (1931–1933):

Tab. II.i) 1. Formale Gewittertypen (Nach Schneider-Carius, 1949)

Zugrichtung des Gewitters	Vorkommen der Gewitterherde	
	vereinzelt	vergesellschaftet
unbestimmt	A) Einzelgewitter	B) Schwarmgewitter
in bestimmter Bahn	C) Bahngewitter	D) Frontgewitter

Die bisher ausgeschiedenen Wärmegewitter sind nach der vorstehenden Einteilung vornehmlich unter der Gruppe A zu suchen, während die bisherigen Frontgewitter teilweise unter D, teilweise auch unter C auftreten.

H. Faust (1951) hat an Hand umfassenden Beobachtungsmaterials aus Deutschland herausgefunden, daß nur 9% aller Gewitter im wirklich frontfreien Raum entstehen, und von diesen wiederum gehen 84% auf konvektiv-advektive Vorgänge in höheren Luftschichten zurück, während nur die restlichen 16% ihre Ursache in einer Labilisierung durch die erhitzte Erdoberfläche hatten. Bezieht man diesen Anteil auf sämtliche in Deutschland vorkommenden Gewitter, so kann man nur 1,5% als

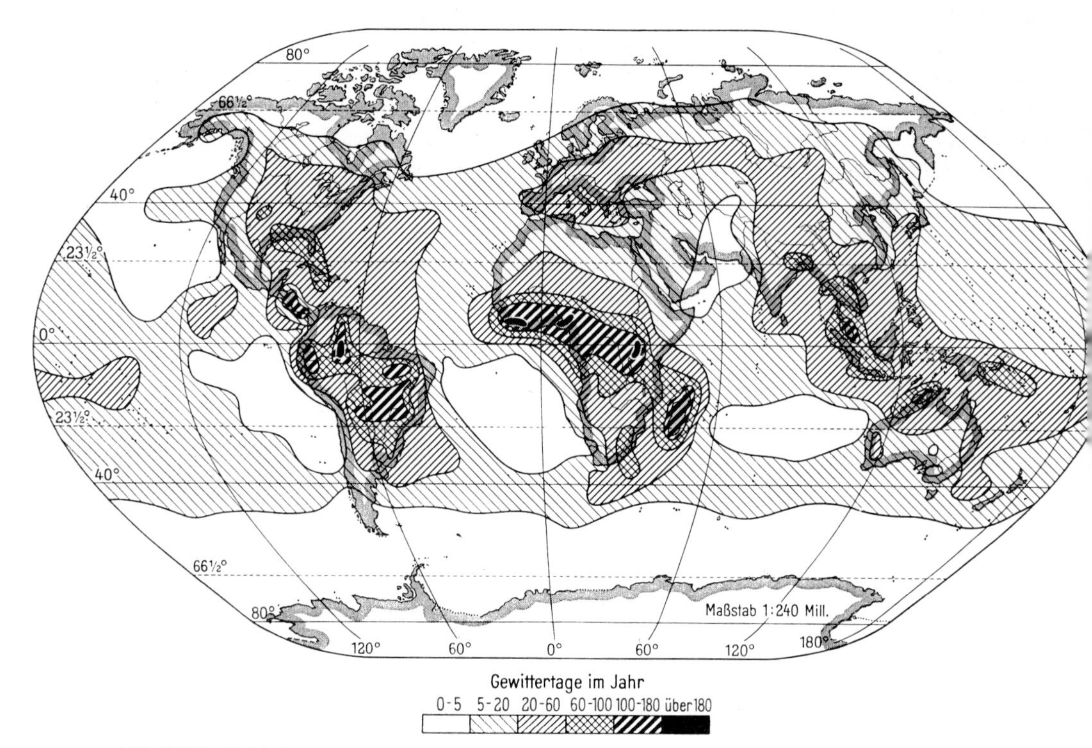

Abb. II.i) 2. Zahl der Gewittertage im Jahre auf der Erde. (Nach World Meteor. Org., 1950)

wirkliche Wärmegewitter im Sinne der früher angenommenen einfachen thermischen Entstehungstheorie ansprechen. Das steht nicht im Widerspruch zu der allgemeinen Erfahrung, daß Sommergewitter in der Regel bei Schwüle und Hitze aufzutreten pflegen. Hohe Luftfeuchtigkeit und hohe Temperatur bilden neben den Vorgängen in der Höhe begünstigende Faktoren zur Bildung von Gewitterwolken. Daß im *Jahresgang* bei uns die Monate April bis September mit dem Maximum im Juli die Gewitterperiode darstellen, liegt auf der Hand und ist eine Folge des Temperaturganges in unserem Klima. In volltropischen Gegenden gibt es überhaupt keine gewitterfreien Monate und die dort sehr hohe Zahl – Batavia (Djakarta) hat z.B. 136 Gewittertage im Jahr, in Amazonien kommen über 200 Tage pro Jahr vor – verteilt sich ziemlich gleichmäßig und nimmt nur in den Trockenzeiten, soweit solche ausgebildet sind, ab.

Die regionale Verteilung der Zahl der Gewittertage im Jahr auf der Erde zeigt die Abb. II.i) 2 auf Grund einer zehnjährigen Beobachtungsreihe (W.M.O., 1950).

Als *Maximalbereich* mit über 200 Gewittertagen treten die *innertropischen Länder* (Teile des Amazonasbeckens, Oberguineas und des Kongobeckens) und die Gewässer und Inseln um die Sundastraße hervor sowie diejenigen außertropischen Gebiete, in denen durch warme Meere in Verbindung mit sommerlichen zyklonalen Luftströmungen aus äquatorialen Gebieten die Voraussetzungen günstig sind (Golf von Mexico und Bengalen, Südbrasilien). Die bisher in der Literatur angegebene Höchstzahl von 322 Gewittertagen in Buitenzorg (Bogor) am Gebirgshange oberhalb von Batavia (Djakarta) stellt nur ein Mittel aus 4 Jahren dar, sollte also nicht verallgemeinert werden. Bemerkenswert ist in niedrigeren Breiten die *Gewitterarmut der freien Ozeane, der peruanisch-chilenischen Küstenwüste und des nordafrikanisch-arabischen Wüstengürtels,* Gebiete, in denen entweder eine kühle stabilisierende Unterlage (kalte Auftriebswasser) oder absinkende Luftbewegung (Roßbreiten-Hochdruckgürtel) dem Entstehen von Gewittersituationen in der Atmosphäre trotz hohen thermischen Insolationsgenusses entgegenwirken.

III. Synoptische Klimageographie

Im Gegensatz zur Betrachtung der einzelnen Klimaelemente und der sie beeinflussenden Faktoren, die den Inhalt der bisherigen seperativen Klimageographie [Kap. II] ausmachen und die Grundbausteine für das Lehrgebäude der Klimatologie liefern, steht als nächste Stufe die *synoptische* (= „zusammenschauende") *Betrachtungsweise* (Blüthgen, 1965). Bei ihr steht nicht nur die *Gleichzeitigkeit* in einem größeren Gebiet, sondern zugleich auch die *komplexe Zusammensetzung des Klimastoffes* zur Diskussion, d. h. also das Bild, welches die Wetterkarte bietet und welches mit klimatologischer bzw. hier klimageographisch differenzierender Zielsetzung auszuwerten ist. *„Synoptische Klimatologie besteht in der Auflösung des mittleren klimatischen Bildes (eines fiktiven Durchschnitts) in seine Komponenten aktueller Wetterverteilungen"*, definierte W.C. Jacobs (1946, S. 308; vgl. auch Abb. 2).

Wichtigstes und entscheidendes Bezugs- und Arbeitsmaterial der synoptischen Klimageographie sind die Wetterkarten. Daß dieses bisher im Vergleich zu dem Datenmaterial der klassischen separativen Klimatologie noch zu wenig ausgeschöpft worden ist, liegt wohl daran, daß die *synoptisch-klimatologische Arbeitsweise* ziemlich zeitraubend ist und daß man mit komplexen Systemen (Luftdruckgebilde, Wetterlagen z. B.) zu tun hat. Einerseits muß man deren Dynamik durchschauen und andererseits deren geographische Tragweite meist mit Hilfe der Elementarwerte der separativen Klimatologie, einzeln oder in Kombination, nachweisen, was den Umfang der Forschungsaufgabe vermehrt. Durch die modernen Methoden maschineller Datenverarbeitung und die Möglichkeit der maschinellen Übertragung in graphische Darstellungen und Verteilungskarten sind neue Möglichkeiten eröffnet worden, trotz der genannten Schwierigkeiten, diesen Wissenszweig klimageographisch und mit dem Ziel länderkundlicher Nutzanwendung auszubauen. Es muß wohl auch zugegeben werden, daß im internationalen Vergleich die deutsche Geographie auf diesem Gebiet hinsichtlich der zu entwickelnden Methoden wie auch der Ergebnisse in systematischer und regionaler Beziehung einen gewissen Nachholbedarf aufweist. Studientexte und Lehrbücher, die einerseits im Hinblick auf diese komplexe, auch das Zusammenwirken der atmosphärischen Abläufe in dynamischen Systemen ausgerichtete Arbeitsweise konzipiert sind und andererseits das für einen Meteorologen unumgängliche mathematische und theoretisch-physikalische Rüstzeug beim Leser nicht voraussetzen, sind die von Haurwitz und Austin (1944), Hare (1953, 1966), Pédelaborde (1954, 1970) Heyer (1963), Riehl (1965) Barry and Chorley (1968, 1976), Estienne et Godard (1970) sowie Chang (1972). Die physikalischen und meteorologischen Grundlagen werden unter dem o. g. Gesichtspunkt eingehender behandelt in Liljequist (1974) und Weischet (1977). Als klassische Arbeiten der synoptischen Klimageographie seien die von Flohn (1942, 1954) über „Witterung und Klima in Mitteleuropa", Pédelaborde (1959 und 1970) sowie Butzer (1960) genannt.

Grundlage für diese Forschungsrichtung sind die *Wetterkarten* und *Wetterberichte* mit den dazugehörigen, an sich für meteorologisch-prognostische Zwecke beigefügten Spezialdarstellungen (Höhenkarten, Luftdruckänderungskarten usw.), die dank des nunmehr seit einigen Jahrzehnten arbeitenden und international eingespielten weltumfassenden Wetterdienstes vergleichbares, ungemein reichhaltiges Arbeitsmaterial bieten.

Bei dem aus den Wetterkarten zu entnehmenden *synoptischen Arbeitsmaterial* handelt es sich um lineare und flächenhafte bzw. volumhafte Strukturelemente der Atmosphäre, die den Ablauf der Witterung bestimmen. Dazu gehören außer den Luftdruckgebilden (*Zyklonen* und *Antizyklonen* sowie ihre *Randgebilde*) auch deren wesentliche Strukturelemente wie die *Fronten* verschiedenster Ausprägung, *Divergenzen* und *Konvergenzen, Frontal-* und *Schleifzonen* sowie charakteristische Vertikalstrukturen wie *Inversionen* oder *Instabilitäten.* Weiterhin müssen die *Luftmassen* bzw. die *Lufttransporte* berücksichtigt werden. Die Klimatologie der Druckgebilde führt zur Typisierung der *Wetterlagen,* die über mehrere Tage in einem größeren Raum – etwa von der Größe Europas – gemittelt zu den sogenannten *Großwetterlagen* integriert werden. Mit den Großwetterlagen verknüpft sich der Begriff des *Aktions-* oder *Steuerungszentrums* sowie der *Zirkulationstypen,* die für die Gestaltung des Witterungsablaufs vornehmlich im Bereiche der Westwindzone klimatologisch belangvoll sind. Sie werden im Kap. IV mitbehandelt.

Es verdient jedoch in diesem Zusammenhange hervorgehoben zu werden, daß bereits zur Zeit der „Isobarenmeteorologie“, d.h. nach Vorliegen der ersten Jahrgänge brauchbarer Wetterkarten, die ersten Ansätze zu einer synoptischen Klimatologie zu verzeichnen sind. Die berühmte, bis heute immer wieder publizierte Karte der mittleren Zugbahnen der Tiefdruckgebiete in Europa von W.J. van Bebber, aber auch die etwa gleichzeitige W. Köppens, ist ein Zeugnis dieser frühen, später zunächst abbrechenden synoptisch-klimatologischen Arbeitsepoche. Ihre Zielsetzung wurde mit ganz modern anmutenden Sätzen durch W.J. van Bebber bereits 1880 folgendermaßen formuliert: *„Die Kenntniß der Häufigkeit der Minima, ihrer Bewegungsrichtungen, ihrer Geschwindigkeit, ihrer Änderungen, ihrer Einflüsse auf Wind und Wetter und endlich ihrer Abhängigkeitsverhältnisse von den die Wetterlage bestimmenden meteorologischen Elementen, und zwar mit Berücksichtigung der jährlichen Periode und der geographischen Vertheilung, welche wir alle mit dem gemeinsamen Namen ‚Klimatologie der atmosphärischen Störungen‘ zusammenfassen, eröffnet jedenfalls einige tiefere Einblicke in den Mechanismus der großen atmosphärischen Störungen ...“* Wenn man bedenkt, wie unzulänglich, verglichen mit heute, die damaligen Wetterkarten noch waren und wie wenig man in der Zeit von Bjerknes noch über die Struktur der Zyklonen wußte, von Antizyklonen und Höhenwetterkarten ganz zu schweigen, so muß man sagen, daß Männer wie W. Köppen und van Bebber weit ihrer Zeit vorauseilten und eine wissenschaftliche Arbeitsweise in Angriff nahmen, für die erst viele Jahrzehnte später, vor allem durch die „Norwegerschule“, die sachlichen Voraussetzungen mit genügender Detailliertheit geschaffen wurden.

a) Die Wetterkarte, ihr Zustandekommen und ihre klimatologische Bedeutung

Vor der Behandlung der *Wetterkarte* und ihres Inhaltes selbst ist ein kurzer *historischer Rückblick* am Platze [vgl. auch Kap. I.b)]. Zwar ließen sich schon vor Erfindung der Telegrafie rückwirkend synoptische Darstellungen für ein bestimmtes Datum bzw. ein besonderes Ereignis rekonstruieren – so durch H. W. Brandes (1826) in seiner Doktorthese über einen Sturmwirbel von 1783 oder E. Loomis (1846) über eine Zyklone in USA 1842 –, aber dem praktischen Ziele einer Wettervorhersage war damit nicht gedient. Es nimmt daher nicht wunder, daß die auf der Londoner Weltausstellung 1851 demonstrierte neue Erfindung der Telegrafie zuerst für die Vermittlung von Wetternachrichten herangezogen wurde. Erst die Sturmkatastrophe, der die alliierte Flotte im Krimkrieg am 14. 11. 1854 ausgesetzt war, bot den historischen Anlaß, die Möglichkeit meteorologischer Warnung zu untersuchen. Leverrier hat damals nachgewiesen, daß durch Einrichtung eines synoptisch arbeitenden Wetterdienstes, d.h. durch tägliche Zeichnung einer Wetterkarte, das Unglück hätte vermieden werden können. Demzufolge wurde 1863 zuerst in Frankreich, bald darauf in den anderen Ländern, der *telegrafische Wetterdienst* eingeführt, der sich bald nach Erfindung der drahtlosen Telegrafie dieser bediente, da das ungeheuer stark angeschwollene Material der Einzelbeobachtungen nurmehr mittels eines vereinbarten Code zu bewältigen war. Seitdem strahlen die Funkstationen der einzelnen Länder zu vereinbarten Zeiten und nach international gültigem Schlüssel ihre ebenfalls international geregelten Terminbeobachtungen aus, so daß die aufnehmende örtliche Wetterdienstzentrale je nach Bedarf und Personal *eine oder mehrere Wetterkarten täglich* als sogenannte Arbeitskarten zeichnen lassen kann. Diese bilden die Grundlage für Diagnose und Prognose; ihr Inhalt ist jedoch, wie erwähnt, von nicht minder großem klimatologischem Interesse. Die für den eigentlichen Wetterdienst tätigen *synoptischen Stationen* mit ihrem sehr ausführlichen und differenzierten, auf die Belange der Prognose, also der Wirtschaft abgestellten Beobachtungsprogramm (dreistündige Termine!) ergänzen die bereits in anderem Zusammenhange [Kap. I.c)] erwähnten Klimastationen, deren Zahl größer ist als die der umfangreichen und deshalb teuren synoptischen Stationen.

Von den täglich mehrmals entworfenen Arbeitskarten der Meteorologen gelangt nur ein Teil, und auch dieser nur mit beschränkten Detailangaben, zur Veröffentlichung. Der postalisch als Amtsblatt des Deutschen Wetterdienstes – andere Länder weisen Analoges auf – täglich beziehbare „*Europäische Wetterbericht*" (bis vor einigen Jahren. „Täglicher Wetterbericht") enthält 8 Seiten Wetterkarten und Diagramme sowie eine Beilage 1 mit vier Seiten verschlüsselter Bodenwettermeldungen von 81 bundesdeutschen Stationen für die synoptischen Termine 00, 03, 06 usw. bis 21 Uhr GMT (= Greenwich Middle Time) und eine Beilage 2, in welcher die aerologischen Wettermeldungen der Radiosondenstationen Schleswig, Hannover, Essen, Stuttgart, München, Berlin und evtl. Hohenpeißenberg für 00 und 12 Uhr GMT, ebenfalls verschlüsselt, abgedruckt sind. Von den Wetterkarten sind zwei Bodenwetterkarten, eine für den Ausschnitt Ostatlantik und Europa bis zum Ural im Maßstab 1 : 30 Mill. für 12 GMT, die andere eine circumglobale Darstellung bis über die Wendekreise hinaus im Maßstab 1 : 60 Mill. für 00 GMT. Außerdem gibt es für den zuletzt genannten Ausschnitt und Maßstab absolute Topographien der 500-, der 200- und der 100-mb-Fläche für den Termin 00 GMT. Für den erstgenannten Ausschnitt und Maßstab sind die relative Topographie 500/1000-mb, die absolute Topographie 300-mb sowie, in kleinerem Maßstab 1:60 Mill., die 24stündige Druckänderung und die 24stündige Änderung der relativen Topographie 500/1000 mb enthalten. Außerdem sind die aerologischen Meßwerte der europäischen Radiosondenstationen in 6 Diagrammen zusammengefaßt. Es mag die relativ große Zahl von Höhenwetterkarten auffallen. Doch ist die für die Beurteilung des atmosphärischen Zustandes und deren großräumige Entwicklung unentbehrlich und sollte auch mehr und mehr bei synoptisch-klimatologischen Betrachtungen verwendet werden, die von geographischer Seite angestellt werden.

Neben dem täglichen Wetter – gibt es den *Monatlichen Witterungsbericht* (1977 war der 25. Jahrgang) vom Zentralamt des Deutschen Wetterdienstes in Offenbach. Die ersten drei Seiten sind der textlichen Darstellung des allgemeinen Witterungscharakters sowie einer Übersicht über die Großwetterlagen des Monats gewidmet. Es folgen für etwa 100 Stationen der Bundesrepublik die täglichen Niederschlags- und ggf. auch Schneedeckenhöhen, für rd. 200 Stationen die Monatswerte der klimatologischen Elementenwerte einschließlich Sonnenscheindauer, sowie schließlich für 17 Stationen die Tageswerte der mittleren, höchsten und tiefsten Temperatur. Beigegeben sind jeweils die Karten der Monatsmittel der Lufttemperatur und des Niederschlags sowie deren Abweichung vom langjährigen Mittel.

Ebenfalls monatlich erscheint (1976 als 29. Jahrgang) als Amtsblatt des Deutschen Wetterdienstes eine Monatsübersicht *„Die Großwetterlagen Europas"*. Diese Publikation enthält neben einer schematischen Darstellung des Witterungsverlaufes in Süd- und Norddeutschland als Circumpolarkarten diejenigen des Monatsmittels des Luftdrucks im Meeresniveau, die entsprechende Abweichung vom Normalwert 1900–1939, die Monatsmittelkarten der absoluten Topographien 500-, 300- und 200-mb, sowie, mit reduziertem Ausschnitt unter Weglassung der niederen Breiten, die Abweichung des Monatsmittels der absoluten Topographie vom Normalwert 1949–1973, die Abweichung der relativen Topographie 500/1000 mb, sowie die Monatsmittelwertskarten von Temperatur und Niederschlag. Zum Schluß sind dann die Großwetterlagen für einen kleineren Ausschnitt des Ostatlantik und Europas bis zum Ural in ihrer Sequenz für den betreffenden Monat dargestellt und erläutert.

Neben diesen ausführlichen Berichten, die seit der zentralen Vereinheitlichung des Wetterdienstes (1934) von dem entsprechenden Reichsamt für ganz Deutschland bzw. Zentralamt für die Bundesrepublik herausgegeben werden, gibt es noch einige *„Wetterkarten"* der Landeswetterämter mit regionalem Zuschnitt und zum Gebrauch für die breitere Öffentlichkeit, die sich besonders für didaktische Zwecke im Schulunterricht eignen. In diesem Zusammenhang muß auch die für die Schiffahrt wichtige, den gesamten nordatlantisch-europäischen Raum umfassende *„Seewetterkarte"* des Seewetteramtes Hamburg, des Nachfolgeinstituts der Meteorologischen Abteilung der früheren Deutschen Seewarte, genannt werden. Sie bezieht sich auf den Mittagstermin (13 Uhr MEZ = 12 Uhr Weltzeit [GMT]).

Durch die Einführung des Bildfunks und des Fernsehens hat die *kartographisch-synoptische Wetteranalyse* an Bedeutung stark gewonnen, nachdem durch den Rundfunk und die Presse die tägliche Wetteranalyse und -prognose weiten Bevölkerungskreisen längst vertraut ist. Auch im internen meteorologischen Dienstbereich ist bereits die *Bildfunkübertragung der Wetterkarte* aus der Offenbacher Zentrale an die einzelnen Wetterämter an die Stelle der mühsam und zeitraubend selbst gezeichneten Arbeitswetterkarten getreten. Obwohl es sich dabei auch um eine Personal und damit Unkosten sparende Rationalisierungsmaßnahme handelt, ist der entscheidende Gesichtspunkt der Zeitgewinn, der damit erzielt werden kann. Je kürzer der Zeitraum zwischen Beobachtung, Diagnose und darauf aufgebauter Prognose zusammengedrängt werden kann – z. Zt. zwei Stunden –, um so zuverlässiger und pünktlicher kann die Wetterberatung der Wirtschaft und der Öffentlichkeit erfol-

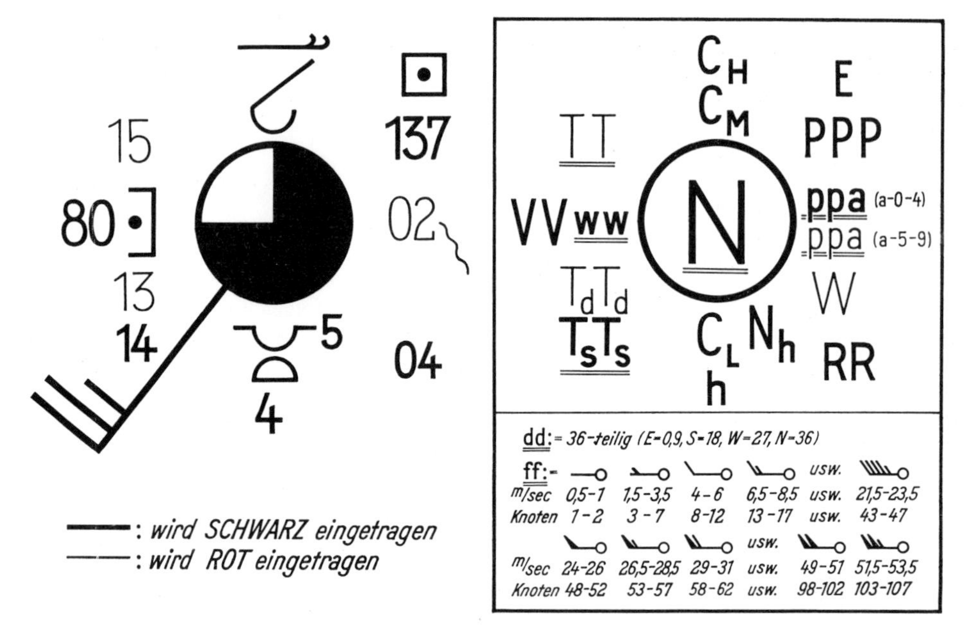

Abb. III.a) 1. Eintragungsschema für das vollständige *Stationsmodell* auf einer Arbeitswetterkarte nach dem Internationalen Wetterschlüssel. Erläuterungsschema rechts. Beispiel links. In den durch Bildfunk übertragenen Wetterkarten entfällt die Unterscheidung von roten und schwarzen Eintragungen

ww	0	1	2	3	4	5	6	7	8	9	N	C_L	C_M	C_H	C	W	a	E	Schlüssel-ziffer
00																			0
10																			1
20																			2
30																			3
40																			4
50																			5
60																			6
70																			7
80																			8
90																			9

Abb. III.a) 2. *Symboltafel* für das vollständige Stationsmodell auf einer Arbeitswetterkarte nach dem Internationalen Wetterschlüssel

Erläuterungen zu Abb. III. a) 1 und III. a) 2.
Eintragungsschema und Symboltafel für das vollständige Stationsmodell auf einer Arbeitswetterkarte nach dem Internationalen Wetterschlüssel.
Die in Abb. III.a) 1 rechts doppelt unterstrichenen Buchstaben stellen diejenigen Elemente dar, die in der Regel auf den gedruckten, öffentlichen Wetterkarten allein berücksichtigt sind (A).

A) Angaben auf veröffentlichten Wetterkarten

TT = Temperatur in ganzen Celsiusgraden; bei Celsius-Minuswerten wird 50 zugezählt (z.B. − 14,5 °C = Ziffer 64)

N = Gesamthimmelsbedeckung in Achteln (vgl. Symboltafel)

dd = Windrichtung (vgl. Stationsmodell)

ff = Windstärke (vgl. Stationsmodell); gemeldet wird in Knoten = sm/h, 1 Knoten = 0,514 m/sec

PPP = Luftdruck auf Meeresspiegel reduziert in Zehntel-mb unter Weglassung der Hunderter und Tausender (auf den gedruckten Wetterkarten nicht eigens angeführt, sondern in den Isobaren ausgewertet)

T_sT_s = Unterschied zwischen Luft- und Wassertemperatur in halben Celsiusgraden

ww = Wetter zur Zeit der Beobachtung (vgl. Symboltafel):

00–03	ohne besondere Erscheinungen außer Wolken, diese dünner werdend, unverändert oder zunehmend	Station nieder-schlags- u. nebelfrei
04–09	trockener Dunst, Staub, Sand oder Rauch	
10–12	feuchter Dunst oder flacher Bodennebel	
13	Wetterleuchten	
14–16	Niederschlag im Umkreis sichtbar, Station noch trocken	
17	Donner hörbar	
18–19	Böen und Tromben sichtbar	
20–29	Niederschlag während der letzten Stunde (vgl. 40–80), jedoch nicht zum Beobachtungstermin	
30–35	Staub- oder Sandsturm	nach Intensität und Dauer gestuft
36–39	Schneetreiben	
40–49	Nebel	
50–59	Nieseln (56–57 gefrierend)	
60–69	Regen (66–67 gefrierend, 69–69 mit Schnee gemischt)	
70–75	Schneefall	
76	Eisnadeln	
77	Schneegriesel	
78	einzelne Schneesterne	
79	Eiskörner (gefrorener Regen)	
80–90	Regen-, Schnee-, Graupel- und Hagelschauer (leicht, mäßig oder stark)	
91–94	Gewitter innerhalb 1 Stunde vor dem Beobachtungstermin	in Begleitung der jeweiligen Niederschlags-arten
95–99	Gewitter zum Beobachtungstermin	

B) zusätzliche Gruppen der Wettermeldung (des „Obs"es), für die Arbeitswetterkarten benötigt oder in Teil B und C des Tägl. Wetterberichtes enthalten

VV = Sichtweite:

Sichtweite	vereinfachter Sichtschlüssel:
00 = <100 m	90 = <50 m
01 = 100 m	91 = 50 m
02 = 200 m	92 = 200 m
usw.	93 = 500 m
50 = 5000 m	94 = 1000 m
56 = 6 km	95 = 2 km
57 = 7 km	96 = 4 km
usw.	97 = 10 km
79 = 29 km	98 = 20 km
80 = 30 km	99 = 50 km oder mehr
91 = 35 km	
82 = 40 km usw. 89 = 70 km oder mehr	

T_dT_d = Taupunktstemperatur in ganzen Celsiusgraden

h = Höhe der Untergrenze der tiefsten Wolken (C_L), Ziffern 0–8 abgestuft von 0–50 m bis 2000–2500 m, 9 = keine tiefen Wolken vorhanden

N_h = Menge der unter h gemeldeten Wolken in Achteln des Himmelsgewölbes (1–8); die Untergrenze bzw. Höhe der mittelhohen (C_M) und hohen (C_H) Wolken wird nicht gemeldet, sofern sie in 2500 m und darüber liegt.

C_L = Art der tiefen Wolken (vgl. Symboltafel) gemäß Intern. Wolkenatlas

1 = *Cumulus humilis* (niedriger Schönwetter*cumulus*)
2 = *Cumulus congestus* (mächtig entwickelter *Cumulus*)
3 = *Cumulonimbus calvus* (hochreichende Gewitterquellwoke, unscharf begrenzt, jedoch noch ohne *Cirren* und ohne Amboßformen)
4 = *Stratocumulus cumulogenitus* oder *vesperalis* (durch Ausbreitung und Verflachung von *Cumulus* entstanden)
5 = *Stratocumulus* (nicht durch Verflachung aus *Cumuli* entstanden)
6 = *Stratus, Fractostratus* (ohne begleitendes Schlechtwetter)
7 = Schlechtwetter-*Stratus fractus* oder *Cumulus fractus, pannus* (gewöhnlich Begleitwolken von *Altostratus* oder *Nimbostratus*)
8 = *Cumulus* und *stratocumulus* in verschiedenen Niveaus
9 = *Cumulonimbus capillatus* (*Cb.* mit deutlich faseriger, oft amboßförmiger Obergrenze, mit oder ohne begleitende *Cumulus, Stratocumulus, Stratus, Cumulus fractus* bzw. *Stratus fractus* oder *pannus*

C_M = Art der mittelhohen Wolken (vgl. Symboltafel) gemäß Intern. Wolkenatlas

1 = *Altostratus translucidus* (dünne Schichtwolkendecke, Sonne und Mond noch sichtsichtbar)
2 = *Altostratus opacus* oder *Nimbostratus* (dichte Schichtwolkendecke, Sonne und Mond höchstens als hellerer Fleck erkennbar)
3 = *Altocumulus translucidus* (Wolkenteile in einem Niveau, lichtdurchlässig zwischen den Wolkenteilen)
4 = *Altocumulus lenticularis* (linsen- oder mandelförmige Bänke in fortwährender Änderung, oft in mehreren Niveaus)
5 = *Altocumulus translucidus* in Banden (anfangs dünn, rasch dichter werden und ausbreitend, später opak oder doppelschichtig)
6 = *Altocumulus cumulogenitus* (aus *Cumuli* durch Ausbreitung entstanden)
7 = *Altocumulus duplicatus* (doppelt geschichtet) oder eine dicke dunkle Schicht von *Altocumulus opacus* oder *Altostratus* und *Altocumulus* nebeneinander im gleichen oder in verschiedenen Niveaus
8 = *Altocumulus floccus* oder *castellanus (Altocumulus* in Flockenform oder mit aufgesetzten Türmchen)
9 = *Altocumulus* bei chaotischem Himmel (verschiedene Niveaus, mit Bänken dichter *Cirrus*wolken)

C_H = Art der hohen Wolken (vgl. Symboltafel) gemäß Intern. Wolkenatlas

1 = *Cirrus fibratus* (einzelne Fasern oder Strähnen, nicht zunehmend)
2 = *Cirrus densus* (dichter Schleier, oder Bänke und verfilzte Bündel, meist nicht zunehmend)
3 = *Cirrus nothus* (oft amboßförmige *Cirrus*massen, teils Reste, teils Ausläufer eines *Cumulonimbus*)
4 = *Cirrus uncinus* (hakenförmige *Cirren*, meist ausbreitend und dichter werdend)
5 = *Cirrus* und *Cirrostratus* in Banden oder über den Himmel ausbreitend und dichter werdend, aber noch unter 45° Höhe über dem Horizont
6 = desgl. über 45° Höhe über dem Horizont und verdichtend
7 = *Cirrostratus*, den ganzen Himmel bedeckend und zunehmend
8 = *Cirrostratus*, nicht zunehmend und unterbrochen
9 = *Cirrocumulus*, z. T. mit *Cirrus* und *Cirrostratus*

pp = Luftdruckänderung während der letzten 3 Stunden in Zehntel-mb

a = Art der Luftdruckänderung (Charakter der Luftdruckkurve) während der letzten 3 Stunden (Vgl. Symboltafel)

C = Art der Wolken für Zusatzmeldung einer bestimmten Wolkenschicht, vereinfachter

Schlüssel (vgl. Symboltafel) – nicht im Stationsmodell eingetragen

0 = *Cirrus*	5 = *Nimbostratus*
1 = *Cirrocumulus*	6 = *Stratocumulus*
2 = *Cirrostratus*	7 = *Stratus*
3 = *Altocumulus*	8 = *Cumulus*
4 = *Altostratus*	9 = *Cumulonimbus*

W = Witterungsverlauf seit der letzten Beobachtung (vgl. Symboltafel)
0–4 kein Niederschlag
(0 = heiter, 1 = Bewölkung wechselnd, 2 = stark bewölkt oder bedeckt; gute Sicht)
(3 = Staub-, Sand- oder Schneetreiben, 4 = Nebel oder starke Staubtrübung; schlechte Sicht)
5–9 mit Niederschlag
(5 = Nieseln, 6 = Regen, 7 = Schnee, 8 = Schauer, 9 = Gewitter)

E = Erdbodenzustand (vgl. Symboltafel)
0 = trocken, 1 = naß, 2 = überschwemmt, 3 = gefroren, 4 = Glatteis
5–7 Eis, Schneematsch oder fester Schnee, den Boden zu unter 50%, zu über 50% bzw. zu 100% bedeckend
8–9 lockerer trockener Schnee mit Lücken bzw. den Boden vollständig bedeckend

RR = halbtägige Niederschlagsmenge um 6^h bzw. um 18^h in mm (Ziffern 01–55 = 1–55 mm, 56 = 60 mm, 57 + 70 mm usw.; Tau und Reif bleiben unberücksichtigt.

T_eT_e = tägliche Extremtemperatur, und zwar als T_xT_x = Maximumtemperatur von $6–18^h$ oder als T_nT_n = Minimumtemperatur von $18–6^h$ jeweils in ganzen Graden Celsius – nicht im Stationsmodell eingetragen

$N_sCh_sH_s$ = Bedeckungsgrad des Himmels in einer bestimmten Wolkenschicht und die Höhenlage von deren Untergrenze – nicht im Stationsmodell eingetragen.

f_xf_x = höchste mittl. Windgeschwindigkeit während der letzten 6 Stunden in Knoten

f_gf_g = größte während der letzten 6 Stunden registrierte Windböe in Knoten

HHHH = Höhenangabe in Dekametern

jj = diese beiden Ziffern bedeuten a) bei Landstationen um 0600 GMT die tiefste Temperatur (T_nT_n), um 1800 GMT die höchste Temperatur (T_xT_x) der voraufgegangenen 12 Stunden, b) bei Feuerschiffen die Differenz zwischen Luft- und Wassertemperatur (T_sT_s), c) bei Schiffen die Niederschlagsdauer nach einer Skala von 5, 10, 15 usw. Minuten oder größere Zeitspannen

9 $S_pS_ps_ps_p$ Sondergruppen für zusätzliche Windangaben oder sonstige Wettererscheinungen gemäß Verzeichnis im ausführl. Wetterschlüssel

Aus obigem ergibt sich folgende zurzeit (1966) gültige Schlüsselform einer Wettermeldung (Obs) einer Binnenlandstation zu den beiden synoptischen Hauptterminen 06^{oo} oder 18^{oo} Weltzeit (= GMT, Greenwich Mean Time):

SYNOP (II)iii Nddff VVwwV PPPTT N_hC_L hC_MC_H $T_dT_d$app
(7RRjj) $8N_sCh_sh_s$) ($9S_pS_ps_ps_p$)

IIiii = Kennziffer der Beobachtungsstation (II = regionale Blocknummer, iii = Stationsnummer). Dann folgen sechs Grundgruppen und ggf. weitere drei Ergänzungsgruppen

---

gen. Bei der ständigen, oft tiefgreifenden Wetterabhängigkeit von Wirtschaft und Verkehr bilden die Investitionen, die für einen modernen Wetterdienst notwendig sind, eine Ausgabe größten Allgemeininteresses.

Die *Eintragungen in die* gedruckt vorliegenden *Wetterkarten* stellen, wie erwähnt, nur eine Auswahl dar. Ihr gegenüber ist das, was die Tabellen des Tägl. Wetterberichtes an verschlüsselten Beobachtungen enthalten oder was der Meteorologe in seine Arbeitskarte einträgt und für die Konstruktion der Isobaren, Fronten und flächenhaften Wettererscheinungen sowie für die Diagnose und anschließende Prognose benötigt und auswerten muß, bedeutend ausführlicher. Es erfolgt nach umstehendem um die Beobachtungsstation angeordneten *Verteilungsschema*

(Abb. III.a) 1) und mit Hilfe einer ebenfalls international festgelegten *Symbolik* (Abb. III.a) 2). Da die ebenso zahlreichen wie ausführlichen Arbeitswetterkarten größeren Maßstabes aus verständlichen Gründen nur relativ kurzfristig archiviert werden können, sind synoptisch-klimatologische Untersuchungen im allgemeinen auf die gedruckten Wetterkarten und ihre Tabellenwerte angewiesen. Der synoptisch arbeitende Klimageograph sollte sich mit diesem grundlegenden Hilfsmittel vertraut machen. Dabei ist auf eventuelle Schlüsseländerungen zu achten. Bei den Eintragungen muß unterschieden werden zwischen den punkthaft, nur für die betreffende *Station* gültigen Angaben über Eigenschaften der Atmosphäre, die ziffernmäßig oder mit Hilfe von Symbolen ausgedrückt werden, und den linien- bzw. flächenhaft dargestellten meteorologischen Elementen. Bei den letzteren handelt es sich – abgesehen von den *Niederschlagsfeldern*, die der Übersichtlichkeit und leichteren genetischen Auswertbarkeit halber zusätzlich zu den Stationsangaben auch flächenhaft bezeichnet werden – um *Druckgebilde* (Hochdruckgebiete = Antizyklonen, Tiefdruckgebiete = Zyklonen oder Depressionen) und ihre Strukturelemente, die *Fronten*. Die Kenntnis der Eigenschaften und des Verhaltens dieser Gebilde ist die Voraussetzung für die synoptische Klimageographie.

Auf eine Besonderheit und Schwierigkeit bei der Kartendarstellung des großräumigen Luftdruckfeldes muß noch hingewiesen werden. Die Reduktion des über Hochländern gemessenen Luftdruckes auf den Meeresspiegel als einheitliches Bezugsniveau bringt Fehler, die zu einem irreführenden, besonders mit der Windzirkulation nicht übereinstimmenden Bild führen, wie im einzelnen Schüepp (1962) dargelegt hat. Als Konsequenz wird über dem ganzen Südafrika der Luftdruck auf das 850-mb-Niveau bezogen. Der Isobarensprung zur Umgebung muß in Kauf genommen werden.

b) Druckgebilde und Fronten

Durch die synoptische Beobachtungsweise der Wetterkarte können wir die den Witterungsablauf beherrschenden aktiven *Gebilde des Druckfeldes* erkennen und klassifizieren; es sind die dynamischen Elemente der Witterungsklimatologie. Ihre Lage, Erstreckung, Struktur, ihr zeitliches Auftreten und ihre Zugbahnen sind *von grundlegender klimatologischer Bedeutung für die Behandlung der Wetterlagen,* der von ihnen transportierten *Luftmassen* und der komplexen *Teilvorgänge* des Wettergeschehens. Sie bilden die *Grundbausteine* der synoptischen Klimatologie und Klimageographie. Es handelt sich um die *Tiefdruckgebiete,* kurz Tiefs (auf Wetterkarten: T), oder Zyklonen bzw. Depressionen[1], engl. Low (daher auf engl. Wetterkarten: L) und um die *Hochdruckgebiete,* kurz Hochs (daher auf engl. Wetterkarten auch: H). Die französische Meteorologie verwendete früher die Ausdrücke basse pression (B) für Tief und haute pression (H) für Hoch, neuerdings dépression (D) bzw. anticyclone (A), die russischen, die kyrillischen Buchstaben für N (= nischnij, tief) bzw. W (= werchnij, hoch). Dazu kommen die von den Tiefdruckgebieten ausgehenden und hauptsächlich an sie geknüpften Unstetigkeitsflächen, die sogenannten *Fronten* – der Ausdruck wurde durch die von dem norwegischen Altmeister der Hydrodyna-

[1]) Wir vermeiden diesen vielfach noch geläufigen Ausdruck, der in der Geographie für Hohlformen der Erdoberfläche, die unter das Niveau des Meeresspiegels herabreichen, seit langem vergeben ist.

mik und Meteorologie V. Bjerknes im zweiten Jahrzehnt dieses Jahrhunderts begründete „Norwegische Schule“ dreidimensionaler Betrachtungsweise der Witterungserscheinungen eingeführt –, die ihrerseits wieder in verschiedene Typen von Kaltfronten, Warmfronten und Okklusionen zu gliedern sind.
Die mit einem Hoch- bzw. Tiefdruckgebiet im Sinne von *Ursache* und Wirkung verbundenen *atmosphärischen Erscheinungen,* welche zusammengenommen das Hochbzw. Tiefdruckwetter und über lange Sicht den antizyklonalen bzw. zyklonalen Witterungs- und Klimacharakter in den entsprechenden Wirkungsräumen ausmachen, gehen im wesentlichen auf die mit den genannten Druckgebilden verknüpften *Strömungsverhältnisse* zurück, wie sie in Kap. II.h) 1. abgeleitet worden sind. Hinzu kommen die noch zu behandelnden *Luftmasseneigenschaften* und evtl. die Folgeerscheinungen an deren *Grenzflächen* zueinander. Für all diese Eigenschaften sind nicht nur die Gegebenheiten in Bodennähe, sondern im ganzen *Vertikalaufbau der Druckgebilde* verantwortlich. In *dynamisch bedingten,* „warmen *Antizyklonen*“ (Azorenhoch und die anderen subtropischen Antizyklonen z. B.) ist die Troposphäre gegenüber der Umgebung relativ warm, die Tropopause liegt hoch (in mittleren Breiten bei 10–13 km) und die Stratosphäre ist mit −55° bis −65°C relativ kalt. *Kaltlufthochs* (Ferrelsche Kältehochs) zeichnen sich durch relativ kalte Luftmassen in den unteren 2–3 km der Troposphäre aus. Sie sind meist in der mittleren Troposphäre bereits von relativen Tiefdruckgebieten überlagert, die dann ihrerseits Höhenlage der Tropopause und thermische Bedingungen der Stratosphäre bestimmen. In *Zyklonen* ist im allgemeinen die Troposphäre relativ kalt gegenüber der Umgebung, die Tropopause liegt tief (6–9 km in den Mittelbreiten) und darüber ist die Stratosphäre mit −45° bis −55°C relativ warm. Zwei wichtige Spezialfälle der Zyklonen sind die quasipermanenten *Monsuntiefs* als Ferrelsche Hitzetiefs sowie die *tropischen Orkanwirbel.* Besonders die letzteren sind „hot spots“, in welchen bis zur Tropopause erhebliche positive Temperaturanomalien gegenüber der Umgebung vorhanden sind [vgl. Kap. II.h) 6.].

1. Tiefdruckgebiete

Tiefdruckgebiete können, was zunächst die Form der Isobaren angeht, äußerst *verschieden* sein: mehr oder weniger konzentrische Gebilde mit einem ausgeprägten Kern und engem Isobarenabstand (großem Gradient) oder flache, oft mehrkernige Gebilde. Es gibt sodann langgestreckte, oft trogförmige bzw. rinnenartige Formen, je nachdem ob die Haupterstreckung meridional oder zonal entwickelt ist. Sie weisen alle einen *zyklonalen Drehsinn* der Windbewegung sowie im Einflußbereich der Bodenreibung eine *ageostrophische Strömungskomponente* in Richtung *zum tiefen Druck* und damit in ihrem Wirkungsbereich *aufwärts gerichtete Ausgleichszirkulation* [Kap. II.h) 1.] mit ihren thermodynamischen und meteorologischen Folgen [Kap. II.e) 6.] auf. Wichtig ist ferner die Bildung von *Randstörungen* und *Tochterzyklonen,* welche sich bei einem genügend groß gewordenen Zentraltief einstellen. An Frontalzonen entstehen ganze *Zyklonenfamilien,* deren Glieder um so weniger weit fortgeschrittene Entwicklungsstadien aufweisen, je später sie entstehen (Abb. III.b) 1.). Der Gesichtspunkt des „Alterns“ spielt also für die Form der Druckgebilde eine entscheidende Rolle und damit auch für das Ausmaß ihrer Wetterwirksamkeit. Wie noch zu zeigen sein wird, bieten die Bodenisobaren jedoch keinen ver-

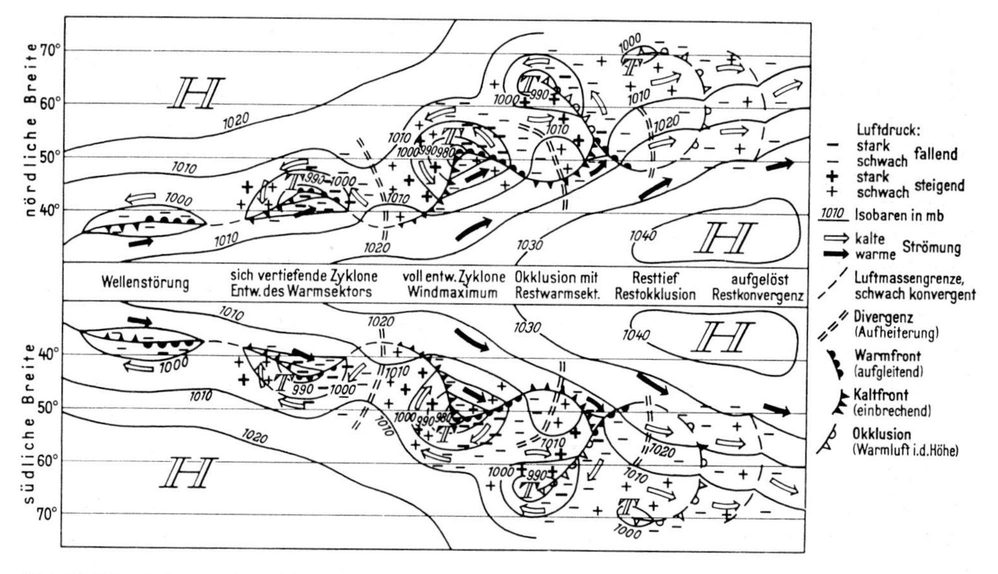

Abb. III.b) 1. Schema einer sich aus einer Wellenstörung entwickelnden Zyklonenfamilie innerhalb der Westdrift der Nord- und der Südhalbkugel
Das Schema, das aus Raumgründen gedrängter gezeichnet ist, als es der Wirklichkeit entspricht, zeigt zugleich alle Entwicklungsstufen einer Zyklone von der ersten Wellenstörung (ganz links) über die voll entwickelte, vertiefte Zyklone mit breitem Warmluftsektor (Mitte) zu den okkludierten aufgefüllten Restzyklonen (ganz rechts). Die jüngeren Glieder dieser Zyklonenfamilie ziehen jeweils auf etwas äquatornäheren Bahnen nordost- bzw. südostwärts

läßlichen Maßstab für die Intensität der Wetterwirksamkeit von Tiefdruckgebieten, die vielmehr von der Vorgeschichte ebenso wie von der Höhenstruktur abhängt.

Die *Fortpflanzung der Zyklonen* erfolgt im Bereich normal entwickelter Westwinddrift unserer Breiten etwa in der Weise (Guilbert-Grossmannsche Regel), daß die Tiefausläufer eines Zentraltiefs in 24 Std. nach dem Orte des vorangegangenen Hochdruckkeiles zu ziehen pflegen und ebenso die Hochdruckkeile an die Stelle vorhergehender Randstörungen. Hiervon gibt es jedoch mannigfache Abweichungen je nach der Ausbildung der Zirkulation, der Intensität der Höhenströmung oder der Einschaltung von blockierenden Höhenhochs. Außerdem wechseln die *Zugbahnen* selbst je nach Breitenlage und Richtung, so daß die *westöstliche Fortpflanzung* der Druckgebilde in der außertropischen Westwinddrift häufig eine auffällige Meridionalkomponente erhält, was für den gegebenen Ort einen ganz anderen Witterungsablauf zur Folge hat und somit einen bedeutsamen synoptisch-klimatologischen Faktor darstellt, auf den noch gesondert zurückzukommen ist.

Ein Tief entsteht zunächst als *flache Welle,* sozusagen als Ausbuchtung einer Warmluftmasse gegen eine kühlere. Aus der Ausbuchtung wird bei fallendem Luftdruck ein *Warmsektor,* der seine Spitze im Kern der sich vertiefenden Zyklone besitzt und auf der Vorder- oder Kursseite von der *Warmfront,* auf der Rückseite von der *Kalt- oder Böenfront* (nach der hier typischen Niederschlagsform böiger Schauer) begrenzt wird (Abb. II.b) 1).

Die physikalischen Ursachen des Entstehens einer solchen „Welle“ sind freilich wesentlich komplizierter, als es dieses rein beschreibend gedachte Schema vermuten läßt. Auch ist dieses

„Idealbild" der Tiefentwicklung in Wirklichkeit nur selten und kurzfristig anzutreffen. Der Grund dafür ist u.a. in dem unterschiedlichen Verhalten des Windfeldes in verschiedenen Höhenlagen rings um das Tief zu suchen, was wiederum auf voneinander abweichende Luftdrucktopographien in den einzelnen Luftschichten zurückgeht. Während der Wind, wie bereits erwähnt, bis etwa 3 km Höhe im allgemeinen untergradientisch, d.h. mit einer ageostrophischen Komponente zum Tief hinein, weht – der Abweichungswinkel ist je nach Stärke des Druckgefälles in unseren Breiten im einzelnen schwankend, im Durchschnitt aber klein–, herrscht in 3–6 km Höhe darüber in der Regel isobarenparalleler geostrophischer Gradientwind und zwischen 6–11 km (Maximum bei 10 km) anisobare Massenverlagerung als Divergenzeffekt im Bereich des Deltas der Höhenströmung, wodurch die Druckgegensätze verstärkt statt ausgeglichen werden (Divergenztheorie der Zyklonenentstehung von Ryd, 1923 und 1927 und Scherhag, 1936 und 1948; [vgl. Kap. II.h) 1.]).

Ein weiterer Grund für die schnelle Vergänglichkeit bzw. die Seltenheit einer Idealzyklone ist, daß infolge der Hebungsarbeit über der Aufgleitfläche und der Bodenreibung die Warmfront rasch verflacht und diffus wird (Scherhag, 1938), während die Kaltfront, die sogar in der Höhe vorauszueilen pflegt, infolge ihres turbulent-labilen Charakters ihre Aktivität sehr lange beibehält, selbst wenn die bodennahen Luftmassen längst erwärmt sind. Man neigt heute auf Grund der aerologischen Erkenntnisse mehr zu der Auffassung, daß *Fronten in ausgeprägter Schärfe* überhaupt nur *eine reibungsbedingte Erscheinung der untersten Troposphäre* darstellen und sich in der oberen Troposphäre diffus verlieren bzw. allmählichen Übergängen Platz machen.

Die *Vertikalstruktur einer Frontalzyklone* ist sehr kompliziert (Abb. III.b) 2). Vereinfacht ergibt sich folgendes Bild: Auf der Vorderseite wird vom *Warmsektor* her die relativ leichtere Warmluft entlang einer *Aufgleit-(Warmfront-)Fläche* über die relativ kühlere und schwerere Luft vor ihr aufgeschoben. Die Schnittspur dieser Diskontinuitäts- mit der Erdoberfläche wird als *Warmfront* (am Boden) definiert. Sie ist mit einem *Windsprung* um einige Grade verknüpft, auf der Nordhalbkugel nach rechts, auf der Südhalbkugel nach links. Die rückwärtige Begrenzung des Warmsektors bildet die *Kaltfront*, wo mit *abermaligem Windsprung* kalte Luftmassen sich gegen den Warmsektor vorschieben oder mit Vehemenz in ihn einbrechen. Da die *Warmfront* eine breite, *schräggestellte Diskontinuitätsfläche* mit einem mittleren Gefälle von 1:200 darstellt, an der die turbulenten Wettervorgänge besonders breitflächig wirksam sind, kommt sie trotz kräftigen Gradienten in der Regel nicht so rasch voran wie die Kaltfront auf der Rückseite, bei der die einbrechende Kaltluft sich mit Windsprung und böiger Turbulenz bei einem Gefälle von durchschnittlich nur 1:80 am Boden kräftig ausbreiten kann und beim Fehlen großflächiger Reibungsvorgänge sehr viel weniger Bremsung eintritt. Die Folge dieses unterschiedlichen Fortschreitens ist die *sukzessive Verschmälerung des Warmsektors*, bis die Warmfront von der Kaltfront eingeholt wird, zuerst in Kernnähe, dann in den randlichen, breiteren Teilen des Sektors. Das Ergebnis dieses Vorganges wird als *Okklusion* bezeichnet.

Die meisten Zyklonen, welche Mitteleuropa erreichen, befinden sich bereits in diesem Zustand, der vor allem über dem Festlande durch die hier bedeutend größere Bodenreibung beschleunigt wird. Das Endergebnis ist ein in Bodennähe ringsum kaltes Tief *mit aufgelösten Primärfronten* – oft stellen sich allerdings in der Rückseitenkaltluft infolge von Strukturunstetigkeiten Sekundärfronten ein – und abgehobenen, nunmehr also nur noch in der Höhe verfrachteten Warmluftresten. Es pflegt

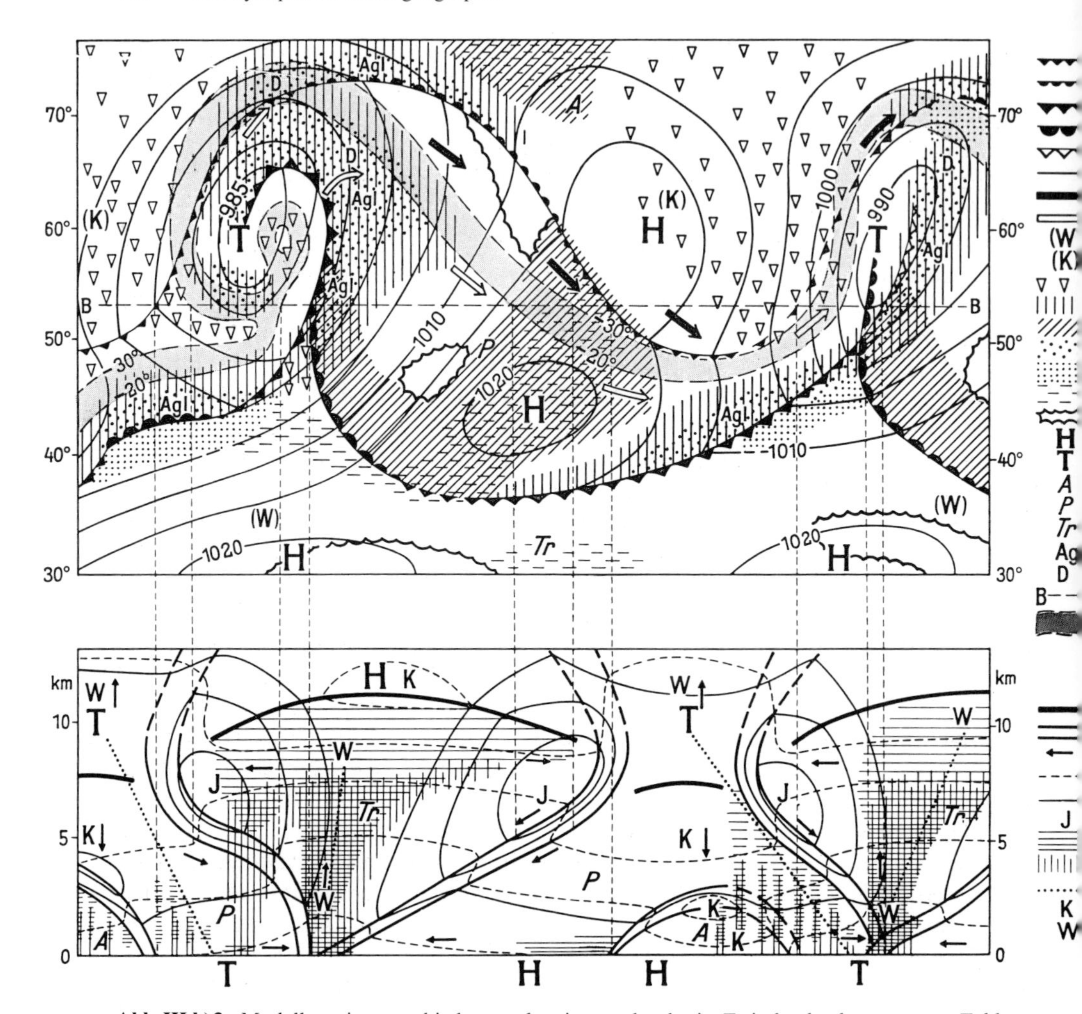

Abb. III.b) 2. Modell zweier verschieden strukturierter, durch ein Zwischenhoch getrennter Zyklonen der nördlichen Westwinddrift nebst Profil. (Vereinfacht nach T. Bergeron in Byers: „General Meteorology" 1959, S. 317)

Gegenüber dem in den meisten geographischen Lehrbüchern bisher wiedergegebenen allzu einfachen Zyklonenschema wird hier eine zwar auch noch schematisierte, aber der komplizierten Wirklichkeit besser entsprechende Darstellung gegeben, die an Hand der nachfolgenden Legende in den Details auszuwerten etwas Muße erfordert. Sie offenbart die strukturelle Vielfalt der dreidimensionalen atmosphärischen Gebilde, mit denen in der modernen synoptischen Klimatologie gearbeitet werden muß

1. Kaltfront der Arktischen Frontalzone
2. Warmfront der Arktischen Frontalzone
3. Kaltfront der Polarfront
4. Warmfront der Polarfront
5. Höhenkaltfront
6. Isobaren im Meeresniveau
7. Polarlufthöhenströmung
8. Tropiklufthöhenströmung
9. warme höhere Luftschichten
10. kalte höhere Luftschichten
11. *Cumulonimbus*areal mit Schauern
12. *Stratus*- u. *Stratocumulus*-areal
13. *Altostratus*areal
14. Niederschlag
15. Nebelgebiete
17. wolkenlos
18. Hochdruckgebiet
19. Tiefdruckgebiet
20. Arktische Luft
21. Troposphärische Polarluft
22. Troposphärische Tropikluft
23. Aufgleitbewegung
24. Höhendivergenz
25. Basislinie des Profils
26. Polarfront in der Höhe
27. Tropopause

sich in diesem Stadium meist *aufzufüllen,* wenn es nicht durch neue Warmluftadvektion in der Höhe wieder regeneriert wird. Ursprünglich vielleicht vertikal noch homogene Luftmassen sind auf diese Weise rasch auseinandergerissen und allenfalls nur noch in Resten am Boden erkennbar, ein für die synoptische Klimatologie wichtiges Faktum. Die unterschiedliche, charakteristische Wettererscheinungen hervorrufende *Lebensgeschichte der einzelnen Etagen eines Tiefs* führt nämlich dazu, daß die in Bodennähe registrierten Luftmassen, mögen sie noch so homogen sein, für synoptisch-klimatologische Betrachtungen allein nicht ausreichen.

Die dreidimensionale Analyse der *Tiefdruckgebiete* hat verschiedene *Typen* mit unterschiedlicher Vertikalstruktur und charakteristischer Wetterwirksamkeit erkennen lassen, die in vielen Fällen nicht zusammen mit deutlichen bodennahen Frontsystemen auftreten, also nicht dem einfachen Idealschema einer Frontalzyklone entsprechen (Scherhag, 1962). Sie sind z.T. Weiterentwicklungen bzw. Alterungen von okkludierten Frontalzyklonen und stellen dann ein Endstadium der Verwirbelung dar. Eine solche, völlig verwirbelte, absterbende und quasi-stationär gewordene Zyklone weist keine nennenswerten Temperaturgegensätze mehr auf und ist ausschließlich mit kalter Luft aufgefüllt. Sie wird als *kaltes Tief (cold low)* bezeichnet.

Im Gegensatz dazu sind die in der Höhe zuerst vor sich gehenden Ablösungen von polarer Kaltluft mit ausgeprägtem Druckminimum in den höheren Luftschichten, die also im Bodenluftdruckbild der Wetterkarte noch nicht deutlich ausgebildet sind, äußerst aktiv und Vorboten einer auch bis zum Boden durchgreifenden Wirbelbildung der kommenden Tage. Diese Zyklonenneubildungen in der Höhe werden *Polartiefs* genannt. Sie leiten in der Regel die Bildung von „normalen" frontstrukturierten Bodentiefs ein.

Vollzieht sich die Ablösung von Kaltluft „tropfenförmig" in größerem Umfange und unter Ausbildung eines umfangreichen abgeschlossenen *Höhentiefs (high-level-cyclone),* ohne daß am Boden zyklonal gekrümmte Isobaren vorhanden sind, spricht man von einem *Kaltlufttropfen (cold drop* oder *cold pool),* der große Persistenz der mit ihm verknüpften Schlechtwettererscheinungen aufweist und nur langsam abzuziehen oder aufgezehrt zu werden pflegt. Anhaltender Landregen oder Dauerschneefall in Mitteleuropa sind dabei typisch, und manche Fehlvorhersage einer Wetterbesserung ist erfahrungsgemäß hierbei festzustellen (Weimann, 1958).

Scherhag hat schließlich noch die ausgedehnten hochtroposphärischen *Kältepole* etwa Baffinlands oder bzw. und Ostsibiriens, in strengen mitteleuropäischen Wintern auch Nordeuropas, als Endglied einer solchen synoptischen Typenreihe frontenloser Zyklonalgebilde aufgeführt. Diese letztgenannten sind allerdings vorwiegend winterliche Phänomene, während die vorher genannten Gebilde zu allen Jahreszeiten auftreten.

Zyklonen sind über den Ozeanen der mittleren Breiten am deutlichsten entwikkelt, und zwar einmal als mehr oder weniger ortsfeste oder nur langsam fortschrei-

---

28. angeschnittene Arktik- und Polarfrontschichten
29. Komponenten des Lufttransports
30. Isothermen der Troposphäre
31. Isotachen der Windgeschwindigkeit
32. angeschnittene Jetstreammäander
33. Wolkenraum
34. Niederschlag
35. Vertikalachse der Zyklonen
36. relativ kalt
37. relativ warm

tende, meist gealterte *Zentral- oder Mutterzyklonen* – wie z.B. die bei Island oder den Alëuten auftretenden großräumigen subpolaren Tiefs, die sich auch im klimatologischen Mittel deutlich als *„Aktionszentren"* abzeichnen – und als rasch wandernde *Tochterzyklonen,* die oft als *Randstörungen* der umfangreichen Depressionen entwickelt sind. Die wandernden Zyklonen schlagen im Bereich der Westwinddrift der mittleren Breiten durchschnittlich eine west-östliche Richtung ein (vgl. Abb. III.b) 4 u. II.b) 5).

Tab. III.b) 1. Gliederung der im Ostseeraum auftretenden Tiefdrucktypen. (Nach W. Lükenga, 1972, S. 25)

I. Nur im Bodendruckfeld ausgeprägte Zyklonen
  A. quasi frontenlos
    1. Thermische Tiefs
    2. Leetiefs
    3. Resonanztiefs
  B. an Fronten oder frontenähnliche Grenzflächen gebunden
    1. an Kaltfronten
      a) Kaltfrontwellen
      b) Warmsektorzyklonen
      c) Okklusionstiefs
      d) Kaltfronttiefs
      e) Staffeltiefs
    2. an Warmfronten (Warmfrontwellen)
II. Im Boden- und Höhendruckfeld ausgeprägte Zyklonen
  A. Zentralzyklonen
  B. Kalte Tiefs
  C. Aszendierende Zyklonen
  D. Deszendierende Zyklonen
III. Nur im Höhendruckfeld ausgeprägte Zyklonen
  A. Schwache Kaltlufttropfen
    1. bei flacher Höhendruckverteilung
    2. in einem symmetrischen Höhentrog
  B. Mittlere Kaltlufttropfen
  C. Starke Kaltlufttropfen
  D. Intensive Kaltlufttropfen

Für klimatologische Zwecke erweist sich jedoch noch eine weitere Differenzierung als sinnvoll, da Tief nicht gleich Tief ist. Ausgehend von mitteleuropäischen Verhältnissen und nur für diesen Raum anwendbar hat H. Maede (1954) in teilweiser Anlehnung an R. Mügges Hauptwettertypen – schneller polarer und langsamer subtropischer Typ – folgende genetische *Typen von Tiefdruckgebieten* unterschieden: a) schnelle, polare Tiefs, verbunden mit kräftiger Höhenströmung aus westlichen Richtungen, – b) Vb-artige Tiefs aus südlicher bis südöstlicher Richtung ziehend, verbunden mit ausgedehnten Aufgleitvorgängen, – c) quasistationäre Kerntiefs, ausgedehnte, oft mehrkernige Gebilde, die sich kaum verlagern und an Ort und Stelle auffüllen, – d) Wärmetiefs, meist kleine, kurzlebige Druckgebilde bei allgemein flacher Druckverteilung in den Sommermonaten. Diese vier sind in unterschiedlicher Weise bei den später zu besprechenden Wetterlagen vertreten.

Von Bahrenberg (1972) wurde für Mitteleuropa und Lükenga (1972) für den Ostseeraum im Zusammenhang mit den Zugbahnen der Tiefs in diesen Räumen eine *Klassifikation der* beteiligten *Störungen* vorgenommen. Die ausführlichere von beiden, auf den Ostseeraum bezogene, sei hier als Beispiel angeführt (Tab. III.b) 1).

Hinsichtlich der *Bahnen wandernder Frontalzyklonen* lassen sich mit regional und jahreszeitlich unterschiedlicher Häufung und Strenge gewisse bevorzugte *Zugbahnen* erkennen. Zwar hat sich der anfängliche Optimismus, der sich in der van Bebberschen Klassifikation der Zugbahnen [Kap. III.b) 4.] manifestiert, mit wachsender Beobachtungsunterlage nicht halten lassen. Aber gewisse allgemeine Angaben lassen sich doch machen. Die Normalrichtung in der zyklonalen Westwinddrift ist auf der Äquatorseite der subpolaren Tiefs die von WSW nach ENE. Nach Namias (1950) nennt man das den *„high index Typ"* der Zirkulation. Der *„low index Typ"* stellt sich dann ein, wenn Vorstöße des subtropischen Höhenhochs polwärts und entsprechende äquatorwärts gerichtete des Subpolartiefs eine vorwiegend meridional gerichtete Bahn der Zyklonen bewirken. Über Europa ziehen die meisten dann von NW nach SE. Schließlich können im Extremfall auch wandernde Zyklonen auf der Ostseite eines in den Mittelbreiten abgeschnürten Höhentiefs zunächst nach Norden und dann nach Westen geführt werden. Das ist der Fall bei der V-b-Lage, bei der die Störungen über den Balkan nach Polen wandern und später als *„retrograle Zyklone"* über Deutschland erscheinen. Der high index Typ bewirkt über Mitteleuropa milde Winter und kühle, feuchte Sommer, der low index Typ dagegen pflegt die Extreme zu betonen (vgl. Abb. II.f) 31 sowie IV.b) 6 u. IV.b) 7).

Das Problem der Zugrichtung der Tiefdruckgebiete ist eng verknüpft mit der Frage der *Unterlageneinflüsse* auf die Lebensgeschichte der Zyklonen, d.h. der Energielieferung. Diese hängt in unseren Breiten stark von dem jahreszeitlichen Gang der Erwärmung der Festländer und Meere ab sowie von der Wärmespeicherung im Wasser. Es muß jedoch betont werden, daß man in der überwiegenden Mehrzahl der Fälle dem lokalen Einfluß der Unterlage nur eine modifizierende, in den Auswirkungen trotzdem aber klimageographisch bedeutsame Rolle zuschreiben muß.

Im Durchschnitt pflegen in unseren Mittelbreiten die Meere eine selbst im Jahresmittel, besonders aber im Herbst und Winter, erhöhte Zyklonenhäufigkeit aufzuweisen, was auf kausale energetische Zusammenhänge schließen läßt. Sogar im 500-mb-Niveau läßt sich diese Verteilung noch erkennen. Von W. Dammann (1960) entworfene Frequenzkärtchen der Tiefdruckgebiete über Europa aus dem Zeitraum 1948–1957 spiegeln deutlich die Meer- und Landverteilung wider, z.T. bis in Einzelzüge der Küstenkonfiguration. Man muß freilich bei solchen Auszählungen von Tiefdruckgebieten mit geschlossener Isobarenform stets der Tatsache eingedenk sein, daß bei weitem nicht jeder gegenüber dem benachbarten Festlande tiefere und von einer Isobare umschlossene Luftdruck über dem Meere schon eine wetterwirksame Zyklone darstellt. Das gilt ganz besonders von den maximalen Häufigkeitszentren über den Becken des Mittelmeeres, bei denen in die Gesamtzahl eine Vielzahl ganz flacher, über 1000 mb verbleibender Gebilde eingeht, die ganz wetterunwirksam sind. Aber auch bei einer Beschränkung auf Zyklonen von $\leqq 1000$ mb Kerndruck (Abb. III.b) 3) spiegeln sich die Küstenumrisse wider.

Die Ursachen liegen in der sich gegenseitig verstärkenden Kombination von hoher Lufttemperatur und -feuchte über dem, namentlich im Winter, wärmeren Ozean-

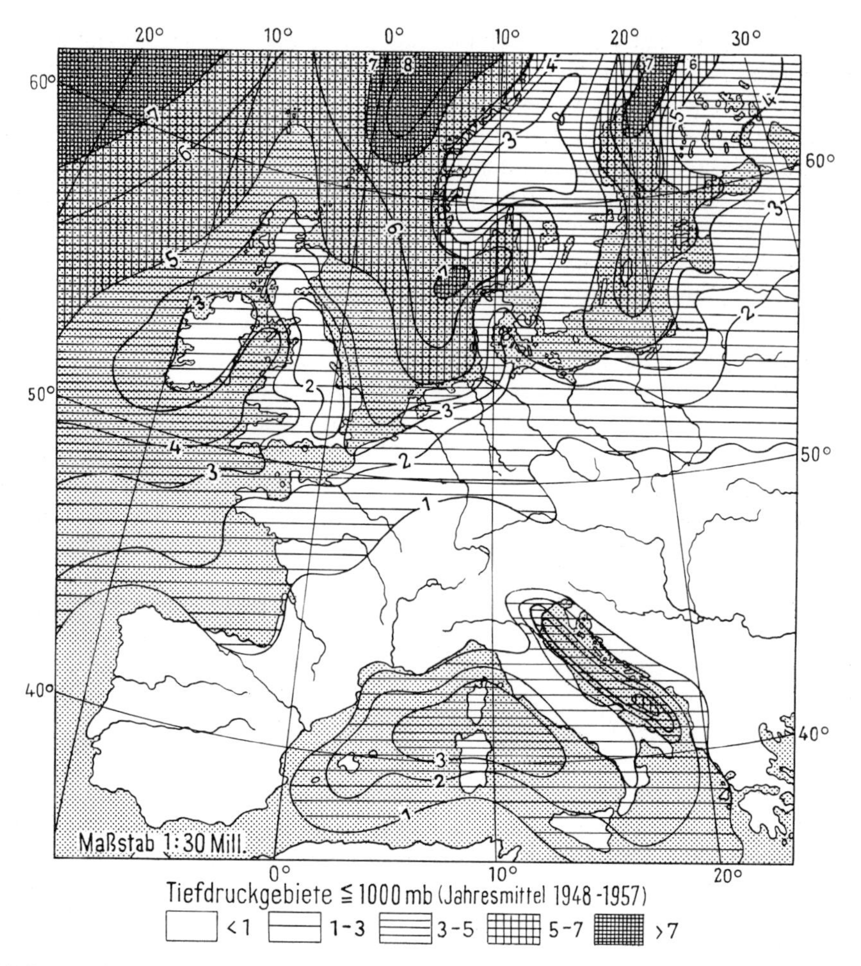

Abb. III.b)3. Verteilung aller Tiefdruckgebiete mit geschlossenen Isobaren von ≦ 1000 mb in Europa aus dem Zeitraum 1948–1957, Bodendruckfeld. (Nach W. Dammann, 1960)
Ausgezählt wurde nach Wasser-, Land- und Gebirgsflächen 5-gradfeldweise, wobei wegen des Konvergierens der Meridiane die ermittelte Anzahl der Zyklonen auf eine Einheitsfläche von 10^4 km^2 umgerechnet wurde. Das extreme Überwiegen von Tiefdruckbildungen über den Mittelmeerbecken im Vergleich zu Nordwesteuropa ist bedingt durch die Wahl des angewandten Formalprinzips der geschlossenen Isobarenform; es sagt nichts aus über die tatsächliche zyklonale Wetterwirksamkeit, die im Mittelmeerraum bekanntlich nur im Winterhalbjahr stärker gegeben ist

wasser sowie der geringeren Reibung mit entsprechend geringerer ageostrophischer, druckausgleichender Komponente des Bodenwindfeldes [s. Kap. II.h) 1.]. Das wirkt sich besonders über der Adria und im östlichen Mittelmeer (Zyperntief) zyklogenetisch aus (Butzer, 1960), wesentlich weniger dagegen über dem Schwarzen Meer. Nicht so eindeutig sind dagegen die mehr ins Einzelne gehenden statistischen Feststellungen, die H. Maede (1954) bezüglich des Einflusses von Land und Meer für den zwischen 45° und 65° n. Br. gelegenen Teil Europas ermittelte. Er unterschied dabei für die Monate Mai und November als die Monate großer Frequenzgegensätzlichkeit und gegensätzlichen Wärmeverhaltens nach Typen von Zyklonen, nach ihrer Zuggeschwindigkeit und nach ihren luftdruckmäßigen Tendenzen (Vertiefung oder Auffüllung). Als klimageographisch bedeutsame Ergebnisse ließen sich tabellarisch einige Sachverhalte ermitteln (vgl. Tab. III.b) 2, III.b) 3, III.b) 4). Zugrunde liegen dabei die Auszählungen der 21 Mai- und Novembermonate des Zeitraumes November 1924 bis Mai 1939 und Mai 1947 bis Mai 1953. Die Klassifizierung der Tiefdruckgebiete stimmt mit dem weiter oben bereits angeführten Schema überein: a) schnelle, polare Tiefs, b) Vb-artige Tiefs, c) quasistationäre Tiefs oder Kerntiefs (K), d) Wärmetiefs (nur im Mai).

Tab. III.b) 2. Die Verteilung der Neubildungen von Tiefdruckgebieten über Mitteleuropa in Prozenten der entsprechenden Gruppe. (Nach H. Maede, 1954)

		Land	Meer	Ostsee	Nordsee	Gesamt %	Zahl der Fälle
Schnelle Tiefs	Mai	67	33	6	27	100	30
	November	49	51	9	42	100	33
Vb-artige Tiefs	Mai	98	2	2	0	100	60
	November	86	14	11	3	100	36
K-Tiefs	Mai	67	33	6	27	100	33
	November	23	77	26	51	100	39
Alle Tiefs	Mai	86	14	3	11	100	152
	November	52	48	16	32	100	108

Die Tabelle zeigt zwar das Vorwiegen der Neubildungen über dem Lande, besonders im Mai, jedoch ist das vor allem die Folge der Vb-artigen Tiefs, die von S her in das Gebiet des gewählten Kartenausschnittes eintreten, so daß hierbei deren letztlich mittelmeerische Herkunft nicht berücksichtigt wird. Zwei Drittel der schnellen und der K-Tiefs bilden sich im Mai über dem Lande, nur ein Drittel über den Meeresräumen des Maedeschen Untersuchungsgebiets (Nordsee und Ostsee); im November dagegen wiegen die Neubildungen über dem Meere vor, namentlich über der Nordsee mit ihrem gegenüber der Ostsee viel größeren Wärmeüberhang.

Betrachten wir die 24stündigen Druckänderungen in den Tiefkernen der 4 Typen im mitteleuropäischen Raume, so ergeben sich für Mai leichte Vertiefungstendenzen über dem kräftig erwärmten Lande, dagegen Auffüllung mit durchschnittlich 1,8 mb über dem kälteren Meere. Im November zeigt sich, etwas überraschend, allenthalben die Tendenz zur Auffüllung im gesamten Untersuchungsraum. Im einzelnen gibt die Tab. III. b) 3 hierüber Auskunft.

Was die Verlagerungsgeschwindigkeit der Tiefkerne betrifft, so ist sie bei den schnellen Tiefs und bei den Vb-artigen Tiefs deutlich größer als bei den Kern- und Wärmetiefs. Ferner ist sie überraschenderweise bei den meisten Typen auch über dem Lande größer als über See, und schließlich übersteigt sie im November die Maiwerte. Darüber gibt die nachfolgende Tab. III.b) 4 Bescheid.

Wenn auch die in den vorgenannten Tabellen aufgeführten statistischen Zahlen nur von einem verhältnismäßig kleinen Material stammen und auch nur für den engeren Ausschnitt der europäischen Mitte gelten, so passen sie doch größenord-

Tab. III.b) 3. die 24stündigen Bodendruckänderungen (in mb) in den Tiefkernen über Mitteleuropa und die Zahl der Fälle (jeweils zweite Spalte). (Nach H. Maede, 1954)

		Land		Meer		Land/Meer		Mittel	
		mb	Z. d. F.	mb	Z. d. F.	mb	Z. d. F.	mb	Z. d. F.
Schnelle Tiefs	Mai	− 1,5	36	+ 1,2	17	− 1,3	36	− 0,9	89
	November	+ 3,0	13	+ 1,4	5	+ 1,1	26	+ 1,8	44
Vb-artige Tiefs	Mai	− 0,8	104	+ 2,3	13	+ 2,0	19	0,0	136
	November	+ 2,4	39	− 1,1	7	− 0,1	19	+ 1,4	65
K-Tiefs	Mai	− 0,1	37	+ 1,8	41	− 1,8	41	− 0,4	95
	November	+ 4,4	27	+ 4,2	54	+ 4,3	39	+ 4,3	120
Wärmetiefs	Mai	+ 0,1	26	−	1	−	1	+ 0,1	28
	November	−	−	−	−	−	−	−	−
Alle Tiefs	Mai	− 0,6	203	+ 1,8	72	− 0,6	73	− 0,1	348
	November	+ 3,2	79	+ 3,4	66	+ 2,3	84	+ 2,9	229

Tab. III.b) 4. Die Verlagerungsgeschwindigkeiten der Tiefkerne über Mitteleuropa in km/h. (Nach H. Maede, 1954)

		Land	Meer	Land/Meer	Mittel
Schnelle Tiefs	Mai	26,3	28,0	29,8	28,0
	November	43,6	31,8	36,0	37,6
Vb-artige Tiefs	Mai	22,2	18,1	24,6	22,1
	November	27,6	21,6	28,1	27,1
K-Tiefs	Mai	17,0	16,0	21,1	17,3
	November	16,2	16,8	21,4	18,2
Wärmetiefs	Mai	15,3	−	−	15,0
	November	−	−	−	−
Alle Tiefs	Mai	21,1	19,2	26,2	21,7
	November	26,3	18,4	27,5	24,4

nungsmäßig mit dem überein, was andere Autoren bei ähnlichen Untersuchungen ermittelt haben; so konnte Chromow (1940) für westeuropäische Zyklonen eine Verlagerungsgeschwindigkeit von 26 km/h im Frühjahr und 30 km/h im Herbst angeben. Insgesamt betrachtet erweist sich das Problem des Zusammenhanges zwischen der Unterlage und dem Verhalten der Zyklonen bei näherem Zusehen als weit komplizierter, als es beim ersten Blick auf eine Frequenzkarte (Abb. III.b) 3) scheinen mag.

Einige Gebiete zeichnen sich durch *bevorzugte Vertiefung oder Neubildung von Zyklonen* aus. In Europa sind das die Gewässer um Schottland und Island, das Skagerrak, im Winter auch der Golf von Genua. Andere Bereiche zeigen vorzugsweise Auflaufen oder Auffüllen von Zyklonen, wie z. B. der vornehmlich winterliche „Okklusionsfriedhof" des westlichen Rußlands oder das pannonische Becken. Besonderheiten werden im übrigen in Kap. III.e) im Rahmen der Wetterlagen besprochen werden.

Zu den bevorzugten Konstellationen für die Neubildung von Zyklonen gehört nach Rodewald (1939) eine synoptische Situation, bei der unterschiedliche Luftmassen zu einem *Dreimasseneck* (triple point) zusammengeführt werden. Die entsprechenden Voraussetzungen sind im Grenzgebiet des warmen Golfstroms und der arktischen Gewässer gegeben, wo tropisch-maritime Luft mit frischen polaren Luftmassen einerseits und gealterter polarer Meeresluft andererseits in einem zyklogenetischen Punkt zusammentreffen. Vor Nordjapan existieren ähnliche ozeanographische und meteorologische Voraussetzungen. In selteneren Ausnahmefällen sollen die Einbrüche transformierter außertropischer Kaltluft in die Tropen mit Luftmassen des nordhemisphärischen Passates und des von der Südhalbkugel übergetretenen SE-Passates ein *tropisches Dreimasseneck* als eine Voraussetzung für die Entstehung eines Hurrikans oder Taifuns [s. Kap. II.h) 6.] bilden.

Schließlich muß noch eine zyklonale synoptische Besonderheit erwähnt werden, die in Mitteleuropa gelegentlich eintrifft und dort zu anhaltenden Landregen sowie gelegentlich sogar zur Hochwassersituationen führt: die *Schleifzone.* Der Begriff wurde von Bergeron und Swoboda eingeführt. Eine Schleifzone bildet sich dann, wenn eine lang hinziehende Frontalzone, vorwiegend in meridionaler Richtung, in einem relativ spitzen Winkel zur Höhenströmung liegt. Die Frontalzone verändert dann ihre Lage nur sehr wenig. Sie ist quasi-stationär und die dauernde Aufgleitbewegung über einem bestimmten Gebiet bringt diesem anhaltendes Schlechtwetter und Landregen.

2. *Hochdruckgebiete*

Der meteorologische und klimatologische Gegensatz, welcher Gebiete relativ hohen Luftdruckes (Hochdruckgebiete, Antizyklonen) im Vergleich zu Tiefdruckgebieten und Frontalzyklonen auszeichnet, basiert zum ausschlaggebenden Teil auf den grundsätzlich anderen *Bedingungen der Luftzirkulation* in ihnen. Hochdruckgebiete weisen einen *antizyklonalen Drehsinn* des Windfeldes und in der planetarischen Reibungszone ein *divergentes Strömungsfeld* mit der Konsequenz *absinkender Luftbewegung* auf [Kap. II.h) 1.]. Dieses hat wieder dynamische Erwärmung, Tendenz zur Wolkenauflösung und Stabilisierung der Luftschichtung zur Folge [Ableitung in Kap. II.h) 1. u. II.h) 5 sowie ausführlicher in Weischet, 1977]. Divergenz und Absinken bewirken das Auseinanderführen evtl. vorhandener Luftmassengegensätze und *Auflösung aller Fronten.* Allenfalls können sich durch Verschmelzung verschiedener Hochdruckzellen Luftmassengrenzen oder Frontreste zeigen und eine Zeitlang in ihnen erhalten bleiben. Allerdings können flache, gleichwohl im Bodendruckfeld markante Antizyklonen durch Frontalerscheinungen darüber hinwegziehender Störungen ausgezeichnet sein, die aber dann nichts mit der eigentlichen Bodenantizyklone zu tun haben.

Da im Bereich hohen Luftdrucks die Luft absteigt, besteht die *Neigung zu Wolkenauflösung* bzw. Aufklaren, je ausgedehnter das Hoch ist und je länger es erhalten bleibt. Lediglich bei länger anhaltender Abkühlung der bodennahen Luftschichten kann es zur Ausbildung einer Temperaturinversion, zur Wasserdampfanreicherung an deren Untergrenze und zu einer *Hochnebeldecke* kommen. Das ist einerseits charakteristisch für die Nebelwüsten über den Kaltwasserströmen an der südafrikanischen sowie süd- und nordamerikanischen Westküste und bestimmt andererseits häufig die Witterung in verschiedenen Gebieten der höheren Breiten bei Hochdrucklagen im Herbst und Winter. Dann haben (Abb. II.e) 20 u. II.e) 13) z.B. die Alpengipfel klares, relativ mildes *Strahlungswetter* mit weiter Fernsicht, während in den Tälern und im Vorland nebligtrübes Frostwetter (Abb. II.e) 13) herrscht. Solche in der Regel mehrere 100 m mächtigen *Inversionen* sind bei unseren winterlichen Hochdruckgebieten sehr häufig; in dem ruhigen winterlichen Antizyklonalklima Nordostsibiriens erlangen sie weittragende klimatologische Bedeutung, indem dort die extrem tiefen Strahlungstemperaturen unter $-50°$ ausnahmslos nur in den bodennahen Schichten derartiger Hochdruckgebiete auftreten, während die Gebirgshänge dann wesentlich milder sind.

Die *Winde* sind im Hoch schwach. Im Kern desselben herrscht sogar weitgehend Windstille, was z.B. bei den häufigen Hochdruckzellen des Roßbreitengürtels von großer klimatischer, im Zeitalter der Segelschiffahrt auch verkehrswirtschaftlicher Bedeutung ist bzw. war, mußten doch auf den Karavellen der Spanier bei solchen Flauten auf den niederschlagslosen Durststrecken durch die subtropischen Antizyklonen der Roßbreiten – daher der Name! – teilweise die Pferde geopfert werden. Zwar wechselt das Ausmaß der Hochdruckgebilde von eng begrenzten, nur wenige 100 km breiten Rücken bis zu ausgedehnten Gebilden von der halben Größe Europas, jedoch überschreiten sie eine gewisse *Maximalausdehnung* nicht oder sind bei ausgedehnter Entwicklung bei näherem Zusehen deutlich mehrkernig und pflegen auch bald zu zerfallen. Deshalb ist der auf der mittleren Januarluftdruckkarte über Asien verzeichnete hohe Luftdruck nur als irreales Phänomen klimatologischer Mittelbildung zu betrachten, das aus tatsächlich häufig auftretenden, aber begrenzten Kaltluftantizyklonen und deren großräumigem, regionalem Wechsel mit Schwerpunkt um den Baikalsee resultiert.

Das charakteristische Witterungsgepräge innerhalb von Hochdruckgebieten in Mitteleuropa schildert Flohn wie folgt: „Das Wetterbild des typischen Hochdruckwetters ist einfach geschildert: Auflösung aller Wolken, in mittelhohen Schichten anfangs unter Bildung von Linsenwolken (föhnartige Schwingungen), in den unteren Schichten im Sommer entweder ganz wolkenlos oder Bildung von flachen Haufenwolken (Cumulus humilis), die eine niedrig gelegene Sperrschicht nicht durchbrechen, sondern sich flach an ihr ausbreiten (nachmittags Stratocumulus vesperalis). Häufig ist das Absinken so stark, daß trotz intensivster Einstrahlung (außer früh bei Auflösung der nächtlichen Bodeninversion) keine Spur von Haufenwolken zustande kommt. Im Gebirge vermag der freie Föhn die tägliche Konvektion nicht zu unterdrücken ... Sehr rasch bildet sich zu allen Jahreszeiten infolge des geringen, durch häufige Sperrschichten gehemmten vertikalen Austausches eine Dunstschicht aus, die mit scharfer Linie besonders morgens am Horizont abschneidet, mit der Sonne violett oder dunkelblaugrau, gegen die Sonne leuchtend hell gefärbt. Diese über Städten und Industriegebieten besonders intensive Dunstschicht gibt Anlaß zu Haufenwolkenbildung, die jedoch bei typischem Hochdruckwetter stets nur gering ist; nur über Städten und großen Industrieanlagen wachsen auch manchmal bei sonst wolkenlosem Wetter riesige Blumenkohlformen empor. In der freien Atmosphäre handelt es sich meist um mehrere durch Zwischenräume getrennte Dunstschichten in verschiedenen Höhen, wie die Erfahrungen der Wetterflieger lehren. Im Winter bildet sich durch Mischung, verstärkt durch Ausstrahlung an dieser Sperrschicht, an der Dunstgrenze gern eine Hochnebeldecke von geringer Mächtigkeit (100–400 m), die von oben eines der eindrucksvollsten Wetterbilder überhaupt darstellt: das Nebelmeer mit seiner leicht welligen Oberfläche, auf der die eben erwähnten blumenkohlähnlichen Auswüchse die großen Werke und Siedlungen anzeigen. Während aber in der Tiefe die niedrigen Temperaturen kaum schwanken, die Sicht immer schlechter wird, die Luft sich mit den Abgasen und Schwebeteilchen der Industrie anreichert, herrscht oben strahlender Sonnenschein, geringste Trübung der Luft, wüstenhafte Trockenheit und eine Sicht, die bis zur durch die Erkrümmung gebotenen Grenze geht. Auch im Frühjahr und Frühsommer treten Hochnebeldecken auf, wenn die erhitzte Festlandsluft über die noch kühle See hinausweht. Die Grenze dieser Hochnebelfelder stimmt meist – besonders bei ablandigem Wind – genau mit der Küstenlinie überein, oder auch bei Ebbe mit der Grenze zwischen Wattenmeer und freier See. Diese Hochnebelfelder können nachts und früh weit ins Binnenland eintreiben. Nicht selten erscheinen lokkere Schleierwolken (Schönwetterzirren) in großen Höhen, die mit den Aufwärtsbewegungen an und über der Tropopause zusammenhängen.

„Im Winter sind die Unterschiede zwischen einer Hochdrucklage mit Hochnebeldecke und einer solchen ohne diese groß. Während beim Fehlen einer Hochnebeldecke die Konvektion die Sperrschicht tagsüber zerstört und einen Austausch zwischen der feuchten kalten Bodenschicht und der trockenen warmen Höhenluft verursacht, sperrt die Hochnebeldecke fast völlig die beiden Luftmassen voneinander ab und bildet so die schärfste überhaupt denkbare Wetterscheide . . .

„Aufziehende hohe Schleierwolken (Cirrus filosus oder uncinus) verraten die Nähe der Tiefdruckstörungen; trotzdem kann sich das Hochdruckwetter oft noch tagelang halten, wobei sich die hohen Wolken immer wieder zu Linsenformen umbilden und alle Vorhersagen auf baldigen Umschwung Lügen strafen . . . Erst ganz allmählich nimmt die Feuchtigkeit in der freien Atmosphäre zu, die Schleier lösen sich nicht mehr auf, doch bleibt das Absinken in den unteren Schichten erhalten, obwohl über 3000 m oft schon eine dichte Altostratusdecke die einströmende feuchte Warmluft zyklonaler Herkunft anzeigt. Während die Warmluft der Vorderseite benachbarter Tiefdrucksysteme nicht die Energie besitzt, die sehr stabile antizyklonale Schichtung wegzuräumen, ist die hochreichende Kaltluft der Rückseite dazu imstande. Das Ende einer typischen Hochdruckwetterlage ist nahezu immer eine (zyklonale) Kaltfront, die im Winter sehr häufig den bodennahen, durch Ausstrahlung ausgekühlten Schichten Erwärmung bringt („maskierte“ Kaltfront), in den mittleren Höhen aber Abkühlung. So geht das Hochdruckwetter mit einer markanten Kaltfront in eine zyklonale Periode über.“ (H. Flohn: Witterung und Klima in Mitteleuropa. Stuttgart 1954, S. 63–65).

Von klimatischer Bedeutung ist der schon von Hanzlik (1908) erkannte genetische Unterschied, ob es sich um ein *thermisches,* d.h. innerhalb von Kaltluft entstandenes, vertikal wenig mächtiges, sogenanntes *polares Hoch*, oder um ein *dynamisches, warmes Hoch* als hochreichender Ausläufer der subtropischen Antizyklone handelt, der sich u.U. weit polwärts vorschieben und eine beträchtliche Beständigkeit aufweisen kann. Im Winter entwickelt sich dann am Boden eine flache Kaltluftschicht, die zwar einen zusätzlichen, jedoch nicht den entscheidenden Hochdruckeffekt hervorruft. Der Vorstoß des subtropischen Systems [s. Kap. IV.a) 2.] weit polwärts schnürt oftmals eine selbständige Zelle mit steuerndem Charakter ab, blockiert damit die Westwinddrift (Rex, 1950), verhindert zeitweilig das Vordringen von Zyklonen vom Atlantik her und führt dagegen auf seiner Südflanke kontinentale Luftmassen von Osten nach Westen, was im Winter, wenn solche *blockierenden Hochdruckgebiete* über Nordeuropa für Tage oder Wochen stationär werden, Mitteleuropa ungewohnte Kälte oder gegebenenfalls einen „sibirischen Winter“ beschert. Korshover (1960) hat für die USA gezeigt, daß solche blockierenden Hochdruckzellen eine besonders große Häufigkeit im September/Oktober aufweisen und den *„indian summer“* ermöglichen. In Mitteleuropa ergeben sich ähnliche Verhältnisse für den *„Altweibersommer“* (Flohn, 1954).

Über die Witterungserscheinungen, die in Mitteleuropa im Winter mit einem dynamischen Hoch verknüpft sind, gibt uns R. Scherhag (1948, S. 120f.) eine anschauliche Schilderung: „Während das bodennahe Wettergeschehen der dynamischen Hochdruckgebiete auf See in den einzelnen Jahreszeiten nicht wesentlich verschieden ist, sind ihre Auswirkungen über den

Festländern im Winter ganz anders als im Sommer. Nur auf den Bergstationen und in den Hochtälern der Alpen bleiben die stabilen Antizyklonen auch während der kalten Jahreszeit die Träger freundlichen, heiteren Wetters und klarblauen Himmels. In der Ebene aber treten die auf See auch im Sommer wirksamen Effekte bei der starken winterlichen Ausstrahlung noch viel krasser in Erscheinung. Die Luftschicht über dem Erdboden wird rasch abgekühlt, es bildet sich schon nach kurzer Zeit eine ausgeprägte Boden- bzw. Strahlungsinversion und eine dichte Nebeldecke aus, die alle Konturen verwischt. Nur dort, wo die Temperatur unter den Gefrierpunkt absinkt, vermag dichter Rauhreif in seinen Tälern ein glitzerndes winterliches Bild hervorzuzaubern, dem jedoch der Glanz der Wintersonne fehlt. Wo aber ein wärmeres Meer für besonders hohe Feuchtigkeitswerte sorgt und der Taupunkt über dem Gefrierpunkt liegt, vermag auch die Lufttemperatur nicht viel tiefer zu sinken. Es kommt zur Entwicklung eines dichten, von Nässe triefenden Nebels. Die tief gelegene Inversion verhindert jeden Austausch mit der Höhenluft (Sperrschicht) und die im Zentrum eines solchen Hochs herrschende schwache Luftbewegung auch jeglichen seitlichen Abtransport. Alle Abgase der Fabriken werden in Bodennähe festgehalten, aller Ruß der Schornsteine bleibt in dieser bald schmutziggraue Färbung annehmenden Masse gefangen: Dies ist der typische Winternebel der großen Hafenstädte, worunter der Londoner Nebel seine besondere Berühmtheit erlangt hat.

„Oft genügt schon ein Gang in die Vorstädte, um den übelsten Auswirkungen dieser Antizyklonen zu entgehen. Es kann leicht vorkommen, daß dabei in Hamburg selbst in den Mittagsstunden die Dämmerung nicht weicht, während in Blankenese die Rauhreif behangenen Bäume und Sträucher wenigstens ein etwas freundlicheres Bild bieten. Die Sonne jedoch bleibt verborgen, und da die großen Hochdruckgebiete so gerne ortsfest bleiben, kann eine derartige Wetterlage zuweilen wochenlang anhalten, zum ganz besonderen Kummer der Meteorologen, denen sie keinen Ausblick in die freie Atmosphäre gestattet, obwohl die gesamte Schmutzschicht meist nur wenig hundert bis etwa tausend Meter mächtig ist.

„Es ist für den Wanderer beinahe unfaßbar, wenn er bei solcher Wetterlage den Gipfel hinansteigt und erst ein zarter blauer Schleier über ihm sichtbar wird, daß sich – nur einige Schritte höher – wolkenloser Himmel über ihm wölbt und die Erde durch eine jetzt von oben blendend weiß scheinende Wolkendecke weit entrückt zu sein scheint. Die Temperatur liegt oft 10°, in manchen abgeschlossenen Alpengebieten gar mehr als 20° höher als unten im Tal; die Bergwelt strahlt in hellem Sonnenglanz, und die Fernsicht ist praktisch unbegrenzt."

An anderer Stelle behandelt er auch die Verhältnisse innerhalb eines dynamischen sommerlichen Hochs (1948, S. 113): „Die Wetterverhältnisse der großen, warmen sommerlichen Hochdruckgebiete werden weitgehend von der Land- und Meerverteilung beeinflußt. Über den Kontinenten herrscht in ihnen allgemein heiteres, leicht dunstiges und sehr warmes Wetter. Nachts ist es vielfach völlig wolkenlos, am Tage treten bei lebhafter Kleinkonvektion starke Sonnenböen auf, doch bleibt die Cumulusbildung im Innern dieser Antizyklonen meist schwach, und die Entwicklung von Wärmegewittern kann bei der niedrigen Feuchtigkeit höchstens in stark gebirgigen Gegenden gelegentlich vorkommen (orographische Gewitter)."

„Über dem Meere ist die Wettergestaltung in den warmen Hochdruckgebieten eine gänzlich andere. Hier macht sich nämlich der Einfluß des im Sommer relativ kühlen Wassers bis zur Reibungshöhe auch durch eine erheblich niedrigere Lufttemperatur bemerkbar. Es sind zwei Faktoren, die in Widerstreit miteinander geraten: Aus der Höhe sinkt die erwärmte Luft der freien Atmosphäre ab, von der Meeresoberfläche aus wird durch die immer in gewissem Ausmaß vorhandene Turbulenz die abgekühlte und mit Feuchte angereicherte Luft so weit nach oben transportiert, wie die Einwirkung der unteren Störungszone reicht. Beim Aufsteigen kühlt sich diese meeresnahe Luft adiabatisch ab. Es kommt somit in der Reibungshöhe, das ist die Obergrenze der durch die Bodenreibung beeinflußten Grundschicht, zur Ausbildung einer scharfen Reibungsinversion zwischen der trockenwarmen Höhen- und der kühlfeuchten Meeresluft, eine Inversion, die oft Beträge von 5–10° erreicht und die den durch Turbulenz nach oben geleiteten Feuchtestrom derart absperrt, daß hier in den meisten Fällen eine geschlossene Schichtwolkendecke von St oder Sc entsteht, je nach der Stärke der Strömung und dem Temperaturgradienten in den unteren Schichten. Bei Flügen über See können ganze Meeresräume der Sichtbarkeit durch diese gleichförmige und eintönige Wolkendecke entzogen sein, die, bei der großen Beständigkeit derartiger Drucksituationen, tagelang erhalten bleibt."

Im Sommer pflegen dynamische Hochdruckgebiete wegen der meist ungehinderten Einstrahlung häufig *Hitzeperioden* zu bringen, besonders wenn der Vorstoß des subtropischen Systems von SW direkt nach Mitteleuropa erfolgt. Wenn dagegen bei der Einleitung der Hochdruckperiode durch den Vorstoß des dynamischen Hochs über dem Ostatlantik die dann herrschende Nordströmung noch relativ kühle Luft herangeführt hat, so wird diese nach Umschwenken der Hochdruckzelle über Nordeuropa von ihrem Ursprungsgebiet abgeschnitten und relativ rasch aufgeheizt. Auf jeden Fall erreichen die Tagesschwankungen der Temperatur im Bereich von dynamischen Hochdruckgebieten hohe Beträge, sofern nicht Wolken oder Nebel die Ein- und Ausstrahlung behindern.

Die vorauf genannten flachen Kaltlufthochs polaren Ursprungs pflegen oft binnen weniger Stunden eine besonders rasche Wetterbesserung nach Durchzug einer Frontalzyklone zu bringen, aber normalerweise rasch weiter zu ziehen und der nächsten Eintrübung Platz zu machen. Sie sind integrierender Bestandteil der zyklonalen Westwinddrift.

3. *Frontalvorgänge*

Etwas näher betrachten müssen wir diejenigen synoptischen Phänomene, die im Zuge des zyklonalen Witterungsgeschehens mit Frontalvorgängen verbunden sind. *Wetterfronten* (meist einfach als „*Fronten*" bezeichnet) sind die Schnittspuren am Boden von Frontalflächen, an welchen aufgrund eines bestimmten Strömungsfeldes die thermischen und hygrischen Gegensätze zwischen unterschiedlichen Luftmassen auf einige Zehner von Kilometern verdichtet worden sind und wo aufgrund des gleichen Strömungsfeldes die Frontfläche gegen eine der beteiligten Luftmassen vorverlagert wird und diese am Boden verdrängt. Frontflächen sind im wesentlichen an die tieferen Schichten der Troposphäre (nach Scherhag, 1937) vor allem an jene gebunden, in welchen die Reibung noch ihren Einfluß auf die Gestaltung des Strömungsfeldes ausüben kann. Relativ scharfe Frontflächen machen in Höhen über 3 km allmählichen Übergängen und Mischzonen Platz.

Warmfront. Die klassische Warmfront (genauer müßte man sagen Warmfrontfläche) zeigt *im Wolkenbild* beim Durchzug folgenden charakteristischen Ablauf. Die äußersten Vorboten sind Cirren (Abb. II. e) 11) im hohen Wolkenstockwerk, die sich allmählich zu einem geschlossenen *Cirrostratusschleier* und weiter gegen das Zentrum des Tiefdruckgebietes hin zu einem mittelhohen *Altostratus* (Abb. II.e) 13) verdichten, der zunächst aber noch die Sonne durchscheinen läßt. Mit weiterer Annäherung der Warmfront am Boden kommt die Untergrenze der mittelhohen Bewölkung immer tiefer. Es bildet sich ein dichter grauer Altostratus und schließlich, wenn auch noch die unteren Schichten wolkenerfüllt sind, resultiert nahe der Warmfront ein vertikal mächtiger *Nimbostratus.* Dieser ist entsprechend seiner Ausdehnung von oben nach unten zusammengesetzt aus Eis-, Misch-, unterkühlten und normalen Wasserwolkenschichten und dadurch geeignet [s. Kap. II.f) 2. u. 3.], anhaltende, ergiebige und flächenhaft verbreitete Niederschläge zu bilden *(Warmfrontniederschlag, „Landregen")*. Der ausfallende Regen und seine Verdunstung bewirken, daß die Untergrenze des vertikal mächtigen Nimbostratus von rasch ziehenden niedrigen Wolkenfetzen begleitet und verhüllt wird.

Im Bereich einer Warmfront, d. h. bis zu ihrem Durchzug am Erdboden, fällt der *Luftdruck* stetig, oft beschleunigt. Nach dem Durchgang verharrt er oder steigt vorübergehend leicht an. In der nun vorgedrungenen homogenen Warmluft herrscht wieder heiteres bis wolkiges, aber meist niederschlagsfreies Wetter. In unseren Breiten pflegt die relative Feuchte ziemlich hoch zu sein. Bei sehr ausgeprägter Warmfront frischt der Wind in den meisten Fällen aus südöstlichen Richtungen auf, um beim Durchzug der Warmfront am Boden auf SW zu drehen. Im Winter bringen Warmfronten bei uns meist *Tauwetter* nach unregelmäßigen, oft in Regen übergehenden Schnee- oder Eisregenfällen. Ist der Erdboden noch gefroren oder lagert noch eine dünne Kaltlufthaut über dem Erdboden, kann der Warmfrontregen *Glatteisbildung* verursachen. Im Sonner ist das thermische Geschehen anders. Dann ist im allgemeinen die Temperatur in der angeheizten Luft vor der Warmfront am höchsten und sinkt als Folge der Verdunstungskälte bei deren Durchzug. Faust (1952) hat das maskierte Warmfront genannt.

Innerhalb eines *Warmsektors* oder einer homogenen Warmluftmasse kann es bei Instabilitätsschauern durch die mit dem Niederschlag einhergehende örtliche Abkühlung zu einer Pseudokaltfront kommen, die man *Instabilitätslinie* (instability line) nennt. Dabei handelt es sich nicht um eine echte Kaltfront, sondern um einen Sekundäreffekt, der nur vorübergehender Natur ist. Er spielt vor allem in den nahezu homogenen Luftmassen der Äquatorialregion bei den täglichen Zenitalregen eine große Rolle, kommt aber auch in den Warmsektoren unserer Mittelbreitenzyklonen vor.

Eine lebendige Schilderung des Durchganges einer Warmfront verdanken wir H. Flohn („Witterung und Klima in Mitteleuropa", 1954, S. 66): „Wir befinden uns an einem schönen Frühjahrstag gegen Ende einer Hochdruckperiode irgendwo im nordwestdeutschen Tiefland; über uns spannt sich der Himmel in seiner für den Frühling kennzeichnenden sattblauen Färbung. Die in den letzten Tagen regelmäßig aufgetretenen flachen Haufenwolken lösen sich heute rasch wieder auf. Der Luftdruck, der bisher ganz langsam und gleichmäßig gefallen war, fällt stärker, auch der Wind frischt auf. Gleichzeitig ziehen am Westhorizont leichte, krallenartig gekrümmte Federwolken auf (Cirrus uncinus) und bilden seltsame Muster auf dem Himmel, dessen sattblaue Farbe sich langsam trübt. Die Büschel wachsen zusammen, eine hauchfeine weißliche Schicht bildet sich, die sich mehr und mehr verdichtet (Cirrostratus densus). Nachdem diese Schicht erst mehrere Stunden scheinbar bewegungslos tief am Horizont gelegen hatte, rückt sie jetzt höher und höher und überzieht mit großer Schnelle den ganzen Himmel; dieses Wachsen der Geschwindigkeit ist nur eine auf dem Blickwinkel beruhende Täuschung. Die Sonne strahlt zwar noch durch, aber in erheblich verringerter Stärke, und nicht selten sieht man rund um sie einen oder mehrere helle Ringe oder Nebensonnen (Haloerscheinungen), die sich in den Eiskristallen der etwa acht bis zehn Kilometer hohen Zirruswolken bilden. Allmählich wird diese Schichtwolke dichter und dichter, ohne jede Andeutung einer Struktur; ihre Farbe wechselt von Weiß zu Grau. Die Sonne, die anfangs noch sichtbar war (Altostratus translucidus), verschwindet mehr und mehr und ist endlich überhaupt nicht mehr zu sehen (Altostratus opacus). In diesem Abschnitt des *„Aufzuges"*, wie man diese sehr kennzeichnende Wolkenfolge nennt, treten grauschwarze Fetzen niedriger Wolken (Fractostratus) auf, und bald beginnt es vielfach aus der noch etwa 4000 Meter hohen Wolke leicht, feintropfig, aber anhaltend zu regnen. Dann bildet sich eine dunkelgraue dichte Wolkenmasse in mehreren Stockwerken, die sich besonders im Stau an Gebirgen vereinigen (Nimbostratus). Der Landregen wird großtropfig und stärker und hält ohne Unterbrechung weiter an. Nachdem es immer dunkler geworden war, lichtet sich plötzlich die fünf bis sieben Kilometer mächtige Wolkendecke, der Regen setzt aus und binnen wenigen Minuten ist die Wolkendecke über uns verschwunden und zieht als dichte, grauschwarze Masse mit schweren Fallstreifen ostwärts ab. In der Mehrzahl der Fälle fehlt allerdings diese Aufheiterung; aus gleichmäßig dünner, niedriger Schichtbewölkung (Stratus) fällt leichter Sprühregen. Der Druckfall läßt nach, der Wind aber hat weiter aufgefrischt und weht gleichmäßig und warm aus Südwesten."

Kaltfront. Ganz anders sind die Wettervorgänge bei einer Kaltfront, wobei wir zunächst den normalen *labilen Haupttyp* im Auge haben. Sie kündigt sich meist, aber keineswegs immer, durch einen leichten Luftdruckfall an. Viel deutlicher ist aber als äußeres Zeichen eine meist geschlossene *Front hochreichender Quellwolken,* seien es bei schwachen Kaltfronten Cumuli congesti oder andernfalls Cumulonimben mit ihren dunklen Untergrenzen. Im Gegensatz zu örtlich begrenzten Gewitterwolken pflegen ausgeprägte Kaltfronten als langgestreckte Wolkenzonen von einigen hundert Kilometern den Himmel zu verdüstern. Beim Durchzug der Quellwolken fallen großtropfige *Schauerregen,* im Winter und Frühjahr vielfach mit Graupeln oder großflockigem Pappschnee gemischt, im Sommer dagegen mit Gewittern und Hagel verbunden. Die ausfallenden Niederschlagsschwaden werden in Bodennähe durch die Reibung abgebremst, so daß sie gegen hellere Himmelspartien wie geraffte Gardinen erscheinen.

Im Bereich der Kaltfront frischt der *Wind* böig auf und kann in einzelnen Stößen bis zu Orkanstärke erreichen, dabei meist auf nordwestliche Richtungen drehend. Die *Temperatur* sinkt rasch um mehrere Grade, was an den beschlagenden Fensterscheiben sofort erkennbar wird. Nach relativ kurzer Dauer dieses lebhaften Wettergeschehens reißt die Bewölkung bei plötzlich kräftig ansteigendem Luftdruck auf, und klare, sichtige Kaltluft hat die dunstige Warmluft abgelöst. Die *Aufheiterung* unmittelbar hinter einer durchziehenden Kaltfront ist sehr auffällig, aber in der Regel nur von kurzer Dauer. Schauer folgen nach und können in Form von gestaffelten Sekundärfronten auftreten, wie sie März 1936 bei den Staffeln des *Aprilschauerwetters* untersucht hat.

Anschaulich schildert H. Flohn („Witterung und Klima in Mitteleuropa", 1954, S. 67) mit folgenden Worten den Durchzug einer Kaltfront: „Im Westen türmen sich hohe, von der Sonne grell beleuchtete Haufenwolken auf, deren Vorderseite zu einem eigenartig drohenden Wulst geformt ist: dem „Böenkragen". Das vorübergehende Einschlafen des Windes, die rasch vorrückenden dunklen Wolken haben etwas Unheimliches. Kaum sind sie über uns angelangt, als der erste auffällig kalte Windstoß von Nordwesten herkommt, ein zweiter, ein dritter von solcher Sturmesgewalt, daß selbst große Bäume sich ächzend biegen und Staub, Erde, Blätter, Äste hoch aufgewirbelt werden. Gleichzeitig wischt die erste Dusche eines großtropfigen kalten Regens über uns hinweg, und in das sturmgepeitschte Rauschen des Regens mischt sich das lose Prasseln von Graupeln oder auch das fast unhörbare Knistern großer feuchter Schneeflocken; der Himmel verfinstert sich derart, daß man im Zimmer nicht mehr lesen kann. Aber so rasch, wie die Schauerfront kam, geht sie wieder; das Rauschen des dichten Regens läßt nach wenigen Minuten nach, und die Sonne bricht durch, meistens unter Bildung starker Regenbögen. Aber der Charakter des Wetters hat sich völlig verändert; der Wind weht unter starken Schwankungen nach Richtung und Geschwindigkeit aus nordwestlicher Richtung, es ist wieder empfindlich kalt geworden, der Luftdruck steigt nach einer plötzlichen

Stufe (Gewitternase), deren Höhe von der Mächtigkeit des Kaltlufteinbruches abhängt, unregelmäßig an. Die Farbe des Himmels ist tiefblau; um so heller heben sich die hoch aufquellenden weißen Wolken des Schauers und die sich rasch unregelmäßig bildenden Haufenwolken ab."

Neben diesem Normaltyp kommen jedoch auch davon abweichende, weit weniger prägnante Erscheinungsformen vor, die H. Faust (1951) veranlaßt haben, eine *Typisierung der Kaltfronten* vorzunehmen. Schon von Bergeron (1934), Schinze und Siegel (1943) und Schwerdtfeger (1948) sind, vor allem nach der unterschiedlichen, meteorologisch bedeutungsvollen Vertikalstruktur der Temperatur und des Windes, Differenzierungen vorgenommen worden. Faust unterscheidet zunächst zwischen einem a) stabilen und einem b) labilen Kaltfrontdurchgang und gibt dazu folgende Schilderung der begleitenden Wettererscheinungen:

a) „Beim *stabilen Kaltfrontdurchgang* fehlen völlig die Quellformen, der Niederschlag fällt ziemlich gleichförmig, die Windstärke zeigt, abgesehen von Turbulenzböen, nur allmähliche Änderungen, die Temperaturänderung erfolgt allmählich, im Barogramm zeigt sich nur die mehr oder weniger gut ausgeprägte Tiefdruckrinne.
b) Der *labile Kaltfrontdurchgang* weist kräftige Quellformen auf, die Niederschläge fallen in Schauerform, in extremen Fällen treten Gewitter auf, die Windregistrierungen zeigen eine plötzlich einsetzende sogenannte Spitzenbö, die Temperaturänderung erfolgt plötzlich, im Barogramm erfolgt unmittelbar nach Durchgang des Druckminimums fast immer eine vorübergehende zusätzliche Druckerhöhung. Es sei gleich gesagt, daß der stabile Kaltfronttyp nicht etwa mit der antizyklonalen Kaltfront gleichzusetzen ist und der labile nicht mit der zyklonalen Kaltfront."

Hierzu kommt noch die schon länger bekannte Unterscheidung nach präfrontalem oder postfrontalem Niederschlag. Im Endergebnis gelangte er zu folgenden Typen:

I. *Aktive Kaltfronten* (Zunahme der frontsenkrechten Windkomponente nach oben)
a) rein stabiler Typ (meist im Winter): Schichtung im Frontbereich stabil, präfrontaler Niederschlag, Bewölkung St u. As, Ns, St, keine Böen.
b) Haupttyp (alle Jahreszeiten): Schichtung im Frontbereich erst stabil, dann labil, prä- und postfrontale Niederschläge, z.T. Gewitter, Bewölkung St u. As, Ns mit Cb, Cb, Sc, mäßige Böen.
c) rein labiler Typ (meist im Sommer): Schichtung im Frontbereich labil, postfrontale Schauerregen, z.T. mit Gewittern, Bewölkung Cu u. Ac, Cb, Sc, starke Böen.

II. *Passive Kaltfronten* (Abnahme der frontsenkrechten Windkomponente nach oben)
a) stabiler Typ (alle Jahreszeiten): Schichtung im Frontbereich stabil, postfrontaler Dauerniederschlag, Bewölkung St u. As, Ns, Sc, keine Böen.
b) labiler Typ (im Sommer): Schichtung im Frontbereich labil, postfrontale Schauerregen, z.T. Gewitter, Bewölkung Cu u. Ac, As u. Cb, Sc, Böen.

Hinzu treten noch Sonderformen, vor allem die von Ficker so genannten *maskierten Kaltfronten.* Dazu kommt es, wenn im Winter hinter einer Kaltfront einbrechende erwärmte Meereskaltluft über dem Festland eine dünne Schicht stabil geschichteter kontinentaler Kaltluft weggräumt. Dann bringt die Kaltfront im Tiefland zunächst eine Erwärmung, aber bereits in Mittelgebirgslagen, die von der Kaltlufthaut am Boden nicht erreicht wurden, von Anfang an die ihrer wahren Natur gemäße Abkühlung.

Da im Zuge der Horizontalverlagerung einer Frontalzyklone ihre Kaltfront schneller voran kommt als die Warmfront, holt erstere die letztere im Laufe der Lebensgeschichte einer Frontalzyklone ein. Die im warmen Sektor eingeströmte Warmluft wird vom Boden abgehoben, und von dann an bildet sich, nahe dem Tiefkern beginnend und nach außen frotschreitend, eine *Okklusion.* Dabei müssen zwei witterungsmäßig und genetisch verschiedene *Typen* unterschieden werden: a) die eintreffende frische Rückseitenkaltluft ist kälter und damit aktiver als die vor der Okklusion lagernde ältere Kaltluft. Die Okklusion trägt in diesem Falle bei ihrem Durchzug daher den Charakter einer Kaltfront –, b) die Rückseitenkaltluft ist infolge längeren Seeweges oder wegen stärkerer Alterung zwar kälter als die eingeholte und abgehobene Warmluft, aber doch wärmer als die vor der Front befindliche alte Kaltluft. Sie gleitet daher, ebenso wie die vorher gegen die Kaltluft anströmende Warmluft, zunächst ebenfalls auf die erstere, zäh verharrende präfrontale Kaltluft auf (Abb. III.b) 2 unten rechts). Die Okklusion besitzt daher in diesem Falle Warmfrontcharakter. Zahlreiche unserer winterlichen Wärmewellen aus SW gehören in Wirklichkeit hierzu. Der *Warmfronttyp der Okklusionen* mit seinem „getarnten Kaltlufteinbruch“ tritt bei uns vorwiegend im *Früh- und Hochwinter* ein, der *Kaltfronttyp* dagegen *vom Frühjahr an,* was sich aus dem durchschnittlichen strahlungsbedingten Verhalten der Festlandsluft einerseits und der verzögerten Abkühlung des Meerwassers andererseits in unseren mitteleuropäischen Breiten leicht erklärt. In Ostasien, wo genetisch gesehen im Winter an sich die gleichen Vorgänge eintreten, kommt es über dem chinesischen Festlande dagegen nicht zu solchen getarnten Kaltlufteinbrüchen, weil die Rückseitenluft hier über keine erwärmte Unterlage strömt, und in Japan, wo dies an sich nach Überquerung des warmen Japanischen Meeres durchaus der Fall ist, fehlt wieder der Gegensatz zu der Altkaltluft vor solchen Fronten, die sich über dem Inselreich mit seinem maritimen Gepräge weder bilden noch halten kann. Für die Ausprägung dieser Wettervorgänge spielt also die *Verteilung von Land und Meer* eine ganz entscheidende Rolle, und zwar gerade für die den Klimageographen besonders interessierende Wetterwirksamkeit in Bodennähe.

Der *Durchzug okkludierter Fronten* braucht sich nicht immer in heftigen Wettererscheinungen mit Schauern und Windsprung zu äußern. Vielmehr können schwächere Okklusionen sich lediglich in dichteren Wolkenfeldern mit geringfügiger Winddrehung kundtun. Je nach vorheriger Ausregnung oder sonstiger Alterung kommt es daher zu mannigfachen Übergängen. Der Begriff der Okklusion ist nach den Ergebnissen der aerologischen Forschung überhaupt recht fragwürdig geworden, nachdem sich herausgestellt hat, daß okkludierte, also abgehobene Warmluftmassen durch Strömungsverhältnisse in den höheren Luftschichten, die von den bodennahen ganz und gar abweichen können, häufig rasch bis zur Unkenntlichkeit verzerrt werden. Im *Polargebiet* mit seinem in der Regel seichten bodennahen Kaltluftkissen gehören flache „Okklusionen“ bei völliger Abwesenheit konvektiver Vorgänge zu den normalen Wettererscheinungen.

Zu den Frontalvorgängen muß man auch die großräumigen Aufgleitvorgänge rechnen, die auf der SE-Seite eines relativ flachen Kaltlufttropfens auftreten. Das zugehörige Höhentief führt nämlich in Schichten oberhalb 1500 oder 2000 m subtropische Warmluft auf konvergenten Strombahnen um den Tiefkern herum nordwärts mit der Folge einer umfangreichen Aufgleitbewölkung und anhaltenden Landregens bzw. flächenhafter Schneefälle gleichbleibender Stärke. Im Zusammenhang mit den Vb-Wetterlagen wird im nächsten Kapitel darauf zurückzukommen sein.

Vorkommen von Fronten. *In den Tropen* können normalerweise keine Fronten der bisher dargelegten Art auftreten, weil erstens keine Luftmassengegensätze mit entsprechenden Temperatur- und Feuchtedifferenzen vorhanden sind und weil zweitens die schwache Corioliskraft im Normalfall einen schnellen Ausgleich der horizontalen Luftdruckgegensätze zuläßt. Die dort das Wettergeschehen beherrschenden Vorgänge sind die täglichen Konvektionsprozesse mit ihren Vertikalumsetzungen. Entlang von Konvergenzen im Bodenströmungsfeld treten aber auch großräumige, zusammenhängende Wolkenfelder auf, die an „easterly waves" gebunden sind, die im Kap. IV.b) zu besprechen sein werden.

Fronten und Frontflächen sind integrierende Bestandteile der *Frontalzonen.* Das sind im übergreifenden Sinn jene dreidimensionalen Ausschnitte in der A., in welchen die thermischen und hygrischen Gegensätze zwischen Luftmassen unterschiedlicher Herkunft auf Horizontaldistanzen von ein paar hundert Kilometern verdichtet sind und die „Grenzflächen" noch relativ steil stehen. Dort, wo im Zuge eines überlagerten zyklonalen Wirbels die Warmluft aktiv gegen die kältere Luft geführt wird, bildet sich unter weiterer Verdichtung der Luftmassengegensätze auf einige Zehner von Kilometern und gleichzeitigem Flacherwerden der Grenzfläche eine Warmfrontfläche. Andererseits entsteht auf der Rückseite des zyklonalen Wirbels mit dem Vorrücken der kalten Luft gegen die wärmere eine Kaltfrontfläche. Bei den Frontalzonen kann man unter günstigen Bedingungen eine *„Polar-"* und eine *„Arktikfront"* unterscheiden, die bei strengerer Formulierung eigentlich „polare" und „arktische Frontalzone" heißen müßten. Erstere ist diejenige zwischen den Tropikluftmassen und den gemäßigteren Luftmassen der hohen Mittelbreiten, letztere die zwischen diesen und der arktischen Kaltluft. *Planetarische Frontalzone* ist der Ring in der A., auf welchen sich im klimatologischen Mittel das Temperaturgefälle zwischen der tropischen Warm- und der polaren Kaltluft konzentriert [zur Begründung vgl. Kap. II.b) 7. über die Strahlungsbilanz sowie Kap. II.c) über die meridionale Temperaturdifferenzierung zwischen niederen und hohen Breiten].

Für eine klimageographische Zielsetzung ist es nun wichtig, von den besprochenen Typen der Frontalvorgänge und den mit ihnen verbundenen Wettererscheinungen den Schritt zur Untersuchung des *regionalen Auftretens* und ihrer *jahreszeitlichen Häufigkeit und Abwandlungen* zu tun. Christensen (1964) hat diese Frage vom prinzipiellen Standpunkt aus erörtert. Band (1955) ist auf diese Weise dem Problem nachgegangen, ob im Main-Gebiet eine Wetterscheide Mitteleuropas liegt. Butzer (1960) gibt in seiner dynamischen Klimatologie des Mittelmeerraumes neben den regionalen Ergebnissen wesentliche arbeitsmethodische Anregungen. Bryson (1966) hat durch eine sehr arbeitsaufwendige sorgfältige Analyse der Luftmassen und ihrer Transportwege über dem nordamerikanischen Kontinent die mittlere Lage der Konvergenzgebiete im Bodenwindfeld und damit der Arktik- und Polarfront (hier „Pazifikfront" genannt) für die einzelnen Monate festgelegt. Er kann eine räumliche Koinzidenz mit wichtigen physiogeographischen Grenzzonen aufzeigen und legt gleichzeitig die Grundlage für die Erläuterung der dynamischen Abläufe bei der Gestaltung der kontinentalen Winterwitterung durch die Frontalvorgänge an der Arktikfront. Und Yoshino (1967) stellt den Einfluß von Frontenfrequenzen auf die Gestaltung der frühsommerlichen Regenzeit in Ostasien dar. Schließlich werden in den Arbeiten von Eriksen (1969, 1971) als Mittel der Jahre 1958–1962 die Häufigkeiten der Frontdurchgänge verschiedener Art in ihrer jahreszeitlichen Verteilung im *Meridianschnitt Europas* zwischen der Subpolarzone und Nordafrika sehr übersichtlich kartographisch dargestellt. Die absolut größte Häufigkeit mit 126 Frontdurchgängen bei fast gleichmäßiger Verteilung über das Jahr liegt in Norddeutschland. In Skandinavien sind es noch rund 100 mit deutlichem Herbstmaximum, in Süddeutschland etwas über 100 mit Maximum im Sommer und im Mittelmeerbereich nur noch 40–50, wobei eindeutig Frühjahr und Winter die größte Häufigkeit aufweisen. Diese Verteilung gibt eine gute Übereinstimmung mit der jahreszeitlichen Verteilung der Niederschläge und trägt zum Verständnis ihrer Dynamik bei. Im ganzen liegt auf dem Gebiet der Frontenklimatologie noch ein fruchtbares Feld der Forschung.

4. *Zugbahnen der Druckgebilde*

Hoch- und Tiefdruckgebiete liegen nicht fest, sondern schlagen bestimmte Bahnen ein, wobei im wesentlichen drei differenzierende Eigenschaften festzuhalten sind: Richtung, Verlagerungsgeschwindigkeit und Intensität der Druckgebilde. Dazu kommen jahreszeitliche Schwankungen dieser Charakteristika. Dadurch ergeben sich verschiedene Kombinationsmöglichkeiten für die Erklärung des Witterungsgeschehens vom synoptisch-dynamischen Standpunkt aus. So grundlegend wichtig diese unschwer aus jeder Wetterkarte täglich zu entnehmenden Fakten für den Durchschnittsablauf des Wetters auch sind, so verwirrend ist doch ihre Fülle und so groß die Schwierigkeit ihrer klimatologischen Ordnung.

Die ersten Versuche dazu sind so alt wie synoptische Betrachtungen überhaupt. Loomis (1874) und Bigelow (1897) gaben Beispiele aus Nordamerika, Rykatschew (1896) aus Osteuropa. In den monatlichen Witterungsübersichten der Deutschen Seewarte wurden anfangs die Zugstraßen der Tiefs regelmäßig veröffentlicht. Hieran war zunächst W. Köppen maßgeblich beteiligt. Er publizierte auch eine Karte der mittleren Zugbahnen (1881) und griff dabei räumlich bereits weiter aus, indem seine Karte den Bereich vom Felsengebirge bis zum Ural umfaßte. Am bekanntesten und sogar in modernen meteorologischen Lehrbüchern (Scherhag, 1948; Liljequist, 1962) unverändert übernommen ist jedoch die Darstellung von Köppens Mitarbeiter van Bebber (1882), die als Jahreskarte jedoch nur auf einem Jahrfünft (1876–1880) von Wetterkarten damaliger Unzulänglichkeit basierte! Dabei sei zunächst ganz abgesehen von der Tatsache, daß sich auch in den Zugbahnen Klimaschwankungen dokumentieren, so daß der Zeitraum, auf den sich die Ermittlungen beziehen, nicht verallgemeinert werden darf, besonders wenn er so kurz ist. Dunwoody (1894) gab dann als erster eine die ganze außertropische Nordhemisphäre umfassende Darstellung. Spätere Untersuchungen, meist mit regionaler Begrenzung, bewegten sich in diesem Rahmen, wobei die angewandte *Häufigkeitsstatistik nach Gradfeldern* bzw. Meridiandurchgängen genetisch Zusammengehöriges willkürlich trennte oder Druckgebilde ganz verschiedener Herkunft und Struktur in einen Topf warf. Das gilt auch noch für die neuestes arktisches Beobachtungsmaterial auswertende Untersuchung von Berry, Owens und Wilson (1952). Eine der wichtigsten Voraussetzungen zur Entwirrung des statistischen Bildes war die Typisierung, die für die USA bereits 1917 von E.H. Bowie und R.H. Weightman bezüglich der Antizyklonen, sehr viel später (1945) dann auch von R.H. Weightman für die Zyklonen durchgeführt wurde.

In Europa sind wie erwähnt die genannten Arbeiten von W. Köppen (1881) und van Bebber (1882 u. 1891) bis zum heutigen Tage maßgebend geblieben, obwohl die kurz darauf erschienene des Russen Rykatschew nicht minder bedeutend war. Alle diese Autoren widmeten sich zunächst jedoch nur den Zugstraßen der Zyklonen. Verbesserungen wurden lediglich für das Mittelmeergebiet vorgenommen, wo Weickmann (1915), Weickmann jr. (1960) und Butzer (1960) Fortschritte erzielten.

Dabei handelt es sich der Natur des Mediterranklimas gemäß nur um die Wintermonate. Auch bei Kendrew (Climates of the continents. 1953. S. 355) findet sich ein Zugbahnkärtchen für das Mittelmeer, allerdings ist die Quelle nicht daraus ersichtlich. Im übrigen Europa sind gradfeldstatistische Untersuchungen der Zyklonenfrequenz von G. Richter (1938) und mit ähnlicher Arbeitsweise neuerdings von H. Maede (1954) und von W. Dammann (1960) durchgeführt worden. Auch der Norweger S. Evjen (1950 u. 1954) hat das Problem aufgegriffen, wenn auch mit der praktischen Zielsetzung, damit die Prognose zu verbessern.

Bezüglich der *Zugbahnen der Antizyklonen* liegt es viel mehr im argen. Zwar haben Brounov (1886) und Köppen u. van Bebber (1895) ebenfalls zur Zeit der sogenannten „Isobarenmeteorologie" die Fortpflanzungsrichtung der Hochdruckgebiete verfolgt, ohne aber zu Schlüssen von größerer klimatologischer Tragweite zu gelangen. Erst der russische Meteorologe Multanowski (1940) griff für Eurasien die Fragestellung wieder auf und konstruierte mittlere Zugbahnen der Hochdruckgebiete, ließ aber dabei West-, Mittel- und Südeuropa weitgehend unberücksichtigt.

Auch Beiträge über engräumige Teilprobleme auf dem Gebiet der Zugbahnforschung haben klimatologische Bedeutung erlangt. Das gilt in Mitteleuropa vor allem von der van Bebberschen *Zyklonenbahn Vb,* die vom Mittelmeer nordwärts nach dem östlichen Mitteleuropa verläuft und deren extreme Auswirkungen in bezug auf hohe Niederschlagsmengen mehrfach von verschiedenen Seiten her untersucht wurden (H. Knothe, 1939; H. Knothe u. O. Moese, 1939). Die geographische Differenzierung dieser und weiterer mittelmeerischer Zugbahnen auf Grund der Wetterberichte 1950–59 war Gegenstand einer Arbeit K.W. Butzers (1960).

Welche witterungsmäßige und damit auch klimageographische Auswirkung gerade die Vb-Zugbahn für Mitteleuropa hat, wurde u.a. auch von H. Flohn (1954, S. 83f.) eindringlich beschrieben bei der Besprechung der mitteleuropäischen Zentraltieflagen, bei denen ein Warmluftschwall aus dem östlichen Mittelmeer- bzw. Balkanraum nordwärts in Bewegung gesetzt wird: „Diese Warmluft aus Südosten gleitet nun an der Grenzfläche auf die Kaltluft auf ... Es bilden sich mächtige einheitliche Wolkenmassen, die von unmittelbarer Bodennähe bis auf 7000 m und mehr aufsteigen und verbreitet anhaltende und starke Niederschläge erzeugen. Dieses Wolken- und Niederschlagsgebiet umfaßt meist ein Gebiet, das vom bayerischen Alpenrand über Thüringen nach Ostpreußen reicht und im Osten den Warthe- und Weichselraum einbezieht; es verändert seine Lage und seine Intensität während 24 oder 48 Std. kaum.

„Die Beschreibung dieser Wetterlage ist sehr kurz; vom Südosten her aufziehende dichte Schichtwolkendecke, zunehmende Trübung der Sicht und zunächst leichte, später mäßige bis starke, tagelang anhaltende Niederschläge, wobei die Wolken in Gebirgslagen meist aufliegen. Erst ganz allmählich lassen die Niederschläge strichweise nach, die dichte Wolkenschicht lockert sich langsam. Gelegentlich wiederholen sich diese Südostwetterlagen in rhythmischen Abständen von etwa fünf bis sechs Tagen. Die Temperaturen liegen im Bereich der Kaltluft und der Niederschläge merklich unter dem Normalwert; einen täglichen Gang der Klimaelemente, wie Temperatur, Feuchtigkeit, Luftdruck usw. gibt es praktisch überhaupt nicht ... Im östlich gelegenen Warmluftbereich ist es trocken und vielfach auch heiter; aber dieser Warmluftbereich greift nur selten nach dem östlichen Mitteleuropa über."

Eine solche Teilfrage bildet auch das Problem der Überquerung des grönländischen Inlandeises durch Zyklonen, nachdem bisher unter dem Eindruck der Auffassung von W. H. Hobbs (1926) über die glazialen Antizyklonen der Eiskappe ein größerer Einfluß eingeräumt wurde als er in Wirklichkeit existiert. Die Feststellungen von J. Georgi im Rahmen der Wegenerschen Grönlandexpedition, die jüngst durch die französischen Forschungen und die Untersuchungen von B. Brockamp in Eismitte bestätigt wurden, haben ergeben, daß Grönland allenfalls als eine Art „Weiche" (switch) für die Zyklonenbahnen fungiert, z. T. aber auch direkt von Zyklonen überquert wird, die den Schnee für die Ernährung der Eiskappe liefern. Zu ähnlichen Schlüssen waren J.P. Koch und A. Wegener auf Grund der Beobachtungen der Jahre 1906–1908 gelangt, wie das von ihnen publizierte Kärtchen (Meddel. o. Grönland Bd. 75, 1930, S. 2, Fig. 280) bereits klar zeigt. Allerdings ließen sie sich durch das Vorliegen eines zentralen Kältegebietes über dem Inlandeise zu der Annahme verleiten, daß dies antizyklonaler Entstehung sein müsse. In Wirklichkeit handelt es sich dabei nur um einen bodennahen Ausstrahlungseffekt zwischen den zyklonalen Advektionsvorgängen.

Zu all diesen Untersuchungen sind einige *prinzipielle Gesichtspunkte* und Schwierigkeiten zu berücksichtigen. Zunächst sind Zyklonen und Antizyklonen Relativgebiete des Luftdrucks. Nicht die absolute Höhe bestimmt, ob zyklonales oder antizyklonales Wetter herrscht, sondern der Unterschied gegenüber der Umgebung. Zweitens sind Zyklonen und Antizyklonen flächenhafte Systeme mit großer Veränderlichkeit ihrer Ausdehnung. Wo soll man sie lokalisieren? Man begegnet beiden Schwierigkeiten dadurch, daß man sich auf die Hoch- und Tiefdruckkerne konzentriert und für diese eine Häufigkeitsstatistik nach Gradfeldern der geographischen Koordinaten erstellt. Daß die Verbindung der Gradfelder größter Häufigkeit während bestimmter Monate auch die Zugbahnen der Hochs bzw. Tiefs repräsentiert, hat eine gewisse Wahrscheinlichkeit für sich, notwendig ist es aber nicht. Und drittens kommt es für die Wirksamkeit eines Druckgebildes als Zyklone oder Antizyklone sehr darauf an, wie der Vertikalaufbau ist. Im ganzen darf man also die Ergebnisse solcher Untersuchungen nicht überinterpretieren. Sie geben aber doch wichtige Einsicht in die Verteilung der *Leitlinien in den Zirkulationsgürteln der Außertropen.* Das gilt vor allem für die groß angelegte Untersuchung von Klein (1957) über die *Häufungsgebiete und Zugbahnen* von Zyklonen und Antizyklonen auf der Nordhalbkugel, aus der die Karten für Januar (Abb. III.b) 4) und Juli (Abb. III.b) 5) wiedergegeben sind. Die Arbeit basiert auf 20jährigem Wetterkartenmaterial, das nach der Gradfeldstatistik ausgewertet wurde, wobei allerdings alle Zwischenhochs im Zuge der zyklonalen Westwinddrift unberücksichtigt bleiben mußten. Zur Konstruktion der Zugbahnen wurde die Strömung im 700 mb-Niveau herangezogen. Die Karten verdeutlichen hauptsächlich *folgende Sachverhalte:*

Die *Zyklonen* und ihre Zugbahnen liegen jeweils *polwärts der* Häufungsgebiete und Verlagerungsräume der *Antizyklonen.*

Die *Antizyklonen* müssen aus *zwei „Quellen"* entstehen; aus einer, die in den niederen Mittelbreiten (im Winter 30–40°, im Sommer 40–45°) liegt und ostwärts

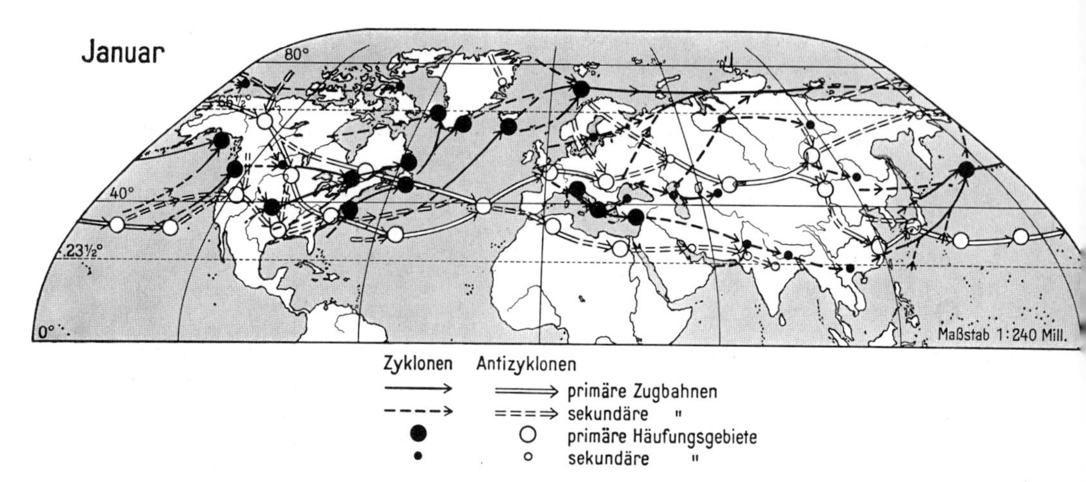

Abb. III. b) 4. Karte der nordhemisphärischen Zyklonen- und Antizyklonenbahnen nebst ihrer Häufungs- bzw. Verstärkungsgebiete im Januar. (Nach W. Klein, 1957)

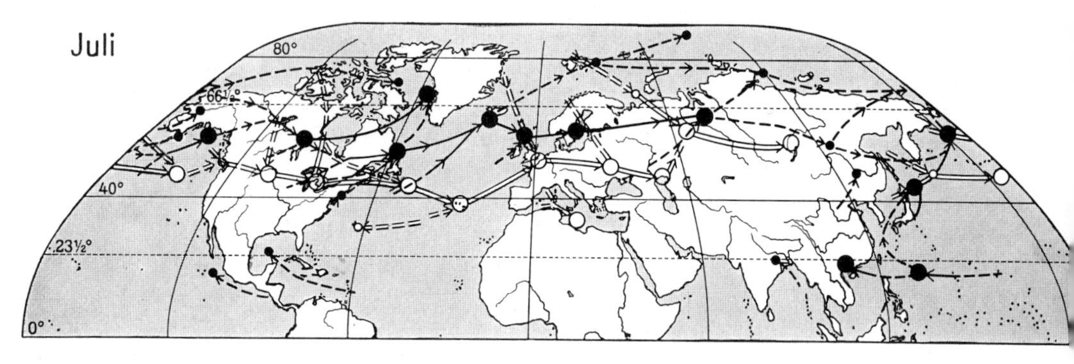

Abb. III. b) 5. Karte der nordhemisphärischen Zyklonen- und Antizyklonenbahnen nebst ihrer Häufungs- bzw. Verstärkungsgebiete im Juli. (Nach W. Klein, 1957)

wandernde Hochs erzeugt, und einer anderen, die aus subpolaren Breiten in allgemeiner Richtung SE sekundäre Hochdruckwellen in Bewegung setzt, die sich mit den Hochs der niederen Breiten überlagern. Die einen sind die dynamischen warmen, die anderen die Kaltlufthochs.

Vom Sommer zum *Winter* dehnt sich das gesamte Gebiet der *Zugbahnen um rund 10 Breitengrade gegen den Äquator* hin aus. (Auf der Ostseite Asiens scheint es umgekehrt der Sommer zu sein, welcher die am weitesten äquatorwärts vordringenden Zyklonenbahnen aufweist. Aber an der Zugrichtung von E nach W wird deutlich, daß es sich um tropische Zyklonen, um Taifune, handelt).

Hauptentstehungsgebiet der Zyklonen im atlantischen Sektor ist die *Westflanke des Ozeans* vor der nordamerikanischen Ostküste und vor Südgrönland. Von dort ziehen die Zyklonen in allgemeiner Richtung nach E; im Winter mit größerer (SW-NE), im Sommer mit kleinerer Komponente polwärts (WSW-ENE).

Im Winter liegt ein *zweites Gebiet* der Zyklogenese *über dem europäischen Mit-*

telmeer. Von dort ziehen die Störungen mit abnehmender Häufigkeit bis ins Gebiet des Himalaja.

Auch über der ostasiatischen Küste und im Chinesischen Meer entstehen im Winter Frontalzyklonen, die das Wetter von SE-China über Japan bis nach Sachalin bestimmen.

Das *Innere Eurasiens* ist wesentlich *zyklonenärmer* als die Westseite des Kontinentes. In *Nordamerika* ist der kontinentale Effekt schwächer ausgebildet, besonders im Winter. Das hängt zusammen mit den häufigen Zyklonen, die an der Arktikfront aus dem Ostvorland der Rockies in Nordkanada über den Mittelwesten der USA in die atlantischen Küstengebiete um die St. Lorenz-Mündung ziehen, und mit den Kaltlufteinbrüchen, die am Ende einer Zyklonenfamilie jeweils das warme Wasser des Golfstroms erreichen. Für *W-Sibirien* ist eine prinzipiell ähnliche Bahn von Arktikfrontzyklonen ostwärts des Urals zu erwarten, welche dort die im Vergleich zu O-Sibirien hohen Schneedecken verursacht. Eine neuerliche Zyklogenese am Ende der Bahn in entsprechenden Breiten nördlich des Kaspisees kann nicht eintreten, weil der Wasserdampf liefernde warme Ozean fehlt.

Die großräumige Übersicht erfordert detaillierte *Analysen für einzelne Klimagroßregionen* (Europa, das Mittelmeergebiet, Ostasien, das kontinentale Innere N-Amerikas z.B.) zu der Frage, wo wann welche Art von Zyklonen oder Antizyklonen mit welcher Frequenz aufgetreten sind und wie ihre normalen Verlagerungsbahnen verlaufen. Bei den Zyklonen kann man einerseits die Luftdrucksysteme selbst als Objekte der Analyse wählen, wie es in den unter Kap. II.b) 1. als Beispiele genannten Untersuchungen geschehen ist, oder andererseits die mit den Tiefdruckgebieten verbundenen Fronten als synoptische Phänomene mit bestimmten Wetterfolgen betrachten, was die in Kap. II.b) 3. aufgeführten Autoren z.B. getan haben. Für die Hochdruckgebiete sei auf eine Arbeit von Reinel (1960) hingewiesen, in welcher aufgrund einer 11jährigen Statistik die Bahnen der *Hochdruckvorstöße* (einschließlich Zwischenhochs) für das außermediterrane *Europa* analysiert worden sind. In Abb. III.b) 6. ist als Beispiel die im Zusammenhang mit den Darstellungen von Klein (1957) bereits besprochene Kombination eines Vorstoßes des dynamischen Azorenhochs von SW mit einem gleichzeitig von N-Skandinavien rasch nach S wandernden Kaltluftzwischenhoch dargestellt. Über die beiden genannten Möglichkeiten der Hochdruckvorstöße hinaus kommt Reinel (1960) zu folgender Systematik der Hoch-Zugstraßen für das außermediterrane Europa:

A. Azorenbahnen
   1. Dynamische Azorenhochvorstöße nach Mitteleuropa mit Stabilisierung in Mitteleuropa,
   2. Azorische Zwischenhochbahnen nach Mittel- und Osteuropa,
   3. Azorenhochvorstöße nach Mittel- und Osteuropa mit nachfolgender Stabilisierung in Osteuropa,
   4. Azorenhochvorstöße mit Schwerpunkt über SW-Europa.

B. Azorisch-subpolare Bahnen
   5. West- und nordeuropäische Azorenbahnen (vorwiegend meridional gerichtete Azorenhochvorstöße, z.T. bereits mit subpolarem Anbau),
   6. Azorisch-subpolare Bahnen mit Schwerpunkt über den Britischen Inseln (Aufbau und Verlagerung durch Druckwellen verschiedener Herkunft).

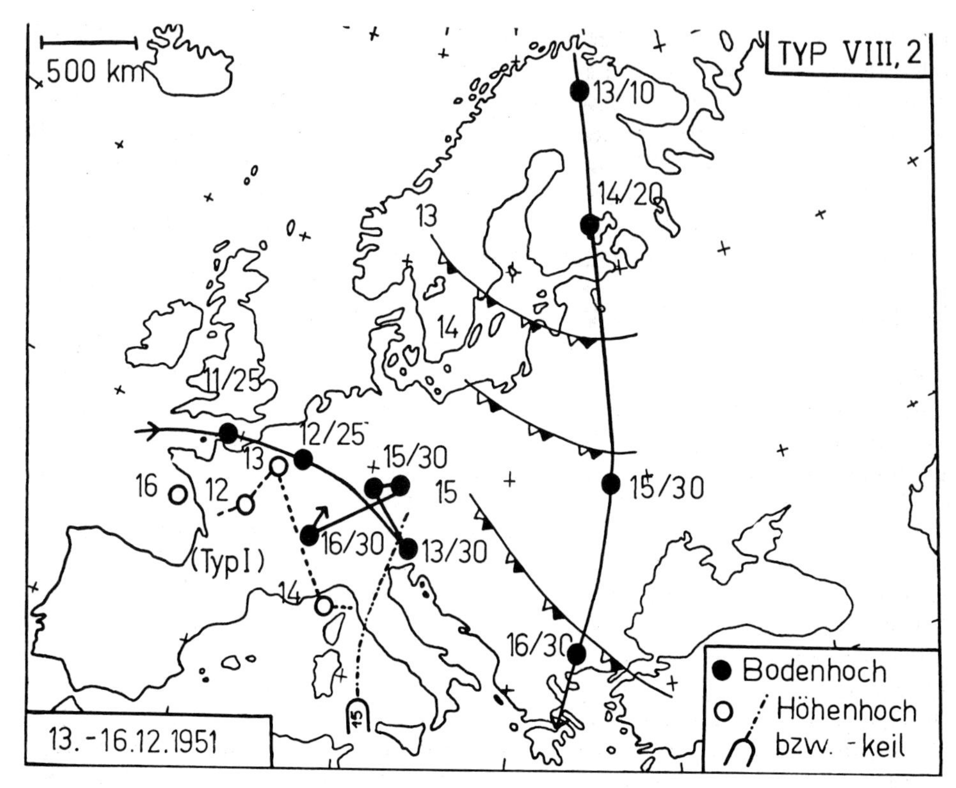

Abb. III.b)6. Beispiel einer kombinierten Hochdruckperiode (13.–16. 12. 1951) über Europa mit einem hochreichenden azorischen Vorstoß über SW-Europa (Bahn I) und einem skandinavischen Zwischenhochvorstoß auf meridionaler Bahn (Bahn VIII). Die Zahlen geben das Datum und – bei den Bodenhochs – die maximal erreichte Isobare in Zehnerwerten über 1000 mb an. (Nach H. Reinel, 1960)
Man beachte die kurzen, z. T. rückläufigen Tagesverlagerungsstrecken der azorischen Hochzelle und die langen des nordeuropäischen (kalten) Zwischenhochs mit den Stirnlagen des zugehörigen Kaltluftvorstoßes, dessen Westflügel vor dem mitteleuropäischen Hoch abgebremst wird

C. Subpolare Bahnen
   7. Isländische Zwischenhochbahnen
   8. Skandinavische Zwischenhochbahnen
   9. Skandinavische selbständige (steuernde) Bahnen.
D. 10. Hochbahnen östlicher Herkunft.

Am *häufigsten* sind die *A-Bahnen;* und zwar in feuchten Sommern Mitteleuropas insbesondere A 2 mit nur kurzfristigen antizyklonalen Phasen, die aber für die Einbringung der Ernte in solchen verregneten Jahren ungeheuer wichtig werden. Im übrigen tritt diese ganze Gruppe in Mitteleuropa das ganze Jahr über am häufigsten auf. A 3 und z.T. auch B 5 bewirken trockene, warme Perioden im Sommer über Mittel- bis Nordwesteuropa. A-Bahnen begünstigen zwar im Winter die Zufuhr milder Meeresluft auf den Kontinent, aber bei B 5 kann sich infolge zu starker Nordwärtsverlagerung der H-Achse aus der anfänglichen Weströmung eine NE-Strömung für Mitteleuropa entwickeln, die Anschluß an kalte Festlandluft in Nord- und

Osteuropa findet und in solchem Falle dann negative thermische Anomalien für Mitteleuropa im Gefolge hat. Diese sind von vornherein zu erwarten bei den vorwiegend winterlichen D-Bahnen, die das gegen die allgemeine Westdrift gerichtete langsame Vorschieben eines nordeuropäisch-russischen Hochs nach SW bringen. Zwar sind sie selten, aber vielfach infolge Verankerung des Hochs in einer warmen Höhenhochzelle des 500-mb-Niveaus von mehrtägiger Dauer und zäher Persistenz *(blokking action* nach D.F. Rex, 1950). Als hochreichende H-Pfeiler pflegen sie die *Westdrift aufzuspalten* in einen über Island nach Spitzbergen und einen von der Biskaya nach dem Mittelmeer führenden Ast. Der *polare Ast,* die eigentliche Polarfront im klassischen norwegischen Sinne, pflegt dann positive Wärmeanomalien bis weit in den europäischen Sektor der Arktis zu transportieren, der *mediterrane Ast* dagegen – die atlantico-mediterrane Front Queneys – Ausbrüche festländischer Kaltluft in kälteempfindliche mediterrane und submediterrane Kulturen zu lenken. Aber auch ohne die Kanalisierung der Kaltluft im unteren Rhônetal vermag sie bei genügend großem Gradienten und südlicherer Lage der Front im Mittelmeerraum dort in breiter Front schadenbringend einzubrechen (z.B. um den 20. März 1962). Meist und zum Glück bleibt jedoch der Kaltluftvorstoß solcher Hochs im östlichen Mitteleuropa stecken, und die Hochzellen selbst fungieren dann als *„blocking high"* mit geradezu gegensätzlichen Witterungskonsequenzen für das übrige Mitteleuropa, nämlich Zufuhr milder Südluft oder Auflaufen atlantischer Okklusionen am Westrande des Hochblocks. Kühle Frühjahre stellen sich beim Vorherrschen der C-Bahnen über Mitteleuropa ein, die Hand in Hand gehen mit einer Trogsteuerung der Tiefdruckgebiete bzw. dem langsamen meridionalen Zirkulationstyp. Die jahreszeitliche Häufung blockierender nordatlantischer Hochs gewinnt daher klimatologische und für die einzelnen Räume klimageographische Bedeutung (Brezowsky-Flohn-Hess, 1951).

Als konkretes Beispiel solcher Bedeutung der verschiedenen Zugbahnen sei die Zeitspanne vom 13. bis 16. 12. 1951 an Hand des vorstehenden Kärtchens (Abb. III.b) 6, nach Reinel, 1960) erläutert:

Über dem südwestlichen Mitteleuropa liegt am 13. ein sich meridional erstreckendes hochreichendes Hoch, das sich in den folgenden Tagen nur langsam ostwärts verlagert, so daß seine Achse am 15. 12. wenig ostwärts der Ausgangslage von Tunesien bis Bayern reicht. Dadurch konnte der Schwall kalter Polarluft, der mit einem nordskandinavischen Zwischenhoch hinter einem über Nordrußland abziehenden Tief vordrang, nicht nach Mitteleuropa gelangen, sondern wurde hier durch die eingangs erwähnte hochverankerte Antizyklone aufgehalten und zum östlichen Balkan abgelenkt. Die Witterung in Mitteleuropa blieb daher gekennzeichnet durch Strahlungskaltluft am Boden mit Inversion.

Für die der Analyse von Klein entsprechenden *Mittelbreiten der S-Halbkugel* ist die Beobachtungsbasis wesentlich schmaler, das bisherige Ergebnis der Untersuchungen noch wesentlich ungenauer. Der Grund dafür, nämlich daß es sich fast ausschließlich um Meeresgebiet handelt, ist aber gleichzeitig auch der Grund, daß nur begrenzte Erdregionen im fernen Süden Südamerikas und Neuseelands im direkten Einflußbereich der Zyklonen- und Antizyklonenbahnen der Westwinddrift liegen. Nach einigen früheren Arbeiten als Vorläufern (z.B. Whittacker, 1943 für die Westseite des außertropischen Südamerikas) beruhen die neueren Arbeiten auf dem synoptischen Beobachtungsmaterial des südafrikanischen Südhemisphärenprojekts und des geophysikalischen Jahres von Juli 1957 bis Dezember 1958. Zunächst hat

Vowinckel (1953) einen ersten Überblick über die geographische Verbreitung und Häufigkeit der *Zyklogenese* auf der Südhemisphäre im Vergleich mit der Nordhalbkugel gegeben. Danach beschränkt sich die Zyklogenese auf einen schmaleren Breitenausschnitt als auf der Nordhalbkugel mit einem deutlichen Maximum bei 42°. Sie liegt auch etwas äquatornäher als auf der Nordhalbkugel. Nach Taljaard und van Loon (1962, 1963) verläuft die Nordgrenze der Zyklogenese im Winter im allgemeinen bei 35° und geht im Frühjahr auf 40° zurück, verbunden mit einer deutlichen Abnahme der Zyklonenhäufigkeit. Wichtige *Zyklonenbahnen* verlaufen ganzjährig von Neuseeland/Tahiti in WNW – ESE – Richtung nach Patagonien zur Drake-Straße und zur Antarktischen Halbinsel. Die Häufigkeitsverteilung der Tiefdrucksysteme zwischen der Südspitze Südamerikas und dem Grahamland der Antarktis hat Schmitt (1957) in einer Skizze dargestellt. Die Maximalzone verläuft etwas äquatorwärts von 60°, liegt also näher an Südamerika als an der Antarktis. Die Fronten dieses Systems laufen auf die Westseite Südamerikas auf. Die *Zyklonenfrequenz* auf dieser Bahn ist sehr groß. Im Winter ist im Südostpazifik eine zweite Bahn entwikkelt, deren Frontalzyklonen vom Seegebiet südlich Tahiti ausgehen und bei ungefähr 40° auf die chilenische Küste auftreffen. Zyklonen auf dieser Bahn liefern mit den entsprechenden Kaltfronten im wesentlichen die Niederschläge der subtropischen Winterregengebiete äquatorwärts 38° S.

Weitere Räume der Zyklogenese befinden sich südlich Australien, von wo die Zyklonen in Richtung auf das Roßmeer ziehen, südlich von Madagaskar und auf dem Südostatlantik vor der Patagonischen Küste, von wo die Wellenstörungen auf langem Weg spiralförmig ebenfalls auf das Roßmeer zusteuern. Alle die genannten zyklogenetischen Räume liegen dort, wo besonders häufig Kaltluftausbrüche vom antarktischen Kontinent her bis in subtropische Breiten gelangen.

c) Luftkörper und Luftmassen

Die von der norwegischen Meteorologenschule unter Bjerknes entwickelten Modellvorstellung der Frontalzyklonen und ihrer Frontsysteme operiert mit unterschiedlichen Luftmassen, die zunächst nur als Warm- bzw. Kaltluft charakterisiert sind. Bei der genaueren Differenzierung gelangte Bergeron (1928) zur Unterscheidung von *Luftmassen,* die sich jeweils in mehrtägigem Entstehungsprozeß unter antizyklonalem Einfluß in bestimmten Quellgebieten bilden und beim Abtransport ihre erworbenen Eigenschaften für eine bestimmte Zeit konservieren. Es handelt sich um *Arktisluft* (A), *Polarluft* (P), und *Tropikluft* (T), die als Grundkategorien je nach ihrer *maritimen* (m) oder *kontinentalen* (c) *Herkunft* noch unterteilt werden. Wegen der besonders großen Verbreitung der Pm-Luft über eine ausgedehnte Breitenzone wird bei ihr noch zwischen kalter (Pmk) nördlich 50° und warmer (Pmw) südlich 50° unterschieden. Auf langen Transportwegen verursachen der Einfluß von der Unterlage her sowie Umlagerungsprozesse eine sukzessive Transformation der Ausgangseigenschaften. Da für bestimmte Ankunftsregionen die Möglichkeit der Bahnen aber nicht unbeschränkt ist, besteht trotzdem die Aussicht, für bestimmte Jahreszeiten charakteristische Merkmale für Luftmassen, die auf bestimmten Wegen aus bestimmten Herkunftsgebieten in die Region gelangt sind, festzustellen. Da die Lage der Ankunftsgebiete zu den Entstehungsgebieten und den Einflußmöglichkeiten von der Unterlage her bei bestimmten Wegen jeweils unterschiedlich ist, werden raumspezifische Luftmassenklassifikationen mit raumspezifischen Eigenschaften zu erwarten sein. Belasco (1951) hat einmal die Temperaturen ein und derselben Tropikluft über den Azoren und Großbritannien sowie ein und derselben Polarluft über Island und Großbritannien gegenübergestellt (Tab. III.c) 1). Das Ergebnis zeigt erstens die viel größere Veränderung der Polarluft und zweitens, daß die thermische Umwandlung nicht nur auf die untersten Luftschichten begrenzt ist. Sie setzt sich bis in rund 5000 m Höhe in mindestens gleicher Größe fort.

Tab. III.c) 1. Luftmassentemperaturen der Nordhalbkugel. (Nach Belasco, 1951)

	Sommer		Winter	
a) Luftdruckniveau	900 mb	500 mb	900 mb	500 mb
b) Temp. der Tropikluft (Azoren)	16°	− 7°	10°	−15°
c) Temp. der Tropikluft (Großbrit.)	14°	−11°	8°	−18°
d) Differenz b–c (Abkühlung)	2°	4°	2°	3°
e) Temp. der Poarluft (Island)	1°	−28°	−13°	−43°
f) Temp. der Polarluft (Großbrit.)	8°	−20°	− 2°	−32°
g) Differenz f–e (Erwärmung)	7°	8°	11°	11°

Luftmassenklassifikationen für bestimmte Bereiche stammen von Willett (1933) für Nordamerika, von Serra und Ratisbonna (1942) für Südamerika. Gentilli (1949) hat, ausgehend von den australischen Verhältnissen, eine für die gesamte Südhemisphäre gedachte Einteilung gegeben. Er unterschied in Anlehnung an die nordhemisphärischen Verhältnisse folgende 6 Luftmassen: A (antarktisch), Pm (polarmaritim), Tm (tropisch-maritim), Eq (äquatorial), Tc (tropischkontinental), Pc (polarkontinental). Er schätzte die Areale der Quellgebiete für die ersten vier dieser Typen wie folgt ab (Mill. Quadratmeilen):

	A	Pm	Tm	Eq
Sommer	8	<20	34	34
Winter	11	30	31	16

Tropisch kontinentale Luft gibt es nur im Sommer über Australien und polarkontinentale nur im Winter in geringem Ausmaße über dem südlichsten Südamerika. Die Antarktisluftmasse Gentillis erfuhr von anderen Autoren eine starke Untergliederung. So unterschied A. Court (1951, S. 924) in Anlehnung an frühere Untersuchungen von E. Kidson (1932) kontinental-antarktische Luft (cA), antarktische Übergangsluft (nA) und maritim-antarktische Luft (mA).

Globale Übersichten über die Luftmassen stammen von Alissow (1954), Brunnschweiler (1957) und zuletzt von Crowe (1965), der zwischen *Primärluftmassen* in den durch hohen Luftdruck ausgezeichneten Entstehungsgebieten und den bereits transportierten und modifizierten *Sekundärluftmassen* unterscheidet. Die Luftmassencharakteristika für Teile Europas haben Belasco (1952), Pédelaborde (1957) sowie Schinze (1932, 1943) und Scherhag (1948) behandelt. Schinze unterscheidet für die *Anwendung in Mitteleuropa* die arktische Luftmasse (A), die Luftmasse der gemäßigten Breiten (G), die subtropische – (T) und die äquatoriale Luftmasse (E), die je nach Herkunft und Wärmegehalt noch in arktische Kern- und Randmasse, kühlere und wärmere Luftmasse der gemäßigten Breiten, kühlere und wärmere Luftmassen der Subtropen sowie äquatoriale Rand- und Kernmasse unterteilt werden. Für die verschiedenen Luftmassen werden charakteristische vertikale Verteilungskurven der Temperatur und Feuchtewerte, sog. *Typhomologen,* angegeben. Eine Weiterentwicklung stellt die Klassifikation von Scherhag (1948) dar, wobei Ursprungsgebiete und Transportweg berücksichtigt, die äquatorialen Luftmassen weggelassen werden, weil sie sich nur äußerst selten in Europa nachweisen lassen (Tab. III.c) 2).

Tab. III. c) 2. Luftmasseneinteilung für Europa. (Nach R. Scherhag, 1948, S. 144)

Symbol	Bezeichnung	Ursprungsgebiet	Weg
cT_s	Afrikanische Tropikluft	Sahara	–
mT_s	Afrikanische Tropikluft		Mittelmeer
cT	Tropikluft	Südlicher Balkan	–
mT	Tropikluft	Azorenhoch	Atlantik
cTp	Gemäßigte (Tropik)-Luft	Zentraleuropa	–
mTp	Gemäßigte (Tropik-)Luft	Nordatlantik	–
cP_T	Gealterte Polarluft	Polargebiet	Südosteuropa
mP_T	Gealterte Polarluft		Atlantik s. 50° N
cP	Polarluft		Osteuropa
mP	Polarluft		westlich Island
cP_A	Arktische Polarluft		Nordosteuropa
mP_A	Arktische Polarluft		östlich Island

c = kontinental m = maritim

Aus den sehr anschaulichen Beschreibungen der europäischen Hauptluftmassen, die R. Scherhag (1948) gegeben hat, seien einige Beispiele ausgewählt. Über die *maritime Tropikluft* (mT) heißt es da u.a. (S. 145): „Gelangt diese feuchte Luft im Sommer auf das warme Festland, so wird die untere Inversion bald aufgelöst, und die Höhenluft setzt sich bis zum Boden hin durch. Die Stratusschwaden zerreißen, bei dem großen Feuchtigkeitsgehalt der unteren Schichten erstrahlt der Himmel in mattem Blau, und die fernen Höhenzüge sind im Dunst nur schwach erkennbar. Starker Tau bedeckt die Gräser. In den Mittagsstunden wird es unerträglich schwül. Vor allem über den fernen Gebirgsrändern quellen steile Wolkentürme aus dem dunsterfüllten Horizont weit in den etwas milchig-weißen Äther hinauf, doch entwickeln nur wenige einen Amboß, und es kommt nur zu vereinzelten Donnerschlägen über dem feuchten Moor.

„Im Winter wird die Stratusdecke der antizyklonalen Tropikluft über dem Lande noch verstärkt. Wo die Luftbewegung schwach bleibt, liegen die Wolken bis zum Boden auf; bei stärkerem Druckgradienten treiben zerrissene Fetzen unter dem trüben Winterhimmel dahin, und an der Küste . . . hüllen Sprühregenschauer selbst die nahen Bergzüge ein, sich auf der Luvseite der Gebirge zu anhaltenden Regenfällen verdichtend und die Schneereste auflekkend. Doch reicht diese Wolkendecke, solange die Strömung antizyklonal bleibt, selten höher als bis 1500 oder 2000 m hinauf; darüber sind nur wenige zerfallende Wolkenfelder in mittelhohen Schichten und einige Cirrusfasern in Horizontnähe zu erkennen."

Über die *kontinentale Tropikluft* (cT), die aus klimageographischen Gründen nur im Sommer für Mitteleuropa Bedeutung erlangt, äußert sich Scherhag (1948, S. 147): „Im Sommer bringt die kontinentale Tropikluft die trockenheiße Wärme ihres Ursprungsgebiets über den ostmediterranen Landmassen und dem südrussischen Steppengebiet mit sich. Es fehlt ihr daher die Schwüle, und, solange sie antizyklonal beeinflußt ist, kommt es nur über den Sumpfgebieten Polens und den Randbergen der Mittelgebirge zur Entwicklung örtlicher Wärmegewitter. Durch die starke Heizung vom Boden aus ist die Schichtung dieser Luft aber immer recht labil, und wenn sie – weiter nach Westen gelangend – an einer vorgelagerten kälteren Masse zum Aufgleiten gezwungen wird und zyklonale Strömungsform annimmt, dann entwickeln sich dabei die besonders schweren Ostgewitter."

Über die Eigenschaften der *kontinentalen Polarluft* (cP) heißt es an der gleichen Stelle (S. 148): „Die kontinentale Polarluft fließt aus der Arktis nach Nord- und Nordosteuropa ein, zeichnet sich durch geringen Feuchtigkeitsgehalt und daher kraßblaue Färbung des Himmels aus. Auch die Höhentemperaturen liegen recht tief, und bei starker Anheizung von unten her entwickeln sich in ihr schon über Finnland häufige Sommergewitter, die J. Küttner näher untersucht hat und die dadurch begünstigt werden, daß bei lebhaftem vertikalem Austausch über dem seenreichen Tundrengebiet genügende Wasserdampfmengen zur Verfügung stehen, die in sie hineingepumpt werden können ... Mitteleuropa wird von dieser Luftmasse meist auf ausgesprochen antizyklonaler Bahn erreicht; der Unterschied gegen die kontinentale arktische Polarluft ist nur ein gradueller und oft überhaupt nicht vorhanden.

„Die völlig wolkenlosen, morgens sehr kühlen und nur in den Mittagsstunden in der Sonne warmen Mai- oder Junitage, die in jedem Jahr aufzutreten pflegen, verdanken dieser Luftmasse ihre Entstehung. Die Sonneneinstrahlung ist dann außerordentlich groß, aber trotzdem bleibt bei der starken vertikalen Temperaturabnahme die Erwärmung im Schatten gering, und nachts bildet sich Reif über den Fluren. Die Fernsicht ist ungewöhnlich gut, Dunstbildung unterbleibt völlig, und nur über kalten Mulden trifft man in den frühen Morgenstunden flache Wiesennebel an. Durch den lebhaften vertikalen Austausch ist der tägliche Gang des Windes sehr stark ausgeprägt; nachts ist es vielfach windstill, während am Tage unangenehme Staubwolken vom Boden hochgefegt werden. Die Sonne versinkt, vielfach unter Sichtbarkeit des grünen Strahls, völlig klar im Meer und steigt daraus am frühen Morgen ebenso ungetrübt wieder empor. In der Höhe ist die Fernsicht fast unbegrenzt, und vom Brocken vermag man die Gebirgszüge des Thüringer Waldes ebenso deutlich zu unterscheiden wie die ferne Rhön."

Schließlich möge noch eine kurze Beschreibung der *maritimen arktischen Polarluft* (mP_A) aus der gleichen Quelle folgen (S. 149): „Gelangt diese Kaltluft ... auf das offene Meer, so wird ihr Charakter sehr rasch gewandelt. Ist der Weg über das Wasser nur kurz, wie im Spätwinter zwischen der Packeisgrenze und dem Nordkap, so werden nur die untersten Schichten stark erwärmt, was aber schon zu anhaltenden und kräftigen Schneeschauern beim Auftreffen auf die norwegischen Küstengebirge Anlaß gibt, während die niedrige Temperatur in der Höhe unverfälscht erhalten bleibt. Auch die Ostsee vermag in diesem Falle entscheidenden Einfluß auf die Wettergestaltung zu gewinnen, wenn sie noch zum größten Teil eisfrei ist. Vor allem beim Auftreffen auf die deutschen Küsten kommt es zu starken und ständig sich wiederholenden Schneeschauern bei schweren Sturmböen aus Nordost und oft orkanartiger Windgeschwindigkeit am Kap Arkona auf Rügen, wo die Verengung der Stromlinien ebenso geschwindigkeitssteigernd wirkt wie die Vergrößerung der Turbulenz; weiter landeinwärts läßt die Schauertätigkeit aber rasch nach und bleibt die Windstärke wesentlich geringer."

Die Eigenschaften der von Meteorologen mit synoptischer Zielsetzung definierten Luftmassen müssen natürlich auf Schichten abseits der am meisten von der Unterlage her gestörten bodennahen Luft bezogen werden, wie ja auch aus der voraufgegangenen Schilderung der Luftmasseneigenschaften ersichtlich. Andererseits spielt das, was für den Meteorologen als „bodengestörte" Schicht gilt, für die unmittelbare Wirkung im Lebensraum des Menschen die Hauptrolle. So waren es Gesichtspunkte der Bioklimatologie, welche Linke (1929, 1930) und seinen Schüler Dinies (1933) den Versuch unternehmen ließen, aus den normalen Bodenbeobachtungen von Klima- und Wetterstationen Eigenschaften und Kennwerte von *Luftkörpern,* wie sie es nannten, abzuleiten. Es wurden polare und tropische Luftkörper mit jeweils maritinem oder kontinentalem Einschlag ausgeschieden, zu denen noch ein „indifferenter Luftkörper" als Übergangstyp kam, der allerdings bei statistischer Bearbeitung ausnehmend häufig vorkam, wie sich aufgrund der Tatsache erwarten ließ, daß auf dem Weg nach Mitteleuropa die ursprünglichen Eigenschaften der Luftmassen diffus und verwischt werden mußten. Mit den thermischen und hygrischen Eigenschaften der Luftkörper und der Häufigkeit ihres Auftretens in den einzelnen Monaten an verschiedenen Orten wurde von Dinies eine *„Luftkörperklimatologie"* versucht. Der statistische Aufwand ist groß und die Ergebnisse waren nicht so, daß die Methode noch viele Nachahmungen erfahren hätte. Die Luftkörperklimatologie des griechischen Mittelmeergebietes von Schamp (1939) bedient sich anderer Klassifikationsgesichtspunkte, wie im nächsten Abschnitt noch darzustellen sein wird.

d) Lufttransporte (Kaltlufteinbrüche und Wärmewellen)

Ein methodisch anderer, vor allem klimageographisch interessanter Ansatz ist, nicht die konservativen Eigenschaften von Luftmassen oder die Luftmassen als Träger konservativer Eigenschaften zu betrachten, was sowieso nur über relativ kurze Distanzen und mit Einschränkungen geht (Flohn, 1957), sondern den *Transport* selbst, die *Transportwege und* die *Transformation* bestimmter Luftmassen zum Gegenstand der Untersuchung und Darstellung zu machen. Es müssen dann auch die im Bewölkungs- und Niederschlagsfeld manifestierten Frontalvorgänge verschiedenster Art als auffälligste Witterungserscheinungen im Lebenslauf der Luftmassen mitbehandelt werden.

Die gegenüber den Luftmassen begrifflich übergeordneten Vorgänge sind also die Lufttransporte, dynamische Einheiten höherer synoptisch-klimatologischer Ordnung. Sie zerfallen im großen – in unseren Mittelbreiten zumindest – in die beiden Gruppen der *Kälteeinbrüche* (*KE*) und *Wärmewellen* (*WW*), wobei freilich der Gattungsbegriff „Einbruch" bzw. „Welle" nicht immer buchstäblich zu nehmen ist, wenn auch im allgemeinen Kaltlufttransporte meist eine abwärts gerichtete und Warmlufttransporte eine aufwärts gerichtete Transporttendenz aufweisen. Hier steckt die synoptisch-klimatologische Systematik noch in den Anfängen.

Die Lufttransporte führen Luftmassen mit sich, deren thermische Eigenschaften ortsfremd wirken bzw. Abweichungen von den mittleren Verhältnissen bringen. Diese Lufttemperaturänderungen sind oft besonders markant und für die unperiodische Temperaturvariabilität unseres Klimas in erster Linie maßgebend. Sie sind vielfach von weitgreifender wirtschaftlicher und damit länderkundlicher Tragweite. Deshalb sind auch einzelne solcher Vorgänge oder Typen von besonderem Interesse und mehrfach untersucht worden, etwa die im Frühling so spürbaren *Kaltluftvorstöße in das Mittelmeergebiet* (G. Lincke, 1939) oder die von L. Waibel (1938) in so mustergültiger umfassender geographischer Darstellungsweise behandelten nordamerikanischen *Northers* der USA und Mexikos.

Einige kennzeichnende Auszüge über das Vordringen subpolarer bzw. polarer Luft in die mittelamerikanischen Tropen, die dabei vonstatten gehenden Luftmassenumwandlungen und die verschiedenartigen Auswirkungen in Natur, Wirtschaft und im Landschaftsbild seien einem Aufsatz Leo Waibels: „Naturgeschichte der Northers" (Geogr. Z. 44, 1938, S. 408–427) entnommen:

„In den Nordweststaaten heben sich die Northers von dem üblichen Winterwetter der gemäßigten Zone nur ab, wenn sie als Eis- und Schneestürme (Blizzards) auftreten. Erst in den subtropischen Südstaaten kommen sie voll zur Geltung und stören beträchtlich deren normales mildes Winterwetter ... Wenn die dunkle Wolkenwand, mit der die Northers einsetzen, den Zenith erreicht hat, bricht unvermittelt und stoßweise ein heftiger Sturm los, der eine mittlere Geschwindigkeit von 50 bis 60 km in der Stunde haben kann. Oft aber auch hat der Wind Orkanstärke, und es werden Häuser, Brücken, Telephon- und Telegraphenleitungen sowie Pflanzungen beschädigt, wenn nicht gar zerstört.

„Die Temperatur fällt innerhalb von 24 Stunden um 15–30 °C, im südlichen Texas sogar um 30–35 °C, da dieses Gebiet durch die dem Norther vorhergehende Zyklone meist stark erwärmt ist. In einer Breite von etwa 30° – das ist diejenige von Kairo – werden dann absolute Minima von – 14 °C in Galveston, New Orleans und Jacksonville beobachtet ... Die Northers sind aber in den Südstaaten der Union nicht nur kalte, sondern auch relativ trockene Winde, da sie ja von kalten in warme Gebiete verstoßen, und es wird berichtet, daß sich zu Anfang eines Northers bei Tier und Mensch heftiger Durst einstellt und die schnell trocknende Haut brennt und kitzelt. Aber trotz der geringen relativen Feuchtigkeit bringen die Northers häufig Niederschläge, die sich bei der großen Kälte mitunter in Eisregen (sleet) verwandeln und alle Gegenstände mit einem dicken Eispanzer überziehen. Oder es fällt harter und trockener Schnee, der seinerseits durch nächtliche Ausstrahlung eine weitere Vertiefung der Temperatur herbeiführt. Eisregen also, Schneestürme und klirrender Frost in der Breite Unterägyptens! ...

„Das rasche Sinken der Lufttemperatur sowie der heftige Wind bedrohen alle Nutzpflanzen, und es erfordert hohe Ausgaben für Schutzdächer, Rauchfeuer, Hecken und Steinwälle sowie das Pflanzen von Baumreihen, um der Frostgefahr einigermaßen zu begegnen. Im südlichen Texas überfluten die Farmer ihre Frühgemüsefelder bei drohendem Frost mit warmem Wasser, um die Abkühlung des Bodens zu verlangsamen ... Großen Schaden richten die Northers unter den Viehbeständen von Texas an, zumal man hier keine Stallungen kennt und das Vieh Tag und Nacht im Freien weidet. Bei dem plötzlichen Einbruch strenger Kälte erfrieren viele Tiere, oder der Schneefall und der Eisregen entziehen ihnen das Futter, so daß sie zu Zehntausenden verhungern und ihre Gebeine noch lange in der Steppe bleichen. Größeren Schutz bieten einzelne Waldstreifen den Pferden und Rindern.

„An der nördlichen Golfküste und in Florida verursacht die schnelle Abkühlung des seichten Meerwassers mitunter ein Massensterben der Fische, Krabben, Taschenkrebse usw., das unter dem Namen „freezing of fish" bekannt ist ...

„Da auch die Häuser keinen genügenden Schutz gegen die Witterung bieten, ruht stellenweise bei einem heftigen Norther die Arbeit ganz, und alles hockt um den warmen Ofen herum. – Zum Glück halten die Northers in den Südstaaten der Union nur ein oder zwei bis höchstens drei Tage an. Dann fällt das Barometer rasch, der Wind dreht nach S, Temperatur und relative Feuchtigkeit steigen an, und es herrscht wieder das herrlichste Winterwetter der Subtropen, während man kurz vorher noch glaubte, nach Labrador versetzt zu sein.

„Mit dem Verlassen des Bereiches der Vereinigten Staaten ändern die Northers ihren Charakter ganz wesentlich dadurch, daß sie vom Land aufs Meer übertreten und bald aus subtropischen Bereichen in die Tropen gelangen. Die erste Folge dabei ist, daß sie ihre Geschwindigkeit beträchtlich erhöhen und mit voller Kraft, hohe Wellen auftürmend, nach Süden stürmen. Man hat errechnet, daß ein Norther, der mit einer mittleren Stundengeschwindigkeit von 64 km über Texas hinwegzog, seine Geschwindigkeit im Augenblick der Überschreitung der Golfküste auf 128 km verdoppelte ...

„Im Golf von Mexiko, auf Yukatan und im W von Kuba ist der Norther immer noch ein kalter Wind. Veracruz, das unter 19° n. Br. (etwa wie Timbuktu!) liegt, soll bei einem Norther noch gelegentlich von Frost heimgesucht werden, was für eine tropische Tieflandstation eine ganz ungewöhnliche Erscheinung ist. Die Station Champotan an der Westküste der Halbinsel Yukatan verzeichnete im Januar 1926 als niederste, bislang gemessene Temperatur 4,0 °C, und im Westen Kubas wurde in einer Höhe von etwa 100 m bei Northers schon Reif und Eis gemeldet ...

„Schon im Golf von Mexiko belädt sich die vorher trockenkalte Luft mit Feuchtigkeit, sie bringt das warme Meerwasser förmlich zum Dampfen und es kommt zu ausgedehnter Nebelbildung an der Front der vordringenden Kaltluftmasse. In der Höhe wird die Feuchtigkeit der emporgehobenen warmen Luft zu Kumuluswolken kondensiert, und die Northerfront ist von einer Gewitterbö begleitet, die mit schwerem Regen in großer Breiten-, aber nur geringer Tiefenerstreckung dahinzieht. Nach der Gewitterbö kann es rasch aufklaren, während in anderen Fällen wolkiges Wetter mit weiterem Regen folgt. Zunehmende Bewölkung bis zur völligen Trübung bringen die Northers auch noch im Süden des Golfes und in der Karibischen See mit sich. So ist aus dem trockenkalten kontinentalen Wind ein feuchter ozeanischer geworden, der über die steile Nordküste der Großen Antillen und die gesamte atlantische Abdachung Mexikos und Mittelamerikas reichliche Niederschläge ausbreitet ...

„Während die Northers die niederen Landengen Mittelamerikas mit großer Gewalt überschreiten, schieben sie sich auf die atlantische Abdachung der Hochländer Mexikos und Mittelamerikas nur langsam empor, kühlen sich dabei beträchtlich ab und verursachen auf den Luvseiten der Gebirge reiche Niederschläge und in den Höhen von über 1800 m häufig Reif und Frost, gelegentlich sogar Schneefall. Sie erlangen in den tropischen Hochländern also wieder denselben Charakter, den sie schon in den subtropischen Südstaaten der Union besessen hatten! ...

„Die Geschwindigkeit und Stärke der Northers ist auf den atlantischen Küstenebenen noch so beträchtlich, daß sie auf den Bananenpflanzungen großen Schaden anrichten oder auch die Schiffahrt auf den Binnenseen ... erschweren. Aber dann ruft die Reibung auf dem waldbedeckten und stark zertalten Gelände eine so beträchtliche Verlangsamung der Luftströmung hervor, daß diese 1 bis 2 Tage braucht, um über die nur einige hundert Kilometer breite Landbrücke Mittelamerikas hinwegzugelangen ...

„Da die Northers (und Passate) ihre meiste Feuchtigkeit schon auf der atlantischen Abdachung abgegeben haben, so treten sie oben auf den Hochländern Mexikos und Mittelamerikas als verhältnismäßig trockene Winde auf. Wohl breiten sie noch tiefhängende Schichtwolken über die Hochländer aus, aber der Niederschlag, den sie mit sich bringen, ist nur gering. Ihre Hauptwirkung besteht in der Höhe von über 1800 m darin, daß sie die Temperatur sehr beträchtlich erniedrigen. – In den Hochlandsgebieten des inneren Mexiko besteht nach Eintreffen eines Northers regelmäßig Frostgefahr ... Auf den hochaufragenden Vulkanen fällt bei Northers regelmäßig Schnee.

„Mit dem Wechsel vom trockenkalten Wind (in Texas) zum feuchtwarmen (über dem Golf von Mexiko und dem Karibischen Meer) und feuchtkalten (auf der atlantischen Abdachung) ist die Metamorphose der Northers aber noch nicht beendet. Beim Überschreiten der Wasserscheide und im Hinabsteigen zum Pazifischen Ozean werden sie zum warmtrockenen Föhn und ändern also von neuem ihren Charakter und ihre Wirkungsweise ... Die Umwandlung der Northers in Föhnwinde habe ich im Winter 1925/26 an der pazifischen Abdachung der Sierra Madre de Chiapas mehrfach beobachten können. Wenn die geschlossene Wolkenfront, mit der die Northers heranrücken, die Wasserscheide überschritten hat, löst sie sich sofort auf, so daß der Eindruck entsteht, als ruhte sie. Aber diese Ruhe ist nur scheinbar. In Wirklichkeit werden immer neue Wolkenmassen von Norden herangeführt, und der Wind erhöht nach dem Passieren der Wetterscheide seine Geschwindigkeit und wird zum heftigen, stoßweise wehenden Sturm. Als solcher ist er von allen Scharten und Einsenkungen der Hauptwasserscheide Mittelamerikas bekannt und von vielen Reisenden beschrieben worden. Er weht mitunter so stark, daß er Häuser abdeckt, Telegraphen- und Telephonleitungen zerstört und in den Kaffee- und Bananenpflanzungen am Abhang und Fuß der Gebirge großen Schaden anrichtet. Die Kaffeesträucher werden vom Wind gedreht, der Blätter und Früchte beraubt – die Northers fallen in die Reifezeit der Kirschen – und stark ausgetrocknet...

„Der Föhncharakter des Northers bringt es mit sich, daß er in den tieferen Lagen nicht nur Sturmschaden verursacht, sondern durch die starke Austrocknung häufig Brände in den Wäldern, Cafetals und Potreros (Weideländereien) veranlaßt. Das war den Zeitungsnachrichten zufolge am 26./28. 1. 1938 an den verschiedensten Stellen der pazifischen Küste Guatemalas der Fall – zur selben Zeit, als oben im Hochland die Wälder eine glitzernde Schneedecke trugen, die Tiere des Feldes erfroren und die Menschen vor Kälte kaum schlafen und arbeiten konnten. Und zur selben Zeit, als auf der atlantischen Abdachung Mittelamerikas schwere Regengüsse die Wege unpassierbar machten und die Berge tagelang von Wolken umlagert waren."

In der vorauf zitierten Studie von Waibel sind alle wichtigen Gesichtspunkte der Transformation und Auswirkung einer Kaltluftmasse auf dem weiten Weg bis in die Tropen, ist gewissermaßen die ganze Lebensgeschichte dieser Luftmasse auf ihrem Transportweg im Rahmen der Zirkulation der A. verfolgt worden.

Eine weniger komplexe Betrachtungsweise kann sich z. B. für ein bestimmtes Gebiet auf die Transportvorgänge als Ursache der Temperaturvariabilität beschränken. So hat von Ficker den *Kältewellen* und *Erwärmungen in Rußland* bereits 1910 und 1911 Studien gewidmet, auf denen viele spätere fußen. Man kann dabei das Wandern dieser thermischen Anomalien an Hand der Verschiebung bestimmter Isothermen verfolgen. Allerdings ist die absolute Temperaturhöhe kein genetisch ausreichendes Kriterium für einen solchen Vorgang, denn sekundäre Einflüsse (Aus- bzw. Einstrahlung, warme oder kalte Meeresunterlage u. a. m.) vermögen das thermische Bild unabhängig von der Ausbreitungsgeschichte zu differenzieren.

Da die thermischen Anomalien als Lufttransporte gesehen von Jahreszeit, geographischer Lage, synoptischer Lage und auch von der vorangegangenen meteorologischen Entwicklung abhängig sind, kann man sie vorzüglich im Sinne einer geographischen Klimatologie heranziehen. Das ist in einer Studie über die *Kaltlufteinbrüche im europäischen Winter* systematisch versucht worden (Blüthgen 1940 u. 1942, Abb. III.d) 1). Hierbei wurden folgende Typen herausgeschält, wobei im übrigen aus geographischen Gründen (Wirkung!) der Gefrierpunkt als entscheidende thermische Begrenzung nach oben gewählt worden ist:

1. *Nordostlufteinbrüche* (Abb. II.d) 2), die im allgemeinen aus einem nordosteuropäischen Hoch herausquellen und tagelang anhalten können, sich dabei über weite Gebiete Europas ausbreitend. Sie sind in der Regel trocken und zeigen starken Advektivfrost, der bei nächtlichem Aufklaren nicht selten die tiefsten Temperaturen des mitteleuropäischen Winters beschert. Dieser Typ tritt vorzugsweise in den Kernwintermonaten (Dezember bis März) auf.
2. *Mitteleuropäische Kaltluftvorstöße* (Abb. III.d) 3), deren Zentrum ein häufig relativ seichtes Kaltluftkissen über Zentraleuropa bildet, das aus absinkender ur-

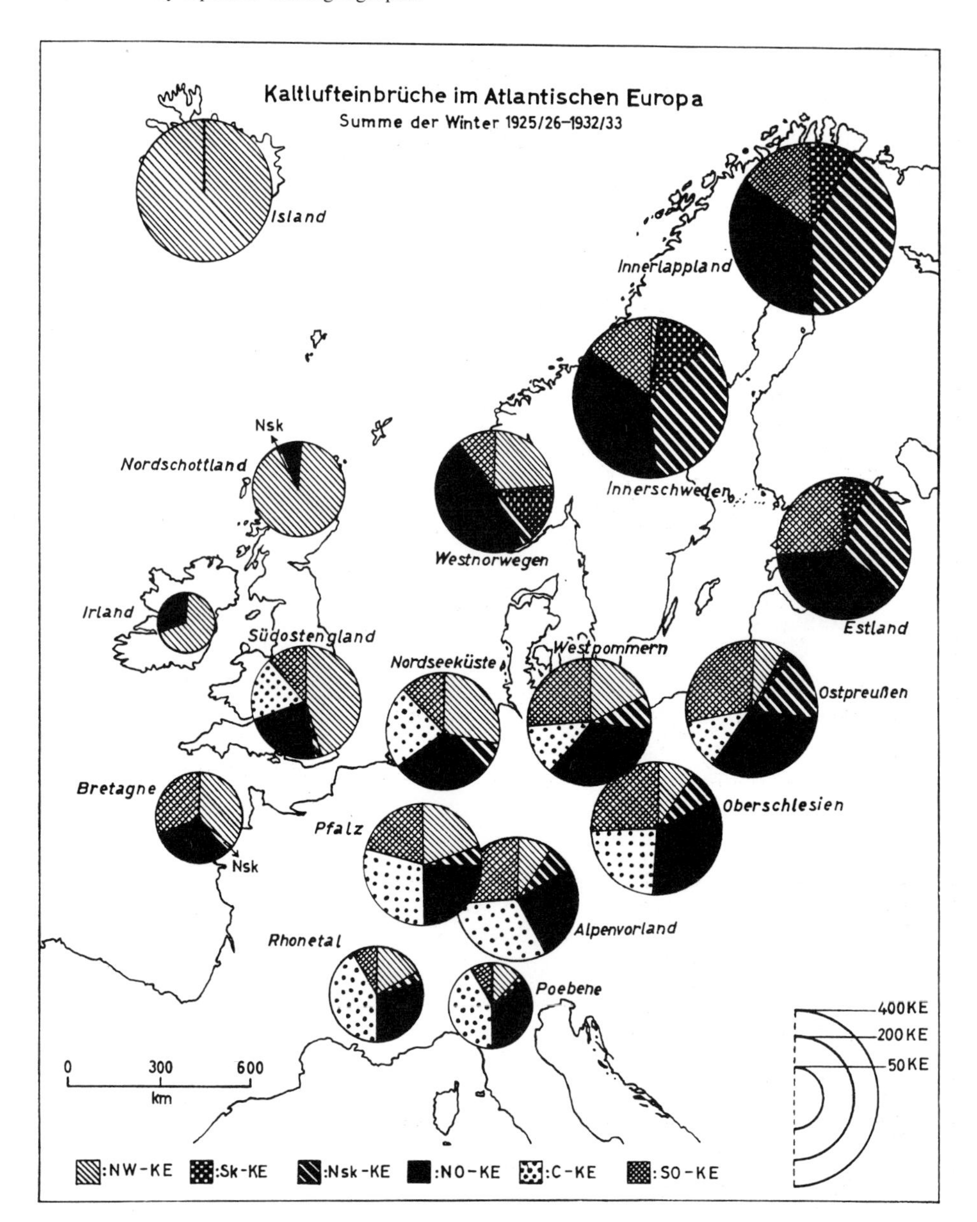

Abb. III.d)1. Verbreitung der 6 Typen winterlicher Kaltlufteinbrüche über Europa, Summe des Zeitraumes 1925–1932, Abkürzungen siehe Fig..III.d)2–III.d)7. (Nach J. Blüthgen, 1942)
Je größer und signaturenreicher die einzelnen Regionaldiagramme sind, um so vielgestaltiger sind die mit Frost und Schnee verknüpften Wintererscheinungen des betreffenden Gebietes

Abb. III.d)2–7. Beispiele der 6 Typen winterlicher Kaltlufteinbrüche über Europa. (Nach Blüthgen, 1942)

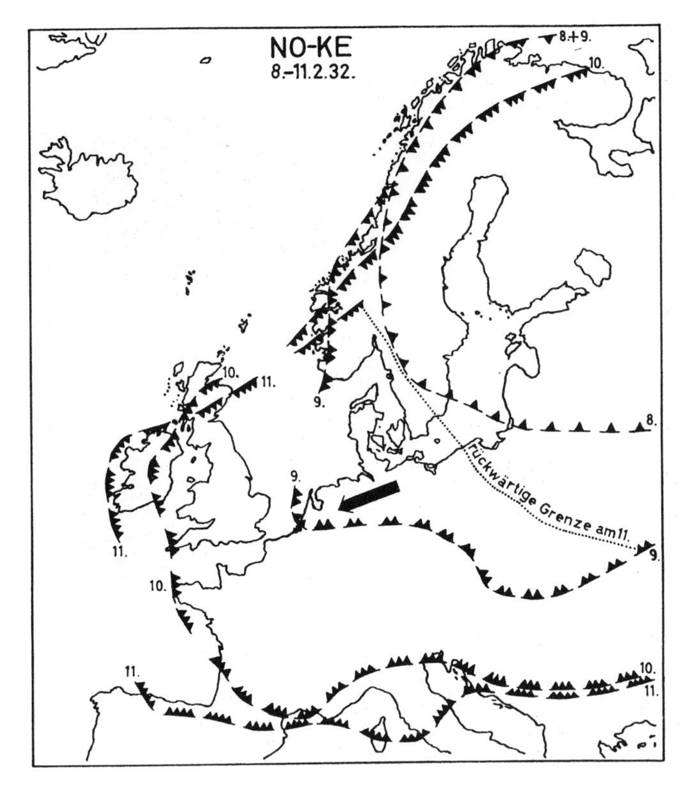

Abb. III.d)2. Nordost-Kaltlufteinbruch vom 8.–11. 2. 1932

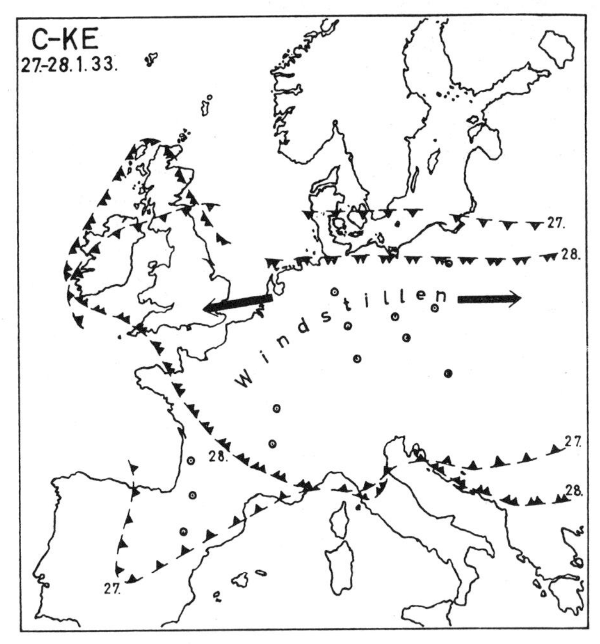

Abb. III.d)3. Mitteleuropäischer Kaltluftvorstoß vom 27.–28. 1. 1933

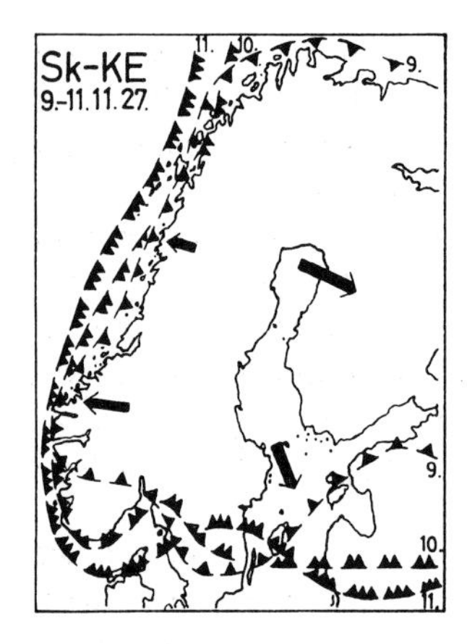

Abb. III.d)4. Skandinavisches Kaltluftkissen vom 9.–11. 11. 1927

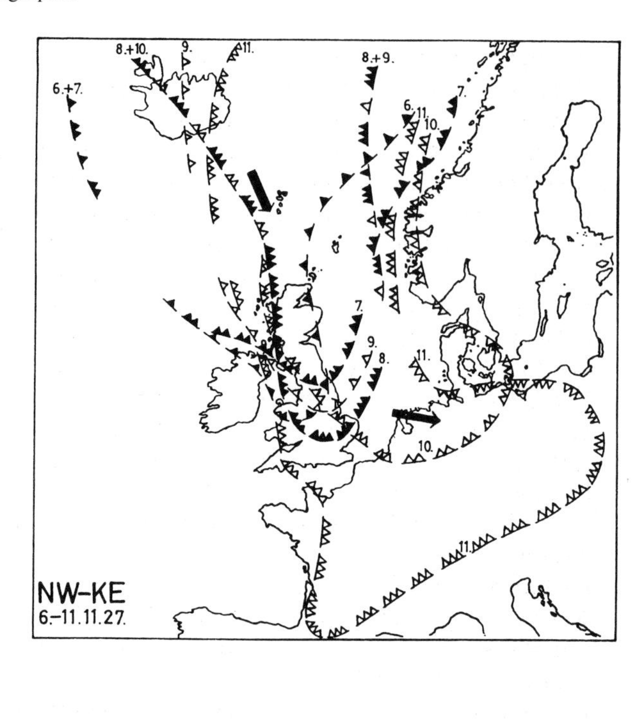

Abb. III.d)5. Nordwest-Kaltlufteinbruch vom 6.–11. 11. 1927

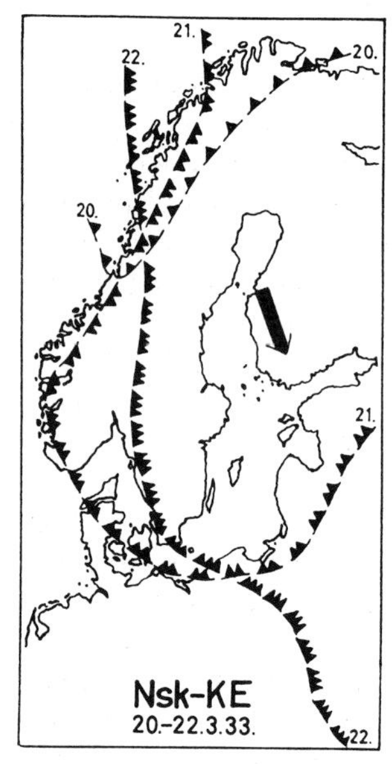

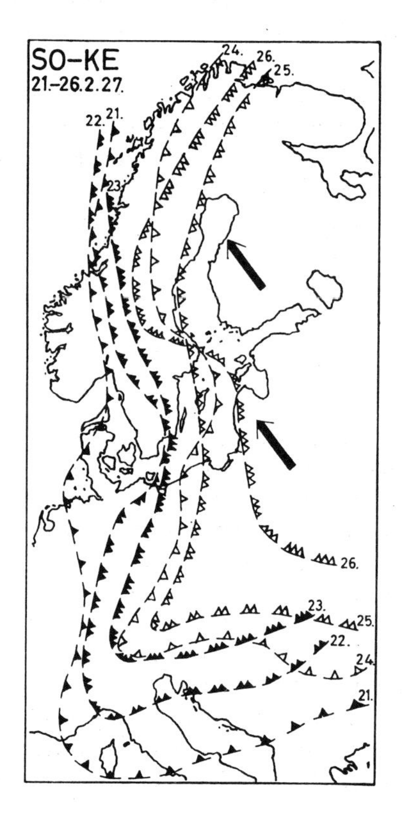

Abb. III.d)6. Nordskandinavischer Kaltlufteinbruch vom 20.–22. 3. 1933

Abb. III.d)7. Südost-Kaltluftvorstoß vom 21.–26. 2. 1927

sprünglich maritimer Luft entstanden sein kann oder auch aus eingeflossener Nordostluft, die nun zur Ruhe kommt und auseinanderfließt. Nicht selten tritt hierbei hartnäckiger Inversionsnebel auf. Die Reichweite dieser umgewandelten Kaltluft ist meist begrenzt. Sie ähnelt darin dem nächsten Typ.

3. *Skandinavische Kaltluftkissen* (Abb. III.d) 4), bei denen über Schweden bzw. dem Ostseegebiet ruhende Kaltluft divergiert und sich sowohl westwärts zum Atlantik zu wie ostwärts gegen Finnland und das Baltikum langsam ausbreitet. Meist sind es nur flache Hochdruckrücken über Skandinavien, Zwischenhochs oder bloße Divergenzzonen zwischen zwei Störungsfronten, die eine solche begrenzte Lage entstehen lassen, in der gleichwohl in den langen Winternächten Skandinaviens bei Aufklaren scharfe Fröste auftreten können.
4. *Nordwestluftvorstöße* (Abb. III.d) 5). Dieser Typ ist im Polargebiet beheimatet und von Grönland/Island her gegen Mitteleuropa gerichtet. Es ist ein besonders turbulenter zyklonaler Vorgang mit dem Einbrechen unruhiger, von der Unterlage her labilisierter Maritimpolarluft, in der es zu Schauerwetter, vielfach in sich wiederholenden Serien bzw. eingeschalteten Kleinfronten, kommt. Schnee fehlt zwar nicht, pflegt aber meist bei Temperaturen noch über Null zu fallen, und erst nächtliches Aufklaren in solcher diathermaner, d.h. strahlungsdurchlässiger Kaltluft pflegt Fröste oder Frostverschärfung herbeizuführen. Aus der eingeflossenen maritimen Kaltluft geht dann häufig ein selbständiges mitteleuropäisches Kaltluftkissen (Typ 2) mit eigener radialer Kaltluftausbreitung hervor. Dieser das Rückseitenwetter winterlicher Zyklonalkaltfronten klassischer Ausprägung darstellende Typ ist vor allem für das wechselhafte Aprilwetter mit seinen Kälterückfällen bezeichnend.
5. *Nordskandinavische Kaltluftvorstöße* (Abb. III.d) 6). Dieser Typ ist ähnlich zyklonal wie der vorgenannte, nur daß das Bezugstief über Nordrußland liegt und frische Polarluft aus dem Raum Spitzbergen-Barentssee über das häufig dabei sogar unter Hochdruckeinfluß befindliche kontinentale Nordeuropa nach Mitteleuropa vordringt. Diese Kältewellen sind oft, besonders im Spätwinter, für sehr tiefen Advektivfrost verantwortlich, im übrigen aber auch turbulent mit Schauergewölk und böigem N- bis NE-Wind über Mitteleuropa. Es handelt sich um hochreichende Arktisluft, die meist großräumig über Nordosteuropa südwärts austropft und dann das Wettergeschehen über großen Teilen Europas für einige Tage mit hochwinterlichen Erscheinungen zu beherrschen pflegt.
6. *Südostluftvorstöße* (Abb. III.d) 7). Es handelt sich um Transporte von kontinentaler Kaltluft aus SE-Europa, die nur ein schmales Niederschlagsband an ihrer SW-Flanke aufweisen, im übrigen aber trockene Kaltluft mit scharfem Advektivfrost bringen, so daß hierbei nicht selten Auswinterungsschäden verursacht werden, weil die zwar nicht stürmische, aber doch konstante Windstärke eine starke Bodenauskühlung ohne gleichzeitige Schneedecke bedingt. Zu unterscheiden ist eine antizyklonale Dauervariante mit einem stabilen, in der Höhe warmen Kontinentalhoch über Polen und Westrußland von einer – weit häufigeren – kurzfristigen, oft nur stundenlangen Zyklonalform, bei der in der Regel rasch Tauwetter dem vorübergehenden präfrontalen Ansaugen von Kaltluft folgt.

Neben den Kaltluftvorstoßtypen müssen sinngemäß ergänzend die typischen *Wärmewellen* untersucht werden, die vornehmlich im Winter sehr ausgeprägt in Erscheinung treten und in dieser Jahreszeit die positiven Temperaturanomalien bedingen.

Sie sind zunächst provisorisch in folgender Form klassifiziert worden (J. Blüthgen, 1940):

1. *Mediterrane Aufgleitfächer,* bei denen die aus dem Mittelmeerraum stammende Erwärmung direkt vornehmlich den höheren Gebirgslagen zugute kommt, aber durch die damit verbundenen ausgedehnten Aufgleitniederschläge und entsprechende Frostmilderung auch dort wirksam sind, wo sich am Erdboden eine genügend mächtige Kaltluftschicht hält.
2. *Südwestwetter.* Dies ist die häufigste winterliche Wärmewelle, welche der sich ostwärts zurückziehenden Kaltluft folgt und mit den typischen Frontalerscheinungen einer Warmfront des klassischen norwegischen Zyklonalschemas verknüpft ist. Die Erwärmung erreicht im Durchschnitt hierbei das größte Ausmaß, zumal es im Alpenvorland dabei auch zu Föhneffekt kommen kann. Derartige Wärmewellen pflegen daher das kräftigste Tauwetter einzuleiten, besonders weil die Warmluft rasch und auf kürzestem Wege vom Ostatlantik auf das Festland geführt wird, ehe sie Zeit hat abzusinken und sich umzuwandeln.
3. *Baltische Warmluftzungen* entwickeln sich dann, wenn über Mitteleuropa in der Kaltluft ein blockierendes Hoch verbleibt (das in der Höhe warm ist) und auch über Nordeuropa die Kaltluft Widerstand leistet, so daß bei meist schwachem Gradienten die Warmluft im Zuge einer schwächer ausgeprägten nördlichen Westdrift aus dem Nordseegebiet am Boden lediglich über das südliche Ostseegebiet einschl. Südschwedens ostwärts vordringen kann. In Mitteleuropa bleibt dann die Erwärmung, meist bei nebligtrübem Wetter mit Nieselregen und nur wenigen Graden über Null, auf das Ostseeküstengebiet beschränkt.
4. *Polare Warmluftzungen.* Eine in gewissem Sinne ähnliche Situation entsteht dann, wenn am Nordrande eines blockierenden Nordeuropahochs entlang der norwegischen Eismeerküste atlantische Warmluft gesteuert wird. Die Zyklonaltätigkeit ist dann meist aufgespalten in eine weit nordwärts verschobene nordatlantisch-polare Frontalzone von Island bis zur Barentssee und einen südlichen Ast von der Biskaya zum Mittelmeer. Atlantische Warmluft wird dann um das Nordkap herumgeführt, vielfach bis an die Murmanküste und noch weiter ostwärts, so daß dann das nördliche Gestade Europas wärmer ist als Mittel- und Westeuropa, da bei solchen Lagen in der Regel Nordostlufteinbrüche den größten Teil des übrigen Europas heimsuchen.
5. *Nordwestwärmewellen.* Schließlich muß noch ein Typ erwähnt werden, der nicht selten auftritt, wenn zuvor Kaltluft West- und Mitteleuropa im Gefolge eines Kaltlufteinbruchs aus NW bedeckt und dann bei allgemeiner nordwest-südöstlicher Höhenströmung erneut Warmluft vom Atlantik über Schottland und die Nordsee in die Strömung einbezogen wird. Diese Warmluft erreicht zwar das Festland meist nur in Form von okkludierten Zyklonalstörungen, aber auch dann pflegt die nachstoßende polarmaritime Kaltluft, obwohl genetisch echte Kaltluft, infolge ihrer Anheizung über dem Meere den Charakter von Warmluft für die bodennahen Schichten anzunehmen. Solche Lagen bringen nicht selten den Mittelgebirgen verkehrsbehindernde ergiebige Schneefälle, weil dort bereits die Temperaturen niedrig genug sind, während die Niederungen Tauwetter erfahren (H. Fiegl, 1963).

Natürlich gibt es auch im *Sommer* analoge *Transporte,* die unsere Temperaturvariabilität bedingen, nur daß es in dieser Jahreszeit die einstrahlungsbedingten Abwandlungen sind, die das Bild komplizieren, während im Winter die Ausstrahlung modifizierend wirkt. Aber es fehlt noch gänzlich an systematischen Untersuchungen hierzu. Erschwerend ist dabei zweifellos, daß beispielsweise bei *sommerlichen Hitzewellen* unter antizyklonalen Schönwetterbedingungen, wo es auch sei in Europa, außerordentlich hohe autochthone Wärmeextreme auftreten können, bei denen der Lufttransport gar nicht so entscheidend ist. Der Sommer 1955 zeigte z.B. diesen Effekt nahezu zwei volle Monate hindurch über Nordeuropa unter dem Einfluß einer sich immer wieder erneuernden Höhenhochzelle über dem Ostseeraum.

Soweit derartige thermische Anomalien gleichzeitig auch mit höheren Windstärken verknüpft sind, wurden sie bereits in anderem Zusammenhange in Kap. II.h) 4. erwähnt, wie z.B. die Blizzards Nordamerikas, der Schirokko des Mittelmeergebietes, Bora und Mistral usw. Weite Gebiete der Erde harren aber noch einer solchen dynamisch-synoptischen Klimabearbeitung. Das ist besonders wichtig für die Mittelbreiten, mit ihrem strömungsmäßig gesehen sehr heterogenen Witterungsgepräge. In den antizyklonalen Subtropen und erst recht in den Äquatorialbereichen scheint der – zweifellos aber auch vorhandene – unregelmäßige Wechsel von Erwärmungen und Abkühlungen infolge von Lufttransporten zurückzutreten gegenüber der beherrschenden Rhythmik des Tagesablaufs.

Wenn in diesem Kapitel von Lufttransporten die Rede ist, so steht bei diesen die horizontale Verfrachtung von Luftmassen im Vordergrunde des Interesses. Wie steht es aber hierbei mit der *Vertikalkomponente?* Auch diese darf nicht vernachlässigt werden, stellen sich doch bei einem Lufttransport mit Konvergenz- oder Divergenztendenz, z.T. mit Aufsteigen oder Absinken, sehr unterschiedliche Witterungsbegleiterscheinungen ein, die zur vollständigen klimatologischen Definition von Strömungsvorgängen unentbehrlich sind.

Als einen klassisch gewordenen solchen Fall kann man den sogenannten *freien Föhn* betrachten. Im Gegensatz zu dem in anderem Zusammenhange [vgl. Kap. II.h) 4] behandelten orographischen Föhn ist der freie Föhn an keine bestimmte Region oder Gestalt der Erdoberfläche gebunden, sondern lediglich eine Folge starker *Absinkvorgänge* oder deutlichen *Abgleitens* in der freien Atmosphäre, die sich an der Erdoberfläche in Wolkenauflösung bzw. Verhinderung der Bildung von Quellwolken, Lufttrockenheit und kräftiger dynamischer Erwärmung, zu der noch die Einstrahlungswirkung der Sonne bei heiterem Wetter kommt, kundtun. Auf solche Weise erklären sich oft unvermittelt auftretende Erwärmungen, die weder durch Advektion entlang der Erdoberfläche noch allein durch Insolation hervorgerufen werden bzw. damit nicht ausreichend erklärt werden können. Freier Föhn kann zu allen Jahreszeiten auftreten. Daß er jedoch bei typisch antizyklonaler Witterung, etwa zur Zeit des Altweibersommers, am intensivsten zur Geltung kommt, ergibt sich aus der ohnehin in Hochdruckgebieten herrschenden Absinktendenz. Er kann aber auch kurzfristig vor nahenden Schlechtwetterfronten auftreten. Sommerliche Hitzeextreme, aber auch unzeitgemäße winterliche dynamische Erwärmungen, werden auf freien Föhn zurückgeführt. Sie sind auf jeden Fall mit Aufheiterung verbunden. Inwieweit freier Föhn klimatologisch relevante regionale wie zeitliche Häufungen erkennen läßt, ist noch eine offene, geographisch-klimatologisch jedoch wichtige Frage. Dazu müßte aber erst einmal eine schärfere Definition des bisher ziemlich diffus gebrauchten Begriffs erfolgen. W. Kuhnke (1958) setzte sich in diesem Sinne dafür ein, von einem freien Föhn nur dann zu sprechen, wenn es sich um deutlich erkennbare advektive Abgleitvorgänge, nicht bloßes Absinken, handelt.

Das Gegenstück zum freien Föhn mit Divergenz wäre jedwede Konvergenzerscheinung großräumigeren Ausmaßes. Wir wollen hier von den normalen Zyklonalfronten absehen, die ja auch bereits Konvergenzen darstellen, vielmehr möge dem freien Föhn als Konvergenzanalogon die bereits in anderem Zusammenhange erwähnte *Schleifzone* gegenübergestellt werden, bei der eine dichte Folge von Zyklonalfronten von Warm- und Kaltluftcharakter den Wetterablauf bestimmt, so daß ein breites Band zyklonaler Niederschläge entsteht, wie es für manche Hochwassersituation in unseren Breiten verantwortlich zu machen ist. Der Luftdruck pendelt dabei um relativ niedrige Werte. Meist handelt es sich hierbei um eine Folge von Randstörungen eines über der Nordsee liegenden Zentraltiefs. Solche Fälle sind, z. T. im Zusammenhang mit Hochwasserkatastrophen, einzeln meteorologisch untersucht worden, jedoch wissen wir über die klimageographische Tragweite derartiger Erscheinungen noch nichts.

Zum Schluß dieses Abschnitts muß noch darauf hingewiesen werden, daß es nicht immer leicht ist, begrifflich scharf zwischen den hier besprochenen Lufttransporten und den Luftmassen bzw. Luftkörpern zu scheiden. So ist z. B. in der bereits genannten Studie über die *Luftkörper des griechischen Mittelmeergebietes* von H. Schamp (1939) mit Recht auf die Gepflogenheit der alten Griechen, bestimmte Winde mit zugehörigen Witterungserscheinungen zu verknüpfen, hingewiesen worden. Der Verfasser dieser methodisch wichtigen Schrift hat dann auf diesen komplex-klimatologischen Wurzeln aus dem klassischen Altertum aufgebaut. Was er „Luftkörper" nennt, sind daher eigentlich Lufttransporte im Sinne des vorstehenden Kapitels. Er unterscheidet sechs solcher Transporte, d.h. Winde mit bestimmten Eigenschaften, die er aus dem Beobachtungsmaterial der Klimastationen mittelnd belegt: der *Boreas* als naßkalter, stürmischer Nordwind, die *Etesien* als vorwiegend (d. h. 80% aller Beobachtungen umfassend) sommerliche trockene und böige, meist ausdauernde NW-Winde, der trockene *Aparktias* des Winters aus nördlichen Richtungen mit unternormalen Temperaturen, der feuchtwarme südliche *Notos* der kühlen Jahreshälfte mit stärkerer Bewölkung und Niederschlägen, und der damit verwandte, aber trockenere *Euros,* ein gealterter Schirokko, der Übergangsjahreszeiten. Als *Tropaia* werden schließlich noch die Seewinde ausgeschieden, obwohl sie im Gegensatz zu den vorigen Typen nicht durchgreifend, sondern nur auf die Küstensäume begrenzt auftreten.

e) Wetterlagen und Wettertypen

Die Einzelbetrachtung der Druckgebilde, ihrer Teilstrukturen und Vorgänge, d.h. der Luftmassen und der Transporte, denen die vorangegangenen Abschnitte galten, findet ihre zusammenfassende Ergänzung in einer Darstellung der Luftdruckgebilde und Wettervorgänge über einem größeren Bereich in synoptischer Sicht und in zeitlicher Integration. Wir sprechen dann von *Wetterlagen* bzw *Wettertypen.* Ihnen kommt ebenfalls erstrangige klimatologische Bedeutung zu; sie stellen eine der Größenordnung des betrachteten jeweiligen Raumes entsprechende höhere Kategorie von Begriffen dar, als sie bisher besprochen wurden. Im Gegensatz zu dem vorigen Kapitel bewegen wir uns hier, wenigstens für einzelne Teilgebiete der Mittelbreiten, wieder auf vielfach gut geebnetem Forschungswege, was z. T. seinen Grund darin findet, daß diese Forschungsrichtung auch für die Langfristprognose eine wesentliche Rolle spielt.

Ausgangsmaterial für solche Untersuchungen bieten – neben der vom Deutschen Wetterdienst herausgegebenen und bereits verarbeitete Ergebnisse enthaltenden monatlichen Reihe „Die Großwetterlagen Europas" (früher „Die Großwetterlagen Mitteleuropas") oder das von Schüepp seit 1953 alljährlich zusammengestellte Kalendarium von Witterungslagen in den „Annalen der Schweizerischen Meteorologischen Zentralanstalt" – in erster Linie die täglichen Wetterkarten selbst. Charakteristische Verteilungsbilder der Luftdruckgebilde über einem gegebenen Raum – etwa von der Größe Europas, Nordamerikas oder anderer äquivalenter Teile der Erde bzw. der großen Zirkulationsgürtel – können aus den Jahrgängen der Wetterkarten als für diesen Raum und für bestimmte Monate, Zeitabschnitte oder auch Einzeldaten typisch ermittelt werden. Über das Verhalten der einzelnen meteorologischen Elemente ist damit freilich noch nichts ausgesagt. Barisch gleiche Wetterlagen im Juli und im Januar sind in ihren Wettereigenschaften natürlich ganz verschieden, so daß also mit der *Wetterlagenstatistik* die analytische Behandlung des jeweiligen jahreszeitlich gebundenen Verhaltens der Elemente Hand in Hand gehen muß. Das bedeutet realiter einen noch größeren statistischen Aufwand, als es die entsprechenden Arbeitsvorgänge bei Luftmassenbetrachtungen schon bildeten. Wenn man z. B. die Untersuchung über die Großwetterlagen Mitteleuropas von K. Bürger (1957), die sich dabei „nur" auf die Statistik von vier weiter auseinander liegenden Wetterstationen stützt, oder die auf 10jähriger Klimastatistik beruhende Wetterlagenkunde von Tirol (F. Fliri, 1962) betrachtet, so gewinnt man eine drastische Vorstellung von dem Umfang solcher Arbeiten.

Das klimatologische Studium der typischen Wetterlagen (= statischen Luftdruckbilder) bzw. Wettervorgänge (= dynamisches Bild der beteiligten Vorgänge) – meist wird statische und dynamische Betrachtungsweise dabei kombiniert – ist vornehmlich durch F. Baur unter dem Begriff der *Großwetterkunde* (1937) systematisch betrieben worden. Seine Arbeit ist bahnbrechend gewesen. Gleichwohl haben zahlreiche Meteorologen wenn nicht dem Namen, so doch der Sache nach einschlägige Vorarbeit geleistet. Es sei nur an den Franzosen Teisserenc de Bort (1883) erinnert. Im Grunde genommen stellt die ganze frühe synoptische Arbeitsweise, die unter der Bezeichnung „Isobarenmeteorologie" zusammengefaßt wird, einen Vorläufer der Wettertypenlehre dar. In Deutschland gehörten zu diesen Vertretern u. a. v. Bezold, van Bebber. Ihre Entwicklung brach jedoch nach den ersten vielversprechenden Anfängen ab, was wohl an der Unzulänglichkeit der frühen Wetterkarten und daran lag, daß man mit wachsender Beobachtungsgrundlage sich mehr und mehr der Schwierigkeiten von Prognosen und der mangelnden Kenntnis der physikalischen Zusammenhänge und der Genese von Wetterphänomenen bewußt wurde. Die Forschung wandte sich daraufhin zunächst mehr der meteorologischen Analyse zu. Auf klimatologischem Gebiet kam damit die hohe Zeit der klassischen Mittelwertsklimatologie eines J. von Hann und anderer, bevor Ende der Zwanzigerjahre die Wetterlagenforschung erneut aufgegriffen und, wie erwähnt, vornehmlich durch F. Baur betrieben wurde. Dieser Wettertypenforschung bzw. ihren Ergebnissen schloß sich u. a.

auch die amtliche französische Meteorologie unter Viaut an. Andere Einteilungsversuche, wie z. B. die von Flohn, Roediger, Faust, Maede, Gressel, Lauscher (von Fliri übernommen) des deutschen Sprachgebietes, oder von Legall, Pédelaborde, Baldit, Mertz des französischen, weichen z. T. von dem Baurschen System ab. Das hat seine Gründe teils darin, daß es die Folge eines anders abgegrenzten Bezugsraumes ist, teils aber auch in dem methodischen Problem, wie vom Einzelfall zum Typ zu generalisieren sei. Hierauf wird noch zurückzukommen sein.

Großwetterlagen. Der hier zunächst in Anlehnung an Baur behandelte Begriff des *Großwetters* setzt eine räumliche und zeitliche Ausdehnung voraus, über die man sich einigen muß. Eine bestimmte momentane Wetterlage eines größeren Bereichs – bei Baur ganz Europa – muß demnach eine deutliche Erhaltungsneigung und Wiederholbarkeit besitzen, damit sie klimatologisch als Großwetterlage relevant wird. Sie muß sich in auffallend *ähnlichen Verteilungsbildern der Luftdruckgebilde* und ebenso auffallend ähnlichen Zirkulationstendenzen bzw. Zugbahnen wiederholen und von anderen solchen Typen absetzen. Dies ist tatsächlich der Fall, und bei aller täglich-stündlich wechselnden Vielfalt des Wetterablaufs sind solche typischen Lagen erkennbar. Sie weisen darüberhinaus sogar teilweise eine lockere Bindung an bestimmte Zeiten im Jahr auf, worauf im nächsten Kapitel noch einzugehen sein wird. Weil mit den Großwetterlagen definitionsgemäß die Erhaltungstendenz über einige Tage verknüpft ist, müßte man für den Ablauf des meteorologischen Geschehens während dieser Zeit eigentlich den Begriff „Witterung“ benutzen und konsequenterweise von Witterungslage sprechen. Aber es hat sich nun einmal für das mehrtägig gemittelte Bild der Begriff *Großwetterlage* eingebürgert, dessen Definition durch Baur selbst (zuletzt 1963, S. 18) angeführt sei: *„Unter Großwetterlage versteht man die während mehrerer Tage im wesentlichen gleichbleibenden und für die Witterung in den einzelnen Teilgebieten maßgebenden Züge des Gesamtzustandes der Lufthülle in dem betrachteten Großraum. Sie wird gekennzeichnet durch die mittlere Luftdruckverteilung im Meeresniveau und in der mittleren Troposphäre, erstreckt über einen Raum von mindestens der Größe Europas einschließlich des östlichen Nordatlantik.“*

In der Meteorologie dient die Großwetterkunde als Basis für mittel- und evtl. langfristige Witterungsvorhersagen. Diesem praktischen Ziel diente auch das von Baur 1929 ins Leben gerufene und bis zum Kriegsende wirkende „Forschungsinstitut für langfristige Witterungsvorhersage“ in Bad Homburg v. d. H..

Bei der Charakterisierung der Großwetterlagen kann man die *Höhenwetterkarten* – d. h. praktisch die absolute Topographie der Höhenlage der 500-mb-Druckfläche (s. Kap. II.g) 2) – nicht entbehren. Dieses aerologische Hilfsmittel, um deren Einführung in den Wetterdienst sich in Deutschland vor allem Scherhag verdient gemacht hat, ermöglichen es, das für einen mehrtägigen charakteristischen Witterungsablauf *verantwortliche Steuerungssystem* in den höheren Schichten der Atmosphäre zu erfassen. Das ist auch durch Mertz (1957) für Frankreich und durch Schüepp (1959, 1968) für eine Wetterlagenkunde des Alpenraumes durchgeführt worden. Für den Klimageographen ist die Höhenwetterkarte ein unentbehrliches Hilfsmittel, kein Forschungsselbstzweck, da sein wesentliches Interesse auf die Charakterisierung der Phänomene im überschaubaren unteren Teil der Troposphäre nahe der Erdoberfläche gerichtet ist.

Im Zusammenhang mit der Großwetterkunde und ihrer synoptisch-klimatologischen Anwendung gewinnen die von R. Scherhag und seinen Schülern entworfenen mittleren Höhenluftdruck- und -windkarten grundlegende Bedeutung. In anderen Ländern haben z.B. Crutcher (1959), Lahey, Bryson, Wahl, Horn and Henderson (1958) sowie Taljaard, van Loon, Crutcher and Jenne (1969) entsprechende Karten geschaffen.

Aus mancherlei Gründen liegt es nahe, nachfolgend *die europäischen Großwetterlagen* und dabei zunächst den klassischen *Großwetterlagenkatalog nach Baur* (1948) zu behandeln. Es lassen sich drei große Hauptgruppen von Wetterlagen in Europa unterscheiden:

1. Die durch ein zentrales Höhenhoch gesteuerten Lagen,
2. die durch ein zentrales Höhentief gesteuerten Lagen,
3. die durch linearen Höhenisobarenverlauf gesteuerten Lagen.

Die einzelnen Großwetterlagentypen und ihre *Benennung* erfolgt nach der Lage des das Wetter in Mitteleuropa bestimmenden steuernden Druckgebildes (z.B. HF = Zentralhoch über Fennoskanien oder TB = Zentraltief über den Britischen Inseln) oder aber nach der Hauptströmungsrichtung, die sich in Mitteleuropa zwischen zwei bestimmenden Druckgebilden ergibt (z.B. S = Südlage zwischen einem Zentraltief vor Irland und einem Zentralhoch über dem Donauraum). Auf diese Weise hat Baur (1948) insgesamt *17 Großwetterlagen* klassifiziert, welche mit einigen extra angegebenen Varianten die Gesamtheit des Witterungscharakters bestimmen, wie er sich in der Regel im Laufe des Jahres über Mitteleuropa ergibt. Sie sind in der folgenden Übersicht (Tab. III.e) 1) mit jeweils knapper Charakteristik des synoptischen Bildes der Großwetterlage sowie des Wetters in Mitteleuropa unter Hinzufügung der Häufigkeit ihres Auftretens im Jahr und des jahreszeitlichen Schwerpunktes aufgeführt. Für die drei wichtigsten Großwetterlagen zeigen die Abb. III.e) 1–III.e) 3 Beispiele in Form von konkreten Tageswetterkarten.

Von den 17 Großwetterlagen sind mit 18,1% die Wr-Lagen (Nr. 12, regelrechte Westlage) die *Mitteleuropa am häufigsten* beeinflussenden. Nimmt man noch die genetisch und in ihren Auswirkungen nahestehende südliche Westlage (Nr. 13, Ws) mit 4,1% hinzu, dann ist die ganze Gruppe von *Westlagen mit zyklonalem Witterungsgepräge* in Mitteleuropa mit einer Häufigkeit von insgesamt 22,2% vertreten. In einer weiteren Gruppe können die *Zentraltieflagen* TI, TB und TK zusammengefaßt werden mit zusammen 9,3%. Eine dritte Gruppe enthält die *Randlagen* S, SW und Wn, bei denen Mitteleuropa bei S- bis W-Winden nur noch abgeschwächt, randlich, zyklonales Witterungsgepräge aufweist (9,8%). Die große Gruppe der *kontinentalen Hochdrucklagen* (HE, HF, BNE, BZ, HO) umfaßt volle 30,2%. Darunter tritt die Lage HE (*Hoch über Zentraleuropa*) mit 12,5% als zweithäufigster Einzelwetterlagentyp auf, der die zonale Hochdruckbrücke mit 8,4% und ein H über Nordeuropa mit 6,1% folgen. Die Gruppe von Wetterlagen mit einem Zentralhoch bei Irland (NW und HW) erreicht 14,1%, davon allein die HW-Lage 8,7%. Schließlich können noch die mit einem *Nordmeerhoch* verknüpften Wetterlagen (HN, BM, N) als eine letzte Gruppe betrachtet werden (12,3%). Wenn wir die Prozentanteile der einzelnen Wetterlagen und -gruppen überschlagsmäßig vergleichen, dann müssen wir, was vielleicht überraschend klingen mag, die erstaunlich große, sogar *überwiegende Häufigkeit antizyklonaler Wetterlagen über Europa* registrieren. Dies ist

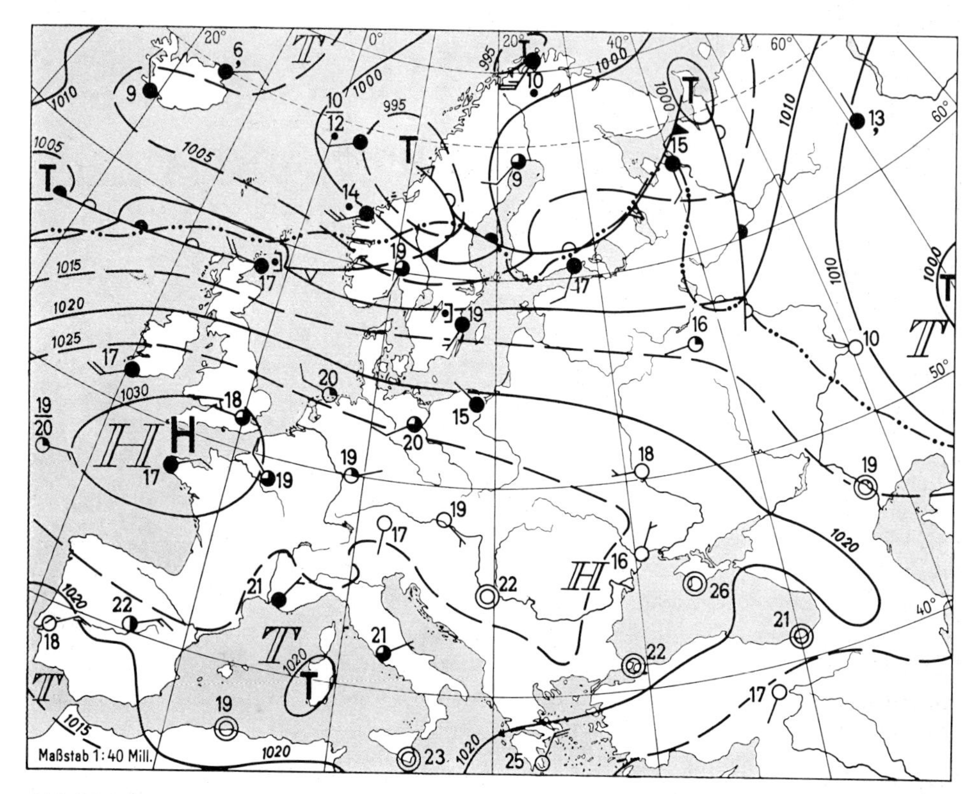

Abb. III.e) 1. Beispiel einer Tageswetterlage vom Baurschen Typ HW (= Hoch über dem Westrand Europas), 25.8. 1959, 0^h

Zeichenerklärung für Abb. III.e) 1–3

T	Tief im Bodendruckfeld
H	Hoch im Bodendruckfeld
T	Tief im 500-mb-Druckniveau
H	Hoch im 500-mb-Druckniveau
990	Boden-Isobaren in 10 mb Distanz
1015	Boden-Zwischenisobaren in 5 mb Distanz (nur teilweise angegeben)
-··-··-	+ 15° Isotherme
-·-·-	± 0° Isotherme
-∘-∘-	− 15° Isotherme
$\frac{5}{9}$ =	Lufttemperatur (um 0_h Weltzeit) + 5 °C Wassertemperatur + 9 °C
	übrige Wetter- und Windangaben siehe Schema Abb. III.a) 1 u. III.a) 2

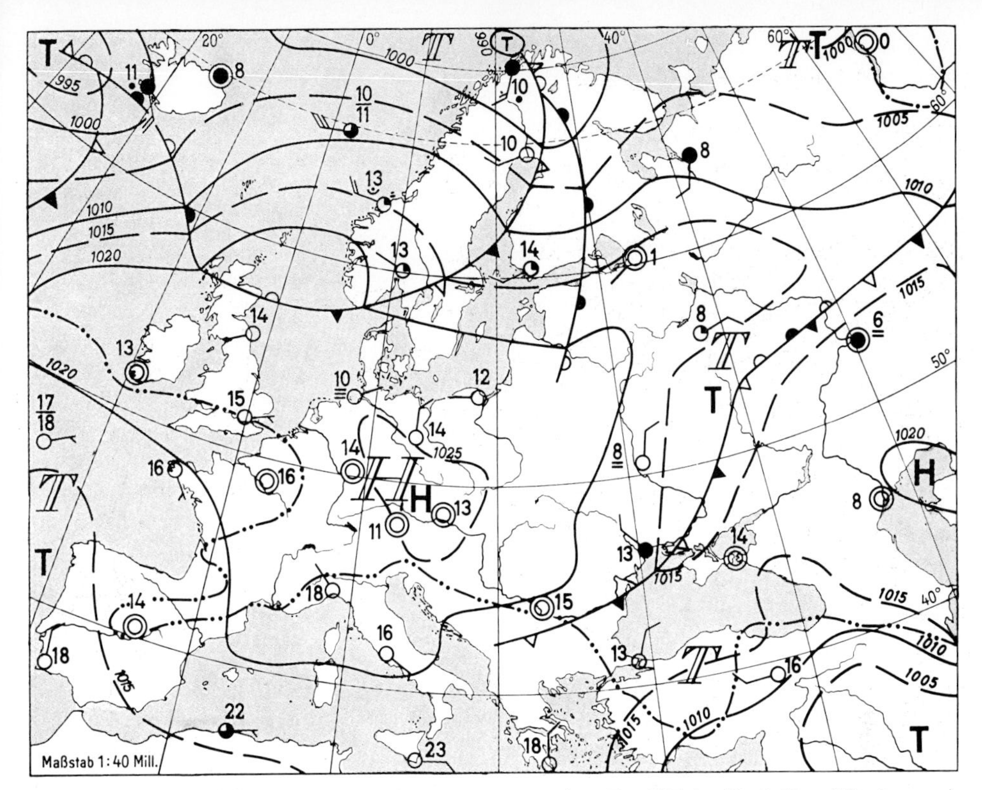

Abb. III.e) 2. Beispiel einer Tageswetterlage vom Baurschen Typ HE (= Hoch über Mitteleuropa), 10.9. 1959, 0^h

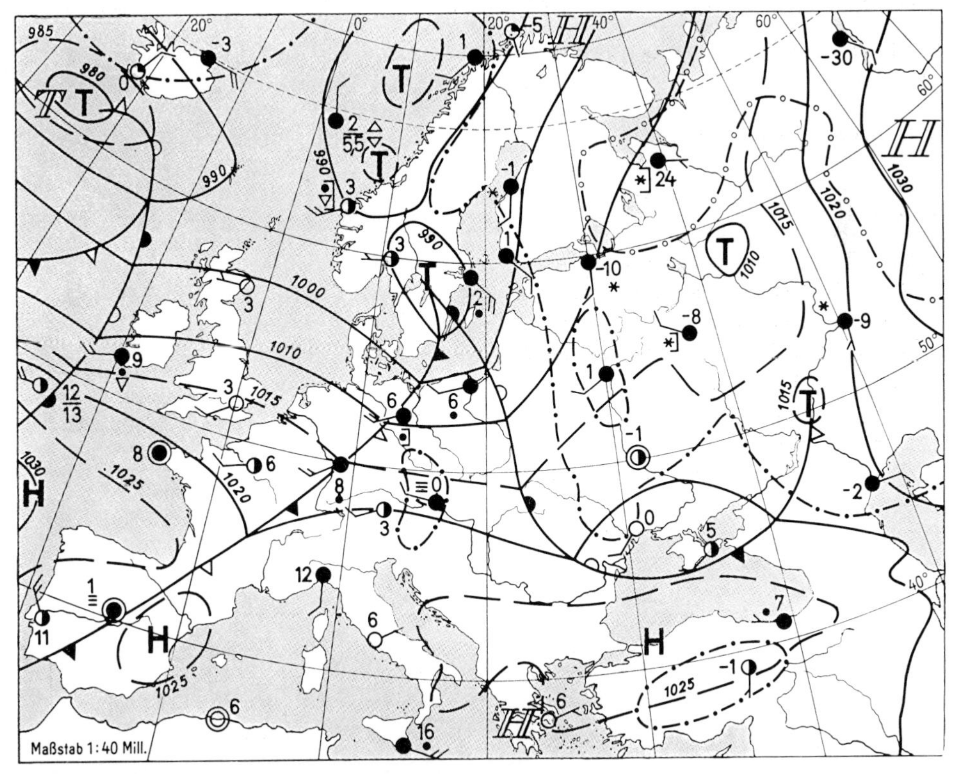

Abb. III.e) 3. Beispiel einer Tageswetterlage vom Baurschen Typ Wr (= regelrechte Westlage, in normaler Breite), 1.1. 1959, 0^h

Tab. III.e) 1. Die Großwetterlagen Europas. (Nach F. Baur, 1948)
Die drei häufigsten Lagen sind durch Fettdruck hervorgehoben. Die römischen Ziffern bedeuten die Monate.

Synoptisches Bild	Abkürzung	Wetter in Mitteleuropa	Häufigkeit u. Jahresgang (Mittel aus 1881–1943)	
A. Zentralhoch-gesteuerte Großwetterlagen				
1. H am Westrand Europas (Abbildung III. e) 1)	**HW**	Nordwestwinde, ruhig, im Sommer mäßig warm, im Winter relativ mild und feucht	**8,7%**	relativ ausgeglichene Häufigkeit mit Höchstwerten VI–VII
2. H über Mitteleuropa bis Westrußland (Abbildung III. e) 2)	**HE**	heiter und trocken, im Sommer sehr warm, im Winter mäßig kalt mit Nebeln, starke Tagestemperaturschwankungen im Frühling und Herbst (Altweibersommerlage), im Winter Inversionen oder freier Föhn	**12,5%**	ausgeglichen, Minimum IV, Maximum IX
3. H über Mittel- und Südrußland	HO	trocken, im Sommer und Herbst sehr warm, im Winter kalt, z. T. neblig	2,4%	ausgeprägter Jahresgang mit Max. X–XI, abgeflacht noch XII–III, fast fehlend im Sommer
4. H über dem Nordmeer, häufig mit Hochausläufer über Nordeuropa bis Nordrußland	HN		5,5%	von III–VI ansteigend, dann abbrechend und im 2. Halbjahr gering
Varianten:				
a) über Mitteleuropa antizyklonal	HNa	heiter, trocken, Winter sehr kalt, Sommer heiß (bes. Norddeutschland)	(2,1%)	ausgeprägtes Max. VI, sonst gering, Winter sehr selten
b) über Mitteleuropa zyklonal	HNz	bewölkt, Winter kalt mit Schnee, Sommer kühl, Gewitter, Konvektionsniederschläge	(1,9%)	Max. III–VI, sonst gering
5. H über Fennoskandien	HF		6,9%	Winter gleichmäßig häufig, Herbst etwas weniger, VI–VIII ausgeprägtes Minimum
Varianten:				
a) Über Mitteleuropa antizyklonal	HFa	heiter bis wolkenlos, Winter bis März extrem kalt, Sommer extrem heiß, Ostwinde, trocken	(3,6%)	Herbst-Winter-Frühjahr, gleichmäßig, Min. Sommer
b) über Mitteleuropa zyklonal	HFz	gemildert, wolkiger, z. T. Niederschläge, Sommer Gewitter, Winter Schnee	(1,8%)	hohes Max. II–V, Min. VI–VIII, IX–I gering

Tab. III.e) 1 (Fortsetzung)

Synoptisches Bild	Abkürzung	Wetter in Mitteleuropa	Häufigkeit u. Jahresgang (Mittel aus 1881–1943)	
6. Zonale Hochdruckbrücke	BZ	trocken, heiter, Winter neblig u. kalt, Sommer u. Herbst warm, z. T. Inversionen u. freier Föhn, windschwach	8,4%	ausgeglichene Häufigkeit
a) Variante mit SW-NE-gerichteter Brücke	BNE	wie vor, im südl. Mitteleuropa Niederschlagsneigung		
7. Meridionale Hochdruckbrücke zwischen Iberischem Hoch und Nordmeer- oder Polarmeerhoch	BM	kurzlebige Wetterlage, im W trocken, heiter, im E bedeckt bis Niederschlag (Gebirgsstau), ganzjährig unterdurchschnittl. Temperaturen	1,8%	ausgesprochene Sommerlage, Abfall zum Herbst, Min. Winter u. Frühjahr
B. Zentraltief-gesteuerte Großwetterlagen				
8. Zentraltief Island, deutlicher Ausläufer bis Europa	TI	hohe Niederschlagsneigung, zu mind. in der Westhälfte, Winter mild, Sommer kühl (z. T. nicht bis in die Osthälfte vordringend)	2,4%	Max. I–IV, danach abbrechend, Sommer bis Herbst langsam ansteigend
9. Tief Britische Inseln (oft mit Höhentrog)	TB	hohe Niederschlagsneigung, advektiv warm, Alpenföhn, SW-Winde	3,8%	unregelm. Gang, Max. IV–V, VIII, Min. IX, XII–I
10. Tief Holland oder Mitteleuropa (oft mit Höhentrog), vielfach Vb-Lagen enthaltend	TK	im W Schauer, im E Landregen, Temp. uneinheitlich, z. T. extreme Dauerniederschläge, meist geringe Windstärke	3,9%	Max. III–V, sonst ziemlich, gleichmäßig verteilt, Min. VIII
C. Linien-gesteuerte Großwetterlagen				
a) Westlagen				
11. Nördl. Westlage, südliches Mitteleuropa noch antizyklonal, Tiefs ziehen von Schottland zur mittl. Ostsee u. d. Baltikum	Wn	wechselnd wolkig, Winter nur Nachfröste, sonst mild, Sommer kühl bis mäßig warm, im N. z.T. Niederschläge (kurzfristig)	6,1%	relativ gleichmäßig Max. Sommer, Min. IV–VI
12. regelrechte Westlage (in normaler Breite), Tief von Britischen Inseln zur	**Wr**	sehr wechselhaft, niederschlagsreich, Winter mild mit Regen u. vorübergehend Schnee, Sommer kühl, IV u. XI relativ warm, Winde um W schwankend, nied-	**18,1**%	gleichmäßig, VII–VIII schwaches Max.

Tab. III.e) 1 (Fortsetzung)

Synoptisches Bild	Ab-kürzung	Wetter in Mitteleuropa	Häufigkeit u. Jahresgang (Mittel aus 1881–1943)	
südl. Ostsee bis Westrußland (Abbildung III. e) 3)		rige Wolkendecke, im Winter starker vertikaler Temperaturgradient		
Varianten:				
a) Winkelwestlage, über dem östl. Mitteleuropa abbrechend vor blockierendem Osteuropahoch	Wrw		(2,1%)	unregelmäßig mit ausgeprägtem XII–Max. IV–V Min.
b) zonale Tiefdruckrinne zwischen subtropischem u. Polarmeerhoch	Wri		(1,4%)	ausgeprägtes hohes Max. VI, rasch ansteigend u. abfallend, X–II Min.
c) sehr rasche Tieffolge	Wrf			
13. südliche Westlage, über Mitteleuropa zyklonal südwärts ausholend	Ws	tägliche Niederschläge, Sommer kühl bis mäßig warm, Winter teils mild, teils aber auch kälter (je nach Vorgeschichte), Z. T. stürmisch, meist aus W	4,1%	breites Sommermin., Max. XII, II–III
b) Weitere linien-gesteuerte Lagen				
14. Südlage, Tief vor Irland mit Trog zur Iber. Halbinsel, Hoch SE-Europa	S	heiter bis leicht bzw. hoch bewölkt, meist trocken, warme Südwinde, Alpenföhn, Winter gelgentlich mit seichter Bodenkaltluftschicht bei geringem Gradienten und Temperaturinversionen	1,6%	fehlt im Sommer, sonst gleichmäßig häufig
15. Südwestlage, wie vor, Isobaren von SW nach NE laufend	SW	milde SW-Winde, wolkig	2,1%	breites Sommermin., rascher Anstieg im X, Max. I
Varianten:				
a) antizyklonal	SWa	seltener Niederschläge		
b) zyklonal	SWz	häufigere, Winter ergiebigere Regenfälle		
16. Nordwestlage ähnlich HW, Hoch aber über dem Ozean und zyklonale Druckwellen über Mitteleuropa von NW nach SE	NW	unbeständig, Schauerwetter böig-windig, kälter als normal, im Winter meist Schneeschauer, typisches „Aprilwetter“, starker vertikaler Temperaturgradient	5,4%	Max. VII–VIII, sonst gleichmäßig häufig

Tab. III.e) 1 (Fortsetzung)

Synoptisches Bild	Ab-kürzung	Wetter in Mitteleuropa	Häufigkeit u. Jahresgang (Mittel aus 1881–1943)	
17. Nordlage ähnlich HN od. BM, zyklonale Druckwellen über Mitteleuropa von N nach S	N	wechselnd wolkig u. unbeständig, kälter als normal, Schauer und Aufheiterungen (Eisheiligen), ebenfalls Aprilwettertyp, verantwortlich für späteste Schneefälle im Frühjahr, Gebirgsnordstau, starker vertikaler Temperaturgradient	5,0%	Max. ansteigend bis V–VI, Sommer-Herbst, gering, Min. XII–II

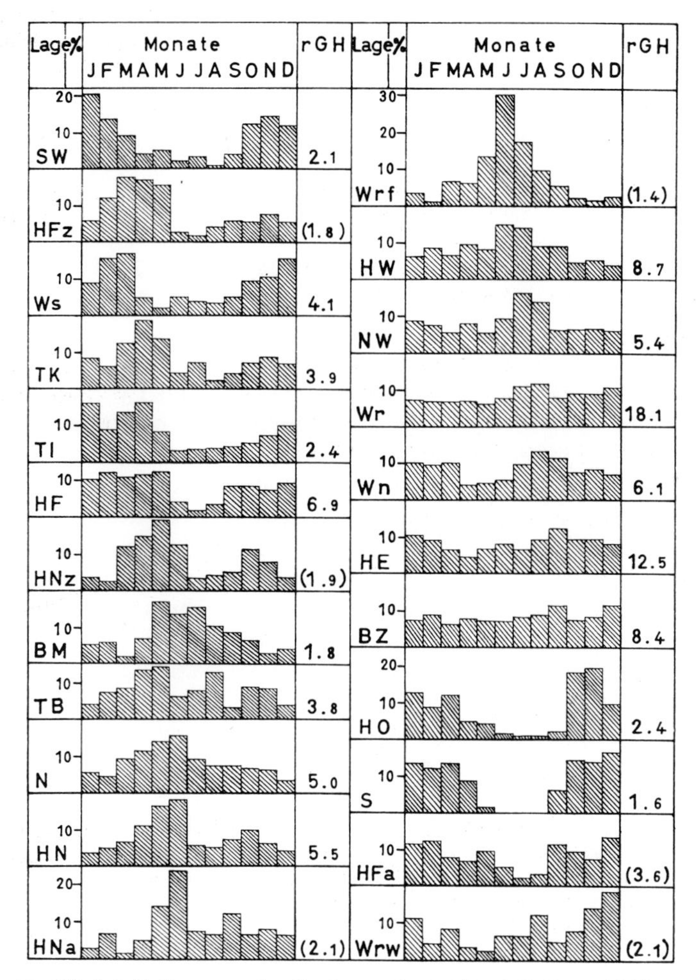

Abb. III.e)4. Häufigkeitsdiagramm der Großwetterlagen. (Nach F. Baur, 1948)
rGH = relative Gesamthäufigkeit, Abkürzungen der Großwetterlagen siehe Tab. III.e)1

eine wichtige Erkenntnis, die dazu verhilft, den später [Kap. IV.d)] noch zu erläuternden Zirkulationsbegriff der ektropischen zyklonalen Westwinddrift nicht stillschweigend mit der Einzelwetterlage Wr etwa gleichzusetzen und ihm dadurch einen unzutreffend einseitigen Inhalt zu verleihen. Es ist dies auch einer der Gründe, weshalb es nötig ist, die Großwetterkunde zu besprechen, bevor die allgemeine Zirkulation behandelt werden kann.

Werfen wir zum Schluß unter Bezugnahme auf das Häufigkeitsdiagramm der Wetterlagen (Abb. III.e) 4, nach F. Baur 1948) einen Blick auf ihren charakteristischen *Jahresgang,* so treten uns ganz typische Kombinationen im Jahresablauf entgegen, die uns die im nächsten Kapitel zu besprechende *Gliederung in natürliche Jahreszeiten* nach Witterungsregelfällen erst verständlich werden lassen. Da das Diagramm den Jahresgang jeder einzelnen Wetterlage für sich, unabhängig von ihrem hohen oder geringen Gesamtanteil am Wetterablauf darstellt, darf man den letzteren nicht außer acht lassen. Er wird angegeben durch die Relativzahlen am Rande des Diagrammes, die den Prozentanteil der jeweiligen Wetterlage an der gesamten Beobachtungsreihe (1881–1943) wiedergeben. So tritt z.B. zwar bei der Variante Wrf, also den regelrechten Westwetterlagen mit besonders rascher Zyklonenfolge, der hohe Junigipfel (40% der Jahreshäufigkeit) und das winterliche Minimum (Okt. bis Febr. nur je 2 bis 3%) ausgeprägt hervor, aber bei nur 1,4% Gesamtanteil an allen Wetterlagen spielt diese Variante klimatologisch keine Rolle. Relevant wird der Jahresgang, sei es mit Spitzen, sei es mit Fehlen, also nur bei denjenigen Lagen, die größere Häufigkeit erreichen.

Die *häufigste Einzelwetterlage* ist in fast allen Monaten die *Wr-Lage,* nur im *Januar, Februar* (ruhige Nebel- und Frostlagen!) und *September* (Altweibersommer!) wird sie an die zweite Stelle verdrängt durch die *zentraleuropäischen Hochlagen* (HE), die auch in den Monaten März (Schönwetterperioden mit großen Temperaturschwankungen!), August (Hitzeperioden!) und Oktober bis Dezember (ruhiges Spätherbstwetter mit Frühfrösten) als zweithäufigste Wetterlage wichtig sind. Im Juni/Juli (Hundstagshitze) stehen diese an vierter Stelle. Dieser Hochlage verwandt ist die zonale Hochdruckbrücke, welche die ganze Zeit von August bis Dezember an dritter Stelle, im Februar an vierter rangiert. Ausgesprochene *Winter- und Frühjahrshäufigkeit* weisen die *Zentralhochs über Fennoskandien* auf. Sie rücken von der vierten Stelle im Dezember zur dritten im Januar bis März und sogar bis zur zweithäufigsten Wetterlage im April auf, fallen aber dann rasch über den vierten Platz im Mai zum sommerlichen Minimum ab. Die genetisch verwandten *Nordmeerhochlagen* (HN) erreichen nur im *Mai* – zweithäufigste Lage! – und *Juni* (dritthäufigste Lage) nennenswerte Anteile, die mit den Regelfällen der Eisheiligen bzw. der Schafkälte in Mitteleuropa in Verbindung zu bringen sind. *Zentralhochs über Westeuropa* (HW) verbinden sich ebenfalls mit dem letztgenannten Wettertyp, indem sie kühle Meeresluft nach Mitteleuropa dirigieren. Da sie im Juni und Juli neben den zyklonalen Wr-Lagen an zweiter Stelle stehen, sind sie mit letzteren zusammen am Zustandekommen der für diese Monate charakteristischen, vielfach als „sommermonsunale“ Regelfälle klassifizierten *Meeresluftvorstöße* verantwortlich. Ihnen reihen sich mit ähnlichem Effekt die NW-Lagen an, die im Juli an dritter und im August an vierter Stelle stehen. Die Herrschaft der regelrechten Westlagen wird in einigen Monaten bemerkenswert ergänzt durch relativ hohe Anteile der nördlichen (Januar und November an vierter Stelle) und südlichen Westlage (März an vierter Stelle).

Tab. III.e) 2. Die Typisierung der Großwetterlagen, bezogen auf Mitteleuropa. (Nach P. Hess und H. Brezowsky, 1969)
Abkürzungen für zyklonale GWL in Normaldruck, für antizyklonale in Fettdruck; die im Wetterdienst verwendeten Abkürzungen in eckigen Klammern, hierbei a = antizyklonal, z = zyklonal, ohne Zirkulationszuordnung!

A. Überwiegend zonale Zirkulation (z)
  1. Westlagen
    a) Südliche Westlage (zWs) [Ws]
    b) Zyklonale Westlage (zW) [Wz]
    c) Antizyklonale Westlage (**zW**) [Wa]
  2. Hochdruckbrücke über Mitteleuropa (**zBM**) [BM]

B. Gemischte Zirkulation (g)
  3. Abgeschlossenes Hoch über Mitteleuropa (**gHM**) [HM]
  4. Südwestlagen
    a) Antizyklonale Südwestlage (**gSW**) [SWa]
    b) Zyklonale Südwestlage (gSW) [SWz]
  5. Nordwestlagen
    a) Antizyklonale Nordwestlage (**gNW**) [NWa]
    b) Zyklonale Nordwestlage (gNW) [NWz]

C. Überwiegend meridionale Zirkulation (m)
  6. Abgeschlossenes Hoch über dem Nordmeer
    a) Nordmeerhoch, in Mitteleuropa antizyklonal (**mHN**) [HNa]
    b) Normeeerhoch, in Mitteleuropa zyklonal (mHN) [HNz]
  7. Abgeschlossenes Hoch über den Britischen Inseln (**mHB**) [HB]
  8. Nordlagen
    a) Antizyklonale Nordlage (**mN**) [Na]
    b) Zyklonale Nordlage (mN) [Nz]
  9. Troglage über Mitteleuropa (mTrM) [TrM]
  10. Abgeschlossenes Tief über Mitteleuropa (mTM) [TM]
  11. Abgeschlossenes Tief über den Britischen Inseln (mTB) [TB]
  12. Troglage über Westeuropa (mTrW) [TrW]
  13. Südlagen
    a) Antizyklonale Südlage (**mS**) [Sa]
    b) Zyklonale Südlage (mS) [Sz]
  14. Südostlagen
    a) Antizyklonale Südostlage (**mSE**) [SEa]
    b) Zyklonale Südostlage (mSE) [SEz]
  15. Abgeschlossenes Hoch über Fennoskandien
    a) Abgeschlossenes Hoch über Fennoskandien, in Mitteleuropa antizyklonal (**mHE**) [HFa]
    b) Abgeschlossenes Hoch über Fennoskandien, in Mitteleuropa zyklonal (mHF) [HFz]
  16. Abgeschlossenes Hoch über dem Nordmeer und Fennoskandien
    a) Abgeschlossenes Hoch über dem Nordmeer und Fennoskandien, in Mitteleuropa antizyklonal (**mHNF**) [HNFa]
    b) Abgeschlossenes Hoch über dem Nordmeer und Fennoskandien, in Mitteleuropa zyklonal (mHNF) [HNFz]
  17. Nordostlage (mNE) [NE]
    a) Antizyklonale Nordostlage (**mNE**) [NEa]
    b) Zyklonale Nordostlage (mNE) [NEz]
  18. Winkelwestlage (mWw) [Ww]

Auch die im April den vierten Platz erreichenden Zentraltiefs über Mitteleuropa (TK), die mit HW (dritte Stelle) und HF (zweite Stelle) den Typ des Aprilschauerwetters bedingen, seien noch erwähnt.

Zusammenfassend können wir festhalten, daß Westlagen, antizyklonale wie zyklonale, fast in allen Monaten die häufigsten sind, gefolgt von Hochdrucklagen, und nur die mit nördlicher Luftzufuhr verknüpften NW-Lagen, N-Lagen und Ost- und Nordostlagen stehen im Frühjahr an zweiter Stelle. Nur im Mai rücken die Ost- und Nordostlagen sogar an die erste Stelle. Sie haben dann auch zugleich im Jahresgang ihr eigenes Maximum.

Die Großwetterlagensystematik, die F. Baur zunächst zusammen mit P. Hess und H. Nagel an Hand der Wetterkarten der Jahresreihe 1881–1939 aufgestellt hatte, wurde später von Hess und Brezowsky ausgedehnt, zunächst (1952) auf den Zeitraum bis 1950 und (1969) bis zum Jahre 1968. Sie lehnt sich zwar eng an die vorangegangene an, unterscheidet jedoch in bezug auf die Steuerung nach den drei Formen: 1. zonale Zirkulation (z) = Subtropenhoch in Normallage, 2. gemischte Zirkulation (g) = Subtropenhoch nord- und nordostwärts bis etwa 50° n. Br. verschoben, 3. meridionale Zirkulation (m) = abgeschlossenes Hoch zwischen etwa 50 und 70° n. Br. (blockierendes Hoch). Ferner wird, was wir kurz zuvor schon bei H. Maede (1949) finden, unterschieden zwischen zyklonaler und antizyklonaler Ausprägung. Das ergibt die Typenreihe der Tab. III. e) 2. Sie wird seitdem amtlich der laufenden Statistik in dem vom bundesdeutschen Wetterdienst herausgegebenen Organ „Die Großwetterlagen Mitteleuropas“ bzw. seit 1966 „ . . . Europas“ zu grundegelegt, wobei allerdings die Zirkulationszuordnung entfällt.

Zusammengenommen sind dies 29 Typen, also noch mehr als F. Baur ursprünglich unterschied. Für manche Gesichtspunkte erwies sich diese Ausführlichkeit als hinderlich oder entbehrlich. So wurden die Großwetterlagen später (vgl. Bürger, 1958, S. 6) zu 11 *Großwettertypen* zusammengefaßt: Nord (N), Nordwest (NW), West (W), Südwest (SW), Süd (S), Südost (SE), Ost (E), Nordost (NE), Hoch Mitteleuropa (HM), Tief Mitteleuropa (TM), Winkelwestlage (Ww).

H. Flohn (1954) hat noch eine weitere Vereinfachung vorgenommen und den Jahresgang dieser ursprünglich 28 Einzeltypen auf Grund der von Hess-Brezowsky veröffentlichten Tabelle zu 8 Haupttypen zusammengefaßt. Hierbei ist auf die eine falsche Genauigkeit vortäuschenden Bruchwerte der Prozente verzichtet worden, denn die Zuweisung der täglichen Wetterkarten zu einem dieser Typen enthält ohnehin einen beträchtlichen Ermessensspielraum. Diese klimageographisch wichtigen Werte des Jahresganges der Häufigkeit der Hauptwettertypen in Mitteleuropa, die auch einer Untersuchung von K. W. Butzer (1960) über die Witterungsklimatologie des Mittelmeerraumes zugrunde gelegt worden sind, sind in der Tab. III. e) 3 aufgeführt.

Hinsichtlich der Häufigkeitsverteilung der Großwetterlagen oder Hauptwettertypen untereinander gibt es bemerkenswerte Unterschiede im Laufe der vergangenen 100 Jahre, wie Lamb (1965) aufgezeigt hat. Aus seiner Untersuchung ist die folgende Tabelle entnommen. Sie stellt für England die unterschiedliche Häufigkeit von Westwetterlagen in den drei verschiedenen Jahresabschnitten 1873–1897, 1898–1937, 1938–1961 dar.

Das stark zyklonal und durch Zonalzirkulation ausgezeichnete Lustrum 1898–1937, das zugleich den Höhepunkt der rezenten nordatlantisch-arktischen

Tab. III.e) 3. Vereinfachte Wetterlagenstatistik für Mitteleuropa 1881–1950. (Nach Hess-Brezowsky) in % (auf- und abgerundet)

	J	F	M	A	M	J	J	A	S	O	N	D	Jahr
Westlagen	27	25	27	22	18	24	31	38	25	28	28	33	27
Nordwestlagen	8	9	7	8	7	13	18	14	7	6	9	8	9
Nordlagen	8	10	13	16	20	22	13	11	14	12	8	7	13
Südwestlagen	8	8	6	7	6	4	7	7	5	9	10	8	7
Süd- und Südostlagen	10	8	10	8	4	1	0	1	6	10	12	10	7
Troglagen und Zentraltief	7	7	8	8	7	4	6	4	6	6	8	4	6
Ost- u. Nordostlagen	12	15	15	17	21	14	9	9	12	10	7	9	12
Hochdrucklagen	19	19	14	12	14	14	16	16	25	18	18	20	17

Tab. III.e) 4. Prozentuale Häufigkeit der Westwetterlagen in England im Jahresgang während dreier aufeinander folgender Zeitabschnitte. (Nach Lamb, 1965)

Lustrum	Jan.	Febr.	März	April	Mai	Juni	
1873/1897	32,5	28,1	28,9	17,5	18,3	21,7	
1898/1937	52,7	37,2	35,3	28,5	25,7	32,1	
1938/1961	32,5	29,8	22,2	27,8	14,3	33,2	
	Juli	Aug.	Sept.	Okt.	Nov.	Dez.	Jahr
1873/1897	29,4	30,3	30,7	25,9	29,2	31,5	27,0
1898/1937	40,0	42,7	37,7	37,6	37,9	48,8	38,1
1938/1961	32,4	29,8	37,5	31,6	32,2	38,6	30,1

Wintermilderung enthält (vgl. Kap. VII.c), zeigte in allen Monaten einen beträchtlichen Anstieg der Westwetterfrequenz gegenüber der vorausgegangenen Zeitspanne. Seither ist wieder ein Rückgang eingetreten, je nach Monat allerdings unterschiedlichen Ausmaßes.

Anwendung auf Einzelregionen. Wenn man die Auswirkungen der großräumigen, den Ostatlantik und ganz Europa umfassenden Großwetterlagen auf kleinere Räume als Mitteleuropa bezieht, so ergeben sich naturgemäß andere Rangfolgen in der Wichtigkeit der Wetterlagentypen untereinander, je nachdem wo der Bezugsraum in Europa liegt. Gegebenenfalls müssen auch ergänzende Klassifikationsgesichtspunkte hinzugefügt werden. So hat Maede (1949) für Vorpommern eine Wetterlagenstatistik der Jahre 1925–1939 erarbeitet und mit Hilfe der Stationsbeobachtungen von Greifswald die charakteristischen Mittelwerte der wichtigsten Klimaelemente für diese Wetterlagen errechnet.

Pédelaborde (1957/58) entwickelte für seine Untersuchung der Wetterlagen des *Pariser Beckens* ein etwas modifiziertes Klassifikationsprinzip. Diesem liegt außer den für das Pariser Becken charakteristischen Hauptwettereigenschaften (z.B. wolkige bzw. heitere Antizyklonen) vor allem die Fortpflanzungsrichtung der Druckgebilde zugrunde. Wenn auch hier nicht eine schematische Übernahme der alten van Bebberschen Zugbahnen vorliegt, so sind sie doch andererseits ergänzt worden, wie die 6 Himmelsrichtungen angeben, aus der die Herkunft der für das Pariser Becken relevanten Störungen erfolgt. Es handelt sich um folgende Wettertypen:

I Zyklonale Wettertypen: a) W-Lage, b) NW-Lage, c) N-Lage, d) NE-Lage, e) SW-Lage und f) SE-Lage; II Antizyklonale Wettertypen: a) maritime Antizyklonen, b) kontinentale Antizyklonen autochthonen Charakters (indigène), und zwar ba) heitere und bb) wolkige, c) kontinentale Antizyklonen allochthonen Charakters (allogène), und zwar ca) heitere und cb) wolkige, d) „marais barométrique" (d.h. eine Kreuzungslage zwischen 2 Hochs und 2 Tiefs, also eine Sattellage, wenn man sie auf die Hochkerne bezieht, oder eine Muldenlage, wenn man sie auf die Tiefkerne bezieht). Pédelaborde gebraucht zwar den Ausdruck „type de temps" für diese synoptisch-klimatologischen Einheiten, definiert sie jedoch als *„facies géographiques parisiens des grands types de circulation"*, wobei er die letzteren den Baurschen Großwetterlagen gleichstellt, wie sie auch Viaut in der amtlichen französischen Meteorologie verwendet.

Es muß hierbei aber noch auf eine weitere französische Wettertypeneinteilung hingewiesen werden, die sich von der vorstehend genannten unterscheidet (J. Mertz, 1957). Auch bei ihr wird, wie nicht anders zu erwarten, zwischen verschieden gerichteten Strömungen unterschieden. Das geschieht aber dadurch, daß sie sich – wie Baur und z.T. Schüepp, auf den wir noch zurückkommen – auf die *Strömungsverhältnisse im 500-mb-Niveau* stützt (Material 1096 Fälle der Jahre 1950–1952) und dabei nach dem Niederschlagsverhalten zwischen antizyklonalem und zyklonalem Charakter der Strömung differenziert. Daraus ergab sich folgende Jahrestabelle der Häufigkeit:

Tab. III.e) 5. Häufigkeit der Wettertypen nach Höhenwinden in Frankreich. (Nach J. Mertz, 1957)

Regime	Häufigkeit	Jahresgang und Charakter
N	10%	Winter, meist antizyklonal
NW	19%	ganzjährig, Maximum im Herbst und Winter
W	18%	ganzjährig, Maximum im April, Sommer und November, meist zyklonal
SW	31%	ganzjährig, Maximum Frühling – Sommer
S	6%	vorwiegend im Mai
SE	3%	selten, meist zyklonal
E	3%	vorwiegend im Winter
NE	8%	antizyklonal
Rest (= col isobarique und marais barométrique)	3%	

Obschon nur drei Jahre umfassend, spiegelt die Tabelle deutlich das ganzjährige Vorwiegen südwestlicher bis nordwestlicher Höhenströmung über Frankreich wider. Sie ähnelt darin dem, was Baur für ganz Europa und Maede für das südliche Ostseeküstengebiet fand.

Eine Gruppe für sich bilden die Klassifikationsbeiträge, die sich speziell mit dem *alpinen Witterungsraum* beschäftigen. Hier kompliziert sich die Aufgabe im wesentlichen durch zwei Faktoren: einmal ist es zirkulationsmäßig gesehen die zeitweilig zu beobachtende Randlage zwischen mittelmeerischem und nordwesteuropäischem

Geschehen, zum andern differenziert die starke Reliefgliederung ungleich viel „feinfühliger" die Wirkungen der Wetterlagen in diesem Raum. Diesen Gesichtspunkten trug F. Lauscher (1947) mit einer Wetterlageneinteilung für die Ostalpenländer Rechnung, die seit 1948 dem in den Jahrbüchern der Zentralanstalt für Meteorologie und Geodynamik in Wien publizierten Wetterlagenkalender zugrunde liegt. Sie bedient sich zwar vorzugsweise der Bodenwetterkarte, zieht aber im Zuge des späteren Ausbaues auch die Höhenströmung in die Betrachtung ein. Die Ergebnisse einer fünfjährigen Statistik (1946–1950) wurden im Anhang der zweiten Auflage (1954) des Buches von Flohn über „Witterung und Klima in Mitteleuropa" publiziert. Später (1958) hat Lauscher die Zehnjahresreihe 1948–1957 zugrunde gelegt. Er unterscheidet folgende 5 Gruppen von Wetterlagen, die insgesamt in 17 Einzeltypen unterteilt werden:

1. Gruppe: Hochdrucklagen (H) mit den Nebenformen „Zwischenhoch" h und der „Zonalen Hochdruckbrücke" Hz (vom Azorenhoch zu einem Hoch über Osteuropa). Das Zwischenhoch sollte ursprünglich das „kalte" Hoch zwischen zwei Gebilden tieferen Druckes, etwa zwei wandernden Zyklonen, bedeuten. In der Praxis wurde „h" oft auch notiert, wenn der Hochdruck sich wenig stark durchsetzte. Es wäre zu überlegen, ob man dem Zwischenhoch nicht seine ursprüngliche Bedeutung wiedergeben sollte.
2. Gruppe: Hochdruck-Randlagen mit noch überwiegend antizyklonalem Wetter, und zwar für die Ostalpenländer maßgebend: HiE = Hoch im Osten, HF = Hoch über Fennoskandien und HNW = Hoch über England oder Schottland (im Nordwesten). Die letztgenannte Lage wurde von Lauscher später (1972) nicht mehr eigens ausgeschieden, sondern auf verwandte Typen verteilt (Tab. III.e) 6).
3. Gruppe: Weiträumig geradlinige Höhenströmungen (N, NW, W, SW und S). Am bekanntesten ist W = „Westwetterlage". Die Unterscheidung in „nördliche, reguläre und südliche" Westwetterlage ist für die Ostalpenländer weniger wichtig als für Deutschland.
4. Tiefdruck-Randlagen mit Kernen über den Britischen Inseln (TB), über dem westlichen Mittelmeer (TwM) und solchen, welche im Süden im Mittelmeerraum (event. auch über dem Balkan) von West nach Ost vorbeiziehen (TiS).
5. Tiefdruck, entweder Tiefdruckgebilde mit Kernen über Mitteleuropa (TM), oder Tiefdruckrinnen oder „Tröge" (TR) und schließlich die zwar seltenen, aber so bedeutsamen Vb-Lagen mit Tiefdruckkernen, welche auf van Bebbers Zugstraße Vb von der Adria her am Alpenostrand entlang nach Polen ziehen.

Für diese Typen wurden aus dem Zeitraum 1946–1970 die in Tab. III.e) 6 wiedergegebenen Häufigkeitsprozente ermittelt (briefliche Mitteilung).

Aus diesen Werten ergibt sich also, daß Hochdrucklagen (H 14%), Zwischenhochlagen (h 13%) und Westlagen (W 11%) die größte Jahreshäufigkeit erreichen – zumindestens in diesem Zeitraum –, während die hinsichtlich ihrer Wetterwirksamkeit singulär so auffällige Vb-Lage mit nur 2% die seltenste ist!. Bei Aufspaltung der Prozentwerte nach den Jahreszeiten ergeben sich folgende Spitzenwerte: W im Winter 14%, H im Sommer 16%, im Herbst 17%, im Winter 13% und W im Sommer 11%, im Winter dagegen 14%.

Fliri (1962) hat diese Typen seiner statistisch-quantifizierenden Wettertagenklimatologie Tirols zugrunde gelegt.

Tab. III.e) 6. Prozentuale Häufigkeit in den Ostalpen wirksamer Wetterlagen für den Zeitraum 1946–1970 (0 = unter 1%, nach Lauscher)

	1. Hochdrucklagen				2. Hochdruckrand-lagen			3. geradlinige Höhenströmungen					
	H	h	Hz	zus.	HE	HF	zus.	S	SW	W	NW	N	zus.
Frühling	11	14	3	28	6	5	11	1	3	9	7	4	24
Sommer	16	15	5	36	2	3	5	0	1	11	8	3	23
Herbst	17	11	5	33	9	2	11	2	4	10	6	2	24
Winter	13	12	4	29	8	4	12	1	3	14	6	3	27
Jahr	14	13	4	31	6	4	10	1	3	11	7	3	25

	4. Tiefdruckrandlagen				5. Tiefdrucklagen			
	TB	TwM	TiS	zus.	TR	TM	Vb	zus.
Frühling	7	5	7	19	7	8	3	18
Sommer	8	2	4	14	10	10	2	22
Herbst	7	4	8	19	6	5	3	14
Winter	5	5	9	19	4	7	2	13
Jahr	7	4	7	18	7	7	2	16

Tab. III.e) 7. Das System alpiner Witterungslagen. (Nach Schüepp, 1967)

01 NE-Strömung, antizyklonal	NE +		90 sekundäres Tief	t
02 E-Strömung, antizyklonal	E +		91 NE-Strömung, zyklonal	NE –
03 SE-Strömung, antizyklonal	SE +		92 E-Strömung, zyklonal	E –
04 S-Strömung, antizyklonal	S +		93 SE-Strömung, zyklonal	SE –
05 SW-Strömung, antizyklonal	SW +		94 S-Strömung, zyklonal	S –
06 W-Strömung, antizyklonal	W +		95 SW-Strömung, zyklonal	SW –
07 NW-Strömung, antizyklonal	NW +		96 W-Strömung, zyklonal	W –
08 N-Strömung, antizyklonal	N +		97 NW-Strömung, zyklonal	NW –
			98 N-Strömung, zyklonal	N –
11 NE-Strömung, indifferent	NE		00 stabiles Hoch	H
22 E-Strömung, indifferent	E		09 Zwischenhoch	h
33 SE-Strömung, indifferent	SE		0X Hochdruckrücken, zonal	Hr
44 S-Strömung, indifferent	S		X0 Höhenhoch	Hh
55 SW-Strömung, indiffernt	SW		XX Flachdrucklage, Marais Lage	X
66 W-Strömung, indifferent	W		99 zentrales Tief	T
77 NW-Strömung, indifferent	NW		9X Tiefdruckrinne, meridional	Tr
88 N-Strömung, indifferent	N		X9 Höhen-Tief	Th

Etwas abweichend von der angeführten sind die ebenfalls auf den Alpenraum bezogenen Wetterlagentypen von Gressel (1954, 1958), bei denen als wichtigstes Indizium für die Wetterentwicklung über mehrere Tage die herrschenden Strömungsverhältnisse herangezogen wurden. Die französischen Autoren Jalu et Pruvost (1957) haben für das Alpengebiet 7 verschiedene Wetterlagen ausgeschieden und deren Ablauf beschrieben. Cadez (1957) klassifizierte die Grundtypen der Wetterlagen anhand des Belgrader Materials.

Das ausführlichste System von Wetter- und Witterungslagen *für die Westalpen* ist das von Schüepp (1968), welches seit 1958 in den Annalen der Schweizerischen Meteorologischen Zentralanstalt erprobend verwendet wird und in seiner vollständig ausgearbeiteten Form auf die Jahresreihe 1955–1967 zurückgeht. Es berücksichtigt sowohl die Boden- als auch die Höhenwetterkarten und ist durch Mittelwerte der Klimaelemente für eine Auswahl von charakteristischen Beobachtungsorten untermauert. Das „*System alpiner Witterungslagen*" (Tab. III.e) 7) von Schüepp (1967) umfaßt 33 Typen, die „bestimmt werden durch die indirekt aus dem Wettercharakter ermittelte vertikale Strömungskomponente (zyklonal, indifferent, antizyklonal) und die horizontale Strömung (den 8 Hauptwindrichtungen, einer Wirbelbewegung und der flachen Druckverteilung)" (Schüepp und Fliri 1967, S. 217). Alle Typen erhalten eine Codebezeichnung aus zwei Kennziffern. Bei antizyklonalen Witterungslagen mit vorherrschend absinkender Luftbewegung besteht die erste Kennziffer aus einer 0, bei zyklonalen aus einer 9. Die zweite Ziffer weist auf die vorherrschende Luftströmung hin, die von der Lage des Bezugsgebietes zu einem wetterbestimmenden Hoch- bzw. Tiefdruckgebiet abhängt. Angegeben werden sie durch die Hauptströmungsrichtung 1 (NE) bis 8 (N). Die „indifferenten Strömungs- oder Advektionslagen" zeichnen sich aus durch abwechselnd antizyklonale und zyklonale Witterung bzw. indifferenten Witterungscharakter, wobei sowohl am Boden als auch in der Höhe der Wind aus der gleichen vorherrschenden Richtung weht. Als Codebezeichnung werden zwei gleiche Zahlen entsprechend der Hauptwindrichtung eingesetzt. Hinzu kommen noch weitere 9 charakteristische Witterungslagen, bei denen ein Zentrum eines Hochs oder eines Tiefs die Witterung bestimmt und dadurch keine eindeutige Strömung vorhanden ist. In der Tabelle III. e) 7 sind die alpinen Witterungslagen mit der Codebezeichnung aufgeführt und gleichzeitig die Symbole hinzugefügt, die von Fliri (1967) in einem synoptischen Klimadiagramm verwendet worden sind (Abb. III.e) 5).

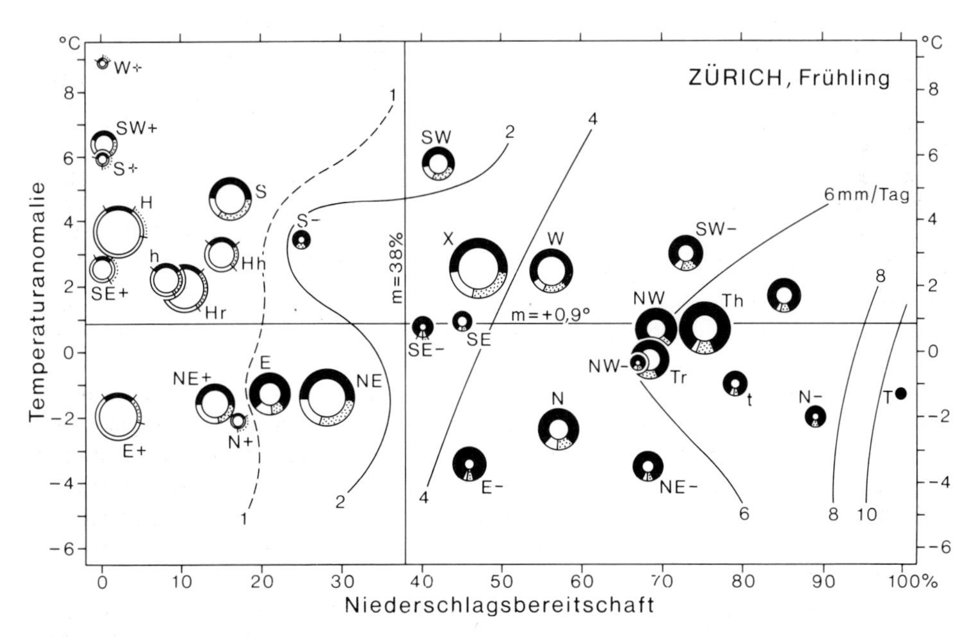

Abb. III.e) 5. Synoptisches Klimadiagramm für das Frühjahr in Zürich nach Fliri (1967). Ausführliche Erläuterung s. beifolgenden Text

Fliri (1967) hat mit der Häufigkeitsverteilung dieser Witterungslagen und den ihnen entsprechenden Mittelwerten verschiedener Klimaelemente für die Station Zürich ein *„synoptisches Klimadiagramm“* entworfen, das auch methodisch von großem Interesse sein dürfte (Abb. III.e) 5). Das Skelett des Diagramms besteht aus einem orthogonalen Koordinatensystem mit der Abweichung der Mitteltemperatur der betreffenden Witterungslage vom langjährigen Tagesmittel (Temperaturanomalie) als Ordinate sowie der Zahl der Tage mit Niederschlag von mindestens 1 mm in Prozent der Witterungslagentage (Niederschlagsbereitschaft) als Abzisse. In dieses Koordinatensystem werden die Witterungslagen mit Kreisen eingetragen, deren Flächengröße proportional der Häufigkeit ihres Auftretens ist. In jedem Kreis wird konzentrisch ein zweiter angebracht, dessen Fläche die Sonnenscheindauer in Prozent der maximal möglichen repräsentiert. Der verbleibende Ring zwischen den Kreisen dient der Darstellung der Bewölkung durch Aufteilung nach der Häufigkeit von heiteren, trüben und wechselnd wolkigen bzw. halbbedeckten Tagen. Weitere Eintragungen sind möglich wie etwa Angaben über die pro Tag der Witterungslage gefallenen Niederschlagsmengen einschließlich „falscher Isohyeten“ oder aber auch Verbinden der Witterungslagen untereinander, um deren Abfolge aufzuzeigen.

Fassen wir zusammen, so müssen wir festhalten, daß die Hauptschwierigkeiten bei dem bisherigen Stande der Wettertypenklassifikation zweierlei Art sind. Einmal ist es das genetisch-physikalische Problem der mehr oder weniger detaillierten *Abgrenzung eines Wetterlagentyps,* der zwar in sich variabel ist – sonst wäre er kein Typ –, aber in diesem Rahmen doch ein bestimmtes sich wiederholendes Gesamtbild zeigt. Und zum andern ist es der *geographische Bezug,* d.h. die Klassifikation der Großtypen nach dem mit ihnen verknüpften Witterungsgepräge eines kleineren (Maede), mittleren (Pédelaborde, le Gall, Queney, Lauscher, Fliri, Schüepp) oder größeren Raumes (Baur, Flohn, Hess-Brezowsky).

Für *Gebiete außerhalb Europas* sind eine Reihe von Arbeiten ähnlicher synoptisch-klimatologischer Methodik publiziert worden. Für Nordamerika sei vor allem die von Barry (1959) über Labrador genannt, die zwei Jahre von Wetterkarten nach „air flow types“ analysiert und mit der allgemeinen Zirkulation verknüpft. Aus *Nordafrika* liegen Untersuchungen über Wetterlagentypen und -statistik von Queney (1943) vor, die aber naturgemäß eng mit der europäischen Systematik zusammenhängen. Mit einem ganz abweichenden Zirkulationsbereich befaßt sich dagegen eine Studie von C.E. Deppermann (1937), die für das passatisch-monsunale Wettergeschehen der *Philippinen* eine 27teilige Wettertypengliederung vorlegt, deren 7 Haupttypen folgende sind: 1. Reiner Passat, 2. Passat, 3. Northers, 4. konvektiver Passat, 5. milder SW-Monsun, 6. frontaler SW-Monsun (oder SW-Monsun-Sektor), 7. Taifun. Für das nördlich anschließende *Ostasien* hat Yoshino (1968) nach den japanischen Wetterkarten der Reihe 1946–1965 einen 15 Typen umfassenden Großwetterkalender aufgestellt und die prozentualen Häufigkeiten der einzelnen Typen nach Pentaden aufgeschlüsselt. Für *Australien* hat Fénelon (1951) die Wettertypen analysiert, und die Arbeit von Gentilli (1949) über die Luftmassen enthält auch entsprechende Bezüge auf die Wetterlagen. Für *Argentinien* hat Wölcken (1962) speziell die Genesis verschiedener typischer Regenwetterlagen beschrieben. Eine universelle Lösung ist natürlich außerordentlich schwierig. Eine solche ist in

Gestalt eines vollständigen Kataloges von *Welt-Großwetterlagen* durch den sowjetischen Synoptiker Dzerdzejewsky (1966, 1968) erarbeitet worden. Für die ektropische Nordhalbkugel sind auf der Grundlage der Jahresreihe 1899–1966 insgesamt 41 Zirkulationstypen, verteilt auf 13 Haupttypen, ausgeschieden worden, womit zugleich auch ein wesentlicher Beitrag zur zirkulationsbezogenen Jahreszeitengliederung geliefert wurde. Die Großwetterlagen stehen, wenn sie auf Kontinente oder Großräume der Erde angewandt werden, in engem Zusammenhang mit den Problemen der allgemeinen Zirkulation in den außertropischen Breiten, auf die im Kap. IV.d) noch ausführlich einzugehen sein wird.

f) Regelfälle (Singularitäten), natürliche Jahreszeiten

In den Tropen mit ihrem auffälligen Wechsel zwischen Regen- und Trockenzeit läßt sich eine *Gliederung des Jahresablaufs* auf Grund synoptischer Gegebenheiten nach diesen Perioden relativ leicht vornehmen und ist seit langem bekannt. Interannuelle Schwankungen nach Intensität und den Zeitpunkten des Eintritts und Aufhörens kommen jedoch vor und sind für die tropische Agrarwirtschaft folgenschwer. Während es in den *äquatorialen Volltropen* also ausschließlich der Niederschlag ist, der für eine Jahreszeitengliederung herangezogen werden kann, treten in den *Randtropen* und noch mehr in *Monsunländern* thermische Schwankungen noch hinzu.

Am ausgeprägtesten ist diese, das Problem der Gliederung in natürliche Jahreszeiten komplizierende Kombination in ganz *Monsunasien.* Dort gibt es, wie noch in anderem Zusammenhange erläutert werden wird [s. Kap. IV.b)], eine zwar auch von Jahr zu Jahr durchaus schwankende, aber im ganzen gesehen relativ scharfe und deutlich erkennbare Gliederung in natürliche Witterungsabschnitte, die auch im Volksbewußtsein fest verankert ist und dem Jahresalltag der Menschen einen charakteristischen Rhythmus verleiht.

Aber auch in den *Außertropen* mit der dort charakteristischen „Wetterhaftigkeit" des Klimas vollzieht sich der Ablauf der Witterung im Laufe des Jahres nicht so ungeordnet, wie es den Anschein haben mag. Schon bei analytischer Betrachtung von Einzelelementen, etwa von Temperaturkurven einer oder mehrerer Stationen, zeigen sich selbst bei Mittelwerten über sehr lange Reihen Unausgeglichenheiten im Verlauf. Man denke etwa an die „Verwerfung" der Temperaturkurve zur Zeit der Kälterückfälle im April und Mai. Auch in den entsprechenden Kurven anderer Elemente, wie sie beispielsweise in Flohn (1942, 1954) veröffentlicht sind, finden sich für verschiedene Stationen in Mitteleuropa jeweils immer in den gleichen Tagen des Jahres auftretende markante relative Minima oder Maxima. Man denke beispielsweise an die vermehrte Niederschlagshäufigkeit in bestimmten Perioden der zweiten Hälfte Juni, die immer wieder aus der Kurve der Regentage herausragen. Die *Kalendergebundenheit von Maxima und Minima* für einzelne Elemente muß natürlich auch mit einer entsprechenden Bindung der Witterung im Ablauf des Jahres gekoppelt sein. So bieten die statistischen Häufigkeitsverteilungen von Luftmassen, Lufttransporten und Wetterlagen Hilfsmittel, den charakteristischen Ablauf der Witterung im Laufe des Jahres festzulegen. Die angeführten komplexen Größen haben allerdings den unbestreitbaren und von ihren Gegnern gern ins Feld geführten Nachteil, daß sie als komplexe Größen nur diffus und nicht ohne subjektiven Spielraum abzugrenzen sind, daß eine einwandfreie statistische Belegung auf Schwierigkeiten stößt, auf die vor allem Bartels (1948) aufmerksam gemacht hat (Erwiderung Flohn, 1948). Gleichwohl liegen den charakteristischen Schwankungen der Elementenwerte reelle Tatbestände des Witterungswechsels zu Grunde. Es sind z. T. sehr alte, z. T. allerdings auch jüngere Wissensgüter des einfachen naturbeobachtenden Volkes, die in mehr oder weniger zutreffenden Regeln niedergelegt sind. Als solche sind die allerdings auch zuweilen „exportiert" worden in Gebiete, wo sie nur teilweise oder garnicht gelten können. Beispielsweise ist der alte schwedische „bondealmanak", der Bauernkalender, weiter nichts, als die nach der Christianisierung und abermals nach der Reformation aus Mitteleuropa mit anderen geistigen Kulturgütern kritiklos nach Nordeuropa gelangte Sammlung mitteleuropäischer Bauernregeln, von denen gewiß nur ein Teil in Nordeuropa noch gültig sein kann.

Schon immer kommt in den *Bauernwetterregeln* und *Lostagen* (E. Pastor, 1934 u. a.) ein volkstümliches Wissen um die kalendermäßige Bindung gewisser Witterungserscheinungen zur Geltung, das erst in jüngster Zeit seine wissenschaftliche Fundierung bzw. Bestätigung erhalten hat. Oft freilich verhüllt ein mystisch-mythischer Schleier den zutreffenden Wahrheitskern, oder Kalenderreformen wie der Wechsel vom Julianischen zum Gregorianischen Kalender haben eine Datenverschiebung bewirkt. Der *Kalenderwechsel* wurde 1582 zuerst in den katholischen Ländern eingeführt, 1700 erst im protestantischen Deutschland, 1752 in England, 1923 in der Sowjetunion und in Griechenland. Daraus ergeben sich jeweils verschieden lange Perioden, die übersprungen werden mußten: im Jahre 1582 waren es 10 Tage, 1700 11 Tage, um 1900 volle 15 Tage! Die Datenkorrektur kann also nicht überall mit gleichem Umfange einkalkuliert werden beim Vergleich heutiger mit früheren Lostagen. Manche Bauernregeln können deshalb heute nicht mehr mit ihrer beibehaltenen Datenformulierung stimmen. In der Regel hat man sich aber keine Gedanken darüber gemacht und etwa umdatiert, vielmehr war der echte Wissenskern offenbar in vielen Fällen verloren gegangen und eine abergläubische Anwendungsregel daraus geworden. Es verbleibt aber doch noch in vielen Fällen ein Körnchen Wahrheit echter zutreffender Naturbeobachtung, das zu finden und zu begründen ist. Der Bauer, Gärtner, Forstmann, Jäger, Fischer usw. vermag durch eigene und überlieferte Beobachtung eine Gliederung des Jahresablaufs vorzunehmen, die sich wissenschaftlich untermauern läßt.

Einige *Beispiele* mögen dies zunächst belegen. Die bekannte Bauernregel „Grüne Weihnachten – weiße Ostern" fußt auf der Tatsache, daß einem späten bzw. milden Winter bei allgemein stark zonaler, bei uns daher atlantisch geprägter Zirkulation ein kaltes Frühjahr zu folgen pflegt. Allerdings gilt das nur unter der Voraussetzung, daß die Tendenz zu zonaler Strömung im Winter ebenso erhalten bleibt, wie sie zum Frühjahr hin durch den meridionalen Strömungstyp der Zirkulation abgelöst werden muß. Zwar ist die *Erhaltungstendenz der Witterung* eigentlich ihre verläßlichste Eigenschaft, die dem Prognostiker die Arbeit entscheidend erleichtert; jedoch verbleibt die Ungewißheit des Umschlagszeitpunktes, die manche durchschnittlich richtige Bauernregel ebenso wie manche aktuelle Wetterprognose Lügen straft.

Ein anderes Beispiel bietet die *Siebenschläferregel* am 27. Juni, nach welcher bei Regen an diesem Tage dann 7 Wochen regnerischen Wetters folgen sollen (Goetze, 1941, 1948). Daß sie im Prinzip, wenn auch nicht auf den Tag genau, richtig ist, beweisen die statistischen Untersuchungen über die monsunähnlichen Vorgänge im mitteleuropäischen Sommer. Stößt die maritime Luft mit verbreiteten Niederschlägen Ende Juni weit in den Kontinent vor, dann besteht Aussicht, daß sich dieser einleitende Vorgang in gleicher Form wiederholt. Es ist also in diesem Falle weniger das exakte Eintrittsdatum des 27. Juni, was wichtig ist; denn dieses kann ohnehin wegen der Kalenderreform bei dieser alten Regel nicht mit dem heutigen 27. Juni, sondern nur mit einem um mindestens 10 Tage späteren Termin, also etwa dem 7. Juli verglichen werden. Auch um diese Zeit ist aber die Regenwahrscheinlichkeit noch unvermindert hoch, fällt sie doch in die „alte" Siebenschläferperiode hinein. Wichtiger ist vielmehr, daß eine auffällige Erhaltungstendenz für schlechtes Wetter, das um den 27. Juni – besser um den 7. Juli – sich einstellt, gegeben ist.

Andere Wetterregeln und Lostagssprüche haben ihre Treffsicherheit im Laufe der Zeit eingebüßt, weil sich die Rhythmik des Witterungsablaufs selbst etwas geändert hat (Heckert, 1955; v. Rudloff, 1967, S. 208–220).

So sind die noch im 18. und frühen 19. Jh. mit erstaunlicher Pünktlichkeit erwarteten und registrierten Kälteeinbrüche der *Eisheiligen* vom 11.–14. Mai in den Jahrzehnten seit 1845 unpünktlicher geworden oder überhaupt öfter weggeblieben. Im übrigen besagen sie ohnehin nicht mehr, als daß sie anzeigen, wann die an sich häufigen und keineswegs auf jene Tage allein beschränkten Kälterückfälle im Hinblick auf die Entwicklung der Kulturpflanzen besonders schadenbringend sind, so daß sie unangenehm in der Erinnerung haften bleiben. Bekanntlich sind bereits verblühte Obstbäume weniger gefährdet als in der vorangehenden Blühphase befindliche.

In dem alten Wort der „Bauernregel" ist bereits das Wesentliche, nämlich die kalendergebundene Regelhaftigkeit dieser Erscheinung, zum Ausdruck gebracht. *„Der Nachweis, daß im langjährigen Mittel manche Tage das Wetter einer Sorte im Überschuß haben, läßt uns wenigstens verstehen, wie das Volk dazu kommen konnte, manche Tage durch Wetterregeln auszuzeichnen. Wenn auch die meisten falsch sind, ist doch die Idee ein Hinweis darauf, daß aufmerksamen Naturbeobachtern nicht entgangen ist, daß sich Plus und Minus nicht für jeden Tag des Monats aufheben"* (Schmauss, 1929).

Die grundlegende Arbeit zur Ermittlung solcher Regelfälle stammt von Schmauss (1928), der übergreifende Tagesmittel des Niederschlags für Stationen mit besonders langer Beobachtungsreihe in Süddeutschland errechnete und in den Kurven für verschiedene Tagesfolgen im Jahr charakteristische relative Maxima und Minima feststellte, die er mit dem synoptischen Geschehen in Zusammenhang brachte, wobei er an die von Weickmann entdeckten Spiegelungspunkte im Wetterablauf, vor allem hinsichtlich des Druckganges, anknüpfte. Die materialmäßige Ausgangsbasis für solche Betrachtungen liegt zwar noch im Bereich der analytischen Mittelwertsklimatologie, die entscheidende Auswertung trägt aber bereits synoptisch-klimatologischen Charakter. Die besonders hervortretenden, sich für verschiedene Stationen wiederholenden relativen Maxima und Minima der Kurven bezeichnete Schmauss als *„Singularitäten"* im Sinne von Abweichungen von der geglätteten Durchschnittskurve. Dieses Wort ist in der Folgezeit mit dieser Inhaltsgebung in der Meteorologie, auch des Auslandes, bis zum heutigen Tag viel angewandt worden, obwohl es eine Bezeichnung ist, die zu Mißverständnissen Anlaß geben könnte. Schmauss war selbst in späteren Jahren bemüht, sie zu ersetzen durch einen zutreffenderen Namen; u. a. sprach er von „Wetterwendepunkten". Korrekter wäre es, mit „Singularität" wirklich einmalige Sonderfälle des Witterungsgeschehens ohne kalendermäßige Bindung anzuwenden und demgegenüber die regelhaft auftretenden, an bestimmten Tagen fälligen Ereignisse als *Regelfälle* oder *Regularitäten* zu fixieren. Auch im englischen Sprachraum sind übrigens Verbesserungsvorschläge zur eindeutigeren Benennung gemacht worden, indem das Wort *calendaricity* für singularity empfohlen wurde (Brier, Chapiro u. MacDonald, 1963).

Auf dem Wege, die für Süddeutschland von Schmauss aufgezeigten Singularitäten mit dem charakteristischen Verlauf der Witterung über Deutschland in Verbindung zu bringen, hat Flohn (1942) für eine Reihe von Stationen aus ganz Deutschland den Jahresgang der Tagesmittelwerte für verschiedene Elemente analysiert und daraus die synoptischen Konsequenzen gezogen, indem er *Witterungsregelfälle* herausanalysierte. Solche liegen dann vor, wenn sie an einem betreffenden Tag mit einer statistischen Wahrscheinlichkeit von mehr als 67% auftreten. Baur (1940) hat für Ähnliches die Bezeichnung „klimatische Häufigkeitsgipfel" vorgeschlagen. Allerdings kann man mit dem rein mathematisch-statistischen Argument, gegen das Bartels (1948) mit Recht Einwände erhob, allein nicht das Wesentliche dieser großräumigen synoptischen Erscheinungen erfassen. Es gehört auch die Gabe einer zunächst intuitiven Erfassung der sehr komplexen Vorgänge dazu, auch wenn diese noch nicht genügend exakt statistisch faßbar sind. Aufgegriffen wurde das Problem bereits von Brandes (1926).

Man muß in diesem Zusammenhange die Frage der *natürlichen Jahreszeiten* anschneiden. Die herkömmliche astronomische Einteilung unseres Kalenders nach den Sonnenständen deckt sich am allerwenigsten mit natürlichen Witterungsabschnitten. Schon besser ist dies für Mitteleuropa der Fall bei den meteorologischen Jahreszeiten: Winter XII–II, Frühling III–V, Sommer VI–VIII, Herbst IX–XI. An Hand der Frankfurter Temperaturmittelwerte fand F. Baur (1964), daß der Abschnitt vom 1.VI.–31. VIII ganz symmetrisch die wärmste Zeit und der vom 1.XII. bis 28.II. die kälteste umfaßt. Aber diese Einteilung, die sich nur auf den mittleren Temperaturgang stützt, gilt nur für Mitteleuropa und trägt dem genetischen Gesichtspunkt nicht Rechnung. Man muß vielmehr den komplexen Witterungscharakter berücksichtigen. Das geschieht auf folgende Weise.

Durch die verschiedenen, mehr oder weniger wahrscheinlichen Regelfälle kann man das Jahr in einzelne natürliche Abschnitte, die *synoptischen Jahreszeiten,* gliedern, die sich mit den astronomischen oder den meteorologischen keineswegs dekken. Wir geben eine solche Jahresgliederung in Anlehnung an Flohn und Hess (1949) und Flohn (1954), wobei der Begriff des Regelfalles auf die Eintreffwahrscheinlichkeit von mindestens 67% begrenzt wird. Es ergibt sich daraus das nachstehend in der Tab. III.f) 1 wiedergegebene Bild.

Ein erheblicher Teil dieser Witterungsregelfälle ist bereits in altbekannten Wetterregeln enthalten wie Aprilwetter, Schafskälte, Altweibersommer, Martinssommer und Weihnachtstauwetter. Andere hier nicht aufgeführte Regelfälle wie der Märzwinter um den 10. 3., die Eisheiligen um den 11. 5., der Siebenschläfer am 27. 6. und die Hundstage um den 14. 7. erreichen in der 67jährigen Reihe den Grenzwert von 67% Eintreffwahrscheinlichkeit nicht, was aber nicht ausschließt, daß sie während einer kürzeren Jahresreihe sehr regelmäßig aufgetreten sein können. Die Eisheiligen sind von 1881 bis 1910 in 77% aller Jahre eingetreten, seither nur noch in 58%, und das Weihnachtstauwetter hat erst in den Dezennien erhöhter

Tab. III.f) 1. Witterungsregelfälle in Mitteleuropa. (Nach Flohn u. Hess, 1949 u. Flohn, 1954)

Regelfall (mit Abkürzung) zyklonal (nach links versetzt) antizyklonal	Zeitraum	Großwetterlage	rel. Häufigkeit 1881 – 1947	
Tauwetter 2 (T^2)	1.–10. 12.	Westwetter	81%	
Frühwinter (Wf)	14.–25.12.	Winterhoch Osteuropa		67%
Weihnachstauwetter (T^3)	23. 12.– 1. 1.	Westwetter	72%	
Hochwinter (Wh)	15.–26. 1.	Kontinentalhoch		78%
Spätwinter (Ws)	3.–12. 2.	Winterhoch Nordost-europa		67%
Vorfrühling (Fv)	14.–25 . 3.	Kontinentale Hochs		69%
Spätfrühling (Fs)	22. 5.– 2. 6.	Nord- u. Mitteleuropa-hochs		80%
Sommermonsun 2 (M^2) = Schafkälte	9.–18. 6.	Nordwestwetter	89%	
Sommermonsun 5 (M^5)	21.–30. 7.	Westwetter	89%	
Sommermonsun 6 (M^6)	1.–10. 8.	Westwetter	84%	
Spätsommer (Ss)	3.–12. 9.	Mitteleuropahochs		79%
Frühherbst (Hf) = Altweibersommer	21. 9.– 2. 10.	Mittel- u. Südosteuropa-hochs		76%
Mittherbst (Hm) = Martinssommer	28. 10.–10. 11.	Mitteleuropahochs		69%
Spätherbst (Hs)	11.–22. 11.	Mitteleuropahochs		72%

winterlicher Zyklonalität in unserem Jahrhundert den Charakter eines sehr markanten Regelfalles angenommen (von Rudloff, 1967, S. 240–242). Im ganzen zeigt sich auch eine unterschiedliche Persistenz der Regelfälle, je nachdem es sich um antizyklonale oder zyklonale Regularitäten handelt. Flohn (1954) hat darauf hingewiesen, daß sich die antizyklonalen Regelfälle am besten zu einer Großgliederung des Jahresablaufes nach natürlichen Jahreszeiten eignen, während die zyklonalen eine größere Streuweite in zeitlicher Hinsicht aufweisen. So ist der Altweibersommer besonders prägnant und charakteristisch unbeschadet der Tatsache, daß seine statistische Häufigkeit in der langen Beobachtungsreihe, die der voraufstehenden Tabelle zu Grunde liegt, keineswegs über dem Durchschnitt liegt. Er streut in seinem zeitlichen Auftreten relativ breit, ist aber für den Zeitraum, in welchem er auftritt, ungemein kennzeichnend und in seinem Erscheinungsbild gut abgrenzbar. Das läßt sich von den statistisch mit höchsten Wahrscheinlichkeiten auftretenden Sommermonsunvorstößen zyklonaler Art nicht sagen, denn ihre Ausbildung im tatsächlichen Ablauf fällt sehr verschieden aus, auch wenn die „Zacke" in der Luftdruckkurve pünktlich eintritt. Die Unterschiedlichkeit des Witterungscharakters ist auf verschiedene Zugbahnen der eintreffenden Luftmassen und deren thermischer Relation zum Festland zurückzuführen.

Das Problem, mit Hilfe der Regelfälle eine *genetische Jahreszeitengliederung* für Mitteleuropa aufzustellen, geht auf Schmauss (1938) zurück und ist später durch andere Autoren verfeinert und statistisch unterbaut worden. Er läßt das Winterhalbjahr mit der Ablösung des antizyklonalen Altweibersommers durch die ersten zyklonalen *Herbststürme* um den 3. Oktober beginnen. Es folgen jedoch Ende Oktober und bis in die dritte Novemberdekade hinein wiederholt noch antizyklonale ruhige, wenn auch nunmehr oft schon neblige Perioden, von denen vor allem der in der ersten Novemberdekade zu erwartende *Martinssommer* genannt sei. Vom 21.–24. XII. schaltet sich eine Kälteperiode mit sonnigem trockenem Frostwetter, der *Frühwinter,* ein (F. Baur, 1964), die sich nach dem Material, das Flohn verarbeitet hatte, sogar auf die Spanne vom 14.–25. XII. ausdehnen läßt. Der Höhepunkt der Zyklonaltätigkeit wird nach Schmauss um den 6. Januar erreicht, eingeleitet durch die mit dem *Weihnachtstauwetter* oftmals unvermittelt einsetzenden Warmluftvorstöße vom Atlantik her. Die Zyklonaltätigkeit klingt dann, unterbrochen durch die kontinentalen, meist antizyklonalen Kaltluftvorstöße des *Hochwinters* (vgl. Blüthgen, 1940) rasch ab. Diese Kälteperiode liegt nach F. Baur vom 18.–25. Januar, nach Flohn und Hess vom 15.–26. Januar. Zyklonale Tätigkeit erfährt aber nochmals um die Monatswende Januar/Februar – nach F. Baur vom 26./28. I.–4. II. – eine sich häufig als Tauwetter mit SW-NW-Wetterlagen manifestierende Aktivierung, gefolgt von einem Wintereinbruch im Gefolge skandinavischer Hochs vom 7.–10. II., dem *Spätwinter* Flohns (3.–12. II.). Erst im März erlahmt die zyklonale Aktivität. Die Umstellung der in diesem Monat stark kontinental geprägten Witterung auf die wieder mehr zyklonal bestimmte des unruhigen *Aprilwetters* mit seinen wiederholten Nordwestluftvorstößen bzw. Vorstößen skandinavisch-polarer Kaltluft erfolgt bereits um den 27. März. Anhaltende nordwestliche Höhenströmung sorgt für die häufige Regeneration dieses unruhigen Wettertyps, der praktisch die Überwindung der jetzt erst maximal ausgedehnten polaren Kaltluftproduktion durch die wachsende und von S nach N ungeheuer rasch zunehmende Insolationswirkung darstellt. Er ist nicht an bestimmte Tage, wohl aber an den Zeitraum Ende März bis Anfang Mai gebunden. Von Ende April ab macht sich dabei auch bereits die Warmluftadvektion, vorerst von den südeuropäischen Reservoiren aus, bemerkbar. Diese führt im Mai dann, wenn die letzten polaren Kälteeinbrüche mit den sie Mitte des Monats noch oft begleitenden Schadensfrösten *(Eisheilige)* überwunden sind, zu der in Mitteleuropa sehr verläßlichen, daher urlaubsmäßig oder für Festveranstaltungen im Freien ausnutzbaren warmen *Schönwetterperiode Ende Mai,* dem *Spätfrühling* (Fs) obiger Tabelle. In vier von fünf Jahren ist sie bisher aufgetreten! Sie endet meist in einer Gewitterperiode vor den herannahenden atlantischen Tiefdruckstörungen. Um den 3. Juni erfolgt dann die abermalige, mit einer „Temperaturverwerfung" nach unten einhergehende Umstellung auf die Zufuhr maritimer Luft nach Mitteleuropa. Sie ist mit kühler regnerischer Witterung verbunden, weshalb die um diese Zeit frisch geschorenen frierenden Schafe ihr zu der Bezeichnung *Schafkälte* verholfen haben. Ihren Tiefpunkt erreicht die Schafkälte Mitte Juni. Diese Maritimluftvorstöße leiten eine Zirkulationsperiode im Jahresablauf ein, die auch als *europäischer (Sommer-)Monsun* bezeichnet wurde (Roediger, 1929), allerdings de facto nur gewisse Ähnlichkeiten mit dem asiatischen Monsun aufweist und genetisch gar nichts mit ihm zu tun hat. Es ist daher wohl richtiger, hier nur mit großem Vorbehalt monsunähnlicher Wetterumstellung zu sprechen. Es ist nicht einmal sicher, ob es überhaupt kontinentale Erwärmungsvorgänge sind, die diese Umstellung auslösen, und Pédelaborde wendet sich daher scharf gegen die Bezeichnung als Monsun für diese Witterungsperiode, die in Frankreich ebenso wie in Deutschland zu verspüren ist: *„On ne peut pas, d'autre part, appliquer l'étiquette de ‚mousson' aux courants perturbés d'W qui représentent tout simplement le courant zonal"* (1957/58,

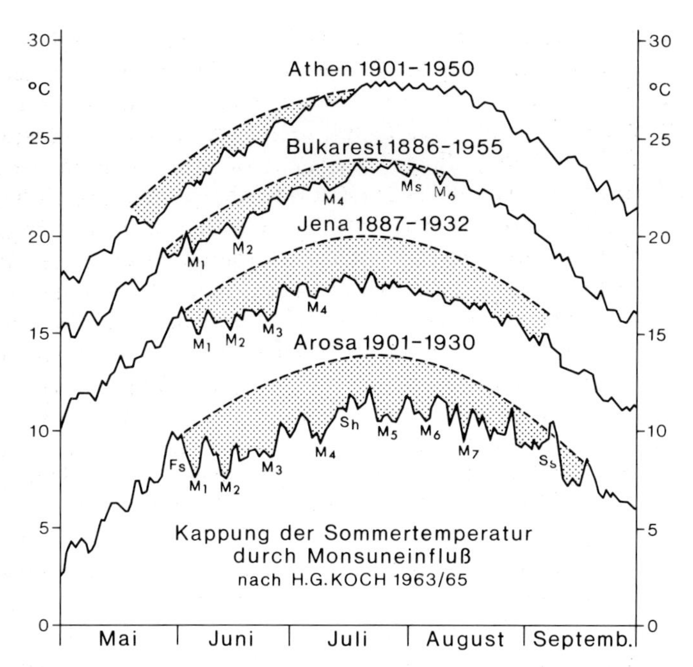

Abb. III.f) 1. Langjährige Tagesmittel der Lufttemperatur an Säkularstationen in Mittel- und Südost-Europa im Vergleich (nach Koch, 1963). Die in Jena und Arosa deutliche Kappung der Sommertemperatur unter dem Einfluß des „europäischen Sommermonsuns" geht in SE-Europa weitgehend verloren

S. 154). Man darf allerdings vorgreifend hinzufügen, daß es auch beim asiatischen Monsun nicht einfach kontinentale Erwärmungsvorgänge sind, die für sich allein den Mechanismus auslösen. Besonders von Ende Juni/Anfang Juli an (*Siebenschläfer* 27. Juni, nach dem alten Kalender, heute richtiger 7. Juli) pflegen sich die Vorstöße von Meeresluft, allerdings von Jahr zu Jahr mit wechselnder Intensität, zu wiederholen, so daß in Jahren mit ausgeprägt zonal-zyklonaler Strömung verregnete Sommer resultieren. Erst im August läßt die Kraft nach und besonders ab Anfang September stellen sich sehr regelmäßig antizyklonale Schönwetterperioden mit leichter hoher Bewölkung und milden Südwinden ein, die nun die bislang seit Anfang Juni relativ abgesunkene Temperaturkurve (vgl. Abb. III.f) 1) wieder anheben. Zwar pflegen Mitte September, häufig Zyklonalvorstöße, vielfach sogar mit empfindlicher Abkühlung und dem ersten Schnee im Gebirge bzw. in Lappland (Blüthgen, 1940), eine Unterbrechung herbeizuführen; aber die zweite Monatshälfte zeichnet sich im allgemeinen wieder durch konstante Hochdrucklage, den typischen *Altweibersommer,* aus. Zumindest ist die Tageswärme noch hoch, wenn auch bei klaren Nächten in vorher eingeflossener Polarluft u.U. bereits wegen der längeren Ausstrahlungsmöglichkeit mit den ersten Frühfrösten, die in den Gärten die Dahlien und das Blumenrohr welken lassen, gerechnet werden muß. Erst Anfang Oktober geht diese heitere ruhige Witterungsperiode zu Ende, womit der Jahresring dieser natürlichen Jahreszeiten geschlossen wäre.

Die vorauf geschilderten Begleitwitterungen, die mit den regelhaft auftretenden synoptischen Konstellationen verbunden sind, können natürlich nur für einen be-

Tab. III.f) 2. Witterungsregelfälle über den Britischen Inseln. (Nach H. H. Lamb, 1950).

16.–30. VIII.	erste Herbststürme
5.–30. IX.	Altweibersommer-Antizyklonen
24. X.–13. XI.	Spätherbstregen
15.–24. XI.	ruhiges, nebliges Antizyklonenzwischenspiel
25. XI.–10.XII	Frühwinterstürme- und regen
19.–23. XII.	kontinentale und nordeuropäische Antizyklonen der Wintersonnenwende
25.–31. XII.	Weihnachtstauwetter und Jahresschlußstürme
5.–11. I.	erneute Stürme Anfang Januar
20.–23. I.	Antizyklonen in Europa und Süd- und Ostgroßbritannien
27. I.–3. II.	erneute Stürme, Böen, Regen oder Schnee
8.–13. II.	Februarantizyklonen
26. II.–9. III.	kalt stürmisch
12.–22. III.	Vorfrühlingsantizyklonen über Großbritannien und Europa
28. III.–1. IV.	kalt stürmisch
12.–19. IV.	kalt stürmisch
29. IV.–16. V.	Nordwetter, antizyklonale Intervalle
21.–31. V.	Vormonsunschönwetter
1.–4., 12.–14. VI.	erste europäische Sommermonsunwellen, stürmisch, kühl
5.–11. VI.	Antizyklonen über den Britischen Inseln und Westeuropa
18.–22. VI und 14 Tage darauf	Rückkehr des Westwetters
23.–30. VII. und Folgewoche	Gewittrig, zyklonal über Europa und Großbritannien

stimmten Raum erwartet werden. Ihre *Gültigkeit* ist *regional begrenzt* und sie muß sich je nach der Lage eines Gebietes zu den bestimmenden synoptischen Aktionszentren der betreffenden Großwetterlage ändern. Aus der Zusammenstellung der Witterungsregelfälle über den Britischen Inseln von Lamb (1950) in Tab. III.f) 2 ergibt sich noch eine relativ große Übereinstimmung mit dem für Mitteleuropa beschriebenen Verlauf. Westeuropa ist im Bezug auf die Witterungstendenz in seinen kontinentnahen Teilen, beispielsweise im Londoner Raum, noch eng mit dem westlichen Europa korreliert. Wales und Schottland dagegen haben in den Fällen, in denen der SE der Britischen Inseln unter antizyklonalem Einfluß mitteleuropäischer Hochdruckgebiete steht, oft bereits zyklonal geprägte ozeanische Witterung. Je weiter man sich bei solchen Wetterlagen nach N oder W begibt, um so gegensätzlicher wird die Witterung. Warmes trockenes Urlaubswetter in Mitteleuropa pflegt solches in Mittel- und Nordskandinavien auszuschließen. Es ist auch nicht möglich, daß die Zyklonaltätigkeit, die nach Weihnachten zur Erwärmung in Mitteleuropa führt, in Island oder auch in Lappland die gleiche Wirkung besitzt. Diese Gebiete liegen dann auf der kalten Seite der Zyklone, so daß eher im Sinne einer gegensätzlichen Koppelung während des mitteleuropäischen Tauwetters mit einem Kälteeinbruch in den nördlichen Regionen gerechnet werden muß. Für die sommerlichen, kalendergebundenen Meeresluftvorstöße nach Mitteleuropa hat Koch (1963) an Hand langjähriger Säkularstationen Mittel- und Südosteuropas ein Ausklingen der thermischen Wirkung der Meeresluftvorstöße zwischen Mitteleuropa und den südlichen Balkanländern nachgewiesen. Hier fehlt nämlich jeweils die zweite Hälfte des sommermonsunal abgesenkten Abschnittes der Temperaturkurve, während der erste noch bis nach Griechenland deutlich nachweisbar ist (s. Abb. III.f) 1).

Ein anderes, besonders im Zusammenhang mit den Ursachen der Witterungsregelfälle interessierendes Problem ist die zeitliche *Konnektion über große Entfernungen* hinweg. Baur (1964) hat auf die positive Korrelation zwischen der mitteleuropäischen Hochwinterlage vom 18.–25. Januar mit dem etwas später auftretenden bekannten Januartauwetter *(„january thaw")* im Innern Nordamerikas hingewiesen. Nach Duquet (1963) ist das Anfang Januar (3.–16. 1.) regelhaft eintretende Tauwetter an Zyklonen gebunden, die vom Golf von Mexiko in den Raum der Appalachen ziehen und auf ihrer Westseite Warmluft weit in den Kontinent hineinführen. Diese Wärmewelle ist meist gekoppelt mit einer Kältewelle, die mit einem gewissen Zeitverzug meist in der Zeit zwischen dem 12. und 30. Januar aus einem Hochdruckgebiet über Alaska auf der Rückseite der vorgenannten Zyklonen von NW her über den Kontinent zieht. Die Koppelung von Wärmewelle und kompensierendem Kälterückfall ist ein gutes Beispiel für das Nebeneinander von Regelfällen mit verschiedenen Vorzeichen. Ein anderes Beispiel gleichgerichteter Regelfälle ist die auffallend weiträumige Gültigkeit der frühherbstlichen Hochdrucklage, die in Mitteleuropa als *Altweibersommer,* in Nordamerika als *„indian summer",* als *„britsommar"* (d.h. Birgittensommer, genannt nach dem Namenstag der heiligen Birgitta) in Schweden und mit ähnlicher ruhiger Nachsommerwetterlage sogar in Ostasien auftritt (vgl. Flohn, 1947/48). Die Begründung für solche Regelfälle und ihre Konnektionen muß in globalen Tendenzen der allgemeinen Zirkulation gesucht werden. Darin liegt auch eine gewisse Chance für die Bemühungen, Zirkulationstypen und eine synoptisch begründete Jahreszeitengliederung für die ganze Nordhemisphäre aufzustellen, wie es in der bereits zitierten Arbeit von Dzerdzevsky (1966, 1968) dargelegt ist.

In Ostasien gehört die Kenntnis regelhaften Witterungsablaufes im Jahresgang zu alt überlieferter Volksweisheit. Die von Yoshino (1968) veröffentlichte wissenschaftlich begründete Jahreszeitengliederung geht bereits auf verschiedene Vorarbeiten von Takahashi (1955), Kurihara (1958) und Nagao (1960) z.B. zurück.

Bleibt das schwere *Problem der meteorologischen Ursachen* des zeitlich in bestimmten Jahresabschnitten gehäuften Auftretens bestimmter Großwetterlagen und ihrer großräumigen Telekonnexionen. Flohn (1947) hat stratosphärische Wellenvorgänge als Ursache der Singularitäten der Witterung angegeben. Diese Richtung der Argumentation entspringt aus den zahlreichen Untersuchungen über Luftdruckwellen und Spiegelungspunkte, die von der Leipziger Meteorologenschule unter L. Weickmann sen. („Wellen im Luftmeer", 1924) durchgeführt und die von Flohn (1947) zusammenfassend referiert worden sind. Wahl (1953) und später Bayer (1959) unterscheiden bei der Frage nach der physikalischen Natur zwischen *primären Singularitäten,* die solche des hochtroposphärischen Strömungsverlaufes, also vorwiegend zonalen bzw. meridionalen Austausches im 500 mb-Niveau darstellen, und *sekundären* oder regionalen *Singularitäten,* welche die Auswirkungen der erstgenannten im Witterungs- und Wetterverlauf in der erdnahen Troposphäre betreffen. Letztere sind zwar die klimageographisch relevanteren, streuen aber wesentlich mehr als die primären Singularitäten. Später (1965) hat Bayer die Änderungen des Luftdruckfeldes über Europa im Jahresgang mit dem Ziel analysiert, eine Objektivierung von Beginn und Ende des Sommer- bzw. Winterhalbjahres im Zusammenhang mit der Änderung der Zirkulation zu erlangen.

IV. Allgemeine Zirkulation der Atmosphäre

a) Die Grundzüge im Überblick

Nachdem in den vorangegangenen Abschnitten die wichtigsten einfachen und komplexen Bausteine des atmosphärischen Bewegungsmechanismus behandelt worden sind, gilt es nun, deren räumliches und zeitliches Ineinandergreifen im Gesamtbewegungsmechanismus der A. als Ganzem zu betrachten. Trotz aller möglichen Variationen mit ihrer kurzfristigen Veränderlichkeit unterliegen die Bewegungsvorgänge in der A. einer globalen geophysikalischen Grundordnung, die man als die *„Allgemeine Zirkulation der Atmosphäre“*[1] (zuweilen auch einfach *„Zirkulation der A.“* oder – nicht genügend umfassend – „Planetarische Zirkulation“) bezeichnet. Der physikalische Zwang, der hinter ihr steht, die Ursache, ist letztlich die unterschiedliche Energiezufuhr, wie sie aus der Sonnenstrahlung unter den gegebenen planetarischen Bedingungen in den verschiedenen Breitenzonen sowie über den Kontinenten und Ozeanen resultiert [die Kap. II.b) 1.–7. sind der Ableitung dazu gewidmet]. Im Endeffekt ist die AZA also ein *Austauschmechanismus zum Ausgleich der Energieunterschiede.* Er vollzieht sich über den Luftmassenaustausch zwischen Energieüberschuß- und -defizitgebieten. Da die A. als ganzes massenmäßig ein abgeschlossenes System darstellt, muß sich der Bewegungsmechanismus für den Austausch letztlich *in Form in sich geschlossener Kreisläufe (= Zirkulationen)* vollziehen. Wie er im einzelnen gestaltet ist und welche meteorologischen Konsequenzen in seinen Teilgliedern auftreten, das hängt außer von der Größe der regionalen Energieunterschiede in sehr komplizierter Weise noch von den Materialeigenschaften der Luft und des Wassers sowie von erdmechanischen und geographischen Bedingungen ab. Wie kompliziert es ist, möge man daraus ersehen, daß es auch bei den aufwendigsten Rechenverfahren, die in den letzten Jahrzehnten zur Simulation der Bewegungsabläufe entwickelt und mit Hilfe elektronischer Anlagen durchgeführt worden sind, immer notwendig ist, drastisch vereinfachende Randbedingungen einzuführen, um die Zahl von physikalischen Eingangsgleichungen in überschaubarem und die Rechenzeit in vertretbarem Rahmen zu halten. Daraus folgt, daß unsere Kenntnis über die AZA noch *auf Modellvorstellungen beruht,* die im Laufe der Jahrzehnte nach der Art eines Mosaiks Stein für Stein zusammengebaut, ersetzt und ergänzt worden sind.

Zusammengenommen kann man davon ausgehen, daß *die AZA der mittlere Zirkulationsmechanismus in der Lufthülle der Erde ist, welcher sich, von der solar bedingten unterschiedlichen Energiezufuhr in Gang gesetzt, zum globalen Ausgleich von Wärme, Masse und Bewegungsenergie unter den materialmäßigen Eigenschaften von Luft und Wasser sowie den erdmechanischen und geographischen Bedingungen einstellt.*

---

[1] im Folgenden als AZA abgekürzt.

Der mittlere Bewegungsmechanismus unterliegt einerseits in all seinen Teilgliedern zeitlich und räumlich begrenzten Variationen der langfristigen Grundbewegung und enthält andererseits als Einlagerungen spezielle Zirkulationen regionalen oder lokalen Ausmaßes. Die dynamischen Eigenschaften der einzelnen Teilstücke der Gesamtzirkulation und ihre meteorologischen Konsequenzen bestimmen zusammen mit den Strahlungs- und den geographisch-räumlichen Randbedingungen die regionale Klimadifferenzierung auf der Erde. So bietet die AZA das *Fundament für einige genetische Klimaeinteilungen,* die im Kap. VI.b) 2 zu behandeln sein werden.

1. Grundgegebenheiten und unterschiedliche Modellansätze

Als *Ausgangsbasis* für eine Übersichtsdarstellung der AZA seien folgende *Fakten der globalen Energieverteilung* noch einmal zusammengestellt, die im Kap. II. b) abgeleitet wurden:

Die Einnahme der Strahlungsenergie von der Sonne erfolgt im wesentlichen an der Erdoberfläche, die Energierückgabe an den Weltraum hauptsächlich von den höheren Atmosphärenschichten. Das bedeutet, daß im zeitlichen und räumlichen Mittel ein Energietransport vom Grunde der A. in ihre höheren Teile gesichert sein muß.

Global gesehen ist der größte Teil des Energiegefälles zwischen den hohen Einnahmewerten der Tropen und den vier- bis sechsfach kleineren der Polarkalotten auf die Mittelbreiten zwischen 30 und 60° auf beiden Halbkugeln konzentriert. Es läßt sich abschätzen, daß durch das Vertikalprofil der A. im Breitenring 40° rund $4 \cdot 10^{19}$ kcal pro Jahr polwärts transferiert werden müssen.

Das Energiegefälle ist im Winter der jeweiligen Halbkugel erheblich stärker als im Sommer (vgl. Tab. II.b) 6).

Wegen der unterschiedlichen geographischen Bedingungen (Kontinent mit Inlandeisschild im Süden, Polarbecken mit Meereisdecke im Norden) ist auf der Südhalbkugel im Winter ein geringfügig stärkeres, im Sommer ein doppelt so großes Gefälle als auf der Nordhalbkugel vorhanden.

Diese strahlungsklimatischen Tatsachen führen zu einer mittleren *vertikalen und meridionalen Temperaturverteilung* in der A., die in den Kap. II.c) 3. u. 5. abgeleitet wurde und im Hinblick auf die AZA folgende wichtigen Grundtatsachen aufweist (s. Abb. II.c) 2 u. Abb. II.c) 4):

Der größte Teil des meridionalen Temperaturgefälles ist in allen Höhen der Troposphäre sowie der unteren Stratosphäre auf den Breitenring zwischen 30 und 50°, auf die „Planetarische Frontalzone", konzentriert. Besonders in den Tropen, aber auch in der Polarkalotte sind die meridionalen Temperaturunterschiede sehr viel geringer. Schematisiert betrachtet, liegt zwischen einer Breitenzone einheitlich warmer Tropikluft und zwei Kalotten einheitlich kalter Polarluft auf beiden Halbkugeln ein Übergangsring, in welchem der größte Teil des hemisphärischen Temperaturgegensatzes konzentriert ist und in dem die Flächen gleicher Temperatur ein starkes Gefälle polwärts aufweisen. Diese Übergangszonen werden als die nord- bzw. südhemisphärische planetarische Frontalzone bezeichnet.

Basierend auf den Strahlungsbedingungen ist der thermische Gegensatz im Winter der jeweiligen Halbkugel größer als im Sommer, die planetarische Frontalzone schärfer ausgeprägt. Vom Sommer zum Winter verlagert sich die planetarische Frontalzone im Zusammenhang mit der Änderung der Strahlungsenergieverteilung um 5–10° äquatorwärts.

Auf der Südhemisphäre ist in den tieferen Schichten der Troposphäre der thermische Gegensatz zwischen tropischer Warmluft und polarer Kaltluft besonders im Sommerhalbjahr wesentlich größer als auf der Nordhalbkugel.

Als Folge dieser meridionalen Differenzierung von Energiebilanz und Wärmeverteilung in der A. resultiert nach den in den Kap. II.g) 2. u. 3. abgeleiteten Regeln die in den Abb. II.g) 1–4 dargestellte mittlere *Luftdruckverteilung in der mittleren Troposphäre* (Niveau zwischen 4500 und 6000 m NN). Sie weist im Sommer wie im Winter der jeweiligen Halbkugel in den genannten Schichten der A. (und auch darunter) ein durchgehendes Luftdruckgefälle vom Rande der Tropen zu den Polargebieten auf, wobei die größten meridionalen Luftdruckunterschiede im Bereich der Mittelbreiten zwischen 30 und 60° auftreten.

Da sich die für die Druckunterschiede verantwortlichen thermischen Einflüsse mit der Höhe summieren [vgl. Kap. II.g) 2.], muß das meridionale Druckgefälle von den unteren zu den oberen Troposphärenschichten zunehmen. Wegen der unterschiedlichen Höhenlage der Tropopause als Grenzfläche zwischen unterer Troposphäre mit vertikaler Temperaturabnahme und Stratosphäre mit Isothermie oder sogar leichter Temperaturzunahme [vgl. Kap. II.a) 5. u. II.c) 5.] herrscht im Höhenstockwerk der unteren *Stratosphäre* besonders im Sommer ein den Verhältnissen in der Troposphäre *entgegengesetztes meridionales Temperaturgefälle.* Die höheren Temperaturen liegen über den Polarkalotten, die tieferen über der Äquatorregion. Folge davon ist, daß die Schicht größten Druckgefälles in der hohen Troposphäre dicht unterhalb der Tropopause liegen muß.

Als Ergebnis der strahlungsklimatischen und thermischen meridionalen Differenzierung resultiert also folgende *mittlere planetarische Luftdruckverteilung als Ausgangsbasis für die AZA:*

Im Bereich der Tropen herrscht vor allem in den mittleren und höheren Schichten der Troposphäre im Vergleich zu den höheren Breiten relativ hoher Luftdruck mit geringen horizontalen Unterschieden. Es ist der *tropische Hochdruckgürtel.* Über den Polargebieten befindet sich in den entsprechenden Höhenlagen je ein in sich geschlossenes Tiefdruckgebiet, die *nord- bzw. südhemisphärische „Planetarische Polarzyklone“.* Das Luftdruckgefälle zwischen tropischem Hochdruckgürtel und polaren Tiefs ist auf die Mittelbreiten (ca. 30–60°) beider Halbkugeln konzentriert. Da diese Verteilung als direkte Folge aus dem von der Strahlungsverteilung permanent aufrechterhaltenen Temperaturunterschied zwischen dem tropischen Warmluftring und den polaren Kaltluftkalotten resultiert, ist sie eine *permanente Erscheinung, die* nur jahreszeitlichen und lokalen Änderungen, aber *keiner grundsätzlichen Umkehr* unterliegen kann.

Mit den in dieser Luftdruckverteilung enthaltenen horizontalen Luftdruckgefällen zwischen Tropenhoch und Polarzyklonen ist entsprechend den Feststellungen in Kap. II.h) 1. jenes Kräftefeld gegeben, welches den Bewegungsmechanismus der AZA in Gang setzt.

Bevor darauf eingegangen wird, wie er im einzelnen abläuft, seien anhand der Abb. II.g) 1–4 noch einige wichtige, über die o.g. Grundanordnung hinausgehende *Details der mittleren Höhendruckverteilung* über beiden Halbkugeln festgehalten, auf die an einer bestimmten Stelle der folgenden Ableitung zurückzukommen sein wird.

1. Der Luftdruckunterschied zwischen den polaren Rändern des Tropenhochs und den äquatorwärtigen der Polarzyklonen ist im 500 mb-Niveau im Sommer der jeweiligen Halbkugel geringer als im Winter. Besonders krass ist die jahreszeitliche Veränderung auf der Nordhalbkugel (im Winter viermal größeres Gefälle als im Sommer), vergleichsweise klein ist der Unterschied zwischen Sommer- und Wintersituation auf der Südhalbkugel mit dem polaren antarktischen Kontinent.
2. Die jahreszeitlichen Unterschiede beruhen im wesentlichen auf der Druckänderung in der Polarzyklone, während die Stärke des Tropenhochs nur wenig schwankt.
3. Innerhalb des tropischen Hochdruckgürtels sind drei Antizyklonen als geschlossene elliptische Hochdruckzellen ausgebildet, die mit ihrer Längsachse im Grenzbereich von Subtropen und Tropen liegen („subtropisch-randtropische Antizyklonen“). Ihre Schwerpunkte liegen jeweils über den Ozeanen.
4. Im Winter der jeweiligen Halbkugel sind die Antizyklonen weniger ausgedehnt und liegen mit ihren Achsen etwas südlich der Wendekreise. Im Sommer sind sie umfangreicher und ca. 10° polwärts verschoben.
5. Besonders die nordhemisphärische Polarzyklone ist nicht rotationssymmetrisch gebaut. Im Winter weist sie zwei Zentren tiefsten Druckes auf, das eine über dem kanadischen Archipel, das andere über der Mandschurei. Von den beiden Tiefdruckkernen gehen Tiefdruckausläufer in Form von Ausstülpungen der Polarzyklone in Richtung auf die Ostseite Nordamerikas und das ostasiatische Küstengebiet. Eine dritte schwache Ausstülpung verläuft von der Barentsee über Europa nach Nordafrika.
6. Im Sommer ist die Asymmetrie der nordhemisphärischen Polarzyklone wesentlich geringer. Die für den Winter besprochenen Ausstülpungen sind aber in der gleichen Lage, nur schwächer, zu erkennen.

Und nun zum Bewegungsmechanismus der AZA. Nach der o.a. Ableitung des aus der verursachenden und zum Ausgleich anstehenden Energiedifferenzierung auf der Erde resultierenden Kraftfeldes für den Antrieb der AZA ist es wohl eindeutig, daß *der ältere* und auch heute noch häufig in geographischen Lehrbüchern zu findende *Ansatz* falsch ist, die Hauptantriebsquelle der vielfach als „thermodynamische Maschine“ bezeichneten globalen Austauschvorgänge der AZA in der tropischen Vertikalzirkulation zu suchen. (s. auch Fortak, 1971, S. 195ff.) Diese sog. *Hadley-Zirkulation* ist zwischen dem Äquatorialgebiet mit aufsteigender Luftbewegung bei niedrigem Luftdruck und den Roßbreiten mit absteigender Luftbewegung in den subtropisch-randtropischen Antizyklonen mit den zum Äquator strömenden Passaten in Bodennähe und dem vom Äquator in der Höhe polwärts angenommenen „Antipassat“ als Verbindungsgliedern ausgebildet (vgl. Abb. IV. a) 6).

In der inzwischen historisch gewordenen klassischen Lehrmeinung, wie sie Ferrel bereits 1856 begründet und die noch Hettner seiner genetischen Klimagliederung zu Grunde gelegt hatte, gliederte man die AZA zunächst in die planetarisch gürtelförmige und das tellurisch-monsunale System.

Bei dem *planetarisch-gürtelförmigen System* unterschied man in Anlehnung an Vorstellungen Hadleys (1735) zwei „Zirkulationsräder“. Einmal war es das bereits genannte tropische Zirkulationsrad, welches heute als „Hadley-Zirkulation" bezeichnet wird. Den zweiten großen Zirkulationsteil bildeten die auf beiden Halbkugeln entwickelten außertropischen zyklonalen Westwinddriften, heute auch „Ferrel-Zellen" genannt. Diese bewirkten den Austausch zwischen dem kalten Polargebiet und dem warmen Subtropengürtel im wesentlichen durch Horizontalaustausch über den zwischengeschalteten Mechanismus der Polarfront mit ihren Zyklonenfamilien. Die Tendenz zur Bildung des Hochdruckgürtels in den subtropisch-randtropischen Breiten erklärte man im wesentlichen damit, daß infolge der gesetzmäßigen Verminderung des Breitenumfangs eine Zusammendrängung der in der Höhe nordwärts strömenden antipassatischen Luftmassen erfolge, die durch die ablenkende Kraft der Erdrotation in eine mehr und mehr breitenparallele Richtung umgelenkt und im Subtropengürtel zum Absinken mit allen sich daraus ergebenden Konsequenzen (Wolkenarmut, dynamische Erwärmung) führen müsse. Die in die Westwinddrift von Süden einmündenden Luftmassen wurden als abgezweigter Teil des absteigenden Antipassates aufgefaßt.

Neben dem planetarischen wurde noch *das tellurisch-monsunale System* d.h. die auf der Verteilung von Land und Meer beruhende Zirkulation, ebenfalls in Gestalt eines vertikalen Zirkulationsrades, nur mit jahreszeitlich wechselnder Strömungsrichtung, ausgeschieden. Man führte sie seit Halley (1686) und Ferrel (1856) zurück auf die sommerliche Erhitzung ausgedehnter Festländer, die zur Luftdruckauflockerung und daher zum Einströmen stabiler, im Vergleich zum Festland kühler aber feuchtebeladener Meeresluft führte bzw. – im Winter – auf die Abkühlung des Festlandes mit ebenso thermisch bedingtem Luftdruckanstieg und Ausströmen der trokkenkalten Festlandsluft aufs Meer hinaus. Es war im Grunde genommen ein Land-Seewind-Effekt kontinentalen Ausmaßes mit halbjährigem statt halbtägigem Wechsel. Über die notwendigen Kompensationsströme in der Höhe war man sich jedoch nicht klar, und gerade von Seiten der aerologischen Forschung kamen dann auch die Haupteinwände gegen diese allzu einfache Deutung. Rossby (1941) hat eine dritte Zelle, und zwar die polare polwärts der Polarfront eingeführt.

Zum Unterschied von den älteren Auffassungen muß *ein geophysikalisch besser begründeter Ansatz für die AZA von der außertropischen Zirkulation ausgehen und horizontale statt vertikale Austauschvorgänge als die effektivsten in den Vordergrund stellen.* (Starr, 1956).

Es ist das Verdienst von Flohn, seit 1960 den Versuch unternommen zu haben, den von den Meteorologen in aller Welt gewonnenen neuen Erkenntnissen zusammen mit den von den älteren Modellen unverändert Gültigkeit behaltenden Fakten, die besonders von Raethjen (1954) und Scherhag (1958) herausgestellt wurden, in verständlichen Schemata in der deutschen geographischen Literatur Eingang zu verschaffen (vgl. z.B. Flohn, 1960). Aber es war kein leichtes Unterfangen, die neuen Einsichten auch bis in die Schulgeographie durchzusetzen, wie man aus den jüngsten Ausgaben entsprechender Unterrichtswerke ersehen kann.

2. Der Aufbau des mittleren Luftdruckfeldes in den oberen und unteren Schichten der Troposphäre

Nach den Gesetzen des geostrophischen Windes [s. Kap. II.h) 1.] verursacht das im voraufgehenden Abschnitt abgeleitete meridionale Druckgefälle zwischen dem tropischen Hochdruckring und einer Polarzyklone eine westliche Höhenströmung, die am stärksten in der hohen Troposphäre der Mittelbreiten sein muß.

Da der geostrophische Wind eine isobarenparallele Strömung ist, kann damit keine austauschende Wirkung verbunden sein. Bliebe es bei der ungefähr breitenparallelen Anordnung der Höhenisobaren rings um die planetarische Zentralzyklone, müßte sich der thermische Gegensatz zwischen der tropischen und der außertropischen A. laufend verstärken, der Luftdruckgradient und dementsprechend die Stärke des Höhenwindes laufend größer werden. Solch ein System kann nicht stabil sein. Es muß kritische Situationen geben, bei denen die reine Zonalzirkulation instabil wird. Prinzipiell sind zwei Möglichkeiten denkbar: der völlige Zusammenbruch gerichteter Strömung und Auflösung in ein Chaos von Wirbeln, die nach Art des turbulenten Fließens in einem Fluß die Bewegungsenergie in einer gigantischen Wirbelstrombremse in Wärme überführen und gleichzeitig das angestaute Wärmegefälle zwischen den Tropen und den höheren Breiten ausgleichen, oder der relativ frühzeitige Übergang zu großräumigen Wellen der Höhenströmung mit meridionalen Amplituden. Unter den Randbedingungen, welche die Erde durch Dimension, Rotationsgeschwindigkeit und physisch-geographische Großgliederung in Kontinente und Ozeane sowie Hochgebirgszüge stellt, ist die zweite Möglichkeit in der A. verwirklicht (zum Folgenden s. jeweils Abb. IV.a) 1).

Der Pendelmechanismus im Höhenwestwindgürtel. Zunächst ist da die Beobachtungstatsache, daß in der planetarischen Höhenwestwindzone große meridionale Wellen mit einem wechselnden Abstand zwischen 45 und 90 Längengraden entstehen, langsam ostwärts wandern und vergehen. Sie werden als *„Mäanderwellen der Höhenströmung“* oder *„Rossby-Wellen“* bezeichnet (nach C.G. Rossby, der 1939 zuerst eine Theorie über ihre Entstehung vorlegte). In Laborversuchen haben Hide (1969) und Mitarbeiter (Hide and Mason, 1970; Douglas, Hide and Mason, 1972) sie unter bestimmten Randbedingungen eines Flüssigkeitsmodells reproduziert (Abbildungen davon z.B. in Lockwood, 1976, S. 49, der auch nähere Einzelheiten dieser Versuche und ihrer Aussagen angibt). *Wenn* in der mittleren Troposphäre *der meridionale Temperaturgradient* ein bestimmtes Maß überschreitet, wird die Zonalzirkulation instabil und wechselt in eine Wellenzirkulation über. Nach Mintz (1961) läßt sich unter bestimmten Annahmen über den Zustand der A. errechnen, daß dies eintreten muß, wenn der Temperaturgradient in 45° Breite im 500 mb-Niveau *6° pro 1000 km überschreitet.* Dann bilden sich nach der Theorie der genannten Autoren 5 bis 6 großräumige Wellen (3 sind in Abb. IV.a) 1 für die eine Hälfte der Erde angegeben) aus, die mit einer Geschwindigkeit von ein paar hundert km pro Tag langsam von W nach E wandern, wobei der Wellenausschlag, die Amplitude, im Anfangsstadium allmählich größer wird. (Details mit dem entsprechenden Diagramm zur Bestimmung der Stabilität und mit den Zirkulationsdarstellungen nach den zitierten Autoren findet man in Fortak (1971, S. 206ff.). Diese Art der Zirkulation wird als *„low-index-Typ“* (franz.: *circulation lente)* bezeichnet.

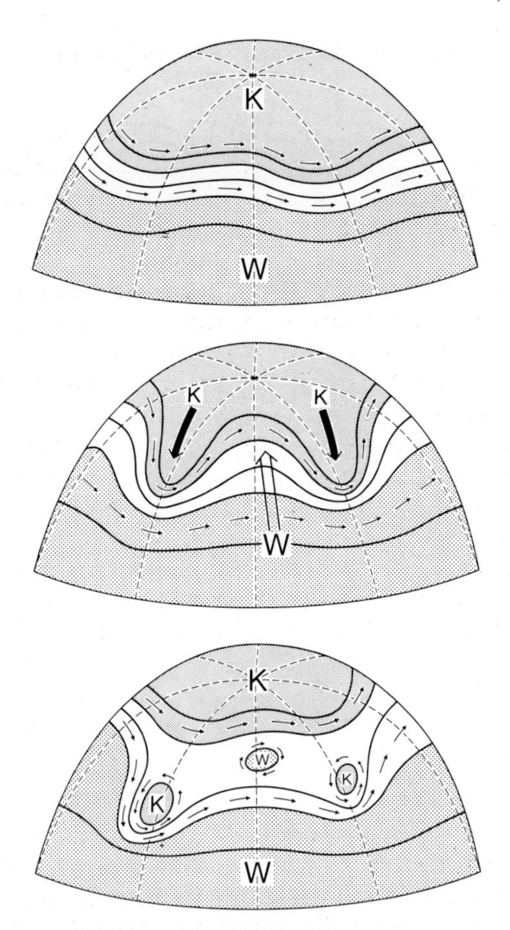

Abb. IV.a) 1. Schematische Darstellung des Überganges von der breitenparallelen Zonalzirkulation der Höhenwestwinddrift (high-index-Typ) zur vorwiegenden Meridionalzirkulation (low-index-Typ) und die Rückentwicklung mit Kaltlufttropfen und isoliertem Höhenhoch sowie cut-off-Effekt

Durch die Rossby-Wellen wird ein intensiver Energieaustausch zwischen niederen und höheren Breiten vollzogen. Tropische Warmluft wird polwärts, polare Kaltluft äquatorwärts transportiert. Über der vorstoßenden Warmluft dehnt sich das tropische Hochdrucksystem in Form eines stumpfen Keiles polwärts aus, während über der Kaltluft ein entsprechender Trog tiefen Druckes in Richtung auf die niederen Breiten entsteht.

Da die *Warmluft* aus niederen Breiten eine höhere Mitführungsgeschwindigkeit durch die Erdrotation mitbringt, führt sie einen *größeren Drehimpuls (engl. Bezeichung: vorticity) mit sich polwärts.* Umgekehrt bringt die Kaltluft aus dem Bereich geringerer Mitführungsgeschwindigkeit einen geringeren Drehimpuls mit. Dadurch resultiert auf der Ostseite (Vorderseite) des Warmluftkeiles eine Relativbewegung der Warmluft nach Osten gegen die langsamer rotierende Kaltluft mit der Folge, daß sich die Warmluft über die kältere aufschiebt. Es *bildet* sich *eine Aufgleitfläche* [s. Kap. III.b) 3.]. An ihr wird die Energie des größeren Drehimpulses zur Hebungsarbeit in der Warmluft benutzt und in potentielle Energie überführt. Dadurch gleicht sich die Luft aus niederen Breiten an die Drehgeschwindigkeit in höheren Breiten an. Die Hebung hat gleichzeitig eine adiabatische Abkühlung [Kap. II.e) 1. u. 6.] und Kondensation zur Folge. Dabei wird in höheren Schichten der A. diejenige *latente Energie freigesetzt,* welche als Verdunstungsenergie an der Eroberfläche in den niederen Breiten in die tropischen Luftmassen eingebracht worden war. Es ist das einer jener Vorgänge, bei denen die Energie von der Einnahmestelle an der Erdoberfläche an die Abgabestellen in den höheren Atmosphärenschichten transferiert wird.

Auf der Westseite des Warmluftkeiles muß die schwerere polare Kaltluft sich unter die wärmeren tropischen Luftmassen schieben. Es bildet sich eine *Kaltfront als Einbruchsfront.* Dabei wird die potentielle Energie, welche beim früheren Aufschiebungsvorgang aufgebaut worden war, wieder in Form kinetischer Bewegungsenergie gewonnen und die Kaltluft allmählich auf die höhere Drehgeschwindigkeit beschleunigt, die in der geringeren geographischen Breite herrscht. Außerdem wird durch das Unterschieben der Kaltluft die tropische Warmluft auf der Westseite des Warmluftsektors zu vertikaler Aufwärtsbewegung und konvektiver Wolkenbildung veranlaßt [s. Kap. II.e) 6. u. 8.]. Wieder wird dabei in höheren Luftschichten die latente Energie frei, welche zusammen mit der fühlbaren Wärme aus den niederen Breiten herantransportiert worden ist. Im ganzen bewirkt also der Warmluftvorstoß einen Transport von Masse, Wärme und Bewegungsenergie pol- und aufwärts.

Dieser Vorgang wird in seiner horizontalen Reichweite in einem zweiten Schritt dadurch verstärkt, daß *mit der Kondensation und Wolkenbildung* rings um den Warmluftkeil der kritische meridionale Temperaturgradient von 6°C/1000 km, der für die Entstehung der Welle ohne Wolkenbildung ausschlaggebend war, sprunghaft kleiner wird und auf einen Wert unter 3,5°C/1000 km sinkt (Mintz, 1961), wodurch die Mäanderwelle ein *Stadium erhöhter Labilität* erreicht. Sie reagiert mit einer rasch wachsenden Schwingungsamplitude, was seinerseits einen noch schnelleren Austausch und Ausgleich des Temperaturgefälles zur Folge hat. Dadurch ist letztlich der Grund für die Mäanderwelle weggefallen, und die Rückkehr zu einer Zirkulation mit überwiegender Zonalbewegung kann einsetzen. *(high-index-Typ, circulation vite).*

Im *Stadium der Rückentwicklung* werden dann häufig die äußersten Teile der Kalt- und Warmluft als „Kaltlufttropfen“ und „Warmluftinseln“ abgeschnitten (s. Stadium 3 in Abb. IV.a) 1). Mit den Kaltlufttropfen ist ein zyklonaler, mit den Warmluftinseln ein antizyklonaler Wirbel verbunden, die in der nun breit auseinandergezogenen planetarischen Frontalzone eingelagert sind. Das Abschneiden von Kaltlufttropfen bzw. Warmluftinseln wird als *„cut-off-Effekt“* bezeichnet. Der vom Boden aus mit unterschiedlicher Mächtigkeit bis weit in die Troposphäre reichende zyklonale Wirbel um den *Kaltlufttropfen* hat in seinem Einflußbereich all jene Konsequenzen, die mit zyklonaler Luftbewegung verbunden sind (konvergierendes Bodenwindfeld – vertikale Aufwärtsbewegung – Kondensation – Wolkenbildung – Niederschlagsausfällung; s. Kap. III.b) 1.). Die *Warmluftinsel* tritt als antizyklonaler Wirbel um die abgehobene Warmluftschüssel nur in der Höhe auf, macht sich im Witterungsgeschehen der tieferen Troposphäre also weniger stark bemerkbar. Beide Wirbel haben für die allgemeine Zirkulation die Konsequenz, daß die troposphärische Westdrift vom Boden bis in große Höhen unterbrochen ist. Mit dem cut-off-Effekt ist also eine *Blockierung der planetarischen Westwindströmung* verbunden, was als „*blocking-action*" bezeichnet wird (ausführlich bei Rex, 1950 z. B.). Die Westwindzirkulation kann, so lange die Wirbel existieren, nur nördlich und südlich vorbeiziehen. Da in der ganzen Zeit kein meridionaler Austausch mehr stattfindet, kann sich ein neuer Wärmestau entlang der neu zu formierenden planetarischen Frontalzone aufbauen, der dann von neuem den geschilderten Mechanismus in Gang setzen kann.

Eine wichtige *Folge des Pendelmechanismus* im Höhenwestwindgürtel im Einflußbereich der planetarischen Frontalzone ist neben der Austauschwirkung *der Witterungswechsel in den Mittelbreiten.* Der Wechsel zwischen Zonal- und Wellenzirkulation bedingt nämlich in den betroffenen Regionen der Mittelbreiten einen in der Regel nach Tagen zählenden Wechsel der Strömungsrichtung und damit des Einflusses von Luftmassen unterschiedlicher Herkunft und dementsprechend unterschiedlicher Eigenschaften [(Wetterluftmassen, s. Kap. III.c) d) u. e)]. Denkt man sich eine bestimmte Region in Mitteleuropa, so werden bei Zonalzirkulation Luftmassen von Westen, vom Atlantik, herantransportiert und bringen von dort ihre typischen Luftmasseneigenschaften mit. Bei vorwiegender Meridionalzirkulation hat das Herannahen des Höhentroges von Westen her ein Drehen der Strömung auf südliche Richtung und Heranführung subtropischer bzw. tropischer Luftmassen zur Folge. Im Bereich des durchziehenden Troges selbst wechselt die Transportrichtung auf nordwestliche Richtungen, so daß frische maritime Polarluft herangeführt wird. Eine Blockadensituation unter dem Einfluß eines antizyklonalen Höhenwirbels ist die Voraussetzung dafür, daß in die genannte Beispielsregion entweder Luftmassen kontinentaler Herkunft von Osten herangeführt werden oder daß sich gegenüber all den bisher genannten „allochthonen (außenbürtigen) Einflüssen" eine Witterungsperiode einstellen kann, die bei Windruhe oder sehr schwachen umlaufenden Bodenwinden allein von den regionseigenen Einflußfaktoren gestaltet wird („autochthone = eigenbürtige Witterungslage").

Entstehung der planetarischen Luftdruckgürtel im Meeresniveau. Die im Rahmen der AZA global wirksame Folge der Labilisierung der planetarischen Westwindströmung ist *die Entwicklung von Strahlströmen, sog. jetstreams.* Es sind in der Vertikalen einige 100 Meter mächtige, 100–200 km breite, langgestreckte Zonen im oberen Teil der allgemeinen Westdrift, in denen maximale Windgeschwindigkeiten mit Mittelwerten von 100–200 km/h, kurzzeitig und regional begrenzt aber auch 400– max. 600 km/h auftreten. Je nach Breiten- und Höhenlage unterscheidet man verschiedene Strahlströme (Flohn, 1958 bzw. Reiter, 1961). Der weitaus wichtigste ist der *Polarfrontstrahlstrom,* der in Breitenlagen zwischen 35 und 55° in der oberen Troposphäre (etwa 9 km Höhe) auftritt. Von ihm soll im Folgenden im wesentlichen die Rede sein. Die jetstream-Zonen bilden sich dort aus, wo durch die mit relativ steiler Front südwärts dringenden polaren Kaltluftmassen auf der Äquatorseite des mit ihnen verbundenen Höhentroges eine Verschärfung des meridionalen Druckgefälles verursacht wird (schematisch in Abb. IV.a) 1 Teil 2 oder aber in den mittleren Höhendruckkarten der Abb. II.g) 1 u. II.g) 2 auf der Südseite der im voraufgegangenen Kapitel besprochenen Ausstülpungen der Polarzyklone). Mit der *Verschärfung des Druckgefälles auf der Äquatorseite des Tiefdrucktroges* ist auf dessen westlicher und östlicher Flanke eine Konvergenz bzw. Divergenz der Höhenisobaren verbunden. Im Kap. II.h) 1. wurde abgeleitet, daß im *Divergenzgebiet (Delta) der*

Höhenisobaren ein ageostrophischer Massentransport quer zu den Isobaren zur Äquatorseite hin erfolgt, daß dadurch ein Luftdruckanstieg in den tieferen Luftschichten äquatorwärts vom Divergenzgebiet verursacht wird und daß die Stärke dieses (Ryd-Scherhag-)Effektes von der Windgeschwindigkeit und der Größe der Divergenz abhängt. Auf der Polseite resultiert der korrespondierende Luftdruckfall (vgl. dazu Abb. II.h) 2). Außerdem müssen als aerodynamische Folge der Mäanderwellen in der Höhenströmung gleichzeitig auf beiden Seiten des Strahlstroms (wie bei einer schießenden und pendelnden Wasserströmung) Nährwirbel entstehen, die auf der Äquatorseite einer polwärtigen Ausbuchtung antizyklonalen, auf der Polseite einer äquatorwärtigen Ausbuchtung zyklonalen Drehsinn haben (s. Abb. IV.a) 2).

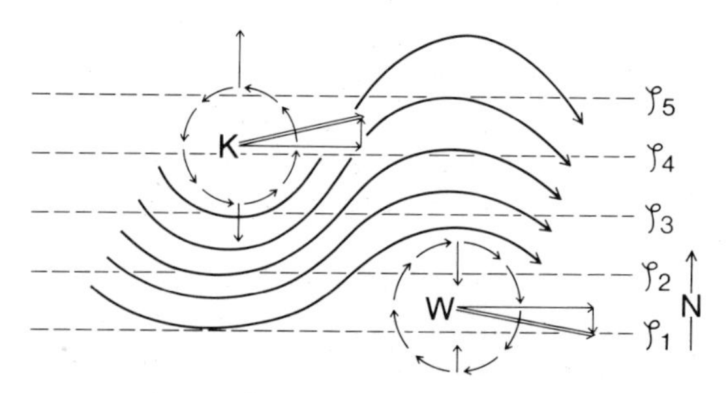

Abb. IV.a) 2. Schematische Darstellung des an einer Mäanderwelle der Höhenströmung entstehenden antizyklonalen Wirbels in der Warmluft (W) und zyklonalen Wirbels in der Kaltluft (K) mit den auf den jeweiligen Wirbel wirkenden Resultante der von der geographischen Breite φ abhängigen Corioliskraft und der daraus resultierenden west–östlichen Wirbelverlagerung leicht äquator- bzw. polwärts

Die Superposition von Druckanstieg und antizyklonalem Drehsinn ergibt *auf der Äquatorseite einen antizyklonalen, auf der Polseite einen zyklonalen Wirbel.* Diese ziehen mit der Gesamtverlagerung der Mäanderwelle langsam ostwärts, scheren aber auf diesem Wege mehr und mehr aus der allgemeinen Strömungsrichtung aus, und zwar der antizyklonale etwas nach rechts, also äquatorwärts, der zyklonale etwas nach links von der W-E-Bewegung, also polwärts.

Den *Grund für das Ausscheren* sieht man in der mit wachsender Breite größer werdenden Corioliskraft, wie es in der schematischen Zeichnung von Abb. IV.a) 2 angedeutet ist (s. auch Flohn, 1960). Da die Wirbel nämlich eine Ausdehnung von ein paar hundert km haben, ist jeweils auf ihrer Polarseite die ablenkende Kraft der Erdrotation etwas größer als auf der Äquatorseite. Das bedeutet für einen zyklonalen Wirbel auf der N-Halbkugel z. B., der auf der Polarseite einen E-, auf der anderen einen W-Wind aufweist, daß die (senkrecht auf der Windbewegung stehende) Komponente der Corioliskraft nach Norden größer ist als die entsprechende nach Süden für den W-Wind auf der Südseite des Wirbels. Für den zyklonalen Wirbel als ganzem bleibt eine Kraftresultierende in Richtung zum Pol. Die wird der allgemeinen W-E-Bewegung überlagert, so daß im Endeffekt eine Bewegung nach Osten mit nördlicher Komponente resultiert. Die Ablenkung nach Norden muß umso größer sein, je größer die Windgeschwindigkeit im Wirbel ist.

Für den antizyklonalen Wirbel kann man auf die gleiche Weise eine Ablenkung der W-E-Bewegung äquatorwärts ableiten. Da die antizyklonalen Wirbel regelmäßig etwas weiter äquatorwärts als die zyklonalen entstehen, wird aus denselben Gründen der Breitenabhängigkeit der Corioliskraft auch zu schließen sein, daß deren Ablenkung von der Zonalrichtung geringer ist als die der zyklonalen Wirbel. Für die Südhalbkugel gilt unter Berücksichtigung der Ablenkung nach links entsprechendes.

Die *Folge der Mäanderwellen* muß also sein, daß auf der Polarseite des Divergenzgebietes der Höhenstrahlströmung in den tieferen Schichten der A. relativ häufig zyklonale Wirbel mit schwacher polwärtiger Komponente ostwärts ziehen und auf der Äquatorseite antizyklonale Wirbel mit leichter Komponente in Richtung zum Äquator nach Osten wandern. Dadurch wird erst einmal verständlich, daß innerhalb des tropischen Hochdruckringes an dessen polwärtigen Rändern in der mittleren und tieferen Troposphäre die relativ höchsten Luftdrucke auftreten, wie im Zusammenhang mit der Besprechung der Höhendruckverteilung im voraufgehenden Abschnitt festgestellt worden ist. *Die subtropisch-randtropischen Hochdruckgürtel sind also das Ergebnis der Superposition des thermisch bedingten Tropenhochs mit den dynamisch bedingten antizyklonalen Wirbeln auf der Äquatorseite der jet-stream-Zonen der planetarischen Frontalzone.*

Ganz entsprechend muß – ebenfalls in den tieferen Schichten der Troposphäre – aus der Superposition des relativ tiefen Druckes im Bereich der planetarischen Polarzyklone mit den dynamisch bedingten zusätzlichen Druckfallgebieten, die mit den NE-wärts wandernden zyklonalen Wirbeln verbunden sind, in der Breitenzone polwärts der häufigsten Entstehung der vorgenannten Divergenzgebiete, also zwischen 55 und 65° eine breitenparallele Rinne besonders tiefen Luftdruckes entstehen (= *„subpolare Tiefdruckrinne“*).

Die beschriebenen Wellen in der planetarischen Westwindströmung können, wenn man die noch zu besprechenden Einflüsse von Jahreszeiten sowie Land-Wasser-Verteilung und deren Unterschiede zwischen Nord- und Südhalbkugel erst einmal beiseite läßt, prinzipiell überall im Wirkungsbereich der planetarischen Frontalzonen entstehen, die geschilderten Folgen zeitigen und wieder vergehen. Im Endeffekte resultiert also aus den beschriebenen dynamischen Vorgängen in der Höhe für die tieferen Schichten der Troposphäre folgende mittlere *planetarische Luftdruckverteilung im Bodenluftdruckfeld* (vgl. dazu das Meridionalprofil in Abb. II.a) 5):

Auf beiden Halbkugeln ist in der Breitenzone beiderseits 30° je ein dynamisch bedingter, hochreichender Hochdruckgürtel in der warmen Tropikluft ausgebildet. Sie werden von vielen Autoren normalerweise als „Subtropenhochs“ bezeichnet. Da sie aber in Mittelwertskarten über den Wendekreis hinaus bis in die äußere Tropenzone reichen, ist *„subtropisch-randtropischer Hochdruckgürtel“* die korrektere Bezeichnung, zumal sie für die Entstehung der randtropischen Trockengebiete von ausschlaggebender Bedeutung sind (im folgenden sei dafür die Abkürzung SRH benutzt).

Zwei Hochdruckgürtel müssen notwendigerweise zwischen sich eine Zone relativ niedrigen Luftdruckes haben. Sie liegt mit ihrem Kern nahe dem Äquator und wird als *„äquatoriale Tiefdruckrinne“* oder „-furche“ bezeichnet (es sei dafür die Abkürzung ÄT gewählt). Es ist verständlich, daß der Luftdruckunterschied zu den SRHs mit 4–8 mb relativ klein und die Absolutwerte des Luftdruckes sehr viel höher liegen als in den echten *dynamisch bedingten „subpolaren Tiefdruckrinnen* (SPT)“.

Ähnlich wie die ÄT als Relativgebilde zwischen den beiden SRHs so ergibt sich polwärts jeder subpolaren Tiefdruckrinne (SPT) in den tieferen Schichten der Troposphäre ein relatives Hochdruckgebiet. Dieses wird durch die über den Polargebieten lagernden besonders kalten Luftmassen noch thermisch verstärkt. Die nur wenige km hochreichenden Antizyklonen über den Polargebieten der Erde werden als „*Polarhochs*" bezeichnet (PH).

Von den sog. Luftdruck-„Gürteln" sind in der Realität allenfalls das südhemisphärische subpolare Tiefdruck- und polare Hochdrucksystem sowie – schon wesentlich undeutlicher – noch die äquatoriale Tiefdruckrinne circumglobal als durchgehende Gürtel einheitlichen barischen Charakters ausgebildet. Die anderen sind als Folge der Land-Wasser- sowie evtl. der Hochgebirgsverteilung auf der Erde in räumlich getrennte abgeschlossene Zyklonen bzw. Antizyklonen aufgegliedert. Die Luftdruckgürtel sind, abgesehen von den genannten Ausnahmen, klimatologische Fiktionen, die nur deshalb in den Breitenkreismitteln des Luftdruckes zum Ausdruck kommen, weil die im einzelnen noch zu begründenden abgeschlossenen Zyklonen bzw. Antizyklonen in dem betreffenden Breitengürtel als Aktionszentren eine dominierende Rolle spielen.
Bevor diese Aktionszentren abgeleitet werden, seien an Hand der in Abb. II.g)5 dargestellten meridionalen Luftdruckverteilung noch folgende *jahreszeitliche Veränderungen der Luftdruckgürtel* festgestellt:

In Winter der jeweiligen Halbkugel sind sowohl das SRH als auch das SPT stärker ausgebildet.

Bei ganzjährig fast gleichem Druck in der ÄT ist wegen der Verstärkung des Druckes im SRH im Winter das Druckgefälle zwischen SRH und ÄT ungefähr doppelt so groß wie im Sommer.

ÄT und SRH unterliegen im Jahresverlauf einer gleichsinnigen meridionalen Verlagerung mit dem Sonnenstand. Im Juli liegt die Achse der ÄT ca. 5–8° nördlich vom mathematischen Äquator, der höchste Druck des nordhemisphärischen SRH zwischen 30 und 40° N, derjenige des südhemisphärischen SRH bei 30°S. Bis zum Januar verlagert sich die ÄT auf die S-Seite des mathematischen Äquators, die Achse des südhemisphärischen SRH in den Gürtel zwischen 30 und 40°, während der Kern des nordhemisphärischen Hochs sich bis 30° N zurückzieht.

Die SPTs beider Halbkugeln weisen im Winter einen wesentlich tieferen Luftdruck als im Sommer auf.

Wegen der genannten Intensitäts- und Lageveränderungen der SRHs und SPTs wird das planetarische Druckgefälle im Bereich der Mittelbreiten im Winter wesentlich verstärkt.

Während der Luftdruck in den süd- und nordhemisphärischen SRHs in den entsprechenden Jahreszeiten ungefähr den gleichen Wert hat, unterscheiden sich die SPTs erheblich in ihrer Stärke. Das südhemisphärische SPT weist im Breitenkreismittel einen um fast 20 mb niedrigeren Luftdruck auf als das nordhemisphärische. Der Druckunterschied zwischen SRH und SPT ist auf der Südhalbkugel im Winter 3,5 mal, im Sommer ca. 6 mal größer als auf der Nordhemisphäre.

Die Genese der subtropisch-randtropischen Antizyklonen und subpolaren Zyklonen. Vorher wurde festgestellt, daß die Mäanderwellen der planetarischen Westwindströmung prinzipiell überall im Wirkungsbereich der planetarischen Frontalzone auftreten können. Es gibt aber innerhalb der Mittelbreiten bestimmte Längenabschnitte, in welchen die Tiefdrucktröge bzw. Hochdruckkeile besonders häufig und in kräftigerer Form ausgebildet werden. Das erkennt man für die Nordhalbkugel relativ leicht an der Tatsache, daß sie auch in der Mittelwertskarte der absoluten Topographie der 500 mb-Fläche, besonders im Winter, zum Ausdruck kommen (s. Abb. II.g) 1).

In dieser Jahreszeit zeichnen sich die Sektoren über den Ostseiten Nordamerikas und Asiens durch das häufige Auftreten von Höhentrögen, die Ozeane vor der W-Küste Nordamerikas und Europas durch etwas schwächere Vorherrschaft von Höhenhochdruckkeilen aus. Ein dritter, etwas schächerer Trog ist noch von der Barentsee in Richtung auf das östliche Mittelmeer angedeutet.

Es gibt verschiedene *Begründungen für die quasistationäre Lage der Höhentröge* über dem Osten Nordamerikas und Asiens. Eine Gruppe von Autoren sieht diese als Folge von einem *„anchoring-effect“* (Walker, 1961), hervorgerufen durch die Verteilung von Kontinenten und Ozeanen bzw. durch die Anordnung der Hochgebirge auf den nordhemisphärischen Landmassen. Als Ursache für die Verankerung wird einerseits die *Abbremsung der Westwindströmung über den Kontinenten* angegeben. Dadurch soll ein Auseinanderströmen der nachdrängenden Luftmassen in Form eines Höhenwinddeltas hervorgerufen werden, das über den Ozeanen von einer erneuten Konzentration der Strömung abgelöst wird. Charney and Eliassen (1949) und Bolin (1959) geben die *Gebirgsbarrieren* im Westen der USA und im zentralen Teil Asiens als Hauptursachen an. Sie haben mit aerodynamischen Rechnungen nahegelegt, daß unter bestimmten Randbedingungen der Höhenwind beim Überströmen der Hochgebirge zu einem „Wellenausschlag“ äquatorwärts angeregt wird. Ostwärts der außertropischen südamerikanischen Kordillere ist nach Boffi (1949) auch ein verankerter Trog vorhanden. Frenzen (1955) hat aus Experimenten geschlossen, daß die geographische Breitenlage des Gebirges von Bedeutung für den Effekt der Mäanderbildung ist. Andere Autoren (Sutcliffe, 1951; Scherhag, 1959, 1960; Smagorinsky, 1953) halten den Effekt der Gebirge für zu gering und weisen *thermischen Einflüssen* die Hauptbedeutung zu. Sutcliffe weist auf den bemerkenswerten jahreszeitlichen Wandel in der Höhendruckverteilung hin, die darauf zurückzuführen sei, daß sich besonders im Winter aus Gründen des Wärmehaushaltes über dem Osten Nordamerikas und Asiens Kältezentren ausbilden, welche die weit nach Süden reichenden Höhentröge bedingen. Nach Berechnungen von Smagorinski bewirkt das Nebeneinander einer Kältesenke über den Kontinenten und einer Heizquelle über den benachbarten Ozeanen, wie es mit dem Golfstrom vor der nordamerikanischen und dem Kuro-shio vor der ostasiatischen Küste verwirklicht ist, bereits den Wechsel von Tiefdrucktrog über dem Kontinent und Hochdruckkeil über dem Ozean, wobei deren jeweilige Achsen etwas nach Osten vom Abkühlungs- bzw. Anheizungsgebiet verschoben sind. Dieser Begründung hat sich auch Scherhag (1960) angeschlossen.

Ohne die unterschiedlichen Begründungen vertiefen zu müssen, kann man an die empirisch gewonnene Tatsache der „verankerten“ Höhentröge in den genannten Sektoren der *Nordhalbkugel folgende Konsequenzen* anschließen:

Das Vorhandensein der Tröge belegt über dem Osten Nordamerikas und im ostasiatischen Küstenbereich besonders häufige Kaltlufttransporte äquatorwärts. Vor der europäischen Westküste überwiegt dagegen ebenso wie auf der Westseite Nordamerikas der Luftmassentransport aus Südwesten. Aus dieser Tatsache resultiert der erhebliche Unterschied zwischen *„Westküstenklima“* und *„Ostküstenklima“* mit seinen weitreichenden Konsequenzen auf die Verteilung der natürlichen Vegetation und die agrarwirtschaftlichen Möglichkeiten.

Das starke Druckgefälle auf der Äquatorseite der quasipermanenten Tröge muß über der amerikanischen Atlantikküste und über dem japanischen Meer Gebiete mit häufigem Auftreten kräftiger Höhenstrahlströmung sowie ostwärts davon je ein ausgeprägtes Divergenzgebiet der Höhenströmung zur Folge haben. Daraus resultieren ostwärts davon – über dem östlichen Atlantik und Pazifik – *Schwerpunktsbereiche* der vorher abgeleiteten *zyklonalen und antizyklonalen Wirbel als dynamisch bedingten Zusatzeffekte im SPT bzw. SRH.* Solche Schwerpunktsbereiche sind die in Mittelwertskarten des Luftdruckfeldes am Boden (s. Abb. IV.a) 4 u. IV.a) 5) als *„Islandtief“* und *„Azorenhoch“* über dem östlichen Nordatlantik sowie als *„Aleutentief“* und *„Nordpazifisches Hoch“* über dem nordhemisphärischen Pazifik ausgewiesen. Bei gewisser zeitlicher und räumlicher Lageveränderung und Intensitätsschwankung sind sie im Luftdruckfeld am Boden quasipermanente, klimatisch dominierende dynamische Druckgebilde, die als *„Aktionszentren der Atmosphäre“* bezeichnet werden und wirken (s. Abb. IV.a) 3).

Für die Südhalbkugel ist die Ableitung des Luftdruckfeldes in der Nähe der Erdoberfläche prinzipiell die gleiche, nur fehlt nach den bisherigen Kenntnissen über das Höhendruckfeld die Konzentration ausgeprägter, weit äquatorwärts reichender Höhentröge auf bestimmte Sektoren. Zwar sind die Bereiche ostwärts von den Patagonischen und den Neuseeländischen Gebirgen sowie – schwächer – über dem südwestlichen Indischen Ozean in gewisser Weise bei Kaltluftausbrüchen aus der Antarktis bevorzugt und weisen deshalb auch schwache Tröge auf, doch sind in der südhemisphärischen Westwinddrift weiträumige Mäanderwellen großer Amplitude, cut-off-Effekte und blocking-action in ähnlichen Ausmaßen wie auf der N-Halbkugel nicht anzutreffen. Vohwinkel (1955) hatte zunächst an einigen extremen Beispielen gezeigt, daß beim sommerlichen low-index-Typ auf der Südhemisphäre im Vergleich zur Nordhalbkugel lediglich eine Verringerung der Westdrift gegenüber dem high-index-Typ eintritt, hingegen keine fundamentale Veränderung der Massen- und Strömungsverteilung im Sinne der nordhemisphärischen Mäanderwellen der Höhenströmung. Van Loon (1956) kommt nach der Untersuchung blockadeähnlicher Zirkulationsbedingungen auf der Südhermisphäre zu dem Schluß, daß man zunächst sehr großzügige Bedingungen für das Auftreten von blockierenden Hochdruckgebieten ansetzen muß (Abweichung nur 10° von der normalen Lage der subtropisch-randtropischen Antizyklone), daß sich unter dieser großzügigen Bedingung das Auftreten beschränkt auf die drei klar begrenzten Bereiche Ostaustralien-Westpazifik (170–180° W), Südwestatlantik (40–60° W) und Indischer Ozean (40–60° E) und daß die Frequenz mit 30% aller Tage ein relatives Maximum in den Frühjahrsmonaten aufweist, während im Winter und Sommer weniger als 10% aller Tage in den genannten Bereichen die Bedingung eines 10° polwärts abweichenden Hochdruckeinflusses erfüllen. Da eine Abweichung von 10° polwärts einer Breitenlage des subtropisch-randtropischen Hochs von ungefähr 45° S entspricht, muß man daraus die Konsequenz ziehen, daß die zyklonale Westwinddrift in den höheren Mittelbreiten der Südhalbkugel nur in sehr seltenen Ausnahmefällen unterbrochen werden kann.

Andererseits ist, wie bereits dargelegt, in der südhemisphärischen Frontalzone der thermische Gegensatz und das Druckgefälle größer als auf der Nordhalbkugel. Bei den daraus besonders im Sommer resultierenden höheren Windgeschwindigkeiten reicht dann wegen der direkten Abhängigkeit des Ryd-Scherhag-Effektes von der Windgeschwindigkeit [s. Kap. II.h) 1.] eine Mäanderwelle mit relativ kleiner Amplitude und relativ geringer Divergenz der Stromlinien, um die gleichen anisobaren Massentransporte zu verursachen, wie bei stärker divergierenden Isobaren und geringerer Windgeschwindigkeit auf der Nordhalbkugel. Im ganzen resultieren je ein *kräftiger, dynamisch bedingter subtropisch-randtropischer Hochdruck- und subpolarer Tiefdruckgürtel,* doch sind sie weniger deutlich in „Aktionszentren" aufgegliedert als auf der Nordhalbkugel.

Der monsunale Einfluß auf das Luftdruckfeld. Der dritte Effekt, der neben planetarischer Energie- und Wärmeverteilung sowie dynamisch bedingtem anisobaren Luftmassentransport im Zuge der Mäanderwellen der hohen Westwinddrift das Luftdruckfeld in den unteren Schichten der Troposphäre mitgestaltet, ist die *monsunale Luftdruckänderung.* Sie *beruht im Prinzip auf einer thermischen Ausgleichszirkulation* ähnlich dem Land- und Seewind [s. Kap. II.h) 5.], nur großräumiger und *mit halbjähriger Periode.* Da polwärts der inneren Tropenzone in allen Breiten im Sommer die Luft über den Kontinenten stärker erwärmt wird als in gleicher geographischer Breite über den Ozeanen [s. Kap. II.b) 7. u. II.c) 3.], bildet sich über dem Zentrum der Landmassen im Anschluß an ein Höhenhoch in den bodennahen Luftschichten ein relatives Tiefdruckgebiet aus [über den Mechanismus s. Kap. II.h) 5.]. Bei ungestörter Entwicklung über einige Wochen entsteht am Boden ein Hitzetief in Form einer großräumigen kontinentalen Wärmezyklone, die im Laufe der Zeit maximal bis in die mittlere Troposphäre (5–6 km Höhe) hinaufreichen kann, darüber aber immer von einer Antizyklone überlagert wird. Solche *sommerliche kontinentale Wärmezyklone* wird *als Ferrelsches Hitzestief* oder *„Monsuntief"* bezeichnet. Ihre Folge ist in den tieferen Troposphärenschichten ein großräumiges Druckgefälle vom Meer zum Land, dem eine Strömung entspricht, die zwar im großen gesehen landeinwärts gerichtet ist, aber nicht – wie bei den kleinräumigen Zirkulationen des Land-Seewindes – mit der Gradientrichtung übereinstimmt, sondern durch die Corioliskraft eine starke Ablenkung in mehr isobaren-parallele Richtung erfährt. Dadurch kann der Druckunterschied zwischen dem Land und dem Meer nicht unmittelbar ausgeglichen werden, die Druckdifferenz bleibt über lange Perioden erhalten.

Während des Winters kühlt sich bei langandauernder negativer Strahlungsbilanz die Luft über den Kontinenten stärker ab als über den Ozeanen. Es entsteht dementsprechend in der kontinentalen Kaltluft ein starkes, thermisch bedingtes Bodenhoch (*„Ferrelsches Kältehoch", „Kontinentale Antizyklone"*) mit entsprechendem Druckgefälle zu den ozeanischen Randgebieten und einer Bodenströmung mit stark ablandiger Komponente. Das *kontinentale Kältehoch* bleibt im allgemeinen flacher als das Hitzetief und wird schon oberhalb 2–3 km von einem Höhentief abgelöst.

Ob und in welcher Ausprägung solche Druckeffekte in den verschiedenen Erdräumen klimatisch wirksam werden, ist eine Frage 1. der Land-Wasser-Verteilung auf der Erde und 2. der speziellen Lage der betreffenden Räume in den Strahlungszonen und in der allgemeinen planetarischen Zirkulation. Die riesige Landmasse Asiens, ihre Erstreckung beiderseits des strahlungsklimatisch mit großen Jahreszeitenunterschieden versehenen Breitenintervalls zwischen 40 und 50° sowie die zentral und hoch gelegene Heiz- und Abkühlungsfläche des trockenen Zentralasiens ermöglichen die regelmäßige Ausbildung eines sehr ausgedehnten sommerlichen Monsuntiefs mit Zentren über dem Persischen Golf und dem Nordwesten des Indischen Subkontinentes, sowie einer ebenso umfangreichen und kräftigen Kaltluftantizyklone im Winter, deren Kernbereich weiter polwärts über Ostsibirien liegt.

Wenn auch schwächer als in Asien, so ist doch für das Innere aller Kontinente während des Sommers die Ausbildung relativ tiefen Luftdruckes am Boden im Breitenausschnitt zwischen 30 und 50° charakteristisch. Auch auf den relativ schmalen Südkontinenten ist das der Fall. Ein winterliches Kältehoch ist allerdings nur auf den nordhemisphärischen Kontinenten möglich, da die südhemisphärischen nicht genügend weit polwärts reichen.

Die *Folge des monsunalen Luftdruckeffektes* ist, daß die SRHs im Sommer der jeweiligen Halbkugel über den Kontinenten durch relative Tiefdruckgebiete unterbrochen werden. Die spezielle Anordnung der Landmassen von Eurasien und Afrika bringt es mit sich, daß das asiatische als Prototyp des *Monsuntiefs* mit seinem Kern im Bereich zwischen dem Persischen Golf und der Indusebene liegt und das großräumigste, intensivste und dauerhafteste Hitzetief darstellt. In prinzipiell gleicher Weise, jedoch wegen der geringeren Ausdehnung der Landmassen in schwächerer Form, wird über dem nordamerikanischen Kontinent ein Tiefdruckgebiet mit dem Kern über dem Great Basin und Neumexiko ausgebildet. Auf der Südhalbkugel wird der SRH von Hitzetiefs über NW-Argentinien, dem Osten Südafrikas und N-Australien unterbrochen.

Im Winter der Nordhalbkugel entstehen über dem nordamerikanischen und eurasiatischen Kontinent umfangreiche *Ferrelsche Kältehochs,* die entsprechend ihrer häufigsten Lage als „Kanada-Hoch“ und „Russland-Hoch“ bezeichnet werden. Mit ihren nördlichen Teilen unterbrechen sie die nordhemisphärische subpolare Tiefdruckzone. Auf der Südhalbkugel gibt es solche Kältehochs nicht. Das subpolare Tiefdruckgebiet ist als durchgehender circumglobaler Tiefdruckgürtel ausgeprägt.

Die Aktionszentren des Luftdruckfeldes. Das Endergebnis aus der Superposition der das bodennahe Luftdruckfeld bestimmenden planetarischen, dynamischen und tellurischen Einflüsse ist in seiner mittleren klimatischen Ausprägung von Raethjen (1953) in der in Abb. IV.a) 3 wiedergegebenen modellhaft schematisierten Form dargestellt worden. Im Winter ist das SRH durch die *Aktionszentren des Azoren- und Pazifikhochs* vertreten, zwischen denen über N-Afrika und über der Mexikanischen Landbrücke relativ niedriger Luftdruck herrscht (Raethjen bezeichnet die Gebiete mit relativ niedrigem Luftdruck als „Sahara- bzw. Mexiko-Tief“, doch sind beide Druckgebilde nicht vollwertige Aktionszentren, ergeben sich vielmehr als Relativgebilde zwischen den dynamisch aktiv aufgebauten subtropisch-randtropischen Antizyklonen über den Ozeanen). Polwärts dieser stark ausgebildeten Antizyklonen folgen *Island- und Aleutentief,* ebenfalls dynamische Druckgebilde, die voneinander durch die seichten kontinentalen Kältehochs über N-Amerika und -Eurasien getrennt werden.

Man erkennt die vorauf dargelegten Regeln in ihrer Abwandlung durch die geographische Wirklichkeit auch in der Mittelwertdarstellung von *Luftdruckverteilung und*

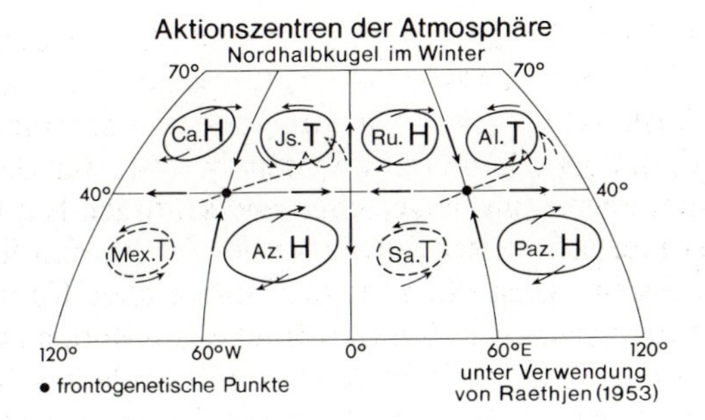

Abb. IV.a)3. Die barischen Aktionszentren auf der Nordhalbkugel im Winter. (Schematische Darstellung unter Verwendung der entsprechenden Fig. in Raethjen, 1953). Die konvergierende Nord- und Südströmung zwischen Island-Tief (IsT) und Canada-Hoch (CaH) bzw. Azorenhoch (AzH) und Mexico-Tief (MexT) verursachen einen „frontogenetischen Punkt", der zur Verschärfung des horizontalen Temperaturgegensatzes beiderseits der Polarfront führt und Ausgangspunkt von zyklonalen Wellenstörungen sein kann. Entsprechendes gilt für die Konstellation von Rußland-Hoch (RuH), Aleuten-Tief (AlT), Sahara-Tief (SaT) und Pazifik-Hoch (PazH)

Luftströmung in der bodennahen Reibungszone für den Januar bzw. Juli wieder (s. Abb. IV.a) 4 u. IV.a) 5). In einer konkreten Wettersituation für die Nordhalbkugel kann das Bild allerdings bis auf die eine Tatsache völlig verändert sein, daß im Breitenmittel in den subtropisch-randtropischen Gebieten hoher, in den höheren Breiten tiefer Luftdruck herrschen muß.

3. Grundzüge der Zirkulation in den unteren Schichten der außertropischen Atmosphäre

Polarfront, Zyklonen, Zyklonenfamilien. Die großräumigen und zeitlich nach mehreren Tagen bis zu wenigen Wochen dimensionierten Abwandlungen der allgemeinen außertropischen Westwinddrift durch die Mäanderwellen der Höhenströmung wurden mit ihren Folgen für den Austausch im voraufgehenden Abschnitt behandelt. Nunmehr müssen noch die sog. *„meso-scale-Störungen"* dargestellt werden, also jene, welche die long-scale-Abwandlungen (Mäander-Wellen) der höheren Troposphärenschichten in der tieferen Troposphäre unterlagern. Zur Vereinfachung der Betrachtung nehmen wir dafür zunächst einmal den atlantischen Sektor zwischen Nordamerika und Westeurasien heraus und nehmen in diesem den Zustand einer Zonalzirkulation vom High-Index-Typ als gegeben an. Entsprechend der Ableitung über die Entstehung der Aktionszentren als Ergebnis dynamischer Vorgänge auf der Pol- bzw. Äquatorseite der an die planetarische Frontalzone gebundenen Strahlströme in der Höhe muß die *planetarische Frontalzone* in der unteren Troposphäre *zwischen Islandtief und Azorenhoch* angeordnet sein (Abb. IV.a) 3).

Vergegenwärtigt man sich nun die Strömungsverhältnisse, wie sie nach den Grundregeln horizontaler Luftbewegungen [s. Kap. II.h) 1.] im *Viererdruckfeld* von Kanadahoch, Islandtief, Azorenhoch und Mexikotief resultieren, so ergibt sich auf der Westseite von Islandtief und Azorenhoch ein Meridianausschnitt, in welchem die zyklonale Nord- bzw. antizyklonale Süd-Strömung polare Kaltluft von der einen

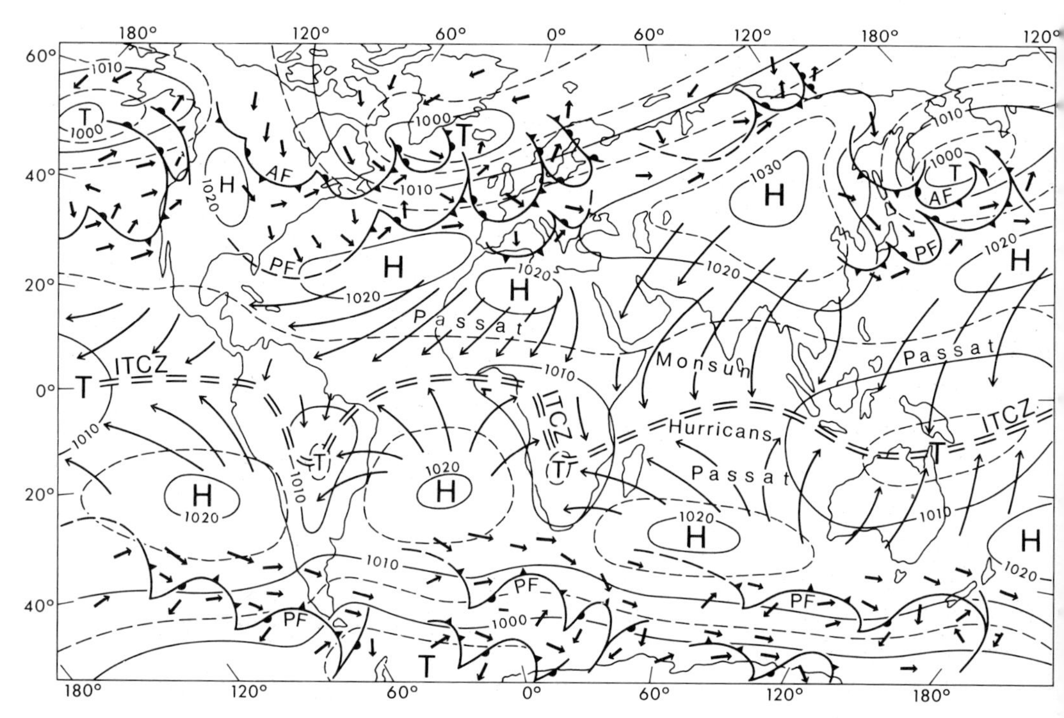

Abb. IV.a)4. Die mittlere Luftdruckverteilung und die bodennahen Strömungssysteme der Allgemeinen Zirkulation der Atmosphäre im Januar. (Unter Verwendung der Darstellungen von Estienne et Godard, 1970; Flohn, 1960 u. Blüthgen, 1966). Erläuterung s. Text

und tropische Warmluft von der anderen Seite gegeneinander führen. Die genannten Strömungen verlaufen quer zum breitenparallelen Temperaturgefälle in der planetarischen Frontalzone und müssen – da sie sich aufeinander zu bewegen – den meridionalen Temperaturgradienten in dem genannten Meridionalausschnitt verschärfen.

Auf der Ostseite der beiden Drucksysteme resultiert aus den betreffenden Zirkulationsästen in genau umgekehrter Weise ein Aufweiten der Temperaturgegensätze.

Das für die weitere Entwicklung wichtige Resultat ist, daß *in der Mitte des Viererdruckfeldes* aus Kanadahoch, Islandtief, Mexikotief und Azorenhoch der normalerweise in der planetarischen Frontalzone auf einen Breitenabschnitt von 15–20° verteilte thermische Gegensatz zwischen tropischer Warm- und polarer Kaltluft auf ein paar hundert km verdichtet wird. So *entsteht die „Polarfront“* in den tieferen Teilen der Troposphäre. Den betreffenden Bereich zwischen den Aktionszentren nennt man den *„frontogenetischen Punkt“*.

Mit der Zusammendrängung der Temperaturgegensätze sowie der daraus resultierenden Vergrößerung von Luftdruckgefälle und Windgeschwindigkeit [abgeleitet im Kap. II.g) bzw. II.h)] wird die Polarfrontfläche instabil. Wenn ihr in der Höhe einer der dynamisch bedingten nordostwärts ziehenden zyklonalen Wirbel (s. Abb. IV.a) 2) überlagert wird, so führt das zu *wellenartigen Ausschlägen der Polarfrontfläche* auf der Vorderseite des Wirbels pol-, auf der Rückseite äquatorwärts. Die Wellenlänge hat eine Größenordnung von rund 1000 km. Die erste Welle zieht, gesteu-

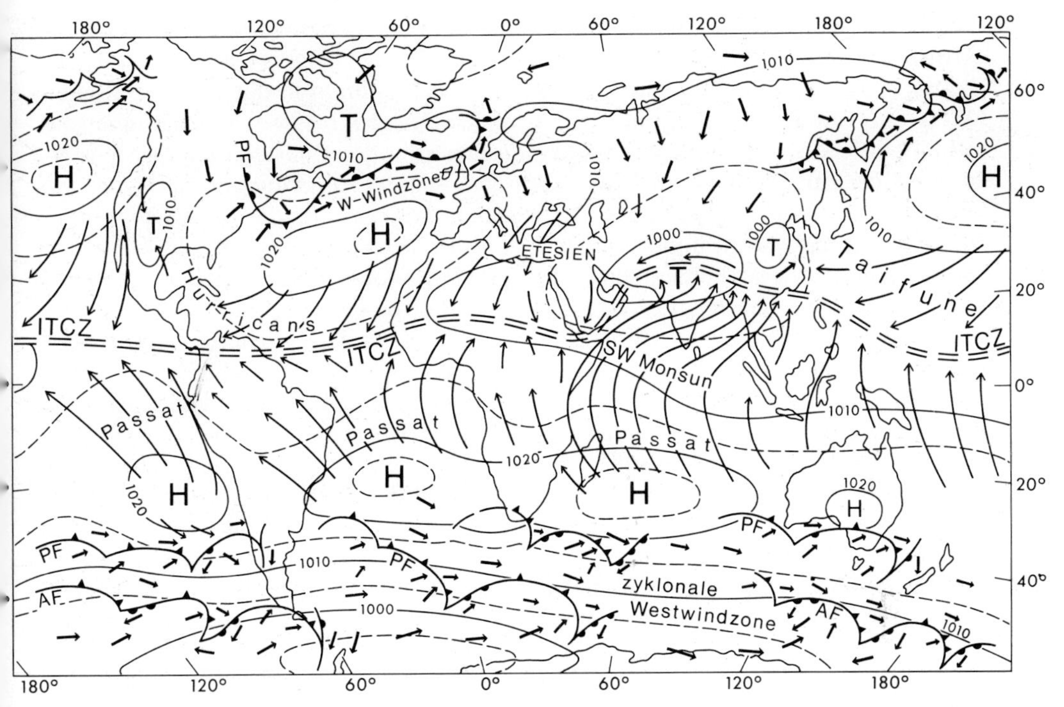

Abb. IV.a)5. Die mittlere Luftdruckverteilung und die bodennahen Strömungssysteme der Allgemeinen Zirkulation der Atmosphäre im Juli. (Unter Verwendung der Darstellungen von Estienne et Godard, 1970; Flohn, 1960 u. Blüthgen, 1966). Erläuterung s. Text

ert von der Höhenströmung und dem dynamischen Wirbel bei Annahme vorwiegender Zonalzirkulation in östlicher Richtung ab. Nach ein paar Tagen kann sich im ungefähr gleichen Entstehungsgebiet der ersten eine neue Welle, und wenn diese abgezogen ist eine dritte und möglicherweise vierte und fünfte nach der gleichen Weise entwickeln. Grob verdeutlicht kann man sagen, daß die Polarfront im Bereich des frontogenetischen Punktes Wellen schlägt, die mit der hohen Westdrift nach Osten ablaufen.

Auf ihrem Wege machen die Wellenstörungen eine dynamische Entwicklung in Form des Auf- und Abbaues einer *Frontalzyklone* durch, wie sie in Abb. III.b) 1 schematisch dargestellt und in Kap. III.b) beschrieben worden ist. Die hintereinander herziehenden Wellenstörungen und Zyklonen unterschiedlichen Entwicklungsstandes, die um den gleichen frontogenetischen Punkt entstanden sind, werden als *Zyklonenfamilie* bezeichnet. Meistens gehören vier, zuweilen aber fünf bis sechs Frontalzyklonen zu einer Familie.

Die Folge reißt ab, weil die im vorauf gegangenen Kapitel beschriebenen Veränderungen im Höhenwestwindgürtel einen Umbau der Luftdruckkonstellation in den tieferen Teilen der Troposphäre herbeiführen und damit zu einer Verlegung des frontogenetischen Punktes in ein anderes Gebiet führen. Dieses wird zur Ablaufstelle für eine neue Zyklonenfamilie, die allerdings wegen der voraus gegangenen Veränderung im Höhenwindfeld einer anderen Steuerungsrichtung unterliegt wie die erstgenannte Zyklonenfamilie. Die Veränderungen im Höhenwestwindgürtel zwischen vorwiegender Zonalzirkulation, Übergang zur Meridionalzirkulation, Ostwärtswandern der Höhentröge und Hochdruckkeile, blocking-action und Rückentwicklung zur Zonalzirkulation [s. Kap. IV.a) 2.] führen in der außertropischen Westwindzone im Zeitabschnitt von normalerweise ein bis zwei Wochen über die von ihnen gleichzeitig bewirkten Veränderungen in der Konstellation des Viererdruckfeldes zur ständigen *räumlichen Verlagerung des Entstehungsgebietes und zur Veränderung der Zugrichtung von Zyklonenfamilien.* Erst aus der statistischen Verteilung über lange Zeiträume ergeben sich bevorzugte Zugbahnen der Zyklonenfamilien, wie sie in IIIa 4 behandelt worden sind. Die häufigste ist wegen der voraus besprochenen Verankerung der Höhentröge (anchoring-effect in Kap. IV. a) 2) diejenige vom zyklogenetischen Gebiet ostwärts Florida in ENE-licher Richtung quer über den Atlantik nach NW-Europa, so wie sie in Abb. III.b) 1 schematisch angedeutet ist. Weitere Einzelheiten des Ablaufes und die mit ihm zusammenhängenden witterungsklimatischen Erscheinungen werden noch in einem folgenden Kapitel [Kap. IV.b) 3] zu behandeln sein.

Hier müssen die generellen *Wirkungen im Hinblick auf die großräumigen Austauschvorgänge* im Rahmen der AZA und die damit zusammenhängenden Weiterungen ins Auge gefaßt werden.

Wie die Mäanderwellen der Höhenströmung im großen, so bewirken die Frontalzyklonen einen horizontalen Austausch von Masse, Wärme und Bewegungsenergie im mittleren Maßstab. Warme, mit hohem Drehimpuls ausgestattete Warmluft wird in spiraligen Aufgleitbahnen über kältere Luftmassen mit geringerem Bewegungsimpuls geführt. Jede *Zyklone stellt einen Verwirbelungsprozeß von Luftmassen* unterschiedlicher energetischer Eigenschaften in der Größenordnung 10^3 km dar.

Arktikfront, Arktikfrontzyklonen. Erinnert man sich nun an die voraus angenommene Ausgangslage mit dem zyklogenetischen Punkt im Gebiet ostwärts Florida, der Zugbahn der Zyklonenfamilie quer über den Atlantik auf der Südseite des Islandtiefs vorbei, so kommen die Warm- und Kaltluftmassen, die am Ausgangspunkt nördlich und südlich der Polarfront gelegen hatten, auf der Ostseite des Islandtiefs als inzwischen verwirbelte *Mischluftmasse* mit mittleren thermischen Bedingungen an. Diese wird als *„Luftmasse der gemäßigten Breiten“* bezeichnet. Auf der Nordseite des Islandtiefs liegt die frische arktische Kaltluft. Gegenüber dieser wirkt die Mischluftmasse als relative Warmluft und bildet mit ihr eine neue Luftmassengrenze, die bei entsprechend konvergentem Strömungsfeld in den tieferen Luftschichten zu einer *Frontfläche im NE des Islandtiefs* verschärft werden kann. An dieser *„Arktikfront“* entstehen ähnliche Wellenstörungen wie an der Polarfront. Ihre häufigste Zugbahn verläuft im Zusammenhang mit dem schwachen Trog über der Barent-See vom Meeresgebiet zwischen dem Nordkap und Spitzbergen nach W-Sibirien.

Eine ähnliche Situation wie auf der Ostseite des Islandtiefs entsteht im Zusammenhang mit der Pazifikluft, die auf der Ostseite des Alëutentiefs gegen die kontinentale Kaltluft geführt wird, die über dem Innern des nordamerikanischen Kontinentes lagert. Ein sehr stark frequentierter zyklogenetischer Punkt an der *nordamerikanischen Arktikfront* liegt auf der Ostseite der kanadischen Rockies. Die häufigste Zugbahn von Arktikfrontzyklonen verläuft im Hochwinter von Alberta (Kanada) über die südlichen Großen Seen ins Gebiet von Neufundland. Dort münden die Wirbel in die Polarfront ein.

Die Häufigkeit von Arktikfrontzyklonen ist im Winter relativ groß. Sie bewirken die Unbeständigkeit des Winterwetters im Innern Nordamerikas sowie Nordrußlands und West-Sibiriens. Freilich ist wegen der niedrigen Temperatur die Ausfällung von Niederschlägen und die winterliche Schneedeckenhöhe bescheiden.

Unterschied zwischen Nord- und Südhalbkugel. Mit relativ geringen Abwandlungen lassen sich die für den atlantischen Sektor der Nordhalbkugel gewonnenen Ergebnisse über die Zirkulationsmechanismen in der zyklonalen Westwinddrift auf die anderen Gebiete der Außertropen der Erde übertragen. In den Übersichten der Abb. IV.a) 4 u. IV.a) 5 sind für Winter und Sommer der beiden Halbkugeln die Lage der bestimmenden Aktionszentren im Luftdruckfeld sowie die wichtigsten Zyklonenverbreitungsgebiete an der Polar- und Arktikfront dargestellt. Eine Beschreibung der Einzelheiten ist späteren Kapiteln vorbehalten. Es muß hier nur noch auf den Unterschied zwischen Nord- und Südhalbkugel kurz hingewiesen werden. Erstens reicht die *zyklonale Westwinddrift* auf der Südhemisphäre wegen der größeren meridionalen Temperaturgradienten und des daraus resultierenden größeren Druckgefälles im Winter wie im Sommer rund *8–10 Breitengrade weiter äquatorwärts* als auf der Nordhalbkugel. Zweitens gibt es *kaum einen Intensitätsunterschied* im zyklonalen Geschehen *zwischen Sommer und Winter.* Drittens ist die *Zyklonenfrequenz im Sommer* der Südhalbkugel fast *doppelt so hoch* wie in vergleichbaren Gebieten der Nordhalbkugel während der entsprechenden sommerlichen Jahreszeit. Und viertens ist die *Zahl der Sturmzyklonen* wesentlich *höher.* All das ist eine Folge der speziellen tellurischen Situation, die dadurch ausgezeichnet ist, daß über dem antarktischen Eisschild eine extreme Kältesenke entsteht [s. Kap. II.b) 7 u. II.c) 3.], die ringsum vom circumantarktischen Ozean umgeben ist.

Die *Konsequenz* aus diesen Unterschieden ist, daß auf der Westseite Südamerikas und der Südinsel Neuseelands die Gebiete bis ungefähr 38° S zum Klimabereich der ganzjährig zyklonal beeinflußten Außertropen gehören. Diese Klimabereiche beginnen auf der Westseite der Nordkontinente erst bei ungefähr 45° N. Außerdem sind die thermischen Bedingungen in dem vorgenannten Bereich bedeutend ungünstiger und die Niederschlagssummen wesentlich höher.

4. Der tropische Zirkulationsmechanismus

Tropische Ostströmung und Passate. Für die Ableitung der Grundzüge der klimatologisch ausschlaggebenden Zirkulationsvorgänge und ihrer Konsequenzen im tropischen Teil der A. sollen zunächst – zur Vereinfachung der Betrachtung – die *Verhältnisse auf dem Atlantischen Ozean* ins Auge gefaßt werden. Zwischen den mit ihrem jeweiligen Kern auf dem Ostteil des Ozeans liegenden nord- und südhemisphärischen subtropisch-randtropischen Antizyklonen und dem relativen Tiefdruckgebiet in der Äquatorialzone besteht ein – relativ schwaches – Luftdruckgefälle, das oberhalb der Reibungszone in den mittleren und höheren Schichten der Troposphäre nach den Gesetzen des geostrophischen Windes eine großräumige Strömung in allgemeiner Richtung von Ost nach West zur Folge haben muß *(= „tropischer Ostwind“)*.

Für den Bewegungsablauf innerhalb der unteren, unter dem Einfluß der Bodenreibung stehenden Schichten der Troposphäre ist wichtig, daß die ablenkende Kraft der Erdrotation vom Rande der SRHs in ca. 30° bei einer angenommenen konstanten Windgeschwindigkeit bis 15° auf die Hälfte, bis 7,5° auf den vierten Teil des Wertes bei 30° zurückgeht. Das bedeutet, daß mit schwächer werdender Corioliskraft als „Stellkraft" die anderen Faktoren, welche die Windbewegung beeinflussen, also Luftdruckgradient und Reibung, in ihrer Auswirkung je näher zum Äquator um so effektiver werden. Das äußert sich in dem von der Reibung beeinflußten *Strömungsfeld der troposphärischen Grundschicht* und hat erhebliche Konsequenzen für die gesamte Klimagestaltung der betroffenen Bereiche:

Eine Luftmasse von ein paar Zehnern von km Breite und ein oder zwei km Mächtigkeit, welche aus dem SE-Teil des Azorenhochs vor der afrikanischen Westküste in südlicher Richtung bei leichter Westkomponente ausströmt (Windrichtung also ungefähr NNE) unterliegt auf dem ersten Teil ihrer Bahn noch einer mäßigen Ablenkung nach rechts, so daß eine mehr NE-SW-liche Bewegungsbahn resultiert. Mit abnehmender Breite wird der ablenkende Einfluß aber immer kleiner; bei gleicher Reibung erfolgt nur noch eine geringfügige Richtungsänderung und die Bewegungsbahn der Luftmasse nimmt schließlich die Form einer Geraden mit NE-SW-Richtung an. Man kann zudem nach den Gesetzen des Reibungwindes [s. Kap. II.h) 1] noch folgern, daß die Gesamtablenkung auf der Trajektorie zwischen Ausgangsrichtung im SRH und Ankunftsrichtung in der Nähe der äquatorialen Tiefdruckrinne um so kleiner ist, je geringer die geographische Breite des Ausgangspunktes und je stärker das Druckgefälle im durchlaufenen Gebiet ist.

In der von der Bodenreibung beeinflußten Schicht der Troposphäre hat die Strömung zwischen den SRHs der Nord- und Südhalbkugel und der äquatorialen Tiefdruckrinne eine starke meridionale Komponente, die auf den Bewegungsbahnen der Luftmassen über große Distanzen in ungefähr gleichem Winkel zu den Breitenkreisen beibehalten wird. Auf der Nordhalbkugel resultiert eine nordöstliche, auf der Südhalbkugel eine südöstliche Windrichtung, die in großräumiger Betrachtungsweise als *NE- bzw. SE-Passat* bezeichnet werden. Da die SRH und ÄT nach der Ableitung in Kap. IV.a) 1. persistente Luftdruckgebilde sind, müssen die Passate eine *große zeitliche und räumliche Konstanz* nach Richtung und Stärke aufweisen. (Die Windstärke beträgt im großräumigen Mittel um 20 km/h). Im Winter der jeweiligen Halbkugel ist die Windgeschwindigkeit etwas stärker und der Ablenkungswinkel gegenüber den Breitenkreisen etwas größer (30–35° im Winter gegenüber ca. 20° im Sommer), weil die SRHs einen etwas höheren Druck und äquatornähere Lage aufweisen.

Diesen generellen Feststellungen lassen sich unter Hinweis auf die vorher abgeleitete tellurische Aufgliederung der subtropischen Hochdruckgürtel noch folgende über die *regionale Differenzierung innerhalb der Zone tropischer Ostwinde* hinzufügen:

Da der subtropisch-randtropische Hochdruckgürtel im Sommer der jeweiligen Halbkugel über den Kontinenten durch monsunale Hitzetiefs unterbrochen ist und da auch im Winter seine Ausprägung über den Kontinenten merkbar schwächer als über den Ozeanen ist, sind die *Passatströmungen* im wesentlichen *ein ozeanisches Phänomen.* Wo sie über den Kontinenten ausgebildet sind, treten sie vorwiegend in der Zeit niedrigsten Sonnenstandes auf.

Weil die subtropisch-randtropischen Antizyklonen als dynamisch bedingte Aktionszentren der A. besonders auf der Nordhalbkugel wegen der Verankerung der

Tiefdrucktröge die größte Intensität und Stabilität über den östlichen Teilen der tropischen Ozeane aufweisen, die Westflanken hingegen wesentlich niedrigeren und häufiger schwankenden Luftdruck haben, befinden sich die Gebiete mit der *ausgeprägtesten Passatströmung jeweils auf der Ostseite der tropischen Ozeane.* Nach Westen zu wird die Strömung schwächer, ihre Meridionalkomponente kleiner und ihre Beständigkeit geringer.

Die gleichen Gründe, welche die Passate im wesentlichen zu einem ozeanischen Phänomen machen, führen dazu, daß die *Passatströmungen der Wasserhalbkugel (Südhemisphäre) weiter verbreitet und kräftiger* ausgebildet sind als die auf der Nordhalbkugel.

Da außerdem die ÄT in weiten Teilen der Erde bei geringer Breitenverlagerung ganzjährig etwas nördlich des mathematischen Äquators bleibt, können die *südhemisphärischen Passate* im Sommer der *Nordhalbkugel* auf diese *übertreten.* Das geschieht im großen Stil unter Mitwirkung des sommerlichen Monsuntiefs über Südasien und seines Ausläufers in Nordafrika im Bereich des Indischen Ozeans in Richtung auf Südasien sowie des Golfes von Guinea in die westafrikanischen Länder. Reicht der Übertritt auf die Nordhalbkugel weit genug, erfolgt von einer Breite um 8° N ab unter Einwirkung der Corioliskraft eine mit wachsender Breite zunehmende Ablenkung nach rechts, so daß die Strömung eine starke westliche Komponente erhält. An der Guinea-Küste bleibt sie gering, in Südasien hingegen wird *aus dem südhemisphärischen Passat der nordhemisphärischen SW-Monsun.*

In der übergreifenden Passatströmung muß man die Hauptursache der *„äquatorialen Westwinde"* sehen. Über die dynamischen Folgen wird noch zu berichten sein. Zunächst müssen die Konsequenzen besprochen werden, die in der eingangs betrachteten Luftmasse, welche aus dem Ostteil des Azorenhochs abwandern sollte, unterliegen.

Charakteristika der Passatströmung, Passatinversion. Die aus dem Kernbereich der Antizyklone kommenden Luftmassen haben eine kräftige Absinkbewegung durchgemacht und sind als deren Folge relativ trocken [vgl. dazu Kap. II.h) 5.]. Auf ihrem Weg äquatorwärts durchlaufen sie in der Passatströmung mit deutlich meridionaler Bewegungskomponente Breitenzonen, in welchen mit der Divergenz der Meridiane die Flächen zwischen den Gradfeldern laufend größer werden. Für die Luftmasse bedeutet das, daß sie ihre Anfangsgrundfläche laufend vergrößern muß, was wiederum nur durch Verringerung der vertikalen Mächtigkeit möglich ist. Sie dehnt sich also in der Horizontalen aus und schrumpft in vertikaler Richtung. Letzteres hat für die höheren Teile der Luftmasse neuerliches Absinken zur Folge. Dieser Effekt muß um so stärker sein, je größer die Geschwindigkeit und je größer die Meridionalkomponente der Passatströmung sind. In einer kräftigen Passatströmung wird also *durch Flächendivergenz Absinken* hervorgerufen, das seinerseits eine *stabile Luftschichtung* verursacht.

Gleichzeitig mit der Absinkbewegung oben sind auf dem Weg über die Ozeane in den unteren Schichten der Luftmasse eine laufende Wasserdampfanreicherung und auch eine gewisse konvektive Aufwärtsbewegung verbunden. Absinken oben und konvektive Aufwärtsbewegung unten führen zu einer *dynamischen Inversion (Passatinversion).* Sie trennt die relativ wasserdampfhaltigen Luftschichten über dem Meer von der etwas wärmeren aber trockenen Luft oberhalb der Inversion.

Die *Höhenlage der Passatinversion* hängt in der Hauptsache davon ab, wie mächtig die Luftmassen in der Passatströmung sind, die als Folge der Bodenreibung eine genügend große Meridionalkomponente erhalten, um die Flächendivergenz wirksam werden zu lassen. Aus dem Kräfteplan für den Reibungswind [Kap. II.h) 1.] läßt sich leicht ersehen, daß eine relativ kleine Reibungskraft eine um so größere Ablenkung des Windes von der Isobarenrichtung verursacht, je kleiner die Corioliskraft ist. Wenn also letztere auf dem Weg der Passatluftmasse in niedere Breiten immer kleiner wird, so kann die mit der Höhe abnehmende Reibung in immer größerer Höhe über der Ozeanoberfläche noch eine wirksame Ablenkung der Strömung von der reinen Zonalrichtung des geostrophischen Windes hervorrufen. Das bedeutet, daß unter der Voraussetzung gleichbleibender Druckgradienten auf dem Weg von den äußeren zu den inneren Tropen eine zunehmend mächtigere Schicht in die reibungsbeeinflußte untere Passatströmung einbezogen wird und die Passatinversion *äquatorwärts merklich ansteigt.*

Zusammenfassend kann also festgestellt werden:
Die *Passatströmung zeichnet sich durch stabile Luftschichtung aus, die ihren aerologischen Ausdruck in der Passatinversion findet.*
Diese ist um so kräftiger, je stärker die Passatströmung ist und je mehr diese von der Zonalrichtung abweicht. Außerdem steigt die Höhenlage der Passatinversion von 500–600 m in den äußeren auf 1500–2000 m in den inneren Tropen an.

Für Wolken- und Niederschlagsbildung bedeutet das, daß in einer kräftigen Passatströmung nur Konvektionswolken des unteren Wolkenstockwerkes, Cumulus humilis (Cu hum) und niedrige Cumulus congestus (Cu con) entstehen können, von denen allenfalls die zuletzt genannten schwache Schauerniederschläge liefern. Die Passatzonen sind also im allgemeinen wegen der Passatinversion *Trockenzonen.* Da die Inversion in der „Wurzelzone des Passates" besonders niedrig liegt, ist dort die Niederschlagsunterbindung besonders groß, während in den Auslaufzonen der Passate sich auch höher reichende Wolken mit häufigeren Schauern durchsetzen können.

Trifft eine kräftige Passatströmung auf ein genügend hohes *topographisches Hindernis,* so wird durch die *orographisch erzwungene Vertikalbewegung* die Passatinversion aufgelöst. Die Folge ist permanente hochreichende Wolkenbildung auf der Anströmungsseite des Passates mit entsprechend *ergiebigen Stauniederschlägen.* Beispiele dafür sind Hawaii, die Inseln über dem Winde in der Karibischen See sowie die Ostküsten Südamerikas und Afrikas im Bereich der südhemisphärischen äußeren Tropen. Da außerdem die Passatströmung im Winter der jeweiligen Halbkugel stärker als im Sommer ist, haben Passatstauregen ein entsprechendes *Wintermaximum.* Die eng begrenzten Gebiete ihres Vorkommens bilden hinsichtlich des Jahresganges der Niederschläge eine Ausnahme in den normalerweise von Sommerregen beherrschten Tropen.

Die Auslaufzonen der Passate. Aus den Einsichten über die Bewegungsabläufe und die meteorologischen Konsequenzen innerhalb der Passatströmung selbst lassen sich auch weitgehend die meteorologischen Prozesse ableiten, die in den äquatornahen Auslaufzonen der Passate auftreten. Das entscheidende Kriterium für die Wetter- und Klimagestaltung im Verbreitungsgebiet der Passate ist das Wirksamkeitsverhältnis der zur Stabilisierung der atmosphärischen Schichtung führenden Bewegungsabläufe auf der einen sowie der die Konvektion verursachenden Antriebe und den Ablauf bestimmenden Bedingungen auf der anderen Seite. Bezüglich der Stabilität war festgestellt worden, daß diese um so größer wird, je stärker die Passatströmung und je größer ihre äquatorwärts gerichtete Komponente ist. Bezüglich der konvektiven Prozesse muß man ansetzen, daß sie bei Wasserdampfanreicherung der Passatluft generell verstärkt sowie beim Auftreten von Strömungskonvergenzen örtlich und zeitlich besonders aktiviert werden.

Da der Luftdruckgradient in einer Tiefdruckfurche zwischen zwei Hochdruckgebieten wenigstens in der Tiefdruckachse den Wert Null annehmen muß, wird die für die Stärke der Passatströmung entscheidende Antriebskraft vom Rande der SRHs aus mit wachsender Annäherung an die ÄT notwendigerweise kleiner. Daraus resultieren geringere Geschwindigkeit und geringere Stabilität der Schichtung in der Passatströmung, je mehr sie sich der ÄT nähert. Da, besonders über den Ozeanen, in der gleichen Richtung in ihr der Wasserdampfgehalt und damit die Konvektionsbereitschaft zunehmen, kann man als allgemeine Regel ableiten:

Die Passate verlieren mit wachsender Annäherung an die äquatoriale Tiefdruckrinne ihren Charakter als stabile, wolken- und niederschlagsarme Strömung; konvektive Wolken- und Niederschlagsbildung gewinnen in der gleichen Richtung an Bedeutung.

In Abhängigkeit von den geographischen Gegebenheiten der Wasser-Land-Verteilung gibt es *drei unterschiedliche klimatische Ausprägungen der Auslaufzonen* der Passate.

Die erste ist das allmähliche Auslaufen, gewissermaßen das *„Einschlafen" des Passats* in einem Bereich, in welchem über großen Horizontalentfernungen von 500–1000 km nur sehr schwache und in ihrer Richtung nicht streng definierte Luftdruckgradienten, in der französischen Terminologie als *„marais barométrique"* (= „barometrischer Sumpf") bezeichnet, vorhanden sind. Klassisches Beispiel ist das amerikanische Mittelmeer im Südwesten der nordatlantischen subtropisch-randtropischen Antizyklone. Ähnlich ist es aber auch über dem Südpazifik östlich von Australien. In den Übergangsjahreszeiten um die Äquinoktien trifft es für weite Teile der äquatornahen Tropen ganz allgemein zu.

Die *Witterung in diesen Regionen* wird normalerweise von der thermischen Konvektion beherrscht. Im störungsfreien Zustand sind Cu hum und $3^1/_2$–4 km hoch reichende Cu con im Wechsel von Aufwind und abwärts gerichteten Kompensationsströmen meist in Form langer Wolkenreihen organisiert. Nur sporadisch treten echte Gewitterwolken (Cumulonimben, Cb) auf. Niederschläge bleiben beschränkt auf Schauer aus den Cu con und auf gelegentlich und weit verteilt auftretende intensivere Gewitterschauer aus den Cb. In dem ausdruckslosen Luftdruckfeld können aber geringfügige Anlässe verschiedener Art schon zu *Störungen* führen. So wirken *alle Küsten* derart *konvektionsverstärkend,* daß sie immer durch eine Zone von besonders dicht stehenden und häufig von Gewittertürmen überragten Cu con markiert werden. Außerdem können die aus Gewitterwolken ausfallenden Niederschläge eine lokale Abkühlung hervorrufen, die dann sofort lokale Druckunterschiede und Windfelder mit lokalen *Konvergenzen und Divergenzen* hervorrufen, die ihrerseits für die Verstärkung oder Abschwächung der Konvektion verantwortlich sind. Wegen der sehr schwachen Corioliskraft gleichen sich die meisten Störungen allerdings kurzfristig wieder aus.

All das gibt in dem undefinierten Luftdruckfeld den im allgemeinen schwachen Winden in Bodennähe eine große zeitliche und örtliche Unbeständigkeit nach Richtung und Stärke. Aus der Zeit des Segelschiffverkehrs ist dafür der Ausdruck *„doldrums“* überkommen. In der deutschen Nomenklatur spricht man von *„Zone umlaufender Winde“*.

Charakteristisch für diesen Bereich sind als Störungen größeren Ausmaßes die *„easterly waves“*. Es sind relativ schwache, sich über 20–30 Längengrade spannende Luftdruckwellen, die in trog- und rückenförmigen Ausbuchtungen der Isobaren, besonders in den Niveaus zwischen 2000 und 5000 m, zum Ausdruck kommen und die mit der östlichen Höhenströmung langsam nach Westen verlagert werden. Im bodennahen Windfeld bildet sich auf ihrer Vorderseite eine Strömungsdivergenz, auf der Rückseite eine -konvergenz aus, von denen die erstere die Passatinversion verstärkt, die letztere sie abschwächt. Da außerdem die Luft im Bereich des Hochdruckrückens hochreichend feucht ist, bildet sich nach dem oft wolkenlosen Wetter auf der Vorderseite der Welle *auf ihrer Rückseite* eine ungefähr meridional angeordnete Zone von ein paar hundert km Breite mit fast geschlossener, hochreichender Quellbewölkung aus, in der *heftige Schauer* dicht nebeneinander stehen und aufeinander folgen. Der Durchzug einer easterly wave hat also einen Wetterwechsel zur Folge, wie er in den Außertropen bei einer Frontpassage, einer Okklusion z.B., beobachtet wird. Der wesentliche Unterschied ist, daß die easterly wave in einer einheitlichen Luftmasse ausgebildet ist, daß bei ihrem Durchzug also keine thermisch unterschiedlichen Luftmassen auftreten.

Echte Frontalerscheinungen und Temperaturgegensätze treten bei gelegentlichen *Kaltlufteinbrüchen* in den äußeren Tropen auf, wie die *„nortes“* im Karibischen Raum und in Mittelamerika [vgl. Kap. III.d)] sowie die *„friagems“* in Brasilien. Sie bewirken trotz der weitgehenden Abmilderung der Temperatur auf dem langen Weg von den hohen Mittelbreiten bis in die Tropen gegenüber der tropischen Warmluft Witterungs- und Wetterphänomene, die in den Außertropen mit einem Kaltfrontdurchzug verbunden sind, und die im einzelnen im Kap. III.d) beschrieben wurden.

Die zweite Ausbildungsmöglichkeit der Auslaufzone der Passate ergibt sich, wenn die Passatströmungen beider Halbkugeln kräftig ausgebildet sind und in einer relativ schmalen Breitenzone von ein- bis zweihundert km Durchmesser konvergieren. Diese Zone wird von den meisten Autoren als *„innertropische Konvergenz (ITC)“* bezeichnet. Tatsächlich wäre es aber *besser,* entsprechend dem Vorgehen von Nieuwolt (1977) sie als *„innertropische Konvergenzzone (ITCZ)“* zu bezeichnen. Da die aufeinandertreffenden Strömungen aus Kontinuitätsgründen nur nach oben ausweichen können, muß in der ITCZ eine gewisse Tendenz zu vertikalen Aufwärtsbewegungen ausgebildet sein. Um jedoch falschen Vorstellungen über Art und Ausmaß der vom Konvergenzeffekt erzwungenen „Aufwinde“ vorzubeugen, sollte man sich daran erinnern, daß nur die unteren reibungsbeeinflußten Passatströmungen konvergieren, und sich klarmachen, daß somit Massen, die in einer Schichtdicke von 1–2 km mit rund 4–6 m/s gegeneinander geführt werden, zum vertikalen Ausweichen eine Zone zur Verfügung steht, die 100 mal breiter ist als die Schichten mächtig sind. Es handelt sich also in Wirklichkeit um einen relativ *kleinen Massenzustrom in einen sehr breiten Kamin.* Die erzwungene Aufwärtskomponente beträgt allenfalls ein paar cm/sec. Die spezifische Wirkung der ITCZ besteht darin, daß *keine Inver-*

sion ausgebildet sein kann. Den Aufwärtstransport selbst besorgt dann die thermische Konvektion, wobei in den Thermikschläuchen die Vertikalbewegung aber schon wieder das Vielfache der aus der Konvergenz resultierenden Aufwärtskomponente beträgt. Schon aus Kontinuitätsgründen muß deshalb zwischen den Konvektionswolken eine abwärts gerichtete Kompensationsströmung vorhanden sein, so daß zwischen den Wolken als Folge der absinkenden Luftbewegung große wolkenfreie Zwischenräume bleiben. Die ITC ist also keine Front, sie ist nur eine *relativ breite Zone (ITCZ) verstärkter Konvektion.* Besitzen die darin einbezogenen Luftmassen genügend Wasserdampfgehalt, können in ihrem Wirkungsbereich hochreichende Quellwolken mit ihren Konsequenzen (Schauer und evtl. Gewitter) wesentlich häufiger auftreten, als das normalerweise in den Auslaufbereichen der Passate der Fall ist. Wie entscheidend der Wasserdampfgehalt ist, kann man sich mit Hilfe der Massen- und *Wasserbilanz einer Gewitterwolke* (Cb) klarmachen, wie sie Miller (1977, S. 17) nach Palmen and Newton (1949) wiedergegeben hat. Ein isolierter Cb zieht den Wasserdampf und die Luft aus einem Umkreis zusammen, der bei feuchter Luft über 1000 km^2 groß ist. Auch jeder Cu con steht in der Wasserdampfkonkurrenz mit den anderen Quellwolken der Umgebung. Über Land muß bei relativ trokkener Luft demnach der Quellwolkenabstand erheblich größer werden. Nach Untersuchungen von Shearon (1974) liegen die Zellen von Konvektionswolken in Tanzania 40–60 km auseinander. Jede Zelle benötigt ein *Wasserdampfversorgungsgebiet, das 1000 mal größer ist als ihre eigene Grundfläche* und zwischen 5000 und 7000 km^2 umfaßt [s. auch Kap. IV.b) 1].

Wenn die Passate als relativ geschwindigkeits- und richtungsbeständige Luftströmungen abgeleitet wurden, so muß hier im Interesse eines besseren Verständnisses der Vorgänge im Bereich der ITCZ auf das einschränkende „relativ" noch einmal Bezug genommen werden. Natürlich müssen alle Veränderungen von Intensität und Lage der subtropisch-randtropischen Antizyklonen, die aus der Dynamik der hohen Westwindströmung resultieren und in Kap. IV.a) 2. im einzelnen dargelegt wurden, sich unmittelbar auf die jeweilige Passatströmung auswirken und mittelbar Intensitäts- und Lageveränderungen der ITCZ in der Größenordnung von mehreren Tagen oder wenigen Wochen hervorrufen. Mal ist die ITCZ ein bißchen schmaler, mal etwas breiter ausgebildet. Für Tage verlagert sich der Einflußbereich ein paar hundert km weiter polwärts, pendelt dann wieder äquatorwärts zurück. *Mittelfristige Veränderungen im Bereich der ITCZ* verursachen einen Streubereich der mit der Konvergenzzone gekoppelten Witterungsphänomene (s. dazu IV.b) 1). Bewölkung und Niederschlag nehmen von der Mittellage nach außen ab.

Außer diesen mittelfristigen Schwankungen findet im Zusammenhang mit der jahresperiodischen Verlagerung und Intensitätsschwankung der SRHs mit dem Sonnenstand eine *jahreszeitliche Verlagerung der Mittellage der ITCZ* statt. Der im Winter der jeweiligen Halbkugel stärker ausgeprägte Passat vergrößert seinen Einflußbereich gegenüber der schwächeren Passatströmung der Sommerhalbkugel. Über den Ozeanen bleibt die Breitenverlagerung allerdings relativ bescheiden. Da die Passatströmung der Wasserhalbkugel im Januar etwas, im Juli wesentlich stärker als die nordhemisphärische ist, pendelt die ITCZ über dem Pazifik und Atlantik im Mittel zwischen dem mathematischen Äquator im Januar und einer Breite von 8–10° N im Nordsommer. *Über den Kontinenten* muß man eine wesentlich *größere Breitenverlagerung* der ITCZ annehmen, jedenfalls dem Niederschlagsgang nach zu urteilen. Z. B. treten im Innern Südamerikas nahe dem Wendekreis in einer kurzen Periode im südlichen Hochsommer besonders häufige und intensive Schauerregen auf. In Afrika südlich des Kongobeckens und in N-Australien ist es ähnlich. Zur gleichen Zeit werden aber auch in der Nähe des Äquators, genauer gesagt etwas nördlich von ihm, nicht minder intensive konvektive Vorgänge registriert, während im Zwischengebiet die „kleine Trockenzeit" herrscht. Das interpretieren manche Autoren als *Doppelung der tropischen Konvergenzzone* in eine ITC-Nord und eine ITC-Süd. Wesentlich beteiligt an dieser Entwicklung sind die jeweiligen monsunalen Hitzetiefs. Sie stellen aus strömungsmechanischen Gründen [Kap. III.b) 1. oder II.h) 1.] allein schon Konvergenzgebiete im Bodenfeld dar, die allerdings anders zustande kommen als die klassische innertropische Konvergenz. Man kann deshalb einigen Zweifel hegen, ob es richtig ist, sich die ITC-Nord bzw. ITC-Süd im Sommer der jeweiligen Halbkugel über den Kontinenten bis fast an die Wendekreise ausgebuchtet vorzustellen und noch von „innertropischer" Konvergenzzone zu sprechen. Die Konvergenz in Äquatornähe ergibt sich dadurch, daß auf der Äquatorseite der festländischen Monsuntiefs eine westliche Strömung dominiert, die Teil der „äquatorialen Westwindzone" ist, an deren Rand gegenüber den mit deutlicher Komponente äquatorwärts ziehenden Passaten eine Konvergenzzone entstehen muß. So kann man vielleicht die von Trewartha oder Flohn z. B. wiederholt vertretene und in den Abb. 141 und 142 der 2. Auflage dieses Buches niedergelegte Auffassung von der Aufspaltung der ITC in einen Nord- und einen Südzweig etwas vereinfachend verstehen. (Vermutlich werden an dieser Stelle noch Mosaiksteine in der Modellvorstellung auszuwechseln sein).

Genetisch verbunden mit relativ scharf ausgebildeten innertropischen Konvergenzen sind die *tropischen Zyklonen*, über deren Entstehungsbedingungen, Genese, Entwicklung und klimatische Konsequenzen in Kap. II.h) 6, ausführlich berichtet worden ist. Sie müssen in der dargestellten Ausprägung in das Schema der AZA eingeordnet werden.

Übergang Passat–Monsun. Dritte Ausprägungsmöglichkeit der Auslaufzone der Passate ist der *weiträumige Übertritt auf die andere Halbkugel.* In begrenzter Ausdehnung ist ein Überströmen des mathematischen Äquators, hauptsächlich durch die südhemisphärische Passatströmung, eigentlich die Regel, wie die dargelegte Tatsache zeigt, daß die Kernzone der ITCZ über den Ozeanen ganzjährig etwas nördlich des Äquators bleibt. Es resultiert dabei auch bereits eine schmale und wenig hochreichende Zone, in welcher die Strömung eine westliche Komponente enthält *(„äquatoriale Westwinde")*. Wo diese äquatorialen Westwinde auf den Rand tropischer Landmassen treffen, werden die *regenreichsten Gebiete der Erde* registriert. Das trifft zu auf die W-Seite Südamerikas an der kolumbianischen Küste, auf die W-Seite Afrikas an der Guinea-Küste und in Kamerun, aber auch auf die W-Ghats im Südwesten der Dekkan-Halbinsel. Vom Ozean her wird eine sowieso schon labil geschichtete Luftmasse auf das Land verfrachtet, wo infolge des Reibungseinflusses und orographisch verstärkter Vertikalbewegung eine Intensivierung der Konvektionsvorgänge eintritt.

Weitergehende dynamische *Veränderungen im Strömungsfeld* der Passate kommen erst dort zur Geltung, wo das Überströmen über große Meridionalentfernungen erfolgt. Den *Anlaß dafür geben die* nach Genese und geographischer Lage voraus behandelten *Ferrelschen Hitzetiefs* über den Kontinenten. Prototyp ist das südasiatische Monsuntief. Ausschlaggebend an der Luftdrucksituation ist, daß das jeweilige Hitzetief in S-Asien wie auch Amerika und Afrika mit seinem Kern jeweils in den äußeren Tropen nahe dem Wendekreis liegt und einen wesentlich geringeren Luftdruck aufweist als er normalerweise in der ÄT vorkommt. Dadurch wird ein durchgehendes Luftdruckgefälle vom winterlich starken SRH der anderen Halbkugel quer über den Äquator bis zum betreffenden Hitzetief hergestellt. Die Folge ist, daß die Passatströmung der Winterhalbkugel nicht in einer Tiefdruckfurche nahe dem Äquator endet, sondern weiter in den Wirkungsbereich des Tiefs am Rande der Tropen auf der anderen Halbkugel fortgeführt wird. Dabei kommt sie erstens nach Überschreiten des Äquators mit zunehmender Breite unter den wachsenden Einfluß der Corioliskraft der anderen Halbkugel, muß also aus der am Äquator noch gegebenen *Passatrichtung* auf der N-Halbkugel *nach rechts,* auf der S-Hemisphäre *nach links abgelenkt* werden. Aus dem südhemisphärischen SE-Passat wird über dem Indischen Ozean nördlich des Äquators erst eine SW- und später sogar eine WSW-Strömung. Da sie auf dem Weg polwärts statt den für Passate wirksamen Effekten der Flächendivergenz den umgekehrten einer Flächenkonvergenz unterliegt, *verliert* zweitens die weiträumig übertretende Strömung auch die *Stabilität der Luftschichtung,* welche für Passate charakteristisch ist. Aus der stabil geschichteten Passat- wird die normal geschichtete Monsunströmung. Wie sich dabei das Wetter in ihr gestaltet, wie wirksam sie vor allem als Niederschlagslieferant ist, hängt entscheidend davon ab, *wieviel Wasserdampf die Strömung* auf ihrem Wege *aufnehmen kann.* Im Falle des südasiatischen Monsuns gibt es z. B. schon eine erhebliche Differenzierung, je nachdem, ob man das Dekkan-Plateau, den Pandschab und Bengalen oder den NW-Teil des indischen Subkontinentes betrachtet. In das zuletzt genannte Gebiet gelangt die Monsunströmung von Ostafrika her über den Süden Arabiens, also auf dem Landweg. Sie ist entsprechend trocken, so daß alle thermischen Konvektionsanstöße nichts nützen, der Regen sporadisch und der NW-Teil des Kontinentes ein Trockengebiet bleibt.

An der Ozeanseite der W-Ghats hingegen führt der orographische Stau in der ozeanischen Monsunluft zu regenträchtigen Konvektionserscheinungen und zu einem der niederschlagsreichsten Gebiete der Erde. Bezeichnend ist allerdings, daß am Ostfuß der W-Ghats eine deutliche Trockenzone folgt, obwohl das Gebirge nur Scheitelhöhen um 2000 m aufweist. Das zeigt deutlich, daß der *feuchtereiche Monsun* doch nur *eine relativ flache Strömung* ist. In ihr liegt die Zone maximaler Niederschläge an den Gebirgsrändern mit rund 1000 m Höhe sehr niedrig, und abseits der stauenden Gebirge besteht die Monsunregenzeit aus weit verteilt auftretenden heftigen Schauerniederschlägen, die nicht einmal täglich fallen müssen. Ihre Gesamtsumme über die Regenperiode bleibt relativ bescheiden und die Variabilität von Jahr zu Jahr ist sehr groß.

Über SE-Asien ist die sommerliche Monsunströmung wegen des geringeren Luftdruckgegensatzes schwächer ausgebildet. Sie kommt aus südlicher Richtung, hat aber im Prinzip die gleichen Eigenschaften wie der SW-Monsun.

Mit dem Abbau des thermischen Hitzetiefs im Herbst wird auch das entscheidende Luftdruckgefälle und damit der Antrieb für das Übertreten der Passate auf die andere Halbkugel abgebaut. Der aus dem festländischen Hoch über Asien äquatorwärts ziehende *Wintermonsun* nimmt in den Tropen alle Charakteristika des NE-

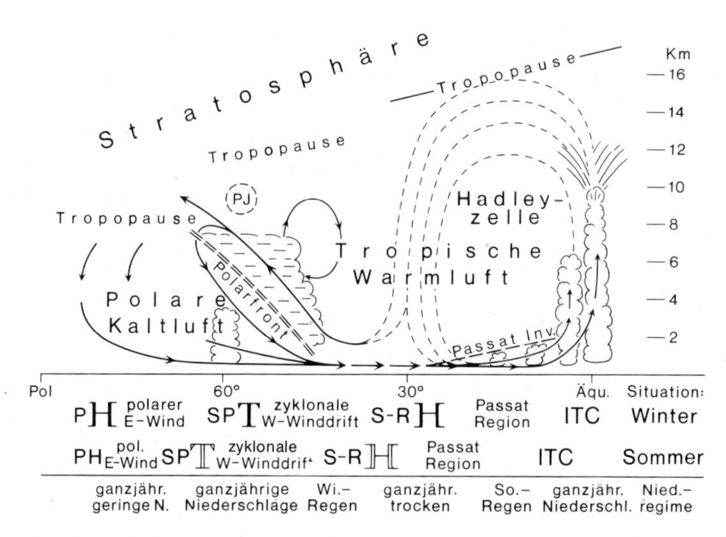

Abb. IV.a)6. Schematische Darstellung der Meridionalkomponenten der Allgemeinen Zirkulation (Querzirkulation mit zonal angeordneten fiktiven Achsen. Unter Verwendung des Schemas von Palmen). Der in der planetarischen Grenzschicht gebündelten Passatströmung steht in der Höhe eine auf großen Raum verteilte Rückkehrströmung gegenüber. Unter dem Profil sind die planetarischen Luftdruck- und Windgürtel in ihrer Position für Winter und Sommer sowie Zonen unterschiedlicher Niederschlagsregime angegeben

Passates an. Die winterliche Steigungsregen an der SE-Ecke des indischen Subkontinentes, in Ceylon und an der Küste Ostafrikas kann man wie die passatischen Winterregen als lokale Stauregen in einer Luftmasse ansehen, die nach genügend langem Weg über die Oberfläche warmer Meere ausreichende Feuchte erhalten hat, um unter den Bedingungen der durch orographische Einflüsse aufgelösten Inversion entsprechende niederschlagsliefernde Konvektionswolken zu bilden.

Die Hadley-Zirkulation und das Problem des „Antipassats“. Bisher war beim tropischen Zirkulationsmechanismus fast ausschließlich von den horizontalen Komponenten die Rede. Das mag bemerkenswert sein, wo doch die klassische Auffassung tropischer Zirkulation den Vertikalkreislauf in Form der bereits zitierten *Hadley-Zelle* immer in den Vordergrund stellte. Nun, es muß zweifellos im großräumigen Mittel eine solche *Meridionalzirkulation mit horizontal gedachter Achse* vorhanden sein, wie sie in Abb. IV.a) 6 schematisch dargestellt ist. Die Passatströmung äquatorwärts und die mit der Konvektion im Einflußbereich der ITCZ verbundene Vertikalbewegung, mit der eine Menge Masse und Energie erst äquatorwärts – im Sinne des letztlich notwendigen globalen Austausches zwischen Tropen und höheren Breiten, also in der „falschen Richtung“ – und dann aufwärts transportiert wird, verlangt aus Kontinuitätsgründen eine Rückkehr der Massen in der Höhe polwärts. Dazu half man sich früher mit der *Annahme eines Antipassates.* Nur hat diese Konstruktion einer Überprüfung anhand der Höhenwindbeobachtungen nicht standgehalten. Es ist sehr schwierig und verlangt die Bearbeitung eines großen Windmaterials, um überhaupt ein quantitatives Ergebnis der mittleren Meridionalzirkulation zu erhalten. Der obere *Rückkehrast* der Hadley-Zirkulation ergibt sich nämlich *nur als Summa-*

tion vieler schwacher ageostrophischer Anteile eines relativ starken, ungefähr breitenparallel wehenden geostrophischen Windfeldes, der tropischen Ostwinde (F. Defant, 1976). Newell et al. (1969) haben aus der Aufbereitung eines großen Materials von Höhenwindmessungen in den Tropen die Werte des meridionalen Massentransportes für die extremen und Übergangsjahreszeiten ermittelt und in Diagrammen dargestellt. Das Ergebnis kann man etwas vergröbernd etwa so verdeutlichen (s. Abb. IV.a) 6): Die gleiche Masse, die in den untersten 1–2 km der A. (es hängt etwas von der Jahreszeit ab) aus den SRHs äquatorwärts transportiert wird, kehrt in der hohen Troposphäre polwärts zurück, allerdings verteilt auf ein Höhenintervall zwischen 9 oder 10 und 17 oder 18 km über Grund. Die Meridionalkomponente, die in der Konzentration auf einen sehr beschränkten Höhenbereich in der Passatströmung direkt beobachtbar wird (und erhebliche direkte klimatische Auswirkungen zeitigt), verliert sich bei der Verteilung (Verdünnung) auf ein 3- bis 6fach größeres Luftvolumen als direkt beobachtbare und meßbare Größe und wird zu einem nur statistisch zu ermittelnden kleinen Zusatzwert der direkt faß- und beobachtbaren starken Ostströmung. Klimatologische Auswirkungen, die über die reine Austauschfunktion hinausgehen, zeitigt der Zusatzwert nicht. Das Ganze ist zu vergleichen mit der Tatsache, daß man bei der Darstellung der Strömungen in den Ozeanen z. B. im Bereich des amerikanischen Mittelmeeres darauf angewiesen ist, aus Ermangelung beobachteter Strömungen irgendwo der Vollständigkeit halber kleine Versatzpfeile nordwärts anzubringen, nach erfolgter Konzentration am Nordausgang der Karibischen See für den Golfstrom vor der Küste Floridas und Neufundlands aber durchaus in der Lage ist, Richtung und Geschwindigkeit als gemittelte Beobachtungsgrößen mit Maß und Zahl anzugeben.

In diesem Sinne habe ich mich bei der Darstellung der ganzen AZA bemüht, sie zwar physikalisch und meteorologisch schlüssig abzuleiten, aber im Sinne einer Klimageographie auswählend darzustellen. In den nachfolgenden Kapiteln wird über die Grundzüge hinaus noch auf klimatologische und klimageographische Einzelheiten einzugehen sein.

Tab. IV.a) 1. Die Flächenanteile der Zirkulationsgürtel über den Ozeanen. (Nach H. Flohn u. J. Gentilli)

Zirkulationsgürtel	Breite	Fläche in Mill. km²	Fläche in % der gesamten Meeresfläche
Nordhemisphäre			
Polare Ostwinde	70–90°	17,40	4,9
Subpolare Tiefdruckkonvergenz Westwinde	55–70° 35–55°	28,40	7,9
Subtropische Divergenz	25–35°	25,75	7,2
Tropische Ostwinde	10–25°	47,40	13,2
Innertropsiche Konvergenz	5°S–10°N	37,50	10,5
Südhemisphäre			
Tropische Ostwinde	5–20°	79,40	22,4
Subtropische Divergenz	20–35°	44,65	12,3
Westwinde Subpolare Tiefdruckkonvergenz	35–55° 55–70°	56,90	15,9
Polare Ostwinde	70–90°	20,00	5,6

Die *flächenmäßigen Anteile der einzelnen Zirkulationsteile* können über den Festländern relativ schlecht bestimmt werden. Es hat praktisch nur einen Sinn, das Areal der Gürtel auf den Ozeanen zu überschlagen, wo die Verhältnisse am klarsten sind. Hier ergaben sich (nach Flohn und Gentilli) die in der Tab. IV.a) 1 mitgeteilten Werte. Die insgesamt größeren Areale auf der Südhalbkugel sind eine Folge der hier weit größeren Meeresflächen und der asymmetrischen Lage der ITCZ nördlich des mathematischen Äquators.

b) Die großen Zirkulationsglieder

1. Die tropische Zirkulation

Der Gürtel der tropischen Ostwinde beiderseits des Äquators, in den die äquatoriale Konvergenz eingebettet ist, umfaßt den größten Flächenanteil von allen Zirkulationsgliedern auf der Erde. Die Ostwinde als Ganzes, also nicht nur an der Erdoberfläche, werden auch als *Urpassat* bezeichnet, zum Unterschied von den eigentlichen *Passat* (engl. trades, franz. alizées, span. alisios, lokale Bezeichnungen dafür sind in Nordafrika der Harmattan, in Südasien der Wintermonsun). Letzterer stellt nur die bodennahe, durch Reibung abgelenkte Grundschichtströmung des Urpassats dar. E. Kuhlbrodt (1950) hat als „eigentlichen Passat" an Hand einer Analyse der Schiffsbeobachtungen vor Westafrika das Band mit mindestens 80% Richtungsbeständigkeit und als „Kernpassat" das mit mindestens 90% angegeben (Abb. IV.b) 1). Diese durch hohe Beständigkeit und teilweise, vor allem in der Nähe ihrer Wurzeln, auch durch Stabilität ausgezeichnete Grundströmung, der Unterpassat, wird durch eine Inversion von der darüber befindlichen Passatoberströmung getrennt. Die *Passatinversion* mit ihrer Wärmezunahme – nach H. v. Ficker (1936) beläuft sie sich im Mittel auf +1,15°/100 m – wird verursacht durch die Absinktendenz (subsidence) der höheren Luftschichten im Bereich der Antizyklonen an der Passatwurzel in den Roßbreiten sowie, auf dem Wege äquatorwärts, durch die Vergrößerung des überstrichenen Flächenareals erzwungene Absinktendenz, die erst in Äquatornähe aufhört. Sie liegt zwischen 1 und 2,5 km Höhe, kann aber über kalten küstennahen Auftriebwässern, wie z. B. bei den Kanarischen Inseln, bis nahe an den Meeresspiegel herabgehen. Äquatorwärts steigt sie dann allmählich an mit fortschreitender Erwärmung, Auflockerung (Labilisierung) und Feuchtezunahme der Grundschicht, so daß unter ihr anfangs flach geschichtete, später hochreichende *Quellwolken* mit z. T. heftigen Schauern entstehen und schließlich in echte Zenitalregen übergehen. Diese Bewölkungsfolge ist ungemein charakteristisch für die ganze Passatregion. Wo der Passat vom heißen Festland zum kühlen Meer weht, wie in Westafrika, kommt es – neben dem mitgebrachten Staubdunst, der zur Bezeichnung Dunkelmeer für die Gewässer um die Kapverdischen Inseln geführt hat – zu Nebelbildung in der abgekühlten stabilisierten Luft. Erst nach längerem Überwehen des Meeres sind der Feuchtegehalt und die Labilität so weit angestiegen, daß es an steilufrigen Luvküsten und Inseln zu ergiebigen und infolge der Passatbeständigkeit anhaltenden bzw. regelmäßigen Stauniederschlägen kommt. Beispiele hierfür bieten Mittelamerika, NO-Brasilien, Madagaskar, Queensland oder Hawaii. Über Westindien fehlt die

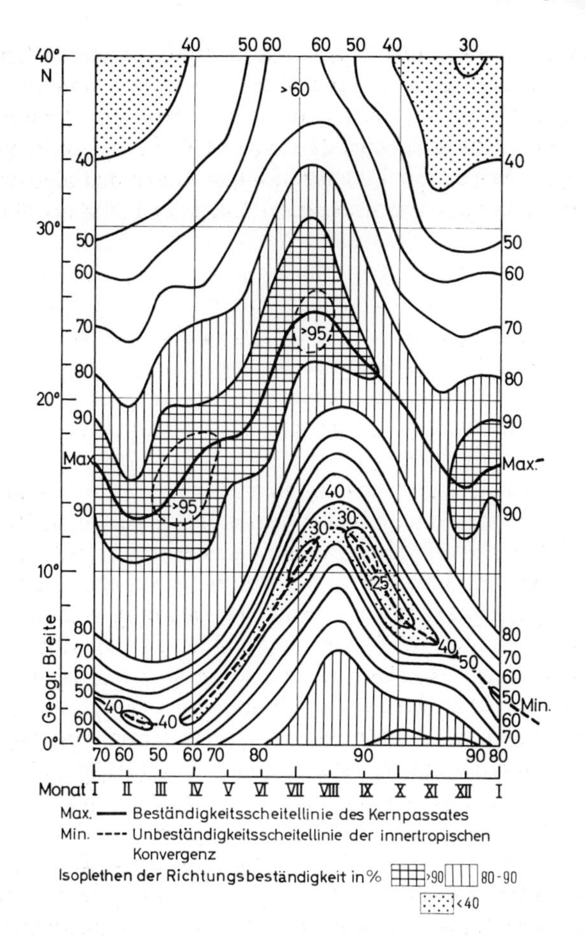

Abb. IV.b) 1. Isoplethen der Richtungsbeständigkeit der Passatströmung (≧80%) und des Kernpassates (≧90%) im Gebiet des Hauptschiffahrtsweges vor der westafrikanischen Küste. (Nach E. Kuhlbrodt, 1950)
Im jahreszeitlichen Pendeln des Passatbandes zeigt sich im Oktober/November ein Aussetzen der kernpassatischen Richtungskonstanz. Das Diagramm zeigt gleichzeitig die jahreszeitliche Verlagerung der innertropischen Konvergenz (Mallungen) mit deren geringem Anteil an Richtungskonstanz (≦40%), besonders im September/Oktober

Passatinversion im Sommer bis 7000 m Höhe völlig und nur im Winter ist sie in 2000 m Höhe als Konvektionssperre vorhanden (Chang, 1962).

Es genügen aber auch geringfügige Störungen oder wellenartige Konvergenzen wie die von G. Dunn (1940) erstmals untersuchten „*easterly waves*", um den Wasserdampfgehalt der maritimen Passate auszufällen. Im Gegensatz zu ektropischen Störungen folgt das Regengebiet bei diesen erst nach Durchzug der Konvergenzlinie, also bei steigendem Luftdruck auf der Ostflanke [s. Kap. IV.a) 4.]. In Westindien treten „easterly waves" im Sommer, verbunden mit Regen, etwa alle 5 Tage auf (Chang, 1962). 80% der Hurikane gehen auf sie zurück. Blume (1962) hat als regenbringende Wettersituationen, die in Westindien zu einem Aussetzen des Passats führen, Norders, Konvergenzen, Passatwellen und Hurrikane genannt.

Im Kern- oder Wurzelgebiet des Passates liegt die Zone der *subtropischen Hochdruckzellen* mit ihrer vorherrschend absteigenden Luftbewegung und demzufolge ihrer Neigung zu wolkenlosem Wetter [hinsichtlich der Entstehung s. Kap. IV.a) 2.]. Zwar handelt es sich nicht um völlig stationäre Druckgebilde, wie es die mittleren Luftdruckkarten suggerieren, sondern um solche, die nach Form, Intensität, Ausdehnung und Lage einem beständigen Wechsel, allerdings in begrenztem Rahmen unterliegen. Der – in Luftdruckkurven erkenntliche – Wechsel der Hochdruckkerne vollzieht sich jedoch meist ohne auffällige Wetterauswirkung, da die Absinktendenz zu einer Stabilisierung der inkorporierten Luftmasse und die intensive Einstrahlung in der Breite um 30° bei der Wolkenarmut eventuell ursprünglich vorhandene Luftmassengegensätze rasch ausgleicht. Sie machen sich allenfalls noch in einem vorübergehenden Drehen des Windes oder in zeitweilig verstärkter Haufenwolkenbildung bemerkbar. Jahraus jahrein herrscht in diesem Gürtel strömungsdynamisch bedingte Trockenheit, die sich in den *subtropischen Hitzewüsten* manifestiert, mit extrem hohen Tagestemperaturschwankungen, heißen ausdörrenden Winden mit Staubtromben und dem Formenschatz maximaler Aridität. Die größere Küstenferne der subtropischen Wüsten auf der Nordhalbkugel läßt hier besonders extreme Verhältnisse entstehen. Sie fehlen aber auch auf der Südhalbkugel nicht (Australien, Südafrika), besonders wo das Passatregime die Aridität bis unmittelbar an die Küste trägt. Nur in seltenen Fällen, wenn ausnahmsweise einmal die Sperrwirkung in der Höhe ausbleibt oder zu gering ist, weil es einer außertropischen Zyklonalfront oder einem Ausläufer äquatorialer Zenitalregen einmal gelingt, weiter wüstenwärts vorzustoßen, kann es zu plötzlich hochschießenden Gewitterwolken mit verheerenden, die Wadis füllenden Güssen kommen, die in dem nackten schutterfüllten Wüstenlande morphologisch äußerst wirksam werden.

Die polwärtige *Begrenzung der Passatzone* hängt von der Dynamik der Westwinddrift ab. Sie ist wellenförmig gestaltet und ständigem Wechsel unterworfen. Trogförmige Einbuchtungen bewirken das Vordringen ektropischer Luftmassen in die Passatregion, und umgekehrt können Vorstöße des Hochdruckgürtels bzw. inselförmig abgeschnürte Hochzellen zu Blockierungen oder Unterbrechungen der Westwinddrift führen.

Am beständigsten, wenn auch dort nicht ohne kurzfristige Schwankungen, ist die Passatströmung über den Ozeanen. Dagegen ist sie über den Festländern im Sommer der betreffenden Halbkugel schwächer ausgebildet oder in Bodennähe überhaupt aufgelöst, während sie im Winter dagegen auf den Kontinenten breiter entwickelt ist, verstärkt nämlich durch den stabilisierenden thermischen Effekt der Kaltluftbildung. Dies trifft vornehmlich für die Nordhemisphäre zu. Die schmalen Festlandsteile in den entsprechenden Breiten der Südhalbkugel mit Ausnahme von Australien modifizieren die Passate dagegen nur wenig. Die ausgedehnten südlichen Ozeane lassen dementsprechend die SE-Passate breit und nur mit unwesentlichen jahreszeitlichen Schwankungen der Begrenzung gegen die Westwinddrift in Erscheinung treten. Das Bild der Verbreitung der Passate ergibt sich aus den beigefügten Luftdruck- und Luftströmungskarten (Abb. IV. a) 4 und 5).

Als *„Antipassat“* wurde früher jener polwärts gerichtete Oberwind bezeichnet, von dem man annahm, daß er das einfache zurückkehrende Glied der Hadley-Zirkulation sei. Er sollte am Äquator in den dort aufgestiegenen labilen Warmluftmassen seinen Anfang nehmen und mit allmählicher Drehung infolge der Corioliskraft in den Roßbreiten absinken und wieder zurückkehren. Zwar existiert ein Rücktransport von Äquatorialluft in der Höhe im statistischen Mittel, aber dieser Transport vollzieht sich allein schon wegen der größeren Mächtigkeit der Luftströmung äußerst unregelmäßig im Vergleich zu der Konstanz des Passats, so daß Riehl (1950, S. 12) lakonisch und lapidar feststellte: *„A general antitrade is not present“*. Die S-Komponente ist in Wirklichkeit nur ein statistisch verbleibendes schwaches Restglied nach einer Aufrechnung vorwiegender Ostrichtungen mit geringer Abweichungskomponente von der Breitenparallelität.

Eingelagert in die tropische Ostwindzone ist die *äquatoriale Westwindzone* oder *innertropische Konvergenzzone (ITCZ),* die in jüngster Zeit vor allem durch R.D. Fletcher (1945), H. Riehl (1954) und C.E. Palmer (1949, 1951) meteorologisch untersucht wurde. Sie führt zuweilen auch den freilich etwas mißverständlichen Namen „Äquatoriale Front“. Barisch kann sie auch als *äquatorialer Trog* (A. Forsdyke, 1960) oder *äquatoriale Tiefdruckrinne* bezeichnet werden, obwohl man in den Mittelbreiten etwas anderes unter einer Tiefdruckrinne versteht, die für die Übertragung auf tropische Verhältnisse Pate gestanden hat. Sie liegt im Bereich des Wärmescheitels (thermischen Äquators), d.h. also durchschnittlich bei 5° N und schwankt über den Kontinenten im Sommer der jeweiligen Halbkugel in weiten Grenzen. Ihre Ausprägung je nach barischer Gestaltung der Konvergenz selbst und ihre Lage zum Äquator zeigt im einzelnen verschiedene charakteristische Strömungsbilder, auf die Chromow (1961) hingewiesen hat. Am Zustandekommen der vor allem im ozeanischen Bereich asymmetrischen, nordwärts verschobenen Lage sind zwei Faktoren beteiligt: einmal die sommerlichen festländischen Hitzetiefs in den untersten Luftschichten der Nordhalbkugel (Nordafrika bis Innerasien, auch Arizona) und zum andern der – seinerseits durch eine verstärkte ektropische Westwinddrift induzierte – kräftiger entwickelte südhemisphärische Hochdruckgürtel. Obwohl ihre vertikale Mächtigkeit im Mittel nur gering ist (2–3 km), kann sie in Einzelfällen 5–7 km erreichen, und vollends können die Quelltürme einzelner *Cumulonimben* bis in die Hochtroposphäre, also noch weit in die darüber lagernde urpassatische Oströmung, reichen. Die früher zu Unrecht verallgemeinerte Aufstiegstendenz der äquatorialen A. ist nur auf die, wenn auch oft mächtigen Quelltürme der Gewitterwolken beschränkt, zeigt also auch eine zellige Struktur. Überhaupt ist die Hochtroposphäre in den Tropen nach Riehl (1950) sehr ungleichförmig strukturiert. Verursacht wird dies durch die große Labilität, die in ihrem Bereich herrscht und die ihrerseits eine Folge der hohen gleichbleibenden Luftwärme und Feuchtigkeit sowie der bei den starken Niederschlägen frei werdenden Kondensationswärme ist.

Man teilt den Einflußbereich der ITCZ als Folge der ungleichen Regenergiebigkeit neuerdings noch in Teilstücke unter. So ist im Ostpazifik bis NO-Brasilien eine Ausgliederung einer trockenen Äquatorialzone von 0–6° S und einer feuchten von 0–10° N möglich. Die erstere zeigt extreme Schwankungen der Jahresregenmenge: Malden-Insel 2466:100 mm, Ozeaninsel 4530:119 mm. Zu dieser Zone gehören auch die durch die Atombombenexplosionen bekannt gewordenen, fast wüstenhaften Weihnachtsinseln und auch das kritische Trockengebiet von Ceará in Nordostbrasilien, das in unregelmäßigem Wechsel bald dem Einfluß äquatorialer Zenitalregen, bald dem stabiler SO-Passatwetterlagen unterliegt, die dann die ITC nordwärts abdrängen und das Gebiet in den regenlosen Passatschatten der Küstengebirge gelangen lassen: Quixeramobim 1452:200 mm.

Im Äquatorialbereich des Pazifischen und Atlantischen Ozeans kommt inmitten der innertropischen Konvergenzzone ein *Stabilisierungseffekt* zur Geltung. Die hier nahezu äquatorparallel wehenden Äste der Passate beider Halbkugeln bedingen als Folge der Reibungsübertragung nach der Ekman-Spirale eine von der Windrichtung abweichende Wasserversetzung: nördlich des Äquators nach rechts, südlich nach links. Daraus resultiert eine Divergenz in den oberflächennahen Wasserschichten, die *aufquellendes kälteres Tiefenwasser* an die Oberfläche bringt, das seinerseits auf die Äquatorialluft stabilisierend wirken muß. Diese Zone ist auf Satellitenphotos sehr häufig als schmales wolkenarmes Band deutlich zu sehen. Auf diesen für den unmittelbaren Äquatorialbereich gültigen Effekt hat besonders Flohn (1971) unter Berufung auf die bereits 1945 von Fletcher mitgeteilten Beobachtungen und von Bjerknes (1961, 1966) durchgeführten Untersuchungen hingewiesen.

Für den äquatorialen Atlantik (10° N/10° S) hat Flohn (1960) aus den hier recht zahlreichen Schiffsbeobachtungen ermittelt, daß im Bereich der ITCZ bei westlicher Windkomponente eine Niederschlagswahrscheinlichkeit von 25,1% zu beobachten ist, bei östlicher dagegen nur 8,1% (mit Ausnahme der ITC unmittelbar). Analog verhält sich, wie nicht anders zu erwarten, der Bewölkungsgrad. Die Gruppierung der Beobachtungen nach meridionalen (N bzw. S) Komponenten ergab für Winde, die zum Äquator hin gerichtet sind, 8,1% Regenwahrscheinlichkeit, für vom Äquator weg gerichtete dagegen 12%. Hierbei verdient festgehalten zu werden, daß die äquatoriale Regenzone über dem Atlantik stets nördlich des mathematischen Äquators bleibt und der extrem trockene SO-Passat hier also unmittelbar bis an ihn heranreicht, zeitweilig sogar über ihn hinweggreift. Für das äquatoriale Afrika gilt Ähnliches. Eine Typisierung der barischen Konstellationen und damit der Strömungsverhältnisse um den Äquator versuchte Thompson (1965, vgl. auch Durand-Dastrès, 1969, S. 42f.).

Für *Westafrika* gibt es prinzipiell wichtige Untersuchungen von Hamilton and Archbold (1945), Walker (1958) über die dynamische und *wettermäßige Zonierung der ITCZ* während ihrer maximalen Ausdehnung nach Norden. Nach Thomson (1965) liegt die Vertikalachse des äquatorialen Tiefdrucktroges von der 700 mb-Fläche an auch dann nahe dem Äquator, wenn der Trog im Luftdruckfeld am Boden fast den Wendekreis erreicht. Die Achse steht also nicht vertikal, sondern hat eine starke Neigung äquatorwärts. Das bedeutet, daß auch die Zone konvergierender Winde in der Höhe weiter äquatorwärts liegt als am Boden. In diesem Zusammenhang muß man die Zonen A bis E sehen, die nach Walker (1958) im Bereich der Konvergenzzone von N nach S aufeinander folgen. Die Zone A ist diejenige polwärts der „Grenzlinie" zwischen kontinentaler Passat- und von Südwesten auf den Kontinent eingeflossener Monsunluft. Hier weht der trockene Harmattan aus der Sahara. Bei wolkenloser, stark staubgetrübter A. ist es fast unerträglich heiß am Tage. Nachts kühlt es etwas ab. Niederschläge fallen normalerweise keine. In einer ca. 200 Meilen breiten Zone B unmittelbar südlich der Luftmassengrenze ist es auch durchweg noch trocken. An ein bis fünf Tagen im Monat bilden sich aber sporadisch isolierte Gewitterwolken am Nachmittag. Viele bleiben aber ohne Regen (trockene Gewitter), so daß die Niederschlagssumme weniger als 70 mm im Monat beträgt. Die Temperaturen sind am Tag gleich hoch wie in der Zone A; nachts kühlt es sogar etwas weniger stark ab. In der nächsten Zone C, die im ganzen ungefähr 500 Meilen breit ist, hat die feuchte Monsunluft bereits eine Mächtigkeit von 1500–2000 m. In ihr treten häufig Quellwolken auf. Aber echte Regenwolken gibt es nicht jeden Tag. Dazu bedarf es bestimmter Konvergenzen im Windfeld, die normalerweise beim Durchzug von easterly waves auftreten. Dann fallen auf der Rückseite der Welle 1 bis 3 Tage z.T. heftige Schauerregen. Danach folgt wieder eine Trockenperiode von ein paar Tagen. Die Temperatur wechselt stark, die Regenmenge im Monat summiert sich auf 150–200 mm. In der anschließenden Zone D (ca. 200 Meilen breit) reicht die Monsunluft maritimen Ursprungs bereits bis ungefähr 3 km hoch. Die in der A. vorhandene größere Wasserdampfmenge erlaubt eine wesentlich stärkere Konvektionswolkenbildung, so daß normalerweise ein stark bewölkter Himmel vorherrscht. Die Wolken sind meistens Cu con, relativ häufig auch Cb. Täglich gehen leichtere und schwerere Schauer nieder. Zuweilen regnet es stundenlang. Im ganzen ist es wesentlich kühler als in den vorhergehenden Zonen. Im Monatsmittel ergeben sich über 200 mm, oft sogar 400–500 mm Niederschlag. Weiter äquatorwärts ist in der Zone E das konvektive Geschehen wesentlich schwächer. Die Luft ist zwar feucht, doch herrschen Schichtwolken vor. Ab und zu fallen auch noch Schauerregen, doch sind sie wesentlich seltener und schwächer als in der Zone D. Es ist das jener Teil äquatorwärts des eigentlichen Tiefdrucktroges, in welchem bereits die *„kleine Trockenzeit“* herrscht.

Überall im Bereich der innertropischen Konvergenzzone kann infolge der fehlenden bzw. noch äußerst geringen Corioliskraft die Luft den Zentren schwacher Störungen nahezu rechtwinklig zu den Isobaren zuströmen und daher rasch zu deren Auffüllung führen. Aber auch davon gibt es viele Ausnahmen wegen Fliehkräften, Dichteunterschieden usw., die aus der Luftdruckkarte nicht erschlossen werden können, so daß charakteristischerweise die tägliche Wettervorhersage in der Äquatorialregion vor dem Dilemma steht, mit einer Luftströmungskarte und einer Luftdruckkarte getrennt operieren zu müssen, die beide nicht miteinander zur Deckung zu bringen sind, wie das in unseren Breiten selbstverständlich ist, wo Winde aus dem Druckbild berechnet werden können. Deshalb haben die äquatorialen Tiefdruckstörungen auch keine lange Lebensdauer, und die Winde – entfernter vom Äquator wegen einsetzender Corioliswirkung häufig aus westlichen Richtungen, was schon Reid 1849 für den westlichen Pazifik und später Meinardus (1893) für den Indischen Ozean hervorgehoben hatten – sind daher schwach und sehr variabel. Windstillen sind so häufig, daß diese Region seit alters verschiedene hierauf bezügliche Namen führt (*Kalmenzone, Mallungen,* engl. *doldrums,* franz. *pot-au-noir*). In ihr herrschen ständig *„marais barométriques“*. Eine gewisse Ausnahme bilden lediglich die tropischen Wirbelstürme des äquatorialen Randbereichs [vgl. Kap. II.h) 5.], die zwar engräumig begrenzt, aber bei katastrophaler Gewalt sehr langlebig sind und im allgemeinen erst verflachen, wenn sie nach mehrtägigen Westwanderns innerhalb der Randbereiche der ITC, wo die Corioliskraft zu ihrer Bildung und Erhaltung bereits ausreichend wirksam ist, schließlich ihre Richtung nach N und NE ändern und in die Ektropen ausscheren. Sie scheinen auf Vorstöße ektropischer Luftmassen in die Äquatorialregion zurückzugehen, wie Li (1936) bezüglich der ostasiatischen Taifune, Arakawa (1940) für die südpazifischen Wirbelstürme und Externbrink (1938) für das amerikanische Mittelmeer nachgewiesen haben. Über weitere Entstehungsbedingungen, die Lebensgeschichte und das Vorkommen tropischer Zyklonen s. Kap. II.h) 6.

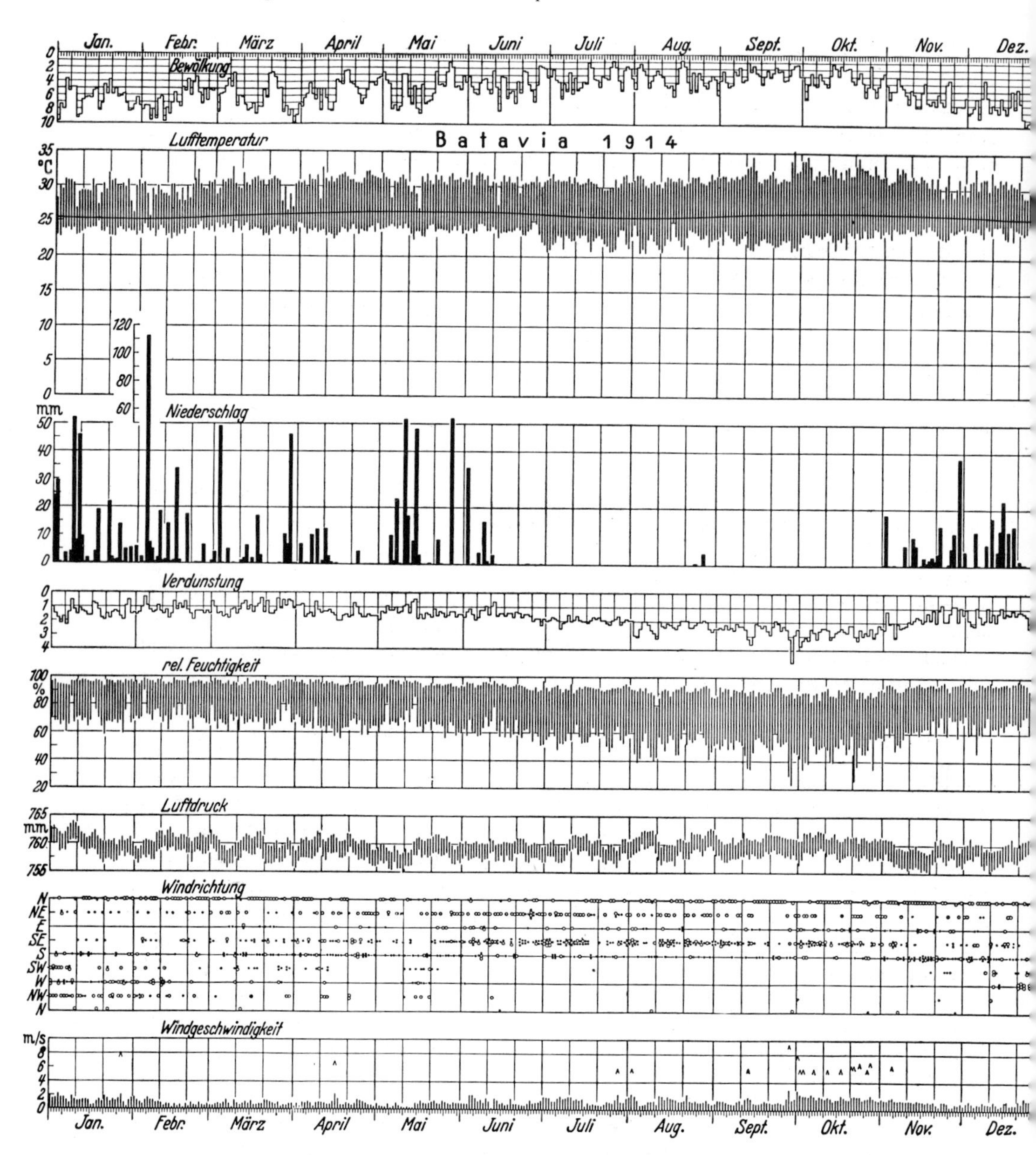

Abb. IV.b)2. Klimadiagramm des Witterungsablaufs des Jahres 1914 in Batavia (Djakarta). (Nach J. Bartels u. W. Dammann in Landolt-Börnstein, 1952, Bd. III, S. 640)
Es handelt sich um monsunal abgewandeltes Äquatorialklima mit zwar ständig hohen Temperaturen und Feuchtewerten bei geringer Luftdruckvariabilität, aber doch bereits mit beginnenden Jahreszeiten (Juni bis Oktober geringer bewölkt, niederschlagsfrei, mit merklicheren Tagestemperaturamplituden und vorwiegend östlichen Winden)

Der *Witterungsablauf innerhalb der tropischen Konvergenzzone* ist beispielhaft im Diagramm der Abb. IV.b) 2 für die Station Djakarta (auf Java) dargestellt. Sie ist gekennzeichnet durch die oft tägliche Wiederkehr von Konvektionsschauern mit dem Maximum am Nachmittag. Der große Wasserdampfgehalt der Luft und die hohe Feuchtlabilität führen zu starker konvektiver Wolkenbildung oberhalb 500–700 m über Grund. Die meisten Quellwolken reichen aber nur bis in Höhen zwischen 3500 und 4000 m. Sie bleiben reine Wasserwolken, die aber wegen des großen Wasserdampfgehaltes doch kräftige Regenschauer liefern. Abends pflegt die Bewölkung rasch wieder zu verflachen und in Stratocumulus-Wolken in verschiedenen Höhenniveaus überzugehen. Am späten Vormittag des nächsten Tages beginnt die Konvektion aufs Neue. Dieser regelmäßige Ablauf ist aber keineswegs überall in den inneren Tropen die Regel. Es kann beispielsweise im Amazonasgebiet vorkommen, daß über viele Stunden gleichmäßiger Nieselniederschlag aus einer geschlossenen Wolkendecke fällt. Eine deutliche Tagesperiodizität ist vor allen Dingen an die Übergänge zwischen der Regen- und Trockenzeit oder umgekehrt gebunden.

Ein treffendes Bild des Witterungsgepräges im Bereich des isothermen immerfeuchten Äquatorklimas von Kamerun zeichnet Leo Waibel (Urwald-Veld-Wüste. Breslau 1921, S. 13–14): „Mit großer Regelmäßigkeit verlaufen die meteorologischen Verhältnisse des Waldes. Bis morgens 8 Uhr herrscht auch über dem Tieflande in der Regel starker Nebel. Um 9 Uhr tritt die Sonne aus dem trüben, feuchtgrauen Wolkenschleier heraus, um 11 Uhr wird es drückend heiß. Um 1 Uhr oder 2 Uhr des Nachmittags bedeckt sich der Himmel mit dunklen, drohenden Wolkenmassen, um 5 Uhr etwa setzt ein Gewitter mit heftigem Regen ein. Es regnet mit mehr oder weniger großen Unterbrechungen die ganze Nacht.

„Fast zehn Monate des Jahres hindurch herrscht diese Regenzeit. Die Sonne ist dann oft wochenlang hinter einer Wolkenschicht verborgen; unerbittlich und gleichmäßig fällt der Regen herunter, und ganz ungeheure Regenmengen werden der Erde zugeführt. Die zahllosen Bäche und Flüsse des Waldes werden der riesigen Wasserflut nicht Herr und treten weithin über ihre Ufer. Bei den ständigen Regengüssen ist die Feuchtigkeit der Luft sehr groß, und vereint mit der hohen Wärme wirkt sie äußerst unangenehm auf den Menschen.

„Es fehlt vor allem die belebende und erfrischende Wirkung des Windes in diesem dicht verschlossenen Waldhause. Wohl schütteln die Tornados die Bäume und legen die Oberfläche des Waldmeeres in wogende und rauschende grüne Wellen; die frei ragenden Riesenbäume werden mitunter von heftigen Stürmen gar entwurzelt. Aber durch das Blätterdach und die Zweigwände dringt nur wenig bewegte Luft in das Innere des Waldes ein. Die Feuchtigkeit des Bodens, der Blätter, Pflanzenteile und Baumhöhlen kann deshalb nur langsam verdunsten, und die Luft am Grunde des Waldes ist meistens von Feuchtigkeit gesättigt; deshalb empfinden wir sie so schwül und drückend wie in einem Treibhause, das ja auch vor jedem Luftzug ängstlich behütet wird.

„Wie Feuchtigkeit und Regen ist auch die Temperatur im Walde das ganze Jahr über hoch und äußerst gleichmäßig. Im Durchschnitt erreicht sie einen Betrag von 25°C; sie schwankt zwischen Tag und Nacht mehr wie zwischen Sommer und Winter, dem höchsten und dem tiefsten Stand der Sonne. Von eigentlichen Jahreszeiten kann man also gar nicht reden."

Es zeigt sich, daß auch in Äquatornähe begrenzte, meist linienhafte, dabei aber nicht unterschiedliche Luftmassen trennende Schlechtwettergebiete, die *„squall-lines"* der Seefahrer, existieren und sich fortpflanzen ähnlich unseren ektropischen Schlechtwetterfronten, obwohl sie mit letzteren wenig gemeinsam haben.

Man gebraucht für diese innertropischen Konvektionsregen vielfach die Bezeichnung *Zenitalregen.* Das ist nach unseren heutigen, wenn auch noch nicht zweifelsfreien Kenntnissen allerdings ein etwas irreführender Ausdruck. Man muß sich angesichts des Zustandekommens der Zirkulationsgürtel davor hüten, bei diesen Niederschlägen einen unmittelbaren Zusammenhang mit dem Höchststand der Sonne und seiner jahreszeitlichen Verschiebung anzunehmen. Diese Konvektionsregen reichen nämlich meist nicht so weit vom Äquator weg wie der Zenitstand der Sonne, d.h. bis zu den Wendekreisen, und außerdem hinken sie zeitlich um 1–2 Monate dem Sonnenstande nach. Vielmehr gehören sie als typische Erscheinung der innertropischen Konvergenz- bzw. Westwindzone an und sind daher von deren Verbreitung und Verschiebung primär abhängig. Das nachhinkende Wandern der Konvergenzzone mit dem Sonnenstande vollzieht sich gar nicht so regelmäßig, wie der Außenstehende unter dem Einfluß von Mittelwertkarten oder summarischen, vereinfachenden Berichten oft anzunehmen geneigt ist. So wie der Wetterablauf innerhalb der Konvergenzzone viele, wenn auch in der Regel nur kurzfristige und wenig vom Mittel sich entfernende Unregelmäßigkeiten aufweist, worauf K. Knoch bereits sehr frühzeitig (1930) hingewiesen hat, so ist auch ihr nördlicher bzw. südlicher Übergangsbereich gegen die Passate örtlich und zeitlich variabel. Die Verschiebung der innertropischen Konvergenzzone im Jahresverlauf bewirkt in den polwärts an die Äquatorialregion anschließenden Gebiete, in den *„Äußeren Tropen"*, einen mehr oder weniger regelmäßigen *Wechsel von Regen- und Trockenzeiten,* wie bereits bei Besprechung der Niederschlagsverhältnisse erwähnt wurde. Dieser Wechsel prägt sich zwar im Jahresgange der Niederschläge beherrschend aus, zieht aber auch die anderen Elemente in Mitleidenschaft. Die Regenzeit mit ihren oft täglichen konvektiven Regengüssen ist eine Zeit der Schwüle und des relativ ausgeglichenen Temperaturganges im Vergleich zur Trockenzeit mit ihren extremeren, aber leichter erträglichen Temperaturschwankungen und häufig ausdörrenden, staubbeladenen oder rauchgeschwängerten Winden. Es gibt kaum einen stärkeren klimatischen Gegensatz in den Warmzonen wie den zwischen Regen- und Trockenzeit. Es ist der geographisch alles beherrschende Rhythmus der Randtropen, von dem Landschaftsaussehen und menschliches Wirtschaften abhängen und gesteuert werden.

Den Witterungswechsel zwischen winterlicher Trockenzeit und nachfolgender Regenzeit im hohen Savannenland von Kamerun charakterisiert anschaulich Leo Waibel:

„In der winterlichen Trockenzeit sieht die Savanne öde und traurig aus. Der Himmel ist stets wolkenlos, aber voller Staub und Dunst. Der Blick ist eingeengt, Nähe und Ferne, Flächen und Berge sind in einen undurchsichtigen Dunstschleier gehüllt; alles ist unklar und verschwommen. Des Morgens liegt viel Nebel in den feuchten Tälern, der erst zwischen acht und neun Uhr verschwindet. Dann nimmt die Erwärmung so rasch zu, daß die durchfeuchteten Gräser unter ihren austrocknenden Strahlen knistern, als wären sie vom Feuer angesengt. Des Mittags über ist es sehr heiß, die Temperatur steigt im Schatten gewöhnlich bis 35° und 40°C. Doch ist dabei die Luft trocken, man schwitzt nur wenig. Deutlich sieht man jetzt die erhitzte Luft in leise zitternder Bewegung in die Höhe steigen. Der schimmernde Boden, die schwankenden Bäume, die matt umränderten Berge, der graue Himmel, alles geht ineinander über; nirgends lassen sich scharfe Linien oder Umrisse erkennen. Gelblich glüht die stauberfüllte Atmosphäre, und gelb sind die Grasmeere; die Bäume sind grau und kahl. Nur die Galeriewälder mit ihren sattgrünen Farben heben sich kontrastreich aus der flimmernden, gelblichen Gräsermasse ab.

„Gegen drei Uhr setzt regelmäßig ein stoßweise, sehr heftiger Wind ein; er weht bis in die Nacht hinein und bringt oft starke Abkühlung. Es kommt hinzu, daß bei dem wolkenlosen Himmel die Luft ungehindert ausstrahlen kann; so sinkt die Temperatur des Nachts oft auf drei Grad herab. Frost kommt dagegen nur in großer Höhenlage vor. Immerhin sind auch in den tiefgelegenen Flächen die Temperaturschwankungen zwischen Tag und Nacht in der Trockenzeit sehr bedeutend.

„Überall wird jetzt das hohe, dürre Gras von den Eingeborenen abgebrannt und angezündet. Allabendlich wälzen sich die Feuer in glutig-roter Linie auf der Ebene heran oder ziehen in Schlangenwindungen einen Berghang hinauf. Auf diese einfache Art wird das Land hier von den Eingeborenen gerodet, das hohe Gras wird zur düngenden Asche verbrannt, und Raum für frisches Gras und neue Felder wird gewonnen . . .

„Im März, April ändert sich das Landschaftsbild. Der Himmel hellt sich auf, der Dunst verschwindet, weiße Haufenwolken verteilen sich auf der tiefblauen Himmelsflur. Die Luft wird klar und rein, und weithin kann das Auge über ferne Flächen und isolierte Berge hinschweifen. Später verdichten sich die weißen Wolkenballen zu dunkeldrohenden Schichtwolken; wie eine schwarze Mauer wälzen sie sich heran, der erste Donner rollt von fernher über die schweigende, furchtsame Landschaft. Vor der dunklen Wolkenwand treibt ein sturmartiger Wind graue oder rotbraune Staubwirbel einher und läßt sie wie Türme hoch zum Himmel steigen. Dazwischen wieder sieht man für einige Augenblicke in klare, blaue Fernen. Dann kommt der Sturm näher, der Himmel schließt und verdunkelt sich, Blitz und Donner folgen in fürchterlichen Schlägen rasch aufeinander, und zuletzt prasselt ein heftiger Regen zur dürstenden Erde nieder. Der zerrissene, ausgetrocknete Boden ist in kurzer Zeit durchtränkt und aufgeweicht, in breiten Lachen fließt das lehmgelbe Wasser zwischen den Gräsern hindurch ab. Nach einer Stunde ist alles vorbei, der Himmel ist friedlich und tiefblau, die Sonne scheint lächelnd, und die Luft ist angenehm frisch.

„Alle zwei bis drei Tage stellt sich nun ein solcher „Tornado“ ein; sie treten oft zu mehreren hintereinander des Nachmittags oder in der Nacht auf, die Vormittagsstunden sind immer klar und sonnig. Die Temperatur zeigt nicht mehr die großen Schwankungen zwischen Tag und Nacht, sie bleibt sich mehr gleich. Besonders bei bedecktem Himmel ist es sehr schwül, und man schwitzt dann eigentlich dauernd. Doch jeder auch nur kurze Regenfall bringt sofort Abkühlung, und die ganze Natur atmet auf. Das junge Gras, das seltsam keck und munter auf hohen Erdbulten steht, trieft und glänzt vor Feuchtigkeit; auf dem jungen, üppigen Laub der Bäume und Sträucher glitzern tausend Regentropfen, in flachen Vertiefungen haben sich kleine Seen gebildet. Die Bäche und Flüsse füllen sich mit neuem Wasser und rauschen schnell zu Tale . . . Das Mannah des Himmels ist gefallen, und froh und eilig entwickelt sich alles Leben. Die Insekten treten plötzlich wie aus dem Nichts hervorgezaubert in großen Massen auf, zahlreiche Vögelchen fliegen munter umher und singen ihr einfaches, aber herzliches Lied. Die Büffel und Antilopen verbreiten sich paarweise über die weiten Flächen und äsen das grüne, frische Futter.“ (Urwald-Veld-Wüste. Breslau 1921, S. 57–59).

Das Mittelwertbild verschleiert auch in diesem, im allgemeinen ganz zu Unrecht im Rufe einer strengen Tagesrhythmik stehenden Gürtel den wirklichen Ablauf des Witterungsgeschehens. *„Gehen wir auf die Einzelfälle zurück, so sehen wir ein verwirrendes Bild: wandernde und quasistationäre Hochdruckzellen, Tröge, Konvergenzlinien und andere Singularitäten des Stromfeldes, so daß in allen Schichten nördliche und südliche Windkomponenten in unregelmäßiger Folge auftreten und das Bild einer stationären* Hadley-*Zirkulation in einer vertikal stehenden Meridionalebene nur eine grobe Abstraktion darstellt“* (Flohn, 1959). Es sind offenbar auch in den Tropen von Jahr zu Jahr bzw. in Perioden von mehreren Jahren verschiedene Zirkulationstypen, die einander ablösen, beteiligt. Das macht sich besonders in den äußeren Tropen in der Nähe der agronomischen Trockengrenze bemerkbar. Das Sahelproblem resultiert daraus.

2. *Die asiatische Monsunzirkulation*

Ausführliche Angaben mit Schwergewicht historischer und regionaler Art über das Monsunproblem bietet die Untersuchung von Schick (1953). Pédelaborde (1958) diskutiert in seinem Buch zunächst vom dynamisch-klimatologischen Standpunkt die Rolle des Monsunphänomens in der allgemeinen Zirkulation der A. und behandelt dann das Monsungeschehen in Asien im wesentlichen synoptisch-klimatologisch. Hinsichtlich der Entwicklung der klimatologisch-genetischen Problematik um die Monsune sind eine Reihe von Arbeiten von Flohn (s. Literaturverzeichnis) wichtig zu studieren. Die modernste Monsun-Meteorologie hat Ramage (1971) vorgelegt. Nieuwolt (1977) hat aufgrund seiner Erfahrungen in dem betreffenden Raum wohl die detaillierteste Darstellung für SE-Asien gegeben. Für E-Asien sei auf die relativ ausführliche und klare Übersichtsdarstellung von Chang (1972, S. 274ff.) hingewiesen.

Das Wort Monsun leitet sich her vom arabischen „mausim", welches Jahreszeit bedeutet. Es bezog sich auf die halbjährlich wechselnden NE-Winde des Winters und SW-Winde des Sommers über dem Arabischen Meer, welche den Arabern die Segelschiffahrt jeweils in einer bestimmten Richtung, im Winter nach Ostafrika, im Sommer nach Vorderindien, gestatteten. In diesem Sinne ist das Wort schon seit dem Altertum (Nearch, Hippalus) überliefert. Der Windrichtungswechsel allein ist jedoch heutzutage noch nicht das entscheidende Kriterium, weil ein solcher z. B. auch im Bereich des Mittelmeerklimas (zwischen sommerlichen Etesien und winterlichen SW-Winden) zu beobachten ist, ohne daß – ausgenommen bei Alissow – von Monsun gesprochen wird. Vielmehr gehört zum Wesen des Monsuns – nach bisheriger Auffassung in fast allen Lehrbüchern – seine großräumig thermische Bedingtheit, worauf erstmals Halley 1686 hingewiesen hat: sommerliche Erhitzung des Landes und daraus resultierend Luftauflockerung gegenüber dem relativ kühlen Meere und winterliche Abkühlung der Festlandsluft bei steigendem Luftdruck und daher mit mehr oder weniger radialem Ausfließen zum Meere hin.

Conrad hat in einem vielbeachteten Aufsatz (1937) die halbjährliche Winddrehung um 180°, mindestens aber 120° als entscheidendes Kriterium für den Monsun stark herausgestellt und ist damit von den Versuchen anderer Autoren abgerückt, verwandte Erscheinungen, bei denen diese Vorbedingung nicht oder nicht voll erfüllt ist, auch bereits mit diesem Namen zu belegen. Das gilt vornehmlich von dem sogenannten europäischen Monsun (Roediger, 1929), bei dem es sich u. a. um die sommerlichen Meeresluftvorstöße nach Mitteleuropa hinein handelt. Im übrigen hat bereits Vettin vor über 100 Jahren, wohl zum ersten Male, von einem europäischen Monsun gesprochen (Blüthgen, 1940). Er bringt allerdings keine Richtungsumkehr der Luftströmung, sondern lediglich eine verstärkte sommerliche Komponente vom Meer zum Land, welche außerdem immer nur zeitweilig bemerkbar wird und auch nur schwach ausgeprägt durch eine gegenläufige Höhenströmung kompensiert wird (W. Meyer, 1947). Die im Mittel resultierende Windrichtung verschiebt sich daher von SW im Winter nur auf NW im Sommer. Ähnlich verhält es sich mit dem Windwechsel über dem östlichen Nordamerika (hier allerdings Winter NW, Sommer SW). Man kann daher mit Conrad streng genommen nur von monsunartigen Erscheinungen reden. Diese Unterscheidung hatte auch schon J. v. Hann (1908/11) in seinem Handbuch getroffen. Mit diesem monsunalen Windwechsel befaßte sich auch bereits A. Supan in seiner „Statistik der unteren Luftströmungen" (1881), dem wir auch den Begriff des *Monsunindex* verdanken. Hierunter wird die Summe der größten negativen und positiven Differenz des Auftretens einer Windrichtung in den diesbezüglichen Extremmonaten verstanden. Allerdings ist damit nur die Konstanz des Wechsels, nicht aber die Richtungsänderung selbst ausgedrückt.

Die *klassischen Gebiete des Monsunauftretens* sind Vorderindien und Ostasien. Daneben spricht man auch in Nordostafrika und Nordaustralien von Monsunen, ferner – im Sinne der thermischen Monsungenese allerdings völlig zu Unrecht – im Golf von Guinea, wo der stetig wehende SW-Wind, der an der Küste Oberguineas im Nordwinter nur unregelmäßig von einem trockenen passatischen Landwind der Savannen (Harmattan) unterbrochen wird, diesen Namen führt. In Wirklichkeit ist der sog. SW-Monsun Oberguineas ein auf der Nordhalbkugel umgelenkter Passat der Südhemisphäre.

Im Klimalehrbuch von Alissow (deutsch 1954) werden alle Wechselwinde, die nur das jahreszeitliche Gegenläufigkeitskriterium aufweisen, ungeachtet ihrer Genese als Monsun bezeichnet. Chromow (1950, 1957) faßt ebenfalls jeden halbjährlichen Windwechsel von mindestens 120° (= Monsunwinkel, ein bereits auf Woeikow zurückgehender Begriff) als Monsunsystem auf und hat eine Karte dieser Wechselwinde, abgestuft nach der Häufigkeit der Hauptrichtungen veröffentlicht (reproduziert in der 2. Auflage dieses Lehrbuches). Jedoch ergeben sich unter genetischen Gesichtspunkten so viele Ungereimtheiten, daß man sich der Auffassung nicht anschließen kann. Der „europäische Monsun" (Roediger, 1929) erfüllt im übrigen nicht die Kriterien der kartographischen Darstellung von Chromow.

Der *südasiatische Monsun* zeigt den halbjährlichen Wind- und Witterungswechsel am eindrucksvollsten. *Im Winter* fließt trockene, kalte Festlandsluft aus nördlichen Richtungen von den Hochplateaus Innerasiens über die Mauer des Himalaja herab, wo sie trotz der dynamischen Erwärmung in der relativ niedrigen Breitenlage als merklich kühl empfunden wird, damit die *thermisch angenehmste Jahreszeit* des indischen Subkontinentes bestimmend. Die kühle Zeit geht dann im Februar/März mit steigender Sonneneinstrahlung in die *heiße,* aber zunächst noch *trockene Vormonsunperiode* über. Der Mai ist in Indien der wärmste Monat des Jahres (vgl. Abb. IV.b) 4). Das Land verdorrt, über Wochen erreicht die Temperatur mittags Werte über 40° und sinkt nachts auch nur wenig unter 30° ab (s. folgende Schilderung nach Merk).

Gegen Ende Mai beginnt in Ceylon und an der Südspitze der Dekkanhalbinsel jene *Umstellung zur Sommermonsunzeit* – in Indien als der Monsun schlechthin bezeichnet –, die in Hinterindien bereits 3–4 Wochen früher eingesetzt hat. Sie ist ursächlich verbunden mit einer Umstellung der ganzen troposphärischen Zirkulation über S- und Zentralasien. Vom Mai an entwickelt sich über dem Südosten Tibets ein Wärmezentrum in der mittleren Troposphäre (Ramakrishnan et al., 1960). In seiner Folge bildet sich ein Höhenhoch aus. Der W-Strahlstrom über der Polarfront, der im Winter in der Höhe etwas südlich des zentralasiatischen Gebirgsmassivs verläuft, schwächt sich ab und verlagert sich mehr und mehr auf die Nordseite (einprägsame Vertikalschnitte in Demangeot, 1976, S. 31), während sich über Indien oberhalb 500 mb eine östliche Höhenströmung durchsetzt, wie bereits Wagner (1931) gezeigt hat (s. auch Abb. IV.b) 3). Nun beginnt auch der Druckfall am Boden, der im *Laufe des Juni* zu dem charakteristischen Tiefdrucktrog (*„Monsuntrog"*) führt, der sich (s. Abb. IV.b) 3) vom nördlichen Teil des Golfes von Bengalen in NW-Richtung bis ins Gebiet von Lahore (ca. 30° N) erstreckt, wo er südwestwärts zum Golf von Oman abbiegt. Dieses sommerlich permanente Tiefdrucksystem *zieht* in den unteren Schichten der Troposphäre auf breiter Front *Luftmassen nach Norden.* Sie kommen

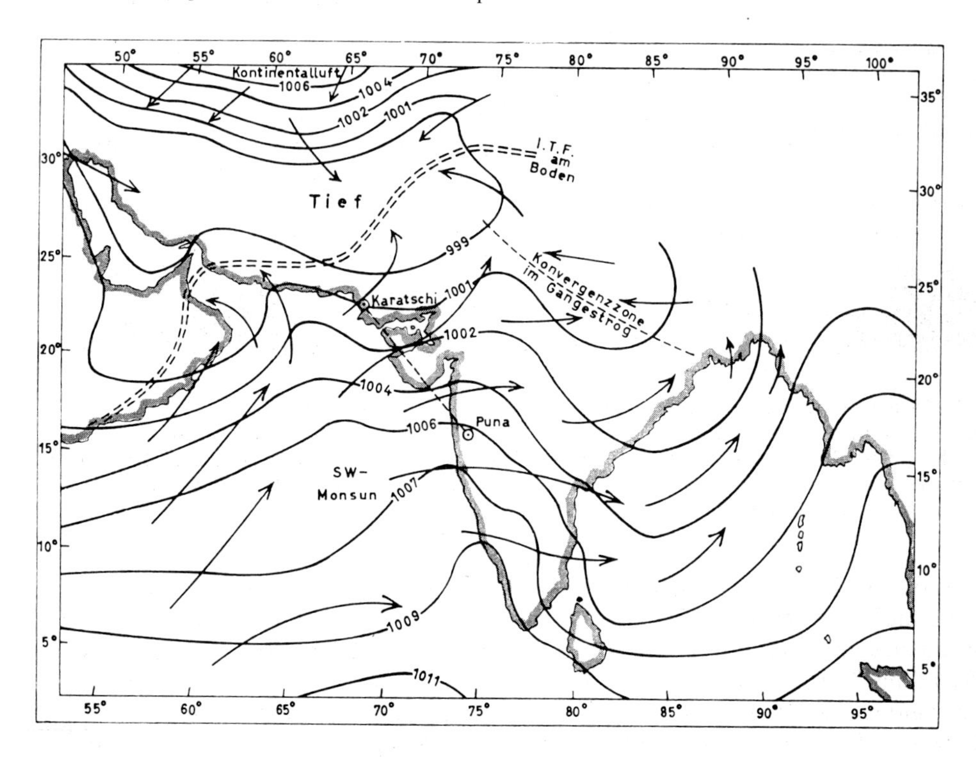
Kontinentalluft
1006
1004
1002
1001
I.T.F. am Boden
Tief
999
Konvergenzzone im Gangestrog
Karatschi
1001
1002
1004
1006
Puna
SW-Monsun
1007
1009
1011

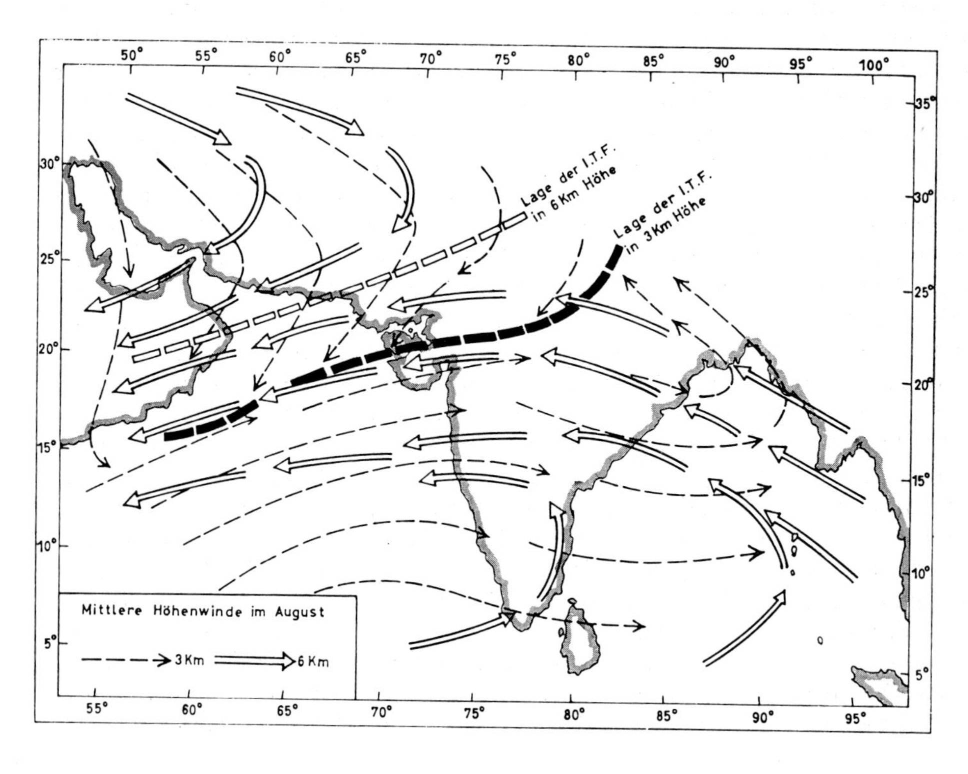
Lage der I.T.F. in 6 Km Höhe
Lage der I.T.F. in 3 Km Höhe
Mittlere Höhenwinde im August
3 Km
6 Km

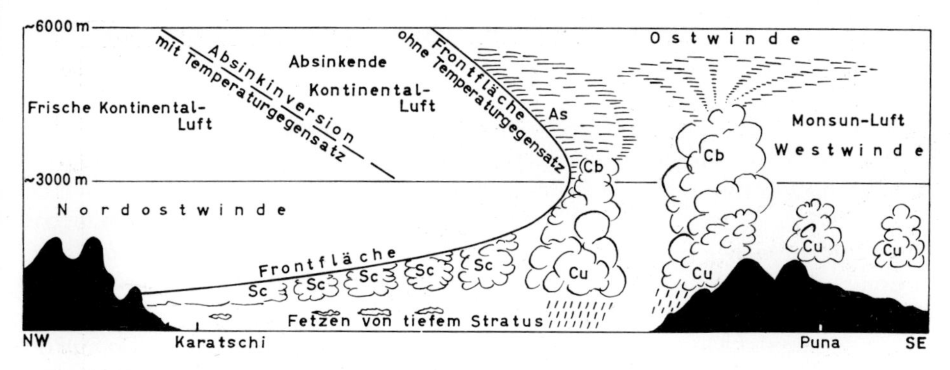

Abb. IV.b)3. Schema des vorderindischen Sommermonsuns. (Nach J. S. Sawyer, 1947)
Die beiden Kärtchen geben Druckbild, Strömungsfeld, Konvergenzen und Intertropikfront (I.T.F.) für Boden (links), 3000 m und 6000 m Höhe (oben) wieder. Aus ihnen und dem Profil geht die Sperrzunge kontinentaler Luft in mittleren Höhen über NW-Indien deutlich hervor. SW-Monsunwitterung kann sich nur dort voll entfalten, wo diese Sperre fehlt

aus den südhemisphärischen Hochdruckgebieten, sind umgelenkte und schichtungsmäßig umgestaltete Passate [s. Kap. IV.a) 4] und haben in Vorderindien vorwiegend südwestliche *(SW-Monsun),* in Hinterindien südliche oder gar südöstliche Richtung *(S- bzw. SE-Monsun).* Hohe Wassertemperaturen, relativ große Windgeschwindigkeiten, keine stabile Schichtung, entsprechend große dynamische Turbulenz bewirken eine starke Meeresverdunstung und *hochreichende Wasserdampfversorgung* der Monsunluft, bevor sie auf die Landmassen trifft (Colon, 1964). (Nach Pisharoty, 1964, sollen bei voller Entwicklung des SW-Monsuns täglich 85000 t Wasser in Form von Dampf von SW nach Indien transportiert werden). Die Menge an precipitable water, also die Gesamtmenge an Wasserdampf in jeder vertikalen Luftkolumne von 1 cm^2 [s. Kap. II.e) 2.], erreicht im Juli an der SW-Spitze der Dekkan-Halbinsel 4,5, an der NW-Seite (nach längerem Weg über den Ozean) sogar 6 g/cm^2 (Anathakrishnan et al., 1965) vgl. auch Fig. 156 in Chang, 1972). Im Passat von Hawaii sind es demgegenüber nur 2,5 g/cm^2 (Chang, 1972). Nun ist die Monsunströmung noch weit weniger als die der Passate eine relativ kontinuierliche und gleichbleibende Strömung. Sie unterliegt *Pulsationen,* die im Zusammenhang mit Luftdruckveränderungen über dem Kontinent stehen, für deren Begründung es aber mehrere Deutungen gibt (s. Chang, 1972, S. 301 ff.). Zudem müssen die Luftmassen – wenigstens für das Innere des Dekkan-Plateaus – zunächst über die rund 2000 m hohe Gebirgsbarriere der Westghats. Jenseits erwartet die ersten Monsunluftmassen eine völlig ausgetrocknete, keinen Wasserdampf mehr abgebende heiße Oberfläche. Da besteht in seichten Monsunschichten keine Chance für Quellwolken, die genügend mächtig sind, um effektiven Niederschlag zu liefern. Erst wenn die Feuchtluftmasse über dem Ozean zu ausreichender Mächtigkeit von mehr als 4 oder 5 km angewachsen ist und dann von einer flachen Luftdruckdepression über Land gesogen wird, gibt es Regenwolken und Schauer. Da die Monsunluft noch dazu etwas kühler ist als die über dem Festland und da sie in der Höhe reibungsbedingt voreilt, kommt es häufig zu all jenen Phänomenen, die mit einer Einbruchsfront der Außertropen auch verbunden sind [s. Kap. III.b) 3. oder Weischet, 1977, S. 180), nur daß Gewitter, Regenschauer, Windböen und dgl. wegen der hohen latenten Energie der wasserdampfreichen Luft viel ungestümer und stärker sind. Es ist ein regelrechter Einbruch der Monsunzeit, die als *„burst of the monsoon“* bezeichnet wird. Nach ein paar Tagen mit Schauern läßt der Regen nach, die Monsunströmung baut wieder ihr Potential auf und nach weiteren Tagen vollzieht sich das gleiche, nur diesmal etwas weiter polwärts. Anathakrishnan and Rajagopalachari (1964) haben das *Vorrücken des Sommermonsuns* mit mittleren Daten kartographisch festgehalten (Karte auch bei Chang, 1972, Fig. 151 oder in Ausdehnung für S- und E-Asien bei Demangeot, 1976, Fig. 10). Es beginnt am 25. Mai in Ceylon. Gegen den 10. Juni ist das Gebiet um Bombay, Mitte Juli der Indus erreicht. In Assam beginnt der Regen wesentlich früher als in der gleichen Breite weiter westlich.

Nach Beginn der Monsunperiode ist der Bann erst einmal gebrochen. Da nun die Evapotranspiration wieder einsetzt, kann es glücklicherweise auch häufiger zu relativ leichten Schauerregen kommen, von denen weniger Wasser direkt abfließt und die mehr zu Bodenwasserversorgung beitragen. Solche *Regen* werden in ihrer räumlichen Verteilung *sehr stark vom Relief,* also von topographischen Auf- und Abwinden mitbestimmt. Eine gewisse Rolle spielen bei der zeitlichen und regionalen Verteilung der Niederschläge auch Störungen, die vom Golf von Bengalen oder zuweilen auch von der Arabischen See kommen. Sie werden als *Monsundepressionen* bezeichnet solange die Windstärke unter 30 Knoten bleibt. Überschreitet sie diese Geschwindigkeit, spricht man von *Monsunzyklonen.* Hurrikans mit Geschwindigkeiten von mehr als 64 Kn. kommen in dieser Zeit nur selten vor, sie sind Phänomene der Prä- und Postmonsunzeit, also des Mai oder des Oktober/November. Die Zahl der Depressionen und Zyklonen beträgt nach Rao and Jayaraman (1958) im Mittel etwas mehr als 7 während der Monsunperiode. Sie sind besonders wirksam in Pandjab und ziehen entlang der Monsuntrogachse, in deren Bereich auch die größten Niederschlagssummen während der Monsunperiode abseits der Gebirge erreicht werden. Es sind zwar warme Zyklonen, die aber mit den easterly waves insofern keine Ähnlichkeit haben, als die Niederschläge auf ihrer Vorderseite auftreten. Diese Phänomene sprechen auch dafür, daß es nicht zweckmäßig ist, die Monsunkonvergenz im Rahmen des Monsuntroges als weit nach Norden verlagerte innertropische Konvergenz zu bezeichnen.

Die SE-NW-gesteuerten flachen Tiefdruckstörungen mit starken Regenfällen werden nach NW zu immer wetterunwirksamer, weil sie zwischen trockenen Boden- und Höhenluftmassen, die aus NW heranströmen, eingekeilt werden und weil wegen der Sperrwirkung der sich zwischen den beiden Luftmassen ausbildenden Inversion die Konvektionsmöglichkeit über große Vertikaldistanzen unmöglich wird. Sawyer (1947) hat das Boden- und Höhenwindfeld sowie die daraus resultierenden Witterungsverhältnisse in einem Schema dargestellt, das in Abb. IV.b) 3 wiedergegeben ist. Es erklärt auch die regionale Differenzierung der mittleren Niederschlagsverhältnisse zwischen dem Dekkan-Plateau und der Wüste Tharr.

Die Monsunzeit ist überall von regenlosen oder -armen Perioden unterbrochen *(breaks of the monsoon),* die gegen Ende der Sommermonsunzeit im August und September in dem Maße häufiger werden, wie das Hitzetief abgebaut wird. Zuerst werden im Norden die breaks immer länger, weil die Monsunluft nicht mehr so weit reicht. Vom September an setzen sich die regenlosen Zeiten immer mehr nach Süden durch, was man als den *„Rückzug des Monsuns“* bezeichnet.

Das in Abb. IV.b) 4 dargestellte Beispiel des Witterungsablaufes stammt aus ei-

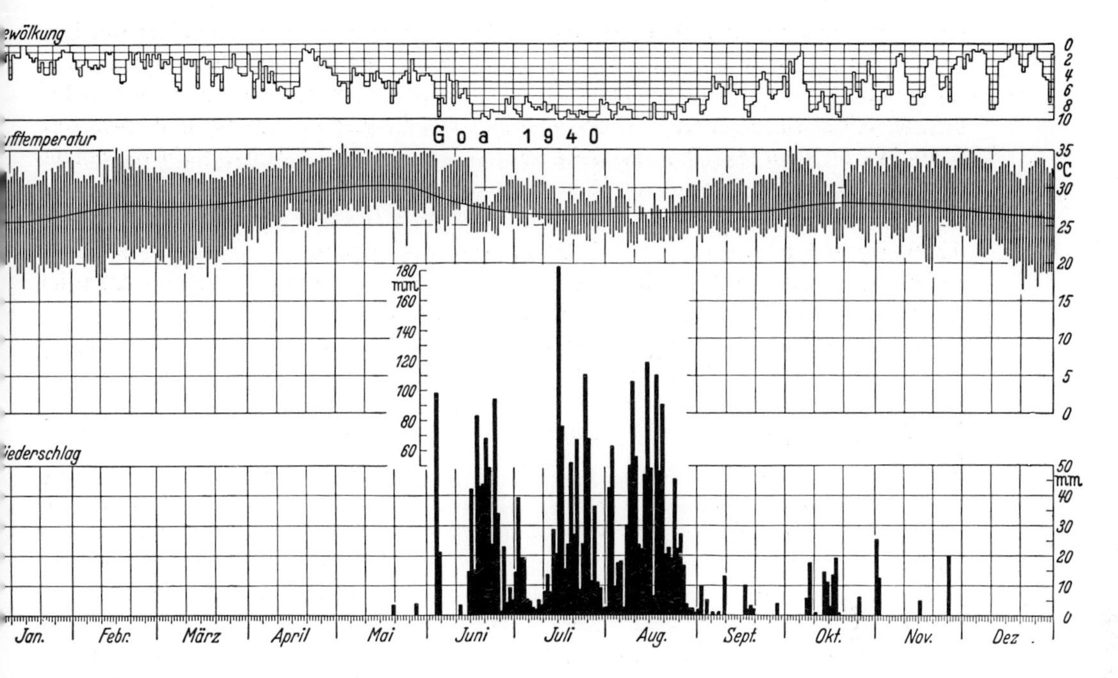

Abb. IV.b)4. Klimadiagramm des Witterungsablaufs des Jahres 1940 in Goa. (Nach J. Bartels u. W. Dammann in Landolt-Börnstein, 1952. Bd. III, S. 641)
Es handelt sich um den typischen dreigliedrigen Monsunjahresablauf Vorderindiens (heitere Winterzeit mit größeren Tagesamplituden, schwül-heiße Vormonsunzeit, regenreiche Monsunzeit von Juni bis August mit Ausläufern bis in den Herbst)

nem besonders regenreichen Monsungebiet an der SW-Seite des Subkontinentes. Nach Domrös (1968) weisen nur dieses und das östliche Assam mit 20–25 Regentagen pro Monsunmonat Maximalwerte auf, während die übrigen Teile Indiens normalerweise unter 15, weite Teile sogar unter 10 Regentagen pro Monat bleiben. Jedoch ist die Konzentration hoher Regenmengen auf die zwei bis drei Sommermonate ein auffälliges Kennzeichen, was für die Bodenfeuchte und die gesamte Wasserwirtschaft sehr nachteilige Folgen hat.

Mit sinkendem Sonnenstand verschwindet das Höhenhoch über den zentralasiatischen Gebirgen; der außertropische Höhenstrahlstrom gerät immer häufiger auf die Südseite des Himalaja. Im Spätwinter wird der Himalaja und sein Vorland zuweilen von ektropischen Zyklonen erreicht, die, von den westlichen Höhenwinden gesteuert, vom Mittelmeer bis ins Indus- und sogar Gangesgebiet vordringen können. Über den Gebieten weiter im Süden setzt sich ab September mehr und mehr der *Nordostmonsun* durch. Er bringt nur an der Ostküste, vor allem an der dann exponiert gelegenen Coromandelküste, Niederschläge. Einen wesentlichen Anteil am nachsommerlichen Niederschlagsmaximum der Ostseite haben tropische Wirbelstürme, welche in dieser Jahreszeit die Küstengebiete des Golfes von Bengalen heimsuchen.

Das India Meteorological Department unterscheidet gemäß diesem Ablauf folgende „*standard seasons*“: I–II winterseason, III–V = hot weather season, VI–IX

= monsoon season, X–XII = post monsoon season. Die beiden letztgenannten Jahreszeiten werden oft zusammengefaßt, was dann eine Dreiteilung des Jahres gibt.

Etwas anders liegen die Verhältnisse im äquatornahen *Ceylon,* wo der Sommer- und der Wintermonsun Niederschlag bringen und der Begriff Monsun dort volkstümlich mit Regen gleichgesetzt wird. Wie in Hinterindien und Insulinde sind Lee- und Luvwirkungen wegen des Reliefs ausgeprägt. Der zyklonale, labilere Sommermonsun bringt jedoch größere Mengen als der seiner Genese nach stabiler geschichtete Wintermonsun, der seine Feuchtigkeit erst durch die Überquerung des Golfes von Bengalen erhält (Domrös, 1971).

Eine Schilderung der Witterung in den verschiedenen Jahreszeiten, die dadurch besonders anschaulich wirkt, weil sie die Effekte auf die Lebensführung im Norden Vorderindiens berücksichtigt, stammt von J. N. Merk (Acht Vorträge über das Pandschab. Bern 1869, S. 72–88 [in englischer Übersetzung wiedergegeben bei W. G. Kendrew: The climates of the continents 1961, S. 187–190]):

„Wie das übrige Indien, so hat das Pandschab eigentlich nur 3 Jahreszeiten: Den Sommer oder die heiße Zeit, die Regenzeit und den Winter, den wir in Indien einfach die kalte Zeit nennen ... Die heiße Zeit fängt im April an. Im März aber ist es schon so warm, daß Gerste und Weizen reifen und eingeheimst werden: Vom April bis Juni regnet es in der Regel nicht. Der Westwind herrscht vor; derselbe kommt von den erhitzten Sandflächen der Indus-Region und wird nach und nach zu einem eigentlichen Gluthwinde und wird von den Eingeborenen auch so genannt, denn das Wort Loh, das für seine Bezeichnung gebraucht wird, bedeutet auch Flamme. Hier, in der gemäßigten Zone, kann man sich keine Vorstellung machen von der trocknenden, wahrhaft sengenden Hitze dieses Windes. Wenn man sich ihm aussetzt, so glaubt man, man wende das Gesicht einem geöffneten Backofen zu. Während der 2–3 Monate der Dauer dieses Windes steigt das Thermometer im Schatten, wie ich neulich bemerkte, auf 40–45 °R. Wer dann die frische Luft genießen will, der muß bei Morgendämmerung zwischen 4–5 Uhr ins Freie gehen, denn unmittelbar nach Sonnenaufgang fängt es wieder an heiß zu werden, nachdem gegen Morgen die Luft doch erträglich geworden war. Nach 7 Uhr Morgens geht ohne Notwendigkeit kein Europäer mehr aus ... Bei Sonnenaufgang, also bald nach 5 Uhr, müssen die Häuser geschlossen werden und nur eine kleine Thür bleibt offen für Communication mit der Außenwelt, und das Haus des Europäers gleicht mehr einem finstern Gefängnis, als der Wohnung freier Leute. So lang der Gluthwind stark weht und regelmäßig anhält, können die Häuser, oder doch wenigstens einige Zimmer in denselben einigermaßen kühl erhalten werden, dadurch, daß Grasthüren, von getrocknetem Gras gemacht, vor geöffnete Thüren gestellt und fortwährend mit Wasser besprützt werden. Durch den starken heißen Wind, der durch die Thüren in's Haus dringt, verdunstet die Feuchtigkeit in der Grasthüre und kühlt so die Luft in den Zimmern ab. Auf der Seite des Hauses, die dem Gluthwinde ausgesetzt ist, hat man auch oft vor den Thüren eine Maschine, Thermantidot genannt, die nichts anderes ist, als die Fruchtmühle, die unsere Bauern früher benutzten, um gedroschenes Korn vom Staube zu reinigen. Die Windfächer des Thermantidot werden von einem Manne herumgedreht, während ein anderer beständig Wasser darauf gießt. Das dadurch hervorgebrachte kühle Lüftchen wird durch eine Öffnung in der Thüre in das Zimmer geleitet. Bei feuchtem Wetter aber und auch bei Nacht sind diese künstlichen Kühlungsmittel von keinem Nutzen und doch ist die Hitze so groß, daß man meint, man könnte nicht athmen und in der es fast unmöglich ist zu schlafen. Man hat deßwegen große Fächer erfunden, die die Länge des Zimmers haben, an der Decke angebracht sind und von außen mittelst eines durch die Mauer gehenden Strickes gezogen werden. Dieser Fächer wird Panka genannt ... Wer die Mittel nicht hat, sich eines oder das andere dieser künstlichen Kühlungsmittel zu verschaffen, der steht fünf Monate lang die tägliche Qual unerträglicher, sehr erschlaffender Hitze aus. Man kann sich denken, welchen Effect diese anhaltende Hitze auf Thier- und Pflanzenleben haben muß. Menschen und Thiere schmachten und schnappen nach Luft, wenn das Thermometer im Hause Tag und Nacht zwischen 28–36°R steht. Man ist in einem fortwährenden Schwitzbad; das Wasser zum baden ist zu lau, um zu erfrischen ... In den ersten Wochen der heißen Zeit ist man noch frisch genug, diese Hitze zu ertragen, ohne viel davon zu leiden, aber allmählig verliert man Appetit und Schlaf, Kraft und Energie verlassen den Europäer, der dann bis zum Ende der heißen Zeit sich durchschleppen muß, so gut er eben kann.

„Die Wirkung der sengenden Hitze auf das Pflanzenleben ist dieselbe und noch mehr sichtbar. Wenn auch einzelne Pflanzen und Bäume der Art sind, daß sie eine glühende Hitze brauchen, um Blätter und Blüthen zu treiben ..., so scheinen fast alle übrigen Bäume und Pflanzen zu ersterben, alles Grün, das die nur zu kurz dauernde Frühlingssonne hervorgerufen hat, verdorrt, und betrachtet man das Gras genau, so scheint es bis auf die Wurzel zerstört zu sein. Sträucher und Bäume scheinen abzusterben, die Erde wird so hart wie eine Straße, und ist der Boden etwas lehmig, so springt er und die ganze Landschaft trägt einen Character von Mattigkeit und Öde, der einen melancholisch stimmen muß. Dagegen verdankt man dieser Hitze einige Arten köstlichen Obstes, von welchen Melonen und Mangos besonders nennenswerth sind ...

„Der heiße Gluthwind ... hört im Juni allmählig auf, und hat man nun Windstille, dann ist die Hitze fürchterlich, Grasthüre und Thermantidot haben keinen Effect mehr, und hat die Temperatur den Grad der Gluthitze erreicht, dann hilft auch der Panka nicht mehr und nun beginnt sich Alles nach der Regenzeit zu sehnen. Dieselbe darf man aber nicht erwarten, sogar nicht einen einzigen Regenschauer, ehe Süd- und Ost-Wind eingetreten sind. Die Regenzeit dehnt sich jedoch nicht über das ganze Pandschab aus; schon Lahor hat wenig Regen, Multan fast gar keinen und der Bauer im Westen des Pandschab muß seinen Feldern durch künstliche Mittel das Wasser zuführen, das die Wolken ihnen versagen.

„Der Süd- und Ost-Wind bringen Wolken, heftige Gewitter mit starken Regengüssen, die sich täglich, oder doch jeden zweiten oder dritten Tag wiederholen, und endlich die ersehnte Regenzeit, die im Himalaya Anfangs Juli beginnt und Ende August oder Mitte September aufhört. Im Juli beginnen die Bäume zum zweiten Male auszuschlagen, das Gras wächst wieder und bald zeigt sich eine Vegetation, durch stetige Wärme und große Feuchtigkeit begünstigt, die kaum zu bewältigen ist ... Der Bauer arbeitet jetzt hart mit Pflügen, Säen und Jäten. Im Juni, während der größten Hitze wird der Reis gesät, nachdem alle Felder durch Bewässerung für die Aufnahme des Samens weich gemacht worden sind; im September wird er schon geschnitten. Mais wird innerhalb zwei Monaten gesät und eingeheimst. Im Juli und August fällt am meisten Regen ... Während der Regenzeit schwellen die Flüsse dergestalt an, daß sie Brücken und Alles, was ihnen im Wege ist, fortreißen ...

„Nachdem es vier bis sechs Wochen lang sehr viel, oft zwei bis drei Tage lang unaufhörlich geregnet hat, klärt es sich meistens wieder auf und man hat oft einige Wochen lang keinen Regen, worauf wieder einige Wochen Regenwetter eintritt. Man kann sich leicht denken, wie wohl Einem die durch diese Regengüsse gebrachte Kühlung thut; bleibt aber der Regen auch nur einen halben Tag aus, so wird es ungemein schwül und heiß, daß man sich von der Hitze mehr belästigt fühlt, als während der heißen Zeit bei viel höherm Thermometer. Wie eine schwere, warme Decke scheint die Luft auf einem zu lasten und dazu kommen noch die unverschämten Moskitos, die Einem Tag und Nacht keine Ruhe lassen ...

„Wie stark und unangenehm der Einfluß der großen Feuchtigkeit ist, besonders gegen das Ende der Regenzeit, kann man sich in unserm Klima kaum denken. Alles Holzwerk schwillt, und Thüren und Fenster können nur mit Mühe geschlossen werden. Schuhe und überhaupt alles Lederwerk haben dicken Schimmel auf sich, die Bücher verschimmeln, das Papier schlägt durch, die Wäsche wird in den Schränken feucht, und oft muß man bei drückender Hitze ein Feuer im Kamin haben, um nur einigermaßen den Einfluß dieser Feuchtigkeit zu neutralisieren ...

„Die ungesundeste Jahreszeit im Pandschab ist unmittelbar nach der Regenzeit und bis zum

Oktober. Gegen das Ende der Regenzeit nemlich verfaulen viele Vegetabilien, diese erzeugen unter den Sonnenstrahlen der indischen Herbstsonne, die sich nochmals in ganzer Kraft fühlbar macht, viel Miasma, die Folge davon ist Fieber, Dysenterie und nicht selten Cholera ... Die Hitze wird nun bald wieder so groß, daß man sich sehr nach der kalten Zeit sehnt und mehr als je beobachtet man die Wetterfahne, um zu sehen, ob nicht die angenehmen kühlen Nord- und Westwinde eintreten, die dieselbe bringen.

„Anfangs Oktober wehen dann diese Winde beständig und verzehren die noch übrigen feuchten Dünste und nun erscheint wieder in all seiner Pracht das Blau des Firmaments, das in jedem heißen Klima so ungemein herrlich ist ... Vom Oktober an hat man in der Regel einen heitern Himmel bis Weihnachten, die Luft ist rein und ungemein lieblich und ein angenehmeres Klima, als wir es dann haben, kann man sich kaum denken, nur dürfen wir nie vergessen, daß wir immer die indische Sonne über uns haben, und daß man selbst während der kalten Zeit nie mit unbedecktem Haupte sich derselben aussetzen darf ... Fünf bis sechs Monate lang arbeitet der Europäer jetzt wieder mit Lust und Kraft. Dieses ist die Zeit des Reisens ...

„Im Dezember und Jenner ist ein Feuer oft den ganzen Tag im Kamin, Morgens und Abends aber besonders angenehm. Die Nächte sind empfindlich kalt, hat man doch in der Ebene Reif und Eis und fällt das Thermometer doch auf dem Boden bis auf 23°F oder −3° bis −4°R. Im Pandschab haben wir während der zweiten Hälfte der kalten Zeit ziemlich viel Regen, ohne denselben fällt die Gersten- und Weizenernte sehr spärlich aus. Auch Hülsenfrüchte bedürfen des Winterregens. Im Februar haben wir einen kurzen Frühling. Viele Bäume schlagen aus, und jeder Strauch liefert seinen Beitrag zum Blumenschmuck der Landschaft. Dieser Frühling ist aber von kurzer Dauer und schon im März wird es in der Ebene wieder heiß und der heiße Sommer ist vor der Thüre. Ein Sandsturm jedoch hält den Sommer hie und da noch eine Woche auf ... Hie und da ist der Sandsturm mit Regen begleitet, er ist dann um so geschätzter; ist er aber auch ohne Regen, so ist er doch immer noch willkommen, denn er kühlt die Luft auf einige Tage, vielleicht eine Woche ab, und in Indien, besonders im Pandschab, ist alles willkommen, was die glühend heiße Luft abkühlt und dem Europäer eine erträgliche Existenz gewährt.“

Das *Monsungeschehen über SE-Asien* ist im Vergleich zum indischen Subkontinent weniger gut bekannt. Die Beobachtungsnetze sind schlecht, die Reihen lückenhaft. Und außerdem bringt die starke Reliefkammerung eine sehr große regionale Differenzierung mit sich. Nach Nieuwolt (1977) besteht im ganzen eine große Ähnlichkeit zwischen den Klimaten der beiden Regionen. Es gibt aber nach dem gleichen Autor vier wichtige Unterschiede. Der *NE-Monsun der kalten Jahreszeit* ist stärker und beständiger. Er bringt auch etwas kältere Luft mit. Im allgemeinen liefert er keinen Niederschlag außer in der Küstenregion Vietnams, wo er über große Entfernungen über der Südchinasee Wärme und Feuchtigkeit aufgenommen hat. Häufig bildet sich zwischen der kalten kontinentalen und der wärmeren ozeanischen Luft eine Frontalzone aus, an der ähnlich wie in den Mittelbreiten Wellenstörungen entstehen, die in N-Vietnam Aufgleitbewölkung und Nieselniederschläge bringen, die als *„Crachin“* bezeichnet werden. In der Vormonsunzeit bleibt die Temperatur tiefer als über Indien. Das wird vor allem verursacht von einem hohen Bewölkungsgrad, der wahrscheinlich auf das Ostwärtswandern eines Höhentroges von Indien her zurückgeht (Ramage, 1955). Im Zusammenhang mit diesem treten häufig Gewitterregen auf, die *„mango-rains“* Burmas und Thailands. Die eigentliche *Sommermonsunzeit* beginnt zwei bis drei Wochen früher als in Indien. Die Heftigkeit des Einbruches, die man in Indien als „burst of the monsoon“ bezeichnet, ist hier weniger drastisch. Dagegen scheint die Monsunströmung hochreichender zu sein. 80% der Jahresniederschläge fallen während dieser Monsunperiode an der Westküste, 40% auf der Lee-

Seite im Osten. Die Postmonsunzeit ist ähnlich der von Indien. Der Rückzug beginnt auch etwas früher, so daß Ende Oktober/Anfang November der NE-Monsun sich schon fast vollständig durchgesetzt hat. In dieser Zeit treten allerdings häufig noch Taifune in der Südchinasee auf. Die *Reliefdifferenzierung* ist bei den im großen und ganzen N-S ziehenden Gebirgen derart, daß die nach W exponierten Flanken den meisten Regen während der SW-Monsunperiode erhalten, während die Ostabfälle, besonders in den östlichen Teilen der Region, mehr Regen in der kühleren NE-Monsunzeit empfangen. Die inneren Becken sind meist trocken und zeigen ein doppeltes Regenmaximum am Anfang und Ende des Sommermonsuns.
Da der *SE-asiatische Inselbereich* beiderseits des Äquators zwischen den beiden Festlandsmassen E-Asiens und Australiens mit ihren alternierenden Jahreszeiten liegt, ergeben sich hier durchgehende Wechselwirkungen beider Hemisphären im Monsunregime, welche die klimatischen Bedingungen im Bereich der dauernd feuchten innertropischen Konvergenzzone etwas modifizieren: Im Sommer trockener Landwind aus Australien, der nach rascher Feuchtigkeitsaufnahme über der Inselsee und Einschaltung innertropischer Konvergenzvorgänge in den SE-Monsun Hinterindiens einlenkt; im Nordwinter ursprünglich trockener Landmonsun aus E-Asien, der nach seinem Weg über das warme Meer mit Wasserdampf beladen über Insulinde in den NW-Monsun Australiens übergeht. Im innertropischen Zwischengebiet ist daher die ganzjährig im Durchschnitt hohe Regenmenge im einzelnen stark von der Exposition zu den beiden genannten Monsunwindrichtungen abhängig. In einer bis zu 400 km breiten Zone über Indonesien unterliegt die Gewitterwolkenbildung einem tagesperiodischen räumlichen Wechsel. Tagsüber stehen sie über Land, nachts über dem relativ warmen Meer (Flohn, 1971).

Im *ostasiatischen Monsungebiet* vollzieht sich der Jahreszeitenwechsel dem äußerlichen statistischen Bilde nach ganz ähnlich wie in S-Asien. Die Regenzeit wandert von S nach N und im Spätsommer wieder zurück, in den südlichen und mittleren Teilen E-Asiens eine günstigere Witterungsperiode einschließend, während der im S die erste Reisernte eingebracht werden kann. Zeitpunkt und Ausmaß der Sommerregen sind von grundlegender wirtschaftlicher Tragweite. Im Sommer kommen die feuchten Luftmassen mit häufigen und hohen Niederschlägen auch von See, im Winter die trockenkalten von Innerasien. Trotzdem ist der *Zirkulationsmechanismus ein wesentlich anderer als in S-Asien.* Die aerologischen Forschungen sowohl wie das Studium der Zugbahnen der regenbringenden Zyklonen (durch Lautensach, 1949 z. B.) haben entgegen den Verhältnissen in Indien (Wagner, 1931; Schneider-Carius, 1948) ergeben, daß über China im Sommer ektropische, also zum außertropischen *Westwindgürtel gehörige Zyklonen* mit NW-SE-licher Zugrichtung weit nach S ausgreifen und erst von Ostchina bis Korea und Japan vor der NW-Flanke des nordpazifischen Subtropenhochs (Flohn, 1949) einen NE-lichen Kurs einschlagen. Offenbar hängt das Südwärtsausbiegen der Frontalzone der mittleren Breiten mit der Lee-Lage hinter dem zentral-asiatischen Hochgebirge zusammen, wie es ähnlich in Nordamerika östlich der Kordilleren zu beobachten ist. Da über dem subtropischen China ein Hochdruckgürtel in der bodennahen Luftschicht fehlt – er ist nur in der Höhe als schmaler Sattel erkennbar (Flohn, 1950, Abb. 21 u. 23 sowie Chang, 1967, Fig. 3–5) – kann feuchte, äquatoriale Luft über das Südchinesische Meer in breitem Strom in die zyklonale Zirkulation Ostasiens einbezogen werden (Flohn, 1950, Abb.

20; Lautensach, 1950, Taf. 4). Bei der Entwicklung der Frontalzone und der Zugbahnen der Zyklonen spielt auch das Umschalten des westlichen Höhenstrahlstroms auf die sommerlichen Lagen nördlich um Tibet herum eine Rolle. Unter ihm ist die Frontalzone von Mittelchina bis Südjapan ausgebildet und mit ihr werden die Störungen von W nach E gesteuert (Yoshino, 1963, 1966). Die Bodenwinde wechseln beim Durchzug der Störungen ähnlich wie im Klima Westeuropas. In den störungsfreien Zeiten überwiegt im Durchschnitt aber im Sommer eine vom Meer aufs Land gerichtete Windströmung. Das Wetter ist dabei keineswegs immer regnerisch, oft sogar tagelang heiter, wenn auch mit Konvektionsschauern. Die Luftfeuchtigkeit ist jedoch ständig hoch und deshalb herrscht in ganz Ostasien um diese Zeit schwüle drückende Wärme. Es ist die maritime Tropikwarmluft der Ogasawara-Luftmasse, welche die nördliche maritimpolare Kaltluft der Ochotskischen Luftmasse verdrängt hat. Die beide trennende Frontalzone mit ihren „Bai-u"-Regen überquert Japan in der Zeit vom 15.–19. 6. im SW bis zum 25.–29. 7. im NE (Yazawa, 1957), wobei man nach Yoshino (1963) 4 verschiedene synoptische Entwicklungsstadien unterscheiden kann. Sie wird im Herbst wieder rückläufig und verursacht dann die „Shurin"-Regen, die allerdings mit den herbstlichen Taifunregen interferieren und deshalb nicht so klar zu trennen sind. Beide Durchgänge der Frontalzone stellen nach Yazawa die synoptische Begrenzung des japanischen Sommers dar.

Mecking schildert uns diese Verhältnisse in seinem feinsinnigen Buch über „Japan, meerbestimmtes Land" (1951) äußerst treffend (S. 45–46): „Im Sommer tritt Japan in jenen tropischen Zustand ein, in welchem die feuchte Hitze, mit Tagestemperaturen zwischen 30° und 35°C. lähmend wie am Äquator wirkt. Im N wird es wenigstens am Abend kühl, ja sogar kalt, während im S die Nächte durch das Fehlen jeglicher Abkühlung und vollends unter dem Moskitonetz unerträglich werden können und besonders den noch nicht eingewöhnten Ankömmling keinen Schlaf finden lassen. Die drückenden Nächte treiben die Bevölkerung auf die Straßen, wo noch lange reges Leben herrscht, Läden geöffnet sind oder Straßenhandel blüht.

„Der Sommer bringt in ganz Japan Niederschläge, wenn auch . . . nicht überall den Hauptanteil. Innerhalb der Sommermonate konzentrieren sie sich zunächst auf eine sehr kurze Spanne, die etwa von Mitte Juni bis Anfang Juli reicht. Sie ist so typisch und regelmäßig, daß sie den besonderen Namen Pflaumenregenzeit (bai-u) führt. . . . Auf das Nachlassen im August folgt im September wieder verstärkter Niederschlag. Er geht auf die zu dieser Zeit besonders häufigen Taifune zurück. Die Pause zwischen den beiden Regenperioden macht den August erst zum wärmsten Monat, weil in ihm die Bewölkung geringer ist und so die Sonneneinstrahlung besser zur Wirkung kommt. Der Sommer wird auch im ganzen länger hinausgezogen als der Winter, und der Herbst rückt, wenigstens im Süden, bis nahe an das Ende des Jahres. Er wird dadurch wärmer als der Frühling, eine Eigenschaft, wie man sie auch sonst in maritim bestimmten Klimaten kennt.

„Die Pflaumenregenzeit hat für Japans Leben die unschätzbare Bedeutung, daß sie die Felder bereit macht zum Pflanzen des Reises, der fast ganz auf die Niederungen mit künstlicher Bewässerung eingestellt ist. . . . Für den Reis aber ist das reguläre Einsetzen der Niederschläge von um so größerer Bedeutung. Auch der Bambus ist stark darauf angewiesen. Desgleichen braucht der Tee reichliche Befeuchtung. Der Regen ergießt sich zu einem Teil unmittelbar über die Kulturebenen, zum anderen überschüttet er die Berge und wird erst von den kurzen gefällereichen Flüssen den Niederungen zugeführt. Um den Fuß der Hügelländer sind vielfach Stauteiche zur besseren Regulierung der Bewässerung in den Reisebenen angelegt. Mit den reichlichen Niederschlägen verbinden sich jene hohen Temperaturen, die im größten Teil des Landes vier Monate, im N 1–3 Monate den Mittelwert von 20° überschreiten. So reicht ein kurzer, aber in seiner Hitze und Feuchtigkeit tropenähnlicher Sommer und mit ihm der Anbau der tropischsten Getreideart selbst bis in den Norden des Landes....

„Gegen Ende des Sommers werden es dann die sich häufenden und verheerenden Taifune, welche die Niederschläge bringen, und zwar in großen Mengen konzentriert. Ihr Hauptmonat ist der September.... Überhaupt decken sich die schwersten Regengüsse mit den Monaten der häufigsten Taifune. Wie die gleichmäßigeren Pflaumenregen als Grundlage des Reisbaus zum größten Segen des Landes werden, so bringen die spätsommerlichen und herbstlichen Regenfluten oft die schwersten Katastrophen und sind neben Erdbeben und Vulkanausbrüchen eine Hauptlandplage.... Die Spuren dieser Wirbelstürme sieht man nicht selten in den von Kieslagen überdeckten und verödeten Reisfeldern, in Uferabstürzen, zerstörten Straßen, Bahndämmen und Salzgärten. Die Reiskammern, außer denen von Nord-Honshu und Hokkaido, gehören der Hauptgefahrenzone an, auch fällt die Blüte und Reife gerade in die Hauptmonate der Taifune. Die Maulbeerkulturen der Hata werden zwar nicht durch die Überschwemmungen, aber oft durch die Stürme selbst geschädigt. Auch die Häuser schützen sich gegen die Schwere der Güsse durch das Vordach."

Die *Frontalzone* beginnt im Frühsommer weit südlich – in Südchina im Mai/Juni – mit den zugehörigen zyklonalen Monsunregen, den in der ebengenannten Schilderung erwähnten Pflaumenregen; sie wandert dann nordwärts, um im Juli in Korea (tschangma-Regen) ihre nördlichste, nunmehr also zentralsommerliche Lage zu erreichen. In dieser Zeit erlebt das übrige Ostasien eine Pause der Niederschläge, die als hochsommerliche „Trockenzeit" die Bezeichnung doyo führt. Aerologisch fällt sie zusammen mit einem Ost-jet in der Höhe bei 15° N von Luzon bis zum Roten Meer (Chang, 1962). Niederschläge intensivieren sich erst wieder im Spätsommer beim Rückzug der genannten Frontalzone, wobei sich dann, ähnlich wie in Vorderindien, im Südteil Ostasiens aus der tropischen Zirkulation ausscherende Wirbelstürme, die schon genannten Taifune, einschalten.

Im *Winter* bleibt diese ektropische Frontalzone erhalten, weist aber dann ihre südlichste Lage auf, weil die Hochdruckzellen des erkalteten Festlandes die nach wie vor von W nach O durchziehenden Störungen auf stark südliche Bahnen abdrängen. Das bedeutet, daß auch im Winter zyklonal bedingte, mit Frontdurchgängen verknüpfte Winddrehungen häufig eintreten und also keineswegs eine unveränderliche NE-Strömung herrscht. Allerdings sind die Landwinde mit nördlicher Komponente im Durchschnitt durchaus vorwiegend. Daraus ergibt sich der jahreszeitliche Gegensatz zum Sommer im Sinne des geläufigen Monsunregimes, wie wir es von den Mittelwertkarten der Extremmonate her kennen.

Im Gegensatz zu dem sanften Wintermonsun Indiens zeichnet sich der ostasiatische durch größere Heftigkeit aus, besonders über dem ostchinesischen Meere. Man kann ähnlich wie in Europa von kräftigen *Kaltlufteinbrüchen* auf der Rückseite von Mittelchina ostwärts ziehender Tiefdruckstörungen sprechen (Li, 1936), nur daß sie hier häufiger, anhaltender und heftiger sind, kurzum, das Winterklima bestimmend beherrschen, so daß die Schiffahrt über das Ostchinesische und Japanische Meer für kleinere Schiffe, ja sogar der Fährverkehr in der Tsusimastraße, oft tagelang unmöglich wird. Das geht in 10- bis 12tägigen Pulsationen vor sich, woraus sich auf den Philippinen der entsprechende Rhythmus zwischen Passat- und Monsunwitterung erklärt.

Da der *Landmonsun Ostasiens* aus trockenen Kontinentalgebieten herausweht und in Gebiete mit höherer Temperatur, also höherer absoluter Feuchtekapazität gelangt, bringt er zunächst keine nennenswerte Feuchtigkeit mit. Er ist auch wenig zyklogenetisch wirksam (Chang, 1962). In Nordchina und der Mandschurei ist die eisige trockene Festlandsluft häufig staubbeladen, zumal Schneefall hier aus dem ebengenannten Grunde noch wenig ergiebig zu sein pflegt.

G. Wegener (China. Eine Landes- und Volkskunde. Leipzig u. Berlin 1930, S. 63f.) schildert diese winterlichen Verhältnisse in Nordchina folgendermaßen: „In den nördlichen Teilen der Großen Ebene bedecken sich schon im November die Flüsse mit Eis. Ebenso die Ufer des Gelben Meeres auf 3–4 Monate. Die Vegetation stirbt oder verliert das Laub; die Bodenbestellung hat strenge Winterruhe. Der wolkenlose Himmel steigert noch die örtliche nächtliche Abkühlung des pflanzenkleidarmen Landes. Schnee fällt wenig, und nur selten und kurz gibt es eine zusammenhängende Schneedecke. Eisige Staubstürme fegen das Land. Auch an ruhigen Tagen, besonders im NW, umschleiert ‚trockener Nebel', der innerasiatische Staubdunst, die Fernsicht. Die Eingeborenen tragen dicke wattierte Winterkleidung; die Häuser haben ihre Kangs, d.h. aus Ziegelsteinen gemauerte heizbare Schlafbänke.

Erst nach Überquerung der an sich warmen ostasiatischen Randmeere sind der Feuchtigkeitsgehalt dieses Landmonsuns und damit seine Labilität so weit gestiegen, daß er im Verein mit den zyklonalen Fronten Niederschläge hervorruft, die besonders auf der NW-Abdachung der japanischen Inseln, Formosas oder selbst an der Küste von Annam durch Stau verstärkt ergiebige Mengen liefern. Daraus erklärt sich, daß der ursprünglich trockene Wintermonsun in NW-Japan und in Annam der Hauptregenbringer ist und den Sommermonsun an Ergiebigkeit übertrifft. Auf der pazifischen Vorderseite Japans trifft er dagegen als föhnig trockener Wind ein. In Nordjapan richtet man sich sogar mit der Hausbauweise auf die winterliche Schneelast besonders ein. Hecken schützen die Gehöfte gegen die kalten W- bis N-Winde, deren Vorstöße im Durchschnitt einem einwöchigen Rhythmus unterliegen (T. Yazawa, 1957). Der stärkste Schneefall, der im Gebiet zwischen den japanischen Alpen und der Japansee jemals verzeichnet wurde, trat vor einigen Jahren mit 3,77 m in der Stadt Takada (Reg. Bez. Nügata) auf. Damals blieb ein D-Zug drei Tage lang stekken, weil der Schnee teilweise bis zur elektrischen Oberleitung reichte (Neues aus Japan Nr. 114, 1966, S. 11).

Hierüber schreibt wiederum Mecking (1951, S. 43f.) in seinem schon genannten Buch: „Jener Winterniederschlag der Rückseite ist eine überaus charakteristische Besonderheit und Wirkung des japanischen Randmeeres. Zwar wird durch dieses Meer die Kälte Sibiriens so gemildert, daß die Nordspitze von Honshu und das in gleicher Breite liegende Wladiwostok sich um 10 °C im Mittel des Januars unterscheiden. Aber die Schneemassen werden um so größer, viel größer als sie auf dem Festland um Wladiwostok möglich sind, denn dort enthält der sibirische Winterwind noch keine Feuchtigkeit; erst über der Japansee belädt er sich damit und wirft sie als Schneelast auf Japans rückwärtige Küsten und innere Bergländer, ja z. T. bis an die Fensterseite hinüber. ... Während im Hochsommer im japanischen Randmeer heiteres und ruhigeres Wetter herrscht, trifft der Winterwind Japans Westküsten oft in Form von schweren Stürmen. Dann sind ihre Häfen im Verkehr behindert, und selbst der Fährverkehr zwischen Shimonoseki und Korea kann vorübergehend unterbrochen werden. Trübes Wetter wird dann zur Regel, und Schnee fällt fast täglich. Meterhohe Schneelagen sind im Hinterland von Niigata und auf Hokkaido nicht ungewöhnlich. In den Städten der mittleren und nördlichen Rückseite sind dadurch die Häuser oft so verschüttet, daß die Bewohner nur unter Schwierigkeiten herauskommen und daß auch im Hausbau Schutzmaßnahmen dagegen ergriffen werden. Über dem Erdgeschoß haben die Häuser nämlich einen Dachvorbau, unter dem sich ein tunnelartiger Gang erhält. Auch sind die Dächer z. T. mit Rollsteinpflaster bedeckt. Eisenbahnen laufen streckenweise unter Schneeschutzdächern. In Akita steht ein Tempel des

Windgottes, an dessen schräg gestellten Bäumen sich die Richtung jener heftigen und durchgreifenden Winterwinde deutlich verrät."

Mit dieser Deutung des *ostasiatischen Monsungeschehens* als eines *Teiles der ektropischen Westwinddrift* nähert man sich stärker dem auch in Europa herrschenden Zirkulationsprinzip, welches der gleichen planetarischen Zone angehört. In der Tat sind damit die Unterschiede im Wetterablauf beider Gebiete nur gradueller, nicht prinzipieller Art, und die als monsunartig gedeuteten analogen Vorgänge des europäischen Sommerwetterablaufes mit ihren charakteristischen Regelfällen (Schafkälte, Siebenschläfer usw.) machen diese prinzipielle Annäherung der Gesichtspunkte verständlich.

Auch in *Nordasien* macht sich das Monsunregime bemerkbar. Dort wird bei dem zumindest im Sommer relativ höheren Luftdruck über dem Eismeer die Zufuhr polarer Luft auf der Rückseite schwacher, von W nach E durch Sibirien ziehender Störungen in den Kontinent hinein begünstigt, während im Winter die gleichen, letztlich vom Atlantik stammenden Störungen auf ihrer Vorderseite mehr das Abfließen innersibirischer, unter höherem Luftdruck liegender Kontinentalluft zum Eismeer hin begünstigen. Der im Durchschnitt hohe, wenn auch durchaus nicht ständig gleichbleibende Bodenluftdruck über dem Festlande erschwert begreiflicherweise zwar den von W her kommenden und ohnehin relativ schwachen Störungen das Vordringen auf den Kontinent selbst. Andererseits aber werden sie durch polare Höhentiefs, unabhängig vom Bodendruck, weit in den Kontinent hinein gesteuert.

Dieser Monsuneinfluß hat immerhin dazu geführt, daß sich in Nordasien die planetarischen Zirkulationsgürtel entgegen ihrem sonstigen Verhalten im Sommer nicht nordwärts ausdehnen, sondern daß umgekehrt im Sommer der Einfluß der polaren Ostwinde aus diesem Grunde weiter südwärts reicht als im Winter.

Die entscheidende genetische *Umdeutung der Befunde* ist darin zu erblicken, daß die hochgelegenen und daher von der Sonneneinstrahlung ungeschwächter erreichten Plateaus und Gebirge Hochasiens, insbesondere das Hochland von Tibet, einen relativen Erwärmungseffekt erfahren, der den gleich hoch gelegenen atmosphärischen Niveaus ringsum fehlt (Flohn, 1968). Der Einstrahlungsgenuß der Hochländer bewirkt in der Höhe die Ausbildung eines warmen Höhenhochs, das wie ein Block bzw. eine Weiche auf die Höhenströmung in der planetarischen Westdrift wirkt. Welchen speziellen Effekt das Hochland von Tibet im Rahmen der großräumigen sommerlichen Aufheizung der Troposphäre über dem Süden Asiens spielt, darüber gibt es allerdings unterschiedliche Ansichten von Flohn (1963, 1965), der dem Hochland einen großen Effekt zuspricht, und von Rangarajan (1963), der das bestreitet. Fest steht, daß es über dem südlichen Teil des zentralasiatischen Hochlandes und über Assam ein deutlich ausgebildetes Höhenhoch in der höheren Troposphäre gibt (Chang, 1967 u. 1972, Fig. 153 u. 154). Auf seiner N-Seite führt der polare Weststrahlstrom, auf der S-Seite der etwas höher gelegene Oststrahlstrom vorbei. Der eine steht im Zusammenhang mit der vorher besprochenen Frontalzone über China, der andere mit der Höhenkonvergenz über dem südasiatischen Monsun. Im Winter verschwindet das Höhenhoch. Dann kann auf relativ südlicher Bahn Zyklonentätigkeit von der mediterranen Frontalzone aus ostwärts bis in den westlichen Himalaja vordringen, wie die aus W heranziehenden Winterregen von NW-Indien verraten, die mit Ausläufern bis zum unteren Ganges reichen (Kendrew, 1953, Abb. 49 u. 50). Im Sommer ist dieser ektropische Ast der Zirkulation nicht ausgebildet. Dann wird die Westwinddrift nördlich um das vorher genannte Höhenhoch über Tibet herumgesteuert, um danach in den ostasiatischen Zyklonaltrog der chinesisch-japanischen Gewässer im Bereich der pazifischen Westwinddrift einzumünden.

Das oben erwähnte thermisch bedingte Höhenhoch über Hochasien wird im Sommer durch Kaltlufthochs am Boden ersetzt. Nördlich davon, in Sibirien, wo die hohen Durchschnittswerte, wie sie jede Luftdruckkarte des Januar (vgl. Abb. IV.a) 4) so suggestiv zeigt, ist zwar auch ein Kaltlufthoch, unterliegt aber einer anderen Dynamik. Im östlichen Sibirien treten zahlreiche wandernde Hochdruckzellen auf mit zwischengeschalteten flachen Zyklonalstörungen, die freilich auf dem langen Weg vom Ural und W-Sibirien her, wo sie den größten Teil ihrer Feuchtigkeit schon als Schnee ausgeschieden haben, schon relativ trocken sind. Diese wandernden Hochs und Tiefs münden häufig in den ostasiatischen Trog südostwärts ein und leiten dann die befürchteten Festlandsluftausbrüche des ostasiatischen Winters ein. Der sogenannte Wintermonsun mit seiner Festlandsluftzufuhr ist demnach ebenfalls ein komplexes Gebilde unterschiedlicher Natur. Am Südhange des Tibethochs über Vorderindien bis nach Hinterindien ist er eine passatische Strömung, über Ostasien dagegen eine zyklonale Rückseitenströmung der Westwinddrift, die aus thermischen ostsibirischen Hochzellen heraus stammt.

„Monsun“ ist aufgrund der verschiedenen Ausprägung der einzelnen Luftströmungen ein *Oberbegriff.* Keine der Einzelströmungen kann als der Monsun schlechthin bezeichnet werden, wohl aber bilden sie fazielle Unterschiede der mittleren monsunalen Luftversetzung. Diese ist zwar im festländischen spezifischen Wirkungsfeld verankert – wenn auch anders, als man sich das früher dachte, – aber sie muß in die planetarischen Zirkulationsgürtel eingeordnet werden. Hieraus ergibt sich u.a. der *fundamentale genetische Unterschied zwischen dem südasiatischen und dem ostasiatischen Monsungeschehen,* ein Unterschied, der sich auch in dem äußeren Erscheinungsbilde der Witterungsvorgänge bei genauerem Nachprüfen zeigt und worauf Deppermann, Lautensach, Flohn und Schneider-Carius wiederholt hingewiesen haben.

3. Die ektropische zyklonale Westwind- und die Polarzirkulation

Die ektropische zyklonale Westwindzirkulation wird vereinfachend auch als *„Westwinddrift“* bezeichnet. Der Zusatz „ektropisch“ geht auf Supan (1879) zurück. Die Westwinddrift leitet ihren Namen her von den im großen Durchschnitt west-östlichen Luftversetzungen, die an der Erdoberfläche mit erheblichen kurzfristigen Schwankungen nach Richtung und Stärke zwischen 35–40 und 65–70° herrschen. Sie entsteht aus dem auf dem Strahlungsgegensatz und damit unterschiedlichen Energiehaushalt fußenden Luftdruckgefälle zwischen dem Gürtel hochreichender warmer Hochdruckgebiete in der Nähe der Wendekreise und dem polaren Höhentiefdruckwirbel (Polarzyklone), der lediglich am Erdboden von einem variablen, seichten Kaltlufthoch über der Polarkalotte unterbrochen ist. Die südhemisphärische Westwinddrift ist wegen des größeren Temperatur- und Druckgegensatzes intensiver und außerdem wesentlich stärker zonal ausgerichtet als die nordhemisphärische. Für die Breiten um 40° S ist aus dem Zeitalter der Segelschiffahrt der Name „*brave westerlies*“ überkommen, jene braven, d.h. nur wenig um W schwankenden und konstant starken Westwinden, die für den Schiffsweg nach Australien um das Kap der Guten Hoffnung von Bedeutung waren. Weiter polwärts erreichen die Westwinde freilich so hohe Stärken, daß sie, zumal im Gegenverkehr, schifffahrtshinderlich werden, wie die von den Seeleuten verwendeten Namen „*roaring forties*“, „*furious fifties*“ oder „*shrieking sixties*“ für die jeweiligen Breitenzonen andeuten. Die Südspitze Südamerikas wird von den furious fifties ganzjährig betroffen, den dortigen gewaltigen Luv-Lee-Effekt in Patagonien verursachend. Die Südspitzen Afrikas und Australiens erleben Westwind-Wetter nur im Winter. Sie gehören zu den Winterregen-Subtropen.

Einer Behandlung der zyklonalen Westwinddrift schließt man zweckmäßig die räumlich wenig ausgedehnte Polarzirkulation an, die aufs innigste mit der Westdrift verflochten ist, da in ihr der Horizontalaustausch weitergeht, der in der Westwinddrift beginnt. Als Austauschvorgänge unterschiedlicher Größenordnung sind in

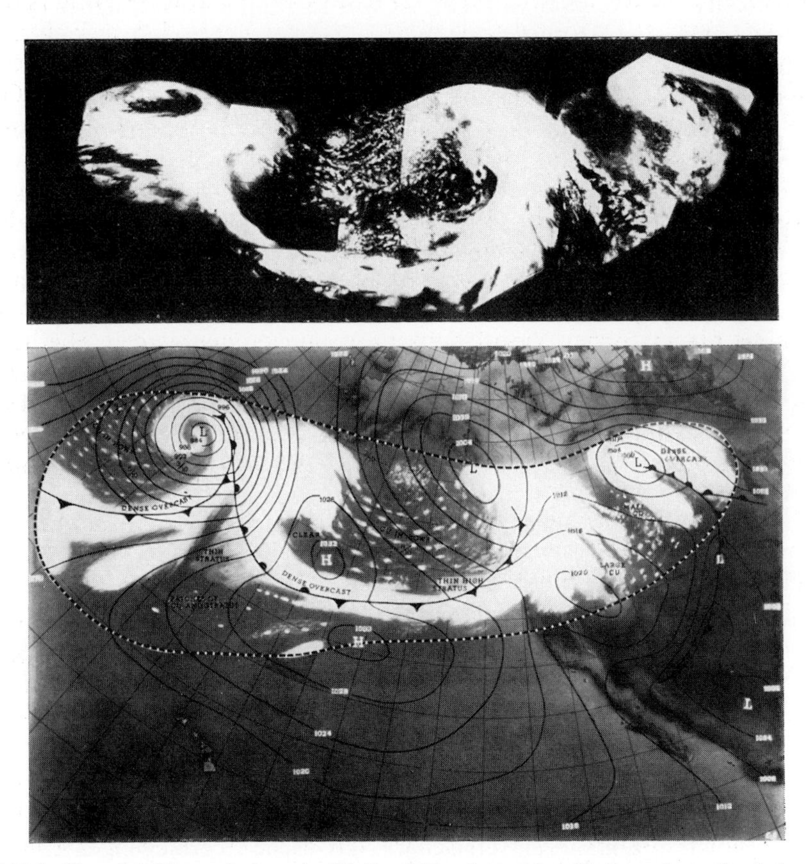

Abb. IV.b) 5. Tiros-Satellitenaufnahme der Wolkenfelder der nordpazifisch-nordamerikanischen Tiefdruckrinne von 20. 5. 1960. (Phot. US Weather Bureau Washington)
Oberes Bild: die noch nicht entzerrten, aneinander anschließenden Aufnahmestücke; unteres Bild: nach Entzerrung und Projektion in die gleichzeitige Luftdruckkarte. Es sind drei Tiefdruckwirbel (L) mit ihren auf der Vorderseite geschlossenen, auf der Rückseite aufgelösten Wolkenfeldern zu erkennen

Kap. IV.a) 2. u. 3. die großräumigen Mäanderwellen der westlichen Höhenströmung sowie im mittleren Maßstab die zyklonalen Wellenstörungen entlang der Polar- (s. Abb. IV.b) 5) und Arktikfront behandelt worden.

Die Unterscheidung vorwiegender Zonal- oder Meridionalzirkulation (High-Index- bzw. Low-Index-Typ nach Rossby, 1940; Namias, 1950 und Forsdyk, 1951 z. B.) erfolgt mit Hilfe des Breitenkreismittels des Luftdruckgefälles zwischen 35 und 55°.

Die Ablösung der einen Zirkulationsform durch die andere geht nicht überall gleichzeitig vor sich, zumindest nicht auf der Nordhalbkugel. Ein blockierendes warmes Höhenhoch kann allmählich die zonale Zirkulation umbauen in eine meridionale. Dieser Umbau pflanzt sich von dem Blockadehoch aus westwärts fort, also gegen die allgemeine Grundströmung. „*A zonal circulation exists only on rare occasions over all meridians of the middle latitudes. In most cases, regions with a prevailing zonal circulation and regions with a prevailing meridional circulation exist simultaneously*“ (F. Baur im „Compendium of Meteorology“ 1951, S. 825). In welchen Rhythmen sich der Wechsel vollzieht, ist von L. Kletter (1962) näher untersucht worden, worauf wir noch zurückkommen.

Vorher muß noch auf Untersuchungen Bezug genommen werden, welche auf eine *Verfeinerung der* etwas groben Zweiteilung in *Zonal- und Meridionalzirkulation* gerichtet sind. Baur (1951) hat in Anlehnung an seine bereits besprochene Großwetterlagenklassifikation [vgl. Kap. III.e)] eine auf den Boden- und 500-mb-Karten und deren Druckgebilden basierende Einteilung von 7 Grundtypen der Zirkulation vorgenommen, die für die gesamte ektropische Nordhemisphäre gültig sein sollen. 1956 wurde die Gliederung auf die 8 Typen erweitert, die in der Abb. IV.b) 6 in schematischen Boden- und Höhendruckverteilungen dargestellt sind. Die Bezeichnungen sind nach Baur folgende:

I. Typen mit zonaler Zirkulation
   1. Hoher Druck im S, tiefer Druck im N, Westwinde und jet in normaler, mittlerer Breitenlage.
   2. Hoher Druck im S, tiefer Druck im N, Westwinde und jet reichen weiter südwärts als normal.
   3. Hoher Druck im S, tiefer Druck im N, Nordgrenze des Hochdrucks normal oder nördlicher, Westwinde und jet weit im N.
   4. Hoher Druck im N, tiefer Druck im S.

II. Typen mit meridionaler Zirkulation
   5. Subtropische meridionale Strömung, hoher Druck im E, tiefer Druck im W.
   6. Polare meridionale Strömung, hoher Druck im W, tiefer Druck im E.
   7. Meridionaler Rücken
   8. Meridionaler Trog.

Baur geht hierbei von einer Lagekonstanz der Teilgebilde dieser Typen aus, die jedoch, wie die täglichen Wetterkarten lehren, auch im 500-mb-Niveau keineswegs immer gegeben ist. Zumindest treten charakteristische „Verbiegungen“, etwa eines meridionalen Hochdruckrückens, auf, von den Abschwächungen und Auffüllungen durch Druckfall- oder -steiggebiete ganz zu schweigen, wodurch die Anwendbarkeit demnach kompliziert wird.

Solchen Schwierigkeiten sucht schließlich eine Klassifikation von Zirkulationsty-

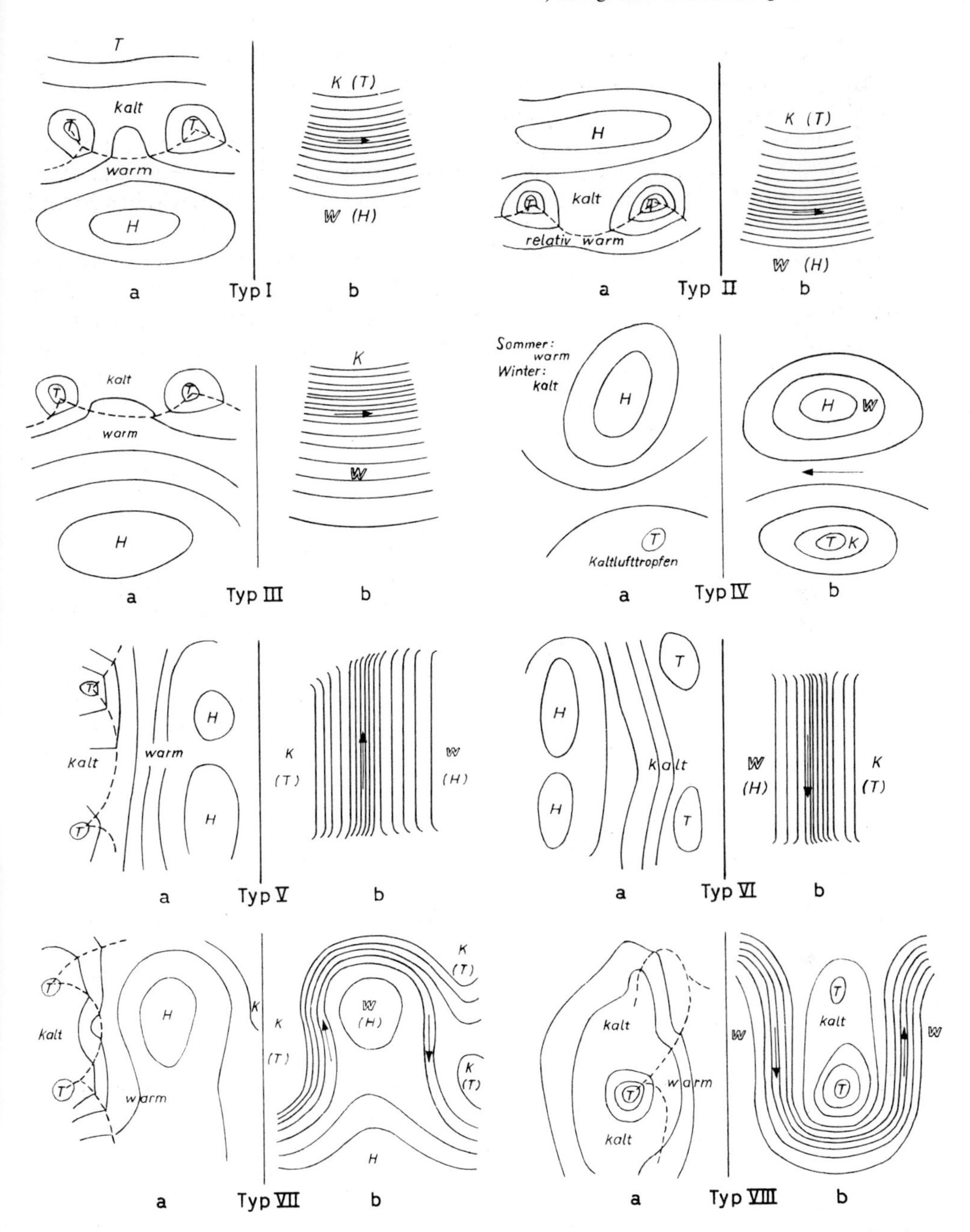

Abb.IV.b)6. Die Grundtypen der Zirkulation in der nördlichen ektropischen Westwinddrift. (Nach F. Baur, 1963)
Die Schemata der 8 Typen zeigen jeweils unter a das vereinfachte Bodenwetterkartenbild der Druckgebilde (T und H), des Frontenverlaufs (gestrichelte Linien) sowie der Warm- (W) und Kaltluftmassen (K). Unter b ist die zugehörige Druck- und Luftmassenverteilung im 500-mb-Druckniveau wiedergegeben. Der Pfeil in den enggescharten Höhenisolinien der letzteren gibt die Richtung der steuernden polaren Strahlströmung an. Der Ausschnitt umfaßt ähnlich wie bei den Großwetterlagen ganz Europa

pen zu begegnen, die L. Kletter (1959 u. 1962), allerdings noch in Unkenntnis der vorgenannten neueren Typologie Baurs (1951 u. 1956), für die Westwinddrift der Nordhemisphäre auf Grund 4jährigen Materials aufgestellt hat. Er geht im Prinzip nicht von den Druckgebilden, sondern von den *Strömungstypen* aus und gliedert zunächst in die drei Grundformen: *Drift* (Typ I), *Welle* (Typ II), *Wirbel* (Typ III). Drift ist identisch mit zonaler Strömung (43% aller Beobachtungen), Welle mit mäandrierender Strömung (32%) und Wirbel mit zellulär abgeschlossenen Strömungsgebilden (34%). Diese Grundformen werden differenziert, und zwar a) die zonalen nach ihrer Breitenlage bzw. ihrem von der rein zonalen Strömung abweichenden „trend" in den beiden miteinander verglichenen Teilgebieten, nämlich dem nordamerikanischen bzw. dem atlantisch-europäischen Sektor, b) die Wellen nach ihrem Mobilitätscharakter und c) die Wirbel nach ihrer geographischen Lage und dem Selbständigkeitsgrad ihrer Ausbildung. Die damit erzielte Gliederung ist die bei weitem vollständigste, die über die *Dynamik der Westwinddrift* vorliegt. Ihre Haupttypen sind folgende:

Typ I: Drift
- a) Ringstromlage, die Drift ist gleichmäßig rings um die gesamte Polarkappe angeordnet.
- b) Zonale Lage, unterteilt nach einheitlichem bzw. uneinheitlichem Verhalten in den beiden geographischen Sektoren sowie nach südlicher, normaler oder nördlicher Breitenlage der Drift.
- c) Trendlage, unterteilt wie bei b) jedoch unter Einbeziehung von „Schräglagen" in den Sektoren bzw. Breiten.

Typ II: Planetarische Wellen, gegliedert nach ihrem stationären, mobilen oder rückläufigen Charakter.

Typ III: Wirbel
- a) Blocking-Lage, blockierende selbständige Antizyklonen mit kreisförmig geschlossener Umströmung, unterschieden nach der Lage des Kerns in Ost-, Zentral-, Westeuropa, auf dem Ost- oder dem Westatlantik. Sie bewirken eine Aufspaltung der Westdrift.
- b) Omega-Lage, blockierende fast selbständige Antizyklonen, die noch durch einen Hals mit dem subtropischen Hochdruckgürtel in Verbindung stehen, so daß sie zwar eine Ablenkung der Westdrift, aber keine Aufspaltung bewirken.
- c) Zelluläre Lage, keine einheitliche Strömung, Aufgliederung in zahlreiche einzelne, schwach ausgeprägte Zirkulationsräder.

Eine vom gleichen Verfasser durchgeführte Untersuchung über die *Reihenfolge der einzelnen Zirkulationstypen* (1962) innerhalb von 4 Jahren hat zwar das von Willett und von Baur (1951) postulierte einfache Alternieren von Meridional- und Zonalzirkulation nicht voll bestätigt, aber andererseits auch nur teilweise andere eindeutige Folgetypen erkennen lassen. Rex (1950) und Namias (1950) hatten ursprünglich die Auffassung vertreten, daß die beiden Hauptzirkulationsformen in etwa 2–4wöchentlichem Wechsel einander ablösen. Das hat sich jedoch auf die Dauer nicht halten lassen. Die Gesetze der *Rhythmik* sind noch *nicht bekannt.*

Klimatisch ist der Wechsel von großer Bedeutung. Eine *verstärkte zonale Westdrift* ist meist gekoppelt mit einer nördlichen Lage des subtropischen Hochdruck-

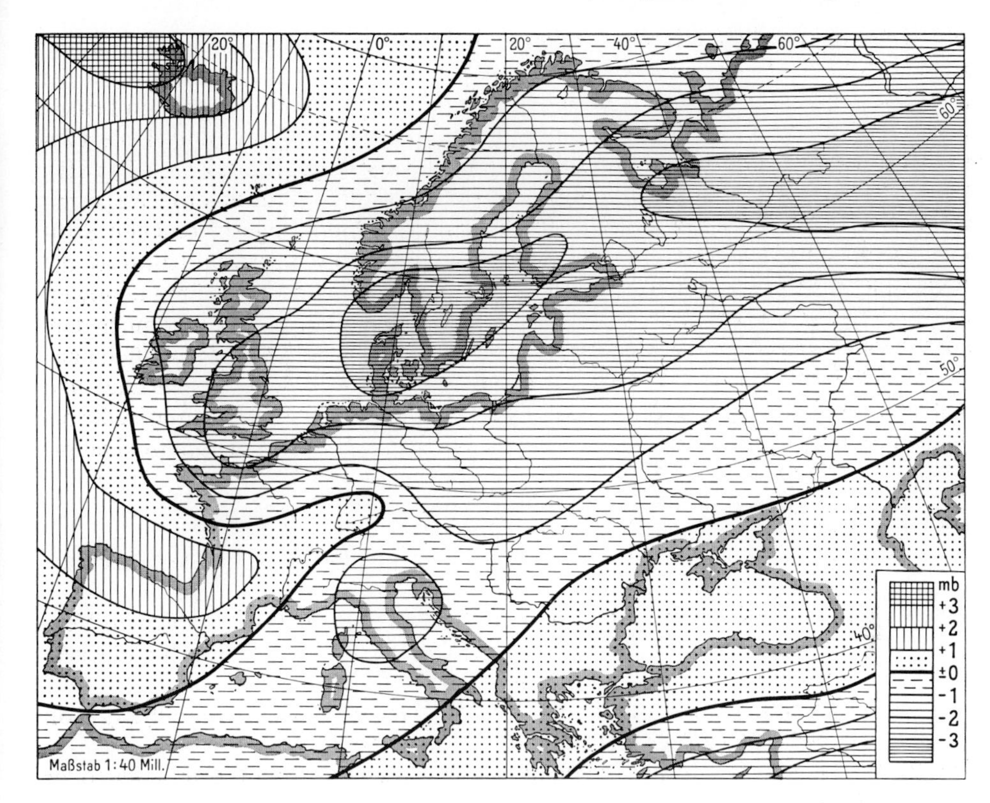

Abb. IV.b) 7. Abweichung des Luftdruckmittels des feuchten Sommers 1956 (VI–VIII) vom Normalwert 1899–1939, reduziert auf NN, in mb. (Nach „Die Großwetterlagen Mitteleuropas", Jg. 1956) Vgl. dazu die Temperatur- und Niederschlagsabweichungen des gleichen Sommers auf Abb. II.f) 31

saumes insgesamt, mit maritimer Wechselhaftigkeit und negativen Luftdruckanomalien (Abb. IV.b) 7) in den anschließenden mittel- und nordeuropäischen Breiten bis weit nach Eurasien hinein, d.h. mit regnerischen kühlen Sommern (Abb. II.f) 31), zumindest nördlich der deutschen Mittelgebirgsschwelle, und milden feuchten Wintern in fast ganz Europa. Die Tendenz zu eigenständigem Klima über den Festländern wird bei zonaler Westdrift räumlich eingeschränkt bzw. abgeschwächt. *Meridionaler Austausch* dagegen führt zu verstärkten, räumlich streifenartig begrenzten Temperaturanomalien (Abb. II.f) 31), die über den Festländern jahreszeitlich akzentuiert werden: Hitzewellen im Sommer (Abb. IV.b) 8), kontinentale Kaltluftproduktion im Winter. Allerdings zeigen die mit nördlicher Windkomponente verbundenen Meridionalstreifen im Sommer, namentlich aber im Frühjahr, negative Wärmeanomalie. Sie gehen einher mit entsprechenden blockierenden Luftdruckanomalien.

Wenn auch die *Mäander der Frontalzone* von W nach E wandern, so geschieht dies doch bei der Meridionalform des Austausches immerhin so langsam, daß sie jeweils etliche Tage die Witterung eines gegebenen Raumes gleichsinnig beeinflussen, ja sogar nahezu stationär werden und dann längere Zeitabschnitte prägen. Dagegen folgen die flacheren Wellen der Zonalzirkulation bedeutend rascher, so daß es auch

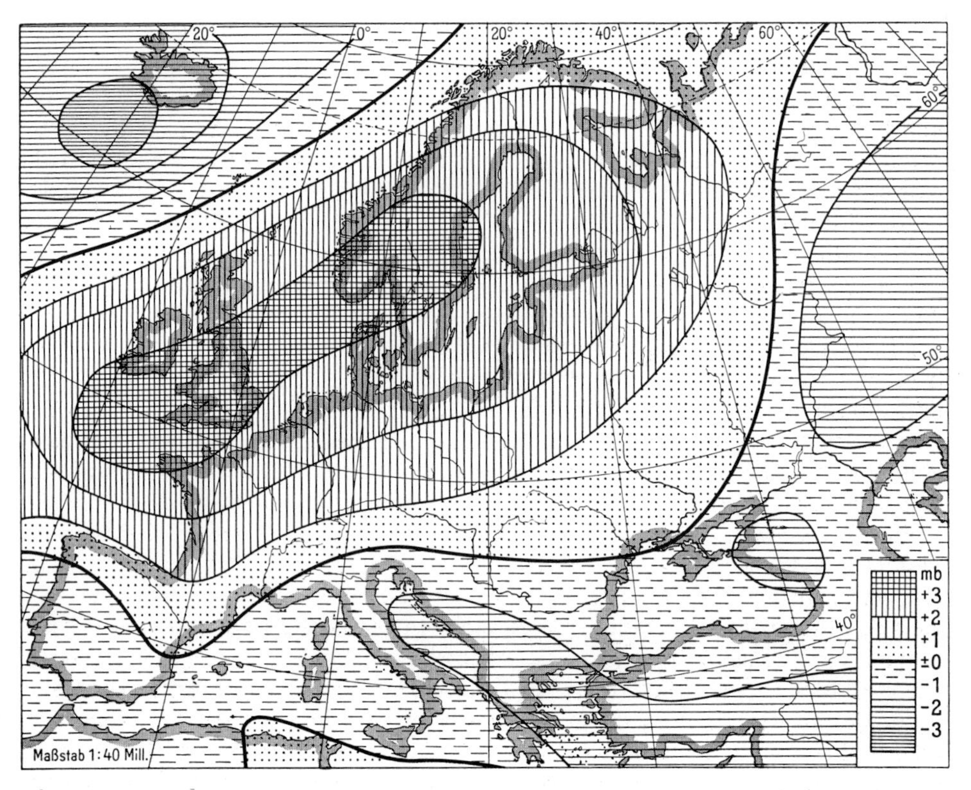

Abb. IV.b)8. Abweichung des Luftdruckmittels des trockenen Sommers 1959 (VI–VIII) vom Normalwert 1899–1939, reduziert auf NN, in mb. (Nach „Die Großwetterlagen Mitteleuropas", Jg. 1959) Vgl. dazu die Temperatur- und Niederschlagsabweichungen des gleichen Sommers auf Abb. II.f)31. Die hohe positive Anomalie von den Britischen Inseln bis Skandinavien wurde verursacht durch langanhaltende, die normale Westdrift blockierende dynamische Hochdruckgebiete in diesem Raum

schon aus diesem Grunde nicht zu einem wirksamen meridionalen Durchstoßen von Warm- oder Kaltluft kommen kann.

Im Hinblick auf den meso-scale-Austausch im Rahmen der Frontalzyklonen ist unter Bezugnahme auf die vereinfachende Darstellung in Kap. IV.a) 3. noch darauf hinzuweisen, daß die Polarfront der unteren Troposphärenschichten nicht immer und überall als geschlossenes Band entwickelt ist, sondern sich oftmals aufspaltet. Man erkennt das an der Entstehung und den Zugbahnen der Zyklonen und es hat dazu geführt, daß man von einzelnen sog. *klimatischen Fronten* spricht (Chromow 1950). Für Europa ist besonders im Winter die vom Atlantik zum Mittelmeer und Schwarzen Meer entwickelte Teilfrontalzone von Bedeutung, während die Hauptfrontalzone dann einen SW-NE-Verlauf am Rande Europas entlang besitzt. Auch im Sommer kommt dergleichen vor, wenn auch ausnahmsweise. Bei der mittelmeerischen Frontalzone müssen nach Queney sogar mehrere Teilfronten unterschieden werden: a) die eigentliche mediterrane Front, die manchmal auch über die Biskaya zum Atlantischen Ozean Verbindung hat und dann atlantisch-mediterran heißt, b) die saharische Front, die über den Atlasländern liegt und zum östlichen Mittelmeer verläuft und hauptsächlich im Winter aktuell ist, c) die Passatfront in NW-Afrika und d) die nur selten für sich ausgebildete aquitanische Front in SW-Frankreich. Diese Frontalzonen sind nicht alle gleichzeitig ausgebildet.

Ziemlich konstant erscheint die winterliche Gabelung der Frontalzone bzw. des mit ihr verknüpften „Jet“ über *Hochasien.* Auch ihre winterliche Lage über Südchina ist wenig schwankend (Chang, 1962). Charakteristisch für *Ostasien* ist das Nordwärtswandern der sommerlichen „monsunalen Frontalzone“. Durch Auszählen der Fronten nach 2°-Feldern konnte Yoshino (1967) die große Variabilität dieser wirtschaftlich so entscheidenden Front verifizieren und das unterschiedliche Verhalten im Vergleich der Jahre 1950–1957 gegenüber 1959–1963 analysieren. Über *Nordamerika* kann man im allgemeinen drei Frontalzonen unterscheiden: Neben der Polarfront an der Nordbegrenzung der maritimen Tropikluft und der Arktikfront an der Südbegrenzung der kontinentalen arktischen Kaltluft noch eine Maritimfront (nach Bryson, 1966 „Pazifikfront“) zwischen der über die Rockies von Westen kommenden Polarluft und einer Luftmasse über den südlichen Golfstaaten, die von Bryson als return polar bezeichnet wird. Im Sommer ist die Arktikfront bis an den Rand des Polarbeckens zurückgedrängt.

Für die Dynamik im Bereich der Westwinddrift ist die großzügige Gliederung der Unterlage in Festländer, Gebirgszonen und Randmeere von mehrfacher Bedeutung. Die gerade in diesen Breiten maximale Ausdehnung der *Kontinentalflächen* modifiziert durch ihre Wirkung, wie schon im vorigen Abschnitt dargelegt wurde, die planetarischen Zirkulationsgürtel. Sie tut das nicht nur beim Monsun, sondern auch bei der Westdrift. Für diese bedeutet es, daß der winterliche hohe Luftdruck über Innerasien, dessen Kerne im einzelnen durchaus verschieden liegen, das Vordringen der atlantischen Tiefdruckstörungen hemmt, die Störungen selbst nur noch sehr abgeschwächt und mit geringer Wetterwirksamkeit in den Kontinent vordringen oder als Okklusionen an die nördliche Peripherie gedrängt werden. Ein bekannter *„Okklusionsfriedhof“,* also ein Gebiet, in welchem die Okklusionsreste nicht mehr vorwärts kommen und aufeinander auflaufen, liegt über den Baltischen Staaten.

Häufig bewirken die südsibirischen Antizyklonen, so weit sie aus einem hochreichenden warmen Höhenkern bestehen, eine winterliche *Aufspaltung der Frontalzone über Eurasien* in einen Ast entlang der Eismeerküste und einen über Zentralsibirien nach China südwärts ausbuchtenden. Ein weiterer Ast reicht vom Mittelmeer her über Turkestan bis nach Pakistan. Im ganzen gesehen ermöglicht die starke Aufgliederung Europas durch Randmeere, die besonders im Winter zyklogenetisch als Energiespender wirken (Ostsee, Mittelmeer, Schwarzes Meer, südlicher Kaspisee), daß der atlantisch-maritime Einfluß über die Zyklonaltätigkeit weit gen Osten vordringen kann.

In *Nordamerika* bewirkt die Festlandsfläche mit den Rocky Mountains im Westen eine, verglichen mit Europa, viel abruptere Abschwächung der Zyklonen, die vom Pazifik her auf den Kontinent auflaufen. Der für den Winter über dem Innern Nordamerikas in Mittelwertskarten eingezeichnete hohe Luftdruck darf jedoch nicht darüber hinwegtäuschen, daß der Witterungsablauf im kontinentalen Nordamerika durch außerordentlich häufigen Durchzug zyklonaler Störungen entlang der Arktikfront gekennzeichnet ist.

Besonders wichtig für die *Modifikation der Westwinddrift* sind die *Hochgebirge,* die sich ihr quer entgegenstellen (N- und S-Amerika) oder die plateauartig in eine Region intensiver Bestrahlung hinaufreichen (Innerasien). Die Sperrwirkung einerseits und die vermehrte Einstrahlungswärme andererseits beeinflussen die Strömungsverhältnisse in der Höhe dergestalt, daß der höhere Luftdruck äquatorwärts davon über den Gebirgen eine Ausbuchtung polwärts erfährt und sich ostwärts davon ein quasistationärer *Höhentrog* anschließt, in dem die zyklonale Tätigkeit weit äquatorwärts ausgreift. Das hatte schon V. Bjerknes 1933 theoretisch gefordert; es wurde in letzter Zeit durch Untersuchungen von Queney (1948), Charney und Eliassen (1949), Bolin (1950) und anderen für das nordamerikanische Felsengebirge nachgewiesen, das einen „anchoring effect" (E.R. Walker, 1961) für die Westwindmäander verursacht. Diese Höhentröge sind, wenigstens im statistischen Mittel, annähernd konstant und im Gegensatz zu den langsam ostwärts wandernden übrigen Trögen der Frontalzone also reliefbedingt und daher auch reliefverankert. Auf der Nordhalbkugel sind nach Flohn (1952) mindestens drei derartige meridionale Luftdruckmulden unterscheidbar: Im östlichen Nordamerika, in Osteuropa und vor Ostasien. Außerdem hat Flohn noch einen Trog über Turkestan mindestens für den Sommer angegeben. Angesichts der winterlichen Tiefzugbahnen im Uralgebiet, die eindeutig von NW nach SE gerichtet sind und angesichts der höheren Schneedecke in Westsibirien läßt sich sogar vermuten, daß dieser Trog auch im Winter relevant ist. Der nordamerikanische und ostasiatische liegen im Winter etwas weiter landwärts als im Sommer. Der osteuropäische ist überhaupt im Winter stärker ausgebildet, und es ist möglich, daß er dann mit dem oben vermuteten winterlichen Turkestantrog identisch ist. Seine orographische Begründung fällt im übrigen schwer, sofern man nicht die Skanden, das einzige europäische Meridionalgebirge nennenswerten Umfanges, hierfür verantwortlich machen kann.

Auf der Südhalbkugel kann allenfalls das in die Westwinddrift hineinragende südliche Drittel der Anden für den schwachen südatlantischen Trog gelten. Gegenüber der Anschauung von der reliefbedingten Verankerung der Westwindtröge, wie sie oben dargestellt wurde, vertritt R. Scherhag (1963) einen etwas abweichenden Standpunkt, indem er stärker den Wärmehaushalt der Meere als entscheidenden Faktor herausstellt (vgl. Kap. IV. a)2.).

Der *Unterschied zwischen der nord- und südhemisphärischen zyklonalen Westwinddrift* besteht im wesentlichen darin, daß im S die zonale Austauschform wesentlich stärker, die meridionale schwächer ausgebildet ist. Die Wirbelintensität ist nach Lamb (1958) selbst im Südsommer noch stärker als die der nördlichen Westdrift im Nordwinter. Im Jahresmittel verhalten sich beide Westwinddriften wie 1,6 : 1. Die südliche reicht auch weiter äquatorwärts als die nördliche, da hier der subtropische Hochdruckgürtel erst in 30,7° S gelegen ist gegen 37,2° N auf der Nordhalbkugel (Scherhag, 1958). In Chile läßt sich der Nordrand der ganzjährigen zyklonalen Westwinddrift mit geländeklimatologischen Mittel ziemlich deutlich bei ungefähr 38° S festlegen (Weischet, 1959). Bemerkenswert ist ein halbjähriges Pendeln der südhemisphärischen Westwinddrift nach Lage und Intensität: Südlichste Lage verbunden mit tieferem Druck in 66° bzw. $67^1/_2$ °S während der Übergangsjahreszeiten, nördlichste bei weniger tiefem Druck in 64 °S im Sommer und Winter (Burdecki, 1970). Abgesehen von den größeren mittleren zonalen Windgeschwindigkeiten [s. Kap. VIII. 1.] ist ökologisch besonders folgenreich die Tatsache, daß beiderseits 50° die höchsten mittleren Windgeschwindigkeiten in Bodennähe nach Jenne et al. (1968) mit etwas mehr als 10 m/s bemerkenswerterweise im Hoch- und Spätsommer auftreten und nicht wie auf der Nordhalbkugel im Herbst. Im Vergleich dazu beträgt das Breitenkreismittel des geostrophischen Windes in der gleichen Breite auf der Nordhalbkugel nach einer Darstellung van Loons (1974) im Juli ungefähr 2 m/s, also nur den fünften Teil. Und auch im Winter bleibt der entsprechende Wert unter 3 m/s.

Fragt man nach den Ursachen der vielfach stärkeren Westwinddrift und dem Windgeschwindigkeitsmaximum im Sommer, so ist die Tatsache, daß es sich um eine Wasserhalbkugel handelt, nur von sekundärer Bedeutung (Verminderung der Reibung). Entscheidender *Grund ist die Existenz des antarktischen Eiskontinents.* Im Vergleich zu den Meereisdecken über dem Nordpolarbecken wirkt nämlich die bis fast 4000 m hoch aufragende Eiskappe der Antarktis wegen der hohen Albedo des Firneises, der extremen Wasserdampfarmut der Luft und des fehlenden Wärmenachschubs von unten her das ganze Jahr über als exzessive Kältesenke. Die thermische Konsequenz für die Gesamthemisphäre läßt sich aus Meridionalschnitten der mittleren Temperaturverteilung über den beiden Halbkugeln entnehmen (Burdecki, 1955; Weischet, 1968). In den unteren Schichten der Troposphäre ist die südhemisphärische Polarzone (70–90°) um 12–13 °C, der Ausschnitt der Mittelbreiten zwischen 40 und 50° noch um 7–9 °C kälter. Das thermische Defizit schwächt sich also mit abnehmender Breite etwas ab. Trotzdem bleibt der Temperaturunterschied zwischen der Kalotte polarer Kaltluft (70–80°) und der äquatorwärts anschließenden Westwindzone (40–50°) auf der Südhalbkugel bis 700 mb um 4–5° größer als auf der Nordhemisphäre. Da dafür bei Annahme einer Wasserhalbkugel kein geophysikalischer Grund vorhanden wäre, kann das größere Temperaturgefälle nur die Auswirkung des ungünstigeren Wärmehaushaltes des antarktischen Eisschildes sein. Aus dem Temperatur- folgt das Druckgefälle und daraus wieder die hohe Windgeschwindigkeit. (Einzelheiten über die ökologischen Charakteristika und ihre Gründe s. Weischet, 1978).

Es fehlen auf der *Südhemisphäre* auch quasipermanente Tiefdrucktröge und Hochdruckkeile wie auf der Nordhemisphäre, abgesehen vielleicht von anscheinend regelmäßigen winterlichen Zyklonalzentren über dem Weddell- und dem Roßmeer. Vielmehr wandern die Zyklonen ohne besondere intensitätsmäßige Bevorzugung bestimmter Gebiete rings um die Südhalbkugel. Dieses Wandern vollzieht sich entlang von zwei den nordhemisphärischen analogen Frontalzonen, der südpolaren in 30 bis 50° S, aufgeteilt in NW-SE verlaufende Teilstücke für jeden der drei Südozeansektoren, und die am Rande der Antarktis (60–70° S), ebenfalls vermutlich in Segmenten ausgebildete antarktische Frontalzone, die vor allem im Südwinter ausgeprägt zu sein scheint. Der in Abb. IV.b) 9 wiedergegebene Wetterkartenausschnitt des atlantischen Sektors der Antarktis zwischen 70° W und 70° E ist ein sprechendes Beispiel hierfür.

Was die *Polarzirkulation* im Bereich der beiden Polarkappen betrifft, so wird sie durch ein seichtes variables und nur *bodennahes Kältehoch* mit häufigen zyklonalen Unterbrechungen gekennzeichnet, zumindest auf der Nordhalbkugel, die zunächst betrachtet sei. Es ist im Winter bedingt durch die herrschende nächtliche Ausstrahlung, die durch die Advektion wärmerer und feuchter Luft aus der gemäßigten Zone nur unwesentlich gemildert wird. Selbst im Sommer ist trotz der Lichtfülle die Wärmebilanz negativ, weil von den schräg einfallenden Strahlen ein großer Teil auf dem langen Weg durch die Atmosphäre absorbiert oder gestreut und von dem ankom-

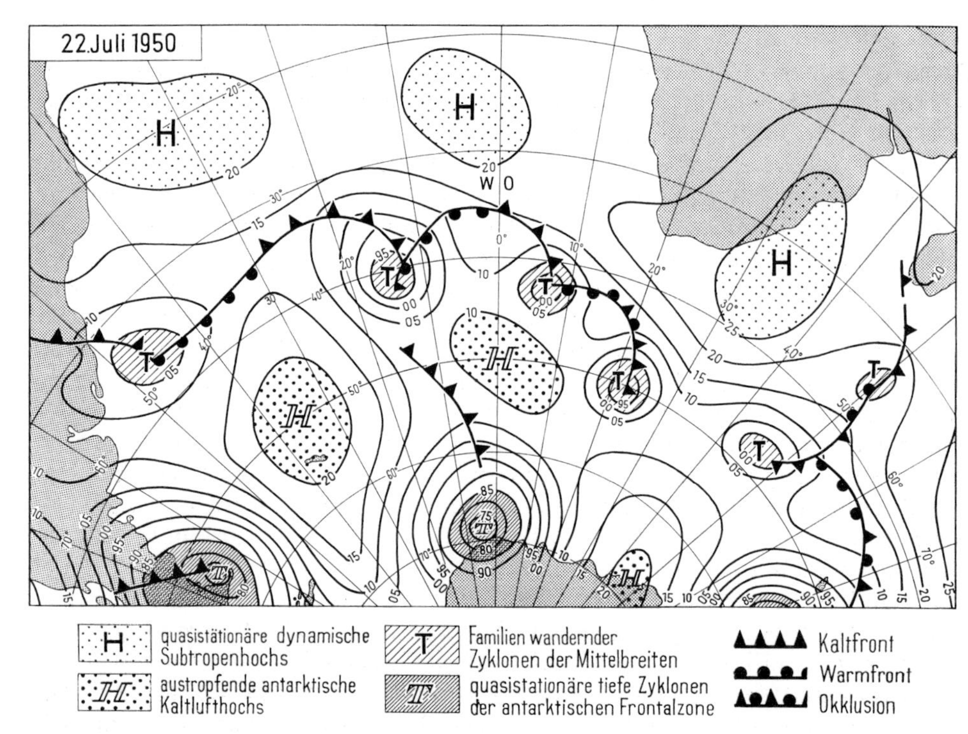

Abb. IV.b)9. Druckgebilde und Fronten über dem atlantischen Sektor der Subantarktis am 22. VII. 1950. (Nach M.J. Rubin u. H. van Loon, 1954)
Südlich des durch drei dynamische Hochdruckzellen vertretenen südhemisphärischen subtropischen Hochdruckgürtels folgt zunächst die durch rasch wandernde Zyklonenfamilien gekennzeichnete Frontalzone der mittleren Breiten. Entlang dem Rande von Antarktien folgen kräftigere, vielfach quasistationäre, durch Zwischenhochs getrennte Tiefdruckwirbel der antarktischen Frontalzone

menden Rest der größte Teil an Schnee und Eis reflektiert wird. Was dann noch verbleibt und zur Erwärmung dienen kann, wird für Schmelzvorgänge aufgebraucht, so daß zur eigentlichen autochthonen Lufterwärmung nichts übrigbleibt. Der aus diesen Abkühlungsprozessen resultierende sommerliche Nebelreichtum tut ein übriges, um den Strahlungsgenuß zu verringern. Im Endeffekt herrscht also jahraus jahrein, wenn auch im Sommer über einem gegenüber dem Spätwinter beträchtlich geschrumpften Eisareal, Abkühlungstendenz vor, die sich den untersten Luftschichten im Sinne antizyklonaler Stabilisierung mitteilt. Da jedoch der Luftdruck in kalter Luft rasch mit der Höhe abnimmt, erreichen wir in etwa 2 km Höhe bereits den *zirkumpolaren Tiefdruckwirbel.* Sein Kern ist im Bereich extrem kalter Höhenluft, zugleich als einer der *beiden ganzjährigen Kältepole* der Erdatmosphäre – der andere liegt über Ostantarktien –, im Umkreis von Baffinland zu suchen. Auch über Jakutien lagert oft sehr kalte Höhenluft, die der Zirkulation des polaren Höhentiefs zugehört. Dieses Kältereservoir mit seinen Kaltluftausbrüchen in die Westwinddrift hinein ist für deren Dynamik entscheidend wichtig, während der winterliche Bodenkaltluftpol von Oimjakon in NE-Sibirien, obwohl er mit seinen Extremen nahe an den vorgenannten heranreicht, eine dynamisch völlig belanglose Lokalerscheinung küstenferner, ungestört ruhender orographischer Muldenkälteseen darstellt. Allerdings schwankt die Lage des atmosphärischen Kältepols häufig innerhalb des Polarbeckens. Er kann durchaus auch vorübergehend einmal nahe Nordsibirien zu liegen kommen, ja in gewissen Typen von strengen Wintern wie 1939/40 oder 1946/47 mit Ausläufern sogar in bedenkliche Nähe Nordeuropas rücken.

Das für das Polarklima dynamisch beherrschende ist also nicht das variable Bodenhoch, sondern das kalte Höhentief (Abb. II.g) 1 u. 2), dessen Schwankungen das erstgenannte völlig unterworfen ist. Für das Höhentief sind daher auch zirkumpolare Westwinde typisch, die aber wegen des geringeren Luftdruckgefälles nicht so stark sind wie in der Hauptfrontalzone und weit seltener mit Frontalstörungen am Boden verbunden sind. Diese Polarzyklone besitzt daher keineswegs jene Schlechtwettereigenschaften, wie wir sie in unseren Breiten im Wirkungsbereich der Polarfront oder der subpolaren Tiefdruckrinne anzutreffen gewohnt sind, eine Tatsache, die für die Durchführung der transpolaren Flugroute von Skandinavien nach Kalifornien und für die arktische Fliegerei überhaupt von großer Bedeutung geworden ist. Gleichwohl dringen Wolken und Niederschläge, zumal angesichts der geringen Feuchtekapazität kalter Bodenluft, weit bis ins polare Kerngebiet vor – die sowjetische driftende Nordpolstation Papanins hat im Juni 1937 in Polnähe sogar strömenden Regen erlebt –, absolut gesehen handelt es sich aber nur um geringe Gesamtmengen. Immerhin reichen sie zur Ernährung des grönländischen Inlandeises aus, dessen Randgletscher sogar, selbst im N noch, maximale Fließgeschwindigkeiten haben. Auf keinen Fall aber existiert über dem grönländischen Inlandeise, wie schon die Beobachtungen der Wegenerschen Expedition in der Station Eismitte bestätigt haben (J. Georgi, 1939; W. Kopp u. R. Holzapfel, 1939) und von der nach dem zweiten Kriege dort ebenfalls tätigen französischen Expedition unter P. É. Victor bekräftigt wurde, eine permanente glaziale Antizyklone, wie sie hartnäckig von W. Hobbs (1926, 1945) postuliert wurde. Vielmehr lösen einander zyklonale Advektionsphasen und ruhige, zur Ausbildung einer bodennahen Inversion führende Zwischenperioden ab im zeitlichen Verhältnis von 40–45 zu 60–55%, wie von amerikanischer Seite festgestellt wurde (D. H. Miller, 1956).

Daß die antizyklonal modifizierten, häufig nordöstlichen Bodenwinde des Polargebietes im Frühjahr bis Frühsommer über den Kontinenten am weitesten in die Westwinddrift vorstoßen, nämlich nach Nordkanada, Nordeuropa und Nordsibirien, hat zwei Ursachen. Einmal erreicht die Kaltluftproduktion des Polargebietes aus Gründen des Strahlungshaushaltes erst vor bzw. kurz nach dem Wiedererscheinen der Sonne im März/April ihre größte Ausdehnung, und zum andern vermag sich die Westwinddrift mit ihren zyklonalen Störungen erst nach dem Wegfall der winterlichen kontinentalen Hochdruckzellen über Kanada bzw. Innerasien und mit der beginnenden Auflockerung der Atmosphäre über dem Kontinentinneren weiter südwärts auszubreiten.

Die antarktische Zirkulation. Die Zirkulationsverhältnisse über dem antarktischen Eiskontinent sind nach der Einrichtung eines von mehreren Nationen getragenen Netzes permanenter Beobachtungsstationen im ersten internationalen geophysikalischen Jahr 1957/58 in der Zwischenzeit relativ gut geklärt worden. Über das Klima der Antarktis liegt eine sehr klare und inhaltsreiche zusammenfassende Darstellung von Schwerdtfeger (1970) vor und Chang (1972) hat im Rahmen seines Werkes speziell die atmosphärische Zirkulation über der Antarktis relativ ausführlich behandelt. In einer Klimageographie muß man sich mit denjenigen Gesichtspunkten begnügen, die im Hinblick auf die Fernwirkung der an sich menschenleeren und -feindlichen Region wichtig sind. Dazu gehören vor allem die Wirkung als extrem effektiver Kaltluftlieferant sowie der Problemkreis, der mit dem Massenhaushalt des antarktischen Eisschildes zu tun hat [vgl. dazu die Bedeutung von Klimaschwankungen für die Wasserverteilung auf der Erde in Kap. VII.a) 2].

Mather and Miller (1957) haben eine Karte der *mittleren Windverteilung nahe der Oberfläche* des antarktischen Kontinentes entworfen (wiedergegeben bei Schwerdtfeger, 1970, und Chang, 1972). Danach ist in Übereinstimmung mit den Beobachtungen an Stationen und auf Expeditionen eine klare Abhängigkeit von den großräumigen Gefällsverhältnissen der Eisoberfläche derart gegeben, daß die Luft ungefähr mit einem Ablenkungswinkel von 45° nach links von der Gefällslinie quer zu den Isohypsen abwärts fließt. In Bodennähe herrschen also *katabatische Winde* [s. Kap. II.h) 5.], die in einer schmalen Ostwindzone rings um den Rand des Kontinentes einmünden. Von dort wird die Kaltluft in einer Vielzahl von Austauschwirbeln in die zyklonale Westwinddrift eingefüttert. Der *Effekt des ganzjährigen Kaltluftausflusses* aus der extremen Kältesenke macht sich in der ganzen südhemisphärischen Troposphäre darin bemerkbar, daß – besonders im Sommer – die Temperaturen um einige Grade niedriger liegen als in den entsprechenden Breiten der Nordhalbkugel und daß vor allen Dingen die Zyklogenese und die mittleren Windgeschwindigkeiten erheblich größer sind, was weitgehende Auswirkungen auf die Natur- und Kulturlandschaft hat (Weischet, 1968, 1977). Für die Polarkappe selbst ergibt sich nach Flohn (1967) für die Luftschicht von 680 mb bis 100 mb gegenüber der gleichen Schicht über dem zentralen Nordpolarmeer ein um 12,0° tieferes Jahresmittel der Temperatur.

Der permanente zentrifugale Ausfluß in der oberflächennahen Schicht muß durch eine *Absinkbewegung der Luftmassen über dem Kontinent* kompensiert werden. Man kann dafür ein entsprechendes flaches Polarhoch postulieren. Durch Beobachtungen zu belegen ist aber lediglich die Tatsache, daß von der subpolaren Tiefdruckrinne außerhalb der Antarktis zum Rand des Kontinentes hin der Luftdruck ganzjährig etwas ansteigt (Luftdruckkarten von Taljaard et al., 1969). Die zentrale Antarktis liegt mit einer mittleren Höhe von über 2500 m so hoch, daß ein Luftdruckvergleich mit auf NN reduzierten Werten unmöglich ist. Erst für die freie A. im *500 mb-Niveau* ist wieder eine Aussage möglich und da zeigen die von Schwerdtfeger (1967) entworfenen mittleren absoluten Topographien bereits eine *gut ausgebildete Polarzyklone* im Sommer wie im Winter. Die Absinkbewegung muß sich also in dem Luftvolumen zwischen der Eiskuppe und höchstens 5 km Höhe vollziehen. Im 500 mb-Niveau und darüber wirkt die Polarzyklone divergenten Luftströmungen entgegen. Weitergehende Folgerungen über die Zirkulation in der Höhe zieht Schwerdtfeger (1970) aus der bemerkenswerten *Asymmetrie der Höhenzyklone.* Ihr Kern stimmt lagemäßig nämlich nicht überein mit dem Gebiet der tiefsten Temperaturen in der bodennahen Luftschicht. Vielmehr ist er deutlich über die Westantarktis verschoben. Nachgeprüft durch die Analyse von konkreten aerologischen Einzelmessungen ziehen Kutzbach and Schwerdtfeger (1967) aus der mittleren Höhendruckverteilung die Folgerung, daß sich das Einströmen von relativ warmer und relativ kalter Luft in der Höhe über der Antarktis asymmetrisch vollzieht. *Über der W-Antarktis trifft in der Höhe häufiger relativ warme und feuchte Luft* aus NW-licher Richtung ein, die mit vertikalen Aufwärtsbewegungen verbunden ist und sich dabei abkühlt (vgl. auch Abb. IV.b) 10). Über und östlich der Weddellsee beginnt sie abzusinken, erwärmt sich erst dynamisch etwas und wird schließlich in der bodennahen Luftschicht bei der dort herrschenden extrem negativen Strahlungsbilanz wieder zur trockenen kalten Arktikluft.

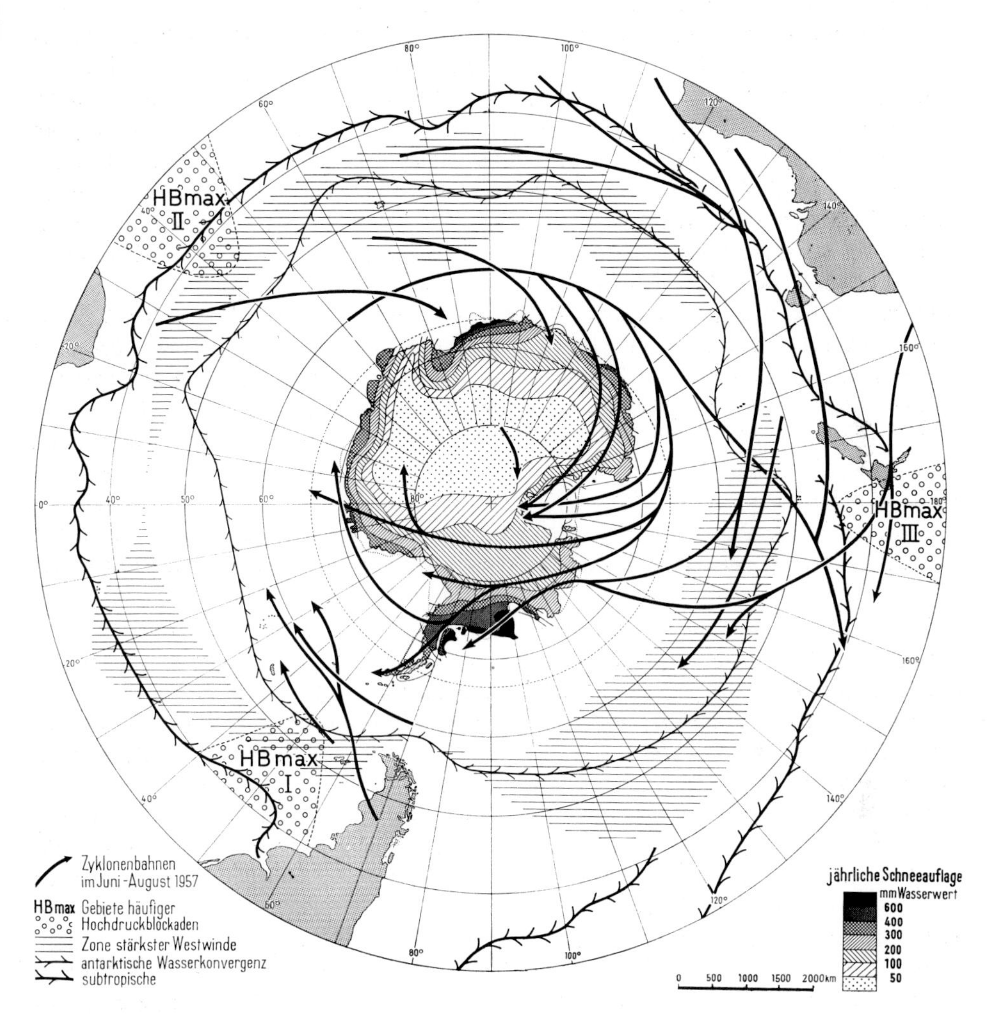

Abb. IV.b) 10. Die antarktische Zirkulation (nach versch. Quellen)
Die aus einigen neueren Unterlagen kombinierte Darstellung zeigt, daß die zirkumantarktische Zirkulation nicht so gleichförmig ist, wie man bisher auf Grund nur weniger Daten extrapoliert hatte. Die Ergebnisse des Internationalen Geophysikalischen Jahres 1957/58 und der folgenden Beobachtungsjahre haben u. a. gezeigt, daß die subpolare Westwinddrift ihrer Intensität nach in drei Teilregionen zerfällt, die in den Ozeansektoren der Polarkappe liegen. Die Zugbahnen der Zyklonen, hier als repräsentatives Beispiel für den Zeitraum VI–VIII 1957 wiedergegeben, zeigen die charakteristische Konvergenz zum zentralpolaren Höhentief hin und lassen erkennen, daß auch Querungen des antarktischen Kontinents vorkommen. Schließlich ist der zyklonal bedingte, im wesentlichen periphere Maxima aufweisende Schneezuwachs stärker regional differenziert als früher angenommen wurde. Ostantarktien ist dabei im Inneren am trockensten, was mit der Lage des Kältepols übereinstimmt

Die erwähnte relativ warme und feuchte Luft ist die im Rahmen der zyklonalen Wirbel der subantarktischen Westdrift vom Boden an Aufgleitflächen in die Höhe verfrachtete, inzwischen weitgehend umgewandelte Warmluft der niederen Breiten [s. Kap. IV.a) 3.]. So muß man als Konsequenz also annehmen, daß die *Ernährung des antarktischen Eisschildes* in der Hauptsache an den Rändern und im Innern vor allem auf dem Wege über die W-Antarktis geschieht. Über der *O-Antarktis* herrscht noch *häufiger wolkenarmes Strahlungswetter* mit extremem Wärmeverlust in der bodennahen Luftschicht als über der W-Antarktis. Immerhin wird auch das innerantarktische Plateau gelegentlich von Zyklonen berührt, worauf z. B. Astapenko (1964) und Streten (1968) hinweisen.

Meinardus (1938) errechnete aus dem Gletscherhaushalt eine *Niederschlagsmenge* von 70 mm für ganz Antarktien als ausreichend, davon nur 20 mm am Südpol, wovon jeweils etwa die knappe Hälfte noch durch Verdunstung verloren geht. Nach neueren Forschungen muß allerdings auch dem Südpolplateau ein höherer *Jahresfirnzuwachs* zugebilligt werden, wie die von Rubin (1964) publizierte Karte zeigt, die auch in Abb. IV.b) 10 verwertet wurde. Nach Untersuchungen von sowjetischen und polnischen Forschern in der Ostantarktis (Ròżycki 1963) fallen im Bereich der Ostantarktis 40% des Schnees in der nur 10% Flächenanteil einnehmenden 100 km breiten Randzone, 35% in der nächsten 500 km breiten Zone (= 40% der Fläche) und 25% im Zentrum (mit 1600 km Radius = 50% der Fläche). Am Pol der Unzugänglichkeit (80° 30′ S 56° 30′ E) ist für 1958 eine Niederschlagsmenge von 25 bis 30 mm festgestellt worden (Dybvadskog, 1964). Aus diesen Niederschlagsverhältnissen ergeben sich verschiedene Umsatzzahlen für die genannten Zonen; die *Eisbewegung* erreicht danach in der Randzone 10–130 m/Jahr, was einem Umsatz der Eismasse innerhalb von etwa 2000 Jahren gleichkäme. In der nächsten Zone ist die Bewegung viel langsamer und der Umsatz erst innerhalb von 40000 Jahren zu erwarten. Vollends im Zentrum würden mehrere 100000 Jahre zur Erneuerung der Eisdecke notwendig sein.

V. Allgemeine Klimatypen

Das *Zusammenwirken mehrerer Klimaelemente* in Abhängigkeit von den groß- und kleinmaßstäbigen Faktoren wie Lage, Relief, Bodenbedeckung, Verteilung von Land und Meer ergibt eine Reihe von allgemeinen Klimatypen, die auf der Erde als Abstraktion von der individuellen örtlichen Ausprägung vielfach wiederkehren und daher noch vor der globalen Betrachtung der regionalen Klimate behandelt werden müssen. Auch die Frage der Reichweite bzw. Detaillierung dieser Typen muß dabei berücksichtigt werden, ist man doch gezwungen, je nach der Größe des Raumes, dessen Klimaeigenschaften man erkennen will, verschieden stark zu generalisieren [vgl. Kap. I.a)]. Die Art des Vorgehens spielt dabei insofern eine wesentliche Rolle, als synoptisch-klimatologische Gesichtspunkte eine relativ großräumige Betrachtung erfordern, während instrumentell zu ermittelnde Klimadifferenzierungen einen um so engeren Bereich umfassen, je größer der notwendige Aufwand an Geräten für dieses analytische Verfahren ist. Deshalb müssen sich weltweit vergleichende Untersuchungen auf wenige Elemente beschränken, meist Temperatur, Niederschlag und Luftdruck, während man die feinere Struktur, beispielweise des Klimas in einem Waldbestand, nur mit Hilfe eines umfangreichen Sonderbeobachtungsnetzes nach ganz spezifischen ad hoc aufgestellten Beobachtungsrichtlinien aufhellen kann.

Die nachfolgend zu behandelnden allgemeinen Klimatypen werden entweder durch das *Zusammenwirken* einer beschränkten Zahl *von Klimaelementen* – z. B. die Frage der Aridität bzw. Humidität vom Niederschlag einerseits und der Verdunstung bzw. ihren physikalischen Bestimmungsgrößen andererseits – oder von einem *beherrschenden geographischen Klimafaktor* charakterisiert, wie Maritimität bzw. Kontinentalität oder auch Stadtklima z. B. Obwohl die Begrenzung der Zahl der Elemente oder Faktoren eine schärfere Fassung dieser Typen erwarten ließe und obwohl Versuche zu einer exakten formelmäßigen Definition in einigen Fällen auch unternommen wurden, muß aber festgehalten werden, daß die Begriffe doch noch so komplex sind, daß man sich mit mehr oder weniger qualitativen Angaben begnügen muß. Aus diesem Grunde ganz auf sie zu verzichten, ist aber für einen Geographen nicht vertretbar, da sie in der geographischen Klimatologie eine so beherrschende Rolle spielen und mit ihnen ständig operiert wird. Die Zahl der im Folgenden behandelten allgemeinen Klimatypen kann vermehrt werden, wenn andere Faktoren herangezogen werden. Die ausgewählten dürften jedoch für eine geographische Behandlung des Klimas die wichtigsten sein. Der Rahmen des Buches zwingt ferner zu einer Beschränkung bei der Erläuterung der einzelnen Typen.

a) Maritimität und Kontinentalität

Unter den von den großräumigen tellurischen Differenzierungen abhängigen Klimadifferenzierungen dürfte der Gegensatz zwischen maritimem und kontinentalem

Klima (Merz, 1913) von gleich hervorragender Bedeutung sein wie die Höhenabstufung des Klimas in den Gebirgen der Erde. Der *Gegensatz zwischen Meer und Festland wirkt sich in grundlegender Form bei den meisten Klimaelementen aus,* sei es direkt oder indirekt. Durch das Ineinandergreifen von Kontinenten und Ozeanen und die Abstufung nach Küstenferne bzw. Meernähe entsteht, unterstützt von der vertikalen Gebirgsgliederung der Erdoberfläche, ein sehr differenziertes Bild, das in manchen Gebieten die planetarischen Gürtel der allgemeinen Zirkulation stark modifiziert. Das letztere ist vor allem im Monsunbereich der Fall mit seiner charakteristischen jahreszeitlichen Umkehr des im Sommer weit landeinwärts reichenden Meeres- und im Winter seewärts vordringenden Kontinentaleinflusses. Nachfolgend seien zunächst die Auswirkung von Land und Meer auf die einzelnen Klimaelemente besprochen, bevor das sich daraus ergebende räumliche und komplexe Gesamtbild erläutert wird. Soweit nicht anders vermerkt, gelten die Ausführungen in erster Linie für außertropische Bedingungen.

Primäre Grundlage für den in den Bezeichnungen Maritimität und Kontinentalität zum Ausdruck kommenden Klimaunterschied ist das gegensätzliche Reagieren von Wasser und Land auf den Strahlungshaushalt. Das äußert sich zunächst in den daraus folgenden thermischen Bedingungen. Wasser hat eine höhere spezifische Wärme als Land, und die ins Wasser gelangende Wärmemenge wird sofort durch Konvektionsströmungen im Rahmen der Wasserturbulenz über eine größere Masse verteilt. Außerdem nimmt an der Einstrahlung von vornherein eine mächtigere Schicht des Wassers teil als auf dem Lande, wo es lediglich die unmittelbare Landoberfläche ist, die die Strahlung empfängt und dann durch Leitung oder Austauschvorgänge weitergibt. Sie reagiert unterschiedlich je nach Gesteinsart, Farbe, Struktur und mechanischer Aufbereitung, Feuchtegehalt usw., während diese Unterschiede beim Wasser wegfallen. So erwärmt sich im Endeffekt die Wasseroberfläche selbst viel langsamer als das Land, das sich mittags bzw. im Sommer stark zu erhitzen vermag, aber dafür nachts bzw. im Winter kräftig abkühlt. In den mittleren Breiten um 40° halten sich beide Wirkungen im Tages- und Jahresgang ungefähr die Waage; äquatorwärts davon überwiegt über dem Festlande der Wärmegewinn, polwärts der ausstrahlungsbedingte Wärmeverlust, zusätzlich jedoch modifiziert durch die von der allgemeinen Zirkulation abhängigen Bewölkungs- oder Aufheiterungsgürtel. Die geographische Breite differenziert also auf jeden Fall die Kontinentalität sehr nachhaltig.

Die größere Speicherfähigkeit des Wassers für Wärmeenergie bewirkt, daß hier zwar keine hohen oder tiefen Extremtemperaturen erzielt werden können, daß aber ein Vorrat an Wärme existiert, der nur träge reagiert, d.h. bei Abkühlung nur langsam an die Luft abgegeben wird und sich bei Einstrahlung an der Oberfläche nur zögernd erhöht. Die Folge davon ist, daß *maritimes Klima* – am besten nachweisbar auf küstenfernen Inseln, in Deutschland z.B. bei Helgoland – einen sehr *ausgeglichenen Temperaturgang mit typisch verzögerten Extremwerten* im Tages- wie im Jahresgang aufweist. Februar/März pflegen im atlantischen Bereich erst das Minimum und der August das Maximum zu bringen. Wo kühle Meeresströmungen vorherrschen, kann sogar erst der September der relativ wärmste Monat werden, wie z.B. an der Küste Kaliforniens, Südportugals oder bei den Kapverden. Demgegenüber folgt im Kontinentalklima die Temperatur dem Sonnenstande rascher und steiler. Hier pflegen der Juli der wärmste und der Januar der kälteste Monat zu sein. Die in diesem halbjährigen Unterschied manifestierte Jahresamplitude der Monatmitteltemperatur läßt sich also direkt als Maß der Kontinentalität verwenden. Januar und Juli stehen einander im übrigen nicht ganz gleichwertig gegenüber, d. h. der Juli tritt bedeutend ozeannäher als Maximalmonat in Erscheinung als der Januar als Minimalmonat, was mit dem abweichenden Verhalten anderer Elemente und der synoptischen Vorgänge zusammenhängt.

Auch am Tage wird der Höchstwert bereits in den frühesten Nachmittagsstunden erreicht, während an der See dieses Tagesmaximum etwas später am Nachmittag eintritt, immer natürlich unter der Voraussetzung advektiv ungestörter Witterungsgestaltung. Bezüglich des täglichen Minimums sind allerdings die Unterschiede gering, da sich dieses unabhängig von der nächtlichen Tiefe des Sonnenstandes unter dem Horizont allemal erst vor Sonnenaufgang einstellen kann, wo es auch sei. Hier ist es dann lediglich das Ausmaß des nächtlichen Absinkens, welches unterschiedlich ausfällt. Am günstigsten lassen sich diese Unterschiede des Verhaltens von Land und Meer in thermischer Hinsicht an ruhigen Strahlungstagen feststellen.

Durch den *Feuchtigkeitsgehalt* werden diese einfachen Gesetzmäßigkeiten jedoch modifiziert. Über den Meeren herrscht infolge der optimalen Verdunstungsmöglichkeit – Maximum im Herbst/Winter, Minimum im Sommer nach F. Albrecht, 1940 – hohe absolute und relative Feuchtigkeit, weshalb maritime Luft einen vorzüglichen Wärmeschutzfilter gegen die Ausstrahlung bildet [vgl. Kap. II.b) 6.]. Diese hohe relative Feuchte ist vor allem eine Folge der nur langsamen Erwärmung der Luft, so daß die bei der jeweiligen Temperatur gegebene Feuchtekapazität angesichts der relativ großen Verdunstung über der Wasserfläche meist ausgenutzt ist und demzufolge Kondensation schon bei geringen Abkühlungen eintritt. Wenn noch kühle Meeresströmungen und Auftriebswässer (Benguela-, Peru-, Kalifornien-, Kanarenstrom der Roßbreiten, Labradorstrom und Oyaschio der Mittelbreiten) als Unterlage hinzukommen, dann ist für die darüber hinstreichende wärmere Luft Nebelreichtum die Folge, selbst dann, wenn die Wärme dem stabilisierenden dynamischen Effekt des Absinkens unter hohem Luftdruck zu verdanken ist wie in den subtropischen Nebelgebieten.

Maritime Klimate sind daher außerhalb der Roßbreiten *wolken- und niederschlagsreich,* besonders wenn orographischer Stau hinzukommt und die Winde im Durchschnitt auflandig sind. Allerdings ist es außerhalb des Gebirgsstaus mehr die hohe Zahl der Regentage, d.h. die Häufigkeit der Niederschläge, nicht deren Ergiebigkeit, die das Meeresklima kennzeichnet. So haben Jever in Oldenburg und Münster (W.) 197 Regentage im Jahr, Höchstädt a.d. Donau und Wohlau in Schlesien dagegen nur 148. Die absoluten Regenmengen sind sogar bei flachen Inseln und vorspringenden niedrigen Landzungen, die keinen orographischen Stau hervorrufen, erstaunlich gering (Blåvandshuk in SW-Jütland nur 504 mm gegen 745 mm in dem nur 15 km nordostwärts gelegenen Ål). Erst im unmittelbaren Küstenhinterland macht sich bei auflandigen Winden ein zunächst reibungsbedingter Luftmassenstau mit entsprechender Vermehrung der Niederschläge bemerkbar. Ausnahmen treten dort auf, wo absteigende antizyklonale Luftbewegung der Kondensation entgegenwirkt, wie z. B. über den Meeren der Roßbreiten, sofern nicht niedrige Wassertemperaturen überkompensierend wirken und Nebel hervorrufen.

Das Festland hat zwar infolge der Verdunstung aus dem Boden oder der Transpiration der Vegetation ausgiebige Feuchtequellen, jedoch werden in unserem Klima hohe Werte der relativen Feuchte im allgemeinen nur bei starker winterlicher oder nächtlicher Abkühlung erreicht. Sie sind im Winter auch mit geringeren absoluten Wasserdampfmengen verbunden. Bodennebel sind daher im Inneren von Kontinenten zu den genannten Zeiten keine Seltenheit. Tagsüber verringert sich die relative Feuchte mit steigender Temperatur rasch. Die mit der Erwärmung verknüpfte Auflockerung führt allerdings über den Festländern zu kräftiger Haufenwolkenbildung, die bis zum Cumulonimbusstadium mit Schauern oder Gewittern – die über erhitzten Festländern häufiger sind als über dem Meere – fortschreiten kann. Deshalb ist auch im Kontinentalbereich, soweit nicht planetarisch bedingte Modifikationen hinzukommen, der Sommer am regenergiebigsten, wenn auch die Menge auf weniger Tage verteilt ist als im Winter. Als Beispiel sei Moskau angeführt, das folgenden Jahresgang der Niederschlagsmenge und der Niederschlagstage aufweist (Tab. V.a) 1.):

Tab. V.a) 1. Niederschlagsmenge und Niederschlagstage von Moskau

I	II	III	IV	V	VI	VII	VIII	IX	X	XI	XII	Jahr
28	26	27	37	50	54	**72**	**68**	57	36	41	39	535 mm
16,9	13,5	13,2	12,9	14,3	12,7	13,5	13,9	13,5	12,1	15,6	**17,9**	170 Tage

Das wirkt sich hinsichtlich der *Bewölkung* dahin aus, daß Cumuluswolken über den Festländern die für den Sommer charakteristische Wolkenform bilden, und zwar die durch thermische Konvektion hervorgerufenen Arten. Im Winter dagegen herrscht vor allem in den extrem wasserdampfarmen zentralen Teilen der Kontinente heiteres Wetter vor, was Köppen veranlaßte, für Transbaikalien einen eigenen winterlich wolkenarmen Klimatyp auszuscheiden. In anderen Gebieten, wie vor allem in dem von der Fernwirkung des Atlantik beeinflußten Osteuropa, sind niedrige stratiforme Wolkendecken, meist aus Nebelfeldern hervorgegangen, charakteristisch (Knoch, 1923, 1926; Koch, 1971). Diese verhindern die Einstrahlung, verlangsamen aber auch die Abkühlung. Für den kontinentalen Tagesgang der Bewölkung gilt: Über dem Lande tagsüber Bildung oder Verstärkung von Haufenwolken, die vielfach am Himmel geradezu die Küstenkonturen nachzeichnen, und nachts Auflösen, Schrumpfen oder Verflachen von Wolken infolge des Absinkens und Dichterwerdens der sich abkühlenden Luft.

Im maritimen Klima ist kein so deutlich regelmäßiger Wechsel der Bewölkung zu erkennen, weder im Jahres- noch im Tagesgang. Das liegt im wesentlichen an dem hier besonders lebhaften zyklonalen Wetterwechsel und an den geringen und verzögerten Temperaturunterschieden, so daß z. B. über dem Meere auch nachts Haufenwolkenbildung zu beobachten ist. Daß der Bewölkungsgrad im Winter sehr hoch, im Frühjahr dagegen geringer ist, hängt ebenfalls mit dem Temperaturgang zusammen und wirkt sich deutlich im Niederschlagsgang aus. Über tropischen Meeren ruft die nächtliche Wärmeabgabe der höheren Luftschichten bei relativ warmer Wasserunterlage Cumuluswolken mit nächtlicher Gewitterbildung hervor, im Gegensatz zum Land.

Der Gang der *Niederschlagsmengen* zeigt im Kontinentalklima ein deutliches Sommermaximum (meist Juli, seltener auch schon Juni, wie vor allem in Teilen Nordamerikas; vgl. die Zahlen für Moskau weiter oben). Die Folge davon ist in den

Mittelbreiten eine ausgeprägte Schneearmut über den Festländern, besonders in den Gebieten größter Küsten- bzw. Zyklonenferne wie z.B. in der Osthälfte Sibiriens und in Hochasien (wo allerdings die absperrende Wirkung der Gebirgsketten den Kontinentaleffekt noch verstärkt). Das weite Südwärtsausgreifen der Grenze ewiger Gefrornis (Abb. II.f) 25.) ist somit lediglich eine Folge der Schneearmut des extremen Kontinentalklimas. Im maritimen Bereich der Mittelbreiten liefern Herbst- und Wintermonate die Hauptregenmengen, während das Frühjahr relativ regenarm ist. Die Ursache dieser Verschiebung ist in dem Nachhinken der Wärmekurve gegenüber dem Sonnenstande zu suchen: die feuchtigkeitsgesättigte spätsommerliche Luft erfährt durch die mit sinkender Sonne, besonders in höheren Breiten, im Herbst eintretende Abkühlung erhöhte Kondensationsbereitschaft. Diese vermindert sich erst im Frühjahr, wenn das Wasser seine niedrigste Temperatur erreicht hat und die steigende Sonne andererseits durch Erwärmung die relative Feuchtigkeit noch hinter kondensationsnahen Werten zurückbleiben läßt. Allerdings sind diese grundsätzlichen Unterschiede zwischen Kontinental- und Meeresklima in mannigfacher Weise gestört durch unperiodische Vorgänge im Rahmen des zyklonalen Wettergeschehens.

Die bisher geschilderten Verhältnisse beziehen sich im wesentlichen auf die ektropischen Bereiche. Maritimität und Kontinentalität sind aber sehr stark beeinflußt durch die Breitenlage. Polnähere Gebiete mit ihren negativen Strahlungsbilanz an der Erdoberfläche, mit ihren extremen Tages- oder Nachtlängen, mit ihrer niedrigeren Mitteltemperatur und demzufolge geringen absoluten, aber hohen relativen Feuchte lassen das Kontinentalitätsgefälle ganz anders in Erscheinung treten als subtropische bis tropische Breiten. In den *Subtropen* ist der jahreszeitliche Unterschied gering, in den feuchten Volltropen tritt er ganz zurück hinter den Tagesschwankungen, aber trotzdem spüren wir auch hier noch die Auswirkungen der Unterlage auf das Klima. Innerhalb des Hochdruckgürtels dehnen sich über dem Festland Wüsten aus, in deren Bereich dank u.a. der Küstenferne die höchsten je auf der Erde gemessenen Temperaturen zu finden sind. Die relative Feuchte ist niedrig, nicht nur wegen der hohen Wärme, sondern auch wegen der trockenen Landoberfläche, die nicht so viel Wasser bereitstellen kann. Die Verdunstungskraft ist daher enorm hoch, verstärkt durch die ausdörrenden Winde auch im Inneren der Wüsten. Lediglich in den späten Nachtstunden steigt die Feuchte wegen der starken Abkühlung in den bodennahen Luftschichten vorübergehend an. Die gleichen Breiten über dem Ozean dagegen haben einen ausgeglicheneren Temperaturgang, und der absolute Feuchtegehalt ist nicht gering, aber erst in Äquatornähe bzw. nach längerem Wege über die Meeresfläche haben die hier herrschenden Passate so viel Feuchtigkeit und damit Labilität gewonnen, daß schon geringe Luftdruckstörungen (easterly waves) genügen, um wetterwirksam zu werden. Das maritime Klima der westafrikanischen Inseln gehört zu den angenehmsten unserer Erde überhaupt, sofern man die Haut vor den Strahlen der steilstehenden Sonne genügend schützt. Lediglich subtropische Küsten mit kalten Auftriebwassern davor neigen zu Nebelkondensation schon im Küstenbereich (Marokko, SW-Afrika, N-Chile/Peru).

Auch beim Typ des *Mittelmeerklimas* mit seiner den Land-Meer-Gegensatz an sich ausgleichenden passatischen bzw. antizyklonalen Sommertrockenheit macht sich die Meeresnähe immer noch in deutlich abgeflachter Temperaturkurve – im Jahres- wie im Tagesgang – bemerkbar, wobei es oftmals nur lokale, aber häufig auftretende Seewinde sind, die im Sommerhalbjahr bzw. in den Mittagsstunden an den Küsten den Temperaturanstieg verlangsamen oder auf ein tieferes Niveau drücken.

Die *immerfeuchten Tropen* weisen den geringsten Unterschied zwischen Land- und Meeresklima auf. Die hohe nachmittägliche Bewölkungsziffer sowohl über See wie über Land – sofern nicht lokal bedingte Abwandlungen das Bild stören – läßt die Unterschiede im Strahlungshaushalt der Unterlage, die in den mittleren Breiten das thermische Gefälle beherrschen, zwar weniger hervortreten, aber in ihren Folgen sind sie in anderer Form um so spürbarer. Während der Tageszeit, während der sich der Erdboden im Landinneren der wolkenarmen Subtropen maximal erhitzt, fangen in den Innertropen Wolken die Einstrahlungsspitze ab. Sie wird teils reflektiert, teils absorbiert sie der Wasserdampf der Atmosphäre. Durch die Kondensation wird ein hohes Maß von Wärme frei, die als zusätzliche Labilitätsenergie die Konvektion verstärkt. Schon geringe Wärmeunterschiede, die auch in der Äquatorialregion noch verbleiben und das Land ebenfalls wärmer als das Meer erscheinen lassen, müssen sich daher niederschlagsbeeinflussend auswirken, zumal die Verdunstungsmenge eines tropischen Regenwaldes die einer gleich großen Meeresfläche übersteigt. Die Folge ist, daß die großen küstenfernen Regenwälder des Kongobeckens oder der Hyläa Amazoniens sich durch höhere Niederschlagsmengen auszeichnen als die äquatorialen Meere, in denen die zugestrahlte Wärme einen großen Wasserkörper betrifft und durch Meeresströmungen polwärts verlagert wird. Außerdem wirken die äquatorialen Gegenströme mit ihren Wasserdivergenzen stabilisierend auf die Luft darüber ein, was sich besonders in der Äquatorialzone des Pazifischen Ozeans deutlich zeigt. Trotzdem stellen sich über tropischen Meeren nächtliche Konvektionsschauer über der dann relativ warmen Wasserfläche ein.

Als *Maß für die Kontinentalität* wird meist die jährliche Temperaturschwankung benutzt. Sie wird daher mit H. Bohnstedt (1932) auch als *thermische Kontinentalität* bezeichnet. Hierbei ist man früher allgemein von den Monatsmitteln ausgegangen und hat (so z. B. Gorczynski) die größte auf der Erde bekannt gewordene Amplitude gleich 100% gesetzt. Sie wurde, wie nicht anders zu erwarten, in Nordostsibirien angetroffen, wo Werchojansk bei einem Julimittel von +15,5° und einem Januarmittel von −50° die größte Differenz aufwies. Auf diesen Wert = 100 bezogen ergeben sich folgende Kontinentalitätsgrade (in %) für die Breitenkreise der einzelnen Kontinente (Tab. V.a) 2):

Tab. V.a) 2. Kontinentalitätsgrade für Breitenkreise der Kontinente. (Nach Johansson)

Kontinent	Breite: 80°	70°	60°	50°	40°	30°	20°	10°	0°	Durchschnitt
Europa	–	19	40	38	40	–	–	–	–	38
Asien	–	66	72	71	60	50	40	25	6	59
Nordafrika	–	–	–	–	–	56	63	46	46	53
Südafrika	–	–	–	–	–	23	20	50	46	36
Australien	–	–	–	–	–	30	41	–	–	35
Nordamerika	44	43	59	53	51	40	15	6	–	48
Südamerika	–	–	–	9	20	28	15	14	28	29

Legt man nicht die extremen Monatsmittel, sondern die mittleren oder gar die absoluten Jahresextreme zugrunde, so ergeben sich, abermals in Nordostsibirien, jährliche maximale Temperaturunterschiede von 100° und mehr. In diesen Werten sind jedoch Einflüsse enthalten, die mit der Kontinentalität unmittelbar nichts zu tun haben und die daher eliminiert werden müssen, oder die die Vergleichbarkeit beeinträchtigen.

In erster Linie sind das die *geographische Breite* und die *Höhenlage.* Da die Bestrahlungsgegensätze mit wachsender Breite zunehmen, andererseits aber in gleicher Richtung Reflexion und Absorption der Strahlung infolge des schrägen Einfalls ebenfalls zunehmen, muß man diesen Faktor auszuschalten versuchen. Die erste Gleichung dieser Art publizierte 1888 Zenker:

$$K = \frac{600}{5} \frac{A}{\varphi} - 20$$

A = jährl. Temperaturamplitude, φ = geogr. Breite.

H. Schrepfer verbesserte sie durch Einführung empirischer Konstanten in:

$$K = \frac{800}{7} \frac{A}{\varphi} - 14$$

(von Bohnstedt 1932 auf Nordeuropa angewandt). Schließlich empfahl W. Gorczynski (1918 u. 1920)

$$K = 1{,}7 \frac{A}{\sin\varphi} - 20{,}4 \quad \text{bzw.} \quad 1{,}6 \frac{A}{\sin\varphi} - 14{,}4.$$

Diese wurden wiederum von Ch. Maisel 1931 verbessert. Die auf anderem, rein empirischem Wege gefundene, die Temperatur und Strahlungsintensität von Januar und Juli berücksichtigende Formel Spitalers, in zahlreichen seiner Arbeiten angewandt (vgl. vor allem Peterm. Geogr. Mitt., 1922), ist relativ kompliziert und für die äquatorialen Tropen gar nicht anwendbar:

$$K = \frac{(t_1 \varphi - t_2 \varphi) - 15{,}94 (S_1 - S_2)}{130{,}61 (S_1 - S_2)}$$

t_1 = Julitemperatur,
t_2 = Januartemperatur,
S_1 = Julistrahlungsintensität
S_2 = Strahlungsintensität im Januar.

Die damit erzielten Isarithmen für Europa enthält Abb. V.a) 1.

Die *Höheneinflüsse* zu eliminieren ist deshalb notwendig, weil das Relief lokale Temperaturbesonderheiten (z. B. Temperaturumkehr im Winter über Beckenlagen) erzeugt, die das Bild stören.

Vergleicht man die von Schrepfer (1925) ohne Berücksichtigung des Höheneinflusses entworfene Karte mit der von C. Maisel (1931), die die Monatsmittel auf den

Abb. V.a) 1. Kontinentalitätsgrenzen in Europa nach verschiedenen Autoren. (Nach H. Berg, 1940) Die Karte offenbart mit ihren stark voneinander abweichenden Grenzlinien die Unterschiedlichkeit der Begriffsdefinition. Sie entsteht daraus, daß sich der Gegensatz von maritim und kontinental im Bereich des Wirkungsfeldes der einzelnen Klimaelemente oder -elementkomplexe ganz verschieden auswirkt

Meeresspiegel reduziert, so wird der Unterschied deutlich. Freilich kann man erst zu wirklich brauchbaren Angaben gelangen, wenn die Reduktion differenziert erfolgt. Insofern bietet erst die jüngst von Lautensach und Bögel (1956) geleistete Vorarbeit über die jahreszeitliche und regionale Abstufung des Höhengradienten der Temperatur [vgl. Kap. II.c) 5.] auch hierfür die notwendige Voraussetzung.

Ein aus der Verbreitung subozeanischer und kontinentaler Pflanzenareale in den Ostalpen abgeleitetes, empirisches Berechnungsverfahren, das sich nur der Jahresniederschlagsmenge und der Höhenlage bedient, schlug H. Gams (1931/32) vor:

$$\text{cotang}\, x = \frac{\text{Jahresregenmenge in mm}}{\text{Meereshöhe in m}}$$

Es ist mit seinen Winkelwerten, die zu sogenannten Isepiren verbunden werden, wenig anschaulich, hat sich aber bezüglich pflanzengeographischer Parallelitäten in den Alpenländern als brauchbar erwiesen.

Das älteste Verfahren zur Darstellung der Kontinentalität stammt bereits von H.W. Dove (1852), der u.a. den Begriff der *Isanomalen der Breitentemperatur* einführte, d.h. für jeden Ort die positive oder negative Abweichung des Monatsmittels von der Durchschnittstemperatur der betr. Breite festhielt und die gefundenen Werte durch Isarithmen miteinander verband. Seitdem sind derartige Darstellungen zum regelmäßigen Bestandteil von Lehrbüchern und Atlanten geworden (vgl. Supan-Obst oder Sydow-Wagners Schulatlas u.a.). Freilich sind sie nur cum grano salis als Indizes von Maritimität bzw. Kontinentalität anzuwenden, wie noch zu zeigen sein wird.

In letzter Zeit ist Lautensach einen Schritt weiter gegangen, indem er nicht die Isanomalen der einzelnen Monatsmittel, sondern die der *Jahresschwankung zwischen den Extremmonaten (Isoamplituden)* kartographisch darstellte (1952). Dabei ist der Breiteneinfluß ganz einfach dadurch eliminiert worden, daß von den ermittelten Amplitudenwerten aller auf einem Breitenkreis liegenden Bezugspunkte jeweils das Breitenkreismittel selbst abgezogen wurde. Daraus ergeben sich dann negative Werte für Orte, deren Jahresschwankung unter dem Breitendurchschnitt bleibt, und positive Werte dort, wo sie den Durchschnitt übersteigt (vgl. Tab. V.a) 4.). Das Ergebnis sind also breitengebundene Relativzahlen. Wenn wir davon absehen, daß mit dieser Methode der Land-Meer-Einfluß auf die Amplitude west-ost-verlaufender Küsten nicht erfaßt werden kann, so bietet die Karte doch eine Reihe wichtiger Erkenntnisse.

Ins Auge springen die positiven Werte im Inneren der Festländer, d.h. die Schwankung ist dort wie zu erwarten größer als im Breitendurchschnitt, aber die Verteilung ist doch in charakteristischer Weise asymmetrisch. So gehört fast ganz Europa in ostwärts abnehmendem Maße zu dem Bereich unterdurchschnittlicher Schwankung. Lediglich in einigen kontinentaleren Beckenlandschaften Südeuropas kommt es bereits zu schwach positiven Werten (Mailand +1,0° Abweichung), während im borealen Europa bis zum Ural noch negative Werte auftreten. Das beruht vor allem im Winter auf der vom Atlantik stammenden, durch Verdunstung latent gebundenen und bei Wolkenbildung wieder frei werdenden Wärme. „*Das hierfür erforderliche Niederschlagswasser kann nur durch die starke winterliche Verdunstung des Meeres in die Atmosphäre gelangen, da eine nennenswerte eigene Bodenverdunstung über den Kontinenten im Winter nicht stattfindet. Das nach dem Innern der Kontinente hin wachsende Maß der ‚Kontinentalität' hängt demnach vor allem mit dem Abnehmen des Winterniederschlages nach dem Innern der Kontinente hin zusammen*" (F. Albrecht, 1940, S. 77).

In Nordamerika ist dank der Sperrwirkung der Kordilleren der ausgleichende Einfluß des Pazifischen Ozeans nur auf einen schmalen Saum beschränkt. Umgekehrt vermögen positive Werte auch von den Festländern aus noch benachbarte Meere zu umgreifen, wie vor allem in Ostasien oder rings um Australien. Daß überhaupt in den Tropen ganze Meeresbreiten (Atlantischer Ozean) positive Abweichungen aufweisen, liegt einerseits an der an sich geringen Durchschnittsschwankung dieser Breiten, – was übrigens auch für die südhemisphärische Westwinddrift gilt. Zum andern aber zeigt sich darin der sorgsam zu bedenkende begrenzte Aussagewert dieser

Darstellung für das Problem der Kontinentalität; denn jahreszeitliche Verlagerungen von verschieden temperierten Meeresströmungen (z. B. vor der La-Plata-Mündung) oder von planetarischen Windgürteln unterschiedlichen thermischen Effektes (wie z. B. an der Passat-Westwind-Grenze westlich des südlichen Südamerika) verursachen, zumal in sonst ausgeglichenen Breiten, überdurchschnittliche Schwankungswerte, die mit Maritimität oder Kontinentalität überhaupt nichts zu tun haben.

In neuerer Zeit wurde von russischer Seite eine globale Darstellung der Kontinentalität nach einer neu entwickelten Formel gegeben (Iwanow, 1959), die von der alten von Zenker (1888) ausgeht. Ein Vorläufer der Formel (Iwanow, 1953) war seinerseits von Chromow (1957) kritisiert worden. Die neue empirisch gewonnene Formel ist komplizierter als die vorangegangene insofern, als mehrere neue Parameter aufgenommen wurden, die für die Abstufung der Kontinentalität und Maritimität wichtig erscheinen. Darunter befindet sich erstmalig auch die Tagesschwankung der Temperatur, ein vor allem in den tropisch-äquatorialen Breiten die Kontinentalität besser wiedergebender Parameter als die Jahresschwankung (Paffen, 1967), die ja in diesem Bereich über Land und Meer gleich niedrig ist. Iwanows Formel drückt die Kontinentalität in Prozent-Werten aus, wobei jedoch die Ziffer 100% so gewählt ist, daß sie im Durchschnitt mit dem Küstenverlauf zusammenfällt, wo nicht einseitig kontinentale Einflüsse auf das Meer oder maritime Einflüsse in das Land eindringen. Diese Formel lautet:

$$K = \frac{A_J + A_T + 0{,}25\, D_F}{0{,}36\,\varphi + 14} \cdot 100$$

A_J = Jahresschwankung der Temperatur,
A_T = Tagesschwankung der Temperatur,
D_F = Sättigungsdefizit, das einen feinfühligen Indikator der Ozeanferne darstellt,
φ = geographische Breite[1].

Die mit dieser Formel gewonnenen Werte sind also so abgestuft, daß ein indifferentes Klima, bei dem sich maritime und kontinentale Einflüsse die Waage halten bzw. aufheben, den Wert 100% erhält. Das *Minimum* liegt mit 37% bei der *Macquarie-Insel* südlich Neuseelands, die *Maxima* mit 250–260% in *Zentralasien* und der *zentralen Sahara.* Aus den beigegebenen Ausschnitten aus der Karte von Iwanow Abb. V.a) 2 u. V.a) 3 geht deutlich hervor, daß die im Zuge der allgemeinen Zirkulation sich vollziehenden horizontalen Austauschvorgänge *kontinentalen Klimacharakter auch auf die Meere* hinaustragen können (wie z. B. beim Mittelmeer, in Ostasien oder über den Küstengewässern im Osten der USA und Kanadas), sowie umgekehrt *maritimer Charakter in die Kontinente* einzudringen vermag (z. B. im Ostseeraum, im pazifischen Küstengebiet von Alaska, in W- und S-Patagonien), und daß ferner die Maritimität auf den Meeren selbst nicht minder weit abgestuft ist wie die Kontinentalität auf den Festländern. Bemerkenswert hoch ist die Maritimität an den Auftriebwasserküsten der Roßbreiten (Marokko, nördl. Kalifornien). Ihren Höchstwert

[1] Die kyrillischen Buchstaben der Originalformel aus dem russisch geschriebenen Aufsatz wurden sinngemäß in unser Alphabet entsprechend unserer Terminologie umgeschrieben.

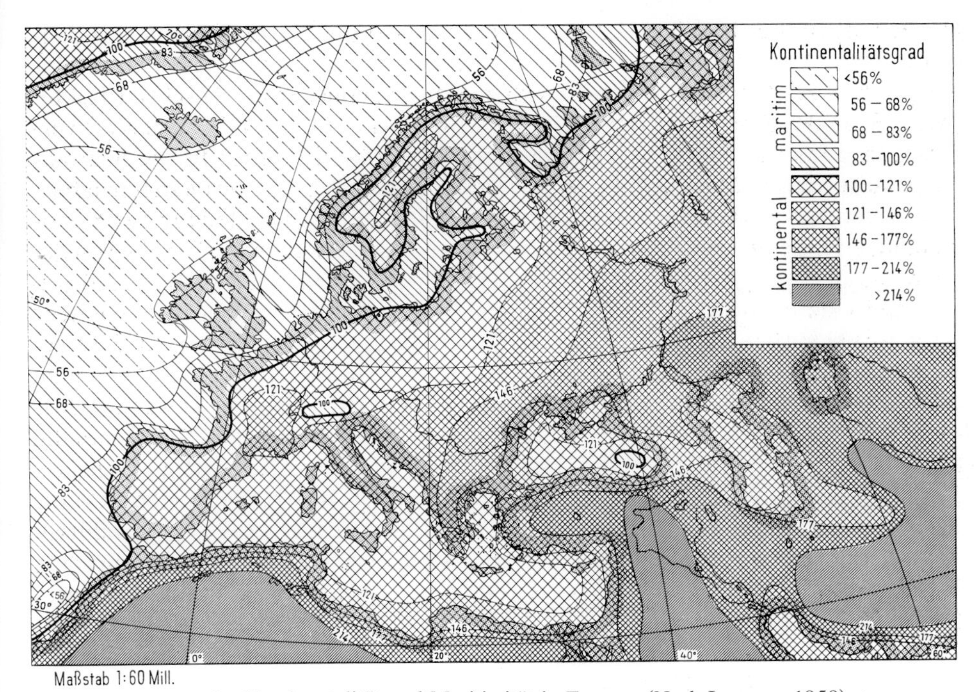

Abb. V.a)2. Karte der Kontinentalität und Maritimität in Europa. (Nach Iwanow, 1959)

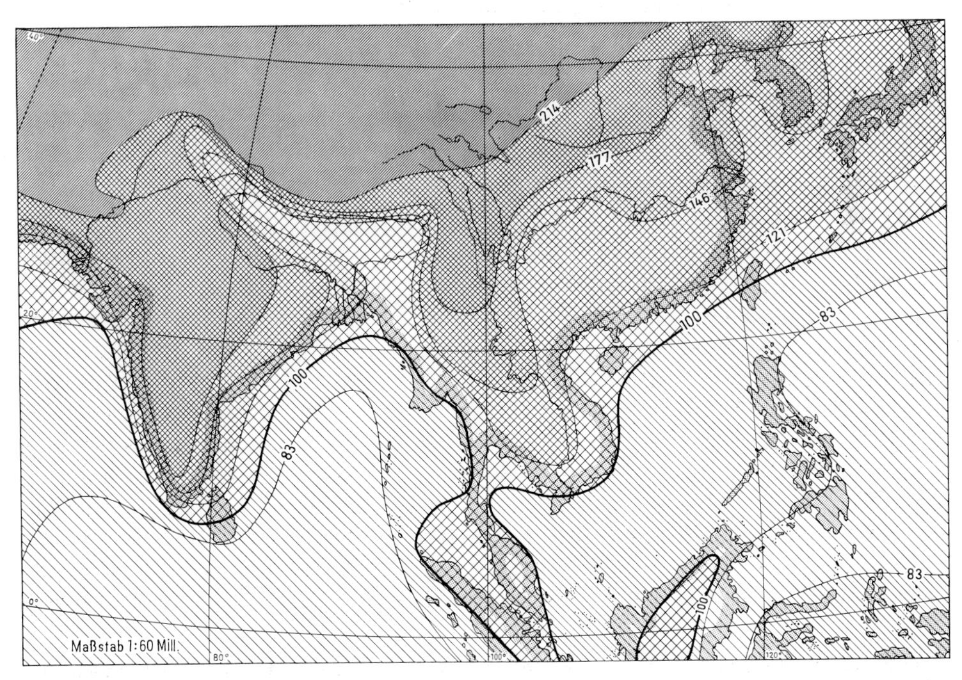

Abb. V.a)3. Karte der Kontinentalität und Maritimität in Süd- und Ostasien. (Nach Iwanow, 1959)

Tab. Va) 3. Die Klimastufen nach der Kontinentalität und Maritimität (Nach Iwanov, 1959)

	Kontinentalitätswert
1. extrem ozeanisch	<47
2. ozeanisch	48–56
3. gemäßigt ozeanisch	57–68
4. maritim	69–82
5. schwach maritim	83–100
6. schwach kontinental	101–121
7. gemäßigt kontinental	122–146
8. kontinental	147–177
9. stark kontinental	178–214
10. extrem kontinental	>214

Tab. V.a) 4. Vergleich der Kontinentalität einzelner Orte nach verschiedenen Autoren. (Nach Iwanow 1959, ergänzt nach Lautensach 1952)

Station	Jahres-temp.-amplitude	Abweichung derselben vom Breitenkreismittel nach H.Lautensach u. O. H. Roser	Kontinentalität in % nach folgenden Autoren			
			Gorczynski	Zenker	Chromow	Iwanow
Stykkisholm	12,4	−24	3	3	60	59
Thorshavn	7,6	−23	−6	−5	37	48
Greenwich	13,9	−15	10	12	70	92
Berlin	19,1	− 7	21	24	77	119
Madrid	20,0	± 0	32	40	83	168
Rom	18,1	− 3	26	31	80	131
Moskau	28,8	+ 2	39	42	84	137
Rostow/Don	29,8	+ 6	49	56	87	162
Sotschi/Kauk.	17,0	− 2	22	27	78	106
Murgab/Pamir	31,7	+11	67	80	90	248
Luktschun/ Turfan	41,0	+18	82	**98**	91	**262**
Irkutsk	38,1	+ 4	62	68	89	191
Werchojansk	**65,6**	**+25**	**100**	**98**	**92**	237
Stille Bucht/Fr.-Josef-Land	23,6	+ 5	20	15	78	77
Tokio	22,4	+ 2	45	55	86	150
Bombay	5,6	+ 4	9	15	69	91
In Salah/Sahara	24,3	+11	70	83	90	261
Windhuk	9,4	+ 5	21	30	78	189
Winnipeg	38,8	+15	66	73	89	183
New York	23,6	+ 4	41	49	85	138
Maracaibo	2,4	− 1	2	7	58	92
Rio de Janeiro	5,9	− 1	5	11	64	79
Evangelistas	4,3	± 0	−11	−10	0	43
Alice Springs	17,0	+11	52	67	87	229
Macquarie I.	4,5	− 2	−11	−4	2	37

erreicht sie in einem Gürtel über dem antarktischen Meeresring, dessen extrem ozeanische Verhältnisse auf der Nordhalbkugel nirgends erreicht werden. Die Nichtberücksichtigung des Höhenfaktors bei diesem Verfahren ergibt, daß Hochländer als strahlungsbegünstigte Bereiche ähnlich hohe Kontinentalitätswerte erreichen wie küstenferne Binnentiefländer (vgl. die Hochländer von Tibet und von Bolivien).

Die Karte enthält 10 Stufen des Kontinentalitätsgrades nach der vorauf erläuterten Formel. Die Stufen führen die Bezeichnungen der Tab. V.a) 3.

Einige Klimazahlen ausgewählter Orte der Erde, die nach einigen der Kontinentalitätsformeln errechnet wurden, seien beigefügt (Tab. V.a) 4.).

Statt mit thermischen Größen hat Henze (1929) mit Hilfe der Monatssummen der Niederschlagsmengen eine *hygrische Ozeanitäts- bzw. Kontinentalitätsformel* entwickelt. Sie besteht einfach aus der Differenz der spätsommerlichen (August bis Oktober) und der frühsommerlichen (Mai bis Juli) mittleren Niederschlagssummen (Niederschlagssumme August + September + Oktober − Niederschlagssumme Mai + Juni + Juli). Im Planungsatlas von Schleswig-Holstein (1960) ist eine entsprechende Darstellung aufgenommen.

Der Schweizer Geograph Steiner (1965) entwickelte eine andere Definition der Kontinentalität, die neben den geläufigen, aber mit genauer abgewogenem Gewicht versehenen thermischen Parametern die Jahresamplitude des Niederschlags enthält. Die Formel lautet:

$$C = -0{,}62\,T_y - 0{,}80\,T_1 - 0{,}64\,P_1 + 0{,}93\,\exp.(TR) + 0{,}75\sqrt{PR}$$

T_y = Temperaturmittel des Jahres,
T_1 = Temperaturmittel des Januar,
P_1 = Januar-Niederschlagsmittel,
TR = Jahrestemperaturamplitude,
PR = Jahresniederschlagsamplitude.

Die Temperaturwerte sind in Grad Fahrenheit, der Niederschlag in Inch einzusetzen. Die Formel wurde vor allen Dingen für die Anwendung im Bereich der USA entwickelt, Erfahrungen über diesen Bereich hinaus liegen nicht vor.

Schließlich sei noch das komplexe Verfahren genannt, die Kontinentalität mit Hilfe der *Luftkörper* oder *Luftmassen* zu kennzeichnen. Zwei einander ähnliche Methoden wurden angewandt, um ein Zahlenmaß zu erhalten. Dinies (1931) legte das Verhältnis kontinentaler zu maritimen Luftkörpern zugrunde, während H. Berg (1940) das Verhältnis kontinentaler zu allen Luftkörpern wählte. Beide Verfahren können aus der Natur der Sache heraus nur Anhaltspunkte für ein größeres Gebiet geben und sind ganz und gar abhängig von der Intensität der Advektion, denn jeder alternde „Luftkörper" verliert seinen Indexcharakter rasch und paßt sich der Unterlage an. Außerdem unterliegt er Veränderungen, die mit dem Vertikalaufbau und der Schichtung der Atmosphäre am gegebenen Ort, unabhängig von der Unterlage, zusammenhängen, so daß die schon bei der Behandlung der Begriffe „Luftkörper" und „Luftmasse" [Kap. III.c)] erwähnten Grenzen auch bei dieser Nutzanwendung Gültigkeit haben.

Berg (1940) hat die Häufigkeit des Anteils maritimer bzw. kontinentaler Luftkörper – er benutzte seinerzeit noch die von Linke bzw. Dinies aufgestellte Terminologie [vgl. Kap. III.c)] – am Klima eines Gebietes oder Ortes untersucht (Abb. V.a) 1). Grundsätzlich ist das Verfahren durchführbar, sofern die Eigenschaften der Luftkörper und Luftmassen eindeutig definiert sind. Das war freilich damals noch nicht befriedigend möglich, und W. Dammann (1941) hat mit seiner Kritik dieses allzu einfachen Verfahrens an diesem schwachen Punkte angesetzt. Berg verwendete als Zahlenwert den Prozentanteil kontinentaler Luftkörper an der Gesamtsumme von kontinentalen und maritimen Luftkörpern:

$$K = \frac{c}{c + m}.$$

Inzwischen hat jedoch die synoptische Klimatologie – denn diesem Sachgebiet entspringt die luftkörpermäßige Kontinentalitätsdefinition – festere Formen angenommen und kann vergleichbares Material aus aller Welt auswerten. So bietet die neueste Klimagliederung der Nordhemisphäre von Brunnschweiler (1957), die im Kap. VI.c) 10. eingehender behandelt wird, zugleich die Möglichkeit, Maritimität und Kontinentalität nach Luftmassen, abgestuft nach der Häufigkeit, für die einzelnen Monate auf der Nordhemisphäre anzugeben. Auch der sowjetische Klimatologe Alissow hat in seinem Klimasystem mit Luftmassen operiert.

b) Aridität und Humidität, Trockengrenzen

Mit dem Begriffspaar der Maritimität und Kontinentalität hinsichtlich ihrer Auswirkungen verwandt ist das der Aridität und Humidität. Zu seiner qualitativen und quantitativen Fassung und Differenzierung sind nach unterschiedlichem Verfahren eine Reihe von komplexen klimatologischen Größen entwickelt worden, die unter den Begriffen „pluviometrischer Index", „Ariditäts-" oder „Humiditäts-Index", „Regenfaktor", „xerothermischer Index", „Strahlungs-Trockenheits-Index", „hygrothermischer" oder „pluviometrischer Quotient", „Trockengrenzformel" u.a. in der Literatur beschrieben sind.

Es gibt in dem wissenschaftlichen Bemühen, den hydrographisch, geomorphologisch, biogeographisch und agrarwirtschaftlich äußerst wichtigen Bereich des Klimagegensatzes zwischen arid und humid und all seinen tatsächlichen und möglichen Übergängen analytisch zu erfassen und zu systematisieren, noch eine Menge von Ungereimtheiten und ungelösten Problem – trotz vieler Arbeiten und Ansätze. Das liegt im wesentlichen daran, daß die reale Verdunstung über den Landflächen der Erde ein so äußerst komplizierter Vorgang ist, dessen exakte Messung oder genaue rechnerische Bestimmung bis heute eventuell punkthaft unter bestimmten einschränkenden Randbedingungen, aber nicht prinzipiell und flächendeckend gelungen ist [vgl. Kap. II.e) 4.].

Die Trockengrenze nach Penck. Ausgangsbasis ist eine Arbeit von A. Penck (1910) mit dem bezeichnenden Titel: „Versuch einer Klimaklassifikation auf physiographischer Grundlage". Nachdem Ravenstein (1900) den bei Woeikow (1884) noch undefinierten Gegensatz von feuchten und trockenen Klimaten durch zusätzliche Verwendung von Jahresmittelwerten der relativen Feuchte zur Temperatur aus klimatologischen Meßwerten zu bestimmen versucht hatte, schlug Penck einen grundsätzlich anderen Weg ein. Er benutzte die *physiographisch feststellbare Tatsache,* daß auf allen Kontinenten neben Gebieten mit Niederschlagsüberschuß und dementsprechend Abfluß zum Meer auch solche vorhanden sind, in welchen die Fließgewässer in Endseen oder -pfannen münden, die also keine Verbindung zum Meer haben (de Martonne hat das später als „exoreïsche" bzw. „endoreïsche" Gebiete benannt), zu der Klassifikation von „humiden" und „ariden" Klimabereichen. *Humid* ist ein Klima, „in welchem *mehr Niederschlag fällt als durch die Verdunstung entfernt werden kann,* so daß ein Überschuß in Form von Flüssen abfließt"; *arid* ist ein solches, „in dem die *Verdunstung allen gefallenen Niederschlag aufzehrt* und noch mehr aufzehren könnte, also auch einströmendes Flußwasser zu entfernen vermag". Getrennt werden die beiden Bereiche von der *„Trockengrenze".* Sie läßt sich mit physiographischen Methoden auf kleinmaßstäbigen Karten relativ genau festlegen.

Außer den ariden und humiden Bereichen definierte Penck als dritten den *nivalen,* in welchem die Jahressumme des Niederschlags in fester Form größer als die Ablation ist. Den humiden und nivalen Bereich trennt die klimatische Schneegrenze. Im humiden Bereich läßt sich nach Penck noch das *phreatische Gebiet mit Grundwasserspeicher* sowie das polare (nach C. Troll *vollgelide) mit ewiger Gefrornis* anstelle von Grundwasser unterscheiden. In einigen extrem trocknen Hochgebirgen der Erde (Puna de Atacama, Innerasien) ist die Menge des festen Niederschlags kleiner als die Verdunstung. Hier ist die Schneegrenze undefiniert. Unter Berücksichtigung der jahreszeitlichen Unterschiede ergeben sich semi- bzw. vollaride, -humide bzw. -nivale Teilbereiche. Ein von C. Troll (1948) entworfenes Diagramm veranschaulicht diese Gliederung (Abb. V.b) 1.).

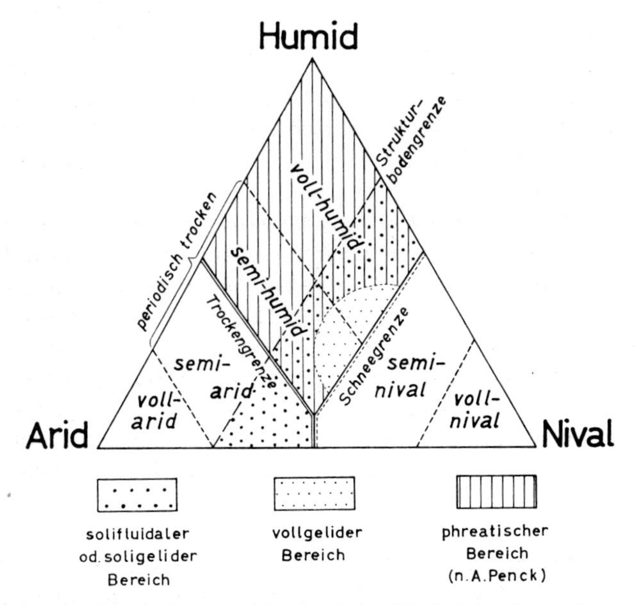

Abb. V.b)1. Die klimatischen Bereiche der Erde. (Nach C. Troll, 1948)
In Erweiterung der hydrologischen Begriffe humid, arid, phreatisch und nival, die schon von A. Penck seiner Klassifikation zugrunde gelegt wurden, hat Troll noch den solifluidalen oder soligeliden und den vollgeliden Bereich unterschieden

Während die von Penck genannten Bedingungen für arid und humid in seiner Formulierung eindeutig sind, ist die später häufig, auch in Blüthgen (1966) gebrauchte Abkürzung der Definition: Niederschlag größer als Verdunstung bzw. Verdunstung kleiner als Niederschlag → humid, Niederschlag kleiner als Verdunstung bzw. Verdunstung größer als Niederschlag → arid, an der Trockengrenze Niederschlag gleich Verdunstung, schon nicht mehr exakt und kann zu den ersten Ungereimtheiten führen. Der Niederschlag kann nämlich nicht kleiner als die Verdunstung sein, weil unter natürlichen Bedingungen nicht mehr verdunsten kann, als tatsächlich an Niederschlag gefallen ist. Allenfalls gilt noch die Gleichheitsbedingung zwischen den beiden klimatologischen Größen.

Wenn man von der physiographischen Festlegung von arid, humid und Trockengrenze zur *klimatologischen Definition* fortschreiten will, so muß zunächst festgelegt werden, mit welcher der verschiedenen Verdunstungsgrößen gearbeitet werden muß. Klar ist, daß die Landes- oder Landschaftsverdunstung, die Evapotranspiration, herangezogen werden muß. Deren Unterschied gegenüber der von Evaporimetern gemessenen Wasserverdunstung ist in den Kap. II.e) 4. u. 5. behandelt worden. Nicht mehr so eindeutig ist die Frage, ob tatsächliche oder potentielle Evapotranspiration einzusetzen ist. Es ist sicher richtig, daß humide Gebiete eine Bilanz zu Gunsten des Niederschlags, aride zu Gunsten der potentiellen Evapotranspiration haben, wie Lauer (1968) noch einmal feststellt. Zu bezweifeln ist aber, ob dies „genau der Forderung von A. Penck aus dem Jahre 1910“ entspricht, wie es an der gleichen Stelle heißt oder wenn Henning u. Henning (1976) schreiben: „Nach einer allgemein anerkannten Definition von Penck werden humide und aride Klimate durch die Gleichgewichtslinie zwischen den Jahresmitteln von Niederschlag und potentieller Verdunstung getrennt“, darauf eine Berechnung der klimatologischen Trockengrenze aufbauen und die mit der Penckschen Trockengrenze identifizieren.

Wilhelmy hatte bereits 1944 für S-Rußland gezeigt, Lautensach u. Mayer (1960) belegten für die Iberische Halbinsel, daß die Trockengrenze im Sinne Pencks dort anzunehmen ist, wo der Wert des Jahresniederschlags bereits erheblich unter dem der jährlichen potentiellen Verdunstung liegt. Thornthwaite (1948) trug dieser Tatsache in der Formel für den moisture-index dadurch Rechnung, daß er das Wasserdefizit nur mit 60% in den Differenzwert zum Wasserüberschuß anderer Monate eingehen sowie den ariden Bereich bei Index-Werten von −20 beginnen läßt. Daraus hat Jätzold (1961) den berechtigten Schluß gezogen, daß für die *Trockengrenze im Sinne Pencks nicht die Bedingung Niederschlag gleich potentieller, sondern* Niederschlag *gleich wirklicher Verdunstung* der Landflächen gilt. Aus den von Riou (1977) ausgewerteten Lysimetermessungen in Zentralafrika ergibt sich eine Gleichheit von Jahressumme des Niederschlags und potentieller Evapotranspiration bei 1300 mm im Jahr. Diese Gleichgewichtslinie verläuft in den Guinea- und Sudan-Ländern in einem Bereich, der physiographisch in der Feuchtsavanne mit eindeutigem autochthonem Abfluß zum Meer liegt. So ist zunächst einmal festzuhalten, daß eine *„klimatologische Trockengrenze“ als Gleichgewichtslinie der Jahressummen von Niederschlag und potentieller Evapotranspiration* nicht identisch ist mit der „Penckschen Trockengrenze“. Letztere verläuft wesentlich weiter im niederschlagsärmeren Bereich, weil die wirkliche Landesverdunstung unter den realen physiographischen Bedingungen (meso- oder xerophile Vegetation und in der meisten Zeit keine optimal befeuchtete Bodenoberfläche) kleiner als die potentielle ist und so einen gewissen Teil des Niederschlags vor dem Verdunstungsanspruch des Klimas bewahrt, der dem Abfluß zugeführt wird. Verglichen mit den Werten von Verdunstungskesseln (Class-A-Pan) liegt die Penckscshe Trockengrenze ungefähr bei N= 0,5 pE_{Wasser} (Jätzold, 1961; Lauer, 1968). Walther (1967) benutzt wegen der Diskrepanz für die Gleichgewichtslinie zwischen Jahresniederschlag und Tankverdunstung den Begriff „*Wasserbilanzgrenze*". Sie ist noch etwas anderes als die klimatologische- und Pencksche Trockengrenze.

Das Werden der Ariditätsformeln. Diese vorgeschickte Klärung ist notwendig für ein kritisches Verständnis der meistgebrauchten sog. *Ariditätsindizes,* weil diese die *Pencksche Trockengrenze als Ausgangsbasis* verwenden. Zunächst hatte Köppen (1922) im Zusammenhang mit seiner Klassifikation der Klimate der Erde festgestellt, daß im Bereich der unter Verwendung der physiographischen Gesichtspunkte gezogenen Grenze zwischen den „Trockenklimaten (B)" einerseits und den „tropischen Regenklimaten (A)" sowie den „gemäßigt warmen Regenklimaten (C)" andererseits der Jahresniederschlag in cm ungefähr demselben Zahlenwert wie die doppelte Jahresmitteltemperatur bei Winterregen an der Grenze gegen die subtropischen C-Klimate entsprach. An der Grenze gegen die tropischen Regenklimate mußte bei ganzjährigem Regen die Temperatur um den Faktor 14, bei Sommerregen um 28 erhöht werden. Er legte die Grenzen in Diagrammen von Jahresmitteltemperatur t und Jahresniederschlag r durch Geraden fest, die man durch die Gleichungen r (in cm) = 2 t, r = 2 t + 14 und r = 2 t + 28 repräsentieren kann. Innerhalb der Trockenklimate hat er die Grenze zwischen Steppe und Wüste durch Wegfall des Faktors 2 bei der Temperatur definiert. [Näheres s. Kap. VI.c) 1.].

Bei diesem *Verfahren von Köppen* wird also für einen begrenzten Breitenausschnitt beiderseits des Wendekreises eine enge Korrelation zwischen den beiden Klimaelementen Jahresniederschlag und Jahresmitteltemperatur entlang der physiographisch bestimmten Trockengrenze festgestellt. Als Grund für die enge Korrelation muß man wohl annehmen, daß unter den Strahlungs-, Feuchte- und Austauschbedingungen entlang der Trockengrenze die tatsächliche Verdunstung so eng mit der Jahresmitteltemperatur korreliert ist, daß letztere die Verdunstung genügend genau repräsentieren kann. Bemerkenswert ist, daß die Form der Repräsentation bei Winterregen, Sommerregen oder ganzjähriger Feuchte jeweils anders aussieht, nämlich 2 t, 2 (t + 14) bzw. 2 (t + 7). Daraus sollte man zunächst den Schluß ziehen, daß in anderen Strahlungs- und Zirkulationsgürteln sich zumindestens noch eine andere Form ergibt, vorausgesetzt, daß überhaupt die enge Korrelation zwischen Jahresmitteltemperatur und Verdunstung erhalten bleibt. So gelangte Wilhelmy (1944) für die Trockengrenze in der Ukraine zu der Gleichung N [in mm] = 17 t + 270. (In der zu Köppen vergleichbaren Schreibweise: N [in cm] = 1,7 (t + 16)).

Auf Anregung von Wissmanns (1939) hat Wang (1941) die Köppensche Formel über den Bereich ihrer nachgewiesenen Gültigkeit hinaus verallgemeinert und sie mit dem Argument, daß nach ihr bei Temperaturen unter −7 °C keine Aridität mehr möglich sei, zur „Wangschen Hyperbel" r [12 r − 20 · (t + 7)] = 3000 „korrigiert". Dadurch, daß außerdem anstatt der Jahresmittelwerte von Niederschlag und Temperatur diejenigen der einzelnen Monate eingesetzt wurden, konnte dann für China vom Rande der Tropen bis in die hohen Mittelbreiten die Zahl der ariden bzw. humiden Monate errechnet und dargestellt werden.

Creutzburg (1950) entwarf unter Benutzung der Trockengrenzdefinition von Wang eine Weltkarte für die Dauer der ariden und humiden Zeiten des Jahres, welche wesentliche Grundlage seiner Klimaklassifikation geworden ist, die im Kap. VI.c) 3. noch näher zu behandeln sein wird und als Karte diesem Werk beigegeben ist. Jätzold (1961) führte zusätzlich zu der Definition der Trockengrenze von Wang noch solche für vollarid, semiarid, semihumid und vollhumid ein und behandelte die Dauer und die jahreszeitlichen Verteilungstypen von Aridität und Humidität in Nordamerika in räumlicher Schau.

Ein etwas anderer, im Grunde genommen aber auch auf Penck und Köppen basierender Vorschlag zur Feststellung von graduellen Unterschieden von Aridität bzw. Humidität stammt von de Martonne (1926). Er definierte einen *„indice d'aridité" (Ariditätsindex)* als

$$i = \frac{N\,[\text{in mm}]}{T\,[\text{in }^\circ\text{C}] + 10}.$$

Je nachdem, welcher Wert sich bei Einsetzen der Jahressumme des Niederschlages (N) in mm und der Jahresmitteltemperatur (T) in °C für i ergibt, um so arider bzw. humider soll ein Klima sein. Für die physiographische Trockengrenze Pencks oder Köppens hat i laut Definition den Wert 20. Dann ergibt sich – beim Übergang von mm zu cm – also wieder die Köppensche Formel $N = 2\,T + 10$. Unter Berücksichtigung von Verbesserungsvorschlägen, die Biel und Reichel vor allem hinsichtlich der Niederschlagswerte gemacht hatten, gab de Martonne (1935) dem Trockenheitsindex folgendes Aussehen:

$$i = \frac{N \cdot R}{(T + 10) \cdot R'}$$

wobei R die Zahl der Niederschlagstage des Ortes selbst, R′ die mittlere Zahl derjenigen in der Umgebung des Beobachtungsortes darstellt. Ångström (1936) modifizierte den de Martonneschen Index, indem er die Dauer des Niederschlags, die für seine Wirkung maßgebend ist, in die Gleichung einführte. Beide Verfahren sind komplizierter, und da auch in großen Teilen der Erde Mangel an den Zusatzinformationen herrscht, haben sie kaum Anwendung erfahren.

Dagegen ist die ursprüngliche de Martonnesche Formel auf Anregung von C. Troll – analog zu der Köppenschen Formel durch Wang – von Lauer (1952) für die Anwendung auf Monatsmittel umgestellt ($i = 12\,r/t + 10$) und definiert worden, daß an einer Station ein „arider Monat" vorliegt, wenn für den Index i der Wert 20 nicht erreicht wird. „Bei Überschreiten dieses Wertes kann man entsprechend von „humiden Monaten" sprechen" (Lauer, 1951). Die Auswertung von mehreren tausend Stationen in Afrika und Südamerika führte zur Darstellung von „Isohygromenenkarten" (*Isohygromenen* = Linien gleicher Zahl humider bzw. arider Monate, Lauer, 1952). Es konnte im Maßstab um 1 : 20 Mill. eine weitgehende Deckung des Linienverlaufes mit den Grenzen der natürlichen Vegetationsformationen erreicht werden. Troll (1955 u. 1956) benutzte das gleiche Verfahren als Kriterium für die

Gliederung der Tropenzone in seinen Karten der Jahreszeitenklimate der Alten Welt. Für die gemäßigten immerfeuchten Klimate und für Klimate ohne streng periodischen Regengang bezweifelt Lauer (1951), daß die Methode zu befriedigenden Ergebnissen führen kann.

So bestechend einfach die aufgeführten Lösungsvorschläge für das klimatologisch höchst komplizierte Problem, das Verhältnis von Niederschlag und wirklicher Verdunstung in der Natur zu bestimmen, sind, so wertvolle Anhaltspunkte sie für bio- und agrargeographische Übersichtsdarstellungen geben mag, so sollte man doch nicht die *Ungereimtheiten und* – für den geophysikalisch orientierten Klimatologen – *Fragwürdigkeiten* übersehen. Dazu gehört zunächst, eine in einer bestimmten Region der Erde an der Scheidelinie von ariden und humiden Gebieten für Jahresmittelwerte festgestellte Korrelation zwischen Niederschlag und Temperatur über diese Region hinaus auf ganz andere Klimagebiete zu verallgemeinern. Sodann die Weiterung, daß auch für alle Monate gilt, was für das Jahr als Ganzes angenommen wird. Aus der Kenntnis der physikalischen Zusammenhänge heraus muß es sehr fragwürdig erscheinen, daß erstens die Jahresmitteltemperatur z. B. in den immerfeuchten wolkenreichen inneren Tropen den Komplex der Verdunstung genau so gut und in genau der gleichen quantitativen Beziehung ($r = 2/t + 14$) beschreibt wie in der strahlungsreichen passatischen Trockenzone, und daß dies zweitens auch für alle Monate, gleichgültig ob Regen- oder Trockenzeit, erhalten bleibt. Giese (1974) hat anhand eines genügend ausgedehnten und mit vergleichbaren Verdunstungsmeßanlagen ausgestatteten Gebietes, nämlich für Australien, die Probe aufs Exempel gemacht, indem er für 45 Stationen die Korrelationskoeffizienten (Produktmoment-Korrelationskoeffizient und Rang-Korrelationskoeffizient) der mittleren Monatssummen der potentiellen Evaporation mit den entsprechenden Monatsmittelwerten der Lufttemperatur und relativen Luftfeuchtigkeit berechnete. Als Ergebnis stellt er (1974, S. 184) fest: „Während die relative Luftfeuchtigkeit die Verdunstung unabhängig von der Jahreszeit mehr oder weniger gleichmäßig gut beschreibt, gilt das für die Lufttemperatur nicht. Je nach der Jahreszeit ist die Beziehung zwischen der potentiellen Evaporation und der Lufttemperatur unterschiedlich stark“. Für das Gesamtkollektiv aller 45 Stationen in Australien wurde für die Wintermonate ein Produktmoment- bzw. Rang-Korrelationskoeffizient zwischen 0,77 und 0,83, für die Sommermonate ein solcher zwischen 0,35 und 0,45 errechnet. Über das Jahr gemittelt, ergibt sich ein Koeffizient von 0,72 bzw. 0,77. Bei einer Aufteilung des Kollektivs auf verschiedene Klimaregionen resultiert: „In den Tropen, insbesondere in den feuchten Tropen, beschreiben die Lufttemperatur und die relative Luftfeuchtigkeit die potentielle Evaporation bezogen auf Monatsmittel unzureichend“ (Korrelationskoeffizienten 0,55 bzw. 0,60 für die Temperatur und −0,58 bzw. −0,57 für die relative Luftfeuchtigkeit). „In der warmgemäßigten Subtropenzone und kühlgemäßigten Zone dagegen beschreibt die Lufttemperatur die potentielle Evaporation recht gut ($r = 0{,}90$, $R = 0{,}92$), die relative Luftfeuchtigkeit die potentielle Evaporation etwas weniger gut“ (Giese, 1974, S. 189).

Die zunächst für Australien gewonnenen Ergebnisse werden für 16 Stationen in verschiedenen Klimazonen überprüft mit dem Ergebnis, daß sich die für Australien gemachten Aussagen verallgemeinern lassen. Daraus wird die Konsequenz gezogen (s. S. 192): *„Eine globale Ariditätsformel kann nicht angenommen werden, für jede Klimazone sind eigene Ariditätsformeln zu entwickeln“.*

Die Schwachstelle in der Argumentation Gieses für diese weitgehende Konsequenz liegt in der eingangs erläuterten Unterscheidungsnotwendigkeit und -schwierigkeit verschiedener Verdunstungsgrößen, der potentiellen und der realen. Die Vertreter der Ariditätsindizes werden sagen können, daß für die wirkliche Landesverdunstung nicht notwendig gelten müsse, was von Giese für die potentielle von Wassertanks festgestellt wurde. Es muß aber doch ein Parallelverhalten von Landesverdunstung und potentieller Evaporation als sehr viel wahrscheinlicher angesehen werden, als ein solches von Temperatur und Landesverdunstung über alle Strahlungszonen und Zirkulationsgürtel hinweg. Letzteres ist für eine Reihe von Klimabereichen auch empirisch bestätigt und Grund für die Ansätze geworden, welche über die einfache Niederschlag/Temperatur-Beziehung hinausgehen.

Bevor diese behandelt werden, muß allerdings noch auf weitere Vorschläge einer Klimabeschreibung nach den Gesichtspunkten Humidität und Aridität (Trockenheit, Dürre) mit Hilfe des Niederschlags/Temperatur-Verhältnisses eingegangen werden. Ein zur erdumspannenden Anwendung bei *noch stärkerer Vereinfachung des Kalkulationsansatzes* bestimmter Vorschlag geht von Geobotanikern aus. Bagnouls et Gaussen (1953) haben in einer kurzen Arbeit vorgeschlagen, in ein Diagramm den Jahresgang der Temperatur und des Niederschlags nach Monatsmittelwerten zusammen so einzutragen, daß die Ordinaten im Verhältnis von 1°C zu 2 mm, also 10°C entsprechen 20 mm Monatsniederschlag, eingeteilt werden. Dann soll in jenen Perioden, in welchen die Temperaturkurve über der Niederschlagskurve verläuft, eine trockene Jahreszeit, im umgekehrten Fall eine feuchte Jahreszeit herrschen. Die Intensität von feucht und trocken sei durch den Abstand der Kurven voneinander gegeben. In dem Vorschlag blickt die Trockengrenzformel $r = 2t$ durch, welche Köppen für die Winterregenseite der Trockenklimate abgeleitet hat. Sie wird wieder als Schlüssel für eine großräumige Klimaklassifikation verallgemeinert. Walter (1955) hat den Grundgedanken aufgegriffen, das Diagramm durch andere klimatologische Daten erweitert und aus der Trockenzeit u.U. noch eine Zeit der Dürre dadurch abgetrennt, daß eine zweite Niederschlagskurve mit dem Ordinatenverhältnis 1°C: 3 mm (also 10°C entsprechen 30 mm Monatsniederschlag) eingezeichnet wurde. Ein Klimadiagramm-Weltatlas (Walter u. Lieth, 1960) soll die Möglichkeit geben, „auf den ersten Blick die Ähnlichkeit und Unterschiede der Klimate verschiedener Gebiete zu vergleichen" (Walter, 1955). Eine Auswahl von Diagrammen ist samt der dazu gehörigen Erläuterung in der Abb. V.b) 2 wiedergegeben. Die Kritik an dem Verfahren, ein- und denselben ombrothermischen Index für alle Klimate der Erde zu nehmen, hat Lauer (1960) im Prinzipiellen und an Beispielen dargelegt.

Andere hygrothermische Indizes. Wesentlich differenzierter als diese globalen Verallgemeinerungen waren vorausgegangene Arbeiten von Gaussen (1949) und Gaussen et Bangnouls (1952). Sie hatten aufgrund von Erfahrungen mit pflanzengeographischen Grenzlinien im Mittelmeergebiet den Vorschlag zur Aufstellung eines *xerothermischen Indexes* gemacht. Zu dessen Bestimmung werden die sog. Trockentage der Trockenzeit, d.h. der Periode aufeinander folgender Trockenmonate, zusammengezählt. Unter Trockentag wird nicht nur ein regenloser Tag verstanden, sondern Nebel, Tau und die verschiedenen Grade relativer Feuchte werden ebenfalls berücksichtigt in Gestalt von Bruchwerten eines Trockentages.

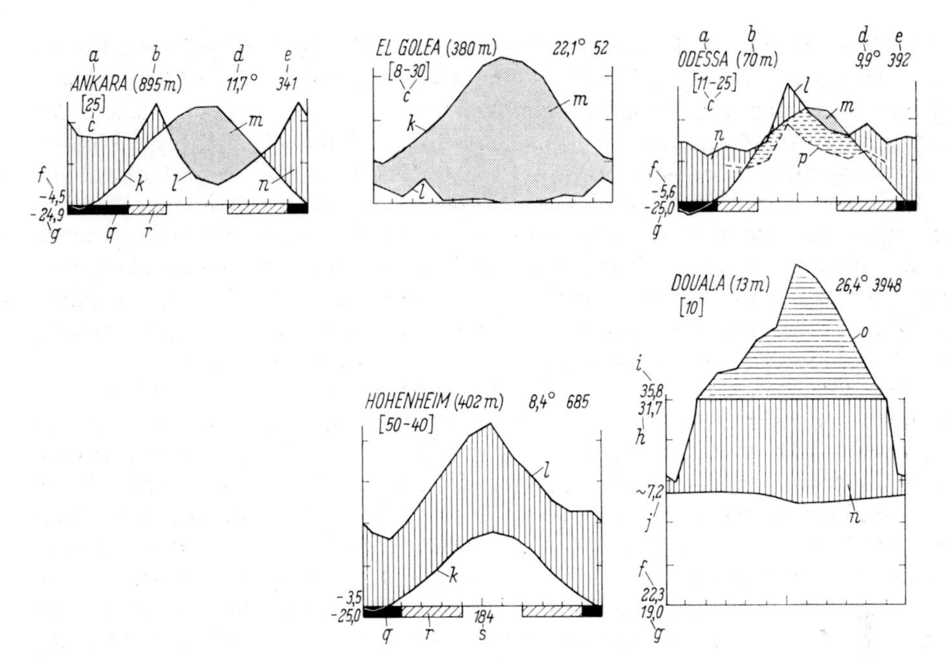

Abb. V.b) 2. Klimadiagramme für Ankara, El Golea, Odessa, Hohenheim und Douala. (Nach H. Walter u. H. Lieth, 1960)

Die Bezeichnungen und Zahlenwerte auf den Diagrammen bedeuten:

Ein Skalenteil der linken Ordinate = 10 °C
Ein Skalenteil der rechten Ordinate = 20 mm

a = Station, b = Höhe über dem Meer, c = Zahl der Beobachtungsjahre (eventuelle erste Zahl für Temperatur und zweite Zahl für Niederschläge)
d = mittlere Jahrestemperatur
e = mittlere jährliche Niederschlagsmenge
f = mittleres tägliches Minimum des kältesten Monats
g = absolutes Minimum (tiefste gemessene Temperatur)
h = mittleres tägliches Maximum des wärmsten Monats
i = absolutes Maximum (höchste gemessene Temperatur)
j = mittlere tägliche Temperaturschwankung
k = Kurve der mittleren Monatstemperaturen
l = Kurve der mittleren monatlichen Niederschläge (im Verhältnis 10 °C = 20 mm)
m = Dürrezeit (punktiert)
n = humide Jahreszeit (vertikal schraffiert)
o = mittlere monatliche Niederschläge, die 100 mm übersteigen (Maßstab auf $^1/_{10}$ reduziert, horizontal schraffierte Fläche)
p = Niederschlagskurve erniedrigt, im Verhältnis 10 °C = 30 mm, darüber horizontal gestrichelte Fläche = Trockenzeit
q = Monate mit mittlerem Tagesminimum unter 0 °C (schwarz)
r = Monate mit absolutem Minimum unter 0 °C (schräg schraffiert)
s = mittlere Andauer von Tagesmitteln über 0 °C, halbfette Zahl; bzw. mittlere Dauer der frostfreien Periode (in Tagen), kursive Zahl.

Demnach werden Humidität (schraffiert), Trockenheit (gestrichelt) und Dürre (punktiert) als Funktion von Temperatur und Niederschlag im Jahresgang bei dem empirisch gefundenen Skalenverhältnis beider Elemente (10° = 30 mm bzw. 20 mm) zueinander ausgeschieden. Andere die Feuchtewirksamkeit abstufende Elemente wie Wind, Bewölkung, relative Feuchte oder Niederschlagsdichte werden bei dieser Darstellung nicht berücksichtigt.

Es muß also zunächst festgestellt werden, welche Monate als Trockenmonate gelten. Dafür wird folgendes Verhältnis von Temperatur und Niederschlag definiert:

Monatsmittel der Temperatur	Monatsmittel der Niederschlagssumme
< 10°C	< 10 mm
10–20°C	< 25 mm
20–30°C	< 50 mm
> 30°C	< 75 mm

Mit Hilfe der Summe der gewogenen Trockentage während der durch obige Bedingungen definierten Trockenmonate ließen sich folgende klimatische Vegetationszonen ausgliedern: 40–100 trockene Tage Korkeichenzone; 100–150 trockene Tage Aleppo-Kiefernzone; 150–200 trockene Tage feuchte Teile der Steppen mit trokkenen Gehölzen, aber noch Anbau; 200–300 trockene Tage Hochplateau-Steppe; über 300 trockene Tage Halbwüste und Wüste. Durch eine Kombination von Niederschlagswerten und der Dauer der so berechneten Trockenzeit ist sicher eine differenzierte Einsicht in die regionalen Unterschiede des mediterranen Klimas möglich.

Unter dem Gesichtspunkt der regionalen Beschränkung und gleichzeitig leichter Anwendbarkeit, verdient der Vorschlag eines *pluviothermischen Indexes* von P. Moral (1964) herausgestellt zu werden. Er hat den Index für Westafrika empirisch gewonnen und sowohl von den Jahreswerten wie auch von den zwölf Monatswerten her abgeleitet. Bezüglich der Jahreswerte lautet die Gleichung für die Trockengrenze

$$P\ [\text{in mm}] = T^2 - 10\ t + 200.$$

Das entspricht folgenden Niederschlags/Temperatur-Kombinationen an der Trokkengrenze:

5°C und 175 mm	25°C und 575 mm
10°C und 200 mm	35°C und 1075 mm
15°C und 275 mm	40°C und 1200 mm.

Für die regionale Differenzierung der Trockenheit wird folgendes festgesetzt: Bei einem pluviothermischen Index von < 0,25 ist das Gebiet wüstenhaft, zwischen 0,25 und 0,50 halbwüstenhaft, 0,50–1,0 arid, 1,0–2,0 subhumid, 2,0–3,0 humid und > 3 regenreich.

Da in diesem Jahresindex aber der Jahresgang selbst nicht zum Ausdruck kommt, mußte noch eine zweite Manipulation vorgenommen werden, die die einzelnen Monate nach den für sie vorliegenden Meßwerten klassifiziert. Die Grenzformel für arid/humid lautet hier (p in mm, t in °C)

$$p = \frac{t^2}{10} - t + 20.$$

Es werden diesmal jedoch nur 4 Stufen unterschieden:

$$p \geqq \frac{t^2}{10} + t + 30 = \text{regenreich}$$

$$\frac{t^2}{10} + t + 30 > p \geqq \frac{t^2}{10} - t + 20 = \text{humid}$$

$$\frac{t^2}{10} - t + 20 > p \geqq \frac{t^2}{20} - t + 10 = \text{trocken}$$

$$p < \frac{t^2}{20} - t + 10 = \text{arid}$$

Die Temperatur-Niederschlag-Kombinationen sind für diese vier Monatskategorien folgende:

t°	regenreich (mm)	humid (mm)	trocken (mm)	arid (mm)
5	p ≧ 37,5	37,5 > p ≧ 17,5	17,5 > p ≧ 5	p < 5
10	p ≧ 50	50 > p ≧ 20	20 > p ≧ 5	p < 5
15	p ≧ 67,5	67,5 > p ≧ 27,5	27,5 > p ≧ 6	p < 6
20	p ≧ 90	80 > p ≧ 40	40 > p ≧ 10	p < 10
25	p ≧ 117,5	117,5 > p ≧ 57,5	57,5 > p ≧ 16	p < 16
30	p ≧ 150	150 > p ≧ 80	80 > p ≧ 25	p < 25
35	p ≧ 187,5	187,5 > p ≧ 107,5	107,5 > p ≧ 36	p < 36
40	p ≧ 220	220 > p ≧ 120	120 > p ≧ 50	p < 50

Den auf solche Weise ermittelten 4 pluviothermalen Arten von Monaten (z. B. Dakar 2/1/1/8) wurde sodann ein unterschiedlicher Faktor zugeteilt, und zwar für regenreich +2, humid +1, trocken 0, arid −1 (das ergibt für Dakar z. B. 4/1/0/−8 oder zusammengerechnet −3). Diese Endwerte der Monatsindexzahlen wurden analog zu den vorher genannten Jahresindexzahlen folgendermaßen klassifiziert:

< − 6 =	wüstenhaft
−6 bis 0 =	halbwüstenhaft
0 bis + 6 =	arid
+ 6 bis + 12 =	subhumid
+ 12 bis + 18 =	humid
> + 18 =	regenreich

Fügt man sodann den aus den vorgenannten beiden verschiedenen Berechnungsverfahren gewonnenen Kriterien (Jahresindex und 12-Monate-Index) noch als dritten und vierten Parameter die Zahl der regenreichen und die der ariden Monate hinzu, so entstehen Klimaformeln für die benutzten Stationen, die es erlauben, danach eine regional stark differenzierte Karte zu konstruieren. Das Ergebnis für Westafrika ist in Abb. V.b) 3. wiedergegeben.

Den sonst angebrachten Bedenken bezüglich des Repräsentationsvermögens der Lufttemperatur für die Verdunstungsgröße ist durch die Beschränkung auf einen relativ kleinen Raum innerhalb der Tropen sowie durch unterschiedliche empirische Parametrisierung für Jahr und Monate entgegengewirkt, so daß mit dieser Methode ein vertrauenswürdiges, der beobachteten Wirklichkeit gut entsprechendes und genügend differenziertes Bild der pluviothermischen Regime in W-Afrika resultiert.

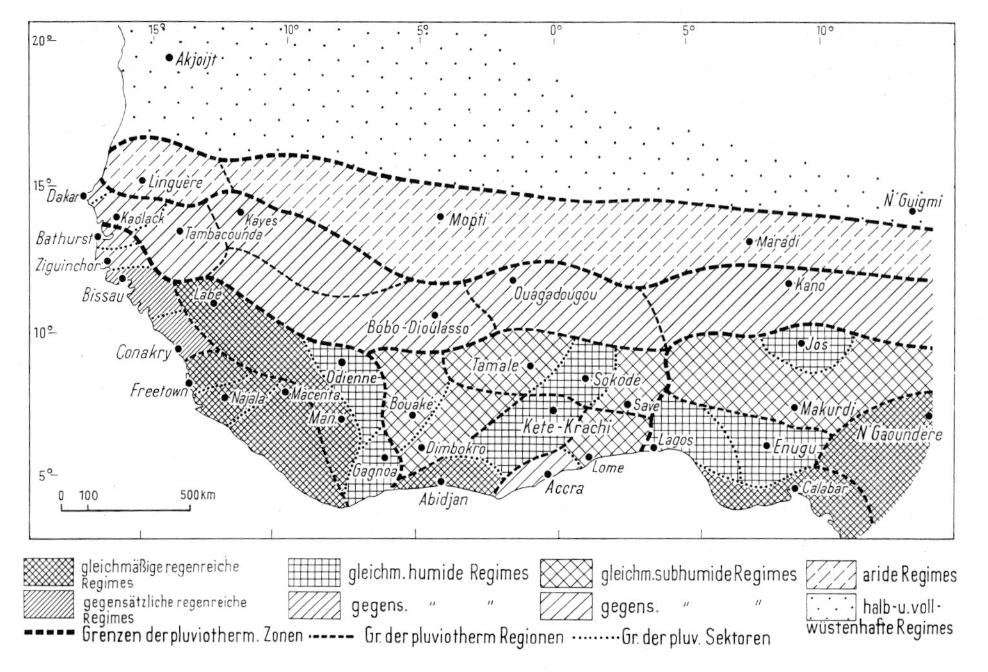

Abb. V.b)3. Die regionalen pluviothermischen Regime in Westafrika. (Nach P. Moral, 1964)

Es gibt noch einige Vorschläge über hygrothermische Indizes, welche nicht auf die Trockengrenzformel und die Definition von humid und arid zurückgreifen. Seljaninov (1930, 1957) hat einen „*hygrothermischen Koeffizienten* (GTK)" vorgeschlagen, bei dem die Verdunstung durch die Summe der Tagesmitteltemperaturen (t) für die Vegetationsperiode (= Zeit mit Mitteltemperatur über +10°C) repräsentiert wird, und zur Niederschlagssumme (in mm) für dieselbe Periode in der Form

$$\mathrm{GTK} = \frac{n\,[\text{in mm}]}{0{,}1 \cdot \Sigma\, t^0}$$

in Beziehung gesetzt wird. Mit diesem Index hat derselbe Autor (1972) die Feuchtigkeitsabstufungen seiner agroklimatischen Bereichsgliederung der Erde im Atlas Mira (s. S. 1–2) vorgenommen.

Ein ähnlicher Index ist der von Holdridge (1959, 1964), der dem System der „natural life zones" zugrunde liegt und vor allem in Mittel- und Südamerika angewandt worden ist. Die Verdunstung wird dabei durch die mit einem konstanten Faktor (K = 58,93) multiplizierte jährliche „Biotemperatur" repräsentiert. Letzteres ist die Summe der Tagesmitteltemperaturen über 0°C, dividiert durch die Zahl der Tage im Jahr. Die Verdunstungsrepräsentante wird dann zur jährlichen Niederschlagsmenge in Beziehung gesetzt.

Wesentlich einfacher ist wieder der „*Regenfaktor*" f = N : T von Lang (1915 bzw. 1920). Hier wird einfach die Jahressumme des Niederschlags in mm durch die Jahresmitteltemperatur in °C dividiert. Der Bezug war von Lang ursprünglich im wesentlichen auf die regionale Differenzierung von Bodentypen konzentriert. Gleichwohl hat Hirth (1926) die Ergebnisse solcher Berechnungen für die ganze Erde in einer Isonotidenkarte dargestellt. Die Abstufung von arid bis perhumid durch den Regenfaktor sah folgende Stufen vor:

< 40 = arid
$40 - 60$ = semiarid
$60 - 100$ = semihumid
$100 - 160$ = humid
> 160 = perhumid

Schaufelberger hat sich, von seinen Erfahrungen in Kolumbien ausgehend, wiederholt (1957, 1958, 1959 u. a.) für die Anwendung dieses einfachen Verhältniswertes unter Mitberücksichtigung der absoluten Temperaturhöhe und der geographischen Breite zur Abgrenzung und Differenzierung des Tropenklimas eingesetzt.

Gorczynski (1943) bemühte sich, die Aridität aus bekannten Meßwerten zu ermitteln, indem er die Jahresschwankung der Temperatur ($T_x - T_n$), letztere in Beziehung zur mittleren Regenmenge einer fünfzigjährigen Reihe (I_m), berücksichtigte und durch einen Breitenfaktor ergänzte. Eine auf diese Weise zusammengesetzte Gleichung hat folgendes Aussehen:

$$A = \frac{1}{3} \cdot \operatorname{cosec} \varphi (T_x - T_n) \cdot \frac{J_x - J_n}{J_m}.$$

Der sich hier je nach den Klimabedingungen für A ergebende Wert wurde wie folgt in Prozent abgestuft:

gemäßigt A < 20%;
Steppe A 20 – 40%
Wüste A > 40%

Diese Werte sind in seine Dezimalklassifikation der Klimate eingegangen [vgl. Kap. VI.c) 4.].

Der französische Botaniker E. Emberger (1955) versuchte eine Lösung durch Ermittlung des *pluviothermischen Quotienten* mit Hilfe des Verhältnisses von Jahresniederschlag P (in mm) zu der maximalen Temperaturschwankung:

$$\frac{P}{\left(\frac{M+m}{2}\right)(M-m)} \cdot 1000.$$

Die Temperaturwerte M und m als mittleres Maximum des wärmsten bzw. mittleres Minimum des kältesten Monats werden in Kelvingrade ausgedrückt. Im Mittelmeergebiet begnügte sich Emberger jedoch mit dem sommerlichen Trockenheitsindex nach Giacobbe (1949), um die Grenze zwischen arid und humid festzustellen. Dieser Index ist einfach der Quotient zwischen Sommerregenmenge P_E und mittlerem Temperaturmaximum des wärmsten Monats (M). Unterschreitet der Quotient den Wert 7, so ist mit einem Trockenklima zu rechnen, wie sich empirisch aus dem Habitus der Vegetation ergeben hat.

Baily (1958) entwarf eine Karte der Aridität und Humidität auf der Erde mit Hilfe eines *effective precipitation-index* (EP), den er nach der Formel EP = $P/1{,}025^{T+x}$ berechnete. Dabei ist P die Jahresniederschlagsmenge in inches, T die Jahresmitteltemperatur in °F und x ein je nach der Erdregion unterschiedlich großer Zusatzfaktor, den man aus einem Nomogramm entnehmen kann. Er gestattet die Anpassung an die physiographischen Gegebenheiten. Bei EP-Werten von größer gleich 16,2 liegen perhumide, bei 16,1 – 8,7 humide, bei 8,6 – 4,7 subhumide, bei 4,6 – 2,5 semiaride und bei weniger als 2,5 aride Klimabedingungen vor. Die Karte ist in der zweiten Auflage dieses Buches reproduziert. Sie läßt keine detaillierte Regionalisierung zu. So liegt die Zone von der Iberischen Halbinsel quer durch Europa und die ganze UdSSR bis zur Nordchinesischen Küste im gleichen subhumiden Klima.

Thornthwaite hatte im Jahre 1931 im Rahmen des Versuches einer Klimaklassifikation zur Bestimmung der *„precipitation effectiviness“* (Niederschlagswirksamkeit) einen P-E-Index nach der Formel

$$J = \sum_{n=1}^{12} 115 \cdot \left(\frac{p}{t - 10} \right)_n^{\frac{10}{9}}$$

entwickelt. Sie ist eine Summation der einzelnen Monatswerte $115 \cdot (p/t - 10)^{10/9}$ wenn der Niederschlag p in inch und die Temperatur t in Grad Fahrenheit eingesetzt werden bzw. $1{,}65 \cdot (p/t + 12{,}2)^{10/9}$, wenn die Temperatur in Grad Celsius und der Niederschlag in mm angegeben wird. Der Indexwert 32 deckt sich ungefähr mit der Trockengrenze im Sinne Pencks. Mit Hilfe der verschiedenen Indexwerte wurden folgende Feuchteabstufungen definiert (in Klammern die Flächenprozente der Stufen auf dem Festlande):

arid	bei Indexwerten	< 16	(15,3%)
semiarid	bei Indexwerten	16–31	(15,2%)
subhumid	bei Indexwerten	32–63	(21,1%)
humid	bei Indexwerten	64–127	(16,1%)
perhumid	bei Indexwerten	> 128	(2,3%)

Später hat Thornthwaite (1948) diese Methode wieder aufgegeben und vorgeschlagen, zunächst die potentielle Evapotranspiration zu berechnen [s. Kap. II.e) 4.] und mit dieser dann einen Feuchteindex *(Moisture-Index)* zu errechnen, der für das Jahr aus folgender Formel resultiert

$$J_M = \frac{100\,s - 60\,d}{n}.$$

n = Wasserbedarf des Jahres, gewonnen aus den 12 Monatssummen der potentiellen Evapotranspiration,
s = Wasserüberschuß als Differenz zwischen den Monatswerten von Niederschlag und potentieller Evapotranspiration,
d = Wasserdefizit aus der gleichen Differenz.
[Die Definition der Klimagebiete wird im Kap. IV.c) 2. behandelt).

In den vorauf genannten Ariditätsformeln, -indices oder -koëffizienten wird in verschiedener Form Niederschlag und Temperatur in Beziehung gesetzt. In einer zweiten, zahlenmäßig kleinen Gruppe schlagen die Autoren eine *Beziehung zwischen Niederschlag und Luftfeuchte* zur Abgrenzung von feuchten und trockenen Klimaten vor. Dazu gehört außer einer Reihe von Arbeiten, die in der UdSSR gemacht wurden, sonst aber in der Literatur nicht bekannt geworden sind (Giese, 1974, gibt die entsprechenden bibliographischen Hinweise), der Versuch der Ariditätsdifferenzierung in Afghanistan durch Stenz (1957). Ausgehend vom einfachen Quotienten Jahresverdunstung : Jahresniederschlag E/R berechnete er die Verdunstung E nach einer korrigierten Formel zur Ermittlung des *Verdunstungsindexes* EP nach Szymkiewicz (1925). Diese lautete in der Originalfassung (unter Verwendung der heute üblichen Symbole)

$$EP = (E - e)\frac{T_1}{T_0} \cdot \frac{p_0}{p - E}$$

$(E - e)$ = Sättigungsdefizit,
T_1 = Mitteltemperatur in Kelvingraden,
T_o = Gefrierpunkt in Kelvingraden = 273,
p_o = 760 mm Hg (= Normaldruck),
p = beobachteter Luftdruck.

In erweiterter Form wird die Verdunstung EP nach folgender Gleichung berechnet:

$$EP = 0{,}965 \cdot n \cdot \frac{760}{p - E}(1 + 0{,}2 \cdot v)(E - e)^{0,7}$$

v = Windgeschwindigkeit in km/h,
$E - e$ in cm.

Eingesetzt in den Ausgangsquotienten E/R, hängt der Indexwert von den Variabeln Sättigungsdefizit und Windgeschwindigkeit ab.

Die mehr und mehr an Gewicht gewinnenden und in Zukunft sicherlich auch entscheidenden Arbeiten zur Indizierung der klimatischen Feuchte- oder Trockenheitsverhältnisse (Begriffe humid und arid sind in dieser Formulierung bewußt umgangen worden) gehören zu jenen, welche auf einer Energiebilanz aufgebaut worden sind. Sie sind erstens physikalisch einwandfrei und zweitens durch wohlbegründete stochastische Abhängigkeiten abgesichert. Freilich sind sie erst möglich geworden seit eine ausreichende Kenntnis über die weltweite Differenzierung der Strahlungsterme und ihrer Bilanz gegeben ist [vgl. dazu Kap. II.b)]. Auf diesem und dem darauf basierenden Gebiet *geophysikalisch abgeleiteter Trockenheitsindices* haben Wissenschaftler der Sowjetunion herausragende Pionier- und Grundlagenforschung betrieben. In der Welt sind sie vor allem in Verbindung mit dem Namen Budyko und Grigoriev bekannt geworden. Die hinter den Veröffentlichungen stehende immense Forschungsarbeit kann aber nur von einem großen Stab von Mitarbeitern geleistet worden sein (einige werden von Giese, 1969, zitiert).

Das Verfahren ist einfach – wenn man das notwendige Datenmaterial erst einmal hat. Ausgangspunkt ist das Verhältnis von potentieller Verdunstungshöhe E_o zur

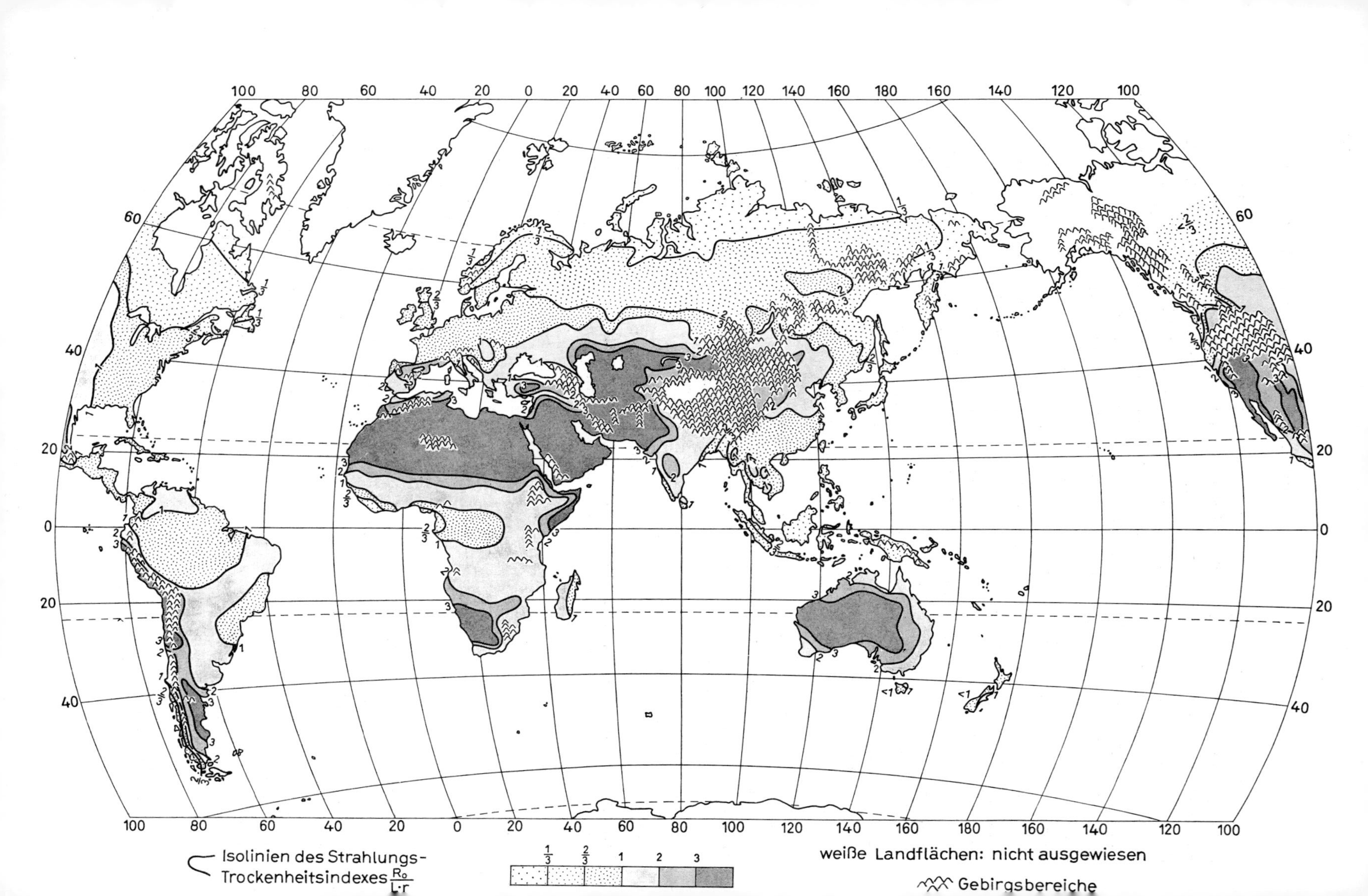

Isolinien des Strahlungs-Trockenheitsindexes $\frac{R_0}{L \cdot r}$
$\frac{1}{3}$ $\frac{2}{3}$ 1 2 3
weiße Landflächen: nicht ausgewiesen
Gebirgsbereiche

Niederschlagshöhe r, also E_o/r, beides gemessen in mm oder cm. Nun hatte Budyko (1951 u. 1955) an Hand eines großen Beobachtungsmaterials aus der Sowjetunion nachgewiesen, daß eine strenge Proportionalität zwischen der Strahlungsbilanz und der potentiellen Verdunstung, oder auch bei Division der Strahlungsbilanz R durch die latente Verdampfungswärme L eine Übereinstimmung der potentiellen Verdunstung mit dem Quotienten Strahlungsbilanz dividiert durch latente Verdampfungswärme (R/L) besteht. Giese (1969) hat als Korrelationskoeffizienten zwischen den letztgenannten Werten 0,84 errechnet. (Zur Berechnung der potentiellen Verdunstung benutzte Budyko eine komplexe Methode, über die Wärmehaushaltsgleichung, wie es ähnlich auch von Albrecht oder Penman (1948) durchgeführt worden ist [s. Kap. II.e) 4.]. Wenn nun E_o mit R durch L streng korreliert ist, dann kann man den letztgenannten Quotienten in das voraus als Ausgangspunkt angegebene Verhältnis E_o/r einsetzen und erhält dann die Größe $R/(L \cdot r)$. Dieser Quotient hat im Zähler wie im Nenner die Dimension einer Energie und ergibt einen *„Strahlungs-Trockenheitsindex“* als das Verhältnis der Strahlungsenergiebilanz an einem Ort zum Wärmeverlust $L \cdot r$, der bei der Verdunstung der jährlichen Niederschlagsmenge r benötigt wird. Unter Verwendung von entsprechenden Strahlungsbilanz- und Niederschlagskarten lassen sich dann die Indexwerte für die verschiedenen Gebiete der Erde bestimmen.

Zusammen mit Grigoriev hat dann Budyko den Verlauf der Isolinien mit den Grenzen der geobotanischen Provinzen verglichen. Es stellte sich heraus, daß für die Arktische Wüste, Tundra, Waldtundra und für alpine Wiesen der Strahlungs-Trokkenheitsindex kleiner als 0,45, für die Waldregion zwischen 0,45 und 1,0, für die Waldsteppe, Steppe und xerophytische subtropische Vegetationsformationen zwischen 1,0 und 3,0 und für die Wüste über 3,0 lag.

Man benötigt also als Datenunterlage Beobachtungen oder Berechnungen der Strahlungsbilanz sowie Messungen der Niederschlagsmengen, beides für weite Gebiete der Erde keine einfache Forderung, wie in den Kap. II.b) 7. u. 8. sowie II.f) 3. u. 5. dargelegt worden ist. Nun, das Problem der Unsicherheit der Niederschlagsdaten besteht auch für die vorauf referierten einfacheren Kalkulationsverfahren von Aridität und Humidität. Und im Hinblick auf die Strahlungsbilanzwerte haben die letzten beiden Jahrzehnte, besonders auch durch die Satellitenbeobachtungen, den notwendigen Fortschritt gebracht, welche den Entwurf einer Karte eines geophysikalisch abgeleiteten Trockenheitsindex ermöglichen (Abb. V.b) 4 in verkleinerter Wiedergabe der entsprechenden Karte im Referat von Giese, 1969). Es sollte noch ausdrücklich vermerkt werden, daß in der Budyko-Formel der Niederschlag zum Unterschied von den früheren Ariditätsformeln nicht im Zähler, sondern im Nenner des Quotienten steht und daß auf die Begriffe arid und humid nicht Bezug genommen wird.

Die Trockengebiete der Erde haben ihre größte Ausdehnung im Einflußbereich der subtropisch-randtropischen Hochdruckgebiete, weil in diesen als Folge der Tendenz zu antizyklonal absteigender Luftbewegung Wolkenauflösung und heiteres Wetter vorherrschen und demzufolge angesichts der niedrigen Breitenlage intensive Insolation und entsprechend hohe Verdunstung herrschen. Treten als weitere stabi-

◂ **Abb. V.b) 4.** Karte des Strahlungs-Trockenheitsindexes — nach Budyko, 1955. (Verkleinerte Wiedergabe der Karte von Giese in Erdkunde, 1969)

lisierende Faktoren noch kaltes Auftriebswasser entlang der Küste, Luftströmungsdivergenz sowie Lee-Wirkung von Gebirgen hinzu, so resultiert eine extreme Aridität. Arica in der nordchilenischen Küstenwüste hat ein Niederschlagsjahresmittel von 0,58 mm und Iquique von 2 mm, wobei in der letztgenannten Stadt einmal 14 Jahre hintereinander kein Regen gefallen ist. Im Bereich der Antizyklonen herrscht auch über den randtropischen Ozeanen (z.B. vor NW-Afrika oder vor dem tropischen S-Amerika bis zu den Galapagosinseln) vom Niederschlag her gesehen extreme Trockenheit.

Im Innern der Festländer ist Aridität gleichbedeutend mit Kontinentalität. Wo nicht antizyklonale Zirkulation, sondern Sperrwirkung von Gebirgszügen das Ausbreiten feuchterer Klimaverhältnisse verhindert, stellt sich ein azonales, orographisch bedingtes Trockengebiet ein, wie in Ost-Patagonien im Schutze der Anden, wo zirkulationsmäßig gesehen an sich zyklonales Westwindklima herrschen müßte. In der stürmischen Westwindzirkulation der Südhemisphäre ist der Lee-Effekt besonders stark.

In den niederen Breiten mit stärkerer Einstrahlung machen sich die Lee-Effekte viel intensiver bemerkbar, weil bei größerer Wärme auch die Niederschlagsmenge erheblich größer sein muß, die für humide Klimabedingungen sorgen könnte. So treten in dem gekammerten und im gesamten Jahresmittel durchaus stark beregneten Hinter-Indien in bestimmten Räumen aus orographischen Gründen je nach der Windrichtung verschieden gelegene Trockengebiete auf. Der Wechsel der Windrichtung im Verlaufe des Monsungeschehens pflegt die Wasserdefizite wieder auszugleichen. Das ist z.B. in Indonesien sehr ausgeprägt der Fall.

Ganz besondere Umstände führen im Bereich des indischen Subkontinentes zu der dort herrschenden extremen, z.T. wüstenhaften (Tharr) sommerlichen Trokkenheit (vgl. Abb. IV.b) 3.). Sowohl die Tatsache der Überwehung der seichten bodennahen, an sich vom Meere stammenden Luft durch eine aus dem ohnehin ariden arabisch-iranischen Raum kommende Luftschicht [vgl. Kap. IV.c)] wie auch die geringe Kondensationsbereitschaft einer kühleren Meeresluft beim Übertritt auf stark erhitztes Festland bewirken die Trockenheit. Sie wird durch zyklonale Winterniederschläge mediterraner Herkunft nur ungenügend kompensiert, so daß man bei Anbau auf die Bewässerung mit dem Wasser des klimatisch-hydrologisch als Fremdlingsfluß zu bezeichnenden Indus angewiesen ist.

Die Aridität Hoch- und Innerasiens ist im Gegensatz zu der Nordafrikas nicht mehr durch das Hochdruckgebiet der Subtropen bedingt, sondern resultiert aus der Superposition von Kontinentalität und Höhe, die beide eine Wasserdampfarmut der Atmosphäre bedingen.

Ausgehend von der Tatsache, daß auch in unserem durchschnittlich ausreichend humiden Klima eine Ertragssteigerung durch zusätzliche Bewässerung sehr wohl möglich ist, ermittelten J.C.J. Mohrmann und J. Kessler (1959) für Europa die *Wasserdefizite* der Sommermonate nach der Gleichung

$$\text{Wasserdefizit} = E_{pot} - (P + R).$$

Hierin bedeuten P den Niederschlag, R den sogenannten Boden-Wurzel-Wert (d.h. den Vorrat an Speicherwasser im Wurzelraum der jeweiligen Feldfrüchte, der von der Wurzellänge und -dichte und der Bodenart abhängt) und E_{pot} die potentielle

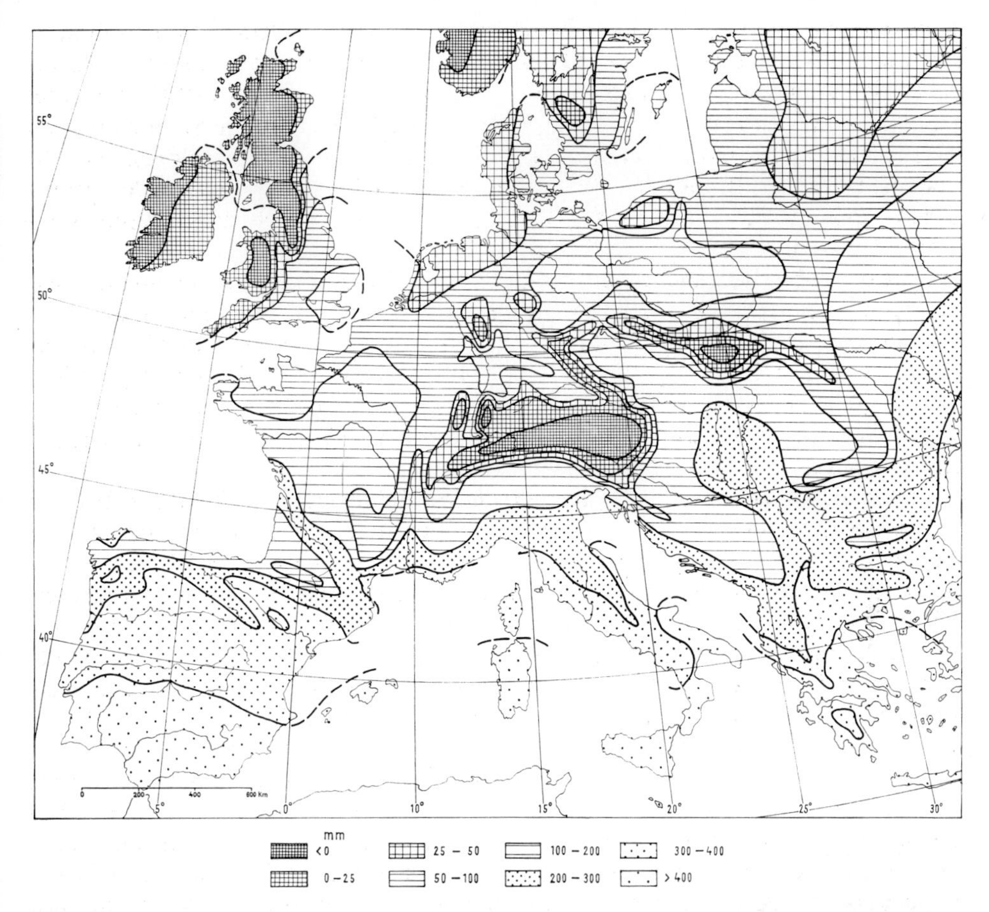

mm

< 0	0 – 25
25 – 50	50 – 100
100 – 200	200 – 300
300 – 400	> 400

Abb. V.b)5. Das klimatologische Niederschlagsdefizit (= potentielle Evapotranspiration [nach Turc] minus Niederschlagsmenge) während der Sommermonate VI–VIII in Europa. (Nach J. C. J. Mohrmann u. J. Kessler, 1959)
Die Karte läßt erkennen, daß in den Sommermonaten nur Westirland, die nordwesteuropäischen Gebirge, der Schwarzwald und die Zentral- und Ostalpen so reichlich mit Niederschlag versehen sind, daß sogar ein Überschuß existiert. Alle übrigen Gebiete weisen in diesen Monaten stärkster Verdunstung einen Fehlbetrag an Niederschlagswasser auf, der von den Gebirgen zum Tiefland hin, von der Küste landeinwärts, vor allem aber vom kühleren Norden zum sommerheißen Süden zunimmt, wo Fehlbeträge von über 400 mm erreicht werden. Soweit den Kulturpflanzen noch genügend Bodenfeuchtigkeit im Wurzelraum zur Überbrückung kurzfristiger oder mäßiger Regendefizite zur Verfügung steht, bleibt Welken noch aus, wenn auch die Wuchsleistung stagniert. Diese physiologisch wichtige Grenze liegt, je nach Kulturpflanze, zwischen 100 und 200 mm Defizit. Oberhalb dieser Grenze ist Bewässerung vital unentbehrlich, unterhalb derselben empfehlenswert zur Erzielung maximaler und optimaler Wuchsleistung

Evapotranspiration. Läßt man R, also die Bodenfeuchtigkeit, außer Betracht, so ergibt $E_{pot} - P$ das *klimatologische Niederschlagsdefizit*. Der Wert für E_{pot} ist freilich, wie bereits besprochen, nur schwierig zu ermitteln. Die beiden Autoren bedienten sich dazu der recht komplizierten Gleichung, die von L. Turc (1954/55) aufgestellt worden war:

$$E = \frac{P + a + V}{\sqrt{1 + \left(\frac{P + a}{L} + \frac{V}{2L}\right)^2}}$$

E = Evapotranspiration in mm für 10 Tage,
P = Niederschlag in mm für 10 Tage,
L = Verdunstungskapazität der Luft, errechnet aus $L = \frac{(t + 2)\sqrt{i}}{16}$ wobei
t = Temperatur in °C in Schattenlage,
i = Globalstrahlung in cal/cm² und Tag,
a = verdunstete, aus dem Bodenwasser gelieferte Wassermenge,
V = Vegetationsfaktor, seinerseits aus einer komplizierten Hilfsgleichung ermittelt. (Näheres siehe Mohrmann u. Kessler, 1959, S. 37–38).

Die auf solche Weise berechneten Karten zeigen, daß nur wenige vollmaritime Gebiete entlang der atlantischen Küsten und die Hochalpen in Europa ganzjährig einen Wasserüberschuß aufweisen, während die übrigen Gebiete nach S und E zunehmende sommerliche Niederschlagsdefizite verraten (Abb. V.b) 5). Solange diese nicht letal wirken, paßt sich die Pflanzenwelt durch Minderung der Wuchsleistungen der Situation an, oder der Mensch paßt sich an und wählt Feldfrüchte, die von Natur aus oder durch Züchtung bedingt vorübergehende Wasserdefizite ertragen. Jedoch könnten in dem breiten Übergangsgebiet mit noch erträglichem Wassermangel durch zusätzliche Bewässerung, d.h. durch Herbeiführung feuchtemäßig optimaler Bedingungen, zweifelsohne fühlbare Ertragssteigerungen erzielt werden.

c) Klima und Relief, Gebirgs- und Höhenklima

Hypsometrischer Wandel der Klimaelemente. Der Einfluß des Reliefs wirkt sich klimatisch in dreifacher Weise aus. Erstens bedingt allein schon die Höhengliederung einen *hypsometrischen Wandel der Klimaelemente.* Der bekannteste ist die hypsometrische Temperaturabnahme [vgl. Kap. II.c) 5.]. Eng damit zusammen hängt die Abnahme des Wasserdampfgehaltes [Kap. II.e) 3.]. Und die wiederum hat zusammen mit den verschiedenen Vorgängen der Wolken- und Niederschlagsbildung erheblichen Einfluß auf die Vertikalverteilung der Niederschläge [Kap. II.f) 5.]. Da die Einflüsse auf alle Strahlungsströme von der Sonne zur Erde und von der Erde zurück in den Weltraum neben der Zusammensetzung wesentlich auch von der Masse der A. bestimmt werden [vgl. Kap. II.b) 3.], muß auch die Strahlung einer hypsometrischen Höhenveränderung unterliegen.

Ein paar zusätzliche Ausführungen mögen diese Art des Einflusses der Gebirge auf die klimatischen Bedingungen erläutern und präzisieren. Die Intensität der *direkten Sonnenstrahlung und ihr Anteil an der Gesamtstrahlung* nehmen bei klarem Himmel mit der Höhe auf Kosten der diffusen Himmelsstrahlung zu. Deshalb erscheint der wolkenfreie Himmel im Hochgebirge tiefblau bis violett. Zugleich ist der Anteil der nicht sichtbaren ultravioletten Strahlen bedeutend höher, besonders im Winter, woraus sich der hohe *Heilwert winterlicher Hochgebirgskuren* ergibt [vgl. Kap. V.g)]. Dorno hat ermittelt, daß in 2500 m bei klarem Himmel die Sonnenstrahlung im Sommer um 37%, im Winter sogar um 50% intensiver als in der Tiefebene ist. Das Hochgebirge ist also im Winter strahlungsreicher als im Sommer, umgekehrt als im Tiefland, was eine Folge des Jahresganges der Bewölkung ist. Vent im oberen Ötztal hat z.B. im Dezember mit 99 cal/cm^2 und Tag einen über doppelt so hohen Globalstrahlungsgenuß als Wien. Die Monatssumme im Juli liegt mit 548 cal/cm^2 und Monat zwar noch beträchtlich über der von Wien (460 cal/cm^2 und Monat), doppelt so groß ist sie aber nicht (Turner u. Tranquillini, 1961). Die intensive Leuchtkraft vieler Hochgebirgsblüten dürfte auf den Strahlungseinfluß zurückgehen. Die Circumglobalstrahlung als Summe von direkter Sonnenstrahlung, diffusem Himmelslicht und Bodenreflexstrahlung weist besonders während der Schneedekkenzeit des Hochgebirges viel höhere Beträge auf als im Tiefland. Das Maximum wird in den Alpen im Spätwinter erreicht. Bemerkenswert hoch ist dabei auch die sog. Mehrfachreflexion, die bei Nebel über dem Schnee beobachtet wird und den bekannten diffusen Blendeffekt hervorruft. Gesteigert ist ferner im Hochgebirge die relative Sonnenscheindauer, insbes. vom Herbst bis zum Spätwinter (Flach, 1967). Diese Fakten bewirken trotz tieferer Temperatur eine gegenüber dem Tiefland im Winter *geringere Abkühlungsgröße* [Kap. II.c) 6.]. Für die Höhenvegetation spielt an bestimmten Standorten die Tatsache eine Rolle, daß bei starkem Reflexionsanteil örtlich die Strahlungsintensität höhere Werte erreichen kann als die Solarkonstante an der Obergrenze der A. (Turner, 1966). Wegen der Kombination von relativ hohem Sonnenstand und geringerer Bewölkung haben die Hochgebirge in den subtropisch-randtropischen Trockengebieten extrem hohe Einstrahlungswerte, die u.a. auch die charakteristische Ablationsform des Büßerschnees (Abb. II.f) 10) in diesen Gebirgen zur Folge hat.

Die *Expositionsunterschiede* nach Hangneigung und -richtung sind in den Gebirgen je nach Breitenlage verschieden. In den tropischen Hochgebirgen sorgt der ausgeprägte Tagesgang der Konvektionsbewölkung dafür, daß Osthänge noch von der Morgensonne bestrahlt werden, die Süd- und Westhänge aber von der inzwischen aufgekommenen Bewölkung verdeckt werden. Eventuelle Schneeniederschläge werden daher auf der sonnenexponierten Morgenseite rasch beseitigt, während sie in den gleichen Höhen der Süd- bis Westhänge wegen der Schattenwirkung der Bewölkung länger liegen bleiben, wodurch sich die tiefere Lage der Schneegrenze an diesen Seiten erklärt. Sie ist kein Luv- und Lee-Phänomen, sondern die Folge des Tagesganges der Bewölkung und der Einstrahlung (Troll, 1941). Gegen die Randtropen hin tritt bei abnehmender Sonnenhöhe der Unterschied zwischen Licht- und Schattenhang mehr und mehr in den Vordergrund. Dieser Gegensatz ist bei Voraussetzung genügend steiler Hänge im subtropischen Hochgebirge am stärksten, weil infolge der geringeren Lichtdiffusion der Schatten intensiver, der Lichthang dagegen greller bestrahlt ist als im Tiefland und in den Ektropen. Es entsteht daraus ein thermischer und feuchtemäßiger Gegensatz, der sich oberhalb der 0°-Grenze in einer intensiven Frostverwitterung, unterhalb in der natürlichen Vegetation dadurch widerspiegelt, daß auf den Schattenseiten oft geschlossene Vegetationsdecken vorhanden sind, während die Sonnenseiten sich durch lückige Xerophytenformationen auszeichnen. In den Gebirgen der Ektropen bewirkt zwar die auch dort vorhandene intensivere Strahlendurchlässigkeit der dünnen A. einen gegenüber dem Tiefland gesteigerten Kontrast zwischen Licht- und Schattenhang, aber infolge des niedrigeren Sonnenstandes haben die Strahlen einen längeren Weg durch die A. zurückzulegen als beim Steilstand über tropischen Gebirgen. Die Hangneigung kann diese Differenz nicht kompensieren, sie kann lediglich den Auftreffwinkel auf die Erdoberfläche vergrößern und auf diese Weise den Erwärmungseffekt gegenüber der Reflexion erhöhen. Die Begünstigung der Südhänge im Mittelbreitenklima ist eine geläufige Tatsache (Huttenlocher, 1923), die besonders bei Talhängen hervortritt, wobei insges. betrachtet ost-west-verlaufende Täler günstiger gestellt sind als meridional gerichtete, deren Hänge lange im Abend- und Morgenschatten liegen. Gegen die Pole hin verringert sich der Gegensatz im Strahlungsgenuß der Hänge wieder insofern, als im Sommer der extrem lange Tagbogen der Sonne – bei hohem diffusem Lichtanteil – auch Nordhänge noch erreicht, wenn auch bei sehr niedriger Sonnenhöhe. Immerhin ist dieser Faktor nicht unerheblich bei der Beurteilung der mechanischen Wirkung von Frostwechsel in den Gebirgen höherer Breiten.

Die *Temperaturabnahme mit der Höhe* ist in den Gebirgen der Erde regional sehr verschieden. Über die Abhängigkeit vom Klimatyp muß auf Lautensach und Boegel (1957) verwiesen werden. Folge der Höhenabstufung der Wärme ist in allen Gebirgen eine klimatische Vertikalgliederung, die sich unterhalb der Frostgrenze in entsprechenden Vegetations- und Wirtschaftsstufen manifestiert. Am ausgeprägtesten ist es naturgemäß in den Tropengebirgen, wo die größte Temperaturspanne zwischen dem warmen Tiefland und der Frostregion der Gipfel besteht und wo außerdem kein entscheidender Jahresgang der Temperatur vorhanden ist, welcher in bestimmten Jahreszeiten den thermischen Unterschied zwischen Gebirgs- und Vorland aufheben könnte, wie es in den höheren Breiten im Winter weitgehend der Fall ist. Die tropischen Hochgebirge besitzen grundsätzlich in allen Höhenstufen den gleichen täglichen und jährlichen Temperaturgang; thermische Jahreszeiten fehlen ihr. Die Jahreszeitendifferenzierung wird im wesentlichen durch den Wechsel von Regen- und Trockenzeit bestimmt. So weisen alle *tropischen Gebirge* eine charakteristische Vertikalgliederung nach Höhenstufen auf, welche zwar in den thermischen Bedingungen basiert, aber über die natürliche Vegetation sowie die Anbau-, Wirt-

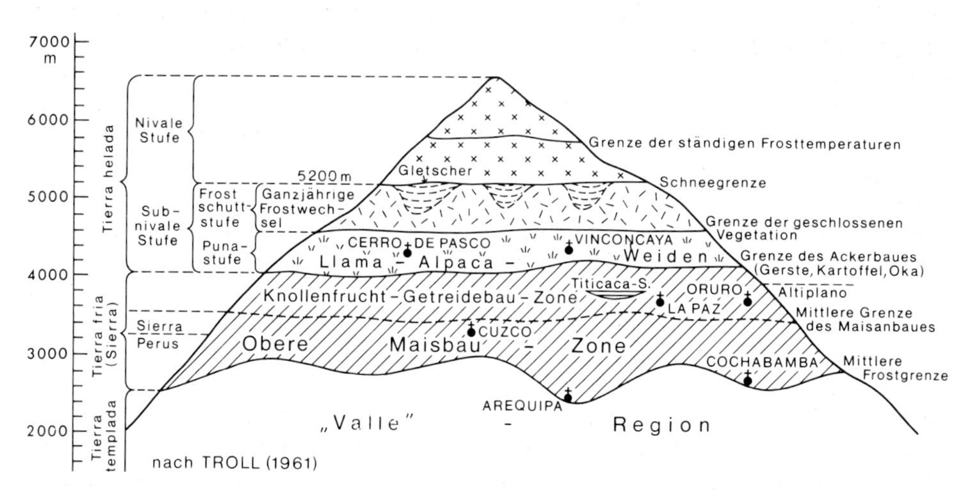

Abb. V.c) 1. Die Höhenstufen der Lebens- und Naturräume in den tropischen Anden (nach Troll, 1961) im Bereich von Peru und Bolivien. Man beachte das leichte Ansteigen der Höhengrenzen gegen die trockneren äußeren Tropen (s. dazu auch den Text)

schafts- und Siedlungsbedingungen des Menschen den Charakter einer *Vertikalgliederung von Lebensräumen* annimmt wie sie z. B. Troll 1961 für die Anden dargestellt hat (Abb. V.e) 1.). In der Tab. V.e) 1. sind die Höhenstufen für Äthiopien mit ihren entsprechenden klimatischen und geographischen Charakteristika aufgeführt (Behrens, 1971). Auf die entsprechende für die südamerikanischen Anden wird noch zurückzukommen sein.

Tab. V.c) 1. Höhenstufen von Klima, Vegetation und Wirtschaft in Äthiopien. (Leicht modifiziert nach S. Behrens, 1971)

einheim. Namen	Höhe über NN	Jahrestemp.	Klimatyp	Natürl. Veg.	Kultur-pflanzen
Wirch	> 3500 m	< 14°C	alpin	alpine Matten	–
Dega	2500–3500 m	16°C	temperiert	Wälder aus Podocarpus gracilis (zigba) und Juniperus (Tid)	Gerste Hafer Weizen
Woina Dega	1800–2500 m	22°C	tropisches Höhenklima	Wald	Teffhirse Kaffee Obst Mais
Kolla	1500–1800 m	26°C	tropsich-äquatorial	Grassavanne mit Acacia bamboo	Baumwolle Zuckerrohr
Bercha	< 1500 m	> 30°C	Halbwüste und Wüste	Xerophyten	–

In den Gebirgen der Mittelbreiten stufen sich die klimatischen Erscheinungen mit der Höhe natürlich auch in charakteristischer Weise ab und gehen mit entsprechenden pflanzengeographischen und wirtschaftlichen Befunden parallel. Der Unterschied ist aber nicht so krass, daß es dafür bestimmte Namen geben würde. Die Alm scheint eine bezeichnende Ausnahme für jenen Bereich zu sein, der im Jahreszeitenwechsel für begrenzte Zeit in den agrarischen Lebens- und Wirtschaftsraum der Gebirgsbewohner einbezogen werden kann.

Unter sehr effektiven Ausstrahlungsbedingungen und bei windschwachem Wetter kann die normale Temperaturabnahme mit der Höhe lokal durch eine Temperaturzunahme in der bodennahen Luftschicht ersetzt werden, wenn sich kalte schwere Luft in Mulden oder Tälern sammelt, während die Hänge wärmer bleiben. Erst von der warmen Hangzone an aufwärts setzt die normal zu erwartende Temperaturabnahme mit der Höhe ein. In den Nordostsibirischen Gebirgen ist diese *inverse Temperaturschichtung im Winter* weit verbreitet und typisch. In Europa stellt sie sich bei antizyklonalen Wetterlagen zum Beispiel im Klagenfurter und anderen alpinen Bekken (Wakonigg, 1970) oder auch in der Oberrheinebene (Havlik, 1970) ein. Koch (1961) sowie Aulitzky (1968) haben nachweisen können, daß die *„warme Hangzone"* ein generelles Phänomen des Gebirgsklimas darstellt, also nicht nur bei Inversionswetterlagen vorkommt.

Folge der niedrigeren Temperatur sind erheblich geringere Dampfdruckwerte in den Hochgebirgen. In den Kammlagen der Zentralalpen werden nur noch 20–25% der Werte im Meeresniveau erreicht (Flach, 1967). Schwüle ist daher im Hochgebirge unbekannt, da diese an hohe Dampfdrucke gebunden ist [s. Kap. II.c) 6.]. Mit der hohen Einstrahlungsintensität, dem relativ geringen Luftdruck und der größeren Windstärke hängt es zusammen, daß trotz allgemein tieferer Lufttemperatur in den Hochgebirgen eine *gesteigerte Verdunstung* gegenüber den Tiefländern vorhanden ist. So dürfte der Polsterwuchs in der Mattenregion vieler Hochgebirge dem Verdunstungsschutz der Pflanzen dienen.

Einfluß auf die Luftströmung. Eine zweite Gruppe von *Reliefeinflüssen* beruht darauf, daß Gebirgszüge *auf den Lufttransport* ablenkend, hindernd oder gar sperrend einwirken. Dadurch entstehen *Luv- und Lee-Effekte* im Strömungsfeld mit einer Reihe von wichtigen Folgen auf andere Klimaelemente. Sie sind unter systematischen Gesichtspunkten in Kap. II.h) 5. im Zusammenhang mit dem Föhnprinzip behandelt worden. Am auffälligsten sind Stau- und Föhneffekte bei quer zum Gebirge auftreffenden Luftströmungen. Wenn diese noch eine gewisse Richtungskonstanz, evtl. mit jahreszeitlicher Periodizität aufweisen, so ergeben sich klimatisch einseitige Bevorzugungen oder Benachteiligungen der Gebirgsflanken. Im mitteleuropäischen Westwindklima sind die Westseiten feuchter, wolkenreicher, kühler als die im Lee gelegenen Abdachungen. Durch den Luftmassenstau vor dem Gebirgshindernis macht sich der Einfluß des Gebirges weiter im Vorland bemerkbar als die bloße Reliefsperre reichen würde. Jede Niederschlagskarte verrät das. Wie weit die Wirkung der Stauniederschläge bei mehreren hintereinanderliegenden Bergzügen ins Gebirge hineinreicht, hängt entscheidend von der Kondensationshöhe vor dem ersten Hindernis ab. Diese wird wieder durch die Ausgangstemperatur und -feuchtigkeit, d.h. durch die Jahreszeit und Luftmasse, bestimmt (Fliri, 1967). Liegt das Kondensationsniveau tief, wie im Winter bzw. bei maritimer Kaltluft, dann fällt die Hauptmenge des Niederschlags schon im ersten Randkettenstau und das Gebirgsinnere erhält nur wenig Niederschlag. Liegt dagegen das Kondensationsniveau höher als die Randketten, reicht der Stauniederschlag bei gleichmäßiger Verteilung bis ins Gebirgsinnere. Das ist vorzugsweise im Sommer bzw. bei Warmluftzufuhr der Fall. Dieses Stauverhalten ist z.B. in den Alpen deutlich zu belegen. Es wird allerdings ggf. durch Konvektionsniederschläge oder Aufgleitniederschläge aus hohen, vom Relief weniger beeinflußten Wolkenschirmen überlagert.

Auf der Lee-Seite tritt nach dem Föhnprinzip relativ rasch Wolkenauflösung ein. So kann oft eine scharf begrenzte, sich trotz heftiger Luftbewegung in ihrer Lage nicht verändernde Wolkenbank entlang der Kammlinie beobachtet werden (Föhn- oder auch Boramauer). Bei lokalem Absinken über Gebirgsbecken bilden sich ortsbeständige Föhnlücken in der Wolkendecke.

Daß selbst die geringfügigen Höhen der norddeutschen Endmoränenkränze bei regenbringenden Westwetterlagen deutliche Stau- und Leewirkungen aufweisen, konnte bereits Knoch (1911) nachweisen. Die derart entstandenen Trockengebiete der unteren Oder bzw. des Weichseldeltas sind von Meincke (1936) bzw. Kups (1940) bearbeitet worden.

Dadurch, daß Bergzüge häufig in das Kondensationsniveau hineinragen, welches auf der Luvseite tiefer beginnt als auf der Leeseite, sind die höheren Lagen nebelreicher, d.h. häufiger in Wolken eingehüllt. In den feuchten Tropen ist das die Zone der Bergnebelwälder.

Entsprechend der infolge starker Bewölkung geringeren Wärme auf der Luvseite und der hier größeren Niederschlagsmenge liegt die Schneegrenze im Stau in der Regel niedriger als im Lee, woran auch die winterlichen bodennahen Kaltluftseen in Leebeckenlandschaften nichts ändern. Allerdings konnte Roller (1953) in den Hohen Tauern die verblüffende Beobachtung machen, daß der Nordhang trotz höherer Schneedecke und geringerer Besonnung etwa gleichzeitig mit dem Südhang aper wird. Sie führte die beschleunigte Ablation darauf zurück, daß feuchtes, nebliges und windiges Wetter bei Temperaturen etwas über 0° infolge ununterbrochener relativ hoher Gegenstrahlung aus den Wolken die Abschmelze mehr begünstigte als das zwar sonnigere, aber trockenere und durch Nachtfröste unterbrochene windstillere Wetter der Südseite. Es zeigt sich übrigens auch, daß die Ausaperungsreihenfolge im Gebirge „geländefest" ist, nur die Ausaperungszeit schwankt von Jahr zu Jahr. Friedel (1952) sprach deshalb von einer Kombination von „Niveaueffekt" und „Reliefeffekt", dem das Verschwinden der Schneedecke im Hochgebirge unterliegt.

Durch *Verengung des Strömungsquerschnittes* bewirken Gebirge über ihren Höhen *größere Windgeschwindigkeiten.* Insbesondere Kämme und Gipfel zeichnen sich dadurch aus. Paßscharten in Gebirgszügen unterliegen besonderen Düseneffekten, wovon Windschur an Bäumen und Sträuchern, Herabdrücken der Baumgrenze sowie häufige Schneeverwehungen Zeugnis ablegen. Da die Luftströmungen sich den Gegebenheiten des Reliefs anpassen, führt das zu Richtungsablenkungen, die um so auffälliger sind, je schwächer der Luftdruckgradient ist und je markanter das Reliefhindernis bzw. je weniger sich dessen Erstreckung von der allgemeinen Windrichtung unterscheidet. Wie der Reliefeinfluß im einzelnen auf die Windrichtung bestimmend wirkt, ist ein sehr komplizierter Vorgang, wie Pichler und Reuter (1964) am Beispiel der Alpen theoretisch und durch Interpretation der Beobachtungen gezeigt haben. Windrosen von Stationen in Gebirgstälern sind deutlich an den Talverlauf angepaßt, während Bergstationen davon frei sind. Föhnströmungen in den Alpen bevorzugen die ihrer Hauptrichtung am besten entsprechenden Meridionaltalstrecken, die als „Föhngassen" daher größte Häufigkeit und Heftigkeit des Föhns aufweisen (z.B. das Wipptal südlich Innsbruck).

Einflüsse großer Massenerhebungen. Der dritte *Einfluß* des Reliefs beruht darauf, daß *durch die Massenerhebung* und ihre spezifische Oberflächenformung eine Energieumsatzfläche für Strahlung, Verdunstung, Reibung z.B. mit einer im einzelnen sehr unterschiedlichen Höhenlage, Exposition und Hangneigung weit oberhalb der normalen Tieflandsniveaus auftritt. Eine bekannte Folge ist das sog. *„Gesetz der großen Massenerhebungen",* wonach die mittlere Lufttemperatur über einem Gebirge höher liegt als im gleichen Niveau der freien A. über dem Tiefland, die isothermen Flächen also eine Aufwölbung über den Massenerhebungen aufweisen. Der Effekt ist erheblich, zeigt sich in den entsprechenden *Aufwölbungen der* thermisch abhängigen *physischen und biologischen Höhengrenzen* (Schnee-, Waldgrenze) und spielt oft eine entscheidende Rolle für die Nutzung von Hochgebirgsteilen als Lebensräume der Menschen. Für den bolivianischen Altiplano schafft allein die Massenerhebung mit einer Temperaturanomalie gegenüber der freien A. des Vorlandes von 6–8° die thermischen Voraussetzungen dafür, daß noch Feldbau auf Kartoffel,

Gerste und verschiedene einheimische außertropische Nutzgewächse betrieben werden kann.

Der Effekt beruht darauf, daß am Tage, wenn die Erdoberfläche als Heizfläche wirkt, die Luft über der Massenerhebung stärker erwärmt wird, als das in der freien A. der Fall sein kann, und daß nachts, wenn die oberflächennahe Luft stärker abgekühlt wird, diese an den Gebirgshängen abfließt und von oben durch normaltemperierte oder sogar durch dynamisch leicht angewärmte ersetzt wird. Die Oberflächentemperaturen des Bodens weisen übrigens eine zusätzliche positive Anomalie gegenüber der Lufttemperatur auf, die mit wachsender Höhe zunimmt. Geiger (1953) berechnete die Abweichung der Bodenoberflächentemperatur von der Lufttemperatur für die Alpen in 400 m auf +0,5°, in 2700 m dagegen bereits auf +2,9°. Das Jahresmittel der Lufttemperatur erreicht in den Alpen in etwa 2000 m den Nullpunkt, das der Bodentemperatur aber erst in etwa 2700 m.

Mit dem nächtlichen Abfließen der durch Strahlung abgekühlten Luft ist bereits eine weitere Folge der hochgelegenen reliefierten Energieumsatzfläche angesprochen: das System der *tagesperiodischen Ausgleichswinde,* für das Genese und Regeln des Ablaufes in Kap. II.h) 5. bereits besprochen wurden. Mit den Ausgleichszirkulationen sind Konsequenzen für Wolken- und evtl. Niederschlagsbildung verbunden. *Am Tage* müssen über den Konvergenzlinien der Tal- und Hangaufwinde orographisch bedingte Konvektionsanstöße *zu verstärkter Bildung von Konvektionswolken* und evtl. -niederschlägen führen. In den feuchten Tropen läßt sich für die Höhenregionen ein deutliches Niederschlagsmaximum gegen Mittag nachweisen, während die großen Täler ein Nachtmaximum haben (Trojer, 1959); [s. Kap. II.f) 6.]. Schließlich wird durch die verstärkte Konvektion über dem Gebirge latente Wärme in Schichten oberhalb der von der Grenzfläche direkt erwärmten Luftschicht freigesetzt und damit die Aufwölbung der Isothermenflächen noch verstärkt. Das wiederum hat eine Aufwölbung der Flächen gleichen Druckes [s. Kap. II.g) 2.] und damit ein *relatives Hoch in der mittleren Troposphäre* über den großen Massenerhebungen zur Folge (Flohn, 1953, 1970). Die direkte Rückwirkung auf das Gebirge ist antizyklonales Strahlungswetter. Über Hochflächen verursacht dies verstärkte Einstrahlung und Forcierung der thermischen Turbulenz und Konvektion. Folge davon ist, daß sich die hohen Windgeschwindigkeiten, die in den Luftschichten oberhalb des Hochplateaus ausgebildet sind, tagsüber gegen die Erdoberfläche durchsetzen und dort zu dem *Tagesmaximum der Windgeschwindigkeit* führen, was wiederum mit dem „Köpfen des Tagesmaximums der Temperatur" verbunden ist [s. Kap. II.h) 3.]. *Reduktion der täglichen Maximaltemperatur* und Abfließen der nächtlichen Ausstrahlungskaltluft bedeutet eine Reduktion der Tagesamplitude des Temperaturganges. Prinzipiell gleiche Überlegungen führen zu einer ebenfalls reduzierten Jahrestemperaturschwankung im Gebirge, so daß als ganzes resultiert, daß die *Hochgebirge „ozeanischer",* d.h. thermisch ausgeglichener erscheinen als die Tiefländer. Das hindert nicht, daß beispielsweise in den Hochlandssteppen und Halbwüsten des Punablockes der Zentralanden besonders große Temperaturamplituden auftreten, wie sie Troll (1941) beobachtet und mitgeteilt hat. Als Regelerscheinungen sind die größten tagesperiodischen Temperaturänderungen an tiefer gelegenen Becken in den gleichen Trockenregionen gebunden (Weischet, 1966). Über die zuletzt genannten direkten Einflüsse auf die Massenerhebung selbst hat die Aufwölbung der isothermen und isobaren Flächen Konsequenzen für die allgemeine Zirkulation der A. im Umkreis der großen Massenerhebung. Die Massenerhebungen Zentralasiens beeinflussen die Luftdruckverteilung in der Höhe so wesentlich im antizyklonalen Sinne, daß die Zyklonenbahnen dadurch in charakteristischer Weise abgelenkt werden (Flohn, 1970; Chang, 1962); [vgl. auch IV.c)].

Hinsichtlich der jahreszeitlichen und vertikalen Verteilung der Niederschläge lassen sich die vorausgenannten Einflüsse in den Gebirgen weniger gut in ihrer Wirkung voneinander trennen. Es superponieren sich dynamische mit hypsometrischen Einflüssen. Sie können zusammen allerdings nur Modifikationen an den in den einzelnen Klimaregionen vorherrschenden Niederschlag erzeugenden Abläufen hervorrufen, prinzipielle Veränderungen gegenüber den Vorländern treten nicht auf. Wenn dort konvektive Sommerregen oder ganzjährig zyklonale Niederschläge vorherrschen, so ist das auch im Gebirge so. Die Modifikationen sind für die zyklonale Westwinddrift, daß bei ganzjährigen Niederschlägen in Gebirgen der Winter, im Vorland der Sommer ein relatives Maximum aufweisen. Bei passatischen Stauregen ist im Gebirge das Wintermaximum stärker als im Vorland. Im Bereich der konvektiven Sommerregen der Tropen bleibt der Jahresgang über alle Höhenstockwerke erhalten. Nur bildet sich unter diesen Bedingungen die Höhenstufe maximaler Niederschläge bereits zwischen 900 und 1200 m aus, wie im Kap. II.f) 5. ausführlich dargestellt und begründet worden ist.

Tropisches Gebirgsklima. Für die *Hochgebirge der inneren Tropen* ergeben sich aus der Tatsache, daß in den Tropen ganz allgemein die strahlungsbedingten jahreszeitlichen Temperaturschwankungen relativ gering sind und daß die vorhandenen durch die vorher genannte thermisch ausgleichende Wirkung der Gebirge noch zusätzlich reduziert werden, *extrem kleine Jahresgänge der Temperatur.* Als bekanntes Beispiel dafür gilt Quito, die fast 3000 m hoch gelegene Hauptstadt Ecuadors, wo die Differenz zwischen der Mitteltemperatur des „wärmsten" und „kältesten" Monats nicht einmal ein halbes Grad ausmacht. Alle innertropischen Hochgebirge kennen praktisch keine thermischen Jahreszeiten. Gegen die äußeren Tropen wird die Jahresamplitude zwar etwas größer. Auf dem Altiplano Boliviens am Rande der Tropen sind es aber auch nur 5–6°. So werden überall in den tropischen Gebirgen die Jahreszeiten vom Wechsel zwischen Regen- und Trockenzeit bestimmt. Die relativ höchsten Temperaturen treten jeweils kurz vor Beginn der tropischen Zenitalregen auf. Dann ist für die Andenbewohner *„verano"* (= Sommer). Mit Einsetzen der Regen sinken die Lufttemperaturen etwas, gleichgültig ob dann die Mittagshöhe der Sonne ein bißchen größer als vorher ist. Vor allem wird es aber durch Wind und Feuchtigkeit bioklimatisch kühler. Das ist für die lateinamerikanischen Tropenbewohner der *„invierno"* (= Winter). Wenn es zuweilen als paradox bezeichnet wird, die Monate des niedrigeren Sonnenstandes (übersetzt) „Sommer", die um den höchsten Sonnenstand „Winter" zu nennen, so schlägt darin über Gebühr die Erfahrungswelt des Europäers und der klimatologisch-theoretische Denkansatz durch. Es ist nicht paradox, es ist konsequent.

Prinzipiell die gleichen Ursachen, welche eine tropische Regenzeit zum invierno machen, nämlich die mit Niederschlagswetter verbundene geringere Einstrahlung zusammen mit der Verdunstungsabkühlung, führen dazu, daß der Effekt der Massenerhebung mit der entsprechenden Aufwölbung aller physischen, biologischen und kulturgeographischen Höhengrenzen in den relativ trockenen äußeren

Tropen größer ist als in den ganzjährig beregneten inneren. So *steigen* beispielsweise die *Schnee- und Anbaugrenzen* und mit ihnen wenigstens die oberen der thermischen Höhenstufen im Meridionalprofil von den äquatorialen Anden in Ecuador *zu den randtropischen Anden* in Bolivien an, wie es auch in der Abb. V.c) 1. zu Ausdruck kommt.

Aus dem vorauf Dargestellten ergibt sich, daß es klimatologisch unrichtig ist und zu objektiv falschen Vorstellungen führt, wenn in Klimakarten (z.B. bei Köppen) jene Höhenstufen tropischer Hochgebirge mit der entsprechenden Farbe des außertropischen Tieflandsklimas belegt werden, mit denen sie die Jahresmitteltemperatur gemeinsam haben. *Tropenklimate und Außertropenklimate sind grundsätzlich verschieden,* unabhängig davon, ob sie einen Rechenwert wie die Jahresmitteltemperatur gemeinsam haben, eine Tatsache, auf die wiederholt und berechtigt die Geographen unter den Klimatologen (Hettner u. Troll z.B.) hingewiesen haben.

d) Klima der bodennahen Luftschicht, Geländeklima

Die bisher unter Kap. V a bis c behandelten allgemeinen Klimatypen sind durch bestimmte Kombinationen von wenigen, großräumig vergleichbaren Klimaelementen charakterisiert. Sie sind Typen des Regional- oder Makroklimas mit länder- oder kontinentweiter räumlicher Differenzierung. In all diesen Klimaten ist jeweils eine typische Variation eingelagert, deren wesensbestimmendes *Typisierungsmerkmal* einfach die *Nähe ihres Ausbildungsraumes zur Erdoberfläche* ist. Diese Variation wurde anfangs durch das klassische Lehrbuch von Geiger (1. Aufl. 1927, 4. Aufl. 1961) als *Mikroklima* bezeichnet, hat aber im Laufe der letzten 50 Jahre noch eine ganze Reihe anderer Namens- und Differenzierungsvorschläge gezeitigt (auf sie soll allerdings nicht eingegangen werden. Man vergleiche dazu Weischet, 1956 oder Eriksen, 1975). Was gemeint ist, sind die Eigenschaften und das Verhalten der bodennahen Luftschicht, weshalb die Bezeichnung *bodennahes Klima* vorgezogen wird. Maßgebend für seine spezielle Gestaltung sind der Strahlungsumsatz an der Erdoberfläche, die Transformation des Wassers in seine drei Aggregatzustände fest, flüssig und gasförmig, sowie die reibungsbedingte Herabsetzung des turbulenten Austausches. Alle drei Vorgänge sind in ihrer Wirkung entscheidend abhängig davon, wie die Erdoberfläche im einzelnen beschaffen ist, ob es sich z.B. um eine ebene, unbewachsene, trockene Gesteinsoberfläche als ein Extrem oder um eine von Feuchtwald bestandene tiefe Schlucht als ein anderes Extrem oder aber um eine der schier unüberschaubaren Vielzahl von Zwischenmöglichkeiten handelt. Daraus resultiert die *kleindimensionierte Vielfalt* der Differenzierung im bodennahen Klima. Es kann sich auf kürzester Entfernung ändern, so daß also „Klein"-klima eigentlich als *„kleinräumig differenziertes" Klima* aufzufassen ist.

Während beim Großklima die vom Boden und seinen Strahlungs- bzw. Reibungsverhältnissen möglichst unbeeinflußten „wahren" Meßwerte interessieren [vgl. dazu Kap. I.c)], ist es beim bodennahen Klima umgekehrt. Hier sind es gerade die Lokalfaktoren und ihre Wirkungen, die studiert werden sollen. Da ein Teil des menschlichen, der größte Teil des pflanzlichen und tierischen Lebensraumes in diesen Klimabereich fällt, erhellt daraus seine große praktische Bedeutung. Andererseits zwingt die Fülle kleinräumiger bodennaher Klimaunterschiede dazu, daß nur jene charakteristischen Grundzüge des bodennahen Klimas hervorgehoben werden können, die für geographische Gesichtspunkte besonders belangvoll sind. Für das Weitergehende muß auf die einschlägigen Handbücher, insbes. das inhaltsreiche Werk von Geiger (1961) über „Das Klima der bodennahen Luftschicht" sowie auf das neue Lehrbuch von Yoshino (1977) „Climate in a Small Area" hingewiesen werden. Da sich aus der Gesamtheit des bodennahen Klimas das Klima in den Städten und dasjenige innerhalb der Vegetationsbestände als besondere Kategorien relativ gut abgrenzen lassen, ist es zweckmäßig, das Stadtklima wie das Bestandsklima als eigene, spezifisch geprägte Klimatypen auszuscheiden und für sich zu besprechen [Kap. V.e) u. f)]. Die nachfolgenden Ausführungen beziehen sich also auf das Verhalten der Klimaelemente in der bodennahen Luftschicht außerhalb des Häusermeeres und der Pflanzenbestände. Die Übergänge sind freilich fließend, auch in der Vertikalen. Es sollen nur die prinzipiell wichtigen Besonderheiten behandelt werden. Bemerkenswert und die Darstellung erleichternd ist dabei die Tatsache, daß die zu beobachtenden Gesetzmäßigkeiten innerhalb der verschiedenen Großklimate auffallend ähnlich sind, daß im Polarklima beispielsweise keine grundsätzlichen Unterschiede gegenüber den Subtropen oder Tropen etwa vorhanden sind.

Einstrahlungs- und Ausstrahlungstyp. Allerdings wird die Gleichartigkeit des Verhaltens der bodennahen Luftschicht eingeengt durch folgende Überlegungen: Ein maßgebender Gestaltungsprozeß des bodennahen Klimas ist der Umsatz der an der Erdoberfläche ankommenden Strahlung. Im polnahen Bereich ist der Anteil der diffusen gegenüber der direkten Strahlung am höchsten. Diffuse Strahlung kommt aber der Erdoberfläche aus einem sehr breiten Einfallswinkel zugute. Außerdem ist der Tagesbogen der Sonne lang und so flach, daß die direkte strahlungsmäßige Bevorzugung der Südhänge nicht mehr so kraß ist. Ihr Nutzen ist erst von einem gewissen Mindesthochstand des Tagesgestirns über dem Horizont gegeben. In den Tropen läßt die steilstehende Sonne über Tage keine eigentlichen Schatthänge entstehen, auch der Nordhang wird genau so besonnt wie der Südhang. Lediglich morgens und abends liegen die West- bzw. Ostflanken einer Erhebung in kurzdauerndem Schatten. Zwischen jenen Extremzonen der Tropen und der Polarkappen liegt also der eigentliche Bereich der Expositionswirkung im Strahlungshaushalt.

Der Strahlungsumsatz am Erdboden ist verantwortlich für die Regelung der Temperatur des Bodens und der ihm aufliegenden Luft. Nur in der hauchdünnen, weniger als 1 mm starken *Grenzschicht* vollzieht sich der Wärmeübergang durch direkte echte Leitung, darüber dann über eine ebenfalls noch wenig mächtige *Zwischenschicht* auf dem Wege über den regellosen Massenaustausch, der in der von R. Geiger so genannten *Oberschicht* voll entwickelt ist und den größten Teil des bodennahen Luftraumes umfaßt.

Die *kleinsträumige Turbulenz* dieser Schicht ist bei Einstrahlungswetter durch raschen Wechsel der Temperatur von cm zu cm innerhalb dieser Austauschvorgänge gekennzeichnet, was zum bekannten Flimmern oder Szintillieren der Lichtstrahlen oder zu Luftspiegelungen in Bodennähe führt. Die *Engräumigkeit der Wärmezellen* macht die Messung mittels punkthaft registrierender Meßgeräte ungenau. Man bedient sich daher hierfür des über eine gewisse Strecke integrierenden bzw. mittelnden, von F. Albrecht (1927) konstruierten Hitzdrahtthermometers, das den von der Wärmeeinwirkung abhängigen elektrischen Widerstand in einem Stück feinsten Platindrahtes mißt. Aus der auf diese Weise ermittelten Feinstruktur der Wärmeschichtung über dem Boden mit ihren starken negativen (Überhitzungen) oder positiven (Inversionen) Vertikalgradienten leitet sich letztlich erst das ab, was wir normale Lufttemperatur nennen, die also das Resultat eines *Mischungseffektes* darstellt, der primär von der Ein- und Ausstrahlungsfläche des Bodens ausgeht.

Der *Boden* und damit die aufliegende Luft erhält eine *extrem hohe Wärmemenge,* die bei dunklen, gegen den Untergrund gut isolierten (d.h. lockeren) Bodenarten – wie z.B. trockenen Moorböden – am größten ist. Werte von 60–80° sind keine Seltenheit, auch in unseren Breiten nicht bei entsprechender Hangneigung. Auch Sandboden erhitzt sich wegen seiner schlechten Leitfähigkeit sehr stark. Allerdings kühlen diese Böden nachts auch wieder ebenso rasch ab, so daß sie Spät- und Frühfröste begünstigen. Diese Temperaturextreme im Erdboden sind auf wenige cm beschränkt. Neigung gegen den Strahleneinfall verstärkt den Wärmegewinn, was beim Ausapern aus einer Schneedecke besonders deutlich beobachtet werden kann. Diese läßt einen Teil der Strahlung bis zum Boden durch, wo letztere in Wärme umgewandelt wird. Aber auch im Sommer spielen die *Neigungsunterschiede* im Kleinstrelief eine große Rolle. Sie werden von den Pflanzengemeinschaften ebenso artspezifisch ausgenutzt wie von der Tierwelt (Anlage von Nestern der Bodenbrüter auf der zur Sonne geneigten Seite von Bodenunebenheiten). Daß hierbei die Neigung zur Nachmittagssonne wichtiger ist als zur Vormittagssonne liegt daran, daß der Wärmegewinn von letzterer z.T. noch für Verdunstung nächtlich kondensierter Bodenfeuchtigkeit verbraucht wird und daher erst nachmittags der optimale Erwärmungseffekt erzielt wird.

Über der erhitzten Unterlage erhält die aufliegende Luft einen kräftigen *Auftrieb,* der sich jedoch nur in einem unruhigen Ablösen von Luftpaketen äußern kann, und deshalb sofort kühlere Luft zum Ausgleich herniedersinkt. Es entsteht auf diese Weise je nach Strahlungsintensität und Luftruhe verschieden hoch reichend eine starke *bodennahe Turbulenz,* die sich in der bekannten Luftschlierenbildung oder Bildverzerrung äußert. Starke Einstrahlung führt sogar zu einer extremen Überhitzung der bodennahen Luft, weil infolge der Zähigkeit bzw. „Adhäsion" der letztgenannten der Ausgleich durch turbulenten Austausch mit der Hitzezufuhr nicht Schritt halten kann. Es kommen daher bei intensiver Einstrahlung sehr *große vertikale Temperaturunterschiede* innerhalb der untersten 2 m vor. In den untersten 5–10 cm ist die Luft nicht selten um 5–10° wärmer als in 2 m Höhe. Es herrscht also ein überadiabatisches Temperaturgefälle. Die Schichtung ist stark labil. Die daraus resultierende thermische Turbulenz verhindert ein weiteres Ansteigen der thermischen Unterschiede. Man nennt das den *Einstrahlungstypus der Temperaturverteilung* (Geiger, 1961). Im einzelnen hängt die Differenz stark von der Unterlagenbeschaffenheit ab; insbesondere dunkles, nacktes Felsgestein oder Böden mit schlechter Wärmeleitfähigkeit wie Torf z.B. verursachen extreme Unterschiede.

Während der nächtlichen Ausstrahlung kühlt sich die Luft in den untersten Zentimetern über dem Erdboden am stärksten ab. Im Gegensatz zu den Einstrahlungszeiten resultiert eine stabile Schichtung, so daß bei Windstille besonders große Temperaturunterschiede zwischen den Temperaturwerten in der Hütte und denjenigen in der bodennahen Luftschicht auftreten können. Heigel (1964) hat auf dem Hohenpeißenberg bei Strahlungswetter über einer Schneedecke Temperaturdifferenzen bis zu 12,6° zwischen Thermometern in der Wetterhütte und solchen unmittelbar über der Schneeoberfläche festgestellt. Solche Extremfälle des *Ausstrahlungstypus der Temperaturverteilung* werden bei aperem Boden und bewölktem Wetter nicht festgestellt. Bei Wind kann die Temperaturumkehr ganz aufgehoben werden.

Ganz allgemein zeichnet sich also das bodennahe Klima durch erheblich größere Temperaturschwankungen aus, als sie in der bodenferneren A. vorkommen. Wenn in 2 m Höhe die Tagesschwankung ungefähr 10° beträgt, so kann sich diese auf 15° in 1 m, auf 20° in 10 cm und auf 30–40° in den untersten Millimetern über dem Erdboden vergrößern. Das *Mikroklima* wird also je näher dem Erdboden *thermisch umso extremer.*

Kaltluftseen. Unter bestimmten lokalen topographischen und Untergrundbedingungen ergeben sich ökologisch weitreichende Konsequenzen. Die nächtliche Kaltluft sammelt sich zufolge ihrer eigenen Schwere in allen Vertiefungen, Mulden, Talböden, Waldlichtungen usw. (Wagner, 1970).

Schmidt (1930) hat in einer schneeausgekleideten Doline bei Lunz Minima von −48°, später von −51° gemessen, wobei solche Extreme der Lufttemperatur weitgehend unabhängig vom thermischen Gesamtcharakter des Winters auftreten. Als Folge davon hat sich in den Dolinen eine inverse Vertikalverteilung der Vegetationsstufen ausgebildet. Lautensach-Löffler (1940) konnte für das Pfälzer Gebrüch nachweisen, daß an Standorten mit häufig stark negativer Strahlungsbilanz Relikte von arkto-alpinen Arten *(Betula nana, Dryas octopetala)* vorkommen.

Die nächtliche Abkühlung kann durch Erhöhung der Gegenstrahlung bei wasserdampf- oder wolkenreicher A. verkleinert werden. Bereits die Abschirmung durch einen einzelnen freistehenden Baum vermag unter ihm Fröste zu verhindern, wie man an frostempfindlichen Gewächsen in den Gärten unter Obstbaumschutz immer wieder beobachten kann.

An Hängen fließt die Kaltluft ab, so daß mittlere Hangzonen aus diesem Grunde thermisch begünstigt sind. Talgründe oder lokale Geländevertiefungen, Talweitungen oberhalb von Talengen, sperrenden Straßen- und Bahndämmen, Siedlungsreihen und Waldstreifen oder dergl. verursachen bei windstillem Strahlungswetter *„Kaltluftseen"*. Eine genaue klimatologische Geländekartierung, wie sie Knoch (1951, 1963) empfohlen und in den letzten Jahrzehnten von vielen auch praktiziert worden ist, vermag wichtige praktische Hinweise für die Anlage frostempfindlicher Kulturen (Obst oder Wein) zu geben. Als Beispiel seien zwei Schadenfrostkartierungen im Pfälzer Weinbaugebiet erwähnt (Abb. V.d) 1 u. V.d) 2), wo sich die Schäden in den Wingerten, die am Rande einer frostkalten Wiesenmulde lagen, konzentrierten oder auf Rebgärten, die infolge der kaltluftstauenden Wirkung eines Bahndammes vom Frost erreicht wurden, während die Schäden unterhalb des Dammes geringer blieben. Generell sind im Gebiet der Weinstraße die am weitesten gegen die vielfach von Ausstrahlungskaltluft bedeckte Oberrheinebene vorstoßenden Wingerte die am stärksten von Frostschäden heimgesuchten (Abb. V.d) 3.), obwohl auch sie an sich noch im Bereich hoher Juliwärme (19°-Isotherme) und reichen Sonnenscheins (140 trübe Tage im Jahr) liegen (F. Tichy, 1955, S. 149).

Fassen wir die *Wärmeübertragungsformen* in der bodennahen Luftschicht zusammen, so bestehen sie aus a) echter Leitung im physikalischen Sinne, wie sie in allen gasförmigen, flüssigen oder festen Stoffen, wenn auch anteilmäßig geringfügig, auftritt, aus b) Austauschvorgängen oder sogenannter Scheinleitung, bei der kühlere

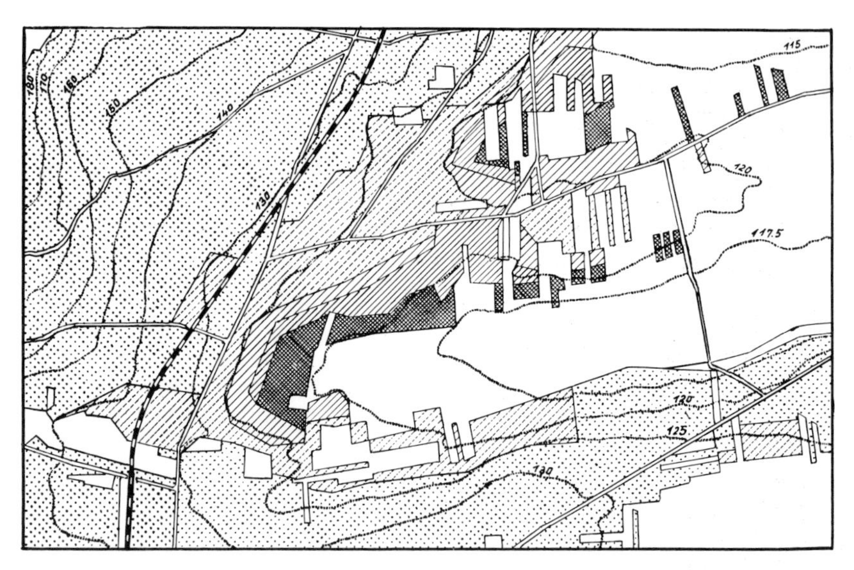

Abb. V.d) 1. Kartierung von frostgeschädigtem Rebland am Rande einer weinbaufreien Wiesenmulde in der Gemeinde Ruppertsberg an der Weinstraße. (Nach A. Vaupel, 1959 [Mitt. Dt. Wetterd. Nr. 17]) Für die Intensität des Frostschadens sind 4 Schraffuren gewählt; punktiert ist ungeschädigtes Rebgelände, signaturfrei ist rebfreies Land. Die Randlage des Frostschadens zeigt, wie genau sich die Rebkultur an das wärmebegünstigte Gelände hält und die Frostgefährdung von den flachen Geländemulden ausgeht

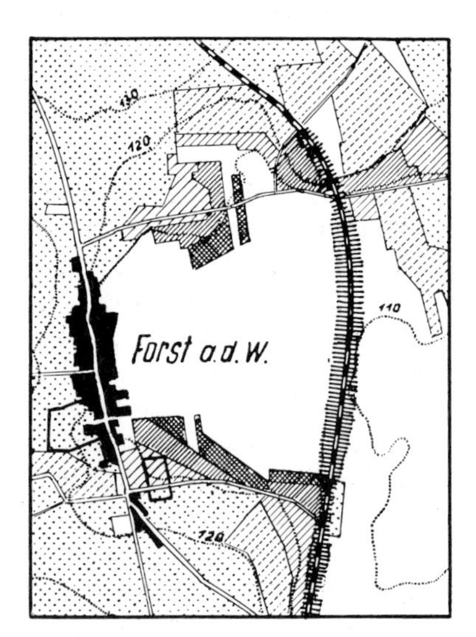

Abb. V.d) 2. Frostschadenkartierung bei Forst an der Weinstraße. (Nach A. Vaupel, 1959 [Mitt. Dt. Wetterd. Nr. 17]) Der Frostschaden (4 Intensitätsstufen) trat am Rande einer ohnehin frostgefährdeten und reblandfreien flachen Wiesenmulde auf, die infolge Absperrung durch einen hohen Bahndamm keinen natürlichen Abfluß der sich sammelnden nächtlichen Kaltluft aufwies. Das Beispiel verrät den Einfluß geringer Geländeunterschiede auf die Gestaltung des Klimas der bodennahen Luftschicht

gegen wärmere Luftquanten beweglich ausgetauscht werden und die den Hauptteil am Wärmetransport ausmachen, aus c) Strahlung, die an kein Medium gebunden ist, aber durch dessen Zusammensetzung modifiziert wird (Absorptionsvorgänge, Zerstreuung) und schließlich d) aus latenter und freiwerdender Wärme durch Wasserverdunstung und -kondensation.

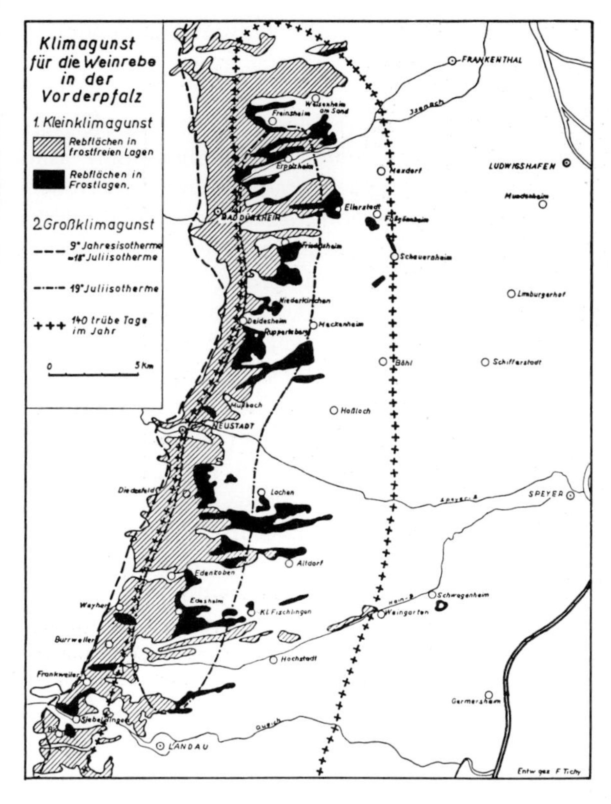

Abb. V.d)3. Klimagunst für die Weinrebe in der Vorderpfalz. (Nach F. Tichy, 1955)
Die Frostlagen befinden sich am Rande der Oberrheinebene gegen die Vorhügelzone der Gebirgsstufe

Die *Feuchtigkeitsverhältnisse* der bodennahen Luftschicht, deren Messung im übrigen erhebliche Schwierigkeiten bereitet, hängen von der Feuchte liefernden Unterlage und außerdem von der thermisch regulierten Sättigungsgrenze ab. Auch hier erfolgt die Weitergabe der verdunsteten Luftfeuchtigkeit über den Massenaustausch, nicht über die Diffusion. Im allgemeinen ist der absolute und relative Feuchtegehalt in Bodennähe hoch, die Kondensationsbereitschaft daher hier des Nachts auch rasch gegeben und deshalb dann die absolute Feuchtigkeit in Bodennähe vorübergehend geringer. Mittägliche Erwärmung vermag freilich, außer in sehr kalten oder extrem feuchten Klimaten, auch in Bodennähe geringe relative Feuchtewerte zu erzeugen, so daß also tagsüber und nachts gegensätzliche Gradienten der relativen Feuchte bestehen. Vegetationsbedeckter Boden liefert naturgemäß höhere Feuchtegrade, zumal er sich weniger extrem zu erhitzen vermag. R. Geiger führte für die beiden Arten des bodennahen Feuchtegefälles die Bezeichnung *Naßtyp* (Feuchtezunahme zum Boden) und *Trockentyp* (Feuchteabnahme zum Boden) ein. Die letztere tritt vorübergehend morgens nach nächtlichem Taufall ein, der den untersten, oft nur wenige cm mächtigen Luftschichten den größten Teil des Wasserdampfes entzogen hat.

Der Wechsel von Besonnung und Beschattung bei wolkigem Wetter verursacht in der bodennahen Luftschicht einen raschen Wechsel der Temperaturwerte und -schichtung. Das ist im Hochgebirge besonders kraß, weil hier die A. eine schwächere Pufferwirkung ausübt. Darauf beruht der sehr viel intensivere Strahlengenuß im

Hochgebirge mit den größeren bodennahen Temperaturkontrasten, die biologisch und heilklimatisch von so großer Tragweite sind.

Das *Windfeld* der bodennahen Luft ist zugleich das ruhigste, da in ihm die *Reibungswirkung* der unebenen Erdoberfläche zu maximaler Entfaltung kommt. Man kann das an der mit dem Abstand vom Erdboden zunehmenden Länge von Nebelfrostablagerungen beobachten (vgl. Abb. II.f) 13). Schon ein gepflügter Acker wirkt stärker bremsend als eine glatte Schneedecke. Wind hat daher an der Erdoberfläche ständig Gegenkräfte zu überwinden. Bei starker Insolation werden die entstehenden Turbulenzkörper in den untersten Luftschichten gewissermaßen abgerissen und selbständig, z.T. als regelrechte Staubwirbel (dust devils, vgl. Abb. II.h) 18.) sichtbar, verfrachtet. Dadurch kombiniert sich der Vertikalaustausch mit dem horizontalen. Das unaufhörliche *Wegtransportieren und Mischen der Luftquanten in Bodennähe* führt zu anhaltender Verdunstung und wirkt damit wärmeentziehend. In Gebieten mit spärlicher oder fast fehlender Vegetation (Wüsten, Steppen, Hochgebirge, Strand) ist die bodennahe Luft meist zugleich erfüllt mit Staub, an der Küste auch mit Salzkristallen, die aus der Verdunstung der Brandungsspritzer herrühren.

Das *Schneefegen* über der winterlichen Schneedecke kann im Verein mit krassen Temperaturgegensätzen zu sichtbaren Vegetationsschäden oberhalb der schützenden Schneedecke führen, wie es z.B. im subpolaren Baumgrenzbereich bei den Tischbirken bzw. Wipfeltischbirken (Blüthgen, 1938, 1960) geradezu flächenhaft beobachtet werden kann.

Die Turbulenz der untersten Luftschichten hat aber nicht nur einen wärme- und feuchteregulierenden Effekt, sondern besitzt auch biologische Bedeutung, ermöglicht doch sie in vielen Fällen erst ausreichenden *Pollen-,* ja sogar *Samentransport.* Der effektive Austausch erreicht seinen höchsten Wert dann, wenn die Turbulenz sowohl durch mechanische Reibung wie durch thermischen Auftrieb gefördert wird. Bei einem Wert des Austauschkoeffizienten von 20 hat W. Schmidt folgende Verbreitungsradien für Samen, Pollen und Sporen gefunden:

Früchte der Esche	0,03 km
Früchte der Fichte	0,3 km
Früchte der Birke	1,6 km
Früchte des Löwenzahns	10 km
Pollen der Kiefer	40 km
Sporen des Bärlapps	330 km
Sporen des Bovists	praktisch schwebend.

Nachts herrscht im allgemeinen die Tendenz zu größerer *Luftruhe.* Der sich einstellende Ausstrahlungstyp des Temperaturgefälles wird aber zerstört, sobald aus irgendwelchen Gründen Wind aufkommt, der die Luft umrührt und daher nachtfrosthindernd wirkt.

Wo das Gelände flach und unbewaldet, das Großklima zudem überhaupt windig ist – wie beispielsweise im Nordseeküstenbereich –, reicht die Reibung am Erdboden nicht aus, um die Luftbewegung auf ein für die Kulturvegetation erträgliches bzw. Schäden verhinderndes Maß herabzusetzen. Man vergrößert sie daher künstlich durch *windbrechende Anpflanzungen.* Allerdings muß dabei bedacht werden, daß mit dem Wind auch zugleich die anderen Elemente beeinflußt werden. Auf diese

Fragen wird noch im Zusammenhange mit dem Windschutz [Kap. VIII] eingegangen.

Die *Gegensätzlichkeit des bodennahen Klimas* ist bei ruhigem Strahlungswetter am stärksten ausgebildet, aber auch bei bewölktem Himmel oder windigem Wetter ist noch eine größere Temperaturamplitude in Bodennähe nachweisbar, besonders im Sommer.

Eine weitere Erscheinung des bodennahen Klimas sind die optischen Wirkungen in Gestalt von *Verzerrungen* und *Luftspiegelungen,* die in Kap. II.b) 2. behandelt sind.

Sie sind gebunden an die für die bodennahe Luftschicht typischen Dichtesprünge infolge starker Temperaturgradienten. Grundprinzip dabei ist, daß der Sehstrahl stets zum dichteren Medium hin abgelenkt wird. Die Spiegelung erfolgt also beim Einstrahlungstyp nach oben, hierbei wegen der Turbulenz oft bizarr verformt und flimmernd. Es ist als Fata morgana für die Wüstengebiete ein charakteristisches Phänomen, das aber im kleinen an Hitzetagen auch schon in unseren Breiten über jeder Asphaltstraße auftritt. Beim stabilen Schichtungstyp (niedrige Inversion mit kälterer Luft am Boden) tritt eine inverse Spiegelung mit Kappung auf, sie ist auf See bei ruhigem Sonnenwetter, aber auch im Polargebiet häufig zu beobachten.

e) Bestandsklima, Waldklima

Durch die Vegetation wird das bodennahe Klima in charakteristischer Weise abgewandelt, so daß man von einem *Bestandsklima* sprechen muß, dessen Eigenschaften von der Höhe und Dichte der pflanzlichen Bestände abhängen. Die Obergrenze der Bestände bildet eine wichtige klimatische Grenzfläche, die von A. Woeikow so genannte *„äußere tätige Oberfläche“*. Es ist keine Fläche im strengen mathematischen Sinne, sondern ein Übergangsraum mit klimatischen Eigenschaften, die abgeschwächt an die der Bodenoberfläche erinnern. Unterhalb dieser Grenzfläche herrschen im Bestande selbst völlig anders geartete Klimaverhältnisse mit ausgeprägter Eigengesetzlichkeit. Diese wird erst bei Bestandsschluß erreicht. In borealen, polaren und Höhenklimaten ist sie ausgeprägter als in tropischen, was mit dem thermischen Gegensatz zwischen Erdboden und Luft zusammenhängt.

Die *thermischen Verhältnisse* sind in niedrigen Pflanzenbeständen abhängig von deren eigener Albedo und Strahlenabsorption sowie von der Beeinflussung der Bodenein- und -ausstrahlung durch die Pflanzen. Durchschnittlich reflektiert die Vegetation nur 20–25% des einfallenden Lichtes (im unsichtbaren Infrarot nach Ångström z. T. wesentlich mehr!). Ein Teil der Strahlung geht durch die Blätter hindurch (Transmission), dem Auge sichtbar im grünen Wellenbereich, aber viel stärker dann wieder im Infrarot. Innerhalb von Pflanzenbeständen ist demnach die langwellige Wärmestrahlung bevorzugt anzutreffen.

Der Boden selbst ist je nach Bestandsdichte mehr oder weniger beschattet, in Getreidefeldern weniger – weshalb hier die tätige Oberfläche thermisch gesehen schon in halber Halmhöhe anzutreffen ist (Geiger) –, in Kartoffelfeldern anfangs noch wenig, im Hochsommer stark, zur Erntezeit wieder geringer. E. Leick und G. Propp (1930/31) haben auf Hiddensee Messungen der Bodentemperatur in 2 cm Tiefe unter verschiedenen Bedeckungsverhältnissen an einem Steilhang der Küste vorgenommen. Am 28. Mai 1928 ergaben sich um 16 Uhr bei gleichzeitig +13,1°C Lufttemperatur folgende Bodentemperaturen:

unter nacktem, lehmigem Sand	25,0°C
an einer lückenhaft mit Moosen und ganz wenig Gräsern bewachsenen Stelle	23,6°C
unter einer geschlossenen Grasnarbe	12,3°C

Es sind also ganz beträchtliche Temperaturunterschiede, die hier infolge des Vegetationseinflusses auf kleinstem Raume im Boden auftreten. Spärlicher Bewuchs hat noch wenig Bedeutung, ein für die Beurteilung der Wüstensteppenvegetation entscheidender Gesichtspunkt.

Pflanzenbestände schützen also den Boden durch ihre Filterwirkung vor krassen Strahlungsgegensätzen, weshalb noch offene Jungpflanzenbestände vor Erreichen des vollen Bestandsschlusses durch die thermischen Kontraste gefährdet bleiben, die sich an heißen Tagen oder in klaren kalten Nächten über nacktem Boden einstellen können (Verbrennen, Vertrocknen). Eine geschlossene Krautschicht gleicht gleichzeitig die Feuchtigkeitsschwankungen aus.

Die *relative Feuchte* ist in Pflanzenbeständen wegen der meist auf der Blattunterseite vor sich gehenden Transpiration hoch. Da die nächtliche Abkühlung bereits an den Blättern nahe der äußeren tätigen Oberfläche erfolgt, dort aber die relative Feuchte sehr hoch ist, betauen diese rasch und schützen andererseits den Boden vor stärkerer Abkühlung.

In den Pflanzenbeständen herrscht *Luftruhe,* einmal weil die Windgeschwindigkeit wegen der Reibung am rauhen Erdboden ohnehin in Bodennähe gering ist, und sodann, weil der Pflanzenbestand, sofern er zumindest geschlossen und gleichhoch ist, die Stromfäden der Luft zum Ausweichen nach oben zwingt. Das Überstreichen des Bestandes durch Wind ergibt an der Bestandsoberfläche Wellenbildungen, wie man an den wogenden Kornfeldern beobachten kann. Durch die Luftruhe ergibt sich eine geringere Verdunstung im Bestand und zugleich eine Konzentration der schwereren *Kohlensäure* in Bodennähe, die meist aus dem Boden mit seinen Zersetzungsvorgängen selbst stammt und für die Assimilationstätigkeit der Pflanzen entscheidend ist. Diese produktionssteigernde Eigenschaft des Bestandsklimas sucht man im übrigen durch die Anlage von Windschutzhecken zu vermehren.

Die Vegetation übt auf das Eindringen des *Niederschlags* in den Boden einen merklichen Einfluß aus. Durch die Vergrößerung der Oberfläche, die die unzähligen Blätter usw. bewirken, verteilt sich der Regen, ehe er zum Boden gelangt, auf eine weitaus größere Fläche – im Falle einer Wiese z.B. auf das 20- bis 40fache! –, als wenn er direkt den Erdboden erreicht. Es verdunstet daher ein bedeutend größerer Anteil, erhöht dadurch die Luftfeuchtigkeit im Pflanzenbestand (z.T. bis nahe an 100%, aber nie ganz bis zur Sättigung), und wird demzufolge dem Boden entzogen. Daß ein großer Teil davon durch Abgabe entlang der äußeren tätigen Oberfläche an den freien Luftraum verlorengeht – bei Wald 15–40% –, sei nur am Rande vermerkt. Lediglich die Schutzwirkung, die die Vegetation durch Beschattung und Windschutz auf den Boden ausübt und dessen Verdunstung somit herabsetzt, bietet einen gewissen Ausgleich. Andererseits vermögen Tau und Nebelnässen auf der ausgedehnten Blattoberfläche wiederum so viel Wasser zu kondensieren, daß es zu einer oberflächlichen Durchfeuchtung des Bodens durch das Ablaufwasser kommt, die vor allem in Trockenklimaten bzw. Trockenzeiten eine Rolle spielen kann.

Schnee wird durch einen niedrigen Pflanzenbestand ebenfalls mehr verteilt und damit der Verdunstung bzw. Schmelze stärker ausgesetzt, als wenn eine gleichmäßige kompakte Schneedecke den nackten Boden überzieht. Durch die bei einer dichten Krautschicht entstehenden Luftzwischenräume im Vegetationsfilz wird andererseits eine Isolation des locker aufliegenden Schnees gegen den gewachsenen Boden erzielt, so daß bei noch leicht positiven Bodentemperaturen eine Schneedecke sich über Rasen eher ansammelt als auf dem besser leitenden, noch zu warmen Erdboden. Im Frühjahr, wenn die Sonneneinstrahlung dem Erdboden bereits tagsüber einen Wärmevorrat verschafft, machen sich diese Unterschiede auch bei Spätschneefällen deutlich bemerkbar. Bei Schneetreiben wirkt die Vegetationsdecke als ausgesprochener Schneefänger, wodurch dem Erdboden darunter höhere Schmelzwassermengen zugeführt werden als dem kahlen Erdboden. Zwar sind die meisten Kulturpflanzen einjährig sommergrün, aber Rasenflächen (Wiesen, Triften), Wintersaaten, Heide- und Beerenkrautbestände vermögen in dieser Hinsicht doch zufolge ihrer Ausdehnung im Winter einen wesentlichen Einfluß auf die Regulierung der Niederschlagsspeicherung auszuüben.

Eine Abart des Bestandsklimas ist in *Waldbeständen* anzutreffen, wobei große Unterschiede entstehen je nach der artenmäßigen Zusammensetzung (Laub-, Nadel- oder Mischwald), der Bewirtschaftungsform (Reinbestände, Plenterwald, Dauerwald, Femel-, Saum- oder Kahlschläge) und dem Alter (Schonungen, Dickungen, Stangenholz, Hallenwald). Laubwald zeigt vor der Belaubung günstige bodennahe Wärmeverhältnisse, da ein großer Teil der Einstrahlung den Boden erreicht, von den dunklen Stämmen absorbiert und als Wärmestrahlung dem zugute kommt. Andererseits ist die Luftruhe meist groß genug, um den Wärmevorrat nicht herauszuwehen. Allerdings dringt auch die nächtliche Abkühlung von oben tiefer in den Bestand ein, so daß also bei Laubwald vor dem Laubausbruch die thermische und die auf den Wind bezügliche tätige Oberfläche divergieren. Erst nach der Belaubung stellt sich eine einheitliche Wipfelgrenzfläche für alle Elemente her, die dann sogar effektiver sein kann als bei Nadelwald. Das Innere der Buchenwälder ist im Sommer bedeutend dunkler als das von Kiefernwäldern, wenn auch nicht ganz so dunkel wie das dichter Fichtenbestände. Das Kronendach zeigt die Extreme: nächtliche Abkühlung mit etwas Taubildung (Kiese, 1972) bei abgeschwächter Transpiration, vormittags Verdunsten des Taus, Erwärmen der Blattflächen (besonders intensiv bei den dunklen Nadelbäumen), Steigerung der Transpiration, nachmittags Rückgang der Erwärmung und am Abend beginnende Ausstrahlungsabkühlung. Die erkaltende Kronenluft sickert durch das Kronendach zum Waldboden herab und sammelt sich hier an. Im Tagesgang zeigen die Kronenoberflächen von Wäldern also im Vergleich zu Rasen-, Acker- oder sonstigen Freiflächen relativ niedrige Oberflächentemperaturen am Tage und relativ hohe bei Nacht, wie sich inzwischen aus einer ganzen Reihe von flächendeckenden Temperaturaufnahmen mit Hilfe des Infrarot-Line-Scanner-Systems belegen läßt. Erst am späten Vormittag wird die Kaltluft innerhalb des Bestandes durch die eindringenden Sonnenstrahlen allmählich „aufgeleckt". Der Temperaturgang im Stammraum ist also extrem ausgeglichen und verzögert, die Abkühlungsgröße daher auch geringer als im Freiland und interdiurn (von Tag zu Tag) wenig schwankend. Die relative Feuchte ist gleichmäßig hoch, genährt durch die Verdunstung vom Boden, von der Krautschicht und vom Kronendach. Damit hängt auch die Schwängerung der Luft mit ätherischen Düften zusammen. Durch die Abschließung entsteht die fast völlige Staub- und Rußfreiheit, nur in Nadelholzbeständen tritt zeitweilig eine bemerkenswerte Pollenanreicherung ein. Die Herausfilterung der Luftverunreinigungen durch den Wald, besonders in oder nahe Industriegebieten, führt allerdings, je nach Baumart verschieden stark, zu Bestandsschädigungen (Wentzel, 1960; Blum, 1965). Die Abgabe des verdunsteten und transpirierten Wasserdampfes an die Außenluft erfolgt nur vom Kronendach aus, dort allerdings ständig und in einem makroklimatisch bedeutsamen Umfange, auf den noch zurückzukommen sein wird. Im Endergebnis werden in einem belaubten Buchenwald in Mitteleuropa (gemessen während des Sollingprojektes 1970) nach Kiese (1972) 83,8% der Strahlungsenergiebilanz durch die Evapotranspiration in latente Wärme verwandelt.

Bei *Regenfällen* geht durch die Benetzung des Kronenblatt- bzw. -nadelwerks ein Teil dem Boden verloren (Interzeption). Dieser ist bei kurzfristigen oder kleintropfigen Niederschlägen größer als bei anhaltenden oder Starkregen. Bei Regenfällen von 10 mm und mehr Ergiebigkeit an aufwärts gelangt erst die Hälfte der Menge zum Boden. Selbst bei starken Regen gehen im Fichtenwald noch 20% dem Waldboden verloren. Im Laubwald ist dieser Verlust bedeutend geringer, weil Blätter, wenn sie erst einmal benetzt sind, besser ableiten als Nadeln, und weil der Anteil des an Ästen und Stämmen ablaufenden Wassers größer ist. Was den Schneehaushalt des Waldinneren betrifft, so wird die zurückhaltende Wirkung des Kronendaches meist überschätzt; sie beträgt im Durchschnitt nur etwa 10%, da Schneepackungen auf den Wipfeln im allgemeinen bald wieder abgeschüttelt werden und bei winterlichen Temperaturen der Verdunstungsverlust gering ist. Lediglich dichte Fichtebestände vermögen den Schnee stärker aufzuhalten, so daß der Boden zunächst weniger erhält und auch bei Tauwetter in Stammnähe benachteiligt ist. Über den Einfluß des Waldes auf Wasserhaushalt und Klima referieren Keller (1968) und Turner (1968) zusammenfassend und mit ausführlichen Literaturangaben.

Am auffälligsten ist beim Bestandsklima des Waldes die *Schwächung des Lichtes,* so daß Dämmerung und Nacht abends im Walde viel früher eintreten, bei klarem Wetter um 28 Min. früher, bei bedecktem Himmel um eine Dreiviertelstunde, bei Regenwetter fast eine Stunde früher! Tagsüber tritt aber außer der Helligkeitsabschwächung auch noch eine Verschiebung der einzelnen Wellenbereiche ein, wie die nachstehenden im Waldinneren gemessenen Prozentanteile der einzelnen Wellenlängen am Gesamtbetrag, der auf die Wipfel fällt, ergeben (Tab. V.e) 1).

Tab. V.e) 1. Wellenlängenanteile im Waldinneren zu verschiedenen Zeitpunkten in % der auf den Bestand fallenden Gesamtstrahlungsmenge des jeweiligen Wellenlängenbereichs. (Nach L. Egle, 1937)

Wellenlänge μ	0,71 μ rot	0,65 μ orange	0,57 μ gelb	0,52 μ grün	0,45 μ blau	0,35 μ violett
12. März (Knospen geschlossen)	61	54	51	48	46	44
15. April	59	39	36	33	32	30
10. Mai	19	6	7	6	6	5
4. Juni	14	4	5	4	3	3

Insgesamt betrachtet erweist sich das Waldbestandsklima als einer der *ausgeglichensten Typen,* als ein extremes Schon- oder Verwöhnungsklima mit schwachem Licht, hoher Feuchtigkeit, gleichbleibender mäßiger Wärme und Luftruhe. In natürlichen Waldbeständen ist die Untervegetation in ihrem Habitus auf diese Bedingungen eingestellt, am stärksten in der Pflanzengemeinschaft der Schluchtwälder.

Das Klima von *Waldlichtungen* bzw. Kahlschlägen zeigt bemerkenswerte Abweichungen vom Bestandsklima, indem es, obschon noch vom Windschutz profitierend, bei unbehinderten Strahlungsverhältnissen thermische Extreme aufweist mit Neigung zu Spät- und Frühfrösten, später Schneeschmelze, andererseits sommerlichen Temperaturmaxima.

Abschließend muß noch der Wirkung von Waldbeständen auf das Makroklima gedacht werden, d.h. also der Wirkungen, die das Kronendach als Umsatzfläche auf die darüber befindliche Luft ausübt. Der Hauptfaktor, der gegenüber dem Freiland hervortritt, ist die *vermehrte Feuchtigkeitsabgabe* des transpirierenden und von der Sonne erwärmten Kronendaches. Die wasserdampfreiche Luft begünstigt trotz des gegenüber dem freien Feld geringeren thermischen Auftriebs über Wäldern häufig die Kondensationsbereitschaft und Niederschlagsergiebigkeit, besonders nach Trockenperioden bei einsetzender Labilisierung und Konvektionswolkenbildung. Schubert (1937) fand in der Letzlinger Heide einen waldbedingten Mehrertrag an Regen von 6%.

Auch in anderen Gebieten (Ostafrika, Hagenauer Forst im Elsaß) ist man zu ähnlichen Ergebnissen gelangt. Fedorov und Burov (1967) setzen für die Sowjetunion sogar 10% an. Im ganzen ist der Effekt sehr schwer statistisch abzusichern, weil 1. am gleichen Ort die direkte Vergleichsmöglichkeit fehlt (entweder ist noch Wald vorhanden oder er ist schon abgeholzt) und weil außerdem bei der Niederschlagsmessung der unterschiedliche Einfluß des Windes im Wald und im Freiland auf die Regenmessung zu berücksichtigen ist (Flemming, 1968).

Die heilklimatischen Auswirkungen des Waldes (Filterwirkung für Ruß, Staub und CO_2, Temperaturausgleichstendenz, Windbremsung) müssen mit ihren regionalen und standörtlichen Differenzierungen auch noch berücksichtigt werden.

f) Stadtklima

Dicht gebaute Siedlungen weisen im Innern bedeutende Abweichungen der klimatischen Bedingungen gegenüber der ländlichen Umgebung auf. Diese Abweichungen sind im allgemeinen um so größer, je ausgedehnter die Siedlungen in der Fläche, je stärker die Bebauungsdichte und je größer die Gebäudehöhen sind. So kann man in großen Städten von einem besonderen Stadtklima sprechen. Meßstationen, die früher außerhalb oder am Stadtrande gelegen waren und inzwischen durch das Fortschreiten der Bebauung innerhalb des Häusermeeres liegen, sind nicht mehr repräsentativ für eine große Umgebung, da sich ihre Meßwerte stetig verändert haben. Dabei handelt es sich nicht um eine eigentliche Klimaänderung, sondern lediglich um eine passive, d.h. durch allmähliche Änderung der Umwelt bedingte Inhomogenität der Beobachtungsreihe.

Mit der fortschreitenden Urbanisierung ist das Interesse an stadtklimatologischen

Untersuchungen stark gestiegen. Nach den ersten Äußerungen von Mahlmann (1841) und Schmauss (1914) konnte Kratzer in der ersten Auflage seines grundlegenden Werkes über „Das Stadtklima“ 250, in der zweiten Auflage (1956) 563 Arbeiten zitieren. Die von Chandler zusammengestellte Bibliographie (WMO 1970) weist rund 1600 Titel für die Zeit bis 1968 und die „Review of Urban Climatology“ von Oke (1974) weitere 380 Titel für die Zeit von 1968–1973 auf. Die wichtigsten Entwicklungsphasen der Stadtklimatologie bis in die Gegenwart skizziert Nübler (1977). In der gleichen Arbeit ist eine ausführliche Literaturauswahl, eine kleinere in Eriksen (1975) enthalten. Wichtige Gesamtübersichten zur Stadtklimatologie stammen außer von Kratzer von Landsberg (1956, 1974), von Lowry (1967), von Bryson and Ross (1972) sowie Peterson (1971).

Die speziellen *Charakteristika des Stadklimas* sind *bedingt* von den *Veränderungen der Rauhigkeit* der Erdoberfläche, *der Zusammensetzung der A.* sowie *des Strahlungs-, Energie- und Wasserhaushaltes* mit ihren Folgeerscheinungen. Sie alle kommen umso stärker zur Auswirkung, je massiger der Bebauungskörper ist und je schwächer die austauschende Kraft der großräumigen Zirkulationsbedingungen ist, denen das Stadtgebiet nach seiner großklimatischen Lage unterworfen ist.

Die *größere Rauhigkeit bewirkt* zwar eine größere mechanische Turbulenz und Störung des Windfeldes, gleichzeitig aber auch eine Behinderung des Austausches der bodennahen Luftschichten zwischen den Gebäuden mit der freien A., ein Effekt, der mit sinkender allgemeiner Windgeschwindigkeit stark anwächst. Dadurch können sich bei Windruhe die Veränderungen der Luftzusammensetzung sowie die mit dem veränderten Strahlungs-, Energie- und Wasserhaushalt verbundenen thermischen und hygrischen Folgeerscheinungen deutlicher ausprägen.

Abb. V.f) 1. Winterliche antizyklonale Dunstglocke über Dortmund bei Strahlungswetter. (Phot. Archiv Hoesch-A.G. Dortmund)
Blick vom Ardey nordwärts zum Fernsehturm, Dunstmächtigkeit etwa 160 m

Dunsthaube und Folgen. Durch zahlreiche Emittenten ist die Luft über Städten stärker mit gasförmigen und festen Stoffen belastet. Über Ausmaß und direkte Konsequenzen ist bereits im Kapitel über die Zusammensetzung der A. [Kap. II.a)] berichtet worden. Bei ruhigem Wetter bildet die *dunkle Dunsthaube* eine ungemein charakteristische Erscheinung, besonders über urbanisierten Industrieballungsgebieten wie dem Ruhrgebiet (Abb. V.f) 1.). Die im Aerosol vorhandenen Kondensationskerne wirken *dunst-* oder sogar *nebelbegünstigend.* Der in diesem Zusammenhang mögliche *„Smog“* als Kombination von angereichertem Aerosol und Kondensationströpfchen ist als extreme Ausbildung des Stadtnebels ebenfalls eine charakteristische Eigenart des Stadtklimas. Georgii (1963) hat die unterschiedlichen Smog-Arten für London und Los Angeles nach Genese und Physiognomie in folgender Tabelle zusammengefaßt (Tab. V.f) 1.):

Tab. V.f) 1. Unterscheidungsmerkmale von Los Angeles- und London-Smog. (Nach H.-W. Georgii, 1963)

Kennzeichen	Los Angeles-Smog	London-Smog
Lufttemperatur	25 – 35°C	– 3 bis +5°C
relative Luftfeuchte	unter 70%	über 80%
Inversionstyp	Absinkinversion	Ausstrahlungsinversion
Windgeschwindigkeit	unter 2m/sec	unter 2m/sec
Häufigstes Auftreten	Juli–Oktober	November–Januar
Wichtige Komponenten	Ozon, Stickoxide, Kohlenwasserstoffe, Kohlenoxid	Schwefeldioxid und Folgeprodukte, Rußteilchen, Kohlenoxid
Wirkung auf Reaktionspartner	Oxidation	Reduktion
Maximalkonzentration	mittags	morgens und abends
belästigende Wirkung	Bindehautreizung	Reizung der Atemorgane

In beiden Fällen, in Los Angeles sowohl wie in London, ist die starke Emission schädlicher Giftstoffe, sei es durch Auspuffgase, durch Industrierauch oder durch Heizungsrauch, der entscheidende stadtspezifische Faktor. In Los Angeles gelangen täglich 14610 t Abgase in die Luft (Haefner, 1970). Davon sind 10220 t CO, zu 85% von den Auspuffgasen der Autos geliefert. Das Schwefeldioxyd (630 t) stammt zu 78% aus den Heizungen. Der Los Angeles County Air Pollution Control District wendet jährlich 3,5 Mill. Dollar für Untersuchung und Bekämpfung des Smog auf, der am gefürchtetsten bei niedrigen Inversionen von ungefähr 100 m über NN ist.

Auch über mitteleuropäischen Industriestädten treten analoge Erscheinungen auf mit entsprechenden Schadensfolgen u. a. für die Gesundheit. So konnten – um nur ein Beispiel zu nennen – Jaklin, Bender und Becker (1971) einen parallelen Gang zwischen Krupphäufigkeit, Kontinentalluft und Luftverunreinigung (SO_2-Gehalt) in Frankfurt/Main signifikant belegen.

Die Verunreinigung der Stadtluft läßt sich verblüffend genau nach ihrem Intensitätsgrad erkennen aus ihrer Einwirkung auf das Vorhandensein und Wachstum verschiedener Flechten, die äußerst empfindlich auf chemische Luftbeimengungen, besonders in der feuchteren kühleren Jahreszeit, reagieren. Beschel (1957) sowie Bortenschlager und Schmidt (1963) haben eindrucksvolle Untersuchungen über die Zonierung der Verunreinigungsintensität in österreichischen Städten vorgelegt,

Domrös (1966) gelangte zu analogen Ergebnissen für das Rheinisch-Westfälische Industriegebiet. Über Methode und weitere Ergebnisse s. Kap. II.a) 3.

Durch die größere Luftverunreinigung wird die *Globalstrahlung* über Städten gegenüber dem Freiland *gemindert.* Die Beträge belaufen sich nach Landsberg (1974) auf 8–30%. Der durchschnittlich geringeren solaren Zustrahlung steht eine bessere Ausnutzung der zugestrahlten Energie infolge durchschnittlich geringerer Albedo gegenüber. Die von Landsberg (1974) geäußerte Vermutung, die städtische Albedo sei gewöhnlich geringer als die des Freilandes gilt sicher nicht allgemein. Als typischen mittleren Wert gibt Oke (1975) 15% für die *Albedo der Städte* an. Danach reflektieren Städte mehr als Wasser- und feuchte Bodenoberflächen, ungefähr gleich viel wie Laubwald, dagegen weniger als Grünlandflächen. Eine eindeutige Herabsetzung der Reflektionseigenschaften verursacht die in Städten *geringere Schneedeckenandauer.* Da Schnee sehr häufig bei Temperaturen um 0° fällt, führt das in der noch zu erläuternden Wärmeinsel der Stadt zu geringeren Schneedeckenhöhen und zu rascherem Abschmelzen, so daß die Stadt gegenüber einem schneebedeckten Umland mehr kurzwellige Strahlung absorbieren kann (Lindquist, 1968 für Lund).

Durch die vertikale Bauweise wird die absorbierende Fläche innerhalb einer Stadt insgesamt vergrößert und bei flach einfallender direkter Strahlung die *Absorption verstärkt.* Dadurch erhöhen sich die Oberflächentemperaturen, was wiederum eine Intensivierung der Ausstrahlung zur Folge hat. Inwieweit dieser Verlust durch stärkere Gegenstrahlung aus der dichteren A. über den Städten kompensiert wird, ist noch nicht geklärt. Jedenfalls kann man größenordnungsmäßig sagen, daß trotz der Modifikation aller Elemente des Strahlungshaushaltes die *Stadt-Freiland-Differenzen der Strahlungsbilanz gering* und im Endergebnis so sind, daß eine positive Anomalie der Lufttemperatur in Städten daraus nicht erklärt werden kann. Die Ursachen liegen vielmehr in anderen Gliedern der Energiebilanz.

Die städtische Wärmeinsel. Kompakte Stoffe, wie sie im Baukörper der Stadt vorherrschen, sind relativ gute Wärmeleiter, die bei Einstrahlung eine größere Energiemenge aufnehmen können, die sie bei nächtlicher Ausstrahlung wieder an der Oberfläche abgeben. Die typischen Materialzusammensetzungen lassen eine *Stadt wie einen Wärmespeicherofen* wirken (Nübler, 1977). Daraus kann mindestens zum Teil *die „städtische Wärmeinsel“,* insbes. während der Nachtzeiten, erklärt werden. Nach Untersuchungen von Yap and Oke (1974) in Vancouver, gibt eine Häusermasse auch während der ganzen Nacht noch Energie an die auflagernde Luft ab. Im Freiland ist es umgekehrt. Dort ist in der Nacht ein Wärmestrom von der Luft zur Erdoberfläche gerichtet. So läßt sich ein weiterer Beitrag zur Erklärung der städtischen Wärmeinsel annehmen. Einen erheblichen Einfluß muß man inzwischen für Großstädte auch der *anthropogenen Wärmeproduktion* zumessen. Durch die räumliche Konzentration von Verbrennungsprozessen unterschiedlicher Art werden in vielen Städten Energiemengen freigesetzt, welche die Größenordnung der mittleren Strahlungsbilanz erreichen oder übertreffen. Die bisher vorliegenden Abschätzungen wurden von Flohn für den Smic-Report gesammelt und von Oke (1974) korrigiert und ergänzt (Tab. V.f) 2.).

Die Daten lassen zwar im einzelnen noch Zweifel aufkommen (z.B. Moskau), doch zeigen sie trotz gewisser Unausgewogenheit die große Bedeutung, welche der anthropogenen Wärmeproduktion insbes. in Städten höherer Breiten im Winter im

Tab. V.f) 2. Anthropogene Wärmeproduktion A und mittlere Strahlungsbilanz Q für einige Städte in Watt pro m². (Quelle: SMIC-Report, 1971, S. 58 sowie OKE, 1974, S. 35/36)

Stadt	Fläche	(km²)	A $(W \cdot m^{-2})$	Q $(W \cdot m^{-2})$
Berlin, W.	234*		21	57
Budapest	113*	Jahr	43	–
		So/Wi	32/51	–
Cincinnati	200*		26	–
Fairbanks	37*		19	18
Hamburg	747		13*	55
Los Angeles	3500*		21	108
Montreal	78*	Jahr	99	–
		So/Wi	57/153	–
Moskau	878		127	42
New York (Manhattan)	59	So/Wi	40/198	93
Sheffield	48	Wi	19	56
Vancouver	112*	Jahr	19	–
		So/Wi	15/23	–

* = nur bebautes Gebiet
Daten für größere Gebiete gibt Flohn (1973), S. 21, Tab. 4

Vergleich zur Strahlungsbilanz zukommt. Der anthropogene Energieinput trägt sicher wesentlich zu der deutlichen Ausprägung städtischer Wärmeinseln besonders im Winter bei.

Und schließlich muß man noch den *Einfluß* städtischer Baukörper *auf den Wasserhaushalt* und seine Folgen für den latenten Wärmestrom berücksichtigen. Da alle Materialien im wesentlichen wasserundurchlässig sind, bewirken sie einen schnellen Wasserabfluß. Das reduziert die Verdunstung. Zwangsläufig müssen daher bei positiver Strahlungsbilanz größere Energiemengen für die angesprochene Speicherung im Boden und die Abgabe in Form fühlbarer Wärme an die Luft zur Verfügung stehen, als es in dem Freiland mit seiner größeren Verdunstung und Transpiration der Fall ist.

Aus den genannten Zusammenhängen wird das Phänomen der städtischen Wärmeinsel qualitativ plausibel, obwohl in quantitativer Hinsicht noch eine Vielzahl von Problemen offen sind.

Nach den bisher gesammelten Erfahrungen wird die Wärmeinsel einer Stadt insbes. als ein nächtliches Phänomen angesehen („it is particularly a nocturnal phenomenon" Landsberg, 1974). Genauer kann man über den *Tagesgang der Temperaturdifferenz in* der bodennahen Luftschicht *zwischen dem Innern einer Stadt und ihrer Umgebung* nach mehrjährigen Untersuchungen in Freiburg/Breisgau folgendes sagen (Abb. V.f) 2.): Im Winter bleibt die Differenz während des ganzen Tages nahezu gleich, in den anderen Jahreszeiten ist sie während des morgendlichen Temperaturanstiegs durchweg gering, um die Zeit des Tagesmaximums im Sommer und Herbst z. T. garnicht vorhanden; sie erreicht ihre größten Werte in den frühen Nachtstunden (Sommer) oder am frühen Morgen vor Sonnenaufgang (Frühling und Herbst). (Nübler, 1977). Als Ergebnis von 95 Meßfahrten zum Abend- und Morgentermin bei unterschiedlichen Wetterlagen zu verschiedenen Jahreszeiten kann man auch davon ausgehen, „daß maximale Temperaturdifferenzen zwischen Stadt

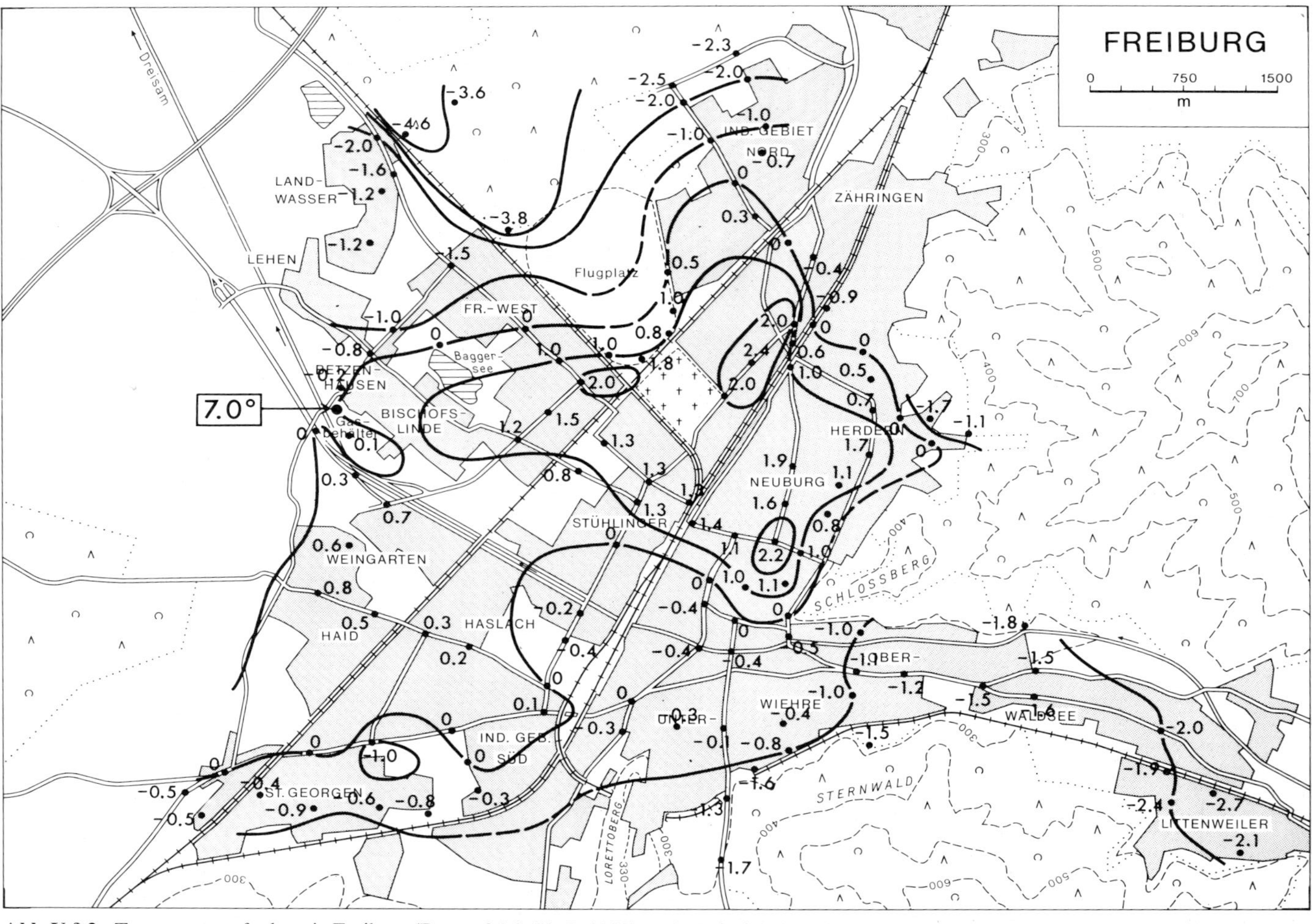

Abb. V.f)2. Temperaturaufnahme in Freiburg/Br. am 25. 9. 73, 5, 40 Uhr, als Beispiel des Phänomens der städtischen Wärmeinsel. (Aus Nübler, 1978.) Alle Werte sind als Abweichung von der Temperatur in der Klimahütte am Stadtrand angegeben. Im Südteil der Stadt macht sich die Abkühlung durch den Bergwind des „Höllentälers“ deutlich bemerkbar. Im NW wird der Gegensatz zwischen dem Bebauungsgebiet von Landwasser und

und Freiland nur bei wolkenlosem, minimale nur bei völlig bedecktem Himmel angetroffen werden. Die Schwankungen der Einzelfälle sind aber bei allen Bewölkungsklassen so groß, daß es wenig sinnvoll erscheint, eine lineare Beziehung zwischen Grad der Himmelsbedeckung und Intensität der Wärmeinsel anzugeben" (Nübler, 1977). Auch in Bezug auf die Windgeschwindigkeit besteht keine eindeutige Beziehung. Zwar treten bei Wetterlagen mit relativ hohen Windgeschwindigkeiten bevorzugt geringe Temperaturdifferenzen zwischen Stadt und Freiland auf, es gibt aber auch eindeutige Ausnahmen.

Fehlt ein kräftiger Gradientwind, bildet sich u.U. zwischen der Stadt und dem Umland eine eigene *thermische Ausgleichszirkulation* aus, wie sie von Pooler (1963) oder Georgii (1970) beschrieben wurden. Durch diese Zirkulation kann die Zone mit dem stärksten Temperaturunterschied zwischen Stadt und Freiland stadteinwärts verschoben werden, wie Chandler (1960, 1961) in London bzw. Leicester nachgewiesen hat.

Aus zahlreichen Untersuchungen ist inzwischen erwiesen, daß eine gewisse *Beziehung zwischen der Größe einer Stadt,* ausgedrückt durch die bebaute Fläche oder einfach durch die Einwohnerzahl, *und der Intensität der Wärmeinsel* besteht. Ob dies auf die Flächenausdehnung des bebauten Gebietes (Oke, 1973) oder auf die größere Konzentration umfangreicher Hochbauten zurückzuführen ist, (Chandler, 1964), ist wohl noch umstritten. Oke (1973) hat die maximale Stadt-Freiland-Temperaturdifferenz aus mehreren Untersuchungen in Amerika und Europa mit der Größe einer Stadt, ausgedrückt durch die Einwohnerzahl, in Beziehung gesetzt und in einer logarithmischen Formel ausgedrückt. Das Ergebnis ist aber noch nicht befriedigend, weil die meisten herangezogenen Untersuchungen auf sehr wenigen Meßfahrten bei ausgesuchtem Strahlungswetter basieren, zumal die topographische Lage von Städten erheblichen Einfluß auf die Ausprägung der Wärmeinsel haben muß. Städte in Tallagen wie Bonn (Emonds, 1954) oder in ausgeprägter Kessellage wie Stuttgart (Hamm, 1969) haben einen höheren autochthonen Abweichungsgrad aufzuweisen als Städte in freier Ebene. Aus über 100 flächenhaften Temperaturaufnahmen durch Meßfahrten bei verschiedenen Jahreszeiten und Wetterbedingungen ergab sich in Freiburg für alle Morgen- bzw. Abendtermine eine mittlere Abweichung der Temperatur in der bodennahen Luftschicht im Stadtinnern gegenüber dem Freiland von 4,8 bzw. 5,0°. Der größte gemessene Wert betrug 10,0°, der geringste 0,4°. Mittags traten oft negative Werte auf. Im Spätherbst und Frühjahr sind große Temperaturdifferenzen besonders häufig, (Nübler, 1977).

Neben der bereits genannten thermischen Ausgleichszirkulation, die von Munn (1970) zusammenhängend behandelt worden ist, erzeugt die Wärmeinsel einen aufsteigenden Luftstrom über den Städten. Landsberg (1974) vergleicht ihn dynamisch mit den ähnlichen Verhältnissen über einer Insel im Ozean. Sie verursachen *konvektive Bewölkung.* Der Einfluß läßt sich sogar in klimatischen Mitteln nachweisen, wie die folgenden Werte der Nachmittagsbewölkung für den Kennedy-Airport außerhalb und den La Guardia-Airport innerhalb der Stadt New York für die 10 Jahre 1951 bis 1960 beweisen (nach Landsberg, 1974).

Am La Guardia-Flugplatz inmitten New Yorks treten die Bewölkungsklassen 0–3/10 im Juli wesentlich weniger häufig auf als am Kennedy-Airport außerhalb des Stadtrandes. Dort sind die höheren Bewölkungsklassen (4–7/10) geringer vertreten. Bei bedecktem Himmel gibt es keine Unterschiede.

15 Uhr-Bewölkungsgrad in % aller Beobachtungsfälle der Julitermine 1951–1960					
0–3/10		4/10-7/10		8/10-10/10	
La Guardia	Kennedy	La Guardia	Kennedy	La Guardia	Kennedy
25	33	34	26	41	41

Die Feststellung des erhöhten Bewölkungsgrades als Folge verstärkter Konvektion auf der einen und die allgemein vertretene Ansicht, daß die Wärmeinsel vorwiegend ein nächtliches Phänomen sei, auf der anderen Seite stehen aber in klarem Widerspruch zueinander. Wenn der Wärmeüberschuß über der Stadt gegenüber dem Freiland tatsächlich tagsüber verschwindet oder sehr klein wird, so ist schlecht einzusehen, weshalb eine Stadt wie eine Insel im Ozean zu verstärkter Konvektionswolkenbildung führen sollte. Thermisch gibt es dann keinen Grund. Der Wasserdampfgehalt der Stadtluft ist auch nicht größer als über Freiland. Bliebe allenfalls eine verstärkte dynamische Turbulenz als Erklärung. Eine Aufklärung des Widerspruches bietet die Berücksichtigung der *Vertikalverlagerung der Energieumsatz und -abgabefläche* in der Stadt im Wechsel von Tag und Nacht, wie man ihn aus Infrarot-Line-Scanner-Aufnahmen zum Morgen-, Mittag- und Abendtermin ableiten kann (Weischet, 1975). Die Abb. V.f) 3. gibt eine modellhafte Zusammenfassung des Tagesganges des thermischen Verhaltens verschiedener Elemente städtischer Baukörper. In dem fraglichen Zusammenhang ist die Tatsache wichtig, daß im Wechsel zwischen Aus- und Einstrahlungszeit die für die Temperaturentwicklung in der Luft entscheidende Wärmeumsatzfläche zwischen dem Straßen- und Dachniveau wechselt. In der Ausstrahlungszeit finden sich die relativ warmen Oberflächen unmittelbar am Erdboden, während die Abkühlungsfläche im Dachniveau angeordnet ist. Zur Einstrahlungszeit kehrt sich aber die Lage um. Dann sind die Dachoberflächen die effektivsten Heizflächen, während die bodennahe Luft von den Oberflächen der Straßen in den eng verbauten Stadtteilen nur eine geringere Erwärmung erfährt. Wenn unter der Einwirkung der Einstrahlung die Luft im Stadtinnern sich eigentlich erwärmen sollte, liegt die Heizfläche im Niveau der Dächer, so daß von dort aus die angewärmte Luft direkt hochsteigen kann und den nicht durch Strahlung erreichten tieferen Luftraum relativ kühl läßt. Im Gegensatz dazu liegt die Heizfläche im Freiland tagsüber unmittelbar auf der Erdoberfläche und kann von dorther auch die untersten Meter der Luftschicht beeinflussen, die im Stadtinnern unterhalb der Heizfläche bleiben.

Die städtische Wärmeinsel ist also als Ganzes gesehen kein nächtliches Phänomen, sie ist auch tagsüber vorhanden und wegen der starken Anheizung der gut isolierten Dachflächen sogar besonders effektiv. Nur in der bodennahen Luftschicht läßt sie sich zu diesem Termin nicht nachweisen. Die korrigierte Aussage müßte also lauten, daß in der bodennahen Luftschicht die Temperaturdifferenz zwischen dem Stadtinnern und dem Freiland während der Nacht besonders groß ist.

Über den *Einfluß der Städte auf die Niederschlagsverteilung* gibt es unterschiedliche Äußerungen. Während Eriksen (1975) aufgrund der Erfahrungen in Kiel (Eriksen, 1964) die zusammenfassende Ansicht von Landsberg (1970) übernimmt, wonach über Städten generell die Niederschlagsmenge größer ist, speziell die Schauertätig-

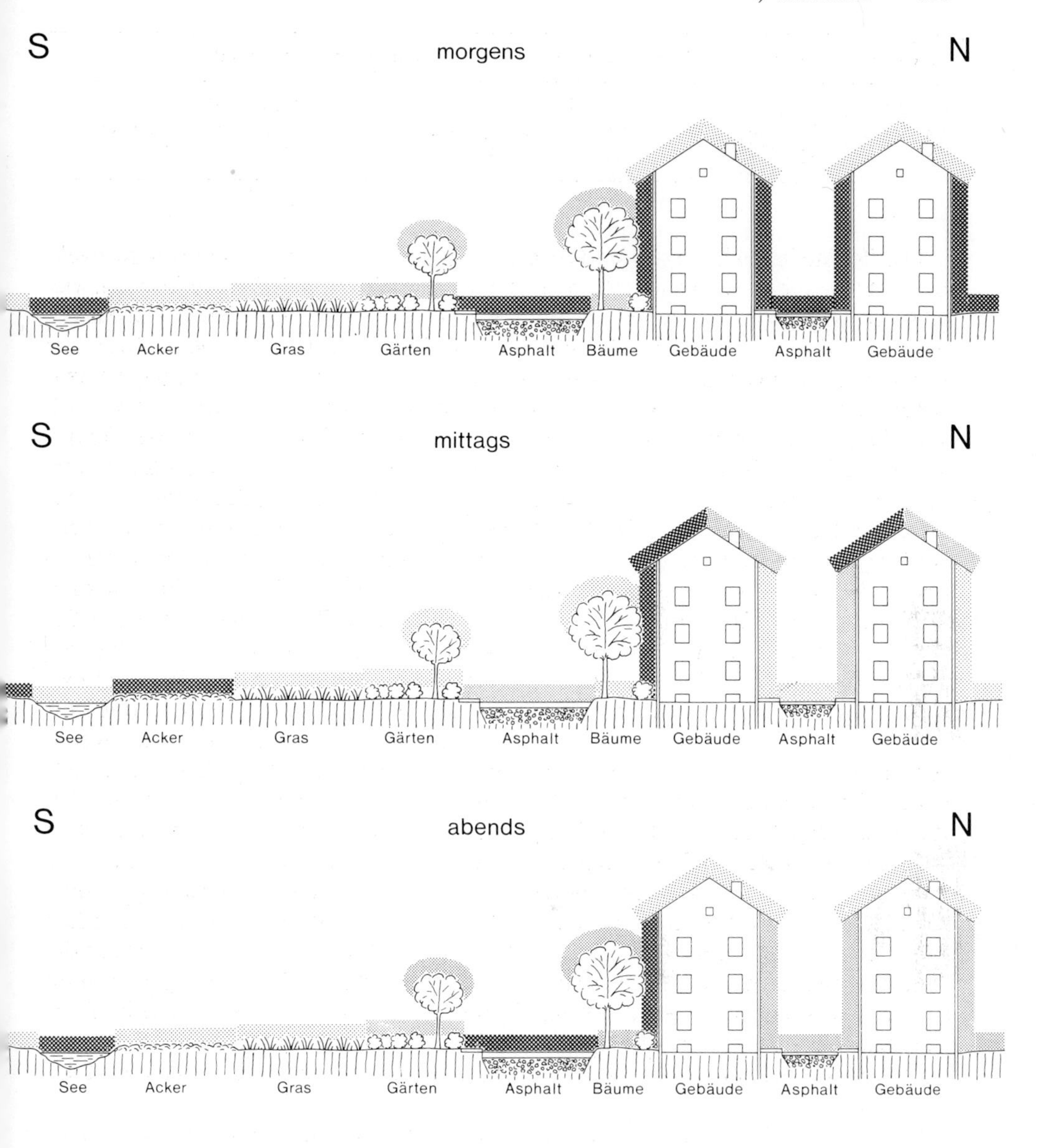

Abb. V.f)3. Verlagerung der Wärmeabgabeflächen inner- und außerhalb der Stadt in Tagesgang. (Nach Weischet, 1975). Tagsüber liegt in der Stadt die wichtigste Heizfläche im Niveau der Dächer, am Ende der Ausstrahlungszeit (morgens ca. $^1/_2$ Std. vor Sonnenaufgang) auf den Straßen- und Wandoberflächen

keit und die Zahl der Regentage um 5–10%, die Zahl der sommerlichen Gewitter sogar um 15–20% über derjenigen des Freilandes liegt, gibt es andererseits Beispiele wie Salzburg (Tollner, 1968), für die eine Niederschlagszunahme nicht nachweisbar ist, und wird drittens die Meinung vertreten, daß die niederschlagssteigernde

Wirkung im ganzen gering und nur auf große Städte beschränkt sei (z.B. Atkinson, 1969 für London oder Sekiguti and Tamiya, 1970 für japanische Städte). Am sichersten scheint es zu sein, daß sommerliche Schauerniederschläge (Landsberg, 1956) und Gewitter (Atkinson, 1969) über Städten bevorzugt auftreten, wenn die allgemeine Wetterlage bereits eine gewisse Neigung zur Bildung hochreichender Quellbewölkung aufweist. Wenn Changnon (1970) feststellt, daß dabei zuweilen extreme Überschüsse bis über 200% auftreten, so mag das im Einzelfall durchaus sein, weil bei Gewitterwetterlagen manchmal ein relativ schwacher zusätzlicher Auslöseimpuls zur Überwindung einer Inversion und damit zum Umkippen einer stabilen in eine feucht-labile Situation führen kann. Im ganzen können aber solche extremen Überschüsse nichts wesentliches aussagen; vor Generalisierungen muß man sich hüten, da die benötigten speziellen synoptischen Situationen sehr selten sind. Bei Niederschlägen nicht eindeutig konvektiver Entstehung, also vor allem im Winter, ist der Stadteinfluß wesentlich unsicherer. Ashworth hatte 1929 für Roshdale (England) gezeigt, daß an Werktagen die Niederschläge häufiger sind als an Wochenenden, wenn die Arbeit in der Industrie ruht. Dettwiller (1970) konnte für Paris prinzipiell das Gleiche feststellen. Als Konsequenz nimmt man an, daß der größere Kerngehalt der Stadtluft niederschlagsfördernd wirkt. Das wäre ein ähnlicher Effekt, wie man ihn bei künstlichem Regen zu erzeugen versucht [s. Kap. II.f) 7.]. Wie aber die Vorgänge genau sind, ist ungeklärt.

Einfluß auf die Schwüle. Das Problem, in welcher Weise eine Stadt auf die bioklimatisch allgemein wichtigen, in bestimmten Klimaregionen wie dem kontinentalen Innern Nordamerikas im Sommer wegen seiner Häufigkeit sogar jedermann sich aufdrängenden Schwülebedingungen Einfluß nimmt, diskutiert Havlik (1976) ausführlich anhand mehrjähriger Temperatur- und Feuchtedaten für Detroit und Chicago. Die Unterschiede zwischen Stadt und Umland sind, mit der leichten Ausnahme bei starker Schwüle, im allgemeinen gering, wenn man die Tage als ganze nimmt. Eine deutliche Stadt-Umland-Differenzierung ergibt sich jedoch für die Nachtstunden zwischen 0 und 5 Uhr. In dieser Zeit trat in den Jahren 1960–1964 im Innern von Chicago 150 mal, am Stadtrand nur 101 mal leichte Schwüle auf. In Detroit war das Verhältnis von Innenstadt zum Rand 118 : 101. In den späten Nachtstunden muß also außer einem Wärme- gleichzeitig auch noch ein Feuchteüberschuß in den Innenstädten gegenüber ihrem Umland vorhanden sein. Für die Temperatur läßt sich das mit Hilfe des voraus beschriebenen Wärmespeicherverfahrens erklären. Daß in Stadtgebieten während der Nacht oft höherer Wasserdampfgehalt in der Luft gegenüber den Außenbezirken vorhanden ist, hatte bereits Chandler (1965) für London bzw. (1971) für Leicester nachgewiesen. Die Erklärung dafür ist relativ schwierig. Havlik macht es anhand der meteorologischen Beobachtungsdaten für die genannten Städte wahrscheinlich, daß einerseits durch Vorkondensation und die Bildung feuchten Dunstes [vgl. dazu Kap. II.e) 6. u. 7.] sowie anderseits durch Taufall der Luft außerhalb der Städte nachts eine gewisse Menge Wasserdampf entzogen wird und damit der Dampfdruck unter die für Schwüle notwendige Schwelle absinkt [vgl. dazu Kap. II.c) 6.]. Im Innern der Städte hingegen erreichen die künstlichen Oberflächen wie Straßenbelag, Asphalt, Platten und Mauerwerk wegen der großen Wärmeaufnahme am Tage und der im ganzen gedämpften Ausstrahlung der sich gegenseitig schützenden und bestrahlenden Oberflächen in den tieferen Teilen der

Stadt (Clarke and Bach, 1971) nicht so tiefe Temperaturen, daß Vorkondensation oder Taufall eintreten kann. Der Wasserdampf bleibt in der Luft. Das führt also dazu, daß der in der Innenstadt lebende Mensch im Sommer insofern einem besonderen klimabedingten Streß unterliegt, als die Möglichkeit für einen erholsamen Schlaf für ihn u. U. erheblich geringer ist als für einen Bewohner im Vorort oder auf dem freien Lande, wo bei einem großen Teil der Schwülewetterlagen wenigstens in der zweiten Nachthälfte Bedingungen unterhalb der Schwülegrenze eintreten (Havlik, 1977).

g) Bioklima, Heilklimate

Im Hinblick auf die *Einwirkung des Klimas auf den menschlichen Organismus* – noch bei Alexander von Humboldt die Hauptdaseinsberechtigung der Klimatologie überhaupt – treten wieder andere Eigenschaften in den Vordergrund, als bei den bisher behandelten allgemeinen Klimatypen. Auf jeden Fall aber ist der ganze Komplex der Elemente, der „atmosphärische Akkord“, gemeint, der in spezifischer Kombination Heilwirkungen hervorruft. Es soll hier nicht die Gesamtheit der bioklimatischen Zusammenhänge erörtert werden. Die als *Meteorobiologie* oder, mit speziellem Bezug auf die Krankheiten, als *Meteoropathologie* (De Rudder) zu großer Breite angeschwollene Lehre von den Zusammenhängen zwischen Krankheit und Wetter – vgl. das dreibändige Standardwerk von W. F. Petersen (1887–1950) – zeichnet sich vor allem dadurch aus, daß zwar statistische Parallelitäten zwischen Krankheitskurven und Wetterkurven mehrfach aufgedeckt wurden, daß aber damit über einen wirklichen Kausalzusammenhang meist nichts ausgesagt werden kann. Selbst die so oft zitierte *„Föhnkrankheit“* ermangelt, obwohl die Mediziner in typischen Föhngebieten sehr wohl die spezifischen Reaktionen wetterfühliger, vor allem vagotonischer Personen kennen, durchaus noch der kausalen ätiologischen Erklärung. Immerhin halten sich viele Ärzte in föhnbetroffenen Gebieten bei gefährdeten Patienten von bestimmten Eingriffen zurück, solange Föhnsituation besteht. Auch der durchschnittliche Wetterablauf in unseren Breiten, wobei nicht nur die Bodenwetterkarte, sondern auch die Höhenwetterkarte herangezogen werden muß, bringt ausgeprägte Schwankungen hinsichtlich der Stimmung und der *Reizbarkeit des vegetativen Nervensystems* mit sich, ohne daß wir über die bloße Registrierung dieser Zusammenhänge hinaus einen physikalisch-physiologischen Kausalzusammenhang dabei eindeutig ermitteln können. Curry (1946) hat geglaubt, hierfür den Faktor Aran, ein mehratomiges Sauerstoffmolekül, gefunden zu haben, was jedoch nicht bestätigt werden konnte.

Einen Überblick über die *Biotropie charakteristischer Wetterphasen* und die *wetterbedingte körperliche Befindensrhythmik* vermittelt die beifolgende schematische Diagrammzeichnung (Abb. V.g) 1. Sie fußt auf kurortklimatischen Untersuchungen in Bad Tölz. Ähnliche Untersuchungen des Parallelverhaltens meteorologischer Kurven und solcher über medizinische Befunde sind auch noch an anderen Orten, wo es zu einer engen fachlichen Zusammenarbeit von Ärzten und Meteorologen kam, vorgenommen worden. Trotz unserer noch bestehenden Unkenntnis des Zu-

Wetterphase	1	2	3	4	5	6
Wettertyp	mittleres Schönwetter	gesteigertes Schönwetter	übersteigertes Schönwetter (am Geb. durch Föhn)	aufkommender Wetterumschlag	vollzogener Wetterumschlag	beginnende Wetterberuhigun
Bewölkung	Altocumulus translucidus, Stratocumulus	im Sommer: Cumulus congestus im Winter: klar oder Nebel bis Hochnebel	Altocumulus lenticularis, einige Cirren	Cirrostratus-Altostratusaufzug, i. d. wärmeren Jahreszeit Altocumulus zunehmende Cumulonimbustürme	i. d. wärmeren Jahreszeit anfangs noch Cumulonimbus, sonst dichter Altostratus Nimbostratus, dann Cumulus m. Stratocumulus	Stratus, Stratocumulus, Altocumulus
Wetterbild	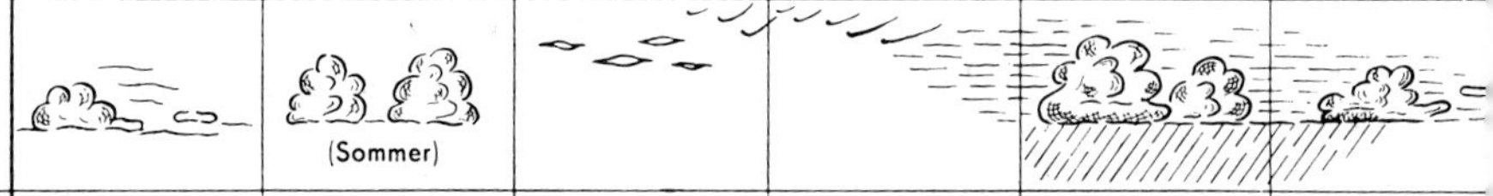	(Sommer)				
Temperatur	normaler Tagesgang	verstärkter Tagesgang (im Winter Minima tiefer)	steigend	steigend	rasch fallend	geringer Tagesgang
relative Feuchte	normaler Tagesgang	verstärkter Tagesgang	sinkend	steigend	gleichbleibend	geringer Tagesgang
Temperatur-Feuchte-Milieu der Biosphäre	kühl bis mild trocken	mild bis warm trocken	warm extrem trocken	mild bis warm feucht	kalt feucht	kalt bis kühl trocken
biotrope Wirkung	biologisch günstig	biologisch günstig	biologisch ungünstig	biologisch ungünstig	biologisch ungünstig	günstig
körperliches Befinden	normales Schlafbedürfnis, guter Schlaf, ausgeglichene Stimmungslage, Arbeitsfreude, gute Konzentrationsfähigkeit, physisch keine wetterbedingten Beschwerden	leicht vermindertes Schlafbedürfnis, guter Schlaf, angeregte, unternehmungsfreudige Stimmungslage, erhöhte Neigung zu körperlicher Betätigung, nachmittags leicht ermüdbar, keine wetterbedingten Beschwerden	geringe Schlaftiefe, vermindertes Schlafbedürfnis, Stimmungslage noch angeregt, jedoch Scheu vor Anstrengung und Konzentration, Reizbarkeit, rasch ermüdet, zunehmende körperliche Mißempfindungen, z. T. depressiv	gestörter Schlaf, vermindertes Schlafbedürfnis, gereizte bis depressive Stimmungslage oder manisch angeregt, physisch oft allgemeines Krankheitsgefühl, Migräne, Wund- und Narbenschmerzen, Koliken, Embolien, Operationskomplikationen, fieberhafte, infektiöse, entzündliche Prozesse, hypotone Reaktionsform, Herz-Kreislauflabilität	meist tiefer, traumarmer Schlaf bei erhöhtem Schlafbedürfnis, Stimmungslage noch depressiv, hypomanische Phasen mit produktiven Ideen, allmähliches Nachlassen des allgemeinen Krankheitsgefühls und sämtlicher Erscheinungen, physisch rascher als psychisch abklingend, aber noch vermehrte Erscheinungen, bes. akute und spastische hypertone Reaktionsform	normaler bis tief Schlaf bei erhöhte Schlafbedürfnis, vielfach leicht de-pressive Stimmungslage, jedoc wachsende Arbei freude u. -leistung keine gehäuften krankhaften Erscheinungen

Abb. V.g) 1. Bioklimatologisches Schema der sechs Wetterphasen im mitteleuropäischen Bereich bei normaler Wetterabfolge, entworfen auf Grund der Erfahrungen der Medizin-meteorologischen Beratungsstelle Bad Tölz des Deutschen Wetterdienstes von H. Ungeheuer u. H. Brezowsky

standekommens pathologischer Befunde durch Wettereinflüsse sind gleichwohl verschiedentlich bereits praktische Maßnahmen dergestalt ergriffen worden, daß allein auf der Grundlage der bisher ermittelten statistisch signifikanten Parallelität den Ärzten und Krankenhäusern eine Art Vorwarnung gegeben wird. Darüber hat W. Kuhnke (1956) nach Hamburger Erfahrungen berichtet. An Hand von *Biometeorogrammen* ließen sich auffällige Häufungen von Sterbefällen mit Witterungsereignissen parallelisieren. Wie schwierig diese Zusammenhänge aufzuhellen sind, geht allein daraus hervor, daß in diesem Falle der meteorologische Teil eines solchen monatlichen Biometeorogramms Zeitkurven und Angaben über insgesamt rund 30 meteorologische Beobachtungswerte enthält. Es werden dabei nicht allein die üblichen Elemente der Witterung und des Luftzustandes herangezogen, sondern auch Angaben über Äquivalenttemperatur, Sonnenfleckenhäufigkeit, Ozongehalt, erdmagnetische Kennziffern und Stürme, über kosmische Hochfrequenzstrahlung, über die vertikalen Austauschkoeffizienten sowie über die verschiedensten synoptischen Vorgänge (Abgleiten, Aufgleiten, labiles Aufgleiten, labile Vorgänge, Absinken, meridionale Wetterlagen tropischen und polaren Typs, zonale West- und Ostwetterlagen, Antizyklonallagen) gemacht. Dieser an sich schon schwer übersehbaren Fülle von meteorologischen Beobachtungsfakten stehen auf medizinischer Seite folgende zu beobachtenden Befunde gegenüber: Subjektive Beschwerden, hypotonische Zustände, Blutungsneigung, allgemeine Befindensverschlechterung, Kreislaufbeschwerden, entzündliche und fieberhafte Erscheinungen, Neigung zu Thrombosen, Infarkten und Embolien, akute Kreislaufstörungen, akute spastische Erscheinungen u. a. m.

Bei einem von Kuhnke vorgenommenen Vergleich ergab sich ein deutlicher Anstieg der Sterblichkeitskurve bei Trogvorderseitenlagen und Tropikluftadvektion, bei denen kontinentwärts vordringende Aufgleitvorgänge von SW her und im Alpenraum meist Südföhn zu beobachten sind. Das stimmt überein mit der negativen Biotropenwirkung der Wetterphase 3 im Diagramm Abb. V.g) 1. Über die Reizwirkung dieser Wetterkonstellation sind sich augenscheinlich die Biometeorologen und Geomediziner einig. Aber auch Kaltfrontdurchgänge sind oftmals als biotrop zu bezeichnen. Nach Becker (1952, S. 418) sind folgende meteoropathologischen Zusammenhänge durch statistische Verfahren als überzufällig wahrscheinlich gemacht worden:

„1. Am wetterempfindlichsten sind die Herz- und Kreislaufpatienten; sie reagieren auf fast alle Wetterstörungen, am stärksten auf Kaltfronten und labile Aufgleitvorgänge.
2. Fast ebenso häufig, wenn auch weniger stark, reagieren die Asthmapatienten auf die Hauptwetterstörungen Kaltfront, Grundschicht-Turbulenz und labiles Aufgleiten.
3. Der Todeseintritt zeigt eine hohe Abhängigkeit von Kaltfronten und steht noch mit den Aufgleitprozessen und der Grundschicht-Turbulenz in gesicherter Beziehung.
4. Die Embolien werden durch Kaltfronten, labiles Aufgleiten und Grundschicht-Turbulenz deutlich beeinflußt, am meisten durch Kaltfronten mit überlagertem Aufgleiten.
5. Als vorwiegend turbulenzempfindlich erweisen sich die spastischen Zustände, reagieren aber auch auf Aufgleiten und Warmfronten.
6. Die Schlaflosigkeit der Patienten steht in gesichertem Zusammenhang mit den Aufgleitflächen von Warmfronten, während andererseits Nächte mit ungestörtem Schlaf eine hohe Beziehung zu störungsfreiem Wetter und in geringem Maße zu Abgleitvorgängen besitzen.“

Andere Autoren haben bei tonusmindernder Warmluftadvektion eine Förderung und Verkürzung der Geburtswehen (Brezowsky u. Dietel, 1967) und ebenso eine Vermehrung der Herzinfarkte (Brezowsky, 1965) beobachtet, besonders im Winter und Frühjahr.

Gegenüber dem sehr ausführlichen Biometeorogramm von Kuhnke sind die von Becker (1952) und Daubert (1958) entworfenen sehr viel einfacher, indem sie sich nur auf die komplexe synoptische Struktur des Witterungsablaufes beschränken und auf die vielen Einzelelemente verzichten. Sie zeigen gewisse Anklänge an das in Abb. V.g) 1. wiedergegebene Schema von Ungeheuer und Brezowsky.

Kurortklima. Die Unsicherheit der Kenntnis des physiologischen Wirkungsmechanismusses bringt es mit sich, daß die klimatischen Bedingungen, die für die Eignung einer Örtlichkeit als *Kurort* aus heilklimatischen Gründen gefordert werden müssen, noch keineswegs genau bekannt sind (Conrad, 1946). Man muß sich deshalb vorerst noch mit allgemeinen qualitativen Angaben begnügen. Solche sind in den amtlichen „Begriffsbestimmungen für Kurorte, Erholungsorte und Heilbrunnen“ enthalten. Soweit es sich dabei um heilklimatische Kurorte oder Luftkurorte handelt, müssen bestimmte Voraussetzungen erfüllt sein. Diese beziehen sich auf jeweils unterschiedliche Kombinationen von Reizfaktoren, Schonfaktoren und ungünstigen Klimafaktoren.

Die bei der Anlage von Kurorten und Naturparks zu berücksichtigenden medizin-meteorologischen Witterungsfaktoren sind nach Daubert (1968) und Neuwirth (1968) folgende:

1. *Belastende Faktoren* (hoher Dampfdruck, Schwüle, geringe Abkühlungsgröße, verunreinigte Luft durch Industrie oder Verkehr, stagnierende Luft, häufiger Nebel).
2. *Schonfaktoren* (normale Temperaturschwankung, mäßige Abkühlungsgröße, gute Strahlungsbedingungen, Waldschatten, von Staub sowie Industrie- und Verkehrsabgasen freie reine Luft).
3. *Reizfaktoren* (relativ niedrige Temperaturen, häufig frische, böige Winde, hohe Abkühlungsgröße, hohe Strahlungsintensität, starke Tagesschwankung).

Belastende Faktoren verursachen Bedrückung, Verringerung der Widerstandskraft; Schonfaktoren wirken beruhigend, vorwiegend entlastend nach vorheriger Belastung; Reizfaktoren wirken dagegen erregend. Letztere erhöhen die Widerstandskraft und Reduktionsfähigkeit; sie sind dosierbar.

Am weitesten scheint die Schweiz auf dem Wege zu einer quantitativen Kennzeichnung und Klassifikation ihrer klimatischen Kurorte gelangt zu sein. Die Schweizer Kurorte werden je nach den therapeutischen Faktoren, die jeweils vertreten sind, in folgende Typen eingeteilt (nach Knoch, 1962, S. 12–14):

„I. Klimakurorte des Alpenvorlandes und der subalpinen Zone
- a) Klimakurorte mit Schonklima, Reizstufe 0, Höhenlage 200–600 m
  Klima: Beträchtliche Sonnenscheindauer, auf der Alpensüdseite auch im Winter; gemäßigte Strahlungsintensität, milde Lufttemperaturen mit mäßiger Tagesschwankung, reichlicher Feuchtigkeitsgehalt der Luft, jedoch geringe Nebel- und Niederschlagsfrequenz, leichte Winde, gemäßigte Abkühlungsgröße mit nicht sehr großer Jahresschwankung.
- b) Klimakurorte mit leichten Reizfaktoren, Reizstufe 1, Höhenlage 400–900 m
  Klima: Auf der Alpensüdseite während des ganzen Jahres durchschnittlich große Son-

nenscheindauer, auf der Alpennordseite nur im Sommerhalbjahr. Entsprechend der Höhe über dem Meer leicht gesteigerte Reizwirkungen, wie leichte Zunahme der Strahlungsintensität, Abnahme des Luftdruckes und der Lufttemperatur. Wind-, Abkühlungs- und Nebelverhältnisse stark von der örtlichen Lage bedingt; klimatische Reizwirkung vorwiegend durch stärkere Luftbewegung erzeugt.

II. Klimakurorte des Alpengebietes

a) Alpine Kurorte mit leichten Reizfaktoren, Reizstufe 1, Höhenlage 500–1100 m
Klima: Beträchtliche Sonnenscheindauer, in den inneren Alpentälern auch im Winter häufige Schönwetterperioden. In den abgeschlossenen Hochtallagen meist guter Windschutz. Abkühlungsgröße und Nebelfrequenz sowie Niederschlagshäufigkeit stark von örtlichen Einflüssen bedingt, in den inneren Alpentälern vorwiegend günstig. Entsprechend der Höhenlage leicht gesteigerte Reizfaktoren, wie Zunahme der Strahlungsintensität, besonders im Ultraviolett, leichte Verminderung von Luftdruck, Luftfeuchtigkeit und Lufttemperatur.

b) Alpine Klimakurorte mit mäßigen bis kräftigen Reizfaktoren, jedoch mit gutem Windschutz als Schonfaktor, Reizstufe 2, Höhenlage 1200–1900 m
Klima: Große Sonnenscheindauer, besonders im Winter häufige Schönwetterperioden, große Intensität der Sonnenstrahlung, speziell auch im Ultraviolett. Trotz niedriger Lufttemperatur mit großer Tagesschwankung, jedoch dank gutem Windschutz in den Hochtallagen stark gemäßigte Abkühlungsgröße mit relativ geringer Jahresschwankung. Nebelfrequenz von örtlichen Einflüssen abhängig, in Hochtallagen gering, nur in Hanglagen erhöht. Entsprechend der Höhenlage wirksame Reizfaktoren, wie große Intensität und Dauer der Sonnenstrahlung, Verminderung von Luftdruck und Lufttemperatur. Reine, an Allergenen, Staubbeimengungen und Feuchtigkeit arme Luft mit etwas reduziertem Sauerstoffpartialdruck.

c) Alpine Klimakurorte mit intensiven Reizfaktoren. Reizstufe 3, Höhenlage 1500–1900 m. Klima: Große Sonnenscheindauer, auch im Winter; große Intensität der Sonnenstrahlung speziell auch im Ultraviolett; im Engadin geringe Nebelhäufigkeit. Je nach Witterung und Jahreszeit kräftige Luftbewegung und daher beträchtliche und stark schwankende Abkühlungsgröße, im Winter häufige Schönwetterperioden mit geringerer Luftbewegung. Reine, an Allergenen, Staubbeimengungen und Feuchtigkeit arme Luft mit etwas reduziertem Sauerstoffpartialdruck. Entsprechend der Höhenlage intensive klimatische Reizfaktoren, wie Intensität und Dauer der Sonnenstrahlung, Verminderung von Druck und Temperatur der Luft.“

Im außeralpinen Mitteleuropa liegen die Verhältnisse wieder anders. Hier liegen andere klimatherapeutische Faktoren vor, so daß die vorgenannte Einteilung nicht ohne weiteres übernommen werden kann. Dabei kommt es nicht nur auf das naturgeographische Milieu, sondern oft sogar entscheidend auf kulturgeographische Faktoren (Nähe von Industrieballungen mit ihrem oft weitreichenden Aerosolschweif) an.

Voran steht hier bei der Bewertung die *Luftreinheit,* d.h. möglichst weite Entfernung von Staub und Rauch oder Geruchsbelästigung erzeugenden Stellen, wobei die mittlere Windrichtung zu berücksichtigen ist. Welche ernsten gesundheitlichen Schäden Luftverschmutzung hervorruft, wurde bereits in anderem Zusammenhange erläutert [Kap. II.a) 3.]. Ferner werden *Sonnenscheinreichtum* – bei engen Tallagen aus rein orographischen Gründen oftmals nicht gegeben – und *Lufttrockenheit* sowie *Luftruhe* verlangt. Die letztere ist wiederum im Gebirge nicht immer ausreichend gewährleistet. Unerwünschte Hautreize werden im übrigen nicht nur durch den Wind, sondern auch durch kurzfristige unperiodische Temperaturschwankungen,

d. h. die Wetterhaftigkeit, ausgelöst. So hat z. B. der Kurort Gleichenberg in der Steiermark im Jahre nur 17 Temperatursprünge von $\geqq 5°$ je Stunde, während im etwa 100 km entfernt am Gebirgsfuß der Alpen gelegenen Wiener Neustadt 39 derartige Sprünge auftreten. Auch die elektrischen Eigenschaften der Atmosphäre spielen sicher medizinisch eine Rolle, über die wir jedoch noch nichts Näheres wissen.

Daß das Klima, wenn es als Heilfaktor zum Tragen kommen soll, innerhalb der *Behaglichkeitsgrenzen* der Schwüle liegen muß, versteht sich von selbst. Überschreitungen nach der Seite zu großer Rauhigkeit ebenso wie zu großer Schwüle sind vom Übel. Nach medizinischen Erkenntnissen kann es schon bei Außentemperaturen von 25 bis 30 °C im Schatten und einer gleichzeitigen relativen Feuchte von 80 bis 90% zu Hitzschlag kommen.

Scharlau (1941) zitiert nach Schade folgendes krasse Beispiel aus New York, das für sommerliche Hitzewellen in den Neuenglandstaaten typisch ist und diese deshalb zumindest im Tieflande als heilklimatisch weniger geeignet erscheinen läßt: „Während einer Hitzeperiode in New York vom 8. bis 15. 8. 1896 wurden im Schatten Lufttemperaturen von 22–33,6° (Mittel 30,5°), in der Sonne von 34,5–58° (Mittel 48,5°) gemessen, die relative Feuchte betrug im Durchschnitt 70%; außerdem fehlte jeder Wind. Die Folgen dieser anomalen Feucht-Wärmeverhältnisse waren 648 Todesfälle durch Hitzschlag."

Pathogene Einflüsse des Klimas bestehen sicher auch in Bezug auf die Erkältungskrankheiten, die u. a. auch von witterungsbedingten Faktoren mitgesteuert werden. Wie im einzelnen ist aber noch ungeklärt, zumal neben dem Außen- für die Infektionsmöglichkeit auch das Innenraumklima eine erhebliche Rolle spielt. Nach Hammes (1963) weiß man, daß die *Infektiosität der Erkältungsviren* weniger von der Temperatur als vielmehr von den *Feuchteverhältnissen abhängt.* So verlieren z. B. Influenzaviren ihre Virulenz bei mehr als 50% relativer Luftfeuchte unabhängig von der gleichzeitig herrschenden Temperatur. Solche Werte sind im Außenklima der Mittelbreiten fast immer vorhanden. Durch die Heizung sinkt aber in der Wohnung die relative Luftfeuchte sehr stark und oft unter den o. g. Wert. Es entsteht daher im Winter im zu trockenen, geheizten Zimmer eine besonders leichte Übertragbarkeit. Im Sommer, wenn nicht geheizt wird, ist auch in der Wohnung die Luftfeuchtigkeit höher. Die Installation von Luftbefeuchtern hat also auch die Wirkung, daß die Virulenz der Influenzaviren herabgesetzt, die Ansteckungsgefahr kleiner wird.

Im Gegensatz zu den Influenzaviren ist die Virulenz des *Poliovirus* gerade bei hoher Luftfeuchte am stärksten. Die trockene Zimmerluft setzt also im Winter die Ansteckungsgefahr herab. Sie ist besonders groß bei hohen Luftfeuchten und hat dementsprechend alljährlich ihren typischen Spätsommergipfel der Ansteckung.

Das zu den Erkrankungen der Luftwege gehörende *Krupp-Syndrom* wird nachweislich durch SO_2-Anreicherung der Inversionen in stagnierender Kontinentalluft begünstigt (Jaklin, Emmerich u. a. 1971, 1972), wobei die Reizwirkung auf die Schleimhäute den direkt beteiligten Auslösevorgang bildet. Andere Hinweise auf biologische Klimawirkungen sind im Zusammenhang mit der Behandlung der einzelnen Klimaelemente erfolgt [z. B. die Schwüle im Zusammenhang mit der Temperatur, Kap. II.c) 6.].

Die wichtigsten *Typen des Heilklimas* sind das Hochgebirgs-, das Mittelgebirgs-, das Wald- und das Seeklima. Ihre gesundheitlich maßgeblichen klimatischen Wirkungen seien kurz angeführt.

Im *Hochgebirgsklima,* das von Flach (1967) eingehender charakterisiert wurde, herrscht bedeutend niedrigerer Luftdruck. Die verdünnte Luft enthält pro Volumeinheit also eine bedeutend geringere Menge des für die Atmung erforderlichen Sauerstoffs als im Tieflande, was rascheres Atmen und stärkere Herztätigkeit zur Folge hat. Die niedrigere Lufttemperatur im Hochgebirge – eine Folge des orographisch-advektiv erzwungenen Aufsteigens der Luft und für die *tropischen Höhenzufluchtsorte der Europäer* (Buitenzorg [jetzt Bogor], Darjeeling u.a.) der entscheidende Faktor – ist gekoppelt mit intensiver Strahlung, da die Zerstreuung und Absorption in der dünnen Luft geringer ist. Beim Vorhandensein einer Schneedecke kommt es zu extremer Reflexion, besitzt doch Neuschnee eine Albedo von 75–88%. In Extremfällen sind in Arosa sogar 100% gemessen worden. Diese reflektierten Strahlenmengen bei zugleich relativ hohem UV-Anteil sind für die *sonnigen Winterhöhenkurorte* wie Davos und St. Moritz ein entscheidender bioklimatischer Faktor. Rasche Hautrötung und -bräunung sind die bekannte Folge.

Auch der Feuchtegehalt ist absolut genommen geringer. Niedrig ist weiterhin der Staub-, Pollen- und Bakteriengehalt, weshalb pollenallergische Personen außer in der reinen Seeluft zur Zeit des „Heuschnupfens" auch im Hochgebirge Erleichterung finden. Die spektrale Zusammensetzung der durchgelassenen Strahlung weicht insofern von der des Tieflandes ab, als der UV-Anteil und die direkte Bestrahlung auf Kosten der diffusen höher sind, der Himmel also tiefblau bis violettblau ist. Trotz der tieferen Lufttemperatur ist daher die Erwärmung der Erdoberfläche oder der menschlichen Haut größer als in dunstgetrübter Tieflandsatmosphäre, andererseits aber auch die Ausstrahlung wirksamer, da der geringere Wasserdampfgehalt die Wärmegegenstrahlung reduziert.

Da das Hochgebirgsklima jedoch für den menschlichen Organismus neben den positiven Wirkungen auch negative besitzt, ist dieser Typ nur in bestimmten Fällen für Heilzwecke angeraten. Es haben sich daher auch nur relativ wenige Hochgebirgskurorte wie Davos, St. Moritz, Arosa u.a. zu klimatherapeutischen Anziehungspunkten von Weltrang entwickelt. Ihre weiland spezifische Bedeutung als Tuberkuloseheilplätze ist mit dem Rückgang dieser Krankheit aus anderen Gründen abgelöst durch die Bedeutung als Erholungsplatz mit reichem Strahlungsgenuß oberhalb des trüben sonnenarmen Tieflandswinters. Aber der höheren Beanspruchung von Herz und Lunge ist nicht jeder Patient gewachsen. Es ergibt sich daher für einen großen Kreis von Menschen, die Klimaheilwirkungen suchen, die Notwendigkeit einer schwächeren Dosierung.

Diese bietet sich im *Mittelgebirgsklima* dar. Hierzu gehört die Vielzahl unserer mitteleuropäischen Höhenkurorte (Schwarzwald, Thüringer Wald, Riesengebirge, Tatra u.a.). Allerdings handelt es sich hierbei um einen ziemlich breiten Spielraum des tatsächlichen Klimageschehens. Kammlagen leiden häufig unter Wolkeneinhüllung, vermehrter Niederschlagshäufigkeit und zu hoher Windstärke. Günstig sind dagegen Südhanglagen im Regenschatten. Das Höhenklima kombiniert sich allerdings bei uns meist mit dem *Waldklima,* das sich als ausgeprägtes Schonklima erweist. Die Luftruhe und der ausgeglichene Temperaturgang, die Luftreinheit und die gleichmäßige Luftfeuchtigkeit stempeln Waldgebiete, besonders aber im Bergland, zu *ausgeprägten Sanatorienstandorten.* Es ist das ideale Klima der zahlreichen Luftkurorte, zu deren Kriterien natürlich außerdem auch die Rauch- und Staubarmut gehören muß. Hanglagen, besonders oberhalb von Seen, sind auch hier den Tal- und

Beckenlagen vorzuziehen, in denen Temperaturextreme und Talnebel die Heilklimawirkung beeinträchtigen. In zahlreichen unserer Quellheilbäder, die wegen der Lage der Quellen auf die Talsohle angewiesen sind – wie z. B. Kissingen, Wildbad, Liebenzell –, sind die mittleren Hänge erst die klimagünstigsten Standorte für Sanatorien.

Besonders markant tritt das *Seeklima* als Heilfaktor in Erscheinung. In unserem Nord- und Ostseeküstenbereich ist es ein ausgeprägtes Reizklima wegen der ständigen Luftunruhe, dem Reichtum der Luft an Jod- und Kochsalzkernen und der Strahlenintensität. Der Temperaturtagesgang ist ausgeglichen, zeitweilig durch den Seewind sogar gekappt. Der Strahlungsreichtum ist in den Sommermonaten im allgemeinen ziemlich groß, wenn auch im UV gedämpft infolge der tiefen Lage. Immerhin ruft die Sonnenbestrahlung der Haut im Verein mit der hohen Reflexion am Sandstrande häufig Erythem und Pigmenteinlagerung hervor, ein auch vom Hochgebirgsklima her bekannter Vorgang, der dort am extremsten bei gleichzeitigem Vorhandensein einer reflektierenden Schneedecke und bereits höher stehender Frühlingssonne auftritt. Die Reflexwirkung des weißen Dünensandes wirkt ähnlich, liegt doch seine Albedo immerhin bei 34–37%.

Daß die mit der Windunruhe des Seeklimas verbundenen Hautreize durchaus nicht immer therapeutisch positiv zu bewerten sind, geht aus folgender Äußerung hervor: „Worin besteht das Martyrium des Windes? Er tut nicht weh, er ist auch nicht laut, er bringt es nur zu einem diskontinuierlichen Kulissengeräusch, bei dem alles Leben, auch das, das über Stimme und Ohr läuft, zur Not weitergehen kann. Man kann sich an das ständige Windgeräusch gewöhnen, ähnlich wie man sich an den Lärm einer Fabrikhalle gewöhnt. Schwieriger wird es, sich auch mit dem pausenlosen Druck des Windes auf die Haut auszusöhnen. Genau gesagt ist er leider gerade nicht „pausenlos“, sondern intermittiert in kleinen Stößen, die ihn auf die Dauer so zermürbend machen. Gleichmäßiger Druck wäre leichter zu ertragen. Das Tagelange, Wochenlange, das im Grunde „Normale“ dieses weichen Windbombardements, macht die Besonderheit des nordischen Küstenlebens aus“. (J. Günther in Frankf. Allg. Zeitg. 1965, Nr. 142 [23. VI. 1965], S. 24.)

Eine erste etwas differenziertere *Gliederung der Deutschen Bundesrepublik* nach medizin-meteorologischen Gesichtspunkten auf Grund von Groß- und Regionalwetterlagen gab W. Dammann (1958). Er unterschied: maritim beeinflußte Klimate, maritimes Klima des küstennahen Hinterlandes, maritim-kontinentales Übergangsklima, kontinentales Klima, Mittelgebirgsklimate, Hochgebirgsklima, Alpenvorlandklimate, Beckenklimate, Klimate der tektonischen Gräben sowie Gegenden größter Luftverunreinigung. In jüngster Zeit entwarf der gleiche Verfasser (1964), ausgehend von einer revidierten, gegenüber Scharlau [vgl. Kap. II.c) 6.] bedeutend komplizierteren Schwüledefinition, eine neue physiologische Klimakarte Westdeutschlands, die übrigens auch für die planerische Praxis von Wert sein dürfte. Da die berücksichtigten Faktoren heterogen sind, ergeben sich naturgemäß auch hierbei mannigfache Überschneidungen, jedoch bietet die Gliederung eine *geographisch-heilklimatische Raumeinteilung,* wie sie vom Geographen angestrebt werden muß.

VI. Klassifikation der Klimate

Jede der klimatologischen Teilbetrachtungen, wie sie in den bisherigen Abschnitten durchgeführt wurden, muß für den Geographen einer räumlichen Betrachtung der klimatischen Gesamterscheinungen dienen oder in sie einmünden. Zwar ist jedes Klima irgendeiner Erdstelle genau wie jeder Landesteil als Ganzes ein Individuum, das sich nicht wiederholt, jedoch weisen jeweils bestimmte Gruppen von ihnen vergleichbare Ähnlichkeiten sowohl der Entstehung als auch der Ausprägung sowie der Auswirkung auf, die eine *von den Individualitäten abstrahierende Typisierung* ermöglichen. Walter (1970) hat im Typ ähnliche Klimate als „Homoklimate" bezeichnet.

Welche Kriterien für eine Typisierung verwendet werden und nach welchen Prinzipien eine überschaubare Ordnung der Typen aufgestellt werden kann, dazu gibt es viele Vorstellungen und Vorschläge. Sie füllen die Literatur über Klimaeinteilungen und -klassifikationen. In einer systematischen Überschau werden zunächst die wichtigsten Grundsätze und danach einige konkrete Klimaklassifikationen zu behandeln sein.

a) Grundsätze der Klimaklassifikation

Eine *rein beschreibende Darstellung,* die die gesamte Erde mosaikartig in individuelle, sich nicht wiederholende Klimagebiete aufteilt, ohne dabei den Vergleichsgesichtspunkt bzw. genetische Fragen zu berühren, hat es zwar auch gegeben (A. Supan, 1885, mit 35 topographisch benannten Klimaprovinzen); sie ist jedoch, was die genetische Begründung betrifft, die unergiebigste und kann daher hier übergangen werden. Gleichwohl hat sie historisch gesehen gewissermaßen die Diskussion über Klimaklassifikationen wenn nicht eingeleitet, so doch wesentlich gefördert. Bei den *typisierenden Einteilungen* dagegen gibt es die beiden Gruppen, die a) auf dem *Zustandekommen der Klimate* basieren, also die dynamischen Vorgänge der allgemeinen Zirkulation der A. mit ihren Teilgliedern zugrunde legen, und die b) nach *charakteristischen Werten der meßbaren Klimaelemente,* vor allem der Temperatur und des Niederschlags, *sowie deren Auswirkung* auf die naturgeographische Gestaltung der Erdoberfläche, vor allem des Pflanzenkleides, klassifizieren. Erstere werden als *genetische,* letztere als *effektive Klassifikationen* bezeichnet. Man muß jedoch zugeben, daß die Trennungslinie oft nicht scharf ist. Es können die verschiedenen Klassifikationsgesichtspunkte mehr oder weniger eng miteinander verwoben sein, wie es beispielsweise bei den jüngeren Auflagen des Köppenschen Systems oder bei der für die Sowjet-Union ausgearbeiteten Klimaeinteilung von Budyko und Grigoryev (1959) der Fall ist. Letztere beruht zwar eigentlich auf den Strahlungsbedingungen, greift also auf die in der Kausalreihe der Klimagenese ganz vorn stehenden Gegebenheiten auf der Erde zurück; doch enthält die vollständige Klassifikation letztlich doch so viele effektive Elemente, daß sie aus diesem Grunde unter den effektiven Klassifikationen behandelt werden soll. Die konsequent auf die Energiebilanz gegründete Klimagliederung von Terjung und Louie (1972) muß hingegen als genetische Grundeinteilung gewertet werden. Die allgemeine Zirkulation ist bereits eine Folge der Strahlungsverhältnisse. Klimaeinteilungen, die auf ihr aufgebaut sind, wie die Systeme von Hettner bzw. Woeikow, von Flohn bzw. Kupfer oder von Hendl sind aber trotzdem typische genetische Klimaeinteilungen. Ihnen ist der Nachteil eigen, daß sie quantitativ schwer faßbar sind – sie können nicht durch Grenz-, Schwellen- oder Mittelwerte gekennzeichnet werden. Ihre Areale sind außerdem der Natur des Prinzips zufolge oft sehr weiträumig und undifferenziert (vgl. den Gürtel des „temperierten Zyklonalklimas“ bei Hendl, 1963, der von Louisiana über den Nordatlantik und Europa bis Ostsibirien reicht!). Der Vorteil der kausal begründeten Klassifikation muß einstweilen mit dem Verzicht auf exakte meßbare Indizien erkauft werden, oder man muß sich sogar, wie H. Flohn es getan hat, mit einer Modellvorstellung auf einem Idealkontinent begnügen.

Es ist jedoch durchaus denkbar, daß man auf dem Wege der Kombination mehrerer, geographisch differenzierter physikalischer Grundvorgänge, die sich nach Beobachtungen oder Messungen quantitativ ermitteln lassen, zu einer genügend engmaschigen Darstellung der Klimaursachen und damit des Klimaablaufes selbst kommt. Solche genetische Primärursachen des Klimas sind: Anordnung der Zirkulationsgürtel, Frequenz und Zugbahnen der Zyklonen und Antizyklonen, Frontenhäufigkeit, Reibungseinfluß, Luv- und Leewirkungen, Höhenlage, breiten- und bewölkungsabhängiger Strahlungsgenuß, Küstenferne, Bodenbedeckung als Regulator der Albedo und der Verdunstung. Die Klimakarten von Kupfer (1954) und Hendl (1963) sind jedoch als sehr wesentliche erste Schritte auf diesem Wege zu betrachten, der freilich vorerst noch darunter leidet, daß exakte Angaben für die vorgenannten Parameter, sei es für Stationen oder ganze Gebiete, vorläufig noch nicht genügend vorliegen.

Bei den *effektiven Systemen* werden meist bestimmte Auswirkungen des Klimas auf Boden, Pflanzenwelt, Abfluß, Anbau, menschliches Befinden, Bewohnbarkeit und dergleichen ins Auge gefaßt und für solcher Art gekennzeichnete Gebiete das Klima durch Mittel- oder Andauerwerte, Schwankungsgrenzen und Schwellenwerte charakterisiert, gewonnen aus dem Beobachtungsmaterial der Klimastationen. Man gelangt so zu einer quantitativen, wenn auch im Grunde genommen nur punkthaften und daher viel Interpolation erfordernden Eingrenzung von Klimatypen. Die Hauptschwierigkeit hierbei ist, daß nur wenige Elemente in genügender Stationsdichte für Mittelungen und andere Manipulationen zur Verfügung stehen und diese stellvertretend für den ungeheuer vielschichtigen geographischen Komplex, den das Klima in Wirklichkeit bildet, eintreten müssen. Diesen offenbaren, noch heute bestehenden Mangel mit größtmöglicher Annäherung zu überwinden, ist das Ziel der so zahlreichen Systematisierungsversuche. Man muß ihrer diesbezüglichen Unvollkommenheit, die materialbedingt ist, eingedenk sein und muß ferner berücksichtigen, welches Ziel sich die jeweilige Klassifikation überhaupt gesteckt hat. Die Benutzung von Rechenmaschinen erleichtert zwar die Materialbewältigung, sie ändert aber nichts an dem prinzipiellen Problem, daß durch eine Vermehrung der Zahlenangaben dem Klima als komplexem Phänomen nur unvollkommen beizukommen ist. Die von Steiner (1965) für die USA erarbeitete Klimagliederung, die sich auf 16 Meßwerte von Temperatur, Niederschlag, Sonnenschein und relativer Feuchte gründet, sortiert zwar mit Hilfe der Faktorenanalyse das Beobachtungsgut der 16 Variablen exakt maschinell, die Menge des Ausgangsmaterials und die geographisch begründete Interpolation zwischen den weit gestreuten Stationen, für die die notwendigen umfangreichen Beobachtungen zur Verfügung stehen, bleiben ebenso ein offenes Problem wie die Zusammensetzung der Zahlenwerte zu dem realen Wirkungskomplex Klima. Das Gleiche gilt auch für die von Godske (1966) und Stellmacher (1971) gemachten Fortführungen des Steinerschen Verfahrens.

Eine vollgültige, d.h. jedwedem Klimazusammenhang in gleicher Weise entsprechende Einteilung zu schaffen, erscheint utopisch. Da sie als Klassifikation abstrahieren, d.h. auf viele Details verzichten muß – von ihrer räumlichen Generalisation ganz zu schweigen –, sind ihr in der Wirklichkeit *Anwendbarkeitsgrenzen* gesetzt. Sie muß übersichtlich und leicht „hantierbar" bleiben, und sie darf selbst dort, wo eine Vielfalt von Indizien der separativen Klimatologie (d.h. der Mittelwertklimatologie nach Einzelelementen) zur Verfügung stünde, den Bogen nicht überspannen. De facto stehen global nur Temperaturmittel und Regenmengen monatsweise in ausreichender Dichte zur Verfügung. Aus ihnen das Möglichste zur Präzisierung von Klimatypen herauszuholen, ist das Bestreben fast aller Beiträge auf diesem Sektor der Klimatologie gewesen.

Der Rahmen des Buches gestattet es nicht, hinsichtlich der anzuführenden Klassifikationsversuche Vollständigkeit anzustreben, und ermöglicht es auch nur, einige der aus systematischen wie historischen Gründen bedeutenderen und häufiger benutzten ausführlicher darzustellen (vgl. die nachfolgenden Kapitel). Eingehender kann das Problem der Klimaklassifikationen in der referierenden Darstellung von K. Knoch und A. Schulze (1954) oder in dem sehr komprimierten, aber inhaltreichen diesbezüglichen Abschnitt bei J. Gentilli (1958, S. 120–166) studiert werden. Bevor die Hauptsysteme einzeln behandelt werden, sei eine kurze Übersicht nach den leitenden Gesichtspunkten vorweggegeben.

Übersicht verschiedener Klassifikationen. Frühzeitig wurde bereits die *Temperatur* zur Klimadifferenzierung, insbesondere der Hauptklimatypen, herangezogen. Im Grunde genommen hat das schon, wie erwähnt [vgl. Kap I.], Parmenides von Elea im klassischen Altertum getan, aber seine Erkenntnisse blieben unbeachtet. Statt dessen beherrschte nach ihm bis zur Schwelle der Neuzeit die u.a. von Ptolemäus gebrauchte Definiton der „Klimata" nach der Tageslänge die einschlägigen Schriften. Erst Supan gab 1879 eine auf die *Jahrestemperatur* und die *Temperatur des wärmsten Monats* gegründete Einteilung. Er unterschied eine warme Zone mit einer Jahrestemperatur von > 20°, eine gemäßigte von 0 bis 20° sowie eine kalte Zone mit Jahrestemperaturen unter 0° und differenzierte diese je nachdem ob die Temperatur des wärmsten Monats über 20° bzw. des kältesten unter 0° lag. Hult modifizierte die Einteilung 1892 in dem Sinne, daß er zwar thermisch die Jahrestemperatur-Schwellenwerte beibehielt, aber diese dann mit Charakteristiken der Zirkulation und der Niederschlagsverteilung kombinierte.

Diese schematischen Werte konnten auf die Dauer nicht genügen, aber als erste grobe Hauptgliederung an Stelle der mathematischen Zoneneinteilung drangen sie verbreitet in das damals aufblühende klimatologische und länderkundliche Schrifttum ein. Der so irreführende Begriff des „gemäßigten Klimas", der bis in unsere Tage nicht nur im populären, sondern auch in wissenschaftlichen Veröffentlichungen seinen unrechtmäßigen Platz behauptet, dürfte auf Supan zurückgehen und seine Ursachc darin haben, daß die verwendeten Mittelwerte über die ihnen innewohnenden Schwankungen, die gar nicht „gemäßigt" sind, nichts aussagen.

Noch 1927 bediente sich der russische Bodenkundler Vilensky u. a. der Jahresmitteltemperaturen bei seiner Unterscheidung von folgenden fünf Wärmezonen: Tropisch > 20°, subtropisch 12–20°, gemäßigt 4–12°, kalt −4 bis +4°, polar −12 bis −4°. Da aber Jahresmittel die charakteristische Jahrestemperaturschwankung verhüllen, sind sie für sich allein nicht ausreichend zur Kennzeichnung der Wärmeverhältnisse.

Schon W. Köppen verbesserte 1884 in seiner ersten Klimaklassifikation das Supansche Verfahren, indem er das Prinzip der *Andauer* nach Monaten einführte und die bisherigen drei Gürtel auf 5 erweiterte: tropisch (12 Monate > 20°), subtropisch (4–11 Monate > 20°, 1–8 Monate 10–20°), gemäßigt (< 4 Monate > 20°, 4–12 Monate 10–20°, < 4 Monate unter 10°), kalt (1–4 Monate 10–20°, 8–11 Monate < 10°), polar (12 Monate unter 10°). Durch weiteren Ausbau dieser Gliederung gelangte Köppen später zu einem *kombinierten System,* über das noch ausführlich zu sprechen sein wird [vgl. Kap. VI.c) 1.]. Eine stärker differenzierte thermische Einteilung, die zwar auch noch die Stufen von +10° und +20°, ferner nunmehr auch die von 0° für den wärmsten und den kältesten Monat enthielt, publizierte Herbertson 1910. Dabei ergaben sich nachstehende 10 typische Jahreszeitenfolgen, womit erstmals der *Jahreszeitenbegriff* systematisch angewandt wurde:

1. kalt zu allen Jahreszeiten
2. kühle Sommer, kalte Winter
3. warme Sommer, kalte Winter
4. heiße Sommer, kalte Winter
5. warme Sommer, kühle Winter
6. heiße Sommer, kühle Winter
7. heiße Sommer, warme Winter
8. heiß zu allen Jahreszeiten
9. warm zu allen Jahreszeiten
10. kühl zu allen Jahreszeiten.

Es bedeuten hierbei kalt = <0°, kühl 0–10°, warm 10–20°, heiß > 20°.

Die bisherigen schematischen Temperaturgrenzwerte konnten auf die Dauer in der Praxis, vor allem in der Pflanzengeographie, nicht befriedigen. So kombinierte A. A. Miller (1931) in Anlehnung an Anregungen von Schimper, die dieser bereits 1898 gegeben hatte, das Andauerprinzip mit dem Grenzwertprinzip, indem er die *Grenztemperatur der Vegetationsperiode* (6°C) und die *der polaren Waldgrenze* (10°C des wärmsten Monats) einführte und so zu folgender Gliederung der thermischen Regionen kam:

heiß	Jahresmittel >21°
warm gemäßigt	kältester Monat >6°
kühl gemäßigt	1–5 Monate <6°
polar	wärmster Monat <10°.

Später (1951 u. 1953) wandelte Miller diese Grenzwerte z.T. um und gab den genannten thermischen Regionen – der Niederschlagsgang wurde erst zur weiteren Unterteilung dieser Gürtel verwendet – schließlich folgende Definitionen:

heiß	kein Monat unter 18°
warm gemäßigt (oder subtropisch)	kältester Monat über 6°
kühl gemäßigt	1–5 Monate unter 6°
kalt	6–9 Monate unter 6°, 6– 3 Monate über 6°
arktisch	weniger als 3 Monate über 6°.

Damit näherte sich Miller weitgehend den auch von W. Köppen seit 1918 in seinem vollständigen Klimasystem mitverwendeten Grenzwerten (vgl. Kap. IV.c) 1), nur daß Köppen die Temperatur nicht mehr ausschließlich zur Hauptgliederung benutzte, indem er die *Ariditätsgrenze,* d.h. einen Verhältniswert von Temperatur und Niederschlag, für die Hauptgruppe der Trockenklimate (B-Klimate) heranzog. Vorgreifend sei in diesem Zusammenhange lediglich festgehalten, daß die Wärmegürtel bei Köppen durch folgende Grenzen bestimmt sind:

A-Klimate	kältester Monat	$>18°$
C-Klimate	kältester Monat	-3 bis $+ 18°$, wärmster $>10°$
D-Klimate	kältester Monat	$<-3°$, wärmster $>10°$
E-Klimate	wärmster Monat	$<10°$.

Man hat Köppen wegen des Überganges von der Temperatur zur Aridität als erstem Gliederungsprinzip der Inkonsequenz geziehen. Im Prinzip ließe sich auch das thermische Abstufungsprinzip auf die Trockenklimate anwenden, wie Shear (1966) gezeigt hat.

Auch Th. A. Blair gab (zuerst 1942) eine in ähnlicher Weise auf Schwellen- und Andauerwerte ausgerichtete Einteilung, die sich von der Millerschen in thermischer Hinsicht nur wenig unterscheidet, aber als kombiniertes System eine stärkere Berücksichtigung auch der Feuchtigkeit bringt.

Die hinsichtlich der verwendeten Grenzwerte leider unvollständige Klimaklassifikation von Vahl (1949), die von den ökologischen Vegetationsgürteln und insbesondere von *Anbaugrenzen der Kulturpflanzen* ausgeht, benutzt das Verhältnis von wärmstem (w) zu kältestem (k) Monat als Index, indem folgende empirische Werte gefunden wurden:

I. polare Zone	$w = < (9{,}5-1/30\ k)$
II. gemäßigte Zone	$w = < (9{,}5-1/30\ k)$, aber kälter als $(31{,}8-1{,}5\ k)$
III. subtropische Zone	$w = > (31{,}8-1{,}5\ k)$, $k = < (14-16°)$
IV. tropische Zone	$k = > (14-16°)$.

Durch die konsequente Einführung der *Jahresschwankung* (a) der Temperatur neben dem Grenzwert des kältesten Monats (tk) wurde von Maull 1936 das Tropengebiet differenziert in innere Tropen ($a = < 3{,}5°$, $tk = > 24{,}5°$), äußere Tropen ($a =$ 3,5 bis 7°, $tk = > 18°$) und Randtropen ($a = 7$ bis 10°, $tk = > 15°$). Diese Definition wurde 1943 von C. Troll in dem Sinne abgewandelt, daß die *Tropengrenze* mit der *Gleichgewichtslinie zwischen Jahres- und Tagesschwankung* der Temperatur identifiziert wird.

Auch das zehnteilige Klimasystem des polnischen Klimatologen W. Gorczynski (1945) lehnt sich in erster Linie an die Temperaturen des kältesten und wärmsten Monats an, verwendet aber keine Andauerwerte. Die Tropengrenze (Grenze Typ I/II) ist mit > 21° des kältesten Monats höher als bei Köppen oder Miller, andererseits die Grenze des gemäßigten Klimas (Typ III gegen die Extremklimate [Typ IV]) mit −5° niedriger. Demzufolge umfaßt das sogenannte gemäßigte Klima bei Gorczynski eine große Wärmespanne (−5 bis +21°). Bei den Extremklimaten tritt außer der Temperatur des kältesten Monats auch noch die Temperatur des wärmsten Monats (mit > 10°) hinzu. Schließlich werden als Gruppe V die Schneeklimate mit unter 10° im wärmsten Monat unterschieden. Diese letztgenannten Grenzen, die grob gesprochen mit der Baumgrenze zusammenfallen, decken sich mit den entsprechenden bei Köppen.

Der Agrarklimatologe Papadakis hat seit 1929 ein auf die *klimatischen Grenzen landwirtschaftlicher Kulturen bezogenes System* entwickelt (zuletzt 1961 u. 1966), bei dem folgende anbaurelevante Eigenschaften des Klimas eines Ortes ermittelt werden: mittleres jährliches Temperaturminimum, frostfreie Zeit, mittleres tägliches Temperaturmaximum und -minimum von Schlüsselmonaten oder -jahreszeiten, Wasserbilanz, Andauer und jahreszeitliche Lage der feuchten, intermediären und trockenen Jahreszeit. Die Grenzwerte sind für eine Reihe von wichtigen Kulturgewächsen empirisch ermittelt. Danach werden folgende 10 Hauptgruppen unterschieden:

1. Tropical
2. Tierra fria
3. Desertic
4. Subtropical
5. Pampean
6. Mediterranean
7. Marine
8. Humid-continental
9. Steppe
10. Polar.

Jede dieser Gruppen wird in 5–9 Einzeltypen unterteilt, diese wiederum in Untertypen; und bei Bedarf letztere noch einmal, so daß sich nach dem Dezimalsystem im Höchstfall eine 5stellige Zahl zur Charakterisierung eines Klimagebietes und insgesamt nicht weniger als 457 verschiedene Klimate ergeben, die durch mindestens eine Station belegt und landwirtschaftlich kurz charakterisiert werden. In der Weltkarte von Papadakis werden der Übersichtlichkeit halber in der Regel lediglich Untergruppen bis zur zweiten, selten bis zur dritten Zahl gebildet.

Verwandt mit dieser auf die agrarischen Bedürfnisse eingestellten Klassifikation ist die von Thran und Broekhuizen (1965), welche sich auf *Europa* beschränkt und allein für diesen Erdteil über 100 regionale *Agrarklimatypen* unterscheidet. Diese werden in der Regel durch eine 6stellige Kennziffferngruppe bezeichnet, die jeweilig mit vorherrschenden agrarischen Kriterien parallelisiert werden. Die regionale Einteilung wurde durch Kombination verschiedener nicht-agrarischer Klassifikationen (Köppen, Blair, de Martonne u.a.) gewonnen.

Die Berücksichtigung der *Feuchtigkeit* im weiteren Sinne, insbesondere der Niederschläge und ihres Jahresganges, ist wegen der Bedeutung, die dieses Element für die Vegetation besitzt, ebenfalls schon frühzeitig geschehen. Köppen veröffentlichte 1898 eine auf den Jahresgang der Niederschläge gegründete Klassifikation mit folgenden 9 Typen:

1. Tropische Regen mit Trockenzeit im Winter und Frühling und einem Maximum im Hochsommer,
2. desgl. mit doppeltem Maximum und kurzem Mittsommerminimum,
3. desgl. mit Herbstmaximum,

4. Winterregen und Sommertrockenheit,
5. Frühlings- und Frühsommerregen, meist auch Herbst- und Frühwinterregen, Spätsommer trocken,
6. alle Monate mit mittleren Regenmengen oder Schneedecke,
7. Hauptregen im Winter, aber auch im Sommer mäßige Regenmengen,
8. alle Monate sehr regenreich (über 15 Niederschlagstage), aber Hauptregen im Winter,
9. alle Monate mit spärlichen Regen (weniger als 6 Niederschlagstage).

Da aber die Niederschläge als solche den Feuchtecharakter des Klimas nur unvollkommen wiedergeben, versuchte E.G. Ravenstein (1900) in einer wegen ihrer Kürze und versteckten Publikation leider wenig beachteten kombinierten Klassifikation *Jahrestemperatur und jährliche relative Feuchte* miteinander zu verbinden. Abgesehen davon, daß er wieder andere Temperaturgrenzen benutzte als die zuvor genannten Autoren (nämlich: kalt = < 0°, kühl = 0 bis 14°, glutheiß [torrid] > 24°), unterschied er folgende Feuchtestufen: sehr arid (< 50%), arid (51–65%), humid (66–80%), sehr humid (> 80%).

Noch konsequenter im Hinblick auf die Feuchtigkeit allein ist das 1940 von J. Száva-Kováts veröffentlichte, auch in einer Weltkarte niedergelegte Klimasystem, das sich auf den komplexen Begriff der *klimatischen Feuchte* stützt. Dieser stellt an sich eine Kombination von relativer Feuchtigkeit, Boden- und Vegetationswassergehalt dar, wird aber für die Praxis durch die damit parallel laufenden Werte der relativen Feuchte ersetzt (vgl. Abb. II.e) 5.). Der Autor unterscheidet je nach Intensität und Jahresgang folgende 9 Areale:

I. Feuchtklima (F)
   1. Fb = beständig feucht, jeder Monat über 75%
   2. Fü = feucht mit Übergangsperiode, trockenster Monat 65–75%
   3. Ft = feucht mit Trockenperiode, trockenster Monat unter 65%

II. Übergangsklima (Ü)
   4. Üb = beständig Übergangsmaß, jeder Monat 65–75%
   5. Üp = kleine Jahresschwankung, extreme Monate zum Nachbarfeuchteareal gehörend
   6. ÜP = große Jahresschwankung, mit einer ausgeprägten feuchten und trockenen Jahreszeit

III. Trockenklima (T)
   7. Tb = beständig trocken, jeder Monat 65–75%
   8. Tü = trocken mit Übergangsperiode, feuchtester Monat 65–75%
   9. Tf = trocken mit Feuchteperiode, feuchtester Monat über 75%

Viel häufiger wurde nach unterschiedlichen Berechnungsverfahren ein *Feuchtefaktor,* der aus dem Verhältnis von Temperatur zu Niederschlag gewonnen wurde, eingesetzt. Er erhielt verschiedene Bezeichnungen wie „Regenfaktor“ (Lang), „Ariditätsindex“ (De Martonne), „Niederschlagswirksamkeit“ (precipitation effectiveness, Thornthwaite), „Trockengrenze“ (Köppen), „pluviothermischer Quotient“ (Emberger) usw. Er basiert auf dem physikalischen Grundgesetz, daß warme Luft mit einer höheren Feuchtekapazität, daher höherer Verdunstung, aber auch größeren potentiellen Kondensationsmengen verknüpft ist als kältere Luft. Die gleiche Niederschlagsmenge ist also bei tiefer Temperatur weniger rasch verdampft als bei höherer, also für die Vegetation – wie im übrigen auch für andere Prozesse in der Natur – stärker wirksam.

Wohl als erster führte C. Linsser 1869 einen solchen Begriff in Gestalt seines Feuchtefaktors f/w ein, wobei das Verhältnis der monatlichen Regenmenge in „Pariser Linien" (= 2,256 mm) und der Monatstemperatur in °C gemeint ist. Dieses leider unbekannt gebliebene Verfahren tauchte erst wieder 1915 in Gestalt des Langschen Regenfaktors r/t auf, wobei die Jahresregenmenge in mm zur Monatstemperatur in Beziehung gesetzt wurde [vgl. auch Kap. V.b)]. Dieser Faktor wurde 1920 revidiert. Er galt hauptsächlich zur Begründung von Bodentypen. 1926 griff E. de Martonne diesen Gedanken auf und stellte seinen Ariditätsindex r/(t + 10) für jeden Monat auf, der im Hinblick auf die Abflußverhältnisse geschaffen wurde:

Abfluß	Ariditätsindex
entschieden exoreisch (d. h. nach außen)	>40
Übergang endo- zu exoreisch	40–30
schwach endoreisch	30–20
entschieden endoreisch (d. h. Binnenabfluß)	20–10
Übergang endo- zu areisch	10– 5
entschieden areisch (d.h. abflußlos)	<5

In Westaustralien benutzte Gardner (1942) einen abgewandelten thermopluvialen Faktor, indem er die Niederschlagssumme der vier feuchtesten Monate und deren Mitteltemperatur zueinander in Beziehung setzt.

Bei der Klassifikation von Bagnouls und Gaussen (1957) wurden Monatswerte (mm bzw. °C) nach der Formel r = 2 t benutzt, wobei der Schnee dem Niederschlag im Schmelzmonat zugerechnet wurde. Es ergab sich dadurch die Möglichkeit, die trockenen Monate (r = < 2 t) auszuscheiden und dann die Klimatypen nach der Zahl der trockenen Monate (und der Frostmonate) zu klassifizieren. Das Schema lautet:

1. Eremeisch	12	Trockenmonate, kein Frostmonat
2. Hemoeremeisch	8–11	Trockenmonate, kein Frostmonat
3. Xerotherisch	1–8	Trockenmonate im Sommer, kein Frostmonat
4. Xerochimenisch	1–8	Trockenmonate im Winter, kein Frostmonat
5. Bixerisch	1–8	Trockenmonate in zwei getrennten Perioden, kein Frostmonat
6. Axerothermisch	kein	Trockenmonat, kältester Monat >15°
7. Axeromerisch	kein	Trockenmonat, kältester Monat 0–15°
8. Eremeisch kalt	11–12	Trockenmonate, einige Frostmonate
9. Hemoeremeisch kalt	9–10	Trockenmonate, einige Frostmonate
10. Xerotherisch kalt	1–8	Trockenmonate oder Frostmonate
11. Axerisch kalt	kein	Trockenmonat, einige Frostmonate
12. Cryomerisch	12	Frostmonate

Auch in der Systematik von W. Köppen spielt – für die Abgrenzung der Trockenklimate (B-Klimate) sogar erstrangig – das *pluviothermische* bzw. *thermopluviale Verhältnis* eine entscheidende Rolle. In seiner ersten Fassung von 1918 übertraf es bereits an Kompliziertheit die kurz zuvor von Lang als Regenfaktor veröffentlichte einfache Formel (siehe oben). Sie lautete bei Köppen anfangs $8r/(5t+120)$, wurde aber 1923 vereinfacht zu:

$r/(t+22)$ bei Winterregen (d.h. mehr als 70% im Winterhalbjahr),
$r/(t+33)$ bei Jahrüberregen (d.h. weniger als 70% im Winter- oder Sommerhalbjahr),
$r/(t+44)$ bei Sommerregen (d.h. mehr als 70% im Sommerhalbjahr).

Hierbei bedeuten r die Jahresniederschlagshöhe in cm und t die Jahrestemperatur. Die Grenze gegen die noch trockeneren Wüstenklimate (BW) erreichte Köppen durch Verdoppelung der Zähler. Schließlich verkürzte er den Index zu der folgenden Form:

$r = 2\,t$ bei Winterregen
$r = 2(t+7)$ bei Jahrüberregen
$r = 2(t+14)$ bei Sommerregen

für Steppenklimate und ohne den Faktor 2 für Wüstenklimate [vgl. Kap. V.b)].

Thornthwaite (1931 bzw. 1948) bemühte sich um eine quantitative Charakterisierung der hygrischen Klimabedingungen mit Hilfe des *precipitation effectiveness-* bzw. *moisture-index,* die beide bereits im Kap. V.b) behandelt wurden. Näher wird auf das Köppensche und Thornthwaitesche System in besonderen Kapiteln [Kap. VI.c) 1. u. 2.] eingegangen werden.

Ferner muß noch des *pluviothermischen Quotienten* des französischen Pflanzenökologen Emberger (1930 u. 1955) gedacht werden:

$$\frac{100\,r}{(M+m)(M-m)} \quad \text{(bei Celsiusgraden)}$$

$$\frac{1000\,r}{\left(\frac{M+m}{2}\right)(M-m)} \quad \text{(bei Kelvingraden)}$$

Der Autor geht von der Jahresregenmenge in mm (r) aus, setzt aber dann in den Nenner die Jahrestemperaturschwankung (M = mittleres Jahresmaximum; m = mittleres Jahresminimum). Diese Formel diente allerdings zunächst nur zur genaueren Differenzierung des Mittelmeerklimas. Der gleiche Autor ist aber systematisch noch dadurch hervorgetreten, daß er in seiner Klimaeinteilung von 1955, die nur die für die Pflanzenwelt relevanten Eigenschaften des Klimas berücksichtigt, den photoperiodischen Verhältnissen einen betonten Platz einräumt [vgl. Kap. VI.c) 8.].

Schließlich werden in der Klassifikation von Creutzburg die nach thermischen Gesichtspunkten unterschiedenen Hauptklimazonen mit Hilfe der Anzahl der humiden bzw. ariden Monate unterteilt, wobei Humidität bzw. Aridität nach der aus der de Matonneschen Formel entwickelten „Wangschen Hyperbel" $r\,[12\,r - 20\cdot(t+7)] = 3000$ [s. Kap. V.b)] berechnet wurde. Näheres über diese Klassifikation s. Kap. VI.c) 3.

Eine dritte Gruppe von Klimaeinteilungen stellt charakteristische *Phänomene aus der Pflanzenwelt als Klimaindikatoren* in den Vordergrund. Der älteste diesbezügliche Versuch, der allerdings nur für Südfrankreich ausgearbeitet wurde, stammt von Giraud (= Pater Soulavie, 1752–1813), der in einer 1783 veröffentlichten Arbeit den Begriff des Pflanzenklimas (Orangenklima, Ölbaumklima usw.) benutzte. Später hat dann de Candolle (1874) erneut diesen Weg beschritten, indem er mit Hilfe der Jahresmitteltemperatur folgende Pflanzengruppen definierte: Megistotherme (> 30°), Megatherme (20 bis 30°), Xerophile bzw. Mesotherme (15–20°), Microtherme (0–14°) und Hekistotherme (< 0°). Am konsequentesten hat aber wohl W. Köppen in seiner 1900 erschienenen Klassifikation die Vegetation und sogar die Tierwelt zur Gliederung herangezogen und dabei jedem Typ bestimmte thermische Schwellenwerte, Andauerzeiten, Jahresgänge, Ariditätsverhältnisse usw. zugewiesen. Er unterschied dabei folgende 24 Typen, die den später beibehaltenen 6 Hauptgruppen A–F untergeordnet wurden:

A 1: Lianenklima
2: Baobab- oder Savannenklima
B 1: Garúa- oder Welwitschiaklima
2: Samum- oder Dattelklima
3: Espinal- oder Mesquiteklima
4: Tragantklima
5: Ostpatagonienklima
6: Buran- oder Saksaúlklima
7: Prairieklima
C 1: Camellienklima
2: Hickoryklima
3: Maisklima
C 4: Olivenklima
5: Erikenklima
6: Fuchsienklima
7: Hochlandsavannenklima
D 1: Eichenklima
2: Birkenklima
3: Nothofagusklima
E 1: Eisfuchs- oder arkt. Trundrenklima
2: Pinguinklima
3: Jak- oder Pamirklima
4: Alpenrosenklima
F 1: Klima ewigen Frostes

Baobab ist der stammsukkulente Affenbrotbaum der afrikanischen Savannen; Garúa heißt der typische Hochnebel in der Küstenwüste auf der Westseite Südamerikas; Welwitschia ist eine bemerkenswerte, großblättrige und tiefwurzelnde Pflanze in der Küstenwüste Südwestafrikas; Espinal oder Mesquite sind spanischen Namen für Dorngehölze; Tragant ist ein Strauch der vorderasiatischen Steppengebiete; Saksaúl ist ein Strauch der außertropischen Wermutsteppen; Camellien sind charakteristisch für die Winterregensubtropen; Hickory ist eine nordamerikanische Eichenart in den strahlungsklimatischen Subtropen auf der Ostseite Nordamerikas; Fuchsien kommen in den Regenwäldern in den strahlungsklimatischen Subtropen Südamerikas vor; Nothofagus sind die Südbuchen Westpatagoniens; Jaks sind charakteristische Haustiere der Hochländer Innerasiens.

Es ist verwunderlich, daß angesichts der Vielzahl von Klassifikationsversuchen noch keine entwickelt wurde, die an die alte bioklimatische Definition des Klimas bei A. von Humboldt anknüpft und das *Wohlbefinden des Menschen zum Kriterium* einer Klimaeinteilung macht. Es mag sein, daß eine gewisse Subjektivität der Empfindungsnormen dabei hindernd im Wege stand. Die im Kap. II.c) 6. bereits besprochenen Weltkarten des Behaglichkeitsindexes von Terjung (1968) können die Grundlage einer Globaldarstellung des „Proprio-Klimas" des Menschen abgeben.

Nach der vorstehenden Gesamtübersicht sollen nun die wichtigsten bzw. am häufigsten benutzten Klimaklassifikationen noch kurz im einzelnen behandelt werden. Am Anfang stehen die genetischen Einteilungen von Terjung/Louie, von Hettner und von Flohn.

b) Genetische Klassifikationen der Klimate

1. Die energetische Klimaklassifikation nach Werner H. Terjung und Stella S.-F. Louie

Einc der Hauptursachen für die regionale Differenzierung der Klimate ist die regionale Differenzierung der an den verschiedenen Erdstellen eingenommenen und abgegebenen Energiemengen. Der Versuch, auf diesen Fundamentalgrößen eine Klimatypisierung und -klassifizierung aufzubauen, ist allerdings einer der jüngsten unter allen Ansätzen. Der Grund ist die bis heute unbefriedigende Datenlage, wie bereits im Kap. II.b) 8. angeführt worden ist. Die gründlichste, detaillierteste und umfassendste Darstellung der energetischen Fundamentalgrößen enthält das von Budyko 1963 herausgebrachte Atlaswerk über die Wärmebilanzgrößen der Erde. Auf die darin enthaltenen Monatskarten der verschiedenen Bilanzterme gründet sich die Arbeit von Terjung und Louie (1972). Die Autoren gehen von der stark *vereinfachten Energiebilanzgleichung* aus, nach der die eingenommene Energie als Summe aus Nettostrahlungsbilanz (R) [s. Kap. II.b) 7.] plus der über Ozeanströme zugeführten fühlbaren Wärme (F↓) gleich der ausgegebenen Energie sein muß, die aus der Summe von latenter Verdampfungs- (LE↑) plus fühlbarer Wärme (H↑), abgegebenen an die Luft, sowie der über Ozeanströme abgeführten (F↑) besteht. Also: $R + F\downarrow = LE\uparrow + H\uparrow + F\uparrow$.

Für jeden dieser Terme werden für über 1000 Punkte auf der Erde die entsprechenden Werte aus den Budykoschen Monatskarten entnommen und in % des höchsten überhaupt vorkommenden Wertes umgerechnet, wobei die Werte für Land und Wasser getrennt behandelt werden. Außerdem wird der Jahresgang dieser Prozentwerte für die jeweiligen Referenzpunkte dadurch berücksichtigt, daß die größte Abweichung vom Maximumwert, wieder in % des letzteren ausgedrückt, errechnet wird. So ergeben sich eine Reihe von Grundkärtchen, aus deren Superposition letztlich eine Übersichtsdarstellung der *„Input-Output-Climates“* der Erde resultiert. Leider ist die Weltkarte so stark verkleinert, daß man sie nur mit einem Vergrößerungsglas lesen kann. Insgesamt gibt es 62 verschiedene *Energiebilanzklimate,* die in 6 Gruppen zusammengefaßt werden. 22 Typen werden durch den Jahresgang der Globalstrahlung, der absorbierten kurzwelligen Strahlung, der Netto-Strahlungsbilanz, der langwelligen Ausstrahlung, der latenten Verdampfungsenergie und der fühlbaren Wärmeenergie diagrammäßig belegt, detailliert beschrieben und mit den Köppenschen Klimatypen in Beziehung gebracht.

Als Beispiel sei die Beschreibung für ein Mittelbreiten-Kontinental-Klima (C-Klima) in Übersetzung zitiert: „Diese Klimate, die einen großen Energie-Input und eine große Schwankung dieses Inputs aufweisen, erscheinen vorwiegend über den kontinentalen Gebieten Nordamerikas und Eurasiens ... C-Klimate haben eine große Schwankungsweite des Verhältnisses $(Q + q)/Q_s$ und R/Qs. Das letztere ergibt sich, weil die meisten der C-Klimate, mit Ausnahme der äquatornahen Grenzbereiche, mehrere Monate hindurch negative R aufweisen ... Fig. 14a (40° N, 80° W, östl. U. S.) ist ausgewählt worden, um C/E-Klimate [Cc − 1/Ec (feucht)] vorzustellen, die in den Gebieten der großen Bevölkerungskonzentrationen in Nordamerika und Europa vorkommen. Die größte Menge von I erscheint im Winter, der ebenfalls eine Jahreszeit mit höchstem $(Q + q)/Q_s$ ist. Das Verhältnis R/Qs schwankt von 0,0 bis 0,31. Im allgemeinen ist die Bodenfeuchte ausreichend während der Perioden von positivem R; aber weniger hohe Beträge von H↑ zeigen an, daß die Bedingungen im Grenzbereich liegen können".

Zur Erläuterung sei hinzugefügt, daß (Q + q) die Globalstrahlung, Q_s die Sonnenstrahlung im solaren Klima [s. Kap. II.b) 1.], R die Netto-Strahlungsbilanz, I die effektive Ausstrahlung repräsentieren. Das andere sind Schlüsselbuchstaben des Systems.

Auf weitere Einzelheiten kann hier nicht eingegangen werden. Es ist sicher ein interessanter Ansatz – für sehr spezialisierte Fachleute. Um diese physikalisch-genetische Klassifikation auch effektiv im Sinne der Autoren zu machen, die ein kausal begründetes System als ein pädagogisches Werkzeug zur Ausbildung von Studenten (S. 130 a.o.O.) für notwendig halten, ist sicher noch einige Arbeit zur Erläuterung und zur Aufdeckung der Beziehungen zur direkt erfaßbaren Wirklichkeit des Klimas zu leisten.

2. *Die Klimatypen nach Alfred Hettner*

Zuerst 1911 in einer Folge von Beiträgen in der „Geographischen Zeitschrift" veröffentlicht, hat Hettner (1930) unter dem gleichen Titel („Die Klimate der Erde"), den auch das Hauptwerk von Köppen (1923) trägt, seine Auffassung von einer „natürlichen, d.h. *auf die Ursächlichkeit der Erscheinungen begründeten, genetischen Klassifikation*" der Klimate (Hettner, 1930, S. 84) vorgelegt. Das Buch ist wegen seiner auf die ursächlichen Zusammenhänge der klimatischen Phänomene untereinander und deren vielfältigen Auswirkungen in den betreffenden Ländern gerichteten Konzeption ebenso studierenswert wie das international wesentlich weiter verbreitete Werk von Köppen. Merkwürdig ist, daß der Geograph Hettner die dynamisch-genetische Auffassung an die Seite der statisch-formalen des Meteorologen Köppen stellt.

Der *Ansatz* ist folgender: Zunächst wird über $^2/_3$ des Buchumfanges dargelegt, wie von der Sonnenstrahlung und ihrer verschiedenen Wirkung auf Land und Wasser in der A. der rotierenden Erde letztlich die atmosphärische Zirkulation als selbständige Naturerscheinung hervorgerufen wird. Von ihr hängen einerseits Bewölkung, Feuchtigkeit und Niederschläge, andererseits, namentlich wegen des Unterschiedes von Strahlungs- und Wolkenwetter, zusammen mit den Einflüssen der breitenabhängigen Ein- und Ausstrahlung die thermischen Bedingungen und deren Abstufung auf der Erde ab. (Sinngemäß verkürzt zitiert nach S. 85 des o.a. Werkes). Daran wird der Schluß gefügt: „Eine natürliche klimatologische Einteilung muß in erster Linie den allgemeinen Charakter der Klimate ins Auge fassen, wie er eben in der ganzen Art und im jährlichen und täglichen Verlauf der Luftbewegung, der Hydrometeore, des Lichtes und der Wärme zum Ausdruck kommt. Erst danach darf sie die Zahlenwerte berücksichtigen, die sich aus den Unterschieden der geographischen Breite und aus den regionalen und örtlichen Unterschieden der Bodengestaltung, namentlich der Entfernung vom Meere und der Meereshöhe ergeben und die innerhalb der Gebiete mit gleichartigem Klimatypus graduelle Unterschiede erzeugen" (Hettner o.a.O., S. 85). Hinsichtlich der *Benennung* der Klimatypen ist grundsätzlich eine solche „nach Eigenschaften des Klimas selbst vorzuziehen, und in erster Linie kommt dafür die Art der Luftbewegung in Betracht".

Als Vorläufer seiner genetischen Behandlung der Klimate der Erde gibt Hettner Woeikows Abhandlung über die atmosphärische Zirkulation aus dem Jahre 1877 an. Natürlich sind in den Jahren nach 1930 Weiterentwicklungen und Korrekturen der Modellvorstellungen von der allgemeinen Zirkulation erreicht worden. Die im Hettnerschen System benutzten Grundzüge sind aber relativ wenig davon tangiert.

Neben den *Zirkulationsbedingungen als Haupteinteilungsprinzip* werden der Grad von Kontinentalität und Ozeanität, die Lage zum Meer (Ost- bzw. Westküste), die Höhenlage, die Luv- bzw. Lee-Lage und die Dauer der Regenzeit für die Charakterisierung der Klimatypen benutzt. Da die einzelnen Abstufungen der Hauptgürtel nicht durch zahlenmäßige Schwellen- oder Andauerwerte definiert sind, sind die Grenzlinien in kartographischen Darstellungen weniger gut rekonstruierbar wie in den effektiven Klimagliederungen von Köppen und anderen Autoren. Andererseits trägt das der Realität Rechnung, daß nämlich in der Natur festlegbare Klimagrenzen nur an ganz wenigen Stellen auf der Erde vorkommen. (Kartographische Darstellungen seiner Klimagliederung hat Köppen nur in sehr kleinen Maßstäben um 1:100 Mill. für die einzelnen Kontinente in den genannten Büchern veröffentlicht).

In der letzten Fassung von 1934 unterscheidet Hettner folgende *Klimagürtel und Klimatypen:*

1. *Die Klimate der Tropen.* 1.1 Das *Äquatorialklima;* 1.2 das außeräquatoriale Tropenklima oder genauer das *außeräquatoriale tropische Kontinentalklima,* das auf den Ozeanen und an den Westküsten der Kontinente nur in schmalen Bändern zwischen dem Äquatorialklima und dem Passatklima ausgebildet ist und größere Ausdehnung nur im Innern und an den Ostseiten der Kontinente hat. 1.3 das *Monsunklima,* das als Abart des kontinentalen Tropenklimas dort auftritt, wo der Ozean auf der Äquatorialseite des Kontinentes liegt, wie der Indische Ozean südlich von Indien und andererseits nördlich von Australien oder wie der Meerbusen von Guinea südlich vom westlichen Vorsprung Nordafrikas. 1.4 das *Passatklima,* in dem das ganze Jahr über der Passat oder wenigstens passatartige, nur wenig abgelenkte Winde wehen und mit ihnen Trockenheit herrscht (deshalb auch als „tropisches Trockenklima“ bezeichnet).

2. *Die subtropischen Klimate.* Es sind Übergangsklimate, deren Auftreten an die jahreszeitliche Verschiebung der Strahlungsgürtel und der atmosphärischen Zirkulation gebunden ist, wodurch sie in der einen Jahreszeit mehr tropischen, in der anderen mehr außertropischen Charakter haben. 2.1 das *Etesienklima* als ozeanisch-subtropisches Klima auf die Westseite der Kontinente beschränkt. Es ist darin begründet, daß Passate oder doch passatartige Winde im Sommer ungefähr 10 Breitengrade weiter polwärts ausgreifen als im Winter, wenn die Luftbewegung der außertropischen Zone an ihre Stelle tritt. Es zeigt so einen charakteristischen jahreszeitlichen Wechsel zwischen Trockenheit im Sommer und außertropischer Luftbewegung mit Bewölkung und Niederschlag im Winter. 2.2 Das *subtropische Trokkenklima* als ein Binnenklima, in dem im Winter die barometrischen Depressionen mit den sie begleitenden Westwinden und Niederschlägen sehr abgeschwächt sind und so ganzjährige Trockenheit herrscht, so daß sie zusammen mit dem Passatklima einen Wüstengürtel der Kontinentalmassen bilden. 2.3 das *subtropische Monsun- und monsunartige Klima* an den Ostseiten der Kontinente, unterschieden vom tropischen Monsunklima im wesentlichen durch den größeren Gegensatz der Jahreszeiten, vor allem durch die größere Winterkälte.

3. *Die außertropischen Klimate,* charakterisiert durch den großen Gegensatz der Jahreszeiten in Bezug auf die Tageslänge und die Wärme und die unregelmäßige at-

mosphärische Zirkulation mit ihrem unperiodischen Wechseln des Luftdrucks, der Windrichtung und der Niederschläge. 3.1 das *außertropisch-ozeanische Klima,* das sich auf die Westseiten der Kontinente beschränkt und als Folge der stärkeren atmosphärischen Zirkulation im Herbst und Winter die meisten Niederschläge empfängt. Landeinwärts ändert sich der Charakter zum 3.2 *außertropischen Kontinentalklima.* Die allgemeine Luftbewegung und der Einfluß der Depressionen ist geringer. Im Sommer bildet sich bei labiler Luftschichtung ein Regenmaximum aus, im Winter sind Bewölkung und Regenmenge geringer. Im einzelnen gibt es je nach Größe des Kontinentes und Gebirgsgliederung verschiedene Untertypen. 3.3 das *außertropische Prärienklima,* welches außer durch die Winterkälte durch eine zweite Unterbrechung der Vegetationsperiode während der hochsommerlichen Trockenheit ausgezeichnet ist. 3.4 das *außertropische Trockenklima,* in dem die atmosphärische Zirkulation so schwach geworden ist, daß alle Monate trocken sind und zu allen Jahreszeiten die potentielle Verdunstung den Niederschlag überwiegt. Es ist das Gebiet der außertropischen Steppen und Halbwüsten. 3.5 das *außertropische Monsunklima* der Ostseiten, in dem die Luftbewegung beherrscht wird vom monsunartigen Wechsel mit trockenen, kalten Landwinden im Winter und feuchten, kühlen Seewinden im Sommer. Große Winterkälte und große unperiodische Wetteränderungen in Begleitung von wandernden Depressionen unterscheiden es von den anderen Monsunklimaten. 3.6 das *Polarklima,* gegenüber den anderen Klimaten der Außertropen im wesentlichen durch den extremen Gegensatz der Strahlungsbedingungen, ganzjährig geringen Wasserdampfgehalt der Luft und entsprechend geringe Niederschläge ausgezeichnet. Als Äquatorialgrenze wird die Baumgrenze akzeptiert.

3. Das Klimasystem von Hermann Flohn und Modifikationen

Das Hettnersche Einteilungsprinzip fußte auf einigen Vorstellungen von der allgemeinen Zirkulation, die mehr und mehr umstritten wurden. Das gilt vor allem von den Auffassungen über den Passat- und Monsunkreislauf. Eine Fortentwicklung des genetischen Systems Hettners versuchte H. Flohn (zuerst 1950) in seiner von ihm selbst vorerst nur auf dem Idealkontinent schematisch dargestellten Gliederung (Abb. VI.b) 1.). Er geht von *vier Zirkulationsgürteln* (jeder Halbkugel) aus, deren Begrenzung unter dem Einfluß des Sonnenstandes sich jahreszeitlich verlagert:

a) äquatoriale Westwindzone mit der bzw. den innertropischen Konvergenzen,
b) subtropische Trocken- oder Passatzone,
c) außertropische Westwindzone
d) hochpolare Ostwindzone.

Wo diese Windsysteme ganzjährig vorherrschen, spricht Flohn von *stetigen Klimaten,* wo je zwei benachbarte einander im halbjährigen Wechsel ablösen von *alternierenden.* So liegt zwischen a) und b) das alternierende Klima der äußeren Tropen mit Zenitalregen in der Zeit des höchsten Sonnenstandes und passatischer Trockenzeit in den Monaten tiefstehender Sonne, zwischen b) und c) die subtropische Winterregenzone (Mittelmeerklima) mit antizyklonalem windschwachem Wetter im Sommer und zyklonaler Westwindzirkulation vor allem im Herbst und Winter, zwischen c) und d) die Subpolarzone mit vorherrschenden polaren Ostwinden im Sommer und Westwindzirkulation im Winter. Auf der kontinentalen Nordhalbkugel ist in der

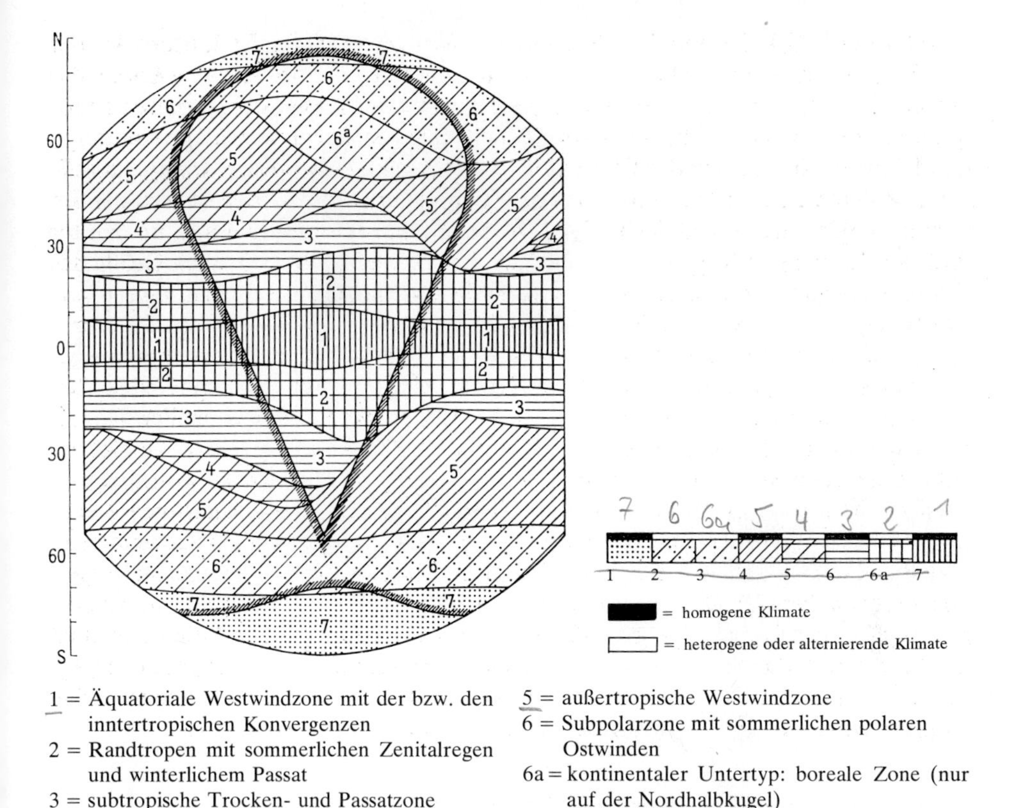

1 = Äquatoriale Westwindzone mit der bzw. den inntertropischen Konvergenzen
2 = Randtropen mit sommerlichen Zenitalregen und winterlichem Passat
3 = subtropische Trocken- und Passatzone
4 = subtropische Winterregenzone (Mittelmeerklima)
5 = außertropische Westwindzone
6 = Subpolarzone mit sommerlichen polaren Ostwinden
6a = kontinentaler Untertyp: boreale Zone (nur auf der Nordhalbkugel)
7 = hochpolare Ostwindzone

Abb.VI.b)1. Die schematische Klimagliederung auf dem Idealkontinent und den Weltmeeren. (Nach H. Flohn, 1950)

Subpolarzone noch als Untertyp die boreale Zone vertreten, die im Winter unter dem Einfluß des festländischen Kälthochs liegt. Sie fehlt auf der Südhalbkugel, weil dort die Kontinente polwärts 45° nur sehr schmal ausgebildet sind. Insgesamt ergeben sich also 7 Klimazonen, die in Abb. VI.b) 1 für einen Idealkontinent in ihrer Verbreitung dargestellt sind. Unter ihnen fehlt das Monsunklima als eigener genetischer Klimatyp völlig. Vielmehr werden die klassischen Monsunklimagebiete auf verschiedene Gürtel aufgeteilt: Vorder- und Hinterindien gehören im Sommer zur tropischen Westwindzone, China und Japan zur ektropischen Westwindzone. Im Winter ist der indische Landmonsun mit dem NE-Passat identisch, während der durch westöstlich ziehende Zyklonalstörungen differenzierte ostasiatische Landmonsun dagegen ein Phänomen der ektropischen Westwindzone darstellt. Gleichwohl leugnet auch Flohn *tellurische Wirkungen* keineswegs, nur sind sie bei ihm ein *Sekundäreffekt,* der sich dem herrschenden, vor allem in den steuernden Höhenwinden erkenntlichen planetarischen Prinzip unterordnet. Das Höhenhoch, das sich in größeren Höhen über der hochliegenden Heizfläche des Plateaus von Tibet ausbildet, liegt in der Fortsetzung des Roßbreitengürtels und übt daher dynamisch ähnli-

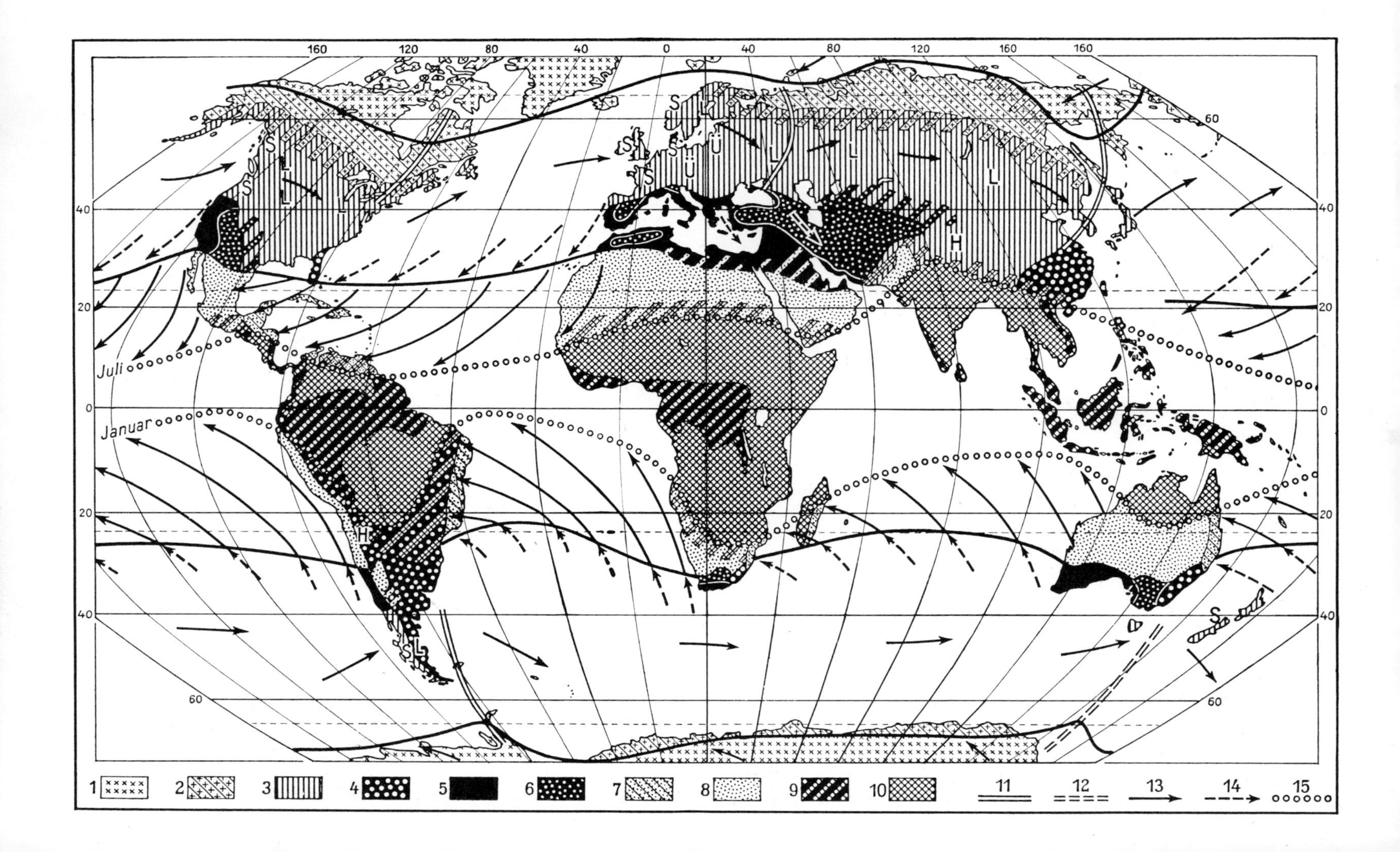

Juli
Januar
1
2
3
4
5
6
7
8
9
10
11
12
13
14
15

che Funktionen aus: es scheidet in der Höhe die nördliche ektropische Westwindzirkulation von der auf seinem Südabhang entwickelten passatischen Ostwindzirkulation. Immerhin macht sich auch explizite der Monsuneffekt als landbezogene Einwirkung in Flohns Gliederung dergestalt bemerkbar, daß im Sommer das Nordwärtsausgreifen der tropischen Westwinddrift über Vorderindien und das Südwärtsausgreifen der polaren Ostwinde auf das nordsibirische Festland, also die Einengung der Zwischengürtel 3, 4 und 5 (genetisch vor allem auf Kosten des Passatgürtels), eine echte Monsunfolge darstellt, d.h. nur aus der Konfiguration der asiatischen Landmasse in dieser Form erklärbar ist. Der sogenannte SW-Monsun Niederguineas ist nach Flohns Schema ebenfalls ein Teil der äquatorialen Westwindzone, die freilich nicht als restlos geschlossener Gürtel rings um die Erde zieht, sondern über dem Atlantik und Ostpazifik Lücken aufweist, wo die Passatgürtel beider Halbkugeln in schmalen, durch Mallungen oder umlaufende Winde ausgezeichneten Konvergenzen aneinandergrenzen (vgl. Abb. VI.b) 1).

Flohn hat seine Klimagliederung nur auf einem schematischen Kontinent erläutert und gezeichnet. Aus ihm geht jedoch die charakteristische *Asymmetrie zwischen den West- und Ostküsten der Kontinente,* wie sie in Wirklichkeit sowohl in Amerika wie auf der Ostfeste ausgebildet ist, deutlich hervor; d.h. die vollständige Abfolge aller 7 Klimagürtel des planetarischen Systems findet sich nur nahe den Westküsten der Kontinente, während die Gürtel 3 (Trockengürtel) und 4 (Mittelmeerklimagürtel) an den Ostküsten „abgequetscht" sind dadurch, daß hier der ektropische Westwindgürtel (5) äquatorwärts ausholend neben den Randtropengürtel (2) zu liegen kommt. Hier kommen also sommerliche tropische Zenitalregen unmittelbar neben oder gar alternierend mit winterlichen ektropischen Zyklonalregen vor. Diese dynamisch inhomogenen Klimate finden sich im Südosten der USA und in Südchina auf der Nordhalbkugel, über den La-Plata-Ländern, über Natal und Queensland auf der Südhalbkugel. Sie haben Niederschläge mehr oder weniger ganzjährig, aber genetisch gegensätzlich in halbjährigem Alternieren von Zenital- und Zyklonalregen.

◂ **Abb.VI.b)2.** Genetische Klimagliederung der Erde. (Nach E. Kupfer 1954 aus „Erdkunde", 1957)

1. Polares Klima (EE)
2. Subpolares Klima (WE oder EW)

Klimate der planetarischen Frontalzonen (WW)

3. S = Seeklima
   L = Landklima
   Ü = Übergangsklima zwischen Land- und Seeklima
4. Sommerfeuchte Ostküsten

Subtropische Klimate (PW)

5. Mäßige Winterregen
6. Geringe Frühlingsregen (Binnenlandtyp)

Passatklimate (PP)

7. Feuchte Ostküsten
8. Trockene Westküsten und Binnenländer

Innertropische Klimate (TT), (TP)

9. Dauernd feucht, immergrüne Urwälder
10. Periodisch feucht (Zenitalregen)
11. Bevorzugte Lagen kalter Höhentröge
12. dasselbe vermutet
13. ganzjährig wehende Winde (Passate sehr beständig, übrige unbeständig)
14. sommerlich verlängerter Passat
15. Lage der innertropischen Konvergenz im Januar und Juli

H = besonderes Höhenklima
T = Zone der innertropischen Westwinde
P = Passatzone
W = planetarische Frontalzone mit Westwinden
E = Zone der polaren Ostwinde

Bei den Buchstabenpaaren bedeuten:
1. Buchstabe = Sommer,
2. Buchstabe = Winter der betr. Halbkugel.

Eine nach diesem Schema ausgearbeitete genetische Weltklimakarte (Abb. VI.b) 2.) veröffentlichte E. Kupfer (1954). Allerdings leidet dieser Entwurf noch unter einigen regionalen wie prinzipiellen, insbesondere die Darstellung der jahreszeitlichen Verschiebung betreffenden Unzulänglichkeiten, die zu erörtern hier zu weit führen würde. Gleichwohl verdient er grundsätzliche Beachtung im Rahmen der genetischen Klassifikationen.

Verwandt hiermit ist ferner der von Hendl (1960, 1963) vorgelegte Entwurf einer genetischen Klimaklassifikation auf dynamischer Grundlage, der gewissermaßen eine stärker differenzierte Weiterentwicklung der 10 Kupferschen Typen bringt. Hendl unterscheidet die drei großen Hauptgürtel: I. Tropische Klimate, II. Subtropische Klimate, III. Außertropische Klimate und IV. Azonale Klimate. Diese Gürtel werden nach Luv- und Leelage und nach Kern- oder Randlage unterteilt, so daß insgesamt 20 Einzeltypen entstehen, die auch die Meeresflächen umfassen.

Es zeigt sich bei näherer Betrachtung, daß vor allem in den mittleren Breiten dieses auf der Zirkulationsbasis aufgebaute Klimasystem bei weitem nicht ausreicht, um die Differenzen zu erfassen. So umfaßt allein der Typ des „permanent-zyklonalen temperierten“ Klimas (III, 15) das gesamte eurasiatische Gebiet von Irland bis zum Stanowoigebirge, vom Nordkap bis zur türkischen Schwarzmeerküste und von der Taimyrhalbinsel bis zur Südküste des Kaspisees. Durch Einbeziehung eines weiteren genetischen Gesichtspunktes, nämlich des Strahlungs- und damit Wärmehaushaltes, ließe sich jedoch das Prinzip befriedigend ausbauen, ohne effektive Kriterien zur Feingliederung heranziehen zu müssen. Wegen ihrer grundsätzlichen Bedeutung seien die auf der Grundlage der allgemeinen Zirkulation aufgestellten Haupt- und Untertypen von M. Hendl aufgeführt:

I. Tropische Klimate
  1. Monsunklima
  2. Luvseiten-Monsunklima
  3. Permanentes kontinentales Kernpassatklima
  4. Permanentes maritimes Kernpassatklima
  5. Permanentes maritimes Luvseiten-Passatklima
  6. Permanentes maritimes Leeseiten-Passatklima
  7. Passatinternes Wechselklima mit sommerlicher maritimer Randpassat-Periode
  8. Permanentes äquatoriales Passatwestdriftklima
  9. Permanentes äquatoriales Luvseiten-Passatwestdriftklima
  10. Subäquatoriales Kernpassat-Wechselklima mit sommerlicher Passatwestdrift-Periode

II. Subtropische Klimate
  11. Zyklonales Wechselklima mit sommerlicher Kernpassat-Periode
  12. Zyklonales Wechselklima mit sommerlicher maritimer Randpassat-Periode

III. Außertropische Klimate
  13. Permanent-zyklonales Polarklima
  14. Permanent-zyklonales Subpolarklima
  15. Permanent-zyklonales temperiertes Klima
  16. Permanent-zyklonales temperiertes Luvseitenklima
  17. Permanent-zyklonales temperiertes Leeseitenklima
  18. Monsunal-zyklonales temperiertes Klima

IV. Azonale Klimate
  19. Autochthones Plateauklima
  20. Parautochthones Binnenklima.

Der hier verwendete „Passatwestdrift“ ist identisch mit der Flohnschen äquatorialen Westwindzone und geht von der Vorstellung des Übertrittes von SE-Passaten über den Äquator und ihrer Ablenkung zu SW-Winden aus.

c) Vorwiegend effektive Klassifikationen der Klimate

1. Das System von Wladimir Köppen (vgl. die in der Anlage beigegebene Karte)

Unter denjenigen Klimaklassifikationen, die von der *Wirkung der klimatischen Gegebenheiten* im Bereich der geographischen Substanz ausgehen, nimmt diejenige von Wladimir Köppen einen hervorragenden Platz ein. Das beruht auf ihrer Eigenart und auf ihrer weltweiten Anwendung, deren sie sich unvermindert, besonders im amerikanischen Bereich der Geographie, erfreut. Von den effektiven Systemen geht das Köppensche am weitesten ins Detail. Es bedient sich in seiner *Grundanlage* definierter, in Maß und Zahl angebbarer *Mittel-, Andauer- und Grenzwerte,* die aus dem Beobachtungsmaterial der Klimastationen errechnet werden können. Es kommt damit den zahlreichen Verfeinerungsansätzen entgegen, die mit dem Ausbau des Beobachtungsnetzes möglich wurden oder zur Überwindung von regionalen Unvollkommenheiten angeraten erschienen. Der *Bezug auf die Pflanzenwelt* gibt außerdem einen in der Natur sichtbaren Anhalt dafür, ob ein entworfenes System in einer bestimmten Region paßt oder nicht paßt. Die Tatsache seiner weiten Verbreitung und wiederholten Verbesserung bzw. Ergänzung, sei es durch Köppen selbst, sei es durch andere Klimatologen, zeugt einerseits vom schlüssigen und wirklichkeitsbezogenen Aufbau und andererseits von der Adaptationsfähigkeit des Systems. Die wohl umfassendste und ergiebigste Würdigung des Werdens sowie der Vor- und Nachteile der Köppenschen Klimaklassifikation gab Thornthwaite (1943).

Wladimir Köppen, im zaristischen Rußland aufgewachsen, gelangte über Petersburg und Wien frühzeitig an die Deutsche Seewarte in Hamburg. Hier betreute er die Meteorologie und Klimatologie. In seinen ersten Schaffensjahren stand er unter dem Einfluß der russischen Meteorologen bzw. Klimatologen Wild und Woeikow sowie von Hanns in Wien, deren Namen mit der Entwicklung der Vorstellungen von der allgemeinen Zirkulation sowie der Methodik der statistischen Mittelwertsklimatologie eng verknüpft sind. Fußend auf der bereits von Supan 1879 versuchten Einteilung der Erde in Temperaturzonen nach Jahresisothermen stellte Köppen 1884 eine Gliederung in *Wärmezonen* auf, zu deren Abgrenzung er bereits jene *Temperaturschwellenwerte* und das *Andauerprinzip* anwandte, das er, mit Modifikationen, auch später beibehielt und ausbaute. Die Tatsache, daß das Stationsnetz für die Gewinnung von zuverlässigen und vergleichbaren Mittelwerten große Lücken aufwies und daher eine weltweite Klimadarstellung allein darauf nicht ausreichend aufgebaut werden konnte – und auch heute noch nicht kann –, veranlaßte Köppen, nach indirekten Klimaindikatoren Ausschau zu halten. Er fand sie, angeregt durch die Darstellung von Grisebach (1872), in der *natürlichen Vegetation,* obwohl er sich darüber im klaren war, daß hier Wechselwirkungen bestehen, die die Gefahr von Zirkelschlüssen in sich bergen. Außerdem ist die Vegetation nur eines von vielen Objekten des Naturreiches, an dem sich Klimawirkungen widerspiegeln, was Creutzburg veranlaßt hat, dieses Verfahren als nicht ausreichend anzusehen. Jedoch gelang es Köppen, auf diese Weise verhältnismäßig zwanglos die durch Meßwerte nicht charakterisierbaren Flächen in ein lückenloses System einzufügen. Er wählte aus den Bereichen, deren klimatische Eigenschaften durch Stationswerte belegt waren, charakteristische Vertreter der spontanen Pflanzenwelt aus und benannte sogar seine Typen danach. Daß es sich hierbei um ganz bestimmte *definierbare ökologische Abhängigkeiten* handeln mußte, war eine keineswegs leicht zu erfüllende Forderung. Köppen bediente sich im übrigen keineswegs nur der Pflanzenwelt als Klimaanzeiger, sondern auch der Tierwelt, soweit sie in ihrem Lebensraum eine engere direkte oder indirekte Klimabindung verrät. Er kam so 1900 zu einer, z. T. auf de

Candolles ökologischen Vegetationsgruppen fußenden Klimaeinteilung, wie bereits im Kapitel über die Grundsätze der Klimaklassifikation [Kap. VI.a)] ausgeführt worden ist.

Die nächste entscheidende Etappe bildete die 1918 veröffentlichte Gliederung, in der sich Köppen wieder mehr der *meteorologischen Statistik zur Kennzeichnung* seiner Typen zuwandte und nur noch in den Untertypen die floristische Bezeichnung teilweise beibehielt. Er gelangte hierbei zu einem System von Klimaformeln, deren Detaillierung er allerdings verschieden weit trieb. Die Gliederung richtet sich nach dem beobachteten Jahresgang der Klimaelemente bzw. deren Einwirkung auf die belebte Natur, weshalb sie als Musterbeispiel einer komplexen effektiven Einteilung gelten kann.

Eine ausführliche Darstellung der *„Klimate der Erde“* als „Grundriß der Klimakunde“ (Untertitel) mit der *Köppenschen Systematik* erschien zuerst 1923, dann 1931 und in unverändertem Nachdruck 1944. In diesen Werken ist jeweils in einer „Allgemeinen Klimalehre“ (Teil I) und durch die später oft reproduzierten Karten der Windgebiete der Erde als Glieder der allgemeinen Zirkulation der Bezug zur Genese der Klimate gewahrt. Im „geographischen System der Klimate“ (II. Teil) und in der „Klimakunde der einzelnen Erdteile“ (III. Teil) ist freilich der dominierende Gesichtspunkt die in Mittel- und Andauerwerten der wichtigsten Klimaelemente ausdrückbare thermische und hygrische Ausprägung des Klimas. 1928 hat das Köppensche System Niederschlag in einer *Klimawandkarte* gefunden, die zunächst gemeinsam mit Geiger bearbeitet wurde und die später nach Köppens Tod von letzterem jeweils 1954, 1961 und 1968 neu herausgebracht worden ist. Schließlich hat Jensch (1970) in einem *Klimaglobus* die Köppensche Klassifikation übernommen.

Köppen unterscheidet *6 Haupttypen von Klimaten,* die jeweils mit einem großen Buchstaben (A bis F) gekennzeichnet werden. 5 davon sind thermisch und 1 Haupttyp ist hygrisch definiert, wobei Köppen für diese scheinbare Inkonsequenz der Gliederung das Liebigsche Gesetz vom Minimum vorschwebte. In höheren Breiten ist es das Minimum der Temperatur, in niederen das der Feuchtigkeit, welches den Ausschlag gibt und vor allem die Vegetation beherrscht.
Die Haupttypen sind folgende:

A-Klimate = tropische Regenklimate ohne kühle Jahreszeit (kältester Monat > 18 °C). Die weitere Differenzierung erfolgt dann nach dem Fehlen oder Vorhandensein einer Trockenzeit.

B-Klimate = trockene Klimate, deren Abgrenzung gegen A, C und D nach einigen vorangegangenen abweichenden Verfahren (vgl. S. 657) nunmehr durch folgendes empirisch ermittelte Verhältnis von Temperatur (t in °C) und Jahresniederschlag (in cm) gegeben ist[1]):
a) bei Sommerregen $r = 2t + 28$
b) bei Regen ohne Periode $r = 2t + 14$
c) bei Winterregen $r = 2t$
Innerhalb dieses Bereiches wird zwischen den Steppenklimaten BS und den Wüstenklimaten BW unterschieden, indem obige Indizes einfach halbiert werden, also für Wüstenklimate:
a) bei Sommerregen $r = t + 14$

---

[1]) Die diesbezüglichen Diagramme bei Köppen (1931, S. 129), die oft übernommen worden sind, enthalten einen Zeichenfehler, indem in ihnen nur $r = 2t + 7$ statt $r = 2(t + 7)$ bzw. $r = 2t + 14$ statt $r = 2(t + 14)$ angegeben worden ist (vgl. den Text bei Köppen, S. 128).

b) bei Regen ohne Periode r = t + 7
c) bei Winterregen r = t
Die weitere Differenzierung der B-Klimate erfolgt nach der Temperatur.

C-Klimate = Warmgemäßigte Regenklimate, deren kältester Monat zwischen +18° und −3° liegt, während der wärmste +10° übersteigt. Die Niederschläge sind ganzjährig bzw. jahreszeitlich höher als nach dem bei B angegebenen Grenzwert für Trockenklimate. Die weitere Differenzierung erfolgt hierbei nach der jahreszeitlichen Verteilung der Niederschläge und sodann nach der Temperatur.

D-Klimate = boreale, d. h. nur auf der Nordhalbkugel ausgebildete oder Schnee-Wald-Klimate mit Januarmitteln unter −3°, jedoch Julimitteln von über +10°. Die weitere Unterteilung ähnlich wie bei C nach dem Jahresgang der Niederschläge und nach den Monatstemperaturen.

E-Klimate = kalte Klimate jenseits der Baumgrenze, d. h. der polaren wie der Höhenbaumgrenze. Letzteres wird unzutreffend auch als Tundrenklima bezeichnet, jedoch findet sich in den höheren Gebirgen niedrigerer Breiten jenseits der Höhenbaumgrenze und teilweise auch jenseits der polaren Baumgrenze gar keine echte, mit Dauerfrostboden verknüpfte Tundra, sondern Matten, Triften, Fjällheide u. ä. Der wärmste Monat bleibt hier unter +10°, dem ungefähren Schwellenwert für die Baumgrenze, der im kontinentalen Bereich bei etwa +9°, im maritimen Bereich bei etwa +11° angesetzt werden muß.

F-Klimate = Schneeklimate oder Klimate ewigen Frostes mit einer Mitteltemperatur des wärmsten Monats noch unter 0°. Gelegentliche positive Temperaturen können daher auftreten, reichen aber nicht für Pflanzenwuchs aus. Ebenso kann es auch gelegentlich noch zu Regenfällen kommen, die jedoch die ständige Akkumulation des (mengenmäßig allerdings spärlichen) Schnees nicht nennenswert beeinflussen, vielmehr durch baldiges Gefrieren zur Vermehrung von Eis und Firn beitragen.

Diese Hauptklimatypen erfahren eine Untergliederung nach der Verteilung und dem Mengenverhältnis der Niederschläge sowie, an dritter Stelle, nach der Differenzierung der Sommerwärme und Winterkälte.

Bei den Niederschlägen wird nach der jahreszeitlichen Lage der Trockenzeit unterschieden zwischen:

---

w = wintertrocken, und zwar
a) bei C und D regenreichster Monat der wärmeren Jahreszeit mit mehr als zehnmal so viel Niederschlag wie regenärmster der kälteren,
b) bei A mindestens ein Monat mit weniger als 6 cm Niederschlag

s = sommertrocken, und zwar
a) bei C und D regenreichster Monat der kälteren Jahreszeit mit mindestens dreimal so viel Niederschlag wie regenärmster der wärmeren,
b) bei A nur äußerst selten (im Lee tropisch-subtropischer Inseln wie z. B. Hawaii) vorkommend. Besitzt auch der trockenste Monat bei dem angegebenen Verhältnis zum regenreichsten noch mindestens 3 cm Niederschlag, wird das s erst an dritter Stelle neben f gesetzt.

f = ausgesprochene Trockenzeit fehlt, d. h. mehr oder weniger ganzjährige Niederschläge mit Schwankungen, die geringer als die für w und s geforderten sind. Es muß schon hier darauf hingewiesen werden, daß f in den winterkalten D-Klimaten, angedeutet auch schon in den C-Klimaten, die Zeit der Winterruhe, d. h. der physiologischen Trockenzeit der Vegetation, einschließt, was *Trewartha* (vgl. S. 677) zum Verzicht auf die Unterscheidung von f und w im D-Klima überhaupt veranlaßte. Außerdem enthält f auch ohne Berücksichtigung der Winterruhe weite Gebiete mit ausgeprägten Sommerregenmaxima (z. B. Osteuropa).

m = Mittelform zwischen f und w im Bereich tropischen Monsunklimas, wo die Trockenzeit zwar vorhanden, aber so kurz und wenig effektiv ist, daß die von dem Niederschlagsreichtum der übrigen Monate herrührende Bodenfeuchtigkeit es dem Urwald ermöglicht, die regenarme Zeit ohne besondere ökologische Anpassung zu überdauern.

Charakteristische Niederschlagsgänge werden wie folgt unterschieden:
s′ w′ = Sonderformen sommer- bzw. wintertrockener Untertypen, bei denen das Regenmaximum im Herbst auftritt
s″ w″ = gegabelte Regenzeit mit kleiner Trockenzeit dazwischen
x = Frühsommerregen, Spätsommer heiter
x′ = seltene, aber heftige Regen zu allen Jahreszeiten.

Die Luftfeuchtigkeit wird folgendermaßen berücksichtigt:
n = nebelreich
n′ = Nebel selten, aber große Luftfeuchtigkeit bei kühlem Sommer (< 24°)
n″ = desgleichen bei warmem Sommer (24–28°)
n‴ = desgleichen bei heißem Sommer (> 28°).

Die nach der Wärme aufgestellten Formelglieder, die bei *Köppen* erst an dritter Stelle rangieren, umfassen folgende Untertypen nach Schwellen- bzw. Andauerwerten:
erste Gruppe: nur bei den C- und D-Klimaten verwendet
a = Temperatur des wärmsten Monats > 22°
b = desgl. < 22°, aber noch mindestens 4 Monate > 10°
c = nur 1 bis 4 Monate > 10°, kältester Monat > −38°
d = desgl., aber kältester Monat < −38°
zweite Gruppe: nur bei den B-Klimaten verwendet
h = heiß (Jahrestemperatur > 18°)
k = winterkalt (Jahrestemperatur < 18°, aber wärmster Monat > 18°)
k′ = desgl., jedoch auch wärmster Monat < 18°
dritte Gruppe:
l = lau, alle Monate 10 bis 22°
i = isotherm, Differenz der extremen Monate < 5°.
Charakteristische Temperaturjahresgänge werden nach ihrem geographischen Vorkommen benannt:
g = Ganges-Typus, Maximum vor der Sonnersonnenwende und der Sommerregenzeit
t′ = Kap-Verde-Typus, wärmste Zeit in den Herbst verschoben
t″ = sudanischer Typus, kühlster Monat – bei geringer Jahresschwankung – unmittelbar nach der Sommersonnenwende.

Man kann mit Hilfe dieser klar abgegrenzten Systematik also, je nach Bedarf und je nach der Kenntnis der meßbaren Gegebenheiten, verschieden *detaillierte Untertypen* aufstellen, ohne im wesentlichen mehr Grundlagen als die Monatswerte von Temperatur und Niederschlag zu benötigen. Teilweise genügen zwei Buchstaben, wie z. B. beim äquatorialen, in allen Monaten über 18° warmen Regenwaldklima mit Haupttrockenzeit im Winter, aber gegabelter Regenzeit im Sommer = Aw″ (Beispiel Ceylon), oder aber man benötigt vier wie z. B. beim warmgemäßigten, d. h. im Winter zwischen +18° und −3° temperierten, im Sommer über 22° erreichenden sommertrockenen Klima mit Frühjahrsregen = Csax (Beispiel Gebirgssaum von Turkestan). Meistens werden drei Buchstaben verwendet wie z. B. bei dem in Mitteleuropa hauptsächlich vertretenen Cfb-Klima, d. h. ein warmgemäßigtes Klima mit relativ gleichmäßig über das Jahr verteilten Niederschlägen und Sommertemperaturen, die im Monatsmittel unter 22° bleiben. Inwieweit gerade dieser letztgenannte Untertyp ausreichend differenziert ist, hat mehrfach Zweifel hervorgerufen, weshalb, wie erwähnt und im folgenden noch zu zeigen sein wird, Abänderungsvorschläge gerade hier, und zwar bereits bei der Definition des Haupttyps C selbst, angesetzt haben. Eine weitere Schwäche des Systems ist, daß zwischen Gebirgsklimaten der Tropen/Subtropen und borealen Tieflandsklimaten nicht oder nicht genügend – in der jüngsten Fassung der Karte garnicht mehr – unterschieden wird. Es liegt das u. a. daran, daß der Unterschied zwischen Tages- und Jahresgang in der Terminologie Köppens nicht zum Tragen kommt.

Die Areale der Köppenschen Klimatypen wurden von H. Wagner (1921) nach der Vorlage von 1918 ausplanimetriert; 1964 nahm M. Hendl eine Neuberechnung nach der Neuherausgabe der Wandkarte von R. Geiger, Auflage 1953, vor.

Zweifellos ist aber das Köppensche Schema, immer ausgerichtet an den beobachteten Klimawirkungen, in seinen Grenzen konsequent durchdacht und in seinen Bestandteilen *klar definiert durch Schwellen- und Andauerwerte von Klimaelementen,* die meß- oder einwandfrei beobachtbar sind und in ausreichender Dichte vorliegen. Das gilt trotz der Tatsache, daß einzelne dieser Grenzwerte, wie schon bei Köppen selbst, Korrekturen erfahren haben (etwa die Januartemperatur bei der Kältegrenze des C-Klimas von früher −2° auf −3°) oder solcher bedürftig sind, wie die nachfolgend besprochenen von Köppens Einteilung ausgehenden Klimasysteme erkennen lassen. Auch hierbei muß jedoch betont werden, daß es schlechterdings unmöglich ist und zu einer wirren Unübersichtlichkeit führen würde, allzu viele oder auch nur alle wesentlichen Gesichtspunkte, die für eine Klimagliederung theoretisch in Betracht kämen, in ein und demselben System heranzuziehen. Auch das Köppensche Schema ist bei aller Klarheit der Definitionen ein Kompromiß, das Unebenheiten in Kauf nehmen muß, um übersichtlich zu bleiben. Auf jeden Fall ist es *diaktisch* äußerst *vorteilhaft,* was mit zu seiner weiten Anerkennung in aller Welt geführt hat.

2. Die Systeme von v. Wissmann, Thornthwaite und Trewartha (abgewandelte Köppen-Systeme)

Wie bereits erwähnt, hatte Köppen wiederholt Änderungen bei Einzelheiten seines Systems vorgenommen, es sei nur an die Verschiebung der Grenze zwischen C- und D-Klimaten von der −2°-Isotherme des kältesten Monats auf die −3° Isotherme erinnert. Die Kritik ging, soweit nicht – wie von Hettner, Creutzburg u. a. – prinzipielle Bedenken gegen das Verfahren als solches geäußert wurden, in der Regel davon aus, daß in einzelnen Gebieten durch die von Köppen gewählten Schwellenwerte oder Kombinationen von solchen de facto gleichartige Klimate von Grenzen zerschnitten oder zu große Gegensätze in einem Typ zusammengefaßt wurden. Als wichtigste Klimagliederungen, die von der Köppenschen Methode ausgehend mehr oder weniger selbständige Systeme geworden sind, seien nachstehend diejenigen von v. Wissmann (1939, 1962), Thornthwaite (1931, 1948) und Trewartha (erstmals 1937, dann 1968) besprochen, von denen diejenigen von Thornthwaite als die am stärksten selbständigen bezeichnet werden müssen, während sich Trewartha bewußt auf einige verbessernde Modifikationen des Köppenschen Systems beschränkt. v. Wissmann weicht, zumal in der jüngsten Fassung, schon stärker von diesem Schema ab, ohne es jedoch im Prinzip aufzugeben.

Von Wissmanns Gliederung. Köppens Grenzziehung erwies sich u. a. in Ostasien als korrekturbedürftig, wo v. Wissmann, z. T. in Zusammenarbeit mit chinesischen Klimatologen, zu anderen, der Wirklichkeit besser entsprechenden Grenzziehungen gelangte (1939). Auch bei v. Wissmann ist wie bei Köppen (und Thornthwaite) die Vegetation zur Klimaabgrenzung benutzt worden, nur daß v. Wissmann andere Schwellen- und Grenzwerte für zweckmäßiger hielt, abgesehen davon, daß er die Typen, wohl zur Vermeidung von Verwechslungen, auch formelmäßig anders kennzeichnete.

Er unterschied 1939 folgende 6 thermische Haupttypen:

I tropisch
Grenze: Temperatur des kältesten Monats + 13°
II warmgemäßigt
Grenze: Temperatur des kältesten Monats + 2°
III kühlgemäßigt
Grenze: Jahrestemperatur + 4°
IV boreal
Grenze: Temperatur des wärmsten Monats + 10°
V subarktisch
Grenze: Temperatur des wärmsten Monats 0°
VI ewiger Frost

Im Gegensatz zu *Köppen* ist bei den Haupttypen v. *Wissmanns* somit konsequent nur eine thermische Begrenzung gewählt, also kein Trockenklima (B-Klimate *Köppens*) in diesen Rang erhoben worden. In zweiter Linie zieht v. *Wissmann* die Verteilung der Niederschläge heran und unterschied hier:
A = äquatorial, ständig feucht
F = feucht mit schwacher Trockenzeit
P = Baumsteppen- oder Parklandgebiete mit Trockenheit
Grenze zu T: bei Winterregen $r = 2{,}5\,t$
bei Sommerregen $r = 2{,}5\,(t + 14)$
T = mit Trockenzeit
Grenze zu S: bei Winterregen $r = 2\,t$
bei Sommerregen $r = 2\,(t + 14)$
S = Steppe
Grenze zu D: bei Winterregen $r = t$
bei Sommerregen $r = t + 14$
D = Wüste

Als drittes Zeichen schließlich verwandte v. *Wissmann* noch Kleinbuchstaben zur Kennzeichnung von:
a = sommerheiß
Grenze: Temperatur des wärmsten Monats 23°
b = sommerkühl
w = wintertrocken
s = sommertrocken
u = luftfeucht
h = Hochgebirgsstufe

Im Endergebnis resultierten hieraus in dem bis dahin allein behandelten Bereich Eurasiens 23 Typen, die mit Pflanzenformationen parallelisiert werden:
Tropischer Haupttyp:
I A = Regenwaldklima, äquatorial
I F = Regenwaldklima mit schwacher Trockenzeit
I T = Trockenwald-, Savannen-, regengrünes Monsunwaldklima
I S = tropisches Steppenklima
I D = tropisches Wüstenklima
I D u = luftfeuchtes tropisches Wüstenklima
Warmgemäßigter Haupttyp:
II F a = Lorbeerwaldklima der Ostseiten
II F b = Klima des Lorbeer- und sommergrünen Waldes der Westseiten
II T w = monsunales Hartlaub- und Kiefernwaldklima
II T s = etesisches Hartlaub- und Kiefernwaldklima
II S = warmgemäßigtes Steppenklima
II D = warmgemäßigtes Wüstenklima
Kühlgemäßigter Haupttyp:
III F = feuchtes Klima des sommergrünen und Nadelwaldes (in Europa durch die − 3°-Januarisotherme in Buchen- und Eichenzone getrennt)

III T w = wintertrockenes Klima des sommergrünen und Nadelwaldes
III T s = kühletesisches Klima des sommergrünen und Nadelwaldes
III S = = kühlgemäßigtes Steppenklima
III D = kühlgemäßigtes Wüstenklima
Borealer Haupttyp:
IV F = feuchtes Nadelwaldklima
IV T = wintertrockenes Nadelwaldklima
IV S = boreales Steppenklima
IV D = boreales Wüstenklima
Subarktischer Haupttyp: V Tundrenklima
Haupttyp VI: Klima des Ewigen Frostes.

Diese Darstellung wurde 1962 von ihrem Autor unter Einbeziehung verschiedener wichtiger Änderungen und unter Ausdehnung auf die ganze Erde überarbeitet und für die Erstpublikation im vorliegenden Buche zur Verfügung gestellt. Hierfür sei Herrn Prof. von Wissmann wärmster Dank ausgesprochen. v. Wissmann kommentierte diese neue Karte, die in Zusammenarbeit mit R. Jätzold entstand, mit seinen eigenen Worten (Brief vom 21. August 1962) wie folgt (vgl. die in der Anlage beigegebene farbige Karte):

„Die hier vorgelegte Karte hat die – vorgenannte – Karte der Klimate Eurasiens zur Grundlage, die ich in der Zeitschrift der Gesellschaft für Erdkunde zu Berlin 1939 mit einem gedrängten Aufsatz veröffentlichte. Nach den Formeln der Klimabegrenzung dieser Karte zeichnete ich eine Klimakarte der Erde, die als handgezeichnete Wandkarte im Geographischen Institut der Universität Tübingen aufbewahrt wird. Doch sind gegenüber dieser Karte eine Anzahl größerer Änderungen vorgenommen worden

In der Z. Ges. Erdk. Berlin 1939, S. 3 wurde gesagt, daß ich dort versuchte, das Klimasystem von W. Köppen möglichst weitgehend zu verwenden, es sich aber bald herausstellte, daß es nach den Änderungen, die mir nötig erschienen, nicht mehr möglich war, die Klassifikation von Köppen beizubehalten. In dem System, das entstand, wurden auch die Formeln geändert: In der vorliegenden Karte gliedert das erste Zeichen jeder Formel nach der Temperatur. Es bedeutet (im Tiefland): I warmtropisch, II subtropisch, III kühlgemäßigt, IV boreal, V subarktisch-arktisch. Das zweite Zeichen in großen Buchstaben, in den Temperaturzonen I bis III angewandt, gliedert nach der Humidität. Es bedeutet F immerfeucht, T mit Trockenzeit, S Waldsteppen- und Steppenklima (in den Tropen Trocken- und Dornsavannenklima), W Wüstenklima. Auch in IV, in dem borealen Gürtel, ist das Waldsteppen- und Steppenklima ausgegliedert; ein boreales Wüstenklima gibt es jedoch fast nicht. In den Warmtropen ist zu I F, mit der Begrenzung wie bei Köppen, I M hinzugesellt, das Regenwaldklima trotz Trockenzeit (Monsungebiete). Wie auch in manchen Karten nach W. Köppen (z. B. im Handbuch d. Geogr. Wiss., hrsg. v. F. Klute, Band Physikalische Geographie, Tafel IX) ist die Begrenzung zwischen F und M, also zwischen den beiden warmtropischen Regenwaldklimaten wegen des allmählichen Übergangs nicht eingetragen worden, außer in der Schemazeichnung des Idealkontinentes in der beigegebenen farbigen Karte. Zu weiterer Untergliederung ist ein kleiner Buchstabe verwandt. Ausgedehntere Gebiete mit Höhenklimaten sind durch ein h gekennzeichnet.

Die Klimatypen mit ihren Schwellenwerten und Begrenzungsformeln sind der Erläuterung unter der Karte zu entnehmen.

Änderungen gegenüber meiner Karte der Klimate Eurasiens in Z. Ges. Erdk. Berlin 1939 wurden in folgendem vorgenommen:

Die Begrenzung der Warmtropen ist nicht, wie dort, die Isotherme des kältesten Monats von 13°C, sondern die Warmtropengrenze im Sinne meiner Arbeit: Pflanzenklimatische Grenzen der Warmen Tropen, Erdkunde II, 1948, S. 81–92 (mit Karten). Die Warmtropengrenze wird im kontinentalen Bereich von der absoluten Frostgrenze, im ozeanischen durch eine Wärmemangelgrenze, Jahresmittel 18,3°, gebildet. – Die polare Begrenzung der Subtropen ist dorthin gelegt, wo 8 Monate 9,5° und mehr erreichen. In meiner Karte von 1939 war eine Subtropengrenze nicht eingetragen. Das dort ausgeschiedene ‚warmgemäßigte' Klima reichte zur Isotherme des kältesten Monats von +2°C; es reichte an der Westseite Europas bis Schottland und Südwest-Norwegen, in Gebiete, die man keineswegs als subtropisch bezeichnen kann, und für welche auch die Bezeichnung ‚warmgemäßigt' nicht gut angemessen ist. Die Isotherme des kältesten Monats von +2°C wurde jedoch im kühlgemäßigten Klima beibehalten, und zwar als Begrenzung zwischen feucht-ozeanischem und feucht-kontinentalem kühlgemäßigtem Klima, III F a und III F b.

Die Grenze zwischen Steppen- und Waldsteppenklima sowie zwischen Dorn- und Trockensavannenklima wurde fortgelassen. Die Grenze des Waldsteppenklimas bzw. des Trockensavannenklimas gegen die feuchteren Klimate liegt somit (wie in der Karte von 1939 bei der ‚Baumsteppengrenze') in Winterregengebieten bei N = 2,5 T, in Sommerregengebieten und in den Tropen bei N = 2,5 (T + 14), N in cm.

Von sommertrockenen bzw. wintertrockenen Klimaten wird gesprochen, wenn sie ihrem Gesamtcharakter nach noch humid sind, aber mehr als zwei aride Sommermonate bzw. vier aride Wintermonate haben. Als Trockengrenzformel für Monatswerte diente die von meinem Schüler T. Ch. Wang (1941) und mir gefundene Hyperbel: → n [12 n − 20 (t + 7)] = 3000.

Innerhalb des borealen Klimas wurden die (relativ kleinen) Gebiete durch eine eigene Signatur dargestellt, deren wärmstes Monatsmittel über 20° beträgt, zumal diese Gebiete, z.B. in der Mandschurei und am Amur, noch Laubwaldgebiete sind, somit in der Vegetation nicht dem borealen Nadelwaldgürtel angehören.

In den höchsten Hochländern, in Tibet und in Südamerika, reicht die 10°-Isotherme des wärmsten Monats in manchen trockenen Teilen bis gegen und sogar über 5000 m hinaus, so daß hier weite Bereiche einem Höhenklima angehören, das nach seiner Formel dem borealen Steppenklima entspricht (IV S h)" (von Wissmann).

Das System von C. W. Thornthwaite. Um gewisse regionale Unstimmigkeiten des Köppenschen Systems für Teile Nordamerikas zu beheben, entschloß sich C. W. Thornthwaite (1899–1963) 1931 zu einem geänderten Klassifikationsprinzip, das zwar ebenfalls von dem Erscheinungsbild der Vegetation und insofern ebenso wie Köppen empirisch von den Klimawirkungen ausgeht, sich jedoch nicht einfacher Schwellenwerte der Temperatur oder der zeitlichen Niederschlagsverteilung bedient, sondern kompliziertere Begriffe der wechselseitigen Abhängigkeit verschiedener Elemente voneinander heranzieht [vgl. Kap. V.a)].

An erster Stelle steht die *Niederschlagswirksamkeit* (P/E = precipitation effectiveness), bei der die monatliche Regenmenge (r) zu der monatlichen Temperatur (t) in Beziehung gesetzt wird (Formeln für englische und metrische Meßwerte [s. Kap. V.a)]. An sich sollte an Stelle von t die Verdunstungsmenge e genommen werden. Da aber damals noch zu wenig direkte Verdunstungsmessungen vorlagen, benutzte Thornthwaite als Ersatz die Temperatur. Die Jahressumme dieser einzelnen monatlichen P/E-Verhältnisse ergibt den P/E-Index, dessen Werte auf empirischem Wege mit den Hauptvegetationsformationen folgendermaßen in Beziehung gebracht werden:

Provinz	Humiditätsgrad	Vegetationsformation	P/E-Index
A	feucht	Regenwald	≧128
B	humid	Wald	64–127
C	subhumid	Grasland	32–63
D	semiarid	Steppe	16–31
E	arid	Wüste	<16

Diese fünf Hauptprovinzen teilt Thornthwaite nach der jährlichen Niederschlagsverteilung unter in

r = Regen reichlich in allen Jahreszeiten
s = sommertrocken
w = wintertrocken
d = trocken zu allen Jahreszeiten.

Diesem auf dem Niederschlag basierenden Einteilungsprinzip wird sodann das thermische der *Temperaturleistung* (temperature efficiency) nebengeordnet. Es handelt sich hierbei um die bloße Akkumulierung der positiven Monatstemperaturen (T/E-Index in °F) nach folgenden, ebenfalls empirisch gefundenen Stufen:

Provinz	Temperaturcharakter	T/E Index
A′	tropisch	≧128
B′	mesothermal	64–127
C′	mikrothermal	32–63
D′	Taiga	16–31
E′	Tundra	1–15
F′	Frost	0

Auch bei der Wärme wird die jahreszeitliche Konzentration, in diesem Falle auf die 3 Sommermonate in % der positiven Jahressumme, zusätzlich ermittelt, aber für die Typenkennzeichnung auf der Karte nicht mehr hinzugezogen:

a = 25–34%
b = 35–49%
c = 50–69%
d = 70–99%
e = 100%.

Durch diese Zahlen soll das Ausmaß der Jahresschwankung Berücksichtigung finden.

Durch die Kombination der hygrischen mit den thermischen Stufen ergäben sich theoretisch 120 Möglichkeiten für Klimatypen beim Thornthwaiteschen System, von denen aber nur 32 realisiert sind, immerhin mehr als bei Köppen, weshalb

Thornthwaites Klimakarte ein bedeutend detaillierteres Bild ergibt und auf diese Weise der Gefahr einer zu großen Inhomogenität innerhalb eines Typs entgeht. Allerdings spielen die genetischen Zusammenhänge auch hierbei keine entscheidende Rolle. Das System, dessen Typen lediglich – wie bei Köppen – durch eine Buchstabenformel bezeichnet werden, ist zwar leicht einprägsam und quantitativ, so daß man beim Vorhandensein von Meßwerten unschwer die Zugehörigkeit einer Station zum jeweiligen Typ ermitteln kann. Seine Nachteile sind jedoch ebenso offenbar: a) die Ermittlung der Verdunstung für das P/E-Verhältnis kann in Wirklichkeit aus Mangel an direkten Verdunstungsmessungen (solche Lysimeterwerte gab es in den USA damals nur von 10 Stationen!) nur indirekt über die Temperatur erfolgen, b) die für beide Indizes übereinstimmende, mit den jeweils doppelten Werten wachsende Stufung birgt die Gefahr eines die Wirklichkeit vergewaltigenden Schematismus. Man kann das wiederum induktiv leicht nachweisen: das CC′r-Klima, also ein mikrothermales, ganzjährig feuchtes Graslandklima, reicht auf der Karte von Ostengland in wechselnd breitem Streifen bis zur Wolga! Auch in China ergeben sich Unglaubwürdigkeiten, weil für die Temperaturleistung nur die positiven Temperaturen, die bekanntlich im Sommer in Ostasien überall ziemlich gleichmäßig hoch sind im Gegensatz zum Winter, herangezogen werden. Es sind also die Gebiete, die auch bei Köppen nicht befriedigend unterteilt sind, so daß die Verbesserung, welche Thornthwaite anstrebte, nur für Nordamerika eingetreten ist.

Thornthwaite publizierte 1948 noch eine weitere, bedeutend kompliziertere Klassifikation, bei der er sich noch stärker von der Pflanze als Indikator von Klimagrenzen löste, sie vielmehr lediglich neben dem Boden als Verdunstungsquelle ansah, weshalb er hierfür den kombinierten Begriff der *potentiellen Evapotranspiration* verwendete und im Zusammenhang damit Wasserüberschuß (s) und Wasserdefizit (d) zum Wasserbedarf (n) in Beziehung setzte. Er gelangte auf diesem Wege zur Aufstellung eines Feuchteindex (I_m = moisture index); [Näheres s. Kap. V.b)]:

$$I_m = \frac{100\,s - 60\,d}{n}$$

den er folgendermaßen abstufte:

A =	perhumid:	100 und mehr
B_4 =	humid:	80 bis 100
B_3 =	humid:	60 bis 80
B_2 =	humid:	40 bis 60
B_1 =	humid:	20 bis 40
C_2 =	feuchtsubhumid:	0 bis 20
C_1 =	trockensubhumid:	– 20 bis 0
D =	semiarid:	– 40 bis – 20
E =	arid:	– 60 bis – 40

Dadurch, daß Thornthwaite in dieser Klassifikation die Temperatur als Funktion der potentiellen Evapotranspiration definierte, gelangte er zu folgender, von seiner früheren Klassifikation erheblich abweichender Skala des T/E Index (temperature efficiency), ausgedrückt in cm der potentiellen Evapotranspiration:

T/E index in cm	Klimatyp		Sommerkonzentration der Temperaturwirksamkeit in %	
	E'	Frost		
14,2				
	D'	Tundra		d'
28,5			88,0	
	C'_1			c'_1
42,7		Mikrothermal	76,3	
	C'_2			c'_2
57,0			68,0	
	B'_1			b'_1
71,2			61,6	
	B'_2			b'_2
85,5		Mesothermal	56,3	
	B'_3			b'_3
99,7			51,9	
	B'_4			b'_4
114,0			48,0	
	A'	Megathermal		a'

Durch Aufstellung von Nomogrammen haben Basile and Corbin (1969) versucht, eine handlichere Anwendung des etwas komplizierten Rechenverfahrens zu ermöglichen. Wenn man den Jahresgang der monatlichen potentiellen Evapotranspirationssummen mit dem der monatlichen Niederschlagsmengen in einem Diagramm ineinanderzeichnet, ergibt sich eine *Darstellung des Jahresganges der Wasserbilanz,* in der man unter Annahme bestimmter Speicherkapazitäten an Bodenwasser die Zeiten mit Wasserüberschuß und -abfluß, Wasseraufbrauch sowie -mangel ablesen kann [vgl. auch Kap. V.b)]. Lautensach und Mayer (1960) haben nach dieser Methode eine Darstellung der Aridität bzw. Humidität auf der Iberischen Halbinsel gegeben. Im neuen Werk von Lockwood (1976) und im Band 5 (Vallén, 1970) des World Survey of Climatology wird für Nord- und Westeuropa von den nach der Methode von Thornthwaite erarbeiteten Ergebnissen in Text, Diagrammen und Karten viel Gebrauch gemacht. Über andere Beiträge pro et contra informiert das Literaturverzeichnis.

Die Klimagliederung nach Trewartha. Am stärksten unter den genannten Modifikationen Köppens deckt sich die Gliederung von Trewartha mit der erstgenannten. Von dem Gesichtspunkt ausgehend, daß die klimatische Umwelt für die den Geographen interessierenden Objekte der Erdoberfläche von entscheidender Bedeutung sei und diese wechselseitigen Zusammenhänge daher wichtiger seien als die meteorologischen Ursachen, übernimmt Trewartha in seinem sehr erfolgreichen, vielfach aufgelegten Lehrbuch (zuletzt 1968) das Prinzip der Köppenschen Schwellen- und Andauerwerte, definiert diese z. T. aber anders.

So hält Trewartha in Anlehnung an Russell (1932) die 0°-Isotherme des kältesten Monats, die bei Köppen nicht verwendet wird, für wichtig, und zwar sowohl für die Abgrenzung zwischen den C- und D-Klimaten (wo Köppen anfangs die −2°, später die −3°-Isotherme benützte) wie auch für die Unterscheidung der Untertypen h und k beim Trockenklima B (die bei Köppen durch die 18°-Jahresisotherme gegeben ist). Weiterhin hält Trewartha die Untergliederung des C-Klimas zuerst nach der Feuchtigkeit (s, w, f) und erst dann nach der Sommertemperatur für unzweckmäßig, weil dadurch sehr heterogene Klimate zusammengefaßt würden. Lediglich dem sommertrockenen Cs-Klima (Etesienklima) billigt er selbständigen Charakter zu. Er gelangt daher zu dem Kompromiß, zwar die Csa- und Csb-Klimate übereinstimmend mit Köppen, den großen Rest von C jedoch als Ca-, Cb-, Cc-, Cd-Klima, also in erster Linie nach der erreichten Sommerwärme zu klassifizieren und lediglich fakultativ, d. h. bei ausgeprägten Untertypen, als drittes Unterscheidungsmerkmal w oder f hinzuzufügen. Die Köppenschen D-

Klimate werden bei Trewartha schließlich überhaupt nur nach der erreichten Sommerwärme (a–c) und Winterkälte (d) untergegliedert, da seiner Meinung nach die kältebedingte Winterruhe der Vegetation ohnehin nur sommerliche Niederschläge als für das Pflanzenwachstum wesentlich erscheinen läßt, so daß es biologisch unwesentlich ist, ob die Niederschläge ganzjährig, aber z. T. als Schnee, oder mit ausgeprägter Wintertrockenheit fallen. Auch in dem f-Untertyp Köppens verbirgt sich ohnehin meist ein ausgeprägtes Sommermaximum der Niederschläge. Dieser Gesichtspunkt zeigt aber, wie stark Trewartha die Wirkung des Klimas auf die Pflanzenwelt in den Vordergrund stellt, noch weit mehr also als Köppen, dessen Dw-Klima immerhin erst das weite Südwärtsausgreifen der Ewigen Gefrornis in Sibirien erklärt, ohne daß sich die Vegetationsformation von Df nach Dw nennenswert ändert. Schließlich vermeidet es Trewartha, tropische Hochgebirge mit der gleichen Formel zu bezeichnen wie die den verwendeten Monatsdurchschnitts- oder Schwellenwerten nach ähnlichen polnäheren Klimate, wie das noch bei Köppen und Geiger geschehen ist. Freilich äußert er sich nicht über die in der Tat vor allem hinsichtlich des unterschiedlichen Tagesgangs vorhandenen Unterschiede zwischen polaren und Hochlandklimaten, auf die besonders C. Troll mehrfach hingewiesen hat.

Neben Trewartha (seit 1937) und vor ihm Russell (seit 1926) tritt auch Bailey (1962) für die Wahl der 0°-Isotherme des kältesten Monats als Scheide zwischen C- und D-Klimaten ein. Er betonte auch die Notwendigkeit, auf den Köppenschen Klimakarten Grenzlinien zwischen Af-, Am- und Aw-Klimaten einzuzeichnen. Bei näherer Untersuchung würde sich nämlich herausstellen, daß das Af-Klima zu Gunsten des monsunalen Übergangsklimas Am überall in den Tropen, nicht nur im eigentlichen südasiatischen Monsungebiet, an Fläche beträchtlich einbüßen würde. Am sei in Wirklichkeit weiter verbreitet als Af. Weitere Inkongruenzen seien im pazifischen Nordwesten der USA vorhanden, wo das Gebiet des „mittelmeerischen" Csb-Klimas alles andere als mediterran sei. Der Sommer habe zwar zweifellos die geringsten Niederschläge, doch sei die Jahresmenge wesentlich höher und die Sommertemperatur bedeutend kühler als im Mittelmeergebiet. Der betreffende Bereich des red wood könne nicht als mediterran bezeichnet werden. Er schlägt eine eigene zusätzliche Typenbezeichnung vor durch Einführung des Buchstabens K" (= Jahrestemperatur unter + 14°) bzw. m′ (= mehr als 100 cm Jahresniederschlag). Eine so bezeichnete Klimaregion würde am besten mit der Verbreitung der red wood-Bestände übereinstimmen. Ähnliche Schwierigkeiten ergeben sich im übrigen für die C-Klimagebiete an der Westseite Südamerikas (Weischet, 1970).

Für eine Adaptation an die Bedingungen im Bereich von Mexiko mit seinen großen Höhenunterschieden hat Garcia (1964) eine Modifikation des Klassifikationssystems von Köppen erarbeitet.

3. *Die Klimagliederung von Nikolaus Creutzburg* (vgl. die in der Anlage beigegebene farbige Karte)

Creutzburg hat 1950 den Vorschlag gemacht, innerhalb der vier thermisch bedingten Hauptgürtel den für den Jahresrhythmus entscheidenden *Gang der Humidität bzw. Aridität zur Grundlage einer Klimagliederung* der Erde zu machen. Zur Festlegung, wieviel Monate im Jahr humid bzw. arid sind, zog er die von Wang entwickelte Trockengrenzformel heran, die im Kap. V.b) näher erläutert und in Kap. VI.a) noch einmal angesprochen ist. Durch die konsequente Auswertung des Jahresganges der

Humidität und Aridität wird sie einem für die natürliche Vegetation und für manche kulturgeographischen Bereiche wichtigen Gesichtspunkt gerecht, der in den bisherigen Einteilungen nicht oder nicht mit annähernd gleicher Konsequenz berücksichtigt wurde. Creutzburg will seine Gliederung als genetisch aufgefaßt wissen. Das ist sie zweifellos im Vergleich zu einer vorwiegend auf die Pflanzenwelt als Indikator eingestellten und auf Mittel- und Grenzwerten einzelner Elemente basierenden effektiven Klimagliederung. Jedoch sind Aridität und Humidität komplexe Klimaeigenschaften, die ihrerseits wieder Wirkungen der Bilanzierung des Strahlungshaushaltes und der aus der allgemeinen Zirkulation resultierenden Niederschlagsbedingungen sind. Sie ist also nicht im engeren Sinne genetisch aufzufassen wie diejenigen Klimagliederungen, die eben die wirkenden Abläufe selbst zu Grunde legen. Man kann Creutzburgs Gliederung ihrem Wesen nach als genetisch vermittelnd bezeichnen.

Die diesem Buch beigegebene farbige Klimakarte gibt die Klimagliederung in einer von Habbe neu bearbeiteten Form wieder, in der gegenüber der ersten Ausgabe eine schärfere Differenzierung nach der *Kontinentalität* und *Maritimität* hin erfolgt ist. Dadurch konnten allzu große Kontraste, die in einzelnen Typarealen nach der anfänglichen Darstellung noch enthalten waren (z. B. Island und Kolchis im gleichen Typareal!), beseitigt werden. Da die Karte die Abstufungen im einzelnen enthält, bedarf es hier keiner Wiederholung der einzelnen Typen. Es genügt, wenn die Hauptgesichtspunkte angeführt werden. Leider sind die Meere unberücksichtigt geblieben.

Creutzburg unterscheidet vier Hauptgürtel: Tropisch, Subtropisch, Gemäßigt und Kalt. Diese sind thermische Gürtel, indem bei den Tropen als Grenze die Gleichgewichtslinie zwischen Jahres- und Tagesschwankung nach C. Troll gewählt wurde, bei den Subtropen die 1-Tag-Isochione (= Linie gleicher Schneedeckendauer) oder die 6°-Isotherme des kühlsten Monats bzw. die 13°-Isotherme des Jahres bei maritimer Situation, bei dem Gemäßigten Gürtel die 150-Tage-Isochione (ebenfalls für maritime und kontinentale Varianten ersatzweise durch die 11°- bzw. 18°-Isotherme des wärmsten Monats abgegrenzt), beim kalten Gürtel durch die 240-Tage-Isochione (oder in der maritimen Variante durch die 7°-Isotherme des wärmsten Monats) beim subpolaren und durch die 360-Tage-Isochione beim polaren Typ dieses Gürtels. Die Untereinteilung erfolgt sodann jeweils nach der Zahl der humiden bzw. ariden Monate (Isohygromenen nach dem Index von Wang/v. Wissmann) in feucht, halbfeucht, halbtrocken und trocken, wobei die jahreszeitliche Lage der Humiditäts- und Ariditätsmaxima zu weiterer Differenzierung herangezogen wird. Auf solche Weise sind z. B. äußerst klar die verschiedenen *Steppen mit unterschiedlicher Genese der Aridität* auseinandergehalten. Dadurch daß ferner eine Schraffur für Hochland- bzw. Hochgebirgssituation der Grundfarbe des betreffenden Gürtels oder Typs überlegt wird, werden die *Gebirgsklimate* von vornherein als dem Hauptgürtel, in dem sie sich geographisch befinden, zugehörig klassifiziert. Die in zahlreichen früheren Klassifikationen vorgenommene Gleichsetzung von Polarklima mit dem Hochgebirgsklima äquatornäherer Breiten ist damit grundsätzlich vermieden, eine Gleichsetzung, die sogar noch auf der neuen Klimawandkarte von Hofmeister verwendet wurde, was aber nicht tragbar ist. Durch die Kombination von Wärme (die im Begriff der Isochione implizite enthalten ist) mit Humidität bzw. Aridität, also komplexen Begriffen, bei denen Wärme, Niederschlag und Luftfeuchtigkeit eingehen, entspricht die Creutzburgsche Klassifikation in hohem Maße der gegebenen Wirklichkeit.

4. Das dezimale Klimasystem von Wladislaw Gorczynski

Der polnische Klimatologe W. Gorczynski hat 1945 eine Klassifikation veröffentlicht, die sich stark *schematisch abgegrenzter Schwellenwerte* bedient und in dieser Hinsicht eine Weiterentwicklung der von A. Philippson (1920 und 1933) und dem Amerikaner Th. A. Blair (1942) gegebenen Systeme bedeutet. Die Bezeichnung *Dezimalklassifikation* bezieht sich lediglich auf die Tatsache der Aufstellung von 10 Typen, die er in die 5 Hauptgruppen: I Tropisch, II Trocken, III Gemäßigt, IV Extrem, V Schnee gliedert. Das System Gorczynskis weicht von dem nach den Haupttypen ähnlichen Köppens in mehreren Punkten ab: Die Gruppe I umfaßt Klimatypen, bei denen der kälteste Monat nicht unter +21° sinkt (bei Köppen +18°). In der Gruppe III liegt die Temperatur des kältesten Monats zwischen +21 und −5°. Die „extreme" Gruppe IV ist ebenfalls thermisch gemeint: bei einem wärmsten Monat von > 10° liegt der kälteste unter −5 bzw. −15°. Bei der Gruppe V (Schnee) wird wie bei Köppen unterschieden, ob alle Monate unter 0° bleiben oder der wärmste Monat unter +10°. Zu solchen thermischen Schwellenwerten, wie sie in freilich abweichender Höhe auch Blair und andere benutzten, tritt als neuer, jedoch bereits 1931 von Livathinos zugrunde gelegter Gesichtspunkt die stärkere Berücksichtigung der *Bewölkung* bei den gemäßigten und den Extremklimaten. Schließlich wird noch das *Maß der Aridität* zur Unterscheidung benutzt, die Gorczynski in %-Werten angibt. Dieser Trockenheitsfaktor ist zusammengesetzt aus einem *Breitenfaktor* (wegen der von der Breite abhängigen unterschiedlichen Einstrahlungs- und damit Verdunstungsmöglichkeit), einem *Temperaturamplitudenfaktor* und dem *Niederschlagsfaktor.* Die derart ermittelten Ariditätswerte liegen bei den gemäßigten Klimatypen der Gruppe III unter 20%, bei den Steppenklimaten der Gruppe II zwischen 20 und 40% und bei den Wüstenklimaten der gleichen Gruppe über 40%, schließlich bei den trockenen Schneeklimaten der Gruppe V über 20%. Das System Gorczynskis nimmt wenig Rücksicht auf den Niederschlagsgang, so daß sowohl die unterschiedliche Andauer und zeitliche Verteilung von Trocken- und Regenzeiten in den Tropen wie im Monsunklima im Gegensatz zu der in diesem Punkte sehr differenzierten Gliederung von A. Philippson (21 Typen) und Blair (18 Typen einschl. der Untertypen) nicht hervortreten. Auch die Nutzanwendung auf Europa ergibt induktiv beträchtliche Unzulänglichkeiten, indem der größte Teil Anatoliens zu ein und demselben Klimatyp, nämlich VII, 7 gehört, zu dem auch Südostisland, ganz Westeuropa, die Meseta Iberiens, Dänemark, der größte Teil Italiens und Jugoslawiens gehören.

5. Die Klimagliederung von Emmanuel de Martonne

Die von E. de Martonne in seinem mehrfach neu aufgelegten Standardwerk „Traité de géographie physique" (zuerst 1909) wiedergegebene Klimaeinteilung, die nächst der von Köppen eine weite Verbreitung gefunden hat, unterscheidet sich von den andern genannten vor allem durch die konsequent nach den *Kernländern ihres Auftretens* benannten 30 Klimatypen, welche in folgende 9 Typengruppen zusammengefaßt werden:

1. heiße Klimate ohne Trockenperiode (Äquatorialklima),
2. heiße Klimate mit Trockenperiode (tropische Klimate),

3. Monsunklimate,
4. warm temperierte Klimate ohne Frostperiode (subtropische Klimate),
5. temperierte Klimate mit kalter Jahreszeit,
6. heiße Wüstenklimate,
7. kalte Wüstenklimate,
8. kalte Klimate mit gemäßigtem Sommer,
9. kalte Klimate ohne warme Jahreszeit.

Die für den größten Teil Europas in Betracht kommende fünfte Gruppe enthält, um nur dieses Beispiel zu erwähnen, 6 Typen, und zwar die beiden ozeanischen des Bretagne- und Parisklimas und die vier kontinentalen des Polenklimas, Ungarnklimas, Mandschureiklimas und Ukraineklimas. Die Benennungen beziehen sich auf die jeweiligen Kerngebiete, in denen der betreffende Typ am reinsten ausgeprägt vorkommt. Das ist insofern mißlich – kehrt aber angedeutet auch bei Köppen wieder, wenn er z.B. vom Gangestyp spricht –, weil wir in der Geographie geneigt sind, ein Land unter seinem Namen als Individuum, nicht als Typ zu betrachten. Martonnes geographisch benannte Klimatypen sind also nicht identisch mit den ebenfalls geographisch benannten, aber individuellen Klimaprovinzen Supans (1884). Deutschland liegt danach in einem Übergangsgebiet zwischen Paris- und Polenklima. Da andererseits diese beiden Typen innerhalb eines im wesentlichen gleichsinnigen Gefälles maritim-kontinental liegen, erscheint die Erhebung gerade dieser beiden Örtlichkeiten zu Klimatypen willkürlich. Für die Definition der 9 Typengruppen verwendet de Martonne *Schwellen- und Andauerwerte* ähnlich der Einteilung Köppens, wobei auch die mittlere *Jahrestemperatur,* die sonst mit Recht selten als Klimaindikator erscheint, verwendet wird. In der Heranziehung der dominierenden Klimafaktoren zur Ausscheidung eines Typs bzw. Untertyps geht de Martonne bewußt nicht einheitlich vor, ganz abgesehen davon, daß manche der herangezogenen Dominanzfaktoren inzwischen als genetisch uneinheitlich erscheinen, wie z.B. beim Monsunbegriff.

6. Die Klimagliederung auf physiographischer Grundlage von Albrecht Penck

Unter den effektiven Klimagliederungsversuchen müssen auch diejenigen genannt werden, die nur von einem oder wenigen Faktoren ausgehen, also nicht beabsichtigen, das Klima in seiner komplexen Gesamtheit zu gliedern. Unter ihnen spielt das von Albrecht Penck 1910 entwickelte System, das das *Verhältnis von Niederschlag – Verdunstung – Abfluß und Grundwasser* zur Grundlage hat, eine besondere Rolle, weil es vor allem in der Geomorphologie eine große Bedeutung erlangt hat, wenn auch der Titel zunächst etwas nichtssagend erscheint. Aber auch systematisch ist dieser Versuch deswegen bemerkenswert, weil dabei zum ersten Male die Verdunstung als entscheidendes Klimaelement einbezogen wurde. Penck stützte sich z.T. auf vorangegangene Untersuchungen von Woeikow (1884). Er unterscheidet drei Typengruppen:

I das humide Klima
II das aride Klima
III das nivale Klima.

Innerhalb der ersten Gruppe, in der also mehr Niederschlag fällt als verdunsten kann, tritt der *polare* und der *phreatische* Klimatyp auf.

Der *polare* Typ zeigt nach langem Winter, dem zufolge an Stelle von Grundwasser ewige Gefrornis auftritt, oberflächlichen plötzlichen Abfluß von Schmelz- und Regenwasser im kurzen Sommer. Der gefrorene Untergrund und die spärliche bzw. fehlende Vegetationsdecke bewirken zur Zeit der plötzlichen Sommerschmelzwässer eine kräftige Seitenerosion. Der in Schneeform magazinierte Niederschlag fließt in den wenigen Sommerwochen restlos ab, ein Einsickern ist wegen des Frostbodens unmöglich, und die Verdunstung spielt nur in den kurzen Sommerwochen eine nennenswerte Rolle.

Der *phreatische,* d.h. Grundwasser speichernde Typ der humiden Gruppe ist weit verbreitet und stärker differenziert: *vollhumid* bei gleichmäßig verteilten Regen, *semihumid* bei Wechsel zwischen Regen- und Trockenzeiten, *subnival* bei Wechsel zwischen festen und flüssigen Niederschlägen. Er nimmt den größten Teil der gemäßigten und den inneren Teil der mathematischen Tropenzone ein. Aus dieser Zusammenfassung ergibt sich im Hinblick auf die modernen klimamorphologischen Forschungen eine Diskrepanz, die sich vor allem aus der unterschiedlichen Verwitterungsform ergibt. Bei der ariden Klimagruppe übersteigt der Verdunstungsanspruch den Niederschlag; perennierende Flüsse können daher in diesem Klima nicht entstehen, wohl aber können sie als sogenannte Fremdlingsflüsse aus humidem Bereich kommen und eine aride Zone queren (Nil, mittlerer Niger, Indus, Colorado). Wo noch spärlicher oder zeitlich begrenzter Niederschlag *(semiarid)* fällt, kann es zu periodisch oder nur episodisch fließenden Gewässern kommen (Torrente, Wadi) und auch eine Ergänzung des Grundwassers eintreten, aber diese Gewässer trocknen bald wieder aus. Auch das in den Boden eingedrungene Wasser wird durch Verdunstung rasch kapillar an die Oberfläche gebracht und hinterläßt daher hier Salzkrusten. Im *vollariden* Klima fehlt auch letzteres. Bei der nivalen Gruppe schließlich besteht bei geringer Verdunstung und Schmelzwirkung ein Jahresüberschuß an Schnee, der zur Gletscherbildung führt. Hierbei unterscheidet man den *seminivalen* Typ – mit gelegentlichen Regenfällen und daher auch Schmelzwässern, wie z.B. im europäischen Hochgebirge – von dem *vollnivalen* Typ, bei dem nur Schnee fällt (Innergrönland, Antarktis).

Verwandt mit dem Penckschen System ist die Gliederung, welche E. de Martonne 1926 gelegentlich der Aufstellung seines Ariditätsindex gegeben hat. Sie ist freilich nicht so umfassend, da sie sich nur auf eben diesen einen Faktor gründet, und wurde bereits an anderer Stelle erwähnt.

7. Die Jahreszeitenklimate von C. Troll und K. H. Paffen sowie von D. L. Linton

Die Gliederung von C. Troll und K. H. Paffen (vergl. die in der Anlage beigegebene farbige Karte). Als Pflanzengeograph ist Carl Troll bei einem 1947 bzw. 1948 veröffentlichten Versuch der Klimagliederung des schematischen Kontinents in 26 Typen von dem ökologisch bedingten *Habitus der Vegetation* ausgegangen. Hierbei wurde besonderes Gewicht auf die meridionale Asymmetrie zwischen Nord- und Südkontinenten gelegt. So wie gewisse Vegetationsformationen der Nordhalbkugel auf der

Südhemisphäre fehlen (z.B. boreale Nadelwälder, Tundra), so verzeichnet der Süden Vegetationstypen, die im Norden fehlen (Garúawüsten, patagonisch-neuseeländische Leesteppen, subantarktische Inselvegetation). Diesen Vegetationstypen sind entsprechende Klimate zuzuordnen, wenn auch das Prinzip der regionalen Koinzidenz nicht überfordert werden darf. Es kann aber kein Zweifel bestehen, daß die tatsächlichen klimatischen Unterschiede zwischen Nord- und Südhalbkugel in den bisherigen Klimagliederungen zu wenig berücksichtigt wurden.

Nach der ökologischen Grundeinteilung auf dem Idealkontinent gab Troll 1955 bzw. 1956 zunächst nur für die alte Welt, 1963 zusammen mit Paffen eine für die ganze Erde ausgearbeitete detaillierte Klimadarstellung heraus, in der vor allem der *jahreszeitliche Wechsel der ökologisch entscheidenden Elemente* Beleuchtung und Strahlung, Temperatur, Niederschlag bzw. Humidität oder Aridität zu einem wesentlichen Gliederungsgesichtspunkt gemacht worden ist. Jahreszeiten sind zwar auch schon in anderen Klassifikationen mehr oder weniger stark berücksichtigt worden, am konsequentesten jedoch ist das der Fall bei der vorliegenden Gliederung. Obwohl im Prinzip der Köppenschen oder von Wissmannschen Gliederung verwandt, unterscheidet sie sich doch von jenen in mannigfacher Hinsicht, und zwar nicht nur in den Andauer- und Schwellenwerten der Klimazonen und -typen, sondern auch in der grundsätzlich detaillierteren Gliederung. Diese stellt einen Höhepunkt der Klassifikationsleistung dar nahe der Grenze, jenseits der eine weitere Unterteilung zu Unübersichtlichkeit und erschwerter Vergleichbarkeit führen müßte. Die Gliederung, deren Typen allerdings nicht in allen Fällen quantitativ definiert sind, sei nachfolgend wiedergegeben, da die Kartenlegende nur die Typenbezeichnungen enthält:

I. Polare und subpolare Zonen
1. Hochpolare Eisklimate: polare Eiswüsten.
2. Polare Klimate mit geringer Sommerwärme (wärmster Monat unter +6°C): polare Frostschuttzone.
3. Subarktische Tundrenklimate mit kühlen Sommern (wärmster Monat 6–10°C) und großer Winterkälte (kältester Monat unter −8°C): Tundren.
4. Subpolare Klimate von hoher Ozeanität mit mäßig kalten, schneearmen Wintern (kältester Monat +2° bis −8°C) und kühlen Sommern (wärmster Monat 5–12°C; Jahresschwankung < 13°, meist < 10°C): subpolares Tussock-Grasland und Moore.

II. Kaltgemäßigte boreale Zone
1. Ozeanische Borealklimate (Jahresschwankung 13–19°C) mit mäßig kalten, aber relativ schneereichen Wintern (kältester Monat +2° bis −3°C; winterliches Niederschlagsmaximum), mäßigwarmen Sommern (wärmster Monat 10–15°C) und einer Vegetationsdaüer von 120–180 Tagen: ozeanisch-feuchte Nadelwälder.
2. Kontinentale Borealklimate (Jahresschwankung 20–40°C) mit langen, sehr kalten und schneereichen Wintern, aber kurzen, relativ warmen Sommern (wärmster Monat 10–20°C) und 100–150 Tagen Vegetationsdauer: kontinentale Nadelwälder.
3. Hochkontinentale Borealklimate (Jahresschwankung > 40°C) mit ewiger Bodengefrornis, sehr langen, extrem kalten und trockenen Wintern (kältester Monat unter −25°C), kurzer, aber ausreichender sommerlicher Erwärmung (wärmster Monat 10–20°C) und tiefem Auftauboden: hochkontinentale, trockene Nadelwälder.

III. Kühlgemäßigte Zonen
Waldklimate:
1. Hochozeanische Klimate (Jahresschwankung < 10°C) mit sehr milden Wintern (kältester

Monat 2–10°C), hohem winterlichem Niederschlagsmaximum und kühlen bis mäßig warmen Sommern (wärmster Monat unter 15°C): immergrüne Laub- und Mischwälder.

2. Ozeanische Klimate (Jahresschwankung < 16°C) mit milden Wintern (kältester Monat über 2°C), Herbst- und Wintermaximum der Niederschläge und mäßig warmen Sommern (wärmster Monat unter 20°C): ozeanische Fallaub- und Mischwälder.
3. Subozeanische Klimate (Jahresschwankung 16–25°C) mit milden bis mäßig kalten Wintern (kältester Monat +2° bis –3°C), Herbst- bis Sommerniederschlagsmaximum, mäßig warmen bis warmen und langen Sommern und einer Vegetationsdauer von über 200 Tagen: subozeanische Fallaub- und Mischwälder.
4. Subkontinentale Klimate (Jahresschwankung 20–30°C) mit kalten Wintern (kältester Monat – 3° bis 13°C) und ausgeprägter Winterruhe, mit mäßig warmen Sommern (wärmster Monat meist unter 20°C), sommerlichem Niederschlagsmaximum und einer Vegetationsdauer von 160–210 Tagen: subkontinentale Fallaub- und Mischwälder.
5. Kontinentale, winterkalte und schwach wintertrockene Klimate (Jahresschwankung 30 bis 40°C, kältester Monat – 10° bis –20°C) mit mäßig warmen und mäßig feuchten Sommern (wärmster Monat 15–20°C) und einer Vegetationsdauer von 150–180 Tagen: kontinentale Fallaub- und Mischwälder sowie Waldsteppen.
6. Hochkontinentale, winterkalte und wintertrockene Klimate (Jahresschwankung meist > 40°C, kältester Monat –10° bis –30°C) mit kurzen, warmen und feuchten Sommern (wärmster Monat über 20°C): hochkontinentale Fallaub- und Mischwälder sowie Waldsteppen.
7. Sommerwarme und sommerfeuchte Klimate (Jahresschwankung 25–35°C) mit mäßig kalten, aber trockenen Wintern (kältester Monat 0° bis –8°C; wärmster Monat 20–26°C): wintertrockene und winterharte, wärmeliebende Fallaub- und Mischwälder sowie Waldsteppen.

7a. Sommerwarme und sommertrockene Klimate mit mildem bis mäßig kaltem, aber schwach feuchtem Winterhalbjahr (kältester Monat +2° bis –6°C; wärmster Monat 20–26°C): mild temperierte bis winterharte, wärmeliebende Trockenwälder und Waldsteppen.

8. Sommerwarme, ständig feuchte Klimate (Jahresschwankung 20–30°C) mit milden bis mäßig kalten Wintern (kältester Monat +2° bis –6°C; wärmster Monat 20–26°C): feuchte, wärmeliebende Fallaub- und Mischwälder.

Steppen- und Wüstenklimate:

9. Winterkalte Feuchtsteppenklimate mit 6 und mehr humiden Monaten und Wachstumszeit im Frühjahr und Frühsommer (kältester Monat unter 0°C): kraut- und staudenreiche Hochgrassteppen.

9a. Wintermilde Feuchtsteppenklimate (kältester Monat über 0°C).

10. Winterkalte, sommerdürre Trockensteppenklimate mit weniger als 6 humiden Monaten (kältester Monat unter 0°C): Kurzgras-, Zwergstrauch- und Dornsteppen.

10a. Wintermilde, sommerdürre Trockensteppenklimate (kältester Monat +6° bis 0°C): Gras-, Zwergstrauch- und Dornsteppen.

11. Winterkalte und wintertrockene, sommerfeuchte Steppenklimate (kältester Monat unter 0°C): zentral- und ostasiatische Gras- und Zwergstrauchsteppen.
12. Winterkalte Halbwüsten- und Wüstenklimate (kältester Monat unter 0°C): winterkalte Halb- und Vollwüsten.

12a. Wintermilde Halbwüsten- und Wüstenklimate (kältester Monat +6° bis 0°C): wintermilde Halb- und Vollwüsten.

IV. Warmgemäßigte Zonen (Subtropen i. w. S.)

(Alle Ebenen- und Hügellandklimate wintermilde, d.h. kältester Monat 13–2°C, auf der Südhalbkugel 6°–13°C).

1. Winterfeucht-sommertrockene Klimate vom mediterranen Typus (meist mehr als 5 humide Monate): subtropische Hartlaub- und Nadelgehölze.

2. Winterfeucht-sommerdürre Steppenklimate (meist weniger als 5 humide Monate): subtropische Gras- und Strauchsteppen.
3. Kurz sommerfeuchte und wintertrockene Steppenklimate (weniger als 5 humide Monate): subtropische Dorn- und Sukkulentensteppen.
4. Lang sommerfeuchte und wintertrockene Klimate (meist 6–9 humide Monate): subtropische Kurzgrassteppen und hartlaubige Monsunwälder und -waldsteppen.
5. Halbwüsten- und Wüstenklimate ohne strenge Winter, aber meist mit vorübergehenden oder Nachtfrösten (meist weniger als 2 humide Monate): subtropische Halbwüsten und Vollwüsten.
6. Ständig feuchte Graslandklimate der Südhemisphäre (10–12 humide Monate): subtropische Hochgrasfluren.
7. Ständig feuchte und sommerheiße Klimate mit sommerlichem Niederschlagsmaximum: subtropische Feuchtwälder (Lorbeer- und Nadelgehölze).

V. Tropenzone
1. Tropische Regenklimate ohne oder mit kurzer Unterbrechung der Regenzeit (12 bis $9^1/_2$ humide Monate): immergrüne tropische Regenwälder und halblaubwerfende Übergangswälder.
2. Tropisch-sommerhumide Feuchtklimate mit $9^1/_2$ bis 7 humiden bzw. $2^1/_2$ bis 5 ariden Monaten: regengrüne Feuchtwälder und feuchte Grassavannen.
2a. Tropisch-winterhumide Feuchtklimate mit $9^1/_2$ bis 7 humiden bzw. $2^1/_2$ bis 5 ariden Monaten: halblaubwerfende Übergangswälder.
3. Wechselfeuchte Tropenklimate mit $7-4^1/_2$ humiden bzw. $5-7^1/_2$ ariden Monaten: regengrüne Trockenwälder und Trockensavannen.
4. Tropische Trockenklimate mit $4^1/_2-2$ humiden bzw. $7^1/_2-10$ ariden Monaten: tropische Dorn-Sukkulenten-Wälder und -Savannen.
4a. Tropische Trockenklimate mit humiden Monaten im Winter.
5. Tropische Halbwüsten- und Wüstenklimate mit weniger als 2 humiden bzw. mehr als 10 ariden Monaten: tropische Halb- und Vollwüsten.

IV/V. Jahreszeitlich luftfeuchte Küstenklimate:
IV/V a/b. Durch vorwiegend a) sommerliche bzw. b) winterliche Küstennebel jahreszeitlich luftfeuchte Küstenklimate im Bereich tropisch-subtropischer Wüsten- und wechselfeuchter Klimate: feuchter als dem Regionalklima entsprechend nebelgrüne bis immergrüne, epiphytenreiche Küsten- und Küstengebirgsvegetationstypen.

Die klimatischen Höhenstufen der Gebirge sind als Höhenvarianten der zugehörigen Klimazonen im Tiefland aufzufassen.

Zur Berücksichtigung des Jahresganges der Klimaelemente werden auch die für Maritimität bzw. Kontinentalität entscheidende Temperaturjahresschwankung und der Jahresgang der Humidität, letzterer besonders in der warmgemäßigten (IV) und der Tropenzone (V), herangezogen. Konsequent ist bei fast jedem Einzeltyp der Bezug auf die Vegetation angegeben, von der die Autoren ausgegangen sind. Die Asymmetrie zwischen Nord- und Südhalbkugel kommt u.a. darin zum Ausdruck, daß die boreale, kaltgemäßigte Zone (II) im Norden nur über den Kontinenten entwickelt ist, im Süden dagegen ganz fehlt, weil in diesen polnahen Breiten hier Festländer fehlen. Eine weitere Ungleichheit besteht darin, daß die warmgemäßigten Subtropenklimate (IV) nur im S durchgehend auftreten, während dieser Gürtel im N zwischen Vorderindien und Hochasien „abgequetscht“ ist. Humidität und Aridität sind in allen Zonen wesentlich stärker jahreszeitlich abgestuft wiedergegeben, fußend auf den Lauerschen Untersuchungen der Isohygromenen, als das bei Köppen mit seiner relativ einfachen Jahresformel der Fall ist. Im einzelnen muß bezüglich der Schwellenwerte der 5 Zonen und der einzelnen 39 Typen auf die Angaben in der vorstehenden Aufstellung verwiesen werden. Ihr Auftreten ist aus der Karte ersichtlich.

Die Gliederung von D. L. Linton. Eine andere vorwiegend auf die Jahreszeiten ausgerichtete Klimagliederung stammt von Linton. Sie wurde 1973 im Oxford-World-Atlas als *Weltkarte der Jahreszeitenklimate* veröffentlicht. Erster Einteilungsgesichtspunkt ist die thermische Ausprägung von Sommer und Winter, wobei folgende Typen mit den entsprechenden Schwellenwerten der Mitteltemperatur des wärmsten bzw. kältesten Monats unterschieden werden:

1. Ziffer:
0 = kein Sommer (wärmster Monat ≤ 6 °C)
1 = sehr kühler Sommer (6–10 °C)
3 = voller Sommer (>20 °C)

2. Ziffer:
0 = kein Winter (kältester Monat > 13 °C)
1 = milder Winter (2–12 °C)

Es treten folgende Kombinationen dieser zwei Ziffern auf: 02, 12, 11, 22, 21, 20, 32, 31, 30. Zusätzlich zu diesen 9 thermischen Hauptklimatypen kommen, ähnlich wie bei Köppen auf Ariditätsmerkmale überspringend, die beiden weiteren Haupttypen

X = arid (d. h. kein Monat > 50 mm Niederschlag)
Z = extrem arid (mindestens 10 Monate unter 2,5 mm Niederschlag)

Das ergibt insgesamt 11 Haupttypen, von denen 21, 22 und 32 – außerhalb der Tropen gelegen – durch eine dritte Ziffer nach der Temperaturjahresschwankung wie folgt differenziert werden:

1 = ozeanisch, Amplitude < 12°
2 = subkontinental, Ampl. 12–24°
3 = kontinental, Ampl. 24–36°
4 = sehr kontinental, Ampl. 36–48°
5 = extrem kontinental, Ampl. > 48°

Die innerhalb der Tropen und Subtropen gelegenen Typen 30 und 31 – bei ihnen ist die Jahresschwankung sehr gering – werden durch einen Kleinbuchstaben hinter dem Zifferpaar nach Regen- und Trockenzeit unterteilt:

a = alle Monate regenreich (d. h. jeder > 50 mm),
b = regenreiche Zeit vorherrschend (8–11 Monate mit je mehr als 50 mm),
c = Regen- und Trockenzeit etwa gleich lang (5–7 Monate mit je mehr als 50 mm),
d = Trockenzeit vorherrschend (1–4 Monate > 50 mm).

In die Gebiete mit vorherrschendem Winterregen sind nicht nur die mediterranen einbezogen, sondern auch z. B. SW-Irland, Teile von Pakistan oder der Pugetsund. Daß die Übergangsjahreszeiten sowohl bei der Temperatur wie beim Niederschlag, unberücksichtigt geblieben sind, bedeutet eine gewisse Unschärfe. Man denke nur an die asymmetrischen Temperaturjahresgänge des indischen Monsunklimas oder San Franziskos. Eine weitere Schwäche liegt wie bei Köppen und anderen in der mangelnden Unterscheidung zwischen polar- und höhenkalten Klimaten: Island und Tibet haben das gleiche Ziffernpaar (12) und die gleiche Farbe. Die Farbgebung richtet sich nämlich nach den Hauptzifferpaaren, so daß z. B. der Unterschied zwischen dauerfeuchtem Äquatorial- und wintertrocknem Monsunklima nicht in der Farbe, sondern nur durch den kleinen Drittbuchstaben erfolgt (30a bzw. 30c). Die genetischen Gesichtspunkte der allgemeinen Zirkulation bleiben demnach unberücksichtigt. Lintons Entwurf ist also effektiv, dabei genau definiert und relativ einfach zu handhaben.

8. Das botanisch-ökologische Klimasystem von L. Emberger

Im Zusammenhang mit den vorangehenden Klimaklassifikationen muß noch eine weitere genannt werden, die sich grundsätzlich nur solcher Klimaelemente und -faktoren bedient, die von unmittelbarem Einfluß auf die Pflanzenwelt sind, und zwar ausschließlich aus dem Bereich des Makroklimas. Dieses von L. Emberger im Jahre 1955 publizierte, aber schon auf Vorarbeiten aus den Jahren 1930 und 1942 zurückgehende System meidet grundsätzlich die genetischen Begründungen und Abgrenzungen. Zusammenhänge mit der allgemeinen Zirkulation der Atmosphäre bleiben demnach prinzipiell unberücksichtigt. Es gründet sich vielmehr auf die wie auch immer zustandegekommenen Befunde der Beleuchtung, der Wärme und der Feuchtigkeit unter besonderer Berücksichtigung des Tages- und Jahresganges. In diesem Bestreben und in der Betonung der Übereinstimmungen zwischen Tieflandklimaten und korrespondierenden Hochlandklimaten des gleichen Raumes berührt sich Emberger sehr nahe mit C. Troll. Sein System harrt allerdings bei einigen Typen noch der weiteren Unterteilung und kann deshalb in mancher Hinsicht erst als präliminär gelten.

In der Reihenfolge der zur Klassifizierung benutzten Klimaelemente steht an erster Stelle der Feuchtefaktor, indem zunächst einmal die beiden Hauptkategorien der *Wüstenklimate* (I) und der *Nichtwüstenklimate* (II) unterschieden werden. An zweiter Stelle werden gleichrangig der Tages- und Jahresgang der Temperatur und der Lichtperiodizität benutzt, also bei I: *äquatoriale Wüstenklimate* (A: warm, ohne thermische Jahreszeiten, Tag- und Nachtwechsel), *tropisch-subtropische Wkl.* (B: warm, wenig ausgeprägte thermische Jahreszeiten, Photoperiodizität größer als bei A) und *Wkl. mit thermischen Jahreszeiten* (C: ausgeprägte Schwankung der Photoperiodizität). Die letztgenannte Klimagruppe wird sodann thermisch unterteilt in solche mit 1) *relativ warmen,* 2) *mäßig kalten* und 3) *sehr kalten Wintern.*

Bei den *Nichtwüstenklimaten* (II) stehen die *innertropischen* (A) den *außertropischen* (B) gegenüber, jeweils ebenfalls unterteilt nach der täglichen bzw. jahreszeitlichen *Periodizität von Licht und Wärme.* Die nächsttiefere Kategorie gilt der *Ausbildung einer Trockenzeit* im Jahresgang, nach deren Andauer dann jeweils unterteilt wird in: *humid, subhumid, semiarid, arid, saharisch (sehr arid)* und eine *Hochgebirgsvariante.*

Die *außertropischen Klimate* unserer Breiten (B I) werden auf drei Gruppen verteilt: *ozeanische* Klimate (ohne Trockenzeit), *kontinentale* Kl. (winterliche Trockenzeit), *mediterrane* Klimate (sommerliche Trockenzeit), jeweils mit analogen Varianten der *Humiditätsabstufung* wie bei den vorgenannten innertropischen Nichtwüstenklimaten. Die *„Klimate mit Mitternachtssonne“* (B II) werden vorerst nur summarisch in die *subpolare* und die *polare* Form unterteilt.

Eine quantitative Definition der Aridität wird nicht versucht. Vielmehr werden alle bisherigen diesbezüglichen Versuche – einschließlich desjenigen von Thornthwaite 1948 – als unbefriedigend kritisiert, auch wenn der Weg zu einer zahlenmäßigen Ermittlung des Verhältnisses von aktueller Evapotranspiration zur Niederschlagsmenge vorgezeichnet erscheint.

9. Die Klimaklassifikation nach dem Strahlungs-Trockenheitsindex von M.J. Budyko und A.A. Grigoriev

In einer auf die Sowjetunion angewandten Klimaeinteilung, die auch in englischer Übertragung vorliegt, haben Budyko und Grigoriev (1959) in *Anpassung an die pflanzengeographischen Gürtel* drei Klimaparameter zu Grunde gelegt:

1. den *Strahlungs-Trockenheitsindex* [vgl. Kap. V, b)] zur Kennzeichnung der Feuchtigkeitsverhältnisse,
2. die *Wärmesummen* der warmen Jahreszeit als die Summe aller Tagesmittel über 10° und
3. die *Kälteschwellen* von −32°, −13° und 0° bei Schneedecken von unter bzw. über 50 cm.

Neu ist an dieser Klimaklassifikation vor allem, daß die Strahlungsverhältnisse berücksichtigt werden, wobei freilich mangels ausreichender direkter Messungen eine Kalkulation über die Temperaturen und deren getestetem Parallelgang mit der Strahlungs- und Verdunstungsbilanz herangezogen werden mußte [vgl. Kap. V.b)]. Die jeweils dreigliedrigen Klimaformeln enthalten folgende *für die Sowjetunion gültigen* Parameter:

a) Feuchtigkeit:

Strahlungs-/Trockenheitsindex	
I übermäßg feucht	<0,45
II feucht	0,45 – 1,00
III unzureichend feucht	1,00 – 3,00
IV trocken	>3,00

b) Sommerwärme:

Temperatursumme der Vegetationsperiode >10°	
1. sehr kalt ganzjährig	< 10°
2. kühl	<1000°
3. mäßig warm	1000 – 2200°
4. warm	2200 – 4400°
5. sehr warm	> 4400°

c) Winter:

	Januarmittel-temperatur	höchste Schneedecke einer Dekade
A streng und schneearm	<–32°	<50 cm
B streng und schneereich	<–32°	>50 cm
C mäßig streng und schneearm	–13 bis –32°	<50 cm
D mäßig streng und schneereich	–13 bis –32°	>50 cm
E mäßig mild	0 bis –32°	
F mild	>0°	

Zwar zeigt diese Einteilung insofern genetischen Charakter, als mit dem Strahlungsparameter auf die für die Entstehung des Klimas grundlegende Energiebilanz zurückgegriffen wird. Andererseits wird aber bei der Aufstellung der Grenzwerte der Stufen von deren Koinzidenz mit Vegetationsgrenzen ausgegangen (z.B. Larix dahurica bei Januarmitteln < –32°). Im übrigen ähnelt das Prinzip der formelmäßigen Erfassung eines Klimabereiches den übrigen auf diesem Wege gliedernden Verfahren (Köppen, v. Wissmann, Thornthwaite). Für eine Ausdehnung auf die ganze Erde müßte vor allem der dritte (Winter-)Parameter ausgebaut werden. Aber auch hinsichtlich der Klimawirklichkeit in der Sowjetunion selbst sind manche Diskrepanzen festgestellt worden, auf die Giese in seinem Referat über diese Klassifikation aufmerksam gemacht hat.

10. Klimaeinteilungen auf Grund der Luftmassentypologie (Systeme von Brunnschweiler und von Alissow)

Zu den genetischen Systemen könnte man noch die Versuche rechnen, welche von den *Luftmassen als Grundelementen der Gliederung* ausgehen. Wenn sie hier unter die effektiven gerechnet werden, so vor allem deshalb, weil die Luftmasse selbst das Endergebnis einer Reihe von Vorgängen und Eigenschaften von Klimaelementen ist, also bereits am Ende einer recht komplizierten Wirkungskette steht. Es sind also ähnliche Gedankengänge, wie sie uns bei der Beurteilung des Creutzburgschen Systems, welches den Jahresgang der Humidität als einer komplexen Klimaeigenschaft in den Mittelpunkt stellt, veranlaßt hatten, auch dieses zu den effektiven Gliederungen zu zählen.

Hier sei zunächst der Versuch des in den USA lehrenden Schweizer Klimatologen D.H. Brunnschweiler genannt, der sich freilich vorerst nur auf die *Nordhemisphäre* beschränkt, weil für die Südhemisphäre noch nicht genügend synoptisches Ausgangsmaterial vorliegt, das für eine solche Klassifikation unumgänglich ist. Er knüpft an die bereits von T. Bergeron (1930) gegebenen Richtlinien einer dynamisch-genetischen Klimatologie an. Er definiert das *Klima* einer Örtlichkeit als *das Resultat der Häufigkeit und Wirksamkeit verschiedener Luftmassen* mit ihren spezifischen Eigenschaften.

Die eigentliche genetische Ursache, nämlich die zugrunde liegende allgemeine Zirkulation, schimmert nur implizite daraus hervor. Diese Klassifikation bedeutet, wie der Luftmassenbegriff selbst, eine beträchtliche *Abstraktion* von der Wirklichkeit, ist doch darin nicht nur die Kombinationswirkung aller beteiligten Klimaelemente enthalten, sondern auch noch ein relativ großer Spielraum für die Einzelwerte. Sie ist demzufolge nur dann voll auswertbar, wenn zugleich das tatsächliche Verhalten der einzelnen Elemente jeweils überschaut werden kann. Wenn festgestellt wird, daß z. B. Nordafrika nahezu ganzjährig cT (= kontinental subtropische) Luftmassen besitzt, so ist die volle Tragweite dieser Feststellung für geographische Belange erst dann ausgeschöpft, wenn man das Verhalten von Mittel- und Extremtemperaturen sowie Feuchtewerten usw. im Jahresgang bei dieser Luftmasse kennt. Ganz besonders aber macht sich das dort bemerkbar, wo verschiedene Luftmassen mit wechselnder Häufigkeit und zugleich jahreszeitlich stark wandelbaren Elementareigenschaften, wie z. B. in Mitteleuropa, beteiligt sind. Gleichwohl bildet diese Betrachtungsweise eine notwendige Ergänzung zu den Vorstellungen, die sich auf

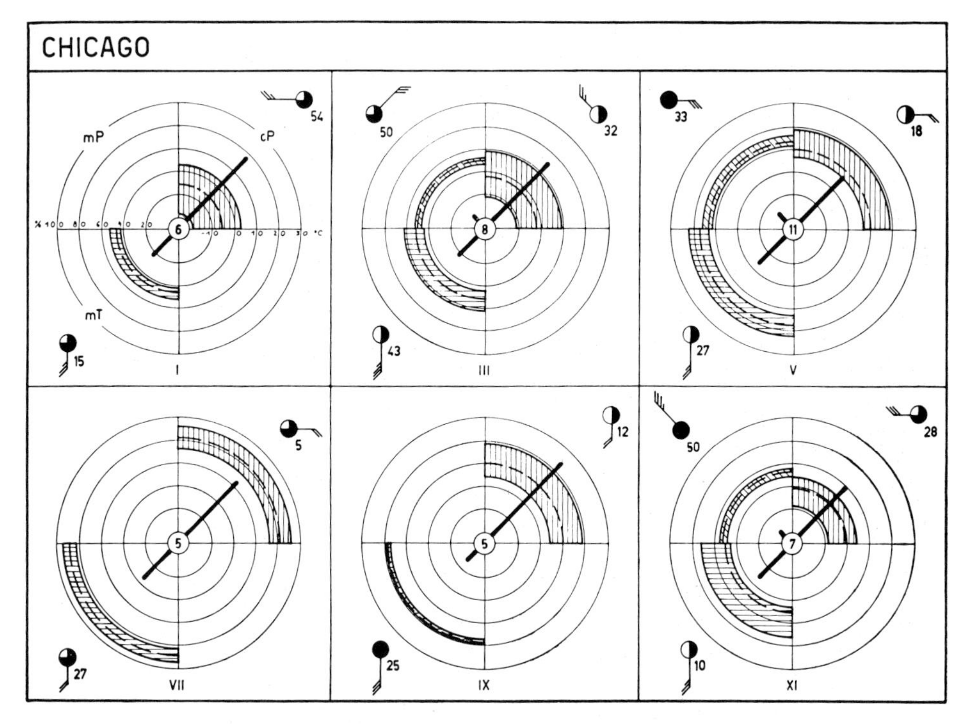

Abb. VI.c) 1. Luftmassen-Klimadiagramme (= *Somogramme*) der Monate Januar, März, Mai, Juli, September und November für Chicago. (Nach D. Brunnschweiler aus Geographica Helvetica, 1957)
Jeder Kreissektor ergibt für die darin bezeichnete Luftmasse:
a) den prozentualen Monatsanteil, dargestellt in stark gezeichneten Radien, Skala in % links von der Kreismitte,
b) Mittel- (strichliert) und Extremtemperaturen (Spanne schraffiert), Skala rechts von der Kreismitte,
c) Stationssymbol mit Bewölkung in Vierteln, sowie
d) häufigste Windrichtung und mittlere Windstärke (in Doppelbeaufort), lange Pfeile = hohe Konstanz ($\geqq 50\%$), kurze Pfeile = geringe Konstanz,
e) Niederschlagstage in % aller Monatstage als Ziffer beim Stationssymbol,
f) Zahl der monatlichen Frontpassagen = Ziffer im Kreismittelpunkt.

die Einzelelemente stützen und diese somit nach dem gesamten Wirkungsgefüge hin ergänzen, wie zu den genetischen Vorstellungen über die allgemeine Zirkulation.

Brunnschweiler ist dabei induktiv vorgegangen, indem er von 164 Stationen die anteilmäßige Häufigkeit der Luftmassen A (Arktikluft), P (Polarluft, nach Bergeron besser „subpolare Luft"), T (Tropikluft, nach Bergeron besser „subtropische Luft"), E (Äquatorialluft) – jeweils nach c (kontinental) oder m (maritim) differenziert – aus den Jahren 1933–1937 und 1949 ermittelte und nach dem Anteil von ≧ 80%, 50–80% und 20–50% abstufte. Bei 60 dieser Stationen wurden die mittleren Elementareigenschaften der einzelnen Luftmassen für jeden Monat errechnet, ein äußerst mühsames Verfahren, das in anschaulichen kreisförmigen Klimadiagrammen seinen graphischen Niederschlag gefunden hat. Die Kreise sind je nach Zahl der beteiligten Luftmassen (von 1 bis zu 4) in Quadranten unterteilt, die einen unmittelbaren Vergleich der Elementareigenschaften dieser Luftmassen in dem betreffenden Monat erlauben. Als Beispiel sei das Klimadiagramm von Chicago wiedergegeben (Abb. VI.c) 1). Die Verbreitung der auf diese Art berechneten Luftmassen für die Monate Januar und Juli zeigen die Abbildungen VI.c) 2 und VI.c) 3.

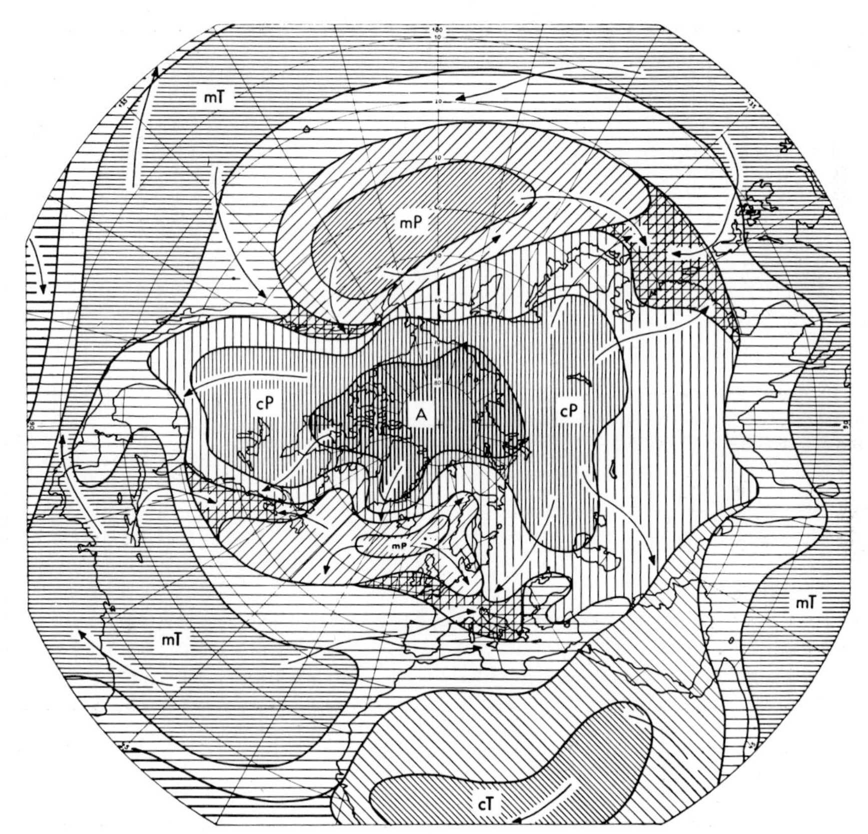

Abb. VI.c)2. Karte der mittleren Luftmassenverteilung auf der Nordhalbkugel im Januar (Mittel 1933–1937, 1949). (Nach D. Brunnschweiler aus Geographica Helvetica, 1957)
Zeichenerklärung: enge Schraffur = > 80%, weite Schraffur 50–80% Häufigkeit der betreffenden Luftmasse (= *monosomatische Räume*), Kreuzschraffuren = Alternieren verschiedener Luftmassen (= *polysomatische Räume*) annähernd gleicher Häufigkeit von 20–50%. Die Pfeile geben die bevorzugten Ausbreitungsrichtungen an. E = Äquatorialluft, mT = maritime Tropikluft, cT = kontinentale Tropikluft, mP = maritime Polarluft, cP = kontinentale Polarluft, A = Arktikluft

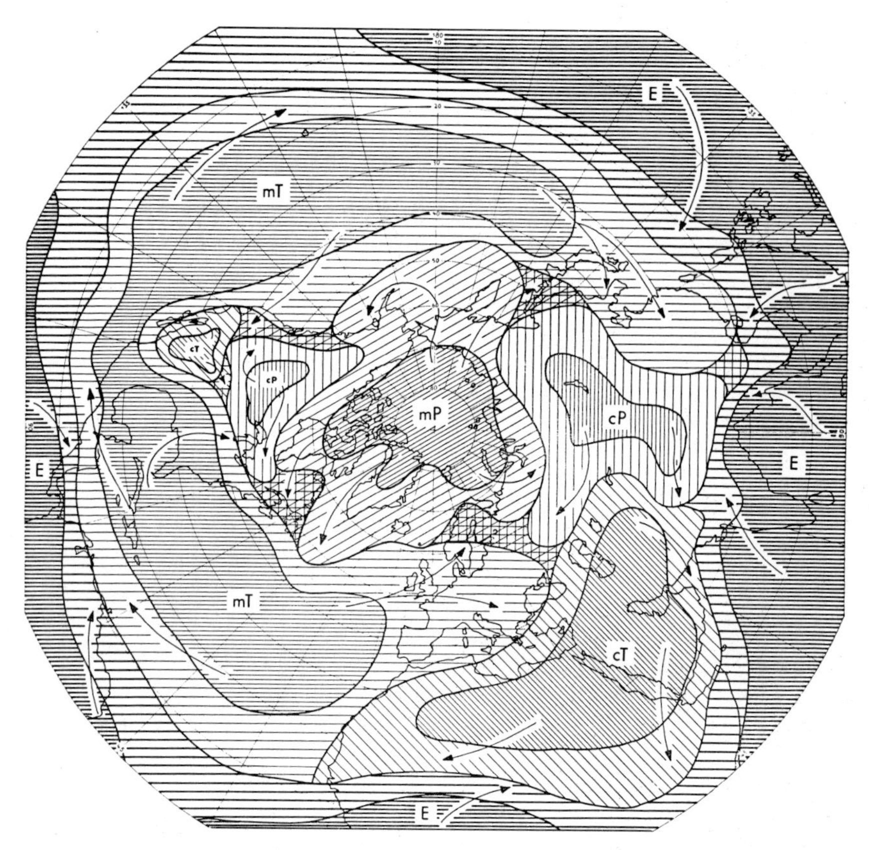

Abb. VI.c)3. Karte der mittleren Luftmassenverteilung auf der Nordhalbkugel im Juli (Mittel 1933–1937, 1949) (Nach D. Brunnschweiler aus Geographica Helvetica, 1957)
Zeichenerklärung siehe Abb. VI.c)2.

Aus der Gegenüberstellung beider Kärtchen geht u. a. folgendes hervor: Wetterunbeständige „*Dreimassenecks*"[1] finden sich an vier Stellen der Nordhalbkugel: a) Europa, b) Ostasien, c) Pazifikküste Nordamerikas, d) Atlantikküste Nordamerikas. Mit Ausnahme des vorletzten, das im Januar nördlicher als im Juli liegt, nehmen alle im Juli, dem Wandern der Zirkulationsgürtel dem Sonnenstande entsprechend, ihre nördlichste Lage ein. Das bedeutet z. B. für Mitteleuropa, daß hier der Sommer mit 50 bis 80% mT-Luft homogener ausfällt als der Winter, wo von Irland bis zum Balkan ein Stelldichein dreier unterschiedlicher Luftmassen (mP, mT, cP) stattfindet mit je zwischen 20 und 50% Anteil. Im Sommer ist Arktikluft überhaupt verschwunden und das sehr zusammengeschrumpfte mP-Areal ist im Nordpolarbecken an ihre Stelle getreten. Dafür reicht E-Luft besonders in S-Asien weit nordwärts, damit auch auf diese Weise den grundlegenden Unterschied zwischen indischen und ostasiatischem Sommermonsun dokumentierend. Unsicherheiten dürfen gleichwohl nicht übersehen werden. Sie ergeben sich daraus, daß die Grenzwerte für die Eigenschaften bestimmter Luftmassen bei deren täglicher Fixierung offensichtlich nicht völlig übereinstimmend festgelegt

[1] Der Ausdruck wurde zwar von Rodewald in die Meteorologie eingeführt zur Kennzeichnung einer bevorzugten zyklogenetischen Einzelsituation. Er kann aber mit Fug und Recht auch in der vorliegenden Klimafrage verwandt werden.

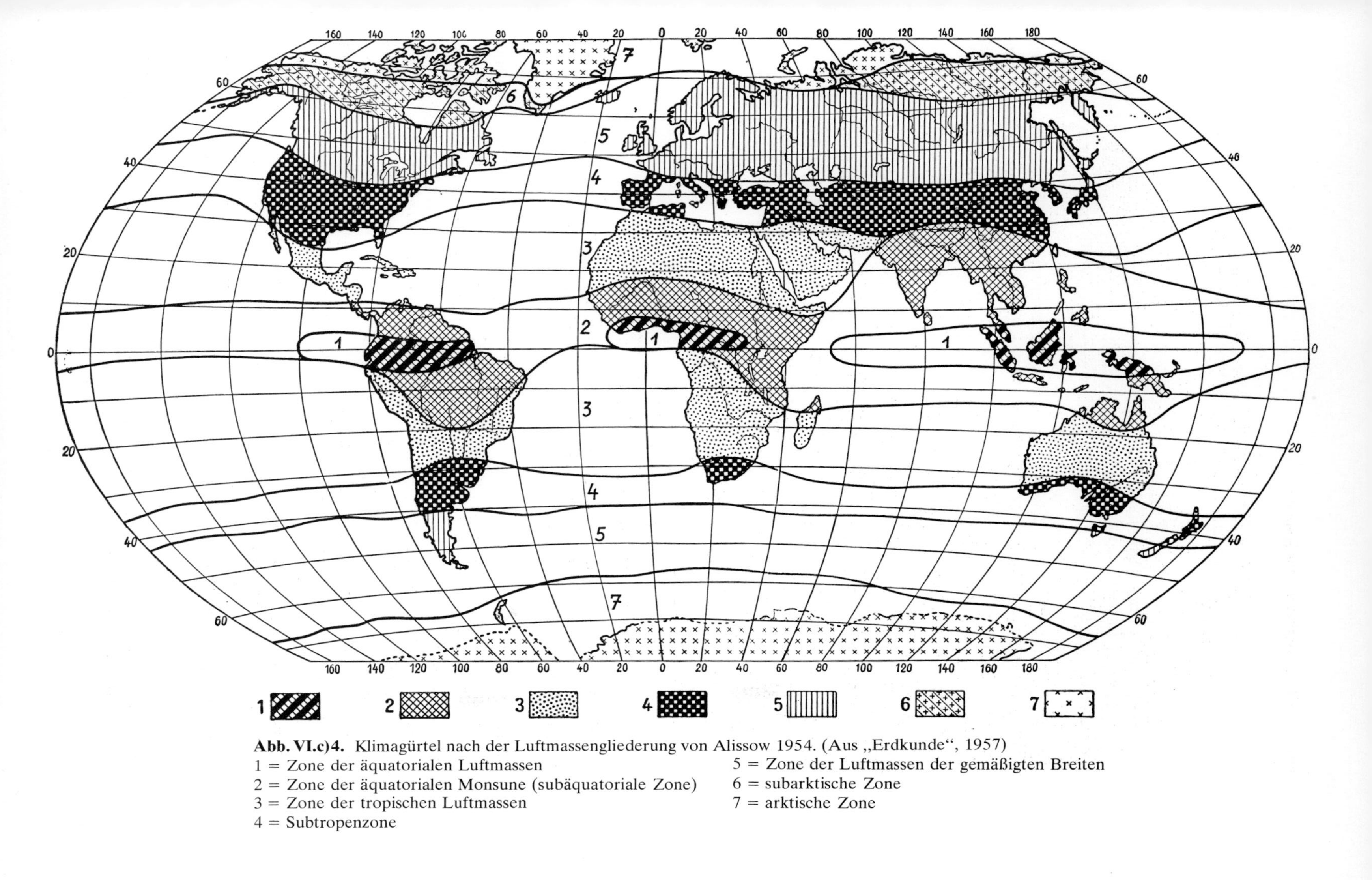

Abb. VI.c)4. Klimagürtel nach der Luftmassengliederung von Alissow 1954. (Aus „Erdkunde“, 1957)

1 = Zone der äquatorialen Luftmassen
2 = Zone der äquatorialen Monsune (subäquatoriale Zone)
3 = Zone der tropischen Luftmassen
4 = Subtropenzone
5 = Zone der Luftmassen der gemäßigten Breiten
6 = subarktische Zone
7 = arktische Zone

sind oder daß extreme Einzelfälle falsch klassifiziert werden. Man braucht nur darauf hinzuweisen, daß nach den Kärtchen die cP-Luft Innerasiens im Sommer südlicher reicht als im Winter!

Anhangsweise an die auf Luftmassen begründete Klimagliederung von Brunnschweiler sei noch des ähnlich motivierten Systems von B. P. Alissow (1950, deutsch 1954) gedacht (Abb. VI.c) 4). Ihm haftet jedoch eine Starre an, die sich von der Wirklichkeit, auch genetisch gesehen, stellenweise weit entfernt, etwa wenn seine „Subtropenzone" ununterbrochen rings um die Nordhemisphäre zieht und damit die USA, das Mittelmeergebiet, Vorder-, Hoch- und das mittlere Ostasien ein und derselben Luftmassenzone zuweist. Kein Geograph oder Klimagenetiker wird dem zustimmen können. Außerdem wird der Begriff „Monsun" mit ähnlicher Starrheit bedenkenlos auf alle Wechselwinde (mit dem rein beschreibenden bzw. planetarisch begründeten Windrichtungswechsel als einzigem Kriterium) angewandt, also auch auf dem freien Ozean. Aber das sind nomenklatorische Probleme. In der Sache selbst ähnelt die Einteilung von Alissow in gewisser Weise dem Zirkulationsschema von H. Flohn bzw. seiner genetischen Klimaeinteilung, auf die bereits eingegangen wurde. In ihrem gegenüber dem Brunnschweilerschen Vorgehen stark vereinfachten Gepräge vermag sie kaum mehr als ein Gerippe der Zirkulationsgürtel zu geben, auch wenn sie mit dem Begriff der Luftmassen arbeitet. Alissow unterscheidet 7 Luftmassenzonen, die wie bei Flohn teils als durchgehende, teils als bruchstückhaft entwickelte Gürtel auftreten.

VII. Klimaschwankungen

a) Grundsätzliche Überlegungen

1. Was sind Klimaschwankungen?

Da zum Klima als dem Komplex der charakteristischen Eigenschaften des Luftraumes über der Erde oder über einem Ausschnitt von ihr neben allen mittleren „normalen" Eigenschaften mit ihrem fast unbemerkten Wechsel von Jahr zu Jahr auch die Eigenschaft gehört, daß ab und zu bemerkenswerte, für Natur und Mensch folgenreiche, aber vorübergehende Abweichungen auftreten, die nach einer gewissen Zeit durch solche nach einer anderen Richtung abgelöst werden, ist es natürlich nicht einfach zu entscheiden, was aus der Folge des permanenten Wechsels noch zum Klima dazugehört, gewissermaßen seine mehr oder weniger ausgeprägten Kapriolen sind, oder was man als Klimaschwankung eventuell sogar -änderung ansehen muß. Die *Streuung der Zustände und Abläufe* nach der einen und anderen Seite von der Trendlinie der mittleren und normalen pflegen stark wechselnde Frequenz und unterschiedliche Amplituden ihrer Ausschläge zu haben. Für ihre Gesamtheit verwendet man zuweilen den Begriff *„statistical noise"*, im Deutschen das abschwächende Wort „Rauschen". Um im Bilde zu bleiben: Die Feststellung von Klimaschwankungen läuft ungefähr auf das gleiche hinaus wie das Bemühen, trotz heftiger, fast ohrenbetäubender Nebengeräusche in einer Symphonie von Bela Bartok oder Paul Hindemith einen Themawechsel herauszuhören. Mit einiger Übung bringt man das fertig. Die Übung bedeutet in der Klimatologie zunächst einmal statistische Aufbereitung des „Rauschens" und vor allem Eindringen in die physikalischen Zusammenhänge der Klimaveränderungen (= Verstehen der Regeln, nach welchen die Themen komponiert sind).

Bis vor ein paar Jahrzehnten spielten dabei die *„klimatologischen Normalwerte und -reihen"* eine wichtige Rolle. Auf der internationalen Meteorologenkonferenz in Warschau 1934 kam man überein, den Beobachtungszeitraum 1901–1930 als *„Normalperiode"* zu verwenden und die Differenz der statistischen Werte zweier zeitlich getrennter 30jährigen Beobachtungsreihen als *Klimaschwankung* bzw. -änderung anzusehen. Mit dieser *Definition* ist man nicht weit gekommen.

Vor allem aus zwei Gründen: Erstens wurden *Änderungen kürzerer Perioden,* die gravierende Realitäten im Lebensraum und -rhythmus von Vegetation und Menschen sind, im statistischen Verfahren zur Berechnung der 30jährigen Normalwerte *unterdrückt.* Wenn man z.B. diesen Ansatz auf die in der Abb. II.f) 30 dargestellten Jahressummen der Niederschläge in der Sahelzone anwendet, so mittelt man im Rechenergebnis für die Normalperiode 1931–1960 die augenfällige Klimaschwankung mit ihrem Wechsel in der Größenordnung von 10–15 Jahren einfach heraus. Sie wäre definitionsgemäß keine Klimaschwankung, unbeschadet des tiefgreifenden

Wandels, den sie im ganzen Naturhaushalt verursacht, und den katastrophalen Folgen (Glantz, 1977), die das häufig für den Menschen hat. Ähnlich ginge es mit kurzfristigen Schwankungen wie den im gleichen Kap. II.f) 6. behandelten der Regenjahre im Nordeste Brasiliens sowie im tropischen Ost-Pazifik und an der peruanischen Küste. Auch die wiederholten Trockenjahre nach 1960 in Indien und China, die zu einer dramatischen Unterstützungsaktion zur Verhinderung von Hungerkatastrophen und zum weitgehenden Aufzehren der Weltgetreidevorräte führten, sowie die Ursachen der Anfang der 70er Jahre, besonders 1972, in der Sowjet-Union notwendig gewordenen enormen Getreideimporte, als deren Folge der Getreidepreis in den westlichen Ländern auf das 4fache stieg, würden außerhalb des Suchkreises nach den Gründen und Zusammenhängen von Klimaschwankungen bleiben. Das geht natürlich so nicht. Der zweite Einwand ist mehr akademischer Natur, gleichwohl grundsätzlich wichtig. Es hat sich nämlich sehr bald herausgestellt, daß die *„Normalperiode“ 1901–1930 gar nicht so normal* ist. Im Verhältnis zu längeren und vorausgegangenen Perioden hat das z. B. Knoch (1947) dargetan, und mit wachsender Beobachtungszeit wurde immer deutlicher, daß die „Normalperiode“ gerade Anstieg und Gipfelpartie auf einer Kurve weltweiter positiver Temperaturanomalie bildet (Mitchell, 1963) und in Europa durch besonders große Maritimität ausgezeichnet ist. Dies manifestiert sich einerseits durch besonders milde Winter – als einzigen Europa-Streng-Winter enthält die Reihe den von 1928/29 – und andererseits durch relativ kühle Sommer. Nach 1940 war diese Epoche vorbei und es folgte eine Serie strenger Winter (1939/40, 1941/42, 1946/47, gebietsweise auch 1940/41 und 1944/45) sowie heißer, trockener Sommer (1943, 1945, 1947, 1950, gebietsweise 1949) (v. Rudloff, 1967).
Um allen Beschränkungen des Untersuchungsfeldes und der -gesichtspunkte vorzubeugen, hat sich in den letzten Jahrzehnten eine mehr pragmatische Betrachtungsweise durchgesetzt, indem man von einem *Klimabegriff als statistischem Wert über lange Zeiträume abging.* 1972 hat das Committee for the Global Atmospheric Research Program (GARP) des US National Research Council eine Arbeitsgruppe berufen, um die Grundzüge eines Forschungsprogrammes bezüglich klimatischer Veränderungen auszuarbeiten. Das Ergebnis wurde 1975 von der National Academy of Sciences unter dem Titel „Understanding Climatic Change. A Program for Action“ veröffentlicht. (Man beachte die Behandlung solcher Probleme und den ihnen zugemessenen Stellenwert in den USA im Vergleich zur Bundesrepublik, wo man darauf vertraut, daß die Einzelbeiträge isolierter Fachleute auf die Dauer ausreichende Information für unser Gemeinwesen liefern). Das Gremium der Fachleute schlägt vor, einen *praktischen Klimabegriff* in Form des *„Climatic state“* („Klimatische Gegebenheit“) zugrunde zu legen und von ihm aus die „Klimatische Veränderung“ oder *„Klimaschwankung“ (climatic variation)* zu definieren.

Klimatische Gegebenheit ist beschrieben als das Mittel (zusammen mit der Variabilität und anderen statistischen Größen) eines kompletten Satzes atmo-, hydro- und kryosphärischer Veränderlicher in einem gewählten Ausschnitt des Erde-Atmosphäre-Systems, betrachtet für ein Zeitintervall, das wesentlich länger ist als die Dauer eines bestimmten synoptischen Wettersystems (Größenordnung einige Tage) und auch länger als die theoretische Zeitgrenze, für die eine Vorhersage über das Verhalten der A. über einem bestimmten Gebiet gemacht werden kann (Größenordnung einige Wochen). Auf diese Weise kann man von monatlichen, jahreszeitlichen, jährlichen und mehrjährigen klimatischen Gegebenheiten sprechen, eine für die klassische Klimaauffassung sehr ungewohnte Möglichkeit. Aber sie gestattet nun, die Klimaschwankungen als die Veränderungen zwischen klimatischen Gegebenheiten des gleichen Satzes der Veränderlichen in dem gleichen Ausschnitt des Erde-Atmosphäre-Systems für gleiche Zeitintervalle zu definieren und dabei auch z. B. *monatliche, jahreszeitliche, jährliche und mehrjährige Klimaschwankungen* ins Auge zu fassen. Die Abweichung der speziellen Gegebenheiten eines bestimmten Januar von den mittleren einer relativ großen Zahl von Monaten Januar werden als *„klimatische Anomalie"* definiert (Nat. Acad. 1975, S. 19). Der vorher genannte Winter 1928/29 war in Mitteleuropa eine klimatische Anomalie im Vergleich zu den Wintern der Periode 1924/25–1938/39. Die Winter 1939/40–1946/47 machen aber mit denjenigen aus der voraufgegangenen 8-Jahres-Periode eine Klimaschwankung aus. Der Jahresniederschlag 1939 im Sahel (s. Abb. II.f) 30) war eine Anomalie der Periode 1935–1944; 1949 setzt aber eine Klimaschwankung gegenüber der Zeit vorher ein. Das ist zweifellos eine sehr praktische, pragmatische und nützliche Auffassung der Dinge, die von manchen grundsätzlichen Fesseln befreit. Ob es erkenntnistheoretisch allen Ansprüchen genügt, ist zur Zeit eine allzu akademische Frage.

2. Das klimatische System und seine Beeinflussungsmöglichkeiten

Um für die Vielfalt möglicher Klimaschwankungen Gesichtspunkte zur besseren systematischen Ordnung zu erhalten, sind einige *deduktive Überlegungen anhand einer Modellvorstellung* nützlich. Klimaschwankungen im angegebenen Sinne setzen Schwankungen der Abläufe der physikalischen und meteorologischen Prozesse in dem für die klimatischen Gegebenheiten zuständigen System als ganzem oder in Teilen von ihm voraus.

In der Abb. VII.a) 1 ist dieses System in Anlehnung an eine Vorlage in dem o.g. Werk (Nat. Acad., 1975) modellhaft skizziert. Wenngleich die klimatischen Gege-

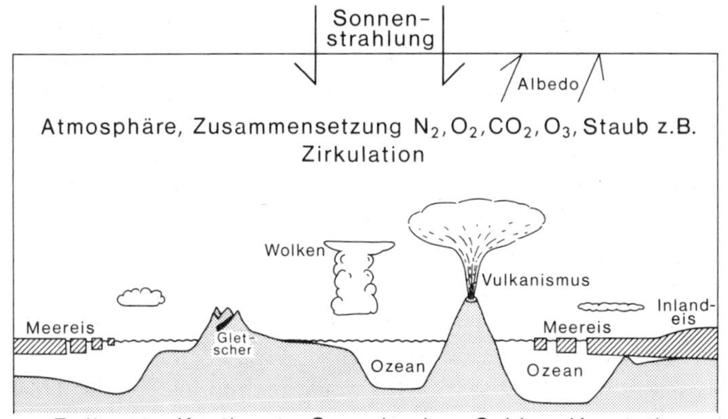

Abb. VII.a) 1. Modellhafte Darstellung des Erde–Atmosphäre–Hydrosphäre-Systems mit den für Klimaänderungen wichtigen Variablen. (Nach einer in Nat. Acad. 1975 enthaltenen Vorlage entworfen). Ausführliche Behandlung s. Text

benheiten aus charakteristischen Eigenschaften und Abläufen der A. resultieren, so sind die letzteren doch gekoppelt mit den Einflüssen der klimatischen Faktoren Lithosphäre (feste Erdoberfläche), Hydrosphäre (Wasser der Erde), Kryosphäre (Eis der Erde) sowie der von außen eingestrahlten Sonnenenergie. Diese Systemteile haben aufgrund ihrer Natur sehr unterschiedliche Möglichkeiten, Änderungen selbst in Gang zu bringen, und weisen gegenüber Änderungsanstößen sehr verschiedene Reaktionszeiten auf.

Die *Atmosphäre* als Gashülle ist der am wenigsten stabile und der reaktionsschnellste Teil des Systems. Es wird geschätzt, daß sie sich im Zeitraum von einem Monat auf eine überlagerte Temperaturänderung einstellt. Die Vorgänge in ihr werden noch ausführlich zu behandeln sein.

Die *Hydrosphäre* umfaßt neben den kleinen Mengen [s. Kap. II.f) 8.] an Fluß-, See- und Grundwasser als dem hinsichtlich der Klimaschwankungen einflußreichsten Teil die *Ozeane*. Diese bilden ein enormes *Energiereservoir*. Ihre Oberflächenschicht mit einer Mächtigkeit von zwei- bis dreihundert Metern absorbiert über die Hälfte der auf der Erde ankommenden Sonnenenergie. Die Temperatur dieser Schicht beeinflußt den Wärme- und Feuchtehaushalt sowie die Schichtungseigenschaft und mit diesen weitgehend das gesamte Wettergeschehen in der überlagernden Luftmasse, wie an vielen Beispielen der vorausgehenden Kapitel dargelegt worden ist. Da die Energie über die ozeanische Zirkulation in bestimmter Weise auf der Erde verteilt wird, muß eine Änderung dieser Zirkulation zu erheblichen Klimaveränderungen in den betroffenen Bereichen und in der A. als ganzem führen. Die *ozeanische Zirkulation* wird stark von Form und Lage der Ozeanbecken sowie der Verteilung des Salzgehaltes mitbestimmt. Dabei *reagieren* die Ozeane relativ *langsam*. Zirkulationsänderungen der Oberflächenschicht vollziehen sich in der Größenordnung von Jahreszeiten oder eines ganzen Jahres. Wenn auch die Tiefenwässer einbezogen werden, beträgt die Angleichungszeit gleich ein paar tausend Jahre.

Nach Vonder Haar and Oort (1973) transportieren die Ozeanströme der Nordhalbkugel ungefähr 40% der gesamten Wärmeenergie zwischen 0 und 70°. In manchen Breitenzonen macht ihr Anteil mehr als die Hälfte aus. Eine *Verlagerung der warmen und kalten Zirkulationsglieder* muß demnach für die anliegenden Atmosphären- und Erdteile erhebliche Konsequenzen haben. Als Beispiel sei an den von Bjerknes (1969) erarbeiteten Wechsel der Oberflächentemperatur im äquatorialen Zentralpazifik und seine dramatischen Folgen in den peruanischen Küstengewässern und in der Küstenwüste erinnert [Kap. II.f) 6.]. Für die Außertropen hat Namias (1969, 1972) großräumige Zirkulationsänderungen über dem Nordpazifik und Nordamerika als Folge eines Lagewechsels von ausgedehnten Warm- und Kaltzellen im zentralen und östlichen nordpazifischen Ozean beschrieben. Von 1957–1971 herrschten über dem zentralen pazifischen Ozean niedrigere Temperaturen als vor der amerikanischen Westküste. Unmittelbare Folge war die häufige Ausbildung eines Höhentroges über dem Pazifik und einer entsprechenden „Mäanderwelle" der Höhenströmung mit Höhenhochdruckkeil über dem nordamerikanischen Kontinent. Er begünstigte dort die Serie kalter Winter zwischen 1957 und 1970. 1971 trat mit dem Lagewechsel des relativ kalten Oberflächenwassers vom zentralen Pazifik vor die amerikanische Westküste eine Umsteuerung ein, und die Folge strenger

Winter riß ab. Die Ursachen solchen regional begrenzten thermischen Wechsels in den Oberflächenschichten der freien Ozeane sind noch weitgehend unbekannt. Halbwegs kalkulieren kann man Veränderungsmöglichkeiten in den relativ gut erforschten großen Meeresströmungen. Es gibt da einige *kritische Regionen,* wo relativ geringe Veränderungen *in der Hydrosphäre* weitreichende Veränderungen des Klimas hervorrufen könnten, wie Lamb (1972) ausführlich darstellt. Eine solche Stelle ist die Nordostecke Brasiliens, wo der atlantische Äquatorialstrom in einen Nord- und einen Südast geteilt wird. Eine geringe Verlagerung des Äquatorialstroms südwärts würde für die Ernährung des Golfstromes als „Warmwasserheizung Europas" (Model, 1950) erhebliche Konsequenzen nach sich ziehen.

Da die ozeanische Zirkulation neben dem Windantrieb weitgehend von der Konfiguration und der Breitenlage der ozeanischen Becken abhängt, müssen orographische *Veränderungen des Meeresbodens und der Kontinentumrisse* gravierende Klimaänderungen hervorrufen. Man stelle sich nur vor, was passieren würde, wenn die mittelamerikanische Landbrücke nicht vorhanden wäre und es somit keinen Golfstrom der vorliegenden Stärke gäbe.

Aber neben Temperatur, Winddrift und Beckenbegrenzung wirken auch *Unterschiede des Salzgehaltes* auf ozeanische Zirkulationen als dynamischer Einflußfaktor. Ihre Rolle bei möglichen Klimaänderungen im allgemeinen und während der Eiszeiten im besonderen behandelt Weyl (1968).

Die *Kryosphäre* umfaßt *das Eis und den Schnee* auf der Erde. Beide spielen bereits in den Anfangsgliedern der klimatologischen Kausalkette eine erhebliche Rolle. Sie haben eine extrem große Albedo und sind relativ schlechte Wärmeleiter [s. Kap. II.b) 5.]. Das wirkt dahin zusammen, daß sie für die überlagernden Luftmassen *extreme Abkühlungsflächen* darstellen. Im norddeutschen Flachland kann bei windschwachem Winterwetter in der bodennahen Luftschicht ein Temperaturunterschied von 5 bis 6°C auf einer Horizontalentfernung von wenigen Kilometern beiderseits der Grenze zwischen schneebedeckter und aperer Oberfläche auftreten. Für den Energie- und Wärmehaushalt der hohen Mittelbreiten und Subpolargebiete kann man demnach Konsequenzen erwarten, wenn die Größe des am Winterende schneebedeckten Areals erheblichen zeitlichen Veränderungen unterliegt. So haben Kukla and Kukla (1974) bei der Auswertung von Satellitenaufnahmen des Zeitraumes von Mitte 1968–1973 gefunden, daß bis 1971 die schneebedeckte Oberfläche zwischen knapp 33 und etwas über 34 Mill. km^2, also nur um wenige Prozent schwankte, daß aber von 1971 auf 1972 eine sprunghafte Zunahme um fast 10% auf 37–38 Mill. km^2 stattgefunden hat. Die weniger eingenommene, weil zusätzlich reflektierte Energie stieg um 20% des vor 1971 üblichen Reflexionswertes. Die möglichen Folgen von Schwankungen im Energiebudget auf die allgemeine Zirkulation hatte Sawyer bereits 1964 behandelt.

Im Zusammenhang mit der Kryosphäre müssen vor allem die *klimatischen Effekte der polaren Eismassen* in Form der kontinentalen Eisschilde und der Meereisdecken in Betracht gezogen werden, während den Gebirgsgletschern sowie dem Fluß- und See-Eis lokale Bedeutung zukommt. Erdgeschichtlich gesehen ist die uns fast selbstverständliche *Vergletscherung der Polargebiete eine Ausnahmesituation.* Weniger als 10% der Erdgeschichte seit Beginn des Paläozoikums gehören zu zwei *„kryogenen Epochen",* die offenbar dann aufgetreten sind, wenn große Landmassen um oder nahe von einem der Erdpole angeordnet waren (Flohn, 1973; Fairbridge, 1961). Das war einmal im Permo-Karbon der Fall, als Teile des Urkontinentes Gondwana nahe an den Südpol kamen. Reste der Vereisung sind im heutigen Südamerika, Afrika, Indien, Australien nachgewiesen. Nachdem dann seit dem Mesozoikum die Kontinente Australien und Antarktika auseinander drifteten und Ende des Tertiärs in ihren gegenwärtigen Positionen ankamen, begann die kryogene Phase der Gegenwart. (Vor den zwei genannten sind möglicherweise noch zwei andere im Eo- und Präkambrium voraufgegangen). Es gibt aus Sauerstoff- und Karbonat-Isotopenanalysen [beschrieben in Kap. VII.b)] von Tiefseesedimenten und aus direkten Zeugnissen von Antarktika klare Hinweise, daß vor 10–7 Mill. Jahren eine große Eisdecke bereits in der West-Antarktis bestand und vor 4 Mill. Jahren der Eisschild der Ost-Antarktis ungefähr sein gegenwärtiges Ausmaß erreicht hatte. Auf der Nordhemisphäre existiert das Grönländische Inlandeis (ca. 8% des Eises der Erde) erst seit ca. 3 Mill, Jahren. Das Meereis über dem Nordpolarbecken und in den subpolaren Meeren ist seit wenigstens 1 Mill. Jahren nie geringer gewesen als in der Gegenwart (nach Nat. Acad., 1975).

Beim *Abschmelzen der gegenwärtigen antarktischen Eismasse* würde der Meeresspiegel um ca. 60 m steigen. Selbst wenn nur 2% in Wasser umgesetzt würden, so hätte das für weite Teile der Erde verheerende Konsequenzen. Man denke nur an die Polder und Küstengebiete in Holland und an der Deutschen Bucht oder an die dicht bevölkerten Delta-Gebiete im Orient und in SE-Asien. So ist schon aus diesem Grunde ein großes Interesse am Massenhaushalt des antarktischen Inlandeises evident, das weit über das rein Wissenschaftliche hinausgeht. Für die Gegenwart ist der *Massenhaushalt der Antarktis positiv.* Die Eismasse wächst in der Größenordnung von 1000 km^3/Jahr, was einer jährlichen Meeresspiegelsenkung von fast 3 mm gleichkommen würde (Hoinkes, 1960). Unklar ist noch, wie es trotzdem zu dem Ansteigen von durchschnittlich 1,1 mm/Jahr gekommen ist, das in den letzten Dezennien an den Pegelstationen festgestellt wurde. Das weltweite Abschmelzen der Gebirgsgletscher (Hoinkes, 1962), dessen Effekt nach Hoinkes (1960) + 2 mm/Jahr sein müßte, gibt nur einen zusätzlichen Hinweis, daß von der Antarktis kein Wasser freigesetzt worden ist. Den Wert 1,1 mm kann man mit dem Abschmelzen der festländischen Gletscher nicht erklären.

Ein wichtiger Gesichtspunkt für die Beurteilung möglicher Konsequenzen für Meeresspiegelveränderungen und Klimabeeinflussung ist die Tatsache, daß die westantarktische Eismasse nicht wie die ostantarktische auf einem Kontinentsockel ruht, sondern auf Inseln und auf Schelfmeerboden liegt. Meeresspiegelhebungen können schon von erheblichem Einfluß auf die *Ausuferung der schwimmenden Eisdecken* sein. In dieser Hinsicht hat Wilson (1964) die Konsequenzen der physikalischen Eigenschaften der Druckverflüssigung bei Gletschern als entscheidendes Argument für den Wechsel von Kalt- und Warmzeiten innerhalb der kryogenen Epoche in die Diskussion gebracht. Durch das Anwachsen der Eismächtigkeit bei positiver Massenbilanz (wie gegenwärtig) geraten die dem Sockel aufliegenden Eisschichten unter immer höheren Druck und damit näher an den Druckschmelzpunkt, so daß schließlich auch bei kalten Gletschern mit tiefen Temperaturen, großer Zähigkeit und entsprechend geringer Fließgeschwindigkeit in den tieferen Schichten plastisches Fließen ähnlich den warmen Gletschern eintreten kann. Wenn solch eine *kritische Situation nahe dem Druckschmelzpunkt* in großen Gebieten des Inlandeises überschritten wird, kommt es zu einem raschen Abfließen, wodurch die Schelfeisflächen mit einer mittleren Dicke von ca. 300 m weit über den Rand ihrer jetzigen Verbreitung hinaus äquatorwärts vorstoßen müßten. Bei Fjordgletschern sind solche Vorstöße als *„surges“* bekannt. Wenn eine solche Ausbreitung bis in Höhe der antarktischen Konvergenz in der mittleren Breite von 55°S reicht, so hat das nach Wilson (1964) weltweite Konsequenzen, auf die noch zurückzukommen sein wird. Die Folgen solcher rapiden Vergrößerung der Eisfläche für den Wärmehaushalt der Erde lassen sich auch rechnerisch simulieren (Flohn, 1969, 1973).

Was für die genannte Möglichkeit extremer Vergrößerung der Meereisflächen bezüglich tiefgreifender Klimaschwankungen gilt, muß für geringere *Variationen des antarktischen und* vor allem auch des *arktischen Meereises* hinsichtlich der klimatischen Konsequenzen für anliegende Bereiche in entsprechendem Maße gelten. Auf der Nordhalbkugel sind besonders Island und Süd-Grönland, auf der Südhalbkugel West- und Ost-Patagonien betroffen. Lamb (1972, S. 337 u. 1977, S. 515ff.) behandelt die seit dem vergangenen Jahrhundert beobachteten Meereisveränderungen und ihre damit verbundenen Konsequenzen.

Von den *Einflußmöglichkeiten der Lithosphäre,* die das feste Land mit seiner orographischen Gliederung und verschiedenen Oberflächengestalt umfaßt und die Bekkenhohlformen der Ozeane einschließt, auf Veränderungen im klimatischen System ist eine oben schon herangezogen worden: die Veränderung der Kontinente und Ozeane. Weitere beziehen sich auf die „Polverschiebung“, orogenetische Bewegungen auf dem Festland oder auf den Ozeanböden sowie den effusiven Vulkanismus.

Die für seine Zeit kühne und dementsprechend jahrzehntelang umstrittene *Kontinentverschiebungs-Theorie von Alfred Wegener* (1912, 5. Aufl. 1936), wonach die Kontinente als spezifisch leichte Schollen auf schwererem, aber plastischem Untergrund driften, hat in den letzten beiden Jahrzehnten vor allem von der Seite paläomagnetischer Forschung (s. die Zusammenfassungen in Flohn, 1959; Schwarzbach, 1961, S. 214–218; Nairn and Thorley, 1961; Runcorn, 1964; Nairn, 1964 oder Lamb, 1977, S. 288ff.), neueren goetektonischen Ansätzen in der Plattentektonik (Le Pichon et al., 1973; Cox, 1973, oder in kritischer Übersicht Wunderlich, 1973 sowie Zeil, 1975) und direkter geodätischer Messungen (Stoyko, 1968; Markowitz and Guinot, 1968) so eindeutige Unterstützung erfahren, daß im Prinzip kein Zweifel mehr bestehen kann (Blackett et al., 1965). *Im Ablauf von Zehnern von Millionen Jahren* muß mit Veränderungen der Lage der Kontinente und in der Verteilung der Ozeanbecken von solchen Ausmaßen gerechnet werden, daß dadurch das Klima der Erde grundlegend verändert werden kann.

Unabhängig von der durch die Kontinentdrift bewirkten Veränderung der Lage zu den gegenwärtigen Rotationspolen besteht noch das Problem, ob die letzteren selbst im Laufe der Erdgeschichte ihre Position geändert haben *(Polwanderungen).* Aus Messungen von Stoyko (1968) scheint gegenwärtig der Rotationspol um ca. 10 cm/Jahr (ungefähr 1° pro 1 Mill. Jahre) in Richtung Labrador zu wandern (Zit. nach Flohn, 1969). Für vergangene Erdzeitalter ist man auf die Ableitung über den Erdmagnetismus angewiesen. Und da ergibt sich die Frage, ob magnetischer und Rotationspol immer nur einen ungefähr ähnlichen Abstand wie zur Gegenwart aufgewiesen haben (Schwarzbach, 1961). Köppen und Wegener (1924) haben auf Polwanderungen und Kontinentalverschiebungen eine Theorie der Klimate der geologischen Vergangenheit aufgebaut, die aber in wesentlichen Teilen überholt ist. Zwar wird eine magnetisch erschlossene Polwanderung seit dem Perm von der ostasiatischen Küste über NE-Sibirien angenommen (Fig. 11.2 in Lamb 1977, S. 290), für Klimaänderungen *seit dem jüngeren Tertiär* kommt aber der *Polverschiebung keine Bedeutung* zu, da seit dieser Zeit kaum eine Abweichung gegen heute mehr geherrscht haben kann.

Zusammenfassend ergibt sich also, daß nur im Zeitmaß der Betrachtung von 100 Mill. Jahren, also über das Eozän hinaus, Änderungen der voraus besprochenen Art in der Lithosphäre zu gravierenden Klimadifferenzierungen Anlaß gegeben haben.

Gebirgsbildungen als orogenetische Bewegungen vollziehen sich in der gleichen zeitlichen Größenordnung wie die Kontinentverschiebungen. Sie sind mit diesen gekoppelte Phänomene. Über ihren Einfluß auf Klimaänderungen kann man aber nur spekulieren. Eine Hypothese lautet, daß in Zeiten mit weitgehend eingerumpften Kontinenten – wie im Mesozoikum und Alttertiär – andere Zirkulationstypen als heute überwiegen. Der Grund ist die Abnahme des Reibungskoëffizienten über Land. (Flohn, 1959, S. 382).

Eindeutigere Aussagen lassen sich über die *Einflüsse des effusiven* Vulkanismus machen. Seit Ende des vergangenen Jahrhunderts liegen laufende Beobachtungen der Einstrahlungsintensität vor, aus welchen sich die Konsequenzen *großer vulkanischer Emissionen* ableiten lassen, die wiederum mit thermischen Effekten in der Erdatmosphäre in Zusammenhang gebracht werden können. (Über die Rolle des CO_2 sh. Revelle and Suess, 1957). Nach den großen Vulkanausbrüchen von 1883 (Krakatau), 1912 (Katmai) und 1963 (Agung auf Bali) wurde die am Grunde der A. ankommende *Sonnenstrahlung* vorübergehend zwischen 20 und 30%, im Monatsmittel noch um 5–6% *reduziert* (Lamb, 1972, Fig. 10.16, S. 419). Die *Mitteltemperaturen* großer Breitenausschnitte oder der Nordhemisphäre *sanken* im Jahr nach heftigen Eruptionen um $^1/_2$–$1^1/_2$ Grad, wie bereits Köppen (1914) aufgezeigt hat, Lamb (1972, S. 410ff.) ausführlich diskutiert und durch Fakten aus historischer Zeit belegt. So hat man wenigstens quantifizierbare Hinweise auf diese Effekte. Um zu einer allgemeinen Vergleichbarkeit der vulkanischen Staubwolken verschiedener Ausbrüche und Zeiten zu kommen, verwendet man den *Staub-Schleier-Index* (dust vieil index, DVI), in welchem die größte prozentuale Minderung der Sonnenstrahlung, die größte Ausbreitung, sowie die Verweildauer des Staubschleiers (gemessen zwischen Ausbruch und letztem Datum feststellbarer Strahlungsminderung) eingeht. Für die Krakatau-Eruption wird der Index = 1000 gesetzt. (Lamb, 1972, S. 422). Auf Grund dieser rezenten Information kann man Überlegungen anstellen über die Auswirkung der wechselnden Vulkantätigkeit in der Erdgeschichte. Wie diese abgelaufen ist, darüber ist man in großen Zügen aus Bohrungen in Tiefseesedimenten (Kennett and Watkins, 1970; Kennett and Thunell, 1975 z. B.) oder aus der Tephrochronologie (Auer 1958, 1965, 1974) informiert. In den Tiefseesedimenten lassen sich Aschenhorizonte zwischen datierbaren faunistischen, geomagnetischen oder Isotopenbefunden zeitlich einordnen. So haben Kennett and Watkins (1975) z. B. aus Bohrungen an vielen Stellen der Erde herausgefunden, daß die *vulkanische Aktivität* im Miozän und Pliozän gegenüber der voraufgegangenen Zeit bereits stark zugenommen hat, und *im Pleistozän* noch doppelt so groß wie im Pliozän und *13mal größer als der mittlere Wert* über lange geologische Epochen war (nach Lamb, 1975, S. 298).

Bei der *Tephrochronologie* werden petrographisch vergleichbare Vulkanaschen mit Hilfe von zwischengelagerten pollenanalytisch auswertbaren Moorablagerungen datiert und parallelisiert. Nach Auer (1958, 1965, 1974) in Patagonien ist die Methode inzwischen auch erfolgreich in Neuseeland, Island und Japan angewandt worden.

Bleibt schließlich noch das *Problem veränderlicher Energieeingabe* in das System (Vernekar, 1972) durch Veränderung der *Sonnenstrahlung*. Seit Milankowitsch (1924, 1930) bzw. Spitaler (1938) wird der mögliche Einfluß der mathematisch berechenbaren *Veränderungen der Erdbahnelemente* auf die Strahlungsintensität sowie die jahreszeitliche und geographische Verteilung der an der Obergrenze der A. ankommenden Strahlungsmengen diskutiert. Es verändert sich die elliptische Erdbahn wegen der Einwirkung der übrigen Planeten auf diese in einem berechenbaren Rhythmus von 92000 Jahren. Die Intensität der Sonnenstrahlung erfährt durch diese Exzentrizitätsänderung im Maximum eine jährliche Schwankung zwischen Aphel und Perihel um 30–32%; z. Zt. beläuft sie sich auf nur etwa 7%. Auch die Schiefe der Ekliptik ist ein weiterer variabler Faktor; sie schwankt in etwa 40000 Jahren zwischen 22 und $24^1/_2°$ und liegt z. Zt., jährlich um 0,47′ abnehmend, bei knapp $23^1/_2°$. Da durch die Schiefe der Ekliptik die Lage der Wende- und Polarkreise bestimmt wird [s. Kap. II.b) 1.], müssen sich bei ihrer säkularen Veränderung um $2^1/_2\%$ die Jahreszeitenlängen in den verschiedenen Breiten etwas verändern. Schließlich unterliegt die Präzession der Äquinoktien infolge einer allmählichen zyklischen Drehung der Längsachse der Erdbahn einer Änderung im Rhythmus von 21000 Jahren, wobei Perihel und Aphel in verschiedene Monate zu liegen kommen. Zur Zeit liegt das Perihel nahe der Wintersonnenwende. Aus einer *Superposition der Effekte* sollen sich nach Spitaler sowie Köppen und Wegener (1924) erhebliche Klimaänderungen auf der Erde erklären lassen. Bernard (1962) legt die astronomische Theorie einer Erklärung der Pluviale und Interpluviale in Afrika zu Grunde. Nach Broecker and Van Donk (1970) weist die 40000-Jahr-Periode eine gute zeitliche Übereinstimmung mit Klimaschwankungen auf, die aus Tiefseebohrkernen und Zeitbestimmungen an Korallenriffen ableitbar sind. Van Woerkom hat 1953 die astronomische Theorie der Klimaänderungen noch einmal dargelegt, Schwarzbach (1961) die Hauptgegenargumente diskutiert. Darunter spielt dasjenige eine wesentliche Rolle, daß nach der astronomischen Theorie die Eiszeiten auf der Nord- und Südhalbkugel alternierend auftreten müßten, was gegen viele andere gegenteilige Zeugnisse steht. Außerdem zeigt eine quantitative Auswertung, daß die Veränderung der Schiefe der Ekliptik nur in hohen Breiten eine spürbare Veränderung des Strahlungshaushaltes liefern kann (Shaw and Donn, 1968). Die letzte kritische Bewertung stammt von Kukla (1975).

Ein zweites Problem veränderlicher Energieeingaben ist, welche klimatischen Effekte *Schwankungen der Solarkonstante* ausmachen (Suess, 1968, White, 1977). Nach den neueren Erkenntnissen aus Satellitenaufnahmen muß man mit der Veränderung in der Größenordnung von 2% auch in der Gegenwart rechnen [Kap. II.b) 1.]. Konsequenzen dieser Veränderungen sind aber noch unbekannt. Über lange Perioden kann eine Minderung der Solarkonstante nicht ausgeschlossen werden. Kosmische Staubwolken werden als Begründung herangezogen. Doch sind das reine Spekulationen. Beobachtbar sind zyklische Veränderungen der *Sonnenflek-*

ken, die Perioden von ca 11 und von 80 Jahren aufweisen. Es handelt sich um relativ kalte Gebiete, die durch riesige magnetische Wirbel in der heißen Gasmaterie der Sonne verursacht werden. Über sie liegt eine mehrhundertjährige Statistik vor (Waldmeister 1961). Der Abstand zwischen deutlichen Maxima und Minima schwankt zwischen 9 und 14 Jahren, beträgt im Mittel $11^1/_4$ – $11^1/_2$ Jahre. Schon frühzeitig wurden Zusammenhänge zwischen der Sonnenfleckentätigkeit in der Photosphäre der Sonne und dem Wetter vermutet. Baur (1956) nimmt nicht die Sonnenflecken allein, sondern die gesamte meßbare Sonnentätigkeit als Maßstab, ausgedrückt durch eine Relativzahl, und setzt sie in Beziehung zur Intensität der atmosphärischen Zirkulation von Nordamerika bis Europa. Er glaubt dadurch zwei Maxima und zwei Minima während jeweils eines 11-Jahres-Zyklus belegt zu haben, wobei die Maxima zwischen die Extreme der Sonnenflecken fallen. Auch Müller-Annen (1960) hat, gestützt auf eine Arbeit von Pjed und Sidotschenko, diese Zusammenhänge behandelt, wonach hohe Sonnenfleckenmaxima mit abgeschwächter Zonalzirkulation parallel gehen. Andere Meteorologen (Pédelaborde, 1957/58) zweifeln aus statistischen Gründen an der Realität der Zusammenhänge. Auch andere Ergebnisse sind widersprüchlich. So hatte Nordamerika, wie Mecking (1918) darlegte, gleiche Parallelität mit Temperaturzunahme bei Fleckenmaximum wie die Tropen, Mittel-, NW- und Nordeuropa dagegen entgegengesetzte. Nach Köppen (1914) war es vor 1800 jedoch genau umgekehrt. Man hat zahlreiche Untersuchungen angestellt und die Kurven der meisten meteorologischen Elemente auf eine etwaige 11jährige Periodizität hin überprüft, ohne daß sich eindeutige Beziehungen ergaben.

In diesem Zusammenhang haben sich auch Ergebnisse der mit – für die damaligen technischen Möglichkeiten – erheblichem Aufwand betriebene *Periodenforschung* letztlich als nicht haltbar erwiesen. Ihr lag die Ansicht von wellenartigen Pendelungen in der A. um einen mittleren stabilen Zustand zu Grunde. Wagner, der selbst mit den Untersuchungsverfahren bestens vertraut war, hat 1940 in seinem Werk „Klimaänderungen und Klimaschwankungen" die Ergebnisse gründlich und kritisch diskutiert. Er kommt zu dem Schluß, daß mit Hilfe derartiger Methoden so viele Perioden „nachgewiesen" worden seien, „daß heute im Intervall zwischen zwei und zwanzig Jahren vielleicht rascher die Wellenlängen aufgezählt sind, für welche ... bisher noch keine Periode behauptet wurde". Auch die von Brückner (1890) vertretene Auffassung der Existenz einer 35jährigen Klimaschwankung, welche lange Zeit hindurch als reell angesehen wurde und als „Brücknersche Periode" in zahlreichen Publikationen Aufnahme fand, muß nach Wagner (1940, S. 192–199) als *überholte, historisch gewordene Phase* in der Klimaforschung betrachtet werden.

Bezüglich der *Rolle der Biosphäre*, vor allem der Vegetationsdecken des festen Landes und des Phytoplanktons der Meere im klimatischen System muß zunächst an die in Kap. II.a) 1. behandelten Zusammenhänge im erstaunlich harmonischen Fließgleichgewicht der wichtigsten Gasbestandteile Stickstoff, Sauerstoff und Kohlendioxyd erinnert werden. Veränderungen darin durch Veränderungen der Rolle der Vegetation als Produzent, Konsument und Puffermasse müssen einerseits tiefreichende, revolutionierende Konsequenzen haben, sind andererseits jedoch wegen des globalen Austausches in der A. nur als grundsätzliche Klimaänderungen über lange Epochen der Erdgeschichte denkbar.

Kürzere Einwirkungsperioden in der Größenordnung von Jahrhunderten oder Jahrtausenden mit regional eingeschränkten, gleichwohl gravierenden, weltweit aber weniger einschneidenden Konsequenzen sind allerdings durch *Veränderung oder Beseitigung der Vegetationsdecken in Teilen der Erde* deutlich nachweisbar. Theoretisch muß ein durch weltweite Klimaänderung oder durch anthropogene Eingriffe verursachter Wechsel von Wald zu (Gras- oder Kultur-) Steppe oder von Gras- und Gebüschformationen zu (Halb- oder Voll-) Wüsten die Albedo (Ottermann, 1977) und den Energiehaushalt, die Rauhigkeit und damit Turbulenz und Windeinflüsse auf die Oberfläche, die Verdunstung und damit den Wasserdampfgehalt der Luft mit ihren Folgen für Bewölkung und Niederschlag sowie schließlich auch den Wasserhaushalt des Bodens im Verhältnis von Abfluß und Versickung entscheidend verändern. Besonders aktuell und auch am relativ besten nachprüfbar sind in dieser Hinsicht die anthropogene Degradation der natürlichen Vegetationsdecken *beim Rodungsvorgang*, bei der Brandrodungs-Wechselwirtschaft oder beim Vorrücken der Wüste durch Überweidung rand- bzw. subtropischer Trockensteppen. Über die von Seiten der Geographie besonders interessanten Aspekte solcher Eingriffe in die natürliche Landschaft orientiert in zusammenfassender Kürze der Artikel von Flohn (1975). Aus den Abschätzungen der Strahlungsbilanz für Wald, Ackerland und Grasland in Mitteleuropa zu 50, 45, 35 Kilolangley pro Jahr durch Baumgartner (1970) hat Flohn (1973) als Folge der Umwandlung des ursprünglichen Mischwaldes in die heutige *Kulturlandschaft Mitteleuropas* eine Abnahme der Strahlungsbilanz um 12% und der Evapotranspiration um 23% sowie eine Zunahme der an die Luft abgegebenen Wärme um 21% als grobe Orientierungswerte kalkuliert. Nach Baumgartner (1970) haben die Beobachtungen in verschiedenen Versuchsgebieten ergeben, daß sich in Mitteleuropa beim Roden des Waldes das Verhältnis von Verdunstung zum Niederschlag von 52 auf 42% verringert bei einer gleichzeitigen Zunahme des Verhältnisses von Abfluß zu Niederschlag von 48 auf 58%. Im Wasserhaushalt eines Gebietes wird also die Abgabe an die Luft kleiner und die ungenutzte Abführung größer. Lettau (1975) kam in einer Simulationsrechnung nach der von ihm entwickelten Methode der Klimatonomie [s. Kap. I] für das Modell einer bewaldeten bzw. gerodeten Landschaft in Mitteleuropa auf 432 mm Verdunstung pro Jahr für den ersten, 340 mm für den zweiten Fall. Der Abfluß stieg bei angenommener Rodung von 288 auf 380 mm/Jahr. In all diesen Kalkulationen muß man die Voraussetzung machen, daß sich das von der Zirkulation beherrschte Großklima nicht geändert hat. Inwieweit aber solche Schwankungen doch angenommen werden müssen, darauf wird noch zurückzukommen sein.

Die *Wirkung von trübenden Teilchen*, die bei großräumigen Rodungs- und Savannenbränden oder durch Aufwirbeln von der nackten Oberfläche in überweideten Trockengebieten vom Boden in die A. gebracht werden, läßt sich aus modellhaften Betrachtungen (McCormick and Ludwig, 1967) und Rechnungen des Strahlungshaushaltes abschätzen. Wichtig ist dabei neben der diffusen Reflexion vor allem die Absorption [s. Kap. IIb) 3.] der Sonnenstrahlung (Flohn, 1975). Die erstere bewirkt eine Veränderung der Zusammensetzung der zum Boden gelangenden direkten und indirekten kurzwelligen Strahlungskomponenten sowie eine drastische Herabsetzung der Sicht. *Größere Konsequenzen hat die Absorption.* Sie führt zu Erwärmung der Staubschichten in der Höhe, was einerseits durch Zunahme der infraroten Gegenstrahlung eine Erhöhung besonders der Nachttemperaturen in den bodennahen

Luftschichten und andererseits eine allgemeine Stabilisierung der Schichtungsbedingungen mit den daraus folgenden Konsequenzen für Turbulenz, Konvektion, Wolken- und Niederschlagsbildung bewirkt. (Erwärmung oben führt zur Verringerung des hypsometrischen Temperaturgradienten, im Extremfall zu einer Temperaturinversion, die eine Sperrschicht für alle vertikalen Luftbewegungen darstellt; [s. Kap. II.c) 5.]; (genauere Ableitung Weischet, 1977, S. 173ff.). Lettau (1969) hat am *Beispiel für London* den Effekt einer Zunahme der Trübung durchgerechnet. Es ergibt sich, daß die am Boden verfügbare kurzwellige Strahlung zwar kleiner geworden ist, die Heizungsfunktion der A. aber erheblich zunimmt. Flohn (1975) schätzt, daß die Tag- und Nachttemperatur in den von Savannenbränden beeinflußten Bereichen um 1–2° zunimmt. Schlimmer sind Konsequenzen für den Niederschlag in den *Trockengebieten von Pakistan/Rajasthan*. Dort enthält der Untergrund zum Unterschied von der Sahara, wo die Dunsttrübung relativ gering ist, einen wesentlich größeren Anteil an den entscheidenden Partikelgrößen kleiner als 2μm (entspricht dem Löß). Bryson and Baerreis (1967) haben das Trockengebiet NW-Indiens als ein Musterbeispiel zum Studium der Entstehung einer anthropogenen Wüste dargestellt. Durch Überweidung wurde der Weg zur Aufwirbelung des Staubes frei. Dieser wiederum trägt zur Stabilisierung der atmosphärischen Schichtung bei und führt so zu einer Reduktion der konvektiven Niederschläge in der Sommermonsunzeit. Abhilfe sei durch konsequente Einschränkung der Beweidung möglich. In verschiedenen Gebieten ist nachgewiesen, daß sich fast vegetationsleere Flächen binnen weniger Jahrzehnte wieder mit einer Halbwüsten- und Trockensteppenvegetation bedeckten, wenn sie vor den Herden der Ziegen, Schafe und Kamele geschützt wurden. (Beispiele in Jodhpur bei 25 cm, bei Khartum bei 15 cm und bei Nefta in Südtunesien bei nur 7 cm Regen pro Jahr; Flohn, 1975, S. 144).

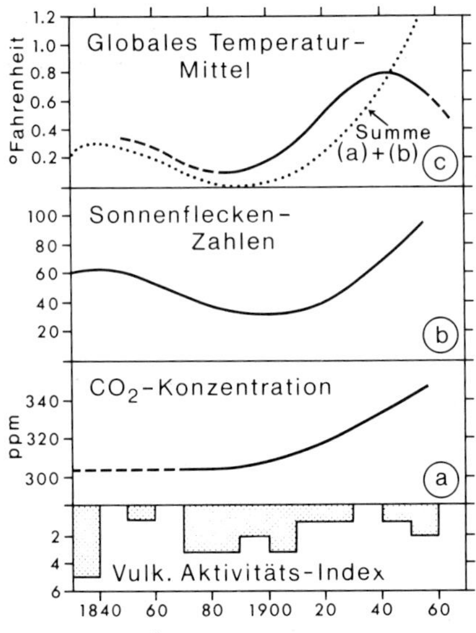

Abb. VII.a)2. Säkulare Änderung der globalen Mitteltemperatur, der Sonnenfleckenzahlen, der CO_2-Konzentration und des vulkanischen Aktivitätsindex von 1840–1960. (Nach Mitchell, 1961). Die Übereinstimmung von a + b mit der Temperaturkurve erweist sich nach der Umkehr des globalen thermischen Trendes nach 1940 als nur scheinbarer kausaler Zusammenhang

Im globalen Maßstab erscheint folgende Betrachtung über den *Einfluß der wachsenden Staubbelastung* der A. im Zusammenwirken mit anderen Einflußparametern des klimatischen Systems sachlich und methodisch interessant. Mitchell hat 1961 ein Diagramm veröffentlicht (Abb. VII.a) 2), in welchem er die Veränderung der globalen Mitteltemperatur seit 1880 mit dem Gang der Sonnenfleckenzahlen, der CO_2-Konzentration und dem Index der Vulkantätigkeit für den gleichen Zeitraum in Beziehung setzt. Bis 1940 laufen Sonnenfleckenzahl und CO_2-Konzentration dem bis zu dieser Zeit zu verzeichnenden Temperaturanstieg synchron und scheinen somit den Temperaturtrend hinreichend zu erklären. Welche Vorsicht bei solchen Urteilen geboten ist, zeigt sich aber am Zeitraum danach, als die Mitteltemperatur ganz deutlich zurückging, die Faktoren, die man vorher als Ursache verdächtigen konnte, aber in der gleichen Weise wie vorher weiter anstiegen. Es mußte also wenigstens noch eine andere Ursache im Spiel und von solcher Stärke sein, daß sie die anderen überkompensierte. Mitchell (1961) wies auf den Staub vulkanischer Eruptionen als möglichen Einflußfaktor hin, fügte allerdings gleich hinzu, daß dies auch nicht befriedigen könne. Die Eruptionen von 1902–1912 fallen ausgerechnet auf den Anfang der Erwärmungsphase und die Vulkantätigkeiten im Hinblick auf die Temperaturdepression setzten erst 1953 ein, nachdem der Temperaturtrend bereits abwärts ging. Bryson (1971) zieht daraus die Konsequenz, daß außer dem vulkanischen Staub noch *die anthropogen verursachte Staubvermehrung* als wesentlicher Einflußfaktor berücksichtigt werden müsse. Als Beleg für diese Vermehrung wird einerseits eine Analyse des Staubgehaltes in verschieden alten Schichten des Gletschereises im hohen Kaukasus durch Davitaya (1965) und andererseits die Veränderung des Linke'schen Trübungsfaktors [s. Kap. II.d)] auf dem Gipfelobservatorium des Mauna Loa mitten im Pazifik, weit weg von allen Staubquellen angeführt (Abb. VII.a) 3). Diese Messungen zeigen in der Tat nach 1930 einen ersten, nach 1950 einen zweiten rapiden Anstieg, weisen also nach Bryson in die Richtung der weltweiten Abkühlung. Davitaya (1965) selbst hatte allerdings seine Meßwerte anders interpretiert,

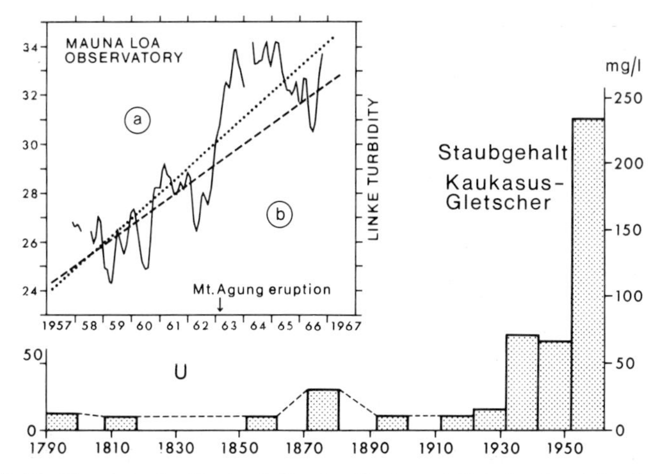

Abb. VII.a)3. Zunahme des Staubgehaltes der Kaukasus-Gletscher (nach Davitaya, 1965) und des Linkeschen Trübungsfaktors am Mauna Loa-Observatorium auf Hawaii (nach Bryson, 1971)

nämlich als Ursache des Abschmelzens der Gletscher und der „Erwärmung des Klimas". Man möge daraus ersehen, daß das Fundament der Aussage immer unsicherer wird, je größer die Dimension der in Betracht gezogenen Räume der Erde wird. Daraus kann man wieder die Folgerung ziehen, daß die A. als dynamisches System auf Einwirkungen von außen so reagieren kann, daß durch Umsteuerung der allgemeinen Zirkulation regional sehr unterschiedliche thermische Konsequenzen resultieren, die sich möglicherweise im globalen Mittel weitgehend wieder aufheben. Abgesehen davon sind für diese globale thermische Mittelbildung die Informationspunkte sehr ungleich verteilt und es besteht die Gefahr der Abhängigkeit des Rechenwertes von dem jeweils zur Verfügung stehenden Datenkollektiv.

Die vorausgegangene Darstellung diente im wesentlichen dazu, einen mit Beispielen untermauerten deduktiven systematischen Überblick über die Beeinflussungs- und Reaktionsmöglichkeiten des klimatischen Systems zu geben. Sie weist hinsichtlich der Beispiele sicher eine Einseitigkeit auf, die aber im Rahmen dieses Buches allein aus Raumgründen in Kauf zu nehmen war. Für einen vollständigen modernen Überblick steht das Standardwerk von Lamb (1972, 1977) zur Verfügung, das mit den entsprechenden ausführlichen Literaturverzeichnissen 597 (Bd. 1) und 802 (Bd. 2) Seiten umfaßt. Es sind aber vielleicht trotz der Kürze und anderer Mängel drei *grundsätzliche Gesichtspunkte* klar geworden:

Erstens beinhaltet das klimatische System variable *Einflußfaktoren mit dimensionsverschiedenen Veränderungszeiträumen*. Einerseits sind alle Veränderungen im geographischen Bild der Erdkruste einschließlich der Pollagen nur in solch langen Zeiträumen (10^7-10^9 Jahre) möglich, daß man den aktuellen Zustand für die meisten Betrachtungen von Klimaschwankungen bis zum Beginn des Pleistozäns zurück als konstant ansehen kann. Andererseits gibt es Variablen wie die Schneedecke, ozeanische Wirbel mit kalten und warmen Oberflächentemperaturen, CO_2- und Staubgehalt der A. mit ihren Verursachern (Vulkane und anthropogene Eingriffe), die in der Größenordnung von Jahren oder sogar etwas weniger variieren können. Und dazwischen liegen jene Veränderungsmöglichkeiten über Jahrzehnte bis wenige Jahrtausende, verbunden mit den Eisschilden, mit dem Meereis, den Gebirgsgletschern, sowie dem Wandel in der Vegetationsdecke. (Die Verbauung bestimmter Teile der Erdoberfläche durch Stadtagglomerationen ist weggelassen. Sie ist erstens keine Schwankung sondern gerichtete irreversible Veränderung und zweitens lokal determiniert, wie in einem besonderen Abschnitt über das Stadtklima dargelegt wurde).

Zweitens können lange *Perioden sich* gegenseitig, kürzerperiodische die längerperiodischen Variablen *überlagern.*

Drittens kommt zu allem noch die *Autovariation des Zirkulationssystems* der A. hinzu, das am schnellsten reagiert und das auf einen gleichen Anstoß für das Gesamtsystem durch eine Umstellung in sich an unterschiedlichen Orten Veränderungen mit unterschiedlicher Tendenz verursachen kann.

Und schließlich ist viertens aus dem Gesagten evident, daß man für die Analyse verschieden langer und unterschiedlich weit zurückreichender Klimaschwankungen auf *grundverschiedene Informationen* über die Fakten von Klimaänderungen und über die möglichen Einflußfaktoren angewiesen ist. Flohn (1960) hat dazu den Vergleich mit der Geschichte sowie der Früh- und Vorgeschichte herangezogen. Die „geschichtlichen Klimaschwankungen" lassen sich an vorhandenen *Meßreihen* beurteilen, für „frühgeschichtliche" ist man auf *chronistische Aufzeichnungen* und für „vorgeschichtliche" auf *indirekte Klimazeugen* angewiesen.

b) Klimate der geologischen Vergangenheit, Paläoklimatographie

1. Die Paläoklimatographie und der neue Ansatz

Aussagen über Klimaschwankungen im Laufe der Erdgeschichte sind angewiesen auf *Klimaindizien bzw. -zeugen* (engl. „*proxydata*"). Das sind im Prinzip alle biologischen, geomorphologischen, pedologischen und geologischen Phänomene, die in irgendeiner Weise klimaabhängig sind. Bestimmte Tier- und Pflanzenarten können, fossilisiert oder durch Pollen repräsentiert, Hinweise auf bestimmte klimatische Umweltbedingungen zu ihrer Lebzeit geben. Moränen mit ihren typischen Material- und Lagerungsverhältnissen, als Tillite in alten Sedimenten verfestigt, gekritzte Geschiebe und ggf. auch bestimmte fluviatile Ablagerungen sind Hinweise auf Vereisungsbedingungen. Kare können zu Aussagen über die Gebirgsvergletscherung, ihre Höhenlage, über die Lage der Schneegrenze verwendet werden. Periglaziale Bodenstrukturen (Eiskeile, Kryoturbationen, Polygonböden, Pingos, Palsen) setzen zu ihrer Bildung Frostboden voraus. Dünen und vor allem Lößablagerungen legen trokkenkaltes Klima nahe. Fossile Böden lassen Rückschlüsse auf die Existenz chemischer Verwitterung und evtl. sogar noch weitergehende Schlußfolgerungen auf die Intensität dieser Verwitterung zu (Laterite kennzeichnend für wechselfeuchtes, Kaolisole für feuchtes Tropenklima). Salzablagerungen dienen als Ariditätszeugnisse, Strandterrassen als solche höherer Wasserstände, evtl. größerer Niederschläge oder erhöhter Humidität. Wenn die benannten Zeugen dann als *erste notwendige Bedingung* die erfüllen, daß sie sich *zeitlich* halbwegs genau einordnen oder gar absolut *datieren lassen*, so kann man mit ihnen eine *Klimatographie* bestimmter Erdepochen erarbeiten, in denen allgemeine Aussagen über die Klimacharakteristika gemacht und die Probleme diskutiert werden, wie bestimmte Zeugen im Hinblick auf klimatologisch fundamentale Einzelelemente zu interpretieren sind. Es lassen sich bei besonders guter Informationslage auch *paläogeographische Karten* über die physisch-geographischen Naturbedingungen in gewissen Epochen erstellen. Das ist besonders für das Eiszeitalter wegen der relativen Nähe zur Gegenwart und den ausnehmend zahlreichen und markanten Klimazeugen der Fall. Auf diesem Forschungsgebiet sind von Seiten der Geomorphologen, Glazialgeologen, Paläobotaniker und Klimatologen besonders in den Jahrzehnten zwischen 1930 und 1960 große Erfolge erzielt worden. Die Ergebnisse sind inzwischen niedergelegt in speziellen Lehr- und Handbüchern der Paläoklimatographie, von denen die der Geologen Schwarzbach (1961) und Nairn (1961), 1964) sowie der Paläobotaniker Firbas (1949) und Frenzel (1967) genannt seien. Oder sie wurden als ausführliche Kapitel in die Glazialgeologien bzw. klimagenetischen Geomorphologien wie in die von Woldstedt (1961) oder Kurtén (1972) bzw. Büdel (1977) aufgenommen. Auch die entsprechenden Abschnitte der ersten und zweiten Auflage der vorliegenden Klimageographie beziehen sich im wesentlichen auf diese Forschungsergebnisse.

Es kann nicht die *Aufgabe der Neubearbeitung* sein, dies alles wiederholend zu referieren, da seither in dieser Forschungsrichtung nichts wesentlich Neues hinzuge-

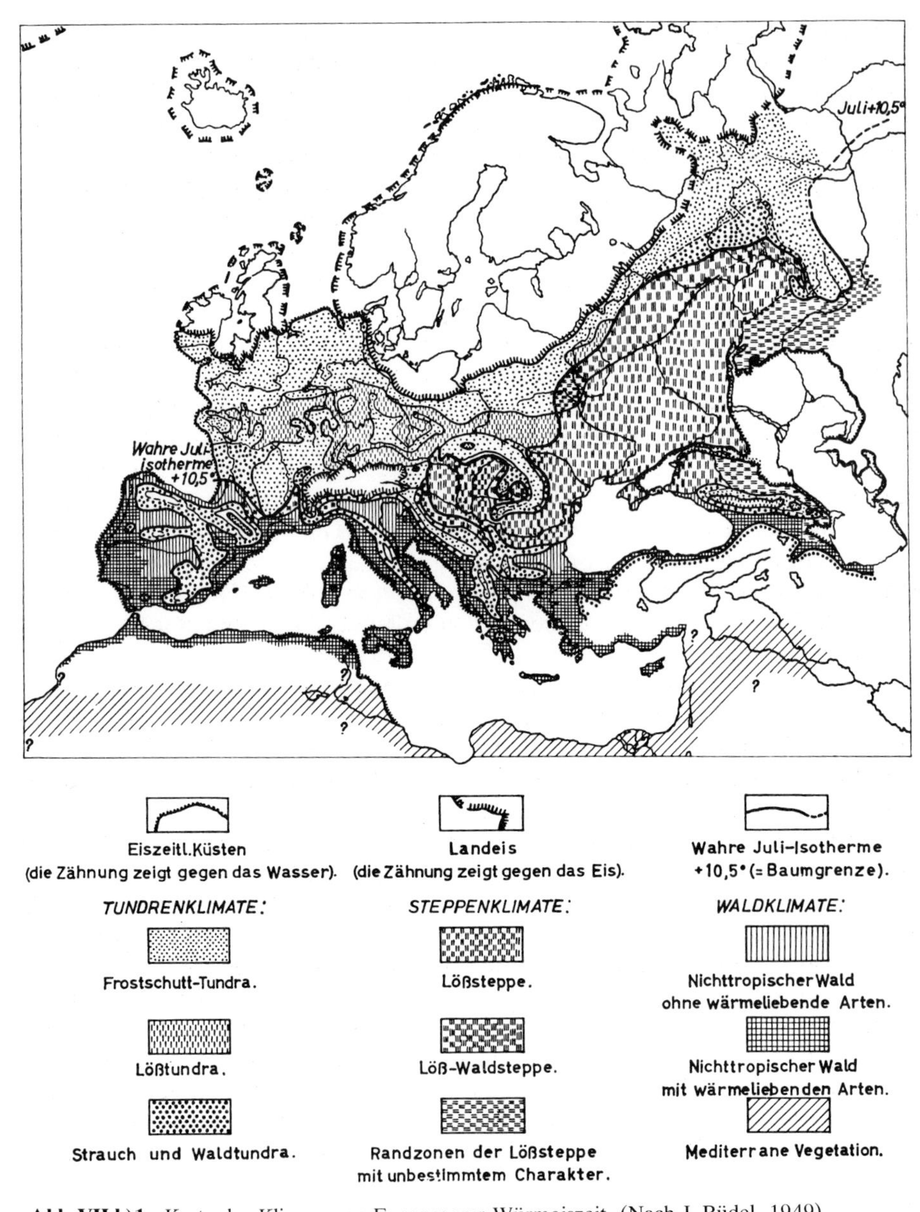

Abb. VII.b) 1. Karte der Klimazonen Europas zur Würmeiszeit. (Nach J. Büdel, 1949)

kommen ist. Der Schwerpunkt hat sich nach der paläogeographischen Aufnahme mehr auf die geophysikalische Modellentwicklung verlagert. Eine erhebliche Verengung der Betrachtungsweise läßt sich freilich dabei nicht übersehen. Der angestrebte *Wandel von der Paläoklimatographie zur Paläoklimatologie* sei an Hand der Abb. VII.b) 1 als Beispiel demonstriert. Die betreffende Karte von Büdel ist auch in Woldstedt (1954) und Schwarzbach (1961) mit der Unterschrift „Klimazonen

Europas zur Würmeiszeit" enthalten. Aber es ist doch eigentlich eine Karte der physisch-geographischen oder der Landschaftszonen Europas, die natürlich unter der Voraussetzung aktualistischer Betrachtungsweise irgendwie ein Abbild des klimatischen Gesamtcharakters zu der betreffenden Zeit geben. Das *Problem* für eine im modernen Sinne klimatologische Argumentation besteht in diesem Fall wie bei allen Klimazeugen in *der Kalibrierung*, d. h. in der Herstellung eines möglichst engen Bezuges zwischen dem Klimazeugen und einem oder mehreren von ihm repräsentierten klimatologischen Parametern. Im vorliegenden Fall ist ein einziger derartiger klimatologischer Bezug in der Karte enthalten: die 10,5°-Juli-Isotherme. Sie ist identifiziert mit der damaligen polaren Baumgrenze. Auch das ist ein sehr indirekter Bezug, beruht er doch auf der Annahme, daß die lockere räumliche Koinzidenz, die in der Gegenwart zwischen polarer Baumgrenze und dem Verlauf der 10,5°-Juli-Isotherme im Innern der Nordkontinente unter den Strahlungsbedingungen nahe dem Polarkreis festzustellen ist, auch unter den veränderten Strahlungsbedingungen in 45–48° erhalten bleibt. Da der durch die 10,5°-Isotherme zu repräsentierende ausschlaggebende Einflußfaktor die Dauer der Vegetationsperiode ist, und da diese sich nur über einen Zeitraum von $1^1/_2$–2 Monate erstreckt, kann die Korrelation zwischen elementarem Repräsentationswert und ökologischem Klimaindiz eine sehr enge sein und erwartet werden, daß der Einfluß strahlungsklimatischer Unterschiede ziemlich klein bleibt, so daß die mit Hilfe der Baumgrenze angegebenen Temperaturwerte die bestmöglichen sind (Weischet, 1954).

Damit sind aber genügend genaue, auf Klimaelemente gezielte Aussagen auf Grund floristischer Befunde erschöpft. Wenn man für die gleiche Zeit noch die Höhenlage der klimatischen Schneegrenze und die von Poser (1948) dokumentierte Verbreitung von Löß- und Lehmkeilen als Zeugen heranzieht und sie in ein „klimatologisches Kreuzverhör" nimmt, so lassen sich noch die Angaben machen, daß in Mitteleuropa die Jahresmitteltemperatur in der Luftschicht zwischen 1000 und 2000 m um 8–10° geringer, in Mitteldeutschland die Wintertemperatur am Boden um mindestens 16° niedriger lag als zur Gegenwart (Weischet, 1954). Damit sind aber die Möglichkeiten des klimatischen Kalibrierens der paläogeographischen Bedingungen bereits im wesentlichen ausgenutzt. Und dabei gilt alles nur für einen zeitlich als „Würmeiszeit" (d. i. ein Zeitraum von ungefähr 60000 Jahren) oder „Hochstand der letzten Vereisung" (~20000 Jahre) relativ vage definierten Zeitabschnitt. Die Entwicklung vor- und nachher bleibt im Dunkeln, für die Untersuchung von Klimaschwankungen, ihren Ursachen und eventuellen Periodizitäten eine sehr nachteilige Tatsache, wenn man sich die zeitlichen Angaben vor Augen hält, die im Zusammenhang mit dem Ablauf der Eiszeit und des Postglazials inzwischen gemacht werden können.

Den *modernen Trend in der Erforschung von Klimaschwankungen der geologischen Vergangenheit* kann man ungefähr so umreißen: Gesucht werden einerseits Klimazeugen mit folgenden Eigenschaften: Sie sollen eine sehr enge, möglichst physikalisch direkte Abhängigkeit von Klimaelementen aus den ersten Gliedern der klimatologischen Kausalkette, vor allem also mit jenen aufweisen, die in der Energieverteilung und -bilanzierung eine Rolle spielen. Sie müssen kalibrierbar sein und sollen, möglichst wie in einer fortlaufenden Registrierung, eine zeitliche Sequenz wiedergeben, in der absolute Zeitmarken angebracht werden können. Andererseits werden Zeugen für Veränderungen von Einflußfaktoren innerhalb und außerhalb des klimatischen Systems gesucht, die ebenfalls hauptsächlich auf Energieverteilung und -bilanzierung einwirken, und deren Wirkungsablauf rekonstruierbar ist. So spielen vor allem thermische Klimazeugen und Indizien für quantifizierbare Veränderungen der die Energiebilanz beeinflussenden Faktoren wie absorbierende und reflektierende Materien in der A. (Trübungsteilchen, CO_2-Gehalt z. B.) oder an der Erdoberfläche (vor allem Eis und Schnee, aber auch Wüsten z. B.) eine besondere Rolle. Hat man solche Informationen erlangt, kann man die Veränderungen der betreffenden Parameter in Modellrechnungen über den Ablauf der atmosphärischen Zirkulation einsetzen (z. B. das von Manabe et. al. 1967, 1972) und die Reaktion des Gesamtsystems auf die eingegebene Veränderung studieren. Das kann erfolgen in der einfachen Form eines Austauschmodells, wie es von Ångström (1935, 1949) z. B. entworfen wurde, oder aber in der rechenaufwendigen Form moderner numerischer Modelle, die entweder zur Verwendung von aktuellen Vorhersagen oder zur speziellen Klimasimulation entwickelt wurden (Lorenz, 1970 u. Gates, 1975 in Übersichten).

Ermöglicht wurden solche Forschungsansätze durch die Fortschritte auf den Gebieten der Isotopentrennung, der elektronischen Rechenanlagen sowie der Tiefsee- und Eisbohrtechnik. Eine entscheidende Voraussetzung zur Erlangung einer genauen Informationsbasis stellen die Methoden für die absolute Altersfeststellung dar.

2. *Paläoklimatische Datierungsmethoden*

Radiocarbon-Methode (C^{14}-Datierung). Die von Libby (1954) zuerst vorgeschlagene und inzwischen weltweit mit großem Erfolg angewandte Methode zur absoluten Altersbestimmung bedient sich des radioaktiven Kohlenstoff-Isotops C^{14}, das in kleinen Mengen im Kreislauf von A. und organischer Substanz enthalten ist. Gebildet wird C^{14} in der Stratosphäre durch Reaktion von Stickstoff mit einem Neutron der kosmischen Strahlung (Lingenfelter, 1963). Nach der Oxydation zu $^{14}CO_2$ wird es mit dem normalen Kohlendioxyd in der ganzen A. und von dort ins Wasser und alle Lebewelt verteilt. *Entscheidend wichtig* ist dabei zunächst, daß beim Einbau in die pflanzliche Materie im Zuge der Assimilation das Verhältnis von C^{14} zu den stabilen Isotopen des Kohlenstoffs C^{12} und C^{13} nach physikalischen Gesetzen mit demjenigen gekoppelt ist, wie es in der A. vorhanden ist, und daß nach dem Tod der Pflanze kein weiterer Austausch zur Herstellung des Gleichgewichtes mit der A. mehr eintritt. Die dann enthaltene Menge C^{14} pro Gewichtseinheit organischer Pflanzensubstanz kann nur noch kleiner werden, da das C^{14} im Laufe der Zeit unter Freisetzung von β-Strahlen wieder in Stickstoff zurückverwandelt wird. Die C^{14}-Uhr beginnt mit dem Tod des Organismus zu laufen. Für die Tierwelt, die direkt oder indirekt von der Pflanzenwelt lebt, gilt im Prinzip das gleiche, weil über den Ernährungskreislauf mit geringer Zeitverzögerung das aus der A. in die Pflanzen übernommene Eingangsgleichgewicht zwischen radioaktivem und stabilem Kohlenstoff auch an alle lebenden Tiere weitergegeben wird.

Unmittelbar nach dem Absterben liefert die (in CO_2 überführte, also sorgfältig oxydierte) Kohlenstoffmenge organischer Substanz pro Gramm ungefähr 70 radioaktive Zerfälle (counts = β-Freisetzungen) in der Minute. Nach 5730 $\pm$ 40 Jahren (Halbwertszeit), wenn die Hälfte des ursprünglich vorhandenen C^{14} zerfallen ist, sind es dementsprechend nur noch 35, nach 11500 Jahren noch 17,5, nach 23000 Jahren im Mittel nur noch etwas mehr als 4 Zähler pro Minute. Den Wert von 5730 Jahren hat man dadurch herausgefunden, daß man an vielen Proben organischer Substanz, für die der Zeitpunkt des Absterbens unabhängig von der C^{14}-Methode ermittelt werden konnte, die C^{14}-Uhr gewissermaßen geeicht hat. Der genannte Wert ist der genaueste, den man im Laufe der Zeit ermitteln konnte. Einmal bekannt, kann man mit ihm an einer Probe mit dem Geigerzähler gemessene radioaktive Zerfälle pro Minute in das Alter der entsprechenden organischen Substanz umrechnen. Das ist aber für Reste von Lebewesen, die vor Jahrtausenden gelebt haben, nur möglich, wenn man voraussetzen kann, daß zur Zeit ihres Absterbens die gleiche Menge von C^{14}-Atomen in der oberen A. gebildet und über den o. g. Weg an die Pflanzen gebracht wurde wie in der Gegenwart. Tatsächlich stimmt das für den möglichen Anwendungszeitraum im großen und ganzen. Gewisse Schwankungen in der Vergangenheit auf Grund von Veränderungen im erdmagnetischen Feld, welches die kosmische Strahlung teilweise ablenkte, lassen sich zeitlich fixieren (Bucha, 1970, Eddy, 1977 mit entsprechendem Bezug auf Dendochronologie), so daß *Korrekturen* an betroffenen C^{14}-Daten angebracht werden können. Eine stärkere Beeinträchtigung trat in den vergangenen Jahrzehnten durch Atomexplosionen in der A. und dadurch ein, daß im Zuge des Anwachsens des CO_2-Gehalts der A. durch Verbrennung fossiler organischer Substanzen (Kohle, Erdöl vor allem) das Mischungsverhältnis verändert wurde, da die genannten Brennstoffe nur noch C^{14}freien Kohlenstoff beinhalten. Die Datierungen werden deshalb auf die Zeit vor der Veränderung, auf 1950 als Gültigkeitstermin der o. g. Halbwertszeit bezogen.

Die größten *Schwierigkeiten*, die sich der Anwendung von C^{14}-Datierungen entgegenstellen, sind *technischer Art*. Zunächst werden relativ große Mengen organischer Substanz benötigt (40 g Holzkohle, 300 g Muschelschalen oder 500–1000 g Knochen z. B.). Dadurch fällt die Methode für Tiefsee-Sedimente schon weitgehend aus. Und vor allem werden die counts des in dicken Bleikammern eingeschlossenen CO_2-Gases der Proben trotz aller apparativen Raffinessen überlagert von einer der Herkunft nach noch unbekannten „Hintergrund-Radioaktivität", die rund 13 counts pro Minute liefert. So wird bei Altersbestimmung ab 35000 Jahren der Fehler nicht mehr genau angebbar. Die äußerste Grenze der Anwendbarkeit liegt bei 50000–60000 Jahren. Weitere Einzelheiten der Methode s. Lamb, 1977, S. 60–68).

Die Protactinium-Ionium-Methode. Jenseits der Grenze möglicher C^{14}-Datierungen bedient man sich der Protactinium-Ionium-(Pa^{231}/Th^{230}-)Methode (Rosholt et al., 1961, Rona and Emiliani, 1969 oder Lamb, 1977, S. 68–70). Sie beruht auf dem radioaktiven Zerfall von $Uran^{238}$ und $Uran^{235}$, die jeweils mit ihren Zerfallsprodukten in winzigen Mengen im Meerwasser enthalten sind. In der Sequenz von U^{238} zu Blei entsteht als Zwischenprodukt Ionium (Th^{230}), in der Aktiniumreihe von U^{235} zu Blei Protactinium (Pa^{231}). *Tonminerale*, die vom Festland her ins Meer geschwemmt werden, *nehmen* während ihres langsamen Absinkprozesses *alle radioaktiven Materialien* im gleichen Mengenverhältnis auf, wie es im Wasser vorhanden ist. Mit der Sedimentation hört dann der Austauschkontakt mit dem Ozeanwasser auf und die Protactinium-Ionium-Uhr beginnt zu laufen. Sie beruht darauf, daß Th^{230} bei einer Halbwertszeit von 75000 Jahren langsamer zerfällt als Pa^{231}, dessen Menge bereits in 32000 Jahren jeweils um die Hälfte kleiner wird. Mit wachsendem Sedimentationsalter muß sich also das Mengenverhältnis zu Gunsten des Ioniums gesetzmäßig verändern. Die Veränderungsquoten zwischen Tonproben von oben und unten in einem Bohrprofil lassen sich somit in Zeitdifferenzen umrechnen. So ist eine Möglichkeit gegeben, das zwischen dem Ton eingelagerte Material organischer Herkunft zeitlich einzuordnen. Diese Methode ist inzwischen von einer ganzen Reihe von Forschern *auf Bohrkerne von Tiefsee-Sedimenten* aus verschiedenen Teilen der Weltmeere angewandt worden (s. Literaturverzeichnis). Die Fehlerschwankung wird für Proben aus der Karibik mit ± 1000 Jahren bis 30000 Jahre zurück, mit ± 6000 Jahren für die Zeit vor rund 150000 Jahren (Lamb, 1977, S. 69), die *Reichweite* der Methode auf *rund 200000 Jahre* angegeben.

Für Extrapolationen darüber hinaus ist man zunächst einmal auf die Annahme angewiesen, daß in konstanten Zeiten konstante Sedimentationsmächtigkeiten abgelagert wurden. Eventuellen Veränderungen kann man mit Hilfe einer Mikrostratigraphie der Sedimentproben entgegenarbeiten, da bei langsamer Akkumulation relativ große Mengen von Foraminiferenschalen vorhanden sind, während das Material schneller Akkumulation von feinkörniger, anorganischer Materie beherrscht wird. Die *Akkumulationswerte* sind für verschiedene Teile der Ozeane natürlich sehr unterschiedlich (pro 1000 Jahre wurde festgestellt im Golf von Aden 90 cm, im westlichen Mittelmeergebiet 30 cm, im Indischen Ozean nahe an der afrikanischen Küste 20 cm. 2,5 cm gelten als typischer Wert für den Atlantik, 1 cm für den äquatorialen Pazifik, s. Lamb, 1977, S. 82).

Die Kalium-Argon-(^{40}K/^{40}A)-Methode. Für weiter als 200000 Jahre zurückliegende Klimaschwankungen ist man auf eine Zeitmarkierung mit Hilfe der Kalium-Argon-(^{40}K/^{40}A-)-Methode und eventuell auf den Wechsel im erdmagnetischen Feld angewiesen. Die erstgenannte Methode liefert relativ genaue Bestimmungen für einzelne günstige Punkte, die andere hat den Vorteil, entsprechende Informationen aus verschiedenen Teilen der Erde weltweit miteinander parallelisieren zu können.

Die ^{40}K/^{40}A-Methode beruht darauf, daß in allen kaliumhaltigen Gesteinen neben dem stabilen Isotope ^{39}K eine sehr kleine Menge des radioaktiven ^{40}K enthalten ist, das mit einer Halbwertszeit von $1300 \cdot 10^6$ Jahren unter Bildung des Edelgases Argon in normales Kalium übergeht. Aus der Menge des Argons, das im Gestein entsprechender Proben gespeichert ist, und dem Vergleich mit dem Kalium/Argon-Verhältnis der gleichen Probe läßt sich die Bildungszeit des Gesteins erschließen. Der Fehler wird mit 100000 Jahren bei Gesteinen angegeben, die rund 1 Mill. Jahre alt sind.

Das *erdmagnetische Feld* zwischen dem magnetischen Nord- und Südpol verursacht bei der Kristallisation erstarrender magmatischer Gesteine einen sog. remanenten Magnetismus durch Einregelung bestimmter Kristalle entsprechend den magnetischen Feldlinien. 1964 haben Harrison and Funnell an ozeanischen Sedimenten gezeigt, daß im Laufe der Erdgeschichte das erdmagnetische Feld verschiedentlich umgekehrt worden ist. Inzwischen ist durch systematische Forschung an vielen Stellen im Ozean herausgefunden worden, daß *Epochen mit „normaler“*, d. h. der gegenwärtigen entsprechenden Anordnung des Feldes, *und umgekehrter Polarisierung* in der Größenordnung von 1 Mill. Jahren (bei einer Variabilität zwischen mehr als 10 Mill. und unter 100000 Jahren) gewechselt haben, und daß zwischendurch plötzliche kurzfristige Wechsel (sog. *events*) aufgetreten sind. Über die Gründe gibt es nur hypothetische Annahmen. Da die erdmagnetischen Effekte weltweit synchron auftreten müssen, lassen sich die Ergebnisse an verschiedenen Erdstellen miteinander parallelisieren. So ist durch systematische Profilbohrungen beiderseits des mittelatlantischen Rückens auf großen Entfernungen ein horizontales Nebeneinander von Laven unterschiedlicher Magnetisierungsrichtung festgestellt worden. Da diese Laven aber alle über dem Magmaherd des Rückens erstarrt sind, müssen sie seit der Zeit ihrer Bildung an den Ort ihres heutigen Vorkommens verschoben sein, ein Hinweis auf den Spreizungsvorgang des Tiefseebodens und das Auseinanderrücken von Südamerika und Afrika. *Mit der Kalium-Argon-Methode* lassen sich nun an besonders günstigen Stellen *Zeitmarken in die erdmagnetischen Epochen* legen (Cox, 1969). Die jüngste normale wird als Brunhes-Epoche bezeichnet und reicht bis ca. 690000 Jahre zurück. Wenn eine Tiefseebohrung nun günstige magnetisierte Sedimente aufweist, so lassen diese eine Altersdatierung der organischen Zwischenlagen zu, die ihrerseits paläoklimatische Informationen [s. Kap. VII.b) 3.)] liefern (z. B. Emiliani and Shackleton, 1974; entsprechendes Diagr. bei Lamb, 1977, S. 311).

Warven- und Dendrochronologie. In den Zeitabschnitt möglicher C^{14}-Datierungen passen sich zwei *klassische Methoden absoluter Altersfeststellung* ein: Die Warven-Chronologie und die Dendro-Chronologie.

Warven sind Bändertone, die in Seebecken vor dem abschmelzenden pleistozänen Eis abgelagert worden sind. Im Rhythmus von Sommer und Winter verändert sich die Menge und das Korngrößenverhältnis der zugeführten Fracht, so daß die gesamte Seebeckenablagerung aus einer Abfolge von Bändern besteht, die jeweils unten mit relativ grobkörnigem Material ansetzen und nach oben in feinkörniges übergehen und von feinsten abgeschlossen werden bevor das nächste grobkörnige beginnt. De Geer hat diese Ablagerungen benutzt, um durch systematische Auszählung und Aneinandereihung der Jahreswarven den Rückzug des skandinavischen Eisschildes am Ende der letzten Vereisung zeitlich nachzuvollziehen. Die Methode ist in allen Glazialgeologien und -morphologien sowie bei Frenzel (1967) und Lamb (1977) näher beschrieben. Besonders sichere Zeitabfolgen konnten herangezogen werden, um für die in den Sedimenten enthaltenen organischen Materialien das nach der C^{14}-Methode bestimmte Alter zu eichen. Fromm (1970) hat dann umgekehrt nach Absicherung der C^{14}-Datierung die schwedische Warvenchronologie überprüfen können. Mit der Methode ist in verschiedenen Teilen der Welt eine Datierung von Seebeckenablagerungen bis ungefähr 10000 Jahre vor heute vorgenommen worden (Einzelheiten s. Lamb, 1977, S. 56–59).

Bei der *Dendro-Chronologie* werden die Jahresringe der Bäume ausgezählt. Da gleichzeitig die unterschiedliche Dicke der Ringe gewisse Rückschlüsse auf die Witterungsverhältnisse in der Wachstumsperiode zuläßt, läßt sich mit Hilfe sehr langsam wachsender alter Bäume eine über ein paar Jahrhunderte zurückreichende Witterungsgeschichte im Groben ablesen. Maximale Reaktion zeigen die Bäume nahe der Waldgrenze in den Gebirgen. Bannister (1973) gibt eine Übersicht über die Lokalitäten, von wo lange Baumringchronologien vorhanden sind. Als längster Zeitabschnitt wurde mit *bristlecone pine* in den White Mountains in Kalifornien eine Periode von über 7000 Jahren erfaßt (Ferguson, 1969). Es gibt ähnlich wie für die Radio-Karbon-Methode eine eigene Zeitschrift (Tree-Ring-Bulletin). Auch die Dendro-Chronologie ist herangezogen worden, um Radio-Karbon-Datierungen zu eichen (La Marche and Harlan, 1973).

3. Bestimmung von Klimaparametern auf geophysikalischer Basis

Das Sauerstoffisotopen-($^{18}0/^{16}0$-)Verfahren. Der natürliche Sauerstoff hat 3 stabile, nicht weiter zerfallende Isotope: $^{16}0$, $^{17}0$, $^{18}0$ (8 Protonen plus 8, 9 bzw. 10 Neutronen). Ihr Mengenverhältnis ist 997,6‰ $^{16}0$, 0,4‰ $^{17}0$ und 2‰ $^{18}0$. In der Verbindung mit Wasserstoff und dessen Isotop Deuterium ergibt sich ein mittleres Verhältnis der Wassermoleküle in den Ozeanen der Welt von 2000 mit dem Sauerstoff $^{18}0$ zu 998000 mit dem leichteren $^{16}0$. Dieses Verhältnis kann als zeitlich konstant angesehen werden, da sowohl die Sauer- als auch Wasserstoffisotope stabil sind. Es wird als *SMOW (= standard mean ocean water)-Wert* bezeichnet.

Wenn jedoch Wasser von einer Phase in die andere übergeht (z.B. Wasser → Dampf oder Wasser → Eis oder Dampf → Wasser bzw. Eis) oder aber wenn Sauerstoff aus dem Wasser in eine andere Substanz eingebaut wird (wie bei biologischen Prozessen), dann verändert sich das Verhältnis zwischen $^{16}0$ und $^{18}0$. Beim Verdunsten des Ozeanwassers gehen die Moleküle mit $^{16}0$ schneller in die Dampfphase über, der *Wasserdampf der A.* hat im allgemeinen also ein geringeres $^{18}0/^{16}0$-Verhältnis, einen *geringeren Isotopenquotienten.* Umgekehrt ist es bei der Kondensation, beim Gefrieren oder beim Einbau von Sauerstoff in organische Materie. Die *Abweichung* δ *des Isotopenquotienten* einer bestimmten Substanz aus dem Wasser- oder organischen Kreislauf vom SMOW-Wert wird in ‰ des SMOW-Wertes ausgedrückt, berechnet nach folgender Formel:

$$\delta\,\%_0 = 1000 \cdot \frac{^{18}O/^{16}O\ (\text{Probe}) - {}^{18}O/^{16}O\ (\text{SMOW})}{^{18}O/^{16}O\ (\text{SMOW})}$$

Entscheidend wichtig ist nun, daß die Differenz zwischen dem *$^{18}0/^{16}0$-Verhältnis vor und nach der Umwandlung oder dem Einbau eine streng physikalische Abhängigkeit von der Temperatur* aufweist, bei welcher die betreffenden Vorgänge abgelaufen sind. Bei der Phasenumwandlung des Wassers kommen verschiedene Möglichkeiten in Betracht, wie noch zu besprechen sein werden. Bezüglich der organischen Materie interessiert praktisch nur der Umbau in solche Stoffe, die lange haltbar sind. Das sind vor allem die Kalkskelette von Meerestieren, deren Sauerstoff im $CaCo_3$ aus dem Vorrat des Meerwassers stammt und im „Karbonatverfahren" benutzt wird.

Das Verhältnis der für die Verdunstungs- bzw. Kondensationsprozesse wichtigen Sättigungsdampfdrucke von $H_2{}^{18}0$ zu $H_2{}^{16}0$ beträgt bei 0°C 0,990, bei 25°C 0,992. Und der $^{18}0/^{16}0$-*Fraktionierungsfaktor* (fractionation factor) für $CaCo_3$ zu Ozeanwasser ist 1,025 bei 0°C bzw. 1,021 bei 25°C.

Wenn auch die Differenzen erst in der dritten Stelle hinter dem Komma auftreten, so sind die dadurch repräsentierten chemischen Mengenunterschiede von $^{16}0$ und $^{18}0$ auch bei kleinsten Probenmengen mit dem Massenspektrometer mit einer Genauigkeit zu bestimmen, die im Temperaturwert mit ± 0,3°C zu Buche schlägt. *Niederschlag (Regen bzw. Schnee) oder Kalkschalen von Meerestieren müssen also in ih-*

rem Fraktionierungsfaktor der beiden Sauerstoffisotope genau die Temperatur angeben, bei der sie gebildet wurden, und zwar mit einer Präzision, die auf keine andere Weise bei den vielen Klimazeugen zu erreichen ist.

Anwendung auf Gletschereis. Natürlich hat aber auch diese theoretisch geradezu fantastisch anmutende Möglichkeit moderner Klimaforschung in der Praxis ihre Haken. Man versteht sie am besten, wenn man zunächst die Anwendung der Isotopenmethode auf den atmosphärischen Niederschlag (Daansgard, 1964) und auf das Inlandeis (De Robin, 1962; Daansgard and Tauber, 1969; Daansgard et al., 1972 bzw. 1973) behandelt.

Der atmosphärische Wasserdampf hat ein kleineres Isotopenverhältnis als das Meerwasser. Da die Kondensation im allgemeinen bei niedrigerer Temperatur erfolgt als die Verdunstung, weisen die resultierenden Kondensationsprodukte (Niederschlag jeder Art, Eisakkumulationen sowie festländisches Süßwasser und sein Abfluß ins Meer) auch einen niedrigeren Isotopenquotienten und einen negativen δ-Wert auf. Wo festländischer Abfluß einen hohen Anteil am Meerwasser ausmacht, muß auch das Isotopenverhältnis dieses Ozeanteiles niedriger als der SMOW-Wert sein. Bei der Verdunstung verringert sich in dem von solchem Ozean stammenden Wasserdampf der Wert noch einmal. Dasselbe gilt erst recht von dem Wasserdampf festländischer Herkunft (Evapotranspiration). Die daraus resultierenden Niederschläge haben noch einen geringeren Quotienten als die oben genannten. Daß die Sache mit der Isotopenmethode trotzdem nicht hoffnungslos wird, liegt daran, daß praktisch der größte Teil des in ozeanisch beeinflußten Klimagebieten hoher Breiten niedergeschlagenen Wasserdampfes von den großen landfernen Flächen der tropischen Ozeane stammt, in denen der SMOW realisiert ist, und weil dieser Wasserdampf mit den kleineren Mengen anderer Herkunft gründlich vermischt wird. (Im Innern der Kontinente ist das wahrscheinlich nicht so). Entsprechende Untersuchungen von Daansgard (1964) an aktuellen Niederschlägen in Irland, Grönland und am Südpol ergaben jedenfalls eine *enge Korrelation zwischen Fraktionierungsfaktor δ und der Temperatur des Gebietes.* Nach Daansgard (1964) stellt sich das Verhältnis zwischen δ-Wert des mittleren Jahresniederschlages und Jahrestemperatur folgendermaßen dar: Irland $\delta = -6$, $T = +11\,°C$; Grönland: $\delta = -18$, $T = -7\,°C$; Südpol: $\delta = -49$, $T = -49\,°C$. Linear interpoliert kommt ungefähr auf 1‰ Abnahme von δ eine solche von 0,7 °C der Temperatur. Das sind aber nun keine physikalisch abgeleiteten Werte mehr, sondern empirisch ermittelte. In Lliboutry (1964, S. 195) und Wilhelm (1975, S. 15 u. 16) sind die charakteristischen Streuintervalle der Deltawerte für klimatische Großregionen sowie für die sommerliche und winterliche Jahreszeit in der Antarktis in Diagrammen wiedergegeben.

Das entscheidend wichtige daran ist, daß die *Streuintervalle* für Sommer und Winter nicht nur mit ihren mittleren Werten für δ von −17 im Sommer und −28 im Winter deutlich voneinander getrennt sind, sondern daß auch zwischen den sommerlichen Minimalwerten von −19 und den winterlichen Maximalwerten von −20 noch ein genügend bereites Trennungsintervall vorhanden ist, eine Überlappung von Sommer- und Winterwerten also nicht stattfindet. So ist nämlich abgesichert, daß man *an Eisbohrkernen* aus der sorgfältigen schichtweisen Analyse des Isotopenverhältnisses an der rhythmischen Veränderung des $^{18}0/^{16}0$-Fraktionierungsquotienten *den Jahresrhythmus von Eis aus Sommer- und Winterschnee ablesen kann.* (Entsprechendes Diagramm in De Rubin, 1962 und Wilhelm, 1975). Dadurch ist zunächst einmal eine relativ sichere Methode zur Auszählung der Jahresschichten in Gletschern und Inlandeisdecken gegeben.

Nach der Tiefe zu ist dieser Möglichkeit durch die Deformation der Schichten infolge der Bewegung des Gletschereises freilich eine Grenze gesetzt, die bei unterschiedlichen Temperaturen und Lagerungsbedingungen des Eises allerdings unterschiedlich tief liegt. Daß es ein aufwendiges Verfahren ist, kann man sich leicht ausrechnen, da 1000 Jahre wenigstens 2000 Analysen des Isotopenverhältnisses erfordern. Im Labor von Daansgard soll das inzwischen mit einer voll automatisierten, computergesteuerten Anlage geschehen.

Dem rhythmischen jahreszeitlichen Wechsel der δ-Werte sind alle jene *langfristigeren Veränderungen überlagert,* die aus dem Wechsel besonders warmer bzw. kalter Jahresfolgen, aus mittelfristigen thermischen Klimaschwankungen bis hin zu tiefgreifenden Klimaveränderungen resultieren. Man kann darauf nun die klassischen Methoden der übergreifenden Mittelbildung und der Periodenanalyse anwenden, um durch den „statistical noise" der kurzfristigen Schwankungen hindurch längerfristige aperiodische oder gar regelhaft periodische Klimaschwankungen zu erkennen. In der Abb. VII.b) 3 sind die bisherigen Ergebnisse von Daansgard et al. (1971) aus dem inzwischen berühmt gewordenen Eisbohrkern von fast 1000 m Länge in Camp Century auf Grönland in vereinfachter Form (nach Nat. Ac., 1974) enthalten. Das Eisprofil umfaßt einen Zeitraum von über 100000 Jahren. Die Zeitabfolge in ihm wurde allerdings nicht durch Auszählen der Jahresschichten, sondern nach Modellvorstellungen über die Eisakkumulation und den Abfluß vorgenommen. Die Originalarbeit von Daansgard et al. (1971) gibt eine wesentlich bessere Auflösung. Sie erlauben zusammen mit den Ergebnissen von Johnsen et al. (1972) aus den nach ähnlichen Methoden bearbeiteten, zeitlich aber schlechter fixierbaren Eisbohrkernen an der Byrd-Station in der Westantarktis einen Vergleich zwischen Nord- und Südhalbkugel (die entsprechenden Diagramme sind auch in Lamb (1977, S. 97 bzw. 332) reproduziert). Die klimatologischen Einsichten aus diesen Analysen werden im Zusammenhang mit den anderen Methoden im nachfolgenden Überblick über das Klima der geologischen Vergangenheit behandelt. Ein sehr detailliert aufgelöstes und von Daansgard nach der Periodenforschung bearbeitetes Diagramm von 1000 bis 1970 ist einschließlich der Prognose über das Jahr 2000 hinaus in der Fig. 13.**18** bei Lamb (197) erstmals veröffentlicht.

Das Karbonat-Verfahren. Nachdem Urey (1947) auf die prinzipiellen Möglichkeiten der Temperaturbestimmung mit Hilfe der Isotopenverhältniswerte hingewiesen hatte, legte Emiliani (1955) erstmals Auswertungen der $^{18}O/^{16}O$-Verhältnisse in den Kalkschalenresten von Foraminiferen (Kalkschalentiere aus dem Meeresplankton) aus einem Bohrprofil am Boden des Mittelmeeres im Hinblick auf die Veränderungen der Wassertemperatur während des Pleistozäns vor. Seither ist diese Methode verfeinert und auf viele Bohrprofile in allen Ozeanen der Welt angewandt worden. Man muß in den Bohrkernen differenzieren zwischen den Kalkkrusten von solchen Foraminiferen, welche in den oberflächennahen und solchen, die in den tieferen Wasserschichten der Ozeane leben. Da das gelingt, kann man auch noch die aus Meeressedimenten abgeleiteten Temperaturinformationen auf verschiedene

Schichten des Ozeans beziehen. Das Hauptproblem von Anfang an ist die zeitliche Einordnung der aus verschiedenen Profiltiefen entnommenen Proben und der aus ihnen gewonnenen klimatischen Erkenntnisse.

Aus der besprochenen Isotopenfraktionierung im Kreislauf von Ozeanwasser → Atmosphäre → Niederschlag → Abfluß zum Ozean resultieren prinzipielle Schwierigkeiten für die Methoden, aus der Fraktionierung beim Einbau des Sauerstoffs des Ozeans in die Kalkschalen von planktonischen oder pelagischen Foraminiferen Schlüsse auf die Wassertemperatur der Meere zu ziehen. Wenn in einer Vereisungsperiode erhebliche Mengen des Wassers der Ozeane als $^{18}0$-armes Eis auf den Kontinenten gespeichert wird, so muß sich das in einer höheren Konzentration des $^{18}0$ im Ozeanwasser bemerkbar machen. Der SMOW zu solcher Zeit liegt höher als in einem Interglazial. Man kann den gegenwärtigen also nicht als Ausgangspunkt für eine Temperaturkalkulation nach der Karbonatmethode z. Zt. der Vereisungen nehmen. Es sind Annahmen über die Veränderung des SMOW notwendig. Darüber gibt es wieder verschiedene Meinungen, die sogar bis zu der Aussage reichen, daß der volle Betrag der bei der Karbonatmethode ermittelten Temperaturänderung auf die SMOW-Änderungen zurückzuführen seien (Shackleton, 1967).

Emiliani (1966) hatte aus den Foraminiferenschalen vieler Bohrkerne in verschiedenen Ozeanen einen Temperaturrückgang in den Oberflächenschichten der Ozeane in den mittleren Breiten für die letzten 150 Mill. Jahre von 23 auf 17°, für das Pleistozän speziell aus Bohrkernen in der Karibik eine Temperaturschwankung um 5–6° zwischen Glazial und Interglazial abgeleitet. Nachdem diese Angaben wegen zu niedrig angesetztem Korrekturfaktor für den o. g. Einfluß des Inlandeises auf den SMOW-Wert zwischendurch verschiedentlich in Zweifel gezogen worden waren (z. B. Shackleton, 1967), haben neue Untersuchungen für den äquatorialen Atlantik und Pazifik doch wieder zu ungefähr gleichen Werten geführt (Emiliani and Shakleton, 1974).

Pollenanalyse. Aufschlüsse über zurückliegende Klimaschwankungen in einer bestimmten Region lassen sich aus der Rekonstruktion der Vegetationsgeschichte mit Hilfe der Pollenanalyse gewinnen. *Pollen* (Blütenstaub) *windblütiger Pflanzen* werden zusammen mit den *Sporen von Farnen und Moosen* zwar vom Standort ihrer Entstehung über gewisse Entfernung vom Wind verfrachtet, doch nimmt dabei ihre Menge je weiter um so mehr ab. Nach der Häufigkeit ihres Auftretens ausgewertet, sind sie also charakteristisch für den Standort. Das trifft vor allem für die Nicht-Baumpollen zu. Sie werden nämlich relativ nahe bei der niedrigen Erzeugerpflanze wieder abgelagert, während Baumpollen zuweilen hoch in die Luft gewirbelt und über große Entfernungen transportiert werden können.

Entscheidend wichtig für die Methode der Pollenanalyse sind zwei Tatsachen: Erstens haben Pollen und Sporen sippenspezifische Unterschiede der Form und inneren Struktur, die sie nach äußeren Merkmalen unterscheidungsfähig machen, und zweitens sind die Hüllmembranen der Sporen und Pollen sehr widerstandsfähig gegen alle Zersetzungsvorgänge dann, wenn sie am Ablagerungsort gegen Oxydation geschützt werden, was meist am Boden von stehenden tiefen Gewässern oder in Mooren der Fall ist. *Aus Sediment- oder Moorprofilen* läßt sich eine vertikale Horizontabfolge mit unterschiedlichem Pollengehalt ablesen, wenn sich in einem Gebiet die Vegetation im Einflußbereich der Ablagerungsstelle in der Vergangenheit geändert hat. Das „*Pollenspektrum*“ eines bestimmten Horizontes wird folgendermaßen ermittelt: Zunächst werden unter dem Mikroskop die Pollen und Sporen unterschiedlicher Sippen und Arten sortiert und ausgezählt. Sie werden in die drei Gruppen der Baumpollen, Nicht-Baumpollen und Sporen zusammengefaßt und dann der Anteil der einzelnen Pflanzenarten und -sippen in Prozent der „*Sporomorphensumme*“ (= Summe aller Sporen und Pollen bzw. Pollen allein) der jeweiligen Gruppe ausgedrückt. Außerdem kann man die Nicht-Baumpollen- und Sporenwerte in Prozent der Summe aller Baumpollen ausdrücken.

Die grundlegenden Arbeiten stammen aus den 30er und vor allem 40er Jahren. Erstes Standardwerk für Mitteleuropa war das von Firbas (1949 und 1952). Das Werk von Frenzel (1967) verwertet die bis dahin gewonnenen Ergebnisse vor allem für Eurasien, Wright (1971) für Nordamerika. Die allgemeinen Aspekte werden zusätzlich von Leopold (1969) dargestellt. Literaturangaben über die klimatisch wichtigen neueren Felduntersuchungen finden sich in Nat. Acad. (1974) und Lamb (1977).

Die *klimatischen Aussagen* von Pollenspektren müssen entsprechend dem Charakter der Pflanzengesellschaften als Integrator aller ökologischen Standortfaktoren (der klimatischen wie der edaphischen) und des spezifischen Einflusses bestimmter Minimumfaktoren unter diesen durch sorgfältiges kritisches Abwägen aller Möglichkeiten gewonnen werden. Qualitative Informationen über tiefgreifende thermische und hygrische Veränderungen ergeben sich relativ eindeutig. *Der Anwendungszeitraum* reicht bis zum Anfang des Quartärs, allenfalls bis ins Jungtertiär zurück und liegt schwerpunktmäßig im letzten Glazial und im Postglazial.

Lößstratigraphie und fossile Böden. Noch komplexere und gröbere Informationen über Schwankungen der geologischen Vergangenheit liefert die Lößstratigraphie und die Erforschung fossiler Böden *(Paläopedologie)*. Man muß dabei bedenken, daß erstens für die Ausbildung eines ausgereiften, den herrschenden Klimabedingungen voll angepaßten Bodentyps die Größenordnung von ein paar tausend Jahren notwendig ist, und daß zweitens mit einem Klimawechsel meist auch ein Wechsel der Morphodynamik eintritt, der Boden also entweder einer Abtragung unterworfen oder aber von einer Akkumulation überschüttet wird, bevor er noch ganz ausgebildet ist. Hinsichtlich der Zerstörung durch Abtragung ist gerade jede Kaltzeit mit ihren sehr intensiven denudativen Formungsvorgängen im Periglazialbereich der stärkste Gegner von bodenklimatischen Zeugen vorausgegangener Klimaschwankungen. Es gibt aber als Ergebnis intensiver Feldforschung inzwischen so viele Teilzeugnisse an verschiedenen Orten, die sich zu einem vernünftigen Gesamtbild zusammensetzen lassen, oder an wenigen Stellen sogar als sensationell zu wertende vollständige Sedimentationsfolgen, daß sich auch aus Lößstratigraphie und Paläopedologie ein großer Überblick über die Klimaschwankungen seit dem Pleistozän unabhängig von anderen Methoden gewinnen läßt. Über die Arbeitsweise im allgemeinen s. Frenzel (1967), für das Gebiet Mitteldeutschland Rohdenburg und Meyer (1968), Brunnacker (1957) für Süddeutschland, Fink (1962) für Österreich, Bronger (1969, 1975) für das Karpatenbecken, Pécsi and Szebényi (1971) für Ungarn sowie Freye and Willman (1973) für den Mittelwesten der USA als Beispiele. Geyh et al. (1971) haben die Probleme der Datierung mit C^{14}-Methoden zusammenfassend behandelt. Kukla (1970) nahm die wichtige Korrelation zwischen Lößablagerungen und Tiefseesedimenten in Angriff.

Böden im weiteren Sinne und Sedimente der ariden Zonen in Ostafrika und im Orient hat Butzer in einer Reihe von Arbeiten (z.B. 1963, 1964) zusammen mit anderen *physisch-geographischen und archäologischen* Problemen zu paläoklimatischen Schlußfolgerungen benutzt. Sie sind neben den Ergebnissen anderer Forscher aus vielen Teilen der Erde eingegangen in seine inhaltsreiche zusammenfassende Übersichtsdarstellung „Climatic Change" in der Encyclopaedia Britannica (1974).

Meeres- und Seespiegelveränderungen. Spezielle Klimazeugen können auch die *Strandterrassen* sein, die von höheren Meeres- oder Seespiegeln in der geologischen Vergangenheit verursacht wurden. Sie müssen allerdings zu diesem Zweck durch wenigstens eine der verschiedenen Datierungsmethoden genügend genau zeitlich eingeordnet werden können (Ward et al., 1971). Das Problem besteht darin, durch Veränderungen der Wassermasse, also eustatisch bedingte und damit klimatisch signifikante Terrassen von solchen zu scheiden, die durch Krustenbewegungen (z.B. Schofield et al., 1964) oder auch durch geomorphologische Ereignisse (Abdämmung oder Durchbruch eines Flusses z.B.) hervorgerufen worden sind. Eine wichtige Rolle spielen Zeugen höherer *Seespiegelstände an abflußlosen Binnenseen* in ariden Gebieten, da dort andere Indizien relativ selten sind und da bei Kenntnis des ehemaligen Einzugsgebietes des Sees über die Wasserhaushaltsrechnung (z.B. Kessler, 1963 für den Titicacasee) gewisse Rückschlüsse auf Änderungen der Niederschlagsbedingungen (Beispiel Butzer et al., 1972 für die ariden Teile Nord- und Ostafrikas) möglich sind, die man ggf. aktualistisch im Hinblick auf Witterungs- und Zirkulationsänderungen interpretieren kann (z.B. Lamb, 1966; Flohn, 1975).

4. *Chronik der wichtigsten Klimaschwankungen der geologischen Vergangenheit*

Aus den kurz besprochenen geophysikalischen, geologischen, pedologischen und biologischen Klimaindikatoren läßt sich folgende Übersicht über die Veränderungen des Klimas im Laufe der Erdgeschichte gewinnen (im wesentlichen nach Nat. Acad. of Science 1974, S. 153–162 dargestellt):

Aus dem *Zeitabschnitt, der mehr als 100 Mill. Jahre zurückliegt,* ist die Kenntnis über Klimaschwankungen sehr dürftig. Sie beruht im wesentlichen auf den Zeugnissen bestimmter geologischer Formationen. Besonders sind darunter zu vermerken die Vereisungsperioden im Eokambrium (rund 600 Mill. Jahre zurück) und des Permo-Karbons (vor rund 300 Mill. Jahren). Außerdem lassen die Salz- bzw. Kohleablagerungen in gewissen Schichten regional begrenzte Schlüsse auf bestimmte allgemeine Klimaverhältnisse zu. Genauere Informationen sind z.B. in Schwarzbach (1961) enthalten.

Im *Abschnitt zwischen 100 Mill. und 1 Mill. Jahre* war das Klima im späten Mesozoikum (100–65 Mill. Jahre) weltweit im allgemeinen erheblich wärmer als in der Gegenwart. Die Polarregionen waren ohne Eisbedeckung. Für ungefähr 55 Mill. Jahre zurück zeigen zahlreiche geologische Phänomene, daß weltweit ein langer Abkühlungstrend begann, der unter der Bezeichnung *känozoischer Klimaabfall* bekannt ist. Marine Ablagerungen zeigen, daß vor ungefähr 35 Mill. Jahren die subantarktischen Gewässer einer merkbaren Abkühlung unterlagen (Shackleton and Kennett, 1974). Es gibt direkte Beweise dafür, daß das Inlandeis ungefähr vor 25 Mill. Jahren den Rand des Kontinentes am Roßmeer erreichte. Während des Oligozäns, grob gerechnet zwischen 35 und 25 Mill. Jahren zurück, war das Klima der Erde allgemein recht kühl (Moore, 1972). Während des frühen Miozäns (20–15 Mill. Jahre) gibt es Hinweise aus den niederen und mittleren Breiten für ein wärmeres Klima, jedoch zeigen Isotopenindizes und faunistische Daten, daß die Erwärmung nicht die hohen Südbreiten erreichte. Für die Zeit *10 Mill. Jahre zurück* ist eine weitere Abkühlung, ein erheblicher Zuwachs des antarktischen Eises (Shackleton and Kennett, 1974) sowie das Wachsen der Gebirgsvergletscherung auf der Nordhemisphäre (Denton et al., 1971) belegt. Diesen Zeitpunkt kann man als den *Beginn des känozoischen Eiszeitalters* ansehen, das im Prinzip bis zur Gegenwart anhält. Indirekte Hinweise aus marinen Sedimenten deuten darauf hin, daß ungefähr vor 5 Mill. Jahren das schon erhebliche antarktische Inlandeis rasch zu seinem gegenwärtigen Volumen angewachsen ist (Shackleton and Kennett, 1974). Das stimmt im allgemeinen mit direkten Zeugnissen vom antarktischen Kontinent überein, die zeigen, daß zwischen 7 und 10 Mill. Jahren zurück in der Westantarktis ein großes Inlandeis bestand und daß ungefähr vor 4 Mill. Jahren der Eisschild auf der Ostantarktis schon bis zum gegenwärtigen Volumen entwickelt war (Denton et al., 1971). Für die Nordhalbkugel gibt es für die Zeit vor 4 Mill. Jahren die ersten Hinweise auf Inlandeis, das Gebiete am Nordatlantischen Ozean eingenommen hat (Berggren, 1972), und darauf, daß wenigstens im Verlauf der letzten Millionen Jahre die Eisbedeckung des arktischen Ozeans nie geringer gewesen ist als gegenwärtig (Hunkins et al., 1971).

Für die letzte Million Jahre läßt sich die Klimaentwicklung bereits in eine grobe zusammenhängende Abfolge bringen, wie sie in der Abb. VII.b) 2 dargestellt ist. Sie

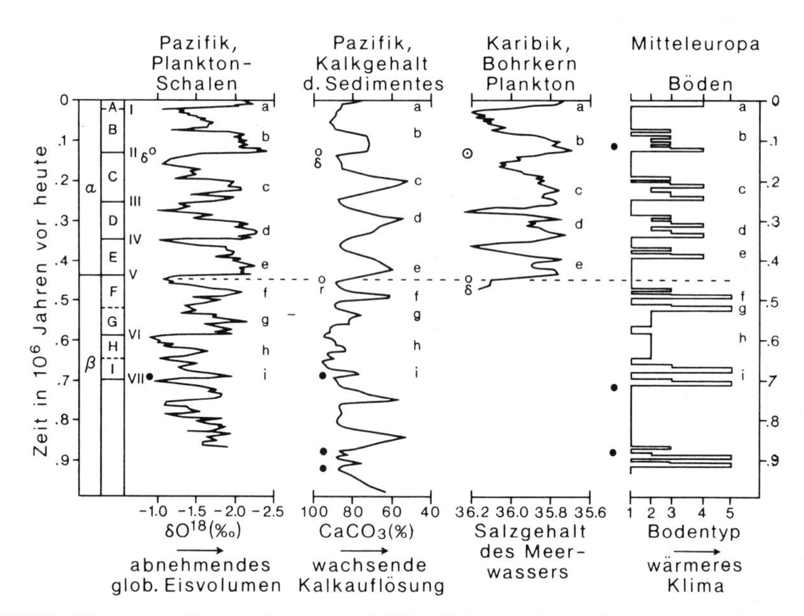

Abb. VII.b) 2. Klimaschwankungen der letzten Million Jahre vor heute. (Nach Nat. Acad. of Science, 1974). Die verschiedenen Indikatoren und die Methoden ihrer Bearbeitung sind in den Kap. VII.b) 1.–3. behandelt. Der Zeitraum umfaßt im wesentlichen die pleistozänen Glazial- und Interglazialzeiten. (Erläuterung s. Text)

enthält die Sauerstoff-Isotopenkurve für die Tiefseebohrungen V 28 bis 238, interpretiert im Hinblick auf das globale Eisvolumen (Shackleton and Opdyke, 1973). Die relativ abrupten Änderungen im Kurvenverlauf bei I bis VII zeigen jeweils einen plötzlichen weltweiten Rückgang des Eisvolumens an. In der Kurve des Kalzium-Karbonat-Gehaltes von Sedimenten im äquatorialen Pazifik (Hays et al., 1969) weisen niedrige Werte auf Perioden schneller Kalklösung durch das Tiefenwasser hin. Man kann daraus auf relativ hohe Wassertemperaturen schließen. Die dritte Kurve über den Faunen-Index gibt die wechselnde Zusammensetzung des Foraminiferenplanktons in der Karibischen See wieder, angegeben in einem Schätzwert für den Oberflächensalzgehalt (Imbrie et al., 1973). Glazialperioden sind markiert durch die Einwanderung von Plankton, das Gewässer mit höherem Salzgehalt vorzieht (Prell, 1974). Die vierte Kurve über die Abfolge der Bodentypen in Brno/Tschechoslowakei stammt von Kukla (1970). Die Zahlen 1 bis 5 stehen für folgende Bodentypen: 1 ist ein Löß mit einer fossilen Fauna von kälteresistenten Schnecken bzw. ein Gleyboden, der extrem kalte Bedingungen voraussetzt. Typ 2 beinhaltet Feinsande und anderes Material der Hangspülung, das zum Teil von Löß zwischengelagert wird (Solifluktionszeit). Typ 3 umfaßt Braunerden (heute winterkaltes Eichenklima) und Tschernosem (winterkalte Steppen). Typ 4 bezeichnet Parabraunerden (lessivierte Böden) wie heute in Mitteleuropa. Typ 5 sind Böden gemäßigter Baumsteppen mit Braunlehmen, rubifizierten Braunlehmen und rubifizierten Lessivé, die Karbonatkonkretionen enthalten. Die Andauer von jedem Bodentyp in der betreffenden Gegend ist aufgetragen in Relation zu der maximal vorgefundenen Mächtigkeit. Datierungsfixpunkte sind durch Punkte angegeben.

Aus allen Indikatoren kann man für den Zeitraum der letzten 900000 Jahre einen bemerkenswerten zyklischen Wechsel in der Größenordnung von 100000 Jahren feststellen. Die Isotopenkurve zeigt *7 markante Übergänge von einem Hochglazial zu*

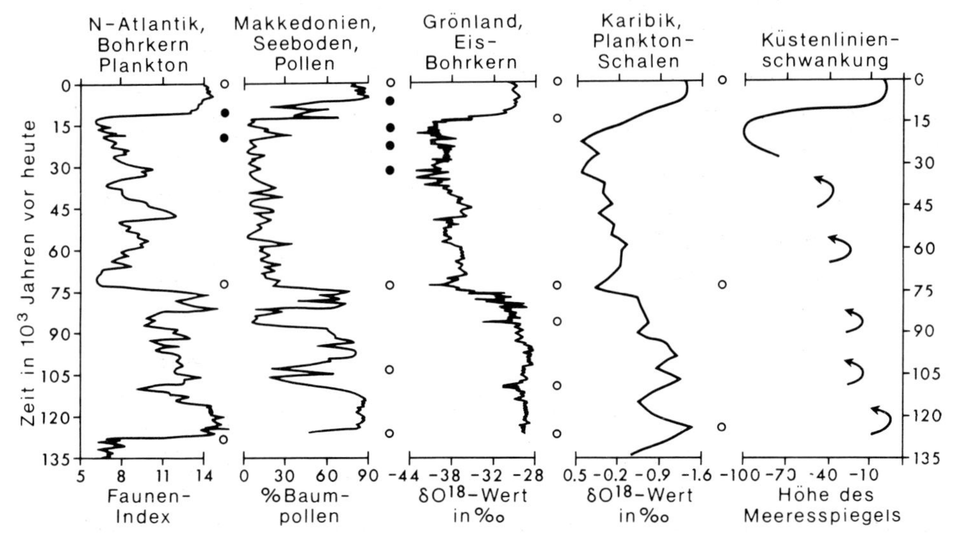

Abb. VII.b)3. Klimaschwankungen in den vergangenen 135000 Jahren. (Aus Nat. Acad. of Science, 1974). Mit den verschiedenen Indikatoren (kritisch besprochen in den Kap. VII.b) 1.–3. wird die Veränderung seit dem Ende der vorletzten Vereisungsperiode charakterisiert (vgl. Text)

Tab. VII.b) 1. Die zeitliche Abfolge des Jungpleistozäns. (Nach H. Gross, 1958)

Löß-Stratigraphie	Gliederung des Jungpleistozäns von H. Gross 1958	Abkürzung		Eisrandlagen der		Gliederung nach P. Woldstedt 1958	Zeitstellung (abgerundet)	
		neu	alt	alpinen Vereisung	nordischen Vereisung		Jahre vor heute	Jahre v. Chr.
Anfangsabschnitt vom Holozän (= Postglazial = Alluvium = Nacheiszeit): Präboreal							10 000	8 000
nach W. Soergel 1919 / neue Benennung	Spätwürm: Jüngere Dryaszeit, Alleröd, Ältere Dryaszeit, Bölling, Älteste Dryaszeit, Daniglazial	Wh_3		Daun, Gschnitz, Schlern, (Schlußvereisung) Kein Wh_2-Eis mehr; Ammersee-Stadium	Salpausselkä I-III; Leningrad; Langeland; Belt	Spätwürm	(10 300) 10 800 12 000 12 300 13 250 15 750 –?17 000	(8 350) 8 800 10 000 10 350 11 300 13 800 –?15 000
rezenter Boden; Jüngerer Löß II b; Solifluktion	Hauptwürm Wh: Maximum	Wh_2	W III	Singener Phase; Diessenhofener Phase; Schaffhausener Phase	Pommersche Phase; Frankfurter Phase; Brandenburger Phase		?20 000 24 800 – 25 000	18 000 22 800 – 23 000
II (von Wh): Paudorfer fossiler Boden	Hauptwürm Wh: Paudorfer Interstadial	$Wh_{1/2}$	WII/III	?	?	Mittelwürm (Paudorfer I:)	25 600 – 26 000	23 650 – 24 000
II (von Wh): Jüngerer Löß II a; Solifluktion	Hauptwürm Wh: 2. Vorrückungsphase	Wh_1	WII	?	?	Mittelwürm	– 29 000	– 27 000

Jüngerer Löß	Göttweiger fossiler Boden NB: (Verwitterungsrinde des Jüng. Löß I)	Letzte Eiszeit (Würm Weichsel)		Göttweiger Interstadial (= Aurignac-Schwankung)	Wv/h	WI/II	zuletzt in den Alpen kein Wv-Eis aufwärts bis ca. 2000 m?	Süd-Schweden?	(Göttweiger Interstadial)	30000 31000 32000 34000 38000 42000 ca. 44000	28000 29000 30000 32000 36000 40000 42000
I (von Wv)	Jüngerer Löß I		Altwürm Wv (1. Vorrückungs-Ph)	3. Altwürm-Stadial (Maximum)	Wv_3		im Voralpenland	?	Frühwürm	48300	46300
				Brörup-Loopstedter Interstadial	$Wv_{2/3}$	WI	in	in		49000	47000
				2. Altwürm-Stadial	Wv_2		den	Fenno-		–	–
				1. Amersfoorter Interstadial	$Wv_{1/2}$		Alpen	skandinavien		– 〉53000	– 〉51000
	Solifluktion			1. Altwürm-Stadial	Wv_1					– 〉53000	– 〉51000
Älterer Löß (letzter)	Kremser fossiler Boden	Letztes Interglazial: Riß/Würm = Saale/Weichsel = Eem-Interglazial			R/W	R/W			Letztes Interglazial (Riß/Würm = Saale/Weichsel = Eem)		
	Riß-Löß (unverwittert)	Riß- (Saale) Eiszeit		II Warthe-Stadium I Drenthe-Stadium	R II R I	R II R I	R II-Moränen R I-Moränen	Warthe-Moränen Drenthe-Moränen	Warthe-Stadium Drenthe-Stadium		

einem vollen Interglazial. Alle Übergänge (außer dem bei III) vollziehen sich relativ kurzfristig mit einer ununterbrochenen Enteisung. Der nachfolgende „Rückfall" erfolgt langsamer mit sekundären Schwankungen. Im ganzen ist mindestens 7mal in den letzten 700000 Jahren ein Wechsel zwischen relativ langen Interglazialen und kurzen Glazialen erfolgt. Ähnliche Fluktuationen kann man auch in den anderen Index-Kurven ablesen. Bei den Bodentypen fällt noch auf, daß in einem älteren Abschnitt (von Kukla mit β bezeichnet) extremere Schwankungen auftreten als in dem jüngeren Zeitabschnitt α, daß aber in ersterem die Übereinstimmung mit den Isotopenkurven sehr viel geringer ist.

Eine Auflösung der durch verschiedene Indikatoren angezeigten *Klimaänderungen in den letzten 135000 Jahren* zeigt die Abb. VII.b) 3. Der Faunenindex spiegelt den Wechsel im Foraminiferenplankton in einem Bohrkern westlich von Irland wider. Der Index ist umgerechnet in eine geschätzte Oberflächentemperatur für den Monat August in °C (Sancetta et al., 1973). Die zweite Kurve zeigt den Prozentanteil von Baumpollen, die in einem mazedonischen See im Laufe der angegebenen Zeit abgelagert wurden. Hohe Werte geben wärmere und etwas trockenere Bedingungen an (Van der Hammen et al., 1971). Die dritte Kurve stellt den Ablauf der Abweichung des $^{18}0/^{16}0$-Verhältnisses vom normalen SMOW-Wert in ‰ für einen Eisbohrkern in Camp Century in Grönland dar. Sie ist als Hinweis auf die Veränderung der Lufttemperatur über dem Inlandeis zu interpretieren (Dansgaard et al., 1971). Die Sauerstoff-Isotopenkurve für das Foraminiferenplankton im Tiefseesediment der Karibik ist Hinweis auf den Wechsel im globalen Eisvolumen. Hohe negative Werte spiegeln das Abschmelzen von Eis mit höherem Gehalt an leichtem Sauerstoff wider (Emiliani, 1968). Und schließlich gibt die Kurve der Küstenterrassen einen Mittelwert über eine repräsentative Zahl von früheren Meeresständen an (Blum, 1971). Die zeitliche Einordnung der Kurven wurde mit Hilfe von C^{14}-Daten (ausgefüllte Kreise) oder mit stratigraphisch datierbaren Horizonten (offene Kreise) vorgenommen. Als Datierung für die Kurve der Meeresstände sind für den Zeitraum jünger als 20000 Jahre C^{14}-Daten, für den voraufgehenden solche nach der Uranium-Methode verwandt.

Die Kurven umfassen den Abschnitt vom Ende des vorletzten Glazials mit dem *abrupten Übergang zum Eem-Interglazial* vor ungefähr 125000 Jahren, den ebenso abrupten Übergang *zur letzten Eiszeit* vor ungefähr 75000 Jahren und schließlich vor ca. 10000 Jahren den schnellen Übergang *zum gegenwärtigen Interglazial.* Das Dramatische an diesen Untersuchungsergebnissen ist, daß es sich beim Wechsel zwischen Glazial und Interglazial nicht um langfristige Übergänge, sondern um fast *katastrophenartige kurzfristige Wechsel* in Zeitspannen von möglicherweise einigen hundert bis tausend Jahren handelt. In diesem Zusammenhang muß daran erinnert werden, daß das Abschmelzen der gegenwärtigen restlichen Eismasse noch einen Anstieg des Meeresspiegels um ungefähr 60 m hervorrufen würde. Der wärmste Zeitabschnitt im Eem-Interglazial ist unmittelbar zu Beginn aufgetreten. Dann folgte eine relativ langsame Abkühlung, unterbrochen von kurzperiodischen Schwankungen geringer Amplitude. Die entsprechende Gliederung der zeitlichen Abfolge nach Ergebnissen der erdwissenschaftlichen Pleistozänforschung gibt die nachfolgende Übersicht nach Gross (1958).

Der laurentische und der fennoskandische *Eisschild* erreichten ihre *größte Ausdehnung* in der Zeit zwischen 22000 und 18000 Jahren zurück. Das Eis in den Ge-

Tab. VII.b) 2. Vegetationsgeschichte der Spät- und Nacheiszeit in Mitteleuropa (Norddeutschland-Dänemark) nach verschiedenen Quellen

absolute Zeitangabe	Zeitabschnitte nach Firbas	Vorherrschende Vegetation	Klimacharakter	Entwicklung der Ostsee	absolute Zeitangabe
Gegenwart	X Jüngere Nachwärmezeit	Kultur- u. Halbkulturgesellschaften, Wirtschaftsforste	kühler und feuchter Juli + 16°C	*Mya*-Meer	Gegenwart
–500 bis –800 vor Chr.	IX Ältere Nachwärmezeit	Buchenwälder u. buchenreiche Mischwälder (Buchenzeit)			–500 bis –800 vor Chr.
–2500	VIII Späte Wärmezeit	Umwandlung der Eichenmischwälder u. Fichtenbergwälder in Buchenwälder (Eichen-Buchenzeit)	noch warm, etwas feuchter Juli + 18°C	*Limnaea*-Meer jüngeres *Tapes*-Meer	–2500
–4000	VII Mittlere Wärmezeit jüngerer Teil	Eichenmischwälder, in den Gebirgen z. T. mit Fichten	warm, mäßig feucht (Klimaoptimum)	*Litorina*-Meer älteres *Tapes*-Meer	–4000
–5500	VI Mittlere Wärmezeit älterer Teil	(Eichenmischwaldzeit)	Juli + 18° bis + 19°	Maximum der Transgression	–5500
–6750	V Frühe Wärmezeit	haselreiche Kiefern- u. Eichenmischwälder oder -gebüsche (Haselzeit)	warm, trocken Juli + 17° C	*Ancylus*-See	–6750
–8350	IV Vorwärmezeit	Birken- u. Kiefernwälder (Birken-Kiefernzeit)	Erwärmung Juli + 12 bis + 14°V	*Echeneis*- und *Yoldia*-Meer	–8350
–8800	III Jüngere subarktische Zeit	baumfreie Gesellschaften, lichte Birken- u. Kiefern(steppen)wälder (Jüngere *Dryas*zeit)	Kälterückschlag Juli + 8 bis + 10°C	Baltische Eisstauseen	–8800
–10000	II Allerödzeit	Kiefern- und Birkenwälder	vorübergehende Erwärmung, Juli + 12°C	(gelegentliche Salzwassereinbrüche)	–10000
–10300	Ib Ältere subarktische Zeit	baumfreie Gesellschaften, gegen Ende auch lichte Birken- und Kiefernwälder (Ältere *Dryas*zeit)	kalt, Juli + 8 bis + 10°C		–10300
–11250	Bölling-Zeit	lichte Birken- und Kiefernwälder	geringe Erwärmung Juli + 10°C		–11250
–13800	Ia Ältere subarktische Zeit	waldlose Gesellschaften (Tundra)	kalt Juli + 6 bis + 8°C	Ostseebecken eiserfüllt	–13800

birgen im Westen Nordamerikas wuchs allerdings noch bis vor 14000 Jahren, bis zu dem Zeitpunkt, an welchem überall auf der Welt *abrupt und relativ schnell der Übergang zur Nacheiszeit* einsetzte. Die dann folgenden 4000 bis 5000 Jahre sind allerdings bei allgemeinem Trend der Erwärmung durch bemerkenswerte klimatische Instabilität und Fluktuationen zwischen relativ kälteren und wärmeren Phasen gekennzeichnet, wie aus Schwankungen der Eisrandlage, aus Meeresspiegelschwankungen, Tiefseesedimenten und Eisbohrkernen abzulesen ist. Als erstes war das Eis im Westen Nordamerikas vor ungefähr 10000 Jahren verschwunden. In Europa wurde der gegenwärtige Zustand der Eisverbreitung vor ca. 8500 Jahren erreicht; im Osten Nordamerikas dauerte der Rückzug noch 1500 Jahre länger bis ca. 7000 Jahre vor heute. Auf diese postglaziale Übergangszeit beziehen sich seit Jahrzehnten viele glazialgeologische und -geomorphologische Untersuchungen sowie paläobotanische und -klimatologische Aufnahmen. Die eingetretenen Klimaschwankungen im Zuge der allgemeinen Erwärmung lassen sich relativ gut mit Hilfe der Pollenanalysen verfolgen. Als Ergebnis all dieser Untersuchungen ist seit ein paar Jahrzehnten bereits die in Tab. VII.b) 2 angegebene Großgliederung bekannt.

Vom klimatologischen Standpunkt ist innerhalb dieser Entwicklung besonders bemerkenswert das *Klimaereignis der jüngeren Dryaszeit* („jüngere subarktische Zeit" nach Firbas in Tab. VII.b) 2), das Europa mit ganz ungewöhnlicher Abruptheit betraf. In nur rund 100 Jahren wurde der Nadelwald, der sich in Mitteleuropa bereits ausgebreitet hatte, wieder zerstört und durch Tundrenvegetation ersetzt. Die äußere Randlage des nordischen Inlandeises stieß vorübergehend vor. In Südfinnland entstanden die Salpausselkä-Endmoränen. Dieser Rückfall dauerte allerdings nur ca. 700 Jahre bis dann 10100 Jahre vor heute der definitive und relativ rasche Übergang zu den interglazialen Verhältnissen einsetzte, die auch in der Gegenwart herrschen. Aber auch dieser Übergang vollzog sich nicht gleichmäßig. Pollendiagramme in Europa (Firbas, 1949; Frenzel, 1967) und auch in Nordamerika (Webb and Bryson, 1972) und einige prähistorische Indizien weisen darauf hin, daß in der Zeit 7000–5000 Jahre vor heute ein Abschnitt mit etwas höheren Temperaturen als in der Gegenwart, das *„postglaziale Klimaoptimum"*, gelegen hat. In Mitteleuropa war diese Zeit wahrscheinlich durch die mildesten Winter überhaupt und durch höhere Feuchte ausgezeichnet. Die obere Waldgrenze lag um rund 300 m höher als heute. Wärmeliebende Laubbäume (Eichen, Ulmen, Linden z.B.) drangen weiter nordwärts vor als jetzt und die damalige Vegetation Spitzbergens erlaubt den Schluß, daß sogar das Polarmeer damals weitgehend eisfrei gewesen sein muß. Es war die Zeit des *Litorina-Stadiums* der Ostsee, des „Steinzeitmeeres", als der Mensch sich in jenen Gauen rings um die Ostsee niederließ. In diesen Zeitraum ist auch die Herausbildung der Steppenheide nach Gradmann (1930) anzusetzen. Frenzel (1966) hat Indizien für entsprechende Veränderungen in der Vegetation für Nord- und Südamerika sowie für Ostafrika zusammengestellt. Etwa $2^1/_2$ Jahrtausende hielt diese offenbar globale Klimagunst an, dann wurde es im *Subboreal* trockener und kühler. Vorrücken der Gletscher, Veränderungen in der Zusammensetzung der Wälder und Rückzug der Bäume von ihrer polaren und Höhengrenze sind für die Zeit von 1500–500 v. Chr. belegt. Für Europa gibt Lamb (1977, S. 373) an, daß die Temperaturen um ungefähr 2° niedriger lagen als in den vorausgegangenen 2 Jahrtausenden und daß die Feuchtigkeit überall nördlich der Alpen stark zugenommen hat. Milde Winter mit großen Windgeschwindigkeiten und kühle Sommer waren besonders charakteristisch. Nach Untersuchungen an den weit zurückreichenden Wachstumsringen der *bristlecone pine* an der oberen Waldgrenze in den White Mountains von Kalifornien (La Marche, 1974) muß der *Tiefpunkt ungefähr um 700 v. Chr.* gelegen haben. Denton and Karlén (1973) setzen für diese Zeit ein Wachstum der vorher auf ein Minimum zurückgegangenen Gletscher in Alaska an.

Auch der Abfall vom Klimaoptimum ist offensichtlich nicht ohne Oszillationen abgelaufen. Trockenere und feuchtere Perioden wechselten im Zusammenhang mit Variationen der atmosphärischen Zirkulation im Rhythmus von einigen Jahrhunderten ab. So war offenbar der Zeitabschnitt der Bronzezeit (etwa 2000–1200 v. Chr.) trockener und wärmer als heute, während zu Beginn der Römerzeit (500–100 v. Chr.) ein feuchtkühles Klima herrschte. Schwankungen des Niederschlages bis etwa ± 10–15% des heutigen Wertes erscheinen im Zeitabschnitt von 1–2 Jhn. (oder mehr) durchaus wahrscheinlich (Flohn, 1975, S. 144).

In der Zeit 10000–4000 Jahre vor heute, also in jener Periode, in welcher nach Beendigung der jüngeren Dryaszeit in Europa das Boreal und Atlantikum anzusetzen sind, liegen für die subtropisch-randtropischen *Trockengebiete von Afrika und Nordwestindien* gravierende Zeugnisse für eine Feuchtperiode (*„Pluvial“*) vor. *Im Sahelgürtel* hatte nach Butzer et al. (1972) sowie Maley (1973) der Tschadsee einen gegenüber heute 40 m höheren Wasserspiegel und umfaßte eine Fläche von rd. 250000 km^2. Nach Lamb (1968, S. 107) sind die Funde von Elefanten, Nashörnern und Giraffenrelikten in der zentralen Sahara offenbar repräsentativ. Niederschläge von 200–250 mm genügen unter ungestörten Bedingungen zur Erzeugung einer Steppe mit Galeriewäldern (Flohn, 1975). Aus der von Lamb (1974) aufgezeigten Tatsache, daß ab 2800 v. Chr. (rd. 4800 Jahre vor heute) die Hochwässer des Nil zurückgingen, kann man auch auf eine vorangegangene Feuchtephase schließen. Singh et al. (1974) lieferten durch die statistische Auswertung fossiler Pollenproben aus drei heute ausgetrockneten Seen *am Rande der Wüste Tharr* den Nachweis, daß in einem Gebiet, wo heute rund 150 mm Regen pro Jahr fallen, in der über 6000 Jahre dauernden Feuchtperiode zwischen 350 und 800 mm, im Mittel etwa 480 mm angesetzt werden müssen. In den Seetonen ist der Wechsel zwischen Wermutsteppe und halbfeuchten Wäldern im Bereich der heutigen Halbwüste enthalten, wobei Getreidepollen und anthropogene Brandspuren schon früh die einsetzende Kulturentwicklung zeigen. Bryson, 1974 (in Flohn, 1975 ist eine entsprechende Figur über den Zusammenhang von Induskultur und Klimaentwicklung zwischen 10000 und 2000 v. Chr. enthalten) deutet die Parallelität zwischen den Feuchtperioden im nördlichen Afrika und in Nordwestindien als *Folge von Zirkulationsanomalien,* die in mittleren Breiten quasi-stationäre Tröge und Hochdruckkeile erzeugen, wie sie nachfolgend im Zusammenhang mit der geophysikalischen Begründung der Eiszeiten dargestellt werden.

5. *Modellvorstellung über die Genese der pleistozänen Eiszeiten* (nach H. Flohn)

Schwarzbach gibt 1961 die Anzahl der „Eiszeittheorien“ mit „mehr als 50“ an und hat dem betreffenden Abschnitt seines Buches mit dem systematischen Überblick nach Hypothesengruppen als Motto ein kurzes Wort aus Goethes Faust, Teil 2, vorausgestellt: „Sei ruhig – es war nur gedacht“. In den seither verflossenen Jahren sind neue Hypothesen, vor allem aber auch neue Erkenntnisse hinzugekommen. Anstatt die alten noch einmal und die neuen zusätzlich kompilatorisch zu referieren und eventuell zu diskutieren, scheint es sinnvoller, sich auf eine moderne komplexe Modellvorstellung zu konzentrieren, welche die wichtigsten Teilansätze in sich vereinigt und zu einem schlüssigen Endergebnis kommt. Das um so mehr, weil – auch noch in deutscher Sprache und im Originaltext für Geographen leicht zugänglich! – im *geophysikalischen Eiszeitmodell von Flohn* (1969) eine Ableitung zur Verfügung steht, die neben den oben bereits genannten Eigenschaften auch noch die besitzt, daß sie zu den entscheidenden Ableitungsschritten eine quantitative Abschätzung sowohl der Änderungsbeträge klimatischer Parameter als auch der für die Änderung erforderlichen Zeiten einfügt und bei alledem (und trotzdem) eine erstaunliche Übereinstimmung mit den Details der nach den voraus kurz referierten Methoden unabhängig gewonnenen weltweiten Faktenkenntnis aufweist. Es sei deshalb versucht, das Flohnsche Eiszeitmodell möglichst sinngetreu, aber in stark gekürzter Form wieder- und mit ihm Denkanstöße zu geben, um die hochkomplexe Materie zu verstehen.

Die *primäre Voraussetzung* der pleistozänen Vereisungen ist nach Flohn (1969) die *Drift der Kontinentalscholle Antarktika* aus einer äquatornäheren in eine zirkumpolare Position. Spätestens ab Oligozän ist dabei eine Lage erreicht, bei der sich über dem Kontinent winterliche Schneefelder ausbilden. Das im Sommer abfließende Schmelzwasser (angenommen wird eine Temperatur von ungefähr 0° und die kleine Menge von 1 mm Wasserschicht pro Tag) führt zunächst zu einer Abkühlung des Oberflächenwassers am Rande des Kontinentes unter die Ausgangstemperatur aus voraufgegangenen Epochen (angesetzt werden + 10 °C). Durch Vermischen und Absinken des kühleren zirkumantarktischen Wassers unter das wärmere Wasser der niederen Südbreiten wird über die ozeanische Tiefenzirkulation im Laufe von einigen 10 Mill. Jahren auch das Bodenwasser in der Äquatorialregion gegen den Wärmestrom abgekühlt, der, vom Erdinnern kommend, am Ozeanboden ans Wasser abgegeben wird. In 30–40 Mill. Jahren kann eine *Abkühlung des gesamten Ozeanwassers beider Halbkugeln um 8–10°* zustandekommen, die in der Tiefe beginnt und die Deckschichten abseits der antarktischen Randmeere zuletzt einbezieht (vgl. Emiliani, 1966). Da die Durchmischung (wegen der geringeren Einstrahlung und daraus resultierender geringerer Stabilität der Wasserschichtung) in den höheren Breiten stärker ist als in den Tropen, *vergrößert sich allmählich das meridionale Temperaturgefälle* der Meeresoberfläche.

Durch den Austausch an fühlbarer Wärme zwischen Ozeanwasser und darüber liegender Luft wird der entsprechende neue thermische Zustand in die A. übertragen, in der also ebenfalls das meridionale Temperaturgefälle gegenüber dem vorherigen „Zustand“ (ohne Antarktis in zirkumpolarer Lage) vergrößert wird. Dieser Effekt verursacht in der Theorie (s. Flohn, 1964) wie empirisch eine sehr *allmähliche Verschiebung der subtropischen Hochdruckachse* von schätzungsweise 50–60° Breite im Alttertiär nach 40–45° am Ende des Tertiärs. Gleichzeitig verstärken sich die Polarwirbel beider Halbkugeln, ihre Westwinddriften weiten sich äquatorwärts aus und das Gebiet tropischer Hadley-Zirkulation schrumpft zusammen.

Im Laufe des Pliozäns ist die Erniedrigung der Wassertemperatur zwischen dem Rand des antarktischen Kontinentes und antarktischer Konvergenz (im Mittel zwischen 50 und 60°S anzusetzen) so weit fortgeschritten, daß bei fortwährender Verkürzung der sommerlichen Abschmelzzeit der *antarktische Kontinent* eine annähernd geschlossene *Firneisdecke* von zunächst geringer Dicke und stationärer Wasserbilanz erhält. Durch deren isolierende Wirkung wird der Wärmestrom aus dem Untergrund und durch ihre hohe Oberflächenalbedo die Wärmequelle der sommerlichen Einstrahlung weitgehend ausgeschaltet. Die *Eis- und die Lufttemperaturen sinken* relativ rasch ab. Die Massenbilanz des antarktischen Eises wird positiv, zumal der Übergang zum Typ des kalten Gletschers die Abfließgeschwindigkeit des Eises und damit den Massenverlust auf ein Minimum herabdrückt. Nimmt man eine Massenbilanz des Eises von + 2 cm Wasserwert pro Jahr an (Hoinkes), dann dauert es rund 10000 Jahre, um *das antarktische Eis auf eine mittlere Mächtigkeit von 2200 m* anwachsen zu lassen. Das kann höchstens an der Wende Pliozän/Pleistozän abgelaufen sein, da für die Zeit vorher keine entsprechenden Indizien für eine weltweite Absenkung des Meeresspiegels vorliegen.

Nach Überschreiten des Kontinentrandes bildet sich außer den kalbenden Eisbergen ein *Schelfeis.* Der ganze Vorgang muß, wie bereits bei der ersten Verfirnung der Antarktis über die Beeinträchtigung des Wärmehaushaltes zu *weiterer Abkühlung der Meere höherer Breiten* auf beiden Halbkugeln führen mit den Konsequenzen weiterer Verlagerung der Subtropenhochs äquatorwärts sowie Ausdehnung und *Intensivierung der Westwinddriften.* Auf der Nordhalbkugel beginnt die allmähliche *Bildung von Gebirgsgletschern.* Dabei ist der atlantische Sektor (Skandinavien, Grönland, Labrador) zuerst betroffen, da das Wachstum des Schelfeises der Antarktis zuerst zu einer Abkühlung des Benguelastromes → atlantischen Äquatorial- → und Golfstromes führt, weil im afrikanisch-atlantischen Sektor die antarktische Konvergenz als Folge der Konfiguration der Küsten bis 49/50° S gegenüber 58/60° S im indischen und pazifischen Sektor vorstößt.

Eine entscheidende neue Entwicklungsphase auf dem Weg zur ersten Eiszeit tritt dann ein, wenn das antarktische Inlandeis so mächtig geworden ist, daß bei den gegebenen Temperaturbedingungen der Schwellenwert der Druckschmelzung erreicht wird. Dann kommt es im Sinne der Theorie von Wilson (1964, 1966) zu raschen *Schelfeisausbrüchen.* Bei einer Ausdehnung bis 55° S und einer Mächtigkeit von 300 m (wie gegenwärtig) macht das Eisvolumen dafür 10 Mill. km^3 von den 28 Mill. km^3 (die gegenwärtig vorhanden sind) aus und die Dicke des Eisschildes würde auf rund 1400 m sinken. Spätestens in diesem Stadium gefriert das Inlandeis wieder als ganzes, das Schelfeis bricht ohne Nachschub allmählich in Form riesiger Tafeln ab und der kontinentale Eisschild beginnt wieder zu wachsen. Vieles spricht dafür, daß solche *Schelfeisausbrüche zunächst in einzelnen Sektoren zu sehr verschiedenen Zeiten* erfolgt sind. Daraus ergibt sich eine allmähliche, vielleicht über 5000 bis 10000 Jahre verteilte Wirkung auf das Klima, welche die beschleunigte und von vielen Schwankungen überlagerte *Abnahme der Temperatur* zu erklären vermag, wie sie z. B. in der von Woldstedt (1966) erarbeiteten und in vielen Werken reproduzierten Temperaturkurve des Übergangs *vom Pliozän zum Pleistozän* oder auch in den Isotopenkurven in der Zeit zwischen 900000 und 70000 Jahren vor heute zum Ausdruck kommt.

Die Schelfeis-Ausbrüche bis 55° verursachen nämlich eine Vergrößerung der Eisflächen um rund 15 auf 46 Mill. km^2. Damit wächst über 31 Mill. km^2 die *Albedo* von 0,075 (Wasser) auf 0,80 (Eis), der Mittelwert für die ganze S-Hemisphäre *nimmt auf 0,20 zu,* was nach dem Strahlungsmodell von Manabe (1964, 1967) einem mittleren *Temperaturrückgang* in der bodennahen Luftschicht *um 12°* entsprechen müßte. Wilsons Hypothese reicht also aus, eine Abkühlung der gesamten Troposphäre um

5–6° zu erzielen, die sich bei einer mittleren Verweilzeit der Luft in einer Hemisphäre von 1 bis 2 Jahren in relativ kurzer Zeit nicht nur über die Südhalbkugel, sondern auch durch die Barriere schwächeren Austausches in der Tropenzone hindurch bei gewisser Abschwächung über die Nordhalbkugel ausbreiten mußte.

Nun beginnt auch auf der *Nordhalbkugel die Ausbildung von Inlandeisdecken,* arktischem Meereis und sommerlichem Treibeis. Besonders betroffen ist wieder der Atlantik. Daß sich der größte Teil der am Ende 32 Mill. km^2 umfassenden Eisschilde *im atlantischen Bereich* (Ostseite Nordamerikas und Westseite Eurasiens) bildet, während die Vereisung im Osten Asiens und auf der Westseite Nordamerikas vergleichsweise gering bleibt, findet in der Anfangsphase seinen Grund in der o. g. äquatornahen Lage der subantarktischen Konvergenz im Südatlantik. Wenn später nach dem von dem Schelfeisausbruch verursachten Meeresspiegelanstieg (um ca. 30 m) auf Grund der Eisspeicherung auf den Kontinenten der *Ozeanspiegel absinkt* (auf rund −100 bis maximal −145 m), dann fällt bei −20 m der größte Teil, bei −42 m der ganze Wasser- und Wärmetransport aus dem Pazifik in das arktische Becken aus. Die Warmwassermassen des Kuro-Shio verbleiben im Nordpazifik und führen zu einer mindestens relativen Erwärmung seines Nordabschnittes von den Kurilen bis zur Südküste von Alaska. Die dabei gewonnene Wärmeenergie kann der erste Grund für die auffällig geringe Vereisung von Nordostsibirien und Alaska sein (ein anderer Grund liegt in der atmosphärischen Zirkulation, die noch zu besprechen ist). Im Atlantik hingegen verursachen die Schmelzwässer an der Oberfläche eine flache, salzarme und daher wenig dichte Kaltwasserschicht, die noch verstärkt wird durch den Treibeis-Zustrom aus dem arktischen Becken, dem die Wärmezufuhr aus dem Kuro-Shio fehlt. Folge ist eine *besonders große Abkühlung des Kanarenstroms* (lokal um etwa 12°), der kaltes Wasser in die Tropen führt und zu einer mittleren Temperaturdifferenz von 9°C gegenüber dem Golfstrom führt (gegenwärtig 3–6°). Die *Oberflächentemperatur der tropischen Ozeane sinkt* nach Flohn (1969) auf ungefähr 21° S[1] (gegenwärtig 27°C). Dadurch wird bei annähernd konstanter Einstrahlung ein wesentlich größerer Teil der Sonnenenergie zur Erwärmung der oberen Wasserschichten verbraucht, so daß dadurch und wegen der Verkleinerung der Dampfdruckdifferenz zwischen Wasseroberfläche und Luft die *Meeresverdunstung um ungefähr 30% reduziert* wird. Da die Verdunstung über den tropischen Ozeanen der wichtigste Dampfdrucklieferant für die Niederschläge in den höheren Breiten ist, *beginnt nun die aride Phase des Hochglazials,* mit dem das Wachstum der nordhemisphärischen Eisschilde endet.

Zu dieser Zeit ist noch der *Meridionaltyp* (low-index-Typ) *der allgemeinen Zirkulation* wirksam, der sich in der Aufbauzeit der großen Eisschilde immer stärker durchgesetzt hatte. In gewisser Analogie zu der gegenwärtigen Zirkulation besonders kalter Winter erzwingen die Kältesenken über den in Nordamerika bis 38° N, in Europa bis zwischen 48 und 51° N reichenden Eisschilden quasistationäre Höhentröge in der circumpolaren Druckanordnung, die in den entsprechenden Meridionalausschnitten bis in die äußeren Tropen Mittel- und Südamerikas bzw. Nordafrikas reichen. Zwischen den Höhentrögen liegen Höhenhochdruckkeile, oft als blokkierende Hochs ausgebildet. Eines davon befindet sich über dem mittleren Nordatlantik. *Je mächtiger die Eisschilde, desto persistenter ist diese Anordnung des Druck-*

[1] Nach anderen Arbeiten wird eine geringere Abkühlung angenommen. (Mc Intyre, 1972).

und Windfeldes in der mittleren Troposphäre. Es bestimmt die Zugbahnen der Zyklonen und damit der wesentlichen Niederschlagslieferanten. Zwischen dem atlantischen Hoch und dem Höhentrog über dem mittleren Europa kommt es über dem Ostatlantik und Westeuropa zu einer nordwestlichen oder nördlichen Strömung, mit der *Kaltluft weit nach N-Afrika* transportiert wird. Auf der Vorderseite der im wesentlichen meridional ziehenden Störungen kommt es zu häufigen und intensiven Niederschlägen, im nördlichen Abschnitt meist in Schneeform, weiter äquatorwärts als Regen. Dadurch ist einerseits die Ernährung des europäischen Inlandeises von Südwesten bzw. nach der Umsteuerung am Äquatorende des Troges nach Norden hin auch von Südosten her bis nach Südrußland gesichert. Über dem heutigen Trokkengebiet der *Sahara* kommt es zu wesentlich *stärkeren Regenfällen* als in der Gegenwart. Über dem nordamerikanischen Kontinent ist es ähnlich, wobei möglicherweise die Niederschlagszufuhr im wesentlichen von Südosten anzusetzen ist, wie aus der Lage des Vereisungszentrums abgelesen werden kann. Über den ostasiatischen Höhentrog lassen sich noch relativ schlechte Aussagen machen. Er war vermutlich etwas schwächer als heutzutage. Zwischen ihm und dem über Mitteleuropa muß sich über dem Bereich von *Westsibirien* ein Höhenhochdruckkeil erstreckt haben, was in guter Übereinstimmung steht mit dem früher als bemerkenswert empfundenen Faktum, daß alle Indizien auf eine *relativ geringe Temperaturabsenkung* im südwestlichen Sibirien hindeuten.

Auf dem Höhepunkt der Vereisung und dem durch den Rückgang der Verdunstung über den tropischen Ozeanen eingeleiteten Übergang zur ariden Phase geht das Wachstum aller *Eisschilde* auf ein Minimum zurück. Sie werden auf den Nordkontinenten *durch Lößstaub* so *verschmutzt,* daß das sommerliche Abschmelzen wegen der *Verringerung der Albedo* zunimmt und der Übergang zur *Abbauphase* mit entsprechendem eustatischem Meeresspiegelanstieg einsetzt.

Da dieser Rückgang unabhängig von der noch herrschenden Meridionalzirkulation über den Strahlungshaushalt eingeleitet wird, kann die o.a. Rückkoppelung zwischen Eislobus und Höhentrog im Laufe der Zeit immer mehr durchbrochen werden. Es kommt allmählich zu einer *Umstellung der Großwettersituation.*

Im Zuge der Entwicklung erweist sich das nordamerikanische Inlandeis stabiler als das europäische, dessen Abbau rascher vor sich geht. Das mag damit zusammenhängen, daß auch in der Gegenwart der nordhemisphärische Kältepol der Troposphäre, besonders im Sommer, im Bereich des kanadischen Archipels liegt. Jedenfalls schmilzt das europäische Inlandeis schneller zurück. Nachdem es den Südrand Skandinaviens erreicht hat, verlagern sich die *Zyklonenbahnen vom Mittelmeer nach Mitteleuropa.* Dadurch entfällt die intensive Abkühlung des Kanarenstroms durch die Kaltluftzufuhr von Norden und dementsprechend können die Oberflächentemperaturen im äquatorialen Atlantik wieder steigen. Der *Übergang zu einer der heutigen ähnlichen atmosphärischen Zirkulation*, wie sie für die Zeit um 11000 Jahre vor heute wahrscheinlich gemacht ist, führt somit bereits zu einer *raschen Erwärmung* in einer Zeit, als wegen der noch vorhandenen Inlandeismassen in Nordamerika der Meeresspiegel noch einen relativ tiefen Stand hatte.

Die auffallend rasche Erwärmung am Ende der Vereisungsphasen muß man wohl unter dem Gesichtspunkt sehen, daß der Anstoß der Vereisung durch den Ausbruch des antarktischen Inlandeises und die Ausdehnung des Schelfeises schon Jahrtausende vorbei ist und auf der Südhemisphäre in der Phase des Neuaufbaus des antarktischen Eisschildes schon günstigere Wärmehaushaltsbedingungen als normal (geringeres Meereis) und speziell als auf der Nordhalbkugel eingetreten sind. Durch den interhemisphärischen Austausch kommt das Gewicht der Südhemisphäre in der Umstellungsphase der Zirkulation auf der Nordhalbkugel hinzu. Sind dann aber bessere Bedingungen für die Verdunstung auf den Weltmeeren hergestellt, beschleunigt sich mit der Zunahme des Wasserdampfgehaltes der A. auch der Wiederaufbau des Antarktiseises. Eine neue Vereisungsperiode kann eingeleitet werden.

c) Klimaschwankungen in historischer Zeit

1. Die vorinstrumentelle Zeit

Für die historische Zeit wachsen die chronologisch festlegbaren Zeugnisse über Witterungs- und Klimaereignisse in verschiedenen Teilen der Erde ins fast Unüberschaubare an. Das *Problem* besteht darin, sie erst kritisch zu werten und ihre klimatologischen Aussagen zu deuten, sie dann in eine verstehbare Ordnung des zeitlichen Ablaufes sowie sie schließlich möglicherweise auch in einen klimatologischen Zusammenhang mit dem klimatischen System und seinen Teilgliedern zu bringen.

Bei der *kritischen Wertung* muß Rücksicht darauf genommen werden, daß Chronisten erstens die ungewöhnlichen Ereignisse auslesend registrieren und daß Übertreibungen und der Gebrauch der Superlative „größte, kälteste, heißeste, trockenste", allein schon aus Mangel an objektiver Vergleichbarkeit zu Zeiten vor und nachher zu häufig ist. Klassische Untersuchungen im Sinne einer *zeitlichen Einordnung und klimatologischen Interpretation* historischer Überlieferungen sind die zahlreichen Arbeiten von Lamb, vor allem die über den *sommerlichen Feuchte- und den Winterhärteindex* in West-, Mittel- und Osteuropa in den vergangenen 800 Jahren und die daran geknüpfte Diagnose der atmosphärischen Zirkulationsänderung (zusammengefaßt in Lamb 1977, S. 440ff. mit den Figuren 17.6–17.10).

Es fällt besonders auf, daß zwischen 1000 und 1200, besonders im 11. Jh., quer durch ganz Europa eine große Häufigkeit von trockenen Sommern und milden Wintern aufgetreten ist. Umgekehrt traten zwischen 1550 und 1700 überall sehr häufig nasse Sommer und schwere Winter auf. Die Abfolge im einzelnen deutet an, daß diese Anomalien jeweils zuerst in Osteuropa begannen und sich dann immer mehr westwärts durchsetzten. Lamb interpretiert das so, daß in den *Perioden allgemeiner Erwärmung* (800–1000 und 1700–1900) eine Verlängerung der Wellen im Circumpolarwirbel zwischen Hochdruckrücken und Tiefdrucktrögen eingetreten ist, wobei ein warmer Hochdruckrücken in der Nähe der Rocky Mountains festlag. In der *Abkühlungsperiode* (1200–1500) ist umgekehrt die Wellenlänge kürzer geworden.

Im *17. Jh.* weist die Kurve des *Winterhärteindex* ihre *größten Werte* auf. In grönländischen Eisbohrkernen liegt in dieser Zeit der Isotopenquotient besonders niedrig, in den Alpen werden wie auch in Alaska und Norwegen große Gletschervorstöße gemeldet. Dieser Tiefpunkt in der historischen Klimaentwicklung wird allgemein als die *„Kleine Eiszeit"* bezeichnet. *Danach* trat eine, nun schon weitgehend durch meteorologische Beobachtungen belegbare *allgemeine Erwärmung* in den mittleren und höheren Breiten der Nordhalbkugel auf, die ihren *Höhepunkt Ende der 30er*

Tab. VII.c) 1. Vorherrschende Temperaturen (°C) in Mittelengland und Regenmengen (% des Mittels von 1916–1950) in England und Wales seit 800 n. Chr. (Nach H. H. Lamb, 1965)

Zeitspanne	Wintertemperaturmittel (Dez.–Feb.) °C	Hochsommertemperaturmittel (Juli–Aug.) °C	Jahrestemperaturmittel °C	Regenmenge im Juli-August in % des Mittels 1916–1950	Regenmenge im Sept.–Juni in % des Mittels 1916–1950
800–1000	3,5	15,9	9,2	93	97
1000–1100	3,7	16,2	9,4	94	98
1100–1150	3,5	16,5	9,6	93	102
1150–1200	**4,2**	**16,7**	**10,2**	86	**107**
1200–1250	**4,1**	**16,7**	**10,1**	86	**105**
1250–1300	**4,2**	**16,7**	**10,2**	84	**107**
1300–1350	3,8	16,2	9,8	89	102
1350–1400	3,8	15,9	9,5	105	96
1400–1450	3,4	15,8	9,1	88	97
1450–1500	3,5	15,6	9,0	**106**	93
1500–1550	3,8	15,9	9,3	84	99
1550–1600	3,2	15,3	8,8	**106**	91
1600–1650	3,2	15,4	8,8	99	92
1650–1700	3,1	15,3	8,7	104	90
1700–1750	3,7	15,9	9,24	92	98
1750–1800	3,4	15,9	9,06	**109**	91
1800–1850	3,5	15,6	9,12	97	96
1850–1900	3,8	15,7	9,12	98	97
1900–1950	**4,2**	15,8	9,41	97	100

Tab. VII.c) 2. Klimaabschnitte in Mitteleuropa seit 1000. (Nach H. Flohn, 1957)

1000–1250	relativ mild, trocken, leichte und veränderliche Winde
12.–14. Jh.	relativ warm, positive Temperaturanaomalie im Sommer und Winter,
1280–1380	Höhepunkt der hochmittelalterlichen Wärmezeit (vielleicht noch etwas wärmer als in der gegenwärtigen Milderungsphase),gleichzeitig (1250–1400) allerdings häufige Niederschläge und Stürme im Nordseeraum,
1429–1465	ungünstig (kalte Winter, kühle Sommer), Mißernten,
1.Hälfte 16. Jh.	Klimabesserung,
ab 1550	Verschlechterung, Jahrestemperatur um etwa 1,5° tiefer, Baum- und Schneegrenzen sinkend, wirtschaftlicher Rückgang.
1590–1610	große Gletschervorstöße in den Alpen (wie auch in Alaska und Norwegen), Winter 1,5–2° kälter mit vorherrschenden SE-Winden (Dänemark),
ab 1595	Seespiegelanstieg des Kaspi,
1611–1630	kühl; Sommer in Nordskandinavien, relative Trockenheit in Belgien und England,
1680–1730	Verbesserung, gute Weinjahre, warme Sommer und milde Winter in West- und Mitteleuropa,
ab 1739/40	strenger Winter leitet Temperaturerniedrigung ein, kräftige Gletschervorstöße,
1775–1811	sommerheiße Periode, Jahrestemperatur wie gegenwärtig,
um 1850	relativ kühle Periode mit Gletschervorstoß,
seit 1880	fortgesetzter Gletscherrückgang bei allgemein globaler Temperaturzunahme (0,01° pro Jahr), Abnahme des arktischen Meereises, Ansteigen des Meeresspiegels um etwa 1 mm pro Jahr.

Jahre des 20. Jh. erreichte. Das thermische Niveau lag dann vermutlich sogar etwas höher als während der sog. *mittelalterlichen Wärmeepoche* zwischen 1100 und 1400.

In der Tab. VII.c) 1 sind die von Lamb (1965) für jeweils 5 Jahrzehnte kalkulierten thermischen und hygrischen Werte für die Britischen Inseln aufgeführt. Für die ersten 50 Jahre dieses Jahrhunderts ergibt sich besonders eine Zunahme der Wintertemperatur, auf die noch zurückzukommen sein wird. Die Winterbedingungen in Japan, abgelesen an Gefrierdatum des Lake Suwa, stimmen zwar mit den europäischen in dem Sinne überein, daß ebenfalls das 17. Jh. und einige Jahrzehnte an der Wende vom 18. zum 19. Jh. bemerkenswert große Häufigkeit von kalten Wintern aufwiesen. Eine Korrelation von Jahr zu Jahr gibt es allerdings nicht.
Speziell im Hinblick auf Mitteleuropa hat Flohn (1957) die Klimaschwankungen der letzten 1000 Jahre referiert und hinsichtlich ihrer Ursache interpretiert. Aus dieser Arbeit ist als Resumée die Tabelle VII.c) 2 zusammengestellt worden.

Mehr Einzelheiten über historisch belegte Klimafluktuationen während unserer

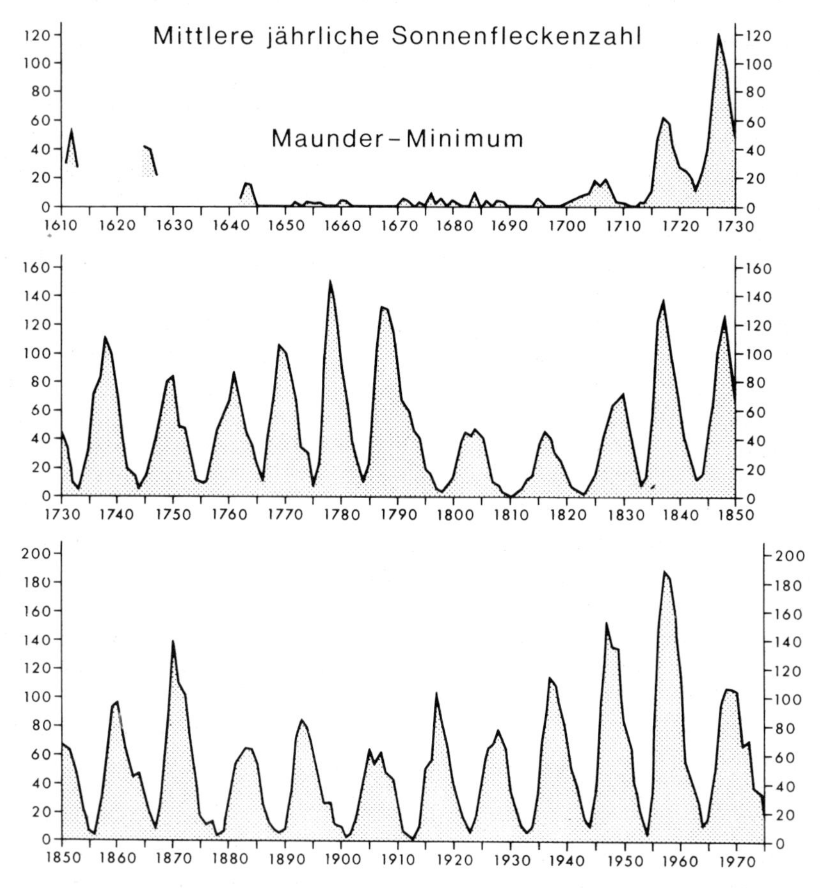

Abb. VII.c) 1. Mittlere jährliche Sonnenfleckenzahlen von 1610–1970. (Nach Waldmeyer, 1961 und Eddy, 1977). Das Maunder-Minimum wird von Eddy mit dem Ende der „kleinen Eiszeit", der Anstieg seit Ende des 19. Jhs. mit der Klimamilderung in der ersten Hälfte unseres Jhs. in Verbindung gebracht

Zeitrechnung finden sich bei Brooks (1951), bei Butzer (1974) sowie besonders ausführlich bei Lamb (1977).

Das Problem sind die *Ursachen.* Eddy (1977) führt Schwankungen wie die genannten auf *langfristige Änderungen der Sonnenaktivität* zurück (Abb. VII.c) 1). Aus der Analyse weit zurückreichender Jahresringe der *bristalcone pine* (Lamarche, 1974) lassen sich die Perioden niedrigen C^{14}-Gehaltes der A. datieren. Sie fallen zusammen mit den 4–5 Jahrzehnten, die in den zurückreichenden Sonnenfleckenaufzeichnungen (Waldmeyer, 1961) als *Maunder-Minimum* (1645–1715) bekannt sind. Vorauf gingen das *Sporer-Minimum* (1400–1510) und das *mittelalterliche Maximum* 1120–1280. Maunder- und Sporer-Minimum markieren als Perioden eingeschränkter Sonnenaktivität die kältesten Perioden in der „kleinen Eiszeit", das Maximum zwischen 1120 und 1280 die mittelalterliche Wärmezeit. Der dem 11jährigen Rhythmus überlagerte Anstieg seit 1900 (Abb. VII.c) 1) gab nach Eddy den Anstoß für die Klimamilderung in der ersten Hälfte dieses Jahrhunderts.

2. Durch instrumentelle Beobachtungsreihen belegte Klimaschwankungen

Der Schwerpunkt der klimatologischen Bearbeitung von Klimaschwankungen liegt natürlich auf dem Zeitabschnitt, der durch ausreichend genaue systematische Beobachtungen, vor allem durch reproduzier- und vergleichbare Instrumentenmessungen, belegt ist. Die Zahl der Arbeiten dazu ist Legion. In dem 1967 erschienenen Werk von *H. von Rudloff* über die *Schwankungen und Pendelungen des Klimas in Europa* in der betreffenden Zeit benötigt der Autor allein eine volle Druckseite, um nur die Nummern der in der „Arbeit benutzten Quellen" aus einem Literaturverzeichnis von 1114 Titeln systematisch geordnet aufzuführen. Der Versuch, in einem Lehrbuchabschnitt von wenigen Seiten etwas Akzeptables zu Papier zu bringen, ist dementsprechend gewagt. Aussicht auf einigen Erfolg kann man nur aus der Tatsache erwarten, daß die jenseits aller Detailinformation inzwischen gewonnenen allgemeingültigen Einsichten und Regeln noch relativ gering sind. Der größte Teil aller wissenschaftlichen Bemühung mußte darauf verwendet werden, den statistical noise zu durchdringen, von dem eingangs in Kap. VII.a) 1. die Rede war.

Der durch klimatologische *Beobachtungsreihen* abgedeckte Zeitraum reicht *etwas über 200 Jahre zurück.* Es gibt zwar vereinzelte Orte, in welchen schon vorher systematisch instrumentell Messungen einzelner Elemente angestellt wurden, – 1670 sind die frühesten –, doch kann man erst für die Mitte des 18. Jhs. sagen, daß ungefähr jedes Land in Europa über mehr oder weniger fortlaufende Temperaturmessungen verfügte. Von Rudloff (1967) listet 130 Stationen zwischen Gibraltar und Archangelsk, zwischen West-Grönland und dem Mittelmeergebiet mit Angaben des Jahres auf, in welchen die verschiedenen Beobachtungen aufgenommen wurden. Aber es ist nicht einfach, für die Zeit bis zur Mitte des 19. Jhs. die *Vergleichbarkeit der Daten* untereinander und mit den Messungen der letzten 100 Jahre herzustellen, da damals andere Instrumente mit anderen Skalen benutzt wurden, da die klimatologisch wichtige Höhenfestlegung der Stationen wegen fehlender oder mit ungewohnten örtlichen Maßen gemachter Angaben schlecht zu rekonstruieren ist, weil die Meßstationen wiederholt verlegt wurden oder weil sich deren Umgebung im Laufe der seitherigen Stadtentwicklung gründlich verändert hat [vgl. dazu Kap. I.c)]. Besonders zuverlässige Beobachtungsreihen sind die von De Bilt in Holland, Kew in England sowie Prag, Wien, Hohenpeißenberg bei München und Basel in Mitteleuropa. Von Rudloff (1967) nimmt als Normalwerte die hundertjährigen Mittel 1851 bis 1950, um auf sie alle Schwankungen und Pendelungen kürzerer Zeiträume zu beziehen.

Das *dominierende Klimaereignis* im säkularen Maßstab und von großräumiger Bedeutung ist die „*Klimamilderung*" auf der Nordhalbkugel in den vier bis fünf Jahrzehnten vom Ende des vergangenen Jahrhunderts *bis ungefähr 1940,* der „Hö-

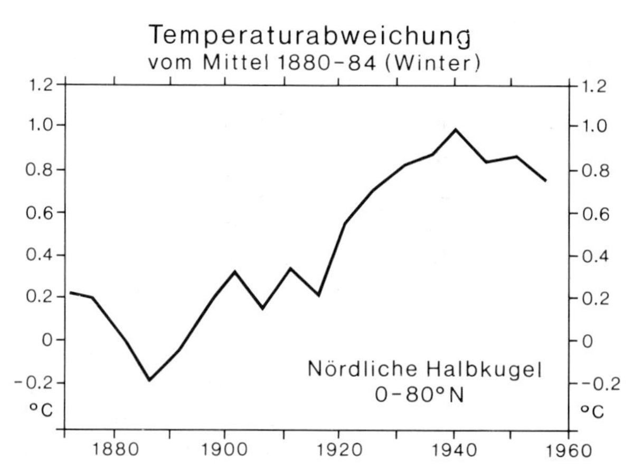

Abb. VII.c)2. Abweichung der 5-Jahresmittel der Wintertemperatur der Nordhalbkugel 1870 bis 1959 vom 5-Jahres-Mittel 1880–1884. (Nach Harris, 1964). Der langfristigen Temperaturzunahme folgt seit dem Höhepunkt der Klimamilderung um 1940 im großräumigen Mittel ein langsamer Temperaturrückgang

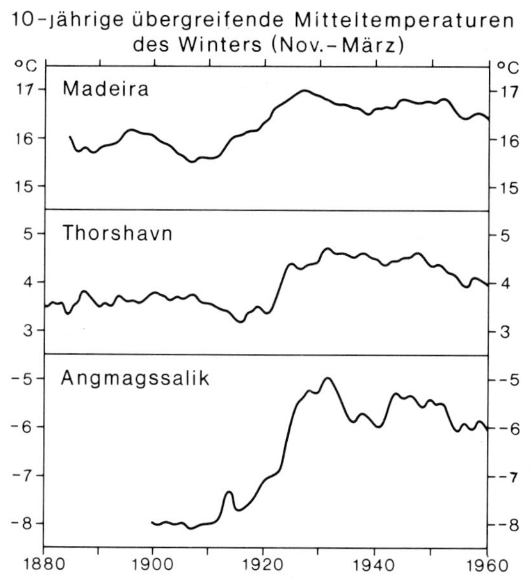

Abb. VII.c)3. Übergreifende 10-Jahresmittel der Wintertemperatur für Madeira, Thorshavn (Färöer) und Angmagssalik (Südgrönland) im Zeitraum 1880–1960. (Nach Harris, 1964). Die Klimamilderung nach der Jahrhundertwende war besonders deutlich in den ozeanischen Gebieten der hohen Breiten

hepunkt" dieser Entwicklung zwischen 1930 und 1940 sowie die Umkehr des Trends zu einer *„Klimaverschlechterung" in den* seither *vergangenen 3 Jahrzehnten* (Abb. VII.c) 2). Die Milderung bestand darin, daß die Temperatur der Winter im großräumigen Mittel über die ganze Hemisphäre in den 40–50 Jahren vor 1940 in der Größenordnung von ungefähr einem Grad zugenommen hat und daß die Milderung besonders die Winterbedingungen der höheren Breiten betraf (Abb. VII.c) 3). Im Einzelnen hängen die absoluten Werte von der Referenzreihe ab, von der aus man die Änderungsbeträge bestimmt. Von Rudloff (1967) gibt in einem Tabellenanhange detaillierte Zahlen für viele Stationen im Jahresgang. Das Kernstück der thermischen Aufwärtsentwicklung zeichnete sich durch geringe Jahresschwankung der Temperatur, allgemeine Erwärmung, vornehmlich in den Polarzonen (Abb. VII.c) 3), und gesteigerte Niederschlagstätigkeit (ausgenommen Südeuropa) aus. Inzwischen wurden zuerst die Winter wieder kälter, doch besteht immer noch ein deutlicher Überschuß an Winterniederschlägen. Frühjahre und Herbste blieben noch warm, die Sommer kühlten sich allmählich wieder ab. Man erkennt eine Ausweitung des zunächst im Norden festgestellten Temperaturrückgangs nach Süden hin, wo zunächst die maritimen Zonen stärker betroffen wurden als die kontinentalen und mediterranen Gebiete (von Rudloff, 1967, S. 221).

Eine Fülle von Einzel- und Sammelbeiträgen zum Thema der Klimamilderung liegt vor, von denen hier besonders die von Scherhag (1939), Ångström (1939), Blüthgen (1940), Wagner (1940), Weickmann (1942), Lysgaard (1949), Hustich (1952), Ahlmann (1953), Erkamo (1956), v. Regel (1957), Mitchell (1961) und Lamb (1966) genannt seien. Die Milderung hatte sich zuerst in den circumatlantischen bis subpolaren Breiten in Gestalt einer *starken Zunahme der Wintertemperatur* bemerkbar gemacht. Scherhag (1939) glaubte diese auf eine den 11jährigen Rhythmus überlagernde 90jährige Periodizität der Sonnenfleckenrelativzahlen zurückführen zu können, wonach die Winter 10–20 Jahre nach dem relativen Minimum der Sonnenflecken sehr mild ausfallen sollen. Der physikalische Zusammenhang ist aber problematisch geblieben, nicht zuletzt weil die Winterdaten für frühere Zeiten nicht exakt genug sind. Wie dem auch sei, Scherhag konnte für das Jahrzehnt 1929–1938 eine positive Wärmeanomalie gegenüber den langjährigen Mittelwerten für die gesamte Arktis ermitteln, deren Maximalwert während dieses Dezenniums im Raum um Nordgrönland volle 5° betrug. Ähnliche Werte fand Willett (1950), der einen Anstieg der Wintertemperatur zwischen 1936 und 1940 gegenüber 1886 bis 1890 im räumlichen Mittel über das Nordpolargebiet um 2°, über die ganze Erde noch um 1,2° fand. Rubinstein und Polosowa (1966) haben anhand zahlreicher geglätteter Kurven sowie eindrucksvollen räumlich differenzierten Karten der ganzen Nordhalbkugel die Temperaturschwankungen für die letzten Jahrzehnte dargestellt.

Folgen der Wintermilderung. Die Erwärmung des Winters hatte eine starke *Hinauszögerung der Eisbedeckung in den polaren Randmeeren* verursacht, so daß die Schifffahrtsperiode verlängert und früher eisblockierte Seewege zumindestens zeitweilig geöffnet wurden. Diese Wirkung ist aber offensichtlich nach 1940 noch weitergegangen, wie aus den nachstehend wiedergegebenen Vergleichszahlen für den Eisindex vor Nordisland und in der östlichen Barentsee – hier nach einem anderen Verfahren nach Flächeneisprozenten gemittelt – hervorgeht (Tab. VII.c) 3).

Tab. VII.c) 3. Eisindex vor Nordisland und Eisbedeckung der östl. Barentsee. (Nach H. H. Lamb u. A. J. Johnson, 1961, S. 390)

	Eisindex vor Nordisland (Nach L. Koch)	Eisbedeckung der östl. Barentsee (Nach Armstrong)
1594–97	0	15%
1734–41	2,3	?
1780–89	12,7	?
1790–99	8,4	?
1800–09	9,6	?
1810–19	9.0	?
1820–29	8,9	(33%)
1830–39	8,4	?
1840–49	3,2	?
1850–59	7,2	?
1860–69	12,9	?
1870–79	7,7	5%
1880–89	12,3	21%
1890–99	6,9	10%
1900–09	5,1	21%
1910–19	5,5	20%
1920–29	1,5	7%
1930–39	1,4	3%
1940–49	(1,7)	8%
1950–59	(4)	

Die eingeklammerten Zahlen stellen Werte auf Grund unvollständiger Unterlagen dar.

Besonders zugute gekommen ist die Klimagunst *dem nördlichen Seeweg der Sowjetunion* nach Sibirien. Um 1900 war der Kohleabtransport von den Gruben Spitzbergens nach Tromsö oder Murmansk nur 3 Monate lang durchführbar, in den 50er Jahren waren es 7 Monate. Im sowjetischen Teil des Nordpolarmeeres war die Eismenge von 1924–1945 um etwa 1 Mill. km^2 zurückgegangen. Auch die Ostsee war wärmer geworden, denn an den finnischen Leuchtfeuern lagen die Oberflächenwassertemperaturen nach Ahlnäs (1962) im Zeitraum 1948–1957 um 0,39°C über dem Mittel von 1921–1930. Die Buchten zeigten demzufolge durchschnittlich günstigere Eisverhältnisse, ungeachtet des Auftretens vereinzelter strenger Winter. Allerdings brachte die Labilisierung und Milderung der Winter z. B. in Lappland oder Ostgrönland auch Nachteile für die Tierwelt infolge des häufiger verharschenden Schnees. So führte der variable, oft von Tauwetter unterbrochene Winter 1964/65 zu einer Katastrophe für die Rentierbesitzer Lapplands.

Auf das *Nordwärtswandern der Nutzfische* und der auf sie gerichteten Fischerei mit allen kultur- und wirtschaftsgeographischen Konsequenzen machen Fristrup (1952) und Dege (1964, 1965) aufmerksam. Der nach 1950 wieder zu beobachtende Rückzug der Dorschschwärme infolge derzeitigen Nachlassens der Wärmeanomalie des Wassers bereitet insofern akute Sorgen, als er zu einer Umrüstung der grönländischen Fischerboote auf hochseetüchtige Typen für entferntere Fanggründe zwingt. Nicht weniger auffällig war die Parallelität zwischen der Klimamilderung und dem Nordwärtswandern von Vögeln. So waren Schwalben seit den 30er Jahren auf den Färöern und auf Island heimisch und seit 1935 gibt es in Island Stare (Harris, 1964).

Die Verlängerung der Vegetationsperiode im Bereich der polaren Waldgrenze hatte zu einer Häufung von Samenreifejahren geführt, die sich in einer kräftigen *Ausbreitung von Kiefern- und Birkenjungwuchs weit über die frühere Baumgrenze hinaus* widerspiegelte (Blüthgen 1942, 1952; AAS 1969). Parallel hierzu verlief ein *Zurückweichen der Südgrenze der ewigen Gefrornis* nach Norden, das im Gebiet von Mesen in Nordrußland in den 60er Jahren 40 km betrug, während in Zentralsibirien Auflösung des dort weit südwärts reichenden Dauerfrostbodens in einzelne inselhafte Vorkommen beobachtet wurde.

Besonders augenfällig hat sich die Klimamilderung in einem allgemeinen *Rückgang der Gebirgsgletscher* manifestiert. Obschon die Intensität örtlich wechselt, ist doch das Phänomen als solches mit Ausnahme der Antarktis, wo offenbar kein Eisrückgang festzustellen ist (Hoinkes, 1960), überall auf der Welt beobachtet worden. (Bei der Antarktis muß berücksichtigt werden, daß dort eine leichte Anhebung der Temperatur zu Vermehrung der Feuchtekapazität der Luft und der entsprechenden Niederschläge führt). Morawetz (1949) fand, daß allerdings am nördlichen Alpenrand ein Niederschlagsplus mit einer Schneezunahme im Wasserwert von 1000 mm eine Erhöhung der Sommertemperatur um 2 °C an der Schneegrenze zu kompensieren vermag. Aber diese Konstellation tritt, wie Hoinkes (1968) nachwies, nur selten ein; vielmehr gingen im Zeitraum 1877 bis 1966 in den Zentralalpen *positive Sommertemperaturabweichungen* auffällig *parallel mit hohen Niederschlagsdefiziten.* Diese Kombination vermehrt hauptsächlich die Ablation und damit den Gletscherschwund. 1962 hat Hoinkes zahlreiche vorhergehende Untersuchungen über die Massenbilanz und die Ursachen der Gletscherschwankungen in den Jahren 1952–1962 noch einmal zusammengefaßt.

Geographisch ist der Gletscherschwund noch insofern von besonderem Interesse, als sich mit der Verkürzung der Gletscherzungen auch eine Umwandlung der Typen einstellt: Zusammengesetzte Gletscher lösen sich in Einzelzungen auf (z. B. Hintereisferner und sein früherer Seitengletscher, der Kesselwandferner), regenerierte Gletscher schrumpfen zu bloßen Hängegletschern, Plateaugletscher drohen völlig zu verschwinden, wenn der *Anstieg der Schneegrenze,* der im Großglocknergebiet z. B. in den letzten 50 Jahren *etwa 150 m* betragen hat, das Eisplateau selbst erreicht, z. B. bei der Übergossenen Alm am Hochkönig in den nördlichen Kalkalpen. Es gibt viele Einzelarbeiten über die Bewegungen der alpinen Gletscher in den vergangenen Jahrhunderten. Zusammenfassende Übersichten findet man bei Kinzl (1957), Tollner (1961) und von Rudloff (1967) z. B. Für die letzten Jahrzehnte sind für die Schweizer und Österreichischen Alpen jährliche Übersichten in entsprechenden Alpenvereinszeitschriften vorhanden.

In der ersten Hälfte des 20. Jhs. hat sich die nordpolare Meereisfläche um 1 Mill. km^2, die vergletscherte Fläche der Ostalpen um $^1/_3$ bei einer Dickenabnahme der Gletscher um jährlich 60 cm vermindert. Durch dieses vermehrte Abschmelzen des Inland- und Gletschereises, das nach rohen Schätzungen für die ganze Erde etwa 250 km^3 pro Jahr beträgt (Flohn, 1958, S. 7, Fußnote), müßte der *Meeresspiegel* jährlich um 0,7 mm steigen, in Wirklichkeit sind *1,1 mm Anstieg pro Jahr* beobachtet worden, wie bereits in Kap. VII.a) 2. angeführt worden ist.

Rückläufigkeit seit 1940. In den Jahrzehnten seit 1940 sind nun stellenweise bereits Anzeichen einer Rückläufigkeit erkennbar, so z. B. in Süd- und Mittelskandinavien.

Der Temperaturrückgang ist aber vorerst noch gering (Harris, 1964) im Vergleich zu der vorher eingetretenen Zunahme (Abb. VII.c) 2 u. VII.c) 3). Das zeigt auch eine genauere Analyse der jüngsten 10-Jahres-Durchschnitte in einigen europäischen Teilgebieten (von Rudloff, 1967). Man muß dabei aber nach den Jahreszeiten differenzieren. So konnte Rocznik (1972) für *Mitteleuropa* folgendes festhalten: Die positiven Abweichungen vom Langzeitmittel 1761–1970 waren für den Winter am höchsten im Jahrzehnt 1911/20, Frühling und Sommer im Jahrzehnt 1941/50, für den Herbst aber – mit besonders steilem Anstieg – erst im letzten Jahrzehnt 1961/70, so daß das Gesamtjahresmittel noch immer zu warm ausfällt. Auch der *Gletscherschwund hält noch unvermindert an.* Nach Lamb and Johnson (1959) hat sich aber die Zahl der Tage mit Schneedecke im Flachland Großbritanniens im Vergleich zu den vorangegangenen beiden extrem milden Jahrzehnten etwa verdoppelt, ein in diesem Klimabereich „feinfühliger" Indikator. In den Gewässern um Island und überhaupt am *Südrande des arktischen Packeises ist seit etwa 1945 eine gewisse Ausdehnung* des Eises erfolgt. Daß die Alpengletscher noch weiterhin negative Haushaltsbilanz zeigen, beruht nach Hoinkes (1954, 1968) nicht so sehr auf einer Reaktion auf advektive Temperaturen, sondern auf unverändert erhöhten, besonders spätsommerlichen Strahlungsgenuß, wird doch die Ablation vorwiegend von der einkommenden Gesamtstrahlung, und nicht von advektiven Temperaturen her reguliert. Es ist also noch zu früh, Schlüsse auf eine endgültige Ablösung der Klimamilderung zu ziehen, zumal in zahlreichen Regionalbeiträgen des Sammelbandes der UNESCO und WMO (1963) über den von diesen Organisationen veranstalteten Kongreß in Rom, der dem Thema der Klimaschwankung gewidmet war, noch von einem Anhalten der Milderungstendenz gesprochen wurde. Der *Übergang* erweist sich als *eine sehr labile Periode,* wie auch die Untersuchungen und historischen Vergleiche von Lamb (1965) und von Rudloff (1967) ergeben haben. Nach Lamb ist die gegenwärtig leichte Rückläufigkeit des thermischen Trends im nordwestlichen Sektor eine um etwa 30 Jahre nachhinkende Folge schwächerer zonaler Zirkulation, häufigerer Westwärtsverlagerung des europäischen Höhentroges mit südlicheren Zyklonenbahnen über Europa. Die Winter 1965/66, 1967,68 und 1969/70 haben für das zuletzt genannte Phänomen Beispiele gegeben. Die Südwest-Hälfte Mitteleuropas hatte einen zyklonal milden, die NO-Hälfte und ganz Nordeuropa dagegen einen außerordentlich strengen ununterbrochenen Winter. Der Landstreifen zwischen Weser und Elbe, der als Frontalbereich schon in anderem Zusammenhang herangezogen worden ist, erwies sich damit nicht nur als Wetter- und Witterungsscheide, sondern als relevante Klimascheide.

Damit ist die *Frage nach den Ursachen* der thermischen Anomalien aufgeworfen. Seit den Arbeiten von Willett (1950), von Flohn (1953), von Butzer (1957) und vor allem von Lamb und Johnson (1959, 1961, 1964) ist eindeutig belegt, daß die Milderung mit einer *verstärkten Zonalzirkulation* bei gleichzeitig etwas weiter nordwärts reichendem Roßbreitenhoch verbunden ist. Dzerdzeevskii hat sich in mehreren Arbeiten mit der Zirkulation als Bindeglied zwischen Schwankungen der einkommenden Strahlungsenergie und der Verteilung ihrer Auswirkungen auf der Erdoberfläche auseinandergesetzt. Seine dreizehn Zirkulationstypen der Nordhemisphäre, die er zu vier Typengruppen zusammenfaßt, basieren auf einer lückenlosen Reihe von 56 Jahrgängen polzentrierter Wetterkarten der Nordhemisphäre. Es erwies sich dabei, daß bestimmte Verteilungsmuster von Anomalien mit zugehörigen Zirkulationsmustern zu korrelieren sind. Aber man muß doch wohl annehmen, daß durchaus die Möglichkeit besteht, daß bei einer verstärkten Meridionalzirkulation sich die mit der häufigeren Nordströmung verbundene Abkühlung in einem Gebiet mit der entsprechenden Erwärmung im anderen (bei vorherrschender Südströmung z. B.) aufheben kann. Eine verstärkte Zonalzirkulation kann eine Erwärmung allein in den Polargebieten bringen. Die Milderung bis 1940 hat aber offensichtlich die ganze Nordhalbkugel betroffen. Mit der Feststellung verstärkter Zonalzirkulation ist somit die *Frage nach der Ursache* nur um ein Glied hinausgeschoben und nicht gelöst.

Die im vorangegangenen Kapitel bereits angesprochene Arbeit von Eddy (1977) führt die Klimamilderung auf die *erhöhte Sonnenaktivität* zurück, die in dem Diagramm von Waldmayer (1961) seit der Jahrhundertwende zum Ausdruck kommt (s. Abb. VII.c) 1) und knüpft dabei an die vorher zitierten Ideen von Scherhag (1939) an. Flohn (1977) schätzt unter Bezugnahme auf Oort and Peixoto (1974) die für die Verstärkung der Zirkulation global zusätzlich investierte Energie auf 100–300 Watt jährlich gegenüber 1000–1200 Watt, welche normalerweise für die Aufrechterhaltung der gesamten atmosphärischen Zirkulation notwendig ist [s. a. Kap. VIII.b) 2.].

VIII. Beeinflussung des Klimas durch den Menschen

Der Mensch steht gegenüber dem Klima seiner Umwelt einerseits und in weitaus überwiegendem Ausmaß in der Rolle des Passiven, hat andererseits aber von jeher versucht, im Rahmen seiner jeweiligen technischen Möglichkeiten die seine Grunddaseinsfunktionen beeinträchtigenden Klimaeigenschaften in seinem Sinne zu verbessern, zu meliorieren, oder sich und sein Werk so weit wie möglich davor zu schützen. Das gelang im Anfangsstadium der Kulturentwicklung nur in sehr beschränktem Umfang (durch Aufheizen von Wohnhöhlen z.B.). Heute hat es Ausmaße erreicht, für die vielleicht die – fast – perfekte Klimatisierung des Wohn- und Arbeitsraumklimas sommers wie winters in Washington oder mitten auf dem antarktischen Eisschild, das sowjetische Großprojekt zur „Umgestaltung der Natur" in der Ukraine sowie cloud-seeding als Versuch zur Erzeugung künstlichen Regens oder zur Verhinderung von Hagelschlag [s. Kap. II.f) 7.] als Beispiele stehen mögen. Aber selbst das sind aufs Ganze gesehen nur lokale Eingriffe, zumal bei den großräumigen Unternehmungen in der Ukraine und bei der Behandlung von Wolken die tatsächlichen Ergebnisse weit hinter den etwas hoch gesteckten Erwartungen zurückgeblieben sind und dadurch die gegenwärtigen Grenzen der Möglichkeiten deutlich abgesteckt haben.

Man muß daraus die Konsequenz ziehen, daß eine *erste Gruppe* von Beeinflussungen des Klimas durch den Menschen, nämlich die *zielgerichtete Klimamelioration, lokalen oder subregionalen Charakter* hat.

Daneben ist aber in den letzten Jahren eine *zweite Gruppe* von anthropogenen Eingriffen mehr und mehr in den Vordergrund der klimatologischen Diskussion gerückt, die zu Änderungen führen können, *die erstens sehr großräumig oder sogar global und zweitens ungewollt* sind. Sie sind deshalb so kritisch, weil sie einerseits Nebeneffekte von Entwicklungen sind, die allgemein als Fortschritt im Rahmen der Nutzbarmachung der Erde angesehen und damit forciert werden, und weil sie andererseits an gleichgewichtsempfindlichen Stellen im klimatischen System [s. Kap. VII.a) 2.] angreifen.

a) Klimamelioration und Klimaschutz (Wind-, Schnee-, Hagel- und Frostschutz, Binnenraumklimate)

Windschutz. Eine der augenfälligsten Klimameliorations- und -schutzmaßnahmen stellt der Windschutz dar. Er ist in der Agrarlandschaft windreicher Klimate seit altersher gebräuchlich. Das gilt vor allem von den ozeanisch windreichen Klimaten Westeuropas, wo hohe Windschutzhecken (Gehöfte in der Eifel) oder schützende

Baumgruppen um die Gehöfte (West-Dänemark) und Baumreihen (Flandern) oder Strauchhecken (sog. Knicks in Schleswig-Holstein) ausschließlich oder zugleich mit anderen Zweckbestimmungen (Zaunfunktion der Knicks!) dem Schutz menschlicher Wohnstätten, des weidenden Viehs oder der Verbesserung des Bestandsklimas in Pflanzenkulturen dienen (Abb. VIII.a) 1). Im submediterranen unteren Rhône-Tal bedient man sich natürlicher Stellzäune (z. T. aus Schilf oder totem Reisig), um die empfindlichen Tomatenkulturen, Weingärten u. a. gegen die oft stürmischen Mistral- oder Bisewinde zu schützen. Hier gehören auch hohe Baumreihen, häufig aus Zypressen, zum Bild der „Windschutzlandschaft".
Bei der *Windwirkung* ist zu unterscheiden zwischen der direkten und indirekten. Erstere wird offenkundig durch die *Schrägstellung* von Bäumen sowie durch *Deformation der Baumkronen* oder im Extremfall durch Windschur. Beide Kriterien kann man als Klimaindizien zur Ableitung der Ventilationsbedingungen an einem Standort benutzen. Bei der *Kronendeformation* ist unterschieden worden zwischen folgenden *Intensitätsstufen* (vgl. Weischet u. Barsch, 1963):

1. Angedeutete Biegungsform, leichte Windbiegung, nur die äußeren kleinen Zweige sind nach Lee umgebogen;
2. ausgeprägte Biegungsform, starke Windbiegung, auch die dünneren Äste sind nach Lee umgebogen, so daß sich eine schwache Kronenasymmetrie ergibt;
3. unvollendete Fahnenform bzw. Windfahne mit starker Kronenasymmetrie, hervorgerufen dadurch, daß der luvseitige Kronenanteil weitgehend, aber nicht vollständig fehlt;
4. vollendete Fahnenform bzw. Windfahne, alle Äste sind nach Lee umgebogen, der luvseitige Kronenteil fehlt vollständig;
5. Krüppelform oder Windflüchter, nicht nur die Krone, sondern auch der Stamm ist stark leewärts abgebogen, so daß die Krone nur eine Ober- und Unterseite bekommt;
6. Scherhecken oder Teppichform, bei der der Baum an den Boden angepreßt ist.

Solche direkten Windwirkungen sind besonders auffällig an den ozeanischen Westwinden besonders ausgesetzten Küsten Mittel- und Nordeuropas. Wo bei insgesamt großem Windreichtum keine eindeutige Bevorzugung einer bestimmten Richtung zu beobachten ist, fehlt das Phänomen der Deformation oder der Windschur, wie man auf den an sich windreichen und exponierten Lofotinseln gewahr wird. Deren Birkenbestände und Nadelholzpflanzungen sind kaum geschoren, während die westjütischen Schutzhecken um die Gehöfte rings um den westlichen Limfjord samt und sonders ausgeprägte Schurwirkungen aufweisen, da hier eine eindeutige Vorherrschaft westlicher Winde vorhanden ist. Runge (1957) konnte Abweichungen der Schurrichtung zwischen NW-Jütland und W-Schleswig verifizieren.

Die indirekten Wirkungen des Windschutzes beruhen in der relativen Ruhigstellung der Atmosphäre hinter dem schützenden Hindernis (Knick, Baumreihe, Mauer, Zaun). Im Prinzip soll in einer Hecken- oder auch Parklandschaft ein vermittelndes Klima zwischen dem reinen Waldklima und dem der offenen Landschaft geschaffen werden. Um welche Größenordnung es hierbei gehen kann, mögen nachstehende von Kreutz (1952) mitgeteilte Überschlagszahlen veranschaulichen:

	Wald-rand	Entfernung vom Wald in m 10	30	50	70	150
Windgeschwindigkeit m/sec	0	0	0,3	1,5	2,1	2,6
Luftfeuchtigkeit %	62	58	55	53	51	51

Nach den frühen systematischen Untersuchungen von Naegeli (1941, 1943, 1946) in der Schweiz und von Kreutz (1952) im Hessischen Bergland sind in vielen Kulturländern der Erde entsprechende praktische Versuche und Forschungsarbeiten durchgeführt worden. Eine referierende Übersicht mit den wichtigsten bibliographischen Hinweisen bis zum Jahre 1963 gibt van Eimern et al. (1964). Die wichtigsten Ergebnisse sind: Eine Schutzhecke gibt eine *Reduktion der Windstärke,* die sich unabhängig von der Windgeschwindigkeit noch im Abstand von 5–10mal der Höhe des Schutzstreifens vor sowie 25–30mal der Höhe hinter ihm deutlich bemerkbar macht. Unmittelbar hinter der Hecke beträgt die Reduktion 60–80% der Freilandgeschwindigkeit, wobei eine leicht durchblasbare, also lückige Hecke (Abb. VIII.a) 1) ein besseres Ergebnis erzielt als eine mauergleiche dichte, bei der sich Leewirbel einstellen, die den Beruhigungseffekt stören.

Abb. VIII.a) 1. Sandflug im Windschutz einer durchblasbaren Baumreihe bei Toftlund (südl. Jütland) im Mai 1959. (Phot. Det Danske Hedeselskab)
Die Durchblasbarkeit bewirkt eine geringe Turbulenz und daher eine größere Reichweite der Schutzwirkung, verglichen mit dichten Fichtenhecken

Gloyne (1955) fand in Bezug auf die unterschiedliche *Durchblasbarkeit der Schutzhecke,* daß eine Reduktion der Windgeschwindigkeit auf 80% des Freilandwertes eintritt auf eine Entfernung bis 12mal h, wenn die Hecke nur eine 30%ige Abschließung bildet, bis 27mal h, wenn sie 50%ig abschließt und nur 15mal h bei 100%iger Dichte. Der optimale Wirkungsgrad liegt bei einer zu 50% durchblasbaren Hecke. Demzufolge sind die bei sommerlicher Belaubung sehr dichten schleswig-holsteinischen Knicks keineswegs ideale Windschutzanlagen; ihre Primärfunktion ist ja auch die eines lebenden Zaunes im Rahmen der Koppelwirtschaft. Windschutz ist ein Sekundäreffekt.

Die geringere Ventilation beiderseits der Windschutzhecke bewirkt einerseits eine *Erhöhung der Temperatur* in den Beständen der Kulturpflanzen bei Strahlungswetter, andererseits eine *Verdunstungsverminderung.* In feuchten Klimaten kann zuviel des Guten getan werden, indem die Verdunstungsminderung die Austrocknung der zu feuchten Böden verhindert. Windschutz und Verdunstungssteigerung können also bei feuchtgründigen Böden in Widerspruch miteinander geraten. Das trifft vor allem für küstennahe Marschen häufig zu.

In Trockengebieten ergibt der Windschutz eine erwünschte Verdunstungsmilderung im Lee und eine *Erhöhung des Taufalles.* Andererseits muß wieder bedacht werden, daß die Wurzeln der Hecken in das Kulturland hineinwirken und den Kulturpflanzen eine Feuchtekonkurrenz aufbauen. Wyssotzki (1938) ermittelte hinter einem heranwachsenden Bestand in der Steinsteppe in Südrußland folgende Werte:

	Verminderung der Windgeschwindigkeit Mai–September	Verminderung der Verdunstung Mai–September
Ø 1918–20	−17%	−27%
Ø 1921–24	−30%	−34%
Ø 1925–28	−47%	−47%

Solche Zahlen belegen den meliorativen Wert der in den letzten Jahrzehnten in Südrußland angepflanzten Windschutzgürtel (Blüthgen, 1949) sehr eindeutig. Sie bewirken außerdem im Winter, obschon wegen der Laublosigkeit dann weniger effektiv, ein beträchtliches Festhalten des Schnees, dessen Schmelzwasser im Frühjahr dem Bodenwasservorrat an Ort und Stelle zugute kommt, während er sonst in die Einschnitte der Balkas und Owraga-Schluchten der Steppe hineingeweht wurde und so den Schmelzwasserabfluß vermehrte.

Kreutz (1952) hat für Mitteleuropa zusammenfassend als Windschutzwirkung in Lee-Zonen folgende Durchschnittswerte ermittelt:

Windwirkung −39%	Verdunstung −19%
Lufttemperatur +1,9%	Tauniederschlag +21%
	Bodenfeuchtigkeit +19%

Die stärksten Windschäden und damit das größte Bedürfnis für Windschutz ist in den USA und in der Sowjetunion, und zwar in deren semiariden Bereichen, zu verspüren gewesen, wo das Verwehen des humusreichen Oberbodens in den Randzonen des Kulturlandes als „*Schwarze Stürme*“ eine Folge der Entwaldung und des Umbruchs von natürlichen Grasländereien darstellt. Dagegen wendet man sich nunmehr u.a.

durch Anpflanzung von *„shelter-belts"*, von Waldstreifen usw. In humiden Klimabereichen (England, Dänemark, Norddeutschland) treten Deflationsschäden besonders bei leichten, feinsandreichen Böden der Altmoränengebiete auf.

In Bereichen mit konstanter Windrichtung kann man die Schutzstreifen quer zu dieser anlegen, aber das ist in den Mittelbreiten mit ihrer im allgemeinen großen Richtungsveränderlichkeit nicht angängig. Als günstigste Entfernung, bei der hinsichtlich der Schutzwirkung bei den verschiedenen wahrscheinlichen Windrichtungen der beste Kompromiß erzielt wird, gelten 25 bis 30 × Höhe des Windschutzstreifens (in m). Dieser Wert ist jedoch von der Gestaltung des Schutzstreifens selbst abhängig und schwankt in weiten Grenzen. So wurden bei Wolgograd (Stalingrad) 50 m breite Gürtel in 300 m Abstand voneinander gepflanzt, hier als Schutz gegen östliche Dürrewinde.

Die *Ertragssteigerung,* die durch Windschutzmaßnahmen gegenüber den Verhältnissen im Freiland erzielt wird, schwankt je nach Kulturart und großräumigem Klima in weiten Grenzen, jedoch werden – den Raumbedarf für die Hecken bereits abgerechnet – im allgemeinen 15–20% angegeben. Eine Aufstellung der Mehrerträge gegenüber freiem Feld im Verhältnis zur Knickdichte (ausgedrückt in m/ha) gab Thran (1952) nach zehnjährigen Ertragswerten.

Tab. VIII.a) 1. Mehrerträge in Abhängigkeit von der Knickdichte. (Nach P. Thran, 1952)

	Knickdichte 10	20	30	40	50	60	70	80	90	100	110	120	130	m/ha
Winterweizen	0,5	0,9	1,2	1,8	2,7	3,4	4,7	6,3	7,7	10,4	12,2	13,5	15,9	dz/ha
Winterroggen	0,2	0,5	0,7	1,0	1,3	1,6	1,9	2,4	3,1	3,8				dz/ha
Spätkartoffeln	3,2	7,4	11	15	19	23	26	30	32	36				dz/ha

Daraus geht die mit der Knickdichte progressive Ertragserhöhung eindeutig hervor. Gewisse Randschäden in unmittelbarer Heckennähe treten allerdings mitunter auf wegen zu großer Randfeuchte, Beschattung und Schneeansammlung.

Eine von Gagarin (1949) mitgeteilte Tabelle der Ernteerträge von 13 Einzeljahren zwischen Waldstreifen und auf offener Steppe ergab für Südrußland eindeutige Mehrerträge, besonders in regenarmen Jahren, in geschütztem Bereich bei Roggen, nicht dagegen bei Hafer, der nur in Dürrejahren positiv auf den Windschutz reagiert, in feuchten dagegen nicht. Auch bei Futterpflanzen sind unter Windschutz im russischen Steppengebiet beträchtlicht erhöhte Mengen erzielt worden. Das Gleiche gilt für Hackfrüchte.

Im Zusammenhang mit dem Windschutz müssen auch die Maßnahmen genannt werden, die dem *Schutz der Verkehrswege vor Schneeverwehungen* dienen. Im windoffenen Gelände sichert man die Verkehrswege gegen Schneeverwehungen durch Stellzäune, die entweder – wie meist in Mitteleuropa – im Herbst erst aufgestellt und im Frühjahr wieder weggeräumt werden oder die als höhere, ständig im Boden stehende Gestelle exponierte Straßen oder Bahnlinien in einigem Abstand – manchmal sogar gestaffelt – begleiten, wie man es in Nordeuropa oft findet. Zur Erzielung eines

Abb. VIII.a)2. Schneeschutzzäune einer Straße auf einer Hochfläche in Südnorwegen. (Phot. Statens Vegvesen, Vegsjefen i Möre og Romsdal, Molde)
Die Aufnahme läßt deutlich erkennen, daß die Schneezäune in größerem Abstande von der Straße selbst, deren Fahrdamm rechts zu erkennen ist, errichtet werden müssen und keine geschlossenen Wände bilden dürfen, damit sich in dem Zwischenraum zwischen Zaun und Straße genügend Platz für die Anhäufung von Verwehungsschnee findet. Vielfach sind solche Schneezäune auch tiefgestaffelt zu beiden Seiten der Straße

optimalen Schutzeffektes dürfen sie nicht zu nahe an dem zu schützenden Verkehrsweg errichtet werden (Abb. VIII.a) 2). Vielfach kann man aus der Anordnung solcher Schneezäune auf die Hauptwindrichtung bei Verwehungen schließen. Die Zäune müssen außerdem durchblasbar sein, dürfen also keine geschlossenen Wände bilden. Nur so gelingt es, im Lee zwischen Zaun und Straße eine größere Menge von Schnee zur lokalen Anhäufung zu bringen. Schneeverwehungen treten naturgemäß vorzugsweise auf windoffenen, baumlosen Hochflächen, aber auch im offenen Tieflande, in Waldlücken oder auf Moorflächen sowie bei Einschnitten im Gelände auf.

Frostschutz. Besonderes Interesse im Rahmen kurzzeitlicher Klimaverbesserung kommt dem Frostschutz zu, der eine monographische Behandlung durch Schnelle (u.a. 1963/65) erfahren hat. In der von Mac Hattie and Schnelle (1964) im Auftrag der WMO erstellten referierenden Literaturübersicht zur Agrotopoclimatology sind auch eine große Zahl von Arbeiten aufgeführt, die das Problem des Frostschutzes, besonders des passiven, betreffen.

Es handelt sich darum, Spät- oder Frühfröste, die schon oder noch in die Vegetationsperiode zu fallen drohen, durch geeignete Maßnahmen zu verhindern. Man kann dies passiv tun, indem frostgefährdete Muldenlagen, Waldlichtungen, Talböden, Hochflächen für den Anbau frostempfindlicher Gewächse gemieden werden. Hier hat die vom Deutschen Wetterdienst in den 50er Jahren besonders in Weinbaugebieten betriebene Kartierung des Geländes im Hinblick auf dessen Frostanfälligkeit großen Nutzen gehabt. Da sich die Kaltluft in Geländevertiefungen und entlang von Taleinschnitten ansammelt oder hinter Waldstreifen, Hecken, Bahndämmen anstaut [vgl. Kap. V.d)], ergeben sich als thermisch begünstigt vor allem nachmittäglich besonnte mittlere Hanglagen unterhalb von schützenden Waldstreifen.

So ist es kein Zufall, daß der Weinbau in den Randgebieten seiner Rentabilität in halber Hanghöhe unterhalb von Waldstreifen betrieben wird. Er nutzt klimatisch also nicht allein die einstrahlungsbegünstigten Hanglagen aus, sondern zugleich auch die am wenigsten frostgefährdeten, was vielfach, aber nicht immer zusammenfällt.

Neben die passive Frostschadenverhütung durch Wahl optimaler Standorte tritt die *aktive Frostbekämpfung.* Es gibt dazu 4 Verfahren: Das Räuchern, das Heizen, das Beregnen und die Bewindung. Das *Räuchern* verfolgt den Zweck, eine ausstrahlungshemmende Rauch- oder Nebelschicht über die gefährdeten Anbaugebiete zu legen, um die weitere nächtliche Abkühlung abzubremsen. Leidlmair (1958) berichtet von Räucherverfahren aus Südtirol (Meran-Salurn), wo – organisiert durch ein Frostabwehrkomitee – 3 bis 4 Reisig- und Laubfeuer (sogenannte „Mottenfeuer") pro ha angelegt werden. Die Lücken werden zusätzlich durch Rauchpatronen geschlossen. Man erzielt hierdurch, wenn es sich um reinen Strahlungsfrost handelt, eine Temperaturerhöhung um 2,5–3°. Das Räucherverfahren, das früher nicht nur in Mitteleuropa, sondern beispielsweise auch in den USA verbreitet geübt wurde, hat aber viele Nachteile und ist gegenüber den beiden anderen genannten nicht sehr effektiv. Die Ausbreitung der Rauchschwaden erfolgte oft nicht in der gewünschten optimalen Weise; die Zufälligkeiten variabler Windrichtung waren selbst in ruhigen Nächten ein Störungsfaktor, von der Berußung und dem Siedlungen und Verkehr störenden Qualm ganz abgesehen. So ist man zur direkten *Beheizung* mittels raucharmer Brikett- oder Ölöfen übergegangen (Abb. VIII.a) 3). Durch direkte Wärme-

Abb. VIII.a)3. Beheizung einer Obstanlage zwecks Frostschutzes mittels raucharmer Ölöfen im niederelbischen Obstbaugebiet bei Bützfleth. (Phot. Agrarmeteor. Versuchs- u. Beratungsstelle Hamburg des Dt. Wetterdienstes)

strahlung von genügend dicht stehenden Ölöfen aus kann man die Frostbekämpfung regulieren, je nach dem Grad der Gefährdung. Man kann auf diese Weise Frostschäden noch verhüten, wenn im nicht beheizten Freiland die Temperatur in Strahlungsnächten bis −6 °C absinkt. Da sich Frostnächte häufig wiederholen, je nach dem Anhalten der Strahlungswetterlage im Wirkungsbereich polarmaritimer Luftmassen, muß für ausreichende Bevorratung mit Heizöl gesorgt sein. Pro ha benötigt man etwa 300 Ölöfen (Wert zusammen gegen 7000 DM) und pro Frostnacht (10 Std.) einen Ölverbrauch von etwa 1500 DM. Es ergibt sich daraus, daß dieses zwar effektive, aber teure Verfahren nur bei wertvollen Kulturen hoher Ertragsintensität lohnt, also vornehmlich im Wein- und Obstbau und auch da nur in Lagen, in denen es nur relativ selten zu einer Frostgefährdung kommt.

Etwas paradox klingt die Frostschadenverhütung durch das *Vereisungsverfahren mittels Beregnung* der zu schützenden Kulturen in den Frostnächten. Es beruht auf der Tatsache, daß die beregneten Pflanzen sich außen mit einer Eiskruste überziehen, wodurch Erstarrungswärme für die pflanzlichen Gewebe frei wird, die Zellschädigungen verhindert. Es ist der gleiche Wärmegewinn, der auch bei Schneefällen in der Atmosphäre beobachtet wird. Beregnungsanlagen, die die ganze zu schützende Kultur gleichmäßig überstreichen müssen und bei Frost nicht aussetzen dürfen, sind in der Anlage allerdings teuer. Sie haben freilich den Vorteil, im Betrieb viel billiger zu sein als Heizanlagen, und außerdem vermögen sie in Dürrezeiten noch zur flächigen Bewässerung zu dienen. Schließlich kann man gleichzeitig mit der Beregnung auch Schädlingsbekämpfungsmittel und gelösten Kunstdünger versprühen. Ein allerdings geringfügiger Nebeneffekt der Beregnung ist die Erhöhung des Wasserdampfgehaltes der Atmosphäre und damit des Taupunktes, was abbremsend auf die Abkühlung wirkt, also eine risikomindernde Nebenwirkung darstellt. Nach einem Bericht in den VDI-Nachrichten (27. 1. 65, S. 7) hat sich diese Mehrzweckberegnung im Südtiroler Wein- und Obstbaugebiet nach 1929 überraschend schnell durchgesetzt. Von etwa 30000 ha landwirtschaftlicher Nutzfläche stehen hier 18000 unter Beregnung, d.h. unter „Frostschutz durch Eis"; das sind 80% des intensiven Obstbaus und 60% des Weinbaus. Mißernten durch Frost, Dürre oder Schädlinge sind dadurch weitgehend ausgeschaltet, ein für die Südtiroler Kleinbauernbetriebe ganz entscheidender Wirtschaftsfaktor.

Die vierte Möglichkeit beruht darauf, in der bei Ausstrahlungsfrösten meist ruhigen, nicht bewegten bodennahen Luftschicht eine *kräftige Luftunruhe zu erzeugen.* Das kann man entweder so machen, daß man den Austausch zwischen der Ausstrahlungskaltlufthaut nahe dem Boden und den höheren Luftschichten aufrecht erhält und damit die Kälte auf ein größeres Luftvolumen verteilt und mildert. Zu diesem Zweck werden *Windmotoren mit* großen *horizontalen Rotorblättern* aufgestellt, wie es in den Weinkulturen in Nordkalifornien im großen Stil üblich ist. Besonders bei geneigtem Gelände kann man als zweite Möglichkeit eine Reihe von *blasenden oder saugenden Turbinen* vor oder hinter der zu schützenden Kultur in Tätigkeit setzen. Solche Anlagen findet man zuweilen in den Obstbauplantagen Südtirols.

Hagelbekämpfung. Eine bislang fragwürdige Maßnahme stellen die Versuche der Hagelbekämpfung durch das sog. Hagelschießen dar. Das wolkenphysikalische Prinzip wurde im Kap. II.f) 7. bereits besprochen. Trotz der von wissenschaftlicher und amtlicher Seite immer wieder geäußerten Bedenken wird das Hagelschießen gleichwohl noch in manchen Teilen der Erde angewandt, in Mitteleuropa vor allem im Bayrischen Alpenvorland und im Alpenraum. Es ist auch schon alten Datums und dürfte in diffusen Vorstellungen eines Wetterzaubers seine mythische Wurzel haben. 1899 wurden in Venetien 50 Abwehrstationen eingerichtet, die aber bereits 1914 vom italienischen Landwirtschaftsministerium als wirkungslos erklärt wurden. Trotzdem setzte nach 1945 die Hagelabwehr mittels Raketen abermals in Bayern, Frankreich, der Schweiz und in Oberitalien ein. In Südtirol gab es 1949 insgesamt 50 Abschußstellen, 1952 schon 312 und 1954 sogar 452 (Leidlmair, 1958). Im letztgenannten Jahre ließ die „Südtiroler Hagel- und Frostabwehrgenossenschaft" 2700 Raketen für 8,6 Mill. Lire abfeuern. Eine von 1948 bis 1952 durchgeführte wissenschaftliche Vergleichsuntersuchung in den benachbarten und gleich hagelgefährdeten südschweizer Becken von Magadino und Mendrisio ergab ein völlig negatives Resultat: Die mit 50 Geschützen im Magadinobecken betriebene Hagelabwehr – bei Mendrisio bestand keine – verschoß in 129 Einsätzen 2357 Raketen (für 43286.-sFr.), ohne daß eine statistisch signifikante Schadensverminderung gegenüber Mendrisio eingetreten wäre. Die Ergebnisse eines weiteren 1957 bis 1963 vorgenommenen Großversuches im Tessin mit Silberjoditabblasungen führten sogar eher zu einer Hagelvermehrung, nebenbei auch zu einer Niederschlagszunahme (Schweizerische meteorologische Zentralanstalt, 1966).

Über die Möglichkeiten der *Erzeugung künstlichen Regens* wurde bereits im Kap. II.f) 7. berichtet.

Die Klimaveränderungen, die durch Siedlung oder insbes. durch eng verbaute *Stadtagglomerationen* hervorgerufen werden, sind im eigenen Kap. V.f) behandelt worden.

Klima der Innenräume. Von den künstlich modifizierten ist das Klima der Innenräume am umfassendsten verändert. Brooks und Evans (1956) haben dafür die Bezeichnung *Kryptoklima* vorgeschlagen. Der moderne Mensch und seine Haustiere verbringen den größten Teil ihres Daseins darin.

Durch den teilweisen Abschluß gegen die Außenwelt durch wärmeisolierende Baumaterialien und im Bedarfsfall durch zusätzliches Heizen unterscheidet sich das Innenraumklima von der Außenluft stets durch eine wesentlich *geringere zeitliche Veränderung und durch eine generell niedrigere relative Luftfeuchtigkeit.* Letzterer kann nur unvollkommen durch Verdunstungsgefäße begegnet werden. Die Trokkenheit ist in zentralbeheizten Räumen am extremsten, deren relative Feuchtigkeit meistens nur zwischen 30 und 60% liegt, während die Außenluft als Optimum unseres humiden Mittelbreitenklimas im Sommer um 75%, im Winter um 80–85% ausweist. Der Unterschied zur Außenfeuchtigkeit ist während der winterlichen Heizperiode am krassesten, was mit der geringen absoluten Feuchte der kalten Winteraußenluft zusammenhängt, die bei der Aufheizung zuweilen gesundheitsschädigende Trockenheitsgrade annehmen kann.

Auch für die Industrieräume hat sich die Notwendigkeit der Regulierung vor allem der Feuchtigkeit ergeben. Das gilt besonders für die Textilindustrie. Die Güte der Lancashire- und mancher anderer Wollgarne beruht auf der hohen Luftfeuchtigkeit an den jeweiligen Spinnereistandorten. Die Verarbeitungsräume werden allerdings heute, soweit erforderlich, künstlich mit ausreichender Luftfeuchtigkeit klimatisiert. Moderne elektronische Rechenanlagen müssen in vollklimatisierten

Räumen untergebracht werden. Die *Gebäudeklimatologie (Building Climatology)* versucht als Zweig der angewandten Klimatologie den Architekten und Bauingenieuren die notwendigen theoretischen und praktischen Grundlagen (Reidat, 1970) an die Hand zu geben, um Gebäude mit bestimmten gewünschten Klimaeigenschaften zu konzipieren. 1968 hat die WMO zusammen mit der Weltgesundheitsorganisation ein Symposium über diesen Problemkreis in Brüssel veranstaltet. Im Verhandlungsband (WMO, 1970) sind zahlreiche Aufsätze mit entsprechenden Bibliographien zur näheren Unterrichtung enthalten.

Eine sehr alte zielgerichtete vielseitige Innenraum-Regulierung ist die im *Gewächshaus,* wo neuerdings neben der thermischen und hygrischen auch eine Regulierung der Strahlungsbedingungen vorgenommen wird. Seemann (1974) hat die theoretischen Grundlagen und neuere technische Erfahrungen in einer Monographie behandelt. Diese Arbeit enthält auch ein ausführliches Literaturverzeichnis.

Können im Gewächshaus die klimatischen Bedingungen eines Ortes schon weitgehend manipuliert werden, so ist das in *Klimakammern* mit bestimmter Zweckbestimmung, im *Phytotron* oder im *Biotron* in extremer Weise der Fall. Sie sind völlig von der Außenwelt abgeschlossen und in ihnen können die unterschiedlichsten Klimate der Erde einschließlich der Strahlungsgänge künstlich produziert werden – allerdings mit erheblichem Energieaufwand und auf relativ kleinem Raum. Einen systematischen Überblick geben Downs and Hellmers (1976).

Anklänge an das Biotron haben moderne Wohn- und Arbeitsstätten mit künstlichem Licht und extremer Klimatisierung. Weitere Einzelheiten über diese, einen ganzen Industriezweig beschäftigende Klimamelioration sind den entsprechenden Handbüchern und Grundsatzartikeln zu entnehmen (Brezina und Schmidt, 1937; Landsberg, 1954; Böer, 1964; Loewer, 1968; Reidat, 1970; Page, 1976 z.B.)

b) Großräumige Klimabeeinflussung

1. Die vorindustrielle Epoche

Im Zuge der Umgestaltung der Erde durch den Menschen sind eine Reihe von Randbedingungen im klimatischen System [s. Kap. VII.a) 2.] durch Umwandlung der natürlichen Oberflächen in Kulturland verändert worden. Über den Einfluß der Rodung der Wälder in den Außertropen und die Degradierung der Naturvegetation in den subtropisch-randtropischen Trockengebieten wurde in dem gleichen Kap. VII.a) 2. bereits gesprochen. Da die Umgestaltung großen Stiles mit ihren Anfängen weit in die Vorgeschichte zurückreicht, lassen sich die klimatischen Konsequenzen nur in Ausnahmefällen durch eindeutige Klimazeugen nachweisen. Das ist besonders in den ökologisch labilen Halbtrockengebieten der alten Hochkulturen von Nordafrika bis Südasien der Fall (z.B. Butzer oder Bryson), [s. Kap. VII.a) 2.], während man bei den ökologisch stabileren außertropischen Waldländern auf Simulationsrechnungen angewiesen ist (z.B. Lettau), [s. Kap. VII.a) 2.].

Im Rahmen der Kulturlandschaftsentwicklung spielt, wieder mit Schwergewicht in den semi- und vollariden Gebieten, die *anthropogene Modifikation des Wasserkreislaufes* eine gewisse klimabeeinflussende Rolle. Durch künstlich geschaffene Wasser- und Evapotranspirationsflächen in Form von *Stauseen* bzw. Bewässerungskulturen wird die *Wasserdampfabgabe* an die Luft *vergrößert*. Über die Größenordnung der möglichen klimatischen Folgen sollte man sich aber keine falschen Vorstellungen machen. Nach Fels (1965, 1966 sowie briefliche Mitteilung) beläuft sich die Stauseefläche auf der Erde auf rund 400000 km²; als größter Einzelstausee gilt der Akosombo des Volta in Ghana mit 8500 km². Wie groß der Einfluß auf die Niederschlagsbedingungen der Umgebung sein kann, vermag ein Vergleich mit den natürlichen Seen zu zeigen. Der Kaspi-See als der größte natürliche hat allein eine Oberfläche von ca. 400000 km². Er bewirkt an seinen Rändern spezielle seeabhängige Klimate in thermischer wie hygrischer Hinsicht. Vom Michigan- (58016 km²), Erie- (25719 km²) und Victoria-See (ca. 63000 km²) sind ebenfalls noch thermische wie hygrische Auswirkungen eindeutig nachweisbar, die über die Uferzone hinausgehen. Beim Tschad- (ca. 16500 km²) und Titicaca-See (ca. 8000 km²) sind hygrische Konsequenzen schon sehr limitiert, und beim Bodensee (538 km²) beschränkt sich der Einfluß auf rein thermische Wirkungen lokalen Ausmaßes. Einflüsse auf die Niederschläge in der näheren Umgebung sind also von normalen Stauseen nicht zu erwarten (Flohn, 1973). Allenfalls mag der nächtliche Taufall in der ufernahen Zone verstärkt werden.

Hinsichtlich der Verdunstungssteigerung stehen die *künstlich bewässerten Areale* den Wasserflächen nicht nach. Flohn (1973) schätzt, daß von den 2,2 Mill. km² (= 1,5% der Festlandsfläche) Bewässerungskulturen 1700 km³ Wasser pro Jahr in die

Tab. VIII.a) 2. Der jährliche Wasserkreislauf der Festländer und seine mögliche Transformierung durch menschlichen Eingriff. (Nach M. I. Lvovich, 1968)

Bilanzglieder	Jahresvolumen heute	in km³ erreichbar	durch mögliche Maßnahmen
Niederschläge	108000	108000	
Gesamtabfluß	37000	35500	Umwandlung von 700 km³ Hochwasser in Bodenfeuchtereserven durch Aufstau und Versickerung, sowie Vermehrung der Verdunstung durch Stauseen und Wälder um 800 km³
Speicherung	15000	23500	Zunahme um 8500 km³ erreichbar durch:
davon Versickerung in Wasserläufen	12000	17000	zusätzlich Magazinierung von 5000 km³ Bodenwasser
regulierter Abfluß durch Seen und Stauseen	3000	6500	Magazinierung von zusätzlich 3500 km³ Hochwasser in Stauseen
Oberflächenabfluß	25000	18500	Abzweigung von 6500 km³ Oberflächenabfluß, davon 1500 km³ durch Versickerung und Verdunstungserhöhung und 5000 km³ als Grundwasser magaziniert
Gesamtfeuchteangebot	83000	89500	Zunahme um 6500 km³, davon 1500 km³ durch zusätzliche Feuchteanreicherung nicht bewässerter Areale und Verdunstungszunahme, und 5000 km³ durch zusätzliche Grundwasserspeicherung
Verdunstung	71000	72500	Zunahme um 1500 km³ durch Erhöhung des Wasserumsatzes in Trockengebieten, in Wäldern und über Stauseen

A. abgegeben werden. Das entspricht 2,7% der Gesamtverdunstung des Festlandes. (Lvovich, 1968, gibt die Wasserdampfabgabe einschließlich derjenigen von Stauseen mit 1800 km^3/Jahr an). Wenn man nun bedenkt, daß für den Prozeß Verdunstung – Wolkenkondensation – Bildung von Niederschlagstropfen eine vertikale Kreislaufhöhe von mehreren Kilometern notwendig ist [s. Kap. II.f) 2. u. 3.], und daß die Zeit, in welcher dieser Prozeß abläuft, normalerweise ein paar Stunden in Anspruch nimmt, so unterliegt die über den verdunstenden Oberflächen freigesetzte Wasserdampfmenge normalerweise gleichzeitig einer beträchtlichen horizontalen Verfrachtung und Vermischung. Dem bewässerten Kulturland kann der in ihm freigesetzte Wasserdampf nicht mehr in Form von zusätzlichen Niederschlägen zugute kommen. Der *Wasserdampf verliert sich in den umgebenden Trockengebieten,* es sei denn, daß ein ausgeprägtes tagesperiodisches Windsystem den Abtransport verhindert. Das ist aber nur für große Seeflächen wie den Victoria-See bekannt [s. Kap. II.f) 6.].

Lvovich (1968) hat eine Abschätzung über die *Größenordnung* der möglichen *Transformierung der Wasserbilanz* der Festländer der Erde durch Schmelz- bzw. Hochwasserspeicherung in Stauseen, vermehrte Berieselung und Versickerung sowie Verdunstungserhöhung kalkuliert (s. Tab. VIII.a) 2.).

Für das klimatische System kommen nur die 1500 km^3 in Betracht, die auf den Festländern zusätzlich verdunstet werden, wenn alle Ausbaumaßnahmen wie Anlagen von Stauseen, Ausbau der Bewässerungsflächen sowie Aufforstung durchgeführt worden sind. 1500 km^3 sind ca. 2% der gegenwärtigen Verdunstung auf den Festländern und etwas weniger als 0,3% der Gesamtverdunstung einschließlich der Weltmeere. Um diesen Betrag müßte dann auch zum Ausgleich der Wasserbilanz im Gesamtsystem Erde + A. der Niederschlag, verteilt über die ganze Erde, zunehmen. Global gesehen ist der *Effekt* also *minimal.*

2. *Klimabeeinflussung im Industriezeitalter*

Eine neue Dimension erreichte die mögliche anthropogene Klimabeeinflussung im Laufe des Industriezeitalters, als dessen entscheidende Aspekte, vom klimatologischen Standpunkt aus in absteigender gradueller Abstufung betrachtet, die rasch wachsende Ausbeutung und Freisetzung der fossilen Energie Kohle, Erdöl und Erdgas, das progressive Bevölkerungswachstum sowie die industrielle Produktion von Staub und inerten Spray-Gasen angesehen werden müssen. Diese Fakten sind dafür verantwortlich zu machen, daß im klimatischen System an folgenden Stellen systembeeinflussende Veränderungen eingetreten sind: *Zusätzlicher direkter Energie-Input, Vergrößerung des CO_2-Gehaltes der A., Zunahme des Partikel-Aerosols* sowie *Neuzusatz der Chlorfluormethane* als Spurenbeimengungen zu den atmosphärischen Gasen. Änderungen untergeordneter Bedeutung wie die der direkten Albedo oder durch Umgestaltung der natürlichen Erdoberfläche z. B. sind evtl. noch als Zusatzeffekte heranzuziehen. Zunächst seien für die wichtigsten Posten kurz qualifizierende und quantifizierende Angaben aus der neueren Literatur behandelt. Die Berichte von zwei Expertenarbeitsgruppen (SMIG-Report 1971 und GARP-Report 1975) haben die wichtigsten Fakten und Folgerungen zusammengefaßt. Von den deutschen Klimatologen hat sich Flohn seit langem (1941 das erste Mal) und wiederholt (zuletzt 1977) mit den Problemen auseinandergesetzt, wobei besonders anzumerken ist, daß in einigen Arbeiten speziell auch auf die geographischen Aspekte eingegangen wird (z.B. 1973, 1975).

Anthropogene Abwärme. Alle geförderten und in Wert gesetzten fossilen Brennstoffe erscheinen letztlich mit ihrem Energieäquivalent in Form von *zusätzlicher Wärme* im System von Erde plus Atmosphäre. Ob sie dabei zunächst einmal in chemische Verbindungen überführt werden, spielt letztlich keine Rolle. Die jährliche globale Energieproduktion betrug 1970 rund $8 \cdot 10^6$ Megawatt (= 8 Terawatt = $8 \cdot 10^{12}$ Watt). Gemittelt über die ganze Erde sind das 0,016 Watt/m^2 (Flohn, 1975). Die am Grunde der A. netto eingenommene und für das klimatische System zur Verfügung stehende Strahlungsenergie der Sonne beträgt 50000 Terawatt für die ganze Erde im Jahr und rund 100 Watt im Mittel für jeden m^2. Der *anthropogene Zusatz* ist, global gesehen, also verschwindend *klein.* Seine regional engräumig auf Industriegebiete und Großstädte begrenzten Maximalwerte betragen gegenwärtig um 12 Watt/m^2, für größere Gebiete mit hohem Energie-Input wie West-Europa oder den Osten der USA sind nach Flohn (1973) 1 Watt/m^2 anzusetzen. Das macht in den betreffenden Mittelbreiten in den Industrieballungen 30%, über den industrialisierten Kontinentteilen 3% der dortigen Nettostrahlungsbilanz aus. Gesetzt den Fall, in den genannten Teilen Europas und der USA würde der Energieverbrauch wie bisher exponentiell mit 5,5% jährlich wachsen, dann mag im Jahre 2000 die zusätzliche anthropogene Energie 5 mal so groß wie 1970 sein (Flohn, 1973), also rund 15% der Nettostrahlungsbilanz ausmachen. Das muß sich regional in verstärkten Wärmeinseln bemerkbar machen, wobei aber das Ausmaß allein für sich gesehen noch keinen Anlaß zur Besorgnis geben kann. Im globalen Rahmen würde ein übertrieben angenommenes Wachstum des Energieverbrauches um 5,5% jährlich einen anthropogenen Energieinput von 40 Terawatt bzw. 0,08 Watt/m^2 im Jahr 2000 ergeben, auch noch verschwindend klein gegenüber der Nettoeinstrahlung.

Nun wird aber von der Strahlungsenergie nur ein relativ kleiner Anteil für den Energieaufwand in der allgemeinen Zirkulation der A. in Anspruch genommen, die ihrerseits bei einer Umstellung oder Veränderung erhebliche Konsequenzen für das Klima in bestimmten Gebieten der Erde, möglicherweise in Konzentrationsräumen der Menschheit, herbeiführen kann, wie aus bekannten Klimaschwankungen der Vergangenheit belegt ist [s. Kap. VII.c)]. Nach den entsprechenden Untersuchungen für die Nordhalbkugel von Oort and Peixoto (1974) muß man nach Flohn (1977) für die globale Energieinvestition in die allgemeine Zirkulation 1000–1200 Terawatt ansetzen, auch noch 25–30 mal größer als die übertriebene Abschätzung der man-made-energy. Für die atmosphärischen Umstellungsprozesse, welche die Klimaänderungen der letzten Jahrhunderte wie mittelalterliches Klimaoptimum, „kleine Eiszeit", Erwärmung seit dem Ende des 19. Jhs., neuerliche Abkühlung seit den 40er Jahren [s. Kap. VII.c)], verursacht haben, veranschlagt Flohn (1963, 1977) 100 bis 300 Terawatt, welche Ursachen auch immer dafür verantwortlich sein mögen. Die 8 Terawatt der gegenwärtigen oder die 40 einer zukünftigen Energieproduktion können allein also auch noch keine entscheidenden Veränderungen hervorrufen.

Die Zunahme von CO_2 und Partikel-Aerosol. Der *CO_2-Gehalt der A.*, die Zunahme durch anthropogene Produktion von 290 ppm am Ende des vergangenen Jahrhunderts auf ca. 325 ppm in der Gegenwart, die voraussichtliche Entwicklung bis zum

Jahre 2000 und die damit verbundene Verstärkung der Glashauswirkung der A. sind bereits im Kap. II.a) 1 behandelt worden. Im SMIC-Report (1971, S. 233 ff) sind die Vorhersagen über Konzentrationszunahme und thermische Konsequenzen auf der Basis der Kenntnisse von 1970 ausführlicher dargestellt. Das Ergebnis war, daß man für das Jahr 2000 mit einer CO_2-Konzentration von rund 375–385 ppm rechnete und daß die Zunahme von 50–60 ppm gegen heute nach entsprechenden Modellrechnungen eine Zunahme der globalen Mitteltemperatur am Grunde der A. von knapp 0,5 °C bewirken würde. In dieser Kalkulation spielt die Frage eine entscheidende Rolle, wieviel des jährlich produzierten CO_2 in den Ozeanen und in der Biosphäre aufgenommen und damit festgelegt werden kann. Man ging damals von 50% aus. Das mag für die Dekaden bis 2000 auch zutreffen. Dann muß aber damit gerechnet werden, daß wegen der fortlaufenden Vernichtung der großen Urwälder der Erde (vor allem in den Tropen), wegen des Erreichens einer CO_2-Sättigung in den oberen Schichten des Ozeans und des nur über Jahrtausende möglichen Austausches [s. Kap. VII.a) 2.] mit den Wassermassen unterhalb der Thermokline (die warmes Oberflächen- von kaltem Tiefenwasser trennt) die *Festlegungsrate sehr stark zurückgeht* (Zimen and Altenheim, 1973; Oeschger et al., 1975). Flohn (1977) nimmt sogar an, daß bei fortschreitender Acidifizierung und Erwärmung der Oberflächenschichten der Ozeane vorher absorbiertes CO_2 wieder freigesetzt und so im Laufe des nächsten Jahrhunderts mit einem *Wachstum des CO_2-Gehaltes* in der A. auf den 2 $^1/_2$–3fachen Wert zu rechnen sei. „Wenn die Nutzung der Kohle als Energiequelle in Zukunft weiter ansteigt und das Wirtschaftswachstum unkontrolliert bleibt, dann kann die Möglichkeit einer Zunahme des atmosphärischen CO_2 um den Faktor 5 (oder mehr) nach ungefähr 100 Jahren nicht ausgeschlossen werden" (Flohn 1977, S. 7).

Bei einer Verdoppelung des CO_2-Gehaltes berechneten Manabe and Wetherald (1975) eine *Erwärmung der unteren Atmosphärenschichten* um 2° in den Tropen, 3° in den Mittelbreiten und 8–10° in den Polargebieten (Wiedergabe des entsprechenden Diagrammes in Fig. 1 bei Flohn, 1977). Budyko (1974) war mit einem anderen Modell zu ähnlichen Werten gelangt. Wenn solche Simulationsrechnungen auch nicht völlig unbestritten sind (Schneider, 1975; Schneider and Dickinson, 1974; Hess (ed.), 1974) so sind die Aussagen doch die bestmöglichen. Jedenfalls muß eine solche Entwicklung als wahrscheinlich ins Auge gefaßt werden.

Im Hinblick auf die klimatischen Konsequenzen wird die *Zunahme des Partikel-Aerosols* unterschiedlich beurteilt. In Kap. II.a) 3. war bereits über die Quellen und Produktion, in Kap. VII.a) 2. über die Auswirkungen im klimatischen System berichtet worden. Einerseits wird wachsender Partikelgehalt z.B. von Bryson and Baerreis (1967) oder Bryson (1971) wegen der erhöhten Rückstreuung der Sonnenstrahlung für die Reduktion der Netto-Strahlungsbilanz am Erdboden und entsprechende Abkühlung verantwortlich gemacht, andererseits soll nach Eiden und Eschelbach (1973) die anthropogene Trübung der tieferen Atmosphärenschichten eine relative Erwärmung in Bodennähe zur Folge haben, weil die Rückstreuung der Sonnenstrahlung kleiner als die Absorption sei und letztere eine Erhöhung der Gegenstrahlung bewirke. Hier scheinen noch wichtige Fragen über den Einfluß von Höhenlage, Partikelgröße und Einfallswinkel im Tagesgang zu klären zu sein.

Spraygase. Die *Wirkung der Chlorfluormethane* auf das Ozon in der hohen A. und die daraus zu erwartenden Konsequenzen sind bereits in Kap. II.a) 3. behandelt worden. Nach Ramathan (1975) sollen die aus Spray-Dosen freigesetzten Gase außerdem noch einen zusätzlichen Glashauseffekt hervorrufen.

Koppelung natürlicher Schwankungen und anthropogener Effekte. Alles in allem stellt Flohn (1977) eine Tatsache als sicher heraus, daß nämlich in der Gesamtsumme die drei wichtigsten anthropogenen Eingriffe in das klimatische System, nämlich die Zunahme des CO_2-Gehaltes, die Luftbelastung mit Partikel- und Gasaerosolen sowie der direkte Energie-Input, zu einer Erwärmung der A. in deren unteren Teilen führen.

Für eine kritische Bewertung dieser qualitativen Aussage im Hinblick auf die klimatischen Folgen, evtl. unter Einschaltung von Rückkoppelungs- und Verstärkungseffekten, muß man wieder auf die Größenordnung der anthropogenen Einflüsse im Vergleich zu den vom Menschen unabhängigen Veränderungen zurückkommen. Dazu muß zunächst einmal festgestellt werden, daß es eine Reihe eindeutiger Belege dafür gibt, daß nach dem Höhepunkt der säkularen Erwärmung anfangs der 40er-Jahre seither und besonders markant seit 1960 die höheren Breiten der Nordhalbkugel einer permanenten langsamen Abkühlung unterliegen. Nach Budyko (1974) ist im Breitenring zwischen 70 und 85° N die Temperatur in Bodennähe von 1940 bis 1975 im Sommer um fast 1°, im Winter sogar um 2 $^1/_2$°C zurückgegangen. Und Dronia (1974) berechnete für die Schicht zwischen 1000 und 500 mb in der Polarkappe für die einzelnen Jahre seit 1962 eine fortlaufende negative Temperaturanomalie zwischen 0,2° und 0,5°C gegenüber dem Mittelwert 1949–1973. Bis 1961 wurden ebenso große positive Anomalien verzeichnet. (Entsprechende Diagramme in Flohn, 1977). Das arktische Treibeis gelangt auch wieder weiter äquatorwärts. Über die sprunghafte Zunahme der Schneebedeckung zwischen 1971 und 1972 und ihre möglichen Folgen wurde bereits berichtet [Kap, VII.a) 2.]. Daraus muß man notwendig folgern, daß die *menschenunabhängigen Bestimmungsfaktoren* für Klimaänderungen in der Gegenwart *wesentlich stärker* und durchgreifender sind als die anthropogenen Einflüsse. Sie bewirken eine langsame Abkühlung unabhängig von der auf Grund des menschlichen Wirtschaftens errechneten Erwärmung.

Diese Feststellung enthebt allerdings nicht der Notwendigkeit, sich über die *zukünftige Entwicklung* Gedanken zu machen. Aus den Erfahrungen über historisch oder durch Beobachtungsreihen belegte Klimaschwankungen [s. Kap. VII.c) 1. u. 2.] ist bekannt, daß im Wechsel von einem halben bis zu einem Jahrhundert Erwärmungs- und Abkühlungsperioden aufeinanderfolgen, die nach Eddy (1977) möglicherweise mit Schwankungen in der Sonnenaktivität zusammenhängen. Beim Höhepunkt der letzten Warmphase war das Meereis über dem arktischen Becken zwar etwas zurückgegangen, aber im Prinzip erhalten geblieben. Da der Erwärmungstrend zwischen 1940 und 1950 begonnen hat, muß man in den ersten Jahrzehnten des kommenden Jahrhunderts mit einer Umkehr, gegen Ende des 21. Jhs. mit dem Höhepunkt einer neuen Warmphase rechnen. Wenn sich tatsächlich die Prognose über den $2^1/_2$–3fachen CO_2-Gehalt der A. und die daraus gefolgerte Erwärmung der Arktis um 8–10 °C im Laufe der Zeit bestätigen sollte, dann muß für das kommende Jahrhundert als Folge der Superposition von verstärkter Sonnenaktivität und von bis dahin absolut etwas stärker gewordenen anthropogenen Zusatzeffekten nach der vorher behandelten Art nach Flohn (1973, 1977) oder Budyko (1974) eine weitgehende *Beseitigung des arktischen Meereises* angenommen werden. Das wäre eine völlig neue Ausgangssituation für die Rückkoppelungseffekte auf die Allgemeine Zirkulation, deren Konsequenzen im einzelnen schwer abzuschätzen sind. Mit Sicherheit nimmt das meridionale Temperaturgefälle zwischen den Tropen und den Polargebieten ab. Aus den empirisch getesteten Rechenergebnissen von Smagorinsky (1963) sowie den Untersuchungen von Korff und Flohn (1969) über den Zusammenhang des meridionalen Temperaturgefälles und die Lage des subtropisch-randtropischen Hochdruckgürtels scheint eine *Polwärtsverlagerung des subtropischen Hochdrucksystems* notwendig und sicher zu sein. Flohn (1973, 1974) gibt dafür 300–600 km für die winterliche Jahreszeit an. Das würde dann erhebliche Verminderung der Zyklonenaktivität im Bereich der heutigen subtropischen Winterregengebiete mit entsprechender Niederschlagsabnahme bedeuten. Die Konsequenzen für die landwirtschaftliche Nutzung und die Wasserversorgung müßten im Hinblick auf die stark wachsende Bevölkerung schlechthin katastrophal sein.

Bezüglich unterschiedlicher Ansätze verschiedener Autoren über die Entwicklung in der Zukunft muß auf Lamb (1977, S. 699ff.) verwiesen werden. In den kommenden Jahrzehnten sehen alle keinen Anlaß, daß der menschliche Einfluß großräumig gesehen erhebliche Konsequenzen haben könnte. Die Vorhersagen beruhen im wesentlichen auf einer Analyse der Zirkulationsverteilung, wobei die meisten eine zyklische Variation der solaren Energie annehmen. Der Unterschied besteht in der angesetzten Periodenlänge.

IX. Literatur

Vorbemerkung

Das nachfolgende Literaturverzeichnis ist so konzipiert, daß es über den Quellenbeleg hinaus auch Hinweise für weitergehende Studien in Einzelfragen gibt. Es ist für ein Lehrbuch zwar relativ umfangreich, Vollständigkeit anzustreben, wäre aber vermessen gewesen. Das galt schon für das Verzeichnis der 2. Auflage, das Herr Kollege Blüthgen mit der sachkundigen, kritischen und überaus gründlichen Mitarbeit von Herrn Friedrich Linnenberg sowie der gutwilligen und raschen Hilfe der Damen und Herren der Wetterdienstbibliothek in Offenbach zusammengestellt hatte. Das gilt auch für die Ergänzungen aus jüngerer Zeit, die z.T. noch von Herrn Blüthgen, zum Teil von mir besorgt wurden. Für Hinweise auf nicht berücksichtigte wichtige Titel wäre ich allen Fachleuten zu Dank verpflichtet.

Eine Reihe älterer Arbeiten, die in voraufgehenden Auflagen bereits zitiert worden waren, sind aus Raumgründen in der Neuauflage nicht wieder aufgenommen worden. Ein bestimmtes Grenzjahr wurde dazu aber nicht gewählt. Für die Zeit bis 1948 sei auf den von Knoch und Blüthgen bearbeiteten Sammelbericht über die meteorologisch-klimatologische Literatur im „Geographischen Jahrbuch" verwiesen.

Zur praktischen Benutzung des Literaturverzeichnisses sei darauf hingewiesen, daß zwar eine systematisch gegliederte Zusammenstellung entsprechend den Kapiteln I bis VIII des Buches vorgenommen wurde, daß aber in mehrfacher Beziehung wichtige größere Arbeiten und Bücher im allgemeinen nicht unter jedem Kapitel wieder angeführt sind. Man muß deshalb auch die Literatur der anderen Kapitel eines Teiles durchsehen, wenn man eine Arbeit unter einem bestimmten Kapitel nicht zitiert findet.

I. Einleitung

a) Die Klimatologie im System der Geographie (s. auch unter I. b)

Barrett, E.: Rethinking climatology. (Progress in Geogr. 2, London 1970, S. 153).

Barry, R. G.: Models in Meteorology and Climatology. (In: R.J. Chorley u. P. Hagget (Hrsg.): Models in Geography. London 1967, S. 97–144).

Barry, R. G.: The prospect for synoptic climatology: a case study. (In: Liverpool Essays in Geography, 1967, S. 85–106).

Baur, F.: Wetter, Witterung, Großwetter und Weltwetter. (Z. angew. Meteor./Wetter 53, 1936, S. 377–381).

Berg, L.S.: Zur Frage des Klimabegriffs. (Meteor. Gidrol. 1936, Nr. 7, S. 69 [russ.]).

Bergeron, T.: Richtlinien einer dynamischen Klimatologie. (Meteor. Z. 47, 1930, S. 246–262).

Blüthgen, J.: Synoptische Klimageographie. (Geogr. Z. 53, 1965, S. 10–51).

Böer, W.: Zum Begriff des Lokalklimas. (Z. Meteor. 13, 1959, S. 5–11).

Christensen, D. E.: Using weather fronts in climate analysis. (20th Int. Geogr. Congr. London 1964, Abstracts S. 60–61).

Court, A. A.: Climatology: Complex, dynamic, and synoptic. (Ann. Ass. Amer. Geogr. 47, 1957, S. 125–136).

Crowe, P. R.: The geographer and the atmosphere. (Trans. Pap. Inst. Brit. Geogr., Publ. 36, 1965, pp. 1–19).

Dinies, E.: Luftkörper – Klimatologie. (Arch. Seewarte 50, 1931).

Durst, C. S.: Climate – The synthesis of weather. (In: Compendium of Meteorology. Boston/Mass. 1951, S. 967–975).

Dzerdzeevskii, B. L.: Some aspects of dynamic climatology. (Tellus 18, 1966, S. 751–760).

Fengler, G.: Die Homogenität des meteorologischen Feldes über See. (Dt. Hydrogr. Z. 19, 1966, S. 97–112).
Flemming, G.: Drei Grundauffassungen des Klimabegriffs und der Klimatologie. (Z. Meteor. 20, 1968, S. 231–235).
Flohn, H.: Neue Wege in der Klimatologie. (Z. f. Erdkde. 4, 1936, S. 12–21, 337–345).
Flohn, H.: Witterung und Klima in Deutschland. (Forsch. z. Dt. Landeskunde Bd. 41, 1942 und Bd. 78, Stuttgart 1954).
Flohn, H.: Probleme der theoretischen Klimatologie. (Naturwiss. Rdsch. 18, 1965, S. 385 – 392).
Flohn, H.: Climatology – descriptive or physical science. (WMO Bull. 1970, S. 223–229).
Geiger, R.: Die vier Stufen der Klimatologie. (Meteor. Z. 46, 1929, S. 7–10).
Geiger, R. u. *W. Schmidt*: Einheitliche Bezeichnungen in kleinklimatischer und mikroklimatischer Forschung. (Bioklimat. Beibl. d. Meteor. Z. 1, 1934, S. 153–156).
Godske, C. L.: Information, climatology and statistics. (Geogr. Ann. 41, 1959, S. 85–93).
Häder, F.: Wesen, Umfang und Methoden einer geographischen Klimakunde. (Z. f. Erdkde. 4, 1936, S. 345–352).
Hare, F. K.: Dynamic and synoptic climatology. (Ann. Ass. Amer. Geogr. 45, 1955, S. 152–163).
Hare, F. K.: The dynamic aspects of climatology. (Geogr. Annaler 39, 1957, S. 87–104).
Hellpach, W.: Geopsyche. Die Menschenseele unter dem Einfluß von Wetter und Klima, Boden und Landschaft. (Stuttgart 1950, 271 S.).
Hettner, A.: Methodische Zeit- und Streitfragen. Die Wege der Klimaforschung. (Geogr. Z. 28, 1922, S. 117–120).
Hofmann, A.: Bedeutung und Grenzen der Statistik in der Meteorologie. (Allg. Statist. Archiv 1960, S. 272–284).
Howell, W. E.: On the climatic description of physiographic regions. (Ann. Ass. Amer. Geogr. 39, 1949, S. 12–25).
Klein, W. H.: Synoptic climatological models for the United States. (Weatherwise 18, 1965, S. 252–259).
Knoch, K.: Zur Methodik klimatologischer Forschung. (Tätigkeitsber. Preuß. Meteor. Inst. f. 1924, S. 509–559).
Knoch, K.: Über das geographische Moment in der Mikroklimatologie. (In: Uhlig-Festschrift. Öhringen 1932, S. 257–263).
Knoch, K.: Weltklimatologie und Heimatklimakunde. (Meteor. Z. 59, 1942, S. 245–249).
Knoch, K.: Die Landesklimaaufnahme. Wesen und Methodik. (Ber. Dt. Wetterd. 12, 1963, S. 1–64).
Lauscher, F.: Ein grundsätzlicher Mangel der Klimatologien. (Meteor. Z. 61, 1944, S. 211–212).
Lautensach, H.: Klimakunde als Zweig länderkundlicher Forschung. (Geogr. Z. 46, 1940, S. 393–408).
Lautensach, H.: Die Isanomalenkarte der Jahresschwankung der Lufttemperatur. Ein Beitrag zur allgemeinen analytischen Formenwandellehre. (Petermanns geogr. Mitt. 96, 1952, S. 145–155).
Lettau, H.: Synthetische Klimatologie. (Ber. Dt. Wetterd. US-Zone Nr. 38, 1952, S. 127–136).
Lettau, H. u. *K. Lettau:* Short wave radiation climatonomy. (Tellus 21, 1969, S. 208–222).
Lindquist, S.: Klimatologi i geografier. (Geogr. Notizer 30, 1972, S. 9–16).
Linke, F.: Die Luftkörperklimatologie, eine Streitfrage zwischen Geographen und Meteorologen. (Bioklimat. Beibl. d. Meteor. Z. 9, 1942, S. 19).
Manley, G.: The geographer's contribution to meteorology. (Quart. J. Roy. Meteor. Soc. 73, 1947, S. 1–10).
Möller, F.: Die Statistik in der Wetter- und Klimakunde. (In: F. Burgdörfer: Die Statistik in Deutschland nach ihrem heutigen Stand. Bd. 2, Berlin 1940, S. 1251–1257).
Neef, E.: Neue Auffassungen in der Klimatologie. (Erdkundeunterr. 4, 1952, S. 212–223).
Outcalt, S. J.: A brief introduction to synthetic climatology and deterministic modeling strategy. (Climat. Bull. 14, 1973, S. 24–32).
Pédelaborde, P.: Introduction à l'étude scientifique du climat I–II. (Paris 1958, 150 S.).
Pédelaborde, P.: Sur les méthodes de la climatologie physique. (Météorologie 1959, S. 63–87).
Raethjen, P.: Zur Systematik der meteorologischen Wissenschaft. (Ber. Dt. Wetterd. US-Zone Nr. 38, 1952, S. 5–7).
Reichel, E.: Methodische Betrachtungen zur regionalen Klimakunde. (Geofis. pura appl. 14, 1949, S. 3–20, 77–94).
Reichel, E.: Entwicklungslinien der Klimatologie. (Naturwiss. Rdsch. 2, 1950, S. 440 – 446).
Rempp, G.: Sur les frontières et les relations entre le macroclimat, le mésoclimat et le microclimat, et entre le climat physique et le bioclimat. (Météorologie 1937, S. 263–274 u. 380–391).
Scaëtta, M. H.: Terminologie climatique, bioclimatique et microclimatique. (Météorologie 11, 1935, S. 342–347).
Schmauss, A. Ganzheitsbetrachtungen in der Meteorologie. (Z. angew. Meteor./Wetter 55, 1938, S. 1–18).
Schmauss, A.: Biologische Gedanken in der Me-

teorologie. (Sitz.-Ber. Bayer. Akad. Wiss., mathem.-naturwiss. Abt. 1943, S. 149–193).

Schneider-Carius, K. u. *H. Faust*: Fortschritte und Probleme in der Meteorologie. (Naturwiss. Rdsch. 9, 1956, S. 170–174).

Schneider-Carius, K.: Das Klima, seine Definition und Darstellung. Zwei Grundsatzfragen der Klimatologie. (Veröff. Geophys. Inst. Univ. Leipzig, 2. Ser., 17, 1961, 80 S.).

Schüepp, M.: Begriffe und Definitionen in der Witterungsklimatologie. (Verh. Schweiz. Naturforsch. Ges. 135, 1955, S. 115–116).

Schüepp, M.: Ziele und Aufgaben der Witterungsklimatologie. (Vj. schr. Naturforsch. Ges. Zürich 110, 1965, S. 405–418).

Sekiguti, T.: On the representation of climate. (Geophys. Mag. 20, Tokyo 1949, S. 67–71).

Sekiguti, T.: Introduction to local climatology. (Geophys. Mag. 22, 1, Tokyo 1951, S. 29–33).

Sorre, M.: Sur la conception du climat. (Bull. Soc. languedoc. de Géogr., Montpellier 1936, S. 1–15).

Steiner, D.: A multivariate statistical approach to climatic regionalization and classification. (Tijdschr. v. h. Kon. Nederl. Aardrijksk. Gen. 82, 1965, S. 329–347).

Steinhauser, F.: Grundsätzliche und kritische Bemerkungen zur Ausarbeitung von Klimakarten. (Geogr. Jahresber. a. Österr. 26, 1955/56, S. 1–24).

Thom, H. C. S.: The analytical foundations of climatology. (Arch. Meteor.,Geophys., Bioklimat. B, 18, 1970, S. 205–220).

Troll, C.: Der jahreszeitliche Ablauf des Naturgeschehens in den verschiedenen Klimagürteln der Erde. (Studium generale 8, 1955, S. 713–733).

Vowinckel, E.: Die Bedeutung regionaler Klimatologie in der Meteorologie. (Meteor. Rdsch. 17, 1964, S. 104–105).

Wagner, R.: Microclimatic spaces and their mapping. (Földrajzi Közlemények 80, 1956, S. 201–206).

Ward, R. de C.: Climatology and some of its applications. (Scient. monthly 1929, S. 156–171).

Weischet, W.: Die räumliche Differenzierung klimatologischer Betrachtungsweisen. Ein Vorschlag zur Gliederung der Klimatologie und zu ihrer Nomenklatur. (Erdkunde 10, 1956, S. 109–122).

Weischet, W.: Kann und soll noch klimatologische Forschung im Rahmen der Geographie betrieben werden? (Tagungsber. u. wiss. Abh. Dt. Geographentag Bad Godesberg 1967, S. 428–440).

Yazawa, T.: Introduction to synoptic climatology. (Geogr. Rev. Japan 22, 1949, S. 44–53 [jap. m. engl. Zsf.]).

Yoshino, M. M.: Problems in local and microclimatology in relation to agriculture in Japan. (Proc. Reading Symp. 1966 [Agroclimatol. Methods] UNESCO Paris 1968, S. 269–280).

Yoshino, M. M.: Climate in a Small Area. An Introduction to Local Meteorology. (Univ. of Tokyo Press. 1975, 549 S.).

b) Historische Entwicklung der Klimaforschung

Adderley, E. E. and *E. G. Bowen*: Lunar component in precipitation data. (Science 137, 1962, S. 749–750; vgl. auch ebd. S. 748).

Baur, F.: Einführung in die Großwetterkunde. (Wiesbaden 1948, 165 S.).

Bebber, W. J. van: Die Zugstraßen der barometrischen Minima nach den Bahnenkarten der Deutschen Seewarte für den Zeitraum 1875 – 1890. (Meteor. Zs. 8, 1891, S. 361 – 366; mit 12 Monatskarten).

Bebber, W. J. van u. *W. Köppen*: Die Isobarentypen des Nordatlantischen Ozeans und Westeuropas, ihre Beziehungen zur Lage und Bewegung der barometrischen Maxima und Minima. (Arch. Dt. Seewarte 18, 1895, 27 S., 23 Taf.).

Berg, H.: Ergebnisse und Fortschritte in der Klimatologie 1940 bis 1948. (Naturwiss. Rdsch. 2, 1949, S. 549–553).

Bergeron, T.: Über die dreidimensional verknüpfende Wetteranalyse. Erster Teil: Prinzipielle Einführung in das Problem der Luftmassen- und Frontenbildung. (Geofys. Publ. 5, Oslo 1928, 111 S.).

Bergeron, T.: Vilhelm Bjerknes och hans livsverk. (Kosmos 30, 1952, S. 9–24).

Bergeron, T.: Carl-Gustaf Rossby Minnesteckning. (Kgl. Vetenskaps-Soc. Årsb. 1958, S. 16–23).

Bider, M.: Neue Methoden der Klimatologie. (Verh. Schweiz. Naturf. Ges. St. Gallen 1948, S. 110–111).

Blüthgen, J.: Geographie der winterlichen Kaltlufteinbrüche in Europa. (Arch. Dt. Seewarte 60, 6/7, 1940, 182 S.; vgl. auch Z. angew. Meteor./Wetter 58, 1941, S. 244 bis 257 u. Geogr. Z. 48, 1942, S. 21–46).

Bürger, K.: Zur Klimatologie der Großwetterlagen. Ein witterungsklimatologischer Beitrag. (Ber. Dt. Wetterd. Nr. 45, 1958, 79 S.).

Büttner, M.: Theologie und Klimatologie im 18. Jahrhundert. (Neue Z. f. system. Theol. u. Relig. philos. 6, 1964, S. 154–191).

Canellopoulos, G.: Introduction à l'étude dynamique du climat. (Météorologie 1937, S. 117–126).

Chromow, S.P.: Über den gegenwärtigen Stand der sowjetischen Klimatologie. (Z. Meteor. 12, 1958, S. 2–5).

Delcambre (Général): Les dictons populaires et la prévision du temps. (Météorologie 10, 1934, S. 7–54).

Dove, H.W.: Über thermische Isanomalen. (Mon.-Ber. Akad. Wiss. Berlin 1851, S. 619 bis 626).

Dove, H.W.: Das Gesetz der Stürme. (Berlin 1857, 115 S.).

Dronia, H.: Der Einfluß des Mondes auf die Witterung. Eine Literaturübersicht zum gegenwärtigen Stand der Kenntnisse. (Meteor. Abh. Freie Univ. Berlin Bd. 71, 4, 1967, 78 S.).

Espy, J.P.: Theory of rain, hail and snow, water-spouts, land-spouts, variable winds and barometric fluctuations. (Franklin Inst. Journ. Philadelphia 17, 1836, S. 240–246, 309–316).

Fedorov, E.E.: Das Klima als Wettergesamtheit. (Wetter 44, 1927, S. 121–128, 145 bis 157).

Fett, W.: Zusammenhang zwischen Niederschlag und Mondphase in Deutschland. (Arch. Meteor., Geophys., Bioklimat. A, 15, 1966, S. 205–226).

Ficker, H. von: Goethe und die Meteorologie. (Forsch. Fortschr. 8, 1932, S. 95–96).

Fliri, F. u. B. Feucht-Dimai: Witterungslagen in Innsbruck. Eine synoptische Klimageographie. (Wetter und Leben 22, 1970, S. 133–150).

Flohn, H.: Zur Didaktik der allgemeinen Zirkulation der Atmosphäre. (Geogr. Rundsch. 5, 1953, S. 41–56).

Flohn, H.: Probleme der geophysikalisch-vergleichenden Klimatologie seit Alexander von Humboldt. (Ber. Dt. Wetterd. Nr. 59, 1959, S. 9–29).

Grunow, J., H. Grebe u. K. Heigel: Das Observatorium Hohenpeißenberg 1781 bis 1955. (Ber. Dt. Wetterd. Nr. 36, 1957, 46 S.).

Hellmann, G.: Die Anfänge der Meteorologie. (Meteor. Z. 25, 1908, S. 481–491).

Hellmann, G.: Beiträge zur Geschichte der Meteorologie. (Veröff. Preuß. Meteor. Inst. Nr. 273 [1914], 147 S.: Nr. 96 [1917], 340 S.; Nr. 315 [1922], 102 S.).

Hess, P. u. H. Brezowsky: Katalog der Großwetterlagen Europas. (Ber. Dt. Wetterd. Nr. 5, 1952, 39 S.).

Honigmann, E.: Die sieben Klimata und die Poleis Episemoi. Eine Untersuchung zur Geschichte der Geographie und Astrologie im Altertum und Mittelalter. (Heidelberg 1929, 247 S.).

Howard, L.: On the modifications of clouds, and on the principles of their production, suspension and destruction. (The Philos. Mag. 16, 1803, Nr. 62, S. 17–107 u. Nr. 64, S. 344–357; 17, 1803, Nr. 65, S. 5–11).

Hughes, P.: A century of weather service. A history of the birth and growth of the national weather service. 1870–1970. (Washington 1970, 224 S.).

Humboldt, A. v.: Des lignes isothermes et de la distribution de la chaleur sur le globe. (Mém. de phys. et de chimie Soc. d'Arcueil III, Paris 1817, S. 462–602; deutsche Übersetzung in „Kleinere Schriften" Bd. 1, Stuttgart/Tübingen 1853).

Humboldt, A. v.: Fragmens de Géologie et de Climatologie Asiatiques. (Paris 1831, Bd. 2, S. 309–564).

Köppen, W.: Entstehung der meteorologischen Wissenschaft. (Z. angew. Meteor./Wetter 51, 1934, S. 241–250).

Wladimir Köppen: Ein Gelehrtenleben für die Meteorologie. Nach Köppens eigenen Aufzeichnungen unter Mitwirkung von Professor Erich Kuhlbrodt, Hamburg, zusammengestellt von Else Wegener-Köppen. (Stuttgart 1955, 195 S.).

Körber, H.-G.: Über Alexander von Humboldts Arbeiten zur Meteorologie und Klimatologie. (A v. Humboldt-Gedenkschrift, hrsg. Dt. Akad. Wiss. Berlin 1959, S. 291 bis 335).

Kovalevsky, G.V.: Climatology in Russia in XVIII century. (Meteor. Gidrol. 1937, Nr. 2, S. 35–42 [russ. m. engl. Zsf.]).

Kuhlbrodt, E. u. J. Reger: Die meteorologischen Ergebnisse d. Dt. Atlant. Expedition auf d. Forschungs- u. Vermessungsschiff „Meteor". (In: Wiss. Ergebnisse d. Dt. Atlant. Expedition auf d. Forschungs- u. Vermessungsschiff „Meteor" 1925–1927, Bd. 14, Berlin, Leipzig 1938, S. 213–393).

Landsberg, H. E.: Trends in climatology. (Science 128, 1958, S. 749–758).

Leighly, J.: Climatology since the year 1800. (Trans. Amer. Geophys. Union 30, 1949, S. 658–762).

Manley, G.: Die Frühgeschichte der Meteorologie und das Studium klimatischer Schwankungen. (Endeavur 21, 1962, S. 43ff.).

Meinardus, W.: Die Entwicklung der Karten der Jahres-Isothermen von Alexander von Humboldt bis auf Heinrich Wilhelm Dove. (In: Humboldt-Centenar-Schrift d. Ges. f. Erdk. z. Berlin. Berlin 1899, S. 1–32).

Neis, B.: Fortschritte in der meteorologischen Forschung seit 1900. (Frankfurt a. M. 1956, 238 S.).

Peppler, A.: Die Entwicklung der meteorologischen Beobachtungen seit der Mitte des

17. Jahrhunderts. (Z. angew. Meteor./Wetter 48, 1931, S. 20–29, 48–58).
Schamp, H.: Luftkörperklimatologie des griechischen Mittelmeergebietes. – Beiträge zu einer Klimatologie des östlichen Mittelmeeres. (Frankf. geogr. Hefte 13, 1939, 75 S.).
Schmauss, A.: Eine Rückschau auf die deutsche Meteorologie. (Z. angew. Meteor./Wetter 50, 1933, S. 361–378).
Schneider-Carius, K.: Wetterkunde und Wetterforschung. Geschichte ihrer Probleme und Erkenntnisse in Dokumenten aus drei Jahrhunderten. (Freiburg, München 1953, 423 S.).
Schouw, J. F. (sprich: ßgau).: Beiträge zur vergleichenden Klimatologie (Copenhagen 1827, 136 S.).
Schüepp, M.: Die Klassifikation der Wetterlagen im Alpengebiet. (Geofisica pura e applicata. 44, 1959, S. 242–248).
Schüepp, M.: Kalendarien der Wetter- und Witterungslage von 1955 bis 1967. (Ann. d. Schweiz. Met. Zentr. Anst. sowie Veröff. der Schweiz. Met. Zentr. Anst. 11, Zürich 1968).
Schüepp, M. u. *F. Fliri*: Witterungsklimatologie. (Veröff. d. Schweiz. Met. Zentr. Anst. 4, Zürich 1967, S. 215–229).
Traumüller, F.: Die Mannheimer meteorologische Gesellschaft (1780–1799). Ein Beitrag zur Geschichte der Meteorologie. (Leipzig 1885, 24 u. 45 S.).
Tucker, G. B.: Some developments of climatology during last decades. (Geography 1961, S. 198–207).
Visvanathan, T. R.: Heavy rainfall distribution in relation to the phase of the moon. (Indian). (Meteor. Geophys. 17, 1966. Spec. Nr. Proc. Symp. Hydro-meteor. India etc, S. 369–372).
Vohwinkel, E.: Zyklonenbahnen und zyklogenetische Gebiete auf der Südhalbkugel. (Notos 2, 1953, S. 28–36).
Waibel, L.: Naturgeschichte der Northers. (Geogr. Z. 44, 1938, S. 408–427).
Wojeikof (= *Woeikow*), *A.*: Die atmosphärische Circulation. (Petermanns geogr. Mitt. Erg. H. 38, 1874, 35 S.).
Woeikoff (= *Woeikow*), *A.*: Die Klimate des Erdballs, insbesondere Rußlands. (St. Petersburg 1884, 640 S. [russ.]). (Deutsche, vom Verfasser bedeutend veränderte Bearbeitung u. d. Titel: Die Klimate der Erde. Jena 1887, 2 Bde., 396 u. 422 S.).

c) *Die Gewinnung des klimatologischen Materials*

Allison, L. J., T. I. Gray, G. Warnecke: A quasi-global presentation of Tiros III radiation data. (National Aeronautics and Space Administration [NASA] Washington 1964. NASA SP-53. Atlasformat 56 × 44 cm, 23 S. 19 Fig., davon 6 farbige Weltwetterkarten des 16. VII. 1961 nach Satellitenregistrierungen der 8–12 M-Strahlung).
Barrett, E. C.: Viewing weather from space. (London 1967, 140 S.).
Barrett, E. C.: Climatology from Satellites. (London 1974, 418 S.).
Bayer, K.: Eine Methode zur Verfolgung jahreszeitlicher und langjähriger Änderungen in der Verteilung der Zirkulationszentren der Atmosphäre. (Wiss. Z. K.-M.-Univ. Leipzig 13, 1964. Math.-Naturw. Reihe H. 3, S. 373–379). Betr. u. a. den Vergleich von Häufigkeits- mit Mittelwerten.
Belousov, S. L., L. S. Gandin u. *S. A. Mashkovich*: Compúter processing of meteorological data. (Transl. from the Russian. Jerusalem 1971, 216 S.).
Borovikov, A. M. u. a.: Radar measurement of precipitation rate. (Transl. from the Russian. Jerusalem 1970, 116 S.).
Brooks, Ch. F.: The climatic record: its content, limitations and geographic value. (Ann. Ass. Amer. Geogr. 83, 1948, S. 153–168).
Brooks, C. E. P. u. *N. Carruthers*: Handbook of statistical methods in meteorology. (London 1953, 412 S.).
Clayton, H. H.: World weather records. (Washington 1927, 1199 S. u. 28 S. Errata. Desgleichen für 1921–1930 und 1931–1940. Washington 1934 bzw. 1947).
Conrad, V. u. *L. W. Pollak*: Methods in climatology. (Cambridge, Mass., London, Oxford 1950).
Conway, H. M., S. L. May u. *E. Armstrong*: The weather handbook. A summary of weather statistics for principal cities throughout the United States and around the world. (Atlanta 1963, 255 S.).
Corfa, P.: Les navires météorologiques stationnaires de l'Atlantique Nord. (Rev. Secrét. gén. Aviat. civile 1958, S. 36–42).
Defrise, P., H. Flohn, W. L. Godson u. *R. Pône:* Les représentations graphiques en météorologie. (Genf 1960, 26 S. [= Note techn. No. 31, Org. Météor. Mondiale No. 95, T. P. 39]).
Faust, H.: Erforschung der Atmosphäre mit Raketen. (Forsch. u. Fortschr. 36, 1962, S. 97–100).

Fliri, F.: Probleme und Methoden einer gesamtalpinen Klimatographie. (Jber. Geogr. Ges. Bern Bd. 1967–69, Bern 1970, S. 113–127).

Guss, H.: Über die Bildung typischer Mittel- und Schwankungswerte in der Klimatologie. (Ann. Meteor. 7, 1955/56, S. 126–134).

Hastrup, F., J. Humlum u. *Å. Karup Mogensen*: 232 Klimastationer. (Geogr. Kompendier I, Kopenhagen 1963, 140 S.).

Haupt, J.: Wettersatellitenbeobachtungen und ihre Auswertung. Das europäische Wetterbild 1966. (Meteor. Abh. Freie Univ. Berlin Bd. 70, 2, 1967, 51 S.).

Hinzpeter, M.: Die Automatische Wetterstation. (Promet. Met. Fortb. 3/1973. Offenbach 1973).

Hölcke, T.: Die 110jährige Temperaturreihe von Bayreuth 1851–1960 und ihr Vergleich mit der Normalperiode 1931–1960. (Meteor. Rdsch. 16, 1963, S. 67–78).

Knoch, K.: Die Säkularstationen im norddeutschen Beobachtungsnetz. (Tät.-Ber. Preuß. Meteor. Inst. Berlin 1929 [1930], S. 54–63).

Knoch, K.: Die „Normalperiode" 1901/30 und ihr Verhältnis zu längeren Perioden. (Meteor. Rdsch. 1, 1947/48, S. 10–23).

Kraus, H. et al.: Gate. Das tropische Experiment des Global Atmospheric Research Program. (Promet. Met. Fortb. 4/75 und 1/76. Offenbach 1975 bzw. 1976).

Lauer, W. u. *T. Breuer:* Wettersatellitenbild und klimaökologische Zonierung. Ein kritischer Beitrag zur Bedeutung des Satellitenbildes für geographische Fragestellungen am Beispiel Tropisch Westafrikas. (Erdkunde 26, 1972, S. 81–97).

Lauscher, R.: Renaissance der Wetterchronik. (Wetter und Leben 14, 1962, S. 239–244).

Ludlum, D.M.: Weather Record Book. USA and Canada. The Outstanding Events 1871–1970. (Princeton 1971, 97 S.).

Lusignan, B. u. *J. Kiely* (Hrsg.): Global weather prediction. The coming revolution. (New York, London 1971, 307 S.).

Maynard, R.H.: Radar and weather. (J. Meteor. 2, 1945, S. 214–226)

Meteorological Office, Air Ministry. Tables of temperature, relative humidity and precipitation for the world. Part I – Part VI [getrennt pag.]. (Meteor. Off. Nr. 617, London 1958).

Möller, F.: Der Nutzen von Satellitenmessungen für die Wettervorhersage. (Meteor. Rdsch. 23, 1970, S. 172–177).

Müller-Annen, H.: Zur Aufbereitung und Bearbeitung meteorologischer Reihen. (Ann. Meteor. 3, 1950, S. 149–159).

Nelson, H.L.: Climatic data for representative stations of the world. (Lincoln/Nebr. 1968, 81 S.).

Papadakis, J.: Climatic tables of the world. (Buenos Aires 1961, 175 S.).

Péguy, Ch. P. (Hrsg.): Carte climatique détaillée de la France 1:250000. (Paris 1971 ff., 45 Blätter).

Pfeffer, R.L. (Hrsg.).: Dynamics of climate. The proceedings of a conference on the application of numerical integration techniques to the problem of the general circulation held October 26–28, 1955. (Oxford, London, New York, Paris 1960, 136 S.).

Quiring, F.: Wettersatelliten-Systeme. (Inf. f.d. Fachdienst 1, Nr. 2. Offenbach 1970).

Raschke, E. et al.: Satellitenmeteorologie I u. II. (Promet. Met. Fortb. 2 u. 3/1972. Offenbach 1972).

Rigg, J.B.: Climatological extremes. (Weather 19, 1964, S. 241–246).

Seaman, L.M. u. *G.S. Bartlett*: Climatological extremes. (Weatherwise 9, 1956 u. 10, 1957).

Siogas, L.: Vergleich von Temperaturmittelbildungen mit dem wahren Mittel für das Observatorium Innsbruck-Universität. (Wetter und Leben 24, 1972, S. 17–22).

Smithsonian Meteorological Tables. (Washington 1958).

Spilhaus, A.F.: World weather network. (In: Compendium of Meteorology. Boston/Mass. 1951, S. 705–710).

Steinhauser, F.: Die Bedeutung der Bergobservatorien für die Hochgebirgsmeteorologie. (Wetter u. Leben, Sd.-Heft 9, 1961, S. 2 bis 5).

Stellmacher, R.: Die Faktorenanalyse als meteorologische Untersuchungsmethode. (Gerlands Beitr. Geophys. 79, 1970, S. 213–215).

Süssenberger, E.: Der Deutsche Wetterdienst. Ämter und Organisationen. (Düsseldorf 1973, 144 S.).

Taubenheim, J.: Statistische Auswertung geophysikalischer und meteorologischer Daten. (Leipzig 1969, 386 S.).

US-Department of Commerce (L.L. Strauss), Weather Bureau (F.W. Reichelderfer): World Weather Records 1941–1950. (Washington 1959, 1361 S.); desgl. für 1951–1960. (Washington 1965–1968, 6 Bde. 3163 S.)

US-Naval Weather Service. World-wide airfield summaries. Bd. I–X. (Springfield 1967–1971).

Warnecke, G.: Satelliten und Meteorologie. (Ann. Meteor. N.F. 3, 1967, S. 13–31).

Widger, W.K. (jun.): Meteorological satellites. (New York 1966).

Wood, C.A. Automatic weather stations. (Weather 4, 1949, S. 286–291).

World Meteorological Organization. Monthly normals for climat values (1901–1930)

(CLINO No. 1, Genf 1948ff.) – Fortsetzung: Climatological normals (CLINO) for climate and climate ship stations for the period 1931–1960. (Genf 1962ff.).

WMO: Monthly normals for climate values (1901–1930) (CLINO No. 1. Genf 1948 ff.) – Fortsetzung: Climatological normals (CLINO) for climate and climate ship stations for the period 1931–1960. (Genf 1962–71, WMO Nr. 117, TP 52).

WMO: Automatic weather stations.-Techn. Conf. Geneva 1966. (Techn. Note No 82. Geneva 1967, 364S.).

World Weather Records: Siehe unter CLAYTON und US-Dept. of Commerce.

Zila, St.: Die Auflösung des Mittelwertes in der neueren Klimaforschung. (Z. angew. Meteor./Wetter 60, 1943, S. 137–149).

d) Die Phänologie als Hilfsmittel der Klimaforschung

Azzi, G.: Le climat du blé dans le monde. Les bases écologiques de la culture mondiale du blé. (Rom 1930, 1165 S.).

Berg, H.: Bedeutung und Grenzen der Phänologie für die Klimatologie. (Ber. Dt. Wetterd. US-Zone Nr. 42, 1952, S. 358–361).

Böer, W.: Witterung und Pflanzenwachstum. (Diss. Leipzig 1951, 82 S.).

Brandtner, E.: Methodische Untersuchungen an phänologischen Beobachtungen unter besonderer Berücksichtigung phytopathologischer Probleme. (Ber. Dt. Wetterd. Nr. 47, 1958, 14 S.).

Clark, J.E. u. *J.D. Margary*,: Floral isophenes and isakairs. (Quart. J. Roy. Meteor. Soc. 56, 1930, S. 45–57).

Gensler, G.A.: Der Begriff der Vegetationszeit. Kritische Beiträge zum Begriff der Vegetationszeit in der geographischen, klimatologischen und phänologischen Literatur. (Diss. Zürich 1946, 142 S.).

Hoffmann, H.: Resultate der wichtigsten pflanzenphänologischen Beobachtungen in Europa. (Gießen 1885).

Ihne, E.: Über phänologische Jahreszeiten. (Naturwiss. Wochenschr. 10, 1895, S. 37–43).

Ihne, E.: Phänologische Karte des Frühlingseinzuges in Mitteleuropa. (Petermanns geogr. Mitt. 51, 1905, S. 97–108).

Mäde, A.: Zur Methodik phänologischer Kartenentwürfe. (Angew. Meteor. 1, 1952, S. 139 bis 142).

Marcello, A.: La nuova fenologia. (Ann. Acad. Ital. Sci. forest. Bd. 2 [1953], Florenz 1954, S. 109–133).

Morgen, A.: Die Bedeutung der Phänologie für die Landeskunde. (Ber. dt. Landeskde. 11, 1952, S. 497–506).

Rosenkranz, F.: Grundzüge der Phänologie. Mit besonderer Berücksichtigung von Österreich. (Wien 1951, 69 S.).

Schnelle, F.: Phänologische Charakterisierung typischer Klimagebiete Europas. (Petermanns geogr. Mitt. 91, 1945, S. 3–10).

Schnelle, F.: Studien zur Phänologie Mitteleuropas. (Ber. Dt. Wetterd. US-Zone Nr. 2, 1948, 28 S.).

Schnelle, F.: Phänologische Weltkarte: Beginn der Weizenernte, Verteilung der Weizenanbauflächen und der Weizenausfuhr. (Meteor. Rdsch. 2, 1949, S. 65–66).

Schnelle, F.: Methoden und Möglichkeiten einer phänologischen Klimatologie. (Ann. Meteor. 4, 1951, S. 97–108).

Schnelle, F.: Beiträge zur Phänologie Deutschlands. III. 6 Mittelwertskarten (1936–1944) Vorfrühling bis Herbst. (Ber. Dt. Wetterd. Nr. 1, 1953, 8 S.).

Schnelle, F.: Pflanzen-Phänologie. (Probleme d. Bioklimatol. Bd. 3., Leipzig 1955, 299 S.).

Schrepfer, H.: Das phänologische Jahr der deutschen Landschaften. (Geogr. Z. 29, 1923, S. 260–276).

Schrepfer, H.: Begriff, Methode und Aufgabe der Pflanzenphänologie. (Wetter 41, 1924, S. 65–73).

Seyfert, F.: Das phänologische Jahr. (Berlin 1953, 48 S.).

Seyfert, F.: Phänologie (Wittenberg u. Stuttgart 1960, 103 S.).

Uhlig, S.: Die Phänologie als Hilfsmittel bei der kleinklimatischen Geländeaufnahme. (Ber. Dt. Wetterd. US-Zone Nr. 42, 1952, S. 238–243).

Vlaut, A. u. *J. Sanson*: Le temps et les traveaux des champs. Conseils aux agriculteurs. (Paris 1953, 144 S.).

Weischet, W.: Die Geländeklimate der Niederrheinischen Bucht und ihrer Rahmenlandschaften. (Münchner Geogr. Hefte 8, 1955, 169 S.).

e) Angewandte Klimatologie, Problemstellung und Aufgaben

Asai, T.: Geographic studies on disasters in Japan. (zu: Japanese Geography 1966 – its recent trends. Tokyo 1966, S. 178–184).

Assmann, D.: Die Wetterfühligkeit des Menschen. Ursachen und Pathogenese der biologischen Wetterwirkung. (Jena 1963, 235 S.).

Bailey, J.: Climate and topography. (Archit. J. 148, 1968, S. 751–763).

Baumann, H.: Wetter und Ernteertrag. (Berlin 1949, 75 S.).

Berg, H.: Einführung in die Bioklimatologie. (Bonn 1947, 131 S.).

Blüthgen, J.: Der Winter in Nordeuropa. Eine wirtschaftsklimatologische Studie. (Petermanns geogr. Mitt. 92, 1948, S. 113–133).

Böer, W. u. *O. Fritsche*: Über Grundsätze der Klimaeinteilung für technische Zwecke. (Elektrotech. Z. 80, 1959, A. S. 40–43).

Böer, W.: Technische Meteorologie (Leipzig 1964, 240 S.).

Brandtner, E.: Geländeklimatologie der Weinbaulagen. (Promet. Meteorol. Fortbildung 1, 1975, Offenbach 1975).

Brezina, E. u. *W. Schmidt*: Das künstliche Klima in der Umgebung des Menschen. (Stuttgart 1937, 212 S.).

Bryson, R. A.: World Climate and World Food Systems I, II, III, IV, V, VI. (Reports Inst. for Environmental Studies, Univ. of Wisconsin – Madison 1974 u. 1975).

Brose, K.: Klimatologische Betrachtungen zur Frage der Sommerferien. (Meteor. Rdsch. 14, 1961, S. 142–144).

Büdel, J.: Das System der klima-genetischen Geomorphologie. (Erdkunde 23, 1969, S. 165–183).

Burchard, H. u. *G. Hoffmann*: Beitrag zur Klima-Klassifizierung technischer Geräte. (Elektrotech. Z. 79, 1958, A, S. 315–321).

Caspar, J. W. et al.: Technoklimatologie. (Promet. Meteorol. Fortbildung 4, 1973, Offenbach, 1973).

Chang, J. H.: Climate and Agriculture. (Chicago 1968, 304 S.).

Curasson, G.: Le climat tropical et la production animale. (Acta tropica 5, 1948, S. 97–134).

Curry, L.: Climate and economic life: A new approach with examples from the United States. (Geogr. Rev. 42, 1952, S. 367–383).

Deschwanden, J. von, K. Schram u. *J. C. Thams* (Hrsg.): Der Mensch im Klima der Alpen. (Bern u. Stuttgart 1968, 240 S.).

Eimern, J. van: Zur Methodik der Geländeklimaaufnahme. (Mitt. Dt. Wetterd. II, 14, 1955, S. 125–131).

Euverte, G.: Les climats et l'agriculture. (Que sais-je? Nr. 824, Paris 1959, 126 S.).

Faust, V.: Bio-Meteorologie. (Stuttgart 1976, 358 S.).

Fiegl, H.: Schneefall und winterliche Straßenglätte in Nordbayern als witterungsklimatologisches und verkehrsgeographisches Problem. (Mitt. Fränk. Geogr. Ges. 9, 1963, S. 1–52).

Flach, E.: Wetter und Klima in ihren Beziehungen zum menschlichen Organismus. (In: Walther: Lehrbuch der Hygiene. Berlin 1954).

Fliri, F.: Klimatographie der Tirol-Autobahn. (Tiroler Wirtsch. Studien 26. Folge, Innsbruck 1969, S. 99–121).

Fränzle, O.: Das Trockenzonen-Programm der UNESCO. (Geogr. Rdsch. 17, 1965, S. 404 – 410, mit UNESCO-Lit.).

Fukui, E.: Climatic disasters of Japan. (Proc. XVII Geogr. Congr. Washington 1952, S. 272–274).

Ginsburg, Th.: Klimaforschung und Planung. (Neue Züricher Ztg. 23. III. 1970; Sonderdruck 17 S.).

Griffiths, J. F.: Applied climatology. An introduction. (2. Edit. London 1976, 135 S.).

Guss, H. u. *H. Regula*: Die flugklimatologischen Verhältnisse deutscher Verkehrsflughäfen. (Ber. Dt. Wetterd. Nr. 21, 1956, 12 S., 19 Tab., 24 Abb.).

Hewson, E. W.: Generation of power from the wind. (Bull. Am. Meteor. Soc. 56, 1975, S. 660–675).

Hopkins, A. D.: Bioclimatics. A science of life and climate relations. (US Dep. Agric., Misc. Publ. Nr. 280, Washington 1938, 188 S.).

Hottinger, M.: Klima und Gradtage in ihren Beziehungen zur Heiz- und Lüftungstechnik. (Berlin 1938, 120 S.).

Knoch, K.: Die Geländeklimatologie, ein wichtiger Zweig der angewandten Klimatologie. (Ber. dt. Landeskde. 7 [1949/50], 1950, S. 115–123).

Knoch, K.: Die Landesklimaaufnahme, Wesen und Methodik. (Ber. Dt. Wetterd. Nr. 85, 1963, 64 S.; vgl. auch Z. Meteor. 5, 1951, S. 173–177).

Kreutz, W.: Zweck und Aufgaben der landwirtschaftlichen Meteorologie. (Landw. Jahrb. 81, 1935, S. 743–826).

Kreutz, W. u. *K. Schubach*: Beiträge zur Methodik der Geländeklimauntersuchung für Zwecke der Raumforschung, dargestellt an vier Beispielen. (Informationen d. Inst. f. Raumforschg. 11, 1961, S. 299–318).

Landsberg, H. E. u. *W. C. Jacobs*: Applied climatology. (In: Compendium of Meteorology. Boston/Mass. 1951, S. 976–992).

Lieth, H.: Primary productions of terrestrial ecosystems. (Human Ecology 1, 1973, S. 303–332).

Lieth, H. and *R. H. Whittaker* (Hrsg.): The primary productivity of the biosphere. (New York 1975).

Loewer, H.: Klimatechnik. Grundlagen und Anwendung der Luftkonditionierung. (Berlin–Heidelberg–New York 1968, 325 S.).

Mattsson, J. O.: Mikro- och lokalklimatindikering medelst infrarödtermografi. (Svensk Geogr. Årsbok 43, 1967, S. 191–211).

Maunder, W. J.: The value of the weather. (London 1970, 388 S.).

Mrose, H.: Klima und Wetter in ihrer Wirkung auf den Menschen. Ergebnisse bioklimatischer Forschung. (Wittenberg 1956, 113 S.).

Munn, R. E.: Biometeorological methods. (New York 1970, 336 S.).

Nägeli, W.: Der Wind als Standortsfaktor bei Aufforstungen in der subalpinen Stufe (Stillbergalp im Dischmatal, Kanton Graubünden). (Mitt. Schweiz. Anstalt f. d. forstl. Versuchswesen Bd. 47, 2, 1971, S. 33–147).

Neuwirth, R. et al.: Medizinmeteorologie. (Promet. Met. Fortb. 2/1974, Offenbach 1974).

Newman, J. E. and *R. C. Pickett*: World Climates and Food Supply Variations. (Science 186, 1974, S. 877–881).

Olbricht, K.: Klima und Entwicklung. Versuch einer Bioklimatik des Menschen und der Säugetiere. (Jena 1923, 74 S.).

Papadakis, J.: Climates of the world and their agricultural potentialities. (Buenos Aires 1966, 170 S.).

Papadakis, J.: Agricultural potentialities of world climates. (Buenos Aires 1970, 70 S.).

Paterson, S. S.: The forest area of the world and its potential productivity. (Göteborg 1956, 216 S.; ref. von F. Lauscher in Wetter u. Leben 12, 1960, S. 98–103).

Penman, H. L.: Weather and crops. (Quart. J. Roy. Meteor. Soc. 88, 1962, S. 209–219).

Proceedings of the first European congress on the influence of air pollution on plants and animals. Wageningen 22.–27. 4. 1968. (Wageningen 1969, 415 S.).

Putnam, P. C.: Power from the wind. (New York 1948).

Rainey, R. C.: Meteorology and the migration of desert locusts. Applications of synoptic meteorology in locust control. (WMO Techn. Note 54, Genf 1963, 117 S.).

Rooney, J. F. jr.: The urban snow hazard in the United States. (Geogr. Rev. 57, 1967, S. 538–559; Auszug einer Diss. Clark Univ., Worcester, Mass. 1966).

Rudder, B. de: Grundriß einer Meteorobiologie des Menschen. Wetter und Jahreszeiteneinflüsse. (Berlin, Göttingen, Heidelberg 1952, 303 S.).

Schnelle, F.: Einführung in die Probleme der Agrarmeteorologie. (Stuttgart 1948, 154 S.).

Schnelle, F.: Agrarmeteorologie. (Studium generale 11, 1958, S. 600–614).

Schrödter, H.: Agrarmeteorologische Modelle (Promet. Meteor. Fortb. 1/1975. Offenbach, S. 17–22).

Seemann, J. et al.: Agrarmeteorologie heute. (Promet. Met. Fortb. 1/1975. Offenbach 1975).

Sewell, W. R. D. (Hrsg.): Human Dimensions of Weather Modification. (Univ. of Chicago. Dpt. of Geogr. Res. Paper No. 105, Chicago 1966, 423 S.).

Sewell, W. R. D., W. Kates and *L. E. Phillips*: Human response to weather and climate – geographical contributions. (Geogr. Review 68, 1968, S. 262–280).

Seybold, A. u. *H. Woltereck* (Hrsg.): Klima – Wetter – Mensch. (Heidelberg 1952, 293 S.).

SMIC: Inadvertent Climate Modification. (Mass. Inst. of Technology. Cambridge/Mass. 1971, 306 S.).

Taubenfeld, H. J.: Controlling the weather: a study of law and regulatory processes. (London 1970, 275 S.).

Taylor, J. A. (Hrsg.): Weather and agriculture. (Aberystwyth 1967, 225 S.).

Taylor, J. A. (Hrsg.): Weather economics. (Oxford 1970, 126 S.).

Taylor, J. A. (Hrsg.): Climatic resources and economic activity. A Symposium. (London 1974, 264 S.).

Thompson, J. C.: The potential economic and associated values of the World Weather Watch. (WMO, World Weather Watch Planning Report No. 4, Genf 1966, 35 S.).

Thomson, L. M.: Weather Variability, Climate Change and Grain Production. (Science 18, 1975, S. 535–541).

Thornthwaite, C. W. u. *R. J. Mather*: Climate in relation to crops. (Meteor. Monogr. II, 8, 1954, S. 1–10).

Turner, H.: Standortsuntersuchungen in der subalpinen Stufe. Die Niederschlags- und Schneeverhältnisse. (Mitt. forstl. Bundes-Vers. anst. Mariabrunn 59, 1961, S. 265–315).

Turner, H.: Mikroklimatographie und ihre Anwendung in der Ökologie der subalpinen Stufe, mit besonderer Berücksichtigung der Einflüsse von Strahlung und Wind auf das Gedeihen junger Forstkulturen (Stillberg im Dischmatal). (Ann. Meteor. N.F. 5, 1971, S. 275–281).

UNO: Proceedings UN-Conference of New Sources of Energy. (New York 1964).

Valko, P.: Technische Meteorologie, Erhebung der Bedürfnisse nach Informationen. (Arbeitsber. Schweiz. Meteor. Zentral-Anst. 4, 1971).

Valko, P.: Use of climatological data in building design with respect to economy. (Arbeitsber. Schweiz. Meteor. Zentral-Anst. 34, 1972).

Whyte, R. O.: Crop production and environment. (London 1960, 392 S.).

Wiesner, C.J.: Climate, irrigation and agriculture. (Sydney 1970, 246 S.).

*W*orld *M*eteorological *O*rganization. Monthly normals for climate values (1901–1930) (CLINO No. 1), (Genf 1948 ff.) – Fortsetzung: Climatological normals (CLINA) for climate and climate ship stations for the period 1931–1960.(Genf 1962–71, WMO Nr. 117, TP 52).

WMO: Energy from the wind. Assessment of suitable winds and sites. (Techn. Note No 4. Genf 1954, 205 S.).

WMO: Forecasting for forest fire services. By a WG of CAgM. (Techn. Note No 42. Genf 1961, 56 S.).

WMO: Protection against frost damage. By a WG of CAgM. (Techn. Note No 51. Genf 1963, 62 S.).

WMO: A study of agroclimatology in semi-arid and arid zones of the Near East. (Techn. Note No 56. Genf 1963, 64 S.).

WMO: Windbreaks and shelterbelts. By a WG of CAgM. (Techn. Note No 59. Genf 1964, 188 S.).

WMO: Sites for wind-power installations. By a WG of CAe. (Techn. Note No 63. Genf 1964, 38 S.).

WMO: Automatic weather stations – Technical Conference. (Techn. Note No 82. Genf 1967, 364 S.).

WMO: An agroclimatological survey of a semiarid area in Africa south of the Sahara. (Techn. Note No 86. Genf 1967, 136 S.).

WMO: Air pollutants, meteorology and plant injury. By a WG of CAgM. (Techn. Note No 96. Genf 1969, 73 S.).

WMO: Meteorology and grain storage. (Techn. Note No 101. Genf 1969, 65 S.).

WMO: Building climatology – Proceedings of the WHO/WMO Symposium on Urban Climates and Building Climatology, Brussels, 1968. (Techn. Note No 109. Genf 1970, 262 S.).

WMO: The application of micrometeorology to agricultural problems. (Techn. Note No 119. Genf 1972, 74 S.).

WMO: The assessment of human bioclimate. A limited review of physical parameters. (Techn. Note No 123. Genf 1972, 36 S.).

WMO: A study of the agroclimatology of the highlands of Eastern Africa. (Techn. Note No 125. Genf 1973, 198 S.).

WMO: Climate under glass. (Techn. Note No 131. Genf 1973, 40 S.).

WMO: Applications of meteorology to economic and social development. (Techn. Note No 132. Genf 1974, 130 S.).

WMO: An introduction to agrotopoclimatology. (Techn. Note No 133. Genf 1974, 132 S.).

WMO: Drought and agriculture. Report of the Working Group on the Assessment of Drought of the Commission for Agricultural Meteorology. (Techn. Note No. 138. Genf 1975, 128 S.).

Gesamtdarstellungen, Hand- und Lehrbücher

Es sind fast nur Werke aus neuerer Zeit angeführt:
das Buch von K. Schneider-Carius „Wetterkunde und Wetterforschung" (1953) gibt Auskunft über die wichtigsten älteren.

a) Klimatologie

Alissow, B.P., B.I. Izvekow, T.V. Pokrowskaja u. *E.S. Rubinstein*: Kursus der Klimatologie. (Leningrad, Moskau 1940, 435 S., Neuaufl. [russ.] 1954).

Alissow, B.P.: Die Klimate der Erde. (Ohne das Gebiet der UdSSR). (Berlin 1954, 277 S. [Dt. Übers.]).

Alissow, B.P., Drosdow, O.A. u. *E.S. Rubinstein*: Lehrbuch der Klimatologie. Dt. Übers. (Berlin 1956, 536 S.).

Auliciems, A.: The atmospheric environment. A study of comfort and performance. (Toronto 1972, 166 S.).

Barrett, E.C.: Climatology from satellites. (London 1973, 350 S.).

Barry, R.G. u. *R.J. Chorley*: Atmosphere, weather and climate. (London 1971, 379 S.).

Barry, R.G. u. *A.H. Perry*: Synoptic climatology. Methods and applications. (London 1973, 450 S.).

Baumann, H.: Witterungslehre für die Landwirtschaft. (Berlin/Hamburg 1961, 139 S.).
Berényi, D.: Mikroklimatologie. Mikroklima der bodennahen Atmosphäre. (Stuttgart 1967, 328 S.).
Berg, L.S.: Grundlagen der Klimatologie. (Moskau, Leningrad 1938, 265 S. [russ.]).
Berg, L.S.: Klima und Leben. (Moskau 1947, 356 S. [russ.]).
Blair, T.A.: Climatology, general and regional. (New York 1954, 478 S.).
Bucknell, J.: Climatology. An introduction. (London 1964, 163 S.).
Claiborne, R.: Climate, Man and History. (London 1973, 444 S.).
Climate and Man. The yearbook of agriculture. (Washington 1941, 1248 S.).
Conrad, V. u. *L. W. Pollak:* Methods in climatology. Including some methods in general geophysics. (Cambridge/Mass. 1950, 459 S.).
Conrad, V.: Fundamentals of physical climatology. (Cambridge/Mass 1942, 121 S.).
Critchfield, H.J.: General climatology. (Englewood Cliffs, N.J. 1960, 465 S.).
Crowe, P.R.: Concepts in climatology. (London 1971, 589 S.).
Day, J.H. and *G.L. Sternes:* Climate and weather. (Reading/Menlo Park/London/Don Mills 1970, 417 S.).
Drosdow, O.A. (Hrsg.): Methoden der klimatologischen Bearbeitung meteorologischer Beobachtungen. (Leningrad 1957, 492 S. [russ.]).
Durand-Dastès, F.: Géographie des airs. (Magellan la géographie et ses problèmes. Bd. 4. Paris 1969, 275 S.).
Eimern, J. van: Wetter- und Klimakunde für Landwirtschaft, Garten- und Weinbau. (Stuttgart 1971, 239 S.).
Estienne, P. u. *A. Godard:* Climatologie. (Coll. U, sér. Géogr. Paris 1970, 365 S.).
Euverte, G.: Les climats et l'agriculture. (Que sais-je? Nr. 824, Paris 1959, 126 S.).
Flohn, H.: Arbeiten zur allgemeinen Klimatologie. (Darmstadt 1971, Nachdruck, 319 S.).
Fukui, E.: Climatology. (Tokyo 1938, 566 S. [japan.]).
Gates, D.M.: Man and his environment: climate. (New York 1972, 176 S.).
Gates, E.S.: Meteorology and climatology for sixth forms and beyond. (London 1961, 203 S.).
Geiger, R.: Das Klima der bodennahen Luftschicht. Ein Lehrbuch der Mikroklimatologie. (Braunschweig 1961, 646 S.).
Gentilli, J.: A geography of climate. The synoptic world pattern. (Perth 1958, 172 S.).
Göhre, K.: Forstliche Wetter- und Klimakunde (Berlin 1952, 128 S.).
Grisollet, H., B. Guilmet u. *R. Arlery:* Climatologie. Méthodes et pratiques. (Paris 1962, 401 S.).
Guardiola, J.: Curso de Climatologia. (Madrid 1969, 455 S.).
Hadlow, L.: Climate, vegetation and man. (London 1952, 288 S.).
Hann, J. v.: Handbuch der Klimatologie. (1. Auflage 1883, 764 S.).
Bd. 1: Allgemeine Klimalehre. (Suttgart 1908, 394 S.; 4. Aufl. hrsg. v. K. Knoch. Stuttgart 1932, 444 S.).
Bd. 2.: Klimatographie. 1. Teil: Klima der Tropenzone. (Stuttgart 1910, 426 S.).
Bd. 3: Klimatographie. 2. Teil: Klima der gemäßigten Zonen und der Polarzonen. (Stuttgart 1911, 713 S.).
Hare, F.K.: The restless atmosphere. (London 1953, 192 S.).
Haurwitz, B. u. *J. Austin:* Climatology. (New York, London 1944, 410 S.).
Hendl, M.: Einführung in die physikalische Klimatologie. II. Systematische Klimatologie. (Berlin 1963, 40 S.).
Hesse, W.: Grundlagen der Meteorologie für Landwirtschaft, Gartenbau und Forstwirtschaft. (Leipzig 1966, 568 S.).
Hettner, A.: Die Klimate der Erde. (In: Vergleichende Länderkunde, Bd. 3. Leipzig, Berlin 1934, S. 87–202).
Heyer E.: Witterung und Klima. Eine allgemeine Klimatologie. (Leipzig 1963, 439 S., 16 S. Abb.).
Kendrew, W.G.: The climates of the continents. (Oxford 1963, 608 S.).
Kendrew, W.G.: Climatology. Treated mainly in relation to distribution in time and place. (Oxford 1957, 400 S.).
Kessler, A.: Globalbilanzen von Klimaelementen. Ein Beitrag zur allgemeinen Klimatologie der Erde. (Ber. Inst. Meteor. Klimat. T. Univ. Hannover 3, 1968, 141 S.).
Knoch, K.: Klima und Klimaschwankungen, (Wiss. u. Bildung 269, Leipzig 1930, 150 S.).
Koeppe, C.E. u. *G.C. de Long:* Weather and climate. (New York, Toronto, London, 1958, 341 S.).
Köppen, W.: Grundriß der Klimakunde. Zweite, verb. Aufl. d. „Klimate der Erde". (Berlin u. Leipzig 1931, 388 S.).
Köppen, W. u. *R. Geiger:* Handbuch der Klimatologie. 5. Bde. (unvollständig). (Berlin 1930–1939) Bibliographie der Einzelbände siehe S. 605 und 606 der 2. Auflage der Allg. Klimageographie von 1966.
Kostin, S.J. u. *T.V. Pokrovskaya:* Klimatologija. (Leningrad 1953, 427 S. [russ.]).
Lamb, H.H.: Climate: present, past and future.

Vol. I. Fundamentals and Climate now. (London 1972, 613 S.) Vol. II. Climatic History and the Future. (London 1977, 835 S.).

Landsberg. H.: Physical climatology. (Du Bois/Pennsylv. 1958, 446 S.).

Landsberg, H. E. (Hrsg.): World survey of climatology. 15 Bde. (Amsterdam 1969ff.).
Bd. 1 *H. Flohn* (Hrsg.): General climatology 1.
Bd. 2 *H. Flohn* (Hrsg.): General climatology 2. (1969, 266 S.).
Bd. 3 *H. Flohn* (Hrsg.): General climatology 3.
Bd. 4 *D. F. Rex* (Hrsg.): Climates of the free atmosphere. (1969, 450 S.)
Bd. 5 *C. C. Wallén* (Hrsg.): Climates of Northern and Western Europe. (1970, 253 S.).
Bd. 6 *C. C. Wallén* (Hrsg.): Climates of Central and Southern Europe. (1977, 248 S.).
Bd. 7 *P. E. Lydolph* (Hrsg.): Climates of the Soviet Union. (1977, 443 S.).
Bd. 8 *H. Arakawa* (Hrsg.): Climates of Northern and Eastern Asia. (1969, 218 S.).
Bd. 9 *H. Arakawa* (Hrsg.): Climates of Southern and Western Asia.
Bd. 10 *J. F. Griffiths* (Hrsg.): Climates of Africa. (1970, 550 S.).
Bd. 11 *R. A. Bryson* (Hrsg.): Climates of North America. (1974, 420 S.).
Bd. 12 *W. Schwerdtfeger* (Hrsg.): Climates of Central and South America. (1976, 532 S.).
Bd. 13 *J. Gentilli* (Hrsg.): Climates of Australia and New Zealand. (1971, 405 S.).
Bd. 14 *S. Orvig* (Hrsg.): Climates of the polar regions. (1971, 370 S.).
Bd. 15 *H. Thomsen* (Hrsg.): Climates of the oceans.

Lee, D. H. K.: Climate and economic development in the tropics. (New York 1957, 182 S.).

Liljequist, G. H.: Klimatologi. (Stockholm 1970, 527 S.).

Lockwood, J.: World climatology: An environmental approach (London 1974, 330 S.).

Lundegårdh, H.: Klima und Boden in ihrer Wirkung auf das Pflanzenleben. (Jena 1957, 584 S.).

Martonne, E. de: Le climat. (In: Traité de géographie physique. Paris 1934, Bd. 1, S. 105–331).

Mattsson, J. O.: Väderlekshära och klimatologi. (Lund 1971, 196 S.).

Meinardus, W.: Allgemeine Klimatologie. (In: Handbuch der geographischen Wissenschaft. Hrsg. v. F. Klute. Bd. Allg. Geogr.: Physikalische Geographie. Potsdam 1933, S. 118–226).

Miller, A. A.: Climatology. (London, New York 1953, 318 S.).

Nelson, J. G., M. J. u. *R. E. Chambers:* Weather and Climate. (Toronto 1970, 420 S.).

Neuberger, H. and *J. Cahir:* Principles of climatology. (New York 1969, 178 S.).

Nieuwolt, S.: Tropical Climatology. An Introduction to the Climates of the Low Latitudes. (London, New York 1970, 207 S.).

Papadakis, J.: Climatic tables for the world. (Buenos Aires 1961, 175 S.).

Papadakis, J.: Climates of the world and their agricultural potentialities. (Buenos Aires 1966, 177 S.).

Pagney, P.: La climatologie. (Que sais-je? No. 171. Paris 1973, 128 S.).

Pédelaborde, P.: Introduction à l'étude scientifique du climat. (2 Tle. Paris 1958, 150 S.; Kartenteil nicht pag. Paris 1955).

Pédelaborde, P.: Les données de la climatologie. (In: Géographie générale. Encyclopédie de la Pléiade. Paris 1966, S. 13–84).

Péguy, Ch. P.: Précis de climatologie. (Paris 1961, 347 S.).

Pfeffer, R. L. (Hrsg.): Dynamics of climate. (Oxford 1960, 137 S.).

Rumney, G. R.: Climatology and the world's climates. (New York 1968, 656 S.).

Sauberer, F.: Wetter, Klima und Leben. Grundzüge der Bioklimatologie. (Wien 1948, 120 S.).

Scherhag, R., J. Blüthgen, W. Lauer: Einführung in die Klimatologie. 9. Aufl. (Das Geogr. Seminar. Braunschweig 1977, 202 S.)

Schnelle, F.: Einführung in die Probleme der Agrarmeteorologie. (Stuttgart 1948, 154 S.).

Schnelle, F.: Pflanzen-Phänologie. (Probl. d. Bioklimatologie Bd. 3, Leipzig 1955, 299 S.).

Schüepp, M.: Wolken, Wind und Wetter. (Zürich 1950, 263 S.).

Scultetus, H. R.: Klimatologie. (Das Geogr. Sem., Prakt. Arb. Weisen. Braunschweig 1967, 163 S.).

Sellers, W. D.: Physical climatology. (Chicago, London 1969, 262 S.).

Sowre mennije problemy klimatologii. (Gegenwärtige Probleme der Klimatologie). Leningrad 1966, 450 S. [russ.]).

Stringer, E. T.: Foundations of climatology. (San Francisco 1972, 508 S.).

Stringer, E. T.: Techniques of climatology. (San Francisco 1972, 510 S.).

Thompson, P. D. u. *R. O'Brien:* Le climat. (Paris 1970, 190 S.).

Trewartha, G. T.: An introduction to climate. (London 1954, 402 S.).

Trewartha, G. T.: The earth's problem climates. (Madison 1961, 334 S.).

Ventskevich, G.: Z. Agrometeorology. (Engl. Übersetzg. a. d. Russ., Jerusalem 1962, 304 S.).

Viers, G.: Éléments de climatologie. (Paris 1968, 224 S.).

Wang, J.-Y.: Agricultural meteorology. (Milwaukee / Wisconsin 1963, 693 S.).

Weischet, W.: Einführung in die Allgemeine Klimatologie. Physikalische und meteorologische Grundlagen. (Stuttgart 1977, 256 S.).

A.I. Woeikow und die gegenwärtigen Probleme der Klimatologie. (Leningrad 1956, 283 S. [russ.]).

Yazawa, T.: Climatology. (Tokio 1956, 122 S. [jap.]).

b) Meteorologie, Synoptik

Academia sinica. Collected scientific papers – Meteorology – 1919–1949. (Peking 1954, 625 S.).

Battan, L.J.: Radar meteorology. A complete guide to the use of radar for studying and forecasting weather. (Chicago 1959, 161 S.).

Baur, F.: Einführung in die Großwetterkunde. (Wiesbaden 1948, 165 S.; = 3. umgearbeitete und erweiterte Auflage der ,,Einführung in die Großwetterforschung". Leipzig 1942).

Baur, F. (Hrsg.): Meteorologisches Taschenbuch. Neue Ausgabe. Band 1, Leipzig 1962, 806 S. Folgebände unter d. Titel ,,Linkes Meteorologisches Taschenbuch"; Bd. 2, Leipzig 1953, 724 S.; Bd. 3, Leipzig 1957, 441 S.

Baur, F.: Großwetterkunde und langfristige Witterungsvorhersage. (Frankfurt a. M. 1963, 91 S.).

Berg, H.: Allgemeine Meteorologie. Einführung in die Physik der Atmosphäre. (Bonn 1948, 337 S.).

Berg, H.: Atmosphäre und Wetter. Eine Einführung in die Meteorologie. (Stuttgart, Wien 1953, 312 S.).

Berry, F.A., E. Bollay u. *N.R. Beers:* Handbook of meteorology. (New York 1945, 1068 S., 730 Abb.).

Berth, W., W. Keller u. *U. Scharnow:* Wetterkunde. Grundlagen der Meteorologie. Meteorologische Navigation. (Berlin 1965, 391 S.).

Bessemoulin, J. u. *R. Clausse*: Vents, nuages et tempêtes. (Paris 1957, 342 S.).

Blair, A. u. *R.C. Fite*. Weather elements. A text in elementary meteorology. (Englewood Cliffs 1959, 414 S.).

Bohr, P., P. Hess, T. Meissner u. *C. Pflugbeil:* Allgemeine Meteorologie. (Leitf. Wetterdienst Nr. 1, Offenbach 1971, 100 S.).

Brooks, C.E.P. u. *N. Carruthers*: Handbook of statistical methods in meteorology. (London 1953, 412 S.).

Byers, H.R.: General Meteorology. (New York, Toronto, London 1959, 540 S.).

Cagle, M.W. u. *C.G. Halpine*: A pilot's meteorology. (New York 1970, 407 S.).

Cannegieter, H.G.: Was lehren uns die Wolken? Eine Einführung in die Wetterkunde. (Bern 1950, 130 S., 60 Taf.).

Chromow, S.P., N. Konček u. *G. Swoboda:* Einführung in die synoptische Wetteranalyse. (Wien 1940, 532 S.).

Cole, F.W.: Introduction to meteorology. (New York 1970, 388 S.).

Defant, A.: Physikalische Dynamik der Atmosphäre. (Frankfurt 1958, 527 S.).

Dobson, G.M.B.: Exploring the atmosphere. (Oxford 1963, 188 S.).

Dobson, G.M.B.: Exploring the atmosphere. (Oxford 1968, 228 S.).

Donn, W.L.: Meteorology. (New York 1965, 502 S.).

Eichenberger, W.: Flugwetterkunde. Ein umfassender Lehrgang. (Zürich 1962, 358 S.).

Faust, H.: Der Aufbau der Erdatmosphäre. (Die Wiss. Bd. 127, Braunschweig 1968, 307 S.).

Faust, H.: Das große Buch der Wetterkunde. (Düsseldorf 1968, 338 S.).

Ficker, H. v.: Wetter und Wetterentwicklung. (Slg. Verständl. Wiss., Berlin / Göttingen / Heidelberg 1952, 140 S.).

Fleagle, R.G. u. *J.A. Businger*: An introduction to atmospheric physics. (Internat. Geophys. Ser. 5. New York 1963, 346 S.).

Flohn, H.: Vom Regenmacher zum Wettersatelliten. (München 1968, 254 S.; engl.: Climate and weather. London 1969, 253 S.).

Fortak, H.: Meteorologie. (Berlin, Darmstadt, Wien 1971, 282 S.).

Garbell, M.A.: Tropical and equatorial meteorology. (New York, Chicago 1947, 237 S.).

Georgii, W.: Flugmeteorologie. (Frankfurt a.M. 1956, 332 S.).

Girs, A.A.: Grundlagen der langfristigen Wettervorhersage. (Leningrad 1960, 560 S. [russ.]).

Godske, C.L.: Hvordan blir voeret? Meteorologie for alle. (Oslo 1956, 258 S.).

Godske, C.L., T. Bergeron, J. Bjerknes u. *R.C. Bundgaard*: Dynamic meteorology and weather forecasting. (Boston, Washington 1957, 800 S.).

Grunow, J.: Allgemeine Wetterkunde. (Berlin-Kleinmachnow 1952, 144 S.).

Haber, H.: Unser Wetter. Einführung in die moderne Meteorologie. (Stuttgart 1971, 136 S.).

Haltiner, G.J. u. *F. L. Martin*: Dynamical and physical meteorology. (New York 1957, 470 S.).

Hann-Süring: Lehrbuch der Meteorologie (Erste Auflage von J. v. Hann 1901). (2 Bde. Leipzig 1939–1951, 1092 S.).

Hesse, W. (Hrsg.): Handbuch der Aerologie.

(Leipzig 1961, 897 S., darin u.a.: H. Flohn, Aerologische Klimatologie, S. 783–860).

Holland, D.J.: Weather inference for beginners, made clear in a series of examples. (Cambridge 1953, 196 S.).

Holton, J.R.: Introduction to dynamic meteorology. (New York 1972, 319 S.).

Humphreys, W.J.: Physics of the air. (New York 1964, 676 S.).

Huschke, R.E. (Hrsg.): Glossary of meteorology. (Amer. Meteor. Soc., Boston/Mass. 1959, 638 S.).

International Meteorological Vocabulary. (WMO Nr. 182, Genf 1966, 276 S.).

Johnson, J.C.: Physical meteorology. (New York 1960).

Keil, K.: Handwörterbuch der Meteorologie. (Frankfurt/M. 1950, 604 S.).

Kimble, G.: The weather. (London 1951, 256 S.).

Kleinschmidt, E. (Hrsg.): Handbuch der meteorologischen Instrumente und ihrer Auswertung. (Berlin 1935, 733 S.).

Kraus, E.B.: Atmosphere-ocean interaction. (Oxford 1972, 275 S.).

Krauss-Meldau: Wetter- und Meereskunde für Seefahrer. 5. Aufl. bearb. v. W. Stein. (Berlin, Göttingen. Heidelberg 1964, 210 S.).

Kričak, O.G.: Synoptische Meteorologie. (Leningrad 1956, 532 S. [russ.]).

Lane, F.W.: Wenn die Elemente wüten (Zürich 1952, 212 S.).

Lane, F.W.: The elements rage. The extremes of natural violence. (Newton Abbot 1966, 280 S.).

Lettau, H.H. u. *B. Davidson*: Exploring the atmosphere's first mile. 2 Bde. (London, New York 1957, 578 S.).

Liljequist, G.H.: Meteorologi. (Stockholm 1962, 438 S. [schwed.]).

Liljequist, G.H.: Allgemeine Meteorologie. (Braunschweig 1973, 384 S.)

Löbsack, T.: Der Atem der Erde. (München 1957, 304 S.).

Longley, R. W.: Elements of meteorology. (Chichester 1970).

Lusignan, B. u. *J. Kiely*: Global weather prediction. The coming revolution. (New York, London 1970, 307 S.).

Malone, Th. F. (Hrsg.): Compendium of Meteorology. (Boston/Mass. 1951, unv. Neudruck 1961, 1334 S.).

Mc Intosh, D.H.: Meteorological glossary. (London 1964, 288 S.).

Mc Intosh, D.H., Thom, A.S. u. *V.T. Saunders*: The essentials of meteorology. (London 1969, 262 S.).

Meteor. Office, London. Handbook of meteorological instruments. (2 Bde. London 1956/61, 458 u. 209 S.).

Meteor. Office, London: A course in elementary meteorology. (London 1962, 189 S.).

Middleton, W.E.K. u. *A.F. Spilhaus:* Meteorological instruments. (Toronto 1953[3], 286 S.).

Middleton, W.E.K.: Invention of the meteorological instruments. (Baltimore 1969, 384 S.).

Miller, A.: Meteorology. (Columbus 1971, 150 S.).

Miller, A.A. u. *M. Parry:* Everyday meteorology. (London 1963, 270 S.).

Monteith, J. (Hrsg.): Survey of instruments for micrometeorology. (London 1972, 224 S.).

Pedgley, D.E.: A course in elementary meteorology. (London 1962, 189 S.).

Perlat, A. u. *M. Petit:* Mesures en météorologie. (Paris 1961, 393 S.)

Petterssen, S.: Introduction to meteorology. (New York/Toronto/London 1969, 333 S.).

Proulx, G.J.: Standard dictionary of meteorological sciences. Engl.-French. Francàis-Anglais. (Montreal, London 1971, 307 S.).

Prügel, H.: Wetterführer. (Hamburg 1972, 312 S.).

Raethjen, P.: Einführung in die Physik der Atmosphäre. (2 Bde. Leipzig, Berlin 1942, 127 u. 275 S.).

Raethjen, P.: Kurzer Abriß der Meteorologie, dynamisch gesehen. (Wolfenbüttel, Hannover u. Hamburg 1947–1954, 234 S.).

Regula, H. u. *W. Zimmerschied:* Luftfahrt-Meteorologie.
Bd. 1: Elementare Wetterkunde. (Frankfurt/M. 1956, 134 S.).
Bd. 2: Dreidimensionale Analyse und meteorologische Navigation. (Frankfurt/M. 1959, 154 S.).

Reiter, E.R.: Meteorologie der Strahlströme (Jet streams). (Wien 1961, 473 S.; engl.: Jet stream meteorology. Chicago 1963).

Reuter, H.: Die Wissenschaft vom Wetter. (Verständl. Wiss. Bd. 94, Berlin–Heidelberg–New York 1968, 146 S.).

Riehl, H.: Tropical meteorology. (New York, Toronto, London 1954, 392 S.).

Riehl, H.: Introduction to the atmosphere. (New York 1972, 516 S.).

Robitzsch, M.: Die Erforschung der Atmosphäre, ihre Methodik und ihre Probleme (Ber. Verh. Sächs. Ak. Wiss. Leipzig, Math. nat. Kl. Bd. 100, Heft 7. Berlin 1953, 30 S.).

Rodewald, M.: Die Faxfibel. Was der Seefahrer von Wetterkarten wissen muß. (Kiel 1963, 71 S.).

Roll, H. U.: Physics of the marine atmosphere. (Internat. Geophys. Ser. Bd. 7, New York/London 1965, 426 S.).

Roulleau, J. u. *R. Trochon:* Météorologie générale. I. u. II. (Paris 1952, 149 S. u. 1958, 178 S.).
Runge, H.: Das Wetter und wir. (Geogr. Bausteine. Gotha 1969, 104 S.).
Scherhag, R.: Neue Methoden der Wetteranalyse und Wetterprognose. (Berlin 1948, 424 S.).
Schindler, G.: Meteorologisches Wörterbuch. (Wels u. Wunsiedel 1953, 132 S.).
Schneider-Carius, K.: Wetterkunde und Wetterforschung. Geschichte ihrer Probleme und Erkenntnisse in Dokumenten aus drei Jahrtausenden. (Freiburg, München 1955, 423 S.).
Stein, W.: Wetterkunde für Segler und Motorbootfahrer. (Bielefeld/Berlin 1970, 165 S.).
Sutcliffe, R.C.: Weather and climate. (London 1966, 206 S.).
Sutton, O.G.: Understanding weather. (London 1960, 215 S.).
Sutton, O.G.: The challenge of the atmosphere. (London 1962, 227 S.).
Tanck, H.-J.: Meteorologie, Wetterkunde, Wetteranzeichen, Wetterbeeinflussung. (rororo tele Taschenbuch 3, Hamburg 1969, 136 S.).
Taylor, G.F.: Elementary meteorology. (Englewood Cliffs N.J. 1956, 364 S.).
Teich, M.: Wetterkunde für den Segelflieger. (Dresden 1952, 134 S.).
Triplet, J.P. u. *G. Roche:* Météorologie générale. (Paris 1971, 317 S.).
Vassy, E.: Physique de l'atmosphère. I. u. II. (Paris 1956, 338 S. u. 1959, 227 S.).
Ventskevich, G.Z.: Agrometeorology. (Engl. Übersetzg. a.d. Russ., Jerusalem 1962, 304 S.).
Viaut, A.: La météorologie. (Que sais-je? No. 89, Paris 1952, 127 S.).
Viaut, A.: La météorologie. (Paris 1965).
Wachter, H.: Wie entsteht das Wetter? (Wege zum Wissen, Frankfurt/M. 1969, 192 S.).
Wallington, C.E.: Meteorology for glider pilots. (London 1961, 284 S.).
Wiesner, C.J.: Hydrometeorology. (London 1970, 232 S.).
Willett, H.C. u. *F. Sanders:* Descriptive meteorology. (New York 1959, 355 S.).

Klima-Atlanten

Weltatlanten

Budyko, M.I. (Hrsg.): Atlas der Wärmebilanz. (Leningrad 1955, [russ.]).
Geiger, R.: Die Atmosphäre der Erde (12 Wandkarten 1:30 Mill. Darmstadt 1964 ff.).
Golzberg, J.A. (Hrsg.): Agroklimatischer Weltatlas. (Moskau/Leningrad 1972. 115 Kartenseiten, 28 Textseiten. [russ.]).
Knoch, K.: Klimakarten (Weltkarten). (In: Welt-Seuchen-Atlas T. III, Kt. 109, 111, 120. Hamburg 1961).
Jensch, G.: Klima-Globus. (Berlin 1970, Textheft 30 S.).
Landsberg, H.E., H. Lippmann, KH. Paffen u. *C. Troll:* Weltkarten zur Klimakunde. (Berlin, Göttingen, Heidelberg 1965, 28 S., 5 Faltkarten).
Scherhag, R. u.a.: Klimatologische Karten der Nordhemisphäre. (Meteor. Abh. Freie Univ. Berlin, Bd. 100, 1, 1969, 25 S. Text, 209 Karten).
Walter, H. u. *H. Lieth:* Klimadiagramm-Weltatlas. (Jena 1960 ff.; ergänzende Betrachtungen dazu siehe Erdkunde 24, 1970, S. 145–149).

Ozeane

Deutsches Hydrograph. Institut/Seewetteramt. Monatskarten für den Südatlantischen Ozean. Berichtigter Nachdruck der Neubearbeitung der Dt. Seewarte 1942/43. (Hamburg 1954).
Deutsch. Hydrogr. Institut. Monatskarten für den Nordatlantischen Ozean. Berichtigter Nachdruck der Ausgabe 1939–40. (Hamburg 1956).
Deutsch. Hydrogr. Institut. Monatskarten für den Indischen Ozean. (Hamburg 1960).
Deutsche Seewarte. Beiträge zur Klimatologie des Mittelmeeres nach Schiffsbeobachtungen. (Hamburg 1941).
Deutsche Seewarte. Monatskarten für den Nordatlantischen Ozean. (Berichtigter Nachdruck der Ausgabe 1939–40). (Hamburg 1956, 24 Ktn.-S. [nicht pag.]).
Monatskarten für den Südatlantischen Ozean. (Hamburg 1944, 53 Ktn.-S. [nicht pag.]).
McDonald, W.F. (Hrsg.): Atlas of climatic charts of the oceans. (Washington 1938, 130 Karten auf 32 Blättern; deutsch bearb. u. hrsg. vom Marineobservatorium Wilhelmshaven 1944).
Meteorological Office, London. Monthly meteorological charts of the Atlantic Ocean. (London 1948).
Meteorological Office, London. Monthly meteo-

rological charts of the Indian Ocean. (London 1949).
Meteorological Office, London. Monthly meteorological charts of the Western Pacific Ocean. (London 1947 [repr. 1956]).
Meteorological Office, London. Monthly meteorological charts of the Eastern Pacific Ocean. (London 1950).
Meteorological Office, London. Monthly sea surface temperatures of Australian and New Zealand Waters. (London 1949).
Meteorologisches Amt f. NW-Deutschld. Klimatologie des östlichen Teils des Mittelatlantischen Ozeans nach Schiffsbeobachtungen. Seeraum: 40° n. Br. bis Äquator, 30° w. L. bis zur iberischen u. afrikan. Küste. (Hamburg 1947).
Ministerstwo Oborony Sojuza SSR. Meeresatlas. Teil II: Physisch-geographisch. (Moskau 1953 [russ.]).
Seehydrograph. Dienst / Hydrometeorolog. Institut DDR. Atlas der klimatologischen, geographischen und ozeanographischen Faktoren der Nordsee und der angrenzenden Gewässer. (Berlin 1953).
Seewetteramt Hamburg. Klimatologie der nordwesteuropäischen Gewässer. Teil 1–3. (Einzelveröff. Seewetteramt Hamburg Nr. 4 u. Nr. 10, Hamburg 1954 u. 1956).
United States Navy. Marine Climatic Atlas of the World. (Washington 1955–1959).
Vol. I: North Atlantic Ocean. 275 Ktn.-S. (1955)
Vol. II: North Pacific Ocean. 275 Ktn.-S. (1956).
Vol. III: Indian Ocean. 267 Ktn.-S. (1957).
Vol. IV: South Atlantic Ocean. 267 Ktn.-S. (1958).
Vol. V: South Pacific Ocean. 267 Ktn.-S. (1959).

Erdteile und Länder

Jackson, St. P. (Hrsg.): Climatological atlas of Africa; compiled and edited by the African Climatology Unit. Univ. of the Witwatersrand, Johannesburg. (Lagos / Nairobi 1961, 55 Karten. [Engl., franz., port.]).
Thompson, B. W.: The climate of Africa (Atlas). (Oxford 1965).
Knoch, K. u. *A. Schulze:* Niederschlag, Temperatur und Schwüle in Afrika. (Hamburg 1956) (Kartenauswahl aus Bd. 2 des Welt-Seuchen-Atlas).
Bureau of Meteorology. Climatological atlas of Australia. (Melbourne 1940).
Serra, A.: Atlas climatologico do Brasil. (3 Bde. Rio de Janeiro 1955–1960).
Meteorological Office. Climatological atlas of the British Isles. (London 1952).
Thomas, M. K. (Prep.): Climatological atlas of Canada. (Ottawa 1953).
Gherzi, F. E.: The meteorology of China. Text u. Atlas (1951, 388 S.).
Forsch.-Inst. d. Meteor.-Zentralbüros d. Volksrepublik China. Klimakarten Chinas (Einfache Ausgabe). (Peking 1959 [chines.]).
Hellmann, G., v. Elsner, G. Henze, H. u. *K. Knoch:* Klima-Atlas von Deutschland. (Berlin 1921).

Deutschland

Deutscher Wetterdienst i. d. US-Zone. Klima-Atlas von Hessen. (Bad Kissingen 1950).
Deutscher Wetterdienst in der US-Zone. Klima-Atlas von Bayern. (Bad Kissingen 1952).
Meteorologischer u. Hydrologischer Dienst d. DDR. Klima-Atlas für das Gebiet der Deutschen Demokratischen Republik. (Berlin 1953).
Deutscher Wetterdienst. Klima-Atlas von Baden-Württemberg. (Bad Kissingen 1953).
Deutscher Wetterdienst. Klima-Atlas von Rheinland-Pfalz. (Bad Kissingen 1957).
Deutscher Wetterdienst. Klima-Atlas von Nordrhein-Westfalen. (Offenbach a. M. 1960).
Deutscher Wetterdienst. Klima-Atlas von Niedersachsen. (Offenbach a. M. 1964).
Knoch, K.: Klimakarten von Europa. (Hamburg 1952). (Kartenauswahl aus Welt-Seuchen-Atlas, Teil I).
Thran, P. u. *S. Broekhuizen:* Agro-climatic atlas of Europe. Bd. I. (Amsterdam, London, New York 1965, 128 Karten, 33 S. Text).
Steinhauser, F. (Hrsg.): Climatic atlas of Europe. I. (Budapest 1970, 27 Karten. [Engl., franz., russ., span.]).
Péguy, Ch. P. (Hrsg.): Carte climatique détaillée de la France. 1 : 250 000. (Paris 1971 ff., 45 Blätter).
Atlas climatique de la France. (Paris 1969).
Mariolopoulus, E. C. u. *A. N. Livathinos:* Atlas climatique de la Grèce. (Athen 1935).
India Meteorological Department. Climatological atlas of India. (Edinburgh 1906).
Service Météorologique, Indochine Française. Atlas. (Hanoi 1930).

Meteorological Department. Climatological atlas for Iraq. (Bagdad 1962).
Central Meteorological Observatory. The climatographic atlas of Japan. (2 Teile. Tokyo 1948 u. 1949. [japan., engl.]).
Institutul Meterologie Central (Rumänien). Atlas climatologic. Vol. 1, Fasc. 1–3. (Bukarest 1949, 1954, 1958).
Atlas podnebi Československé republiky. (Klima-Atlas der Tschechoslowakischen Republik). (Prag 1958) [Russ., engl., franz., tschech.]).
Országos Meteorológiai Intézet. Magyarország éghajlati atlasza. (Klima-Atlas von Ungarn). (Budapest 1960).
Visher, S.S.: Climatic atlas of the United States. (Cambridge/Mass. 1954, 403 S.).

Zeitschriften (mit verwendetem Kurztitel)

Agricultural Meteorology. An international journal. Amsterdam, London, New York. Bd. 1, 1964ff; Bd. 9, 1971/72ff.
Ambio. A journal of the human environment. Stockholm. Bd. 1, 1972ff. (Ambio).
Annalen der Hydrographie und maritimen Meteorologie. Berlin. Bd. 1, 1873 – Bd. 72, 1944. Band 1 und 2 unter dem Titel: Hydrographische Mitteilungen. (Ann. Hydrogr. marit. Meteor.).
Annalen der Meteorologie. Hamburg. Bd. 1, 1948 – Bd. 8, 1957/58. (Ann. Meteor.).
Annalen der Schweizerischen Meteorologischen Zentralanstalt. Bd. 1. Zürich 1864ff. Anfangs mit wiss. Beiträgen, ab 1962 nur noch meteor. Daten enthaltend. Beiträge seitdem in: Veröff. Schweiz. Meteor. Zentralanstalt.
Archiv für Meteorologie, Geophysik und Bioklimatologie. Serie A: Meteorologie und Geophysik. Wien. Bd. 1, 1949ff. (Arch. Meteor., Geophys. Bioklimat. A).
Archiv für Meteorologie, Geophysik und Bioklimatologie. Serie B: Allgemeine und biologische Klimatologie. Wien. Bd. 1, 1949ff. (Arch. Meteor., Geophys. Bioklimat. B).
Atmospheric Environment. Oxford Bd. 1, 1958ff. (Atmosph. Environment).
Aus dem Archiv der Deutschen Seewarte. Hamburg. Bd. 1, 1878–Bd. 63, 1943/44. (Arch. Dt. Seewarte).
Australian Meteorological Magazine. Melbourne. Nr. 1, 1948ff. (Austr. Meteor. Mag.) Vorläufer: Weather Development and Research Bulletin Nr. 1 (1945) bis 17 (1951).
Beiträge zur Physik der freien Atmosphäre. Straßburg und Leipzig. Bd. 1, 1904/05 – Bd. 28, 1945. Fortsetzung: Beiträge zur Physik der Atmosphäre. Frankfurt a.m. Bd. 29, 1957ff. (Beitr. Phys. fr. Atmosph.) bzw. (Beitr. Phys. Atmosph.).
Bioklimatische Beiblätter der Meteorologischen Zeitschrift. Braunschweig. Bd. 1, 1934 bis Bd. 10, 1943. (Bioklimat. Beibl. Meteor. Z.).
Bulletin of the American Meteorological Society. Boston. Bd. 1, 1920ff. (Bull. Amer. Meteor. Soc.).
Bulletin of the World Meteorological Organization. Genf. Bd. 1, 1952ff. (Bull WMO).
Ciel et Terre. Brüssel Bd. 1, 1880/81ff. (Ciel et Terre).
Climatic Change, Dordrecht–Holland 1977ff.
Geofisica e Meteorologia. Genua. Bd. 1, 1953ff. (Geofis. Meteor.).
Geofisica pura e applicata. Messina u. Mailand. Bd. 1, 1939–Bd. 56, 1963. (Geofis. pura appl.) Fortsetzung: Pure and applied geophysics. Basel u. Stuttgart. Bd. 57, 1964ff. (Pure appl. geophys.).
Gerlands Beiträge zur Geophysik. Stuttgart und Leipzig. Bd. 1, 1887 – Bd. 60, 1944. Forts. Bd. 61, 1950ff. (Gerlands Beitr. Geophys.).
Idöjárás. Budapest. Bd. 1, 1897ff. (Idöjárás).
Die Großwetterlagen Mitteleuropas. Dt. Wetterdienst i.d. US-Zone. Bad Kissingen Jg. 1, 1948ff. (Großwetterl. Mitteleuropa.); ab Bd. 29, 1966: Die Großwetterlagen Europas (Großwetterl. Europas).
Indian Journal of Meteorology and Geophysics. Delhi. Bd. 1, 1950ff. (Indian J. Meteor. Geophys.).
International Journal of Air Pollution. Oxford, London, New York, Paris. Bd. 1, 1958 – Bd. 4, 1961 (Int. J. Air Poll.). Fortsetzung: International Journal of Air and Water Pollution. Bd. 5, 1961 – Bd. 9, 1965 (Int. J. Air. Water Poll.). Forts.: Air and Water Pollution, an international journal. Bd. 10, 1966 (Air Water Poll.). Fortsetzung: Atmospheric Environment, an international Journal. Bd. 1, 1967ff. (Atmosph. Env.).
International Journal of Biometeorology. Amsterdam. Bd. 1, 1956ff. (Int. J. Biometeor.).
Journal of Applied Meteorology. Lancaster/Pa. Bd. 1, 1962ff. (J. Appl. Meteor.).
Journal of Atmospheric and Terrestrial Physics. London. Bd. 1, 1947 ff.(J. Atm. Terr. Phys.).
Journal of Meteorology. Lancaster/Pa. Bd. 1, 1944–Bd. 18, 1961. (J. Meteor.) – Fortsetzung: Journal of the Atmospheric Sciences. Lancaster/Pa. Bd. 19, 1962ff. (J. Atmosph. Sci.).
Journal of the Meteorological Society of Japan.

Tokyo. Ser. II, Bd. 1, 1923ff. (J. Meteor. Soc. Japan).
La Météorologie. Paris. Bd. 1, 1925ff. (Météorologie) früher: Annuaire de la société météorologique de France. Paris Bd. 1, 1853 – Bd. 67, 1924. (Ann. soc. météor. France).
Medizin-Meteorologische Hefte. Hamburg Nr. 1, 1946 – Nr. 13, 1958 (Medizin-Meteor. H.).
Meteorologija i Gidrologija. Leningrad. N.F. Bd. 1, 1936ff. (Meteor. Gidrol.) Vorgänger: Meteorologičeski Vestnik. St. Petersburg Bd. 1, 1891 – Bd. 45, 1935. (Meteor. Vestn.).
The Meteorological Magazine. London. Bd. 1, 1866ff. (Meteor. Mag.).
Meteorologische Rundschau. Berlin, Göttingen, Heidelberg. Bd. 1, 1947/48ff. (Meteor. Rdsch.).
Meteorologische Zeitschrift. Berlin und Braunschweig. Bd. 1, 1884 – Bd. 61, 1944. – Vorgänger: Zeitschrift der Österreichischen Gesellschaft für Meteorologie. Wien. Bd. 1, 1866 – Bd. 20, 1885. (Meteor. Z.).
Meteorologiske Annaler. Oslo. Bd. 1, 1942/44ff. (Meteor. Ann.)
Monthly Weather Review. Washington. Bd. 1, 1872ff. (Monthly Weather Rev.).
Palaeogeography, Palaeoclimatology, Palaeoecology. An international journal for the geo-sciences. Amsterdam Bd. 1, 1965ff. (Pal. geogr., Pal. climat., Pal. ecol.).
Promet. Meteorologische Fortbildung. Hrsg. Dt. Wetterdienst. Offenbach Bd. 1, 1971ff, (Promet.)
Quarterly Journal of the Royal Meteorological Society. London. Bd. 1, 1873ff. (Quart. J. Roy. Meteor. Soc.).
Repertorium für Meteorologie. Dorpat. Bd. 1, 1860 – Bd. 5, 1864. Fortsetzung: Meteorologičeski Sbornik (Repertorium für Meteorologie). St. Petersburg Bd. 1, 1870 bis Bd. 17, 1894 u. Suppl. Bd. 1, 1881 bis Bd. 6, 1894.
Tellus. Stockholm. Bd. 1, 1949ff. (Tellus).
Tokyo Journal of Climatology. Hrsg. Labor. of Climatology, Dept. of Geogr. Bd. 1, 1964ff.
Water Research, an international journal. Oxford, London, New York, Paris. Bd. 1, 1967ff. (Water Res.).
Weather. London. Bd. 1, 1946ff. (Weather).
Weatherwise. Boston. Bd. 1, 1948 ff. (Weatherwise).
Wetter und Klima. Berlin, Tübingen, Saulgau. Bd. 1, 1948 – Bd. 2, 1949. (Wetter u. Klima).
Wetter und Leben. Wien. Bd. 1, 1949ff. (Wetter u. Leben).
Das Wetter. Magdeburg und Berlin. Bd. 1, 1884 – Bd. 44, 1927. – Fortsetzung: Zeitschrift für angewandte Meteorologie / Das Wetter. Berlin und Leipzig. Bd. 45, 1928 – Bd. 61, 1944. – Vorgänger: Monatsschrift für praktische Witterungskunde. Magdeburg. Bd. 1, 1882/83 – Bd. 2 1883/84. (Wetter) bzw. (Z. angew. Meteor./Wetter)
Zeitschrift für Meteorologie. Berlin. Bd. 1, 1946/47ff. (Beihefte: Angewandte Meteorologie, Bd. 1, 1951/53). (Z. Meteor.).

Bibliographien und Forschungsberichte

Berichte über die Fortschritte der geographischen Meteorologie und der Klimatologie im Geographischen Jahrbuch (J. v. Hann für 1872–1888 in Bd. 4, 1872; 5, 1874; 6, 1876; 7, 1878; 8, 1881; 9, 1882; 10, 1885; 11, 1887; 13, 1889. – *E. Brückner* für 1889 bis 1897 in Bd. 15, 1891; 17, 1894; 21, 1898. – *W. Meinardus* für 1898–1899 in Bd. 24, 1901. – *H. Henze* für 1900–1902 in Bd. 26, 1903. – *W. Gerbing* für 1903–1909 in Bd. 29, 1906; 33, 1910. – *K. Knoch* für 1909 bis 1928 in Bd. 36, 1913; 39, 1919/23; 41, 1926; 42, 1927; 44, 1929. – *K. Knoch* u. *J. Blüthgen* für 1929–1938 in Bd. 58, 1943/47 u. 59, 1948).
Bibliographie météorologique internationale. Nouv. Sér., T. 1ff. Paris, später Genève 1933ff.
Flohn, H. u. *J. Blüthgen:* Klimatologie. In: *H. v. Wissmann*, (Hrsg.): Geographie. Teil 1. Wiesbaden 1948, S. 42–69. (= Naturforschung und Medizin in Deutschland, Bd. 44).
Klimaatlanten und neuere Klimakarten. Bearb. von R. Aniol u. M. Schlegel. (Bibliographien des Dt. Wetterdienstes Nr. 14, Offenbach a.M. 1963, 31 S.).
Landsberg, H. E. u. a.: Meteorological research reviews: summaries of progress from 1951 to 1955. (Meteor. Monographs 3, 1957, 283 S.).
Meteorological Abstracts and Bibliography. Amer. Meteor. Soc., Lancaster/Pa. Vol. 1, 1950ff. (ab Vol. 11, 1960: Meteorological and Geoastrophysical Abstracts).
Zugänge der Wetterdienstbibliothek. Dt. Wetterdienst i. d. US-Zone. – Zentralamt Bad Kissingen Jg. 1, 1949ff. (ab Jg. 11, 1959: Zugänge der Bibliothek d. Dt. Wetterdienstes. Offenbach a. M.).

II. Separative Klimageographie

a) *Zusammensetzung und Vertikalstruktur der Atmosphäre*

Air-Conservation. The report of the Air Conservation Commission of the American Ass. for the Advancement of Science. (Publ. Nr. 80, Washington 1965, 335 S.).

Air Pollution. (WMO Monograph. Nr. 46, Genf 1961. New York 1961, 442 S.).

Arbeitsgruppe Freiburg: Untersuchung der klimatischen und lufthygienischen Verhältnisse der Stadt Freiburg i. Br., (Freiburg 1974, 110 S.).

Ashworth, J. R.: Smoke in the atmosphere. (Manchester 1933, 131 S.).

Attmannspacher, W.: Nullschicht und Tropopause. (Geofis. pura appl. 48, 1961, S. 3–18).

Bach, W.: Luftverunreinigung – Schäden, Kosten, Maßnahmen. (Geogr. Rdsch. 20, 1968, S. 134–142).

Bach, W.: Changes in the composition of the atmosphere and their impact upon climatic variability – on overview. (Bonner Met. Abh. 24, 1976).

Bach, W.: Global Air Pollution and Climatic Change. Rev. of Geophysics and Space Physics., Bd. 14, 1976, S. 429–474).

Bartels, J.: Zwischen Wolken und Weltall (Bericht über die hohe Atmosphäre). (Wetterlotse Nr. 67, 1954, S. 34–48).

Bary, E. de u. *C. Junge*: Distribution of sulfur and chlorine over Europe. (Tellus 15, 1963, S. 370–381).

Becker, F.: Neue Meßergebnisse der Luft und Niederschlags-Radioaktivität. (Medizin-meteor. H. 2, 1953/58, S. 117–179).

Beilke, S.: Untersuchungen über das Auswaschen atmosphärischer Spurenstoffe durch Niederschläge. (Ber. Inst. Meteor. Geophys. Univ. Frankfurt, Nr. 19, 1970, 65 S.).

Beilke, S.: Die Abscheideprozesse der Spurenstoffe aus der Atmosphäre (Promet 3, 1975, S. 15–18).

Berggren, R. u. *K. Labitzke*: Detail study of the horizontal and vertical distribution of ozon. (Tellus 18, 1966, S. 761–777).

Bhandari, N. J., R. Arnold and *D. Parkin*: Cosmic dust in the stratosphere. (J. Geophys. Rev. 73, 1968, S. 1837–1845).

Brauer, J.: Die Verfrachtung radioaktiver Schwaden nach dem französischen Atomtest in der Sahara vom 13. 2. 1960. (Atomkernenergie 6, 1961, S. 25–29).

Brauer, I.: Verunreinigung der Luft – Reinhaltung der Luft. (Beilage z. Berliner Wetterkarte 1963, S 2 S. 7–10; S 3 S. 7–10).

Brittin, W. E., R. West u. *R. Williams* (Hrsg.): Air and water pollution. (London 1972, 625 S.).

Broecker, W. S. u. *T. H. Peng*: Gas exchange rates between air and sea. (Tellus 26, 1974, S. 21–35).

Brooks, C. E. P.: The movement of volcanic dust over the globe. (Meteor. Mag. 67, 1932, S. 81–86).

Bryson, R. A. and *W. M. Wendland*: Climatic effects of atmospheric pollution. (In: Global Effects of Environmental Polution, hrsg. von S. F. Singer, New York 1970, S. 130–138).

Burckhardt, H. u. *H. Flohn*: Die atmosphärischen Kondensationskerne in ihrer physikalischen, meteorologischen und bioklimatischen Bedeutung. (Abh. Geb. Bäder- u. Klimaheilk. H. 3, Berlin 1939, 126 S.).

Bullrich, K.: Die Rolle der Spurenstoffe im Strahlenhaushalt der Atmosphäre. (Promet 3, 1975, S. 19–22).

Burkhard, D. M.: Der Aufbau der oberen Erdatmosphäre. (Naturwiss. Rdsch. 20, 1967, S. 462–465).

Cadle, R. D.: Particulate matter in the lower atmosphere. (Chemistry of the Lower Atmosphere, ed. by S. I. Rasool, Plenum, New York, 1973, S. 69–120).

Callendar, G. S.: The artificial production of carbon dioxide and its influence on temperature. (Quart. J. Roy. Meteor. Soc. 64, 1938, S. 223–240).

Callendar, G. S.: The composition of the atmosphere through the ages. (Meteor. Mag. 79, 1939, S. 33–39).

Carlson, T. N. and *J. M. Preospero*: The large-scale movement of Sahara air outbreaks over the Northern Equatorial Atlantic. (J. Appl. Meteor. 11, 1972, S. 283–297).

Cavender, J. H., D. S. Kircher, A. J. Hoffman: Nationwide air pollutant emission trends, 1940–1970. (Publ. AP-115, Office of Air and Water Programs, US Environ. Prot. Agency, Research Triangle Park, N.C., 1973).

Chow, T. J. u. *J. L. Earl*: Lead aerosols in the atmosphere: Increasing concentrations. (Science 169, 1970, S. 577–580).

Cicerone, R. J., R. S. Stolarski, S. Walters: Stratospheric ozone destruction by man-made chlorofluoromethanes. (Science 185, 1974, S. 1165–1167).

Clarke, J. F. u. *R. B. Faoro*: An evaluation of CO_2 measurements as an indicator of air pollution.

(J. Air Pollut. Contr. Ass. 16, 1966, S. 212–218).

Conrad, V. (Hrsg.): Physik der Atmosphäre. (Ergebn. d. kosm. Physik 3, Leipzig 1938, 333 S.).

Cramer, J. u. *A. L. Myers:* Rate of increase of atmospheric carbon dioxide. (Atmos. Environ 6, 1972, S. 563–573).

Cronin, J. F.: Recent volcanism and the stratosphere. (Science 172, 1971, S. 847–849).

Crutzen, P. J.: Photochemical reactions initiated by and influencing ozone in polluted tropospheric air. (Tellus 26, 1974, S. 47–57).

Cuong, N. B., B. Bonsang u. *G. Lambert*: The atmospheric concentration of SO_2 and sulfate aerosols over antarctic, subantarcitc areas and oceans. (Tellus 26, 1974, S. 241–249).

Danielsen, E. F.: The laminar structure of the atmosphere and its relation to the concept of a tropopause. (Arch. Meteor., Geophys. Bioklimat. A, 11, 1959, S. 293–332).

Denmead, O. T., J. R. Simpson u. *J. R. Freney*: Ammonia flux into the atmosphere from a grazed pasture. (Science 185, 1974, S. 609–610).

Dietze, G.: Einführung in die Optik der Atmosphäre. (Leipzig 1957, 263 S.).

Dobson, G. M. B., D. N. Harrison u. *J. Lawrence:* Measurements of the amount of ozone in the earth's atmosphere and its relation to other geophysical conditions. (Proc. Roy. Meteor. Soc., London 1929, S. 456–486).

Domrös, M.: Luftverunreinigung und Stadtklima in Rheinisch-Westfälischen Industriegebiet und ihre Auswirkung auf den Flechtenbewuchs der Bäume. (Arb. z. Rhein. Landeskunde 23, Bonn 1966).

Dubin, M. u. *N. Sissenwine:* Preliminary note on the US standard atmosphere. (Bull. Amer. Meteor. Soc. 43, 1962, S. 283–287).

Dütsch, H. U.: Atmospheric ozone – A short review. (J. Geophys. Res. 75, 1970, S. 1707–1712).

Dütsch, H. U.: Ozone research, present and future. (Proceedings of the Intern. Conf. on Structure, Composition and General Circul. of the Upper and Lower Atmosphere and Possible Anthropogenic Perturbations. Vol. 1, ed. by N. J. Derco and E. J. Truhlar, Intern. Union of Geodesy and Geophysics, Toronto 1974, S. 321–331).

Durst, C. S.: Dust in the atmosphere. (Quart. J. Roy. Meteor. Soc. 61, 1935, S. 81–89).

Effenberger, E.: Das Staubproblem in der Meteorologie. (Ber. Dt. Wetterd. US-Zone Nr. 35, 1952, S. 253–257).

Effenberger, E.: Das Kohlenoxyd und dessen Bedeutung in der Hygiene. (Medizin-Meteor. H. 12, 1957, 128 S.).

Ehhalt, D. H.: The atmospheric cycle of methane. (Tellus 26, 1974, S. 58–70).

Emsalem, R.: Les problèmes de l'ozone atmosphérique. (Ann. Géogr. 74, 1965, S. 1 bis 23).

Ensor, D. S., W. M. Porch, M. J. Pilat u. *R. J. Charlson:* Influence of the atmospheric aerosol on albedo. (J. Appl. Meteorol. 10, 1971, S. 1303–1306).

Environmental Protection Agency (EPA): Air quality data for 1968. (Publ. APTD-0978, Office of Air Programs, Research Triangle Park, N.C., 1972).

Eriksson, E.: The yearly circulation of chloride and sulfur in nature: Meteorological, geochemical, and pedological implications, 1 u. 2. (Tellus 11, 1959, S. 375–403, Tellus 12, 1960, S. 63–109).

Fabry, C.: L'ozone atmosphérique. (Paris 1950, 278 S.).

Facy, L.: Radioactive precipitations and fall out. (In: H. Israel u. A. Krebs: Kernstrahlung in der Geophysik. Berlin, Göttingen, Heidelberg 1962, S. 202–240).

Faust, H.: Die Nullschicht, der Sitz des troposphärischen Windmaximums. (Meteor. Rdsch. 6, 1953, S. 6–15).

Faust, H.: Zur Problematik der Aufrechterhaltung der persistenten Windextremschichten. (Forsch. u. Fortschr. 39, 1965; S. 257–263).

Faust, H.: Der Aufbau der Erdatmosphäre. (Die Wiss. Bd. 127, Braunschweig 1968, 307 S.).

Fenn, R. W.: Aerosol-Verteilungen und atmospärisches Streulicht. (Diss. München 1963, 82 S.).

Ferry, B. W., Baddeley, M. S. and *D. L. Hawksworth:* Air pollution and Lichens. (London 1973).

Fett, W.: Der atmosphärische Staub und seine Bedeutung. (Berlin 1958, 309 S.).

Findeisen, W.: Die Kondensationskerne. Entstehung, chem. Natur, Größe u. Anzahl. (Beitr. Phys. fr. Atmosph. 25, 1939, S. 220–232).

Firket, J.: Sur les causes des accidents survenus dans la vallée de la Meuse, lors des brouillards de décembre 1930. (Bull. Acad. roy. Méd. Belg. 11, 1931, S. 683–741).

Flemming, G.: Die morphogene Schicht der Atmosphäre. (Z. Meteor. 19, 1967, S. 232–238).

Flohn, H. u. *R. Penndorf:* Die Stockwerke der Atmosphäre. (Meteor. Z. 59, 1942, S. 1–7).

Flohn, H.: Die Höhenlage der Tropopause über der Nordhalbkugel. (Meteor. Rdsch. 1, 1947/48, S. 26–29).

Flohn, H.: The stratification of the atmosphere. (Bull. Amer. Meteor. Soc. 31, 1950, S. 71 – 78 u. 126–130).

Flohn, H.: Probleme der Ausbreitung radioaktiven Aerosols in der Luft. (Wasser, Luft u. Betrieb 2, 1958, S. 170–172).

Flohn, H.: Geographische Aspekte der anthropogenen Klimamodifikation. (Hamburger Geogr. Stud. 28, 1973, S. 13–30).
Fontaine, M.: Les risques de pollution par des éléments radioactifs, vues générales. (C. R. Acad. Agric. France, Paris 1958, S. 862 bis 874).
Frenkiel, F. N. u. *P. A. Sheppard* (Hrsg.) Atmospheric diffusion and air pollution. (New York, London 1959, 471 S.).
Friend, J. P.: The global sulfur cycle. (Chemistry of the Lower Atmosphere, ed. by S. I. Rasool, Plenum, New York, 1973, S. 177–201).
Georgii, H.-W.: Untersuchungen über atmosphärische Spurenstoffe und ihre Bedeutung für die Chemie der Niederschläge. (Geofis. pura appl. 47, 1960, S. 155–171).
Georgii, H. W.: Untersuchung über das Ausregnen und Auswaschen atmospärischer Spurenstoffe durch Wolken und Niederschlag. (Ber. Dt. Wetterd. Nr. 100, 1965, 23 S.).
Georgii, H.-W.: Oxides of nitrogen and ammonia in the atmosphere. (J. Geophys. Res. 75, 1963, S. 2365–2371).
Georgii, H.-W.: Beitrag zum Schwefelhaushalt aufgrund von SO_2 – und Sulfatmessungen in der freien Atmospäre. (Ann. Meteorol. 4, 1969, S. 117–121).
Georgii, H.-W.: Probleme der Luftverunreinigung. (Z. Phys. Med. 1, 1970, S. 234–242).
Georgii, H.-W. u. *W. J. Müller*: On the distribution of ammonia in the middle and lower troposphere (Tellus 26, 1974, S. 180–184).
Georgii, H.-W., E. Busch u. *E. Weber*: Untersuchung über die zeitliche und räumliche Verteilung der Immissions-Konzentration des Kohlenmonoxid in Frankfurt am Main. (Report, Inst. für Meteorol. Geophys., Universität Frankfurt, Frankfurt 1967).
Georgii, H. W.: Kondensationskerne – Wolkenkerne. (Promet. Meteor. Fortb. 2, 1972, S. 12–19).
Georgii, H. W.: Die aerosolbildenden Spurengase. (Promet 3, 1975, S. 1–5).
Glueckauf, E.: The composition of atmospheric air. (In: Compendium of Meteorology. Boston/Mass. 1951, S. 3–10).
Götz, F. W. P.: Das atmosphärische Ozon. (Ergebn. kosm. Phys. 1, Leipzig 1931, S. 180–235).
Götz, F. W. P.: Ozone in the atmosphere. (In: Compendium of Meteorology. Boston/Mass. 1951, S. 275–291).
Griggs, R. F.: Klimatische Fernwirkungen großer Vulkanausbrüche. (Natur u. Volk 68, 1938, S. 529–533).
Grisollet, H. u. *J. Pelletier:* La pollution atmosphérique au centre de Paris et ses relations avec quelques facteurs climatologiques. (Météorologie 1957, S. 393–418).
Haarländer, H.: Zum Problem der Verfrachtung radioaktiver Spurenstoffe in der Atmosphäre. (Ber. Dt. Wetterd. Nr. 54, 1959, 32 S.).
Hänel, G.: Physikalisch-chemische und optische Eigenschaften von Aerosolteilchen. (Promet 3, 1975, S. 11–14).
Hare, F. K.: The stratosphere. (Geogr. Rev. 52, 1962, S. 525–547).
Herbst, W.: Das radioaktive atomtechnische Aerosol. (Z. Aerosol-Forsch. 3, 1954, S. 420 bis 440).
Hesstvedt, E., S. Henriksen u. *H. Hjartason:* On the development of an aerobic atmosphere. A model experiment. (Geophys. Norvegica 31, 1974, S. 1–8).
Hewson, E. W.: Atmospheric pollution. (In: Compendium of Meteorology. Boston/Mass. 1951, S. 1139–1157).
Hicks, B. B.: Radioactive fallout in the rain at Melbourne, 1958 through 1970. (Tellus 24, 1972, S. 277–281).
Israël, H.: Aerosole und Ionen als Klimafaktoren. (Bioklim. Beibl. d. Meteor. Z. 1, 1934, S. 32–33).
Israel, H. u. *M. Krestan*: Zur Methodik der luftelektrischen Messungen. II. Die Zählung der Kondensationskerne. (Gerlands Beitr. Geophys. 58, 1942, S. 73–94).
Israel, H. u. *G.:* Spurenstoffe in der Atmosphäre. (Stuttgart 1973, 116 S.).
Israel, H. u. *H. Reiferscheid:* Bemerkungen zur radioaktiven Verseuchung der Atmosphäre. (Atomenergie 3, 1958, S. 250–260).
Israel, H.: Die natürliche und künstliche Radioaktivität der Atmosphäre. (In: H. Israel u. A. Krebs: Kernstrahlung in der Geophysik. Berlin, Göttingen, Heidelberg 1962, S. 76–96).
Jacobi, W.: Die natürliche Radioaktivität in der Atmosphäre. (Biophysik 1, 1963, S. 175 ff.).
Jaenicke, R.: Größenverteilung und chemische Zusammensetzung des troposphärischen Aerosols. (Promet 3, 1975, S. 6–9).
Joseph, J. H., A. Manes and *D. Ashbel:* Desert aerosols transported by khamsimic depressions and their climatic effects. (J. Appl. Meteor. 12, 1973, S. 792–797).
Jaumotte, J.: Le brouillard meurtrier de la vallée de la Meuse. (Ciel et terre 1931. S. 100 – 106).
Jung, H.: Luftverunreinigung und industrielle Staubbekämpfung. (Berlin 1968, 467 S.).
Junge, C.: Die Konstitution des atmosphärischen Aerosols. (Ann. Meteor. 5, 1952, Beiheft, 55 S.).
Junge, C. E.: Sulfur in the atmosphere. (J. Geophys. Res. 65, 1960, S. 227–237).

Junge, C. E.: Note on the exchange rate between the northern and southern atmosphere. (Tellus 14, 1962, S. 242–246).

Junge, Chr. E.: Radioaktive Aerosole. (In: H. Israel u. A. Krebs: Kernstrahlung in der Geophysik. Berlin, Göttingen, Heidelberg 1962, S. 169–201).

Junge, C. E.: Air chemistry and radioactivity. (Intern. Geophysics Ser. Vol. 4, New York, London 1963, 382 S.).

Junge, C. E.: The cycle of atmospheric gases – Natural and manmade. (Quart. J. Roy. Meteorol. Soc., 98, 1972, S. 711–729).

Junge, C. E.: Important problems of global pollution. In: Proceedings of the International Conference on Structure, Composition and General Circulation of the Upper and Lower Atmospheres and Possible Anthropogenic Perturbations. Vol. 1, ed. by N. J. Derco and E. J. Truhlar, pp. 85–100. (International Union of Geodesy and Geophysics et al., Toronto 1974).

Junge, Chr.: Die chemische Zusammensetzung der unteren Atmosphäre. Allgemeine Betrachtungen (Promet. Met. Fortb. 5, 1975, S. 1–3).

Junge, Chr.: Das Kohlendioxyd und seine Zunahme. (Promet. Met. Fortb. 5, 1975, S. 6–9).

Junge, Chr.: Die Atmosphäre als Transportmittel toxischer Stoffe. (Promet. Meteor. Fortb. 5, 1975, S. 15–17).

Junge, Chr.: Stratosphärische Aerosole. (Promet 3, 1975, S. 9–11).

Kellog, W. W. R. D. Cadle, E. R. Lazrus, E. A. Martell: The sulfur cycle. (Science 175, 1972, S. 587–596).

Kellogg, W. W., R. R. Rapp u. *S. M. Greenfield:* Close-in fallout. (J. Meteor. 14, 1957, S. 1–8).

Kiesewetter, W.: Radioaktivität der Atmosphäre. Grundlagen und Definitionen; Radioaktive Beimengungen der A.; Künstliche Radioaktivität; Radioaktivitätsüberwachung der A. (Promet. Meteor. Fortb. 7, 1977, S. 1–9, 12–19).

Klein, A.: Reine Luft. Die Verschmutzung der Luft und die technischen und praktischen Möglichkeiten zur Wiederherstellung reiner Luft. (Kälte-Wärme-Klima Aktuell Bd. 5, Karlsruhe 1971, 165 S.).

Koch, H.-G.: Zum Jahresgang der Tropopausenhöhe und -temperatur im Mittelmeerraum in statistischer Sicht. (Wiss. Z. K.-M.-Univ. Leipzig, Math.-Naturw. Reihe 13, 1964, S. 385–392).

Kochanski, A.: Cross section of the mean zonal flow and temperature along 80° W. (J. Meteor. 12, 1955, S. 95–106).

Koschmieder, H.: Staubstürme und Staubwände. (Naturwiss. 27, 1939, S. 113–122).

Kup, J.: Vergleichende Untersuchungen mit dem Konimeter und dem OWENSschen Dust-Counter. (Bioklimat. Beibl. Meteor. Z. 9, 1942, S. 34–52).

Lange, G.: Die Calina – der Staubdunst des spanischen Sommers. (Arch. Meteor., Geophys. Bioklimat. B. 10, 1960, S. 396–403).

Leighton, P. A.: Geographical aspects of air pollution. (Geogr. Rev. 56, 1966, S. 151–174).

Leithe, W.: Die Analyse der Luft und ihrer Verunreinigungen in der freien Atmosphäre und am Arbeitsplatz. (Stuttgart 1973, 288 S.).

Lemke, E. E., G. Thomas and *W. E. Zwiacher:* Profile of Air Pollution Control in Los Angeles County. (Los Angeles 1969, 65 S.).

Lettau, H.: Versuch einer Bilanz im Kondensationskern-Hauhalt der Troposphäre im Durchschnitt für die ganze Erdoberfläche. (Ann. Hydrogr. maritim. Meteor. 67, 1939, S. 551–559).

Libby, W. F.: Current research findings in radioactive fallout. (U.S. Atomic Energy Commission, Washington D.C. 1956, 15 S.).

Lieth, H.: The role of vegetation in the CO_2-content of the atmosphere. (J. Geophys. Res. 68, 1963, S. 3887–3898).

Löbner, A.: Horizontale und vertikale Staubverteilung in einer Großstadt. (Veröff. Geophys. Inst. Leipzig 7, 1935/36, S. 53–99).

Ludwig, J. H., G. B. Morgan and *T. B. McMullen:* Trends in urban air quality. In: Man's Impact on the Climate. (Mass. Inst. Techn. Press., Cambridge/Mass. 1971).

Magill, P. L., F. R. Holden u. *C. Ackley* (Hrsg.): Air pollution handbook. (New York 1956, 670 S.).

Marsh. A.: Smoke, the problem of coal and the atmosphere. (London 1947, 306 S.).

McCormac, B. M. (Hrsg.): Introduction to the scientific study of atmospheric pollution. (Dordrecht 1971, 169 S.).

Meetham, A. R., D. W. Bottom u. *S. Cayton:* Atmospheric pollution – its origins and prevention. (London, New York 1964, 301 S.).

Middleton, J. T. u. *A. J. Haagen-Smit:* The securrence, distribution and significance of photochemical air pollution in the United States, Canada and Mexico. (J. Air Pollution Control Ass. 11, 1961, S. 129–134).

Middleton, J. T.: Air conservation and the protection of our natural resources. (In: Proc. Nat. Conf. on Air Pollution. Washington 1963, S. 166–172).

Mitra, S. K.: General aspects of upper atmospheric physics. (In: Compendium of Meteorology. Boston/Mass. 1951, S. 245–261).

Mitchell, J. M.: Air pollution and climatic change. (Ann. Meeting Am. Inst. Chem. Engineers. Pap. 266, 1971).

Mitchell, J. M.: A reassessment of atmospheric pollution as a cause of long-term changes of global temperature. (In: The Changing Global Environment, hrsg. von S.F. Singer, Dordrecht 1975, S. 149–173).

Möller, F.: Die Schichtung der Atmosphäre und des Ozeans. (Stud. generale 9, 1956, S. 173 bis 176).

Mörikofer, W.: Über die Trübung der Atmosphäre durch Wüstenstaub und Schneetreiben. (Helv. Phys. Acta 16, 1941, S. 537–548).

Mohnen, V., K. Stierstadt: Smog und andere Luftverunreinigungen. (Kosmos 61, 1965, S. 137–143).

Molina, M. J. and *F. S. Rowland*: Stratospheric sink for chlorofluoromethanes: Chlorine atom-catalyzed destruction of ozone. (Nature 249, 1974, S. 810–812).

Mügge, R. u. *W. Jacobi:* Über die Möglichkeit einer weiträumigen Beeinflussung und radioaktiven Verseuchung der Atmosphäre durch Atombombenversuche. (Phys. Bl. 9, 1955, S. 495–506).

Namias, J.: The jet-stream. (Scient. amer. 187, 1952, S. 27–31).

National Academy of Sciences: Halocarbons: Effects on Stratospheric Ozone. (Washington, DC. 1976).

Nicolet, M.: Stratospheric ozone: An introduction to its study. (Rev. Geophys. Space Phys. 13, 1975., S. 593–636).

Novakov, T., S. G. Chang and *A. B. Harker*: Sulfates as pollution particulates: Catalytic formation on carbon (soot) particles. (Science 186, 1974, S. 259–261)

Ogorodnikov, B. I., V. I. Kozhevin and *I. V. Petryanov:* Investigation of the moisture content in the stratosphere [in English]. (Dokl. Akad. Nauk., SSSR 200, 1971, S. 1333–1335)

Pasquiu, F.: Atmospheric diffusion. (London 1962, 297 S.).

Payrissat, M. and *S. Beilke*: Laboratory measurements of the uptake of sulfar dioxide by different European soils. (Atmos. Environ. 9, 1975, S. 211–217).

Peterson, J. T. and *C. E. Junge*: Sources of particulate matter in the atmosphere. (In: Man's Impact on the Climate, ed. by W.H. Matthews, W.W. Kellog, and G.D. Robinson, pp. 310–320. MIT Press, Cambridge, Mass., 1971).

Pollack, J. B., I. B. Toon, C. Sagan, A. Summers, B. Baldwin and *W. Van Camp:* Volcanic explosions and climatic change: A theoretical assessment. (J. Geophys. Res. 81, 1976, S. 1071–1083).

Pollution: Sonderheft mit Beiträgen vieler Autoren. (Météorologie Nr. 69, 1963, 249 S.).

Prospero, L. M. and *T. N. Carlson:* Vertical and aerial distribution of Saharadust over the western equatorial North Atlantic Ocean. (J. Geophys. Res. 77, 1972, S. 5255–5265).

Pruppacher, H. R.: The role of natural and anthropogenic pollutants in cloud and precipitation formation. (In: Chemistry of the Lower Atmosphere, ed. by. S.I. Rasool, pp. 1–67. Plenum, New York 1973).

Rawer, K.: Die Ionosphäre, ihre Bedeutung für Geophysik und Radioverkehr. (Groningen 1953, 189 S.).

Reifferscheid, H.: Zum Keimgehalt der Luft. (Ann. Meteor. 5, 1952, S. 363–367).

Reiter, E. R.: Stratospheric-trophospheric exchange processes. (Rev. Geophys. Space Phys. 13, 1975, S. 459–474

Rich, S. u. *P. E. Waggoner*: Atmospheric concentration of Cladosporkum spores. (Science 137, 1962, S. 962–965).

Riehl, H.: Jet-streams in the atmosphere. With a chapter on the jet stream and air craft operations (by J.W. Hinkelman, Jr.). Techn. Pap. Dep. Atm. Sci. Colorado State Univ., Fort Collins, Col. Nr. 32, 1962, 117 S.).

Robinson, E. and *R. C. Robbins:* Gaseous atmospheric pollutants from urban and natural sources. (In: The Changing Global Environment. ed. by S.D. Singer, pp. 111–123, D. Reidel, Dordrecht, Netherlands 1975).

Rodhe, B.: The concentration of liquid water in the atmosphere. (Tellus 18, 1966, S. 86–104).

Rosen, J. M.: Stratospheric dust and its relationship to the meteoric influx. (Space Sci. Rev. 9, 1969, S. 58–59).

Rossknecht, G. F., W. P. Elliot and *F. L. Ramsey*: The size distribution and inland penetration of sea-salt particles. (J. Appl. Meteorol. 12, 1973, S. 825–830).

Rowland, F. S. and *M. J. Molina:* Chlorofluoromethanes in the environment. (Rev. Geophys. Space Phys. 13, 1975, S. 1–35).

Rupp. W. H.: Air pollution sources and their control. (In: Air pollution handbook, hrsg. v. *P. L. Magill, F. R. Holden* u. *C. Ackley*. New York 1956, S. 1–5).

Salles, E.: Les noyaux de condensation. Exposé général. (Météorologie 1935, S. 350 – 367).

Schidlowski, M.: Die Entwicklung der Erdatmosphäre. (Promet. Meteor. Fortb. 5, 1975, S. 3–6).

Schiff, H. I. and J. C. Mc Conell: Possible effects of a fleet of supersonic transports on the stratospheric ozone shield. (Rev. Geophys. Space Phys. 11, 1973, S. 925–934).

Schneider, S. H. and *C. Mass:* Volcanic dust, sunspots and temperature trends. (Science 190, 1975, S. 741–746.

Schneider-Carius, K.: Der Schichtenbau der Troposphäre. (Meteor. Rdsch. 1, 1974/48, S. 79–83).

Schneider-Carius, K.: Die Grundschicht der Atmosphäre. (Leipzig 1953, 168 S., vgl. auch Forsch. u. Fortschr. 25, 1949, S. 128–133).

Schumann, G.: Künstliche radioaktive Produkte in der Atmosphäre. (Z. angew. Phys. 8, 1956, S. 361–364).

Schurath, U.: Fluorchlorkohlenwasserstoffe – ein Umweltrisiko? (Chemie in unserer Zeit 11, 1977, S. 181–189).

Schütz, K., C. Junge, R. Beck and *B. Albrecht*: Studies of atmospheric N_2O. (J. Geophys. Res. 75, 1970, S. 2230–2246).

Scorer, R.: Air pollution. (Oxford 1968, 151 S.).

Seaton, S. L.: The ionosphere. (In: Compendium of Meteorology. Boston/Mass. 1951, S. 334–340).

Seiler, E. and *C. Junge:* Decrease of CO-mixing above the atmosphere. (J. Geophys. Res. 75, 1970, S. 2217–2236).

Seiler, W.: Der Kreislauf von CO, H_2, N_2O und CH_4. (Promet. Meteor. Fortb. 5, 1975, S. 12–15).

Semmelhack, W.: Die Staubfläche im nordwestafrikanischen Gebiet des Atlantischen Ozeans. (Ann. Hydrogr. marit. Meteor. 62, 1934, S. 273–277).

Singer, S. F. (Hrsg.): Global effects of environmental pollution. (Dordrecht 1970, 218 S.).

Smic-Report (Rep. of the Study of Man's Impact on Climate): Inadvertent Climate Modification. (Mass. Inst. of Techn. Cambridge/Mass. 1971, 308 S.).

Spirtas, R. and *H. J. Levin*: Patterns and trends in levels of suspended particulate matter. (J. Air Pollut. Contr. Ass., 21, 1971, S. 329–333).

Stern, A. C. (Hrsg.): Air pollution. 3 Bde. (New York u. London 1971, 2272 S.).

Teweles, S.: Stratospheric-mesospheric circulation. (In: Research in geophysics II, 1964, S. 509–528).

Thiel, E.: Staubstürme über Südostrußland. (Petermanns geogr. Mitt. 90, 1944, S. 238 – 243).

Toba, Y.: On the giant sea-salt particles in the atmosphere. (Tellus 17, 1965, S. 131–145; 18, 1966, S. 132–145).

Volz, F.: Die Optik und Meteorologie der atmosphärischen Trübung. (Ber. Dt. Wetterd. Nr. 13, 1954, 47 S.).

Volz, F.: Abschätzung über einige Quellen des atmosphärischen Aerosols. (Geofis. pura appl. 36, 1957, S. 138–147).

Wanta, R. S.: Meteorology and air pollution. (New York 1968).

Warneck, P.: Aktuelle Fragen zum Ozon-Problem. (Promet. Meteor. Fortb. 5, 1975, S. 9–12).

Weare, B. C., R. L. Temkin and *F. M. Snell*: Aerosol and climate: Some further considerations. (Science 186, 1974, S. 827–828).

Webb, W. L.: Structure of the stratosphere and mesosphere. (Intern. Geophys. Ser. 9, New York/London 1966, 382 S.).

Weickmann, H. K. and *R. F. Pueschel*: Atmospheric aerosols: Residence times, retainment factors and climatic effects. (Contrib. Atom. Phys. 46, 1973, S. 112–118).

Weinstock, B. and *T. Y. Chang*: The global balance of CO. (Tellus, 26, 1974, S. 108–115).

Weischet, W.: Notwendigkeit und Möglichkeit einer raum- und klimagerechteren Fassung der „Techn. Anleitung zur Reinhaltung der Luft (TA Luft)". (Verh. Ges. f. Ökol. Saarbrücken 1973. The Hague 1974, S. 329–349).

Went, F. W.: On the nature of Aitken condensation nuclei. (Tellus 18, 1966, S. 549–556).

Westberg, K. and *N. Cohen*: Carbon monoxide: Its role in photochemical smog formation. (Science 171, 1971, S. 1013–1015).

Willmanns, O.: Anthropogener Wandel der Kryptogamen-Vegetation in SW-Deutschland. (Ber. geobot. Forsch. Inst. Rübel 37, 1966, S. 74–87).

Wofsy, S. C., J. C. McConnell and *M. B. McElroy*: Atomospheric CH_4, CO, and CO_2. (J. Geophys. Res. 77, 1972, S. 4477–4493).

Woodruff, N. P.: Air pollution from dust storms in the Great Plains. (Atmos. Environ. 7, 1973, S. 323–332).

World Health Organization (Hrsg.): Die Verunreinigung der Luft. Ursachen – Wirkungen – Gegenmaßnahmen. (Weinheim/Bergstraße 1965, 478 S.).

Yamamoto, K. E. and *M. Tanaka:* Increase of global albedo due to air pollution. (J. Appl. Meteorol. 29, 1972, S. 1405–1412).

Zahn, R.: Wirkungen von Schwefeldioxyd auf die Vegetation, Ergebnisse aus Begasungsversuchen. (Staub 21, 1961, S. 56–60).

Zahn, R.: Über den Einfluß verschiedener Umweltfaktoren auf die Pflanzenempfindlichkeit gegenüber Schwefeldioxyd. (Z. f. Pflanzenkrankh. [Pflanzenpathol.] u. Pflanzenschutz 70, 1963, S. 81–95).

Zenneck, J.: Physik der hohen Atmosphäre. (Ergebn. kosm. Phys. 3, Leipzig 1938, S. 1–37).

b) Strahlung, Strahlungsklima, Lichtphänomene

Abbot, C. G.: Observations de la constante de radiation solaire. (Météorologie 6, 1930, S. 425–433).

Akasofu, S. J., S. Chapman, A. B. Meinel: The aurora. (In: Handb. d. Physik. Bd. 49, 1966, S. 1–158).

Albrecht, F.: Der Wärmeumsatz durch die Wärmestrahlung des Wasserdampfes in der freien Atmosphäre. (Z. Geophys. 6, 1930a, S. 421–435).

Albrecht, F.: Untersuchungen über den Wärmehaushalt der Erdoberfläche in verschiedenen Klimagebieten. (Reichsamt f. Wetterd., Wiss. Abh. VIII, 2. Berlin 1940, 82 S.).

Albrecht, F.: Der gegenwärtige Stand und die Aufgaben der Wärmehaushaltsforschung (Meteor. Z. 60, 1943, S. 43–56).

Albrecht, F.: Jahreskarten des Wärme- und Wasserhaushaltes der Ozeane. (Ber. Dt. Wetterd. 66, 1960, 19 S.).

Albrecht, F.: Der jährliche Gang der Komponenten des Wärme- und Wasserhaushaltes der Ozeane. (Ber. Dt. Wetterd. 79, 1961, 24 S.).

Albrecht, F.: Über den Zusammenhang zwischen täglichem Temperaturgang und Strahlungshaushalt. (Gerlands Beitr. Geophys. 25, 1930b, S. 1–35).

Albrecht, F.: Über die „Glashauswirkung" der Erdatmosphäre und das Zustandekommen der Troposphäre. (Meteor. Z. 48, 1931, S. 57–68).

Allen, C. W.: Solar radiation. (Quart. J. Roy. Meteor. Soc. 84, 1958, S. 317–318).

Ångström, A.: Über die Anwendung der elektrischen Kompensationsmethode zur Bestimmung der nächtlichen Ausstrahlung. (Nova Acta Soc. Sci. Uppsala. Ser. 4, Nr. 2, 1905).

Ångström, A.: The study of the radiation in the atmosphere. (Smithsonian Misc. Coll. 65, 1915, S. 1–159).

Ångström, A.: On the albedo of various surfaces of ground. (Geogr. Ann. 7, 1925b, S. 323 – 342).

Ångström, A.: On the atmospheric transmission of sun radiation and on dust in the air. (Geogr. Ann. 11, 1929, S. 156–166; 12, 1930a, S. 130–159).

Ångström, A.: Der Einfluß der Bodenoberfläche auf das Lichtklima. (Gerlands Beitr. Geophys. 34, 1931, S. 123–130).

Ångström, A.: Über den Zusammenhang zwischen Strahlung und Sonnenscheindauer. (Bioklimat. Beibl. Meteor. Z. 1, 1934, S. 6 – 10).

Ångström, A.: Atmospheric turbidity, global illumination and planetary albedo of the earth. (Tellus 14, 1962, S. 435–450).

Archenhold, G.: Untersuchungen über den Zusammenhang der Haloerscheinungen mit der Sonnentätigkeit. (Gerlands Beitr. Geophys. 53, 1938, S. 395–475).

Armstrong, E. B. u. A Dalgarno (Hrsg.): The airglow and the aurorae. A symposium held at Belfast in September 1955. (London, New York 1956, 420 S.).

Ashbel, D.: New world maps of global solar radiation, during I. G. Y. (In: Radiation maps and high altitude temperature for the globe during the I. G. Y. Bd. 1, S. 1–16, [Dep. Climat. Meteor. Hebrew Univ.] Jerusalem 1961).

Aurén, T. E.: Studies of solar radiation. (Arkiv för Geofysik. Bd. 1, S. 395–439).

Barton, E. C.: Colour (Meteor. Mag. 70, 1935, S. 249–254).

Bauer, K. G. and *J. A. Dutton:* Albedo variations measured from an airplane over several types of surface. (J. Geophys. Res. 67, 1962, S. 2369–2376).

Baumgartner, A.: Gelände und Sonnenbestrahlung als Standortfaktor am Großen Falkenstein (Bayer. Wald). (Forstwiss. Centralbl. 79, 1960, S. 286–297).

Baur, F. und *H. Philipps:* Der Wärmehaushalt der Lufthülle der Nordhalbkugel im Januar und Juli und zur Zeit der Äquinoktien und Solstitien. (Gerl. Beitr. Geophys. 42, 1934, S. 160–207; 45, 1935, S. 82–132 u. 47, 1936, S. 218–223).

Baur, F.: Schwankungen der Solarkonstante. (Z. Astrophys. 4, 1932b, S. 180–189).

Baur, F.: Ist die Solarkonstante wirklich konstant? (Meteor. Rdsch. 17, 1964, S. 19–22).

Bener, P.: Der Einfluß der Bewölkung auf die Himmelsstrahlung. (Arch. Meteor., Geophys. Bioklimat. B. 12, 1963, S. 448–457).

Berg, G.: Berechnungen des Energiehaushaltes der Erdoberfläche als Beitrag zum Studium von Ausbreitungsvorgängen. (Z. Meteor. 20, 1968, S. 78–80).

Bernhardt, F. und *H. Philipps:* Die räumliche und zeitliche Verteilung der Einstrahlung, der Ausstrahlung und der Strahlungsbilanz im Meeresniveau. (Abh. Meteor. Hydrol. Dienst DDR. Teil I, Nr. 15, 1958; Teil II u. III, Nr. 77, 1966, 266 S.).

Black, J. N.: The distribution of solar radiation over the earth's surface. (Arch. Meteor., Geophys. Bioklimat. B 7, 1956, S. 165–189).

Bolz, H. M.: Die Abhängigkeit der infraroten Gegenstrahlung von der Bewölkung. (Z. Meteor. 3, 1949, S. 201–203).

Bridgman jr., H. A.: The Radiation Balance of the Southern Hemisphere. (Arch. Met. Geoph. Biokl. Ser. B. 17, 1969, S. 325–344).

Brooks, C.E.P.: The relation between the duration of bright sunshine (registered by a Campell-Stokes sunshine recorder) and the estimated amount of cloud. (Prof. Notes 53, 1929, 15 S.).

Budyko, M.J., T.G. Berland u. *L.J. Subenok:* Wärmebilanz der Erdoberfläche. (Isw. Akd. Nauk SSR. Geogr. Ser. 1954, H. 3, S. 17–41, [russ.]).

Budyko, M. J.: The Heat Balance of the Earth's Surface. (Leningrad 1956, 255 S. [russ]. Translation by N.A. Stepanova. US Weather Bureau. Washington 1958). (Deutsche Fassung in Fachl. Mitt. Geophys. Berat. Dienst Luftwaffenamt I. 100. Porz/Wahn 1963, 282 S.).

Budyko, M.J.: Atlas of the Heat Balance of the Earth. (Moscow, Glavnaia Geofiz. Obs. 1963, 69 S.).

Budyko, M.J.: The heat balance of the Arctic. (In: Klimatol. Forschungen. Festschr. f. H. Flohn. Bonner Meteor. Abh. 17, 1974, S. 111–117).

Budyko, M. I.: Bilan thermique de la surface terrestre. (Bull O.M.M. 7, 1958, S. 176 bis 184).

Budyko, M.J. u. *K.J. Kondratiev:* The heat balance of the earth. (In: Research in geophysics II, 1964, S. 529–554).

Bullrich, K.: Lichtdurchlässigkeit in Wolken. (Z. Meteor. 2, 1948, S. 321–325).

Bullrich, K., E. de Bary u. *F. Möller:* Die Farbe des Himmels. (Geofis. pura appl. 23, 1952, S. 69–110; 26, 1953, S. 141–152).

Collmann, W.: Diagramme zum Strahlungsklima Europas. (Ber. Dt. Wetterd. Nr. 42, 1958, 8 S., 20 Taf.).

Coulson, K.L.: Solar and Terrestrial Radiation, Methods and Measurements. (New York, London 1975, 322 S.).

Courvoisier, P. and *H. Wierzeyewski:* Das Kugelpyranometer Bellani. (Arch. f. Meteor., Geophys. u. Bioklim. 5, 1954, S. 413–446).

Czepa, O. u. *H. Reuter*: Über den Betrag der effektiven Ausstrahlung in Bodennähe bei klarem Himmel (Arch. Meteor., Geophys. Bioklimat. B, 2, 1951, S. 250–258).

Danjon, A.: Nouvelles recherches sur la photométrie de la lumière cendrée et l'albedo de la terre. (Ann. Obs. Strasbourg 1936, S. 139–180).

Dave, J. V. and *S. Sekera:* Effect of Ozone on the Total Sky and Global Radiation. (J. Meteor. 16, 1959, S. 211–212).

Debrach, J.: Observations sur le rayonnement nocturne et les gelées. (Bull. Soc. Sci. nat. Maroc 25/27, 1945/47, S. 200–203).

Defant, A.: Der Einfluß des Reflexionsvermögens von Wasser und Eis auf den Wärmeumsatz der Polargebiete. (Veröff. Dt. Wiss. Inst. Kopenhagen, Reihe I: Arktis, Nr. 5, 1942, 7 S.).

Dietze, G.: Einführung in die Optik der Atmosphäre. (Leipzig 1957, 263 S.).

Dirmhirn, I.: Einiges über die Reflexion der Sonnen- und Himmelsstrahlung an verschiedenen Oberflächen (Albedo). (Wetter u. Leben 5, 1953, S. 86–94).

Dirmhirn, I.: Das Strahlungsfeld im Lebensraum. (Frankfurt a.M. 1964, 426 S.).

Drummond, A.J. (Hrsg.): Precision radiometry. (Advances in Geophysics 14. New York, London 1970, 415 S.).

Fenn, R. W.: Aerosolverteilungen und atmosphärisches Streulicht. (Diss. München 1963, 82 S.).

Flach, E.: Klimatologische Untersuchungen über die geographische Verteilung der Globalstrahlung und der diffusen Himmelstrahlung. (Arch. Meteor., Geophys. Bioklimat. B. 14, 1966, S. 161–183).

Fleischer, R.: Der Jahresgang der Strahlenbilanz sowie ihrer lang- und kurzwelligen Komponenten. Das System Strahlungsbilanz-Globalstrahlung. (Ber. Dt. Wetterd. Nr. 22, 1956, S. 32–40).

Foitzik, L. u. *H. Hinzpeter.* Sonnenstrahlung und Lufttrübung. (Leipzig 1958, 309 S.).

Frank, E. C. and *R. Lee:* Potential solar beam irradiation on slopes. (US Forest Serv. Res. Pap. RM 18, 1966, 116 S.).

Fritz, S.: The albedo of the ground and atmosphere. (Bull. Amer. Meteor. Soc. 29, 1948, S. 303–312).

Fritz, S.: Solar radiant energy and its modification by the earth and its atmosphere. (In: Compendium of Meteorology. Boston/Mass. 1951, S. 13–33).

Fritz, S.: Scattering and absorption of solar energy by clouds. (Cambridge [Mass.] 1953, 164 S.).

Fritz, S., K. Rad and *M. Weinstein:* Satellite measurements of reflected solar energy and the energy received at the ground. (J. Atmos. Sci. 21, 1964, S. 141–151).

Garnier, B.J. and *A. Omura*: A method of calculating the direct shortwave radiation income of slopes. (J. Appl. Meteor. 7, 1968, S. 796–800).

Garnier, B.J.: The evaluation of surface variations in solar radiation income. (Solar Energy 13, 1970, S. 21–34).

Gates, D.M.: Radiation Instruments. (Bull. Am. Meteor. Soc. 46, 1965, S. 539–542).

Geiger, R.: Wärmetransport durch Meeresströmungen. (In: Die Atmosphäre der Erde [Wandkarten 1:30 Mill.], Karte 2. Darmstadt 1964).

Gessler, R.: Die Stärke der unmittelbaren Sonneneinstrahlung der Erde in ihrer Abhängigkeit von der Auslage unter verschiedenen Breiten und zu verschiedenen Jahreszeiten. (Abh. Preuß. Meteor. Inst. 8, 1925, 27 S.).

Goody, R.M.: Atmospheric radiation. (London, New York 1964).
Gräfe, K.: Strahlungsempfang vertikaler ebener Flächen; Globalstrahlung von Hamburg. (Ber. Dt. Wetterd. Nr. 29, 1956, 15 S.).
Gruner, P.: Dämmerungserscheinungen. (In: Handb. d. Geophys. 8, Physik d. Atmosph. I, Berlin 1942, S. 432–526).
Grunow, J.: Über die Beziehungen zwischen Sonnenscheindauer und Bewölkung. (Meteor. Rdsch. 11, 1958, S. 127–131).
Grunow, J.: Die relative Globalstrahlung, eine Maßzahl der vergleichenden Strahlungsklimatologie. (Wetter u. Leben 13, 1961, S. 47–56).
Hader, F.: Der geographisch mögliche Strahlungsgenuß der Erde. (Mitt. Geogr. Ges. Wien 81, 1938, S. 65–72).
Harang, L.: Das Polarlicht und die Probleme der höchsten Atmosphärenschichten. (Leipzig 1940, 120 S.).
Harang, L.: The aurorae. (London 1951, 166 S.).
Harrison, L.C.: Daylight, twilight, darkness and time, their distribution over the earth and their relationships to human affairs. (New York 1935, 216 S.).
Havlik, D.: Untersuchungen zur Zirkumglobalstrahlung in Höchenschwand (südl. Schwarzwald). (In: Klimatologische Forschung. Festschr. f. H. Flohn. Bonner Meteor. Abh. 17, 1974, S. 427–434).
Hess, P.: Die spektrale Verteilung der Himmelsstrahlung. (Gerlands Beitr. Geophys. 55, 1939, S. 204ff.).
Hewson, E.W.: The reflection, absorption and transmission of solar radiation by fog and cloud. (Quart. J. Roy. Meteor. Soc. 69, 1943, S. 47–62).
Hoffmeister, C.: Untersuchungen über das Zodiakallicht. (Veröff. Univ.-Sternw. Berlin-Babelsberg 10, 1932, 111S.).
Hoinkes, H.: Studies of solar radiation and albedo in the Antarctic (Little America V and South Pole, 1957/58). (Arch. Meteor., Geophys. Bioklimat. B. 10, 1961, S. 175–181).
Hougthon, H.G.: On the annual heat balance of the Northern Hemisphere. (J. Meteor. 11, 1954, S. 1–9).
IGY Manual. (Ann. of the Int. Geophys. Year. Vol. 5, Part IV. Pergamon Press Oxford, New York 1958).
Iugg (Int. Ass. of Meteor. and Atm. Physics): Symposium on Radiation in the Atmosphere with Special Emphasis on Structure and Radiation Properties of Aerosols and Clouds. (Garmisch-Partenkirchen, August 1976).
Israël, H.: Die natürliche und künstliche Radioaktivität der Atmosphäre. (In: *H. Israël* und *A. Krebs:* Kernstrahlung in der Geophysik. Berlin, Göttingen, Heidelberg 1962, S. 76–96).
Johnson, F.S.: The solar constant. (J. Meteor. 11, 1954, S. 431–439).
Jong, B. de: Netradiation received by a horizontal surface at the earth. (Delft 1973, 120 S.).
Junghans, H.: Sonnenscheindauer und Strahlungsempfang geneigter Ebenen. (Abh. Meteor. Dienst DDR Nr. 85, 1969, 108 S.).
Kaempfert, W.: Sonnenstrahlung auf Ebene, Wand und Hang. (Wiss. Abh. Reichsamt Wetterd. 9, Berlin 1942).
Kaempfert, W. u. *A. Morgen*: Die Besonnung. (Z. Meteor. 6, 1952, S. 138–146).
Kalitin, N. N.: A field albedometer. (Monthly Weather Rev. 59, 1931 b. S. 118).
Kasten, F.: A new table and approximation formula for the relative optical air mass. (Arch. Meteor. Geophys. Bioklim. B 14, 1966, S. 206–233).
Kessler, A.: Globalbilanzen von Klimaelementen. (Ber. Inst. Meteor. u. Klim. TH Hannover Nr. 3, 1968, 141S.).
Kessler, A.: Zur Klimatologie der Strahlungsbilanz an der Erdoberfläche. Tages- und Jahresgänge in den Klimaten der Erde. (Erdkunde 27, 1973, S. 1–10 mit 19 farbigen Isoplethendiagrammen).
Kimball, H.H. u. *J.F. Hand:* Daylight illumination on horizontal, vertical, and sloping surfaces. (Monthly Weather Rev. 50, 1922, S. 615–628).
Kimball, H.H.: Measurements of solar radiation intensity and determinations of its depletion by the atmosphere with bibliography of pyrheliometric measurements. (Monthly Weather Rev. 55, 1927, S. 155–169).
Kimball, H.H.: The duration and intensity of twilight. (Monthly Weather Rev. 66, 1938, S. 279–286).
Knepple, R.: Zur Biotropie der atmosphärischen Wärmestrahlung. (Medizin-Meteor. H. 13, 1958, S. 149–156).
Koch, B.: Die Durchlässigkeit der bodennahen Atmosphäre im ultravioletten und sichtbaren Spektralbereich (Optik 5, 1949, S. 258–273).
Kondratyev, K. Ya.: Radiative heat exchange in the atmosphere. (Oxford 1965, 411 S.).
Kondratyev, K. Ya.: Radiation in the atmosphere. (Internat. Geophys. Ser. Bd. 12, New York/London 1969, 915 S.).
Kondratyev, K. Ya. u. *G. A. Nikolsky*: Solar radiation and solar activity. (Quart. J. Roy. Meteor. Soc. 96, 1970, S. 509 ff.).
Labs, D. u. *H. Heckel*: The radiation of the solar photosphere from 2000 Å to 100 μm. (Z.f. Astrophys. 69, 1968, S. 1–73).
Lauscher, F.: Beziehungen zwischen der Sonnen-

scheindauer und Sonnenstrahlungssummen für alle Zonen der Erde. (Meteor. Z. 51, 1934, S. 437–449).

Lauscher, F.: Strahlungs- und Wärmehaushalt. (Ber. Dt. Wetterd. Nr. 22, 1956, S. 21–29).

Lee, R.: Theory of the equivalent slope. (Month. Weath. Rev. 90, 1962, S. 165–166).

Lee, R.: Evaluation of solar beam irradiation as a climatic parameter of mountain watersheds. (Color. St. Univ. Hydr. Pap. 2, 1963, 50 S.).

Lee, R. u. *A Baumgartner*: The topography and insolation climate of a mountainous forest area. (Forest Sci. 12, 1966, S. 258–267).

Lettau, H. u. *K. Lettau:* Short wave radiation climatonomy. (Tellus 21, 1969, S. 208–222).

Linke, F.: Die nächtliche effektive Ausstrahlung unter verschiedenen Zenitdistanzen. (Meteor. Z. 48, 1931, S. 25–31).

Loewe, F.: On the Radiation Economy, Particularly in Ice and Snowcovered Regions. (Gerl. Beitr. Geophys. 72, 1963, S. 371–376).

Lorenz, D.: Die radiometrische Messung der Boden- und Wasseroberflächentemperatur und ihre Anwendung insbesondere auf dem Gebiet der Meteorologie. (Z. f. Geophys. 39, 1973, S. 627–701).

Louis, H.: Der Bestrahlungsgang als Fundamentalerscheinung der geographischen Klimaunterscheidung. (Schlern-Schriften Bd. 190 [Kinzl-Festschrift], Innsbruck 1958, S. 155–164).

Maede, H. u. *H. Matzke:* Wetterlagenbedingte oder spezifische Sonnenscheindauer in Greifswald. (Z. Meteor. 5, 1951, S. 304–312).

Meinardus, W.: Die räumliche und zeitliche Verteilung der Beleuchtung in den Polargebieten. (Geogr. Anz. 31, 1930, S. 1–6, auch Arktis 3, 1930, S. 4–6).

Meyer, H. u. *F. Moser*: Alpine Dämmerungserscheinungen. (Beilage zum Jb. 52 des Schweizer Alpenclub. Bern, 1918, 53 S.).

Meyer, R.: Die Haloerscheinungen. (Hamburg 1929, 168 S.).

Meyer, R.: Die Entstehung optischer Bilder durch Brechung und Spiegelung in der Atmosphäre. (Meteor. Z. 52, 1935, S. 405–408).

Middleton, W. E. K.: The color of the overcast sky. (J. Opt. Soc. America 44, 1954, S. 793–798).

Miller, D. H.: The heat and water budget of the earth's surface. (Adv. Geophys. 11, 1965, S. 175–302).

Minnaert, M. G. J.: De natuurkunde van't vrije veld. 1. Licht en kleur in het landschap. (Zutphen 1949, 385 S.).

Minnaert, M. G. J.: The nature of light and colour in the open air. (New York 1954, 362 S.).

Möller, F.: Die Wärmestrahlung des Wasserdampfes in der Atmosphäre. (Gerlands Beitr. Geophys. 58, 1942, S. 11–67).

Möller, F.: Der Wärmehaushalt der Atmosphäre. (Experientia 6, 1950, S. 361–367).

Möller, F.: Long-wave radiation. (In: Compendium of Meteorology. Boston/Mass. 1951, S. 34–49).

Möller, F.: Zur Frage der Strahlungsübertragung von Wärme in der bodennahen Luftschicht. (Wetter u. Leben 12, 1960, S. 173 – 176).

Möller, F.: On the backscattering of global radiation by the sky. (Tellus 17, 1965, S. 350–355).

Möller, F.: Der Strahlungshaushalt der Troposphäre. (Meteor. Rdsch. 13, 1960, S. 65–77).

Mörikofer, W.: Zur Klimatologie der Zirkumglobalstrahlung, gemessen mit Kugelpyranometer. (Verh. Schweizer Naturf. Ges. 1962, S. 69–71).

Morgen, A.: Die Besonnung und ihre Verminderung durch Horizontalbegrenzung. (Verh. Met. u. Hydr. D. DDR Nr. 12, 1957, 16 S.).

Morgen, A.: Der Trierer Geländebesonnungsmesser. (Ber. Dt. Wetterd. US-Zone 42, Bad Kissingen 1952, S. 342–343).

Mortensen, H.: Das Licht im tropischen (heißfeuchten) Regenwalde. (Naturwiss. 20, 1932, S. 312–315).

Muchenberg, W. W.: Die Albedo der Landoberfläche der Erde. (Tondy Glawn. Geofis. Obs. A. J. Woeikow 193, Leningrad 1967, S. 24–36 [russ]).

Neiburger, M.: Reflection, Absorption and Transmission of Insolation by Stratus Clouds. (J. Meteor. 6, 1959, S. 98–104).

Neiburger, M.: The reflection of diffuse radiation by the sea surface. (Trans. Amer. Geophys. Union 29, 1948, S. 647–652).

Nicolet, M.: L'action du soleil sur l'atmosphère terrestre. (Ciel et Terre 59, 1943, S. 327–348).

Nicolet, M.: Sur le problème de la constante solaire. (Ann. Astrophys. 14, 1951, S. 249–265).

O'Connell, D. J. K.: The green flash, and other low sun phenomena. (Amsterdam, New York 1958, 192 S.).

Perl, G.: Zur Kenntnis der wahren Sonnenstrahlung in verschiedenen geographischen Breiten. (Meteor. Z. 52, 1935, S. 85–89).

Pernter, J. M. u. *F. M. Exner:* Meteorologische Optik. (Wien, Leipzig 1922, 907 S.).

Perrin de Brichambaut, Ch.: Rayonnement solaire et échanges radiatifs naturels. (Paris 1963, 300 S.).

Peuker, K.: Der Bergschatten. (Verh. 12. Dt. Geogr.'tag. Berlin 1897, S. 225–252).

Pyldmaa, V. K.: Actinometry and atmospheric optics. (Proc. 6th Interdep. Symp. Actinometry a Atmosph. Optics, 1971, 392 S. [Übers. a. d. Russ.]).

Raschke, E. u. *T.H. von der Haar:* Strahlungsbilanz des Systems Erde-Atmosphäre. (Promet. 3, 1972, S. 4–7).

Raschke, E., T.H. von der Haar, W.R. Bandeen and *M. Pasternak*: The Annual Radiation Balance of the Earth-Atmosphere System During 1969–70 from Nimbus 3 Measurements. (J. Atmosph. Sci. 30, 1973, S. 341–364).

Robinson, G.D.: Absorption of Solar Radiation by Atmospheric Aerosol as Revealed by Measurements at the Ground. (Arch. Meteor. Geophys., Bioklim. Ser. B. 12, 1963, S. 19–40).

Robinson, N.: Solar radiation. (Amsterdam 1966, 347 S.).

Rosenhagen, J.: Zum Begriff der astronomischen und der bürgerlichen Dämmerung. (Dt. Hydrogr. Z. 2, 1949, S. 102–107).

Rossmann, F.: Das Zodiakallicht. (Z. angew. Meteor./Wetter 48, 1931, S. 335–343).

Sandner, W.: Die Formen der Halo-Erscheinungen. (Z. angew. Meteor./Wetter 53, 1936, S. 201–203).

Sauberer, F.: Messungen des nächtlichen Strahlungshaushaltes der Erdoberfläche. (Meteor. Z. 53, 1936, S. 296).

Sauberer, F.: Registrierungen der nächtlichen Ausstrahlung. (Arch. Meteor., Geophys. Bioklimat. B, 2, 1951, S. 347).

Sazonov, B.J.: Die Solarkonstante und das Klima der Erde. (Isv. Vsesoj. Geogr. Obsc. 103, 1971, S. 229–233).

Schröder, W.: Zur geographischen Ausbreitung der Polarlichter. (Gerlands Beitr. Geophys. 74, 1965, S. 378–382).

Schröder, W.: Polarlicht und leuchtende Nachtwolken. (Gerlands Beitr. Geophys. 79, 1970, S. 223–228).

Schulze, R.: Die Atmosphäre als Strahlenfilter, als Strahlenquelle und als Träger strahlender Substanzen. (Medizin-Meteor. H. Nr. 13, 1958, S. 127–141).

Schulze, R.: Über ein Strahlungsmeßgerät mit ultrarotdurchlässiger Windschutzhaube am Meteorol. Observatorium Hamburg. (Geofis. Pura e Appl. 24, 1953, S. 107ff.).

Schulze, R.: Strahlenklima der Erde. (Wiss. Forsch. ber. Naturwiss. Reihe Bd. 72, Darmstadt 1970, 217 S.).

Steleanu, A.: Der Einfluß eines Sees auf das Strahlungsklima seiner Ufer. (Forsch. u. Fortschr. 33, 1959, S. 97–99).

Stolley, G.: Das natürliche Strahlungsklima, seine funktionelle Abhängigkeit von meteorologischen Faktoren und die Möglichkeit seiner einfachen Erfassung für gärtnerische und landwirtschaftliche Zwecke. (Meteor. Rdsch. 8, 1955, S. 137–145).

Störmer, C.: Über die Probleme des Polarlichtes. (In: Ergebn. d. kosm. Phys. 1, Leipzig 1931, S. 1–488).

Störmer, C.: The Polar Aurora. (Oxford 1955, 403 S.).

Suomi, V.E., M. Frasila and *N.F. Islitzer:* An improved net radiation instrument. (Jour. Meteor. 11, 1954, S. 276–282).

Suomi, V.E.: The Radiation Balance of the Earth from a Satellite. (Annals of the IGY 6, 1958, S. 330–340).

Terjung, W.H.: Some maps of isanomalies in energy balance climatology. (Arch. Meteor., Geophys. Bioklimat. B, 16, 1968, S. 279–315).

Thams, Chr.: Über die Strahlungseigenschaften der Schneedecke. (Gerlands Beitr. Geophys. 53, 1938, S. 371–388).

Thams, J.C.: Die Intensität der direkten Sonnenstrahlung bei Nordföhn auf der Alpensüdseite. (Arch. Meteor., Geophys. Bioklimat. B, 6, 1955, S. 139–151).

Thams, J.C.: Der Einfluß von Bewölkungsmenge und -art auf die Größe der diffusen Himmelsstrahlung. (Geofis. Pura appl. 48, 1961, S. 181–192).

Thekaekara, M.P.: Proposed standard values of the solar constant and the solar spectrum. (Environ. Sci. 4, 1970, S. 6–9).

Tricker, R.A.R.: Introduction to meteorological optics. (New York, 1970, 288 S.).

Tschernigowskii, N.T. u. *M.S. Marschunowa:* Klimat sowjetskoi arktiki (radiazionyi reschim). (Leningrad 1965, 199 S. [russ]).

Turner, H.: Jahresgang und biologische Wirkungen der Sonnen- und Himmelsstrahlung an der Waldgrenze der Ötztaler Alpen. (Wetter u. Leben 13, 1961, S. 93–113).

Von der Haar, T. u. V. Suomi: Measurements of the earth's radiation budget from satellites during a fiveyear period. (J. atmosph. Sci. 28, 1971, S. 305–314).

Von der Haar, T.H.: Natural variations of the radiation budget of the earth-atmosphere system ar measured from satellites. (Am. Meteor. Soc. 1972, S. 211–220).

Vowinckel, E. u. *S. Orvig*: Energy balance of the Arctic. I. Incoming and absorbed solar radiation as the ground in the Arctic. II. Long wave radiation and total radiation balance at the surface in the Arctic. III. Radiation balance of the troposphere and of the earth-atmosphere system in the Arctic. (Arch. Meteor., Geophys. Bioklimat. B, 13, 1965, S. 352–377, 451–479, 480–502).

Waldmeier, M.: Sonne und Erde. (Zürich 3, 1959, 235 S.).

Wendland, W. M.: Analysis of Measured Net Ra-

diation Values in Canada. (Geogr. Bull. 9, 1967, S. 1–10).
WMO: Précisions des mesures pyrhéliométriques. (WMO. Note Technique No 85. Genève 1967, 130 S.).
WMO: Radiation including Satellite Techniques. (In: Proc. of WMO / IUGG Symposium Bergen 1968. WMO Techn. Note No 104. Geneva 1970).
Wundt, W.: Der Energiehaushalt der Erde im Lauf des Jahres und in der Erdgeschichte. (Meteor. Z. 56, 1939, S. 325–329).
Yamamoto, G.: Direct Absorption of Solar Radiation by Atmospheric Water Vapor. Carbon Dioxide, and Molecular Oxygen. (J. Atmos. Sc. 19, 1962, S. 182–188).
Yoshino, M. M.: Problems in Local- and Microclimatology in Relation to Agriculture in Japan. (Sci. Rep. Tokyo Kyoiku Daigaku C, 9, 1967, S. 247–256).

c) Temperatur

1. Begriffe und Messung
3. Tages- und Jahresgang, horizontale Temperaturverteilung
5. Vertikale Temperaturverteilung

Averianov, V. G.: The meteorological regime of the inner regions of the Eastern Antarctic. (Izwestija Wsesoj. Georgr. Obschtsch. 91, 1959, S. 397–409 [russ.]).
Bailey, H. P.: A method of determining the warmth and temperateness of climate. (Geogr. Ann. 42, 1960, S. 1–16).
Bailey, H. P.: Toward a unified concept of the temperate climate. (Geogr. Rev. 54, 1964, S. 516–545).
Berz, G.: Untersuchungen zum Wärmehaushalt der Erdoberfläche und zum bodennahen atmosphärischen Transport. (Wiss. Mitt. Meteor. Inst. Univ. München 16, 1969).
Bögel, R.: Untersuchungen zum Jahresgang des mittleren geographischen Höhengradienten der Lufttemperatur in den verschiedenen Klimagebieten der Erde. (Ber. Dt. Wetterd. Nr. 26, 1956, 42 S.).
Budyko, M.: Untersuchungen über die Temperatur der Erdoberfläche. (Angew. Meteor. 3, 1958, S. 119–124).
Budyko, M. J.: Die thermische Zonalität der Erde. (Meteor. Gidrol. 11, 1961, [russ.]).
Büttner, K.: Die Wärmeübertragung durch Leitung und Konvektion, Verdunstung und Strahlung in Bioklimatologie und Meteorologie. (Abh. Preuß. Meteor. Inst. 10, 1934, 37 S.).
Conrad, V. u. *E. Biel:* Isanomalen der Andauer einer bestimmt vorgegebenen Temperatur. (Geogr. Ann. 11, 1929, S. 294–312).
Ficker, H. v.: Die Passatinversion. (Veröff. Meteor. Inst. Univ. Berlin I, 4, 1936, 33 S.).
Fritz, S.: Seasonal heat storage in the ocean and heating of the atmosphere. (Arch. Meteor., Geophys. Bioklimat. A, 10, 1958, S. 291–300).
Ginsburg, Th.: Die statistische Auswertung von langjährigen Temperaturreihen. (Veröff. Schweizer. Meteor. Zentralamt 19, 1970, 42 S.).
Gold, E.: The effect of wind, temperature, humidity and sunshine on the loss of heat of a body at temperature 98°F. (Quart. J. Roy. Meteor. Soc. 61, 1935, S. 316–343).
Havlik, D.: Inversionswetterlagen im südlichen Oberrheingebiet. (Meteor. Rdsch. 23, 1970, S. 129–134).
Hawke, E. L.: The origin of the Fahrenheit temperature scale. (Weather 4, 1949, S. 324 bis 325).
Henning, F.: Temperaturmessung. (Leipzig 1951, 294 S.).
Hofmann, G.: Verdunstung und Tau als Glieder des Wärmehaushaltes. (Planta 47, 1956, S. 303–323).
Hofmann, G.: Wärmehaushalt und Advektion. (Arch. Meteor., Geophys. Bioklimat. A, 11, 1960, S. 474–502).
Hölcke, Th.: Die 110jährige Temperaturreihe von Bayreuth 1851–1960 und ihr Vergleich mit der Normalperiode 1931–1960. (Meteor. Rdsch. 16, 1963, S. 67–78).
Houghton, D. M.: Heat sources and sinks at the earth's surface. (Meteor. Mag. 87, 1958, S. 132–142).
Humboldt, A. v.: Des lignes isothermes et de la distribution de la chaleur sur le globe. (Mém. de phys. et de chimie de la soc. d'Arceuil. Paris 1817, S. 462–602).
Johansson, O. V.: Der jährliche Gang der Temperatur in polaren Gegenden. (Geogr. Ann. 21, 1939, S. 89–119).
Johansson, O. V.: Den årliga temperaturperioden och dess typer. (Mitt. Meteor. Inst. Univ. Helsinki 49, 1942, S. 85–116).
Keller, R.: Die Darstellung der topographischen Temperaturverteilung im zeitlichen Ablauf der Witterung (Topochronothermen) am Beispiel eines Nord-Süd-Profils durch das Rheinische Schiefergebirge. (Petermanns geogr. Mitt. 90, 1944, S. 233–238).
Keller, R.: Die Temperaturjahreszeiten Europas. (Erdkunde 1, 1947, S. 190–200).
König, W.: 80jährige Mittelwerte der Temperatur für jeden Tag des Jahres in Berlin. (Reihe

1848–1927). (Z. angew. Meteor./Wetter 46, 1929, S. 129–132).

Köppen, W.: Die Wärmezonen der Erde. (Meteor. Z. 1, 1884, S. 215–226).

Landsberg, H. E.: A note on the history of thermometer scales. (Weather 19, 1964, S. 1–6, 11).

Lautensach, H. u. *R. Bögel:* Der Jahresgang des mittleren geographischen Höhengradienten der Lufttemperatur in den verschiedenen Klimagebieten der Erde. (Erdkunde 10, 1956, S. 270–282).

Leighly, J. B.: The extremes of the annual temperature march with particular reference to California. (Publ. in Geogr. 6, Berkeley 1938, S. 191–234).

Mecking, L.: Thermische Eigenschaften des Polarsommers, besonders auf Spitzbergen. (Naturwiss. 34, 1947, S. 201–207).

Meinardus, W.: Die Temperaturverhältnisse der südlichen Halbkugel. (Z. Geophys. 15, 1939, S. 94–106).

Middleton, W. E. K.: A history of the thermometer and its use in meteorology. (Baltimore 1966, 349 S.).

Müller, H.: Eine Studie über die Struktur des sommerlichen Temperaturganges. (Ann. Hydrogr. marit. Meteor. 63, 1935, S. 305 bis 315 u. 466–477).

Prohaska, F.: Die Verfälschung der Temperaturmittel in den Tropen bei ihrer Berechnung aus den Extremwerten. (Meteor. Rdsch. 16, 1963, S. 145–149).

Rink, J.: Über das Verhalten des mittleren vertikalen Temperaturgradienten. (Abh. Meteor. Hydrol. Dienst DDR 18, 1953, 43 S.).

Rouch, J.: La variation diurne de la température en hiver dans les régions polaires. (Météorologie 1944, S. 110–111).

Scherhag, R.: Die Kaltwasser-Dürren. (Beilage 40/61 [Juni 1961] zur Berliner Wetterkarte, S. 1–8).

Schneider, M.: Begriff und Einteilung des Frostes. (Frostschutz im Pflanzenbau 1, München 1963, S. 3–12).

Schneider-Carius, K. u. *J. Huttary:* Der Jahresgang der Temperatur über Europa in der „Normalperiode". (Meteor. Rdsch. 2, 1949, S. 77–83).

Schram, K. u. *J. C. Thams:* Die Temperatur eines frei aufgestellten Körpers als Maß für die Erwärmung und Abkühlung von Bauwerken. (Schweizer. Bl. f. Heizung u. Lüftung 1967, N. 4, 12 S.).

Seifert, E.: Beginn, Ende und Dauer bestimmter Temperaturperioden im Jahresverlaufe. Ein Beitrag zur thermischen Klimatologie Europas. (Diss. Dresden 1934, 52 S.).

Spitaler, R.: Die mittleren Temperaturen der beiden Hemisphären der Erde. (Gerlands Beitr. Geophys. 39, 1933, S. 316–319).

Steinhauser, F.: Die Schneehöhen in den Ostalpen und die Bedeutung der winterlichen Temperaturinversion. (Arch. Meteor., Geophys. Bioklimat. B, 1, 1949, S. 63–74).

Supan, A.: Die Temperaturzonen der Erde. (Petermanns geogr. Mitt. 25, 1879, S. 349–358).

Tetens, O.: Über den meteorologischen Äquator. (Gerlands Beitr. Geophys. 32, 1931, S. 336–345).

Thiele, H.: Einfluß der Bewölkung auf den täglichen Gang der Temperatur. Ein Beitrag zur Temperaturprognose. (Z. angew. Meteor./Wetter 54, 1937, S. 169–172).

Troll, C.: Thermische Klimatypen der Erde. (Petermanns geogr. Mitt. 89, 1943, S. 81–89).

Winslow, C. E. A. u. *L. P. Herrington:* Temperature and human life. (Princeton 1949, 272 S.).

2. *Erdbodentemperatur*

Aulitzky, H.: Die Bodentemperaturen in der Kampfzone oberhalb der Waldgrenze und im subalpinen Zirben-Lärchenwald. (Mitt. Forstl. Bundes-Versuchsanst. Mariabrunn 59, 1961, S. 153–209).

Baranov, J. Ya.: Geographical distribution of seasonally frozen ground. (In: P.F. Shvetsov [Hrsg.] Osnovy geokriologii. Moskau 1959, Bd. I, S. 193–219 [russ.]; engl. Übers. Nat. Res. Council of Canada, Techn. Transl. 1121, 1964).

Bracht, J.: Über die Wärmeleitfähigkeit des Erdbodens und des Schnees und den Wärmeumsatz im Erdboden. (Veröff. Geophys. Inst. Leipzig 14, 3, 1949, S. 147–225).

Brown, R. J. E.: Comparison of permafrost conditions in Canada and the USSR. (Polar Record 13 [Nr. 87], 1967, S. 741–751).

Chang, J.: Ground temperature. (Milton 1958, 300 S.).

Herr, L.: Bodentemperaturen unter besonderer Berücksichtigung der äußeren meteorologischen Faktoren. (Diss. Leipzig 1936, 63 S.).

Keränen, J.: Wärme- und Temperaturverhältnisse der obersten Bodenschichten. (Naturwiss. Monogr. u. Lehrb. VIII: Einführung in die Geophysik II. Berlin 1929, S. 169–290).

Königsberger, J. G.: Geothermische Messungen in Bergwerken und Übersicht über die Ergebnisse der Geothermik. (Beitr. angew. Geophys. 7, 1937, S. 68–83).

Marinov, N. A.: Die Gefrorniszone in Asien. (Izv. Akad. Nauk. SSSR, Ser. Geogr. 1968, H. 2, S. 29–38 [russ.]).

Muller, S. W.: Permafrost or permanently frozen

ground and related engineering problems. (U.S. Army Strategic Engin. Study Nr. 62, 1945, 231 S.).

Stearns, S.R.: Permafrost (Perennial Frozen Ground). (US Cold Regions Res. Eng. Lab., Hanover N.H. 1966, 77 S.).

Siegenthaler, J.: Bodentemperaturen in Abhängigkeit von äußeren meteorologischen Faktoren. (Gerlands Beitr. Geophys. 40, 1933, S. 305–332).

Sumgin, M.: Über die ewige Gefrornis des Bodens. (Z. Ges. Erdk. Berlin 1929, S. 27–32).

Terzaghi, K.: Permafrost. (J. Boston Soc. Civ. Eng. 39, 1952, S. 1–50).

Tsytovich, N.A.: Fundamentals and foundations on frozen ground. (Moskau 1958, 167 S. [russ.]).

Tumel, V.F.: Zur Geschichte der ewigen Gefrornis in der UdSSR. (Trudy Geogr. 37, 1946, S. 124–132. [russ.]).

Turner, H.: Maximaltemperaturen oberflächennaher Bodenschichten an der alpinen Waldgrenze. (Wetter u. Leben 10, 1958, S. 1–12).

4. Temperaturschwankungen, Veränderlichkeit, Extremwerte

Bailey, H.R.: The mean annual range and standard deviation as measures of dispersal of temperature around the annual mean. (Geogr. Ann. 48 A, 1966, S. 183–194).

Balcke, E.: Untersuchung abnorm hoher Temperaturen in Norddeutschland. (Arch. Dt. Seewarte 57, 4, 1937, 38 S.).

Becker, R.: Temperaturextreme auf Weltkarten. (Meteor. Rdsch. 3, 1950, S. 74–75).

Castens, G.: Zur Kenntnis der einstündigen Temperatur-Wetterhaftigkeit. (Ann. Hydrogr. marit. Meteor. 61, 1933, S. 294–299).

Castens, G.: Tropische Temperaturhäufigkeits-Klimatologie. Deutsch-Ostafrika: Daressalam, Tabora, Tandala. (Ann. Hydrogr. marit. Meteor. 67, 1939, S. 337–343 u. 402).

Court, A., N. Sissenwine u. *G.S. Mitchell*: Lowest temperatures in the Northern Hemisphere. (Weatherwise 2, 1949, S. 10–11).

Dahl, E. u. *E. Mork:* Om sambandet mellom temperatur, ånding og vekst hos gran (Picea abies [L. Karst.]). (Medd. fra Det norske Skogsførsøksvesen Nr. 53, 1959, S. 83–93 [engl. Zsf.]).

Dieckmann, A.: Der Frost in Württemberg und Baden. (Tübinger Geogr. Geol. Abh. 1, 1937, S. 1–32).

Dietzschold, G.: Die periodische 24stündige Schwankung der Mitteltemperatur der untersten Luftschichten auf Grund der täglichen Gänge der Lufttemperatur von 343 Orten. (Diss. Hamburg 1928).

Dybvadskog, O.: Fra Sydpolen til „Utilgjengelighetens pol". (Norsk Polarinst. Arbok 1964, S. 165–177).

Enquist, F.: Tidens och temperaturens betydelse. (Gothia 8, 1958. S. 76–81).

Eridia, F.: Klima von Azizia. (Meteor. Zeitschr. 42, 1926, S. 294ff.).

Fantoli, A.: La piu alta temperatura del mondo. (Riv. Meteor. aeronaut. 18, 1958, S. 53 – 63).

Fischer, R.: Der kälteste Ort der Erde. (Z. angew. Meteor./Wetter 60, 1943, S. 186–187).

Foley, I.C.: Frost in the Australian region. (Bull. Meteor. Bur. Australia 32, 1945, 142 S.).

Heigel, K.: Minimum-Temperaturen auf und über der Schneedecke auf dem Hohenpeißenberg während des Winters 1962/63. (Meteor. Rdsch. 17, 1964, S. 25–29).

Helland, A.: Trágrendser og Sommervarmen. (Tidsskr. f. Skogbruk 20, 1912, S. 131–146, 169–175, 303–313,).

Hellmann, G.: Über strenge Winter. (Sitz.- Ber. Pr. Akad. Wiss. Berlin 1917, S. 738 bis 759).

Hellmann, G.: Über milde Winter. (Sitz.-Ber. Pr. Akad. Wiss. Berlin 1918a., S. 213–220).

Hellmann, G.: Über warme und kühle Sommer. (Sitz.-Ber. Pr. Akad. Wiss. Berlin 1918b, S. 891–907).

Hershfield, D.M.: The frequency of freeze-thaw cycles. (J. Appl. Meteor. 13, 1974, S. 348–354).

Hesse, W.: Wintertypen. (Z. Meteor. 7, 1953, S. 362–373).

Heyer, E.: Über Frostwechselzahlen in Luft und Boden. (Gerlands Beitr. Geophys. 52, 1938, S. 68–122).

Hoffmann, G.: Die höchsten und tiefsten Temperaturen auf der Erde. (Umschau 63, 1963, S. 16–18).

Hogue, D. W.: Environment of the Greenland Ice-cap. (US-Army Natick Labs. Techn. Rep. E S. 13, Natick, Mass. 1964).

Kadner, T.: Nachtfröste, ihre Entstehung, Voraussage und Abwehr. (Z. angew. Meteor./Wetter 52, 1935, S. 164–167).

Konček, N.: Sekulare Temperaturschwankungen in Mitteleuropa während der letzten 190 Jahre. (9. Internat. Tagg. alp. Meteor. Brig, Zermatt 1966. Veröff. Schweiz. Meteor. Zentralanst. Nr. 4, Zürich 1967, S. 272–282).

Lamb, H.H.: The occurance of very high surface temperatures. (Meteor. Mag. 87, 1958, S. 39–43).

Lantelmé, W.: Der Barfrost. (Forstwiss. Cbl. 70, 1951, S. 628–638).

Lautensach, H.: Die Isanomalenkarte der Jahresschwankung der Lufttemperatur. (Peterm. Geogr. Mitt. 96, 1952, S. 145–155; 97, 1953, S. 274–275).

Lembke, H.: Die mittleren absoluten Maximaltemperaturen in Europa und den Mittelmeerländern. (Erdkunde 1, 1947, S. 184–189).

Lettau, K. u. *H. Lettau:* Kältewahrscheinlichkeit und Winterstrenge in Ostpreußen. (Meteor. Z. 60, 1943, S. 335–340).

Lunde, T.: On the firn temperatures and glacier flow in Dronning Maud Land. (Norsk Polarinst. årbok 1963, S. 7–24).

McCormick, R.A.: An estimate of the minimum possible surface temperature at the South Pole. (Monthly Weath Rev. 86, 1958, S. 1–15).

Meinardus, W.: Die interdiurne Veränderlichkeit der Temperatur und verwandte Erscheinungen auf der südlichen Halbkugel. (Meteor. Z. 57, 1940, S. 165–176, 219–233).

Miščenko, S.A.: Die geographische Verteilung der mittleren jährlichen Tiefsttemperatur der Luft auf der Erde. (Trudy Glavn. Geofiz. Obs. 192, Leningrad 1966, S. 129–139 [russ.]).

Mollwo, H.: Klimawerte von Frankfurt/Main 1857–1956. (Ber. Dt. Wetterd. Nr. 43, 1958, 60 S.).

Mork, E.: Om sambandet mellom temperatur og vekst. (Medd. fra Det norske Skogsførsøksvesen Nr. 8, 1941, S. 1–89).

Paffen, K.: Die täglichen Temperaturschwankungen als geographisches Klimacharakteristikum. Erläuterungen zu einer neuen Weltkarte der aperiodischen Tagesamplitude der Lufttemperatur. (Erdkunde 20, 1966, S. 252–265).

Paffen, K.: Das Verhältnis der tages- zur jahreszeitlichen Temperaturschwankung. Erläuterungen zu einer neuen Weltkarte als Beitrag zur allgemeinen Klimageographie. (Erdkunde 21, 1967, S. 94–111).

Pedgley, D.E.: Air Temperatures at Dallol, Ethiopa (Meteor. Mag. 96, 1967, S. 265–271).

Petersen, H.: Extrem hohe Temperaturen und Föhn in Grönland. (Meteor. Z. 51, 1934, S. 289–296).

Pollack, H.: Über Spät- und Frühfröste in Norddeutschland in Abhängigkeit von der Wetterlage. (Diss. Berlin 1930, 66 S.).

Quiroz, R.S.: Lowest Temperature in Greenland (Monthly Weath. Rev. 86, 1958, S. 99).

Reichel, E.: Der jährliche Gang der Frost- und Kältehäufigkeit im mitteldeutschen Bergland. (Meteor. Z. 48, 1931, S. 208–212).

Rigg, J.B.: Climatological extremes. (Weather 19, 1964, S. 241–246).

Riordan, P.: Weather extremes around the World. (US-Army Labor. Techn. Rep. 70-45-ES. Natick, Mass. 1970, 38 S.).

Rubinstein, E.S.: Contribution to the Problem of the Earth's Cold Poles. (Übersetzung durch US-Weather-Bur. aus Meteor. i Gidrologiia 12, 1968, Washington, 1969).

Salishchev, K.A.: The cold pole of the earth. (Geogr. Rev. 25, 1935, S. 684–685).

Sapper, K. u. *R. Geiger:* Die dauernd frostfreien Räume der Erde und ihre Begrenzung. (Meteor. Z. 51, 1934, S. 465–468).

Schell, I. I.: Interrelations of arctic ice with the atmosphere and the ocean in the North Atlantic-Arctic and adjacent areas. (J. Meteor. 13, 1956, S. 46–58).

Schmauss, A.: Die interdiurne Veränderlichkeit der Temperatur auf der Zugspitze. (Wiss. Abh. Reichsamt Wetterd. II, 1, 1936, 26 S.).

Seaman, L.M. u. *G.S. Bartlett:* Climatological extremes. (Weatherwise 9, 1956, S. 193–194, 213 u. 10, 1957, S. 60–61, 202–205).

Stepanova, N.A.: On the lowest temperatures on earth. (Monthly Weather Rev. 86, 1958, S. 6–10).

Thomson, A.: Lowest Temperature in Canada. (Monthly Weath. Rev. 86, 1958, S. 298).

Troll, C.: Die Frostwechselhäufigkeit in den Luft- und Bodenklimaten der Erde. (Meteor. Z. 60, 1943, S. 161–171).

Troll, C.: Strukturböden, Solifluktion und die Frostklimate der Erde. (Geol. Rdsch. 34, 1944, S. 545–694).

Vaupel, A.: Advektivfrost und Strahlungsfrost. (Mitt. Dt. Wetterd. Nr. 17, Offenbach 1959, 31 S.).

6. Äquivalenttemperatur, Schwüle, Abkühlungsgröße

Becker, F.: Zur Bestimmung der Abkühlungsgröße und des Schwülegrades in der medizinmeteorologischen Praxis. (Arch. f. phys. Therapie 16, 1964, S. 61–66).

Berg, H.: Zur Bedeutung von Temperatur und Feuchtigkeit für die Behaglichkeit. (Wetter und Leben 9, 1957, S. 47–50).

Brezina, E. und *W. Schmidt:* Das künstliche Klima in der Umgebung des Menschen (Stuttgart 1937, 212 S.).

Büttner, K.: Physikalische Bioklimatologie. (Leipzig 1938).

Court, A.: Wind Chill. (Bull. Am. Meteor. Soc. 29, 1948, S. 487–493).

Castens, G.: Über Tropenklimatologie, Tropenhygiene und den Lettow-Feldzug. (Ann. Hydrogr. marit. Meteor. 53, 1925, S. 177–187).

Conrad, V.: Die Abkühlungsgröße als klimatischer Faktor und ihre Berechnung. (Z. angew. Meteor./Wetter 46, 1929, S. 44–50).

Conrad, V.: Physikalische und klimatische Abkühlungsgröße. (Z. angew. Meteor./Wetter 54, 1937, S. 206–216).

Dammann, W.: Die Schwüle als Klimafaktor.(Ber. Dt. Landeskde. 32, 1964, S. 100–114).

Dorno, C.: Die Abkühlungsgröße in verschiedenen Klimaten nach Dauerregistrierungen mittels des „Davoser Frigorimeters". (Meteor. Z. 45, 1928, S. 401–421).

Dorno, C.: Abkühlungsgröße als klimatischer Faktor und ihre Berechnung. (Z. angew. Meteor./Wetter 46, 1929, S. 136–144).

Gerdel, R. W.: Characteristics of the Cold Regions. (Cold Regions Res. and Engin. Lab. Monogr. I–A. Hanover, N.H. 1969, 53 S.).

Harlfinger, O.: Vergleichende Untersuchungen der Wärmebelastung zwischen Mitteleuropa und den Mittelmeerländern. (Arch. Meteor. Geophys. Bioklim. B 23, 1975, S. 81–98).

Havlik, D.: Untersuchungen zur Schwüle im kontinentalen Tiefland der Vereinigten Staaten von Nordamerika. (Freiburger Geogr. Hefte 15, 1976, 120 S.).

Herrmann, H.: Die Schwüle, eine vergleichende Untersuchung. (Diss. Köln 1959, 76 S.).

King, E.: Ein empirisches Schwülemaß. (Medizinmeteor. Hefte 10, 1955, S. 5–8).

Knepple, R.: Über die Ursachen der Schwüle. (Z. Meteor. 2, 1948, S. 366–369).

Krüger, E.: Die Verteilung der äquivalenten Temperatur auf der Erde und ihre Bedeutung für die Vegetation. (Diss. Berlin 1942, 44 S.).

Landsberg, H. E.: Bioclimatic Work in the Weather Bureau. (Bull. Amer. Meteor. Soc. 41, 1960, S. 184–187).

Landsberg, H.E.: The assessment of human bioclimate. A limited review of physical parameters. (WMO. Techn. Note No. 123, Geneva 1972, 36 S.).

Lehmann, H.: Schwüleverteilung und Schwülewetterlagen in Deutschland. (Sitz.-Ber. Ges. Förd. ges. Naturwiss. Marburg 79, 1956, 30 S.).

Linke, F.: Bedeutung und Berechnung der Äquivalenttemperatur. (Meteor. Z. 55, 1938, S. 345–350).

Marr, R.L.: Geländeklimatologische Untersuchungen im Raum südlich von Basel. (Basler Beitr. z. Geogr. Heft 12, 1970).

Meinardus, W.: Die Äquivalenttemperatur und ihre jährliche Periode in graphischer Darstellung. (Peterm. Geogr. Mitt. 81, 1935, S. 323–328).

Mörikofer, W.: Zur Klimatologie der Abkühlungsgröße mit neuen Beobachtungsergebnissen aus der Schweiz. (Acta Davosiana 1, 1933, 24 S.).

Molnar, G. W.: An Evaluation of Wind Chill. In: Cold Injury. (New York, 1960, S. 175–222).

Neuwirth, R.: Schwülebedingungen im Mittelgebirge. (Arch. f. phys. Therapie 19, 1967, S. 291–296).

Neuwirth, R.: Wärmebelastung als bioklimatischer Faktor. (Die Umschau 71, 1971, S. 603).

Nieuwolt, S.: Klimageographie der malaiischen Halbinsel. (Mainzer Geogr. Stud. 2, 1969).

Robitzsch, M.: Beiträge zur Behandlung klimatologischer Fragen auf physiologischer Grundlage. (Ann. Hydrogr. marit. Meteor. 59, 1931, S. 73–88).

Scharlau, K.: Schwüle und Behaglichkeit als Klimagrößen. (Z. Hygiene u. Inf.-Krankh. 123, 1941, S. 511–530).

Scharlau, K.: Die Schwüle als meßbare Größe. (Bioklim. Beibl. Meteor. Z. 10, 1943, S. 19–23; vgl. auch in Wärme- u. Kältetechnik 1942, S. 97–102).

Scharlau, K.: Die Schwülezonen der Erde. (Ber. Dt. Wetterd. US-Zone Nr. 42 [Knoch-Heft], 1952, S. 246–249).

Scharlau, K.: Einführung eines Schwülemaßstabes und Abgrenzung von Schwülezonen durch Isohygrothermen. (Erdkunde 4, 1950, S. 188–201).

Scharlau, R.: Global Regions of Thermic Sultriness. (Weltseuchenatlas Teil III, Hamburg 1961).

Schram, K. u. *J. C. Thams:* Der Tagesgang der Abkühlungs- und Aufwärmungsgröße in Locarno-Monti. (Veröff. Schweiz. Meteor. Zentralamt 6, Zürich 1968, 20 S.).

Schulze, A.: Der Jahresgang der Schwüle in Afrika. (Geogr. Taschenbuch 1956/57. Wiesbaden 1956, S. 270–273).

Siple, P.A. and *C.F. Passel:* Measurements of dry atmospheric cooling in subfreezing temperatures. (Proc. Am. Philos. Soc. 89, 1945, S. 22).

Spangenberger, W. W.: Untersuchungen zur Entstehung der Schwüle. (Angew. Meteor. 1, 1952, S. 211–215).

Terjung, W.H.: Physiologic climates of the conterminous United States: a bioclimatic classification based on man. (Ann. Ass. Amer. Geogr. 56, 1966, S. 141–179).

Terjung, W.H.: The Geographical Application of Some Selected Physio-Climatic Indices to Africa. (Int. J. of Biometeor. II, 1967, S. 5–20).

Terjung, W.H.: World patterns of the distribution of the monthly comfort index. (Int. J. of Biometeor. 12, 1968, S. 119–151).

Thams, J.C.: Die Abkühlungsgröße. (Leben u. Umwelt 11, 1950, S. 241–246).

Thams, J.C.: Zum Problem der Messung der Abkühlungsgröße in warmen Klimaten. (Arch.

Meteor., Geophys. Bioklimat. B, 11, 1962, S. 292–300).

Thom, E. C.: The Discomfort Index. (Weatherwise 12, 1959, S. 57–60).

Thomas, M. K. and *D. W. Boyd:* Windchill in Northern Canada. (Meteor. Branch, Toronto 1970, 11 S.).

Troll, C.: Die räumliche und zeitliche Verteilung der Schwüle und ihre graphische Darstellung (mit besonderer Berücksichtigung Afrikas). (Erdkunde 23, 1969, S. 183–192).

Voigts, H.: Messungen der Abkühlungsgröße in Lübeck-Travemünde. (Meteor. Z. 55, 1938, S. 21–27).

Yaglou, C. P. A. and *W. C. Miller:* Effective Temperature with Cooling. (Trans. Am-Soc. of Heating and Ventilating Engin. 31, 1925, S. 88–99).

d) Transparenz/Trübung der Atmosphäre, Sicht, Dunst

Angström, A.: Atmospheric turbidity, global illumination and planetary albedo of the earth. (Tellus 14, 1962, S. 435–450).

Arakawa, H.: Trübungsfaktoren für verschiedene Typen troposphärischer Luftmassen in japanischen Gebieten. (Meteor. Z. 54, 1937, S. 150–153).

Bender, K.: Untersuchungen am Wigandschen Sichtmesser. (Z. angew. Meteor./Wetter 48, 1931, S. 33–43, 65–72, 97–105, 129–136).

Borchardt, J. u. *J. Rössler:* Erfahrungen und Überlegungen mit LIDAR am Meteorologischen Observatorium Aachen. (Ber. Dt. Wetterd. Bd. 16, 1971, Nr. 125, 34 S.).

Collis, R. T. H.: Lidar a new atmospheric probe. (Quart. Journ. Roy. Meteor. Soc. 92, 1966, S. 220–230).

Dietze, G.: Einführung in die Optik der Atmosphäre. (Leipzig 1957, 263 S.).

Duclaux, J. u. *R. Gindre:* La transparence de l'atmosphère et la couleur du ciel. (Bull. Obs. Lyon 11, 1929, S. 5–13, 69–84, 183–204; 12, 1930, S. 255–271; 13, 1931, S. 239–255).

Feussner, K. u. *P. Dubois:* Trübungsfaktor, precipitable water, Staub. (Gerlands Beitr. Geophys. 27, 1930a, S. 132–173).

Feussner, K. u. *H. Friedrichs:* Zum Trübungsfaktor. (Z. Geophys. 6, 1930b, S. 159–171).

Feussner, K.: Über die Schwächung der Sonnenstrahlung in stauberfüllter Atmosphäre. (Tät.-Ber. Pr. Meteor. Inst. 1931, Berlin 1932, S. 89–98).

Foitzik, L. u. *H. Hinzpeter:* Sonnenstrahlung und Lufttrübung. (Bibl. kosm. Phys. 31, Leipzig 1958, 309 S.).

Friedrichs, H.: Der Zusammenhang der Luftkörper mit den meteorologischen Elementen, insbesondere mit dem Trübungsgrad. (Z. angew. Meteor./Wetter 47, 1930a, S. 257–259).

Friedrichs, H.: Über den Trübungsgrad. (Z. angew. Meteor./Wetter 47, 1930b, S. 294–303).

Götz, F. W. P.: Das Klimaelement der Lufttrübung und sein Maß. (Schweiz. Mediz. Wochenschr. 65, 1935, S. 465–470).

Guss, H. u. *M. Wagner:* Wolken- und Sicht-Klimatologie. (Dt. Wetterdienst Offenbach 1964).

Haurwitz, B. u. *H. Wexler:* Trübungsfaktoren nordamerikanischer Luftmassen. (Meteor. Z. 51, 1934, S. 236–238).

Heim, A.: Luft-Farben. (Zürich 1912, 93 S.).

Jensen, C.: Die Schwankungen der atmosphärischen Lichtdurchlässigkeit. (Scientia Ser. IV, Vol. 71, Bologna 1942, S. 108–114).

Jonnson, W. B.: Lidar applications in air pollution research and control. (Journ. Air. Poll. Contr. Ass. 19, 1969, S. 176–180).

Kähler, K.: Die atmosphärische Sicht und ihre Messung. (Naturwiss. 23, 1935, S. 253–256).

Kagan, V. K. u. *K. Ja. Kondratev:* Elements of the information theory of atmosphere visibility. (Transl. fr. the Russ.,Washington 1971, 152 S.).

Koschmieder, H.: Luftlicht und Sichtweite. (Naturwiss. 26, 1938, S. 521–528).

Lange, G.: Die Calina – der Staubdunst des spanischen Sommers. (Arch. Meteor., Geophys. Bioklimat., B, 10, 1960, S. 396–403).

Lauscher, F.: Über den Trübungsfaktor. (Meteor. Z. 47, 1930, S. 1–11).

Lauscher, F.: Himmelsblau und Trübungsfaktor. (Gerlands Beitr. Geophys. 32, Köppen-Heft 1, 1931, S. 106–112).

Linke, F. u. *K. Boda:* Vorschläge zur Berechnung des Trübungsgrades der Atmosphäre aus den Messungen der Intensität der Sonnenstrahlung. (Meteor. Z. 39, 1922, S. 161–166).

Linke, F.: Die Extinktion der Sonnenstrahlung in trüber Luft. (Gerl. Beitr. Geophys. 55, 1939, S. 221–233).

Linke, F.: Sicht. (In: Handbuch der Geophysik Bd. 8, Berlin 1943, S. 621–650).

Löhle, F.: Über Sichtschätzung und optische Trübung der bodennahen Luftschichten. (Ann. Hydrogr. marit. Meteor. 57, 1929, S. 327–341; Auch Meteor. Z. 46, 1929, S. 49–59).

Löhle, F.: Sichtbeobachtungen vom meteorologischen Standpunkt. (Berlin 1941, 119 S.).

Löhle, F.: Die Farbe des Dunstes als Wettervorzeichen. (Z. angew. Meteor./Wetter 60, 1943, S. 269–274).

Mézin, M. u. *M. Striffling:* Visibilité et brouillard.

(Mém. Off. Nat. Météor. France 28, 1937, 112 S.).

Middleton, W. E. K.: On the colours of distant objects and the visual range of coloured objects. (Transact. Roy. Soc. Canada 3. Ser., Sect. III. Vol. 29, Ottawa 1935, S. 127–154).

Middleton, W. E. K.: Visibility in meteorology. The theory and practice of the measurement of the visual range. (Toronto 1941, 104 S.).

Middleton, W. E. K.: Vision through the atmosphere. (Toronto 1963, 250 S.; umgearbeitete Neuauflage des vorangehenden Werkes, ohne die Kapitel über Meteorologie und Klimatologie der Sicht).

Möller, F.: Über die Farbe der Sicht und des Tageshimmels. (Arch. Meteor., Geophys. Bioklimat. B, 5, 1953/54, S. 1–17).

Neuberger, H.: Beiträge zur Untersuchung des atmosphärischen Reinheitsgrades. (Arch. Dt. Seewarte 56, 6, 1936, 50 S.).

Olbers, W.: Sichtmessung (Promet, Meteor. Fortb. 3, 1974, S. 15–20).

Pernter, J. M. u. *F. M. Exner:* Meteorologische Optik. (Wien, Leipzig 1922, 907 S.).

Pyldmaa, V. K.: Actinometry and atmospheric optics. (Proc. 6th Interdep. Symp. Actinometrya. Atmosph. Optics. Transl. fr. the Russ. 1971, 392 S.).

Schüepp, W.: Die Bestimmung der Komponenten der atmosphärischen Trübung aus Aktinometermessungen. (Arch. Meteor., Geophys., Bioklim. B. 1, 1949, S. 257–346).

Sheppard, P. A.: The effect of pollution on radiation in the atmosphere. (Int. J. Air Water Poll. 1, 1958, S. 31–43).

Sebastian, H.: Über das Problem der Sichtmessung. (Diss. Darmstadt 1936; Gerlands Beitr. Geophys. 45, 1935, S. 35–62; 1936, S. 152–179).

Siedentopf, H.: Die Struktur des atmosphärischen Dunstes. (Forsch. u. Fortschr. 21/23, 1947, S. 270–271).

Steinhauser, F.: Die mittlere Trübung der Luft an verschiedenen Orten, beurteilt nach Linkeschen Trübungsfaktoren. (Gerlands Beitr. Geophys. 42, 1934, S. 110–121).

Tschierske, H.: Zur Abhängigkeit der Sicht von der Luftmasse. (Z. angew. Meteor./Wetter 49, 1932, S. 307–312).

Valko, P.: Untersuchungen über die vertikale Trübungsschicht der Atmosphäre. (Arch. Meteor., Geophys. Bioklimat. B, 11, 1961, S. 143–210).

Vogt, H.: Die horizontale Sichtweite, ihre Schätzung und Messung. (Meteor. Abh. Freie Univ. Berlin 1966. Bd. LXIX, 4, 1966, 88 S.).

Volz, F.: Die Optik und Meteorologie der atmosphärischen Trübung. (Ber. Dt. Wetterd. Nr. 13, 1954, 47 S.).

Wexler, H.: Turbidities of American air masses and conclusions regarding the seasonal variation in atmospheric dust content. (Monthly Weather Rev. 62, 1934, S. 397–402).

Wright, H. L.: Atmospheric opacity: a study of visibility observations in the British Isles. (Quart. J. Roy. Meteor. Soc. 65, 1939, S. 411–442).

e) Luftfeuchtigkeit, Verdunstung und Kondensation

1. Luftfeuchte

Bannon, J. K. u. *L. P. Steele:* Average watervapour content of the air. (Geophys. Mem. Nr. 102, London 1960, 38 S.).

Benton, G. S. u. *M. A. Estoque:* Water vapor transfer over the North American continent. (J. Meteor. 11, 1954, S. 462–477).

Kessler, A.: Globalbilanzen von Klimaelementen. (Ber. Inst. f. Meteor. u. Klim. TU Hannover. 3, 1968).

Landsberg, H. E.: Die mittlere Wasserdampfverteilung auf der Erde. (Meteor. Rdsch. 17, 1964, S. 102–103).

Penndorf, R.: Die mittlere Wasserdampfverteilung auf der Erde. (Ann. Hydrogr. maritim. Meteor. 69, 1941, S. 178–181).

Reichel, E.: Zum Dampfgehalt und Wasserkreislauf der Atmosphäre. (Meteor. Rdsch. 2, 1949, S. 206–208).

Steinhauser, F.: Über die Häufigkeitsverteilung der relativen Feuchtigkeit im Hochgebirge und in der Niederung. (Meteor. Z. 53, 1936, S. 223–226).

Steinhauser, F.: Über die Häufigkeitsverteilung des Dampfdruckes im Hochgebirge und in der Niederung und ihre Beziehungen zueinander. (Meteor. Z. 53, 1936, S. 415–419).

Száva-Kováts, J.: Verteilung der Luftfeuchtigkeit auf der Erde. (Ann. Hydrogr. marit. Meteor. 66, 1938, S. 373–378).

Száva-Kováts, J.: Klimasystem der Feuchtigkeit. (Petermanns geogr. Mitt. 86, 1940, S. 11–15).

Tuller, S. E.: World distribution of mean monthly and annual precipitable water. (Monthly Weather Rev. 96, 1968, S. 785–797).

Tunnell, G. A.: World distribution of atmospheric water vapour pressure. (Geophys. Mem. 100, London 1958, 61 S.).

Wukalowitsch, M. P.: Thermodynamische Eigenschaften des Wassers und des Wasserdampfes. (Berlin 1958, 245 S.).

Wundt, W.: Die Wasserdampfverfrachtung über Mitteleuropa im jährlichen Gang. (Ann. Hydrogr. marit. Meteor. 68, 1940, S. 343–352).

2. Verdunstung

Albrecht, F.: Teil A. Monatskarten des Niederschlages im Indischen und Stillen Ozean. Teil B. Monatskarten der Verdunstung und des Wasserhaushaltes des Indischen und Stillen Ozeans. (Ber. Dt. Wetterd. US-Zone Nr. 29, 1951, 39 S.).

Albrecht, F.: Die Methoden zur Bestimmung der Verdunstung der natürlichen Erdoberfläche. (Arch. Meteor., Geophys. Bioklimat. B, 2, 1951, S. 1–38).

Albrecht, F.: Jahreskarten des Wärme- und Wasserhaushaltes der Ozeane. (Ber. Dt. Wetterd. 9 Nr. 66, Offenbach 1960, 19 S.).

Albrecht, F.: Die Berechnung der natürlichen Verdunstung (Evapotranspiration) der Erdoberfläche aus klimatologischen Daten. (Ber. Dt. Wetterd. Nr. 83, 1962, 19 S.).

Anderson, E.R. u.a.: A review of evaporation theory and development of instrumentation. (U.S. Navy Electron. Lab, Rep. 159, 1950, 70 S.).

Bailey, H.P.: A simple moisture index based upon a primary law of evaporation. (Geogr. Ann. 40, 1958, S. 196–215).

Barry, R.G.: Evaporation and transpiration. (In: McBoyle, [Hrsg.]: Climate in Review. Boston 1973, S. 62–72).

Baumgartner A. u. E. Reichel: Die Weltwasserbilanz. (München, Wien 1975, 179 S. und 31 Karten).

Berger-Landefeldt, U.: Über den Wasserverbrauch von Pflanzenbeständen. (Planta 37, 1949, S. 6–11).

Berger-Landefeldt, U.: Beiträge zur Messung der Evapotranspiration nach dem Austauschverfahren. (Arch. Meteor., Geophys. Bioklimat. B, 5, 1953, S. 66–102).

Bornholdt, A.: Evaporation und Evapotranspiration. Korrelationsuntersuchungen in einem Bewässerungsgebiet. (Diss. TU Braunschweig 1969, 198 S.).

Boss, G.: Verdunstungs- und Taumessungen in Afrika. (Ber. Dt. Wetterd. Nr. 5, 1953, 14 S.).

Brogmus, W.: Zur Theorie der Verdunstung der natürlichen Erdoberfläche. (Veröff. Dt. Wetterd. 21, Hamburg 1959).

Brutsaert, W.: Evaluation of some practical methods of estimating evapotranspiration in arid climates at low latitudes. (Water Resource Res. 1, 1965, S. 187–191).

Budd, E.: Ablation from an Antarctic Ice Surface. (Physics of Snow and Ice. Intern. Conf. Low Temp. Sci. 1966, Proceed. I, 1, Sapporo 1967, S. 431–446).

Budyko, M.I.: Die Verdunstung unter natürlichen Bedingungen. (Leningrad 1948, 136 S. [russ.]).

Budyko, M.I.: Isparenie v Estestvennykh Uslovicakh. (Gidromet. Izdat. Leningrad 1948).

Budyko, M.J.: Atlas of the heat balance of the earth. (Moskau 1963, 5 S., 69 Karten).

Chang, J.H.: On the study of evapotranspiration and the water balance. (Erdkunde 19, 1965, S. 141–150).

Conrad, V.: Die Evaporationskraft des Hochgebirges. (Z. angew. Meteor. 53, 1936, S. 111–115).

Coutagne, A.: L'évaporation du sol et le déficit d'écoulement, considérés du point de vue hydrographique, agronomique et climatologique. (Météorologie 1942, S. 150–176; 1943, S. 125–146).

Dammann, W.: Meteorologische Verdunstungsmessungen, Näherungsformeln und Verdunstung in Deutschland. (Die Wasserwirtschaft 55, 1965, S. 315–321).

Deacon, E. L., C. H. Priestley u. *W. C. Swinbank:* Evaporation and the water balance climatology. (UNESCO Publ., Review of Research, Arid Zone Research Nr. 10, 1958, S. 9–34).

Deacon, E.L.: Physical processe near the surface of the earth. (In: World Survey of Climatology. Vol. 2, S. 39–100. Amsterdam 1969).

Eimern, J. van: Zum Begriff und zur Messung der potentiellen Evapotranspiration. (Meteor. Rdsch. 17, 1964, S. 33–42).

Eimern, J. van: Weitere Ergebnisse der Messung der potentiellen Evapotranspiration in Freising-Weihenstephan. (Meteor. Rdsch. 21, 1968, S. 109–113).

Frankenberger, E.: Messungen der natürlichen Verdunstung über Gras. (Ann. d. Meteor. 6, 1954, S. 5–13).

Frankenberger, E.: Meßergebnisse und Berechnungen zum Wärmehaushalt der Erdoberfläche (Ber. Dt. Wetterd. Heft 10, Offenbach 1960).

Friedrich, W.: Über die Verdunstung vom bewachsenen Erdboden. (Dt. Wasserwirtsch. 1936, H. 6, 4 S.).

Friedrich, W.: Über die Verdunstung vom Erdboden. Zusammenfass. Bericht über die Eberswalder Lysimetermessungen. (Gas- u. Wasserfach 81, 1950, S. 289–296).

Friedrich, W.: Ergebnisse und Erfahrungen bei Lysimeterbeobachtungen in Deutschland. (Mitt. Dt. Gew. kdl. Jhrb. 12, 1955, S. 73–78).

Garnier, B.J.: The application of the concept of evapotranspiration to moisture problems in

New Zealand. (New Zealand Geogr. 7, 1951, S. 43–61).
Gentilli, J.: Die Ermittlung der möglichen Oberflächen- und Pflanzenverdunstung. (Erdkunde 7, 1953, S. 81–93).
Giese, E.: Zuverlässigkeit von Indizes bei Ariditätsbestimmungen. (Geogr. Zeitschr. 62, 1974, S. 179–203).
Grindley, J.: Estimation and mapping of evaporation. (IASH-Unesco Symp. on world water balance. Vol. I, S. 200–213, o.J.).
Harrold, Measuring Evapotranspiration by Lysimetry. (Conf. Proc. ASAE 1966, S. 28–33).
Haude, W.: Verdunstungsmenge und Evaporationskraft eines Klimas. (Ber. Dt. Wetterd. US-Zone 42, 1952, S. 225–229).
Haude, W.: Zur Bestimmung der Verdunstung auf möglichst einfache Weise. (Mitt. Dt. Wetterd. Nr. 11, 1955, S. 1–24).
Haude, W.: Über die Verwendung verschiedener Klimafaktoren zur Berechnung potentieller Evaporation und Evapotranspiration. (Meteor. Rdsch. 11, 1958, S. 96–99).
Haude, W.: Die Verteilung der potentiellen Verdunstung in Ägypten. (Erdkunde 13, 1959, S. 214–224).
Haude, W.: Zur Bestimmung der Verdunstung und des Wasserhaushalts in Trockengebieten des Vorderen Orients zwischen Nil und Euphrat. (Wasserwirtsch. 53, 1963, S. 427–438).
Henning, J. und *D. Henning:* Die klimatologische Trockengrenze. (Meteor. Rdsch. 29, 1976, S. 142–151).
Hobbs, E.H.: Reduction of evaporation by monomolecular films. (Proc. of Hydr. Symp. No. 2. Toronto 1961, S. 233–242).
Hofmann, G.: Verdunstung und Tau als Glieder des Wärmehaushaltes. (Planta 47, 1956, S. 303–322).
Iash (Int. Ass. Sci. Hydr.): Lysimeter. Symposium of Hann.-Münden. Vol. II. (IASH Publ. Nr. 49, 1959).
Jacobs, W.C.: Large scale aspects of energy transformation over the ocean. (Ass. of Pac. Coast Geogr. Yearbook 30, 1951, S. 63–78).
Keller, R.: Water Balance in the Federal Republic of Germany (Symp. on world water balance AIHS Publ. No. 92, Vol. II, 1971, S. 300–314).
Kern, H.: Mittlere jährliche Verdunstungshöhen 1931–1960 Bayerns. (Schrft. Bayer. Landesanst. f. Wasserwirtsch. Heft 2, 1975).
King, K.M.: Evaporation from land surfaces. (Proc. of Hydr. Symp. No. 2. Toronto 1961, S. 55–82).
Klockow, W.: Erfahrungen mit einer einfachen Anlage zur Bestimmung der Verdunstung. (Ann. Meteor. 8, 1957/58, S. 171–178).
Knoche, W.: Der „Austrocknungswert" als klimatischer Faktor. (Arch. Dt. Seewarte 48, 1, 1929, 47 S.).
Köhler, H.: On evaporation from snow surfaces. (Arkiv för Geofys. Bd. 1, Nr. 5, S. 159–185).
Koitsch, R. u. *A. Kullmann:* Ein Beitrag zur Schätzung der Bodenfeuchtigkeit aus meteorologischen Daten. (Angew. Meteor. 4, 1960, S. 16–22).
Konstantinov, A.R.: Isparenie v prirode. (Leningrad 1963, 589 S.). Engl. Übersetzung: Evaporation in Nature. (Israel Prog. of Scient. Transl. Jerusalem 1966, 523 S.).
Kuzmin, P.P.: Methods for the estimation of evaporation from land, applied in USSR. (IASH-Unesco Symp. on world water balance. Vol. I, S. 225–231, o.J.).
Kuznetsov, V.I.: Experimental investigations and computation of evaporation from water surface. (IASH-Unesco Symp. on world water balance. Vol. I, S. 153–160, o.J.).
Lettau, H.: Evapotranspiration climatonomy – a new approach to numerical prediction of monthly evapotranspiration, runoff, and soil moisture storage. (Monthly Weath. Rev. 97, 1969, S. 691–699).
Liebscher, H.: A method for runoff-mapping from precipitation and air temperature. (Symp. on world water balance. Reading 1970, Int. Ass. Hydrol. Sci. Publ. 92, S. 115–131).
Mather, J.R.: Manual of evapotranspiration. (John Hopkins Univ. Suppl. Interim Rep., 10, Seabrook 1950, 29 S.).
Mather, J.R.: The measurement of potential evaporation. (Publ. climat. 7, Seabrook 1954a, S. 1–225).
Mather, J.R.: Investigation of Thornthwaite's evapotranspiration formula and procedure. (Publ. climat. 7, Centerton 1954b, S. 379–384).
Maurer, H.J.: Niederschlagsarme Perioden und Trockenperioden in der Bundesrepublik Deutschland. (Diss. Univ. Freiburg 1975).
McCulloch, J.S.G.: Tables for the rapid computation of the Penman estimate of evaporation. (East Afr. Agric. For. J. 30, 1965, S. 286–295).
McIlroy, J.C. and *D.E. Angus:* Grass, water and soil evaporation at Aspendale. (Agric. Meteor. 1, 1964, S. 201–224).
Miller, D.M.: Water at the surface of the earth. (New York 1977, 557 S.).
Möller, F.: Die Verdunstung als geophysikalisches Problem. (Naturwiss. Rdsch. 4, 1951, S. 45–50).
Mukammal, E.J.: Evaporation pans and Atmometers. (Proc. of Hydr. Symp. No. 2. Toronto 1961, S. 84–105).
Munn, R.E.: Energy budget and masstransfer

theories of evaporation. (Proc. of Hydr. Symp. No. 2. Toronto 1961, S. 8–30).

Pelton, W.L.: The use of lysimetric methods to measure evapotranspiration. (Proc. of Hydr. Symp. No. 2. Toronto 1961, S. 106–134).

Penman, H.L.: Natural evaporation from open water, bare soil and grass. (Proc. Roy. Met. Soc. A, 193, 1948, S. 120–145).

Penman, H.L.: Evaporation – an introductory survey. (Neth. J. Agr. Sci. 4, 1956, S. 9–29).

Popov, E.G.: Continental precipitation and evaporation. A review of problems related to hydrological cycle and water balance studies. (IASH-Unesco Symp. on world water balance. Vol. 1, S. 165–173, o.J.).

Privett, D.W.: The exchange of energy between the atmosphere and the oceans of the southern hemisphere. (Geophys. Mem. 13, No. 104, London 1960, 61 S.).

Pruitt, W.O. and *D.E. Angus:* Comparison of evapotranspiration with solar and net radiation and evaporation from water surfaces. (Invest. of energy and mass transfer near the ground. Davis, Univ. of California, 1961).

Reichel, E.: Der Stand des Verdunstungsproblems. (Ber. Dt. Wetterd. US-Zone Nr. 35, 1952, S. 155–169).

Richter, D.: A comparison of various methods used for the determination of evaporation from free water surfaces. (Int. Ass. Hydr. Sci. Publ. 109, 1973, S. 235–238).

Riou, Ch.: La détermination pratique de l'évaporation. Application à l'Afrique Centrale. (Off. de la Recherches Scient. et Techn. Outre-Mer. ORSTOM Memoire No. 80, Paris 1975, 236 S.).

Rohwer, C.: Evaporation from a free water surface. (US-Dept. of Agricult. Techn. Bull. 271, Washington 1931, 96 S.).

Sanderson, M.: An experiment to measure potential evapotransporation. (Can. J. Res., 1948, S. 445–454).

Schulze, A.: Das Verdunstungsproblem im Rahmen der Klimaklassifikation. (Ber. Dt. Wetterd. US-Zone Nr. 35, 1952, S. 179–182).

Stenz, E.: Precipitation, evaporation and aridity in Afghanistan. (Acta geophysica polonica 5, Warschau 1957, S. 245–266).

Sutcliffe, J.V. and *C.H. Swan:* The prediction of actual evaporation in semi-arid areas. (IASH-Unesco Symp. on world water balance. Vol. 1, S. 213–224, o.J.).

Thornthwaite, C.W.: An approach toward a rational classification of climate. (Geogr. Rev. 38, 1948, S. 55–94).

Thornthwaite, C.W. u. *J.R. Mather*: The role of evapo-transpiration in climate. (Arch. Meteor., Geophys. Bioklimat. B, 3, 1951, S. 16–39).

Thornthwaite, C.W.: The water balance in arid and seminarid climates. (Desert research. Proc. Intern. Symp. Jerusalem 1952, S. 112–135).

Thornthwaite, C.W.: A re-examination of the concept and measurement of potential evapotranspiration. (In: J. R. Mather [Hrsg.]: The measurement of potential evapotranspiration. Publ. climatol. VII, 1. Seabrook 1954a, S. 200–289).

Turc, L.: Le bilan d'eau des sols, relations entre les précipitations l'évaporation et l'écoulement. (Ann. Agronom. 12, 1961, S. 13–49).

Turc, L.: Karten der möglichen Verdunstung, Gebrauch und Auswertung. (Int. Comm. on. Irrig. and Drain. Annal. Bull. 1963, S. 67–84).

Uhlig, S.: Berechnung der Verdunstung aus klimatologischen Daten. (Mitt. Dt. Wetterd. Nr. 6, 1954, 24 S.).

Wallén, C.C.: Global solar radiation and potential evapotranspiration in Sweden. (Tellus 18, 1966, S. 786–800).

Wijk, W.R. van u. *D.A. de Vries:* 1954 Evapotranspiration. (Neth. J. Agri. Sci., 2, 1954, S. 105–119).

Wilcock, A.A.: Potential evapotranspiration: a simplification of Thornthwaite's method. (Proc. Roy. Soc. Victoria 63, 1951, 36 S.).

Wilhelmy, H.: Methoden der Verdunstungsmessung und der Bestimmung des Trockengrenzwertes am Beispiel der Südukraine. (Petermanns geogr. Mitt. 90, 1944, S. 113–123).

WMO: Measurement and estimation of Evaporation and Evapotranspiration. (WMO Techn. Note 83, Genève 1966).

Woodhead, T.: Mapping potential evaporation for tropical East Africa: The accuracy of Penmanestimales derived from indirect assessment of radiation and wind speed. (In: World water balance. Proc. of the Reading Symp. 1970, Vol. I, S. 232–241).

Wundt, W.: Beziehungen zwischen Mittelwerten von Niederschlag, Abfluß, Verdunstung und Lufttemperatur für Landflächen der Erde. (Deutsche Wasserwirtsch. 32, 1937, H. 5 u. 6).

Wundt, W.: Die Verdunstung von den Landflächen der Erde im Zusammenhang mit der Temperatur und dem Niederschlag. (Z. angew. Meteor./Wetter 56, 1939a, S. 1–9).

Wundt, W.: Die Verdunstung vom Meere in der Passatzone und von freien Wasserflächen im allgemeinen. (Ann. Hydrogr. marit. Meteor. 67, 1939b, S. 74–82).

Wüst, G.: Oberflächensalzgehalt, Verdunstung und Niederschlag auf dem Weltmeere. (Festschrift N. Krebs, Stuttgart 1936, S. 347–359).

Zubenock, L. J. u. *L. A. Strokina:* Evaporation from the surface of the globe. (Trudy Glawn

Geofiz. Obs. Nr. 139, 1963, S. 93–107 [russ.]; engl. in Soviet Hydrology 6, 1963, S. 597–611).

3. Kondensation und Eisbildung

Bigg, E. K.: Problems in the distribution of ice nuclei. (Techn. Rep. Japan Meteor. Agency 45. Tokyo 1965).

Bigg, E. K. and *J. Giutronich:* Ice nucleating properties of meteoritic material. (Journ. Atm. Sci. 24, 1967).

Cobb, W. E., H. J. Wells: The electrical conductivity of oceanic air and its correlation to global atmosphere pollution. (J. Atmosph. Sci. 27, 1970, S. 814).

Dessens, H.: Les noyaux de condensation de l'atmosphère. Météorologie 1946, S. 321–327).

Diem, M.: Zur Struktur der Niederschläge. I. Die Genauigkeit von Regenmessungen. (Arch. Meteor. Geophys. Bioklimat. B 15, 1967, S. 39–51).

Diem, M.: Zur Struktur der Niederschläge. III. Regen in der arktischen, gemäßigten und tropischen Zone. (Arch. Meteor. Geophys. Bioklimat. B, 16, 1968, S. 347–390).

Diem, M.: Zur Struktur der Wolken I, II (Arch. Meteor. Geophys. A 13, 1963, S. 34–56 u. 461–480); III (Meteor. Rdsch. 26, 1973, S. 157–179).

Findeisen, W.: Die Kondensationskerne. Entstehung, chemische Natur, Größe und Anzahl. (Beitr. Phys. fr. Atmosph. 25, 1939, S. 220–232).

Fletcher, N. H.: Physical basis of ice crystal nucleation. Development since 1960. (Second Nat. Conf. on. Wea. Mod. Santa Barbara, 1970, S. 320–324).

Georgii, H. W., W. Vitze: Global and regional distribution of sulfur components in the atmosphere. (Idöjaras 5, 1971, S. 294).

Georgii, H. W.: Kondensationskerne – Wolkenkerne. (Promet. 4, 1972, S. 12–19).

Hobbs, P.: Simultaneous airborne measurements of cloud condensation nuclei and sodium-containing particles over the ocean. (Quart. J. Roy. Meteor. Soc. 97, 1971, S. 263).

Jänicke, R., C. Junge, H. J. Kanter: Messungen der Aerosolgrößenverteilung über dem Atlantik. (Meteor. Forschungs-Ergebn. R.B. 7, 1971, S. 1–54).

Junge, Chr.: Nuclei of atmospheric condensation. (In: Compendium of Meteorology. Boston/Mass. 1951, S. 182–191).

Junge, C. u. a.: Luftchemische Studien am Observatorium Izana Teneriffa. (Meteor. Rdsch. 22, 1969, S. 158).

Junge, C., E. McLaren: Relationship of cloud nuclei spektra to aerosol size distribution and composition. (J. Atmosph. Sci. 28, 1971, S. 382).

Kline, D. B.: Evidence of geographical differences in ice nuclei concentrations. (Monthly Weather Rev. 91, 1963, S. 681–686).

Köhler, H.: Über die Tropfengröße der Wolken und die Kondensation. (Meteor. Z. 38, 1921, S. 359–365).

Köhler, H.: On the problem of condensation in the atmosphere. Nova Acta Reg. Soc. Scient. Upsaliensis, Ser. IV, Vol. 14, Nr. 9, 1950, S. 5–76).

Krastanov, L.: Über die Bildung der unterkühlten Wassertropfen und der Eiskristalle in der freien Atmosphäre. (Meteor. Z. 57, 1940, S. 357).

Krastanov, L.: Beitrag zur Theorie der Tropfen- und Kristallbildung in der Atmosphäre. (Meteor. Z. 58, 1941, S. 37).

Landsberg, H.: Atmospheric condensation nuclei. (Ergebn. kosm. Phys. 3, Leipzig 1938, S. 155–252).

Lettau, H.: Versuch einer Bilanz im Kondensationskern-Haushalt der Troposphäre im Durchschnitt für die ganze Erdoberfläche. (Ann. Hydr. marit. Meteor. 67, 1939, S. 551–559).

Mossop, S. C.: Atmospheric ice nuclei. (Z. angew. Math. Phys. 14, 1963, S. 456–486).

Rau, W.: Die Gefrierkerngehalte der verschiedenen Luftmassen. (Meteor. Rdsch. 7, 1954, S. 205–211).

Schaefer, V.: The production of ice crystals in a cloud of supercooled water droplets. (Science 104, 1946, S. 104).

Squires, P., S. Twomey: A comparison cloud nuclei measurements over central North America and the Caribean Sea. (J. Atmosph. Sci. 26, 1966, S. 684).

Toba, Y.: On the giant sea-salt-particles in the atmosphere. (Tellus 17, 1965, S. 131–145; 18, 1966, S. 132–145).

Twomey, S.: The distribution of sea salt nuclei in air over land. (J. Meteor. 12, 1955, S. 81–86).

Twomey, S., T. A. Wojciechowski: Observation of the geographical variation of cloud nuclei. (J. Atmosph. Sci. 26, 1969, S. 684).

Twomey, S.: The composition of cloud nuclei. (J. Atmosph. Sci., 26, 1971, S. 377).

Wall, E.: Physik der Keimbildung und Meteorologie. (Z. angew. Meteor./Wetter 57, 1940, S. 377–388).

Wall, E.: Zur Physik der Wasserdampfkondensation an Kernen. (Z. angew. Meteor./Wetter 59, 1942a, S. 106–125).

Wall, E.: Material zur Frage der Eiskeimbildung in der Atmosphäre. (Meteor. Z. 59, 1942b, S. 109–120).

Wall, E.: Einfaches Schema der atmosphärischen Eiskeimbildung. (Meteor. Z. 59, 1942c, S. 177–183).

Wall, E.: Die Eiskeimbildung in Lösungskernen. Ein Beitrag zur allgemeinen Theorie der Lösungskerne. (Meteor. Z. 60, 1943, S. 94–104).

Weickmann, H.: A theory of the formation of ice crystals. (Arch. Meteor. Geoph. Bioklimat. A 4, 1951, S. 309–323).

Weickmann, H., U. Katz und *R. Steele:* Sublimation or contact nucleus? (Second Nat. Conf. on Wea. Mod. Santa Barbara, 1970, S. 332–336).

Weickmann, H.: Atmosphärische Eisbildung. (Promet. 4, 1972, S. 7–11).

Warner, J.: The supersaturation in natural clouds. (J. Rech. atmosph. 3, 1968, S. 233).

Wundt, W.: Tau und Reif – Haftwasser u. Bodeneis in gemeinsamer Betrachtung. (Geogr. Rundsch. 14, 1962, S. 445–449).

4. *Nebel*

Berenskin, V.A.: Synoptical conditions of formation of fogs. Geographical distribution of fogs. (Recueil géophys. Leningrad VII, 2, 1930, S. 19–20).

Bonacina, L.C.W.: London fogs. Then and now. (Weather 5, 1950, S. 91–93).

Boss, G.: Niederschlagsmenge und Salzgehalt des Nebelwassers an der Küste Deutsch-Südwestafrikas. (Bioklimat. Beibl. Meteor. Z. 8, 1941, S. 1–15).

Bruzon, E.: La période du crachin sur les régions du golfe du Tonkin. (Ann. Phys. Globe France d'outre-mer 3, 1936, S. 129–133, 139–142).

Byers, H.R.: Summer sea fogs of the central California coast. (Univ. Calif. Publ. Geogr. 3, 5, 1930, S. 291–338).

Dufour, L.: Sur la classification des brouillards. (Ciel et terre 55, 1939, S. 369–379).

George, J.J.: Fog. (Compendium of Meteorology. Boston/Mass. 1951, S. 1179–1189).

Jaumotte, J.: Sur le brouillard meurtrier de la vallée de la Meuse. (Ciel et terre 47, 1931, S. 100–106).

Knoche, W.: Nebel und Garua in Chile. (Z. Ges. Erdkde. Berlin 1931, S. 81–95).

Köppen, W.: Landnebel und Seenebel. (Ann. Hydrogr. marit. Meteor. 44, 1916, S. 233–257; 45, 1917, S. 401–408).

Müller-Annen, H.: Nebelentstehung und Nebelarten im Küstengebiet der Deutschen Bucht. (Forsch.-u. Erfahr. Ber. RWD. Reihe A, 5, 1941, 64 S.).

Nurminen, A.: Einige Ergebnisse der Seenebelforschung. (Meteor. Abh. Freie Univ. Berlin. Bd. 2, 3, 1954, S. 126–151).

Patton, C.P.: Climatology of summer fogs in the San Francisco-Bay area. (Diss. Univ. California 1953, 167 S.).

Petterssen, S.: On the causes and the forecasting of the California fog. (Bull. Amer. Meteor. Soc. 19, 1938, S. 49–55).

Petterssen, S.: Some aspects of formation and dissipation of fog. (Geofys. Publ. 12, 10, 1939, 22 S.).

Reichsamt für Wetterdienst. Mittlere Zahl der Nebeltage im Deutschen Reich. 12 Monatskarten u. 1 Jahreskarte. (Forsch.- u. Erfahr.-Ber. Reichsamt f. Wetterd., Reihe A [Sonderheft], Berlin 1942, 4 S., 13 Kart.).

Reidat, R.: Der Jahresgang des Nebels in Deutschland. (Ann. Meteor. 1, 1948, S. 307–312).

Robertson, G.W.: Low-Temperature fog at the Edmonton Airport as influenced by moisture from the combustion of natural gas. (Quart. J. Roy. Meteor. Soc. 81, 1955, S. 190–197).

Schirmer, H.: Methodischer Beitrag zur Kartierung der Nebelverhältnisse in Gebirgsgebieten. (XII. int. Tagung für alpine Meteor., Sarajevo 1972).

Schönwiese, Ch.-D.: Zur Systematik der Nebelerscheinungen. (Wetter und Leben 22, 1970, S. 185–190).

Winiger, M.: Die raum-zeitliche Dynamik der Nebeldecke aus Boden- und Satellitenbeobachtungen. (Inform. und Beitr. zur Klimaforsch. 12, Bern 1974, S. 24–29).

5. *Wolken und Bewölkung*

Alt, J.: Cirrus et nuages cirriformes. (Météorologie 1958, S. 35–58).

Bary, E. de u. *F. Möller:* Über die Höhenverteilung der Wolken bei verschiedenen Wetterlagen. (Meteor. Rdsch. 9, 1956, S. 130–134).

Bary, E. de u. *F. Möller:* Die mittlere vertikale Verteilung von Wolken in Abhängigkeit von der Wetterlage. (Ber. Dt. Wetterd. 67, 1960, 28 S.).

Battan, L.J. u. *R.R. Braham jr.:* A study of convective precipitation based on cloud and radar observations. (J. Meteor. 13, 1956, S. 587–591).

Battan, L.J.: A survey of recent cloud physics research in the Soviet Union. (Bull. Am. Meteor. Soc. 44, 1963, S. 755–771).

Berg, H.: Mammatusbildungen. (Meteor. Z. 55, 1938, S. 283–287).

Berg, H.: Zur Struktur der Aufgleit- und Regenwolken. (Ann. Hydrogr. marit. Meteor. 68, 1940, S. 101–102).

Berg, H.: Der jährliche Gang der Häufigkeit einiger tiefer Wolkenformen in verschiedenen Klimagebieten. (Z. Meteor. 1, 1946/47, S. 196–201).

Bergeron, T.: On the physics of cloud and precipitation. (Mém. Ass. Meteor. UGGI II, Lissabon 1933. Paris 1935, S. 156–178).

Bergeron, T.: Cloud-physics research and the future freshwater supply of the world. (Met. inst. vid Kungl. Univ. Uppsala, Rep. No. 18, 1970, 14 S.).

Bricard, J.: Physique des nuages. (Paris 1953, 343 S.).

Chapman, S. u. *P. C. Kendall*: Noctilucent clouds and thermospheric dust. (Quart. J. Roy. Meteor. Soc. 91, 1965, S. 115–131).

Diem, M.: Messungen der Größe von Wolkenelementen. II. (Meteor. Rdsch. 1, 1948, S. 261–273).

Douglas, C. K. M.: Alto-cumulus castellatus clouds and thunderstorms. (Meteor. mag. 66, 1931, S. 106–109).

Dufour, L. u. *R. Defay*: Thermodynamics of clouds. (Internat. Geophys. 6, New York / London 1963, 255 S.).

Eckardt, M.: Quantitative Interpretationen von Wolkenbeobachtungen. (Promet. 3, 1972, S. 14–17).

Ekhart, E.: Zur Bewölkungsklimatologie der Alpen. (Geogr. Ann. 32, 1950, S. 21–36).

Findeisen, W.: Der Aufbau der Regenwolken. (Z. angew. Meteor. / Wetter 55, 1938, S. 208–225).

Flach, E.: Zum täglichen und jährlichen Gang der Bewölkung. (Z. Meteor. 5, 1951, S. 212–224).

Flach, E.: Tages- und jahreszeitliche Besonderheiten im Verhalten der Bewölkung. (Z. Meteor. 6, 1952, S. 1–8 u. 33–39).

Flach, E.: Grundzüge einer spezifischen Bewölkungsklimatologie. Meteorologisch-geophysikalische Betrachtungen über die Zusammenhänge zwischen Bewölkung und Sonnenscheindauer, nebst einer Anwendung auf Ergebnisse von Zirkumglobalstrahlungsmessungen. (Arch. Meteor., Geophys. Bioklimat. B, 12, 1963, S. 357–403).

Fletcher, N. H.: The physics of rainclouds. (Cambridge, New York 1962, 386 S.).

Fliri, F.: Über die klimatologische Bedeutung der Kondensationshöhe im Gebirge. (Die Erde 98, 1967, S. 203–210).

Franz, U.: Die großräumige Wolkenverteilung in außertropischen Tiefdruckgebieten. (Meteor. Abh. Freie Univ. Berlin LXXV, 2, 1967, 66 S.).

Grunow, J.: Über die Beziehungen zwischen Sonnenscheindauer und Bewölkung. (Meteor. Rdsch. 11, 1958, S. 127–131).

Hoinkes, H.: Der Wolkenhimmel in den Alpen. (Jb. Österr. Alpenver. 75, 1950, S. 90–97).

Houghton, H. G.: On the physics of clouds and precipitation. (Compendium of Meteorology. Boston/Mass. 1951, S. 165–181).

Howell, W. E.: The classification of clouds forms. (Compendium of Meteorology. Boston / Mass. 1951, S. 1161–1166).

International Cloud Atlas. (World Meteor. Org., Genf 1956. 1, 155 S. Text; 2, 224 S. Wolkenbilder).

Internationaler Wolkenatlas. (Gekürzte Ausgabe). Frankf. a. M. 1957. 1, 66 S. Text; 2, 72 S. Wolkenbilder).

Kähler, K.: Wolken und Gewitter. (Leipzig 1940, 158 S.).

Keil, K.: Die Wolken. (Meteor. Rdsch. 1, 1947 / 48, S. 299–302).

Knoch, K.: Die Verteilung der Bewölkung über Europa. (Abh. Preuß. Meteor. Inst. VII, 5, 1923, 8 S. 8 Taf.).

Knoch, K.: Die Haupttypen des jährlichen Ganges der Bewölkung über Europa. (Abh. Pr. Meteor. Inst. VIII, 3, 1926, 44 S.).

Koch, H. G.: Maritime und kontinentale Züge im Jahresgang der Bewölkung über Europa und Nordatlantik. (Peterm. geogr. Mitt. 115, 1971, S. 248–261).

Küttner, J.: Moazagotl und Föhnwelle. (Beitr. Phys. fr. Atmosph. 25, 1938, S. 79–114).

Ludlam, F. H.: The physics of clouds. (Handb. d. Physik. 48, 1957, S. 479–540).

Ludlam, F. H.: Noctilucent clouds. (Tellus 9, 1957, S. 341–364).

Ludlam, F. H. u. *R. S. Scorer:* Cloud study. A pictoral guide. (London 1957, 80 S.).

Malkus, J. S. u. H. Riehl: Cloud structure and distribution over the tropical Pacific Ocean. (Berkeley/Los Angeles 1964, 229 S.; Tellus 16, 1964, S. 275–287).

Mason, B. J.: Clouds, rain and rainmaking. (Cambridge, New York 1962, 145 S.).

Mason, B. J.: The physics of clouds. (Oxford 1971, 671 S.).

Möller, F.: Thermodynamics of clouds. (Compendium of Meteor. Boston / Mass. 1951, S. 199–206).

Mügge, R.: Gewitterwolken. (Natur u. Mus. 63, 1933, S. 304–313; Natur u. Volk 64, 1934, S. 408–419).

Noctilucent Clouds, an international symposium. (Moskau 1967, 235 S., 28 Beitr. in Engl.).

Perrie, D. W.: Cloud physics. (New York 1950, 119 S.).

Pilsbury, R. K.: Clouds and weather. (London 1969, 90 S.).

Prügel, H.: Wolkenstraßen. (Meteor. Rdsch. 3, 1950, S. 131–133).

Schereschewsky, Ph. u. *Ph. Wehrlé:* Les systèmes nuageux. 3 Bde. (77 S. Text, 33 Kart.-Taf.). (Mémorial Off. Nat. Météor. France 1, Paris 1923).

Schneider-Carius, K.: Die Bedeutung des Schichtenbaues der Troposphäre für die Aufstellung

von Wolkensystemen. (Arch. Meteor., Geophys. Bioklimat. A, 2, 1950, S. 97–118).
Schüepp, M.: Der Lebenslauf einer Gewitterwolke. (Leben u. Umwelt 7, 1951, S. 231–236).
Schwerdtfeger, W.: Über die hohen Wolken. (Wiss. Abh. Reichsamt Wetterd. V, 1, 1938, 34 S.).
Scorer, R. u. *H. Wexler:* A colourguide to clouds. (Oxford 1964, 63 S.).
Scorer, R.: Clouds of the world. A complete colour encyclopedia. (London 1972, 176 S.).
Siegel, R.: Sprache der Wolken. (Stuttgart 1949, 79 S.).
Steinhauser, F. u. *G. Perl:* Der Jahresgang der Bereitschaft zu heiterem, wolkigem oder trübem Wetter in den Ostalpen. (Meteor. Z. 54, 1937, S. 321–328).
Süring, R.: Die Wolken. (Probl. kosm. Phys. 16, Leipzig 1950, 139 S.).
Vestine, E. H.: Noctilucent clouds. (J. Roy. Astron. Soc. Canada 1934, S. 249–272, 303–317).
Witt, G.: Height, structure and displacements of noctilucent clouds. (Tellus 14, 1962, S. 1–18).

f) Niederschläge

1. Flüssige Niederschläge; Arten, Entstehung, Messung

Barat, C.: Pluviologie et aquidimétrie dans la zone intertropicale. (Mém. Inst. Francais d'Afrique Noire No. 49, Ifan-Dakar 1957, 80 S.).
Bergeron, T.: Über den Mechanismus der ausgiebigen Niederschläge. (Ber. Dt. Wetterd. US-Zone Nr. 12, 1950, S. 225–232).
Bergeron, T.: Mesometeorological studies of precipitation. IV. Orogenic and convective rainfall patterns. (Rep. Dep. Meteor. Uppsala Nr. 20, 1970).
Bernick, W.: Untersuchungen über den Taufall auf der Insel Hiddensee und seine Bedeutung als Pflanzenfaktor. (Diss. Greifswald 1938, 66 S.).
Best, A. C.: The size distribution of raindrops in rain. (Quart. J. Roy. Meteor. Soc. 76, 1960, S. 16–36).
Bochkow, A. P. u. *L. R. Struzer:* Estimation of precipitation as water balance element. (IASH Symp. on World Water Balance. Reading 1971, Vol. I, S. 186–193).
Bonacina, L. C. W.: Orographic rainfall and its place in the hydrology of the globe. (Quart. J. Roy. Meteor. Soc. 71, 1945, S. 41–45).
Borovikov, A. M. u. a.: Radar measurement of precipitation rate. (Transl. fr. the russ. Jerusalem 1970, 116 S.).
Dammann, W.: Zur Physiognomie der Niederschläge in Nordwestdeutschland. (Göttinger Geogr. Abh. 1, 1948, S. 58–69).
Delfs, J.: Die Niederschlagszurückhaltung im Walde (Interception). (Mitt. Arbeitskr. Wald u. Wasser Nr. 2, Koblenz 1955).
Dennis, A. S.: Initiation of showers by snow. (J. Meteor. 11, 1954, S. 157–162).
Diem, M.: Zur Struktur der Niederschläge. I. Die Genauigkeit von Regenmessungen. (Arch. Met. Geoph. Biokl. B., Bd. 15, 1967, S. 39–51).
Findeisen, W.: Die kolloidmeteorologischen Vorgänge bei der Niederschlagsbildung. (Meteor. Z. 55, 1938, S. 121–131).
Findeisen, W.: Zur Frage der Regentropfenbildung in reinen Wasserwolken. (Meteor. Z. 56, 1939a, S. 365–368).
Findeisen, W.: Das Verdampfen der Wolken- und Regentropfen. (Meteor. Z. 56, 1939b, S. 453–460).
Hader, Fr.: Über Beobachtungen zur Struktur von Starkregen. (Mitt. Geogr. Ges. Wien. 92, 1950, S. 122–123).
Flohn, H. u. *J. Huttary:* Zur Kenntnis der Struktur der Niederschlagsverteilung. (Z. Meteor. 6, 1952. S. 304–309).
Gelbke, W.: Untersuchungen zur Methodik der Taumessung an Hand dreijähriger Taumeßreihen in Greifswald. (Abh. Meteor. Hydrol. Dienstes DDR Nr. 38, 1955, 104 S.).
Grunow, J.: Niederschlagsmessung am Hang. (Meteor. Rdsch. 6, 1953, S. 85–91).
Grunow, J.: Niederschlagsmessung im Gebirge. (Wetter u. Leben 5, 1953, S. 35–37).
Grunow, J.: Der Niederschlag im Bergwald. Niederschlagszurückhaltung und Nebelzuschlag. (Forstwiss. Centralbl. 74, 1955, S. 21–36).
Grunow, J.: Weltweite Messungen des Nebelniederschlags nach der Hohenpeißenberger Methode. (Publ. IUGG, IASH Nr. 65, 1964, S. 324–342).
Grunow, J.: Die Niederschlagszurückhaltung in einem Fichtenbestand am Hohenpeißenberg und ihre meßtechnische Erfassung. (Forstwiss. Centralbl. 84, 1965, S. 212–229).
Grunow, J. u. *H. Tollner:* Nebelniederschlag im Hochgebirge. (Arch. Meteor. Geoph. Biokl. B, 17, 1969, S. 201–228).
Harper, W. G. u. *J. G. D. Beimers:* The movement of precipitation belts as observed by radar. (Quart. J. Roy. Meteor. Soc. 84, 1958, S. 242–249).
Hiltner, E.: Der Tau und seine Bedeutung für den

Wasserhaushalt der Kulturpflanzen. (Prakt. Bl. Pfl. bau Pfl. schutz 8, 1931, S. 223ff.).

Huff, F. A. u. *J. C. Neill:* Rainfall relations on small areas in Illinois. (Bull. Ill. State Water Surv. 44, 1957).

Hutchinson, P.: Estimation of rainfall in sparcely ganged areas. (Bull. Int. Ass. Sci. Hydr. 14, 1969, S. 101–119).

Joss, J., K. Schram, J. C. Thams, A. Waldvogel: Untersuchungen zur quantitativen Bestimmung von Niederschlagsmengen mittels Radar. (Veröff. Schweizer Meteor. Zentralanst. 14, 1969, 37 S.).

Kerfoot, O.: Mist precipitation on vegetation. (Forestry Abstracts 29, 1968, S. 8–20).

Kessler, O.: Der Tauschreiber KESSLER-FUESS. (Bioklimat. Beibl. Meteor. Z. 6, 1939, S. 23ff.).

Kopp, W.: Über Niederschlagstypen. (Meteor. Rdsch. 14, 1961, S. 65–67).

Koschmieder, H.: Methods and results of definite rain measurements. (Month. Weather Rev. 62, 1934, S. 5–7).

Lauscher, F.: Grundsätzliche Bemerkungen zur Totalisatoren-Methodik. (VI. Congr. Int. Météor. Alpine, Bled 1960, S. 159–162. Beograd 1962).

Lehmann, P. u. *H. Schanderl:* Tau und Reif. (Wiss. Abh. Reichsamt f. Wetterd. 4, 1942).

Levert, C.: Praxis und Theorie der Messung mit schrägen Regenmessern. (Arch. Met. Geophys. u. Bioklim. B, 11, 1962, S. 447–467).

Mäde, A.: Über die Höhe des nächtlichen Taufalles im mitteldeutschen Trockengebiet. (Wiss. Z. M.-Luther-Univ. Halle-Wittenberg 4, 1954, S. 185–189).

Mason, B. J.: On the formation of raindrops and hailstones. (The Advencement of Science 22, 103, London 1966, S. 485–499).

Monteith, J. L.: Dew. (Quart. J. Roy. Meteor. Soc. 83, 1957, S. 322–341).

Otto, G.: Zur kartographischen Darstellung der Niederschlagsverteilung im Maßstab $\geqq$ 1:200000. Klimageographische Arbeitskarten. (Peterm. Geogr. Mitt. 113, 1969, S. 72–88).

Poncelet, L.: Report on the working group on measurements of precipitation. (Comm. for Inst. and Meth. of Observation. WMO Doc. 55, Geneve 1969).

Reinhold, F.: Einheitliche Richtlinien zur Auswertung von Schreibregenmesser-Aufzeichnungen. (Gesundheitsing. 60, 1937, S. 22–26, 40–45, 55–61).

Rodda, J. C.: The systematic error in rainfall measurements. (Jour. Inst. Water Eng. 21, 1967, S. 173–177).

Rodda, J. C.: On the questions of rainfall measurement and representativeness. (IASH Symposium on World Water Balance, Reading I, 1971, S. 173–186).

Rodme, B.: The concentration of liquid water in the atmosphere. (Tellus 18, 1966, S. 86–104).

Schirmer, H.: Methodischer Beitrag zur Erfassung der räumlichen Niederschlagsstruktur im Mittelgebirgsraum. (III. Konf. f. Karpatenmeteor. Belgrad 1966, S. 123–133).

Seilkopf, H.: Die räumliche und zeitliche Aufeinanderfolge von Regenschauern. (Ann. Hydrogr. marit. Meteor. 58, 1930, S. 1–10).

Sharon, D.: The spatial pattern of convective rainfall in Sukumuland, Tanzania – a statistical analysis. (Arch. Meteor. Geoph. Bioklim. B, 22, 1974, S. 55–65).

Stephan, J.: Zum Tauproblem. (Biologia generalis. 17, 1943, S. 204–229).

Steubing, L.: Studien über den Taufall als Vegetationsfaktor. (Ber. Dt. Bot. Ges. 68, 1955, S. 55–70).

Struzer, L. R. et al.: Systematic errors of measurements of atmospheric precipitation. (Meteor. and Hydr. 10, 1965, S. 50–54).

Sulakvelidze, G. K. u. a.: Formation of precipitation and modification of hail processes. (Jerusalem 1967 [Moskau 1965], 208 S.; Übers. a. d. Russ.).

Sulakvelidze, G. K.: Rainstorms and hail. (Jerusalem 1969 [Moskau 1967], 310 S.; Übers. a. d. Russ.).

Tollner, H.: Zur Niederschlagsmessung in den Alpen. (Wetter u. Leben 8, 1956, S. 173–179).

Tollner, H.: Zur Frage der Niederschlagsmessung mit hangparallelen Gefäß-Auffangflächen im Hochgebirge. (Jh. ber. d. Sonnblick-Ver. Wien 1966, S. 47–52).

Weise, R.: Über ein einfaches Hilfsmittel zum Taunachweis und seine praktischen Anwendungsmöglichkeiten. (Ann. Meteor. 5, 1952, S. 378–381).

2. Feste Niederschläge: Arten, Entstehung, Messung

Andersen, B. G.: Deuterium variations related to snow pit stratigraphy in the Thiel Mountains. Antarctica. (Polarforschung 5, 1963, S. 200–201).

Arai, R. u. *K. Sekine:* Study on the formation of perennial snow patches in Japan. (Japanese Progr. in Climatology. 1974, S. 83–88).

Aulitzky, H.: Analyse der Schadensursachen von Unwetterkatastrophen zum Zwecke der Vorbeugung. (Österr. Wasserwirtsch. 20, 1968, S. 149).

Bader, H., R. Haefeli, E. Bucher, J. Neher, O. Eckel u. *C. Thams:* Der Schnee und seine Metamorphose. (Beitr. Geol. Schweiz, Geotechn. Serie, Hydrol. 3, Zürich 1939, 340 S.).

Bennett, I.: Glaze, its meteorology and climatology, geographical distribution, and economic effects. (Headqu, US-Army Quartermasters Research a. Engineering Command Natick, Massachusetts. Techn. Rep. EP-105. March 1959).

Bentley, W.A. u. *W.J. Humphreys:* Snow crystals. (New York, London 1931; neue Ausgabe 1964, 23 S., 203 Taf.).

Bider, M.: Statistische Untersuchungen über die Hagelhäufigkeit in der Schweiz und ihre Beziehungen zur Großwetterlage. (Arch. Meteor., Geophys., Bioklimat. B, 6, 1954, S. 66–90).

Bider, M.: Glatteis und Straßenglätte. (Leben und Umwelt 10, 1954, S. 127–132).

Blüthgen, J.: Schnee-Eis. (Ann. Hydrogr. marit. Meteor. 64, 1936, S. 439–441).

Blüthgen, J.: Die landschaftliche Bedeutung des Schnees. (Z. angew. Meteor. / Wetter 56, 1939, S. 111–122).

Bonacina, L. C. W.: Snow as a form of precipitation and factors controlling distribution over the globe. (UGGI Bull. Intern. Ass. Hydrol. 23, 1938, S. 79–90).

Chodakow, W.G.: Die Vorgänge der Ausbreitung des Schnees und der Schneedecke im Gebirge. (Mater. glaciol. issledow., Chronika, obsusch, 9, 1964. [russ.]).

Church, J.E.: Snow surveying: its principles and possibilities. (Geogr. Rev. 23, 1933, S. 529–563).

Corbel, J.: Neiges et glaciers. (Paris 1962, 224 S).

Corps of Engineers: Snow hydrology. Summary Report of the snow investigations. (North Pac. Div. Corps of Eng. US-Army. Portland 1956, 433 S.).

Dieckmann, A.: Über Schneedeckenperioden. (Z. angew. Meteor. / Wetter 47, 1930, S. 171–177).

Dieckmann, A.: Schneefall und Schneedecke im singulären Gang. (Meteor. Z. 48, 1931, S. 175–179).

Dieckmann, A.: Schneeklemmen. Eine klimatologische Untersuchung im Württembergischen Stationsnetz. (Erdgesch. Abh. Schwaben Franken 18, 1936, 79 S.).

Diem, M.: Schneeforschung. (Naturwiss. 32, 1944, S. 12–20).

Diem, M.: Messungen an einer Schneedecke. (Z. angew. Meteor. / Wetter 61, 1944b, S. 37–49).

Djunin, A.K.: Mechanika metelej, (Nowosibirsk 1963, 378 S. [russ.]).

Findeisen, W.: Experimentelle Untersuchungen über die atmosphärische Eisteilchenbildung (Vorläufige Mitteilung). (Meteor. Z. 59, 1942, S. 349–353).

Finsterwalder, R.: Zur Bestimmung der Schneegrenze und ihrer Hebung seit 1920. (Sitz. Ber. Bayer. Akad. Wiss., Math. Nat. Kl. 6, 1952, S. 51–54).

Fleming, G.: Zur Umlagerung der Schneedecke durch den Wind. (Arch. Naturschutz u. Landsch. Forschg. 9, 1969, S. 175–194).

Fontaine, P.: Nouvelles données sur l'enneigement moyen d'hiver et de printemps dans les Alpes francaises. – Essai de schématisation des types de temps correspondants. (Ber. Dt. Wetterd. Nr. 54, 1959, S. 203–208).

Friedel, R.: Schneedeckendauer und Vegetationsverteilung im Gelände. (Mitt. forstl. Vers. Bundesanst. Marienbrunn 59, 1961, S. 317–369).

Gold, L.W. u. *B.A. Power:* Dependence of the forms of natural snowcrystals on meteorological conditions. (J. Meteor. 11, 1954, S. 35–42).

Gow, A.J.: On the accumulation and seasonal stratification of snow at the South Pole. (J. Glaziol. V, 1964/65, S. 467–477).

Grunow, J. u. *D. Huefner:* Observations and analysis of snow crystals for proving the suitability as aerological sonde. I, II. (Met. Obs. Hohenpeissenberg 1959, 77 S.; 1960a, 83 S.).

Grunow, J.: Snow crystal analysis as a method of indirect aerology. (Monogr. Amer. Geophys. Union No. 5, 1960b, S. 130–141).

Hastenrath, St.L.: Observations on the Snow Line in the Peruvian Andes. (Journ. of Glaciology 6, 46, 1967, S. 541–550).

Hastenrath, St.L.: On snowline depression and atmospheric circulation in the tropical Americas during the Pleistocene. (The South African Geographical Journal, 53, 1971, S. 53–69).

Hermes, K.: Die Lage der oberen Waldgrenze in den Gebirgen der Erde und ihr Abstand zur Schneegrenze. (Kölner Geogr. Arb. 5, 1955, 277 S.).

Hofmann, G.: Zum Abbau der Schneedecke. (Arch. f. Meteor., Geophys. u. Biokl. B. Bd. 13, 1963, S. 1–20).

Hoinkes, H.: Über die Schneeumlagerung durch den Wind. (Jahresber. d. Sonnenblick-Vereines 1953–55. S. 27–32).

Hoinkes, H.: Das Eis der Erde. Weltweite Forschungsprogramme in der Internationalen Hydrologischen Dekade. (Umschau 1968, S. 301–306).

Kern, H.: Wasserhaushaltsuntersuchungen in der winterlichen Schneedecke einer randalpinen Tallage. (Ber. Dt. Wetterd. Nr. 54, 1959, S. 150–154).

Korhonen, W.: Über die lokale Veränderlichkeit der Schneedecke. (Meteor. Z. 49, 1932, S. 72–76).

Kossina, E.: Die Schneedecke der Ostalpen. (Wiss.

Veröff. Dt. Museum Länderkde. N. F. 7, Leipzig 1939, S. 71–93).
Kotljakow, W. M.: Die Schneedecke der Erde und die Gletscher. (Leningrad 1968, 480 S. [russ. mit engl. Zus. fass.]).
Kraus, H.: Die Entstehung von Straßenglätte durch gefrorenen Tau, Reif und Beschlag. (Wiss. Mitt. Nr. 9, Meteor. Inst. Univ. München, 1964, S. 107–128).
Kuhnke, W.: Groß--Schneefälle in Deutschland, insbesondere die Schneebruchkatastrophe vom 16. 4. 1936. (Meteor. Z. 56, 1939, S. 418–428).
Lampadius, G.: Nebelfrostablagerungen sowie Tau- und Nebelniederschlag. (Tharandter Forstl. Jahrb. 92, 1941, S. 545–584).
Lauscher, F.: Klimatologische Probleme des festen Niederschlags. (Arch. Meteor., Geophys., Bioklimat. B, 6, 1954, S. 60–65).
Louis, H.: Schneegrenze und Schneegrenzbestimmung. (Geogr. Taschenbuch 1954/55, S. 414–418).
Ludlam, F. H.: The hailstorm. (Weather 16, 1961, S. 152–162).
Miller, D. H.: The influence of snow cover on local climate in Greenland. (J. Meteor. 13, 1956, S. 112–120).
Müller, H. G.: Zur Wärmebilanz der Schneedecke. (Meteor. Rdsch. 6, 1953, S. 140–143).
Nakaya, U.: The formation of ice crystals. (In: Compendium of Meteorology. Boston/Mass. 1951, S. 207–220).
Nakaya, U.: Snow crystals, natural and artificial. (Cambridge, Mass. 1954, 510 S., 514 Abb., 188 Taf.).
Oura, H. (Hrsg.): Physics of snow and ice. Internat. Conf. on Low Temp. Science 1966 (Sapporo 1967, 711 S.).
Paulcke, W.: Praktische Schnee- und Lawinenkunde. (Berlin 1938, 218 S.).
Péguy, Ch. P.: La neige. (Que sais-je? Nr. 538, Paris 1952, 119 S.).
Poggi, A.: La neige au sol. (Météorologie 1957, S. 95–100).
Pusanow, W. P.: Die klimatischen Verhältnisse beim Tauen von Schnee und Eis. (Inform. sborn. o rabot. geogr. fak. Mosk. Gos. Univ. etc. 1, 1958 [russ.]).
Quervain, M. de: Zur Verdunstung der Schneedecke. (Arch. Meteor., Geophys., Bioklimat. B, 3, 1951, S. 47–67).
Richter, G. D.: Die Rolle der Schneedecke bei physikalisch-geographischen Prozessen. (Trudy Inst. Geogr. Akad. Nauk. SSSR 40, 1948, 171 S. [russ.]).
Roller, M.: Über die Auswirkung mikroklimatischer Faktoren auf das Abschmelzen der Winterschneedecke. (Wetter u. Leben 5, 1953, S. 31–33).
Rossmann, F.: Über die Entstehung der Schneeflocken. (Meteor. Rdsch. 2, 1949, S. 34–37).
Scheidemantel, I.: Die Dauer der Schneedecke auf der Nordhalbkugel. (Ungedr. Diss. Freiburg 1954, 206 S.).
Schwalbe, G.: Über den Anteil des Schnees an der Gesamtmenge des Niederschlages in Deutschland. (Z. angew. Meteor./Wetter 53, 1936, S. 105–111).
Schweizer, G.: Büßerschnee in Vorderasien. (Erdkunde 23, 1969, S. 200–205).
Schwind, M.: Die Hagelhäufigkeit in der Bundesrepublik Deutschland. (Mitt. Inst. Raumf. H. 36, 1957, 35 S.).
Troll, C.: Der Büßerschnee (nieve de los penitentes) in den Hochgebirgen der Erde. (Petermanns geogr. Mitt., Erg.- Heft 240, 1942, 103 S.).
Troll, C.: Schmelzung und Verdunstung von Eis und Schnee in ihrem Verhältnis zur geographischen Verbreitung der Ablationsformen. (Erdkunde 3, 1949, S. 18–29).
Tronow, M. W.: Die Chionosphäre und die Schneegrenze. (Izwest. Wsesoj. Geogr. Obschtsch. 82, 1950 [russ.]).
Viaut, A. u. J. Guiraud: Givre et verglas. (Météorologie 1935, S. 243–248).
Weickmann, H.: Formen und Bildung atmosphärischer Eiskristalle. (Beitr. Phys. fr. Atmosph. 28, 1945, S. 12–52).
Weickmann, H.: Entstehung und Bekämpfung des Hagels. (Meteor. Rdsch. 6, 1953, S. 175–180).
Weischet, W.: Die Schneedecke im Rheinischen Schiefergebirge und ihre synoptisch-meteorologischen Bedingungen. (Decheniana 104, 1950, S. 103–144).
Welzenbach, W.: Untersuchungen über die Stratigraphie der Schneeablagerungen und die Mechanik der Schneebewegungen nebst Schlußfolgerungen auf die Methoden der Verbauung. (Wiss. Veröff. dt. österr. Alpenvereins Nr. 9. Innsbruck 1930, 107 S.).
Wilhelm, F.: Schnee- und Gletscherkunde. (Berlin 1975, 434 S.).
Wundt, W.: Über das Schwinden von Schneeflächen. (Wetter u. Klima 2, 1949, S. 161–167).

3. Verbreitung, horizontale und vertikale Verteilung der Niederschläge

Albrecht, F.: Teil A. Monatskarten des Niederschlages im Indischen und Stillen Ozean. (Ber. Dt. Wetterd. US-Zone Nr. 29, 1951, 39 S.).
Ashbel, D.: Frequency and distribution of dew in Palestine. (Geogr. Rev. 39, 1949, S. 291–297).

Boer, H. J. de: On the relation between rainfall and altitude in Java/Indonesia. (Chronica naturae 106, 1950, S. 424–427).

Brooks, C. E. P. u. T. M. Hunt: The zonal distribution of rainfall over the earth. (Mem. Roy. Meteor. Soc. 3, Nr. 28, 1930, S. 139–158).

Dammann, W.: Gibt es im Gebirge eine Höhenzone maximalen Niederschlags? (Meteor. Z. 59, 1942, S. 19–21).

Diem, M.: Zur Struktur der Niederschläge. III. Regen in der arktischen, gemäßigten und tropischen Zone. (Arch. Meteor., Geophys. Bioklimat. B, 16, 1968, S. 347–390).

Domrös, M.: Über die Beziehung zwischen äquatorialen Konvektionsregen und der Meereshöhe auf Ceylon. (Arch. Meteor., Geophys. Bioklimat. B, 16, 1968, S. 164–173).

Domrös, M.: A rainfall atlas of the Indo-Pakistan Subcontinent based on rainy days. Introduction to the maps. (o. J.).

Domrös, M.: Bibliography (1945–1969) of Rainfall Conditions in the Indo-Pakistan Subcontinent. (o. J.).

Domrös, M.: Die Niederschlagsverhältnisse im Uva-Becken auf Ceylon. (Erdkunde, Bd. XXIII, 1969, S. 117–127).

Domrös, M.: Zur Frage des Monsuns als „Regenbringer", untersucht am Beispiel der Insel Ceylon. (Meteor. Rdsch. H. 2, 1972, S. 51–57).

Elsner, G. v.: Über die Niederschläge der Vb-Depressionen. (Meteor. Z. 44, 1927. S. 332–337 und 45, 1928, S. 187–189; vgl. auch S. 266–269).

Flohn, H.: Die Niederschlagsverteilung in Süddeutschland und ihre Ursachen im Licht moderner Klimatologie. (Mitt. Geogr. Ges. München 32, 1939, S. 1–4).

Flohn, H.: Beiträge zur Meteorologie des Himalaya. (Khumbu Himal, Bd. 7, 1970, S. 25–47).

Flohn, H.: Comments on water budget investigations, especially in tropical and subtropical mountain region (Symp. on World Water Balance Reading 1971. IASH Publ. No. 93, S. 251–262).

Friedel, H.: Gesetze der Niederschlagsverteilung im Hochgebirge. (Wetter u. Leben 4, 1952, S. 73–86).

Haase, G. u. J.: Die Bedeutung von Stufenwerten der monatlichen Niederschlagssumme für die Kennzeichnung regionaler Klimaunterschiede. (Festschrift Edgar Lehmann, Leipzig 1965, S. 55–74).

Hastenrath, St. L.: Rainfall Distribution and Regime in Central America. (Arch. Met. Geoph. Biokl. B, 15, 1967, S. 201–241).

Hastenrath, St. L.: Zur Vertikalverteilung des Niederschlags in den Tropen. (Meteor. Rdsch. H. 4, 1968, S. 113–116).

Havlik, D.: Die Höhenstufe maximaler Niederschlagssummen in den Westalpen. (Freiburger Geogr. Hefte 7, 1969, 76 S.).

Havlik, D.: Ein Beitrag zum Jahresgang der vertikalen Niederschlagsverteilung in den Alpen. (Verh. d. 13. Intern. Tagung für Alpine Meteorologie, Saint-Vincent, 17.–19. 9. 1974). Rivista Italiana die Geofisica e Scienze affini. Vol. I, 1975, S. 108–114.).

Hüser, K.: Der Niederschlagsgang und die Niederschlagsverteilung im Gebiet des Erongo/mittleres Südwestafrika. (J. SWA Wiss. Ges. Windhoek 30, 1975/76, S. 7–24).

Jaeger, L.: Monatskarten des Niederschlags für die ganze Erde. (Ber. Dt. Wetterd. Bd. 18, Nr. 139. Offenbach 1976, 38 S.).

Kawamura, T.: Characteristics of rainfall distribution caused by extratropical cyclone and front. (Japanese Progr. in Climatology 1971, S. 31–33).

Klitzch, E.: Bericht über starke Niederschläge in der Zentralsahara. (Z. Geomorph. 10, 1966, S. 161–168).

Knoch, K.: Betrachtungen zum Gang der Niederschläge in Deutschland. (Petermanns geogr. Mitt. 90, 1944, S. 74–77).

König, W.: Über die Niederschläge der Vb-Depressionen. (Tät.-Ber. Pr. Meteor. Inst. Berlin 1926, S. 84–93).

Kubat, O.: Die Niederschlagsverteilung in den Alpen mit besonderer Berücksichtigung der jahreszeitlichen Verteilung. (Alpenkundl. Studien X. Veröff. d. Univ. Innsbruck Nr. 73. 1972, 52 S.).

Lahey, J. F.: On the origin of the dry climate in Northern South America and the Southern Carribean. (Sci. Rep. Univ. Wisconsin, Dep. Meteor. Nr. 10, 1958, 290 S.).

Maede, H.: Strömungsdivergenz als Ursache für die Niederschlagsarmut der südlichen Ostsee. (Z. Meteor. 5, 1951, S. 26–30).

Maurer, R., St. Kunz u. U. Witmer: Niederschlag – Hagel – Schnee. Die Niederschlagsverhältnisse in der Region Bern. (In: Beitr. zum Klima der Region Bern, Nr. 4, Bern 1975, 155 S.).

Meinardus, W.: Eine neue Niederschlagskarte der Erde. (Petermanns geogr. Mitt. 80, 1934, S. 1–4, 2 Taf.).

Meinardus, W.: Die Areale der Niederschlagsstufen auf der Erde. (Petermanns geogr. Mitt. 80, 1934, S. 141–143).

Möller, F.: Vierteljahreskarten des Niederschlags für die ganze Erde. (Petermanns geogr. Mitt. 95, 1951, S. 1–7)

Moritz, G.: Stau- und Lee-Erscheinungen in den

nordwestdeutschen Mittelgebirgen. (Diss. Berlin 1940, 63 S.).
Olbrück, G.: Untersuchung der Schauertätigkeit im Raume Schleswig-Holstein in Abhängigkeit von der Orographie mit Hilfe des Radargerätes. (Schr. Geogr. Inst. Univ. Kiel. Bd. 26, 3, 1967, 172 S.).
Prager, E.: Der Niederschlag auf See und an der Dünenflachküste. (Ann. Meteor. 5, 1952, S. 259–267).
Reichel, E.: Der Einfluß der Orographie auf die Niederschlagsverteilung am nördlichen Alpenrand. (VIe Congr. Intern. Météor. Alpine. Bled 1960. Belgrad 1962, S. 165–170).
Resink, J. J. M. u. *M. Siahaan:* Rainfall on the volvanoes of Java. (Indonesian J. Nat. Sci. 112, 1956, S. 186–190).
Reinhold, F.: Grenzwerte starker Regenfälle. (Gesundheits-Ing. 58, 1935, S. 369–370).
Schirmer, H.: Die räumliche Struktur der Niederschlagsverteilung in Mittelfranken. (Forsch. dt. Landeskde. 81, 1955, 62 S.).
Schmidt, R. D.: Die Niederschlagsverteilung im andinen Kolumbien. (In: Studien zur Klima- und Vegetationskunde der Tropen. Bonner Geogr. Abh. 9, 1952, S. 99–119).
Spinnangr, F.: On orographic precipitation in Norway. (Sci. Proc. Internat. Ass. Meteor. Rome, Sept. 1954. London 1956, S. 38–43).
Steinhauser, F.: Methods of Evaluation and Drawing of Climatic Maps in Mountainous Countries. (Arch. Met. Geoph. Biokl. B, Bd. 15, 1967, S. 329–358).
Tamiya, H.: Precipitation tendency in monsoon asia and its relation to south asien anticyclone at 100 mb-level. (Japanese Progr. in Climatology, 1975, S. 49–60).
Troll, C.: Die Lokalwinde der Tropengebirge und ihr Einfluß auf Niederschlag und Vegetation. (Studien zur Klima- und Vegetationskunde der Tropen. Bonner Geogr. Abh. 9, 1952, S. 124–182).
Trojer, H.: Fundamentes para una zonificación météorológica y climatológica del trópica y especialmente de Colombia. (Cenicafé, Bol. Inform. Centro Nac. de. Invest. de Café 10, 1959, S. 289–373).
Uttinger, H.: Zur Höhenabhängigkeit der Niederschläge in den Alpen. (Arch. Meteor., Geophys. Bioklimat. B, 2, 1951, S. 360–382).
Wagner, M.: Die Niederschlagsverhältnisse in Baden-Württemberg im Lichte der dynamischen Klimatologie. (Forsch. dt. Landeskde. 135, 1964, 119 S., 42 Karten, 47 Abb.).
Weischet, W. u. *D. Havlik:* La diversa distribucion vertical de la precipitacion pluvial en las zonas tropicales y extra tropicales; sus razones y efectos geograficos. (UGJ. Conf. reg. latinoamer. III, Mexico, 1966, S. 457–478).
Weischet, W.: Klimatologische Regeln zur Vertikalverteilung der Niederschläge in Tropengebirgen. (Die Erde 100, 1969, S. 287–306).
Wüst, G.: Verdunstung und Niederschlag auf der Erde. (Z. Ges. Erdkde. Berlin 1922, S. 35–43).
Wüst, G.: Oberflächensalzgehalt, Verdunstung und Niederschlag auf dem Weltmeere. (In: Festschr. N. Krebs, Stuttgart 1936, S. 347–359).

4. Schwankungen, Extreme, Veränderlichkeit der Niederschläge

Battalovy, F. Z.: Long-term fluctuations of atmospheric precipitation and computation of precipitation averages. (Jerusalem 1971, 150 S. [Transl. from the Russ.]).
Baumgartner, A.: Niederschlagsschwankungen und Dürregefährdung mit Bezug auf den Waldbau. (Forstwiss. Centralbl. 69, 1950, S. 636–662).
Baur, F.: Die Sommerniederschläge Mitteleuropas in den letzten 1 1/2 Jahrhunderten und ihre Beziehung zum Sonnenfleckenzyklus. (Leipzig 1959, 80 S.).
Beelitz, P.: Die Haupttypen des jährlichen Ganges der Niederschläge in Europa. (Berlin 1934, 111 S.; auch Meteor. Z. 51, 1934, S. 382–384).
Biel, E.: Die Veränderlichkeit der Jahressumme des Niederschlages auf der Erde. (Geogr. Jahresber. aus Österr. 14/15, 1929, S. 151–180).
Bilham, E. G.: Classification of heavy falls in short periods. (British Rainfall 1935, London 1936, S. 262–280).
Bjerknes, J.: El Niño Study Based on Analysis of Ocean Surface Temperatures, 1935–1957. (Inter-American Tropical Tuna Commission, Bull. Vol. 5, Nr. 3, 1961, S. 217–234).
Bjerknes, J.: Survey of El Niño 1957–1958 in Its Relation to Tropical Pacific Meteorology. (Inter-American Tropical Tuna Commission, Bull. Vol. 12, Nr. 2, 1966, S. 25–86).
Bjerknes, J.: Large-Scale Atmospheric Response to the 1964–65 Pacific Equatorial Warming. (Journ. Phys. Oceanography 2, 1972, S. 212–217).
Bontrond, E. A.: La durée des précipitations. (Météorologie 1958, S. 245–262).
Caviedes, C.: Secas and El Niño: Two Simultaneous Climatical Hazards in South America. (Proc. Assn. of Amer. Geogrs. 5, 1973, S. 44–49).
Caviedes, C.: El Niño 1972: Its climatic, ecological, human, and economic implications. (Geogr. Rev. 65, 1975, S. 493–509).

Dammann, W.: Über die Definition von Starkregen. (Ann. Hydrogr. marit. Meteor. 66, 1938, S. 69–75).

Dammann, W.: Schwankungen der Sommerniederschläge im Rahmen rezenter Klimaschwankungen in Westdeutschland. (Meteor. Rdsch. 10, 1957, S. 197–202).

Doberitz, R.: Cross Spectrum Analysis of Rainfall and Sea Temperature at the Equatorial Pacific Ocean. A Contribution to the El Niño-Phenomenon. (Bonner Meteor. Abhandl. 8, 1969).

Doberitz, R.: Kohärenzanalyse von Niederschlag und Wassertemperatur im tropischen Pazifischen Ozean. (Ber. Dt. Wetterd. 15, 1968, No. 112).

Doberitz, H.: Cross spctrum and filter analysis of monthly rainfall and wind data in the tropical Atlantic region. (Bonner Meteor. Abh. 11, 1969, 43 S.).

Doberitz, R., H. Flohn, K. Schütte: Statistical Investigations of the Climatic Anomalies of the Equatorial Pacific. (Bonner Meteor. Abhandl. 7, 1977).

Domrös, M.: Untersuchungen der Niederschlagshäufigkeit auf Ceylon nach Jahresabschnitten. (Jahrb. des Südasien-Inst. d. Univ. Heidelberg, Band II, 1967/68, S. 70–84).

Dury, G.H.: Some Results of a Magnitude-Frequency Analysis of Precipitation. (Austr. Geogr. Studies. II, 1964, S. 21–34).

Eberle, O.: Die Verteilung der extremen Regenschwankungen über die Erde. (Petermanns Geogr. Mitt., Erg. Heft 195, 1927, 50 S.).

Fitzpatrick, E.A., D. Hart and *H.C. Brookfield:* Rainfall seasonality in the tropical southwest Pacific. (Erdkunde, XX, 1966, S. 181–194).

Flohn, H.: Über die Ursachen der Aridität Nordost-Afrikas. (Würzburger Geogr. Arb. 12, 1964, S. 25–41).

Flohn, H.: Remarks on Climatic Intransitivity and the 1972 Pacific Anomaly (Atmosphere 11, 1973, S. 134–140).

Flohn, H. u. *K. Fraedrich:* Tagesperiodische Zirkulation und Niederschlagsverteilung am Victoria-See (Ostafrika). (Meteor. Rdsch. H. 6, 1966, S. 157–165).

Fukui, E.: Seasonal types and secular change of heavy rainfalls for the late seventy years (1901–70) in Japan. (Japanese Progr. in Climatology, 1975, S. 9–12).

Gegenwart, W.: Die ergiebigen Stark- und Dauerregen im Rhein-Maingebiet und die Gefährdung der landwirtschaftlichen Nutzflächen durch die Bodenzerstörung. (Rhein-Main. Forsch. 36, Frankfurt 1952, 52 S.).

Hartke, W.: Kartierung von Starkregenzügen auf Grund ihrer bodenzerstörenden Wirkung. (Erdkunde 8, 1954, S. 202–206).

Hartke, W.: Der Anteil der Stark- und Dauerniederschläge am Gesamtniederschlag im südlichen Deutschland nördlich der Alpen. (Schlern-Schriften Nr. 190 [Festschrift H. Kinzl], Innsbruck 1958, S. 62–72).

Hartke, W. u. *K. Ruppert:* Die ergiebigen Stark- und Dauerregen in Süddeutschland nördlich der Alpen. (Forsch. dt. Landeskde. Bd. 115, 1959, 39 S.).

Hastenrath, St.L.: Fourier Analysis of Central American Rainfall. (Arch. Met. Geoph. Biokl., Ser. B, 16, 1968, S. 81–94).

Hellmann, G.: Untersuchungen über die Schwankungen der Niederschläge. (Abh. Kgl. Preuß. Meteor. Inst. Bd. III, 1, Berlin 1909, 81 S.).

Hoffmeister, J.: Singularitäten im jährlichen Gang der Niederschlagsmenge Nordwestdeutschlands. (Z. angew. Meteor./Wetter 51, 1934, S. 37–48).

Huff, F.A.: The Effect of Natural Rainfall Variability in Verification of Rain Modification Experiments. (Water Resources Res. 2, 1966, S. 791–801).

Huttary, J.: Die Verteilung der Niederschläge auf die Jahreszeiten im Mittelmeergebiet. (Meteor. Rdsch. 3, 1950, S. 111–119).

Huttary, J.: Große Tagesmengen des Niederschlags in ihrer Verteilung und Häufigkeit in Deutschland. (Ber. Dt. Wetterd. US-Zone Nr. 38, 1952, S. 161–166).

Janke, J.: Naturpotential und Landnutzung im Nigertal bei Niamey Rep. Niger. (Jhb. Geogr. Ges. Hannover 1972).

Kern, H.: Große Tagessummen des Niederschlags in Bayern. (Münchner Geogr. Hefte 21, 1961, 22 S.).

Lauscher, F.: Extreme Stundenwerte des Niederschlags in den Ostalpenländern in meteorologischer und technologischer Betrachtung. (Veröff. Schweiz. Meteor. Zentralanstalt 4, 1967, S. 105–108).

Markham, Ch.G.: Seasonality of precipitation in the United States. (Ann. Ass. Amer. Geogr. 60. 1970, S. 593–597).

Marx, S.: Über extreme Niederschlagssummen. (Geogr. Ber. 43, 1967, S. 143–148).

Masuch, K.: Häufigkeit und Verteilung bodengefährdender sommerlicher Niederschläge im Bereich der DDR. (Acta hydrophys. IV, 3, 1958, S. 109–137).

Masuch, K.: Häufigkeit und Verteilung bodengefährdender sommerlicher Niederschläge in Westdeutschland nördlich des Mains zwischen Weser und Rhein. (Forsch. z. Dt. Landeskunde Bd. 181, 1970, 22 S.).

Mattsson, J.O.: Dagg som klimatindikator. (Svensk Geogr. Årsbok 47, 1971, S. 29–52).
Maurer, H.: Die Veränderlichkeit der jährlichen Niederschlagsmengen. (Ann. Hydrogr. marit. Meteor. 64, 1936, S. 1–10).
Namias, J.: Influence of Northern Hemisphere General Circulation on Drought in Northeast Brazil. (Tellus 24, 1972, S. 336–343).
Nieuwolt, S.: Tropical Climatology. (London, New York 1977, 207 S.).
Perry, A.H. and *J.M. Walker:* The ocean-atmosphere system. (London, New York 1977, 160 S.).
Portig, W.H.: Thunderstorm frequency and amount of precipitation in the Tropics, especially in the African and Indian monsoon regions. (Arch. Meteor., Geophys. Bioklimat. B, 13, 1965, S. 21–35).
Quinn, W.H. and *V.B. Wayne:* Prediction of abnormally heavy precipitation over the Equatorial Pacific Dry Zone. (Journ. Appl. Meteor., 9, 1970, S. 20–28).
Ramage, C.S.: Diurnal variation of summer rainfall over East China, Korea and Japan. (Journ. of Meteor. 9, 1952, S. 83ff.).
Ramage, C.S.: Diurnal variation of summer rainfall of Malaya. (Journ. Trop. Geogr. 19, 1964, S. 66–67).
Rao, M. u. *B. Lokanadham:* On the reality of rainfall peaks and their relation to meteoritic showers. (J. Atmosph. Terr. Phys. 26, 1964, S. 301–311).
Reichel, E.: Die Niederschlagshäufigkeit im Mittelmeergebiet. (Meteor. Rdsch. 2, 1949, S. 129–142).
Schneider-Carius, K. u. *J. Huttary:* Darstellung täglicher Niederschlagswahrscheinlichkeiten am Beispiel von Bremen, Berlin, Bamberg, Karlsruhe und München. (Ber. Dt. Wetterd. US-Zone Nr. 38, 1952, S. 156–160).
Schott, G.: Der Peru-Strom und seine nördlichen Randgebiete in normaler und anormaler Ausbildung. (Ann. Hydrogr. und marit. Meteor. 59, 1931, S. 161–169, 200–213 u. 240–252).
Schott, G.: Der Peru-Strom. (Erdkunde 5, 1951, S. 316–319).
Schröder, R.: Die Niederschlagsjahreszeiten Brasiliens. (Petermanns geogr. Mitt. 102, 1958, S. 264–270).
Schütte, K.: Untersuchungen zur Meteorologie und Klimatologie des El Niño-Phänomens in Ecuador und Peru. (Bonner Meteor. Abh. 9, 1968, 151 S.).
Schweigger, E.: Der Peru-Strom nach zwölfjährigen Beobachtungen. (Erdkunde, 3, 1949, S. 121–132 u. 229–241).
Schweigger, E.: Die Westküste Südamerikas im Bereich des Peru-Stroms. (Heidelberg und München 1959, 513 S.).
Steinhäusser, H.: Über Serien trockener und nasser Jahre. (Wetter und Leben 1, 1948/49, S. 193–196).
Takahashi, K.: Key Day Analysis on the Relationship between Solar Activity and Precipitation. (Japanese Progr. in Climatology, 1967, S. 102–110).
Thomson, B. W.: The diurnal variation of precipitation in British East Africa. (East Afr. Met. Dept., Tech. Mem. No. 8, 1965, 70 S.).
Thraen, A.: Der Niederschlag in Europa nach Jahreszeiten auf Grund 84jähriger Beobachtungen (1851–1934). (Z. angew. Meteor./Wetter 53, 1936, S. 88–96).
Vanney, J.R.: Die Starkregen in Wüstengebieten. Ein Beispiel aus der Sahara. (Peterm. Geogr. Mitt. 111, 1967, S. 97–104).
Wehry, W.: Synoptisch-statische Untersuchungen zu Starkregen-Wetterlagen in Mitteleuropa. (Meteor. Abh. Freie Univ. Berlin. Bd. LXXXVI, 3, 1968, 92 S.).
Wooster, W.: Yearly Changes in the Peru Current. (Limnology and Oceanogr. 6, 1961, S. 222–226).
Wooster, W.: El Niño. (Calif. Cooper. Oceanic Inv. Repts. 7, 1959, S. 43–45).
Wussow, G.: Untere Grenzwerte dichter Regenfälle. (Meteor. Z. 39, 1922, S. 173–178).
Zedler, P.: Zur Struktur der Niederschläge. II. Andauer und Intensität der Regen von Karlsruhe. (Arch. Met. Geoph. Biokl. B, Bd. 15, 1967, S. 274–286).
Zimmermann, G.: Die Abhängigkeit der Wolkenbrüche von der Orographie und von bestimmten Wetterlagen. (Meteor. Rdsch. 5, 1952, S. 128–131).

5. *Wasserkreislauf auf der Erde*

Albrecht, F.: Die Aktionsgebiete des Wasser- und Wärmehaushaltes der Erdoberfläche. (Z. Meteor. 1, 1946/47, S. 97–109).
Albrecht, F.: Über die Wärme- und Wasserbilanz der Erde. (Ann. Meteor. 2, 1949, S. 129–143).
Barry, R.G.: The world hydrological cycle. In: R.J. Chorley (ed.): Water, Earth and Man. (London 1969, S. 11–29).
Bauer, A.: The balance of Greenland ice shelt. (J. Glac. 2, 1955, S. 456–462).
Bochkov, A.P., A.J. Chebotarev and *K.P. Voskresensky:* Water resources and water balance of the USSR. (Symp. on World Water Balance. Reading 1971, IASH-Publ. No. 93, S. 324–330).
Czepa, O.: Über den Wasserhaushalt der Atmo-

sphäre. (Forsch. u. Fortschr. 31, 1957, S. 129–133).

Drozdov, O.A. u. *A.S. Grigoreva:* The hydrologic cycle in the atmosphere. ([Übers. a.d. Russ.], Jerusalem 1965, 282 S. Leningrad 1963, 314 S.).

Hastenrath, St.L.: The flux of Atmospheric Water Vapor over the Caribean Sea and the Gulf of Mexico. (J. of Appl. Meteor. 5, 1966, S. 778–788).

Hastenrath, St.L.: A study of the atmospheric heat and moisture budget between Equator and 60° N during the winter and summer seasons. (Symp. on World Water Balance Reading 1971, IASH Publ. No. 93, S. 415–421).

Hylckama, T.E.A. Van: The water balance of the earth. (Publ. climat. IX, 2, Centerton 1956, S. 53–117).

Jaeger, L.: Globalbilanzen von Niederschlägen. (Diss. Freiburg 1975).

Kalinin, G.P. and *K. Szesztay:* Surface waters as elements of World Water Balance. (Symp. on World Water Balance Reading 1971. IASH Publ. No. 93, S. 102–115).

Keller, R.: Gewässer und Wasserhaushalt des Festlandes. Eine Einführung in die Hydrographie. (Berlin 1961, 520 S.).

Keller, R.: Water-balance in the Federal Republik of Germany (Symp. on World Water Balance Reading 1971. IASH Publ. Nr. 93, S. 300–314).

Kotlyakov, V.M.: Land glaciation part in the earth's water balance. (Symp. on World Water Balance Reading 1971. IASH Publ. No. 93, S. 54–57).

Kuenen, P.H.: De kringloop van het water. (Den Haag 1948, 408 S.).

Kutilek, M.: Problems of evaluation of soil moisture for water balances on large areas. (Symp. on World Water Balance Reading 1971. IASH Publ. No. 93, S. 129–136).

Loewe, F.: On the mass economy of the interior of the Antarctic ice cap. (J. Geophys. Res. 67, 1962, S. 5171–5177).

Lvovič, M.J.: Le bilan hydrique du globe terrestre. (Ann. Géogr. 77, 1968, S. 553–566).

Lvovič, M.J.: World water balance. (Symp. on World Water Balance Reading 1971. IASH Publ. No. 93, S. 401–415).

Manabe, S. and *J.L. Holloway* jr.: Simulation of the hydrological cycle of the global atmospheric circulation by a mathematical model. (Symp. on World Water Balance Reading 1971. IASH Publ. No. 93, S. 387–400).

Miller, D.H.: The mass and water budget of the earth's surface. (Adv. Geophys. 11, 1965, S. 175–302).

Miller, D.H.: Water at the surface of the earth (London, New York. 1977, 557 S.).

Murray, R.: Some measurements of the meridional flux of water vapour across 30° N. (Symp. on World Water Balance Reading 1971. IASH Publ. No. 93, S. 376–386).

Orvig, S.: The hydrological cycle of Greenland and Antarctica. (Symp. on World Water Balance Reading 1971. IASH Publ. No. 93, S. 41–49).

Rasmusson, E.M.: Atmospheric water vapor transport and the water balance of North America. (Monthly weather Rev. 96, 1968, S. 720–734).

Schoeller, H.: Les principaux problèmes d'évolution des eaux souterraines et de ses mouvements à l'échelle continental et à l'échelle mondial. (Symp. on World Water Balance Reading 1971. IASH Publ. No. 93, S. 57–65).

Schulze, A.: Die Zusammenhänge zwischen Niederschlag, Verdunstung und Abfluß. (Z. Meteor. 5, 1951, S. 323–330).

Starr, V.P. and *J.P. Peixoto:* The hemispheric eddy flux of water vapor and its implications for the mechanics of the general circulation. (Arch. f. Meteor. Geoph. Bioklim. Ser. A, 14, 1965, S. 111–130).

Stidd, C.K.: Meridional profiles of the northern hemisphere Water Balance. (Symp. on World Water Balance Reading 1971. IASH Publ. No. 93, S. 353–361).

Sutcliffe, R.C.: Water balance and the general circulation of the atmosphere. (Quart. J.R. Meteor. Soc. 82, 1956, S. 385–396).

Vuorela, L. and *J. Tuominen:* On the maen zonal and meridional circulations and the flux of moisture in the northern hemisphere during the summer season. (Pure Appl. Geophys. 57, 1964, S. 167–180).

Wundt, W.: Das Bild des Wasserkreislaufs auf Grund früherer und neuer Forschungen. (Berlin 1938, 80 S.).

Wundt, W.: Wald und Wasser im Rahmen des Wasserkreislaufs. (Allg. Forst- und Jagdzeitg. 131, 1960, S. 126–133).

Wüst, G.: Wasserdampf und Niederschlag auf dem Meere als Glieder des Wasserkreislaufs. (Dt. Hydrogr. Z. 3, 1950, S. 111–127).

6. Anthropogene Beeinflussung der Niederschläge

Adderley, E.E.: Rainfall increases downwind from cloud seeding projects in Australia. (Bull. of the Americ. Meteor. Soc. 49, 1968, S. 152).

St. Amand, P.: Techniques for seeding tropical cumulus clouds. Presented at 2nd National Conference on Weather Modification, American

Meteorological Society. (Bull. of the Americ. Meteor. Soc. 51, 1970, S. 109–110).

Aulitzky, H.: Über die Ursachen von Unwetterkatastrophen und den Grad ihrer Beeinflußbarkeit. (Centralbl. f. d. ges. Forstw. 85, 1968, S. 2–32).

Aulitzky, H.: Analyse der Schadensursachen von Unwetterkatastrophen zum Zweck der Vorbeugung. (Oesterr. Wasserwirtsch. 20, 1968, S. 90–97, 144–154).

Battan, L.J.: Weather modification in the USSR. (Bull. of the Americ. Meteor. Soc. 50 (12), 1969, S. 924–945).

Battan, L.J.: The scientific aspects of the weather modification. (In: H.J. Traubenfeld, ed.: Controlling the weather, New York, 1970a, S. 33–43).

Battan, L.J.: Summary of Soviet publications on weather modification. (Bull. of the Americ. Meteor. Soc. 51, 1970, S. 1030–1042).

Beckwith, W.B.: Impacts of weather on the airline industry: The value of fog dispersal programs. (In: W.R.D. Sewell, ed.: Human dimensions of weather modification, Univ. of Chicago, Dpt. of Geogr. Res. Paper No. 105, 1966, S. 195–207).

Benton, G.S.: Some general comments on meteorological and weather modification activities in the Soviet Union. (Bull. of the Americ. Meteor. Soc. 50 1969, S. 918–922).

Boutin, C., H. Isaka, and *G. Soulage:* Statistical studies on French operations for hail suppression. (Proc., 2nd Annual Conf. on Weather Modification, Americ. Meteor. Soc. 1970, S. 134–139).

Bowen, E.G.: Cloud Seeding. (Science Journal, Aug. 1967, S. 2–7).

Braham, R.R. and *R. Roscoe:* Project Whitetop – A five-year cloud seeding study. (Paper pres. Meet. Am. Meteor. Soc. on Cloud Physics and Severe Local Storms. Reno/Nev. 1965).

Braham, R.R., J. McCarthy and *J.A. Flueck:* Project Whitetop – Results and interpretation. (Proc., Intern. Conf. on Weather Modification, Canberra/Austr., 6–11.9. 1971. Americ. Meteor. Soc. 1971, S. 127–129).

Chappell, C.F., L.O. Grant and *P.W. Mielke:* Cloud seeding effects on precipitation intensity and duration of wintertime orographic clouds. (Journ. of Appl. Meteor. 10, 1971, S. 1006–1010).

Elliot, R.D., P. St. Amand and *J.R. Thomson:* Santa Barbara pyrotechnic cloud seeding test results 1967–1970. (Journ. of Appl. Meteor. 10, 1971, S. 785–795).

Gabriel, K.R.: The Israeli Artificial Rainfall Stimulation Experiment Evaluation for the Period 1961–1965. (Dept. of Statistics Hebrew Univ. Jerusalem 1965).

Gabriel, K.R.: Recent results of Israeli artificial rainfall stimulation experiment. (Journ. of Appl. Meteor., Americ. Meteor. Soc. 6, 1967, S. 437–438).

Godson, W.L., C.L. Crozier and *J.D. Holland:* An evaluation of silver-iodide seeding by aircraft in Western Quebec, Canada 1960–1963. (Journ. of Appl. Meteor. Americ. Meteor. Soc. 5, 1966, S. 500–512).

Grandoso, H.N. and *J.V. Iribarne:* Experiencia de Modificación Artificial de Granizadas en Mendoza, Fasciculo 3. (Universidad de Buenos Aires 1963).

Grant, L.O., C.F. Chappell and *P.W. Mielke:* The Climax Experiment for seeding cold orographic clouds. (Proc., Intern. Conf. on Weather Modification, Americ. Meteor. Soc. 1971, S. 78–84).

Hederson, T.J.: Results from a two-year operational hail suppression program in Kenya, East Africa. (Proc., 2nd. National Conf. on Weather Modification, Americ. Meteor. Soc. 1970, S. 140–144).

Houghton, H.G.: On precipitation mechanisms and their artificial modification. (J. Appl. Meteor. 7, 1968, S. 851–859).

Iribarne, J.V. and *H.N. Grandoso:* Experiencia de Modificación Artificial de Granizadas en Mendoza. (Universidad de Buenos Aires 1, 1965).

Mason, B.J.: Clouds, rain and rain making. (Cambridge, New York 1962).

Müller, H.G.: Weather modification experiments in Bavaria. (Proc. of the Fifth Berkeley Symp. on Mathem. Stat. and Probability, Vol. 5, Weather Modific. Exp., Univ. of California Press. 1967, S. 141–159).

Müller, H.G.: Hagelunterdrückung. (Promet. 1972, S. 22–27).

Navy Weather Central (US): Technical Publication 5097, 1971. Project GROMET II (cloud seeding in the Philippines).

Neiburger, M.: Artificial modification of clouds and precipitation. (WMO Technical Note No. 105, Geneva 1969).

Neiburger, M. and *H.C. Chin:* The meteorological factors associated with the precipitation effects of the Swiss hail suppression project. (J. Appl. Meteor. 8, 1969, S. 264–273).

Ogden, T.L. and *K.O.L.F. Jayaweera:* Cloud seeding effects on different daily rainfall amounts. (J. Appl. Meteor. 10, 1971, S. 1002–1005).

Picca, R.F.: An operational method of hail suppression in France. (Proc., Intern. Conf. on Weather Modification, Americ. Meteor. Soc. 1971, S. 211–212).

Radinović, D.: Scientific and technical bases of hail

suppression in Serbia. (Republ. Hydrometeorological Inst. of Serbia. Public. No. 2, 1970).

Schmid, P.: On „Grossversuch III", a randomized hail suppression experiment in Switzerland. (Proc. of the Fifth Berkeley Symp. on Mathem. Statistics and Probability, Vol. 5, Weather Modification Experim., Univ. of California Press. 1967, S. 141–159).

Sekiguti, T. u. *H. Tamiya:* Precipitation climatology of japanes city area. (Japanese Progr. in Climatology, 1975, S. 84).

Simpson, J. and *W. L. Woodley:* Seeding cumulus in Florida: New 1970 results. (Science 1972, S. 117–126).

Simpson, J., W. L. Woodley, H. Miller and *G. Cotton:* Precipitation results of two randomized pyrotechnic cumulus seeding experiments. (J. Appl. Meteor. 10, 1971, S. 526–544).

Smith, E. J.: Cloud seeding experiments in Australia. (Proc. of Fifth Berkeley Symp. on Mathem. Statistics and Probability, Vol. 5, Weather Modification Experim., Univ. of California Press. 1967, S. 161–176).

Soulage, R. G. and *C. Boutin:* Vingt ans d'opérations et de recherches sur la prévention de la grêle en France. (Rapp. scient. du Labor. de Géophys., No. 3, Univ. de Clermont-Ferrand. 1969).

Wiegel, H.: Niederschlagsverhältnisse und Luftverunreinigung des Rheinisch-Westfälischen Industriegebietes und seiner Umgebung. (Veröff. Meteor. Inst. Univ. Berlin III, 3. Berlin 1938, 52 S.).

g) *Luftdruck*

Assur, A.: Neue Breitenmittel des Luftdrucks für Januar, Juli und das Jahr. (Meteor. Rdsch. 12, 1949, S. 92 ff.).

Bartels, J.: Über die atmosphärischen Gezeiten. (Ver. Preuß. Meteor. Inst. Bd. 8, Nr. 9. Berlin 1927).

Becker, R.: Der planetarische Jahresgang der maritim-subtropischen Hochdruckkerne. (Ann. Meteor. 2, 48, 1949).

Chapman, S.: The lunar tide in the earth's atmosphere. (Proc. Roy. Meteor. Soc. 151, 1935, S. 105–117).

Castens, G.: Wetterhaftigkeit. (Gerlands Beitr. Geophys. 33, 1931, S. 268–285).

Ekhart, E.: Die ganzjährige Periode des Luftdrucks auf der Nordhalbkugel. (Ann. Hydrogr. marit. Meteor. 68, 1940, S. 158–163)

Elsner, G. v.: Die Verteilung des Luftdrucks über Europa und dem nordatlantischen Ozean, dargestellt auf Grund 20jähriger Pentadenmittel (1890–1909). (Abh. Preuß. Meteor. Inst. VII, 7, 1925, 40 S.).

Externbrink, H.: Kaltlufteinbrüche in die Tropen. (Arch. Dt. Seewarte 57, 7, 1937, 28 S.).

Gutmann, G. J. and *W. Schwerdtfeger:* The role of latent and sensible heat for the development of a high pressure system over the sub-tropical Andes in the summer. (Meteor. Rdsch. 18, 1965, S. 69–75).

Kessler, A.: Über die Luftdruckbilanz und die Luftmassenbilanz der Erde. (Meteor. Rdsch. 18, 1965, S. 166–169).

Kofler, M.: Der tägliche Luftdruckgang. (Sitz.-Ber. Akad. Wiss. Wien. Math.-nat. Kl. II a. Bd. 142, 1938, S. 329–338).

Koppe, H.: Markante Punkte, Spiegelungspunkte und Takte im jährlichen Luftdruckgang. (Meteor. Rdsch. 1, 1947/48, S. 385–398).

Malkowski, G.: Zur Häufigkeit von Druckgebilden in der Bodenkarte. (Meteor. Rdsch. 12, 1959, S. 158–160).

Meinardus, W.: Die Luftdruckverhältnisse und ihre Wandlungen südlich von 30° südl. Breite. (Meteor. Z. 46, 1929, S. 41–49, 86–96).

Inst. f. Meteor. u. Geophys. d. FU Berlin. Normalwerte des Luftdruckes auf der Nordhemisphäre für die Periode 1900–1939. (Meteor. Abh. Inst. Meteor. Geophys. FU Berlin II, 1, 1953, 126 S.).

Middleton, W. E. K.: The history of the barometer. (Baltimore 1965, 516 S.).

Newell, R. J., J. W. Kidson, G. V. Dayton, and *G. J. Boer*: The General Circulation of the Tropical Atmosphere and Interactions with the Extratropical Latitudes. Vol. I. (MIT Press Cambridge/Mass. 1972, 258 S.).

Pflugbeil, C.: Hemisphärische und globale Luftdruckbilanzen. (Ber. Dt. Wetterd. Nr. 104, 1967, 21 S.).

Robitzsch, M.: Ausführliche barometrische Reduktions- und Höhentafeln. (Leipzig 1939, 64 S.).

Sandström, J. W.: The variations of the atmospheric pressure. (Ark. Matem. Astron. Fysik 31 A, Nr. 5, 1945, S. 1–35).

Schüepp, M.: Die Reduktion des Luftdruckes auf das Meeresniveau. Ein Überblick zum heutigen Stand des alten Problems. (Vj. Schr. Naturf. Ges. Zürich 107, 1962, S. 65–100).

Schwerdtfeger, W.: The climate of the Antarctic. (In: World Survey of Climatology. Vol. 14. Amsterdam 1970, S. 253–355).

Schumann, T.E.W. u. *M.P. van Rooy:* Continentality and the analysis of atmospheric pressure over the northern hemisphere. (Weather Bur., W.B. 15. Pretoria 1950, 21 S.).

Schwerdtfeger, W. u. *F. Prohaska:* Der Jahresgang des Luftdrucks auf der Erde und seine halbjährige Komponente. (Meteor. Rdsch. 9, 1956, S. 33–43).

Wagner, A.: Der tägliche Luftdruck- und Temperaturgang in der freien Atmosphäre und in Gebirgstälern. (Gerlands Beitr. Geophys. 37, 1932, S. 315–344).

Weickmann, L.: Wellen im Luftmeer. (Abh. Sächs. Akad. Wiss., Math.-phys. Kl., Bd. 39, 1924, 46 S.).

Weickmann, L.: Das Wellenproblem der Atmosphäre. (Meteor. Z. 44, 1927, S. 241–253).

Weickmann, jr., L.: Mittlere Luftdruckverteilung im Meeresniveau während der Hauptjahreszeiten im Bereich um Afrika, in dem Indischen Ozean und den angrenzenden Teilen Asiens. (Meteor. Rdsch. 16, 1963, S. 81–100).

Wittacker, M.: Barografia de Chile. (Offic. Meteor. de Chile. Sección Climat. Publ. No. 58. Santiago 1943, 90 S.).

h) Luftbewegung, Winde, Stürme

1. Entstehung und Grundregeln horizontaler Luftbewegung
2. Bestimmungsgrößen und Messung
3. Veränderung mit der Höhe, Tages- und Jahresgang. Veränderlichkeit des Windes
4. Die Windverteilung auf der Erde

Ahrens, D.: Abhängigkeit des Windprofils von der Wetterlage. (Meteor. Rdsch. 25, 1972, S. 116–126).

Ahrens, D.: Windscherung in den unteren 700 m der Atmosphäre in Abhängigkeit von Tageszeit und Diffusionsklasse. (Meteor. Rdsch. 30, 1977, S. 172–175).

Bárány, I., Et. Vörös and *R. Wagner:* The influence of the wind conditions of the Hungarian Alföld on the geographical distribution of mills. (Acta Climat. Acta Univ. Szegediensis. IX, 1970, S. 73–81).

Barlow, E.W.: Squalls at sea. (Mar. Observer 7, 1930, S. 10–13, 43–45).

Battan, L.J.: Wetter und Stürme. Die Physik der Winde. (Natur u. Wissen W 17, München 1961, 195 S.).

Becker, R.: Untersuchungen über die Feinstruktur des Windes. (Meteor. Z. 47, 1930, S. 183–184).

Béll, B.: Über die Windverhältnisse der unteren Troposphäre in Szeged. (Acta Univ. Szegediensis X, Fasc. 1–4, 1971, S. 17–38).

Becker, R.: Die Häufigkeit der Windstillen und schwachen veränderlichen Winde auf den Ozeanen. (Ann. Hydrogr. marit. Meteor. 67, 1939, S. 315–316).

Biel, E.R.: Climatology of the Mediterranean area. (Misc. Rep. Inst. Meteor. Chicago 13, 1944, 180 S.).

Brooks, C.E.P. u.a.: Upper winds over the world. (Geophys. Mem. No. 85, London 1950, 150 S.).

Brose, K.: Der jährliche Gang der Windgeschwindigkeit auf der Erde. (Wiss. Abh. Reichsamt Wetterd. I, 4, Berlin 1936, 78 S.).

Brümmer, B., E. Augstein, H. Riehl: On the low-level wind structure in the Atlantic trade. (Quart. J. Roy. Meteor. Soc. 100, 1974, S. 109–121).

Cailleux, A.: L'énergie éolienne en France et dans le monde. (Ann. Geogr. 1965, S. 257–270).

Caspar, W.: Maximale Windgeschwindigkeiten in der Bundesrepublik Deutschland. (Die Bautechnik 10, 1970, S. 335–340).

Corby, G.A.: Airflow over mountains; a review of the state of current knowledge. (Quart. J. Roy. Meteor. Soc. 80, 1954, S. 491–521).

Diem, M.: Windschichtung und Temperaturgradient in den untersten Atmosphärenschichten der Rheinebene. (Meteor. Rdsch. 24, 1971, S. 11–19).

Dokken, B.: The effect of the fjord winds on flying conditions at Fornebu. (Meteor. Ann. 4, 1957, S. 87–122).

Dubief, J.: Alizés, harmattan et vents étésiens. (Trav. Inst. Rech. Sahar. 7, 1951, S. 187–190).

Dubief, J.: Le vent et le déplacement du sable au Sahara. (Trav, Inst. Rech. Sahar 8, 1952, S. 123–164).

Ekhart, E.: Beiträge zur alpinen Meteorologie. (Meteor. Z. 61, 1944, S. 217–231).

Ekhart, E.: Der Wind als Klimafaktor und als Indikator für Klimaschwankungen. (Arch. Meteor., Geophys., Bioklimat. B, 4, 1951, S. 91–109).

Faust, H.: Die Nullschicht, der Sitz des troposhärischen Windmaximums. (Meteor. Rdsch. 6, 1953, S. 6–15).

Faust, H.: Zur Problematik der Aufrechterhaltung der persistenten Windextremschichten. (Forsch. u. Fortschr. 39, 1965, S. 257–263).

Fiedler, F.: The variance spectrum of the horizontal wind velocity at 50 m above the ground. (Beitr. Phys. Atmosph. 44, 1971, S. 187–200).

Flohn, H.: Bemerkungen zur Asymmetrie der atmosphärischen Zirkulation. (Annalen der Meteorologie, 3, 1967, S. 76–80).

Flohn, H.: Contributions to a meteorology of the Tibetan Highlands. (Color. State Univ., Dept. Atmos. Sci., Papers 130. 1968, S. 1–120).

Griesseier, H.: Über die Struktur des Windfeldes in konvektiven baroklinen planetarischen Grenzschichten. (Pure and appl. Geophys. 95, 1972, S. 226–241).

Hasse, L. and *V. Wagner*: On the relationship between geostrophic and surface wind at sea. (Monthly Weather Rev. 99, 1971, S. 255–260).

Herrmann, R.: Las causas de la sequia climatica en la region costanera de Santa Marta Colombia. (Rev. Acad. Colomb. Ciencias Exactas, Fisicas y Naturales Bd. 13, Nr. 52, 1970, S. 479–489).

Hewson, E. W.: Wind power research at Oregon State University. (Wind Energy Conversion System Workshop, Proceedings, Washington, D.C., 1973, edit. ed. by J.M. Savino. NSF/RA/W-73-006, NSF-RANN Program, Washington, D.C. and NASA-Lewis Research Center, Cleveland, Ohio, S. 53–61).

Hewson, E. W.: Wind characteristics and siting. (Wind Energy Conversion Systems Workshop, Proceedings, Washington, D.C., 1973, edit. ed. by J.M. Savino. NSF/RA/W-73-006, NSF-RANN Program, Washington, D.C. and NASA-Lewis Research Center. Cleveland, Ohio, S. 53–61).

Hewson, E. W.: Wind power potential in the Pacific Northwest, Proceedings of the Citizens Forum on Potential Future Energy Sources. (Miscellaneous paper 18, Department of Geology and Minaeral Industries, Oregon State University, 1975, S. 7–24).

Hewson, E. W.: Generation of power from the wind. (Bul. Amer. Meteor. Soc. 56, 1975, S. 660–675).

Hewson, E. W., E. W. Baker and *R. Brownlow:* Wind Power (Fourth Progr. Rep., Oregon State University Rep. No. PUD 76–4. Newport/Ore. 1976).

Jenne, R. L., H. Van Loon, J.J. Taljard and *H. L. Crutcher:* Zonal means of climatological analysis of the Southern hemisphere. (Notos 17, 1968, S. 35–52).

Justus, C. G.: National wind energy statistics for large arrays of aerogenerators. (Progress Report No. 1, Georgia Institute of Technology, 1975).

Keil, K.: Beaufort-Windstärke und Windgeschwindigkeit. (Meteor. Rdsch. 20, 1967, S. 26–28).

Koschmieder, H.: Staubstürme und Staubwinde. (Naturwiss. 27, 1939, S. 113–122).

Koschmieder, H.: Über Böen. (Wiss. Abh. Reichsamt Wetterd. VIII, 3, 1940, 54 S., sowie Meteor. Z. 61, 1944, S. 244–247).

Koschmieder, H.: Über Böen und Tromben. (Naturwiss. 33, 1946, S. 203–211 u. 235–238).

Kraus, H.: A note on the definition of the surface boundary-layer. (Beitr. Phys. Atmosph. 45, 1972, S. 185–195).

Krivsky, L.: Bestimmung der vorherrschenden Windrichtung aus Windfahnenbäumen. (Meteor. Rdsch. 11, 1958, S. 86–90).

Lamb, H. H.: The Southern Westerlies: a preliminary survey; main characteristics and apparent associations. (Quart. J. Roy. Meteor. Soc., 85, 1959, S. 1–23).

Lahey, J. F.: On the origin of the dry climate in Northern South America and the Southern Caribbean. (Sci. Rep. Univ. Wisconsin Dep. Meteor. M. 10, 1958, 290 S.).

Lauscher, F.: Über die Verteilung der Windgeschwindigkeit auf der Erde. (Arch. Meteor., Geophys. Bioklimat. B, 2, 1951, S. 427–440).

Lettau, H. H.: Notes on Theoretical Models of Profile Structure in the Diabatic Surface Layer. (Studies of the Three-Dimensional Structure of the Planetary Boundary Layer. Madison/Wisc. 1962, S. 195–226).

Lettau, H.: Note on aerodynamic roughness-parameter estimation on the basis of roughness - element description. (J. of Appl. Meteor. 8, 1969, S. 828–832).

Loon, H. van: Blocking Action in the Southern Hemisphere. Part. I. (Notos 5, 1956, S. 171–178).

Loon, H. van: A description of the geostrophic wind in the Southern hemisphere. (Klimatol. Forschung, Festschr. f. H. Flohn, Bonner Met. Abh. 17, 1974).

Lydolph, P. E.: A Comparative Analysis of the Dry Western Littorals. (Ph. D. Diss. Madison 1955 und Ann. Assoc. Am. Geogr. 47, 1957, S. 213–230).

Mahrt, L.J. u. *W. Schwerdtfeger:* Ekman Spirals for exponential thermal wind. (Boundary-Layer Meteorology I, 1970, S. 137–145).

Meinardus, W.: Die Luftdruckverhältnisse und ihre Wandlungen südlich von 30° südl. Br. (Deutsche Südpolarexpedition 1901–1903. III. Meteorologie, I, II. Hälfte, 3. Teil. Berlin 1928).

Namias, J.: The jet stream. (Scient. amer. 187, 1952, S. 27–31).

Putnam, P. C.: Power from the Wind. (New York, 1948).

Reed, J. W.: Wind power climatology. (Weatherwise 27, 6, 1974, S. 236–242).

Ré, J.: El clima de Punta Arenas (21 años de observaciones meteorológicas 1919–1940). (Observatorio Meteorologico „José Fagnano", Punta Arenas, Magallanes (Chile), 1945).

Riehl, H., D. Soltwisch: On the depth of the friction

layer and the vertical transfer of momentum in the trades. (Beitr. Phys. Atmosph. 47, 1974, S. 56–66).

Roth, R.: Die höhenabhängige Änderung der Windrichtung in der bodennahen Luftschicht. (Wissensch. Mitt. Nr. 9 d. Meteorol. Inst. d. Univ. München, 1964, S. 75–84).

Roth, R.: Modelle für das Windprofil über einer rauhen und einer glatten Oberfläche. (Beitr. Phys. Atmosph. 45, 1972, S. 277–304).

Samuelsson, C.: Studien über die Wirkung des Windes in den kalten und gemäßigten Erdteilen. (Bull. Geol. Inst. Upsala 20, 1926, S. 57–230).

Schamp, H.: Die Winde der Erde und ihre Namen. Regelmäßige, periodische und lokale Winde als Klimaelemente. Ein Katalog. (Erdkundl. Wissen H. 8, Wiesbaden 1964, 94 S.).

Schwerdtfeger, W.: Remarkable wind shifts and speeds a few meters above the surface of the antarctic plateau. (Antarctic Journal of the United States, No. 5, 1971, S. 218–219).

Schwerdtfeger, W.: The vertical variation of the wind through the friction-layer over the Greenland ice cap. (Tellus XXIV, 1972, S. 13–16).

Steinhauser, F.: Die Windverstärkung an Gebirgszügen. (Arch. Meteor., Geophys., Bioklimat. B, 2, 1950. S. 39–64).

Streten, N. A.: Aspects of the frequency of calms in Antarctica. (The Polar Record 14, Nr. 91, 1969, S. 463–470).

Trappenberg, R.: Ein Beitrag zu den Windverhältnissen in den ersten 100 m der Atmosphäre. (Ber. Dt. Wetterd. Nr. 57, 1959, 41 S.).

Troll, C.: Klima und Pflanzenkleid der Erde in dreidimensionaler Sicht. (Die Naturwissenschaften 9, 1961, S. 332–348).

Walden, H.: Zur Frage der Windgeschwindigkeitsäquivalente für die Stufen der Beaufortskala. (Meteor. Rdsch. 20, 1967, S. 118–120).

Weischet, W.: Die Baumneigung als Hilfsmittel zur geographischen Bestimmung der klimatischen Windverhältnisse. (Erdkunde 5, 1951, S. 221–227).

Weischet, W.: Zur systematischen Beobachtung von Baumkronendeformationen mit klimatologischer Zielsetzung. (Meteor. Rdsch. 6, 1953, S. 185–187).

Weischet, W. u. *D. Barsch:* Studien zum Problem der Deformation von Baumkronen durch Wind. (Freiburger Geogr. Hefte 1, 1963, 130 S.).

Weischet, W.: Zur Klimatologie der Nordchilenischen Wüste. (Meteor. Rdsch. 19, 1966, S. 1–7).

Weischet, W.: Die thermische Ungunst der südhemisphärischen hohen Mittelbreiten im Sommer im Lichte neuer dynamisch-klimatologischer Untersuchungen. (Regio Basiliensis IX, 1968, S. 170–189).

Weischet, W.: Die ökologisch wichtigen Charakteristika der kühlgemäßigten Zone Südamerikas mit vergleichenden Anmerkungen zu den tropischen Hochgebirgen. (In: Geoecological Relations between the Southern Temperate Zone and the Tropical Mountains. Erdwiss. Forsch. Bd. XI, Wiesbaden 1978, S. 255–280).

Wippermann, F. K.: The wind profile very close to the ground. (Beitr. Phys. Atmosph. 46, 1973, S. 57–63).

Wippermann, F. K. (with contrib. by: *D. Etling, H. Leykauf, D. Yordanov*): The planetary boundary layer of the atmosphere. (Ann. Meteor. N.F. 7, 1973, 346 S.).

5. Lokale Winde und lokale Windsysteme

Angermann, O.: Der Föhn in Ostgrönland. (Diss. Wien 1941, 70 S.).

Arndt, A.: Über die Bora in Noworossijsk. (Meteor. Z. 30, 1913, S. 295–302).

Asai, T.: On the thermal effects of Sarugamori wind-break against cold, cloudy wind „Yamase". (Misc. reports Research Inst. Natural Resources Nr. 43–44, Tokyo 1957, S. 195–209).

Asai, T.: The „Yamase" wind in North-east Japan. (20th Intern. Geogr. Congr. 1964, Abstracts S. 59).

Backer, S. M. de: Les tempêtes de sable au Sahara. (Mém. Inst. Météor. Belgique 22, 1945, 28 S.).

Bailey, H. P.: The climate of Southern California. (Calif. Natural Hist. Guide 17, Berkeley u. Los Angeles 1966, 87 S.).

Ball, F. K.: The theory of strong katabatic winds. (Australian J. Phys., 9 (3), 1956, S. 373–386).

Ball, F. K.: The katabatic winds of Adélie Land and King George V Land. (Tellus 9, 1957, S. 201–208).

Ball, F. K.: Winds on the ice slopes of Antarctica. (Proc. Symp. Antarctic Meteor., Melbourne 1959, 1960, S. 9–16).

Balkema, F.: An investigation of some aspects of the effect of land and sea breezes. (Meddedel. en Verhandel. De Bilt B, II. Nr. 13, 1950, 50 S.).

Band, G.: Die Bora der Adria. (Geofis. pura appl. 19, 1951, S. 186–219).

Band, G.: Bora und Mistral – ein Vergleich. (Arch. Meteor., Geophys. Bioklimat. B, 6, 1955, S. 225–235).

Becker, R.: Die Winde der Erde mit Eigennamen. (Wetter u. Klima 1, 1948, S. 358–371).

Bemmelen, W. van: Land- und Seebrise in Batavia. (Beitr. Phys. fr. Atmosphäre 10, 1922, S. 169–177).

Beran, D. W.: Large amplitude lee waves and Chinook winds. (J. Appl. Meteor. 6, 1967, S. 865–877).

Bidasio, D.: Il Ghibli. (Geofis. Meteor. 3, 1955, S. 1–4).

Bleeker, W. u. *M.I. André:* On the diurnal variation of precipitation, particulary over central USA, and its relation to large-scale orographic circulation systems. (Quart. J. Roy. Meteor. Soc. 77, 1951, S. 260–271).

Bossolasco, M.: La brezza di mare a Genova ed altre località costiere italiane. (Geofis. pura appl. 21, 1952, S. 169–181).

Bouet, M.: La bise en Suisse romande. Étude de climatologie dynamique. (Bull. Soc. Vaud. Sci. Nat. 62, 1942, S. 95–118).

Bouet, M.: Le vent en Valais (Suisse). (Mém. Soc. Vaud. Sci. Nat. 12, 1961, S. 277–352).

Brinkmann, W.A.R.: The Chinook at Calgary (Canada). (Arch. Meteor., Geophys., Bioklim. B, 18, 1970, S. 269–278).

Brinkmann, W.A.R.: What is a Foehn? (Weather 1971, S. 230–239).

Brinkmann, W.A.R.: A Climatological Study of Strong Downslope Winds in the Boulder Area. (NCAR Cooperative Thesis No. 27, INSTAAR Occasional Paper No. 6, 1973, 228 S.).

Brinkmann, W.A.R.: Strong Downslope Winds at Boulder, Colorado. (Monthly Weather Rev. 102, 1974, S. 592–602).

Buettner, K.J.K. u. *N. Thyer:* Valley winds in the Mount Rainier area. (Arch. Meteor., Geophys., Bioklim. B, 14, 1966, S. 125–147).

Chappaz, R.: L'effect du Foehn dans la plaine d'Alsace. (Monogr. de la Mét. Nat. 93, 1975).

Clarke, R.H.: Some observations and comments on the seabreeze. (Austr. Meteor. Mag. 11, 1955, S. 47–68).

Coles, F.E.: Dust-storms in Iraq. (Prof. Notes 84, 1938, 14 S.).

Combier, Ch., P. Gaubert u. *L. Petitjean:* Vents de sable et pluies de boue. (Mém. Off. Nat. Météor. France No. 27, Paris 1937, 135 S.).

Cuberbiller, E.A.: Agroklimatičeskaja charakteristika suchovejev. (Leningrad 1959, 119 S.).

Defant, A.: Innsbrucker Föhnstudien II. Periodische Temperaturschwankungen bei Föhn und ihr Zusammenhang mit stehenden Luftwellen. (Denkschr. Akad. d. Wiss. Wien, math.-naturw. Kl. Bd. 80, 1906, S. 107–130).

Defant, A.: Der Abfluß schwerer Luftmassen auf geneigtem Boden nebst einigen Bemerkungen zu der Theorie stationärer Luftströme. (Sitz. Ber. Preuß. Ak. d. Wiss. Phys.-Math. Kl. 18, Berlin 1933).

Defant, F.: Zur Theorie der Hangwinde, nebst Bemerkungen zur Theorie der Berg- und Talwinde. (Arch. Meteor., Geophys. Bioklim. A, 1, 1949, S. 421–450).

Defant, F.: Theorie der Land- und Seewinde. (Arch. Meteor., Geophys. Bioklimat. A, 2, 1950, S. 404–425).

Defant, F.: Local winds. (In: Compendium of Meteorology. Boston/Mass. 1951, S. 655–672).

Dimagopoulos: Les étésiens. (Météorologie 1964, S. 15–23).

Dorno, C.: Zum Föhnproblem. (Meteor. Z. 59, 1942, S. 205).

Dzerdzeevskii, B.L. (Hrsg.): Sukhoveis and drought control. ([Übersetzg. a.d. Russ., Jerusalem 1963] 366 S.).

Dubief, J.: Les vents de sable au Sahara français. (Coll. Intern. Centre Nat. Rech. Sci. 35, Paris 1953, S. 45–70).

Ekhart, E.: Zur Aerologie des Berg- und Talwindes. (Beitr. Phys. fr. Atmosph. 18, 1932a, S. 1–26).

Ekhart, E.: Über einige Gletscherwinde in den Ötztaler Alpen. (Ztschr. f. Gletscherkde. 22, 1935, S. 217ff.).

Ekhart, E.: Neuere Untersuchungen zur Aerologie der Talwinde: Die periodischen Tageswinde in einem Quertale der Alpen. (Beitr. Phys. fr. Atmosph. 21, 1934, 245–268).

Ekhart, E.: Die Tageszeitenwinde der Alpen. (Die Naturwiss. 26, 1938, S. 21ff.).

Ekhart, E.: Zum Innsbrucker Föhn. (Meteor. Rdsch. 2, 1949, S. 276–280).

Ekhart, E.: Über Gebirgswinde. (Jahrb. Dt. Alpenver. München 78, 1953a, S. 101–110).

Ekhart, E.: Über den täglichen Gang des Windes im Gebirge. (Arch. Meteor., Geophys. Bioklimat. B, 4, 1953b, S. 431–450).

Eredia, F.: Lo scirocco in Italia. (Ann. Uff. Presagi 5, 1932, S. 155–172).

Evers, W.: Gletscherwinde am Nigardsbre (Südnorwegen). Ein Beitrag zur Landschaftskunde von Gletschertälern. (In: Landschaft und Land. Festschr. *Erich Obst,* Remagen 1951, S. 123–136).

Farquharson, S.S.: Haboobs and instability in the Sudan. (Quart. J. Roy. Meteor. Soc. 53, 1937, S. 393–414).

Fedorov, E.E.: Die Verbreitung der Wettertypen des Ssukhoweji in der Ebene des europäischen Teiles der Sowjetunion. (Bioklimat. Beibl. Meteor. Z. 3, 1936, S. 128–133).

Ficker, H. v.: Innsbrucker Föhnstudien I u. IV. (Denkschr. Kais. Akad. Wiss. Wien 78, 1905, S. 83–163 u. 85, 1909, S. 113–173).

Ficker, H. v. u. *B. de Rudder:* Föhn und Föhnwirkungen. (Probl. d. Bioklimatol. Bd. 1, Leipzig 1948, 114 S.).

Fliri, F.: Statistische Untersuchung über den Zusammenhang von Südföhn und Gesamtklima in Innsbruck (1906–1972). (Beitr. z. Klimatologie, Meteorologie u. Klimamorphologie. Festschr. H. Tollner, Salzburg 1972, S. 45–57).

Flohn, H. u. *K. Fraedrich:* Tagesperiodische Zirkulation und Niederschlagsverteilung am Victoria-See (Ostafrika). (Meteor. Rdsch. 19, 1966, S. 157–165).

Flohn, H.: Local Wind Systems. (World Surv. of Clim. Vol. II. General Climatology 2. Amsterdam 1969, S. 139–171).

Flower, W.D.: Sand devils. (Prof. Notes London 71, 1936, 16 S.).

Fontseré, E.: La tramontane et le mestral de la côte catalane. (Arch. Meteor., Geophys. Bioklimat. B, 1, S. 127–137).

Fraedrich, K.: Das Land- und Seewindsystem des Victoria-Sees nach aerologischen Daten. (Arch. Meteor., Geophys., Bioklim. A, 17, 1968, S. 186–206).

Freeman, M.H.: Duststorms of the Anglo-Egyptian Sudan. (Meteor. Rep. 2, London 1952, 22 S.).

Frey, K.: Die Entwicklung des Süd- und des Nordföhns. (Arch. Meteor., Geophys. Bioklimat. A, 5, 1953, S. 432–477).

Frey, K.: Zur Diagnose des Föhns. (Meteor. Rdsch. 10, 1957, S. 181–185).

Georgii, W.: Studie über den Zondawind der Kordillere von Mendoza. (Meteor. Rdsch. 7, 1954, S. 125–129).

Glenn, C.L.: The Chinook. (Weatherwise 14, 1961, S. 175–182).

Grober, K. W.: Die Bora und ihr landschaftsgestaltender Charakter. (Geogr. Rdsch. 13, 1961, S. 321–323).

Hann, J.: Zur Frage über den Ursprung des Föhn. (Z. österr. Ges. Meteor. 1, 1866, S. 257–263).

Haunzwickel, J.: Der westgrönländische Föhn. (Diss. Wien 1941, 64 S.).

Henning, J. u. *D.:* Abbildung lokaler Zirkulationen durch Wolkenfelder auf Hawaii. (Meteor. Rdsch. 20, 1967, S. 109–114).

Herrmann, R.: Deutungsversuch der Entstehung der „Brisa“, eines föhnartigen Fallwindes der nordwestlichen Sierra Nevada de Santa Maria, Kolumbien. (Mitt. a.d. Inst. Colombo-Aleman 4, Sta. Marta 1970, S. 83–96).

Herrmann, M.: Scirocco-Einbrüche in Mitteleuropa. (Veröff. Geophys. Inst. Leipzig 4, 1929, S. 181–252).

Hoinkes, H.: Föhnentwicklung durch Höhentiefdruckgebiete. (Arch. Meteor., Geophys., Bioklim. A, 2, 1950, S. 82–96).

Hoinkes, H.: Beiträge zur Kenntnis des Gletscherwindes. (Arch. Meteor., Geophys., Bioklim. B, 6, 1955, S. 36–53).

Hoinkes, H.: Beiträge zur Kenntnis des Gletscherwindes. (Arch. Meteor., Geophys., Bioklimat. B, 6, 1955, S. 36–53).

Holtmeier, F.K.: Die „Malojaschlange“ und die Verbreitung der Fichte. (Wetter u. Leben 18, 1966, S. 105–108).

Jelinek, A.: Beiträge zur Mechanik der period. Hangwinde. (Beitr. Phys. fr. Atmosph. 24, 1938, S. 60–84).

Johnson, H.N.: The dry Chinook wind. (Bull. Amer. Meteor. Soc. 17, 1936, S. 23–27).

Karapiperis, L.N.: Über eine Klassifizierung der Etesien auf Grund der herrschenden isobarischen Zustände. (Meteor. Rdsch. 6, 1954, S. 6–9).

Kimble, G.H.T. u.a.: Tropical land and sea breezes (with special reference to the East Indies). (Bull. Amer. Meteor. Soc. 27, 1946, S. 99–113).

Kleinguti-Schaumann, H.: Über die Windverhältnisse des Engadins, speziell den Malojawind. (Meteor. Z. 54, 1937, S. 289–295).

Koch, H.G.: Zum Begriff des Mittelgebirgsföhns. (Z. Meteor. 14, 1960, S. 29–46).

Kopfmüller, A.: Der Land- u. Seewind am Bodensee. (Wetter 39, 1922, S. 97–107; 40, 1923, S. 33–41, 65–78, 108–115; 41, 1924, S. 1–8, 33–42).

Köppen, W.: Die Bora im nördlichen Skandinavien. (Ann. Hydrogr. marit. Meteor. 51, 1923, S. 97–99).

Koschmieder, H.: Danziger Seewindstudien I und II. (Forsch.-Arb. Obs. Danzig H. 8, 1936, 45 S. u. H. 10, 1941, 39 S.).

Krick, I.P.: Foehn winds of Southern California. (Gerlands Beitr. Geophys. 39, 1933, S. 399–407).

Küttner, J.: Moazagotl und Föhnwelle. (Beitr. Phys. fr. Atmosph. 24, 1938, S. 79–114).

Küttner, J.: Zur Entstehung der Föhnwelle. Untersuchung auf Grund von Wettersegelflügen und Beobachtungen an der Moazagotl-Wolke. (Beitr. Phys. fr. Atmosph. 25, 1939, S. 251–299).

Küttner, J.: Periodische Luftlawinen. (Meteor. Rdsch. 2, 1949, S. 183–184).

Lauer, W. u. *D. Klaus:* The Thermal Circulation of the Central Mexican Meseta Region within Influence of the Trade Winds. (Arch. Met. Geoph. Biokl. Ser. B. 23/1975, S. 343–366).

Lettau, K. u. *H. Lettau:* Über bioklimatische Besonderheiten der ostpreußischen Küste im Sommer. (Z. angew. Meteor./Wetter 57, 1940, S. 205–214).

Loewe, F.: A note on katabatic winds at the coasts of Adélieland and King George V Land. (Geofis. pura appl. 16, 1950, S. 159–162).

Lunson, E.A.: Sandstorms on the northern coast

of Libya and Egypt. (Prof. Notes 7, Nr. 102, 1950, 12 S.).

Lydolph, P. E.: The Russian sukhovey. (Ann. Ass. Amer. Geogr. 54, 1964a, S. 291–309).

Lydolph, P. E.: The North American „sukhovei". (20th Intern. Geogr. Congr. 1964, Abstracts S. 67).

Madigan, C. T.: Meteorology of the Cape Denison station. (Australian Antarctic Exped. 1911–1914, Sci. Rept., Ser. B 4, 1929, 286 S.).

Mäder, F.: Untersuchung über die Windverhältnisse in Bodennähe bei verschiedenen Wetterlagen. (Veröff. Schweiz. Meteor. Zentralanst. 9, 1968, 42 S.).

Mather, K. B. u. *G. S. Miller*: The problem of the katabatic winds on the coast of Terre Adélie. (Polar Record 13, 1966, S. 425–432).

Mather, K. B. u. *G. S. Miller:* Notes on topographic factors affecting the surface wind in Antarctica with special reference to katabatic winds and bibliography. (Univ. Alaska, Geophys. Inst., Techn. Report UAG-R-189, 1967).

Mawson, D.: The Home of the Blizzard. Being the Story of the Australian Antarctic Expedition 1911–1914. (London 1915. 1: 349 S.; 2: 338 S.).

Meinardus, W.: Klimakunde der Antarktis. (In: W. Koeppen und R. Geiger, Hrsg.: Handb. d. Klimatologie. Berlin 1938, 133 S.).

Miller, D. J., W. A. R. Brinkmann u. *R. G. Barry:* 10. Windstorms: a case study of wind hazards for Boulder, Colorado. (Individual and Community Response. o. J., S. 80–86).

Monin, M.: Vents locaux et vents généraux dans la région de Grenoble. Contribution à l'étude des vents dans une région de montagne. (Rev. Géogr. Alpine. 50, 1962, S. 37–58).

Mook, R. H. G.: Zur Bora an einem nord-norwegischen Fjord. (Meteor. Rdsch. 15, 1962, S. 130–133).

Mörikofer, W.: Zur Klimatologie des Malojawindes. (Meteor. Z. 55, 1938, S. 215–217).

Mörikofer, W.: Zur Meteorologie und Meteorobiologie des Alpenföhns. (Verh. Schweizer Naturf. Ges. 130, Davos 1958, S. 11–32).

Obenland, E.: Untersuchung zur Föhnstatistik des Oberallgäus. (Ber. Dt. Wetterd. Nr. 23, 1956, 40 S.).

Paradiz, B.: The Bora wind in Slovenia. (10 let Hidrometeor. Sluzbe. Ljubljana 1957, S. 147–172; slowen. m. engl. Zsf.).

Paraskevopoulos, J.: The Etesiens. (Monthly Weather Rev. 50, 1922, S. 417–422).

Parkinson, G. R.: Dust storms over the Great Plains: their causes and forecasting. (Bull. Amer. Meteor. Soc. 17, 1936, S. 127–135).

Péczely, G.: Lokal windsystem of the Lake Balaton. (Idöjárás 66, 1962, S. 83–89; ungar. m. engl. Zsf.).

Peppler, W.: Zur Aerologie des Föhns. (Beitr. Phys. fr. Atmosph. Bd. 12, 1926, S. 198–214).

Petersen, H.: Extrem hohe Temperaturen und Föhn in Grönland. (Meteor. Z. 51, 1934, S. 289–296).

Picard, A.: Contribution à l'étude du Suedfoehn d'Innsbruck. (Mém. et docum., 10, Paris 1964, 116 S.).

Prohaska, F.: Neuere Anschauungen über die Meteorologie und Klimatologie des Föhns. (Experientia 3, 1947, S. 232–237).

Reja, O.: Les invasions d'air froid et d'air chaud dans le banat de la Drave. (Geogr. Vestnik 10, 1934, S. 66–88).

Rossi, V.: Land- u. Seewind an den finnischen Küsten. (Mitt. Meteor. Zentral-Anst. 41, Helsinki 1957, 17 S.).

Rossmann, F.: Über den Föhn auf Spitzbergen und Grönland. (Z. Meteor. 4, 1950, S. 257–262).

Rossmann, F.: Über Wasserhosen auf dem Mittelmeer. (Dt. Hydrogr. Z. 14, 1961, S. 63–65).

Rougetet, E.: Le mistral dans les pleines du Rhône moyen entre Bas-Dauphiné et Provence. (Météorologie 6, 1930, S. 341–385).

Scaëtta, H.: Les avalanches d'air (Luftlawinen) dans les Alpes et dans les hautes montagnes de l'Afrique centrale. (Ciel et terre 40, 1935, S. 79–80).

Scherhag, R.: Eine neue Theorie des Berg- und Talwindes mit Anwendung auf den Mechanismus der Fronten. (Meteorol. Rdsch. 1, 1948, S. 220–222).

Schlegel, M.: Der Alpenföhn. Eine Dokumentation neuer Arbeiten 1974–75. (Bibl. d. dt. Wetterd. 30, 1975).

Schmauss, A.: Über Luftlawinen. (Ber. Dt. Wetterd. US-Zone Nr. 31, 1952, S. 14–16).

Schmidt, F. H.: An elementary theory of the land- and sea-breeze circulation. (J. Meteor. 4, 1947, S. 9 ff.).

Schneider-Carius, K.: Die Etesien. (Meteor. Rdsch. 1, 1947/48, S. 464–470).

Schreiber, K.-F.: Landschaftsökologische und standortskundliche Untersuchungen im nördlichen Waadtland als Grundlage für die Orts- und Regionalplanung. (Arb. d. Univ. Hohenheim 45, Stuttgart 1969, 166 S.).

Schüepp, M. u. *Ch. Urfer:* Die Windverhältnisse im Davoser Hochtal. (Arch. Meteor., Geophys. Bioklim. B., 12, 1963, S. 337–349).

Schultz, H.: Über Klimaeigentümlichkeiten im unteren Rheingau, unter besonderer Berücksichtigung des Wisperwindes. (Frankf. Geogr. Hefte 7, 1933, 45 S.).

Schweinfurth, H.: Über klimatische Trockentäler

im Himalaya. (Erdkunde 10, 1956, S. 287–302).
Sedlmeyer, K.A.: Der Harmattan als geographischer Faktor. (Z. f. Wirtschaftsgeogr. 8, 1964, S. 33–44).
Sivall, T.: Sirocco in the Levant. (Geogr. Ann. 39, 1957, S. 114–142).
Steinhauser, F.: Methodische Bemerkungen zur Bearbeitung von Berg- und Talwinden im Gebirgsland. (In: M. Čadež: Einfluß der Karpathen auf die Witterungserscheinungen. Prirodno Mathem. Fak., Meteor. Zavod., Beograd 1968, S. 17–48).
Sterten, A.: Alte und neue Berg- und Talwindstudien. (Carinthia II, Mitt. Naturwiss. Ver. Kärnten, 24. Sonderheft, Wien 1965, S. 186–194).
Streten, N. A.: Notes on weather conditions in Antarctica. (Australian Meteor. Mag. 37, 1962, S. 1–20).
Streten, N.A.: Some observations of Antarctic katabatic winds. (Austr. Meteor. Mag. 42, 1963, S. 1–23).
Streten, N.A.: Some features of mean annual wind speed data for coastal East Antarctica. (The Polar Record 14, 90, 1968, S. 315–322).
Streiff-Becker, R.: Der Dimmerföhn. (Vj.-Schr. Naturf. Ges. Zürich 92, 1947, S. 195–198).
Streiff-Becker, R.: Die Lokalwinde der Alpen. (Alpen 29, 1953, S. 153–156).
Sutton, L.: J. Haboobs. (Quart. J. Roy. Meteor. Soc. 57, 1931, S. 143–161).
Tamiya, H.: Bora and orshi: their synoptic climatological situation in the global scale. (Japanese Progr. in Climat. 1975, S. 29–34).
Tauber, G.M.: Characteristics of Antarctic katabatic winds. (Antarctic Meteorology, Proc. Symp. Melbourne 1959, London 1960).
Thiel, E.: Staubstürme in Südostrußland. (Petermanns geogr. Mitt. 90, 1944, S. 238–243).
Thyer, W. u. *K.J.K. Buettner:* On Valley and mountain winds III. (Univ. Washington, Dep. Atmosph. Sciences [= Final Report AF Contract 19 (604) - 7201], S. 1–106).
Thyer, N.H.: A theoretical explanation of mountain and valley winds by a numerical method. (Arch. Meteor., Geophys., Bioklim. Ser. A, 15. 1966, S. 318–347).
Tollner, H.: Berg- und Talwinde in Österreich. (Beih. Jb. Zentralanst. Meteor. Geodyn. Wien, Publ. Nr. 137, 1931b, S. 91–112).
Trischler, F.: Winde mit besonderen Namen. (Z. angew. Meteor./Wetter 61, 1944, S. 69–82).
Troll, C.: Die Lokalwinde der Tropengebirge und ihr Einfluß auf Niederschlag und Vegetation. (Bonner Geogr. Abh. 9, 1952, S. 124–182).
Tsuberbiller, E.A.: Agroklimatičeskaja kharakteristika sukhovejev. (Leningrad 1959, 115 S. [russ.]).
Tyson, P.D.: Berg winds of South Africa. (Weather 19, 1964, S. 7–11).
Undt, W.: Meteorologie des Föhns. Mit besonderer Berücksichtigung der Medizin-Meteorologie. (Medizin-meteor. H. 13, 1958, S. 97–111).
Ungeheuer, H.: Zur Statistik des Föhns im Voralpengebiet. (Ber. Dt. Wetterd. US-Zone Nr. 38, 1952, S. 117–120).
Urfer-Henneberger, Ch.: Zeitliche Gesetzmäßigkeiten des Berg- und Talwindes. (Veröff. Schweiz. Meteor. Zentralanst. 4, 1967, S. 245–252).
Urfer-Henneberger, Ch.: Neuere Beobachtungen über die Entwicklung des Schönwetterwindsystems in einem V-förmigen Alpental (Dischmatal bei Davos). (Arch. Meteor., Geophys. Bioklim. B, 18, 1970, S. 21–41).
Vialar, J.: Vents régionaux et locaux. (Mémorial Météor. Nat. Paris 1948, No. 31, 52 S.).
Wagner, A.: Hangwind – Ausgleichsströmung – Berg- und Talwind. (Meteor. Z. 49, 1932, S. 209–217).
Wagner, A.: Theorie und Beobachtung der periodischen Gebirgswinde. (Gerlands Beitr. Geophys. 52, 1938, S. 408–449).
Wallén, C.C.: Glacial-meteorological investigations on the Karsa-Glacier in Swedish-Lappland 1942–1948. (Geogr. Ann. 30, 1949, S. 451 ff.).
Ward, R. de C.: Hot waves, hot winds and chinook winds in the United States. (Scient. Monthly 17, 1923, S. 146–167).
Wedemeyer, K.: Der Mistral Südfrankreichs. (Diss. Köln 1933, 82 S.).
Wegener, A.: Wind- und Wasserhosen in Europa. (Braunschweig 1917, 301 S.).
Wegener, K.: Der Schwere-Wind. (Ann. Hydrogr. marit. Meteor. 62, 1934, S. 285–288).
Weischet, W.: Chile. (Darmstadt 1970, 606 S.).
Weiss, I.: Untersuchung über Föhn im Riesengebirge. (Veröff. Meteor. Inst. Univ. Berlin 2, 1937, S. 1–48).
Wexler, R.: Theory and observations of land and sea breezes. (Bull. Amer. Meteor. Soc. 27, 1946, S. 272–287).
Wilfinger, H.: Aerologisch-synoptische u. statistische Untersuchungen über den Nordföhn in Graz. (Diss. Graz 1947, 134 Bl.).
Yamashita, R.: On „Land and Sea Breezes“. (J. Meteor. Soc. Japan 31, 1953, S. 157–172).
Yoshino, M.M.: Some local characteristics of the winds as revealed by wind-shaped trees in the Rhônevalley in Switzerland. (Erdkunde 18, 1964, S. 28–39).
Yoshimura, M., K. Nakamura, M.M. Yoshino: Local Climatological Observation of Bora in the

Senj Region on the Croatian Coast. (Local Wind Bora. Edited by M. M. Yoshino, Univ. of Tokyo Press 1976, S. 21–40).

Yoshino, M. M.: Bora Studies: A Historical Review and Problems Today. (ibid. S. 3–18).

Yoshino, M. M., M. T. Yoshino, M. Yoshimura, K. Mitsui, K. Urushibara, S. Ueda, M. Owada, K. Nakamura: Bora Regions as Revealed by Windshaped Trees on the Adriatic Coast. (ibid. S. 59–71).

Yoshino, M. M.: Die Bora in Jugoslawien: Eine synoptisch-klimatologische Betrachtung. (ibid. S. 75–82).

Yoshino, M. M.: Some Aspects of the Aerological Structure of Bora. (ibid. S. 93–97).

Yoshino, M. M.: Bora in Trieste, Italy. (ibid. S. 127–134).

Yoshino, M. M.: Ein Modellexperiment der Bora an der Adriatischen Küste Dalmatiens. (ibid. S. 178–179).

Yoshino, M. M.: Local Wind Bora: A Research Summary. (ibid. S. 277–282).

Zenker, H.: Über Land- und Seewinde an der Küste der Insel Usedom und ihre bioklimatische Bedeutung. (Abh. Meteor. Hydrol. Dienstes DDR. Nr. 44, Berlin 1957, 70 S.).

6. *Stürmische Winde, Wirbelstürme*

Arakawa, H.: The formation of hurricanes in south Pacific and the outbreaks of cold air from the north polar region. (J. Meteor. Soc. Japan 18, 1940, S. 1–7; [japan. m. engl. Zsf.]).

Bathurst, G. B.: The earliest recorded tornado? (Weather 1964, S. 202–204).

Battan, L. J.: Wetter und Stürme. Die Physik der Winde. (Natur u. Wissen W 17, München 1961, 195 S.).

Brooks, E. M.: Tornadoes and related Phenomena. (In: Compendium of Meteorology. Boston/Mass. 1951, S. 673–679).

Brunt, A. T. and *J. Hogan:* The occurrence of tropical cyclones in the Australian region. (Proc. of the Trop. Cyclone Symp., Brisbane, Dec. 1956, S. 5–18).

Cappel, A.: Der Niedersachsen-Orkan vom 13. November 1972, ein säkulares klimatologisches Ereignis. (Ber. d. Dt. Wetterd. Nr. 135, Bd. 17, 1975, S. 35–72).

Carlson, T. N.: An apparent relationship between the seasurface temperature of the Tropical Atlantic and the development of African disturbances into tropical storms. (Monthly Weather Rev. 99, 1971, S. 309–310).

Ceyp, H.: Über den Ablauf der Orkanlage vom 13. 11. 1972 in der südlichen Lüneburger Heide. (Fachliche Mitt. 182, 1975).

Clarke, R. H.: Severel local wind storms in Australia. (Div. of Meteor. Phys. Techn. Pap. No. 13, Commonwealth Sci. and Ind. Res. Organ., Australia. 1962, 56 S.).

Cry, G. W., W. H. Haggard u. *H. S. White:* North Atlantic tropical cyclones. Tracks and frequencies of hurricanes and tropical storms 1886–1958. (Weather Bur. Tech. Paper 36, Washington 1959, 10 S., 191 Karten).

Deppermann, Ch. E.: Typhoons originating in the China Sea. (Manila 1938, 30 S.).

Deppermann, Ch. E.: Some characteristics of Philippine typhoons. (Manila 1939a, 143 S.).

Deppermann, Ch. E.: Typhoons and depressions originating to the Near East of the Philippines. (Publ. Weather Bur. Manila 1939b, 44 S.; gekürzt in: Bull. Amer. Meteor. Soc. 22, 1941, S. 83–86).

Doraiswamy, I. V.: Typhoons and Indian weather. (Mem. Indian Meteor. Dept. 26, 1936, S. 95–130).

Dunn, G. E.: Aerology in the hurricane warning service. (Monthly Weather Rev. 68, 1940, S. 303–315).

Dunn, G. E.: Tropical cyclones. (In: Compendium of Meteorology. Boston/Mass. 1951, S. 887–901).

Dunn, G. E. u. *B. I. Miller:* Atlantic hurricanes. (Baton Rouge 1960, 326 S.).

Flora, S. D.: Tornadoes of the United States. (Norman 1953, 194 S.).

Frank, N. L. and *C. L. Jordan:* Climatological aspects of the intensity of typhoons. (The Geophys. Magazine 30, 1960, Nr. 1).

Frank, N. L.: Atlantic Tropical Systems of 1974. (Monthly Weather Rev. 103, 1975).

Gabaites, J. F.: A survey of tropical cyclones on the South Pacific. (Proc. of the Trop. Cyclone Symp., Brisbane, Dec. 1956, S. 19–24).

Gherzi, E.: On the constitution of Typhoons. (Bull. Amer. Meteor. Soc. 19, 1938, S. 59–66).

Gray, W. M.: Global view of the origin of tropical disturbances and storms. (Monthly Weather Rev., Vol. 96, 1968, S. 669–700).

Gray, W. M.: Ursprung und Wesen tropischer Zyklonen. (Umschau 1970, S. 803–807).

Hawkins, H. F. and *D. T. Rubsam:* Hurricane Hilda, 1964, II. structure and budgets of the hurricane on October, 1, 1964. (Monthly Weather Rev., Vol. 96, 1968, S. 617–636).

Hope, J. R.: Atlantic Hurricane Season of 1974. (Monthly Weather Rev. 103, 1975, S. 285–293).

Hope, J. R.: North Atlantic Tropical Cyclones 1974. (Mariners Weather Log. 1975, S. 8–18).

Hsieh, Yi-Ping, Shou-Jun Chen, I-Liang Chang and *Yin-Liang Huang:* A Preliminary statistical and synoptic study of the basic currents over southeastern Asia in relation to the formation of typhoon. (Acta Meteor. Sinica. Vol. 33, 1963, S. 206–217).

House, D. C.: Forecasting tornadoes and severe thunderstorms. (Meteor. Monographs. Vol. 5, No. 27, 1963, S. 141–155).

Hubert, L. F.: Frictional filling of hurricanes. (Bull. of the American Meteor. Soc., Vol. 36, 1955, S. 440–445).

Husain, S. A.: The severe cyclonic storm in East Pakistan 12.–13. November 1970. (WMO Bull. 20, 1971, S. 92–94).

Hutchings, J. W.: Tropical cyclones of the Southwest Pacific. (New Zealand Geographer, Vol. 9, 1953, S. 37–57).

Jordan, C. L. and *Te-Chun Ho:* Variations in the annual frequencies of tropical cyclones. (Monthly Weather Rev., Vol. 90, 1962, S. 157–164).

Keeton, H.: South Pacific hurricanes. (Mar. Observer 7, 1930, S. 209–211).

Kohlbach, W.: Die Westharztrombe vom 4. Mai 1952. (Meteor. Rdsch. 7/8, 1954/55, S. 90–92).

Koteswaram, P.: The East Pakistan Cyclone of November 1970. (VAYU MANDAL, 1971, S. 16–20).

Koteswaram, P.: Cyclone distress migration measures in India. (WMO Bull. 20, 1971, S. 89–91).

Li, S.: Untersuchungen über Taifune. (Veröff. Meteor. Inst. Berlin I, 5, 1936, 38 S.).

Liu, K. N. u. *K. C. Tung:* The structure and rainfall distribution of the typhoons invading South of China. (Acta Meteor. Sinica. 29, 1958, S. 104–118).

Malkus, J. S.: On the thermal structure of the hurricane core. (In: Proc. of Techn. Conf. on Hurricane, Miami, Florida, November 20–22, 1958).

Mc Rae, J. N.: The formation and development of tropical cyclones during the 1955–56 summer in Australia. (Proc. of the Trop. Cyclone Symp., Brisbane, Dec. 1956, S. 233–262).

Miller, B. I.: On the maximum intensity of hurricanes. (J. Meteor. 15, 1958, S. 184–195).

Miller, R. C.: Tornado-producing synoptic patterns. (Bull. of the Amer. Meteor. Soc. 40, 1959, S. 465–472).

Namias, J.: Birth of Hurricane AGNES – Triggered by the Transequatorial Morement of a Mesocale System into a Favorable Large-Scale Environment. (Monthly Weather Rev. 101, 1973, S. 177–179).

National Oceanic and Atmospheric Administration (NOAA): Hurricane, the greatest storm on earth. (Washington 1971, 35 S.).

Nestle, R.: Der Tornado vom 10. 7. 1968 im Raum Pforzheim. (Meteor. Rdsch. 22, 1969, S. 10–18).

Nordhoff, C. B. u. *J. N. Hall:* The hurricane. (Boston 1936, 257 S.).

Nordmand, C. W. B.: Recent investigations on structure and movement of tropical storms in Indian seas. (Gerlands Beitr. Geophys. 34, 1931, S. 233–243).

Palmén, E. and *H. Riehl:* Budget of angular momentum and energy in tropical cyclones. (Journ. of Meteor. 14, 1957, S. 150–159).

Parmenter, F. C.: Picture of the Month, Hurricane Camille, (Monthly Weather Rev. 97, 1969, S. 828–834).

Pautz, M. E.: Severe local storm occurrences 1955–1967. (ESSA Techn. Memo WBTM FCST 12, Office of Meteor. Operations, Silver Spring/Maryland 1969).

Pearson, A. D. and *A. F. Sadowski:* Hurricane-induced tornadoes and their distribution. (Monthly Weather Rev. 93, 1965, S. 461–464).

Regula, H.: Druckschwankungen und Tornados an der Westküste von Afrika. (Ann. Hydrogr. marit. Meteor. 64, 1936, S. 107–111).

Riehl, H.: On the formation of west Atlantic hurricanes. (Dep. Meteor. Univ. Chicago, Misc. rep. Nr. 24, 1948, S. 1–64).

Riehl, H.: On the formation of typhoons. (J. Meteor. 5, 1948, S. 247–264).

Riehl, H.: Aerology of tropical storms. (In: Compendium of Meteorology. Boston/Mass. 1951, S. 902–913).

Riehl, H.: On the origin and possible modification of hurricanes. (Science 141, 1963, S. 1001–1010).

Rodewald, M.: Die Entstehungsbedingungen der tropischen Orkane. (Meteor. Z. 53, 1936a, S. 197–211).

Rodewald, M.: Die Bedeutung des Dreimassenecks für die subtropischen Sturmbildungen. (Ann. Hydrogr. marit. Meteor. 64, 1936b. 2. Köppen-Heft, S. 41–54).

Rodewald, M.: Eine Willy-Willy-Wetterlage nebst Bemerkungen über die Entstehung tropischer Wirbelstürme. (Seewart 5, 1936c, S. 321–327).

Rodewald, M.: Norder im Mexiko-Golf. (Wetterlotse Nr. 84/85, 1955, S. 41–52).

Rodewald, M.: Wirbelsturmhäufigkeit und allgemeine Zirkulation. (Ann. Meteor. 8, 1957/1958, S. 167–170).

Rodewald, M.: Die Bahnen der tropischen Wirbelstürme. (Seewart 19, 1958, S. 52–64).

Rosenthal, St. L.: Computer Simulation of Hurricane Development and Structure. (In: Hess, (ed.): Climate and Weather modification. S. 522–550).

Rossmann, F.: Die Unterschiede im physikalischen Verhalten von Tornados und Wasserhosen. (Meteor. Rdsch. 11, 1958, S. 51–54).
Rossmann, F.: Über die Physik der Tornados. (Meteor. Rdsch. 12, 1959, S. 105–111).
Sadler, J. C.: Tropical cyclones of the eastern North Pacific as revealed by TIROS observations. (Journ. of Appl. Meteorology 3, 1964, S. 347–366).
Sadowski, A.F.: Tornadoes with hurricanes. (Weatherwise 19, 1966, S. 71–75).
Sasaki, Y.: The recent studies on the formation and the development of tropical cyclones in Japan. (UNESCO Proc. Sympos. on Typhoons Tokyo 1954, S. 151–161).
Seelye, C.J.: Tornadoes in New Zealand. (New Zealand Journ. of Science and Technology 27, 1945, S. 166–174).
Seilkopf, H.: Zur Entstehung tropischer Wirbelstürme. (Ann. Meteor. 5, 1952, S. 130–140).
Seilkopf, H.: Monsune und Tropenorkane im Witterungsklima und in der Großzirkulation. (Dt. Hydrogr. Z. 9, 1956, S. 90–102).
Sen, S.N.: Mechanism of Bengal tornadoes in the nor'wester season. (Nature [London] 172, 1931, S. 128–130).
Simpson, R. H.: On the structure of tropical cyclones as studied by aircraft reconnaissance. (UNESCO Proc. Sympos. on Typhoons Tokyo 1954, S. 129–150).
Simpson, R.H.: Some aspects of tropical cyclone structure. (Proc. Trop. Cyclone Sympos. Brisbane 1956, S. 139–157).
Simpson, R.H. and *J.S. Malkus:* Experiments in Hurricane Modification. (Scient. American 211, 1964, S. 27–37).
Skaggs, R.H.: Analysis and regionalization of the diurnal distribution of tornadoes in the United States. (Monthly Weather Rev. 97, 1969, S. 103–115).
Skeete, C.C.: West Indian hurricanes. (Trop. Agricult. 8, 1931, S. 178–185, 206–210).
Skilinsky, A.: Tromben, derzeitiger Stand der Kenntnisse. (Polarforschung 7, 1970).
Sloane, E.: The book of storms. (New York 1956, 109 S.).
Smith, D.E.: The West African tornado. (Meteor. Mag. 63, 1934, S. 7–9).
Smith, G.H.: Tropische Wirbelstürme. (Bild der Wissenschaft. 1971, S. 556–563).
Southern, R.L.: Study of tornado situation in southwest Australia. (Australian Meteor. Mag. 31, 1960, S. 1–12).
Starbuck, L.: A statistical survey of typhoons and tropical depressions in the Western Pacific and China Sea area from observations and tracks recorded at the Royal Observatory Hong Kong from 1884 to 1947. (R.O.T. M. 4, Hong Kong 1951, 10 S., 41 Karten).
Tannehill, I.R.: Hurricanes, their nature and history. (Princeton 1959, 308 S.).
Tepper, M.: On the origin of tornadoes. (Bull. of the Amer. Meteor. Soc. 31, 1958, S. 311–314).
Tepper, M.: Tornadoes. (Scientific American 198, No. 5, 1958, S. 31–37).
US Weather Bureau: Forecasting tornadoes and severe thunderstorms. (Forecasting guide No. 1, Washington 1956, 34 S.).
Waibel, L.: Naturgeschichte der Northers. (Geogr. Z. 44, 1938, S. 408–427).
Walker, G.T.: On the mechanism of tornadoes. (Quart. J. Roy. Meteor. Soc. 56, 1930, S. 59–66).

i) Luftelektrizität

Bricard, J. u. a.: Problems of atmospheric and space electricity. (Amsterdam 1965).
Brooks, C. E. P.: The distribution of thunderstorms over the globe. (Geophys. Mem. Nr. 24, London 1925, S. 145–164).
Brooks, C. E. P.: The variation of the annual frequency of thunderstorms in relation to sunspots. (Quart. J. Roy. Meteor. Soc. 60, 1934, S. 153–166).
Byers, H. R.: Nonfrontal thunderstorms. (Univ. Chicago Inst. Meteor., Misc. Rep. No. 3, 1942, 26 S.).
Byers, H. R.: Principal results of a comprehensive investigation of the structure and dynamics of the thunderstorm. (Tellus I, 4, 1949a, S. 6–17).
Byers, H. R.: Structure and dynamics of the thunderstorm. (Weather 4, 1949b, S. 220–222 u. 244–250).
Byers, H. R. u. R. Braham.: The thunderstorm. (Washington 1949c, 282 S.).
Byers, H. R.: Thunderstorms. (In: Compendium of Meteorology. Boston/Mass. 1951, S. 681–693).
Chalmers, J. A.: Atmospheric electricity. (London, Paris, New York 1957, 327 S.).
Dolezalek, H., R. Reiter: Electrical processes in atmospheres. (Proc. of the Fifth Conf. on Atmosph. Electr. Garmisch-Partenkirchen 1974. Darmstadt 1977).
Ficker, H. v.: Über die Entstehung lokaler Wärmegewitter. (Sitz.-Ber. Pr. Akad. Wiss. Phys.-

math. Kl. Berlin 1931, S. 28–39; 1932, S. 197–248; 1933, S. 480–500).

Findeisen, W.: Über die Entstehung der Gewitterelektrizität. (Meteor. Z. 57, 1940, S. 201–215).

Fischer, H. J.: Das luftelektrische Feld in Abhängigkeit von Wetterlage und Luftverunreinigung. (Promet 2, 1977, S. 13–16).

Frisius, J., G. Heydt, J. Pelz: Atmospherics und Gewitterstörung. (Promet 3, 1977, S. 12–19).

Gringel, W.: Luftionen, Luftleitfähigkeit und ihr Zusammenhang mit Aerosolteilchen. (Promet 2, 1977, S. 13–16).

Gringel, W.: Die elektrischen Ströme in der Atmosphäre. (Promet 2, 1977, S. 16–20).

Guilbert, G.: L'orage. (Paris 1938, 125 S.).

Gunn, R.: Precipitation electricity. (In: Compendium of Meteorology. Boston/Mass. 1951, S. 128–135).

Hagenguth, J. H.: The lightning discharge. (In: Compendium of Meteorology. Boston/Mass. 1951, S. 136–143).

Israel, H.: Das Gewitter. Ergebnisse und Probleme der modernen Gewitterforschung. (Leipzig 1950, 249 S.).

Israel, H.: Die Luftelektrizität im Rahmen der Bioklimatologie. (Angew. Meteor. 1, 1951/52, S. 65–79, 97–104).

Israel, H.: Die atmosphärische Elektrizität im Rahmen der Meteorologie. (Meteor. Rdsch. 9, 1956, S. 80–84).

Israel, H.: Luftelektrizität und Radioaktivität. (Berlin 1957a, 125 S.).

Israel, H.: Atmosphärische Elektrizität. Teil I: Grundlagen, Leitfähigkeit, Ionen. (Leipzig 1957b, 370 S.); Teil II: Felder, Ladungen, Ströme. (Leipzig 1961, 503 S.).

Israel, H.: Probleme der Gewitterforschung I: Das Gewitter in heutiger Sicht. (Forsch. ber. d. Landes Nordrh.-Westf. Nr. 1408, 1964, 60 S.).

Israel, H.: Die Bedeutung des Niederschlages für die Gewitterelektrizität. (Meteor. Rdsch. 23, 1970, S. 123–127).

Kähler, K.: Einführung in die atmosphärische Elektrizität. (Leipzig 1929, 244 S.).

Kilinski, E. v.: Lehrbuch der Luftelektrizität. (Leipzig 1958, 141 S.).

Kukowka, A.: Zum Problem der Luftelektrizität. (Z. Meteor. 13, 1959, S. 44–51).

Latham, J., B.J. Mason: Electric Charge transfer associated with temperature gradients in ice. (Proc. R. Soc. A 260, 1961, S. 523).

Lehmann, G.: Blitzschädendichte und Gewitterhäufigkeit. (Elektrotechn. Z., Reihe B, Bd. 19, 1967, S. 501–504).

Leidel, J.: Blitz und Donner. (Promet 3, 1977, S. 9–12).

Leidel, J., R. Mühleisen: Die Änderungen des luftelektrischen Feldes verursacht durch Erd- und Wolkenblitze. (Beilage z. Berliner Wetterkarte 5/77, SO 1/77).

Ludlam, F. H.: The hailstorm. (Weather 16, 1961, S. 152–162).

Malan, D.J.: Physics of lightning. (London 1963, 176 S.).

Mühleisen, R.: Neue Ergebnisse und Probleme in der Luftelektrizität. (Z. f. Geophys. 37, 1971, S. 759–793).

Mühleisen, R.: Die luftelektrischen Parameter. (Promet 2, 1977, S. 1–2).

Mühleisen, R.: Der globale luftelektrische Stromkreis. (Promet 2, 1977, S. 2–4).

Mühleisen, R.: Entstehung der Gewitterelektrizität. (Promet 3, 1977, S. 7–9).

Mühleisen, R., H.J. Fischer: Globale Strombilanz und extraterrestrische Einflüsse. (Promet 3, 1977, S. 19–20).

Portig, W.H.: Thunderstorm frequency and amount of precipitation in the Tropics, especially in the African and Indian monsoon regions. (Arch. Meteor., Geophys. Bioklimat. B, 13, 1965, S. 21–35).

Pühringer, A.: Die elektromagnetische Induktion als Grundlage einer Gewittertheorie. (Arch. Meteor., Geophys., Bioklim. A, 12, 1961, S. 262–270).

Reiter, R.: Meteorobiologie und Elektrizität der Atmosphäre. (Probl. d. Bioklimatol. Bd. 6, Leipzig 1960, 424 S.).

Reiter, R.: Precipitation and doud electricity. (Quart. J. Roy. Meteor. Soc. 91, 1965, S. 60–72).

Reiter, R.: Sind luftelektrische Größen als Komponenten des Bioklimas in Betracht zu ziehen? (Heizung – Lüftung – Haustechnik 21, 1970. Nr. 8, S. 258/262, 279/285).

Reiter, R.: Gibt es biologische Wirkungen luftelektrischer Größen? (Promet 3, 1977, S. 20–24).

Reynolds, S.: Compendium of thunderstorm electricity. (Socorro [New Mexico Inst. Min. Techn.] 1954, 100 S.).

Rossmann, F.: Vom Ursprung der Gewitterelektrizität. (Meteor. Rdsch. 1, 1947/48, S. 193–195).

Scherhag, R.: Untersuchungen über die Nachtgewitter im nordwestdeutschen Küstengebiet. (Ann. Hydrogr. marit. Meteor. 60, 1932, S. 184–191, 321–327, 369–374; 61, 1933, S. 94–103; 63, 1935, S. 318–319).

Schneider-Carius, K.: Sommergewitter in heißen, trockenen Sommern. (Meteor. Rdsch. 2, 1949, S. 143–146).

Schonland, B.F.J.: Atmospheric electricity. (London, New York 1953, 95 S.).

Schonland, B.F.J., H. Collens: Development of the lightning discharge. (Nature 132, 1933, S. 407–408).
Simpson, G., F. Scrase u. *G. Robinson:* Distribution of electricity in thunderclouds. (Proc. Roy. Soc. London A 161, 1937, S. 309–352 u. A 177, 1941, S. 281–329).
Sloane, E.: The book of storms. (New York 1956, 109 S.).
Stott, D. and *W.C.A. Hutchinson:* The electrification of freezing water drops. (Quart. J. Roy. Meteor. Soc. 91, 1965, S. 80–86).
Tschirwinskij, P.N.: Zur Theorie des Kugelblitzes. (Meteor. Gidrol. 1936. Nr. 8, S. 78–79 [russ.]).
Uman, M.A.: Lithning. (New York 1969).
U.S. Weather Bureau. The thunderstorm. (Washington 1949, 287 S.).
Watt, R.A.W.: The present position of theories of the electricity of thunderstorms. (Quart. J. Roy. Meteor. Soc. 57, 1931, S. 133–142).
Wilson, C.T.R.: Investigations on lightning discharges and on the electric field of thunderstorms. (Phil. Transact. A 221, 1920, S. 73–115).
Workman, E.J. and *S.E. Reynolds:* Thunderstorm electricity. (New Mexico Inst. Min. Techn. Prog. Rep. No. 6, 1950).

III. Synoptische Klimageographie

a) Allgemeines. Die Wetterkarte
b) Druckgebilde und Fronten

Arnett, J.S.: Principal tracks of Southern Hemisphere extratropical cyclones. (Monthly Weather Rev. 86, 1958, S. 41–44).
Bahrenberg, G.: Auftreten und Zugrichtung von Tiefdruckgebieten in Mitteleuropa. Eine klimageographische Untersuchung. (Diss. Münster 1972, 179 S.).
Band, G.: Ist der Main eine Wetterscheide? (Z. Meteor. 9, 1955, S. 14–21 [betr. Frontenhäufigkeit]).
Barry, R.G.: The prospect for synoptic climatology: a case study. (In: Liverpool Essays in Geography. London 1967, S. 85–106).
Barry, R.G.: Models in Meteorology and Climatology. (In: R.J. Chorley u. P. Hagget (Hrsg.): Models in Geography. London 1967, S. 97–144).
Barry, R.G. u. *A.H. Perry:* Synoptic climatology. Methods and applications. (London 1973, 450 S.).
Baur, F.: Die jahreszeitliche und geographische Verteilung der blockierenden Hochdruckgebiete auf der Nordhalbkugel nördlich des 50. Breitenkreises im Zeitraum 1949–1957. (Időjárás 62, 1958, S. 73–82).
Bayer, K.: Eine Methode zur Verfolgung jahreszeitlicher und langjähriger Änderungen in der Verteilung der Zirkulationszentren der Atmosphäre (Wiss. Z. K.-M.-Univ. Leipzig 13, Mathem.-Naturwiss. Reihe H. 3, 1964, S. 373–379).
Bebber, W.J. van: Die Zugstraßen der barometrischen Minima. (Meteor. Z. 8, 1891, S. 361–366).
Bergeron, T.: Physik der troposphärischen Fronten und ihrer Störungen. (Z. angew. Meteor./Wetter 53, 1936, S. 381–395).
Berry, F.A., G.V. Owens u. *H.P. Wilson:* Arctic weather maps. (U.S. Bur. Aeronaut. 1952, 102 S.).
Bjerknes, V., J. Bjerknes, H. Solberg u. *T. Bergeron:* Physikalische Hydrodynamik mit Anwendung auf die dynamische Meteorologie. (Berlin 1933, 797 S.).
Bjerknes, J.: Extratropical Cyklones. (In: Compendium of Meteorology. Boston/Mass. 1951, S. 577–598).
Blüthgen, J.: Synoptische Klimageographie. (Geogr. Z. 53, 1965, S. 10–51).
Boffi, J.A.: Los efectos de los Andes en la circulación aérea sobre la parte austral de Sud América. (Junta N. de Meteor. 9, 1950, S. 107–112).
Borsos, J.: Typen der Zugbahnen der Zyklonen und Antizyklonen und ihre Häufigkeiten. (Időjárás 56, 1952, S. 279–284, [ungar. m. frz. Zsf.]).
Brooks, C.E.P.: The origin of anticyclones. (Quart. J. Roy. Meteor. Soc. 58, 1932, S. 379–387).
Butzer, K.W.: Dynamic climatology of largescale European circulation patterns in the Mediterranean area. (Meteor. Rdsch. 13, 1960, S. 97–105).
Christensen, D.E.: Using weather fronts in climate analysis. (20th Intern. Geogr. Congr. 1964, Abstracts S. 60–61).
Chromow, S.P.: Die geographische Anordnung der klimatischen Fronten. (Isw. Wsesojusn. Geogr. Obschtsch. 82, 1950, S. 126–137, [russ.]; dt. in: Sowjetwiss. 1950, H. 2, S. 29–42).

Cordes, H.: Fronten, Steuerung und Luftkörper. (Bioklimat. Beibl. Meteor. Z. 8, 1941, S. 45–57).

Dammann, W.: Klimatologie der Tiefdruckgebiete und Fronten. (Ann. Meteor. 5, 1952, S. 395–402).

Dammann, W.: Klimatologie der atmosphärischen Störungen über Europa. (Erdkunde 14, 1960, S. 204–221).

Dzerdzeevskii, B. L.: Some aspects of dynamic climatology. (18, 1966, S. 751–760).

Elsner, G. v.: Die Entwicklung der Wetterkarte und der Wettervorhersage. (Naturwiss. 23, 1935, S. 217–226).

Eriksen, W.: Die Häufigkeit meteorologischer Fronten über Europa und ihre Bedeutung für die klimatische Gliederung des Kontinents. (Erdkunde 25, 1971, S. 163–178).

Evjen, S.: Number of cyclones and anticyclones in Northwest and Middle Europe. (Meteor. Annaler 3, 1954, S. 459–485).

Faust, H.: Atmosphärische Fronten und Vertikalaustausch. (Geofis. pura appl. 19, 1951, S. 52–59).

Faust, H.: Maskierte Warmfronten. (Meteor. Rdsch. 5, 1952a, S. 93–95).

Faust, H.: Zur Dynamik der Hoch- und Tiefdruckgebiete. (Ber. Dt. Wetterd. US-Zone Nr. 35, 1952b, S. 92–99).

Fedorow, E.: Das Klima als Wettergesamtheit. (Wetter 44, 1927, S. 121–128 u. 145–157).

Ficker, H. v.: Polarfront, Aufbau, Entstehung und Lebensgeschichte der Zyklonen. (Meteor. Z. 40, 1923, S. 65–79 u. 264–267).

Ficker, H. v.: Zur Frage der „Steuerung“ in der Atmosphäre. (Meteor. Z. 55, 1938, S. 8–12).

Flohn, H.: Über kalte metastabile Hochdruckgebiete. (Meteor. Rdsch. 2, 1949, S. 67–75).

Flohn, H.: Witterung und Klima in Mitteleuropa. (Forsch. dt. Landeskde. 78, 1954b, 214 S.).

Flohn, H.: Luftmassen, Fronten und Strahlströme. (Meteor. Rdsch. 11, 1958, S. 7–13).

Franz, U.: Die großräumige Wolkenverteilung in außertropischen Tiefdruckgebieten. (Meteor. Abh. Freie Univ. Berlin. Bd. LXXV, 2, 1967, 66 S.).

Fulks, J. R.: The instability line. (In: Compendium of Meteorology. Boston/Mass. 1951, S. 647–652).

Galloway, J. L.: The three-front model, its philosophy, nature, construction, and use. (Weather 13, 1958, S. 3–10).

Gensler, G. A.: Die Klassifikation der Fronten. (Météorologie 1957, S. 301–303).

Gold, E.: Fronts and occlusions. (Quart. J. Roy. Meteor. Soc. 61, 1935, S. 107–157).

Goldie, A. H. R.: On the dynamics of cyclones and anticyclones. (Weather 4, 1949, S. 346–350, 393–399).

Hobbs, W. H.: The glacial anticyclones. The poles of the atmospheric circulation. (New York 1926, 198 S.).

Hoinkes, H.: Frontenanalyse mit Hilfe von Bergbeobachtungen. (Arch. Meteor., Geophys. Bioklimat. A, 4, 1951, S. 238–262).

Jacobs, W. C.: Synoptic climatology. (Bull. Amer. Meteor. Soc. 27, 1946, S. 306–311).

Klein, W. H.: Principal tracks and mean frequencies of cyclones and anticyclones in the Northern Hemisphere. (U. S. Weather Bur. Res. Pap. 40, 1957, 22 S.).

Klein, W. H.: The frequency of cyclones and anticyclones in relation to the mean circulation. (Journ. of Meteor. 15, 1958, S. 98–102).

Kleinschmidt, E.: Über Aufbau und Entstehung von Zyklonen. (Meteor. Rdsch. 3, 1950, S. 1–5 u. 54–61).

Knothe, H.: Das schlesische Sommerhochwasser 1938. (Veröff. Schles. Ges. Erdk. usw. 28, Breslau 1939, 79 S.).

Knothe, H. u. *O. Moese:* Meteorologische Ursachen des schlesischen Maihochwassers 1939. (Schles. Ges. vaterl. Kultur, 112, Jahresber., Nr. 7, 1939, 24 S.).

Köppen, W.: Erläuterungen zur Karte der Häufigkeit und der mittleren Zugstraßen barometrischer Minima zwischen Felsengebirge und Ural. (Z. Österr. Ges. Meteor. 17, 1882, S. 257–267).

Köppen, W.: Die Untersuchungen von Dr. J. van Bebber über typische Witterungs-Erscheinungen. (Meteor. Z. 3, 1886, S. 158–172).

Korshover, J.: Synoptic climatology of stagnating anticyclones east of the Rocky Mountains in the United States for the period 1936–1956. (Techn. Report A 60–7, Robert A. Taft Sanitary Engineering Center, Cincinnati 1960, 15 S.).

Krenn, W.: Die Auswirkungen der Frontdurchgänge im Alpenraum Tirol-Vorarlberg. (Diss. Innsbruck 1949).

Kruhl, H.: Über Warmfrontwellen und zur Dynamik warmer Hochdruckgebiete. (Ann. Meteor. 5, 1952, S. 15–29).

Kruhl, H.: Trog, umgebogene Okklusion, sekundäre Kaltfront. (Ann. Meteor. 6, 1955, S. 321–341; 7, 1957, S. 353–373).

Lükenga, W.: Die Zyklonalität im Ostseeraum. (Diss. Münster 1972, 253 S.).

Maede, H.: Der Einfluß der Land-Meer-Verteilung in Mitteleuropa auf das Verhalten von Tiefdruckgebieten verschiedener Typen. (Z. Meteor. 8, 1954, S. 161–173).

Mc Clain, E. P.: Some effects of the western Cordillera of North America on cyclonic activity. (Journ. of Meteor. 17, 1960, S. 104–115).

März, E.: Das Aprilwetter und seine Schauerserien. (Diss. Leipzig 1936, 69 S.).

Matthewman, A. G.: A study of warmfronts. (Prof. Notes 7, Nr. 114, London 1955, 23 S.).

Maynard, R. H.: Radar and weather. (J. Meteor. 2, 1945, S. 214–226).

Meteor. Office: Weather in the Mediterranean. (Met. Off. London M.O. 391, 1962, 362 S.).

Moese, O. u. *G. Schinze:* Die beiden Hauptfrontalzonen AF und PF. Bemerkungen über ihre Rolle für Europa. (Ann. Hydrogr. marit. Meteor. 60, 1932, S. 407–414).

Miller, J. E.: Cyclogenesis in the Atlantic coastal region of the United States. (Journ. of Meteor. 3, 1946, S. 31–44).

Mollwo, H.: Grundlagen der Wettervorhersage. Synoptische Methoden. (Leitf. Wetterdienst Nr. 2, Offenbach 1964, 49 S.).

Mügge, R.: Über das Wesen der Steuerung. (Meteor. Z. 55, 1938, S. 197–205).

Mügge, R.: Das Wesen der Wetterfronten (Med.-Meteor. Hefte Nr. 5, 1951, S. 80–88).

Multanovsky, B. P.: Grundlegende Leitsätze der synoptischen Methode der langfristigen Wettervorhersage. (Moskau 1933, 139 S. [russ.]).

Page, K. D.: On summer cyclogenesis in western Canada assoceated with upper cold lows. (Univ. of Chicago. Dpt. of Meteor. Rep. No. 1, 1957, S. 1–87).

Pike, A. C.: On the role of air-sea interaction in the development of cyclones. (Bull. Amer. Meteor. Soc. 46, 1965, S. 4–15).

Raethjen, P.: 50 Jahre Zyklonentheorie und die gegenwärtige Entwicklung. (Meteor. Z. 54, 1937, S. 393–405).

Raethjen, P.: Dynamik der Zyklonen. (Leipzig 1953, 384 S.).

Regula, H.: Elementare Wetterkunde. (Luftfahrt-Meteorologie Bd. 1, Frankfurt a. M. 1956, 153 S.).

Reinel, H.: Die Zugbahnen der Hochdruckgebiete über Europa als klimatologisches Problem. (Mitt. Fränk. Geogr. Ges. 6, Erlangen 1960, S. 1–73).

Rex, D. F.: Blocking action in the middle troposphere and its effect upon regional climate. (Tellus 2, 1950, S. 196–211 u. 275–301).

Rex, D. F.: The effect of Atlantic blocking action upon European climate. (Tellus 3, 1951, S. 100–112).

Richter, G.: Singularitäten der Zyklonenfrequenz in einzelnen 5°/10°-Feldern. (Veröff. Geophys. Inst. Leipzig 9, 1938, S. 273–322)

Rodewald, M.: Über die Festlegung von Frontalzonen. (Ann. Hydrogr. marit. Meteor. 60, 1932, S. 180–184).

Rodewald, M.: Frontenstunden und Frontenlagen. (Ann. Hydrogr. marit. Meteor 64, 1936, S. 314–317; s. a. S. 448–451).

Rodewald, M.: Zur Frage der Zyklonenverjüngung am Ostrande der Kontinente. (Ann. Hydrogr. marit. Meteor. 65, 1937a, S. 41–44).

Rodewald, M.: Das Dreimasseneck als zyklogenetischer Ort, dargestellt an den Sturmtiefbildungen bei Kap Hatteras. (Arch. Dt. Seewarte 59, 10, 1939. 35 S.; vgl. auch Meteor. Z. 54, 1937c, S. 469).

Rodewald, M.: Die Warmfront und ihr Drum und Dran. (Wetterlotse 13, 1961, S. 121–140).

Rodewald, M.: Die Faxfibel. Was der Seefahrer von Wetterkarten wissen muß. (Kiel 1963, 71 S.).

Roschkott, A.: Fronten im Gebirge. (Meteor. Z. 48, 1931, S. 486–487).

Rossi, V.: On the effect of the Scandinavian mountains on the precipitation fronts approaching from the sea. (Fennia 70, 4, 1948, 23 S.).

Runge, H.: Entstehung hoher Antizyklonen. (Meteor. Z. 49, 1932, S. 129–133).

Ryd, V. H.: Meteorological problems. I. Travelling cyclones. (Publ. fra det Danske Meteor. Inst. Medd. Nr. 5, Kopenhagen 1923, 134 S.) II. The energy of the winds. (ebenda Nr. 7, Kopenhagen 1927, 104 S.).

Rykatschew, M. A.: Typen der Zyklonenbahnen in Europa nach Beobachtungen von 1872–1887. (Mém. Acad, Imp. Sci. St. Pétersbourg, Ser. VIII Cl. phys. math. Bd. 3, 1896, 102 u. 69 S. [russ.]).

Sansom, H. W.: A study of cold fronts over the British Isles. (Quart. J. Roy. Meteor. Soc. 77, 1951, S. 96–120).

Scherhag, R.: Zur Theorie der Hoch- und Tiefdruckgebiete. (Meteor. Z. 51, 1934, S. 129–138).

Scherhag, R.: Bemerkungen zur Divergenztheorie der Zyklonen. (Meteor. Z. 53, 1936a, S. 84–90).

Scherhag, R.: Die Entstehung der Vb-Depressionen. (Ann. Hydrogr. marit. Meteor. 64, 2. Köppenheft, 1936, S. 64–74).

Scherhag, R.: Warum okkludieren die Zyklonen? (Ann. Hydrogr. marit. Meteor. 66, 1938, S. 229–237).

Schinze, G.: Die praktische Wetteranalyse. (Arch. Dt. Seewarte 52, 1, 1932, 72 S.).

Schinze, G. u. R. Siegel: Die luftmassenmäßige Arbeitsweise. (Sonderbd. Wiss. Abh. Reichsamt f. Wetterd. [Luftwaffe]. Berlin 1943, Textbd. 99 S., Fig.-Bd. 167 S.).

Schmidt, G.: Zyklonen auf ungewöhnlichen Zug-

bahnen. (Ann. Hydrogr. marit. Meteor. 67, 1939, S. 516–523).
Schüepp, M.: Entwicklungsstadien der steuernden Hochdruckgebiete in den gemäßigten Breiten. (Verh. Schweiz. Naturf. Ges. 131, Luzern 1951, S. 122).
Schüepp, M.: Ziele und Aufgaben der Witterungsklimatologie. (Vj. schr. Naturforsch. Ges. Zürich 110, 1965, S. 405–418).
Shaw, N.: The drama of weather. (Cambridge 1940, 307 S.).
Sutcliffe, R. C.: Principles of synoptic weather forecasting. (Quart. J. Roy. Meteor. Soc. 78, 1952, S. 291–320).
Sutcliffe, R. C.: Cyclones and anticyclones – a comparative study. (Proc. Toronto Meteor. Conf. 1953. Toronto 1954, S. 139–143).
Taljaard, J. J.: Development, distribution and movement of cyclones and anticyclones in the Southern Hemisphere during JGY. (Journ. of Appl. Meteor. 6, 1967, S. 973–987).
Tarr, L. M.: Storm tracks as a factor of climate. (Bull. Amer. Meteor. Soc. 14, 1933, S. 78–80).
Weickmann, L.: Häufigkeitsverteilung und Zugbahnen von Depressionen im mittleren Osten. (Meteor. Rdsch. 13, 1960, S. 33–38).
Wexler, H.: Formation of polar anticyclones. (Monthly Weather Rev. 65, 1937, S. 229–236).
Wexler, H.: Anticyclones. (In: Compendium of Meteorology. Boston/Mass. 1951, S. 621–629).
Willett, H. C. u. *F. Sanders:* Descriptive meteorology. (New York 1959, 355 S.).
Zimmerschied, W.: Dreidimensionale Analyse und meteorologische Navigation. (Luftfahrt-Meteorologie Bd. 2. Frankfurt a. M. 1959, 154 S.).
Zistler, P.: Alpenüberquerende Depressionen. (Ber. Dt. Wetterd. US-Zone Nr. 38, 1952, S. 95–101).

c) Luftkörper und Luftmassen
d) Lufttransporte (Kaltlufteinbrüche und Wärmewellen)

Arakawa, H.: The air masses of Japan. (Journ. Meteor. Soc. Japan. 2. Ser. 15, 1937b, S. 185–189 [japan.] u. Bul. Amer. Meteor. Soc. 18, 1937c., S. 407–410).
Arakawa, H. u. *J. Tawara:* Frequency of airmass types in Japan. (Bull. Amer. Meteor. Soc. 30, 1949, S. 104–105).
Bakalow, D.: Über die Transformation der Luftmassen. (Beitr. Phys. fr. Atmosph. 26, 1939, S. 1–22).
Barry, R. G.: A synoptic climatology for Labrador-Ungava. (Arctic Meteor. Res. Group, Publ. Meteor. No. 17, McGill University, Montreal 1959, 168 S.).
Batschurina, A., L. Bljumina u. *L. Petrowa:* Die Einteilung und die Eigenschaften der troposphärischen Luftmassen im Norden des europäischen Teils der USSR im Sommer. (Journ. Geophys. 6, 1936, S. 201–228 [russ. m. dt. Zsf.]).
Belasco, J. E.: Characteristics of air masses over the British Isles. (Geophys. Mem. 11, London 1951, 34 S.).
Berg, H.: Die Kontinentalität Europas und ihre Änderung 1928–37 gegenüber 1888–97. (Ann. Hydrogr. marit. Meteor. 68, 1940, S. 124–132).
Bergeron, T.: Über die dreidimensional verknüpfende Wetteranalyse. Erster Teil: Prinzipielle Einführung in das Problem der Luftmassen- und Frontenbildung. (Geofys. Publ. 5, Oslo 1928, 111 S.).
Blüthgen, J.: Geographie der winterlichen Kaltlufteinbrüche in Europa. (Arch. Dt. Seewarte 60, 6/7, 1940, 182 S.).
Blüthgen, J.: Kaltlufteinbrüche und Wärmewellen als Grundlage von Klimauntersuchungen. (Z. angew. Meteor./Wetter 58, 1941, S. 244–257).
Blüthgen, J.: Kaltlufteinbrüche im Winter des atlantischen Europa. (Geogr. Z. 48, 1942, S. 21–46).
Brunnschweiler, D. H.: Die Luftmassen der Nordhemisphäre. Versuch einer genetischen Klimaklassifikation auf aerosomatischer Grundlage. (Geogr. Helv. 12, 1957, S. 164–195).
Bryson, R. A. u. a.: The air masses of the Mediterranean. (In: A Report on synoptic conditions in the Mediterranean Area. Inst. Meteor. Chicago 1943, S. 3–28).
Byers, H. R.: The air masses of the North Pacific. (Scripps Inst. Oceanogr. Univ. California, Techn. Ser. 3, Nr. 14, 1934, S. 311–353).
Cordes, H.: Fronten, Steuerung und Luftkörper. (Bioklimat. Beibl. Meteor. Z. 8, 1941, S. 45–57).
Court, A.: Antarctic atmospheric circulation. (In: Compendium of Meteorology. Boston/Mass. 1951, S. 917–941).
Deschordschio, W. u. *W. Bugaew:* Über Luftmassenklassifikation in Mittelasien. (Meteor. Gidrol. Nr. 6, 1936, S. 72–74).
Dinies, E.: Luftkörper-Klimatologie. (Arch. Dt. Seewarte 50, 6, 1932, 21 S.).
Dinies, E.: Die Steuerung von Wärmewellen. (Meteor. Z. 53, 1936, S. 81–84).
Ekhart, E.: Der große Kälteeinbruch Ende No-

vember 1930. Die Vorgänge im Bereich der Alpen. (Gerlands Beitr. Geophys. 53, 1938, S. 161–202).

Externbrink, H.: Kaltlufteinbrüche in die Tropen. (Arch. Dt. Seewarte 57, 7, 1937, 28 S.).

Ficker, H. v. Die Ausbreitung kalter Luft in Rußland und Nordasien. Fortschreiten der „Kältewellen" in Asien – Europa. (Sitz.-Ber. Akad. Wiss. Wien 119, 1910, S. 1769–1837).

Ficker, H. v.: Das Fortschreiten der Erwärmungen (der „Wärmewellen") in Rußland und Nordasien. (Sitz.-Ber. Akad. Wiss. Wien 120, 1911, S. 745–836).

Ficker, H. v.: Maskierte Kälteeinbrüche. (Meteor. Z. 43, 1926, S. 186–188).

Flohn, H.: Zur Frage der Einteilung der Klimazonen. (Erdkunde 11, 1957, S. 161–175).

Flohn, H.: Luftmassen, Fronten und Strahlströme. (Meteor. Rdsch. 11, 1958, S. 7–13).

Friedrichs, H.: Über die Luftkörper. (Gerlands Beitr. Geophys. 28, 1930a, S. 59–100).

Friedrichs, H.: Der Zusammenhang der Luftkörper mit den meteorologischen Elementen, insbesondere mit dem Trübungsgrad. (Z. angew. Meteor. / Wetter 47, 1930b, S. 257–259).

Geiger, R.: Über die Entwicklung von Luftkörperwetterlagen und über Luftkörperfolgen in München. Ein Beitrag zur Verbindung von Synoptik, Großklima und Kleinklima. (Z. angew. Meteor. / Wetter 49, 1932, S. 359–370).

Gentilli, J.: Air masses of the Southern hemisphere. (Weather 4, 1949, S. 258–261 u. 292–297).

Gherzi, E.: Air masses acting over China and the adjoining seas. (Beitr. Phys. fr. Atmosph. 24, 1938, S. 45–52).

Gölles, F.: Kältewellen im Gebiet des Kaspischen Meeres. (Sitz.-Ber. Akad. Wiss. Wien 131, 1922, S. 327–354).

Haude, W.: Die Ausbreitung und Auswirkung von Kältewellen in den zentralen Wüstengebieten Asiens im Winterhalbjahr. (Tät.-Ber. Pr. Meteor. Inst. 1930, Berlin 1931, S. 67–82).

Haurwitz, B. u. *H. Wexler:* Trübungsfaktoren nordamerikanischer Luftmassen. (Meteor. Z. 51, 1934, S. 236–238).

Herrmann, M.: Scirocco-Einbrüche in Mitteleuropa. (Veröff. Geophys. Inst. Leipzig IV, 4, 1929, S. 181–252).

Hubert, H.: Les masses d'air de l'Ouest Africain. (Ann. phys. globe France d'outre mer 5, 1938, S. 34–64).

Kuhnke, W.: Kann man von einer Föhnwirkung in Norddeutschland sprechen? (Medizin-Meteor. H. Nr. 13, 1958, S. 117–126).

Landsberg, H.: Airmass climate for Central Pennsylvania. (Gerlands Beitr. Geophys. 51, 1937, S. 278–285).

Lettau, H.: Die thermodynamische Beeinflussung arktischer Luftmassen über warmen Meeresflächen als Problem der meteorologischen Strömungs- und Turbulenzlehre. (Schrift. Akad. f. Luftfahrtforschg. 8, 1944, S. 85–124).

Li, S.: Die Typen ostasiatischer Kältewellen. (Gerlands Beitr. Geophys. 48, 1936, S. 188–192).

Lincke, G.: Kaltlufteinbrüche im westlichen Mittelmeerraum. (Diss. Berlin 1939, 109 S.).

Link, O.: Die Kältewellen in Nordamerika und ihr Einbruch in das amerikanische Mittelmeergebiet. (Diss. Würzburg 1934, 146 S.).

Linke, F. u. *E. Dinies:* Über Luftkörperbestimmungen. (Z. angew. Meteor. / Wetter 47, 1930, S. 1–5).

Linke, F.: Luftmassen oder Luftkörper? (Bioklimat. Beibl. Meteor. Z. 3, 1936, S. 97–103).

Linke, F.: Achtjährige Luftkörperbestimmungen in Deutschland. (Bioklimat. Beibl. d. Meteor. Z. 4, 1937, S. 101–106).

Linke, F.: Die Luftkörperanschauung, eine Streitfrage zwischen Geographen und Meteorologen. (Bioklimat. Beibl. d. Meteor. Z. 9, 1942, S. 19–23).

Lu, A.: The cold waves of China. (Mem. Nat. Res. Inst. Meteor. 10, Nanking 1937, S. 6–34).

Malberg, H.: Untersuchungen über die synoptisch-geographische Verteilung von troposphärischen Kalt- und Warmlufteinbrüchen sowie der damit verbundenen Bodendruckänderungen auf der Nordhalbkugel. (Meteor. Abh. Freie Univ. Berlin. Be. LXXXVI, 4, 1968, 134 S.).

Miller, A.: Air mass climatology. (Geography 38, 1953, S. 55–67)).

Möller, F.: Statistische Untersuchungen über die Konstanz der Luftkörper. (Gerlands Beitr. Geophys. 21, 1929, S. 387–435).

Müller, H.-M.: Geographie der winterlichen Wärmewellen in Mitteleuropa aus den Jahren 1957/58 bis 1966/67. (Diss. Münster 1972, 287 S.).

Murri, A.: Climatologia delle irruzioni di aria fredda da nord e nord-est nella regione marchigiana. (L'Universo 49, 1969, S. 641–662).

Namias, J.: An introduction to the study of air mass and isentropic analysis. (Milton / Mass. 1940, 232 S.).

Pédelaborde, P.: Le climat du Bassin Parisien. Essai d'une méthode rationelle de climatologie physique. (Paris 1957, 539 S. u. Atlas (Paris 1958) mit 116 Doppelseiten).

Pone, R.: L'analyse des masses d'air à l'aide des températures caractéristiques. (Météorologie 1947, S. 204–215).

Rodewald, M.: Zum Artwandel der Luftmassen. (Ann. Hydrogr. marit. Meteor. 65, 1937, S. 583–585).

Schamp, H.: Luftkörperklimatologie des griechischen Mittelmeergebietes. (Frankfurter Geogr. Hefte 13, 1939, 75 S.).
Scherhag, R.: Die Abkühlung von Warmluft über kälteren Meeresgebieten. (Ann. Hydrogr. marit. Meteor. 65, 1937, S. 581–583).
Scherhag, R.: Die Mächtigkeit der Kältewellen auf dem Atlantischen Ozean. (Ann. Hydrogr. marit. Meteor. 66, 1938, S. 49–50).
Scherhag, R.: Neue Methoden der Wetteranalyse und Wetterprognose. (Berlin 1948, 424 S.).
Schinze, G.: Die Erkennung troposphärischer Luftmassen aus ihren Einzelfeldern. (Meteor. Z. 49, 1932, S. 169–179).
Schinze, G. u. *R. Siegel:* Die luftmassenmäßige Arbeitsweise. (Wiss. Abh. Reichsamt f. Wetterdienst, Sonderband, Leipzig 1943, Textbd. 99 S., Fig.-Bd. 167 S.).
Schneider, A.: Untersuchung der Kältewellen vom 12. bis 20. Mai 1935. (Diss. Berlin 1938, 31 S.).
Schwerdtfeger, W.: Ein Beitrag zur Frage der Existenz der Hauptluftmassen. (Meteor. Rdsch. 1, 1947/48, S. 2–4).
Seilkopf, H.: Mittelräumige atmosphärische Strömungstypen. (Ann. Hydrogr. marit. Meteor. 64, 2. Köppenheft, 1936, S. 79–87).
Sekiguti, T.: A classification of air-masses. (Geogr. Rev. Japan 18, 1942, S. 967–981).
Tschierske, H.: Die geographische Verbreitung troposphärischer Luftmassen in Europa. (Mitt. Ges. Erdkde. Leipzig 52, 1934, S. 171–189).
Tu, Ch. W.: The air masses of China. (Mem. National Res. Inst. Meteor. Bd. XII, 2, 1938 und Coll. Scient. Papers, Meteorology 1919–1949, Peking 1954, S. 163–213).
Tu, Ch. W.: Chinese air mass properties. (Quart. J. Roy. Meteor. Soc. 65, 1939, S. 33–51).
Waibel, L.: Naturgeschichte der Northers. (Geogr. Z. 44, 1938, S. 408–427).
Wexler, H.: Turbidities of American air masses and conclusions regarding the seasonal variation in atmospheric dust content. (Monthly Weather Rev. 62, 1934, S. 397–402).
Willett, H. C.: American air mass properties. (Pap. Phys. Oceanogr. Meteor. Vol. II, 2, Cambridge/Mass. 1933, 84 S.).
Willett, H. C.: Characteristic properties of North American air masses. (In: Air Mass and Isentropic Analysis. Milton 1940, S. 73–108).
Zistler, P.: Die neue Einteilung der troposphärischen Luftmassen. (Naturwiss. 25, 1937, S. 104–106).

e) *Wetterlagen und Wettertypen*

Baur, F.: Musterbeispiele europäischer Großwetterlagen. (Wiesbaden 1947, 35 S.).
Baur, F.: Einführung in die Großwetterkunde. (Wiesbaden 1948, 165 S.; = 3. umgearbeitete und erweiterte Auflage der „Einführung in die Großwetterforschung". Leipzig 1942).
Baur, F.: Zurückführung des Großwetters auf solare Erscheinungen. (Arch. Meteor., Geophys. Bioklimat. A, 1, 1949, S. 358–374).
Baur, F.: Extended-Range Weather Forecasting. (In: Compendium of Meteorology. Boston/Mass. 1951, S. 814–833).
Baur, F.: Physikalisch-statistische Regeln als Grundlagen für Wetter- und Witterungsvorhersagen. (Frankfurt a. M. Bd. 1, 1956, 138 S.; Bd. 2, 1958, 152 S.).
Baur, F.: Großwetterkunde und langfristige Witterungsvorhersage. (Frankfurt a. Main 1963, 91 S.).
Bayer, K.: Zur Frage der geographischen Abgrenzung des Einflußbereiches typischer Wetterlagen. (Stud. geophys. geodaet. 1, Prag 1957, S. 390–392).
Böer, W.: Über den Zusammenhang zwischen Großwetterlagen und extremen Abweichungen der Monatsmitteltemperaturen. (Z. Meteor. 8, 1954, S. 11–16).
Bonacina, L. C. W.: Geographical differentiation and the genesis of weather types. (Weather 6, 1951, S. 79–80).
Brezowsky, H., H. Flohn u. *P. Hess:* Some remarks on the climatology of blocking action. (Tellus 3, 1951, S. 191–194).
Bullig, H. J.: Über die Aufeinanderfolge typischer Großwetterlagen und ihre Verwendbarkeit für langfristige Wettervorhersagen. (Meteor. Z. 50, 1933, S. 470–472).
Bürger, K.: Zur Klimatologie der Großwetterlagen. Ein witterungsklimatologischer Beitrag. (Ber. Dt. Wetterd. Nr. 45, 1958, 79 S., 13 Zahlentaf., 8 Bildtaf.).
Cadež, M.: Sur une classification des types de temps. (Météorologie 1957, S. 317–324).
Clerget, M.: Les types de temps en Méditerranée. (Annales de géogr. 46, 1937, S. 225–246).
Dejordgio, W. A. u. a.: Weather types letters of central Asia. (J. Geophys. II, 2, 1935, S. 163–203 [russ. m. engl. Zsf.]).
Deppermann, C. E.: The weather and clouds of Manila. (Manila 1937, 37 S.).
Deutscher Wetterdienst. Die Großwetterlagen Mitteleuropas. (Bad Kissingen 1948 ff.).
Dzerdzejewsky, B.: Circulation of the atmosphere. (Moskau 1968, 240 S. [russ., engl. Zus. fass., ref. v. H. Flohn in Meteor. Rdsch. 22, 1969. S. 88 f.]).

Faust, H.: Die mitteleuropäischen Großwetterlagen bei Existenz eines Azorentiefs. (Meteor. Rdsch. 6, 1953, S. 143–145).
Fénelon, P.: Types de temps australiens. (Ann. Géogr. 60, 1951, S. 288–294).
Fliri, F.: Zur Methodik der dynamischen Klimakunde in den Ostalpen. (Wetter u. Leben 12, 1960, S. 6–14).
Fliri, F.: Studien zur Wetterlagenklimakunde von Tirol. (Erde 92, 1961, S. 142–151).
Fliri, F.: Wetterlagenkunde von Tirol. Grundzüge der dynamischen Klimatologie eines alpinen Querprofils. (Tiroler Wirtschaftsstudien H. 13, Innsbruck 1962, 436 S.).
Fliri, F.: Über Signifikanzen synopt.-klimatologischer Mittelwerte in verschiedenen alpinen Wetterlagensystemen. (VIII. Int. Tag. f. alpine Meteor., Villach 1964, Carinthia II, S. 36–47).
Fliri, F.: Synoptische Klimadiagramme. (Erde 96, 1965, S. 122–135).
Fliri, F. u. *B. Feucht-Dimai:* Die Witterungslagen in Innsbruck. Eine synoptische Klimatographie. (Wetter u. Leben 22, 1970, S. 133–150).
Geb, M.: Synoptisch-statistische Untersuchungen zur Einleitung blockierender Hochdrucklagen über dem Nordostatlantik und Europa. (Meteor. Abh. Freie Univ. Berlin Bd. LXIX, 1, 1966, 94 S.).
Gressel, W.: Zur Klassifikation der Wetterentwicklung im Alpenraum von 1946–1957. (Ber. Dt. Wetterd. Nr. 54, 1959, S. 212–215).
Grünewald, G.: Typisierung mitteleuropäischer Witterungsumschläge. (Abh. Meteor. Hydrol. Dienst DDR. Nr. 51, 1959, 72 S.).
Grunow, J.: Über die Eignung von Klassifikationssystemen alpiner Wetterlagen. (Carinthia II, Sonderh. 24, 1964, S. 7–25).
Havlik, D.: Inversionswetterlagen im südlichen Oberrheingebiet. (Meteor. Rdsch. 23, 1970, S. 129–134).
Hess, P. u. H. Brezowsky: Katalog der Großwetterlagen Europas. (Ber. Dt. Wetterd. US-Zone Nr. 33, 1952, 39 S.; = neue erweiterte Auflage des während des Krieges von F. Baur, P. Hess und H. Nagel bearbeiteten und nicht veröffentlichten Kalenders der Großwetterlagen Europas vom 1. Januar 1881 bis 31. Dezember 1943. Hamburg 1944).
Hess, P.: Der Katalog der Großwetterlagen Europas: Einführung und erste Zirkulationsuntersuchungen. (Ber. Dt. Wetterd. US-Zone Nr. 35, 1952, S. 42–48).
Hesse, W.: Über Andauer und Häufigkeit von Steuerungslagen. (Z. Meteor. 6, 1952, S. 65–68).
Hesse, W.: Wintertypen. (Z. Meteor. 7, 1953, S. 362–373).
Höhn, R.: Über den Jahresverlauf der absoluten und relativen Topographie im Zusammenhang mit Singularitäten. Großwetterlagen und Wetterrhythmen. (Abh. Meteor. Dienst DDR Nr. 4, 1951, 39 S.).
Jalu, R. u. *J.-M. Pruvost:* Le temps sur les Alpes. (Météorologie 1957, S. 23–41).
Kottwitz, G.: Der Schwarzwald im Regenwetter. Ein Beitrag zur Neueren klimatologischen Methodik. (Diss. Tübingen 1935, 24 S.).
Lamb, H.H.: Frequency of weather types. (Weather 20, 1965, S. 9–12).
Lamb, H.H.: British Isles weather types and register of the daily sequence of circulation patterns, 1861–1971. (London. H. M. S. O. Met. Off. 1972, 85 S.).
Lauscher, F. u. a.: Gewitter, Unwetter und Wetterlagenkalender. (Jb. Zentralanst. Meteor. Geodyn. Wien 1948 ff. Anhang D.).
Lauscher, F.: Studien zur Wetterlagenklimatologie der Ostalpenländer. (Wetter u. Leben 10, 1958, S. 79–83).
Lauscher, F.: 25 Jahre mit täglicher Klassifikation der Wetterlage in den Ostalpenländern. (Wetter u. Leben 24, 1972, S. 185–189).
Le Gall, A.: Les types de temps du Sud-Ouest de la France. (Ann. Géographie 42, 1933, S. 19–43; ferner: Météorologie 1934, S. 307–408).
Maede, H.: Über eine Gliederung und Zusammenfassung typischer Wetterlagen. (Z. Meteor. 3, 1949, S. 218–222).
Maede, H.: Zur Frage der Abgrenzung des Wirkungsbereichs einer Wetterlage. (Z. Meteor. 5, 1951, S. 268–273).
Maede, H.: Klimatologische Untersuchungen über das Verhalten der Westwetterlagen im Raum der südlichen Ostsee und im norddeutschen Flachland. (Z. Meteor. 6, 1952, S. 291–303; weitere Beiträge über andere Wetterlagen s. ebd. 7, 1953, S. 48–57, 65–73, 129–146).
März, E.: Das Aprilwetter und seine Schauerserien. (Diss. Leipzig 1936, 69 S.).
Mertz, J.: Essai de classification des types de temps sur les Alpes d'après la disposition des isohypses à 500 mb. (Météorologie 1957, S. 305–315).
Meyer, H. K.: Typische Wetterlagen in Deutschland. (Geogr. Rdsch. 6, 1954, S. 96–101).
Moese, O.: Stau und Föhn als Haupteffekte für das Klima Schlesiens. (Veröff. Schles. Ges. Erdkde. H. 23, Breslau 1937, 56 S.).
Queney, P.: Types de temps en Afrique du Nord et au Sahara septentrional. (Trav. Inst. Météor., Phys. Globe Algérie 3, Alger 1943, S. 7–41).
Rex, D.F.: Blocking action in the middle troposphere and its effect upon regional climate. (Tellus 2, 1950, S. 275–301).
Rodewald, M.: Das Zustandekommen der stren-

gen europäischen Winter. (Ann. Meteor. 1, 1948, S. 97–99).
Schneider, R.: Klassifikation der Wetterlagen in den Alpen nach Druckdifferenzen am Boden und im 500 mb-Niveau. (Wetter u. Leben 5, 1953, S. 6–7).
Schüepp, M.: Klassifikationsschema, Beispiele und Probleme der Alpenwetterstatistik. (Météorologie 1957, S. 291–299).
Schüepp, M.: Klimatologie der Wetterlagen im Alpengebiet. (Ber. Dt. Wetterd. Nr. 54, 1959a, S. 164–173).
Schüepp, M.: Die Klassifikation der Witterungslagen. (Geofis. pura appl. 44, 1959b, S. 242–248).
Schüepp, M. u. *F. Fliri:* Witterungsklimatologie. (Veröff. Schweiz. Meteor. Zentralanst. Nr. 4, 9. Internat. Tagung f. alp. Meteor., 1966, Zürich 1967, S. 215–229).
Schüepp, M.: Probleme der Witterungsklimatologie im Alpengebiet. (Carinthia II. Sonderheft 24, 1965, S. 26–36).
Schüepp, M.: Kalender der Wetter- und Witterungslagen von 1955–1967. (Veröff. Schweiz. Meteor. Zentralanst. 11, 1968, 43 S.).
Steinhauser, F.: Die Auswirkung der verschiedenen Wetterlagen in Österreich. (VIe Congr. Internat. Météor. Alpine, Bled 1960, S. 99–107).
Sussebach, J.: Synoptisch-statistische Untersuchungen zu Sturmwetterlagen in Mittel- und Osteuropa. (Meteor. Abh. Freie Univ. Berlin. Bd. LXXXVI, 2, 1968, 110 S.).
Undt, W.: Tage mit freiem Föhn und ihre biologische Bedeutung. Eine Untersuchung an Hand der täglichen Mortalität in Wien. (Z. Meteor. 12, 1958, S. 135–138).
Wehry, W.: Synoptisch-statistische Untersuchungen zu Starkregen-Wetterlagen in Mitteleuropa. (Meteor. Abh. Freie Univ. Berlin Bd. LXXXVI, 3, 1968, 92 S.).
Yoshino, M. M.: Some local characteristics of the winds as revealed by wind-shaped trees in the Rhone valley in Switzerland. (Erdkunde 18, 1964, S. 28–39).
Yoshino, M. M.: Pressure Pattern Calendar of East Asia. (Meteor. Rdsch. 21, 1968, S. 162–169).

f) Regelfälle (Singularitäten), natürliche Jahreszeiten

Bartels, J.: Anschauliches über den statistischen Hintergrund der sogenannten Singularitäten im Jahresgang der Witterung. (Ann. Meteor. 1, 1948, S. 106–127).
Baur, F.: Begriff und Verdeutschung des Wortes „Singularität“. (Meteor. Z. 57, 1940, S. 390–392).
Baur, F.: Zur Frage der Echtheit der sogenannten Singularitäten im Jahresgang der Witterung. (Ann. Meteor. 1, 1948, S. 372–378).
Baur, F.: Die Jahreszeiten. (Naturwiss. Rdsch. 17, 1964a, S. 251–253).
Baur, F.: Die Singularitätentreue des Winters 1963/64. (Beilage 55 z. Berliner Wetterkarte 1964b, 6 S.).
Bayer, K.: Weihnachtstauwetter im Zeitraum 1905–1954. (Meteor. Zprávy 9, 1956, S. 8–15).
Bayer, K.: Witterungssingularitäten und allgemeine Zirkulation der Erdatmosphäre. (Geofys. Sbornik 1959, S. 521–634).
Bayer, K.: Objektive meteorologische Teilung des Jahres in natürliche Jahreszeiten nach den Änderungen des Luftdruckfeldes. (Z. Meteor. 17, Suppl. heft, 1965, S. 103–126).
Brier, G. W., R. Shapiro u. *N. J. Mac Donald:* A research for rainfall calendaricities. (J. Atmosph. Sci. 20, 1963, S. 529–532).
Brooks, C. E. P.: Annual recurrences of weather: „Singularities“. (Weather 1, 1946, S. 107–113 u. 130–134).
Bryson, R. A. u. *J. F. Lahey:* The march of the seasons. (Dept. Meteor. Univ. Wisconsin 1958, S. 42–46; sowie Final Report on contract AF 19 [604]–992, [AFCRC TR-58–223] Univ. of Wisconsin 1958, 41 S.).
Dammann, W.: Der Märzwinter 1939, eine synoptisch-klimatologische Darstellung. (Meteor. Z. 58, 1941, S. 236–243).
Duquet, R. T.: The January warm spell and associated large-scale circulation changes. (Monthly Weather Rev. 91, 1963, S. 47–60).
Dzerdzeevskij, B. L., V. M. Kurganskaja u. *Z. M. Vitvitskaja:* Die Typisierung der Zirkulationsmechanismen auf der nördlichen Halbkugel und die Charakteristik der synoptischen Jahreszeiten. (Trudy Naučno-Issledovat. Učrezdenij, Ser. 2. Sinopt. Meteor. Vyp. 21, 1946, 80 S. [russ.]).
Engelmann, F.: Die Singularität im Druckverlauf Ende November, ihr innerer Aufbau und ihr Einfluß auf den Temperaturverlauf Europas im Dezember (Weihnachtstauwetter). (Veröff. Geophys. Inst. Leipzig VII, 1, 1935, 52 S.).
Flohn, H.: Singularitäten des freien Föhns, ein Beitrag zur modernen Klimakunde. (Meteor. Z. 57, 1940, S. 134–140).
Flohn, H.: Über Begriff und Wesen der Singularitäten der Witterung. (Meteor. Z. 58, 1941, S. 229–233).
Flohn, H.: Kalendermäßige Bindungen im Wet-

tergeschehen. (Naturwiss. 30, 1942, S. 718 bis 728).
Flohn, H.: Stratosphärische Wellenvorgänge als Ursache der Witterungssingularitäten. (Experientia 3, Basel 1947, S. 319–331).
Flohn, H.: Singularitäten und Wellen. (In: Naturforschung und Medizin in Deutschland 1939–1946. FIAT-Rev. of German Science. Bd. 19, 1947, S. 205–216).
Flohn, H.: Altweibersommer – Indianersommer. Eine Studie zur vergleichenden Witterungsklimatologie. (Meteor. Rdsch. 1, 1947/48, S. 282–286).
Flohn, H.: Bemerkungen z.J. Bartels in Ann. d. Meteor. 1, 1948, S. 106–127. (Ann. d. Meteor. 1, 1948, S. 252–253).
Flohn, H.: Säkulare Witterungssingularitäten. (Meteor. Rdsch. 1, 1947/48a, S. 155–158).
Flohn, H. u. *P. Hess:* Großwettersingularitäten im jährlichen Witterungsverlauf Mitteleuropas. (Meteor. Rdsch. 2, 1949, S. 258–263).
Flohn, H.: Jahresablauf der Witterung in Mitteleuropa. (Geogr. Taschenb. 1950, S. 161–167).
Goetze, K.: Einzelheiten im Jahresverlauf der Witterung. (Z. angew. Meteor./Wetter 56, 1939, S. 263–268 u. 295–304).
Goetze, K.: Wetterwellen im Juni. (Z. angew. Meteor./Wetter 58, 1941, S. 351ff.).
Goetze, K.: Der Wahrheitskern der Siebenschläferregel. (Ann. d. Meteor. 1948, S. 221ff.).
Hader, F.: Extreme Witterungsabläufe und Wetterwendepunkte im Klima von Wien und ihre Beziehung zum Weltklima. (Wiener Geogr. Studien [Sonderheft Geogr. Ges. Wien] 18, 1948, 34 S.).
Hawke, E.L.: Buchan's days. (London 1937, 231 S.).
Heckert, L.: Klimaänderungen und Singularitäten. (Z. Meteor. 9, 1955, S. 1ff.).
Hellmann, G.: Über den Ursprung der volkstümlichen Wetterregeln (Bauernregeln). (Sitz.-Ber. Pr. Akad. Wiss. Math.-naturwiss. Kl. 20, 1923, S. 148–170).
Hoffmeister, J.: Singularitäten im jährlichen Gang der Niederschlagsmenge. (Z. f. angew. Meteor./Wetter 51, 1934, S. 46ff.).
Jegorowa, W.I.: Versuch einer Festlegung von Grenzen und Charakteristiken bei natürlichen synoptischen Jahreszeiten. (Tr. glav. geofiz. obs. im. A.I. Voeikova Moskau 65, 1956, S. 41–69 [russ.]).
Koch, H.-G.: Das Abklingen der sommerlichen Monsunwirkung über Südosteuropa. (Z. Meteor. 17, 1963, S. 193–201).
Kochanski, A.: Les Saints-de-glace. (Inst. Géophys. Méteor. Lwow., Commun. VII, 89, 1934, S. 310–320).
Koppe, H.: Markante Punkte, Spiegelungspunkte und Takte im jährlichen Luftdruckgang. (Meteor. Rdsch. 1, 1947/48, S. 385–398).
Kubota, S.: Classification of seasons. (J. meteor. res. Tokyo 5, 1953, S. 265–296).
Kupfer, E.: Mittlere Höhenwetterkarten von Europa an singulären Daten. (Z. Meteor. 2, 1948, S. 269–275).
Lamb, H.H.: Types and spells of weather around the year in the British Isles: Annual trends, seasonal structure of the year, singularities. (Quart. J. Roy. Meteor. Soc. 76, 1950, S. 393–438).
Lehmann, A.: Altweibersommer. Die Wärmerückfälle des Herbstes in Mitteleuropa. (Diss. Berlin 1911, 74 S.).
Lehmann, M.: Die Hochdrucklagen als Singularitäten im Witterungsablauf von Mitteldeutschland. (Z. Meteor. 4, 1950, S. 21–31).
Lettau, H.: Spezifische Singularitäten. (Meteor. Rdsch. 1, 1947/48, S. 152–155).
Maede, H.: Der jährliche Witterungsablauf im Spiegel der Regenwetterlagen an der südlichen Ostseeküste. (Z. Meteor. 3, 1949, S. 253–260).
Maercks, H.: Die Abgrenzung und Kennzeichnung der Jahreszeiten nach meteorologischen und phänologischen Daten. (Meteor. Rdsch. 7, 1954, S. 140–145).
Meissner, O.: Die Bedeutung der „Eisheiligen" im Klima von Berlin. (Gerlands Beitr. Geophys. 53, 1938, S. 140–147).
Müller, H.: Eine Studie über die Struktur des sommerlichen Temperaturganges. (Ann. Hydrogr. marit. Meteor. 64, 1935, S. 305–315, 466–477).
Müller-Annen, H.: Singularitäten des Niederschlags in Nordwestdeutschland. (Ann. Hydrogr. marit. Meteor. 69, 1941, S. 73–76).
Pastor, E.: Deutsche Volksweisheit in Wetterregeln und Bauernsprüchen. (Berlin 1934, 454 S.).
Pogade, G.: Singularitäten im Spiegel der Großwetterlagen zur Zeit des Sommermonsunbeginns in Europa. (Ann. Meteor. 1, 1948, S. 182–190).
Robitzsch, M.: Einige Gedanken über das Zustandekommen von Singularitäten im jährlichen und täglichen Gang der meteorologischen Elemente. (Meteor. Z. 59, 1942, S. 37–47).
Sakata, K.: A new classification of seasons. (J. meteor. Res. Tokyo 4, 1952, S. 903–914).
Sauer, W.: Über Singularitäten im Witterungsverlauf von Leipzig. (Wiss. Abh. Reichsamt f. Wetterd. V, 9, 1938, 40 S.).
Schmauss, A.: Singularitäten im jährlichen Witterungsverlauf von München. (Dt. Meteor. Jahrb. Bayern Jg. 50, 1928, 22 S.).
Schmauss, A.: Singularitäten im jährlichen Witte-

rungsverlaufe auf der Zugspitze. I–II. (Dt. Meteor. Jahrb. Bayern Bd. 52, 1930, 24 S. u. Bd. 53, 1931, 20 S.).

Schmauss, A.: Zeitabschnitte selbständiger und unselbständiger Witterung. (Gerlands Beitr. Geophys. 33, 1931, S. 1–15).

Schmauss, A.: Zur Klimaverwerfung um die Jahrhundertwende. (Beitr. Phys. fr. Atmosph. 19, 1932a, S. 37–46).

Schmauss, A.: Der Sinn der Singularitätenforschung. (Z. angew. Meteor. / Wetter 49, 1932b, S. 97–107).

Schmauss, A.: Synoptische Singularitäten. (Meteor. Z. 55, 1938, S. 385–403).

Schmauss, A.: Wiederkehrende Wetterwendepunkte. (Forsch. u. Fortschr. 16, 1940, S. 153–157).

Schmauss, A.: Singularitäten – Markante Punkte – Wettermerktage. (Meteor. Z. 58, 1941a, S. 31–32).

Schmauss, A.: Kalendermäßige Bindungen des Wetters (Singularitäten). (Z. angew. Meteor. / Wetter 58, 1941b, S. 237–244 u. 373–376).

Schmauss, A.: Tageszeitgebundene Wettervorgänge. (Ber. Dt. Wetterd. US-Zone 12, 1950, S. 24–27; auch Forsch. u. Fortschr. 25, 1949, S. 283–285).

Schwalbe, G.: Symmetrien im Jahresverlauf der Temperatur und meteorologische Jahreszeiten. (Z. angew. Meteor. / Wetter 53, 1936, S. 137–140).

Springstube, H.: Singularitäten im jährlichen Witterungsverlauf von Aachen. (Dt. Meteor. Jb. Aachen 39, 1933, S. 31–53).

Visher, S. S.: The seasons arrivals and lengths. (Ann. Ass. Amer. Geogr. 33, 1943, S. 129–134).

Wahl, E. W.: Singularities and the general circulation. (J. Meteor. 10, 1953, S. 42–45).

Zimmer, F.: Der Wert der Bauernregel über den jährlichen Temperaturgang und die Witterungsabschnitte des Jahres. (Meteor. Z. 58, 1941, S. 210–219 u. 464).

IV. Allgemeine Zirkulation der Atmosphäre

a) Allgemeines und Gesamtdarstellungen

Bayer, K.: Witterungssingularitäten und allgemeine Zirkulation der Erdatmosphäre. (Geofys. Sbornik 1959, S. 521–634).

Bayer, K.: Eine Methode zur Verfolgung jahreszeitlicher und langjähriger Änderungen in der Verteilung der Zirkulationszentren der Atmosphäre. (Wiss. Z. K.-M.-Univ. Leipzig 13, Math.-Naturw. Reihe H. 3, 1964, S. 373–379).

Bayer, K.: Allgemeine Zirkulation der Atmosphäre. (Meteorologie. Ergebnisse d. Konf. in Liblice 1964, S. 347–360).

Birot, P.: Èvolution des théories de la circulation atmosphérique générale. (Ann. Géogr. 64, 1956, S. 81–97).

Boffi, J. A.: Effect of the Andes mountains on the general circulation over the southern part of South America. (Bull. Amer. Meteor. Soc. 30, 1949, S. 239–241).

Bolin, B.: Studies of the general circulation of the atmosphere. (Advances in Geophysics. New York 1, 1952, S. 87–118).

Bonner, W. D.: Climatology of the low level jet. (Monthly Weather Rev. 96, 1968, S. 12ff.).

Brádka, J.: Der Jahresverlauf der zyklonalen und antizyklonalen Aktivität auf der Nordhemisphäre. (Studia geophys. et. geod. 1, 1957, S. 342–371).

Chang, J. H.: Atmospheric Circulation Systems and Climates. (Honolulu 1972, 328 S.).

Defant, F.: Die allgemeine atmosphärische Zirkulation in neuerer Betrachtungsweise. (Geophysica 6, No. 3 / 4 [Meteorology], Helsinki 1958, S. 189–217).

Defant, F.: Die langzeitliche und zonal gemittelte Meridionalzirkulation. (In: Die Allgemeine Zirkulation der Atmosphäre. Promet 6, 1976, S. 21–23).

Defant, F.: Die Energetik der Allgemeinen Zirkulation der Atmosphäre. (Promet 6, Heft 4, 1976).

Dzerdzeevskij, B. L., V. M. Kurganskaja u. Z. M. Vitvitskaja: Die Typisierung der Zirkulationsmechanismen auf der nördlichen Halbkugel und die Charakteristik der synoptischen Jahreszeiten. (Trudy Naučno-Issledovatel'skich Učreždenij. Ser. 2. Sinopt. Meteorologija Vyp. 21, 1946, 80 S. [russ.]).

Douglas, H. A., R. Hide, P. and P. J. Mason: An investigation of the structure of baroclinic waves using threelevel streak photography. (Quat. J. Roy. Meteor. Soc. 98, 1972, S. 247).

Dzerdzeevskii, B. L. u. *Pogosyan:* General circulation of the atmosphere. (Jerusalem 1971, 402 S. [Übers. a. d. Russ.]).

Faust, H.: Nullschicht und allgemeine Zirkulation. (Geofisica pura appl. 44, 1959, S. 257–264).

Faust, H.: Die Zirkulation in der Erdatmosphäre als Funktionen astronomischer Parameter.

(Sterne u. Weltraum 6, 1967, S. 128–132).
Flohn, H.: Neue Anschauungen über die allgemeine Zirkulation der Atmosphäre und ihre klimatische Bedeutung. (Erdkunde 4, 1950a, S. 141–162).
Flohn, H.: Die planetarische Zirkulation der Atmosphäre bis 30 km Höhe. (Ber. Dt. Wetterd. US-Zone Nr. 12, 1950, S. 156–161).
Flohn, H.: Studien zur allgemeinen Zirkulation der Atmosphäre. (Ber. Dt. Wetterd. US-Zone Nr. 18, 1950b, 52 S.).
Flohn, H.: Grundzüge der atmosphärischen Zirkulation und Klimagürtel. (Wiss. Abh. Dt. Geogr.-Tag Frankfurt 1951, S. 105–118).
Flohn, H.: Zur Didaktik der allgemeinen Zirkulation der Atmosphäre. (Geogr. Rdsch. 5, 1953, S. 41–56; ergänzt: 12, 1960, S. 129–142, 189–195).
Forsdyke, A. G.: On zonal and other indices. (Meteor. Mag. 80, 1951, S. 151–160).
Fortak, H.: Meteorologie. (Berlin u. Darmstadt 1971, 287 S.).
Fultz, D., R. R. Long, G. V. Owens, W. Bowan, R. Kaylor and *S. Weil:* Studies of thermal convection in a rotating cylinder with some implications for large-scale atmospheric motions. (Meteor. Monogr. 4. Amer. Meteor. Soc., Boston 1959).
Hare, F. K.: Energy exchanges and the general circulation. (Geogr. 50, 1965, S. 229–241).
Hide, R.: Some laboratory experiments on free thermal convection in a rotating fluid subject to a horizontal temperature gradient and their relation to the theory of the global atmospheric circulation. (In: G. A. Corby (ed.): The global circulation of the atmosphere. London: Roy. Meteor. Soc. 1969, S. 196).
Hide, R. and *P. J. Mason:* Baroclinic waves in a rotating fluid subject to internal heating. (Philos. Trans. Roy. Soc. 268, 1970, S. 201).
Junge, C. E.: Note on the exchange rate between the northern and southern atmosphere. (Tellus 14, 1962, S. 242–246).
Klein, W. H.: The frequency of cyclones and anticyclones in relation to the mean circulation. (J. Meteor. 15, 1958, S. 98–102).
Lee, R.: Jet streams. (Ann. Rep. Smithson. Inst., Washington 1957, S. 293–302).
Linton, D. L.: The geography of energy. (Geography 1965, S. 197–228).
Lockwood, J. G.: World Climatology. An environmental approach. (London 1976, 330 S.).
Malkus, J.: Large scale interactions (between land and sea). (The Sea 1, New York 1962, S. 88–289).
Miller, D. H.: Water at the Surface of the Earth. (Intern. Geoph. Series Vol. 21. New York und London 1977, 557 S.).
Mintz, Y.: The geostrophic poleward flux of angular momentum in the month of January 1949. (Tellus 3, 1951, S. 195).
Morth, H. T.: Primary factors governing tropospheric circulations in tropical and subtropical latitudes. (Proc. Symp. Trop. Meteor. Rotorua New Zealand 1963. Wellington 1964, S. 31–41).
Namias, J.: The index cycle and its role in the general circulation. (J. Meteor. 7, 1950, S. 130–139).
Namias, J. u. *Ph. F. Clapp:* Observational studies of general circulation patterns. (In: Compendium of Meteorology. Boston/Mass. 1951, S. 551–567).
Palmén, E.: The role of atmospheric disturbances in the general circulation. (Quart. J. Roy. Meteor. Soc. 77, 1951, S. 337–354).
Palmén, E. and *C. W. Newton:* Atmospheric circulation systems: their structure and physical interpretation. (Intern. Geophys. Ser. Bd. 13, New York/London 1969, 604 S.).
Palmén, E.: Über die atmosphärischen Strahlströme. (Meteor. Abh. Freie Univ. Berlin 2, 1954, S. 35–49).
Pédelaborde, P.: La circulation générale de l'atmosphere. (Inform. géogr. 1956, S. 229–241).
Petterssen, S.: Some aspects of the general circulation of the atmosphere. (Cent. Proc. Roy. Meteor. Soc. 1950, S. 120–155).
Pogossjan, Ch. P.: Die allgemeine Zirkulation der Atmosphäre. (Leningrad 1959, 260 S. [russ.]).
Pogossjan, Ch. P.: Der Strahlstrom in der Atmosphäre. (Moskau 1960a, 183 S. [russ.]).
Pogossjan, Ch. P.: Jahreszeitliche Schemata der allgemeinen Zirkulation der Atmosphäre. (Meteor. i Gidrol. 1960b, Nr. 8, S. 3–14 [russ.]).
Priestley, C. H. B. and *A. J. Troup:* Physical interactions between tropical and temperate latitudes. (Commonw. Sci. Ind. Res. Org., Div. Meteor. Phys., Techn. Paper 1, Melbourne 1954, 22 S.; s. a. Quart. J. Roy. Meteor. Soc. 77, 1951, S. 200–214).
Queney, P.: L'évolution moderne des idées sur la circulation générale de l'atmosphère. (Inform. Géogr., Cahiers, No. 2, Paris 1953, S. 2–12).
Queney, P.: Les grands mouvements de l'atmosphère. (Météorologie 1954, S. 195–207).
Raethjen, P.: Das planetarische Zirkulationssystem. (Ann. Meteor. 4, 1951, S. 65–75).
Rao, Y. P.: Interhemispherical features of the general circulation of the atmosphere. (Quart. J. Roy. Meteor. Soc. 86, 1960, S. 156–166).
Reiter, E. R.: Meteorologie der Strahlströme (jet -streams). (Wien 1961, 473 S.; engl. Übers.: Jet stream meteorology. Chicago 1963, 515 S.).

Riehl, H. u.a.: The jet-stream. (Meteor. Monogr. 2, Boston 1954, 100 S.).
Riehl, H.: Jet streams of the atmosphere. (Dèp. Atmosph. Sci., Colorado St. Univ., Techn. Pap. 32. Fort Collins, Col. 1962, 117 S.).
Riehl, H. and *D. Fultz*: Jet streams and long waves in a steady rotating disphan experiment: structure and circulation. (Quart. J. Roy. Meteor. Soc. 83, 1957, 215 S.).
Rossby, C. G.: Planetary flow patterns in the atmosphere. (Quart. J. Roy. Meteor. Soc. 66 [Suppl.], 1940, S. 68–87).
Rossby, C. G.: On the nature of the general circulation of the lower atmosphere. (In: G. P. Kuiper: The atmosphere of the earth and the planets. Chicago 1949, S. 16–48).
Scherhag, R.: Probleme der allgemeinen Zirkulation. (Geophysica 6, No. 3/4 [Meteorology], Helsinki 1958, S. 539–557).
Scherhag, R.: Die wechselseitigen Einflüsse zwischen den Kontinenten, den Ozeanen und der Atmosphäre. (Ber. Dt. Wetterd. Nr. 91, 1963, S. 58–72).
Seidel, G.: Die Zirkulation über Europa als Folge von Kaltluftbewegungen über der westlichen Hemisphäre. (Ber. Dt. Wetterd. Nr. 34, 1957, 19 S.).
Seilkopf, H.: Spezielle Großzirkulation und Witterung. (Ann. Meteor. 1, 1948, S. 312–326).
Sheppard, P. A.: The general circulation of the atmosphere. (Weather 13, 1958, S. 323–336).
Smagorinsky, J.: Some aspects of the general circulation. (Quart. J. Roy. Meteor. Soc. 90, 1964, S. 1–14).
Sutcliffe, R. C.: The general circulation – a problem of synoptic meteorology. (Quart. J. Roy. Meteor. Soc. 75, 1949, S. 417–430).
Sutcliffe, R. C.: Water balance and the general circulation of the atmosphere. (Quart. J. Roy. Meteor. Soc. 82, 1956, S. 385–395).
Tasson, A.: Caractères généraux de la circulation atmospherique jusquà 35 km d'altitude. (Météorologie 1961, S. 237–260).
Tucker, G. B.: The general circulation of the atmosphere. (Weather 17, 1962, S. 320–340).
Wagner, A.: Zur Aerologie des indischen Monsuns. (Gerlands Beitr. Geophys. 30, 1931, S. 196–238).
Wagner, A.: Zur Bestimmung der Intensität der allgemeinen Zirkulation. (Ann. Hydrogr. marit. Meteor. 66, 1938, S. 161–172).
Willett, H. C.: Long-period fluctuations of the general circulation of the atmosphere. (J. Meteor. 6, 1949, S. 34–50).

b) Die tropische Zirkulation

Becker, R.: Der planetarische Jahresgang der maritim-subtropischen Hochdruckkerne. (Ann. Meteor. 2, 1949, S. 48–51).
Blume, H.: Beiträge zur Klimatologie Westindiens. (Erdkunde 16, 1962, S. 271–289).
Chang, J.-H.: Comparative climatology of the tropical western margins of the Northern Oceans. (Ann. Ass. Amer. Geogr. 52, 1962, S. 221–227).
Chromow, S. P.: Types of surface distribution of wind near the equator. (Iswestija Wses. Geogr. Obschtsch. 93, 1961, S. 166–168 [russ.]).
Crowe, P. R.: The trade wind circulation of the world. (Transact. pap. Inst. Brit. Geogr., Publ. 15, 1949, S. 39–56).
Crowe, P. R.: Wind and weather in the equatorial zone. (Transact. pap. Inst. Brit. Geogr. 1951, S. 21–76).
Emon, J.: L'inversion de l'alizé dans l'océan Indien du Sud-Est. (Météorologie 1949, S. 73–83).
Externbrink, H.: Kaltlufteinbrüche in die Tropen. (Arch. Dt. Seewarte 57, 7. 1937, 28 S.).
Fassig, O. L.: The trade-winds of the eastern Carribean. (Trans. Amer. Geophys. Union, 14. an. meeting, Washington D.C. 1933, S. 69–78).
Ficker, H. v.: Die Passatinversion. (Veröff. Meteor. Inst. Univ. Berlin 1, 1936, S. 1–33).
Fletcher, R. D.: The general circulation of the tropical and equatorial atmosphere. (J. Meteor. 2, 1945, S. 167–174).
Flohn, H.: Studies on trade-wind circulation and equatorial westerlies. (UGGI. 9e As. Gén., Bruxelles 1951. Ass. Meteor. Adresse présid, S. 37–44).
Flohn, H.: Die Revision der Lehre vom Passatkreislauf. (Meteor. Rdsch. 6, 1953, S. 1–6).
Flohn, H.: Studien zur Dynamik der äquatorialen Atmosphäre. I. Horizontale und vertikale Windkomponenten auf dem Atlantik. (Ber. z. Phys. d. Atmosph. 30, 1957, 18–46).
Flohn, H.: The structure of the Intertropical Convergence Zone. (In: D. J. Bargman (Hrsg.): Tropical meteorology in Africa. Nairobi 1960a, S. 244–252).
Flohn, H.: Equatorial westerlies over Africa, their extension and significance. (In: D. J. Bargman (Hrsg.): Tropical meteorology in Africa. Nairobi 1960b, S. 253–267).
Flohn, H.: Tropical easterly and other regional anomalies of the tropical circulation. (Proc. Symp., Trop. Meteor. Rotorua 1963, S. 161 ff).
Flohn, H.: Investigations on the tropical easterly jet. (Bonner Meteor. Abh. 4, 1964, 83 S.).
Flohn, H.: Studies on the meteorology of tropical

Africa. (Bonner Meteor. Abh. 5, 1965, 57 S.).

Flohn, H., D. Honning u. *H.C. Korff:* Studies on the water-vapor transport over Northern Africa. (Bonner Meteor. Abh. 6, 1965, 36 S.).

Flohn, H.: Tropical circulation pattern. (Bonner Meteor. Abh. 15, 1971, 55 S.).

Fosberg, Fr., B.J. Garnier u. *A. W. Küchler:* Delimitation of the humid tropics. (Geogr. Rev. 51, 1961, S. 333–347).

Garbell, M.A.: Tropical and equatorial meteorology. (New York / Chicago 1947, 237 S.).

Garnier, B.J.: The idea of humid tropicality. (10th Pacific Science Congr. Honolulu 1961. Annals of geomorphology, Suppl. Vol. 3, 1961, 106 S.).

Guilmet, B. u. *J. Zonzon:* Note sur la météorologie tropicale (Météorologie 1951, S. 32–48, 77–97).

Hadley, G.: On the cause of the general trade-winds. (Philos. Trans. 39, Nr. 437. London 1735, S. 58ff.).

Halley, E.: An historical account of the trade winds and monsoons. With an attempt to assign the physical cause of the said winds. (Philos. Transact. Roy. Soc. London 183, 1886, S. 151–168).

Hamilton, R.A. and *J. W. Archbold:* Meteorology of Nigeria and adjacent territories. (Quart. J. Roy. Meteor. Soc. 71, 1945, S. 231–265).

Hela, I.: The mean location of the borders between the doldrums and the trade winds. (Terra 64, 1952, S. 89–91).

Johnson, D.H.: Tropical meteorology. (Science Progress 50, 1962, S. 403–419; 51, 1963, S. 587–601).

Koteswaram, P.: The easterly jet stream in the Tropics. (Tellus 10, 1958, S. 43–57).

Kraus, E.B.: The evaporation-precipitation cycle of the trades. (Tellus 11, 1959, S. 147–158).

Kuhlbrodt, L.: Zur Meteorologie des tropischen Atlantischen Ozeans. Mittlere Passatgrenzen, Regen- und Gewitterhäufigkeit sowie Wassertemperatur in gegenseitigem Zusammenhange. Klimatische Einteilungen. (Forsch.-Erfahr.-Ber. RWD, Reihe A, Nr. 15, Berlin 1942, 35 S.).

Kuhlbrodt, E.: Jahreszeitlicher Gang des nordatlantischen Kernpassates. (Dt. Hydrogr. Z. 3, 1950, S. 127–136).

Lamb, H.H.: Fronts in the intertropical convergence zone. (Meteor. Mag. 86, 1957, S. 76–84).

Lydolph, P.E.: A comparative analysis of the dry western littorals. (Ann. Ass. Amer. Geogr. 47, 1957, S. 213–230).

Malkus, J.S.: On the maintenance of the trade winds. (Tellus 8, 1956, S. 335–350).

Merritt, E.S.: Easterly waves and perturbations, a reappraisal. (J. Appl. Meteor. 3, 1964, S. 367–382).

Neiburger, M., D.S. Johnson u. *C.-W. Chien:* Studies of the structure of the atmosphere over the Eastern Pacific Ocean in summer. (Univ. of Calif. Publ. in Meteor. I, 1, 1961, S. 1–94).

Nieuwolt, S.: Tropical Climatology. (London, New York 1977, 207 S.).

Palmèn, E.: General circulation of the Tropics. (Proc. Symp. Trop. Meteor. Rotorua New Zealand 1963, Wellington 1964, S. 3–30).

Palmer, C.E.: Tropical meteorology. (Quart. J. Roy. Meteor. Soc. 78, 1952, S. 126–164).

Rainey, R.C.: Meteorology and the migration of desert locusts. Applications of synoptic meteorology in locust control (WMO Techn. note 54, Genf 1963, 117 S.).

Rawson, H.E.: The anticyclonic belt of the southern hemisphere. (Quart. J. Roy. Meteor. Soc. 34, 1908, S. 165–188).

Ricebrough, R.W., R.J. Hugget, J.J. Griffin u. *E.D. Goldberg:* Transatlantic movements in the northeast trades. (Science 159, 1968, S. 1233–1236).

Riehl, H.: Waves in the easterlies and the polar front in the Tropics. (Dept. Meteor. Univ. Chicago, Misc. Rep. No. 17, 1945, 79 S.).

Riehl, H.: On the role of the tropics in the general circulation of the atmosphere. (Tellus 2, 1950, S. 1–17).

Riehl, H. u.a.: The north-east trade of the Pacific Ocean. (Quart. J. Roy. Meteor. Soc. 77, 1951, S. 598–626; 78, 1952, S. 437–456).

Riehl, H.: Tropical meteorology. (New York 1954, 392 S.).

Riehl, H.: General atmospheric circulation of the Tropics. (Science 135, No. 3497, 1962, S. 13–22).

Sawyer, J.S.: Memorandum on the intertropical front. (Meteor. Rep. London 2, 10, 1951, 14 S.).

Schneider-Carius, K.: Der Passat. (Phys. Blätter 10, 1954, S. 494–503).

Sellick, N.P.: Equatorial circulations. (Quart. J. Roy. Meteor. Soc. 76, 1950, S. 89–94).

Serra, A.B.: The general circulation over South America. (Bull. Amer. Meteor. Soc. 22, 1941, S. 173–178).

Sharon, D.: The spatial pattern of convective rainfall in Sukumuland, Tanzania – a statistical analysis. (Arch. Meteor. Geophys. Bioklim. B 22, 1974, S. 55–65).

Thomson, B.W.: The Climate of Africa. (Oxford Univ. Press, Nairobi 1965, 132 S.).

Tucker, G.B.: The equatorial tropospheric wind regime. (Quart. J. Roy. Meteor. Soc. 91, 1965, S. 140–150).

Walker, H.O.: The monsoon in West Africa. (Ghana Meteor. Dpt. Note No 9, 1958).

Watts, I. E. M.: Line squalls of Malaya. (J. Trop. Geogr. 1954, S. 1–14).

Watts, I. E. M.: Equatorial weather. With particular reference to Southeast Asia. (London 1955, 223 S.).

Weickmann jr., *L.:* Mittlere Luftdruckverteilung im Meeresniveau während der Hauptjahreszeiten im Bereiche um Afrika, in dem Indischen Ozean und den angrenzenden Teilen Asiens. (Meteor. Rdsch. 16, 1963, S. 89–100).

Weickmann jr., L.: Mittlere Lage und vertikale Struktur großräumiger Diskontinuitäten im Luftdruck- und Strömungsfeld der Tropenzone zwischen Afrika und Indonesien. (Meteor. Rdsch. 17, 1964, S. 105–112).

Witwitzky, G. N.: Zirkulation der Atmosphäre in den Tropen. (Moskau 1971, 144 S. [russ.]).

c) *Monsunzirkulation*

Academia sinica (Hrsg.): Collected scientific papers. Meteorology 1919–1949. (Peking 1954, 625 S.).

Academia sinica. On the general circulation over Eastern Asia. (Tellus 9, 1957, S. 432–446; 10, 1958, S. 58–75, 299–312).

Ananthakrishnan, R. u. *P. J. Rajagopalachari:* Pattern of monsoon rainfall distribution over India and neighbourhood. (Proc. Symp. Tropical Meteor., Rotorua, New Zealand 1963, Wellington 1964, S. 192–200).

Bauer, G.: Luftzirkulation und Niederschlagsverhältnisse in Vorderasien. (Gerlands Beitr. Geophys. 45, 1935, S. 381–548).

Bhullar, G. S.: Onset of monsoon over Delhi. (Indian J. Meteor. Geophys. 3, 1952, S. 25–30).

Böhme, W.: Über thermisch bedingte Zirkulationen mit jährlicher Periode. Beiträge zum Monsunproblem I. (Z. Meteor. 9, 1955, S. 326–345).

Brookfield, H. C. u. *D. Hart:* Rainfall in the Tropical Southwest Pacific. (Dep. of Geogr. Austr. Nat. Univ. Publ. G / 3. Canberra 1966, 110 S.).

Chang, Ch.-Ch.: Some views on the nature of the China monsoon. (Trudy Glav. Geofiz. Obs. Leningrad 90, 1960. S. 24–42 [russ.]; Übers. Office Techn. Serv. Washington 1961).

Chang, J.-H.: Comparative climatology of the tropical western margins of the Northern Oceans. (Ann. Ass. Amer. Geogr. 52, 1962, S. 221–227).

Chang, J.-H.: The Indian summer monsoon. (Geogr. Rev. 57, 1967, S. 373–396; mit zahlr. neuer Literatur!).

Changraney, T. G.: The role of westerly waves in causing flood producing storms over Northwest India (excluding Rajasthan and Guijarat) during southwest monsoon period. (Ind. J. Meteor. Geophys. 17, Spec. Nr. 1966, S. 119–126).

Chromow, S. P.: Die geographische Verbreitung der Monsune. (Petermanns geogr. Mitt. 101, 1957, S. 234–237).

Chu, R.-Ch.: The climatic frontal zones over East Asia. (Acta Meteor. Sinica 33, 1963, S. 527–536).

Conrad, V.: Zur Definition des Monsuns. (Meteor. Z. 54, 1937, S. 313–317).

Das, P. K.: The monsoons. (London 1972, 182 S.).

Demangeot, J.: Les espaces naturels tropiceaux. (Paris, New York. 1976, 190 S.).

Desai, B. N.: On the development and structure of monsoon depressions in India. (Mem. Indian. Meteor. Dpt. 28, 1951, S. 217–228).

Domrös, M.: Zur Frage der Niederschlagshäufigkeit auf dem Indisch-Pakistanischen Subkontinent nach Jahresabschnitten. (Meteor. Rdsch. 21, 1968, S. 35–42).

Domrös, M.: Der Monsun im Klima der Insel Ceylon. (Die Erde 102, 1971, S. 118–140).

Durand-Dastes, F.: Remarques sur les pluies d'été en Inde. (Ann. de Géogr. 1961, S. 225–254).

Flohn, H.: Ablauf und Struktur des ostasiatischen Sommermonsuns. (In: H. Flohn, Stud. z. allg. Zirk. d. Atmosph., Ber. Dt. Wetterd. US-Zone Nr. 18, 1950, S. 21–33).

Flohn, H.: Tropische und außertropische Monsunzirkulation. (ebd. S. 34–50).

Flohn, H.: Der indische Sommermonsun als Glied der planetarischen Zirkulation der Atmosphäre. (Ber. Dt. Wetterd. Nr. 22, 1956, S. 134–139).

Flohn, H.: Zur Kenntnis des „Monsuns" in Ostasien. (Stuttg. geogr. Stud. 69 [Lautensach-Festschrift] 1957, S. 263–275).

Flohn, H.: Comments on a synoptic climatology of Southern Asia. (WMO, Techn. Note 69, 1963, S. 245–252).

Flohn, H.: Thermal effects of the Tibetan plateau during the Asian monsoon season. (Austr. Meteor. Mag. Nr. 49, 1965, S. 55–57).

Flohn, H.: Contribution to a meteorology of the Tibetan highlands. (Colorado State Univ., Atmospheric Paper Nr. 130, 1968, 120 S.).

Flohn, H.: Tropical circulation pattern. (Bonner Meteor. Abh. 15, 1971, 55 S.).

Fochler-Hauke, G.: Monsune, Depressionen und Taifune Südchinas. (Gerlands Beitr. Geophys. 43, 1935, S. 233–244).

Heyer, E.: Zur Frage des europäischen Monsuns. (Z. Meteor. 4, 1950, S. 247–248).

Heyer, E.: Der Monsunbegriff. (Geogr. Berichte 13, 1959, S. 218–227).

Koteswaram, P. u. *C.A. George:* On the formation of monsoon depressions in the Bay of Bengal. (Indian J. Meteor. Geophys. 9, 1958, S. 9–22).

Koteswaram, P.: The Asian summer monsoon and the general circulation over the tropics. (In: Monsoons of the World. Delhi 1960, S. 105–110).

Koteswaram, P. u. *N.S.B. Rao:* The structure of the Asian summer monsoon. (Austral. Meteor. Mag. Nr. 42, 1963, S. 34–55).

Lautensach, H.: Ist in Ostasien der Sommermonsun der Hauptniederschlagsbringer? (Erdkunde 3, 1949, S. 1–18).

Lautensach, H.: Der hochsommerliche Monsun in Süd- und Ostasien und auf den angrenzenden Meeren. (Petermanns geogr. Mitt. 94, 1950, S. 18–24).

Lockwood, J.G.: The Indian monsoon – a review. (Weather 20, 1965, S. 2–8).

Meyer, W.: Der europäische Monsun. (Diss. Karlsruhe 1947, 42 S.).

Neef, E.: Monsune und Monsunländer. (Z. f. d. Erdkundeunterr. 20, 1968, S. 401–410).

Monsoons of the world. Symposium, held at Meteor. Off., New Delhi 19–21 Febr. 1958. (India Meteor. Dep. Delhi 1960, 271 S.).

Pédelaborde, P.: Les moussons. (Paris 1958, 208 S.); auch in engl. Übersetzung erschienen: The monsoon. (London 1963, 196 S.).

Pisharoty,P.R.: Monsoon pulses. (Proc. Symp. Trop. Meteor. Rotorua, New Zealand 1963, Wellington 1964, S. 373–379).

Ramage, C.S.: Monsoon meteorology. (New York, London 1971, 296 S.).

Ramakrishnan, K.P., B.N. Sreenivasaiah u. *S.P. Venkiteshwaran:* Upper air climatology of India and neighbourhood in the monsoon seasons. (In: Monsoons of the World. Delhi 1960, S. 3–34).

Ramanathan, K.R. u. *K.P. Ramakrishnan:* The Indian southwest monsoon and the structure of depressions associated with it. (Mem. India Meteor. Dep. 26, 1933, S. 13–36).

Ramanathan, K.R.: Monsoons and the general circulation of the atmosphere – a review. (In: Monsoons over the World. Delhi 1960, S. 53–64).

Ramaswamy, C.: Breaks in the Indian summer monsoon as a phenomenon of interaction between the easterly and subtropical westerly jet stream. (Tellus 14, 1962, S. 337–349).

Rangarajan, S.: Thermal effects of the Tibetan plateau during the Asian monsoon season. (Austral. Meteor. Mag. 42, 1963, S. 24–34; Erwiderung von H. Flohn 49, 1965, S. 58).

Roediger, G.: Der europäische Monsun. (Veröff. Geophys. Inst. Leipzig 4, 1929, S. 119–179).

Sawyer, J.S.: The structure of the intertropical front over NW-India during SW-Monsoon. (Quart. J. Roy. Meteor. Soc. 73, 1947, S. 346–369).

Schick, M.: Die geographische Verbreitung des Monsuns. (Nova Acta Leopoldina N.F. 16, Halle 1953, S. 127–257).

Schneider-Carius, K.: Der aerologische Aufbau des ostasiatischen Monsuns. (Geofis. pura appl. 14, 1949, S. 95–107).

Schneider-Carius, K.: Monsun und Monsunzirkulationen. (Forsch. u. Fortschr. 26, 1950, S. 227–231).

Seilkopf, H.: Monsune und Tropenorkane im Witterungsklima und in der Großzirkulation. (Dt. Hydrogr. Z. 9, 1956, S. 90–102).

Visser, S.W.: Some remarks on the European monsoon. (Geofis. pura appl. 24, 1953, S. 135–148).

Voigts, H.: Der europäische Sommermonsun und seine Auswirkungen in Mitteleuropa. (Petermanns geogr. Mitt. 95, 1951, S. 231–238).

Wagner, A.: Zur Aerologie des indischen Monsuns. (Gerlands Beitr. Geophys. 30, 1931, S. 196–238).

Yazawa, T.: Der jahreszeitliche Ablauf der Witterung in Japan. (Geogr. Rdsch. 9, 1957, S. 407–411).

Yoshino, M.M.: Rainfall, frontal zones and jet streams in early summer over East Asia. (Bonner Meteor. Abh. 3, 1963, 127 S.).

Yoshino, M.M.: Bai-ŭ, the rainy season in early summer in Japan. (In: Japanese Geography 1966 – its recent trends. Tokyo 1966, S. 66–71).

Zaytchikov u. a.: The physical geography of China. (Washington 1965, 650 S. [übers. a.d. Russ.]).

d) Die ektropische Westwind- und die Polarzirkulation

Abramov, R.V.: Vieljährige und jahreszeitliche Änderungen der geographischen Lage des Islandtiefs. (Isw. Wsesojusn. Geogr. Obschtsch. 98, 1966, S. 317–325 [russ.]).

Barlow, E.W.: The brave west winds and the roaring forties. (Mar. Observer 6, 1929, S. 179–182).

Baur, F.: Die jahreszeitliche und geographische Verteilung der blockierenden Hochdruckgebiete auf der Nordhalbkugel nördlich des 50.

Breitenkreises im Zeitraum 1949–1957. (Időjárás 62, 1958, S. 73–82).

Bolin, B.: On the influence of the earth's orography on the general character of the westerlies. (Tellus 2, 1950, S. 184–195).

Brádka, J.: Der Jahresverlauf der zyklonalen und antizyklonalen Aktivität auf der Nordhemisphäre. (Studia geophys. et geod. 1, 1957, S. 342–371).

Brezowsky, H., H. Flohn u. *P. Hess:* Some remarks on the climatology of blocking action. (Tellus 3, 1951, S. 191–194).

Brezowsky, H.: Säkulare Schwankungen der Zirkulation. (Ber. Dt. Wetterd. US-Zone Nr. 35, 1952, S. 48–56).

Blüthgen, J.: Die Zugbahnen der Hoch- und Tiefdruckgebiete als Problem der synoptischen Klimageographie. (Bonner Meteor. Abh. H. 17, 1974, S. 403–416).

Britton, G. P. and *H. H. Lamb:* A study of the general circulation of the atmosphere over the far south. (Weather 11, 1956, S. 281–291).

Bryson, R. A.: Air masses, streamlines, and the boreal forest. (Geogr. Bull. 8, 1966, S. 228–269).

Butzer, K. W.: Dynamic climatology of largescale european circulation patterns in the Mediterranean area. (Meteor. Rdsch. 13, 1960, S. 97–105).

Chang, J. H.: Comparative climatology of the tropical western margins of the Northern Oceans. (Ann. Ass. Amer. Geogr. 52, 1962, S. 221–227).

Charney, J. G. and *A. Eliassen:* A numerical method for predicting the perturbations of the middle latitude westerlies. (Tellus, 1, 1949, S. 38–54).

Clauss, J.: Die Schwankungen des subtropischen Hochdruckgürtels als Indikator langanhaltender Trockenzeiten in Mitteleuropa, insbesondere langanhaltender Sommertrockenheit in Deutschland. (Meteor. Abh. Freie Univ. Berlin 5, 1957, 117 S.).

Cressman, G. P.: Variations in the structure of the upper westerlies. (J. Meteor. 7, 1950, S. 39–47).

Dammann, W.: Die Verbreitung der Höhentröge in der 500 mb-Fläche und ihr Einfluß auf das Klima der gemäßigten Breiten. (Ber. Dt. Wetterd. US-Zone Nr. 42, 1952, S. 195–199).

Defant, A.: Neuere Ansichten über die allgemeine Zirkulation der Atmosphäre in mittleren Breiten. (Arch. Meteor., Geophys. Bioklimat. A, 1, 1949, S. 273–294).

Dzerdzeevskij, B. L., V. M. Kurganskaja u. *Z. M. Vitvitskaja:* Die Typisierung der Zirkulationsmechanismen auf der nördlichen Halbkugel und die Charakteristik der synoptischen Jahreszeiten. (Tr. Naučo-Issled. Učrezd. Ser. 2. Sinopt. Meteor. Vyp. 1946, 80 S. [russ.]).

Dzerdzeevskii, B.: Zirkulationsschemata der Jahreszeiten. (Izv. Akad. Nauk SSSR, Ser. Geogr. 1, 1957, S. 36–55 [russ.]).

Dzerdzeevskii, B.: Fluctuations of climate and of general circulation of the atmosphere in extratropical latitudes of the Northern Hemisphere and some problems of dynamic climatology. (Tellus 14, 1962, S. 328–336).

Elliott, R. D. u. *Th. B. Smith:* A study of the effects of large blocking highs on the general circulation in the Northern-Hemisphere westerlies. (J. Meteor. 6, 1949, S. 67–85).

Essenwanger, O.: Statistische Untersuchungen über die Zirkulation der Westdrift in 55° Breite. (Ber. Dt. Wetterd. Nr. 7, 1953, 22 S.).

Flohn, H.: Klimatologische Homologien. Tropische Orkane und Zyklonentätigkeit in der Westdriftzone. (Meteor. Rdsch. 2, 1949, S. 198–202).

Flohn, H.: Grundzüge der allgemeinen atmosphärischen Zirkulation auf der Südhalbkugel. (Arch. Meteor., Geophys. Bioklimat. A, 2, 1950, S. 17–64).

Flohn, H. u. *H. Reifferscheid:* Radioaktive Beimengungen als Tracer für Zirkulationsvorgänge in der Atmosphäre. (Umschau 1961, S. 468–470).

Fontaine, P.: Les „gouttes d'air froid" sur l'Europe, la Méditerranée et l'Atlantique Est. (Météorologie 1951, S. 98–112).

Frenzen, P.: Westerly flow past an obstacle in a rotating hemispherical shell. (Bull. of the Amer. Meteor. Soc. 36, 1955, S. 204–210).

Gherzi, E.: Note sur les dépressions extratropicales de Chine. (Gerlands Beitr. Geophys. 32, 1931, S. 368–378).

Gherzi, E.: Meteorology of China. (Macau 1951. Bd. 1: 423 S. Text. Bd. 2: Abb., nicht pag.).

Giao, A. u. *M. Ferreira:* Introduction à la climatologie dynamique de l'Amérique du Nord, de l'Atlantique du Nord et de l'Europe. (Geofis. pura appl. 34, 1956, S. 101–150).

Groening, H. U.: Azorentiefs. (Meteor. Abh. Fr. Univ. Berlin V, 1, 1957, 77 S.).

Grünewald, G.: Typisierung mitteleuropäischer Witterungsumschläge. (Abh. Meteor. Hydrol. Dienst DDR. Nr. 51, 1959, 72 S.; vgl. auch Nr. 29, 1955).

Hannary, A. K.: Cold outbreaks in southern Australia in relation to sub-Antarctic circulations. (In: Antarctic Meteorology, Proc. of the Symp. Melbourne, 1959. Oxford 1960, S. 153–175).

Hare, F. K.: The westerlies. (Geogr. Rev. 50, 1960, S. 345–367).

James, P. E.: Air masses and fronts in South America. (Geogr. Review 29, 1939, S. 132–134).

Jenne, R. L., H. van Loon, J. J. Taljaard, H. L. Crutcher: Zonal means of climatological analyses of the Southern Hemisphere. (Notos 17, 1968, S. 35–52).

Karelsky, S.: The surface circulation over the southern oceans, Southern Indian Ocean, Australasia and Southern Pacific Ocean regions during 1957 and 1958. (Australia, Bureau of Meteorol. Antarctic meteorology, Oxford 1960, S. 293–309).

Klein, W. H. and *S. S. Winston:* Geographical Frequency of troughs and ridges on mean 700-mb charts. (Monthly Weather Review 86, 1958, S. 344–358).

Kletter, L.: Charakteristische Zirkulationstypen in mittleren Breiten der nördlichen Hemisphäre. (Arch. Meteor., Geophys. Bioklimat. A, 11, 1959, S. 161–196).

Klettner, L.: Der störende Einfluß der Alpen auf charakteristische Zirkulationstypen in mittleren Breiten der nördlichen Hemisphäre. (Wetter u. Leben, Sd. Heft 9, 1961, S. 36–40).

Kletter, L.: Die Aufeinanderfolge charakteristischer Zirkulationstypen in mittleren Breiten der nördlichen Hemisphäre. (Arch. Meteor., Geophys. Bioklimat. A, 13, 1962, S. 1–33).

Korshover, J.: Synoptic climatology of stagnating anticyclones east of the Rocky Mountains in the United States for the period 1936–1956. (Techn. Report A 60-7, Robert A. Taff. Sanitary Engineering Center, Cincinnati 1960, 15 S.).

Lahey, J. F., R. A. Bryson, E. W. Wahl, L. H. Horn, and *V. D. Henderson:* Atlas of 500 mb Wind Characteristics for the Northern Hemisphere. (University of Wisconsin-Press. 1958, Madison).

Lamb, H. H.: The Southern Westerlies. A preliminary survey; main characteristics and apparent associations. (Quart. J. Roy. Meteor. Soc. 85, 1959, S. 1–23).

Lamb, H. H.: British Isles weather types and a register of the daily sequence of circulation patterns, 1861–1971. (London, H.M.S.O., Meteor. Off., 1972, 85 S.).

La Seur, N. E.: On the asymmetry of the middle-latitude circumpolar current. (Journal of Meteorology 11, 1954, S. 43–57).

Lebedew, A. N.: Klima der UdSSR. Bd 1: Europäisches Territorium der UdSSR. (Leningrad 1958, 368 S. [russ.]).

Loon, H. van: A Note on Meridional Atmospheric Cross Sections in the Southern Hemisphere. (Notos 4, 1955, S. 127–129).

Loon, H. van: Blocking Action in the Southern Hemisphere. Part I. (Notos 5, 1956, S. 171–178).

Loon, H. van: Charts of average 500 mb absolute topography and sealevel pressure in the Southern Hemisphere in January, April, July and October. (Notos 10, 1961, S. 105–112).

Loon, H. van: A description of the geostrophic wind in the Southern Hemisphere. (In: Klimatol. Forschung, Festschr. f. H. Flohn. Bonner Met. Abh. 17, 1974).

Meinardus, W.: Die Luftdruckverhältnisse und ihre Wandlungen südlich von 30° südl. Br. (Meteor. Z. 46, 1929, S. 41–49, 86–96).

Mecking, L.: Die Luftdruckverhältnisse und ihre klimatischen Folgen in der atlantisch-pazifischen Zone südlich von 30° südl. Br. (Deutsche Südpolarexpedition 1901–1903, III Bd., Meteorologie I. Bd., II. Hälfte, 2. Teil. Berlin 1928).

Mintz, Y.: The geostrophic poleward flux of singular momentum in the month of January 1949. (Tellus 3, 1951, S. 195).

Mintz, Y.: The General Circulation of Planetary Atmospheres. (In: The atmospheres of Mars and Venus. (Nat. Akad. of Sciences. Nat. Res. Council. Publ. 944. Washington, D.C. 1961).

Mintz, Y.: Very long-term global integration of the primitive equations of atmospheric motion. (WMO, Techn. Note 66, 1965, S. 141–167).

Namias, J. u. *P. F. Clapp:* Studies of the motion and development of long waves in the westerlies. (J. Meteor. 1, 1944, S. 57–77).

Namias, J.: The Index Cycle and its Role in the General Circulation. (Journ. of Meteor. 7, 1950, S. 130–139).

Namias, J.: Characteristics of cold winters and warm summers over Scandinavia related to the general circulation. (J. Meteor. 14, 1957, S. 235–250).

O'Connor, J. F.: Mean circulation patterns based on 12 years of recent Northern Hemisphere data. (Monthly Weather Rev. 89, 1961, S. 211–227).

Palmén, E.: On the distribution of temperature and wind in the upper westerlies. (J. Meteor. 5, 1948, S. 20–27).

Pettersen, S.: Changes in the general circulation associated with the recent climatic variation. (Geogr. Annaler 31, 1949, S. 212–221).

Reed, R. J.: Principal frontal zones of the Northern Hemisphere in winter and summer. (Bull. Amer. Meteor. Soc. 41, 1960, S. 591–598).

Rex, D. F.: Blocking action in the middle troposphere and its effect upon regional climate. (Tellus 2, 1950, S. 196–211, S. 275–301).

Rodewald, M.: Zur Frage der allgemeinen Zirkulation im strengen Winter 1928/29. (Ann. Hydrogr. marit. Meteor. 65, 1937, S. 569–573).

Rodewald, M.: Das fernöstliche Dreimasseneck. (Ann. Hydrogr. marit. Meteor. 66, 1938, S. 516–519).

Rodewald, M.: Golfstrom und Wetter. (Ann. Meteor. 1, 1948, S. 65–69).

Rossby, C.G.: Relation between variations in the intensity of the zonal circulation of the atmosphere and the displacement of the semi-permanent centers of action. (J. of Marine Res. 2, 1939, S. 38ff.).

Rossby, C. G.: Planetary flow patterns in the atmosphere. (Quart. J. Roy. Meteor. Soc. 66, Suppl., 1940, S. 68–87).

Rubin, M.J. u. *H. van Loon:* Aspects of the circulation of the Southern Hemisphere. (J. Meteor. 11, 1954, S. 68–76).

Rubin, M.J.: An Analysis of Pressure Anomalies in the Southern Hemisphere. (Notos 4, 1955, S. 11–16).

Schumann, T.E.W. u. *M.P. van Rooy:* Frequency of fronts in the Northern Hemisphere. (Arch. Meteor., Geophys., Bioklimat. A, 4, 1951, S. 87–97).

Sheppard, P.A., H. Charnock and *J.R.D. Francis:* Observations of the westerlies over the sea. (Quart. J. Roy. Meteor. Soc. 78, 1952, S. 536–582).

Smagorinsky, J.: The dynamical influence of large-scale heat sources and sinks on the quasi-stationary mean motions of the atmosphere. (Quart. J. Roy. Meteor. Soc. 79, 1953, S. 342–366).

Sorkina, A.J.: Atmospheric circulation and the related wind fields over the North Pacific. (Washington 1971 [Übers. a. d. Russ.]).

Stremoussov, N. V.: About the synoptical processes in the eastern part of the Asiatic continent and the adjacent seas. (J. Geophys. V, 2, 1935, S. 204–221).

Sung, S. W.: The extratropical cyclones of Eastern China and their characteristics. (Mem. Nat. Res. Inst. Meteor. No. 3, Nanking 1931, 60 S.; auch in: Coll. Sci. Pap. Meteor. 1919–1949, Peking 1954, S. 1–14).

Taljaard, J.J.: Development, distribution and movement of cyclones and anticyclones in the Southern Hemisphere during the IGY. (J. of Appl. Meteor. 6, 1967, S. 973–987).

Taljaard, J.J.: Climatic frontal zones of the Southern Hemisphere. (Notos 17, 1968, S. 23–34).

Taljaard, J.J.: Air masses of the Southern Hemisphere. (Notos 18, 1969, S. 79–104).

Teich, M.: Beitrag zum Problem der allgemeinen Zirkulation, insbesondere der mitteltroposphärischen Hochdruckgebiete der nördlichen Hemisphäre. (Abh. Meteor. Hydrol. Dienst DDR. Nr. 36, 1955, 58 S.).

Vogel, H.: Die atmosphärische Zirkulation über Australien. (Mitt. Geogr. Ges. München 22, 1929, S. 177–237).

Vowinckel, E.: Zyklonenbahnen und zyklogenetische Gebiete auf der Südhalbkugel. (Notos 2, 1953, S. 28–36).

Vowinckel, E.: Southern Hemisphere Weather Map Analysis: Five Year Mean Pressures. (Notos 4, 1955, S. 17–26).

Vowinckel, E.: Southern Hemisphere Weather Map Analysis: Five Year Mean Pressures, Part. II. (Notos 4, 1955, S. 204–216).

Weimann, W.U.: Die Kaltlufttropfen zwischen Felsengebirge und Ural. Klimatologische und synoptische Untersuchungen für den fünfjährigen Zeitraum März 1951 bis Februar 1956. (Meteor. Abh. Fr. Univ. Berlin VI, 3, 1958, 40 S.).

Weischet, W.: Die thermische Ungunst der südhemisphärischen hohen Mittelbreiten im Sommer im Lichte neuer dynamisch-klimatolgischer Untersuchungen. (Regio Basiliensis IX, 1968, S. 170–189).

Weischet, W.: Die ökologisch wichtigen Klimacharakteristika der kühl-gemäßigten Zone Südamerikas mit vergleichenden Anmerkungen zu den Hochgebirgen der Tropen. (In: Geoecological Relations between the Southern Temperate Zone and the Tropical Mountains. Erdwiss. Forsch. Bd. XI, Wiesbaden 1978, S. 255–280).

Willett, H. C. and *F. Sanders:* Descriptive Meteorology. (2. Aufl. Acad. Press. 1959).

Whittaker, M.: Barografia de Chile. (Servicio Meteorológico de Chile. Santiago 1942).

Wölcken, K.: Regenwetterlagen in Argentinien. (Spieker – Landeskundl. Beitr. und Ber. 12, 1962, S. 81–140).

Wolff, P.M.: Quantitative determination of long waves and their time variations. (Journal of Meteorology, 12, 1955, S. 536–541).

Yoshino, M. M.: Maps of the occurence frequencies of fronts in the rainy season in early summer over East Asia. (Sci. Rep. Tokyo Kyoiku Daigeku C, 9, 1967, S. 211–245).

Polarzirkulation

Antartic Meteorology. Proceedings fo the symposium held in Melbourne February 1959. (Oxford/London/New York/Paris 1960, 483 S.).

Astapenko, P. D.: Problems of the circulation of the atmosphere in the Antarctic. (In: Antarctic Meteorology, Proc. Symposium Melbourne 1959, Oxford 1960, S. 241–255).

Astapenko, P. D.: Atmospheric processes in the high latitude of the Southern Hemisphere. (Je-

rusalem 1964. 286 S. [Übers. a. d. Russ., Moskau 1960]).
Barlow, E. W.: The wind systems of the Arctic and the Antarctic. (Mar. Observer 6, 1929, S. 245–248).
Barry, R. G.: Seasonal location of the arctic front over North America. (Geogr. Bull. 9, 1967, S. 79–95).
Brockamp, B.: Erweiterter Nachtrag zu den wissenschaftlichen Ergebnissen der Deutschen Grönland-Expedition Alfred Wegener. (Dt. Geodät. Komm. Bay. Akad. Wiss. B 48, München 1959, 76 S.).
Burdecki, F.: The climate of SANAE. (Notos 18,, 1969 u. 19, 1970. Pretoria Sep. Druck 62 S.).
Court, A.: Antarctic atmospheric circulation. (In: Compendium of Meteorology. Boston/Mass. 1951, S. 917–941).
Dolgin, J. M. (Hrsg.): Das meteorologische Regime der außersowjetischen Arktis. (Leningrad 1971, 227 S. [russ.]).
Doronin, J. u. P.: Thermal interaction of the atmosphere and the hydrosphere in the Arctic. (Jerusalem 1970, 244 S. [Übers. a. d. Russ.]).
Dorsey (jr.), *H. G.*: Some meteorological aspects of the Greenland ice. (J. Meteor, 2, 1945, S. 135–142).
Dorsey (jr.), *H. G.*: Arctic meteorology. (In: Compendium of Meteorology. Boston/Mass. 1951, S. 942–951).
Dybvadskog, O.: Fra Sydpolen til „Utilgjengelighetenspol". Norsk Polarinst. Årbok 1964, S. 165–177).
Flohn, H.: Thermische Unterschiede zwischen Arktis und Antarktis. (Meteor. Rdsch. 20, 1967, S. 147–149).
Gaigerov, S. S.: Aerology of the Polar regions. (Jerusalem 1967, 280 S. [Übers. a. d. Russ.]).
Georgi, J.: Aerologie der hohen Breiten und große Zirkulation. (Arktis I, 1928, S. 83–96).
Georgi, J.: Das Klima des grönländischen Inlandeises und seine Einwirkung auf die Umgebung. (Abh. Naturw. Ver. Bremen 31, 1939, 1939, S. 408–467).
Georgi, J.: Bemerkungen zum Klima von „Eismitte" (Grönland). (Ann. Meteor. 6, 1953/54, S. 283–295).
Hare, F. K.: Some climatological problems of the Arctic and Sub-Arctic. (In: Compendium of Meteorology. Boston/Mass. 1951, S. 952–964).
Hobbs, W. H.: The Greenland glacial anticyclone. (J. Meteor. 2, 1945, S. 143–153).
Hoinkes, H.: Die Antarktis und die geophysikalische Erforschung der Erde. (Naturwiss. 48, 1961, S. 354–374).
Hoinkes, H.: Internationale Antarktisforschung 1957–1962. (Jahrb. Techn. Hochsch. München 1962, S. 67–77).
Hoinkes, H.: Glacial meteorology. (In: Research in Geophysics II, 1964, S. 391–424).
Kopp, W. u. R. Holzapfel: Beiträge zum Mechanismus des Witterungsverlaufs über Grönland. (Wiss. Ergebn. Dt. Grönl.-Exp. A. Wegener IV, 2. Leipzig 1939, S. 274–325).
Krebs, J. S. u. R. G. Barry: The arcticfront and the tundra-taiga boundary in Eurasia. (Geogr. Rev. 60, 1970, S. 548–564).
Kutzbach, G. and *W. Schwerdtfeger:* Temperature variations and vertical motion in the free atmosphere over Antarctica in winter. (Proc. Symp. Polar Meteor. WMO Techn. Note 87, 1967, S. 225–248).
Loewe, F.: On the mass economy of the interior of the Antarctic ice-cap. (Journ. of Geophys. Res. 67, 1962, S. 5171–5177).
Loon, H. van: The half-yearly oscillations in middle and high southern latitudes and the coreless winters. (J. of Atm. Sciences 24, 1967, S. 472–486).
Lamb, H. H.: South polar atmospheric circulation and the nourishment of the Antarctic ice-cap. (Meteor. Mag. 87, 1952, S. 33–42).
Loewe, F.: The Greenland ice-cap as seen by a meteorologist. (Quart. J. Roy. Meteor. Soc. 62, 1936, S. 359–377).
Mather, K. B. and *G. S. Miller:* Notes on topographic factors affecting the surface wind in Antarctica, with special reference to katabic winds and bibliography. (Univ. of Alaska, UAG-R-189, S. 1–125).
Matthäus, H.-G.: Neue Ergebnisse der Meteorologie der Antarktis. (Meteor. Abh. Freie Univ. Berlin Bd. IX, 1, 1965, 140 S.).
Miller, D. H.: The influence of snow cover on local climate in Greenland. (J. Meteor. 13, 1956, S. 112–120).
Namias, J.: Synoptic and climatological problems associated with the general circulation of the Arctic. (Trans. Amer. Geophys. Union 39, 1958, S. 40–51).
Rodewald, M.: Zirkulationsformen in der Arktis. (Polarforsch. 3, 1951, S. 75–79).
Rooy, M. P. van: Meteorology of the Antarctic. (Pretoria 1957, 240 S.).
Różycki, S. Z.: Der Rhythmus der Veränderungen des antarktischen Inlandeises unter dem Einfluß der Klimaschwankungen. (Polarforschung 5, 1963, S. 213–215).
Rubin, M. J.: Antarctic weather and climate (In: Research in Geophysics II, 1964, S. 461–478).
Rubin, M. J.: Advection across the Antarctic boundary. (In: Antarctic Meteorology, Proc. of

a Symp. Melbourne 1959. Oxford 1960, S. 378–393).

Rubin, M. J.: Antarctic advection and the Antarctic mass and heat budget. (In: Antarctic Research, Geophysical Monographs 7, Amer. Geogr. Union, 1962, S. 149–159).

Rubin, M. J.: The Antarctic and the Weather. (Scientific American 207, 1962, S. 84–94).

Rubin, M. J.: Antarctic climatology. (Monographiae Biologicae 15, 1965, S. 72–96).

Rusin, N. P.: Meteorological and radiational regime of Antarctica. (Jerusalem 1964, 355 S.; Übers. a. d. Russ. [Leningrad 1961] 446 S.).

Sabbagh, M. E.: A preliminary regional dynamic climatology of the Antarctic continent. (Erdkunde 16, 1962, S. 94–111).

Schwerdtfeger, W.: On the asymmetry of the southern circumpolar vortex, in the winter. (Antarctic journ. 2, 1967, S. 198).

Schwerdtfeger, W.: The Climate of the Antarctic. (In: World Survey of Climatology, Vol. 14, S. 253–355. Amsterdam 1970).

Schmitt, W.: Synoptic Meteorology of the Antarctic. (In: M. P. Rooy van u. a.: Meteorology of the Antarctic. Pretoria, South Africa 1957).

Shear, J. A.: The polar maritime climate. (Ann. Ass. Amer. Geogr. 54, 1964, S. 310–317).

Wexler, H.: The „kernlose" winter in Antarctica. (Geophysica 6, No. 3/4 – Meteorology – 1958 –, S. 577–595).

Wishman, E.: A comparison between the general circulation over the Svalbard area and the weather conditions at Isfjord radio. (Norsk. Polarinst. Skr. Nr. 136, Oslo 1966, 29 S.).

WMO (Hrsg.): Polar meteorology. (WMO Techn. Note 87, Genf 1968, 540 S.).

V. Allgemeine Klimatypen

a) Maritimität und Kontinentalität

Berg, H.: Die Kontinentalität Europas und ihre Änderung 1928/37 gegen 1888/97. (Ann. Hydrogr. maritim. Meteor. 68, 1940, S. 124–132).

Berg, H.: Zum Begriff der Kontinentalität. (Meteor. Z. 61, 1944, S. 283–284).

Bohnstedt, H.: Die thermische Kontinentalität des Klimas von Nordeuropa. (Meteor. Z. 49, 1932, S. 49–62).

Dammann, W.: Die Kontinentalität Europas. (Ann. Hydrogr. marit. Meteor. 69, 1941, S. 181–184).

Dammann, W.: Die Kontinentalität des europäischen Klimas und die statische Komponente in der Klimatologie. (Meteor. Z. 60, 1943, S. 409–416).

Flohn, H.: Kontinentalität und Ozeanität in der freien Atmosphäre. (Meteor. Z. 60, 1943, S. 325–331).

Gams, H.: Die klimatische Begrenzung von Pflanzenarealen und die Verteilung der hygrischen Kontinentalität in den Alpen. (Z. Ges. Erdk. Berlin 1931, S. 321–346; 1932, S. 52–68 u. 178–198).

Gorczynski, W.: Sur le calcul du degré de continentalisme et son application dans la climatologie. (Geogr. Annaler 2, 1920, S. 324–331).

Hänsel, H.: Die Kontinentalität und die Maritimität im deutschen Klima. (Diss. Leipzig 1933, 77 S.).

Henze, H.: Ozeanität und Kontinentalität bei den sommerlichen Niederschlägen Norddeutschlands. (Meteor. Z. 46, 1929, S. 129 – 137).

Ivanov, N. N.: Belts of continentality on the globe. (Izwest. Wsesoj. Geogr. Obschtsch. 91, 1959, S. 410–423 [russ.]).

Johansen, H.: On continental and oceanic influences on the atmosphere. (Meteor. Ann. 4, 1958, S. 143–158).

Křivský, L.: Schwankender Einfluß des Kontinents im Gebiet Mitteleuropas, ausgedrückt durch Typen der Wetterlagen. (Meteor. Rdsch. 17, 1964, S. 166–169).

Lautensach, H.: Die Isanomalenkarte der Jahresschwankung der Lufttemperatur. Ein Beitrag zur allgemeinen analytischen Formenwandellehre. (Petermanns geogr. Mitt. 96, 1952, S. 145–155).

Leighly, J.: On continentality and glaciation. (Geogr. Ann. 21, 1949, S. 131–145).

Maisel, C.: Der Einfluß der kontinentalen Lage auf die Jahresschwankung der Monatsmittel der Lufttemperatur im Deutschen Reich. (Heimatkdl. Arb. Geogr. Inst. Erlangen 5, 1931, 50 S.).

Morawetz, S.: Zur Erfassung des Kontinentalitätsgrades. (Petermanns geogr. Mitt. 90, 1944, S. 185–188).

Neumann, G.: Ozean und Atmosphäre. Bemerkungen über einige meteorologisch wichtige Wechselbeziehungen. (Naturwiss. Rdsch. 10, 1953, S. 405–411).

Paulsen, W.: Witterungsklimatische Betrachtungen über Kontinentalitätskoeffizienten. (Meteor. Rdsch. 3, 1950, S. 126–131).

Ringleb, F.: Die thermische Kontinentalität im Klima West- und Nordwestdeutschlands. (Meteor. Rdsch. 1, 1947/48a, S. 87–95).

Ringleb, F.: Die hygrische Kontinentalität im Klima West- und Nordwestdeutschlands. (Meteor. Rdsch. 1, 1947/48b, S. 276–282).

Rubinstein, E. S.: Über den Einfluß der Verteilung von Kontinenten und Ozeanen der Erde auf die Lufttemperatur. (Izwest. Wsesoj. Geogr. Obschtsch. Bd. 85, 1953, S. 373–381 [russ.]).

Schrepfer, H.: Die Kontinentalität des deutschen Klimas. (Petermanns geogr. Mitt. 71, 1925, S. 49–51).

Steiner, D.: A multivariate statistical approach to climatic regionalization and classification. (Tijdschr. Kon. Ned. Aardrijksk. Gen. 82, 1965, S. 329–347).

Woeikof, A.: Klimatologische Zeit- und Streitfragen V. Kontinentales und ozeanisches Klima. (Meteor. Z. 11, 1894, S. 1–9).

b) Aridität und Humidität, Trockengrenzen

Ångström, A.: A coefficient of humidity of general applicability. (Geogr. Annaler 18, 1936, S. 245–254).

Bagnouls, F. u. *H. Gaussen:* L'indice xérothermique. (Bull. Ass. Géogr. franç. 1952, S. 10–16).

Bagnouls, F. u. *H. Gaussen:* Saison sèche et indice xérothermique. (Documents pour les cartes des productions végétales. Sér. Génér. Vol. 1, Toulouse 1953, S. 1–47 u. Bull. Soc. d'Hist. Nat. Toulouse 1953, S. 193–239).

Bailey, H. P.: A simple moisture index based upon a primary law of evaporation. (Geogr. Annaler 40, 1958, S. 196–215).

Blumenstock, D. I.: The humid-arid boundary problem. (Geogr. Rev. 29, 1939, S. 681–682).

Budyko, M. J.: Klimatische Feuchtigkeitsverhältnisse auf den Festländern. (Jzv. Ak. Nauk SSSR, Ser. Geogr. Nr. 2, 1955, S. 5–15; Nr. 4, 1955, S. 3–15 [russ.]).

Capot-Rey, R.: Une carte de l'indice d'aridité au Sahara français. (Bull. Assoc. Géogr. Français Nr. 216–217, 1951, S. 73–76).

Coutagne, A.: Comment définir et caractériser le degré d'aridité d'une région et sa variation saisonnière. (Météorologie 1935, S. 141–151).

Dubief, J.: Évaporation et coefficients climatiques au Sahara. (Trav. Inst. Rech. Sahar. 6, 1950, S. 13–44).

Giese, E.: Zuverlässigkeit von Indizes bei Ariditätsbestimmungen. (Geogr. Zeitschr. 1974, S. 179–203).

Gorczynski, W.: Aridity factor and precipitation ratio and their relation to world climates. (Quart. Bull. Polish Inst. Arts. Sci. in America 1, New York 1943, S. 602–645).

Grigor'ev, A. A., M. J. Budyko: Klassifikacija klimatov SSSR. (Izvestija Akademii Nauk SSSR, serija geografičeskaja Nr. 3, 1959; engl. Übers. in: Soviet Geography, Review and Translation. Vol. I, 1960, S. 3–24).

Henning, I. u. *H. Henning:* Die klimatische Trockengrenze. (Meteorol. Rdsch. 29, 1976, S. 142–151).

Hirth, P.: Die Isonotiden. (Petermanns geogr. Mitt. 72, 1926, S. 145–149).

Jaeger, F.: Die Gewässer Afrikas. (Z. Ges. Erdkd. Berlin, Sonderbd. 1928, S. 158–190).

Jätzold, R.: Aride und humide Jahreszeiten in Nordamerika. (Stuttgarter Geogr. Stud. 71, 1961).

Lang, R.: Versuch einer exakten Klassifikation der Böden in klimatischer und geologischer Hinsicht. (Internat. Mitt. f. Bodenkde. 5, 1915, S. 312–346).

Lang, R.: Verwitterung und Bodenbildung als Einführung in die Bodenkunde. (Stuttgart 1920).

Lauer, W.: Hygrische Klimate und Vegetationszonen der Tropen mit besonderer Berücksichtigung Ostafrikas. (Erdkunde Bd. V, 1951, S. 284–293).

Lauer, W.: Humide und aride Jahreszeiten in Afrika und Südamerika und ihre Beziehung zu den Vegetationsgürteln. (Bonner Geogr. Abh. 9, 1952, S. 15–98).

Lauer, W.: L'indice xérothermique (Zur Frage der Klimaindizes). (Erdkunde 7, 1953, S. 48–52).

Lauer, W.: Klimadiagramme. Gedanken und Bemerkungen über die Verwendung von Klimadiagrammen für die Typisierung und den Vergleich von Klimaten. (Erdkunde XIV, 1960, S. 232–242).

Lautensach, H. u. *E. Mayer:* Humidität und Aridität insbesondere auf der Iberischen Halbinsel. (Petermanns geogr. Mitt. 104, 1960, S. 249–270).

Martonne, E. de: Aréisme et indice d'aridité. (C. R. Acad. Sci. 182, II, Paris 1926a, S. 1395–1398).

Martonne, E. de: Une nouvelle fonction climatologique: l'indice d'aridité. (Météorologie 2, 1926b, S. 449–459).

Martonne, E. de u. *M*[me] *Fayol:* Sur la formule de

l'indice d'aridité. (Compt. rend. Acad. Sci. Paris 200, 1935, S. 166–168).
Martonne, E. de: Nouvelle carte mondiale de l'indice d'aridité. (Météorologie 1941, S. 3–26).
Meigs, P.: World distribution of arid and semiarid homoclimates (UNESCO Reviews of research on arid zone hydrology, Paris 1953, S. 203–209).
Mohrmann, J. C. J. u. *J. Kessler:* Water deficiencies in European agriculture. A climatological survey. (Intern. Inst. for Land Reclamation and Improvement. Publ. 5, Wageningen 1959, 60 S.).
Moral, P.: Essai sur les régions pluviothermiques de l'Afrique de l'Ouest. (Ann. de Géogr. 73, 1964, S. 660–686).
Penck, A.: Versuch einer Klimaklassifikation auf physiogeographischer Grundlage. (Sitz. Ber. Kgl. Preuß. Akad. Wiss. 12, 1910, S. 236–246).
Penman, H. L.: Natural evaporation from open water, bare soil and grass. (Proc. Roy. Soc. London A 193, 1948, S. 120–145).
Pinna, M.: Sulla definizione dell'ariditá. (La Geogr. nelle scuole 13, 1968, S. 137–140).
Reichel, E.: Der Trockenheitsindex, insbesondere für Deutschland. (Ber. Tätigk. Preuß. Meteor. Inst. 1928, S. 84–105).
Rotmistroff, W. G.: Das Wesen der Dürre, ihre Ursache und Verhütung. (Dresden/Leipzig 1926, 69 S.).
Schamp, H.: Ariditätsindices als Beispiele für Klimaformeln. (Geogr. Taschenbuch 1970/72, S. 292–304).
Schaufelberger, P.: Zur Systematik des Tropenklimas. (Geographica Helvetica 12, 1957, S. 56–62).
Schaufelberger, P.: Welches sind nach den Erfahrungen der Bodenkunde die maßgebenden Klimafaktoren? (Peterm. Geogr. Mitt. 102, 1958, S. 113–115).
Schaufelberger, P.: Klima-, Klimaboden- und Klimavegetationstypen. (Geographica Helvetica 14, 1959, S. 35–43).
Scherhag, R.: Die Kaltwasser-Dürren. (Beilage 40 z. Berliner Wetterkarte 1961, 8 S.).
Schmidt, W.: „Dürrezahlen", ein Versuch, die Auswirkung von Trockenperioden klimastatistisch zu erfassen. (Fortschr. Landw. 8, 1933, S. 313–322).
Seljaninov, G. I.: Principy agroklimatičeskogo rajonirovanija SSSR. (Izvestija Akademii Nauk SSSR, Serija geografičeskaja Nr. 4, 1957).
Seljaninov, G. I.: Agroklimatičeskaja karta mira. (In: Agroklimtičeskij atlas mira. Moskva-Leningrad 1972, S. 1–2).
Stenz, E.: Sulla definizione di clima arido. (Geofis. pura appl. 10, 1947, S. 1–10).
Szymkiewicz, D.: Études climatologiques. I–V. (Acta. Soc. Bot. Pol. I, 4, 1923, S. 244–262; II, 2, 1924, S. 130–151; II, 4, 1925, S. 239–264).
Tannehill, I. R.: Drought, its causes and effects. (Princeton 1947, 264 S.).
Thornthwaite, C. W.: The climate of North America according to a new classification. (Geogr. Rev. 21, 1931, S. 633–655).
Thornthwaite, C. W. u. *J. R. Mather:* The water balance. (Publ. climatol. 8, Centerton/N. J. 1955, S. 1–104).
Turc, L.: Le bilan d'eau des sols. Relations entre les précipitations, l'évaporation et l'écoulement. (Ann. Agron. 5, 1954, S. 491–596; 6, 1955, S. 5–131).
Wallén, C. C.: Aridity definitions and their applicability. (Geogr. Ann. 49 A, 1967, S. 367–384).
Walter, H.: Die Klima-Diagramme als Mittel zur Beurteilung der Klimaverhältnisse für ökologische, vegetationskundliche und landwirtschaftliche Zwecke. (Ber. Dt. Botan. Ges. 68, 1955, S. 321–344; s. a.: Geogr. Taschenbuch 1958/59, S. 540–543).
Walter, H.: Klima-Diagramme als Grundlage zur Feststellung von Dürrezeiten. (Wasser u. Nahrung 1956/57, 11 S.).
Wang, T.: Die Dauer der ariden, humiden und nivalen Zeiten des Jahres in China. (Tübingen geogr. u. geolog. Abh. 2, H. 7, Öhringen 1941, 33 S.).
Wilhelmy, H.: Methoden der Verdunstungsmessung und der Bestimmung des Trockengrenzwertes am Beispiel der Südukraine. (Petermanns geogr. Mitt. 90, 1944, S. 113–123).

c) Klima und Relief, Gebirgs- und Höhenklima

Aulitzky, H.: Die Lufttemperaturverhältnisse einer zentralalpinen Hanglage. (Arch. Meteor., Geophys., Bioklim. B. 16, 1968, S. 18–69; s. a. Ann. Meteor. N. F. Nr. 3, 1967, S. 159–165).
Bögel, R.: Untersuchungen zum Jahresgang des mittleren geographischen Höhengradienten der Lufttemperatur in den verschiedenen Klimagebieten der Erde. (Ber. Dt. Wetterd. Nr. 26, 1956, 42 S.).
Behrens, S.: Tropiska klimatvarianter. Beskrivning och klassificering av Etiopiens klimattyper. (Geogr. Notiser XXIX, 1971, S. 171–177).
Böhm, H.: Die geländeklimatische Bedeutung des Bergschattens und der Exposition für das Ge-

füge der Natur- und Kulturlandschaft. (Erdkunde 20, 1966, S. 81–93).
Bonacina, L. C. W.: Orographical rainfall and its place in the hydrology of the globe. (Quart. J. Roy. Meteor. Soc. 71, 1945, S. 41–45).
Borsenkowa, J. J.: Über einige Gesetzmäßigkeiten der vertikalen geographischen Zonierung. (Trudy Glawn. Geofis. Obs. A. J. Woeikow 193, Leningrad 1967, S. 53–59 [russ.]).
Bullrich, K.: Der Einfluß der Gebirge auf das Luftdruckbild. (Meteor. Z. 58, 1941, S. 433–446).
Conrad, V.: Die Evaporationskraft des Hochgebirges. (Z. angew. Meteor./Wetter 53, 1936, S. 111–115).
Dirmhirn, J.: Untersuchungen der Himmelsstrahlung in den Ostalpen mit besonderer Berücksichtigung ihrer Höhenabhängigkeit. (Arch. Meteor., Geophys. Bioklim. B, 2, 1951, S. 301.).
Ekhart, E.: Geographische und jahreszeitliche Verteilung der Gewitterhäufigkeit in den Alpen. (Gerlands Beitr. Geophys. 46, 1936, 62–90).
Ekhart, E.: Beitrag zur Kenntnis der Niederschlagsverhältnisse der Hochalpen. (Z. angew. Meteor./Wetter 56, 1939, S. 311–322).
Ekhart, E.: De la structure thermique de l'atmosphère dans la montagne. (Météorologie 1948, S. 3–26).
Ekhart, E.: Das Temperaturfeld der Alpen und seine Jahresperiode. (Geogr. Annaler 32, 1950, S. 1–20).
Flach, E.: Zur klimatologischen Charakteristik des Hochgebirges. (Arch. physikal. Therapie 19, 1967, S. 277–290).
Fliri, F.: Über die klimatologische Bedeutung der Kondensationshöhe im Gebirge. (Erde 98, 1967, S. 203–210).
Flohn, H.: Hochgebirge und allgemeine Zirkulation. (Ber. Dt. Wetterd. US-Zone Nr. 31, 1951, S. 17–23).
Flohn, H.: Hochgebirge und allgemeine Zirkulation. 2. Die Gebirge als Wärmequellen. (Arch. Meteor., Geophys. Bioklimat. A, 5, 1953, S. 265–279).
Flohn, H.: Zur vergleichenden Meteorologie der Hochgebirge. (Arch. Meteor., Geophys. Bioklimat. B, 6, 1955, S. 193–206).
Flohn, H.: Beiträge zur Meteorologie des Himalaja. (In: Khumbu Himal Bd. 7, Innsbruck 1970, S. 25–47).
Friedel, H.: Gesetze der Niederschlagsverteilung im Hochgebirge. (Wetter u. Leben 4, 1952, S. 73–86).
Fröhlich, M.: Winterwetterlagen in ihrer Bedeutung für den Winterfremdenverkehr im Waldecker Upland. (Diss. Münster 1969, 216 S.).
Geiger, R., M. Woelfle u. *L. P. Seip:* Höhenlage und Spätfrostgefährdung. (Forstwiss. Centralbl. 55, 1933, S. 579–592, 737–746; 56, 1934, S. 141–151, 221–230, 253–260, 357–364, 465–484).
Geiger, R.: Probleme der Mikrometeorologie des Hochgebirges. (Wetter u. Leben 5, 1953, S. 21–28).
Grunow, J.: Nächtliche Temperaturanstiege von Hangstationen. (Tät.-Ber. Pr. Meteor. Inst. 1930, Berlin 1931, S. 105–119).
Hauer, H. u. a.: Klima und Wetter der Zugspitze. (Ber. Dt. Wetterd. US-Zone Nr. 16, 1950, 200 S.).
Hauer, H.: Über die Konvektionsbewölkung im Hochgebirge. (Arch. Meteor., Geophys. Bioklimat. A, 8, 1955, S. 35–44).
Havlik, D.: Inversionswetterlagen im südlichen Oberrheingebiet. (Meteor. Rdsch. 23, 1970, S. 129–134).
Hess, M.: Um eine ausführliche Klassifikation der kalten Klimate in vergletscherten Gebirgen. (Rep. VI. Internat. Congr. Quatern. Warsaw 1961, Vol. II, paleoclimatol. Sect. Lódź 1964, S. 273–278).
Hess, M.: Versuch der Unterscheidung und Charakteristik der klimatischen Höhenstufen am Beispiel der polnischen Westkarpaten. (Petermanns Geogr. Mitt. 111, 1967, S. 1–12).
Hütte, P.: Untersuchungen über den Einfluß des Geländereliefs auf Richtung, Geschwindigkeit und Struktur des Sturmes im Hinblick auf die Sturmgefährdung der Fichte. (Diss. Hann.-Münden 1964, 171 S.).
Ilg, K.: Föhn und Stau am Oberrhein. (Wetter u. Klima 1, 1948, S. 150–161 u. 218–224).
Kletter, L.: Der störende Einfluß der Alpen auf charakteristische Zirkulationsfolgen in mittleren Breiten der nördlichen Hemisphäre. (Wetter und Leben Sh. 9, 1961, S. 36–40).
Knoch, K.: Der Einfluß geringer Geländeverschiedenheiten auf die meteorologischen Elemente im norddeutschen Flachland. (Abh. Preuß. Meteor. Inst. IV, 3, Berlin 1911, 53 S.).
Koch, H.-G.: Der Wind als Standortfaktor im Klimamosaik des Mittelgebirges. (Arch. Forstwesen 9, 1960, S. 901–942).
Koch,, H.-G.: Die warme Hangzone. Neue Anschauungen zur nächtlichen Kaltluftschichtung in Tälern und an Hängen. (Z. Meteor. 15, 1961, S. 161–171).
Koch, H.-G.: Geländeklimatologie und Gelände. Vergleichende Betrachtungen im thüringischen Raum. (Wiss. Z. F.-S. Univ. Jena, Math.-naturwiss. Reihe H. 4, Jg. 14, 1965, S. 95–106).

Kronfuß, H.: Kleinklimatische Vergleichsmessungen an zwei subalpinen Standorten. (Mitt. Forstl. Bundes-Vers.anst. Wien 96, 1972, S. 159–176).

Kups, W.: Die Niederschlagsverhältnisse und die Ursachen der Niederschlagsverteilung im Weichselmündungsgebiet. (Arch. Dt. Seewarte 60, 5, 1940, 95 S.).

Küttner, J.: Moazagotl und Föhnwelle. (Beitr. Phys. fr. Atmosph. 24, 1938, S. 79–114).

Lauscher, F.: Die Tagesschwankung der Lufttemperatur auf Höhenstationen in allen Erdteilen. (60–62. Jahresber. Sonnblick-Verf. f. 1962 bis 1964, S. 3–17).

Lautensach, H. u. *R. Bögel:* Der Jahresgang des mittleren geographischen Höhengradienten der Lufttemperatur an den verschiedenen Klimagebieten der Erde. (Erdkunde 10, 1956, S. 270–282).

Meincke, E.: Die Ursache des Trockengebietes an der unteren Oder. (Diss. Berlin 1936, 62 S.).

Mikula, H.: Die Hebung der atmosphärischen Isothermen in den Ostalpen und ihre Beziehungen zu den Höhengrenzen. (Geogr. Jahresber. a. Österr. 9, 1911, S. 122–192).

Moese, O.: Stau und Föhn als Haupteffekte für das Klima Schlesiens. (Veröff. Schles. Ges. Erdkde. H. 23, 1937, 56 S.).

Moll, H. G.: Die atmosphärische Umströmung Madeiras. (Beitr. Phys. Atmosph. 44, 1971, S. 227–244).

Mörikofer, W.: Das Hochgebirgsklima. (In: Loewy, Physiologie des Höhenklimas. Berlin 1932b, S. 12–65).

Pichler, H. u. *H. Reuter:* On the orographic influence of the Alps. (Tellus 16, 1964, S. 40ff.).

Queney, P.: Recherches relatives à l'influence du relief sur les éléments météorologiques. (Météorologie 1936, S. 334–354 u. 453 bis 470).

Roller, M.: Über die Auswirkung mikroklimatischer Faktoren auf das Abschmelzen der Winterschneedecke. (Wetter u. Leben 5, 1953, S. 31–33).

Roller, M.: Klimatische Probleme des Almauf- und -abtriebs des Weideviehs in den Ostalpenländern. (9. Intern. Tag. alp. Meteor. Brig/Zermatt 1966. Veröff. Schweiz. Meteor. Zentralanst. Nr. 4, Zürich 1967, S. 321–330).

Sapper, K.: Über Höhenakklimatisation. (Geogr. Z. 43, 1937, S. 121–136).

Schmid, G.: Die Abkühlungsgröße auf der Zugspitze. (Dt. Meteor. Jb. Bayern 1932, Teil C, 42 S.).

Schneider-Carius, K.: Klimazonen und Vegetationsgürtel in tropischen und subtropischen Gebirgen. (Erdkunde 2, 1948, S. 303 bis 313).

Steinhauser, F.: Die Meteorologie des Sonnblicks. (Wien 1938, 180 S.).

Steinhauser, F.: Die Zunahme der Intensität der direkten Sonnenstrahlung mit der Höhe im Alpengebiet und die Verteilung der „Trübung" in den unteren Luftschichten. (Meteor. Z. 56, 1939, S. 172–181).

Steinhauser, F.: Die Windverstärkung an Gebirgszügen. (Arch. Meteor., Geophys., Bioklim. B, 2, 1950, S. 39–64).

Tollner, H.: Der Einfluß großer Massenerhebungen auf die Lufttemperatur und die Ursachen der Hebung der Vegetationsgrenzen in den inneren Ostalpen. (Arch. Meteor., Geophys. Bioklimat. B, 1, 1949, S. 277–372).

Troll, C.: Studien zur vergleichenden Geographie der Hochgebirge der Erde. (Ber. 23. Hauptvers. Ges. Freunde u. Förderer Rhein. Fr.-Wilh.-Univ. Bonn. Bonn 1941, S. 49 bis 96).

Troll, C.: Die Klimate der Hochgebirge. (Ber. Dt. Wetterd. US-Zone Nr. 31, 1951. S. 16).

Troll, C.: Die Lokalwinde der Tropengebirge und ihr Einfluß auf Niederschlag und Vegetation. (Bonner Geogr. Abh. 9, 1952, S. 124–182).

Troll, C.: Klimatypen an der Schneegrenze. (Act. IV. Congr. Int. Quat. [Inqua] Rom 1953, S. 820–830).

Troll, C.: Die tropischen Gebirge. Ihre dreidimensionale klimatische und pflanzengeographische Zonierung. (Bonner Geogr. Abh. 25, 1959, 93 S.).

Troll, C.: Klima und Pflanzenkleid der Erde in dreidimensionaler Sicht. (Naturwiss. 48, 1961, S. 332–348).

Tschermak, L.: Hohe Lage der oberen Wald- und Baumgrenze in den Innenalpen und Klimacharakter. (Wetter u. Leben 1, 1948, S. 225–230).

Turner, H. u. *W. Tranquillini:* Die Strahlungsverhältnisse und ihr Einfluß auf die Photosynthese der Pflanzen. (Mitt. Forstl. Bundes-Versuchsanst. Mariabrunn 59, 1961, S. 69–103).

Turner, H.: Die globale Hangbestrahlung als Standortfaktor bei Aufforstungen in der subalpinen Stufe. (Mitt. Schweiz. Anst. f. d. forstl. Versuchswesen Bd. 42, 3, 1966, S. 109–166).

Wakonigg, H.: Wintertemperaturen und Inversionen in einem ostalpinen Talbecken. (Meteor. Rdsch. 23, 1970, S. 104–110).

Wakonigg, H.: Die Hohen Tauern als Wetter- und Klimascheide. (Arb. a. d. Geogr. Inst. Univ. Salzburg 3, Tollner-Festschr., 1973, S. 59–80).

d) *Klima der bodennahen Luftschicht*

Auer, R.: Über den täglichen Gang des Ozongehalts der bodennahen Luftschicht. (Gerlands Beitr. Geophys. 54, 1939, S. 137–145).

Bätjer, D.: Untersuchungen über Veränderungen des Kleinklimas durch Windschutz. (Meteor. Rdsch. 15, 1962, S. 157–168).

Bárány, J.: Der Einfluß des Niveauunterschiedes und der Exposition auf die Lufttemperatur in einer Doline im Bükk-Gebirge. (Acta Climatol. 7, Szeged 1967, S. 85–109).

Berger-Landefeldt, U., J. Kiendl u. *H. Danneberg:* Beobachtungen des Temperatur- und Feuchtigkeitsgeschehens über Pflanzenbeständen. (Meteor. Rdsch. 9, 1956, S. 120–130).

Berz, G.: Untersuchungen zum Wärmehaushalt der Erdoberfläche und zum bodennahen atmosphärischen Transport. (Diss. Köln 1969, 94 S.).

Böer, W.: Zum Begriff des Lokalklimas. (Z. Meteor. 13, 1959, S. 5–11).

Boros, J.: Angaben zur Untersuchung von lokalen Talklimas. (Acta Climatol. 8, Szeged 1969, S. 83–95).

Burckhardt, H.: Kleinklimatische Kartierung nach Frostgefährdung und Frostschaden. (Frostschutz im Pflanzenbau 1, München 1963, S. 195–268).

Büttner, K.: Die Wärmeübertragung durch Leitung und Konvektion, Verdunstung und Strahlung in Bioklimatologie und Meteorologie. (Abh. Pr. Meteor. Inst. X, 5, 1934, 37 S.).

Caisley, B. u. a.: Measurement of profiles of wind speed, temperature and vapour pressure near the ground. (Ass. Intern. d'Hydrol. Sci., Assem. Gén. Berkeley 1963, Gentbrugge 1963).

Eriksen, W.: Probleme der Stadt- und Geländeklimatologie. (Darmstadt 1975, 114 S.).

Falckenberg, G.: Der nächtliche Wärmehaushalt bodennaher Luftschichten. (Meteor. Z. 49, 1932, 369–371).

Fournier d'Albe, E. M.: The modification of microclimates. (In: Climatology, reviews of research. UNESCO, Paris 1958, S. 136–146).

Fuß, F.: Der Einfluß der Bodenbedeckung auf das Klima des Bodens und der bodennahen Luft. (Ber. Dt. Wetterd. Nr. 74, 1961, 38 S.).

Geiger, R.: Mikroklimatologische Beschreibung der Wärmeschichtung am Boden. (Meteor. Z. 53, 1936, S. 357–360; 54, 1937, S. 133–138, S. 278–284).

Geiger, R.: Microclimatology. (In: Compendium of Meteorology. Boston/Mass. 1951, S. 993–1003).

Geiger, R.: Probleme der Mikrometeorologie des Hochgebirges. (Wetter u. Leben 5, 1953, S. 21–28).

Geiger, R.: Das Klima der bodennahen Luftschicht. Ein Lehrbuch der Mikroklimatologie. (Die Wiss. Bd. 78, Braunschweig 1961, 646 S.).

Hales, W. B.: Micrometeorology in the tropics. (Bull. Amer. Meteor. Soc. 30, 1949, S. 124–137).

Haude, W.: Temperatur und Austausch der bodennahen Luft über einer Wüste. (Beitr. Phys. fr. Atmosph. 31, 1934, S. 129–142).

Heigel, K.: Minimum-Temperaturen auf und über der Schneedecke auf dem Hohenpeißenberg während des Winters 1962/63. (Meteor. Rdsch. 17, 1964, S. 25–29).

Hoinkes, H.: Zur Mikrometeorologie der eisnahen Luftschicht. (Arch. Meteor., Geophys. Bioklimat. B, 4, 1953, S. 451–458).

Kaiser, H.: Über den „Strahlungstyp" und den „Windtyp" des Mikroklimas. (Meteor. Rdsch. 11, 1958, S. 162–164).

Kraus, G.: Boden und Klima auf kleinstem Raum. Versuch einer exakten Behandlung des Standorts auf dem Wellenkalk. (Jena 1911, 184 S.).

Krügler, F.: Nächtliche Wärmehaushaltsmessungen an der Oberfläche einer grasbewachsenen Ebene. (Wiss. Abh. Reichsamt Wetterd. III, 10, 1937, 14 S.).

Lautensach-Löffler, E.: Das Sonderklima des Pfälzer Gebrüchs. (Mitt. d. Pollichia 8, 1940, S. 90–124).

Laikhtman, D. L.: Physics of the boundary layer of the atmosphere. (russ. Leningrad 1961, engl. Jerusalem 1964, 200 S.).

Marr, L.: Geländeklimatische Untersuchung im Raum südlich von Basel. (Basler Beitr. Geogr. 12, Basel 1970, 155 S.).

Miller, D. H.: The influence of snow cover on local climate in Greenland. (J. Meteor. 13, 1956, S. 112–120).

Möller, F.: Zur Frage der Strahlenübertragung von Wärme in der bodennahen Luftschicht. (Wetter u. Leben 12, 1960, S. 173 – 176).

Munn, R. E.: Descriptive micrometeorology. (Adv. Geophys., Suppl. 1, 1966, 245 S.).

Obreska-Starkel, B.: Some results of investigations of meso- and microclimatic conditions in small mountain drainage areas in the Beskides (Polish West Carpathians). (Acta Climatol. 8, Szeged 1969, S. 67–81).

Ozawa, Y. u. *M. M. Yoshino:* Methods in local climatology. (Tokyo 1965, 218 S. [japan.]).

Saposhnikowa, S. A.: Mikroklima und Lokalklima. (Leningrad 1950, 241 S. [russ.]).

Sasakura, K.: Kleinklimatologie. (Tokyo 1950, 167 S. [japan.]).

Sekiguti, T.: Introduction to local climatology. (Geophys. Mag. 22, Tokyo 1950, S. 29–33).
Slatyer, R. O. u. *J. C. McIlroy:* Practical microclimatology. (UNESCO Paris 1961, 297 S.).
Sutton, O. G.: Micrometeorology. (New York 1953, 333 S.).
Thornthwaite, C. W.: Topoclimatology. (Labor of climatol. Baltimore 1953, S. 1–13).
Tichy, F.: Die Klimagunst der Vorderpfalz im Vergleich zu anderen deutschen Weinbaugebieten. (Pfälzer Heimat 6, 1955, S. 148–151).
Wagner, R.: Angaben zum Microklima der Reisfelder in Kopáncs. (Acta Climatol. 1, Szeged 1959, S. 3–27).
Wagner, R.: Kaltluftseen in den Dolinen. (Acta climatol. 9, Szeged 1970).
Webb, E. K.: Aerial microclimate. (Meteor. Monogr. 6, 1965, S. 27–58).
Weischet, W.: Die Geländeklimate der Niederrheinischen Bucht und ihrer Rahmenlandschaften. Eine geographische Analyse subregionaler Klimadifferenzierungen. (Münchener Geogr. Hefte 8, 1955, 169 S.).
Weischet, W.: Die räumliche Differenzierung klimatologischer Betrachtungsweisen. Ein Vorschlag zur Gliederung der Klimatologie und zu ihrer Nomenklatur. (Erdkunde 10, 1956, S. 109–122).
Yoshino, M. M.: Microclimate; an introduction to local meteorology. (Tokyo 1961, 274 S. [japan.]).
Yoshino, M. M.: Climate in a Small Area. An introduction to local meteorology. (Tokyo Univ. Press. 1975, 549 S.).

e) Bestandsklima, Waldklima

Aulitzky, H.: Lufttemperatur und Luftfeuchtigkeit. (Mitt. Forstl. Bundes-Versuchsanst. Mariabrunn 59, 1961, S. 105–125).
Baumgartner, A.: Untersuchungen über den Wärme- und Wasserhaushalt eines jungen Waldes. (Ber. Dt. Wetterd. Nr. 28, 1956, 53 S.).
Baumgartner, A.: Entwicklungslinien der forstlichen Meteorologie. (Forstw. Centralbl. 86, 1967, S. 156–175, 201–220).
Baumgartner, A.: Energie- und Stoffhaushalt im Walde. (Wiss. Z. TU Dresden 16, 1967, S. 557–561).
Baynton, H. W., H. L. Hamilton jr., *P. E. Sherr* u. *J. J. B. Worth:* Temperature structure in and above a tropical forest. (Quart. J. Roy. Meteor. Soc. 91, 1965, S. 232–252).
Baynton, H. W., W. G. Biggs, H. L. Hamilton jr., *P. E. Sherr* u. *J. J. B. Worth:* Wind structure in and above a tropical forest. (J. Appl. Meteor. 4, 1965, S. 670–675).
Blum, W.: Luftverunreinigung und Filterwirksamkeit des Waldes. (Forst- u. Holzwirt 20, 1965, S. 211–215).
Budyko, M. J.: Die Temperatur der tätigen Oberfläche in ihrer bioklimatischen Bedeutung. (In: Gegenwärtige Probleme der Meteorologie der bodennahen Luftschicht. Leningrad 1958, S. 201–211).
Denmead, O. t.: Evaporation sources and apparent diffusivities in a forest canopy. (J. Appl. Meteor. 3, 1964, S. 383–389).
Dordick, I. L. u. *G. Thuronyi:* Selective annotated bibliography on climate of the forest. (Meteor. Abstracts a Bibliogr. 8, 1957, S. 515–539).
Dzerdzeevskii, B. L.: Study of the heat balance of the forest. (Silva fenn. 113, 1963, 17 S.).
Ellenberg, H. (Hrsg.): Integrated experimental ecology. Methods and results of ecosystem research in the German Solling Project. (Ecological Studies 2, Berlin, Heidelberg, New York 1971, 214 S.).
Federer, C. A. u. *C. B. Tanner:* Spectral distribution of light in the forest. (Ecology 47, 1966, S. 555–560).
Fedorov, S. F. u. *A. S. Burov:* Der Einfluß des Waldes auf die Niederschläge. (Trudy gos. gidrol. inst. 142, 1967, S. 8–19 [russ.]).
Flemming, G.: Das Klima an Waldbestandsrändern. (Abh. Meteor. Hydrol. Dienst DDR 71, 1964, 76 S.).
Flemming, G.: Die drei klimatischen Grundfunktionen der Kronenschicht des Waldes. (Archiv Forstwesen 16, 1967, S. 573–577).
Flemming, G.: Waldmeteorologie und Forstmeteorologie – Definitions- und Einteilungsfragen. (Arch. Forstwesen 17, 1968, S. 303–311).
Flemming, G.: Wald und Wasser in weltweiter Überschau. (Wiss. Z. Techn. Univ. Dresden 17, 1968, S. 1415–1420).
Gay, L. W. u. *K. R. Knoerr.* The radiations budget of a forest canopy. (Arch. Meteor., Geophys. Bioklimat. B, 18, 1970, S. 187–196).
Grunow, J.: Die Niederschlagszurückhaltung in einem Fichtenbestand am Hohenpeißenberg und ihre meßtechnische Erfassung. (Forstwiss. Centralbl. 84, 1965, S. 212–229).
Heckert, L.: Die klimatischen Verhältnisse in Laubwäldern. (Z. Meteor. 13, 1959, S. 211–223).
Keller, H. M.: Der heutige Stand der Forschung über den Einfluß des Waldes auf den Wasserhaushalt. (Ber. Eidgen. Anst. f. d. forstl. Ver-

suchswesen Birmensdorf 1968, Nr. 8, S. 23–38; auch in Schweiz. Z. f. Forstwesen 1968, S. 364–379).

Kiese, O.: Bestandsmeteorologische Untersuchungen zur Bestimmung des Wärmehaushalts eines Buchenwaldes. (Ber. Inst. Meteor. Klimat. TU Hannover 6, 1972, 133 S.).

Kittredge, J.: The influence of the forest on the weather and other environmental factors. (FAO Studies 15, Rom 1962, S. 81–137).

Koch, H. G.: Temperaturverhältnisse und Windsystem eines geschlossenen Waldgebietes. (Veröff. Geophys. Inst. Univ. Leipzig. 2. Ser. 6, 1934, S. 121–175).

Koch, H. G.: Der Waldwind. Eine forstmeteorologische Eigenart von Waldgebieten. (Forstwiss. Centralblatt 64, 1942, S. 97–111).

Lützke, R.: Das Temperaturklima von Waldbeständen und -lichtungen im Vergleich zur offenen Feldflur. (Arch. Forstwesen 10, 1961, S. 17–83).

Lützke, R.: Vergleichende Energieumsatzmessungen im Walde und auf einer Wiese. (Arch. Forstwes. 15, 1966, S. 995–1015).

Mattsson, J. O.: Microclimatic observations in and above cultivated crops with special regard to temperature and relative humidity. (Lund Studies in Geogr. A 15, 1961, 117 S.).

Mattsson J. O.: The temperature climate of potato crops. (Lund Studies in Geogr. A 35. Lund 1966, 193 S.).

Molchanov, A. A., V. V. Smirnov, V. V. Protopopov, N. A. Naryskin, N. S. Birjukov u. *P. F. Idzon:* Forstklimatologie und -hydrologie. (Trudy Labor. Lesoved. Akad. Nauk. SSSR 3, 1961, 268 S. [russ.]).

Molchanov, A. A.: The hydrological role of forests. (Gidrologicheskaya rol'lesa, Moskau 1960. Jerusalem 1963, 407 S.).

Moltschanow, A. A.: Die wasserhaltende und -schützende Bedeutung des Waldes. (Archiv Forstwesen 4, 1955, S. 591–607).

Munn, R. E.: Forest meteorology. A survey of the literature. (Can. Dep. Transp., Meteor. Branch, Circ. 4029. Toronto 1964, 11 S.).

Nägeli, W.: Die Windbremsung durch einen größeren Waldkomplex. (Ber. 11. Kongr. Intern. Verb. forstl. Forsch.-Anst. 1954, S. 240–246).

Neuwirth, R.: Der Wald als Aerosolfilter. (Forst- und Holzwirt 20, 1965, S. 220–223).

Rauner, Ju. L.: Über die hydrometeorologische Rolle des Waldes. (Jzv. Ak. Nauk. SSSR, ser. geogr. 1965, Nr. 4, S. 40–53 [russ.]).

Rauner, Ju. L.: Die summierte Verdunstung der Waldvegetation. (Izv. Ak. Nauk. SSSR, ser. geogr. 1966, Nr. 3. S. 17–29 [russ.]).

Reifsnyder, W. E.: Forest meteorology: the forest energy balance. (Intern. Rev. Forest Res. 2, New York 1967, S. 127–179).

Sauberer, F.: Studien über das Lichtklima des Waldes. (Österr. Bot. Z. 87, 1938, S. 101–108).

Stanhill, G., G. J. Hosfstede u. *J. D. Kalma:* Radiation balance of natural and agricultural vegetation. (Quart. J. Roy. Meteor. Soc. 92, 1966, S. 128–140).

Tamm, E., H. Graetz u. *H. Funke:* Über die Ausbildung pflanzenklimatischer Temperaturen in Beständen landwirtschaftlicher Nutzpflanzen. (Z. Acker- u. Pflanzenbau 101, 1956, S. 193–232).

Trapp, E.: Untersuchungen über die Verteilung der Helligkeit in einem Buchenbestand. (Bioklimat. Beibl. Meteor. Z. 5, 1938, S. 153–158).

Turner, H.: Der heutige Stand der Forschung über den Einfluß des Waldes auf das Klima. (Ber. Eidgen. Anst. f. d. forstl. Versuchswesen Birmensdorf 1968). Nr. 8, S. 39–56; auch in Schweiz. Z. f. Forstwesen 1968, S. 335–352).

Vézina, P. E. u. *D. W. K. Boulter:* The spectral composition of near ultraviolet and visible radiation beneath forest canopies. (Canad. J. Bot. 44, 1966, S. 1267–1284).

Wentzel, K. F.: Wald und Luftverunreinigung. (Landw. Angew. Wiss. 107, 1960, S. 140–168).

Wilm, H. G.: The influence of forest cover on snow-melt. (Transact. Amer. Geophys. Union 29, 1948, S. 547–557).

Yamaoka, Y.: The total transpiration from a forest. (Trans. Amer. Geophys. Union 39, 1958, S. 266–272).

f) Stadtklima

Angell, J., D. H. Pack, C. R. Dickson, W. H. Hoecker: Urban influence on night-time airflow estimated from tetroon flights. (J. Appl. Meteorology 10, 1971, S. 194–204).

Ashworth, J. R.: The influence of smoke and hot gases from factory chimneys on rainfall. (Quart. Journ. Roy. Meteor. Soc. 55, 1929, S. 341–350).

Atkinson, B. W.: A further examination of the urban maximum of thunder rainfall in London 1951–1960. (Transact. and Pap. Inst. British Geogr. Publ. No. 48, 1969).

Atkinson, B. W.: The reality of the urban effect on precipitation (WMO, T. N. 108, 1970, S. 342–360).

Atkinson, B. W.: The effect of an Urban Area on the Precipitation from a Moving Thunderstorm. (J. Appl. Meteorology 10, 1971, S. 47–55).

Atwater, M. A.: Thermal effects of urbanization and industrialization in the boundary layer: A numerical study. (Boundary-Layer Meteorology 3, 1973, S. 229–245).

Bach, W. u. W. Patterson: Heat Budget Studies in Greater Cincinnati. (Proc. Assoc. Amer. Geogr. 1, 1969, S. 7–11).

Bach, W.: Strahlungshaushalt und lufthygienische Verhältnisse in Groß-Cincinnati, USA. (Verh. 37. Dt. Geogr. Tag Kiel 1969. Wiesbaden: Steiner 1970, S. 273–282).

Berg, H.: Das Stadtklima. (In: P. Vogler und E. Kühn (Hrsg.): Medizin und Städtebau. München-Berlin-Wien 1957, Bd. 2, S. 101–118).

Bernatzky, A.: Grünflächen und Stadtklima. (Städtehygiene 21, 1970, S. 131–135).

Beschel, R.: Flechtenvereine der Städte, Stadtflechten und ihr Wachstum. (Ber. Naturw. Mediz. Ver. Innsbruck 52, 1958, S. 1–158).

Böer, W.: Klimaforschung im Dienste des Städtebaus. (Berlin 1954, 60 S.).

Bornstein, R. D.: Observations of the urban heat island effect in New York City. (J. Appl. Meteorology 7, 1968, S. 575–582).

Bortenschlager, S. u. H. Schmidt: Untersuchung über die epixyle Flechtenvegetation im Großraum Linz. (Naturkundl. Jahrbuch d. Stadt Linz 1963, S. 19–35).

Brazell, J. H.: London weather. (London 1968, 249 S.).

Brooks, C. E. P.: Selective annotated bibliography on urban climates. Meteor. Abstracts and Bibliography 3, 1952, Nr. 7, S. 734–773).

Bryson, R. A. u. *J. E. Ross:* The climate of the city. (In T. R. Detwyler and M. G. Marcus (Hrsg.): Urbanization and environment. (Belmont: Duxbury Press 1972, S. 51–68).

Chandler, T. J.: Wind as a factor of urban temperatures. – A survey in north-east London. (Weather 15, 1960, S. 204–213).

Chandler, T. J.: The changing form of London's heat island. (Geography 46, 1961a, S. 295–307).

Chandler, T. J.: London's urban climate. (Geogr. J. 128, 1962, S. 279–298).

Chandler, T. J.: City growth and urban climates. (Weather 19, 1964, S. 170–171).

Chandler, T. J.: The climate of London. (London 1965, 292 S.).

Chandler, T. J.: Absolute and relative humidities in towns. (Bull. Amer. Meteor. Soc. 48, 1967, S. 394–399).

Chandler, T.J.: Selected bibliography on urban climates. (WMO Techn. P. 155. Geneva 1970, 383 S.).

Chandler, T. J.: Urban climatology and its relevance to urban design. (WMO Techn. Note No. 149. Geneva 1976).

Clarke, J. F. u. *W. Bach:* Comparison of the comfort conditions in different urban and suburban microenvironments. (Int. J. Biomet. 15, 1971, S. 41–54).

Conrads, L. A. u. *J. C. H. van der Hage:* A new method of airtemperature measurement in urban climatological studies. (Atmospheric Environment 5, 1971, S. 629–635).

Delage, Y. u. *P. A. Taylor:* Numerical studies of heat island circulations. (Boundary-Layer Meteor. 1, 1970, S. 201–226).

Dettwiller, J.: Incidence possible de l'activité sur les précipitations à Paris. (WMO Techn. Note 108, 1970, S. 361–362).

Dirmhirn, I. u. *F. Sauberer:* Klima und Bioklima von Wien. (In: F. Steinhauser, O. Eckel, F. Sauberer (Hrsg.): Klima und Bioklima von Wien, 3. Teil. Wien 1959. Wetter und Leben, Sonderh. 7, S. 122–135).

Domrös, M.: Luftverunreinigung und Stadtklima im rheinisch-westfälischen Industriegebiet und ihre Auswirkungen auf den Flechtenbewuchs der Bäume. (Arb. z. Rhein. Landeskunde, H. 23, Bonn 1966).

Dronia, H.: Der Stadteinfluß auf den weltweiten Temperaturtrend. (Meteor. Abh. Freie Univ. Berlin Bd. 74, 1967, 65 S.).

Eagleman, J. R.: A comparison of urban climatic modifications in three cities. (Atmosph. Environment 8, 1974, S. 1131–1142).

East, C.: Comparaison du rayonnement solaire en ville et en campagne. (Cah. de Geogr. de Quebec 12, 1968, S. 81–89).

Emonds, H.: Das Bonner Stadtklima. (Arb. z. Rhein. Landeskde. 7, Bonn 1954, 64 S.).

Eriksen, W.: Das Stadtklima, seine Stellung in der Klimatologie und Beiträge zu einer witterungsklimatologischen Betrachtungsweise. (Erdkunde 18, 1964a, S. 257–266).

Eriksen, W.: Beiträge zum Stadtklima von Kiel. Witterungsklimatologische Untersuchungen im Raume Kiel und Hinweise auf eine mögliche Anwendung der Erkenntnisse in der Stadtplanung. (Schriften d. Geogr. Inst. d. Univ. Kiel Bd. 22, 1, 1964b, 218 S.).

Eriksen, W.: Über den Einfluß der Stadt auf die Temperaturverteilung bei Frontdurchgang. (Meteor. Rdsch. 19, 1966, S. 23–24).

Eriksen, W.: Zur Niederschlagsmodifikation im Bereich von Großstädten. (Städtehygiene 23, 1972, S. 164–166).

Eriksen, W.: Probleme der Stadt- und Geländeklimatologie. (Darmstadt 1975).

Eriksen, W.: Die städtische Wärmeinsel. (Geogr. Rundschau 28, 1976, S. 368–373).

Findlay, B.F. u. *M.S. Hirt:* An urban-induced meso-circulation. (Atmosph. Environment 3, 1969, S. 537–542).

Franke, E. (Hrsg.): Stadtklima. Ergebnisse und Aspekte für die Stadtplanung. (Stuttgart 1977, 145 S.).

Frenkiel, F.N.: Atmospheric pollution in growing communities. (Smithson. Rep. 1956. Smithson Publ. No. 4276, S. 269–299).

Frisken, W.R.: The atmospheric environment of cities. Baltimore: Johns Hopkins UP 1973. (S. 9–48: The atmospheric environment of cities).

Fuggle, R.F. u. *T.R. Oke:* Infrared flux divergence and the urban heat island. (In: WMO 1970, S. 70–78).

Garnett, A. u. *W. Bach:* An investigation of urban temperature variations by traverses in Sheffield (1962–63). (Biometeorology 2, 1967, S. 601–607).

Garstang, M., P.D. Tyson, G.D. Emmitt: The structure of heat islands. (Reviews in Geophysics and Space Physics 13, 1975, S. 139–165).

Georgii, H.W. u. *E. Weber:* Untersuchung der Kohlenoxyd-Immission in einer Großstadt. (Intern. J. Air. Water Pollution 6, 1962, S. 179–195).

Georgii, H.W.: Die Belastung der Großstadtluft mit gasförmigen Luftverunreinigungen. (Umschau 1963, S. 757–762).

Georgii, H.W., H. Dommermuth u. *E. Weber:* Untersuchungen der SO_2-Konzentrationsverteilung in einer Großstadt in Abhängigkeit von meteorologischen Einflußgrößen. (Ber. Inst. Meteor. Geophys. Univ. Frankfurt Nr. 14, 1968).

Georgii, H.W.: The effects of air-pollution on urban climates. (In: WMO 1970, S. 214–237).

Goldreich, Y: Computation of the magnitude of Johannesburg's heat island. (Notos 19, 1970, S. 95–106).

Haagen-Smit, A.J.: Urban air pollution. (In: Atmospheric diffusion and air pollution, hrsg. v. F.N. Frankiel u. P.A. Sheppard, New York, London 1959, S. 1–18).

Haefner, H.: Los Angeles – Entwicklung und Probleme einer Metropole. (Geogr. Helv. 25, 1970, S. 67–77).

Hage, K.D.: Nocturnal temperatures in Edmonton, Alberta. (J. Appl. Meteor. 11, 1972, S. 123–129).

Hamm, J.M.: Untersuchungen zum Stadtklima von Stuttgart. (Tübinger Geogr. Stud. 29, 1969, 177 S.).

Havlik, D.: Untersuchungen zur Schwüle im kontinentalen Tiefland der Vereinigten Staaten von Amerika. (Freiburger Geogr. Hefte 15, 1976, 120 S.).

Herrmann, R. und *B. Meister:* Untersuchungen über die zeitliche und räumliche Änderung des Temperaturfeldes im Stadtgebiet von Gießen. (Erde 104, 1973, S. 226–246).

Hirt, F.H.: Infrarot-Wärmeaufnahmen: Die Darstellung der Großstadtlandschaft Ruhrgebiet im Wärmebild. In: Luftaufnahmen II. Essen 1975. (Schriftenreihe des Siedlungsverbandes Ruhrkohlenbezirk, H. 58, S. 99–122).

Jauregui, E.: The urban climate of Mexico City. (Erdkunde 27, 1973, S. 298–307).

Kalb, M.: Einige Beiträge zum Stadtklima von Köln. (Meteor. Rdsch. 15, 1962, S. 92–99).

Kawamura, T.: Bibliography of Urban Climate and Air Pollution. (Climatol. Notes 18, Inst. of Geoscience. Univ. Tsukuba, Japan 1975).

Kessler, A.: Über den Tagesgang von Oberflächentemperaturen in der Bonner Innenstadt an einem sommerlichen Strahlungstag. (Erdkunde 25, 1971, S. 13–20).

Kopec, R.J.: Further observations of the urban heat island in a small city. (Bull. Amer. Meteor. Soc. 51, 1970, S. 602–606).

Kratzer, A.: Das Stadtklima. (2. Aufl., Braunschweig 1956, 184 S.).

Kratzer, A.: Beiträge zum Münchner Stadtklima. (Wetter und Leben 20, 1968, S. 110–116).

Landsberg, H.E.: The climate of towns. (In: W.L. Thomas (Hrsg.): Man's role in changing the face of the earth. Chicago UP 1956, S. 584–606).

Landsberg, H.E.: Climates and urban planing. (WMO, T.N. 108, 1970, S. 364–374).

Landsberg, H.E.: Man-Made Climatic Changes. (Science 1970, 3964, 1970, S. 1265–1274).

Landsberg, H.E.: Inadvertent atmospheric modification through urbanization. (In: W.N. Hess (Hrsg.): Weather and climate modification. New York: Wiley 1974, S. 726–763).

Landsberg, H.E.: The urban area as target for meteorological research. Bonner Met. Abh. 17, 1974, S. 480–485).

Lawther, P.J.: Cancerogene in the municipal air. (Zbl. Bakteriol. 176, 1959, S. 187–193).

Leroux, J. u. *J.-J. Trillat:* Etude comparative des poussières atmosphériques minérales des quelques grandes villes. (Compt. Rend. Acad. Sci. Paris 238, 1954, S. 1748–1750).

Lindquist, S.: Bebyggelseklimatiska studier. (Medd. Lunds Geogr. Inst. Avh. LXI, Lund 1970. 205 S.; vgl. auch Geogr. Notiser 22, 1964, S. 183–187).

Lindquist, S.: Studies on the local climate in Lund and its environs. (Geografiska Annaler (A 50, 1968, S. 79–93).

Lowry, W.P.: The climate of cities. (Scientific American 217, 1967, S. 15–23).

Lucas, D.H.: The atmospheric pollution of cities. (Intern. J. Air Poll. 1, 1958, S. 71–86).

Ludwig, F.L.: Urban temperature fields. (In: WMO 1970, S. 80–107).

Da Marrais, G.A.: Vertical temperature differences observed over an urban area. (Bull. Amer. Meteor. Soc. 8, 1961, S. 548–554).

Munn, R.E.: Airflow in urban areas. (In: WMO 1970, S. 15–39).

Myrup, L.O.: A numerical model of the urban heat island. (J. Appl. Meteor. 8, 1969, S. 908–918).

Neuwirth, R.: Das Bioklima der Stadt Freiburg. (Mtt. d. bad. Landesver. f. Naturkunde u. Naturschutz, NF 10, 1971, S. 487–498).

Oke, T.R. and *F.G. Hannell:* The form of the urban heat island in Hamilton, Canada. (In: WMO 1970, S. 113–126).

Oke, T.R.: City size and the urban heat island. (Atmosph. Environment 7, 1973, S. 769–779).

Oke, T.R.: Review of urban climatology, 1968–1973. (Genf: WMO 1974. WMO Technical Note No. 134).

Oke, T.R. and *G.B. Maxwell:* Urban heat islands dynamics in Montreal and Vancouver. (Atmosph. Environment 9, 1975. S. 191–200).

Parry, M.: The climates of towns. (Weather 5, 1950, S. 352–356).

Peterson, J.T.: The climate of the city. (In: T. Detwyler (Hrsg.) 1971, S. 131–154).

Preston-Whyte, R.A.: A spatial model of the urban heat island. (J. Appl. Meteor. 9, 1970, S. 571 ff).

Schulze, P.: Die horizontale Temperaturverteilung in Großstädten, insbesondere die West-Berlins in winterlichen Strahlungsnächten. (Inst. Meteor. Geophys. FU Berlin, Meteor. Abh. Bd. 91, H. 2, 1969, 56 S.).

Sekiguti, T. u. *H. Tamiya:* Precipitation climatology of Japanese city area. (WMO, T.N. 108, 1970, S. 363).

Skye, E.: Lichens and air pollution. A study of cryptogamic epiphytes and environment in the Stockholm region. (Acta phytogeogr. snecica 52, Uppsala 1968, 123 S.).

Steinhauser, F.: Großstadttrübung und Strahlungsklima. (Bioklimat. Beibl. Meteor. Z. 1, 1934, S. 175–184).

Steinhauser, F.: Die Windverhältnisse im Stadtgebiet von Wien. Wien 1970. (Arb. Zentralanstalt f. Meteor. u. Geodynamik, H. 8).

Summers, P. W.: An urban ventilation model applied to Monteal. (Ph. D. Thesis, Montreal: McGill Univ. 1964).

Sundborg, A.: Climatological studies in Uppsala with special regard to the temperature conditions in the urban area. (Geographica 22, Uppsala 1951, 111 S.; vgl. auch Tellus 2, 1950, S. 222–232).

Terjung, W.H.: Urban energy balance climatology: a preliminary investigation of the city-man system in downtown Los Angeles. (Geogr. Rev. 60, 1970, S. 31–53; vgl. auch Ann. Ass. Amer. Geogr. 60, 1970, S. 466–492).

Tollner, H.: Das Stadtklima von Salzburg. (In: Beitr. z. Stadt- u. Landeskunde von Salzburg. Wien 1968, S. 100–114).

Tyson, P.D., W. Du Toit, R.F. Fuggle: Temperature structure above cities: Review and preliminary findings from the Johannesburg urban heat island project. (Atmos. Environment 6, 1972, S. 533–542).

Untersuchung der stadtklimatischen und lufthygienischen Verhältnisse der Stadt Freiburg im Breisgau: Arbeitsbericht einer interdisziplinären Arbeitsgruppe. Hg. v. Stadtplanungsamt, Freiburg 1974.

Urban Climates. (WMO Technical Note Nr. 108, Genf 1970, 390 S.).

Weischet, W.: Stadtklimatologische Konsequenzen von Line-Scanner-Aufnahmen der Oberflächentemperaturen im Tagesgang (Beispiel Freiburg i. Br.). In: Dt. Forschungs- u. Versuchsanstalt f. Luft- u. Raumfahrt (Hrsg.): Symposium Erderkundung 1975. Porz-Wahn 1975, S. 459–467).

Weischet, W., W. Nübler und *A. Gehrke:* Der Einfluß von Baukörperstrukturen auf das Stadtklima am Beispiel von Freiburg/Br. (In: E. Franke: Stadtklima. Ergeb. u. Asp. für die Stadtplan. Stuttgart 1977, S. 39–64).

WMO: Urban Climates. Proc. of the WHO/WMO Symposium Brussels 1968. (WMO Technical Note No. 108. Geneva 1970, 390 S.).

g) Heilklimate

Amelung, W. u. *A. Evers.* (Hrsg.): Hdb. der Bäder- u. Klimaheilkunde. (Stuttgart 1962, 1090 S.).

Assmann, D.: Die Wetterfühligkeit des Menschen. Ursachen und Pathogenese der biologischen Wetterwirkung. (Jena 1963, 235 S.).

Becker, F.: Wettervorgänge und klinische Störungen. (Ber. Dt. Wetterd. US-Zone Nr. 42 [Knoch-Heft], 1952, S. 414–418).

Becker, F.: Bioklimazonen in der Bundesrepublik Deutschland. (Dt. Bäderkalender 1975, S. 71–74, 1 Faltkarte).

Becker, F.: Die Bedeutung der Orographie in der medizinischen Klimatologie. (Geogr. Taschenbuch 1970/72. Wiesbaden 1972, S. 342–356).

Berg, H.: Einführung in die Bioklimatologie. (Bonn 1947, 131 S.).

Berg, H.: Die Bedeutung des Küsten- und Inselklimas für die Klimatherapie. (Geofis. pura appl. 21, 1952, S. 71–85).

Bernhard, O. u. *L. Klinker:* Tages- und jahreszeitliche Variationen bioklimatischer Wirkfaktoren an der Ostseeküste in Abhängigkeit vom Land- und Seewind. (Z. Meteor. 20, 1968, S. 197–203).

Biometeorology 1. (Proc. 2nd Int. Biometeor. Congr. London 1962, 687 S.), 2. (Proc. 3rd Int. Biometeor. Congr. Oxford 1967, 2 Bde., 1142 S.).

Bresler, J.B. (Hrsg.): Human ecology. (Reading Mass. 1966, 472 S.).

Brezowsky, H.: Über die Resonanz von Wettervorgängen in der Biosphäre des nördlichen Alpenvorlandes. (Ber. Dt. Wetterd. Nr. 54, 1959, S. 75–79).

Brezowsky, H.: Die Abhängigkeit des Herzinfarkts von Klima, Wetter und Jahreszeit. (Arch. Kreislaufforschg. 47, 1965, S. 159–188).

Brezowsky, H. u. *H. Dietel:* Der Einfluß von Wetter und Jahreszeit auf Wehenbeginn, Wehendauer, vorzeitigen Blasensprung und Frühgeburt. (Z. Geburtshilfe Gynäkol. 166, 1967, S. 244–271).

Buettner, K.J.K.: Physical aspects of human bioclimatology. (In: Compendium of Meteorology. Boston/Mass. 1951, S. 1112–1125).

Büttner, K.: Physikalische Bioklimatologie. Probleme und Methoden. (Leipzig 1938, 155 S.).

Climate and man. The Yearbook of agriculture. (Unit. Stat. Dep. Agricult., Washington 1941, 1248 S.).

Conrad, V.: Probleme der Kurortklimatologie. (Z. angew. Meteor./Wetter 51, 1934, S. 398–402; 52, 1935, S. 398–404).

Cuenot, A.: Météoropathologie. (Ann. Inst. Hydrol. Climat. 28, 1957, S. 65–136).

Curry, M.: Bioklimatik. Die Steuerung des gesunden und kranken Organismus durch die Atmosphäre. (Riederau 1946, 2 Bde. 1534 S.).

Dammann, W.: Klimatologische Gliederung des Bundesgebietes nach medizin-meteorologischen Gesichtspunkten. (Medizin-Meteor. H. 13, 1958, S. 3–11).

Dammann, W.: Die Schwüle als Klimafaktor. (Ber. Dt. Landeskde. 32, 1964, S. 100–114).

Daubert, K.: Spezifische Reizkomponenten des Wetters und ihre Beziehung zum gesunden und kranken Organismus. (Medizin-Meteor. H. Nr. 13, 1958, S. 63–76).

Daubert, K.: Wetter – Klima – Haut. (Arch. phys. Therapie 20, 1968, S. 1–23).

Dorno, C. u. *F. Lahmeyer:* Assuan. Eine meteorologisch-physikalisch-physiologische Studie. (Braunschweig 1932, 68 S.).

Dorno, C.: Zur Entwicklungsgeschichte der „Bioklimatologie". (Bioklimat. Beibl. Meteor. Z. 9, 1942, S. 4–11).

Duhot, E.: Les climats et l'organisme humain. (Que sais-je? Nr. 171, Paris 1948. 128 S.).

Eckardt, E., H. Flohn u. *H.J. Jusatz:* Die Grippeepidemie 1933 als geomedizinisches und meteoropathologisches Problem. (Z. Hyg. Infekt. Krankh. 118, 1936, S. 64–91; 121, 1938, S. 588–603).

Faust, V.: Biometeorologie. (Stuttgart 1976, 359 S.).

Ficker, H. v.: Föhn und Föhnwirkungen. (Probl. d. Bioklimatol. Bd. 1, Leipzig 1948, 114 S.).

Flach, E.: Atmosphärisches Geschehen u. witterungsbedingter Rheumatismus. (In: Der Rheumatismus. Bd. 4. Dresden, Leipzig 1938, 122 S.).

Flach, E.: Grundbegriffe und Grundtatsachen der Bioklimatologie. (Linkes Meteor. Taschenb. N.A. 3, 1957, S. 178–271).

Flach, E.: Zur klimatologischen Charakteristik des Hochgebirges. (Arch. physikal. Therapie 19, 1967, S. 277–290).

Flohn, H.: Die bioklimatische Bedeutung des „freien Föhn". (Balneologe 8, 1941 a, S. 1–7).

Gauquelin, M.: La santé et les conditions atmosphériques. (Paris 1967, 254 S.).

Gressel, W.: Zur Abhängigkeit des Myocardinfarktes vom Wettergeschehen. (Meteor. Rdsch. 10, 1957, S. 128–129).

Hellpach, W.: Witterungsbild und Landschaftswirkung im Hygiogramm. (Meteor. Rdsch. 1, 1947/48, S. 129–134).

Hellpach, W.: Geopsyche. Die Menschenseele unter dem Einfluß von Wetter, Klima, Boden und Landschaft. (Stuttgart 1950, 271 S.).

Hentschel, G.: Bioklimatologie im Kurort. (Angew. Meteor. 3, 1958, S. 68–74).

Hentschel, G.: Untersuchungsergebnisse der Sterblichkeit unter verschiedenen lokalen Gegebenheiten. (Z. Meteor. 13, 1959, S. 33–44).

Israel-Köhler, H.: Das Klima von Bad Nauheim. (Dresden 1937, 127 S.).

Jaklin, R.H., St.W. Bender, F. Becker: Environmental factors in croup-syndrome. (Z. Kinderheilk. Bd. 111, 1971. S. 85–94).

Jaklin, R.H., St.W. Bender u. *H.* u. *W. Emmerich:* The effect of atmospheric sulfur dioxide on croup-syndrome. (Z. Kinderheilk. 113, 1972, S. 111–121).

Knepple, R.: Die biologischen Wirkungen der infraroten Eigenstrahlung (Gegenstrahlung) der Atmosphäre auf den Menschen. Die tonischen Wirkungen des Wetters. (Angew. Meteor. 2, 1956, S. 257–276).

Knoch, K.: Kurortklimatologie. (Schr.-Reihe Dt. Bäderverb. H. 9, 1953, S. 86–93).

Knoch, K.: Problematik und Probleme der Kurortklimaforschung als Grundlage der Klimatherapie. (Mitt. Dt. Wetterd. Nr. 30, 1962, 62 S.).
Kuhnke, W.: Meteorologische Grundlagen einer medizin-meteorologischen Vorhersage. (Medizin-Meteor. H. Nr. 11, 1956, S. 3–20).
Kuhnke, W. u. *R. Schulze:* Arbeit und Wetter. (In: E.W. Baader (Hrsg.): Handbuch der gesamten Arbeitsmedizin. Bd. I. Berlin, München, Wien 1961, S. 633–653).
Lee, D.H.K.: Proprioclimates of man and domestic animals. (In: Climatology, reviews of research. UNESCO, Paris 1958, S. 102–125).
Linke, F.: Die physikalisch-meteorologischen Grundlagen der medizinischen Klimatologie. (Verh. Dt. Ges. Inn. Medizin 47, 1935, S. 472–483).
Loewy, A.: Über Klimatophysiologie. (Leipzig 1931, 77 S.).
Lowry, W.P.: Weather and life. An introduction to biometeorology. (New York, London 1969, 305 S.).
Missenard, A.: Der Mensch und seine klimatische Umwelt. (Stuttgart/Berlin 1936, 221 S.; Neuausgabe unter dem Titel „Klima und Lebensrhythmus" [Meisenheim a. Glan 1949, 208 S.]).
Mörikofer, W.: Die Bedeutung lokalklimatischer Einflüsse für die Kurortplanung. (Ann. Schweiz. Ges. Balneol. Klimatol. 38, 1947, S. 31–38).
Mörikofer, W.: Grundzüge der medizinischen Klimatologie. (Ärztl. Fortbildg. 8, 1958, S. 186–189).
Mörikofer, W.: Grundzüge der Bioklimatologie. (Mitt. Naturforsch. Ges. Bern, N.F. 17, 1959, S. 35–53).
Munn, R.E.: Biometeorological methods. (New York, London 1971, 336 S.).
Neuwirth, R.: Das Bioklima Bad Dürrheims. Große Klimaanalyse v. Deutschen Wetterdienst, Wetteramt Freiburg. (Freiburg 1965, 43 S.).
Neuwirth, R.: Schwülebedingungen im Mittelgebirge. (Arch. phys. Therapie 19, 1967, S. 291–296).
Neuwirth, R.: Medizin-Meteorologische Untersuchungen als Beitrag zur Planung von Naturparken. (Natur und Landschaft 43, 1968, S. 292–294).
Perlewitz, P.: Der Flugraum in klimatisch-medizinischer Bedeutung. (Balneologe 3, 1936, S. 219–232).
Petersen, W.F. u.a.: The patient and the weather. (Ann. Arbor 1934–1938, 4 Bde., 3856 S.).
Piéry, M. u.a.: Traité de climatologie biologique et médicale. (Paris 1934, 3 Bde., 2664 S.).
Reiter, R.: Meteorobiologie und Elektrizität der Atmosphäre. (Probl. d. Bioklimatol. Bd. 6, Leipzig 1960, 424 S.).
Robitzsch, M.: Klima und Organismus. (Wiss. Abh. Reichsamt f. Wetterd. I, 1, 1935, 17 S.).
Rudder, B. de: Grundriß einer Meteorobiologie des Menschen. Wetter- und Jahreszeiteneinflüsse. (Berlin 1952, 303 S.).
Rühle, H.: Beiträge zum Strandklima. (Forschungs-Arb. Staatl. Obs. Danzig H. 4, Leipzig 1935, 22 S.).
Sauberer, F.: Wetter, Klima und Leben. (Bios Bd. 3, Wien 1948, 120 S.).
Scharlau, K.: Schwüle und Behaglichkeit als Klimagrößen. (Z. Hygiene u. Inf.-Krankh. 123, 1941, S. 511–530).
Schittenhelm, A.: Einführung in die Bioklimatik. (Verh. Dt. Ges. Inn. Mediz. 47, 1935, S. 463–472).
Schmidt, W.: Das Bioklima als Kleinklima und Mikroklima. (Bioklimat. Beibl. d. Meteor. Z. 1, 1934, S. 3–6).
Schmidt-Überreiter, E.: Wird die Krebssterblichkeit durch geologisch-topologische Faktoren beeinflußt? (Mitt. a. Statistik u. Verwaltg. d. Stadt Wien, Sonderheft 1, Wien 1963, 27 S.).
Schramm, P.: Untersuchungen über statistische Zusammenhänge zwischen Selbstmorden und Wetter in West-Berlin während der Jahre 1956–1965. (Meteor. Abh. Freie Univ. Berlin Bd. 87, 2, 1968).
Schröder, A.: Gesundheitsschädigungen beim Menschen durch atmosphärische Luftverunreinigung. (Jb. d. Akad. f. Staatsmed. Düsseldorf 1964, S. 106–112).
Seilkopf, H.: Lageklima und Witterungsklima als Komponenten des Heilklimas der Kurorte. (Heilbad u. Kurort 2, 1950, S. 73–75).
Seybold, A. u. *H. Woltereck:* Klima, Wetter, Mensch. (Heidelberg 1952, 293 S.).
Stone, R.G.: Health in tropical climates. (In: Climate and man. Yearbook of agriculture. 1941, S. 246–261).
Trauner, L.: Klimakurort – Kurortklima. (Z. Meteor. 13, 1959, S. 17–21).
Tromp, S.W. (Hrsg.): Medical biometeorology. Weather, climate and the living organism. (Amsterdam, London, New York 1963, 991 S.).
Ungeheuer, H.: Ein meteorologischer Beitrag zu Grundproblemen der Medizin-Meteorologie. (Ber. Dt. Wetterd. Nr. 16, 1955, 32 S.).
Wenzel, H.G.: Die Wirkung des Klimas auf den arbeitenden Menschen (In: E.W. Baader, (Hrsg.): Handbuch der gesamten Arbeitsmedizin. Bd. I. Berlin, München, Wien 1961, S. 554–588).

VI. Klimaklassifikation

Alissow, B. P.: Geographical types of the climates. (Meteor. Gidrol. 1936, Nr. 6, S. 16–25).

Alissow, B. P.: Die Klimate der Erde. (Ohne das Gebiet der UdSSR.). (Dt. Übers. Berlin 1954, 277 S.).

Arias, A.: The classification of climates. (Monthly Weather Rev. 70, 1942, S. 249–253).

Arléry, R., M. Garnier u. *R. Langlois:* Application des méthodes de Thornthwaite à l'esquisse d'une description agronomique du climat de la France. (Météorologie 1954, S. 345–367).

Azzi, G.: Le concept du climat absolu et la classification des climats. (Météorologie 1955, S. 161–166).

Bagnouls, F. u. *H. Gaussen:* Les climats écologiques et leur classification. (Ann. Géogr. 66, 1957, S. 193–220).

Bailey, H. P.: Some remarks on Köppen's definitions of climatic types and their mapped representations. (Geogr. Rev. 52, 1962, S. 444–447).

Basile, R. M., S. W. Corbin: A graphical method for determining Thornthwaite's climate classifications. (Ann. Ass. Amer. Geogr. 59, 1969, S. 561–572).

Berg, H.: Richtlinien für eine an der Biometeorologie des Menschen ausgerichteten Klimaklassifikation. (Arch. Meteor., Geophys. Bioklimat. B, 10, 1961, S. 1–16).

Boyko, H.: Old and new principles of phytobiological climatic classification. (In: Biometeorology. London, New York 1962, S. 113–127).

Brooks, C. E. P.: Classification of climates (Meteor. Mag. 77, 1948, S. 97–101).

Brunnschweiler, D. H.: Die Luftmassen der Nordhemisphäre. Versuch einer genetischen Klimaklassifikation auf aerosomatischer Grundlage. (Geographica Helvetica 12, 1957, S. 164–195).

Budyko, M.J. u. *A.A. Grigoriev:* Klassifikacija klimatov SSSR. (Jzv. Ak. Nauk. SSSR, Ser. geogr. Nr. 3, 1959; engl. Übers. in Soviet Geography I, 5, Washington 1960, S. 3–24; von E. Giese referiert in Erdkunde 23, 1969, S. 317–325).

Burgos, J. J.: The climates of the Argentine Republic according to the new Thornthwaite classification. (Ann. Ass. Amer. Geogr. 41, 3, 1951, S. 237–263).

Carter, D. B.: Climates of Africa and India according to Thornthwaite's 1948 classification (Publ. climat. VII, 4, Seabrook 1954, S. 453–474).

Chang, J.-H.: The climate of China according to the new Thornthwaite classification (Ann. Ass. Amer. Geogr. 45, 4, 1955, S. 393–403).

Chromow, S. P.: Dynamische Klimatologie und das Problem der Klimaklassifikation. (Woprosy geografii, Moskau/Leningrad 1956, S. 127–133 [russ.]).

Creutzburg, N.: Klima, Klimatypen und Klimakarten. (Petermanns geogr. Mitt. 94, 1950, S. 57–69).

Čukreev, V. K.: Thermische Kennziffern für die Bewertung der Saisonalität und Zonalität. (Izvest. Vsesoj. Geogr. Obšč. 902, 1970, S. 325–333 [russ.]).

Curé, P.: Remarque sur l'équivalence de certains indices utilisés pour la classification des climats. (Météorologie 1945, S. 202–207).

Curé, P.: La nouvelle classification des climats de Thornthwaite. (Météorologie 1950, S. 99–106).

Dammann, W.: Grundlagen für eine Klimaeinteilung der Nordhalbkugel nach dem Witterungsverlauf. (Ber. Dt. Wetterd. US-Zone Nr. 35, 1952, S. 284–293).

Emberger, L.: Sur une formule climatique et ses applications en botanique. (Météorologie 1932, S. 423–432).

Emberger, L.: Une classification biogéographique des climats. (Rec. de Trav. des Labor. de Bot. etc. Montpellier, Sér. botan. 7, 1955, S. 3–43).

Erinc, S.: The climates of Turkey according to Thornthwaite's classifications, (Ann. Ass. Amer. Geogr. 39, 1, 1949, S. 26–46).

Espirito Santo, T. R. Do: Ensaio para o estudo do clima da provincia. Aplicação da nova classificação de Thornthwaite. (Provincia de Mocambique, Serv. Meteor. 1955, 45 S.).

Estienne, P.: Pour une conception géographique du climat. (Rev. Géogr. alpine 39, Grenoble 1951, S. 331–343).

Flohn, H.: Zur Frage der Einteilung der Klimazonen. (Erdkunde 11, 1957, S. 161–175).

Garcia, E.: Modificaciones el sistema de classificación climatica de Köppen. (Mexico D.F. 1964, 82 S., 1 Karte).

Garnier, B. J.: Thornthwaite's new system of climate classification in its application to New Zealand. (Trans. Roy. Soc. New Zealand 79, 1, 1951, S. 87–103).

Garnier, B. J.: Some comments on defining the humid tropics. (Dep. of Geogr. Ibadan, Res. Notes 11, 1958, S. 9–25).

Garnier, B. J.: The idea of humid tropicality. (10th Pac. Sci. Congr. Honolulu 1961, Annals of Geomorphology, Suppl. Vol. 3, 106 S.).

Gaussen, H.: Théories et classification des climats et microclimats. (Rapp. Comm. VIIIe Congr. Internat. Botan. Paris 1954, Sect. 7, S. 125–130).

Geiger, R. u. *W. Pohl:* Eine neue Wandkarte der

Klimagebiete der Erde. (Erdkunde 8, 1954, S. 58–60; als Wandkarte 1961).

Gentilli, J.: Une critique de la méthode de Thornthwaite pour la classification des climats (Ann. Géogr. 62, 1953, S. 180–185).

Giraud, J. L. (= Soulavie): Histoire naturelle de la France méridionale. II. Les végétaux. 1. Contenant les principes de la géographie physique de règne végétal, l'exposition des climats des plantes. (Paris 1783).

Godske, C. L.: A statistical approach to climatology. (Arch. Meteor., Geophys. Bioklimat. B. 14, 1966, S. 269–279).

Gorczynski, W.: Decimal scheme of world's climates with adaptation to Europe. (C.R. Soc. Sc. Varsovie 27, 1934, S. 1–12).

Gorczynski, W.: Sur la classification des climats avec quelques remarques sur le système de Köppen. (C.R. Congr. Internat. Géogr. Varsovie 1934); s.a.: Über die Klassifikation der Klimate mit kritischen Bemerkungen über die Köppenschen Klimaeinteilungen. (Gerlands Beitr. Geophys. 44, 1935, S. 199–210).

Gorczynski, W.: Decimal system of world climates. (Przeglad Meteor. Hydrol. 1, 1948, S. 30–43 [(poln., engl. Zus.]).

Hare, F. K.: Climatic classification. (In: London Essays in Geography. R. Jones Memorial Volume, Hrsg. L.D. Stamp u. S. W. Wooldridge. Cambridge 1951, S. 111–134).

Hare, F. K.: The thermal and moisture regimes of Finland according to Thornthwaite's 1948 classification. (In: Finland and its Geography, hrsg. v. R. R. Platt. New York 1955, S. 347–361).

Hendl, M.: Entwurf einer genetischen Klimaklassifikation auf Zirkulationsbasis. (Z. Meteor. 14, 1960, S. 46–50).

Hendl, M.: Studien über die Flächenausdehnung der Klimabereiche der Erde. I. Die Flächenausdehnung der Klimabereiche der Erde nach W. Köppen. (Wiss. Z. Humboldt-Univ. Berlin, Math.-Nat. R 13., 1964, S. 47–52).

Hendl, M.: Einführung in die physikalische Klimatologie. II. Systematische Klimatologie. (Berlin 1963, 40 S.).

Hettner, A.: Die Klimate der Erde. (Geogr. Schriften, Heft 5. Leipzig, Berlin 1930, 115 S.)

Howe, G. M.: Climates of the Rhodesians and Nyasaland according to the Thornthwaite classification. (Geogr. Rev. 43, 1953, S. 525–539).

Jätzold, R.: Die Dauer der ariden und humiden Zeiten des Jahres als Kriterium für Klimaklassifikationen. (In: Herm. v. Wissmann-Festschr. 1962, S. 89–108).

Jätzold, R.: Ein Beitrag zur Klassifikation des Agrarklimas der Tropen. (Tübinger Geogr. Studien, H. 34, 1940, S. 57–69).

Kaigorodov, A. I.: Die natürliche zonale Klassifikation der Klimate der Erde. (Moskau 1955, 119 S., 8 Faltkarten. [russ.]).

Knoch, K. u. *A. Schulze:* Methoden der Klimaklassifikation. (Petermanns geogr. Mitt. Erg.-Heft 249, Gotha 1954, 79 S.; Bemerkungen dazu von H. Lautensach in Petermanns geogr. Mitt. 98, 1954, S. 198–199).

Konček, M.: Kriterien zur Begrenzung natürlicher klimatischer Gebiete. (Geogr. Časopis 8, 1956, S. 107–112).

Köppen, W.: Die Wärmezonen der Erde. (Meteor. Z. 1, 1884, S. 215–226).

Köppen, W.: Versuch einer Klassifikation der Klimate vorzugsweise nach ihren Beziehungen zur Pflanzenwelt. (Geogr. Z. 6, 1900, S. 593–611 u. 657–679).

Köppen, W.: Klassifikation der Klimate nach Temperatur, Niederschlag und Jahreslauf. (Petermanns geogr. Mitt. 64, 1918, S. 193 bis 203 u. 243–248).

Köppen, W.: Typische und Übergangsklimate. (Meteor. Z. 46, 1929, S. 121–126).

Köppen, W.: Grundriß der Klimakunde. (Berlin, Leipzig 1931, 388 S.; 2. Aufl. v. „Die Klimate der Erde“ 1923).

Köppen, W.: Das geographische System der Klimate. (In: Köppen-Geiger, Handbuch der Klimatologie. Bd. 1, Teil C, Berlin 1936, 44 S.).

Köster, U.: Die thermischen Bodenklimate der Erde. (Diss. Bonn 1944, 70 S.).

Krebs, N.: Die Grenzen der Tropen. (Forsch. u. Fortschr. 21, 1945, S. 21–24).

Kupfer, E.: Entwurf einer Klimakarte auf genetischer Grundlage. (Z. f. d. Erdk.-Unterr. 6, 1954, S. 5–13).

Lange, G.: Über klimatologische Zonenbestimmung nach terrestrischen Anhaltswerten. (Meteor. Rdsch. 12, 1959, S. 152–153).

Lauer, W.: Hygrische Klimate und Vegetationszonen der Tropen mit besonderer Berücksichtigung Ostafrikas. (Erdkunde 5, 1951, S. 284–293).

Lauer, W.: Humide und aride Jahreszeiten in Afrika und Südamerika und ihre Beziehungen zu den Vegetationsgürteln. (Bonner Geogr. Abh. 9, 1952, S. 15–98).

Lauer, W.: Klimadiagramme. Gedanken und Bemerkungen über die Verwendung von Klimadiagrammen für die Typisierung und den Vergleich von Klimaten. (Erdkunde 14, 1960, S. 232–242).

Lauscher, F.: Der CVP-Index, ein Versuch der Klassifikation der Erdklimate auf Grund der forstlichen Produktivität. (Wetter u. Leben 12, 1960, S. 98–103).

Lautensach, H.: Der Geographische Formenwan-

del. Studien zur Landschaftssystematik. (Colloquium Geographicum 3, 1952, 191 S.).
Leighly, J.: Dry climates: their nature and distribution. (In: Desert Research, Res. Council of Israel. Spec. Publ. 2, Jerusalem 1953, S. 3–19).
Linton, D. L.: Seasonal climates. (In: Oxford World Atlas. Oxford, London 1973, S. 96).
Lockwood, J. G.: World climatology. (London 1976, 330 S.).
Malick, M.: Application des méthodes de M. Thornthwaite à l'étude agronomique des climats du Gabon. (Monogr. de la Météor. Nationale Nr. 16, Paris 1959, 83 S.).
Manig, M.: Über eine auf der Belastung des Menschen beruhende Klimaeinteilung. (Meteor. Rdsch. 13, 1960, S. 153–156).
Martonne, E. de: Nouvelle carte mondiale de l'indice d'aridité. (Météorologie 1941, S. 3–26).
Miller, A. A.: Three new climatic maps. (Trans. Pap. Inst. Brit. Geogr. 17, 1952, S. 13–20).
Papadakis, J.: Climatic tables for the world. (Buenos Aires 1961, 175 S.).
Papadakis, J.: Climates of the world and their agricultural potentialities. (Buenos Aires 1966, 174 S.).
Papadakis, J.: Climates of the world. Their classification, similitudes, differences and geographic distribution. (Buenos Aires 1970, 47 S.).
Patton, C. P.: The climates of California according to C. Warren Thornthwaite's classification of 1948. (Univ. of Calif., Master's Thesis 1951).
Penck, A.: Versuch einer Klimaklassifikation auf physiographischer Grundlage. (Sitz.-Ber. Kgl. Preuß. Akad. Wiss., Phys.-math. Kl. 12, 1910, S. 236–246; Ref. von A. Hettner in: Geogr. Z. 16, 1910, S. 645–648).
Prohaska, F.: Climatic classifications and their terminology. (Intern. J. Biometeor. 11, 1967, S. 1–3).
Sanderson, M.: The climates of Canada according to the new Thornthwaite classification. (Sci. Agri. 28, 11, 1948, S. 501–517).
Sansom, H. W.: The climate of East Africa based on Thornthwaite's classification. (East African Meteor. Dept. Memoirs III, 2, 1954, 49 S.).
Schaufelberger, P.: Klima-, Klimaboden- und Klimavegetationstypen. (Geogr. Helv. 14, 1959, S. 35–43).
Schulze, A.: Weg und Ziel der Klimaklassifikation. (Geogr. Taschenbuch 1956/57, S. 429 – 433).
Sekiguti, T.: On the water balance problem as a method of representation of climate (Geophys. Mag. of Japan 20, 2–4, 1949, S. 87–94).
Shear, J. A.: A set-theoretic view of the Köppen dry climates. (Ann. Ass. Amer. Geogr. 56, 1966, S. 508–515).
Steiner, D.: A multivariate statistical approach to climatic regionalization and classification. (Tijdschr. Kon. Ned. Aardrijksk. Gen. 82, 1965, S. 329–347).
Steinhauser, F.: Grundsätzliche und kritische Bemerkungen zur Ausarbeitung von Klimakarten. (Geogr. Jahresber. a. Österreich 26, Wien 1956, S. 1–24).
Stellmacher, R.: Einige Methoden der statistischen Analyse angewandt auf das Problem der Klimaklassifikation. (Abh. Meteor. Dienst DDR XIII, Nr. 99, 1971, 40 S.).
Subrahmanyam, V. P.: The water balance of India according to Thornthwaite's concept of potential evapotranspiration (Ann. Ass. Amer. Geogr. 46, 1956, S. 300–311).
Supan, A.: Die Temperaturzonen der Erde. (Petermanns geogr. Mitt. 25, 1879, S. 349–358).
Supan, A.: Grundzüge der physischen Erdkunde. (Leipzig 1884, 492 S.).
Tames, C.: Bosquejo del clima de España según la clasificacion de C. W. Thornthwaite. (Centro de Estudios Generales de Madrid, Cuarderno No. 108, 1949, 123 S.).
Terjung, W. H.: Physiologic climates of the conterminous United States: a bioclimatic classification based on man. (Ann. Ass. Amer. Geogr. 56, 1966, S. 141–179).
Terjung, W. H.: Annual physioclimatic stresses and regimes in the United States. (Geogr. Rev. 57, 1967, S. 225–240).
Terjung, W. H. and Collaborators: The Energy-Balance-Climatology of a City-Man System. (Ann. Ass. Amer. Geogr. 60, 1970, S. 466–492).
Terjung, W. H. and *S.-F. St. Louie:* Energy Input-Outpout Climates of the World: A Preliminary Attempt. (Arch. Meteor. Geophys. Bioklim. B, 20, 1972, S. 129–166).
Thornthwaite, C. W.: The climates of North Ameica according to a new classification. (Geogr. Rev. 21, 1931, S. 633–655).
Thornthwaite, C. W.: The climates of the earth. (Geogr. Rev. 23, 1933, S. 433–440).
Thornthwaite, C. W.: Problems in the classification of climates. (Geogr. Rev. 33, 1943, S. 233–255).
Thornthwaite, C. W.: An approach toward a rational classification of climate. (Geogr. Rev. 38, 1948, S. 55–94; vgl. dazu P. Curé, in Météorologie 1950, S. 99–106 u. J. Gentilli in Ann. de Géogr. 1953, S. 180–185).
Thornthwaite, C. W. u. *J. R. Mather:* The role of evapotranspiration in climate (Arch. Meteor., Geophys. Bioklimat. B, 3, 1951, S. 16–39).
Thornthwaite, C. W.: Grassland climates. (Publ. climat. V, 6, Seabrook 1952, 15 S.).
Thornthwaite, C. W. u. *F. K. Hare:* Climatic classi-

fication in forestry. (Unasylva IX, 2, 1955, S. 50–59).

Trewartha, G. T.: An introduction to climate. (New York, London 1954, 402 S.).

Troll, C.: Der asymmetrische Aufbau der Vegetationszonen und Vegetationsstufen auf der Nord- und Südhalbkugel. (Ber. ü. d. Geobotan. Forsch.-Inst. Rübel i. Zürich f. d. Jahr 1947. Zürich 1948, S. 46–83).

Troll, C.: Tatsachen und Gedanken zur Klimatypenlehre. (In: Festschrift J. Sölch, Wien 1951, S. 184–202).

Troll, C.: Der jahreszeitliche Ablauf des Naturgeschehens in den verschiedenen Klimagürteln der Erde. (Studium Generale 8, 1955, S. 713–733).

Troll, C.: Climatic seasons and climatic classification. (Orient. Geogr. 2, 1958, S. 141–165).

Troll, C.: Karte der Jahreszeitenklimate der Erde. (Erdkunde 18, 1964, S. 5–28).

Vahl, M. u. *J. Humlum:* Vahl's climatic zones and biochores. (Acta jutlandica XXL, 2, 1949, 80 S.).

Wagner, H.: Die Flächenausdehnung der Köppenschen Klimagebiete der Erde (1918). (Petermanns geogr. Mitt. 67, 1921, S. 216–217).

Wang, T.: Die Dauer der ariden, humiden und nivalen Zeiten des Jahres in China. (Tübinger geogr. u. geolog. Abh. Reihe 2, Heft 7, Öhringen 1941, 33 S.).

Wissmann, H. v.: Die Klima- und Vegetationsgebiete Eurasiens. (Z. Ges. Erdk. Berlin 1939, S. 1–14).

Wissmann, H. v.: Pflanzenklimatische Grenzen der warmen Tropen. (Erdkunde 2, 1948, S. 81–92).

VII. Klimaschwankungen

a) Grundsätzliche Überlegungen
b) Klimate der geologischen Vergangenheit. Paläoklimatographie

Ahlmann, H. W.: Glacier variations and climatic fluctuations. (Amer. Geogr. Soc., Bowman Mem. Lect. Ser. 3, 1953, 51 S.).

Albrecht, F.: Paläoklimatologie und Wärmehaushalt. (Meteor. Rdsch. 15, 1962, S. 38–44).

Ångström, A.: Atmospheric circulation, climatic variations and continentality of climate (Geogr. Ann. 31, 1949, S. 316–320).

Auer, V.: The Pleistocene of Fuego Patagonia II. The history of the flora and vegetation. (Ann. Acad. Sci. Fennicae. Ser. A III Geol.-Geographica 50, Helsinki 1958).

Auer, V.: The Pleistocene of Fuego Patagonia IV. Bog profiles (Ibid. 80, Helsinki 1965, 160 S.).

Auer, V.: The isorhytmicity subsequent to the Fuego-Patagonian and Fennoscandian ocean level transgressions and regressions of the last glaciation. The significance of Tephrochronology, C-14-Dating and Micropalaeontology for Quaternary Research. (Ibid. 115, Helsinki 1974, 90 S.).

Bannister, B.: Dendrochronology. (In: Brothwell and Higgs (ed.): Science in Archaeology. Bristol 1963, S. 162–176).

Barry, R. G.: Conditions favoring glacierization and deglacierization in North America from a climatological viewpoint. (Arct. Alp. Res. 5, 3, 1 1973, S. 171–184).

Berdecker, W. S., K. K. Turekian u. *B. C. Heezen:* The relation of deep-sea sedimentation rates to variations in climate. (Amer. J. Sci. 256, 1958, S. 503–517).

Bernard, E. A.: Théorie astronomique des pluviaux et interpluviaux du Quaternaire africain. (Mém. Acad. Roy. Sci. d'outre-mer, XII, 1, Brüssel 1962, 232 S.).

Blackett, P. M. S., Bullarde and *S. K. Runcorn* (Hrsg.): A symposium on continental drift. (London 1965, 323 S.).

Broecker, W. S. and *J. van Donk:* Insolation changes, ice volume, and the 0^{18} record in deep-sea cores. (Rev. Geophys. Space Phys. 8, 1970, S. 169–198).

Blüthgen, J.: Tatsachen und Deutungen zur Geschichte des Skandik (= Europäischen Nordmeeres). (Geologie d. Meere u. Binnengewässer 5, 1941, S. 83–117).

Bronger, A.: Zur Klimageschichte des Karpatenbeckens auf bodengeographischer Grundlage. (Tag.-ber. u. wiss. Abh. Dt. Geogr.-tag. Kiel 1969, S. 233–247).

Bronger, A.: Paläoböden als Klimazeugen – dargestellt an Löß-Boden-Abfolgen des Karpatenbeckens. (Eiszeitalter u. Gegenw. 26, 1975, S. 131–154).

Brooks, C. E. P.: Climate through the ages. (London 1949, 395 S.).

Brooks, C. E. P.: Geological and historical aspects of climatic change. (In: Compendium of Meteorology. Boston/Mass. 1951, S. 1004–1018).

Brunnacker, K.: Die Geschichte der Böden im jüngeren Pleistozän in Bayern. (Geologica Bavaria 34, 1957).

Bryson, R. A.: „All other factors being constant . . .". Theory of global climatic Change. (In: Th. R. Dettwyler (Hrsg.): Man's Impact on Environment. New York 1971, S. 167–174).

Bryson, R. A.: A Perspective on Climatic Change. (Science 184, 1974, S. 753–760).

Büdel, J.: Die räumliche und zeitliche Gliederung des Eiszeitklimas. (Naturwiss. 36, 1949, S. 105–112 u. 133–139).

Büdel, J.: Das System der klima-genetischen Geomorphologie. (Erdkunde 23, 1969, S. 165–183; vgl. auch Geogr. Rdsch. 15, 1963, S. 269–285).

Butzer, K. W.: Mediterranean pluvials and the general circulation of the pleistocene. (Geogr. Ann. 59, 1957a, S. 48–53).

Butzer, K. W.: Russian climate and the hydrological budget of the Caspian Sea. (Rev. Canadienne Geogr. 12, 1958, S. 129–139).

Butzer, K. W.: Paleoclimatic implications of pleistocene stratigraphy in the Mediterranean area. (Annals New York Acad. Sci. 95, 1. 1961, S. 449–456).

Butzer, K. W.: Climatic-geomorphologic interpretation of pleistocene sediments in the Eurafrican subtropics. (In: Howell and Bourliere (eds.) African Ecology and Human Evolution. Chicago 1963, S. 1–27).

Butzer, K. W.: Pleistocene paleoclimates of the Kurkur Oasis, Egypt. (The Canad. Geogr. 8, 1964, S. 125–140).

Butzer, K. W.: Environment and Archaeology. (Chicago 1971, 703 S.).

Butzer, K. W.: Climatic change. (In: Encyclopaedia Britannica. 1974, S. 730–741).

Butzer, K. W. G. L. Isaac, J. L. Richardson and *L. Washbourn-Kamau:* Radiocarbon dating of East African Sea levels. (Science 197, 1972, S. 1069–1076).

Calder, N.: Die Wettermaschine. Droht eine neue Eiszeit? (Bern u. Stuttgart 1975).

Callendar, G. D.: Temperature fluctuations and trends over the earth. (Quart. J. Roy. Meteor. Soc. 87, 1961, S. 1–12).

Cappel, A.: Die Häufigkeit der Großwetterlagen im Sonnenfleckenzyklus. (Meteor. Rdsch. 10, 1957, S. 189–196).

Les méthodes quantitatives d'étude des variations du climat au cours du Pleistocène. (CNRS. Gef. sur Yvette 1974, 317 S.).

Cox, A.: Geomagnetic reversals. (Science 163, 1969, S. 237–245).

Cox, A. (Hrsg.): Plate tectonics and geomagnetic reversals. (San Francisco, 1973, 702 S.).

Crushing, E. J. and *H. E. Wright* (ed.): Quaternary Palaeoecology. (Yale Univ. Press. New Haven 1967).

Curry, L.: Climatic change as a random series. (Ann. Ass. Amer. Geogr. 52, 1962, S. 21–31).

Dammann, W.: Beziehungen zwischen Raum- und Zeitfunktion im Klima Westdeutschlands, ein Beitrag zum Problem der Klimaschwankungen. (Arch. Meteor., Geophys. Bioklimat. B, 10, 1960, S. 289–310).

Dansgaard, W.: Stable isotopes in precipitation (Tellus 16, 1964, S. 436–468).

Dansgaard, W. and *H. Tauber:* Glacial oxygen-18 content and Pleistocene ocean temperatures. (Science 166, 1969, S. 499–502).

Dansgaard, W., S. J. Johnson, H. B. Clausen and *C. C. Langway:* Climatic record revealed by the Camp Century ice core. In: K. K. Turekian (ed.): The Late Cenozoic Glacial Ages. Yale Univ. Press. New Haven, 1971, S. 37–56).

Dansgaard, W., S. J. Johnson, H. B. Clausen and *N. Gundestrup:* Stable isotope glaciology. (Medd. Grønland 197. Copenhagen 1973, 53 S.).

Denton, G. H. and *W. Karlén:* Holocene climatic changes, their pattern and possible cause. (Quatern. Res. 3, 1973, S. 155–205).

Diluvialgeologie und Klima. Hrsg. v. d. Geolog. Vereinigung u. d. Leitg. von Carl Troll. (Geolog. Rdsch. 34, H. 7/8 (Klimaheft), 1944, S. 307–787).

Eddy, J. A.: Climate and the Changing Sun. (Climatic Change. 1, 1977, S. 173–190).

Emiliani, C.: Pleistocene Temperature Variations in the Mediterranean (Quaternaria, 2, 1955, S. 87–98).

Emiliani, C.: Pleistocene temperatures. (J. Geol. 63, 1955, S. 538–578).

Emiliani, C.: Oxygen isotopes and paleotemperature determinations. (Actes IV. Congr. Internat. Quatern. 2, 1956, S. 831–844).

Emiliani, C.: Note on absolute chronology of human evolution. (Science 123, 1956, S. 924–926).

Emiliani, C.: Cenozoic climate changes as indicated by the stratigraphy and chronology of deepsea cores of Globigerinaooze facies. (Ann. New. York Acad. Sci. 95, 1961, S. 521–536).

Emiliani, C.: Isotopic paleotemperatures. (Science 154, 1966, S. 851–957).

Emiliani, C.: Palaeotemperature analysis of Caribbean Cores P 6304-8 and P 6304-9 and generalized temperature curve for the past 425000 years. (J. Geol. 74, 1966, S. 109–126).

Emiliani, C. and *N. J. Shakleton:* The Brunhes epoch: isotopic palaeotemperatures and geochronology. (Science 183, 1974, S. 511–514).

Epstein, S., R. Buchsbaum, H. Lowestam and *H. C. Urey:* Revised carbonate-water isotopic temperature scale. (Geol. Soc. Amer. Bull. 64, 1953, S. 1315–1325).

Epstein, S., R. P. Sharp and *A. J. Gow:* Antarctic ice shut: stable isotope analysis of Byrd station cores and interhemispheric climatic implications. (Science 168, 1970, S. 1570–1572).

Ericson, D. B., M. Ewing and *G. Wollin:* The pleistocene epoch in deep-sea sediments. (Science 146, 1964, S. 723–732).

Ericson, D. B. and *G. Wollin:* Pleistocene climates and chronology in deep-sea sediments. (Science 162, 1968, S. 1227–1234).

Erlandsson, S.: Dendro-chronological studies. (Data Stockholm geochronol. Inst. 23, 1936, 119 S.).

Evans, P.: Towards a Pleistocene time scale. (In: The Phanerozoic Time Scale. (Geol. Soc. Spez. Publ. No. 5, London 1972).

Fairbridge, R. W.: Convergence of evidence on climatic changes and ice ages. (Ann. New York Acad. Sci. 95, 1961, S. 542–579).

Ferguson, C. W.: A 7104-year annual tree-ring chronology for bristle cone pine, Pinus aristata, from White Mountains, California (Tree-ring Vull. 29, Tucson, Ariz. 1969, S. 3–29).

Fink, J.: Die Gliederung des Jungpleistozäns in Österreich. (Mitt. d. Geol. Ges. Wien. 54, 1962, S. 1–25).

Firbas, F.: Spät- und nacheiszeitliche Waldgeschichte Mitteleuropas nördlich der Alpen. (2 Bde. Jena 1949, 480 S., 1952, 256 S.).

Fletcher, J. O.: Climate and the heat budget of the central Arctic. (The Rand Corp. Sta. Monica. 1965, 22 S.).

Flint, R. F.: Pleistocene climate in low latitudes. (Geogr. Rev. 53, 1963, S. 123–129).

Flint, R. F.: Glacial and Quaternary Geology. (New York, 1971, 892 S.).

Flint, R. F. u. *F. Brandtner:* Climatic change since the last interglacial. (Amer. J. Sci. 259, 1961, S. 321–328).

Flohn, H.: Allgemeine atmosphärische Zirkulation und Paläoklimatologie. (Geolog. Rdsch. 40, 1952, S. 153–178; s. a. Meteor. Rdsch. 4, 1951, S. 107–108).

Flohn, H.: Studien über die atmosphärische Zirkulation in der letzten Eiszeit. (Erdkunde 7, 1953, S. 266–275).

Flohn, H.: Klimaschwankungen der letzten 1000 Jahre und ihre geophysikalischen Ursachen. (Dt. Geogr. Tag. Würzburg 1957. Tag.-Ber. u. wiss. Abh., Wiesbaden 1959a, S. 201–214).

Flohn, H.: Kontinental-Verschiebungen, Polwanderungen und Vorzeitklimate im Lichte paläomagnetischer Meßergebnisse. (Naturw. Rdsch. 12, 1959b, S. 375–384).

Flohn, H.: Climatic fluctuations and their physical causes, especially in the Tropics. (In: D. J. Bargman (Hrsg.): Tropical meteorology in Africa. Nairobi 1960, S. 270–282).

Flohn, H.: Klimaschwankungen und großräumige Klimabeeinflussung. (Arbgem. Forschg. Nordrh.-Westfalen, Natur.-, Ing. u. Ges.-Wiss. H. 115, 1963, S. 5–61).

Flohn, H.: Zur meteorologischen Interpretation der pleistozänen Klimaschwankungen. (Eiszeitalter u. Gegenw. 14, 1963, S. 153–160).

Flohn, H.: Grundfragen der Paläoklimatologie im Lichte einer theoretischen Klimatologie. (Geol. Rdsch. 54, 1964, S. 504–515).

Flohn, H.: Ein geophysikalisches Eiszeit-Modell. (Eiszeitalter u. Gegenw. 20, 1969, S. 204–231).

Flohn, H.: Climatology – descriptive or physical science. (WMO Bull. 1970, S. 233–229).

Flohn, H.: Antarctica and the global cenozoic evolution: a geophysical model. (In: Palaeoecology of Africa, the surrounding islands and Antarctica. Cape Town 1973, S. 37–53).

Flohn, H.: Antarktis, Arktis und globale Klimaschwankungen. (Arb. a. d. Geogr. Inst. Univ. Salzburg. 3 (Tollner-Festschrift), 1973, S. 27–35).

Flohn, H.: Background of a Geophysical Model of the Initiation of the Next Glaciation (Quarternary Res. 4, 1974, S. 385–404).

Fränzle, O.: Klimatische Schwellenwerte der Bodenbildung in Europa und den USA. (Erde 96, 1965, S. 86–104).

Frenzel, B.: Climatic change in the Atlantic/Sub-Boreal transition. (S. 99–123 in: Sawyer (ed.): World Climate 8000 – 0 B.C. Proc. Int. Conf. London. Roy. Met. Soc. 1966, 229 S.).

Frenzel, B.: Die Klimaschwankungen des Eiszeitalters. (Die Wiss., Bd. 129. 1967, 296 S.; engl. Übers. 1972, 288 S.).

Fromm, E.: An estimation of the errors in Swedish varoe chronology. (In: Radiocarbon Variations and Absolute Chronology. Proc. 12th Nobel Symp. Uppsala 1969. Stockholm 1970, S. 163–172).

Frye, C. and *H. B. Willman:* Wisconsin climatic history interpreted from Lake Michigan lobe deposits and soils. (Geol. Soc. Am. Mem. 136, 1973, S. 135–152).

Furness, F. N. (Hrsg.): Solar variations, climatic change and related geophysical problems. (Ann. New York Acad. 95, 1, 1961, 739 S.).

Gates, W. L.: Numerical modelling of climate change: a review of problems and prospects. (S. 343–354 in: Proc. WMO/IAMAP Symp. on

Long-term Climatic Fluctuations. Norwich 1975. W.M.O. 421, Geneva 1975, 503 S.).

de Geer, G.: A geochronology of the last 12000 years. (Congr. Geol. Inst. Stockholm 1910. Comptes red. XI. 1912, S. 241–258).

De Geer, G.: Skandinaviens geokronologi. (Geol. Fören. Forhandl. 76, 1954, S. 299–329).

Geyh, M.A., J.H. Benzler and *G. Roeschmann:* Problems of dating pleistocene and holocene soils by radiometric methods. (Paleopedology. Origin. Nature and Dating of Paleosols. Jerusalem 1971, S. 63–75).

Girs, A.A.: Vieljährige Schwankungen der atmosphärischen Zirkulation und langfristige hydrometeorologische Prognosen. (Leningrad 1971, 280 S. [russ.]).

Glock, W.S.: Principles and methods of tree-ring analysis. (Publ. Carnegie Inst., Washington 486, 1937).

Gradmann, R.: Die geographische Bedeutung der postglazialen Klimaschwankungen. (Verh. 23. Dt. Geogr. Tag Breslau 1930, S. 160–185).

Gross, H.: Die bisherigen Ergebnisse von C^{14}-Messungen und paläontologischen Untersuchungen für die Gliederung und Chronologie des Jungpleistozäns in Mitteleuropa und den Nachbargebieten. (Eiszeitalter und Gegenwart 9, 1958, S. 155–187).

von der Haar, T.H. and *A.H. Oort:* New estimates of annual poleward energy transport by Northern Hemisphere oceans. (Journ. Phys. Oceanogr. 3, 1973, S. 169–172).

Harrison, C.G.A. and *B.M. Funnell:* Relationships of palaeomagnetic reversals and micropalaeontology in two late Cenozoic cores from the Pacific Ocean. (Nature 204, 1964, S. 566).

Hays, J.D., T. Saito, N.D. Opdyke and *L.H. Burckle:* Pliocene-Pleistocene sediments of the equatorial Pacific, their palaeomagnetic biostratigraphic and climatic record. (Bull. Geol. Soc. Am. 80, 1969, S. 1481–1514).

Hoinkes, H.: Neue Ergebnisse der glaziologischen Erforschung der Antarktis I bis III. (Die Umschau 1960, S. 549–553, 596–598, 627–630).

Huntington, E.: Treegrowth and climatic interpretations. (Publ. Carnegie Inst., Washington 352, 1925, S. 155–204).

Irving, E.: Palaeomagnetic and palaeoclimatological aspects of polar wandering. (Geofis. pura appl. 33, 1956, S. 23–41).

Jazewitsch, W. von: Zur klimatologischen Auswertung von Jahrringkurven. (Forstwiss. Centralbl. 80, 1961, S. 175–190).

Johnson, S.J., W. Dansgaard, H.B. Clausen, and *C.C. Langway:* Oxygen isotope profiles through the Antarctic and Greenland ice sheet. (Nature 235, 1972, S. 429–434).

Kennett, J.P. and *N.D. Watkins:* Geomagnetic change, volcanic maxima and faunal extinction in the South Pacific. (Nature 227, 1970, S. 930–934).

Kennett, J.P. and *R.C. Thunell:* Global increase in Quaternary explosive volcanism. (Science 187, 1975, S. 497–503).

Kessler, A.: Über Klima und Wasserhaushalt des Altiplano (Bolivien, Peru) während des Hochstandes der letzten Vereisung. (Erdkunde 17, 1963, S. 165–173).

Kessler, A.: Über einen möglichen Zusammenhang zwischen globalem Wasserhaushalt und kurzperiodischen solaren Strahlungsschwankungen. (Meteor. Rdsch. 21, 1968, S. 86–87).

Kinzl, H.: Die Gletscher als Klimazeugen. (Wiss. Abh. Dt. Geographentag Würzburg 1957, Wiesbaden 1959, S. 222–231).

Köppen, W. u. *A. Wegener:* Die Klimate der geologischen Vorzeit. (Berlin 1924, 256 S.).

Köppen, W.: Die Schwankungen der Jahrestemperatur im westlichen Mitteleuropa von 1761 bis 1936. (Ann. Hydrogr. marit. Meteor. 65, 1937, S. 297–306).

Kukla, G.J.: Correlations between loesses and deep-sea sediments. (Geol. Fören. Stockholm Förh. 92, 1970, S. 148–180).

Kukla, G.J.: Missing link between Milankovitch and climate. (Nature 253, 1975, S. 600–603).

Kurten, B.: The Ice Age. (London 1972).

La Marche, V.C. and *T.P. Harlan:* Accuracy of tree-ring dating of bristlecone pine for calibration of the radiocarbon tune scale. (J. Geophys. Res. 78, 1973, S. 8849–8858).

La Marche, V.C. jr.: Palaeoclimatic interferences from long tree-ring records. (Science 183, 1974, S. 1043–1048).

Lamb, H.H.: The Climatic Background to the Birth of Civilization. (In: Advancement of Science 1968, S. 103–120).

Lamb, H.H.: Climate: Present, Past and Future. Vol. 1. Fundamentals and Climate Now. (London 1972, 613 S.).

Lamb, H.H.: Climate: Present, Past and Future. Vol. 2. Climatic history and the future. (London 1977, 835 S.).

Lamb, H.H.: Trees and climatic history in Scotland; a radiocarbon dating test and other evidence. (Quart. J. Roy. Meteor. Soc. 90, 1964, S. 382–394).

Lamb, H.H.: Neue Forschungen über die Entwicklung der Klimaänderungen. (Meteor. Rdsch. 17, 1964, S. 65–74).

Lamb, H. H.: Palaeoclimatology. (J. Palaeogeogr., Palaeoclimatol., Palaeoecol. Bd. 10, 2/3, 1971, Sonderbd. 149 S.).

Lamb, H. H. u. *A. Woodroffe:* Atmospheric circulation during the last ice age. (Quaternary Res. 1, 1970, S. 29–58).

Lang, S.: Pleistocene climatic changes and evolution of relief. (20th Intern. Geogr. Congr. 1964, Abstracts S. 66–67).

Leopold, E. B.: Late Cenozoic palynology. (In: Tschudy, R. H. and Scott, R. A. (eds): Aspects of Palynology. New York 1969, S. 377–438).

Le Pichon, X., J. Francheteau and *J. Bonnin:* Plate Tectonics. (Amsterdam 1973, 300 S.).

Lettau, H. and *K. Lettau:* Shortwave Radiation/Climatonomy. (Tellus 21, 1969, S. 208–222).

Libby, W. F.: Altersbestimmung mit radioaktivem Kohlenstoff. (Endeavour 13, 1954, S. 5–16).

Libby, W. F.: Radiocarbon dating. (Chicago 1955, 175 S.).

Libby, W. F.: Radiocarbon dating. (Phil. Trans. Roy. Soc. A 269. London 1970, S. 1–10).

Lingenfelter, R. E.: Production of Carbon 14 by Cosmic-Ray Neutrons. (Rev. of Geophys. 1, 1963, S. 35–55).

Lliboutry, L.: Traité de glaciologie. 2. Bd. (Paris 1964, 1965).

Loewe, F.: Considerations on the origin of the Quarternary ice sheet in North America. (Arct. Alp. Res. 3, 1971, S. 331–344).

Lorenz, E. N.: Climatic change as a mathematical problem. (J. Appl. Meteor. 9, 1970, S. 325–329).

Maley, J.: Mécanisme des Changements Climatiques aux Basses Latitudes. (Palaeogeogr., Palaeoclim., Palaeocol. 14, 1973, S. 193–227).

Manabe, S. and *R. T. Wetherald:* Thermal equilibrium of the atmosphere with a given distribution of relative humidity. (J. Atm. Sc. 24, 1967, S. 241–259).

Manabe, S., J. L. Holloway and *D. G. Hahn:* Seasonal variation of climate in a time-integration of a mathematical model of the atmosphere. (In: Proc. Symp. Phys. and Dyn. Climatol. Leningrad 1971. WMO Geneva 1972).

Manley, G.: Climatic variation. (Quart. J. Roy. Meteor. Soc. 79, 1953a, S. 185–209).

Mc Cormick, R. A. and *J. H. Ludwig:* Climate modification by atmospheric aerosol. (Science 156, 1967, S. 1358–1359).

Mc Intyre, A.: The glacial North Atlantic 17000 years ago, palaeoisotherm and oceanographic maps derived from floral-faunal parameters by CLIMAP. (Geol. Soc. Am. Ann. Mtg. Program 1972, S. 590–591).

Mesolella, K. J. R. K. Matthews, W. S. Broecker and *D. L. Thurber:* The astronomic theory of climatic change: Barbados data. (J. Geol. 77, 1969, S. 250–274).

Milankowitsch, M.: Théorie mathématique des phénomènes thermiques produit par la radiation solaire. (Paris 1920, 339 S.).

Milankowitsch, M.: Kanon der Erdbestrahlung und seine Anwendung auf das Eiszeitenproblem. (Acad. R. Serbe Belgrad. Ed. spec. 133, 1941, 633 S.).

Model, F.: Warmwasserheizung Europas. (Ber. d. Dt. Wetterd. US-Zone 12, 1950, S. 51–60).

Morawetz, S.: Gletschergang und Klimafaktoren. (Peterm. geogr. Mitt. 93, 1949, S. 164–168).

Mörner, N.-A.: The Greenland O^{18}-curve: a time scala problem. (In: Les méthodes quantitatives d'étude des variations du climat au cours du Pleistocène. CNRS Gif sur Yvette 1974, S. 39–42).

Müller-Annen, H.: Über die Schwankungen der Zonal-Zirkulation. (Meteor. Rdsch. 13, 1960, S. 169–178; 14, 1961, S. 10–17, 38–47, 97–110, 144–159).

Nairn, A. E. M. and *N. Thorley:* The application of geophysics to palaeoclimatology. (In: Nairn (ed.) Descriptive Palaeoclimatology. New York 1961, S. 156–182).

Nairn, A. E. M. (ed.): Problems in Palaeoclimatology. (New York 1964, 705 S.).

Namias, J.: Large-scale and long-term fluctuations in some atmospheric and oceanic variables. (In: Dryssen and Jagner (eds): The Changing Chemistry of the Oceans. Nobel- Sympos. 20. New York 1972, S. 27–48).

Olson, J. U. (ed.): Radiocarbon variations and absolute chronology. (Nobel-Symp. 12. New York 1970, 652 S.).

Pécsi, M. and *E. Szebenyi:* Guide-Book. Loess-Symposium in Hungary. (Int. Geogr. Univ., Europ. Reg. Conf. and INQUA-Comm. on Loess. Budapest 1971).

Pfannenstiel, M.: Die Schwankungen des Mittelmeerspiegels als Folge der Eiszeiten. (Freiburger Univ. Reden N. F. H. 18. Freiburg 1954, 19 S.).

Pike, J. G.: The sunspot/lake level relationship and the control of lake Nyasa. (J. Inst. Water Engrs. 19, 1965, S. 221–230).

Plass, G. N.: The carbon dioxide theory of climatic change. (Tellus 8, 1956, S. 140–154).

Poser, H.: Boden- und Klimaverhältnisse in Mittel- und Westeuropa während der Würmeiszeit. (Erdkunde 2, 1948, S. 53–68).

Predtetschenskiy, P. P.: Dinamika klimata w swjasi s ismenenijami solnetschnoi dejatelnosti. (Die Dynamik des Klimas im Zusammenhang mit der Bedeutung der Sonnentätigkeit). (Trudi Glawn.

Geofis. Observatorii im. Woeikowa Bd. 10. 1950 [russ.]).
„Radiocarbon“: Periodical. New Haven, Conn. (seit 1961).
de Robin, G. Q.: The Ice of the Antarctic. (Scient. American 207, 1962, S. 132–146).
Rocznik, K.: Eine Bilanz der Sommer Mitteleuropas für den Zeitraum 1761–1960. (Meteor. Rdsch. 15, 1962, S. 133–136).
Rohdenburg, H. u. *B. Meyer:* Zur Datierung und Bodengeschichte mitteleuropäischer Oberflächenböden (Schwarzerde, Parabraunerde, Kalksteinbraunlehm): Spätglazial oder Holozän? (Göttinger Bodenk. Ber. 6, 1968, S. 127–212).
Rona, E. and *C. Emiliani:* Absolute dating of Caribbean cores P 6304–8 and P 6304–9. (Science 163, 1969, S. 66–68).
Rosholt, J. N., C. Emiliani, J. N. Geiss, F. F. Koczy and *P. J. Wangersky:* Absolute dating of deep-sea cores by the Pa^{231}/Th^{230}-Method. (J. of Geol. 69, 1961, S. 162–185).
Różycki, S. Z.: Der Rhythmus der Veränderungen des antarktischen Inlandeises unter dem Einfluß der Klimaschwankungen. (Polarforschung 5, 1963, S. 213–215).
Runcorn, S. K.: Geophysical techniques and ancient climates. (In: Nairn (ed.): Problems in Palaeoclimatology. New York 1964, S. 189–199).
Sancetta, C., J. Imbrie and *N. G. Kipp:* Climatic record of the past 130000 years in North Atlantic deep-sea core V 23–82: correlations with the terrestrial record. (Quaternary Res. 3, 1943, S. 110–116).
Sawjer, J. S.: Notes on the possible physical causes of longterm weather anomalies. (In: WMO Sympos. on Research and Development Aspects of Long-Range Forecasting. WMO Techn. Note No. 66, 1964, 339 S.).
Schell, I.I.: The ice off Iceland and the climates during the last 1200 years, approximately. (Geogr. Ann. 43, 1961, S. 354–362).
Schneider, St. H. (ed.): Climatic Change. (Internat. Journal Dordrecht/Holland and Boston/USA seit 1977).
Schwarzbach, M.: Das Klima der Vorzeit. (Stuttgart 1961, 275 S.).
Shackleton, N. J.: Oxygen isotope analyses and Pleistocene temperatures reassessed. (Nature 215, 1967, S. 15–17).
Shackleton, N. J.: Radiometric dating of periods of high sea-level (Proc. Roy. Soc. B. 174, 1969, S. 134–154).
Shackleton, N. J.: Stable isotope study of palaeoenvironment of the Neolithic site of Nea Nikomedaa, Greece. (Nature, 227, 1970, S. 934–944).
Shackleton, N. J., J. D. H. Wiseman and *H. A. Buckley:* Non-equilibrium isotopic fractionation between sea-water and planktonic foraminiferal tests. (Nature 242, 1973, S. 177–179).
Shackleton, N. J. and *N. D. Opdyke:* Oxygen isotope and palaeomagnetic stratigraphy of equatorial Pacific core V 28–238: oxygen isotope temperatures and ice volumes on a 10^5 and 10^6 year scale. (Quaternary Res. 3, 1973, S. 39–55).
Shapley, H. (Hrsg.): Climatic change. Evidence, causes and effects. (Cambridge/Mass. 1953, 318 S.).
Singh, G., R. D. Joshi, S. K. Chopra and *A. B. Singh:* Late Quaternary History of Vegetation and Climate of the Radjastan Desert, India. (Phil. Transact. Roy. Soc. London B 267, 1974, S. 467–501).
Spitaler, R.: Die Bestrahlung der Erde durch die Sonne und die Temperaturverhältnisse in der quartären Eiszeit. (Abh. Dt. Ges. Wiss. u. Künste Prag, Math.-naturwiss. Abt. 3, Prag 1940, 78 S.).
Stoyko, A.: Mouvement séculaire du pôle et la variation des latitudes des stations du Sil. (In: W. Markowitz and B. Guinot (Hrsg.): Continental drift, secular motion of the pole, and rotation of the earth. (Intern. Astron. Union Sympos. Dordrecht 1968, S. 52–56).
Suess, H. E.: Climate changes, solar activity, and the cosmic ray production rate of natural radiocarbon. (Meteor. Mon. 8, 1968, S. 146–150).
Tollner, H.: Beziehungen zwischen Gletscher- und Klimaschwankungen in den Ostalpen. (Wetter u. Leben 6, 1954, S. 204).
Urey, H. C.: The thermodynamic properties of isotopic substances. (J. Chem. Soc. 152. London 1947, S. 190–219).
Vernekar, A. D.: Long-period global variations of incoming solar radiation. (Meteor. Mon 12 (34), 1972, 21 S.).
Vine, F. J.: Spreading of the ocean floor: new evidence. (Science 154, 1966, S. 1405–1415).
Wagner, A.: Klimaänderungen und Klimaschwankungen. (Die Wissenschaft Bd. 92, Braunschweig 1940, 221 S.).
Waldmeier, M.: The sunspot activity in the years 1610–1960. (Zürich 1961, 171 S.).
Ward, W. T., P. J. Ross and *D. J. Colquhoun:* Interglacial high sea-levels – an absolute chronology derived from shore line elevations. (Palaeogeogr., Palaeoclim., Palaeoecol. 9, 1971, S. 77–99).
Washburn, A. L.: Periglacial Processes and Environments. (London 1973, 320 S.).
Webb, T. and *R. A. Bryson:* Late- and post-glacial climatic change in the northern Midwest, USA:

quantitative estimates derived from fossil pollen spectra by multivariate statistical analyses. (Quatern. Res. 2, 1972, S. 70–111).

Wegener, A.: Die Entstehung der Kontinente und Ozeane. (5. Aufl. Braunschweig 1936, 144 S.).

Weischet, W.: Die gegenwärtige Kenntnis vom Klima in Mitteleuropa beim Maximum der letzten Vereisung. (Mitt. Geogr. Ges. München 39, 1954, S. 95–116).

Wetherald, R. T. and *S. Manabe:* Response of the joint ocean-atmosphere model to the seasonal variation of the solar radiation. (Mon. Weather Rev. 100, 1972, S. 42–59).

Weyl, P. K.: The role of oceans in climatic change: a theory of the ice ages. (In: Causes of climatic change. Meteor. Monogr. 8, Boston 1968, S. 37–62).

White, O. R. (ed.): The solar output and its variation. (Univ. of Colorado Press, Boulder 1977).

Willett, H. C.: Solar variability as a factor in the fluctuations of climate during geological time. (Geogr. Annaler 31, 1949, S. 293–315).

Willett, H. C.: Atmospheric and oceanic circulation as factors in glacial-interglacial changes of climate. (In: H. Shapley (Hrsg.): Climatic change. Cambridge 1953, S. 51–71).

Wilson, A. T.: Origin of ice ages: an ice shelf theory of Pleistocene glaciation. (Nature 201, 1964, S. 147–149).

WMO-Garp: Study Conference on the Physical Basis of Climate and Climate Modelling. (GARP Publ. Ser. 16, Geneva 1975).

Woldstedt, P.: Die Klimakurve des Tertiärs und Quartärs in Mitteleuropa. (Eiszeitalter u. Gegenwart 4/5, 1954, S. 5–9).

Wright, H. E. jr.: Late Quarternary vegetational history of North America. (In K. Turekian (ed.): The Late Cenozoic Glacial Ages. Yale Univ. New Haven 1971, S. 425–464).

Wunderlich, H. G.: Plattentektonik in kritischer Sicht. (Z. dt. Geol. Ges. 124, 1973, S. 309–328).

Wundt, W.: Strahlungskurve, allgemeine Zirkulation und Eiszeiten. (Polarforschung 4, 1959, S. 125–134).

Wundt, W.: Die Bedeutung der Strahlungskurve nach den Anschauungen von Bacsák im Zusammenhang mit den Untersuchungen von Milankovitch und Woerkom. (Geol. Rdsch. 54, 1964, S. 478–486).

Zeil, W.: Allgemeine Geologie. I. Band von Brinkmann: Abriß der Geologie. (Stuttgart 1975, 246 S.).

Zeuner, F. E.: The Pleistocene Period. Its climate, chronology and faunal successions. (London 1945, 312 S.).

c) Klimaschwankungen in historischer Zeit

Aas, B.: Climatically raised birch lines in Southeastern Norway. (Norsk Geogr. Tidsskr. 23, 1969, S. 119–130).

Ahlmann, H. W. u. a.: Klimatologiska förändringar omkring Nordatlanten under gammal och nyaretid. (Ymex 1970, S. 219–243).

Ahlnäs, K.: Average sea temperatures at the Finnish coastal stations 1948–1957. (Havsforsk. Inst. Skrift 207, Helsingfors 1962, 16 S.).

Ångström, A.: Teleconnections of climatic changes in present time. (Geogr. Ann. 17, 1935, S. 242–258).

Ångström, A.: The change of the temperature climate in present time. (Geogr. Ann. 21, 1939b, S. 119–131).

Blüthgen, J.: Die milden Winter. (Geogr. Z. 46, 1940, S. 434–451).

Blüthgen, J.: Baumgrenze und Klimacharakter in Lappland. Ein Beitrag zur Frage der Veränderlichkeit von Klimawerten und deren geographischer Auswirkung. (Ber. Dt. Wetterd. US-Zone Nr. 42, Knoch-Heft, 1952, S. 362–371).

Brezowsky, H.: Säkuläre Schwankungen der Zirkulation. (Ber. Dt. Wetterd. US-Zone Nr. 35, 1952, S. 48–56).

Brown, P. R.: Climatic fluctuation over the oceans and in the tropical Atlantic. (UNESCO/WMO Proc. Rome Symp. Changes of Climate, Paris 1963).

Bryson, R. A. and *Th. J. Murray:* Climates of Hunger. Mankind and the world's changing weather. (Univ. of Wisconsin Press Madison 1977, 171 S.).

Bryson, R. A. and *D. A. Baerreis:* Possibilities of major climatic modification and their implications: Northwest India, a case for study. (Bull. Amer. Meteor. Soc. 48, 1967, S. 136–142).

Bucha, V.: Evidence of changes in the Earth's magnetic field intensity. (Phil. Trans. Roy. Soc. A 269, 1970, S. 47–55).

Butzer, K. W.: The recent climatic fluctuation in lower latitudes and the general circulation of the pleistocene. (Geogr. Ann. 39, 1957, S. 105–113).

Callendar, G. S.: The effect of fuel combustion on the amount of carbon dioxyde in the atmosphere and sea. (Tellus 9, 1957, S. 1–17).

Callendar, G. S.: Temperature fluctuations and trends over the earth. (Quart. J. Roy. Meteor. Soc. 87, 1961, S. 1–12).

Charney, J.: Dynamics of deserts and drought in the Sahel. (Quart. J. Roy. Meteor. Soc. 101, 1975, S. 193–202).

Dammann, W.: Schwankungen der Sommerniederschläge im Rahmen rezenter Klimaschwankungen in Westdeutschland. (Meteor. Rdsch. 10, 1957, S. 197–202).

Davitaya, F. F.: On the possible influence of atmospheric dust cover on the diminution of glaciers and the warm-up of climate. (Transactions of the Soviet Acad. of Sc., Geogr. Ser. 2, 1965, S. 3–22. Engl. Übersetzung).

Davitaya, F. F.: Atmospheric dust content as a factor affecting glaciation and climatic change. (Ann. Ass. Amer. Geogr. 59, 1969, S. 552–560).

Dege, W.: Grönland im Strukturwandel von Wirtschaft und Siedlung, aufgezeigt am Beispiel des Raumes um Julianehåb. (Erdkunde 18, 1964, S. 169–189, 285–311).

Dege, W.: Die Westküste Grönlands. Bevölkerung, Wirtschaft und Siedlung im Strukturwandel. (Dt. Geogr. Blätter 50, Bremen 1965, S. 5–212).

Dolguschin, L. D., S. A. Ewteew, W. M. Kotljakow: Über die gegenwärtige Entwicklung der antarktischen Eisdecke. (Mater. glaziol. issledow. Xronika, obsuschd. 10, 1964 [russ.]).

Dolguschin, L. D.: Der Einfluß von Klimaschwankungen auf die Natur und die Bedingungen wirtschaftlicher Erschließung des mittleren Obgebietes. (Izv. Adad. Nauk. SSSR, Ser. Geogr. 1968, H. 5, S. 69–83, [russ.]).

Duan, J.-W.: Variationen und Fluktuationen der Winter- und Sommertemperatur auf der Nordhemisphäre in den letzten 8 Jahrzehnten. (Acta geogr. sinica 30, 1964 [chines.]).

Dzerdzeevskii, B. L.: Fluctuations of climate and of general circulation of the atmosphere in extratropical latitudes of the Northern Hemisphere and some problems of dynamic climatology. (Tellus 14, 1962, S. 328–336).

Erkamo, V.: Untersuchungen über die pflanzenbiologischen und einige andere Folgeerscheinungen der neuzeitlichen Klimaschwankung in Finnland. (Ann. Bot. Soc. Zool. Bot. Fenn. Vanamo 28, 3. Helsinki 1956, 290 S.).

Flohn, H.: Bemerkungen zum Problem der globalen Klimaschwankungen. (Arch. Meteor., Geophys., Bioklimat. B, 9, 1958, S. 1–13).

Flohn, H.: Saharization? Natural Causes or Management? (WMO. Spec. Environm. Rep. 2. WMO No 312, 1971, S. 101–106).

Flohn, H.: Klimaschwankungen und Klimamodifikation. Fakten und Probleme. (Dt. Forsch. Gem. Mitt. 2, 1973, S. 31–40).

Flohn, H.: Etudes des conditions climatiques de l'avance du Sahara Tunésien. (Genf 1971, WMO. Techn. Note No. 116).

Flohn, H.: Globale Energiebilanz und Klimaschwankungen. (In: Rhein.Westf. Ak. Wiss. Vorträge N. 234, 1973, S. 75–117).

Flohn, H.: Geographische Aspekte der anthropogenen Klimamodifikation. (Hamburger Geogr. Stud. 28, 1973, S. 13–30).

Flohn, H.: History and Intransitivity of Climate (In: WMO-GARP Study Conference on the Physical Basis of Climate and Climate Modelling. GARP Publ. Ser. 16, 1975, S. 106–118).

Flohn, H.: Anthropogene Eingriffe in die Landschaft und Klimaänderungen. (In: Der Wirtschaftsraum. Festschr. f. E. Otremba. Beihefte Geogr. Ztschr. Wiesbaden 1976, S. 137–149).

Flohn, H.: Climate and Energy. A Scenario to a 21st Century Problem. (Climatic Change 1, 1977, S. 5–20).

Fristrup, B.: Grönländische Wirtschaft. (Die Erde 4, 1952, S. 33–52).

Fukui, E.: Secular shifting movements of the major climatic areas surrounding the North Pacific Ocean. (Geogr. Rev. Japan 38, 1965, S. 323–342).

Gentilli, J.: Present-day volcanicity and climatic change. (Res. Rep. No. 1, Univ. Western Austr. Nedlands 1949, 3 S.).

Giovinetti, M. B. und *W. Schwerdtfeger:* Analysis of a 200 year snow accumulation series from the South Pole. (Arch. Meteor., Geophys., Bioklimat. A, 15, 1966, S. 227–250).

Glantz, M. H.: Nine Fallacies of Natural Desasters: The Case of the Sahel. (Climatic Change 1, 1977, S. 69–84).

Goedecke, E.: Zur Frage der rezenten Klimaschwankung über den Britischen Inseln und zum Problem der säkularen Erwärmung auf der Nordhalbkugel. (Ann. Meteor. 7, 1955, S. 225–249).

Gunn, R.: The secular increase of worldwide fine particle pollution. (J. of Atm. Sc., 21, 1964, S. 168–181).

Harris, G.: Climatic changes since 1860 affecting European birds. (Weather 19, 1964, S. 70–79).

Hattersley-Smith, G.: Climatic inferences from firn studies in Northern Ellesmere Island. (Geogr. Ann. 45, 1963, S. 139–151).

Hoinkes, H.: Über Messungen der Ablation und des Wärmeumsatzes auf Alpengletschern mit Bemerkungen über die Ursachen des Gletscherschwundes in den Alpen. (Publ. 39. Ass. Intern. Hydrol. IV, 1954, S. 442–448).

Hoinkes, H.: Schwankungen der Alpengletscher, ihre Messung und ihre Ursachen. (Die Umschau 1962, S. 558–562).

Hoinkes, H.: Zirkulationsbedingte Gletscherschwankungen. (Carinthia II, Mitt. Naturwiss. Ver. Kärnten 24. Sonderheft, Wien 1965, S. 272–280).

Hoinkes, H.: Glacier variation and weather. (J. Glaciol. 7, 1968, S. 3–19).

Holm, K.F.: Die Änderung der thermischen Kontinentalität in den Jahren 1911–1930. (Meteor. Rdsch. 4, 1951, S. 178–179).

Houtermans, J., H.E. Suess and *W. Munk:* Effect of industrial fuel combustion on the carbon-14 level of the atmospheric CO_2. (In: Radioactive Dating and Methods of Low-Level Counting. Int. Atom. Energy Comm. Wien 1967, S. 57–68).

Katz, R.W.: Assessing the Impact of Climatic Change on Food Production. (Climatic Change 1, 1977, S. 85–96).

Kirch, R.: Temperaturverhältnisse in der Arktis während der letzten 50 Jahre. (Meteor. Abh. Freie Univ. Berlin Bd. 69, 3, 1967, 102 S.).

Klein, C.: On the fluctuations of the level of the Dead Sea since the beginning of the 19th century. (Hydrol. Paper No. 7, Jerusalem 1965, 83 S.).

Kukla, G.J. and *H.J. Kukla:* Increased surface albedo in the Northern Hemisphere. (Science 183, 1974, S. 709–714).

Lamb, H.H.: On the nature of certain climatic epochs which differed from the modern (1900–39) normal. (Changes of climate. UNESCO-WMO Symp. Rome 1961a, Arid Zone Research Vol. 20, S. 125–150).

Lamb, H.H.: Climatic change within historical time as seen in circulation maps and diagrams. (Ann. New York Acad. Sci 95, 1961b, S. 124–161).

Lamb, H.H.: Neue Forschungen über die Entwicklung der Klimaänderungen. (Meteor. Rdsch. 17, 1964, S. 65–74).

Lamb, H.H.: Klimatische Tendenzen und Untersuchungen zur allgemeinen Zirkulation. (Arch. Meteor., Geophys., Bioklim. B, 13, 1964, S. 531–556).

Lamb, H.H.: The early medieval warm epoch and its sequel. (Pal. geogr., Pal. climat., Pal. ecol. I, 1, 1965, S. 13–37).

Lamb, H.H.: Klimatische Tendenzen und Untersuchungen zur allgemeinen Zirkulation. (Arch. Meteor., Geophys., Bioklimat. B, 13, 1965, S. 531–557).

Lamb, H.H.: Climate in the 1960's: Changes in the world's wind circulation reflected in prevailing temperatures, rainfall patterns and the levels of the African lakes. (Geogr. J. 132, 1966, S. 183–212).

Lamb, H.H. u. *A.I. Johnson:* Climatic variation and observed changes in the general circulation. (Geogr. Ann. 41, 1959, S. 94–134 u. 43, 1961, S. 363–400).

Lamb. H.H. u. *A.I. Johnson:* Secular variations of the atmospheric circulation since 1750. (Geophys. Mem. 110, London 1966a, 125 S.).

Legrand, J.: Sur le réchauffement du climat des côtes septentrionales de l'Europe entre 1866 et 1936, et au delà. (C.R. Acad. Sci., Paris 1941, S. 563–564).

Le Roy Ladurie, E.: Histoire du climat depuis l'an mil. (Paris 1967, 379 S.; engl. Ausgabe Hemel Hempstead 1973, 456 S.).

Lettau, H.: Anthropogene Beeinflussung von Klima- und Witterungsparametern. (Ann. Meteor. N.F. 9, 1975, S. 9–13).

Manley, G.: Temperature trends in England 1698–1957. (Arch. Meteor., Geophys., Bioklim. B, 9, 1959, S. 413–433).

McCormick, R.A. and *J.H. Ludwig:* Climate modification by atmospheric aerosol. (Science 156, 1967, S. 1538–1559).

Mitchell jr., *M.:* Recent secular changes of global temperature. (Ann. New York Acad. Sci. 95, 1961, S. 235–250).

Mitchell, J.M.: On the world wide pattern of secular temperature change. (In: Changes of Climates. Arid Zone Research 20. UNESCO Paris 1963, S. 161–181).

Namias, J.: Seasonal interactions between the North Pacific Ocean and the atmosphere during the 1960's. (Month. Weath. Rev. 97, 1969, S. 173–192).

Otterman, J.: Anthropogenic impact on the albedo of the earth. (Climatic Change 1, 1977, S. 137–155).

Pratt, P. F. et al.: Effect of increased nitrogen fixation on stratospheric ozone. (Climatic Change 1, 1977, S. 109–135).

Regel, C. v.: Die Klimaänderung der Gegenwart. (Bern 1957, 135 S.).

Revelle, R. u. *H.E. Suess:* Carbon dioxide exchange between atmosphere and ocean, and the question of an increase of atmospheric CO_2during the past decades. (Tellus 9, 1957, S. 18–27).

Rocznik, K.: Das gehäufte Auftreten von milden Wintern seit der Jahrhundertwende. (Meteor. Rdsch. 15, 1962, S. 50–52).

Rocznik, K.: Der Wandel des Jahreszeitenklimas in Mitteleuropa im Zeitraum 1901–1970. (Meteor. Rdsch. 25, 1972, S. 106–109).

Rodewald, M.: Stand und Perspektiven der jetzigen Klimaschwankung. (Wiss. Abh. Dt. Geogr. Tag Würzburg 1957, Wiesbaden 1959, S. 215–221).

Roulleau, M.: Variations récentes du climat. (Météorologie 1958, S. 216–231).

Rudloff, H. v.: Die Schwankungen und Pendelungen des Klimas in Europa seit dem Beginn der regelmäßigen Instrumenten-Beobachtungen (1670). Mit einem Beitrag über die Klimaschwankungen in historischer Zeit von H. Flohn. (Die Wiss. Bd. 122, Braunschweig 1967, 370 S.).

Rüge, U.: Weltweite Klimaschwankungen. (Meteor. Abh. Freie Univ. Berlin 51, 2, 1965, 96 S.).

Scherhag, R.: Die Zunahme der atmosphärischen Zirkulation in den letzten 25 Jahren. (Ann. Hydrogr. marit. Meteor. 64, 1936, S. 397–407).

Scherhag, R.: Die Erwärmung der Arktis. (Journal du Conseil International pour l'Exploration de la Mer, 12, Copenhagen 1937. S. 263–276; siehe auch Ann. Hydrogr. maritim. Meteor. 67, 1939, S. 57–67 u. 292–303).

Scherhag, R.: Die Schwankungen der allgemeinen Zirkulation in den letzten Jahrzehnten. (Ber. Dt. Wetterd. US-Zone Nr. 12, 1950, S. 40–45).

Takahashi, K. (ed.): Intern. Symposium on Recent Climatic Change and the Food Problems, Tsukuba and Tokio Oct. 1976. Abstracts. (Climatol. Notes 19. Inst. of Geoscience Univ. Tsukuba 1976).

Tollner, H.: Die meteorologisch-klimatischen Ursachen der Gletscherschwankungen in den Ostalpen während der letzten zwei Jahrhunderte. (Mitt. Geogr. Ges. Wien 96, 1954, S. 31–74).

UNESCO u. *WMO* (Hrsg.): Les changements de climat. (Actes du Colloque de Rome, Paris 1963, 488 S.; ausführlich kritisch referiert von *P. Pédelaborde* in der Chronique météorologique der Annales de Géogr. 1967, S. 206ff.).

Utterström, G.: Climatic fluctuations and population problems in early modern history. (Scand. Econ. Hist. Rev. 3, 1955, S. 3–47).

VIII. Beeinflussung des Klimas durch den Menschen

Aulitzky, H.: Über die Ursachen von Unwetterkatastrophen und den Grad ihrer Beeinflußbarkeit. (Centralbl. f. d. ges. Forstwesen 85, 1968, S. 2–32).

Bach, W.: Luftverunreinigung -Schäden, Kosten, Maßnahmen. (Geogr. Rdsch. 20, 1968, S. 134–142).

Baier, W. u.a.: Frostbekämpfung im Weinbau. (Ber. Dt. Wetterd. Nr. 15, 1955, 47 S.).

Bätjer, D.: Untersuchungen über Veränderungen des Kleinklimas durch Windschutz. (Meteor. Rdsch. 15, 1962, S. 157–168).

Bergeron, T.: The problem of artificial control of rainfall on the globe. I, II. (Tellus 1, 1949, H 1, S. 32–43; H 2, S. 15–32).

Bergeron, T.: Possible man-made great-scale modifications of precipitation climate in Sudan. (Geophys. Monogr. 5, 1960, S. 399–401).

Blüthgen, J.: Das südrussische Schutzpflanzungsvorhaben in landwirtschaftlicher und geographischer Betrachtung. (Urania 12, 1949, S. 209–220 u. 255–266).

Böer, W.: Technische Meteorologie. (Leipzig 1964, 240 S.).

Bradtk, E. u. *W. Liese:* Hilfsbuch für raum- und außenklimatische Messungen. (Berlin/Göttingen/Heidelberg 1952, 108 S.).

Brezina, E. u. *W. Schmidt:* Das künstliche Klima in der Umgebung des Menschen. (Stuttgart 1937, 212 S.).

Budyko, M.I., O.A. Drosdow, M.I. Lwowitsch, Ch. P. Pogossjan, S.A. Saposhnikowa, M.I. Judin: Klimaänderungen im Zusammenhang mit der planvollen Umgestaltung der Trockengebiete der SSSR. (Leningrad 1952, 205 S. [russ.]).

Caborn, J.M.: Shelterbelts and windbreaks. (London 1965, 288 S.).

Coons, R.D. u. *R. Gunn:* Relation of artificial cloud-modification to the production of precipitation. (In: Compendium of Meteorology. Boston/Mass. 1951, S. 235–241).

Dalgas, C.: Der Einfluß von Anpflanzungen auf die Niederschlagsverhältnisse. (Hamburg 1948, 86 S.).

Dege, W.: Über künstliche Bewässerung und über Frosträuchern im nördlichen Gudbrandstal. (Erdkunde 3, 1949, S. 96–112).

Downs, R.J. and *H. Hellmers:* Controlled Climate and Plant Research. (WMO Techn. Note No. 148. Geneva 1976. WMO No. 436, 60 S.).

Dronia, H.: Der Stadteinfluß auf den weltweiten Temperaturtrend. (Meteor. Abh. Freie Univ. Berlin Bd. LXXIV, 4, 1967, 70 S.).

Eimern, J. van u.a.: Windbreaks and shelterbelts. (WMO Techn. Note 59, Genf 1964, 188 S.).

Fels, E.: Die Bewässerungsfläche der Erde. (Festschr. Scheidl, Teil I. Wien 1965, S. 33–50).

Fels, E.: Stauseeverzeichnisse. (Naturwiss. Rdsch. 19, 1966, S. 372–374).

Fleagle, R.G. (Hrsg.): Weather modification. Science and public policy. (Univ. of Washington Press, Seattle 1969, 160 S.).

Flohn: Man's activity as a factor in climatic change.

(Ann. New York Acad. Sci. 95, 1961, S. 271–281).

Flohn, H.: Klimaschwankungen und großräumige Klimabeeinflussung. (Arb.-Gem. Forschg. Land Nordrhein-Westfalen, Natur-, Ing.- u. Ges.-Wiss. H. 115, Köln/Opladen 1963, S. 5–61).

Flohn, H.: Bevölkerungs-Explosion und Klima-Modifikation. Bonner Universitätsblätter 1969, S. 24–30).

Flohn, H.: Klimaschwankungen und Klimamodifikation. Fakten und Probleme. (Dt. Forschungsgem. Mitt. 2/1973, S. 31–40).

Flohn, H.: Der Wasserhaushalt der Erde: Schwankungen und Eingriffe. (Naturwissenschaften 1973).

Franken, E. u. *E. Kaps:* Windschutzuntersuchung Emsland 1955. (Ber. Dt. Wetterd. Nr. 33, 1957, 37 S.).

GARP (Global Atm. Research Program) Report: The Physical Basis of Climate and Climate Modelling. (WMO-GARP Publ. Series No. 16, Geneva 1975, 263 S.).

Geiger, R.: Der künstliche Windschutz als meteorologisches Problem. (Erdkunde 5, 1951, S. 106–114).

Gilman, D. L. u. a.: Weather and climate modification. (Weather Bureau, Washington 1965).

Gloyne, R. W.: Some effects of shelterbelts and windbreaks. (Meteor. Mag. 90, 1955, S. 272–281).

Gressel, W.: Klima und Wetterablauf ober und unter Tag in Abhängigkeit von der Orographie. (Arb. a.d. Geogr. Inst. Univ. Salzburg 3 [Tollner-Festschr.], 1973, S. 265–273).

Heyer, E.: Das Klima und seine Beeinflussung durch den Menschen. (Vortr. z. Verbr. wiss. Kenntn. 29, Berlin 1953, 31 S.).

Mac Hattie, L. B. and *F. Schnelle:* An Introduction to Agrotopoclimatology. (WMO Techn. Note No. 133. Geneva 1974. WMO No. 378, 131 S.).

Hitzler, J. u. *F. Lauscher:* Die Bestrahlung des Menschen durch die Sonne in allen Zonen der Erde. (Wetter u. Leben 22, 1970, S. 231–245).

Houghton, H.: An appraisal of cloud seeding as a means of increasing precipitation. (Bull. Amer. Meteor. Soc. 32, 1951, S. 39–46; s. a. Smithsonian Rep. 1951, S. 175–187).

Huntington, E.: Civilization and climate. (New Haven 1924, 453 S.).

Jungmann, H.: Untersuchungen zur Anpassung an die feuchtheißen Tropen. (Med. Klinik 57, 1962, S. 1806–1809).

Kessler, O. W. u. *W. Kaempfert:* Die Frostschadenverhütung. (Wiss. Abh. Reichsamt f. Wetterd. VI, 2, 1940, 243 S.).

Kethley, L.J.: Weather modification and the hydrologic cycle. (Arch. Meteor., Geophys., Bioklimat. B, 18, 1970, S. 143–154).

Kreutz, W.: Der Windschutz. (Dortmund 1952, 167 S.).

Kreutz, W.: Windschutz als klimasteuerndes Element und Wirtschaftsfaktor. (Beitr. z. Landespfl. 1, 1963, 251–273).

Kuhlewind, C., K. Bringmann, H. Kaiser: Richtlinien für Windschutz. I. Teil. Agrarmeteorologische und landwirtschaftliche Grundlagen. (Frankfurt 1955, 72 S.).

Lee, D. H. K.: Climate and economic development in the Tropics. (New York 1957, 182 S.).

Loewer, H.: Klimatechnik. Grundlagen und Anwendung der Luftkonditionierung. (Berlin 1968, 325 S.).

Lehmann, P.: Frostheizmethoden im Gelände. (Arb. Dt. Landw.-Ges. Frankfurt 9, 1950, S. 31–36).

Leidlmair, A.: Probleme der Agrarmeteorologie in Südtirol. (In: Schlern-Schriften Bd. 190 [Kinzl-Festschrift], Innsbruck 1958, S. 147–154).

Leistner, W.: Die hygienische und bioklimatische Bedeutung des Dampfdruckes in Innenräumen und die Behaglichkeits- und Schwülegrenze. (Medizin-Meteor. H. Nr. 6, 1951, S. 18–31).

Lessmann, H.: Allgemeine meteorologische und klimatologische Grundlagen des Frostschutzes. (Arb. Dt. Landw.-Ges. Frankfurt 9, 1950, S. 10–20).

Mason, E.J. u. *J. Hallett:* Artificial ice-forming nuclei. (Nature 177, London 1956, S. 681–683).

Mason, E.J.: Clouds, rain and rainmaking. (Cambridge, New York 1962, 144 S.).

Matthews, W., W.H. Kellogg u. *G.D. Robinson:* Man's impact on the climate. (London 1971, 594 S.).

Maunder, W.J.: The Value of Weather. (London 1970, 388 S.).

Modlibowska, J.: Le problème des gelées printanières et la culture fruitière. (Rapp. gén. Congr. Pomol. Int. Namur, 1956, S. 83–112).

Möller, F.: On the influence of changes in the CO_2 concentration in the air on the radiation balance of the earth's surface and on the climate. (J. Geophys. Res. 68, 1963, S. 3877–3886).

Müller, H.G.: Hagelunterdrückung. (Promet. 4, 1972, S. 22–27).

Nägeli, W.: Untersuchungen über die Windverhältnisse im Bereich von Windschutzstreifen. (Mitt. Schweiz. Anst. f. forstl. Versuchswesen 23, 1943, S. 223–276).

National Academy of Sciences, National Research Council: Weather and climate modifications. 2

Bde. (Bull. Amer. Meteor. Soc. 47, 1966, S. 1–20).

Neuwirth, R.: Entwicklung und Probleme der experimentellen Niederschlagsbeeinflussung. (Umschau 56, 1956, S. 257–259).

Norris, J. W.: Warm air heating and winter air conditioning. (New York, Toronto, London 1950, 320 S.).

Oort, A. and *J. P. Peixoto:* The Annual Cycle of the Energetics of the Atmosphere on a Planetary Scale. (J. Geophys. Res. 79, 1974, S. 2705–2719).

Page, J. K.: Application of Building Climatology to the Problems of Housing and Building for Human Settlements. (WMO Techn. Note No. 150. Geneva 1976. WMO-No. 441, 64 S.).

Perraudin, G.: Étude de différents moyens de lutte contre le gel. (Diss. ETH Zürich 1961, 228 S.).

Reidat, R.: The present situation, prospects and problems of Building Climatology. (In: Building Climatology. WMO Techn. Note No. 109. Geneva 1970. WMO No. 255 TP 142. S. 1–7).

Reidat, R.: Climatological data for building practice. (In: Building Climatology. WMO Techn. Note No. 109. Geneva 1970. WMO No. 255 TP 142, S. 199–210).

Runge, F.: Windgeformte Bäume und Sträucher an der Westküste Schleswigs und Jütlands. (Mitt. Flor.-soz. Arb. gem. N.F. H. 6/7, Stolzenau 1957, S. 99–103).

Runge, F.: Windgepeitschte Bäume in der Umgebung des Naturschutzgebietes „Heiliges Meer", Kreis Tecklenburg. (Natur u. Heimat 17, Münster 1957b, S. 25–29). Weitere Beitr. des gleichen Verf. zum Thema Kronendeformation s. Meteor. Rdsch. 8, 1955, S. 177–179; 11, 1958, S. 28–30; 12, 1959, S. 98–99).

Schneider, M.: Begriff und Einteilung des Frostes. (Frostschutz im Pflanzenbau 1, München 1963, S. 3–12).

Schnelle, F. (Hrsg.): Frostschutz im Pflanzenbau. 1. Die meteorologischen und biologischen Grundlagen der Frostschadensverhütung. (München 1963, 488 S.) II. Die Praxis der Frostschadensverhütung. (München 1965, 604 S.).

Seemann, J.: Klima und Klimasteuerung im Gewächshaus. (München 1957, 106 S.).

Seemann, J.: Climate under Glass. (WMO Techn. Note No. 131. Geneva 1974. WMO No. 373, 40 S.).

Sewell, W. R. D. (Hrsg.): Human dimensions of weather modification. (Dep. of Geogr. Research Paper Nr. 105, Chicago 1966, 423 S.).

Sewell, W. R. D., R. W. Kates u. *L. E. Phillips:* Human response to weather and climate. (Geogr. Rev. 58, 1968, S. 262–280).

Singer, S. F. (Hrsg.): Global effects of environmental pollution. (Dordrecht 1970, 218 S.).

Smic-Report (Rep. of the Study of Man's Impact on Climate): Inadvertent Climate Modification. (Mass. Inst. of Techn., Cambridge/Mass. 1971, 308 S.).

Taubenfeld, H. J.: Controlling the weather: a study of law and regulatory processes. (London 1970, 275 S.).

Taylor, J. A. (ed.): Weather Economics. Papers and discussions at a Symp. held at the Welsh Plant Breeding Station 1968. (Univ. Coll. of Wales, Aberystwyth. Mem. No. 11, Oxford 1970, 126 S.).

Terjung, W. H.: Weather and climate modification, problems and prospects. (Bull. Amer. Meteor. Soc. 47, 1966, S. 4–19).

Weger, N.: Die Frostschadenverhütung in der Landwirtschaft (Meteor. Rdsch. 1, 1947/48, S. 29–38).

Weickmann, H. u. *W. Smith* (Hrsg.): Artificial stimulation of rain. Proceedings of the first conference on the physics of cloud and precipitation particles. (London, New York, Paris 1957, 427 S.).

Weischet, W.: Zur systematischen Beobachtung von Baumkronendeformationen mit klimatologischer Zielsetzung. (Meteor. Rdsch. 6, 1953, S. 185–187).

Weischet, W. u. *D. Barsch:* Studien zum Problem der Deformation von Baumkronen durch Wind. (Freiburger Geogr. Hefte 1, 1963, 130 S.).

Wendler, A.: Das Problem der technischen Wetterbeeinflussung. (Probl. d. Kosm. Phys. 9, Hamburg 1927, 107 S.).

WMO: Building Climatology. (Proc. of the Symp. on Urban Climates and Building Climatology. Brussels 1968. Vol. II. WMO Techn. Note 109. Geneva 1970. WMO No. 255, 260 S.).

Young, F. D.: Frost and the prevention of frost damage. (U.S. Dep. Agric., Farmers Bull. Nr. 1588, 1940, 65 S.).

Register

Lehrbuch der Allgemeinen Geographie

In Fortführung und Ergänzung zu Supan/Obst, „Grundzüge der Physischen Erdkunde“, begründet von Erich Obst. Herausgegeben von Josef Schmithüsen. Das LAG erscheint in selbständigen Einzelbänden. Format 17 cm x 24 cm. Fester Einband.

H. Louis

Allgemeine Geomorphologie

4., erneuerte und erweiterte Auflage. In zwei Teilen.

Unter Mitarbeit von K. Fischer.

Textteil: XXXI, 814 Seiten. 147 Figuren. 2 beiliegende Karten.

Bilderteil: II, 181 Seiten. 176 Bilder. 1979. DM 148,– ISBN 3 11 007103 7 (Band 1)

Blüthgen/Weischet

Allgemeine Klimageographie

3. Auflage
XXVIII, 887 Seiten. 208 Abbildungen, 3 mehrfarbige und 1 einfarbige Karte. 1980. DM 168,– ISBN 3 11 006561 4 (Band 2)

F. Wilhelm

Schnee- und Gletscherkunde

VIII, 414 Seiten. 58 Abbildungen. 156 Figuren und 71 Tabellen. 1975. DM 85,– ISBN 3 11 004905 8 (Band 3)

J. Schmithüsen

Allgemeine Vegetationsgeographie

3., neu bearbeitete und erweiterte Auflage. XXIV, 463 Seiten. 275 Abbildungen. 13 Tabellen und 1 Ausschlagtafel. 1968. DM 62,– ISBN 3 11 006052 3 (Band 4)

H. G. Gierloff-Emden

Geographie des Meeres

Ozeane und Küsten
2 Teilbände

Teil 1: XXIV, 847 Seiten. 324 Abbildungen und 1 Ausschlagtafel. 1980. DM 192,– ISBN 3 11 002124 2 (Band 5, Teil 1)

Teil 2: XXVI, 608 Seiten. 290 Abbildungen und 1 Ausschlagtafel. 1980. DM 138,– ISBN 3 11 007911 9 (Band 5, Teil 2)

G. Schwarz

Allgemeine Siedlungsgeographie

3. Auflage 1966.
Vergriffen. Neuauflage in Vorbereitung (Band 6)

E. Obst

Allgemeine Wirtschafts- und Verkehrsgeographie

3., neu bearbeitete und erweiterte Auflage. XX, 698 Seiten. 57 Abbildungen und 1 mehrfarbige Karte. 1965. Mit Nachdruck zur 3. Auflage von E. Obst und G. Sandner. 64 Seiten. 1969. DM 78,– ISBN 3 11 002809 3 (Band 7)

M. Schwind

Allgemeine Staatengeographie

XXII, 581 Seiten. 94 Abbildungen und 57 Tabellen. 1972. DM 94,– ISBN 3 11 001634 6 (Band 8)

E. Imhof

Thematische Kartographie

XIV, 360 Seiten. 153 Abbildungen und 6 mehrfarbige Tafeln. 1972. DM 68,– ISBN 3 11 002122 6 (Band 10)

S. Schneider

Luftbild und Luftbild-Interpretation

XVI, 530 Seiten. 216 zum Teil mehrfarbige Bilder. 1 Anaglyphenbild. 181 Abbildungen und 27 Tabellen. 1974. DM 195,– ISBN 3 11 002123 4 (Band 11)

J. Schmithüsen

Allgemeine Geosynergetik

Grundlagen der Landschaftskunde
XII, 349 Seiten. 15 Abbildungen. 1976. DM 80,– ISBN 3 11 001635 4 (Band 12)

In Vorbereitung:

Topographische Karte
Bevölkerungsgeographie
Sozialgeographie

Preisänderungen vorbehalten